[길잡이]

토목시공기술사

I (토공·기초·콘크리트)

권유동 · 김우식 · 이맹교 지음

BM (주)도서출판 성안당

■ 도서 A/S 안내

성안당에서 발행하는 모든 도서는 저자와 출판사, 그리고 독자가 함께 만들어 나갑니다.

좋은 책을 펴내기 위해 많은 노력을 기울이고 있으나 혹시라도 내용상의 오류나 오탈자 등이 발견되면 "좋은 책은 나라의 보배"로서 우리 모두가 함께 만들어 간다는 마음으로 연락주시기 바랍니다. 수정 보완하여 더 나은 책이 되도록 최선을 다하겠습니다.

성안당은 늘 독자 여러분들의 소중한 의견을 기다리고 있습니다. 좋은 의견을 보내주시는 분께는 성안당 쇼핑몰의 포인트(3,000포인트)를 적립해 드립니다.

잘못 만들어진 책이나 부록이 파손된 경우에는 교환해 드립니다.

저자 문의 : acpass@hanmail.net

본서 기획자 e-mail : coh@cyber.co.kr(최옥현)

홈페이지 : http://www.cyber.co.kr 전화 : 031)950-6300

국제화·세계화·정보화의 흐름 속에 건설시장의 대외개방, 건설회사의 E.C화, 건설사업관리제도(CM), Turn-key 및 P.Q제도의 확대 등 건설산업은 하루가 다르게 급변하고 있다.

이러한 건설환경의 변화에 능동적으로 대처하기 위하여 사회적으로나 개인적으로 최고의 명예이며 자존심인 기술사 자격취득이 필수적이라 아니할 수 없으며, 정부에서도 고급 전문 기술인력의 양성 및 배출의 필요성이 불가피하다는 판단 아래 기술사 자격시험을 1년에 3회 실시하게 되었고 일정기간 동안은 합격자 수를 더욱 늘려나갈 예정임을 공시한 점을 미루어, 이제 우리는 기술사 자격을 취득하기 위하여 노력을 배로 하여야 할 것이다.

기술사 자격시험은 결국 자기 자신에 대한 도전이며 자신과의 싸움인 것이다. 이 싸움을 승리로 이끌기 위해 본서가 그 역할을 다하기에는 학문적으로나 경험적으로 부족함이 있으나, 저자로서는 자격취득의 길잡이가 될 수 있도록 본서 집필에 최선의 노력을 하였다.

특히 용어설명의 중요성이 대두되고 있는 최근의 출제경향에 부응하여 수험자들이 효과를 볼 수 있는 측면을 고려하여 다음과 같은 면에 중점을 두었다.

✎ **이 책의 특징**

1. 최근 출제기준 및 출제경향에 맞춘 내용 구성
2. 시간배분에 따른 모범답안유형
3. 기출문제를 중심으로 각 공종의 흐름 파악
4. 문장의 간략화·단순화·도식화
5. 난이성을 배제한 개념 파악 위주
6. 개정된 토목 표준시방서기준 반영

끝으로 본서를 발간하기까지 도와주신 주위의 여러분들과 도서출판 성안당 이종춘 회장님과 편집부 직원들의 노고에 감사드리며, 본서가 출간되도록 허락하신 하나님께 영광을 돌린다.

저자 일동

기술사 시험준비요령

기술사를 준비하는 수험생 여러분들의 영광된 합격을 위해 시험준비요령 몇 가지를 조언하겠으니 참고하여 도움이 되었으면 한다.

01 평소 paper work의 생활화

① 기술사 필기시험은 논술형이 대부분이기 때문에 서론·본론·결론이 명쾌해야 한다.

② 따라서 평소 업무와 관련하여 paper work을 생활하여 기록·정리가 남보다도 앞서야 시험장에서 당황하지 않고 답안을 정리할 수 있다.

02 시험준비시간의 지속적 할애

① 학교를 졸업한 후 현장 실무 및 관련 업무부서에서 현장감으로 근무하기 때문에 지속적으로 책을 접할 수 있는 시간이 부족하며 이론을 정립시키기에는 아직 준비가 미비한 상태이다.

② 따라서 현장 실무 및 관련 업무의 경험을 토대로 이론을 정립, 정리하고 확인하는 최소한의 시간이 필요하다. 단, 공부를 쉬지 말고 하루에 단 몇 시간이든 지속적으로 하겠다는 마음의 각오와 준비가 필요하며 대략적으로 400~600시간은 필요하다고 생각한다.

03 과년도 출제문제를 총괄적으로 정리

① 먼저 시험답안지를 동일하게 인쇄한 후 과년도 문제를 자기 나름대로 자신이 좋아하고 평소 즐겨 쓰는 미사어구를 사용하여 point가 되는 item 정리작업을 단원별로 한다.

② 단, 정리시 관련 참고서적을 모두 읽으면서 모범답안을 자신의 것으로 만들어낸다. 처음에는 엄두가 나지 않고 진도가 나가지 않겠지만 한 문제, 한 문제 모범답안이 나올 때 자신감과 뿌듯함을 느끼게 된다.

04 Sub note의 정리 및 item의 정리

① 각 단원별로 모범답안을 끝내고 나면 기술사의 1/2은 합격한 것과 마찬가지이다. 그러나 워낙 방대한 분량의 정리를 끝낸 상태라 다 알 것 같지만 막상 쓰려고 하면 '내가 언제 이런 답안을 정리했지' 하는 의구심과 실망에 접하게 된다. 여기서 실망하거나 포기하는 사람은 기술사가 되기 위한 관문을 영원히 통과할 수 없게 된다.

② 자! 이제 1차 정리된 모범답안을 전반적으로 약 10일간 정서한 후 각 문제의 item을 토대로 sub note를 정리하여 전반적인 문제의 layout을 자신의 머리에 입력시킨다. 이 sub note를 직장에서 또는 전철이나 택시에서 수시로 꺼내보며 지속적으로 암기한다.

05 시험답안지에 직접 답안작성 연습

① 자신이 정리작업한 모범답안과 sub note의 item 작성이 끝난 상태라 자신도 모르게 문제제목에 맞는 item이 떠오르며 생각이 나게 된다. 이 상태에서 한 문제당 서너 번씩 쓰기를 반복하면 암기하지 못하는 부분이 어디이며, 그 이유는 무엇인지 알게 된다.

② 예를 들어, '콘크리트의 내구성에 영향을 주는 원인 및 방지대책에 대하여 논하라'라는 문제를 외운다고 할 때 크게 그 원인은 '탄산화, 동해, 알칼리 골재반응, 염해, 온도변화, 진해, 화해, 기계적 마모 등'을 들 수 있다. 이때 '탄, 동, 알, 염, 온, 진, 화, 기'로 외우고, 그 단어를 상상하여 '타는듯한 동해바다에 알칼리와 염분이 많고, 날씨가 더우니 온진화기'라는 문장을 생각해낸다. 이렇듯 자신이 말을 만들어 외우는 방법도 한 방법이라 하겠다. 그 다음 그 방지대책은 술술 생각이 나서 답안정리가 자연히 부드럽게 서술된다.

06 시험 전일 준비사항

① 그동안 앞서 설명한 수험준비요령에 따라 또는 개인적 차이를 보완한 방법으로 갈고 닦은 실력을 최대한 발휘해야만 시험에 합격할 수 있다.

② 그러기 위해서는 시험 전일 일찍 취침에 들어가 다음날 맑은 정신으로 시험에 응시해야 함을 잊어서는 안 된다. 시험 전일 준비해야 할 사항은 수험표, 신분증, 필기도구(검정색 볼펜), 자(17cm 이상), 모양자, 연필(샤프), 지우개, 도시락, 음료수(녹차 등), 그리고 그동안 공부했던 모범답안 및 sub note철을 가방에 가지런히 넣은 후 잠을 청한다.

07 시험 당일 수험요령

① 수험 당일 시험장 입실시간보다 1시간~1시간 30분 전에 현지 교실에 도착하여 시험 대비 워밍업을 해보고 책상상태 등을 파악하여 파손상태가 심하면 교체 등을 해야 한다. 그리고 차분한 마음으로 sub note를 음미하며 시험시간을 기다린다.

② 입실시간이 되면 시험관이 시험요령, 답안지 작성요령, 수험표, 신분증검사 등을 실시한다. 이때 당황하지 말고 시험관의 설명을 귀담아 듣고 그대로 시행하면 된다. 시험종이 울리면 문제를 파악하고 제일 자신 있는 문제부터 답안작성을 하되, 시간배당을 반드시 고려해야 한다. 즉, 100점을 만점이라고 할 때 25점짜리 4문제를 작성한다고 하면 각 문제당 25분에 완성해야지, 많이 안다고 30분까지 활용한다면 어느 한 문제는 5분을 잃게 되어 답안지가 허술하게 된다.

③ 따라서 점수와 시간배당은 최적 배당에 의해 효과적으로 운영해야만 합격의 영광을 얻을 수 있다. 1교시가 끝나면 휴식시간이 다른 시험과 달리 길게 주어지는데, 그때 매 교시 출제문제를 기록하고(시험 종료 후 집에서 채점) 예상되는 시험문제를 sub note에서 반복하여 읽는다.

④ 2교시가 끝나면 점심시간이지만 밥맛이 별로 없고 신경이 날카로워지는 것을 느끼게 된다. 그러나 식사를 하지 않으면 체력유지가 되지 않아 오후 시험을 망치게 될 확률이 높다. 따라서 준비해 온 식사는 반드시 해야 하며, 식사가 끝나면 sub note를 다시 보며 오전에 출제되지 않았던 문제 위주로 유심히 눈여겨본다.

⑤ 답안작성시 고득점을 할 수 있는 요령은 일단 깨끗한 글씨체로 그림, 한문, 영어, Flow-chart 등을 골고루 사용하여 지루하지 않게 작성하되, 반드시 써야 할 item, key point는 빠뜨리지 않아야 채점자의 눈에 들어오는 답안지가 될 수 있다.

⑥ 만일 시험준비를 많이 했는데도 전혀 모르는 문제가 나왔을 때는 문제를 서너 번 더 읽고 출제자의 의도가 무엇이며, 왜 이런 문제를 출제했을까 하는 생각을 하면서 자료정리시 여러 관련 책자를 읽으면서 생각했던 예전으로 잠시 돌아가 관련된 비슷한 답안을 생각해보고 새로운 답안을 작성하면 된다. 이것은 자료정리시 열심히 한 수험생과 대충 남의 자료만 보고 달달 외운 사람과 반드시 구별되는 부분이라 생각된다.

⑦ 1차 합격이 되고 나면 2차 경력서류, 면접 등의 준비를 해야 하는데, 면접관 앞에서는 단정하고 겸손하게 응해야 하며 묻는 질문에 또렷하고 정확하게 답변해야 한다. 만일 모르는 사항을 질문하면 대충 대답하는 것보다 솔직히 모른다고 하고, 그와 유사한 관련 사항에 대해 아는대로 답한 뒤 좀 더 공부하겠다고 하는 것도 한 방법이라 하겠다.

⑧ 끝으로 본인이 기술사 시험준비 때의 과정을 대략적으로 설명했는데 개인차에 따라 맞지 않는 부분도 있겠으나 크게 어긋남이 없다고 판단되면 상기 방법으로 시도해 보시기 바라며, 본인은 상기 방법에 의해 단 한 번의 응시로 합격했음을 참고하시고 수험생 여러분 모두가 합격의 영광이 있기를 바란다.

■ 필기시험

직무 분야	건설	중직무 분야	토목	자격 종목	토목시공기술사	적용 기간	2023. 1. 1. ~ 2026. 12. 31.

직무내용 : 토목시공분야의 토목기술에 관한 고도의 전문지식과 실무경험에 입각한 계획, 연구, 설계, 분석, 시험, 운영, 시공, 평가 또는 이에 관한 지도, 건설사업관리 등의 기술업무를 수행하는 직무이다.

검정방법	단답형/주관식 논문형	시험시간	400분(1교시당 100분)

시험과목	주요 항목	세부항목
시공계획, 시공관리, 시공설비 및 시공기계 그 밖의 시공에 관한 사항	1. 토목건설사업관리	1. 건설사업관리계획 수립 2. 공정관리, 건설품질관리, 건설안전관리 및 건설환경관리 3. 건설정보화기술 4. 시설물의 유지관리
	2. 토공사	1. 토공시공계획 2. 사면공, 흙막이공, 옹벽공, 석축공 3. 준설 및 매립공 4. 암 굴착 및 발파
	3. 기초공사	1. 지반 조사 및 분석 2. 기초의 시공(지반안전, 계측관리) 3. 지반개량공 4. 수중구조물시공
	4. 포장공사	1. 포장시공계획 수립 2. 연성재료포장(아스팔트콘크리트포장) 3. 강성재료포장(시멘트콘크리트포장) 4. 도로의 유지 및 보수관리
	5. 상하수도공사	1. 시공관리계획 2. 상하수도시설공사 3. 상하수도관로공사
	6. 교량공사	1. 강교 제작 및 가설 2. 콘크리트교 제작 및 가설 3. 특수 교량 4. 교량의 유지관리
	7. 하천, 댐, 해안, 항만공사, 도로	1. 하천시공 2. 댐시공 3. 해안시공 4. 항만시공 5. 시공계획 6. 시설공사
	8. 터널 및 지하공간	1. 터널계획 2. 터널시공 3. 터널계측관리 4. 터널의 유지관리 5. 지하공간
	9. 콘크리트공사	1. 콘크리트 재료 및 배합 2. 콘크리트의 성질 3. 콘크리트의 시공 및 철근공 4. 특수 콘크리트 5. 콘크리트구조물의 유지관리
	10. 토목시공법규 및 신기술	1. 표준시방서/전문시방서 기준 및 관련 사항 2. 주요 시사이슈 3. 기타 토목시공 관련 법규 및 신기술에 관한 사항

■ 면접시험

직무 분야	건설	중직무 분야	토목	자격 종목	토목시공기술사	적용 기간	2023. 1. 1.~2026. 12. 31.

직무내용 : 토목시공분야의 토목기술에 관한 고도의 전문지식과 실무경험에 입각한 계획, 연구, 설계, 분석, 시험, 운영, 시공, 평가 또는 이에 관한 지도, 건설사업관리 등의 기술업무를 수행하는 직무이다.

검정방법	구술형 면접시험	시험시간	15~30분 내외

시험과목	주요 항목	세부항목
시공계획, 시공관리, 시공설비 및 시공기계 그 밖의 시공에 관한 전문지식/기술	1. 토목건설사업관리	1. 건설사업관리계획 수립 2. 공정관리, 건설품질관리, 건설안전관리 및 건설환경관리 3. 건설정보화기술 4. 시설물의 유지관리
	2. 토공사	1. 토공시공계획 2. 사면공, 흙막이공, 옹벽공, 석축공 3. 준설 및 매립공 4. 암 굴착 및 발파
	3. 기초공사	1. 지반조사 및 분석 2. 기초의 시공(지반안전, 계측관리) 3. 지반개량공 4. 수중구조물시공
	4. 포장공사	1. 포장시공계획 수립 2. 연성재료포장(아스팔트콘크리트포장) 3. 강성재료포장(시멘트콘크리트포장) 4. 도로의 유지 및 보수관리
	5. 상하수도공사	1. 시공관리계획 2. 상하수도시설공사 3. 상하수도관로공사
	6. 교량공사	1. 강교 제작 및 가설 2. 콘크리트교 제작 및 가설 3. 특수 교량 4. 교량의 유지관리
	7. 하천, 댐, 해안, 항만공사, 도로	1. 하천시공 2. 댐시공 3. 해안시공 4. 항만시공 5. 시공계획 6. 시설공사
	8. 터널 및 지하공간	1. 터널계획 2. 터널시공 3. 터널계측관리 4. 터널의 유지관리 5. 지하공간
	9. 콘크리트공사	1. 콘크리트 재료 및 배합 2. 콘크리트의 성질 3. 콘크리트의 시공 및 철근공 4. 특수 콘크리트 5. 콘크리트구조물의 유지관리
	10. 토목시공법규 및 신기술	1. 표준시방서/전문시방서 기준 및 관련 사항 2. 주요 시사이슈 3. 기타 토목시공 관련 법규 및 신기술에 관한 사항
품위 및 자질	11. 기술사로서 품위 및 자질	1. 기술사가 갖추어야 할 주된 자질, 사명감, 인성 2. 기술사 자기개발과제

국가기술자격시험 인터넷접수 예시

※ 종로기술사학원(http://www.jr3.co.kr)

※ 한국산업인력공단(http://www.q-net.or.kr)

1. 원서접수 바로가기 클릭

2. 회원가입

1) 회원가입 약관

2) 본인인증

① 공인 I-PIN 인증

② 휴대폰 인증

3) 신청서 작성

4) 가입완료

3. 학력정보 입력

4. 경력정보 입력

5. 추가정보 입력

6. 응시자격진단결과 "응시가능" 여부 확인

7. 접수내역리스트

8. 개인접수

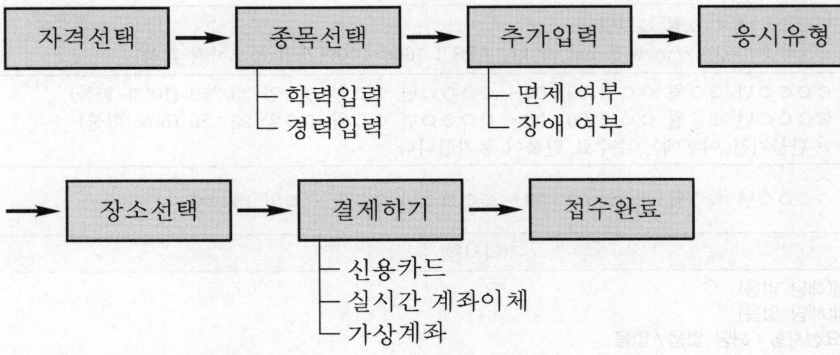

9. 수험표, 영수증 출력

【수험표 견본】

○○○○년 정기 기술사 ○○회				사 진
수험번호	1234567	시험구분	필기	
종목명	토목시공기술사			
성 명	홍길동	생년월일	○○○○년 ○○월 ○○일	
시험일시 및 장소	일시 : ○○○○년 ○○월 ○○일 (일) 08:30까지 입실완료 장소 : ○○○학교 – 주소 : ○○시 ○○○구 ○○동 – 위치 : ○호선 지하철 ○○역 ○번 출구 접수기관 : ○○지역본부 결재일자 : ○○○○년 ○○월 ○○일 인터넷 : http://www.q-net.or.kr ○○○○년 ○○월 ○○일 한국산업인력공단 이사장			
응시자격 안내	응시자격항목 : 기사 자격 취득 후 동일직무분야에서 4년 이상 실무에 종사한 자 서류제출기간 : 해당사항 없음 서류제출장소 : 해당사항 없음 제출서류안내 : 해당 없음 ※ 외국학력취득자의 경우 응시자격서류제출 시 공증절차가 필요하오니 다음 사항을 반드시 확인바랍니다. (http://www.q-net.or.kr > 원서접수 > 필기시험안내 > 외국학력서류제출안내) – 실기접수기간 이전에도 응시자격서류제출은 가능하나 경력서류는 4대 보험 가입증명을 할 수 있는 경우에 한하며, 학력서류는 상시 제출가능함 – 학력서류는 학사과정에 한하며 석 · 박사과정은 경력으로 인정 – 실기시험접수기간 내(4일)에 응시자격서류(원본)를 제출해야 동 회차 실기시험접수 가능함 – 온라인 학력서류제출은 필기합격(예정)자 발표일까지 가능 (기사, 산업기사 : 학력/기술사 : 한국건설기술인협회경력) – 필기시험일 기준으로 응시자격요건을 충족하지 못한 경우 필기시험 합격무효처리됨(필기시험 없는 경우 실기접수 마감일이 기준) – 모든 관련 학과는 전공명 우선이 원칙			
합격(예정)자 발표일자	○○○○년 ○○월 ○○일 –인터넷 : http://www.q-net.or.kr, ARS : 1666-0100(개별 통보하지 않음)			
검정수수료 환불안내	○○○○년 ○○월 ○○일 09 : 00 ~ ○○○○년 ○○월 ○○일 23 : 59 (100% 환불) ○○○○년 ○○월 ○○일 00 : 00 ~ ○○○○년 ○○월 ○○일 23 : 59 (50% 환불) ※ 환불기간 이후에는 수수료 환불이 불가합니다.			
실기시험 접수기간	○○○○년 ○○월 ○○일 09 : 00 ~ ○○○○년 ○○월 ○○일 18 : 00			
기타사항				
◎ 선택과목 : 필기시험(해당 없음) ◎ 면제과목 : 필기시험(해당 없음) ◎ 장애 여부 및 편의요청사항 : 해당 없음 / 없음 (장애응시 편의사항 요청자는 원서접수기간 내에 장애인수첩 등 관련 증빙서류를 응시시험장 관할 지부(사)에 제출하여야 함) ※ 장애인 수험자 편의제공은 관련 증빙서류 심사결과에 따라 달라질 수 있음				

※10권 이상은 분철(최대 10권 이내)

견 본

제　　회
국가기술자격검정 기술사 필기시험 답안지(제　　교시)

1교시	종목명	

답안지 작성시 유의사항

1. 답안지는 표지 및 연습지를 제외하고 총 7매(14면)이며, 교부받는 즉시 매수, 페이지순서 등 정상 여부를 반드시 확인하고 1매라도 분리되거나 훼손하여서는 안 됩니다.
2. 시행 회, 종목명, 수험번호, 성명을 정확하게 기재하여야 합니다.
3. 수험자 인적사항 및 답안작성(계산식 포함)은 검정색 또는 청색 필기구 중 한 가지 필기구만을 계속 사용하여야 합니다(그 외 연필류, 유색 필기구, 2가지 이상 색 혼합 사용 등으로 작성한 답항은 0점 처리됩니다).
4. 답안 정정 시에는 두 줄(=)을 긋고 다시 기재 가능하며, 수정테이프(액) 등을 사용했을 경우 채점상의 불이익을 받을 수 있으므로 사용하지 마시기 바랍니다.
5. 연습지에 기재한 내용은 채점하지 않으며, 답안지(연습지 포함)에 답안과 관련 없는 특수한 표시를 하거나 특정인임을 암시하는 경우 답안지 전체가 0점 처리됩니다.
6. 답안작성 시 자(직선자, 곡선자, 템플릿 등)를 사용할 수 있습니다.
7. 문제의 순서에 관계없이 답안을 작성하여도 되나 주어진 문제번호의 문제를 기재한 후 답안을 작성하고, 전문용어는 원어로 기재하여도 무방합니다.
8. 요구한 문제수보다 많은 문제를 답하는 경우 기재 순으로 요구한 문제수까지 채점하고, 나머지 문제는 채점대상에서 제외됩니다.
9. 답안작성 시 답안지 양면의 페이지 순으로 작성하시기 바랍니다.
10. 기 작성한 문항 전체를 삭제하고자 할 경우 반드시 해당 문항의 답안 전체에 대하여 명확하게 ×표시(×표시한 답안은 채점대상에서 제외)하시기 바랍니다.
11. 시험시간이 종료되면 즉시 답안작성을 멈춰야 하며, 종료시간 이후 계속 답안을 작성하거나 감독위원의 답안제출지시에 불응할 대에는 채점대상에서 제외됩니다.
12. 각 문제의 답안작성이 끝나면 "끝"이라고 쓰고 다음 문제는 두 줄을 띄워 기재하여야 하며, 최종 답안작성이 끝나면 그 다음 줄에 "이하여백"이라고 써야 합니다.

※ 부정행위처리규정은 뒷면 참조

한국산업인력공단
HUMAN RESOURCES DEVELOPMENT SERVICE OF KOREA

부정행위처리규정

국가기술자격법 제10조 제6항, 같은 법 시행규칙 제15조에 따라 국가기술자격검정에서 부정행위를 한 응시자에 대하여는 당해 검정을 정지 또는 무효로 하고 3년간 이 법에 따른 검정에 응시할 수 있는 자격이 정지됩니다.

1. 시험 중 다른 수험자와 시험과 관련된 대화를 하는 행위
2. 답안지를 교환하는 행위
3. 시험 중에 다른 수험자의 답안지 또는 문제지를 엿보고 자신의 답안지를 작성하는 행위
4. 다른 수험자를 위하여 답안을 알려주거나 엿보게 하는 행위
5. 시험 중 시험문제내용과 관련된 물건을 휴대하여 사용하거나 이를 주고받는 행위
6. 시험장 내외의 자로부터 도움을 받고 답안지를 작성하는 행위
7. 미리 시험문제를 알고 시험을 치른 행위
8. 다른 수험자와 성명 또는 수험번호를 바꾸어 제출하는 행위
9. 대리시험을 치르거나 치르게 하는 행위
10. 수험자가 시험시간에 통신기기 및 전자기기[휴대용 전화기, 휴대용 개인정보단말기(PDA), 휴대용 멀티미디어재생장치(PMP), 휴대용 컴퓨터, 휴대용 카세트, 디지털카메라, 음성파일변화기(MP3), 휴대용 게임기, 전자사전, 카메라펜, 시각표시 외의 기능이 부착된 시계]를 사용하여 답안지를 작성하거나 다른 수험자를 위하여 답안을 송신하는 행위
10. 그 밖에 부정 또는 불공정한 방법으로 시험을 치르는 행위

응시자 유의사항

1. 수험표에 기재된 내용을 반드시 확인하여 시험응시에 착오가 없도록 하시기 바랍니다.
2. 수험원서 및 답안지 등의 기재 착오, 누락 등으로 인한 불이익은 일체 수험자의 책임이오니 유의하시기 바랍니다.
3. 수험자는 필기시험 시 (1) 수험표, (2) 신분증, (3) 흑색사인펜, (4) 계산기, 필답시험 시 (1) 수험표, (2) 신분증, (3) 흑색사인펜(정보처리), (4) 흑색볼펜, (5) 계산기 등을 지참하여 시험시작 30분 전에 지정된 시험실에 입실 완료해야 합니다.
4. 시험시간 중에 필기도구 및 계산기 등을 빌리거나 빌려주지 못하며, 메모리기능이 있는 공학용 계산기 등은 감독위원 입회하에 리셋 후 사용할 수 있습니다(단, 메모리가 삭제되지 않는 계산기는 사용불가).
5. 필기(필답)시험시간 중에는 화장실 출입을 전면 금지합니다(시험시간 1/2경과 후 퇴실 가능).
6. 시험 관련 부정한 행위를 한 때에는 당해 시험이 중지 또는 무효되며 앞으로 3년간 국가기술자격시험을 응시할 수 있는 자격이 정지됩니다.
7. 필기시험 합격자는 당해 필기시험 합격자 발표일로부터 2년간 필기시험을 면제받게 되며, 실기시험 응시자는 당해 실기시험의 발표 전까지는 동일종목의 실기시험에 중복하여 응시할 수 없습니다.
8. 기술사를 제외한 필기시험 전종목은 답안카드작성 시 수정테이프(수험자 개별 지참)를 사용할 수 있으나(수정액, 스티커 사용 불가) 불완전한 수정처리로 인해 발생하는 불이익은 수험자에게 있습니다(단, 인적사항 마킹란을 제외한 "답안마킹란"만 수정 가능).
9. 실기시험(작업형, 필답형)문제는 비공개를 원칙으로 하며, 시험문제 및 작성답을 수험표 등에 이기할 수 없습니다.

※ 본인사진이 아니면서 신분증을 미지참한 경우 시험응시가 불가하며 퇴실조치함
※ 통신 및 전자기기를 이용한 부정행위 방지를 위해 금속탐지기를 사용하여 검색할 수 있음
※ 시험장이 혼잡하므로 가급적 대중교통 이용바람
※ 수험자 인적사항이나 표식이 있는 복장(군복, 제복 등)의 착용을 삼가 주시기 바람

차 례

제1장 토 공

제1절 일반 토공

□ 일반 토공 과년도 문제 / 3

제2절 연약지반개량공법

□ 연약지반개량공법 과년도 문제 / 77

제2절 기초공

☐ 기초공 과년도 문제 / 297

제3장 콘크리트

제1절 일반 콘크리트

□ 일반 콘크리트 과년도 문제 / 395

제1장 토 공

제1절 일반 토공

- 문제1 흙의 기본적 성질
- 문제2 토질조사
- 문제3 토공사 착공 전 시공계획 및 유의사항
- 문제4 흙의 전단강도 개념과 시험방법
- 문제5 점성토와 사질토의 특징
- 문제6 흙의 다짐
- 문제7 토취장과 사토장 선정시 고려사항
- 문제8 성토 비탈면의 전압방법
- 문제9 구조물과 토공 접속부의 단차원인과 방지대책
- 문제10 절토와 성토의 경계부(편절·편성 접속부)의 균열원인과 방지대책
- 문제11 기존 도로 확폭(확장) 시공시 유의사항
- 문제12 성토시 암성토와 토사성토를 구분 다짐하는 이유와 다짐시 유의사항
- 문제13 유토곡선(토적곡선, Mass Curve)
- 문제14 흙의 동상 방지대책

일반 토공 과년도 문제

1	1. 상대밀도 [00중, 10점]
	2. 모래밀도별 N값과 내부마찰각의 상관관계 [04중, 10점]
	3. 내부마찰각과 N값의 상관관계 [10후, 10점]
	4. 흙의 연경도(Consistency) [03중, 10점], [10전, 10점]
	5. Atterberg 한계(Limits) [05후, 10점], [08전, 10점]
	6. 흙의 소성지수(Plasticity Index) [01중, 10점]
2	7. 대절토, 성토에서 착공 전, 준비 및 조사하여야 할 사항을 설명하시오. [95후, 25점]
	8. 대규모 단지 토공에서 착공 전에 조사하여야 할 사항에 대하여 기술하시오. [96후, 25점]
	9. 기초공사를 위한 사전지반조사 과정을 설명하시오. [00중, 25점]
	10. 대단위 토공공사시 현장조사의 종류를 열거하고, 조사목적과 수행시 유의사항에 대하여 설명하시오. [05전, 25점]
	11. 도로 및 단지조성공사 시 책임기술자로서 사전조사 항목을 포함한 시공계획을 설명하시오. [13전, 25점]
	12. 토공사에 필요한 토질조사 및 시험에 대하여 기술하시오. [97전, 30점]
	13. 노선공사(도로 또는 철도)에서 대량 절토구간이 있다. 현장책임자로서 최적 공법을 위한 다음 사항을 설명하시오. [94전, 50점] 1) 조사와 현장시험 2) 선택할 공법과 그 이유
	14. 도로공사에서 절토 사면길이 30m 이상 되는 절토구간을 친환경적으로 시공하기로 했을 때 착공 전 준비사항과 착공 후 조치사항을 설명하시오. [07후, 25점]
	15. G.P.R(Ground Penetrating Radar)탐사 [04후, 10점], [09중, 10점]
	16. T.S.P(Tunnel Seismic Profiling)탐사 [09후, 10점]
	17. Sounding [99전, 20점]
	18. N값의 수정(수정 N치) [01전, 10점], [08중, 10점]
	19. 표준관입시험에서의 N치 활용법 [02중, 10점]
	20. 표준관입시험(SPT) [09후, 10점]
	21. 콘관입시험(Cone Penetration Test) [07전, 10점]
	22. 기초시공 지반의 하층부가 연약점토층으로 구성된 이질층 지반에서 평판재하시험 시행시 고려해야 할 사항을 서술하시오. [03전, 25점]
	23. 평판재하시험 [95전, 20점], [01전, 10점], [03후, 10점]
	24. 평판재하시험 결과 이용시 주의사항 [09전, 10점]
	25. C.B.R(California Bearing Ratio) [10전, 10점]
	26. C.B.R의 정의 [94후, 10점]
	27. C.B.R과 N치와의 관계 [98후, 20점]
	28. 설계 CBR과 수정 CBR의 정의 및 시험방법에 대하여 설명하시오. [15중, 25점]
3	29. 대단위 단지조성공사의 토공작업에서 토공계획 작성시 사전조사사항을 열거하고, 시공계획수립시 유의사항을 설명하시오. [04중, 25점]
	30. 도로 및 단지조성공사 착공시 책임기술자로서 시공계획과 유의사항을 설명하시오. [02후, 25점]

일반 토공 과년도 문제

3

31. 대규모 단지조성공사시 건설 관련 개별법이 정한 인허가협의의견 해소와 용지와 관련된 사업구역 확정 등 사업준공과 목적물 인계인수를 위해 분야별로 조치해야 할 사항을 설명하시오. [08후, 25점]
32. 단지조성시 성토부의 지하시설물 시공방법 중 성토 후 재터파기하여 지하시설물을 시공하는 방법과 성토 전 지하시설물을 먼저 시공하고 되메우기 하는 방법에 대하여 설명하시오. [08후, 25점]
33. 계곡부에 고성토 도로를 축조하여 횡단하고자 한다. 시공계획을 기술하시오. [03후, 25점]
34. 트래버스(Traverse)측량 [07전, 10점]

4

35. 토질에 따른 전단강도의 특성을 설명하고, 현장 적용시 고려해야 할 사항에 대하여 설명하시오. [95후, 35점]
36. 내부마찰각과 안식각 [02전, 10점]

5

37. 성토재료로서 점질토와 사질토의 특성에 대해 설명하고, 특히 높은 함수비를 갖는 점성토의 경우의 대책에 대해 기술하시오. [96후, 25점]
38. 성토재료로서 점성토와 사질토의 특성에 대하여 설명하시오. [97후, 30점]
39. 점토지반과 모래지반의 전단특성 [96후, 20점]
40. 액상화 검토대상 토층과 발생예측기법을 열거하고, 불안정시 원리별 처리공법을 설명하시오. [10후, 25점]
41. 흙의 액상화(Liquefaction) [02중, 10점], [10전, 10점]
42. Bulking(부풀음)현상 [00후, 10점]
43. 딕소트로피(Thixotropy)현상(예민비) [06후, 10점], [09전, 10점]
44. 점토의 예민비 [06전, 10점]
45. 과소압밀(Under Consolidation)점토 [09후, 10점]
46. 슬래킹(Slaking)현상 [05전, 10점]
47. 통일분류법에 의한 흙의 성질 [05전, 10점]
48. 다음 그림은 도로 현장에서 성토용 재료를 사용하기 위하여 몇 가지의 시료를 채취하여 입도분석시험 결과에 의하여 얻어진 입도분석곡선이다. 책임기술자로서 각 곡선 A, B, C 시료에서 예측 가능한 흙의 성질을 기술하시오. [06전, 25점]

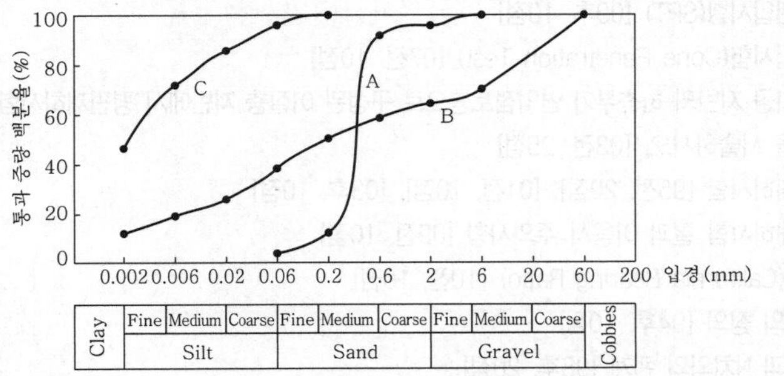

6

49. 흙의 다짐원리 [01중, 10점]
50. 흙의 다짐특성 [02후, 10점]
51. 최적함수비(O.M.C) [00중, 10점], [02전, 10점], [05전, 10점], [07중, 10점], [08중, 10점], [11전, 10점]
52. 흙의 최대건조밀도 [07후, 10점]

일반 토공 과년도 문제

6	53. 영공기 간극곡선(Zero Air Void Curve) [05중, 10점] 54. 과전압(Over Compaction) [01중, 10점] 55. 흙의 다짐도 [05중, 10점] 56. 들밀도시험(Field Density) [03중, 10점] 57. 토공 다짐효과에 영향을 주는 요인과 다짐효과를 증대시키는 방안을 설명하시오. [00전, 25점] 58. 도로 성토시 다짐에 영향을 주는 요인과 현장에서의 다짐관리방법에 대하여 설명하시오. [06후, 25점] 59. 도로포장공사에서 흙의 다짐도 관리를 품질관리측면에서 설명하시오. [10전, 25점] 60. 토공작업시 시방서에 다짐제한을 두는 이유와 다짐관리방법에 대하여 기술하시오. [03후, 25점] 61. 흙쌓기 다짐공에서 다짐도를 판정하는 방법에 대하여 기술하시오. [02전, 25점] 62. 대단위 토공작업에서 성토재료 선정방법과 다짐방법 및 다짐도 판정방법에 대하여 설명하시오. [14중, 25점] 63. 흙쌓기 작업시 다짐도 판정방법에 대하여 설명하시오. [18전, 25점] 64. 다짐도 판정방법 [98중후, 20점], [08전, 10점] 65. 흙쌓기공의 노상재료 [97전, 20점] 66. 토공정규 [97중후, 20점] 67. 자동차의 대형화와 교통량 증가로 도로구조의 지지력 증대가 요구되는 바, 이에 대한 시공관리와 성토다짐작업에 관하여 기술하시오. [05후, 25점] 68. 도로공사 노체나 철도공사 노반의 성토 구조물을 시공하려고 한다. 설계시 고려사항 및 성토관리에 대하여 설명하시오. [04중, 25점] 69. 성토재료의 요구성질과 현장다짐방법 및 판정방법을 기술하시오. [03중, 25점] 70. 대단위 성토공사에서 요구되는 조건에 따라 성토재료의 조사내용을 열거하고, 안정성 및 취급성에 대하여 설명하시오. [11중, 25점] 71. 토공사에서 성토재료의 선정요령에 대하여 설명하시오. [11후, 25점] 72. 통일분류법에 의한 SM흙과 CL흙의 다짐특성 및 적용장비에 대하여 비교, 설명하시오. [15중, 25점]
7	73. 토취장의 선정요건 [97전, 20점] 74. 토취장의 선정요령과 복구에 대하여 설명하시오. [02후, 25점] 75. 임해지역에서 대규모 매립공사 수행시 육해상 토취장계획과 사용장비조합을 기술하시오. [06중, 25점] 76. 사토장 선정시 고려사항과 현장에서 문제점이 되는 사항에 대하여 대책을 기술하시오. [07중, 25점]
8	77. 성토 비탈면의 전압방법의 종류를 열거하고, 각 특징에 대하여 설명하시오. [01후, 25점] 78. 비탈면 성토작업시 다음에 대하여 설명하시오. [15전, 25점] 1) 토사 성토 비탈면의 다짐공법 2) 비탈면 다짐시 다짐기계작업의 유의사항
9	79. 도로공사에서 구조물 접속구간의 부등침하원인과 방지대책에 대해 기술하시오. [96후, 50점] 80. 성토시 구조물 접속부의 부등침하 방지대책을 설명하시오. [08중, 25점] 81. 구조물 부등침하원인과 방지대책에 대하여 설명하시오. [17중, 25점] 82. 구조물과 성토와의 접속부 시공에 대한 고려할 사항을 설명하시오. [94전, 30점]

일반 토공 과년도 문제

9	83. 교대 및 암거 등의 구조물과 토공 접속부에서 발생하는 단차의 원인을 열거하고, 원인별 방지공법들에 대하여 설명하시오. [10후, 25점] 84. 수평지지력이 부족한 연약지반에 철근 콘크리트 구조물 시공시 검토하여야 할 사항에 대하여 설명하시오. [13중, 25점] 85. 구조물 뒤채움의 다짐방법에 관하여 쓰시오. [96전, 30점] 86. 구조물 뒤채움의 시공원칙에 대하여 기술하시오. [97중후, 33점]
10	87. 片切, 片盛구간의 경계부에 균열 등의 하자가 발생하는 원인과 그 방지대책을 기술하시오. [94후, 50점] 88. 경사면에 축조되는 반절토, 반성토 단면의 노반 축조시 유의사항을 기술하시오. [99후, 30점] 89. 토공사시 절성토 접속구간에 발생 가능한 문제점과 해결대책에 대하여 설명하시오. [02중, 25점] 90. 흙깎기 및 쌓기 경계부의 부등침하에 대하여 설명하시오. [18전, 25점]
11	91. 기존 도로를 확장(확폭)하는 토공사에 있어서 시공상 주의해야 할 사항을 기술하시오. [97중전, 50점] 92. 도로공사시 비탈면 배수시설의 종류와 기능 및 시공시 유의사항에 대하여 설명하시오. [19전, 25점] 93. 노체 성토부의 배수대책 [02후, 10점] 94. 연약지반상에 건설된 기존 도로를 동일한 높이로 확장할 경우 예상되는 문제점 및 대책에 대하여 설명하시오. [13전, 25점]
12	95. 암버력으로 쌓기하는 부분의 시공상 유의점에 대하여 기술하시오. [95전, 33점] 96. 도로공사에서 암굴착으로 발생된 버력을 성토재료로 사용하고자 할 때 시공 및 품질관리기준에 대하여 기술하시오. [01중, 25점] 97. 토사 또는 암버력 이외에 노체에 사용할 수 있는 재료와 이들 재료를 사용하는 경우 고려해야 할 사항에 대하여 설명하시오. [02후, 25점] 98. 암(岩) 성토시 시공상의 유의사항에 대하여 기술하시오. [04후, 25점] 99. 도로공사에서 암버력을 유용하여 성토작업을 하는데 필요한 유의사항을 설명하시오. [08전, 25점] 100. 암버력을 성토재료로 사용할 때 시공방법 및 성토시 유의사항에 대하여 설명하시오. [18중, 25점] 101. 토사의 암석재료를 병용하여 흙쌓기할 때 흙쌓기 다짐시 유의사항과 현장다짐관리방법에 대하여 설명하시오. [12전, 25점] 102. 암버력쌓기시 다짐관리기준 및 방법에 대하여 설명하시오. [15전, 25점] 103. 도로공사시 파쇄석을 이용한 성토와 토사 성토를 구분하여 다짐 시공하는 이유와 다짐시 유의사항 및 현장다짐관리방법을 설명하시오. [16중, 25점] 104. 토사 및 암버력으로 이루어진 성토부 다짐도 측정방법에 대하여 설명하시오. [16후, 25점]
13	105. 토적곡선(유토곡선)의 약도를 그리고, 성질을 설명하시오. [94전, 40점] 106. 유토곡선의 성질과 이용방안에 대해 기술하시오. [96후, 25점] 107. 대규모 토공사에서 토공계획 수립시 유토곡선(Mass Curve) 작성 및 운반장비 선정방법에 대하여 설명하시오. [02중, 25점] 108. 단지조성을 할 경우 단지 내에서의 평면상 토량배분계획 수립방법을 설명하시오. [07후, 25점] 109. 유토곡선(mass curve)을 작성하는 방법과 유토곡선의 모양에 따른 절토 및 성토계획에 대해 설명하시오. [15전, 25점] 110. 土工事에서 토량배분방법을 단계적으로 설명하시오. [96중, 30점]

일반 토공 과년도 문제

13	111. 토공작업시 토량분배방법에 대하여 기술하시오. [03후, 25점] 112. 토적곡선의 성질과 토적곡선의 작성시 유의사항을 설명하시오. [00전, 25점] 113. 토공균형계획을 검토한 바 350,000m^3의 순성토가 발생하였다. 토공균형곡선 및 소요성토재료를 현장에 반입하기까지의 검토사항에 대하여 기술하시오. [01중, 25점] 114. 유토곡선(Mass Curve)에 의한 평균이동거리 산출요령과 그 활용상 유의할 사항에 대하여 설명하시오. [11후, 25점] 115. 유토곡선(Mass Curve)(土積圖) [97중전, 20점], [06후, 10점] 116. 유토곡선(Mass Curve)의 극대치와 극소치 [94후, 10점] 117. 토량환산계수 [00전, 10점], [02중, 10점], [10후, 10점] 118. 토량의 체적환산계수(f) [05중, 10점] 119. 토량환산에서 L값과 C값 [94후, 10점] 120. 도로지반의 동상의 원인과 대책에 대하여 기술하시오. [04전, 25점] 121. 시공현장의 지반에서 동상(frost heaving)의 발생원인과 방지대책에 대하여 설명하시오. [11전, 25점]
14	122. 토피고가 3m 이하인 지중 구조물(box) 상부도로의 동절기 포장융기 저감대책에 대하여 설명하시오. [14전, 25점] 123. 흙의 동해가 토목 구조물에 미치는 영향을 설명하시오. [95후, 25점] 124. 흙의 동결이 토목 구조물에 미치는 영향에 관하여 기술하시오. [98전, 30점] 125. 도로지반의 동상(frost heave) 및 융해(Thawing) [05전, 10점] 126. 흙의 凍上 [96전, 20점] 127. Ice Lense 현상 [02전, 10점] 128. 동결심도의 산출방법 [95중, 20점] 129. 동결심도 결정방법 [02중, 10점] 130. 동결깊이 [00중, 10점]

1 흙의 기본적 성질

Ⅰ. 개요

① 흙은 토립자(고체)를 중심으로 하여 그 사이에 물(액체), 공기(기체)의 3상으로 구성되어 있고, 구성요소의 체적과 중량에 따라 성질이 크게 달라진다.

② 상호간의 관계는 체적과 중량으로 나타낼 수 있는 데 상의 체적관계는 간극률, 간극비, 포화도를 사용하며 상의 중량관계는 함수비를 사용하여 표시한다.

Ⅱ. 흙의 주상도

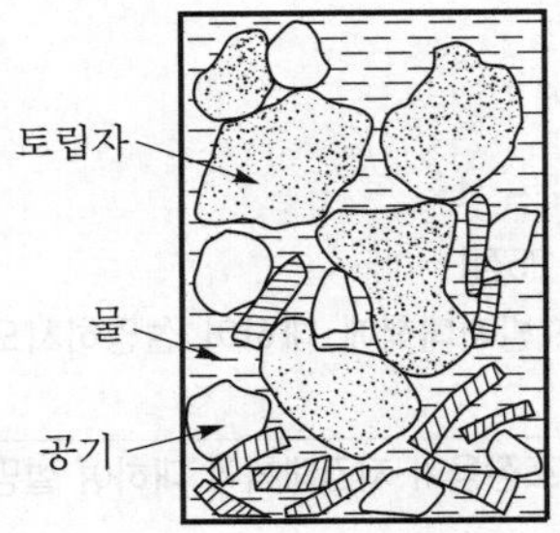

<자연상태에 있는 흙>

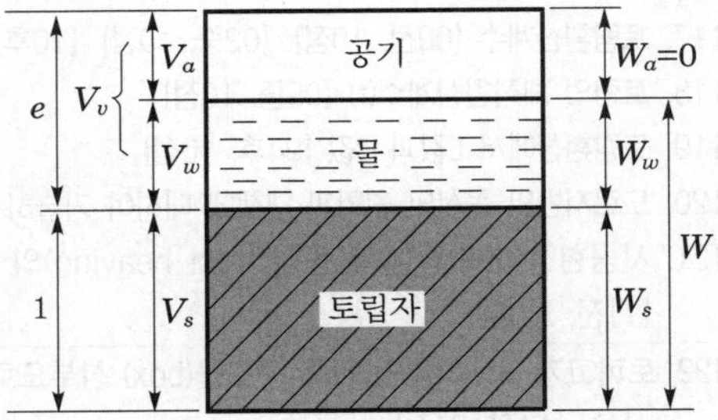

<흙의 주상도>

1) 간극비(Void Ratio)

토립자의 용적에 대한 간극의 용적의 비

$$e = \frac{V_v}{V_s}$$

여기서, V_v : 간극의 용적, V_s : 토립자의 용적

2) 간극률(Porosity)

흙 전체의 용적에 대한 간극의 용적의 백분율

$$n = \frac{V_v}{V} \times 100(\%)$$

여기서, V : 흙 전체의 용적

3) 포화도(Degree of Saturation)

간극 속 물의 용적의 비율로서 흙이 포화상태에 있으면 S=100%이며, 완전히 건조되어 있으면 S=0이다.

$$S = \frac{V_w}{V_v} \times 100(\%)$$

여기서, V_w : 물의 용적

4) 함수비(Water Content)

토립자의 중량에 대한 물중량의 백분율로서 노건조 상태의 흙의 함수비는 0이다.

$$w = \frac{W_w}{W_s} \times 100(\%)$$

여기서, W_w : 물의 중량, W_s : 토립자의 중량

5) 함수율

흙 전체 중량에 대한 물중량의 백분율

$$w' = \frac{W_w}{W} \times 100(\%)$$

여기서, W : 흙 전체의 중량

6) 비중(Specific Gravity)

비중이란 4℃에서의 물의 단위중량에 대한 어느 물질의 단위중량이며, 흙의 비중은

$$G_s = \frac{\gamma_s}{\gamma_w(4℃\text{ 일 때})}$$

7) 단위중량(밀도)

① 습윤단위중량(Wet Density = Total Unit Weight) : 자연상태에 있는 흙의 중량을 이에 대응하는 용적으로 나눈 값으로 흙의 다져진 상태, 입경과 입도분포, 함수비에 따라서 변함

$$\gamma_t = \frac{W}{V} = \left(\frac{G_s + Se}{1+e}\right)\gamma_w$$

② 건조단위중량(Dry Unit Weight) : 흙을 노건조시켰을 때의 단위중량

$$\gamma_d = \frac{W_s}{V}$$

③ 포화단위중량(Saturated Unit Weight) : 흙이 수중에 있거나 모관작용에 의하여 완전히 포화되었을 때의 단위중량

$$\gamma_{\text{sat}} = \left(\frac{G_s + e}{1+e}\right)\gamma_w$$

④ 수중단위중량(Submerged Unit Weight) : 흙이 지하수의 아래에 있으면 부력을 받으므로 이때의 단위중량은 포화단위중량에서 부력을 뺀 만큼 감소

$$\gamma_{\text{sub}} = \gamma_{\text{sat}} - \gamma_w = \left(\frac{G_s - 1}{1+e}\right)\gamma_w$$

8) 상대밀도(Relative Density)

조립토의 느슨한 상태와 조밀한 상태의 공극의 크기를 비교하기 위해 사용

$$D_r = \frac{e_{\max} - e}{e_{\max} - e_{\min}} \times 100(\%)$$

Ⅲ. Atterberg 한계(흙의 연경도, Consistency)

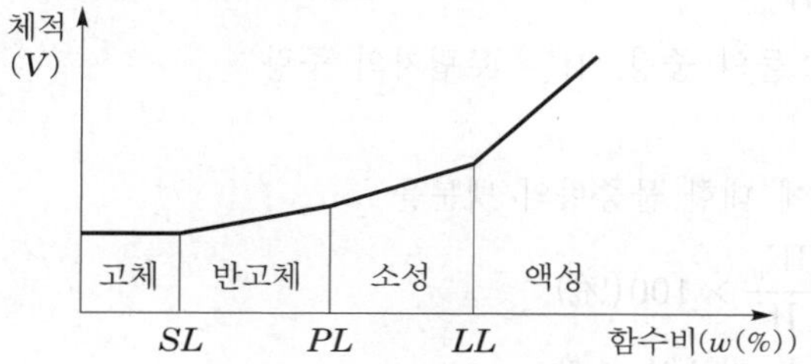

<Atterberg 한계>

1) 액성한계(Liquied Limit : LL)
   흙이 소성상태로부터 액성상태로 변하는 순간의 함수비
2) 소성한계(Plastic Limit : PL)
   흙이 반고체상태에서 소성상태로 변하는 순간의 함수비
3) 수축한계(Shrinkage Limit : SL)
   흙이 고체상태로부터 반고체상태로 변하는 순간의 함수비 즉, 어느 함수량에 도달하면 수축이 정지되어 용적이 일정하게 될 때의 함수비
4) 소성지수(Plastic Index)
   액성한계와 소성한계의 차이며, 흙이 소성상태로 존재할 수 있는 함수비의 범위

   $$PI = LL - PL$$

5) 수축지수(Shrinkage Index : SI)
   소성한계와 수축한계의 차이

   $$SI = PL - SL$$

6) 액성지수(Liquidity Index : LI)
   w_n, PL, LL의 상호관계로서 흙의 이력상태를 판정하는데 이용

   $$LI = \frac{w_n - PL}{PI}$$

7) 연경지수(Consistency Index : I_c)
   흙의 안정성을 판단하는 지수로서 $I_c \geq 1$이면 안정, $I_c \leq 0$이면 불안정

   $$I_c = \frac{LL - w_n}{PI}$$

Ⅳ. 결론

① 흙이 함수량의 감소에 의해 변화되는 성질을 흙의 연경도(consistency)라 하고, 각각의 변화한계를 Atterberg 한계라 한다.

② 흙의 기본적 성질을 파악하기 위해서 각 성분 사이의 관계를 간극비와 간극률, 함수비와 포화도, 단위중량, 상대밀도 등으로 나타낼 수 있다.

2 토질조사

Ⅰ. 개요

① 토질조사는 토층의 구성, 두께, 상태 및 흙의 성질을 알기 위한 조사로서 기초설계를 위한 가장 기본이 되는 조사이다.

② 공사가 계획되어 있는 구조물의 기초와 사면의 안정, 지하 터파기의 설계 및 시공이 안전하고도 경제적으로 이루어지도록 하는데 필요한 흙에 관한 정보를 얻을 목적으로 시행한다.

Ⅱ. 필요성

① 구조물 기초의 형태, 크기 선택

② 기초의 지지력 산정

③ 구조물의 예상침하량 산정

④ 지하수위 확인

⑤ 지하 구조물에 대한 횡토압 산정

⑥ 지층의 심도와 지반상태에 따른 시공법 결정

Ⅲ. 순서

1) 사전조사

① 자료조사는 구조물 기초설계를 위한 토질조사의 계획 및 현장 상황을 판단하기 위해 지형도, 지질도, 항공사진, 과거 공사기록 등을 수집하는 것을 말한다.

② 현장답사는 자료조사 결과를 현장에서 확인하고 예비조사 계획을 수립하는데 필요한 사항을 확인하는 것으로 용출수, 지하수, 배수상태, 수도 및 하천상태, 지하 구조물 현황, 재해, 환경 등의 조사를 행한다.

2) 예비조사

① 자료조사나 현장답사 결과를 근거로 하여 구조물이 요구하는 제반사항을 파악하는 조사이다.

② 자료조사, 현장답사, 보링, 원위치 시험 및 실내시험 등이 있으며, 본조사가 효율적으로 수행되도록 실시해야 한다.

3) 본조사

① 예비조사에서 개략적인 지층의 구성을 파악하여 예상되는 지질 및 토질 공학적 문제점을 도출하고 이에 대한 조사의 방법, 위치, 수량을 계획하고 실시하는 것이다.

② 지반조사, 암반조사, 보링 및 물리탐사 등에 의해 지반의 구성상태를 파악하고, 원위치 시험과 채취시료에 대한 실내시험으로 흙의 공학적 성질을 상세히 판단하여 흙 또는 지반을 종합적으로 판정한다.

4) 추가조사

본 조사 후에 추가로 조사하여 보완·보강 목적으로 실시한다.

Ⅳ. 토질조사의 종류

1. 지하탐사법

1) 짚어보기

① 직경 ϕ9mm 철봉을 이용하여 인력으로 삽입, 지반의 저항정도 분석

② 지반의 경연 파악

2) 터 파보기

① 소규모 공사에 적용하며, 삽으로 구멍을 파보는 법

② 간격 5~10m, 구멍지름 1m 내외, 깊이 1.5~3m

3) 물리적 탐사법

① 지반의 구성층 및 지층변화의 심도를 판단하는 방법

② 전기저항식, 강제진동식, 탄성파식 탐사방법이 있으나 주로 전기저항식 이용

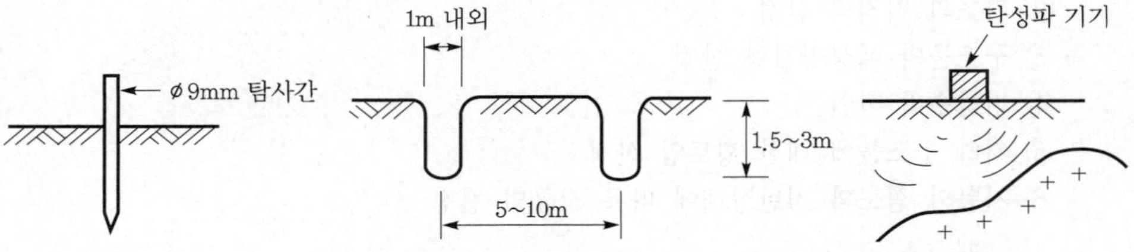

<짚어보기> <터 파보기> <물리적 탐사법>

2. Boring

지중에 철관을 꽂아 천공하여 토사의 채취, 관찰 및 지중의 토질분포, 흙의 층상, 구성 등을 알 수 있고 표준관입시험, Vane Test 등과 같은 다른 지반조사법과 병용하기도 한다.

1) 오거 보링(Auger Boring)

① 나선형으로 된 송곳(auger)을 인력으로 지중에 박아 지층을 알아보는 방법

② 깊이 10m 이내의 점토층에 사용

2) 수세식 보링(Wash Boring)

① 선단에 충격을 주어 이중관을 박고 물을 뿜어내어 파진 흙과 물을 같이 배출

② 흙탕물을 침전시켜 지층의 토질을 판별

3) 충격식 보링(Percussion Boring)

① 와이어 로프의 끝에 달린 충격날(percussion bit)의 상하작동에 의한 충격으로 토사·암석을 파쇄 천공하여 파쇄된 토사는 Bailer로 배출

② 공벽토사의 붕괴를 방지할 목적으로 안정액 사용

③ 안정액은 황색점토 또는 Bentonite를 사용

4) 회전식 보링(Rotary Boring)

① Drill Rod의 선단에 첨부한 날(bit)을 회전시켜 천공하는 방법

② 안정액은 Drill Rod를 통하여 구멍 밑의 안정액 Pump로 연속하여 송수하고, Slime을 세굴하여 지상으로 배출

③ Bit의 종류는 Fish Tail Bit, Crown Bit, Short Crown Bit, Cutter Crown Bit, Auger, Sampling Auger 등

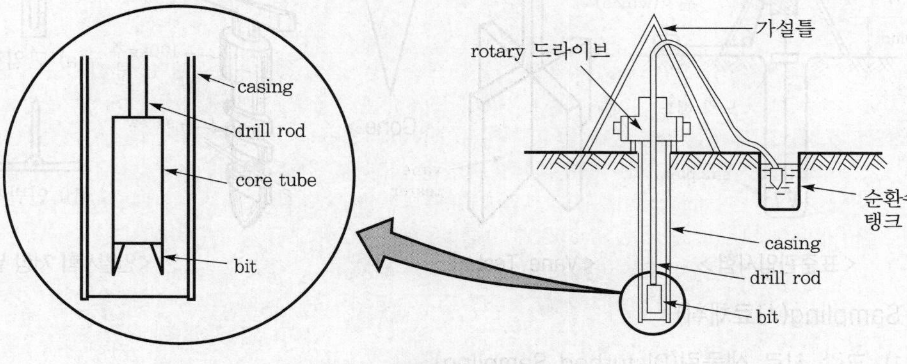

< 회전식 보링 >

3. Sounding

Rod 선단에 부착한 저항체를 흙 속에 관입시켜서 관입·회전·인발 때의 저항정도로서 지반의 상태를 파악하며, 보통 Boring 방법과 병행하여 실시한다.

1) 표준관입시험(Standard Penetration Test)

① Split Spoon Sampler를 Drill Rod에 장착하여 63.5kg의 해머로 760mm의 높이에서 타격하여 Sampler가 300mm 관입될 때까지 요구되는 타격횟수 N치를 구하는 시험

② N치는 모래의 상대밀도와 점토의 Consistency 추정에 사용

③ 주로 사질토에 적용

2) Vane Test

① Rod 선단에 장착된 십자형 날개(vane)를 시추공 아래에 내려 지중에 압입한 후 회전시켜 원위치 점토의 전단강도를 직접적으로 구하는 방법

② 보통 연약점토 지반에 적용

3) Cone 관입시험

① 강봉선단의 원추체를 땅속에 관입시켜 원위치 지반토에 대한 정적관입 저항치(q_c)를 측정하는 시험

② 사질토와 점성토 모두에 적용 가능

4) 스웨덴식 Sounding

① 선단에 Screw Point를 달아 중추(100kg)의 무게와 회전력에 의하여 관입저항을 측정하는 방법

② 관입량과 회전수로 토층의 상황판단

③ 연약지반에서 굳은 지반까지 모든 토질에 적용

5) 인발시험

지반에 뚫어놓은 Boring공 속에 접혀진 날개를 와이어에 묶어 집어 넣은 다음 저항날개를 펴고 와이어 로프를 감아 올리면서 이때의 인발 저항력을 연속적으로 측정하여 전단 저항값을 측정하는 시험

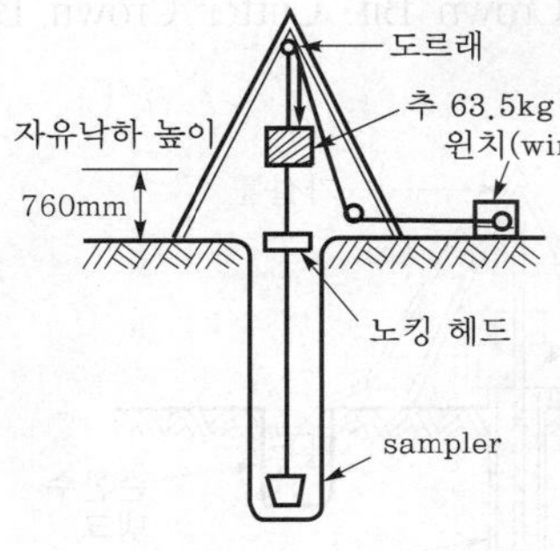

<표준관입시험>

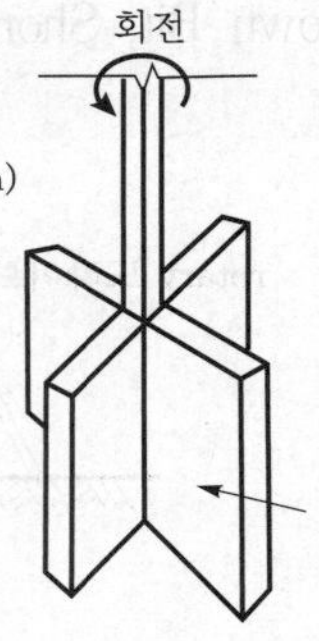

<Vane Test>

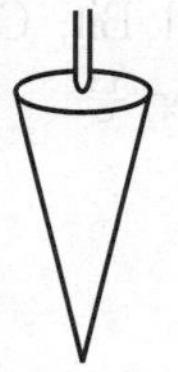

<Cone>

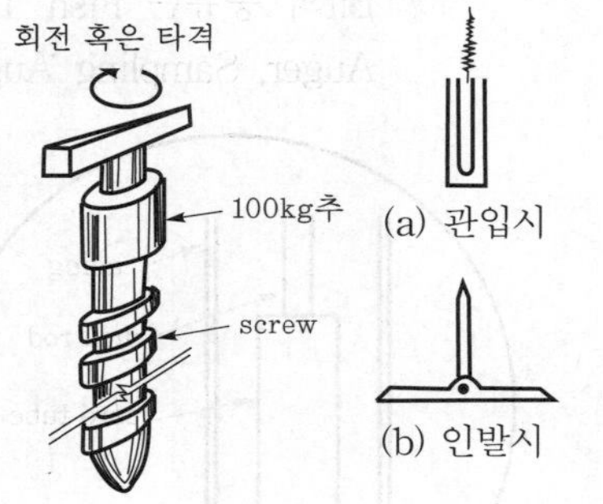

<인발시험 저항 날개>

4. Sampling(시료채취)

1) 교란 시료 샘플링(Disturbed Sampling)

① 리몰드 샘플링(Remold Sampling)

② 표준관입용 Auger에 의한 연속적인 샘플채취

2) 불교란 시료 샘플링(Undisturbed Sampling)

① Thin Wall Sampling : 연약한 점성토, 신뢰도가 높다.

② Composite Sampling : 굳은 점토 혹은 모래에 적합

③ Denison Sampling : 단단한 점성토에 적합

④ Foil Sampling : 길고 연속적인 시료 가능, 연약지반 적용, 완전한 토질시험 가능

5. 토질시험

1) 흙의 주상도

① 흙덩이는 고체인 토립자, 액체인 물 및 기체인 공기의 세 가지 상으로 분리하고, 상간의 관계를 체적과 중량으로 나타내는 방법

② 체적과 중량간의 기본 관계식

$$G_s w = Se$$

여기서, G_s : 토립자 비중, w : 함수비, S : 포화도, e : 간극비

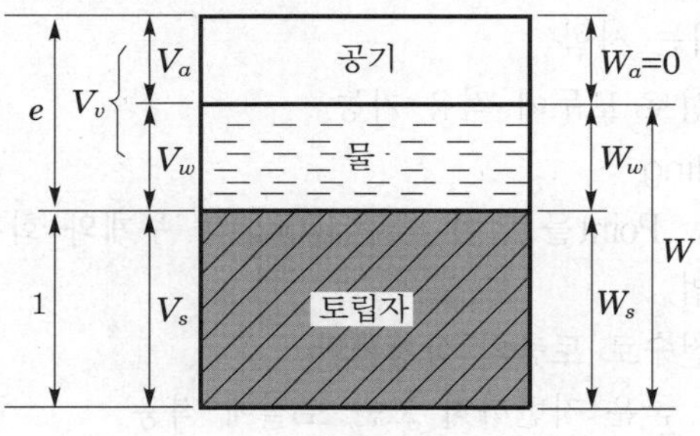

<흙의 주상도>

2) Atterberg 한계

① 흙이 함수량의 감소에 의해 변화하는 성질을 흙의 연경도(consistency)라 하고 각각의 변화한계를 Atterberg 한계라 한다.

② 점토의 성질파악에 필요한 한계함수량에 대한 시험법과 한계기준을 규정하는데 적합하다. 소성지수($PI=LL-PL$)와 액성한계(LL)가 중요하다.

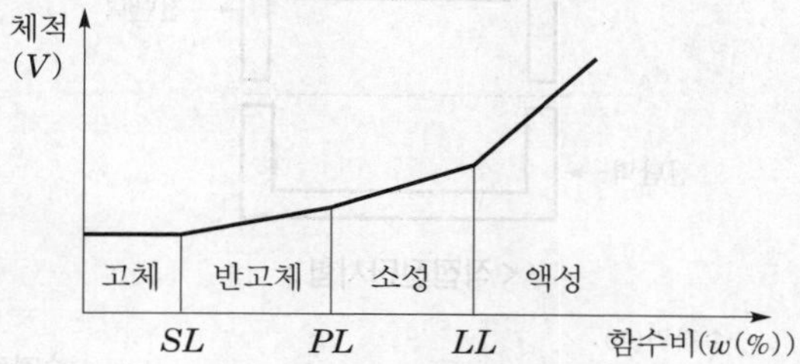

< Atterberg 한계 >

3) 입경가적곡선

① 체분석은 자갈, 모래와 같은 조립토에 적용되며, 균등계수(C_u) 및 곡률계수(C_g)로서 입도의 양부를 판정한다.

② 침강분석은 실트, 점토와 같은 세립토에 적용하며, 정수중에서 토립자가 침강하는 속도와 흙의 입경과의 관계를 나타내는 Stockes의 법칙을 이용한 것이다.

③ 체분석이나 침강분석에 의해 흙의 입경, 분포를 결정한 결과를 이용해서 입경 가적곡선을 그린다.

④ $C_u=\dfrac{D_{60}}{D_{10}}>10,\ C_g=\dfrac{{D_{30}}^2}{D_{10}\,D_{60}}=1\sim3$

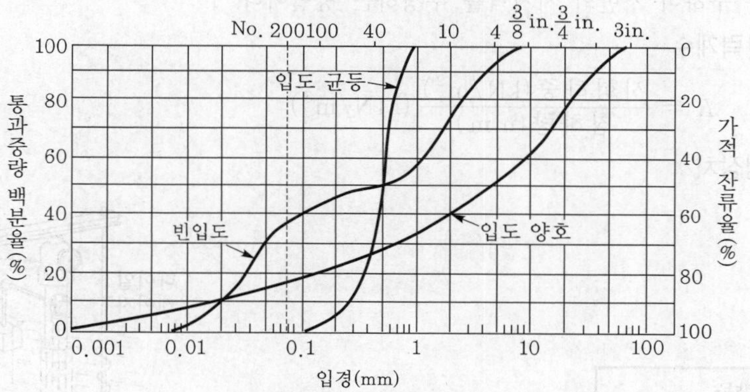

< 입경가적곡선 >

4) 강도시험(역학적 시험)

흙의 역학적 성질을 판단하는 가장 중요한 시험으로 전단강도는 점착력(C)과 마찰각(ϕ)에 의해 결정

$S=C+\overline{\sigma}\tan\phi$(쿨롱의 법칙)

여기서, S : 전단강도, C : 점착력 $\overline{\sigma}$: 유효응력, ϕ : 내부 마찰각

① **직접전단시험** : 수직력을 가해 대응하는 전단력 측정

② **3축 압축시험** : 일정한 축압과 수직하중을 가해 공시체 파괴시험

③ **1축 압축시험** : 직접하중을 가해 파괴시험

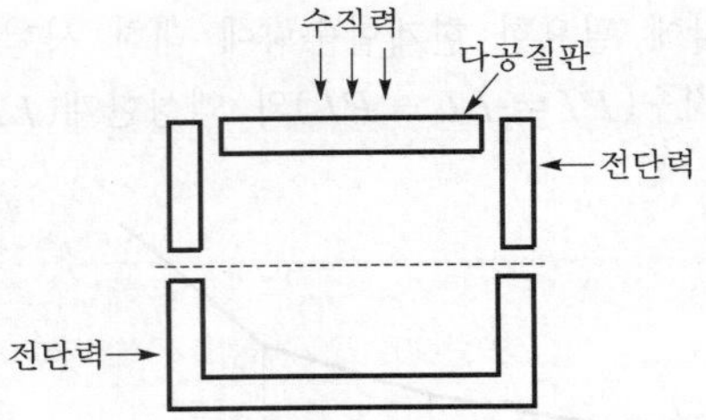

< 직접전단시험 >

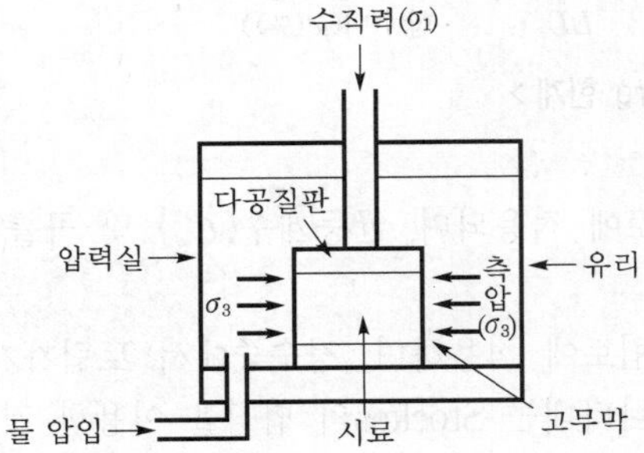

<3축 압축시험>

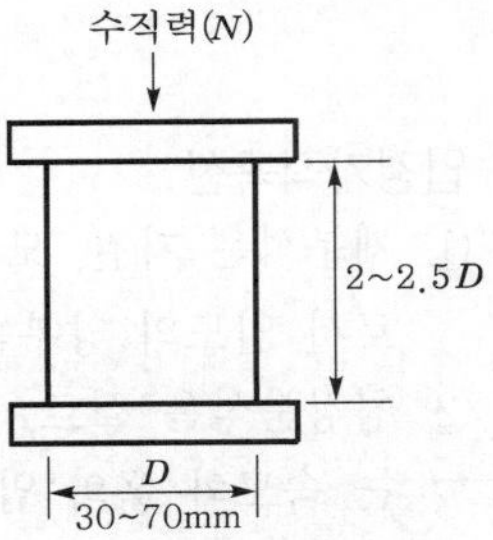

<1축 압축시험>

6. P.B.T(평판재하시험 : Plate Bearing Test)

재하평판을 지반 위에 놓고 일정한 속도로 하중을 가하여 작용하중과 침하량의 관계를 구하여 지반의 지지력을 추정하는 방법이다.

1) 지반력계수

$$K = \frac{\text{시험하중}(\mathrm{kN/m^2})}{\text{침하량}(\mathrm{mm})}(\mathrm{MN/m^3})$$

2) 시험장치

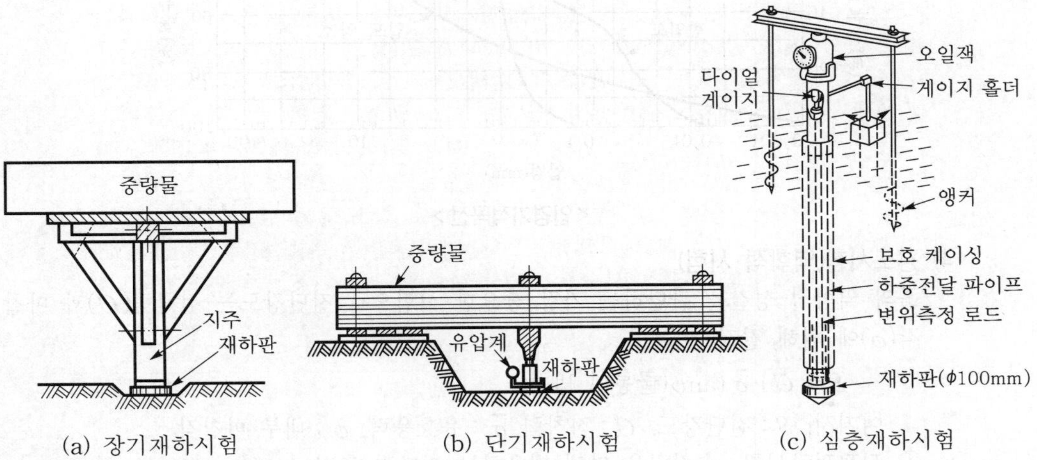

< 평판재하시험장치 >

① 재하판

㉠ 원형 : 직경 300mm, 400mm, 750mm

㉡ 정사각형 : 300×300×22(mm), 400×400×22(mm)

② **침하량 측정장치** : 재하판의 침하량을 측정하는 장치로서 재하판의 끝에서 1m 이상 떨어진 지점에 지지점을 설치한다.

③ **하중장치** : 자동차 또는 트레일러와 같은 소요의 반력을 얻을 수 있는 장치로서 재하판의 끝에서 1m 이상 떨어진 지점에 지지점을 설치한다.

7. C.B.R(California Bearing Ratio)

관입법에 의한 노상토의 지지력비 결정방법으로서 도로나 활주로의 포장두께 산정에 쓰인다.

1) 지지력비

노상토의 지지력비란 어떤 관입깊이에서 시험단위 하중의 표준단위 하중에 대한 비를 백분율로 나타낸 것으로서 식은 다음과 같다.

$$CBR = \frac{\text{시험하중(kN)}}{\text{표준하중(kN)}} \times 100(\%)$$

2) 표준하중

관입량	표준단위하중	표준하중
2.5mm	$6.9MN/m^2$	13.4kN
5.0mm	$10.3MN/m^2$	19.9kN

Ⅴ. 결론

① 토질의 분포와 성질을 철저히 조사하는 일은 토공을 합리적, 경제적으로 관리하는데 있어서 대단히 중요하며, 조사방법의 선택과 활용은 공사의 성패를 결정하는 중요한 요건이 되고 있다.

② 토질조사는 공사와 관련되는 토질공학적인 제반 문제점들을 정확히 파악하기 위해 필요하며, 사전에 본공사에 소요되는 시간과 예산을 충분히 감안하여 종합적인 관점에서 토질조사를 실시해야 한다.

3 토공사 착공 전 시공계획 및 유의사항

Ⅰ. 개요

① 대절토, 대성토 시공시 착공전에 대상이 되는 현지 토질, 지질, 지형 등을 충분히 검토하여야 한다.

② 본공사 시공시 보충자료로서 활용하고 공사중의 변화 등을 예측하여 공사진행에 차질이 없도록 충분한 계획을 수립해야 한다.

Ⅱ. 착공전 준비

① 지형도
② 지질도
③ 항공측량사진
④ 1/5,000 지도
⑤ 인근 공사 실적자료
⑥ 지하 매설물 현황도
⑦ 지상 장애물 분포도

Ⅲ. 시공계획

1. 토질조사

1) 사전조사

① 사전조사는 구조물 기초설계를 위한 토질조사의 계획 및 현장상황을 판단하기 위해 지형도, 지질도, 항공사진, 과거 공사기록 등을 수집하는 것을 말한다.

② 현장답사는 자료조사 결과를 현장에서 확인하고 예비조사 계획을 수립하는데 필요한 사항을 확인하는 것으로 용출수, 지하수, 배수상태, 수도 및 하천 상태, 지하구조물 현황, 재해, 환경 등의 조사를 행한다.

2) 예비조사

① 자료조사나 현장답사 결과를 근거로 하여 구조물이 요구하는 제반사항을 파악하는 조사이다.

② 자료조사, 현장답사, 보링, 원위치 시험 및 실내시험 등이 있으며, 본조사가 효율적으로 수행되도록 실시해야 한다.

3) 본조사

① 예비조사에서 개략적인 지층의 구성을 파악하여 예상되는 지질 및 토질공학적 문제점을 도출하고 이에 대한 조사의 방법, 위치, 수량을 계획하고 실시하는 것이다.

② 지반조사, 암반조사, 보링 및 물리탐사 등에 의해 지반의 구성상태를 파악하고 원위치 시험과 채취시료에 대한 실내시험으로 흙의 공학적 성질을 상세히 판단하여 흙 또는 지반을 종합적으로 판정한다.

4) 추가조사

본조사 후에 추가로 조사하여 보완·보강 목적으로 실시한다.

2. 토량배분계획

토량변화, 더돋기, 유토곡선에 의하여 토량배분

3. 공법 선정

① 토질조사에 따른 지반특성을 활용하여 기초지반 및 사면보강 공법 선정
② 공종별 장비조합 및 토질별 다짐장비 선정

4. 임시공사용 도로계획

5. 배수계획(유수전환)

6. 배수 구조물 시공계획

① 터파기
② 철근가공조립
③ 거푸집 시공
④ 콘크리트
⑤ 되메우기 : 소요시방 기준에 맞게 시공

7. 토공사계획

① 규준틀 설치
② 토공 포스트
③ 준비배수
④ 벌개제근 및 표토 제거
⑤ **구조물 및 지장물 제거** : 공사에 장애가 되는 구조물 및 지장물 제거
⑥ 땅깎기
⑦ 시공중 표면수, 용수처리 및 노면보호계획
⑧ 절개비탈면 보호계획
⑨ 토취장계획
⑩ 사토장계획
⑪ 성토계획
⑫ 장비계획

8. 공사관리계획

① 자재　　② 안전
③ 품질(다짐계획)　　④ 인원
⑤ 환경

9. 민원관리

Ⅳ. 유의사항

1. 토질조사시

① 현장 원위치 시험과 실내시험을 병행하여 비교 검토 실시
② 물리탐사로 전체 부지를 조사후 대표 위치시험으로 검증이 필요

2. 토량배분계획시

① 설계도서상의 토량배분 파악
② 장비별 운반위치 평면도 작성

3. 공법선정시

① 토질조사로 설계시 주상도와 비교 검토후 차이점 비교 검토
② 적용 공법의 장·단점과 문제점 파악후 공법 선정

4. 임시 공사용 도로계획시

① 교통량과 통과 차량을 파악한 후 계획수립으로 원활한 소통이 되도록 함
② 인근 주민들의 보행에 불편함이 없도록 보도 확보

5. 준비 배수

① 깎기 장소 또는 쌓기 원지반에 고인 물을 배제하여야 하며, 시공중에도 필요에 따라 가배수로와 침사지 등을 설치하여 배수
② 흙깎기 중에 용수 또는 지하수 등을 발견시 보고후 적절한 배수시설 설치

6. 규준틀 설치

깎기 비탈면 및 쌓기 비탈면에는 반드시 규준틀을 설치하여 토공면이 올바르게 마무리되도록 함

7. 기존 시설물 및 경작물 보호

보존해야 할 기존 시설물(건물, 가스관, 전선관 등)과 경작물이 있는 경우 그들이 피해를 입거나 지장을 주지 않도록 적절한 보호조치

8. 토취장 선정

① **토질조건 검토** : 성토재료로서 적합성 여부와 자연상태의 함수비, 입도분포, 입경 등을 검토
② **운반거리** : 현장까지의 운반거리에 따른 경제성을 고려하고, 토사운반에 따른 민원 발생 여부를 조사
③ **시공성 검토** : 장비의 Trafficability와 시공의 난이도 등을 검토
④ **환경규제** : 지역환경의 자연환경 파손에 따른 규제 여부와 특히 문화재 보호와 관광지 등에 미치는 영향을 검토

9. 사토장 선정

① **운반로** : 토사운반차량의 진입 가능성과 운반도로의 경사 등의 운반로 점검

② **사토량** : 현장에서 발생하는 사토량에 적합한 사토장 개발이 중요

③ **지형** : 사토 처리후 지형변화에 따른 재해발생 여부를 면밀히 검토하고 선정

Ⅴ. 결론

① 토공사 착공전에 현장실정과 토질조사로 시공계획을 수립하면 토공을 합리적, 경제적으로 관리할 수 있으며, 얼마나 충실하게 시공계획을 수립했느냐에 따라 공사의 성패가 결정된다.

② 시공계획 수립시 공정별 발생할 수 있는 문제점을 발췌하여 대책을 준비하고, 실제 시공시 예상치 못한 문제점이 발생하면 적극적으로 대처하고, 기록으로 보존하여 차후 공사의 시공계획 수립시 이용해야 한다.

4 흙의 전단강도 개념과 시험방법

Ⅰ. 개요

① 흙의 자중 또는 외력의 작용으로 내부의 전단응력에 의한 전단변형을 일으키고 마침내 전단파괴에 이르게 되는데, 이때 흙이 나타내는 최대의 전단저항을 전단강도라 한다.

② 흙의 전단강도는 기초지반의 지지력, 구조물에 작용하는 토압, 사면의 안정성 등과 같은 흙의 안정문제를 다루는 필요불가결한 기본적 성질의 하나이며, 흙의 강도를 대표하는 요소이다.

Ⅱ. 전단강도 개념

1) Coulomb의 전단강도

$$S = C + \bar{\sigma}\tan\phi$$

여기서, S : 전단강도, C : 흙의 점착력, $\bar{\sigma}$: 유효수직응력
ϕ : 흙의 내부 마찰각(전단 저항각)

① 점착력 C는 주어진 흙에 대해 일정하며, 내부 마찰각 ϕ는 토질상태에 따라 일정하다.

② 점토질에서는 점착력이 크고 내부 마찰각은 작으며, 사질토에서는 그것과 반대로 내부 마찰각이 크고 점착력이 작거나 없다.

2) 전단응력

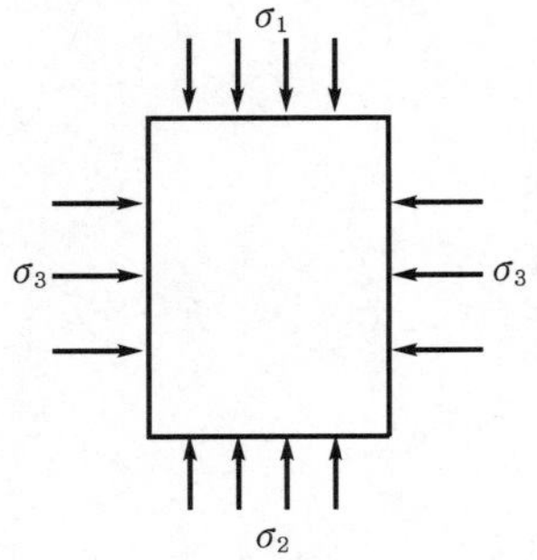

<흙의 응력상태>

① 흙덩어리가 외력을 받으면 전단력에 의한 응력이 생긴다. 이 응력을 전단응력(Shearing Stress)이라 한다.

② 지반내의 어떤 요소가 응력을 받는다고 하면, 그 요소에는 전단응력이 0인 3개의 직교하는 평면이 존재한다. 이러한 면들을 주응력면이라 하며, 이 면에 작용하는 법선방향의 응력을 주응력이라 한다.

③ 이 응력 중에서 그 값이 최대인 것을 최대주응력 σ_1, 최소인 것을 최소주응력 σ_3 이라고 한다.

3) Mohr 응력원

① σ_1과 σ_3의 크기 및 방향을 알면 정역학적 방정식에 의해 임의 방향의 법선응력 및 전단응력을 구할 수 있다.

② 2차원 응력상태를 표시하는 이들 방정식은 1개의 원으로 나타낼 수 있는데 이처럼 응력상태를 도해적으로 표시한 방법을 Mohr 응력원이라 한다.

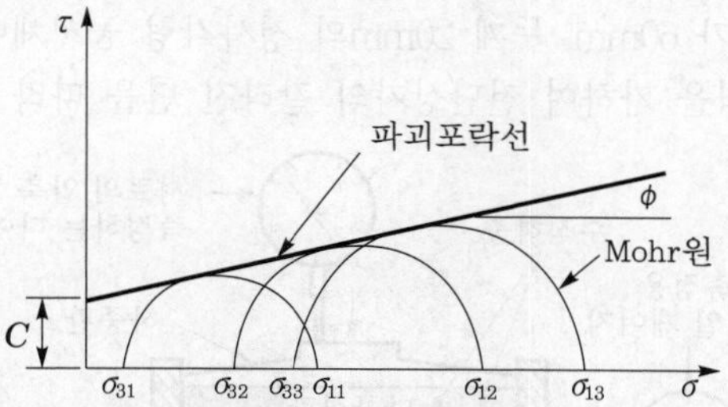

<Mohr원과 파괴포락선>

4) 파괴포락선

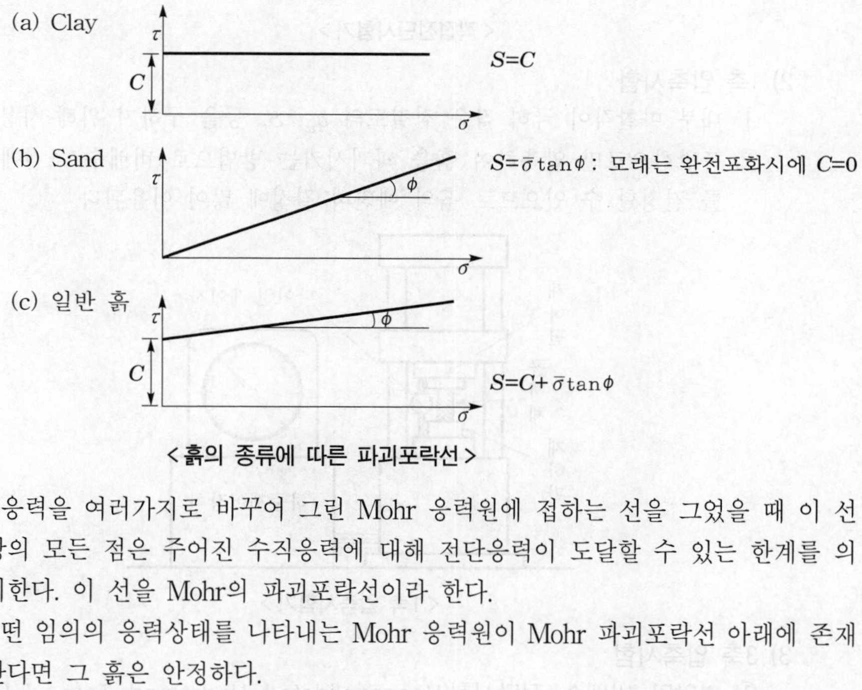

<흙의 종류에 따른 파괴포락선>

① 주응력을 여러가지로 바꾸어 그린 Mohr 응력원에 접하는 선을 그었을 때 이 선상의 모든 점은 주어진 수직응력에 대해 전단응력이 도달할 수 있는 한계를 의미한다. 이 선을 Mohr의 파괴포락선이라 한다.

② 어떤 임의의 응력상태를 나타내는 Mohr 응력원이 Mohr 파괴포락선 아래에 존재한다면 그 흙은 안정하다.

$S = C$

$S = \bar{\sigma}\tan\phi$: 모래는 완전포화시에 $C=0$이 되나 Meniscus와 표면장력 때문에 점착력 C가 생기기도 한다.

$S = C + \bar{\sigma}\tan\phi$

Ⅲ. 전단강도 시험방법

1. 실내 전단강도시험

1) 직접전단시험(Direct Shear Test)

① 강도정수를 결정하기 위해 사용되는 실내시험 방법의 하나로 사질토의 C, ϕ값을 구하기 위해 많이 활용된다.

② 한 변의 길이가 60mm, 두께 20mm의 정사각형 공시체에 대해 수직력을 가한 상태에서 수평력을 가하여 전단상자의 갈라진 면을 따라 흙을 전단시킨다.

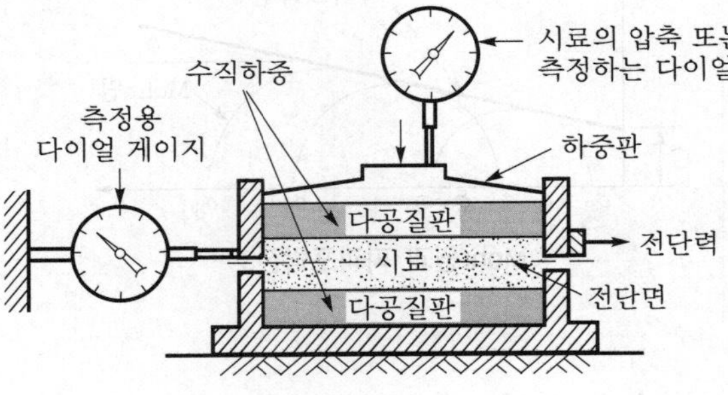

< 직접전단시험기 >

2) 1축 압축시험

① 내부 마찰각이 극히 작은 점질토의 q_u, S_t 등을 구하기 위해 사용된다.

② 축방향으로만 압축하여 흙을 파괴시키는 방법으로 비배수 조건에서의 전단강도를 결정할 수 있으므로 흙의 예민비 결정에 많이 이용된다.

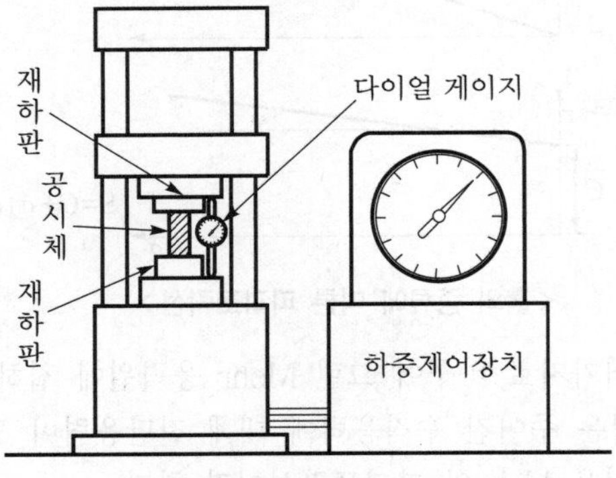

< 1축 압축시험기 >

3) 3축 압축시험

① 비압밀 비배수 전단시험(Unconsolidated Undrained Test : UU) : 포화점토가 성토 직후 급속한 파괴가 예상될 때나 점토지반이 시공중 압밀이나 함수의 변화가 없다고 생각될 때의 C_u, ϕ_u값을 구한다.

② 압밀 비배수 전단시험(Consolidated Undrained Test : CU) : 점토 위의 성토된 하중 때문에 어느 정도 압밀이 된 후에 갑자기 파괴가 예상될 때의 C_{cu}, ϕ_{cu}값을 구한다.

③ 압밀 배수 전단시험(Consolidated Drained Test : CD) : 성토하중에 의해서 압밀이 서서히 진행되고 파괴도 극히 완만하게 진행될 때나 간극수압의 측정이 곤란한 경우의 중요 구조물 지반의 C_d, ϕ_d값을 구한다.

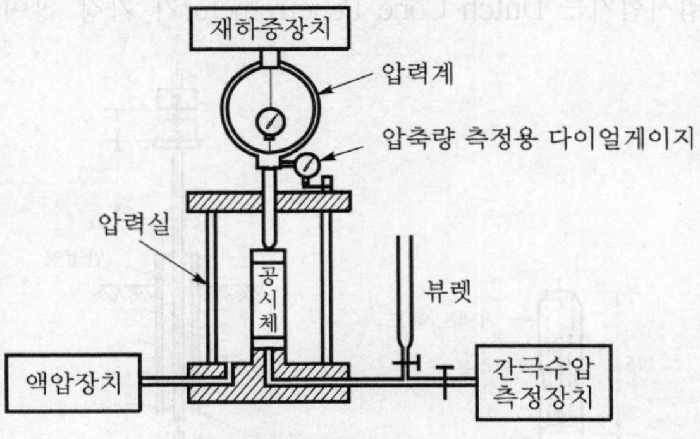

<3축 압축시험기>

2. 현장 전단강도시험

1) 표준관입시험(Standard Penetration Test)

① 호박돌을 제외한 모든 토질의 지반토에 대하여 흙의 경연 및 조밀한 정도의 상대치를 알기 위한 N치를 구하는 원위치 시험

② Split Spoon Sampler를 Drill Rod에 장착하여 63.5kg의 해머로 760mm의 높이에서 타격하여 Sampler가 300mm 관입 때까지 요구되는 타격횟수를 N치(표준관입시험치)라고 하며, 이 값은 모래의 상대밀도나 점토의 Consistency를 추정하는데 쓰인다.

③ N치와 점토의 Consistency, 일축 압축강도와의 관계

점토의 Consistency	N값	현장관찰	q_u(kPa)
대단히 연약(very soft)	<2	주먹이 쉽게 100mm 들어간다.	<25
연약(soft)	2~4	엄지 손가락이 쉽게 100mm 들어간다.	25~50
중간(medium)	4~8	노력하면 엄지 손가락이 100mm 들어간다.	50~100
견고(stiff)	8~15	엄지 손가락으로 흙을 움푹 들어가게 할 수는 있지만, 흙 속에 엄지 손가락을 넣기는 힘들다.	100~200
대단히 견고(very stiff)	15~30	손톱으로 흙에 자국을 낼 수 있다.	200~400
고결(hard)	>30	손톱으로 자국을 내기 힘들다.	>400

④ N치와 모래의 상대밀도와의 관계

N값	모래의 상대밀도(relative density) : $D_r = \frac{e_{\max} - e}{e_{\max} - e_{\min}} \times 100$
0~4	대단히 느슨(very loose)
4~10	느슨(loose)
10~30	중간(medium)
30~50	조밀(dense)
50 이상	대단히 조밀(very dense)

2) Cone 관입시험

① 강봉의 선단에 원추체(cone)를 달고 이것을 20mm/s의 일정한 속도로 땅속에 관입시키면서 원위치 지반토에 대한 정적관입 저항치(q_c)를 측정하는 시험으로서 Cone 관입시험기는 Dutch Cone Penetrometer가 가장 많이 쓰이고 있다.

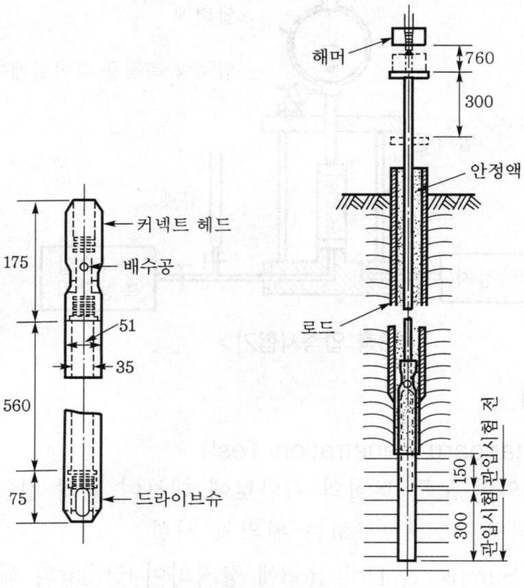

< 표준관입 시험장치 >

② Cone 관입시험기는 이것을 땅속으로 관입시키면서 연속적으로 지반의 저항을 측정할 수 있으며, 사질토와 점성토에 모두 적용할 수 있으나, Sampler가 없으므로 시료채취는 불가능하다.

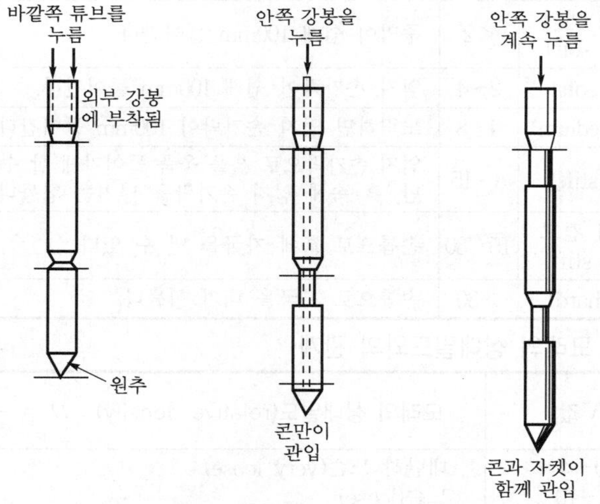

<Cone 관입시험기>

③ Dutch Cone의 정적 관입저항

$$q_c = \frac{\text{콘하중}(Q_c[\text{kN}])}{\text{콘의 밑면적}(A[\text{cm}^2])}(\text{MPa})$$

④ 토질에 따른 q_c값

㉠ 점토 : $q_c = 14C_u$ (여기서, C_u : UU Test의 C값)

㉡ 사질토 : $q_c = 4N$

3) Vane Test

① 십자형 날개(Vane)를 Rod 선단에 장착하여 시추공 아래에 내리고 지중에 압입한 후 회전시킬 때 원위치 점토의 전단강도를 직접적으로 구하는 방법이다.

② Vane Test는 보통 50kPa 이하의 연약점토 지반에 적당한 현장시험으로서 Vane의 높이(H)와 폭(D)은 2 : 1이 좋다.

③ 점착력

$$S = Tk$$

여기서, S : 점토의 전단강도(MPa), T : 회전력(N · mm)

$$k = \frac{1}{K}$$

여기서, k : 베인에 따른 상수

$$K = \left(\frac{\pi}{10^6}\right)\frac{D^2H}{2}\left(1 + \frac{D}{3H}\right)$$

여기서, D : 베인의 지름(mm), H : 베인의 높이(mm)

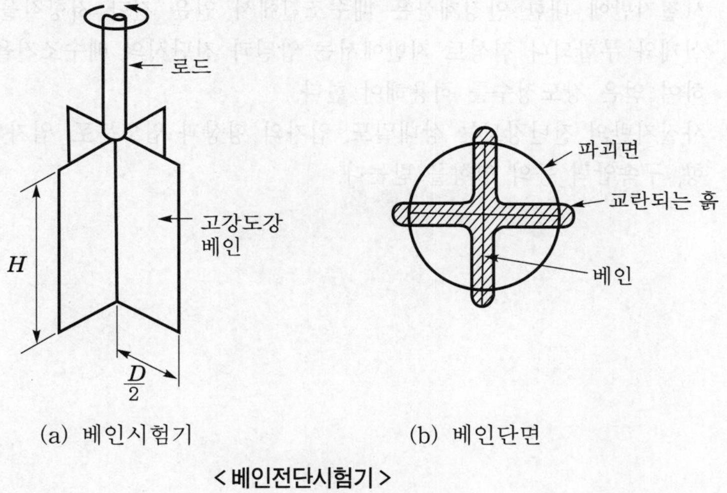

(a) 베인시험기 (b) 베인단면

<베인전단시험기>

4) Pressure Meter

① 시추공 내에서 재하시험을 하여 현장상태의 횡방향 변형계수, 횡방향 지반반력계수, 비배수강도, 정지토압계수 등의 토질정수를 얻을 수 있는 현장 측정기구

② Menard형, 자체 천공(穿孔) Pressure Meter 등이 있는데, 전자는 모든 종류의 흙에 대해 적용할 수 있으며, 후자는 현장 지반의 교란을 최대한 억제할 수 있도록 개발된 것이다.

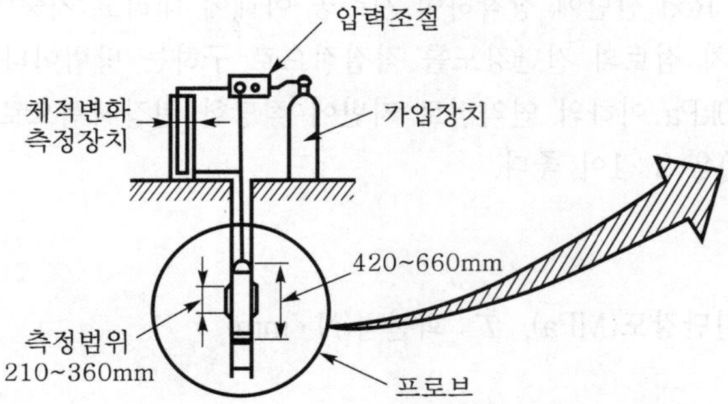

<Pressure Meter>

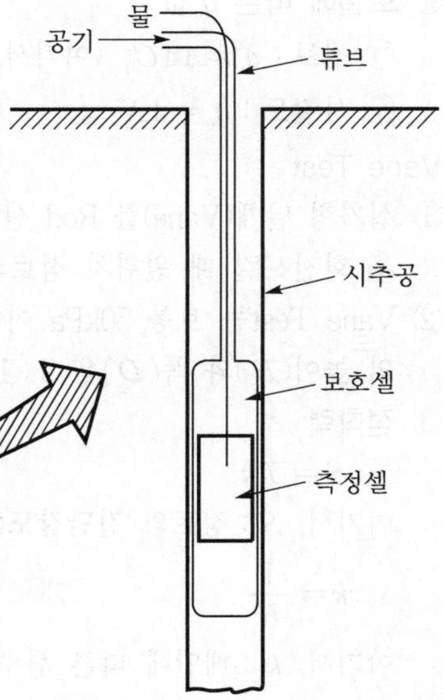

<프로브(probe)>

Ⅳ. 결론

① 사질지반에 대한 안정계산은 배수조건에서 얻은 전단 저항각을 적용하는 것이 실제와 부합되나 점성토 지반에서는 압밀과 전단시의 배수조건을 바꾸어서 시험하여 얻은 강도정수를 적용해야 한다.

② 사질지반의 전단강도는 상대밀도, 입자의 형상과 입도분포, 입자의 크기, 물의 영향, 구속압력 등의 영향을 받는다.

5 점성토와 사질토의 특징

Ⅰ. 개요

① 지반의 전단특성을 파악하는 것은 토공계획 수립을 위한 기초자료로서의 의의가 크다.

② 점성토와 사질토는 공학적 성질이 다르므로 토공재료로서 사용할 때에는 각각의 전단특성에 대한 검토가 있어야 한다.

Ⅱ. 점성토와 사질토의 구분

1) 점성토

① 점토 함유율이 크다.

② No. 200체 통과율 40% 이상

③ $PI > 10$

2) 사질토

① 모래 함유율이 크다.

② No. 200체 통과율 20% 이하

③ $PI < 10$

Ⅲ. 점성토와 사질토의 공학적 성질

구분	전단강도	투수성	압축성	$LL \cdot PI \cdot e$	강도 정수	동상
점성토	작다	작다	크다	크다	C가 크다	크다
사질토	크다	크다	작다	작다	ϕ가 크다	작다

Ⅳ. 점성토의 특성

1) 지반 굴착시 Heaving 현상 발생

연약한 점성토 지반 굴착시 토류벽 내외 흙의 중량 차이에 의해 굴착 전면이 부풀어 오르는 현상

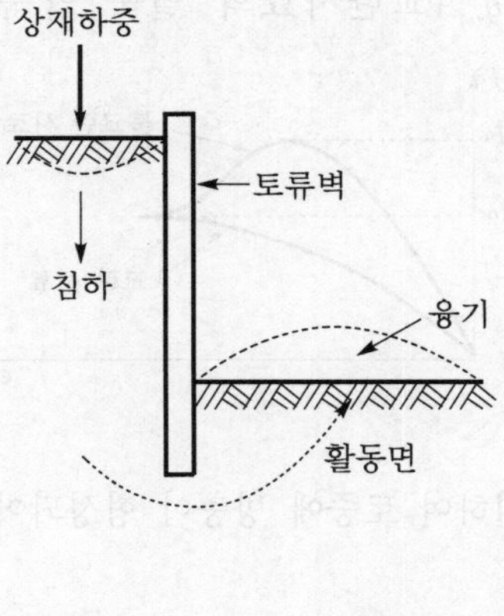

2) 압밀침하 발생

흙 지반 주위의 구조물이나 성토하중에 의해 토중수가 배출되면서 지반이 서서히 압축되는 현상

3) Thixotropy 현상 발생

Remolding된 시료가 일정한 함수비에서 시간의 경과와 더불어 강도가 회복되는 현상

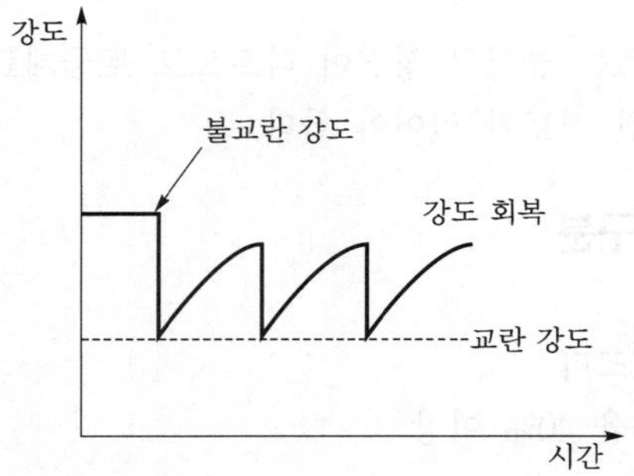

4) NF(부의 주면마찰력)

말뚝 주변지반의 침하량이 말뚝의 침하량보다 상대적으로 클 때 말뚝을 아래로 끌어내리는 힘

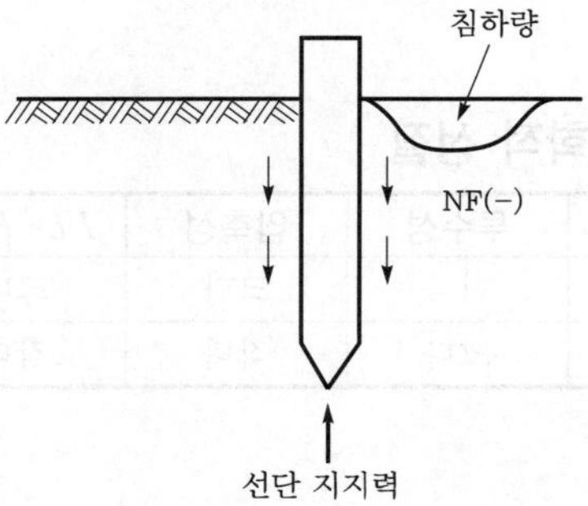

5) 예민비(Sensitivity Ratio)가 큼

Thixotropy 현상의 현저한 정도

$$예민비(S_t) = \frac{q_u(불교란시료의\ 일축\ 압축강도)}{q_{ur}(교란시료의\ 일축\ 압축강도)}$$

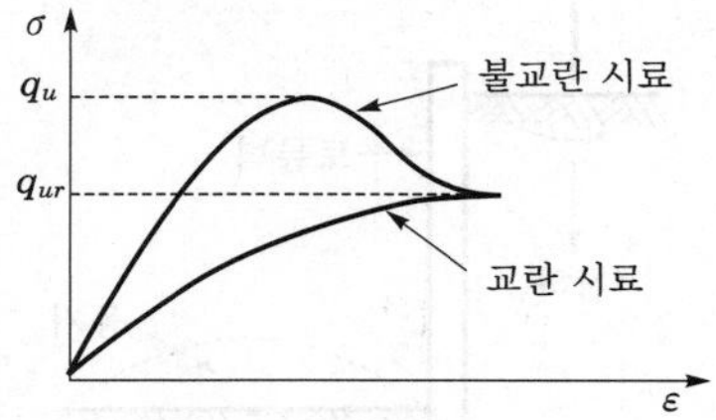

6) 동상현상 발생

흙 속의 간극수가 동결하여 토중에 빙층이 형성되어 지표면이 떠올려지는 현상

7) 용탈현상(Leaching) 발생
해성점토가 담수에 의해 오랜 시간에 걸쳐 염분이 빠져나가 전단강도가 저하되는 현상

Ⅴ. 사질토의 특성

1) 상대밀도(D_r)로 공학적 성질 판단

$$D_r = \frac{e_{\max} - e}{e_{\max} - e_{\min}} = \left(\frac{r_d - r_{d\min}}{r_{d\max} - r_{d\min}}\right)\frac{r_{d\max}}{r_d} \times 100(\%)$$

2) 전단파괴시 다이러턴시(Dilatancy) 발생
전단응력에 의해 토립자의 배열상태가 변하는 현상으로 조밀한 모래에서는 체적 증대로 (+)의 Dilatancy가, 느슨한 모래에서는 체적 감소로 (−)의 Dilatancy가 발생

3) 동하중 작용시 액상화 현상
포화 사질토가 진동에 의해 유효응력이 감소되고, 그 결과 외력에 대한 전단저항을 잃고 액체화되는 현상

4) 수두차 발생시 분사현상(Quick Sand) 발생
침투수압에 의해 수중의 토립자가 분출하는 현상

5) Bulking 발생
함수비의 증가에 의해 모래입자의 단위중량이 증가되는 현상

6) 상향침투압 작용시 Boiling현상 발생
지하수위 아래를 굴착할 경우 또는 터파기 바닥면 아래에 피압 배수층이 있는 경우 터파기 내외의 수위차에 의한 토사의 분출 현상

7) Piping
Quick Sand에 의해 물의 통로가 생기면서 세굴되어 가는 현상

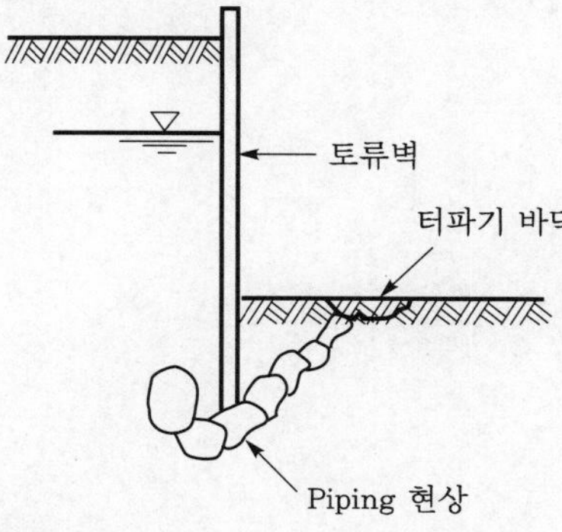

Ⅵ. 높은 함수비 점성토 대책(현장 적용시 고려해야 할 사항)

1) 필터층 시공
함수비가 높은 재료를 이용하여 토공작업을 할 때에는 적정한 간격으로 모래, 자갈을 이용한 필터층을 설치하여 배수가 용이하도록 해야 한다.

2) 습지 도저 사용

점성토의 다짐작업은 전압효과가 높은 습지 도저를 이용하여 중량에 의한 압밀다짐 방법을 이용한다.

3) 안정처리 공법

시멘트, 석회, 화학약품 등을 이용하여 높은 함수비를 가진 점성토의 성질을 개량하여 성토지반을 안정시킨다.

4) 배수처리

점성토의 전단특성에 크게 해를 미치는 침투수 또는 지하수의 흡수를 배제하고 배수층 설치 등 배수처리에 유의 시공한다.

5) 함수비 조정

함수비의 조절방법으로 재료를 포설하고 건조시킨 후 함수비가 적절해질 때 다짐하는 방법을 택하고, 시공면은 우수가 침투되지 않도록 횡방향 경사를 둔다.

6) 입도조정 공법

점성토와 입도가 좋은 골재를 혼합시켜 전체적인 재료의 성질을 변환시켜 사용한다.

7) Sheet 사용

강우를 대비하여 1일 작업 마무리시 비닐 등의 방수 Sheet 등으로 덮어 지표수의 침투를 최대한 억제한다.

Ⅶ. 결론

① 점성토와 사질토는 흙이 가지는 전단특성이 각기 달리 나타난다.

② 토공작업에 있어서 현장에 사용되는 흙의 특성을 조사, 시험을 통하여 미리 알고 이에 따른 시공법 선정으로 작업에 임해야 할 것이다.

6 흙의 다짐

Ⅰ. 개요

① 다짐이란 흙에 인위적인 에너지를 가하여 흙의 공학적 성질을 개선시키는 것을 말한다.

② 다짐의 목적은 지지력 증대, 투수성 감소, 압축성의 최소화 및 전단강도 증대 등에 있다.

Ⅱ. 다짐의 목적

1) 지지력 증대

흙쌓기 비탈면의 안정 및 교통하중의 지지 등 흙 구조물에 필요한 강도특성을 갖게 한다.

2) 투수성 감소

간극을 감소시켜 침수로 인한 연약화나 팽창을 감소시키므로써 흙을 안정된 상태가 되게 한다.

3) 잔류침하 최소화

완성후 구조물에 나쁜 영향을 미치는 흙쌓기 자체의 잔류침하를 최소화한다.

4) 전단강도 증대

점토질에서 점착력(C)를 크게하며, 사질토에서는 내부 마찰각(ϕ)를 크게 하여 흙의 전단강도(S)를 증대시킨다.

Ⅲ. 다짐관리 Flow Chart

실내 다짐시험

① 토취장에서 시료채취

② 실내 다짐시험 실시

㉠ Rammer 무게 : 2.5kg

㉡ 낙하고 : 30cm

㉢ 층수 : 3층

㉣ 층당 다짐횟수 : 25회

③ 다짐곡선 작성

④ $\gamma_{d\max}$, OMC 결정

↓

현장시험 시공

$$(\text{상대})\text{다짐도}(R_c) = \frac{\gamma_d(\text{현장의 건조밀도})}{\gamma_{d\max}(\text{실내 다짐시험으로 얻어진 최대건조밀도})} \times 100(\%)$$

↓ ① 다짐조건 결정

㉠ 다짐장비
㉡ 포설두께
㉢ 다짐후 두께
㉣ 다짐속도
㉤ 다짐횟수
② 현장시험 다짐실시
③ 들밀도시험
㉠ 시방규정에 부합시 → 본공사 다짐
㉡ 시방규정에 미흡시 → 다짐조건 수정후 재시험

본공사 다짐

① 전압식 다짐(점토)
② 진동식 다짐(모래)
③ 충격식 다짐(좁은 장소)

품질관리

〈다짐도 규정방식〉
① 건조밀도
② 포화도, 간극률
③ 강도
④ 상대밀도
⑤ 변형량
⑥ 다짐에너지

Ⅳ. 실내 다짐시험

1) 다짐곡선(Compaction curve)

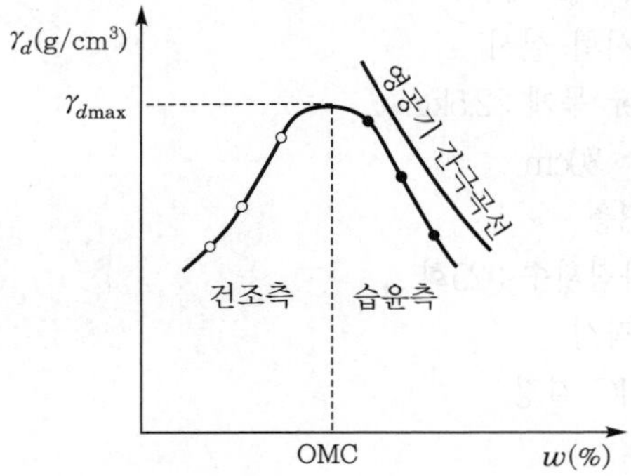

2) 토취장 선정(시료 채취)

① 질, 양, 경제성 등을 고려하여 토취장을 선정한 후
② 실내 다짐시험을 위한 시료를 채취한다.

3) 실내 다짐시험

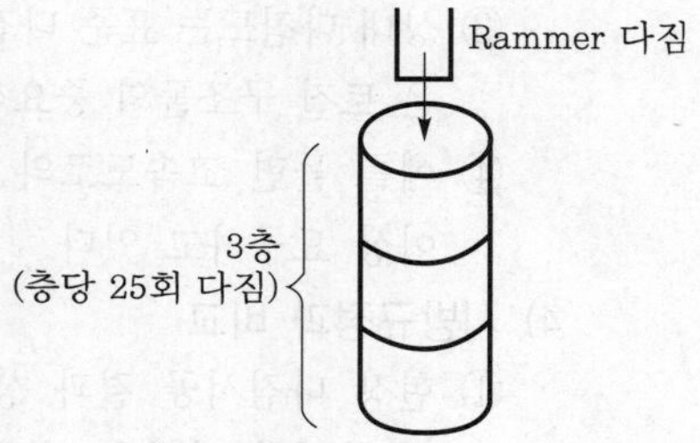

① Mold에 시료를 3층으로 나누어 담고 함수비를 바꾸어가면서 각 층마다 25회씩 Rammer로 충격다짐을 한다.

② 실내 다짐시험에서 흙의 함수비와 다져진 흙의 건조밀도와의 관계곡선을 그릴 수가 있는데, 이를 다짐곡선이라 한다.

③ 표준 다짐시험에 있어서의 Rammer 무게는 2.5kg, 낙하고는 30cm, 층수 3층, 층당 다짐횟수는 25회로 한다.

4) $\gamma_{d\,\max}$, OMC(Optimum Moisture Content)

① 다짐곡선에서 보면 주어진 에너지로 흙을 다질 때 함수비가 증가되면 건조밀도도 증가하여 어느 일정 함수비에서 건조밀도는 최대가 되나 그 이상 함수비가 증가하면 오히려 건조밀도는 감소된다.

② 다시 말해서 흙이 가장 잘 다져지는 어떤 함수비가 존재하는데, 이것을 최적 함수비라고 하며, 최대건조밀도는 최적 함수비에서 얻어진다.

③ 최적 함수비를 중심으로 해서 함수비가 감소되는 쪽을 건조측, 증가하는 쪽을 습윤측이라 한다.

5) 영공기 간극곡선(Zero Air Void Curve)

① 포화도 100%일 때 즉, 공기량이 0인 상태의 함수비와 건조밀도와의 관계를 나타낸 곡선을 영공기 간극곡선 또는 포화곡선(Saturation Curve)이라 한다.

② 그러나 흙을 아무리 잘 다진다 하더라도 공기를 완전히 배출시킬 수는 없으므로 다짐곡선은 반드시 이 곡선의 왼쪽에 그려진다.

Ⅴ. 현장시험 시공

1) 다짐도(Relative Compaction)

$$R_c = \frac{\gamma_d(\text{현장의 건조밀도})}{\gamma_{d\,\max}(\text{실내 다짐시험으로 얻어진 최대건조밀도})} \times 100(\%)$$

2) 다짐조건 결정

① 다짐장비 ② 다짐속도

③ 다짐횟수 ④ 포설두께

⑤ 다짐후 두께

3) 현장시험 시공(다짐관리시험)

① 토취장에서 현장으로 흙을 운반하여 포설한후 정해진 다짐기준에 의해 시험다짐을 한다.

② 현장에서 다져진 흙에 대한 건조밀도를 측정하여 실내에서 측정된 최대건조밀도와 비교하여 상대 다짐도를 판정한다.

③ 상대 다짐도는 표준 다짐의 90% 또는 수정 다짐의 95% 등과 같이 말해야 하며 이것은 토질 구조물의 중요성, 다지는 흙의 종류, 다짐의 목적 등에 따라 달리 정해진다.

④ 예를 들면 고속도로의 기층을 다지는 경우에는 상대 다짐도를 수정 다짐의 95% 이상 요구하고 있다.

4) 시방규정과 비교

① 현장 다짐시공 결과 상대 다짐도가 시방규정에 부합되면 당초의 다짐조건에 의해 본공사 다짐을 시행하고,

② 시방규정에 미달되면 다짐조건을 수정하여 재시험 시공을 함으로써 시방서의 요구에 부합되도록 해야 한다.

5) 들밀도 시험(Field Density Test)

① 현장에서 건조밀도를 측정하기 위해 필요한 흙의 용적을 계량하는 시험을 들밀도 시험이라 하는데 모래 치환법, 물 치환법, 기름 치환법 등이 있다.

② 가장 실용적으로 쓰이는 것은 모래 치환법으로서 시험 구멍을 밥주걱 모양으로 파서 흙 무게, 함수비 등을 측정하고 그곳에 표준 모래를 넣어서 체적을 측정한다.

③ 건조한 흙의 무게를 파낸 흙의 체적으로 나누면 현장에서의 건조밀도가 된다.

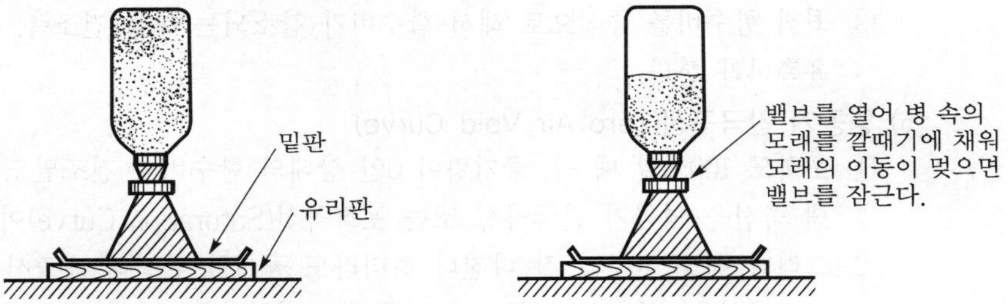

Ⅵ. 다짐효과(다짐에 영향을 주는 요인)

1) 함수비

① **제1단계(수화단계)** : 반고체상으로 수분의 절대량이 부족하여 토립자 간의 접착이 없어 큰 공극이 존재하는 상태로 큰 공극으로 인해 건조밀도가 작다.

② **제2단계(윤활단계)** : 물의 일부가 자유수가 되어 토립자 사이에 윤활역할을 하게 된다. 이 단계의 최대 함수비 부근에서 최적 함수비가 나타나게 된다.

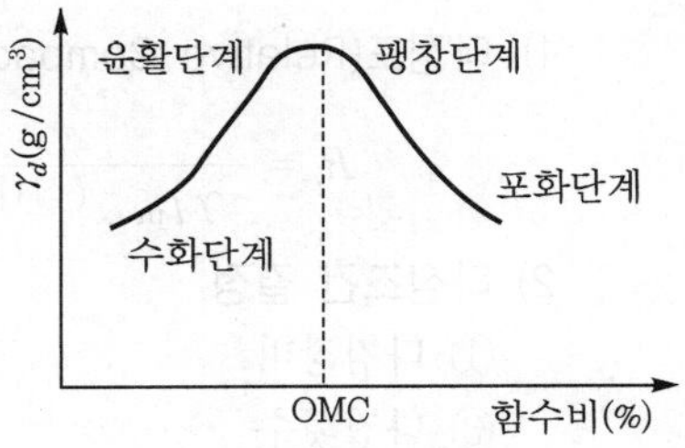

<흙상태의 변화>

③ **제3단계(팽창단계)** : 증가분의 물이 윤활역할 뿐만 아니라 다져진 순간에 잔류공기를 압축하게 되며, 이로 인해 흙이 압축되었다가 팽창하게 된다.

④ **제4단계(포화단계)** : 더욱 함수비가 증가하게 되면 증가된 수분은 토립자와 치환되어 포화된 상태가 된다.

2) 흙의 종류

① 조립토일수록 다짐곡선이 급경사이고, $\gamma_{d\max}$가 크고, OMC는 작다.

② 양입도는 $\gamma_{d\max}$가 크고, OMC는 작다.

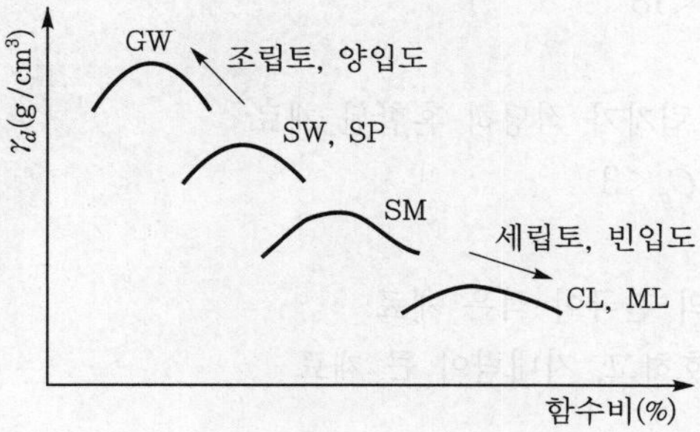

3) 다짐에너지

① 다짐에너지가 클수록 $\gamma_{d\max}$가 크고, OMC는 작다.

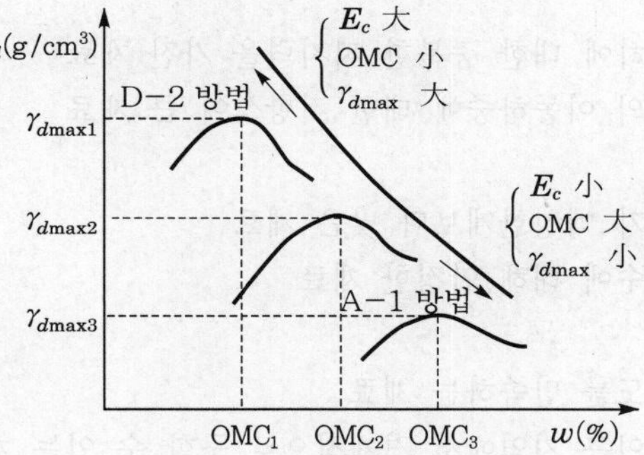

② $E_c = \dfrac{W_r H N_b N_c}{V}$ (kg · cm/cm³)

여기서, W_r : 램머무게(kg), H : 낙하고(cm), N_b : 타격수

N_c : 층수, V : 시료체적(cm³)

4) 다짐횟수

① 다짐횟수가 많을수록 다짐에너지가 커진다.

② 다짐횟수가 너무 많으면 오히려 과도전압이 될 수 있다.

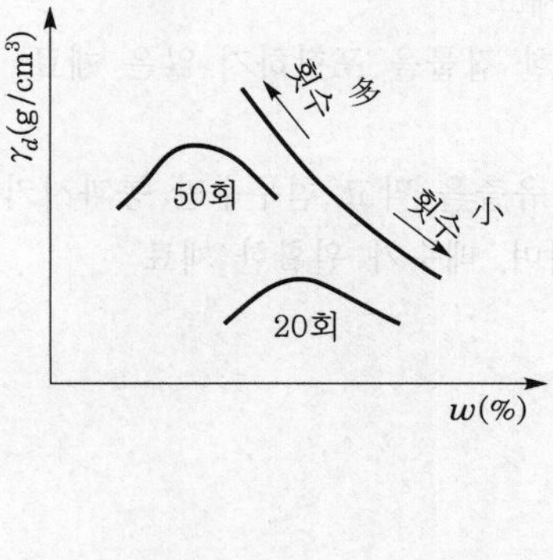

Ⅶ. 재료의 구비조건

1) 공학적 안정
① 압축성과 투수성이 작고, 지지력이 큰 재료
② $LL<40$, $PI<18$

2) 입도 양호
① 크고 작은 토립자가 적당히 혼합된 재료
② $C_u>10$, $1<C_g<3$

3) 최소 간극
① 토립자 사이의 간극이 적은 재료
② 다짐성이 양호하고, 지내력이 큰 재료

4) 전단강도
① 성토 비탈면의 안정에 필요한 전단강도를 가진 재료
② 점착력이 크고, 내부 마찰각이 큰 재료

5) 지지력
① 완성후의 재하에 대한 충분한 지지력을 가진 재료
② 교통하중 등의 이동하중에 대한 저항성이 큰 재료

6) 시방 규정 부합
① 자연 함수비가 액성한계보다 낮은 재료
② 진동이나 유수에 대해 안정한 재료

7) 소요 다짐도
① 규정된 다짐도를 만족하는 재료
② 공사현장의 인근 지역에서 경제적으로 구할 수 있는 재료

8) 시공관리
① 고른 입도분포를 가진 재료
② 시공상 취급이 쉽고, 다짐효과가 좋은 재료

9) Trafficability
① 전단강도가 크고, 압축성이 작은 재료
② 시공기계의 주행성이 확보되고, 충분한 전압이 되는 재료

10) 이물질 배제
① 가급적 균등질의 재료
② 유기물, 기타 유해한 잡물을 포함하지 않은 재료

11) 배수성
① Filter재는 세립분 유출을 막고 침투수만 통과시키는 재료
② 투수재는 내구적이며, 배수가 원활한 재료

Ⅷ. 다짐공법

1. 전압식 다짐

1) 원리 및 적용성

① Roller의 자체중량을 이용하여 다지는 원리

② 점성토나 고함수 지반의 다짐에 사용

2) 장비의 종류

① Road Roller { Macadam Roller / Tandem Roller }

② Tire Roller

③ Tamping Roller

④ Bulldozer

3) 종류별 특징

① Road Roller

㉠ 쇄석, 자갈 등의 포장기층 다짐이나 아스팔트 포장의 끝마무리에 많이 사용한다.

㉡ Macadam Roller는 3륜이며, Tandem Roller는 2륜이다.

② Tire Roller : 노상이나 노반의 다짐을 비롯하여 사용 범위가 넓은 편이나 점착성이 적고, 입도가 나쁜 모래에는 부적합하다.

③ Tamping Roller : 철륜에 다수의 돌기를 붙여 접지압을 높인 것으로서 깊은 다짐, 고함수 지반의 다짐에 사용한다.

④ Bulldozer : 원래 다짐기계는 아니지만 고함수비에서는 습지 도우저를 많이 사용한다.

2. 진동식 다짐

1) 원리 및 적용성

① 기계의 자중 부족을 보완하기 위하여 진동을 이용하는 원리

② 일반적으로 사질토에 사용

2) 장비의 종류

① 진동 Roller(Vibro Roller)

② 진동 Tire Roller

③ 진동 Compactor

3) 종류별 특징

① 진동 Roller(Vibro Roller) : 사질 및 자갈토에 적합하며 포장보수에 많이 이용하나 점성토 지반에는 효과가 적다.

② 진동 Tire Roller : 진동과 자중을 함께 이용하므로 다짐효과가 크며, 사질토 지반에 적합하다.

③ 진동 Compactor : 취급이 용이하고 좁은 장소의 다짐에 적합하며 도로, 제방, 활주로 등의 보수공사 및 배관공사 성토부 다짐에 많이 사용된다.

3. 충격식 다짐

1) 원리 및 적용성

① 기계의 충격하중을 다짐에 이용하는 원리

② 대부분의 토질에 적용되나 소형기계로 다짐이 곤란한 할석, 소성토에 적합

2) 장비의 종류

① Rammer ② Tamper

3) 종류별 특성

① Rammer : 소형, 경량이므로 운반이 용이하고, 협소한 장소의 다짐에 적합하므로 보수공사 등에 많이 사용된다.

② Tamper : 램머에 비해 다짐도는 낮으나 조작이 용이하고 시공의 균일성, 능률면에서 앞서며 구조물의 근접공사, 절·성토 접속부 다짐에 적합하다.

Ⅸ. 다짐시 주의사항

1) 구조물 접속부

① 뒤채움재는 투수성이 좋고, 잘 다져지는 흙 선정

② 다짐 및 배수시설 시공 철저

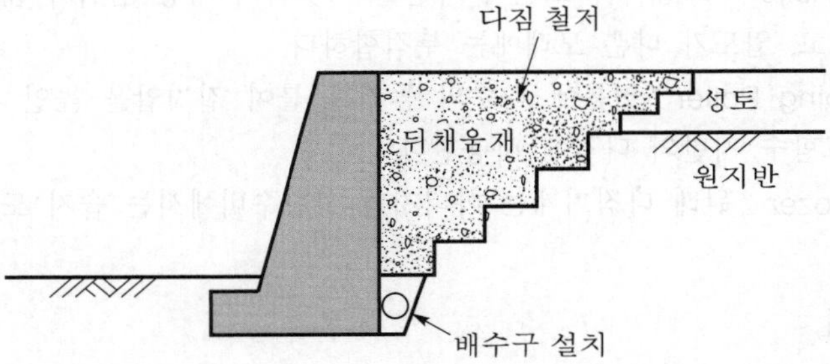

2) 절성토 경계부(편절, 편성 접속부)

① 땅깎기면과 상부 노체면을 연결하는 접속구간 설치

② 다짐 및 배수시설 시공 철저

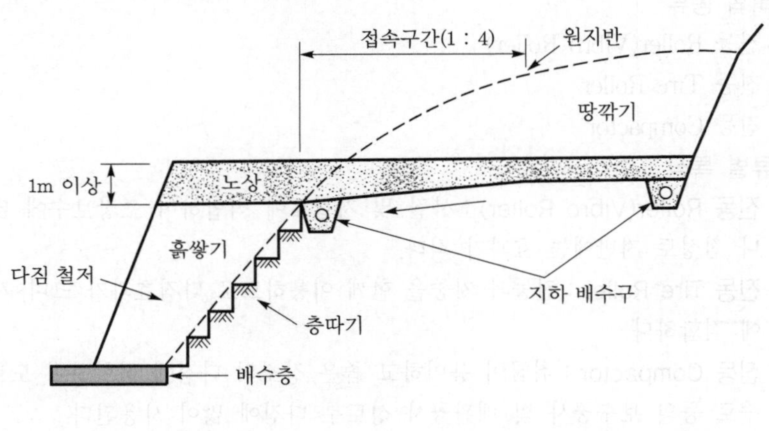

3) 확폭부

① 기초 흙쌓기부에 층따기 실시

② 확폭구간 흙쌓기부의 조기침하 완료 후 시행

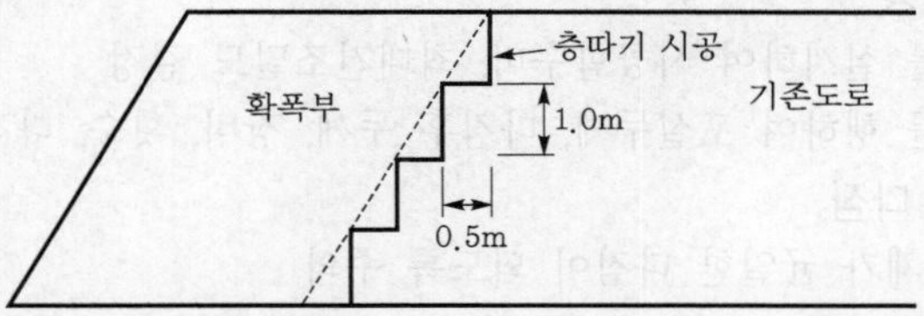

4) 종방향 흙쌓기, 땅깎기 접속부

① 완화구간 설치

② 다짐 및 배수시설 시공 철저

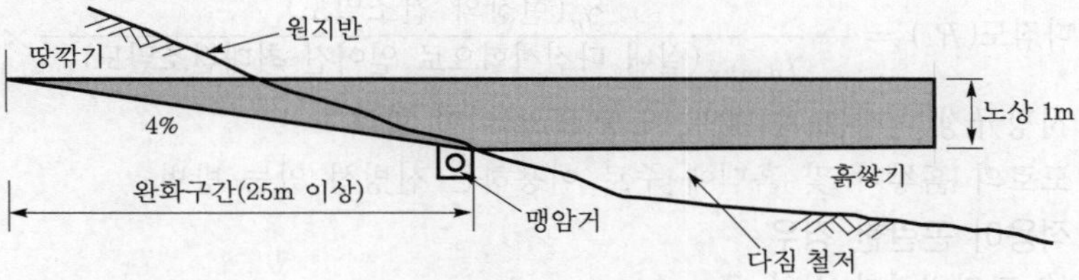

5) 연약지반

① 연약지반 대책 공법 선정처리후 시공

② 침하량을 고려한 여성토를 설계에 반영

6) 암성토

① 간극을 돌부스러기로 채워 Interlocking 확보

② 암버력의 최대 입경은 600mm 이하

7) 고함수비 점토

① q_u < 4일 때는 습지 도저 사용

② 함수비를 저하시켜 Trafficability를 개선

8) 비탈면

① 규정된 흙쌓기 폭보다 0.5~1.0m 정도 여분 포설다짐후 규정폭으로 절취

② 비탈면 경사를 규정보다 완만하게 포설다짐후 규정된 경사로 절취

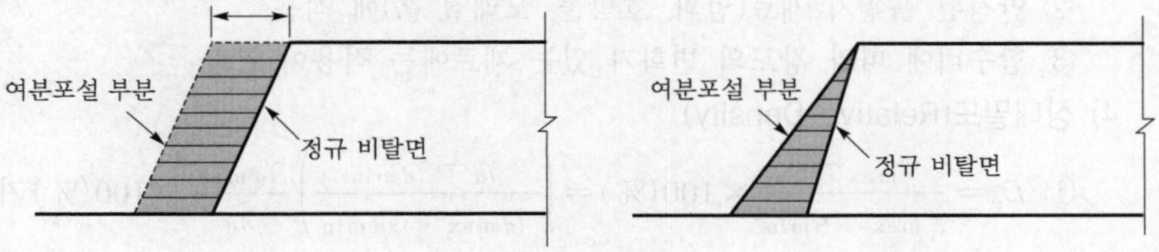

9) 기초지반 처리
① 기초지반 조사를 철저히 하여 성토의 안정성 유지
② 벌개제근을 철저히 하여 성토후의 부등침하 방지

10) 다짐기준 결정
① 다짐시험를 실시하여 시공함수비, 최대건조밀도 결정
② 시험성토를 행하여 포설두께, 다짐후 두께, 장비, 횟수, 다짐도 등 기준 결정

11) 펴고르기 및 다짐
① 흙쌓기 전체가 균일한 다짐이 되도록 주의
② 다짐시 함수량은 OMC±2%를 목표

X. 다짐도 판정방법(다짐 관리방법)

1) 건조밀도
① 다짐도(R_c) $= \dfrac{\gamma_d(\text{현장의 건조밀도})}{\gamma_{d\max}(\text{실내 다짐시험으로 얻어진 최대건조밀도})} \times 100(\%)$가
시방규정 이상(노체 90%, 노상 95%)이면 합격
② 도로의 흙쌓기 및 흙댐에 주로 이용하는 신빙성 있는 방법
③ 적용이 곤란한 경우
㉠ 토질변화가 심한 곳
㉡ 기준이 되는 최대건조밀도를 구하기 어려운 경우
㉢ 함수비가 높아 이를 저하시키는 것이 비경제적일 때
㉣ Over Size를 함유한 암재료

2) 포화도, 간극비
① $G_s w = Se$
여기서, G_s : 토립자의 비중, w : 함수비, S : 포화도, e : 간극비
② 포화도$(S) = \dfrac{G_s w}{e}$
③ 간극비$(e) = \dfrac{G_s w}{s}$
④ 고함수비 점토 등과 같이 건조밀도로 규정하기 어려운 경우에 적용

3) 강도특성
① 현장에서 측정한 지반지지력계수 K치, CBR치, Cone지수 등으로 판정
② 안정된 흙쌓기 재료(암괴, 호박돌, 모래질 흙)에 적용
③ 함수비에 따라 강도의 변화가 있는 재료에는 적용이 곤란

4) 상대밀도(Relative Density)
① $D_r = \dfrac{e_{\max} - e}{e_{\max} - e_{\min}} \times 100(\%) = \left(\dfrac{\gamma_d - \gamma_{d\min}}{\gamma_{d\max} - \gamma_{d\min}}\right)\dfrac{\gamma_{d\max}}{\gamma_d} \times 100(\%)$가 시방규정
이상이면 합격
② 점성이 없는 사질토에 적용

5) 변형량

① Proof Rolling, Benkelman Beam 변형량이 시방기준 이상이면 합격

② 노상면, 시공 도중의 흙쌓기면에 적용

6) 다짐기종, 다짐횟수

① 현장다짐시험 결과에 따라 다짐기종, 한층 포설두께, 다짐횟수 결정

② 토질이나 함수비 변화가 크지 않은 현장에서 적용

XI. 결론

① 토공에서 다짐은 대단히 중요한 작업이므로 토질, 현장 함수비, 사용장비, 시공법 등에 대한 면밀한 검토후 시행해야 한다.

② 시공시에는 토질의 변화, 함수비의 정도, 소요 다짐도의 도달여부를 확인하여야 한다.

7 토취장과 사토장 선정시 고려사항

Ⅰ. 개요

① 토취장이란 필요한 성토재료를 얻기 위하여 자연상태의 토사를 절취하는 장소이며, 사토장은 남는 흙을 처리하는 장소를 말한다.

② 토취장 및 사토장 선정은 토질, 채취 가능한 양, 현장까지의 운반거리 등을 고려하여 선정하여야 한다.

Ⅱ. 사전조사

1) 예비조사

지형도, 지질도, 항공사진, 과거 공사기록, 입지조건

2) 현장조사

자료조사, 현장답사, Boring, Sounding, Sampling

3) 본조사

흙분류시험, 토성시험, 강도시험

Ⅲ. 선정요건

1) 토질조건 검토

① 성토재료로서의 적합성 여부

② 자연상태의 함수비, 입도분포, 입경 등의 검토

2) 필요량

① 공사에 필요한 토량의 존재 여부

② 선별 작업시 사용 불가능한 골재의 비율 등 검토

3) 운반거리

① 현장까지의 운반거리에 따른 경제성 고려

② 운반로의 지장물상태

③ 토사운반에 따른 민원발생 여부

4) 환경 규제

① 지역 환경에 따르는 자연 환경 파손에 따른 규제 여부

② 특히 문화재 발굴 지역, 관광지 등

5) 용지 보상

① 토취장 개발에 따른 용지 보상 관계

② 대지 가격 등을 고려

6) 토질변화

① 토질변화에 따른 불량토 발생 정도

② 불량토 처리방법 및 사토계획 검토

7) 지형

① 재료 채취에 따른 사태 우려성 검토 ② 토사 채취에 따른 지형 변동 고려

8) 지하수

① 지하수 용수에 대한 검토 ② 토사 유출방지 대책수립

9) 시공성

① 장비의 Trafficability ② 시공의 난이도 검토

10) 운반로

① 운반 도로의 경사 ② 토사 운반로중 오르막길 유무

③ 운반로 상태 점검

Ⅳ. 선정시 고려사항

1) 절토, 성토 위치와 근접한 곳

① 운반거리 최대한 짧은 곳 최우선 선정

② 시공성, 경제성을 고려하여 선정

2) 토질조건

① 공학적으로 안정된 재료 : $CBR > 10$, $PI < 10$

② 입도분포가 좋은 재료 : $C_u > 10$, $1 < C_g < 3$

3) 토량확보

필요한 토량이 충분히 확보된 장소를 설정한다.

4) 인·허가 사항

도로법과 지방자치 법규에 저촉되지 않는 장소를 선정한다.

5) 문화재 조사

과거 문화재 자료조사 및 문화재청에 사전 문의

6) 주변구조물 조사

① 토취장 및 사토장 시공시 피해유무 검토

② 사전조사를 철저히 한다.

7) 지형조건 파악

토취장으로 사용가능한 지형 검토

8) 운반로 확인

① 기존 도로의 운반로 사용여부 검토

② 공해발생, 민원야기 등을 점검한다.

9) 민원발생 대비

① 비산먼지 발생억지 대책 수립

→ 민원방지

② 적정한 용량의 살수차를 확보

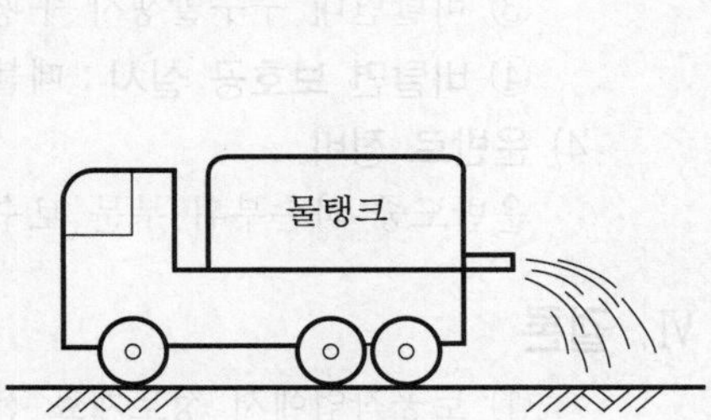

<살수작업>

10) 공해발생 조사

① 운반시 진동, 소음, 분진의 민원발생 조사

② 민원야기 없는 곳으로 선정

11) 배수상태 파악

① 사토장 및 토취장의 배수조건 파악

② 지반연약으로 시공 가능기간 단축방지

③ 배수처리가 불량한 곳 선정 불가

12) 용지보상

① 토취장 및 사토장 개발에 따른 용지보상

② 민원발생 소지, 미연에 협의하여 처리

13) 복구조건 검토

① 절토후 사면복구 조건 검토 및 보상요구 검토

② 원상조치 조건

③ 경제성을 검토 사면복구

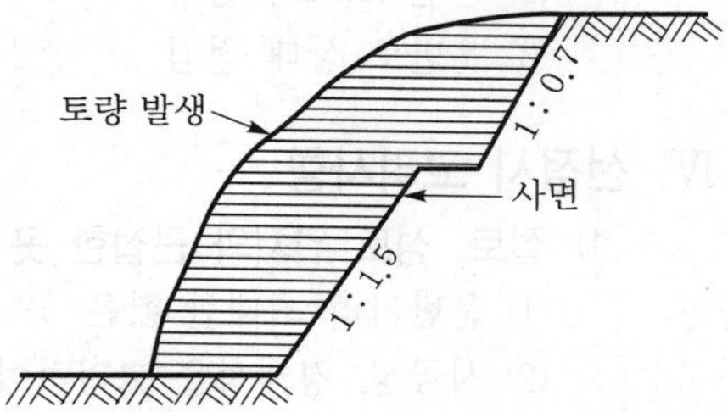

14) 경제성 검토

① 고려사항

운반거리 / 복 구 비	⇨	보수 비용 / 공해 발생	⇨	토량 확보 / 용지 보상	⇨	비용 절감

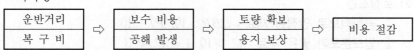

② 공사관리, 공정관리, 안전관리, 품질관리를 고려하여 검토한다.

Ⅴ. 토취장 복구요령

1) 부지활용 용도 파악

① 지주와 협의하여 부지활용 용도에 적합하게 복구

② 경작지, 택지 등으로 활용

2) 배수계획 수립

도수로, 수단내 배수로, 암거 등으로 우수시 배수가 원활하게 시공한다.

3) 비탈면 보호대책 수립

① 비탈면 구배를 완경사(1 : 1.5 이상)로 하여 비탈면 안정성을 높임

② 비탈면 높이 5m마다 0.5~1.0m 소단설치

③ 비탈면내 누수발생시 수평배수공 등으로 대책 수립

④ **비탈면 보호공 실시** : 떼붙임공 또는 파종공(Seed spray)

4) 운반로 정비

운반도중 파손부위 부분 보수 또는 전면 재포장 실시

Ⅵ. 결론

① 토공작업에서 성토재료 선정은 토공작업의 성패를 좌우하는 매우 중요한 작업으로 성토작업에 앞서 재료 선정작업이 우선되어야 한다.

② 성토재료 선정은 장비의 Trafficability가 확보되어야 하고, 다짐 시공후 강도 발휘가 용이하며 시공성, 경제성을 고려하여 선정해야 한다.

8 성토 비탈면의 전압방법

Ⅰ. 개요

① 현장에서 다짐작업은 여러 가지 조건에 따라 시공후에 발생될 수 있는 문제점 등을 감안하여 전압방법에 대한 계획수립이 무엇보다도 중요하다.

② 특히 유의해야 할 다짐작업으로는 비탈면 다짐, 구조물 접속부 시공, 절성토 경계부 시공 등이 있다.

Ⅱ. 토질별 다짐방법

1) 암버력
- ① 연동성 확보
- ② 전단강도 증대
- ③ 대형장비 사용
  - ㉠ Bulldozer
  - ㉡ 대형진동 Roller
  - ㉢ 진동 Compactor

2) 사질토
- ① 입자와 투수성이 크고, 간극이 작으므로 인위적인 진동을 주어 입자를 이동시켜 간극을 채워 상대밀도를 증가
- ② 내부마찰각(ϕ)과 전단강도(S) 증대
- ③ 진동다짐 공법의 이용
  - ㉠ 진동 Roller
  - ㉡ 진동 Compactor

3) 점성토
- ① 입경과 투수성이 작고, 간극과 침하량이 크므로 압밀에 많은 시간이 소요
- ② 압밀을 촉진시켜서 점착력 증대
- ③ 전압식 다짐장비 이용
  - ㉠ Bulldozer
  - ㉡ Road Roller
  - ㉢ Tamping Roller
  - ㉣ Tire Roller

Ⅲ. 전압방법의 종류

1) 다짐장비에 의한 다짐
- ① 견인식 롤러방법
- ② 불도저 다짐방법
- ③ 콤팩트 다짐방법

2) 여성토후 절취 성형하는 방법
① 불도저 절취방법
② 셔블 절취방법

Ⅳ. 방법별 특징

1. 견인식 롤러방법

1) 정의
진동식 또는 전압식의 다짐장비를 기진력이 큰 불도저로 견인하면서 비탈면을 다지는 방법

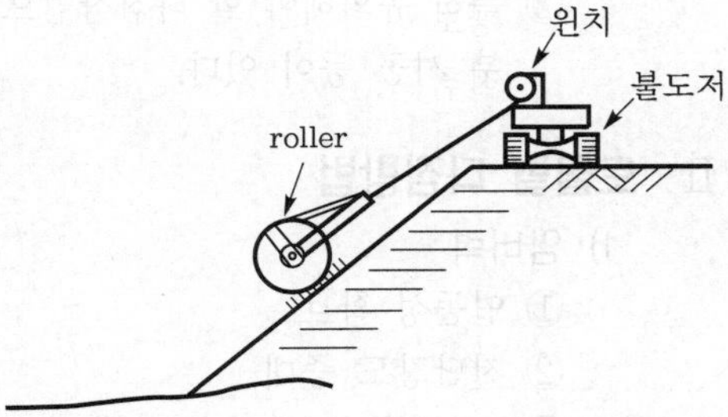

2) 특징
① 전압효과가 크다.
② 높은 성토 비탈면 시공성 우수
③ 대형 장비 요구
④ 비탈구배가 급해도 시공가능

2. 불도저 다짐방법

1) 정의
경사가 완만한 성토 비탈면을 불도저가 직접 오르내리며 다짐하는 방법

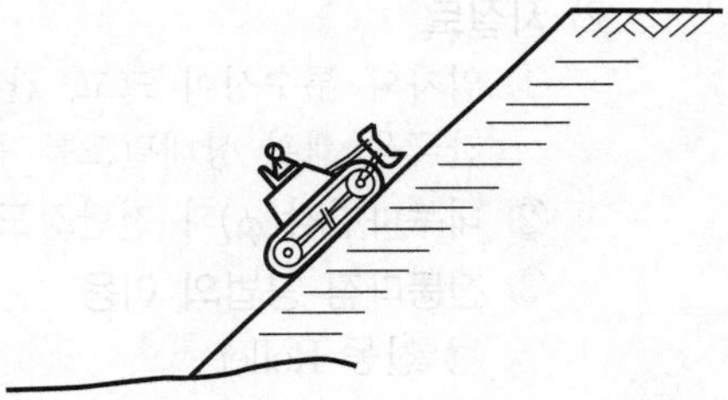

2) 특징
① 다짐효과 양호
② 시공속도가 다소 느림
③ 급한 비탈면 시공 곤란
④ 사질재료 비탈면 다짐시 시공 곤란

3. 콤팩트 다짐방법

1) 정의
셔블계 장비에 버킷 대신 진동 콤팩트를 부착하여 비탈경사면을 다지는 방법

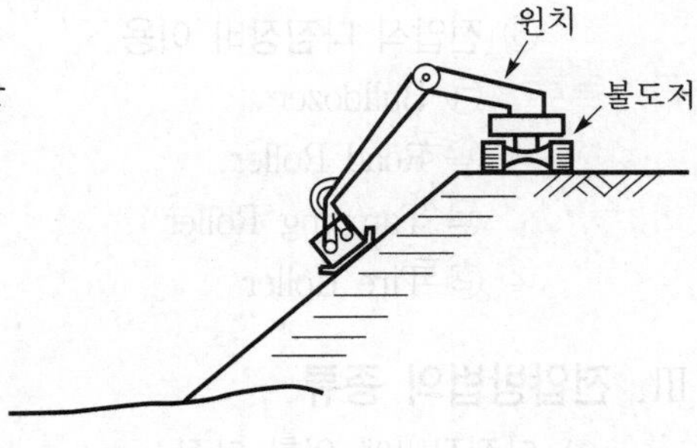

2) 특징
① 다짐효과 우수
② 시공속도 양호
③ 함수비 높은 성토 비탈면 다짐 곤란
④ 고성토 비탈면 다짐 곤란

4. 여성토후 불도저 절취방법

1) 정의

성토작업시 여분의 폭을 두고, 다짐성토하여 성토 완료후 불도저를 이용하여 규정의 구배로 절취하는 공법

2) 특징

① 다짐효과가 양호
② 성토작업시 비탈면 훼손이 적음
③ 절취작업시 불도저에 의한 다짐효과 병용
④ 추가 토공작업 발생

5. 여성토후 셔블 절취방법

1) 정의

여분의 폭을 두고 성토작업 후 셔블계 장비를 이용하여 비탈면을 절취하는 공법이다.

2) 특징

① 시공 용이
② 기계화 시공
③ 비탈면 보호공작업 병용 가능
④ 높은 성토 비탈면 시공 곤란

Ⅴ. 시공시 유의사항

① 토공 Post와 규준틀 설치
② 충분한 폭원 확보
③ 비탈면 다짐은 본체 다짐과 동등한 수준
④ 상부층 성토 재료가 비탈면에 흘러내리지 않도록 시공
⑤ 노견측에 깊이 100~150mm 정도의 가배수용 측구설치
⑥ 법면 가배수로는 다짐후 홈을 만들고 비닐 또는 가마니 등으로 보호
⑦ 비탈면의 다짐도관리

Ⅵ. 결론

① 토공작업에서 특히 유의 시공해야 할 공종으로 비탈면 다짐, 구조물 접속부 시공, 절성토 경계부 시공 및 압내력 성토 시공 등이 있는데 이를 취약 공종이라 한다.
② 성토 비탈면 다짐 시공은 시공과정에서 관리소홀로 인해 많은 하자발생과 문제점을 가지고 있는 것으로 세심한 시공관리가 특별히 요구되기도 한다.

9 구조물과 토공 접속부의 단차원인과 방지대책

Ⅰ. 개요

① 구조물에 접속된 토공부분은 구조물이 준공된 후에 침하를 일으켜 구조물의 평탄성이 대단히 나빠지게 되는 경우가 많다.

② 침하에 의한 단차를 예방하기 위해 접속부의 구조와 뒤채움 재료에 대한 주의를 하지 않으면 안 된다.

Ⅱ. 단차의 문제점

① 부등침하
② 구조물 손상
③ 포장 파손
④ 지반 연약화

Ⅲ. 단차 발생원인(부등 침하원인)

1) 압축성 차이

비압축성 구조물과 압축성을 가진 흙쌓기 사이에는 상대침하가 일어나지 않을 수 없다.

2) 배수불량

교대 등에 의해 강우시의 배수가 잘 안 되므로 흙의 포화로 인한 전단강도 저하로 침하가 발생한다.

3) 조잡 시공

구조물의 시공과 흙쌓기 시공 사이의 시차 및 구조물 시공후의 급속한 되메움으로 포설두께가 두껍게 되기 쉽다.

4) 다짐불량

작업 장소가 협소하여 대형 전압기계의 사용이 곤란하게 되어 뒤채움부의 다짐 불충분으로 인한 침하가 발생한다.

5) 재료불량

구조물 기초의 터파기한 불량토가 흙쌓기 재료에 섞이기 쉬워 배수성 및 다짐도의 저하로 침하가 발생한다.

6) 성토체 연약화

지하수의 용출 또는 지표수의 침투에 의해 성토체의 연약화가 반복됨으로써 침하의 원인이 된다.

7) 지반 지지력의 상이

구조물과 흙쌓기 주위 지반의 지지력의 상이로 인한 부등침하가 발생함으로써 단차의 원인이 된다.

8) 구조물 변경

토압 또는 충격에 의해 구조물이 변형되었을 때 부등침하가 발생하게 된다.

9) 지반경사

흙쌓기의 기초지반이 경사져 있을 때 흙쌓기 작업을 완료한후에 부등침하가 발생하게 된다.

10) 연약 지반상 구조물 시공

기초지반이 연약하여 지지말뚝 등으로 침하가 일어나지 않도록 시공된 구조물과 흙쌓기 사이에는 큰 침하가 일어난다.

11) 지표수 침투

강우로 인한 지표수가 구조물과 토공의 경계 부분에 침투하여 뒤채움부의 간극수압이 증가함으로써 침하가 발생된다.

12) 지하수 용출

성토체 내의 수위 상승으로 지하수가 용출됨으로써 성토체가 약화되어 유효응력 감소로 인한 침하가 발생된다.

Ⅳ. 방지대책(다짐방법, 시공시 고려사항)

1) 연약지반 처리

기초지반 조사를 철저히 하여 연약지반일 경우 대책 공법을 선정하여 처리한후에 시공해야 한다.

2) 기초지반 처리

흙쌓기 시공에 앞서 땅깎기부의 벌개제근을 철저히 하여 나무뿌리, 유기질토 등의 부식에 의한 침하가 발생되지 않도록 한다.

3) 다짐면적 확보

대형 전압기계의 사용이 가능한 공간을 확보하여 충분한 다짐 시공이 될 수 있도록 해야 한다.

4) 적정재료 선정

뒤채움 재료로서는 투수성이 좋고 비압축성이며, 잘 다져지는 성질을 가진 흙을 선정하여야 한다.

5) 적정장비 선정

좁고 다짐이 곤란한 장소에서는 소형 다짐장비를 사용하여 가능한 얇은 층으로 다져야 한다.

6) 시공순서 준수

편토압에 의한 구조물의 변형을 방지하기 위해서 적정한 성토순서 및 다짐순서를 준수하여야 한다.

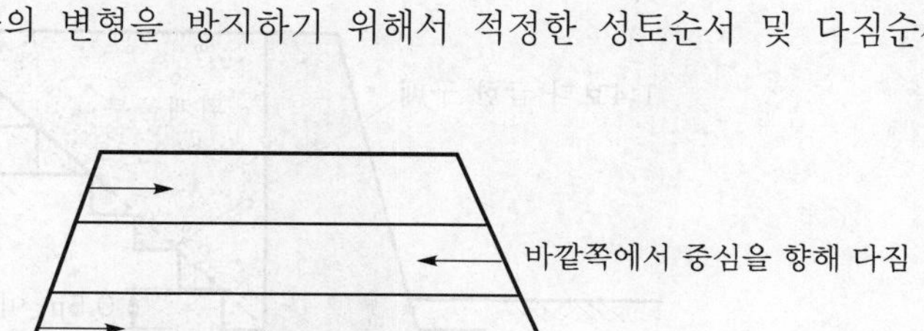

7) 다짐두께 준수

1층당 부설두께 200~300mm로 하여 층다짐하고, 암거 등에서는 뒤채움의 층두께 및 높이가 양쪽에서 동일하게 시공되어야 한다.

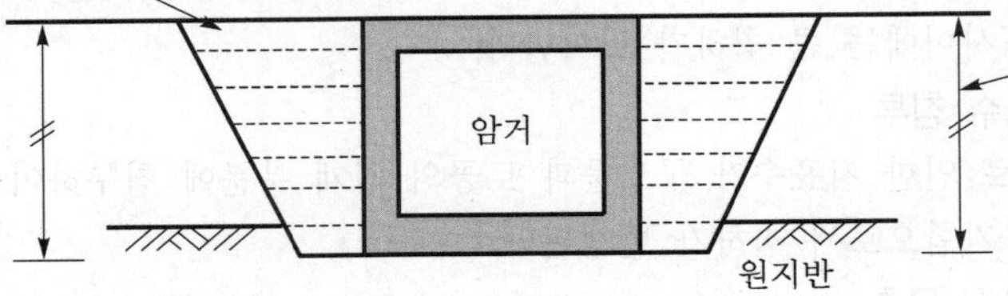

<암거 뒤채움>

8) 배수시설 시공

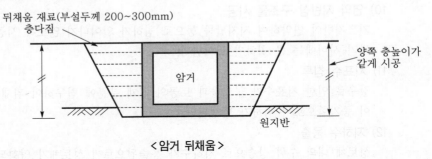

물이 고이지 않도록 적절한 지하 배수구 등을 설치함으로써 되메우거나 뒤채움을 한 곳에서 신속히 배수가 되도록 하여야 한다.

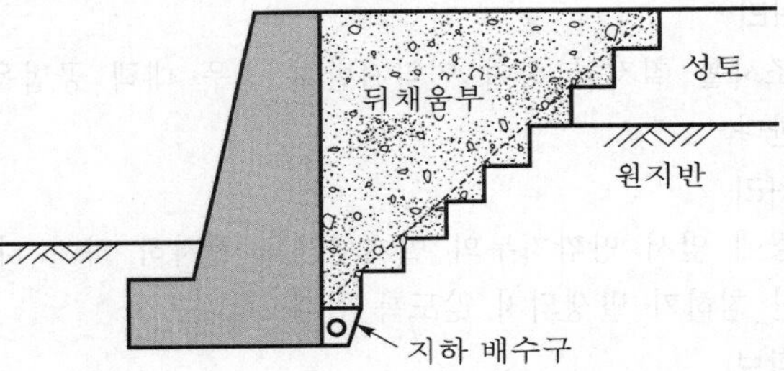

9) 재료의 안정처리

함수비가 높은 흙을 뒤채움 재료로 사용하기 위해서는 안정처리를 하여 성질을 개선시켜 소정의 다짐도를 얻을 수 있도록 해야 한다.

10) 포장체의 강성 증대

충격, 하중 등에 대한 저항력이 큰 포장설계를 함으로써 침하에 대한 지지력을 높여야 한다.

11) 층따기 시공

원지반의 지표면 경사가 1 : 4보다 급한 경우에는 반드시 층따기 시공을 하여 뒤채움부의 변형과 활동을 억제해야 한다.

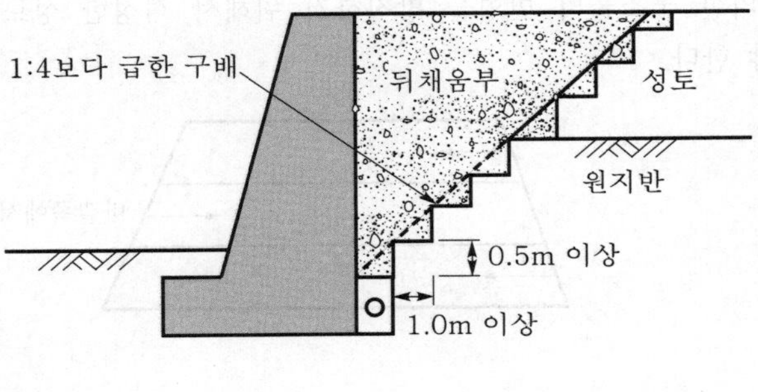

12) 여성토

여성토는 침하의 우려가 없다고 인정되는 경우 이외에는 반드시 침하량을 계산한 시공을 하여 침하를 조기에 완료시킨다.

13) 적정 시공속도

구조물이 이동하지 않도록 적정 시공속도를 유지하여야 한다.

14) Approach Slab 시공

구조물의 기초지반이 연약하고, 배면의 성토고가 커서 부등침하가 예상될 경우 구조물과 성토체의 접속부에 시공한다.

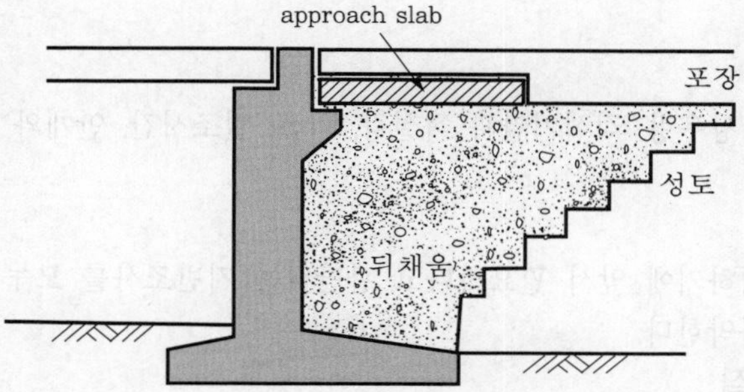

15) 지표수 침투억제

지표수가 토공내에 침투하지 않도록 배수구를 설치하여 강우 등을 처리하고, 다짐에 특히 유의해야 한다.

16) 지하수 용출방지

지하수 용출에 의한 성토체의 약화를 방지하기 위해 투수층을 설치하여 성토체내의 수위상승을 막아야 한다.

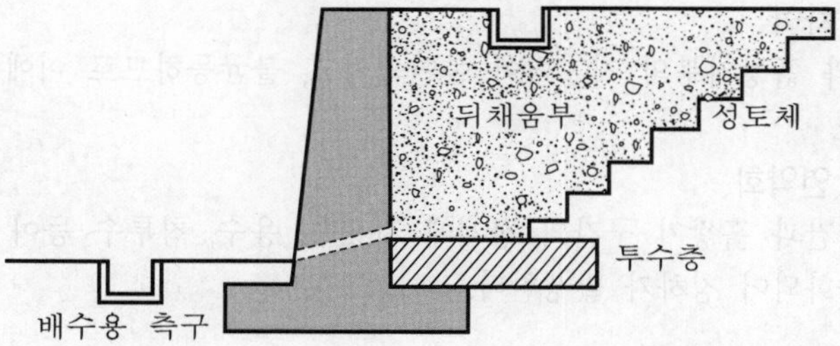

Ⅴ. 결론

① 구조물과 토공 접속부의 단차는 뒤채움 재료의 부적정, 배수처리 불량, 다짐시공의 부실에 그 주된 원인이 있다고 할 수가 있다.

② 단차를 최소한으로 줄이기 위해서는 적절한 뒤채움 재료를 선정하여 시공관리에 철저를 기하고, 적절한 대책 공법을 선정 시공하여야 한다.

10 절토와 성토의 경계부(편절·편성 접속부)의 균열원인과 방지대책

Ⅰ. 개요

① 절토와 성토의 경계부에는 지지력의 불균등, 용수에 의한 성토체의 연약화, 다짐 불충분으로 인한 압밀 등에 의해 침하가 발생하기 쉽다.

② 경계부의 균열은 포장파손의 원인이 되므로 성토재료의 선정 및 시공관리에 철저를 기해 단차를 방지해야 한다.

Ⅱ. 조사

1) 기상

강우일수와 강우량, 적설기간과 적설량, 기온, 일조시간, 안개와 서리의 상황 등을 조사한다.

2) 지반

토공을 시행하기에 앞서 필요하다고 판단되는 지반조사를 모두 실시하여 지반의 토질상태를 파악한다.

3) 지형 및 토질

현지답사나 기존자료에 의해서 넓은 공사구역 지형의 형태 즉, 산세와 지형상의 구배 및 토질 등을 파악한다.

4) 지표수, 지하수의 상황

지표수는 기존 지반의 강우로 인한 세굴현상을 관찰하고, 지하수는 Boring에 의해서 측정한다.

Ⅲ. 균열원인

1) 지지력의 차이

땅깎기부와 흙쌓기부의 지지력이 불연속이고, 불균등하므로 이에 의한 단차가 발생하게 된다.

2) 성토체의 연약화

땅깎기 구간과 흙쌓기 구간의 경계에 지표수, 용수, 침투수 등이 집중하기 쉽고, 흙쌓기가 약화되어 침하가 발생한다.

3) 다짐불량

경계부의 땅깎기는 다짐이 불충분하게 되기 쉽고, 따라서 흙쌓기는 압축에 의한 침하를 일으킨다.

4) 지반활동(sliding)

기초지반과 흙쌓기의 접착이 불충분하게 되기가 쉬우므로 지반의 변형과 활동으로 단차가 일어나기 쉽다.

5) 배수불량

흙쌓기 면의 배수가 좋지 않으면 흙쌓기 내에 우수가 침투하여 흙이 연약하게 되어 침하가 일어나기 쉽다.

6) 재료불량

땅깎기 구간의 마무리 면에서 나타나는 흙쌓기에 부적합한 재료를 사용할 경우 배수성과 다짐도가 저하된다.

7) 기초지반 처리불량

벌개제근 등 기초지반에 대한 처리가 불량할 경우에는 성토 완료후 부등침하가 일어난다.

8) 지반경사

흙쌓기의 기초지반이 경사져 있을 때에는 흙쌓기 완료후에 부등침하가 발생된다.

Ⅳ. 방지대책(노반축조시 유의사항)

1) 연약지반 처리

기초지반 조사를 철저히 하여 연약지반일 경우에는 대책 공법을 선정하여 처리한 후에 시공한다.

2) 적정재료 선정

흙쌓기 재료로서 시공이 쉽고 전단강도가 크며, 압축성이 작은 흙을 선정하여 사용해야 한다.

3) 다짐시공 철저

경계부 흙쌓기를 충분히 다짐으로서 흙쌓기와 땅깎기 구간과의 사이의 부등침하를 방지한다.

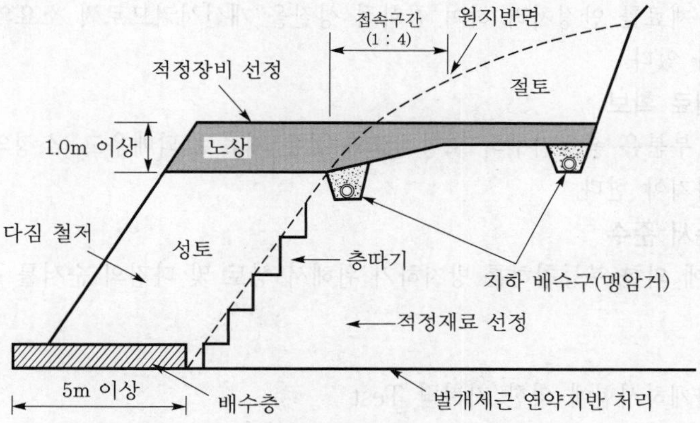

<편절 · 편성 접속부에 대한 처리>

4) 접속구간 설치

단차로 인한 포장의 균열을 억제하기 위해 땅깎기면과 상부 노체면을 연결하는 1 : 4 정도의 접속구간을 설치한다.

5) 지하 배수구 설치

배수를 위하여 상부 노체면 또는 땅깎기면에 지하 배수구를 설치하고, 배수 유출구로 유도 배수되도록 한다.

6) 배수층 설치

용수가 많은 편절, 편성 구간의 흙쌓기 비탈 하단에는 배수층을 설치하여야 한다.

7) 벌개제근

흙쌓기 중에 혼입된 초목, 나무뿌리 등의 부식으로 인하여 발생할 수 있는 부등침하, 처짐 등을 방지해야 한다.

8) 적정장비 선정

토질의 특성에 맞는 적정장비를 선정하여 절토부와 성토부가 겹쳐지도록 다져야 한다.

9) 적정 시공속도

편토압에 의한 단차가 발생하지 않도록 흙쌓기 다짐에서의 적정한 시공속도를 유지해야 한다.

10) 층따기 시공

원지반의 지표면 경사가 1 : 4보다 급한 경우에는 반드시 층따기 시공을 하여 성토체의 활동과 변형을 방지해야 한다.

11) 여성토

침하의 우려가 없다고 인정되는 경우 이외에는 반드시 여성토를 실시하여 압밀을 촉진시켜야 한다.

12) 맹암거 설치

접속부의 땅깎기면에 맹암거를 설치하며, 용수량이 많은 경우에는 유공관을 설치하는 것이 좋다.

13) 재료의 안정처리

흙쌓기 재료를 안정처리 하여 공학적 성질을 개선시키므로써 소요의 다짐도를 확보할 수가 있다.

14) 동질재료 확보

땅깎기 부분은 흙쌓기부의 노상재료와 같은 재료로 되메우고, 소정의 다짐도로 균일하게 다져야 한다.

15) 성토순서 준수

편토압에 의한 부등침하를 방지하기 위해서 성토 및 다짐의 순서를 준수하여야 한다.

Ⅴ. 품질관리

① 평판재하시험에 의한 지지력 Test
② Proof Rolling에 의한 변형량 측정
③ 현장밀도 측정에 의한 함수비 조절
④ 다짐시험에 의한 다짐도 확보

Ⅵ. 결론

① 균열에 의한 단차를 방지하기 위해서는 흙쌓기 재료의 선정, 다짐 및 배수 등의 시공관리에 철저를 기하여야 한다.
② 특히 재료의 선정에 있어서는 주어진 재료를 안정처리 하여 공학적 성질을 개선시키는 등의 검토가 필요하다.

11 기존 도로 확폭(확장) 시공시 유의사항

Ⅰ. 개요

① 최근 자동차량의 급증으로 인해 신설 도로 설치 및 기존 도로의 확장의 필요성에 의해 도로 확폭 시공이 전국적으로 시행되고 있다.

② 그러나 구도로와 신도로 사이에 균열, 누수, 침하 및 단차이로 인해 도로의 안전성에 크게 위협을 주고 있는 바, 철저한 지반조사와 시공관리로 이를 방지하여야 한다.

Ⅱ. 확폭부 시공의 문제점

① 균열발생　　② 단차발생
③ 누수, 침수　　④ 침하발생
⑤ 측방향 이동　　⑥ 부등침하
⑦ 철근부식　　⑧ 콘크리트 열화

Ⅲ. 시공시 유의사항

1) 기초처리

기존 구조물의 기초형식을 검토하여 시공후에 구 구조물과의 단차가 발생되지 않게 기초처리를 해야 한다.

2) PBT 시험

기초지반을 정리한후 PBT 시험을 통하여 지반의 지내력을 검토하고, 필요시 파일 기초형식을 선정하여 시공한다.

3) 철근노출

구 구조물에 매입되어 있는 철근을 노출시키고, 만약 부식되어 있는 철근은 녹슨부분을 처리한다.

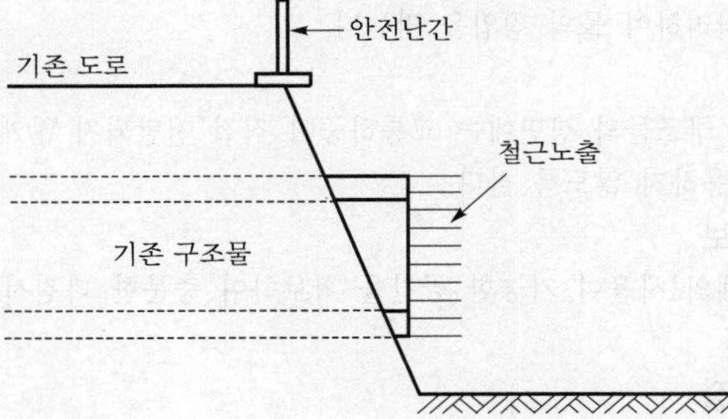

4) 용수처리

기초지반에 용수가 있을 때에는 배수관, 맹암거 등을 이용하여 배수처리한다.

5) 기존 구조물 파쇄

기존 구조물에서 철근노출을 위해 부분 파쇄할 때는 전체 구조물에 영향이 없도록 유의하여 쪼아낸다.

6) 지수판 설치

구 구조물과의 접속부에서 수밀을 요할 때에는 지수판을 사용하여 이음부의 누수를 방지한다.

7) 축선 일치

구 구조물과의 연결시 구조물의 축선이 어긋나지 않게 측량을 한 후 직선화시킨다.

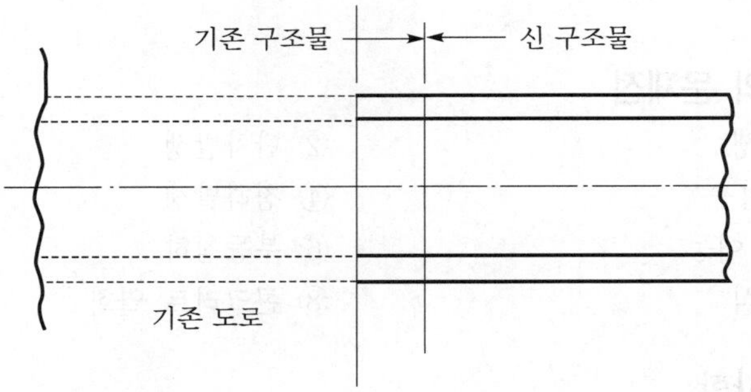

8) 철근 이음

철근의 이음은 시방규정 이상 이음이 되게 하고, 필요시 용접 이음으로 보강한다.

9) 콘크리트 다짐

콘크리트 타설은 밀실하게 다짐하여 콘크리트의 강도, 내구성, 수밀성이 확보되게 한다.

10) 충분한 양생

콘크리트 타설후 콘크리트에 유해한 균열이 발생하지 않도록 외력으로부터 충분히 보호해야 한다.

11) 방수처리

구조물 시공후 누수로 인한 사용성의 저하, 구조물의 내구성 저하를 막기 위하여 외벽에는 방수처리하여 물의 침입을 막는다.

12) 충격방지

도로공사에서 구조물의 상단에는 교통하중이 직접 전달되지 않게 모래를 깔아서 하중이 직접 작용하지 않도록 한다.

13) 다짐면적 확보

대형 전압기계의 사용이 가능한 공간을 확보하여 충분한 다짐시공이 될 수 있도록 해야 한다.

14) 적정재료 선정

뒤채움 재료로서는 투수성이 좋고 비압축성이며, 잘 다져지는 성질을 가진 흙을 선정하여야 한다.

15) 적정장비 선정

좁고 다짐이 곤란한 장소에서는 소형 다짐장비를 사용하여 가능한 한 얇은 층으로 다져야 한다.

16) 시공순서 준수

편토압에 의한 구조물의 변형을 방지하기 위해서 적정한 성토순서 및 다짐순서를 준수하여야 한다.

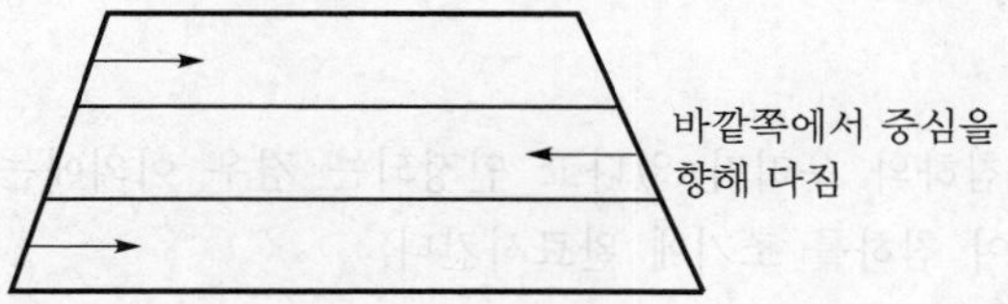

17) 다짐두께 준수

1층당 부설두께 200~300mm로 하여 층다짐하고, 암거 등에서는 뒤채움의 층두께 및 높이가 양쪽에서 동일하게 시공되어야 한다.

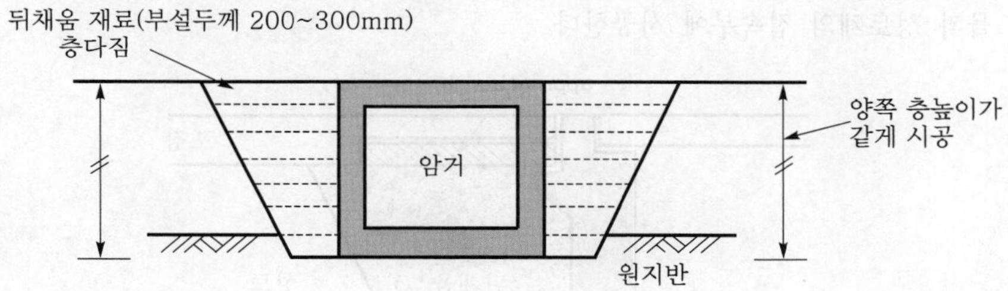

<암거 뒤채움>

18) 배수시설 시공

물이 고이지 않도록 적절한 지하 배수구 등을 설치함으로써 되메우거나 뒤채움을 한 곳에서 신속히 배수가 되도록 하여야 한다.

19) 재료의 안정처리

함수비가 높은 흙을 뒤채움 재료로 사용하기 위해서는 안정처리를 하여 성질을 개선시켜 소정의 다짐도를 얻을 수 있도록 해야 한다.

20) 포장체의 강성증대

충격, 하중 등에 대한 저항력이 큰 포장설계를 함으로써 침하에 대한 지지력을 높여야 한다.

21) 층따기 시공

원지반의 지표면 경사가 1 : 4보다 급한 경우에는 반드시 층따기 시공을 하여 뒤채움부의 변형과 활동을 억제해야 한다.

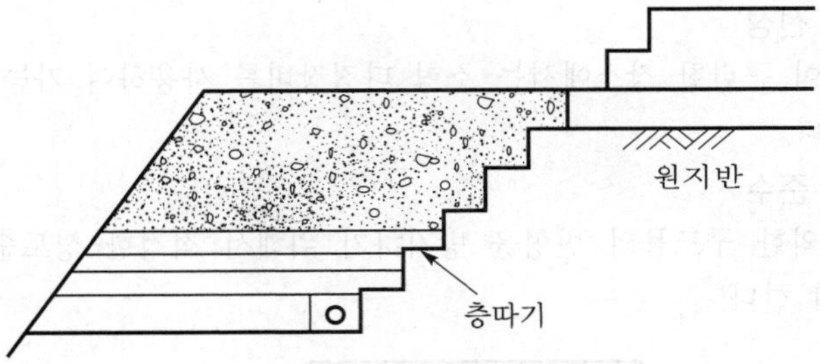

22) 여성토

여성토는 침하의 우려가 없다고 인정되는 경우 이외에는 반드시 침하량을 계산한 시공을 하여 침하를 조기에 완료시킨다.

23) 적정 시공속도

구조물이 이동하지 않도록 적정 시공속도를 유지하여야 한다.

24) Approach Slab 시공

구조물의 기초지반이 연약하고, 배면의 성토고가 커서 부등침하가 예상될 경우 구조물과 성토체의 접속부에 시공한다.

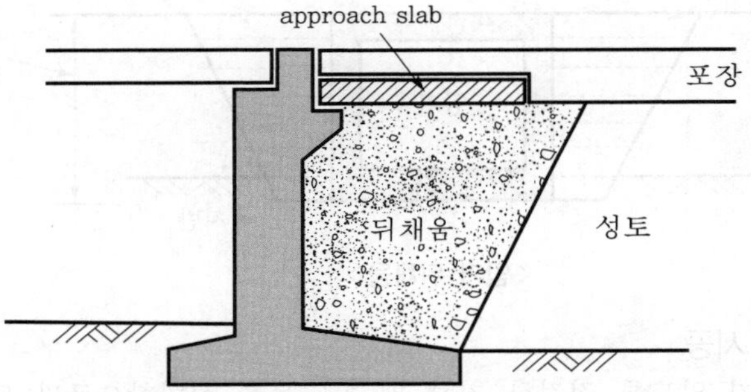

25) 지표수 침투억제

지표수가 토공내에 침투하지 않도록 배수구를 설치하여 강우 등을 처리하고, 다짐에 특히 유의해야 한다.

Ⅳ. 결론

도로 접속 구간의 다짐을 철저히 하고, 부등침하 방지와 접속부 누수방지를 철저히 하여 도로의 단차이가 발생하지 않도록 품질 시공하여야 한다.

12 성토시 암성토와 토사성토를 구분 다짐하는 이유와 다짐시 유의사항

Ⅰ. 개요

① 토사와 암재료를 동시 사용할 때에는 두 재료의 특성상 구분하여 다짐을 하여야 한다.

② 암재료와 토사를 혼합 다짐시에는 전단강도 및 투수성의 저하로 소요의 다짐도를 얻기가 어렵기 때문에 구분하여 다짐한다.

Ⅱ. 다짐 목적

① 지지력 증대
② 투수성 감소
③ 압축성 최소화
④ 전단강도 증대

Ⅲ. 구분 다짐하는 이유

1) 최대치수 상이
① 암 : 600mm 이하
② 토사 : 노상 및 구조물 뒤채움은 100~150mm, 노체는 300mm 이하

2) 다짐두께 상이
① 암 : 최대직경의 1.0~1.5배 이하
② 토사 : 노상 및 구조물 뒤채움은 200mm 이하, 노체는 300mm 이하

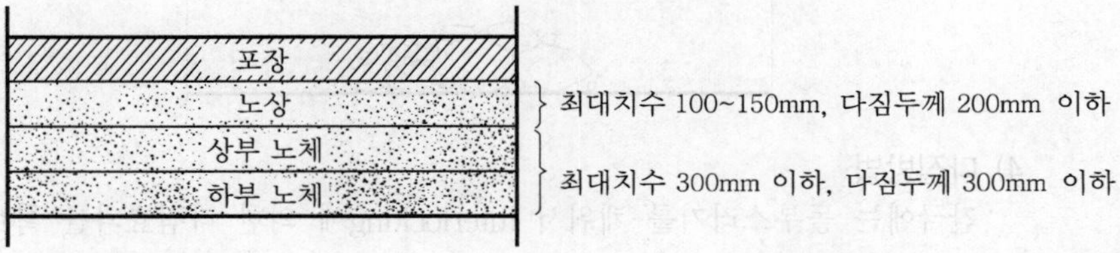

<포장의 구성도>

3) 응력분포 상이
① 암 : 수직응력을 받는다.
② 토사 : 휨응력을 받는다.

4) 다짐장비 상이
① 암 : 대형으로서 기진력이 큰 장비
② 토사 : 토질에 따라 전압식, 진동식, 충격식 등 적정장비 선정 사용

5) 시공장소 상이
① 암 : 외측부에 사용
② 토사 : 내측(중앙부)에 사용

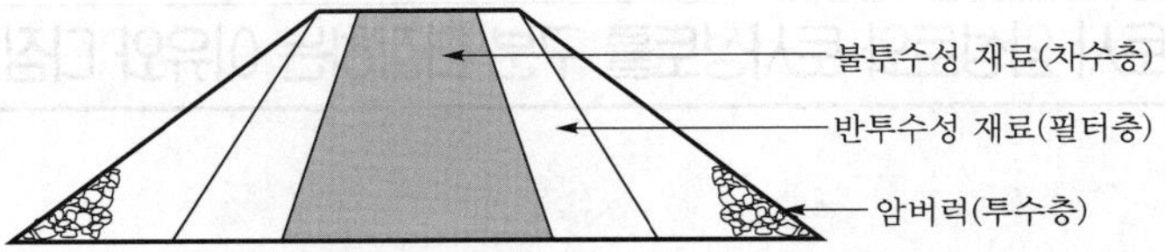

<Rock Fill Dam에서의 성토재료>

6) 다짐방법 상이

① 암 : Interlocking에 의한 다짐효과 확보

② 토사 : $\gamma_{d\,\max}$, OMC 상태에서 다짐

Ⅳ. 암성토 다짐시 유의사항

1) 재료

암버럭 사용할 때 최대입경은 600mm 이하이지만 노상 시공기면 아래 500mm 이내에서는 150mm 이상의 암버럭을 사용해서는 안 된다.

2) 다짐장비

다짐장비는 가능한 한 무겁고, 기진력이 큰 Bulldozer나 진동 Roller 등을 사용하는 것이 바람직하다.

3) 다짐두께

대형 다짐장비 사용을 전제로 각 층당의 마무리 두께는 암버력 최대직경의 1.0~1.5배가 되게 한다.

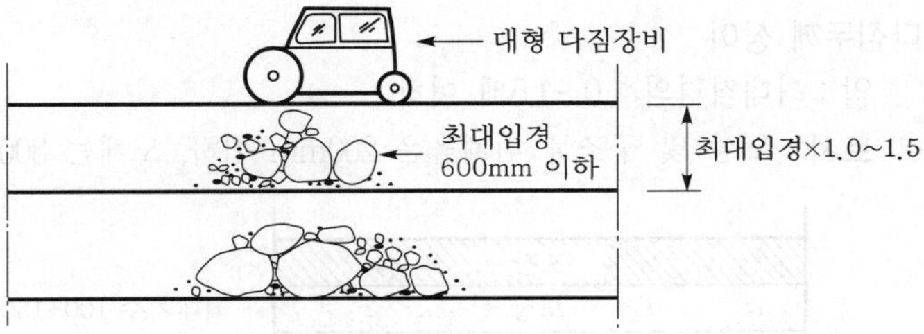

4) 다짐방법

간극에는 돌부스러기를 채워서 Interlocking에 의한 다짐효과를 확보하여 충분히 안정된 흙쌓기가 되도록 한다.

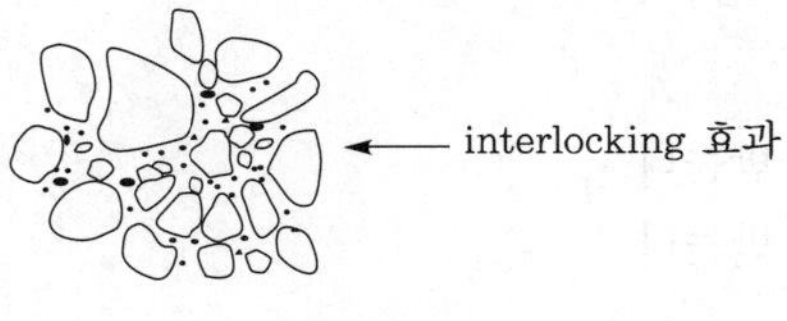

5) 포설위치

암버력과 기타 재료를 동시에 포설해야 될 경우에 암버력은 외측에 기타 재료는 내측에 포설해야 한다.

6) 중간 차단층 설치

암버력으로 시공되는 흙쌓기부의 마지막층은 작은 조각, 입상재료, Soil Cement 중간층 등을 두어 간극을 충분히 차단해야 한다.

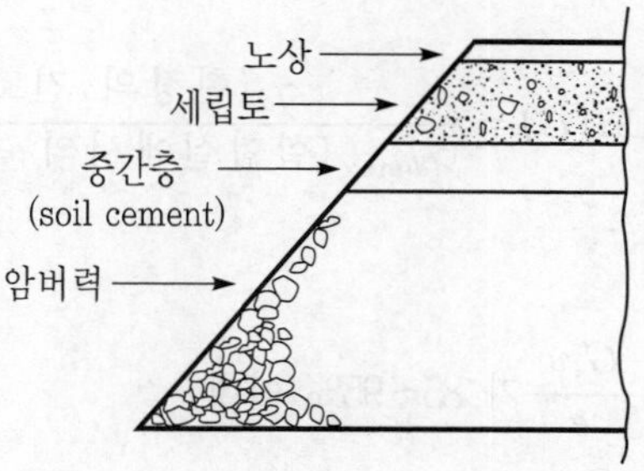

<성토시공>

7) 압축성이 큰 재료를 사용할 때

연암재 등 압축성이 큰 암버력은 되도록 사용하지 않는 것이 좋으나 사용할 때에는 압축을 적게 받는 개소에 사용하고, 큰 압축침하가 생기지 않도록 충분히 다진다.

Ⅴ. 토사성토 다짐시 유의사항

1) 재료

최대치수가 시방규정 이하로서 시공이 쉽고, 전단강도가 크며, 압축성이 작고 Trafficability가 좋아야 한다.

2) 다짐장비

성토재료의 토질, 지형, 작업의 종류(성토 본체, 법면, 구조물 뒤채움 등)를 충분히 고려하여 선정해야 한다.

3) 다짐두께

노상 및 노체의 1층당 시공두께(마무리 두께)는 200~300mm 이하가 되도록 하고, 흙쌓기 전체가 균일한 다짐이 되도록 한다.

4) 다짐방법

최대건조밀도가 다짐시험방법에 의하여 얻어지는 최대건조밀도의 90%(노체) 및 95%(노상) 이상이 되도록 균일하게 다져야 한다.

5) 다짐기준 결정

다짐시험을 실시하여 시공 함수비, 최대건조밀도를 결정하고 시험 성토를 하여 포설두께, 다짐후 두께, 장비, 횟수, 다짐도 등의 기준을 결정한다.

Ⅵ. 다짐관리

1) 암성토

① 평판재하시험

$$K\text{치} = \frac{\text{시험하중}(\mathrm{kN/m^2})}{\text{침하량}(\mathrm{mm})}(\mathrm{MN/m^3})$$

② 현장 전단시험

③ 다짐장비 기종, 다짐횟수

2) 토사성토

① **건조밀도** : 다짐도$(C) = \dfrac{\gamma_d(\text{현장의 건조밀도})}{\gamma_{d\max}(\text{실험실에서의 최대건조밀도})} \times 100(\%)$가 90~95% 이상

② **포화도, 간극비**

㉠ 포화도$(S) = \dfrac{G_s w}{e}$가 85~95% 이내

㉡ 간극비$(e) = \dfrac{G_s w}{S}$가 10~20% 이내

③ **강도특성** : 현장에서 측정한 지반지지력계수 K치, CBR치, Cone 지수로 판정

④ **상대밀도(Relative Density)** : $D_r = \dfrac{e_{\max} - e}{e_{\max} - e_{\min}} \times 100 = \left(\dfrac{\gamma_d - \gamma_{d\min}}{\gamma_{d\max} - \gamma_{d\min}}\right)$ $\dfrac{\gamma_{d\max}}{\gamma_d} \times 100(\%)$가 시방기준 이상

⑤ **변형량** : Proof Rolling, Benkelman Beam 변형량이 시방기준 이상

⑥ **다짐장비 기종, 다짐횟수** : 현장다짐 시험결과에 따라 다짐 기종, 한층 포설두께, 다짐횟수 결정

Ⅶ. 품질관리

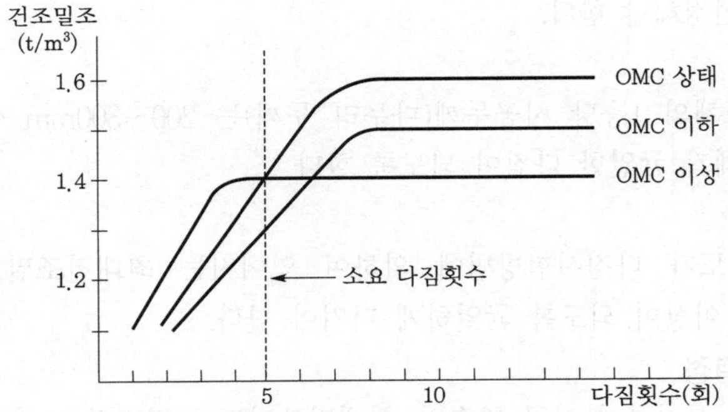

<다짐횟수의 건조밀도 관계>

1) 암질시험

① 암버력 경도

② 침투수에 의한 풍화 정도

③ 암버력의 마모성

2) 다짐도

노체다짐 시공에서 90% 이상

3) 시험다짐 실시

① 일정구간 설정하여 시험다짐 실시

② 시험시공 구간의 면적은 400m^2 내외

③ 한 층의 시공두께는 시방규정에 따르고, 본 공사에 사용될 재료 사용
④ 시험시공 구간에 사용될 도저 그레이더 살수차, 다짐장비는 본 공사에 사용될 장비 사용

4) 자료 활용
① 시험시공에서 얻어진 포설두께, 다짐횟수, 함수비 등을 본 공사에 적용
② 재료변경, 다짐장비 교체 등의 변동사항이 발생되면 기준값 변동

5) 시험다짐 측정내용

구분 / 횟수	포설 두께	다짐 장비	다짐 횟수	함수비	건조 밀도	다짐률	다짐전 두께	다짐후 두께	표면 관찰
1									
2									
3									

6) 작업시 유의사항
① 최적함수비, 포설두께, 다짐횟수 규정 준수
② 이물질 혼입 금지
③ 작업차량 통로 수시변경
④ 포설면은 4% 횡단구배 유지
⑤ 성토법면 세굴방지 목적으로 가마니 및 비닐 도포

Ⅷ. 결론

① 성토작업시 요구되는 소요의 품질을 얻기 위해서는 각 재료의 역할에 부합되도록 적절히 구분 다짐하여야 한다.
② 전부 암버럭으로 성토를 할 때에는 큰 덩어리가 고르게 분산되도록 하고, 간극을 최대한 메워야 한다.

13 유토곡선(토적곡선, Mass Curve)

Ⅰ. 개요

① 토공에 있어서 성토와 절토의 계획토량, 운반거리 등을 결정하는 것을 토량배분이라고 한다.

② 도로공사 등의 토량배분에서는 유토곡선을 작성함으로써 운반거리, 토량의 평형관계를 정확히 파악할 수가 있다.

Ⅱ. 목적

① 토량의 효율적인 배분

② 운반거리에 따른 장비 기종의 선정

③ 사토장 및 토취장 선정

Ⅲ. 배분원칙

① 운반거리는 가능한 짧게 한다.

② 높은 곳에서 낮은 곳으로 운반한다.

③ 토량은 모아서 한가지 방법으로 운반한다.

Ⅳ. Mass Curve를 이용한 토량배분

1) 유토곡선 작성법

① 측량에 의해 종단면상에 시공기면을 그린다.

② 횡단면도로부터 각 구간의 토량을 계산한다.

③ 토량계산서를 이용하여 누가토량을 계산한다.

④ 종축에 누가토량, 횡축에 거리를 취한 그래프 속에 누가토량을 기입한다.

2) 토량계산서 작성법

측점	거리 (m)	절토(+)			성토(−)					공제 토량 (m^3)	누가 토량 (m^3)
		단면적 (m^2)	평균 단면적 (m^2)	토량 (m^3)	단면적 (m^2)	평균 단면적 (m^2)	토량 (m^3)	토량 변화율 (C)	보정 토량 (m^3)		

3) 유토곡선

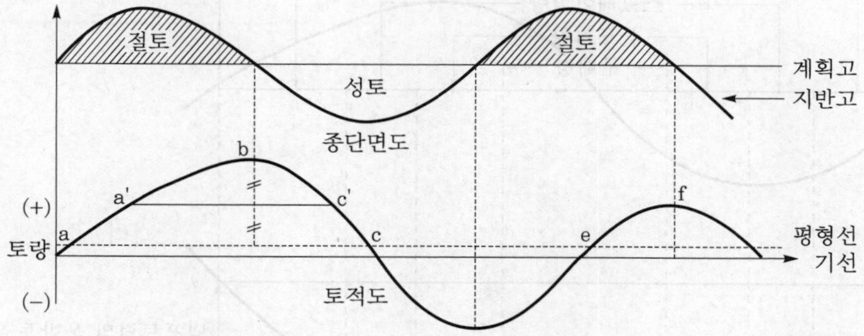

4) 유토곡선의 성질

① 절성토 구간 : 상승부분 a−b와 d−f는 절토 구간을, 하강부분 b−d는 성토 구간을 나타낸다.

② 극대점과 극소점 : 극대점(정점) b와 극소점(저점) d는 절토와 성토의 경계이다.

③ 산모양과 골모양

㉠ 산모양(a−b−c)으로 굴착토가 왼쪽에서 오른쪽으로 이동한다.

㉡ 골모양(c−d−e)으로 굴착토가 오른쪽에서 왼쪽으로 이동한다.

④ 토량의 과잉과 부족 : 기선 위에서 끝나면 토량의 과잉이며, 기선 아래서 끝나면 토량의 부족을 나타낸다.

⑤ 평균 운반거리 : a−c 구간의 평균 운반거리는 a′−c′이다.

⑥ 전토량 : 기선에서 정점까지의 거리(b−b′)는 절토에서 성토로 운반되는 전토량이다.

5) 장비 기종의 선정

① 토량배분이 결정된 후에는 유토곡선을 이용하여 운반거리, 운반토량, 토질조건, 지형상태 등을 고려해서 경제적인 기종을 선택한다.

② 운반거리별 적정장비

㉠ Bulldozer : 50m 이하

㉡ Scraper : 50~500m

㉢ Dump Truck : 500m 이상

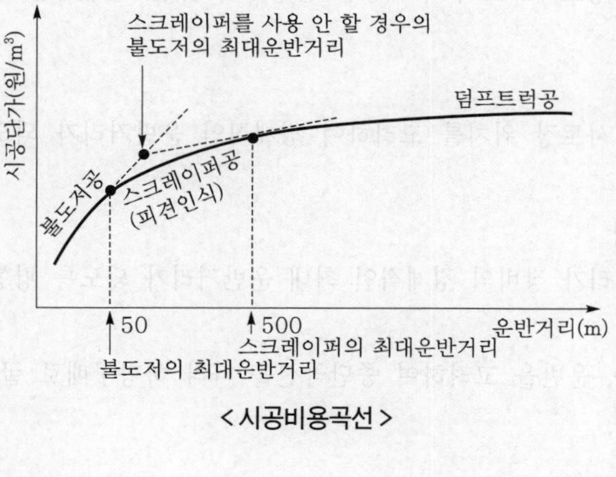

<시공비용곡선>

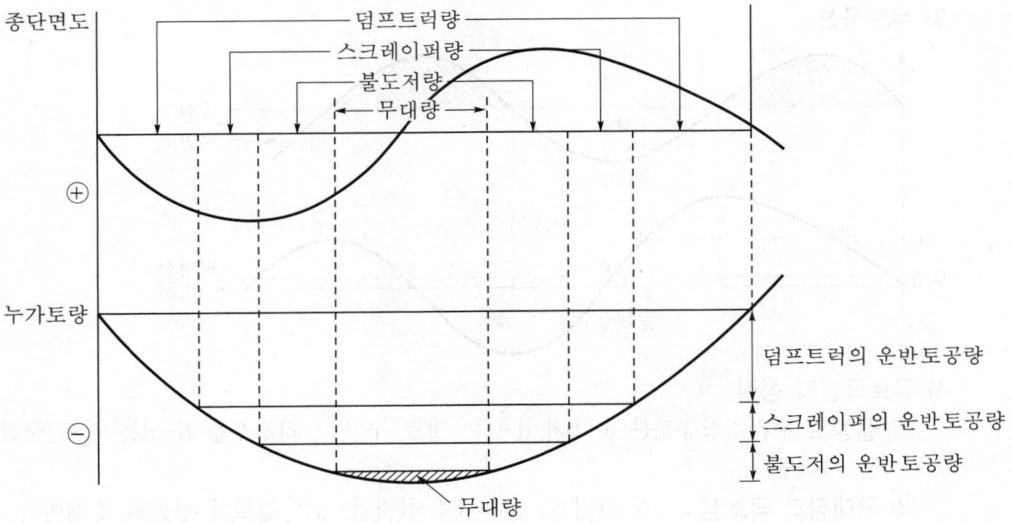

<운반거치별 적정장비>

6) 유대량, 무대량

① 유대량 : 도저+스크레이퍼+덤프트럭

② 무대량 : 유토곡선의 종방향 토량+토량계산서의 횡방향 토량

Ⅴ. 토량 배분시 유의사항

1) 토량계산

토량계산서에서 미리 각각의 절토, 성토량을 알고 개략적인 배분을 해 두어야 한다.

2) 토량변화율

대규모 공사에서는 시험굴착, 시험성토를 하여 토량변화율을 고려한 토량을 계산해야 한다.

3) 불량토 사토

절토단면에 성토재료로서 부적당한 불량토가 있을 경우에는 별도 집계하여 사토로 한다.

4) 운반거리

토취장이나 사토장 위치를 고려하여 경제적인 운반거리가 되도록 토량을 배분해야 한다.

5) 평형선 결정

평균 운반거리가 장비의 경제적인 최대 운반거리가 되도록 평형선을 결정해야 한다.

6) 종단구배

절토는 배수, 운반을 고려하여 종단곡선을 따라 하향구배로 굴착할 수 있도록 평형선을 그린다.

7) 기종 선정

토질, 지형상태, 운반거리, 운반량 등을 고려하여 가장 경제적인 기종을 선택해야 한다.

8) 평균 운반거리

절토에서 성토까지의 평균 운반거리는 절토 중심과 성토 중심과의 거리로 나타내어 진다.

Ⅵ. 토량환산계수(f)

구하는(Q) / 기준이 되는(q)	자연 상태의 토량(1)	흐트러진 상태의 토량(L)	다져진 상태의 토량(C)
자연 상태의 토량(1)	1	L	C
흐트러진 상태의 토량(L)	$1/L$	1	C/L
다져진 상태의 토량(C)	$1/C$	L/C	1

Ⅶ. 결론

① 도로와 같은 대규모의 토공에 있어서는 유토곡선에 의한 토량배분으로 경제적이고, 합리적인 시공이 되게 하여야 한다.

② 운반장비는 토질, 지형상태, 운반거리, 운반토량 등을 고려하여 현장에 가장 적합하고 경제적인 기종을 선택해야 한다.

14 흙의 동상 방지대책

Ⅰ. 개요

① 흙의 간극수가 동결하여 토중에 빙층이 형성되기 때문에 지표면이 떠올려지는 현상을 흙의 동상(Frost Heaving)이라 한다.

② Silt와 같은 흙에서는 서릿발을 만들며 지면을 들어올리는 비율이 더 커지기 때문에 보통 모래를 기층에 많이 넣어 동토를 방지한다.

Ⅱ. 동상을 지배하는 3요소(동상 원인)

1) Silt

건조한 모래나 자갈 등에서는 동해가 일어나지 않으며, Silt와 같은 비교적 세립의 토중에서 일어나기 쉽다.

2) 온도

0℃ 이하의 대기온도가 오랫동안 지속되면 서릿발(ice lense)이 형성되며, 이것이 동상의 원인이 된다.

3) 모관수

동상의 조건으로 물의 공급이 많아질 경우 서릿발의 형성이 증대된다.

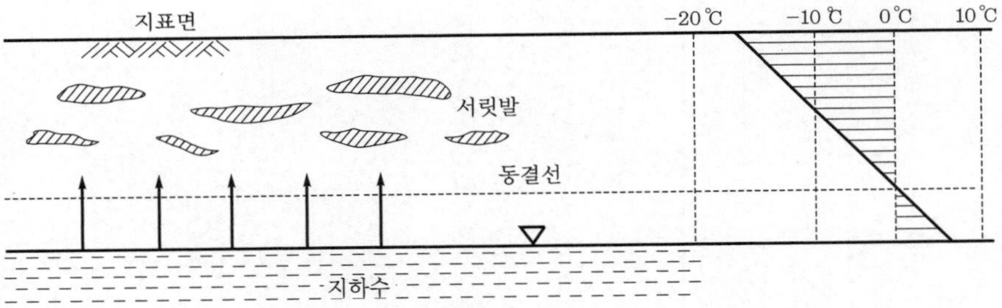

<서릿발의 형성>

Ⅲ. 동결심도 구하는 방법

1) 현장조사

① 동결 심도계 이용

② Test Pit에서 관찰

2) 동결지수

① 동결지수란 누적일 평균기온－일 곡선에서 최고점과 최저점의 차이값을 말한다.

② 동결심도(Z)$= C\sqrt{F}$

여기서, C : 정수(3~5), F : 동결지수(℃ · day)

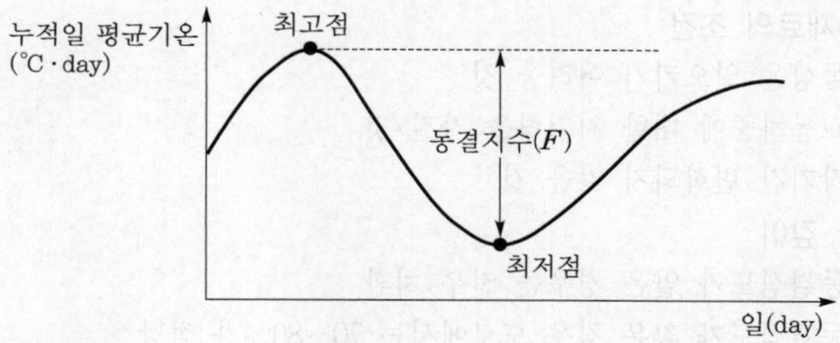

3) 열전도율

① 열전달이 흙과 물의 잠재열로 이루어진다고 가정한다.

② 동결심도$(Z) = \sqrt{\dfrac{48kF}{L}}$

여기서, k : 열전도율, F : 동결지수(℃ · day), L : 융해 잠재열(cal/cm^3)

Ⅳ. 동해 방지대책

1. 동상 방지층 재료

1) 최대입경

동상 방지층에 사용될 골재의 최대 입경은 100mm를 초과할 수 없다.

2) 세립토 함유량

직경 0.02mm 이하의 세립토의 함유량이 3% 이하 0.08mm체(No.200체)를 통과한 재료의 함유량이 15% 이하여야 한다.

3) 모래 당량

모래 당량의 시험치는 20% 이하여야 한다.

4) 조립토

조립의 흙에서는 흡착수막내의 물의 이동이 적어서 수막내의 물분자의 이동이 거의 없으므로 동상이 일어나지 않는다.

5) 쇄석

5mm체(No.4체) 통과분 중 0.08mm체 통과량 15% 이하, 또는 5mm체 통과분 중 0.08mm체 통과량 9% 이하인 깬 자갈을 쓴다.

6) 자갈 섞인 흙

0.02mm 통과율이 3~10%인 자갈 섞인 흙을 사용할 경우 동상방지에 효과가 있다.

7) 모래+자갈

0.08mm체 통과량이 10% 이하인 모래와 자갈을 함께 쓸 경우 배수성이 좋고, 투수성도 크므로 동상방지 효과가 높다.

2. 시공법

1) 치환

① 동결심도보다 위의 흙을 비동상성 재료로 치환하는 공법

② 치환재료의 조건

㉠ 동상을 일으키기 어려울 것

㉡ 교통하중에 대한 지지력을 가질 것

㉢ 장기간 변화되지 않을 것

③ 치환 깊이

㉠ 동결심도가 얕은 경우는 전부 치환

㉡ 동결심도가 깊은 경우 도로에서는 70~80%가 적당

2) 차수

모관수 상승을 차단하는 층을 지하수위 위에 설치하는 방법으로서 차단 재료는 Soil Cement, Asphalt 등을 사용한다.

3) 단열

지표에 가까운부분에 단열재료를 매입하여 보온처리하는 방법으로 발포 스티로폼, 기포 Con'c 등을 사용한다.

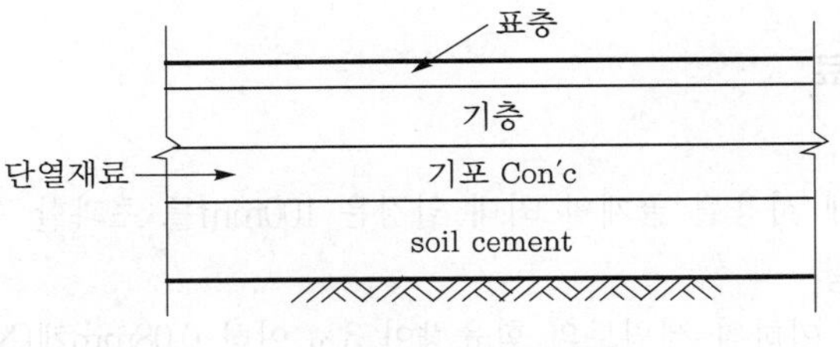

<단열재 설치의 예>

4) 안정처리

지표의 흙을 화학약액으로 처리하여 동결온도를 낮추는 방법으로 NaCl, $CaCl_2$, MgCl 등의 화학약품을 사용한다.

5) 지하수위 저하

차수 공법의 일종으로서 배수구 등을 설치하여 지하수위를 저하시키는 방법이다.

6) 동결깊이 조절

지표부근의 흙 속에 소다와 같은 재료를 삽입하여 동결깊이를 얕게 하는 것도 일시적으로는 효과가 있다.

7) 선택층 설치

도로 포장의 경우 보조기층 아래에 동결작용에 민감하지 않은 선택층(자갈층)을 설치하여 포장체를 동해로부터 보호한다.

8) 동결심도 아래 기초 설치

동상과 융해에 대한 피해를 방지하기 위한 가장 일반적인 방법은 모든 구조물의 기초를 동결심도 아래 설치하는 것이다.

9) 배수층 설치

동결토가 융해되면서 생기는 과잉수로 인한 지반의 연약화를 방지하기 위해 동결심도 아래에 배수층을 설치한다.

Ⅴ. 흙의 동결이 구조물에 미치는 영향

1) Blow Up

① 흙 속에 간극수가 동결되면서 체적이 팽창하여 구조물을 위로 쳐올리는 현상

② 동해에 따른 구조물 기초지반의 Blow Up 현상이 발생될 때 구조물에 균열, 단차, 솟음 등의 피해가 발생된다.

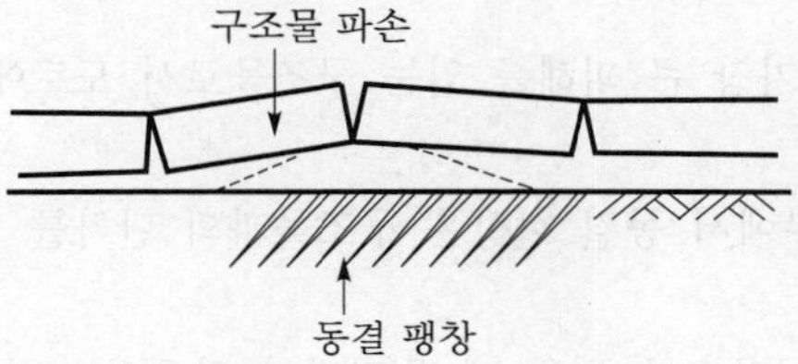

2) 지중 구조물의 파손

지중 매설물인 상수도관, 통신관, 전력관, GAS관 등의 지반이 동결됨에 따라 동파, 이동, 변형되면서 파손되는 사고가 발생된다.

3) 부등침하

균질하지 않은 지반에서 흙이 동해를 받게 되면 부분적인 침하와 함께 부등침하가 발생된다.

4) 포장의 파손

① 한절기에 포장 하부층이 동결되어 흙 속에 빙층을 형성하였다가 해빙기가 되면 지반이 연약해진다.

② 이때 통행 차량의 하중이 작용하면 포장 하부면에 인장응력이 발생되어 포장이 파손에 이르게 된다.

5) 측압발생

지표면의 흙이 얼면서 팽창할 때 가로방향으로의 팽창력에 의해서 구조물에 측압으로 작용한다.

6) 구조물 균열

흙이 동결되면서 모관수를 흡수하여 팽창되어 작용하중으로 변하여 구조물에 균열 발생

7) 구조물 파손

흙이 동결되면서 특히 수리 구조물에 영향이 더욱 커져 상수도관, 하수관 등의 파손이 발생

8) 댐의 변형

Fill 댐이 동상을 입게 되면 댐체에 변형을 일으키고, 댐에 치명적인 손상을 초래한다.

9) 사면 보호공 파손

토사면에서 동상이 발생되면서 비탈보호 구조물의 파손

10) 옹벽활동

옹벽 기초 이하 부분에서 동상이 발생되면 옹벽 구조물이 부상하게 되고, 활동하게 된다.

11) 옹벽의 전도
옹벽 뒤채움부에서 물이 동결되면서 주동토압과 함께 옹벽이 힘이 가해져서 옹벽이 전도된다.

12) 흙막이벽 균열
지하 굴착공사에서 시공중인 흙막이벽에 측압이 가해져 균열을 발생시킨다.

13) 도로변형
흙이 동결되면서 가장 큰 피해를 입는 구조물로서 도로에 변형이 크게 발생된다.

14) 도로단차
구조물과의 접속부에서 동결 현상은 구조물과의 단차를 발생시킨다.

15) 교대 변위
교량 교대 후면 지하수가 높을 때 동결되어 작용하는 수평하중으로 작용하여 변위 발생

16) 터널 Lining 균열
Lining 배면토의 동결에 따른 복공의 균열 발생

Ⅵ. 결론

① 동상은 주변 구조물을 움직이고 균열을 일으킬 수 있을 정도의 큰 힘을 발휘하며, 융해될 경우에는 과잉수로 인해 심각한 문제가 야기될 수도 있다.

② 동해를 방지하기 위해서는 동결심도 이하에 구조물의 기초를 설치하거나 모래, 자갈, 점토 등의 비교적 동토 발생이 적은 선택층을 채택하여 동해를 최소화하는 방안이 사전검토 되어져야 한다.

人生案內

인간은 어디서 와서 어디로 가며, 왜 사는가.
이 세 가지는 가장 보편적이고 근본적이며 본질적인 물음이다.
남녀의 性行爲에서 수십억 중의 정자 하나가 卵子 하나를 만나서 생긴 것이 인간이다.
인간을 형성하고 있는 化學的 요소를 분석하면 약간의 지방, 鐵分, 당분, 석회분, 마그네슘, 인, 유황, 칼륨 등과
염분과 대부분의 수분이 전부다.
아마 화학약품점에서 몇 천원이면 살 수 있을 것이다.
거기다 고도로 발달한 동식물의 생명체가 들어 있다고 생각해본다.
그러나 그런 思考로는 인간의 의미와 목적은 모른다.
자연에게 물어봐도 답이 없고, 자신이나 과학이나 철학이나 종교에게 물어봐도 대답할 수 없다.

나를 만든 분만 알고 있다. 사람은 하나님의 형상으로 만들어졌고
天下보다 소중한 사랑의 대상이라고 성서가 가르쳐준다.
성서는 인생의 안내도, 그리고 예수님은 그 길의 案內者다.
이 세상은 우리의 영원한 주소가 아니다.
호출이 오면 언제라도 떠나야 하는 出生과 死亡 사이의 다리 위를 통과하는 나그네.
예수가 그 길이요, 생명이다.

제1장 토 공

제2절 연약지반개량공법

연약지반개량공법 과년도 문제

1

1. 연약지반의 정의와 판단기준 [07후, 10점]
2. 해안에 인접하여 연약지반을 통과하는 4차선 도로가 있다. 이 경우 연약지반처리를 위한 시공계획에 대하여 설명하시오. [10중, 25점]
3. 연약지반처리대책공법 선정시 고려할 조건에 대하여 설명하시오. [17후, 25점]
4. 연약지반개량공법 선정기준 [98중후, 20점]
5. 연약지반의 개량공법에 대하여 기술하시오. [96전, 40점]
6. 연약지반개량공법 중 표층개량공법의 분류방법과 공법 적용시 고려사항에 대하여 설명하시오. [12전, 25점]
7. 연약지반상의 저성토(H = 2m 이하) 시공시 발생될 수 있는 문제점 및 대책에 대하여 설명하시오. [16후, 25점]
8. 지반 함몰원인과 방지대책에 대하여 설명하시오. [18후, 25점]
9. 연약지반을 개량하고자 한다. 사질토 지반에 적용될 수 있는 공법을 열거하고, 특징을 설명하시오. [02후, 25점]
10. 진동다짐(Vibro-Floatation)공법 [07전, 10점]
11. 연약지반 성토에서 제거치환공법을 설명하시오. [96중, 30점]
12. 연약지반치환공법 [97후, 20점]
13. 폭파치환공법 [09전, 10점]
14. 항만 및 해안 구조물의 기초처리를 위하여 두꺼운 연약지반층을 모래로 굴착, 치환할 경우 예상되는 문제점과 그 대책에 관하여 기술하시오. [98중후, 30점]
15. 점토질 연약지반에서 점토층 두께에 따라 경제성을 고려한 적정한 지반개량공법의 종류와 각 공법들의 장·단점을 논하시오. [97중전, 50점]
16. 콘크리트 슬래브 궤도로 설계된 고속철도노선이 연약지반을 통과한다. 연약지반 심도별 대책 및 적용공법에 대하여 기술하시오. [09후, 25점]
17. 연약지반상의 도로토공에서 발생하는 문제점과 그 대책을 쓰고, 대책공법 선정시의 유의사항을 설명하시오. [12중, 25점]
18. 연약한 이탄지반에 도로 구조물을 축조하려할 때 적절한 지반개량공법, 시공시 예상되는 문제점과 기술적 대응방법을 설명하시오. [12후, 25점]
19. 연약지반을 통과하는 도로노선의 지반을 개량하고자 한다. 적용가능공법과 공법 선정시 고려사항에 대하여 설명하시오. [14전, 25점]
20. 콘크리트도상으로 계획된 철도노선이 연약지반을 통과할 경우 지반처리공법 및 대책에 대하여 설명하시오. [16전, 25점]
21. 점성토 연약지반에 시공되는 개량공법을 열거하고, 특징을 설명하시오. [18후, 25점]
22. 연약지반개량공법의 종류를 열거하고, 그 중에서 압밀촉진공법에 의한 연약지반의 처리순서 및 목적과 계측방법에 대해 기술하시오. [08전, 25점]
23. 선재하(pre-loading) 압밀공법 [11전, 10점]
24. 압밀침하에 의해 연약지반을 개량하는 현장에서 시공관리를 위한 계측의 종류와 방법에 대하여 설명하시오. [11전, 25점]
25. 진공압밀공법 [02전, 10점]
26. 지하수위저하(De-watering)공법에 대하여 설명하시오. [17전, 10점]
27. 연약지반개량공법 중 고결공법에 대하여 설명하시오. [18전, 25점]

연약지반개량공법 과년도 문제

2	28. 연약지반처리공법 중 연직배수공법을 기술하고, 시공시 유의사항을 설명하시오. [09전, 25점] 29. 연약지반개량시 압밀촉진을 위한 연직배수재에 요구되는 특성과 통수능력에 영향을 주는 요인에 대하여 설명하시오. [15중, 25점] 30. 기성 연직배수공법의 설계 및 시공시 유의사항에 대하여 설명하시오. [18중, 25점] 31. Vertical Drain공법 및 Preloading공법의 원리를 설명하고, Vertical Drain공법이 Preloading공법에 비하여 압밀시간이 현저히 단축되는 이유를 설명하시오. [95중, 33점] 32. 연약지반에서 선행재하(pre-loading)공법 시 유의사항과 효과확인을 위한 관리사항을 설명하시오. [13후, 25점] 33. 연약지반 改良을 위한 先行載荷(Pre Loading) [94후, 10점], [03전, 10점] 34. 최근 양질의 Sand Mat자재수급이 어려운 관계로 투수성이 불량한 자재를 사용하여 시공하는 경우 지반개량공사에서 발생할 수 있는 문제점 및 대책에 대하여 설명하시오. [17중, 25점] 35. 연약지반처리를 팩드레인(Pack Drain)공법으로 시공시 품질관리를 위한 현장에서 점검할 사항과 시공시 유의사항을 기술하시오. [04후, 25점] 36. 연약지반에서 Pack Drain공법으로 지반을 개량할 때 예상되는 문제점과 이에 대한 대책을 기술하시오. [07중, 25점] 37. 팩드레인(pack drain)공법을 이용하여 연약지반을 개량할 때 예상되는 문제점과 대책을 설명하시오. [13중, 25점] 38. Pack Drain [99전, 20점] 39. Packed Drain Method의 시공순서 [03중, 10점] 40. 연약지반개량공법인 PBD(Plastic Board Drain)공법의 시공시 유의사항에 대하여 기술하시오. [09후, 25점] 41. 연약지반개량공법에 적용되는 연직배수재(PBD)의 통수능력과 통수능력에 영향을 미치는 요인에 대하여 설명하시오. [11중, 25점] 42. 국내 연약점성토개량공법 중 플라스틱보드드레인(PBD)공법의 통수능력과 교란에 영향을 주는 요인에 대하여 설명하시오. [16중, 25점] 43. 점성토지반의 교란효과(Smear Effect) [06중, 10점] 44. 한계성토고 [05전, 10점] 45. 압성토공법 [02전, 10점], [09중, 10점] 46. 압밀과 다짐의 차이 [04후, 10점] 47. 연약점토층의 1次 및 2次 壓密 [96전, 20점]
3	48. 과소압밀(Under Consolidation)점토 [09후, 10점] 49. 모래말뚝공법과 모래다짐말뚝공법을 비교 설명하고, 시공시 유의사항을 기술하시오. [05후, 25점] 50. Sand Compaction Pile공법과 Sand Drain Pile공법을 비교 설명하시오. [00중, 25점] 51. 연약지반개량공사현장에서 샌드파일공법으로 시공시 장비의 유지관리와 안전시공방안에 대하여 설명하시오. [05전, 25점] 52. 해상 구조물 기초공으로 샌드콤팩션파일(Sand Compaction Pile)공법을 선정하였다. 시공시 유의사항에 대하여 기술하시오. [98후, 30점] 53. SCP(Sand Compaction Pile) [10후, 10점]
4	54. 도심지 터널공사 및 대심도 지하구조물 시공시 실시하는 약액주입공법에 대하여 종류별로 시공 및 환경관리항목을 열거하고, 시공계획서 작성시 유의사항에 대하여 설명하시오. [10후, 25점]

연약지반개량공법 과년도 문제

4	55. 도심지 지하굴착작업에서 약액주입공법 선정시 시공관리항목을 열거하고, 각각에 대하여 설명하시오. [06후, 25점] 56. 약액주입공법 중 L.W.(불안정 물유리)공법 [96중, 20점] 57. 연약지반에서 고압분사주입공법의 종류와 특징에 대하여 설명하시오. [11전, 25점]
5	58. 동다짐공법의 개요와 시공계획에 대하여 기술하시오. [98중후, 40점] 59. 동다짐(= 동압밀)공법에 대하여 약술하고, 시공관리상 유의사항을 설명하시오. [95전, 33점] 60. 동(動)다짐(Dynamic Compaction)공법 [96전, 20점], [99후, 20점]
6	61. 연약지반개량공법 중 동다짐(동치환 위주)공법을 설명하시오. [00중, 25점]
7	62. 지반개량공법 중 지반동결공법 적용상의 문제점과 그 대책에 대하여 설명하시오. [17후, 25점]
8	63. 항만매립공사에 적용하는 지반개량공법의 종류를 열거하고, 그 내용을 기술하시오. [07전, 25점] 64. 초연약점성토지반의 준설매립공사현장에서 초기장비 진입을 위한 표층처리공법의 종류를 열거하고, 그 적용성에 대하여 설명하시오. [05전, 25점] 65. 해수면을 매립한 연약지반 위에 대형 지하탱크를 건설하고자 한다. 굴착 및 지반안정을 위한 적절한 공법을 선정하고, 시공시 유의사항에 대하여 설명하시오. [05중, 25점] 66. 연약지반개량공법 중 Suction Device공법에 대하여 설명하시오. [17전, 25점]
9	67. 해양 구조물공사를 시공할 때 깊은 연약지반개량공사시 사용되는 D.C.M(Deep Cement Mixing)공법을 설명하고, 시공시 유의사항과 환경오염에 대한 대책을 기술하시오. [07중, 25점] 68. 심층혼합처리(deep chemical mixing)공법 [11전, 10점] 69. 고압분사 교반주입공법 중에서 R.J.P(Rodin Jet Pile)공법 [02후, 10점]
10	70. 연약지반에서 구조물공사시 계측시공관리계획에 대하여 설명하시오. [04중, 25점] 71. 연약점토지반의 개량공법을 선정하고 계측항목에 대하여 설명하시오. [14중, 25점] 72. 연약지반에서 계측관리를 하고자 할 때 계측관리의 수립, 문제점 및 대책에 대하여 기술하시오. [97중후, 33점] 73. 연약지반상에 성토작업시 시행하는 계측관리를 침하와 안정관리로 구분하여 그 목적과 방법에 대하여 기술하시오. [06전, 25점] 74. 연약지반성토시 지반의 안정과 효율적인 시공관리를 위하여 시행하는 침하관리 및 안정관리에 대하여 설명하시오. [14후, 25점] 75. 연약한 지반에서 성토지반의 거동을 파악하기 위하여 시공시 활용되고 있는 정량적 안정관리기법에 대하여 설명하시오. [16후, 25점] 76. 연약지반처리공법 적용에 따른 침하압밀도관리방법에 대하여 기술하시오. [98중전, 20점]
11	77. 토목섬유(Geosynthetics)의 종류, 특징 및 기능과 시공시 유의사항에 대하여 기술하시오. [04후, 25점]

1 연약지반개량공법

Ⅰ. 개요

① 연약지반이란 함수비가 높고 1축 압축강도가 작은 점토, Silt 및 유기질토, 느슨하게 쌓인 사질토 등으로 구성된 지반을 총칭한다.

② 지반개량공법이란 기초지반 본래의 공학적 성질을 개선시키므로써 지반지지력의 증대, 지반변형의 억제, 투수성의 감소, 내구성의 증진을 위한 공법이다.

Ⅱ. 지반개량의 목적

① 전단강도 증대
② 부등침하 방지
③ 액상화 방지
④ 투수성 감소
⑤ 주변지반의 안정성 유지

Ⅲ. 공법 분류

1. 사질토($N \leq 10$)

1) 진동다짐 공법(Vibro Floatation)
2) 모래다짐말뚝 공법(Vibro Composer, Sand Compaction Pile)
3) 폭파다짐 공법
4) 전기충격 공법
5) 약액주입 공법
   ① 현탁액형 : Asphalt, Bentonite, Cement, JSP
   ② 용액형 : LW, 고분자계
6) 동다짐 공법(동압밀 공법 : Dynamic Compaction Method)

2. 점성토($N \leq 4$)

1) 치환 공법
   ① 굴착치환 공법
   ② 미끄럼치환 공법
   ③ 폭파치환 공법
2) 압밀 공법
   ① Preloading 공법(선행재하 공법, 사전압밀 공법)
   ② 사면선단재하 공법
   ③ 압성토 공법(Surcharge 공법)
3) 탈수 공법(압밀촉진 공법)
   ① Sand Drain 공법(모래말뚝, sand pile)
   ② Paper Drain 공법
   ③ Pack Drain 공법

4) 배수 공법
   ① Deep Well 공법
   ② Well Point 공법
5) 고결 공법
   ① 생석회 말뚝 공법
   ② 소결 공법
   ③ 동결 공법
6) 동치환 공법(Dynamic Replacement Method)
7) 전기침투 공법
8) 침투압 공법
9) 대기압 공법
10) 표면처리 공법

3. 사질토·점성토(혼합 공법)

1) 입도 조정법
2) Soil Cement 공법
3) 화학약제 혼합 공법

Ⅳ. 사질토 공법별 특성

1. 진동다짐 공법(Vibro Floatation 공법)

① 수평방향으로 진동하는 Vibro Float를 이용, 사수와 진동을 동시에 일으켜 느슨한 모래지반을 개량하는 공법이다.

② Vibro Composer는 전단파, Vibro Float는 종파이므로 다짐효과는 Vibro Float가 유리하다.

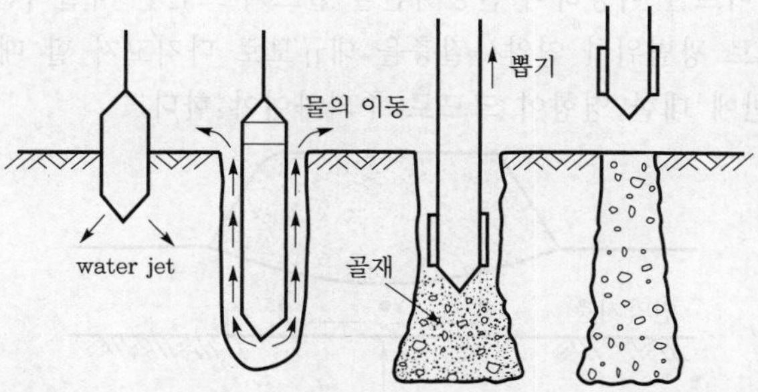

2. 모래다짐말뚝 공법(Vibro Composer, Sand Compaction Pile 공법)

① Casing을 지상에서 소정 위치까지 고정시킨다.

② 관입하기 곤란한 단단한 층은 Air Jet, Water Jet 공법을 병용한다.

③ 상부 Hopper로 Casing 안에 일정량의 모래를 주입하면서 상하로 이동 다짐하여 모래말뚝을 완성해간다.

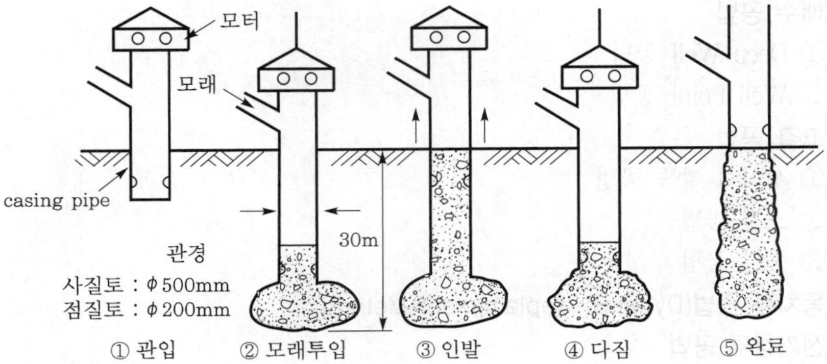

3. 전기충격 공법

워터 제트(Water Jet)를 이용해서 지반 속에 방전 전극을 삽입한 후 대전류를 흘려 지반 속에서 고압방전을 일으키게 하여 그때 발생하는 충격력으로 사질지반을 다지는 공법이다.

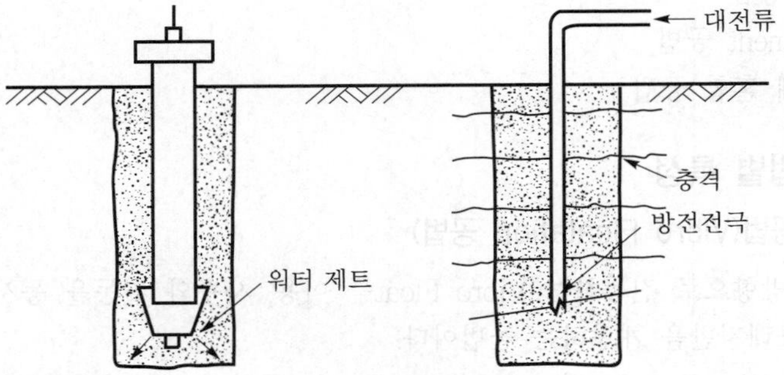

4. 폭파다짐 공법

① 다이너마이트를 이용하여 인공지진을 일으켜 느슨한 사질지반을 다지는 공법이다.
② 경제적으로 광범위한 연약사질층을 대규모로 다지고자 할 때 채택하는 공법이다.
③ 주위 지반에 대한 영향이 크므로 주의하여야 한다.

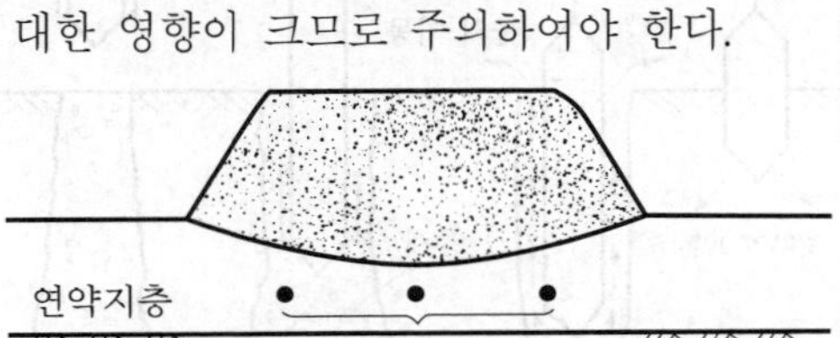

5. 약액주입 공법

① 지반 내에 주입관을 삽입하여 화학약액을 지중에 충진시켜 일정한 Gel Time이 경과한 후 지반을 고결시키는 공법으로서 지반의 강도증진을 목적으로 하는 공법이다.

② 현탁액형인 Asphalt, Bentonite, Cement와 용액형인 LW, 고분자계가 있다.

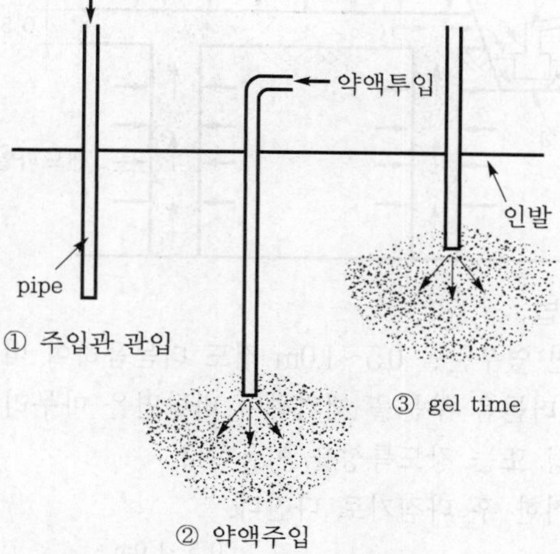

6. 동다짐 공법(동압밀 공법 : Dynamic Compaction Method)

연약지층에 무거운 추를 자유낙하시켜 지반을 다지고, 이때 발생하는 잉여수를 배수하여 연약지반을 개량하는 공법이다.

Ⅴ. 점성토 공법별 특성

1. 치환 공법

1) 굴착치환 공법

① 굴착기계로 연약층 제거후 양질의 흙으로 치환하는 공법

② 타 공법에 비해 능률성, 경제성이 떨어진다.

2) 미끄럼치환 공법

연약지반에 양질토를 재하하여 미끄럼 활동으로 지반을 양질토로 치환하는 공법이다.

3) 폭파치환 공법

① 연약지반이 넓게 분포되어 있는 경우 폭파에너지를 이용하여 치환하는 공법이다.

② 폭파음 진동으로 주변지반에 영향을 준다.

2. 압밀 공법(재하 공법)

연약지반에 하중을 가하여 흙을 압밀시키는 공법

1) Preloading 공법(선행재하 공법, 사전압밀 공법)

① 연약지반에 하중을 가하여 압밀시키는 공법으로 압밀침하를 촉진시키기 위하여 샌드드레인 공법을 병용하여 사용하기도 한다.

② 구조물 축조장소에 사전성토하여 선행침하시켜 흙의 전단강도를 증가시킨 후 성토부분을 제거하는 공법이다.

③ 공기가 충분할 때 적용한다.

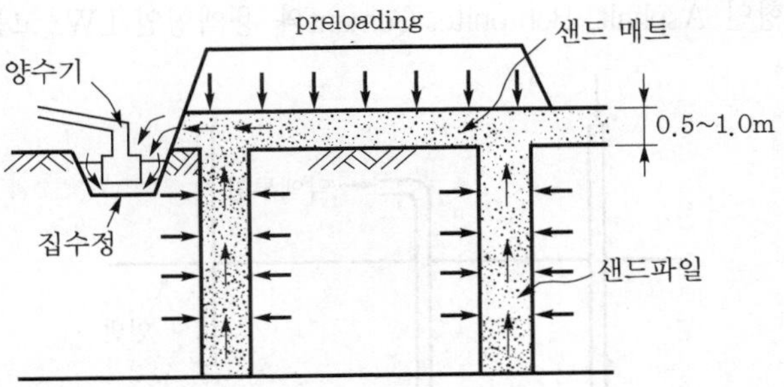

2) 사면선단재하 공법

① 성토한 비탈면 옆부분을 0.5~1.0m 정도 더돋음하여 비탈면 끝부분의 전단강도를 증가시킨 후 더돋음 부분을 제거하여 비탈면을 마무리하는 공법이다.

② 흙의 압축특성 또는 강도특성을 이용한다.

③ 더돋음을 제거한 후 다짐기로 다진다.

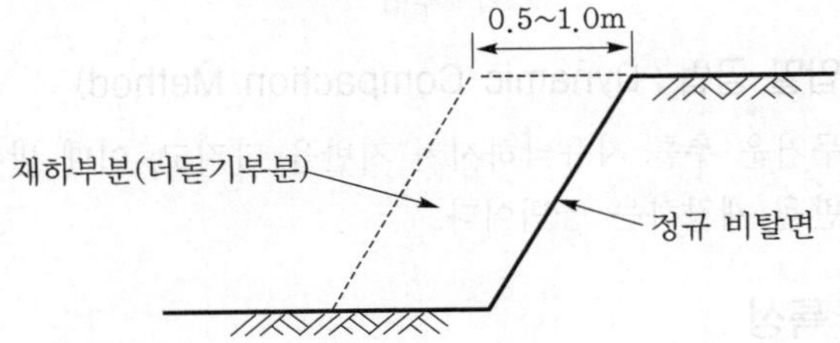

3) 압성토 공법(Surcharge 공법)

① 토사의 측방에 압성토하거나 법면 구배를 작게 해서 활동에 저항하는 모멘트를 증가시키는 공법이다.

② 측방에 여유 용지가 있고, 활동파괴를 방지하고자 할 때 적용한다.

③ 압밀에 의해 강도가 증가한 후에는 압성토를 제거한다.

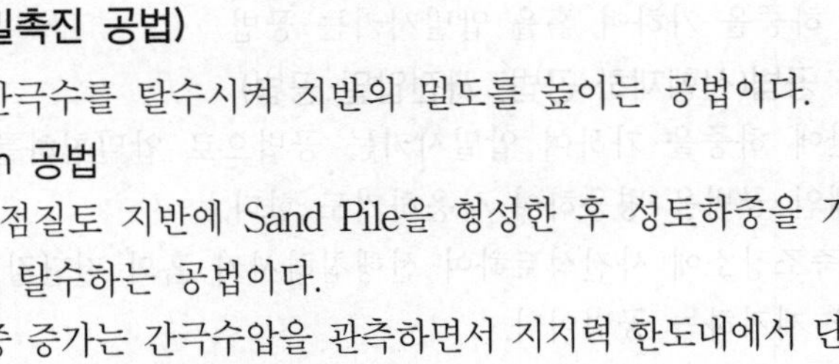

3. 탈수 공법(압밀촉진 공법)

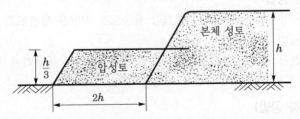

지반중의 간극수를 탈수시켜 지반의 밀도를 높이는 공법이다.

1) Sand Drain 공법

① 연약한 점질토 지반에 Sand Pile을 형성한 후 성토하중을 가하여 간극수를 단시간 내에 탈수하는 공법이다.

② 재하하중 증가는 간극수압을 관측하면서 지지력 한도내에서 단계적으로 증가시킨다.

③ 단기간(2~3개월)에 점토지반 다짐가능

2) Paper Drain 공법

① 두께 3mm, 폭 100mm의 드레인 Paper를 특수 기계로 타입하여 연약지반 중에 설치하는 공법이다.

② 사용 Paper : 크리프트지, 케미컬 보드

③ 타입이 간단하나, 장시간 사용하면 열화하여 배수효과가 감소된다.

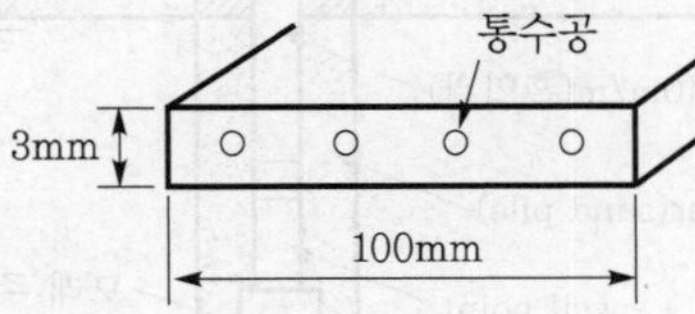

3) Pack Drain 공법

① 바이브로 해머로 밑판이 있는 케이싱을 지중에 박고 타설완료 후 케이싱 내부에 주머니를 넣어서 그 속에 모래를 채운 다음 케이싱을 뽑아낸다.

② 이 공법에 사용되는 기계로 4개의 케이싱을 동시에 박아 4개의 드레인을 만들 수 있다.

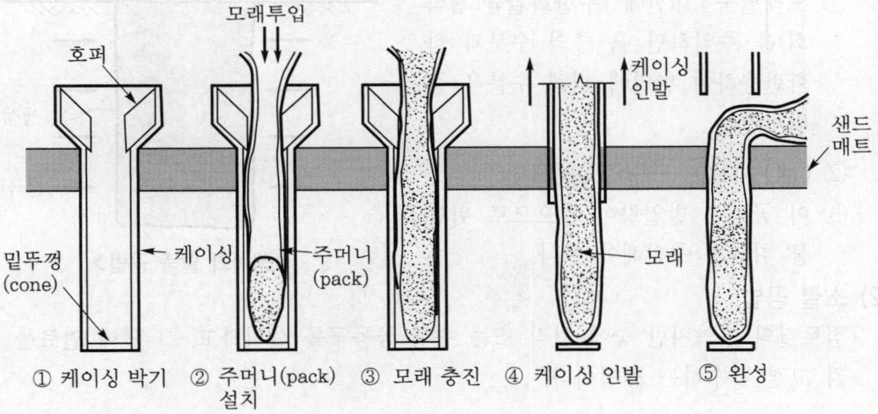

4. 배수 공법

1) Deep Well 공법

ϕ300~1,000mm의 구멍을 기초 바닥까지 굴착하여 우물관을 설치하여 수중펌프로 배수하는 공법이다.

2) Well Point 공법

① 소정의 깊이까지 모래말뚝을 형성하고, Well Point를 설치한다.

② 간극수의 투수성이 좋은 층에서는 건식 시공도 가능하다.

③ 주로 사질지반에서 투수성이 좋기 때문에 많이 사용되고 있다.

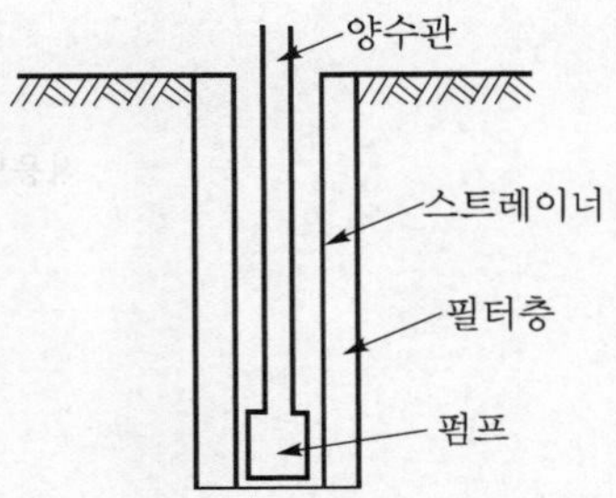

<Deep Well 공법>

④ 보일링 현상에 대응하는 공법이다.
⑤ 양수관의 간격은 1~2m로 한다.

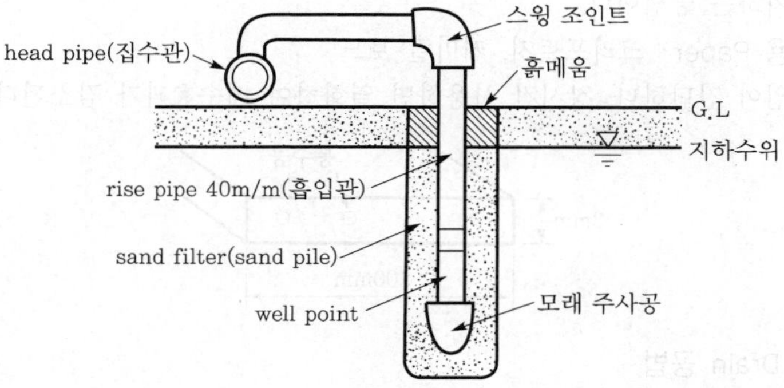

<Well Point 공법>

5. 고결 공법

1) 생석회 말뚝 공법

① 모래말뚝 대신에 수산화칼슘(생석회)을 주입하면 흙 중의 수분과 화학반응하여 발열에 의해 수분을 증발시킨다.

② $CaO + H_2O \xrightarrow{\text{발열}} Ca(OH)_2$

③ 이 공법은 발열량이 많으므로 위험물 취급시 주의해야 한다.

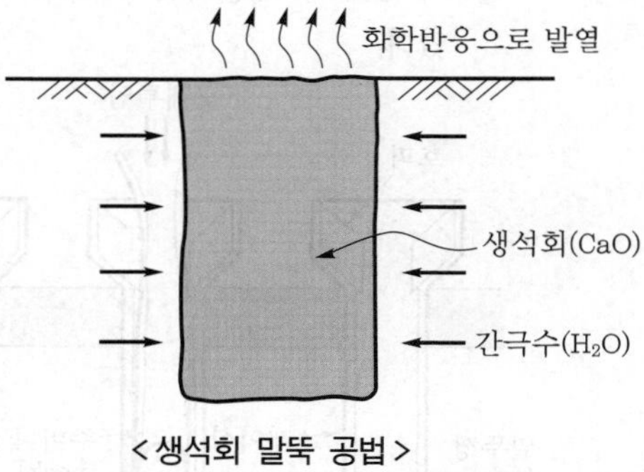

<생석회 말뚝 공법>

2) 소결 공법

점토질의 연약지반 중에 연직 또는 수평 공동구를 설치하고, 그 안에 연료를 연소시켜 고결 탈수하는 공법이다.

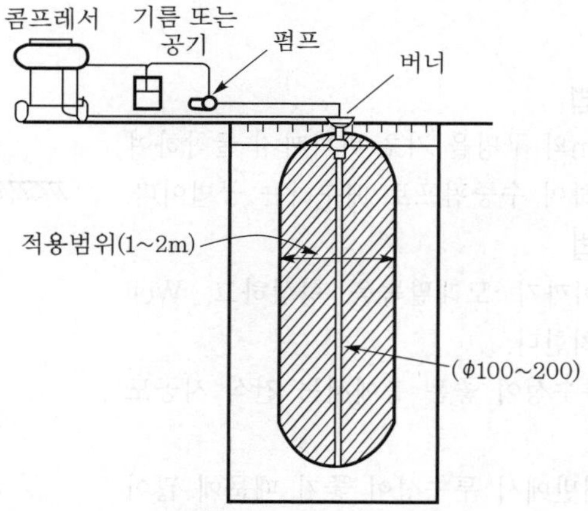

<소결 공법(밀폐식에 의한 방법)>

3) 동결 공법

① 동결관을 땅속에 박고, 이 속에 액체 질소같은 냉각제를 흐르게 하여 주위의 흙을 동결시켜서 일시적인 가설 공법에 사용한다.

② 동결된 흙의 강도효과는 기대할 수 없다.

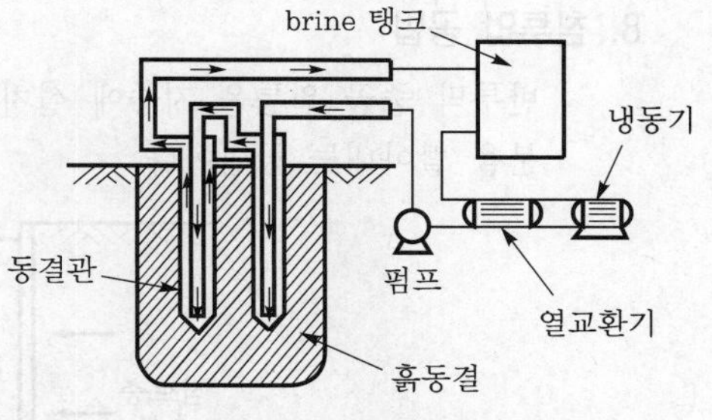

<동결 공법(Brine 방식)>

6. 동치환 공법(Dynamic Replacement Method)

크레인을 이용하여 무거운 추를 자유낙하시켜 연약지층 위에 미리 포설되어 있는 쇄석 또는 모래, 자갈 등의 재료를 타격하여 지반으로 관입시켜서 지중에 쇄석 기둥을 형성하는 공법이다.

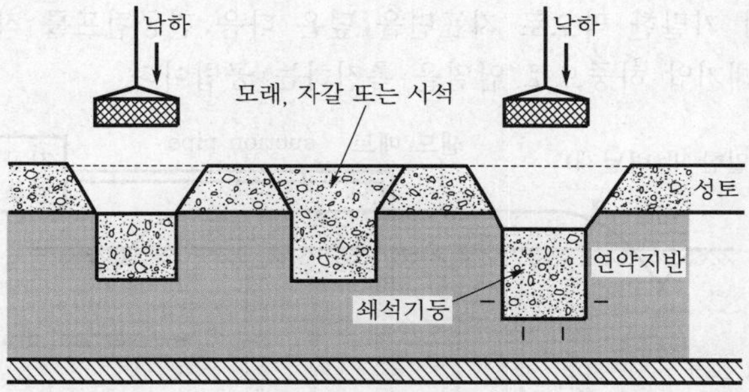

<동치환 공법>

7. 전기침투 공법

물의 성질 중 전기가 양극에서 음극으로 흐르는 원리를 이용하여 Well Point를 음극봉으로 하여 탈수시키는 공법이다.

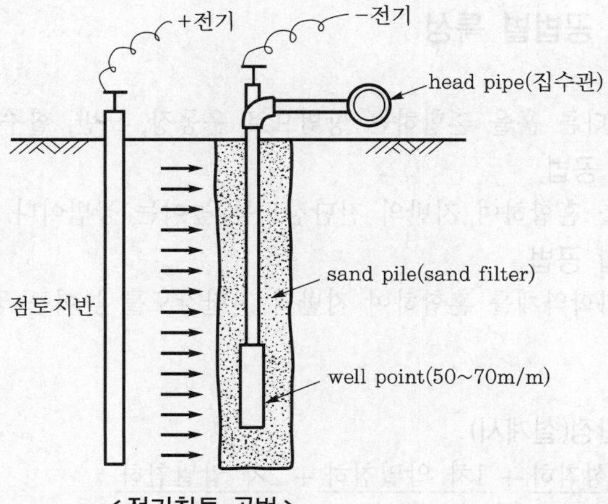

<전기침투 공법>

8. 침투압 공법

반투막 중공 원통을 지중에 설치하고, 그 안에 농도가 큰 용액을 넣어 점토층의 수분을 빨아내는 공법이다.

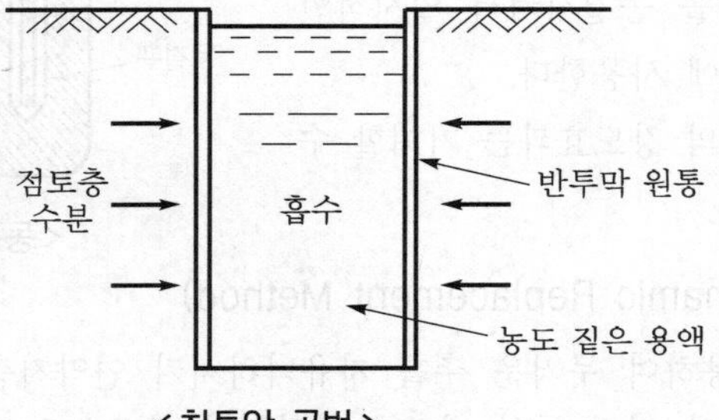

<침투압 공법>

9. 대기압 공법(진공 공법)

비닐재 등의 기밀한 막으로 지표면을 덮은 다음 진공펌프를 작동시켜서 내부의 압력을 내려 대기압 하중으로 압밀을 촉진하는 공법이다.

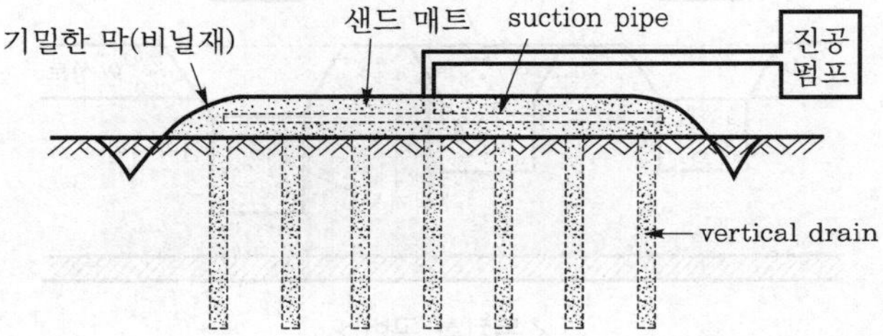

<대기압 공법>

10. 표면처리 공법

기초 지표면에 그라우팅, 철망, 석회, 시멘트 등을 부설하는 공법이다.

Ⅵ. 사질토 · 점성토 공법별 특성

1) 입도 조정법
입도가 서로 다른 흙을 혼합하는 방법으로 운동장, 노반, 활주로 등에 사용된다.

2) Soil Cement 공법
흙과 시멘트를 혼합하여 지반의 전단강도를 높이는 공법이다.

3) 화학약제 혼합 공법
연약지반에 화학약제를 혼합하여 지반의 전단강도를 높이는 공법이다.

Ⅶ. 침하관리

1) 최종침하량 산정(설계시)

① 침하 (S_{total}) = 탄성침하 (S_i) + 1차 압밀침하 (S_c) + 2차 압밀침하 (S_s)

② 점토지반에서는 1차 압밀침하량을 최종침하량으로 간주하고 설계한다.

③ 압밀침하량$(S_c) = \frac{C_c}{1+e} H \left(\log \frac{P' + \Delta P}{P'} \right)$

여기서, C_c : 압축지수, e : 간극비, , H : 점토층 두께

P' : 점토층 중앙부 유효연직응력, ΔP : 유효응력 증가분

④ 침하시간$(t) = \frac{T_v}{C_v} Z^2$

여기서, T_v : 시간계수, Z : 배수거리, C_v : 압밀계수

2) 계측에 의한 침하량 측정(시공시)

① 압밀층에 침하판 설치

② 침하량을 매일 기록대장에 기록하고 비교 및 검토 실시

③ 압밀도$(U) = \frac{S_t}{S_c} \times 100(\%)$

여기서, S_t : t시간에서의 침하량(mm), S_c : 압밀침하량(mm)

Ⅷ. 계측관리

1) 침하

지표면 및 심층의 침하량 측정

2) 변위

지표면의 수평 이동량, 성토 단부의 침하, 융기 측정

3) 토압

성토하중에 의한 토압 측정

4) 간극수압

성토하중에 의한 간극수압의 증감 측정

5) 계측기 설치위치

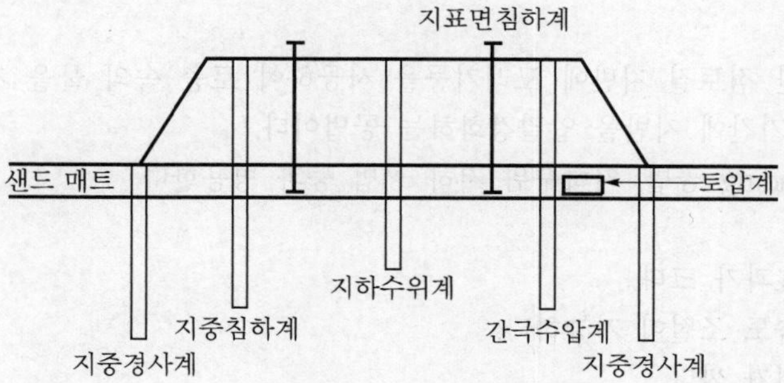

Ⅸ. 결론

① 지반개량공법은 흙파기 공사시 주변지반의 이완을 미연에 방지하거나 기초 저면의 지내력이 설계기준 강도에 미달될 때 연약지반을 개량하여 지내력을 확보하는 것으로써 철저한 사전조사에 의한 적정한 공법의 선택이 무엇보다 중요하다.

② 지반개량공법은 공해성의 공법이 많으므로 앞으로 저소음·저진동의 공법 개발이 필요하다.

2 Vertical Drain 공법

Ⅰ. 개요

① 연약한 점성토 지반에 투수성이 좋은 수직의 Drain을 박아 탈수시키므로써 압밀을 촉진하는 공법이다.

② 대표적 공법으로서는 Sand Drain 공법, Paper Drain 공법, Pack Drain 공법 등이 있다.

Ⅱ. 공학적 원리

1) 압밀시간 단축

점성토의 압밀시간은 배수거리의 자승에 비례하므로 배수거리를 짧게 함으로써 압밀시간을 단축시킬 수 있다.

2) 수직방향 배수

점성토 층에 수직방향으로 다수의 배수층(drain)을 설치함으로써 수직방향 및 수평방향의 배수를 촉진시킨다.

Ⅲ. 공법의 종류

① Sand Drain 공법
② Paper Drain 공법
③ Pack Drain 공법

Ⅳ. 종류별 특징

1. Sand Drain 공법

1) 정의

① 연약한 점토질 지반에 모래기둥을 시공하여 토층 속의 물을 지표면으로 배수시켜 단기간에 지반을 압밀강화하는 공법이다.

② Preloading 공법, 지하수위 저하 공법 등과 병용한다.

2) 장점

① 압밀효과가 크다.
② 침하속도 조절이 가능하다.
③ 시공비가 싸다.

3) 단점

① Drain 타설시 주위 지반이 교란되기 쉽다.
② Drain 단면이 일정하지 못하다.

4) 시공순서

① 샌드 매트(Sand Mat) 시공 : 샌드 매트의 재료로서는 투수성이 크고, Trafficability가 좋아야 한다.

② Mandrel 관입 : 해머 혹은 진동에 의해 Mandrel을 소정의 깊이까지 타입한다.
③ 모래투입 : Mandrel 속에 모래를 채운다.
④ Mandrel 인발 : 채워진 모래를 압입하면서 Mandrel을 인발한다.
⑤ 성토 : 재하중으로서의 성토 시공을 한다.

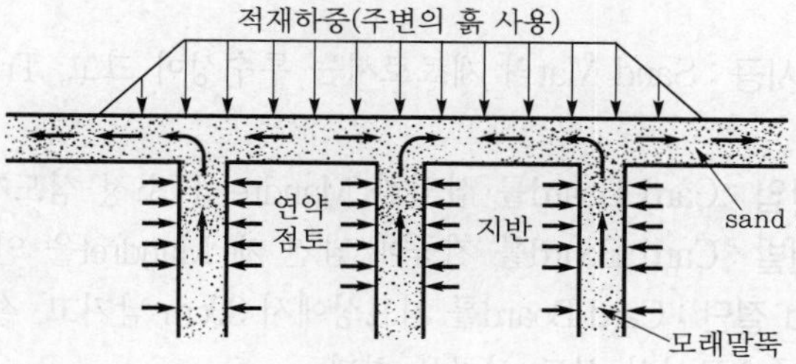

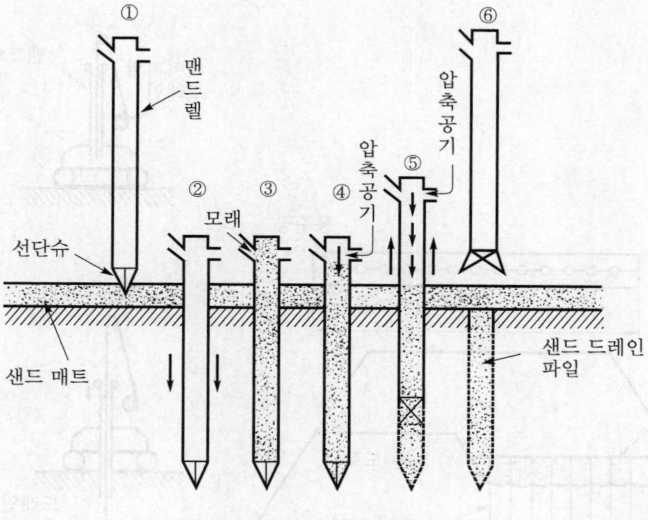

<샌드 드레인의 시공순서>

2. Paper Drain 공법

1) 정의

① Sand Drain 공법과 원리는 같으나 모래 대신 Drain Board를 연약지반에 압입하여 압밀을 촉진시키는 공법이다.
② Sand Drain 공법에서 양질 모래의 다량 구득이 어려워짐에 따라 모래 대신에 종이를 개발하여 실용화한 것이다.

2) 장점

① 시공속도가 빠르다.
② 타설시 주위 지반의 교란이 적다.
③ Drain의 단면이 깊이 방향에 대해 일정하다.
④ Drain재가 공장제품이므로 균일하고, 저렴하다.

3) 단점

① 장시간 사용할 때 열화현상으로 배수효과가 감소한다.

② 단단한 모래층에는 관입이 곤란하다.

③ 배수재의 재질에 의해 배수효과가 좌우된다.

4) 시공순서

① Sand Mat 시공 : Sand Mat의 재료로서는 투수성이 크고, Trafficability가 좋아야 한다.

② Mandrel 관입 : Card Board를 삽입한 Mandrel을 소정 심도까지 관입한다.

③ Mandrel 인발 : Card Board를 지중에 남긴 채 Mandrel을 인발한다.

④ Card Board 절단 : Card Board를 지표상에서 30cm 남기고, 절단후 심도 기록한다.

⑤ 성토 : 재하중으로서의 성토 시공을 한다.

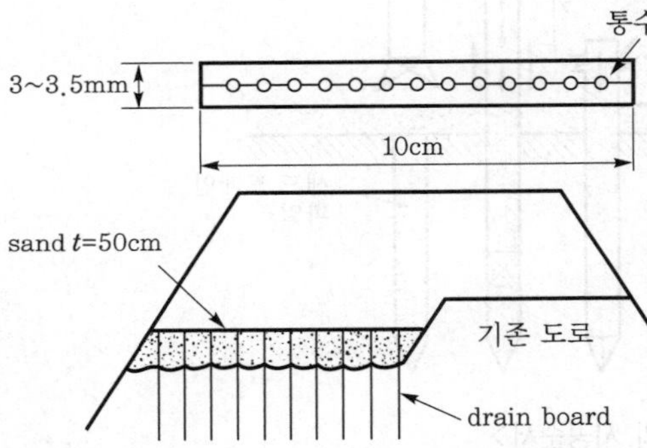

<Paper Drain 시공단면>

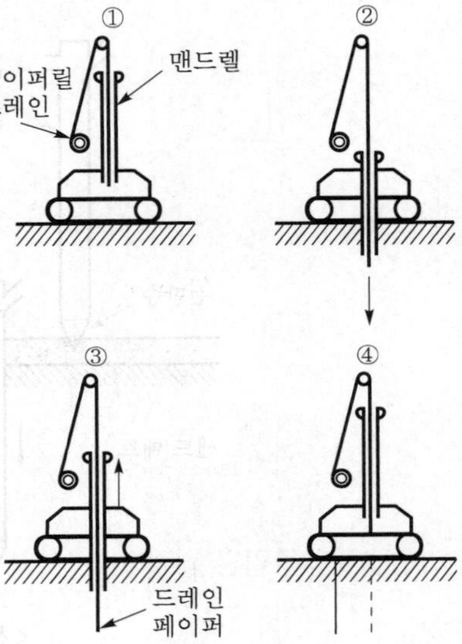

<Paper Drain 타입순서>

3. Pack Drain 공법

1) 정의

① Sand Drain 공법의 단점을 보완하기 위해 개발된 공법이다.

② 투수성의 관 혹은 포대 등에 모래를 채워 Drain의 연속성 확보가 가능하다.

2) 장점

① 기둥의 단면이 절단되지 않고 유지된다.

② 설계된 직경의 확인이 가능하므로 시공관리가 용이하다.

③ 사용 모래의 감소로 경제적이다.

④ 시공속도가 빠르다.

3) 단점

① 장비선정 및 적용성에 어려움이 있다.

② 작업원의 숙련도가 요구된다.
③ 시공실적, 경험 축적의 부족

4) 시공순서

① Sand Mat 시공 : 샌드 매트의 재료로서는 투수성이 크고, Trafficability가 좋아야 한다.

② 케이싱(Casing) 타설 : 해머로 밑판이 있는 케이싱을 수직상태로 타설한다.

③ 포대 삽입 : 케이싱이 소정심도에 도달하면 케이싱 내에 포대를 삽입한 후 포대 속에 모래를 채워 넣는다.

④ 케이싱 인발 : 압축 공기를 케이싱 속에 보내며, 케이싱을 인발한다.

⑤ 성토 : 드레인 타설작업이 완료되면 재하중으로서의 성토 시공을 한다.

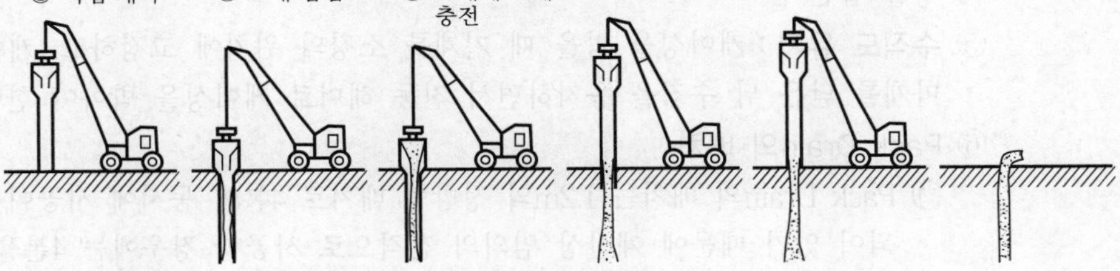

<Pack Drain의 시공순서>

5) 문제점

① 잔류침하량 증대 : 4본을 동시에 시공하여야 하므로 불균일한 지반에서는 잔류 침하량이 증대된다.

② 지반교란 발생 : 1본을 시공 불량시에도 4본을 다시 지중에 관입해야 하므로 불필요한 지반교란이 발생한다.

③ 투입인원 증대 : Sand Drain에 비해 Pack망태 제작인원 및 4명의 망태투입 인원이 소요된다.

④ 투수기능 저하 : Pack망태의 막힘현상(Plugging)으로 인한 투수기능 저하

⑤ 드레인 효과 감소 : 일반적으로 설계 계산치보다는 드레인 효과가 감소되는 현상이 있다.

⑥ 장비의 대형화 : Pack Drain을 필요로 하는 지반은 지표면이 연약한 곳이 많아 장비의 주행이 곤란하므로 매우 튼튼한 가설도로가 필요하다.

⑦ Pack의 삽입 깊이 : Pack의 끝부분이 케이싱 바닥에 닿지 않으므로 인해 드레인 효과의 저감이나 부등침하가 발생할 수 있다.

6) 대책

① 진입로 확보 : 지반의 상태를 파악하여 장비의 진입이 가능한 가설도로를 확충하여 장비의 전도를 방지하고, 시공의 정도를 확보해야 한다.

② 적정 Pack 타설기의 선정

㉠ 습지형 타설기는 접지압이 0.2~0.3kg/cm^{2}로 낮고, 배수 등에 의한 샌드 매트의 트래피커빌리티 저하에도 작업이 가능하다.

㉡ 크롤러형 타설기의 접지압은 0.5~0.8kg/cm^{2}로 높고, 장비의 트래피커빌리티를 확보하기 위해 두꺼운 철판 등을 사용하는 경우도 있으며, 이때는 크레인 등 별도의 보조장비가 필요하다.

③ 시공심도 확인

㉠ 4공이 함께 시공되므로 인해 지반의 변형이나 지반조건에 따라 시공심도가 설계심도와 차이가 날 수 있으므로 면밀한 관리가 필요하다.

㉡ 케이싱 뽑기가 끝나면 Pack Drain의 부사 위에 1m 정도 노출되었는지 확인하여야 한다.

④ 재진동 : 모래의 충진이 완료되면 모래 투입구를 막고, 콤프레셔에서 보낸 공기로 케이싱내의 Pack Drain을 누르면서 재차 진동을 가해 추가 투입과 동시에 케이싱을 뽑는다.

⑤ 수직도 유지 : 케이싱을 박을 때 기계를 소정의 위치에 고정하고, 케이싱의 아래 마개를 닫은 뒤 수직을 유지하면서 진동 해머로 케이싱을 박아야 한다.

⑥ Pack Drain의 배치

㉠ Pack Drain의 배치는 1.2m의 정방형 배치로 4본이 동시에 시공이 가능하도록 되어 있기 때문에 계산상 임의의 간격으로 시공할 경우에는 4본을 동시에 이동해서 간격을 조정한다.

㉡ Sand Drain 타설배치의 경우는 등간격인데 비해 Pack Drain 공법에서는 배치가 불균형이지만 드레인 1본이 부담하는 집수면적을 고려하면 전체의 평균 압밀도를 구현하여 이론값과 차이가 없다.

Ⅴ. 침하관리

1) 최종침하량 산정(설계시)

① 침하 = 탄성침하 + 1차 압밀침하 + 2차 압밀침하

(S_{total}) (S_i) (S_c) (S_s)

② 점토지반에서는 1차 압밀침하량을 최종침하량으로 간주하고 설계한다.

③ 압밀침하량$(S_c) = \dfrac{C_c}{1+e}H\left(\log\dfrac{P'+\Delta P}{P'}\right)$

여기서, C_c : 압축지수, e : 간극비, H : 점토층 두께

P' : 점토층 중앙부 유효연직응력, ΔP : 유효응력 증가분

④ 침하시간$(t) = \dfrac{T_v}{C_v}Z^2$

여기서, T_v : 시간계수, Z : 배수거리, C_v : 압밀계수

2) 계측에 의한 침하량 측정(시공시)

① 압밀층에 침하판 설치

② 침하량을 매일 기록대장에 기록하고, 비교 및 검토 실시

③ 압밀도$(U) = \frac{S_t}{S_c} \times 100(\%)$

여기서, S_t : t시간에서의 침하량(mm), S_c : 압밀침하량(mm)

Ⅵ. 계측관리

1) 침하

지표면 및 심층의 침하량 측정

2) 변위

지표면의 수평 이동량, 성토 단부의 침하, 융기 측정

3) 토압

Sand Pile 위에 작용하는 토압 측정

4) 간극수압

성토하중에 의한 간극수압의 증감 측정

5) 계측기 설치위치

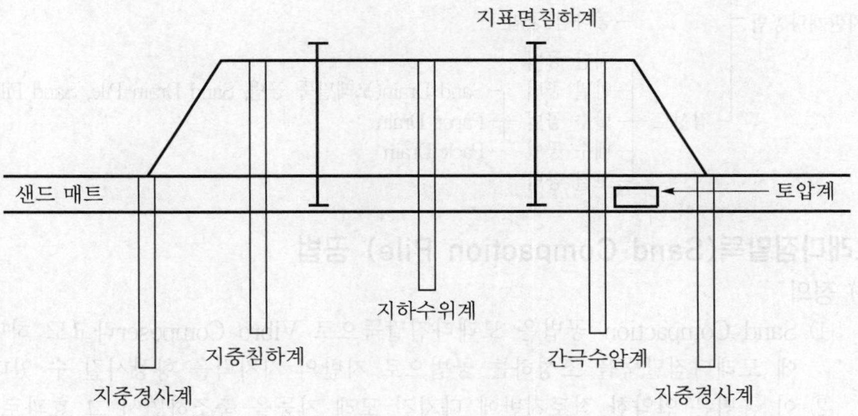

Ⅶ. 결론

① Vertical Drain 공법을 시공하는 것만으로는 지반개량의 목적을 달성할 수가 없으므로 성토재하와 같은 재하중을 필요로 한다.

② 그러므로 재하중의 재하후 계측관리를 통하여 목적하고 있는 효과를 얻을 수 있도록 수시로 체크하는 것이 중요하다.

3 모래다짐말뚝공법과 모래말뚝공법 비교

Ⅰ. 개요

① 연약지반을 개량하는 공법으로 지반 속에 모래 기둥을 설치하는 과정에서 지반을 다짐하는 모래다짐말뚝(sand compaction) 공법과 지반 속의 간극수를 탈수시킬 목적으로 지반 속에 모래 기둥을 설치하는 모래말뚝(sand drain) 공법이 있다.

② 두 공법이 모두 지반 속에 모래 기둥을 설치하는 것은 같으나, 시공방법과 설치 목적이 아주 다른 공법으로 현장에서 필요로 하는 공법을 선정하여야 한다.

Ⅱ. 지반에 따른 공법의 분류

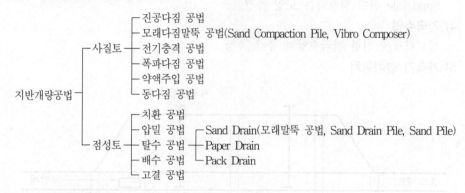

- 지반개량공법
  - 사질토
    - 진공다짐 공법
    - 모래다짐말뚝 공법(Sand Compaction Pile, Vibro Composer)
    - 전기충격 공법
    - 폭파다짐 공법
    - 약액주입 공법
    - 동다짐 공법
  - 점성토
    - 치환 공법
    - 압밀 공법
    - 탈수 공법
      - Sand Drain(모래말뚝 공법, Sand Drain Pile, Sand Pile)
      - Paper Drain
      - Pack Drain
    - 배수 공법
    - 고결 공법

Ⅲ. 모래다짐말뚝(Sand Compaction Pile) 공법

1) 정의

① Sand Compaction 공법은 모래다짐말뚝으로 Vibro Composer라고도 하며, 지반에 모래다짐말뚝을 조성하는 공법으로 지반의 지지력을 향상시킬 수 있다.

② 이 공법은 연약한 점토지반에 다져진 모래 기둥을 축조하면서 그 효과로 지반을 조밀하게 하여 지반을 개량시키는 공법이다.

2) 특징

① 기계의 소모, 소음 및 고장이 적음

② 자동 기록에 의한 시공관리 기능

③ 별도의 발전설비 필요

④ 소규모 공사에 부적합

⑤ 큰 진동에 의하므로 모래말뚝의 품질이 균일

3) 시공순서

① Casing을 지상에 설치하고, Pipe 선단에 모래 Nozzle을 설치한다.

② 진동기를 작동하여 Pipe를 지중에 관입시키고, Water Jet를 병행한다.

③ 소정의 깊이까지 도달했을 때 Casing 속에 일정량의 모래를 투입한다.

④ Casing을 소정의 높이 만큼 끌어올리며, 압축공기로 Casing 속의 모래를 땅속에 밀어 넣는다.

⑤ Casing을 다시 박고, 투입된 모래를 진동에 의해 다진다.
⑥ 다시 Casing을 소정의 높이로 끌어올려 모래를 투입한다.
⑦ ⑤와 ⑥의 작업을 되풀이하여 모래말뚝을 완성한다.

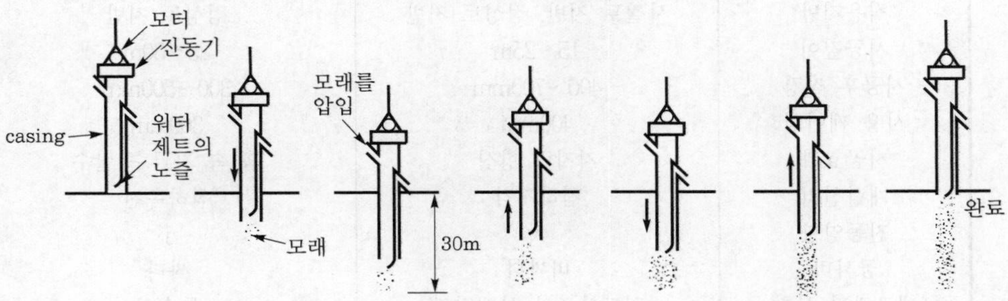

Ⅳ. 모래말뚝(Sand Drain Pile, Sand Pile) 공법

1) 정의
① 연약한 점토지반에 Sand Pile을 시공하여 지반중의 물을 지표면으로 배제시켜 단기간에 지반을 압밀강화하는 공법이다.
② 점토지반에 적용하며 압밀을 촉진하기 위하여 Preloading 공법, 지하수위 저하 공법 등과 병용한다.

2) 특징
① 압밀효과가 큼
② 단기간(2~3개월) 내에 다짐 가능
③ 침하속도 조절가능
④ Drain 시공시 주위지반이 교란되기 쉬움
⑤ 시공비가 저렴
⑥ Drain(Sand pile) 단면이 일정하지 못함

3) 시공순서
① Sand Mat 시공 : Sand Mat의 재료는 투수성이 크고, 두께는 0.5~1.0m
② Casing(Mandrel) 관입 : 타격 또는 진동에 의해 Pile를 소정의 깊이까지 관입
③ 모래 투입 : Casing 속에 모래를 채움(직경 400~500mm)
④ Casing 인발 : 채워진 모래를 압입하면서 Casing을 인발하여 Sand Pile 완성
⑤ 성토 : 재하중으로서의 성토 시공을 함

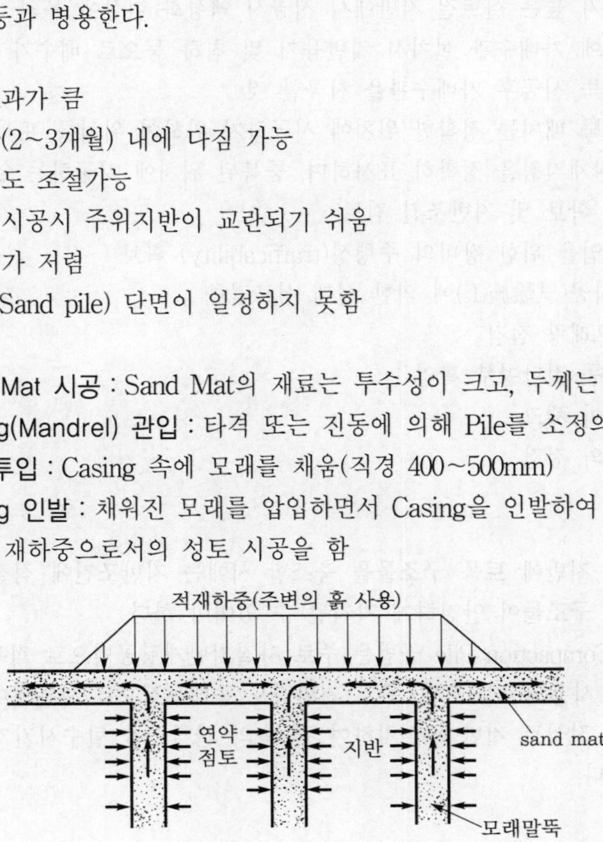

Ⅴ. 비교표

구분	모래다짐말뚝 공법 (Sand Compaction Pile)	모래말뚝 공법 (Sand Drain Pile, Sand Pile)
적용지반	사질토 지반, 점성토 지반	점성토 지반
시공깊이	15~25m	25~30m
시공후 직경	400~700mm	300~500mm
사용 케이싱	400mm	300mm
시공효과	지지력 향상	흙 속 간극수 탈수
개량원리	침하저감	침하촉진
진동영향	大	小
공사비	비싸다	싸다
재료관리 사항	입도분포와 상대밀도	투수성

Ⅵ. 시공시 유의사항

① 지반의 교란방지
② 시공단면의 균일화
③ 주변지반의 히빙현상에 유의
④ 예민비가 높은 실트질 지반에서 시공시 액상화 현상에 유의
⑤ 시공전에 가배수관 설치시 지반융기 및 침하 등으로 배수가 안 될 수 있으므로 모래말뚝 시공후 가배수관을 시공할 것
⑥ 모래말뚝 배치는 정확한 위치에 시공하기 위하여 위치를 표시
⑦ 시공 경계지점을 정확히 표시하며, 중복된 위치에 시공하는 일이 없도록 유의
⑧ 진입로 확보 및 지반조건 검토
⑨ 주행작업을 위한 장비의 주행성(trafficability) 확보
⑩ 시험 시공(試驗施工)에 의한 설계 심도검증
⑪ 소요 모래량 점검
⑫ 모래기둥 절단여부 확인
⑬ 소요깊이 체크
⑭ 계측기의 점검

Ⅶ. 결론

① 연약한 지반에 토목 구조물을 축조할 시에는 지반조건에 적절한 개량공법을 선정하여 구조물이 안전하게 지지될 수 있어야 한다.
② Sand Compaction Pile 공법은 주로 사질지반개량공법으로 적용되나 점성토 지반에서도 사용되고 있으며, 주로 지반강도 증대목적으로 사용되며, Sand Drain Pile 공법은 점성토 지반에 설치하여 흙 속의 간극수를 탈수시키기 위해서 사용되는 공법이다.

4 약액주입공법

Ⅰ. 개요

① 지반개량공법의 일종으로서 약액 등을 지반에 주입하여 지반의 투수성을 감소시키거나 강도를 증대시키는 공법이다.

② 현행 일반화된 약액으로는 물유리계 약액이 대부분을 차지하고 있으며, 차수가 주 목적일 경우에는 물유리계만을 사용하고, 지반강도 증대가 목적일 경우에는 시멘트계를 병용해서 사용한다.

Ⅱ. 공법의 목적(효과)

① 지반의 투수계수 감소
② 지반강도 증대
③ 압축성 감소
④ 방진효과

Ⅲ. 공법의 적용성

① 흙막이공 바닥의 Heaving 방지
② 도심지 굴착시 인접 건물의 Underpinning
③ 토류벽의 토압경감
④ 댐기초의 차수
⑤ Shield 터널굴진
⑥ 터널굴진시 상부지반 붕락방지

Ⅳ. 공법의 특징

1) 장점

① 소규모 설비로 시공이 가능하다.
② 소음, 진동, 교통에 대한 영향이 적다.
③ 공기가 짧다.
④ 시공이 용이하다.

2) 단점

① 지반개량 효과의 여부가 불확실하다(주입범위, 강도증대 효과).
② 주입재의 내구성이 불확실하다.
③ 환경, 공해문제
④ 수압파쇄로 인한 지반융기

Ⅴ. 공법의 종류

① 침투식 Grouting
② 다짐식 Grouting
③ 에워쌓기식 Grouting
④ 분사식 Grouting

Ⅵ. 주입재

1. 주입재의 구비조건

① 수축되지 않아야 한다.
② 초기 점토가 낮아야 한다.
③ Gel 반응과 동시에 고강도가 발휘되어야 한다.
④ 지반을 불투수성화 해야 한다.
⑤ 흙, 지하수를 오염시키지 않아야 한다.
⑥ 내구성이 있어야 한다.

2. 주입재의 종류

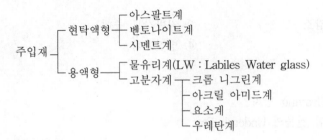

- 주입재
  - 현탁액형
    - 아스팔트계
    - 벤토나이트계
    - 시멘트계
  - 용액형
    - 물유리계(LW : Labiles Water glass)
    - 고분자계
      - 크롬 니그린계
      - 아크릴 아미드계
      - 요소계
      - 우레탄계

3. 주입재의 특성

1) 현탁액형

① 시멘트계는 경화시까지 많은 시간이 요구되며, 입자형이므로 암반의 균열이 협소하거나 연장이 길 경우 주입효과가 적다.
② 점토계, 아스팔트계는 차수 목적으로만 쓰인다.

2) 물유리계(불안전 물유리 ; LW : Labiles Water glass)

① 국내에서 가장 많이 쓰이는 약액으로 차수효과가 크다.
② 공해 우려가 적고, 경제적이다.
③ 점도가 낮아 침투는 양호하나 강도효과가 떨어진다.
④ 시멘트계와 병용하여 부족강도를 증대시킬 수 있다.

3) 크롬 니그린계

① 재료 자체의 계면활성 효과로 침투성이 우수하다.
② 강도증대 효과가 크며, 경제적이다.
③ 지하수의 오염에 주의해야 한다.

4) 아크릴 아미드계

① 점도가 낮아 침투성이 우수하다.
② Gel Time의 조정이 쉽고 정확하다.
③ 강산성 지반의 Gel화가 어렵다.

5) 요소계
① 침투성이 좋다.
② 약액중 강도효과가 가장 우수하다.
③ 다른 약액에 비해 경제적이다.
④ 강산성의 조건이 아니면 Gel화가 어렵다.

6) 우레탄계
① 고결화가 빠르므로 유속이 빠른 지하수 차수에 효과가 크다.
② 강도증대 효과가 매우 높다.
③ 용제내에서 유독가스 발생위험이 있다.

4. 주입재의 적용범위

① 투수성이 좋은 지반에서는 현탁액형을 사용한다.
② 투수성이 나쁜 지반에서는 용액형을 사용한다.

Ⅶ. 시공순서

1) 주입관 설치

지반상태, 주입관의 종류에 따라 보링법, 타입법, Jetting법 중 하나를 결정하여 주입관을 설치한다.

2) 주입 공법
① **반복주입 공법** : 지반의 불균일로 투수계수 변화가 큰 경우 점도가 큰 주입재부터 주입공을 달리하여 반복 주입한다.
② **단계주입 공법** : 지반의 깊이에 따른 토질의 변화로 투수계수와 간극압이 달라질 때 여러 구간으로 나누어 주입한다.
③ **유도주입 공법** : 주입을 쉽게 하기 위하여 Well Point나 전기침투의 도움을 빌어 주입한다.

3) 주입재 압송
① 1.0shot 방식
㉠ 지하수의 유속이 크지 않을 때
㉡ Gel Time이 비교적 긴 경우(20분) 적용
② 1.5shot 방식
㉠ Gel Time이 2~10분일 경우 적용
㉡ 조작이 간단하고, 보편적인 방법으로 가장 많이 사용
③ 2.0shot 방식
㉠ 각각 다른 두 주입관을 나와 혼합되는 순간 고결화할 경우 적용
㉡ 급속한 지수를 요하거나 극히 짧은 Gel Time의 약액 주입에 사용

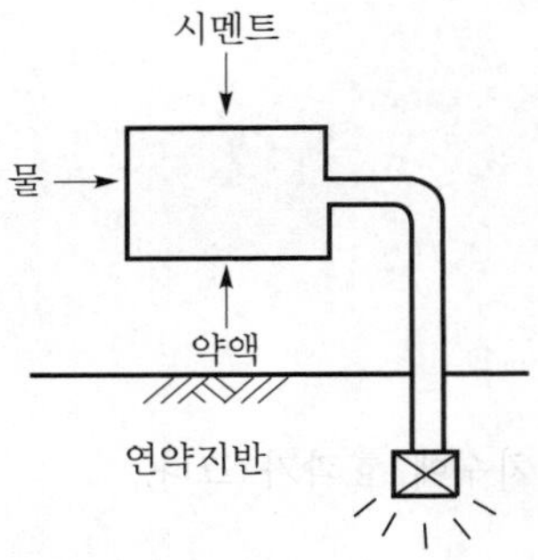

< 1.0shot 방식 >

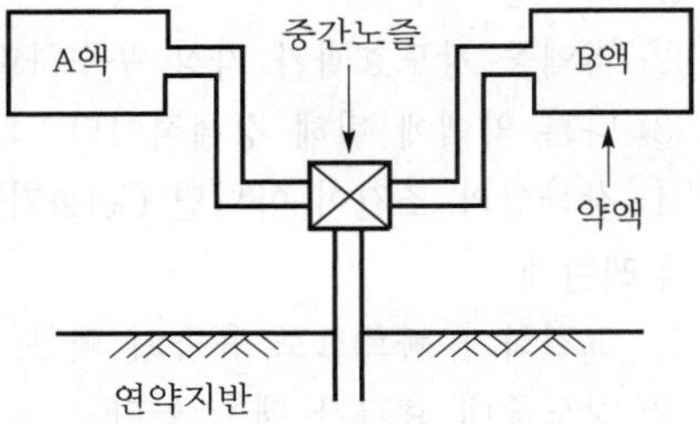

< 1.5shot 방식 >

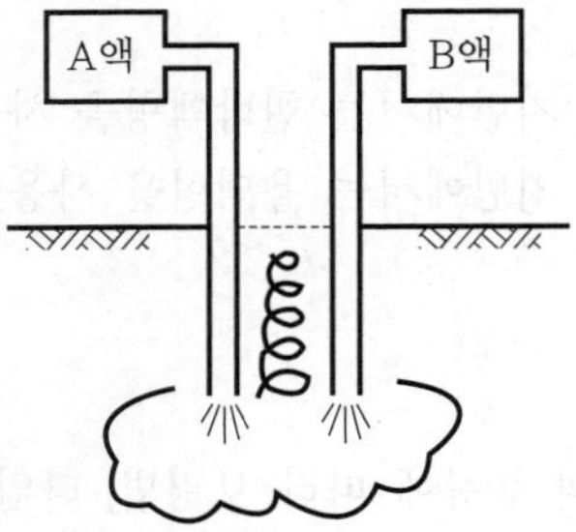

< 2.0shot 방식 >

4) 개량성과 검토
① 주입범위, 주입상태 조사
② 지반강도 증가상황 조사
③ 지수효과 조사
④ 지반 및 구조물 변형 조사

Ⅷ. 시공시 유의사항

1) 약액의 희석·유실 방지
대수층, 동수지반에서는 약액주입 설계시 주입모델 시험을 거쳐서 지하수의 유속 정도에 따라 Gel Time, 주입량, 주입속도, 농도, 주입률을 조정한다.

2) 수압파쇄(Hydraulic Fracturing) 예방
할렬주입으로 인한 수압파쇄, 지반융기현상 등이 일어나지 않도록 주입압, 약액농도, 주입률 등을 검토하여야 한다.

3) 물유리 농도 증대
될 수 있는 한 물유리 농도를 높이고, 밀도나 투수성을 고려한 최소량의 물유리를 사용하고, 시멘트 배합량을 늘린다.

4) 반응률이 큰 경화제 사용
반응률이 큰 경화제를 써서 고결강도를 높이고, 고결물로부터 알칼리의 용탈이 적은 주입재를 선정한다.

5) 수분 사용량 억제

약액중의 수분을 될 수 있는 한 적게 되도록 배합설계를 함으로써 개량지반의 내구성 증대효과가 크다.

6) 정압주입

현장 주입시 기존의 관행인 정량주입보다는 어느 정도 가압상태로 밀실하게 충전되도록 정압주입을 한다.

7) 주입공 간격 축소

투수계수가 커서 주입폭이 두꺼울 때는 주입공의 간격을 줄이고, 주입열을 증대시킨다.

8) Micro Cement 사용

투수성이 낮은 지역에서는 주입재의 침투효과 및 강도증대를 위해 일반 Cement보다는 분말도 높은 Micro Cement 사용이 효과적이다.

9) 시험주입 실시(Test Grouting)

반드시 본 주입시공에 앞서 시험주입을 실시하고, 이 때 해당 공법에 적합한 주입압을 설정하여 여기에 도달할 때까지 충분히 충진시켜 정압주입이 이루어지도록 하는 것이 내구성 증대에 효과적이다.

Ⅸ. 문제점

① 약액의 정확한 주입범위 불분명
② 주입 고결토의 강도증대 효과 불확실
③ 주입효과 판정법 미흡
④ 주입재의 내구성 저하
⑤ 환경공해 문제 유발

Ⅹ. 개선대책

① 주입방법 또는 시공에 자체 제어 시스템 도입
② 물유리 농도를 높이고 반응률이 큰 경화제를 써서 고결강도 증대
③ 주입효과 판정을 위한 전기저항, 탄성파 탐사, 중성자 수분계, γ선 밀도계 등 연구가 필요
④ 고결물로부터 알칼리의 용탈이 작은 주입재 선정
⑤ 약액중의 수분을 될 수 있는 한 작게 배합 설계
⑥ 현장주입시 어느 정도 이상의 가압상태로 밀실하게 충전
⑦ 중성영역에서 고결화하는 물유리에 Silica를 가한 저알칼리성 모르타르 연구

Ⅺ. 결론

① 중요 공사에서는 본 공사에 앞서 반드시 시험주입을 하여 주입계획의 타당성과 효과를 확인하고 당초 설계의 수정, 보완 및 보다 효과적인 공법을 적용하여 적용사례를 토대로 기본 자료를 축적해야 한다.
② 주입 공법과 주입재 선정을 위해서 주입목적, 주입재의 특성, 현장상황, 주입방식의 특징 등을 충분히 고려하여야 한다.

5 동다짐공법

Ⅰ. 개요

① 동다짐공법(Dynamic Compaction Method)이란 연약지반에서 지지력 증가, 침하방지 등의 목적으로 동치환공법이 점토지반에 상용되는 반면에, 동다짐공법은 사질지반에 사용하는 공법으로 동압밀공법(Dynamic Consolidation Method)이라고도 한다.

② 크레인에 달린 무거운 추를 자유 낙하시켜 지표면에 충격을 줌으로써 발생되는 충격에너지 R파(표면파), S파(전단파), P파(압축파)에 의해 지반다짐 효과와 강도를 증진시키는 공법이다.

Ⅱ. 사질지반개량공법의 종류

① 진동다짐 공법
② 말뚝다짐 공법
③ 폭파다짐 공법
④ 전기충격 공법
⑤ 약액주입 공법
⑥ 동다짐 공법

Ⅲ. 특징

1) 장점

① 적용범위가 넓다.
② 깊은 심도까지 효과
③ 지하 장애물 무관
④ 확실한 개량 효과
⑤ 지지력 증가 및 침하방지

2) 단점

① 과중한 추의 무게로 인한 다짐으로 주변 구조물의 피해 우려
② 소음, 진동, 분진 등으로 인한 피해 우려
③ 포화점토 등의 지반에는 효과가 반감

Ⅳ. 필요성

① 사질지반 침하방지
② 넓은 범위 개량공법
③ 지하 장애물(암괴) 있을 때 적용
④ 확실한 개량 효과

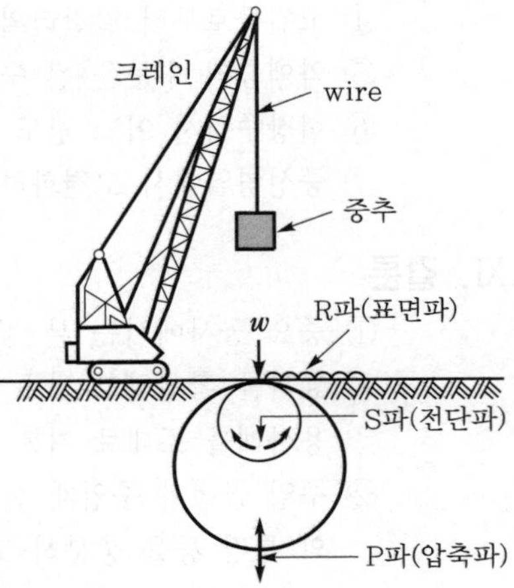

Ⅴ. 용도

① 사질지반개량공법
② 넓은 범위 개량
③ 연약지반의 지지력 증가
④ 침하방지

Ⅵ. 도입배경

① 광범위한 지반개량을 하기 위해 도입 ② 사질지반의 확실한 개량공법
③ 매립지 또는 간척지역 ④ 공업단지 조성시 기초지반개량

Ⅶ. 사전조사

① 입지조건 ② 지반조사
③ 공해계획 ④ 법규검토

Ⅷ. 공법 선정

① 시공성 ② 경제성
③ 안전성 ④ 무공해성

Ⅸ. 시공 Flow Chart

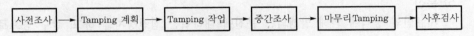

사전조사 → Tamping 계획 → Tamping 작업 → 중간조사 → 마무리Tamping → 사후검사

Ⅹ. 시공장비

① 중량추(8~40ton) ② 크레인
③ 불도저 ④ 계측기

Ⅺ. 시공순서

1) 사전조사
① 설계도서 검토
② 기존 자료검토(토질, 지하수위, 주변 여건)

2) Tamping 계획
① 시공전 사전조사 토대로 계획
② 사용할 추의 무게, 낙하고, 다짐 간격, 크레인 용량 결정

3) Tamping 작업
① 중량의 추를 대형 크레인으로 5~30m 높이에서 낙하
② 수m 간격으로 설정된 타격점을 집중적으로 타격

4) 중간조사
① 조사 위치는 사전조사 지점과 가능한 가까운 곳
② 개량효과 확인 및 Engineering 분석

5) 마무리 Tamping
① Tamping으로 생긴 웅덩이 주위를 불도저로 메우고
② 다음 단계 Tamping

6) 사후검사
① 설계조건과 일치하는지 확인
② 개량효과 확인 및 Engineering 분석

XII. 시공시 유의사항

1) 인접 구조물 보호

진동에 의해 인접의 예민한 구조물에서는 최소 50m 정도의 이격거리를 두어야 한다.

2) 불균일성 지반시공

당초 시공계획과는 달리 개량지반의 균일성을 확보하지 못하였을 경우에는 타격을 더하여 그 부분의 개량을 촉진시킨다.

3) 진동

진동을 최소화하기 위해서는 충격지점과 구조물 사이에 Trench를 파서 완충작용을 하게 하는 방법이 있다.

4) 지하수위

지표부에 세립토가 있거나 지하수위가 높은 경우에는 양질의 토사로 1.5~2.0m 정도 치환후 시공한다.

5) 분진

지표면의 충격에 의해 발생되는 분진에 대하여는 집진장치를 하고, 살수 등으로 습윤한다.

6) 소음

지반의 충격 및 기계음에 의한 소음 등은 사전준비 단계에서부터 대책을 강구하여 최소화하여야 한다.

7) 토립자 비산

토립자의 비산에 대한 방호시설을 설치하여야 하며, 비산을 최소화할 수 있는 방법을 모색하여야 한다.

8) 세립토 지반의 시공

세립토 지반을 대상으로 할 때에는 다음 Tamping 시기를 결정하기 위하여 간극수압의 발생, 소산과정을 측정해야 한다.

9) 경제적 시공면적

사질토에서는 5,000m^2 정도가 경제적인 시공면적이다.

10) 정보화 시공

Tamping을 1단계 완료후 시공상황이나 개량효과를 검토하여 그 결과를 다음의 Tamping에 참고하여야 한다.

11) 시공효과 점검

시공효과는 표준관입시험, 공내재하시험(Pressure Meter Test) 등에 의해 강도 증진효과를 점검한다.

XIII. 문제점

① 인접 구조물 피해
② 진동, 소음 발생
③ 비산, 먼지 발생
④ 포화점토 등에는 사용할 수 없다.

XIV. 대책

① 사전조사 철저
② 방진막 및 완충시설 설치
③ 진동방지를 위한 Trench 설치
④ 시공효과 점검
⑤ 적정 타격에너지 계산
⑥ 기존 자료활용

XV. 개발방향

① 기존 자료의 데이터화
② 무진동 다짐기계 개발
③ 지역적 지반 자료 데이터화

XVI. 결론

① 동다짐공법은 지하 장애물 유무와 무관하게 깊은 심도까지 다짐효과가 있으며, 적용범위가 넓은 공법이다.
② 무진동 다짐기계의 개발과 기존 자료의 데이터화로 차후 공법 적용시 더욱 개발된 공법으로의 연구가 필요하다.

6 동치환공법

Ⅰ. 개요

① 동치환공법(Dynamic Replacement Method)이란 크레인에 달린 무거운 추를 높은 곳으로부터 자유 낙하시켜 지반 위에 미리 포설하여 높은 양질의 재료에 타격을 가하여 지중에 관입시키므로써 대구경의 쇄석을 형성하는 공법으로 점토지반에 사용한다.

② 소기의 요구되는 지반강도를 비교적 짧은 공기내에 크게 증진시킬 수 있어 큰 하중을 받는 구조물 기초지반에 적용된다.

Ⅱ. 공법의 원리

① 충격에너지에 의한 지반다짐 효과

② 지중에 쇄석기둥(stone column)을 형성함으로써 강제치환 효과

③ 쇄석기둥 상부의 슬래브는 구조물 하중을 쇄석기둥을 통해 지반 심층부의 지지층으로 전달하는 효과

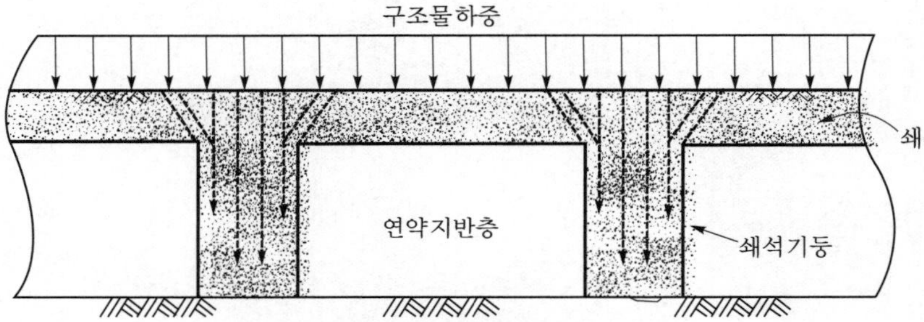

<동치환 공법의 응력집중 현상>

Ⅲ. 공법의 특징

① 시공여건의 변화에 유연하게 대처할 수 있다.

② 확실한 지지력을 확보할 수 있다.

③ 깊은 기초형식을 대용할 수 있다.

④ 초연약 점토 및 유기질 지반에서 급속시공이 가능하다.

⑤ 개량 심도가 깊을 경우(4.5m 이상) Menard Drain을 선행한다.

Ⅳ. 공법의 적용성

① 초연약 지반

② 쓰레기 매립지반

③ 성토 매립지 반상 중량 구조물 기초

④ 고성토 시공 구간의 지지력 확보 및 사면활동 방지

Ⅴ. 공법의 효과

① 지반 침하의 억제
② 지반 지지력의 증대
③ 액상화 가능성 감소
④ 지진에 의한 침하 억제

Ⅵ. 설계

1) 쇄석기둥의 간격, 직경

$$4H_f > S - D_p < H_c$$

$$2 < \frac{S}{D_p} < 4$$

여기서, H_f : 상부 슬래브 두께, S : 기둥 사이의 간격
D_p : 기둥의 직경, H_c : 기둥의 깊이

2) 쇄석기둥의 지지력

$$Q = K_p \frac{P_L}{F}$$

여기서, Q : 기둥의 허용지지력
P_L : 주변 토사의 한계압력(동치환후 공내재하시험 결과)
K_p : 수동 토압계수, F : 안전율(3.0)

3) 침하량

$$S = \sigma_c \frac{D_p}{E_c} = \sigma_s \frac{D_p}{E_s}$$

여기서, S : 침하량, σ_s : 주변 흙에 작용하는 응력, σ_c : 기둥에 작용하는 응력
E_c : 기둥의 탄성계수, E_s : 주변 흙의 탄성계수

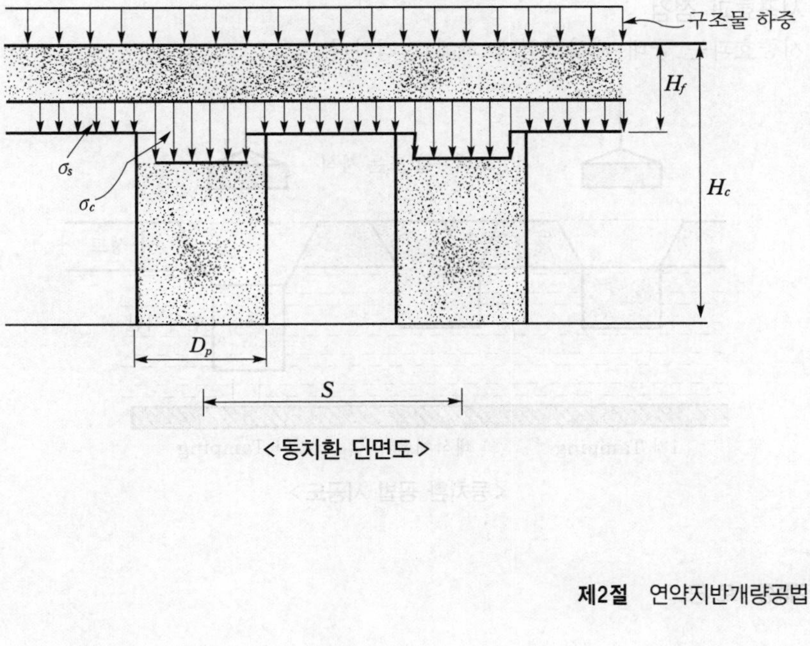

<동치환 단면도>

Ⅶ. 시공순서 Flow Chart

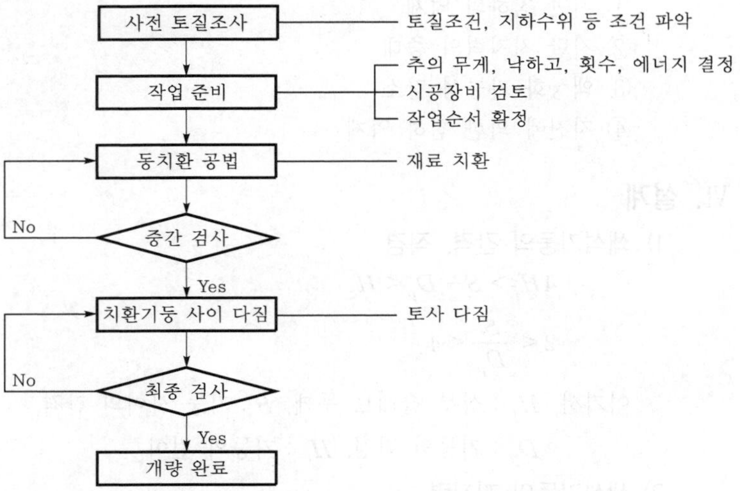

Ⅷ. 시공관리

1) 공내 재하시험(Pressure Meter Test)
   지반내 임의의 깊이에서 지반의 압력-체적변화 관계를 그 장소에서 직접 측정하므로써 기초의 설계 및 시공관리에 필요한 자료를 얻을 수 있다.
2) 불균일성 지반
   시공중 지반의 불균일성이나 예기치 못한 상황에 의해 당초 설계가 지반개량에 불충분하다고 판단되면 타격에너지, 타격간격, 횟수를 재조정한다.
3) 정보화 시공
   1단계 타격을 마친후 시공현황이나 얻어진 개량효과를 검토하여 그 결과를 다음 단계에 참고한다.
4) 시공효과 점검
   시공효과는 공내 재하시험에 의해 점검한다.

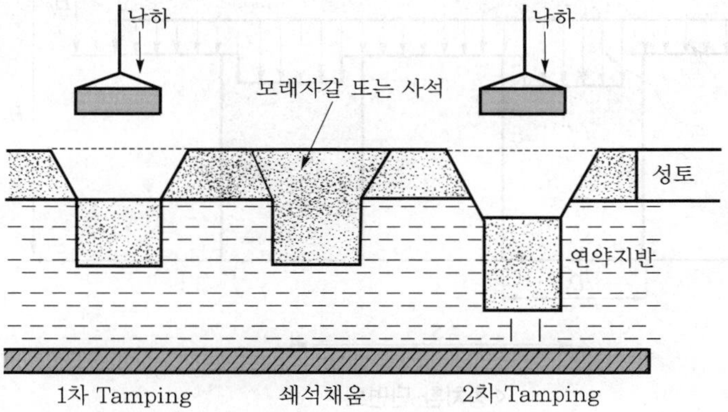

<동치환 공법 시공도>

Ⅸ. 동압밀 공법과 동치환 공법의 비교

공법	동압밀 공법	동치환 공법
원리	충격에너지에 의한 다짐효과	① 충격에너지에 의한 다짐 효과 ② 쇄석기둥에 의한 강제치환 효과 ③ 쇄석 슬래브에 의한 하중전달 효과
특징	① 적용범위가 넓다. ② 지반내 장애물의 영향이 적다. ③ 지반의 불균일성에 대처가 쉽다. ④ 정보화 시공이 가능하다. ⑤ 진동, 소음 공해	① 시공여건의 변화에 대처가 쉽다. ② 확실한 지지력을 확보할 수 있다. ③ 깊은 기초형식에 대용 ④ 초연약 점토 및 유기질 지반의 급속시공 ⑤ 개량심도가 깊을 경우(4.5m 이상) Menard Drain과 병용한다.
적용성	① 모래 지반 ② 매립지(점토, 모래, 전석혼입) ③ 도로, 철도, 비행장 등 설계 하중이 비교적 크지 않은 지반	① 초연약지반 및 점토지반 ② 쓰레기 매립지반 ③ 성토 매립 지반상의 중량 구조물 기초 ④ 고성토 시공구간의 지지력 확보 및 사면활동 방지
효과	① 지반침하 억제 ② 지반지지력 증대 ③ 액상화 감소	동압밀 공법과 같다.

Ⅹ. 결론

① 동치환 공법은 동압밀 공법의 문제점을 극복하기 위해 개량된 공법으로서 연약층 심도에 따라 다른 보조 공법과 병용함으로써 훌륭한 강도증진 효과를 기대할 수가 있다.

② 공내 재하시험과 같은 정확한 현장시험을 통하여 계측자료에 의한 구조물의 거동을 사전예측함으로써 안전한 시공이 될 수 있다.

7 동결공법

Ⅰ. 개요

① 동결공법(Freezing Method)은 연약한 지반 중에 여러개의 동결관을 설치하고, 냉각액을 보내어 동결 경화시켜서 작업이 필요한 기간 동안에 지반을 안정시켜 불투수층의 지반을 형성하는 지반개량공법의 일종이다.

② 이 공법은 다른 공법으로 시공이 불가능하거나 안정성 및 확실성이 요구되는 도시내의 토목, 건축 굴착공사 및 대용량 지하식 LNG 탱크의 건설 등에 적용된다.

Ⅱ. 특징

1) 장점

① 모든 토질에 적용이 가능하다.
② 동결토의 강도가 대단히 크다.
③ 동결토의 차수성이 우수하다.
④ 타 구조물과의 부착성이 좋다.
⑤ 동결 상황의 예측이 정확하여 시공관리가 용이하다.
⑥ 지반 동결토의 자연융해가 길어 예기치 않은 사고에 안전하다.

2) 단점

① 동결팽창에 의해 주변 구조물에 악영향을 줄 수 있다.
② 해동시 지반이 연약화될 우려가 있다.
③ 지하수가 있을 때는 동결이 어렵다.
④ 점성토의 경우 해동후 흙의 강도저하 및 침하 우려가 있다.
⑤ 공사비가 타 공법에 비하여 높다.

Ⅲ. 동결공법의 분류

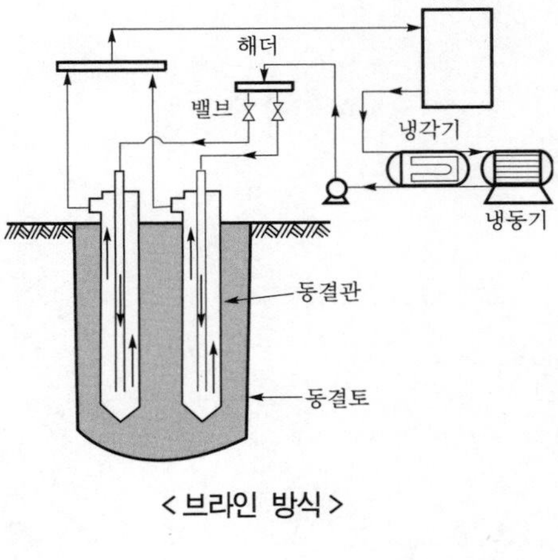

<브라인 방식>

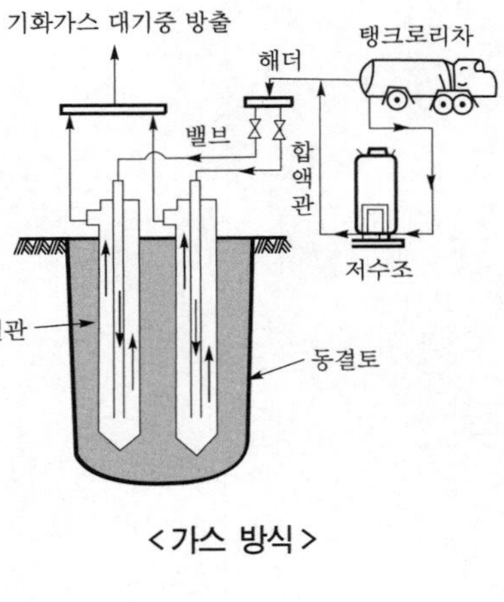

<가스 방식>

1) 브라인 방식

염화칼슘, 염화 마그네슘 등의 수용액(불라인)을 냉동기 내에서 −20~30℃ 정도로 냉각하여 지중의 동결관에 순환시켜 지반을 동결시키는 방식이다.

2) 가스 방식

액체 질소를 지중의 동결관 내에 공급하여 동결관을 통과한 가스를 대기중으로 방출시키는 형식으로 지반을 동결시키는 공법이다.

Ⅳ. 용도

① 지하굴착공사
② TBM, Shield 굴진
③ 지하 LNG 탱크 건설
④ 흙막이 배면의 차수

Ⅴ. 시공순서

1) 동결관 매설

보링, 압입, 타설 등의 방법에 의해서 직경 50~80mm의 동결관을 800~1,500mm 간격으로 흙 속에 매설한다.

2) 동결기기 설치

동결기기를 설치하고, 동결관과 연결하는 배관을 한다. 배관은 단열재로 방열(防熱)한다.

3) 지반동결

동결기에서 가스(저온액화가스 방식), 또는 액체(브라인 방식)를 보내어 지반을 동결시킨다.

4) 본공사 시공

동결토가 융해되지 않도록 보전하며 굴착, 구조물·축조 등의 시공을 한다.

5) 동결토 융해

시공이 완료되면 보냉(保冷)을 정지하고, 자연 또는 강제로 동결토를 융해한다.

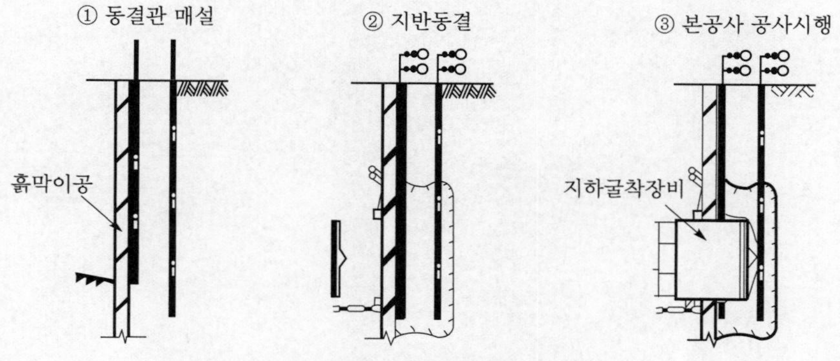

<동결 공법 시공순서>

Ⅵ. 시공시 유의사항

1) 지하수처리

지하수의 유속이 클 경우에는 약액주입, Sheet Pile 등으로 지하수의 흐름을 억제해야 한다.

2) 주중온도 측정

측온관, 지층온도 측정장치를 매설하여 지중온도를 측정하여 관리상 자료를 얻도록 한다.

3) 주변지반, 구조물 상태 파악

주변지반과 구조물의 상태변화를 측정하여 들뜸이 없는지 확인해야 한다.

4) 냉동장치 연결관리

배관의 압력을 점검하여 가스누출에 유의하여야 한다.

Ⅶ. 결론

① 동결 공법은 지반의 차수성과 강도효과에 대해서 신뢰성이 높으며, 특히 무공해 공법으로서의 필요성이 대두될 것으로 보인다.

② 현재로서는 약액처리 공법이나 Grouting 공법보다 공사비가 고가이나 이 부분에 대한 연구개발이 필요할 것으로 생각된다.

8 항만준설매립공사의 개량공법

Ⅰ. 개요

① 항만준설매립공사시 공사를 진행하기 위해서는 공사에 필요한 장비의 진입이 필수적이므로 초기 장비진입을 위한 표층처리가 우선되어야 한다.

② 공사에 필요한 장비의 중량을 파악하고, 장비의 주행성능을 확보하기 위한 표층처리 공법의 선정 및 시공으로 공사의 안정성을 확보한 후 준설매립지반을 개량하여야 한다.

Ⅱ. 지반개량공법의 선정기준

1) 지반조건
① 연약층의 깊이 및 분포
② 연약지반의 구조
③ 투수성의 존재 및 위치
④ 지지층의 깊이 및 종류

2) 지반의 물리적·역학적 성질
① 입도분포, 전단특성, 압축특성, 투수계수
② 과압밀비, 정지토압계수

3) 토사의 화학적 성질
① 구성광물 및 기타 화학적 성질
② 유기물 함량

4) 지하수 조건
① 지하수위
② 지하수의 화학적 성질

5) 사용목적별 기대효과
① 지지력, 허용침하량, 부등침하
② 구조물의 내용연한
③ 기대 투수계수

6) 투입재료 조건
① 투입예상 재료, 재료취득의 용이성
② 토취장 확보, 운반거리, 재료 야적장 확보

7) 장비투입 조건
① 투입예상 장비
② 장비진입 가능여부

8) 환경조건
① 소음, 진동, 분진, 오수 사토장
② 인근 구조물에 미치는 영향

③ 지하 구조물, 매설물 설치현황

9) 개량효과에 대한 신뢰도

① 공법의 원리 정립여부

② 과거의 시공사례

10) 시공의 용이성

① 시공관리의 필요성

② 시공의 용이성

③ 예상되는 문제점

11) 공사비

① 예상공사비의 치환 공법, 말뚝 공법 등 대안과의 공사비 비교

② 사용재료의 단가 및 구입 여부

12) 연약층 분포

① 연약층의 깊이

② 연약층의 분류

③ 연약층의 규모

Ⅲ. 개량공법의 분류

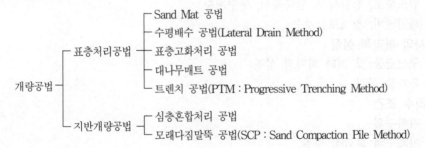

- 개량공법
  - 표층처리공법
    - Sand Mat 공법
    - 수평배수 공법(Lateral Drain Method)
    - 표층고화처리 공법
    - 대나무매트 공법
    - 트렌치 공법(PTM : Progressive Trenching Method)
  - 지반개량공법
    - 심층혼합처리 공법
    - 모래다짐말뚝 공법(SCP : Sand Compaction Pile Method)

Ⅳ. 표층처리 공법

1. 의의

① 공사 초기에 필요한 장비의 진입을 위해 연약지반의 표층을 처리하는 공법이다.

② 표층처리시 공사에 필요한 장비의 종류, 중량, 소요대수 등을 파악하여 표층처리 공법을 선정하며, 시공 전과정에 대한 안전성을 확보하여야 한다.

2. 공법의 분류

① Sand Mat 공법

② 수평배수 공법(Lateral Drain Method)

③ 표층고화처리 공법

④ 대나무매트 공법

⑤ 트렌치 공법(PTM : Progressive Trenching Method)

3. 분류별 특성

1) Sand Mat 공법

① 시공법 : 시공기계의 반입, 주행 작업을 위한 Trafficability 확보 및 압밀촉진에 필요한 두께로 모래부설

② 특징

㉠ 단독으로 사용되는 경우는 적고, 각종의 개량공법의 보조 공법으로 사용

㉡ 반입로만 확보되면 시공 가능

③ 적용지반 : 점성토 지반, 유기질토 지반

2) 수평배수 공법(Lateral Drain Method)

① 시공법

㉠ 준설토 매립에 따라 형성되는 초연약지반 내에 배수재 매설선을 사용하여 0.5~1.5m 간격으로 배수재를 다단으로 수평매설

㉡ 매설된 배수재의 단부에서 진공펌프를 이용하여 연약지반에 부압을 작용시켜 지반 내에 포함되어 있는 다량의 수분을 강제로 배출하여 초연약지반을 단기간에 압밀 개량하는 공법

② 특징

㉠ 성토 등을 이용한 상재하중을 사용하지 않고, 진공압을 이용하여 지반을 개량하기 때문에 준설토의 체적감소 용이

㉡ 많은 준설토를 처분할 수 있기 때문에 재투입되는 준설토의 양만큼 복토의 분량 저감

㉢ 초연약지반의 표층개량 목적으로 본 공법을 적용할 경우, 지반의 강도를 증가시킬 수 있기 때문에 지오텍 스타일 등 지반보강재의 사용 저감

㉣ 개량 후에는 점성토의 함수비를 액성한계 이하로 저감 가능

㉤ 초연약지반을 단기간에 개량

㉥ 대량의 준설토를 동시에 탈수처리

㉦ 첨가재나 고화재를 사용하지 않기 때문에 환경문제에 유리

③ 적용지반 : 초연약지반, 준설매립지반

3) 표층고화처리 공법

① 시공법 : 고함수 점성토로 구성된 초연약지반에 특수 고화제를 주입 교반하여 조기에 소정의 강도를 가지는 경질지반으로 개량하는 화학적 토질안정처리 공법

② 특징

㉠ 간척지나 준설매립지 등의 연약지반을 표층만 고화하는 공법

㉡ 연약층이 깊게 분포하는 경우라도 표층부의 0.5~2.0m 정도만을 고화처리하여 사람이나 장비의 통행이 가능하도록 하는 공법

③ 적용지반 : 초연약지반, 준설매립지반

4) 대나무매트 공법

① 시공법 : 대나무의 강성이 최대한 발휘될 수 있는 형태로 제작된 대나무매트를 성토

구조물 하부에 설치하여, 성토재와 작업하중을 하부지반에 균등하게 분포시켜 최초의 치환심도에서 안정된 성토구조물을 축조하는 초연약지반상의 뜬 기초 공법

② 특징

㉠ 인력과 장비의 진입이 불가능한 초연약지반 조건에서 대나무매트의 강성과 양 압력에 의한 지반보강 효과로 조기에 토공장비의 주행성을 확보

㉡ 공사 기간을 단축하고, 제체의 치환율 감소에 의한 물공량 절감으로 경제성을 향상시킬 수 있는 공법

③ 적용지반 : 초연약지반에 축조되는 항만, 해안 및 가설도로 기초처리

5) 트렌치 공법(PTM : Progressive Trenching Method)

① 시공법

㉠ 상부표층에 트렌치(trench)를 점진적으로 형성함으로서 표면배수 및 지하수위 저하를 유도하여 표면 건조층(crust)을 형성

㉡ 트렌치의 깊이와 간격을 조절하여 표면 건조층의 두께를 늘려 후속 공정을 위한 지반지지력 및 공사장비의 주행성(trafficability)을 확보하는 공법

② 특징

㉠ 배수로망의 단계적 조성을 통한 초연약지반의 표층자연 건조처리 공법

㉡ 표층건조처리 공법으로 해사나 육상토를 사용하지 않고, 해상점토(준설토)만으로 준설매립을 시행한 수, 매립된 초연약지반상을 중장비가 작업할 수 있는 수준으로 최단기간 내에 처리하기 위한 공법

③ 적용지반 : 대규모의 준설매립공사나 함수비가 높은 초연약지반의 표층건조처리

Ⅴ. 지반개량공법

1. 의의

① 연약지반 자체를 개량하여 지반의 지지력을 높이는 공법이다.

② 연약지반의 지지력 향상뿐만 아니라 구조물의 침하방지에도 큰 효과가 있는 공법으로 심층혼합처리 공법과 모래다짐말뚝 공법이 있다.

2. 공법의 분류

① 심층혼합처리 공법

② 모래다짐말뚝 공법(SCP : Sand Compaction Pile Method)

3. 분류별 특성

1) 심층혼합처리 공법

① 시공법

㉠ 심층혼합처리 공법은 석회, 시멘트 등의 안정재(고결재)를 심층의 연약층에 공급하여 흙과 균일하게 혼합하여 포졸란 반응 등의 고결작용에 의해 연약층을 강화시키는 화학적 지반개량공법의 일종이다.

㉡ 연약층의 강도증가뿐만 아니라 침하 방지에도 효과가 큰 공법으로 항만 구조물 기초공사 또는 연약지반 개량공사에 주로 이용되는 공법이다.

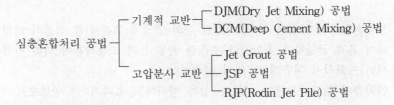

② 종류

- 심층혼합처리 공법
  - 기계적 교반
    - DJM(Dry Jet Mixing) 공법
    - DCM(Deep Cement Mixing) 공법
  - 고압분사 교반
    - Jet Grout 공법
    - JSP 공법
    - RJP(Rodin Jet Pile) 공법

2) 모래다짐말뚝 공법

① 시공법

㉠ Sand Compaction 공법은 모래다짐말뚝으로 Vibro Composer라고도 하며, 지반에 모래다짐말뚝을 조성하는 공법으로 지반의 지지력을 향상시킬 수 있다.

㉡ 이 공법은 연약한 점토지반에 다져진 모래 기둥을 축조하면서 그 효과로 지반을 조밀하게 하여 지반을 개량시키는 공법이다.

② 특징

㉠ 기계의 소모, 소음 및 고장이 적음

㉡ 자동 기록에 의한 시공관리 기능

㉢ 별도의 발전설비 필요

㉣ 소규모 공사에 부적합

㉤ 큰 진동에 의하므로 모래말뚝의 품질이 균일

Ⅵ. 시공시 유의사항

① 지중에 매설된 상수도관, 하수관, 전선관 및 Gas관의 보호조치 철저

② 지중매설은 관계 기관의 입회하에 시공

③ 지반의 침하 또는 인근 지반의 융기 등에 유의

④ 인근구조물에 악영향이 미치지 않도록 계측관리 철저

⑤ 치환된 연약토의 처리 철저

⑥ 배수 공법 시공시 인근구조물의 침하에 유의

Ⅶ. 결론

① 연약지반의 개량시에는 철저한 지반조사를 적정 공법을 선정하여야 하며, 초기 장비진입을 위한 표층처리 공법의 선정 및 시공이 우선되어야 한다.

② 표층처리 공법 시공시 지반의 여건에 맞는 공법을 선정한 후 장비의 주행성능 확보여부를 확인한 후 시공에 임한다.

9 심층혼합처리공법

Ⅰ. 개요

① 심층혼합처리 공법은 석회, 시멘트 등의 안정재(고결재)를 심층의 연약층에 공급하여 흙과 균일하게 혼합하여 포졸란 반응 등의 고결작용에 의해 연약층을 강화시키는 화학적 지반개량공법의 일종이다.

② 연약층의 강도증가뿐만 아니라 침하 방지에도 효과가 큰 공법으로 항만구조물 기초공사 또는 연약지반개량공사에 주로 이용되는 공법이다.

Ⅱ. 공법의 원리

① 심층혼합처리 공법은 석회, 시멘트계를 주로 한 괴상, 분말상 또는 현탁액상의 화학적 안정재를 원위치 지반에 첨가하여 원위치에서 혼합하여 연약점성토지반을 주상, 괴상 또는 전면적으로 개량하려고 하는 것이다.

② 석회나 시멘트를 흙과 혼합하면 여러 화학적 작용으로 흙이 강화된다.

③ 이들은 생석회의 소화에 의한 흡수, 팽창작용, 소석회나 시멘트의 흡수에 의한 함수비 저하작용, 칼슘의 염기치환작용 등으로서 포졸란 반응에 의한 효과가 크다.

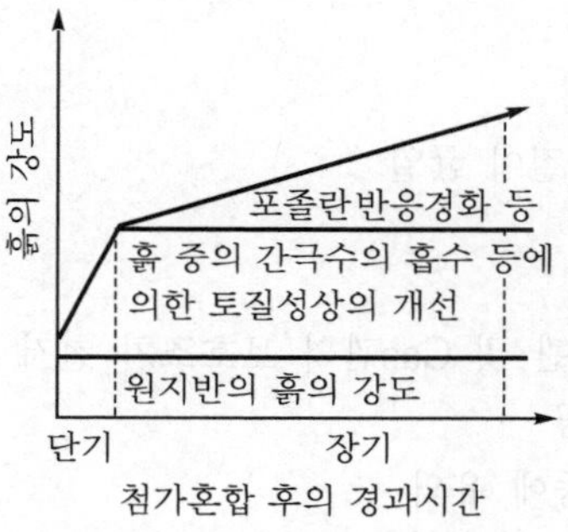

<석회의 첨가혼합>

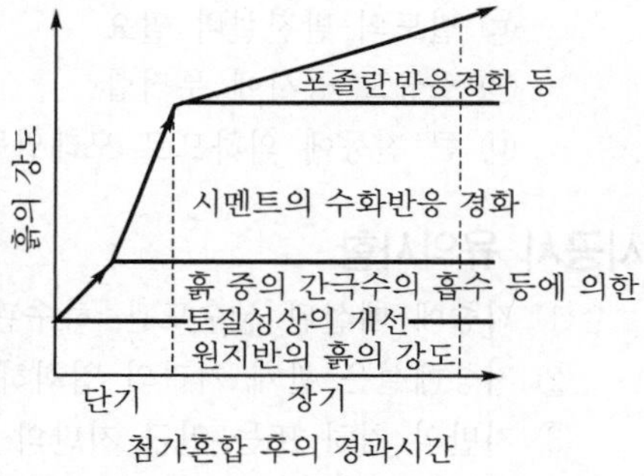

<시멘트의 첨가혼합>

Ⅲ. 공법의 특징

1) 소요강도의 확보

대상 지반의 토질에 경화재(석회 또는 시멘트)를 첨가 혼합하여 소정의 개량강도를 얻을 수 있다.

2) 작은 변형량

재하에 수반하는 개량지반의 변형은 지극히 적고, 구조물에게 주는 영향은 미약하다.

3) 적용범위의 확대

모든 연약지반의 개량에 적용이 가능한 공법이다.

4) 무공해

해수 오탁이나 2차 공해의 걱정이 적고, 저진동 · 저소음이다.

5) 자원의 유효이용

현지 연약흙을 처리해 활용하므로, 자원을 쓸데없게 하지 않는다.

6) 경제설계가 가능

토질에 따른 응고 경화재의 배합 등을 결정하므로, 경제적인 공법이다.

7) 공사기간의 단축

조기로 개량경화가 발현하기 때문에 대폭적인 공사기간의 단축이 가능하다.

Ⅳ. 공법의 종류

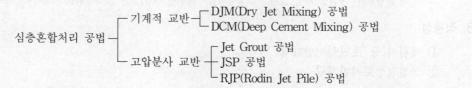

- 심층혼합처리 공법
  - 기계적 교반
    - DJM(Dry Jet Mixing) 공법
    - DCM(Deep Cement Mixing) 공법
  - 고압분사 교반
    - Jet Grout 공법
    - JSP 공법
    - RJP(Rodin Jet Pile) 공법

Ⅴ. DJM(Dry Jet Mixing) 공법

1. 시공법

교반기계를 개량 위치까지 관입한 후 시멘트가루를 고압공기로 반송하여 교반기계로 연약지반과 혼합하는 공법으로 육상공사에서만 이용된다.

2. 시공순서

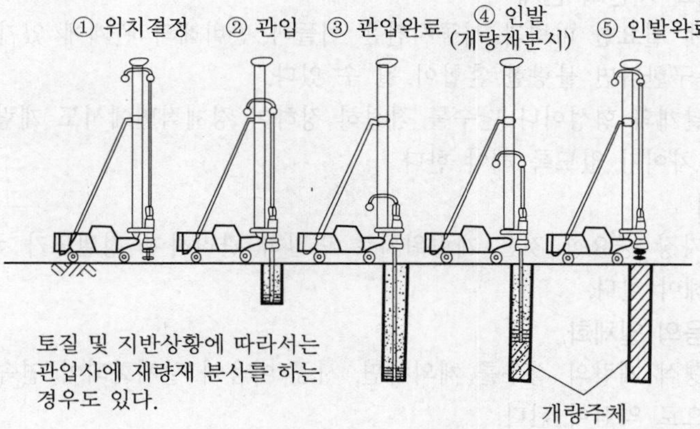

3. 적용성

① 소규모 연약지반개량

② 복구공사

Ⅵ. DCM(Deep Cement Mixing) 공법

1. 시공법

교반기계를 개량위치까지 관입한 후 시멘트 슬러지와 시멘트 모르타르를 고압공기로 반송하여 연약지반과 혼합하는 공법으로 육상 및 해상에 이용된다.

2. 시공순서

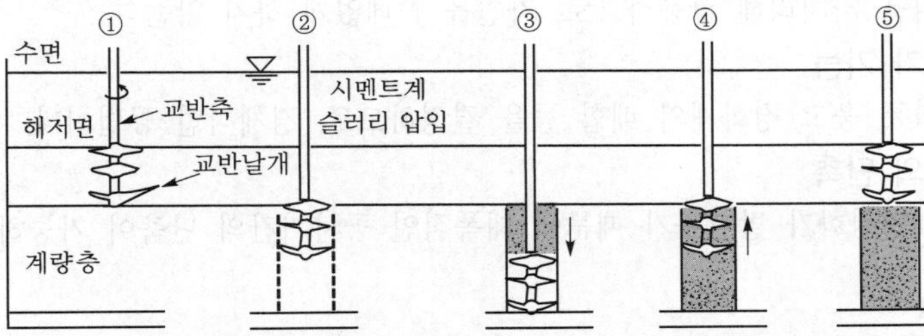

① 관입시작 ② 관입, 주입, 교반 ③ 관입완료 ④ 인발(주입)교반 ⑤ 시공완료

3. 적용성

① 매립지 등 초연약지반개량

② 경질점성토지반개량

4. 시공시 유의사항

1) 균일한 혼합

① 혼합처리토의 강도는 혼합의 정도에 크게 좌우되기 때문에 현장에서 균일한 혼합을 해야 한다.

② 혼합의 정도는 교반날개의 매수, 단면적, 회전수, 승강속도 등에 지배되고, 승강속도가 작을수록 균일한 혼합이 된다.

2) 교반마력과 시간의 관계

① 교반에 필요한 마력과 시공시간은 이들과 반비례의 관계에 있기 때문에 경제성을 추구한다면 불량한 혼합이 될 수 있다.

② 교반날개의 형성이나 단수를 적절히 정하여 경제적면에서도 개량 강도는 배합강도와 차이가 없도록 해야 한다.

3) 시공위치

시공중 가장 중요한 것은 개량위치로 면밀히 관리하여 정밀도가 균일하게 이루어지도록 해야 한다.

4) 시공 이음의 일체화

① 말뚝형식 개량의 경우를 제외하면, 시공 이음이 일체화되어 연속되지 않으면 강도적으로 약점이 된다.

② 벽식 또는 격자식의 개량은 이음의 일체성이 중요하다. 그러나 현장의 시공은 위치의 정밀도에 곤란한 점이 있고 또 교반날개 승강시에 연직성도 충분하지 않다는 위험성이 있다.

③ 실제 이음을 200mm 이상 오버랩시켜 이것을 커버하고 있다. 금후 위치의 정도가 향상되면 오버랩부를 축소하여 경제성을 향상시키는 것이 가능할 것이다.

5) 경계부의 개량

① 지지층에 교반날개의 관입은 일반적으로 곤란하기 때문에 그 상부에서 멈추어서 안정재의 공급위치가 더욱 상부에 있는 경우는 상당히 비개량부가 남게 된다.

② 따라서 현장의 시공에서는 교반날개를 지지층 중에 수백mm 관입시키고 또 이때에만 안정재 공급관을 내리는 방법으로 비개량부를 남기지 않도록 하여야 한다.

6) 개량체의 부상

① 샌드콤팩션 파일에서 발생하는 정도는 아니지만, 본 공법에서도 시공에 따라 연약층 표면이 솟아오르는 것을 확인할 수 있다.

② 솟아오르는 양은 공급한 안정제의 체적과 같으면, 시공두께가 크고 안정제가 많을수록 심하다.

③ 솟아오르는 것은 혼합처리 기계를 관입한 때와 안정재의 공급이 진척될 때에 일어나며 따라서 솟아오르는 흙은 제거해야 한다.

Ⅶ. 고압분사 교반 공법

1. 시공법

① 개량 위치까지 천공한 후 시멘트 밀크를 고압으로 분사하여 흙과 혼합하는 공법이다.

② 고압분사 교반 공법은 주입공개수와 경화재료 상태 및 주입압에 따라 공법이 분류된다.

③ 공법의 종류

종류	주입공개수	경화재료 상태	주입압(MPa)
Jet Grout 공법	단관	시멘트 밀크	20
JSP 공법	2중관	시멘트 밀크	20
RJP 공법	3중관	시멘트	30~60

2. 시공순서

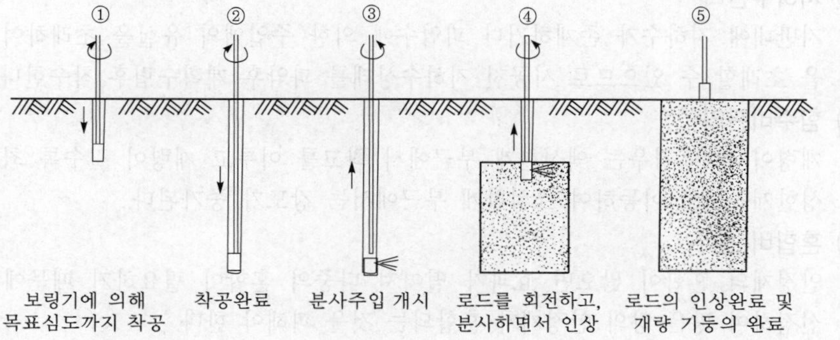

3. 특징

① 대구경의 지중 고결체 형성

② 지반 굴착없이 기초구조물 형성

③ 토질조건에 관계없이 시공 가능

④ 수압 파쇄현상 발생

⑤ 인접구조물의 기초 파손 우려
⑥ 소음 진동이 적고·직경 조절 가능

4. 용도

① 터널 갱구, 막장보호
② 교각, 교대 기초보강
③ 각종 Tank 기초
④ 지하 토류벽
⑤ 각종 구조물 기초
⑥ Underpinning

5. 시공시 유의사항

① 가설 용지 확보
② 자재 반입로 확보
③ 시공심도 확인
④ 최소 토피두께 확인
⑤ 소음 진동, 비산 등 건설 공해에 대한 대비책 수립
⑥ 수도, 전기, 가스, 통신 등 지하 매설물 보호
⑦ 인접구조물 영향 고려

Ⅷ. 환경오염에 대한 대책

1) 안정재의 취급

안정재를 부주의하게 취급하면 인체에 위험이 미치거나 혹은 주변의 pH를 높여서 문제가 되는 수가 있다.

2) 지하수관리

지반내에 지하수가 존재하거나 피압수에 의한 주입액의 유실을 초래하여 환경오염을 초래할 수 있으므로 시공전 지하수상태를 파악후 계획수립후 착수한다.

3) 함수비관리

재령이 짧은 경우는 액성한계 부근에서 최고를 이루고 재령이 길수록 최고치는 소성한계쪽으로 이동하여 소성한계 부근에서는 강도가 증가된다.

4) 혼합비 준수

안정재의 혼합이 많으면 효과가 떨어져 다중의 혼합이 필요하기 때문에 혼합비를 선정하여 많은 양의 안정재가 혼합되는 것을 피해야 한다.

5) 실내 배합시험

혼합처리토의 특성은 기타 지반개량의 경우와 다르기 때문에 보통의 토질시험으로부터 개량정도를 추정하는 것이 불가능하므로 콘크리트와 같이 배합시험을 통하여 적정배합을 해야 한다.

6) 슬라임의 처리

부상된 슬라임은 일정 장소에 토지와 분리 야적후 외부로 폐기물처리를 하여야 한다.

Ⅸ. 결론

① 시공방법으로는 안정제와 원지반토를 교반기계를 사용하여 기계적으로 강제혼합하는 방법과 안정제의 용액 또는 입상체를 고압분사 혼합하는 방법의 두 가지로 대별된다.

② 해저의 연약지반개량에도 적합하며, 공기가 짧고 준설토가 발생하지 않는 등 유리한 점이 있다. 일반적으로 개량효과는 다른 샌드드레인 공법 등에 비해서 매우 크나 공사비가 고가(高價)인 것이 단점이다.

10 연약지반에서의 계측관리

Ⅰ. 개요

① 연약지반에서 토목공사를 할 때 시공상의 이점과 품질검증을 위한 현장계측을 실시하여 계측관리에 따라 적정 공법을 선정하여 시공한다.

② 연약지반의 현장계측은 크게 나누어 침하, 변위, 토압, 수압이 주 계측대상이 된다.

Ⅱ. 계측의 필요성

① 설계시 예측값과 시공시 측정값의 불일치

② 안정상태 확인

③ 향후의 영향을 정확히 예측

④ 새로운 공법에 대한 평가

Ⅲ. 계측관리 계획

1) 계측목적의 명확화

① 계측을 위한 기본 목적 설정

② 시공관리, 안전관리, 설계법 확인

2) 사전조사

① 시공장소의 지질상태, 지하수위

② 시공내용, 공정

③ 주변환경(지하매설물, 인접구조물)

3) 계측단면 결정

① 지질조사 결과를 토대로

② 주변여건을 고려하여 결정

4) 계측 항목 선정

① 계측 목적에 부합되는 항목 선정

② 측정 대상물의 규모, 주변 환경조건 고려

5) 관리기준 결정

① 변위기준 결정

② 인접구조물 허용변형 결정

6) 계측기 사양 선정

① 문제점에 대한 정보 획득 가능성 고려

② 계측의 목적에 맞는 정밀도 확인

7) 설치위치, 선정

① 지반특성, 현장조건을 고려하여 선정

② 최대변위와 최대응력이 예상되는 위치에 중점 배치

8) 계측 빈도 결정
① 측정범위와 정확도를 모두 충족시킬 수 있는 범위내에서
② 계측항목과 공정에 따라 차등 계측

9) 계측
① 개인 오차를 감안하여 동일한 측정자가 계속 측정
② 이상한 측정값이 나오면 원인 분석
③ 기후가 불량한 경우는 계측 금지

10) Data 정리
① Data Sheet를 준비하여 기록
② 관리지침을 정하여 도시화

Ⅳ. 침하관리

1. 침하관리의 목적

① 장래의 침하량 예측
② 잔류침하량 추정
③ 하중재하 기간 결정
④ 주변지반의 변형 관리
⑤ 기존구조물의 변위 측정

2. 침하관리의 방법

1) 최종침하량 산정(설계시)

① $\underset{(S_{total})}{\underline{\text{침하}}} = \underset{(S_i)}{\underline{\text{탄성침하}}} + \underset{(S_c)}{\underline{\text{1차 압밀침하}}} + \underset{(S_s)}{\underline{\text{2차 압밀침하}}}$

② 점토지반에서는 1차 압밀침하량을 최종침하량으로 간주하고 설계한다.

③ 압밀침하량$(S_c) = \dfrac{C_c}{1+e} H\left(\log \dfrac{P' + \Delta P}{P'}\right)$

여기서, C_c : 압축지수, e : 간극비, H : 점토층 두께
P' : 점토층 중앙부 유효연직응력, ΔP : 유효응력 증가분

④ 침하시간$(t) = \dfrac{T_v}{C_v} Z^2$

여기서, T_v : 시간계수, Z : 배수거리, C_v : 압밀계수

2) 계측에 의한 침하량 측정(시공시)

① 압밀층에 침하판 설치
② 침하량을 매일 기록대장에 기록하고, 비교 및 검토 실시
③ 압밀도$(U) = \dfrac{S_t}{S_c} \times 100(\%)$

여기서, S_t : t시간에서의 침하량(mm), S_c : 압밀침하량(mm)

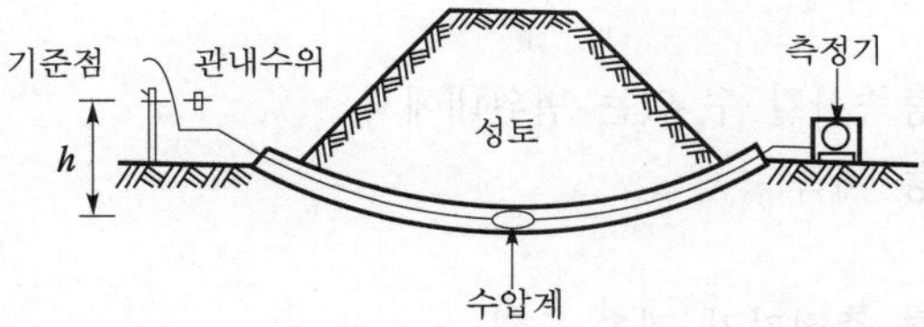

<수압계식 침하계>

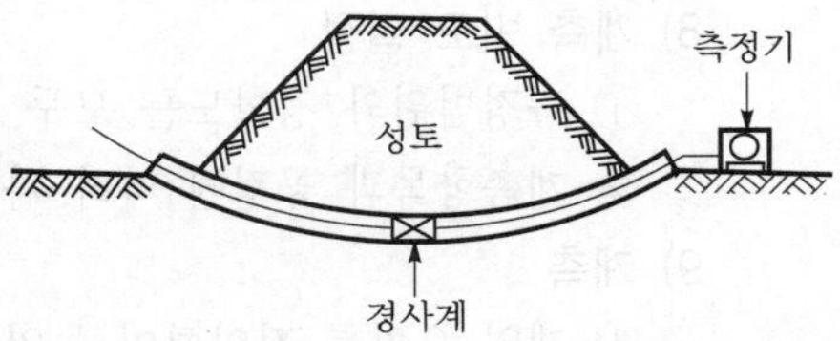

<경사계식 침하계>

V. 안정관리

1. 안정관리의 목적

① 지반파괴상태 파악 ② 성토속도 결정
③ 성토속도의 관리 ④ 주변지반의 변위 파악

2. 안정관리의 방법

1) 강도증진 관리

① 강도 증가량 산정

$$\Delta C = \frac{C}{P} \Delta PU$$

여기서, C/P : 강도 증가율, ΔP : 성토하중, U : 압밀도(%)

② 설계치와 비교검토후 안정성 판단

③ 강도 증가율 산정방법

㉠ SPT(표준관입시험), Vane Test, Cone Test

㉡ Sampling을 채취하여 압축강도시험 실시

㉢ 공내 수평재하시험 실시

2) 재하중 성토관리

① 성토하중 상태를 파악하여 압밀량 Check

② 결과는 성토대장에 매일 기록

③ 기준점은 압밀영향을 받지 않도록 설치

3) 침하량 측방변위량관리

① 성토 중앙부의 침하량과 성토 끝부분의 측방변위량을 측정

② $S-\delta$곡선으로 안정성 판단

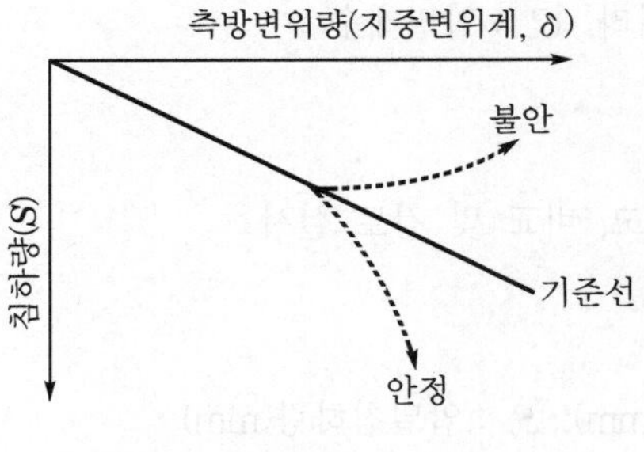

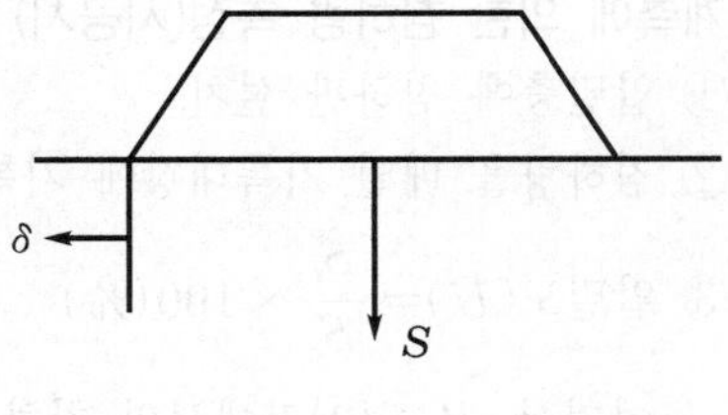

Ⅵ. 문제점

1) 계측목적에 대한 인식부족
계측이 형식에 치우치거나 결과 정리에 지나지 않는 계측 시행
2) System의 수입의존
현장 여건에 적합한 System의 도입이 어려워 그에 따른 적절한 조치가 불가피
3) 기술축적 빈곤
국내 계측기술 수준의 낙후 및 계측기기의 수입 의존도가 높음
4) 오차 기준관리
요구되는 정확도에 따라 계기의 선정 및 측정계획 자체의 유동성

Ⅶ. 대책

1) 현장 기술자의 인식 제고
현장 기술자로 하여금 안정성 및 품질관리에 참여할 수 있는 여건 확보
2) 올바른 System 도입
현장 여건에 적합한 System의 도입, 설치
3) 계측이론 확립
현실성 있는 계측을 위한 이론적 확립 및 계측결과의 활용방안 설정
4) 시방서 정립
Data 수립 및 해석을 위한 시방서 작성으로 계측작업의 체계적 이론 정립

Ⅷ. 계측기 설치단면

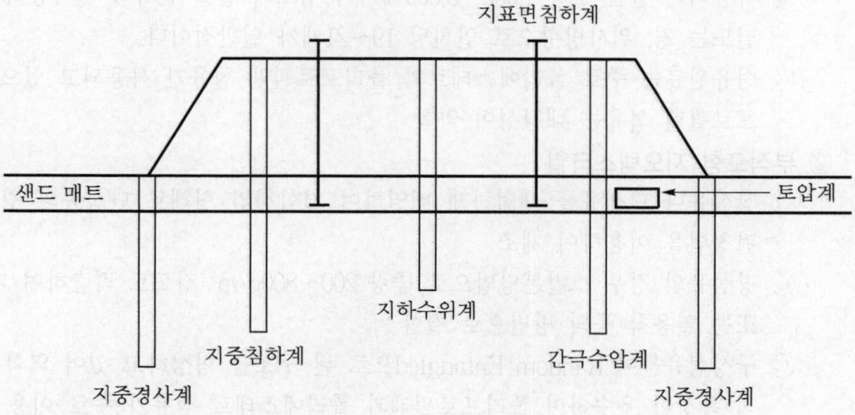

Ⅸ. 결론

① 계측은 시공중 발생하는 실제 기반의 거동을 측정, 당초의 설계와 비교하여 안전하고 경제적인 시공으로 유도하는데 그 목적이 있다.
② 시공에 앞서 사전조사 결과를 기초로 하여 계측목적에 맞는 적절한 계측항목, 기기, 방법 등을 선정하여 효과적 계측이 되도록 해야 한다.

11 토목섬유

Ⅰ. 개요

① 토목섬유(Geosynthetics)는 세립자의 이동을 차단하고, 물의 이동은 가능하게 하는 Filter의 기능을 발휘하므로 지하수가 있는 토질에 많이 사용하고 있다.

② 토공사시 흙입자의 이동을 차단하고 물만 배수하므로 연약지반개량의 효과와 제방의 분리 및 Filter 등의 목적으로 사용된다.

Ⅱ. 특징

① 경량으로 취급 용이

② 인장강도를 가지고 있으므로 지중에 시공 가능

③ 부식에 대한 저항성 우수

④ 투수성 양호

⑤ 신축성 및 복원성

Ⅲ. 종류

1) 지오텍스타일(Geotextiles)

① 직포형 지오텍스타일

㉠ 필라멘트사, 또는 방적사를 이용하여 경, 위사를 직각형태로 교차해 만든 형태로 기본조직은 평직, 능직, 주자직으로 구분

㉡ 사용되는 실은 보통 1,000~3,000데니어 정도의 실을 연사하여 사용하며, 직물밀도는 경, 위사방향으로 인치당 19~21개가 일반적이다.

㉢ 섬유원료는 주로 폴리에스테르와 폴리프로필렌 섬유가 사용되고 있으나 폴리프로필렌 섬유는 내광성이 약함

② 부직포형 지오텍스타일

㉠ 장섬유나 단섬유를 랜덤하게 배열하여 결합시킨 형태로 단섬유의 경우 니들펀칭법을 이용하여 제조

㉡ 장섬유의 경우 스펀본딩법으로 중량 200~800g/m^2 정도로 적층하여 니들펀칭 또는 열융착 등의 방법으로 결합

㉢ 구성섬유들이 Random Entangled으로 된 구조를 형성하고 있어 역학적, 수리적 특성이 우수하며 폴리프로필렌과 폴리에스테르 섬유가 주로 이용

2) 지오멤브레인(Geomembranes)

① 액체봉쇄를 목적

② 국제산업직물협회(IFAI : Industrial Fabrics Association Internation)에 의하면 위험한 폐기물, 산업용과 가정용의 쓰레기 매립, 흙댐 및 터널방수 등 특별한 용도에 사용

③ 고분자의 주요소재는 PVC와 HDPE, SCPE(Chloro Sulfonated Polyethylene) 및 CPE(Chlorinated Polyethylene) 등

3) 지오그리드(Geogrids)

① 지오그리드는 폴리머를 판상으로 압축시키면서 격자모양의 그리드 형태로 구멍을 내어 특수하게 만든 후, 일축 또는 이축으로 연신하여 제조

② 연신과정에서 작은 구멍들은 보통 10~50mm 크기의 타원 혹은 원형모양의 큰 구멍으로 되어 있으며, 분자배열도 잘 조정되어 결과적으로 높은 강도를 나타내므로 지반보강용으로 사용

③ 폴리올레핀과 폴리프로필렌 및 PVC 코팅재료가 널리 사용

4) 지오웹(Geoweb)

① 띠형태를 가진 매우 거친 폴리에스테르 섬유의 직포형태와 HDPE 띠를 초음파로 접착하여 형성되는 세포망 형태로 구분

② 침식방지와 지반보강용으로 널리 사용

5) 지오네트(Geonet)

일정한 각도로 Strand를 교차한 2세트의 형행한 구조를 가지며 각각 교차점의 가닥들은 용융, 접착되고 주로 폴리에틸렌이 사용

6) 지오매트(Geomat)

Semi-rigid Monofilament로 구성되어 있으며, 직경은 1mm 보다 작고 매우 주름이 넓게 퍼져 있는 3차원적으로 엉켜있는 구조를 이룸

7) 지오셀(Geocell)

① 서로 연결된 셀로 구성되며 각각의 셀은 두꺼운 매트리스에 의해 흔으로 채워지고 제방을 쌓는데 기초 보강재 역할을 하며 연약지반의 얕은 퇴적물 위에 적용

② 일반적으로 100~200mm 깊이의 지오셀은 니들펀칭된 폴리에스테르의 작은 조각이나 100~200mm 넓이와 약 5m의 길이로 된 고체 HDPE을 이용하여 제조

③ HDPE 지오셀은 지하토양 보강을 위해 과립상 물질을 채우는 용도로 사용

④ 점진적인 Stacking과 지오셀층 위에 다른 층을 채우는 경사 건설에 사용

8) 지오컴포지트(Geocomposites)

① 보강용 지오컴포지트

㉠ 지오텍스타일 보강 복합재료 : 인장강도를 크게 한 것으로 제조방법은 접착제를 사용하거나 열융착법을 이용하여 부직포/부직포, 부직포/매트, 매트/매트 등의 형태로 생산

㉡ 지오멤브레인 보강 복합재료 : 계곡 사이에 일반 쓰레기 및 산업폐기물을 매립하는 경우 제기되는 중요한 문제는 급격한 경사부위에 덮개를 씌우는 것이며 표면 마찰특성이 크고 부분 함몰과 찢김에 대한 저항성이 우수한 지오멤브레인 사용

② 차수용 토목섬유 클레이라이너

㉠ GCL은 환경, 교통과 토목기술 분야로 광범위하고 신속하게 확대되고 있으며

지오멤브레인을 쓰레기 매립지의 이중 라이너 시스템에 설치하고 있을 경우 매립시스템에서의 침출수 누출을 방지할 수 있다.

㉡ 수로의 라이너, 비행장의 공해방지용, 고속도로 및 다른 건설공사에 차수용 복합재료로 사용

③ **배수용 지오컴포지트** : 플라스틱 드레인보드(PDB)는 토목공사시 배수량이 1gal/min−ft 보다 큰 경우 배수매체로 사용

㉠ 심지형 배수재(wick drains)

㉡ Sheet drain

㉢ 가장자리 배수재(edge drains)

④ **액체/기체 차단용 지오컴포지트**

㉠ 지오멤브레인 하부의 지오텍스타일 라이너는 다양한 목적으로 사용되고, 지오멤브레인/지오텍스타일 일체형 지오컴포지트 형태가 유용함

㉡ 지하가솔린 저장 탱크에 사용되는 지오텍스타일/지오멤브레인/지오텍스타일 복합재료는 탱크로부터 누출되는 가스를 차단하는 목적으로 이용

⑤ **침식방지용**

㉠ 지오텍스타일이 토양 속에서 분리재로 사용될 경우 하층이 돌로 되어 있을 때 지지토를 분리하며 인장 및 인열강도, 탄성계수, 파열강도, 찢김강도 등이 요구되는 경우 지오텍스타일만을 단독으로 사용할 수 없는 암반, 계곡, 골짜기 등의 토양을 침식으로부터 영구적으로 또는 지반이 안정화될 때까지 보호하기 위함

㉡ 수로와 급경사면 토양에 고정시켜 침식방지, 경사면 보호를 위해 사용되며 물질 내부와 물 흐름은 시스템의 기능 약화와 파괴를 초래하기 때문에 블랭키트(blanket), 매트(mats)와의 경계면은 중요

㉢ 일시적인 침식방지 재료는 순간 침식방지가 가능하고 일정 시간 이후에는 분해되지 않고 지반을 안정화시키는 기능을 가짐

Ⅳ. 기능

1) 필터기능(여과기능)

① 세립자의 이동을 차단

② 적용 : 수직드레인, 흙댐 필터, 맹암거

2) 분리(分離) 기능

① 세립자와 자갈 등의 조립재가 외부하중에 의해서 서로 혼합되는 것을 방지

② 연약지반 위에 성토제방, 노체의 노상 침투방지로 사용

3) 배수기능

① 투수성이 낮은 재료와 밀착 설치하여 물을 모아 배수로 및 집수정으로 배출

② 적용 : 댐의 수평배수, 옹벽의 수직배수, 터널의 유도배수

4) 보강기능

① 인장 및 전단응력이 발생하는 부분에 토목섬유를 삽입하여 구조물 보강

② 연약지반 성토시 매트 또는 사면 보호공으로 사용

5) 차단기능

흙입자의 이동을 차단

Ⅴ. 시공시 유의사항

① 토목섬유의 재질, 인장강도-변형률, 흙과 보강재 마찰각 등이 설계조건과 부합되는지를 시험을 통해 확인

② 보관은 가급적으로 옥내보관을 하며 습기, 우수 등으로부터 보호

③ 포설면을 평탄하게 정지하고 돌출된 조립재의 제거 및 오목한 곳은 메움처리

④ 포설전 표토제거 및 배수처리 실시

⑤ 포설폭은 성토폭보다 1m 이상 여유 유지

⑥ 조립재가 많은 지반의 경우 성토다짐으로 인한 확인사항과 조정사항

⑦ 성토시 다짐후 토목섬유의 손상확인

⑧ 다짐장비, 포설두께 등을 조정하여 토목 섬유의 파손방지

⑨ 토목섬유의 포설은 인장응력 작용방향으로 하여 접합에 따른 강도손실을 피하도록 함

⑩ 주름이 접히지 않도록 48시간 이내에 성토재 포설

⑪ 강우시에는 이미 포설된 부위는 비닐 등으로 보호

⑫ 매우 연약한 지반은 Mud Wave가 발생되므로 "U"자형 형태로 단부부터 시공

⑬ 연약지반에서 시공시 일정한 간격으로 침하판을 설치하여 침하량 측정

Ⅵ. 결론

① 토목섬유는 지중에 매설되는 경우가 많으므로 지반의 부등침하 방지와 상부 토층 매설시 토목섬유를 보호하는 대책이 필요하다.

② 토목섬유는 배수관 등 모체의 주변을 감싸거나, 수로 쪽으로 시공하는 경우가 빈번하므로 섬유의 지나친 팽창이나 파손에 유의하여 시공하여야 한다.

제1장 토 공

제3절 사면안정

- 문제1 토공법면(산사태, 비탈면)의 붕괴원인과 방지대책
- 문제2 암반사면의 안정해석과 안정대책공법
- 문제3 절·성토 비탈면의 점검시설
- 문제4 토석류
- 문제5 사면거동 예측방법

사면안정 과년도 문제

1. 사면붕괴의 원인을 열거하고, 그 대책공법에 대해서 기술하시오. [98후, 40점]
2. 흙쌓기 비탈면의 붕괴원인과 대책을 설명하시오. [95후, 25점]
3. 대절성토구간의 사면 붕괴원인과 대책에 대하여 기술하시오. [97중후, 33점]
4. 대규모 사면 붕괴원인과 대책공법을 기술하시오. [99후, 40점]
5. 절토 비탈면의 붕괴원인과 대책을 설명하시오. [00전, 25점]
6. 인공사면과 자연사면을 구분하고, 자연사면의 붕괴원인과 대책에 관하여 기술하시오. [00후, 25점]
7. 절토사면의 붕괴에 대하여 그 원인과 대책을 설명하시오. [04중, 25점], [07중, 25점]
8. 해빙기 산악지 국도에서 산사태(폭 150m, 사면높이 60m) 발생의 붕괴원인 및 방지대책에 대하여 기술하시오. [08전, 25점]
9. 대절토사면의 시공시 붕괴원인과 파괴형태를 기술하고, 방지대책에 대하여 설명하시오. [09전, 25점]
10. 표준구배로 되어 있는 사면이 붕괴될 시 이에 대한 원인 및 대책을 설명하시오. [10중, 25점]
11. 집중호우시 발생되는 사면 붕괴의 원인과 대책에 대하여 설명하시오. [11후, 25점]
12. 자연 대사면깎기 공사에서 빈번히 붕괴가 발생한다. 붕괴원인을 설계 및 시공측면에서 구분하고 방지대책에 대하여 설명하시오. [12전, 25점]
13. 토사사면의 특징을 설명하고, 최근 산사태의 붕괴원인 및 대책에 대하여 설명하시오. [13후, 25점]
14. 사면 붕괴의 원인과 사면안정대책을 설명하시오. [16전, 25점]
15. 집중호우 후에 발생 가능한 대절토 토사사면의 사면 붕괴형태를 예측하고 붕괴원인 및 보강대책에 대하여 설명하시오. [16중, 25점]

1

16. 대사면 절토공사현장에서 사면 붕괴를 예방하기 위한 사전조치에 대하여 설명하시오. [05전, 25점]
17. 자연사면의 붕괴원인 및 파괴형태를 설명하고, 사면안정대책에 대하여 설명하시오. [06후, 25점]
18. 땅깎기 비탈면에서 정밀안정 검토가 요구되는 현장조건과 사면 붕괴를 예방하기 위한 안정대책에 대하여 설명하시오. [09중, 25점]
19. 도로공사에 따른 사면활동의 형태 및 원인과 사면안정대책에 대하여 설명하시오. [19전, 25점]
20. 절취사면에서 소단을 설치하는 이유와 사면을 정밀조사하고 사면안정분석을 해야 하는 경우를 설명하시오. [11후, 25점]
21. 강우로 인한 지표수 침투, 세굴, 침식 등으로 발생되는 사면의 안전율 감소를 방지하기 위한 대책공법 중 안전율유지법과 안전율증가법에 대하여 설명하시오. [14후, 25점]
22. 산사태의 원인 [97후, 20점]
23. 랜드크리프(Land Creep) [02전, 10점], [10전, 10점]
24. 물이 비탈면의 안정성 저하 또는 붕괴의 원인으로 작용하는 이유를 열거하고, 이 현상이 실제의 비탈면이나 흙 구조물에서 발생하는 사례를 한 가지만 기술하시오. [03후, 25점]
25. 사면보호공법의 종류를 열거하고, 각각에 대하여 서술하시오. [03전, 25점]
26. Seed Spray에 의한 법면보호 [95중, 20점]
27. 구조물에 의한 비탈보호공법들을 설명하시오. [96중, 35점]
28. 건설공사의 사면절취에서 관련 지침 및 부서 협의시 환경훼손의 최소화차원에서 최대절취높이를 점차 줄여나가고 있다. 이에 절취사면의 안정과 유지관리에 유리한 환경친화적인 조치방법을 설명하시오. [08후, 25점]

사면안정 과년도 문제

1	29. 비탈면 붕괴억제공법의 종류를 설명하고, 시공상 유의할 사항에 대하여 기술하시오. [07전, 25점] 30. 사면안정공법 중 억지말뚝공법의 역할과 시공시 주의사항에 대하여 설명하시오. [08전, 25점] 31. 비탈면보강공법 중 소일네일링(Soil Nailing)공법, 록볼트(Rock Bolt)공법, 앵커(Anchor)공법에 대하여 비교 설명하시오. [16후, 25점]
2	32. 암반 대절토사면 시공시 유의사항 및 공사관리에 필요한 사항을 기술하시오. [99후, 30점] 33. 암반사면의 안정해석방법과 그 보강대책에 대하여 설명하시오. [95전, 34점] 34. 기시공된 암반사면의 안정성 검토를 한계평형해석으로 검토하는 방법과 검토결과 불안정한 판정을 받았을 때의 대책공법에 대하여 기술하시오. [99중, 30점] 35. 균열과 절리가 발달된 암석사면의 안정을 위한 대책공법에 대해 설명하시오. [96후, 25점] 36. 균열과 절리가 발달된 암반비탈면의 안정을 위한 대책공법에 대하여 설명하시오. [15중, 25점] 37. 암반 비탈면의 파괴형태와 사면안정을 위한 대책공법에 대하여 설명하시오. [05중, 25점] 38. 대절토암반사면 시공시 붕괴원인과 파괴유형을 구분하고 방지대책에 대하여 설명하시오. [11중, 25점] 39. 도로에서 암절개시 붕괴의 형태와 방지대책에 대하여 설명하시오. [12후, 25점] 40. 암반사면의 붕괴형태 및 사면안정대책에 대하여 설명하시오. [18중, 25점] 41. 낙석방지공 [02후, 10점] 42. 평사투영법에 의한 사면안정해석을 현장에 적용하고자 한다. 현장 적용시 평사투영법의 장·단점에 대하여 설명하시오. [06후, 25점] 43. 평사투영법 [05중, 10점]
3	44. 절성토 비탈면의 점검시설 설치의 필요성을 열거하고, 설치시 유의사항에 관하여 기술하시오. [00후, 25점]
4	45. 최근 집중호우시 발생되는 토석류(Debris Flow) 산사태 피해의 원인 및 대책에 대하여 기술하시오. [09후, 25점] 46. 토석류(Debris Flow) [12전, 10점] 47. 집중호우에 따른 산지 계곡부의 토석류 발생요인과 방지시설 시공시 유의사항에 대하여 설명하시오. [16전, 25점] 48. 토석류(土石流)에 의한 비탈면 붕괴에 대하여 설명하시오. [18후, 25점]
5	49. 사면거동예측방법 [06후, 10점] 50. 사면붕괴를 사전에 예측할 수 있는 시스템에 대하여 설명하시오. [08전, 25점], [15후, 25점]

1 토공법면(산사태, 비탈면)의 붕괴원인과 방지대책

Ⅰ. 개요

① 사면(법면)은 자연사면과 인공사면의 2가지로 구분되며, 자연사면에서 발생된 경사면 붕괴현상을 산사태라 하고, 인공사면에서 발생된 경사면 붕괴현상을 사면파괴라고 한다.

② 사면의 붕괴원인으로는 인위적 요인과 자연적 요인 등 2가지로 대별할 수 있는데 대상 지역의 기상특성, 지반특성 및 사면붕괴 발생특성을 고려한 대책 공법이 선정되어져야 한다.

Ⅱ. 사면의 구분

1) 인공사면

① 비교적 평탄한 지역에 도로, 댐 등과 같은 흙구조물 축조시 인공적인 성토 경사면

② 대규모 절토사면

2) 자연사면

① 산지나 구릉지에 자연 순응원리에 의하여 생성된 경사면

② 자연사면 일부에 절성토를 실시하여 인공적인 사면이 일부 존재해도 사면이 본래의 자연사면 특성을 가지고 있는 경우(산사태의 인위적 발생원인 : 절성토)

Ⅲ. 사면붕괴의 형태

1) 사면파괴

인공사면에 발생된 경사면 붕괴현상

2) 산사태

자연사면의 붕괴형태

① Land Creep : 시간적으로 장시간에 걸쳐 완속으로 사면이 서서히 이동하는 형태

② Land Slide : 사면 이동 급격히 발생, 일반적으로 인식하는 산사태(협의의 산사태)

Ⅳ. 사면의 종류

1) 무한사면(반무한사면)

경사가 균일하고 사면이 무한히 연결되면서 어느 평행단면에 대하여도 동일 조건일 때

2) 유한사면(단순사면)

사면의 경사가 균일하고 그 상하단에 접한 지표면이 수평이며, 사면의 지층구성이 균질일 때

3) 직립사면

암반이나 굳은 점토지반에서 많이 발생된다.

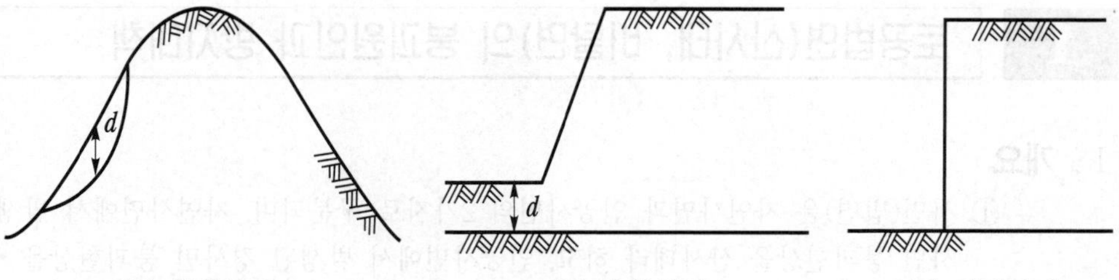

(a) 무한사면 (b) 유한사면 (c) 직립사면

<사면의 종류>

Ⅴ. 사면활동의 유형

1) 무한사면활동

완경사지에서 서서히 발생하여 활동속도가 매우 느리고, 그 규모가 매우 크며 활동면이 평면을 이룬다.

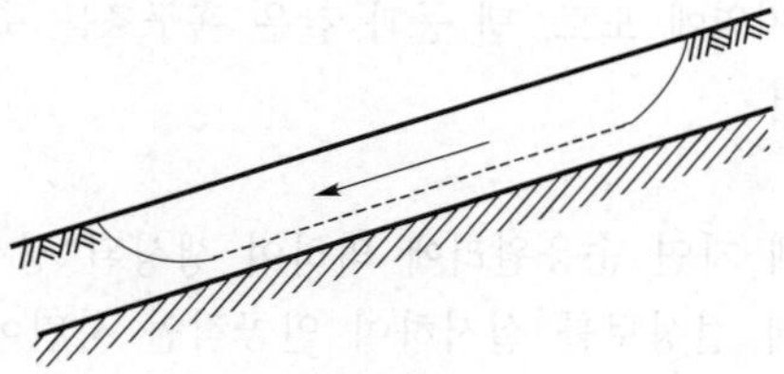

<무한사면활동>

2) 유한사면활동

① 사면 내 파괴 : 견고한 지층이 얕은 곳에 있을 때

② 선단파괴 : 사면경사가 급하고, 비점착성 토질일 때

③ 저부파괴 : 사면경사가 완만하고 점착성 토질일 때, 또는 견고한 지층이 깊은 곳에 있을 때

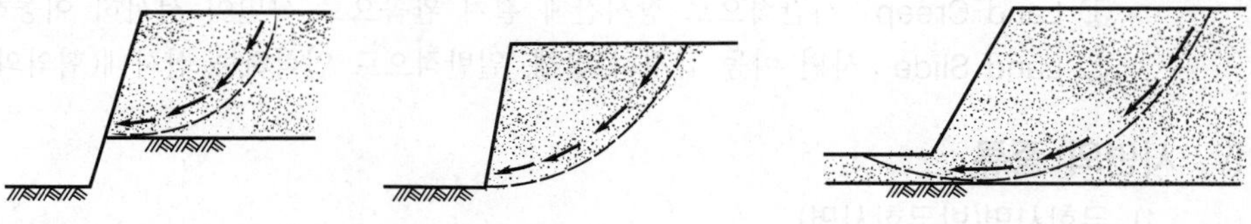

(a) 사면 내 파괴 (b) 선단파괴 (c) 저부파괴

<유한사면활동>

Ⅵ. 사면붕괴의 원인

1. 원인별 분류

- 붕괴원인
  - 자연적 원인 (내적요인)
    - 토질, 지질구조
    - 강우, 융설
    - 풍화작용
    - 동결융해
    - 침식
    - 지하수
  - 인위적 원인 (외적요인)
    - 절토, 성토
    - 충격, 진동
    - 다짐불량
    - 배수불량
    - 구배설계
    - 재료의 부적정
    - 구조물의 영향
    - 법면처리불량

2. 원인별 특성

1) 토질, 지질구조

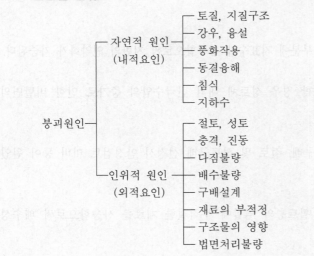

산사태가 일어나기 쉬운 지질로는 제3기층, 파쇄대, 화산 온천지 등이 있으며 단층, 습곡, 단사구조 등의 지질구조와도 깊은 관계가 있다.

2) 강우, 융설

붕괴의 가장 큰 요인으로서, 표면수의 침투에 의한 간극수압의 증가, 자중의 증가, 강도의 저하로 인한 활동 저항력이 감소된다.

3) 풍화작용

풍화되기 쉬운 토질의 사면으로서 풍화작용의 진행속도가 빠른 경우 사면이 불안정해지기가 쉽다.

4) 동결융해

동결되었던 흙이 융해되면서 수축과 팽창이 반복되면 지반이 연약화되어 전단강도가 감소된다.

5) 침식

하천 또는 해안이 침식작용에 의해 사면선단부분이 세굴되면 상부사면은 안정을 잃어 붕괴된다.

6) 지하수

지하수가 풍부한 지층에서 지하수위의 변동으로 인해 수압이 상승할 경우 유효응력이 감소된다.

7) 절토, 성토

절토에 의한 전단강도의 저하 혹은 성토하중의 증가에 따른 활동력의 증대 등에 의해 내부 전단응력이 증가된다.

8) 충격, 진동

발파에 의한 충격 또는 진동으로 암의 균열이 발생함으로써 내부 전단응력이 증가된다.

9) 다짐불량

성토체의 다짐이 불충분한 부분에 지표수가 침투함으로써 지반의 연약화가 가중된다.

10) 배수불량

침투수의 배수처리가 불량할 경우 성토체 내의 간극수압의 증가로 인한 비탈면의 유효응력이 감소된다.

11) 구배설계

곡선구간에서의 지나친 편구배, 절토 및 성토구배 선정시 안정검토 미비 등이 원인이다.

12) 재료의 부적정

성토 시공시 차수층 또는 필트층의 역할에 부적절한 재료를 사용함으로써 배수성 및 다짐효과가 저하된다.

13) 구조물 구축의 영향

산사태 위험지의 터널 굴착 또는 댐 건설에 따른 담수로 인해 지하수위 변화 또는 인위적인 지형변화가 발생된다.

14) 법면처리불량

절토 공사시 Earth Anchor 등의 법면 보호공을 하지 않거나 다짐이 불충분한 이완상태로 두었을 때 붕괴의 원인이 된다.

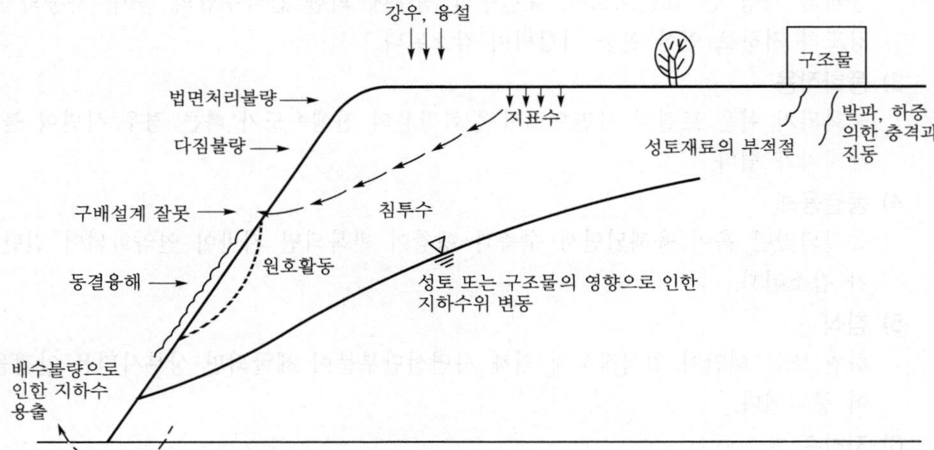

<사면붕괴의 원인>

Ⅶ. 방지대책

1. 대책별 분류

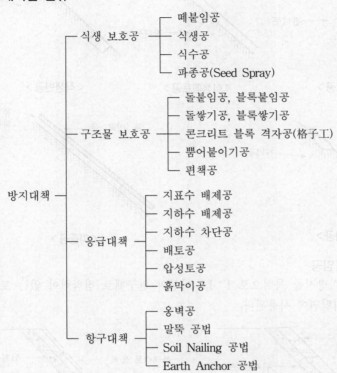

- 방지대책
  - 식생 보호공
    - 떼붙임공
    - 식생공
    - 식수공
    - 파종공(Seed Spray)
  - 구조물 보호공
    - 돌붙임공, 블록붙임공
    - 돌쌓기공, 블록쌓기공
    - 콘크리트 블록 격자공(格子工)
    - 뿜어붙이기공
    - 편책공
  - 응급대책
    - 지표수 배제공
    - 지하수 배제공
    - 지하수 차단공
    - 배토공
    - 압성토공
    - 흙막이공
  - 항구대책
    - 옹벽공
    - 말뚝 공법
    - Soil Nailing 공법
    - Earth Anchor 공법

2. 대책별 특성

1) 떼붙임공

① 절토사면 : 평떼(200×300×30mm)

② 성토사면 : 줄떼(폭 100mm)

2) 식생공

법면에 식물을 번식시키므로써 법면의 침식과 표면활동을 방지하는 공법, 식생 Mat공, 식생반(盤)공, 식생대(袋)공 등이 있다.

3) 식수공

떼붙임공, 식생공만으로는 사면의 안정유지가 곤란한 경우에 나무를 심어 사면을 보호하는 공법이다.

4) 파종공(Seed Spray)

종자, 비료, 안정제, 양성재, 흙 등을 혼합하여 압력으로 비탈면에 뿜어붙이는 공법으로서 넓은 지역의 사면에 적합하다.

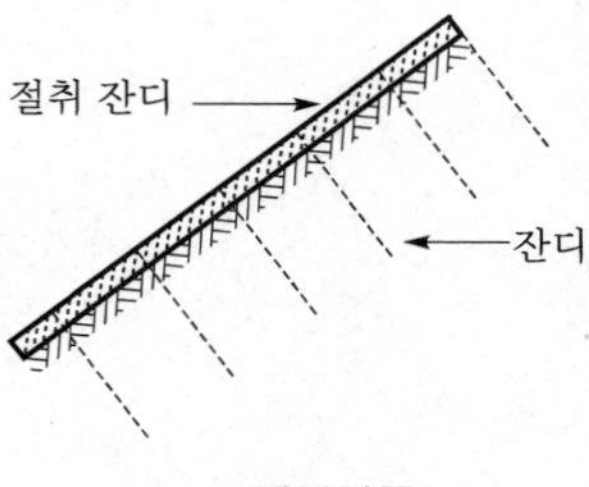

< 떼붙임공 >

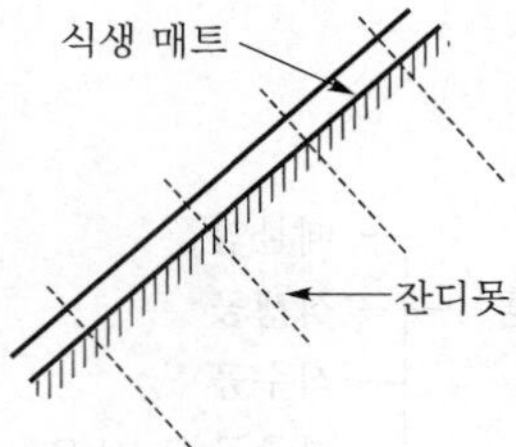

< 식생매트공 >

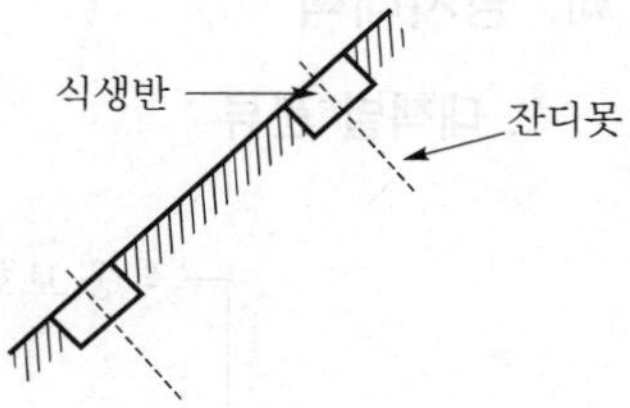

< 식생반공 >

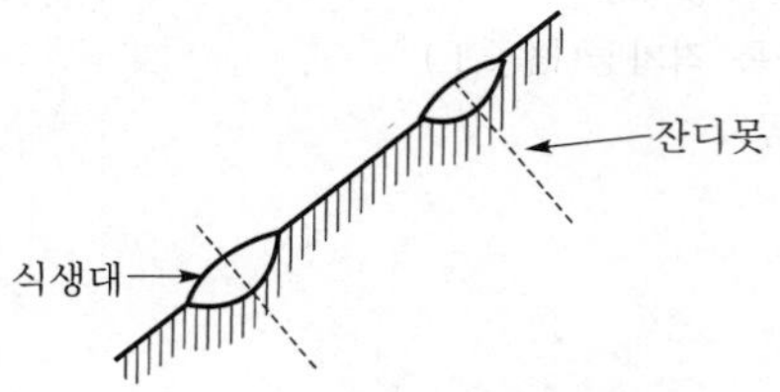

< 식생대공 >

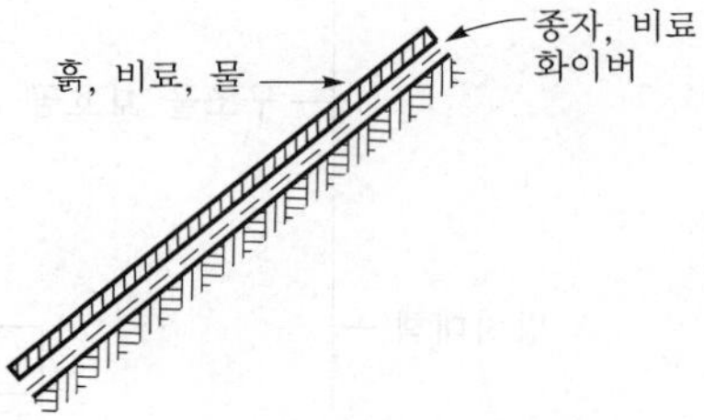

< 파종공 >

5) 돌붙임공, 블록붙임공

법면의 풍화, 침식방지를 목적으로 1 : 1.0 이상의 완구배로 점착력이 없는 토사 및 붕괴되기 쉬운 비탈면에 사용된다.

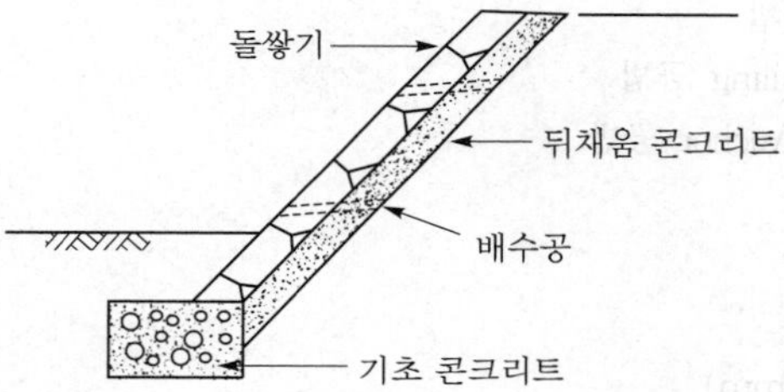

< 돌붙임공 >

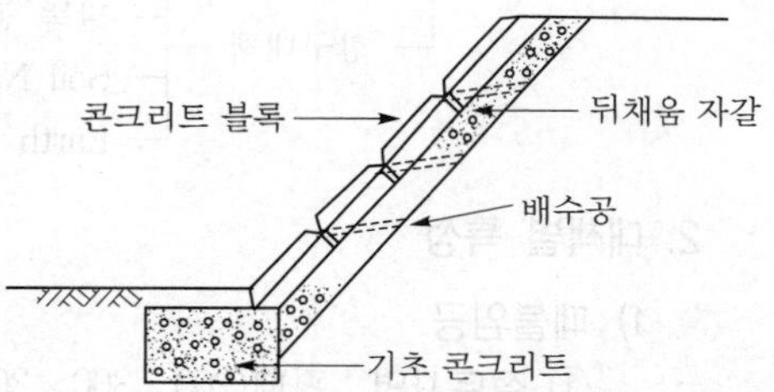

< 블록붙임공 >

6) 돌쌓기공, 블록쌓기공

비교적 급구배의 높은 비탈면 보호에 사용되며, 용수의 유무에 따라 메쌓기 또는 찰쌓기로 시공한다.

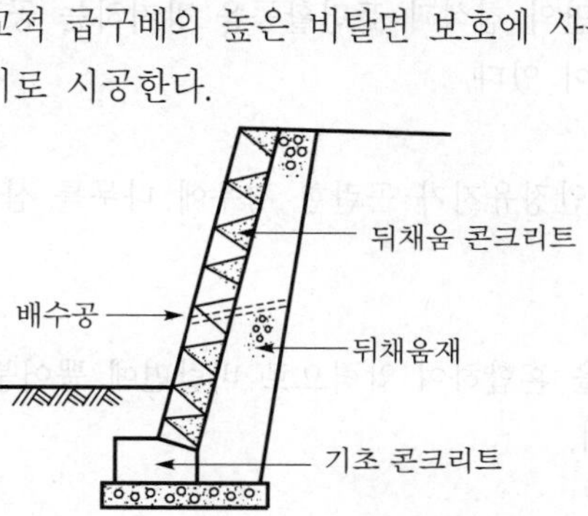

< 돌쌓기공 >

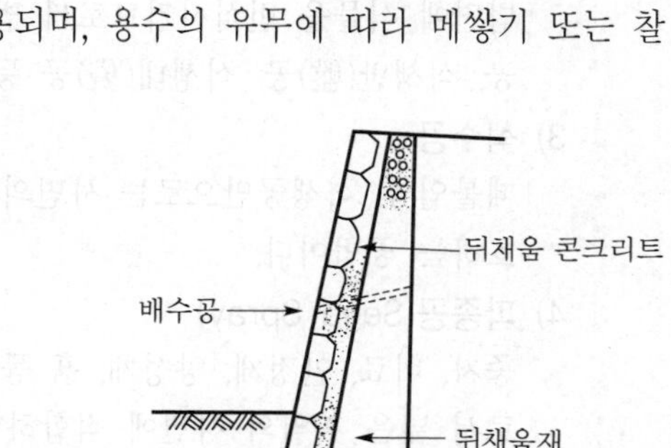

< 블록쌓기공 >

7) 콘크리트 블록 격자공(格子工)

용수가 있는 절토사면이나 표준구배보다 급한 성토사면 등에서 식생이 부적합할 때 사용되며, 1 : 1.0보다 완경사 법면에 적용된다.

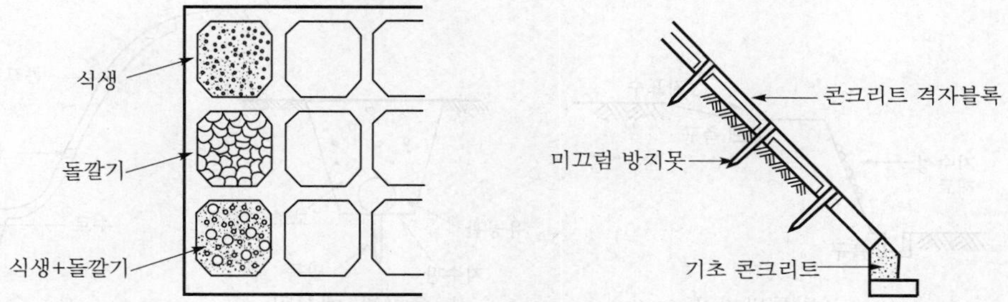

<콘크리트 블록 격자공>

8) 뿜어붙이기공

비탈면에 용수가 없고 큰 위험은 없으나 풍화되기 쉬운 암, 토사 등에서 식생이 곤란할 때에 시멘트 모르타르, 시멘트 콘크리트, 아스팔트 콘크리트 등을 압력으로 뿜어붙인다.

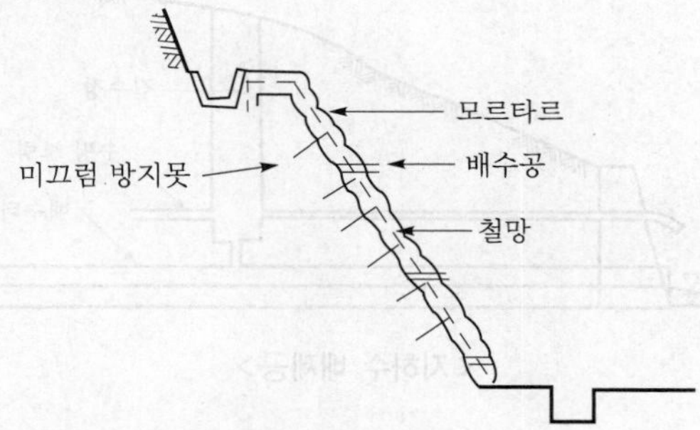

<뿜어붙이기공>

9) 편책공

식생에 의한 비탈면 보호후 식물이 충분히 발육하는 동안 비탈면의 토사유실을 방지하기 위해 나무말뚝으로 흙막이를 하는 공법이다.

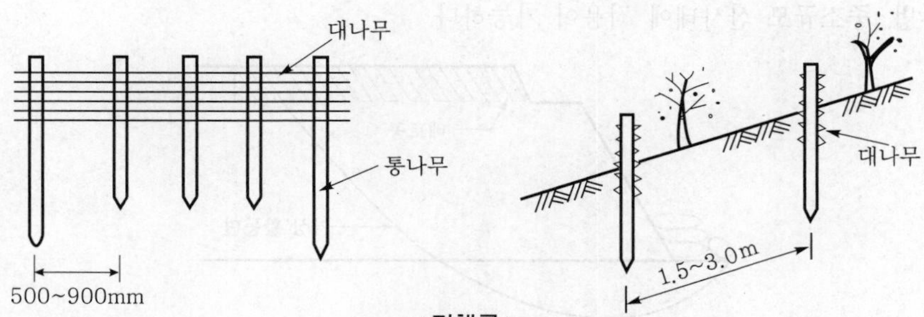

<편책공>

10) 지표수 배제공

사면내에 물이 침투하지 않도록 지표수를 집수하여 배제하거나 지수성 재료로서 지하수의 침투를 방지하는 공법으로서 수로공, 유공관 매설공, 침투방지공 등이 있다.

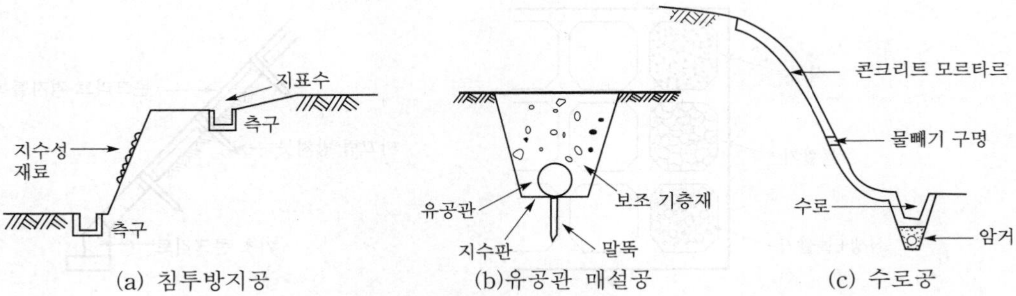

<지표수 배제공>

11) 지하수 배제공

지하수위를 저하시켜 간극수압의 상승을 방지하기 위한 공법으로서 수평 보링공, 집수정공, 배수터널공 등이 있다.

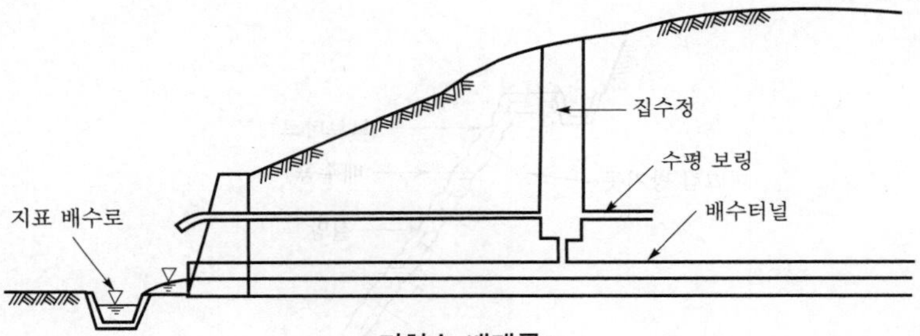

<지하수 배제공>

12) 지하수 차단공

약액을 주입 또는 지하 차수벽 설치 등으로 사면내에 유입하는 침투수를 차단시키는 공법이다.

13) 배토공

활동예상 토괴를 제거하여 활동 모멘트를 경감시키므로써 사면 안정을 도모하는 공법, 중소규모 산사태에 적용이 가능하다.

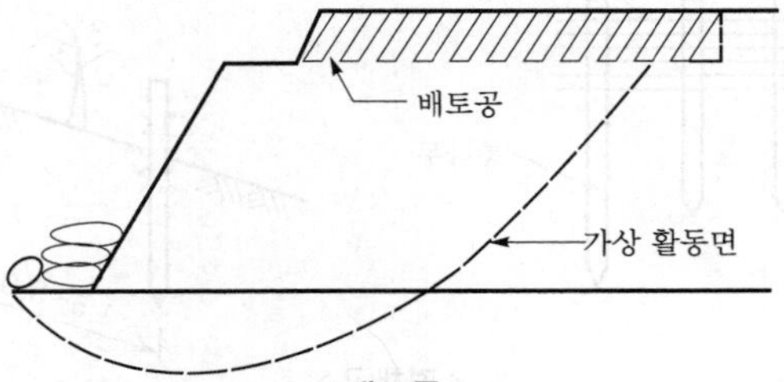

<배토공>

14) 압성토공

산사태가 우려되는 자연사면의 선단부에 압성토하여 활동에 대한 저항력을 증가시켜 주는 공법으로서 지하수위 상승에 유의하여야 한다.

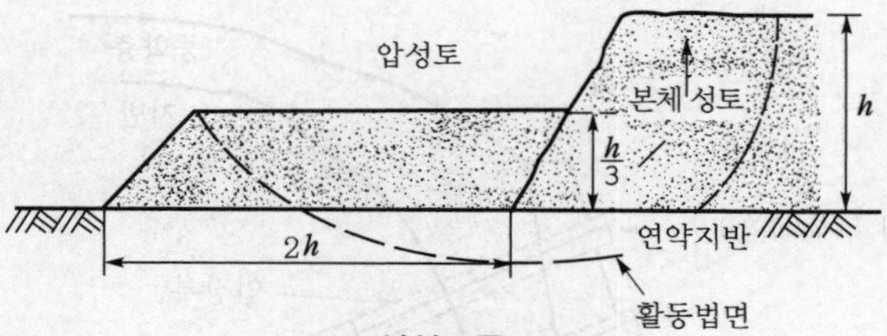

<압성토공>

15) 흙막이공

중소 규모의 비탈면 하단에 흙, 마대 등을 쌓아서 압성토와 같은 효과를 갖게 한다.

16) 옹벽공

성토를 하는 경우에 부지를 절약하거나 안정구배 이상의 절토를 한후 사면안정을 꾀하기 위해 설치한다.

17) 말뚝 공법

지표면에서 사면의 활동 토괴를 관통하여 부동지반까지 말뚝을 박아 사면의 활동을 억제시키는 공법이다.

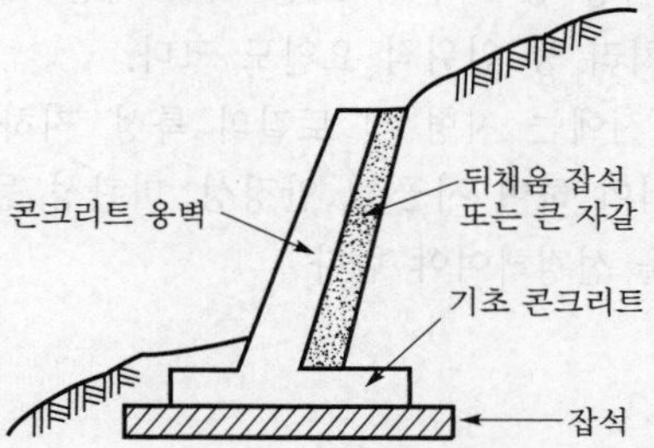

<절토부의 지지옹벽>

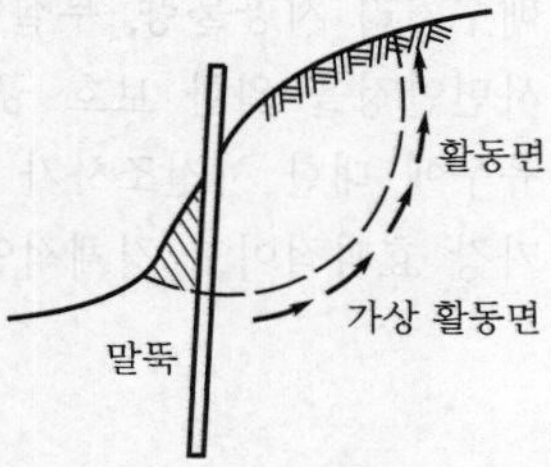

<말뚝 공법>

18) Soil Nailing 공법

비탈면에 강철봉을 타입해서 전단력과 인장력에 저항하도록 한 것으로 규모가 작고 활동면의 깊이가 깊지 않을 때 사용한다.

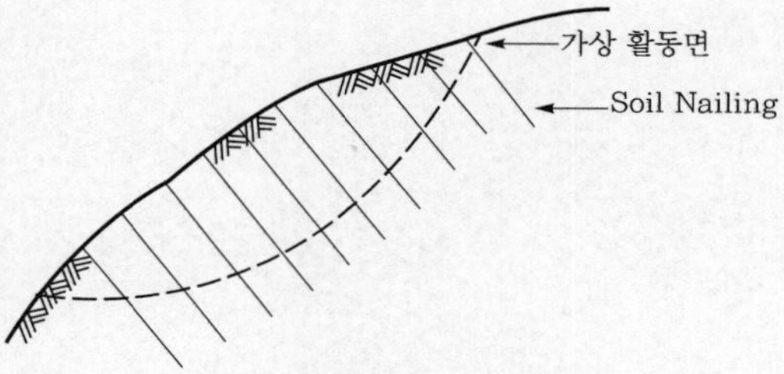

<Soil Nailing 공법>

19) Earth Anchor 공법

고강도 강재를 비탈면에 삽입하고, 그라우팅을 하여 지반에 정착시킨 후 Anchor 두부(頭部)에 인장력을 가하여 지반을 안정시키는 공법이다.

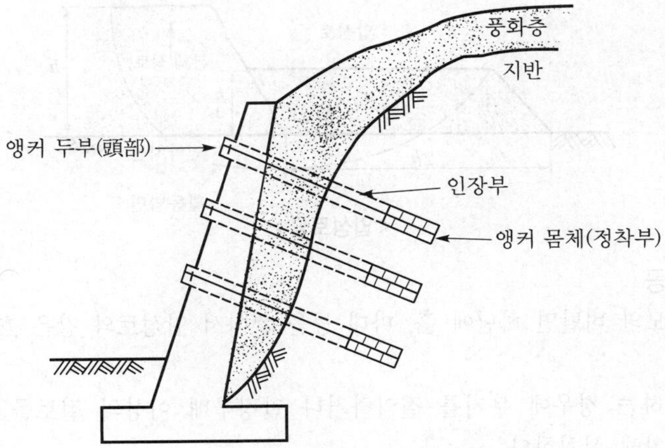

<벽면 앵커 공법>

Ⅷ. 결론

① 사면붕괴의 주원인으로서 지질, 기상 등 자연적 요인 외에 사용 재료의 부적정, 배수처리 시공불량, 부실한 법면처리 등 인위적 요인도 크다.

② 사면안정을 위한 보호 공법 선정시에는 지형 및 토질의 특성, 지하수위, 용수의 유무에 대한 사전조사가 선행되어야 하며 시공성, 안정성, 미관성 등을 고려하여 가장 효과적이고 경제적인 공법을 선정하여야 한다.

2 암반사면의 안정해석과 안정대책공법

Ⅰ. 개요

① 암반사면의 붕괴형태는 사면에 발달하고 있는 불연속면의 발달상태에 따라서 원형파괴, 평면파괴, 쐐기파괴, 전도파괴 등이 있다.

② 그러므로 암반사면의 사면안정 검토는 암석의 강도에 의해 하는 것보다는 불연속면의 발달상태를 조사하여 판단하여야 한다.

Ⅱ. 암반사면 파괴형태

1) 원형 파괴(Circular Failure)

불연속면이 불규칙하게 발달된 사면에서 발생

2) 평면 파괴(Plane Failure)

불연속면이 한 방향으로 발달된 사면에서 발생

3) 쐐기 파괴(Wedge Failure)

불연속면이 두 방향으로 발달하여 서로 교차되는 사면에서 발생

4) 전도 파괴(Toppling Failure)

절개면의 경사면과 불연속면의 경사방향이 반대인 사면에서 발생

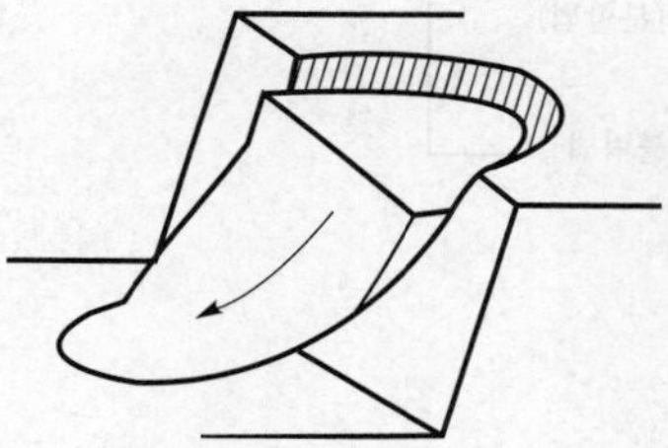

<원형 파괴>

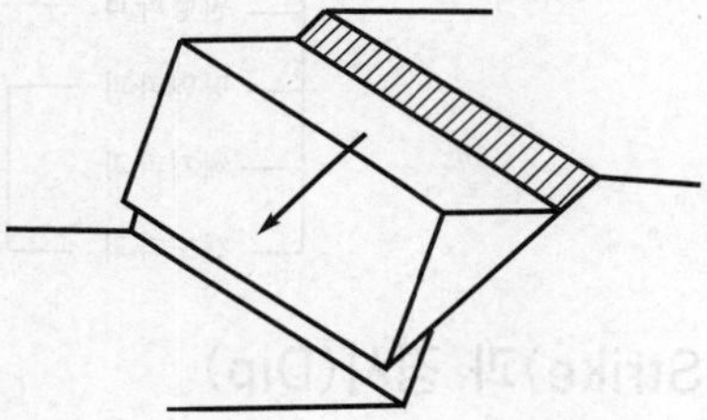

<평면 파괴>

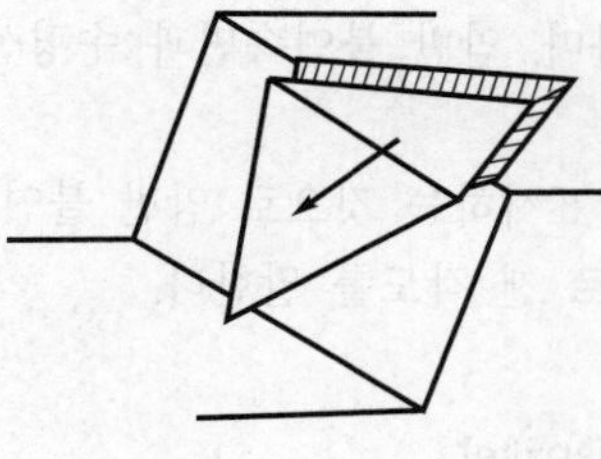

<쐐기 파괴>

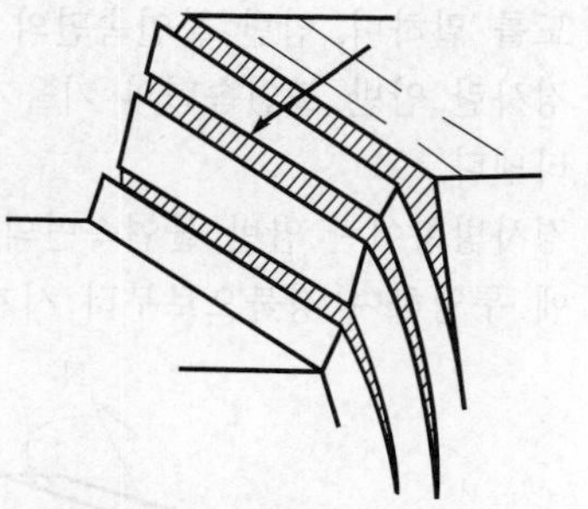

<전도 파괴>

Ⅲ. 암반사면 안정해석

1) 안정해석 순서

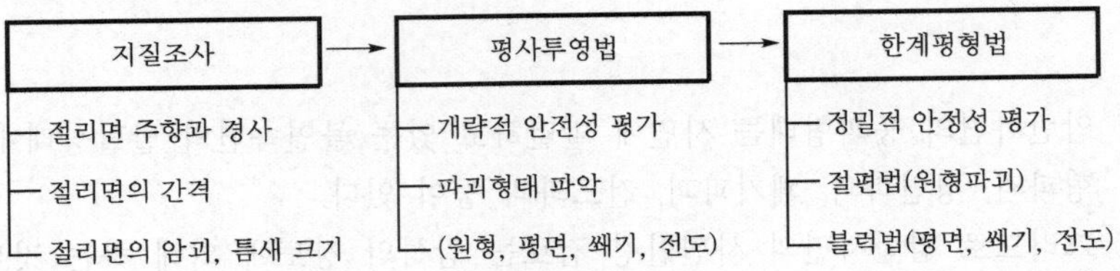

2) 안정해석

① 평사투영법은 주향과 경사로 암반사면의 파괴형태를 평가하는 정성적 해석법이다.

② 한계평형법은 평사투영법에 의하여 결정된 암반사면의 파괴형태를 이용하여 정량적으로 해석하는 방법이다.

③ 평사투영법에서 평가된 원형파괴는 한계평형법 중 절편법으로 안정해석하고 평면, 쐐기, 전도파괴는 한계평형법 중 블럭법으로 안정해석 한다.

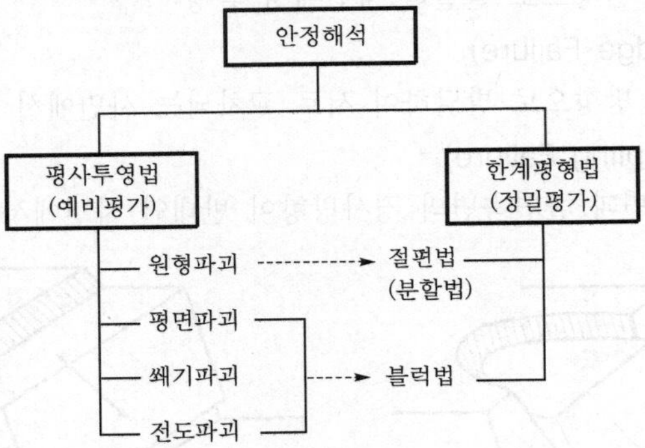

Ⅳ. 주향(Strike)과 경사(Dip)

1) 정의

① 주향이란 암반 불연속면의 진행방향 직선과 정북(正北)을 기준으로 하였을 때 각도를 말하며, 암반 불연속면의 방향을 나타낸다.

② 경사란 암반 불연속면의 기울기를 말하며, 암반 불연속면과 수평선의 각도를 나타낸다.

③ 경사방향이란 암반 불연속면의 방향을 표시하는 것으로 암반 불연속면을 수평면에 투영하여 정북으로부터 시계방향으로 잰 각도를 말한다.

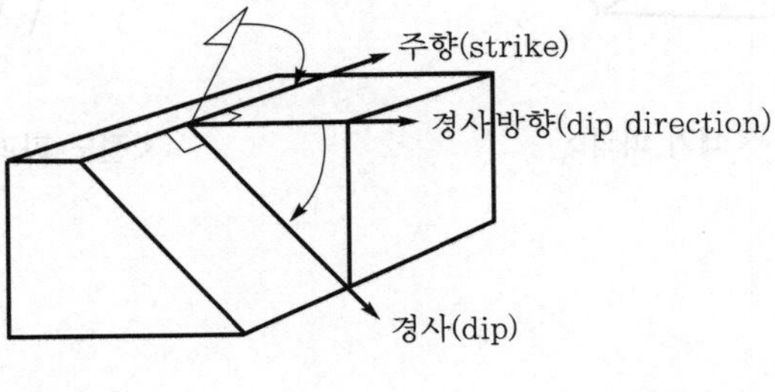

2) 측정방법

① 주향 ② 경사

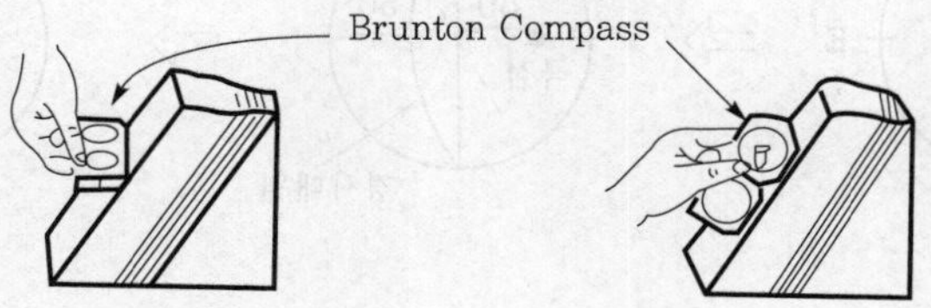

3) 표시방법

① 주향과 경사 : N30°E 50°SE, N30°W 50°SW

② 경사방향과 경사 : 120°/50°, 240°/50°

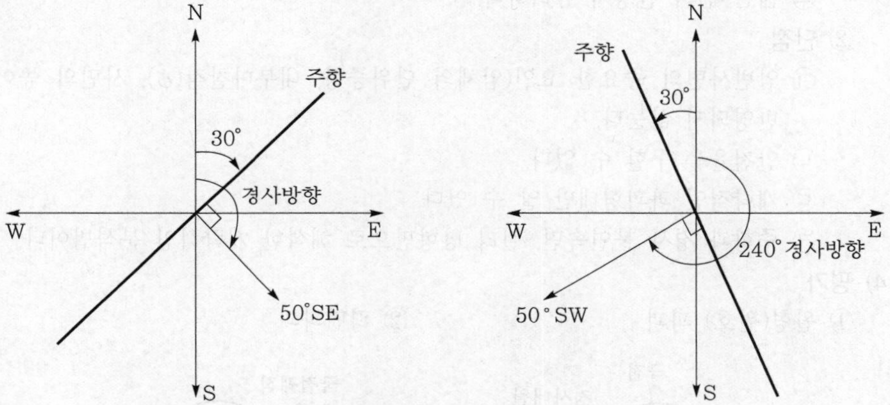

V. 평사투영법(Stereographic Projection)

1) 정의

① 평사투영법이란 암반 불연속면의 주향과 경사를 측정하여 Net에 불연속면의 극점을 투영하여 불연속면을 입체적으로 파악하고, 마찰원과 비교하여 암반사면의 안정성을 정성적으로 예비 검토하여 방법을 말한다.

② 투영된 불연속면의 극점의 밀도분포로 암반사면의 파괴형태를 분류한다.

2) 작도방법

① 암반 불연속면의 주향과 경사(N30°E, 50°SE) 측정

② 주향선 작도

③ 주향선을 원점으로 이동

④ 극점 및 경사대원 작도

⑤ 전도파괴 영향선 작도

⑥ 주향선 원상태로 이동

⑦ 극점 궤적 작도

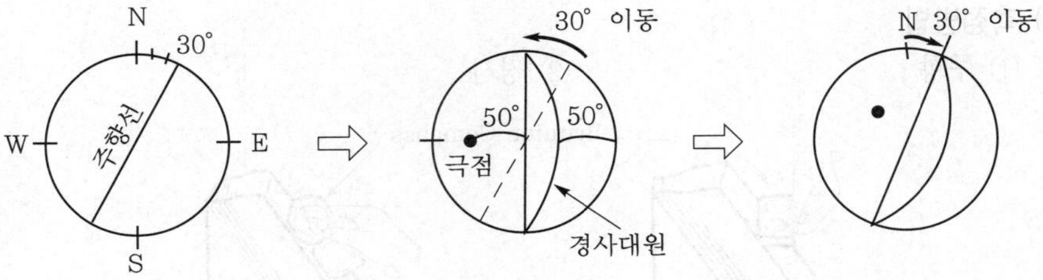

3) 장·단점

① 장점

㉠ 현장에서 암반의 주향과 경사를 조사하여 비교적 손쉽게 사면의 안정성 여부를 예비판정할 수 있다.

㉡ 넓은 면의 판정시 유리하다.

② 단점

㉠ 암반사면의 중요한 요인(암체의 단위중량, 내부마찰각(ϕ), 사면의 높이)들이 반영되지 않는다.

㉡ 안전율을 구할 수 없다.

㉢ 개략적인 파괴형태만 알 수 있다.

㉣ 주향과 경사 불연속면, 절리 방향만으로 해석한 개략적인 분석법이다.

4) 평가

① 원형(원호) 파괴

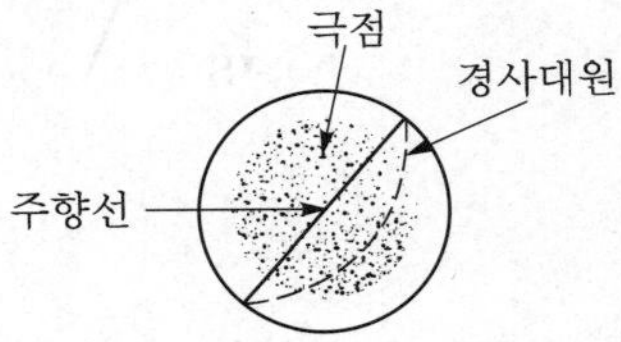

② 평면파괴

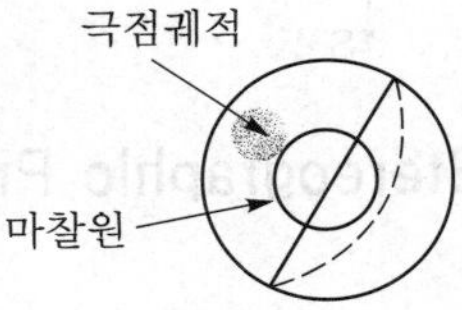

③ 쐐기파괴

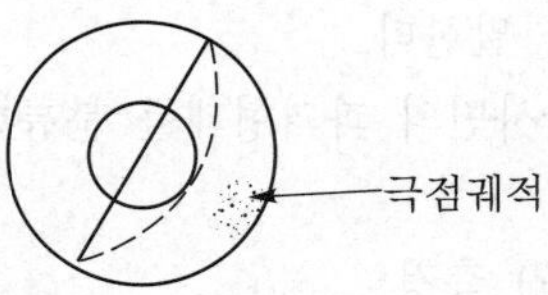

④ 전도파괴

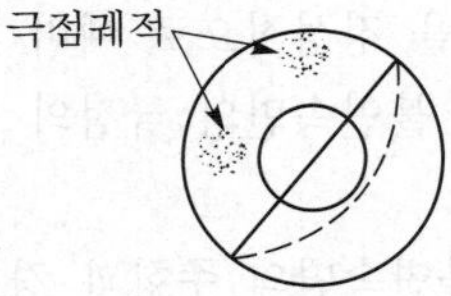

5) 평사투영법과 한계평형법의 비교

구분	평사투영법	한계평형법
개요	개략적 해석(예비판정)	정밀 해석(평사투영법 결과 위험부위)
해석시 적용 요소	절취면의 주향, 경사, 암반의 내부 마찰각(ϕ)	암체의 단위중량, 점착력(C), 내부마찰각(ϕ), 지하수압(간극수압), 사면의 높이

① 평사투영법(개략적 해석) : 지표 조사결과 위험한 암반지점의 개략적인 사면안정 해석

② 한계평형법(정밀 해석) : 평사투영 결과 위험판정 부위의 정밀 사면안정 해석

Ⅵ. 한계평형법

1) 정의

활동면상의 사면안전율을 활동력과 저항력비로 나타내어 평가하는 방법

2) 절편법(분할법)

① 평사투영법에서 원형파괴로 판정된 암반사면 안정 해석법

② $F_s = \frac{M_r}{M_d} = \frac{W\cos\alpha\tan\phi}{W\sin\alpha}$

여기서, W : 절편중량(t/m), α : 파괴면 각도(°)
ϕ : 전단저항각(°), T : 저항력(t/m)
N : 파괴면의 수직력(t/m)

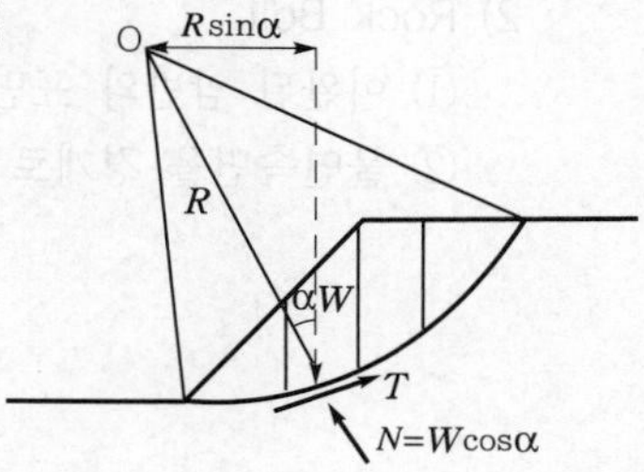

③ Bishop 방법 : 장기안정 해석에 쓰이며, 복잡한 방법이긴 하지만 비교적 실제에 근접하는 안전율이 구해진다.

④ Fellenius 방법 : 단기안정 해석에 쓰이며, Bishop 방법보다 간편하여 많이 사용된다.

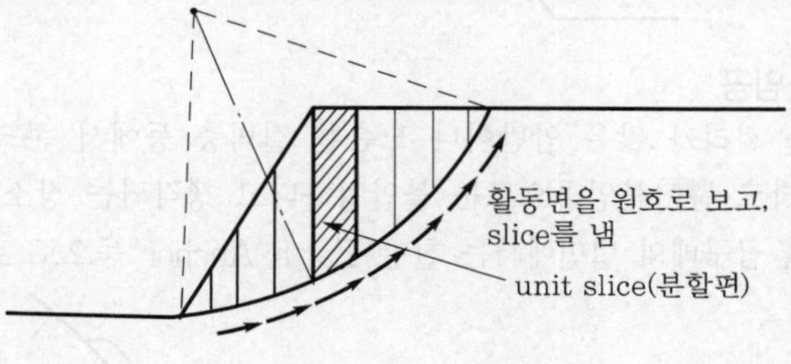

3) 블록법

① 평사투영법에서 평면, 쐐기, 전도 파괴로 판정된 암반사면 안정 해석법

② $F_s = \frac{T}{\tau} = \frac{W\cos\alpha\tan\phi}{W\sin\alpha}$

여기서, T : 저항력(t/m), τ : 활동력(t/m)

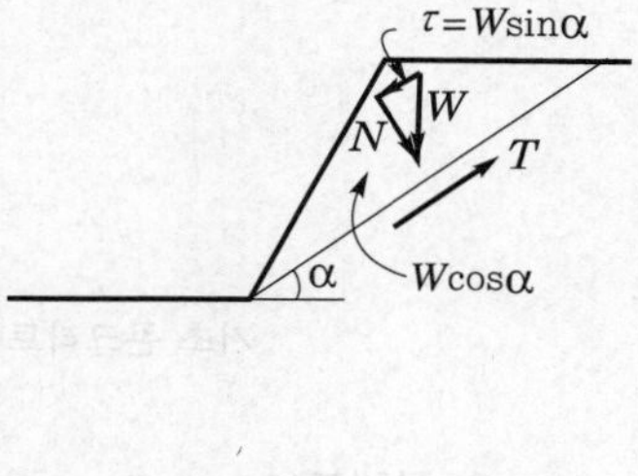

Ⅶ. 안정대책 공법

1) Rock Anchor

① 경암 또는 연암의 법면에서 암반에 절리 등이 있어 붕괴염려가 있을 때 불안정한 암반을 견고한 심층부에 Anchor로 고정시키는 방법이다.

② 안정을 높이기 위해 옹벽, 말뚝공, 현장타설 콘크리트 격자공 등 타 공법과 병용하는 경우가 많다.

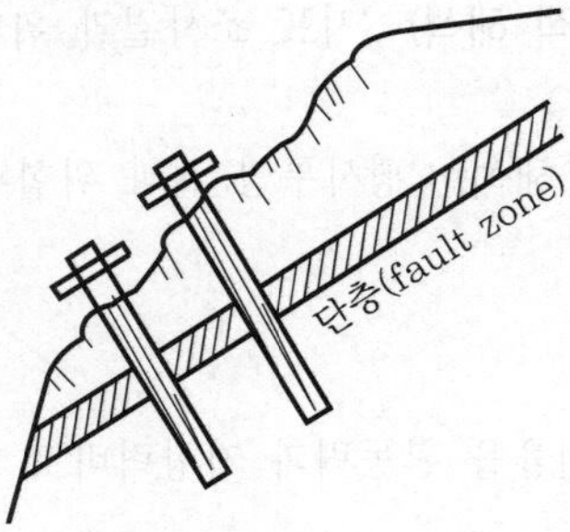

2) Rock Bolt

① 이완된 암반의 표면을 깊은 곳의 견고한 암반층에 Bolt로 고정시키는 방법이다.

② 불연속면을 경계로 한 여러 층을 일체화해서 강도를 증가시킨다.

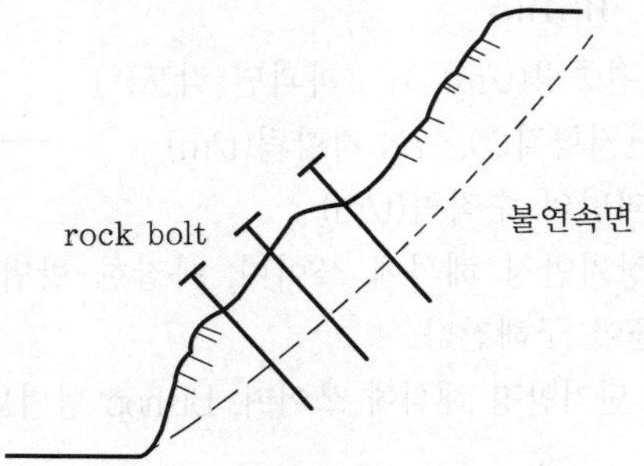

3) 콘크리트 붙임공

① 균열이나 절리가 많은 암반이나 느슨한 절벽층 등에서 콘크리트 블록 격자공이나 모르타르 뿜어붙임공으로는 불안정하다고 생각되는 장소에 사용한다.

② 무한사면, 급구배의 법면에서는 철망, Earth Anchor 등으로 보강하는 경우도 있다.

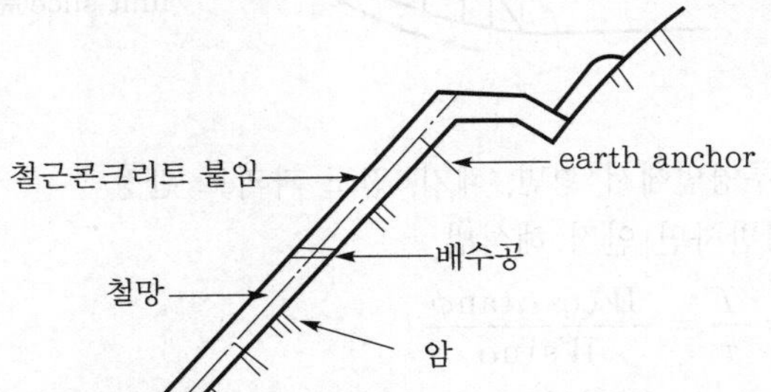

4) 철책공(Steel Fence)

① 도로의 인접지 등에서 소규모 붕괴 또는 낙석의 우려가 있는 곳에 사용한다.

② 토사를 수반한 붕괴 예상지에서는 사면 하단부에는 콘크리트 옹벽을 설치한 후 그 상부는 지주와 철망으로 보호한다.

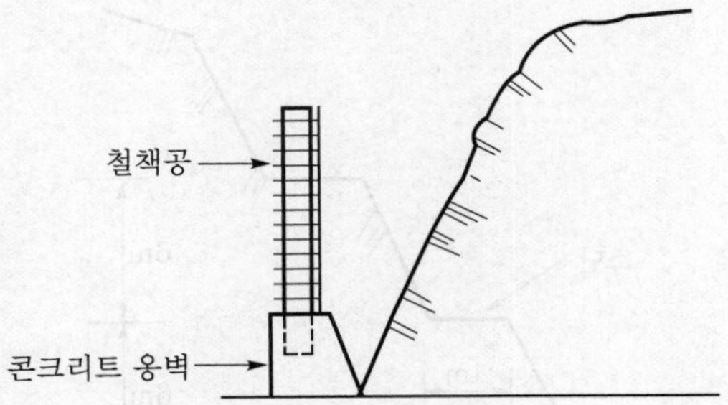

5) 옹벽공

① 암벽으로부터 거의 이탈상태에 있는 단일암괴를 안정화시키는 데에만 한정적으로 쓰인다.

② 굴착에 따른 전도, 활동, 지지력에 대한 안정검토를 해야 한다.

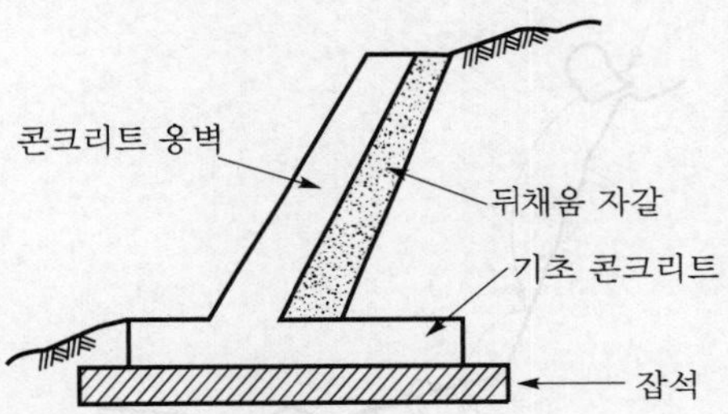

<절토부의 지지옹벽>

6) 사면구배 및 높이 감소

① 불연속면에서의 활동파괴가 예상되는 경우 사면높이의 감소 또는 사면구배의 완화로 사면의 안정을 도모하는 공법이다.

② 사면구배의 완화시 불안정한 물체를 제거할 경우에는 압성토 및 배수 공법을 병용하는 것이 안전하다.

7) 배수 공법

① 절리내에 있는 간극수의 수위를 저하시키는 공법으로서 지표수처리 공법과 지하수배제 공법이 있다.

② 지표수처리 공법으로서는 사면내 고인 물처리, 사면의 면정리, 사면 정상부의 표면 Grouting 등이 있으며, 지하수처리 공법에는 집수정, 배수터널 설치 등이 있다.

8) 소단 설치

① 암사면의 안정을 위해 충분한 넓이의 소단을 설치한다(높이 6m마다 폭 1m).

② 낙석 차단 울타리나 망을 설치했을 경우는 소단폭을 줄일 수 있다.

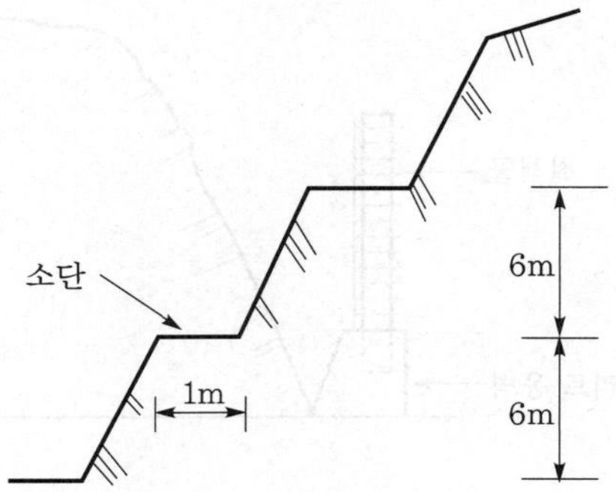

9) 충격흡수 구조물 설치

낙석에 의한 충격에너지를 흡수할 수 있는 장애물로서 도랑(ditch), 방공호(shelter) 등이 있다.

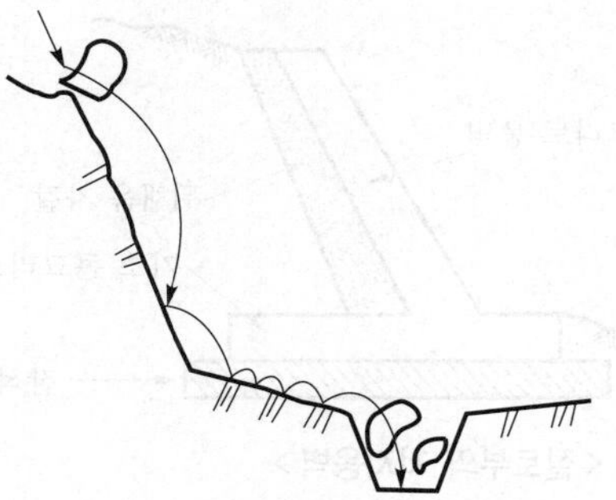

< 사면 하단부에 설치한 도랑(ditch)의 예 >

10) 낙석방지망 공법

① 경암의 절토법면 또는 식생공을 행한 연암의 절토법면에서 낙석의 우려가 있는 장소에서 사용된다.

② 낙석 방지망은 용도에 의해 비포켓식, 포켓식으로 구분한다.

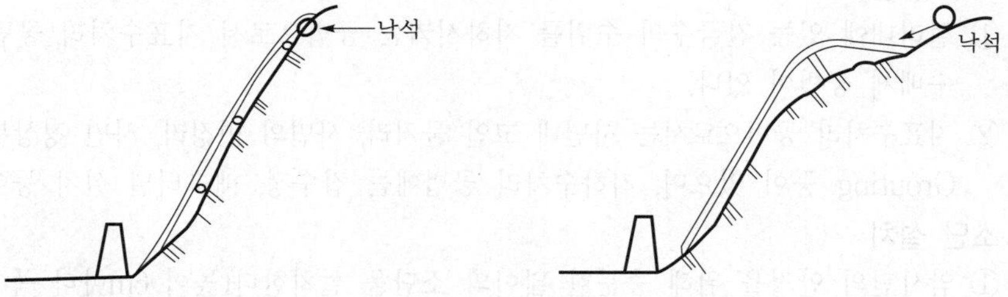

< 낙석방지망 공법 >

11) 낙석복 공법

① 낙석의 규모가 크고 사면이 급한 경우 강재나 철근콘크리트 등으로 도로를 터널 상으로 둘러싸아 낙석이 노면에 직접 낙하하는 것을 방지하는 공법이다.

② 강재는 비교적 작은 암편의 낙하방지에, 철근콘크리트는 대규모의 낙석이 우려되는 장소에 적용한다.

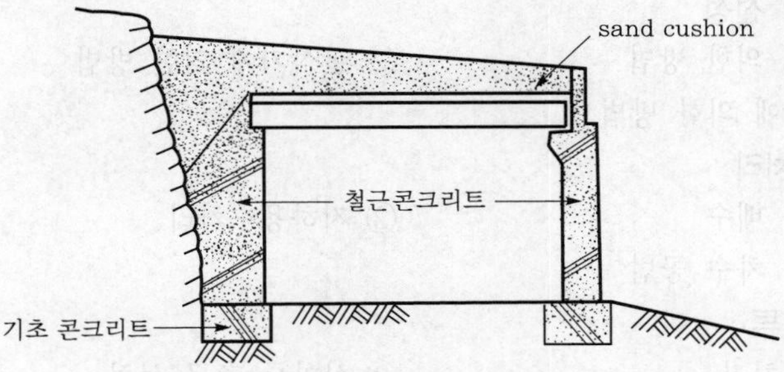

<철근 콘크리트 낙석복 공법의 예>

Ⅷ. 공사관리

1) 주변 구조물 파악
   ① 송신탑, 전신주, 기계설비, 묘지 등 인근 구조물 조사
   ② 통신 케이블 매립 위치, 상하수도 통과 여부 등

2) 시추 지질조사
   ① 암반구성 파악　② 지하수상태 파악
   ③ 토질 주상도 작성　④ RQD 측정

3) 판정기준
   ① RQD에 의한 방법　② RMR에 의한 방법
   ③ 탄성파에 의한 방법　④ 균열절리에 의한 방법
   ⑤ 풍화도에 의한 방법

4) 최적 절취 구배 선정
   ① 절취높이에 따른 구배　② 암반상태에 따른 구배

5) 보강대책
   ① 불량 사면 보강대책 수립　② 암반 사면 현황도 작성
   ③ 현장상태에 맞는 공법선정

6) 시공상태 확인
   ① 절토면 정리 상태　② 지하수처리
   ③ 구배, 소단 시공상태

7) 계측
   ① 사면, 변위 계측　② 지하수 변화 계측
   ③ 인근 구조물 변위 계측

Ⅸ. 시공시 유의사항

1) 사전조사
   ① 암질, 암석분포, 풍화정도 등 조사

② 사면길이, 절토량
③ 균열, 절리, 지하수상태 등

2) 절취 공법 선정
① 발파에 의한 방법 ② 굴삭기에 의한 방법
③ Ripper에 의한 방법

3) 지하용수처리
① 지하수 배수 ② 지하용수처리
③ 지하수 차수 공법

4) 지표수 침투
① 지표수처리 ② 산마루 측구 설치
② 소단 설치

5) 부석처리
① 뜬돌 제거 ② 소규모 부석은 제거
③ 규모가 큰 암반은 Rock Bolt 이용지지

6) 계측관리
① 사면활동 여부 ② 지하수 변화 계측
③ 지반이상 변화 측정

7) 낙석방지망 설치
① 예기치 않은 부석에 대한 사고방지 목적
② 낙석방지 선반 설치
③ 낙석방지망 및 방지구대 설치

8) 암반상태 파악
① 단층, 파쇄대 위치 파악
② 풍화정도 파악
③ 암반에 따른 구배 설정

9) 소단설치
① 사면길이가 긴 경우 중간소단 설치
② 설치간격, 설치폭은 시방규정에 맞게
③ 외관을 고려하여 시공

Ⅹ. 결론

① 암반 절취사면의 합리적 안정성 해석에 있어서 암반내 불연속면(절리, 단층)의 방향, 연속성, 굴곡도, 틈새 벌어진 정도, 지하수 발달상태, 식생상태, 암괴의 크기, 모양 등이 종합적으로 고려되어져야 한다.

② 암사면의 보강 공법 선정시에는 주변 여건을 고려하여 보강목적에 부합되는 가장 경제적이고, 시공성이 있는 공법을 선택해야 한다.

3 절·성토 비탈면의 점검시설

Ⅰ. 개요

① 비탈면 점검시설이란 절토, 성토 시공 비탈면의 정기적인 점검과 점검자의 안전사고 예방을 위하여 설치하는 구조물을 말한다.

② 최근 절·성토 비탈면에서 여러 가지 요인에 의해서 낙석 및 붕괴 사고가 잇따르고 있는 실정인데 비탈면의 안전점검과 유지·관리를 통하여 재해발생을 사전에 예방하여야 한다.

③ 붕괴가 예상되는 비탈사면에는 사고발생 방지를 위한 점검시설 설치를 의무화하여 대규모 사고발생을 방지하는 것이 무엇보다 중요하다.

Ⅱ. 설치기준

① 20m 이상의 절·성토 사면
② 정기적인 점검이 요구되는 사면
③ 구성토질이 불량한 사면
④ 토사 및 리핑암 구간은 중앙부에 설치
⑤ 발파암 구간은 좌우측에 설치

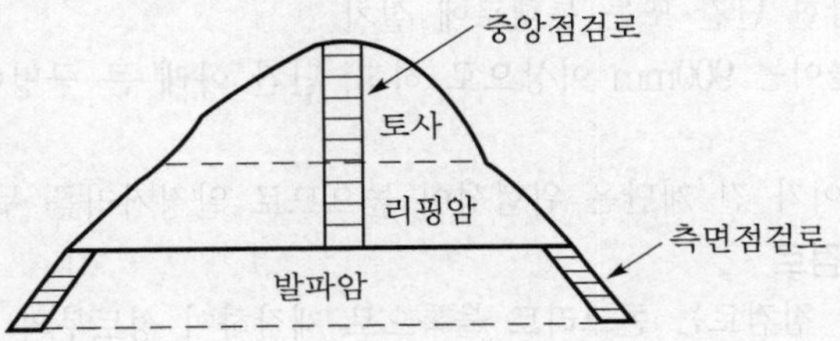

Ⅲ. 점검시설 설치의 중요성

1) 사면 정기점검
절토, 성토 사면의 정기적인 점검 활동

2) 변형 확인
① 사면의 이상 징후에 대한 확인 작업
② 균열 및 탈락 등에 대한 확인 및 응급 조치

3) 점검자의 안전확보
① 토사 또는 암반 사면을 점검하는 점검자의 안전확보 및 면밀한 점검
② 점검자의 긴장감 해소로 점검의 정확성 유지

4) 점검체제 확립
안전시설 확보로 수시점검 및 상태확인의 용이함

5) 연속적인 점검 자료 확보
① 점검시설을 이용한 위치 결정
② 부여된 위치에 대한 연속자료 확보
③ 연속자료 수집에 따른 사면 거동 파악

Ⅳ. 설치시 유의사항

1) 설치위치

① 토사 및 리핑암 절토부에는 점검시설을 사면 중앙부에 설치한다.

② 발파암 절취부에는 측면에 점검시설을 설치한다.

2) 점검시설의 경사

점검로 설치는 점검작업을 안전하게 할 수 있게 급경사는 피하고, 완만하게 설치한다.

3) 사용재료

① 점검시설은 부식방지 목적으로 아연도금 재료를 사용한다.

② 점검시설의 발판은 미끄러지지 않는 무늬철판 사용

③ 난간과 지주는 아연도 강관을 사용

4) 견고한 설치

① 앵커볼트를 이용한 점검시설을 고정한다.

② 앵커볼트는 점검시설을 충분히 지지할 수 있는 구조여야 한다.

③ 흙에 접하는 앵커볼트는 방식처리와 배수가 원활히 되게 한다.

5) 난간설치

① 점검자의 안전보행

② 경사가 급한 난간 또는 통행로에 설치

③ 난간의 높이는 900mm 이상으로 하고, 난간 아래 큰 구멍이 없는 구조

6) 소단설치

연속되는 길이가 긴 계단은 위험성이 높으므로 일정거리를 두고 소단 설치

7) 성토부의 점검로

성토부에서의 점검로는 콘크리트 블록으로 제작하여 성토부의 도수로 옆에 설치한다.

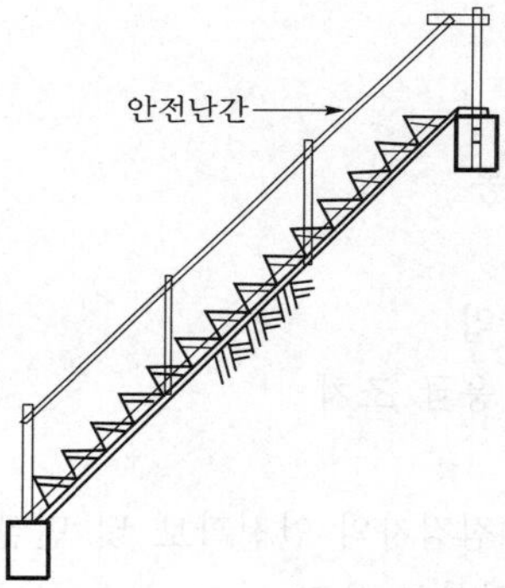

<안전난간>

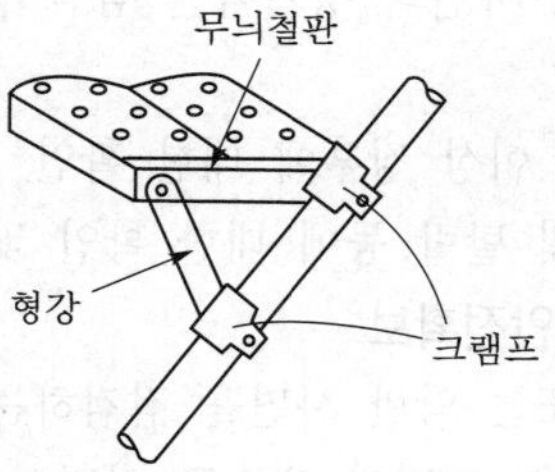

<점검로 계단>

Ⅴ. 결론

① 절·성토 비탈면에서의 점검시설은 비탈면의 이상 유무 확인 및 정기 점검을 목적으로 설치되며, 구조상 강도 및 내구성을 가지는 구조물이어야 한다.

② 점검시설은 비탈면 점검시 점검자의 안전을 도모하고 점검체계 확립을 위하여 경사가 급하고, 비탈면의 길이가 규정 이상이 되는 비탈면에 설치된다.

4 토석류

Ⅰ. 개요

① 토석류(Debris Flow)란 급경사 사면 계곡부에 집중호우시 대량의 토사가 강우와 함께 급속하게 계곡을 유하하는 것을 말한다.

② 토석류에는 집중호우시 계곡 주변의 사면침식토사가 하상퇴적물과 함께 발생하는 붕괴형 토석류와 하상퇴적물이 계곡류를 일시적으로 막은 후에 일시적으로 유하하는 물에 의해 발생하는 퇴적형 토석류가 있다.

Ⅱ. 특징

① 토석류의 유하속도가 매우 빠르다.

② 토석류 선두에는 큰 돌과 유목 등이 유하한다.

③ 사면재해의 발생규모가 크다.

④ 강우강도가 큰 지역의 급경사 사면 및 계곡부에서 많이 발생한다.

Ⅲ. 원인

1) 빠른 유하속도

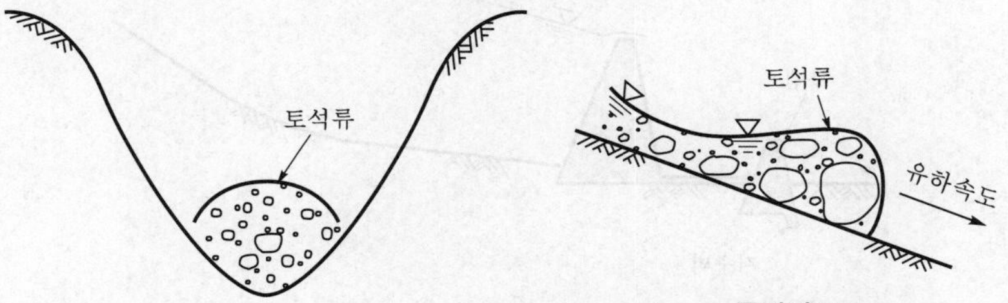

<횡단면도> <종단면도>

① 유하속도($V=5\sim20\mathrm{m/s}$)가 매우 빠르다.

② 유하속도로 인한 피해의 규모가 큼.

2) 큰 돌의 유하

① 토석류의 선두에는 큰 돌과 유목 등이 유하

② 큰 돌의 파괴력으로 피해규모 확대

③ 가옥 및 각종 구조물 피해 발생

3) 급경사 지역에 발생

① 강우강도가 큰 지역의 급경사 사면에서 발생

② 계곡부 등에서 발생하여 인명피해 발생

4) 발생규모가 큼

① 유하속도가 빠르므로 주변지반에 대한 영향이 큼

② 발생규모가 크므로 피해규모가 광범위함.

5) 대처 곤란(계곡의 경우)

여름철 집중호우로 인해 계곡에서 발생할 가능성이 높으므로 유의해야 함

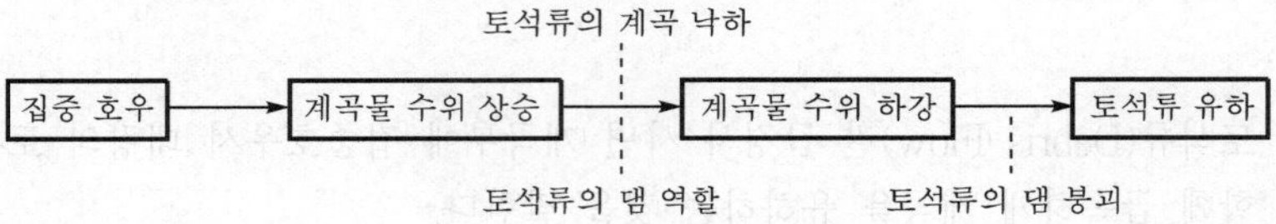

Ⅳ. 대책

1) 사면보호공으로 사면침식 방지

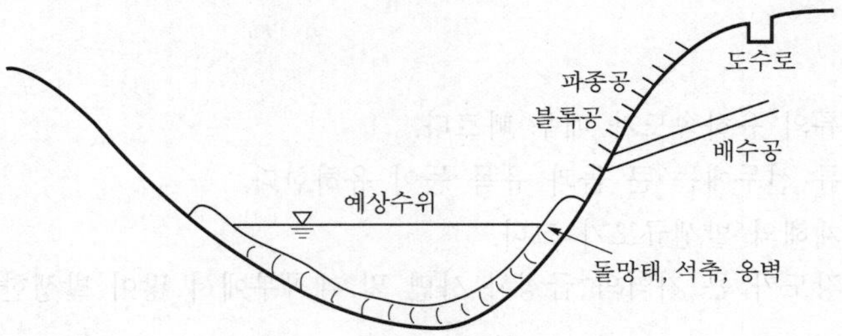

2) 사방댐으로 유하속도 저하

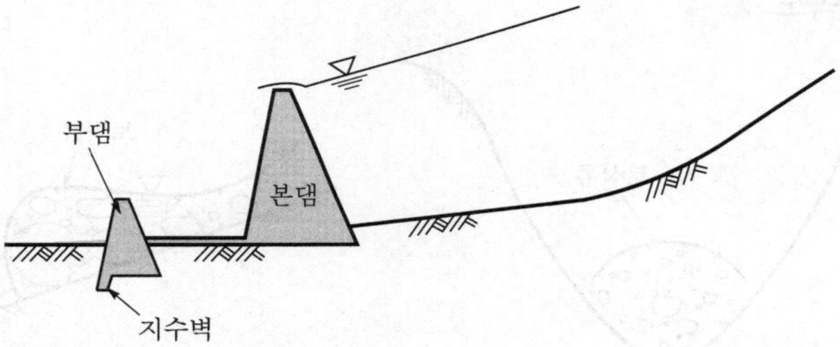

3) 재해예방 System 정비

① 집중호우시 위험지역의 정비

② 위험지역에 대한 경고 System 완비

③ 위험지역의 근교에 대피장소 마련

Ⅴ. 결론

토석류 산사태에 대한 피해는 여름철 계곡 주위에서 발생하여 많은 인명피해가 발생한 바 있으므로 철저한 방재 System을 통하여 피해를 최소화하여야 하며, 특히 인명피해가 발생하지 않도록 노력하여야 한다.

5 사면거동 예측방법

Ⅰ. 개요

① 사면재해를 사전에 예측하기 위해서는 사면재해가 발생하는 지반의 움직임을 관찰하고 이를 유발하는 원인들간의 연관성을 규명하려는 연구가 필요하다.

② 사면재해는 사면에 분포하는 연약면을 따라 발생하는 경우가 많으며, 연약면에서 발생하는 사면의 변형 및 붕괴 등의 운동형태에 대하여 계측관리한다.

③ 사면거동을 예측하기 위해서는 통상적으로 지표면과 지중에 각종 계측기를 설치하여 조사지역의 지질 및 지형을 조사하며, 지질구조를 확인하여 우선적으로 지표면의 이동을 계측한다.

Ⅱ. 사면붕괴 사전예측 System(사면거동 예측방법)

1) 사면감시 System 구축

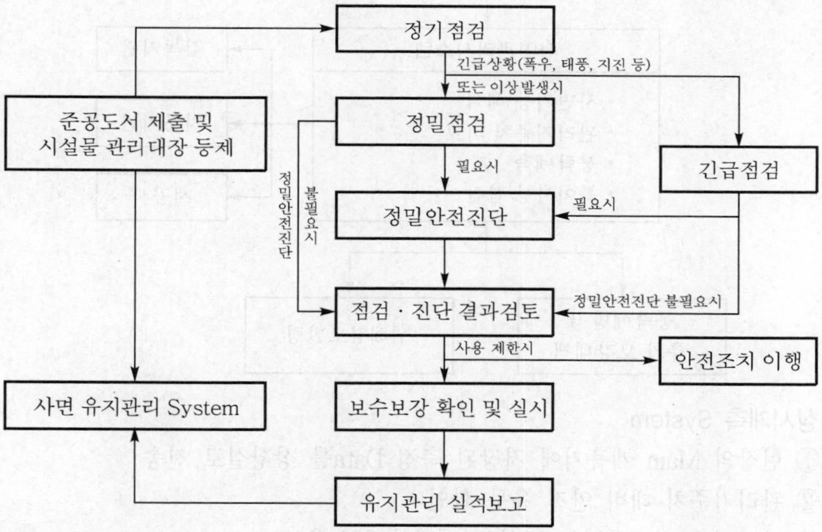

사면감시 System을 통한 사면 유지관리 시행

2) 강우량 기준

① 사면붕괴는 강우량에 크게 의존

② 사면붕괴는 거의 호우시 발생

③ 호우재해는 호우가 시작된 후 수시간 내의 대응이 중요

3) 자동계측 System

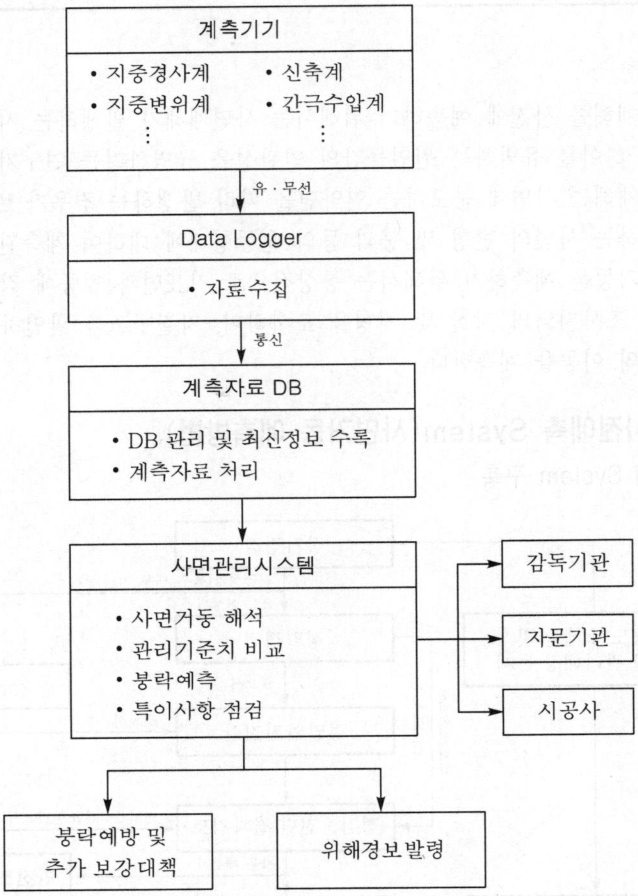

4) 상시계측 System

① 현장의 Main 계측기에 저장된 측정 Data를 상황실로 전송

② 관리기준치 대비 안전 유무 확인

③ 사면재해 경보발령으로 인근 피해의 최소화

④ 계측항목

사면거동	계측항목
사면활동 및 횡변위 발생	지중경사계, TDR(Time Domain Reflectometry ; 토양 수분 측정법)
억지말뚝, 띠장, 버팀보 변형	변형률계, 하중계
버팀보, 앵커 거동	변형률계, 하중계
지하수위 상승	지하수위계

⑤ 계측관리 수준

관리 수준	대응 체제
통상 수준	일상적 시공관리 체제
주의 수준	관찰 · 계측의 강화, 계측빈도의 증가, 주변조사, 대책공의 검토, 관리기준치의 재고
경계 수준	시공중단, 관찰 · 계측의 강화, 계측빈도의 증가, 응급대책, 대책공의 재고
대피 수준	시공중지, 대피 · 통행정지, 경계체제

Ⅲ. 사면붕괴시 조치사항

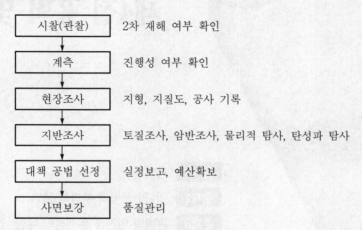

시찰(관찰)	2차 재해 여부 확인
↓ 계측	진행성 여부 확인
↓ 현장조사	지형, 지질도, 공사 기록
↓ 지반조사	토질조사, 암반조사, 물리적 탐사, 탄성파 탐사
↓ 대책 공법 선정	실정보고, 예산확보
↓ 사면보강	품질관리

Ⅳ. 결론

① 상시 또는 자동 계측 System은 지반변위를 실시간 자동으로 측정함으로써 사면재해의 발생전에 도로차단, 주민대피, 경고발령 등의 조치를 취할 수 있다.

② 적절한 보호 및 보강 공법의 시공이 곤란한 사면에는 사면재해를 사전에 예측하고 피해를 예방하기 위한 실시간 계측이 필요하다.

제1장 토 공

제4절 옹벽 및 보강토

- 문제1 옹벽
- 문제2 역T형 옹벽과 부벽식 옹벽
- 문제3 옹벽의 안전상 문제점의 유형, 원인 및 대책
- 문제4 우기시 옹벽 붕괴원인 및 배수처리방법
- 문제5 보강토 옹벽
- 문제6 Gabion 옹벽
- 문제7 석축(축대) 붕괴원인 및 대책

옹벽 및 보강토 과년도 문제

1	1. 정지토압 [95중, 20점] 2. 연성벽체(흙막이벽)와 강성벽체(옹벽)의 토압분포에 대하여 설명하시오. [14중, 25점]
2	3. 역T형 옹벽과 부벽식 옹벽의 설계 및 시공상의 특징을 비교 설명하시오. [95중, 33점] 4. T형 옹벽과 부벽식 옹벽의 단면도에 주철근을 표시하고, 직립단면에 대하여는 주철근의 전개도를 그리시오. [95후, 25점] 5. 역T형 옹벽의 주철근, 부철근, 배력철근을 표시하고, 기능을 설명하시오. [00중, 25점] 6. 부벽식 옹벽의 주철근 배근방법과 시공시 유의사항을 기술하시오. [02전, 25점] 7. 뒷부벽식 옹벽에서 벽체와 부벽의 주철근 배근 개략도를 그리고 설명하시오. [10중, 25점] 8. 뒷부벽식 교대의 개략적인 주철근 배치도를 작성하고, 구조의 특징 및 시공시 유의사항에 대하여 설명하시오. [14전, 25점]
3	9. 옹벽의 안정 및 시공시 유의사항에 대하여 논술하시오. [98중전, 50점] 10. 옹벽(H=10m) 시공시 안전성을 고려한 시공단계별 유의사항에 대하여 설명하시오. [05전, 25점] 11. 옹벽의 안정조건을 열거하고, 전단키를 뒷굽쪽으로 설치하면 전단저항력이 증대되는 이유를 기술하시오. [98중후, 30점] 12. 역T형(Cantilever형) 옹벽의 안정조건을 열거하고, 전단키 설치목적과 뒷굽쪽에 설치시 저항력이 증대되는 이유를 설명하시오. [01후, 25점] 13. 기존 옹벽 상단부분이 앞으로 기울어질 조짐이 예견되었다. 이에 대한 보강대책을 기술하시오. [08후, 25점] 14. 옹벽의 안정조건 [00전, 10점]
4	15. 우기철에 옹벽의 붕괴사고가 자주 발생되고 있다. 옹벽배면의 배수처리방법과 뒤채움재료의 영향에 대하여 기술하시오. [03후, 25점] 16. 콘크리트 옹벽 시공시 배면의 배수가 필요한 이유와 배면 배수방법에 대해 기술하시오. [04후, 25점] 17. 침투수가 옹벽에 미치는 영향 및 배수대책을 설명하시오. [08중, 25점] 18. 옹벽배면의 침투수가 옹벽의 안정에 미치는 영향을 기술하고, 침투수처리를 위한 시공시 유의사항을 설명하시오. [10전, 25점] 19. 장마철 배수불량에 의한 옹벽 붕괴사고가 빈번하게 발생하는 원인과 대책에 대하여 설명하시오. [14후, 25점] 20. 옹벽 배면에 침투수가 옹벽에 미치는 영향 [08전, 10점] 21. 옹벽 뒤에 설치하는 배수시설의 종류를 쓰고 옹벽 배면 배수재 설치에 따른 지하수의 유선망과 수압분포관계를 설명하시오. [12중, 25점] 22. 옹벽 구조물의 배면에 연직배수재와 경사배수재 설치에 따른 수압분포 및 유선망에 대하여 설명하시오. [16후, 25점] 23. 옹벽의 배수 및 배수시설에 대하여 설명하시오. [17전, 25점] 24. 옹벽의 붕괴는 대부분 여름철 호우시에 발생된다. 그 원인과 대책을 뒤채움재료가 양질인 경우와 점성토인 경우 비교하여 기술하시오. [05후, 25점] 25. 동절기 긴급공사로 성토부에 콘크리트 옹벽 구조물을 설치하고자 한다. 사전 검토사항과 시공시 주의하여야 할 사항을 기술하시오. [06전, 25점] 26. 철근 콘크리트 옹벽공사에서 벽체에 발생되는 수직 미세균열의 원인과 방지대책을 기술하시오. [01중, 25점]

옹벽 및 보강토 과년도 문제

5	27. 보강토공법 [97중후, 20점], [02중, 10점] 28. 보강토 옹벽 시공시 간과하기 쉬운 문제점을 나열하고 설명하시오. [08전, 25점] 29. 보강토 옹벽에서 발생하는 균열의 원인을 열거하고 방지대책에 대하여 설명하시오. [10후, 25점] 30. 대단위 단지공사에서 보강토 옹벽을 시공할 때 보강토 옹벽의 안정성 검토 및 코너(corner)부 시공시 유의사항에 대하여 설명하시오. [12전, 25점] 31. 보강토 옹벽의 안정 검토방법과 시공시 유의사항에 대하여 설명하시오. [16중, 25점] 32. 연약지반상에 높이 10m의 보강토 옹벽 축조 후 배면을 양질토사로 성토하도록 설계되어 있다. 현장기술자로서 성토시 발생할 수 있는 문제점 및 대책에 대하여 설명하시오. [17중, 25점] 33. 일반적인 보강토 옹벽의 설계와 시공시 주의사항과 붕괴 발생원인 및 방지대책에 대하여 설명하시오. [18전, 25점] 34. 도심지 인터체인지에 많이 활용되는 연성벽체로서 기초처리가 간단하고, 내진에도 강한 옹벽에 대하여 기술하시오. [04전, 25점]
6	35. Gablon 옹벽의 특징과 시공방법에 대하여 기술하시오. [97중후, 33점]
7	36. 축대(築臺) 붕괴의 원인과 대책에 대하여 설명하시오. [96중, 35점] 37. 석축 옹벽(擁壁)의 붕괴원인과 방지대책을 설명하시오. [01전, 25점]

1 옹벽

Ⅰ. 개요

① 옹벽(Retaining Wall)이란 배후 토사의 붕괴를 방지하고, 부지활용을 목적으로 만들어지는 구조물로서 자중과 흙의 중량에 의해 토압에 저항하고 구조물의 안정을 유지한다.

② 옹벽의 종류는 중력식, 역T형식, 부벽식 등이 있으며, 활동, 전도, 침하에 대한 안정검토가 필요하다.

Ⅱ. 옹벽의 종류

1) 중력식 옹벽

① 자중에 의해 토압에 저항하는 형식으로서 무근콘크리트 또는 석축으로 시공한다.

② 기초지반이 양호한 곳에 설치한다.

2) 역T형 옹벽

① 옹벽의 자중과 밑판 위에 있는 흙의 중량에 의해 토압에 저항하는 형식으로서 철근콘크리트로 시공한다.

② 경제성, 시공성이 좋으므로 옹벽높이가 높을 때 유리하다.

3) 부벽식 옹벽

① 역T형 옹벽의 높이가 높아질 경우 전면 또는 후면에 부벽을 설치하여 전단력과 휨모멘트를 감소시킨다.

② 앞부벽식과 뒷부벽식이 있다.

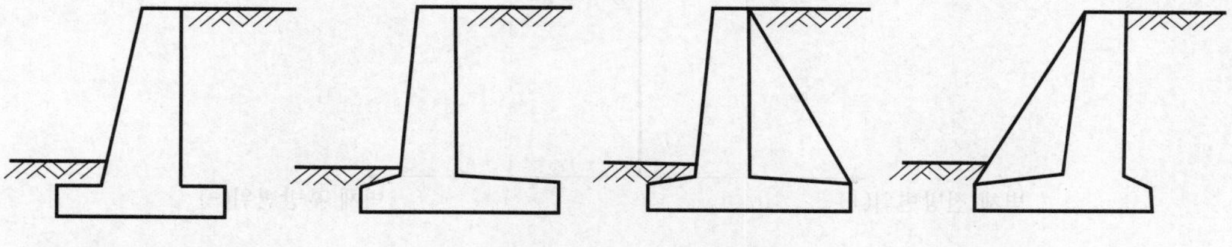

(a) 중력식 옹벽 (b) 역T형 옹벽 (c) 뒷부벽식 옹벽 (d) 앞부벽식 옹벽

<옹벽의 종류>

Ⅲ. 토압의 종류

1) 주동토압

① 옹벽의 전방으로 변위를 발생시키는 토압(옹벽에 적용)

② $P_a = \frac{1}{2}\gamma H^2 K_a$

여기서, K_a(주동 토압계수)$=\tan^2\left(45° - \frac{\phi}{2}\right)$

2) 정지토압

① 변위가 없을 때의 토압(지하 구조물, 교대 구조물에 적용)

② $P_o = \frac{1}{2}\gamma H^2 K_o$

여기서, K_o(정지 토압계수)$=1-\sin\phi$

3) 수동토압

① 옹벽의 후방으로 변위를 발생시키는 토압(sheet pile에 적용)

② $P_p = \frac{1}{2}\gamma H^2 K_p$

여기서, K_p(수동 토압계수)$=\tan^2\left(45° + \frac{\phi}{2}\right)$

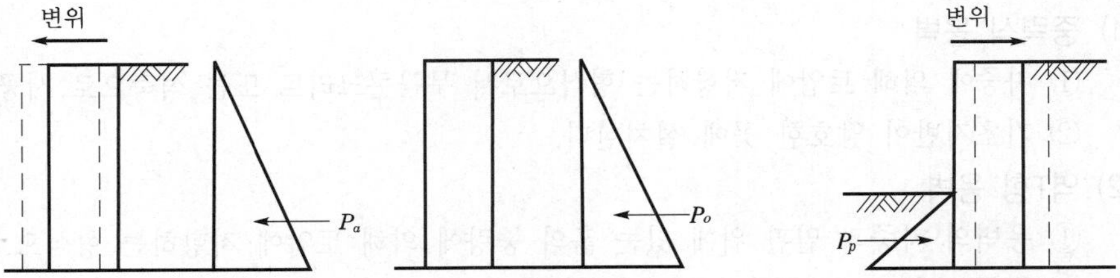

(a) 주동토압　　(b) 정지토압　　(c) 수동토압

4) 벽체 이동에 의한 토압의 변화

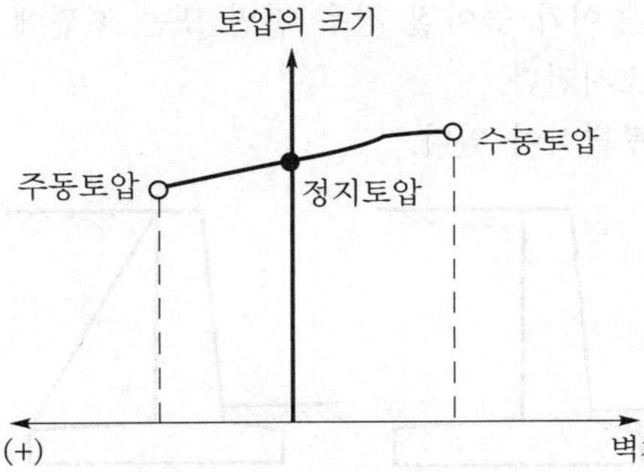

Ⅳ. 안정조건

1. 활동

1) 안전율

$$F_s = \frac{\text{기초지반의 마찰력의 합계}}{\text{수평력의 합계}} \geq 1.5$$

2) 안전율 부족시

① 기초 Slab 하부에 활동방지벽(shear key) 설치

② 말뚝으로 기초를 보강

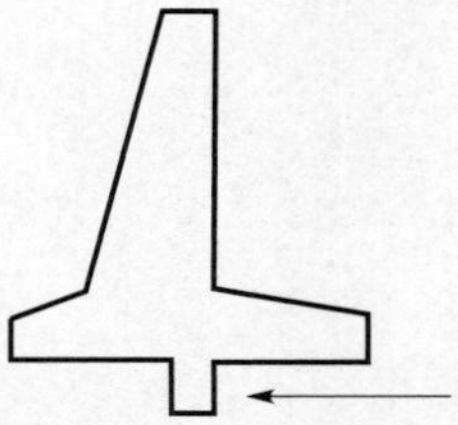

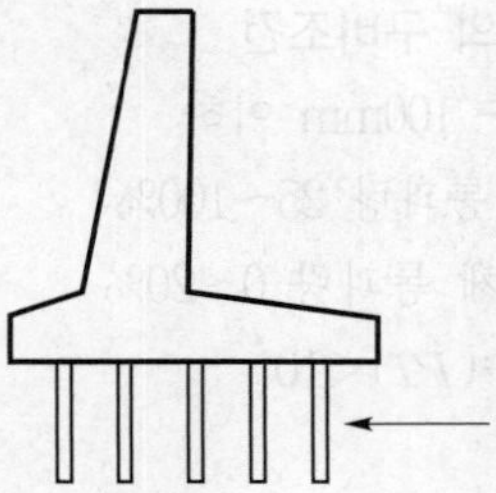

2. 전도

1) 안전율

$$F_s = \frac{\text{전도에 대한 저항 모멘트}}{\text{전도 모멘트}} \geqq 2.0$$

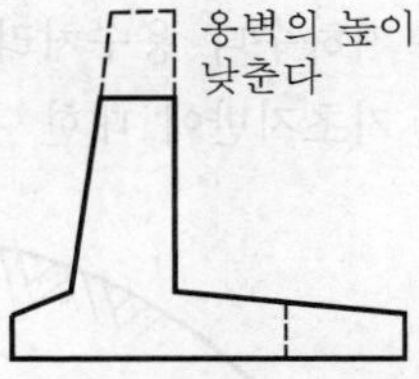

2) 안전율 부족시

① 옹벽의 높이를 낮춘다.

② 뒷굽의 길이를 길게 한다.

3. 지지력

1) 안전율

$$F_s = \frac{\text{지반의 허용지지력}}{\text{연직력의 합력}} > 3.0$$

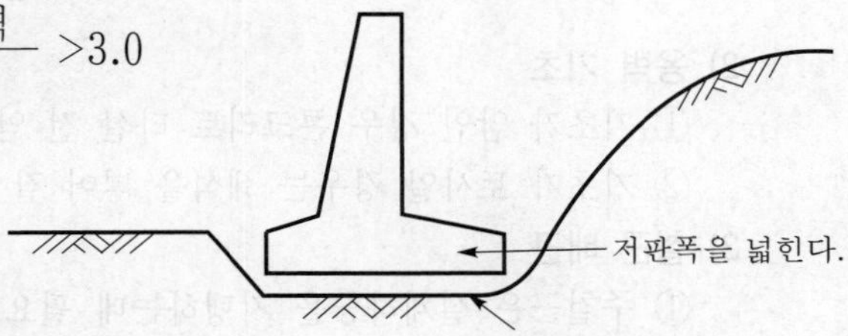

2) 안전율 부족시

① 기초지반을 개량한다.

② 저판폭을 넓힌다.

Ⅴ. 뒤채움재료

1) 공학적으로 안정된 재료

① C_u(균등계수) > 10, 1 < C_g(곡률계수) < 3

② 간극이 작아야 한다.

2) 토압을 경감할 수 있는 재료

① 내부 마찰각이 커야 한다.

② EPS와 같은 경량재료를 쓰면 좋다.

3) 투수성이 좋은 재료

① 투수계수가 크고, 침투수의 배수가 잘 되어야 한다.

② 점성토보다는 입도분포가 양호한 사질토가 좋다.

4) 압축성이 적은 재료

① 지지력이 커야 한다.

② 점착력이 다소 있어야 한다.

5) 뒤채움재료의 구비조건

① 최대치수 100mm 이하

② 5mm체 통과량 25~100%

③ 0.08mm체 통과량 0~20%

④ 소성지수(PI)<10

Ⅵ. 시공

1) 기초지반 굴착

① 지하수나 용수처리에 유의해야 한다.

② 기초지반에 대한 지지력을 Check한 후에 시공해야 한다.

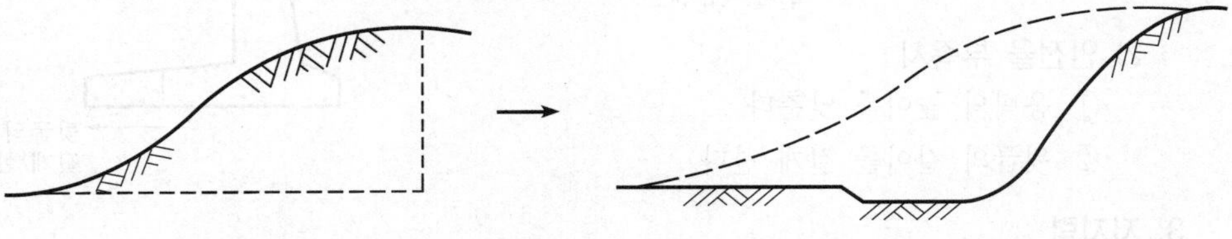

(a) 굴착계획 (b) 굴착완료

<기초지반 굴착>

2) 옹벽 기초

① 기초가 암인 경우 콘크리트 타설 전 암반표면을 깨끗이 정리한다.

② 기초가 토사일 경우는 쇄석을 넣어 잘 다진 후 버림 콘크리트를 타설한다.

3) 철근 배근

① 주철근은 설계하중을 지탱하는데 필요한 철근으로서 벽체의 수직방향으로 설치한다.

② 배력철근은 주철근의 응력을 골고루 분산시킬 목적으로 주철근의 직각방향으로 설치한다.

③ 기타 수축과 온도변화에 의한 균열을 방지하기 위해 벽의 노출면에 가깝게 수평방향으로 벽의 높이 1m마다 300mm 이하 간격으로 철근을 배근한다.

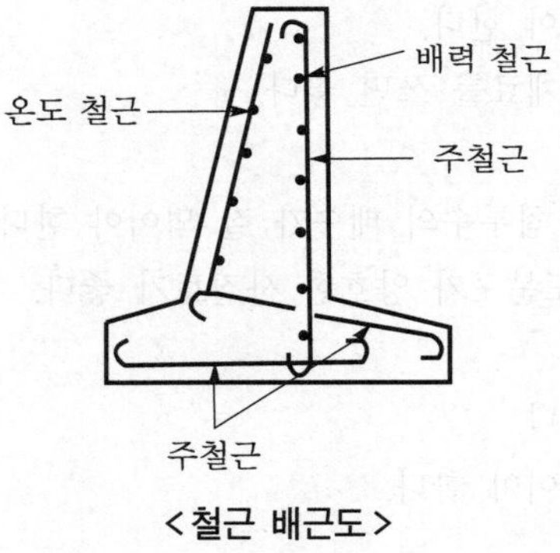

<철근 배근도>

4) 옹벽 콘크리트
① 옹벽은 밑판과 일체가 되도록 시공하는 것이 바람직하다.
② 시공 이음(cold joint)에 대책을 수립해야 한다.

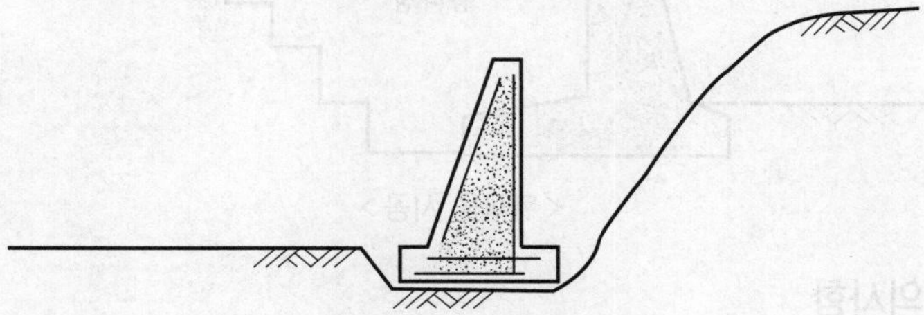

<옹벽 콘크리트 타설>

5) 이음
① 수축 이음은 콘크리트의 건축수축으로 인한 균열제어를 목적으로 설치한다.
② 신축 이음은 온도변화에 의한 균열방지, 부등침하에 대한 신축성을 갖게 할 목적으로 설치한다.

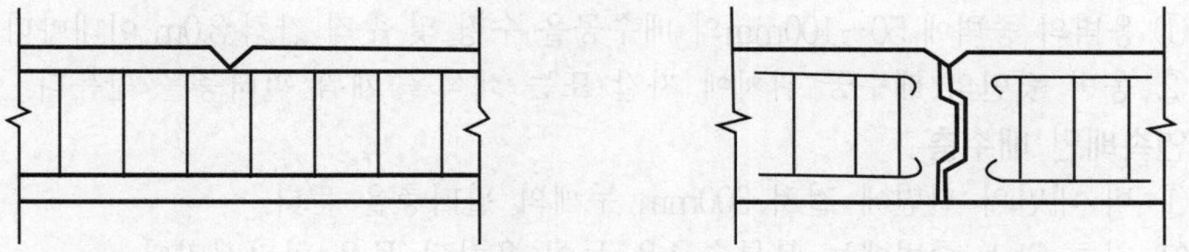
(a) 수축 이음 (b) 신축 이음

<이음 방법의 예>

6) 배수
① 지표면에 불투수층을 설치하여 외부로부터의 물의 유입을 방지해야 한다.
② 지표수 또는 침투수를 모아 배수하는 배수공 또는 배수층 시설을 해야 한다.

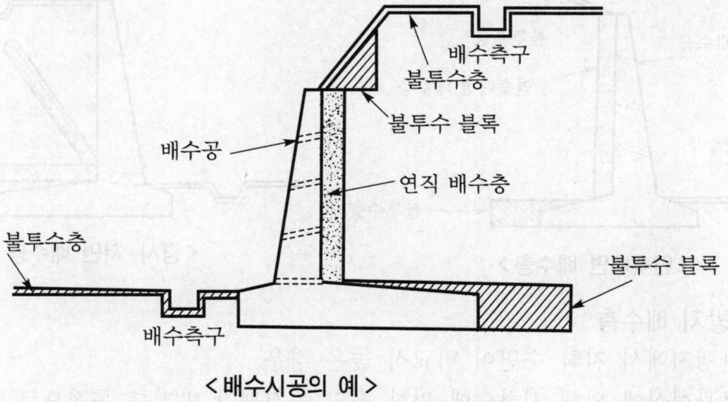

<배수시공의 예>

7) 뒤채움 시공
① 투수성이 양호하고, 토압이 적은 재료를 선택하고, 층따기(bench cut)를 실시한다.
② 다짐시공(다짐두께 200mm) 및 배수처리를 철저히 해야 한다.

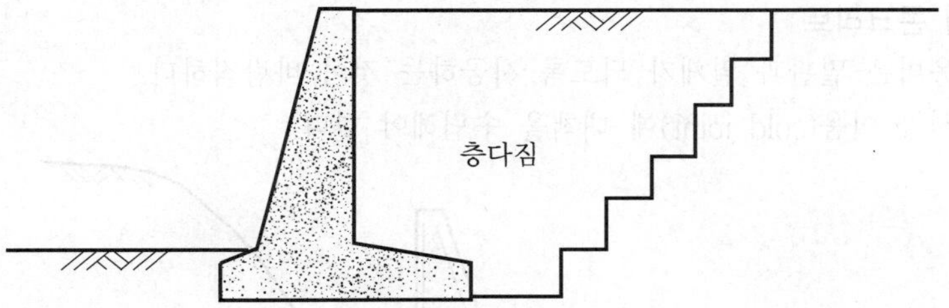

<뒤채움 시공>

Ⅶ. 시공시 유의사항

1. 배수시

1) 표면 배수
① 불투수층 설치로 표면수가 흙속에 침투하거나 흙을 세굴하지 않도록 한다.
② 배수구를 만들어 지표면수를 집수하여 유도 배수한다.

2) 배수공
① 옹벽의 종벽에 50~100mm의 배수공을 수평 및 수직 간격 3.0m 이내마다 설치한다.
② 옹벽 뒷면의 배수공 위치에 자갈 또는 쇄석을 채워 필터층을 만든다.

3) 연속배면 배수층
① 벽 내면의 전면에 걸쳐 300mm 두께의 필터층을 둔다.
② 기초 Slab 주변에는 불투수층을 두어 유하된 물을 차단시킨다.

4) 경사 배수층, 저면 배수층
① 경사 배수층을 설치하여 수압을 경감시킨다.
② 저면 배수층을 설치하여 점성토의 압밀을 촉진시킨다.

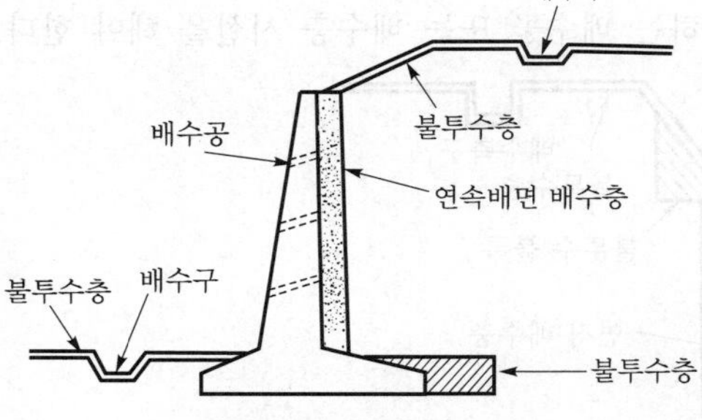

<연속배면 배수층>

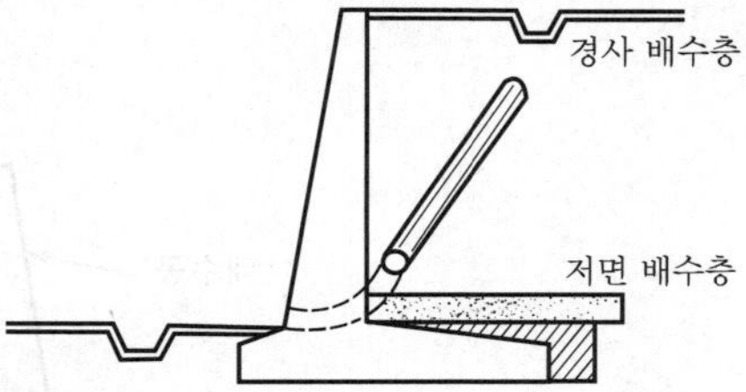

<경사, 저면 배수층>

5) 빙층방지 배수층
① 한냉지에서 지하 수면이 비교적 높은 경우
② 모관현상에 의해 지하수에 의한 흙의 동결팽창 방지를 목적으로 설치한다.

6) 격리층
① 견고한 점토는 물의 침투에 의해 팽창하므로 사용해선 안 된다.
② 부득이한 경우 팽창방지를 위한 격리층을 설치해야 한다.

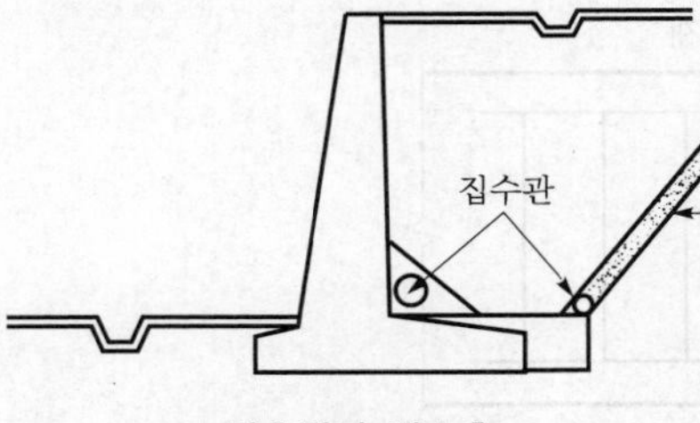

<빙층방지 배수층>

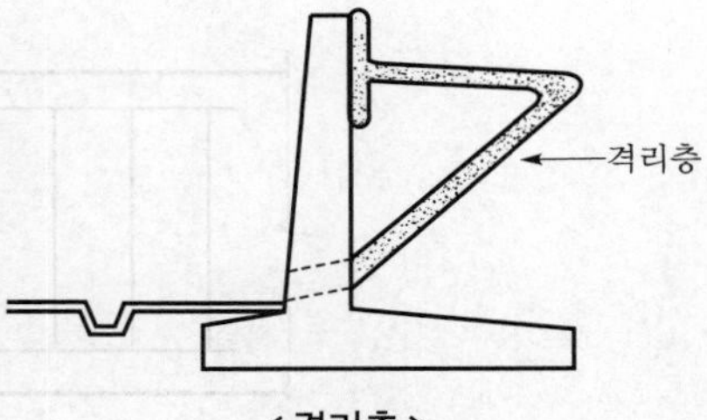

<격리층>

2. 뒤채움시

1) 투수성

① Filter층의 입도조건에 맞는 균등계수가 큰 입도의 사질토를 사용한다.

② $C_u > 10,\ 1 < C_g < 3$

2) 안정확보

① 다짐을 철저히 하여 전단강도를 높인다.

② 옹벽 전면의 수동토압 확보를 위해 전면도 배면과 동일하게 시공관리를 해야 한다.

3) 토압경감

① 배수처리를 철저히 한다.

② 지하 수위를 저하시킬 수 있는 공법을 채용한다.

4) 시공관리

① 소요의 다짐도를 얻기 위해 다짐규정을 준수해야 한다.

② 옹벽 콘크리트가 충분히 굳기 전에 뒤채움 작업을 해서는 안 된다.

③ 옹벽 노출면의 경사는 1 : 0.02 정도로 한다.

3. 이음 시공시

1) 간격

① 수축 이음은 9m 이하 간격을 둔다.

② 신축 이음은 10~15m 이하의 간격을 둔다.

2) 철근 배근

① 수축 이음에서는 철근을 끊어서는 안 된다.

② 신축 이음에서는 철근을 완전히 절단해야 한다.

3) 지수판 설치

수밀성 구조물일 때 신축 이음부에 PVC 등의 지수판을 설치한다.

4) 채움재 사용(filler)

신축 이음부의 간극에 흙이 들어가서 신축 이음의 기능을 방해할 때 설치한다.

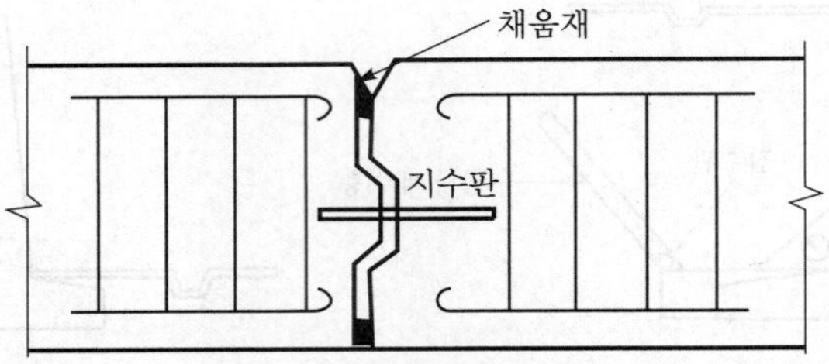

<신축줄눈의 시공 예>

Ⅷ. 결론

① 옹벽의 형식을 결정시에는 사용 장소, 목적에 따른 경제성 및 시공후 예상되는 유지관리상태 등을 충분히 고려하여야 한다.

② 옹벽은 설계상 요구되는 안정조건이 만족되어야만 본래의 기능을 발휘할 수 있으므로 뒤채움 시공, 배수처리, 이음의 시공에 철저를 가하여야 한다.

2 역T형 옹벽과 부벽식 옹벽

Ⅰ. 개요

① 옹벽이란 배후토사의 붕괴를 방지하고 부지활용을 목적으로 만들어지는 구조물로서 자중과 흙의 중량에 의해 토압에 저항하고 구조물의 안정을 유지한다.

② 옹벽의 종류는 중력식, 역T형식, 부벽식 등이 있으며, 활동, 전도, 침하에 대한 안정검토가 필요하다.

Ⅱ. 옹벽의 종류

1) 중력식 옹벽

① 자중에 의해 토압에 저항하는 형식으로서 무근콘크리트 또는 석축으로 시공한다.

② 기초지반이 양호한 곳에 설치한다.

2) 역T형 옹벽

① 옹벽의 자중과 밑판 위에 있는 흙의 중량에 의해 토압에 저항하는 형식으로서 철근콘크리트로 시공한다.

② 경제성, 시공성이 좋으므로 옹벽 높이가 높을 때 유리하다.

3) 부벽식 옹벽

① 역T형 옹벽의 높이가 높아질 경우 전면 또는 후면에 부벽을 설치하여 전단력과 휨모멘트를 감소시킨다.

② 앞부벽식과 뒷부벽식이 있으며, 주로 뒷부벽식을 많이 시공한다.

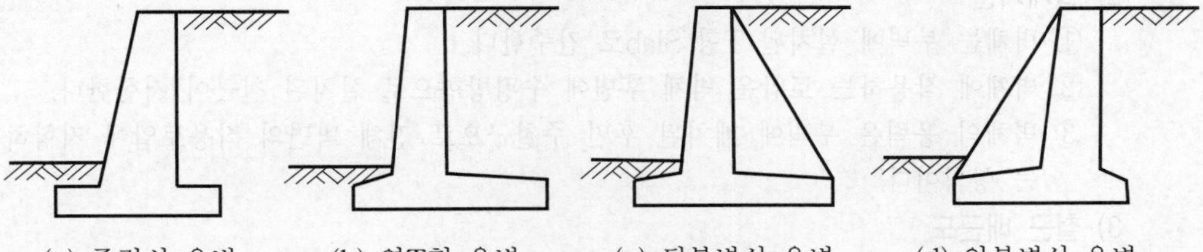

(a) 중력식 옹벽 (b) 역T형 옹벽 (c) 뒷부벽식 옹벽 (d) 앞부벽식 옹벽

<옹벽의 종류>

Ⅲ. 역T형 옹벽

1) 적정시공 높이

3~9m

2) 설계기준

① 벽체는 기초저면에 부착된 내민보로 보고 설계한다.

② 옹벽의 자중과 뒤채움 흙의 중량으로 배면토압에 저항한다.

③ 주철근의 배치는 벽체 후면에 배치하고, 전면에는 조립 철근, 온도 철근을 배치한다.

3) 철근 배근도

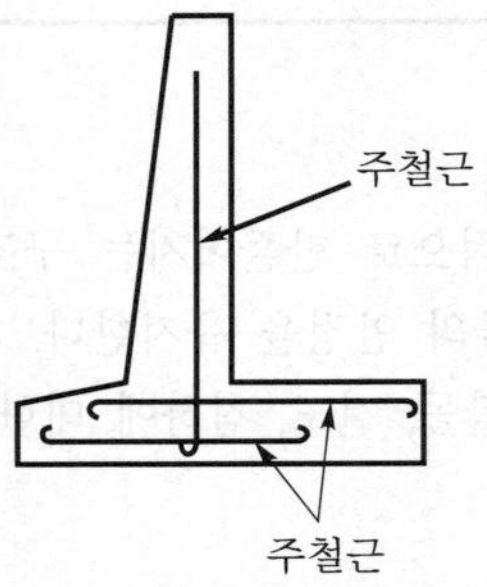

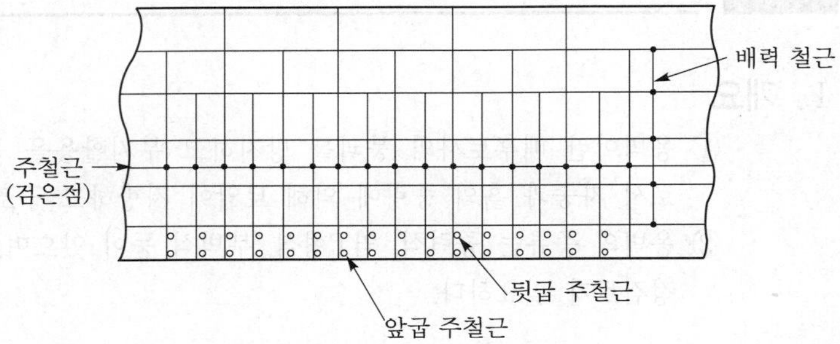

< 단면도 >　　　　　　　　　　　　< 직립단면 주철근 전개도 >

4) 시공상 특징

① 연직 벽체의 Base가 되는 기초저면 시공시 철근 배치 및 Con'c 타설에 특히 유의한다.

② 연직벽의 높이 변화에 따라 철근 및 단면을 증감시킨다.

③ 배면토압이 연직벽에 직접 작용하므로 연직벽체의 주철근 배치에 유의한다.

④ 정정 구조물인 역T형 옹벽에서 부철근(−Moment에 저항하는 철근)이 존재하지 않는다.

Ⅳ. 부벽식 옹벽

1) 적정시공 높이

6~11m

2) 설계기준

① 벽체는 부벽에 설치된 T형 Slab로 간주한다.

② 벽체에 작용하는 토압은 벽체 후면에 수평방향으로 설치된 철근이 저항한다.

③ 벽체의 응력은 부벽에 배치된 후면 주철근으로 전체 벽면의 작용토압에 저항하는 형식이다.

3) 철근 배근도

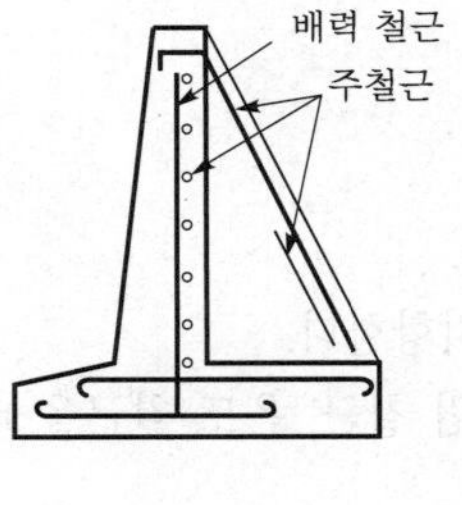

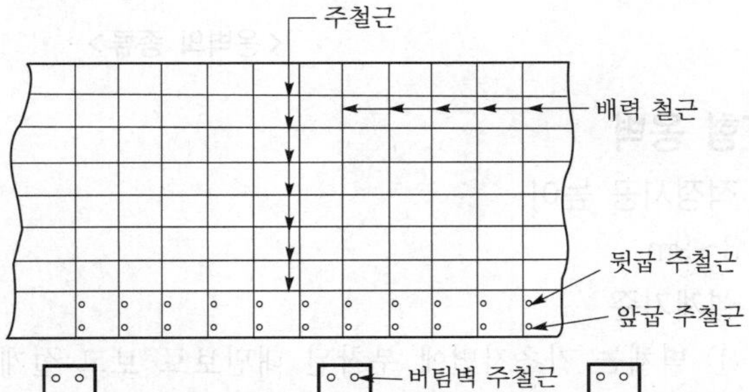

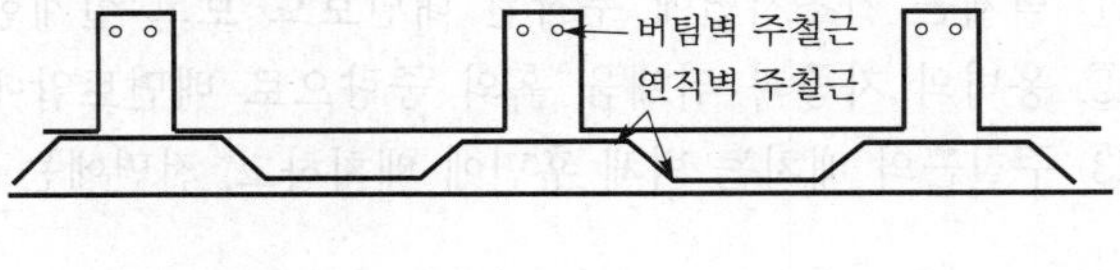

4) 시공상 특징

① 벽체 높이가 높아져 배면토압이 커질 때 토압에 저항하기 위하여 부벽을 설치한다.

② 시공시 설계도서에 표기된 주철근 배근도에 따라 철근배치를 해야 한다.

③ 부벽식 옹벽에서 철근 배근작업이 중요한 요소이다.

④ 구조는 역T형에 비해 복잡하지만 Con'c량이 절약되고, 높은 옹벽시공이 가능한 이점이 있다.

5) 주철근 배근방법

① 벽체 주철근

㉠ 연직벽체는 버팀벽 결합부를 지점으로 하는 옹벽 연장방향의 연속판으로 본다.

㉡ +모멘트와 −모멘트가 부벽이 있는 지점 부위와 중앙 부위는 달리 나타난다.

㉢ Moment 발생위치에 따라 다음 그림과 같이 주철근을 배치한다.

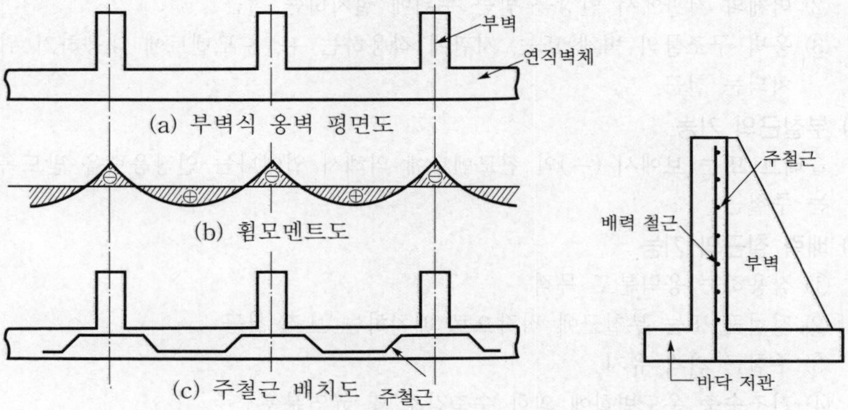

<주철근 배치도>

② 부벽의 주철근 배치

㉠ 버팀벽은 높이가 변화되는 T형보로 간주

㉡ 버팀벽의 경사면에 주철근을 배치하여 인장철근으로 사용

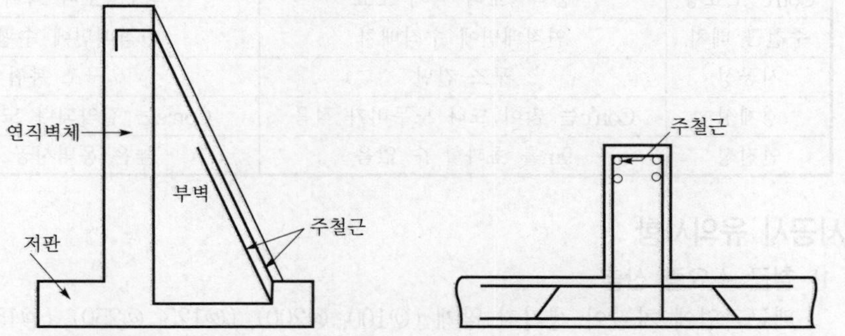

③ 바닥저판 주철근 배치

㉠ 바닥저판은 버팀벽 결합부를 지점으로 하는 옹벽 연장방향의 연속판으로 본다.

㉡ 저판단면 기준으로 주철근 배치는 다음과 같다.

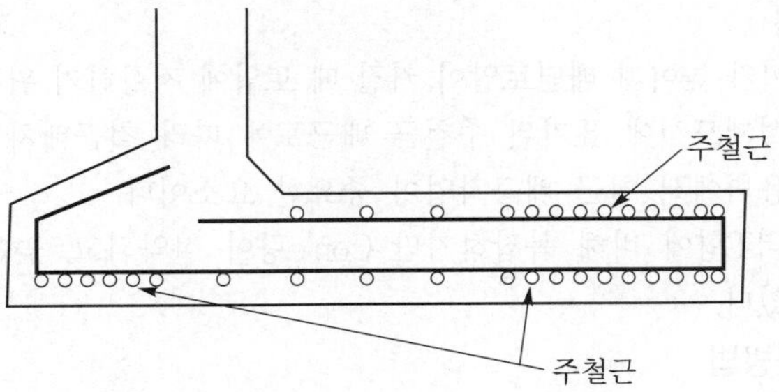

Ⅴ. 각 철근의 기능

1) 주철근의 기능

① 설계시 작용하는 설계하중에 의해 그 단면적이 결정되는 철근

② 벽체와 저판에서 인장을 받는 부위에 설치하는 철근

③ 옹벽 구조물의 벽체 또는, 저판에 작용하는 +, －모멘트에 대응하기 위하여 설치되는 철근

2) 부철근의 기능

슬래브 또는 보에서 (－)의 휨모멘트에 의해서 일어나는 인장응력을 받도록 배치하는 주철근

3) 배력 철근의 기능

① 작용하는 응력분포 목적

② 정철근 또는 부철근에 직각으로 배치하는 보조 철근

③ 주철근 간격 유지

④ 건조수축 온도변화에 의한 수축감소 및 균열분포

Ⅵ. 역T형 옹벽과 부벽식 옹벽의 시공상 특징 비교

비교	역T형 옹벽	부벽식 옹벽
시공높이	3~9m	6~11m
Con'c 소요량	중력식보다 적게 소요	역T형보다 적게 소요
주철근 배치	연직배면에 수직배치	연직배면에 수평배치
시공성	구조 간단	구조 복잡
경제성	Con'c는 많이 드나 노무비가 적음	Con'c는 절약되나 노무비가 큼
안전성	9m를 초과할 수 없음	높은 옹벽시공 가능

Ⅶ. 시공시 유의사항

1) 철근 소요량 산출

배근작업에 차질이 생기지 않게 (@100, @200), (@125, @250), (@150, @300) 중에서 적절하게 선택

2) 최대 배근간격

부벽식 옹벽의 배근은 최대 @300 이하가 되게 하고, 철근량은 철근 지름으로 조정

3) 배력철근 배치

외력에 대해서 주철근이 상호 유효하게 작용하기 위해서는 주철근에 직각으로 배력 철근을 배치한다.

4) 배력철근량 산정

① 사용되는 배력철근의 양은 보통 주철근량의 1/3~1/6 정도로 한다.

② 응력집중 장소에서 계산 철근량 외에 보강철근 및 조립철근도 사용되어진다.

5) 철근피복

① 철근의 피복은 옹벽이 흙에 묻히는 구조물이므로 철근의 부식을 고려하여 두께를 크게 한다.

② 일반적으로 흙과 물에 접하는 부위는 피복두께를 80mm 이상으로 한다.

6) 신축줄눈 설치

옹벽의 신축성을 고려하여 일반적으로 10~20m 간격으로 신축줄눈을 설치한다.

7) 배수공 설치

① 직경 50~100mm의 PVC 파이프를 이용하여 옹벽배면의 물을 배수시킬 목적으로 설치한다.

② 설치간격은 1~1.5m 간격으로 약간 경사지게 설치한다.

Ⅷ. 결론

① 높은 옹벽의 시공은 역T형과 부벽식 옹벽으로 시공되는데 이는 중력식 옹벽에 비해 대지전용이 적으며, 사용재료의 절감효과가 아주 크다.

② 부벽식 옹벽은 배면에서 작용하는 토압에 저항하기 위하여 연직벽체에 버팀벽(부벽)을 설치하는 것으로 역T형 옹벽과는 구조해석이 달리 되므로 주철근 배근에 특히 유의하여 시공하여야 한다.

3 옹벽의 안전상 문제점의 유형, 원인 및 대책

Ⅰ. 개요

① 옹벽에 작용하는 외력은 옹벽 자체의 사하중, 토압 및 지표면상에 작용하는 적재하중 등이 있으며, 설계시 이들 하중에 의한 활동, 전도 및 침하에 대한 안정이 검토되어야 한다.

② 옹벽의 안전성 검사는 먼저 옹벽의 뒤채움흙 및 기초지반을 포함한 전체에 대해 실시하고 옹벽의 활동, 전도 및 침하에 대한 소요의 안전도를 갖는지 조사한다.

Ⅱ. 문제점의 유형

1. 활동

1) 작용하는 힘

옹벽을 활동시키는 힘은 옹벽의 뒷면에 작용하는 횡토압의 수평력이며, 활동에 저항하는 힘은 기초저면에서의 마찰력이다.

2) 안전율

$$F_s = \frac{\text{기초저면에서의 마찰력의 합계}}{\text{수평력의 합계}} = \frac{f(\Sigma W)}{\Sigma H} \geqq 1.5$$

여기서, W : 자중, H : 수평력, f : 마찰계수, $f(W)$: 마찰력합계

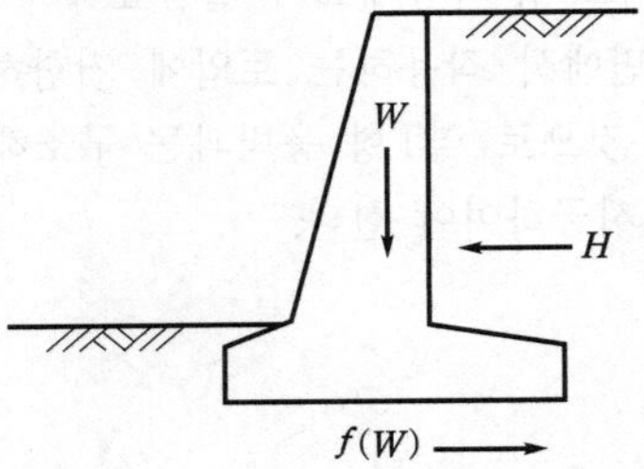

2. 전도

1) 작용하는 힘

옹벽에 작용하는 수평력의 합계가 옹벽을 전도시키는 모멘트이며, 수직력의 합계가 저항모멘트이다.

2) 안전율

$$F_s = \frac{\text{저항모멘트}}{\text{전도모멘트}} = \frac{Wx + P_V B}{P_H y} \geqq 2.0$$

여기서, W : 옹벽의 자중, P : 옹벽에 작용하는 외력, P_H : 외력의 수평분력

P_V : 외력의 수직분력, B : 저판의 길이

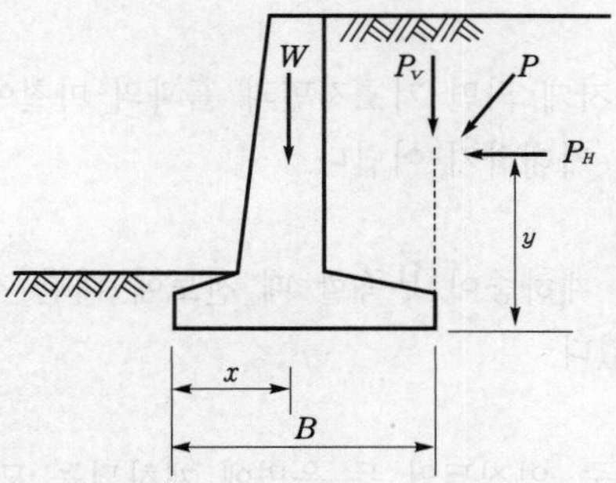

3. 지지력

1) 작용하는 힘

옹벽의 밑면에는 옹벽의 자중, 재하중, 토압 등의 외력이 작용하며, 기초지반의 지지력은 지반의 상태, 외력의 작용점 위치에 따라 달라진다.

2) 안전율

$$F_s = \frac{\text{지반의 허용지지력}}{\text{연직력의 합력}} \geq 3.0$$

3) 외력의 작용점

인장응력의 발생을 방지하기 위해 모든 외력의 합 R의 작용점은 기초저판의 중앙에서 1/3 안에 오도록 해야 한다.

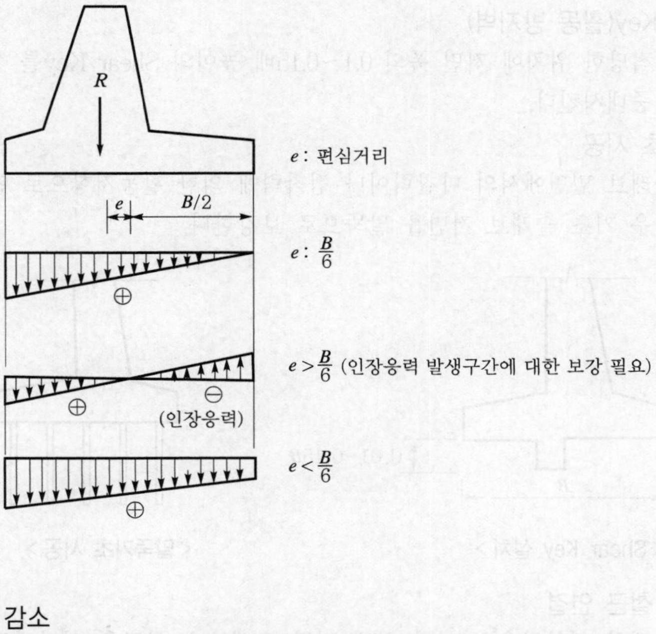

Ⅲ. 원인

1) 마찰력 감소

옹벽 저면과 지반 사이의 마찰력이 부족하면 토압의 수평력에 의해 발생하는 활동에 대한 저항력이 감소된다.

2) 높은 옹벽

옹벽의 높이가 높아지게 되면 기초저면과 흙과의 마찰에 의한 활동 저항력만으로는 활동에 대한 안정을 기대하기 어렵다.

3) 재하중 부족

옹벽 상부 지면상의 재하중이 부족할 때 전도에 대한 저항 모멘트가 감소되어 전도에 대한 안정성이 없다.

4) 뒷굽길이 부족

뒷굽판은 옹벽의 자중, 연직토압 등 옹벽에 재하되는 모든 하중을 지지할 수 있도록 설계되어야 전도나 침하에 대하여 안전하다.

5) 연약지반

지반 내부에 연약층이 있으면 마찰력과 지지력의 부족으로 활동 및 전도에 의한 파괴가 발생되기도 한다.

6) 저판면적 부족

옹벽 저판 슬래브의 단면이 부족할 경우 기초 저면과 흙과의 마찰력이 부족하여 활동에 대한 저항력이 감소된다.

Ⅳ. 대책

1. 활동에 대한 대책

1) Shear Key(활동 방지벽)

저면의 적당한 위치에 저면 폭의 0.1~0.15배 높이의 Shear Key를 설치하여 활동 저항력을 증대시킨다.

2) 말뚝기초 시공

기초 슬래브 밑면에서의 마찰력이나 점착력에 의한 활동저항으로 안전을 보장할 수 없을 경우 기초 슬래브 저면을 말뚝으로 보강한다.

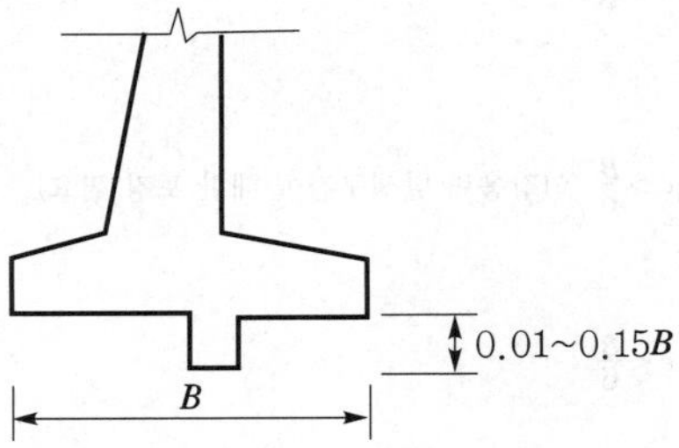

<Shear Key 설치>

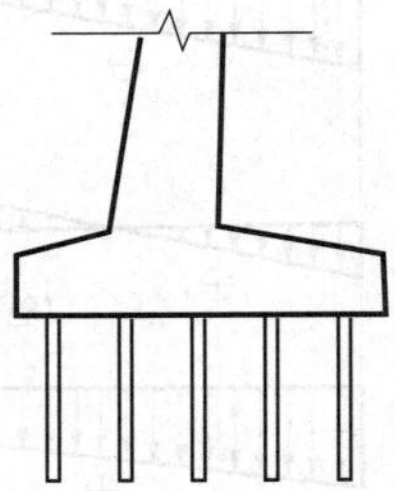

<말뚝기초 시공>

3) 저판에 철근 연결

활동에 대한 저항력을 높이기 위해 저판 슬래브에 철근을 연장배근하여 기초 슬래브의 강성을 크게 한다.

4) 저판 슬래브의 근입깊이 확대

수동토압에 의한 저항력을 얻기 위해서 저판 슬래브의 근입깊이를 깊게 함으로써 활동에 의한 저항력을 증대시킬 수 있다.

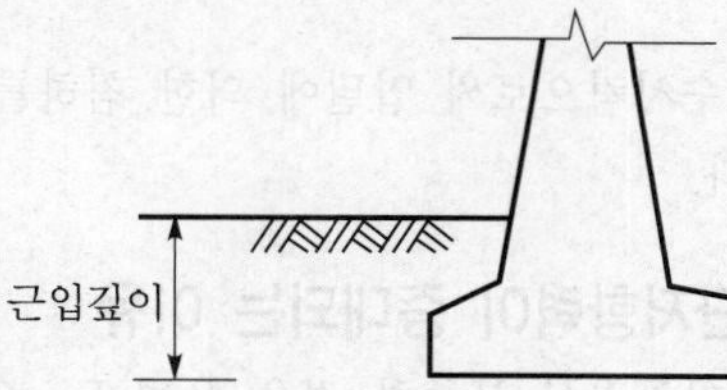

2. 전도에 대한 대책

1) 높이를 낮게

옹벽의 높이를 낮춤으로써 옹벽에 작용하는 수평력의 작용점이 낮아지게 되므로 전도 모멘트의 크기를 감소시켜 안전성을 높인다.

2) 뒷굽길이를 길게

뒷굽의 길이를 길게 함으로써 자중 또는 토압에 의한 지반반력을 증대시켜 전도 모멘트에 대한 저항력을 크게 한다.

3) Counter Weight 설치

전도 모멘트에 저항하기 위해 옹벽 상부에 전도 모멘트의 크기에 대응하는 중량의 Counter Weight를 설치한다.

4) 지중 Anchor 설치

지중에 횡방향으로 Anchor(벽체)를 설치하여 옹벽의 배면에 작용하는 토압을 분담시킴으로써 옹벽을 안정시킨다.

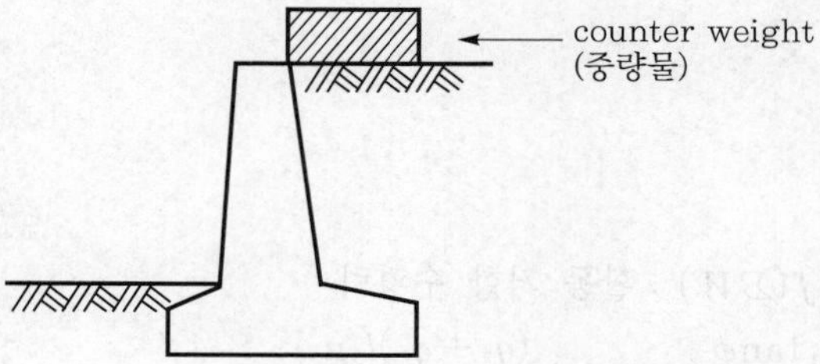

<Counter Weight 설치>

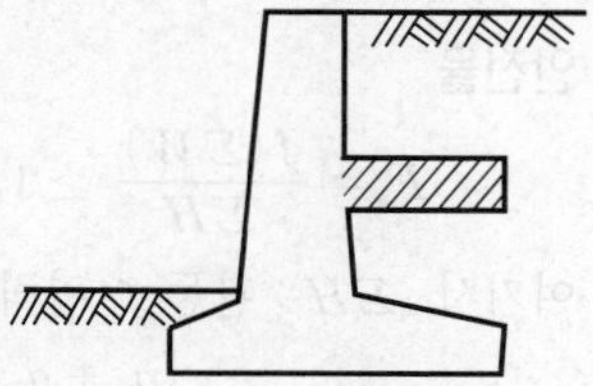

<지중 Anchor 설치>

3. 지지력에 대한 대책

1) 저판면적 확대

옹벽 저판 슬래브의 단면을 크게 함으로써 기초지반과의 접지압을 높여 지반반력을 증대시키고 침하에 대한 안정을 유지한다.

2) 지반개량

기초지반이 연약지반일 경우 치환 등의 방법으로 지반을 개량함으로써 지지력을 증대시켜 침하에 대한 안정성을 높인다.

3) Grouting 공법

기초지반의 지지력을 높이기 위한 방법으로서 콘크리트를 주입하여 Grouting하여 기초저판과 일체가 되도록 한다.

4) 탈수 공법

기초지반 내의 물을 탈수시킴으로써 압밀에 의한 침하를 촉진시켜 지반지지력을 증대시켜 안정성을 높인다.

Ⅴ. 전단키 뒷굽 설치로 전단저항력이 증대되는 이유

1) 옹벽이 활동에 대해서 저항력이 부족한 경우 옹벽 Footing 하부에 돌기를 설치하여 활동에 대한 저항력을 크게 하고 있다.

2) 이때는 다음 그림에서 표시하는 A−B와 B−C에 작용하는 수직력 각각에 대해서 마찰저항을 생각하고, 다음 식에 따라 활동 안전율을 조사한다.

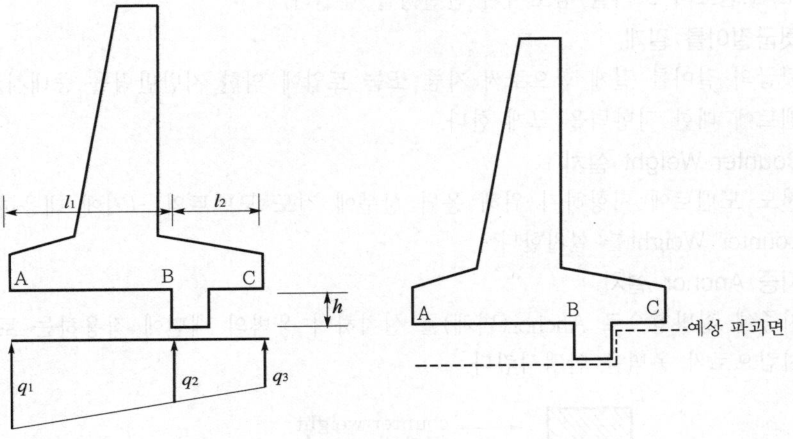

3) 안전율

$$F_s = \frac{f(\Sigma W)}{\Sigma H} \geq 1.5$$

여기서, ΣH : 활동 수평력, $f(\Sigma W)$: 활동 저항 수평력

$$f(\Sigma W) = \frac{(q_1 + q_2)l_1 \tan\phi}{2} + Cl_1 + \frac{(q_2 + q_3)l_2\mu}{2}$$

여기서, q_1, q_2, q_3 : 앞의 그림에서 표시한 지반 반력도, ϕ : 기초지반 내부 마찰각

C : 기초지반의 점착력, μ : 저판과 흙의 활동 마찰계수

〈기초지반의 내부마찰각과 마찰저항계수의 관계〉

구분	마찰계수(μ)
흙과 흙	ϕ
흙과 콘크리트	$2/3\phi$

4) 전단 저항력의 증가 이유

① 안전율이 크게 되려면 활동 저항 수평력($f(\Sigma W)$)을 크게 해야 한다.

② 위의 식에서 $F_s = \dfrac{f(\Sigma W)}{\Sigma H}$의 식에서 $f(\Sigma W)$을 크게 할수록 바닥 저면에 작용하는 점착력(C)이 앞굽까지의 거리(l_1)가 클수록 바닥면과 기초지반의 점착력의 합이 크게 된다.

③ 그러므로 옹벽에서 활동저항력이 부족할 때는 Footing 저면에 설치하는 돌기를 가능한 뒷굽쪽으로 할수록 활동에 대한 저항력이 크게 된다.

5) 전단키(돌기)의 필요 높이

돌기의 높이는 전단력이 원지반에 잘 전달되게 하기 위하여 일반적으로 다음 식의 범위로 하는 것이 좋다.

$$0.1 \leqq \frac{h}{B} \leqq 0.15$$

Ⅵ. 결론

① 옹벽의 단면이 부족하거나 지반의 지지력이 부족한 경우에 활동, 전도, 침하가 발생될 수가 있으며, 기초지반의 하부에 연약층이 존재하든가 사면상의 옹벽의 경우는 옹벽을 포함한 넓은 범위의 사면파괴가 발생할 수 있다.

② 설계시 자중, 토압, 재하중 등을 고려한 안전율을 산정하여 부족시에는 적절한 대책 공법을 선정하여 옹벽의 안정을 도모해야 한다.

4 우기시 옹벽 붕괴원인 및 배수처리방법

Ⅰ. 개요

① 우기시 옹벽의 붕괴가 자주 발생하는데 이는 우기시 옹벽배면의 배수불량으로 간극수압이 증가하여 주동토압이 증가하기 때문이다.

② 옹벽 배면토에 따라 적절한 배수시설을 설치하여 우기시 간극수압 증가로 인한 주동토압 증가를 방지해야 한다.

Ⅱ. 옹벽 붕괴방지(안전성) 검토방법

1) 활동에 대한 검토

$$F_s = \frac{\text{기초저면에서의 마찰력의 합계}}{\text{수평력의 합계}} \geq 1.5$$

2) 전도에 대한 검토

$$F_s = \frac{\text{저항모멘트}}{\text{활동모멘트}} \geq 2.0$$

3) 지지력에 대한 검토

$$F_s = \frac{\text{지반의 허용지지력}}{\text{연직력의 합력}} \geq 3.0$$

4) 원호활동 지지력에 대한 검토

$$F_s = \frac{\text{지반의 허용지지력}}{\text{연직력의 합력}} \geq 1.5$$

Ⅲ. 우기시 옹벽 붕괴원인

1) 배수시설 미설치

옹벽배면에 배수시설 미 설치에 따른 배수불량으로 간극수압이 증가하여 주동토압이 증가하여 옹벽이 붕괴된다.

2) 배수시설 유지·관리 불량

옹벽배면에 설치된 배수시설 유지·관리 불량으로 우기시 간극수압 상승에 따른 주동 토압 증가로 옹벽붕괴

3) 뒤채움재료 불량

① 옹벽 뒤채움재료가 투수성이 낮은 흙(점토질흙)으로 뒤채움된 옹벽은 우기시 배수불량으로 주동토압이 증가한다.

② 투수성이 낮은 점토질흙은 전단강도가 적어 주동토압이 크다.

4) 다짐불량

옹벽 뒤채움재료 다짐이 불량하면 흙의 저항력이 적어 주동토압이 크고, 우기시 흙의 단위중량이 쉽게 증가되어 주동토압이 증가된다.

5) 지하수위 상승에 따른 지지력 부족

옹벽배면 배수시설 불량으로 배수가 원활하지 못하면 지하수위가 상승하면 옹벽기초의 지지력이 부족하여 침하가 증가되어 옹벽이 붕괴된다.

6) 사면활동 파괴발생

지하수위 상승에 따라 사면의 활동력은 증가되고, 사면의 저항력은 감소되어 사면안정성이 부족하여 사면활동 파괴로 옹벽이 붕괴된다.

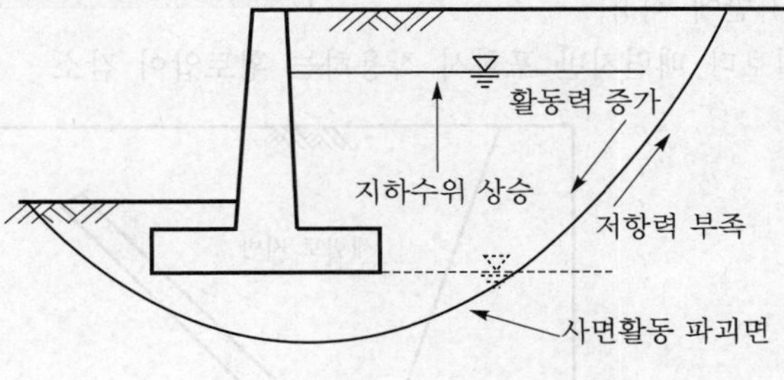

Ⅳ. 대책

1) 배수시설 설치

① 배수시설 설치로 우기시 옹벽배면 유입 우수를 원활히 배수하여 주동토압 증가를 방지하여야 한다.

② 배수시설의 종류 : 배수공, 연직배수시설, 경사배수시설, 이중배수시설

2) 적절한 뒤채움재료 선정

① 투수성이 큰 사질재료 선정

② 입도분포가 양호하고, 전단강도가 큰 재료 선정

③ 세립률이 15% 이하인 자갈 모래질흙

3) 뒤채움 다짐철저

① 1회 다짐폭과 다짐횟수 준수

② 층따기 시공으로 절성토 경계부에 균열발생 방지

4) 배수시설 유지·관리 철저

우수기전 사전점검 및 정기점검으로 파손부와 막힌부분 보수

Ⅴ. 배수처리방법(사질토인 경우와 점성토인 경우 비교)

1) 배수공 설치

① 배수가 양호한 사질토 배면지반에 적용

② 배수공

㉠ 간격 : 1.5~4.5m

㉡ 크기 : 150mm 직경

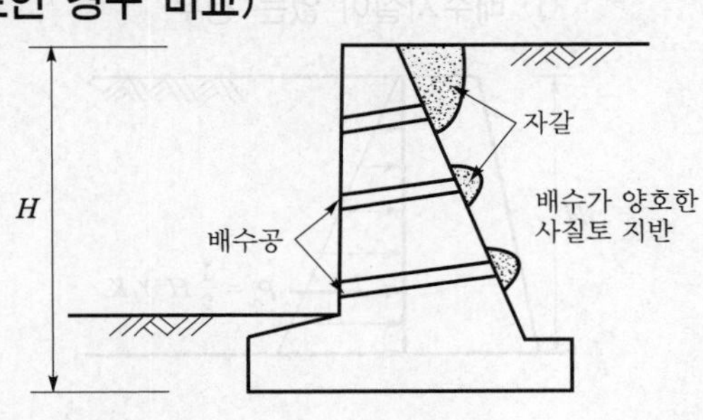

2) 연직배수시설 설치

① 배수가 다소 불량한 사질토 배면 지반, 세립토 배면지반에 적용

② 배수시설 제원 유공관을 설치

③ 필터층 재료 : 자갈+모래

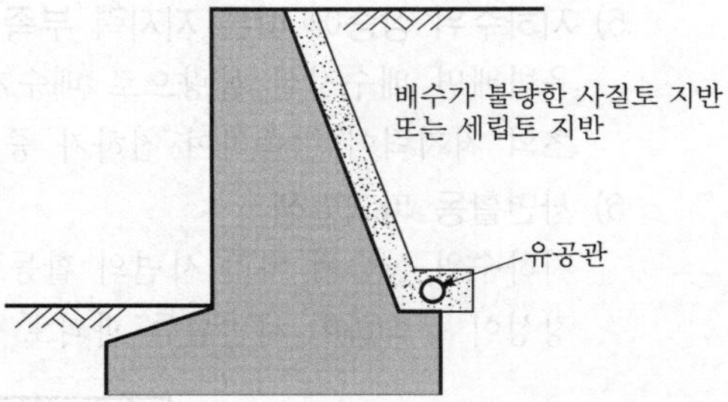

3) 경사배수시설 설치

① 세립토 배면지반에 적용

② 연직배수시설보다 배면지반 포화시 작용하는 횡토압이 감소

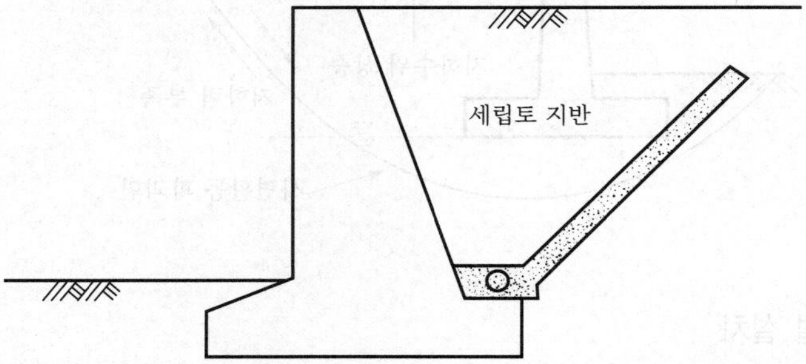

4) 이중배수시설 설치

① 점토배면지반에 적용

② 팽창성 점토배면지반에 적용

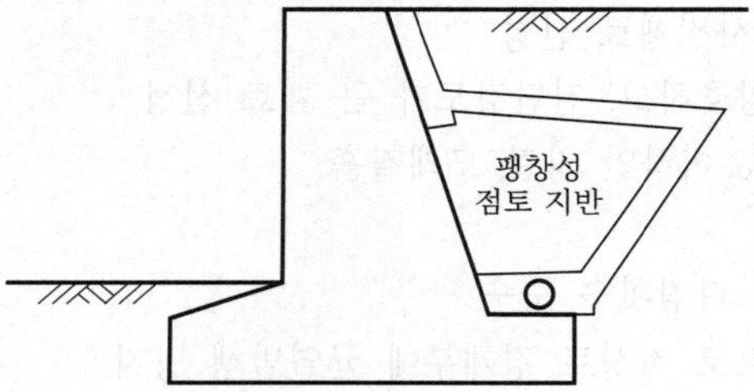

Ⅵ. 옹벽배면 배수가 필요한 이유

1) 옹벽배면 주동토압 증가량 감소

① 배수시설이 없는 경우

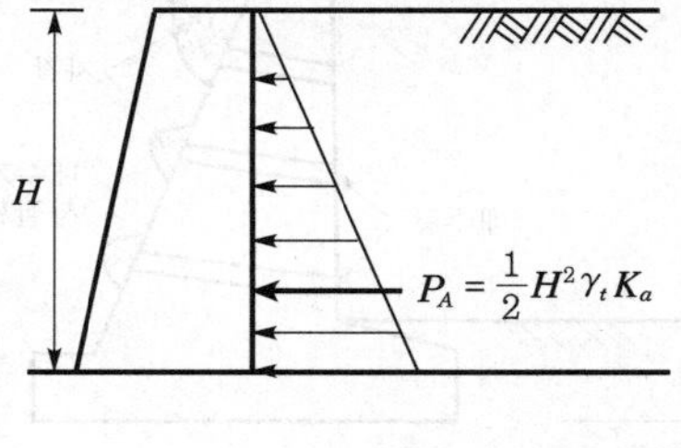

<건기시 주동토압>

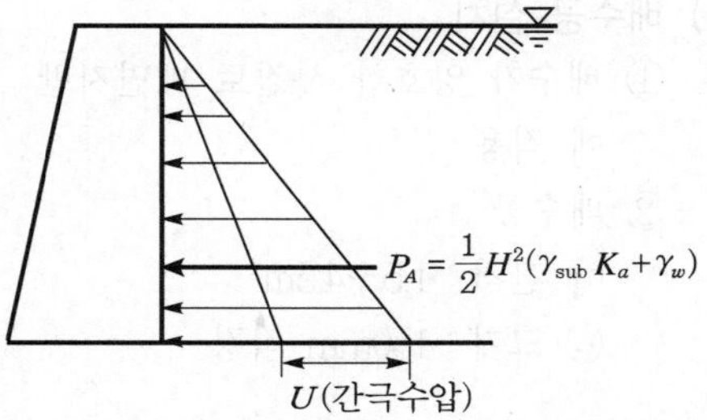

<우기시 주동토압(건기시보다 약 2배 증가)>

② 배수공과 연직배수시설 설치한 경우 : 우기시 주동토압은 건기시 주동토압보다 약 35% 증가

③ 경사배수시설 설치한 경우 : 우기시 주동토압은 건기시 주동토압보다 약 5% 증가

2) 옹벽 배면 지하수위 상승방지

3) 옹벽 안전성 확보

① 옹벽 안전성 검토 : 활동, 전도, 지지력

② 우기에 의한 주동토압 증가를 감소시켜 활동 및 전도에 대한 안전성 확보

③ 옹벽 배면 지하 수위 상승에 따른 지지력 감소를 방지하여 안전성 확보

Ⅶ. 결론

① 옹벽붕괴는 대부분 우기시 옹벽 배면토의 간극수압 증가로 발생하므로 옹벽설계시 우수에 의한 간극수압 영향을 고려하여 안전성 검토가 필요하다.

② 옹벽 배면의 토질에 따라 적절한 배수시설을 설치하고, 정기적으로 배수기능을 점검하여야 한다.

5 보강토 옹벽

Ⅰ. 개요

① 보강토 옹벽은 흙과 그 속에 매설한 인장강도가 큰 보강재를 마찰력에 의해 일체화시킴으로써 자중이나 외력에 대하여 강화된 성토체를 구축한다.

② 보강토의 장점은 흙의 인장강도의 증가, 흙과 보강재와의 부착면에서 생기는 마찰력으로 인한 전단저항의 증가 등을 들 수 있다.

Ⅱ. 공법의 원리

1) 토립자+보강재=겉보기 점착력

점착력이 없는 토립자 상호간에 인장력이 큰 보강재를 부설하여 자중이나 외력에 의한 토립자의 이동을 이 보강재와 토립자간의 마찰력 및 그 반작용으로 보강재에 생기는 인장력을 구속함으로써 이 입상체에는 겉보기의 점착력이 부여된다.

2) 점착력이 없는 토립자

일반적으로 점착력이 없는 토립자는 자중 또는 외력에 의해 붕괴되기가 쉬우나 입자 간에 점착력이 있으면 어느 정도 높이까지는 수직에 가까운 각도로 자립이 된다.

3) 보강재

인장력과 마찰력이 큰 보강재를 토립자층에 매설하면 복합 구조체를 형성하여 흙과 보강재 사이의 마찰력을 증대시킨다.

4) 겉보기 점착력

겉보기 점착력의 세기는 보강재의 인장강도 및 흙과 보강재 간의 마찰력의 크기에 의해 결정된다.

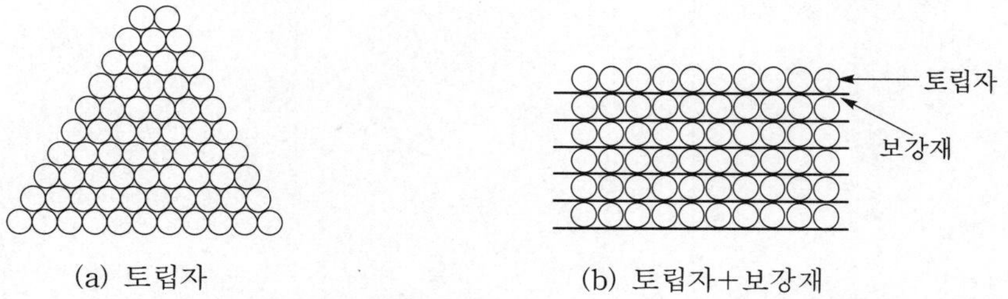

<보강토 공법의 원리>

Ⅲ. 특징

1) 장점

① 시공이 신속하다.

② 용지폭이 작게 소요되고 높은 옹벽의 축조가 가능하다.

③ 연약지반에서 특별한 기초없이 시공이 가능하다.

④ 품질의 균일성이 보장되므로 시공관리가 용이하다.

⑤ 충격, 진동에 강하다.
⑥ 건설공해가 적다.

2) 단점
① 보강재의 내구성이 문제된다.
② 소규모 옹벽에서는 비경제적이다.
③ 전면벽의 수직도를 이루기 어렵다.
④ 시공경험, 기술의 축적이 부족하다.

Ⅳ. 용도

① 옹벽, 토류시설
② 고가도로 Ramp, 교대
③ 소규모 댐, 안벽

Ⅴ. 재료(주요 구성요소)

1) Skin Plate(전면판)
① 뒤채움 흙의 유실방지, 보강재의 연결, 옹벽의 외관 미화 역할을 한다.
② 공장제품으로서 Precast Concret Panel과 Metal Skin의 두 종류가 있다.

2) Strip Bar(보강재)
① 뒤채움 흙의 토압에 의한 인장력을 부담한다.
② 고인장강도를 갖고, 마찰저항이 크며, 내구성이 있고 결합성이 좋은 Geotextile, Geogrid, Geomembrane, Geocomposite 등이 좋다.

3) Tie(연결재)
① 연직 줄눈재는 옹벽 배면의 배수를 목적으로 투수성이 좋은 부직포 등을 사용한다.
② 수평 줄눈재는 전면판 상호간의 충격방지를 위해 코르크(cork)를 사용한다.

4) 뒤채움재
① 보강재와의 마찰력을 크게 하기 위해서 내부 마찰각이 큰 조립토를 사용한다.
② 배수성이 좋고, 함수비 변화에 의한 강도특성의 변화가 적으며, 화학적 부식 성분이 없는 것이 좋다.

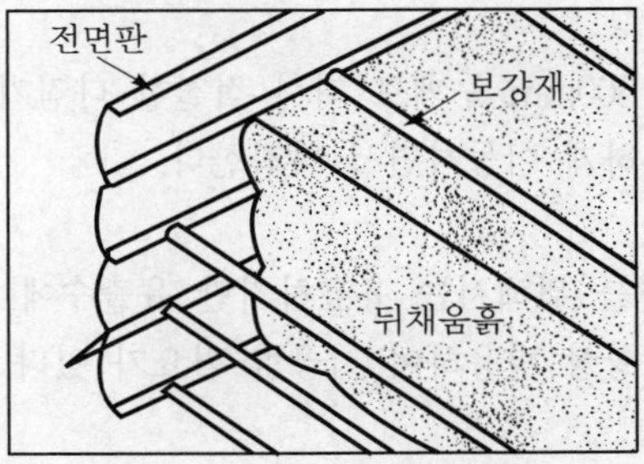

<금속제 전면판>

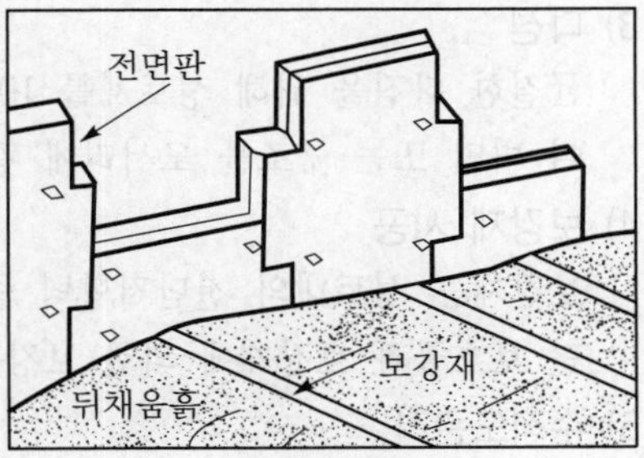

<콘크리트 전면판>

Ⅵ. 시공순서

1) 기초 터파기

보강토 옹벽의 기초는 본 바닥의 지형, 용도, 구조, 시공방법에 관계없이 그 기초는 수평으로 시공해야 한다.

2) 기초 Con'c공

기초공의 양부는 보강토 옹벽의 안정, 외관 등에 큰 영향을 주므로 기초 Con'c의 마무리면은 수평이면서 평탄하게 시공해야 한다.

3) 전면판 조립

전면판은 보강토 옹벽의 외관에 직접 영향을 주므로 미리 기준점이나 모서리를 설치하여 항상 전면판의 수직도를 확인하여 가면서 시공한다.

4) 뒤채움 시공

뒤채움재의 포설은 벽면으로부터 차례로 한다. 반대로 실시하면 보강재를 느슨하게 하여 전도의 원인이 된다.

5) 보강재 설치

설계시의 규격, 형상, 길이를 결정된 위치에 설치하며, 현지 상황에 의해 시공에 지장이 있는 경우는 설계의 수정이 필요하다.

6) 연결재 설치

최대의 인장력이 작용하도록 하기 위해서 Skin과 Strip의 연결을 철저히 해야 한다.

7) 다짐

충분한 다짐은 성토내부 흙의 상대이동을 감소시키며 균등히 다짐해야 구조물을 안전한 상태로 유지할 수 있다.($t=300$mm, $c=95\%$)

Ⅶ. 시공시 유의사항

1) 뒤채움재

옹벽의 뒤채움재와 동일하게 실시하며, 다짐도 95%를 목표로 한다.

2) 포설

뒤채움 재료 포설은 전면판의 휨방지를 위해 전면판쪽에서 뒤쪽으로 시공해야 하며, 전면판 부근은 인력포설하고 층따기를 실시한다.

3) 다짐

균질한 다짐을 위해 성토체를 100~300mm 두께로 펴서 적절한 다짐기계를 이용하여 벽면 또는 구조물 모서리에 평행하게 이동하면서 다짐한다.

4) 보강재 시공

보강재는 성토내의 전단저항력 증가를 위해서는 유효하지만 유출수에 대해서는 사면 보호공과 보강재에 의한 보강은 항상 병용하여 시공할 필요가 있다.

5) 수직도관리

성토시 전면판의 수직도를 확인하여야 하며, 전면판과 보강재의 각도는 90°를 유지하여야 한다.

6) 변형방지

보강재에 배수성이 양호한 토목섬유 등을 이용하여 흙과 보강재 사이에 마찰력이 충분히 발휘되도록 할 필요가 있다.

7) 배수 공법 병용

성토내의 물을 배출하는 배수 공법을 병용하지 않으면 보강재에 의한 충분한 보강 효과를 거둘 수 없다.

Ⅷ. 개발방향

① Skin의 PC화로 공장생산에 의한 대량공급으로 단가절감 및 품질향상 도모
② 공비절감 차원에서의 저렴한 재료개발이 필요
③ 보강재의 역할제고를 위해 강도, 마찰계수, 내구성이 우수한 보강재 개발

Ⅸ. 결론

① 보강토공법은 경제성, 기초처리의 단순화, 시공성, 미관 및 구조적 안전성에 있어 종래의 Con'c 옹벽에 비해 유리한 점이 많다.
② 보강재의 다양화, 성토재료의 선정기준 설정, 재료비 절감대책 등을 세워 활용 범위를 확대해 나가야 할 것이다.

6 Gabion 옹벽

Ⅰ. 개요

① Gabion 옹벽이란 호박돌을 철망에 담아서 횡으로 쌓아 옹벽 형태로 축조하는 공법으로서 천연재료를 사용하는 중력식 옹벽의 일종이다.

② 법면에 용수가 많고 침식이 심한 경우에 시공하는 옹벽이다.

Ⅱ. 공법 선정시 고려사항

① 사면의 구성 토질

② 사면 구배, 지하수

③ 재료의 구득 여부

④ 시공성, 경제성, 안전성

Ⅲ. 특징

① 재료의 구득이 용이하다.

② 특수한 공법이 필요없다.

③ 시공이 간편하다.

Ⅳ. 적용성

① 용수가 많은 비탈면

② 토사의 유실이 우려되는 비탈면

③ 동결 융해에 의해 비탈면이 위험할 때

④ 비탈면 붕괴후 복구대책

⑤ 사면 선단 파괴가 우려되는 곳

Ⅴ. 종류

① 보통 돌망태

② 이불 돌망태

Ⅵ. 사용재료

① 철망(3.2mm×100mm×100mm)

② 경질 네트론(3.2mm×100mm×100mm)

③ 호박돌

Ⅶ. 시공순서 Flow Chart

사면정리 → 규준틀 설치 → 돌망태 제작 → 돌망태 설치 → 뒤채움 → 마무리

Ⅷ. 시공방법

1) 사면정리

시공 사면을 정리하고, 용수가 있을 때에는 유도배수하여 토사유실을 방지한다.

2) 규준틀 설치

시공정도 향상과 구배설정 기준을 정하기 위한 규준틀을 설치한다.

3) 돌망태 제작

① 철망에 호박돌, 잡석 등을 이용하여 돌망태를 제작한다.

② 철망 사이로 채움돌이 빠져나가지 않도록 호박돌은 150mm 이상을 사용한다.

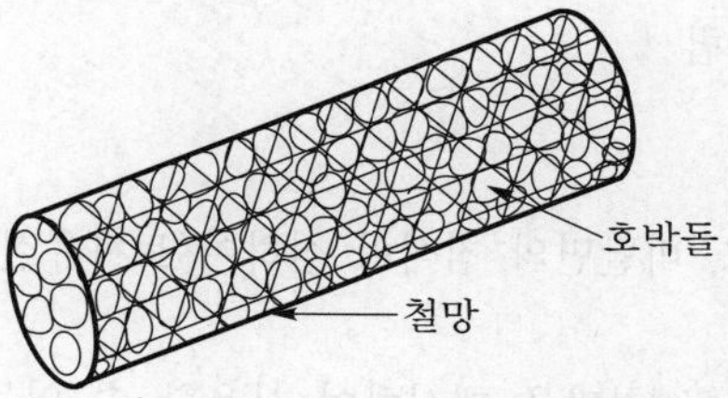

<원형 돌망태>

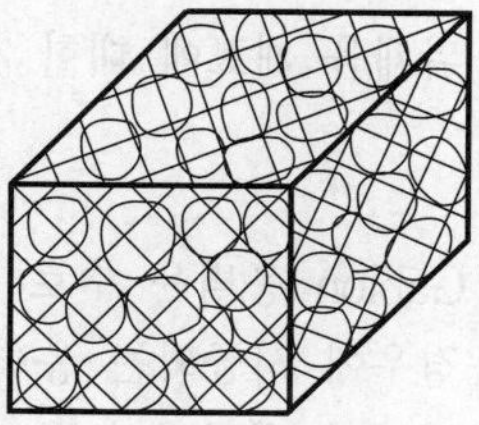

<각형 돌망태>

4) 돌망태 설치

① 제작된 돌망태를 설치위치로 옮겨서 옹벽을 축조한다.

② 비탈면의 구배가 크고, 용수가 많을 때에는 이불 돌망태를 사용한다.

③ 단순사면 보호를 위해서는 보통 돌망태를 사용한다.

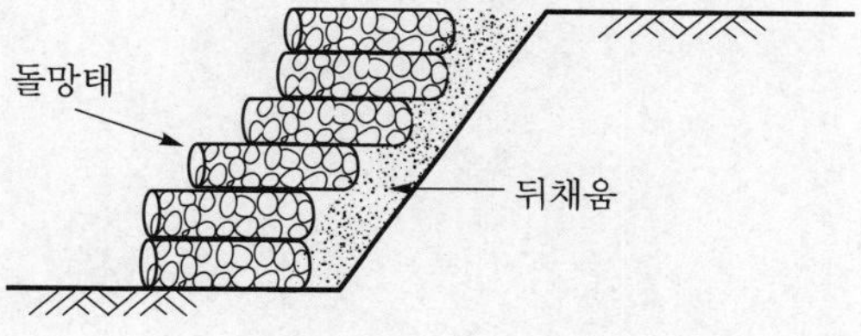

<설치 단면>

5) 뒤채움

① 비탈면과 시공 공간과의 채움에는 투수계수가 크고, 압축성이 적은 재료를 사용한다.

② 다짐을 잘하여 전단강도를 높여야 한다.

6) 작업 마무리

① 주위를 정돈하고, 돌망태의 상태를 점검한다.

② 배면 토사의 유출상태 확인한다.

Ⅸ. 문제점

① 철망의 내구성이 적다.

② 철선과 채움돌의 분리

③ 수세가 급한 지점에서의 시공상 문제
④ 옹벽의 수명이 짧으므로 잠정 공사에만 적용
⑤ 뒤채움 재료에 대한 기준이 불명확

Ⅹ. 개발방향

① 내구성이 큰 철망 대체재료 개발
② 돌망태 전체가 일체화되도록 시공
③ 호안 비탈 덮기공과의 연결시공
④ 영구 구조물로서의 축조 공법 개발
⑤ 뒤채움 재료에 대한 시방기준 확립

Ⅺ. 결론

① Gabion 옹벽은 주로 용수가 많고, 비탈면의 침식이 심하여 토사유실이 우려되는 경우에 시공되는 옹벽이다.
② 철망의 내구성이 큰 문제가 되므로 철망을 대신하여 사용할 수 있는 인성이 크고, 값싼 토목섬유의 개발이 요구된다.

7 석축(축대) 붕괴원인 및 대책

Ⅰ. 개요

① 석축의 붕괴는 주로 기초지반의 지지력이 부족하여 침하를 일으키나, 돌의 마찰력이 부족한 곳에서 돌이 빠져나올 때 일어난다.

② 석축을 안전하게 시공하려면 기초지반을 견고히 하고, 돌쌓기 방법에서 마찰력의 감소를 초래하는 방법은 절대로 피해야 한다.

Ⅱ. 안정조건

1) 활동

① 석축의 뒷면에 작용하는 횡토압의 수평력보다 기초저면에서의 마찰력이 커야 한다.

② 안전율$(F_s)=\dfrac{\text{기초저면에서의 마찰력의 합계}}{\text{수평력의 합계}}\geq 1.5$

2) 전도

① 석축에 작용하는 수직력의 합(저항 Moment)이 수평력의 합(전도 Moment)보다 커야 한다.

② 안전율$(F_s)=\dfrac{\text{저항 모멘트}}{\text{전도 모멘트}}\geq 2.0$

3) 지지력

① 기초지반에 작용하는 최대 압력이 지반의 허용지지력을 넘어서는 안 된다.

② 안전율$(F_s)=\dfrac{\text{지반의 허용지지력}}{\text{연직력의 합력}}\geq 3.0$

Ⅲ. 붕괴원인

1) 배수불량

배수공의 미설치, 설치개소 부족, 필터층의 막힘 등으로 뒤채움부의 배수가 불량해져서 토압이 증가될 경우

2) 석재불량

사용 석재의 규격미달 또는 재질의 불균질 등 석재의 품질이 불량하여 석축의 강도와 내구성이 저하될 경우

3) 뒤채움재 불량

뒤채움재로 사용된 돌의 입도가 불량하여 Filter재로서의 역할을 다하지 못하거나 토압에 대한 저항력이 부족할 경우

4) 동결융해

동결융해가 반복됨으로써 노후된 석재가 이탈되거나 재료가 부식하여 재료분리가 발생되었을 경우

5) 시공불량

돌쌓기 자체의 시공이 불량하거나 뒤채움부의 다짐시공, 배수처리 시설, 줄눈의 시공 등이 부실했을 경우

6) 기초지반 처리불량

기초지반 또는 연약지반에 대한 처리가 불량하여 지반의 지지력 부족으로 시공후 부등침하가 발생되었을 경우

7) 구조형식 불량

석축이 높거나 지하 수위가 높은 곳에 메쌓기를 하거나, 기초 토대공을 시공하지 않거나 줄눈의 구조가 부적합할 경우

8) 상하수도관 누수

석축 위의 주택가 등에서 상하수도관의 누수가 석축 뒤채움부에 유입됨으로써 옹벽 내의 수위가 상승될 경우

Ⅳ. 대책

1) 석재(石材)

석재는 규정된 치수와 형상 및 중량을 갖추어야 하며, 강도와 내구성을 지닌 균등질의 재료여야 한다.

2) 석재의 크기

사용 석재의 크기는 석축의 높이에 따라 정해지나 석축의 하부에는 큰 것을 쌓고, 그 위층에서는 크기가 일정한 작은 석재를 사용한다.

3) 뒤채움재료

석축의 뒤채움재료는 천연석의 조약돌이나 부순돌로하고, 강도와 내구성이 풍부하고, 대소 입도가 적당히 혼합된 재질이어야 한다.

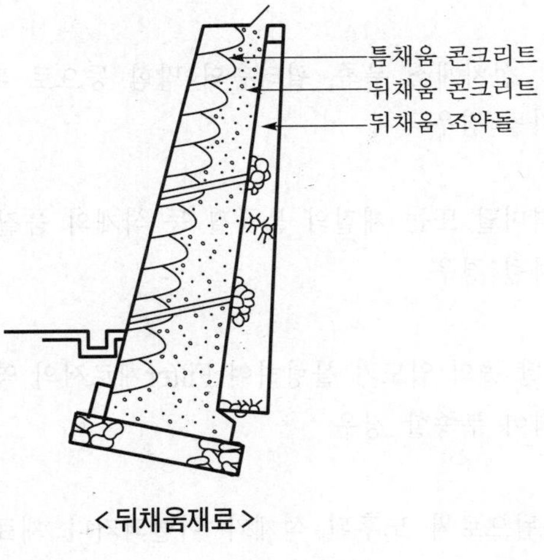

<뒤채움재료>

4) 기초지반처리

조약돌 기초인 경우는 기초지반을 소정의 깊이로 터파기하고 조약돌을 펴서 깔고 그 틈사이로 자갈채움을 한후 다진다. 막자갈 기초인 경우는 막자갈을 소정의 두께로 펴서 다진다.

5) 연약지반처리

기초지반이 연약하여 부등침하가 예상되는 경우는 막자갈이나 조약돌 기초는 효과가 없으므로, 말뚝기초나 콘크리트기초로 보강하여야 한다.

6) 돌쌓기시공

돌쌓기의 각 층은 압력방향에 직각으로 쌓고, 유공질의 건조한 석재를 찰쌓기에 사용할 때에는 미리 물축이기를 해서 사용한다.

7) 줄눈시공

서로 이웃하는 아래, 위층의 세로 줄눈이 연속되어서는 안 되며, 줄눈의 간격은 되도록 작게하고, 모르타르로 충분히 채워야 한다.

8) 뒤채움시공

되메움재료와 뒤채움재료가 혼합되지 않도록 하여야 하며, 뒤채움 작업중에는 기계의 주행 또는 편심하중에 의해 구조물에 손상을 주지 않도록 주의해야 한다.

9) 되메움시공

석축 뒤의 되메우기는 돌쌓기에 맞추어 뒤채움한 후 층별로 되메우기를 하여야 하며, 높은 돌쌓기에서는 한 번에 되메우기를 해서는 안 된다.

10) 불투수층 설치

석축 위의 비탈면과 전면 아래부분에 불투수층을 설치하여 강우에 의한 표면수의 침투를 방지해야 한다.

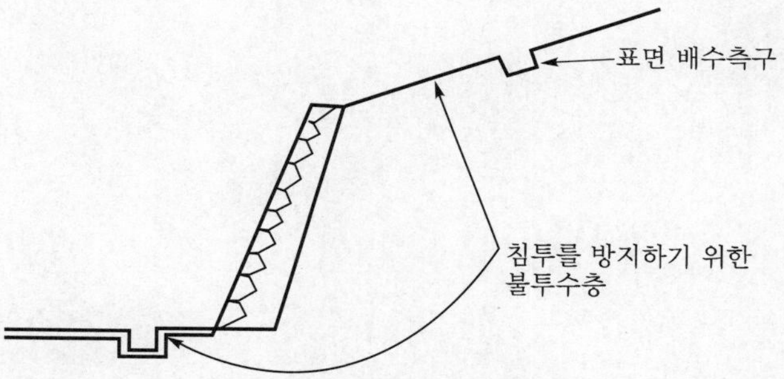

<불투수층 설치의 예>

11) 물빼기공 설치

석축 뒷면의 배수를 좋게 하기 위해서 뒷면의 용출수가 용출되는 곳에 중점적으로 물빼기공을 설치해야 한다.

12) 경사 배수층 설치

뒷면 흙이 점착성이 작은 흙인 경우 침투수의 배제, 침투에 의한 간극압의 감쇄 및 뒷면 흙의 동결방지를 위해 경사 배수층을 설치한다.

13) 수직 배수층+경사 배수층

점착성이 있는 뒷면 흙에 대해서 수직 배수층과 경사 배수층을 조합해서 쓰기도 한다.

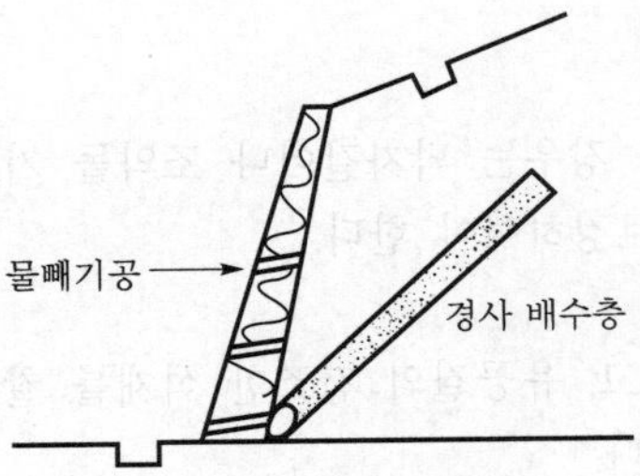

<물빼기공 설치의 예>

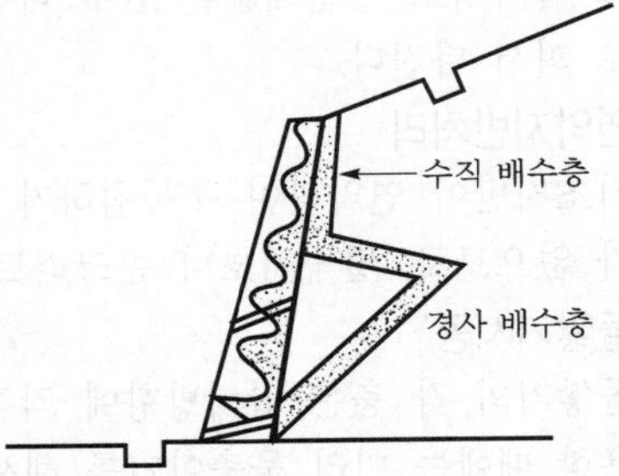

<수직, 경사 배수층 설치의 예>

14) 찰쌓기 양생

찰쌓기는 시공후 곧 가마니 등을 덮어 일광, 바람에 의한 줄눈 모르타르의 수분 증발을 막고, 10시간 이상 습윤양생을 해야 한다.

Ⅴ. 결론

① 석축의 주된 붕괴원인은 돌쌓기 뒷면과 기초와 물빼기의 불완전으로 인한 토압의 증가 또는 기초지반의 침하에 기인한 것이다.

② 석축의 물빼기 형식의 선정시에는 뒷면흙의 토질, 용출수의 용출 유무, 지형과 배수층 설치의 난이, 경제성 등을 고려해야 한다.

그 다음에는

한 젊은이가 명문 법과대학의 교수를 만날 약속을 했다. 교수를 만나서 법률공부를 하고 싶다고 했다. 교수는 그 이유를 물어보았다.

"변호사가 되고 싶습니다. 저의 재치와 웅변으로 사회명사가 되고자 합니다."
"그 다음에는?" 교수가 물었다.
"그 다음에는 외국에 가서 이름난 법률학교에서 공부하렵니다."
"그 다음에는?"
"그 다음에는 부자가 되어 이름을 날릴 것입니다."
"그 다음에는?"
"예, 그 다음에는 안정된 생활을 하게 되겠지요."
"그 다음에는?"
"그 다음에는 나이가 들면서 편안한 나날을 보낼 것입니다."
"그 다음에는?"
"그 다음에는 아마 ……… 죽게 되겠지요."
교수는 의자에 비스듬히 기대면서 조용하게 물었다.
"그 다음에는?"

젊은이는 더 이상 할 말이 없었다. 집에 돌아와서도 교수의 질문이 계속 귓가에 맴돌고 있었다. 죽은 다음에는 무슨 일이 있을까. 매우 근심에 싸여 기독교인 친구와 의논했다. 오래지 않아 젊은이는 그리스도를 영접하게 되었다.

제1장 토 공

제5절 건설기계

- 문제1 토공기계의 종류 및 특성
- 문제2 토공기계의 조합방법
- 문제3 토공기계의 선정방법
- 문제4 건설기계 경비의 구성
- 문제5 쇄석기의 종류 및 특징
- 문제6 준설선의 종류와 선정

건설기계 과년도 문제

1	1. Shovel계 장비의 종류와 적용 [96후, 20점] 2. 불도저(Bulldozer)의 작업원칙 [94후, 10점], [97후, 20점] 3. 진동식 롤러를 이용하는 공종을 설명하고, 효과있게 이용될 여건을 설명하시오. [94전, 30점] 4. 성토다짐관리에서 특기할 사항과 토질별 다짐기계를 설명하시오. [94전, 50점] 5. 흙의 다짐원리 및 흙의 종류에 따른 다짐장비의 선정과 그 이유에 대하여 설명하시오. [94후, 40점] 6. 성토용 다짐장비의 종류를 들고, 그 용도상의 특징을 설명하시오. [95중, 33점] 7. 일반토사의 흙쌓기에서 현장다짐관리를 설명하고, 점토 및 사질토에 사용되는 다짐기계를 설명하시오. [95후, 30점] 8. 토질조건 및 시공조건에 따른 흙다짐기계의 선정에 대하여 설명하시오. [12중, 25점] 9. 토질별 다짐장비 선정에 대하여 설명하시오. [18전, 25점]
2	10. 대규모 임해공단 조성시 토공사의 장비계획에 관하여 기술하시오. [98전, 50점] 11. 단지 토공사에서의 건설기계의 조합원칙과 기종 선정의 방법에 대하여 기술하시오. [00후, 25점] 12. 대단위 토공사현장에서의 시공계획수립을 위한 사전조사사항을 열거하고, 장비 선정 및 조합시 고려해야 할 사항에 대하여 서술하시오. [03전, 25점] 13. 대규모 토공작업을 하고자 한다. 합리적인 장비조합계획과 시공상 검토할 사항에 대하여 기술하시오. [07전, 25점] 14. 토공장비계획의 기본절차, 장비 선정시 고려사항, 장비조합의 원칙에 대하여 설명하시오. [14전, 25점] 15. 건설기계 선정시 일반적인 고려사항과 건설기계의 조합원칙을 설명하시오. [15전, 25점] 16. 대규모 산업단지를 조성할 때 토공건설장비의 선정 및 조합에 대하여 설명하시오. [16중, 25점] 17. 건설기계의 조합원칙 [11전, 10점] 18. 대단위 산업단지 성토를 육상토취장토사와 해상준설토로 매립하고자 한다. 육·해상 구분하여 성토재의 채취, 운반, 다짐에 필요한 장비조합을 설명하시오(성토물량과 공기 등은 가정하여 계획할 것). [08후, 25점] 19. 산악지형의 토공작업에서 시공에 필요한 장비조합과 시공능률을 향상시킬 수 있는 방안을 기술하시오. [05후, 25점] 20. 절·성토시 건설기계의 조합 및 기종 선정방법을 설명하시오. [10중, 25점] 21. 토공중기에서 굴착장비와 운반장비의 효율적인 조합방법에 대하여 설명하시오. [95중, 33점] 22. 적재기계와 덤프트럭의 경제적인 조합에 대해서 설명하시오. [94전, 30점] 23. 토공적재장비(Wheel Loader)와 운반장비(Dump Truck)의 경제적인 조합에 대하여 기술하시오. [02전, 25점] 24. 대단위 토공공사현장에서 적재기계와 운반기계와의 경제적인 조합에 대하여 설명하시오. [05전, 25점] 25. 토공사에서 적재기계와 덤프트럭의 최적대수 산정방법과 덤프트럭의 용량이 클 경우와 작을 경우의 운영상 장·단점을 설명하시오. [07후, 25점] 26. 대단지 토공에서 장비계획시 장비배분(allocation)의 필요성과 장비평준화(leveling)방법을 설명하시오. [12중, 25점]

건설기계 과년도 문제

2	27. 건설기계의 작업효율 [98후, 20점], [00전, 10점] 28. 건설기계의 시공효율 향상을 위한 필요조건에 대해서 설명하시오. [06중, 25점] 29. 건설기계의 시공효율 [04전, 10점], [10전, 10점] 30. 건설장비의 사이클타임(Cycle Time)이 공사원가에 미치는 영향에 대하여 기술하시오. [03후, 25점] 31. 유압식 Back Hoe작업량 산출방법 [04후, 10점]
3	32. 토공작업시 합리적인 장비 선정과 공종별 장비에 대하여 설명하시오. [01중, 25점] 33. 단지조성공사의 토공작업에 있어 시공장비선택의 기본적 고려사항을 논하시오. [97중전, 50점] 34. 토공건설기계를 선정할 때 특히 토질조건에 따라 고려할 사항을 열거하시오. [01후, 25점] 35. 건설용 기계장비를 선정할 때 고려할 사항을 설명하시오. [02중, 25점] 36. 토공사에 투입되는 장비의 선정시 고려사항과 작업능률을 높일 수 있는 방안을 설명하시오. [09전, 25점] 37. 토공사현장에서 시공계획수립을 위한 사전조사내용을 열거하고 장비 선정시 고려사항을 설명하시오. [13전, 25점] 38. 도로공사시 토공기종을 선정할 때 우선적으로 고려해야 할 사항을 기술하시오. [04후, 25점] 39. 장비의 주행성(Trafficability) [01전, 10점], [02중, 10점], [05중, 10점] 40. 트래피커빌리티(Trafficability)의 용도 [94후, 10점] 41. 토공중기의 경제적 운반거리 [95중, 20점] 42. 도로건설현장에서 장기간에 걸쳐 우기가 지속될 경우, 공사 연속성을 위하여 효과적으로 건설장비의 trafficability를 유지하기 위한 방안을 설명하시오. [13전, 25점]
4	43. 표준트럭하중 [05후, 10점] 44. 기계경비의 구성을 열거하고, 각 구성요소를 기술하시오. [98후, 30점] 45. 건설기계경비의 구성 [05중, 10점] 46. 건설기계의 손료 [08중, 10점] 47. 건설기계의 경제수명 [97중후, 20점] 48. 건설기계의 경제적 사용시간 [06중, 10점] 49. 건설기계 마력 [00후, 10점]
5	50. 크러셔(Crusher)의 종류를 들고 그 특성 및 용도를 설명하시오. [94후, 30점] 51. 크러셔장비조합 [99중, 20점] 52. 골재의 생산시설에 대하여 설명하시오. [97후, 35점] 53. 혼합골재 100,000m^{3}를 생산하고자 할 때 소요장비 선정방법을 설명하시오. [96중, 35점] 54. 콘크리트 댐공사에 필요한 골재제조설비 및 콘크리트 관련 설비에 대해서 설명하시오. [09중, 25점] 55. 임팩트 크러셔(Impact Crusher) [04전, 10점]
6	56. 준설선의 종류를 아는대로 들고 설명하시오. [00중, 10점] 57. 준설토의 운반거리에 따른 준설선의 선정과 준설토의 운반(처분)방법 및 각 준설선의 특성에 대해서 설명하시오. [06중, 25점] 58. 준설선을 토질조건에 따라 선정하고 각 준설선의 특징을 설명하시오. [08중, 25점] 59. 대규모 국가하천정비공사에서 사용하는 준설선의 종류와 특징에 대하여 설명하시오. [11중, 25점]

건설기계 과년도 문제

6	60. 항만 항로폭 확장을 위한 펌프준설선의 기계화 시공에 대하여 장비종류 및 작업계획에 대하여 설명하시오. [16전, 25점] 61. 그래브 준설선과 버케트 준설선의 구조 및 적용 조건을 설명하고 장·단점을 비교하시오. [97후, 25점] 62. 항만공사에서 그래브(Grab)선 준설능력 산정시 고려할 사항과 시공시 유의사항을 기하시오. [04후, 25점] 63. 준설선의 종류 및 특징 [19전, 10점] 64. 호퍼준설선(Trailing Suction Hopper Dredger) [07전, 10점] 65. 土質 條件에 적합한 준설선(Dredger)의 선정방법을 쓰시오. [94후, 30점] 66. 우리나라 서해안지역에서 준설공사시 장비 선정과 시공상 주의사항을 기술하시오. [97중전, 50점] 67. 준설선의 선정에 대해서 기술하시오. [98후, 30점] 68. 항로유지 준설공사를 시행하고자 할 때 준설선 선정시 유의사항을 설명하시오. [00전, 25점] 69. 항만 준설공사에서 준설선의 선정기준을 설명하고 준설공사의 시공관리에 대하여 기술하시오. [02전, 25점] 70. 항만 준설공사 시 경제적이고 능률적인 준설작업이 되도록 준설선을 선정할 때 고려해야 할 사항을 설명하시오. [17전, 25점] 71. 해저 Pipe Line의 부설방법과 시공시 유의사항을 설명하시오. [07중, 25점] 72. 준설공사를 위한 사전조사와 시공방식을 기술하고 시공시 유의사항을 설명하시오. [10전, 25점] 73. 항로에 매몰된 점토질토사 500,000m^3를 공기 약 6개월 내에 준설하고자 한다. 투기장이 약 3km 거리에 있을 때 준설계획에 대하여 설명하시오. [06후, 25점] 74. 준설작업시 준설선단을 구성하는 해상장비의 종류와 기능을 설명하시오. [00중, 25점] 75. 매립공사에 사용되는 해양 준설투기방법에 있어서 예상되는 문제점 및 대책에 대하여 설명하시오. [11전, 25점] 76. 항만 준설토의 공학적 특성과 활용방안에 대하여 설명하시오. [16중, 25점] 77. 해안에서 5km 떨어진 해중에 육상의 흙을 사용하여 토운선매립방식으로 인공섬을 건설하고자 한다. 해상매립공사를 중심으로 시공계획시 유의사항을 설명하시오. [11후, 25점]
7	78. 기계화 시공의 계획순서와 그 내용을 설명하시오. [01전, 25점] 79. 기계화 시공계획 수립순서 및 내용을 건설기계의 운용관리면을 중심으로 설명하시오. [08중, 25점]

1 토공기계의 종류 및 특성

Ⅰ. 개요

① 토공용 기계는 대체적으로 굴착, 적재, 운반, 정지, 다짐으로 구분할 수 있는데 해당공사가 요구하는 시공법, 능률, 작업조건, 성질 등을 파악하여 가장 효과적인 장비를 선정해야 한다.

② 작업효율의 극대화를 위해서는 각 장비의 장·단점을 비교하고 작업의 물량, 공기 등을 분석하여 장비와 규격을 합리적으로 조합하여 사용해야 한다.

Ⅱ. 토공기계의 분류

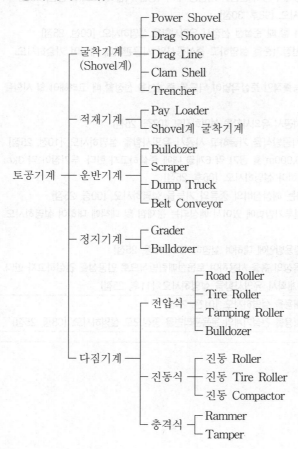

- 토공기계
  - 굴착기계 (Shovel계)
    - Power Shovel
    - Drag Shovel
    - Drag Line
    - Clam Shell
    - Trencher
  - 적재기계
    - Pay Loader
    - Shovel계 굴착기계
  - 운반기계
    - Bulldozer
    - Scraper
    - Dump Truck
    - Belt Conveyor
  - 정지기계
    - Grader
    - Bulldozer
  - 다짐기계
    - 전압식
      - Road Roller
      - Tire Roller
      - Tamping Roller
      - Bulldozer
    - 진동식
      - 진동 Roller
      - 진동 Tire Roller
      - 진동 Compactor
    - 충격식
      - Rammer
      - Tamper

Ⅲ. Shovel계 굴착기계

1) Power Shovel(Dipper Shovel)

① Shovel계 굴착기계 중 가장 기본이 되는 장비이다.

② 기계보다 높은 위치의 굴착작업에 적합하다.

③ 단단한 토질의 굴착도 가능하다.
④ 운반기계와 조합사용하며, 효과적이다.
⑤ Crawler형과 Tire형이 있다.

2) Drag Shovel(Backhoe)

① 토공의 주된 장비로서 쓰인다.
② 지면보다 낮은 위치의 굴착이 용이하나 높은 곳도 굴착과 적재가 가능하다.
③ 정확한 위치의 굴착이 가능하므로 구조물 기초의 굴착에 적합하다.
④ 현장 여건이 좋으면 Power Shovel과 동일한 작업능력을 발휘한다.
⑤ Wire−rope식과 유압식이 있다.

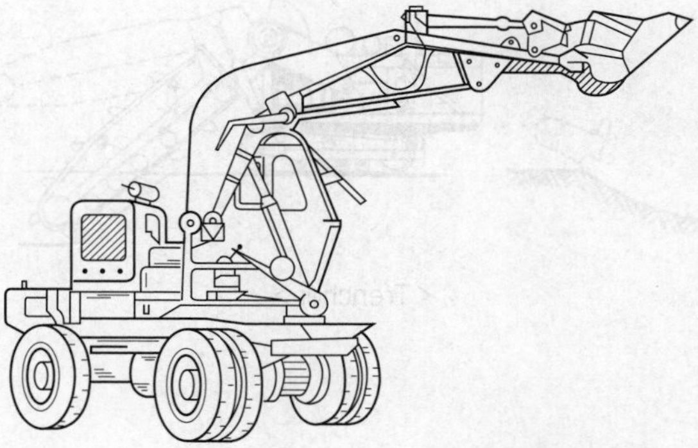
<Power Shovel(Dipper shovel)>

<Drag Shovel(Backhoe)>

3) Drag Line

① 기계보다 낮은 장소의 굴착이 용이하다.
② 넓은 면적의 연한 토질을 광범위하게 굴착시 유효하다.
③ 단단한 지반의 굴착에는 부적합하다.
④ 하상굴착, 골재채취 등 수중 작업에도 사용된다.
⑤ 수중굴착 작업시에는 구멍 뚫린 버킷(bucket)을 사용한다.

4) Clam Shell

① 기초 및 우물통 등의 좁은 장소의 깊은 굴착에 적합하다.
② 높은 장소에의 적재 작업에도 사용된다.
③ 단단한 지반의 굴착에는 부적합하다.
④ 자갈, 모래 등의 채취에 가장 많이 이용된다.
⑤ 버킷의 종류에 따라 가벼운 재료의 취급, 흐트러진 재료의 취급, 굴착작업 등 용도가 다르다.

5) Trencher

① 가스관, 수도관 등의 매설 및 배수로 굴착에 사용된다.
② 굴착된 토사는 콘베이어에 의해 배출된다.

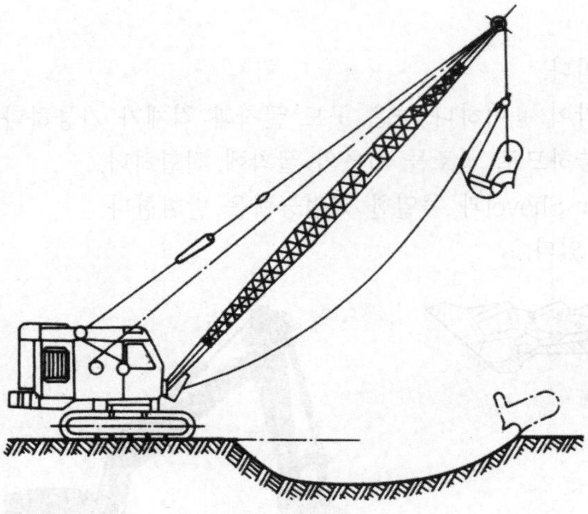

< Drag Line >

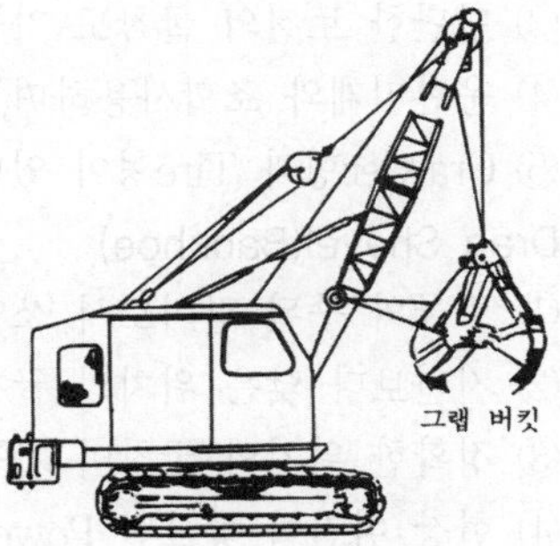

< Clam Shell >

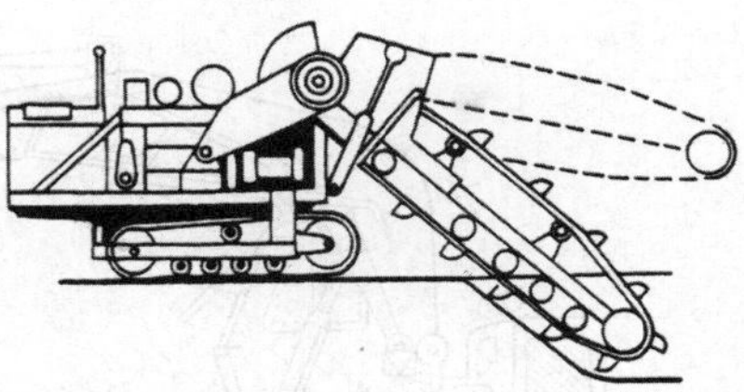

< Trencher >

Ⅳ. 적재기계

1) Pay Loader

① 트랙터 장비에 흙을 굴착, 상차할 수 있는 장치를 부착한 장비이다.

② 집적되어 있는 재료나 부드러운 흙의 상차에 많이 사용된다.

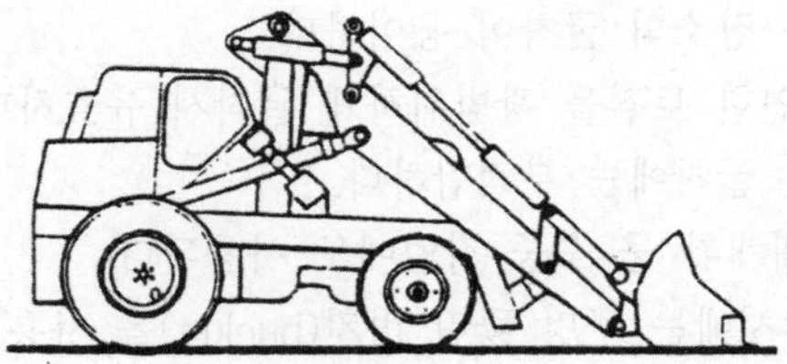

< Pay Loader >

2) Shovel계 굴착기계

① Shovel계의 굴착기계는 굴착과 적재가 동시에 가능한 장비이다.

② 부착장치에 따라 그 작업능력도 다양하다.

Ⅴ. 운반기계

1) Bulldozer

① 트랙터의 전면에 배토판을 장착한 장비이다.

② 단거리에서 굴착과 운반을 동시에 할 수 있다.

③ 작업장이 넓고 조건이 좋으면 2대 이상이 동시작업으로 효율을 높일 수 있다.

④ 트랙터에 부착된 부품에 따라 그 특성과 용도가 변한다.

⑤ 불도저의 작업원칙

㉠ 60m 전후의 비교적 단거리 굴착, 운반용 기계로 사용된다.

㉡ 운반작업은 항상 운반거리가 최소화되도록 한다.

㉢ 굴착과 운반은 가급적 중력을 이용한 하향작업이 되도록 한다.

㉣ Cycle Time의 단축에 주력함으로써 운전시간당의 작업횟수를 증대시킨다.

㉤ 토질조건 및 작업목적에 적합하도록 불도저의 절삭각, Angle 및 Tilt 각 등을 조절한다.

㉥ Scraper, Shovel, Dump Truck 등의 기계와 조합하여 보조작업이 되게 한다.

㉦ 작업로는 항상 양호한 상태가 되도록 유지하여 강우시 물이 괴지 않도록 한다.

㉧ 굴착과 운반작업은 항상 지면이 평탄하게 유지될 수 있도록 한다.

㉨ 배토판의 조작은 조금씩 그리고 부드럽게 행한다.

㉩ 기계의 고장은 작업능률을 저하시키므로 항상 기계의 정비상태를 양호하게 유지한다.

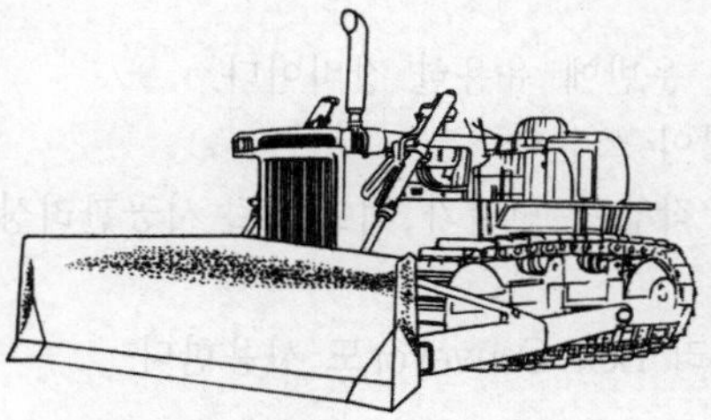

<스트레이트 도저>

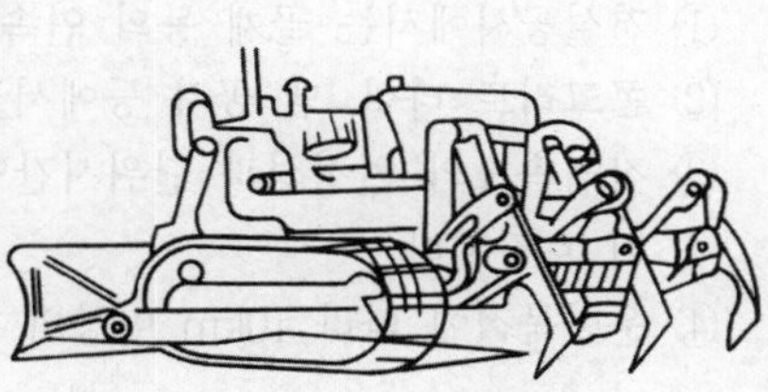

<리퍼 도저>

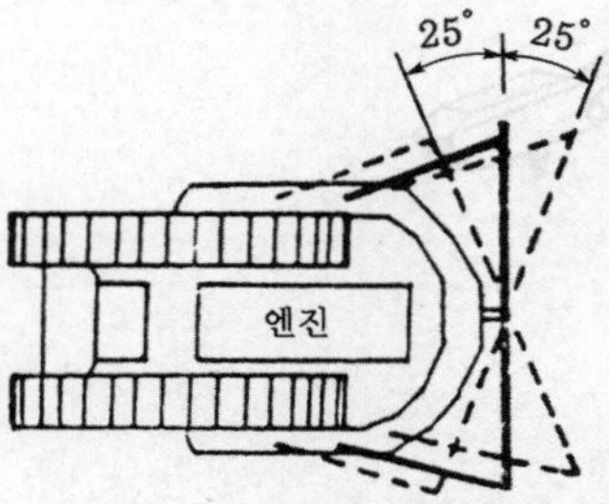

<앵글 도저>

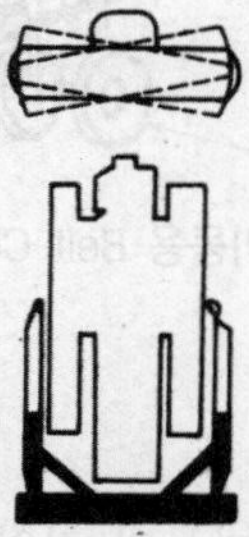

<틸트 도저>

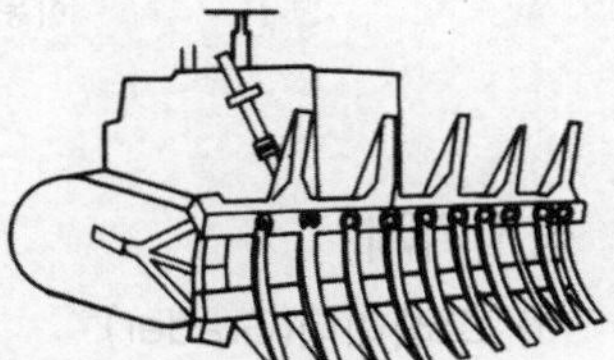

<레이크 도저>

2) Scraper

① 단독으로 굴착, 적재, 운반, 부설 등을 일관성 있고 연속적으로 하는 기계이다.

② 광범위한 운반거리를 갖고 있어 도로, 댐, 단지조성 공사에 많이 사용한다.

③ 토사의 경우 작업효율이 높으나 암석에는 사용할 수 없다.

④ 자주식과 피견인식이 있다.

⑤ 운반장비로서의 범용성이 적어 현재는 많이 사용하지 않는다.

3) Dump Truck

① 가장 많이 사용되고 있는 운반장비이다.

② 장거리 운반, 공사장 간의 이동 등이 용이하다.

③ 타 공사에의 전용이 쉽다.

④ 후방 덤프트럭이 가장 많이 이용된다.

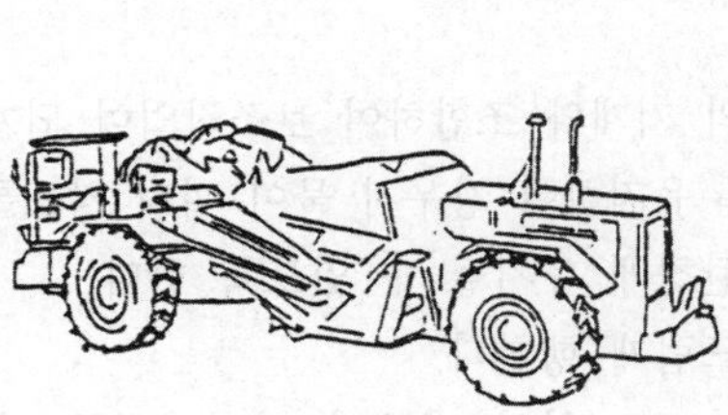

<모터 스크레이퍼>

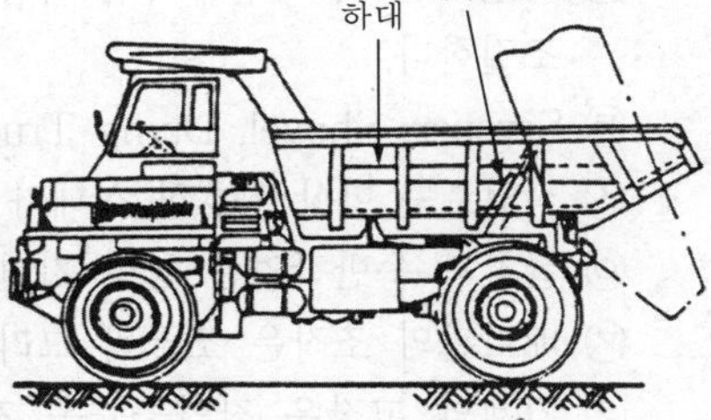

<전용 덤프트럭>

4) Belt Conveyor

① 건설공사에서는 골재 등의 연속적인 운반에 유용한 장비이다.

② 콘크리트 타설, 댐 공사 등에서도 많이 쓰인다.

③ 작업속도의 일정성과 단위시간당의 작업량 변화가 적으므로 시공관리상 안정성이 보장된다.

④ 운반목적에 따라 10km 이상의 장거리 Belt Conveyor도 사용한다.

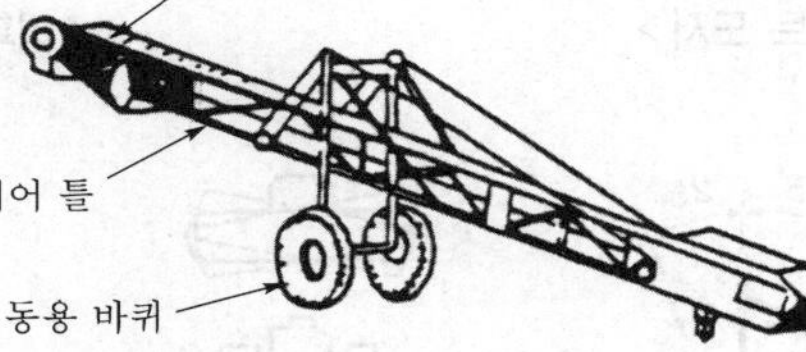

<이동용 Belt Conveyor>

Ⅵ. 정지기계

1) 그레이더(Grader)

① 도로공사에서의 정지 및 마무리 작업에 필수적으로 사용되는 장비이다.

② 부드러운 토사절취나 정지작업 또는 사리도 보수 등에 사용된다.

③ 그레이더의 규격은 삽날의 길이에 따라 구분한다.

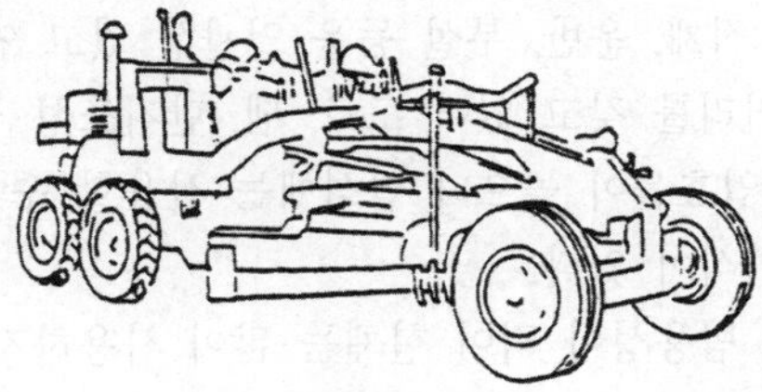

<Moter Grader>

2) Bulldozer

① Bulldozer는 자체 중량에 의한 접지압과 전면의 배토판에 의한 정지작업이 가능하다.

② 벌개 제근 등 지반정지에 Rake Dozer, V-Dozer 등을 많이 사용한다.

Ⅶ. 다짐기계

1. 전압식 다짐장비

1) Road Roller

① 쇄석, 자갈 등의 포장기층 다짐이나 아스팔트 포장의 끝마무리에 사용된다.

② Macadam Roller 및 Tandem Roller의 두 종류가 있다.

2) Tire Roller

① 노상이나 노반의 다짐을 비롯하여 사용범위가 넓은 편이다.

② 점착성이 적고 입도가 나쁜 모래에는 부적당하다.

3) Tamping Roller

① 철륜에 다수의 돌기를 붙여 접지압을 높인 것이다.

② 깊은 다짐, 고함수 지반의 다짐에 사용한다.

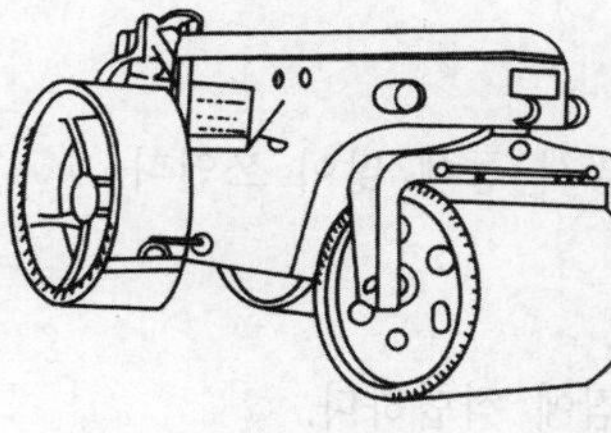

<Macadam Roller>

<Tandem Roller(3축)>

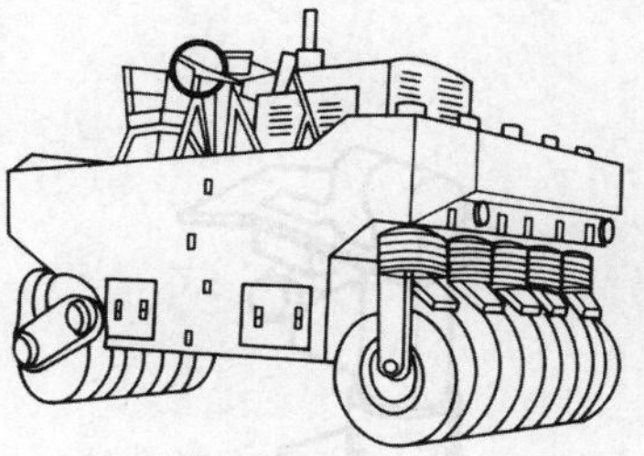

<Tire Roller>

<Tamping Roller>

4) Bulldozer

① 트랙터의 전면에 배토판(blade)을 장착한 범용(汎用) 기계이다.

② 고함수비 다짐에서 습지 도저를 많이 사용한다.

2. 진동식 다짐장비

1) 진동 Roller

① 사질 및 자갈토에 적합하며, 포장보수에 많이 사용된다.

② 점성토 지반에는 효과가 적다.

2) 진동 Tire Roller

① 진동과 자중을 함께 이용하므로 다짐효과가 크다.

② 사질토 지반의 다짐에 적합하다.

3) 진동 Compactor

① 취급이 용이하여 좁은 장소의 다짐에 적합하다.

② 도로, 제방, 활주로 등의 보수공사 및 배관공사 성토부 다짐에 많이 사용된다.

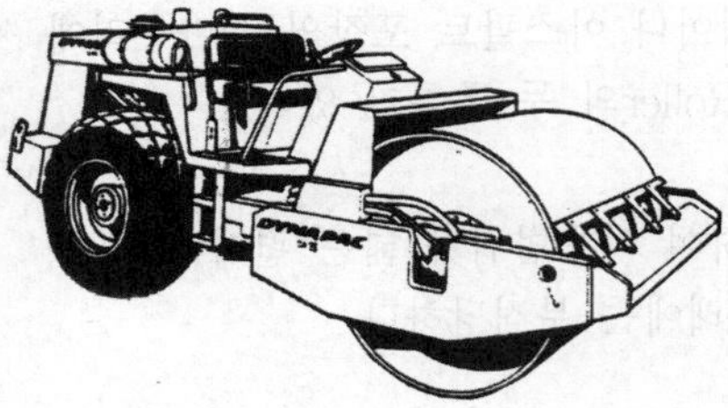

<진동 Roller>

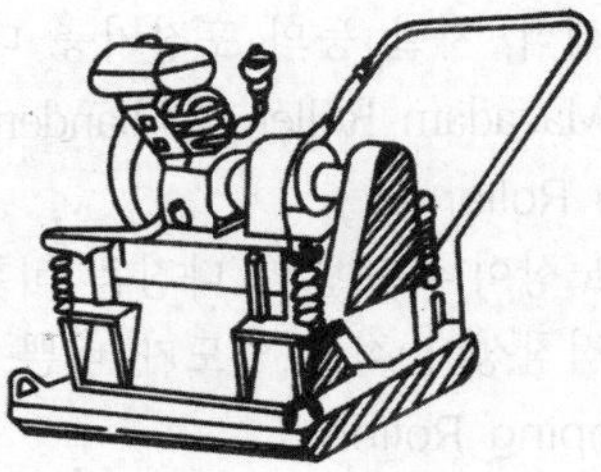

<진동 Compactor>

3. 충격식 다짐장비

1) Rammer

① 소형, 경량이므로 운반이 용이하다.

② 협소한 장소의 다짐에 적합하므로 보수공사 등에 많이 쓰인다.

2) Tamper

① 조작이 용이하고, 시공의 균일성이 좋다.

② 절·성토 접속부 또는 구조물의 근접다짐에 적합하다.

<Rammer>

<Tamper>

Ⅷ. 결론

① 시공목적을 달성하기 위한 시공법 및 시공장비는 여러 가지가 있을 수 있으므로 충분한 비교검토를 통하여 적정한 시공법 및 시공장비를 채택하여야 한다.

② 장비의 선정에는 그 공종의 물량과 공정상의 공기 및 범용성이 동시에 검토되어 전체 공사의 균형을 갖는 장비의 선정이 되어야 한다.

2 토공기계의 조합방법

Ⅰ. 개요

① 장비의 조합은 각 장비의 장·단점을 비교하고, 완료해야 할 작업의 물량, 공기 등을 종합적으로 판단하여 여러 종류의 장비와 규격을 합리적으로 결합함으로써 최대의 효율을 얻도록 해야 한다.

② 각 기계의 용량과 대수를 최대한 균형시켜 조합함으로써 전체작업의 능률을 높여 시공단가를 절감시켜야 한다.

Ⅱ. 조합의 원칙

1) 작업능력의 균형

가장 효율적인 기계의 조합을 위해서는 각 기계의 작업능력을 균등화하여 각 작업 소요 시간을 일정화하는 것이 필요하다.

2) 조합작업의 감소

일반적으로 분할되는 작업의 수가 증가하면 작업효율이 저하되어 합리적인 조합작업이 되지 못하므로 기계의 작업효율을 고려한 합리적 조합이 요구된다.

3) 조합작업의 중복화

직렬작업을 중복시켜 작업을 병렬화하면 시공량이 증대될 뿐 아니라 고장 등에 의한 타작업의 휴지를 방지하여 손실의 위험분산 효과가 있다.

Ⅲ. 토공기계의 조합 예

공종명 \ 작업명	굴착	적재	운반	다짐	마감
도로공사	Bulldozer	Pay Loader	Dump Truck	Roller	Grader
축제공사	Bulldozer	Power Shovel	Dump Truck	Bulldozer	Bulldozer
댐공사	Bulldozer	Pay Loader	Scraper, Belt-Conveyor	Bulldozer	Grader

Ⅳ. 적재기계와 운반기계의 경제적 조합

1) 각 기계의 시공속도

덤프트럭과 적재기계의 작업능률이 조화를 이루지 못하면 작업능률이 떨어지고 운반단가가 높아진다.

2) 주작업의 시공속도

주작업의 정상 시공속도를 확보하기 위한 최대 시공속도를 결정하고, 이에 부합되는 주작업용 기계를 선택한다.

3) 종작업의 시공속도

주작업의 전후에 연계되는 각종 작업의 정상 시공속도를 주작업의 최대 시공속도와 동일하게 하거나 약간 크게 결정하고, 이에 부합되는 기계를 선정한다.

4) 조합작업의 시공속도

조합작업의 최대 시공속도는 각 작업의 최소치에 한정되고, 작업효율의 최소치는 각 작업의 시간손실이 상호 중복되지 않고 각각 독립된 때가 된다.

5) 기계능력 산정

$$Q = \frac{60qfE}{C_m}$$

여기서, Q : 덤프트럭의 1시간당 운반토량(m^3/h), q : 1회의 적재토량

f : 토량환산계수, E : 덤프트럭의 작업효율, C_m : Cycle Time(min)

6) 덤프 트럭의 용량

덤프트럭의 용량선정은 공사의 규모, 운반도로, 사이클타임, 흙의 종류 등에 지배되고 공사비에 큰 영향을 미치는 요소이므로 신중히 고려해야 한다.

7) 작업효율

덤프트럭과 적재기계의 조합시의 작업효율은 그 기계의 실작업 시간율과 현장조건 등에 따른 작업능률에 의해 산정한다.

8) Cycle Time

왕복하는 작업 1순환에 요구되는 시간

$$C_m = t_1 + t_2 + t_3 + t_4 + t_5$$

여기서, t_1 : 적재시간, t_2 : 왕복시간$\left(= \frac{\text{운반거리}}{\text{적재시 주행속도}} + \frac{\text{운반거리}}{\text{공차시 주행속도}}\right)$

t_3 : 적하시간, t_4 : 적재 대기시간, t_5 : 적재함 덮개 설치 및 해체시간

9) 토량환산계수(f)

구하는 작업량 Q와 산정에 사용되는 기존작업량 q가 동일한 흙의 상태라면 $f = 1$이나 다른 상태의 경우는 토량변화율 L와 C로 구한다.

10) 경제적인 용량

같은 조건의 용량에서 덤프트럭의 운반거리가 멀수록 덤프트럭의 경제적 용량은 커지며, 같은 트럭의 Cycle Time에서 로더의 용량이 클수록 덤프트럭의 경제적 용량은 커진다.

11) 운반단가

로더의 용량이 덤프트럭의 운반단가에 영향을 미치며, 동일 용량의 덤프트럭에서는 로더의 용량이 클 때 유리하다.

12) 시공성

기계의 합리적 조합에 의한 시간당 작업량을 늘리고, 순작업 시간을 늘려 1일 작업시간을 증대시켜 월가동률을 높이는 등의 관리가 필요하다.

13) 경제성

경제적 시공을 위해서 기계용량, 기계경비, 사용시, 연료 소모량, 공사규모, 표준기계 사용여부 등에 대한 검토가 필요하다.

14) 안전성

공사에 수반되는 소음, 진동, 수질오염, 토사 비산, 지반침하, 물의 고갈 등의 공사공해에 대해서는 사전준비에서부터 최소화 할 수 있는 저감대책이 필요하다.

V. 결론

① 장비의 조합에서 제일 중요한 요소들인 가동률 제고와 장비의 능력을 균형있게 하는 것이 가장 효율적인 작업이 된다.

② 작업장의 상황을 개선하여 주장비와 종속장비 개개의 능률을 제고시키므로써 공비 절감이 될 수 있다.

3 토공기계의 선정방법

Ⅰ. 개요

① 기계화 시공에서 기계를 합리적으로 선정하기 위해서는 공사조건과 기종 및 용량의 적합성과 적정한 조합의 가능성이 검토되어야 한다.

② 공사조건과 기종 및 용량의 적합성에 대해서는 취급재료의 종류, 단위중량, 형상 등이 검토되고 토공기계의 종류, 기계 시공의 난이도에 따른 토사 및 암괴의 분류가 필요하다.

Ⅱ. 기계화 시공의 목적

① 공기단축
② 원가절감
③ 품질향상
④ 안전시공
⑤ 불가능한 공사 해결

Ⅲ. 토공기계 선정과 조합구분

1) 토공 공정별 기계의 분류

토공 공정별 기계
- 굴착기계
- 적재기계
- 운반기계
- 정지기계
- 다짐기계

2) 기계조합

① 두 개 이상의 토공공정을 복합적으로 적용하여 공사를 수행할 때 필요한 장비와 대수를 선택하는 것이 기계조합이다.

② 토공기계 조합 예

작업명 / 공종명	굴착	적재	운반	정지	다짐
도로공사	Bulldozer	Pay Loader	Dump Truck	Grader	Roller
댐공사	Bulldozer	Pay Loader	Dump Truck Belt−Conveyer	Bulldozer	Roller
축제공사	Bulldozer	Pay Loader	Dump Truck	Bulldozer	Roller

3) 기계 선정

토공 공정별 필요한 기계를 선택하는 것을 기계 선정이라 한다.

Ⅳ. 선정시 고려사항

1) 공사 종류

도로공사, 축제공사, 댐공사, 기초공사, 터널공사 등 공사의 종류 및 굴착, 적재, 운반, 정지, 다짐 등의 작업종별을 고려하여 기계를 선정하여야 한다.

2) 공사 규모

대규모 공사에서는 대용량의 표준기계, 소규모 공사에서는 임대장비나 수동장비를 사용하는 것이 경제적이다.

3) 토질

토공기계 선정에 있어서 토질조건에 대해서는 충분히 주의하여야 하며, 특히 Trafficability, Ripperability, 암괴의 상태, 다짐기계의 적응성 등이 고려되어야 한다.

4) 운반거리

운반기계 선정시에는 공사현장의 지형, 토공량, 토질 등을 감안하여 기계의 기종에 따른 경제적 운반거리를 고려하여야 한다.

5) 표준기계

표준기계는 구입과 임대차의 용이, 목표가동률 확보로 경제적 사용, 정비비의 저렴, 타 공사에의 전용 및 전매가 쉬운 이점이 있다.

6) 특수기계

특수기계는 구입과 임대차가 어려워 적기 사용이 곤란하며 가동률이 저조하여 감가상각 문제가 있으며 고장시 정비지연, 처분상 어려움 등이 있다.

7) 기계용량

기계의 용량이 커지면 시공능력이 증대되고 공사단가가 싸지는 반면 기계경비가 커지므로 기계용량과 기계경비의 관계를 검토하면 경제적 선정이 가능하다.

8) 기계경비

공종별로 기계의 시공량과 기계경비를 비교한 공사단가에 의해 기계를 선정하면 가장 현장여건에 적합한 경제적 시공이 가능하다.

9) Trafficability

흙의 종류, 함수비에 따라 달라지는 장비의 주행 성능으로서 Cone 지수로 나타내며, Cone Penetrometer로 측정한다.

10) 범용성

보급도가 높고, 사용범위가 넓은 장비를 선정하여야 하며, 특수기계를 사용할 때에는 작업현장의 지형, 조합기계의 조건, 타 공사에의 전용성을 고려해야 한다.

11) 시공성

현장의 토질, 지형에 적합하고 작업량 처리에 충분한 용량을 갖추고 작업효율이 좋은 기계를 선정하여야 한다.

12) 경제성

시공량에 비해 공사단가가 적고 운전경비가 적게 들며, 유지보수가 쉬우며, 전매와 타 공사에의 전용이 용이해야 한다.

13) 안전성

결함이 적고 성능이 안정된 기계를 선택하여 충분히 정비가 이루어진 기계를 사용해서 일상의 보수점검을 확실히 실시해야 한다.

14) 무공해성

기계의 소음과 진동은 주변환경, 작업능률, 안전시공에 크게 영향을 주므로 저소음, 저진동형 기계를 선정하여 피해를 최소화해야 한다.

Ⅴ. 향후 개발방향

① 저소음, 저진동의 기계로서 시공능률을 극대화할 수 있는 방안 검토
② 기계의 전용성과 범용성을 갖춘 표준 기계의 개발
③ 시공량에 대한 운전경비의 최소화로 공사단가 절감대책 연구

Ⅵ. 결론

① 기계의 경제적인 선정을 위해서는 취득가격, 기계경비, 시공량 등 공사단가에 영향을 미치는 제반사항을 검토하여야 한다.
② 공사의 토질조건과 작업조건에 대한 적합성을 검토하여 수종의 기계에 대한 경제성과 조합시의 합리성을 비교하여 선정한다.

4 건설기계 경비의 구성

Ⅰ. 개요

① 건설공사에서 기계 경비라 함은 시공기계 사용에 필요한 경비로서 기계손료, 운전경비, 조립 및 해체비, 운송비 등을 말한다.

② 기계경비는 건설기계 사용에 수반하여 각 부분이 마모되고 이것이 누적되어 정비 또는 수리비를 필요로 하게 되고, 그 성능이 저하되므로 노화된 기계일수록 커지게 된다.

Ⅱ. 건설기계의 경제수명

1) 경제수명 감소요인

① 정비불량 ② 조작미숙
③ 특수기계 ④ 작업 난이도
⑤ 사용조건의 부적정

2) 경제수명 증대요인

① 예방정비 ② 점검, 검사
③ 관리체계 현대화 ④ 종사원 교육
⑤ 적정 기종선정 ⑥ 표준기계
⑦ 안정성 ⑧ 제작사의 신뢰도

Ⅲ. 기계 경비의 구성

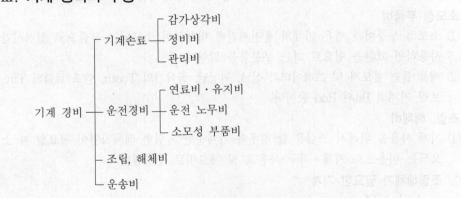

- 기계 경비
  - 기계손료
    - 감가상각비
    - 정비비
    - 관리비
  - 운전경비
    - 연료비 · 유지비
    - 운전 노무비
    - 소모성 부품비
  - 조립, 해체비
  - 운송비

Ⅳ. 각 구성요소

1) 감가상각비

① 건설기계의 손상, 마모정도를 실제 사용연수로 나누어서 비용으로 계상하여 기계의 가치정도를 감하여 나가는 것이다.

② 기계의 감가상각은 실제의 손상 마모상태 측정이 정확하나 너무 복잡하므로 현실성이 없으며, 세법상의 상각방법은 실제와 너무 차이가 많다.

2) 정비비

① 건설기계를 항상 정상적인 상태로 유지하기 위하여 정기적인 손실점검, 주유, 조정과 정상적으로 마모된 부품교환 등을 하는 정비와 비정상적인 손상에 의한 수리를 하는 데 드는 비용이다.

② 기계손료 적산상의 정비비에는 정비의 개념 속에 수리를 포함시켜 통용하고 있다.

3) 관리비

① 건설기계를 관리하는 데 필요한 경비를 말하며 보관비, 세금, 보험료, 금리 등의 합계액으로 한다.

② 격납, 보관비는 기업의 경영 규모에 따라 그 구성비에 차이가 있다.

4) 연료비

① 건설기계의 엔진이 정격출력으로 운전될 때 연료소비량으로 단위작업량에 대한 연료소비량으로 나타낸다.

② 엔진의 정비상태와 외기의 조건에 따라 연료소비량이 변화한다.

5) 유지비

① 기계의 엔진회전을 원활하게 하는 엔진오일, 기어오일, 유압작동유, 그리스 등의 정기적인 교환 또는 보충하는 데 필요한 경비이다.

② 기계종류, 기계용량, 정비상태, 작업조건 등에 의하여 상이하므로 정확한 소비량 결정이 어렵다.

6) 운전노무비

기계화 시공에서 기계의 주조종원과 작업능률 향상을 위하여 부조종원을 두게 되는 데 이들에게 지급하는 급여, 상여금, 제수당 등의 합계액을 말한다.

7) 소모성 부품비

① 소모성 부품이라 함은 기계의 운전시간에 비례하여 소모되는 부품으로 일정시간 사용하면 교환을 필요로 하는 부분품을 말한다.

② 예를 들면 불도저 및 그레이더의 삽날, 귀삽날, 굴삭기의 Tooth, 덤프 트럭의 Tire, 보링 기계의 Bit와 Rod 등이다.

8) 조립, 해체비

① 기계 사용을 위해서 조립을 할 경우와 기계운반을 위한 해체작업이 필요할 때 소요되는 비용으로 기계·기구 사용료 및 재료비로 구성된다.

② 조립해체가 필요한 기계

㉠ Asphalt Plant

㉡ 콘크리트 생산 Plant

㉢ 골재생산 Plant

㉣ 정치식 벨트 Conveyer

㉤ 대형 기중기, 타워 크레인

㉥ 항타기계

9) 운송비

① 건설기계의 현장투입에 소요되는 왕복운송에 소요되는 비용으로서 공사현장에서 가장 가까운 시·도청 소재지로부터 공사현장까지의 운송에 소요되는 경비를 말한다.

② 특수기계로서 인근에서 구득이 곤란할 경우에는 그 기계의 소재를 확인하여 그 지점에서 현장까지의 운송비로 계산한다.

Ⅴ. 기계 경비 영향요인

① 작업시간
② 기능공의 숙련도
③ 작업 난이도
④ 환경 및 입지조건
⑤ 기계의 신뢰성

Ⅵ. 결론

① 건설공사에서 기계사용은 공사의 품질확보, 공기단축, 안전성 유지, 노무비 절감 등의 목적으로 모든 공종에 이용되는 주된 작업이다.

② 기계 사용에 따른 기계경비는 사용 기계의 상태와 정비작업, 작업의 난이도 등에 따라 구성이 달라지며, 공사 도급계약시 사전조사를 통하여 기계경비 요인을 조사 분석해야 할 것이다.

5 쇄석기의 종류 및 특징

Ⅰ. 개요

① 쇄석기(Crusher)는 석산에서 채굴한 암석을 파쇄하여 자갈이나 모래 등을 생산하는 기계이다.

② 종류에는 1차 파쇄기, 2차 파쇄기, 3차 파쇄기로 나눌 수 있으며, 쇄석기가 암석을 파쇄하는 정도는 파쇄비로 나타낸다.

Ⅱ. 골재생산시설 예시도

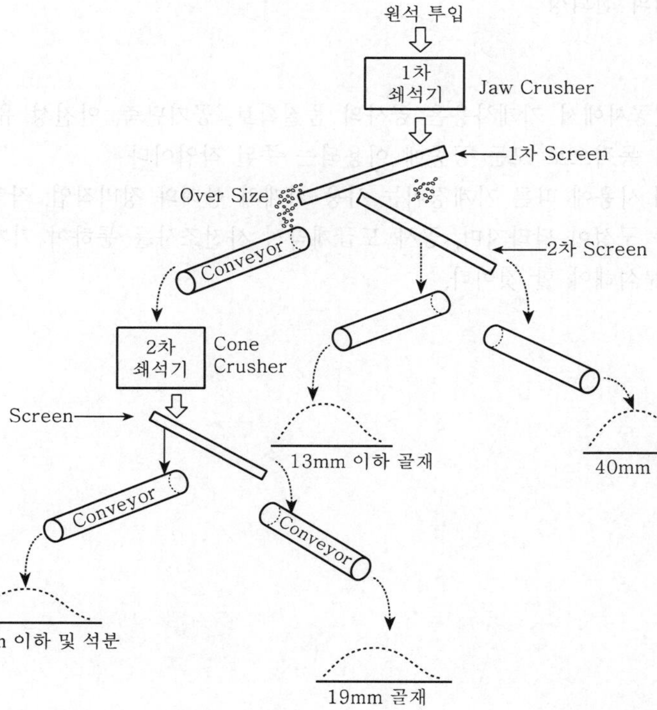

Ⅲ. 특성

① 강대한 하중 또는 충격작용을 받으므로 가혹한 사용조건에 견디면서 경제적으로 사용됨을 필요로 하기 때문에 다종, 다양하게 제작되고 있다.

② 쇄석 때 사용되는 힘에는 압축력, 휨, 충격, 전단, 비틀림, 마멸 등이 있다.

③ 이들 힘은 단독으로 활용시보다 2개 이상의 힘이 조합하여 동시에 사용된다.

Ⅳ. 종류

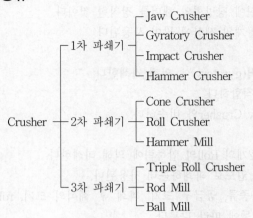

- Crusher
  - 1차 파쇄기
    - Jaw Crusher
    - Gyratory Crusher
    - Impact Crusher
    - Hammer Crusher
  - 2차 파쇄기
    - Cone Crusher
    - Roll Crusher
    - Hammer Mill
  - 3차 파쇄기
    - Triple Roll Crusher
    - Rod Mill
    - Ball Mill

Ⅴ. 종류별 특징

1) Jaw Crusher

① 고정판과 요동판의 압축력에 의해 파쇄한다.

② Double Toggle형과 Single Toggle형이 있다.

③ Double Toggle형은 단단한 암석의 파쇄가 가능하고, 소규모 및 대규모 플랜트에 이르기까지 사용범위가 넓다.

④ Single Toggle형은 구조가 간단하고, 경량인데 비해 파쇄비가 크다.

2) Gyratory Crusher

① 파쇄두의 압축회전에 의해서 파쇄한다.

② Jaw Crusher에 비해 진동이 적고, 연속파쇄가 가능하다.

③ 동일 파쇄용량에 대하여 경제적이고, 적은 동력으로 가동된다.

④ 대용량의 파쇄 플랜트, 특히 항구설비의 1차 및 2차 파쇄에 적합하다.

<조 크러셔(Jaw Crusher)>

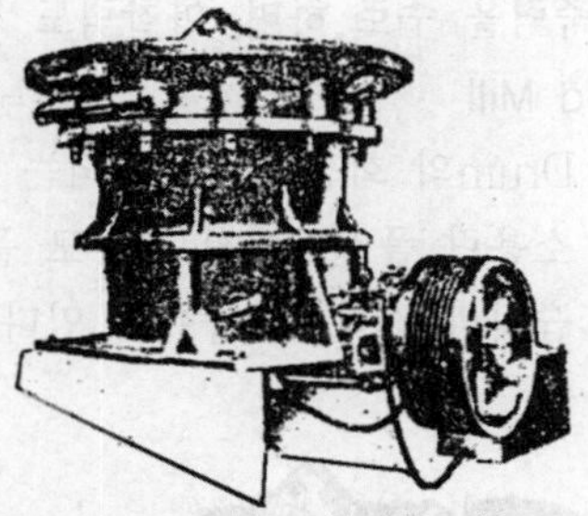

<선동 크러셔(Gyratory Crusher)>

3) Impact Crusher

① 주로 충격판의 고속회전에 의해 파쇄한다.

② 회전체의 회전수 변동으로 중쇄석에서 세골재 생산까지 가능하다.

③ 중쇄석의 입형수정 보조기 또는 소규모 사리 플랜트의 중쇄석 작업에 적당하다.

④ 마모가 심하고, 규소분이 많은 원석의 파쇄에는 부적합하다.

4) Hammer Crusher

① Impact Crusher의 충격판 대신에 장방형의 해머를 장착한 것이다.

② Impact Crusher보다 작은 세골재의 생산에 많이 사용된다.

5) Cone Crusher

① 파쇄두(Mantle)의 압축, 회전력(gyratory)에 의해 파쇄한다.

② 일정한 세골재의 대량생산에 적합하다.

③ 구조 및 파쇄 운동은 Gyratory Crusher와 비슷하다.

6) Roll Crusher

① 서로 반대방향으로 구동하는 2개의 Roll의 압축력에 의해 파쇄한다.

② 1차 파쇄된 쇄석을 다시 작은 입도로 파쇄하는데 사용된다.

③ Roll Crusher의 성능은 암석 종류, 공급구 크기, 파쇄 후 쇄석의 크기, roll 폭, roll 회전속도, 원석 공급상태 등에 따라 다르다.

<콘 크러셔(Cone Crusher)>

<롤 크러셔(Roll Crusher)>

7) Hammer Mill

충격력, 압축력, 전단력의 합성에 의해 파쇄한다.

8) Triple Roll Crusher

압축력을 주로 하며, 마찰력도 사용된다.

9) Rod Mill

① Drum의 회전으로 발생되는 강봉의 충격력, 압축력, 전단력의 합성으로 파쇄한다.

② 소용량 플랜트에서 대규모 플랜트에까지 그 사용범위가 넓다.

③ 습식과 건식 두 종류가 있다.

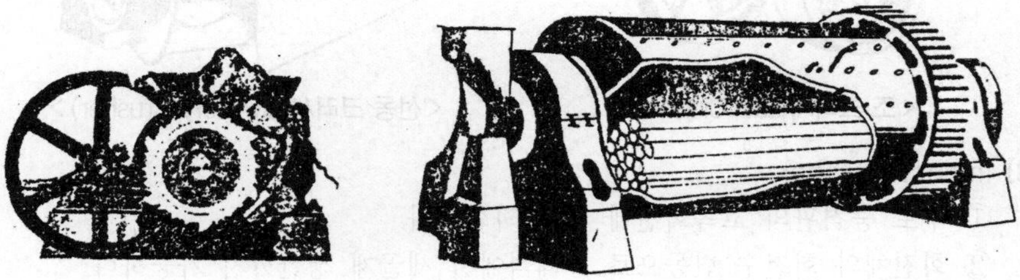

<로드 밀 크러셔(Rod Mill Crusher)>

10) Ball Mill

① 구조 및 기능은 Rod Mill과 비슷하다.

② Rod Mill의 강봉 대신 강볼(steel ball)을 사용한다.

Ⅵ. 장비조합(골재생산시설, 골재생산소요장비)

1일 생산량 300ton/hr 기준시

1) Feeder

① **용도** : 쇄석기나 선별기 등에 채취 원석을 연속적으로 정량 공급하는 기계로 체인 피드, 에어프론 피더, 진동 피드, 벨트 피드 등이 있다.

② **규격** : 2,130mm×5mm×5,490mm, 37kW

2) Jaw Crusher

① **용도** : 원석을 1차 파쇄하는 쇄석기로서 기계적인 방법으로 쇄석판을 반복 압쇄하여 원석을 파쇄하는 기계

② **규격** : 1,070mm×1,370mm, 150kW

3) 진동 스크린

① **용도** : 진동을 이용하여 1차 쇄석기에서 나온 골재를 입자별로 선별하는 기계

② **규격** : 2,130mm×4,880mm, 15kW

4) 금속 감지기

분쇄된 골재에서 금속류를 선별해 내는 기계

5) Cone Crusher

① **용도** : 1차 쇄석기를 통과한 골재를 보다 적은 입경의 골재를 생산할 때 사용하는 기계로서 2차 쇄석 기계이다.

② **규격** : 250mm×1,520mm, 110kW

6) Conveyer

① **용도** : 스크린에 의해 분리된 각 입자를 종류별로 다음 작업장 또는 적치장으로 이동시키는 기계

② **규격** : 현장여건에 맞추어 길이, 경사를 조정하여 사용

7) 동력설비

장비 가동을 위한 발전설비

8) 집진기

9) 공기 압축기

Ⅶ. 개발방향

① 가혹한 작업조건에 견딜 수 있는 내구성을 갖춘 기계

② 진동이 적고 파쇄비가 큰 기계

③ 조골재에서 세골재에 이르기까지 넓은 범위의 골재 생산능력을 갖춘 기계

④ 취급, 조작이 용이하고 이동성이 좋은 기계

Ⅷ. 결론

① 쇄석기는 경질이고 높은 강도를 가진 암석을 파쇄하는 기계이므로 건설기계의 구비조건 중 특별히 충격, 하중에 견딜 수 있는 내구성이 요구되는 장비이다.

② 쇄석기의 선정시에는 파쇄공정에 의하여 적당한 형식의 기종을 선택하여야 한다.

6 준설선의 종류와 선정

Ⅰ. 개요

① 준설이란 항만의 수심을 깊게 하기 위해 해저토사를 파내는 작업을 말하며, 해저토사를 굴착하는데 사용되는 기계를 준설선이라 한다.

② 준설에 사용되는 기계는 준설선의 형식 및 준설토사의 운반처리방식에 따라 정해진다.

Ⅱ. 토질에 따른 장비 선정표

토질 분류	토질 상태	적응 선종	비고
토사	연질		N=10 미만
	중질		N=10~20
	경질	P	N=20~30
	최경질	B G D 쇄	N=30 이상
자갈 섞인 토사	연질		N=30 정도 미만
	경질	D	N=30 정도 이상
암반	연질	쇄 발	D로 준설 가능한 것
	경질		D로 준설 불가능한 것

㈜ B : 버킷 준설선, G : 그래프 준설선, D : 디퍼 준설선, P : 펌프 준설선, 쇄 : 쇄암선, 발 : 발파

Ⅲ. 준설선의 종류(토질조건에 적합한 준설선)

1. Pump Dredger

1) 정의

작업선에 설치된 Sand Pump를 이용하여 해저의 토사를 흡입하는 방법으로 흡입된 토사는 배송관을 통하여 처리장 또는 토운선으로 보내는 방법이다.

2) 적용토질

① 연질의 토사

② 자갈 섞인 토사

3) 특징

① 배송관을 이용하여 준설토사를 운반한다.

② 토운선이 불필요하다.

③ 굳은 토질 외의 모든 토질에 적용이 가능하다.

④ 해저의 작업지반에 요철 발생이 크다.

⑤ 배송관 설치로 항로 준설이 곤란하다.

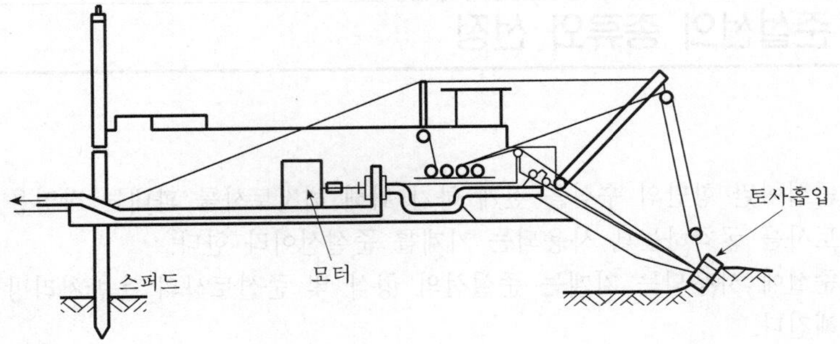

2. Dipper Dredger

1) 정의

해상의 작업선에 Shovel계 굴착장비를 탑재하여 해저의 토사 및 연암을 준설하는 장비이다.

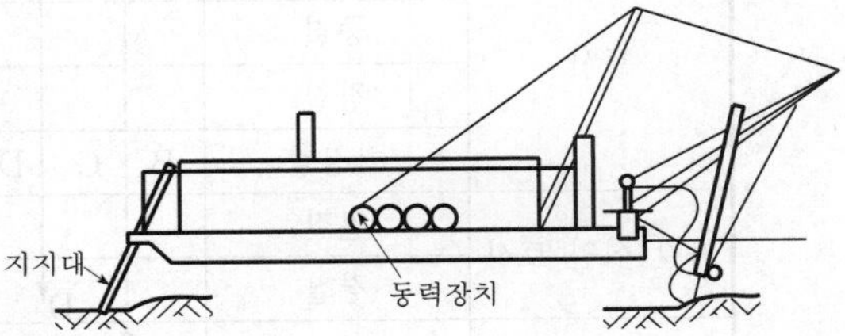

2) 적용토질

① 경질의 토사

② 자갈 섞인 토사

③ 연질의 암반

3) 특징

① 해저 굴착능력이 크다.

② 기계설비가 단순하다.

③ 작업장소를 넓게 차지 하지 않는다.

④ 항내교란이 심하다.

⑤ 비항식으로 토운선을 필요로 한다.

⑥ 연질의 토사에서 능률이 낮다.

3. Grab Dredger

1) 정의

작업선에 설치된 기중기에 Clamshell을 장착하여 해저의 토사를 준설하는 장비이다.

2) 적용토질

① 연질토사

② 자갈 섞인 경질토사

3) 특징

① 준설깊이 조절이 용이하다.

② 기계설비가 단순하다.

③ 소규모의 협소한 장소의 준설에 사용한다.

④ 굳은 토질의 준설이 곤란하다.

⑤ 준설작업 능률이 비교적 낮은 편이다.

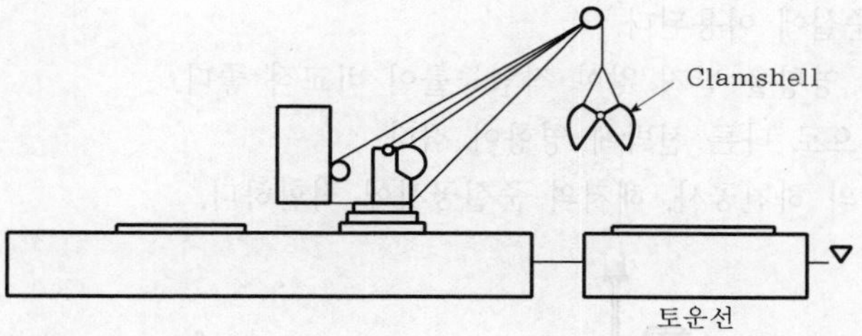

4. Bucket Dredger

1) 정의

회전하는 컨베이어 시스템으로 버킷을 달아서 해저굴착 저면까지 내려 해저토사를 연속적으로 준설하는 장비이다.

2) 적용토질

① 연질의 토사

② 자갈 섞인 토사

③ 연질의 암반

3) 특징

① 광범위한 토질에 적용된다.

② 바람, 조류의 영향이 비교적 적다.

③ 연속작업으로 작업능률이 좋다.

④ 소규모 작업장에서는 경제성이 떨어진다.

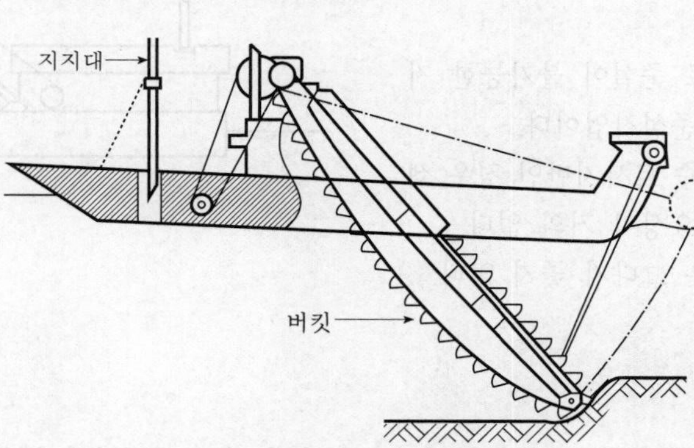

5. Drag Suction Dredger(호퍼준설선, Trailing Suction Hopper Dredger)

1) 정의

해저의 토사를 교란시켜 Suction Pump를 이용하여 해저지반을 준설하는 장비이다.

2) 적용토질

① 경질의 토사

② 자갈 섞인 경질의 토사

3) 특징

① 항내교란의 우려가 있다.

② 항로 준설에 이용된다.
③ 파랑의 영향을 받지 않아 작업능률이 비교적 좋다.
④ 자항식으로 다른 선박에 영향이 적다.
⑤ 대규모의 하천공사, 해저의 준설공사에 적합하다.

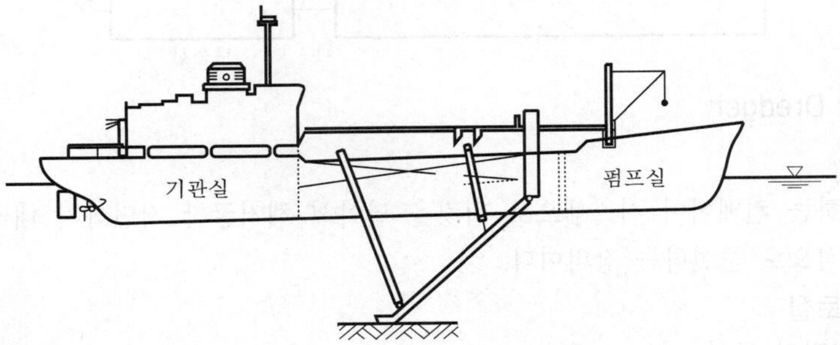

6. 쇄암선

1) 정의

해저의 굳은 암반을 파쇄하여 준설하는 것으로 낙하충격에 의한 중추식과 압축공기에 의한 타격식이 있다.

2) 적용토질

① 자갈 섞인 경질토사
② 경질의 암반

3) 특징

① 준설선으로 준설이 불가능한 지반에서의 준설작업이다.
② 지반이 순수 토사지반인 경우 쇄암선의 필요성이 거의 없다.
③ 작업능률은 그다지 좋지 않다.

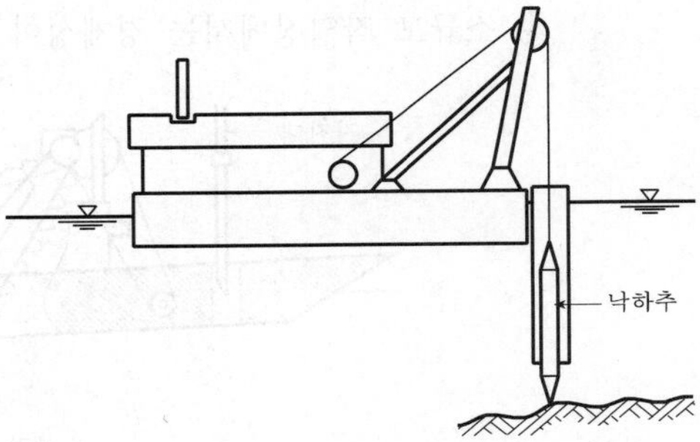

Ⅳ. 준설선의 선정

1) 준설목적

대상지역의 준설목적을 명확히 제시하여 그에 따른 적정장비의 선정이 필요하다.

2) 토질

토사의 종류, 연약층 두께, 지지층 확인 및 토질의 상태를 미리 파악하여 장비를 선정한다.

3) 환경조사

준설작업시 발생하는 해양오염이 관련 규정에 위배되는지를 검토하여 선정한다.

4) 준설수심

해저토사 준설장비의 작업가능 심도를 검토하여 준설 수심에 해당되는 장비 선정

5) 준설토처리

일반적인 조건이 양호하며, 운항선박이 없을 때 펌프 준설선과 관송식을 조합하면 경제적인 선정이 된다.

6) 시공장소

공사장소가 좁고 공사구역에 다수의 작업선이 운항하는 경우 고정식 그래브 준설선 등이 적합하다.

7) 항내 교란

해저에 퇴적 오니가 많을 때에는 오니용 펌프 준설선 등으로 해상 오염을 최소화하는 장비를 선정한다.

8) 항로 유지

차단이 불가능하고 선박 통행이 많은 항로준설은 Drag Suction 준설선과 같은 자항식을 선정한다.

9) 준설장비 선정 예

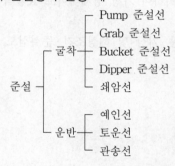

- 준설
  - 굴착
    - Pump 준설선
    - Grab 준설선
    - Bucket 준설선
    - Dipper 준설선
    - 쇄암선
  - 운반
    - 예인선
    - 토운선
    - 관송선

Ⅴ. 시공시 주의사항(선정시 유의사항)

1) 준설토처리

① 준설지역에서 가능한 가깝고, 기상 및 해상이 정온하고, 선박의 왕래가 적은 곳을 선택

② 충분한 수심과 면적이 보장된 곳

③ 어업 및 기타 보상권 등의 사전해결이 가능한 곳

④ 환경오염이 최소인 곳을 선정하여 처리

2) 준설사면

① 준설굴착에 의한 사면은 시공후 안전한 사면이 되도록 시공해야 한다.

② 굴착부위 인근에 구조물이 있는 경우 사면구배를 토질별 표준경사에 맞추어 시공해야 한다.

3) 여굴

준설은 수중에서 대형장비에 의해 굴착이 진행되므로 준설바닥과 사면에서 여굴이 발생하는데 표준여굴 이하가 되도록 한다.

4) 항로 준설

선박의 항행이 잦은 항로 준설시에는 항행 선박에 방해가 되지 않도록 특히 유의 시공한다.

5) 항내 교란

관련 법규에 위배되지 않는 범위내에서 작업이 될 수 있도록 작업에 임한다.

6) 환경공해

준설장비에서 사용하는 기름, 폐수 등에 의해 해양이 오염되지 않도록 특히 유의한다.

Ⅵ. 개발방향

① 준설 대상구역에 대한 환경대책 수립

② 준설 대상구역과 준설토사 투기장소에 대한 사전안전조사 실시

③ 준설시 해저교란 및 토립자의 유출로 발생되는 오탁방지대책 수립

Ⅶ. 결론

① 준설계획 수립시에는 사전에 기상, 해상, 지상 등 자연조건을 조사하여 현지상황을 파악한 후 공사의 목적, 공기 등을 고려하여 가장 경제적이고 효율적인 준설 시공계획을 수립해야 한다.

② 작업선의 선정은 토질, 공기, 공사비, 토량, 기상 및 해상조건, 준설심도, 준설토 투기방식 등을 고려해야 한다.

죽음 저편

아늑하고 부드러운 10개월의 생애.
행복하긴 했지만 너무 짧은 세월이었지요.
밖에는 다른 세계가 있다고들 하지만 내눈으로 보지 못했으니 믿을 수가 있나요?

↓

결혼도 하고 매우 행복했죠.
그러나 알 수 없는 미래와 피할 수 없는 죽음…….
100년도 못 되는 인생을 생각하면 허무하기만 하군요.

↓

?

죽음 저편!
그곳에 과연 어떤 세계가 나를 기다리고 있는 것일까요?

하나님이 세상을 이토록 사랑하사 독생자를 주셨으니 이는 저를 믿는 자마다 멸망치 않고 영생을 얻게 하려 하심이라.
-요한복음 3장 16절-

제2장 기 초

제1절 흙막이공

- 문제1 흙막이공법(토류벽)의 종류와 특징
- 문제2 지하연속벽공법
- 문제3 CIP 공법과 SCW 공법의 비교
- 문제4 흙막이공(토류벽)의 시공계획과 시공시 유의사항
- 문제5 도심지 개착(흙파기)공사시 발생하는 문제점 및 대책
- 문제6 지하배수공법
- 문제7 지하 구조물 축조시 지하수에 의한 문제점 및 대책
- 문제8 구조물의 침하원인과 대책
- 문제9 흙막이공의 계측관리(정보화시공)
- 문제10 도심지 개착식 지하철공사현장에서 발생하는 환경오염
- 문제11 Earth Anchor 공법
- 문제12 Soil Nailing 공법

흙막이공 과년도 문제

1	1. 지하굴토 토류벽 구조물에서 각 부재의 역할과 지지방식별에 따른 특성에 대하여 기술하시오. [97중후, 33점] 2. 흙막이 굴착공사에서 각 부재의 역할과 시공시 유의사항에 대하여 설명하시오. [17전, 25점] 3. 흙막이벽의 종류(지지구조, 형식, 지하수 처리) 및 특징을 설명하시오. [08전, 25점] 4. 흙막이 굴착공법 선정시 고려사항에 대하여 설명하시오. [17전, 25점] 5. 점토질지반에서 개착공법으로 시공할 때 흙막이 엄지말뚝만 박고 동바리(Strut) 없이 2~3m를 수직으로 굴착한 후에 동바리를 설치하고, 계속 굴착 시공한다. [99전, 30점] 1) 지반을 수직으로 굴착할 수 있는 이유를 설명하고, 2) 안정된 흙막이 동바리(Strut) 설치방법을 3가지만 기술하시오. 6. 모래 섞인 자갈층과 전석층(N > 40)이 두꺼운 지층구조(깊이 20m)에서 기존 건물에 근접한 시트파일(sheet pile) 토류벽을 시공하고자 한다. 연직 토류벽체의 평면선형변화가 많을 때 시트파일의 시공방법과 시공시 유의사항을 설명하시오. [09중, 25점] 7. 연약한 점성토지반에 개착터널인 지하철을 건설하기 위하여 흙막이 가시설로 시트파일(Sheet Pile)공법을 채택하고자 한다. 이 공법을 적용하기 위한 사전조사사항과 시공시 발생하는 문제점 및 방지대책에 대하여 설명하시오. [11중, 25점] 8. 지반의 토질조건(사질토 및 점성토)에 따라 굴착 저면의 안정확보를 위한 sheet pile 흙막이벽의 시공시 주의사항을 설명하시오. [13전, 25점] 9. 흙막이 구조물 시공방법 선정시 고려사항과 지보형식에 따른 현장조건에 대하여 설명하시오. [05중, 25점] 10. 현장책임자로서 구조물의 직접 기초터파기 공사를 계획할 때 현장여건별 적정 굴착공법을 개착식, Island방식, Trench방식으로 구분하여 설명하고 공법별 시공수준을 기술하시오. [08후, 25점] 11. 흙막이 가시설 시공시 버팀보와 띠장의 설치 및 해체시 유의사항에 대하여 설명하시오. [16후, 25점] 12. Pile Lock [02전, 10점]
2	13. 지중연속벽공법과 엄지말뚝공법을 비교 설명하시오. [00중, 25점] 14. B.W(Boring Wall)공법을 설명하고, 지하 구조물에 이용되는 예를 들어 설명하시오. [97후, 35점] 15. Slurry Wall공법의 시공순서를 기술하고, 내적 및 외적 안정에 대하여 기술하시오. [09후, 25점] 16. 슬러리월(Slurry Wall)공법의 개요를 설명하고, 시공시 유의사항에 대하여 기술하시오. [95전, 33점] 17. 지하연속벽(Slurry Wall) 시공에서 예상되는 사고요인을 중심으로 시공시 유의사항을 설명하시오. [95후, 25점] 18. Slurry Wall공법 [96후, 20점] 19. 지수벽 [08후, 10점] 20. 지하연속벽(Slurry Wall, Diaphragm Wall) [97중후, 20점], [07중, 10점] 21. 지하수위가 높은 지반에서 굴착으로 인한 주변 침하를 최소화하고, 향후 영구벽체로 이용이 가능한 공법에 대하여 기술하시오. [02전, 25점] 22. 지하수위가 높은 연약지반에서 개착터널(Cut And Cover Tunnel) 시공시 영구벽체로 이용 가능한 공법을 선정하고, 시공시 유의사항을 기술하시오. [06중, 25점] 23. 트렌치 컷(Trench Cut)공법 [05후, 10점] 24. 지하연속벽의 Guide-Wall [01중, 10점] 25. 지중 연속벽의 가이드월(Guide Wall)의 역할 [94후, 10점] 26. 벤토나이트 [00중, 10점] 27. Cap Beam Concrete [95전, 20점]
3	28. 지하 굴착공사의 CIP벽과 SCW벽의 공법을 설명하고, 장·단점을 열거하시오. [01후, 25점]

흙막이공 과년도 문제

3	29. 지하수위가 비교적 높고, 자갈이 섞인 사질점토의 지반에서 지하굴토 토류벽 구조물을 C.I.P 벽체 및 Strut 지지로 실시할 경우 시공방법과 문제점, 대책을 기술하시오. [99중, 40점] 30. M.I.P(Mixed In-Place Pile) 토류벽 [99중, 20점]
4	31. 흙막이공에서 시공계획과 시공상 유의하여야 할 사항에 대하여 설명하시오. [95후, 50점] 32. 흙막이벽에 의한 기초 굴착시 굴착바닥 지반의 변형, 파괴에 대한 종류와 대책을 설명하시오. [99후, 30점] 33. 토류벽체의 변위 발생원인에 대하여 설명하시오. [01중, 25점] 34. 실트질모래를 3.0m 성토하여 연약지반을 개량한 지반에 굴착심도 6.0m 정도 흙막이공사 시공시 고려사항과 주변 지반의 영향을 설명하시오. [13중, 25점] 35. 지하철 정거장공사를 위한 개착공사시 흙막이벽과 주변 지반의 거동 및 대책에 대하여 설명하시오. [17중, 25점]
5	36. 기존 구조물에 근접하여 개착공사나 말뚝박기 공사를 시행할 때 예상되는 하자의 원인과 그 대책에 대해 기술하시오. [96후, 50점] 37. 도시 지하철공사에서 개착식 공법에 의한 굴착 시공시 유의사항을 기술하시오. [97중전, 50점] 38. 지하철 개착식 공법에서 구조물에 발생하는 문제점과 대책에 대하여 설명하시오. [01전, 25점] 39. 시가지 건설공사에서 구조물 설치를 위하여 기존 구조물에 근접하여 개착(흙파기)공사를 실시할 때 발생할 수 있는 민원사항, 하자원인 등 문제점 및 대책에 대하여 기술하시오. [01중, 25점] 40. 도심지 교통혼잡지역을 통과하고 주변 구조물에 근접하고 있는 지역에서 지하연속 구조물공사를 개착식으로 시공하려고 한다. 안전 시공상의 문제점을 열거하고, 관리방법에 대하여 설명하시오. [04중, 25점] 41. 복잡한 시가지에 고가도로와 근접하여 개착식 지하철도가 설계되어 있다. 이 공사의 시공계획을 수립하는데 특별히 유의해야 할 사항을 기술하고, 그 대책을 설명하시오. [06중, 25점] 42. 도심지 근접 시공에서 흙막이 공사시 굴착으로 인한 흙막이벽과 주변 지반의 거동원인 및 대책에 대하여 설명하시오. [10중, 25점] 43. 기존 구조물에 근접하여 가설 흙막이 구조물을 설치하려 한다. 지반 굴착에 따른 변형원인과 대책 및 토류벽 시공시 고려사항에 대하여 설명하시오. [12후, 25점] 44. 기존 구조물에 근접한 굴착공사시 발생 가능한 변위원인과 방지대책에 대하여 설명하시오. [16전, 25점] 45. 기설 구조물에 인접하여 교량기초를 시공할 경우 기설 구조물의 안전과 기능에 미치는 영향 및 대책을 설명하시오. [10전, 25점] 46. 기존 구조물과의 근접 시공을 위한 트렌치(trench)공법에 대하여 설명하시오. [12후, 25점] 47. 지하 굴착을 위한 토류벽 공사시 발생하는 배면침하의 원인 및 대책을 설명하시오 [09전, 25점] 48. 가시설 흙막이 공사에서 편토압이 발생되는 조건과 대책방안에 대하여 설명하시오. [15중, 25점] 49. 지반고 편차가 있는 지역에 흙막이 가시설 구조물을 이용한 터파기 시공시 발생될 수 있는 문제점 및 대책에 대하여 설명하시오. [16후, 25점] 50. 버팀보식 흙막이 공법의 지지원리와 불균형토압의 발생원인 및 예방대책에 대하여 설명하시오. [18후, 25점] 51. 혼잡한 도심지를 통과하는 도시철도의 노면복공계획시 조사사항과 검토사항을 설명하시오. [11전, 25점] 52. 지하철건설공사 시공시 토류판 배면의 지하매설물관리에 대하여 기술하시오. [06전, 25점] 53. 분사(Quick Sand)현상 [98후, 20점], [02전, 10점], [06후, 10점] 54. 보일링(Boiling)현상 [99중, 20점], [16후, 10점] 55. Piping현상 [00중, 10점] 56. 히빙(Heaving)현상 [07전, 10점], [11전, 10점] 57. 히빙(Heaving)과 보일링(Boiling) [19전, 10점]

흙막이공 과년도 문제

5	58. 통수능(通水能, discharge capacity) [19전, 10점] 59. 유선망(Flow Net) [99전, 20점], [02전, 10점], [10전, 10점], [14전, 10점]
6	60. 지하 구조물 시공시 지하수위가 굴착면보다 높은 경우 배수공법으로 사용되는 Well Point공법에 대하여 설명하시오. [00중, 25점] 61. 지하수위 이하의 굴착시 용수 및 고인물을 배수할 경우 [03후, 25점] 1) 배수공으로 인해 발생하는 문제점의 원인 2) 안전하고 용이하게 배수할 수 있는 최적의 배수공법 선정방법을 기술하시오. 62. 지하 터파기 공사에서 물처리는 공기(工期)뿐만 아니라 공사비에도 절대적인 영향을 미친다. 공사 중 물처리공법에 대하여 설명하시오. [04중, 25점] 63. 지하수위가 높은 복합층(자갈, 모래, 실트, 점도가 혼재)의 지반조건에서 지하 구조물 축조시 배수공법 선정을 위하여 검토해야 할 사항을 열거하고, 각각에 대하여 설명하시오. [06후, 25점] 64. 기초공사에서 지하수위 저하공법의 종류와 특징에 대하여 설명하시오. [17후, 25점]
7	65. 지하수위가 높은 지반에 토류벽을 설치하고, 굴착할 경우의 유의사항을 기술하시오. [95중, 50점] 66. 지하수위가 비교적 높은 지역의 정수장 지하 구조물 시공법 선정시 고려해야 할 사항과 각 공법 시공시 유의해야 할 사항을 기술하시오. [03중, 25점] 67. 지하수위가 높은 지역에 흙막이를 설치, 굴착코자 한다. 용수처리시 발생하는 문제점을 열거하고, 그 대책에 대하여 설명하시오. [05전, 25점] 68. 흙막이 앵커를 지하수위 이하로 시공시 예상되는 문제점과 시공 전 대책에 대하여 기술하시오. [09후, 25점] 69. 흙막이 가설벽체 시공시 차수 및 지반보강을 위한 그라우팅공법을 채택할 때 그라우팅 주입속도와 주입압력에 대하여 설명하시오. [13전, 25점] 70. 지하 구조물 시공시 토류벽 배면의 지하수위가 높을 경우 토류벽 붕괴 방지대책과 차수 및 용수대책에 대하여 설명하시오. [14중, 25점] 71. 지하 구조물 시공시 지표수와 지하수가 공사에 미치는 영향을 기술하시오. [99중, 30점] 72. 지하수위가 비교적 높은 위치에 구조물을 축조할 때 지하수에 대한 처리대책을 설명하시오. [95후, 35점] 73. 지반 굴착시 지하수위변동과 진동하중이 주변 지반에 미치는 영향과 대책을 설명하시오. [10전, 25점] 74. 지반 굴착시 지하수위 저하 및 진동이 주변에 미치는 영향과 대책에 대하여 설명하시오. [11후, 25점] 75. 흙막이 공법 시공 중 지반 굴착시 지하수위 저하 및 진동이 주변에 미치는 영향과 대책에 대하여 설명하시오. [14후, 25점] 76. 지하 구조물 시공시 지하수위에 따른 양압력의 영향 검토 및 대처방법에 대하여 설명하시오. [09중, 25점] 77. 지하 구조물의 부상원인과 대책에 대하여 설명하시오. [11후, 25점] 78. 하수처리장 기초가 지하수위 아래에 위치할 경우 양압력의 발생원인 및 대책을 설명하시오. [13후, 25점] 79. 지하 구조물에 양압력이 작용할 경우 발생될 수 있는 문제점 및 대책에 대하여 설명하시오. [16후, 25점] 80. 부력과 양압력의 차이점 [08전, 10점]
8	81. 지반 굴착시 근접 구조물의 침하에 대하여 기술하시오. [99후, 20점] 82. 구조물의 침하원인을 열거하고, 이에 대한 대책을 설명하시오. [95후, 25점] 83. 구조물의 부등침하원인을 열거하고, 대책과 시공시 유의사항을 설명하시오. [01후, 25점] 84. 도심지에서 지반 굴착 시공시 발생하는 지하수위 저하와 진동으로 인하여 주변 구조물에 미치는 영향을 열거하고, 이에 대한 대책에 관하여 서술하시오. [03전, 25점] 85. 흙막이 벽체 주변 지반의 침하예측방법 및 침하 방지대책에 대하여 설명하시오. [15전, 25점]

흙막이공 과년도 문제

9	86. 흙막이공에 필요한 계측기의 종류와 그 설치에 대하여 설명하시오. [95중, 33점]
	87. 흙막이공에 적용되는 계측기 종류와 설치방법 및 계측시의 유의사항에 대하여 설명하시오. [97후, 25점]
	88. 흙막이공 시공시 계측관리를 위한 계측기의 설치위치 및 방법에 대하여 기술하시오. [03중, 25점]
	89. 흙막이 굴착공사시의 계측항목을 열거하고 위치 선정에 대한 고려사항을 설명하시오. [09중, 25점]
	90. 버팀보 가설공법으로 설계된 도심지 대심도 개착식 공법에서 지반안정성 확보를 위한 계측의 종류를 열거하고, 특성 및 계측 시공관리방안에 대하여 설명하시오. [10후, 25점]
	91. 가설흙막이 구조물의 계측위치 선정기준, 초기변위 확보를 위한 설치시기와 유의사항에 대하여 설명하시오. [18후, 25점]
	92. 지하철건설공사에서 개착구간의 계측계획에 관하여 설명하시오. [00전, 25점]
	93. 도심지 교통혼잡지역을 통과하는 대규모 굴착공사시 계측관리방법에 대하여 설명하시오. [06후, 25점]
	94. 가설흙막이 시공시 안전을 확보할 수 있는 계측관리에 대하여 설명하시오. [18전, 25점]
	95. 정보화 시공 [98중후, 20점]
10	96. 도심지 개착공법 적용 지하철공사현장에서 발생하는 환경오염의 종류를 열거하고, 이를 최소화하기 위한 방안에 대하여 설명하시오. [05전, 25점]
	97. 오염된 지반의 정화기술공법의 종류에 대하여 설명하시오. [18중, 25점]
11	98. 흙막이벽 지지구조형식 중 어스앵커(earth anchor)공법에서 어스앵커의 자유장과 정착장의 설계 및 시공시 유의사항에 대하여 설명하시오. [11전, 25점]
	99. 정착지지방식에 의한 앵커(anchor)공법을 열거하고, 특징 및 적용범위에 대하여 설명하시오. [12전, 25점]
	100. 흙막이벽 지지구조형식 중 어스앵커공법에서 어스앵커 자유장과 정착장의 결정시 고려사항 및 시공시 유의사항에 대하여 설명하시오. [15후, 25점]
	101. 앵커체의 최소심도와 간격(토사지반) [10중, 10점]
	102. 피압대수층에서의 앵커(Anchor) 시공시 예상문제점과 방지대책에 관하여 기술하시오. [00후, 25점]
	103. 흙막이 앵커를 지하수위 이하로 시공시 예상되는 문제점과 시공 전(施工前) 대책에 대하여 기술하시오. [09후, 25점]
	104. 그라운드앵커의 손상유형과 유지관리대책을 설명하시오. [10중, 25점]
	105. U-Turn Anchor(제거식 앵커)의 특징과 기존 Anchor공법과의 차이점을 비교하여 기술하시오. [97중후, 33점]
	106. 스트러트지지방식과 어스앵커지지방식 토류 구조물에 대한 특징, 적용범위 및 시공시 유의사항에 대하여 기술하시오. [96후, 25점]
	107. 스트러트공법과 어스앵커공법의 시공방법, 장·단점 및 시공시 유의사항에 대하여 설명하시오. [97후, 35점]
12	108. 소일네일링(Soil Nailing)공법 [98중전, 30점], [10후, 10점]
	109. 사면보강공법 중 Soil Nailing공법에 사용되는 수평배수관과 간격재(spacer)의 기능과 역할에 대하여 설명하시오. [08후, 25점]
	110. 소일네일링(Soil Nailing)공법과 어스앵커(Earth Anchor)공법을 비교 설명하시오. [01후, 25점]
	111. 어스앵커와 소일네일링공법의 특징과 시공시 유의사항을 설명하시오. [13중, 25점]
	112. 어스앵커(earth anchor)와 소일네일링(soil nailing)에 대하여 설명하시오. [14전, 25점]
	113. 록볼트(Rock Bolt)와 소일네일링(Soil Nailing)공법의 특성을 비교하고 설명하시오. [03중, 25점]

1 흙막이공법(토류벽)의 종류 및 특징

Ⅰ. 개요

① 흙막이공법이란 흙막이 배면에 작용하는 토압에 대응하는 구조물로서 기초굴착에 따른 지반의 붕괴와 물의 침입을 방지하기 위한 목적으로 토압과 수압을 지지하는 공법을 말한다.

② 흙막이공법은 공사의 규모, 공사비용, 공사기간, 토질조건, 현장여건 등을 감안하여 적정한 공법을 채택하여야 하며, 크게 나누어 지지방식과 구조방식으로 분류할 수 있다.

Ⅱ. 공법 선정시 고려사항

1) 지반조건

지반의 연약정도, 지하수위, 용수량

2) 시공조건

공사부지의 넓이, 기계화시공 가능성, 주변 환경조건

3) 굴착조건

굴착깊이, 굴착작업에 대한 제약, 동시작업시 가능면적

4) 기타

공사기간, 경제성, 안전성, 무공해성

Ⅲ. 공법의 분류

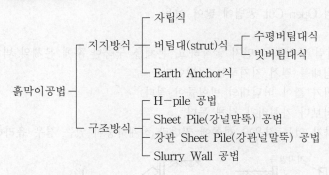

- 흙막이공법
  - 지지방식
    - 자립식
    - 버팀대(strut)식
      - 수평버팀대식
      - 빗버팀대식
    - Earth Anchor식
  - 구조방식
    - H-pile 공법
    - Sheet Pile(강널말뚝) 공법
    - 강관 Sheet Pile(강관널말뚝) 공법
    - Slurry Wall 공법

Ⅳ. 자립식

1) 정의

말뚝의 휨강성과 밑넣기 부분의 가로 저항에 의존하는 구조로 널말뚝 또는 어미말뚝을 지중에 박아 설치하는 공법이다.

2) 특징

① 지반이 양호하며, 굴착깊이가 비교적 얕은 경우와 부지의 여유가 없고, 수직굴착이 필요한 경우에 사용

② 수평 변위량이 커지면 주위지반 위험초래
③ 공사비가 저렴

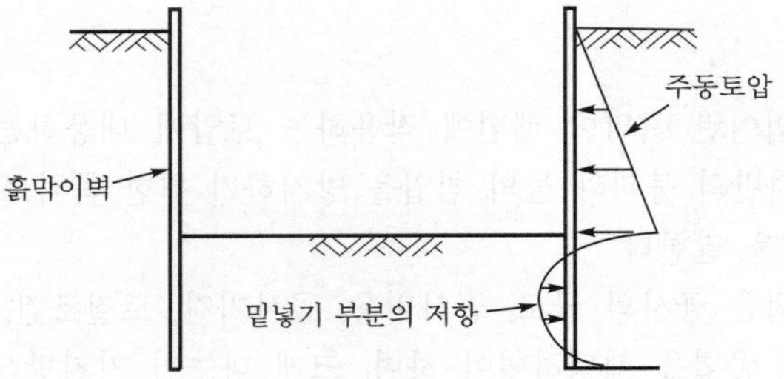

< 자립식 >

Ⅴ. 버팀대(Strut)식

1) 정의

흙막이벽 안쪽에 띠장(wale), 버팀대(strut), 지지말뚝(support)을 설치하여 토압, 수압 등에 대하여 저항시키면서 굴착하는 공법이다.

2) 종류

① 수평버팀대식

㉠ 주위에 흙막이 널말뚝을 박고, 내부에 버팀대를 대면서 굴착을 진행하여 가는 공법

㉡ 굴착폭이 커지면 버팀대의 길이가 길어져 구조적 안전성이 저하되므로 보조 Pile을 설치하여 수평변위 방지

㉢ 굴착심도가 깊어지면 버팀대 설치수가 많아져 본 구조물 시공에 장애 초래

㉣ 지하철 공사의 Open Cut 공법에 많이 이용

② 빗버팀대식

㉠ Island 공법처럼 중앙부를 먼저 굴착하고, 본체를 구축한 후에 본체의 벽체에 경사지게 버팀대를 걸쳐 지지하는 공법이다.

㉡ 버팀대의 길이가 짧아 버팀대의 변형률이 적다.

㉢ 수평 버팀대식보다 가설비가 적게 든다.

㉣ 대지의 고저차가 있는 경우나 한쪽에 커다란 적재하중이 있는 경우 유리하다.

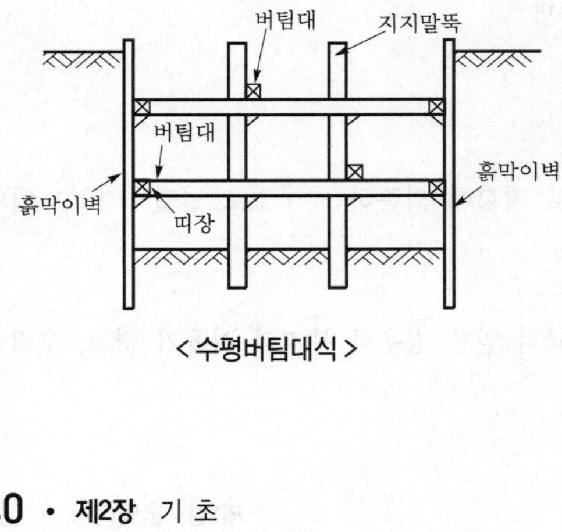

< 수평버팀대식 >

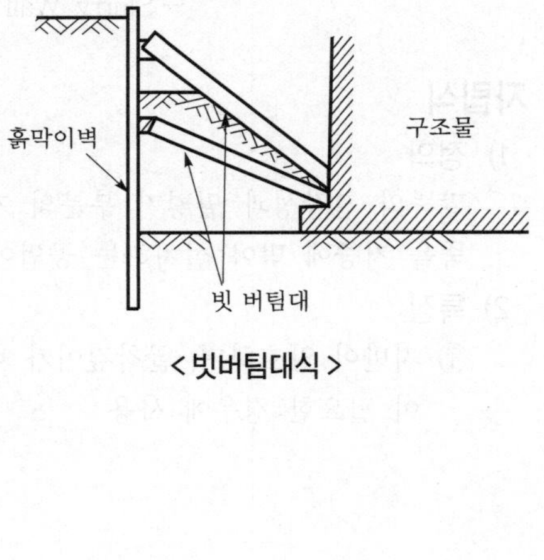

< 빗버팀대식 >

3) 특징(장·단점)

① **구조 단순** : 수평 버팀재와 띠장, 하중잭 등으로 구성재료가 단순하고, 설치시공이 쉽다.

② **동시작업** : 굴착되는 과정에서 굴착에 이은 동시작업으로 수평 버팀공을 설치하여 나간다.

③ **중간기둥 보강** : 양측 벽면과의 간격이 멀 경우 수평 버팀대의 좌굴방지를 위하여 중간기둥을 설치한다.

④ **Preloading** : Screw Jack을 이용하여 수평 버팀재에 잭을 설치하여 띠장을 버팀함으로써 작용토압과 수압에 저항한다.

⑤ **재활용 가능** : 사용된 Strut재와 띠장재료를 회수하여 재활용할 수 있어 경제성이 있다.

⑥ **인접 구조물 영향** : 굴착 작업장에 수평재를 설치하는 작업으로 흙막이벽의 변형을 최소화할 수 있어 인접지반, 구조물에 대한 영향을 줄일 수가 있다.

⑦ **본작업에 지장초래** : 깊이가 깊고 간격이 넓을 경우 중간기둥, 수평재 및 띠장의 증가로 인하여 본공사에 장애가 되는 경우가 있다.

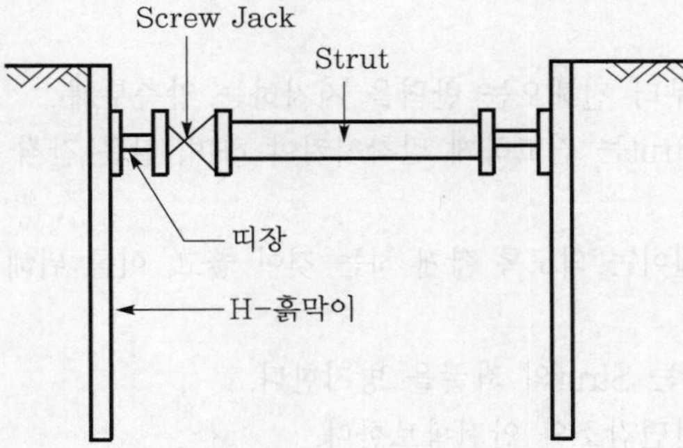

4) 적용범위

① 작업현장이 협소한 곳

② 도심지 · 민가 밀집지역

③ 연약지반 굴착현장

④ 지반내 응력이 크게 작용하는 곳

5) 시공시 유의사항

① **Strut의 변형** : 작용하는 토압에 의하여 변형이 발생되지 않게 설치간격을 준수한다.

② **Wale의 변형** : 흙막이벽에 작용하는 토압을 Strut에 전달하는 역할을 하는 구조체로서 비틀림, 탈락 등의 변형이 발생되지 않게 소정의 강도를 가지는 재료를 사용한다.

③ **연결부** : Wale과 Strut의 연결부에는 고장력 Bolt로 긴결하게 조임한다.

④ **중간 기둥** : 양측 흙막이벽과의 거리가 멀 때 Strut의 처짐을 방지하기 위한 중간기둥을 설치한다.

⑤ 브레싱 설치 : Strut과 Wale과의 수평변형을 방지하는 목적으로 설치한다.
⑥ Preloading : Strut에 Screw Jack 등으로 미리 하중을 가하여 흙막이벽의 변형을 방지한다.

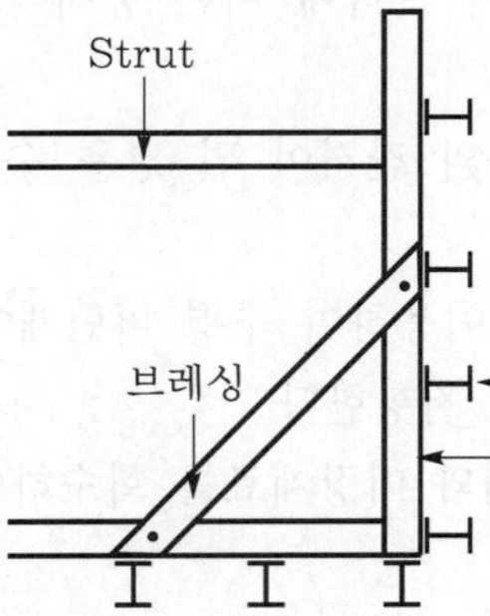

6) 각 부재의 역할
① 띠장(wale)
㉠ 토류판이나 Sheet Pile로부터의 반력을 Strut에 전달하는 역할
㉡ 엄지말뚝이나 Sheet Pile로부터 전해오는 수평반력에 저항
② 버팀대(Strut)
㉠ 띠장으로부터 전해오는 반력을 지지하는 압축부재
㉡ Wale과 Strut는 견고하게 밀착시켜야 하며, 같은 간격 및 동일 위치에 두어야 한다.
㉢ Strut의 길이는 되도록 짧게 하는 것이 좋고, 이를 위해 중간 말뚝을 설치한다.
③ Support
㉠ 압축을 받는 Strut의 좌굴을 방지한다.
㉡ Strut의 단면감소와 안전확보한다.

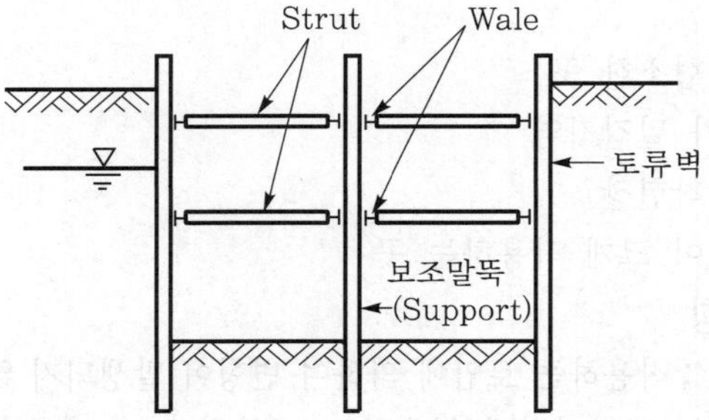

Ⅵ. 어스앵커(Earth Anchor)식

1) 정의
버팀대를 대신하여 흙막이 배면 지중에 Anchor체를 설치하고, 인장내력을 주어 흙막이벽을 지지하는 공법이다.

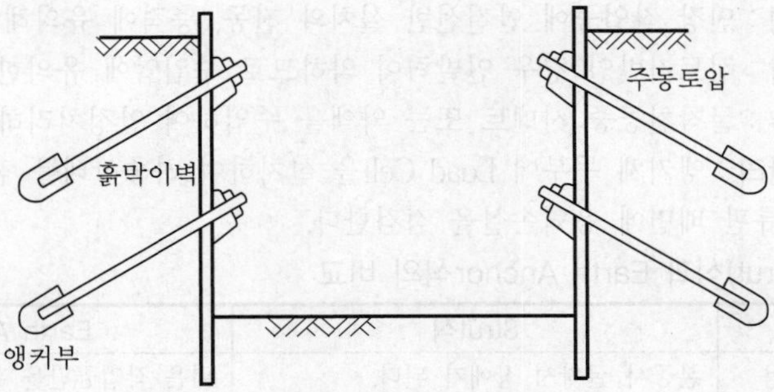

<Earth Anchor식>

2) 특징

① 시공성이 있음 : 지중에 앵커체를 삽입하여 긴장함으로써 작업이 완료되므로 시공성이 좋다.

② 작업설비가 간단 : 천공작업기, 인장기계, 그라우팅기계 등으로 작업기계 조합이 단순하며, 그 외의 작업설비가 필요하지 않다.

③ 작업공간 확보 : 굴착현장에 버팀대, 중간기둥 등의 설치가 필요치 않으므로 작업공간 활용이 매우 좋다.

④ 굴착작업 용이 : 대형 굴착기계의 현장반입이 가능하게 되어 굴착작업이 가능하게 되므로 굴착공사 진척이 매우 좋다.

⑤ 인접 구조물 영향 : 작업현장 주변의 구조물 및 매설물이 많은 경우 앵커체의 설치가 곤란하게 되어 어려움이 많다.

⑥ 깊은 굴착작업 곤란 : 굴착심도가 깊은 지하 굴착작업시 토압과 수압의 증가로 적용이 곤란하다.

3) 적용범위

① 작업공간 확보를 요하는 현장

② 지하수위가 낮은 굴착현장

③ 굴착심도가 그다지 깊지 않은 곳

④ 인근에 구조물이 밀집되지 않은 곳

⑤ 연약지반이 아닌 굳은 지반

4) 시공시 유의사항

① 인장재 : 부착된 녹과 이물질 등을 제거하여 부착력을 향상시킨다.

② 그라우팅 재료 : 인장재의 부식방지 및 방수효과가 있어야 하고, 굴착면 주위로 그라우팅이 잘 스며들어 부착력을 증대시켜야 한다.

③ 공벽붕괴 : 천공시 공벽의 붕괴가 없도록 천천히 시공해야 하며, 저진동기계를 선택하여 공벽붕괴를 미연에 방지한다.

④ 사용수 : 순환수는 청정수, 음료수를 사용해야 하며, 해수는 인장재의 부식을 초래하므로 사용해서는 안 된다.

⑤ **안전성** : 인장 작업중에 안전선반 설치와 진동, 충격에 유의해야 한다.
⑥ **주입압** : 점토지반인 경우 인발력이 약하므로 주입압에 유의한다.
⑦ **피압수** : 굴착천공중 시멘트 또는 약액을 주입하여 안정처리하면서 천공한다.
⑧ **계측관리** : 앵커체 두부에 Load Cell을 설치하여 하중상태를 점검하고, 특히 강우 후 토류판 배면에 응력손실을 점검한다.

5) 버팀대(Strut)식과 Earth Anchor식의 비교

구분	Strut식	Earth Anchor식
공간활용	본공사 굴착시 장애가 된다.	넓은 작업공간을 활용할 수 있다.
지지방식	직접 버팀대를 이용하여 지지한다.	흙막이 배면 수동토압을 이용한다.
시공방법	Strut 설치후 굴착한다.	지반 굴착후 Earth Anchor 시공한다.
민원발생 여부	타 토지에 장애가 되지 않는다.	인접대지 동의서가 필요하다.
토질조건	모든 토질에 적용이 가능하다.	사질토 지반에서는 곤란하다.
지장물 영향	인접 구조물에 영향없다.	인접지장물 조사후 시공한다.
시공성	중량의 강재사용으로 시공속도가 느리다.	소규모의 설비로 시공이 가능하다.
경제성	강재 소요량이 많아 공사비가 많이 든다.	Strut 방식에 비해 경제성이 있다.
안전성	굴착깊이에 따른 Strut의 강성이 큰 것을 사용한다.	굴착깊이에 따른 시공 공수가 증가한다.

Ⅶ. H-pile 공법

1) 정의

일정한 간격으로 H-pile(엄지말뚝)을 박고 굴토해 내려가면서 토류판을 끼워서 띠장(wale)과 버팀대(strut)를 댄후 동바리(support)로 지지시키는 공법이다.

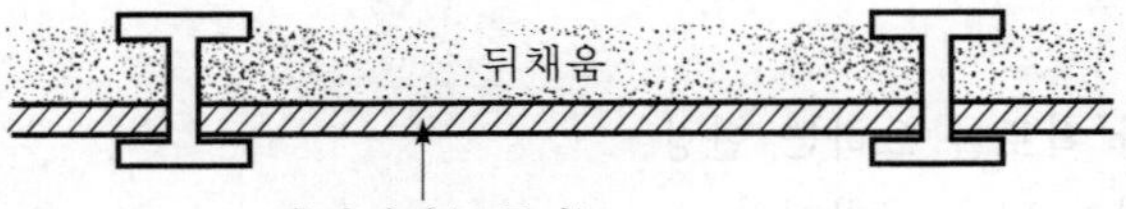

<H-pile>

2) 특징

① 지하수위가 낮고, 양수량이 적은 지반에 사용
② 공사비가 비교적 저렴하고, 엄지말뚝 회수 가능
③ 굴착과 동시에 토류판 설치로 장애물처리 간단
④ 지하수위 저하로 인한 주변 구조물 피해 발생 우려
⑤ Boiling과 Heaving에 대한 대책 요망

Ⅷ. Sheet Pile(강널말뚝) 공법

1) 정의

① Sheet Pile을 지중에 박아 토압을 지지하고 이것을 띠장, 버팀대, 동바리로 지지하는 공법

② 이음구조로 된 U형, Z형, I형 등의 강널말뚝을 연속하여 지중에 관입

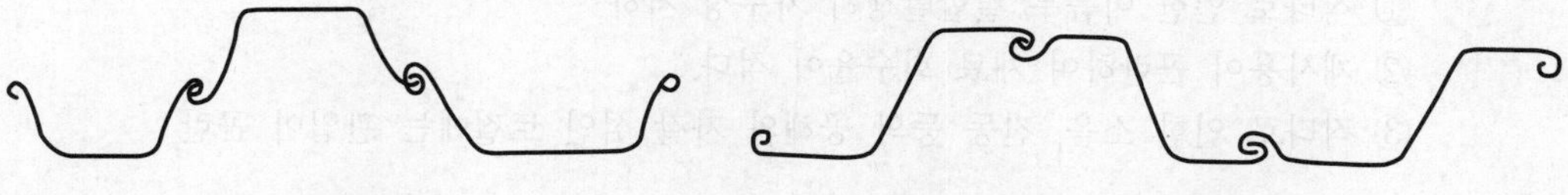

(a) U형 (b) Z형

<강널말뚝 연결>

2) 특징
① 지하수위가 높고, 연약지반에 적합
② 차수성이 우수
③ 시공이 용이하며, 공사비 저렴
④ 근입깊이를 깊게 하여 Heaving 방지

3) 문제점
① 타입시 직타로 인한 소음, 진공 등의 공해
② 자갈 섞인 토질에는 관입이 곤란
③ 휨이 크므로 버팀대의 설치가 지연 또는 설치간격이 너무 넓으면 수평변형 발생

Ⅸ. 강관 Sheet Pile(강관널말뚝) 공법

1) 정의
강널말뚝의 강성을 보완하기 위해 개발된 것으로 강관말뚝을 이용하여 이음장치(locking)를 하고, 지중에 타입하는 공법이다.

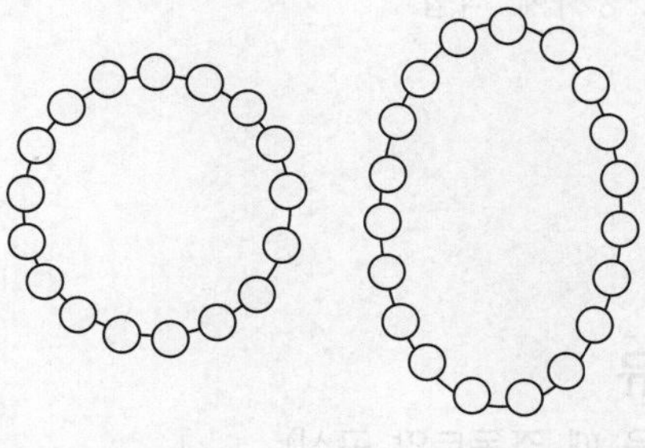

(a) 원형 (b) 장방형

<강관널말뚝의 단면형상>

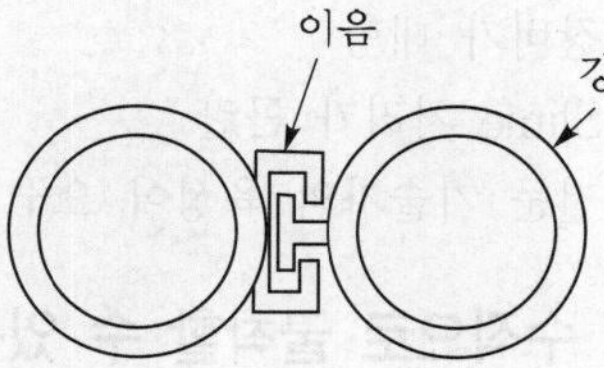

<연결방법>

2) 특징
① 차수성이 우수하므로 지하수가 많은 경우에도 사용 가능
② 비교적 경질지반까지 관입시킬 수 있어 Boiling, Heaving 방지
③ 연약지반에서의 토압, 수압이 큰 경우 사용
④ 단면계수가 크고, 장척의 흙막이벽에 적합
⑤ 공사비가 비교적 고가

3) 문제점

① 직타로 인한 이음부 결합발생시 차수성 저하

② 재사용이 곤란하여 재료 회수율이 적다.

③ 직타로 인한 소음, 진동 등의 공해와 자갈 섞인 토질에는 관입이 곤란

Ⅹ. Slurry Wall 공법

1) 정의

안정액으로 벽체의 붕괴를 방지하면서 지하로 트렌치를 굴착하여 철근망을 삽입후 Concrete를 타설한 지하벽을 연속으로 축조하는 공법이다.

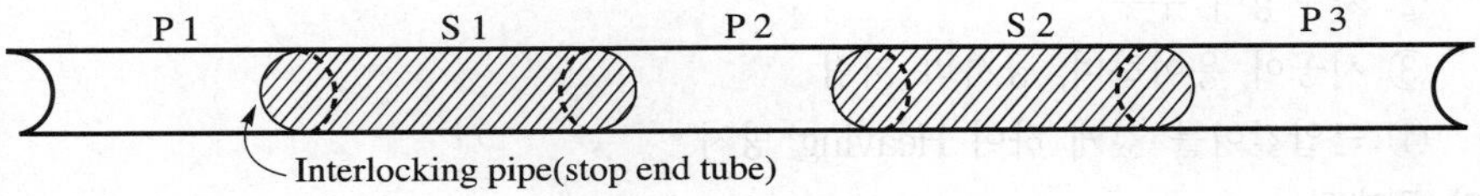

• 첫 번째 Panel은 P1 → P2 → P3 순서로 시공

• 두 번째 Panel은 S1 → S2 순서로 시공, stop end tube는 사용치 않음

2) 특징

① 타 공법에 비해 차수성이 가장 우수

② 토류벽 단면성능이 우수하고, 구조적으로 안전

③ 다양한 지반조건에 대한 적용이 가능

④ 깊은 굴착시공에 우수한 공법

⑤ 고도의 기술과 경험이 필요하고, 철저한 품질관리 요망

⑥ 저소음, 저진동으로 도심지 시가지 공사에 적합

3) 문제점

① 장비가 대형

② Slime 처리가 곤란

③ 전문 기술자의 육성이 요구

Ⅺ. 지반을 수직으로 굴착할 수 있는 이유

1) 점성토 지반의 주동토압(점착력이 있을 때 주동토압 공식)

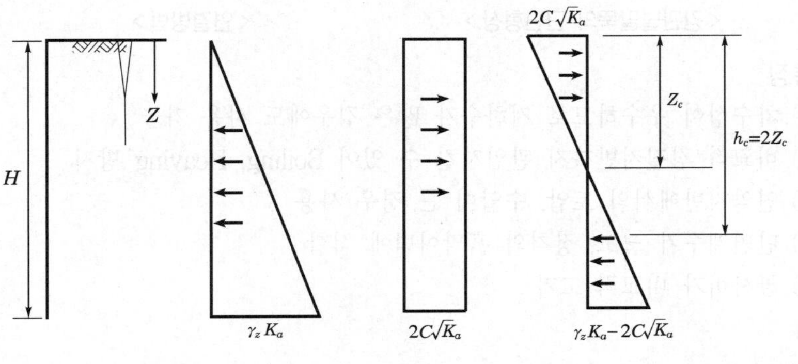

$$\sigma_{ha} = \gamma Z \tan^2\left(45° - \frac{\phi}{2}\right) - 2C\tan\left(45° - \frac{\phi}{2}\right) = \gamma Z K_a - 2C\sqrt{K_a}$$

2) 인장균열 발생깊이(Z_c)

① 지표면에서 $\sigma_{ha} = 0$인 지점까지 인장을 받아 균열이 발생하는데 이를 인장균열(tension crack)이라 한다.

② 식 $\gamma Z K_a - 2C\sqrt{K_a} = 0$에서

$$Z_c = \frac{2C}{\gamma\sqrt{K_a}} = \frac{2C}{\gamma}\tan\left(45° + \frac{\phi}{2}\right)$$

③ 만일 비배수 조건으로 $\phi = 0$, $K_a = \tan^2 45° = 1$이 되므로 $Z_c = \frac{2C}{\gamma}$가 된다.

④ 그러므로 지반을 파놓아도 무너지지 않는 한계깊이(h_c)는 인장균열 발생깊이 Z_c의 2배가 된다.

$$h_c = 2Z_c = 2\frac{2C}{\gamma}\sqrt{K_p} = \frac{4C}{\gamma}\sqrt{K_p}$$

⑤ 점토질 지반에서는 지반자체가 가지고 있는 점착력 C에 의해서 동바리없이 2~3m 깊이(한계깊이)까지 먼저 굴착한 후 동바리를 설치한다.

XII. 시공시 주의사항

1) 적정한 공법의 선정

경제성, 시공성, 안전성을 검토하여 적정한 공법 선정

2) 토류벽 안전성 검토

주동토압에 대한 안전성 및 지하수의 수위 및 이동 등을 검토

3) 배수대책 수립

차수성이 우수한 공법 선정

4) Boiling 방지

근입장을 불투수층까지 근입하고, 강제배수 공법에 의한 지하수위 저하

5) Heaving 방지

근입장을 경질지반까지 근입하고, 무리한 터파기 금지

6) Piping 방지

차수성이 높은 흙막이 공법 채용

7) 계측관리 철저

공사의 안전성 및 적합성 판단

XIII. 결론

① 흙막이 공법은 사전조사, 계획, 설계, 시공의 각 단계에서 면밀한 검토와 정밀한 시공이 될 수 있도록 철저한 품질관리가 필요하다.

② 흙막이벽은 토압에 대한 안전 및 근입깊이의 검토와 인접 구조물에 대한 악영향이 없어야 하며, 계측관리의 철저와 저소음, 저진동 공법의 개발이 절실히 요구된다.

2 지하연속벽공법

Ⅰ. 개요

① 지하연속벽공법이란 지수벽, 구조체 등으로 이용하기 위해서 지하로 크고 깊은 트렌치를 굴착하여 철근망을 삽입후 Con'c를 타설한 Panel을 연속으로 축조해 나가거나, 원형단면 굴착공을 파서 연속된 주열을 형성시켜 지하벽을 축조하는 벽식, 주열식 공법 등이 있다.

② 굴착공벽의 붕괴방지를 위해 Bentonite 안정액을 사용하며, 저소음, 저진동 공법으로 차수성이 우수하고 안전성 확보가 용이한 공법이다.

Ⅱ. 공법의 종류

1) 벽식(壁式) 공법

Bentonite를 이용하여 지하 굴착벽면의 붕괴를 막으면서 연속된 벽체를 구축하는 공법으로 BW(Boring Wall)이라고 한다.

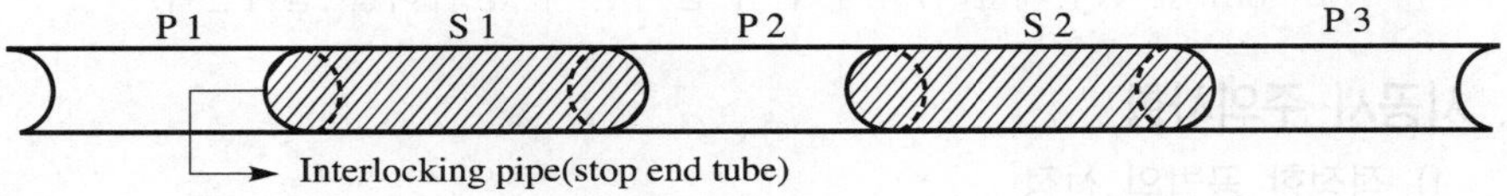

- 첫 번째 Panel은 P1→P2→P3 순서로 시공
- 두 번째 Panel은 S1→S2 순서로 시공, Interlocking Pipe는 사용치 않음

2) 주열식(柱列式) 공법

현장타설 Con'c Pile을 연속적으로 연결하여 지중에 주열식으로 흙막이벽을 형성하는 공법으로 SCW, CIP 등을 이용하여 벽체를 구축한다.

(a) 접점배치 (b) 겹침형 (overlap)배치 (c) 어긋매김 (zigzag)배치 (d) 땅 파는 쪽 MIP 말뚝

<주열의 배치방식>

Ⅲ. 특징

1) 장점

① 소음·진동이 적다.
② 벽체의 강성이 크다.
③ 차수성이 높다.
④ 주변지반에 대해 영향이 적다.

2) 단점

① 공사비가 고가이다.
② Bentonite 이수처리가 곤란하다.
③ 굴착중 공벽의 붕괴우려가 있다.

Ⅳ. 용도

① 구조물의 지하실　　② 가설 흙막이벽
③ 지하주차장, 상가의 외벽　　④ 지하탱크, 옹벽, 각종 기초 구조물 등

Ⅴ. 사전조사

① 설계도서 검토　　② 입지조건 검토
③ 지반조사　　④ 공해, 기상조건 검토

Ⅵ. 시공순서 Flow Chart

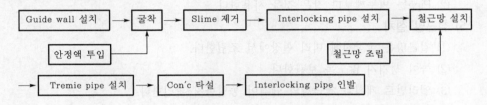

Guide wall 설치 → 굴착 → Slime 제거 → Interlocking pipe 설치 → 철근망 설치
(안정액 투입 → 굴착)
(철근망 조립 → 철근망 설치)
→ Tremie pipe 설치 → Con'c 타설 → Interlocking pipe 인발

Ⅶ. 시공순서

1) Guide Wall 설치

① 굴착장비의 충격에 견딜 수 있도록 견고하게 시공한다.
② 토압에 의한 변위가 생기지 않도록 버팀대를 설치한다.
③ 지표면이 경사지더라도 같은 높이로 시공한다.

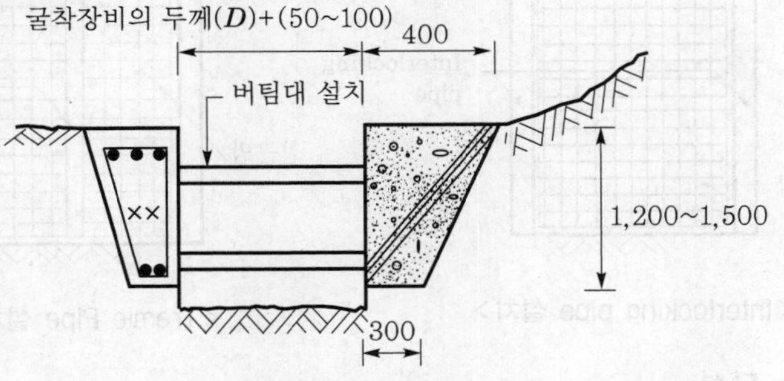

<Guide Wall 설치>

2) 굴착

① 안정액을 주입하면서 Hydromill 또는 Hydrofraise로 굴착하며, 지하연속벽 길이는 보통 5~6m 정도로 하며, 벽두께(D)는 보통 800mm 정도로 한다.
② 안정액을 Plant로 회수하여 모래성분을 걸러내고 안정액을 기준에 맞게 재투입하는 Desanding 작업을 실시한다.

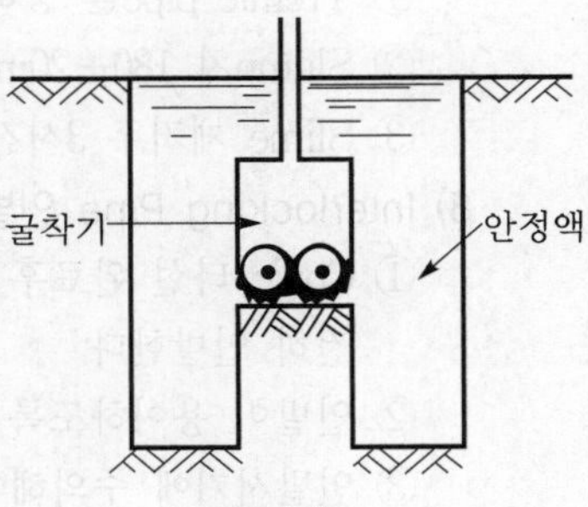

<굴착>

③ 암반 출현시 Chisel 또는 BC Cutter로 작업한다.

3) Slime 제거

① 굴착을 끝낸지 3시간 경과후 슬라임이 충분히 침전되었을 때 Slime 처리기로 제거한다.

② 모래 함유율이 5% 이내가 될 때까지 Slime을 처리한다.

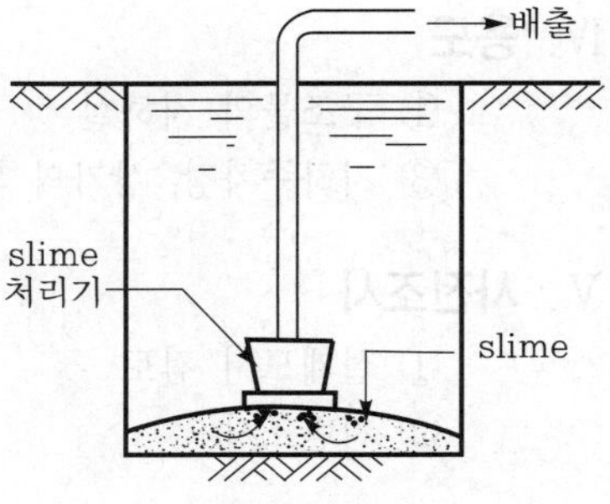

<슬라임 제거>

4) Interlocking Pipe 설치

① 양쪽 Panel을 일체화된 연결로 차수효과를 증대시킨다.

② Pipe는 벽두께보다 작은 것을 사용한다.

5) 철근망 설치

① 철근망은 굴착전에 미리 현장에서 조립한다.

② 녹이 생기지 않도록 보관한다.

③ 엘리먼트 계획과 철근망의 규격이 동일한지 확인한다.

6) Tremie Pipe 설치

① ϕ275mm Con'c 타설용 관을 말한다.

② Tremie Pipe는 Con'c에 1.5~2m 묻혀서 천천히 상승한다.

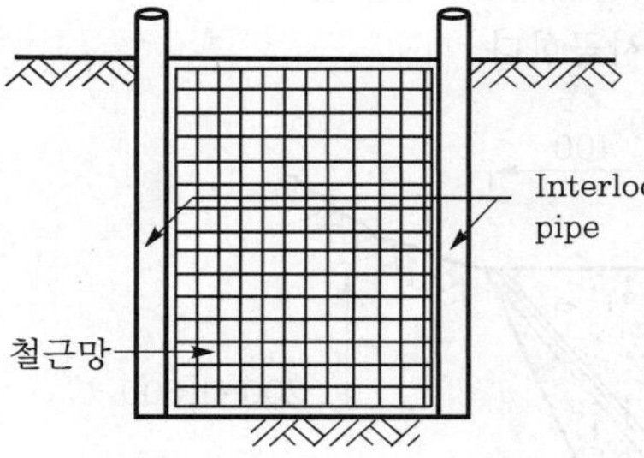

<Interlocking pipe 설치>

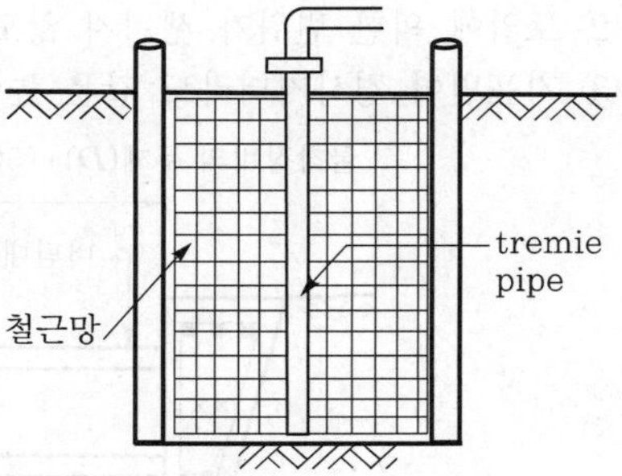

<Tremie Pipe 설치>

7) Con'c 타설

① Tremie pipe를 통하여 중단없이 Con'c를 타설한다.

② Slump치 180±20mm로 하고, 다짐기계 사용은 불가

③ Slime 제거후 3시간 이내에 타설

8) Interlocking Pipe 인발

① Con'c 타설 완료후 초기 경화가 이루어질 때 약간씩 인발하여 4~5시간 안에 완전히 인발한다.

② 인발이 용이하도록 Con'c 완료후 2~3시간후에 약간 유동시켜 놓는다.

③ 인발시기에 주의해야 한다.

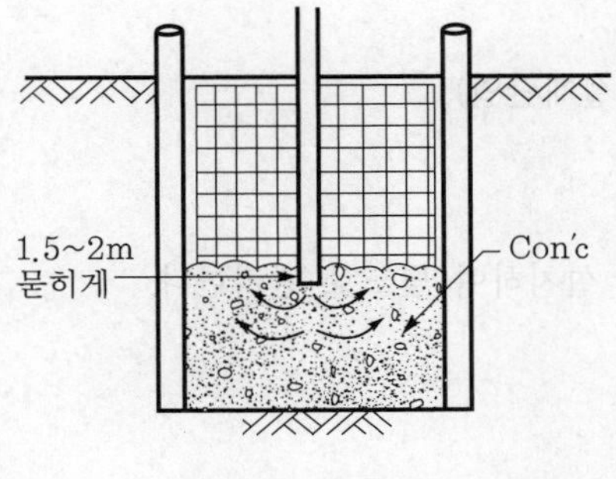

<Con'c 타설>

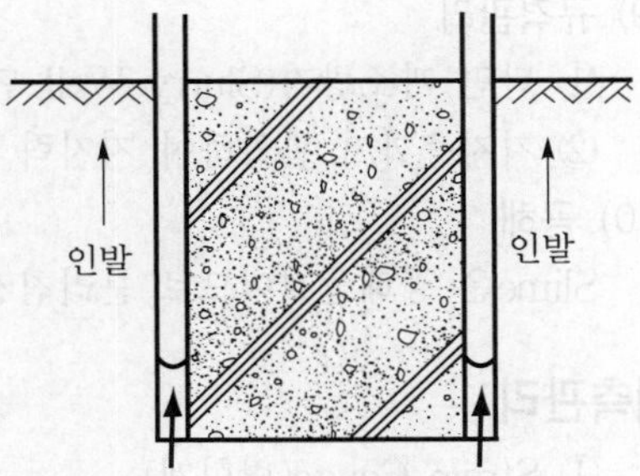

<Interlocking pipe 인발>

Ⅷ. 시공시 주의사항

1) 수직도 유지
   ① 최근 굴착기에는 경사계가 내장되어 있어 수직도 확인이 가능하다.
   ② 시공오차는 100mm 이내로 한다.

2) 선단지반 교란
   ① 굴착시 선단부는 교란되기 쉬우므로 시공속도를 조정하여 천천히 시공한다.
   ② 급속시공은 공벽붕괴의 원인이 되므로 주의하여 시공한다.

3) Slime 제거
   ① 지하연속벽 시공시 Slime은 구조체의 질을 떨어뜨리는 요인이 되므로 별도 관리가 필요하다.
   ② Slime 처리기를 이용하여 충분한 시간을 두어 제거하고, 특히 잔유물이 철근에 붙지 않도록 유의한다.

4) 기계 인발시 공벽붕괴
   ① 기계 인발속도는 공벽붕괴에 유의하여 천천히 인발한다.
   ② 인발시 공벽수직도와 기계 인발선이 일치되도록 한다.

5) 피압수
   ① 사전에 지반조사를 철저히 하여 피압수 발생 지층을 파악해 두어야 한다.
   ② 공벽관리를 위해 굴착후 즉시 안정액을 투입하여야 한다.

6) 공벽유지
   ① 공벽유지를 위하여 벤토나이트를 사용한다.
   ② 벤토나이트 용액의 특성인 팽창력을 이용한다.

7) Con'c 품질확보
   ① Con'c 타설시 재료가 분리되지 않도록 한다.
   ② Slime을 철저히 제거하여 Con'c의 선단지지력을 확보해야 한다.

8) 안정액관리
   ① 안정액은 벤토나이트 용액을 사용한다.
   ② 안정액은 공벽내에 장시간 있으면 Gel화 하여 Slime이 되는 경우가 있으므로 적정시간마다 안정액을 교체하여 준다.

9) 규격관리

① 단면 과소방지(Slurry Wall 단면 > 설계단면)

② 지지층까지 관입하여 지지력 확보

10) 공해

Slime은 공해물질이므로 분리침전조를 설치하여 별도로 관리한다.

Ⅸ. 계측관리

① Strain Gauge(변형계)

② Crack Gauge(균열측정계)

③ Water Level Meter(수위계)

Ⅹ. 문제점

① 장비가 대형이다.

② Slime 처리가 곤란하다.

③ 전문기술자의 육성이 요구된다.

Ⅺ. 개선대책

① 도시형 굴착장비의 개발이 시급하다.

② Slime 처리시설이 확충되어야 한다.

③ 기술정보를 저장관리(feed-back)한다.

④ 축적된 기술이 부족하다.

Ⅻ. 결론

① 지하연속벽은 저소음, 저진동 공법에 가깝고 수밀성이 우수하며, 공해요소가 타 공법에 비하여 적으므로 앞으로 많이 활용될 전망이다.

② 도시형 굴착기계의 개발과 효과적인 Slime 처리가 중요한 과제이다.

3 CIP 공법과 SCW 공법의 비교

Ⅰ. 개요

① CIP 공법이란 지중에 구멍을 뚫고 철근망(또는 H-beam)을 삽입한 다음 모르타르 주입관을 설치하고, 먼저 자갈을 채운후 주입관을 통하여 모르타르를 주입하여 현장치기 말뚝을 형성하는 공법이다.

② SCW 공법은 지하 연속벽 공법 중 하나로 Soil에 직접 Cement Paste를 혼합하여 현장 콘크리트 파일을 연속시켜 지중 연속벽을 완성시키는 공법으로 토류벽, 차수벽으로 이용한다.

Ⅱ. CIP 공법

1) 특징

① 지하수가 없는 경질 지층에 사용
② 좁은 장소에 시공장비의 투입이 용이
③ 주열식 흙막이 벽체로 이용
④ 벽체연결 부위 취약

2) 시공순서 Flow Chart

Earth Auger로 천공 → 철근망 삽입 → 모르타르 주입관 설치 → 자갈충전 → 모르타르 주입

3) 시공시 유의사항

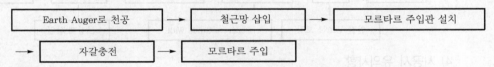

① 굴착 및 주입시 상부의 표토층 붕괴방지를 위해 표층 Casing(공 드럼) 설치
② 굴착은 주입효과를 높이기 위해 일정 간격으로 굴착
③ 25mm 이하의 굵은 골재를 균일하게 충전
④ 철근망 삽입과 동시에 모르타르 주입관 설치

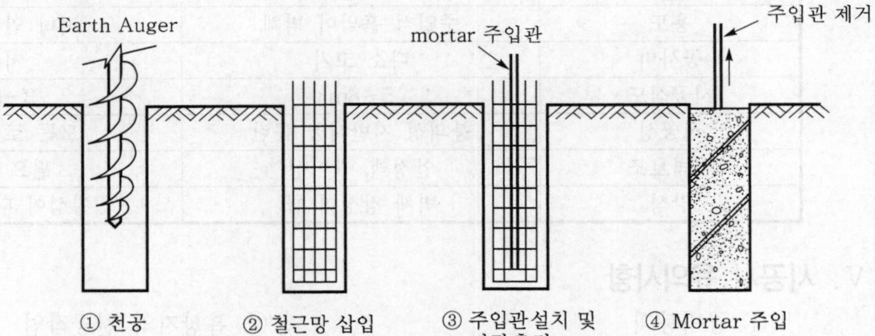

① 천공 ② 철근망 삽입 ③ 주입관설치 및 자갈충전 ④ Mortar 주입

Ⅲ. SCW 공법

1) 공법의 종류

① **연속방식** : 3축 Auger로 하나의 Element를 조성하여 그 Element를 반복시공함으로써 일련의 지중 연속벽을 구축시키는 방식

② **Element 방식** : 3축 Auger로 하나의 Element를 조성하여 1개공 간격을 두고, 선행과 후행으로 반복 시공함으로써 지중 연속벽으로 구축시키는 방식

③ **선행방식** : 단축(1축) Auger로 1개공 간격을 두고 선행 시공한 후, Element 방식과 동일한 시공법으로 지중 연속벽을 구축시키는 방식

2) 특징

① 차수성이 우수하다.

② 공기 단축 및 공사비가 저렴하다.

③ 소음 · 진동 및 주변의 피해가 적다.

④ 시공기술 능력에 따라 품질의 편차가 크다.

⑤ 토사성질의 양부가 강도를 좌우한다.

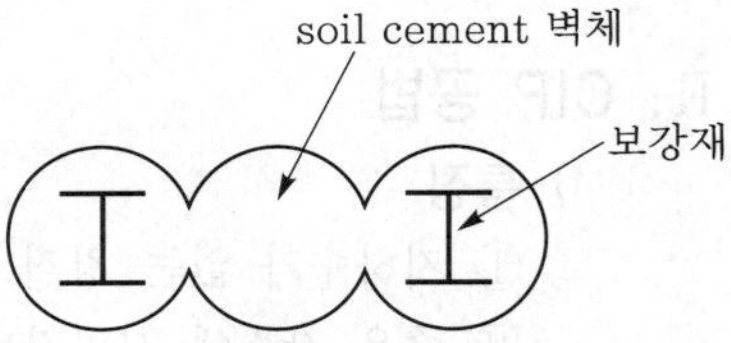

3) 시공순서 Flow Chart

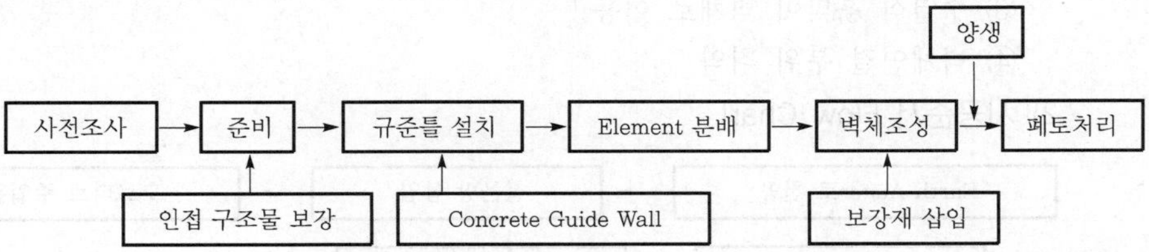

4) 시공시 유의사항

① 근입장의 깊이는 1.5~2m 유지

② Auger 설치시 굴착공의 수직도 체크

③ 지하수 이동여부를 사전에 조사

Ⅳ. 비교표

구분	CIP 공법	SCW 공법
용도	주열식 흙막이 벽체	지하 연속 벽체
공사비	다소 고가	저렴
시공심도	5~8m	3~6m
시공성	붕괴성 지반시공 곤란	모든 토질 가능
공벽보조	안정액, 케이싱	필요 없음
강성	벽체 강성이 큼	강성이 다소 적음

Ⅴ. 시공시 유의사항

① 공벽붕괴

② 흡상지역 천공작업

③ 지하수 오염

④ 근입깊이 유지

⑤ 시공관리

Ⅵ. 결론

① 지반을 굴착할 때 굴착면을 보호하기 위하여 사용하는 가설 흙막이공으로 Slurry Wall, Sheet Pile 등이 사용되어지고, 굴착심도가 얕은 소규모 현장에서는 CIP, PIP, MIP 등의 현장치기 공법이 많이 사용되고 있다.

② CIP 및 SCW 공법을 이용하여 가설 흙막이 벽체를 시공할 때 지반조건, 지하수 상태, 시공 깊이, 본 구조물의 종류 등을 충분히 고려한 적정 공법선정이 무엇보다 중요하다.

4 흙막이공(토류벽)의 시공계획과 시공시 유의사항

Ⅰ. 개요

① 흙막이공은 전체 공사에 있어서 공사기간, 경제성, 안전성 등을 좌우하는 중요한 부분으로 면밀한 시공계획을 수립하여 공사를 진행하여야 한다.

② 흙막이공 시공계획시는 지반상황, 지하수상황, 적정 공법선정, 주변 침하문제 등을 고려해야 하며, 주변 환경공해에 대해서도 세밀한 검토가 되어져야 한다.

Ⅱ. 시공계획 순서 Flow Chart

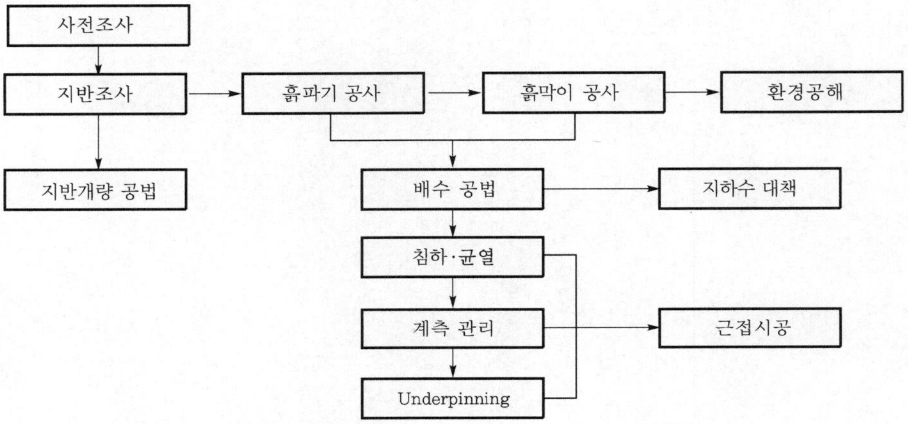

Ⅲ. 시공계획

1. 설계도서 검토

① 설계도면 · 시방서 · 구조계 산서 검토, 도면과 현장과의 차이점 분석

② 굴착단면 검토

2. 계약조건

① 제반계약서 내용 숙지

② 관계 법령, 법적 규제조건 조사

3. 입지조건

1) 부지의 상황

① 도로 경계선과 인접 구조물의 경계선 확인

② 지반 고저차

2) 매설물

① 잔존 구조물의 위치형상, 매설물의 위치, 치수

② 잔존 구조물이 공사에 미치는 영향

3) 공작물
① 전주, 가로수, 통신 케이블, 수도 등 부지외 공작물과 부지내 공작물 파악
② 연못, 우물, 옥외등, 수목 등의 위치

4) 교통상황
① 부지까지의 도로폭
② 주변도로의 상황, 잔토 처리장까지 경로

5) 인접 구조물
① 인접 구조물과의 거리, 구조 형식, 지하실 크기
② 특수 구조물 존재 여부

4. 지반조사

1) 지반의 구성
① 지층의 구성순서 파악
② 각 층의 두께

2) 지층의 토질성상
① 물리적 성상 : 단위용적 중량, 입도분포
② 역학적 성상 : 점착력, 내부마찰각, 1축 압축강도
③ 수리적 성상 : 투수성, 간극수압

5. 지하수상태

수위, 수압, 수량, 피압수 파악

6. 지반의 고저

① 전면도로와 지반의 고저차 분석
② 인접 구조물과 굴착장 저면의 높이 차이
③ 도로 복구 여부 파악

7. 계절 및 기상

① 강우량, 집중호우, 하천범람, 지반침하 여부
② 안전상, 공기상 대책수립

8. 환경공해 문제

① 소음, 분진, 진동 등에 대한 민원대책
② 지하수 사용 상황

9. 관계 법규조사

① 행정관청의 인·허가 사항 검토
② 교통 통제여부

10. 공사실적 조사

인근에서 행하여지고 있는 토류벽의 시공법

11. 고대 유적지 여부

문화재 발굴시 관계기관과 협의

12. 고려사항

1) 주변지반 침하

지하수 배수로 수위가 저하되면 주변지반이 침하 발생

2) 주변우물 고갈

지하수 배수로 수위저하시 주변지역 우물 고갈

3) 주변구조물 부등침하 및 균열

① 지하수위 변화로 주변지반이 압밀침하가 발생되면 주변 구조물 부등침하 발생

② 구조물 부등침하로 균열발생 또는 붕괴 우려

Ⅳ. 시공시 유의사항

1) 적정한 공법의 선정

① 경제성, 시공성, 안전성을 검토하여 적정한 공법 선정

② 차수 성능 : H－pile < Sheet Pile < Slurry Wall

2) 토류벽 안전성 검토

① 주동토압에 대한 안전성 및 분포파악

② 지하수의 수위 및 이동 등을 검토

3) 배수대책 수립

① Boiling 현상방지를 위하여 복수 공법의 적용 검토

② 차수성이 우수한 공법 선정

4) 과재하 방지

① 가설재가 한 곳에 집중되어 과하중되는 것을 방지

② 토류벽 주위에 대형장비 접근금지

5) 토사유출 방지

① 연약지반에서 미세립의 토사가 지하수와 같이 흘러내리는 현상 방지

② 강제배수 공법으로 지하수 제거후 그라우팅 및 약액주입 공법 적용

6) 인접지반 보강

① 배수공사로 인한 침하발생 우려가 있을 경우 복수 공법 시행

② 복수 공법 선택이 어려울 경우 Underpinning 실시

7) Boiling 방지

① 근입장을 불투수층까지 근입

② 강제배수 공법에 의한 지하수위 저하

8) Heaving 방지

① 근입장을 경질지반까지 근입

② 무리한 터파기 금지

9) Piping 방지
① 토류벽을 밀실하게 시공하여 방지
② 차수성이 높은 흙막이 공법 선정

10) 지반개량
① 간극수압을 감소시켜 지반의 성질을 개량
② 약액 주입으로 지반을 고결하여 안정성 확보

11) Underpinning
① 보조 보강 공법으로 이중널말뚝을 설치하여 인접 구조물의 침하 방지
② 차단벽을 설치하여 지하수위 저하를 저지

12) 토류벽 뒤채움 철저
① 뒤채움시 시방서에 명시한 기준들을 준수
② 깬 자갈, 모래 혼합물 등의 다짐재료 적합여부 검토

13) 계측관리 철저
① 공사의 안전성 및 적합성 판단
② 종류
㉠ Strain Gauge(변형계) : Wale이나 Strut 구조물에 부착 굴착작업에 따른 구조물의 변형 측정
㉡ Load Cell(하중계) : 흙막이 부재의 응력을 측정하여 부재의 안정상태 파악
㉢ Inclino Meter(경사계) : 굴착에 따른 지반의 심도별 수평변위량의 위치와 방향 및 크기 측정
㉣ Water Level Meter(수위계) : 토류벽 외부에 천공을 하여 설치, 지하수위 변화 관측

14) 기타
① Sheet Pile이나 H-pile 인발한 후 즉시 Grouting
② 인접 구조물의 시공전 상태를 파악하여 관리

Ⅴ. 결론

① 흙막이공의 시공계획은 충분한 사전조사와 흙막이 설계검토, 적절한 지하수처리, 적정 공법선택 등 세밀한 검토에 의한 계획이 수립되어야 한다.
② 최근 흙막이공의 대형화로 전체 공사에 미치는 영향이 더욱 커지고 있으며, 철저한 시공 및 품질 관리로 여러 가지 문제점들을 미연에 방지해야 한다.

5 도심지 개착(흙파기)공사시 발생하는 문제점 및 대책

Ⅰ. 개요

① 도심지에서 지반을 굴착하여 구조물을 축조할 때 지하수의 변동 및 가설 흙막이 벽의 변형 등에 의해서 근접 구조물에 많은 영향을 주게 된다.

② 기존 구조물에 근접하여 개착공사를 하게 되면 근접한 구조물에 균열·침하·경사 등의 발생에 대비하여 공사 착공전부터 계측을 실시하고 적정 공법선정으로 민원 및 하자발생을 최소화하는게 가장 중요하다.

Ⅱ. 흙막이벽의 종류

① H－토류벽 ② Sheet Pile
③ CIP, PIP, MIP ④ Slurry Wall

Ⅲ. 문제점(하자원인)

1) 지반침하
① 지하수의 무분별한 배수 ② 흙막이 가구 변형
③ Heaving 또는 Boiling 발생

2) 지하수 고갈
① 굴착면에서 배수에 따른 수위 저하 ② 인근 지하수의 고갈

3) 지하수 오염
① 차수목적의 주입 공법에 따른 지하수 오염
② 지상에서 폐기된 각종 오일류의 유입

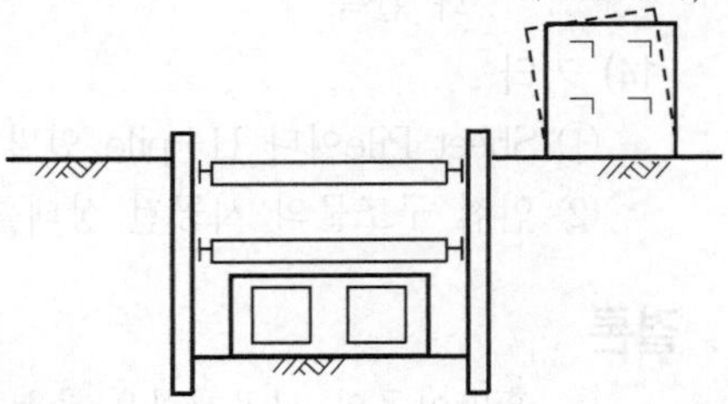

4) 근접 구조물 변위
① 지하수 변동에 따른 지반변위
② 근접 구조물의 균열, 경사 발생
③ 구조물의 침하 및 전도 발생

5) 지중 구조물 파손
① 지중에 매설된 상하수도관 파손
② 통신 케이블 및 동력선 파손

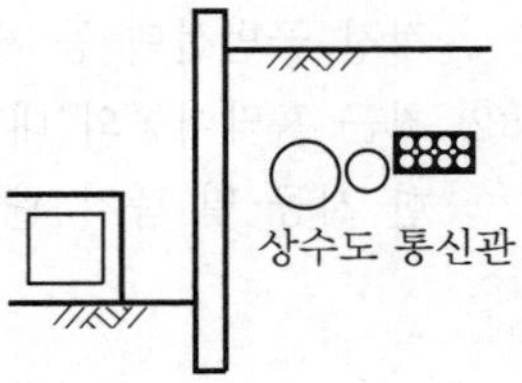

6) 건설공해 발생
① 굴착기계의 기계음
② 지하수의 오염
③ 현장 폐기물의 악취, 분진발생

Ⅳ. 대책

1) 수밀성 흙막이벽 시공
① CIP, PIP 등의 차수성 흙막이
② 본 구조물의 일부가 되는 Slurry Wall 시공

2) 차수 Grouting
① 흙막이벽 배면에 시멘트 또는 Bentonite 주입
② 차수목적의 LW 주입
③ 차수 및 보강 목적의 JSP 시공

3) Underpinning
① 인접 구조물의 하부 보강
② 기초확대 및 신설
③ 약액주입 공법

4) 주민과의 대화
① 매주 주민과의 의견 교환
② 주민의견 수렴

5) 무공해 공법선정
① 공해발생이 전혀없는 공법선정
② 신기술 개발
③ 공해관리팀 가동

6) 흙막이벽 시공관리
① 흙막이 배면 뒤채움
② 흙막이 구조형식 검토
③ 안전율 상향조정

7) 계측관리 철저

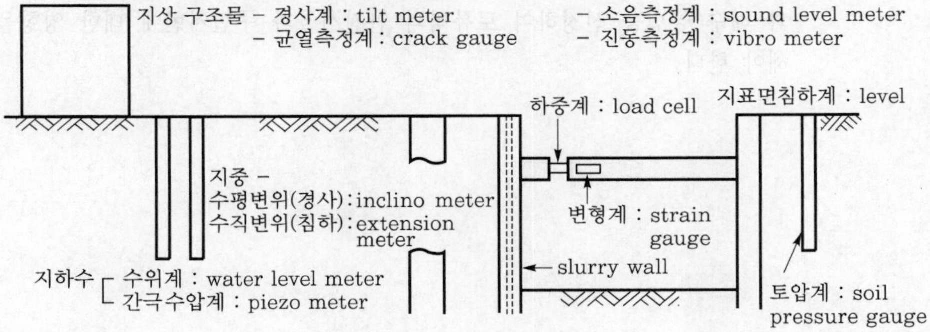

<계측기 설치위치>

V. 지하수위 저하와 진동이 주변 구조물에 미치는 영향

1. 지하수위 저하

1) 주변 구조물에 미치는 영향
① 배면 지반침하 및 균열 발생
② 보일링 및 히빙 발생
③ 주변 구조물의 침하로 인한 균열발생

2) 방지대책

① 굴착저면에 혼합처리 또는 고압분사

② 토류벽 배면에 차수대책으로 배면 그라우팅 실시

③ 차수성이 높은 토류벽 시공

④ 근입 깊이는 불투수층 또는 보일링, 히빙을 검토한 후 안전한 깊이로 시공

2. 진동

1) 주변 구조물에 미치는 영향

① 사질지반의 경우 액상화 발생

② 점성토지반은 압밀침하 발생

③ 지반의 다짐효과로 주변 구조물 침하발생

2) 방지대책

① 진동이 적은 장비 사용

② 천공후 토류벽 설치

③ 방진구 설치

④ 저폭속, 저비중 폭약 사용

Ⅵ. 결론

① 도심지에서 지하 구조물공사를 시행함에 있어서 지하 흙막이공의 안전시공이 무엇보다도 중요하며 토질, 지하수상태, 현장상황 등을 고려하여야 한다.

② 지하수에 대한 충분한 검토와 토질에 대한 상세한 조사로 여건에 맞는 차수 공법과 배수 공법을 선정하여 토류벽의 안전시공과 주변지반에 대한 영향을 최소화 해야 한다.

6 지하배수공법

Ⅰ. 개요

① 토목공사의 배수공법은 흙막이 벽체의 토압을 감소시켜 안전성을 증가시키고, 지하 굴착시 Dry Work를 하기 위하여 채택하는 공법이다.

② 토목공사의 배수공법에는 중력배수, 강제배수, 영구배수 및 복수 공법 등이 있다.

Ⅱ. 배수목적

① 지반의 Dry Work
② 지반강화
③ Trafficability(장비의 주행성) 증가
④ 굴착작업 용이

Ⅲ. 공법 선정

① 시공성
② 안전성
③ 경제성
④ 무공해성

Ⅳ. 공법의 분류

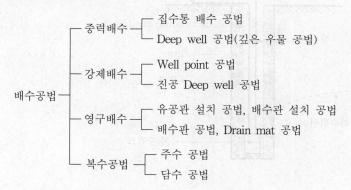

- 배수공법
  - 중력배수
    - 집수통 배수 공법
    - Deep well 공법(깊은 우물 공법)
  - 강제배수
    - Well point 공법
    - 진공 Deep well 공법
  - 영구배수
    - 유공관 설치 공법, 배수관 설치 공법
    - 배수판 공법, Drain mat 공법
  - 복수공법
    - 주수 공법
    - 담수 공법

Ⅴ. 공법별 특징

1. 집수통 배수 공법

1) 의의

① 터파기의 한 구석에 깊은 집수통을 설치하고, 여기에 지하수가 고이게 하여 수중펌프로 외부에 배수하는 것이다.

② 배수가 적으면 수동펌프로 가능하지만, 보통공사에서는 전동식 Sand Pump, 다이어프램 펌프 등이 사용된다.

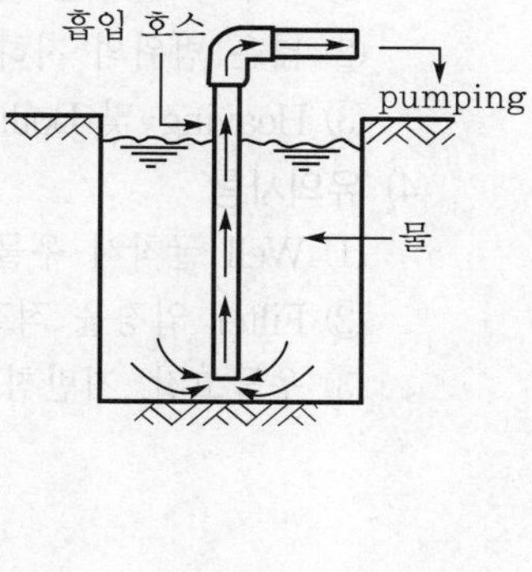

2) 특징

① 설비가 간단하고, 경비가 저렴하다.

② 용수 상황에 따라 집수통의 수량조절이 용이하다.

3) 적용

① 투수성이 좋은 사질지반에 유리하다.

② 소규모의 용수 및 다른 용수 공법의 보조 공법으로 사용된다.

4) 유의사항

① 침투수에 따라 토사가 유입하므로 집수통 바닥 자갈깔기

② Sheet Pile 배면과 수위가 큰 경우 큰 압력발생

2. Deep Well 공법(깊은 우물 공법)

1) 의의

① 터파기의 장내에 깊은 우물을 파고, Casing Strainer를 삽입하여 수중펌프로 양수하는 공법

② Strainer와 우물벽과의 공간에는 필터재료(자갈 등)를 충전하여 Strainer의 막힘을 방지할 필요가 있다.

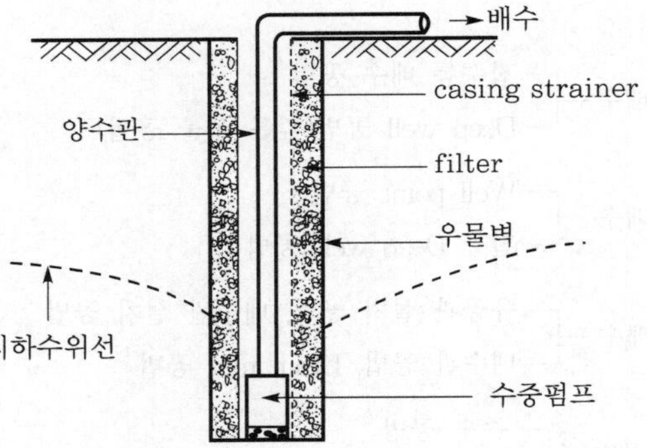

2) 특징

① 고양정의 Pump 사용시에는 깊은 대수층 양수가 가능하다.

② 1개소당의 양수량이 많다.

3) 적용

① 투수성이 좋은 지반에서 용수량이 많아 Well Point의 적용이 어려운 장소이다.

② 넓은 범위의 지하수위 저하시에 적용한다.

③ Heaving 및 Boiling 현상이 발생할 가능성이 있는 경우

4) 유의사항

① Well 굴착시 우물벽 안정에 유의해야 한다.

② Filter 입경을 적절히 한다.

③ 우물고갈, 지반침하, 부등침하에 대한 대책강구가 필요하다.

3. Well Point 공법

1) 의의

① Well Point 공법은 강제배수 공법의 대표적인 공법이며, 지멘스 웰공법이 발전되어 개발된 공법이다.

② 인접 구조물과 흙막이벽 사이에 케이싱을 삽입하여 지하수를 배수하는 공법이다.

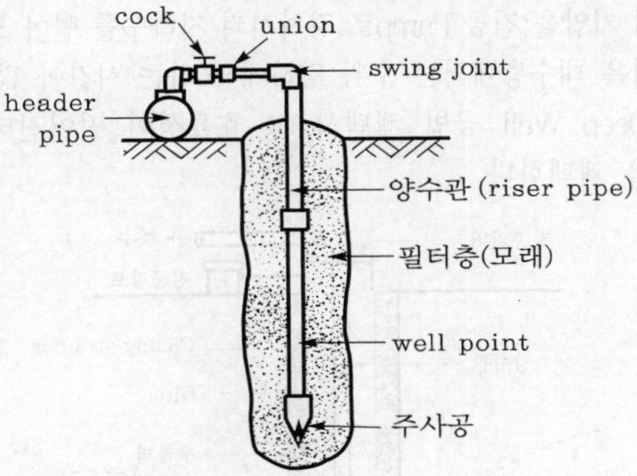

2) 특징

① 장점

㉠ 이 공법의 개발로 굴착공사의 Dry Work가 비교적 용이해졌다.

㉡ 투수층이 비교적 낮은 사질 Silt층까지도 강제배수가 가능하다.

㉢ 흙의 안전성을 대폭 향상시킨다.

㉣ 공기단축이나 공비경감에도 크게 기여한다.

② 단점

㉠ 압밀침하로 인한 주변 대지, 도로, 균열발생

㉡ 인근 구조물의 침하발생

㉢ 지하수의 수위저하로 우물 고갈

3) 시공

① Riser Pipe(양수관) 설치

㉠ Point와 연결된 Riser Pipe(양수관)를 Water Jet를 이용하여 대수층까지 관입시켜 그 주위에 필터층(모래)을 형성한다.

㉡ 양수관의 간격은 보통 1~2m로 한다.

② 스윙 조인트 : 관입된 Well Point는 Swing Joint를 거쳐서 Header Pipe로 연결된다.

③ Header Pipe 연결 : 스윙 조인트를 거쳐 Header Pipe에서 진공 Pump로 연결된다.

④ Pump 설치

㉠ Centrifugal Pump, 진공펌프, Separator Tank에 연결한다.

㉡ 정전시를 대비하여 예비전원 및 예비펌프를 확보한다.

4) 유의사항

① Well Point 관입시는 반드시 특수 커터를 사용한다.

② 필터층의 모래폭은 크게 하는 것이 좋다.

③ Point 부분은 투수성이 가장 큰 깊이에 일치시킨다.
④ 필터 재료는 원지반보다 투수성이 큰 거친 모래를 사용한다.

4. 진공 Deep Well 공법(Vacuum Deep Well 공법)

1) 의의

① Deep Well 공법과 Vacuum Pump를 합친 강제배수 공법이다.
② 우물관 내의 기압을 진공 Pump로 강하시켜 지하수를 빨아 모아서 Pump로 배수한다.
③ 투수성이 작은 대수층에서는 수위 강하에 요하는 시간이 많이 걸리므로 Well Point 공법이나 Deep Well 공법 채택시 그 효율성이 떨어진다. 이때에는 진공 Deep Well 공법을 채택한다.

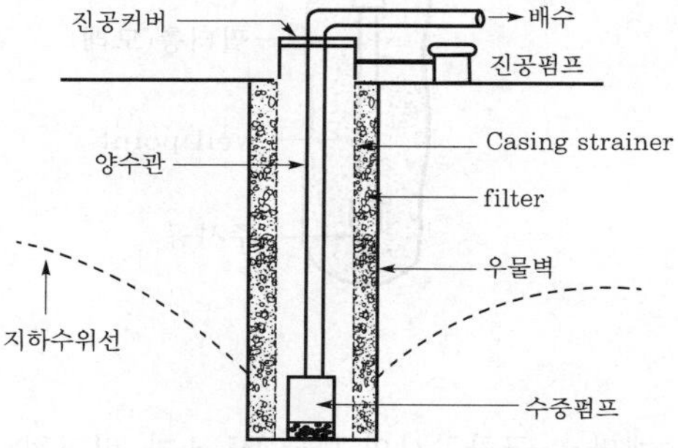

2) 유의사항

① 우물관 상부 및 우물관 주위 기밀성 유지
② Filter 재료는 투수성이 좋은 재료 사용
③ Filter 재료 상단은 점토 등으로 Sealing하여 기밀성 유지

5. 유공관 설치 공법

1) 의의

외부 압력에 강하고 균열 및 찌그러짐이 없는 THP(Trip Polyethylene Pipe : 고강도 폴리에틸렌 Pipe)관에 작은 구멍의 흡수공을 설치하여 지중의 물을 배수하는 공법이다.

2) 특징

특성	내용
흡수성	① 요철부에 다량의 흡수공으로 흡수면적이 넓음 ② 토사에 의해 막힐 염려가 없음
경량성	① 경질 PE관으로 초경량 ② 취급, 운반 및 시공 용이
고재질	① 뛰어난 내충격성 겸비 ② 내산, 내알칼리성 및 부식이 없음
고강도	① Rib 형태로의 특수 가공 ② 지중 매설시 형태변화가 없음
내구성	① 고밀도 PE 수지로 반영구적 ② 지반의 부등침하 등에도 안전

3) 시공도

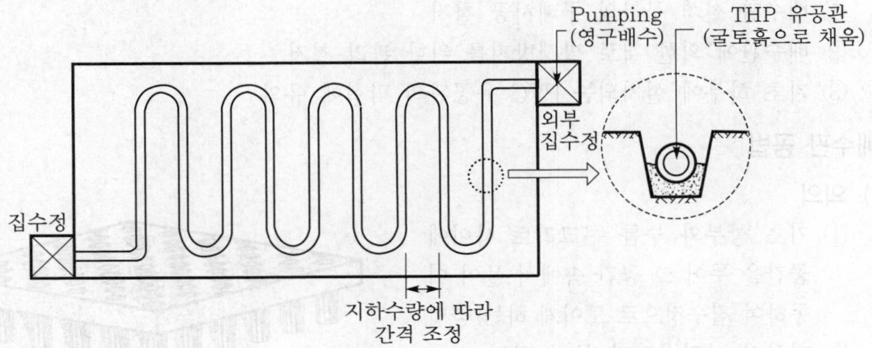

4) 유의사항

① 유공관 시공전 강한 충격에 의한 파손에 유의

② 흡수공이 토립자에 의해 막히지 않도록 관리

③ 토목섬유로 육공관 주위를 보양할 것

6. 배수관 설치 공법

1) 의의

① 지하 기초내 수직으로 Hole을 설치하여 기초 상부 누름 콘크리트 사이로 배수관을 연결

② 연결된 배수관을 지하층에 설치된 집수정을 통해 외부로 배수하는 공법

2) 특징

① 기초시공 전후 모두 시공 가능

② 지하수의 수량에 따라 설치공 조절

③ 지하 부력에 의한 구조물의 안전 도모

④ 기초 하부에 설치되는 PVC 유공관의 막힘에 유의

⑤ 누름 콘크리트내 설치되는 배수 Pipe의 결로 방지

3) 시공도

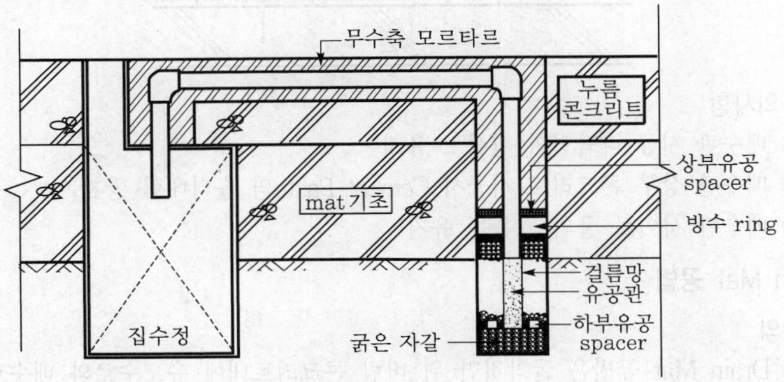

4) 유의사항

① 배수관 설치 구간의 구배시공 철저

② 배수관에 의한 결로 발생방지를 위한 관리 철저

③ 기초 하부에 설치되는 PVC 유공관의 막힘에 유의

7. 배수판 공법

1) 의의

① 기초 상부와 누름 콘크리트 사이에 공간을 두어 그 공간 속에서 물이 이동하여 집수정으로 모이게 하는 공법

② 지하실 마감마닥과 물이 직접 접촉되는 것을 차단하여 지하실의 누수 및 습기를 방지

<배수판 형상>

2) 시공순서

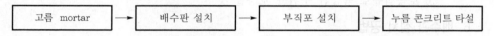

고름 mortar → 배수판 설치 → 부직포 설치 → 누름 콘크리트 타설

① **고름 Mortar** : 바닥을 평활도를 유지하면서 집수정 방향으로 구배 시공

② **배수판 설치** : 연속하여 설치하고, 절단사용 가능

③ **부직포 설치** : 겹친 이음길이 100mm 이상

④ **누름 콘크리트 타설** : 콘크리트 타설후 내부마감 실시

3) 시공도

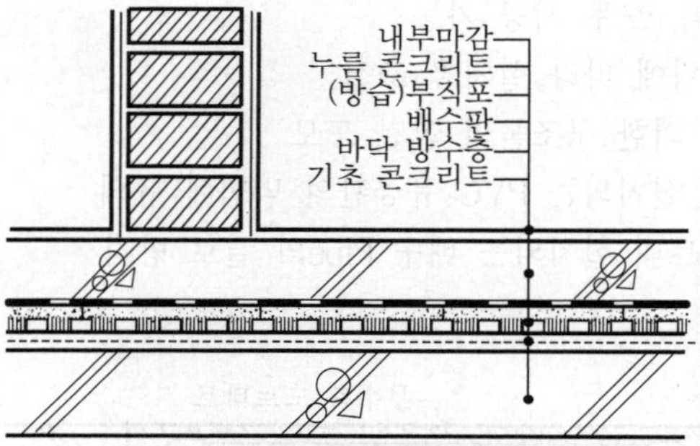

4) 유의사항

① 배수판 시공 바닥면의 평활도 유지

② 배수판 상부 콘크리트 시공시 Cement Paste의 흘러내림 방지

③ 배수판 사이로 물의 흐름을 유지

8. Drain Mat 공법

1) 의의

① Drain Mat 공법은 굴착저면 위 버림 콘크리트내에 유도수로와 배수로를 설치하여 지하수를 집수정으로 유도하여 Pumping 처리하는 영구 배수 공법이다.

② 지하수의 부력이 기초나 구조물의 구조체에 영향을 미치지 않게 하므로 구조적으로 안전성을 유지할 수 있는 공법이다.

2) 특징

① 지하수의 부력처리 속도가 빠름
② 단일 공정으로 시공관리가 편리
③ 풍부한 안전율을 적용한 설계와 시공이 가능
④ 집수정에 모인 지하수에 재활용 가능
⑤ 기초 콘크리트 균열에 의한 누수발생 예방

3) 시공도

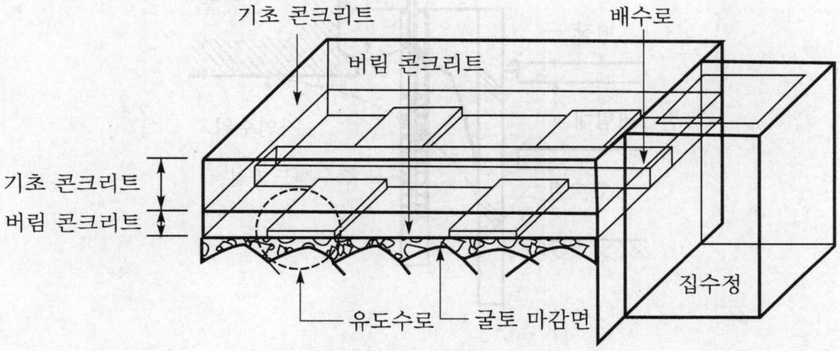

4) 유의사항

① 유도수로와 배수로의 막힘 방지
② 유도수로와 배수로 구배시공 철저
③ 집수정에 토립자의 침전 예방

9. 주수 공법

① 장내에서 양수한 물을 주수 Sand Pile을 통해 지중에 주입하여 인접 구조물의 부등침하 등을 방지하는 공법이다.
② 굴착 저면이 인접 구조물의 기초면보다 낮을 때 사용한다.
③ 주수량은 양수량의 50% 전후를 목표로 한다.
④ 주수한 물에 의한 굴착면의 붕괴를 방지하기 위하여 도수 샌드파일을 둔다.
⑤ 주수는 지반교란이 안 되도록 정수압으로 한다.

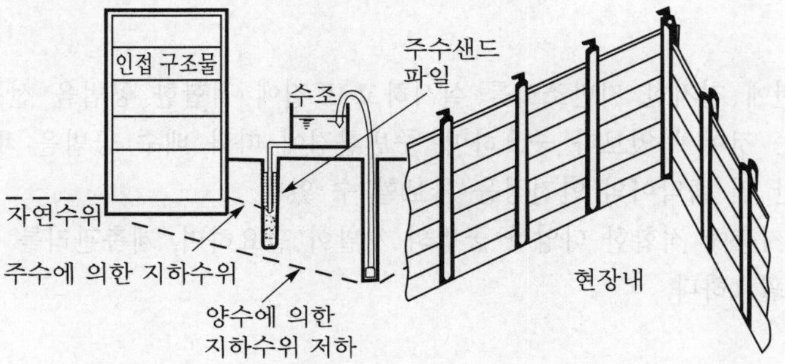

10. 담수 공법

① 흙막이벽을 지수벽으로 구축한다 해도 주변지반의 수위를 자연상태로 유지하기란 대단히 어려우므로 주변지반의 수위를 자연상태로 유지하기 위해서는 어느 정도 물의 보급이 필요하게 되는데 이때 담수 공법을 적용하여 물을 채우게 된다.
② 흙막이벽에 작용하는 측압과 주수에 의한 수압은 흙막이벽의 붕괴를 가져올 수 있으므로 주의해야 한다.
③ 흙막이의 강성을 높이기 위해 버팀대의 단면적을 늘리는 것을 검토해야 한다.

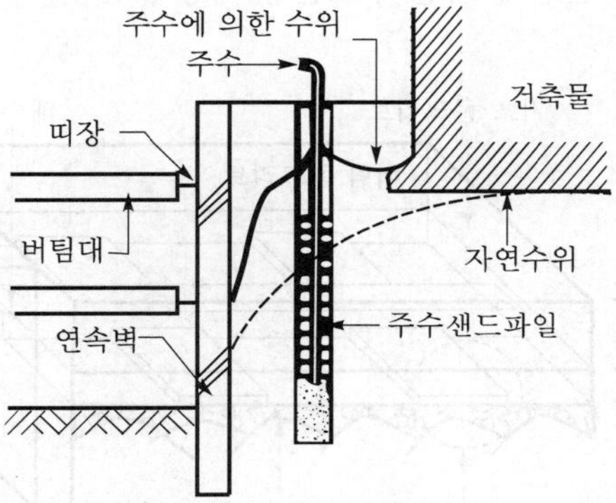

Ⅵ. 문제점

① 수위 감소로 주변 지반에 침하가 발생한다.
② 투수성이 나쁜 점토질의 지반에서는 Well Point 공법의 효율이 떨어진다.
③ 인위적인 Boiling 현상이 발생한다.

Ⅶ. 대책

① 주변 지반침하로 피해가 예상될 때에는 지반개량공법을 선정하여 미연에 방지한다.
② 투수성이 나쁜 점토질 지반에서는 진공 Deep Well 공법을 적용하여 효율성을 높인다.
③ 지반을 사전조사하고, 계획 단계에서부터 적정 공법을 선정하여 견실하게 시공해야 한다.
④ 복수 공법을 채택하여 자연수위를 조정한다.

Ⅷ. 결론

① 사전에 철저한 지반조사를 실시하고 토질에 적합한 공법을 선정하여 견실 시공하는 것이 무엇보다 중요하며, 주변환경에 따라 배수 공법을 채택함으로써 주변 지반 및 흙막이의 안전성을 확보할 수 있다.
② 각 지층에 적합한 다양한 공법의 개발이 필요하며, 계측관리를 통한 정보화 시공이 필요하다.

7 지하 구조물 축조시 지하수에 의한 문제점 및 대책

Ⅰ. 개요

① 사전 지반조사결과 지하수위가 높을 경우에는 흙파기 공사전에 시공계획 수립이 필요하며, 부적합한 공법의 채택으로 인한 문제가 발생되지 않도록 철저한 준비가 필요하다.

② 토목공사의 배수 공법은 흙막이 벽체의 토압을 감소시켜 안전성을 증가시키고 지하 굴착시 Dry Work를 하기 위하여 채택하는 공법이다.

Ⅱ. 배수목적

① 지반의 Dry Work ② 지반강화

③ Trafficability(장비의 주행성) 증가 ④ 굴착작업 용이

Ⅲ. 공법 선정시 고려사항

① 토질상황 ② 수위 저하고

③ 지하수 상황 ④ 시공성, 경제성, 안전성, 무공해성

Ⅳ. 문제점

1) 지하벽 배면에 가해지는 수압

① 시트 파일, 지하연속벽 등의 흙막이 배면이나 지하실 외벽에 작용하는 수압은 지하수면의 깊이에 비례한다.

② 흙막이벽이나 지하실 외벽은 수압으로 인해 큰 변형이 발생할 수 있다.

2) 부력의 작용

① 지하수면하에 있는 기초나 지하실 등에는 부력이 작용한다.

② 공사중의 미완성 구조물은 중량이 부족하여 부력에 의해 떠오르는 수도 있다.

3) 연약 점성토층의 압밀저하

① 지하수위를 강하시키면 구조물에 작용하는 부력이 감소한다.

② 토립자의 간극이 줄어들면 압밀침하를 가져온다.

4) 지하수위의 변동

① 지하수나 피압수의 수위는 일정하지 않고 항상 변동한다.

② 이들의 변동은 배수공사에 중대한 영향을 주므로 충분한 주의가 필요하다.

5) Heaving 현상

① 점토지반에서 발생하며, 흙막이벽 근입장이 견고한 지반에 못미칠 때

② 흙막이벽 내외의 토사 중량차에 의해 발생

6) Boiling 현상

① 사질지반에서 발생하며, 근입장이 부족할 때

② 기초파기 저면수위와 지반내 수위차가 심할 때

7) Piping 현상

① 흙막이벽 재료의 강성부족 및 차수성이 약할 때

② 흙막이벽 자체의 부실 시공

8) 주변에서의 지하수 이용

① 현장주변에서 지하수를 이용하고 있는 경우에는 배수 공법을 채택하면 우물고갈 등의 문제가 발생할 수 있다.

② 이 때문에 굴착공사가 불가능한 경우도 있다.

9) 액상화현상

① 사질층에서 물을 과잉 포함한 모래가 지진 · 진동(주로 횡력) 등을 받아 점착력을 상실하여 유동화되는 현상을 말한다.

② 일명 분사현상이라고도 하며, 전단강도가 상실되어 지지력을 기대할 수 없다.

10) 투수층이 큰 지층

① 대수층 중에 우물을 파서 사용할 경우 우물 안 수위강하로 인하여 침하한다.

② 지하수는 유동하므로 대수층내의 수두에 경사가 생겨 우물 주변의 수두가 강하한다.

Ⅴ. 지하수 대책의 분류

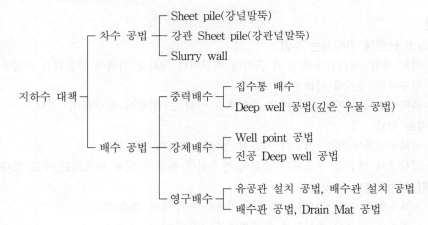

- 지하수 대책
  - 차수 공법
    - Sheet pile(강널말뚝)
    - 강관 Sheet pile(강관널말뚝)
    - Slurry wall
  - 배수 공법
    - 중력배수
      - 집수통 배수
      - Deep well 공법(깊은 우물 공법)
    - 강제배수
      - Well point 공법
      - 진공 Deep well 공법
    - 영구배수
      - 유공관 설치 공법, 배수관 설치 공법
      - 배수판 공법, Drain Mat 공법

Ⅵ. 지하수 대책

1) Sheet Pile(강널말뚝) 공법

① Sheet Pile을 지중에 박아 토압을 지지하고, 이것을 띠장, 버팀대로 지지하는 공법

② 이음구조로 된 U형, Z형, I형 등의 강널말뚝을 연속하여 지중에 관입

③ 지하수위가 높은 연약지반에 적합

2) 강관 Sheet Pile(강관널말뚝) 공법

① 강널말뚝의 강성을 보완하기 위해 개발된 것으로 강관말뚝을 이용하여 이음장치(locking)를 하고, 지중에 타입하는 공법

② 차수성이 우수하므로 지하수가 많은 경우에도 사용가능

③ 비교적 경질지반까지 관입시킬 수 있어 Boiling, Heaving 방지
④ 연약지반에서의 토압, 수압이 큰 경우 사용

3) Slurry Wall 공법

① 안정액으로 벽체의 붕괴를 방지하면서 지하로 트렌치를 굴착하여 철근망을 삽입 후 Concrete를 타설한 지하벽을 연속으로 축조하는 공법
② 타 공법에 비해 차수성이 가장 우수
③ 토류벽 단면성능이 우수하고, 구조적으로 안전
④ 다양한 지반조건에 대한 적용이 가능

4) 집수통 배수

① 터파기의 한 구석에 깊은 집수통을 설치하고, 여기에 지하수가 고이게 하여 수중 펌프로 외부에 배수하는 것이다.
② 배수가 적으면 수동펌프로 가능하지만, 보통공사에서는 전동식 Sand Pump, 다이어프램 펌프 등이 사용된다.

5) Deep Well 공법(깊은 우물 공법)

① 터파기의 장내에 깊은 우물을 파고, Casing Strainer를 삽입하여 수중펌프로 양수하는 공법
② Strainer와 우물벽과의 공간에는 필터재료(자갈 등)를 충전하여 Strainer의 막힘을 방지할 필요가 있다.

6) Well Point 공법

① Well Point 공법은 강제배수 공법의 대표적인 공법이며, 지멘스 웰공법이 발전되어 개발된 공법이다.
② 인접 구조물과 흙막이벽 사이에 케이싱을 삽입하여 지하수를 배수하는 공법이다.

7) 진공 Deep Well 공법(Vacuum Deep Well 공법)

① Deep Well 공법과 Vacuum Pump를 합친 강제배수 공법이다.
② 우물관내의 기압을 진공 Pump로 강하시켜 지하수를 빨아 모아서 Pump로 배수한다.
③ 투수성이 작은 대수층에서는 수위 강하에 요하는 시간이 많이 걸리므로 Well Point 공법이나 Deep Well 공법 채택시 그 효율성이 떨어진다. 이때에는 진공 Deep Well 공법을 채택한다.

8) 유공관 설치 공법

외부 압력에 강하고 균열 및 찌그러짐이 없는 THP(Trip Polyethylene Pipe : 고강도 폴리에틸렌 pipe)관에 작은 구멍의 흡수공을 설치하여 지중의 물을 배수하는 공법

9) 배수관 설치 공법

① 지하 기초내 수직으로 Hole을 설치하여 기초 상부 누름 콘크리트 사이로 배수관을 연결
② 연결된 배수관을 지하층을 설치된 집수정을 통해 외부로 배수하는 공법

10) 배수판 공법

① 기초 상부와 누름 콘크리트 사이에 공간을 두어 그 공간 속에서 물이 이동하여 집수정으로 모이게 하는 공법

② 지하실 마감 바닥과 물이 직접 접촉되는 것을 차단하여 지하실의 누수 및 습기를 방지

11) Drain Mat 배수 공법

① Drain Mat 배수 공법은 굴착저면 위 버림 콘크리트 내에 유도수로와 배수로를 설치하여 지하수를 집수정으로 유도하여 Pumping 처리하는 영구 배수 공법이다.

② 지하수의 부력이 기초나 구조물의 구조체에 영향을 미치지 않게 하므로 구조적으로 안전성을 유지할 수 있는 공법이다.

Ⅶ. 결론

① 사전에 철저한 지반조사를 실시하고 토질에 적합한 공법을 선정하여 견실 시공하는 것이 무엇보다 중요하며, 주변환경에 따라 배수 공법을 채택함으로써 주변 지반 및 흙막이의 안전성을 확보할 수 있다.

② 각 지층에 적합한 다양한 공법의 개발이 필요하며, 계측관리를 통한 정보화 시공이 필요하다.

8 구조물의 침하원인과 대책

Ⅰ. 개요

① 도심지 공사중 지반을 굴착하는 공사현장에서 적용 공법 부적절, 관리부실 등에 의해 근접해 있는 구조물에 적지 않은 침하가 발생된다.

② 근접 구조물이 있는 현장에서 지반 굴착작업은 굴착전 사전조사 및 공법선정 등의 시공계획을 수립한 후 공사를 진행해야 한다.

Ⅱ. 침하에 따른 문제점

① 구조물 기능 저하
② 외관저해
③ 내구성 저하
④ 사용성 및 안정성 부족

Ⅲ. 침하원인

1) 사전조사 미비

지형, 지질, 지하수, 인근 구조물, 입지조건, 지하 매설물 등의 조사 미비로 인한 침하발생

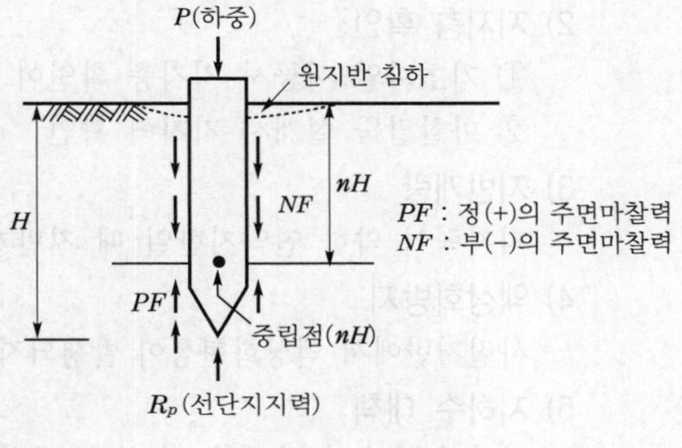

2) 기초공사 부실

① 기초말뚝의 지지층 미도달
② 기초파일의 파손
③ 기초지지 말뚝의 부족

3) 부마찰력

① 침하중인 지반에서의 말뚝 시공
② 말뚝 이음부 불량
③ 지하수의 흡상지역

4) 지하수 과다배수

① 인근 공사장의 지하수 과다배수에 의한 압밀침하
② 주변공장에서의 과다한 지하수 사용

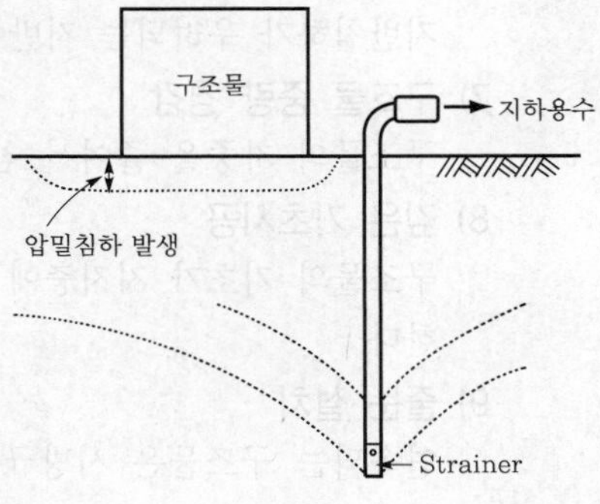

5) 상재하중 과다

① 설계하중 이상의 과하중 재하
② 점토질 지반에서 부마찰력 발생

6) 액상화현상

지진 등에 따른 수평진동 하중에 의한 지반의 액상화현상 발생

7) 지반토 유출
① 지하수의 용출에 의한 지반토의 유출
② 지반내 간극발생

8) Boiling
① 굴착 저면에서 지하수 차이에 의해 물과 지반토가 함께 분출
② 흙막이 배면의 지반구성 변화

9) Heaving
① 점성토 지반에서 굴착 저면의 지반이 융기되는 현상
② 흙막이 배면의 지반토가 활동을 하는 상태

10) 흙막이 가구 변형
① 규격부족의 재료사용
② 재사용 자재의 이상 변형
③ 접합부의 변형
④ 구조계산 잘못

Ⅳ. 대책

1) 사전조사
충분한 사전조사를 실시하여 지반의 상태변화에 따른 적절한 시공대책 수립

2) 지지층 확인
① 기초파일 시공시 지지층 확인이 중요
② 마찰말뚝 설계시 지지력 확인

3) 지반개량
지지력이 약한 연약지반일 때 지반개량공법 채택

4) 액상화방지
사질지반에서 액상화현상이 발생되지 않도록 구조물 축조전에 개량공법으로 시공한다.

5) 지하수 대책
과다한 용수가 발생할 때 복수 공법을 이용하여 지하수에 의한 영향 최소화

6) 부마찰력 발생방지
지반침하가 우려되는 지반에서의 구조물 축조는 침하가 충분히 완료된 후 시공한다.

7) 구조물 중량 경감
구조물의 자중을 줄여서 침하를 방지한다.

8) 깊은 기초시공
구조물의 기초가 지지층에 충분히 도달될 수 있는 깊은 기초 공법을 이용하여 시공한다.

9) 줄눈 설치
연속되는 구조물은 시방규정을 준수하여 적정위치에 줄눈을 두어 부등침하를 방지한다.

10) 수밀성 흙막이벽 시공
① 지하수 배수억제
② 흙막이벽 배면 변형억제
③ 강성있는 흙막이벽 시공

11) 복수 공법
배수한 지하수를 다시 지하로 급수하여 종전 지하수위 유지

12) 약액주입 공법
① 간극수압 감소
② 지반 고결
③ 지하수 이동 억제

13) Underpinning 공법
① 기존 구조물의 기초 보강
② 본공사에 근접 구조물의 밑받이
③ 차단벽 설치

Ⅴ. 침하관리

1) 최종침하량 산정(설계시)

① $\underset{(S_{total})}{\underline{\text{침하}}} = \underset{(S_i)}{\underline{\text{탄성침하}}} + \underset{(S_c)}{\underline{\text{1차 압밀침하}}} + \underset{(S_s)}{\underline{\text{2차 압밀침하}}}$

② 점토지반에서는 1차 압밀침하량을 최종침하량으로 간주하고 설계한다.

③ 최종침하량$(S_c) = \dfrac{C_c}{1+e} H\left(\log \dfrac{P' + \Delta P}{P'}\right)$

여기서, C_c : 압축지수, e : 간극비, H : 점토층 두께
P' : 점토층 중앙부 유효연직응력, ΔP : 유효응력 증가분

④ 침하시간$(t) = \dfrac{T_v}{C_v} Z^2$

여기서, T_v : 시간계수, Z : 배수거리, C_v : 압밀계수

2) 계측에 의한 침하량 측정(시공시)
① 압밀층에 침하판 설치
② 침하량을 매일 기록대장에 기록하고, 비교 및 검토 실시
③ 압밀도$(U) = \dfrac{S_t}{S_c} \times 100(\%)$

여기서, S_t : t시간에서의 침하량(mm), S_c : 최종침하량(mm)

Ⅵ. 시공시 유의사항

1) 지지층 확인
① 말뚝 시공시 지지층 확인
② 지반조사 자료를 이용한 전석층 처리

2) 말뚝간격 준수
① 부마찰력 방비책으로 규정간격 유지
② 말뚝직경에 따른 간격확보

3) 기초 형식 동일화
① 동일 구조물의 기초형식은 같은 형식
② 지반조사 자료 확인

4) Strut Jacking
① 흙막이 가설 구조물의 Strut에 Jacking
② 굴착에 따른 흙막이 벽체의 변형억제

5) 계측관리
① 시공전부터 시공 완료시까지 구조물의 변형관리
② 인근 구조물의 변형관리 및 지반변형 계측
③ 계측자료에 따른 대비책 수립

6) 지반개량
지지력이 약한 연약지반일 때 지반개량공법 채택

7) 액상화방지
사질지반에서 액상화 현상이 발생되지 않도록 구조물 축조전에 개량공법으로 시공

Ⅶ. 결론

① 구조물에 침하가 발생되면 구조물로서의 역할이 상실되고, 사용성과 안정성에 위협을 받게 된다.
② 구조물 축조전 사전조사와 시공계획을 수립하여 구조물에 부등침하가 발생되지 않도록 해야 한다.

9 흙막이공의 계측관리(정보화시공)

Ⅰ. 개요

① 계측관리란 Strut, 토압, 인근 구조물 및 지반의 변형, 균열 등에 대비하고, 흙막이 벽체의 변형 등을 미리 발견·조치하기 위하여 계측기기를 관리하는 것을 말한다.

② 계측관리는 안전하고 경제적이며, 우수한 지하구조물을 완성하기 위하여 절대적으로 필요하며, 실정에 맞는 항목을 선정하여 합리적인 방법으로 시행해야 한다.

Ⅱ. 필요성

① 설계시 예측치와 시공시 측정치와 불일치
② 안정상태 확인
③ 향후의 변형을 정확히 예측
④ 새로운 공법에 대한 평가

Ⅲ. 용도

① 공사진행중에 주요정보를 얻기 위한 계측
② 시공방법의 변경 또는 개선을 위한 계측
③ 공사 진행중 긴급한 위험의 징후를 발견하기 위한 계측
④ 주변구조물의 변위를 예측하여 민원에 대비하기 위한 계측
⑤ 시공법 또는 신공법의 이론을 정립하기 위한 계측
⑥ 시공지역의 특수성을 알기 위한 계측
⑦ Underpinning 실시를 위한 계측

Ⅳ. 계측항목 선정

① 인접 구조물의 기울기, 균열 측정
② 지중의 수평·수직 변위 측정
③ 지하수위, 간극수압 측정
④ 흙막이 부재응력 측정
⑤ 토압 측정
⑥ 지표면 침하 측정
⑦ 발파 소음·진동 측정

Ⅴ. 계측관리순서 Flow Chart

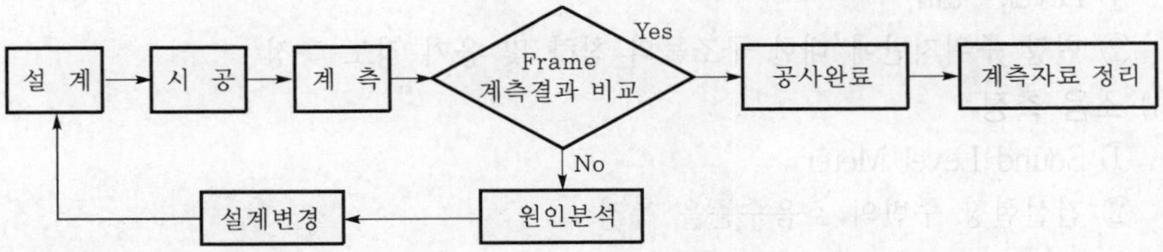

VI. 계측관리항목

1) 인접 구조물 기울기 측정
   ① Tilt Meter, Level, Transit
   ② 인접 구조물의 기울기 등을 측정하여 주변지반의 변위를 알아보는 계측기이다.

2) 인접 구조물의 균열 측정
   ① Crack Gauge, Crack Scale
   ② 지상의 인접 구조물의 균열정도를 파악하는 계측기이다.

3) 지중 수평변위 계측
   ① Inclino Meter
   ② 지중 또는 지하연속벽의 중앙에 설치하여 흙막이가 배면 측압에 의해 기울어짐을 파악하는 계측기이다.

4) 지중 수직변위 계측
   ① Extension Meter
   ② 지중에 설치하여 흙막이 배면의 지반이 토사유출 또는 수위변동으로 침하하는 정도를 측정

5) 지하수위 계측
   ① Water Level Meter
   ② 지하수의 수위를 측정하는 계측기이다.

6) 간극수압 계측
   ① Piezo Meter
   ② 지중의 간극수압을 측정하는 계측기이다.

7) 흙막이 부재응력 측정
   ① Load Cell
   ② 흙막이 배면에 작용하는 측압 또는 Earth Anchor의 인장력 측정

8) Strut의 변형 계측
   ① Strain Gauge
   ② 흙막이 버팀대(Strut)의 변형정도를 측정

9) 토압 측정
   ① Soil Pressure Gauge
   ② 흙막이 배면에 작용하는 토압을 측정하는 계측기이다.

10) 지표면 침하 측정
   ① Level, Staff
   ② 현장 주위지반에 대한 구조물의 침하 및 융기 정도 측정

11) 소음 측정
   ① Sound Level Meter
   ② 건설현장 주변의 소음수준을 측정

12) 진동 측정

① Vibro Meter

② 건설현장에서 발생하는 진동을 측정하는 계측기이다.

Ⅶ. 계측기 배치원칙

① 흙막이벽의 위치를 대표하는 장소

② 초기에 시공할 수 있는 장소

③ 주변에 주요 구조물이 있는 장소

④ 통행량이 많거나 하중의 증감이 계속되는 장소

⑤ Boiling으로 지반조건의 파악이 용이한 장소

⑥ 흙막이벽에 토압, 수압, 벽체의 응력, 굴착지반의 변위, 지하수위 변동 등 상호 연관성을 잘 파악할 수 있는 장소

⑦ 지반에 특수한 조건이 있어 공사에 영향을 미치는 장소

⑧ 계측결과를 Feed Back할 수 있는 장소

Ⅷ. 계측기 배치

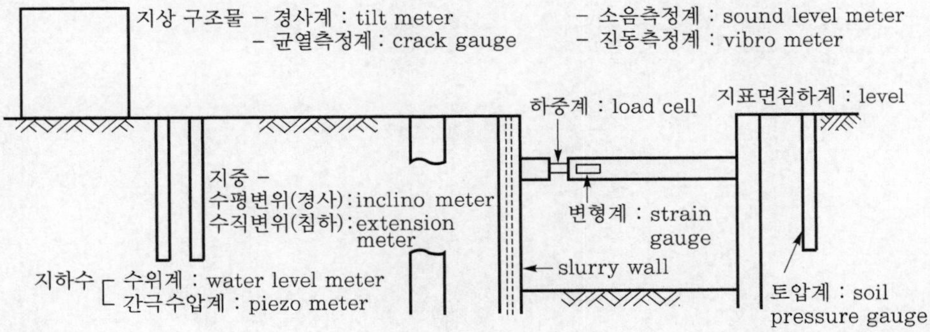

Ⅸ. 계측관리시 주의사항

① 구조물 및 지반의 안전성을 종합적으로 평가할 수 있는 계측항목 선정, 각 계측결과가 서로 관련성을 갖도록 한다.

② 계측은 신속히 행하고, 그 결과의 평가와 설계 시공에의 Feed Back한다.

③ 계측기 등이 시공상 장해요소가 되지 않도록 주의하고, 안전한 계측작업이 가능하도록 한다.

④ 계기류는 정밀도, 내구성 및 방재성의 필요조건을 만족하도록 선정한다.

⑤ 계기에 의한 계측만이 아니라 현장기술자의 육안관찰에서 얻는 자료도 가산하여 종합적으로 평가한다.

Ⅹ. 문제점

① 신뢰도 및 오차

② 계측기기 고가

③ 시험요원 교육

④ 기술축적 빈곤

XI. 대책

① 국산품 계측기기 개발
② 신뢰성 있는 계측관리 기법 개발
③ 시험요원 교육
④ Feed Back에 의한 기술축적

XII. 결론

① 계측기기의 초기 측정은 신뢰성 있는 기초자료로 활용할 수 있도록 시공전에 얻어져야 하며, 자료수집 빈도는 급격한 구조물의 응력변화나 주변 구조물의 공사로 인한 문제점이 발견되면 그 빈도를 증가시켜야 한다.

② 현장에서 얻어진 자료는 예측치와 비교 분석하여 공사의 안전성 및 적합성을 판단해야 하며, 신속한 대처를 위해 입력부터 분석후 자료작성까지 자동화할 수 있는 자동 Data System의 개발이 필요하다.

10 도심지 개착식 지하철공사현장에서 발생하는 환경오염

Ⅰ. 개요

① 도심지 지하철공사는 주변에 인구의 유동성이 많은 저녁에서 공사가 진행되므로, 환경오염 발생시 민원에 의해 공사진행에 차질이 예상되므로 철저한 환경관리가 선행되어야 한다.

② 환경오염을 방지하기 위해서는 저소음, 저진동 장비의 사용과 견고하고 차수성이 높은 흙막이 벽체의 시공이 우선적으로 선행되어야 한다.

Ⅱ. 환경보전의 필요성

① 소음, 진동, 먼지 등 삶의 질 저하　② 공사현장 주변의 생활환경 파괴

③ 민원발생으로 인한 공기지연 및 공사중단

Ⅲ. 환경오염의 종류별 특성

1) 소음

① 말뚝공사시 타격장비에 의한 소음 발생

② 타격 공법 중 Drop Hammer, Diesel Hammer, Steam Hammer 등의 소음이 가장 크다.

2) 진동

① 대형 굴삭기 사용으로 진동 공해 발생

② 토공사시 굴삭기, 불도저, 덤프 트럭의 운행

3) 분진

① 현장 내외의 차량통행에 의한 흙 먼지

② 구체공사시 거푸집재의 먼지, 철골의 용접 불꽃, 콘크리트 비산

4) 악취

① 아스팔트 방수작업의 연기, 의장 뿜칠재의 비산

② 차량 주행·정지·발차시 배기가스 분출

5) 지하수 오염

① 지하수 개발을 위한 Boring 굴착공의 방치

② 건설현장에서 발생하는 오물 등이 우천시 땅속으로 유입

6) 지하수 고갈

① 대단위의 공동주택 단지 조성시 지하수의 개발이 장기적인 면에서 수돗물보다 경제적이므로 일반적으로 선호하는 경향

② 현장의 지하수 이용 및 토공사시 배수로 인한 주변의 우물 고갈

7) 지반침하

① 지하수의 과잉 양수로 압밀침하, 흙막이벽의 불량으로 주변 지반침하, 중량차량의 주행 및 중량물 적치

② Underpinning을 고려하지 않은 흙파기공사시 발생

8) 교통장애
① 콘크리트 타설시 레미콘 차량이 한꺼번에 도로에 진입하여 정체현상 야기
② 토공사시 흙의 반·출입 차량의 집중으로 교통장애 발생

9) 지반균열
① 대형 차량의 운행으로 도로 등에 과도한 진행하중으로 균열 발생
② 흙막이 공법의 미비로 Boiling, Heaving, Piping 현상 발생

10) 정신적 불안감
① 대형 굴착장비의 사용으로 소음 및 진동 등이 주변 구조물에 전달되어 불안감 조성
② 주택 내 소폭의 도로에 대형 차량 진입으로 불안감 조성

Ⅳ. 환경보전대책(환경오염 최소화방안)

1) 토질시험 및 사전조사 철저
① 안전 및 환경 보전계획의 수립후 전문기관 심의
② 지반여건에 맞는 공법 채용

2) 안전성 확보
① 측압, 소단, 사면의 안전
② 피압수, Boiling, Piping 등 지하수에 대한 안전성
③ 경험에 의존하지 아니한 구조계산에 의한 수리적 Data 확보

3) 지반개량공법 적용
① 소요 지내력 확보
② 토성변화에 대한 사전조사 철저

4) 합리적인 공법 채택
경제성보다 안전성을 고려한 공법 선정

5) 배수대책
① 차수성이 큰 흙막이 사용
② 지하수위 변동을 최소화한 복수 공법 적용

6) Underpinning
인접 구조물 보양 및 보강 공법

7) 계측관리를 통한 과학적인 시공
① 예측 및 과학적인 시공
② 계측을 통한 정보입수 사전대비

8) 소음·진동 방지
① 저소음, 저진동 장비 활용
② 방진 커버, 저소음 Hammer, 강관 Pile 공법

9) 진애·악취·분진·방진
① 방진막 설치하여 분진의 분산방지
② 세륜시설 및 살수차량 운영, 도로 청소

10) 지하수 오염방지
① 침전설비 및 폐수정화시설 확보
② Bentonite 폐액처리 철저

11) 지하수 고갈방지
① 지하수에 영향이 적은 복수 공법 적용
② 차수벽 공사에 의한 밀실한 흙막이

12) 지반침하
① 지반, 수위에 대한 사전조사 철저 및 토사 유출을 막는 배수 공법
② 흙막이 지보공의 강성확보 및 정보화시공

13) 인접 구조물 지반균열
① 토공사계획시 구조물의 조건, 성질 분석 철저
② 계측관리를 통한 영향 여부 및 안전성 판단

14) 교통장애 해소
① 작업시간 제한과 변경, 공사용 출입구 확보
② 교통신호수 배치 및 교통소통이 원활한 야간작업 활용

15) 불안감 해소
① 작업장 가설울타리 설치 및 울타리 주변 조경공사 실시
② 보호망 설치, 외부 노출 최소화, 사전 주민 설명회로 심리적 안전 유도

Ⅴ. 개발방향

① 사전 Simulation에 의한 영향 평가
② 결과치에 의한 시공계획 수립
③ Software 기법 개발

Ⅵ. 결론

① 도심지 지하철공사시 주변에 거주하는 주민들의 정신적 고충과 교통장애 유발 등 불안감이 커지므로 이를 최소화하는 시공계획이 필요하다.
② 첨단장비에 의한 무진동, 무소음 공법적용, Computer Simulation에 의한 환경보전대책 등의 마련이 선행되어야 한다.

11 Earth Anchor 공법

Ⅰ. 개요

① Earth Anchor 공법이란 흙막이벽 등의 배면을 원통형으로 굴착하고, Anchor체를 설치하여 주변지반을 지지하는 공법을 말하다.

② Earth Anchor는 흙막이벽의 Tie Back Anchor로 이용되는 외에도 교량에서의 반력용, 옹벽의 수평 저항용, 흙붕괴 방지용, 지내력 시험의 반력용 등 다양한 용도로 사용되고 있다.

Ⅱ. 분류

1. 용도에 의한 분류

1) 가설용 Anchor 공법

① 흙막이 배면에 작용하는 토압에 대응하기 위하여 설치하는 Anchor로써 지하구조체가 완성되면 되메우기 전에 철거한다.

② 지내력 시험의 반력용으로도 사용한다.

2) 영구용 Anchor 공법

① 옹벽의 높이가 높아 별도의 보강이 필요하다고 판단될 때는 영구용 Anchor를 보강하여 시공하기도 한다.

② 교량의 보강으로 쓰인다.

③ 구조물의 부상 방지용으로 쓰인다.

2. 지지방식별 분류

1) 마찰형 지지방식

① 일반적으로 널리 이용되는 지지방식으로 Anchor체의 주면 마찰저항에 의해 인장력에 저항하는 방식이다.

② 주면 마찰저항력은 Anchor체의 길이에 비례하지만 일정 길이 이상은 효과가 없다.

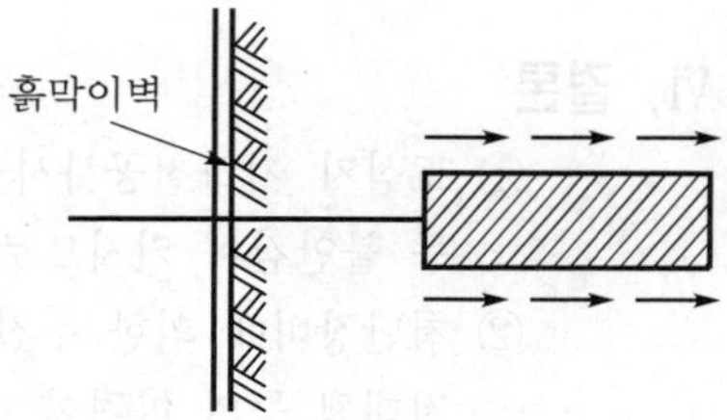

<마찰형 지지방식>

2) 지압형 지지방식

Anchor체 일부 또는 대부분을 국부적으로 크게 착공하여 앞쪽면의 수동토압 저항에 의해 인장력에 저항하는 형식이다.

3) 복합형 지지방식

① Anchor체 앞면에 수동토압 저항과 주면 마찰저항의 합에 의해 인장력에 저항하는 방식이다.

② 그러나 최대의 수동토압 저항과 최대 주면 마찰저항에 대하여 변형량이 일정하지 않고, 하중변위곡선이 다르므로 적용이 복잡해진다.

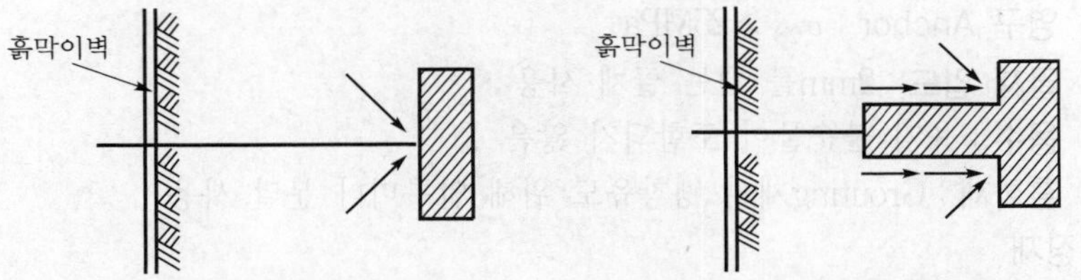

<지압형 지지방식> <복합형 지지방식>

Ⅲ. 특징

1) 장점

① 버팀대없이 굴착공간을 넓게 활용할 수 있다.

② 대형 기계의 반입이 용이하다.

③ 공기단축이 용이하다.

④ 배면지반에 미리 프리스트레스를 줌으로써 주변지반의 변위를 감소시킨다.

⑤ 설계변경이 용이하며, 작업 스페이스가 작은 곳에서도 시공이 가능하다.

2) 단점

① 시공후 검사가 어렵다.

② 지중에서 형성되는 것으로 품질관리가 어렵다.

③ 기능공의 기술능력의 신용도가 떨어진다.

Ⅳ. 용도

① 흙막이 배면측압 반력용　　② 흙붕괴 방지용

③ 지내력 시험과 반력용　　④ 교량에서 반력용

⑤ 옹벽의 수평저항용

Ⅴ. 구조도

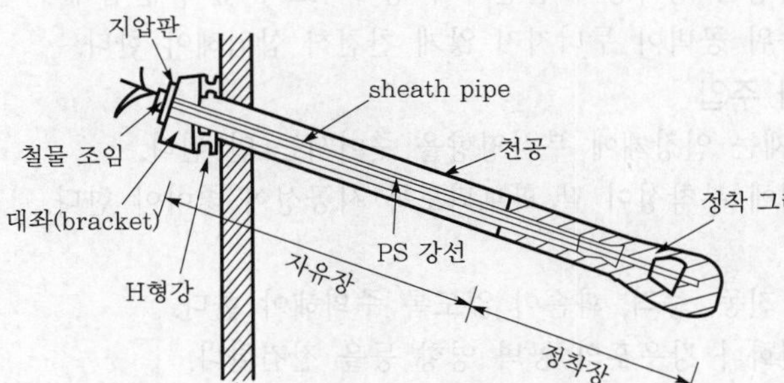

Ⅵ. 재료

1) Grouting 재료

① Mortar : 시멘트 : 모래 : 물=1 : 1 : 0.5

② 가설 Anchor : $\sigma_{28} > 20\text{MPa}$

③ 영구 Anchor : $\sigma_{28} > 25$MPa
④ 골재 입도 : 2mm를 넘는 골재 사용
⑤ 용수 : 유기 불순물이 포함되지 않은 물
⑥ 혼화재 : Grouting재의 팽창유도 위해 알루미나 분말 사용

2) 인장재
① 경사각이 70°를 초과하지 말아야 하며, 재료로는 PS 강선을 주로 사용
② PS 강선에 녹이 발생되지 않을 것
③ 내피로성과 안정성이 클 것
④ 꺾이거나 휘어져도 절단되지 않을 것

Ⅶ. 시공순서 Flow Chart

인장재 가공 및 조립 → 천 공 → 인장재 삽입 → Grouting 1차 주입 → 양 생
→ 인장확인 → 시 험 → 인장정착 → Grouting 2차 주입

Ⅷ. 시공순서

1) 인장재 가공 및 조립
① 인장재는 주로 PS 강선을 사용하며, 가공·조립은 정확해야 한다.
② 가공은 꺾이거나 휘어져도 절단되지 않아야 되며, 안전성이 커야 한다.
③ 조립 설계도서에 적합하며, Strand에 부착된 녹과 이물질은 반드시 제거해야 한다.

2) 천공
① 천공시 공벽은 안전하게 보호해야 한다.
② 천공에 사용하는 물은 음료수·청정수를 사용해야 한다.

3) 인장재 삽입
① 인장재 삽입은 정착장에 안전하게 정착되도록 깊이 삽입해야 한다.
② 삽입시 주위 공벽이 무너지지 않게 천천히 삽입해야 한다.

4) Grouting 1차 주입
① Grouting재는 인장재에 부식영향을 주어서는 안 된다.
② 공벽 주위에 부착성이 잘 확보되도록 시공성이 좋아야 한다.

5) 양생
① 양생시는 진동, 충격, 파손이 없도록 주의해야 한다.
② 기온의 변화나 강우후의 공벽 영향 등을 점검한다.

6) 인장확인
천공후 Grouting을 실시하여 양생을 하고, 정착장의 인장력이 설계대로 확보되었는지 확인을 해야 한다.

7) 시험
인장확인 다음에 시험하여 합격 여부를 판정한 후 합격시 인장정착을 하며, 불합격시 재시공하여야 한다.

8) 인장정착

시험합격후 PS 강선인 인장재를 Bracket(대좌)에 정착한다.

9) Grouting 2차 주입

① Grouting 2차 주입시는 자유장을 유지시켜 주어야 한다.

② 1차 주입면과 2차 주입면 사이에 이물질이 없도록 제거한 후 시공한다.

Ⅸ. 시공시 주의사항

1) 인장재

① 부착된 녹과 이물질 등을 제거해야 한다.

② 부착력을 향상하고, 증대시킨다.

2) Grouting재

① 인장재의 부식방지 및 방수효과가 있어야 한다.

② 굴착면 주위로 Grouting이 잘 스며들어 부착력을 증대시켜야 한다.

3) 공벽붕괴

① 천공시 공벽의 붕괴가 없도록 천천히 시공한다.

② 저진동 기계를 선택하여 공벽붕괴를 미연에 방지한다.

4) 물

① 순환수는 청정수, 음료수를 사용한다.

② 해수는 인장재 부식의 원인이 되므로 사용하지 않는다.

5) 안전성

① 인장 작업중에 안전선반 설치와 진동, 충격에 유의해야 한다.

② 작업대는 기계선반과 별도로 고정하여 기계진동이 전달되지 않게 한다.

6) 주입압

점토지반인 경우 인발력이 약하므로 주입압에 유의한다.

7) 피압수

① 굴착 천공중 시멘트 또는 약액을 주입하여 안정처리하면서 천공한다.

② Casing과 병행하여 천공한다.

8) 계측관리

① Anchor 두부에 Load Cell을 설치하여 하중상태를 점검한다.

② 강우후 토류판 배면에 응력손실을 점검한다.

Ⅹ. 결론

① Earth Anchor는 지반중에 시공되므로 품질관리가 어렵고 검사가 용이하지 않은 단점이 있으나 설계변경이 용이하며, 기존 구조물의 보수와 보강에 유리한 점이 있다.

② Earth Anchor 공법은 부족한 수동토압을 Anchor의 인장력으로 지지하기 때문에 안전도를 반드시 확인해야 하며, 긴장장치 및 Grout 재료의 개발로 보다 경제적인 시공이 될 수 있도록 해야 한다.

12 Soil Nailing 공법

Ⅰ. 개요

① Soil Nailing 공법이란 흙과 보강재 사이의 마찰력, 보강재의 인장응력과 전단응력 및 휨모멘트에 대한 저항력으로 흙과 Nailing의 일체화에 의하여 지반의 안정을 유지하는 공법이다.

② 공법의 원리는 보강토 공법이나 그라운드 앵커(ground anchor) 공법과 비슷하며, 보강토 공법은 주로 성토사면에 사용되지만, 소일 네일링 공법은 절토면이나 절토사면 또는 흙막이 공법 등에 사용되는 공법이다.

Ⅱ. Soil Nailing 시공도

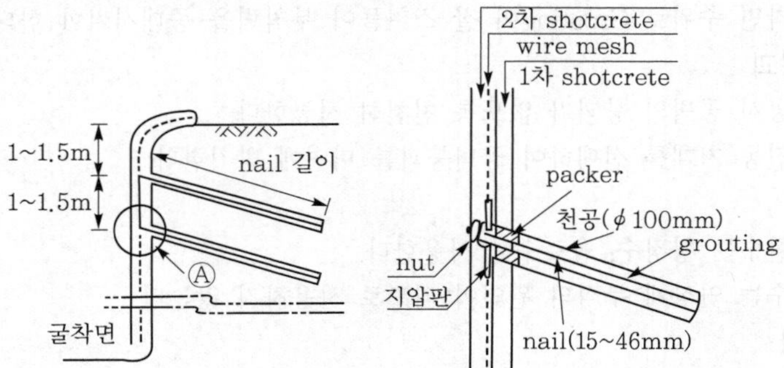

<Ⓐ 상세도>

Ⅲ. 특징

1) 장점

① 공시바 절감

② 공기단축

③ 작업공간 활용

④ 소음 · 진동 피해의 최소화

⑤ 단계적 작업 가능

2) 단점

① 상대변위 발생 우려

② 지하수가 있을 때 작업곤란

③ 품질관리가 어렵다.

Ⅳ. 용도

① 굴착면 안정

② 사면 안정

③ 터널의 지보체계

④ 기존 옹벽 보강

⑤ 병용 공법으로 활용

Ⅴ. 보강재의 종류

1) Driven Nail
① 직경 15~46mm 연강으로 제조되는 Rod 또는 Bar
② 지반을 천공하지 않는다.
③ 유압해머 또는 충격해머를 이용하여 설계 각도로 지반에 타입한다.

2) 부식방지용 Nail
① 물의 침투로 Nail이 부식되는 것을 방지한다.
② 영구 구조물에 사용한다.
③ 아연도금 또는 에폭시로 피복된 Bar를 지반에 직접 타입한다.

3) Grouted Nail
① 직경 15~46mm의 고강도 강봉을 사용한다.
② 천공된 구멍 내부에 설치한다.
③ 천공된 구멍에 설치후 Resin 또는 Grouting으로 충진한다.
④ 일반적으로 가장 많이 사용된다.

Ⅵ. 사용재료

1) 인장재(nail)
① 주로 D29 이형철근을 사용한다.
② 영구 구조물의 경우에는 부식방지를 위한 조치를 한다.
③ 아연도금 또는 주름 도관에 철근을 넣고, 시멘트풀로 채워 굳힌 것을 사용한다.

2) 그라우트(grout)재
① 보통 포틀랜드 시멘트 및 조강 시멘트를 사용한다.
② 혼화제는 팽창제를 사용한다.
③ 물시멘트비는 45~55%가 기준이다.

3) 지압판
① Nail을 Shotcrete 표면에 정착하여 응력을 분산시키기 위해 사용한다.
② 150×150×12mm 또는 200×200×(8~10)mm 강판을 사용한다.

4) 콘크리트
① Shotcrete 콘크리트의 배합비는 중량비 1 : 2 : 4로 한다.
② 설계기준 강도는 18MPa 이상으로 한다.
③ 단위 시멘트 중량은 350kg/m^3 이상으로 한다.

5) Wire Mesh
① Shotcrete 콘크리트의 강도 증대, 균열방지와 접착력 향상을 위해 사용한다.
② ϕ4×8mm(8×100×100)의 용접된 정사각형 금속망을 사용한다.
③ 지압판(plate) 연결 철근은 D16 이형철근을 사용한다.

Ⅶ. 시공순서 Flow Chart

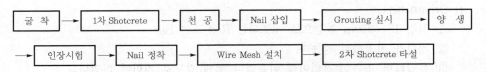

굴 착 → 1차 Shotcrete → 천 공 → Nail 삽입 → Grouting 실시 → 양 생
→ 인장시험 → Nail 정착 → Wire Mesh 설치 → 2차 Shotcrete 타설

Ⅷ. 시공

1) 굴착
① 1차 굴착깊이를 결정한 후 굴착한다.
② 단계별 굴착깊이는 토질에 따라 다르다.
③ 보통 1.5m 이내로 한다.

2) 1차 Shotcrete
① 굴착면을 보호하기 위해 실시
② 두께 50~100mm 두께로 전면판을 형성하여 일체화를 도모한다.

3) 천공
① Shotcrete 타설 24시간 경과후 실시한다.
② 오거를 이용하여 지반을 천공한다.
③ 주위의 지하매설물 확인 및 지반 교란장비를 제한하여 선택한다.
④ 천공 입구에 집진장치를 한다.
⑤ 천공시 여굴이 발생하지 않도록 하며, 여굴 발생시 Shotcrete로 채운다.
⑥ 천공 내부는 그라우팅 완료시까지 청결하여야 하며, 물을 사용하여 청소하면 안 된다.

4) Nail 삽입
① 천공한 구멍 속에 철근 15~46mm를 이용하여 지반에 Nail을 삽입한다.
② 천공 구멍이 붕괴의 우려가 있을시 Casing을 설치한다.

5) Grouting 실시
① Nail과 지반과의 부착성능을 높이기 위하여 공극 사이에 시멘트 밀크를 주입한다.
② 벽면쪽에서 하부로 무압으로 실시한다.
③ 그라우트가 완전히 차지 않을 경우 2차, 3차 주입을 실시한다.
④ 물이 있는 경우에는 천공 하부 끝단에서 위쪽으로 그라우트를 실시한다.

6) 양생
① 주입된 시멘트 밀크가 충분히 강도를 발휘할 수 있을 때까지 보호 양생한다.
② 양생 기간 1주일 내에는 Nail에 인장 또는 충격을 가하지 않는다.

7) 인장시험
① 인발시험기를 이용하여 Nail이 지반 속에 견고하게 설치되었는지를 확인한다.
② 인발시험은 시공수량의 1~2%에 대하여 설계력의 발현여부를 확인한다.

8) Nail 정착
지반에 Grouting되어 일체화된 Nail을 지압판을 설치하고, Nut를 이용하여 정착시킨다.

9) Wire Mesh 설치

① 1차 Shotcrete 위에 용접 가공된 Wire Mesh를 설치한다.

② Wire Mesh 위에 지압판 연결 철근(D16)을 설치한다.

10) 2차 Shotcrete 타설

Nail의 설치가 완료되고, Wire Mesh의 설치후 신속하게 Shotcrete를 10~15cm 정도로 타설하고, 2단계 굴착을 시작한다.

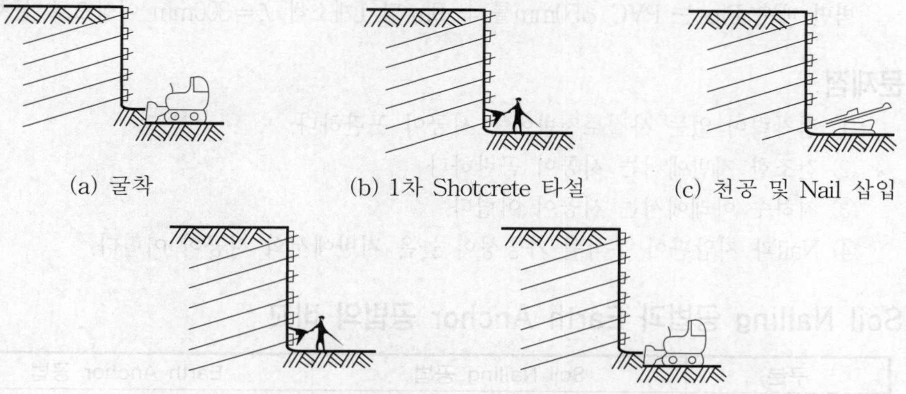

(a) 굴착 (b) 1차 Shotcrete 타설 (c) 천공 및 Nail 삽입

(d) 2차 Shotcrete 타설 (e) 굴착

<시공순서>

Ⅸ. 시공시 주의사항

1) 굴착작업

굴착작업은 토질조건을 고려하여 Nailing 작업으로 벽면을 보강하면서 1~2m 정도로 굴착한다.

2) Shotcrete 작업

① 굴착 벽면은 붕괴·낙석 등을 방지하기 위하여 굴착 즉시 1차 Shotcrete를 시공한다.

② Shotcrete 온도는 작업 전 과정동안 10~38℃를 유지한다.

③ 한중시 시공에도 Shotcrete 온도는 5℃ 이상을 유지해야 한다.

3) 천공작업

① 천공 각도를 유지하며, 공벽붕괴에 유의한다.

② 공벽붕괴의 우려시 Casing으로 보호한다.

③ Casing은 Grouting 직후 제거한다.

4) 천공간격

① 설계도에 정해진 간격을 유지하며, 천공한다.

② 여굴이 발생시 Shotcrete로 채운다.

5) Grouting

① Grout 재주입시 공기 유입에 주의한다.

② 공기배출 호스를 미리 설치후 작업한다.

6) 긴장작업

Nailing의 정착작업은 벽체가 충분히 안정될 수 있게 Nut를 이용하여 정착시킨다.

7) 부착력 확인

① 양생이 완료된 Nail은 인발시험기를 통하여 부착력을 확인 검사한다.

② 시험시공을 실시하여 부착강도를 확인한 후 시공에 임한다.

8) 배수 Pipe 실시

벽면 배수 Pipe는 PVC ϕ50mm를 4~9m^{2}당 1개소씩 $L=300$mm 이상으로 설치한다.

Ⅹ. 문제점

① 점착력이 없는 사질토지반에는 시공이 곤란하다.

② 건조한 지반에서는 시공이 곤란하다.

③ 지하수 아래에서는 시공이 어렵다.

④ Nail과 지압판이 부식될 가능성이 높은 지반에서의 시공이 어렵다.

Ⅺ. Soil Nailing 공법과 Earth Anchor 공법의 비교

구분	Soil Nailing 공법	Earth Anchor 공법
가설 흙막이벽	불필요	별도 시공
깊은 심도 굴착	곤란	가능
지하수 영향	작업 곤란	적음
보강재의 응력	일반적으로 긴장력을 가하지 않으므로 미소하나마 벽체의 변위를 허용함	주변지반 변위억제 및 안정성 확보를 위하여 설치후 즉시 긴장력을 가하여 벽체의 변위를 미연에 저지함
보강재 파손시 영향	보강재가 촘촘히 배치되므로 거의 파손될 가능성이 없으며 보강재 하나의 파손이 구조물 전체의 안정에 미치는 영향이 적음	보강재 하나의 파손이 구조물 전체의 안정에 심각한 영향을 미침
보강재 길이	비교적 짧음	길다
보강재 설치 장비	간단	대규모 장비 필요
전면판 지지구조	Shotcrete 및 Wire Mesh 이외에 별도 지지구조가 필요 없음	Anchor에 작용하는 긴장력을 벽체에 등분포시킬 목적으로 사용하는 띠장이나 철판이 요구됨
품질관리	어려움	인장 확인으로 가능
건설 공해	적음	지중 장애물 남김

XII. Soil Nailing 공법과 Rock Bolt 공법의 비교

구분	Soil Nailing 공법	Rock Bolt 공법
보강원리	지반과 Nail 사이 마찰력	암반과 보강재(이형철근) 사이의 마찰력
가설 흙막이벽	불필요	별도 시공
지반조건	토사 또는 토사화된 풍화암	암반
깊은 심도 굴착	곤란	가능
적용지반 특징	굴착 홀이 붕괴되지 않는 지반에 적합	절리가 많지 않아 보강시 암괴의 맞물림 효과가 발휘될 수 있는 암반에 적합
지하수 영향	작업 곤란	적음
품질관리	어려움	인장 확인으로 가능
건설 공해	적음	지중 장애물 남김
특징	① 시공 용이 ② 시공 중 토질조건의 변화에 용이 ③ 네일 간격이 작아 국부적인 품질에 문제가 발생할 경우 전체안전에 미치는 영향이 상대적으로 적음 ④ 공기단축 ⑤ 철저한 공사관리 필요 ⑥ 품질관리 난해	① 암반과 기반암의 일체화 또는 불연속면을 경계로 한 여러 층을 일체화하여 보강 ② 광범위한 지질에 사용 ③ 사전에 인발시험을 실시하여 정착범위 확인 ④ 지표면의 얕은 위치에 견고한 암반이 존재

XIII. 개발방향

① 현장 지반조사 실시와 Soil Nailing의 적용성 검토
② 모든 토질조건에 시공가능한 공법 개발
③ 특수한 지반에서 적용가능한 공법 개발

XIV. 결론

① Soil Nailing 공법은 기초굴착·사면안정·터널지보 등에서 적용성이 확대되고, 특히 불안정한 석축의 보강과 영구 벽체로의 활동에 대한 관련지침 등의 정리가 확립되어 있다.

② 기계설비의 단순화와 경제성 있는 공사비 및 진동·소음과 같은 건설공해가 적은 공법 등 앞으로 건설산업에서 기대되는 공법으로 계속 연구개발되어야 한다.

제2장 기 초

제2절 기초공

기초공 과년도 문제

1	1. 보상기초(compensated foundation) [09전, 10점] 2. 얕은 기초와 깊은 기초 [99중, 20점] 3. 깊은 기초의 종류와 특징 [97중전, 20점] 4. 말뚝을 분류(용도, 재료, 제조방법, 형상 및 거동 등)하고 말뚝 기초공사에 필요한 조건에 대하여 기술하시오. [97전, 50점] 5. 말뚝기초의 종류를 열거하고 시공적 측면에서의 특징을 설명하시오. [12중, 25점] 6. 콘크리트 구조물 기초의 필요조건 [02후, 10점] 7. 구조적인 안정을 보장하기 위해서 말뚝 기초를 필요로 하는 경우를 기술하시오. [05후, 25점] 8. 콘크리트 말뚝과 강말뚝의 차이점을 비교하여 설명하시오. [94후, 30점] 9. PHC(Pretensioned Spun High Strength Concrete)파일 [02중, 10점] 10. 해상교량공사에서 강관 기초파일 시공시 강재 부식방지공법을 열거하고, 각각의 특징을 설명하시오. [02중, 25점] 11. 프리보링말뚝과 직접항타말뚝을 비교 설명하시오. [02전, 25점] 12. 개단말뚝과 폐단말뚝 [96후, 20점], [97후, 20점] 13. 배토말뚝과 비배토말뚝의 종류와 특징 [00중, 10점] 14. 교량기초공사에서 경사파일(pile)이 필요한 사유와 시공관리대책에 대하여 설명하시오. [05중, 25점] 15. 교대 경사말뚝의 특성 및 시공시 문제점과 대책을 설명하시오. [10전, 25점] 16. SIP(Soil Cement Injection Pile)공법 [99전, 20점] 17. 매입말뚝공법의 종류를 열거하고, 그 중에서 사용빈도가 높은 3가지 공법에 대하여 시공법과 유의사항을 기술하시오. [07중, 25점] 18. 매입말뚝공법의 종류와 특성을 기술하고, 시공시 유의사항을 설명하시오. [09전, 25점] 19. Prepacked Concrete말뚝 [04후, 10점] 20. Micro CT-Pile공법에 대하여 기술하시오. [06전, 25점] 21. 항만공사용 Suction Pile [08후, 10점] 22. 항만공사용 흡입식 말뚝(suction pile) 적용성 및 시공시 유의사항을 설명하시오. [15전, 25점] 23. 역타공법(top down) 중 완전역타공법에 대하여 설명하시오. [14전, 25점] 24. 직접기초에서의 지반 파괴형태 [06후, 10점] 25. 국부전단파괴와 전반전단파괴 [98중후, 20점] 26. 유속이 빠른 하천을 횡단하는 교량 하부구조를 직접기초로 시공하고자 할 때 하자원인이 예상되는 기초의 하자 발생원인과 대책에 대하여 기술하시오. [01중, 25점]
2	27. 타입식(기성말뚝) 공법과 현장굴착 타설식 공법의 특징을 설명하시오. [01중, 25점] 28. 기초용 말뚝의 시공방법 중에서 타입말뚝(직타방식)과 현장 타설말뚝의 장·단점과 시공시 유의사항에 대해 기술하시오. [96후, 50점] 29. 말뚝 시공방법 중 타입공법과 매입공법 [09후, 10점] 30. 프리캐스트 콘크리트 구조물 시공시 유의사항에 대하여 설명하시오. [18후, 25점]
3	31. 말뚝박기 해머의 종류를 열거하고, 그 특징을 설명하시오. [94후, 30점] 32. 기성말뚝박기 공법의 종류 및 시공시 유의사항에 대하여 설명하시오. [17후, 25점] 33. 말뚝 타입시 유압해머의 특징 [96후, 20점] 34. 기초말뚝의 최소중심간격과 말뚝배열에 대하여 설명하시오. [11후, 25점] 35. 파일쿠션(Pile Cushion) [04전, 10점]

기초공 과년도 문제

4	36. 기초말뚝의 시험항타목적과 기록관리에 관하여 설명하시오. [00전, 25점] 37. 기초파일공에서 시험항타에 대하여 기술하시오. [02전, 25점]
5	38. 말뚝이음의 종류를 들고, 각각의 특징에 대하여 기술하시오. [97중후, 33점]
6	39. 말뚝의 지지력을 구하는 방법을 열거하고, 지지력 판단방법에 대하여 설명하시오. [01후, 25점] 40. 기초에서 말뚝 지지력을 평가하는 방법에 대하여 설명하시오. [09중, 25점] 41. 말뚝 재하시험법에 의한 지지력 산정방법에 대하여 설명하시오. [14중, 25점] 42. 말뚝의 지지력 산정방법 [97중전, 20점] 43. 말뚝의 정적재하시험과 동적재하시험을 비교하시오. [99후, 20점] 44. 말뚝의 동재하시험 [06중, 10점] 45. 말뚝기초 재하시험의 종류와 시험결과의 해석(평가)에 대하여 설명하시오. [07후, 25점] 46. 대구경 말뚝에 정적 연직재하시험을 실시할 때 시험방법 및 성과분석방법에 대하여 설명하시오. [97후, 35점] 47. 최근 장비의 발달과 구조물의 대형화로 대구경의 큰 지지력(1,000톤 이상)을 요하는 현장타설말뚝공법이 많이 적용되고 있다. 이러한 말뚝의 정재하시험방법을 설명하고, 시험시 유의사항에 대하여 기술하시오. [07전, 25점] 48. 말뚝기초의 지지력예측방법 중에서 말뚝재하시험에 의한 방법과 원위치시험(SPT, CPT, PMT)에 의한 방법을 설명하시오. [10전, 25점] 49. 기초의 허용지내력 [95중, 20점] 50. 말뚝의 시간효과(Time Effect) [10중, 10점] 51. 말뚝의 하중전이함수 [98전, 20점] 52. 타입말뚝 지지력의 시간경과효과(Time Effect) [07중, 10점] 53. 비접착성 흙에서 강관외 말뚝(single pile)의 침하에 대하여 기술하시오. [98중후, 30점]
7	54. 연약지반에 Pile 항타시 지지력 감소원인과 대책에 대하여 기술하시오. [02전, 25점] 55. 기초말뚝 시공시 지지력에 영향을 미치는 시공상의 문제점을 서술하시오. [03전, 25점] 56. 지하수위가 높은 점성토지반에 콘크리트파일 항타시 문제점에 대하여 기술하시오. [04전, 25점] 57. 강관말뚝 시공시 발생하는 문제점을 열거하고 원인과 대책에 대하여 설명하시오. [12전, 25점] 58. 타입강관말뚝의 시공방법과 중점관리사항에 대하여 설명하시오. [14후, 25점] 59. 사질토지반에 무리말뚝을 박을 때 시공상 유의사항 및 그 이유를 설명하시오. [94후, 30점] 60. 무리(群)말뚝 [00전, 10점], [01후, 10점]
8	61. 콘크리트말뚝에 종방향으로 발생되는 균열의 원인과 대책에 대하여 기술하시오. [09후, 25점] 62. 강관Pile 두부보강방법 중 Bolt식 보강방법에 대하여 기술하시오. [99중, 30점] 63. 강관말뚝의 두부보강공법 및 말뚝체와 확대기초접합방법의 특성에 대하여 설명하시오. [12후, 25점] 64. 대구경 강관말뚝의 국부좌굴의 원인을 열거하고, 시공시 유의사항을 설명하시오. [10후, 25점]
9	65. 파일 항타작업시 방음·방진대책에 대하여 기술하시오. [06전, 25점] 66. 콘크리트 Pile공사의 시공관리에 대하여 설명하시오. [00중, 25점]
10	67. 기초말뚝박기에 있어서 부의 마찰력(Negative Skin Friction)에 관하여 기술하시오. [99전, 30점] 68. 연약지반의 말뚝 시공시 발생하는 부마찰력에 의한 말뚝의 손상유형과 부마찰력 감소대책에 대하여 설명하시오. [16전, 25점] 69. 부마찰력(Negative Skin Friction) [94후, 10점], [03전, 10점], [05전, 10점], [06후, 10점], [07전, 10점], [19전, 10점]

기초공 과년도 문제

11	70. 피어(Pier)기초공법 [05후, 10점] 71. 제자리 말뚝의 종류와 그 특징을 열거하시오. [99후, 30점] 72. 기계굴착에 의한 현장타설말뚝공법에서 반드시 수행해야 할 제반사항을 설명하시오. [96중, 35점] 73. 사질지반, 깊은 기초에 유리한 현장타설 콘크리트말뚝에 관하여 쓰시오. [96전, 30점] 74. 단층 파쇄대에 설치되는 현장타설말뚝 시공법과 시공시 유의사항을 설명하시오. [08후, 25점] 75. 현장타설말뚝공법 중 올케이싱(all cashing)공법, RCD(reverse circulation drill)공법, 어스드릴(earth drill)공법의 특징 및 시공시 주의사항에 대하여 설명하시오. [14전, 25점] 76. 단일 현장타설말뚝공법에 대한 적용기준과 장·단점을 설명하시오. [18전, 25점] 77. Earth Drill공법 [02전, 10점] 78. 현장치기 콘크리트 말뚝공법 중에서 베노토(Benoto)공법과 어스드릴(Earth Drill)공법을 비교 설명하시오. [94전, 50점] 79. 올케이싱(All-Casing)공법에 대하여 설명하시오. [97후, 35점] 80. 돗바늘공법(Rotator type all casing) [09전, 10점] 81. 현장타설 콘크리트말뚝공법 중에서 R.C.D(Reverce Circulation Drill)공법의 장·단점과 시공시 유의사항에 대하여 설명하시오. [08중, 25점] 82. RCD(Reverse Circulation Drill)공법의 특징 및 시공방법, 문제점에 대해 기술하시오. [06전, 25점] 83. 리버스 서큘레이션 드릴(Reverse Circulation Drill)공법의 시공법, 품질관리와 희생강관말뚝의 역할에 대하여 설명하시오. [11전, 25점] 84. 기계굴착에 의한 현장타설말뚝공법에서 반드시 수행해야 할 제반사항을 설명하시오. [96중, 35점] 85. 대구경 현장타설말뚝의 시공에서 철근의 겹이음과 나사이음을 비교 설명하시오. [99중, 30점] 86. 대구경 현장타설말뚝 시공을 위한 굴착시 유의사항 및 시공순서와 콘크리트 타설시 문제점 및 대책을 설명하시오. [08전, 25점]
12	87. 현장타설 콘크리트말뚝 및 지하연속벽에 사용하는 수중 콘크리트 치기작업의 요령을 설명하시오. [06중, 25점] 88. 현장타설 콘크리트말뚝의 콘크리트품질관리에 대하여 기술하시오. [04전, 25점] 89. 대구경 현장타설말뚝의 품질시험종류, 시험목적 및 시험방법에 대하여 설명하시오. [18중, 25점]
13	90. 현장타설 콘크리트 말뚝기초의 시공 중 Slime처리방법과 철근의 공상 발생에 대한 원인, 대책에 대하여 기술하시오. [99중, 30점], [04중, 25점]
14	91. 교량기초공사에 사용되는 케이슨(Caisson)공법의 종류를 열거하고, 각각의 특징에 대하여 설명하시오. [02중, 25점] 92. 하이브리드 Caisson [07중, 10점] 93. 압축공기 중에서 작업을 할 때 필요한 설비에 대하여 설명하시오. [97후, 25점] 94. 공기케이슨(Pnuematic Caisson)공법의 시공단계별 시공방법을 설명하시오. [17후, 25점]
15	95. 오픈케이슨(open caisson)기초의 공법과 시공순서에 대하여 설명하시오. [14전, 25점] 96. 우물통기초공사에 대하여 슈설치, 콘크리트치기, 우물통침하, 속채움 등으로 구분하여 기술하시오. [97전, 30점] 97. 우물통기초(Pen Caisson)로 하천에 교각을 세운다. 수위 이래 교각 내부에 양질의 콘크리트를 타설하고자 한다. 다음에 대하여 설명하시오. [94전, 50점] 1) 콘크리트의 배합과 치기 2) 시공상의 지켜야 할 사항

기초공 과년도 문제

15	98. 연약지반상의 케이슨(Caisson) 시공시 문제점과 대책을 기술하시오. [03후, 25점]
	99. 우물통기초의 침하시 정위치에서 편차가 생긴다. 편차의 허용범위에 대하여 설명하고, 허용범위를 벗어났을 경우 대처방안에 대하여 기술하시오. [98중후, 30점]
	100. 유수경에 가설되어 있는 교량 하부구조(우물통 기초)의 손상원인을 열거하고, 이에 대한 보강대책을 기술하시오. [94전, 50점]
16	101. Open Caisson공법에서 마찰저항을 줄이는 방법에 대하여 기술하시오. [95전, 33점]
	102. 우물통(Open Caisson)공법에서 침하를 촉진시키는 방법과 시공시 유의사항을 기술하시오. [02전, 25점]
	103. 우물통 케이슨의 현장침하시 작용하는 저항력의 종류와 침하를 촉진시키기 위한 방안을 설명하시오. [09중, 25점]
	104. Open Caisson의 마찰력 감소방법 [03후, 10점]
	105. 교량기초로 사용되는 공기케이슨(Pneumatic-Caisson)의 침하방법에 대하여 기술하시오. [04전, 25점]
	106. 壓氣 케이슨(Pneumatic Caisson)의 침하조건식 [94후, 10점]
17	107. 기존 지하철 하부를 통과하는 또 다른 지하철공사를 Underpinning 공법으로 시공하고자 한다. 이 공법을 설명하고, 시공상 유의할 사항에 대하여 기술하시오. [07전, 25점]
	108. Underpinning공법 [99후, 20점]
18	109. 간만의 차이가 심한 해상 장대교량 시공에 적용할 수 있는 기초공법에 관하여 기술하시오. [97전, 40점]
	110. 모래 섞인 자갈과 연암층으로 구성된 하천상에 대규모 교량의 기초를 현장치기 철근 콘크리트말뚝으로 시공하려 한다. 시공방법을 기술하시오. [99전, 40점]
	111. 기설 구조물에 인접하여 교량기초를 시공할 경우 기설 구조물의 안전과 기능에 미치는 영향 및 대책을 설명하시오. [10전, 25점]
	112. 교량의 깊은 기초에 사용되는 대구경 현장타설말뚝공법의 종류를 들고, 하나의 공법을 선택하여 시공관리사항에 대하여 설명하시오. [10중, 25점]
	113. 해상 점성토의 깊이가 50m이고, 수심이 10m, 연장이 2km인 연륙교의 교각을 건설할 경우 적용 가능한 대구경 현장타설말뚝공법에 대하여 설명하시오. [14중, 25점]
	114. 교대경사말뚝의 특성 및 시공시 문제점과 대책을 설명하시오. [10전, 25점]
	115. 사항(斜抗) [09중, 10점]
	116. 파일벤트공법 [08전, 10점]
19	117. 지하매설관을 설치할 때의 기초형식과 공법에 관하여 설명하시오. [95후, 25점]
	118. 콘크리트 원형관 암거의 기초형식을 열거하고, 각 특징을 설명하시오. [01후, 25점]
	119. 하수관의 종류별 특성 및 관의 기초공법에 대하여 설명하시오. [13중, 25점]
	120. 관거 매설시 설치지반에 따른 강성관거 및 연성관거의 기초처리에 대하여 설명하시오. [14후, 25점]
	121. 하수관로 부설시 토질조건에 따른 강성관 및 연성관의 관기초공에 대하여 설명하시오. [17전, 25점]
	122. 상수도 기본계획 수립절차와 기초조사사항에 대하여 설명하시오. [19전, 25점]
	123. 지반이 연약한 곳에 자연유하 하수도의 콘크리트 차집관로(박스)를 시공하고자 한다. 시공시의 문제점과 유의사항에 관하여 설명하시오. [00전, 25점]
	124. 관형(管形) 암거 시공시 파괴원인을 열거하고, 시공시 유의사항을 기술하시오. [00후, 25점]
	125. 상수도관 매설시 유의사항을 설명하시오. [01전, 25점]
	126. 관거와 관거의 연결 및 관거와 구조물의 접속에 있어서 그 연결방법과 유의사항에 대하여 설명하시오. [15후, 25점]

기초공 과년도 문제

19	127. 지하매설관의 측방이동 억제대책에 대하여 설명하시시오. [17후, 25점] 128. 도심지 지하흙막이 공사에서 굴착구간 내 (1) 상수도, (2) 하수도 및 하수BOX, (3) 도시가스, (4) 전력 및 통신 등의 주요 지하매설물들이 산재되어 있다. 상기 4종류의 매설물들에 대한 굴착시 보호계획과 복구시 복구계획에 대하여 설명하시오. [10중, 25점] 129. 대형 상수도관을 하천을 횡단하여 부설하고자 할 때 품질관리와 유지관리를 감안한 시공상 유의사항을 기술하시오. [04후, 25점] 130. 하폭이 300m인 하천에 대형 광역상수도관을 횡단시키고자 한다. 관 매설시 품질관리 및 유지관리를 고려한 시공시 유의사항에 대하여 설명하시오. [12후, 25점] 131. 상·하수도관 등의 장기간 사용으로 인한 성능 저하를 개선하기 위해 세관 및 갱생공사를 시행하고자 한다. 이에 대한 공법 및 대책을 설명하시오. [13중, 25점]
20	132. 주요 간선도로를 횡단하는 송수관로(직경 2m, 2열) 시공시 교통장애를 유발하지 않는 시공법을 제시하고, 시공시 유의사항을 설명하시오(지반은 사질토이고 지하수위가 높음). [08후, 25점] 133. 도심지 주택가에서 직경 1,500mm의 콘크리트 하수관을 Pipe Jacking공법으로 시공하고자 한다. 이 공법을 설명하고, 시공상 유의사항에 대하여 기술하시오. [07전, 25점] 134. 도심지의 지하 하수관거공사에 추진공법을 적용할 때 발생하는 주요 문제점 및 대책을 설명하시오. [13중, 25점]
21	135. 도심지 하수관거정비공사 중 시공상의 문제점과 그 대책에 대하여 기술하시오. [05후, 25점] 136. 하수처리시설 운영시 하수관을 통하여 빈번히 불명수(不明水)가 많이 유입되고 있다. 이에 대한 문제점과 대책 및 침입수 경로조사시험방법에 대하여 설명하시오. [11후, 25점] 137. 하수관로의 기초공법과 시공시 유의사항을 설명하시오. [10전, 25점] 138. 상하수도 시설물(주위 배관 포함)의 누수를 방지할 수 있는 방안과 시공시 유의사항을 설명하시오. [09전, 25점] 139. 하수관거공사를 시행함에 있어서 수밀시험(Leakage Test)에 대하여 기술하시오. [09후, 25점] 140. 관거(하수관, 맨홀, 연결관 등)의 시공 중 또는 시공 후 시공의 적정성 및 수밀성을 조사하기 위한 관거의 검사방법에 대하여 설명하시오. [12후, 25점] 141. 지반침하(일명 싱크홀)에 대응하기 위한 하수도분야에서의 정밀조사방법 및 대책에 대하여 설명하시오. [15중, 25점] 142. 하수관의 시공검사 [01중, 10점] 143. 관로의 수압시험 [19전, 10점] 144. 신설도로공사에서 연약지반구간에 지하횡단 박스컬버트(Box Culvert) 설치시 검토사항과 시공시 유의사항을 설명하시오. [10전, 25점]

1 기초공법의 종류 및 특징

Ⅰ. 개요

① 기초(Foundation, Footing)란 구조물의 최하부에 있어 구조물의 하중을 받아 이것을 지반에 안전하게 전달시키는 구조부분이다.

② 따라서 기초 밑의 지반내에 어느 지점에서도 하중으로 인하여 지반을 파괴할 만한 과대한 응력이 발생하지 않도록 기초 밑의 접촉면에 상부구조에서 받는 하중을 잘 분포시켜서 지반에 전달하는 기능을 갖고 있어야 한다.

Ⅱ. 기초공법의 분류

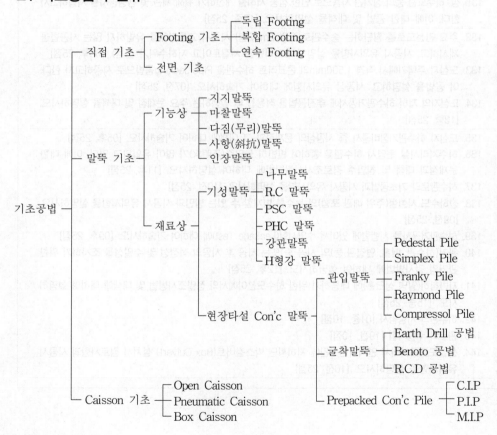

- 기초공법
  - 직접 기초
    - Footing 기초
      - 독립 Footing
      - 복합 Footing
      - 연속 Footing
    - 전면 기초
  - 말뚝 기초
    - 기능상
      - 지지말뚝
      - 마찰말뚝
      - 다짐(무리)말뚝
      - 사항(斜抗)말뚝
      - 인장말뚝
    - 재료상
      - 기성말뚝
        - 나무말뚝
        - R.C 말뚝
        - PSC 말뚝
        - PHC 말뚝
        - 강관말뚝
        - H형강 말뚝
      - 현장타설 Con'c 말뚝
        - 관입말뚝
          - Pedestal Pile
          - Simplex Pile
          - Franky Pile
          - Raymond Pile
          - Compressol Pile
        - 굴착말뚝
          - Earth Drill 공법
          - Benoto 공법
          - R.C.D 공법
        - Prepacked Con'c Pile
          - C.I.P
          - P.I.P
          - M.I.P
  - Caisson 기초
    - Open Caisson
    - Pneumatic Caisson
    - Box Caisson

Ⅲ. 직접 기초

① 상부 하중을 기초를 통해 직접 지반에 전달하는 기초

② 지지층이 얕고(5m 이하) 지표가까이에 암반, 사력층이 있을 때 이용

③ 물흐름의 세굴영향을 받지 않도록 주의

④ 기초의 바닥면은 지반에 밀착시킬 것

Ⅳ. 말뚝 기초

1. 기능상 분류

1) 지지말뚝

경질지반까지 말뚝을 정착시켜 말뚝의 선단지지력에 의해 지지하는 말뚝

2) 마찰말뚝

말뚝 둘레(주면)의 마찰력에 의해 지지하는 말뚝

3) 다짐(무리)말뚝

사질지반에 다수의 말뚝으로 지반을 압축하여 다짐효과를 얻기 위한 말뚝

4) 사항(斜杭)말뚝

수평력이나 인장력에 저항하는 말뚝으로 횡저항말뚝이라고도 한다.

5) 인장말뚝

Bending Memont를 받는 기초 등의 인장측에 저항하는 말뚝

2. 기성말뚝

1) 나무말뚝

① 소나무, 낙엽송 등의 곧고 긴 생목을 상수면 이하(보통 4~6m)에 박음

② 경미한 구조 및 상수면이 낮은 곳에 사용

2) R.C 말뚝(Centrifugal Reinforced Concrete Pile)

① 공장제작으로 단면은 중공원통형이고 보통 R.C 말뚝이라 부르며, 주로 기초 말뚝에 쓰인다.

② 재료가 균질하고 강도가 크나 말뚝 이음부분에 대한 신뢰성이 적다.

3) PSC 말뚝(Prestressed Concrete Pile)

① 프리텐션방식 원심력 PSC 말뚝(Pre-tensioning Centrifugal PSC Pile)

㉠ 사전에 PS 강재에 인장력을 주어 놓고, 그 주위에 Con'c를 쳐 경화후 PSC 강재를 절단하여 PS 강재와 Con'c의 부착으로 프리스트레스를 도입하는 방법

㉡ 말뚝지름 : 300~1,200mm

② 포스트텐션방식 원심력 PSC 말뚝(Post-tensioning Centrifugal PSC Pile)

㉠ Con'c 타설 전에 쉬즈(sheath)관을 설치하고, Con'c 경화 후 쉬즈 관내에 PS 강재를 넣어 긴장하여 단부에 정착시켜 프리스트레스를 도입하고 쉬즈관내를 시멘트 Grouting하는 방법

㉡ 프리텐션방식과의 차이점 : 성형작업에 앞서 PS 강재를 긴장하여 Con'c를 부어넣고, 탈형하였을 때 프리스트레스를 도입

4) PHC 말뚝(Pretensioned high strength concrete)

① 일반적으로 프리텐션방식에 의한 원심력을 이용하여 제조된 Con'c Pile로 PHC Pile에 사용하는 Con'c는 압축강도 80MPa 이상의 고강도로서 KS F 4306-1988 (Pretensioned high strength concrete)에 규정되어 있다.

② PHC Pile용 PS 강선은 Auto-clave 양생시 높은 온도에 의한 긴장력 감소를 방지하기 위하여 Relaxation이 작은 특수 PS 강선을 이용한다.

③ PHC Pile의 우수성

㉠ 설계지지력을 크게 취할 수 있다.

㉡ 타격력에 대하여 큰 저항력을 가진다.

㉢ 경제적인 설계가 가능하다.

㉣ 휨에 대한 저항력이 크다.

5) 강관말뚝(steel pipe pile)

① 강관을 원통형으로 전기저항용접 또는 Arc 용접에 의하여 제조된 용접강관이 주로 쓰이며, 용접강관 중에서도 나선강관이 많이 쓰인다.

② 강관말뚝은 장척말뚝으로 사용되는 수가 많으며, 현장용접에 의하여 이어쓴다.

③ 강관말뚝 타설에는 주로 디젤 해머를 사용한다.

6) H형강 말뚝(H-steel pile)

① H형 단면으로된 형강재로 압연형 강재와 용접형 강재로 구분되나 말뚝으로는 압연형 강재가 많이 쓰이며, 선단지지 말뚝으로 사용

② 이음방법으로는 맞댄용접과 덧판모살용접 이음의 2종류가 있으며, 용접강도상 덧판모살용접 이음이 좋다.

3. 관입말뚝

1) Pedestal Pile(외관+내관, 구근형성)

① Simplex Pile을 개량하여 지내력 증대를 위해 말뚝선단에 구근을 형성하는 공법

② 외관과 내관의 2중관을 수정의 위치까지 박은 다음 내관을 빼내고 관내에 Con'c를 부어넣고 내관을 넣어 다지며, 외관을 서서히 빼올리면서 말뚝선단에 구근을 형성

2) Simplex Pile(외관(철제 쇠신)+추)

① 외관을 소정의 깊이까지 박고 Con'c를 조금씩 넣고 추로 다지며 외관을 빼내는 공법

② 외관 끝에는 철제의 쇠신(steel shoe)을 대고 외관을 박는다.

3) Franky Pile(외관(주철제 원추형의 마개)+추, 합성말뚝)

① 심대 끝에 주철제의 원추형 마개가 달린 외관을 추로 내리쳐서 소정의 깊이에 도달하면 내부의 마개와 추를 빼내고 Con'c를 넣어 추로 다져 외관을 조금씩 들어올리면서 말뚝을 형성하는 공법

② 소음과 진동이 적어 도심지 공사에 적합

4) Raymond Pile(얇은 철판제의 외관+심대(core), 유각(有殼))

① 얇은 철판제의 외관에 심대(core)를 넣어 지지층까지 관입한 후 심대를 빼내고 외관 내에 Con'c를 다져넣어 말뚝을 만드는 공법

② 연약지반에 사용

5) Compressol Pile(3개의 추)

① 구멍 속에 잡석과 Con'c를 교대로 넣고, 무거운 추로 다지는 공법

② 지하수가 많이 나지 않는 굳은 지반에 짧은 말뚝으로 사용

4. 굴착말뚝

1) Earth Drill 공법(Calweld 공법)

① 회전식 Drilling Bucket으로 필요한 깊이까지 굴착하고, 그 굴착공에 철근을 삽입하고 Con'c를 타설하여 지름 1~2m 정도의 대구경 제자리말뚝을 만드는 공법

② Casing을 사용하지 않는 굴착을 기본으로 하여 개발된 공법이기 때문에 공벽의 붕괴방지를 위해 Bentonite 용액을 사용

2) Benoto 공법(All casing 공법)

① 케이싱 튜브를 요동장치로 왕복요동 회전시키면서 유압잭으로 땅속에 관입시켜 그 내부를 해머그래브로 굴착하고, 지반을 천공하여 공내에 철근을 세운후 Con'c를 타설하면서 케이싱 튜브를 요동시켜 뽑아내어 현장타설 말뚝을 축조하는 공법

② All Casing 공법이기 때문에 주위의 지반에 영향을 미치지 않고 안전하게 시공할 수 있으며, 장척말뚝(50~60m)의 시공도 가능

3) R.C.D(Reverse Circulation Drill) 공법

① 리버스 서큐레이션 드릴로 대구경의 구멍을 파고, 철근망을 삽입하여 Con'c를 타설, 현장타설 말뚝을 만드는 공법이다.

② 보통의 로터리식 보링 공법과는 달리 물의 흐름이 반대이고, 드릴 로드의 끝에서 굴착토사를 물과 함께 지상으로 올려 말뚝구경을 굴착하는 공법으로 역순환 공법 또는 역환류 공법이라고도 한다.

5. Prepacked Con'c Pile

1) C.I.P 말뚝(cast-in-place pile)

① Earth Auger로 지중에 구멍을 뚫고 철근망을 삽입(생략 가능)한 다음 모르타르 주입관을 설치하고, 먼저 자갈을 채운후 주입관을 통하여 모르타르를 주입하여 제자리 말뚝을 형성하는 공법

② 지름이 크고 길이가 비교적 짧은 말뚝에 이용

2) P.I.P 말뚝(packed-in-place pile)

① 연속된 날개가 달린 중공의 Screw Auger의 머리에 구동장치를 설치하여 소정의 깊이까지 회전시키면서 굴착한 다음, 흙과 Auger를 빼올린 분량만큼의 프리팩트 모르타르를 Auger 기계의 속구멍을 통해 압출시키면서 제자리 말뚝을 형성하는 공법

② Auger를 빼내면 곧 철근망 또는 H형강 등을 모르타르 속에 꽂아서 말뚝 완성

3) M.I.P 말뚝(mixed-in-place pile)

① Auger의 회전축대는 중공관으로 되어 있고, 축선단부에서 시멘트 페이스트를 분출시키면서 토사와 시멘트 페이스트를 혼합 교반하여 만드는 일종의 Soil Con'c 말뚝이다.

② Auger를 뽑아낸 뒤에 필요에 따라 철근망을 삽입한다.

Ⅴ. Caisson 기초

1) Open Caisson(Well method, 우물통 공법, 井筒 공법)

① 상하단이 개방된 상통(箱筒)을 지표면에 거치한 후 통내를 통하여 지반토를 굴착하여 소정의 지지층까지 침설하는 공법이다.

② 일반적으로 교량기초 또는 기계기초에 많이 사용한다.

③ 시공설비가 간단하며, 소음에 의한 공해가 거의 없다.

2) Pneumatic Caisson(공기잠함)

① Caisson 하부에 압축공기 작업실을 두고 여기에 지하수압에 상당하는 고압공기를 공급하여 지하수를 배제한 후 작업실 바닥의 토사를 굴착반출하면서 소정의 지지지반까지 침설하는 공법이다.

② Pneumatic Caisson 공법의 한계심도는 작업원이 견딜 수 있는 공기압에 의하여 결정되며, 굴착작업은 주로 인력에 의한다.

③ 토층, 토질의 확인과 정확한 지내력 측정이 가능

3) Box Caisson(설치, 상자형)

① 지상에서 보통 철근 Con'c로 만들어진 Box형의 Caisson을 진수시켜 소정의 위치에 배로 예인하여 침설시키는 공법

② 항만 구조물 중 방파제, 계선시설 등과 같이 횡화중을 받는 구조물에 이용

③ 지상에서 Box Caisson이 제작되므로 품질확보가 용이하며, 설치가 간편

Ⅵ. 결론

① 기초의 형태는 구조계산서와 지반의 조건, 구조물의 규모·용도 및 현장여건에 따라 정해지며, 주요 구조부의 하나이다.

② 지반의 표층이 연약할 때는 지내력이 큰 지층까지 굴착하여 기초를 시공하거나 말뚝을 박거나 Caisson을 설치하는 등의 현장여건에 따른 대책을 강구해야 한다.

2 타입식 공법과 현장굴착 타설식 공법

Ⅰ. 개요

① 말뚝 기초는 구조물의 하중이 너무 크든지 직접 기초로서 구조물의 하중을 충분히 지지할 수 없을 때 지반의 중간층을 관통하여 지지층까지 말뚝을 도달시켜 구조물의 하중을 지지하는 것을 말한다.

② 기성말뚝공법과 현장 타설말뚝공법으로 대별할 수 있다.

Ⅱ. 말뚝의 분류

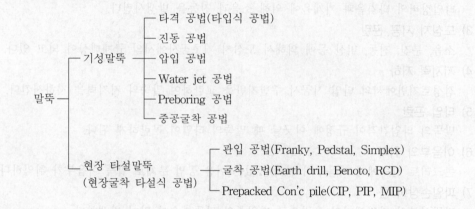

- 말뚝
  - 기성말뚝
    - 타격 공법(타입식 공법)
    - 진동 공법
    - 압입 공법
    - Water jet 공법
    - Preboring 공법
    - 중공굴착 공법
  - 현장 타설말뚝 (현장굴착 타설식 공법)
    - 관입 공법(Franky, Pedstal, Simplex)
    - 굴착 공법(Earth drill, Benoto, RCD)
    - Prepacked Con'c pile(CIP, PIP, MIP)

Ⅲ. 타입식 공법

1. 정의

타입말뚝이란 기성파일을 타격에너지를 이용하여 지반에 강제삽입하는 공법으로 시공성 및 경제성이 우월한 공법이다.

2. 장점

1) 시공 용이

이미 제작된 기성파일을 구입하여 타입만으로 시공이 완료되므로 시공이 용이하다.

2) 지지력 확인 가능

타입해머의 타격에너지와 관입량으로 말뚝의 지지력 산정이 가능하다.

3) 설비 간단

현장타설말뚝에 비해 타입에 필요한 타격해머만으로 시공이 가능하므로 시공설비가 간단하다.

4) 경제성

기성파일 타격으로 타공법에 비해 공사비가 저렴하여 경제성 있는 시공이 된다.

5) 품질 균일

공장생산제품으로 품질이 균일하며, 제품에 신뢰성이 있다.

6) 이음 용이

강말뚝을 사용할 때 이음 공법이 쉬우며, 타공법에 비해 신뢰성 있는 이음이 된다.

7) 지반다짐효과

사질지반에서 파일이 타입되면서 진동에 의해 지반을 다지는 효과를 얻을 수 있다.

3. 단점

1) 토성변화

점성토지반에서 파일이 타입되면서 지반을 전단파괴시키면서 타입되므로 토성변화를 가져온다.

2) 소음 · 진동 발생

타입장비의 타격음과 기계음에 의해 소음과 진동을 발생시킨다.

3) 도심지 시공 곤란

소음, 분진, 진동, 비산 등에 의해서 도심지 기초공사에서의 규제대상이 되고 있다.

4) 지지력 저하

점성토지반에서의 타입 시공시 주변지반을 교란하여 말뚝의 지지력을 저하시킨다.

5) 타입 곤란

말뚝의 타입간격이 규정에 어긋날 때 말뚝의 타입이 곤란하게 된다.

6) 이음부의 취약

콘크리트 말뚝에서 이음부의 신뢰성 있는 이음 공법 부재로 말뚝 이음부가 취약하다.

7) 파일손상이 큼

말뚝상부의 타격해머의 충격으로 타입중의 말뚝파손이 많이 발생한다.

4. 시공시 유의사항

1) 최종관입량

5~10회 타격을 평균값으로 하여 그 결과를 기록 유지

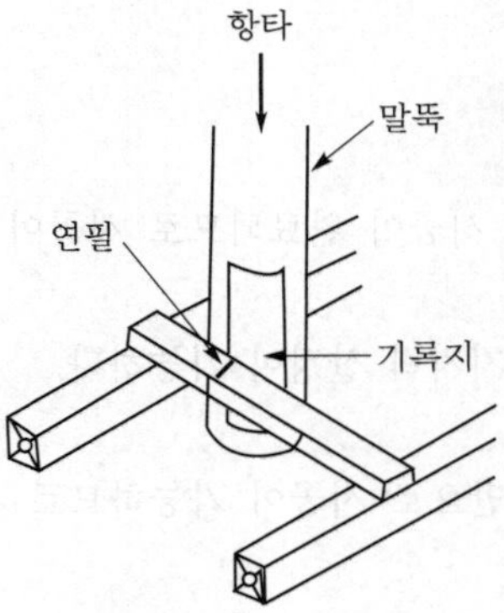

<말뚝박기 시험>

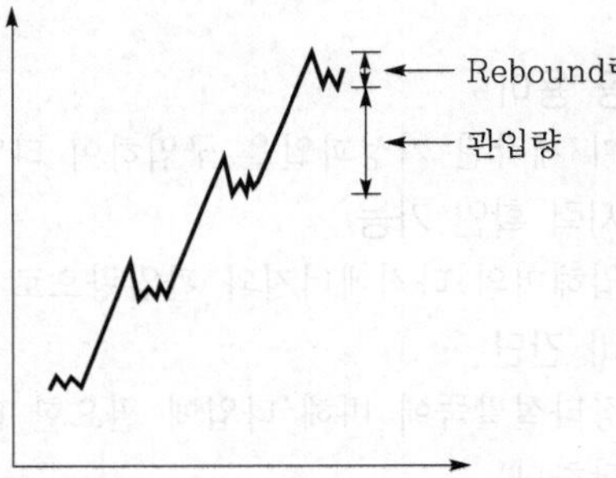

<관입량 및 Rebound량>

2) 중단없이 계속 수직박기

말뚝 끝이 일정한 깊이까지 닿도록 수직으로 계속박기

3) 두부정리

버림 Con'c 위 60mm는 남기고, Con'c만 절단

4) 이어박기 수량증가

예정 위치에 도달되어도 최종 관입량 이상일 때 이어박기

5) 세우기

시공계획서에 따라 2개소 이상의 규준대를 설치하여 수직세움

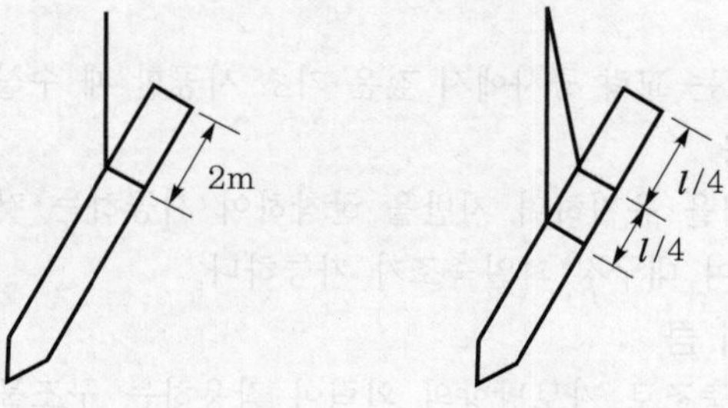

(a) 12m 이하　　(b) 13m 이하

6) 길이변경 검토

예정 위치에 도달하기 전 타입이 안 될 경우 검토하여 길이변경

7) Pile 손상

말뚝머리에 나무 또는 가마니 등의 Cushion재를 덮어 말뚝머리가 깨지는 것 방지

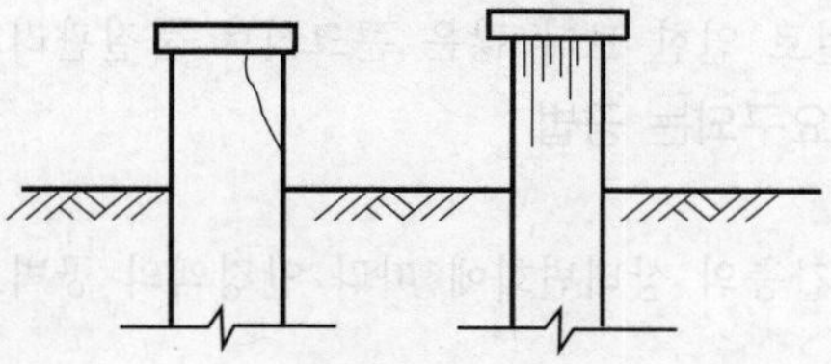

8) Pile 위치 확인

소정의 깊이까지 기초파기하고 정확한 말뚝위치 확인

Ⅳ. 현장굴착 타설식 공법

1. 정의

현장에서 소정의 위치에 구멍을 뚫고 콘크리트 또는 철근콘크리트로 충진하여 만드는 말뚝으로, 타입 말뚝과는 달리 소음과 진동을 없게 하여 도심지 근접 구조물의 피해를 극소화할 수 있는 공법이다.

2. 장점

1) 깊은 심도 시공가능

굴착장비의 첨단화로 지중 깊은 곳의 지지층까지 굴착이 가능하여 깊은 심도의 말뚝축조가 가능하다.

2) 무소음 · 무진동 공법

지반을 굴착하여 말뚝을 형성하는 형식의 공법으로 타격작업이 없으므로 진동, 소음이 없다.

3) 모든 토질 시공가능

굴착장비의 개발로 토사부터 경암까지 모든 토질에서 굴착가능 하여 말뚝을 축조할 수 있다.

4) 수상작업 가능

하천을 가로지르는 교량 공사에서 깊은 기초 시공할 때 수상에서의 작업이 가능하다.

5) 대구경 말뚝시공

안정액으로 공벽을 유지하며 지반을 굴착하여 시공하는 것으로서 굴착장비의 대구경을 이용하여 대구경 파일축조가 가능하다.

6) 횡방향 저항성이 큼

대구경 말뚝의 축조로 가로방향의 외력이 작용하는 구조물의 기초에서의 적용성이 좋다.

3. 단점

1) 설비가 대규모

현장에서의 말뚝축조에 필요한 설비규모가 대단히 크다.

2) 품질관리 미흡

수중콘크리트 타설로 인한 보다 많은 콘크리트 품질관리가 필요하다.

3) 품질관리가 보다 요구되는 공법

4) 공벽붕괴 우려

지반굴착 도중 중간층의 상태변화에 따라 안정액의 공벽보호 능력저하로 공벽이 붕괴될 우려가 있다.

5) 환경오염

공벽보호용으로 사용된 안정액 처리부실로 환경오염 우려가 있다.

6) Slime 처리

지반굴착 선단부의 슬라임의 불충분한 처리로 지지력 저하의 우려가 있다.

4) 시공속도 저하

기성 파일과는 달리 굴착작업, 철근망 삽입, 콘크리트 타설 등의 공정으로 시공속도가 다소 느리다.

4. 시공시 유의사항

1) 수직도 유지

① 최근 굴착기에는 경사계가 내장되어 있어 수직도 확인이 가능하다.

② 시공오차는 100mm 이내로 한다.

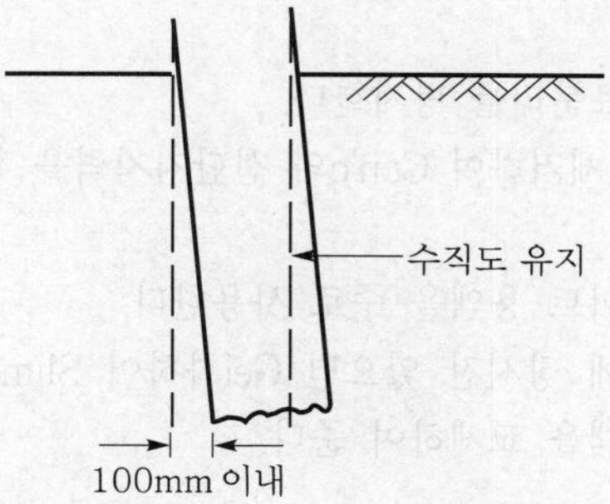

2) 선단지반 교란

① 굴착시 선단부는 교란되기 쉬우므로 시공속도를 조정하여 천천히 시공한다.

② 급속시공은 공벽붕괴의 원인이 되므로 주의하여 시공한다.

3) Slime 제거

① 지하연속벽 시공시 슬라임은 구조체의 질을 떨어뜨리는 요인이 되므로 별도관리가 필요하다.

② 슬라임 처리기를 이용하여 충분한 시간을 두어 제거하고, 특히 잔유물이 철근에 붙지 않도록 유의한다.

4) 기계 인발시 공벽붕괴

① 기계 인발속도는 공벽붕괴에 유의하여 천천히 인발한다.

② 인발시 공벽 수직도와 기계 인발선이 일치되도록 한다.

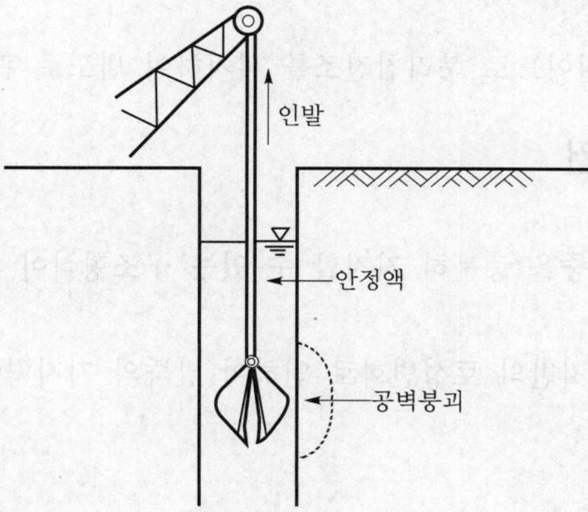

5) 피압수

① 사전에 지반조사를 철저히 하여 피압수 발생 지층을 파악해 두어야 한다.

② 공벽관리를 위해 굴착후 즉시 안정액을 투입하여야 한다.

6) 공벽유지

① 공벽유지를 위하여 벤토나이트를 사용한다.

② 벤토나이트 용액의 특성인 팽창력을 이용한다.

7) Con'c 품질확보

① Con'c 타설시 재료분리를 방지한다.

② 슬라임을 철저히 제거하여 Con'c의 선단지지력을 확보해야 한다.

8) 안정액관리

① 안정액은 벤토나이트 용액을 주로 사용한다.

② 안정액이 공벽내에 장시간 있으면 Gel화하여 Slime이 되는 경우가 있으므로 적정시간마다 안정액을 교체하여 준다.

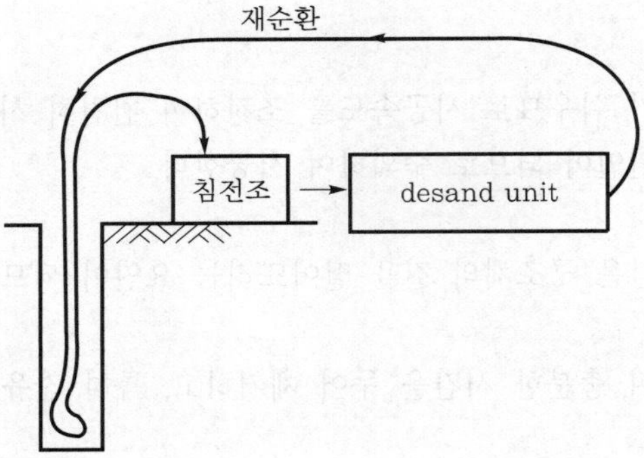

<사분 측정용 Tube>

9) 규격관리

① 단면 과소방지(slurry wall 단면 > 설계 단면)

② 지지층까지 관입하여 지지력 확보

10) 공해

슬라임은 공해물질이므로 분리침전조를 설치하여 별도로 관리한다.

Ⅴ. 말뚝공사의 필요조건

1) 지지력 확보

상부 구조물의 하중을 충분히 지지할 수 있는 구조형식이 되어야 한다.

2) 토성변화

말뚝시공에 따른 지반의 토성변화로 인하여 말뚝의 지지력에 변화가 발생되지 않아야 한다.

3) 말뚝의 이음

장척의 말뚝이 필요한 지반에서의 시공은 사용파일에 적합한 이음 공법을 선정하여 이음부에 있어서 파일의 지지력 손실이 없도록 신중하게 시공해야 한다.

4) 이음위치

단면에 여유가 있고 부식 등의 영향이 적은 곳에 설치하여 휨, 전단 및 인장 등을 고려하여 이음구조의 특징을 잘 파악한 다음 이음위치를 결정한다.

5) 지하장애물 조사

지중에 매설되어 있는 가스관, 통신관, 동축케이블, 전선관 등의 장애물의 방호책으로 우선적으로 지중에 매설된 장애물을 조사형 방호대책을 수립한다.

6) 공법 선정

사용파일의 종류, 중간층상태, 주위환경여건, 공사규모 등을 충분히 고려하여 파일에 악영향이 없고 인접 구조물에 영향이 없는 공법을 선정한다.

7) 말뚝선단구조

현장의 지반상태 및 시공방법을 고려하여 선단개방 또는 선단폐쇄 말뚝을 비교하여 결정한다.

8) 시공성

상부에 축조할 구조물을 지지하고 입지조건에 맞는 공법선정 등으로 시공가능성을 검토한다.

9) 무공해성

최근 환경에 대한 규제가 엄격해지고 자연환경을 보호하는 차원에서 소음, 진동, 분진 등의 공해발생이 없는 공법의 선정이 중요하다.

10) 경제성

본공사비에 준하여 과도한 가시설 설비 등으로 경제성을 상실하는 공법을 가능한 한 억제하고 현실적인 경제성을 고려하여 결정한다.

11) 시항타

타입장비, 시공인원, 시공속도, 시공의 타당성을 검토하기 위하여 기성파일을 시공할 때에는 반드시 시항타를 하여 시공조건을 검토한다.

12) 안전관리

시공현장에서의 말뚝의 적재, 운반, 박기, 이음 등의 공정에서 우선적으로 작업 종사자의 안전에 역점을 두어야 하며, 만약의 사태에 대한 작업원의 안전교육 및 대피소 등을 선정해 놓아야 한다.

Ⅵ. 결론

① 기초공사를 시행할 때에는 현장의 토질조건, 입지조건, 구조물의 규모, 하중 등을 충분히 검토하여 기초 형식을 결정하여야 한다.

② 타입말뚝 공법에서 발생되는 소음, 진동, 분진 등으로 환경 규제로 인해 앞으로는 도심지 기초 공법은 무공해 공법인 현장타설 콘크리트 말뚝의 시공으로 전환되어야 할 것으로 사료된다.

3 말뚝박기 공법의 종류와 시공시 유의사항

Ⅰ. 개요

① 기성 Con'c의 말뚝박기 공법으로는 타격 공법, 진동 공법, 압입 공법, Water Jet 공법, Pre-boring 공법, 중공굴착 공법 등이 있다.

② 구조물의 대형화로 인한 환경공해가 사회적으로 문제화되고 있으므로 소음 및 진동을 억제할 수 있는 무소음·무진동 공법인 압입 공법, Water Jet 공법, Pre-boring 공법, 중공굴착 공법 등이 많이 사용되고 있다.

Ⅱ. 사전조사

① 설계도서의 검토

② 계약조건의 검토

③ 입지조건 조사

④ 토질조사

⑤ 건설공해

Ⅲ. 말뚝박기 공법 선정시 고려사항

① 공사기간 및 공사비

② 기성 Con'c Pile의 종류

③ Pile의 총 수량

④ 중간층을 포함한 지질상황

⑤ 공사현장의 위치

⑥ 말뚝박기 기계의 능력

Ⅳ. 말뚝박기 공법의 종류

1. 타격 공법

1) 정의

항타기로 말뚝을 직접 타격하여 박는 공법으로 기계 종류에는 Drop Hammer, Steam Hammer, Diesel Hammer 등이 있다.

2) Drop Hammer(떨공이)

① 지름 45mm 정도의 쇠막대 또는 철관을 심대(rod)로 쓰고, 공이는 소요중량 300~600kg의 것을 사용하며, 윈치로 로프를 당겨 공이를 끌어올려 자유낙하시켜 말뚝을 타입

② 가설틀은 4각틀 또는 평틀식으로 비계목을 짜고, 그 중심에 심대(rod)를 세움

3) Steam Hammer

① 증기압을 이용해서 타입하는 기계로 실린더, 피스톤, 자동 증기조작밸브 등으로 구성

② 타격력 조정이 곤란하며, 요즘은 거의 사용하지 않음

4) Diesel Hammer

① Diesel Hammer는 단동식과 복동식이 있으며, 기계틀과 기동장치 및 공이(hammer) 등으로 구성된다.

② 타격시 디젤유가 압축, 폭발해서 공이를 원래의 높이까지 위로 오르며, 말뚝은 반작용으로 박아진다.

③ 기계의 타격에너지가 크다.

5) 유압 Hammer

① 유압을 이용하여 램을 상승시킨 다음 급속히 압력을 해제하여 낙하시킴으로써 타격에너지를 얻는다.

② 램 낙하고 조절이 가능하고, 저소음 공법으로 기름이나 연기의 비산이 없다.

6) 타격 공법의 특징

① 시공이 용이하며, 타격속도가 빠르다.

② 시공에 유의하면 우수한 선단지지력 및 내력을 얻을 수 있다.

③ 타격 및 타격음으로 인한 소음·진동이 수반된다.

④ 타격에너지에 의한 말뚝머리 파손이 우려된다.

2. 진동 공법

1) 정의

상하방향으로 진동이 발생하는 Vibro Hammer(진동식 말뚝타격기)를 사용하여 말뚝을 박는 공법이다.

2) 특징

① 연약지반에서 말뚝박는 속도가 다른 공법보다 빠르다.

② 말뚝머리에 손상이 적고 타입 및 인발을 겸용할 수 있다.

③ 말뚝박기시 소음이 적다.

④ 경질지반에서는 관입능력이 저하된다.

3. 압입 공법

1) 정의

유압잭 또는 윈치의 강력한 힘에 의하여 누르는 작용으로 말뚝을 압입하여 박는 공법이다.

2) 특징

① 말뚝박기시 소음이 적으며 완전 밀폐형의 방음 커버를 장치할 수 있다.

② 해머의 작동이 유압방식이기 때문에 비산이 발생되지 않는다.

③ 비교적 연약지반에 사용하며 소음·진동이 없다.

④ 낙하높이를 자유로이 선정할 수 있으므로 말뚝지름에 따라 해머의 타격력을 조정할 수 있다.

⑤ 대규모 설비가 필요하며, 기동성이 떨어진다.

4. Water Jet 공법(수사법)

1) 정의

모래층, 모래 섞인 자갈층 또는 진흙층 등에 고압으로 물을 분사시켜 수압에 의해 지반을 무르게 만든 다음 말뚝을 박는 공법이다.

2) 특징

① 관입이 곤란한 사질지반에 유리한 공법

② 소음·진동 적음

③ 물러진 지반의 복구가 어려우므로 재하를 목적으로 하는 기초말뚝에는 사용 금지

5. Pre-Boring 공법(선행굴착 공법)

1) 정의

Earth Auger로 미리 구멍을 뚫어 기성말뚝을 삽입한 후 1~3m 정도 타격 관입시키거나 구멍바닥에 Con'c를 타설하는 공법이다.

2) 특징

① 말뚝박기 시공시의 소음 및 진동이 적다.

② 타입이 어려운 전석층이 있어도 시공 가능

③ 말뚝과 구멍 사이에 공극발생으로 침하 우려

6. 중공굴착 공법

1) 정의

말뚝의 중공부에 스파이럴 Auger를 삽입하여 굴착하면서 말뚝을 관입하고, 최종 단계에서 말뚝 선단부의 지지력을 크게 하기 위하여 타격처리나 시멘트 밀크 등을 주입하여 처리하는 공법이다.

2) 특징

① 대구경 말뚝에 적합한 공법이다.

② 말뚝파손이 없다.

③ 지질판단이 용이하다.

④ 스파이럴 Auger로 굴착하기 때문에 경질층 제거가 용이하다.

Ⅴ. 말뚝박기 시공시 유의사항

1) 최종관입량

5~10회 타격 평균값으로 하여 그 결과 기록 유지

2) 중단없이 계속 수직박기

말뚝 끝이 일정한 깊이까지 닿도록 수직으로 계속박기

3) 두부정리

버림 Con'c 위 60mm 남기고, Con'c만 절단

4) 이어박기 수량증가

예정 위치에 도달되어도 최종 관입량 이상일 때 이어박기

5) 세우기

시공계획서에 따라 2개소 이상의 규준대를 설치하여 수직 세움

6) 길이변경 검토

예정 위치에 도달하기 전 침하 안 될 경우 검토하여 길이변경

7) Pile 손상

말뚝머리에 나무 또는 가마니를 덮어 말뚝머리가 깨지는 것 방지

8) Pile 위치확인

소정깊이까지 기초파기하고, 정확한 말뚝위치 확인

9) Pile 박기 간격

① 중앙부 : $2.5d$ 이상 또는 750mm 이상

② 기초판 끝과의 거리 : $1.25d$ 또는 375mm 이상

10) Pile 박기 순서

중앙부 말뚝을 먼저 박은 후에 주변부 말뚝박기 시공

11) 시험항타

① 실제 말뚝과 같은 무게와 단면을 가진 것

② 실제 말뚝과 동일한 방법으로 시공

12) 인접말뚝 피해

항타시 인접말뚝 솟아오르면 타격력 증가시켜 원지반 이하로 다시 관입

Ⅵ. 결론

① 기성 Con'c 말뚝박기 공법 선정시에는 사전조사 및 공사의 규모, 말뚝의 종류, 지질상황, 공사의 조건 등을 고려하여 설정해야 한다.

② 말뚝박기 시공시 철저한 품질관리와 말뚝박기 기계의 무소음·무진동의 장비개발로 건설공해 방지에 대처해야 한다.

4 기초말뚝 시공시 시험항타(시험말뚝박기)

Ⅰ. 개요

① Pile의 시공은 기초 시공시 경질지반이 지반하부에 위치하여 기초와 경질지반을 연결시키기 위해서 실시한다.

② Pile 시공전 시험항타를 통해 지지층의 위치, Pile 길이의 산정 및 이에 따른 Pile 이음과 타격 공법을 선정하여야 한다.

③ 또한, 각 Pile마다 항타에 대한 기록을 정비하여 지반조사 결과와 비교하여 공사 자료로 보관하여야 한다.

Ⅱ. 기성말뚝의 종류

① 나무말뚝
② RC 말뚝
③ PSC 말뚝
④ PHC 말뚝
⑤ 강관, H－형강 말뚝

Ⅲ. 시험항타의 목적

1) 말뚝길이 결정
① 설계치와의 비교 확인
② 지반조사와의 일치성
③ 전반적인 Pile 길이의 결정

2) 이음 공법 결정
① 응력전달이 확실한 공법 선정
② 지반에 적합한 공법 선정
③ 하자가 적고 경제적인 공법 선정
④ 주변 여건에 맞는 무공해 공법 선정

3) 타입 공법 선정
① 지반에 따른 경제적인 타입 공법
② 특히 환경공해에 대한 사항 고려
③ 시공성 및 경제성 감안

4) 시공성 검토
① 전체 공정표 검토
② Pile 시공 기간동안의 천후 관계 검토
③ 경제성을 감안한 시공속도 조절
④ 시공이 쉬운 공법이 하자도 적음

5) 지지층 확인

① 지지층의 깊이 확인

② 지지층 깊이에 따른 Pile의 길이 확인

③ Pile의 지지능력 산정

④ 전체 공사계획의 예정

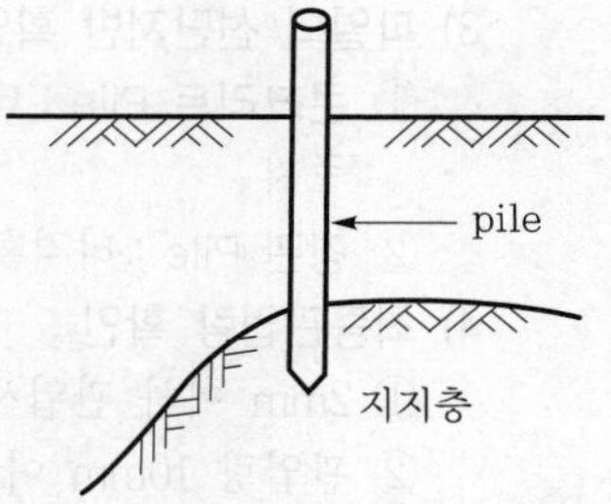

Ⅳ. 시험방법

① 기초 면적 1,500m^{2}까지는 2개, 3,000m^{2}까지는 3개의 단일 시험말뚝을 설치한다.

② 시험말뚝은 실제 말뚝과 똑같은 조건으로 하고, 실제 말뚝박기에 적용될 타격에너지와 가동률로 말뚝을 박는다.

③ 말뚝의 최종관입량은 5~10회 타격한 평균침하량으로 본다.

④ 말뚝의 최종관입량과 Rebound 측정량으로 지지력을 추정한다.

⑤ Rebound Check

㉠ 말뚝이 500mm 관입할 때마다 측정

㉡ 말뚝이 약 3m 이내 남았을 때는 말뚝관입량 100mm마다 측정

㉢ Hammer의 낙하고는 말뚝관입량 범위에서 평균낙하고 측정

Ⅴ. 시험시 유의사항

① 말뚝은 중단없이 연속적으로 박는다.

② 말뚝은 정확히 수직으로 박는다.

③ 관입은 소정의 위치까지 박고 그 이상 무리하게 박지 않는다.

④ 타격횟수 5회에 총 관입량이 6mm 이하인 경우는 타입 거부현상으로 본다.

⑤ 말뚝은 기초 밑면에서 150~300mm 위의 위치에서 박기를 중단한다.

⑥ 말뚝머리의 설계위치와 수평방향의 오차는 100mm 이하이다.

Ⅵ. 기록관리

1) 침하량 기록장치

① 받침대, 기록용지, Pen(연필 또는 사인펜)

② 항타 장비제원 : Hammer의 종류, Ram 무게, 낙하고 등

③ 말뚝 두부 쿠션장치

2) 항타장비의 선정

① 기존 토질조사에 따라 장비선정

② 지형 및 주변 여건에 적합한 장비

③ 환경 공해요소가 적은 장비

④ 경제성 · 시공성 고려

⑤ Ram의 무게는 Pile의 1.5~2.5배가 적당

⑥ Ram 무게에 따른 낙하고 선정

3) 파일의 선단지반 확인
   ① 콘크리트 Pile : 타격횟수가 40회에 300mm 내외 관입시 지지력 확보로 보아 타격 중지
   ② 강관 Pile : 타격횟수가 50회에 100~200mm 관입시 지지력 확보로 보아 타격 중지
4) 최종관입량 확인
   ① 2mm 이하 관입시 타격 중지
   ② 관입량 10mm 이하로 1m 이상 계속될 때 타격 중지
   ③ 최종관입량의 확인이 가능하도록 Pile마다 기록지 부착

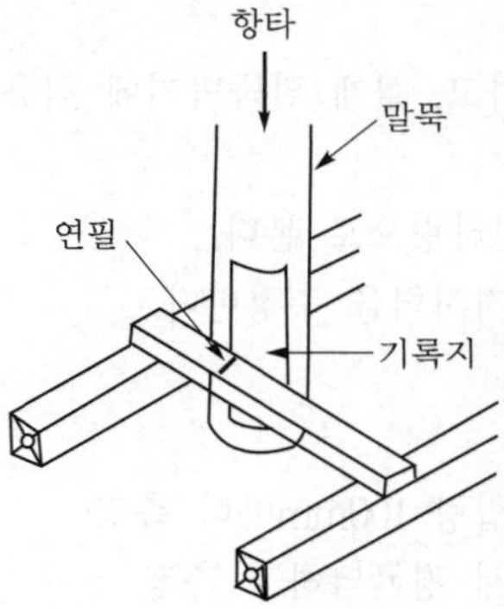

<말뚝박기 시험>

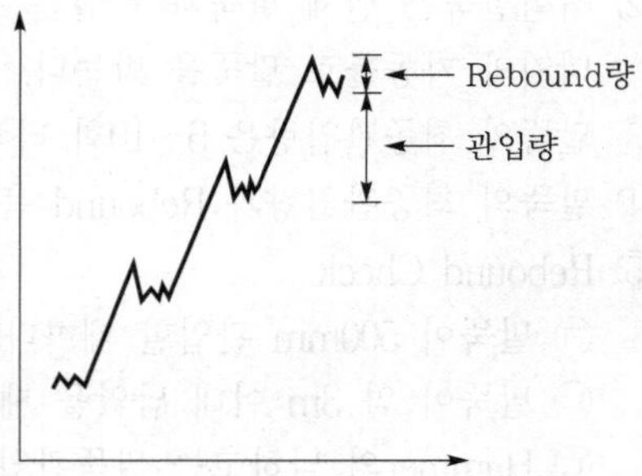

<관입량 및 Rebound량>

5) 타입된 파일의 파손 여부
   ① 콘크리트 Pile : 침투수 여부 또는 주입수의 누수 여부
   ② 강관 Pile : 내부 흙 제거시 Mirror Test 실시
6) 항타기록표 예시

공사명 :									기초명 :						
시행일 : 2000. . .									확인자 :						
중기 재원	크레인 :				리드장 :					햄머 :					
재원	구분 :			직경 :				길이 :		제조회사 :					
구분 No.	관입 항타횟수									최종 관입		각종 공식에 의한 지지력			비고
	1	2	3	4	5	6	…	13	14	15	심도 (m)	관입량 (m/m/10회)			
1 2 3															리바운드량, 말뚝 변위, 설계상 본당 지지력 기술

Ⅶ. 결론

① 기초말뚝 공사에서 시험항타는 대상지반의 조건파악 · 사용말뚝 선정 · 시공성 검토 등의 목적으로 본 공사 착수전에 우선하여 위치 선정하여 시험항타가 행하여진다.

② 시험항타는 시방규정에 제시된 수량만큼 행해야 하며, 각 시험항타에 얻어지는 자료는 본 공사에 아주 중요하게 이용되어지므로 기록관리에 만전을 기하여야 한다.

5 말뚝의 이음방법과 시공시 유의사항

Ⅰ. 개요

① 말뚝은 운반 및 항타 등의 관계로 길이가 15m 이하의 말뚝을 일반적으로 사용하기 때문에 15m 이상의 말뚝을 필요로 할 때에는 말뚝을 이음해서 사용한다.

② 이음 공법 종류에는 장부식, 충전식, Bolt식, 용접식이 있으며, 지반상태와 상부 구조물 등에 따라 적합한 형식을 선택해야 한다.

Ⅱ. 이음시 구비조건

① 이음부 강도확보
② 내구성 및 내식성
③ 수직성 유지
④ 시공이 신속하고 간단

Ⅲ. 공법 선정시 고려사항

① 시공성 검토
② 경제성 검토
③ 안전성 검토
④ 저공해성 검토

Ⅳ. 이음 공법의 종류

1) 장부식 이음(Band식 이음)

① 이음부에 Band를 채워서 이음하는 공법
② 구조가 간단하여 단시간내 시공가능
③ 타격시 <형으로 구부러지기 쉽다.
④ 강성이 약하며, 충격력에 의해 연결부위의 파손율이 높다.
⑤ 연약한 점토지반에서는 부마찰력에 의해 아래말뚝이 이음부에서 이탈하기 쉽다.

2) 충전식 이음

① 말뚝 이음부의 철근을 따내어 용접한 후 상하부 말뚝을 연결하는 Steel Sleeve를 설치하여 Con'c를 충진하는 방법
② 압축 및 인장에 저항할 수 있다.
③ 내식성이 우수하다.
④ 이음부 길이는 말뚝 직경의 3배(3D) 이상
⑤ 일반적으로 많이 쓰이는 공법

3) Bolt식 이음

① 말뚝 이음부분을 Bolt로 죄여 시공
② 시공이 간단
③ 이음내력이 우수
④ 가격이 비교적 고가
⑤ Bolt의 내식성이 문제
⑥ 타격시 변형 우려

4) 용접식 이음
① PSC 말뚝은 제작시 Band나 철물을 단부에 붙이고, 현장용접 이음
② 강재말뚝은 상하말뚝을 현장에서 직접용접 이음
③ 설계와 시공이 우수
④ 강성이 우수하며, Con'c 말뚝과 강재말뚝 이음에 주로 사용
⑤ 용접부분의 부식성이 문제

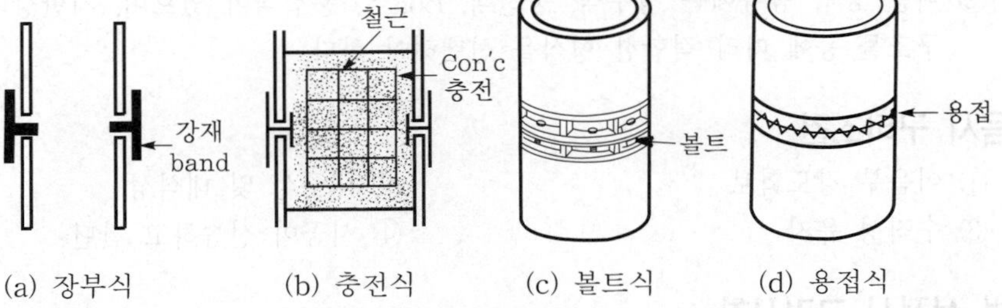

<이음 공법의 종류>

V. 시공시 유의사항

1) 강도확보
이음강도는 설계강도 이상으로 강도가 확보될 것

2) 이음 최소화
시험항타시 적정 말뚝길이를 결정하여 이음개소 최소화로 말뚝의 강도확보

3) 이음부 부식
부식되지 않는 재료사용 및 이음부분 방청으로 부식방지

4) 이음부 변형방지
이음부분의 내력을 확보하여 타격시 변형방지

5) 수직도 유지
항타시 말뚝의 수직유지로 편타에 의한 이음부 파손방지

6) 이음부 파손방지
지나친 타격으로 과에너지에 의한 이음부분 파손방지

7) 축선 일치
축선이 불일치하면 이음부분에 과다한 충격력이 작용하여 이음부 파손

8) 용접 이음부 청소
용접하기 전 용접단면의 청소상태를 철저히 검사

9) 용접 이음부 검사
용접 내부결함은 용접완료 후 검사가 어려우므로 용접완료 후 X선 등으로 검사

VI. 결론

① 말뚝의 이음은 말뚝 내력의 20% 정도를 감소하는 결과를 가져오므로 정확한 지질조사를 바탕으로 지지력을 확보해야 한다.
② 말뚝의 이음 공법에 대한 시공관리 및 시공방법의 개선을 위해서는 강성이 우수하고 이음재의 내식성이 큰 부재의 연구개발이 필요하다.

6 말뚝의 지지력 판단방법

Ⅰ. 개요

① 말뚝의 극한지지력은 말뚝선단 지반의 지지력과 주면 마찰력의 합을 말하며, 말뚝의 허용지지력은 말뚝선단의 지지력과 주면 마찰력의 합(合)을 안전율로 나눈 것을 말한다.

② 말뚝의 지지력에는 축방향 지지력, 수평지지력, 인발저항 등이 있으나, 보통 말뚝의 지지력이라 하면 축방향 지지력을 말한다.

③ 허용지지력을 추정하는 방법에는 정역학적 추정방법, 동역학적 추정방법, 자료에 의한 방법, 재하시험에 의한 방법 등이 있으며, 정확한 지지력을 추정하기 위해서는 재하시험에 의해야 한다.

Ⅱ. 지지력 판단방법의 종류

① 정역학적 추정방법 : Terzaghi 공식, Meyerhof 공식
② 동역학적 추정방법 : Sander 공식, Engineering News 공식, Hiley 공식
③ 재하시험에 의한 방법
④ Rebound Check
⑤ 소리와 진동에 의한 방법
⑥ 시험 말뚝박기에 의한 방법
⑦ 자료에 의한 방법
⑧ Pre-Boring시 전류계 지침에 의한 방법

Ⅲ. 허용지지력

1) $R_a(\text{허용지지력}) = \dfrac{R_u(\text{극한지지력})}{F_s(\text{안전율})}$

2) 안전율(F_s : Safety Factor)

① 정역학 : $F_s = 3$

② 동역학

㉠ Sander 공식 : $F_s = 8$

㉡ Engineering News 공식 : $F_s = 6$

㉢ Hiley 공식 : $F_s = 3$

Ⅳ. 지지력 판단방법

1. 정(靜)역학적 추정방법

1) 설계전에 여건상 재하시험을 실시하기 곤란할 때 이용
2) 실제 공사시에는 필히 재하시험에 의한 허용지지력의 확인이 필요

3) Terzaghi 공식(토질시험에 의한 방법)

극한지지력(R_u)=선단 극한지지력(R_p)

+주면 극한마찰력(R_f)

$$= \pi r^2 q_u + 2\pi r l f_s$$

여기서, q_u : 단위면적당 선단지지력

f_s : 말뚝주면 마찰력

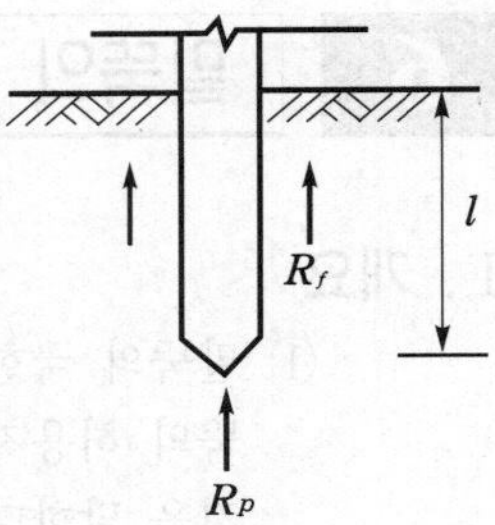

4) Meyerhof 공식(표준관입시험에 의한 방법)

$$R_u = 30 N_p A_p + \frac{1}{5} N_s A_s + \frac{1}{2} N_c A_c$$

여기서, N_p : 말뚝선단의 N치, N_s : 모래지반 N치

N_c : 점토지반 N치, A_p : 말뚝선단 지지면적

A_s : 모래지반 말뚝주면 면적(m^2)

A_c : 점토지반 말뚝주면 면적(m^2)

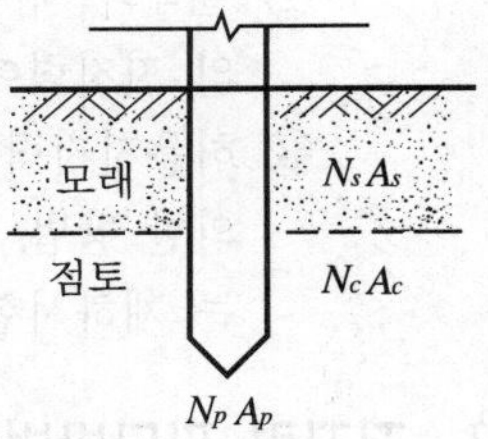

2. 동(動)역학적 추정방법

1) 말뚝해머 타격에너지와 말뚝의 최종관입량을 기준으로 하여 추정하는 것으로 실제로는 잘 맞지 않는다.

2) 다음의 경우에는 적용이 가능하다.

① 공사규모가 작고 비용면에서 재하시험을 못할 경우 각종 항타공식을 통해 지지력을 종합적으로 판단하고 큰 안전율 적용

② 동일 지반에서 항타공식과 재하시험 결과를 비교했을 때 항타공식의 적용성을 충분히 확인할 경우

③ 시공관리상 말뚝지지력 변동을 확인할 때

㉠ Sander 공식 $R_u = \dfrac{WH}{S}$

여기서, W : 타격에 유효한 Hammer 무게(kg), H : Hammer 낙하고(mm)

S : 말뚝 평균관입량(mm)

㉡ Engineering News 공식(Wellington 공식)

ⓐ Drop Hammer $R_u = \dfrac{WH}{S+2.54}$

ⓑ Steam Hammer

- 단동 : $R_u = \dfrac{WH}{S+0.254}$, $R_a = \dfrac{WH}{F_s(S+0.25)}$
- 복동 : $R_u = \dfrac{(W+ap)H}{S+0.254}$

여기서, a : 피스톤 유효면적(mm^2), p : 평균 유효증기압(mm^2)

㉢ Hiley 공식 $R_u = \dfrac{e_f F}{S + \dfrac{C_1 + C_2 + C_3}{2}} \left(\dfrac{W_H + e^2 W_p}{W_H + W_p} \right)$

여기서, S : 말뚝의 최종관입량(mm)

C_1 : 말뚝의 탄성변형량, C_2 : 지반의 탄성변형량

C_3 : Cap Cushion의 변형량

e_f : 해머의 효율

F : 타격에너지(t · mm), W_H : 해머의 중량

W_p : 말뚝의 중량, e^2 : 반발계수(탄성 : 1, 비탄성 : 0)

위의 공식에서 C_1, C_2는 항타시험시 Rebound Check로 구한다.

3. 재하시험에 의한 방법

1) 정재하시험

① 정의

㉠ 기초말뚝의 거동을 파악하기 위하여 가장 확실한 방법으로, 타입된 말뚝에 실제 하중으로 재하시험을 하는 것을 정재하시험이라 한다.

㉡ 정재하시험은 시험목적에 따라서 시험횟수 · 시험방법 · 말뚝시 공법 · 재하방법 · 측정방법 등을 충분히 검토하여 실시해야 한다.

② 정재하시험 분류 : 압축재하시험, 인발시험, 수평재하시험

③ 압축재하방법

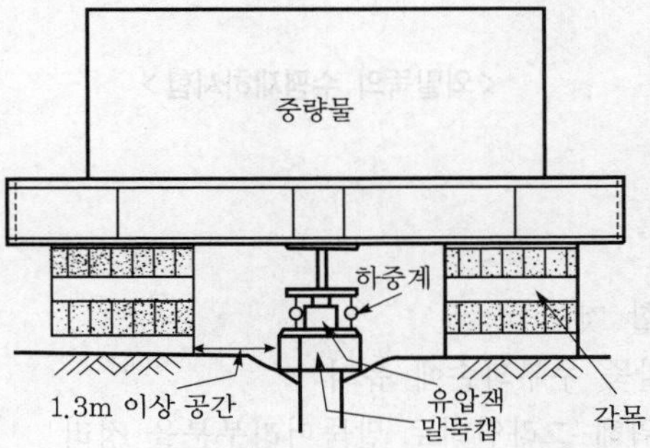

<실물재하방법>

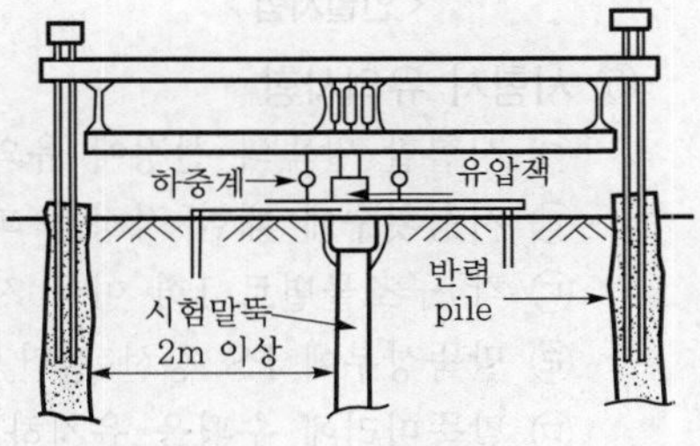

<반력 Pile 재하방법>

④ 시험방법

㉠ 압축재하시험

ⓐ 등속도 관입시험

- 말뚝이 등속도로 관입되도록 지속적으로 하중을 증가시키는 방법이다.
- 말뚝의 기초지반이 파괴될 때까지 계속 관입한다.
- 말뚝의 극한하중 결정에 주로 사용된다.
- 관입속도는 0.25~0.5mm/min로서 시험소요시간이 2~3시간 소요

ⓑ 하중지속시험
- 말뚝에 하중을 가하여 1시간 정도 말뚝침하를 시킨 후 동일한 하중을 한 단계씩 지속적으로 높여가는 방법이다.
- 설계하중의 두 배의 하중까지 재하하며, 한 단계의 하중은 설계하중의 25%로 8단계로 재하한다.
- 건설현장에서 지지력 확인시험으로 적당한 시험이다.
- 극한하중, 항복하중이 확인되지 않을 때도 있다.

㉡ 인발시험
ⓐ 타입된 말뚝을 유압잭을 이용하여 인발하는 시험이다.
ⓑ 시험방법은 압축재하시험과 비슷한 방법으로 시행한다.

㉢ 수평재하시험
ⓐ 타입된 말뚝이 수평하중에 저항하는 정도를 측정하는 시험이다.
ⓑ 무리말뚝에서의 수평재하시험시 말뚝간격은 지름의 10배 이상이 되어야 한다.
ⓒ 외말뚝의 수평재하시험은 콘크리트 받침 블록을 이용하여 재하한다.

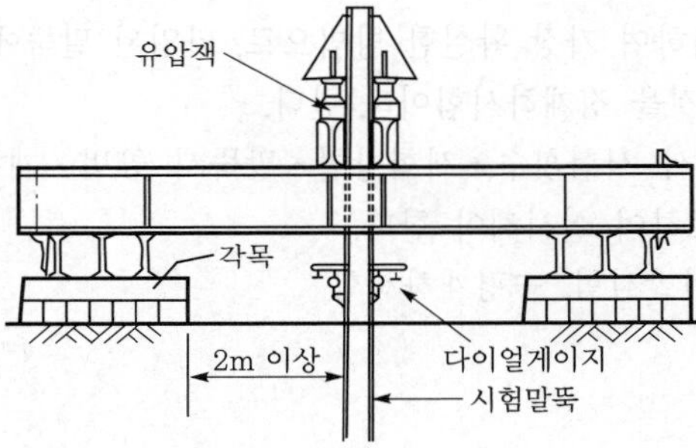

<인발시험>

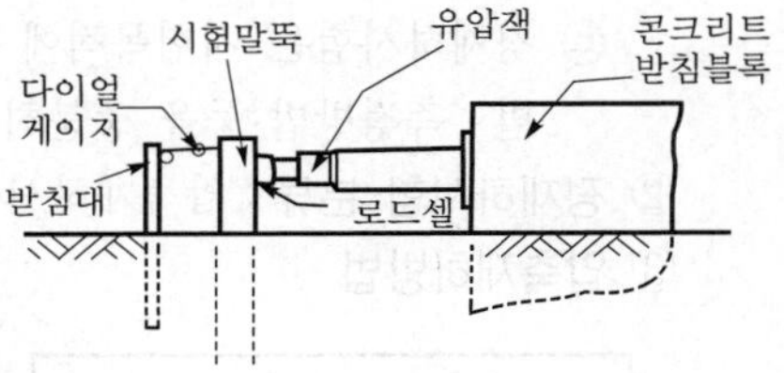

<외말뚝의 수평재하시험>

⑤ 시험시 유의사항
㉠ 시험할 말뚝의 선정에 유의
㉡ 시험횟수에 대한 적정성 파악
㉢ 각 구조물별로 1회 이상 시험할 것
㉣ 말뚝상부에 PS 강선 절단시 말뚝 두부파손에 유의
㉤ 말뚝머리에 수평을 유지하기 위해 그라인더로 말뚝머리부분을 정리
㉥ 말뚝머리에 설치되는 지압판의 수평유지
㉦ 전체 재하하중을 미리 정하고, 1번에 재하하는 하중에 대한 침하량을 정밀 Check할 것
㉧ 대구경 기초말뚝의 경우 시험이 곤란하므로 선정시 유의할 것
㉨ 동재하시험과 함께 시험을 실시할 경우 시험결과가 모두 설계지지력을 만족할 것
㉩ 시험의 신뢰도가 가장 우수하므로 시험시 진행절차를 준수할 것

2) 동재하시험

① 파일 동재하시험은 국내에 최근 도입된 시험방법으로 항타시 말뚝 몸체에 발생하는 응력과 속도를 분석, 측정하여 말뚝의 지지력을 결정하는 방법으로 파일 두부에 가

속도계와 Strain Gauge를 부착하여 가속도와 변형률을 측정하여 파일에 걸리는 응력을 환산하여 지지력을 측정하는 방법이다.

② 시험방법 및 설치도

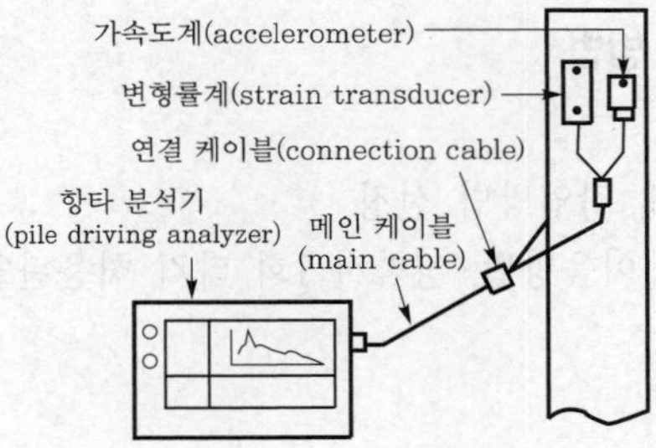

③ 재하시험 특성 비교

구분	정재하시험	동재하시험
방법	부지확보 등 복잡하다.	비교적 간단하다.
경도관리	우수하다.	보통이다.
시간	소요시간이 길다.	소요시간이 짧다.
비용	많이 소요된다.	저렴하다.

4. Rebound Check

① 연약지반에서 상부 구조물의 하중을 지탱하기 위하여 말뚝기초 시공시 허용지내력을 산출하는 방법

② 관입량과 Rebound Check로 말뚝과 지반의 탄성변형량 확인

③ 말뚝길이, 치수, 말뚝의 이음방법 등을 판정

④ 방법

㉠ 말뚝이 500mm 관입할 때마다 측정

㉡ 말뚝이 약 3m 이내 남았을 때는 말뚝관입량 100mm마다 측정

㉢ 해머의 낙하고는 말뚝관입량 범위에서 평균낙하고 측정

⑤ 측정사항 : 말뚝관입량, Rebound량 측정, Hammer의 낙하고 측정

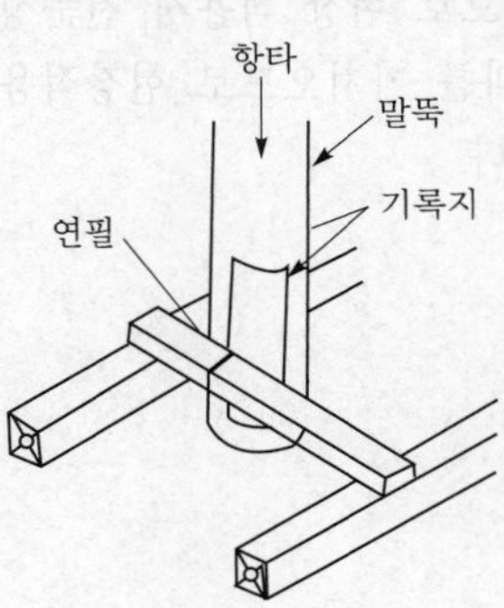

<말뚝박기시험>

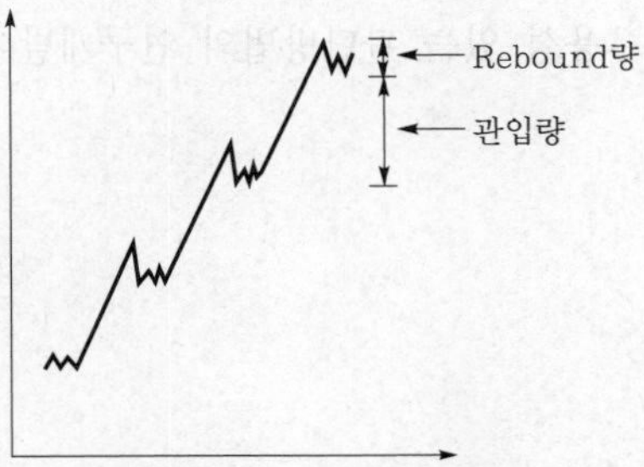

<관입량 및 Rebound량>

5. 소리와 진동에 의한 방법

① 말뚝박기시 소음과 진동의 크기로 지지층 도달 확인

② 지지층 도달전 1.5m 정도 관입시에 소음과 진동이 최대

6. 시험 말뚝박기에 의한 방법

1) 목적

① 항타 시공장비 및 작업방법 선정

② 말뚝 길이, 치수, 이음방법, 정착시 1회 타격 허용관입량 등으로 설계나 시공기간을 결정

2) 방법

① 선단부까지 말뚝을 항타한다.

② 지지층에 도달하여 관입이 정지되어 갈때 기준대를 설치, 말뚝에 기록용지를 붙이고 관입량과 Rebound량을 Check하며 기록한다.

③ 말뚝의 최종 관입량과 Rebound 측정량으로 지지력을 추정한다.

④ 타격횟수 5회에 총 관입량이 6mm 이하인 경우 거부현상으로 판정한다.

7. 자료에 의한 방법

공사지역의 인접한 장소에서 실시한 신뢰성 있는 자료가 있을 때 자료를 참고 및 이용하는 간이적인 방법

8. Pre-Boring시 전류계 지침에 의한 방법

① 전류계 지침의 높낮이로 판단하는 방법

② 경질지반의 굴착시 전류계의 지침이 높게 되는데, 이를 보고 깊이와 지지력 판단

Ⅴ. 결론

① 말뚝의 지지력 판단은 토질의 형태, 말뚝형식, 시공성, 경제성 등에 비추어 적당한 것을 선택 적용함이 타당하다.

② 지지력 산정공식이 실험실 위주의 시험식으로 현장 적용시 전문성 결여와 경험치 위주의 불확실한 방법으로 미진한 결과를 가져오므로 현장적용이 가능한 실용성 있는 판단방법의 연구개발이 필요하다.

7 Pile 항타시 지지력 감소원인과 대책

Ⅰ. 개요

① 연약지반에 시공되는 기초말뚝을 지반의 특성에 따라 요구되는 말뚝의 지지력을 기대할 수 없게 된다.

② 파일시공전에 지반조사를 면밀히 하여 Pile 항타후에 지지력이 감소되는 현상이 발생되지 않게끔 유의 시공해야만 한다.

Ⅱ. 연약지반의 문제점

① 말뚝의 지지력 저하

② 구조물의 침하

③ 활동

④ 측방유동

Ⅲ. Pile 항타시 지지력 감소원인

1) 지반침하

① 파일항타후 지반침하에 따른 말뚝의 침하

② 연약지반의 특성에 의한 말뚝주면마찰력 감소

2) 부마찰력 발생

① 타입된 말뚝이 지반침하 현상으로 인해 말뚝주면에 하향의 마찰력을 받게 되어 지지력이 저하

② 부마찰력이 크게 작용하면 지지말뚝에서는 말뚝파손이 되기도 한다.

3) 지하수위 상승

① 지반내 지하수 상승에 따른 간극수압 증가로 유효응력이 저하

② 지반의 유효응력 저하는 말뚝의 지지력을 저하시킨다.

4) 파일파손

① 연약지반의 활동 및 부등침하 등의 원인에 의해 말뚝이 파손되어 지지력이 저하된다.

② 말뚝 타입전 지반조사 자료를 검토하는 것이 무엇보다 중요하다.

5) 무리말뚝효과

① 타입말뚝의 간격이 말뚝의 응력범위보다 적을 경우 무리말뚝으로 작용되어 지지력이 저하된다.

② 무리말뚝의 허용지지력 산정

$$q_{ag} = q_a n E$$

여기서, E : 효율로서 1 이하

6) 액상화발생

① 말뚝 타입시 발생되는 진동충격에 의해 느슨한 사질지반의 액상화방지

② 액상화된 지반위의 타입말뚝은 지지력 저하요인이 된다.

Ⅳ. 대책

1) 말뚝간격 준수
① 무리말뚝 타입시 규정의 간격 준수
② 말뚝간격은 직경의 2.5배 이상
③ 말뚝의 응력범위 이상

2) 지반개량
① 연약지반개량공법 적용
② 지반 압밀침하후 말뚝타입

3) 말뚝표면 마찰저감제 도포
부마찰력 발생방지 목적으로 말뚝표면에 역청 등의 마찰저감제를 바른다.

4) Pre Boring
① 말뚝타입 위치에 천공기계를 미리 구멍을 뚫고 기성말뚝을 삽입하여 지반침하 영향을 적게 작용되게 한다.
② 특히 지반침하가 크게 예상되는 지반에서 말뚝시공은 아주 유효하게 이용된다.

5) 지지층 확인
① 사전조사를 통하여 지반의 지지층 확인
② 지지층 도달시까지 말뚝타입

6) 지하수위 저하
① 지반중의 지하수위는 낮추어 간극수압을 적게 한다.
② 간극수압의 감소는 유효응력을 증가시키므로 지지력 감소를 막을 수 있다.

Ⅴ. 시공시 유의사항

① 말뚝 이음부의 시공철저
② 부마찰력의 발생에 유의
③ 지하수위 변화에 따른 지반침하
④ 연약지반의 압밀침하
⑤ 지중에 존재하는 장애물
⑥ 지반의 액상화
⑦ 경사지반의 지지층에서의 말뚝항타
⑧ 선단지반에서의 지지력 확보

Ⅵ. 말뚝의 지지력 산정방법

① 정역학적인 방법
② 동역학적인 방법
③ 재하시험
④ 시항타 및 Rebound에 의한 방법

Ⅶ. 결론

① 연약지반에서 말뚝타입은 지반의 침하, 활동 등의 요인으로 말뚝의 지지력이 감소되는 경우가 많이 발생된다.
② 지반조사 자료를 검토하여 타입전에 면밀한 시공계획을 수립한 다음 말뚝의 지지력이 감소되지 않도록 유의 시공해야 한다.

8 R.C Pile 항타시 두부 파손의 원인 및 대책

Ⅰ. 개요

① R.C Pile의 두부는 Cushion 등으로 보호하지만 Hammer의 타격에너지가 가장 크게 전달되는 부위에서 파손되는 경우가 많다.

② 말뚝의 파손형태는 휨, 종방향, 횡방향, 이음부 파손, 말뚝두부 파손 등이 있으나, 그 중에서도 말뚝두부의 파손은 항타시 Pile 강도의 부족, 편타, Cushion 두께의 부족 등의 원인으로 파괴되기 쉽다.

Ⅱ. 말뚝 파손의 형태

① 말뚝두부 파손
② 말뚝두부 종방향 Crack
③ 휨 Crack(말뚝 중간부의 횡 Crack)
④ 횡방향 Crack
⑤ 말뚝 선단부 파손
⑥ 말뚝 이음부 파손

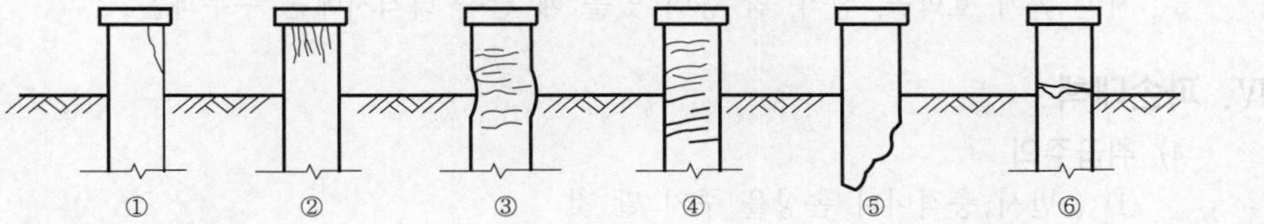

Ⅲ. 파손원인

1) 운반 및 취급 부주의
① 운반시 충격이나 손상에 의한 파손발생
② 배수가 불량하고 지반이 연약한 곳에 보관 취급시

2) 말뚝 강도부족
① 시멘트, 골재, 철근 등의 불량
② 제조시 원심력에 의한 불량과 양생부족

3) 편심항타
① 말뚝 항타시 Hammer 등에 의한 편심과 이질층의 지반에서의 편심
② 전석층의 영향으로 편심이 작용하여 말뚝의 파손이 발생

4) 타격에너지 과다
과다한 타격에 의한 파손 또는 타격에너지의 과다

5) 축선 불일치
Leader와 Pile의 중심선이 일치하지 않아 타격시 파손

6) Hammer의 과다 용량

말뚝의 무게에 비하여 Hammer의 중량이 큰 경우

7) Cushion 두께 부족

Cushion재는 주로 합판이나 두꺼운 목재를 사용하는데 지나치게 두께가 부족할 때 충격에 의한 파손

8) 연약지반

연약한 점토나 사질지반에서 타격시 중간부 또는 이음부에서 이완되어 인장균열이 발생하면서 이음부 및 두부가 파손

9) 이음부 불량

이음 공법에는 장부식, 충전식, 볼트식, 용접식 등이 있으며, 특히 용접부 이음에서 용접 불량시 두부파손

10) 타격횟수 과다

선단지지력 확보후에 지나친 타격이나 타격횟수를 너무 증가시 과에너지에 의해 두부파손

11) 지반경사

지반의 이질층에 의한 경사에서 두부파손

12) 지중장애물

지반 속에 호박돌, 전석, 암 등이 있을 때 말뚝 타격시에는 두부파손

Ⅳ. 파손대책

1) 취급주의

① 운반시 충격이나 손상을 주지 말 것

② 말뚝저장은 2단 이하로 하고, 종류별로 나누어 보관

2) 강도확보

① 재료의 품질을 검사하되 특히 시멘트의 강도시험과 골재의 입도, 분포 등을 확인

② 제조시 타설, 원심력, 양생 등의 품질관리를 철저히 하여 충분한 강도 확보

3) 편타금지

① Pile의 연직도 Check를 자주 시행

② 수직 허용오차는 1/50 이하

4) 관입량 확인

① 말뚝이 500mm 관입할 때마다 측정

② 말뚝이 약 3m 이내 남았을 때는 말뚝관입량을 100mm마다 측정

5) 축선 일치

① 축선이 불일치하면 말뚝 단면의 일부에 과다한 충격력이 작용하여 두부가 파손

② Leader와 Pile의 중심선은 일치

6) 적정 Hammer의 선정

① 대용량의 Hammer는 파손이 되므로 사용금지

② 타격력을 조정할 수 있는 Hammer 사용

7) Cushion의 두께 확보

① Cushion의 두께가 얇으면 타격시 충격에 의해 파손되므로 두께를 확보하여 파손 방지

② Cushion은 결속을 단단히 하여 충격시에 이탈방지

8) 시공법 선정

① 지반조사를 철저히 하여 지반조건에 맞는 시공법 선정

② 시험 말뚝박기를 하여 시공장비 및 작업방법 선정

9) 이음부 시공 철저

① 이음부 내구성 및 수직성 유지

② 용접 이음시에 강성이 우수한 품질을 확보

10) 타격횟수 엄수

① RC 말뚝 : 1,000회 이하

② PSC 말뚝 : 2,000회 이하

③ 강재 말뚝 : 3,000회 이하

11) 타입저항이 적은 말뚝 선정

H－pile＜PSC Pile＜RSC Pile 순으로 저항은 커짐

12) 두부보강

① 두부에 가마니 등을 덮어 충격 최소화

② 두부파손시 보강판으로 보강

13) 연직도의 확인

① 타격 초기에는 서서히 관입시켜 수직을 확인

② 말뚝의 연직도 Check를 수시로 해야 하며, 수직 허용오차는 1/50 이내

14) 타절시기 결정

① Rebound량과 관입량을 조사하여 적정한 타절시기를 결정

② 말뚝관입량과 Rebound Check로 지지력 추정

15) Friction Cutter

말뚝의 선단파괴시 선단부분에 Friction Cutter를 붙여 관입이 잘 되게 할 것

Ⅴ. 결론

① 기초말뚝은 상부 구조물의 하중을 받아 이것을 지반에 전달하는 부분이므로 말뚝재의 파손은 구조물 전체가 구조적으로 불안정해지는 결과를 가져오게 된다.

② RC Pile의 강도확보와 Cushion재의 두께확보 및 연직도확보 등으로 말뚝두부의 파손을 방지해야 한다.

9 기성 Pile의 무소음·무진동공법

Ⅰ. 개요

① 건설공사에서 소음, 진동 등의 건설공해에 따른 주변 민원발생은 사회문제화가 되고 있으며, 말뚝박기 공사시의 소음, 진동은 다른 공종에 비해 심한 편이다.

② 이를 방지하기 위한 대응책으로 개발된 것이 저소음·저진동공법이며, 도심지 공사에서의 활용은 증가되리라고 본다.

Ⅱ. 기성 Pile의 문제점

1) 소음

① 항타장비의 소음

② 타격음

③ 부대장비의 운전음

2) 진동

① 타격에 의한 진동

② 장비운용에 의한 진동

③ 자재운반 등에 따른 이동시 발생하는 진동

3) 분진

① 타격시 타격장비의 Oil 비산

② Pile 자재의 파손에 의해 발생한 먼지

③ 자재 및 장비의 수송에 따른 현장토사·분진

Ⅲ. 무소음·무진동공법의 분류

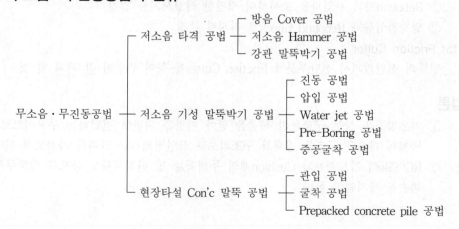

- 무소음·무진동공법
  - 저소음 타격 공법
    - 방음 Cover 공법
    - 저소음 Hammer 공법
    - 강관 말뚝박기 공법
  - 저소음 기성 말뚝박기 공법
    - 진동 공법
    - 압입 공법
    - Water jet 공법
    - Pre-Boring 공법
    - 중공굴착 공법
  - 현장타설 Con'c 말뚝 공법
    - 관입 공법
    - 굴착 공법
    - Prepacked concrete pile 공법

Ⅳ. 무소음 · 무진동공법별 특성

1. 저소음 타격 공법

1) 방음 Cover 공법

① Diesel Hammer의 소음에 대하여 흡음성 있는 방음 Cover를 부착하여 흡음하는 공법

② 방식

㉠ 부분 Cover 방식 : Hammer만을 덮는 방식

㉡ 전체 Cover 방식 : 기계 전체를 덮는 방식으로 부분 Cover 방식보다 차음효과 우수

③ 방음 Cover의 차음효과는 개구율을 작게 한 완전 밀폐형이 양호

2) 저소음 Hammer 공법

Hammer 자체의 구조에 의해 박을 때의 소음이 적은 공법

3) 강관 말뚝박기 공법

① 저판을 부착시킨 강관의 저부에 적당량의 Con'c를 채우고, 이 부분을 Drop Hammer로 타격해서 관입시키는 공법

② 얇은 강관을 사용하는 경우에는 속채우기 Con'c를 타설

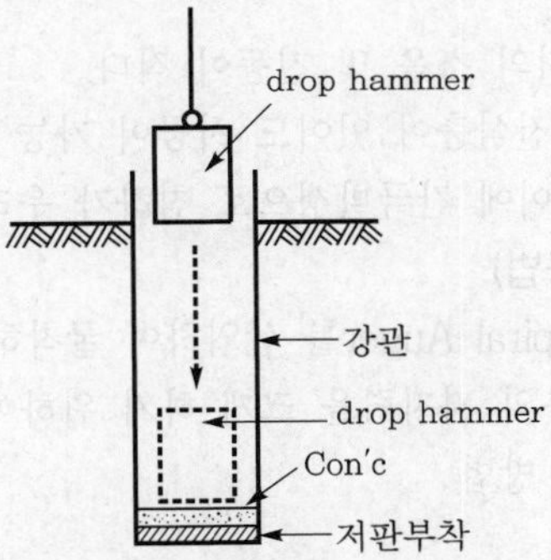

<강관 말뚝박기 공법>

2. 저소음 기성 말뚝박기 공법

1) 진동 공법

① 상하방향으로 진동이 발생하는 Vibro Hammer(진동식 말뚝타격기)를 사용하여 말뚝을 박는 공법

② 특징

㉠ 연약지반에서 말뚝박는 속도가 다른 공법보다 빠르다.

㉡ 말뚝머리에 손상이 적고 타입 및 인발을 겸용할 수 있다.

㉢ 말뚝박기시 소음이 적다.

㉣ 경질지반에서는 관입능력이 저하된다.

2) 압입 공법

① 유압잭 또는 윈치의 장력에 의하여 누르는 작용으로 말뚝을 압입하여 박는 공법

② 특징

㉠ 말뚝박기시 소음이 적으며 완전 밀폐형의 방음 커버를 장치할 수 있다.

㉡ 해머의 작동이 유압방식이기 때문에 비산이 발생되지 않는다.

㉢ 비교적 연약지반에 사용하며 소음, 진동이 없다.

㉣ 낙하높이를 자유로이 선정할 수 있으므로 말뚝지름에 따라 해머의 타격력을 조정할 수 있다.

㉤ 대규모 설비가 필요하며, 기동성이 떨어진다.

3) Water Jet 공법(수사법)

① 모래층, 모래 섞인 자갈층 또는 진흙층 등에서 말뚝 선단부에 고압으로 물을 분사시켜 수압에 의해 지반을 무르게 만든 다음 말뚝을 박는 공법

② 특징

㉠ 관입이 곤란한 사질지반에 유리한 공법

㉡ 적은 소음과 진동

㉢ 교란된 지반의 복구가 어려우므로 재하를 목적으로 하는 기초말뚝에는 사용금지

4) Pre-Boring 공법(선행굴착 공법)

① Earth Auger로 미리 구멍을 뚫어 기성말뚝을 삽입 후 1~3m 정도는 타격관입

② 특징

㉠ 말뚝박기 시공시의 소음 및 진동이 적다.

㉡ 타입이 어려운 전석층이 있어도 시공이 가능

㉢ 말뚝과 구멍 사이에 간극발생으로 침하가 우려

5) 중공굴착 공법(중굴 공법)

① 말뚝의 중공부에 Spiral Auger를 삽입하여 굴착하면서 말뚝을 관입하고, 최종 단계에서 말뚝 선단부의 지지력을 크게 하기 위하여 타격처리나 시멘트 밀크 등을 주입하여 처리하는 방법

② 특징

㉠ 대구경 말뚝에 적합한 공법

㉡ 말뚝파손 없음

㉢ 지질판단 용이

㉣ 스파이럴 오거로 굴착하기 때문에 경질층 제거가 용이

3. 현장타설 Con'c 말뚝 공법

1) 관입 공법

① Compressol Pile : 구멍 속에 잡석과 Con'c를 교대로 넣고 무거운 추로 다지는 공법

② Franky Pile : 심대 끝에 주철제의 원추형 마개가 달린 외관을 추로 내리쳐서 소정의 깊이에 도달하면 내부의 마개와 추를 빼내고 Con'c를 넣어 추로 다져 외관을 조금씩 들어올리면서 형성되는 Pile로 상수면 이하는 나무말뚝을 사용

③ Simplex Pile : 외관을 소정의 깊이까지 박고 Con'c를 조금씩 넣고 추로 다지며 외관을 빼내가는 공법

④ Pedestal Pile : Simplex Pile을 개량하여 지내력을 증대시키기 위하여 말뚝선단에 구근 형성

⑤ Raymond Pile : 얇은 철판제의 외관에 심대(core)를 넣어 지지층까지 관입한 후 심대를 빼내고, 외관 내에 Con'c를 다져넣어 말뚝을 만드는 공법

2) 굴착 공법

① Earth Drill 공법(Calweld 공법)

㉠ 미국의 칼웰드 회사가 고안, 개발한 공법으로 칼웰드 공법이라고도 한다.

㉡ 회전식 Drilling Bucket으로 필요한 깊이까지 굴착하고, 그 굴착공에 철근을 삽입하고 Con'c를 타설하여 지름 1~2m 정도의 대구경 제자리말뚝을 만드는 공법

㉢ Casing을 사용하지 않는 굴착을 기본으로 하여 개발된 공법이기 때문에 공벽의 붕괴방지를 위해 Bentonite 용액 사용

② Benoto 공법(All Casing 공법)

㉠ 프랑스의 베노토사가 개발한 대구경 굴착기에 의한 현장타설 말뚝 공법

㉡ 케이싱 튜브를 요동장치로 왕복요동 회전시키면서 유압잭으로 땅속에 관입시켜, 그 내부를 해머 그래브로 굴착하고 지반을 천공하여 공 내에 철근을 세운 후 Con'c를 타설하면서 케이싱 튜브를 요동시켜 뽑아내어 현장타설 말뚝을 축조하는 공법

㉢ All Casing 공법이기 때문에 주위의 지반에 영향을 미치지 않고 안전하게 시공할 수 있으며, 장척말뚝(50~60m)의 시공도 가능

③ R.C.D(Reverse Circulation Drill) 공법

㉠ 독일의 자르츠타사와 Wirth사가 개발했다.

㉡ 리버스 서큘레이션 드릴로 대구경의 구멍을 파고 철근망을 삽입하여 Con'c를 타설하여 현장타설 말뚝을 만드는 공법이다.

㉢ 보통의 로터리식 보링 공법과는 달리 물의 흐름이 반대이고, 드릴 로드의 끝에서 물을 빨아올려 굴착토사를 물과 함께 지상으로 올려서 말뚝구멍을 굴착하는 공법으로 역순환 공법 또는 역환류 공법이라고도 한다.

3) Prepacked Concrete Pile

① C.I.P 말뚝(Cast-In-Place pile)

㉠ Earth Auger로 지중에 구멍을 뚫고 철근망을 삽입(생략 가능)한 다음 모르타르 주입관을 설치하고, 먼저 자갈을 채운 후 주입관을 통하여 모르타르를 주입하여 제자리 말뚝을 형성하는 공법

㉡ 지름이 크고, 길이가 비교적 짧은 말뚝에 이용

② P.I.P 말뚝(Packed-In-Place pile)

㉠ 연속된 날개가 달린 중공의 Screw Auger의 머리에 구동장치를 설치하여 소정의 깊이까지 회전시키면서 굴착한 다음 흙과 Auger를 빼올린 분량만큼의 프리팩트 모르타르를 Auger 기계의 속구멍을 통해 압출시키면서 제자리말뚝을 형성하는 공법

㉡ Auger를 빼내면 곧바로 철근망 또는 H형강 등을 모르타르 속에 꽂아서 말뚝을 완성하기도 한다.

③ M.I.P 말뚝(Mixed-In-Place pile)

㉠ Auger의 회전축대는 중공관으로 되어 있고 축선단부에서 시멘트 페이스트를 분출시키면서 토사를 굴착하여 토사와 시멘트 페이스트를 혼합 교반하여 만드는 일종의 Soil Con'c 말뚝이다.

㉡ Auger를 뽑아낸 뒤에 필요에 따라 철근망을 삽입한다.

Ⅴ. 결론

① 도심지에서 구조물 공사시 소음, 진동, 비산, 분진 등으로 인한 주변 민원발생으로 공기지연과 보상비 등이 문제가 되고 있으므로 충분한 사전조사에 따른 기초공법의 검토가 필요하다.

② 무소음·무진동공법이라 하더라도 부대장비로 인한 소음 및 진동으로 또 다른 민원이 발생되지 않도록 시행시 사전지식 및 경험에 의한 철저한 시공관리를 해야 한다.

10 말뚝의 부마찰력 발생원인 및 대책

Ⅰ. 개요

① 지지말뚝은 일반적으로 선단지지력과 주면(周面) 마찰력에 의해 상부 하중을 지지하게 되는데, 지반이 연약지반일 때는 주면마찰력이 하향으로 작용하는 데 이때의 마찰력을 부마찰력이라 한다.

② 부마찰력은 마찰말뚝에서는 발생하지 않고, 지지말뚝에서만 발생하는데 그 원인을 규명하여 대비책을 강구해야 하다.

Ⅱ. 부마찰력의 영향

① 지반침하

② 구조물 균열

③ Pile 지지력 감소

④ Pile 파손

Ⅲ. Pile의 마찰력

1) 정마찰력(Positive Friction)

① 지지말뚝에서의 지지력＝선단지지력＋주면마찰력

② 이때 주면마찰력은 상향의 정(正, positive) 마찰력으로 Pile의 지지력을 증대시킨다.

③ $R_p + PF > P$

2) 부마찰력(Negative Friction)

① 주면마찰력이 지반의 침하로 인하여 하향으로 작용하여 Pile의 지지력을 감소시킨다.

② $R_p > NF + P$

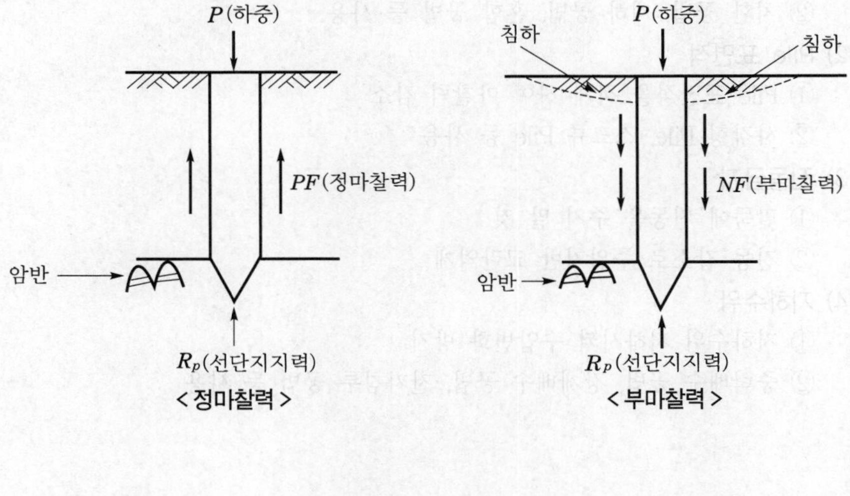

<정마찰력> <부마찰력>

Ⅳ. 부마찰력 발생원인

1) 연약지반
① 지반중에 연약지반이 있을 때
② 연약지반의 분포가 깊을수록

2) 침하지역
① 침하가 진행중인 지역에 항타시
② 되메우기를 했거나 치환상태가 불량지역에 항타시

3) Pile 간격
① Pile 간격을 조밀하게 항타했을 때
② 지지말뚝의 마찰력 증대로 인한 침하

4) 진동
① 진동으로 인한 주위지반 교란
② 진동으로 인한 압밀침하

5) 지하수의 흡상지역
① 함수율이 큰 지반일수록 부마찰력 발생증대
② 피압수의 영향이 큰 지반일수록 부마찰력 발생증대

6) 지표면 상재하중
① Pile 박은 지표면에 하중 작용시
② 지표면에 과적재물 장기 적재시

7) Pile 이음부의 시공불량
① 타격시 이음부 변형으로 이상응력 발생
② 말뚝 이음부의 단면적이 기존 말뚝의 단면적보다 클 때

Ⅴ. 부마찰력 방지대책

1) 지반개량
① 항타 이전에 연약지반을 개량하여 지지력 확보
② 치환 공법, 재하 공법, 혼합 공법 등 사용

2) Pile 표면적
① Pile 표면적을 적게 하여 마찰력 감소
② 사각형 Pile, 스크류 Pile 등 사용

3) 진동금지
① 말뚝에 진동을 주지 말 것
② 진동 감소로 주위지반 교란억제

4) 지하수위
① 지하수위 저하시켜 수압변화 방지
② 중력배수 공법, 강제배수 공법, 전기침투 공법 등 사용

5) 마찰력 감소
① 말뚝 측면에 특수재로 도포하여 부착력 감소(Slip Layer Pile 시공)
② 내외관을 분리한 Sliding 방식의 이중관 말뚝시공

6) 지표면 적재금지
① 지표면에 과적재물 적재금지
② 지표면에 재하금지로 압밀침하 억제

7) Pile 이음부 시공철저
① 말뚝 이음부의 강성 확보
② 말뚝 이음부의 단면적이 기존 말뚝의 단면적과 동일하게 시공하여 마찰력 감소

8) 시공관리 철저
① 지하수위 Check ② 토질조사
③ 상부 하중제거

9) 기타
① 긴 말뚝을 피할 것 ② Pile의 간격 및 허용지지력 감안

Ⅵ. Pile의 중립점

1) 중립점 위치
① 말뚝 주변의 침하량은 지표면이 최대이고, 깊이에 따라 점점 감소하며, 압밀층내에서 지반침하와 말뚝의 침하량이 같아지는 지점
② 중립점의 위치는 말뚝이 박혀 있는 지지층의 굳기에 따라 달라진다.

2) 부(negative)의 주면마찰력이 발생하는 중립층까지의 두께 구하는 방법
① 중립층까지의 두께 $= nH$
여기서, n : 말뚝에 따른 계수, H : 말뚝길이
② n값

조건	n값
마찰말뚝, 불완전 지지말뚝	0.8
모래 또는 자갈층에 지지된 말뚝 경우	0.9
암반이나 굳은 지층에 완전 지지된 말뚝	1.0

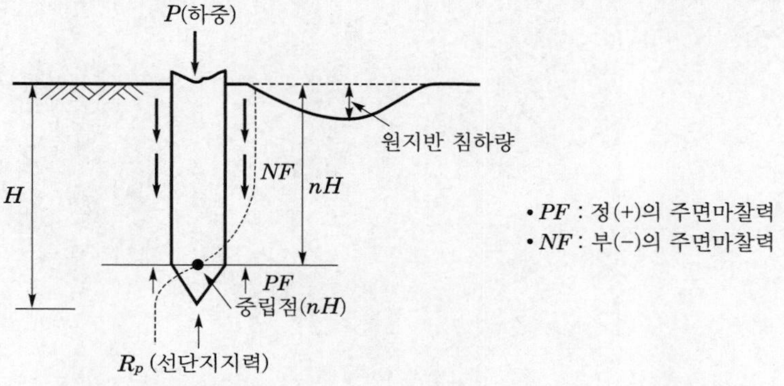

<Pile의 중립점>

Ⅶ. 결론

① 기성 Pile은 구조물의 하중을 지지하는 주요 구조물이므로 시공시 품질관리와 인접지반의 영향을 검토해야 한다.

② 부마찰력을 최소화하기 위하여는 토질의 성질분석과 지하수위를 저하시켜 흙의 전단력을 증대시켜야 한다.

③ 부마찰력 문제는 비교적 최근의 일이며, 실용화되기 위해서는 좀더 많은 연구와 노력이 필요하다.

11 현장타설 Con'c 말뚝의 종류

Ⅰ. 개요

① 현장타설 Con'c 말뚝이란 현장에서 소정의 위치에 구멍을 뚫고 Con'c 또는 철근 Con'c를 충진해서 만드는 말뚝을 말한다.

② 기초공사시 환경공해 및 인접 구조물의 피해를 최소화하기 위해 소음, 진동이 없는 현장타설 Con'c 말뚝의 사용이 늘어나고 있다.

Ⅱ. 공법 선정시 고려사항

① 소요강도 확보

② 지반의 액상화 가능성 여부

③ 말뚝의 지지층까지의 관입 여부

④ 소음·진동의 공해 유발 요인

Ⅲ. 현장타설 Con'c 말뚝의 분류

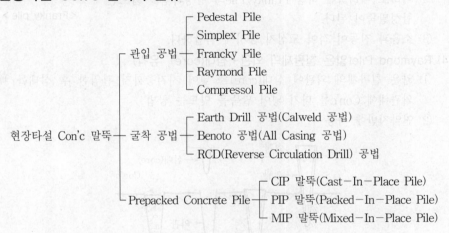

- 현장타설 Con'c 말뚝
  - 관입 공법
    - Pedestal Pile
    - Simplex Pile
    - Francky Pile
    - Raymond Pile
    - Compressol Pile
  - 굴착 공법
    - Earth Drill 공법(Calweld 공법)
    - Benoto 공법(All Casing 공법)
    - RCD(Reverse Circulation Drill) 공법
  - Prepacked Concrete Pile
    - CIP 말뚝(Cast-In-Place Pile)
    - PIP 말뚝(Packed-In-Place Pile)
    - MIP 말뚝(Mixed-In-Place Pile)

Ⅳ. 현장타설 Con'c 말뚝의 특성

1. 관입 공법

1) Pedestal Pile(외관+내관, 구근형성)

① Simplex Pile을 개량하여 지내력 증대를 위해 말뚝선단에 구근을 형성하는 공법

② 외관과 내관의 2중관을 소정의 위치까지 박은 다음 내관을 빼내고 관내에 Con'c를 부어넣고 내관을 넣어 다지며, 외관을 서서히 빼올리면서 말뚝선단에 구근을 형성

③ 구근(球根)은 파일선단의 지지력 증대를 위해 형성

2) Simplex Pile(외관(철제 쇠신)+추)

① 외관을 소정의 깊이까지 박고 Con'c를 조금씩 넣고 추로 다지며 외관을 빼내는 공법이다.

② 외관 끝에는 철제의 쇠신(steel shoe)을 대고 외관을 박는다.

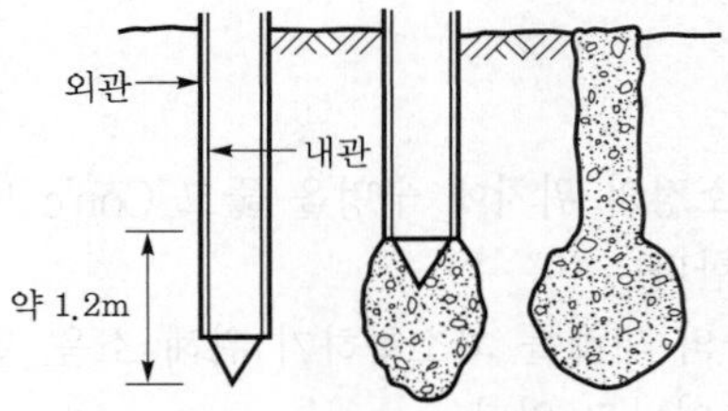

< Pedestal Pile >

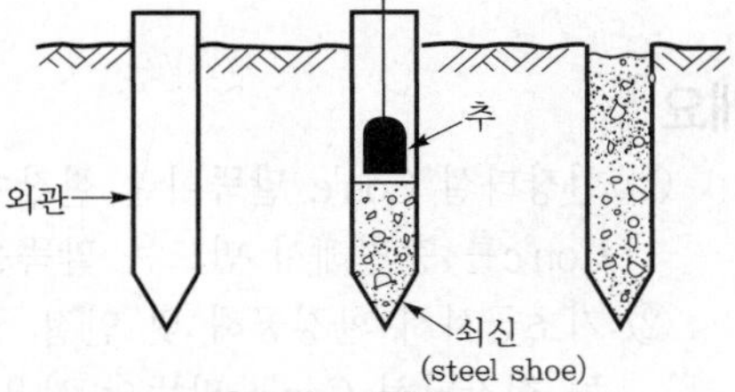

< Simplex Pile >

3) Franky Pile(외관(주철제 원추형의 마개)+추, 합성말뚝)

① 심대 끝에 주철제의 원추형 마개가 달린 외관을 추로 내리쳐서 소정의 깊이에 도달하면 내부의 마개와 추를 빼내고 Con'c를 넣어 추로 다져 외관을 조금씩 들어올리면서 말뚝을 형성하는 공법이다.

② 원추형 주철제 마개 대신에 나무말뚝을 사용하여 상수면 이하로 때려박은 다음 Franky Pile의 형성과정을 밟으면 합성말뚝이 된다.

③ 소음과 진동이 적어 도심지 공사에 적합하다.

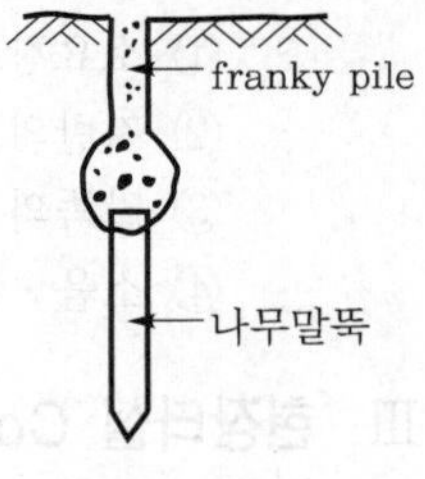

< Franky pile >

4) Raymond Pile(얇은 철판제의 외관+심대(core), 유각)

① 얇은 철판제의 외관에 심대(core)를 넣어 지지층까지 관입한 후 심대를 빼내고 외관내에 Con'c를 다져 넣어 말뚝을 만드는 공법

② 연약지반에 사용

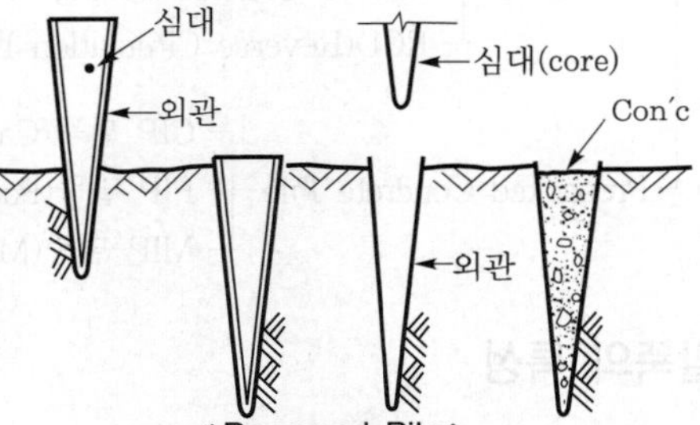

< Raymond Pile >

5) Compressol Pile(3개의 추)

① 구멍 속에 잡석과 Con'c를 교대로 넣고 무거운 추로 다지는 공법

② 1.0~2.5ton 정도의 3개의 추(뾰족, 둥근, 평편)를 사용하여 천공, 타설 및 마무리

③ 지하수가 많이 나지 않는 굳은 지반에 짧은 말뚝으로 사용

④ 원시적인 방법으로 근래에는 사용하지 않음

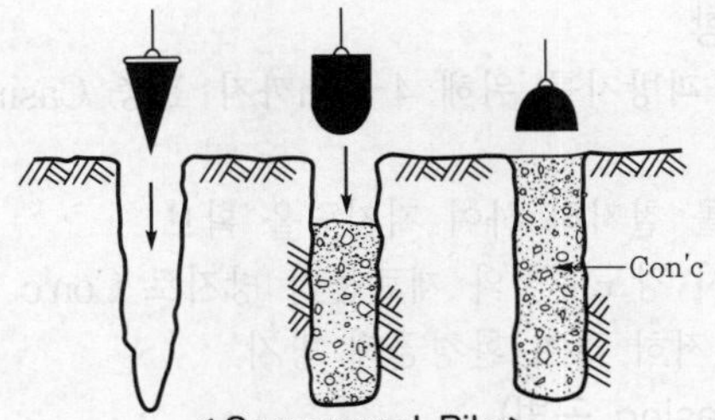

<Compressol Pile>

2. 굴착 공법

1) Earth Drill 공법(Calweld 공법)

① 정의

㉠ 미국의 칼웰드 회사가 고안, 개발한 공법으로 칼웰드 공법이라고 한다.

㉡ 회전식 Drilling Bucket으로 필요한 깊이까지 굴착하고, 그 굴착공에 철근을 삽입하고 Con'c를 타설하여 지름 1~2m 정도의 대구경 제자리말뚝을 만드는 공법

② 특징

㉠ 장점

- 제자리 Con'c Pile 중 진동, 소음이 가장 적은 공법
- 기계가 비교적 소형으로 굴착속도가 빠르다.
- 좁은 장소 작업이 가능하고 지하수 없는 점성토에 적당

㉡ 단점

- 붕괴하기 쉬운 모래층, 자갈층에는 부적당
- 중간 굳은 층 굴착이 어렵다.
- Slime 처리 불확실하여 말뚝의 초기 침하우려

③ 시공순서 Flow Chart

굴 착 → Casing pipe 삽입 후 안정액 주입 → Slime 제거 → 철근망 넣기
→ Tremie관 삽입 → Con'c 타설 → 표층 casing 인발

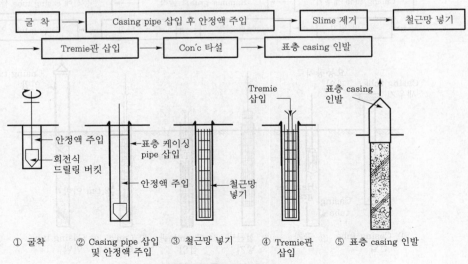

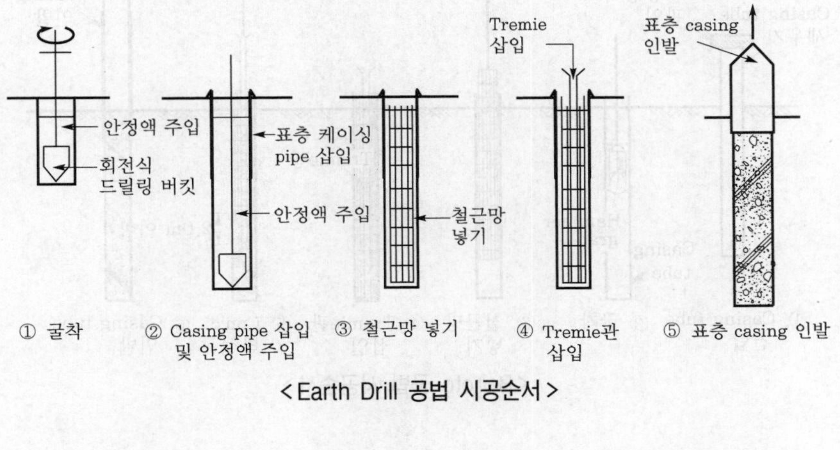

<Earth Drill 공법 시공순서>

④ 시공시 유의사항

㉠ 지표면의 붕괴방지를 위해 4~8m까지 표층 Casing하고 Bentonite로 공벽을 보호

㉡ Slime 처리를 철저히 하여 지지력을 확보

㉢ Con'c 타설시 강도유지와 재료분리 방지로 Con'c 품질확보

㉣ 폐액처리 철저히 하여 환경공해 방지

2) Benoto 공법(all casing 공법)

① 정의

㉠ 프랑스의 베노토사가 개발한 대구경 굴착기에 의한 현장타설 말뚝 공법

㉡ 케이싱 튜브를 요동장치로 왕복요동 회전시키면서 유압잭으로 경질지반까지 관입·정착시킨 후 그 내부를 해머 그래브로 굴착하여 공내에 철근망을 세운 후 Con'c를 타설하면서 케이싱 튜브를 요동시켜 뽑아내어 현장타설 말뚝을 축조하는 공법

② 특징

㉠ 장점

- All Casing 공법으로 붕괴성 있는 토질에도 시공가능
- 적용지층이 넓으며, 장척말뚝(50~60m) 시공가능
- 굴착하면서 지지층 확인 용이

㉡ 단점

- 기계가 대형이고, 중량으로 기계경비가 고가
- 느린 굴착속도
- Casing Tube를 빼는데 극단적인 연약지대, 수상(水上)에서는 반력이 크므로 적합하지 않음

③ 시공순서 Flow Chart

Casing tube 세우기 → Hammer grab로 굴착 → 동시에 casing tube 삽입 → 철근망 넣기 → Tremie관 삽입 → Con'c 타설 → Casing tube 인발

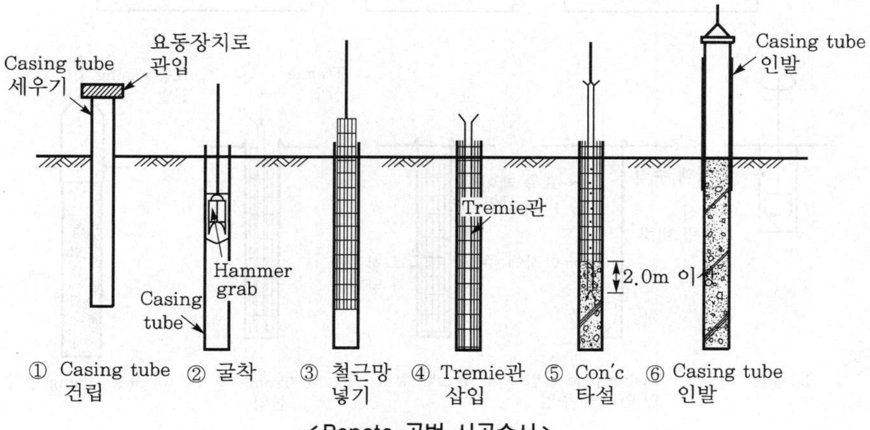

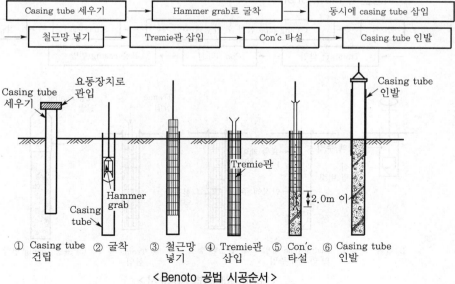

<Benoto 공법 시공순서>

④ 시공시 유의사항

㉠ 말뚝선단 및 말뚝주변의 지반 이완방지

㉡ 유동성이 큰 고강도 Con'c 사용

㉢ 피압수 차단 등 지하수 처리철저

㉣ Con'c 타설시 철근망이 뜨는 일이 있으므로 주의

3) RCD(Reverse Circulation Drill) 공법

① 정의

㉠ 독일의 자르츠타사와 Wirth사가 개발

㉡ 리버스 서큘레이션 드릴로 대구경의 구멍을 파고 철근망을 삽입하고 Con'c를 타설하여 현장타설 말뚝을 만드는 공법

㉢ 보통의 로터리식 보링 공법과는 달리 물의 흐름이 반대이고, 드릴 로드의 끝에서 물을 빨아올려 굴착토사를 물과 함께 지상으로 올려 말뚝구멍을 굴착하는 공법으로 역순환 공법 또는 역환류 공법이라고도 한다.

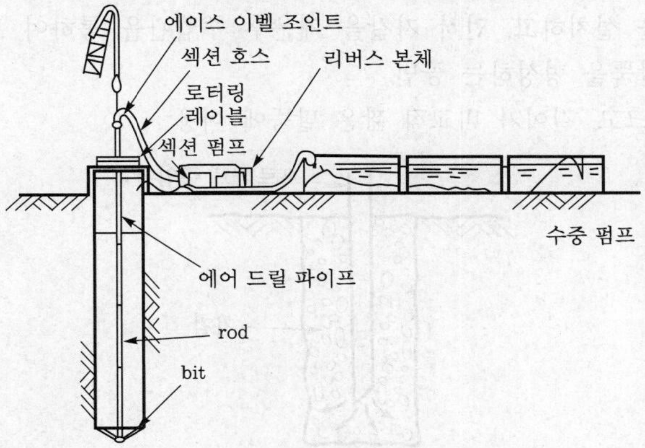

<RCD 공법>

② 특징

㉠ 장점

- 시공속도가 빠르고 유지비가 비교적 경제적
- 수상작업(해상작업) 가능
- 타공법에서 문제가 많은 세사층도 굴착가능

㉡ 단점

- 정수압 관리가 어렵고 적절하지 못하면 공벽붕괴 원인
- 다량의 물 필요
- 호박돌층, 전석층 피압수가 있는 층은 굴착 곤란

③ 시공순서 Flow Chart

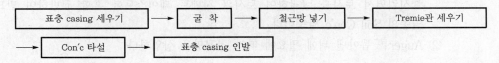

표층 casing 세우기 → 굴 착 → 철근망 넣기 → Tremie관 세우기 → Con'c 타설 → 표층 casing 인발

④ 시공시 유의사항
㉠ 지하수위보다 2m 이상 물을 채워 공벽에 20kPa 이상의 정수압을 유지한다.
㉡ 굴착속도가 너무 빠르면 공벽붕괴의 원인이 되므로 굴착속도를 지킨다.
㉢ Tremie 선단은 공저에서 100~200mm 띄워둔다.

4) 굴착공법의 특성 비교

종류	굴착기계	공벽보호방법	적용 지반
Earth drill 공법	Drilling bucket	안정액(bentonite)	점토
Benoto 공법	Hammer grab	Casing	자갈
RCD 공법	특수 bit+suction pump	정수압(0.2kgf/cm^2)	사질 · 암

3. Prepacked Concrete Pile

1) CIP 말뚝(Cast－In－Place Pile)
① Earth Auger로 지중에 구멍을 뚫고 철근망을 삽입(생략 가능)한 다음 모르타르 주입관을 설치하고, 먼저 자갈을 채운후 주입관을 통하여 모르타르를 주입하여 제자리말뚝을 형성하는 공법
② 지름이 크고, 길이가 비교적 짧은 말뚝에 이용

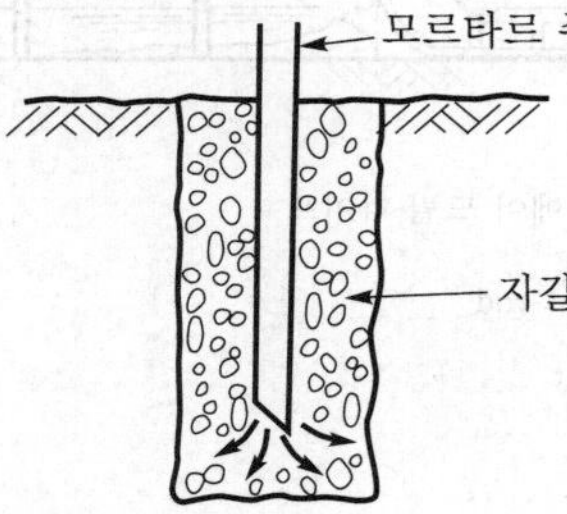

<CIP 말뚝>

2) PIP 말뚝(Packed－In－Place Pile)
① 연속된 날개가 달린 중공의 Screw Auger의 머리에 구동장치를 설치하여 소정의 깊이까지 회전시키면서 굴착한 다음 흙과 Auger를 빼올린 분량만큼의 프리팩트 모르타르를 Auger 기계의 속구멍을 통해 압출시키면서 제자리 말뚝을 형성하는 공법
② Auger를 빼내면 곧바로 철근망 또는 H형강 등을 모르타르 속에 꽂아서 말뚝을 완성하기도 한다.

3) MIP 말뚝(Mixed－In－Place Pile)
① Auger의 회전축대는 중공관으로 되어 있고, 축선단부에서 시멘트 페이스트를 분출시키면서 토사를 굴착하여 토사와 시멘트 페이스트를 혼합 교반하여 만드는 일종의 Soil Con'c 말뚝이다.
② Auger를 뽑아낸 뒤에 필요에 따라 철근망을 삽입한다.

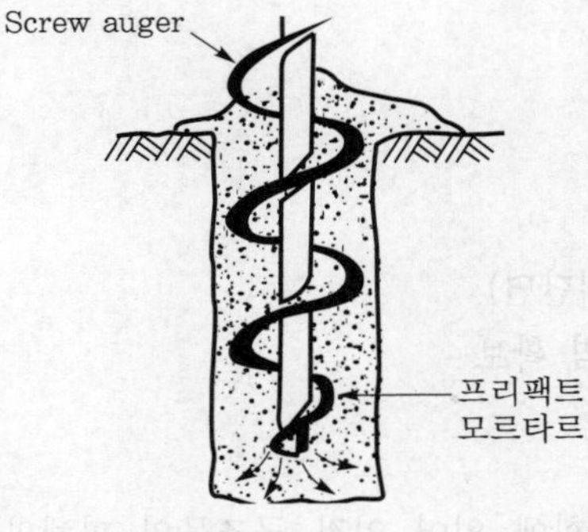

<PIP 말뚝>

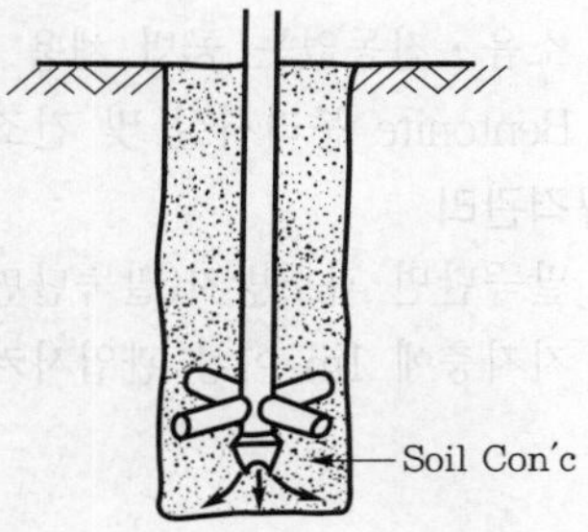

<MIP 말뚝>

V. 시공시 주의사항

1) 수직도
① 굴착기계에 경사계 장착하여 수직도 Check
② 오차 100mm 이내 시공

2) 선단지지 교란
① 구멍내 수위가 지하수위보다 낮을 경우 공벽붕괴
② 구멍내 수위가 지하수위보다 높게 유지

3) Slime 처리
① 굴착 저면에 퇴적하여 말뚝 선단지지력이 저하
② 수중 Pump 사용하여 제거

4) 기계인발시 지반이완
① 기계인발을 빨리할 경우 지반 붕괴현상 발생
② 기계인발을 천천히 하여 진공에 의한 흡입력 발생 방지

5) 피압수
① 피압수에 의한 부풀음으로 공벽붕괴현상 발생
② 피압수 발생지역에 배수 공법으로 수압 저하

6) 공벽유지
① 안정액 관리 철저
② 표층에서 6m 정도는 Casing을 사용
③ 정수압 유지(20kPa 이상)

7) Con'c 품질확보
① 타설시 재료분리 방지
② 유동성이 큰 고강도 Con'c 사용

8) 안정액관리
① 지질에 맞는 안정액 선택
② 안정액의 퇴적으로 인하여 굴착심도를 유지 못하기 때문에 신선한 안정액과 교체

9) 공해관리

① 소음 · 진동없는 공법 채용

② Bentonite 분리시설 및 건조처리

10) 규격관리

① 말뚝단면 과소방지(말뚝단면 > 설계단면)

② 지지층에 1m 이상 관입시켜 지지력 확보

Ⅵ. 결론

① 도심지 구조물의 기초말뚝을 시공함에 있어 인접 구조물의 피해와 환경공해를 방지하기 위한 방법으로 현장타설 Con'c 말뚝이 확대 시행되고 있다.

② Slime 관리 및 처리를 철저히 하여 환경공해 관리와 굴착 기계의 소형화로 시공성을 향상시키고, 무소음 · 무진동 공법의 기술개발과 연구에 박차를 가해야 한다.

12 현장타설 말뚝 시공 시 수중 콘크리트의 시공

Ⅰ. 개요

① 현장타설 콘크리트 말뚝에서 사용하는 콘크리트는 굴착공벽 속에 철근망을 삽입하고 안정액이 있는 공벽 속에 양질의 콘크리트 구조물을 얻기 위하여 수중콘크리트 타설로 시공되어진다.

② 수중콘크리트 타설에서 중요한 것은 타설과정에서 콘크리트의 재료분리 발생을 방지하고, 이물질이 혼입되지 않게 관리하는 것이 무엇보다 중요하다.

Ⅱ. 현장타설 말뚝의 종류

① Earth Drill

② Benoto

③ RCD

Ⅲ. 수중 콘크리트 타설

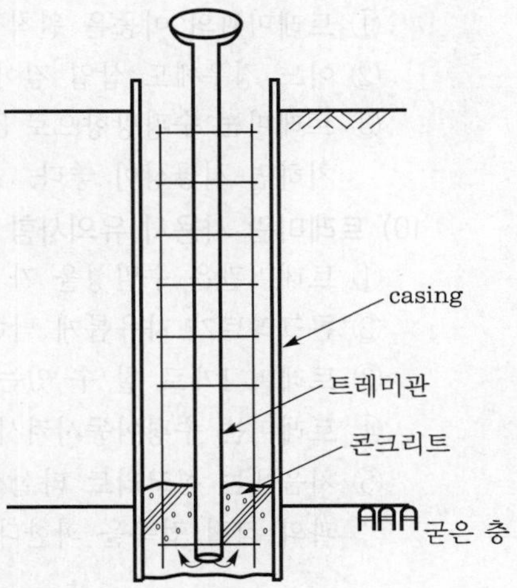

1) 굵은 골재 최대치수

① 철근 순간격이 1/2 이하, 25mm 이하를 표준

② 말뚝지름이 커서 철근간격이 넓은 경우에는 40mm 이하 사용

2) 배합

① Slump : 180~210mm

② W/B비 : 55% 이하

③ 단위 시멘트량 : 350kg/m^3 이상

3) 철근망태

① 보관, 운반, 설치시 변형이 생기지 않게 견고하게 제작

② 충분한 철근의 피복두께 유지

③ 철근망태는 굴착 종료후 빠른 시간내 설치

4) 치기 전 준비

① 안정액 속에 부유하는 토사 부스러기 및 바닥 Slime 제거

② Slime 제거는 굴착 완료후 1회 실시와 Con'c 치기 직전에 1회 실시

5) 트레미관 사용

① 관지름 200~250mm Pipe 사용

② 트레미관의 선단을 개폐 뚜껑 및 마개 사용으로 안정액 침투방지

③ 트레미관은 콘크리트 속에 2m 이상 삽입

④ 트레미는 수평방향 3m 이내로 설치

6) 타설높이
① 말뚝 상부에는 500mm 이상 여분 시공
② Slime 및 레이턴스 고려하여 결정

7) 안정액처리
① 안정액의 하수도 투기 엄금
② 침전탱크 또는 처리시설 갖춘 회사에 위임

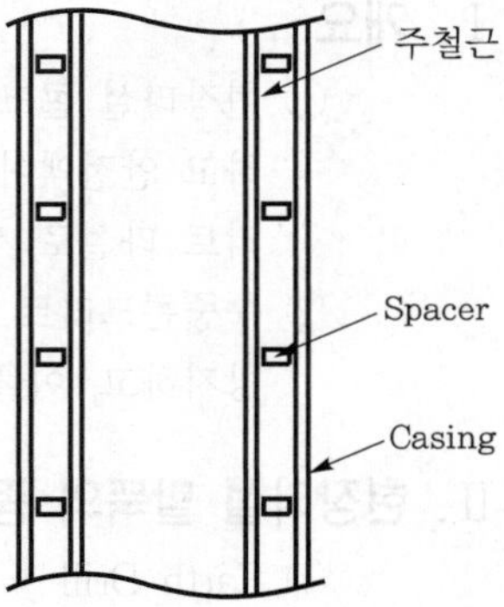

8) 피복두께
① 적정의 간격재 사용으로 피복두께 확인
② 간격재는 철근망태 삽입시 이탈하든가 공벽을 깎아 내지 않는 현상
③ 간격재는 깊이 방향으로 3~5m 간격
④ 같은 깊이에서 원형 방향으로 4~6군데 설치

9) 트레미관 이동
① 트레미관의 이동은 원칙적으로 수직이동만을 원칙으로 한다.
② 어느 경우에도 삽입 깊이는 6m 이하로 한다.
③ 트레미는 수평방향으로 3m 이내의 간격으로 설치하고, 단부 또는 모서리에도 배치하면 시공성이 좋다.

10) 트레미관 사용시 유의사항
① 트레미관은 수밀성을 가져야 한다.
② 콘크리트가 자유롭게 낙하할 수 있는 크기를 유지해야 한다.
③ 트레미 1개로 칠 수 있는 면적은 일반적으로 $30m^2$ 정도이다.
④ 트레미는 수평이동시켜서는 안 된다.
⑤ 처음에는 콘크리트 타설시에는 밑뚜껑 또는 플랜지 삽입 등으로 물 또는 안정액과의 직접 접촉을 피한다.

Ⅳ. 시공시 주의사항

1) 수직도
① 굴착기계에 경사계를 장착하여 수직도 Check
② 오차 100mm 이내 시공

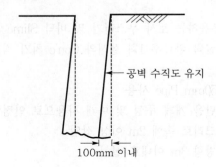

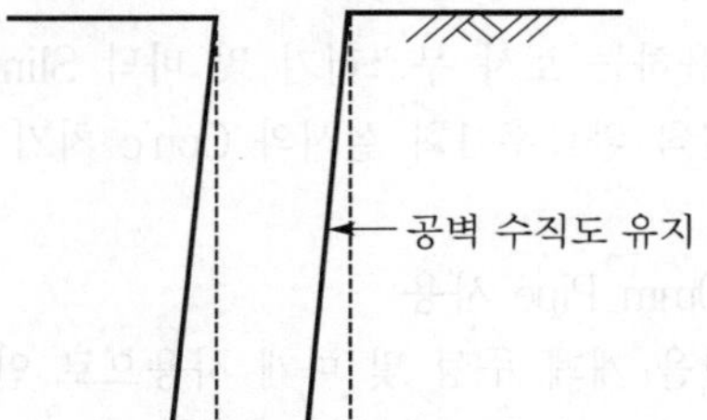

2) 선단지지 교란

① 구멍내 수위가 지하수위보다 낮을 경우 공벽붕괴

② 구멍내 수위를 지하수위보다 높게 유지

3) Slime 처리

① 굴착 저면에 퇴적하여 말뚝 선단지지력이 저하

② 수중 Pump를 사용하여 제거

4) 기계인발시 지반이완

① 기계인발을 빨리할 경우 지반붕괴현상 발생

② 기계인발을 천천히 하여 진공에 의한 흡입력 발생 방지

5) 피압수

① 피압수에 의한 부풀음으로 공벽붕괴현상 발생

② 피압수 발생지역에 배수 공법으로 수압저하

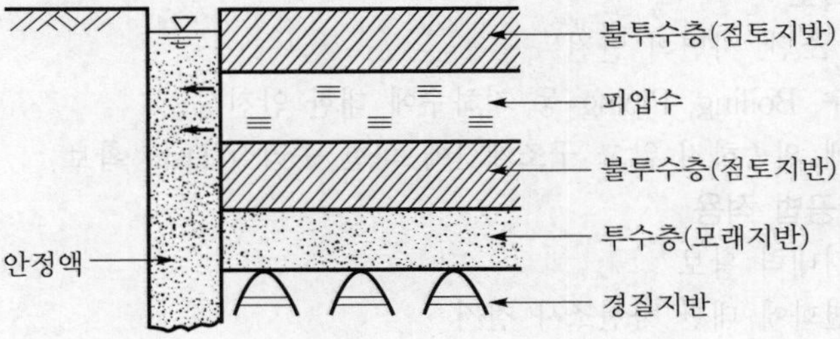

6) 공벽유지

① 안정액 관리 철저

② 표층에서 6m 정도는 Casing을 사용

③ 정수압 유지(20kPa 이상)

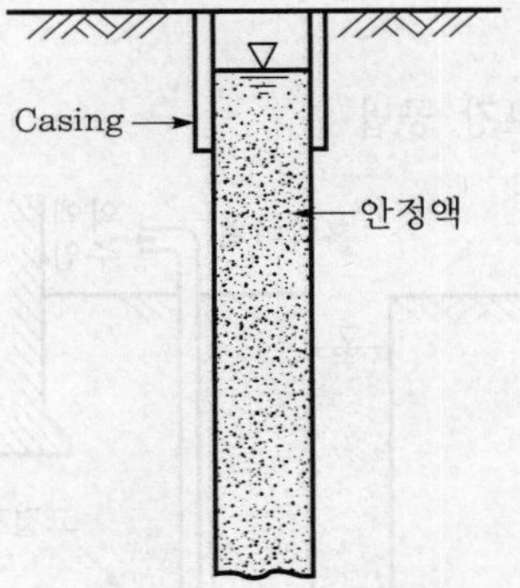

7) Con'c 품질확보

① 타설시 재료분리 방지

② 유동성이 큰 고강도 Con'c 사용

8) 안정액관리

① 지질에 맞는 안정액 선택

② 안정액의 퇴적으로 인하여 굴착심도를 유지하지 못하므로 신선한 안정액과 교체

9) 공해관리
① 소음·진동없는 공법 채용
② Bentonite 분리시설 및 건조처리

10) 규격관리
① 말뚝단면 과소방지(말뚝단면 > 설계단면)
② 지지층에 1m 이상 관입시켜 지지력 확보

V. 환경보전 대책

1) 토질시험 및 사전조사 철저
① 안전 및 환경보전계획 수립 및 전문기관 심의
② 지반여건에 맞는 공법 채용

2) 안전성 확보
① 측압, 소단, 사면의 안전
② 피압수, Boiling, Piping 등 지하수에 대한 안전성
③ 경험에 의존하지 않고 구조계산에 의한 수리적 Data 확보

3) 지반개량공법 적용
① 소요지내력 확보
② 토성변화에 대한 사전조사 철저

4) 합리적인 공법 채택
경제성보다 안전성을 고려한 공법 선정

5) 배수대책
① 차수성이 큰 흙막이 사용
② 지하수위 변동을 최소화한 복수공법 적용

6) Underpinning
인접 구조물 보양 및 보강 공법

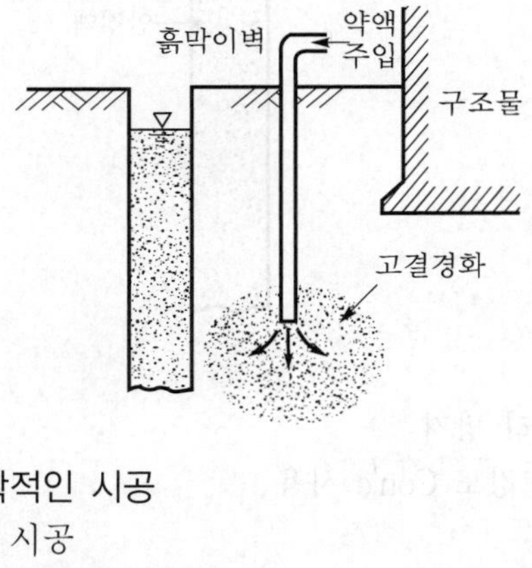

7) 계측관리를 통한 과학적인 시공
① 예측 및 과학적인 시공
② 계측을 통한 정보입수 사전대비

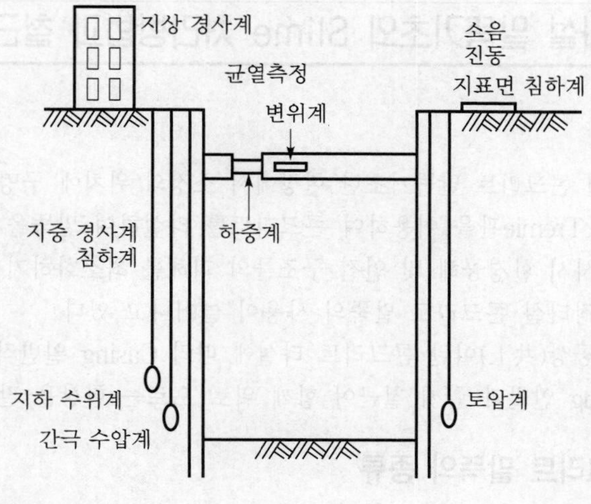

8) 소음 · 진동 방지
   ① 저소음, 저진동 장비 활용
   ② 방진 커버, 저소음 Hammer, 강관 Pile 공법

9) 악취·분진·방진
   ① 방진막을 설치하여 분진의 분산방지
   ② 세륜시설 및 살수차량 운영, 도로 청소

10) 지하수오염 방지
   ① 침전설비 및 폐수정화시설 확보
   ② Bentonite 폐액처리 철저

Ⅵ. 결론

① 현장타설 콘크리트 말뚝시공에서 수중콘크리트 타설은 말뚝의 품질에 직접적인 영향을 주는 요인으로 치밀한 계획하에 시공되어져야 한다.

② 특히 트레미관을 사용하여 콘크리트를 타설할 때는 콘크리트의 연속적인 공급으로 타설되어져야 하며, 트레미관의 사용 규정을 준수하여 양질의 콘크리트 구조물을 만들어야 한다.

13 현장타설 말뚝기초의 Slime 처리방법과 철근 공상

Ⅰ. 개요

① 현장타설 콘크리트 말뚝기초란 현장에서 소정의 위치에 구멍을 뚫고 철근망을 설치한 후 Tremie관을 이용하여 콘크리트를 타설하여 말뚝을 형성하는 공법이다.

② 기초 공사시 환경공해 및 인접 구조물의 피해를 최소화하기 위하여 소음, 진동이 없는 현장타설 콘크리트 말뚝의 사용이 늘어나고 있다.

③ 철근의 공상(共上)이란 콘크리트 타설에 따라 Casing 일반작업이 병행되는데, 이때 Casing 인발과 함께 철근이 함께 위로 오르는 현상을 말한다.

Ⅱ. 현장타설 콘크리트 말뚝의 종류

① Earth Drill 공법(Calweld 공법)

② Benoto 공법(All Casing 공법)

③ RCD(Reverse Circulation Drill) 공법(역순환 공법)

Ⅲ. Slime 처리방법

1) 수중 Pump 방식

공내에 수중펌프를 설치하여 Slime을 배출시키고, 선단부에 Slime이 쌓이지 않게 여과지를 통해서 안정액을 순환시키는 방법

2) Air Lift 방식

Trench 내에 Tremie Pipe를 설치한 후 Nozzle을 부착한 Air Hose를 관내에 투입하고, Compressor로 Air를 보내 그 반발력으로 돌아온 Air와 함께 안정액이 흡입되어 나오는 방식

3) Sand Pump 방식

수중 Pump를 굴착 바닥까지 내려서 Pump로 직접 퍼올리는 방식

4) Water Jet 방식

고압의 압력수를 이용하여 공내 하부에 쌓인 Slime을 Tremie 관으로 콘크리트를 배출하기전에 선단부의 Slime을 교란시켜 콘크리트가 최하단부에 위치하도록 하는 방식

5) 모르타르 바닥 처리방법

공내에 Slime과 안정액이 교란되었을 때 버킷을 내려서 버킷 내부에 Slime이 쌓이게 하여 밖으로 들어내고 모르타르가 들어 있는 버킷을 공내에 넣어 모르타르를 바닥에 타설하고, 교반기로써 약간의 Slime과 함께 혼합하여 바닥에 모르타르로 처리하는 방식

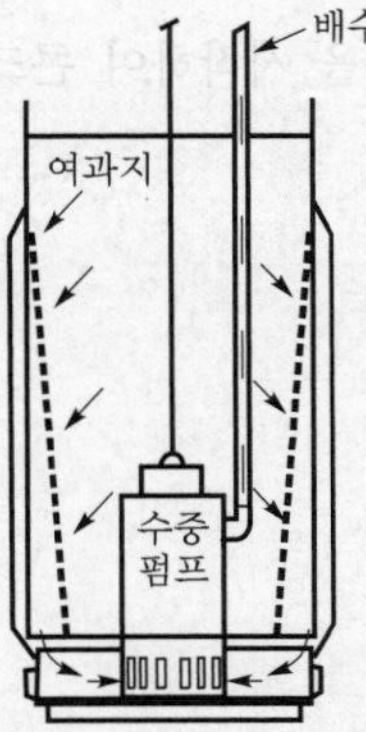

<수중 Pump 방식>

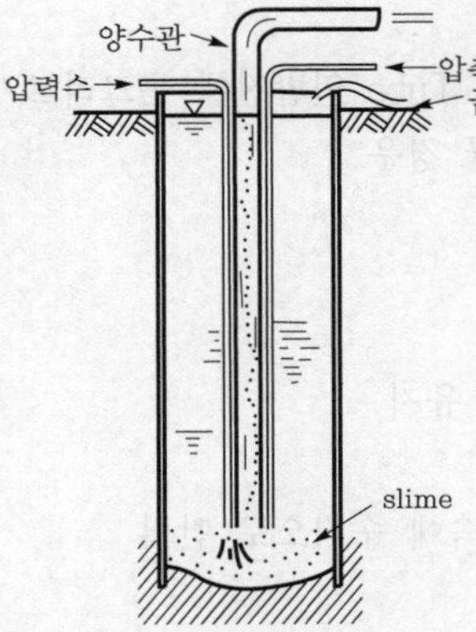

<Air Lift 방식>

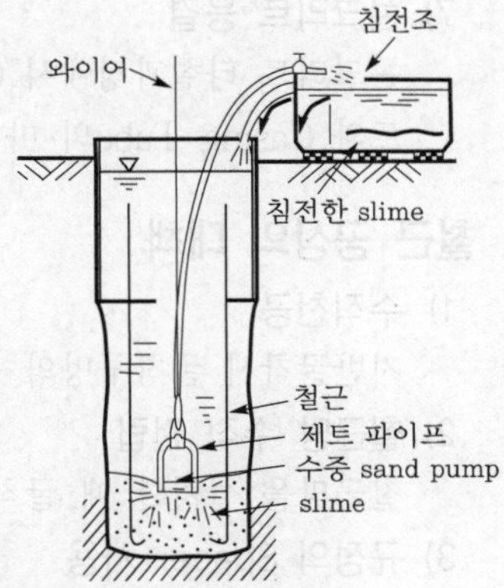

<Sand Pump 방식>

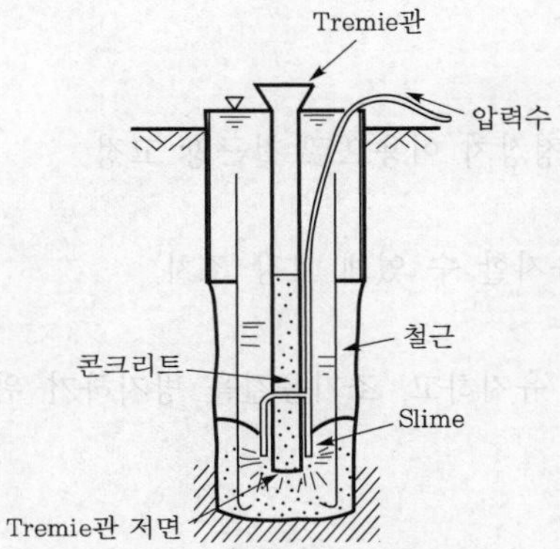

<Water Jet 방식>

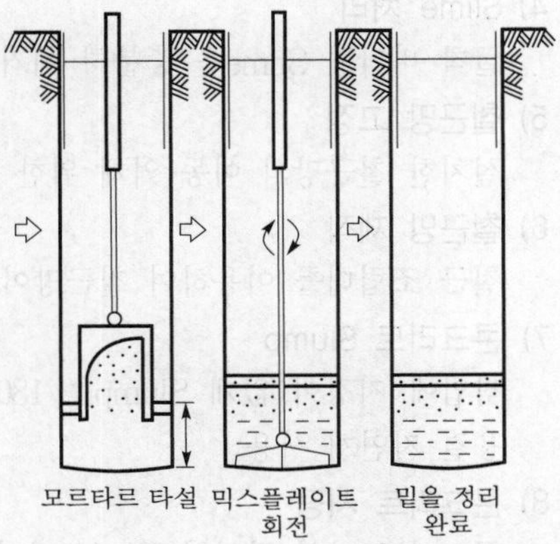

<모르타르 바닥처리방식>

Ⅳ. 철근 공상(共上)의 원인

1) 천공 불량
   천공작업 불량으로 굴착구멍이 휘어져 있을 경우
2) 철근 건립 불량
   철근망 설치가 잘못되어 구멍 내부에서 철근망이 휘어 세워져 있을 경우
3) 철근 Spacer 부적절
   철근망을 굴착구멍 속에 설치할 때 철근망과 굴착면의 공간확보를 위하여 설치하는 Spacer가 부적절한 경우
4) Slime 미처리
   굴착구멍 바닥에 위치하는 Slime 처리 불량으로 Slime이 남은 경우
5) 철근이동
   콘크리트 타설시 철근망이 한 측으로 이동될 경우
6) 철근망 제작불량
   철근망 제작에서 철근망의 형상이 고르지 못하거나 원형을 유지하지 못할 경우

7) 콘크리트 응결

콘크리트 타설과정에서 Casing Tube 인발전에 콘크리트가 응결을 시작하여 콘크리트와 Casing Tube의 마찰이 클 경우

Ⅴ. 철근 공상의 대책

1) 수직천공

지반굴착시 굴착구멍의 수직도 유지

2) 철근망 수직 건립

철근망을 설치할 때 굴착구멍 속에 수직으로 건립

3) 규정의 Spacer 사용

굴착구멍과 철근망 사이의 공간 확보를 위하여 사용하는 Spacer의 규격품 사용

4) Slime 처리

굴착 바닥면 Slime을 충분히 제거

5) 철근망 고정

설치한 철근망의 이동 억제 위한 횡방향 고정장치 이용으로 철근망 고정

6) 철근망 제작

철근 조립대를 이용하여 철근망이 원형을 유지할 수 있게 보강 조치

7) 콘크리트 Slump

작업에 지장이 없게 Slump는 180mm 정도 유지하고, 조기응결을 방지하기 위하여 응결 지연제 사용

8) 콘크리트 시공

콘크리트 타설 작업시 Tremie관이 넘쳐 흐르지 않도록 일정량의 콘크리트 주입

9) Casing Tube 암반

Casing Tube 인발은 충분히 좌우로 이동하여 콘크리트와의 마찰을 적게 한후에 인발작업을 한다.

Ⅵ. 철근 공상의 수정방법

① Casing 일부 매몰
② Casing 전부 매몰
③ 철근망 인발후 타설콘크리트 제거후 재시공

Ⅶ. 결론

① 현장타설 콘크리트 말뚝은 대형 토목구조물 기초로서 최근 많은 공사현장에서 이용되고 있다.

② 시공과정에서의 Slime 제거 및 철근의 공상 등의 품질관리상태가 불량한 경우 요구되는 지지력을 얻을 수 없게 되므로 시공과정에서 품질향상을 위한 계획수립이 매우 중요하다.

14 Caisson 기초

Ⅰ. 개요

① Caisson 기초 공법은 수평지지력과 수직지지력이 큰 기초 공법으로서, 정통(井筒)의 모양에 따라 원형은 교량기초에 많이 사용하며, 안벽(岸壁)의 기초로서는 방형 또는 단형이 많이 사용된다.

② Caisson 기초 공법은 Open Caisson, Pneumatic Caisson, Box Caisson으로 대별할 수 있으며 지반조건, 시공조건, 환경조건을 면밀히 검토한 후 적정 공법을 선정해야 한다.

Ⅱ. Caisson의 종류

Caisson
- Open Caisson(Well Method, 우물통 공법, 井筒 공법)
- Pneumatic Caisson(공기잠함)
- Box Caisson(설치, 상자형)

Ⅲ. Open Caisson(Well Method, 우물통 공법, 井筒 공법)

1. 정의

① 상하단이 개방된 정통(井筒)을 지표면에 거치한 후 통내(筒內)를 통하여 지반토를 굴착하여 소정의 지지층까지 침설하는 공법

② 일반적으로 교량기초 또는 기계기초에 많이 사용

2. 특징

1) 장점

① 시공설비가 간단

② 공사비가 적게 들어 경제적

③ 소음에 의한 공해가 거의 없다.

2) 단점

① 침하속도가 일정하지 않아 능률 저하

② 굴착중에 장애물(호박돌, 전석) 제거 곤란

③ 굴착중 Shoe 선단의 하부 굴착시 Caisson의 경사변위가 자주 발생

④ 침설중 주변지반의 교란으로 인접구조물에 악영향 발생

⑤ 지지력 측정 곤란

3. 시공법

1) 시공순서 Flow Chart

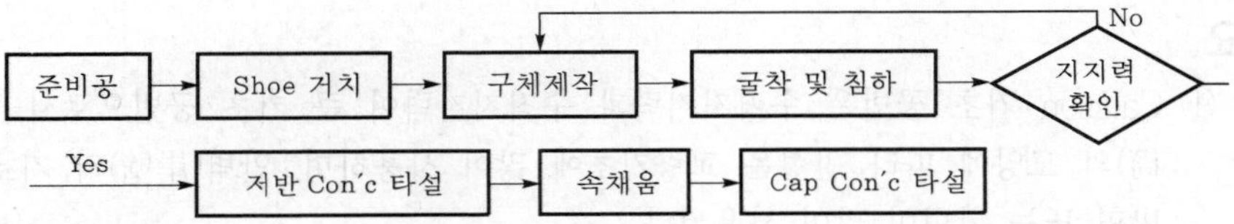

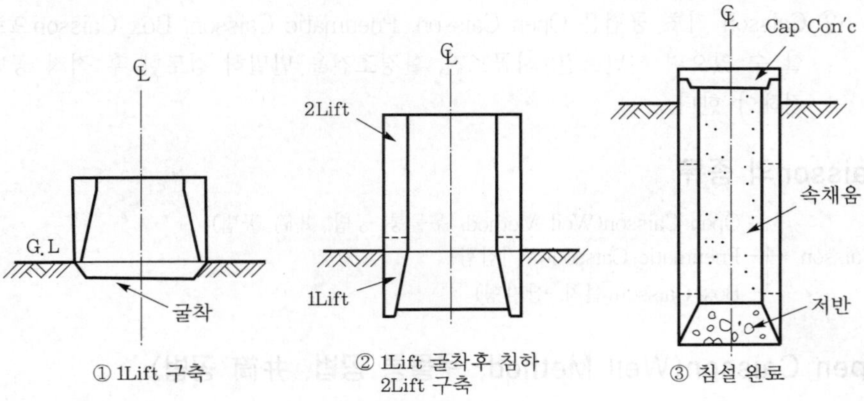

<오픈케이슨 시공순서>

2) 거치방식의 종류

- 거치방식
  - 육상거치
  - 수중거치
    - 축도식(Island method)
    - 예항식(부동식)
    - 비계식(발판식)

3) 시공시 유의사항

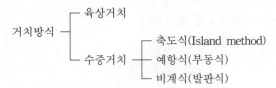

① 연약지반에 거치시 부등침하, 경사 등이 발생하므로 지반개량이 필요

② 우물통 내부 물 배수시 강제배수는 지반을 파괴하므로 피할 것

③ 우물통 침설시 우물통의 경사와 편심에 유의할 것

④ 수중 Con'c의 품질관리 철저

⑤ 굴착중 Caisson의 Shoe 부분에 장애물 제거시 작업원의 안전확보에 유의

Ⅳ. Pneumatic Caisson(공기잠함)

1. 정의

① Caisson 하부에 압축공기 작업실을 두고 여기에 지하수압에 상당하는 고압공기를 공급하여 지하수를 배제한 후 작업실 바닥의 토사를 굴착반출하면서 소정의 지지지반까지 침설하는 공법

② Pneumatic Caisson 공법의 한계심도는 작업원이 견딜 수 있는 공기압에 의하여 결정되며 굴착작업은 주로 인력에 의한다.

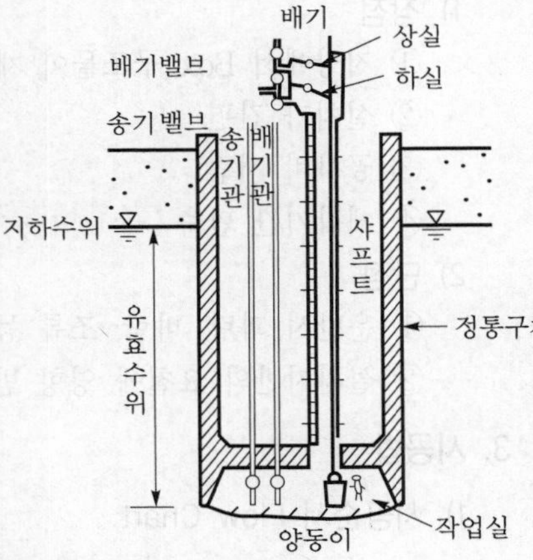

<Pneumatic Caisson>

2. 특징

1) 장점

① 인력작업을 하므로 시공정도가 높다.

② 침하속도가 일정하므로 공정관리 용이

③ 굴착중에 장애물 제거 용이

④ 토층, 토질의 확인과 정확한 지내력 측정이 가능

⑤ Caisson의 경사수정 용이

2) 단점

① 압축공기를 이용하여 시공하므로 대규모 기계설비 필요

② 굴착작업은 인력에 의존하므로 특수 숙련 노무자가 많이 필요

③ 고압내에서 작업하므로 Caisson병 발생

④ Compressor의 진동 및 배기음의 소음발생

3. 시공법

1) 시공순서 Flow Chart

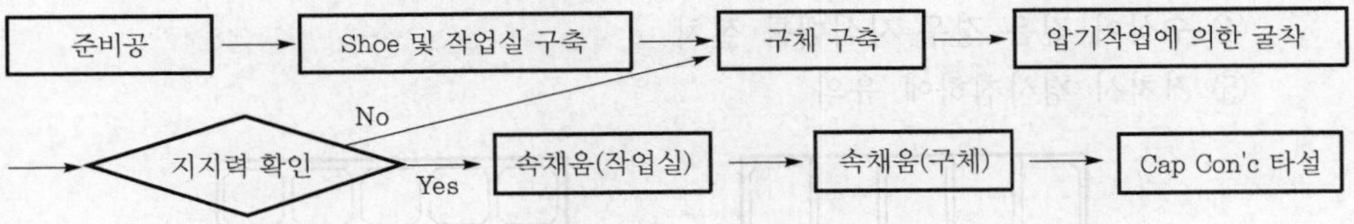

2) 시공시 유의사항

① 공기압에서 Con'c를 타설하기 때문에 작업실 천장 기밀성 유지

② 작업실은 높이 1.8m 이상으로 Shoe와 천장 Slab는 일체 Con'c 타설

③ 가압 및 감압 시간을 지켜 Caisson병에 유의

④ 굴착은 중앙부터 파고 주변파기를 할 것

⑤ 작업실 천장의 자중으로 인해 Shoe 선단에 작용하는 하중이 크므로 침하초기에는 작업실 천장밑에 동바리 설치

Ⅴ. Box Caisson(설치, 상자형)

1. 정의

① 지상에서 보통 철근 Con'c로 만들어진 Box형의 구조물을 진수시켜 소정의 위치에 배로 예인하여 침설시키는 공법

② 항만 구조물 중 방파제, 계선시설 등과 같이 횡하중을 받는 구조물에 이용

2. 특징

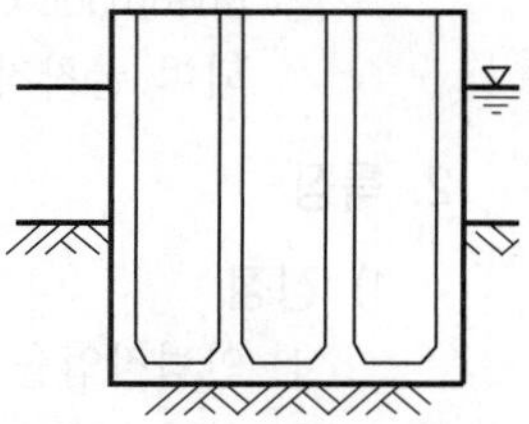

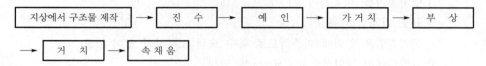

<Box Caisson 형상>

1) 장점

① 지상에서 Box 구조물이 제작되므로 품질확보 용이

② 설치가 간편

③ 공사비 저렴

④ 제작기간 단축

2) 단점

① 운반시 파랑, 바람, 조류 등의 횡압으로 전도의 위험이 크다.

② 설치지반의 요철에 영향 받기 쉽다.

3. 시공법

1) 시공순서 Flow Chart

지상에서 구조물 제작 → 진 수 → 예 인 → 가거치 → 부 상 → 거 치 → 속채움

2) 시공시 유의사항

① 지지 지반을 수평되게 굴착할 것

② 지지 지반에 세굴이 생기지 않게 할 것

③ 시공기계가 대형으로 운반시 주의

④ 수심이 깊은 경우 사석대를 설치

⑤ 거치시 경사침하에 유의

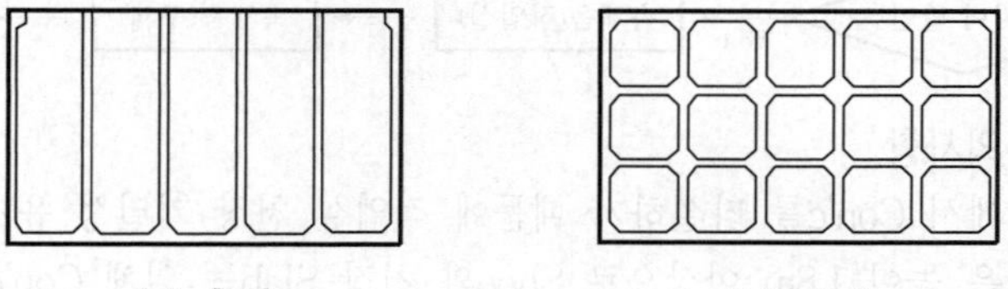

(a) 측면 (b) 평면

<Box Caisson의 형상>

Ⅵ. 결론

① Caisson 기초 공법은 선단부의 지지력 확보와 시공정도가 우수한 공법이지만 침설시 경사와 편심에 유의해야 한다.

② 침설시의 경사나 편심방지는 시공상 어려우므로, 허용한도 이내로 하기 위해서는 세밀한 지반조사와 철저한 시공관리로 사전에 대처해야 한다.

15 Open Caisson(우물통 기초) 공법

Ⅰ. 개요

① Open Caisson 공법이란 상하단이 개방된 우물통을 지표면에 거치한 후 통내를 통하여 지반토를 굴착하여 소정의 지지층까지 침설하는 공법을 말한다.

② 일반적으로 교량기초, 고가교, 기계기초 등에 많이 사용하며, 근입심도는 15~20m 정도가 가장 유리하다.

Ⅱ. 특징

1) 장점

① 시공설비가 간단

② 공사비가 적게 들어 경제적

③ 소음에 의한 공해가 거의 없음

④ 심도를 깊게 할 수 있음

2) 단점

① 침하속도가 일정하지 않아 능률 저하

② 굴착중에 장애물(호박돌, 전석) 제거 곤란

③ 굴착중 Shoe 선단의 하부 굴착시 Caisson의 경사변위가 자주 발생

④ 침설중 주변지반의 교란으로 인접 구조물에 악영향 발생

⑤ 지지력 측정 곤란

Ⅲ. 거치방식

1) 거치방식의 종류

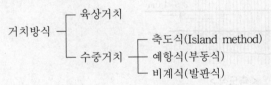

- 거치방식
  - 육상거치
  - 수중거치
    - 축도식(Island method)
    - 예항식(부동식)
    - 비계식(발판식)

2) 육상거치

① 시공순서 Flow Chart

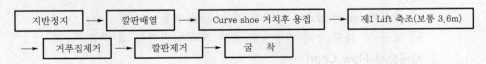

지반정지 → 깔판배열 → Curve shoe 거치후 용접 → 제1 Lift 축조(보통 3.6m)

→ 거푸집제거 → 깔판제거 → 굴 착

② 시공시 유의사항

㉠ 부착지반은 지하수의 영향을 받지않는 높이로 한다.

㉡ 표토의 치환 및 지반정지를 하여 1Lift의 부등침하나 경사방지

㉢ 거푸집은 3~4일후에 제거

㉣ 깔판의 길이 1m, 두께 30mm 이상의 목재 밑판 설치

3) 축도식(Island Method)

① 특징

㉠ 가장 안전하고, 일반적인 방법이다.

㉡ 수심이 5m 정도까지는 축도를 한다.

② 시공순서 Flow Chart

물막이 설치 → 물막이 내부 토사채움 → 제1 Lift 거치 → 굴 착

③ 시공시 유의사항

㉠ 수심에 따라 흙가마니, 나무널말뚝, 강널말뚝 등을 물막이로 선정

㉡ 축도면은 예상수위보다 0.5~1.0m 이상

㉢ 매립토사가 유실되지 않게 물막이의 수밀성 확보

㉣ 우물통 주위의 여유폭은 2.0m 이상 확보

㉤ 하상(河床)으로부터 제2 Lift 이상 침하시켜 불의의 출수 또는 물막이의 파손 등의 불의의 사고에 대비

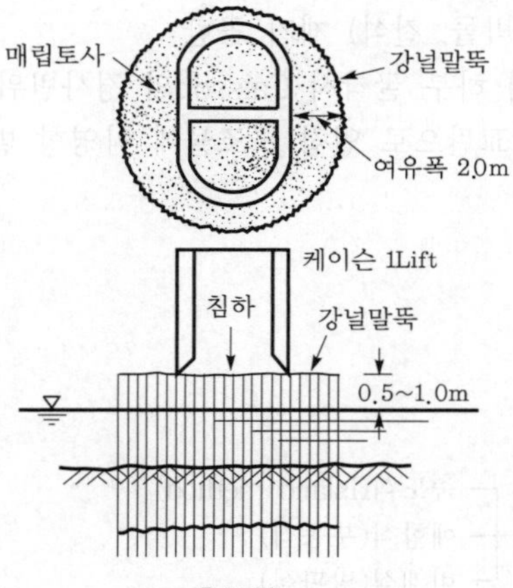

<축도식>

4) 예항식(부동식)

① 특징

㉠ 수심이 5m 이상으로 비교적 깊은 곳에 적용

㉡ 조류 및 파도 등의 영향으로 축도 거치가 곤란할 때 적합

② 시공순서 Flow Chart

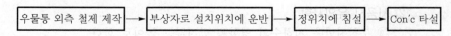

우물통 외측 철제 제작 → 부상자로 설치위치에 운반 → 정위치에 침설 → Con'c 타설

③ 시공시 유의사항

㉠ 예항의 안정성을 확보하기 위해 선로의 수심, 유속 등을 조사

㉡ 우물통내에 물을 채울 때는 경사질 때 물이 이동하므로 복원력을 확보하기 위해 측벽에 칸막이 설치

㉢ 우물통을 매다는 방법은 3점법을 사용

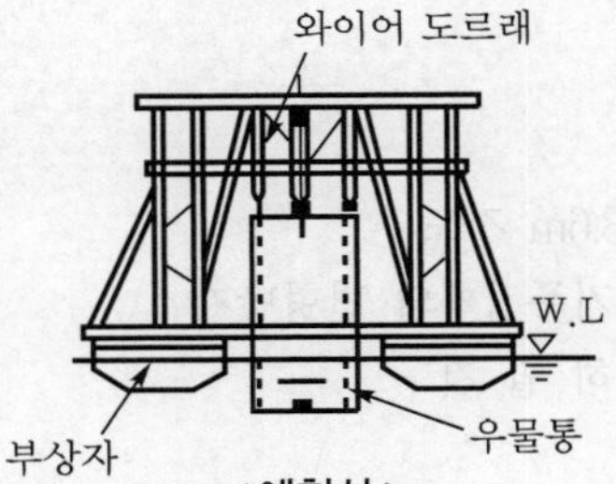

<예항식>

5) 비계식(발판식)

① 특징

㉠ 중량관계로 비교적 소형의 Well에 사용

㉡ 수심이 깊은 곳에는 부적당

② 시공순서 Flow Chart

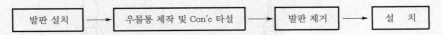

발판 설치 → 우물통 제작 및 Con'c 타설 → 발판 제거 → 설 치

③ 시공시 유의사항

㉠ 우물통은 가라앉았을 때 상부가 수상면에 500mm 이상 나오는 정도의 높이로 제작

㉡ 우물통을 내리는 지반은 미리 잠수부에 의해 수평이 되도록 다듬질

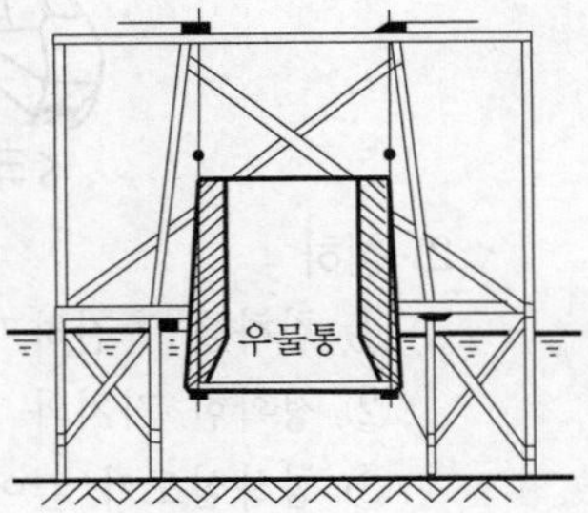

<비계식>

Ⅳ. 시공법

1. 시공순서 Flow Chart

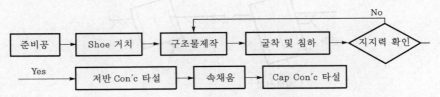

준비공 → Shoe 거치 → 구조물제작 → 굴착 및 침하 → 지지력 확인 (No → 구조물제작)

Yes → 저반 Con'c 타설 → 속채움 → Cap Con'c 타설

2. 준비공

① 굴착토질 조사

② 공사용 시공설비 점검 및 확인

전력설비, 굴착설비, 운반설비, 진수설비, Con'c 타설설비 등

③ 환경보전과 안전계획 수립

3. Shoe 거치

① 육상거치와 수중거치로 나눌 수 있다.
② 수중거치는 축도식, 예항식, 비계식이 있다.
③ 우물통의 부등침하나 경사를 방지할 수 있는 거치지반이 필요

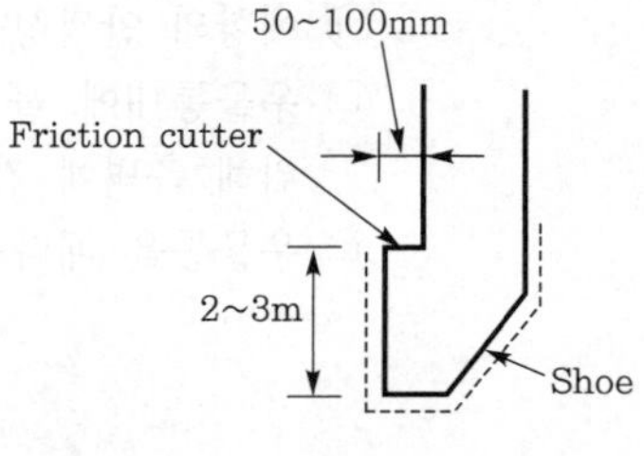

<Shoe>

4. 구체축조

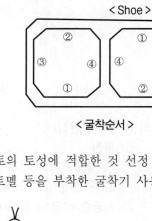

① 1Lift(Lot)는 보통 3.6m 정도
② Con'c 타설시 Lift 거푸집재의 변형방지
③ Lift는 양생을 충분히 할 것

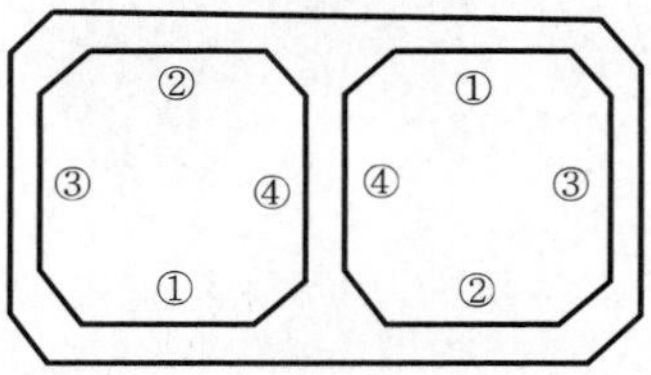

<굴착순서>

5. 굴착 및 침하

1) 굴착
① 지하수위 이상에서는 인력으로 굴착
② 굴착용 버킷의 형식 및 용량은 굴착하는 지반토의 토성에 적합한 것 선정
③ 굴착에는 크레인에 크램셸 버킷, 오렌지필, 커트멜 등을 부착한 굴착기 사용

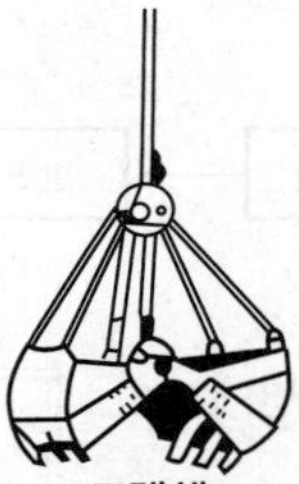
<크램셸>

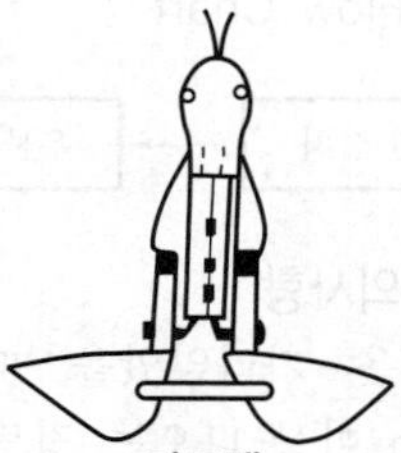
<커트멜>

2) 침하
① 침하를 촉진하기 위해 측벽 Con'c를 조기에 타설하여 자중을 증가
② 정확한 거치와 1Lift를 짧게 하여 침설시켜 우물통의 경사방지
③ 침하심도가 깊어지면 경사의 수정이 어려우므로 초기침하에 유의

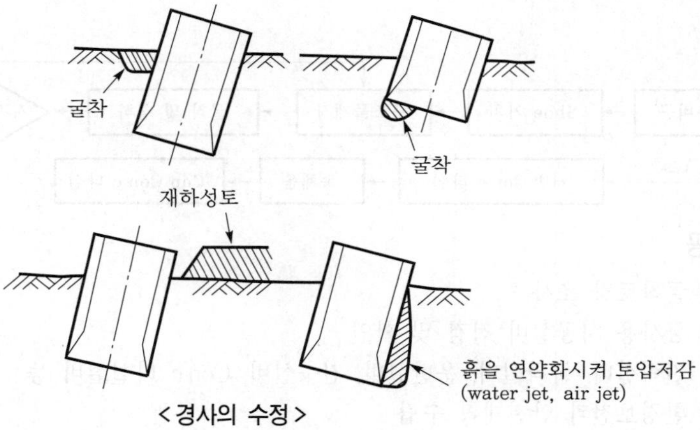

<경사의 수정>

6. 지지력 확인

① 직접 재하시험이 곤란

② 공사에 앞서 행한 토질조사 결과와 최종심도의 토질과 일치여부를 판단하여 결정

7. 저반 Con'c 타설

① 저반 Con'c 타설순서

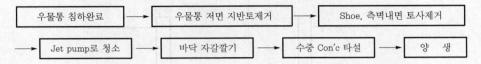

우물통 침하완료 → 우물통 저면 지반토제거 → Shoe, 측벽내면 토사제거 → Jet pump로 청소 → 바닥 자갈깔기 → 수중 Con'c 타설 → 양 생

② 수중 Con'c를 Tremie Pipe 또는 Con'c Pump로 타설

③ 수중 Con'c의 W/B비는 50% 이하, Slump 100~180mm, 단위 시멘트량 370kg/m^3

④ 내부 저반바닥을 고른 후 자갈, 조약돌 등을 채우고 보통 2~3m 두께의 Con'c 타설

⑤ Con'c 양생기간은 수중 10일 이상, 해수중 14일 이상

8. 속채움

① 저반 Con'c의 강도 확인후 우물통 내부의 물을 배수하고 Con'c, 모래, 자갈 등으로 속채움 실시

② 우물통 내부의 물 배수시 지하수의 부력에 의한 저반 Con'c가 파손되거나 우물통이 부상하는 경우가 있으므로 충분한 검토 필요

9. Cap Con'c 타설

① 속채움 유실을 방지하기 위해 속채움 즉시 Cap Con'c 타설

② 상부기초와의 접착을 위해 Cap Con'c 표면을 요철처리

Ⅴ. 시공시 유의사항

① 연약지반에 거치시 부등침하, 경사 등이 발생하므로 지반개량이 필요

② 우물통 내부 물 배수시 강제배수는 지반을 파괴하므로 피할 것

③ 우물통 침설시 우물통의 경사와 편심에 유의할 것

④ 수중 Con'c의 품질관리 철저

⑤ 굴착중 Caisson의 Shoe 부분에 장애물 제거시 작업원의 안전확보에 유의

Ⅵ. 우물통 침하시 편차

1) 편차 발생원인

① 출수에 의한 이동

② 지층의 경사

③ 케이슨 날끝의 지지력 상이

④ 침하 하중의 불균등

⑤ 굴착토에 의한 편하중

⑥ 수중굴착의 치우친 굴착

⑦ 날 끝에 전석, 유목 등 장애물이 있을 경우

2) 편차허용 범위

케이슨의 침하 완료시 중심선의 편차량(편심량)은 많은 시공경험에 의하면 200mm 내외로 나타난다.

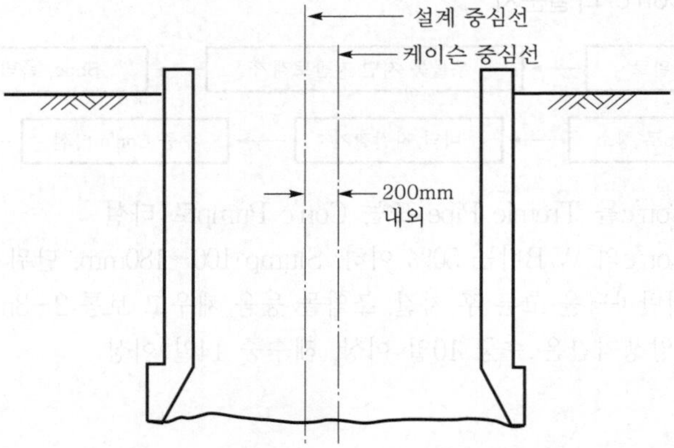

Ⅶ. 편차 대처방안

1) 지반조사

케이슨 침설 현장에서의 지층구조, 지질상태 등 모든 지반조사를 행하여 케이슨 침하에 영향을 미치는 요인을 미리 제거한다.

2) 재하중

케이슨 굴착 침하중 편기현상이 일어날 때 재하중을 이용하여 케이슨의 편심을 수정해 나가면서 굴착해 내려간다.

3) Boiling 방지

케이슨 내부 수위저하로 인해 내부 바닥에서 지반토가 분출하는 Boiling 현상을 방지하여 케이슨의 편기를 방지한다.

4) 굴착토처리

케이슨 내부 굴착토의 처리가 한 측으로 치우쳐 적재될 때 지상하중이 편심으로 작용됨으로써 편기가 발생되므로 굴착토의 균등처리가 중요하다.

5) 균등굴착

침하 과정에서 케이슨 내부의 굴착순서가 적절하지 못할 때 발생되는 편기방지를 위하여 굴착순서를 준수해야 한다.

6) 장애물 제거

지반조사에서 나타나는 지하에 위치하는 지하장애물의 우선제거가 중요하다.

7) 경사지층처리

지반하부에 위치하는 굳은 지지층의 경사가 케이슨 편기에 크게 영향을 미치게 되므로 경사지층을 먼저 처리하고 케이슨을 침설시킨다.

8) 반력말뚝 사용

케이슨의 침하가 진행되어 케이슨이 규정 이상으로 편위가 발생되었을 때는 반력말뚝을 이용하여 케이슨의 편위를 수정한다.

9) 편하중

케이슨의 침하조건을 위한 재하중을 이용하여 케이슨의 편위가 발생되었을 때 상부 재하중을 편심으로 재하시켜 편위를 수정한다.

10) 토사투입

케이슨 침하과정에서 과도한 편굴착으로 편위가 발생될 때 경사진 부위에 토사를 투입시켜 내부로 굴착하는 방법으로 편기를 수정한다.

Ⅷ. 결론

① Open Caisson의 작업중 가장 중요한 것은 경사와 편심의 방지로 우물통은 정확한 거치와 제1 Lift를 짧게 해서 정확하게 침하 설치해야 하다.

② Open Caisson은 주로 수중굴착으로 굴착중에 장애물 제거가 어렵고, 지내력시험이 곤란하므로 철저한 지반조사와 시공관리를 통한 능동적인 대책이 필요하다.

16 우물통(Open Caisson, 井筒, 정통)의 침하촉진공법(마찰저항을 줄이는 공법)

Ⅰ. 개요

① 육상 또는 수상에서 제작된 우물통은 우물통의 자중(自重) 또는 재하하중에 의하여 소정의 깊이까지 침하시켜 지지력을 확보해야 한다.

② 침하시 토질의 여러 가지 악조건으로 인하여 침하불능 발생시, 침하조건식이 만족하도록 자중증대·재하중 공법·주면마찰력 감소·선단지지력 약화·부력 감소 등의 침하촉진 공법을 이용하여 원활한 침하가 되도록 한다.

Ⅱ. 침하조건

① 우물통의 침하작업은 내부의 토사굴착과 하중재하로 이루어진다.

② 다음 조건을 만족할 때 침하되나, 만족치 않을 때는 침하촉진 공법이 필요하다.

$$W_C + W_L > F + P + U$$

(우물통 하중) (재하중) (주면마찰력) (선단지지력) (부력)

Ⅲ. 침하촉진 공법

1) 자중 증대

① 침하 초기에 유효한 공법으로 우물통을 쉽게 침하시킨다.

② 우물통의 자중을 증대시키므로써 주면마찰력과 선단지지력보다 우물통의 하중을 크게 하여 침하의 촉진을 위한 설계를 한다.

2) 재하중 공법

① 초기에는 자중으로 쉽게 침하하지만, 심도가 깊어짐에 따라 침하가 곤란해지면 재하중하여 침하시킨다.

② 재하재료는 Rail, 철괴(鐵塊), Concrete Block, 흙가마니 등을 사용한다.

③ 시공이 간단하고 경제적이어서 많이 사용하며, 주로 사질지반에 사용한다.

④ 우물통을 이을 때마다 일단 하중을 제거한 후 새로운 Lot가 만들어져서 그 양생기간이 지난 다음 다시 하중을 실어 침하를 촉진시켜야 하는 단점이 있다.

3) 물하중 공법

① 수밀한 우물통에 물을 넣어 침하시키는 공법으로 재하중 공법의 단점을 보완한 공법이다.

② 재하비가 싸며, 물을 펌프로 넣으므로 재하준비가 단기간이다.

③ 우물통에 하중이 균등하게 작용하므로 우물통의 경사 우려가 적다.

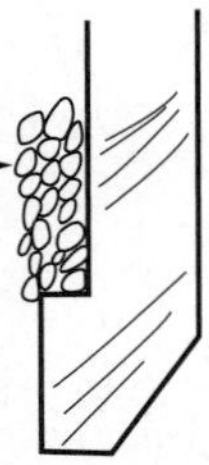

<자갈 채움>

4) 자갈 채움

① 우물통 침하시 우물통 주변에 표면이 매끄럽고 둥근 자갈을 충진시킨다.

② 우물통 표면에 자갈을 넣으므로 우물통 구조체와 주변 흙을 절연시킴과 동시에 마찰력을 감소시켜 우물통의 침하를 촉진시킨다.

5) 활성제 도포

① 우물통의 두께를 증대시키지 않고, 침하하중을 사용치 않은 공법으로 시공이 간단하다.

② 우물통 구조체에 특수 표면활성제를 도포하여 주면 마찰저항을 감소시켜 침하를 용이하게 하는 공법이다.

6) 용액주입 공법

① 우물통 주변에 자갈 채움 대신 매끄러운 용액을 주입하여 마찰감소 효과를 기대한다.

② 용액은 토양오염을 방지할 수 있는 재료이며, 경제적이며 구득이 용이한 재료이어야 한다.

7) 주수법

① 용액주입 공법에 사용하는 매끄러운 용액 대신 재료의 구득이나 관계가 용이한 물을 사용한다.

② 경제적이며 토양의 오염을 방지할 수 있는 공법이나 지반을 교란시키는 단점도 있다.

8) 분기법

① 주수법에 사용하는 물 대신 공기를 고압으로 주입시켜 우물통 표면과 토사의 사이를 공기막으로 절연시켜 침하를 촉진시킨다.

② 토양의 오염이나 지반을 교란시킬 염려가 없다.

9) Friction Cutter

① 침하촉진을 의한 Friction Cutter를 날 끝에 붙인다.

② 부등침하의 염려가 있으므로 주의하여 굴착하며, Friction Cutter 주변을 먼저 굴착하지 말고, 중앙 부근을 먼저 굴착하여 자연 침하시킨다.

③ Friction Cutter에는 Shoe를 부착하여 Friction Cutter를 보호한다.

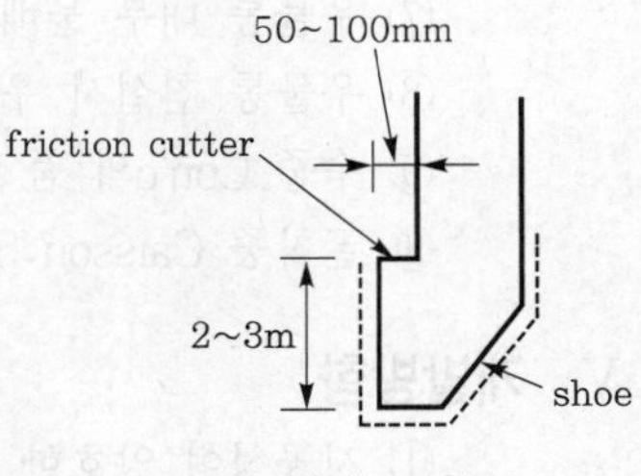

<Friction Cut>

10) 발파 공법(진동 공법)

① 침하의 최종단계에서 침하가 곤란한 경우 진동발파에 의해 침하시키는 공법으로 진동 공법이라고도 한다.

② 화약폭발에 의해 우물통 자체에 충격을 가하여 마찰저항을 감소시켜 침하시킨다.

③ 우물통 내부에는 수심이 4m 이하 정도의 물이 있는 것이 좋으나, 수심이 너무 깊으면 폭발에너지가 물에 전달되어 횡압력이 벽체에 작용하게 될 수도 있으므로 주의해야 한다.

④ 화약의 양은 우물통 단면적 $20m^2$에 대하여 300g 정도가 적당하다.

11) Water Jet 공법

① 우물통의 주면마찰력으로 인하여 침하속도가 느리면 날 끝부분에 물을 고압으로 분사시켜 지반을 느슨하게 하여 마찰력 감소효과를 유도하는 공법이다.

② 지나친 압력 등으로 부등침하에 유의한다.

12) Air Jet 공법

① Water Jet 공법의 물 대신 공기를 고압으로 날 끝부분에 가하여 지반의 이완을 도모하므로 침하를 촉진시키는 공법이다.

② 토사의 날림으로 작업환경의 악조건에 유의한다.

13) 수위 저하 공법

① 우물통 내부의 수위가 부력으로 작용하여 부력이 발생하므로 우물통 침하에 방해가 되므로 수위를 저하시켜 부력을 줄인다.

② 지나치게 수위를 저하시키면 Boiling · Heaving · Piping 등이 발생하여 우물통의 급격한 침하와 편심의 원인이 되므로 유의해야 한다.

Ⅳ. 시공시 유의사항

① 우물통이 기울어지는 원인을 파악하여 미리 방지

② 우물통을 정확한 위치에 침하시키며, 허용편차 내에서 설치

③ 우물통 주변에 눈금자를 설치하여 지반의 상태 및 공정을 알 수 있도록 할 것

④ 우물통의 침하의 시작은 느리나 갑자기 침하하는 경우가 있으므로 하중이 과대하지 않도록 유의할 것

⑤ 과도한 굴착시 급격한 침하발생에 유의

⑥ 연약지반에 거치시 부등침하, 경사 등이 발생하므로 지반 개량이 필요

⑦ 우물통 내부 물배수시 강제배수는 지반을 파괴하므로 피할 것

⑧ 우물통 침설시 우물통의 경사와 편심에 유의할 것

⑨ 수중 Con'c의 품질관리 철저

⑩ 굴착중 Caisson Shoe 부분의 장애물 제거시 작업원의 안전확보에 유의

Ⅴ. 개발방향

① 시공성이 양호한 공법 개발

② 재료 구입이 쉽고, 경제적인 공법 개발

③ 부등침하나 편심의 계측관리 기기 관리

④ 시공경험과 기술축적의 정량화

Ⅵ. 결론

① 우물통이 상부하중을 지지하기 위해서는 소정의 깊이까지 침하시켜야 하는 바, 침하촉진 공법은 시공성 · 경제성 · 안전성 · 무공해성을 고려하여 결정해야 한다.

② 재료의 구입이 쉽고, 시공성이 양호한 공법개발은 물론 시공시 부등침하나 편심의 계측관리를 철저히 이행하여 안정적인 침하촉진 공법을 개발하여야 한다.

17 Underpinning 공법

Ⅰ. 개요

① Underpinning이란 기존 구조물의 기초를 보강하거나 또는 새로운 기초를 설치하여 기존 구조물을 보호하는 공법이다.

② 기울어진 구조물을 바로잡을 때나 인접한 토공사의 터파기 작업시에 기존 구조물의 침하를 방지할 목적으로 Underpinning할 때도 있다.

Ⅱ. 공법의 적용

① 구조물이 침하하여 복원할 경우
② 구조물을 이동할 경우
③ Quick Sand 현상으로 인하여 구조물이 기울 경우
④ 기존 구조물의 지지력이 부족할 경우
⑤ 기존 구조물 밑에 지중 구조물을 설치할 경우

Ⅲ. 사전조사

① 설계도서 검토
② 계약조건 검토
③ 입지조건 검토
④ 지반조사
⑤ 건설공해, 기상

Ⅳ. Underpinning 공법의 종류

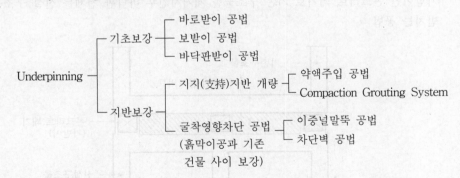

- Underpinning
  - 기초보강
    - 바로받이 공법
    - 보받이 공법
    - 바닥판받이 공법
  - 지반보강
    - 지지(支持)지반 개량
      - 약액주입 공법
      - Compaction Grouting System
    - 굴착영향차단 공법 (흙막이공과 기존 건물 사이 보강)
      - 이중널말뚝 공법
      - 차단벽 공법

Ⅴ. Underpinning 공법

1) 바로받이 공법

① 철골조나 자중이 비교적 가벼운 구조물에 적용
② 기존 기초 하부를 바로 받칠 수 있도록 신설기초 설치

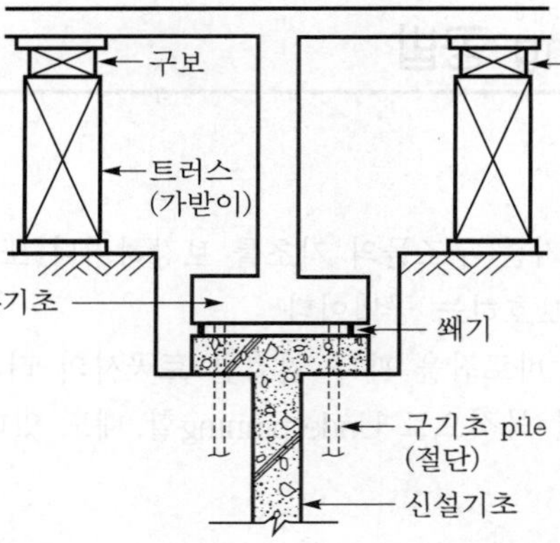

2) 보받이 공법

① 기초하부를 보받이하는 신설보 설치

② 기존기초를 보강

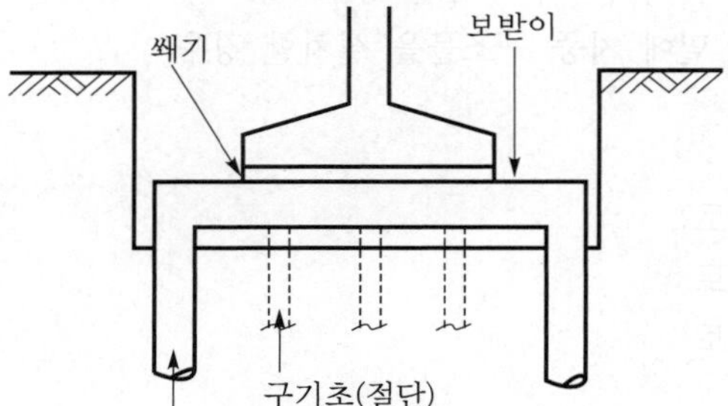

3) 바닥판받이 공법

가받이인 콘크리트 쐐기로 기존 구조물을 제거시킨후 바닥판 전체를 신설 구조물로 받치는 공법

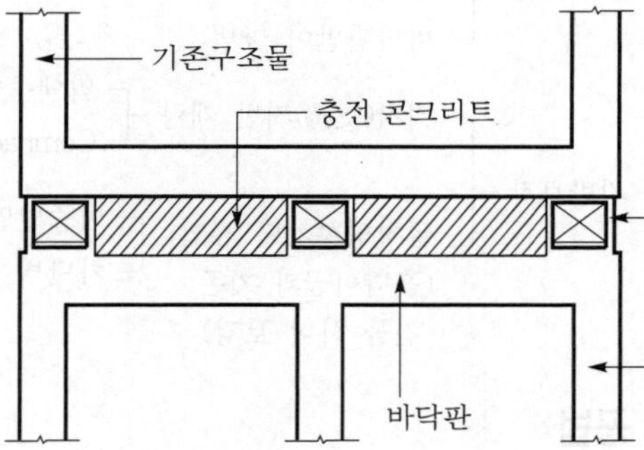

4) 약액주입 공법

① 고압으로 약액을 주입하면서 서서히 인발

② 약액의 종류로는 물유리, 시멘트 페이스트 등이 있음

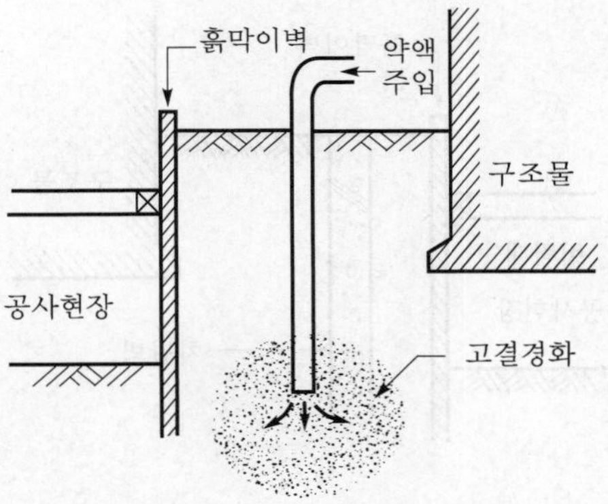

5) Compaction Grouting System

① Mortar를 초고압(20MPa 이상)으로 지반 주입하는 공법

② 1차 주입후 Mortar가 양생하면 재천공하여 주입을 반복

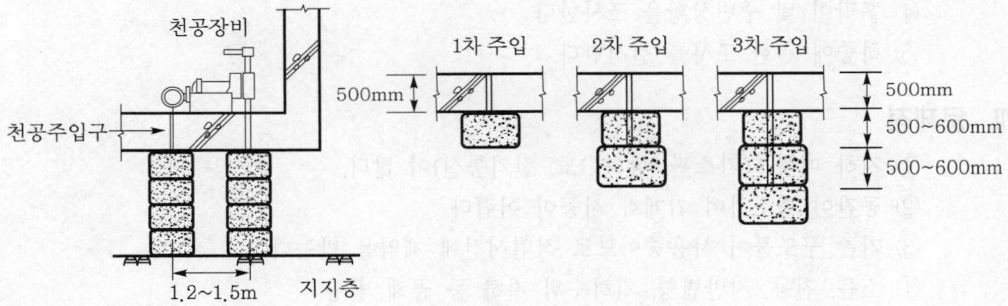

6) 이중널말뚝 공법

① 인접 구조물과 거리가 여유있을 때 이중널말뚝 공법 적용

② 지하수위를 안정되게 유지하여 침하방지

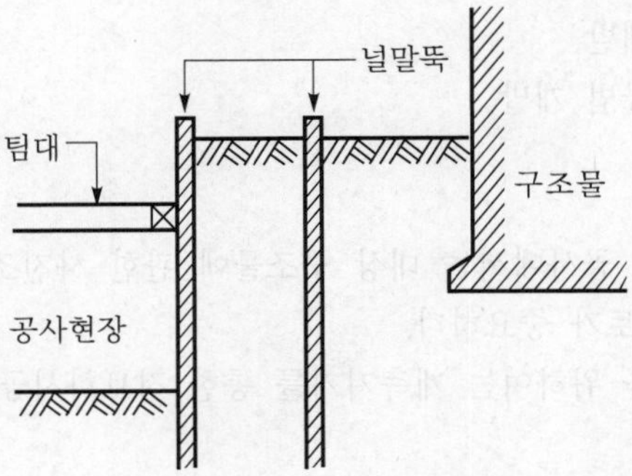

7) 차단벽 공법

① 상수면 위에서 공사가 가능한 경우 적용

② 구조물 하부 흙의 이동을 막음

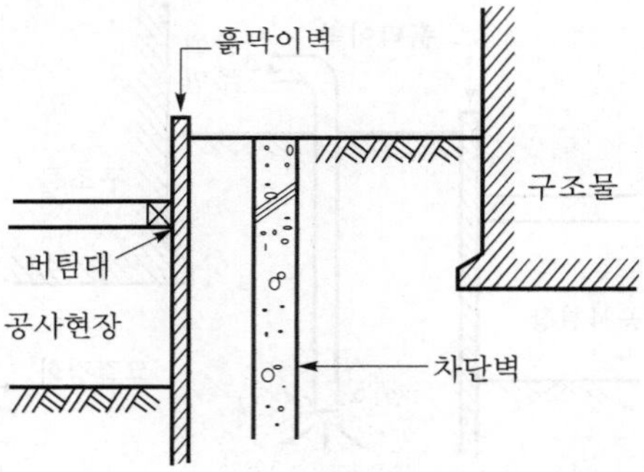

Ⅵ. 시공시 유의사항

① 부등침하가 생기지 않도록 기초형식을 기존의 것과 동일하게 한다.
② 시공시에는 기초의 부등침하가 허용치이내가 되도록 관리한다.
③ 계측관리를 하여 안전에 대비한다.
④ 흙막이 및 주변상황을 조사한다.
⑤ 하중에 관한 조사를 실시한다.

Ⅶ. 문제점

① 지하 매설물(가스관, 상하수도, 전기통신)이 많다.
② 공간이 협소하여 기계화 시공이 어렵다.
③ 기존 구조물이 사용중이므로 작업시간에 제약을 받는다.
④ 소음, 진동, 지반변형, 지하수위 저하 등 공해 발생

Ⅷ. 개발방향

① 지하 지형도 작성
② 소규모 기계 개발
③ 계측관리기 개발
④ 저공해성 시공법 개발

Ⅸ. 결론

① Underpinning 공사에서는 대상 구조물에 관한 사전조사 및 하중받이 바꿈에 관한 충분한 검토가 중요하다.
② 변위의 측정을 위하여는 계측기기를 통한 정보화시공이 필요하다.

18 교량의 기초공법

Ⅰ. 개요

① 교량의 기초공법에 기성말뚝기초, 현장타설 Con'c 말뚝기초인 Pier 기초, Open Caisson 기초 등이 있으나 보통 RCD 공법과 Open Caisson 기초가 사용된다.

② 기초공법 선정시 시공성, 경제성, 내구성, 지반상태 등을 고려하여 작용하중에 대한 안전성에 유의하여 선택한다.

Ⅱ. 기초공법의 분류

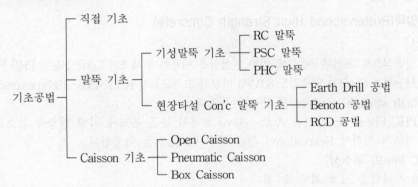

- 기초공법
  - 직접 기초
  - 말뚝 기초
    - 기성말뚝 기초
      - RC 말뚝
      - PSC 말뚝
      - PHC 말뚝
    - 현장타설 Con'c 말뚝 기초
      - Earth Drill 공법
      - Benoto 공법
      - RCD 공법
  - Caisson 기초
    - Open Caisson
    - Pneumatic Caisson
    - Box Caisson

Ⅲ. 기성말뚝 기초

1. RC 말뚝(Centrifugal Reinforced Concrete Pile)

1) 특성

① 공장제작으로 단면은 중공 원통형이고 보통 RC 말뚝이라 부르며, 주로 기초 말뚝에 쓰임.

② 지름 200~500mm 정도, 두께 40~80mm 정도

③ 길이는 15m 정도까지만 만들 수 있으나, 보통 5~10m 정도가 쓰임

④ 허용 압축강도는 8MPa 이하

⑤ 원심력으로 Con'c를 다지며, 증기 양생으로 제조

2) 장점

① 재료가 균질하고, 강도가 큼

② 말뚝길이는 15m 이하가 경제적

③ 선단 지반에의 접착성이 우수

3) 단점

① 말뚝 이음부분에 대한 신뢰성이 비교적 적다.

② 중량물이며 보존, 운반, 박기 등에 주의가 필요하다.

③ 말뚝박기시 항타를 하기 때문에 말뚝 본체에 균열이 생기기 쉽다.

2. PSC 말뚝(Prestressed Concrete Pile)

1) 프리텐션방식 원심력 PSC 말뚝(Pre-tensioning Centrifugal PSC Pile)

① 사전에 PS 강재에 인장력을 주어 놓고, 그 주위에 Con'c를 쳐 경화후 PS 강재를 절단하여 PS 강재와 Con'c의 부착으로 프리스트레스를 도입하는 방법

② 말뚝지름 : 300~1,200mm

2) 포스트텐션방식 원심력 PSC 말뚝(Post-tensioning Centrifugal PSC Pile)

① Con'c 타설 전에 쉬즈(sheath)관을 설치하고, Con'c 경화후 쉬즈관내에 PS 강재를 넣고 긴장하여 단부에 정착시켜 프리스트레스를 도입하고, 쉬즈관내를 시멘트 Grouting하는 방법

② 말뚝지름 : 500~1,800mm

3. PHC 말뚝(Pretensioned High Strength Concrete)

1) 특성

① 일반적으로 프리텐션방식에 의한 원심력을 이용하여 제조된 Con'c Pile로 PHC Pile에 사용하는 Con'c는 압축강도 80MPa 이상의 고강도로서 KS F 4306-1988(pretensioned high strengh concrete)에 규정되어 있다.

② PHC Pile용 PS 강선은 Auto-clave 양생시 높은 온도에 의한 긴장력 감소를 방지하기 위하여 Relaxation이 작은 특수 PS 강선을 이용한다.

2) PHC Pile의 우수성

설계 지지력을 크게 취할 수 있다.

① PHC Pile의 Con'c 설계기준강도는 80MPa로 종래의 PSC Pile 설계기준강도(50MPa)보다 크게 증진한다.

② Auto-clave 양생에 의해 골재와 Cement Paste와의 결합이 극히 강하기 때문에 타격력에 대하여 큰 저항력을 가진다.

③ Auto-clave 양생으로 주문을 받고 늦어도 2일후에는 납품이 가능하기 때문에 공사에 차질이 없어 경제적인 설계가 가능하다.

④ 같은 크기, 같은 배근의 PSC Pile과 PHC Pile을 비교해 보면 축방향의 하중을 받으면서 휨을 받는 저항력은 PHC Pile쪽이 훨씬 더 높은 안전율을 갖고 있다. 즉 휨에 대한 저항력이 크다.

⑤ 원심력 공시체에 의한 실험결과에 의하면 Auto-clave 양생한 Con'c는 다른 Con'c와 비교해서 Creep 및 건조수축이 상당히 작다.

⑥ Auto-clave에 Cement 경화체의 구성이 긴밀하여 Cement Paste와 골재와의 밀착이 강하기 때문에 내약품성이 뛰어나다.

4. 시공시 유의사항

① 말뚝 항타시 지반 중간에 전석층, 호박돌이 있을 때 타격주의

② 말뚝의 수직을 유지할 것

③ 보관, 운반, 타입시 균열에 주의

④ 말뚝 두부처리 및 이음매처리 철저

Ⅳ. RCD(Reverse Circulation Drill) 공법

1) 정의

① 독일의 자르츠타사와 Wirth사가 개발

② 리버스 서큘레이션 드릴로 대구경의 구멍을 파고, 철근망을 삽입하여 Con'c를 타설하여 현장타설 말뚝을 만드는 공법

③ 보통의 로터리식 보링 공법과는 달리 물의 흐름이 반대이고, 드릴 로드의 끝에서 물을 빨아올려 굴착토사를 물과 함께 지상으로 올려 말뚝구멍을 굴착하는 공법으로 역순환 공법 또는 역환류 공법이라고도 한다.

2) 특징

① 장점

㉠ 시공속도가 빠르고, 유지비가 비교적 경제적

㉡ 수상작업(해상작업) 가능

㉢ 타공법에서 문제가 많은 세사층도 굴착가능

② 단점

㉠ 정수압 관리가 어렵고, 적절하지 못하면 공벽붕괴 원인

㉡ 다량의 물 필요

㉢ 호박돌층, 전석층, 피압수가 있는 층은 굴착 곤란

3) 시공순서 Flow Chart

표층 Casing 세우기 → 굴 착 → 철근망 넣기 → Tremie관 세우기

Con'c 타설 → 표층 Casing 인발

4) 시공시 유의사항

① 지하수위보다 2m 이상 물을 채워 공벽에 20kPa 이상의 정수압을 유지한다.

② 굴착속도가 너무 빠르면 공벽붕괴의 원인이 되므로 굴착속도를 지킨다.

③ Tremie 선단은 공저에서 100~200mm 띄워둔다.

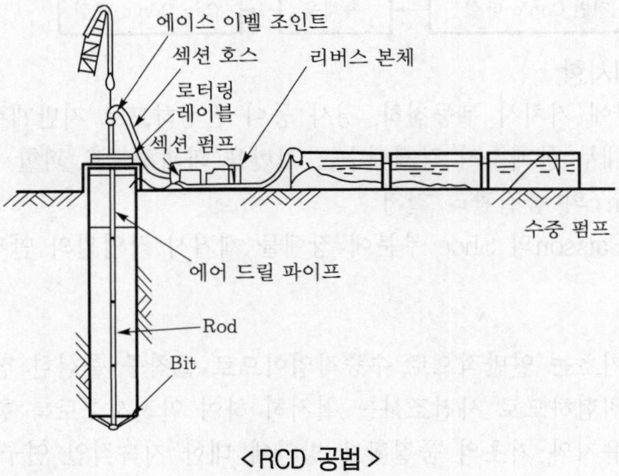

<RCD 공법>

Ⅴ. Open Caisson(우물통 기초) 공법

1) 정의

① Open Caisson 공법이란 상하단이 개방된 상통(箱筒)을 지표면에 거치한 후 통내(筒內)를 통하여 지반토를 굴착하여 소정의 지지층까지 침설하는 공법을 말한다.

② 일반적으로 교량기초, 고가교, 기계기초 등에 많이 사용하며, 근입심도는 15~20m 정도가 가장 유리하다.

2) 특징

① 장점

㉠ 시공설비가 간단

㉡ 공사비가 적게들어 경제적

㉢ 소음에 의한 공해가 거의 없다.

② 단점

㉠ 침하속도가 일정하지 않아 능률 저하

㉡ 굴착중에 장애물(호박돌, 전석) 제거 곤란

㉢ 굴착중 Shoe 선단의 하부 굴착시 Caisson의 경사변위가 자주 발생

㉣ 침설중 주변지반의 교란으로 인접구조물에 악영향 발생

㉥ 지지력 측정 곤란

3) 거치방식의 종류

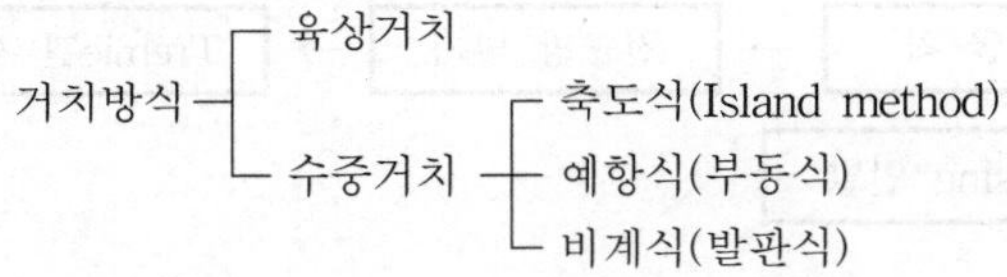

4) 시공순서 Flow Chart

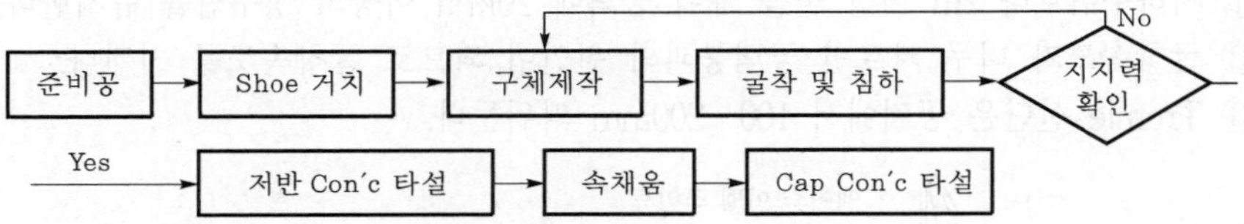

5) 시공시 유의사항

① 연약지반에 거치시 부등침하, 경사 등이 발생하므로 지반개량이 필요

② 우물통 내부 물배수시 강제배수는 지반을 파괴하므로 피할 것

④ 수중 Con'c의 품질관리 철저

⑤ 굴착중 Caisson의 Shoe 부분에 장애물 제거시 작업원의 안전확보에 유의

Ⅵ. 결론

① 교량의 기초는 일반적으로 수중작업이므로 굴착중 출현한 장애물처리 및 제거가 어렵고 위험하므로 사전조사를 철저히 하여 안전시공토록 한다.

② 수직도 유지와 기초의 품질확보 방안에 대한 지속적인 연구가 시급하며, 시공성이 좋은 장비의 개발이 이루어져야 한다.

19 지하관거 기초형식 및 매설공법

Ⅰ. 개요

① 지하에 매설되는 암거는 보통 긴 연장에 걸쳐 매설되는 경우가 많으므로 여러 종류의 토질에 각각 적응할 수 있는 기초 공법을 채택해야 한다.

② 관매설방식에는 Open Cut 공법이 주로 사용되나 지반의 상태나 주변 구조물과의 관계를 고려하여 공법을 결정한다.

Ⅱ. 기초형식 선정시 고려사항

① 현장 토질조건

② 원형관의 종류

③ 매설 심도

④ 시공성 및 경제성

Ⅲ. 기초형식

1) 직접기초

① 지반이 극히 양호한 경우, 원지반 위에 관을 포설하는 방식이다.

② 자갈, 암반 등의 지반에는 부적합하다.

③ 시공성이 양호하다.

④ 시공속도가 빠르다.

⑤ 공사비 절감효과가 있다.

2) 자갈기초

① 지반이 좋은 곳에 40mm 이하의 매설관 기초에 사용된다.

② 자갈층의 두께는 20~30cm로 한다.

③ 굴착면에 양질의 자갈포설로 시공성 양호

3) 쇄석기초

① 비교적 연약한 점토, 실트층 등에 사용된다.

② 쇄석은 탬퍼 등으로 충분히 다져 기초지반에 정착시킨다.

③ 이 기초는 다짐을 철저히 하지 않으면 그 효과를 기대할 수 없다.

④ 시공불량에 따른 암거에 악영향을 미친다.

4) 침목기초

① 관 1개에 대하여 2~3곳에 침목을 배치, 그 위에 관을 놓고 쐐기로 관을 안정시키는 공법이다.

② 보통 지반에서 관거의 구배를 정확히 유지하고, 접합을 용이하게 유지하기 위한 목적으로 사용된다.

③ 지하수위가 높은 곳은 곤란하다.

④ 침목의 부식우려가 있다.

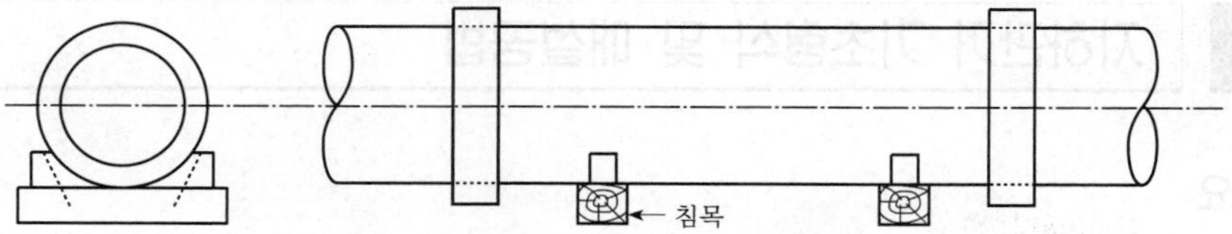

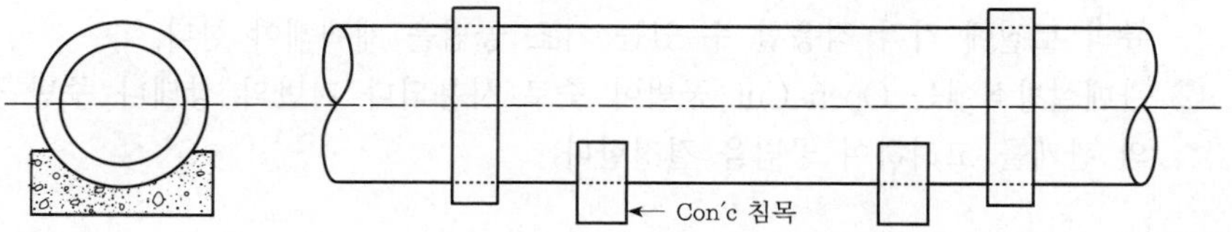

5) 사다리 기초
① 지반이 연약하고 용수가 있으며, 관거의 부등침하가 예상될 때
② 비계목을 사다리형으로 설치한 후 그 위에 관을 부설하는 공법
③ 지반이 연약한 곳에 많이 사용
④ 지하수 영향으로 부식 우려

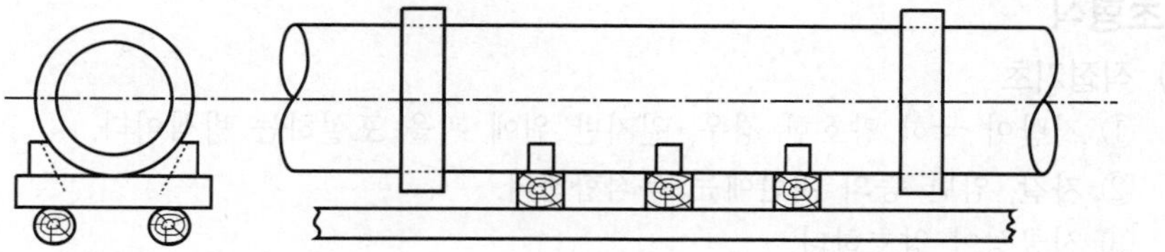

6) 콘크리트 기초
① 지반이 매우 연약하고, 부등침하의 우려가 있는 곳에 사용
② 지반상에 자갈 또는 조약돌층을 놓고, 그 위에 무근 혹은 철근 콘크리트를 타설
③ 공사비 고가
④ 양생에 따른 공기 지연
⑤ 암거 기초 공법 중 가장 신빙성 있는 공법

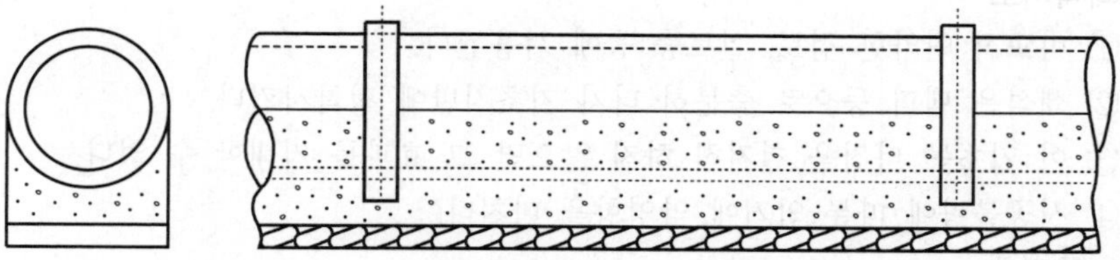

7) 말뚝기초
① 지반이 연약하여 부등침하의 우려가 있는 곳에 대구경의 관거매설시 적용
② 철근콘크리트 말뚝이 많이 사용된다.
③ 공사비가 고가
④ 관로 변위발생에 따른 문제점 발생시
⑤ 특수한 공종에만 적용

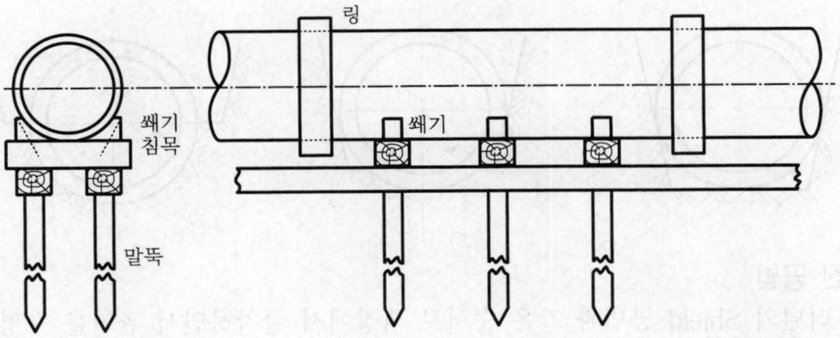

Ⅳ. 암거매설시 파괴원인

1) 부등침하

① 지반의 부등침하에 의한 관형 암거의 국부적인 균열, 파손

② 관형 암거의 이음부 파손

2) 측방유동

① 연약지반상에 시공된 관형 암거가 지반활동에 의한 측방향으로 유동됨에 따라 파손 발생

② 측방유동에 의한 관로 이탈

3) 부력

① 지하수위 상승에 따른 암거 부상

② 부력 작용으로 관로 파손

4) 진동, 충격

① 상부하중 작용에 따른 진동 및 충격에 의한 암거 파손

② 되메우기 작업시 국부적인 충격 발생

5) 지반활동

관형 암거 시공현장에 점성토지반의 연약층이 존재할 때 하중 증가에 따른 지반활동으로 암거 파손

6) 설계 부적정

설계시 제정수 적용 잘못으로 구조물의 강도 저하

7) 기초 불량

관형 암거시공에 적용되는 기초 공법의 부적정으로 암거 파손 유발

Ⅴ. 매설 공법

1) Open Cut 공법

① Trench를 파서 관거를 매설한 후에 되메우는 공법

② 지반이 연약하거나 굴착깊이가 깊은 경우는 적정한 흙막이를 시공한 후에 굴착한다.

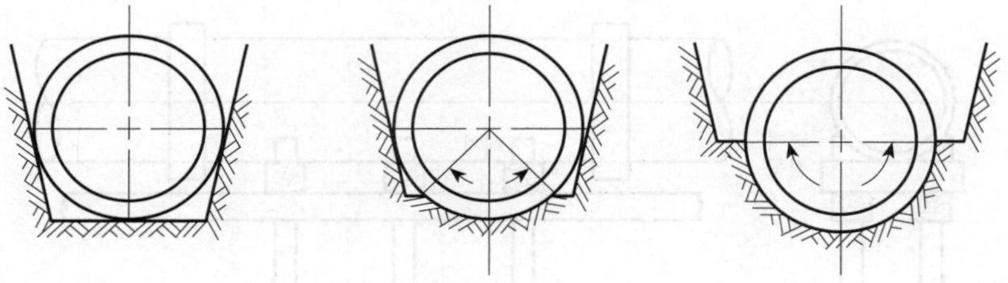

2) 추진 공법
   ① 터널의 Shield 공법과 같은 순서로 막장에서 굴착하면서 관거를 수평방향으로 추진시키는 공법
   ② 교통량이 많은 도로나 건물의 지하를 통과할 경우, Open Cut에 의한 시공이 불가능할 때 채용된다.
   ③ 매설깊이가 큰 곳에서는 Open Cut보다 저렴하고 안전하게 시공할 수 있다.
   ④ 곡관의 부설이 어렵고, 연장이 길어지면 선단 및 주변부의 마찰저항에 의해 추진이 어렵다.

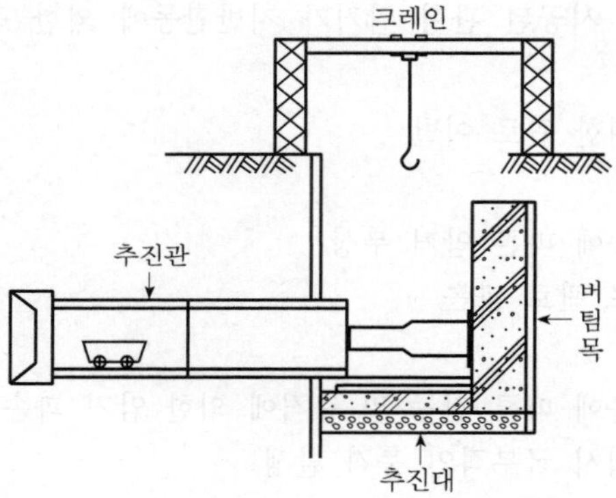

3) Front Jacking 공법
   ① 개착에 의하지 않고 관거를 Jack으로 잡아당겨서 부설하는 공법
   ② 관 속의 버럭 반출은 인력이나 트롤리로 한다.

Ⅵ. 매설시 유의사항

1) 지반조사
   ① 연약지반 존재 여부
   ② 단층, 절리상태 파악
   ③ 지반활동 가능성 파악
2) 관기초 선정
   ① 상수관의 특성 고려
   ② 지반조건에 따른 기초 선정
   ③ 상수도관에 미치는 영향
3) 지중 구조물 조사
   ① 굴착에 따른 안전성 확보

② 지중 통신선, 가스관 등 지중 구조물 조사
③ 지중 구조물의 현황도 작성

4) 이음부 시공
① 이음부 볼트 체결
② 이음부 Packer 시공
③ 필요시 콘크리트 보강
④ 수밀성 확보

5) 굴착토처리
① 굴착토의 교통 통행지장 여부
② 함수비 높은 토사인 경우 사토처리

6) 굴착면 보호
① 굴착면 붕괴방지
② 가설 흙막이 시공
③ 교통 통행량 많은 지역 통행차량 안전 확보

7) 되메우기 작업
① 양질 토사 사용
② 이음부 되메우기는 이음부가 손상되지 않게 시공
③ 되메우기 토사는 관로에 직접낙하방지

8) 곡선부 시공
① 곡선부 수격작용에 대비한 보강조치
② 곡면부에 콘크리트로 보강실시

9) 지하수처리
① 차수 공법 적용
② 약액주입 실시
③ 배수 공법

10) 안전관리
① 안전관리자 현장상주
② 교통 통제원 배치
③ 안전교육 실시
④ 야간차량 유도등 설치

Ⅶ. 결론

① 기초공이 불안정하면 관거의 부등침하가 생기고, 이음이 파손되어 관거의 파괴에까지 이르므로 관거의 크기, 노면하중, 매설깊이 등을 고려해서 적절한 기초공을 시행해야 한다.

② 도심지내의 지하관거 부설공사가 불가피한 점을 고려할 때 교통량, 지반상태, 입지조건 등을 고려하여 주변환경에 대한 영향을 최소화할 수 있고, 안전성과 경제성이 높은 매설 공법의 개발이 필요하다.

20 Pipe Jacking 공법

Ⅰ. 개요

① Pipe Jacking 공법은 상·하수도관 매설시 각종 포장도로, 철도, 제방, 하천 및 장애물 횡단으로 인하여 Open Cut 공법이 불가능한 경우 타매설물이나 차량통행에 지장을 주지 않는 무진동 추진 공법으로 강관이나 콘크리트흄관을 수평 매설하는 공법이다.

② 특히 하수관이나 상수관 매설시 통행이 빈번하고 협소한 시가지 공사에서 교통에 지장을 최소화하고 지장물을 보호하여 공기단축 뿐만 아니라 안전시공에 일조하고 있다.

Ⅱ. 공법의 종류

1) 유압식 공법(hydraulic oil pressure jacking method)

① 대형구경으로 타격식이 비능률적일 경우로서 암반층 및 지하장애물이 많은 경우에 적용한다.

② 유압 Jack을 Hydraulic Oil Pump에 연결하여 Casing Pipe가 균일하게 추진한다.

③ Con'c 반력벽은 유압 Jack의 힘을 지지할 수 있도록 철근콘크리트로 만들며 유압 Jack 취부면에는 10cm 두께의 Steel Plate를 부착한다.

④ Space Block은 H-beam 또는 강관(T=30mm 이상)으로 제작하되 유압 Jack의 1회 Strok 범위 이내에 사용할 수 있도록 제작하여야 하며, 추진작업중 연속하여 유압 Jack과 추진관 사이에 끼운다.

⑤ Casing Pipe의 시공중 침하를 방지하기 위하여 기초를 타설한다.

⑥ Casing Pipe 속에 상·하수도관을 매설하고, 나머지 공간에 Grouting을 실시하여 지반침하에 대비한다.

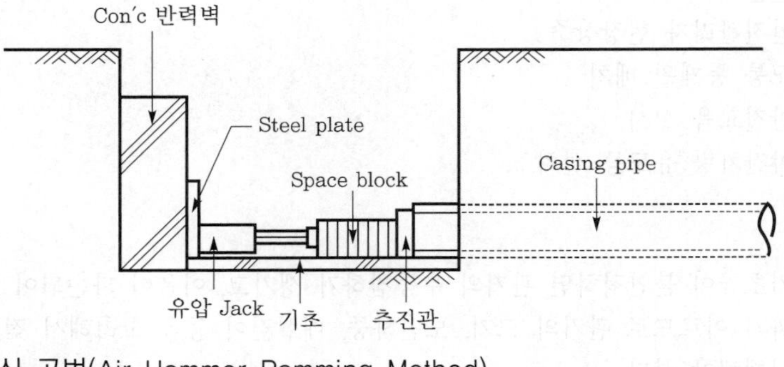

2) 타격식 공법(Air Hammer Ramming Method)

① 비교적 소형구경으로서 토질이 양호하고 공사기간이 짧은 경우에 유리하며, 반드시 지하장애물이 없는 곳에 적용한다.

② Air Compressor 압축공기의 힘을 Hammer로 전달한다.

③ Hammer의 반력으로 Casing Pipe를 타격한다.
④ Casing Pipe의 끝날을 통해 땅속을 굴진하여 추진한다.
⑤ 굴진완료후 물과 압축공기로 Casing Pipe 내부의 흙을 제거한다.
⑥ Casing Pipe 속에 상·하수도관을 매설하고, 나머지 공간에 Grouting을 실시하여 지반침하에 대비한다.

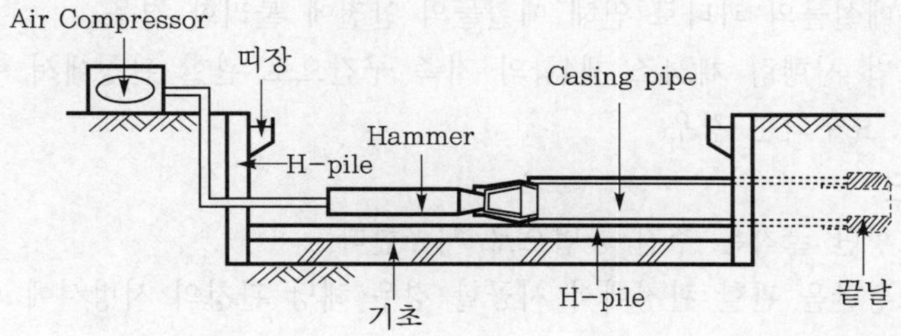

Ⅲ. 특징

1) 지하매설물에 지장을 주지 않음

횡단할 부분을 굴착하지 않고, 수직구를 설치후 반력벽에 의해 압입으로 추진하는 작업으로 지하매설물의 파손이나 손상을 주지 않는다.

2) 차량의 통행 가능

하천이나 도로, 철도 등 굴착없이 횡단하여 시가지에서는 차량의 통행을 원활히 하며, 교통의 흐름에 지장을 주지 않는다.

3) 공기단축

압입에 의해 횡단부를 관통하는 관계로 굴착과 되메움에 따른 공사기간이 상당히 단축된다.

4) 소음 진동 저감

굴착에 따른 대형장비의 운행과 가시설시 파일 항타 등에 따른 소음·진동을 저감할 수 있다.

5) 기존지반 이완방지

횡단할 부위의 기존지반을 굴착하지 않으므로 인해 지반의 이완이 없이 지반의 침하나 유실을 방지할 수 있다.

6) 적용의 제한성

최대로 추진할 수 있는 길이는 300~400m로 제한을 받는다.

7) 별도 반력벽 설치

① 소요추진력을 산정한 후 추진력에 부응할 수 있는 강도의 반력지지벽이 필요하다.
② 반력지지벽은 일반적으로 무근콘크리트로 시공 설치하고, 추진기지 공간확보에 어려움이 있거나, 지반조건이 불량하거나 또는 소요추진력이 매우 큰 경우에는 철근콘크리트를 설치 및 시공하여야 한다.

8) 지반조건 따라 추진 불가능

지반조건에 따라 추진이 불가능할 경우도 있다.

Ⅳ. 적용성

1) 도로횡단

도로횡단 굴착은 주로 Open Out 공법을 사용하나 다음과 같은 특수한 경우에 추진 공법으로 시공한다.

① 교통량이 많아 Open Out 공법으로 시공시 교통체증 및 민원이 야기될 경우

② 지하매설물의 과다로 인해 매설물의 안전에 불리한 경우

③ 도로법 시행령 제24조 제4항의 저촉 구간으로 관할 관청에서 추진 공법으로 시공이 요구되는 경우

2) 철도횡단

① 철도횡단 굴착은 추진 공법으로 시공한다.

② 철도횡단을 관할 관청에서 시공할 경우 해당 관청의 시방서에 의한다.

3) 하천, 수로, 연약지반 횡단

하천, 수로, 연약지반, 유수량, 작업조건 등을 고려하여 추진 공법이 시공성, 경제성 측면에서 유리할 때 추진 공법으로 시공한다.

4) 지하장애물 횡단

① 지하장애물을 통과하는 경우에는 지하장애물의 크기가 2m 이상일 경우에는 원칙적으로 추진 공법으로 시공한다.

② 토질조건 및 지하장애물의 견고성에 따라 Open Out 공법이 가능할 경우는 예외로 할 수 있다.

Ⅴ. 시공순서 Flow Chart

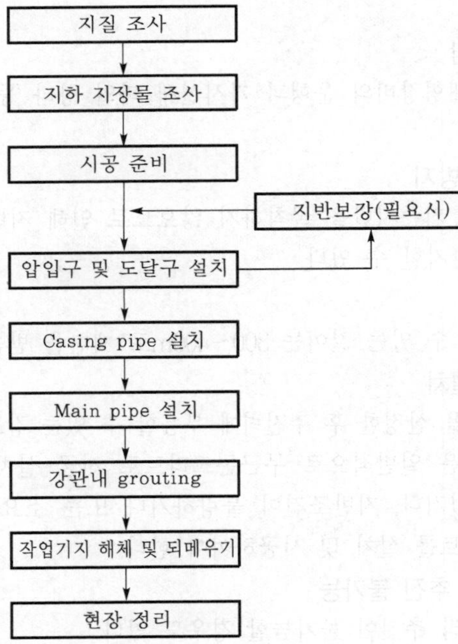

Ⅵ. 시공시 유의사항

1) 유압잭(hydraulic jack)의 용량

추진대상 지반 종류에 따라 유압잭(hydraulic jack)의 용량을 선정하여 소요추진력에 대응할 수 있는 용량의 유압기(hydraulic unit)를 선정하여야 한다.

2) 적정규모의 추진기지 설치

유압잭킹 추진공을 시행하기 위해 현장 여건에 다른 적정규모의 추진기지 설치가 필요하다.

3) 반력지지벽

① 소요 추진력을 산정한 후 추진력에 부응할 수 있는 강도의 반력지지벽이 필요하다.

② 반력지지벽은 일반적으로 무근콘크리트로 시공설치하고, 추진기지 공간확보에 어려움이 있거나 지반조건이 불량, 또는 소요추진력이 매우 큰 경우에는 철근콘크리트로 설치 시공한다.

4) 토피고

① 추진관 레벨(level)은 토피로부터 최소한 추진관경의 1.5배 이상을 유지하여야 한다.

② 토피고의 여유가 부족할 경우는 사전 지반조사가 충분히 이루어져야 하며, 시공과정에서 선추진, 후굴착 방식을 통해 굴착지반의 안정을 도모하여야 한다.

③ 만일 추진대상 지반이 고사점토나 견질풍화토 이상의 조건일 경우는 여유있는 토피고를 필히 확보해야 한다.

5) 지장물조사

공사 착수전에는 필히 지하매설물을 조사하여 도면화 하고, 추진부분과의 간섭여부를 면밀히 검토하여야 한다.

6) 지반조건

추진구역의 지반을 조사하여 굴진시 발생할 수 있는 문제점을 미연에 방지한다.

7) 지하수

굴진시 지하수에 의한 붕락과 침하로 인한 문제가 발생할 수 있으므로 사전에 지하수의 상태를 조사하고, 지하수 유출에 따른 계획을 수립하여야 한다.

Ⅶ. 결론

① 공법선정시는 지반여건, 공사규모, 공기, 주변상황 등을 면밀히 검토하여 적정한 공법을 선정하여 공기 단축과 공사비 절감을 하여야 한다.

② 특히 도심지 주택가에서의 작업시는 민원의 발생을 억제하고 주변지반의 침하나 구조물의 변형이 없도록 하여야 하며, 사람의 통행이나 차량의 통행에 지장을 초래하지 않는 공법을 선정하여 안정성이 우선하는 공법을 선정해야 한다.

21 하수관거 문제점 및 대책

Ⅰ. 개요

① 하수관거는 일반적으로 동력방식보다는 자연유하방식으로 오수 또는 우수를 이동시킬 목적으로 설치되는 구조물을 말한다.

② 하수관거는 외압에 대한 충분한 강도를 가지고, 내구성과 내마모성이 우수한 제품을 선정 및 시공하여야 한다.

Ⅱ. 하수관거의 요구조건

① 외압에 대한 충분한 강도를 가질 것
② 내구성, 내마모성이 좋을 것
③ 이음부 시공이 용이할 것
④ 수밀성과 신축성이 높을 것
⑤ 중량이 작고, 운반 및 설치 공사에 지장이 없을 것

Ⅲ. 하수관거의 종류

① 콘크리트 흄관 ② PSC관 ③ PE관

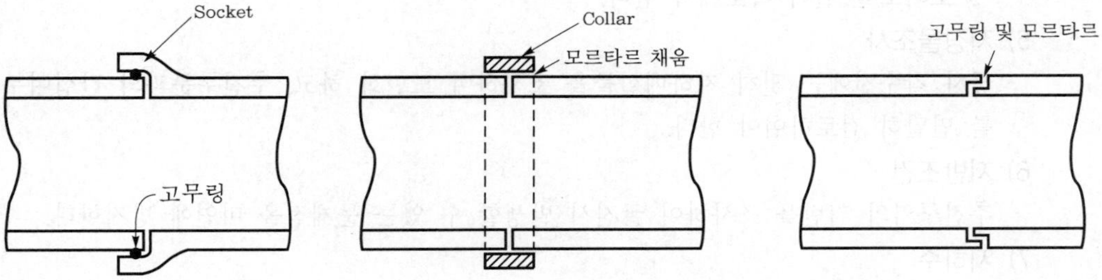

(a) Socket 방식 (b) Collar 방식 (c) 장부식

<하수관거 접합방법>

Ⅳ. 문제점

1) 인접구조물의 침하
① 하수관거 공사 주위의 인접구조물에 침하 발생
② 인접구조물에 균열·붕괴 발생

2) 지하매설물의 침하·균열
① 도시 Gas관, 수도관, 통신관 등의 침하로 인한 위험 요소 증가
② 지하매설물의 파손으로 인한 대형사고 우려

3) 지반붕괴
① 하수관거 설치 위한 토공사 굴착시 주위 지반붕괴 우려
② 지반붕괴로 인한 주위 도로붕괴

4) 도심지 교통체증
① 도심지 공사로 인한 교통체증 유발
② 한 개의 차선을 통제함으로 인해 차량 정체 발생

5) 지하수 유출
① 지하수 유출로 인해 주변도로의 물고임 현상으로 통행인 불편초래
② 주변 도로의 침수로 인한 교통체계 혼란 야기

6) 소음·진동 발생
① 굴착작업 등으로 인해 소음·진동·분진·악취 등 발생
② 환경적인 면에서 주변 주민 및 통행인들에게 불쾌감 초래

Ⅴ. 대책

1) 사전조사 철저
① 주위 토질 및 주변 인접건물 등에 대한 면밀한 사전조사 실시
② 지하매설물에 대한 각 관공서 협조하에 사전조사 철저히 시행

2) 시공계획 수립
① 공정관리계획 수립
② 품질관리계획 수립
③ 원가관리계획 수립
④ 안전관리계획 수립
⑤ 환경관리계획 수립

3) 계측기 설치
① 주변구조물에 대한 계측기 설치 및 관리 철저
② 주변 가시설물에 대해서도 계측 실시

4) 지반에 맞는 설계 및 시공
① 정확한 설계가 되었는지 면밀히 검토하여 시공에 임함
② 정확한 설계후 철저하고, 완벽한 시공 실시

5) 주변 민원 해결
① 민원 발생시 막대한 공기에 차질이 우려
② 지역 주민 설명회 등을 거쳐 주변 민원과의 우호적인 관계 유지

6) 관련 기관과의 협조 의뢰
① 도시관, 수도관 등의 관련 기관과 협의
② 통신관 등에 대해서도 각 관공서에 협조의뢰문 발송후 상호 협의하여 시공 실시

7) 교통계획 체계 수립
① 경찰서 교통부서와 의뢰하여 교통체증 유발 요소 제거
② 교통량이 많은 시간 등을 피하여 공사 진행

8) 하수관거 시방서 적용
① 현장에서 시방서대로 정확하게 시공할 것
② 특기 시방서에 명시한 내용도 정확히 숙지후 시공

Ⅵ. 하수관의 시공검사

1) 하수관검사
① 현장에 반입된 관의 성능 검사표 점검
② 균열, 변형, 파손 여부 점검
③ 본래의 형상 유지 점검

2) 관 기초검사
① 사용 관거에 따른 기초 선정
② 모래 기초, 자갈 기초, 침목 기초, 콘크리트 기초 등의 상태검사
③ 사용 재료, 두께, 규격 등

3) 구배검사
① 하수관로의 구배 검토
② 유입, 유출구의 수준측량 자료 확인

4) 접합부검사
① 관종류에 따른 접합방법 검토
② Socket 연결, Collar 접합
③ 접합부 수밀성 검사
④ 연막검사

5) 관 내부검사
① CCTV에 의한 관로 내부검사
② 이음부 및 불량부위 촬영
③ 대구경의 관로인 경우 인력에 의한 직접육안검사

6) 균열검사
① 현장 반입관거의 균열 발생 검사
② 시공된 관로의 균열 발생 여부

7) 부속품점검
① 맨홀과의 접합부 시공검사
② 연결관과의 접합부
③ 접합부 Collar, 고무링 등 검사

Ⅶ. 하수관거의 수밀시험(Leakage Test)

1) 시험목적
① 지하수오염 방지
㉠ 오수관 접합부의 불량은 오수가 외부로 유출되어 지하수 및 토양을 오염시킨다.
㉡ 지하수가 오수관 내부에 유입되어 오수량이 증가되고 농도의 저하로 인해 박테리아가 소멸되어 오수처리 기능이 저하되고, 오수처리 비용이 증가되는 등의 문제점을 억제하는 목적이 있다.
② 도로 굴착 복구 억제 효과

③ 교통체증 방지 효과

④ **부실공사 방지** : 관 접합부의 수밀검사를 통하여 부실시공을 방지하고 시공관리를 철저히 하여 국가경쟁력을 키우는데 목적이 있다.

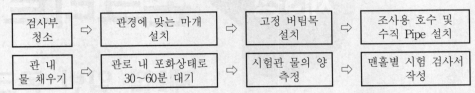

⑤ 주변 구조물 보호

2) 시험순서

검사부 청소	⇨	관경에 맞는 마개 설치	⇨	고정 버팀목 설치	⇨	조사용 호수 및 수직 Pipe 설치
관 내 물 채우기	⇨	관로 내 포화상태로 30~60분 대기	⇨	시험관 물의 양 측정	⇨	맨홀별 시험 검사서 작성

3) 시험방법

① 관로 내 검사기 설치부분 양쪽을 청소

② 공기 파이프를 위쪽에 설치하여 물 주입시 공기가 잘 빠지도록 한다.

③ 수밀시험기에 공기 주입시 적정 공기 압력표를 참조하여 필히 계기를 확인한다(버팀목 대용 볼트를 조인다).

④ 물을 서서히 주입하여 관로 내에 기포가 차지 않도록 한다.

⑤ 물이 차서 공기 파이프로 나오면 약간의 물을 빼서 내부의 압력을 최소화한다.

⑥ 수압에 의하여 수밀시험관에 물이 가득하면 30분 이상 콘크리트관이 포화되도록 방치한다.

⑦ 수밀시험관의 수두와 관로 상단부를 1m 되도록 유지하며, 줄어든 물을 채워준 후 5분 간격으로 10분 동안 누수 허용량 이상 줄지 않을 경우 합격으로 한다.

4) 관경별 누수허용량

관경(mm)	250	300	400	500	600	700	800
허용량(l/m)	0.042	0.05	0.067	0.083	0.10	0.117	0.133
검사기간(분)	10						

Ⅷ. 결론

① 도심지 하수관거 정비공사에 있어 많은 시공시 주변 민원 및 관련 관공서와의 협조로 문제점을 사전에 방지하여야 한다.

② 특히, 교통체증이 일어나지 않도록 세심한 배려가 필요하다.

제3장 콘크리트

제1절 일반 콘크리트

문제1 콘크리트공사 시공계획
문제2 철근공사
문제3 콘크리트 중 철근의 부식원인과 방지대책
문제4 거푸집 및 동바리의 설치 및 해체시 유의사항
문제5 시멘트의 종류 및 품질시험
문제6 골재의 종류 및 품질시험
문제7 콘크리트의 혼화재료
문제8 콘크리트 시공시 품질관리
문제9 레미콘(Ready Mixed Con'c)
문제10 200,000m^3 콘크리트 타설계획
문제11 레미콘의 운반
문제12 콘크리트 펌프의 기능과 압송 타설시 문제점 및 대책
문제13 콘크리트 재료분리의 원인 및 방지대책
문제14 콘크리트 부재의 이음(Joint)
문제15 균열유발 줄눈
문제16 콘크리트의 양생(보양, Curing)
문제17 콘크리트의 배합설계 순서 및 시험
문제18 물결합재비가 콘크리트에 미치는 영향
문제19 굵은 골재 최대치수가 콘크리트에 미치는 영향
문제20 잔골재율이 콘크리트에 미치는 영향
문제21 콘크리트 시험방법 및 검사항목
문제22 콘크리트의 압축강도를 공시체로 추정하는 방법
문제23 콘크리트 구조물의 비파괴시험
문제24 콘크리트 강도에 영향을 주는 요인
문제25 콘크리트 구조물의 균열원인 및 방지대책
문제26 콘크리트 구조물의 균열보수 및 보강대책
문제27 콘크리트의 내구성 저하원인 및 방지대책(열화의 원인 및 대책)
문제28 해사(海砂) 사용에 따른 염해대책
문제29 콘크리트의 탄산화요인 및 대책
문제30 콘크리트 알칼리골재반응
문제31 콘크리트의 건조수축 발생요인 및 방지대책
문제32 콘크리트의 성질
문제33 지하 구조물의 방수공법 종류 및 특성
문제34 Prestressed Concrete
문제35 Prestressed Concrete의 원리
문제36 RC와 PSC의 차이점
문제37 PSC보의 제작 · 시공과정에서 응력변화와 시공상 유의사항
문제38 콘크리트 구조물의 유지관리

일반 콘크리트 과년도 문제

1	1. 콘크리트 구조물을 시공하는 현장소장으로서 시공계획과정에서 점검하여야 할 사항에 대하여 기술하시오. [96전, 30점]
	2. 좋은 콘크리트 구조물을 만들기 위한 시공순서와 주의사항에 대하여 설명하시오. [04중, 25점]
2	3. 철근 콘크리트 기둥에서 띠철근의 역할 및 배치기준에 대하여 설명하시오. [15중, 25점]
	4. 내진설계시 심부구속철근의 정의와 역할 및 설계기준 등에 대하여 설명하시오. [16중, 25점]
	5. 철근의 공칭단면적 [94후, 10점]
	6. 주철근과 전단철근 [02후, 10점]
	7. 정(正)철근과 부(負)철근 [01후, 10점]
	8. 가외철근 [98중후, 20점]
	9. 철근이음의 종류 및 시공시 유의사항에 대하여 설명하시오. [18중, 25점]
	10. 철근의 이음 [97후, 20점]
	11. 철근의 정착(定着)길이와 부착(附着)길이 [96전, 20점]
	12. 철근의 정착길이 [00후, 10점]
	13. 철근의 정착(Anchorage) [07전, 10점]
	14. 철근의 표준갈고리 [03중, 10점]1
	15. 콘크리트 교량의 주형 또는 Slab의 콘크리트 타설시 피복 부족으로 인하여 철근이 노출되었다. 발생원인과 예상문제점 및 대책에 대하여 기술하시오. [01중, 25점]
	16. 콘크리트 피복두께 [99중, 20점]
	17. 철근의 피복두께와 유효높이 [04중, 10점], [00후, 10점]
	18. 보의 유효높이와 철근량 [06후, 10점]
	19. 철근 콘크리트 보의 철근비 규정 [05후, 10점]
	20. 철근과 콘크리트의 부착강도 [11전, 10점]
	21. 콘크리트의 인장강도 [10중, 10점]
3	22. 콘크리트 중 철근 부식의 원인과 방지대책에 대하여 설명하시오. [05중, 25점]
	23. 철근 콘크리트 구조물의 철근 부식 방지를 위한 에폭시코팅기술의 원리 및 장단점에 대하여 설명하시오. [16전, 25점]
	24. 콘크리트의 방식공법 [97전, 20점]
	25. 강재의 방식공법 [97전, 20점]
	26. 강재의 전기방식(電氣防蝕) [11전, 10점]
	27. 비말대와 강재부식속도 [04중, 10점]
4	28. 거푸집과 동바리공의 安定性 및 시공상 注意點 [96중, 20점]
	29. 콘크리트공사에서 거푸집 및 동바리의 설치·해체시의 시공단계별 유의사항에 대하여 설명하시오. [05중, 25점]
	30. 가설공사에서 강관비계의 조립기준과 조립 해체시 현장안전 시공을 위한 대책을 설명하시오. [13중, 25점]
	31. Pipe Support와 System Support의 장·단점 및 거푸집 동바리 붕괴 방지대책에 대하여 설명하시오. [17중, 25점]

일반 콘크리트 과년도 문제

4	32. 거푸집과 동바리의 해체시기와 유의사항을 설명하시오. [18중, 25점] 33. H형 강말뚝에 의한 슬래브의 개구부 보강 [11전, 10점] 34. 콘크리트 구조물 시공시 거푸집 존치기간에 대하여 기술하시오. [06전, 25점] 35. SCF(Self Climbing Form) [96중, 20점], [10후, 10점] 36. LB(Lattice Bar) Deck [09전, 10점] 37. 콘크리트치기 중 동바리의 점검항목과 처짐이나 침하가 있는 경우의 대책에 관하여 쓰시오. [99전, 30점]
5	38. 시멘트의 종류 및 특성에 대하여 설명하시오. [17후, 25점] 39. 시멘트 및 콘크리트의 풍화, 수화, 탄산화를 기술하시오. [03후, 25점] 40. 시멘트의 풍화원인, 풍화과정, 풍화된 시멘트의 성질과 풍화된 시멘트를 사용한 콘크리트의 품질을 설명하시오. [10중, 25점] 41. 시멘트의 풍화 [06전, 10점]
6	42. 경량골재의 종류 [96후, 20점] 43. Pre-Wetting [04중, 10점] 44. 개정된 콘크리트 표준시방서상 부순 굵은 골재의 물리적 성질 [06전, 10점] 45. 골재의 조립률(Fineness Modulus) [01전, 10점], [10전, 10점] 46. 콘크리트 골재의 함수상태에 따른 용어들을 기술하시오. [03후, 25점] 47. 골재의 유효흡수율 [94후, 10점], [01후, 10점] 48. 골재의 유효흡수율과 흡수율 [04전, 10점]
7	49. 콘크리트 시공시 성능강화를 위해 첨가되는 혼화재료의 사용목적과 선정시 고려사항 및 종류에 대하여 설명하시오. [08후, 25점] 50. Concrete 혼화재와 혼화제의 차이점과 종류 [97중전, 20점] 51. 콘크리트에서 AE제의 역할과 AE제 사용시 유의해야 할 점을 설명하시오. [95후, 25점] 52. 콘크리트 혼화재료로서의 촉진제 [95중, 20점] 53. 유동화제 [95전, 20점], [01전, 10점] 54. 고성능감수제와 유동화제의 차이 [03후, 10점] 55. 플라이애시(Fly Ash) [01후, 10점] 56. 실리카퓸(Silica Fume) [04전, 10점] 57. 잠재수경성과 포졸란(Pozzolan)반응 [03후, 25점]
8	58. 철근 콘크리트 구조물을 시공할 때 품질관리요점에 대하여 설명하시오. [96중, 30점] 59. 콘크리트 구조물공사에서 착공 전 검토항목과 시공 중 중점관리항목을 들고, 설명하시오. [00중, 25점] 60. 콘크리트 구조물의 품질관리(B/P, 재료, 운반, 치기, 저장 등)에 대해 기술하시오. [97중후, 33점] 61. 항만 구조물을 콘크리트로 시공하고자 한다. 콘크리트의 재료·배합 및 시공의 요점을 기술하시오. [04전, 25점] 62. 콘크리트 타설시 거푸집, 철근, 콘크리트검사에 대한 항목을 열거하고, 설명하시오. [99후, 30점] 63. 현장콘크리트 B/P(Batch Plant)의 효율적인 운영방안에 대하여 기술하시오. [05후, 25점] 64. 공사현장의 콘크리트 배치플랜트(Batch Plant)운영방안을 설명하시오. [10전, 25점] 65. 콘크리트 표준시방서에 규정된 시공상세도에 대하여 기술하시오. [98중후, 40점] 66. 철근 콘크리트 구조물 시공시의 안전사고 방지대책에 대하여 설명하시오. [96중, 35점]

일반 콘크리트 과년도 문제

9	67. 레미콘을 공장에서 받아서 현장까지 운반하여 치기 전까지의 품질관리사항을 예시하여 설명하시오. [95전, 33점]
	68. 현장에서 콘크리트 타설시 시험방법 및 검사항목을 열거하시오. [01후, 25점]
	69. 레미콘(Ready Mixed Concrete)의 품질확보를 위한 품질규정에 대해서 설명하시오.[09중, 25점]
	70. 레미콘 현장반입검사 [06후, 10점]
	71. 레미콘제품의 불량원인과 그 방지대책을 설명하시오. [08중, 25점]
	72. 불량레미콘처리 [06전, 10점]
	73. 할렬시험법 [03중, 10점]
	74. 취도계수(脆渡係數) [04중, 10점]
10	75. 1,000,000m^{3}의 Concrete공사시 주요 작업공정 및 관련 장비의 규격과 대수를 산출하시오. [99중, 40점]
	76. 200,000m^3 콘크리트 타설계획을 세우려고 한다. 다음 ( ) 안 조건에 따라 관련 장비의 종류, 규격, 소요수량을 산출하시오. (조건 : 소요공기 10개월, 월 25일, 1일 10시간 작업운반거리 1km) [00중, 25점]
11	77. 레미콘(Ready Mixed Concrete)의 운반시 유의사항을 기술하시오. [97중전, 50점]
	78. 콘크리트 운반 중의 슬럼프 및 공기량의 변화 [00후, 10점]
	79. 콘크리트 운반시간이 품질에 미치는 영향에 대하여 기술하시오. [04후, 25점]
	80. 콘크리트 운반, 타설 전 검토하여야 할 사항을 설명하시오. [13후, 25점]
	81. 레미콘의 운반시간이 콘크리트의 품질에 미치는 영향 및 대책을 설명하시오. [13후, 25점]
	82. 콘크리트 운반 중 발생될 수 있는 품질변화원인과 시공시 유의사항에 대하여 설명하시오. [18중, 25점]
12	83. 콘크리트 펌프의 기능과 펌프크리트 배합에 대하여 설명하시오. [97후, 35점]
	84. 고가(高架) 구조물을 축조하기 위해서 펌프압송 콘크리트로 타설시 예상문제점을 열거하고, 대책을 설명하시오. [00후, 25점]
	85. 콘크리트 펌프카(Pump Car) 사용에 따른 시공관리대책에 대하여 설명하시오. [05중, 25점]
	86. 펌퍼빌리티(Pumpability) [04전, 10점]
14	87. 콘크리트 구조물 시공시 부재이음의 종류를 열거하고, 그 기능 및 시공방법을 설명하시오. [01후, 25점]
	88. 일반 구조물의 콘크리트공사에서 이음의 종류를 설명하고, 이음부 시공시 유의사항을 기술하시오. [04후, 25점]
	89. 콘크리트 구조물 줄눈 [97중후, 20점]
	90. 콘크리트의 시공이음을 설치하는 이유와 설계 및 시공상의 유의사항을 설명하시오. [95중, 33점]
	91. 콘크리트 구조물의 시공이음의 위치 및 시공에 대해서 기술하시오. [98후, 30점]
	92. 콘크리트의 시공이음 [97후, 20점]
	93. 분리이음(Isolation Joint) [05전, 10점]
	94. 콘크리트의 신축이음의 종류를 들고, 문제점에 대하여 설명하시오. [97후, 35점]
	95. 콜드조인트(Cold Joint) [94후, 10점], [01후, 10점], [02중, 10점]
15	96. 균열유발줄눈의 설치목적 및 지수대책과 시공관리시 고려해야 할 내용에 대하여 주안점을 기술하시오. [98중전, 20점]
	97. 콘크리트 구조물 시공시 설치하는 균열유발줄눈(수축줄눈)의 기능을 설명하고, 시공방법에 대하여 설명하시오. [06전, 25점]
	98. 균열유발줄눈 [99전, 20점], [08중, 10점]

일반 콘크리트 과년도 문제

16	99. 콘크리트 구조물의 양생의 종류를 열거하고, 시공상 유의할 사항에 대하여 기술하시오. [07전, 25점] 100. 콘크리트교의 양생과 시공이음기준에 대해 설명하시오. [07후, 25점] 101. 콘크리트의 양생메커니즘과 양생의 종류를 열거하고 각각에 대하여 설명하시오. [11중, 25점] 102. 촉진양생 [04후, 10점]
17	103. 콘크리트의 배합설계방법(시방배합)에 관하여 쓰시오. [96전, 50점] 104. 시멘트 콘크리트의 배합설계방법에 대하여 기술하시오. [99중, 30점] 105. 콘크리트의 시방배합과 현장배합을 설명하고, 시방배합으로부터 현장배합으로 보정하는 방법에 대하여 기술하시오. [07전, 25점] 106. 콘크리트 시방배합과 현장배합 [98중후, 20점], [10중, 10점], [05후, 10점] 107. 배합설계기준강도와 배합강도와의 관계를 설명하시오. [96후, 50점] 108. 콘크리트의 설계기준강도와 배합강도 [02후, 10점], [09후, 10점], [01전, 10점] 109. 배합강도를 정하는 방법 [03전, 10점] 110. 콘크리트 배합강도 결정방법 2가지 [04후, 10점] 111. 프리스트레스용 콘크리트를 배합설계할 때 유의해야 할 사항에 대하여 기술하시오. [01중, 25점] 112. 교각용 콘크리트의 배합설계를 다음 조건에 의하여 계산하고, 시방배합표를 작성하시오. [02후, 25점] (조건 : f_{ck} = 210kg/cm^2, 시멘트의 비중 3.15, 잔골재의 표건비중 2.60, 굵은 골재의 최대치수 40mm 및 표건비중 2.65이고, 공기량 4.5%(AE제는 시멘트무게의 0.05% 사용함), 물시멘트비 W/B = 50%, 슬럼프 80mm로 하며 배합계산에 의하여 잔골재율 S/a = 38%, 단위수량 W = 170kg을 얻었다.) 113. 빈배합 콘크리트의 품질과 용도에 대하여 설명하시오. [10중, 25점]
18	114. 물시멘트比가 굳은 콘크리트의 성질에 미치는 영향을 설명하시오. [94후, 40점] 115. 물시멘트비(比) 결정방법을 설명하시오. [00중, 25점] 116. W/C비 선정방법 [01후, 10점] 117. 물-시멘트비 [10중, 10점] 118. 콘크리트는 물시멘트비가 가장 중요하다. 그렇다면 수화, 워커빌리티 등에 꼭 필요한 물시멘트비와 철근의 고강도화와 관련하여 그 경향에 대하여 설명하시오. [04중, 25점]
19	119. 콘크리트 포장공사에서 골재가 콘크리트강도에 미치는 영향을 설명하시오. [02중, 25점]
20	120. 배합설계에서 잔골재율(S/a)을 설명하고, 잔골재율이 콘크리트 성질에 미치는 영향을 설명하시오. [95후, 25점] 121. 잔골재율 [96전, 20점]
22	122. 콘크리트의 조기강도평가 [00전, 10점] 123. 콘크리트의 강도는 공시체의 모양, 크기 및 재하방법에 따라 상당히 다르게 측정된다. 각각을 기술하시오. [03후, 25점]
23	124. 콘크리트의 압축강도 및 균열을 확인하기 위한 비파괴시험법 및 특성을 기술하시오. [03중, 25점]
25	125. 콘크리트(철근 콘크리트 포함) 구조물에 있어서 균열이 발생하기 쉬운 원인을 열거하고, 그 방지대책을 논하시오. [97중전, 50점] 126. 콘크리트 구조물에 시공상의 요인으로 발생한 균열의 원인과 그 대책을 쓰시오. [94후, 50점] 127. 철근 콘크리트 구조물 시공 중의 균열 발생원인과 균열 방지대책에 관하여 쓰시오. [96전, 40점]

일반 콘크리트 과년도 문제

25	128. 콘크리트 구조물의 시공과정에서 발생하기 쉬운 결함과 그 방지대책에 관하여 쓰시오. [99전, 30점] 129. 콘크리트 구조물공사 중 시공시(경화 전)에 발생하는 균열의 유형과 대책에 대하여 기술하시오. [07중, 25점] 130. 시공공정에 따른 콘크리트의 균열저감대책을 기술하시오. [04전, 25점] 131. 콘크리트에서 발생하는 균열을 원인별로 구분하고, 시공시 방지대책을 설명하시오. [09전, 25점] 132. 콘크리트의 초기균열에 대한 원인과 대책을 설명하시오. [95후, 30점] 133. 콘크리트 구조물의 균열 발생시기별 균열의 종류와 특징에 대하여 설명하시오. [17후, 25점] 134. 콘크리트 구조물에서 초기균열의 원인과 방지대책에 대하여 설명하시오. [19전, 25점] 135. 슬래브 콘크리트가 벽 또는 기둥 콘크리트와 연속되어 있는 경우에 콘크리트 타설시 발생하는 침하균열에 대한 조치와 콘크리트 다지기의 경우 내부진동기를 사용할 때의 주의사항을 설명하시오. [13후, 25점] 136. 콘크리트의 초기균열 [97후, 20점] 137. 塑性, 收縮, 龜裂 [96전, 20점] 138. 콘크리트의 소성수축균열 [04전, 10점] 139. 콘크리트 자기수축현상 [10후, 10점] 140. 콘크리트 블리딩(Bleeding) 및 레이턴스(Laitance) [05중, 10점], [08중, 10점] 141. 구조물용 콘크리트 타설 후의 균열 발생원인과 그 대책에 대해 설명하시오. [96후, 25점] 142. 지하 콘크리트박스 구조물의 균열원인과 제어대책에 관하여 설명하시오. [00전, 25점] 143. 지하철 본선박스구조의 상부 슬래브의 균열제어를 위한 시공대책에 관하여 기술하시오. [98전, 30점] 144. 콘크리트 시공 중 초과하중으로 인해 발생할 수 있는 균열대책에 대하여 프리캐스트 콘크리트와 현장타설 콘크리트로 구분하여 설명하시오. [16후, 25점] 145. 중공 콘크리트 슬래브의 균열 발생원인 [97전, 20점]
26	146. 콘크리트 구조물의 균열원인 및 보수대책에 대하여 기술하시오. [98중전, 40점] 147. 철근 콘크리트 구조물의 균열에 대한 보수 및 보강공법에 대하여 기술하시오. [02전, 25점] 148. 콘크리트의 균열보수공법에 대하여 기술하시오. [03후, 25점] 149. 콘크리트 구조물에서 발생되는 균열의 종류, 발생원인 및 보수·보강방법에 대하여 기술하시오. [09후, 25점] 150. 교량공사에서 슬래브(slab) 거푸집 제거 후 균열 등의 결함이 발생되어 보수공사를 하고자 한다. 사용보수재료의 체적변화를 유발하는 영향인자들을 열거하고 적합성 검토방법에 대하여 설명하시오. [12전, 25점] 151. 콘크리트 지하 구조물 균열에 대한 보수·보강공법과 공법 선정시 유의사항을 설명하시오. [13전, 25점] 152. 콘크리트 구조물에서 발생하는 균열의 진행성 여부 판단방법, 보수·보강시기 및 보수방법에 대하여 설명하시오. [15전, 25점] 153. 콘크리트 구조물의 성능을 저하시키는 현상과 원인을 기술하고, 이에 대한 보수 및 보강방법을 설명하시오. [16중, 25점] 154. 콘크리트 구조물의 보수공법 종류 및 보수공법 선정시 유의사항에 대하여 설명하시오. [17후, 25점] 155. 콘크리트박스(Box) 구조물공사에서 발생하는 표면결함의 종류를 열거하고, 보수방법에 관하여 설명하시오. [00후, 25점] 156. 콘크리트 표면결함의 형태와 원인 및 대책에 대하여 설명하시오. [15후, 25점] 157. 콘크리트 구조물에 화재가 발생했을 때 콘크리트의 손상평가방법과 보수·보강대책을 설명하시오. [08중, 25점] 158. 철근 콘크리트 구조물의 내화(耐火)성능을 향상시키기 위한 공법의 종류, 특성 및 효과에 대하여 설명하시오. [15후, 25점]

일반 콘크리트 과년도 문제

27	159. 콘크리트의 내구성을 저하시키는 요인과 그 개선방법을 설명하시오. [01전, 25점] 160. 콘크리트의 내구성을 저하시키는 원인과 대책에 대하여 설명하시오. [04중, 25점] 161. 콘크리트 구조물의 내구성을 저하시키는 요인 및 내구성 증진방안을 설명하시오. [11전, 25점] 162. 콘크리트 구조물의 열화원인과 대책을 설명하시오. [95후, 35점] 163. 콘크리트 구조물의 열화가 발생하는 원인과 내구성을 증가하기 위한 대책에 대하여 기술하시오. [98중전, 30점] 164. 콘크리트 구조물의 열화에 영향을 미치는 인자들의 상호관계 및 내구성 향상방안에 대하여 설명하시오. [11중, 25점] 165. 콘크리트 구조물의 열화현상(Deterioration) [01중, 10점] 166. 화학적 요인에 의하여 구조물에 발생되는 균열에 대하여 설명하시오. [13중, 25점] 167. 해안환경하에 설치되는 철근 콘크리트 구조물 시공에 있어서 내구성 향상대책에 대하여 서술하시오. [03전, 25점] 168. 철근 콘크리트 구조물의 내구성 향상을 위하여 시공 이전에 수행해야 할 내구성 평가에 대하여 설명하시오. [07전, 25점] 169. 내구성이 큰 콘크리트를 만들기 위하여 배합과 시공상 유의하여야 할 사항을 설명하시오. [95후, 30점] 170. 콘크리트 구조의 내구성 증진방안을 재료적, 시공적인 면에서 기술하시오. [97전, 30점] 171. 철근 콘크리트 구조물의 내구성 확보를 위한 시공계획상의 유의할 점에 관하여 기술하시오. [99전, 30점] 172. 콘크리트 구조물의 내구성 증진을 위한 시공상 고려사항에 관하여 설명하시오. [00전, 25점] 173. 노후 콘크리트 지하 구조물의 균열 발생원인 및 대책에 대하여 설명하시오. [17전, 25점] 174. 콘크리트의 동해원인 및 방지대책을 설명하시오. [13전, 25점] 175. 철근 콘크리트 시방서상의 사용성과 내구성 [00후, 10점] 176. 극한한계상태와 사용한계상태 [97전, 20점] 177. 환경지수와 내구지수 [99중, 20점], [10후, 10점] 178. 콘크리트 내구성지수(Durability Factor) [07후, 10점] 179. Con'c 구조물에서 표면상에 나타나는 문제점을 열거하고, 그에 대한 대책을 서술하시오. [05후, 25점] 180. 허니컴(Honey Comb) [05전, 10점]
28	181. 해안 콘크리트 구조물의 염해 발생원인과 방지대책에 대하여 설명하시오. [02후, 25점] 182. 해사의 염해대책 [95전, 20점] 183. 콘크리트의 염해(Chloride Attack) [07전, 10점] 184. 염분과 철근방청 [03전, 10점] 185. 콘크리트의 황산염 침식(Sulfate Attack) [05중, 10점] 186. 황산염과 에트린가이트(Ettringite) [06전, 10점]
29	187. 도시 구조물공사시 콘크리트의 탄산화 방지대책에 대하여 설명하시오. [15후, 25점] 188. 콘크리트 탄산화요인 및 방지대책에 대하여 설명하시오. [17중, 25점] 189. 콘크리트 탄산화(Carbonation) [08중, 10점]
30	190. 고강도 콘크리트의 알칼리골재반응에 대하여 기술하시오. [04후, 25점] 191. 콘크리트의 알칼리골재반응 [95전, 20점], [97전, 20점], [09중, 10점]

일반 콘크리트 과년도 문제

31	192. 콘크리트 건조수축에 영향을 미치는 요인과 이로 인한 균열 발생을 억제하는 방법을 열거하시오. [01후, 25점]
	193. 철근 콘크리트 구조물 시공 중 및 시공 후에 발생하는 크리프와 건조수축의 영향에 대하여 설명하시오. [05전, 25점]
	194. 콘크리트의 건조수축 [02전, 10점]
32	195. 굳지 않은 콘크리트의 성질과 구비조건에 대하여 설명하시오. [95후, 25점]
	196. 굳지 않은 콘크리트의 성질 [03전, 10점], [18전, 25점]
	197. 콘크리트의 마무리성(finishability)에 영향을 주는 인자를 쓰고, 개선방안을 설명하시오. [12중, 25점]
	198. 워커빌리티(Workability) 측정방법 [04중, 10점]
	199. 피로파괴와 피로강도(疲勞破壞와 疲勞强度) [96전, 20점]
	200. 피로한도(疲勞限度) [99전, 20점]
	201. 피로파괴 [99후, 20점]
	202. 콘크리트의 피로강도 [06중, 10점]
	203. 콘크리트의 크리프(Creep) 현상 [94후, 10점], [01전, 10점], [04중, 10점]
34	204. 프리스트레스트 콘크리트 시공시 긴장재의 배치와 거푸집 및 동바리 설치시의 유의사항을 설명하시오. [12중, 25점]
	205. PSC거더 제작시 긴장(prestressing)관리방법에 대하여 설명하시오. [14전, 25점]
	206. 프리스트레스 교량에서 강연선의 긴장관리방안에 대하여 설명하시오. [18전, 25점]
	207. 화학적 프리스트레스트 콘크리트(Chemical Prestressed Concrete) [06중, 10점]
	208. 프리텐션(Pre-tension)공법과 포스트텐션(Post-tension)공법 [02후, 10점]
	209. 프리플렉스보(Preflex Beam) [01전, 10점], [02후, 10점]
	210. 프리플렉스빔(Preflex Beam)의 원리와 제조방법 [96중, 20점]
37	211. PSC 부재의 프리텐션(Pre-tension) 및 포스트텐션(Post-tension) 제작방법과 장·단점에 대하여 설명하시오. [07중, 25점]
	212. 프리스트레스트 콘크리트빔의 현장제작시 증기양생관리방법과 프리스트레스 도입조건에 대하여 기술하시오. [05후, 25점]
	213. 프리스트레스트 콘크리트부재의 제조, 시공 중에 생기는 응력분포의 변화에 관하여 기술하시오. [97전, 50점]
	214. Prestressed Concrete(PSC) Grout 재료의 품질조건 및 주입시 유의사항을 기술하시오. [98중전, 20점]
	215. PSC 그라우트(Grout)에 대하여 간단히 설명하고, 시공상 유의할 사항에 대하여 기술하시오. [07전, 25점]
	216. PSC교량의 시공과정에서 긴장재인 강연선 보호를 위해 시스관 내에 시공하는 그라우트의 문제점 및 개선방안에 대하여 설명하시오. [16중, 25점]
	217. PSC 강재그라우팅 [10중, 10점]
	218. PSC 인장재의 Relaxation [94후, 10점], [96후, 20점], [00후, 10점], [08중, 10점]
	219. 응력부식(應力腐蝕, Stress Corrosion) [99전, 20점], [04후, 10점]
	220. 강재에 축하중작용시의 진응력과 공칭응력 [03후, 10점]
38	221. 콘크리트 구조물의 유지관리체계와 방법에 대하여 기술하시오. [03후, 25점]
	222. 콘크리트 구조물의 유지관리체계에 대하여 설명하시오. [96중, 50점]

1 콘크리트공사 시공계획

Ⅰ. 개요

① 콘크리트 공사는 사전준비 단계에서부터 공법의 적정성 및 압축강도·내구성·수밀성 등에 대하여 시공계획을 통한 면밀한 검토가 있어야 한다.

② 콘크리트 시공계획은 재료·배합·시공의 단계적인 계획과 콘크리트 타설전·후의 품질시험을 고려한 계획으로 양질의 콘크리트가 될 수 있도록 전 공정에 걸쳐 철저한 품질관리가 요구된다.

Ⅱ. 시공계획 Flow Chart

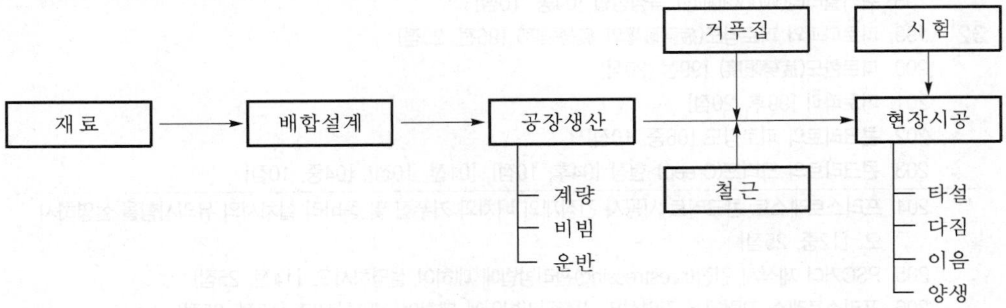

Ⅲ. 시공계획

1. 재료

1) 물

① 물은 청정수(淸淨水)로 흙, 기름, 산 등 유기불순물이 없어야 한다.

② 해수는 철근콘크리트에 절대 사용해서는 안 된다.

2) 시멘트

① 시멘트는 강도가 크고, 분말도가 적당(2,800~3,200cm^2/g)해야 한다.

② 풍화된 시멘트는 사용하지 않는다.

3) 골재

① 골재는 강도가 크고, 입도가 좋은 것을 사용한다.

② 골재는 불순물이 함유되지 말아야 한다.(염도 : 0.02% 이하)

4) 혼화재료

① 콘크리트의 성질을 개선하고 시멘트, 물 등의 재료사용을 감소시킨다.

② 성능 및 요구 품질에 적합한 혼화재료를 사용해야 한다.

2. 배합설계

1) 물결합재비(water binder ratio)

① W/B비는 압축강도와 내구성을 고려하여 정하되 6% 이하로 한다.

② 압축강도와 물결합재비와의 관계는 시험에 의해 정하는 것이 원칙이며, 이때의 공시체의 재령은 28일을 표준으로 한다.

2) Slump치

① 콘크리트 Consistency(반죽질기)를 타나내며, Workability의 양부(良否)를 결정한다.

② 일반적인 Slump치는 80~180mm이며, 구조체의 단면이 큰 경우는 60~150mm, 무근 콘크리트는 50~180mm로 한다.

3) 굵은 골재의 최대치수(G_{max})

① G_{max}는 철근 굵기 및 간격과 최소 피복두께에 따라 결정된다.

② 최대치수는 허용범위내에서 가능한 크게 해야 강도가 커진다.

4) 잔골재율(S/a)

① 잔골재율$(S/a) = \frac{\text{sand}}{\text{aggregate}} = \frac{\text{sand}}{\text{gravel} + \text{sand}} \times 100$(용적비)

② S/a는 허용범위내에서 적을수록 강도가 커진다.

5) 단위수량

① 콘크리트 $1m^3$ 중에 포함되어 있는 물의 중량

② 단위수량은 허용범위내에서 가능한 적게 한다.

3. 공장생산

1) 계량

① 계량은 계량기, Aggregate Batcher(골재계량기) 등으로 정확히 해야 한다.

② 골재 계량에는 중량 계량과 용적 계량이 있다.

2) 비빔

① 강제식 믹서를 사용할 경우에는 1분 이상, 가경식 믹서를 사용할 경우에는 1분 30초 이상으로 한다.

② 묽은 반죽의 콘크리트에는 비비기 시간을 2분 이하로 해도 좋다.

3) 운반

① 외기온 25℃ 이상일 때는 1.5시간 이내로 한다.

② 외기온 25℃ 미만일 때는 2시간 이내로 한다.

③ 운반시에는 콘크리트의 재료분리가 발생되지 않도록 해야 한다.

4. 현장시공

1) 타설

① 타설전에 철근·거푸집 등이 설계도에 정해진대로 배치되었는지 확인하여야 한다.

② 타설전에 운반장치·치기설비 및 거푸집 내부를 깨끗이 청소하여 콘크리트에 잡물이 혼입되는 것을 방지해야 한다.

2) 다짐

① 충분한 다짐은 간극을 줄이고, 철근과 Con'c를 밀착시켜 부착강도를 증대시킨다.

② 1대의 내부 진동기가 다질 수 있는 콘크리트 용적은 소형은 1시간에 4~$8m^3$, 대형은 1시간에 $30m^3$ 정도로 계획한다.

3) 이음

① Joint 설치는 콘크리트의 건조수축 및 온도변화에 의한 균열을 방지한다.

② 콘크리트 접합부에는 Cold Joint가 생기지 않도록 해야 한다.

4) 양생

① 콘크리트 표면을 해치지 않고 작업이 가능한 정도로 경화하면 양생용 가마니·마포 등을 적셔서 덮거나 살수하여 습윤상태로 보호한다.

② 습윤상태 보호기간은 보통 포틀랜드 시멘트를 사용할 경우 15℃ 이상에서는 5일, 10℃ 이상은 7일, 5℃ 이상은 9일로 한다.

5. 시험

1) 시멘트시험

① 분말도, 안정성 시험

② 비중, 강도시험

2) 골재시험

① 혼탁 비색법, 체가름시험

② 마모, 강도시험

3) 타설전 시험

① 강도, 공기량, Bleeding 시험

② Slump, 염화물시험

4) 타설후 시험

① Core 채취법

② 비파괴시험(Schumitd Hammer법, 초음파법, 방사선법)

6. 거푸집 및 동바리 계획

① 거푸집은 강도·정밀도·수밀성·가공성 등에 대한 계획이 필요하다.

② 거푸집 및 동바리는 콘크리트가 자중 및 시공 중에 가해지는 하중에 충분히 견딜 만한 강도가 될 때까지 떼어내기 하여서는 안 된다.

7. 철근공사계획

① 철근공사는 응력 전달이 충분히 될 수 있도록 이음·정착·피복두께 등의 확보가 중요하다.

② 철근은 이어대지 않는 것을 원칙으로 하되, 설계도 및 시방서에 명시되거나 책임기술자의 승인이 있을 때에만 이어 댈 수 있다.

8. 공정계획

① 지정공기내에 공사예산에 맞추어 정밀도 높은 시공을 하기 위한 계획이다.

② 세부공사에 필요한 시간과 순서 등을 경제성 있게 공정표로 작성한다.

9. 품질계획

품질관리를 Plan → Do → Check → Action 순서에 따라 시행한다.

10. 원가관리

① 실행예산의 손익분기점을 분석하고, 일일공사비를 산정한다.
② L.C.C 개념을 도입하여 V.E 기법을 활용한다.

11. 안전계획

① 재해는 무리한 공기단축, 안전설비의 미비, 안전교육 미실시로 인해 발생한다.
② 안전교육을 철저히 시행하고, 안전사고시 응급조치계획을 세운다.

12. 건설공해

① 저소음·저진동 공법을 채택한다.
② 폐기물의 합법적인 처리와 재활용 대책을 세운다.

13. 노무계획(man)

① 인력 배당계획을 수립하여 적정인원을 계산한다.
② 합리적인 Man Power를 관리한다.

14. 자재계획(material)

① 적기에 구입하여 공급하도록 계획한다.
② 자재의 수급계획은 주별·월별로 미리 수립한다.

15. 장비계획(machine)

① 최적 기종을 적기에 투입하여 장비효율을 극대화한다.
② 가동률 및 실제 작업시간을 향상시킨다.

16. 공법계획(method)

① 시공조건을 감안하여 공법을 최적화하기 위한 계획을 한다.
② 품질, 안전, 생산성 및 위험을 고려한 공법을 선택한다.

Ⅳ. 결론

① 철근콘크리트 공사에서 콘크리트의 품질확보를 위해서는 시공의 6요소(man, material, machine, money, method, memory)에 적합한 시공계획의 검토가 있어야 한다.
② 콘크리트는 강도·내구성 등이 확보되어야 열화요인을 미연에 방지할 수 있으며, 내화학성이 있는 양질의 구조체를 생산할 수 있다.

2 철근공사

Ⅰ. 개요

① 철근은 콘크리트 속에 묻혀서 콘크리트의 인장력에 대한 약한 단점을 보완하기 위하여 사용되는 강재이다.

② 철근공사는 구조체의 강도확보에 중요한 공정이며, 이러한 철근공사의 품질확보를 위하여는 철근의 가공·간격·피복 두께·이음·정착 및 철근비·부착성능 저하요인 등 전 공정을 통한 면밀한 사전검토가 이루어져야 한다.

Ⅱ. 철근

1. 철근의 분류

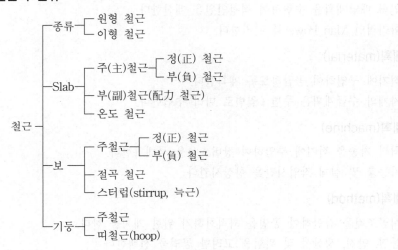

- 철근
  - 종류
    - 원형 철근
    - 이형 철근
  - Slab
    - 주(主)철근
      - 정(正) 철근
      - 부(負) 철근
    - 부(副)철근(配力 철근)
    - 온도 철근
  - 보
    - 주철근
      - 정(正) 철근
      - 부(負) 철근
    - 절곡 철근
    - 스터럽(stirrup, 늑근)
  - 기둥
    - 주철근
    - 띠철근(hoop)

2. 철근의 종류 및 특성

1) 원형 철근

스터럽(stirrup) 또는 띠철근(hoop) 및 나선 철근 등에 사용된다.

2) 이형 철근

표면에 리브 또는 마디 등의 돌기가 있는 봉강으로서 부착강도가 원형 철근보다 뛰어나다.

3) 주(主) 철근

설계하중에 의하여 그 단면적이 정해지는 철근이다.

① **정(正) 철근** : 슬래브 또는 보에서 정(+)의 휨모멘트에 의해서 일어나는 인장응력을 받도록 배치한 주철근이다.

② **부(負) 철근** : 슬래브 또는 보에서 부(−)의 휨모멘트에 의해서 일어나는 인장응력을 받도록 배치한 부철근이다.

4) 부(副) 철근, 배력(配力) 철근

응력을 분포시킬 목적으로 주근 정철근 또는 부철근과 직각에 가까운 방향으로 배치한 보조적인 철근으로써 배력근이라고도 한다.

5) 온도 철근(temperature bar)

온도변화에 따른 콘크리트의 수축으로 발생할 수 있는 균열을 최소화하기 위한 철근으로 직사광선을 받은 Slab에 이용된다.

6) 절곡 철근

주근(정철근 또는 부철근)을 구부려 올리거나 또는 구부려 내린 복부 철근이다.

7) 늑근(stirrup)

정철근 또는 부철근을 둘러싸고 이에 직각되게 또는 경사지게 배치하는 복부 철근이다.

8) 띠철근(hoop)

축방향 철근을 소정의 간격마다 둘러싼 횡방향의 보조적 철근이다.

Ⅲ. 표준 갈고리

1. 분류

1) 180°갈고리(반원형 갈고리)

반원 끝에서 $4d_b$ 이상, 또는 60mm 이상 더 연장해야 한다.

2) 90°갈고리

90°원의 끝에서 $12d_b$ 이상 더 연장해야 한다.

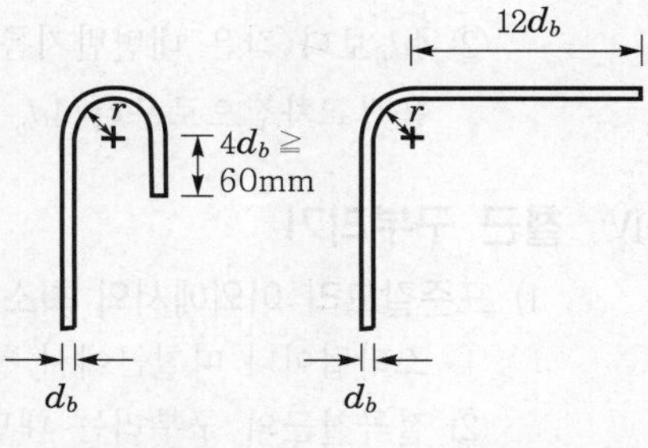

<180°갈고리> <90°갈고리>

3) 스터럽과 띠철근의 갈고리

① 90°갈고리

㉠ D16 이하인 철근은 90°원의 끝에서 $6d_b$ 이상을 더 연장해야 한다.

㉡ D19에서 D25인 철근은 90°원의 끝에서 $12d_b$ 이상을 더 연장해야 한다.

② 135°갈고리 : D25 이하의 철근은 135° 구부린 끝에서 $6d_b$ 이상을 더 연장해야 한다.

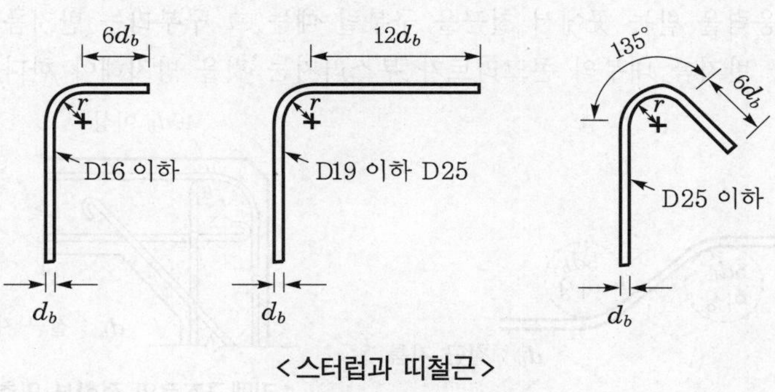

<스터럽과 띠철근>

2. 최소내면반지름

<갈고리의 최소반지름>

철근의 지름	최소반지름
D10~D25	$3d_b$
D28~D35	$4d_b$
D38 이상	$5d_b$

1) 반원형 갈고리와 90° 갈고리

반원형 갈고리와 90° 갈고리의 구부리는 내면반지름은 앞의 표의 값 이상이어야 한다.

2) 스터럽과 띠철근

① D16 이하의 스터럽과 띠철근의 표준갈고리 구부리는 내면반지름은 $2d_b$ 이상이어야 한다.

② D16을 초과하는 스터럽과 띠철근의 구부리는 내면반지름은 앞의 표에 따라야 한다.

3) 용접강선망

① 스터럽 또는 띠철근으로 사용되는 용접강선망(원형 또는 이형)의 구부리는 내면반지름은 이형 철선지름이 7mm 이상인 경우에는 $2d_b$, 그 밖에는 d_b 이상이여야 한다.

② $4d_b$보다 작은 내면반지름으로 구부리는 경우, 구부리는 곳은 가장 가까이 위치한 용접교차점으로부터 $4d_b$ 이상 떨어져야 한다.

Ⅳ. 철근 구부리기

1) 표준갈고리 이외에서의 최소내면반지름

① 스터럽이나 띠철근에서 철근을 구부리는 내면반지름은 철근지름 이상이어야 한다.

② 절곡철근의 구부리는 내면반지름은 $5d_b$ 이상으로 해야 한다.

③ 라멘구조의 모서리 부분의 외측에 연하는 철근의 구부리는 내면반지름은 $10d_b$ 이상으로 해야 한다.

④ 기타 철근의 구부리는 내면반지름은 상기 표에 규정된 표준갈고리 반지름 이상으로 해야 한다.

⑤ 큰 응력을 받는 곳에서 철근을 구부릴 때는 그 구부리는 반지름을 더 크게 하여 철근 반지름 내부의 콘크리트가 부스러지는 것을 방지해야 한다.

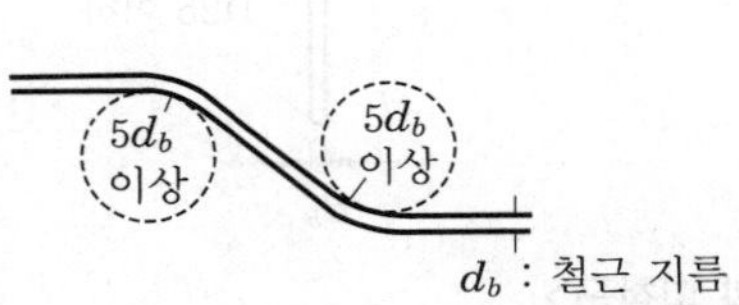

<절곡철근의 구부림 반지름>

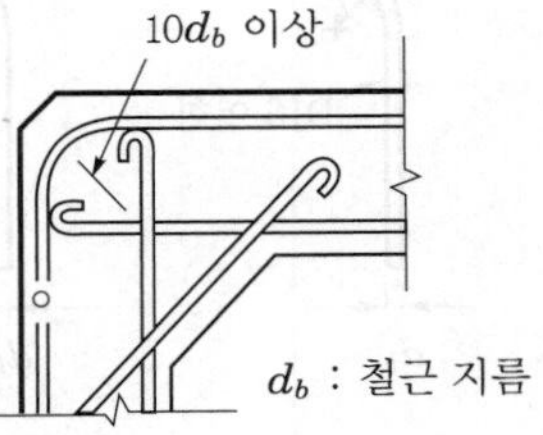

<라멘구조로의 접합부 외측에 연하는 철근의 구부림 반지름>

2) 철근 가공

① 책임기술자가 승인한 경우를 제외하고 모든 철근은 상온에서 구부려야 한다.

② 콘크리트 속에 일부가 매립된 철근은 현장에서 구부리지 않는 것이 원칙이다. 다만, 설계도면에 도시되어 있거나 책임기술자가 승인한 경우에는 예외이다.

V. 철근 간격

1) 보

① 보의 정철근 또는 부철근의 수평 순간격은 25mm 이상, 굵은 골재의 최대치수의 4/3배 이상, 또 철근의 공칭지름 이상으로 해야 한다.

② 정철근 또는 부철근을 2단 이상으로 배치할 경우에는 그 연직 순간격을 25mm 이상으로 해야 하며 상하 철근을 동일 연직면 내에 두어야 한다.

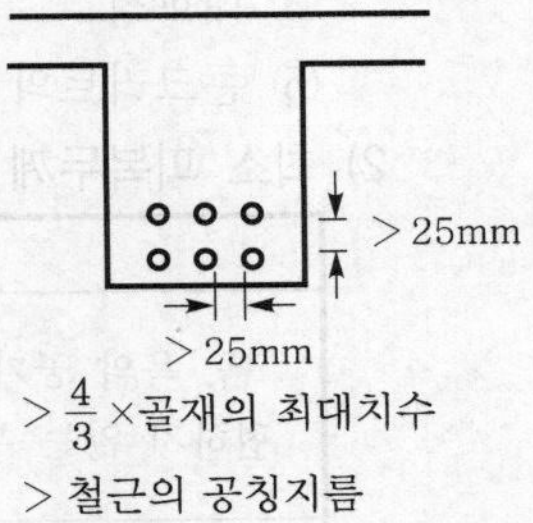

<보>

2) 나선 철근과 띠철근 기둥

나선 철근과 띠철근 기둥에서 축방향 철근의 순간격은 40mm 이상, 철근지름의 1.5배 이상, 또 굵은 골재의 최대치수의 1.5배 이상으로 해야 한다.

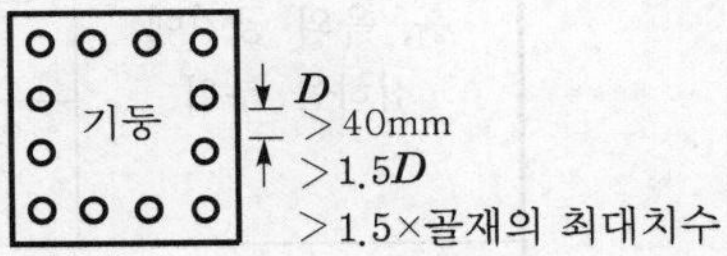

<기둥>

3) 벽체와 슬래브

① 정철근·부철근의 중심간격은 최대 휨모멘트 단면에서 슬래브 두께의 2배 이하 또는 300mm 이하로 한다.

② 기타는 슬래브 두께의 3배 이하 또는 400mm 이하로 한다.

4) 철근다발

① 여러 개의 철근을 묶어서 다발로 사용할 때는 이형 철근으로 하고, 그 개수는 4개 이하이어야 하며 이들을 스터럽이나 띠철근으로 둘러싸야 한다.

② 철근다발은 철근지름의 40배 길이로 서로 엇갈리게 끝내야 한다.

③ 보에서 D35를 초과하는 철근은 다발로 사용하지 않아야 한다.

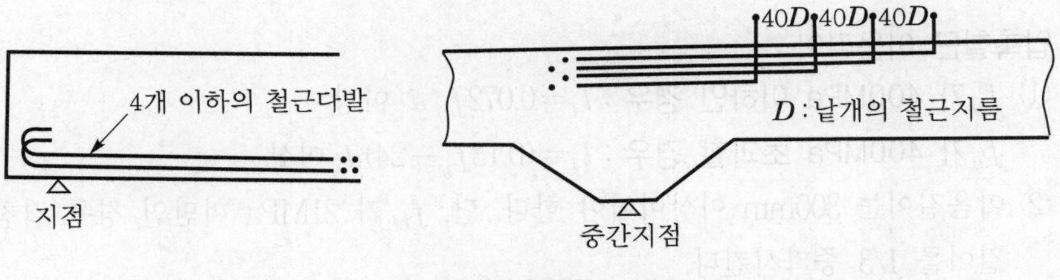

<철근다발>

5) 긴장재와 덕트

① 프리텐션된 부재단에서 긴장재의 순간격은, 강선은 $4d_b$, 스트랜드는 $3d_b$ 이상으로 한다.

② 포스트텐션된 부재에서는 콘크리트를 타설하는데 지장이 없고 긴장시 긴장재가 덕트로부터 튀어나오지 않도록 하였다면 덕트를 다발로 사용해도 좋다.

Ⅵ. 피복두께(덮개)

1) 철근 피복의 목적

① 내구성 확보
② 부착성 확보
③ 내화성
④ 방청성 확보
⑤ 콘크리트의 유동성 확보

2) 최소 피복두께

부위		피복두께(mm)	
흙, 옥외 공기에 접하지 않는 부위	슬래브, 장선, 벽체	D35mm 초과	40mm
		D35mm 이하	20mm
	보, 기둥	40mm	
흙, 옥외 공기에 접하는 부위	노출되는 콘크리트	D29mm 이상	60mm
		D25mm 이하	50mm
		D16mm 이하	40mm
	영구히 묻혀 있는 콘크리트	80mm	
수중에서 타설하는 콘크리트		100mm	

Ⅶ. 이음

1. 일반사항

① 철근은 이어대지 않는 것이 원칙이다.
② 설계도·시방서에 규정된 경우 또는 책임기술자의 승인이 있을 때는 이어댈 수 있다.
③ 철근의 이음부는 구조상 약점이 되므로 최대 인장응력이 작용하는 곳은 이음을 하지 않는다.
④ 이음부는 한 단면에 집중하지 말고 서로 엇갈리게 두는 것이 좋다.

2. 이음길이

1) 압축철근 이음길이

① f_y가 400MPa 이하인 경우 : $l_l = 0.072 f_y d$ 이상
f_y가 400MPa 초과할 경우 : $l_l = (0.13 f_y - 24) d$ 이상

② 이음길이는 300mm 이상이어야 한다. 단, f_{ck}가 21MPa 미만인 경우 겹침 이음의 길이를 1/3 증가시킨다.

2) 인장철근 이음길이

① A급 이음인 경우 : $l_l = 1.0 l_d$
B급 이음인 경우 : $l_l = 1.3 l_d$
여기서, l_d : 인장철근의 정착길이

A급 이음	배근량이 해석상 요구되는 철근량의 2배 이상이고, 겹친 구간에서 이음 철근량이 전체 철근량의 1/2 이하인 경우
B급 이음	A급 이음에 해당하지 않는 경우

② 이음길이는 300mm 이상이어야 한다.
　단, ㉠ 각 철근의 이음부는 서로 600mm 이상 엇갈리게 설치한다.
　　㉡ 완전용접이나 기계적 이음은 750mm 이상 엇갈리게 설치한다.

3. 이음 공법

1) 겹침 이음

① 철근다발의 겹침 이음은 다발내의 각 철근에 요구되는 겹침 이음 길이에 따라 결정된다.

② 다발내의 각 철근의 겹침 이음이 같은 위치에서 중첩되어서는 안 된다.

③ 개개 철근에 규정된 겹침 이음 길이에서 3개의 철근다발에는 20%, 4개의 철근다발에는 33%를 증가시켜야 한다.

④ 휨부재에서 겹침 이음으로 이어진 철근 간의 순간격은 겹침 이음길이의 1/5 이하 또는 150mm 이하이어야 한다.

2) 용접 이음과 연결장치

① 완전 용접 이음은 철근이 항복강도의 125% 이상의 인장력을 발휘할 수 있는 맞댐 용접이어야 한다.

② 완전 연결장치는 항복강도의 125% 이상의 인장력 또는 압축력을 발휘할 수 있는 연결이어야 한다.

③ 열전달에 의한 철근의 약화를 방지하여야 하며, 전기용접은 기상영향에 유의해야 한다.

3) Gas 압접

① 철근의 접합면을 직각으로 절단하여 맞대고 압력을 가하면서 옥시 아세틸렌(oxy acethylene) 가스의 중성염으로 가열하고, 접합부재의 양측에서는 30MPa로 압력을 가해 부재를 부풀어 오르게하여 접합하는 공법이다.

② 철근 압접면의 붙어있는 유해물은 Grinder로 깨끗이 제거하고, Gas 절단부위의 압접면 사용은 피한다.

4) Sleeve Joint(슬리브 압착)

① 철근을 맞대고 강재 Sleeve를 끼운 다음 Jack으로 압착한다.

② 인장·압축에 대하여 완전한 전달 내력을 확보할 수 있다.

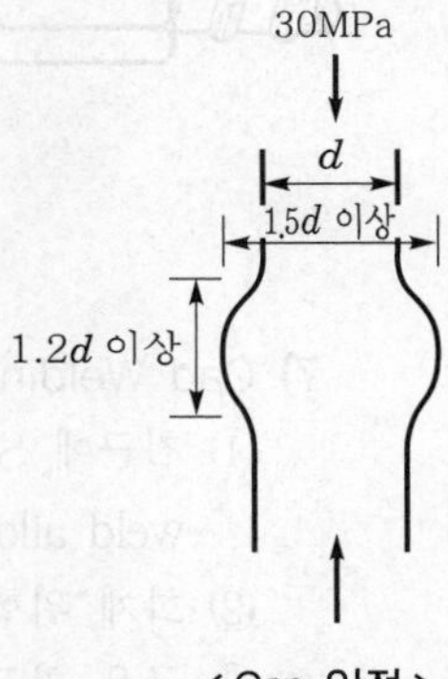

<Gas 압접>

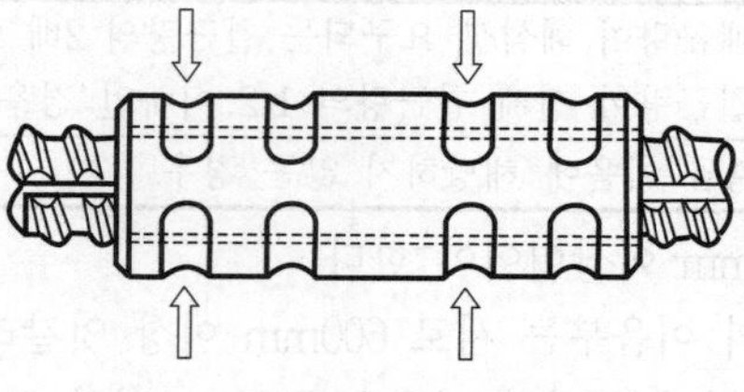

< Sleeve Joint >

5) Sleeve 충진 공법

Sleeve 구멍을 통하여 에폭시나 모르타르를 철근과 Sleeve 사이에 충진하여 이음하는 방법이다.

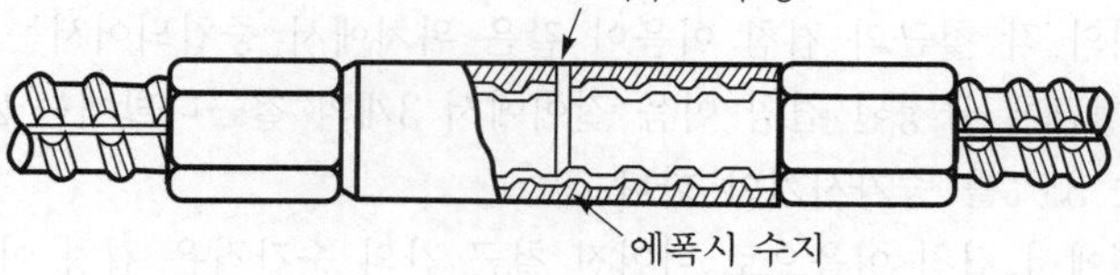

< Sleeve 충진 공법 >

6) 나사 이음

① 철근에 숫나사를 만들고, Coupler 양단을 Nut로 조여서 이음하는 방식이다.

② 조임확인시험의 실시가 필요하다.

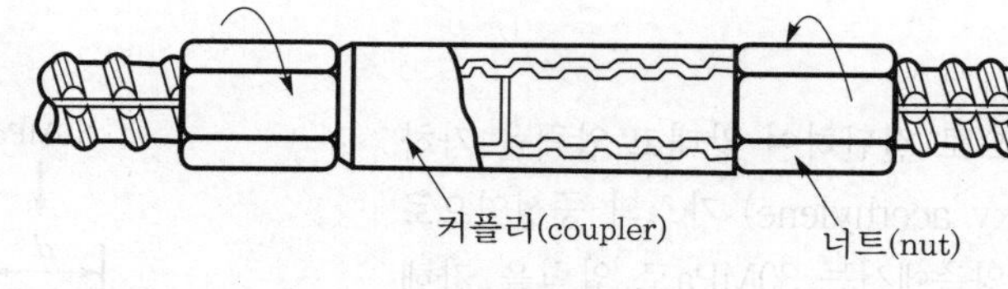

< 나사 이음 >

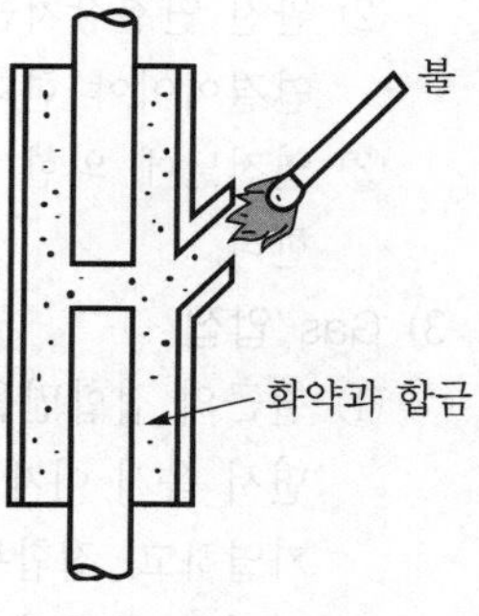

< Cad Weld >

7) Cad Welding

① 철근에 Sleeve를 끼워 연결하고, 철근과 Sleeve 사이의 공간에 화약과 합금(cad weld alloy) 혼합물을 충진하고 순간 폭발로 부재를 녹여 이음한다.

② 화재 위험이 없고, 기후에 관계없이 작업할 수 있다.

③ 굵은 철근(보통 D28 이상)에 주로 사용한다.

8) G-loc Splice

① 깔대기 모양의 G-loc Sleeve를 하단 철근에 끼우고, 이음 철근을 위에서 끼워 G-loc Wedge를 망치로 쳐서 죄인다.

② 철근 규격이 다를 때는 Reducer Insert를 사용하고, 수직 철근 전용의 이음방식이다.

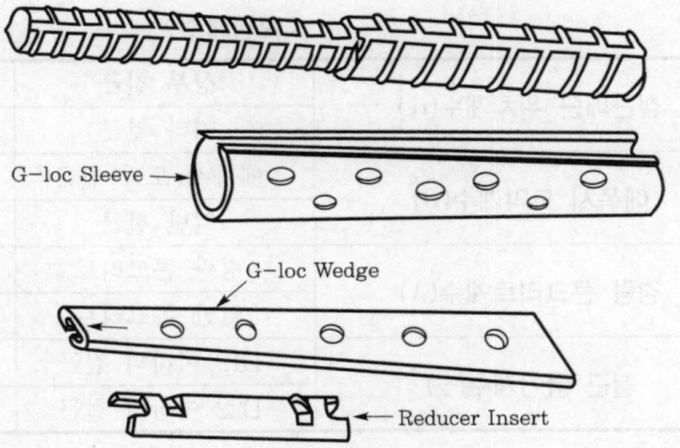

< G-loc splice >

Ⅷ. 정착

1) 매입길이에 의한 정착

① 압축 철근 정착길이

㉠ 정착길이

$$l_d = l_{db} \times 보정계수 = \frac{0.25 d f_y}{\sqrt{f_{ck}}} \times 보정계수 \geq 0.04 d f_y (\mathrm{mm})$$

여기서, l_{db} : 기본 정착길이$\left(= \frac{0.25 d f_y}{\sqrt{f_{ck}}} \right)$(mm)

d : 철근의 공칭지름(mm), f_y : 철근의 설계기준 항복강도(MPa)

f_{ck} : 콘크리트의 설계기준강도(MPa)

< 보정계수 >

요구되는 철근량을 초과하여 배근된 경우의 보정계수	$\frac{소요\ 철근량}{실제\ 철근량}$
지름 6mm 이상, 간격 100mm 이하인 나선 철근이나 중심간격 100mm 이하인 D13 띠철근으로 횡보강된 경우의 보정계수	0.75

㉡ 압축 철근의 정착길이(l_d)는 200mm 이상이어야 한다.

② 인장 철근 정착길이

㉠ 정착길이

$$l_d = l_{db} \times 보정계수 = \frac{0.6 d f_y}{\sqrt{f_{ck}}} \alpha \beta \lambda \gamma$$

여기서, l_{db} : 기본 정착길이$\left(= \frac{0.6 d f_y}{\sqrt{f_{ck}}} \right)$, $\alpha \beta \lambda \gamma$: 보정계수

<보정계수>

철근배근 위치계수(α)	상부 철근	1.3
	기타 철근	1.0
에폭시 도막계수(β)	에폭시 도막 철근	1.2~1.5
	일반 철근	1.0
경량 콘크리트계수(λ)	경량 콘크리트	1.0~1.3
	일반 콘크리트	1.0
철근 굵기계수(γ)	D19 이하의 철근	0.8
	D22 이상의 철근	1.0

㉡ 인장 철근의 정착길이(l_d)는 300mm 이상이어야 한다.

2) 표준갈고리에 의한 정착

① 철근 끝에 표준갈고리를 만들어 갈고리와 직선부분의 부착으로 정착하는 방법이다.

② 갈고리는 정착력을 증가시키는데 매우 효과적이다.

③ 원형 철근의 정착에는 반드시 갈고리를 두어야 한다.

④ 정착길이를 확보할 수 없는 경우에는 철근 끝에 갈고리를 만들어서 정착력을 확보한다.

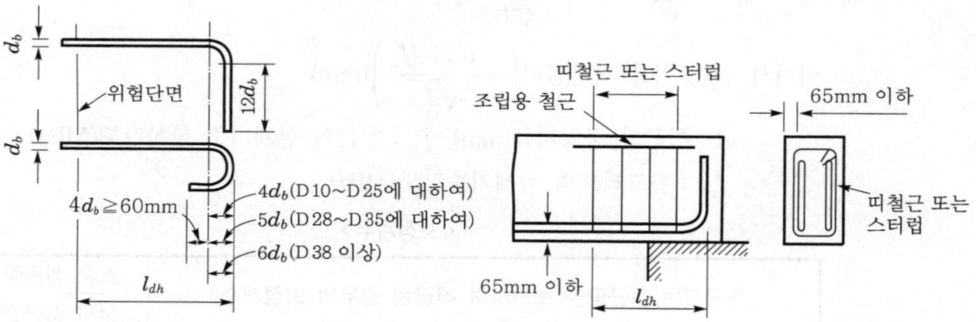

<표준갈고리에 의한 정착>

3) 휨철근의 정착

① 휨모멘트가 큰 단면은 철근량이 많아지고, 휨모멘트가 작은 곳은 철근량이 적어진다.

② 그러므로 철근의 연장이 필요한 곳에는 철근을 중단시키거나 연속보인 경우에는 구부려 내리거나 구부려 올린다.

4) 복부 철근의 정착

스터럽은 될 수 있는 대로 압축면 가까이까지 연장하는 것이 효과적이다.

5) 철근다발의 정착길이

철근다발의 정착길이는 3개로 된 철근다발은 20%, 4개로 된 철근다발은 33%를 증가시킨다.

Ⅸ. 철근비

1) 평형 철근보

① 콘크리트의 최대압축응력이 허용응력에 도달하는 동시에, 인장 철근의 응력이 허용응력에 도달하도록 정한 인장 철근의 단면적을 평형 철근 단면적이라고 하고, 이 때의 철근비로 설계된 것이 평형 철근보이다.

② 가장 경제적인 설계법이나 취성파괴라서 채택하지 않는다.

2) 과소 철근보

① 인장측 철근의 허용응력도가 압축측 콘크리트의 허용응력도보다 먼저 도달할 때의 철근비로 설계된 것이 과소 철근보이다.

② 구조물이 파괴되기 전 징후가 나타나면 서서히 파괴되는 연성파괴를 유발한다.

③ 철근콘크리트 구조물에서는 안전성이 확보되므로 평형 철근비 이하로 설계해야 한다.

3) 과다 철근보

① 압축측 콘크리트의 허용응력도가 인장측 철근의 허용응력도보다 먼저 도달할 때의 철근비로 설계된 것이 과다 철근보이다.

② 구조물의 파괴시 사전의 변화없이 급작스럽게 파괴되는 취성파괴를 유발한다.

Ⅹ. 부착에 영향을 미치는 요인

1) 철근의 표면

이형 철근이 원형 철근보다 부착효과가 좋다.

2) 철근의 묻힌 방향

수평 철근은 Bleeding으로 수막이나 간극이 생겨 수직 철근에 비해 부착강도가 떨어진다.

3) 바닥 철근의 위치

수평 철근 중 상부철근(콘크리트 두께가 300mm 이상인 경우)의 부착강도는 하부 철근보다 작다.(약 30%)

4) 피복두께(덮개)

피복두께가 두꺼울수록 부착강도가 증대된다.

5) 다지기

다지기가 불충분하면 부착강도가 저하된다.

6) 콘크리트의 배합

부배합이 빈배합보다 부착효과가 좋다.

7) 철근량

철근량이 많을수록 부착강도가 좋아진다.

8) 철근의 표면적

같은 양의 철근다발이라도 철근 개수가 많은 철근다발이 콘크리트와 부착되는 표면적이 넓어지므로 부착강도가 좋아진다.

9) 부재 단면력의 조합

휨모멘트, 전단력, 축력의 상호작용에 의해 부착강도에 영향을 주는 요인이 된다.

10) 재하방법

반복재하 혹은 재하방법에 따라 부착강도에 미치는 영향이 달라진다.

XI. 결론

① 철근공사는 철저한 사전준비계획을 통하여 적합한 공법의 선택 및 전 공정에 걸친 철저한 품질관리로 설계강도의 확보가 중요하다.

② 철근공사는 시공후 콘크리트 속에 묻히게 되므로 정확한 시공여부의 확인이 어렵고, 보완·수정이 곤란하므로 시공중 철저한 관리 감독이 요구된다.

3 콘크리트 중 철근의 부식원인과 방지대책

Ⅰ. 개요

① 콘크리트 속에 매입한 철근의 부식은 콘크리트의 강도와 내구성에 크게 영향을 미치는 요인 중 하나이다.

② 철근의 부식에 의하여 콘크리트에 균열이 발생하고, 열화를 촉진하여 콘크리트의 수명을 단축시키는 결과를 초래한다.

Ⅱ. 부식의 형태

1) 전면 장기부식

2) 국무 단기부식

① 공간(간극)

② 틈간부식

③ 박리부식

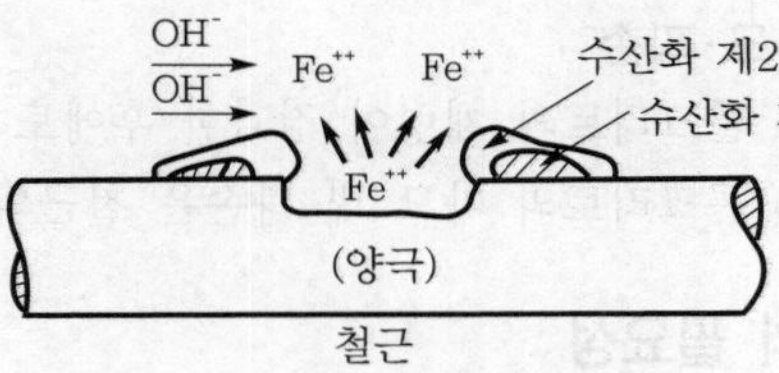

<철근의 부식>

Ⅲ. 부식원인

1) 염해

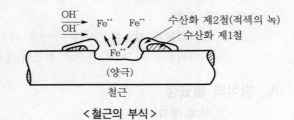

① 염해란 콘크리트 중에 염화물이 존재하여 철근을 부식함으로써 콘크리트 구조물에 손상을 입히는 현상을 말한다.

② 밀실한 콘크리트는 알칼리성이 높아 철근 표면에 부동태 피막을 생성하여 강재를 부식으로부터 보호한다.

2) 탄산화

① 탄산화란 공기중의 탄산가스 및 산성비로 인하여 콘크리트의 수산화칼슘(강알칼리)이 탄산칼슘(약알칼리)으로 변화되는 일련의 과정을 말한다.

② 콘크리트가 탄산화되면 철근의 부동태막이 파괴되어 철근 부식이 진행된다.

3) 알칼리골재반응(AAR : Alkali Aggregate Reaction)

① 알칼리골재반응이란 콘크리트 중의 수산화 알칼리와 골재중의 알칼리 반응성 광물(silica, 황산염)과의 사이에 일어나는 화학반응을 말한다.

② 알칼리골재반응에 의해 철근이 부식된다.

4) 동결융해

① 콘크리트에 함유되어 있는 수분이 동결하면 동결팽창(9%)할 수 있는 양의 수분이 콘크리트 사이를 이동하여 그때 생기는 수압으로 콘크리트를 파괴하는 현상을 말한다.

② 파괴된 콘크리트 사이로 공기와 수분이 침투하여 철근이 부식된다.

5) 온도변화

① 양생하는 동안 급격한 온도변화, 특히 갑작스런 냉각은 표면에 균열을 발생시켜 내구성이 저하되는 원인이 되기도 한다.

② 균열의 폭이 일정 이상이 되면 균열 사이로 공기와 수분이 침투하여 철근이 부식된다.

6) 건조수축

① 콘크리트 타설후 콘크리트 중의 수분이 증발하면서 건조수축이 일어난다.

② 건조수축으로 발생한 균열의 폭이 일정 이상이 되면 균열 사이로 공기와 수분이 침투하여 철근이 부식된다.

7) 진동·충격

① 콘크리트 타설후 7일 동안은 작업하중, 충격·진동 등을 방지해야 한다.

② 콘크리트 양생중의 진동·충격은 철근 부식 및 내구성 저하의 요인이 된다.

8) 마모·파손

① 콘크리트의 재령이 경과한 후에도 과적재 하중은 피해야 한다.

② 콘크리트의 마모 및 파손은 철근의 부식을 촉진시킨다.

Ⅳ. 방식의 필요성

① 염해 방지

② 탄산화 방지

③ 백화현상 방지

④ 콘크리트 내구성 증진

⑤ 수밀성 유지

⑥ 동결융해 방지

Ⅴ. 방지대책(방식 공법)

1. 철근의 방식 공법

1) Con'c 표면 라이닝

합성수지 재료를 이용하여 Con'c 표면을 라이닝 또는 도장하여 유해물질의 침투로부터 보호하는 공법이다.

2) 강재도금

강재를 아연도금으로 피복하여 강재의 부식을 원천적으로 봉쇄하는 방법이다.

3) 전기방식

외부전원방식, 유전양극방식 등을 이용하여 강재의 부식을 방지하는 방법이다.

4) 방청제

Con'c 속에 강재부식을 방지하기 위하여 아질산계 등의 혼화제를 사용하는 방법이다.

5) 방식성 강재

염류에 대한 영향을 최소화하기 위해 내염성 강재를 사용하는 방법이다.

6) 염소이온량

Con'c 중의 염소이온량을 적게 하여 강재의 부식을 방지하는 방법이다.

7) 피복두께

강재 외부의 피복두께를 두껍게 하여 균열폭을 적게 한다.

8) 밀실 Con'c

Con'c의 물결합재비를 될 수 있는 한 적게 하고 고로 슬래그, 미분말 등의 포졸란을 사용한다.

9) 특수 Con'c 사용

레진 Con'c(REC), 폴리머 시멘트 Con'c(PCC), 에폭시 등의 사용으로 Con'c의 수밀성을 크게 향상시켜 강재의 부식을 방지하는 공법이다.

2. 콘크리트의 방식 공법

1) 방수막 형성

① 콘크리트 외부면에 역청제 또는 고분자계를 이용하여 방수처리함으로써 외기와 차단시키는 공법

② 방수 공법은 시트방수와 도막방수로 나누어진다.

2) 미장

구조물의 콘크리트를 보호하기 위하여 외벽에 시멘트 모르타르로 피복하는 방법

3) 도장

① 도료를 이용하여 콘크리트 외부에 도장처리하여 외기로부터 콘크리트를 보호하는 방법

② 도료의 종류에는 수용성 도료, 에폭시, 우레탄, 염화비닐 등이 있다.

4) 뿜어붙이기

구조물의 표면에 고성능 방수제를 혼입한 모르타르를 뿜어붙이기하여 외기로부터 콘크리트를 보호하는 방법

5) 침투액 도포

콘크리트 표면에 침투성이 강한 폴리우레탄 에멀전 등을 직접 바탕면에 분사시켜 콘크리트면을 보호하는 공법

6) 방수물질 혼합 공법

콘크리트 시공시 분말 또는 용액의 방수물질을 혼입하여 콘크리트의 간극을 적게 함으로써 외기로부터 보호하는 방법

7) 팽창재 사용

콘크리트에 25~60kg/m^3 정도의 팽창재를 혼입하여 건조수축을 감소시키고, 균열을 억제시켜 콘크리트의 열화를 방지한다.

Ⅵ. 결론

① 콘크리트 구조물이 외부의 산, 염기, CO_2 등으로부터 크게 영향을 받아 콘크리트의 열화가 우려될 경우가 생긴다.

② 콘크리트 표면을 특수한 공법으로 처리하여 외부의 악영향으로부터 철근을 보호하며, 철근 부식을 최대한 억제하여야 한다.

4 거푸집 및 동바리의 설치 및 해체시 유의사항

Ⅰ. 개요

① 거푸집이란 콘크리트를 일정한 형상과 치수로 유지시켜 원하는 구조체를 얻도록 해주는 가설물을 말하며, 거푸집을 유지시켜 콘크리트가 소요강도를 얻을 때까지 안전하게 받쳐주는 것을 동바리라고 한다.

② 거푸집 및 동바리는 소정의 강도와 강성을 가져야 하며, 완성된 구조체의 위치, 형상 및 치수가 정확하게 확보될 수 있도록 시공관리해야 한다.

Ⅱ. 거푸집 존치기간

1) 압축강도를 시험할 경우

부재	콘크리트 압축강도(f_{cu})
확대기초, 보, 옆, 기둥	5MPa 이상
슬래브 및 보의 밑면, 아치 내면	설계기준강도 2/3 이상 또한 14MPa 이상

2) 압축강도를 시험하지 않을 경우

기온 \ 시멘트 종류	조강 시멘트	보통 포틀랜드 시멘트	고강도 시멘트
20℃ 이상	2일	4일	5일
20℃ 미만 10℃ 이상	3일	6일	8일

3) 거푸집 존치기간 비교(압축강도 시험시)

부재	콘크리트 압축강도(f_{cu})	시방서의 종류
슬래브 및 보의 밑면, 아치 내면	설계기준강도 2/3 이상 또한 14MPa 이상	콘크리트 표준시방서, 가설공사 표준시방서
	21일 이후 또한 설계기준강도 90% 이상	토목공사 표준시방서

Ⅲ. 거푸집 및 동바리의 안정성 검토

1. 하중(외력) 검토

바닥판·보 밑의 거푸집은 생(生) Con'c 중량·작업하중·충격하중을 고려해야 하며, 벽·기둥·보 옆의 거푸집은 생(生) Con'c 중량·생 Con'c 측압을 고려해야 하고, 거푸집 자중은 고려하지 않아도 된다.

1) 생(生, fresh) Con'c 중량

아직 굳지 않은 미경화 Con'c의 중량은 2,300kg/m^{3}로 계산한다.

2) 작업하중

① 강도계산용 : 360kg/m^2

② 처짐계산용 : 180kg/m^2

3) 충격하중

① 강도계산용 : 1,150kg/m^2(Con'c 중량의 1/2)

② 처짐계산용 : 575kg/m^2(Con'c 중량의 1/4)

4) 생 Con'c의 측압력

측압은 거푸집 부재를 경제적으로 하기 위하여 벽・기둥・보 옆의 거푸집 설계시 고려한다.

2. 강도 검토

1) 휨강도 검토

① 최대휨모멘트 : $M_{\max} = \frac{\omega l^2}{8}$

② 휨응력 : $\sigma = \frac{M_{\max}}{Z} = \frac{\frac{\omega l^2}{8}}{\frac{bh^2}{6}} \leqq f_b$(허용 휨응력도)

2) 전단강도 검토

① 최대전단력 : $Q_{\max} = \frac{\omega l}{2}$

② 전단응력 : $\tau = \frac{3Q_{\max}}{2A} = \frac{3\frac{\omega l}{2}}{2bh} \leqq f_s$(허용 전단응력도)

3. 처짐 검토

1) 처짐 검토

① 최대처짐 : $\delta_{\max} = \frac{5\omega l^4}{384EI} \leqq$허용처짐량

② 영계수 : $E = \frac{\sigma}{\varepsilon} = \frac{\frac{P}{A}}{\frac{\Delta l}{l}} = \frac{Pl}{A\Delta l}$(MPa)

③ 단면 2차 모멘트 : $I = \frac{bh^3}{12}$(mm^4)

2) 처짐각 검토

• 최대처짐각 : $\theta = \frac{\omega l^3}{24EI} \leqq$허용처짐각

Ⅳ. 거푸집 및 동바리의 설치시 유의사항

1) 공작도 작성 후 제작

① Con'c의 품질에 영향이 크므로 사전계획에 의한 Form 제작

② 해체시 방법, 순서 및 제거 시기 등을 고려하여 설치

2) Form 재료
① Con'c 구조체의 마감처리 관계 파악후 재료 선택
② 목재 사용시 나뭇결 반영, Metal Form 사용시 평활하고 광택 있는 면을 확보할 수 있으나, 녹으로 인한 오염 피해 고려

3) 조립, 해체 용이
① 해체시 파손되지 않도록 하고, 조립의 역순으로 해체 가능하도록 제작
② 안전한 제작, 해체시 공사재해 예방을 염두에 두고 제작

4) 매입 철물
① 천장 배관용 Insert, Sleeve류 설치 여부 확인
② 개구부 Box의 매입 여부
③ 밀폐된 상태의 거푸집은 청소구, 점검구를 두도록 한다.

5) 장선, 멍에 및 동바리 설치간격 준수
Slab 두께에 따른 상부하중의 검토로 장선, 멍에 및 동바리 간격 산정

6) 동바리 수직도 유지
동바리는 수직하중에 대한 저항성은 뛰어나나 경사하중에 대한 저항성은 매우 약하므로 철저한 수직도 관리를 요함

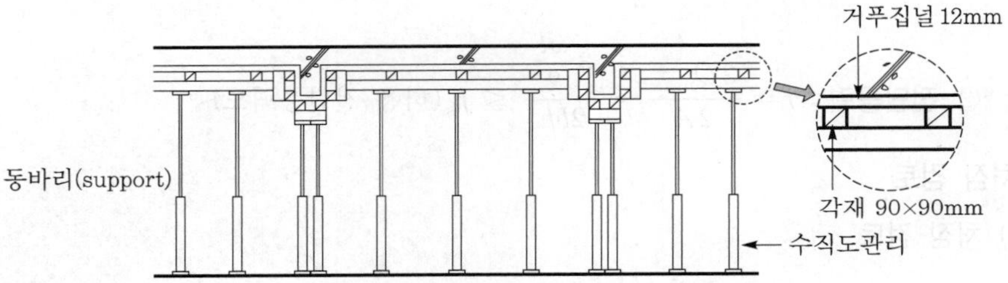

7) 강성 및 강도 확보
① Con'c 타설시 거푸집이 변형 및 파열되지 않도록 강도 유지
② 변형시 구조물의 정도 불량 및 파열시 공사재해 유발

8) 거푸집 수밀성 유지
① 조립 후 간극, 틈을 최소화
② 타설시 모르타르나 시멘트 Paste 유출되면 품질 저하

9) Camber 설치
보와 Slab 등의 수평부재가 콘크리트 하중에 의해 처지는 것을 방지하기 위하여 미리 솟음을 주는 것

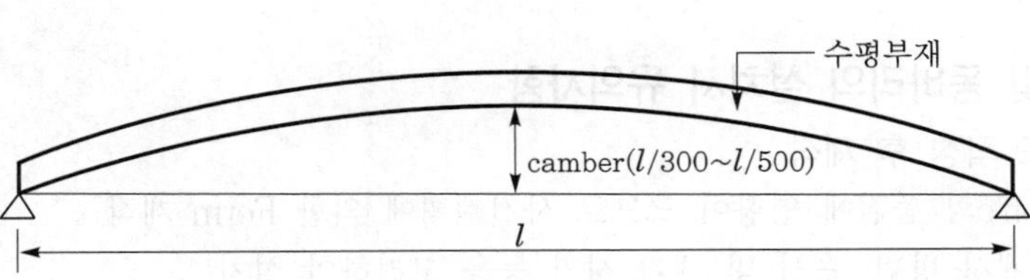

10) 균등한 긴장도 유지
① Tie Bolt의 간격, 배치, 강도 등을 파악후 동일하고 균등하게 설치
② 측압에 견딜 수 있도록 제작

11) 정밀시공
① Con'c 구조도에 나타난 치수, 부재의 위치, 형상에 준하여 시공
② 부득이 발생하는 시공오차는 마감 시공시 흡수할 수 있는 곳에 설치
③ 수직, 수평으로 정확히 검사

12) Filler 처리
타설층 아래 2개층 이상 Filler 처리한 동바리가 존치할 것

Ⅴ. 거푸집 및 동바리 해체시 유의사항

1) 균등한 응력 유지
① 버팀대, 장선, 멍에를 완전히 고정하고 위치, 간격은 동일 조건하에 같은 치수를 유지한다.
② 동바리의 위치는 멍에의 중심에 설치하고, 헐거움이 없도록 한다.

2) 동바리 전도방지
① 버팀대, 로프(rope), 체인(chain), 턴 버클(turn buckle) 등에 의해 좌굴 및 넘어지는 것을 방지한다.
② 연결 부위의 강도를 확보한다.

3) 동바리 존치기간 준수

부위	존치기간
벽, 기둥 옆	5MPa 이상
보 밑, Slab 밑	설계기준강도 100% 이상

보와 Slab 밑 동바리는 상부층 작업하중과 콘크리트의 장기 처짐에 대비하여 100% 해체를 하지 않고 Filler 처리함

4) Filler 처리
타설층 아래 2개층 이상 Filler 처리한 동바리가 존치할 것

5) 동바리 교체시 원칙
① 압축강도가 소요강도의 1/2 이상시 일부 동바리를 교체한다.
② 동바리 상부에 두꺼운 머리받침판($900cm^2$)을 설치한다.

6) 해체순서 준수
① 중앙부를 먼저 해체하고, 단부 해체
② Slab의 경우 설계기준강도 100% 이상을 확인후 해체 가능

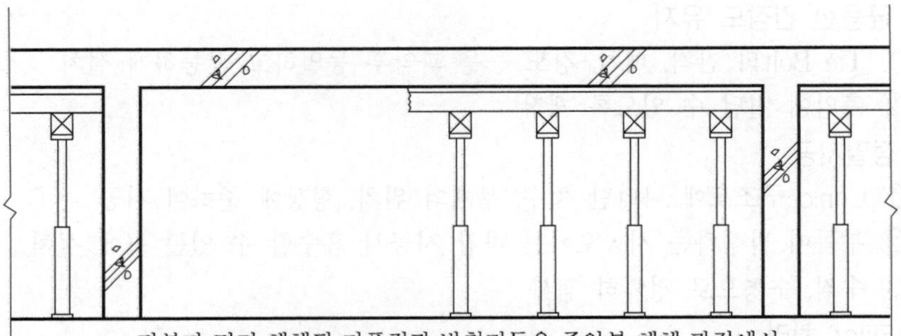

단부가 먼저 해체된 거푸집과 받침기둥은 중앙부 해체 과정에서 응력분포가 역전하는 결과 초래

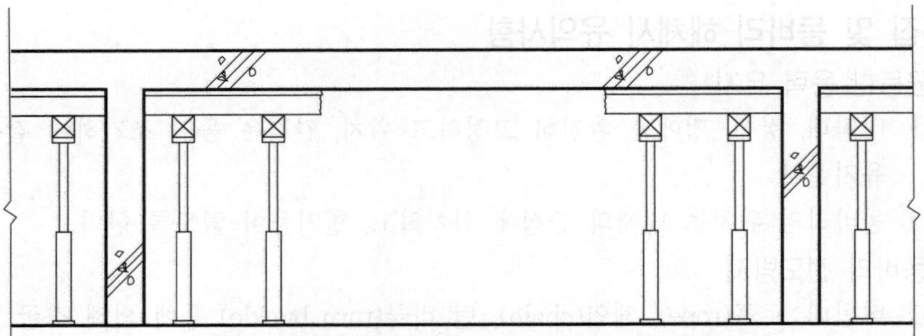

중앙부를 먼저 해체함으로써 설계대로 하중작용

7) 동바리 재설치

① 거푸집 해체를 위해 임시로 제거한 동바리는 거푸집 해체 직후 재설치 할 것

② 구간별로 나누어 작업하면, 전체 임시 제거 금지

8) 동바리 존치기간 증대

동바리 자재의 여유를 가지고 동바리의 존치기간을 최대로 증대

9) 충격, 진동 금지

① Con'c 양생에 지장이 없도록 신속히 교체한다.

② 지나친 동바리의 버팀은 Con'c 품질 확보에 좋지 않다.

③ 충격 및 진동을 금지한다.

10) 안전대책

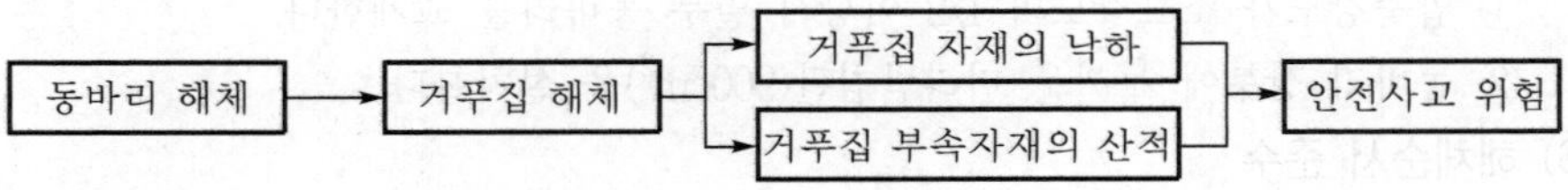

동바리 해체시 안전사고 발생률이 높으므로 유의할 것

Ⅵ. 거푸집 및 동바리의 처짐(침하)시 대책

처짐 및 침하 발생시 즉각 작업을 중지하고, 안정성이 확인된 후 작업을 재개함

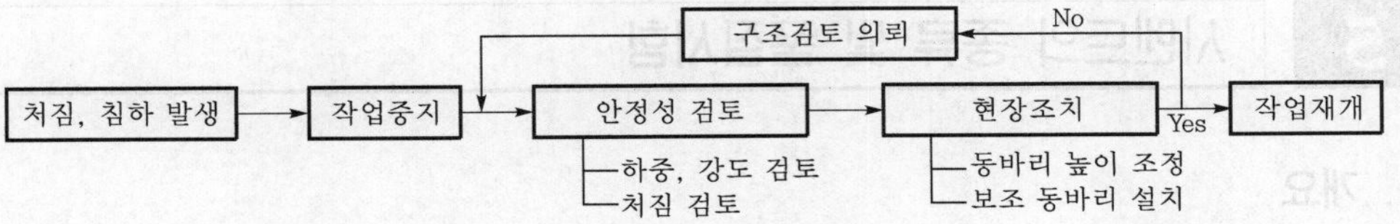

Ⅶ. 거푸집 동바리 점검항목

부위	점검항목
기초	• 버림 콘크리트 위의 먹매김 • 거푸집 버팀대의 견고성
벽	• 멍에 및 띠장의 간격 • 긴결재 및 간격재의 간격과 조임
기둥	• 주밴드의 상하 간격 • 하부 청소 구멍을 통한 청소상태
보	• 동바리의 설치 간격 • Camber의 설치 유무
바닥	• 장선과 멍에의 간격 • 콘크리트 하중, 충격 및 작업하중 검토

Ⅷ. 결론

① 양질의 콘크리트 구조체를 얻기 위해서는 거푸집 및 동바리의 소요강도, 위치, 형상, 치수 등에 대한 보다 체계적이고 철저한 시공관리에 의한 품질확보가 필요하다.

② 거푸집 및 동바리는 철거시 안전사고의 발생이 가장 많으므로 Unit화 된 거푸집의 개발과 안정된 시공법의 개발이 필요하다.

5 시멘트의 종류 및 품질시험

Ⅰ. 개요

① Portland Cement는 석회질 원료와 점토질 원료를 혼합하여 소성한 Clinker에 석고를 가하여 분쇄한 것으로써 시멘트의 중요한 성분으로는 석회(CaO, 산화칼슘), 산화철(Fe_2O_3, 산화 제2철)과 석고를 첨가한 무수황산(SO_3, 3산화유황) 등이 있다.

② 시멘트는 사용전의 현장저장 및 관리가 콘크리트 구조체의 품질에 큰 영향을 미칠 수 있으며, 시멘트의 품질확보를 위해서는 체계적인 시험의 실시가 중요하다.

Ⅱ. 시멘트의 분류

시멘트
- 포틀랜드 시멘트 : 보통, 중용열, 조강, 저열, 내황산염
- 혼합 시멘트 : Pozzolan, 고로 Slag, Fly Ash
- 특수 시멘트 : 알루미나, 초속경, 팽창, 백색

Ⅲ. 시멘트의 종류별 특성

1. 포틀랜드 시멘트

1) 보통 포틀랜드 시멘트(1종 시멘트)

① 특수한 경우를 제외한 일반적인 공사에 사용된다.

② 혼화제를 첨가하면 성질 개량이 가능하다.

2) 중용열 포틀랜드 시멘트(2종 시멘트)

① 초기강도 발현은 늦으나 콘크리트의 장기강도에 유리하다.

② 매스 Con'c와 서중 Con'c에 많이 사용한다.

③ 경화시 발열량이 적어 건조수축으로 인한 균열이 적다.

④ 초기강도 확보가 어려워 양생기간이 길어진다.

3) 조강 포틀랜드 시멘트(3종 시멘트)

① 경화속도가 빠르고 초기강도 확보가 유리하다.

② 한중 콘크리트에 사용한다.

③ 수화열이 높기 때문에 건조수축으로 인한 구조체의 균열이 발생할 우려가 있다.

④ 조강 포틀랜드 시멘트를 사용한 콘크리트의 7일 강도는 보통 포틀랜드 시멘트를 사용한 콘크리트의 28일 강도와 같다.

4) 저열 포틀랜드 시멘트(4종 시멘트)

① 중용열 포틀랜드 시멘트보다 수화열이 적게 나오도록 만든 시멘트이다.

② 건조수축이 적으며, 초기강도 발현이 지연된다.

③ Mass 콘크리트, 수밀콘크리트 등에 사용된다.

④ 거푸집 탈형시기가 늦어지는 불편함이 있다.

5) 내황산염 포틀랜드 시멘트(5종 시멘트)

① 초기강도는 보통 포틀랜드 시멘트와 유사하며, 28일 강도는 약 90% 정도이다.

② 온천지대, 해안, 항만 등에 이용한다.

③ 건조수축은 보통 Con'c보다 적다.

2. 혼합 시멘트

1) Pozzolan 시멘트

① 보통 포틀랜드 시멘트에 혼합된 실리카질 혼합재는 천연 및 인공인 것을 총칭하여 Pozzolan이라 한다.

② 천연산 포졸란에는 화산회, 규조토, 응회암, 규산백토 등이 있다.

③ 인공 포졸란에는 Fly Ash, 소점토가 있다.

④ 모르타르 내의 공극 충진효과가 크고, 투수성이 현저히 작아진다.

⑤ Bleeding이 감소하여 백화현상이 적고, Con'c의 화학적 저항력이 향상되며, 장기강도가 증대된다.

⑥ 콘크리트의 단위수량이 증가하여 강도상 불리할 수 있고, 동결융해에 대한 저항성이 적다.

2) 고로 Slag 시멘트

① 수화열이 작고 장기강도가 크며, 내구적이다.

② 해수, 하수, 지하수, 광천수 등에 대한 내침투성이 우수하다.

③ 수화열이 낮아 Dam과 같은 Mass Con'c에 사용한다.

3) Fly Ash 시멘트

① 화력발전소에서 생성되는 미분탄재로서 원형의 상(狀)을 가진 유리모양의 미소립자 석탄재를 Fly Ash라 한다.

② 혼합성, 유동성이 좋아진다.

③ 수화열이 낮아 건조수축으로 인한 균열이 적다.

④ 콘크리트의 장기강도가 좋아진다.

3. 특수 시멘트

1) Alumina 시멘트

① 알루미나 시멘트는 알루민산 석회를 주광물로 사용한 시멘트이다.

② 응결이 보통 포틀랜드 시멘트에 비해 길어지나 경화의 급속한 진행으로 6~8시간이면 보통 포틀랜드 시멘트 3일 강도와 같고, 24시간이면 28일 강도와 같아진다.

③ 긴급공사, 한중 Con'c에 유리하다.

④ 내화성이 좋아 내화 Con'c로 사용되며 화학약품, 기름, 염류에 대한 저항력이 강하다.

2) 초속경 시멘트

① 재령 1~2시간에 압축강도가 10MPa에 도달한다.

② 혼화제(응결·경화 조절제)의 사용으로 응결·경화의 시간을 조절할 수 있다.

③ 낮은 온도에서도 장기간에 걸쳐 안정된 강도발현을 얻을 수 있다.

④ 긴급보수공사(도로, 철도, 교량 등)에 사용되며, 또한 뿜칠 콘크리트, 그라우트재에 사용된다.

3) 팽창 시멘트

① 물과 반응하여 경화과정에서 팽창하는 성질을 가진 시멘트를 말한다.

② 콘크리트 자체의 팽창력 증대로 철근의 신장을 일으켜 콘크리트의 압축응력을 발생하여 Prestress가 도입되는 효과가 된다.

③ 콘크리트의 건조수축으로 일어나는 인장응력을 팽창력으로 저지하여 건조수축에 의한 균열방지 효과가 있어 균열보수에 사용한다.

④ 팽창력이 큰 경우 프리스트레스 원리로 인장강도가 개선된다.

⑤ 팽창에 의한 Prestress를 화학적 Prestress 또는 Self Stressing Prestress라 한다.

⑥ 팽창 포틀랜드 시멘트를 수축보상 시멘트(self stressing cement)라고도 한다.

4) 백색 시멘트

① 포틀랜드 시멘트의 주원료인 석회석과 점토는 착색성분이 포함되지 않은 것을 사용한다.

② 물과 혼합한 후 2~3시간 경과하면 백색이 10% 저하된다.

③ 수화가 진행되면서 7일 정도 경과하면 원상 회복한다.

④ 백색 포틀랜드 시멘트는 철분을 극도로 줄여 공기중이나 물속에서도 경화가 이루어지므로 보관 및 취급에 유의해야 한다.

⑤ 타일 줄눈용, 타일 시멘트 등으로 사용된다.

Ⅳ. 시멘트의 품질관리시험

1. 분말도시험

① 표준망체 88μ를 사용하여 시료 50g을 넣고,

② 한 손으로 1분간 150회의 속도로 체를 두드려 치며,

③ 25회 두드릴 때마다 체를 약 1/6 회전시킨다.

④ 1분간 통과량이 0.1g 이하가 되면 그치고, 남은 것을 측정 다음 식으로 산정

$$\text{분말도} = \frac{\text{체 위에 남은 중량(g)}}{\text{전체 시멘트의 중량(g)}} \times 100$$

2. 안정성 시험(Soundness Test)

① 시멘트 약 100g에 물 25%의 Cement Paste를 만든다.

② 약 13cm^{2}의 유리판 위에 놓고, 유리판 밑에서 가만히 두드려 외측에서 내측으로 밀어 지름 100mm, 중심두께 15mm의 가장자리로 갈수록 얇은 Pad를 만든다.

③ 일정한 온도와 습도의 습기함에 넣고, 24시간 저장후 수중보양을 27일한 후 팽창성과 갈라짐, 뒤틀림을 검사한다.

3. 시료채취

① 시멘트 50t 또는 그 단수마다 평균 품질을 나타내도록 5kg 이상의 시료 채취

② 포대일 경우는 15t 또는 그 단수마다 한 포대로 함

③ 각 포대에서 같은 양의 시멘트를 취하여 이것을 4분법에 의하여 한구의 시료로 함

4. 비중시험

① 르 샤틀리에 비중병에 탈수한 정제 광유를 넣고, 온도를 일정하게 하여 표면의 눈금을 읽는다.

② 여기에 100g의 시멘트를 넣고, 흔들어 공기를 내보내고, 눈금을 읽는다.

$$\text{시멘트 비중} = \frac{\text{시멘트 중량(g)}}{\text{비중병의 눈금자(cc)}}$$

③ 비중시험은 2번 이상으로 하고, 측정값의 차가 0.01 이내로 되면 그 평균값으로 한다.

5. 강도시험

① 시멘트의 강도시험은 휨시험과 압축시험을 한다.

② 휨시험용의 공시체는 단면 40mm×40mm, 길이 160mm의 네모기둥을 쓰고, 압축시험에는 휨시험 공시체의 절반을 사용한다.

③ 압축강도시험은 3일, 7일, 28일의 재령으로 휨시험과 병행한다.

④ 시간관계로 28일 시험을 생략할 수도 있다.

6. 응결시험

① 시멘트의 성분 중 알루민산 삼석회($3CaO \cdot Al_2O_3$)가 많으면 응결이 빨라지며, 시멘트가 풍화되면 알루민산 삼석회가 적어지게 되므로 응결이 느려지게 된다.

② 표준 묽기의 Cement Paste를 온도 20±3℃, 습도 80% 이상 유지할 때, 응결시작은 1시간후, 종결은 10시간 이내로 규정하고 있으나, 일반적으로 시결 1.5~3.5시간, 종결은 3~6시간 정도인 경우가 많다.

③ 시멘트에 따라 비벼낸 시멘트풀이 주수후 10~20분에 굳어지고→다시 묽어지고→정상적으로 굳어가는 현상을 헛응결 또는 이상 응결(false setting)이라고 한다.

7. 수화열시험

수화열은 70cal/g이며, 조강 포틀랜드 시멘트는 수화열이 많고, 중용열 포틀랜드 시멘트는 수화열이 적다.

V. 시멘트의 풍화

1) 정의

① 시멘트는 저장시 공기중에 방치해 두면 수분을 흡수하여 경미한 수화반응을 일으킨다.

② 수화반응에 의해 형성된 수산화칼슘($Ca(OH)_2$)이 이산화탄소(CO_2)와 반응하여 탄산석회($CaCO_3$)를 생성하며 굳어지는 것을 풍화라 한다.

㉠ 수화반응 : $CaO+H_2O \rightarrow Ca(OH)_2$

㉡ 풍화 : $Ca(OH)_2+CO_2 \rightarrow CaCO_3+H_2O$

2) 풍화된 시멘트의 특징

① 강도 발현이 저하된다.

② 초기강도, 압축강도가 현저히 작아진다.

③ 내구성이 저하된다.

④ 강열감량이 증가한다.

⑤ 응결이 지연된다.

⑥ 비중이 작아진다.

Ⅵ. 시멘트의 저장

① 시멘트는 방습적인 구조로 된 사일로 또는 창고에 품종별로 구분하여 저장해야 한다.

② 포대 시멘트의 경우는 지상에서 300mm 이상 되는 마루에 올려서 검사나 반출에 편리하도록 저장해야 한다.

③ 시멘트는 사용 전에 시험을 통하여 품질을 확인하여야 한다.

Ⅶ. 결론

① 시멘트는 철저한 품질시험을 통하여 구조물의 요구성능에 적합한 것을 선정하여야 하며, 이러한 요소가 양질의 콘크리트 구조체로 만드는데 중요하다.

② 운반 및 저장의 관리 소홀로 인하여 풍화된 시멘트가 생기지 않도록 하여야 하며, 콘크리트의 시공성 및 내구성이 증대될 수 있는 시멘트의 개발이 중요하다.

6 골재의 종류 및 품질시험

Ⅰ. 개요

① 골재는 깨끗하고 내구적이어야 하며, 알맞은 입도와 유기 불순물 및 염화물 등의 유해량을 함유해서는 안 된다.

② 골재는 사용전에 시험을 통하여 균질의 재료를 선정하고, 취급 및 저장 관리에 철저를 기하여야 구조체의 강성을 확보할 수 있다.

Ⅱ. 골재의 구비조건

① 청정, 견고, 내구적이어야 한다.

② 흙, 먼지, 유기불순물 등이 포함되어서는 안 된다.

③ 강도는 Cement Paste 이상이어야 한다.

④ 자갈은 둥글고, 표면이 거칠어야 한다.

⑤ 모래는 미세립분이나 염분 등이 규정치 이상 포함되어 있지 않아야 한다.

Ⅲ. 골재의 분류

1) 입경에 따라

① 잔골재 : 5mm체를 중량으로 85% 이상 통과하며, 0.08mm체에 거의 다 남은 골재

② 굵은 골재 : 5mm체 크기에서 중량으로 85% 이상 남는 골재

2) 산지에 따라

① 천연 골재 : 해사, 강모래, 강자갈

② 인공 골재 : 부순모래, 부순돌, 고로슬래그 잔골재, 고로슬래그 굵은 골재

3) 비중에 따라

① 초경량 골재 : 비중이 1.0 이하(화산암, 팽창혈암)

② 경량 골재 : 비중이 2.0 이하(화산암)

③ 보통 골재 : 비중이 2.0을 넘고, 3.0 이하(고로슬래그, 강자갈, 쇄석)

④ 중량 골재 : 비중이 3.0을 넘는 골재(자철광)

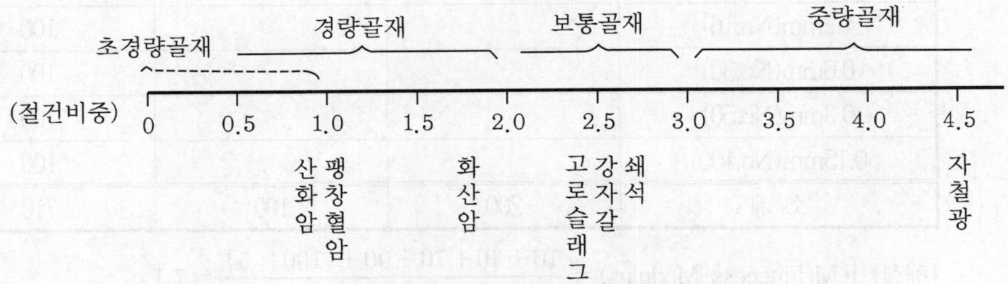

<비중에 따른 골재의 분류>

Ⅳ. 골재의 품질시험

1. 유기불순물시험(혼탁 비색법)

① 모래에 함유하는 유기불순물 유해량을 대강 알기 위한 시험방법이다.

② 일정분량의 유리병에 수산화나트륨(NaOH) 3% 용액을 넣고 흔들어 잘 섞고, 24시간 후에 윗물 빛깔을 표준 빛깔과 비교해 본다.

③ 표준 빛깔보다 진한 것은 유해량의 유기불순물을 포함한 것으로 본다.

2. 간극률시험

① 골재의 단위용적에 대한 실적 백분율을 실적률이라 하며, 그 공극의 백분율을 간극률이라 한다.

② 골재의 간극률이 적으면 콘크리트의 밀도, 마모, 수밀성, 내구성이 증대된다.

$$\text{간극률}(\%) = \frac{0.999G - M}{0.999G} \times 100$$

여기서, G : 비중, M : 단위용적 중량(t/m^3)

3. 체가름 시험(조립률)

① 골재의 체가름 분포(골재 입도)를 간단히 표시하는 방법으로 조립률(F.M)이 있다.

② 0.15mm, 0.3mm, 0.6mm, 1.2mm, 2.5mm, 5mm, 10mm, 20mm, 40mm, 80mm의 10개 체를 사용하여 가적 잔유율의 누계를 백으로 나눈 값

$$\text{F.M(조립률)} = \frac{\text{80～0.15mm체까지의 가적 잔유율의 누계}}{100}$$

예제 다음 주어진 표를 보고 굵은 골재의 조립률을 구하여라.

체 번호	잔유량(g)	잔유율(%)	가적 잔유율(%)
80mm		0	0
40mm	20	10	10
20mm	60	30	40
10mm	60	30	70
5mm(No.4)	40	20	90
2.5mm(No.8)	20	10	100
1.2mm(No.16)			100
0.6mm(No.30)			100
0.3mm(No.50)			100
0.15mm(No.100)			100
소 계	200	100	710

[해설] $\text{F.M(Fineness Modulus)} = \frac{10+40+70+90+(100\times 5)}{100} = 7.1$

③ 골재 입자의 지름이 클수록 조립률이 크다.

④ 일반적으로 골재의 조립률은 잔골재는 2.3～3.1, 굵은 골재는 6～8 정도가 좋다.

4. 마모시험

① 포장용 콘크리트와 Dam용 Con'c에 사용되는 굵은 골재는 마모저항을 측정하여 마모한도를 정할 수 있다.
② 굵은 골재의 마모함량 한도는 50%이다.
③ 로스엔젤레스 시험기(안지름 710mm, 내측길이 510mm의 양 끝이 밀폐된 강철재의 원통형) 사용
④ 철구(지름이 약 46.8mm, 무게 390~445g의 주철 또는 강철) 12개 사용

$$\text{마모율}(\%) = \frac{\text{시험 전 시료의 무게} - \text{시험 후 시료의 무게}}{\text{시험 전 시료의 무게}} \times 100$$

5. 강도시험

① 골재 입자의 강도는 직접 시험할 수 없기 때문에 일반적으로 부서지는 세기를 이용하고 있다.
② 영국 규준(B.S)에서 일정입도의 골재를 용기에 채우고, 압축기로 가압해 40t 재하 때의 골재의 파쇄율이나 파쇄율이 10%일 때의 화물 중량으로 골재의 세기를 나타내도록 하고 있다.
③ 일정배합의 콘크리트를 만들 때 콘크리트 강도로 비교하는 시험방법도 있다.
④ 경량골재는 물결합재비 40%의 콘크리트를 만들 때의 세기에 의해 강도 구분을 정하고 있다.

6. 흡수율시험

1) 굵은 골재의 흡수율시험

① 콘크리트 배합설계에 있어서 골재의 절대용적을 알기 위하여 시험한다.
② 사용수량을 조절하기 위해서 시험한다.
③ 비중이 크면 강도가 크고, 흡수량이 적다.
④ 시험기구는 시료분취기, 철망태, 저울, 물통, 건조기 등이 사용된다.

㉠ 비중 $= \dfrac{A}{B-C}$

㉡ 표면건조 내부 포화상태 비중 $= \dfrac{B}{B-C}$

㉢ 겉보기 비중 $= \dfrac{A}{A-C}$

㉣ 흡수율(%) $= \dfrac{B-A}{A} \times 100$

여기서, A : 기건중량(g), B : 표면건조 내부 포화중량(g)
C : 시료의 수중중량(g)

2) 잔골재의 비중 및 흡수율시험

① 콘크리트 배합설계시 잔골재의 절대용적을 알기 위해서 한다.
② 비중 및 건조포화 비중, 흡수율을 시험에 의해 구한다.

③ 잔골재 흡수율은 1% 정도이다.
④ 시험기구는 원추형 몰드(윗지름 40mm, 아랫지름 90mm, 높이 75mm, 최소두께 0.8mm 이상) 시료 분취기, 저울, 플라스크, 데시케이터, 시료삽 및 시료팬, 건조기 등이 있다.
⑤ 플라스크의 용적은 500cc이고 시험에 소요되는 부분보다 50% 정도 커야 한다.

㉠ 비중 $= \dfrac{A}{B+500-C}$

㉡ 표면건조 내부 포화상태 비중 $= \dfrac{500}{B+500-C}$

㉢ 겉보기 비중 $= \dfrac{A}{B+A-C}$

㉣ 흡수율(%) $= \dfrac{500-A}{A} \times 100$

여기서, A : 기건중량(g), B : 물+플라스크의 중량(g)
C : 시료+물+플라스크의 중량(g)

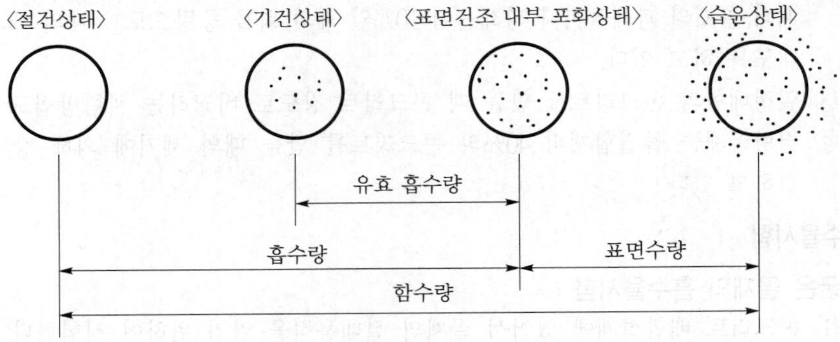

<골재의 함수량>

Ⅴ. 골재의 취급 및 저장

① 종류 및 입도가 다른 골재는 각각 구분하여 저장한다.
② 굵은 골재 최대치수가 65mm 이상인 경우는 체가름하여 분리 저장한다.
③ 골재의 취급 및 저장시 잡물의 혼입이나 부서지지 않도록 한다.
④ 골재의 저장설비는 적당한 배수시설을 설치해야 한다.
⑤ 겨울에는 빙설의 혼입을 방지하기 위한 시설을 갖추어야 한다.

Ⅵ. 결론

① 골재는 콘크리트 구조물을 구성하는 중요한 재료이므로 골재의 품질은 콘크리트의 품질에 직접적인 영향을 준다고 볼 수 있다.
② 최근 들어 자연골재의 고갈로 자연골재보다 품질이 떨어지는 부순골재 및 해사의 사용이 증가하는 추세에 있고, 이러한 Minus 요인을 미연에 방지하기 위해서는 품질시험을 통한 골재의 선정 및 취급·보관 등의 관리에 철저를 기하여야 할 것이다.

7 콘크리트의 혼화재료

Ⅰ. 개요

① 혼화재료는 Con'c의 구성재료인 시멘트, 물, 골재 등에 첨가하여 콘크리트에 특별한 품질을 부여하고, 성질을 개선하기 위한 재료이다.

② 혼화재료에는 혼화제와 혼화재로 구분할 수 있으며, 그 사용량이 시멘트 중량의 5% 이하로서 소량만 사용되는 것은 혼화제, 시멘트 중량의 5% 이상 사용되는 것을 혼화재로 분류하고 있다.

Ⅱ. 혼화재료의 사용목적

① 시공연도 개선
② 초기강도 증진
③ 응결시간 조절
④ 내구성 개선
⑤ 수밀성 증진

Ⅲ. 혼화재료의 선정시 고려사항

① 콘크리트의 설계기준 강도를 그대로 유지시킬 것
② 시공연도를 향상시킬 것
③ 콘크리트의 고강도화
④ 유해한 성질이 없을 것

Ⅳ. 혼화재료의 분류

1) 혼화제(混和劑, agent)

① 첨가량이 시멘트 중량의 5% 미만으로서 약품적 성질만 가지고 있음
② 사용량 적어 배합설계시 중량계산에서 제외한다.
③ 종류로는 표면활성제, 응결경화 촉진제, 응결 지연제, 방수제, 방동제, 발포제, 착색제, 유동화제, 방청제 등이 있다.

2) 혼화재(混和材, admixture)

① 첨가량이 시멘트 중량의 5% 이상으로서 Cement의 성질을 개량한다.
② 사용량을 배합설계시 중량계산에 포함한다.
③ 종류로는 Pozzolan, Fly Ash, 고로 Slag 등이 있다.

Ⅴ. 혼화재료의 종류

1) 혼화제

① 표면활성제(AE제, 감수제, AE 감수제, 고성능 감수제, 고성능 AE 감수제)
② 응결경화 조절제(촉진제, 지연제, 급결제, 초지연제)

③ 방수제
⑤ 발포제
⑦ 유동화제
④ 방청제
⑥ 수중 불분리성 혼화제
⑧ 방청제

2) 혼화재
① Pozzolan
③ Fly Ash
⑤ 착색재
② 고로 Slag
④ 팽창재

Ⅵ. 종류별 특징

1. 혼화제(混和劑)

1) AE제(Air Entraining agent)

① 정의

㉠ AE제는 굳지 않은 Con'c의 성질을 개량하여 콘크리트의 시공성을 향상시키고, 동결융해에 대한 저항성을 증대시키기 위하여 사용된다.

㉡ 일반적으로 콘크리트에는 혼화제를 첨가하지 않아도 자연적으로 1~2% 정도의 공기(entrapped air)를 포함하고 있다.

㉢ AE제를 첨가하여 공기(entrained air)량을 3~5% 증가시키면 시공연도를 향상시킬 수 있다.

② 특징

㉠ 장점(역할)

ⓐ Workability 개선
ⓑ 단위수량 감소
ⓒ 동결융해에 대한 저항성 증대
ⓓ Bleeding 감소
ⓔ 알칼리골재반응 감소
ⓕ 재료분리 감소
ⓖ 수밀성 증대

㉡ 단점

ⓐ 공기량이 증가하면 철근과의 부착력이 저하된다.

ⓑ AE제에 의한 지나친 공기량 증가(6% 이상)는 콘크리트의 내구성을 저하시킨다.

ⓒ 공기량 1% 증가시 콘크리트의 압축강도는 3~5% 감소한다.

③ 유의사항

㉠ AE제는 소량이므로 계량에 주의하고, 계량오차는 3% 이내일 것

㉡ 운반 및 진동 다짐시는 공기량이 감소하므로 소요공기량의 1/4~1/6 정도 많게 할 것

㉢ Entrained Air의 변동을 적게하기 위해 잔골재의 입도를 균일하게 할 것

㉣ 공기량이 많아지면 시공성은 좋아지나 강도가 저하되므로 유의할 것

2) 감수제

① 공기를 연행하지 않고 시멘트 입자에 대한 습윤, 분산작용으로 Workability를 향상시키는 혼화제이다.

② 응결속도에 관계하여 표준형 · 지연형 · 촉진형으로 분류된다.
③ 단위수량 감소효과로 내동해성을 개선시킨다.

3) AE 감수제(AE water reducing agent)

① 콘크리트 중에 미세기포를 연행시키면서 작업성을 향상시키는 한편 분산효과로 인한 단위수량을 감소시킨다.
② AE제만 첨가한 경우는 감수효과가 8%인데 반해 AE 감수제를 사용하면 10~15%의 감수효과를 기대할 수 있다.

4) 고성능 감수제

① 시멘트를 더욱 효과적으로 분산시켜 단위수량을 대폭적으로 감수시킬 수 있다.
② 감수효과는 20~30%로 최대이다.
③ 고강도 콘크리트 제조시 사용된다.

5) 고성능 AE 감수제

① AE 감수제에 비해 감수효과가 뛰어나고, Slump 손실이 적다.
② 감수효과는 20% 내외이다.
③ 압축강도 50MPa 이상의 고강도 콘크리트 제조에 사용된다.

6) 응결경화 촉진제(accelerator)

① 급결제(急結劑) 또는 급경제(急硬劑)라고도 하며, 염화칼슘, 규산소다 등이 기본 성분으로 많이 사용된다.
② 염화칼슘의 적당량을 콘크리트에 혼입하여 응결을 촉진하고 조기강도를 증진시키므로 한중 콘크리트에 사용한다.
③ 적당량을 가하면 마모에 대한 저항성이 커지고, 건조 · 습도에 대한 팽창 · 수축이 증대된다.
④ 황산염에 대한 저항이 떨어지고 알칼리골재반응이 촉진되며, 콘크리트의 Slump가 빨리 감소한다.

7) 응결 지연제(retarder)

① 유기 혼화제가 시멘트 입자 표면에 흡착, 불용성 침전이나 착제, 착염 등을 형성하여 시멘트와 물 사이의 반응을 차단하고 시멘트 수화물의 생성을 억제한다.
② 지연성능이 크며, 첨가량에 따라 응결시간을 조정할 수 있어 서중 콘크리트나 Mass 콘크리트에 사용한다.

8) 방수제(water proofing agent)

① 정의 : 미세한 물질을 혼입하여 공극을 충진하거나 발수성의 물질을 도포, 흡수성을 차단하는 성능을 가진 혼화제를 방수제라 한다.
② 방수재료
㉠ 콘크리트 공간 충진 : 소석회, 암석분말, 규조토, 규산백토, 염화암모늄
㉡ 발수성 재료 : 명반, 수지, 비누
㉢ 시멘트의 수산화칼슘($Ca(OH)_2$) 유출방지 : 염화칼슘, 금속비누, 지방산과 석회의 화합물, 규산소다

9) 방청제(corrosion inhibiting agent)

① 방청제는 콘크리트 중의 염분에 의한 철근의 부식을 억제할 목적으로 사용되는 혼화제이다.

② 철근의 부식은 일종의 전기화학반응에 의해서 일어난다.

10) 발포제(gas forming agent)

① 발포제는 시멘트에 혼입되는 경우 화학반응에 의해 발생하는 가스를 이용하여 기포를 형성한다.

② 가스의 종류에는 수소가스, 산소가스, 아세틸렌가스, 탄산가스, 암모늄가스 등이 있다.

③ 가장 많이 사용하는 방법은 금속 알루미늄과 시멘트 중의 알칼리와 반응하여 발생하는 수소가스를 이용하는 방법이다.

11) 수중 불분리성 혼화제

① 수중에 투입되는 콘크리트가 물의 세척작용을 받아서 시멘트와 골재가 분리되는 것을 방지한다.

② 유동성이 있어 간극에 대한 충전성이 뛰어나다.

③ Bleeding 현상을 억제시키며, 콘크리트의 강도 및 내구성을 증대시킨다.

12) 유동화제(super plasticizer)

① 감수제의 기능을 더욱 향상시켜 시멘트를 효과적으로 분산시키고, 강도에 영향없이 공기연행 효과만으로 시공연도를 좋게 한다.

② 단위수량을 감소시키고 건조 수축량이 적은 양질의 Con'c를 얻을 수 있다.

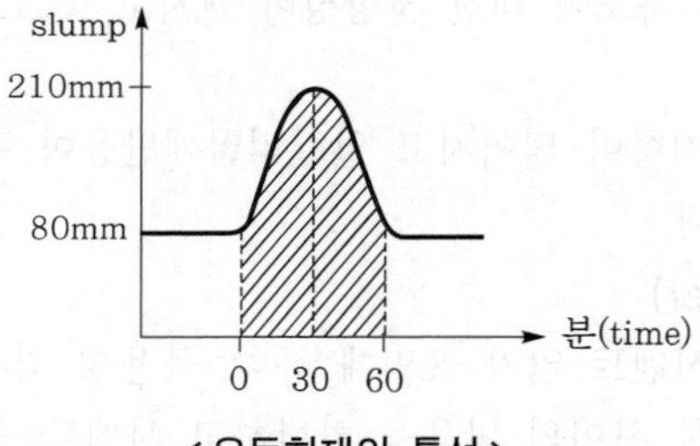

<유동화제의 특성>

13) 방동제

① 콘크리트의 동결을 방지하기 위해 염화칼슘·식염 등이 쓰이지만, 이것을 다량 사용하면 때 강도저하 및 급결작용이 발생한다.

② 특히 식염은 철근콘크리트 공사에 절대 사용하지 않는다.

2. 혼화재(混和材, admixture)

1) Pozzolan

① 정의 : 포졸란은 시멘트가 수화할 때 생기는 수산화칼슘($Ca(OH)_2$)과 화합하여 콘크리트의 강도, 해수 등에 대한 화학적 저항성·수밀성 등을 개선하는데 사용되며, 콘크리트 중량재로 사용된다.

㉠ 천연포졸란 : 화산재, 응회암, 규산백토, 규조토
㉡ 주성분에 따른 분류 : 실리카 알루미나계, 실리카계, 흑요석, 응회석, 규조토, 소성점토

② Pozzolan이 Con'c에 미치는 영향
㉠ 시공연도가 향상(적절한 입형과 입도분포가 필요)
㉡ 수화열 감소(mass Con'c에 적용)
㉢ 장기강도 증진(적절한 양생 필요)
㉣ 내화학성 향상
㉤ 수밀성 향상(간극 감소)
㉥ 알칼리골재반응 억제효과

2) 고로 Slag

① 정의 : 용광로 방식의 제철작업에서 선철과 동시에 주로 알루미노 규산염으로 구성되는 슬래그가 생성되며, 용융상태의 고온 슬래그를 물, 공기 등으로 급냉하여 입상화한 것을 고로 Slag라 한다.

② 냉각방법에 따른 종류
㉠ 서냉 Slag(괴상 slag) : 도로용(표층, 노반, 충진)·콘크리트용 골재, 항만재료, 지반개량재, 시멘트·크링커 원료, 규산석회 비료 등
㉡ 급냉 Slag(입상화 slag) : 고로 시멘트용, 시멘트 크링커 원료, 콘크리트 혼화재, 경량 기포 콘크리트(ALC 원료), 지반 개량재, 콘크리트 세골재, 아스팔트용 세골재, 규산석회 비료, 항만재료
㉢ 반급냉 Slag(팽창 slag) : 경량 콘크리트용, 경량 매립재, 기타 보온재

3) Fly Ash

① 정의 : Fly Ash는 화력발전소 등의 연소 보일러에서 부산되는 석탄재로서 연소폐가스중에 포함되어 집진기에 의해 회수된 특정 입도범위의 입상잔사를 말하며, Pozzolan계의 대표적인 혼화재이다.

② 특징
㉠ 장점
ⓐ 초기강도 증진은 늦으나 장기강도는 크다.
ⓑ 플라이 애시는 구상의 미립자로, 볼 베어링(ball bearing) 작용을 하여 시공연도가 개선된다.
ⓒ 수화발열량이 적다.
ⓓ 알칼리골재반응을 억제한다.
ⓔ 황산염에 대한 저항성이 크다.
ⓕ 콘크리트의 수밀성이 향상된다.
㉡ 단점
ⓐ 재령 확보를 위해 초기양생이 중요하다.
ⓑ 연행 공기량이 감소한다.
ⓒ 응결시간이 길어진다.

4) 팽창재

① 물과 반응하여 경화하는 과정에서 콘크리트가 팽창하는 성질을 가지게 하는 혼화재이다.

② 보통 콘크리트에 비해 균열발생이 거의 없다.

③ 균열보수 공사, Grouting 재료 및 PS 콘크리트에 사용된다.

5) 착색제(coloring agent)

착색제는 콘크리트와 모르타르에 색을 입히는 혼합제로서 본래의 콘크리트 특성과 함께 마무리제로서의 기능도 함께 갖는 착색 Con'c 또는 칼라 Con'c라 한다.

① 빨강 : 산화제2철
② 파랑 : 군청
③ 갈색 : 이산화망간
④ 노랑 : 크롬산바륨
⑤ 초록 : 산화크롬
⑥ 검정 : Carbon Black

Ⅶ. 문제점

① 시공 실적 저조

② 시방서의 기준 미비

③ 품질에 대한 신뢰성 결여

Ⅷ. 개발방향

① 정부 차원의 신뢰성 회복

② 제조회사의 연구 및 투자 확대

③ 시방서의 기준 정립

④ 실적에 대한 자료 홍보

Ⅸ. 결론

① 혼화재료는 Con'c의 시공연도 개선, 조기강도 증진 등 Con'c 성질과 품질을 향상시키는 재료로서 적당량을 사용할 경우 강도, 내구성, 수밀성의 증가를 가져올 것으로 기대된다.

② 혼화제는 같은 종이라도 제조회사에 따라 제품의 성능차가 크므로 잘못 선택할 경우에는 오히려 콘크리트 구조체의 강도를 떨어뜨리는 원인이 되기도 하므로 정부차원의 제품기준 및 품질규정의 확립이 필요하다.

8 콘크리트 시공시 품질관리

Ⅰ. 개요

① 콘크리트의 품질관리에서 중요하게 고려되야 할 사항은 구조물의 강도, 내구성, 수밀성 등을 향상시키면서 경제적인 시공을 하는 것이다.

② 콘크리트 공사의 품질관리는 비빔 · 운반시 재료분리가 되지 않게 하고, 타설 · 다짐은 균일하고, 밀실하게 하여 충분한 양생을 하는데 있다.

Ⅱ. 콘크리트 공사의 Flow Chart

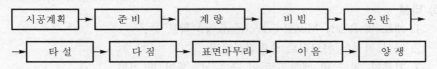

시공계획 → 준 비 → 계 량 → 비 빔 → 운 반

→ 타 설 → 다 짐 → 표면마무리 → 이 음 → 양 생

Ⅲ. 단계별 시공관리

1) 시공계획

① 레미콘 공장의 선정과 현장까지의 거리계획

② 레미콘의 운반시간은 도로교통량 및 정체시간을 고려한 계획

③ 레미콘의 운반방법 등 결정

2) 준비

① 콘크리트 타설전에 설비 기계 · 기구의 유무를 확인한다.

② 철근 배근 및 거푸집의 상태 등을 점검한다.

③ 기상상태 및 인력배치와 콘크리트 타설용 기계의 안전한 설치 등을 점검한다.

3) 계량

① 재료의 오차는 계량기 자체에 의한 계량오차와 계량기에서 공급할 때 생기는 동력오차가 있다.

② 계량오차는 계량기를 수시로 점검하여 정비 · 보수함으로써 줄일 수 있다.

③ 일반적으로 콘크리트 공사에 사용되는 저울의 정밀도는 최대용량의 0.5% 정도이다.

④ 재료공급에 의한 동력오차는 거의 피할 수 없다.

⑤ 골재 계량에서 중량 계량과 용적 계량이 있다.

4) 비빔

① 콘크리트 재료는 반죽된 콘크리트가 균질해 질 때까지 충분히 혼합한다.

② 비비기를 시작하기 전에 미리 믹서에 모르터를 부착시키는 것을 원칙으로 한다.

③ 믹서는 사용 전 · 후에 충분히 청소해야 한다.

④ 가경성 비빔은 90초 이상, 강제성 비빔은 60초 이상이며, 강제식이 우수하다.

⑤ 혼합시간은 시험에 의하여 정해지는 것이 원칙이며, 3배 이상 초과해서는 안 된다.

5) 운반

① Truck Agitator는 Batcher Plant에서 적재한 콘크리트가 분리되지 않도록 교반하여 주행한다. Slump치가 50mm 이하의 콘크리트 배출은 곤란하다.

② 종류

㉠ Central Mixed Con'c : 비빔완료된 콘크리트를 Agitator Truck에 적재하여 굳지 않게 섞으면서 현장으로 운반

㉡ Shrink Mixed Con'c : 비빔이 반 정도된 Con'c를 운반도중에 완전히 비빔하여 현장에서 타설하는 방식

㉢ Transit Mixed Con'c : Dry Mix한 재료를 운반하여 현장에서 타설하는 운반방식

6) 타설

① 재료 및 Ready Mixed Con'c(remicon) 확보

② 타설 직전의 콘크리트 품질검사방법

③ 거푸집, 철근 및 매설물 등의 구속상태 확인 및 검사

④ 타설장비, 운반장비, Plant 가동 등 기계·기구의 준비와 정비

⑤ 거푸집 내의 청소 및 양생 급수설비의 확인

7) 다짐

① 콘크리트의 다짐은 간극을 적게하고, 철근 및 매설물 등을 밀착시켜 균일하고 치밀하게 채움으로써 양질의 콘크리트를 얻을 수 있다.

② 다짐에는 내부 진동기(봉상 진동기), 외부 진동기(거푸집 진동기), 표면 진동기가 있다.

③ 진동기는 수직으로 사용한다.

④ 진동기 삽입간격은 500mm 이하로 하고, 뺄 때는 구멍이 생기지 않도록 한다.

⑤ 철근이나 거푸집은 진동시키지 않는다.

8) 표면 마무리

① Bleeding수의 처리후가 아니면 마무리 해서는 안 된다.

② 마무리에는 나무흙손이나 적절한 마무리 기계를 사용한다.

③ 마무리후 콘크리트의 경화시 발생하는 균열은 Tamping 또는 재마무리에 의해서 제거한다.

④ 매끄러운 표면 마무리를 원할 경우는 작업이 가능한 범위내에서 가장 늦은 시기에 시공한다.

9) 이음(Joint)

① 종류

㉠ Construction Joint(시공 이음)

㉡ Expansion Joint(신축 이음)

㉢ Contraction Joint(수축 이음)

② 이음은 Con'c에 완전밀착해서 부착강도가 있어야 한다.

③ 이어치기 할 때는 Laitance를 제거한 후 깨끗이 청소하고, 살수하여 습윤하게 한다.

10) 양생(curing)

① **양생방법** : 습윤양생, 증기양생, 전기양생, 피막양생, 온도제어양생, 고압증기양생 (auto-claved curing), 고주파양생 등이 있다.

② 급속한 건조나 온도변화, 진동 및 외력 등의 영향을 받지 않도록 양생한다.

③ 습윤상태 보호기간은 보통 포틀랜드 시멘트를 사용할 때 15℃ 이상(5일), 10℃ 이상(7일), 5℃ 이상(9일)을 표준으로 한다.

④ 거푸집판이 건조할 염려가 있을 때는 살수해야 한다.

⑤ 막 양생을 할 경우는 충분한 양의 막 양생제를 적절한 시기에 균일하게 살포한다.

Ⅳ. 결론

① 콘크리트의 품질을 향상시키기 위하여는 계량부터 양생까지 전 과정에 대한 철저한 사전계획 수립 및 거푸집 떼어내기 시기의 결정이 중요하다.

② 콘크리트 품질저하의 요인이 되는 Cold Joint 방지를 위하여 레미콘 운반시간 및 온도에 대한 대책을 수립하고, 강도 확보를 위해 양생을 충분히 해야 한다.

9 레미콘(Ready Mixed Con'c)

Ⅰ. 개요

① 공장에서 배합, 계량, 비빔하여 현장운반하여 타설하는 콘크리트를 레미콘이라 한다.

② 현장에서의 Con'c 품질은 관리 여하에 따라서 현저하게 차이가 나므로 현장과 공장간의 긴밀한 협조가 있어야 하며, 특히 Cold Joint가 발생하지 않도록 주의하여야 한다.

③ 그렇게 하기 위해서는 타설 시공계획, 가설계획, 운반로의 점검 등을 철저히 수립하여 공사의 진행에 차질이 없도록 해야 한다.

Ⅱ. 레미콘의 종류

1) Central Mixed Con'c

① 믹싱 플랜트에서 고정 믹서로 비빔이 완료된 콘크리트를 Agitator Truck으로 휘저으며, 현장까지 운반하는 것이다.

② 근거리에 주로 사용한다.

2) Shrink Mixed Con'c

① 믹싱 플랜트의 고정믹서에서 어느 정도 비빈 것을 트럭 믹서에 실어 운반도중에 Truck Mixer로 완전히 비벼 현장도착과 동시에 부어넣을 수 있도록 한 것이다.

② 중거리에 주로 이용한다.

3) Transit Mixed Con'c

① 트럭 믹서에 계량된 재료만을 넣어 운반도중에 Truck Mixer로 비벼 현장까지 운반한다.

② 장거리에 주로 이용한다.

Ⅲ. 특징

1) 장점

① 품질확실

② 노무절감

③ 협소한 장소에서도 대량 타설가능

2) 단점

① 현장과 공장 간의 긴밀 협조

② 운반중 재료분리 또는 Slump치의 저하 우려

③ 중차량 진입을 위한 운반로 정비

Ⅳ. 공장 선정시 검토사항

① 운반거리 및 시간

② 제조설비 및 능력

③ 품질관리 상태

④ 운반거리

⑤ 시험실 보유현황

V. 레미콘 공장과의 협의사항

1) 납품일시

① 납품전 레미콘이 진입하는 데 장애가 되는 요소를 제거한다.

② 납품일시는 정확해야 하며, Cold Joint가 발생되지 않도록 연속 타설해야 한다.

2) 납품장소

① 레미콘 트럭의 진입로, 교통량, 타설후 레미콘의 청소장소 결정 등을 고려해야 한다.

② 납품장소의 불안 요소들은 미리 제거하고, 납품을 받는다.

3) Con'c 종류

① 일 평균기온이 4℃ 이하인 경우는 한중 Con'c 계획을 고려한다.

② 일 평균기온이 25℃ 넘을 때는 서중 Con'c 계획을 고려한다.

4) Con'c 수량

① 공장에 Con'c 기술에 관한 기술자를 두어 Con'c 품질관리 및 공급 등을 관리한다.

② 현장에서는 레미콘의 수량을 파악하여 수시로 공장과 연락을 취한다.

5) 운반시간

① Con'c의 비빔시작부터 부어넣기 종료까지 시간의 한도는 외부 기온이 25℃ 미만의 경우 120분, 25℃ 이상의 경우는 90분을 한도로 한다.

② 위의 시간 제한은 Con'c의 온도를 낮추거나 혹은 응결을 지연시키는 등의 특별한 방법을 강구한 경우에는 담당원의 승인으로 변경할 수 있다.

6) 운반차의 수

① 운반, 부어넣기, 다짐의 방법, 사용기기의 종류 및 수량을 결정한다.

② 단위시간당 부어넣기량을 산정하여 운반차의 수량을 조정한다.

7) 시험

① 구입하고자 하는 콘크리트는 레디믹스트 콘크리트의 KS 표시허가를 받은 공장의 제품이거나 담당자의 승인을 얻은 것이면 된다.

② KS 허가제품도 현장에서 Slump Test, 염소 이온측정시험, 공기량시험, 표준 공시체에 의한 압축강도시험 등을 실시하여 운반도중에 품질이 저하된 것은 반품시킨다.

8) 타설시간

연속 타설한 부위에 결함이 생기지 않도록 하고, 특별한 방법을 강구한 경우에는 담당원의 승인을 받아 연속 부어넣기 시간간격을 조정할 수 있다.

VI. 현장 사전조사사항

1) 타설 시공계획

① 콘크리트 벽을 타설할 경우는 측압에 주의하여야 한다.

② 1회에 타설하도록 계획된 구획 내에서는 콘크리트가 일체가 되도록 연속 타설한다.

2) 사전조사

① 레미콘의 진입문제, 진입로의 폭 및 교통량 등의 사전조사가 미리 되어져 있어야 한다.

② 소음, 진동 등으로 민원발생이 우려되므로 사전 양해를 얻어야 한다.

3) 가설계획

① Con'c 압송관은 거푸집 및 배근 등에 Con'c의 압송으로 인한 진동의 영향이 없도록 지지대 및 고정 철물을 이용하여 철저히 구속한다.

② 높은 곳에서의 콘크리트 타설은 재료분리 방지를 위해 금속제 플랙시블 슈트 또는 고무호스 슈트를 이용한다.

4) 운반로

① 운반로의 진입상태가 양호해야 한다.

② 진입로에는 레미콘 트럭 이외의 타 차량의 진입을 통제할 필요가 있다.

5) 타설구획 및 순서

① 1회에 타설계획된 구획 내에서는 콘크리트가 일체가 되도록 연속하여 타설한다.

② 콘크리트 타설순서는 일반적으로 기둥 → 벽 → 계단 → 보 → 바닥판의 순서로 타설한다.

6) 시공 이음

① 시공 이음의 위치는 보 및 바닥슬래브의 중앙부근에서 수직으로, 기둥 및 벽에서는 바닥 슬래브 위에서 수평으로 한다.

② 이음 부위에는 Laitance 및 취약한 Con'c를 Chipping하거나 Wire Brush로 제거하고 콘크리트 접합면은 타설전에 충분히 적셔준다.

7) 양생

① Con'c 타설후 일정기간 이상 거적 또는 포장 등으로 덮어 물뿌리기 하여 수분을 보존한다.

② 양생중에는 외부에서의 충격·마모 등이 생기지 않도록 주의해야 한다.

8) 공정계획

① 1일 타설량, 비빔에서 타설까지의 시간, 기온 및 기상 등을 검토해야 한다.

② 타설후 양생기간 및 적절한 떼어내기 시기의 결정이 중요하다.

9) 안전관리

① 콘크리트 작업 도중에 기계·기구, 작업인원, 천후, 기온 등의 변동 등에 대하여 세심한 주의를 하여야 한다.

② Con'c 공사중에는 목공 및 철근공을 대기시키고, 부어넣기 순서에 따라 목공은 거푸집 죄기, 지주의 침하 등을 조사 점검하여 변형을 방지해야 한다.

10) 노무계획

① Pump 압송시 압송작업 이외에 배관·관 배치 및 변경·철거 등은 펌프 전문업자가 관리하며, Pump 한 대에 5명이 1조가 되어 작업한다.

② 구체 전문업자는 생 Con'c 수급, 부어넣기, 다짐, 보양 등을 전담하고 이에 필요한 인원은 플랙시블 호스 지지·돌리기 등에 3명, 기타에 10명, 합계 20명 정도의 작업인원이 필요하다.

11) 장비계획

① 타설장비로는 특별히 정하여진 경우를 제외하고는 Con'c Pump, 버킷, 슈트 및 손수레 등이 주로 쓰인다.

② 장비 선정시는 콘크리트의 종류 및 품질, 시공조건 등에 따라 적합한 장비를 선정하여야 한다.

Ⅶ. 결론

① 레미콘은 공장에서의 품질관리도 중요하지만 운반도중에 품질의 변화가 많으므로 현장에서의 철저한 품질확보 노력이 더욱 중요하다.

② 레미콘은 굳지 않은 상태이므로 양질의 콘크리트를 얻기가 매우 어려우므로 현장과 공장과의 긴밀한 협조 및 현장에서의 사전준비계획이 무엇보다도 중요하다.

10 200,000m³ 콘크리트 타설계획

Ⅰ. 개요

① 콘크리트 구조물 공사에서 콘크리트 소요량이 대규모일 경우 시공과정에서 구조물의 특성, 공사기간, 물량 반입량, 생산방법, 타설방법 등에 대한 세밀한 계획 수립이 요구된다.

② 콘크리트 사용량이 많은 현장에서는 일일 콘크리트 사용량에 대한 장비계획, 노무계획이 수립되어져야 하며, 구조물의 특성을 고려한 시공 이음계획도 수립되어져야 한다.

Ⅱ. 콘크리트 소모량이 큰 공사

① 콘크리트 댐공사 ② 시멘트 콘크리트 포장공사
③ 항만 방파제공사

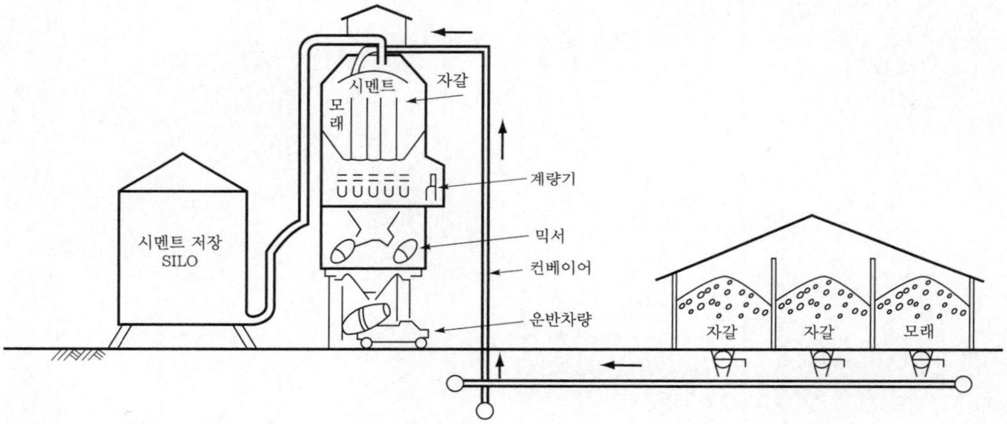

<콘크리트 생산설비 : B/P>

Ⅲ. 주요 작업공정

1) 골재생산

① 원석 채취 ② 골재 생산설비
③ 골재 선별설비 ④ 골재 저장설비

2) 재료냉각

① 냉기에 의한 골재냉각 ② 살수에 의한 골재냉각
③ 사용수의 냉각 ④ 골재 저장소 그늘막 설치

3) 콘크리트 생산

① 재료 공급설비 ② 시멘트 저장 Silo
③ 콘크리트 혼합설비

4) 콘크리트 운반
① Cable에 의한 방법　② Conveyer에 의한 방법
③ Dump Truck에 의한 방법　④ Mixer Truck에 의한 방법

5) 타설
① 포장공사의 Slip Form Paver　② Pump Car에 의한 타설
③ Concrete Pump에 의한 타설　④ Chute에 의한 타설

6) 콘크리트 다짐
① 진동 다짐기계　② 인력다짐
③ 거푸집 진동기

7) 마무리
① 초벌 마무리　② 평탄 마무리
③ 거친면 마무리

8) 이음설치
① 포장공사의 줄눈 자르기
② 댐공사의 가로 이음, 세로 이음
③ 일반 구조물의 신축 이음, 수축 이음

9) 양생
① 습윤 양생　② 피막 양생
③ 삼각 지붕 양생　④ 증기 양생

Ⅳ. 관련장비의 규격과 대수(고속도로 포장공사의 예)

1. 작업량 산정

1) 월 작업량 산정

$200{,}000m^3 \div 10$개월 $= 20{,}000m^3$/월

2) 일 작업량 산정

$20{,}000m^3 \div 25$일 $= 800m^3$/일

3) 단위시간당 작업량 산정

$800m^3 \div 8$시간 $= 100m^3$/시간

4) 작업효율 산정
① 장비고장, 교통지체, 휴식시간 고려 1일 작업시간 8시간을 85% 작업으로 보면

실 작업시간 $= 10$시간 $\times 0.85 = 8.5$시간

② 실제 작업시간을 8.5시간으로 하면

시간당 실 작업량 $= 800 \div 8.5$시간 $\fallingdotseq 94.1m^3$/시간

2. 장비 산정

1) 생산 Plant
① 생산과정에서의 효율 고려
② $3m^3$ 믹서 2대 장착된 기계

③ 기계고장, 정비 등 고려하여 실 작업량이 94.1m^3/hr의 물량을 공급하기 위해서는 시간당 생산량 120m^3/hr급의 Plant 설치

2) 운반장비

① Dump Truck 이용시 : 15ton Dump Truck의 용량 9m^3

② Truck Agitator 이용시 : Truck Agitator 용량 6m^3

③ 운반거리 1km에 대한 Cycle Time 산정

㉠ 상차시간 : 5분

㉡ 주행시간(시속 60km 기준) : 기어 변속시간 2분과 실제 주행시간 1분으로 총 3분 소요, 회차시간은 공차 주행으로 주행시간 2분 소요할 경우 주행시간 약 5분

㉢ 하차시간 : 약 5분

㉣ 대기 및 청소시간 : 10분

∴ 전체 소요시간 = ㉠ + ㉡ + ㉢ + ㉣ = 5 + 5 + 5 + 10 = 25분 소요

④ 소요대수

㉠ 하차시간 5분 소요로 하여 시간당 94.1m^{3}의 콘크리트를 Dump Truck으로 할 경우 94.1÷9≒10대/hr

㉡ 콘크리트 소요량 기준으로 Cycle Time을 고려하면 하차시간 5분으로 하여 연속 타설할 경우 소요 Dump Truck 대수는 5대 소요

3) 포설장비

① Slip Form Paver의 시간당 작업량

$$Q = 60\,WVtE$$

여기서, W : 콘크리트 페이브의 시공폭(m), V : 콘크리트 페이브의 시공속도
t : 포설 마무리 두께, E : 작업효율

② 포설두께 300mm, 포장폭 4m, 시공속도 2.5m/hr

㉠ 작업효율 : $E = 0.85$로 할 때

㉡ 작업량 : $Q = 60 \times 4 \times 2.5 \times 0.3 \times 0.85 = 153\text{m}^3/\text{hr}$

③ 소요대수 산정 : 1대

Ⅴ. 장비 조합시 고려사항

① 작업능력 균형 유지
② 각 기계의 시공속도 고려
③ 각 기계의 작업량 산정
④ 작업효율
⑤ 시공성 및 경제성

Ⅵ. 결론

① 200,000m^{3}의 콘크리트량은 대형 토목공사에 소요되는 콘크리트량으로서, 주로 댐 공사, 대규모 고속도로 공사 등에서 구성된다.

② 콘크리트 생산에 따른 사용재료 확보 및 작업장비, 소요인원 구성 등에 대해 세밀한 계획수립이 필요한 대규모 공사로서 시공과정에서 보다 높은 품질관리가 요구되며 공사 진행에 따른 안전사고 예방에 특히 유의해야 한다.

11 레미콘의 운반

Ⅰ. 개요

① Ready Mixed Con'c는 이미 혼합하여 운반하는 콘크리트로 운반에서 타설까지의 과정에서 크게 품질변화가 발생한다.

② 콘크리트 타설전 시공준비, 타설계획, 운반거리 등을 고려하여 시공계획 수립을 우선적으로 세워야 한다.

Ⅱ. 레미콘의 특징

1) 장점

① 품질균일 ② 노무비 절감

③ 협소장소 대량 타설 가능

2) 단점

① 현장과 공장과의 긴밀한 협조가 있어야 한다.

② 운반중 재료분리, Slump 저하 우려

③ 중차량 진입을 위한 운반로 정비

④ 공장 사정에 따른 타설조건

Ⅲ. 운반시간 한도규정

KS F 4009	콘크리트 표준시방서		건축공사 표준시방서		
혼합 직후부터 배출까지	혼합 직후부터 타설완료까지		혼합 직후부터 타설완료까지		
90분	외기온도	일반	외기온도	고내구성	일반
	25℃ 초과	90분	25℃ 이상	60분	90분
	25℃ 이하	120분	25℃ 미만	90분	120분

Ⅳ. 레미콘 운반시간이 콘크리트 품질에 미치는 영향

1) Slump 변화

① 25mm±10mm ② 50~65mm±15mm

③ 80~180mm±2.5m ④ 210mm 이상±30mm

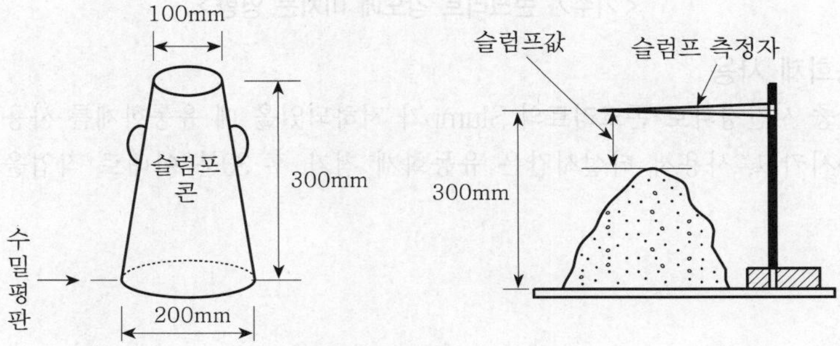

2) 재료분리 발생

운반할 때 서서히 드럼을 회전시켜 Con'c가 응결되지 않도록 하고, 고속회전에 따른 재료분리를 방지해야 한다.

3) 수분증발

운반차량의 드럼을 Sheet 등을 이용하여 애지테이터 드럼의 온도상승을 방지하고, 수분증발을 억제시킨다.

4) 워커빌리티 변화

소정의 Workability가 될 수 있도록 가능한 한 빠른 시간 내에 혼합된 콘크리트를 운반해야 한다.

5) 공기량 변화

운반시간에 따른 공기량 손실이 허용치 이내가 되어야 한다.

① 일반 콘크리트 : 4.5±1.5%

② 경량 콘크리트 : 5±1.5%

6) 강도변화

콘크리트 운반시간이 초과하여 Slump가 저하될 때에는 어느 정도의 한도내에서 강도가 증가하지만, Slump가 0인 상태에서는 강도가 급격히 저하된다.

7) 가수 가능성 발생

콘크리트의 운반시간 경과로 Slump치가 저하되었을 때 현장에서의 Slump 회복을 위한 가수행위는 콘크리트의 강도, 내구성, 수밀성을 저하시키는 요인이 되므로 절대로 가수해서는 안 된다.

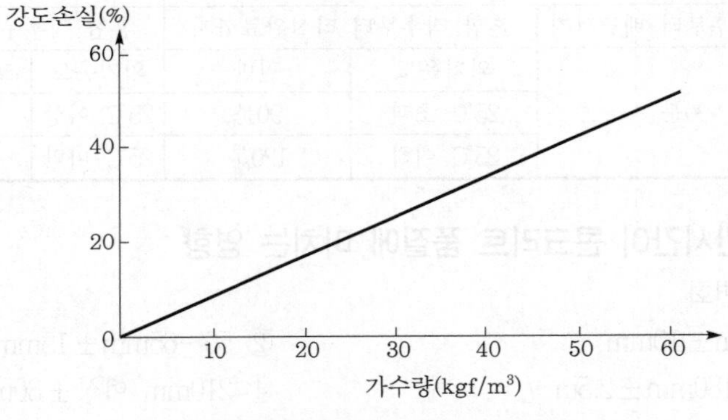

<가수가 콘크리트 강도에 미치는 영향>

8) 유동화제 사용

운반중 시간경과로 콘크리트의 Slump가 저하되었을 때 유동화제를 사용하여 Slump를 회복시키고, 사용시 타설시간은 유동화제 첨가 후 30분 이내로 작업을 마쳐야 한다.

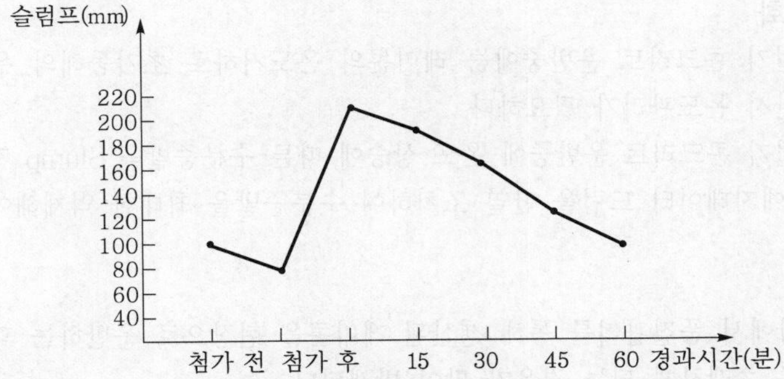

<유동화제를 사용한 Con'c Slump 변화>

V. 운반시 유의사항

1) 사전조사

① 레미콘의 진입문제, 진입로의 폭 및 교통량 등의 조사를 미리 해둔다.

② 소음, 진동 등으로 인한 민원발생이 우려되므로 사전 양해를 얻어야 한다.

2) 운반시간

① Con'c 비빔부터 타설종료까지의 시간 한도는 외부기온이 25℃ 이상일 때 90분을 한도로 한다.

② 위의 시간 제한은 Con'c의 온도를 낮추거나 혹은 응결을 지연시키는 등의 특별한 방법을 강구한 경우에는 담당원의 승인으로 변경할 수 있다.

3) 운반차량

① 콘크리트 운반용 차량은 배출작업이 쉬운 것이어야 한다.

② 운반거리가 긴 경우에는 애지테이터와 같이 교반설비를 갖춘 운반차를 사용하여 운반해야 한다.

4) 운반로

① 운반로의 진입상태가 양호해야 한다.

② 진입로에는 레미콘 트럭 이외 차량의 진입을 통제할 필요가 있다.

5) 연속타설

운반트럭의 통행제한 여부, 러시아워 등에 의해 운반차의 도착이 지연되지 않게 사전조사 및 타설시간을 조정하여 Con'c 타설이 연속적으로 이루어지게 한다.

6) 공기량 손실

① 운반시간이 길수록 공기량의 손실이 커지게 되므로 레미콘의 운반시간을 규정 내에서 이루어지게 한다.

② 운반시간 1~2시간 범위내에서 공기량 손실은 약 0.5~1.0% 감소된다.

7) 강도변화

① 콘크리트는 운반시간에 따라 워커빌리티가 저하되기는 하나 일정 운반시간 내에서는 강도가 저하되지 않는다.

② 초기의 운반시간에 따라 콘크리트의 강도가 오히려 증가하다가 슬럼프가 0이 되는 시점에서 강도는 급격히 저하된다.

8) 온도변화

① 동절기 콘크리트 운반중에는 레미콘의 온도저하로 초기동해의 우려가 있으므로 생산시 온도관리가 필요하다.

② 하절기 콘크리트 운반중에 온도 상승에 따른 수분증발을 Slump 저하요인이 되므로 애지테이터 드럼을 단열 조치하여 수분증발을 최대한 억제해야 한다.

Ⅵ. 결론

① 공장에서 품질관리를 통해 생산된 레미콘을 현장으로 운반하는 과정에서 품질변화를 초래하게 되는 경우가 많이 발생된다.

② 레미콘 운반시 운반시간 준수, 가수행위 금지, 온도 변화, 수분증발 방지 등에 유의하여 운반함으로써 현장에서 양질의 레미콘을 공급받을 수 있을 것으로 사료된다.

12 콘크리트 펌프의 기능과 압송 타설시 문제점 및 대책

Ⅰ. 개요

① 콘크리트 타설시 Pump 압송에 의한 공법이 타설시간 단축, 타설작업의 용이성으로 인하여 대부분의 건설현장에서 채택되고 있다.

② 콘크리트 Pump 압송타설은 타설속도가 빠르고 효율적이어서 가장 많이 사용되고 있으나 압송시 Slump 저하, 압송관 막힘 등의 문제가 발생하므로 이에 대한 대책을 마련후 시공에 임하여야 한다.

Ⅱ. 특징

① Con'c 대량 타설
② 좁은 장소 시공 가능
③ 가설비가 거의 없음
④ 공기절감
⑤ 공기단축 효과
⑥ 콘크리트의 품질변화가 적음

Ⅲ. 종류

① 스퀴즈식 Con'c 펌프
② 기계식 Con'c 펌프
③ 유압식 Con'c 펌프

Ⅳ. 기능

1) 수평 운반기능

① 배관 파이프를 통해 타설 Con'c를 수평으로 이동시키기 쉽다.

② 배관 작업만으로 가설작업을 끝낼 수 있다.

2) 수직 운반기능

① 콘크리트 펌프의 기능향상으로 최대 압송높이 60~70m까지 수직운반이 가능하다.

② 펌프의 압송능력에 따라 운반량의 차이가 두드러지게 나타난다.

3) 타설위치 이동가능

① Con'c 펌프시설을 트레일러 또는 트럭에 탑재하여 Con'c 타설장소로의 이동이 간단히 이루어진다.

② Con'c 타설시 Con'c 품질에 영향을 주는 밀어내기 작업이 없다.

4) 회전기능

① Con'c 펌프 트럭의 개발로 Con'c 펌프를 통한 Con'c 배출이 좌우회전이 가능한 붐(Boom)의 끝에서 이루어지게 하여 타설작업을 용이하게 한다.

② Boom의 선회 반경에 따라 펌프 작업차의 이동횟수가 좌우된다.

5) 연속 타설기능

① 인력 위주의 작업에서 탈피하여 기계화시공을 하게 되므로 시공 이음을 최소화한다.

② 특히 시공중에 발생되기 쉬운 Cold Joint 발생을 크게 줄일 수 있다.

6) 협소 장소 Con'c 운반
① 배관 파이프의 관경 100~150A의 설치만으로 요구하는 Con'c량의 운반이 가능하다.
② 타설현장과 Con'c 펌프간의 공간 활용이 가능하다.

7) 가압기능
① 터널의 라이닝 콘크리트 타설처럼 가압을 요구하는 Con'c 타설에 이용된다.
② 필요시 중간에 가압펌프를 사용하기도 한다.

Ⅴ. 문제점

1) Slump 저하
① 펌프 사용시 배관길이, 외부 기온 등의 영향으로 Slump의 변화 발생
② Slump는 콘크리트의 시공성 및 품질에 영향 요인으로 큰 변화가 발생 방지

2) 재료분리 발생
① 압송되는 콘크리트는 배관 파이프의 경사, 압송길이, 낙하높이 등의 영향으로 콘크리트 구성재료가 각각 분리되는 현상
② 재료분리 발생이 심할수록 압송능력 저하

3) 압송관 폐색
① 굵은 골재 최대치수가 규정치 이상인 경우
② 운반시간이 지연된 콘크리트 압송
③ Slump가 적은 콘크리트 압송
④ 재료분리가 현저하게 발생된 콘크리트 압송

4) 맥동현상
① Pump 장비의 압력에 의해 압송관이 규칙적으로 흔들리는 현상
② 철근 간격의 변화 및 거푸집의 강성 저하

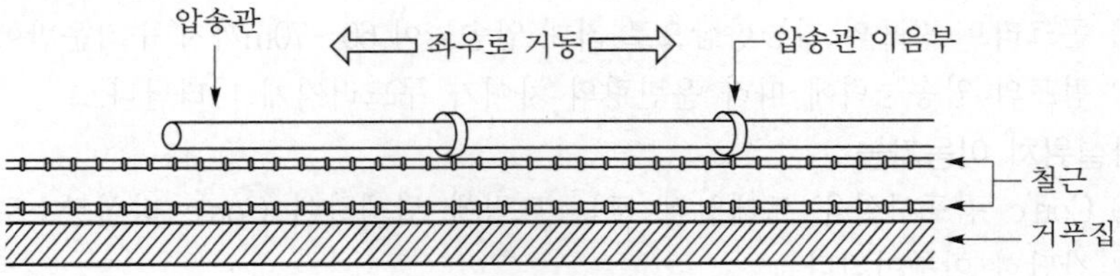

<전체가 흔들림>

5) 콘크리트 측압발생
① 콘크리트 타설높이 초과시
② Slump가 큰 콘크리트 타설시 거푸집에 횡방향의 압력 작용

6) Cold Joint 발생
① 콘크리트 펌프의 고장, 레미콘의 지연 도착 등으로 예기치 못한 이음 발생
② 콘크리트 강도, 내구성, 수밀성 등에 아주 나쁜 영향을 주는 요인

7) 거푸집 변형
① 콘크리트의 연속타설에 따른 거푸집에 작용하는 하중 증가

② 타설 콘크리트의 하중에 따른 거푸집의 변형 및 파손

8) 공기량 감소

콘크리트가 펌프 압송관을 통하여 운반되어지면 콘크리트 속의 공기량이 펌프 압송관의 길이에 따라 감소

VI. 대책

1) 골재 최대치수 규정준수

① 콘크리트 펌프를 사용하여 콘크리트를 타설할 때에는 굵은 골재의 최대치수를 40mm 이하의 골재로 사용

② 일반적으로 굵은 골재 최대치수가 25mm 이하이면 시공 양호

2) 유동화제 사용

① 운반시간이 경과된 콘크리트의 Slump 증가 목적

② 규정량의 유동화제 사용으로 Slump 회복

③ 유동화제 사용한 콘크리트는 30분 이내 작업완료 요함

3) 배관점검

① 펌프 배관의 수밀성 유지

② 연결 철물 점검

4) 타설속도 준수

① 콘크리트 압송량의 규정 준수

② 압송속도 상향조정은 장비고장 초래

③ 타설 콘크리트의 측압발생 방지목적

5) 레미콘수급 대책

현장사무실에서 현장상황을 수시로 무전으로 파악하고, 5~10분 간격으로 각 레미콘 회사의 출하실과 연락하여 레미콘 차량의 수송현황 Control

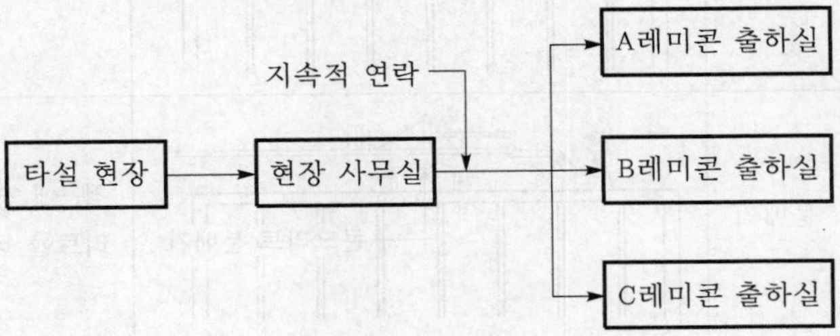

6) 장비점검

① 냉각수, 작동유, 윤활유 점검

② 소모성 부품상태 점검

③ 압송장치 작동상태

④ 배관 연결부 점검

7) 소모성 부품 준비

① 소모가 심한 부품은 바로 조치될 수 있도록 미리 준비

② 정비업체와 항시 연락체계 확립

8) 선송mortar 구조체 유입방식

① 콘크리트 압송전 선송mortar의 압송으로 구조체의 강도저하 우려

② 선송mortar의 필요량

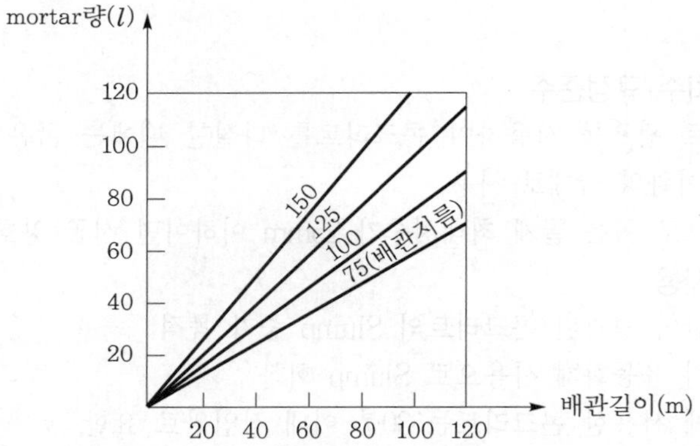

<압송관 관경과 길이에 따른 선송mortar량>

③ 선송mortar의 필요량은 배관면적당 0.75l의 3배 정도(0.75l/m^2×3)

④ 선송mortar를 타설장소 밖에서 처리한 후 레미콘만 구조체에 타설

Ⅶ. 콘크리트 타설장비

타설장비		도해설명
주름관	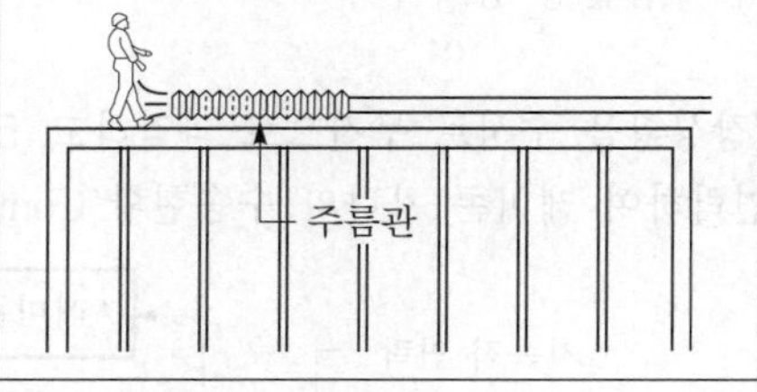	콘크리트 타설장소의 바닥을 끌면서 콘크리트 토출
콘크리트 분배기	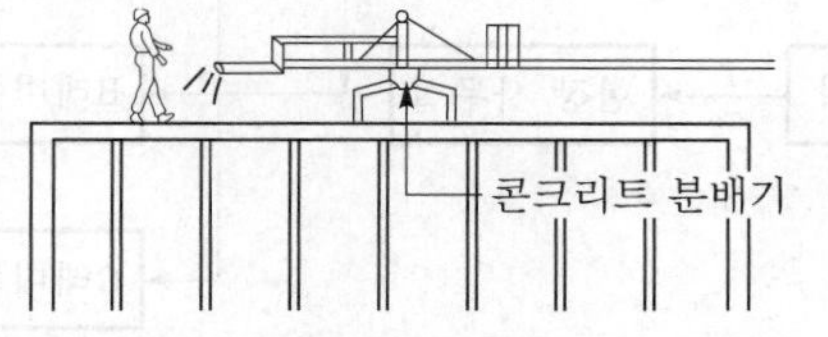	철근에 영향을 주지 않고, 콘크리트를 타설하기 위한 장비
CPB (Concrete Placing Boom)	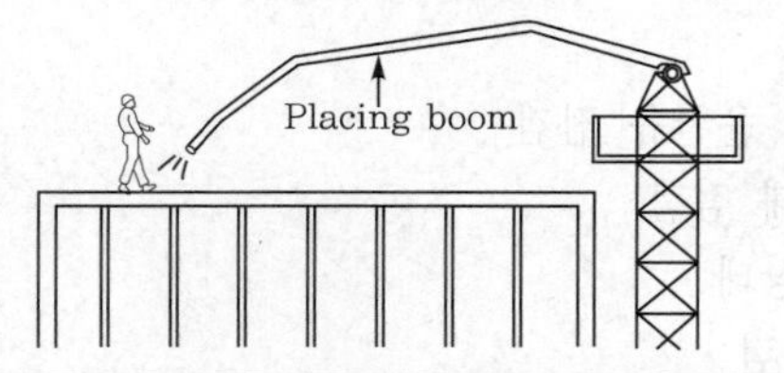	초고층 건물의 고강도 콘크리트 타설에 주로 이용

Ⅷ. 결론

① Pump 압송관 타설의 가장 큰 문제점은 압송관 막힘현상이므로 타설 작업동안 막힘현상의 방지를 위해서 노력하여야 한다.

② 압송관 타설의 경우 Slump 저하방지를 위해서 압송관에 미리 물축임을 하는 것이 중요하며, 나아가 콘크리트의 품질변화없이 타설할 수 있는 방법이 개발되어야 한다.

13 콘크리트의 재료분리 원인 및 방지대책

Ⅰ. 개요

① 콘크리트 재료분리는 시공(비빔, 운반, 타설, 다짐)의 불량으로 인하여 가장 많이 발생하며, 구조체의 강도에 커다란 악영향의 요인이 된다.

② 재료분리를 방지하기 위해서는 비빔시간을 절약, 운반시간의 엄수, 타설시 적정 높이 확보, 다짐간격 및 다짐깊이의 준수가 매우 중요한 사항이다.

Ⅱ. 재료분리에 의한 피해

① Con'c의 강도 저하

② 수밀성 저하

③ 철근의 부착강도 저하

④ 균열의 원인

Ⅲ. 재료분리의 원인

1) 시멘트량 부족

① Con'c의 단위시멘트량의 최소값은 270kg/m^{3}로 한다.

② 단위 최소시멘트량 이하시 Con'c는 골재와 골재간의 부착력이 떨어지고 재료분리의 원인이 된다.

2) 큰 자갈 사용

① 골재는 유해량의 먼지, 흙, 유기불순물, 염화물 등이 포함되지 않고, 소요의 내화성 및 내구성을 가져야 한다.

② 굵은 골재의 치수가 너무 큰 경우 재료분리의 원인이 되므로 적정한 크기의 설계가 중요하다.

3) 골재의 입도불량

골재의 입도는 일반적으로 아래의 성질을 만족하지 못하면 재료분리 등이 발생한다.

① Con'c의 비중을 만족하는 비중일 것

② 유동성이 좋고, 밀실한 Con'c를 만들 수 있는 입형·입도일 것

③ 콘크리트의 성질에 악영향을 끼치는 유해물질을 포함하지 않을 것

4) 시공연도 불량

재료분리는 각 재료의 중량차에 의하여 발생하며, 시공연도가 나쁘면 재료분리가 발생한다.

5) 비빔시간의 지연

① 비빔시간은 일반적으로 가경식 믹서는 90초 이상이고, 강제식 믹서는 60초 이상으로 한다.

② 비빔시간은 시험에 의하여 정하는 것이 원칙이며, 이와 같이 정해진 혼합시간을 초과하면 재료분리가 커질 수 있다.

6) 운반중

① 표준규격의 Con'c에서는 15~25℃에 물을 부어 1시간 후에 응결이 시작되어 10시간 후에 끝이난다.

② 운반시간은 철저히 지켜져야 하며, 운반시간이 길어지면 응결 · 경화하면서 재료분리가 발생한다.

7) 타설높이

① Con'c Slab의 자유낙하 높이는 원칙적으로 1m 이하로 규정한다.

② 치기 높이가 너무 높게 되면 Con'c 재료의 중량차에 의한 재료분리가 발생한다.

8) 다짐불량

① Con'c의 다짐은 아래의 조건을 만족하지 못하면 재료분리가 발생한다.

㉠ 봉상 진동기는 부어 넣는 각 층마다 한다.

㉡ 하층에 진동기의 선단이 들어갈 수 있도록 수직으로 세워 삽입한다.

㉢ 삽입간격은 500mm 이하로 한다.

㉣ 진동을 할 때 Con'c 윗면에 Cement Paste가 떠오를 때까지 실시한다.

② 거푸집 진동기는 타설높이와 타설속도가 불량한 경우에 재료분리가 발생한다.

9) Bleeding

① 아직 굳지 않은 Con'c에 있어서 윗면으로 이물질과 함께 물이 떠오르는 현상이다.

② Con'c를 타설시 균질하게 혼합되지 못하고, 재료분리되어 비중의 차이로 물은 위로 모래 · 자갈은 밑으로 내려앉는다.

Ⅳ. 방지대책

1. 재료

1) 부배합

① 단위용적에 대한 시멘트나 석회의 양이 비교적 많은 배합을 말한다.

② 부배합일 경우 시멘트와 골재의 유동성이 좋아져서 재료분리가 방지된다.

2) 입경이 작은 골재

① 골재의 지름이 작은 경우 시멘트와의 중량 차이가 적어지게 된다.

② 재료분리의 가능성이 적어지고, 시멘트가 골재 사이에 균일하게 퍼져 구조체의 강도가 높아지게 된다.

3) 골재의 표면

골재는 구형으로 표면이 거칠수록 재료분리가 적게 된다.

4) 적정한 혼화제

① 시멘트에 혼화제를 사용할 경우 골재와의 부착응력이 증대되어 재료분리를 방지할 수 있다.

② 골재의 입도조건이 만족되었다 하더라도 시멘트의 유동성이 확보되지 못하면 균질의 Con'c를 얻을 수 없으므로 적정한 혼화제의 사용은 재료분리를 방지하고, 고품질의 Con'c를 얻을 수 있다.

2. 배합

1) 물결합재비

① 물결합재비가 너무 적게 되면 Con'c의 유동성 미확보로 재료분리가 발생되고, 너무 많게 되면 골재와 시멘트의 중량차에 의한 재료분리가 발생한다.

② 적당량의 혼화제 사용은 Con'c 재료의 부착성, 유동성을 확보하여 Con'c의 재료분리를 방지한다.

2) Slump치

① Slump치가 높으면 시멘트와 골재의 중량 차이로 재료분리가 발생한다.

② 적당량의 혼화제 사용은 Slump치가 높은 경우에도 재료분리는 저하된다.

3) 굵은 골재 최대치수

① 굵은 골재의 최대치수는 25~40mm 이하가 가장 적당하며, 50mm를 넘으면 재료분리 발생우려가 크다.

② 굵은 골재의 치수는 시험배합을 통하여 적정 치수를 결정하는 것이 바람직하다.

4) 잔골재율

① 잔골재율은 시공성이 확보되는 범위내에서 최대치와 최소치의 평균으로 한다.

② 잔골재율은 시험배합을 통하여 적정치를 구하는 것이 바람직하다.

3. 시공

1) 비빔

① Con'c 재료는 반죽된 Con'c가 균질해질 때까지 충분한 비빔시간을 두어야 한다.

② 가경식 믹서는 90초 이상, 강제식 믹서는 60초 이상 비빔하여야 한다.

2) 운반

① 운반중에 응결이 발생되지 않게 사전 운반계획을 철저히 수립하여 시행한다.

② 운반시간이 길어질 경우 응결지연제 사용계획을 수립하여야 한다.

3) 타설

① Con'c의 타설높이는 최소로 하는 것이 바람직하다.

② 가능한 한 Con'c 타설시 타설관이 Con'c 속에 묻히는 것이 좋다.

4) 다짐

① 다짐은 철근 및 매설물 주위와 거푸집의 구석까지 콘크리트가 충진되어 밀실한 Con'c를 얻을 수 있도록 시공해야 한다.

② Con'c의 봉상 진동기는 타설층마다 사용하고, 하층에 진동기 선단이 들어갈 수 있도록 수직으로 세워 삽입한다. 삽입간격은 500mm 이하로 하고, 진동을 가할 때에는 콘크리트의 윗면에 Cement Paste가 떠오를 때까지 실시해야 한다.

Ⅴ. 결론

① 균일하게 비벼진 콘크리트는 어느 부분을 채취해도 시멘트, 잔골재, 굵은 골재의 구성비율은 동일하게 나타나게 되지만 이 균질성을 소실한 상태에서는 재료분리에 의한 강도저하를 가져오게 되는 것이다.

② 재료분리를 방지하기 위해서는 재료의 선정 및 시공에 이르기까지 전 과정에 대하여 품질향상 노력이 필요하다.

14 콘크리트 부재의 이음(Joint)

Ⅰ. 개요

① 콘크리트의 구조물은 외기의 온도변화 및 건조수축 등의 영향으로 균열이 발생되어 강도저하의 원인이 되기도 하므로 사전계획시 Joint 계획을 철저히 세워 대비 해야 한다.

② 이음은 설계시부터 고려되어야 하며, 균열의 정도나 온도변화 등에 따라 적절한 공법을 선정하는 것이 중요하다.

Ⅱ. 이음(Joint)의 종류

- 이음
  - 시공 이음(Construction Joint)
    - 수평 시공 이음
    - 연직 시공 이음
    - 기둥, 벽 시공 이음
    - 바닥판 시공 이음
    - 아치의 시공 이음
  - 신축 이음(Expansion Joint)
  - 수축 이음(Contraction Joint)

Ⅲ. 종류별 기능 및 설치위치

1. 시공 이음(Construction Joint)

1) 정의

① 경화된 콘크리트에 다시 콘크리트를 쳐서 잇기 위한 이음을 시공 이음이라고 한다.

② 콘크리트 시공상의 형편에 따라 만든 이음이다.

2) 기능

① 강도상 지장이 적은 곳

② 충격균열이 발생되지 않는 곳

③ 시공중에 1일 마무리 할 수 있는 지점에 설치

④ 시공시 Water Stop(지수판)을 사용

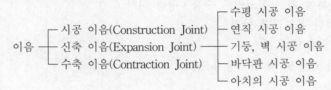

3) 설치위치

① 구조물의 강도상 영향이 적은 곳

② 이음길이와 면적이 최소화 되는 곳

③ 1회 타설량과 시공순서에 무리가 없는 곳

4) 시공시 주의사항

① 시공 이음은 전단력이 적은 곳에 설치한다.

② 방수를 요하는 곳은 지수판을 설치한다.

③ 수화열, 외기온도에 의한 온도응력 및 건조수축 균열을 고려하여 위치를 결정한다.

④ 전단력이 큰 곳은 가급적 피한다.

⑤ 이음면은 부재의 압축력을 받는 방향과 직각으로 설치한다.

5) Cold Joint

① 콘크리트 치기중에 장비의 변화, 레미콘 수급 불량, 일기변화 등으로 시공계획에 의한 이음이 아닌 이음을 Cold Joint라 한다.

② Con'c 내에 생긴 불연속층으로서 서중 Con'c에서 많이 발생한다.

③ 구조체에 미치는 영향으로는 강도, 내구성, 수밀성 저하 및 미관상 불리하다.

2. 신축 이음(Expansion Joint)

1) 정의

구조체는 온도 및 건습 변화에 의해 신축을 하게 되는데 그 신축을 억제할 경우 균열이 발생할 수 있으므로 이것을 방지하기 위하여 신축 이음을 설치하는 것이다.

2) 기능

① 온도, 습도 변화에 따른 콘크리트 수축·팽창 저하

② 온도구배에 의한 온도균열 방지

③ Mass Con'c 등에 많이 사용

④ 기초의 침하가 예상될 때 유도용 Joint

3) 시공시 주의사항

① Joint는 확실하게 끊어준다.

② Joint에 발생하는 변형량을 고려한 방수공법으로 선정한다.

③ 부식하기 쉬운 철근은 충분히 방청처리한다.

④ 유지·관리가 용이한 재료를 선정한다.

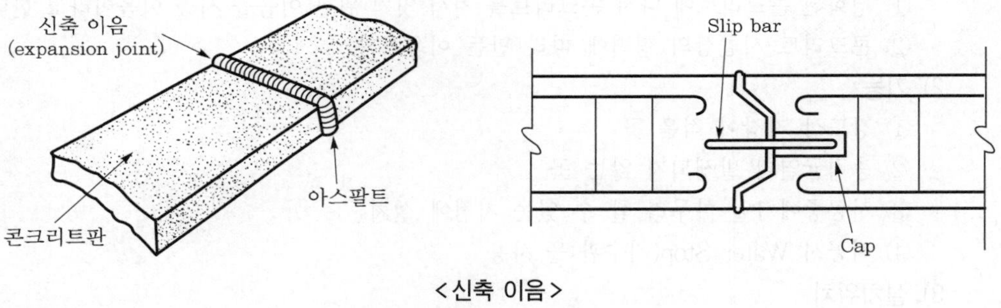

<신축 이음>

3. 수축 이음(Contraction Joint, Control Joint, 수축줄눈, 조절줄눈, 균열유발줄눈)

1) 정의

① 콘크리트 포장판이 수축될 때 판에 불규칙한 균열을 막기 위하여 만든 이음을 수축 이음 또는 수축 줄눈이라 한다.

② 구조는 일반적으로 숨은 줄눈 형식이지만 맞댄 이음 형식도 있다.

2) 기능

① 건조수축, 외력 등 변형억제

② 단면 결손부를 설치하여 균열유도

③ 수화열, 온도·습도에 의한 수축대응

3) 시공시 주의사항

① 균열제어 목적에 타당하게 설치한다.

② 경화후 Cutting한다.

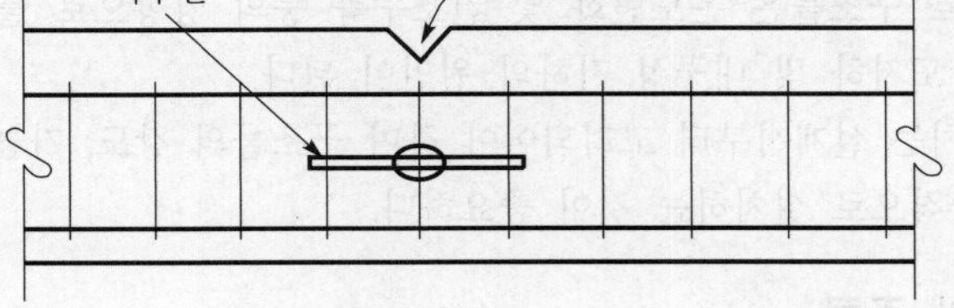

<수축 줄눈>

Ⅳ. 문제점

① Joint부분에서 하자발생

② 정확한 줄눈위치 선정이 어려움

③ Joint 보강재의 신축미흡

④ 설계시 Joint 누락

Ⅴ. 대책

① Joint 보강재 선정시 신축성 고려

② 계획단계에서 줄눈위치 선정

③ 이음부에 하자방지 대책수립

④ 설계시 이음위치 검토

⑤ 시공시 Joint 충진재 밀실시공

Ⅵ. 결론

① 사전 시공계획을 철저히 세워 Cold Joint가 발생하지 않도록 해야 하며, 이음 공법은 설치가 쉽고, 시공성이 좋은 공법의 선택이 중요하다.

② 특히 설계시 이음위치의 검토, 이음재료의 선정, 충진재의 밀실시공 등으로 온도변화 및 건조수축에 의한 균열발생 요인에 대비하여야 한다.

15 균열유발 줄눈

Ⅰ. 개요

① 콘크리트 구조물은 온도변화 및 건조수축 등의 영향으로 불규칙한 균열이 발생되어 강도저하 및 내구성 저하의 원인이 된다.

② 줄눈설치는 설계시부터 고려되어야 하며 구조물의 강도, 기능, 규격 등에 따라 적절한 간격으로 설치하는 것이 중요하다.

Ⅱ. Con'c 줄눈의 종류

① 시공 이음

② 신축 이음

③ 균열유발 줄눈(수축 줄눈)

Ⅲ. 균열유발 줄눈

1) 정의

① 콘크리트 포장판이 수축될 때 판에 불규칙한 균열을 막기 위하여 만든 줄눈을 균열유발 줄눈(수축 줄눈)이라 한다.

② 구조는 일반적으로 숨은 줄눈형식이지만 맞댄 이음형식도 있다.

2) 시공법

균열유발 줄눈의 전체 단면 감소폭은 전체 두께(d)의 20% 이상

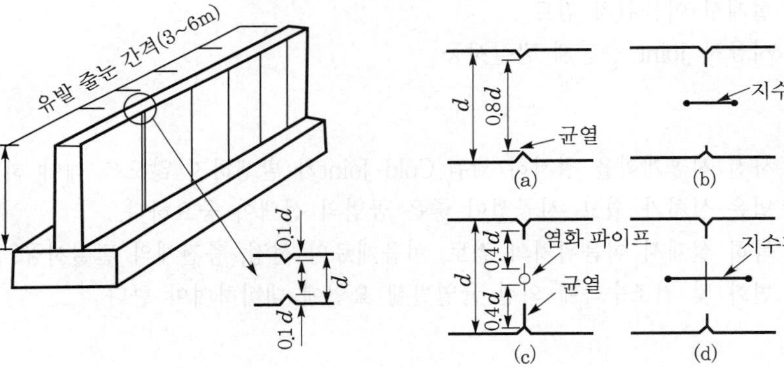

<일반도>

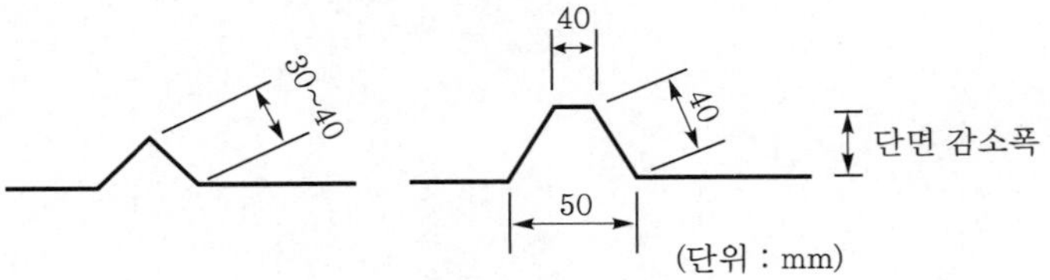

<홈단면 상세>

Ⅳ. 기능(설치목적)

1) 건조수축 제어

Con'c 타설후 급격한 수분증발 현상으로 오는 건조수축 균열을 제어한다.

2) 균열 유도

불규칙하게 발생되는 균열의 경우 단면을 적게 하여 한 곳으로 유도하는 것이다.

3) 온도변화에 대응

Con'c가 경화될 때 발생되는 수화열과 외기의 온도 차이에 의한 균열을 유도한다.

4) 외관 고려

구조물의 외관은 불규칙한 균열에 의해 해를 입게 되므로 균열을 인위적으로 한 곳으로 유도한다.

5) 구조물 보호

균열유발 줄눈처리로 구조물에 발생되는 균열을 유도하여 구조물을 보호할 수 있다.

6) 내구성 증진

균열발생 방지효과로 콘크리트 구조물의 내구성 증진효과가 크다.

7) 열화방지

균열유발 줄눈설치로 구조물 전체 균열을 제어할 수 있으므로 Con'c 열화 방지효과가 있다.

8) 부등침하 방지

Ⅴ. 지수대책

1) 지수판 설치

지수를 요하는 구조물의 지수대책으로 균열유발 줄눈 중앙부에 신축성 있는 지수판 등을 설치한다.

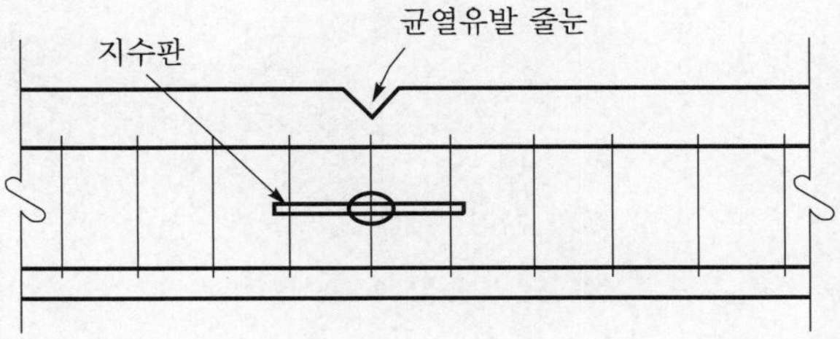

2) 설치방법

① 균열유발 줄눈 설치구간 중앙부에 신축성 있는 지수판을 설치한다.

② 지수판은 콘크리트 타설시 이동되지 않게 견고하게 고정시켜야 한다.

③ 지수판은 구조물의 규격을 고려하여 적정 치수 이상이 되는 것을 사용한다.

Ⅵ. 시공관리시 고려내용

1) 연직배치

균열유발 줄눈을 설치할 때에는 외관을 고려하여 연직으로 설치한다.

2) 보강철근 삽입

균열발생으로 구조물의 강도가 저해되지 않도록 보강 철근으로 줄눈설치 부위를 보강한다.

3) 외관 고려

균열발생시 외관을 고려하여 수평 또는 연직 줄눈설치는 일직선이 되게 시공한다.

4) 철근 연속배치

철근을 절단하지 않고, 연속하여 배치한다.

5) 단면축소

균열유발 줄눈설치 위치는 단면을 축소시켜 균열발생을 유도한다.

6) 등간격 준수

균열유발 줄눈설치는 설비, 구조 시공을 고려하여 가능한 등간격을 유지한다.

7) 밀실다짐

균열유발 줄눈 부위에서 콘크리트 다짐은 지수판과 콘크리트의 접합과 강도확보를 위하여 밀실한 다짐을 해야 한다.

Ⅶ. 결론

① 콘크리트 구조물의 이음은 구조물의 강도, 내구성 및 외관에 큰 영향을 미치는 요인으로 이음의 위치 및 구조는 시공성을 고려하여 현장의 형편에 맞게 설계, 시공되어져야 한다.

② 각 이음의 기능에 따라 시공방법을 달리하여 제 기능을 최대한 발휘할 수 있도록 설치위치를 정하고, 시공되어져야 한다.

16 콘크리트의 양생(보양, Curing)

Ⅰ. 개요

① 양생(curing)이란 콘크리트 타설후 그 경화작용을 충분히 발휘하도록 하기 위한 조치로서 양질의 콘크리트를 얻기 위해서는 양호하게 배합된 Con'c를 타설한 후 경화의 초기 단계에 적절한 양생을 하는 것이 무엇보다도 중요하다.

② 콘크리트 양생에는 습윤양생, 증기양생, 전기양생, 피막양생 등이 있고, Mass Con'c의 시공시는 온도제어양생(precooling, pipecooling) 등의 양생계획을 철저히 수립해야 한다.

Ⅱ. 양생에 영향을 주는 요소

① 양생온도　② 습도
③ 양생중의 진동·충격　④ 과대하중

Ⅲ. 양생의 종류

① 습윤양생(wet curing)　② 증기양생(steam curing)
③ 전기양생(electric curing)　④ 피막양생(membrane curing)
⑤ Precooling　⑥ Pipecooling
⑦ 단열 보온양생　⑧ 가열 보온양생

Ⅳ. 양생의 특성

1. 습윤양생(wet curing)

1) 습윤유지하기 위한 방법

① Sheet 보양, 거적 또는 살수
② 스프링클러(springkler) 이용
③ 타설전 거푸집 등에 살수하여 건조방지

2) 습윤양생시 주의사항

① 보통 포틀랜드 시멘트 및 시공했을 경우 15℃ 이상(5일), 10℃ 이상(7일), 5℃ 이상(9일)을 표준으로 한다.

② 기온이 높거나 직사광선을 받는 경우에는 콘크리트면이 건조하지 않도록 충분히 살수할 것

③ 경화중 Concrete에 해로운 충격을 가하지 말 것

2. 증기양생(steam curing)

① 증기양생은 거푸집을 빨리 제거하고, 단시일 내에 소요강도를 발현시키기 위해 고온의 증기로 양생하는 방법이다.

② 한중 Con'c에는 증기양생이 유리하다.

③ 종류

㉠ 저압 증기양생(low pressure steam curing)=상압 증기양생

㉡ 고압 증기양생(high pressure steam curing)=autoclaved curing

㉢ 고온 증기양생(high temperature steam curing)

3. 전기양생(electric curing)

① Con'c 중에 저압교류를 통하여 콘크리트의 전기저항에 의하여 생기는 열을 이용하여 양생하는 방법

② 한중 Con'c에 많이 사용하는 양생법

4. 피막양생(membrane curing)

① 콘크리트 표면에 피막양생제를 뿌려 Con'c 중의 수분증발을 방지하는 양생방법으로 포장 Con'c 양생에 이용한다.

② 피막양생제(curing compound) 로는 검정색, 담색, 흰색이 있다.

③ 검정색은 직사광선이 없는 곳에 쓰인다.

5. Precooling

① 물·조골재의 일부 또는 전부를 냉각

② 서중 또는 Mass Con'c에 사용

③ 얼음 사용할 때 비빔완료전에 완전히 녹이도록 한다.

6. Pipecooling

① Mass Con'c에 이용한다.

② Pipe의 지름, 간격, 통수의 온도와 양생기간 등에 대하여 충분히 검토해서 정해야 한다.

③ 통수방법(냉각속도, 냉각기간, 냉각순서)이 적당치 못하면 오히려 부재 내 온도차가 크게 되어 균열발생이 원인이 된다.

④ Pipecooling은 물 이외에도 공기에 의한 방법도 있다.

7. 단열 보온양생

① 한중 콘크리트에서 온도저하방지를 위한 보양방법

② Sheet 등으로 차단보양

8. 가열 보온양생

① 가열 보온양생이란 구조체의 밀폐된 공간을 가열하는 방법과 적외선 램프를 이용한 표면가열방법 또는 구조체 내부에 온상선을 설치하여 가열함으로써 양생하는 방법 등이 있다.

② 표면가열 및 내부가열 방법은 효율이 50~100%로 높으나 공간가열방식은 상대적으로 효율이 많이 떨어지는 편이다.

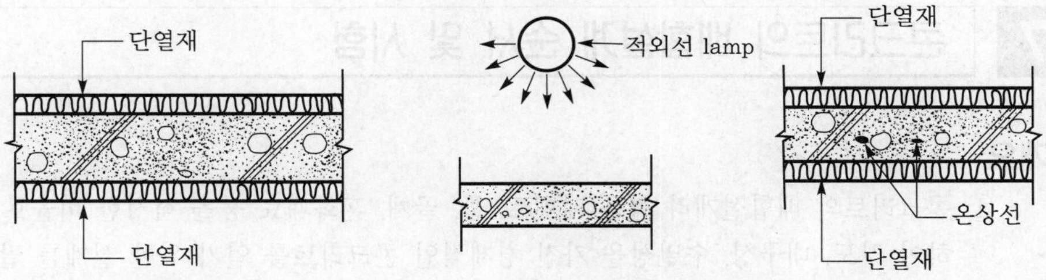

< 단열 보온양생 > < 가열 보온양생 >

Ⅴ. 양생시 주의사항

① 초기 동결융해 방지에 유의한다.
② 초기양생후 습윤양생을 충분히 한다.
③ 직사광선, 급격한 건조 및 찬공기를 방지한다.
④ 국부가열이 되지 않도록 주의한다.

Ⅵ. 개발방향

① 시공성이 좋은 양생방법을 개발한다.
② 혼화재를 이용한 방안을 연구한다.
③ 스프링클러 System을 이용한다.

Ⅶ. 결론

① 양생은 Con'c의 강도, 내구성, 수밀성 등에 큰 영향을 주므로 각종 콘크리트의 특성에 맞는 양생법을 선정하며 철저히 시행하는 것이 중요하다.
② 시공성이 좋은 양생법의 개발 및 혼화재를 이용한 방안 등이 계속 연구・개발되어야 양질의 콘크리트를 확보할 수 있을 것이다.

17 콘크리트의 배합설계 순서 및 시험

Ⅰ. 개요

① 콘크리트의 배합설계라 함은 시멘트, 물, 골재, 혼화재료 등을 적정한 비율로 배합하여 강도, 내구성, 수밀성을 가진 경제적인 콘크리트를 얻기 위한 설계를 말한다.

② 배합에는 시방배합과 현장배합이 있으며, 시방배합은 시방서 또는 책임기술자에 의한 배합이고, 현장배합은 시방배합의 콘크리트가 될 수 있도록 현장여건에 따라 재료의 상태 및 계량방법 등이 정해지는 배합을 말한다.

Ⅱ. 배합의 요구성능

① 소요강도 확보

② 내구성 확보

③ 균일한 시공연도

④ 단위수량 감소

Ⅲ. 배합의 종류

1. 시방 배합

1) 시방서 또는 책임기술자가 지시한 배합

2) 골재 입도

① 5mm체를 100% 통과하는 것을 잔골재

② 5mm체에 100% 남는 것을 굵은 골재

3) 골재의 함수상태

표면건조 내부 포화상태

4) 단위량 표시

$1m^3$당

2. 현장 배합

1) 현장 골재의 표면수량, 흡수량, 입도상태를 고려하여 시방배합의 결과가 가깝게 현장에서 배합한다.

2) 골재 입도

① 5mm체를 거의 통과하고, 일부는 남아 있을 때의 잔골재

② 5mm체에 거의 남게 되고, 일부는 통과되었을 때의 굵은 골재

3) 골재의 함수상태

기건상태 또는 습윤상태

4) 단위량 표시

Mixer 용량에 의해 1batch량으로 표시

3. 시방배합을 현장배합으로 보정하는 방법

1) 온도보정

$$F \geq f_{ck} + T + 1.73\sigma(\text{MPa})$$
$$F \geq 0.85(f_{ck} + T) + 3\sigma(\text{MPa})$$
— 중 큰 값

여기서, F : 콘크리트의 배합강도(MPa), f_{ck} : 콘크리트의 설계기준강도(MPa)
T : 콘크리트 재령에 따른 온도보정값(MPa)
σ : 사용하는 콘크리트 강도의 표준편차(MPa)

① 온도보정값(T)이 콘크리트 재령 28일인 경우

구분	28일 동안 평균 예상기온(℃)		
	15 이상	5 이상 15 미만	2 이상 5 미만
온도보정값(T)	0MPa	3MPa	6MPa

② 온도보정값(T)이 콘크리트 재령 90일인 경우

구분	90일 동안 평균 예상기온(℃)		
	12 이상	4 이상 12 미만	2 이상 4 미만
온도보정값(T)	0MPa	3MPa	6MPa

2) 표준편차(σ)

① 레미콘 공정의 실적을 근거로 평가

② 실적이 부족할 경우 2.5MPa와 $0.1f_{ck}$ 중 큰 값

Ⅳ. 배합설계시 순서

1. 설계기준강도(f_{ck})

① 설계기준강도란 구조물의 특성·성능에 따라 구조적으로 필요한 강도로 구조계산의 기준이 되는 강도이다.

② 일반 콘크리트에서는 28일 강도(f_{28})를 기준으로 하고, Dam 콘크리트에서는 91일 강도(f_{91})를 기준으로 한다.

2. 배합강도(f_{cr}, Reguired Strength)

1) 배합강도

① 구조물에 사용된 콘크리트의 압축강도가 설계기준강도보다 작아지지 않도록 현장 콘크리트의 품질변동을 고려하여 콘크리트의 배합강도(f_{cr})를 설계기준강도(f_{ck})보다 충분히 크게 정해야 한다.

② 현장 콘크리트의 압축강도 시험값이 설계기준강도 이하로 되는 확률은 5% 이하여야 하고 또한 압축강도 시험값이 설계기준강도의 85% 이하로 되는 확률은 0.13% 이하여야 한다.

③ 콘크리트의 압축강도 시험값이란 굳지 않은 콘크리트에서 채취하여 제작한 공시체를 표준 양생하여 얻은 압축강도의 평균값을 말한다.

④ 배합강도의 결정은 ②항의 조건을 충족시키도록 다음의 두 식에 의한 값 중 큰값을 적용한다.

$$f_{cr} \geq f_{ck} + 1.34s\,(\mathrm{MPa})$$
$$f_{cr} \geq (f_{ck} - 3.5) + 2.33s\,(\mathrm{MPa})$$
중 큰 값

여기서, s : 압축강도의 표준편차(MPa)

⑤ 콘크리트 압축강도의 표준편차는 실제 사용한 콘크리트의 실적으로부터 결정한다. 다만, 공사 초기에 그 값을 추정하기가 불가능하거나 중요하지 않은 소규모의 공사에서는 $0.15f_{ck}$를 적용한다.

2) 강도 변동요인

① 시멘트와 골재의 변화
② 콘크리트의 배합, 운반, 타설, 다짐, 양생 등
③ 기능공의 숙련도
④ 기상
⑤ 시공관리 정도

3. 시멘트 강도(k)

① 시멘트 강도(k)는 현장에 반입된 시멘트에 대하여 KS L 5105에 규정한 시멘트 시험을 행하고, 그 시험에 의한 시멘트의 28일 압축강도를 정한다.

② 28일 압축강도(k_{28}) 기준으로 하고, 시간여유가 없는 경우는 3일 강도(k_3), 7일 강도(k_7)에서 추정할 수 있다.

<단기 강도에서 28일 강도 측정식>

시멘트 종류	k_7에서 k_{28} 추정	k_3, k_7에서 k_{28} 추정
조강 포틀랜드 시멘트	$k_{28}=0.6k_7+24$	$k_{28}=0.65k_7-0.25k_3+28$
보통, 고로, 플라이애시, 실리카	$k_{28}=k_7+15$	$k_{28}=1.2k_7-0.4k_3+16$

③ 시멘트 강도는 연구소, 시험소에서 제시한 평균값이나 제조회사 월평균강도에서 $\pm 4\mathrm{N/mm^2}$를 하여 오차가 $2\mathrm{N/mm^2}$ 이상 나지 않는 것으로 한다.

④ 시멘트 강도시험을 미실시한 경우는 제조회사가 제시한 월평균강도에 $3\mathrm{N/mm^2}$를 뺀 값으로 한다.

4. 물결합재비(W/B)

1) 물결합재비

① Con'c에 혼합된 Cement Paste 중에 물과 시멘트의 중량 백분율
② 물결합재비가 높을수록 강도가 저하되고, 간극률이 많아 콘크리트의 균열발생의 원인이 됨
③ 물결합재비는 콘크리트 강도에 가장 많은 영향을 줌

2) 물결합재비 선정방법

① 압축강도 기준 : $W/B = \dfrac{51}{f_{28}/k + 0.31}$

여기서, k : 시멘트의 강도(N/mm^2=MPa), f_{28} : 콘크리트 재령 28일 강도(MPa)

② 내구성 기준

㉠ 내화학성 : $W/B = 45 \sim 50\%$

㉡ 내동해성 : $W/B = 45 \sim 60\%$

③ 수밀성 기준 : $W/B = 55\%$ 이하

5. Slump치

① Slump치가 큰 콘크리트를 사용하면 콘크리트 작업은 쉽지만 블리딩이 많아지고, 굵은 골재가 모르터로부터 분리되는 재료분리 현상이 발생한다.

② Slump치는 콘크리트 시공연도의 양부를 결정하며, 클수록 Workability가 향상된다.

③ 슬럼프의 표준값

종류		슬럼프값
철근콘크리트	일반적인 경우	80~150mm
	단면이 큰 경우	60~120mm
무근콘크리트	일반적이 경우	50~150mm
	단면이 큰 경우	50~100mm

6. 굵은 골재 최대치수

① 골재는 유해량의 먼지, 흙, 유기불순물, 염화물 등을 포함하지 않고, 일반적인 경우 25mm 이하, 단면이 큰 경우 40mm 이하로 한다.

② 굵은 골재 최대치수는 시공성이 확보되는 범위내에서 가능한 크게 하는 것이 콘크리트의 강도를 증대시킨다.

7. 잔골재율

① 콘크리트 품질이 얻어질 수 있는 범위내에서 가능한 한 적게 한다.

② 잔골재율이 커지면 단위수량과 단위시멘트량이 증가한다.

③ 산정식

$$잔골재율\left(\frac{S}{a}\right) = \frac{\text{sand 용적}}{\text{aggregate 용적}} \times 100\%$$

$$= \frac{\text{sand 용적}}{\text{gravel 용적} + \text{sand 용적}} \times 100\%$$

8. 단위수량

① Con'c 1m^3 중에 포함되어 있는 물의 중량을 말한다.

② 단위수량이 많아지면 슬럼프치가 커져 시공연도는 좋아지나 강도는 떨어진다.

③ 단위수량은 설계기준강도와 시공연도가 허용되는 한도내에서 최소로 해야 한다.

9. 시방배합

① 계량은 1회 계량분의 0.5% 정밀도 유지

② 투입시 동일한 조합 콘크리트는 소량 Mixing하고, 믹서 내면에 시멘트풀을 발라 둔다.

③ 비빔시간은 일반적으로 3분으로 하고, 10분 이상 비빔할 경우는 강도의 증가가 없다.

④ **Slump의 조정** : 180mm 이하에서 약 1.2%, 180mm 이상에서 약 1.5%

⑤ 골재분리와 유동성 조정

⑥ **공기량 조정** : 공기량 1% 증가는 강도 3~5% 정도 감소, Slump 약 20mm 증가

10. 현장배합

시방배합을 현장배합으로 고칠 경우 고려사항

① 잔골재의 표면수로 인한 Bulking 현상

② 현장의 골재계량방법과 KS F 2505 규정에 의한 방법과의 용적의 차

③ 골재의 함수상태

④ No. 4체를 통과한 굵은 골재의 양과 혼화재의 물탄 양 고려

Ⅴ. 배합설계시 필요한 시험

1. 시멘트시험

1) 분말도시험

① 표준망체 88μ를 사용하여 시료 50g을 넣고 한 손으로 1분간 150회의 속도로 체를 두드려 치며, 25회 두드릴 때마다 체를 약 1/6 회전시킨다.

② 1분간 통과량이 0.1g 이하가 되면 그치고, 남은 것으로 분말도를 측정한다.

2) 안정성시험(soundness test)

① 시멘트 100g에 물 25%의 Cement Paste를 만들고 이것을 시료로 하여 13cm^{2}의 유리판 위에 높고, 유리판 밑에서 가만히 두드려 외측에서 내측으로 밀어 지름 100mm, 중심두께 15mm의 가장자리로 갈수록 얇은 Pad를 만든다.

② 일정한 온도와 습도의 습기함에 넣고, 24시간 저장 후 수중보양을 27일 한후 팽창성과 갈라짐, 뒤틀림을 검사한다.

3) 시료채취

① 시멘트 50t 또는 그 단수마다 평균품질을 나타내도록 5kg 이상 시료를 채취한다.

② 포대일 경우는 15t 또는 그 단수마다 한 포대로 한다.

4) 비중시험

① 르 샤틀리에 비중병에 탈수한 정제 광유를 넣고, 온도를 일정하게 하여 표면의 눈금을 읽는다.

② 여기에 100g의 시멘트를 넣고, 흔들어 공기를 내보내고, 눈금을 읽어 비중을 측정한다.

5) 강도시험

① 시멘트의 강도시험은 휨시험과 압축시험을 한다.

② 휨시험용의 공시체는 단면 40mm×40mm, 길이 160mm의 네모기둥을 쓰고, 압축시험에는 휨시험 공시체의 절반을 사용한다.

6) 응결시험

시멘트에 따라 비벼낸 시멘트풀이 주수후 10~20분에 굳어지고→다시 묽어지고→정상적으로 굳어가는 현상을 헛응결 또는 이상 응결(false setting)이라고 한다.

7) 수화열시험

수화열은 70cal/g이며, 조강 포틀랜드 시멘트는 수화열이 많고, 중용열 포틀랜드 시멘트는 수화열이 적다.

2. 골재시험

1) 혼탁 비색법(유기불순물 시험)

① 모래에 함유하는 유기불순물의 유해량을 알기 위한 시험방법이다.

② 일정분량의 유리병에 수산화나트륨(NaOH) 3% 용액을 넣고 흔들어 잘 섞고, 24시간 후에 윗물 빛깔을 표준 빛깔과 비교해 본다.

2) 간극률시험

① 골재의 단위용적에 대한 실적 백분율을 실적률이라 하며, 그 간극의 백분율을 간극률이라 한다.

② 골재의 간극률이 적으면 콘크리트의 밀도, 마모, 수밀성, 내구성이 증대된다.

3) 체가름시험(조립률 : fineness modulus)

① 골재의 체가름 분포(골재 입도)를 간단히 표시하는 방법으로 조립률(F.M)이 있다.

② 0.15mm, 0.3mm, 0.6mm, 1.2mm, 2.5mm, 5mm, 10mm, 20mm, 40mm, 80mm의 10개 체를 사용하여 가적 잔유율의 누계를 백으로 나눈 값

4) 마모시험

① 로스엔젤레스 시험기(안지름 710mm, 내측길이 510mm의 양 끝이 밀폐된 강철재의 원통형) 사용

② 철구(지름이 약 46.8mm, 무게 390~445g의 주철 또는 강철) 12개 사용

5) 강도시험

① 골재 입자의 강도는 직접 시험할 수 없기 때문에 일반적으로 부서지는 세기를 이용하고 있다.

② 일정 배합의 콘크리트를 만들 때 콘크리트 강도로 비교하는 시험방법도 있다.

6) 흡수율시험

① 굵은 골재의 흡수율시험

㉠ 콘크리트 배합설계에 있어서 골재의 절대용적을 알기 위하여 시험한다.

㉡ 사용수량을 조절하기 위해서 시험한다.

㉢ 시험기구는 시료분취기, 철망태, 저울, 물통, 건조기 등이 사용된다.

② 잔골재의 비중 및 흡수율시험

㉠ 콘크리트 배합설계시 잔골재의 절대용적을 알기 위한 시험이다.

㉡ 시험기구는 원추형 몰드(윗지름 40mm, 아랫지름 90mm, 높이 75mm, 최소두께 0.8mm 이상) 시료 분취기, 저울, 플라스크, 데시게이터, 시료삽 및 시료팬, 건조기 등이 있다.

Ⅵ. 결론

① 배합설계는 철저한 시방배합을 통하여 현장배합시 적용함으로써 콘크리트 구조체의 균일한 품질을 확보할 수 있다.

② 콘크리트에서 물결합재비와 굵은 골재 최대치수의 결정은 콘크리트의 강도를 결정하는 중요한 요소이므로 시공성이 확보되는 한도 내에서 물결합재비를 적게하고, 굵은 골재 최대치수는 크게하며, 적정량의 혼화재료를 사용하여 콘크리트의 강도를 높이는 것이 중요하다.

18 물결합재비가 콘크리트에 미치는 영향

Ⅰ. 개요

① 물결합재비란 굳지 않은 콘크리트(또는 모르타르)에 포함되어 있는 시멘트풀(Cement Paste)속의 물과 결합재의 중량비이다.

② 결합재는 시멘트와 혼화재료를 합한 것으로, 혼화재료는 시멘트의 단점을 보완하는 역할을 하기 위해 사용된다.

Ⅱ. 물결합재(W/B)비의 특성

① Con'c의 강도 및 내구성을 결정하는 중요한 요인이다.

② 물결합재비 1%의 변화는 Con'c 1m^{3}에 대한 물의 양 3~4l이다.

③ 물결합재비가 커지면 강도, 내구성, 수밀성은 떨어진다.

④ 적당한 시공연도 내에서 가능한 한 적게 한다.

Ⅲ. 물결합재비 선정방법

1) 압축강도

$$W/B = \frac{51}{f_{28}/k + 0.31}$$

여기서, k : 시멘트의 강도(MPa), f_{28} : 콘크리트 재령 28일 강도(MPa)

2) 내구성

① 내화학성 기준으로 할 경우 : $W/B = 45 \sim 50\%$

② 내동해성 기준으로 할 경우 : $W/B = 45 \sim 60\%$

3) 수밀성

$W/B = 50\%$ 이하

4) 수화반응에 필요한 물결합재비

① 수화반응에 필요한 수량

㉠ 결합수 : Cement량의 25%
㉡ Gel수 : Cement량의 15%
(㉠+㉡) 합계 Cement량의 40% 정도

② 시공연도에 필요한 수량 : 수화반응에 필요한 물결합재비 40%이며, 시공경험에 의한 시공연도에 필요한 물결합재는 50%임

Ⅳ. 콘크리트에 미치는 영향

1) 강도

① 물결합재비가 작을수록 강도는 증가한다.

② 콘크리트의 강도는 물결합재비에 역비례하고, 시공연도에는 정비례한다.

2) 내구성

① 물결합재비가 클수록 콘크리트의 재료분리는 커지게 된다.

② 콘크리트의 재료분리는 내구성 저하의 원인이 된다.

3) 수밀성

① 물결합재비가 적을수록 수밀성이 크다.

② 적절한 혼화재료의 사용으로 물결합재비는 최소화하고, 수밀성은 극대화할 수 있다.

4) 소성수축균열

① 콘크리트에서 물이 빠지고 모세관이 붕괴되면서 물결합재비가 감소되고 소성수축균열이 발생한다.

② 물결합재비가 커지면 소성수축균열의 발생은 증가하게 된다.

5) 침하균열

① 콘크리트에서 Bleeding 현상으로 인하여 침하균열이 발생된다.

② 물결합재비가 크면 Bleeding 현상이 증가되고, 침하균열의 발생도 커지게 된다.

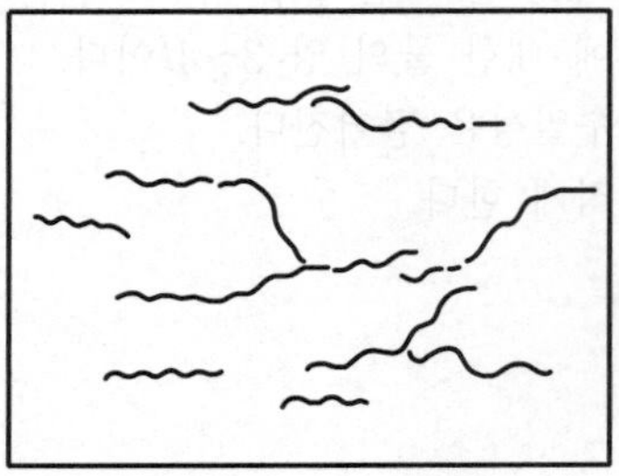

<소성수축균열>

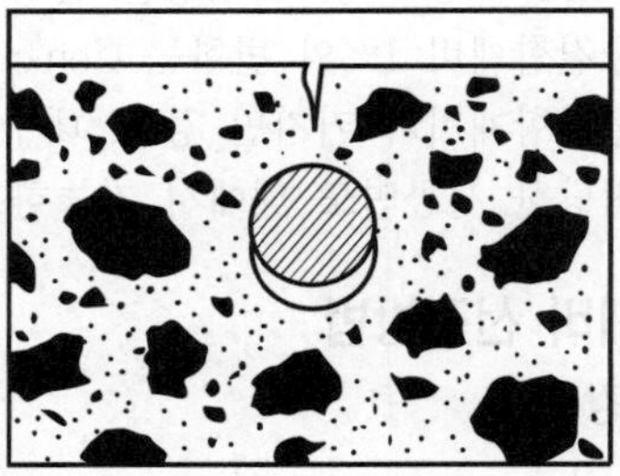

<침하균열>

6) 온도균열

① 물결합재비가 크면 단위 시멘트량이 많아지게 된다.

② 매스 콘크리트에서는 물결합재비가 클 경우 온도균열이 발생하게 된다.

7) 건조수축

① 콘크리트는 타설후 콘크리트 중의 수분이 증발하면서 건조수축이 일어난다.

② 물결합재비가 크면 건조수축에 의한 균열발생은 증가된다.

8) 수화열

① 콘크리트가 경화하는 과정에서 수화열이 발생하게 된다.

② 물결합재비가 크면 단위 시멘트량이 많아져 수화열의 발생이 커진다.

9) 초기강도

① 콘크리트는 수화현상이 빨리 진행될수록 초기강도 확보에 유리하다.

② 과도한 수화현상은 수화열을 동반하므로 콘크리트에 악영향을 미친다.

10) 시공연도(workability)

① 콘크리트는 시공성의 확보가 있어야 양질의 구조체를 얻을 수 있다.

② 물결합재비가 크면 시공연도가 좋아진다.

11) 반죽질기(consistency)

① 단위수량의 많고 적음에 따라 나타나는 미경화 콘크리트의 성질이다.

② 물결합재비가 크면 반죽질기는 좋아진다.

12) 성형성(plasticity)

① 콘크리트 타설후 거푸집을 제거하면 형상이 천천히 변하기는 하여도 재료분리는 없는 미경화 콘크리트의 성질을 말한다.

② 물결합재비가 크면 성형성이 좋아진다.

13) 다짐성(compactibility)

① 콘크리트의 다짐의 정도를 나타낸 미경화 콘크리트의 성질중에 하나이다.

② 물결합재비가 크면 다짐성이 좋아진다.

14) 구조체의 유동성

① 경화된 콘크리트 구조체의 움직임 정도를 나타낸 성질이다.

② 물결합재비가 클수록 경화한 콘크리트의 유동성은 커진다.

15) Creep 파괴

① 경화한 콘크리트 구조체에 지속응력이 작용할 경우, 시간이 경과함에 따라 변형(Creep 변형)은 커지고, Creep 파괴가 발생하게 된다.

② 물결합재비가 적을수록 Creep 변형이 작아진다.

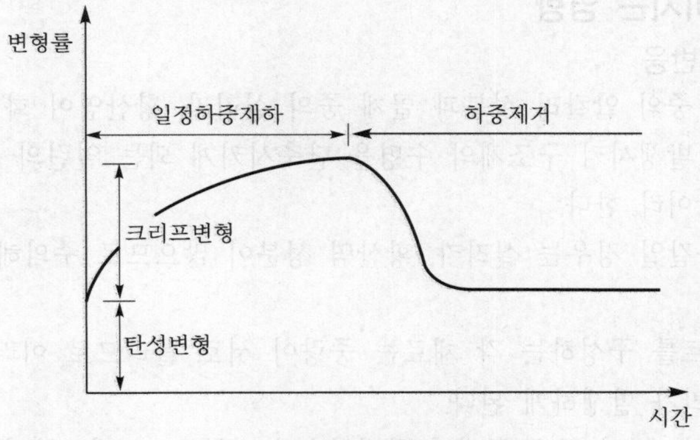

<Creep 변형>

V. 물결합재비 최소화대책

① 굵은 골재 최대치수를 크게 한다.

② 잔골재율을 적게 한다.

③ Silica fume을 사용한다.

④ 단위수량을 적게 한다.

⑤ 골재는 흡수율이 적은 것이 좋다.

⑥ 고성능 감수제 사용할 때 W/B는 25%까지 줄일 수 있다.

VI. 결론

① 물결합재비는 Con'c 품질에 가장 큰 영향을 주는 요소로 물결합재비가 커지게 되면 콘크리트의 강도, 내구성, 수밀성은 떨어지게 된다.

② 물결합재비는 시험배합을 통하여 적정비를 정해야만이 콘크리트의 설계기준강도를 확보할 수 있을 뿐만 아니라 시공연도도 좋아지게 된다.

19 굵은 골재 최대치수가 콘크리트에 미치는 영향

Ⅰ. 개요

① 굵은 골재는 깨끗하고 내구적이며, 적당한 입도 및 강도를 가져야 하며, 표면은 거칠고 모양은 구형에 가까워야 좋은 재료이다.

② 굵은 골재의 최대치수는 철저한 시험배합을 통하여 크기가 결정되어져야 하며, 시공성이 가능한 한도내에서 그 크기를 크게 하는 것이 콘크리트 강도에 유리하다.

Ⅱ. 굵은 골재 최대치수

① 일반 콘크리트에서는 경우 25mm, 단면이 클 경우 40mm 이하를 표준으로 한다.

② 포장 콘크리트에서는 40mm 이하로 한다.

③ Dam 콘크리트에서는 150mm 이하로 한다.

Ⅲ. 콘크리트에 미치는 영향

1) 알칼리골재반응

① 시멘트 중의 알칼리 성분과 골재 중의 실리카, 황산염이 화학반응하여 구조체에 균열을 발생시켜 구조체의 수명을 단축시키게 되는 일련의 과정을 알칼리골재반응 현상이라 한다.

② 부순 자갈일 경우는 실리카, 황산염 성분이 많으므로 주의해야 한다.

2) 재료분리

① 콘크리트를 구성하는 각 재료는 중량이 서로 틀리므로 이러한 중량차에 의하여 재료분리가 발생하게 된다.

② 단위용적(m^3)당 굵은 골재의 최대치수가 너무 크면 재료분리 현상이 커지게 된다.

3) 시공연도(Workability)

① 콘크리트는 시공성의 확보없이는 양질의 콘크리트를 얻을 수 없다.

② 단위용적(m^3)당 굵은 골재의 최대치수가 너무 크게 되면 시공연도가 나빠지게 된다.

4) 감수효과

① 콘크리트에서 물은 중요한 성분이지만 필요 이상의 물은 콘크리트 강도를 저하시킨다.

② 단위용적(m^3)당 굵은 골재의 최대치수가 커지게 되면 단위수량이 감소하게 된다.

5) 탄산화

① 탄산화란 공기중의 탄산가스 및 산성비로 인하여 콘크리트의 수산화칼슘(강알칼리)이 탄산칼슘(약알칼리)으로 변하는 일련의 과정을 말한다.

② 콘크리트의 단위용적(m^3) 중에 굵은 골재의 치수가 커지게 되면 탄산화의 진행이 더디게 이루어진다.

6) 강도증진

① 콘크리트의 궁극적인 목적은 고강도화라 할 수 있다.

② 일반 콘크리트에서 고강도화하기 위해서는 단위용적(m^3)당 굵은 골재의 최대치수를 시공이 가능한 범위 내에서 크게 해야 한다.

7) 내화성능증진

콘크리트의 구성재료 중에 굵은 골재의 최대치수가 크게 되면 내화성능이 향상된다.

8) 단위 시멘트량

굵은 골재의 최대치수가 커지게 되면 콘크리트의 단위용적(m^3)당 비율이 커지고, 반대로 단위 시멘트량은 감소하게 된다.

9) 내구성 증진

① 콘크리트의 각 재료중 단위용적(m^3)당 굵은 골재의 최대치수가 커지게 되면 구조체 자체의 내구성이 커지게 된다.

② 시공성을 고려하지 않은 계획은 오히려 재료분리 등의 발생으로 강도가 저하될 수도 있다.

10) Bleeding

① 미경화 콘크리트에서 잉여수가 이물질과 같이 표면으로 상승하는 일종의 재료분리 현상을 Bleeding 현상이라 한다.

② 굵은 골재의 최대치수가 커지면 단위수량이 감소하므로 Bleeding 현상이 적어지게 된다.

11) 온도변화

① 콘크리트는 경화하는 과정에서 수화열이 발생하게 되므로 매스 콘크리트의 시공시는 온도구배에 의한 온도균열의 발생이 많아지게 되는 것이다.

② 콘크리트 중에 굵은 골재의 최대치수가 크게 되면 단위 시멘트량의 감소로 수화열이 감소하게 된다.

12) 부착강도

콘크리트 중에 굵은 골재의 최대치수가 너무 크게되면 단위 시멘트량의 감소로 부착강도가 저하될 수도 있으므로 시험배합을 통한 적당한 치수의 선정이 중요하다.

13) 수화열 감소

콘크리트가 경화하면서 발생되는 수화열은 매스 콘크리트에서 강도에 치명적인 요소가 되므로 단위용적(m^3)당 굵은 골재의 최대치수가 커지게 배합설계 하면 수화열의 감소를 가져올 수 있다.

14) 온도균열

① 매스 콘크리트는 과도한 수화열의 발생으로 온도균열이 발생되며, 이로 인하여 콘크리트의 강도를 저하시키는 요인이 된다.

② 단위용적(m^3)당 굵은 골재의 최대치수가 커지게 되면 온도구배의 기울기가 완만해져 온도균열이 감소한다.

15) 수밀성

콘크리트 중에 단위용적(m^3)당 굵은 골재의 최대치수를 크게 하면 수밀성이 증대된다.

Ⅳ. 결론

① 굵은 골재는 콘크리트를 구성하는 재료로서 강도에 큰 영향을 주므로 철저한 시험배합 및 현장준비 계획으로 품질관리에 철저를 기하여야 한다.

② 굵은 골재의 치수결정은 콘크리트 구조체의 강도를 결정짓게 되고, 콘크리트 구조체의 강도를 저해하는 요인에 대한 대응이 되므로 치수결정에 신중을 기하여야 한다.

20 잔골재율이 콘크리트에 미치는 영향

Ⅰ. 개요

① 잔골재율이란 잔골재 및 굵은 골재의 절대용적의 합에 대한 잔골재의 절대용적의 백분율을 말한다.

② 잔골재율을 작게 하면 단위수량이 감소되어 콘크리트의 강도가 크게 되고, 단위 시멘트량이 감소되므로 공비절감의 효과가 있다.

Ⅱ. 잔골재율 산정식

$$\text{잔골재율}\left(\frac{S}{a}\right)=\frac{\text{sand용적}}{\text{aggregate용적}}\times 100(\%)$$

$$=\frac{\text{sand용적}}{\text{gravel용적}+\text{sand용적}}\times 100(\%)$$

Ⅲ. 콘크리트에 미치는 영향

1) 시공연도(Workability)

① 콘크리트는 시공성의 확보없이는 양질의 콘크리트를 얻을 수 없다.

② 단위용적(m^3)당 잔골재율이 커지면 시공연도는 좋아지나 콘크리트 강도에 영향을 줄 수도 있다.

2) 침하균열

① 콘크리트에서 Bleeding 현상 등으로 침하균열이 발생된다.

② 단위용적(m^3)당 잔골재율이 커지게 되면 Slump치가 커져 침하균열이 발생된다.

3) Bleeding

① 미경화 콘크리트에서 잉여수가 이물질과 같이 표면으로 상승하는 일종의 재료분리 현상을 Bleeding 현상이라 한다.

② 잔골재율이 커지게 되면 중량차에 의한 Bleeding 현상이 증가된다.

4) 수화작용

① 콘크리트가 경화하는 과정에서 수화열이 발생하게 된다.

② 콘크리트의 단위용적(m^3)당 잔골재율이 커지면 단위 시멘트량의 증가로 수화작용이 빨라지게 된다.

5) 알칼리골재반응

① 시멘트 중의 알칼리 성분과 골재중의 실리카, 황산염이 화학반응하여 구조체에 균열을 발생시켜 구조체의 수명을 단축시키게 되는 일련의 과정을 알칼리골재반응현상이라 한다.

② 부순모래를 사용했을 경우 실리카, 황산염 성분이 많으므로 주의해야 한다.

6) 부착강도

콘크리트 중에 단위용적(m^3)당 잔골재율이 커지게 되면 단위 시멘트량이 증가되므로 부착강도는 향상된다.

7) Laitance

① Bleeding 현상으로 시멘트중의 석고, 석분 등이 표면으로 모여 생성된 층을 Laitance라 한다.

② 잔골재율이 커지게 되면 미세한 석분의 유입량이 커져 Laitance의 발생이 커지게 된다.

8) 단위 시멘트량

콘크리트의 단위용적(m^3)당 잔골재율이 커지게 되면 단위 시멘트량도 비례하여 커지게 된다.

9) 수밀성

① 잔골재율이 커질수록 수밀성은 떨어지게 된다.

② 적절한 혼화재료의 사용으로 수밀성을 극대화할 수 있다.

10) 건조수축

콘크리트의 단위용적(m^3)당 잔골재율이 커지게 되면 시멘트량의 증가로 인하여 수화작용이 빨라지고 그때 발생하는 수화열로 인하여 콘크리트 표면에 건조수축이 일어나 균열이 발생하게 된다.

11) 염해

① 철근콘크리트 구조체에 염분이 침투하여 철근의 부피를 팽창시키게 되고, 콘크리트 균열의 원인이 된다.

② 잔골재율의 증가는 염해에 대한 저항성을 떨어뜨린다.

12) 소성수축균열

① 노출면적이 넓은 Slab에서 타설 직후에, Bleeding 속도보다 증발속도가 빠를 때 소성수축균열이 발생한다.

② 잔골재율이 커지면 물결합재비가 증가하므로 소성수축균열의 발생이 증가하게 된다.

13) 강도

① 잔골재율이 작을수록 강도는 증가한다.

② 콘크리트의 강도는 잔골재율에 역비례하고, 시공연도에 정비례한다.

14) 다짐성(Compactibility)

① 콘크리트의 다짐정도를 나타낸 미경화 콘크리트의 성질 중에 하나이다.

② 잔골재율이 커지면 다짐성이 좋아진다.

Ⅳ. 결론

① 양질의 콘크리트란 구조체의 어느 부분을 채취하여도 시멘트, 잔골재, 굵은 골재 등의 구성재료가 하나의 간극도없이 밀실하고 단단하게 결합되어 있어야 한다.

② 잔골재율을 크게 한다는 것은 콘크리트 구조체의 강도를 떨어뜨리게 되므로 시공성이 확보되는 범위내에서 가능한 적게 하고, 콘크리트의 구성재료 상호간에는 골고루 분포되도록하여 재료분리가 발생되지 않도록 시공하는 것이 가장 중요한 요소이다.

21 콘크리트 시험방법 및 검사항목

Ⅰ. 개요

① 콘크리트 타설시 시험관리는 콘크리트의 품질특성을 설정하고 이것을 실현하기 위하여 재료의 규격 및 품질 등의 적합성 여부를 판단하는 것을 말한다.

② 콘크리트의 시험방법 및 검사항목에는 타설전 시험인 시멘트 및 골재의 품질시험과 타설중, 타설후의 시기적 시험이 있다.

Ⅱ. 콘크리트의 시험방법 및 검사항목

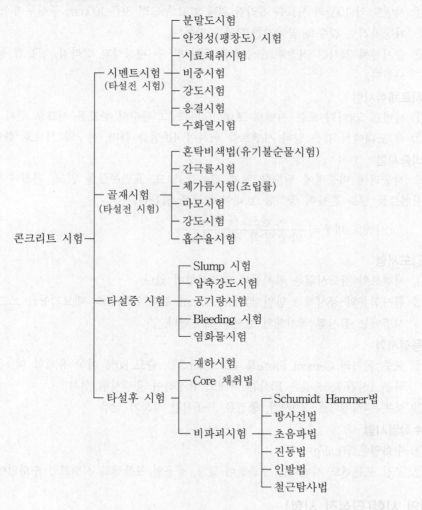

- 콘크리트 시험
  - 시멘트시험 (타설전 시험)
    - 분말도시험
    - 안정성(팽창도) 시험
    - 시료채취시험
    - 비중시험
    - 강도시험
    - 응결시험
    - 수화열시험
  - 골재시험 (타설전 시험)
    - 혼탁비색법(유기불순물시험)
    - 간극률시험
    - 체가름시험(조립률)
    - 마모시험
    - 강도시험
    - 흡수율시험
  - 타설중 시험
    - Slump 시험
    - 압축강도시험
    - 공기량시험
    - Bleeding 시험
    - 염화물시험
  - 타설후 시험
    - 재하시험
    - Core 채취법
    - 비파괴시험
      - Schumidt Hammer법
      - 방사선법
      - 초음파법
      - 진동법
      - 인발법
      - 철근탐사법

Ⅲ. 시멘트의 시험(타설전 시험)

1) 분말도시험(fineness test)

① 시멘트 분말도는 시멘트 입자의 가늘고 굵음을 나타내는 것으로 콘크리트의 성질을 예측할 수 있으며, 시험방법에는 비표면적 시험과 체가름법이 있다.

② 비표면적 시험에서 단위는 cm^2/g으로 표시되며, 보통 시멘트의 경우 2,800~3,200cm^2/g이다.

③ 분말도가 클수록, 즉 미세할수록 표면적은 증가하고 수화작용은 빨라지며 강도는 세진다.

2) 안정성 시험(soundness test)

① 시멘트 약 100g의 시료를 유리판 위에 놓고 두드려 지름 100mm, 중심두께 15mm의 가장자리로 갈수록 얇아지는 Pad를 만든다.

② 습기함에 24시간 저장후 수중보양 27일 한 후 팽창성과 갈라짐, 뒤틀림 등을 검사한다.

3) 시료채취시험

① 시멘트 50t마다 또는 시멘트 포대 15t마다 그 단수의 한포를 시료로 한다.

② 각 포대에서 같은 양의 시멘트를 취하여 4분법을 하며, 한구의 시료로 한다.

4) 비중시험

르 샤틀리에 비중병에 탈수한 정제 광유를 넣고, 표면눈금을 읽고, 거기에 100g의 시멘트를 넣고 흔들어 공기를 보내어 눈금을 읽는다.

$$\text{시멘트 비중} = \frac{\text{시멘트 중량(g)}}{\text{비중병의 눈금자(cc)}}$$

5) 강도시험

① 시멘트의 강도시험은 휨시험과 압축시험이 있다.

② 휨시험용의 공시체는 단면 40mm×40mm, 길이 160mm의 네모기둥을 쓰고, 압축시험에는 휨시험 공시체의 절반을 사용한다.

6) 응결시험

① 표준 묽기의 Cement Paste를 온도 20±3℃, 습도 80% 이상 유지할 때, 응결 시작은 1시간후, 종결은 10시간 이내로 규정하여 응결시험 실시

② 보통은 시결 1.5~3.5시간, 종결은 3~6시간 정도가 많음

7) 수화열시험

① 수화열은 70cal/g이다.

② 조강 포틀랜드 시멘트는 수화열이 많고, 중용열 포틀랜드 시멘트는 수화열이 적다.

Ⅳ. 골재의 시험(타설전 시험)

1) 혼탁비색법(유기불순물시험)

① 모래에 함유하는 유기불순물의 유해량을 알기 위한 시험방법이다.

② 일정분량의 유리병에 수산화나트륨(NaOH) 3% 용액을 넣고 흔들어 잘 섞고, 24시간 후에 윗물 빛깔을 표준 빛깔과 비교하여 짙을 때 유해 불순물이 있는 것으로 판정한다.

2) 간극률시험

① 골재의 간극률이 적으면 콘크리트의 밀도, 마모, 내구성이 증대된다.

② 간극률(%)= $\dfrac{0.999G-M}{0.999G}\times 100$

여기서, G : 비중, M : 단위용적 중량(t/m^3)

3) 체가름시험(조립률)

① 골재의 체가름 분포(골재 입도)를 간단히 표시하는 방법으로 조립률이 있다.

② FM(조립률)= $\dfrac{80 \sim 0.15\text{mm 체까지의 가적 잔류율 누계}}{100}$

4) 마모시험

① **로스엔젤레스 시험기** : 안지름 710mm, 내측길이 510mm의 양 끝이 밀폐된 강철재의 원통형이다.

② 마모율(%)= $\dfrac{\text{시험전 시료의 무게} - \text{시험후 시료의 무게}}{\text{시험전 시료의 무게}}\times 100$

5) 강도시험(골재의 세기시험)

영국 기준(British Standard)에서 일정 입도의 골재를 용기에 채우고 압축기로 가압해 40t 재하 때의 골재의 파쇄율로 골재의 강도를 표시한다.

6) 흡수율시험

① **굵은 골재의 흡수율시험**

㉠ 콘크리트 배합설계에 있어서 골재의 절대용적을 알기 위해서 한다.

㉡ 사용수량을 조절하기 위해서 한다.

② **잔골재의 비중 및 흡수율시험**

㉠ 콘크리트 배합설계시 잔골재의 절대용적을 알기 위해서 한다.

㉡ 잔골재의 흡수율은 1% 정도이다.

Ⅴ. 타설중 시험(레미콘 현장반입 검사)

1) Slump 시험

① 수밀성 평판을 수평으로 설치하여 시험통을 철판 중앙에 밀착한다.

② 비빈 콘크리트를 100mm 높이까지 부어 넣어 다짐막대로 윗면을 25회 다진다.

③ 2회 반복하여 콘크리트의 무너진 높이 및 모양을 측정한다.

2) 압축강도시험

① 콘크리트의 압축강도시험은 품질의 등급이 '고급'의 콘크리트에서는 $100m^3$에 1회 실시한다.

② 보통 콘크리트에서는 $150m^3$의 비율로 실시한다.

③ 1회의 시험에는 3개의 공시체를 채취한다.

④ 채취한 공시체는 표준보양을 하여 압축강도를 검사한다.

3) 공기량시험

① AE 콘크리트의 경우에는 공기량의 검사를 실시한다.

② 공기량 측정방법은 압기식의 Air Meter가 있다.

③ 시험은 Slump Test와 같이 되도록 자주 실시한다.

④ 측정치와 지정 공기량의 차가 표에 표시한 허용치 이하이면 합격이다.

4) Bleeding 시험

① 블리딩된 물을 시험기구로 빨아낸다.

② 처음 60분은 10분 간격으로, 그 후로는 30분 간격으로 빨아낸다.

③ 블리딩양을 측정한다.

$$블리딩양(cm^3/cm^2) = \frac{V(블리딩\ 수용적)}{A(실험표면적)}$$

④ 블리딩이 크면 재료분리가 심하다.

⑤ 단위수량을 줄이면 블리딩양을 줄일 수 있다.

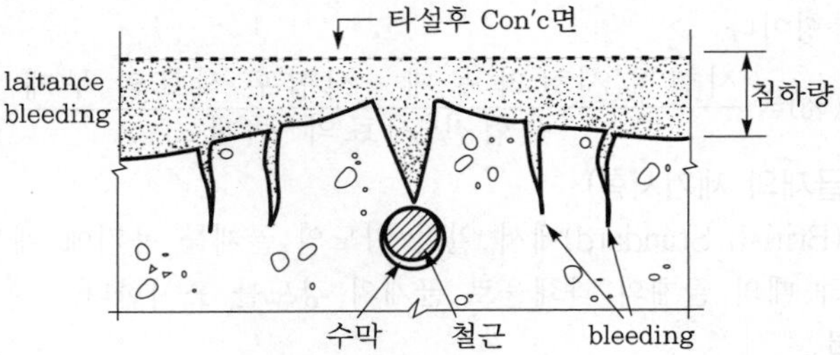

<Bleeding 현상>

5) 염화물시험

① 레미콘에서 교반기를 고속으로 회전시킨후 최초부분을 제외한 나머지 부분 채취

② 시료를 한번 거른후 흡인투과 또는 원심분리하여 채취한 액 또는 Bleeding수를 정제수로 희석한다.

③ 동일 시료액으로 3회 행하고, 시험결과는 질량 %로 소수점 이하 3째자리까지 구한다.

Ⅵ. 타설후 시험

1) Core 채취법

① 타설된 콘크리트에서 시험하고자 하는 부분의 Core를 채취하고, 채취부분은 보수·보강한다.

② 철근이 없는 지점에서 채취한다.

2) Schumidt Hammer법

콘크리트 표면의 타격시 반발의 정도로 강도를 추정한다.

3) 방사선법

X선 또는 γ선을 이용하는 것으로 투과선량에 의해 밀도, 철근의 위치와, 크기, 내부 결함 등을 조사한다.

4) 초음파법(음속법)
물질 중의 전달음의 고유특성을 이용한 것으로서 파동속도로 동탄성계수, 압축강도 추정, 파형으로 균열의 깊이를 측정한다.

5) 진동법
피측정물 공진 때의 동적 특성치에 의해 강도를 추정한다.

6) 인발법
콘크리트에 미리 Bolt를 설치, 인발강도로 콘크리트강도를 추정한다.

7) 철근탐사법
철근의 깊이가 깊은 곳과 철근간격이 좁고, 복배근과 같이 밀실하게 배근된 부재에는 측정하기 어렵다.

Ⅶ. 시험제도의 개선

① 레미콘 공장 실험실 시험에서 현장 시험관계자 입회
② 정부공인 기관의 공신력 증대
③ 현장 실험실 운영의 법적 기준 강화
④ 현장 감독·감리·시공자 인식 전환 필요

Ⅷ. 결론

① 콘크리트 품질은 재료의 타설전 시험이 타설중 및 타설후 시험결과에 큰 영향을 미치며, 품질시험의 목적은 콘크리트의 특성인 내구성, 강도, 수밀성을 적정수준으로 유지하면서 경제적 생산을 도모하는데 있다.
② 소요품질 확보와 원가절감이 될 수 있도록 과학적인 시험방법 및 검사제도가 도입되어야 한다.

22 콘크리트의 압축강도를 공시체로 추정하는 방법

Ⅰ. 개요

① 구조체 콘크리트의 압축강도는 구조물의 내구성을 좌우하는 중요한 사항이므로, 철저한 품질관리 및 시공관리로 설계기준강도 이상이 되도록 해야 한다.

② 압축강도를 추정하는 방법에는 가장 정확한 재령 28일 강도추정법과 7일 강도추정법이 있으나, 현장에서 품질 확인기간이 장기간 소요되므로 조기에 압축강도를 추정할 수 있는 55℃ 온수법과 급속경화 양생법을 사용하기도 한다.

Ⅱ. 압축강도시험 목적

① 구조체 콘크리트의 설계기준강도 확인

② 거푸집을 제거하는 시기의 결정

③ 한중 콘크리트 양생이 끝나는 시기의 결정

Ⅲ. 조기강도 평가방법

1. 분석시험

1) 정의

굳지 않은 콘크리트에서 사용 시멘트량과 사용 수량을 측정하여 물결합재비를 추정하여 콘크리트 강도를 조기에 판정하는 것이다.

2) 특성

① 시험장치 및 기구 간편

② 조작이 간편

③ 시험 소요시간이 짧다.

④ 시험결과 판정 용이

2. 재령 7일 강도추정법

1) 정의

현장에서 제작한 공시체를 20±3℃의 수조에서 7일간 양생하여 구한 7일 강도를 28일 압축강도로 추정하는 방법이다.

2) 관계식(4주간 예상평균 기온이 15℃ 이상일 경우)

① 조강 포틀랜드 시멘트인 경우 : $f_{28} = f_7 + 80\text{MPa}$

② 보통 포틀랜드 시멘트인 경우 : $f_{28} = 1.35 f_7 + 30\text{MPa}$

3. 촉진시험

1) 정의

콘크리트의 경화를 온수·증기·수화열·급결제 등을 이용하여 경화를 촉진시킨후 압축강도시험을 하는 방법이다.

2) 분류

① 55°C 온수양생법 : 굳지 않은 콘크리트에서 채취한 시료를 공시체를 만들어 3시간 동안 상온에서 방치후 55℃ 항온 수조에서 20.5시간 양생한 후 30분간 냉각하여 압축시험을 함으로써 28일 강도를 추정하는 방법이다.

② 급속 경화양생법 : 굳지 않은 콘크리트에서 채취한 시료중에서 일정량의 모르타르에 급결성 약제를 첨가하여 공시체를 제작한 다음 90분간 양생후 압축시험을 하여 강도추정하는 방법이다.

Ⅳ. 공시체 제작요령

① 공시체의 규격은 원주형으로 ϕ100, h200mm 또는 ϕ150, h300mm

② 국내 현장에서는 ϕ100, h200mm의 공시체를 제작·시험한 후 그 값을 보정하여 압축강도 산출

③ 콘크리트는 3회에 걸쳐 부어 넣고, 25번/회 다짐

④ Slump값이 75mm 미만일 때는 진동기 사용

⑤ 상부 단면의 요철은 0.05mm 이내

⑥ 두께 2~3mm 정도의 Capping 실시

⑦ 흙손으로 표면을 고르고 유리 또는 금속판 덮기

⑧ 1회 시험하는 공시체의 수는 3개 이상

Ⅴ. 압축강도 추정방법

1) 재령 28일 강도추정법

① 공시체는 3개 이상 제작함

② 24~48시간 이내 탈형후 수중 양생실시

③ 수중 양생수조의 온도는 20±3℃

④ 시험 24시간 전에 수조에서 공시체를 꺼냄

⑤ 시험장치에 의해 공시체의 압축강도 측정

⑥ 압축강도의 계산

$$f_{cu} = \frac{P(\text{하중})}{\pi\left(\frac{d_1 + d_2}{2}\right)^2}$$

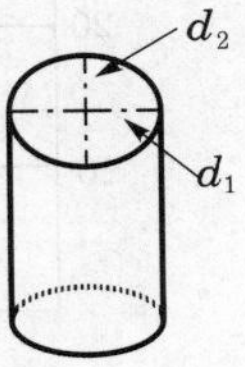

㉠ 3개 이상 시험하여 평균값

㉡ 평균값보다 10% 이상 편차시 무시

㉢ 가장 정확한 압축강도 추정법

2) 재령 7일 강도추정법

① 공시체의 제작, 양생 및 시험방법은 28일 강도추정법과 동일

② 7일 압축강도에 의한 28일 압축강도 추정식

콘크리트 타설후 4주간 예상 평균기온	보통 포틀랜드 시멘트 (MPa)	조강 포틀랜드 시멘트 (MPa)
15℃ 이상	$f_{28}=1.35f_7+30$	$f_{28}=f_7+80$
10~15℃	$f_{28}=1.35f_7+10$	$f_{28}=f_7+65$
5~10℃	$f_{28}=1.35f_7-10$	$f_{28}=f_7+50$
2~5℃	$f_{28}=1.35f_7-20$	$f_{28}=f_7+40$
0~2℃	$f_{28}=1.35f_7-35$	$f_{28}=f_7+20$

여기서, f_{28} : 28일 압축강도, f_7 : 7일 압축강도

3) 55℃ 온수양생법

① 공시체 제작 및 압축강도 시험방법은 28일 압축강도 추정법과 동일

② 상온에서 3시간 방치 후 공시체를 밀폐하여 온수양생 실시

③ 양생방법

양생온도	상온	55±3℃	20±3℃
양생시간	3시간 방치	20.5시간	0.5시간

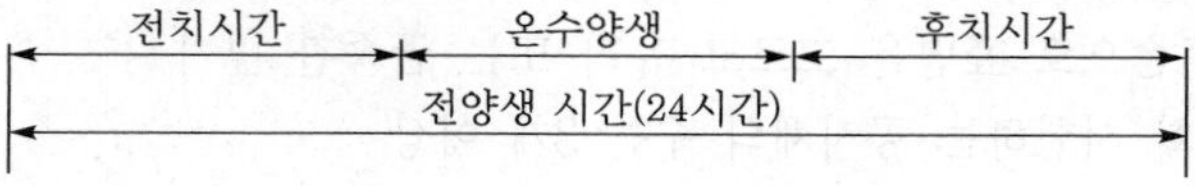

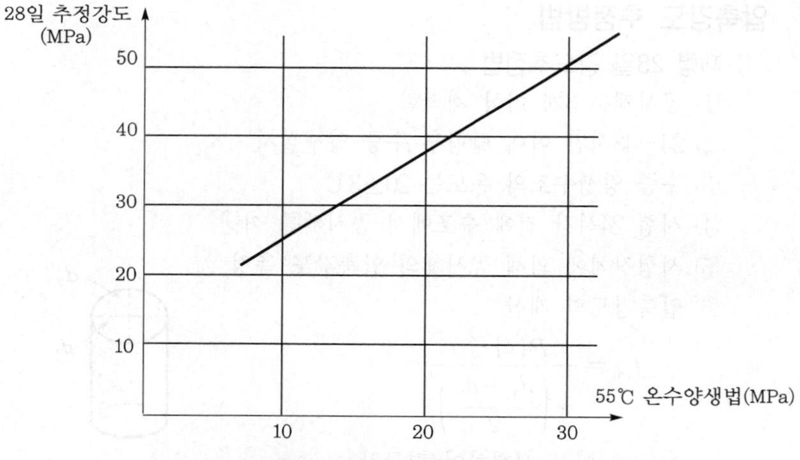

<55℃ 온수양생법과 28일 강도추정법과의 관계>

(4) 급속 경화양생법

① 90분에 공시체의 28일 압축강도를 추정

② 시험방법

㉠ 콘크리트 속에서 모르타르 1,500g을 채취

㉡ 급결제 18g을 첨가한 후 혼합

㉢ 공시체 제작

㉣ 온도 70℃, 습도 100%의 조건에서 90분간 양생
㉤ 공시체의 압축강도시험 실시
③ 압축강도시험치와 미리 정한 추정식에 의해 28일 압축강도 추정

Ⅵ. 공시체의 형상이 강도측정에 미치는 영향

1. 모양 및 크기

1) 공시체 모양
① 원통형 ② 사각기둥
2) 공시체의 크기
① 100mm×200mm ② 150mm×300mm
3) 강도측정에 미치는 영향
① 공시체의 치수가 클수록 강도가 작게 측정
② 원통형 공시체의 지름에 따른 압축강도 변화비

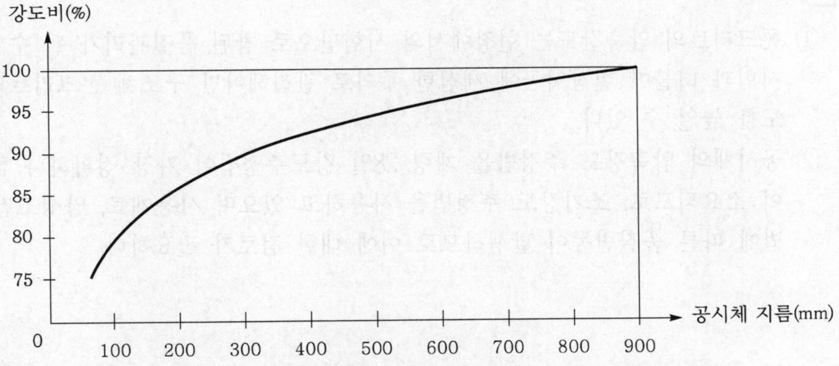

③ 공시체의 높이와 지름의 비가 작을수록 강도가 크게 측정됨
④ 원통형이 아닌 공시체로 압축강도시험을 할 경우 시험값을 표준공시체의 강도로 환산하여야 함

2. 재하방법

① 재하속도가 빠를수록 강도가 크게 측정됨
② 재하속도가 10MPa/sec 이상이 되면 강도가 급격히 크게 측정됨
③ 규정 재하속도는 0.3MPa/sec

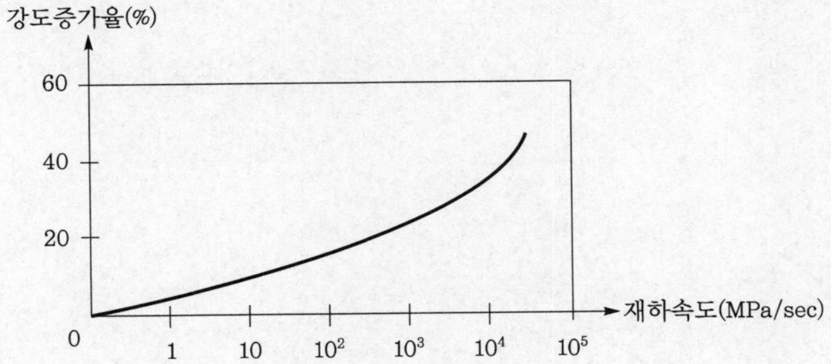

Ⅶ. 압축강도 판정 및 공시체 파괴모형

1) 압축강도 판정

1조(3개)의 시험값이 설계기준강도 이상이 되어야 하고, 공시체 각각의 시험값은 설계기준강도의 85% 이상이어야 한다.

2) 공시체 파괴모형

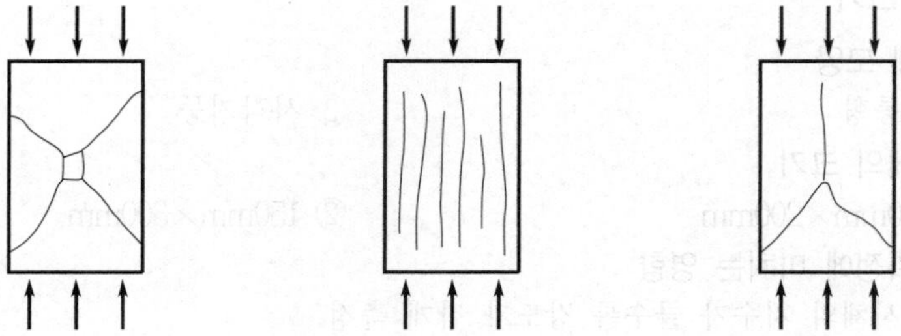

Ⅷ. 결론

① 콘크리트의 압축강도는 현장에서의 시험만으로 참된 품질관리가 될 수 없으므로 시험과 더불어 현장시공에 세심한 주의로 관리해야만 구조체 콘크리트의 압축강도를 높일 수 있다.

② 공시체의 압축강도 추정법을 재령 28일 강도추정법이 가장 정확하나 많은 시간이 소요되므로, 조기강도 추정법을 사용하고 있으며 사용재료, 양생조건, 시험방법에 따른 품질변동이 발생하므로 이에 대한 검토가 필요하다.

23 콘크리트 구조물의 비파괴시험

Ⅰ. 개요

① 비파괴시험이란 콘크리트 구조물의 형상이나 기능을 변화시키지 않고 결함 등을 검출하거나 품질 및 사용여부 등을 판정하는 방법을 말한다.

② 비파괴시험은 기계적, 전기적, 음향적인 방법을 사용하여 콘크리트의 강도 등을 조사한다.

Ⅱ. 필요성

① 압축강도 측정　　② 내구성 진단

③ 균열의 위치 · 깊이 · 폭　　④ 철근의 위치 · 개수

Ⅲ. 경화 Con'c의 시험종류

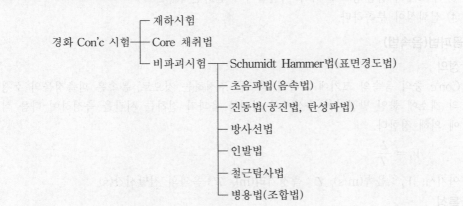

- 경화 Con'c 시험
  - 재하시험
  - Core 채취법
  - 비파괴시험
    - Schumidt Hammer법(표면경도법)
    - 초음파법(음속법)
    - 진동법(공진법, 탄성파법)
    - 방사선법
    - 인발법
    - 철근탐사법
    - 병용법(조합법)

Ⅳ. 비파괴시험

1. Schumidt Hammer법(표면경도법)

1) 정의

① 콘크리트 표면을 타격하여 반발의 정도를 구하는 것으로, 콘크리트 강도를 추정하는 방법이다.

② 추정하는 장치가 소형, 경량으로 조작이 용이하여 광범위하게 사용된다.

2) 시험방법

① **측정위치** : 벽, 기둥, 보 측면

② **측정지점** : 평활한 면, 간격 30mm로 가로 4개, 세로 5개의 교점 20개 측정

3) 유의사항

① Con'c 재령 28일 대상으로 한다.

② 측정면으로서는 균질하고, 평활한 평면부를 고른다.

③ 표면이 칠해져 있는 경우 제거하고 노출시킨다.
④ 타격은 수직면에서 직각으로 행하고 서서히 힘을 가해 타격을 일으킨다.

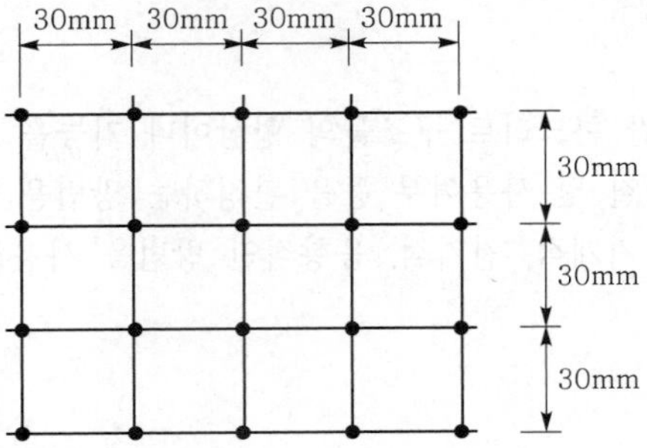

4) 특성
① 구조가 간단하고, 사용이 편리하다.
② 비용이 저렴하다.
③ 구조체의 습윤정도에 따라 시험결과가 달라진다.
④ 신뢰성이 부족하다.

2. 초음파법(음속법)

1) 정의

Con'c 중의 음속의 크기에 의하여 강도를 추정하는 것으로, 음속은 피측정물의 소정의 개소에 붙인 발신자와 수신자의 사이를 음파가 전하는 시간을 측정하여 다음 식에 의해 정한다.

$$V_t = \frac{L}{T}$$

여기서, V_t : 음속(m/s), L : 측정거리(m), T : 음파의 전달시간(s)

2) 특성
① 콘크리트의 내부 강도측정이 가능하다.
② 타설후 6~9시간후 측정이 가능하다.
③ 강도가 작을 경우 오차가 크고, 철근 영향이 크다.
④ 음속 측정장치는 50~100kHz 정도의 초음파를 이용한다.

3) 실용화 위한 표준화 필요
① 음속 측정장치
② Con'c 함수율, 철근 재하응력 등의 영향 파악
③ 강도, 품질 판정기준

3. 진동법(공진법, 탄성파법)
① Con'c 공시체에 공기로 진동을 주어 그 때의 공명 · 진동으로 Con'c 탄성계수를 측정한다.
② Con'c 품질변화, 열화 · 침식 현상을 추적할 수 있다.
③ 전단계수, 포아송비를 구하여 동결여부를 판단한다.

4. 방사선법

① X선 발생장치 또는 방사선 동위원소 CO 등에서 방사되는 X선, γ선을 이용하는 방법이다.

② Con'c에 조사하여 그 투과선량에서 밀도, 철근의 위치와 크기 또는 내부결함 등을 조사한다.

5. 인발법

① 철근과 Con'c의 부착효과를 조사하기 위한 것으로 철근의 종류를 바꾸어 다른 조건을 동일하게 하여 시험하면 철근의 지름이나 표면상태가 미치는 영향을 시험할 수 있다.

② 초기강도 판정에 주로 사용함

③ 구조물의 부착응력에 영향을 주는 요인

㉠ 콘크리트의 피복두께

㉡ 보강철근의 현상이나 철근량

㉢ 주근의 배치방향

㉣ 부재 단면적의 조합(휨모멘트, 전단력, 축력의 상호작용)

㉤ 재하방법

6. 철근탐사법

① 철근탐사법은 전자유도에 의한 병렬공진회로의 진폭 감소를 응용한 것으로 콘크리트 구조물의 철근탐사 등에 쓰인다.

② 주의사항

㉠ 콘크리트의 균질성 판정, 품질변화의 조사

㉡ 측정위치 제한

㉢ 재질에 따른 전파거리 선정필요

7. 병용법(조합법)

① 두 가지 이상의 비파괴검사법을 병용하여 콘크리트 강도를 측정함으로서 정확성을 향상시킨 검사법이다.

② 보통 음속 및 표면 경도법을 조합하여 사용하는 경우가 많다.

Ⅴ. 결론

① 비파괴시험은 콘크리트 구조물의 파손없이 압축강도를 추정함은 물론 내구성 진단, 균열의 위치, 철근의 위치 등을 파악하는데 있어서 중요한 시험이다.

② 비파괴시험은 구조체에 어떠한 해도없이 콘크리트의 강도에 가장 근접해서 강도를 측정하는데 있으나, 현재의 비파괴검사 장비들은 그 정확성이 현장여건에 따라 현격한 차이를 보이고 있으므로 이 부분에 대한 기업체의 기술개발 노력이 필요하다.

24 콘크리트 강도에 영향을 주는 요인

Ⅰ. 개요

① Con'c의 강도에 영향을 주는 요인은 Con'c를 만드는데 소요되는 재료, 배합, 시공, 양생 등이며, 물결합재비와 골재가 제일 중요한 요소이다.

② Con'c의 강도 저하는 내구성 및 수밀성이 나빠지고 구조체에 문제가 발생되므로 Con'c 제조 전 과정에서의 품질개선 노력이 필요하다.

Ⅱ. 요인별 분류

1) 재료

물, 시멘트, 골재, 혼화재료

2) 배합

W/B비, Slump치, 굵은 골재의 최대치수, 잔골재율

3) 시공

운반, 타설, 다짐, 이음, 양생

4) 시험

압축강도, Slump Test 공기량, 염화물 측정

Ⅲ. 강도에 영향을 주는 요인

1. 재료

1) 물

① 물은 기름, 산, 유기불순물 등 콘크리트나 철근에 나쁜 영향을 미치는 물질이 함유되어서는 안 된다.

② 특히 철근콘크리트 공사에서는 해수를 절대 사용해서는 안 된다.

2) 시멘트

① 풍화된 Cement는 사용하지 말아야 한다.

② 강도가 크고 분말도가 적당(2,800~3,200cm^2/g)해야 한다.

③ 콘크리트 강도는 Cement Paste와 골재의 강도가 좌우된다.

3) 골재

① 골재는 강도가 크고 불순물이 함유되지 않아야 한다.

② 골재는 입도, 입형이 고른 것이 좋다.

4) 혼화재료

① 콘크리트의 성질을 개선하고, 또한 Cement의 사용량을 감소시키기 위하여 사용한다.

② 혼화재료로 쓰이는 혼화재는 품질이 확인된 것이 아니면 사용해서는 안 된다.

2. 배합

1) 물결합재비(W/B비)

① 물결합재비는 소요강도와 내구성을 고려하여 정해진다.

② 물결합재비가 커지게 되면 콘크리트의 강도, 내구성, 수밀성이 저하되는 요인이 된다.

2) Slump치

① 레미콘에 의한 운반시 Slump치 저하로 작업성이 불량하여 강도에 영향을 준다.

② Slump치가 커지면 콘크리트의 시공성은 좋아지지만 Bleeding 및 재료분리가 많아진다.

3) 굵은 골재 최대치수(G_{max})

① 철근 Con'c 구조체 시공시 콘크리트의 유동성을 좋게 하기 위해서는 너무 큰 골재의 사용은 피하는 것이 좋다.

② 철근의 간격 및 시공연도가 허용되는 내에서 최대한 큰 골재를 사용한다.

4) 잔골재율

① 잔골재율을 작게하면 Con'c의 강도, 내구성, 수밀성이 향상된다.

② 잔골재율이 커지게 되면 시공성은 향상되나 Bleeding 현상 및 Con'c 재료분리 현상이 많아진다.

3. 시공

1) 계량

① Con'c 재료의 계량은 콘크리트의 강도, 내구성, 수밀성에 영향을 미친다.

② 계량오차는 계량기의 수시 점검으로 정비, 보수함으로써 줄일 수 있으나, 동력오차가 발생하면 정비, 보수가 불가능하므로 사전발생을 억제하는 방안이 필요하다.

2) 비빔

① 콘크리트의 비빔방법은 크게 손비빔과 기계비빔이 있다.

② 손비빔은 효율의 저하로 사용되지 않으며, 콘크리트의 강도, 내구성, 수밀성 증대에는 기계비빔이 유리하다.

3) 운반

① Batcher Plant에서 적재한 Con'c는 재료분리가 발생되지 않도록 운반하여야 한다.

② 콘크리트 비빔 시작부터 부어넣기 종료까지의 시간은 외부 기온이 25℃ 미만의 경우에는 120분, 25℃ 이상일 경우에는 90분을 한도로 한다.

4) 타설

① Con'c 타설 직전의 품질관리검사가 철저히 이루어져야 한다.

② 타설시 Con'c 재료의 중량 차이에 의한 재료분리가 없도록 주의하여 시공한다.

5) 다짐

① 콘크리트의 다짐은 간극을 줄이고, 철근과 Con'c를 완전 밀착시켜 부착강도 및 내구성의 증대를 가져온다.

② 진동기의 간격은 500mm, 사용은 수직으로 사용한다.

6) 이음

① Joint는 Con'c의 건조수축 및 온도변화에 의한 균열을 방지한다.

② 콘크리트 접합부에 Cold Joint가 생기지 않게 한다.

7) 표면 마무리

① Bleeding수의 처리후가 아니면 마무리 해서는 안 된다.

② 마무리후 콘크리트의 경화시 발생하는 균열은 Tamping 또는 재마무리에 의해서 제거한다.

8) 양생

① Con'c 타설후 Con'c의 초기 건조수축에 의한 균열을 방지한다.

② 습윤 양생은 보통 포틀랜드 시멘트를 사용할 경우 15℃ 이상(5일), 10℃ 이상(7일), 5℃ 이상(9일)을 표준으로 한다.

4. 시험

1) 압축강도시험

① 압축시험은 경화한 콘크리트의 각종 시험중에서 가장 중요한 시험이다.

② 철근콘크리트의 구조설계에는 압축강도만 고려되고, 인장강도나 휨강도, 전단강도는 무시, 압축강도로부터 다른 강도의 개략적인 값을 추정할 수 있다.

2) Slump Test

① Slump Test는 Con'c의 반죽질기를 측정하는 시험이다.

② Slump치는 시험 배합을 통해 정해진다.

3) 공기량시험

① 굳지 않는 Con'c 중의 공기량은 콘크리트의 시공연도, 강도, 내구성에 큰 영향을 미친다.

② AE Con'c의 공기량 측정시험은 Con'c의 강도유지, 시공성 확보에 중요한 시험이다.

4) 염화물 측정시험

① 골재는 염화물 함유량 시험방법에 따라 시험하였을 때 0.04% 이하이어야 한다.

② 0.04%를 초과한 것에 대하여는 주문자의 승인을 얻되 그 한도를 0.1% 이하로 하는 것이 원칙이다.

Ⅳ. 결론

① 콘크리트의 강도 저하요인은 불량재료의 사용, 배합설계의 부적정, 시공불량, 형식적인 시험 등의 전 공정에 걸쳐서 발생될 수 있으므로 시공관리에 철저를 기하여야 한다.

② 콘크리트의 강도 증대를 위하여 시공의 합리화와 지속적인 품질관리 노력을 통하여 시공능력을 향상시켜야 한다.

25 콘크리트 구조물의 균열원인 및 방지대책

Ⅰ. 개요

① 콘크리트 구조물의 균열은 재료분리, 건조수축, 탄산화 등 동결융해 등에 의해 발생할 수 있으며 구조상 안전성을 위협하고 마감재를 손상시킬 수 있다.

② 콘크리트의 품질저하를 방지하기 위해서는 설계에서부터 재료, 배합, 타설, 양생에 이르기까지 전 과정에서의 품질확보가 중요하다.

Ⅱ. 콘크리트의 균열종류

1. 굳지 않는(미경화) Con'c의 균열

1) 소성수축균열

① 노출면적이 넓은 Slab에서 타설 직후에 Bleeding 속도보다 증발속도가 빠를 때 발생하는 균열이다.

② 소성수축에 의한 균열은 건조한 바람이나 고온저습한 외기에 노출될 경우 일어나는 급격한 습윤손실로 인한 것이다.

③ 소성수축균열을 방지하기 위해서는 타설 초기의 외기노출을 피해야 한다.

④ 습윤손실을 방지하기 위해서는 안개 Nozzle을 사용하여 콘크리트 표면 위에 살수하거나 덮개를 덮어 보호하는 방법 등이 있다.

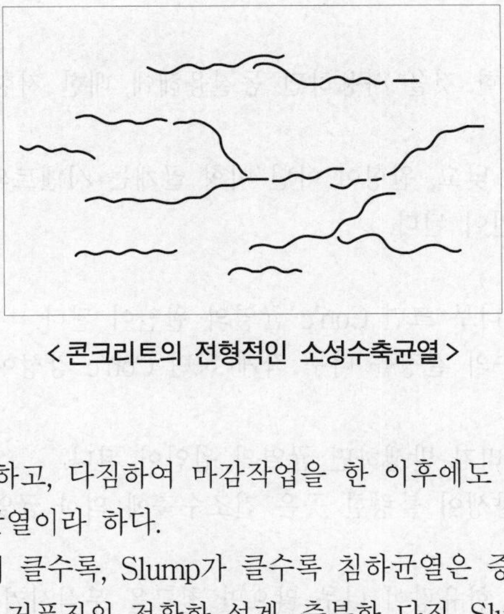

<콘크리트의 전형적인 소성수축균열>

2) 침하균열

① Con'c를 타설하고, 다짐하여 마감작업을 한 이후에도 계속하여 침하하게 되는데 이것을 침하균열이라 하다.

② 철근의 직경이 클수록, Slump가 클수록 침하균열은 증가한다.

③ 방지책으로는 거푸집의 정확한 설계, 충분한 다짐, Slump 최소화 등이 침하균열을 방지한다.

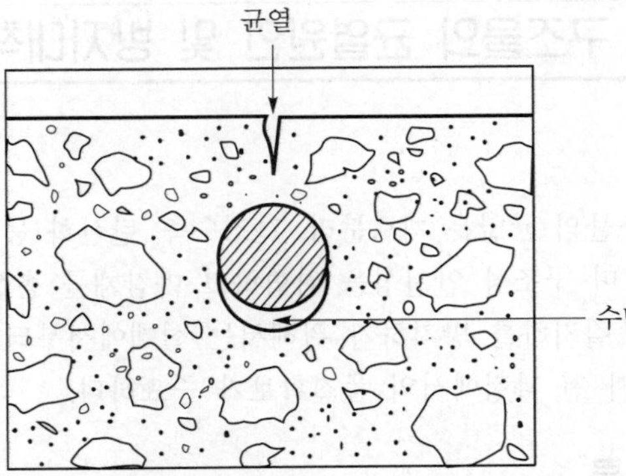

<침하로 인한 균열발생>

2. 굳은(경화) Con'c의 균열

① 건조수축으로 인한 균열
② 열응력에 의한 균열
③ 화학적 반응에 의한 균열
④ 기상작용에 의한 균열
⑤ 철근의 부식으로 인한 균열
⑥ 시공시 과하중으로 인한 균열

Ⅲ. 구조물의 균열원인

1) 재료불량

① 시멘트는 풍화한 것을 사용하면 동결융해에 대한 저항력이 떨어져 균열이 발생한다.

② 골재의 강도가 낮고, 원형이 아닌 이형 골재는 시멘트와의 사이에 간극이 발생하여 균열의 원인이 된다.

2) 배합불량

① 물결합재비가 너무 크면 Con'c 균열의 원인이 된다.

② 굵은 골재 치수의 결정을 너무 작게 하면 Con'c 강성이 떨어져 균열이 발생한다.

3) 시공불량

① 운반시 재료분리가 발생하면 균열의 원인이 된다.

② Con'c의 초기양생이 불량한 곳은 건조수축에 의한 균열이 발생한다.

4) 시험불량

① 레미콘에 염분 함유량이 너무 많으면 철근을 부식시켜 균열을 발생시킨다.

② 콘크리트의 공기량이 너무 많으면 간극을 발생시켜 물이 침투되고, 철근의 부식팽창으로 균열이 발생한다.

5) 염해

염분은 Con'c 내의 철근을 부식시켜 부피가 팽창하게 되어 균열을 일으킨다.

6) 탄산화

① CaO(석회)+$H_2O \xrightarrow{\text{수화반응}}$ $Ca(OH)_2$: 수산화칼슘(강알칼리 성분)

② $Ca(OH)_2$+CO_2(탄산가스) $\xrightarrow{\text{탄산화 반응}}$ $CaCO_3$+H_2O

③ 탄산화반응→수분침투→철근부식

7) 알칼리골재반응(AAR 반응 : Alkali Aggregate Reaction)

골재중의 반응성 물질과 시멘트 중의 알칼리 성분이 반응하여 Gel상(狀)의 불용성 화합물이 생겨 콘크리트가 팽창하여 균열이 발생하는 현상을 알칼리골재반응이라고 한다.

8) 동결융해

① 동절기에 Con'c가 타설하고, 해빙기가 되면 콘크리트 내부의 수분이 녹으면서 표면이 가라앉게 된다. 이것을 동결융해 현상이라고 한다.

② 빙점 이하의 온도에서 콘크리트 타설시 동결하여 균열이 발생한다.

9) 온도변화

① 콘크리트의 두께가 800mm 이상이 되면 구조체 내부와 외부의 온도차에 의한 온도구배가 생겨 균열이 발생한다.

② Precooling, Pipecooling 등의 사전계획이 없는 경우 균열이 발생한다.

10) 건조수축

① Con'c는 타설후 급격한 건조시 수축으로 인한 균열이 발생한다.

② 재료선정시 분말도가 큰 시멘트를 사용할 경우 균열이 발생한다.

11) 설계원인

① 설계미숙으로 인해 Joint를 도면상에 기재하지 않아 이음부 시공이 제외됨으로 해서 균열이 발생한다.

② 구조물의 길이가 길 경우 Expansion Joint를 계획하지 않으므로 해서 수축팽창으로 인한 균열이 발생한다.

Ⅳ. 대책

1) 물

① 물은 청정수를 사용하여야 하며, 불순물이 없어야 한다.

② 음료수 및 지하수를 사용하며, 해수는 사용하지 않는다.

2) 시멘트

① 시멘트는 풍화하지 않도록 저장 및 관리에 철저를 기해야 한다.

② 시멘트는 발열량이 적고, 수화열이 적은 것이 좋다.

3) 염분허용치 준수

① 골재는 염화물 함유량 시험방법에 따라 시험하였을 때 0.04% 이하이어야 한다.

② 0.04%를 초과한 것에 대하여는 주문자의 승인을 얻되 그 한도를 0.1% 이하로 하는 것이 원칙이다.

4) 쇄석사용 억제

① 깬 자갈 속에는 황산염의 함유량이 많으므로 사용을 억제한다.

② 쇄석은 유해물이 많으므로 강자갈을 섞어 세척해서 사용한다.

5) 혼화재 사용

① 유동화제를 사용하여 콘크리트의 유동성을 증가시킴으로 감수효과를 기대할 수 있다.

② 유동성이 증대되면 콘크리트 내의 간극률이 감소하고 물의 침투를 방지할 수 있다.

6) 물결합재비

① 혼화재를 사용하고, 시공성이 확보되는 내에서 물결합재비를 최소화해야 한다.

② 물결합재비가 낮아지면 건조시 침하균열, Bleeding 현상 등에 의한 균열이 작아진다.

7) 골재의 최대치수

① 골재의 최대치수는 철근간격, 시공연도 내에서 최대로 하여야 단위수량이 적어진다.

② 단위수량의 저하로 균열이 방지된다.

8) 잔골재율

① 잔골재율이 작아지면 콘크리트의 단위수량이 감소되어 균열이 방지된다.

② 단위수량이 감소되면 콘크리트의 건조시 Bleeding 현상이 적어져서 재료분리에 의한 균열발생이 적어진다.

9) 운반

① 기온이 높을 때 Mixer Truck에 보온덮개를 덮어 Slump 저하 및 재료분리를 방지한다.

② 장시간 레미콘 운반 또는 대기시 Pump Car Pipe 내의 콘크리트가 재료분리되는 것을 방지해야 한다.

10) 타설

① 수직재의 Con'c의 타설시에는 Slab에 받아 서서히 밀어 넣어야 재료분리가 방지되고, 균열의 발생을 최소화할 수 있다.

② 진동다짐은 시간과 간격을 준수하여 재료분리가 생기지 않도록 한다.

11) 다짐

① 다짐은 진동다짐 기계보다는 손다짐하는 것이 재료분리가 적어 균열이 방지된다.

② 다짐이 과하면 재료분리가 생기고 거푸집 변형이 발생되어 균열발생의 원인이 되므로 주의해야 한다.

12) 이음

① 이음은 Con'c의 균열을 억제 또는 유도한다.

② 이음의 설계는 매우 중요하므로 설계시 면밀한 검토가 필요하다.

13) 양생

① 초기 건조수축에 의한 균열방지를 위하여는 양생을 철저히 하여야 한다.

② 초기 양생기간이 경과한 후에도 습윤양생을 실시한다.

14) 시험

시공 전·중·후에 걸쳐서 시험을 철저히 시행하여야 하며, 강도, Slump, 염화물 함유량, 공기량, bleeding 등은 레미콘의 현장도착시 품질확인을 위하여 중요한 시험들이다.

15) 동결융해

① 빙점 이하에서는 콘크리트를 타설하지 않는다.

② 겨울중 불가피하게 Con'c 타설시는 양생설비를 준비하여 시공에 철저를 기하여야 한다.

16) 온도변화

① 콘크리트의 두께가 두꺼운 경우 온도구배에 의한 온도균열이 발생한다.

② 방지책으로 Precooling, Pipecooling 등의 양생법이 있다.

17) 건조수축

① Con'c는 타설후 일광으로 인한 급격한 수분증발을 방지한다.

② 재료 선정시 분말도가 작은 중용열 Portland Cement를 사용한다.

18) 기계적 작용

① Con'c 양생중에 기계적인 진동, 충격 등을 방지해야 한다.

② 타설후 7일간은 충격을 주지 않는다.

Ⅴ. 균열의 유형

1) Slab 균열

① 콘크리트의 경화 및 건조수축에 의한 균열

② 주위의 구속상태에 따라 여러 형태의 균열발생

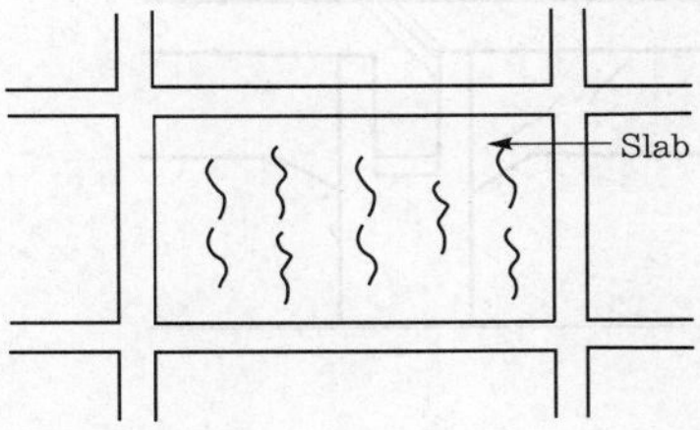

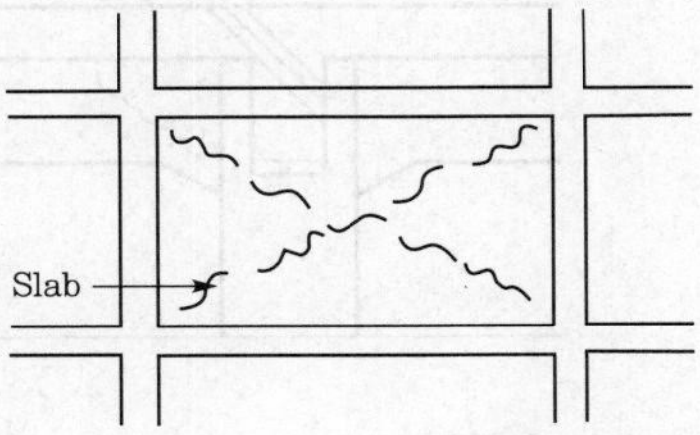

2) 보 및 벽체 침하균열

① 급속한 타설에 의해 균열발생

② 상부 Slab에는 곰보 발생 가능성이 높음

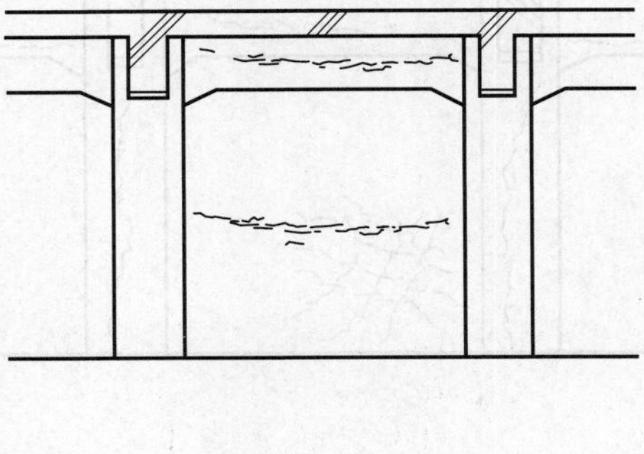

3) 동바리 조기 해체

① 거푸집 및 동바리의 조기 해체시 발생

② 외력에 의해 발생하는 균열과 동일하게 발생

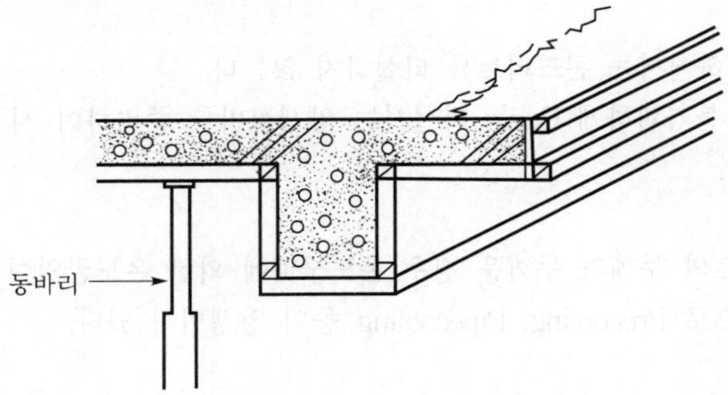

4) 보의 휨균열

주근의 철근량 부족 또는 단면 부족으로 발생

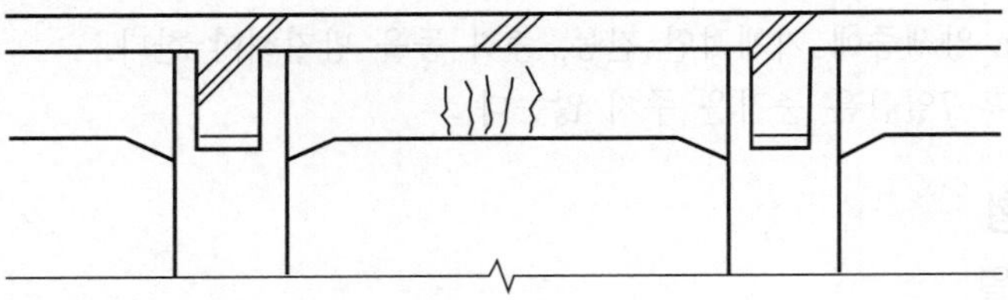

5) 보의 전단균열

스터럽근의 부족 또는 단면 부족으로 발생

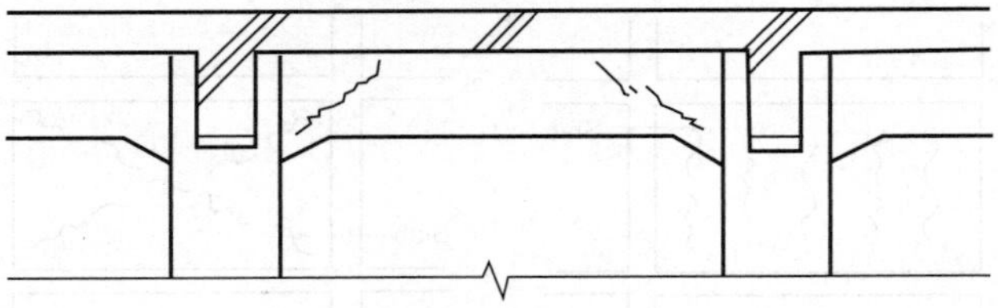

6) 알칼리골재반응

① 기둥, 보 부위는 축방향으로 균열발생

② 벽은 마구 갈라지는 형으로 균열발생

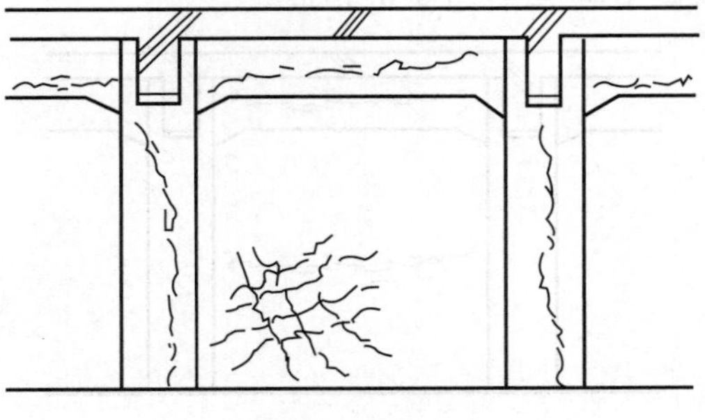

7) 온도 및 습도의 차이

부재 내·외부의 온도 및 습도 차이에 의해 내측으로부터 균열발생

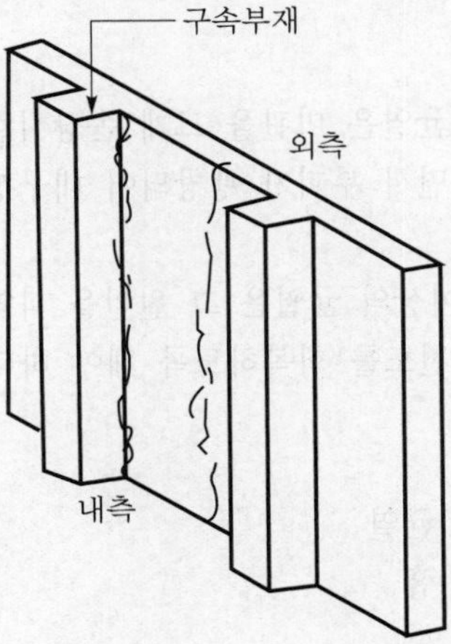

8) 온도 및 습도의 변화

① 팔자형 균열 ② 역팔자형 균열

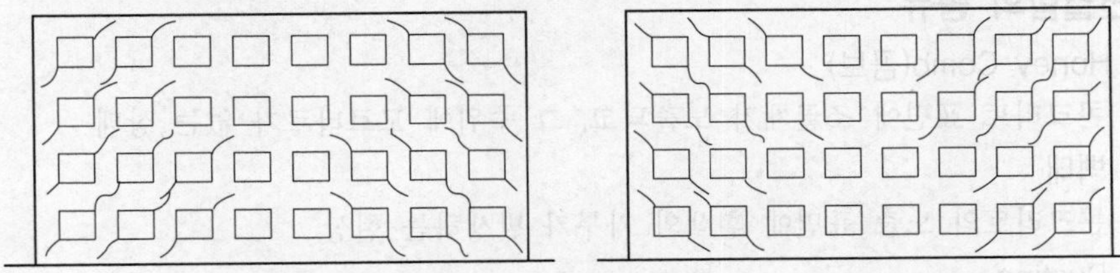

(a) 고온, 다습에 의해 팽창 (b) 저온, 건조에 의해 수축

Ⅵ. 결론

① 콘크리트의 타설후 초기 건조수축에 의한 균열이 전체 Con'c의 품질을 좌우하는 중요한 요소가 되므로 Con'c 타설후 초기 균열방지를 위해 충분한 양생을 실시하여야 된다.

② 양질의 콘크리트를 얻기 위해서는 재료, 배합, 시공 등을 통한 철저한 품질확보 노력이 필요하며, 고강도, 고내구성, 고수밀성 및 시공성을 갖춘 콘크리트의 개발이 중요하다.

26 콘크리트 구조물의 균열보수 및 보강대책

Ⅰ. 개요

① 구조물에 발생하는 균열은 미관을 크게 손상시킬 뿐만 아니라 내부 철근이 습기에 노출되어 부식하면서 부피가 팽창되어 내구성 및 안전성에 큰 영향을 미치게 된다.

② 일정한 폭(0.2mm) 이상의 균열은 그 원인을 파악하여 적절한 보수·보강 공법을 선정하고 내력과 안전도를 회복하도록 해야 하다.

Ⅱ. 균열원인

① 과다 하중으로 인한 균열
② 시공불량 및 양생 미흡
③ 레미콘의 품질저하
④ Con'c의 건조수축에 의한 균열

Ⅲ. 표면결함의 종류

1) Honey Comb(곰보)
콘크리트 표면에 조골재가 노출되고, 그 주위에 모르타르가 없는 상태

2) 백태
콘크리트의 노출 표면에 흰색의 가루가 발생하는 현상

3) Dusting
① 콘크리트 표면이 먼지와 같이 부서지고, 먼지의 흔적이 표면에 남아 있는 현상
② 콘크리트의 껍질이 벗겨지는 현상

4) Air Pocket(기포)
① 수직이나 경사진 콘크리트의 표면에 10mm 이하의 구멍이 발생하는 현상
② 콘크리트가 조금씩 파여 보임

5) 얼룩 및 색차이
콘크리트 표면에 거푸집 조임철물 등에 의한 녹물이 흘러내리는 현상

6) Cold Joint
① 콘크리트 표면에 길게 불규칙한 선이 발생
② 콘크리트 간의 접착 불량

Ⅳ. 보수·보강대책

1) 표면처리 공법
① 균열이 발생한 부위에 Cement Paste 등으로 도막을 형성하는 공법이다.
② 균열의 폭이 좁고 경미한 잔 균열발생시 적용한다.

2) 충진 공법(V－cut)

① 균열의 폭이 작고(약 0.3mm 이하) 주입이 곤란한 경우 균열의 상태에 따라 폭 및 깊이가 10mm정도 되게 V－cut, U－cut을 한다.

② 잘라낸 면을 청소한 후 팽창 모르타르 또는 Epoxy 수지를 충진하는 공법이다.

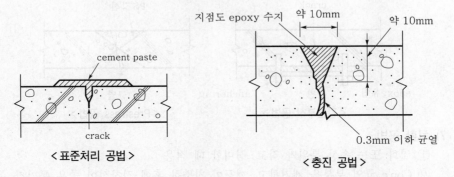

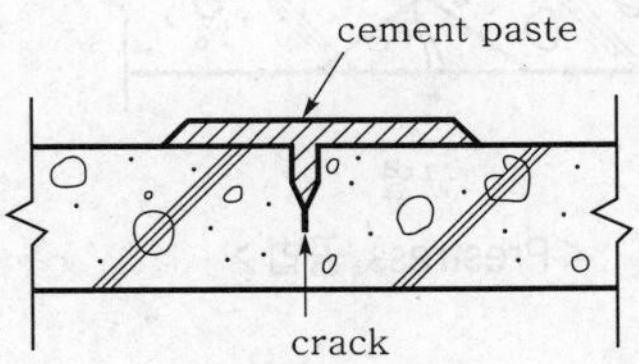

<표준처리 공법>

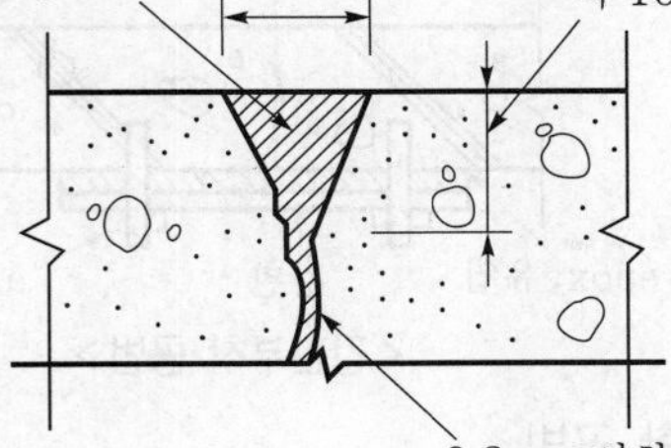

<충진 공법>

3) 주입 공법

① 에폭시 수지 그라우팅 공법이라고 한다.

② 균열의 표면뿐만 아니라 내부까지 충진시키는 공법이다.

③ 두꺼운 Con'c 벽체나 균열 폭이 넓은 곳에 적용한다.

④ 균열선에 따라 주입용 Pipe를 100~300mm 간격으로 설치한다.

⑤ 주입 재료로는 저점성의 Epoxy 수지를 사용한다.

4) 강재 Anchor 공법

① 꺽쇠형의 Anchor체로 보강하는 공법이다.

② 균열이 더 이상 진행되는 것을 방지한다.

③ 틈새는 시멘트 모르타르로 충진한다.

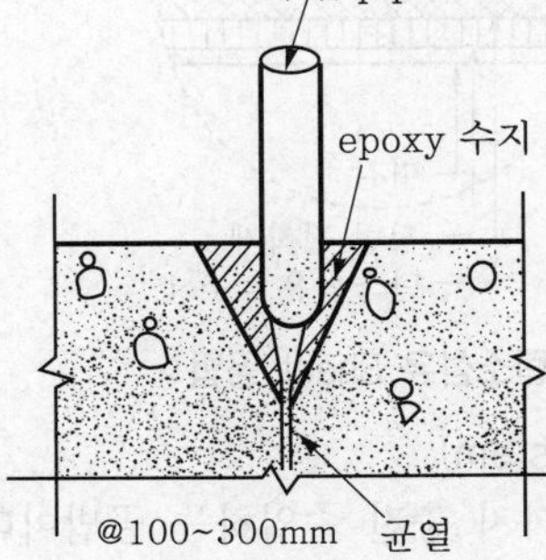

<주입 공법>

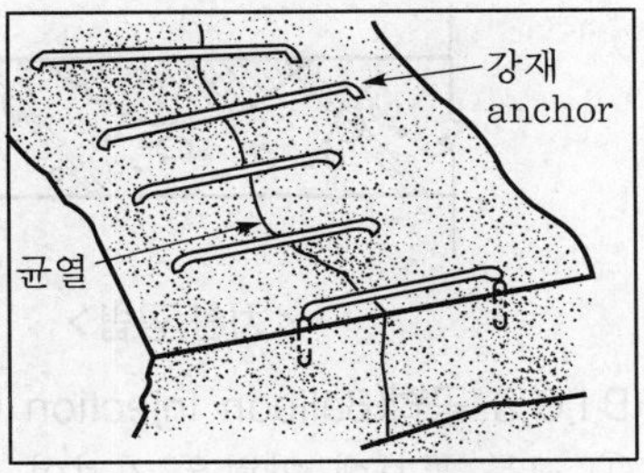

<강재 Anchor 공법>

5) 강판부착 공법

① 부재 치수가 작은 구조의 보강 공법이다.

② 균열 부위에 강판을 대고 Anchor로 고정한 후 접촉 부위를 Epoxy 수지로 접착한다.

6) Prestress 공법
① 균열의 깊이가 깊고 구조체가 절단될 염려가 있는 경우에 적용한다.
② 구조체의 균열방향에 직각되게 PS 강선을 넣어 주입 공법 등과 병행하여 사용한다.
③ 부재의 외부에 설치한다.

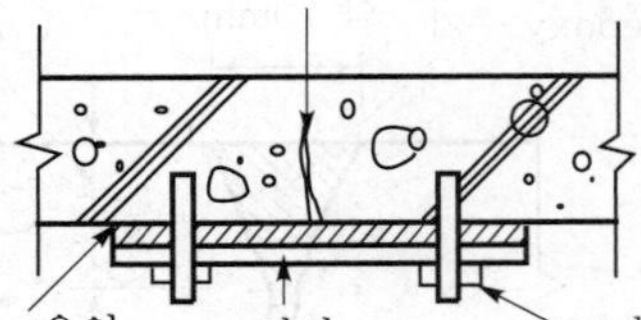

<강판부착 공법>

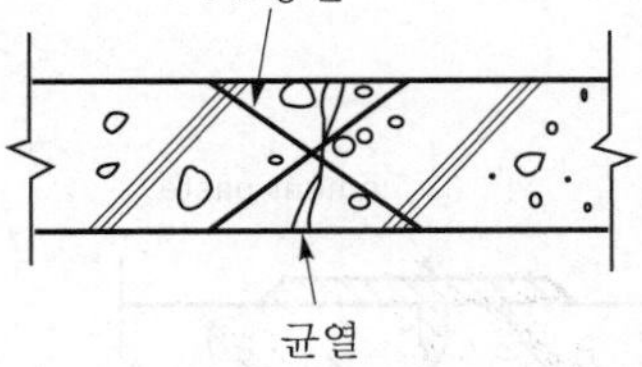

<Prestress 공법>

7) 치환 공법
① 열화 또는 손상 부위가 작고, 경미할 때 적용
② Con'c 균열 부분을 제거하고, 깨끗이 청소한 후에 접착성이 좋은 무기질, 유기질 접착제를 이용하여 치환한다.

8) 탄소섬유 Sheet 공법
① 강화섬유 Sheet인 탄소섬유 Sheet를 접착제로 콘크리트 표면에 접착시켜 보강하는 공법
② 시공의 편리, 복잡한 형상의 구조물에 적용 가능하다.
③ 초벌 및 정벌 Epoxy 접착제의 충분한 접착효과가 필요하다.

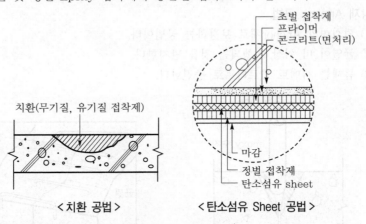

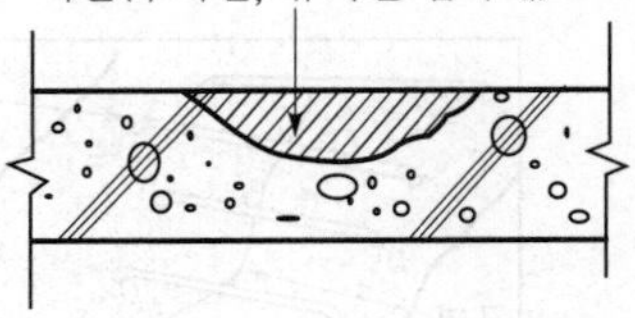

<치환 공법>

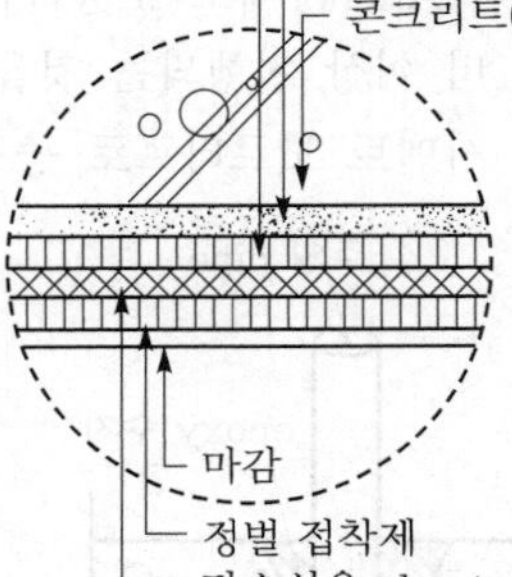

<탄소섬유 Sheet 공법>

9) B.I.G.S 공법(Balloon Injection Grouting System)
① 고무 튜브에 압력을 가하여 균열 심층부까지 충진 주입하는 공법이다.
② 균일한 압력관리가 용이하다.

Ⅴ. 보수 후 검사확인

1) 육안검사
① 균열 내부의 주입재료에 대한 확인이 곤란하다.
② 육안으로 외부상태의 확인이 가능하다.

2) Core 채취

① 주입 공법에 의한 접착강도를 확인한다.

② 압축강도시험을 할 수 있다.

3) 비파괴검사

① 방사선법, 초음파법, 전자파법 등이 있다.

② 구조체의 손상없이 내부상태를 파악한다.

Ⅵ. 결론

① 콘크리트의 균열원인은 다양하고 복합적인 이유에 의해 발생되기 때문에 Con'c 특성상 완전히 없앨 수는 없으나, 설계에서 유지보수까지의 전 공정을 통한 품질 확보 노력이 필요하다.

② 구조물의 균열로 인하여 누수 및 오염이 진행되기 시작했을 경우는 적절한 보수·보강 공법을 채택하여 균열의 진행을 억제하고 구조체의 안전성 및 미관을 회복해야 할 것이다.

27 콘크리트의 내구성 저하원인 및 방지대책(열화의 원인 및 대책)

Ⅰ. 개요

① Con'c 구조물의 내구성이란 성능변화요인 및 외력에 대한 저항성을 말하며, 압축강도 · 수밀성과 함께 Con'c의 역학적 · 기능적 성질을 보유하게 되는 매우 중요한 성능이다.

② Con'c의 열화원인으로는 염해, 탄산화, 알칼리골재반응, 동결융해 등이 있으며, 방지대책으로는 강도가 크고, 유기불순물이 포함되지 않은 재료의 사용이 중요하다.

Ⅱ. 내구성 평가

1) 내구성 평가요인

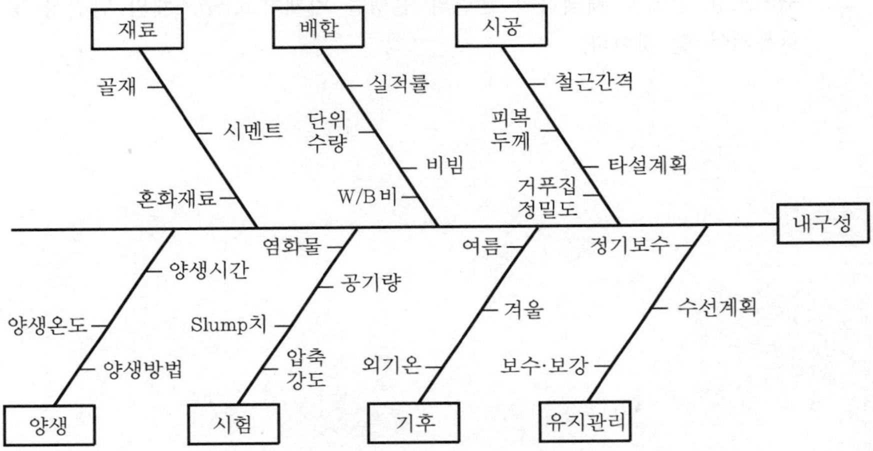

2) 물결합재비와 내구성

① 물결합재비가 낮을수록 콘크리트의 내구성 증가

② 피복두께가 클수록 콘크 리트의 내구성 증가

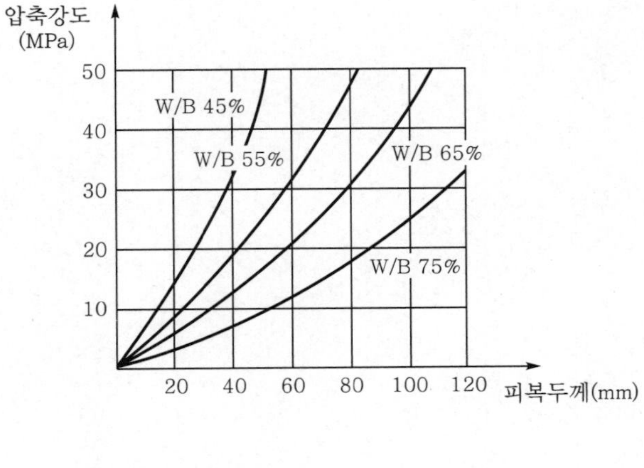

Ⅲ. 내구성 저하원인

1. 물리·화학적 작용

1) 염해

① 염해란 Con'c 중에 염화물이 침투하여 철근을 부식함으로써 Con'c 구조물에 손상을 입히는 현상을 말한다.

② 양질의 Con'c는 철근 표면에 알칼리성의 부동태막을 형성하여 강재를 부식으로부터 보호한다.

2) 탄산화

① 탄산화란 공기중의 탄산가스 및 산성비로 인하여 콘크리트의 수산화칼슘(강알칼리)이 탄산칼슘(약알칼리)으로 변화되는 일련의 현상을 말한다.

② 탄산가스의 농도가 높을수록, 습도가 낮을수록, 온도가 높을수록 Con'c의 탄산화는 빨라진다.

3) 알칼리골재반응(AAR : Alkali Aggregate Reaction)

① 알칼리골재반응이란 Con'c 중의 수산화 알칼리와 골재중의 알칼리 반응성 광물(silica, 황산염)과의 사이에 일어나는 화학반응을 말한다.

② 알칼리골재반응은 알칼리 실리카반응, 알칼리탄산염 반응, 알칼리 실리게이트반응의 3종류로 분류되고 있다.

2. 기상작용

1) 동결융해

① Con'c가 함유하고 있는 동결팽창(9%) 할 수 있는 양의 수분이 Con'c 사이를 이동하게 되고, 이 때 발생된 수압으로 인해 Con'c가 파괴되는 현상을 말한다.

② Con'c의 초기 동해에 대한 저항은 강도, 함수량, 연행 공기량, 기포의 크기와 분포에 따라 다르나, 일반적으로 압축강도가 4MPa 이상이 되면 동해는 발생되지 않는다.

2) 온도변화

① 양생하는 동안 급격한 온도변화, 특히 갑작스런 냉각은 표면에 균열을 발생시켜 내구성을 저하시킨다.

② 가열양생을 했을 경우나 온도제어양생을 하였을 경우에 양생이 끝나고, Con'c가 온도변화에 적응하지 못하고 균열이 발생하게 되는데 이것을 온도균열이라고 한다.

3) 건조수축

① Con'c 타설후 Con'c 중의 수분이 증발하면서 건조수축이 일어난다.

② Bleeding 현상으로 인하여 Con'c의 내구성을 저하시키는 건조수축이 발생한다.

3. 기계적 작용

1) 진동·충격

① Con'c 타설후 5일 동안은 작업하중, 충격 · 진동 등을 방지해야 한다.

② Con'c 양생 중의 진동 · 충격은 내구성 저하의 요인이 된다.

2) 마모·파손

① Con'c의 재령이 경과한 후에도 과적재 하중은 피해야 한다.

② 구조체 자중이 많이 걸리는 곳에서 과중량의 기계 적재는 구조체의 붕괴에 원인이 되므로 주의해야 한다.

3) 설계상 원인

① 복잡한 설계와 과감한 Design 등이 구조적으로 내구성을 저하시키는 요인이 된다.

② 균열방지 및 유도용 Joint의 미설계로 Con'c의 내구성을 저하시킨다.

4) 시공상 원인

① 현장에서 Con'c 타설시 가수는 내구성 저하원인이 된다.

② 시험배합을 거치지 않은 혼화제를 사용한 경우 오히려 내구성 저하원인이 되기도 한다.

Ⅳ. 방지대책

1. 재료

1) 물

① 물은 기름, 산, 유기불순물, 혼탁물 등 Con'c나 강재의 품질에 나쁜 영향을 미치는 물질의 유해량을 함유해서는 안 된다.

② 지하수는 유해 함유량 검사를 거친후 사용한다.

2) 골재

① 굵은 골재는 깨끗하고, 내구적이고, 유기물질을 함유해서는 안 되며, 특히 내화적이어야 한다.

② 잔골재는 적정한 입도를 가져야 하며, 먼지·흙 등의 유해량은 함유해서는 안 된다.

3) Cement

① 시멘트의 성질은 수분에 접하면 경화하기 시작하는데, 이 때 발생되는 수화열을 감소시키는 저열 포틀랜드 시멘트를 사용한다.

② 중용열 Portland Cement는 조강 포틀랜드 시멘트보다 Con'c의 강도를 향상시킨다.

4) 혼화재료

① 혼화재료는 Cement, 물, 골재와 함께 결합되어 Con'c의 성질을 개선하거나 특별한 품질을 부여하기 위한 재료이다.

② 혼화재료를 유효적절히 첨가하면 Con'c의 시공성 확보는 물론 내구성도 향상된다.

2. 배합

① 물결합재비를 감소시킨다.

② Slump치를 작게 한다.

3. 시공

① 가수행위를 방지한다.

② 다짐 및 초기 양생을 철저히 한다.

4. 물리·화학적 작용방지

1) 염해방지

① Con'c 중의 염소 이온량을 적게 하고, 밀실한 Con'c로 시공한다.

② 철근의 피복두께를 충분히 하여 염분침투를 방지한다.

③ 철근은 수지 도장하고, Con'c면은 합성수지 도장처리하여야 염해피해를 감소시킬 수 있다.

2) 탄산화방지

① AE제나 AE 감수제 등의 혼화제를 사용하면 탄산화에 대한 저항성이 향상된다.

② 타일·돌붙임 등을 양호하게 시공하면 탄산화를 지연시키는 데 유효하다.

3) 알칼리골재반응방지

① 알칼리골재반응성 물질이 적은 골재를 사용한다.

② 저알칼리형의 Portland Cement를 사용한다.

4) 화학적 침식방지

① 무기산이나 황산염에 대하여는 적당한 보호공을 시공할 필요가 있다.

② 내황산염 Portland Cement, 중용열 포틀랜드 시멘트, 고로 Cement, Fly Ash Cement 등은 해수에 대한 내구성이 있다.

5) 고압전류방지

① Con'c가 건조하여 있을 때에는 전류가 통하기 어려우며, 전식에 의한 피해도 적다.

② 전식이란 고압전류가 Con'c로부터 철근으로 흐르게 되면 철근에 가까운 Con'c 부분부터 연화되어 부착강도가 떨어지게 된다.

5. 기상적 작용방지

1) 동결융해방지

① AE제 또는 AE 감수제를 사용함으로써 적정량(조골재의 최대치수에 따라 3~6% 정도)의 Entrained Air를 연행시켜 경화속도는 빨라지고 염해는 방지되는 효과를 가져올 수 있다.

② Entrained Air의 기포는 Con'c 경화후에도 물로 충만되지 않고 동결시 이동수분의 피난처가 된다.

2) 온도변화방지

① 온도변화에 의한 내구성 저하를 방지하기 위하여는 내부 온도의 증가를 줄이고, 냉각시점을 지연시키므로써 냉각속도를 제어할 수 있다.

② Precooling과 Pipecooling 등을 사전에 계획한다.

3) 건조수축방지

① 골재의 크기를 크게 하고, 입도가 양호한 골재를 사용한다.

② 수축 이음의 적절한 배치는 Con'c의 건조수축을 억제하고, 내구성 저하에 따른 균열발생을 제어한다.

6. 기계적 작용방지

1) 진동·충격

① Con'c 타설후 일정기간 동안은 일체의 충격요소를 배제한다.

② 양생중의 현장내 출입을 철저히 통제할 필요가 있다.

2) 마모·파손

① 마모·파손에 대한 저항성을 높이기 위해서는 물결합재비가 적은 배합으로 하여야 한다.

② 충분한 습윤양생을 하여 압축강도를 증대시킨다.

7. 기타

1) 소성수축균열방지

① 소성수축 균열을 방지하기 위해서는 타설초기에서 외기로부터 노출되지 않도록 보호하는 것이 중요하다.

② 습윤손실을 방지하기 위하여 Con'c 표면은 습윤살수 보양한다.

2) 침하균열방지

① 침하균열을 방지하는 방안으로는 거푸집의 정확한 설계 및 충분한 다짐을 위한 시간계획이 필요하다.

② Con'c의 Slump를 최소화하고, Con'c의 피복두께가 증가하으로써 침하균열을 감소시킬 수 있다.

3) 철근의 부식방지

① 흡수성이 낮은 Con'c를 사용하고, Con'c의 피복두께를 늘린다.

② 철근은 코팅하여 사용하고, Con'c는 혼화제를 사용하여 수밀성을 확보한다.

4) 시공불량방지

① 양생기간을 충분히 하여 건조수축을 방지한다.

② 거푸집 및 동바리는 타설후 충분한 시간을 주어야 하며, 충분한 다짐 및 Cold Joint를 방지해야 한다.

5) 과하중방지

Con'c 구조물의 시공중 유발되는 하중은 실제 사용 하중보다 클 수 있으므로 별도의 설계와 계획의 수립이 필요하다.

6) 설계불량방지

① 부재의 각이 진 코너부분에는 모따기계획이 필요하다.

② 구조물의 기초설계의 잘못은 부동침하의 원인이 되므로 유의해야 한다.

Ⅴ. 결론

① 구조물의 완성후 정기적인 점검과 성능저하의 진행상황을 정확히 진단하고 조기에 적절한 보수·보강을 행하여 품질저하의 진행을 방지해야 한다.

② 고내구성의 Con'c 개발과 고성능 감수제의 활용으로 내구성, 수밀성, 강도를 증대시켜 내구성 저하원인을 미연에 방지한다.

28 해사(海砂) 사용에 따른 염해대책

Ⅰ. 개요

① 염해란 콘크리트 중에 염화물(CaCl)이 철근을 부식시킴으로써 Con'c 구조체에 손상을 입히는 현상을 말한다.

② 염해에 대한 피해를 줄이기 위해서는 배합수, 골재, 시멘트 등에 대한 철저한 품질시험이 필요하며, 현장에서도 염도측정을 통한 지속적인 관리가 필요하다.

③ 염분으로부터 철근의 부동태피막 보호가 생명이다.

Ⅱ. 염분함유량 규제치

① 골재는 염화물 함유량 시험방법에 따라 시험하였을 때 0.02% 이하이어야 한다.

② 0.02%를 초과한 것에 대하여는 주문자의 승인을 얻되 그 한도는 0.1% 이하로 하는 것이 원칙이다.

Ⅲ. 염해 발생 Mechanism

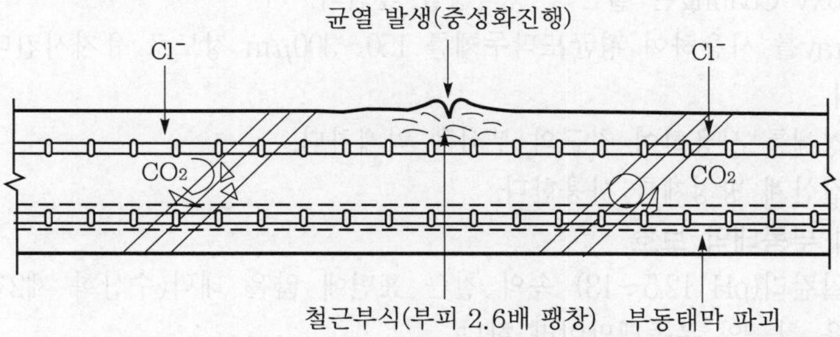

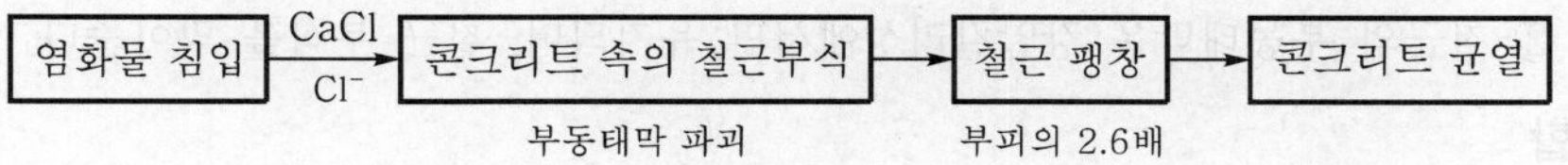

Ⅳ. 염해의 문제점

① 강도저하

② Con'c의 열화

③ 균열

④ 내구성 저하

Ⅴ. 염해대책

1. 재료

1) 청정수

① 물은 깨끗하고 유해량의 기름, 산, 알칼리, 유기불순물 등을 포함해서는 안 된다.

② 마실 수 있는 정도면 좋고, 염도측정을 실시해서 허용치 이하가 되어야 한다.

2) 중용열 Portland Cement

① 중용열 Portland Cement는 경화의 진행속도가 느리나 장기강도가 크다.

② 염해에 대한 저항성이 크다.

3) 해사의 염분 함유량 준수

① 해사를 쓰는 것은 골재의 부족현상으로 어쩔 수 없는 현실이나 골재의 염분 함유량은 허용치 이하여야 한다.

② 강우, 살수 및 하천 모래를 혼합하여 염분 함유량을 감소시킨다.

4) AE제

① AE제를 사용하여 Con'c의 강도, 내구성, 수밀성을 증대시킨다.

② 강도, 내구성, 수밀성 등이 좋아지면 염해에 대한 저항력이 높아진다.

2. 철근 부식 대책

1) 아연도금

① 철근 아연도금은 염해에 대한 저항력이 높다.

② 철근의 염화물 이온반응을 억제한다.

2) Epoxy Coating

① Epoxy Coating은 철근의 방식성을 높인다.

② Spray를 사용하여 평균도막두께를 150~300μm 정도로 유지시킨다.

3) 방청제

① 방청제를 사용하여 철근의 부식을 억제한다.

② 아질산계 방청제를 사용한다.

4) 철근의 부동태막 보호

① 강알칼리(pH 12.5~13) 속의 철근 표면에 얇은 태막(수산화 제2철)이 형성되는 것을 철근의 부동태막이라 한다.

② 철근의 부동태막은 강알칼리성에서만 유지되며, 철근 부식을 막아준다.

3. 배합

1) 물결합재비 감소

① 물결합재비가 작아지면 강도, 내구성, 수밀성이 좋아진다.

② Con'c의 강도, 내구성, 수밀성이 커지게 되면 염해에 대한 저항성이 높아진다.

2) Slump치

Slump치는 염해에 대해 직접적인 영향은 없으나 Slump치가 작아지게 되면 Con'c의 강도, 내구성, 수밀성이 좋아지게 되고 염해에 대한 저항성이 향상된다.

3) 굵은 골재 최대치수

① 굵은 골재 최대치수를 크게 하여 강도, 내구성, 수밀성을 높인다.

② 콘크리트의 강도가 높아지면 염해에 대한 저항성도 높아지게 되는 것이다.

4) 잔골재율

① 잔골재율이 작아지게 되면 Con'c의 강도가 좋아진다.

② 강도, 내구성, 수밀성이 좋아지므로 염해에 대한 저항력이 커지게 된다.

4. 시공

1) 콘크리트 표면 Coating

① 제물치장 Con'c로 할 수 있으며, 방수 및 방청성을 높인다.

② Con'c 표면에 도막방수 등을 실시한다.

2) 피복두께

① 시공시 Spacer를 설치하여 피복두께를 유지한다.

② 균일한 피복두께를 유지하는 것은 철근의 부식 및 염해방지의 효과가 있다.

3) 다짐철저

① 다짐을 철저히 하고, 간극률을 작게 하여 철근 Con'c의 강성을 높인다.

② 철근 Con'c의 강성은 염해에 대한 저항력을 증대시킨다.

4) 초기 양생

① Con'c의 초기 양생은 균열을 방지하여 염분의 침투를 막는다.

② 철근의 부동태막을 보호하며 염해에 대한 부식을 방지한다.

5. 염분 제거방법

1) 자연 강우

① 자연 강우에 의한 염분제거는 장시간 방치시 효과가 크다.

② 강우량이 많은 계절을 택하는 것이 효과적이다.

2) Sprinkler 살수

① 골재 $1m^3$에 대하여 6회 정도 살수한다.

② 염분 농도의 측정후 유해량을 초과할 경우 재살수를 실시한다.

3) 하천 모래와 혼합

① 바다모래를 Sprinkler로 살수한 후 강모래와 혼합한다.

② 바다모래를 사용할 때는 유해량을 염분 함유량이 규정치 이하라고 하더라도 안전을 고려하여 강모래와 섞어 사용한다.

4) 제염제 사용

제염제는 고가이므로 경제적인 면을 고려하여 선택한다.

5) 준설선에서 세척

준설선에서 끌어올려 맑은 물로 여러 번 세척한다.

6) 제염 플랜트에서 세척

① 모래 체적의 1/2 이상의 담수를 사용하여 세척한다.

② 세척물의 염분으로 환경문제가 야기된다.

Ⅴ. 염분함유량측정법

1) 질산은측정법

① 실험실에서 실시되는 시험방법으로 KS에 규정된 시험법이다.

② 질산은측정법은 전문지식이 필요하고, 번거로운 점은 있으나 정확한 값을 얻을 수 있어 실험실에 의한 검사법으로 많이 적용된다.

③ Bleeding수를 취하여 여과지에 통과시켜 깨끗한 정제수를 만든 후 갈색 피펫에 정제수를 넣어 갈색비커에 한 방울씩 떨어뜨려 비커 속의 약품색이 담황색으로 변할 때를 기준으로 염분함유량을 측정한다.

2) 이온전극법

① 간이시험방법으로서 측정시간은 보통 10분 이내로 레미콘의 현장시험 등 신속한 결과가 요구되는 곳에 많이 사용되고 있다.

② 측정시 표준액(0.1%와 0.5%)과 정제수로 염도조정을 실시한 후 본시험을 실시한다.

③ 모래의 경우 500g 시료에서 물 : 모래=1 : 1 중량비율로 혼합하여 NaCl를 측정하며, 모래의 건조중량의 0.04% 이하가 되어야 한다.

④ 콘크리트의 경우 모르타르만 취하여 Cl^-를 측정하며, 콘크리트의 체적으로 $0.3kg/m^3$ 이하여야 한다.

3) 시험지법(quantab법)

① 시험지를 이용한 간이 측정법으로 조작방법이 간단하여 현장에서 누구나 측정할 수 있다.

② 모세관의 흡인현상으로 블리딩 수를 빨아들여 중크롬산(다갈색)과 염소이온을 반응케 하여 백색의 산화물을 생성시켜 백색이 변색한 부분의 길이로 염소이온 농도를 측정하는 방법이다.

Ⅵ. 결론

① 해사의 사용은 강모래의 품귀현상으로 인해 어쩔수 없는 현실이 되었으며 이제는 해사를 사용하되 콘크리트에 영향을 주지않는 범위까지 품질을 확보할 수 있느냐 가 중요한 문제이다.

② 해사는 효율성이 좋은 제염장치 및 염도측정기의 개발이 필요하며, 산지에서 현장까지의 재료관리는 허용 염분함유량 이하로 유지하여야 한다.

29 콘크리트의 탄산화요인 및 대책

Ⅰ. 개요

① Con'c의 화학적 작용으로 인하여 공기중의 탄산가스가 콘크리트의 수산화칼슘과 반응하여, 강알칼리성의 Con'c가 약알칼리화되는 현상을 탄산화라 한다.

② 탄산화를 방지하기 위하여 Con'c의 강도, 내구성, 수밀성을 증대시키고, 환경적으로 탄산화될 수 있는 요인을 제거하여야 한다.

Ⅱ. 탄산화이론

1) 정의

탄산화란 공기중의 탄산가스가 콘크리트 중의 수산화칼슘과 화학반응하여 서서히 탄산칼슘으로 되면서 콘크리트의 알칼리성을 상실하는 것이다.

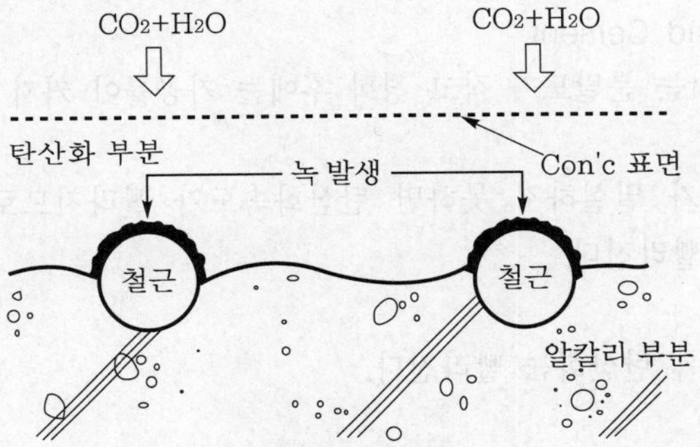

<탄산화>

2) 화학식

$Ca(OH)_2 + CO_2 \rightarrow CaCO_3 + H_2O$(약알칼리화 : pH 8~9.5)

3) Con'c 탄산화

철근 부식으로 팽창 → Con'c 균열발생 → Con'c 열화 → 내구성 저하

4) 탄산화 시험방법

① Con'c 표면의 피복을 깎고 청소

② 페놀프탈레인 1%에 에탄올 용액을 섞어 분사 살포

③ pH 8.2~10인 알칼리 부분 : 홍색 > 8.2

④ 탄산화 부분 : 무색 < 8.2

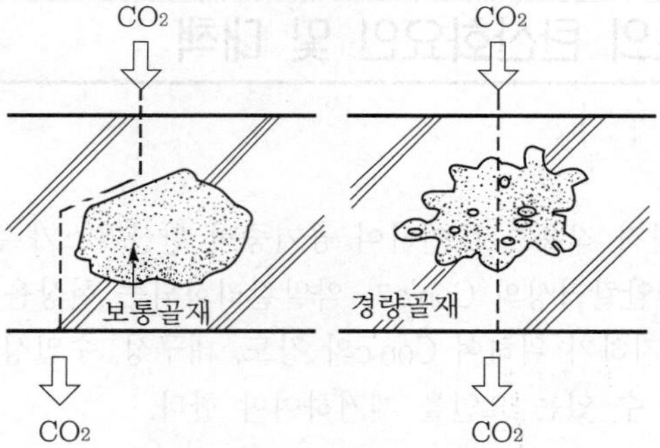

<탄산화 시험방법>

Ⅲ. 탄산화요인

1) 탄산가스의 농도

탄산가스의 농도가 짙을수록 탄산화속도는 빨라진다.

2) 중용열 Portland Cement

중용열 Cement는 분말도가 작고 경화 후에는 가공률이 커져 탄산화속도가 빨라진다.

3) 물결합재비

Cement Paste가 밀실하지 못하면 탄산화속도가 빨라지므로 물결합재비가 높으면 탄산화속도가 빨라진다.

4) 습도

습도가 낮을수록 탄산화는 빨라진다.

5) 경량골재

경량골재는 골재자체의 간극이 크고, 투수성이 크므로 일반 콘크리트보다 탄산화 속도가 빠르다.

6) 온도

온도가 높을수록 탄산화가 빨라진다.

7) 혼합 시멘트

① 혼합 시멘트는 수화에 의해 발생하는 수산화칼슘의 양이 적다.

② Silica 또는 Fly Ash 등의 가용성 규산염은 Pozzolan 반응으로 결합하기 때문에 탄산화속도가 보통 Portland Cement보다 빠르다.

8) 실내의 탄산화

① 실내의 탄산화속도가 실외 탄산화속도보다 빠르다.

② 공기중의 CO_2가 침입하여 탄산화가 촉진된다.

9) 산성비

산성비의 pH가 산성에 가까울수록 탄산화가 빠르다.

10) 재령

단기 재령일수록 탄산화가 빠르고, 장기 재령일수록 늦다.

Ⅳ. 탄산화대책

1) 혼화제 사용

AE제나 AE 감수제 등의 혼화제를 사용함으로써 콘크리트의 수밀성을 증대시켜 탄산화에 대한 저항이 향상된다.

2) 타일 및 돌붙임 마감

타일 및 돌붙임 등의 마감공사가 양호하면 탄산화를 지연시키는 데 유효하다.

3) 피복두께 두껍게

피복 두께를 두껍게 하면 산성비의 침투가 불리해져 탄산화를 지연시킨다.

4) 콘크리트면 균일

콘크리트면이 균일하지 못하면 국부적으로 탄산화가 빨리 일어나므로 균일시공토로 품질관리를 철저히 해야 한다.

5) 미장 위 Paint 마감

제치장 Con'c 보다는 모르타르 공사 후 Paint 마감 한쪽이 훨씬 탄산화의 속도를 지연시키는데 유효하다.

6) 장기 재령 유지

단기 재령시는 탄산화속도가 빠르고, 장기 재령시는 탄산화반응이 늦다.

7) 기공률

기공률이 적고 입도분포가 좋아 유해물질이 없는 골재를 사용하면 탄산화에 대한 저항성을 높일 수 있다.

8) 부재의 단면

부재의 단면이 클수록 탄산화속도가 늦어진다.

9) 단위수량 감소

물결합재비와 단위수량은 최소화하여 배합설계하는 것이 탄산화에 대한 저항력을 커지게 한다.

10) Bleeding 방지

Bleeding 현상은 물결합재비를 작게 함으로써 최소화할 수 있다.

11) 다짐 및 양생

다짐을 충분히 하고, 양생을 철저히 하여야 탄산화가 늦어진다.

12) Joint 방지

이음 개소는 가급적 적게 시공해야 수밀성이 좋아져 탄산화를 최소화할 수 있다.

13) 탄산가스(CO_2 gas)

탄산가스의 영향에 영향을 받지 않도록 주위환경을 개선한다.

14) 습도 및 온도

습도는 높고, 온도가 낮을수록 탄산화가 감소한다.

Ⅴ. 문제점

① Con'c 품질에 대한 자세 미정립
② 품질보증에 대한 제도적 장치부족
③ 품질에 대한 인식결여
④ 기능공 숙련도 저하

Ⅵ. 개선대책

① 품질에 대한 인식의 전환
② 품질 및 기술경쟁력 확보 여건 조성
③ 품질보증체계 확립
④ 건설자재 품질향상

Ⅶ. 결론

① 탄산화를 방지하기 위해서는 고강도 Con'c 생산에 필요한 기술의 확대 및 전 작업공정을 통한 품질개선 노력이 필요하다.
② 고강도, 고내구성, 고수밀성의 Con'c를 현실화·일반화하여 건설현장에 투입하게 되면 탄산화에 대한 저항력이 증대된다.

30 콘크리트 알칼리골재반응

Ⅰ. 개요

① 알칼리골재반응(Alkali-aggregate Reaction)이란 시멘트 중의 알칼리금속(Na와 K) 성분과 골재중의 실리카(SiO_2)가 물속에서 장기간 반응하여 규산소다(규산칼슘)을 만들고, 이때 팽창압에 의해 콘크리트에 균열을 발생시키는 현상을 말한다.

② 알칼리골재반응에 대응하기 위해서는 골재는 쇄석이 아닌 실리카 성분이 적은 강자갈을 사용하고, 시멘트는 저알칼리형을 사용하며, 콘크리트 구조체는 습기를 방지하여 항상 건조상태를 유지해야 한다.

Ⅱ. 알칼리골재반응의 종류

① 알칼리 실리카반응
② 알칼리 탄산염반응
③ 알칼리 실리게이트반응

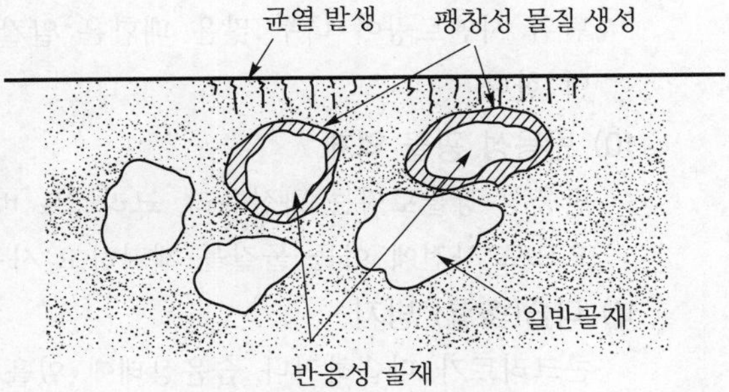

<알칼리골재반응>

Ⅲ. 알칼리골재반응의 영향

① 콘크리트 부재의 뒤틀림, 단차, 국부파괴가 유발된다.
② 콘크리트의 피복두께가 두꺼울수록 알칼리성 반응에 의한 균열은 커진다.
③ 콘크리트 중 골재의 주변이 팽창하여 균열을 발생시킨다.
④ 비에 젖은 부분은 반응 정도가 크다.
⑤ 균열부에서 백화현상이 발생하여 미관을 해친다.

Ⅳ. 방지대책

1) 골재

알칼리골재반응에 대하여 무해하다고 판정된 골재를 사용해야 하므로, 쇄석이 아닌 강자갈을 사용한다.

2) 저알칼리형 시멘트

저알칼리형의 포틀랜드 시멘트(Na_2O 당량 0.6% 이하)를 사용한다.

3) 알칼리 총량 제한

콘크리트 $1m^3$당의 알칼리 총량을 Na_2O 당량 3.0kg 이하로 한다.

4) 방수성 마감

방수성 마감을 철저히 하면 알칼리골재반응을 감소시킬 수 있다.

5) Pozzolan

알칼리골재반응은 고로 슬래그, 플라이애시, 실리카퓸 등의 Pozzolan의 사용으로 감소되는 효과가 있다.

6) 제치장 콘크리트의 억제

알칼리골재반응은 수분이나 습기의 영향을 많이 받으므로 제치장 콘크리트보다는 외부마감을 한 경우가 유리하다.

7) 수분의 이동방지

콘크리트 중의 수분이동은 알칼리골재반응을 촉진시키므로 구조체의 수밀성을 높이는 공법의 채택이 중요하다.

8) 알칼리 공급원 억제

알칼리 공급원으로는 쇄석(깬자갈)에 부착된 실리카와 해사에 부착된 염분(NaCl 등) 등이 있으며, 이를 억제하기 위해서는 강자갈의 공급이 필요하다.

9) 단위 시멘트량 최소

단위 시멘트량이 너무 많은 배합은 알칼리골재반응에 대해 불리하므로 최소화하여야 한다.

10) 반응성 광물 억제

반응성 광물로써는 화산유리, 크리스트 바라이트, 트리미 마이트, 오팔, 석영 등이 있으므로 사전에 이들 물질을 제거하고 사용해야 한다.

11) 다습(多濕) 방지

콘크리트가 다습하거나 습윤상태에 있을 때 알칼리골재반응이 증가되므로 항상 건조상태를 유지하여야 한다.

12) 수산화 알칼리의 억제

콘크리트의 세공용액 중의 수산화 알칼리와 골재중의 실리카 광물이 반응하여 알칼리 골재반응을 일으키므로 수산화 알칼리 성분이 적은 시멘트의 사용이 필요하다.

13) 화학적 안전성

콘크리트는 어떠한 화학적 작용에 대해서도 안전성을 확보하여야 한다.

Ⅴ. 결론

① 알칼리골재반응이 진행되면 균열, Gel의 석출, 부재의 엇갈림 및 이동 등이 생기고 무근콘크리트의 경우는 거북이 등모양의 균열, 철근콘크리트에서는 주근방향으로 균열이 발생되므로 사전준비 단계에서의 철저한 시공관리가 필요하다.

② 알칼리골재반응을 방지하기 위해서는 Pozzolan 및 고성능 감수제를 이용한 고강도 콘크리트의 시공이 필요하며 이렇게 되면 콘크리트 중의 수분이동 및 Gal층 형성을 방지할 수 있다.

31 콘크리트의 건조수축 발생요인 및 방지대책

Ⅰ. 개요

① 콘크리트가 외부와 접하면서 건조하기 시작하여 건조된 외부가 수축하게 되는데, 내부는 수분함유로 수축하지 않아 외부 수축작용을 구속하여 외부 표면에 인장응력을 발생시켜 균열을 일으키게 된다.

② 건조수축의 발생요인으로는 재령의 미확보, 단위수량, 분말도, 표면장력, 초기 경화의 속도 등이 있을 수 있으며, 이러한 요인을 개선하기 위해서는 배합설계시부터 개선대책이 필요하다.

Ⅱ. 건조수축에 영향을 미치는 요인

① Cement의 성분 및 분말도
② 골재의 형태, 크기 및 흡수율
③ W/B비, 함수비, 단위수량
④ 혼화재료의 유무 및 종류
⑤ 배합성분
⑥ 양생방법
⑦ 부재의 크기

Ⅲ. 건조수축 진행속도

건조수축의 진행속도는 영향인자에 따라 다르며, 또한 환경조건에 따라 다르게 나타난다.

1) Carlson의 실험

① 시험조건 : 상대습도 50%, 노출 콘크리트
② 사용골재 : Sandstone(비중 2.47, 흡수율 5%)
③ 양생초기에는 콘크리트의 건조가 급격히 진행되나 시간이 흐를수록 진행속도가 느림

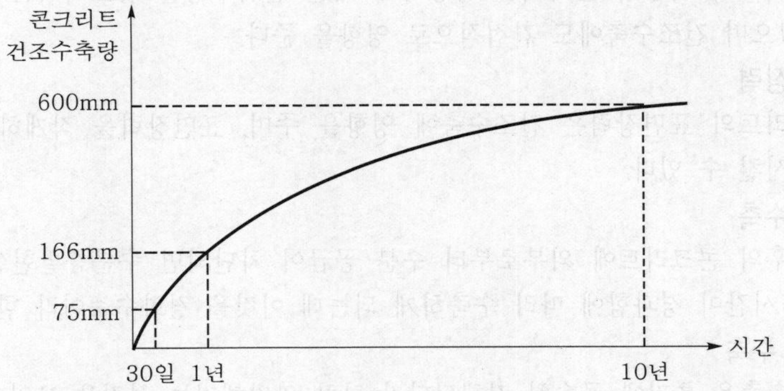

2) 건조시 콘크리트에 발생하는 응력
① 콘크리트의 수축력
② 주변 기타설된 콘크리트 및 지반의 구속력
③ 콘크리트의 탄성계수
④ 콘크리트의 Creep와 응력이완

Ⅳ. 건조수축의 문제점

① 단위수량이 클수록
② 배합설계시 굵은 골재량의 감소
③ 단위수량의 증가
④ 수축 이음 미설치
⑤ 철근 배치시 시공 미흡

Ⅴ. 발생요인

1) 다공체(多孔體)
콘크리트는 다공체이므로 표면이 건조하게 되면 수축이 일어난다.

2) 모세관 장력(張力)
콘크리트가 건조하게 되면 내부의 유리수가 증발하게 되고, 그 곳을 채우려는 모세관 장력의 발생으로 건조수축이 일어나게 된다.

3) 재령
두 개의 콘크리트 체가 내부응력의 크기가 같다고 하였을 때 콘크리트의 재령기간에 따라 건조수축에 영향을 미치게 된다.

4) 초기 경화체
경화 초기의 콘크리트는 수축응력은 적지만 강도가 낮기 때문에 변형응력이 커지게 되는 것이다.

5) 단위수량
단위수량이 같으면 물결합재비, 단위 시멘트량에 관계없이 수축량이 같아진다.

6) 혼화제
콘크리트의 시공시 혼화제를 사용하게 되면 단위수량을 감소시키는 효과를 기대할 수 있으며 건조수축에도 간접적으로 영향을 준다.

7) 표면장력
콘크리트의 표면장력은 건조수축에 영향을 주며, 표면장력을 작게하면 건조수축을 감소시킬 수 있다.

8) 경화수축
양생후의 콘크리트에 외부로부터 수분 공급이 차단되면 수분증발현상이 없는 경우에도 시간이 경과함에 따라 수축하게 되는데 이것을 경화수축이라 한다.

9) 초기 수축
건조수축은 초기에 급속히 진행되다가 차차 완만해지는 성질을 보인다.

10) 분말도

분말도가 높을수록 건조수축은 상대적으로 증대된다.

Ⅵ. 방지대책

1) 수축 저감제

건조시 발생하는 수축을 감소시키는 효과를 가진 혼화제로서 적정량을 사용하게 되면 건조수축을 방지할 수 있다.

2) 콘크리트의 팽창성

건조수축을 감소시키기 위해서는 콘크리트에 팽창성을 부여하고 물의 물리적 특성을 변화시키는 유기계 혼화제를 사용하여야 한다.

3) 수축저감 콘크리트

수축저감 콘크리트란 경화후 건조수축량을 감소시키는 콘크리트로서 사용량의 증가에 따라 효과도 비례한다.

4) Cement Paste

건조수축은 주로 시멘트 페이스트의 수축에 의한 것이기 때문에 Cement Paste의 양을 가능한 적게 하면 건조수축의 양을 감소시킬 수 있다.

5) 석고량 증대

석고는 콘크리트의 건조수축을 감소시키는 성질이 있어 사용량을 증가하면 수축량이 감소한다.

6) 중용열 및 플라이 애시 시멘트

중용열 포틀랜드 시멘트 및 플라이 애시 시멘트의 수축률은 다른 시멘트에 비해 상대적으로 낮다.

7) 골재의 수축률 감소

콘크리트의 구성재료 중 골재의 수축률을 작게 하고 탄성계수는 크게 하며, 골재량을 많도록 하면 건조수축을 줄일 수 있다.

8) 암석의 종류

연산암 · 점판암 등을 이용한 콘크리트는 건조수축이 크고, 석영 · 석회암 · 화강암 등을 사용한 콘크리트는 건조수축이 작다.

9) 해사 사용 금지

해사를 사용한 콘크리트는 건조수축이 증대되므로 제염장치 등의 염분 저감대책이 필요하다.

10) AE제 · 감수제

단위수량을 감소시키기 때문에 간접적인 효과로 건조수축을 감소시킨다.

11) 단위수량 감소

단위수량은 콘크리트의 건조수축에 큰 영향을 주므로 배합시 적절한 설계가 필요하다.

12) 습도 증대

습도가 작을수록 수축은 급속히 진행되므로 양생시 높은 습도의 유지가 필요하다.

13) 단면치수 증대

콘크리트의 단면치수를 크게하면 건조수축의 양을 감소시킬 수 있다.

14) 콘크리트의 구속

콘크리트 구조체가 구속되지 않을 경우 건조수축에 의한 균열은 전혀 발생되지 않는다.

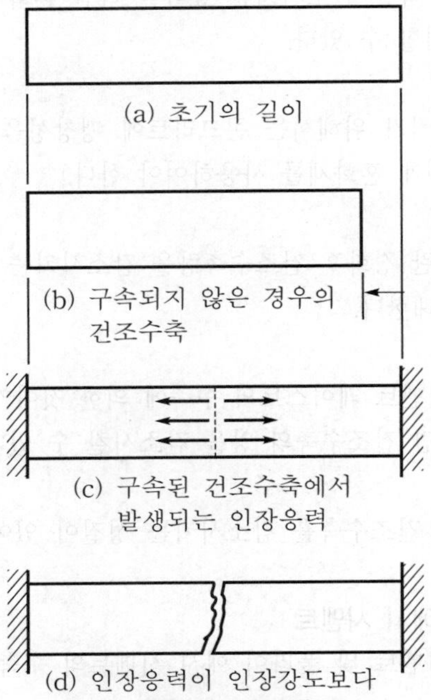

<건조수축으로 인한 균열발생과정>

15) 골재

콘크리트의 구성재료중 골재는 건조수축을 억제하므로 그 양을 증대시킬 필요가 있다.

16) 증기양생

습윤양생은 건조수축에 큰 영향을 미치지 않으므로 증기양생으로 하는 것이 건조수축의 감소에 효과적이다.

Ⅶ. 결론

① 건조수축은 콘크리트 표면에 균열을 발생시키게 하는 원인으로서 콘크리트가 지속적으로 변화되어 감에 따라 균열의 폭이 넓어져 철근을 부식시키게 되며 이 때의 팽창력으로 균열이 가속화 되어 결국에는 구조체의 사용여부가 불투명하게 되는 결과를 초래하게 되는 것이다.

② 건조수축은 재료의 선택, 배합설계, 시공 등의 전 과정을 통한 품질관리가 필요하며 특히 양생을 철저히 시행하게 되면 감소될 것이다.

32 콘크리트의 성질

Ⅰ. 개요

① 콘크리트의 성질은 미경화 Con'c 성질과 경화 Con'c 성질로 구분할 수 있으며, 미경화 Con'c의 성질에는 시공성, 반죽질기, 성형성, 마감성 등이 있으며, 경화 Con'c의 성질에는 압축강도, Creep, 내구성, 체적변화 등이 있다.

② 콘크리트의 성질을 만족시키기 위해서는 재료의 선정, 배합설계, 시공 등의 철저한 품질 확보 노력이 필요하다.

Ⅱ. 굳지 않은(미경화) 콘크리트의 성질

1) Workability(시공성)

균일하고 밀실한 콘크리트를 치기 위해서는 운반에서 타설까지의 공정에서 재료분리의 발생없이 적정한 시공성을 확보해야 하는데 이 작업성에 관련한 Con'c의 성질을 Workability라 한다.

2) Consistency(반죽질기)

① 반죽질기는 일반적으로 단위수량의 다소에 의한 Con'c에 연도를 표시한 것이다.

② 반죽질기는 Con'c의 전단저항과 유동속도에 관계된다.

③ 콘크리트의 반죽질기는 Workability를 나타내는 지표가 되기도 한다.

3) Plasticity(성형성)

거푸집을 제거하면 천천히 형상이 변하기는 하지만 허물어지거나 재료분리가 생기지 않는 Con'c의 성질을 Plasticity라 한다.

4) Finishability(마감성)

굵은 골재 최대치수, 잔골재율, 잔골재의 입도, 반죽질기 등에 의해 마무리하기 쉬운 정도는 나타내는 굳지 않은 Con'c의 성질을 말한다.

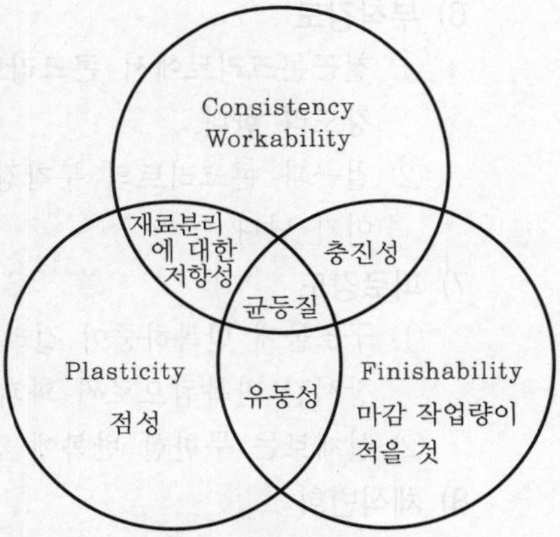

<아직 굳지 않은 콘크리트의 제성질의 관계>

5) Compactibility(다짐성)

① 다짐이 용이한 정도를 나타낸다.

② 혼화재료의 사용은 다짐성을 좋게 한다.

6) Mobility(유동성)

① Con'c의 유동의 정도를 나타낸다.

② 유동화제의 사용은 Con'c의 유동성 및 시공성을 향상시킨다.

7) Viscosity(점성)

① Con'c 내에 마찰저항(전단응력)이 일어나는 성질을 말한다.

② Con'c의 찰진 정도를 나타낸다.

Ⅲ. 굳은(경화) Con'c의 성질

1) 탄성변형
① Con'c가 외력의 작용에 의해 탄성범위내에서 생기는 변형, 즉 물체에 생긴 변형도가 탄성한도를 넘지 않는 상태에서 일어난 변형을 말한다.
② 물체에 하중이 가해져 응력을 발생시키고, 변형이 일어날 때 탄성한도 이하의 하중을 0으로 하면 변형은 제거된다. 이와 같은 성질의 변형을 말한다.

2) 압축강도
① 콘크리트의 강도라고 하면 압축강도를 의미한다.
② 물결합재의 영향이 크며, 재령 28일 강도를 사용한다.

3) 인장강도
① 압축강도의 1/10~1/13 정도이다.
② 인장시험에서 시험편이 절단될 때까지 인장하중을 평행부의 단면적으로 나눈 값이다.

4) 휨강도
① 휨 Moment가 가해진 때의 강도를 말한다.
② 압축강도 1/5~1/8 정도이다.

5) 전단강도
① 전단력에 의한 저항 강도
② Con'c 재료에 가할 수 있는 최대의 전단력을 원래의 단면적으로 나눈 값이다.

6) 부착강도
① 철근콘크리트에서 콘크리트 속에 묻힌 철근이 빠져나갈 때의 견디는 힘을 부착강도라 한다.
② 철근과 콘크리트의 부착강도는 철근의 모양이나 콘크리트의 품질 등에 의해 차이가 난다.

7) 피로강도
① 구조물에 반복하중이 걸리면 이 반복하중에 의한 응력이 재료의 항복점 이하에서 장시간 반복됨으로써 파괴되는 현상을 '피로파괴'라 한다.
② 실제로는 무한한 반복에 견딜 수 있는 응력의 극한 값을 '피로한도'라 한다.

8) 체적변화
① 수분의 변화에 대한 체적변화가 발생한다.
② 온도변화에 대한 체적변화가 발생한다.
Con'c의 열팽창계수$=1\times10^{-6}$/℃

9) 내구성
① Con'c가 파손, 노후, 부식, 균열, 마모됨이 없이 그 사용년한이 길게 유지될 수 있게 하는 성질을 말한다.
② Con'c가 큰 내구성을 갖게 하려면 W/B비가 적어야 하며, 굵은 골재 치수를 크게 하고, 잔골재율은 작게 하여야 한다.

10) Creep

① 콘크리트에 일정한 하중을 장시간 재하하게 되면 하중의 증가없이도 Con'c의 변형은 증가하게 되는데, 이것을 Creep라 한다.

② Creep가 증가하는 경우

㉠ 경과시간이 길수록 ㉡ 건조상태일 때

㉢ 초기재령에서 재하시

③ 대책

㉠ 양질 재료 사용 ㉡ 물결합재비 적게

㉢ 초기양생 철저 ㉣ 응력집중 방지

㉤ 거푸집 제거시기 준수

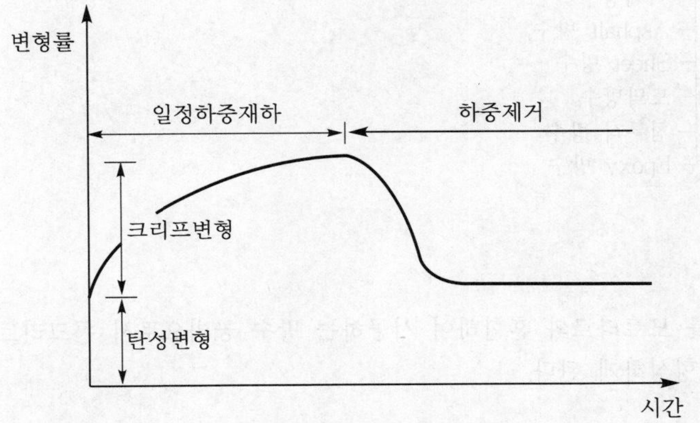

<크리프 변형 - 시간 곡선>

Ⅳ. 결론

① 콘크리트 구조체는 재료의 선택, 배합설계, 시공 등의 과정에서 콘크리트의 성질에 대한 충분한 고려가 있어야만 양질의 콘크리트를 얻을 수 있을 것이다.

② 배합설계시 물결합재비는 최소로 하되 단위수량의 감소 및 시공성 확보를 위하여 적정한 혼화재료를 사용한다면 양질의 콘크리트를 얻을 수 있을 것이다.

33 지하 구조물의 방수공법 종류 및 특성

Ⅰ. 개요

① 지하 구조물에는 댐, 지하 터널, 지하 발전소 등이 있으며 이들 구조물들은 지반 수위보다 낮기 때문에 수압에 의한 영향을 많이 받게 되므로 방수공법의 정밀성이 요구된다.

② 방수공법에는 크게 분류하여 모르타르방수 · 아스팔트방수 · 도막방수 등이 있다.

Ⅱ. 방수공법의 분류

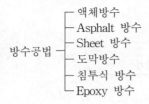

방수공법
- 액체방수
- Asphalt 방수
- Sheet 방수
- 도막방수
- 침투식 방수
- Epoxy 방수

Ⅲ. 액체방수

1) 정의

방수제를 모르타르와 혼합하여 시공하는 방수 공법으로서 콘크리트 구조체 위에 방수층을 형성하게 된다.

2) 장점

① 시공이 용이하다.

② 건조와 관계없이 시공이 가능하다.

③ 보수가 용이하고, 경제적이다.

3) 단점

① 방수층이 경화되기 시작하면 갈라지기 쉽다.

② 신축성이 없다.

③ 기상조건에 영향을 많이 받는다.

Ⅳ. Asphalt 방수

1) 정의

가열 용융한 아스팔트 용제에 녹인 아스팔트를 여러겹으로 접착해 가며, 방수층을 형성해 가는 공법이다.

2) 장점

① 외기에 대한 영향이 적다.

② 신축성이 좋다.

③ 방수성능에 대한 신뢰성이 크다.

④ 보호 누름으로 해서 방수층의 외력에 대한 영향이 적다.

3) 단점

① 시공성이 좋지 않고, 시공기일이 길어진다.

② 경제적으로 너무 비싸다.

③ 결함부의 발견이 어렵고, 보수가 어렵다.

Ⅴ. Sheet 방수

1) 정의

Sheet 방수란 합성고무계, 합성수지계, 고무화 아스팔트계 등의 재료를 사용하여 방수층을 형성하고, 누름 모르타르를 보호층으로 하는 방수 공법이다.

2) 장점

① 방수성능이 좋다.

② 시공이 아스팔트 방수에 비하여 용이하다.

③ 공기가 비교적 짧다.

④ 신축성이 뛰어나다.

3) 단점

① 공사비가 많이 든다.

② 결함원인의 발견이 어렵다.

③ 보수가 어렵고, 보수비용이 많이 든다.

Ⅵ. 도막방수

1) 정의

합성고무와 합성수지 용액을 도포해서 소요두께의 방수층을 형성하는 공법으로서 간단한 방수공사에 사용한다.

2) 장점

① 시공이 용이하다.

② 내수성, 내후성이 우수하다.

③ 화학적 성질에 대한 대응력이 좋다.

3) 단점

① 균일한 두께의 시공이 곤란하다.

② 신축성이 떨어진다.

③ 화재에 대한 저항력이 약하다.

Ⅶ. 침투식 방수

1) 정의

모르타르 또는 콘크리트 표면에 뜨겁게 한 침투성 액체(명반+비눗물)를 수 차례에 걸쳐 바르므로서 콘크리트 속으로 방수액이 침투하게 하여 방수성을 확보하는 공법이다.

2) 장점

① 구조체 자체가 방수성능을 가지게 된다.

② 구조체의 열화(劣火)를 방지할 수 있다.
③ 시공이 간단하고 경제적이다.

3) 단점
① 신축성이 없어 구조체에 균열이 발생되면 방수성이 확보되지 않는다.
② 품질관리가 어렵다.
③ 방수성능에 대한 신뢰성이 떨어진다.

Ⅷ. Epoxy 방수

1) 정의
① Epoxy 수지는 탄소, 산소, 수소의 3가지 주성분으로 구성되어 있으며, 가소성으로서 강도 큰 내열 합성수지의 일종이다.
② 접착력이 좋아 접착제 또는 방수제로 사용된다.

2) 장점
① 접착력이 좋다.
② 접착된 부위의 전단강도(30MPa 이상)가 강하다.
③ 방청력이 강하다.

3) 단점
① 열에 약하다.
② 환기설비가 필요하다.
③ 공기가 길어진다.

Ⅸ. 결론

① 지하 구조물은 대부분이 철근콘크리트 구조이며, 철근콘크리트는 구조의 특성상 건조수축 · 온도균열 · 염해 · 탄산화 등의 구조체에 좋지 못한 요인을 배제할 수 없으므로 방수공의 중요도가 크게 요구된다.
② 콘크리트의 방수성을 향상시키기 위해서는 특수 혼화재료를 사용한 고수밀 콘크리트의 개발이 중요하며, 방수 공법은 최선의 대책이 될 수 없음을 유의해야 한다.

34 Prestressed Concrete

Ⅰ. 개요

① Prestressed Concrete란 콘크리트 부재에 발생하는 인장응력을 상쇄하기 위하여 미리 콘크리트 부재에 PS 강재로 압축력을 가한 콘크리트를 말한다.

② PSC 재료에는 PS 강재 · 콘크리트 · Grouting 등이 있으며, Prestressing 방법에는 Pre-tension 방법 · Post-tension 방법 등이 있다.

Ⅱ. PSC 재료

1. PS 강재

1) 종류

① **PS 강선** : PS 강선은 지름 2.9~9mm 정도의 원형 강선으로서 프리텐션 및 포스트텐션 방식에 사용된다.

② **PS 강연선** : PS 강연선은 두 개 이상의 강선을 꽈배기처럼 꼬아 사용하는 것을 말한다.

③ **PS 강봉** : PS 강봉은 지름 9.2~32mm 정도로 주로 포스트텐션 방식에 사용되며, 표면에 돌기 또는 곰보를 주어 콘크리트와의 부착성을 높이기도 한다.

2) 요구되는 성질

① 인장강도가 높아야 한다.

② Relaxation이 작아야 한다.

③ 항복비(항복점 응력의 인장강도에 대한 백분율)가 커야 한다.

④ 콘크리트와의 부착강도가 커야 한다.

⑤ 응력부식에 대한 저항성이 커야 한다.

2. 콘크리트

① 압축강도가 높아야 한다.

② 건조수축과 Creep가 작아야 한다.

③ 포스트텐션 방식은 30MPa 이상, 프리텐션 방식은 35MPa 이상으로 한다.

④ 배합시 물결합재비, 단위 시멘트량, 단위 수량은 될 수 있는 한 작게 한다.

3. Grouting

① 반죽질기는 시공에 적합한 값을 선정해야 한다.

② 팽창률은 10% 이하여야 하며, 물결합재비는 45% 이하로 한다.

③ 재령 28일의 압축강도는 30MPa 이상이라야 한다.

④ 골재는 강도와 수축을 생각하여 세립의 잔골재를 사용한다.

⑤ 유동성을 좋게 하기 위하여 유동화제를 사용한다.

Ⅲ. Prestressing 방법

콘크리트 부재에 Prestress를 주는 일은 Prestressing이라 한다.

1. Pretension

미리 PS 강선에 인장력을 가하고 그 주위에 콘크리트를 부어 넣어 굳은 다음에 인장력을 풀어 Prestress를 가하는 방법이다.

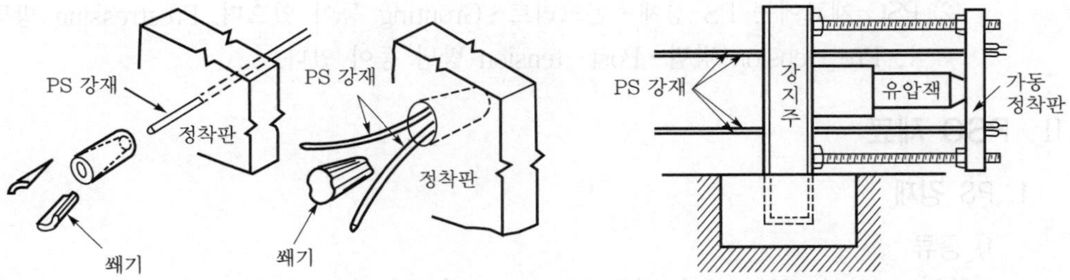

(a) PS 강재 정착용 쐐기의 예 (b) 가동 정착판의 예

<프리텐션 방식>

1) Long Line 공법

① 100m가 넘는 긴 제작대를 이용한다.

② 한번에 여러 부재를 제조할 수 있다.

③ PS 콘크리트의 대표적인 제작방법이다.

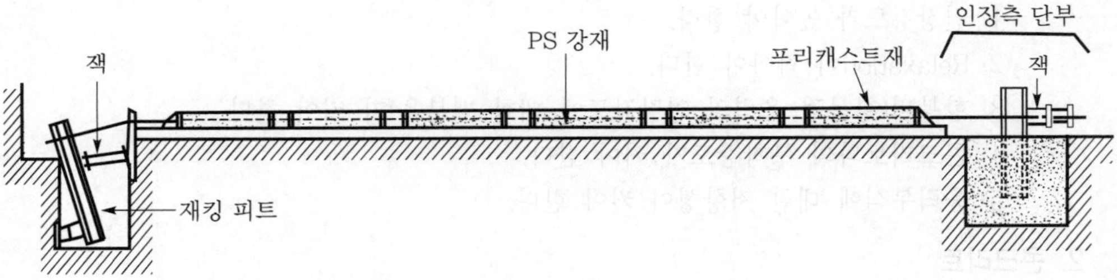

<Long Line 공법>

2) 단일 몰드(individual mold) 공법

① 한번에 한 부재씩 제조할 수 있어 제작면적이 작아도 된다.

② 운반비용을 절감할 수 있다.

③ 촉진양생을 함으로써 제작일수를 줄일 수 있다.

2. Post tension

콘크리트 경화후에 PS 강재에 인장력을 주고 그 강재를 콘크리트에 정착시켜서 Prestress를 부여하는 방법이다.

1) Freyssinet 공법

① 프랑스의 Freyssinet가 개발한 공법으로 가장 널리 보급되었다.

② 12개의 PS 강선을 긴장재로 구성하고, 이 긴장재를 한번에 긴장하여 1개의 쐐기로 정착한다.

③ 지름 5mm, 7mm, 8mm의 PS 강선 12개로 된 긴장재를 Cone을 사용하여 정착한다.

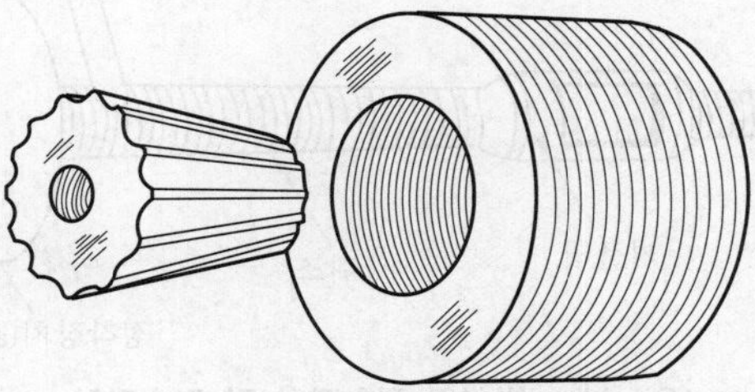

<Freyssinet Cone(콘크리트제)>

2) BBRV 공법

① 스위스에서 개발된 공법으로 개발에 참여한 네 사람의 이름 머리글자를 따서 공법의 이름을 지었다.

② 지름 7mm의 PS 강선 끝을 제두기라는 특수한 기계로 냉간가공하여 리벳머리를 만들고, 이것을 Anchor Head에 지지시키는 것이다.

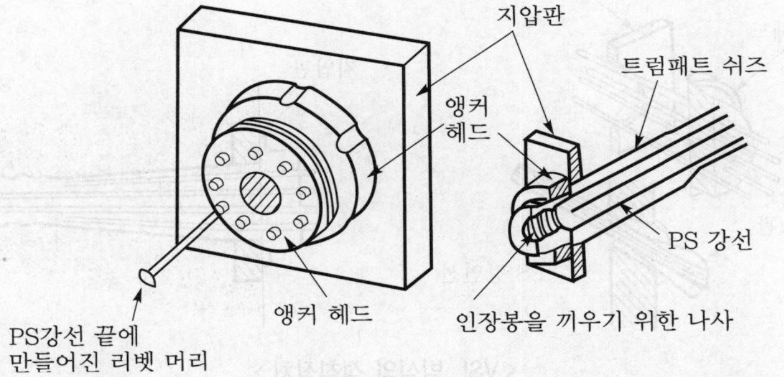

<BBRV 방식의 정착장치>

3) Dywidag 공법

① 독일의 Dyckerhoff & Widmann사가 개발한 공법이다.

② PS 강봉 단부의 전조나사에 특수 강제너트를 끼워서 정착판에 정착한다.

③ 너트식 정착의 대표적인 공법이다.

④ 이 공법은 Coupler를 사용하여 PS 강봉을 쉽게 이어갈 수 있다.

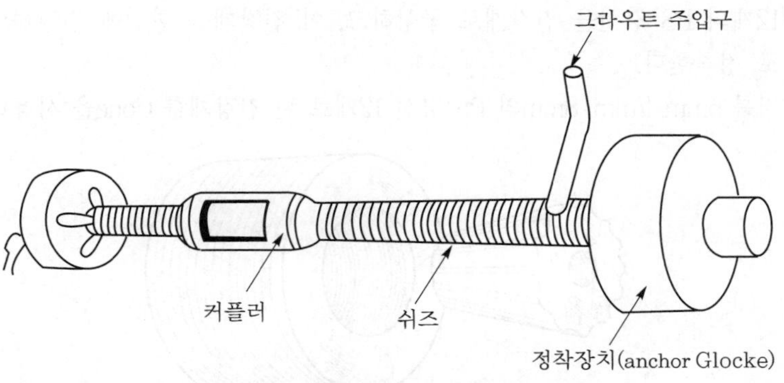

<Dywidag 방식의 정착장치 및 접속장치>

4) VSL(Vorspann System Losinger) 공법

① 지름 12.4mm, 12.7mm의 7연선 PS 스트랜드를 Anchor Head의 구멍에서 하나씩 쐐기로 정착하는 방법이다.

② PS 강연선의 수는 1개에서부터 3개, 7개, 12개, 19개, 22개, 31개의 7종류가 있으며 최근에는 55개까지지도 사용한 예가 있다.

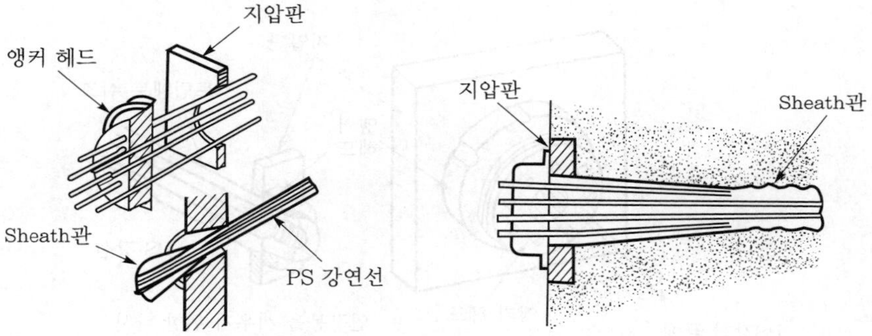

<VSL 방식의 정착장치>

5) Preflex 공법

① 미리 Camber를 갖도록 한 강재보의 1/4지점을 재하한다.

② 이 때의 하중을 Preflexion 하중이라 하고 설계하중 정도로 잭에 의해 주어진다.

③ 이러한 상태에서 하부를 콘크리트 타설하고 콘크리트가 소정의 강도에 달했을 때 Preflexion 하중을 제거하면 콘크리트에 Prestress가 도입되게 되는데 이렇게 제작된 보를 Preflex Beam이라 한다.

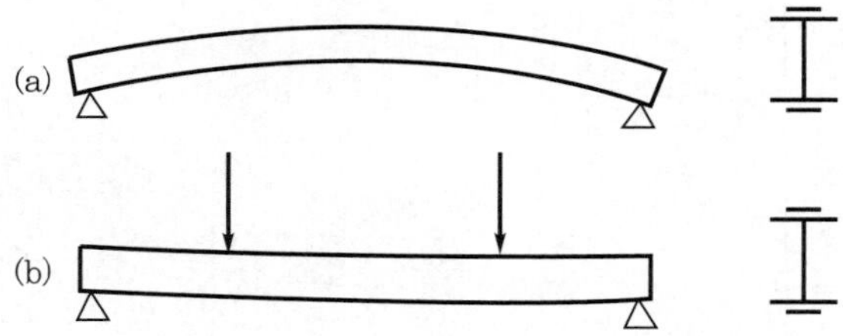

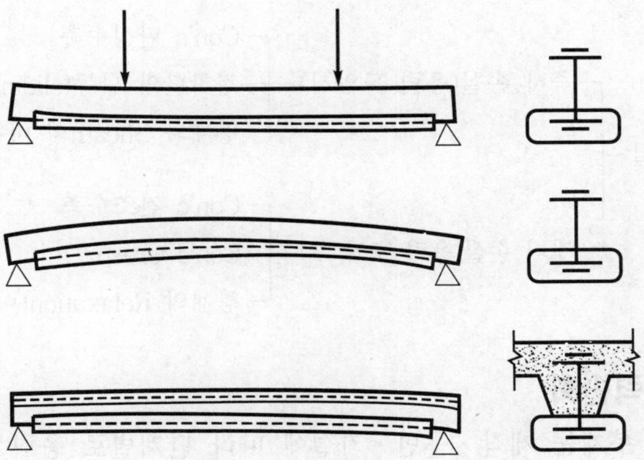

<Preflex 공법의 원리>

Ⅳ. 정착방법

1. 쐐기식

① PS 강재와 정착장치(grip) 사이의 마찰력을 이용하여 쐐기작용(wedge action)으로 PS 강재를 정착하는 방식이다.

② Freyssinet 공법, VSL 공법, CCL 공법 등이 이 방식으로 정착된다.

2. 지압식

1) 리벳머리식

① PS 강선 끝에 리벳모양의 머리를 냉간가공하여 만들고, 이 머리를 지압판에 직접 지압하도록 하여 PS 강선을 정착하는 방식이다.

② BBRV 공법이 이 방식의 대표적인 공법이다.

2) 너트식

① PS 강봉 끝을 나사로 가공하여 Nut를 끼워, 정착판에 정착하는 방식이다.

② Dywidag 공법, 영국의 Lee-McCall 공법, 미국의 Stressteel 공법이 이 방식에 속한다.

3. 루프식

① Loop 모양으로 가공한 PS 강선 또는 강연선을 콘크리트 속에 묻어 콘크리트와의 부착 또는 지압에 의하여 정착하는 방식이다.

② Leoba 공법 및 Baur-Leon-Hardt 공법이 이 방식에 속한다.

Ⅴ. Prestress의 손실원인

Prestress는 다음과 같은 원인에 의하여 손실된다.

- 응력손실
  - 즉시 손실(응력 도입시)
    - Con'c 탄성수축
    - 정착단의 활동(sliding)
    - 강재와 Sheath의 마찰(friction)
  - 장기 손실(응력 도입 후)
    - Con'c 건조수축
    - Con'c Creep
    - 강재의 Relaxation(이완)

Ⅵ. 단계별 응력변화

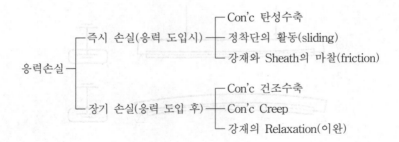

PSC보 부재는 제작·운반·가설에 따라 단계별로 응력상태가 변한다.

단계별		응력변화상태
제작	긴장전	무근 Con'c 상태
	긴장중	최대응력
	긴장후	초기응력
운반·가설		휨응력
최종단계		유효응력

Ⅶ. 결론

① Prestressed Concrete는 현장 타설 Con'c에 비하여 공기 단축효과가 크고 고강도 Con'c 생산이 용이하며, 공장제작에 의한 균질의 Con'c를 얻을 수 있다.

② 최근 구조물의 대형화로 인하여 Prestressed Con'c의 사용이 커질 전망이고, 3D 기피현상으로 인한 인력의 성력화에 크게 기여할 것으로 기대된다.

35 Prestressed Concrete의 원리

Ⅰ. 개요

① PSC는 Con'c 부재에 발생하는 인장응력을 상쇄하기 위하여 미리 Con'c 부재에 PS 강재로 압축력을 가한 Con'c를 말한다.

② Con'c에 Prestress를 주기 위하여 보의 양 끝에서 콘크리트에 압축력을 인위적으로 작용시키는 Prestressing 방법에는 보통 고강도 강재를 이용한다.

Ⅱ. RC의 원리

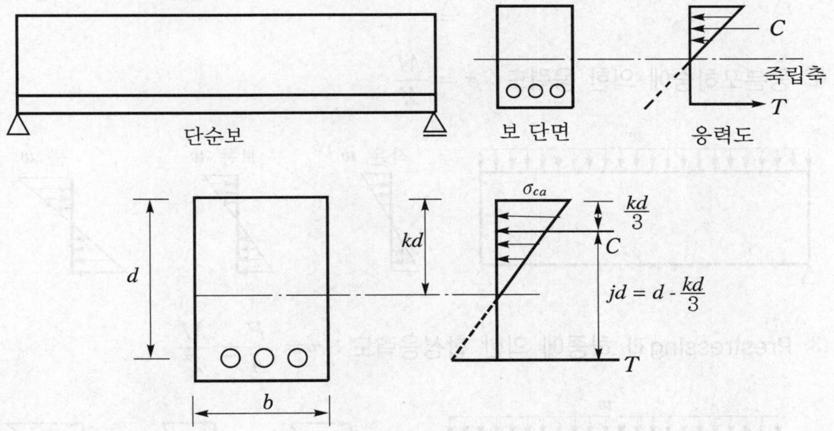

1) 중립축

중립축의 상부는 압축력이 작용하고, 하부는 인장력이 발생한다.

2) 압축력

콘크리트의 압축력은 중립측 상부부분의 면적

$$C = \frac{1}{2}\sigma_{ca}kdb$$

3) 인장력

철근의 인장력은 인장철근의 단면적(A_s)와 철근의 허용 인장력(σ_{sa})의 곱

$$T = A_s\sigma_{sa}$$

4) 저항 모멘트

① Con'c가 부담하는 저항 모멘트

$$M = Cjd = \frac{1}{2}\sigma_{ca}kdbjd = \frac{1}{2}\sigma_{ca}kjbd^2$$

② 철근이 부담하는 저항 모멘트

$$M = Tjd = A_s\sigma_{sa}jd$$

③ 철근콘크리트 : 철근콘크리트 구조물의 설계는 평형철근비 이하로 하므로 저항 모멘트는 다음 식과 같다.

$$M = A_s \sigma_{sa} jd$$

Ⅲ. PSC(PS Con'c)의 원리

1) 외력에 의한 응력

① Prestressing에 의한 응력도 : $\sigma = \dfrac{P}{A}$

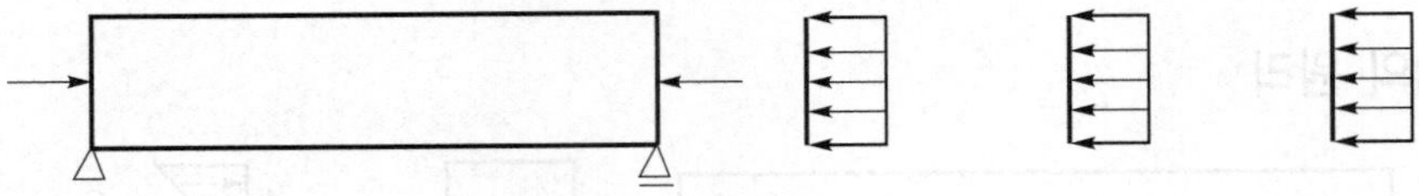

② 등분포하중에 의한 응력도 : $\sigma = \dfrac{M}{Z}$

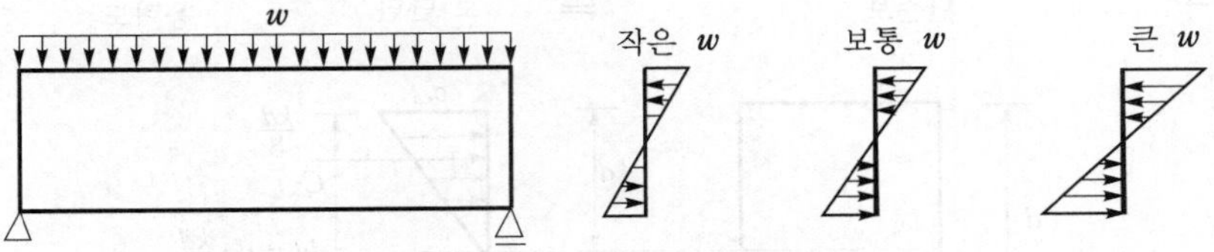

③ Prestressing과 하중에 의한 합성응력도 : $\sigma = \dfrac{P}{A} \pm \dfrac{M}{Z}$

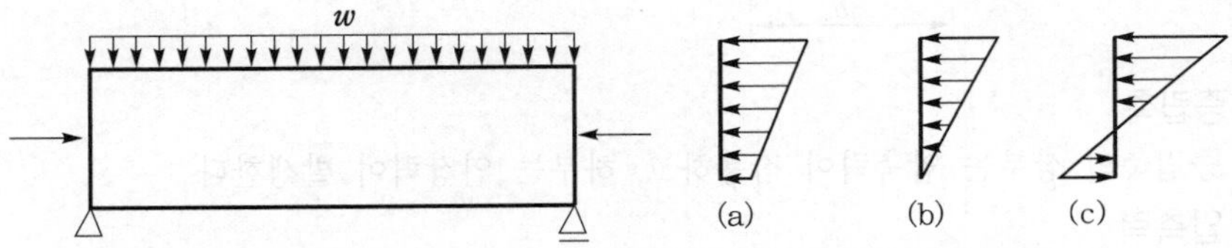

(a), (b) : Full Stressing
(c) : Partial Stressing

2) 콘크리트에 압축응력

Prestress가 콘크리트에 작용하면 콘크리트는 압축응력$\left(\sigma = \dfrac{P}{A}\right)$이 전 단면에 균등히 가해진다.

3) 하중에 의한 응력

등분포 하중에 의하여 콘크리트 단면에서 중립축의 상부는 압축력이 작용하고 하부는 인장력이 발생한다.

4) 응력 상쇄

콘크리트의 인장응력은 압축응력에 비하여 $\dfrac{1}{10} \sim \dfrac{1}{13}$ 정도로 작아, 인장응력에 대한 결점인 균열을 제거하기 위하여 Con'c에 일어나는 인장응력을 상쇄할 수 있도록 미리 압축응력을 가한 Con'c를 Prestressed Con'c라 한다.

5) 균열억제

Con'c의 결점인 인장력에 대한 균열을 억제시켜 철근의 부식방지 및 내구성 향상에 이바지한다.

6) 하중증대

인장측에 미리 압축력을 가하여 하중에 의한 인장력을 미리 상쇄시키므로 더 많은 하중을 가할 수 있어 경제적이다.

7) 탄성재료

Prestress가 가해지면 콘크리트는 탄성재료가 되어 탄성이론에 의한 해석이 가능하여 콘크리트에 일어나는 응력 · 변형률 등의 계산은 탄성이론에 의해 계산할 수 있다.

8) 전단면 유효

RC는 중립축을 경계로 인장측의 Con'c 단면은 무시하나 PSC는 전단면을 유효하게 이용한다.

9) Full Prestressing

단면 전체에 압축응력만 작용하고 전혀 인장응력의 발생을 허용하지 않는 응력상태를 말하며, 안정성은 높으나 비경제적인 면이 있다.

10) Partial Prestressing

단면에 압축응력과 인장응력이 함께 발생할 때의 응력상태를 말하며, 경제적인 방법이며 인장응력 부분은 인장철근이 부담토록 설계한다.

Ⅳ. 향후 개발방향

① PS 강재 및 정착 장치 개발
② 처짐 · 진동에 대비한 구조 개선
③ 장대교 Span 개발

Ⅴ. 결론

① PSC를 사용함으로써 장대교의 시공이 가능하며, 공기단축 · 품질관리 · 원가관리 · 안전관리에 우수한 공법이다.

② 장래에 신재료의 개발과 시공법의 지속적인 발전으로 UR에 대비한 시장 개척과 대외 경쟁력을 높여야 한다.

36 RC와 PSC의 차이점

Ⅰ. 개요

① PSC란 Con'c 부재에 발생하는 인장응력을 상쇄하기 위하여 미리 Con'c 부재에 PS 강재로 압축력을 가한 Con'c를 말한다.

② PSC를 사용함으로써 장대교의 시공이 가능하며, 안전관리 · 품질관리에 유리하고 구조적인 미를 추구할 수 있어 앞으로 계속 발전 유지시켜야 한다.

Ⅱ. PSC의 필요성

① 장 Span 시공이 가능

② 안전관리에 유리

③ 품질의 우수

④ 내구성 향상

Ⅲ. RC와 PSC의 차이점

1. 공사관리적 측면

구분	RC	PSC
사전조사	현장위주의 입지조건, 공해, 지반조사, 기상 등을 조사	제작장과 현장의 입지조건, 교통, 상호 연락 등 조사
설계 도서 파악	현장에서 적합한 설계 도서 파악	공장 제작장의 Shop Drawing과 현장에 가설시 도면이 일치
공해	소음, 진동, 분진, 악취 등 민원 문제 야기	기계화 시공과 현장작업의 감소로 공해 예방
기상 영향	기상 통계를 참고로 하여 강우기(降雨期) · 한냉기(寒冷期) 공정 파악	기상 영향을 적게 받으며 동절기, 한서기 시공 가능
시공성	현장의 시공능력, 공기, 품질, 안전성 파악	시공조건에 따른 계획의 변경없이 시공성이 좋음
경제성	공사 상호간에 서로 연관성이 많아 최적의 경제성 난점	공장제작에 의한 대량생산과 현장에서 조립하므로 경제적임
안전성	인력작업 위주로 작업조건이 열악하여 인명피해, 재산손실 초래 우려	공장제작과 현장의 장비 위주의 작업으로 인력작업이 적어 안전성 확보
공기단축	기후에 민감하고 동절기 시공이 불가능하여 공기단축에 한계	기후에 영향을 받지 않고, 동절기에 시공이 가능하여 공기단축 가능
품질관리	다량의 자재가 일시에 반입되어 검수가 곤란하며, 현장조건에 따라 오차가 크게 발생	규격품 생산으로 오차가 적으며, 문제점 발생시 부품 교체 가능
노무인력	비교적 인원동원 및 관리가 용이	전문 숙련공이 절대 필요
자재	주 · 부 자재의 전량이 현장에 반입되어 자재관리의 복합으로 자재 손실이 큼	주 · 부 자재가 공장생산으로 운송체계가 단순하고, 자재손실이 적음
장비	인력 위주의 시공	장비효율의 극대화로 경제성, 속도성, 안전성 확보

2. 구조적 측면

구분	RC	PSC
강재	SD24, SD30, SD35, SD40, 이형철근으로 Rib가 있어 부착력이 좋고, 철근의 요철부에서 정착 작용을 함	• PS 강선 : Pre-tension 공법에서 사용 • PS 강연선 : PS 강선을 꼬아서 사용 • PS 강봉 : Post-tension 공법에서 사용
Con'c 강도	f_{ck}=21~40MPa	• Pre-tension : $f_{ck} \geq$ 35MPa • Post-tension : $f_{ck} \geq$ 30MPa
압축응력도	중립축 상부에만 작용	전단면에 유효하게 작용
탄성재료	Con'c의 인장력 부분은 탄성 성질 상실	Con'c에 Prestress를 가하여 탄성적 성질 보유
탄성적 복원성	중립축 하부의 철근은 오직 인장력에만 저항하므로 복원성 결여	외력에 의한 변형에 대하여 탄성적 성질과 원상회복의 성질을 가짐
응력 상쇄	중립축 상부는 압축력, 중립축 하부는 인장력이 발생	중립 하부에 인장응력을 상쇄할 수 있도록 Con'c에 미리 압축력을 가함
균열 · 내구성	균열발생이 크며, 내구성과 수밀성에 약함	균열이 적고, 염해 · 탄산화에 강함
구조미	단면이 크고 자중이 무거우며, 장 Span에 적용이 어려운 구조로서 구조미 결여	단면을 줄일 수 있어 사하중(死荷重)을 감소시키며, 아름다운 단면의 구조물이 가능 장Span에 가능한 구조로 장대교량에 가능
장대교	단Span에 가능한 구조	장Span에 가능한 구조로 장대교량에 가능
분할시공	일체로 된 구조물로써 연결된 시공만 가능	Post-tension 공법에 의한 분할시공 가능
응력변화	철근의 인장응력은 Con'c 타설에서부터 최종단계에 이르기까지 동일	• 긴장전 : 무근 Con'c 상태 • 긴장중 : 최대응력 • 긴장후 : 초기응력 • 운반 · 가설시 : 휨응력 • 최종단계 : 유효응력
응력손실	철근의 인장응력 손실은 거의 발생치 않음	• 즉시 손실 : 탄성변형 Sliding, Friction • 장기 손실 : 건조수축, Creep, Relaxation
유지 · 보수	일단 타설된 Con'c의 보수는 어려움	PS 강선, PS 강봉, 정착장치 등 부속재료에 대한 수정 · 보수가 가능

Ⅳ. PSC의 개발방안

① 정착장치 등 저렴한 재료 개발
② 처짐 · 진동에 대비한 구조 개선
③ 기술축적에 의한 시공관리

Ⅴ. 결론

① PSC는 RC의 결점을 보완하여 장대교 필수적인 공법의 공기단축 · 품질향상 · 안전관리상 유리한 공법이다.
② 장래에 신제품의 개발, 시공법의 발전에 지속적인 투자와 연구가 있어야 하며, 기술 축적에 의한 대외 경쟁력도 높아야 한다.

37 PSC보의 제작·시공과정에서 응력변화와 시공상 유의사항

Ⅰ. 개요

① Prestress는 Prestress 도입 시·후에 Con'c의 탄성수축, Sliding, Friction, 건조수축, Creep, Relaxation 등에 의해 상당량 감소한다.

② PSC 보 부재는 제작·운반·가설에 따라 최대응력·초기응력·휨응력·유효응력 등의 각기 다른 응력상태를 나타낸다.

Ⅱ. Prestress의 손실원인

- 응력손실
  - 즉시 손실(응력 도입시)
    - Con'c 탄성수축
    - 정착단의 활동(sliding)
    - 강재와 Sheath의 마찰(friction)
  - 장기 손실(응력 도입 후)
    - Con'c 건조수축
    - Con'c Creep
    - 강재의 Relaxation(이완)

Ⅲ. 단계별 응력변화

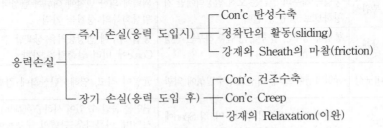

단계별		응력변화상태
제작	긴장전	무근 Con'c 상태
	긴장중	최대응력
	긴장후	초기응력
운반·가설		휨응력
최종단계		유효응력

Ⅳ. 시공상 유의사항

1) 긴장전

① 지반침하 방지

② 거푸집 변형 방지

③ 동바리 변형 방지

④ 초기 양생에 주의

⑤ 온도변화에 의한 균열 방지

⑥ 건조수축에 의한 균열 방지

2) 긴장중

① Con'c 설계기준강도는 Pre-tension에서 35MPa부터 Post-tension에서 30MPa 이상

② 긴장시기는 $0.85\sigma_{ck}$ 이상일 때 긴장

③ 부착응력이 양호하게 함
④ 긴장순서는 대칭으로 함
⑤ 정착단의 활동 억제 및 마찰력 감소
⑥ 긴장 기계·기구의 검사

3) 긴장후
① 즉시 손실의 최소화
② 장기 손실을 줄이기 위한 재인장 실시
③ Con'c에 작용하는 응력 확인
④ PS 강재 신장량 확인
⑤ 견고한 받침대 설치후 Camber 관리
⑥ Con'c 양생 철저

4) 운반·가설시
① 받침 위치 배치시 과대한 응력발생 방지
② 지반침하 방지
③ 부재의 과대한 흔들림 방지
④ 부재의 뒤집힘이나 뒤틀림(torsion) 방지
⑤ Lifting 시 Wire 강도는 30° 이상 유지
⑥ 운반로를 정비하여 진동이나 충격 방지

5) 최종단계
① 설계하중보다 초과 하중 금지
② 국부하중 방지
③ 편심하중 방지
④ 반복하중에 의한 피로파괴 방지
⑤ 균열·파손 방지
⑥ 정기적인 유지·관리의 보수 철저

V. 결론

① PSC 부재에서 초기응력은 여러 가지 Prestress 손실원인에 의하여 상당량 감소하며, PSC 부재의 제작·운반·가설시 각기 다른 응력상태를 나타낸다.
② 다른 응력상태에 따른 응력변화의 원인을 분석하여 지반침하, 거푸집 변형, Con'c 강도, 응력손실 감소, 부재운반, 하중 등을 고려한 시공대책을 수립해야 한다.

38 콘크리트 구조물의 유지관리

Ⅰ. 개요

① 유지관리는 공용중에 있는 구조물을 사용목적과 기능에 지장이 없도록 유지 보존하기 위하여 실시하는 것이다.

② 지난 1994년 1월 21일 성수대교의 붕괴로 그동안 형식적으로 수행되어 온 점검 및 관리 소홀 및 부실시공에 심각성을 일깨워 주었다.

③ 이를 계기로 국회에서 "시설물 안전관리에 관한 특별법"이 제정되어 교량의 상태점검, 유지관리상태, 안전성 검토 등이 체계화되었다.

Ⅱ. 유지관리의 필요성

① 구교량의 설계하중 부족

② 노후교량 및 구조물의 증가

③ 교량 구조물의 거동상태 점검

④ 구조물의 성능회복

⑤ 구조물의 교체시기 결정

Ⅲ. 유지관리체계

1) 유지관리체계의 계획

① 유지관리를 위한 조직, 인원, 장비확보

② 시설물 안전점검항목

③ 정밀 안전진단 실시계획

④ 안전 및 유지 관리 예산확보

⑤ 기타 건설교통부령이 정하는 사항

2) 유지관리체계도

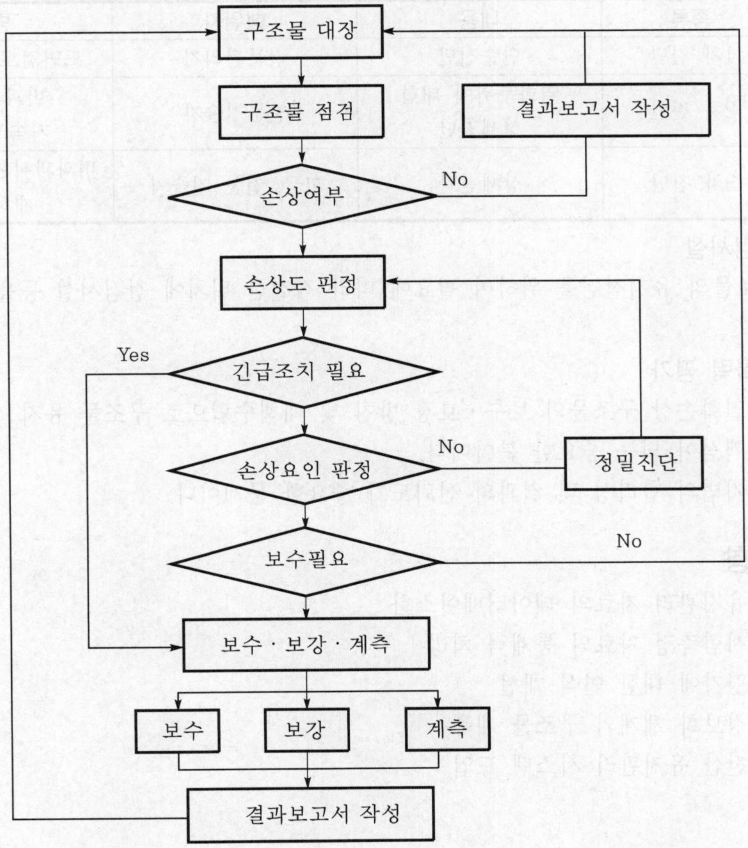

Ⅳ. 유지관리방법

1) 구조물의 점검

① 일상점검(1차 진단) : 열화손상의 조기발견을 목적으로 하는 구조물 관리자에 의한 일상적인 점검

② 정기점검(1차, 2차 진단) : 구조물의 건전도를 파악하고 기능저하의 원인이 되는 열화손상을 발견하고 평가하기 위한, 전문적인 기술자에 의한 정기적인 상세점검

③ 특별점검(1차, 2차, 3차 진단) : 자연재해 및 1차, 2차 진단결과 안전성에 문제가 있다고 판정되는 경우와 같은 특별한 경우에 열화손상의 요인분석, 진행상태 파악을 위하여 실시하는 전문기술자에 의해 상세점검

2) 점검주기

구조형식		일상점검	정기점검	특별점검
내화 구조체	주요 구조물	2개월	3년	필요시
	일반 구조물	4개월	5년	
구체 구조물		6개월	8년	

3) 안전진단의 종류

종류	내용	행위자	방법
1차 진단	단순진단	전문관리자	도면검토, 외관조사
2차 진단	열화부위에 대한 상세진단	전문기술자	비파괴검사, 가속도 측정
3차 진단	상세진단	고급, 전문 기술자	비파괴시험, 파괴시험, 재하시험

4) 점검시설

구조물의 유지점검을 위하여 필요에 따라 적절한 위치에 점검시설 등을 설치하여야 한다.

5) 내화력 평가

① 열화손상 구조물의 보수·보강 방침 및 대책수립으로 구조물 유지·관리 체계의 핵심이 되는 중요한 분야이다.

② 기법의 합리성 및 결과의 신뢰도가 중요한 문제이다.

V. 개선방향

① 유지관리 자료의 데이터베이스화
② 시험측정 자료의 통계적 처리
③ 평가에 대한 인식 개선
④ 정보화 체계의 구조물 계측
⑤ 전산 유지관리 시스템 도입

VI. 결론

① 최근 산업발달에 따른 교통량의 증가와 하중의 중량화 등으로 인해 기 시설된 구조물의 안전이 크게 위협받고 있는 실정이다.

② 구조물의 안정성과 사용성 증대를 위하여 전산 유지·관리 시스템의 도입으로 구조물이 안전하게 유지될 수 있는 체계수립이 무엇보다 우선적으로 이루어져야 할 것이다.

길은…

철학자는 "길은 생각하는 데 있다"고 말합니다.
과학자는 "길은 창안하는 데 있다"고 말합니다.
입법자는 "길은 법을 정하는 데 있다"고 말합니다.
정치가는 "길은 시간을 잘 보내는 데 있다"고 말합니다.
애주가는 "길은 마시는 데 있다"고 말합니다.
애연가는 "길은 담배 피우는 데 있다"고 말합니다.
정신의학자는 "길은 대화 속에 있다"고 말합니다.
독재자는 "길은 겁을 주는 데 있다"고 말합니다.
재벌은 "돈으로 길을 살 수 있다"고 말합니다.
산업가는 "길은 일하는 데 있다"고 말합니다.
종교인은 "길은 열심히 기도하고 예배드리는 데 있다"고 말합니다.
사탄은 "길은 없다"고 말합니다.

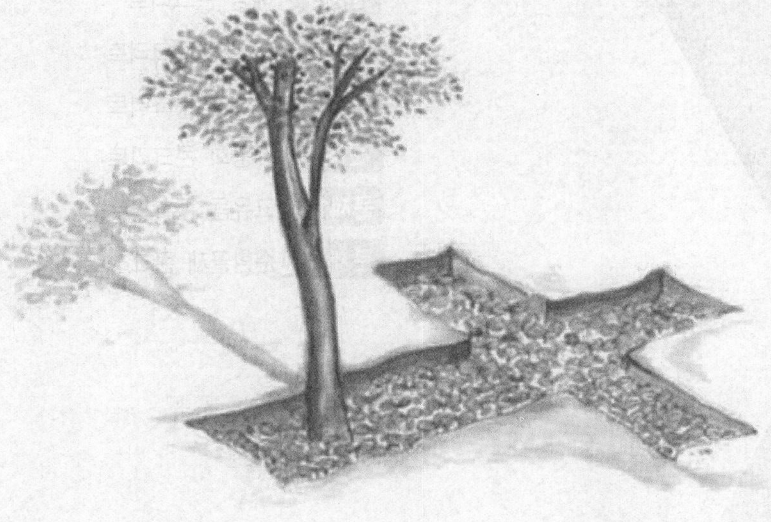

제3장 콘크리트

제2절 특수 콘크리트

- 문제1 한중 콘크리트
- 문제2 서중 콘크리트
- 문제3 Mass Con'c
- 문제4 수중 콘크리트
- 문제5 수밀 콘크리트
- 문제6 해양 콘크리트
- 문제7 고강도 콘크리트
- 문제8 고성능 콘크리트
- 문제9 유동화 콘크리트
- 문제10 고유동 콘크리트
- 문제11 순환골재 콘크리트

특수 콘크리트 과년도 문제

1	1. 한중(寒中) 콘크리트의 타설계획 및 방법에 대하여 설명하시오. [19전, 25점] 2. 동절기 콘크리트 시공시 고려해야 할 사항을 열거하고, 특히 동결융해성능 향상을 위한 혼화제 사용에 있어서의 유의사항에 대하여 서술하시오. [03전, 25점] 3. 콘크리트의 적산온도(Maturity) [02중, 10점], [06중, 10점] 4. Pop Out 현상 [04중, 10점]
2	5. 暑中 콘크리트 시공에서 발생하는 문제점을 열거하고, 그 방지대책을 기술하시오. [94후, 40점] 6. 서중 콘크리트 시공에서 플라스틱(Plastic) 수축균열 발생원인과 그 대책에 대하여 기술하시오. [94전, 40점] 7. 혹서기에 시멘트 콘크리트 포장 시공을 할 경우 콘크리트치기 시방기준과 품질관리검사에 대하여 설명하시오. [11후, 25점] 8. 서중 콘크리트 타설 전 점검사항에 대하여 설명하시오. [18전, 25점] 9. 暑中(서중) Concrete 양생 [97중전, 20점] 10. 서중 콘크리트 [15후, 10점]
3	11. 하절기 매스 콘크리트 구조물의 콘크리트 타설시 유의사항과 계측관리항목에 대하여 기술하시오. [05후, 25점] 12. Mass Concrete에서의 온도균열지수 [98전, 20점], [08후, 10점] 13. 온도균열지수 [99전, 20점] 14. 온도균열제어수준에 따른 온도균열지수 [18중, 10점] 15. 매스 콘크리트 시공에 있어서 온도균열을 제어하는 방법에 관하여 기술하시오. [97전, 40점] 16. 매스(Mass) 콘크리트에 발생하는 온도응력에 의한 균열의 제어대책에 대하여 설명하시오. [10후, 25점] 17. 온도제어양생(溫度 制御 養生) [96전, 20점] 18. 콘크리트 양생방법에서 냉각법에 대하여 설명하시오. [96중, 30점] 19. 콘크리트의 수화열관리를 위한 공법에 대하여 설명하시오. [97후, 30점] 20. 콘크리트 구조물에서 수화열이 구조물에 미치는 영향에 대하여 설명하시오. [13중, 25점] 21. 콘크리트 수화열관리방안 [06후, 10점] 22. 콘크리트 구조물의 시공에 있어서 온도균열 억제에 관하여 기술하시오. [99전, 30점] 23. 매스(Mass) 콘크리트 타설시 온도응력에 의한 균열 발생 방지를 위한 설계 및 시공시의 대책에 관하여 기술하시오. [00후, 25점] 24. 서중 매스콘크리트(Mass Concrete) 타설시 균열 발생을 최소화하기 위한 시공시 유의사항에 대하여 설명하시오. [02중, 25점] 25. Con'c 온도제어양생방법 중 Pipe Cooling공법 [03후, 10점]
4	26. 수중불분리성(水中不分離性) 콘크리트의 시공에 관하여 기술하시오. [99전, 40점] 27. 수중불분리성 콘크리트의 특징 및 시공시 유의사항을 설명하시오. [08중, 25점] 28. 프리플레이스트 콘크리트(Preplaced Concrete)공법을 적용하는 공사를 열거하고, 시공방법 및 유의사항에 대하여 설명하시오. [10후, 25점] 29. 수중교각공사에서 시공관리시 관리할 항목별 내용과 관리시의 유의사항을 설명하시오. [11전, 25점] 30. 수중 콘크리트 타설시 유의사항을 설명하시오. [18중, 25점] 31. 수중불분리성 콘크리트 [11전, 10점] 32. 수밀 콘크리트와 수중 콘크리트 [11중, 10점] 33. 수중 콘크리트 [13후, 10점]

특수 콘크리트 과년도 문제

5	34. 수밀 콘크리트의 배합과 시공시 검토사항에 대하여 설명하시오. [17전, 25점] 35. 수밀을 요구하는 콘크리트 구조물에 있어서 누수의 원인이 되는 결함과 그 대책에 관하여 기술하시오. [97전, 30점] 36. 정수장 수조 구조물의 누수원인을 분석하고, 시공대책을 설명하시오. [00전, 25점] 37. 정수장 콘크리트 구조물의 누수원인 및 누수 방지대책을 기술하시오. [06중, 25점] 38. 정수장에서 수밀이 요구되는 구조물의 누수원인을 기술하고 누수 방지대책에 대하여 설명하시오. [15전, 25점] 39. 지하저수용 콘크리트 구조물공사에서 콘크리트 시공시 유의사항에 대하여 설명하시오. [02중, 25점] 40. 가동 중인 하수처리장 침전지(철근 콘크리트 구조물) 안에 있는 물을 모두 비웠더니 바닥 구조물 상부에 균열이 발생하였다. 균열이 생긴 원인을 파악하고, 균열 방지를 위한 당초 시공상 유의할 사항을 기술하시오. [07전, 25점]
6	41. 해양 콘크리트의 내구성 확보를 위한 시공시 유의사항을 설명하시오. [08중, 25점] 42. 해상 콘크리트 타설에 사용되는 장비의 종류를 들고, 환경오염 방지대책에 대하여 설명하시오. [11전, 25점] 43. 해양 구조물의 콘크리트 시공시 문제점 및 대책에 대하여 설명하시오. [16전, 25점] 44. 해양 콘크리트 [03중, 10점] 45. 물보라지역(splash zone)의 해양 콘크리트 타설 [12중, 10점]
7	46. 고강도 콘크리트의 제조 및 시공방법을 설명하시오. [01전, 30점] 47. 장대교량의 주탑 시공의 경우 고강도 콘크리트 타설시 유의사항에 대하여 설명하시오. [15전, 25점]
8	48. 고성능 콘크리트의 정의, 배합 및 시공에 대하여 설명하시오. [05중, 25점] 49. 프리플레이스트 콘크리트(Preplaced Concrete)공법을 적용하는 공사를 열거하고, 시공방법 및 유의사항에 대하여 설명하시오. [10후, 25점] 50. 수중불분리성 콘크리트 [11전, 10점] 51. 고성능 콘크리트의 폭렬특성, 영향을 미치는 요인과 저감대책에 대해 기술하시오. [06전, 25점] 52. 화재시 철근 콘크리트 구조물에 발생하는 폭렬현상이 구조물에 미치는 영향과 원인을 열거하고 방지대책에 대하여 설명하시오. [14중, 25점], [19전, 25점] 53. 콘크리트 폭렬현상 [12전, 10점], [18후, 10점] 54. 고성능 콘크리트 [03후, 10점] 55. UHPC(ultra high performance concrete : 초고성능 콘크리트) [15전, 10점]
9	56. 유동화 콘크리트를 사용할 때 장단점 및 시공시 유의사항에 대하여 기술하시오. [98중후, 30점]
10	57. 고유동 콘크리트의 유동특성을 열거하고, 유동특성에 영향을 미치는 각종 요인을 설명하시오. [05전, 25점], [12전, 25점] 58. 고유동 콘크리트 [09전, 10점]
11	59. 순환골재의 사용방법과 적용 가능 부위에 대하여 설명하시오. [14후, 25점] 60. 순환골재 콘크리트 [10후, 10점] 61. 순환골재 [18전, 10점] 62. 순환골재와 순환토사 [18중, 10점]

특수 콘크리트 과년도 문제

12

63. 팽창 콘크리트 [98중후, 20점], [02중, 10점], [10후, 10점]
64. 터널 시공시 강섬유 보강 콘크리트의 역할과 발생되는 문제점 및 장단점에 대하여 설명하시오. [08전, 25점]
65. 섬유보강 콘크리트의 종류와 특징 및 국내외 기술개발현황에 대하여 설명하시오. [14중, 25점]
66. 강섬유보강 콘크리트 [98후, 20점]
67. 원자력발전소건설에 사용하는 방사선 차폐용 콘크리트(Radiation Shielding Concrete)의 재료·배합 및 시공시 유의사항을 설명하시오. [10전, 25점]
68. 폴리머 콘크리트 [05후, 10점]
69. 폴리머 시멘트 콘크리트(Polymer-modified Concrete, PMC) [09중, 10점]
70. 폴리머 함침 콘크리트(Polymer Impregnated Concrete) [06전, 10점]
71. 에코 콘크리트(Eco Concrete) [05중, 10점]
72. 저탄소 콘크리트(Low Carbon Concrete) [18중, 10점]
73. 고내구성 콘크리트 [09후, 10점]
74. 진공 콘크리트(vacuum processed concrete) [11후, 10점]
75. 스마트 콘크리트의 종류 및 구성원리와 균열 자기치유(自己治癒) 콘크리트에 대하여 설명하시오. [16후, 25점]
76. 포러스 콘크리트(porous concrete) [19전, 10점]

1 한중 콘크리트

Ⅰ. 개요

① 한중 콘크리트란 월평균기온이 4℃ 이하 조건에서 타설시공하는 콘크리트를 말한다.

② 한중 콘크리트는 초기 동해의 방지가 가장 중요하며, 이를 위해서는 적절한 초기 양생계획과 AE제 및 AE 감수제 등을 이용한 배합설계가 중요하다.

Ⅱ. 동해원인

① 기온의 변화 : 빙점 이하 온도변화, 동절기 콘크리트 타설

② 골재, 물의 냉각 : 야적된 골재에 강설로 인한 눈・얼음 혼합

③ 양생 불량 : 콘크리트 양생방법의 문제

④ 과다한 물 사용 : 저온, 동결의 원인

Ⅲ. 한중 콘크리트 타설시 시공계획

1) 초기 동해방지계획

적정온도 및 강도유지로 초기 동해시간 단축

2) 조기 강도발현

적정 혼화제를 사용해 초기양생계획

3) 보온계획

타설시 적정한 온・습도 유지, 타설후 4주간 예상 평균기온 3℃ 이하일 경우

4) 온도변화방지

양생시 급격한 온도변화방지, 보온이나 가열법 등으로 예방

5) 경제성

경제성을 고려한 효율적인 시공법 선정

Ⅳ. 재료취급 및 관리

1) 시멘트

① 시멘트는 포틀랜드 시멘트를 사용하는 것을 표준으로 한다.

② 시멘트는 냉각되지 않게 저장

2) 골재

① 동결, 빙설 혼입 골재는 사용금지

② 시멘트 응결을 지연시키는 유해물을 포함한 골재 사용금지

③ 골재의 가열방법은 수증기를 이용하는 방법이 관리면에서 비교적 좋다.

3) 물

① 동결된 물 사용금지, 저수조 보온조치

② 물과 골재의 혼합물의 온도는 40℃가 적정하다.

4) 혼화제
① AE제, 감수제 사용
② 응결 경화 촉진제 사용(철근 부식 주의)
③ 방동제(염화칼슘, 식염) 사용

5) 재료 가열
① 재료 중 물은 가열이 용이하고 가장 유리함
② 시멘트는 직접 가열 금지
③ 타설시 기온은 10℃ 정도가 좋음

Ⅴ. 배합설계

1) 물결합재비는 60% 이하
2) 단위수량은 적정 시공연도 범위내 가급적 적게 함
3) AE제, 감수제 사용
4) 초기 양생기간내 조기강도 확보
5) 혼화제(AE제) 사용시 유의사항
① AE제는 소량이므로 계량에 주의하고, 계량오차는 3% 이내로 할 것
② 운반 및 다짐시는 공기량이 감소되므로 소요 공기량에서 1/4~1/6 정도 늘릴 것
③ Entrained Air의 변동을 적게 하기 위해 잔골재의 입도를 균일하게 할 것
④ 조립률의 변동은 ±0.1 이하로 억제하는 것이 바람직함
⑤ 비빔시간과 온도는 공기량에 영향을 주므로 유의할 것
⑥ 공기량이 많아지면 시공성은 좋아지나 강도가 저하되므로 유의할 것

Ⅵ. 타설시 시공관리

1) 소정온도 유지
① 5℃ 이상 20℃ 미만
② 기상조건, 시공조건 고려

2) 빙설 제거
부어넣기, 이어붓기시 거푸집 내부 및 철근의 표면 빙설 완전제거

3) 동결 지반 위 콘크리트 타설 금지
거푸집, Support 설치금지

4) 콘크리트 펌프카
콘크리트 펌프카 사용할 때 필요한 경우 관 예열

5) 레미콘 공장 선정
운반시간 충분히 고려, 공장 가열설비 고려

<한중 콘크리트 시공에 있어서의 콘크리트 온도의 권장값>

단면		얇은 경우	보통의 경우	두꺼운 경우
타설시 콘크리트의 최저온도(℃)		13	7~10	5
비볐을 때의 콘크리트의 최저온도(℃)	−1℃ 이상	16	10~13	7
	−1~−18℃	19	13~16	10
	−18℃ 이하	21	16~19	13

Ⅶ. 양생 · 보온

1) 초기 양생계획 수립

① 양생온도와 양생기간

② 보온 양생방법 결정

2) 양생방법

① **단열보온양생** : 수화열 보존, 비닐 · 시트로 표면 보호

② **가열보온양생** : 인위적 가열

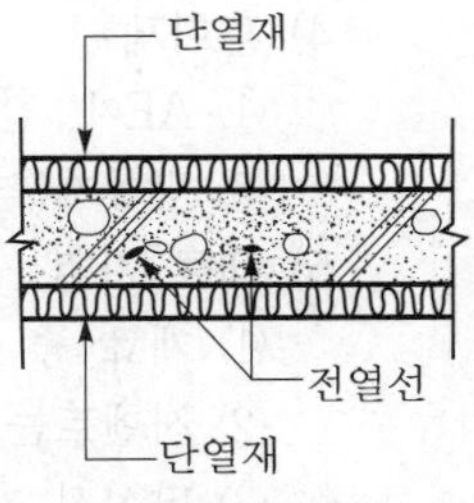

<단열보온양생>

3) 양생온도 유지

단열보온 양생시 국부적으로 냉각되지 않도록 계획한 양생온도 유지

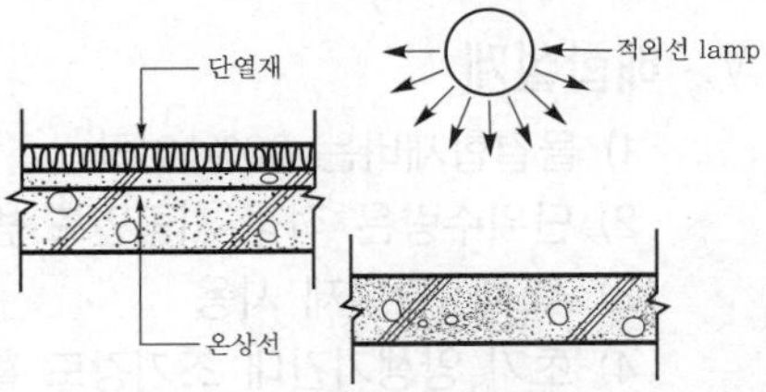

<표면가열양생>

4) 가열보온 양생시

① 급격건조 방지, 시험가열 실시

② 살수 · 피막 처리 등으로 습윤 유지

③ 공간가열, 난방기구, 전기양생, 증기양생

5) 초기양생

① 타설후 양생시 5℃ 이상 유지시켜 주어야 하며, 10℃ 이상이 가장 적정한 양생온도이다.

② 양생이 끝난 후 급냉되지 않도록 유의하고, 일반적으로 콘크리트 표면온도는 20℃를 넘지 않는 것이 바람직하다.

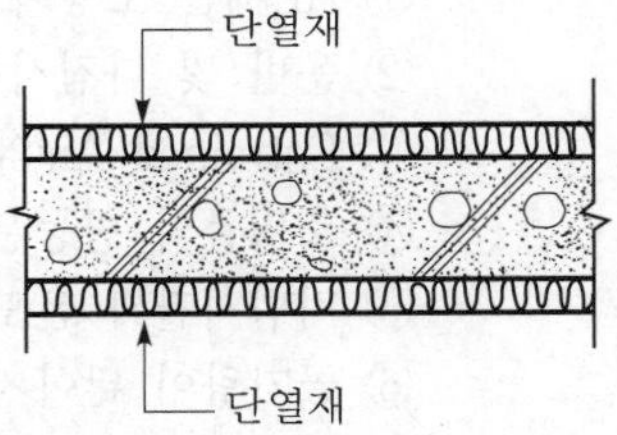

<내부가열양생>

<5℃ 및 10℃에서의 양생일수의 표준>

단면 / 시멘트의 종류 / 구조물의 노출상태		보통의 경우		
		보통 포틀랜드 시멘트	조강 포틀랜드, 보통 포틀랜드 +촉진제	혼합 시멘트 B종
(1) 연속해서 또는 자주 물로 포화되는 부분	5℃	9일	5일	12일
	10℃	7일	4일	9일
(2) 보통의 노출상태에 있고 (1)에 속하지 않는 부분	5℃	4일	3일	5일
	10℃	3일	2일	4일

Ⅷ. 결론

① 동해란 응결이 끝난 상태의 미경화 콘크리트가 콘크리트 중에 포함되어 있는 자유수의 동결로 인하여 체적이 팽창하게 되고 이 때 조직이 이완 또는 파괴되면서 경화 후 콘크리트 강도를 떨어뜨리는 것을 말한다.

② 콘크리트의 초기 동해에 대한 저항성은 압축강도가 4MPa 이상이 되면 동해를 받지 않게 되므로 콘크리트의 동해를 최소화하기 위해서는 소요온도로 양생하고 동결에 노출되어도 피해가 없는 최소양생기간을 지키는 것이 중요하다.

2 서중 콘크리트

Ⅰ. 개요

① 서중 콘크리트란 월평균기온이 25℃를 넘을 때 시공하는 콘크리트로서 30℃를 넘으면 콘크리트의 품질이 저하되므로 주의하여야 한다.

② 서중 콘크리트에서 물의 증발량을 적게하기 위해서는 골재, 거푸집, 지반, 기초 등에 물을 충분히 흡수시키고 Precooling 및 Pipecooling 등의 온도제어 대책을 충분히 세워야 한다.

Ⅱ. 문제점

1) 단위수량의 증가

① 서중 콘크리트는 작업성을 확보하기 위해서 단위수량이 증가하게 된다.

② 단위수량의 증가는 콘크리트 강도의 저하요인이 된다.

2) Slump 감소

① 콘크리트 내의 수분이 빠르게 증발하게 되므로 Slump치가 현격히 감소하게 된다.

② 콘크리트 펌프의 막힘현상(plug 현상)이 발생하고, 시공연도가 떨어진다.

3) 단위 시멘트량의 증가

① 설계기준 강도의 확보를 위해서는 콘크리트의 단위 시멘트량을 증가시켜야 한다.

② 단위 시멘트량이 증가하게 되면 콘크리트의 건조수축 균열이 증가하게 된다.

4) 응결시간의 단축

① Cold Joint가 발생할 우려가 크다.

② Workability 및 Finishability가 떨어진다.

5) 강도의 저하

① 경화시 발생되는 수화열로 인하여 건조수축 균열이 발생한다.

② 균열의 발생은 수분침투에 의한 철근의 부식으로 강도가 급격히 저하되는 원인이 된다.

6) 균열의 증가

① Bleeding의 증발속도보다 수분의 증발이 빨라 소성수축 균열이 발생한다.

② 수화반응으로 인한 발열량의 증가로 건조수축에 의한 균열이 발생한다.

Ⅲ. 플라스틱 수축균열 발생원인

1) 물의 증발속도

콘크리트 타설후 Con'c의 Bleeding 속도보다 물의 증발속도가 빠를 때 발생

2) 된비빔 Con'c

콘크리트 배합에서 Bleeding이 적은 된비빔 콘크리트로 타설할 때 발생

3) 건조한 바람

Con'c 타설시 건조한 바람이 거세게 불어서 물의 증발속도가 빨라질 때 발생

4) 거푸집의 누수
동바리 시공불량, 거푸집 시공불량 등으로 거푸집에서 누수가 생길 때 발생

5) 시멘트의 이상응결
시멘트의 풍화 및 품질 변동으로 콘크리트가 이상응결될 때 발생

6) 기온
여름철 고온, 저습한 기온이 계속될 때 콘크리트를 타설했을 때 발생

7) 표면가열
콘크리트 표면이 다른 목적에 의해서 가열될 때 수분증발이 빨리 일어나 발생

8) 이물질 함유
굵은 골재, 잔골재 등에 흙성분이 많이 포함되어 있을 때 발생

Ⅳ. 대책

1. 재료

1) 청정수 사용
① 물은 낮은 온도의 것을 사용한다.
② 물은 깨끗하고, 기름·산·알칼리·유기불순물 등을 포함해서는 안 된다.

2) 중용열 시멘트
① 중용열 포틀랜드 시멘트를 사용한다.
② 수화 발열량이 적은 시멘트를 사용한다.

3) 청정골재 사용
① 골재는 유해량의 먼지, 흙, 유기불순물, 염화물 등을 포함하지 않아야 한다.
② 서중 콘크리트에서 골재는 낮은 온도의 것을 사용한다.

4) 응결지연제 사용
① 응결지연제를 사용하여 응결을 지연시킨다.
② AE제, 분산제 등을 사용하여 시공성을 향상시킨다.

2. 배합

1) 물결합재비 낮게
① 시공성이 확보되는 한도내에서 물결합재비를 낮춘다.
② 물결합재비의 감소 대신 혼화제를 사용하여 시공연도를 좋게한다.

2) Slump치 최소화
① 시험 배합을 통하여 적정치를 구한 것으로 한다.
② 혼화제를 사용하면 소요 Slump는 최소화하고, 작업성은 용이해진다.

3. 시공관리

1) 운반시간 확보
① 운반중의 Consistency의 저하를 방지하기 위하여 AE 감수제를 사용한다.
② 소요의 Consistency를 확보하기 위해 Slump 저하에 대응할 만큼의 Cement Paste량을 증가시킨다.

2) 타설속도 조절

① 타설시는 수분의 증발을 대비해 유동화제를 사용하여 시공성을 개선한다.

② 타설속도를 조정하고, 연속적으로 중단없이 타설해야 한다.

3) 다짐 철저

① 다짐은 기계 다짐하여 수밀성을 확보한다.

② 봉상 진동기가 닿지 않는 곳은 거푸집 진동다짐으로 시공계획 한다.

4. 양생

1) 차양막 설치

타설후 콘크리트 표면을 직사광선에 의한 건조로부터 보호하기 위하여 차양막 시설을 미리 해둔다.

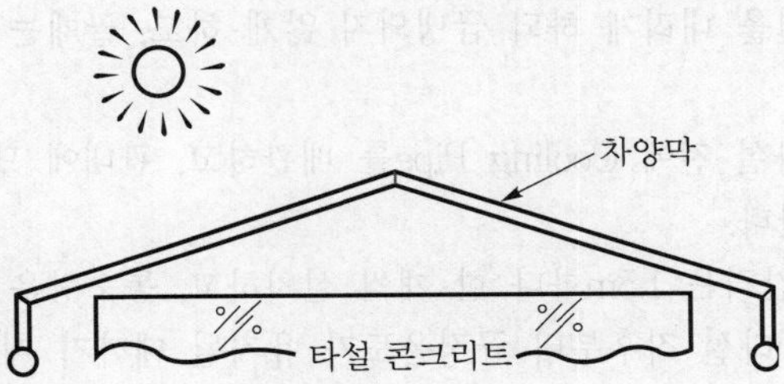

2) 바람막이

기온이 높고 습도가 낮은 경우 타설 직후의 급격한 건조로 인하여 균열이 발생하므로 바람막이를 설치하여 수분증발을 방지한다.

3) 습윤양생

타설후 적어도 24시간은 일시적이더라도 노출면이 건조하지 않도록 습윤상태를 유지시켜야 한다.

4) 양생시간

양생은 적어도 5일 이상 실시하는 것이 바람직하다.

5) 거푸집 살수

기온이 높아 거푸집에 의해 건조우려가 있으므로 거푸집에도 살수하여 습윤 유지한다.

6) 덮개 사용

표면의 건조가 예상되면 Sheet 등을 이용하여 덮고 살수하여 Con'c 표면의 건조를 최대한 억제하여야 한다.

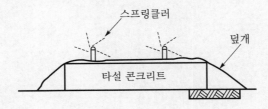

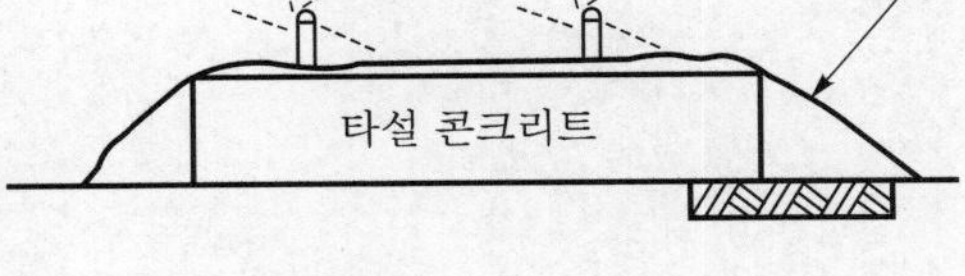

7) 피막양생

① 덮개 살수에 의한 양생이 곤란할 때 피막 양생제를 이용하여 콘크리트 표면에 살포하여 수분의 증발을 막고 충분한 양의 피막 양생제를 표면에 수광이 없어진 후 얼룩이 지지 않게 살포해야 한다.

② 살포는 방향을 바꾸어 2회 이상 실시하는 것이 보통이다.

③ 피막 양생제 살포가 늦었을 때는 피막 양생제를 살포할 때까지 콘크리트 표면을 습윤상태로 유지해야만 한다.

8) Precooling

① 재료의 일부 또는 전부를 미리 냉각시켜 콘크리트 온도를 저하시키는 방법이다.

② 골재의 냉각은 전 재료가 균등하게 냉각되도록 해야 한다.

③ 얼음은 물량의 10~40%를 넣고 콘크리트 비비기 완료 전에 완전히 녹인다.

④ 시멘트는 열을 내리게 하되 급냉되지 않게 하고, 골재는 그늘에 저장한다.

9) Pipecooling

① 콘크리트 타설 전에 Cooling Pipe를 배관하고, 관내에 냉각수나 찬 공기를 순환시켜 냉각한다.

② Pipe 배치 간격은 1.5m마다 한 개씩 설치하고, 통수량은 15L/분으로 한다.

③ 통수시간은 타설 직후부터 규정온도가 유지될 때까지 계속한다.

Ⅴ. 결론

① 서중 콘크리트는 타설시 수화열을 낮게 하고, 습윤양생을 철저히 시행하여 경화시 건조수축으로 발생하는 균열을 방지하는 것이 무엇보다도 중요하다.

② 서중 콘크리트를 타설시 혼화제의 사용, Precooling 및 Pipecooling의 적용이 검토되어야 하며, 하루중 기온이 낮은 저녁에 치는 것이 유리하다.

3 Mass Con'c

Ⅰ. 개요

① Mass Con'c란 댐, 거대한 교각 등과 같이 부재 단면이 800mm 이상, 내·외부의 온도차가 25℃ 이상되는 콘크리트를 말한다.

② 과도한 수화열 발생으로 인하여 균열이 발생되는 문제점이 있으므로 Precooling 및 Pipecooling 등의 온도제어 대책이 필요하다.

Ⅱ. 온도균열

1) 정의

① 콘크리트 표면과 내부 온도와의 차이에 의해 온도균열(인장균열)이 발생한다.

② 콘크리트 타설후 수일 이내에 발생하며, 콘크리트 강도·내구성·수밀성 등의 저하요인이 된다.

2) 발생원인

① 수화 발열량에 의한 내부 온도의 상승 및 거푸집 제거에 의해 콘크리트 표면이 급속히 냉각되면서 발생한다.

② 콘크리트 내·외의 온도차에 의한 온도구배로 인장력이 발생하여 온도균열이 생긴다.

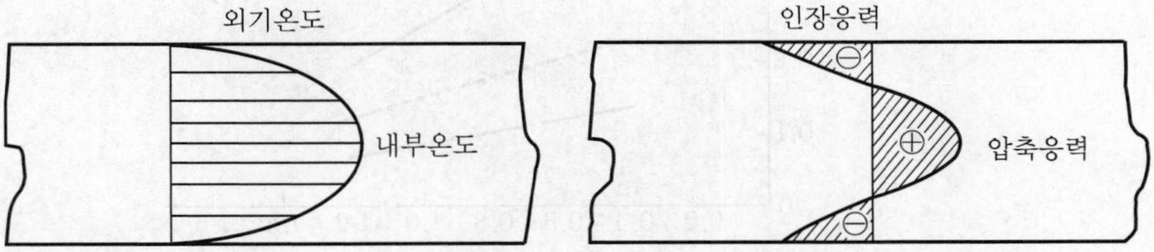

Ⅲ. 온도균열지수

1) 정의

온도균열지수란 콘크리트의 인장강도를 온도응력으로 나눈 값으로 다음 식과 같다.

$$I_c = \frac{\sigma_t(\text{콘크리트 인장강도})}{\sigma_x(\text{온도응력})}$$

① 균열을 방지하고 싶은 경우 : $I_c \geq 1.5$

② 균열발생은 허락하나 그 폭이나 수를 제한 : $1.2 \leq I_c \geq 1.5$

③ 그 이외의 경우 : $0.7 \leq I_c \geq 1.2$

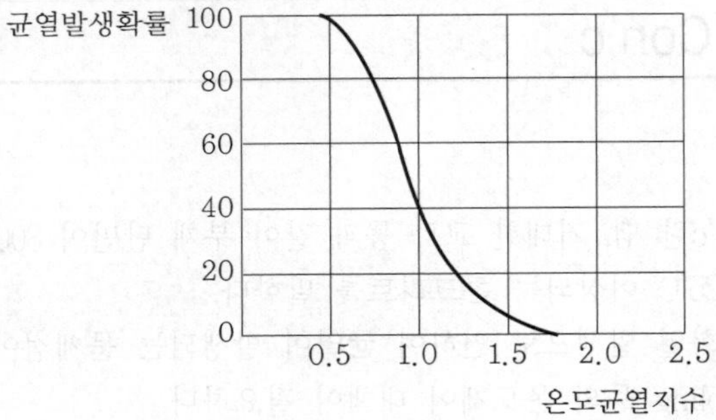

2) 특성

① 온도균열지수가 커질수록 균열방지에 대한 안정성이 높아지고,

② 온도균열지수가 작아질수록 안정성은 낮아지도록 되어 있다.

③ 목표값은 구조물에 요구되는 수밀성이나 기밀성 등의 기능을 감안하여 정한다.

④ 균열의 내구성이나 내력에의 영향, 환경 등도 감안하여 정해야 한다.

3) 최대 균열폭과 온도균열지수의 관계

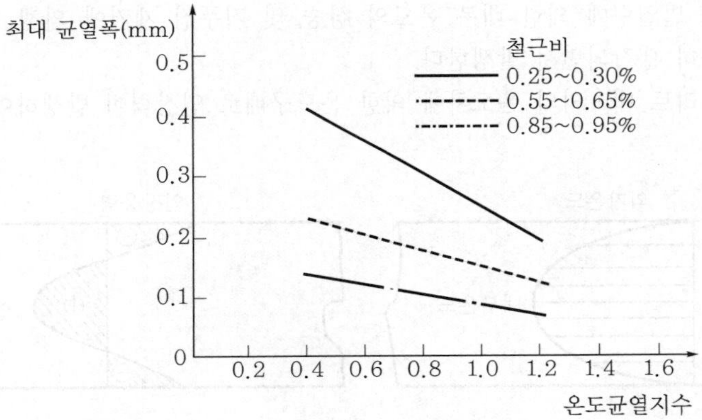

Ⅳ. 문제점

① 과도한 수화발열량으로 온도균열이 발생한다.

② 내·외부의 온도차에 의한 수축·팽창 균열이 발생한다.

③ 단면치수, 구속조건 등이 불균일하면 균열이 발생한다.

Ⅴ. 시공대책(유의사항)

1. 재료

1) 시멘트

① 중용열 시멘트 및 저발열 시멘트를 사용한다.

② Fly Ash Cement, Pozzolan Cement, 고로 Slag Cement 등이 사용된다.

2) 골재
① 굵은 골재의 최대치수는 크게 한다.
② 입도가 양호한 재료 및 저온 골재를 사용한다.

3) 물
① 유기불순물의 함유량이 없는 음료수 정도의 물이 적당하다.
② 저온의 냉각수 및 일부는 얼음 등으로 대체하여 사용할 수 있다.

4) 혼화제
① AE제, AE 감수제 및 유동화제 등을 사용한다.
② 수화 발열량을 적게 하는 Fly Ash 등을 사용한다.

2. 배합

1) 물결합재비
① 시공성이 확보되는 한도내에서 최대한 적게한다.
② 단위수량은 적어지는 대신에 혼화제를 사용한다.

2) Slump치
단위 시멘트량은 증가하나 Pozzolan 등의 첨가로 수화 발열량을 낮출 수 있다.

3. 시공

1) 타설
① 타설시 수분증발은 유동화제를 첨가하여 개선한다.
② 타설속도를 조정하고, 연속 타설한다.

(2) 이음
① 연속 타설로 Cold Joint를 방지한다.
② 건조수축에 의한 균열을 방지하기 위해서 Control Joint를 설치한다.

Ⅵ. 냉각방법

1. Precooling

1) 정의
재료의 일부 또는 전부를 미리 냉각시켜 콘크리트 온도를 저하시키는 방법이다.

2) 냉각방법
① 골재의 냉각은 전 재료가 균등하게 냉각되도록 해야 한다.
② 얼음은 물량의 10~40%를 넣고 콘크리트 비비기 완료전에 완전히 녹인다.
③ 시멘트는 열을 내리게 하되 급냉되지 않게하고, 골재는 그늘에 저장한다.

2. Pipecooling

1) 정의
콘크리트 타설전에 Cooling용 Pipe를 배관하고, 관내에 냉각수나 찬 공기를 순환시켜 냉각한다.

2) 냉각방법

① Pipe 배치 간격은 1.5m마다 한 개씩 설치하고, 통수량은 15l/분으로 한다.

② 통수시간은 타설 직후부터 규정온도가 유지될 때까지 계속한다.

3) 시공시 주의사항

① Cooling시 급격한 온도구배가 생기지 않게 한다.

② Cooling 완료후 Pipe 속은 Grouting한다.

Ⅶ. 계측관리항목

1) 온도계

① 콘크리트 내·외부의 온도측정

② 콘크리트 내·외부의 온도차가 20℃ 이내로 되도록 관리

③ 콘크리트 타설일로부터 5일 간의 온도변화에 유의

2) 유효 응력계

① 콘크리트 내에 인장응력 측정

② 콘크리트 내의 응력이 콘크리트의 인장강도 초과시 균열발생

3) 콘크리트 변형률계

① 콘크리트의 온도응력 측정

② 콘크리트 내·외부 온도차에 의한 응력발생 측정

4) Crack Gauge

콘크리트에 균열발생시 균열의 폭, 길이를 측정

5) 구조물 전체 Movement 측정

콘크리트내부의 응력 및 균열발생으로 인한 구조물의 Movement 여부 측정

Ⅷ. 결론

① Mass Con'c의 균열은 단면치수, 내·외부의 온도차, 배근상태, 구속조건 등의 복합적인 작용에 의해 발생한다.

② 수화열에 의한 균열방지는 재료, 배합, 양생 등의 시공적인 면에서의 대책과 보강근 배치계획 등 설계적인 면에서의 대책이 적극 검토되어야 한다.

4 수중 콘크리트

Ⅰ. 개요

① 수중 콘크리트란 물이 많이 나고 배수가 불가능한 지하층 공사 및 호안·하천변의 기초공사 또는 가물막이 공사에 적용되는 콘크리트이다.

② 각 분류별 사용되는 콘크리트 배합 및 성질이 다르므로 사용처에 따라 다른 배합과 시공법을 적용해야 하며, 또한 Prepacked 콘크리트로도 시공이 가능하다.

Ⅱ. 요구되는 성능

① 수중에서의 분리 저감 성능
② 우수한 유동성
③ Bleeding 억제 성능
④ 콘크리트 강도 유지

Ⅲ. 수중 콘크리트 타설 공법

1) Tremie 공법

① Tremie Pipe의 출구를 막고 수중에 투입한 후 물과 치환하면서 콘크리트를 타설하는 공법

② Tremie Pipe 선단은 항상 콘크리트 속에 묻혀 있을 것

③ Tremie Pipe 내는 콘크리트가 항상 가득 차 있을 것

2) 콘크리트 Pump 공법

① Tremie Pipe 대신 콘크리트 Pump의 수송관을 수중에 투입하여 콘크리트를 타설하는 공법

② 수송관 내에는 콘크리트가 가득차 있고, 수송관은 콘크리트에 묻혀 타성

3) 밑열림 상자 공법

① **밑뚜껑식** : 선단에 뚜껑을 만들어 콘크리트 투입 후 Tremie 관을 조금 들어올리면 콘크리트 중량에 의해 뚜껑이 제거되면서 콘크리트를 타설

② **플런저(plunger)식** : Tremie관 투입구 관경에 맞는 Plunger를 장착하여 콘크리트를 투입하면 관내에 안정액을 배제하면서 콘크리트를 타설

③ **개폐문식** : 선단에 개폐문을 설치하고 Tremie 관내에 콘크리트를 채운후 선단을 개방하여 콘크리트를 타설

④ Tremie 관내에 콘크리트를 채우고 선단이 수면 저부에 도달했을 때 선단의 상자를 열고 콘크리트를 타설한다.

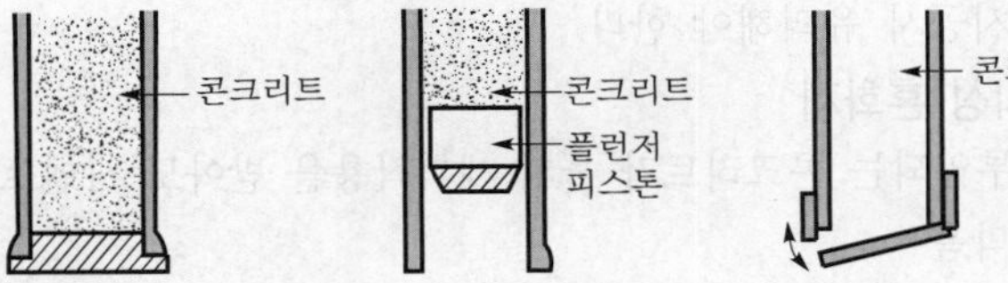

(a) 밑뚜껑식 (b) 플런저식 (c) 개폐문식

<밑열림 상자 공법>

4) 밑열림 포대 공법

① 0.05m^3 정도의 포대에 콘크리트를 2/3만 채워 포대끼리 자유로이 변형하도록 하여 층을 쌓고 잘 정착되도록 함.

② 수면 저부에 암반이 있어 요철이 심한 경우

Ⅳ. 수중 콘크리트의 분류

① 일반 수중 콘크리트

② 수중 불분리성(不分離性) 콘크리트

③ 현장치기 말뚝 및 지하연속벽의 수중 콘크리트

④ Prepacked 콘크리트

Ⅴ. 분류별 특징

1. 일반 수중 콘크리트

1) 의의

① 일반적인 수중 콘크리트 타설시에는 공기중보다 높은 배합강도의 콘크리트나 설계기준강도를 적게 한다.

② 재료·배합·타설 및 시공기계 등에 유의하며, 재료분리가 적게 일어나도록 관리한다.

2) 배합

① 물결합재비는 50% 이하

② 재료분리 방지를 위해 단위 시멘트량(370kg/m^3 이상)을 많게 함

③ Slump치

시공법	Slump 범위(mm)
트레미 공법, 콘크리트 Pump 공법	150~200
밑열림 상자 공법, 밑열림 포대 공법	120~170

2. 수중 불분리성 콘크리트

1) 의의

① 해양에서와 같이 수면하의 비교적 넓은 면적에 시공되는 콘크리트로 수중 불분리성 혼화제를 사용하여 수중에서의 재료분리를 막을 수 있다.

② 최근 시공실적이 증가되고 있으며, 일반 수중 콘크리트와는 물성이 상당히 상이하므로 시공시 유의해야 한다.

2) 수중 불분리성 혼화제

① 수중에 투입되는 콘크리트가 물의 세척작용을 받아도 시멘트 Paste와 골재의 재료분리를 막음

② Bleeding 현상이 거의 발생하지 않으며, 부착강도가 높음

3) 배합

① 물결합재비

환경 \ 콘크리트 종류	무근 콘크리트	철근 콘크리트
담수중	65% 이하	55% 이하
해수중	60% 이하	50% 이하

② 공기량은 4% 이하

4) 시공

① Tremie 공법이나 콘크리트 Pump 공법으로 타설

② 수중 낙하높이는 0.5m 이하, 유속관리는 50mm/sec 이하

3. 현장치기 말뚝 및 지하연속벽의 수중 콘크리트

1) 의의

현장치기 말뚝 및 지하연속벽은 구조물의 본체나 지하 굴착시 토류벽 등에 사용되므로 정밀도・이수(泥水)・콘크리트 품질 등의 시공관리가 필요하다.

2) 배합

① 물결합재비는 55% 이하

② Slump치는 150~210mm가 표준

③ 단위 시멘트량은 350kg/m^3 이상

3) 시공

① Tremie 관의 안지름은 굵은 골재 최대치수의 8배 정도

② 콘크리트 타설중 Tremie 관의 묻히는 깊이는 2m 이상

③ 타설속도는 4~10m/h 유지

4. Prepacked 콘크리트

1) 의의

거푸집 안에 미리 굵은 골재를 채운후 간극 사이에 시멘트 모르타르를 주입하여 콘크리트를 만드는 공법

2) 침투제(intrusion aid)

① 수밀성 물질을 주성분으로 하며, 모르타르에 Fly Ash, AL 분말 등을 적당히 혼합하여 Intrusion 모르타르를 만든다.

② 물과의 친밀성이 없으며, 조골재 사이에서 완전한 부착을 유도한다.

3) 시공순서

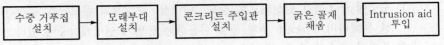

수중 거푸집 설치 → 모래부대 설치 → 콘크리트 주입관 설치 → 굵은 골재 채움 → Intrusion aid 투입

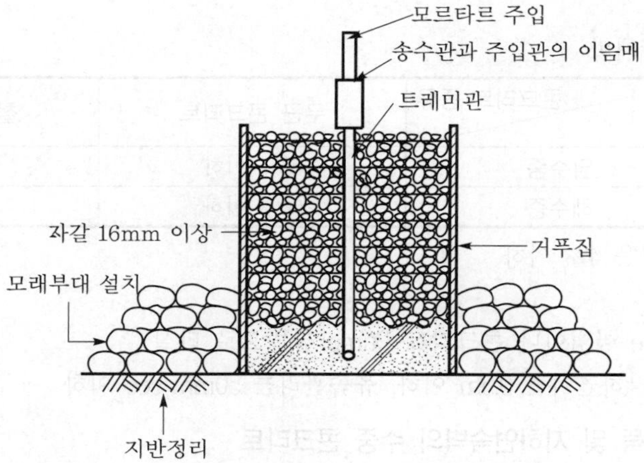

4) 시공시 주의사항

① 주입 모르타르(intrusion aid)는 팽창률 5~10%, Bleeding 3% 이하로 유지하여야 한다.

② 굵은 골재 치수는 15mm 이상으로 하고, 거푸집에 충진되었을 때 간극률이 적도록 유지한다.

③ 주입 모르타르에 의한 거푸집의 성능은 측압에 충분히 견디는 구조로 한다.

④ 이음새에 모르타르가 새어나오지 않게 한다.

⑤ 주입관을 수직으로 설치할 때 수평간격은 2m로 한다.

⑥ 상하는 1.5m 간격으로 배치한다.

⑦ 굵은 골재 채움전에는 거푸집내의 청소를 철저히 한다.

⑧ 모르타르의 주입은 낮은 위치에서 실시하며, 수평되게 한다.

Ⅵ. 문제점과 대책

1) 문제점

① 철근과 부착강도 ② 품질의 균등성

③ 재료분리 ④ 시공후 품질확인

2) 대책

① 가물막이 공사에 의한 Dry Work ② Precast 부재 이용

③ 배합강도 높임 ④ 허용응력 낮춤

Ⅶ. 결론

① 수중에 구조체가 형성되므로 강도·내구성·수밀성의 콘크리트 품질관리가 중요한 문제이며, Precast 부재 등을 이용하는 공법이 연구개발중에 있다.

② 품질이 우수한 수중 콘크리트의 시공을 위해서는 시험을 통한 배합관리와 시공시 세심한 주의가 필요하며, 아울러 시공조건에 따른 적정공법의 선택이 무엇보다 중요하다.

5 수밀 콘크리트

Ⅰ. 개요

① 수밀 콘크리트란 물이 침투하지 못하도록 특별히 밀실하게 만든 콘크리트로서 물·공기의 간극률을 가능한 작게 하거나, 방수성 물질을 사용하여 콘크리트 표면에 방수도막층을 형성하여 방수성을 높인 콘크리트를 말한다.

② 수밀 콘크리트는 방수성이 뛰어나며 풍화되지 않고 전류 등에 강하여 내화학성을 가지고 있으며, 염해·탄산화·알칼리골재반응·동결융해 등에 강한 저항성을 갖고 있다.

Ⅱ. 특성

① 산·알칼리·해수·동결융해에 대한 저항력이 크다.
② 풍화를 방지하고, 전류의 해를 받을 우려가 적다.
③ 시공연도를 좋게하기 위해 AE제를 사용한다.
④ 거푸집은 수밀하고, 견고하게 짜야 된다.
⑤ 긴결재의 구멍은 방수 모르타르로 충진한다.

Ⅲ. 누수의 원인

1) Cold Joint

시공중에 구Con'c와 신Con'c가 일체가 되지 않고 분리된 상태로서 침투수에 의해 누수된다.

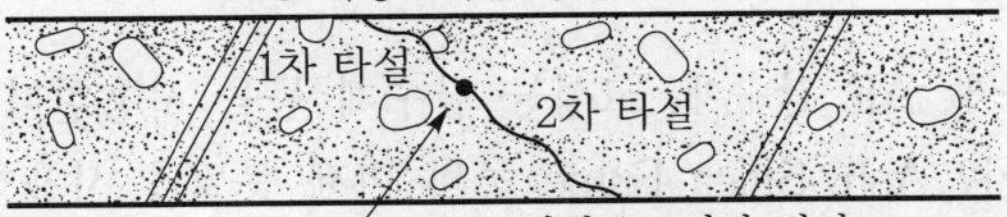

2) Bleeding

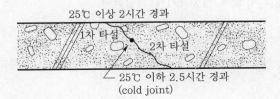

Con'c 타설후 Bleeding 현상으로 Con'c 내부에 미세한 수로가 형성된다.

3) 철근 하부간극

Con'c 시공시 다짐 불충분으로 철근 하부에 간극을 형성하여 누수원인이 된다.

4) W/B비 과다

실제 콘크리트는 수화작용에 필요한 물보다 많은 물을 사용하는데 수화작용에 쓰이고 남은 물은 자유수가 되어 Con'c 속에 남아서 유로를 형성하게 된다.

5) 건조수축 균열

콘크리트는 건조하면 수축하고 습기에 접하면 팽창한다. 이들 작용의 반복으로 Con'c 균열이 발생되고, 누수의 원인이 된다.

6) 다짐불량

Con'c 타설시 불충분한 다짐으로 인해 Con'c의 밀도가 저하되고, 따라서, Con'c 구조가 느슨하게 되어 누수의 원인이 된다.

7) 골재의 투수성

사용골재가 투수성이 큰 골재일 때 침투수의 통과가 쉬워져 누수의 원인이 된다.

8) 균열

온도, 소성수축, 충격, 진동 등의 영향에 의해서 구체에 균열이 생겨 누수된다.

Ⅳ. 대책

1. 재료

1) 시멘트

① Portland Cement의 사용을 원칙으로 한다.
② 고로 Slag, Fly Ash, Pozzolan 등을 사용한다.
③ 분말도가 높은 시멘트를 사용하다.
④ 풍화되고 오래된 시멘트는 사용을 금한다.
⑤ 저장은 통풍이 양호하고, 온·습도 관리에 양호한 곳에 저장한다.

2) 골재

① 유해물의 함유가 없고, 비중이 큰 골재를 사용한다.
② 조립률이 2.3~3.1 정도의 입도를 가진 모래를 사용한다.

3) 물

① 물은 유해량의 기름·산·알칼리·유기불순물 등을 포함해서는 안 된다.
② 음료수 정도의 물이 사용하기에 적합하다.

4) 혼화재료

① AE제, 감수제, AE 감수제, 고성능 감수제 등을 사용한다.
② Pozzolan, Fly Ash, Silica Fume 등의 미세 분말을 사용한다.

2. 배합

1) 물결합재비

① 수밀 콘크리트의 물결합재비는 55% 이하로 한다.
② 단위수량과 단위시멘트량은 가급적 적게 한다.

2) Slump치

① 콘크리트의 Slump치는 180mm 이하로 한다.
② 혼화재료를 이용하여 시공성 및 수밀성을 확보하고, 시멘트량은 적게한다.

3) 굵은 골재 최대치수

① 굵은 골재 치수는 클수록 유리하다.
② 최대치수는 시험배합을 통한 적정치로 하되 일반적으로 부재 최소단면의 1/5 이하로 한다.

4) 잔골재율
① 잔골재의 양은 작게 한다.
② 잔골재율은 작을수록 수밀 콘크리트에 유리하다.

3. 방수 공법

1) Asphalt 방수
① 재료로는 Blown Asphalt, Asphalt Compound, Asphalt Felt, Asphalt Roofing 등이 사용된다.
② 가열 용융한 재료를 차례로 적층하여 콘크리트의 방수층을 만든다.

2) 도막방수
① 주재료로 폴리우레탄, Epoxy 수지, 명반(5%) 용액+비누(7%) 등을 사용
② 주재료와 경화제를 혼합하여 바탕면에 도포하여 콘크리트의 방수층을 형성한다.
③ 복잡한 형상 등에 시공이 가능하며, 내약품성이 있고, 시공성이 양호하다.

Ⅴ. 시공시 주의사항

1) 시공 이음
① 시공 이음을 두지 않는 것을 원칙으로 한다.
② 부득이한 경우 전단력이 작은 곳에 시공한다.

2) 시공 이음부 청소
① 시공 이음시 콘크리트가 굳기 전에 Air Jet, Water Jet로 표면 청소한다.
② 연약한 콘크리트는 깨어내고, 굵은 골재를 노출시킨다.

3) 지수판(water stop) 설치
① 경화후에는 Chipping 하거나, Sand Blasting 후 물로 깨끗이 청소한다.
② 지수판은 타설로 인하여 굽혀지거나 휘어지지 않도록 구속을 철저히 한다.

4) 연직 시공 이음
① 타설시에는 양질의 합판이나 목재 등이 사용된다.
② 지수판, 팽창성 지수판, 동판 등을 사용한다.

5) 거푸집의 조립 누수
① Form Tie Bolt 구멍은 25mm 깊이로 쪼아내고 수지 Mortar로 채운다.
② 시공후 탈락·박락이 발생되지 않게 정밀하게 시공한다.

Ⅵ. 결론

① 수밀 콘크리트는 물결합재비를 줄이고, 혼화재(fly ash, pozzolan) 등의 혼입으로 고수밀성을 확보할 수 있고, 외부로부터 침투할 수 있는 열화 요인들에 대하여 저항력이 증대된다.
② 수밀 콘크리트의 시공계획시 주의해야 할 사항은 이음의 개소를 최소화하고, 시공상 이어치기를 하여야할 경우 전단강도가 최소가 되는 지점에 하여야 하며, Water Stop의 구속 정도가 콘크리트의 질을 좌우하므로 시공에 철저를 기하여야 한다.

6 해양 콘크리트

Ⅰ. 개요

① 해양콘크리트란 해양환경(해안으로부터 1km 이내)에 노출된 콘크리트로 염분에 의한 철근부식에 대비하여야 한다.

② 해수면 내에서의 콘크리트 Joint 발생이 없어야 하며 수중 불분리성 혼화제를 사용하여 수중에서의 재료분리 발생을 방지하여야 한다.

Ⅱ. 해양콘크리트의 요구성능

해양콘크리트의 경우 작업성과 염해에 대한 대책을 마련한 후 시공에 임한다.

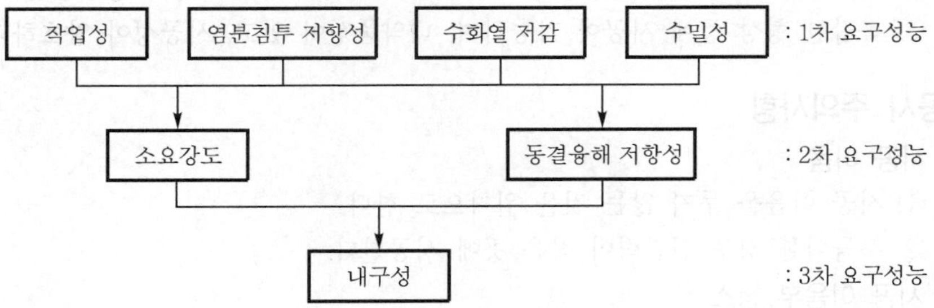

Ⅲ. 사용되는 장비

1) Batch Plant선

타설장소까지 연결된 해상콘크리트 수송 Line

2) Pump Car

Batch Plant선으로부터 중계 타설

3) 바지선

① Pump Car의 탑재　　② Batch Plant 연결선의 탑재

4) Crane+Bucket에 의한 타설

① Crane　　② Bucket

5) 골재운반선

Ⅳ. 내구성 향상 대책

1) 철근 부식방지

구분	부식대책
아연도금	· 철근의 아연도금은 염해에 대한 저항력이 높음 · 철근의 염화물 이온반응 억제
Epoxy coating	· Epoxy Coating으로 철근의 방식성을 높임 · 정전 Spray로 평균 도막두께 150~300μm로 유지

구분	부식대책
방청제	· 방청제를 사용하여 철근의 부식억제 · 아질산계 방청제 사용
철근의 부동태막 보호	· 철근의 부동태막은 강알칼리성에서만 유지되며 철근부식을 방지

2) 배합적 대책

① 내구성에 의한 AE 콘크리트의 물결합재비

환경조건 \ 시공구분	현장시공	공장시공
물보라지역	45% 이하	
해상 대기	45% 이하	50% 이하
해중	50% 이하	

② 단위시멘트량

환경조건 \ 굵은 골재 최대치수	25mm	40mm
물보라지역	$330kg/m^3$	$300kg/m^3$
해상 대기		
해중	$300kg/m^3$	$280kg/m^3$

3) 피복두께 확보

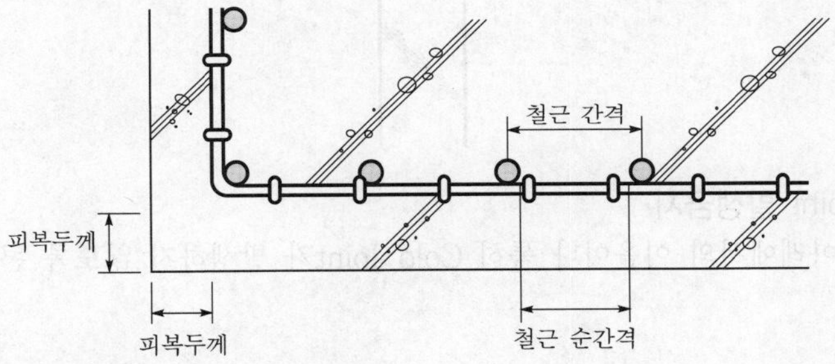

4) 시공적 대책

① Con'c 표면에 도막방수 등을 실시

② 다짐을 철저히 하고, 공극률을 낮추어 철근 Con'c의 강성을 높임

③ Con'c의 초기양생은 균열을 방지하여 염분의 침투방지

5) 콘크리트 내부 염화물 저감

구분	대책
모래	건조중량의 0.02% 이하
콘크리트	$0.03kg/m^3$ 이하
배합수	$0.04kg/m^3$ 이하

해양콘크리트 내부로부터의 염화물을 저감시켜 염해에 대한 저항성 증대

V. 시공시 유의사항

1) 염화물에 노출방지

염화이온, 물, 산소가 콘크리트를 통과하여 철근과 만나면서 $Fe(OH)_2$(산화제2철)인 적색의 녹 발생

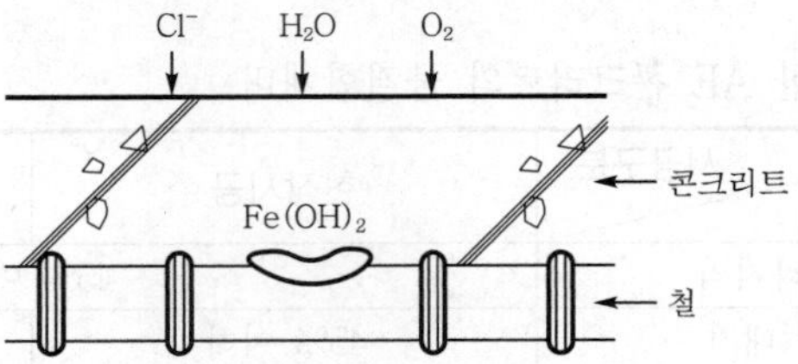

2) 초기보양 필요

해에 의해 콘크리트 속으로 Mortar가 유실되지 않도록 5일 이상 보호

3) Construction Joint 위치준수

시공이음(Construction Joint)은 만조시 해수면으로부터 600mm 이상 높은 곳에 설치

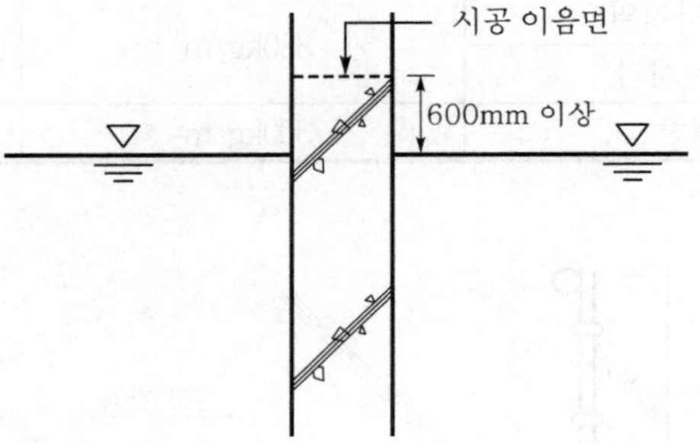

4) Cold Joint 발생금지

해수면 아래에서의 이음이나 특히 Cold Joint가 발생하지 않도록 콘크리트 타설계획 철저

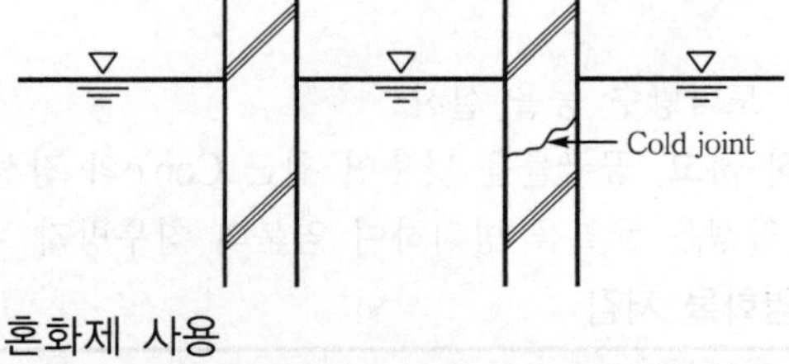

5) 수중 불분리성 혼화제 사용

미경화콘크리트의 특성	경화콘크리트의 특성
수중에서의 분리저항성 우수	공기 중에서 경화시 압축강도 저하
간극에 대한 충전성 우수	부착강도 우수
Bleeding 현상 발생감소	Laitance 발생저감
Pump 압송성 우수	건축수축이 다소 큼
응결을 지연시키는 특성	동결융해에 대한 저항성 다소 부족

Ⅵ. 환경오염 방지대책

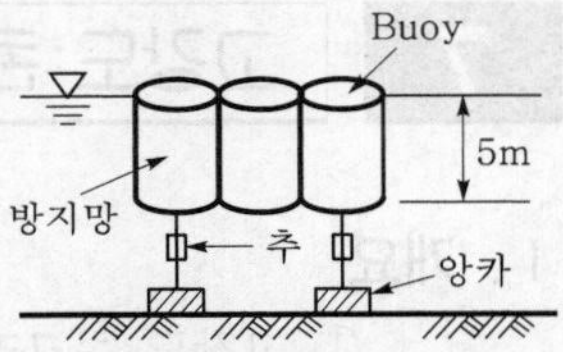

<오탁방지망>

1) 오탁방지망 설치
   ① 해상장비의 유류에 의한 오염방지
   ② 오탁의 흐름을 방지
2) 수질조사항목

구분	조사항목
공사중	SS, 탁도
공사후	COD, DO, TP

3) 오일펜스 설치
   기름(오일)에 의한 해양수 오염방지
4) 쓰레기 차단막
   공사중에 발생하는 쓰레기의 차단 및 수거
5) 폐유저장소
6) 폐기물 수거
7) 해수오염방지

Ⅶ. 결론

① 해양환경에 노출된 콘크리트는 염해에 의한 철근의 부식으로 구조물의 내구연한이 최고 50%까지 감소된다는 연구결과가 있다.

② 해양콘크리트에 요구되는 성능은 여러 가지가 있으나 특히 염해에 대한 대책을 시공계획시 수립한 후 시공에 임하여야 한다.

7 고강도 콘크리트

Ⅰ. 개요

① 고강도 콘크리트란 일반 콘크리트에 비해 높은 압축강도를 가진 콘크리트를 말하며 보통 40MPa 이상의 콘크리트를 말한다.

② 고강도 콘크리트는 제조방법에서 Autoclave를 이용한 양생, 활성골재, 고성능 감수제, Silica Fume 등을 사용함으로써 강도를 증진시킬 수 있다.

Ⅱ. 특징

1) 장점

① 부재의 경량화가 가능하다.

② 소요단면이 감소된다.

③ 시공능률이 향상된다.

④ Creep 현상이 적다.

2) 단점

① 강도 발현에 변동이 커져 취성 파괴될 우려가 있다.

② 시공시 품질변화가 우려된다.

③ 내화성에 문제가 있다.

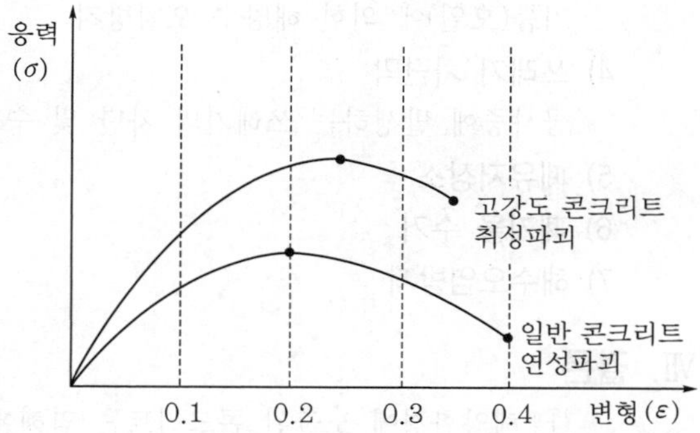

Ⅲ. 제조방법

1) 결합재의 강도 개선

① 고성능 감수제의 사용으로 시공연도를 개선한다.

② Resin Cement, Polymer Cement 등의 고강도 Cement를 사용하여 Macro Defect Free Con'c를 제조한다.

2) 활성골재의 사용

① Alumina 분말을 사용하여 팽창성을 좋게 한다.

② 인공 골재(코팅)를 사용하여 시공성을 좋게 한다.

3) 다짐방법의 개선

① 고압 다짐, 가압 진동다짐, 고주파 진동다짐, 진동 탈수다짐 등을 사용한다.

② 내부 진동기의 설치가 곤란한 곳은 거푸집 진동기를 이용한다.

4) 양생방법의 개선

① Autoclave 양생을 실시한다.

② 콘크리트 타설후는 도막양생 및 습윤양생을 실시한다.

5) 보강재의 사용

① 섬유 보강제를 사용한다.

② Plastic Polymer Con'c 및 Ferro Cement Con'c 등을 적용하여 일반 콘크리트의 취성적 성질을 보강한다.

6) 물결합재비를 적게

① Slump는 150mm 이하로 하며, 물결합재비는 50% 이하로 한다.

② 고성능 감수제를 사용한다.

③ Silica Fume, Fly Ash, Pozzolan 등의 미세 분말을 사용한다.

Ⅳ. 재료

1) 시멘트

① 시멘트는 반드시 시험배합을 거쳐 다른 재료와의 양립성이 사전조사 되어져야 한다.

② 제조후 2개월 이상 경과된 시멘트는 사용해서는 안 된다.

2) 골재

① 골재는 깨끗하고, 강하고, 내구적이며 알맞은 입도를 가져야 한다.

② 얇은 석편, 유기불순물, 염분 등의 유해량을 함유해서는 안 된다.

3) 혼화재료

① 혼화재료는 Silica Fume, Fly Ash, Pozzolan 등이 사용되며, 콘크리트의 장기강도 및 수밀성을 증대시키고 수화열은 감소시키는 특성이 있다.

② 고성능 감수제(유동화제)를 사용하면 시공성을 확보할 수 있는 데 그 종류로는 멜라민계, 나프탈린계, 리그닌계가 있으나 나프탈린계가 주로 사용되고 있다.

Ⅴ. 배합

1) 물결합재비

① 소요강도와 내구성을 고려하여 정한다.

② 물결합재비는 33~38% 이하로 한다.

2) 소요 공기량

① 공기 연행제를 사용하면 소요 공기량의 증가없이 시공성을 확보할 수 있다.

② 기상변화가 심하거나 동결융해에 대한 대책이 필요한 경우에는 제외한다.

3) 단위 시멘트량

① 고강도 콘크리트의 단위 시멘트량은 보통 350~600kg/m^3 정도로 한다.

② 단위 시멘트량은 시험배합을 통하여 정해야 소요강도 확보에 유리하다.

4) 잔골재율

① 고강도 콘크리트가 50MPa의 강도를 얻기 위해서는 잔골재율이 30~40% 범위내에 있어야 한다.

② 잔골재율의 조립률(F.M.)은 3.0 정도가 가장 적당하다.

Ⅵ. 시공

1) 운반

① 콘크리트는 재료분리 및 Slump값의 손실이 적은 방법으로 신속하게 운반한다.

② 운반시간 및 거리가 긴 경우는 Truck Mixer를 사용하여야 한다.

2) 타설

① 부어넣기 순서는 구조물의 형상, 콘크리트의 공급상태, 거푸집 등의 변형을 고려하여 결정한다.

② 비빔에서 타설완료까지의 시간은 60분에서 90분을 넘지 않도록 계획을 세우는 것이 좋다.

3) 양생

① 타설후 경화에 필요한 온도·습도 등을 유지하며, 진동·충격 등의 유해한 영향이 없도록 충분한 기간동안 양생한다.

② 물결합재비가 낮으므로 습윤양생을 실시하며, 부득이한 경우는 현장 피막양생을 실시한다.

Ⅶ. 개발방향

① 고강도 콘크리트 설계기준의 정립

② 고강도 시멘트의 개발

③ 타설시 품질관리 System 확립

④ 공장생산 제품의 다변화

Ⅷ. 결론

① 현대 구조물이 초고층화, 대형화, 특수화 되어감에 따라 합리적이며 경제적인 구조 시스템의 개발 및 효율성이 높은 건설재료를 필요로 하게 되므로 이를 위한 방안으로 콘크리트의 고강도화가 적극 검토되고 있다.

② 고강도 콘크리트를 위하여는 물결합재비를 최소화하고 증기양생 또는 Auto Clave 양생을 하여 고강도의 콘크리트를 얻을 수 있다.

8 고성능 콘크리트

Ⅰ. 정의

1) 개요

① 고성능 콘크리트(High Performance Concrete)는 고강도 콘크리트의 한 단계 위인 Con'c로서, 유동성 증진 이외에도 고강도 · 고내구성 · 고수밀성을 갖는 Con'c를 말한다.

② 고성능 콘크리트는 고강도화 및 고유동화함에 따라 시공성을 향상시킬 수 있을 뿐 아니라, 최근에는 무다짐(자체 충전형) Con'c 방향으로 발전되고 있다.

2) Con'c의 단계별 발전

연대 / 구분	1960년대	1970년대	1980년대	1990년대
Con'c의 종류	AE Con'c	유동화 Con'c	고강도 Con'c	고성능 Con'c
사용재료	AE제	유동화제	고성능 감수제 Silica Fume	고성능 감수제, Silica Fume, M.D.F Cement, Autoclave 양생
품질특성	고내구화	고유동화	고강도화	고내구화, 고유동화, 고수밀화, 고강도화

3) 특징

① 시공능률이 향상됨

② 작업량 감소

② 진동다짐의 감소

④ 처짐(변형) 감소

⑤ 재료분리 감소

⑥ 공사기간 단축

Ⅱ. 배합 및 시공

1) 고성능 감수제

보통 Con'c와 동일한 작업성으로 물결합재비를 대폭 감소할 목적인 경우에 사용되며, 감수율이 30% 정도이며, 수밀성도 향상됨

2) Silica Fume

Silicon 등의 규산합금 제조시 발생하는 폐가스를 집진하여 얻어진 초미립자(1μm 이하)이며, 고성능 감수제와 같이 사용하면 수밀성 · 강도 등이 향상

3) M.D.F Cement

콘크리트의 큰 기공(2~15μm 정도)이나 결함을 없게 함으로써 고수밀성 및 고강도화를 실현하는 Cement

4) Autoclave 양생

고온 · 고압의 탱크 안에서 하고, 고압 증기양생으로서, 이 방법에 의해 Con'c를 양생하면 최고 100~120MPa까지의 고강도가 가능함.

Ⅲ. 고성능 콘크리트의 폭렬 특성

1) 정의

① 고성능 콘크리트의 폭렬이란 화재시 콘크리트 구조물에 물리적·화학적 영향을 주어 파괴되는 현상으로서, 여러 요인이 복합해서 작용된다.

② 화재시 영향을 주는 요인은, 화재의 강도·화재의 형태·화재지속시간·구조형태·콘크리트의 종류 및 골재의 종류·강재의 종류 및 화재시 발생하는 가스 등의 영향을 받는다.

2) 화재에 의한 콘크리트의 손상

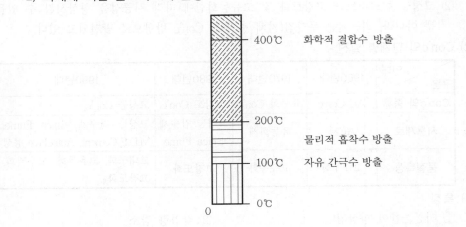

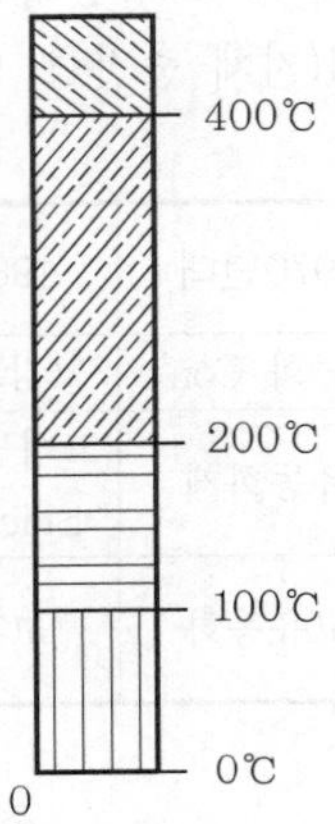

Ⅳ. 폭렬 발생원인

① 흡수율이 큰 골재의 사용

② 내화성이 약한 골재의 사용

③ 콘크리트 내부 함수율이 높을 때

④ 치밀한 조직으로 화재시 수증기 배출이 안될 때

Ⅴ. 영향을 미치는 요인

1) 화재의 강도(최대온도)

화재의 최대온도가 300℃까지는 콘크리트의 손상이 거의 없다.

2) 화재의 형태

① 부분적인 것과 전면적인 것이 있다.

② 구조물의 변형 및 구속력이 콘크리트 강도에 의해 결정된다.

3) 화재지속시간

화재지속시간	콘크리트 파손깊이(mm)
80분 후(800℃)	0~5
90분 후(900℃)	15~25
180분 후(1,100℃)	30~50

4) 구조형태
① 보의 단면 및 Slab의 두께가 작을수록 위험하다.
② 부정정 구조물에는 변형이 억제되어 있으므로 구속력이 크다.

5) 콘크리트 및 골재 및 종류
석회암을 골재로 사용한 콘크리트는 화재시 높은 열에 의해 발생되는 증기압으로 파멸된다.

6) 강재 종류
① 냉간가공 강재 : 500℃ 이상에서도 강도 상실
② 일반자연 강재 : 900℃ 이상에서 강도 상실

7) 화재시 발생하는 가스에 의해 영향을 받는다.

Ⅵ. 저감대책

1) 간접적인 대책
① 화재 · 가스 경보기 설치
② 소화기 설치
③ 누전 방지대책 강구
④ 방화조직 · 기구 설치

2) 직접적인 대책
① 방화 Coating 도포
② 방화 System 강구 및 스프링클러 가동
③ 방화 Paint 도포

Ⅶ. 결론

① 고성능 콘크리트는 콘크리트의 마지막 단계인 고내구성, 고유동성, 고수밀성 및 고강도성의 성질을 갖는 콘크리트이다.
② 고성능 콘크리트는 내부조직이 치밀하여 화재시 콘크리트의 폭렬에 취약하므로 이에 대한 대책을 마련한 후 시공에 임하여야 한다.

9 유동화 콘크리트

Ⅰ. 개요

① 유동화 콘크리트란 공장이나 현장에서 레디 믹스트 콘크리트에 유동화제를 첨가하여 된 반죽의 콘크리트를 일시적으로 Slump를 증대시켜 타설하는 방법의 콘크리트를 말한다.

② 유동화 콘크리트는 단위수량을 감소시키며, 단위시멘트량의 증가없이 시공성 확보가 용이하고, 물결합재비가 감소되므로 고품질의 콘크리트를 얻을 수 있다.

Ⅱ. 사용목적

① 시공연도 개선
② 강도 · 내구성의 증대
③ 균열방지
④ Bleeding 및 Laitance의 감소

Ⅲ. 특징

1) 장점

① 단위수량은 적고 시공성이 좋은 콘크리트를 얻을 수 있으며, 건조수축에 의한 균열도 감소된다.
② Bleeding이 적어 마무리 시간의 단축이 가능하다.
③ 수밀성이 향상된다.
④ 침하균열이 적고, 철근의 부착강도 향상이 기대된다.
⑤ 고강도 콘크리트의 제조가 가능하다.

2) 단점

① 투입 공정이 증가된다.
② 시공관리가 비교적 어렵다.
③ 유동화 콘크리트는 시간관리가 중요하다.

Ⅳ. 제조방법

① 공장 첨가 유동화
② 공장 첨가 · 현장 유동화
③ 현장 첨가 유동화

Ⅴ. 시공

1. 재료

1) 물

① 물은 깨끗해야 하며 유해량의 기름 · 산 · 알칼리 · 유기불순물 등을 포함해서는 안 된다.
② 물은 음료수 정도의 물을 사용한다.

2) 시멘트

① 시멘트는 포틀랜드 시멘트 등이 일반적으로 사용된다.

② 시멘트는 분말도가 높은 것을 사용한다.

3) 골재

① 골재는 유해량의 먼지, 흙, 유기불순물, 염화물 등을 포함하면 안 된다.

② 골재는 단단하고, 표면이 거칠고, 소요의 내구성 및 수밀성이 있어야 한다.

4) 혼화재료

① Silica Fume, Fly Ash, Pozzolan 등의 미세분말을 혼입하면 고강도의 콘크리트를 얻을 수 있다.

② 방수제, 팽창제 등을 같이 사용한다.

2. 배합

1) 물결합재비

① 유동화제의 첨가는 최소의 물결합재비로 최대의 시공성을 확보할 수 있다.

② 단위수량이 최고 33% 정도 감소하는 효과가 있으며, 물결합재비는 최소 39%까지도 가능하다.

2) Slump치

① 된 비빔의 콘크리트도 최대 250mm까지 Slump치를 높일 수 있다.

② 유동화제의 효력은 제한적이므로 유의하여야 한다.

3) 공기량

① 유동화 콘크리트의 공기량은 재종에 따라 차이가 있으나 1.1~10% 이상이다.

② 공기량은 약간 증가하나 분산효과로 인하여 시공성 및 강도는 증가한다.

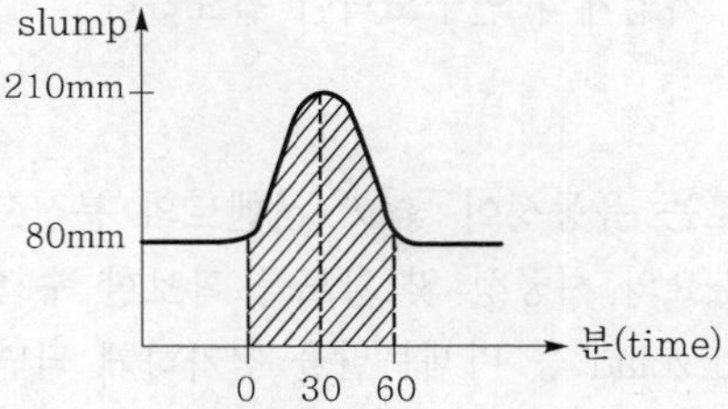

<유동화제의 특성>

3. 시공시 유의사항

1) 운반

① 공장 첨가 유동화 콘크리트는 Agitator Truck으로 운반시 저속으로 회전시켜야 한다.

② 유동화제의 첨가는 공장보다 현장에서 첨가하는 것이 품질관리에 유리하다.

2) 타설

① 일정한 타설높이를 유지해야 하며, 슈트는 콘크리트에 약간 묻히는 것이 좋다.

② 유동화 콘크리트는 Slump치의 증가로 거푸집의 콘크리트 측압이 증대될 수 있으므로 사전시공 계획시 충분한 검토가 필요하다.

3) 다짐

특별한 경우를 제외하고, 유동화 콘크리트는 별도의 다짐을 하지 않는다.

4) 이음

① 시공 이음 및 Cold Joint를 방지한다.

② 건조수축을 방지하기 위해 Control Joint를 시공한다.

5) 양생

① 콘크리트는 타설후 3~5일 이상 거적으로 덮고 물뿌리기 하여 수분을 보존한다.

② 조강 포틀랜드 시멘트를 사용할 경우는 초기 양생의 여부가 구조체의 질을 좌우하므로 유의하여야 한다.

Ⅵ. 문제점

① 경험이 없고 시공기술이 미흡하다.

② 표준이 되는 기준이 마련되어 있지 않다.

③ 공정상의 품질 변동으로 품질관리가 어렵다.

④ 보통 콘크리트와의 규준 · 규격 · 체계 등의 관계가 정립되어 있지 않다.

Ⅶ. 대책

① 정부차원의 품질기준 마련이 시급하다.

② 공장에서는 시험배합을 통한 기준을 마련한다.

③ 시험배합을 토대로 현장의 품질관리 기록표를 작성한다.

④ 정부의 지원 및 기업체의 연구노력이 필요하다.

Ⅷ. 결론

① 유동화 콘크리트는 유동성이 좋고, 시멘트의 분산도가 크기 때문에 단위수량은 감소시키면서 소요의 시공성 및 강도를 확보할 수 있다.

② Silica Fume, Pozzolan 등 미세분말을 첨가하게 되면 콘크리트의 간극률 감소 및 강도 · 수밀성 · 재료분리 방지 등의 효과를 가져와 콘크리트를 고강도화 할 수 있다.

10 고유동 콘크리트

Ⅰ. 개요

① 현장다짐이 불가능하거나, 작업공간이 협소하여 다짐효과를 기대할 수 없는 경우 품질향상을 위해 유동성, 충전성, 재료분리 저항성 등을 겸비하여 타설되는 콘크리트이다.

② 고유동 콘크리트는 자중에 의한 유동성과 다짐없이 충전될 수 있는 충전성 및 Cement Paste와 골재의 결합력을 높이는 재료분리 저항성이 중요한 특성이다.

Ⅱ. 사용 혼화재료

혼화재료	용 도
고성능 AE 감수제	물결합재비의 대폭 감소(약 20% 감소)
Fly Ash	결합재의 구속 수 및 경화발열 감소
고로 Slag 미분말	시멘트 경화시 발열 감소
분리 저감제	• Cement Paste, Mortar의 점성 증대 • 콘크리트의 유동성, 충전성 개선

Ⅲ. 배합설계 기본개념

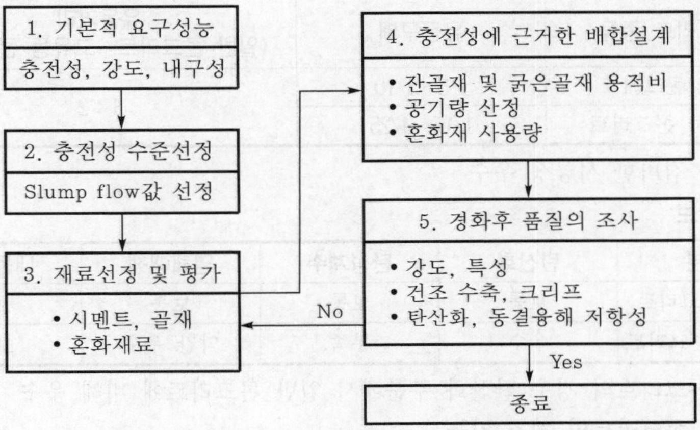

고유동 콘크리트의 배합은 건축물 요구성능의 정확한 파악이 선행되어야 함

Ⅳ. 유동특성

1) 배합적 특성

배합시 고성능 AE 감수제, Fly Ash, 고로 Slag 미분말, 분리 저감제 등 첨가

2) 유동성 우수

① 다짐 없이 자중에 의한 콘크리트의 횡적 흐름

② 고유동 콘크리트의 Slump Flow의 목표값은 500mm 이상 700mm 이하

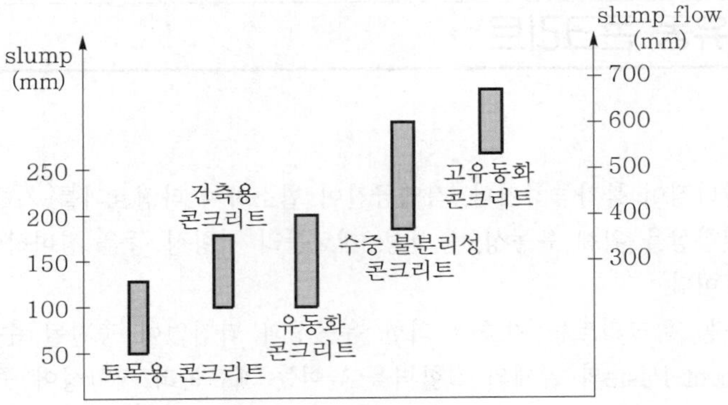

3) 재료분리 저항성 겸비
   ① 배합수와 페이스트의 분리에 저항
   ② 페이스트와 잔골재의 분리에 저항
   ③ 모르타르와 굵은 골재의 분리에 저항

4) 충전성 겸비
   ① 소극적 개념 : 재료분리 저항성을 저해하지 않는 성능
   ② 적극적 개념 : 다짐없이 자중으로 충전될 수 있는 성능

5) 시공성(workability) 우수
   ① 유동구배 우수

콘크리트 종류	유동구배	유동거리 (일반 콘크리트 : 고유동 콘크리트
일반 콘크리트	1/5~1/10	1 : 2
고유동 콘크리트	1/15~1/25	

   ② 충전성을 겸비한 시공성 우수

6) 고내구성 확보

구분	탄산화	탄성계수	염해대책	내동해성
일반 콘크리트	보통	보통	보통	보통
고유동 콘크리트	우수	부족	약간 우수	보통

   ① 고유동 콘크리트의 경우 탄산화 부분에서 일반 콘크리트에 비해 우수
   ② 초고강도 콘크리트의 제조 가능

Ⅴ. 유동특성에 영향을 미치는 요인

1) 배합강도 선정
   배합강도 선정시 설계기준 강도 대신에 품질기준 강도를 기준

2) 단위수량
   175kg/m^3 이하

3) Slump Flow
   600±50mm(구조물별 550mm, 600mm, 650mm로 구분)

4) 배합시간

60±10초(일반 콘크리트 30±10초)

5) 운반시간

① 배합에서 타설까지 120분 이내

② 가능한 신속하게 운반하고, 적정 운반시간은 30분 이내

6) 거푸집 조립

① 콘크리트 Paste가 누출되지 않게 수밀성 있는 재료 사용

② 밀실하게 조립할 것

7) 타설

유동구배(1/7~1/10)에 적합한 타설 위치 선정

8) 콘크리트 이어치기 한도

① 20℃ 이하, 90분 이내

② 20~30℃ 이하, 60분 이내

Ⅵ. 유동성 평가방법

1. Slump Flow

1) 의의

수밀 Cone 속에 콘크리트를 넣고, Slump Flow 값을 측정하는 시험

2) 시험방법

① 콘크리트의 펴진 지름이 500mm가 될 때까지의 시간 Check

② 5±2초가 합격

3) 특징

① 시험이 가장 간편

② 현장관리시험에 적용 가능

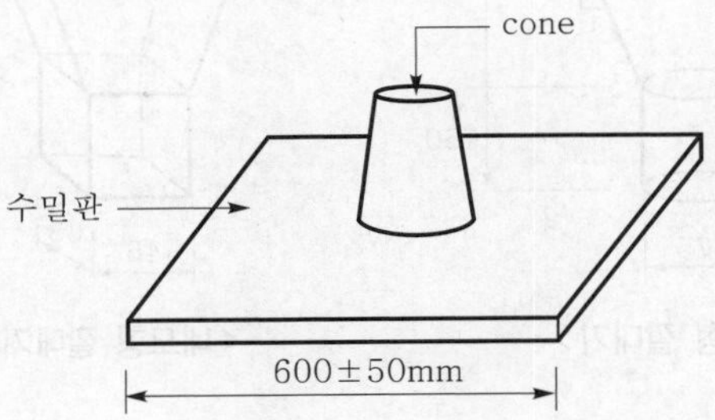

2. L형 Flow 시험

1) 의의

L-type의 Form 속에 콘크리트를 흘러내려 Slump Flow값을 측정하는 시험

2) 시험방법

① L형 Form의 수직 부위에 콘크리트를 채운다.

② 칸막이를 제거한다.

③ L형 Form 속으로 흘러내린 콘크리트의 수평길이(slump flow)를 측정하여 600±50mm이면 유동성 우수

3) 특성

① 유동성을 가장 신속하게 측정

② Slump Flow값의 측정으로 유동성 측정

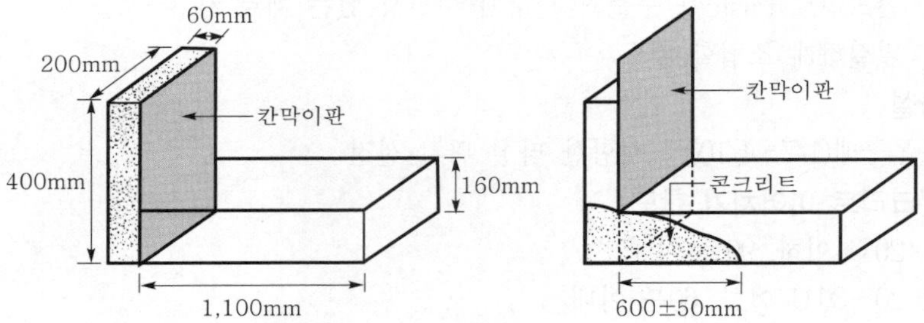

3. 깔대기 유하시험

1) 의의

원형 깔대기와 네모형 깔대기 속으로 콘크리트를 부어 유동특성과 간극 통과성을 평가

2) 특징

① Mortar의 점성에 다른 유동특성 파악

② Mortar의 간극 통과성 평가

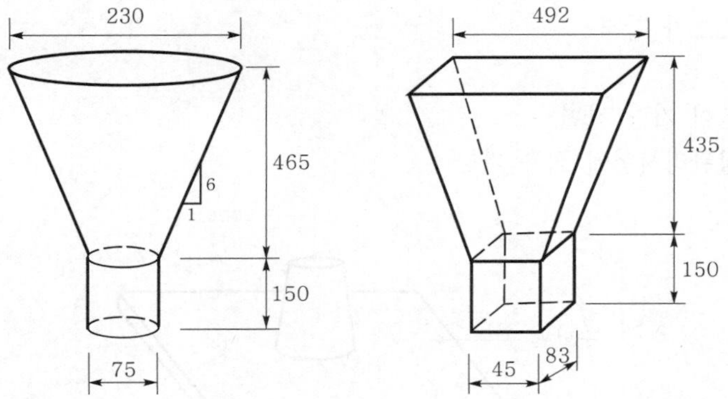

<원형 깔대기> <네모형 깔대기>

Ⅶ. 고유동 콘크리트의 경제성 평가

종합적으로 평가할 때 중저층의 경우에는 경제성이 불리하지만 고층의 경우에는 유리하게 작용한다.

구분	일반 콘크리트	고유동 콘크리트
재료비	보통	고가
인건비	100%	30%

구분	일반 콘크리트	고유동 콘크리트
품질	보통	우수(보수비용 감소)
1일 타설량	평균	평균×1.5~2.0배
공기단축	–	가능

Ⅷ. 유동화 콘크리트와 비교

구분	유동화 콘크리트	고유동화 콘크리트
혼화재료	유동화제	고성능 AE 감수제, Fly Ash 고로 Slag 미분말, 분리 저감제
다짐여부	다짐필요	자중에 의한 다짐(다짐 필요없음)
목적	시공연도 개선	· 다짐이 불가능한 부분 · 다짐효과를 기대할 수 없는 부분
효과	고강도 콘크리트 제조(40MPa 이상)	초고강도 콘크리트 제조(60MPa 이상)
유동성 평가	Slump Test	Slump Flow
주요 특성	· 시공연도 향상 · 균열방지 · Bleeding 감소	· 우수한 유동성 · 재료분리 저항성 · 충전성

Ⅸ. 결론

① 고유동 콘크리트의 타설결과, 간편성과 품질의 우수성이 입증되어 사용실적이 증가되고 있다.

② 고유동 콘크리트는 진동기 사용이 곤란한 수중 콘크리트나 충전성의 확인이 어려운 부분에 적극 활용하여 나아가 일반 콘크리트를 대신할 수 있는 우수한 품질과 경제성을 겸비할 수 있도록 연구개발하여야 한다.

11 순환골재 콘크리트

Ⅰ. 개요

① 순환골재 콘크리트는 폐콘크리트의 파쇄·처리에 의하여 생산되는 재활용 골재를 사용한 콘크리트를 말하며 물리적 또는 화학적 처리과정을 거쳐 품질기준을 준수하여 적용하여야 한다.

② 친환경적인 측면과 환경부하적인 측면, 경제적인 측면에서 볼 때 순환골재의 적극적인 활용이 필요하나, 이에 따른 순환골재의 품질 확보 및 골재 품질 향상을 위한 지속적인 연구개발이 필요하다.

Ⅱ. 적용가능 부위

① 기둥, 보, 슬래브, 내력벽, 건축물의 비구조체 콘크리트
② 도로 구조물 기초, 측구, 집수받이 기초, 콘크리트 블록, 옹벽, 중력식 옹벽
③ 교량 하부공, 교각, 교대, 중력식 교대
④ 터널 라이닝공
⑤ 강도가 요구되지 않는 채움재 콘크리트

Ⅲ. 순환골재의 사용방법

1) 천연골재와 혼합사용
① 천연골재와 혼합하여 사용하는 것을 원칙
② 담당원의 승인 후 적용
㉠ 순환골재 품질인증서
㉡ 순환골재 품질시험 성적서
㉢ 순환골재 혼입률이 기재된 콘크리트의 강도시험성적서

2) 계량오차 준수
① 계량오차 이내 설계
② 1회 계량분량에 대한 계량오차는 ±4%

3) 콘크리트 설계기준강도 이내 설계
① 콘크리트의 최대 설계기준강도는 27MPa 이하
② 최대 설계기준강도 이내 설계

4) 공기량 규정준수
① 공기량 규정은 5.0±1.5%
② 경량콘크리트의 공기량 규정 준수

5) 골재의 치환률 준수

설계기준 압축강도(MPa)	사용골재	
	순환골재(굵은 순환골재)	순환토사(순환 잔골재)
27% 이하	굵은골재 용적의 60% 이하	잔골재 용적의 30% 이하
	혼합사용 시 총 골재 용적의 30% 이하	

6) 적정 시멘트와 혼화재 사용 검토
① 시멘트는 포틀랜드 시멘트, 고로슬래그 시멘트, 플라이애시 시멘트에서 규정한 시멘트를 사용
② 플라이애시, 고로 슬래그 미분말 등을 혼합 사용
7) 시공 일반 및 운반, 타설, 양생은 일반 콘크리트와 동일

Ⅳ. 순환골재 및 순환토사의 품질기준

품질기준		순환골재(굵은 순환골재)	순환토사(순환 잔골재)
절대 건조밀도(g/cm^3)		2.5 이상	2.2 이상
흡수율(%)		3.0 이하	5.0 이하
마모감량(%)		40 이하	–
입자모양 판정실적률(%)		55 이상	53 이상
0.08mm체 통과량시험에서 손실된 양(%)		1.0 이하	7.0 이하
알칼리골재반응		무해할 것	
점토덩어리량(%)		0.2 이하	1.0 이하
안정성(%)		12 이하	10이하
이물질 함유량(%)	유기이물질	1.0 이하(용적)	
	무기이물질	1.0 이하(질량)	

Ⅴ. 품질관리시기 및 횟수

항목		시기 및 횟수	
		순환골재(굵은 순환골재)	순환토사(순환 잔골재)
입도		매월 1회 이상	매월 1회 이상
절대 건조밀도(g/cm^3)			
흡수율(%)			
입자모양 판정실적률(%)			
0.08mm체 통과량시험에서 손실된 양(%)			
마모감량(%)		매월 1회 이상	해당사항 없음
점토덩어리량(%)			
알칼리골재반응		매 6개월마다 1회 이상	
이물질 함유량	유기이물질	매 6개월마다 1회 이상	매월 1회 이상
	무기이물질		
안정성(%)		매 6개월마다 1회 이상	해당사항 없음

Ⅵ. 결론

① 건설공사의 고형 폐기물의 처리장의 부족과 각종 규제 강화 및 처리장 신설의 어려움 등으로 불법 매립, 투기 및 소각과 같이 부적법하게 처리될 위험이 있으며, 이는 환경오염으로 이어지게 된다.

② 자원순환형 사회 구축을 위해 순환골재 사용의 확대를 위해 폐콘크리트 수거, 분리 및 재생골재 생산체계의 정립, 재활용처의 개발 등에 대한 연구를 촉진해야 하며, 건설폐기물처리기준을 확립하고 재활용체계를 수립하여 적극적인 수요 촉진이 필요하다.

삶의 가치를 아십니까?

힘차게 허공을 가르던 지휘자의 손이 갑자기 멈추었다.

수많은 대원들의 눈길이 지휘자에게 모아졌다. “거기 제3바이올린은 지금 뭐해요?” 그때서야 제3바이올린의 근영이는 깜짝 놀랐다. 오케스트라의 그 많은 소리 중에 너무나도 보잘 것 없는 소리, 1, 2 바이올린도 아니고, 가끔 가뭄에 콩나듯 한 번씩 내는 그 작은 소리가 안 났다고 멈추다니, ‘나 하나쯤 소리 내지 않는다고 무슨 큰 지장이야 있을라구….’라고 생각했던 근영이는 내심 놀랐다. 그제서야 불평과 짜증이었던 자기의 위치가 갑자기 크게 느껴져 왔다.

우리들도 가끔 이런 생각을 할 수 있다.

‘이 세상의 많고 많은 사람들 중 나 하나쯤 사라진다고, 나의 소리를 내지 않는다고 무슨 일이 일어날까?’라고 생각하며 그냥 나의 자리를 포기하거나 주저앉아 버리고 있지 않은지… 또 ‘내가 사라지면 더욱 잘 될거야’라고 생각하지는 않는지…

한낱 이름없는 돌과 민들레도 길가 모퉁이 한 곳에 자리잡고 있고, 하루살이조차도 그렇게 날개짓을 하고 있는데 창조주 하나님께서 나를 이 땅에 태어나게 하고, 살게 하며 지금 이곳에서 나의 소리를 내게 하신 의도가 있음에도 나의 소리를 스스로 포기할 것인가?

이 소리는 어느 누구도 나 대신 내어줄 수가 없다.

세계 인구 가운데 나와 비슷한 너는 많이 있지만 ‘나’는 단 한사람뿐이다. 나의 소리가 필요해서 나를 창조한 것이다. 이제 나의 소리를 내자. 가치있는 나만의 소리를 위해 오늘도 연습해야 하지 않겠는가?

이제 조금 작고 서투르더라도 나의 삶을, 나만의 소리를 뜨겁게 연주하자.

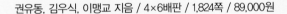

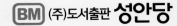

[길잡이]

토목시공기술사

I (토공·기초·콘크리트)

Professional Engineer Civil Engineering Execution

이 책의 구성

정가 : 85,000원

ISBN 978-89-315-6920-9

http://www.cyber.co.kr

BM Book Multimedia Group

최신 개정판

Professional Engineer Civil Engineering Execution

[길잡이]

토목시공기술사

II (전문공종·총론)

권유동 · 김우식 · 이맹교 지음

저자직강!
동영상 강의교재
성안당 이러닝
bm.cyber.co.kr
★스마트폰 수강가능★

BM (주)도서출판 성안당

[길잡이]

토목시공기술사

Ⅱ(전문공종·총론)

권유동 · 김우식 · 이맹교 지음

BM (주)도서출판 성안당

■ 도서 A/S 안내

성안당에서 발행하는 모든 도서는 저자와 출판사, 그리고 독자가 함께 만들어 나갑니다.

좋은 책을 펴내기 위해 많은 노력을 기울이고 있으나 혹시라도 내용상의 오류나 오탈자 등이 발견되면 "좋은 책은 나라의 보배"로서 우리 모두가 함께 만들어 간다는 마음으로 연락주시기 바랍니다. 수정 보완하여 더 나은 책이 되도록 최선을 다하겠습니다.

성안당은 늘 독자 여러분들의 소중한 의견을 기다리고 있습니다. 좋은 의견을 보내주시는 분께는 성안당 쇼핑몰의 포인트(3,000포인트)를 적립해 드립니다.

잘못 만들어진 책이나 부록이 파손된 경우에는 교환해 드립니다.

저자 문의 : acpass@hanmail.net

본서 기획자 e-mail : coh@cyber.co.kr(최옥현)

홈페이지 : http://www.cyber.co.kr 전화 : 031)950-6300

CONTENTS

차 례

제4장 도 로

□ 도로 과년도 문제 / 601

제5장 교 량

□ 교량 과년도 문제 / 669

제6장 터 널

□ 터널 과년도 문제 / 795

제7장 댐

댐 과년도 문제 / 877

제8장 항 만

항만 과년도 문제 / 921

제9장 하 천

하천 과년도 문제 / 957

제10장 총 론

제1절 계약제도

□ 계약제도 과년도 문제 / 975

제2절 공사관리

□ 공사관리 과년도 문제 / 1015

제3절 시공의 근대화

□ 시공의 근대화 과년도 문제 / 1101

제4절 공정관리

□ 공정관리 과년도 문제 / 1121

부록 Ⅰ. 공사별 요약 ②

제4장 도 로

도로 과년도 문제

1	1. 시멘트 콘크리트 포장과 아스팔트 콘크리트 포장의 구조적 특성 및 포장형식의 특성과 선정시 고려사항에 대하여 기술하시오. [04후, 25점] 2. 아스콘 포장과 콘크리트 포장의 교통하중 지지방식을 설명하고, 각 포장 파손원인 및 대책에 대하여 설명하시오. [99후, 30점] 3. 포장종류(아스팔트 포장 및 콘크리트 포장)에 따른 하중전달형식 및 각 구조의 기능을 설명하시오. [07후, 25점] 4. 가요성포장과 강성포장의 차이점과 각 포장의 파손형태에 따른 원인 및 대책을 설명하시오. [16전, 25점] 5. 콘크리트 포장에서 보조기층의 역할을 설명하시오. [01후, 10점]
2	6. 아스팔트 포장에서 상층노반의 축조공법에 대하여 설명하시오. [96중, 35점] 7. 아스팔트 포장에서 보조기층공 축조방법을 설명하시오. [97후, 25점] 8. 도로 도상부의 지지력이 불량한 부분에 대한 개량방법에 대하여 기술하시오. [96후, 25점] 9. 철도의 강화노반(Reinforced Roadbed) [08후, 25점]
3	10. 도로 포장용 가열식 아스팔트 혼합물의 종류와 용도 및 혼화물이 갖추어야 할 성질에 대해 설명하시오. [94전, 50점] 11. 아스팔트 혼합물의 배합설계방법을 설명하시오. [01전, 25점] 12. 유화 아스팔트(Emulsified Asphalt) [01후, 10점] 13. 컷백(Cut Back) 아스팔트와 유제 아스팔트의 특성에 대하여 서술하시오. [03전, 25점] 14. 상온 유화 아스팔트 콘크리트 [03중, 10점] 15. 저탄소 중온 아스팔트 콘크리트 포장 [09후, 10점] 16. 아스팔트 감온성 [17후, 10점] 17. 아스팔트 혼합물의 온도관리 [18중, 10점] 18. 개질 아스팔트 포장에서 개질재를 사용하는 이유, 종류 및 특징에 대하여 기술하시오. [06전, 25점] 19. 개질 아스팔트 [10전, 10점] 20. GUSS 아스팔트 포장의 특성과 강상형 교면포장으로 GUSS 아스팔트 포장을 시공하는 경우 시공순서와 중점관리사항에 대하여 설명하시오. [12후, 25점] 21. 구스 아스팔트(Guss Asphalt) [01전, 10점] 22. 아스팔트 포장용 굵은 골재 [01중, 10점] 23. 아스팔트 도로포장에 사용되는 토목섬유의 종류 [15전, 10점] 24. 마샬(Marshal) 안정도시험 [00후, 10점] 25. 마샬(Marshall)시험에 의한 설계아스팔트량 결정방법 [13중, 10점]
4	26. 아스팔트 혼합물에 석분을 넣는 이유 [96후, 20점] 27. 아스팔트 포장의 석분 [00전, 10점] 28. 회수다스트를 채움재로 사용할 경우의 유의사항, 추가시험항목, 아스팔트 포장에 미치는 영향 등에 대하여 기술하시오. [97전, 30점]
5	29. 신설 6차로 도로 개설공사에서 아스팔트 혼합물의 포설방법과 시공시 유의사항에 대하여 설명하시오. [05중, 25점] 30. 아스팔트 포장을 위한 work flow의 예를 작성하고, 시험 시공을 통한 포장품질 확보방안을 설명하시오. [09전, 25점] 31. 아스팔트 콘크리트 포장의 다짐에 대하여 설명하시오. [17전, 25점] 32. 동절기 아스팔트 콘크리트 포장 시공시 생산온도, 운반, 포설, 다짐에 대하여 설명하시오. [18전, 25점]

도로 과년도 문제

6	33. 아스팔트 콘크리트 포장공사에서 시험포장에 대하여 기술하시오. [02전, 25점] 34. 아스팔트 콘크리트 포장공사현장에서 시험포장을 하려고 한다. 시험포장에 관한 시공계획서를 작성하고 설명하시오. [05전, 25점] 35. 아스팔트 콘크리트 포장($60a$/일, t = 50cm)을 하고자 한다. 시험포장을 포함한 시공계획에 대하여 설명하시오. [06후, 25점]
7	36. 아스팔트 콘크리트 포장공사의 공정별 장비조합 [96중, 20점] 37. 아스팔트 콘크리트 포장공사시 관련 세부작업을 설명하고, 해당 장비에 대하여 설명하시오. [00중, 25점] 38. 아스팔트 콘크리트 포장공사에서 혼합물의 포설량이 500t/일일 때 시공단계별 포설장비를 선정하고, 각 장비의 특성과 시공시 유의사항을 설명하시오. [10전, 25점] 39. 아스팔트 콘크리트 포장공사에서 포장의 내구성 확보를 위한 다짐작업별 다짐장비 선정과 다짐시 내구성에 미치는 영향 및 마무리 평탄성 판단기준에 대하여 설명하시오. [11중, 25점] 40. 연장 20km인 2차선 도로(폭 7.2m, 표층 6.3cm)의 아스팔트 포장공사를 위한 시공계획 중 장비조합과 시험포장에 대하여 설명하시오. [12전, 25점]
8	41. Asphalt 포장의 파손원인과 대책 [97전, 20점] 42. 아스팔트 콘크리트 포장의 파괴원인 및 대책을 설명하시오. [01후, 25점] 43. Asphalt 포장공사에서 교량 시종점부의 파손(부등침하균열 및 Pot Hole 등) 발생원인 및 대책에 대하여 설명하시오. [08후, 25점] 44. 공용 중의 아스팔트 포장균열 [12중, 10점] 45. 도로 포장의 반사균열(Reflection Crack) [98후, 20점], [01전, 10점], [06중, 10점], [11후, 10점], [16중, 10점] 46. 아스팔트 포장의 포트홀(Pot－Hole) 저감대책을 설명하시오. [10중, 25점] 47. 아스팔트 포장도로의 포트홀(pot hole) 발생원인과 방지대책을 설명하시오. [13중, 25점] 48. 도로 포장에서 표층의 보수공법에 대하여 기술하시오. [03후, 25점] 49. 기존 아스팔트 콘크리트 포장에서 덧씌우기 전의 보수방법을 파손유형에 따라 설명하시오. [02후, 25점]
9	50. 아스팔트 포장의 소성변형 발생원인과 방지대책에 대하여 기술하시오. [95전, 33점] 51. 아스팔트 콘크리트 포장의 소성변형원인과 대책에 관하여 설명하시오. [00전, 25점] 52. 아스팔트 포장에서 소성변형의 원인과 대책에 대하여 설명하시오. [04중, 25점] 53. Asphalt 포장의 소성변형에 대하여 원인과 대책을 기술하시오. [07중, 25점] 54. 여름철 아스팔트 콘크리트 포장에서 소성변형이 많이 발생한다. 발생원인을 열거하고 방지대책 및 보수방법에 대하여 설명하시오. [10후, 25점] 55. 아스팔트 포장의 소성변형 발생원인 및 대책에 대하여 설명하시오. [15후, 25점] 56. 아스팔트 콘크리트 포장의 소성변형 [02후, 10점] 57. 아스팔트 포장에서의 러팅(Rutting) [07후, 10점] 58. 아스팔트(asphalt)의 소성변형 [11후, 10점] 59. 표층용 아스팔트 혼합물 중 교통(較通)도로에서의 내유동(耐油動)대책에 대하여 기술하시오. [97전, 50점] 60. 아스팔트 포장도로의 표면요철을 개선하기 위한 설계 및 시공상 유의사항에 대하여 기술하시오. [98후, 30점]

도로 과년도 문제

10	61. 아스팔트 포장의 보수, 보강, 재시공과 관련하여 발생하는 폐아스콘의 재생처리(Recycling)공법에 대하여 기술하시오. [98전, 30점] 62. 아스팔트 콘크리트 포장에서 표층재생공법(Surface Recycling Method)의 특징 및 시공요점을 설명하시오. [09중, 25점] 63. 리페이버(Repaver)와 리믹서(Remixer) [95중, 20점] 64. 재생포장(Repavement) [07전, 10점] 65. Surface Recycling(노상표층재생)공법 [04후, 10점]
11	66. 콘크리트 포장을 시공(두께 약 300mm, 면적 약 300a)할 때 시공계획을 장비조합 중심으로 기술하시오. [99전, 30점] 67. 콘크리트 포장공사의 포설 전 준비사항을 설명하시오. [00전, 25점] 68. 콘크리트 포장에서 사용되는 최적배합(optimize mix)의 개념과 시공을 위한 세부공정을 설명하시오. [12중, 25점] 69. 하절기 CCP 포장의 시공관리 및 공용 중 유지관리에 대하여 설명하시오. [14후, 25점] 70. 시멘트 콘크리트 포장시 장비 선정, 설계 및 시공시 유의사항에 대하여 설명하시오. [19전, 25점] 71. 포장공사에서의 구성요소 [00중, 10점] 72. 콘크리트 포장의 분리막 [03후, 10점], [07중, 10점], [14중, 10점] 73. 포장 콘크리트의 배합기준 [11후, 10점] 74. 포장용 콘크리트에서 각종 비비기방식에 대한 장·단점을 설명하시오. [95후, 35점]
12	75. 시멘트 콘크리트 포장의 줄눈 종류와 시공방법을 설명하시오. [01전, 25점] 76. 시멘트 콘크리트 포장에서 줄눈의 종류, 기능 및 시공방법에 대하여 설명하시오. [11중, 25점] 77. 줄눈 콘크리트 포장 [10전, 10점] 78. 콘크리트 포장의 이음(Joint) [96중, 20점] 79. 콘크리트 포장의 수축이음 [95중, 20점] 80. 콘크리트 포장의 시공조인트(Joint) [07후, 10점] 81. 다웰바(Dowel Bar) [01후, 10점] 82. 타이바(Tie Bar)와 다웰바(Dowel Bar) [03전, 10점], [18전, 10점]
13	83. 콘크리트 포장에 있어 기계에 의한 표면마무리와 평탄성관리에 대하여 기술하시오. [96전, 50점] 84. 아스팔트 및 콘크리트 포장도로에서 미끄럼 방지시설(Anti-Skid Method)에 대해 기술하시오. [03중, 25점] 85. 포장의 그루빙(grooving) [06전, 10점], [09중, 10점] 86. Tining과 Grooving [18전, 10점] 87. 완성노면(路面)의 검사항목 [98후, 20점] 88. 도로 포장층의 평탄성 관리방법을 기술하시오. [02전, 25점] 89. 도로의 평탄성 측정방법(PRI) [00중, 10점], [03전, 10점], [04중, 10점], [10전, 10점] 90. 프루프 롤링(Proof Rolling) [01전, 10점], [03후, 10점] 91. 교량 시공 중 평탄성(P.R.I)관리와 설계기준에 부합하는 시공시 유의사항을 설명하시오. [02후, 25점]
14	92. 시멘트 콘크리트 포장공사에서 발생하는 손상의 종류를 열거하고, 이들의 발생원인과 보수방안에 대하여 설명하시오. [04중, 25점] 93. 무근 콘크리트 포장의 손상형태와 그 원인에 대하여 설명하시오. [14중, 25점]

도로 과년도 문제

14	94. 시멘트 콘크리트 포장 파손 및 보수공법에 대하여 설명하시오. [15전, 25점] 95. 콘크리트 포장의 파손종류별 발생원인 및 대책과 보수공법에 대하여 설명하시오. [16후, 25점] 96. 시멘트 콘크리트 포장공사시 초기 균열의 발생원인을 열거하고, 방지대책에 관해서 기술하시오. [00후, 25점] 97. 시멘트 콘크리트 포장공사에서 초기 균열원인과 그 대책에 대하여 기술하시오. [05후, 25점] 98. 해빙기를 맞아 시멘트 콘크리트도로 포장 곳곳에서 융기현상과 부분적인 침하현상이 발견되었다. 이들의 발생원인을 열거하고 방지대책을 서술하시오. [03전, 25점] 99. 연속 콘크리트 포장의 공용성에 영향을 미치는 파괴유형과 그 원인 및 보수공법을 설명하시오. [11전, 25점] 100. 도로 포장에서 Blow Up현상의 원인 및 대책에 대하여 설명하시오. [18후, 25점] 101. 콘크리트 포장의 스폴링(Spalling)현상 [05중, 10점] 102. 콘크리트 포장의 피로균열(fatigue cracking) [08전, 10점] 103. Pop Out현상 [13중, 10점] 104. 콘크리트 포장구간에서 교량폭의 확장공사 중 발생되는 접속슬래브의 처짐 및 가시설부 변위대책에 대해 기술하시오. [08전, 25점]
15	105. 교면 포장이 갖추어야 할 요건 및 각 층 구성에 대하여 기술하시오. [04전, 25점] 106. 교면 포장의 구성요소와 그에 대하여 기술하시오. [05후, 25점] 107. 교면 포장용 아스팔트 혼합물 선정시 고려사항 및 시공시 유의사항을 설명하시오. [13전, 25점] 108. 강상판교의 교면 포장공법 [00전, 10점] 109. 교면 포장 [02전, 10점], [15후, 10점] 110. 최신의 교량 교면 포장공법 중 L.M.C(Latex Modified Concrete)에 대하여 기술하시오.[04후, 25점] 111. 라텍스 콘크리트(Latex-Modified Concrete) 포장 [01중, 10점]
16	112. 연속철근 콘크리트 포장공법에 대하여 설명하시오. [01중, 25점] 113. 포스트텐션도로 포장 [11중, 10점] 114. 시멘트 콘크리트 포장의 구성 및 종류 [17중, 10점] 115. 암반구간의 포장에 대하여 설명하시오. [14후, 25점], [16중, 10점] 116. 진동롤러다짐 콘크리트(R.C.C, Roller Compacted Concrete)의 특징을 열거하고, 시공시 유의사항을 설명하시오. [02중, 25점] 117. 투수성 포장과 배수성 포장의 특징 및 시공시 유의사항을 설명하시오. [08중, 25점] 118. 소음저감 포장 시공에 따른 효과와 소음저감 포장공법을 아스팔트 포장과 콘크리트 포장으로 구분하여 설명하시오. [18전, 25점] 119. 투수성 포장 [03전, 10점], [04전, 10점] 120. 배수성 포장 [05중, 10점] 121. 콘크리트 포장의 소음저감 [13후, 10점] 122. 장수명 포장 [08후, 10점] 123. 블록 포장 [17전, 10점] 124. 공용 중인 슬래브교의 차로 확장시 슬래브 및 교대의 확장방안에 대해 설명하시오. [13후, 25점]

1 Asphalt Concrete 포장과 Cement Concrete 포장의 비교

Ⅰ. 개요

① 아스팔트 포장은 가요성 포장으로 교통하중 작용시 상부층으로부터 전달되는 하중을 점점 넓게 분산시켜 최소의 하중을 노상이 지지토록 하는 구조로서 상부층으로 갈수록 탄성계수가 큰 재료를 사용한다.

② 콘크리트 포장은 강성포장으로 보조기층 또는 노상위에 설치된 얇은 판으로 간주하고 노상이나 보조기층보다 탄성계수가 큰 콘크리트가 하중을 지지하는 구조이다.

Ⅱ. 구조도

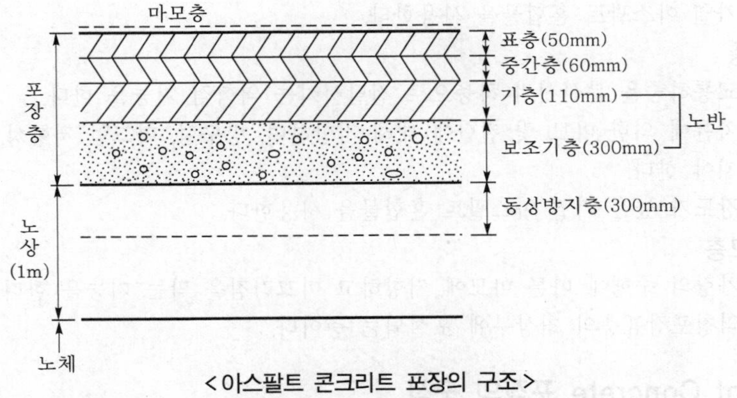

<아스팔트 콘크리트 포장의 구조>

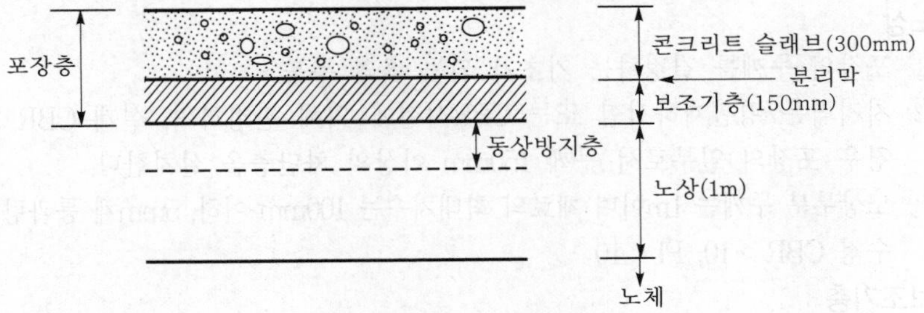

<시멘트 콘크리트 포장의 구조>

Ⅲ. Asphalt Concrete 포장의 구성

1) 노상(Subgrade)

① 포장층의 기초로서 포장과 일체가 되어 교통하중을 지지하는 역할을 한다.

② 노상의 두께는 1m가 표준이며 재료의 최대치수는 100mm 이하, No.4체 통과량 25~100%, 수정 CBR > 10, PI < 10 이하여야 한다.

2) 보조기층(하층 노반)

① 상부에서 전달되는 하중을 분산시켜 최소하중을 노상에 전달하는 역할

② 재료는 견고하며 내구성이 큰 부순돌, 자갈, 모래 기타 이들의 혼합물로서 유해물을 함유해서는 안 된다.

③ 재료의 최대치수는 100mm 이하, 수정 CBR > 30, PI < 6

3) 기층(상층 노반)

① 표층으로부터의 하중을 균일하게 보조기층으로 전달시키는 역할을 한다.

② 가열 아스팔트 혼합물을 사용하며, 두께는 110mm로 한다.

4) 중간층

① 표층에서 전달되는 하중을 분산시켜 기층에 전달시키며, 기층의 요철을 수정하여 표층의 평탄성을 좋게 한다.

② 중간층의 구성재료는 기층과 일체가 되어 윤하중에 의해 발생되는 전단응력을 감당할 수 있어야 한다.

③ 가열 아스팔트 혼합물을 사용한다.

5) 표층

① 교통하중을 분산시켜 하층으로 전달시키는 역학적 기능을 한다.

② 차륜에 의한 마모 및 전단에 대해 저항하며, 방수성, 미끄럼 저항성, 평탄성을 가져야 한다.

③ 강도가 높은 가열 아스팔트 혼합물을 사용한다.

6) 마모층

① 차량의 주행에 따른 마모에 저항하고 미끄러짐을 막는 기능을 한다.

② 역청포장표층의 최상부에 포설되는 층이다.

Ⅳ. Cement Concrete 포장의 구성

1) 노상

① 포장의 두께를 결정하는 기초가 되는 흙의 부분

② 지지력은 평판재하시험 또는 CBR시험에 의해 판정하며, 설계 CBR 2.5 이하일 경우 포장의 일부로서 두께 150mm 이상의 차단층을 설치한다.

③ 노상부분 두께는 1m이며 재료의 최대치수는 100mm 이하, 5mm체 통과량 25~100%, 수정 CBR > 10, PI < 10

2) 보조기층

① 콘크리트 Slab을 지지하며 하중을 분산시켜 노상에 전달하고 균열부와 단부에서의 Pumping 현상을 방지하는 역할

② 보조기층은 균등하며 충분한 지지력을 가지고 내구성이 좋은 재료를 소요두께로 잘 다져 만들어야 한다.

③ 보조기층의 두께는 150mm로 빈배합 콘크리트를 포설 다짐한다.

3) 분리막

① 슬래브 바닥과 보조기층면과의 마찰저항을 감소시켜 슬래브의 팽창작용을 원활히 하고, 모르타르의 손실방지, 보조기층면의 이물질이 콘크리트에 혼입되는 것을 방지하는 역할을 한다.

② 분리막은 취급이 용이하며, 차수성이 좋고 찢어지지 않아야 한다.

③ 일반적으로 Polyethylene Film과 Kraft Paper가 있다.

4) Concrete Slab

① 직접 교통하중을 지지하는 층

② 시멘트 콘크리트, 보강철근, 하중전달장치, Tie-bar 및 줄눈재로 구성된다.

③ 배합시 휨강도, 마모에 대한 저항성, 기상작용에 대한 내구성, 건조수축, Workability 등의 조건을 만족시켜야 한다.

Ⅴ. 특징 비교

포장 종류 / 평가 항목	아스팔트 포장	콘크리트 포장
시공성	유리(즉시 교통개방)	불리(양생 필요)
경제성	유지 관리비가 크다	초기 건설비가 크다
내구성(중교통)	불리	유리
주행성	유리	불리
Rutting	불리	유리
미끄럼 저항	불리(강우시)	유리
평탄성	유리	불리
수명	10~20년	30~40년
교통하중 지지방식	① 교통하중을 노상이 지지 ② 표층, 기층, 보조기층은 교통하중을 노상까지 전달	① 교통하중을 콘크리트 슬래브가 지지 ② 보조기층은 콘크리트 슬래브를 지지
교통하중 전달경로	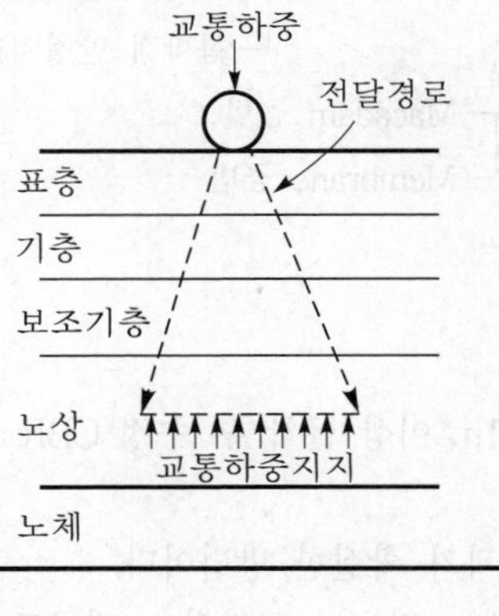	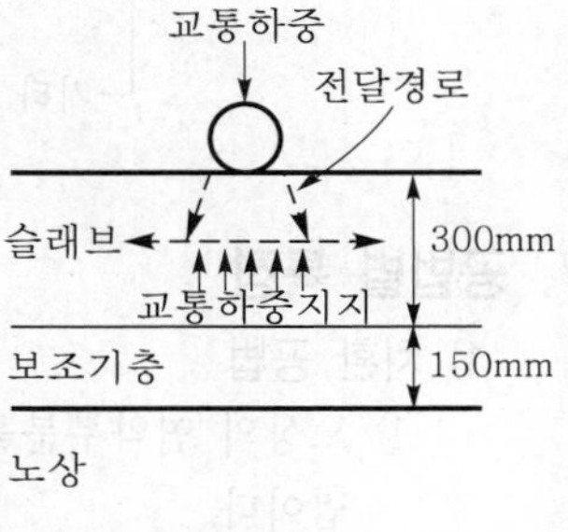

Ⅵ. 결론

① 콘크리트 포장은 아스팔트 포장에 비해 내구성이 좋으며, 재료 구입이 쉽고 유지·보수비가 적은 장점이 있으나 시공기술과 경험의 축적이 더욱 필요하다.

② 아스팔트 포장은 빈번한 보수로 인한 유지·관리비의 과다가 문제가 되므로, 이에 대한 적절한 개선책이 요망된다.

2 포장공사시 노상의 안정처리공법

Ⅰ. 개요

① 노상은 포장층의 기초로서 포장에 작용하는 모든 하중을 최종적으로 지지해야 하는 부분이므로 설계 CBR이 2 미만인 연약한 노상의 경우 안정처리 공법을 선정 시공함으로서 노상토의 지지력을 증대시켜야 한다.

② 노상층은 상부의 다층구조의 포장층을 통하여 전달되는 응력에 의해서 과잉변형 또는 변위를 일으키지 않는 최적 지지조건을 제공할 수 있어야 한다.

Ⅱ. 목적

① 투수성 감소

② 노상의 지지력 증대

③ 함수비에 따른 지지력변화 감소

④ 건조, 습윤, 동결융해 등의 기상작용에 대한 저항성 증대

Ⅲ. 공법의 분류

- 안정처리공법
  - 물리적 방법
    - 치환 공법
    - 입도조정 공법
    - 다짐 공법
  - 첨가제에 의한 방법
    - 시멘트 안정처리 공법
    - 역청 안정처리 공법
    - 석회 안정처리 공법
    - 화학적 안정처리 공법
  - 기타
    - Macadam 공법
    - Membrane 공법

Ⅳ. 공법별 특징

1) 치환 공법

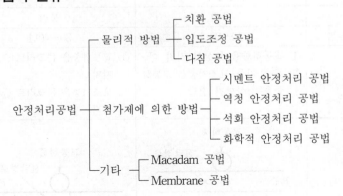

① 노상의 연약부분을 1m 이상 굴착 후 수정 CBR 10 이상의 양질토로 치환하는 공법이다.

② 시공이 간단하고 효과가 확실한 방법이다.

③ 처리 깊이가 깊을 때는 적용이 곤란하고 대규모 사토장이 필요하다.

2) 입도조정 공법

① 몇 종류의 재료를 혼합 부설하여 입도를 개량한 후에 다짐하는 공법이다.

② Interlocking에 의한 다짐효과가 좋으며, 기계화시공에 적합하다.

③ 혼합방식에는 노상혼합방식과 중앙 Plant 혼합방식이 있다.

3) 다짐 공법

① 재료의 함수비를 조절하면서 다짐하는 공법이다.

② 투수성 감소로 지하수위 상승에 의한 지지력약화방지, 강도증가, 침하방지 효과가 있다.

4) 시멘트 안정처리 공법

① 현지재료 또는 여기에 보충재료를 가한 것에 시멘트를 혼합하여 최적 함수비 부근에서 충분히 다짐하는 공법이다.

② 노상 강도를 증가시키고 함수량의 변화에 의한 강도의 저하를 방지하여 내구성을 증대시킨다.

5) 역청 안정처리 공법

① 역청재를 흙 또는 골재에 첨가, 혼합, 다짐하여 역청재의 점착력에 의해 안정성을 얻는 공법이다.

② 평탄성을 얻기 쉽고 탄력성, 내구성이 강하며 조기에 교통개방을 할 수 있다.

6) 석회 안정처리 공법

① 시멘트 안정처리 공법에서의 시멘트 대신 석회를 사용하는 것으로 시공과 배합설계방법은 같다.

② 장기강도의 발현이 우수하며, 점성토의 안정처리 효과가 높다.

7) 화학적 안정처리 공법

① 흙 속에 첨가제로 염화칼슘이나 염화나트륨을 사용하는 공법이다.

② 염화칼슘 사용시 동결온도 저하, 흙 속의 수분증가속도 저하효과가 있으며, 염화나트륨 사용시에는 건습에 따른 강도변화 감소효과가 있다.

8) Macadam 공법

① 큰 입자의 주골재를 부설하여 Interlocking 되도록 잘 다진 후 채움골재로 공극을 메꾸는 공법이다.

② 채움골재의 종류에 따라 물다짐 Macadam, 모래다짐 Macadam, 쐐기돌 Macadam 등으로 분류한다.

9) Membrane 공법

① Sheet Plastic, 역청질막을 하는 공법이다.

② Waste Barrier의 역할을 하며, 흙의 함수량 조절에 효과가 있다.

Ⅴ. 노상토의 지지력 판정방법

① CBR : 노상토 지지력비

② PBT : 지반반력계수 K치

③ Proof Rolling : 변형량 측정

Ⅵ. 결론

① 노상면에서 균등한 지지력을 얻기 위해 노상층 상부의 일정 두께를 하나의 층으로 해서 해로운 동결작용의 영향을 완화시키거나 동상 방지층 또는 노상층의 세립토사가 보조기층에 침입하는 것을 방지하기 위해 차단층을 설치할 수 있다.

② 포장의 공용성은 노상토의 상태와 물성에 직접 관계되기 때문에, 적정의 실내시험에 의해서 얻어지는 노상토의 강도지수(CBR값, M_R치 등)를 기준하여 포장층 두께를 결정하고 시공품질관리를 위해서 소요의 다짐 및 재료 시방기준을 규정해야 한다.

3 Asphalt 혼합물

Ⅰ. 개요

① Asphalt 혼합물은 아스팔트, 석분, 자갈로 구성되며, Asphalt Concrete 또는 Ascon이라고도 한다.

② Asphalt 혼합물은 교통하중이나 기상작용의 영향을 가장 많이 받는 표층 및 중간층에 사용된다.

③ Asphalt 혼합물의 종류는 용도, 교통조건, 기상조건 등을 고려하여 적절한 것을 사용한다.

Ⅱ. 혼합물의 종류 및 용도

구분	종류	용도
마모층	내마모용	내마모용
	미끄럼 방지용	미끄럼 방지용
표층	밀입도 아스팔트 콘크리트	내유동성, 내마모성, 미끄럼 저항성, 내구성
	세립도 아스팔트 콘크리트	교통량이 적은 경우, 보행자용 도로 포장
	밀입도 갭 아스팔트 콘크리트	미끄럼 방지를 겸한 표층
중간층	조립도 아스팔트 콘크리트	중간층
기층	조립도 아스팔트 콘크리트	기층

Ⅲ. 혼합물이 갖추어야 할 성질

1) 안정성

유동이나 변형을 일으키지 않는 것

2) 인장강도

하중응력이나 온도응력에 대응하는 인장강도를 가질 것

3) 피로저항성

교통하중의 반복에 의해 혼합물의 품질이 저하하지 않을 것

4) 가요성

노상, 기층의 침하시 균열을 일으키지 않고 순응하는 것

5) 미끄럼저항성

미끄러지지 않는 표면조직을 갖는 것

6) 내마모성

Spike Tire나 Tire Chain 등에 의해 마모되지 않는 것

7) 불투수성

표면수가 포장체에 침투되지 않는 것

8) 내구성(내후성, 내수성)

기상변화나 물 등의 영향으로 혼합물의 품질저하가 없는 것

9) 시공성

기계시공에 의한 대량시공이 용이한 것

Ⅳ. 배합설계순서 Flow Chart

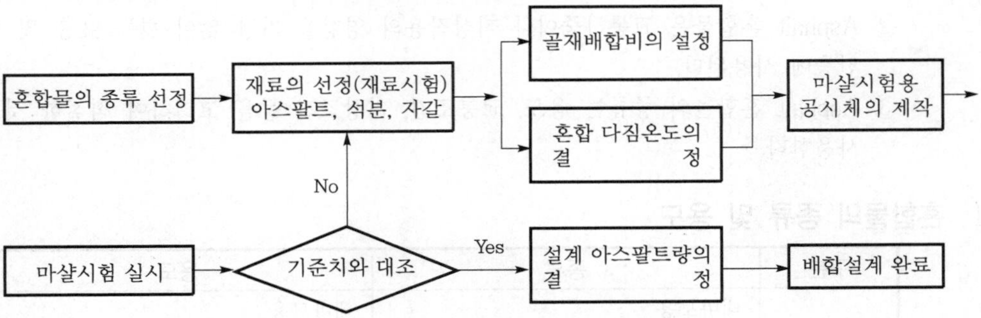

Ⅴ. 혼합물의 배합설계

1) 아스팔트 혼합물 선정

① 포장의 층에 따른 혼합물 선정

② 표층에는 조립도, 밀입도, 세립도 아스팔트 혼합물 선정

③ 마모층으로 세립도 갭 아스팔트 혼합물 선정

2) 재료 선정

① 사용되는 아스팔트, 석분, 자갈 등은 소요 품질 확보

② 각 재료의 선정시험 실시

③ 시험결과로 재료의 사용여부 결정

3) 골재배합비 결정

① 혼합물의 종류에 따른 합성 입도 결정

② 표준배합표의 입도범위에 들어가고 원활한 입도곡선이 얻어지게 골재배합비 결정

4) 혼합 다짐시의 온도결정

① 아스팔트의 동점도가 180±20cm^2/s가 될 때의 온도 : 혼합온도

② 동점도가 300±30cm^2/s이 될 때의 온도 : 다짐온도

5) 공시체 제작

① 선정 아스팔트 혼합물의 종류에 따라 공시체 제작

② 아스팔트량을 5%씩 변화를 두며 공시체 제작

6) 마샬시험

① 제작공시체를 횡방향으로 눕혀 시험실시

② 분당 50mm의 일정한 속도로 공시체에 변형을 시키도록 하중 재하

③ 최대의 하중이 나타난 다음 시험 완료

7) 설계 아스팔트량의 결정

① 공시체의 밀도, 안정도, 흐름치 측정

② 공극률, 포화도 계산

③ 각 공시체에 대해서 측정하여 Plot

④ 각각의 시험치에 만족하는 Asphalt량을 결정

8) 시험혼합 실시

① 아스팔트 플랜트에서 배합설계 자료를 이용하여 시험혼합 실시

② 시험혼합한 혼합물의 시험 실시

③ 배합설계에 의한 혼합물의 적부 판단

9) 현장배합 결정

① 배합설계와 시험혼합과의 차이점 판단

② 실제 플랜트 생산혼합물 기준으로 배합설계 비교검토

③ 최종 현장배합 결정

Ⅵ. 결론

① 아스팔트 혼합물은 소요의 성상을 가지도록 배합설계에서는 특히 재료의 선정, 골재의 입도 및 아스팔트량의 결정을 신중하게 하여야 한다.

② 또한 작업의 양부는 그 품질에 현저한 영향을 주므로 시공관리를 적절하게 하여야 한다.

4 아스팔트 혼합물의 석분

Ⅰ. 개요

① 석분은 아스팔트 혼합시에 투입되는 분말재료로서 자갈 간의 틈을 채워 아스팔트의 소요량을 감소시키는 채움재(Void Filler)로서의 효과와 아스팔트와 일체로 되어 혼합물의 안정성, 인성, 내마모성, 내노화성을 높이는, 즉 이의 품질을 개선시키는 보강재(Stiffness)로서의 효과가 있다.

② 채움재(Void Filler)로서의 특성치를 좌우하는 요소는 입도, 입형, 비표면적, 공극률 등이 있으며 보강재로서의 특성치를 좌우하는 요소는 분말도, 공극률, 표면성상, 계면화학적 성질 등이 있다.

Ⅱ. 석분을 넣는 이유

1) Interlocking 효과 증대

골재 사이의 간격을 채워줌으로서 Interlocking에 의한 밀도의 증대 효과가 있다.

2) 접착성 효과 확보

시멘트 분말 성분으로 아스팔트와 자갈의 접착성을 증대한다.

3) 내구성 향상

아스팔트와 일체가 되어 혼합물의 안정성, 인성, 내마모성, 내노화성을 높이는 즉, 이의 품질을 개선시키는 보강재로서의 효과가 있다.

4) 고밀도 아스팔트 포장

채움재로서의 석분의 함량이 증가되므로써 공극률의 감소, 밀도의 증대로 고밀도의 아스팔트 포장이 된다.

5) 아스팔트 감소

자갈 간의 틈을 채워 아스팔트의 소요량을 감소시키는 채움재로서의 효과가 있다.

6) 차수성 증대

혼합물이 공극 사이에 위치하여 침투수에 대한 저항력 증대로 혼합물의 내구성이 향상된다.

7) 재료분리 방지

역청재와 조골재 간의 채움재 역할로 혼합물의 재료분리 현상을 방지한다.

8) 박리현상 방지

포설된 혼합물의 공극을 적게 하므로 조골재가 혼합물에서 박리되는 현상을 방지한다.

9) 지표수 침입 방지

노면에서 빗물 등의 지표수 침입에 따른 노면 하부층의 연약화를 방지하는 목적이 있다.

10) 열화 방지

역청재와 골재와의 결합을 충실하게 하여 혼합물의 열화를 방지한다.

11) 시공성 증대

혼합물에 미세입자의 혼입으로 혼합, 포설, 다짐 등의 시공성이 향상된다.

12) 강도 증대

골재와 골재와의 공극을 채우는 채움재 역할로 혼합물의 강도 증대효과가 크다.

Ⅲ. 석분의 성분

1) 소석회

친화성이 나쁜 골재를 사용할 때 소석회를 채움재로 사용하면 효과를 높일 수 있다.

2) 석회암 분말

가장 많이 사용되며, 품질규정에 적합한 것을 사용해야 한다.

3) 화성암을 분쇄한 것

화성암류 석분의 품질규정에 적합해야 한다.

4) 시멘트 분말

Cement 분말은 보강재로서의 효과를 얻을 수가 있다.

Ⅳ. 석분이 마샬 안정도에 미치는 영향

① 석분의 양이 증가할수록 최대 안정도가 증가한다.

② 아스팔트 양은 석분의 양이 증가할수록 감소한다.

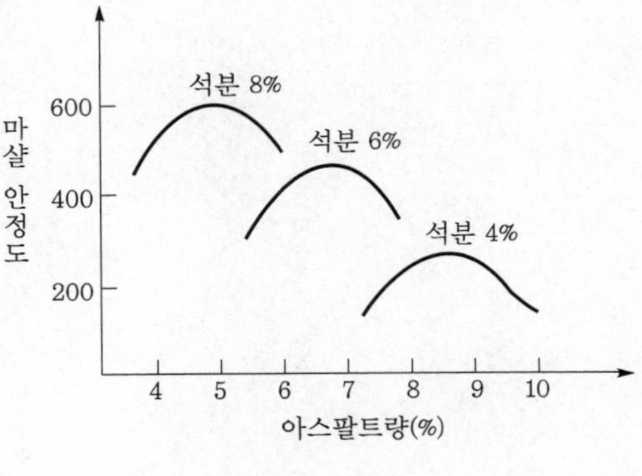

Ⅴ. 취급시 유의사항

① 비중이 적은 것은 비산하기 쉬우므로 취급에 유의한다.

② 석분 속에 먼지, 진흙, 유기물 등이 섞이지 않도록 한다.

Ⅵ. 석분의 품질규정

① 수분 : 1% 이하

② 비중 : 2.6 이상

③ No.200체 통과량 : 70~100%

④ No.30체 통과량 : 100%

Ⅶ. 화성암류 석분의 품질규정

① PI(소성지수) : 6 이하

② 흐름시험 : 50% 이하

③ **침수 팽창** : 3% 이하　　　　　④ **가열 변질** : 없음

⑤ **박리시험** : 합격

Ⅷ. 결론

① 아스팔트 혼합시 적당한 양의 석분을 혼입하면 아스팔트 콘크리트의 내구성을 향상시키고, 생산비가 절감된다.

② 품질시험을 실시하여 우수한 재료를 사용해야 아스팔트의 내구성을 향상시킬 수 있다.

5 Asphalt Concrete 포장 시공

Ⅰ. 개요

① 아스팔트 포장에서는 하중재하에 의해서 생기는 응력이 포장을 구성하는 각 층에 분포되어 하층으로 갈수록 점차 넓은 면적에 분산시켜서 각 층의 구성과 두께는 역학적 균형을 유지하고 교통하중에 충분히 견딜 수 있어야 한다.

② 그러므로 아스팔트 포장에서는 주어진 조건에 가장 적합하도록 구조설계, 재료, 시공 및 품질관리 등 전 과정이 공학적이며, 경제적인 측면에서 계획성 있게 수행되어야 한다.

Ⅱ. 구조도

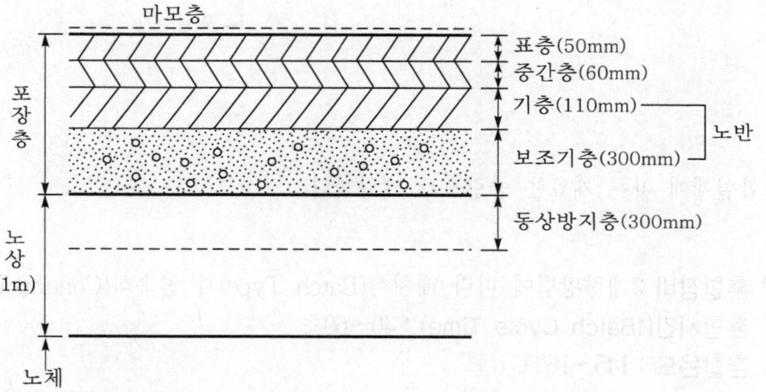

Ⅲ. 특징

1) 장점

① 주행성이 좋다. ② 평탄성이 우수하다.

③ 시공성이 좋다(즉시 교통개방).

2) 단점

① 유지 · 관리비가 크다. ② 내구성이 낮다.

Ⅳ. 재료

1) 역청 재료(아스팔트)

① 역청 재료에는 도로 포장용 아스팔트, 유화 아스팔트, 커트백 아스팔트, 포장 타르 등이 있다.

② 역청 재료는 점성, 감온성(感溫性), 내구성, 골재와의 부착성 등이 중요하므로 포장의 종류, 시공방법, 교통량, 기상조건 등에 적합한 것을 사용해야 한다.

2) 석분(Filler)

① 석분은 석회암 분말, 시멘트 또는 화성암류를 분쇄한 것이다.

② 굵은 골재 간의 틈을 채워주는 채움재로서의 효과 및 아스팔트의 품질을 개선시키는 보강재로서의 효과가 있다.

3) 자갈

① 표층 자갈 입경 : 13mm

② 중간층 자갈 입경 : 19mm

③ 기층 자갈의 입경 : 19~25mm

Ⅴ. 시공순서 Flow Chart

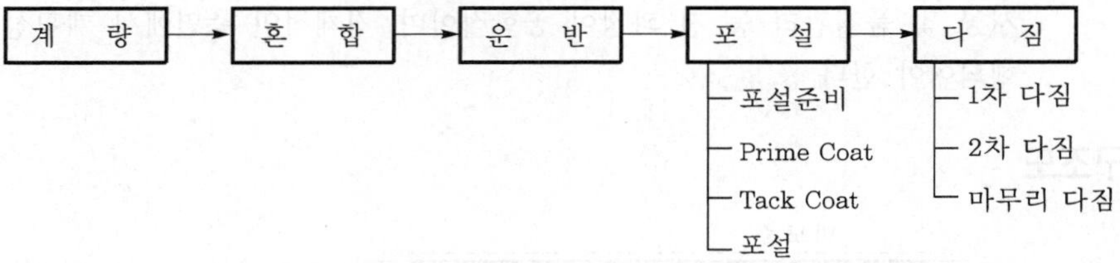

Ⅵ. 시공

1. 계량

배합설계에 따른 재료는 중량으로 계량한다.

2. 혼합

① 혼합장비 : 계량방법에 따라 배치식(Batch Type)과 연속식(Continuous Type)

② 혼합시간(1Batch Cycle Time) : 40~60초

③ 혼합온도 : 145~160℃

④ 혼합물관리 : 아스팔트량, 수분함유량, 혼합온도, 재료분리 여부, 혼합물의 작업성 및 다짐성

3. 운반

① 운반장비는 적재함이 잘 청소된 Dump Truck을 사용한다.

② 보온 및 이물질의 혼입을 방지하기 위해 Sheet 등으로 보호한다.

③ 혼합물이 부착되지 않게 적재함 내측에 기름을 얇게 도포한다.

④ 반출시 온도는 혼합 직후의 온도보다 10℃ 이상 저하되지 않도록 한다.

⑤ 재료분리가 생기지 않도록 해야 한다.

⑥ 소요대수$(N) = 1 + \dfrac{t_1 + t_2 + t_3}{T} + \alpha$

여기서, t_1 : 운반시간(분), t_2 : 공차 회차시간(분), t_3 : 혼합물 흘러내림(분)

T : 혼합물 적재시간(분), α : 고장 여유대수

4. 포설

1) 포설 준비

① 시공에 필요한 장비를 점검・정비한다.

② 삽·레이크·탬퍼·인두 등의 기구를 가열하여 둔다.
③ 혼합물 종류에 따라 균일한 표면조직이 되게 한다.
④ 포설 전 기층 또는 중간층 표면의 먼지, 흙, 뜬돌을 제거한다.

2) Prime Coat
① 토질계 기층 위에 아스팔트 혼합물을 부설하기 전에 Cut Back 아스팔트를 뿌리는 작업이다.
② 토질계 층의 방수성을 높이고, 접착을 증진시키는 효과가 있다.
③ 살포장비는 Asphalt Distributor, Asphalt Sprayer 등이 있다.

3) Tack Coat
① 기 포설된 아스팔트 혼합물과 그 위에 포설하는 아스팔트 혼합물과의 부착을 좋게 하기 위하여 시행한다.
② 살포장비는 Asphalt Distributor, Asphalt Sprayer 등이 있다.
③ Tack Coat는 필요량을 균일하게 살포하는 것이 중요하다.
④ Tack Coat 종료 후에는 이물질이 부착하지 않도록 양생완료 후 가능한 한 빨리 아스팔트 혼합물을 포설하는 것이 좋다.

4) 포설
① 포설장비는 Asphalt Finisher, 다짐용 Roller 등이 있다.
② 포설시 혼합물 온도는 120℃ 이하가 되지 않도록 한다.
③ 기온이 5℃ 이하일 때의 포설은 하지 않도록 하며, 부득이 할 경우 특별한 관리가 필요하다.
④ 좁은 장소, 구조물 접촉부 등에는 인력 포설한다.
⑤ 포설은 연속적으로 실시하고 포설이 완료되면 가능한 한 빨리 다짐을 시작한다.

5. 다짐

1) 1차 다짐
① Macadam Roller 사용한다.
② 다짐온도는 일반적으로 110℃ 이상이다.
③ 1차 다짐시 발생되는 Hair Crack을 방지하기 위해서는 Roller의 선압(線壓)을 낮추거나 윤경(輪徑)을 크게 하거나 주행속도를 낮춘다.
④ 종단 방향에 따라 낮은 쪽에서 높은 쪽으로 다진다.
⑤ 다짐횟수는 2회(1왕복) 정도가 좋다.

2) 2차 다짐
① 1차 다짐의 Hair Crack을 메우면 골재 상호간의 맞물림 효과가 있다.
② Tire Roller를 사용한다.
③ 2차 다짐의 종료온도는 80℃ 이상이다.
④ 다짐횟수는 충분한 다짐도가 얻어질 때까지 실시한다.

3) 마무리 다짐
① 마무리 다짐은 요철수정이나 Roller 자국 등을 없애기 위해 실시한다.

② Tandem Roller를 사용한다.
③ 마무리 다짐온도는 60℃ 이상이다.
④ 다짐횟수는 2회(1왕복) 정도가 좋다.

Ⅶ. 시공시 유의사항

1) 높이, 폭

기층의 포설 직후에 20m마다 규준틀을 기준으로 하여 가로방향으로 각 차도 중심선 상 및 양측에서 측정한다.

2) 두께

역청 안정처리 기층 및 표층 혼합물의 두께는 Core를 채취하여 측정하고, 기타의 공종에서는 각각의 상하면 높이의 차로 구한다.

3) 밀도

밀도는 표준 다짐밀도에 대한 다짐도를 나타내며, 보통은 공사 초기에 실제로 사용할 혼합물의 다짐시험을 하여 표준 다짐밀도를 결정한다.

4) 함수비 및 소성지수

함수비 및 소성지수의 관리는 관찰에 의해서 행하고, 필요한 경우에만 시험을 한다.

5) 입도

보조기층 재료 및 Macadam 기층재료, 침투식 기층재료의 입도는 관찰로 행하고 필요한 경우에만 시험을 한다.

6) Proof Rolling

노상, 보조기층의 지지력이 균일한가를 조사하여 불량한 곳을 찾아내기 위해서 실시한다.

7) 아스팔트량

Plant에서 배출된 혼합물 또는 다짐 후 Core를 채취하여 측정한다.

8) 온도

아스팔트 및 골재의 온도는 플랜트에 부착된 온도계로 수시점검, 혼합물 온도는 Mixer에서 배출된 시점에서 측정한다.

9) 외관

재료의 분리나 Hair Crack 유무에 대해서 주의하여 관찰한다.

10) 평탄성

3m 직선 정규에 의한 횡방향 요철 측정방법과 PrI(Profile Index) 측정기에 의한 종방향 측정방법이 있다.

Ⅷ. 문제점

① 한냉기 포설에 따른 아스팔트의 조기 노화
② 부적당한 재료사용에 의한 포장 품질 저하
③ 부적절한 재료취급에 따른 시공성 저하

④ 시공상의 결함에 의한 아스팔트 내구성 감소
⑤ 교통 통행에 의한 마모, 파손

Ⅸ. 대책

① 5℃ 이하의 기온에서는 특별한 시공관리 필요
② 사용재료는 용도 및 사용 조건에 부합되는 품질의 것을 선정하여 사용
③ 아스팔트량의 과부족, 가열온도, 재료분리 등에 주의
④ 기초처리를 철저히 하여 침하방지
⑤ 토공과 구조물 접촉부의 충분한 다짐
⑥ 대기온도와 같아질 때까지 차량통행 통제

Ⅹ. 개발방향

① 유지관리비 절감대책
② 미끄럼 저항을 높일 수 있는 공법 개선
③ 내유동성을 가진 혼합물 개발
④ 중교통에 대한 내구성 증진으로 포장 수명 연장

Ⅺ. 결론

① 아스팔트 포장 재료의 사용시에는 적절한 시험이나 종래의 경험에 따라 충분히 조사해서 사용의 적부, 사용방법, 입수방법, 저장방법 등을 신중하게 정해야 하며, 포장의 균일성이 확보되도록 일관해서 일정한 품질의 재료를 사용하는 것이 좋으며 이에 대한 경제적인 충분한 검토가 필요하다.
② 구조설계, 재료선정, 배합설계 등이 적절하여도 시공관리를 충분히 하지 않으면 포장은 소기의 성능을 발휘할 수가 없으므로 시험배합, 시험시공 등을 통하여 작업표준을 정하고 충분히 확인한 다음 시공해야 한다.

6 아스팔트 콘크리트 포장의 시험포장

Ⅰ. 개요

① 시험포장이란 본선 포장시공에 앞서 사용장비, 인력 편성, 혼합물의 생산능력, 시공법 등을 점검하기 위하여 실시하는 포장공이다.

② 시험포장에서 얻어지는 결과치로 본공사의 시공계획 수립 및 시공성 검토와 우수한 포장시공이 될 수 있게 검토 평가하는 것이다.

Ⅱ. 시험포장의 목적

① 사용장비 선정
② 인력 편성
③ Plant 생산능력 검토
④ 시공방법 결정
⑤ 문제점에 대한 대책 수립

Ⅲ. 시험포장계획(시험포장 시공계획)

1) 위치 선정

① 직선 구간으로 종단구배가 심하지 않은 구간
② 시험포장 길이 : 180m
③ 다짐횟수 시험구간 : 90m
④ 다짐두께 시험구간 : 90m

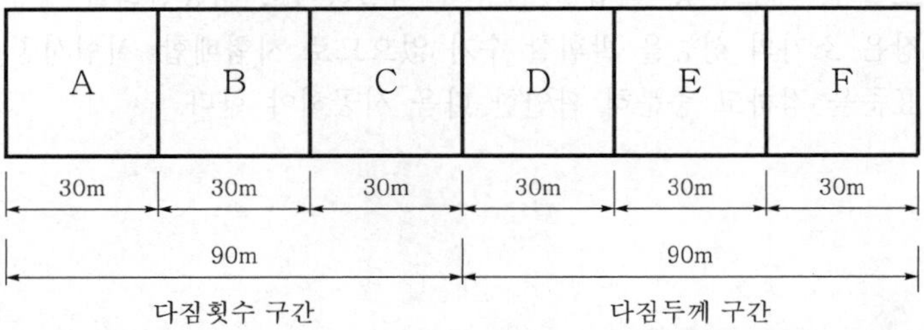

위치	마카담	타이어	탄뎀	위치	다짐두께
A	6회	12회	6회	D	60mm
B	4회	10회	4회	E	65mm
C	2회	8회	2회	F	70mm

2) 혼합물 배합

① B/P 확인
㉠ 계량기 점검
㉡ 온도계 검사

㉢ 스크린상태 검사
㉣ 믹서 날개상태 확인(간격 20mm 이하)

② 현장 배합
㉠ 콜드빈 유출량 및 하트빈 배합비 결정
㉡ 적정 혼합시간 결정
㉢ 기준온도 결정
㉣ AP 함량변화에 따른 혼합물상태 검토

3) 포설준비

① 장비 및 인원준비
㉠ 택코팅 살포 : 디스트리뷰터의 압력계, 노즐 확인
㉡ 운반장비
- 적재함 상태 및 덮개 설치 점검
- 운반 대수 확인

㉢ 포설장비 : 피니셔의 작동상태, 센서 작동상태 점검
㉣ 다짐장비 : 사용 Roller의 중량 및 다짐압력 점검
㉤ 인원 편성
- 기능별, 작업 과정별로 인원 편성
- 운반, 포설, 다짐, 시험, 측량 등의 포장 전 교육 실시

② 시·종점 표지판 설치

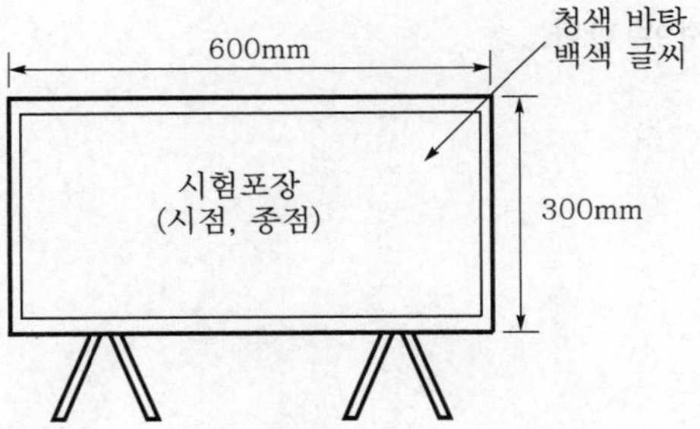

4) 시험준비

구분	시험종목	실시기준
플랜트	입도시험 AP함량 마샬안정도 혼합물온도	1회 1회 시험 구간별 1회 운반차마다
현장	밀도 두께 온도	구간별 1회 구간별 1회 운반차마다

5) 시공사항 검토

① 택코팅 적정 살포량 검토
② 혼합물 온도 및 전압 온도 관리

③ 기상상태 조사 ④ 적정 포설두께 결정
⑤ 적정 다짐횟수 결정

6) 결과보고서 작성

① 일시 및 기회 ② 위치
③ 투입인원 ④ 택코팅 살포량 조사
⑤ 관리기준 온도결정 ⑥ 다짐횟수 및 다짐두께 결정
⑦ 혼합물시험 성과 ⑧ 현장 배합설계 결과표 작성
⑨ 시공상 문제점 및 대책 ⑩ 시공현황 사진

Ⅳ. 시험포장시 유의사항

① 혼합물 운반 ② 운반시간 및 온도변화 측정
③ 사용기계의 시공성 평가 ④ 시공면 정리
⑤ 관계자 이외 현장 접근 금지 ⑥ 사전 기상상태 점검
⑦ 시험기기 준비상태 점검

Ⅴ. 결론

① 아스팔트 콘크리트 포장공사에서 시험포장은 본공사에 앞서 행해지는 것으로 혼합물의 생산, 운반, 시공 및 품질관리를 목적으로 시행되고 있다.

② 시험포장을 통하여 혼합물의 상태점검과 다짐횟수 및 포설두께 등을 결정하여 최적의 상태에서 시공되어지게 시공관리 및 품질관리를 위하여 면밀한 계획 아래 실시되어져야 한다.

7 Asphalt Concrete 포장의 공종별 장비조합과 선정방법

Ⅰ. 개요

① 장비의 조합은 각 장비의 장·단점을 비교하고, 완료해야 할 작업의 물량, 공기 등을 종합적으로 판단하여 여러 종류의 장비와 규격을 합리적으로 결합하므로써 최대의 효율을 얻도록 해야 한다.

② 각 기계의 용량과 대수를 최대한 균형시켜 조합하므로써 전체 작업의 능률을 높여 시공단가를 절감시켜야 한다.

Ⅱ. 포장 장비

1) Asphalt Mixing Plant

① 재료의 공급, 가열, 건조, 선별, 계량, 혼합에 이르기까지 일관작업에 의하여 아스팔트 혼합재를 생산하는 기계이다.

② 계량방법에 의하여 Batch Type과 Continuous Type으로 나눈다.

2) Dump Truck

① 아스팔트 혼합물의 운반에 사용되는 장비이다.

② 재료분리가 발생하지 않는 방법으로 운반하여야 하며, 운반중 보온을 하여 150mm 내부에서 10℃ 이내의 온도저하가 되도록 한다.

3) Asphalt Distributor

① 아스팔트 포장을 하기 전에 노반과 혼합물의 결합을 좋게 하기 위하여 가열된 아스팔트를 노반에 균일하게 살포하는 기계이다.

② 침투식 공법이나 표면처리 공법 등 대면적의 시공에 사용된다.

4) Asphalt Sprayer

① 가열된 아스팔트를 수동으로 노면에 살포하는 기계이다.

② 주로 아스팔트 포장도로의 보수용으로 사용한다.

5) Asphalt Finisher

① 아스팔트 혼합물을 포설하는데 사용하는 기계이다.

② 주행장치에 의하여 무한궤도식과 타이어식 2종류가 있다.

Ⅲ. 공종별 장비조합

1. 생산(Asphalt Mixing Plant)

① 재료의 공급, 가열, 건조, 선별, 계량, 혼합에 이르기까지 일관작업에 의하여 아스팔트 혼합재를 생산하는 기계이다.

② 계량방법에 의하여 Batch Type과 Continuous Type으로 나눈다.

2. 운반(Dump Truck)

① 아스팔트 혼합물의 운반에 사용되는 장비이다.

② 재료분리가 발생하지 않는 방법으로 운반하여야 하며, 운반중 보온을 하여 150mm 내부에서 10℃ 이내의 온도저하가 되도록 한다.

3. 포설

1) Asphalt Distributor

① 아스팔트 포장을 하기 전에 노반과 혼합물의 결합을 좋게 하기 위하여 가열된 아스팔트를 노반에 균일하게 살포하는 기계이다.

② 침투식 공법이나 표면처리 공법 등 대면적의 시공에 사용된다.

2) Asphalt Sprayer

① 가열된 아스팔트를 수동으로 노면에 살포하는 기계이다.

② 주로 아스팔트 포장도로의 보수용으로 사용한다.

3) Asphalt Finisher

① 아스팔트 혼합물을 포설하는 데 사용하는 기계이다.

② 주행장치에 의하여 무한궤도식과 타이어식 2 종류가 있다.

<운반>

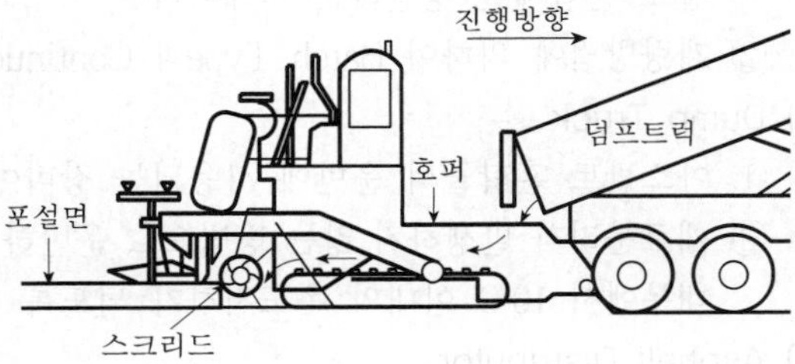

<포설>

4. 다짐

1) 머캐덤 롤러

① 1차 다짐에 사용하는 철륜 Roller이다.

② 일반적으로 8~12ton 무게의 Roller를 사용한다.

2) 타이어 롤러

① 1차 다짐 후 골재의 맞물림을 좋게 하는 다짐으로 타이어 Roller를 이용한다.

② 1차 다짐 때 생긴 Hair Crack을 없애는 효과가 있다.

3) 탠덤 롤러

① 마무리 다짐으로 요철수정이나 자국을 없애는 목적으로 다짐한다.

② 다짐횟수는 2회 정도가 좋다.

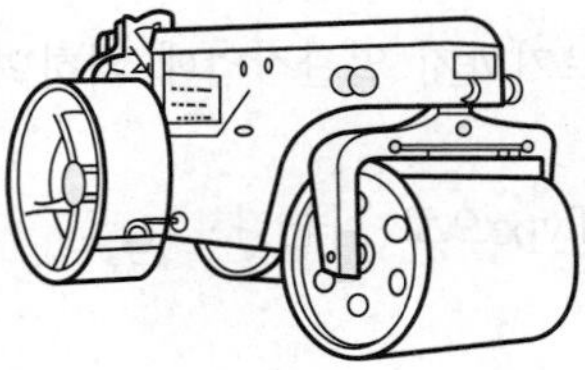

<머캐덤 롤러>

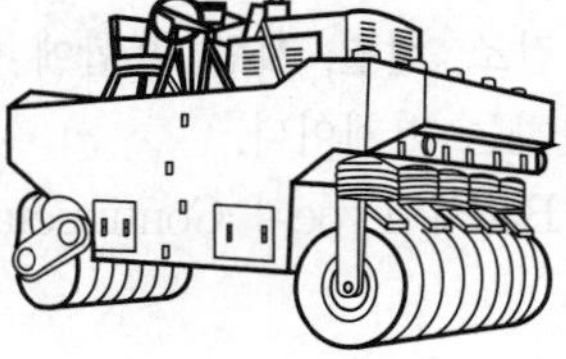

<타이어 롤러>

<탠덤 롤러>

5. 조합 예

공사규모 \ 공종	혼합	운반	Tack Coating	포설	다짐		
					1차	2차	마무리
소규모	Plant (20t/h)	D/T	Distributor	Finisher	Macadam·R	Tire·R	Tandem·R
중규모	Plant (30t/h)	D/T	Distributor	Finisher	Macadam·R	Tire·R	Tandem·R
대규모	Plant (60t/h)	D/T	Distributor	Finisher	Macadam·R	Tire·R	Tandem·R

Ⅳ. 장비조합시 유의사항

1. 조합원칙

1) 작업능력의 균형
가장 효율적인 기계의 조합을 위해서는 각 기계의 작업능력을 균등화하여 각 작업 소요시간을 일정화하는 것이 필요하다.

2) 조합작업의 감소
일반적으로 분할되는 작업의 수가 증가하면 작업효율이 저하되어 합리적인 조합작업이 되지 못하므로 기계의 작업효율을 고려한 합리적 조합이 요구된다.

3) 조합작업의 중복화
직렬작업을 중복시켜 작업을 병렬화하면 시공량이 증대될 뿐 아니라 고장 등에 의한 타 작업의 휴지를 방지하여 손실의 위험 분산효과가 있다.

2. 조합 예

공사규모 \ 공종	혼합	운반	Tack Coating	포설	다짐		
					1차	2차	마무리
소규모	Plant (20t/h)	D/T (1)	Distributor (1)	Finisher (1)	Macadam·R (1)	Tire·R (1)	Tandem·R (1)
중규모	Plant (30t/h)	D/T (1)	Distributor (1)	Finisher (1)	Macadam·R (1)	Tire·R (1)	Tandem·R (1)
대규모	Plant (60t/h)	D/T (2)	Distributor (1)	Finisher (2)	Macadam·R (2)	Tire·R (2)	Tandem·R (2)

Ⅴ. 장비의 선정방법

1) Asphalt Mixing Plant
① 재료의 공급, 가열, 건조, 선별, 계량, 혼합에 이르기까지 일관작업에 의하여 아스팔트 혼합재를 생산하는 기계이다.
② 계량방법에 의하여 Batch Type과 Continuous Type으로 나눈다.

2) Asphalt Finisher

① 아스팔트 혼합물을 포설하는데 사용하는 기계이다.

② 주행장치에 의하여 무한궤도식과 타이어식 2종류가 있다.

3) Asphalt Distributor

① 아스팔트 포장을 하기 전에 노반과 혼합물의 결합을 좋게 하기 위하여 가열된 아스팔트를 노반에 균일하게 살포하는 기계이다.

② 침투식 공법이나 표면처리 공법 등 대면적의 시공에 사용된다.

4) Asphalt Sprayer

① 가열된 아스팔트를 수동으로 노면에 살포하는 기계이다.

② 주로 아스팔트 포장도로의 보수용으로 사용한다.

5) Aggregate Spreader(골재 살포기)

① 침투식 공법 또는 표면처리 공법 등에서 노면에 골재를 균일하게 살포하는 기계이다.

② 피견인식, 자주식, 현수식 등이 있다.

6) Concrete Spreader

① 포장노반에 살포된 생콘크리트를 균일하게 부설하는 포장기계이다.

② 도로 및 비행장의 활주로 등의 콘크리트 포장시에 사용한다.

Ⅵ. 결론

① 장비의 조합에서 제일 중요한 요소들인 가동률 제고와 장비의 능력을 균형있게 하는 것이 가장 효율적인 작업이 된다.

② 작업장의 상황을 개선하여 주장비와 종속장비 개개의 능률을 제고시키므로써 공사비절감이 될 수 있다.

8 Asphalt Concrete 포장의 파손원인과 대책 및 보수공법

Ⅰ. 개요

① 아스팔트 포장은 교통의 반복하중에 의해 노면성상에 변화가 생기고 종국에는 피로하여 파손에 이른다. 아스팔트 포장의 유지·관리에 있어서 파손형태와 그 원인을 잘 이해하는 것이 중요하다.

② 포장의 파손은 노상토의 지지력, 교통량, 포장두께의 세 가지 균형이 깨짐으로서 일어난다. 파손의 원인은 노면성상에 관한 파손과 구조에 관한 파손으로 크게 나눌수 있다.

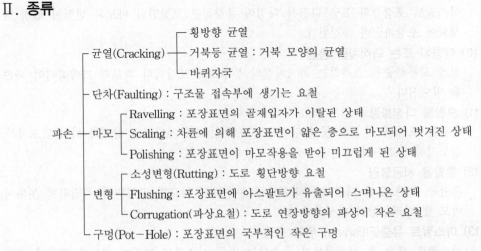

Ⅱ. 종류

- 파손
  - 균열(Cracking)
    - 횡방향 균열
    - 거북등 균열 : 거북 모양의 균열
    - 바퀴자국
  - 단차(Faulting) : 구조물 접속부에 생기는 요철
  - 마모
    - Ravelling : 포장표면의 골재입자가 이탈된 상태
    - Scaling : 차륜에 의해 포장표면이 얇은 층으로 마모되어 벗겨진 상태
    - Polishing : 포장표면이 마모작용을 받아 미끄럽게 된 상태
  - 변형
    - 소성변형(Rutting) : 도로 횡단방향 요철
    - Flushing : 포장표면에 아스팔트가 유출되어 스며나온 상태
    - Corrugation(파상요철) : 도로 연장방향의 파상이 작은 요철
  - 구멍(Pot－Hole) : 포장표면의 국부적인 작은 구멍

Ⅲ. 원인

1) 혼합온도 규정 미준수

생산 Plant에서 혼합물 혼합시 과도한 과열로 인한 골재와 아스팔트와의 접착력 부족으로 포장체의 조기 파손을 일으킨다.

2) 이물질 혼입

혼합물 혼합과 운반 또는 포설 다짐시 이물질이 혼입되면 혼합물의 강도저하로 이물질 혼입부분의 국부 파손이 촉진된다.

3) 아스팔트 함량 과다 또는 과소

혼합물 속의 아스팔트량이 과다 또는 과소하게 되면 혼합물의 강도저하, 변형발생 등으로 포장 아스팔트의 파손이 생긴다.

4) 포장면 노화

포장면이 노화되면 혼합물의 접착력 부족으로 포장표면 마모가 촉진되어 아스팔트 포장이 파손된다.

5) 연한 아스팔트 혼합물 사용

교통하중을 충분히 지지하지 못하여 소성변형 또는 파상요철 등의 포장 파손이 생긴다.

6) Tack Coat 과다

Tack Coat가 과다하면 아스팔트 혼합물의 아스팔트가 녹아 혼합물 품질불량으로 파손이 커진다.

7) 수축반사 균열 발생

균열과 이음이 존재하는 콘크리트 구조물에 아스팔트를 덧씌우기를 한 경우 콘크리트 균열과 이음의 영향으로 아스팔트 포장층에 균열이 발생한다.

8) 타이어 체인의 통행

동절기 통행차량의 미끄럼방지를 위한 타이어 체인에 의한 포장표면의 파손이 과속화 된다.

9) 표층 다짐불량

아스팔트 포장층의 표층 다짐시 다짐이 불량하면 포장면의 마모와 변형이 쉽게 발생되어 포장파손이 촉진된다.

10) 대형차 또는 과적차량 통행

설계 교통하중을 초과하는 과적차량의 통행으로 포장체의 피로가 가속화되어 파손을 일으킨다.

11) 혼합물 다짐불량

혼합물 포설 후 충분치 못한 다짐으로 혼합물 내에 과다공극 상태가 되어 밀도저하, 강도저하로 파손이 생긴다.

12) 혼합물 시공불량

혼합물 운반 포설 다짐시 규정온도를 준수하지 않으면 포장면이 치밀하지 못하여 마모 및 박리현상이 발생하기 쉽다.

13) 아스팔트 유출(Flushing) 위에 포장

아스팔트 포장 후 아스팔트가 유출되는 것은 아스팔트 함량이 과다한 경우에 해당하며 상부 포장체까지 영향을 미쳐 파손이 발생한다.

14) 노상 및 기층 다짐불량

아스팔트 포장은 교통하중을 노상이 지지하므로 노상 및 기층 다짐불량시 포장구조의 파손을 유발시킨다.

15) 노상 지지력 부족

노상의 지지력이 부족하면 교통하중을 지지하지 못하므로 과다한 침하로 포장구조의 파손이 발생한다.

16) 배수불량

도로에서의 배수처리 불량으로 포장 하부층이 연약화되고 포장 혼합물의 재료분리 현상을 초래하게 되어 포장의 안정성을 잃게 된다.

Ⅳ. 대책

1) 혼합규정 준수

① 혼합시간 : 40~60초

② 혼합온도 : 145~160℃

2) 운반규정 준수
① 운반장비는 적재함이 잘 청소된 Dump Truck을 사용한다.
② 재료분리가 생기지 않도록 유의한다.
③ 자동 덮개가 설치된 트럭을 사용한다.

3) 포설준비 철저
① 시공에 필요한 장비를 점검·정비한다.
② 포설 전 기층 또는 중간층 표면의 먼지, 흙, 뜬돌 등을 제거한다.

4) Tack Coat 균일 살포
① 필요량을 균일하게 살포한다.
② Tack Coat 종료 후에는 가능한 한 빨리 아스팔트 혼합물을 포설해야 한다.
③ 과다하게 살포된 경우 가능한 한 빨리 제거해야 한다.

5) 포설시 온도기준 준수
① 포설시 혼합물 온도는 120℃ 이하가 되지 않게 한다.
② 포설은 연속적으로 실시하고 포설이 완료되면 가능한 한 빨리 다짐을 시작한다.

6) 다짐규정 준수
① 1차 다짐
㉠ 다짐온도는 일반적으로 110℃ 이상
㉡ 다짐횟수는 2회(1왕복) 정도
② 2차 다짐
㉠ 2차 다짐의 종료온도는 80℃ 이상
㉡ 다짐횟수는 충분한 다짐도가 얻어질 때까지 실시
③ 마무리 다짐
㉠ 다짐온도는 60℃ 이상
㉡ 다짐횟수는 2회(1왕복) 정도
④ 다짐시 유의사항
㉠ 다짐도는 96% 이상 확보
㉡ 외연부는 인력부설 다짐
㉢ 오르막길은 구동륜을 위쪽으로 하여 다짐
㉣ 한냉시는 포설 후 즉시 다짐
㉤ 고온시는 혼합물의 냉각 후 다짐
㉥ 평면 곡률반경이 작은 곳은 인력부설 다짐

Ⅴ. 보수공법

1) Seal Coat(표면처리) 공법
① 부분적 균열, 변형, 마모와 같은 파손발생시 기존 포장에 25mm 이하의 얇은 Sealing 층을 형성하는 공법이다.
② 우기 또는 한냉기 전에 시공하면 예방적 조치로서 효과적이다.

2) Patching

① Pot－Hole, 단차, 부분적 균열, 침하 등과 같은 파손을 포장재료를 사용해서 응급 처리하는 공법이다.

② 파손부분에 포장재료를 직접 채우는 임시적 방법과 불량부분을 약간 크게 절취하여 수리하는 방법이 있다.

③ 파손면적 $10m^2$ 미만일 경우에 적용된다.

3) 부분 재포장

① 파손이 미치는 부분의 표층 또는 기층까지 부분적으로 재포장하는 공법이다.

② 파손정도가 심하여 다른 공법으로서는 보수가 불가능할 때 이용한다.

③ 파손면적 $10m^2$ 이상일 경우에 적용된다.

4) Milling(절삭)

① 포장표면에 연속 또는 단속적으로 요철이 발생하여 평탄성이 불량하게 된 경우, 이 부분을 절삭하여 노면의 평탄성과 미끄럼 저항을 회복시키는 공법이다.

② 주로 소성변형에 대해서 효과적이다.

5) 덧씌우기(Overlay)

① 기존 포장의 강도 보충, 노면의 평탄성 개량, 균열로 인한 빗물침투 방지목적으로 행한다.

② Overlay 시공 전 균열이 심한 부분은 Patching을 하고, 파손이 기층까지 미쳐있는 경우는 부분 재포장을 해둘 필요가 있다.

6) 절삭 덧씌우기

① 포장의 파손이 진행되어 유지 공법으로서는 노면을 유지할 수 없을 때 시행한다.

② 전면 재포장 시기에 이르지 않았으며, 보도·배수 시설 등의 높이 문제로 덧씌우기가 적합치 않을 때 시행한다.

7) 전면 재포장

① 포장의 파손이 심하여 다른 공법으로서는 양호한 노면을 유지하기 어려울 경우 채택하는 공법이다.

② 파손원인이 동상 또는 배수불량에 기인하는 경우에는 동상 대책공법 또는 배수공을 검토한다.

Ⅵ. 포장 폐재 이용방안

1) 이용방안의 분류

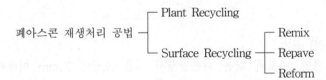

- 폐아스콘 재생처리 공법
  - Plant Recycling
  - Surface Recycling
    - Remix
    - Repave
    - Reform

2) 공장재생(Plant Recycling) 공법

기존 포장을 제거한 후 공장으로 반출하여 공장에서 재생하는 방법으로 재생 혼합물은 새로운 현장에서 기층재로 주로 사용한다.

3) 표층재생(Surface Recycling) 공법

기존 아스팔트 포장의 표층을 긁어 일으켜 필요에 따라 재생첨가제 등을 첨가하여 처리하고 신재 혼합물을 상부에 포설하거나 또는 신재와 혼합하여 재생하는 공법이다.

Ⅶ. 결론

① 노면의 평가방법에는 PSI(공용성 지수)에 의한 방법과 MCI(유지관리 지수)에 의한 방법이 있으며 조사구간 또는 노선별로 노면을 종합적으로 평가하여 시기를 놓치지 않도록 계획적으로 유지 · 보수를 실시해야 한다.

② 보수 공법 선정시에는 시험 및 측정결과를 근거로 하여 검토하고 다시 종래의 경험 등을 살려 신중하게 결정해야 한다.

9 아스팔트 콘크리트 포장의 소성변형 원인과 대책

Ⅰ. 개요

① 아스팔트의 소성변형이란 도로에서 차량하중에 의해 횡방향으로 변형을 일으켜 원상회복되지 않는 상태의 변형을 말한다.

② 소성변형이 심할 경우 강우시 배수불량으로 미끄럼 저항성이 저하되고 자동차의 핸들 조작을 곤란하게 하여 안전주행을 위협하게 된다.

Ⅱ. 소성변형 측정방법

① 직선자를 이용하는 방법 ② 실을 당겨서 하는 방법

③ 횡단 프로필로미터에 의한 방법

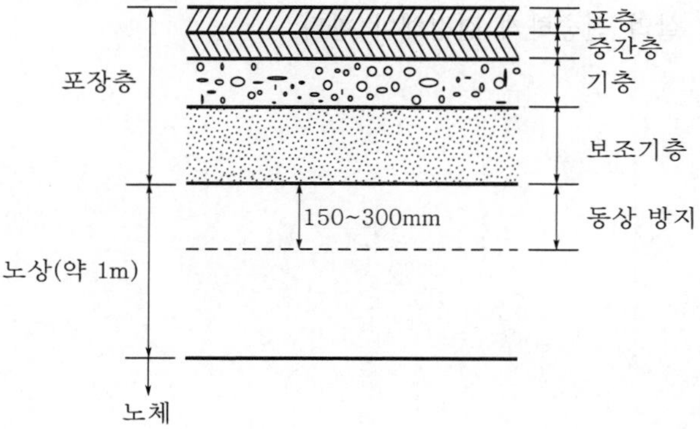

Ⅲ. 소성변형 원인

1) 아스팔트 침입도 부적합

아스팔트 침입도가 큰 아스팔트(AP−3)로 혼합한 일반 아스팔트 혼합물로 다짐된 포장은 소성변형이 발생하기 쉽다.

2) 석분재질 불량

석분은 아스팔트와 일체가 되어 혼합물의 안정성, 인성, 내마모성, 내노화성을 높이는 효과가 있는데 석분재질이 불량하면 소성변형이 크게 발생한다.

3) 적은 입경(13mm)의 자갈 사용

교통하중이 많은 지역에 아스팔트 혼합물의 자갈이 입경이 작은 경우 교통하중을 충분히 지지하지 못해 소성변형이 발생된다.

4) 내유동성 불량

내유동 대책이 요구되는 포장에서 내유동성이 불량한 혼합물로 시공하면 소성변형이 발생한다.

5) 아스팔트량 부적정

아스팔트 혼합물 배합시 소요 아스팔트량의 과다 사용으로 혼합물의 내유동성을 저하시킨다.

6) 골재입도 불량
자갈, 석분 등의 입도분포가 불량하여 Interlocking이 확보되지 않을 때 포장에서 소성변형이 크게 일어난다.

7) 혼합물 간극비 부적절
아스팔트 혼합물 배합 후 혼합물 간극비가 부적절하면 소성변형의 원인이 된다.

8) 다짐 불량
혼합물 포설시의 온도, 다짐온도 등이 적절치 않을 경우 다짐이 부실하여 혼합물의 강도가 저하되었을 때 발생한다.

9) 여름철 시공
여름철에 아스팔트 포장 시공시 외부온도가 높아 아스팔트의 열화현상이 발생하면 혼합물의 강도가 저하되어 소성변형이 발생한다.

10) 온도관리 불량
아스팔트 혼합, 운반 및 포설 다짐시 온도관리가 불량하면 포장체의 밀도가 치밀하지 못해 소성변형이 발생한다.

Ⅳ. 대책

1) 침입도가 적은 아스팔트 사용
아스팔트 침입도가 적은 개질 아스팔트(AP−5) 사용

2) 시방기준에 맞는 석분 사용
① 석분은 석회암 분말, 시멘트 또는 화성암류를 분쇄한 것이다.
② 석분의 시방기준
㉠ 수분 : 1% 이하
㉡ 비중 : 2.6 이상
㉢ No.200체 통과량 : 70~100%
㉣ No.30체 통과량 : 100%

3) 자갈입경 증가
표층 자갈입경을 13mm에서 19mm로 변경한다.

4) 개질 Asphalt 사용
① 개질 아스팔트는 일정량의 개질제를 첨가하여 포장의 내구성과 내유동성을 증가시킨 아스팔트를 말한다.
② 개질 아스팔트를 사용하여 내유동성을 확보함으로서 소성변형을 방지한다.

5) 아스팔트량 감소
아스팔트 혼합물 배합시 중앙치보다 0.5% 적게 하여 혼합물의 내유동성 저하를 방지한다.

6) 골재입도 증가
아스팔트 혼합물 배합시 시방기준보다 골재입도를 크게 하면 교통하중과 피로하중의 저항력을 증가시켜 소성변형을 억제한다.

7) 혼합물 배합시 혼합물 간극비 5% 확보

8) 마샬 안정도 확보

75회 다짐으로 750kg 이상, 안정도/흐름치는 25 이상으로 한다.

9) 다짐시공 철저

구분	1차 다짐	2차 다짐	3차 다짐
다짐장비	Macadam Roller	Tire Roller	Tandem Roller
다짐횟수	2회(1왕복)	충분한 다짐도 확보	2회(1왕복)

10) 혼합물 온도관리 준수

구분	혼합시	1차 다짐	2차 다짐	3차 다짐
온도관리치	140℃ 이상	110℃ 이상	80℃ 이상	60℃ 이상

Ⅴ. 결론

① 아스팔트 포장의 소성변형은 혼합물의 불량, 골재불량, 다짐불량, 중차량 통과 교통정체 등의 원인으로 발생되는 것이다.

② 아스팔트 포장 시공시 역청재료의 선정에서부터 골재선정, 시공과정, 유지관리까지 체계적인 관리를 수립하여 아스팔트의 소성변형 발생을 방지하여야 한다.

10 폐아스콘 재생처리(Recycling)공법

Ⅰ. 개요

① 기존 아스팔트 포장을 절삭한 후 덧씌우기를 하는 보수작업을 할 때 절삭 후 폐아스콘을 아스콘 생산공장 또는 현장에서 재생하여 덧씌우기에 이용하는 방법을 폐아스콘 재생처리 공법이라 한다.

② 폐아스콘 재생처리 공법은 폐아스콘 처리시 환경오염 및 처리비용 부담과 아스콘 생산시 골재부족에 따른 생산비 증가 등을 해소하기 위하여 개발된 공법이다.

③ 아스팔트 콘크리트 포장은 대형차량의 운행과 차량의 반복하중에 의해 피로한계에 다다르려면 균열, 파손 등 공용성지수(PSI : Present Serviceability Index)가 현저하게 낮아져 전면보수를 하여야 한다.

④ 전면보수방법에는 공용성지수(PSI)에 의해 Over Lay 또는 절삭 Over Lay를 적용하여 보수한다.

Ⅱ. PSI(공용성지수)

① 아스팔트 콘크리트 포장파손을 종합적으로 평가하는 방법

② PSI에 의해 아스팔트 콘크리트 포장의 적절한 보수공법 선정

③ PSI와 보수공법

PSI(공용성지수)	보수공법
3~2.1	표면처리
2~1.1	덧씌우기(Over Lay)
1~0	재포장(절삭 Over Lay)

Ⅲ. 공법의 분류

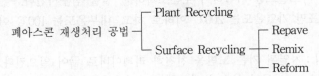

폐아스콘 재생처리 공법
- Plant Recycling
- Surface Recycling
  - Repave
  - Remix
  - Reform

Ⅳ. Plant Recycling(공장 재생처리 공법)

1) 의의

① 기존 포장을 제거한 후 폐자재는 공장(plant)으로 반출하고 새로운 재료로 포장하는 방법

② 보수현장에서 발생한 폐자재를 재사용하나, 당해 현장에서는 사용하지 않고 새로운 현장에서 재사용함

2) 폐자재의 처리

① 공장에 반입된 폐자재는 분쇄 및 재처리 과정을 거쳐서 신설 도로공사 현장에 재투입

② 이때 표층재료로는 사용하지 않고 주로 기층에 사용

Ⅴ. Surface Recycling(표층 재생처리 공법)

1. 의의

① 기존 아스팔트 포장의 표층을 긁어 일으켜 필요에 따라 재생 첨가제 등을 첨가하여 처리하고 신재 혼합물을 상부에 포설하거나 또는 신재와 혼합하여 재생하는 공법이다.

② 손상된 포장면을 현장에서 재생시킬 수 있으므로 교통에 주는 피해가 적으며 경제적이다.

2. 종류

1) 리페이브(Repave)

① **정의** : 기존 포장을 가열한 후 긁어 일으켜서 정형한 구 아스팔트 혼합물층 위에 얇은 층(20mm 정도)의 신재 아스팔트 혼합물을 포설하고 동시에 다져 마무리하는 공법으로서 리페이브 장비를 사용한다.

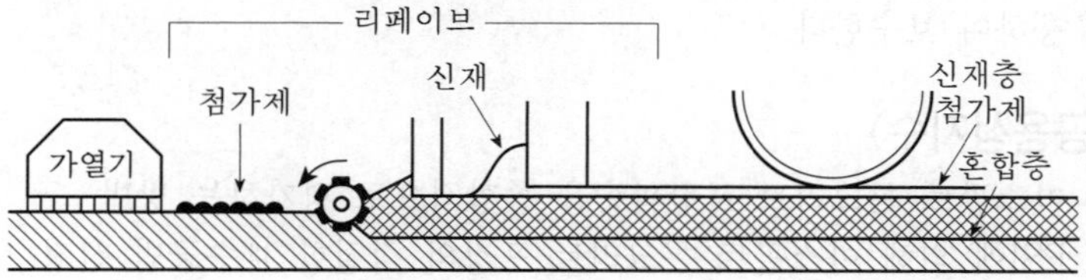

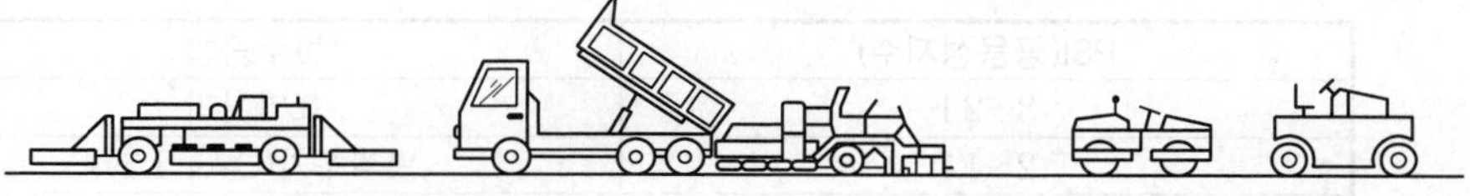

② 시공순서

㉠ 가열 : 기존 아스팔트를 가열하여 보온조치하고, 열을 침투시킨다.

㉡ 가열온도 : 표면 가열온도는 200℃ 이하로 하고, 내부온도는 100℃ 이상이 되도록 한다.

㉢ 긁어 일으킴 : 가열된 기존 노면을 천천히 리페이버로 긁어 일으킨다.

㉣ 밭갈이(Windrow) : 긁어 일으킨 재료를 밭갈이하여 균등한 재질이 되게 한다.

㉤ 정형 : 기존 재료를 첨가제 등을 혼합하여 고르게 포설한다.

㉥ 신재 혼합물 공급 : 긁어 일으켜서 정형한 상부에 신재 혼합물을 보충하여 장비에 의해 포설한다.

㉦ 전압 : 신재 혼합물을 포설한 후 재생 혼합물과 동시에 진동롤러, 타이어롤러 등으로 소정의 다짐도가 얻어지도록 충분히 다진다.

2) 리믹스(Remix)

① **정의** : 기존 포장을 가열한 후 긁어 일으킨 구 아스팔트 혼합물에 신재의 혼합물을 가하고 혼합하여 포설, 다짐하는 공법으로서, 리믹서 장비를 사용한다.

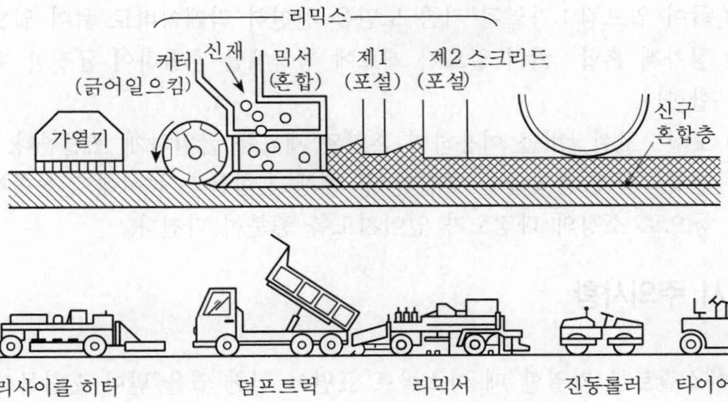

② 시공순서

㉠ 가열 : 기존 아스팔트를 가열하여 보온조치하고, 열을 침투시킨다.

㉡ 가열온도 : 표면 가열온도는 200℃ 이하로 하고, 내부온도는 100℃ 이상이 되도록 한다.

㉢ 긁어 일으킴 : 가열된 기존 노면을 천천히 리페이버로 긁어 일으킨다.

㉣ 밭갈이(Windrow) : 긁어 일으킨 재료를 밭갈이하여 균등한 재질이 되게 한다.

㉤ 신재 혼합물 보충 : 기존 재료에 신재의 혼합물을 보충하여 골고루 균일한 재료가 될 수 있도록 충분히 혼합한다.

㉥ 포설 : 포설장비를 이용하여 혼합된 재료를 균일하게 포설한다.

㉦ 전압 : 신재 혼합물을 포설한 후 재생 혼합물과 동시에 진동롤러, 타이어롤러 등으로 소정의 다짐도가 얻어지도록 충분히 다진다.

3) 리폼(Reform)

① 정의 : 리셰이프(Reshape)라고 하며 노면에 변형이 심한 경우 신재의 혼합물 사용없이 재정형하는 공법으로서, 장비는 리포머를 사용한다. 이때 미끄럼방지를 위하여 프리코트(Precoat)한 칩을 살포하는 경우를 리그립(Regrip)이라 한다.

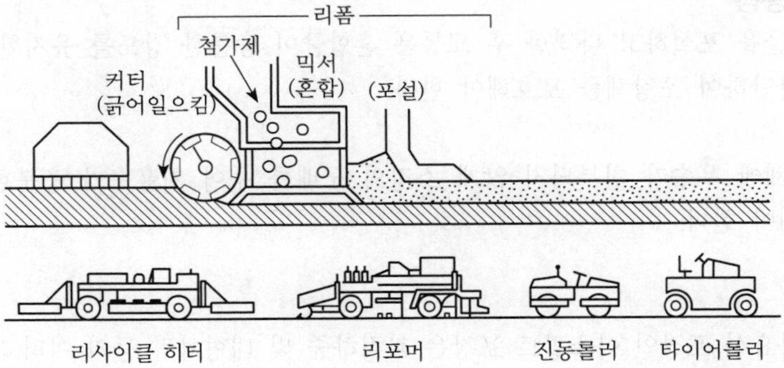

② 시공순서

㉠ 가열 : 기존 아스팔트를 가열하여 보온조치하고, 열을 침투시킨다.

㉡ 가열온도 : 표면 가열온도는 200℃ 이하로 하고, 내부온도는 100℃ 이상이 되도록 한다.

㉢ 긁어 일으킴 : 가열된 기존 노면을 천천히 리페이버로 긁어 일으킨다.
㉣ 첨가제 혼합 : 긁어 일으킨 재료에 첨가제를 혼합하여 균질한 재료가 되게 혼합한다.
㉤ 포설 : 포설장비를 이용하여 혼합된 재료를 균일하게 포설한다.
㉥ 전압 : 신재 혼합물을 포설한 후 재생 혼합물과 동시에 진동롤러, 타이어롤러 등으로 소정의 다짐도가 얻어지도록 충분히 다진다.

Ⅵ. 재생처리시 주의사항

1) 가열
기존 아스팔트를 가열할 때 아스팔트 표면이 심한 열을 받아 혼합물의 기본적인 성질을 잃지 않게 주의하여 포장면을 가열하여야 한다.

2) 재포설
긁어 일으킨 재료에 재생 첨가제를 혼합하여 균질한 재질이 되게 혼합하여야 하며, 재포설시 규정온도 이하가 되지 않게 포설하고 다짐을 한다.

3) 다짐
재사용하는 혼합물은 신재와는 여러 가지 조건에서 품질저하 현상이 발생되므로 다짐에서 소요다짐도가 나올 수 있게 규정에 따라 다짐 시공한다.

4) 신재공급
긁어 일으킨 재료와 신재를 혼합할 때는 구재료와 신재료가 충분히 혼합될 수 있게 하여야 하며 혼합시 혼합물의 온도가 저하되지 않게 유의하여 시공해야 한다.

5) 양생
다짐이 끝나면 포장체의 온도가 외기와 같아질 때까지 차량통행을 개시해서는 안된다.

6) 동절기 시공
동절기에 재생처리 공법으로 시공할 때는 재생 혼합물의 온도관리에 특히 유의하여 시공해야 한다.

7) 차량통행
혼합물을 포설하고 다짐한 후 교통은 혼합물이 충분한 강도를 유지할 수 있을 때까지 차단하여 포장체를 보호해야 한다.

8) 배수
포장체에 우수가 침투되지 않게 소정의 구배를 두어 지표수가 충분한 배수가 되도록 해야 한다.

Ⅶ. 결론

① 가요성 포장인 아스팔트 포장은 과적하중 및 대형차량 등의 여러 가지 원인에 의하여 쉽게 파손되고 있다.
② 전량 수입에 의존하고 있는 우리나라 실정에서 아스팔트 재사용 공법의 적용은 국가발전에 크게 이바지하는 공법으로 앞으로 많은 연구와 개발을 하여 시공성, 경제성, 안정성을 갖춘 공법개발이 요구된다.

11 Cement Concrete 포장 시공

Ⅰ. 개요

① 콘크리트 포장이란 콘크리트 슬래브의 휨저항에 의해 대부분의 하중을 지지하는 포장으로 일반적으로 표층 및 보조기층으로 구성되어 있다.

② 표층은 시멘트 콘크리트층을 말하나 그 위에 가열 아스팔트 혼합물인 아스팔트 콘크리트 마모층을 둘 수도 있으며, 보조기층은 상부 보조기층 및 하부 보조기층으로 나누어 구성할 수도 있다.

Ⅱ. 구조도

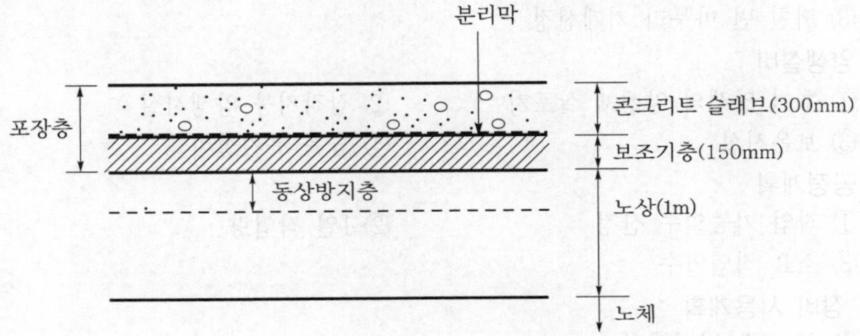

Ⅲ. 특징

1) 장점

① 내구성이 우수하다. ② 미끄럼 저항이 크다.

③ 포장의 수명이 길다. ④ 유지 · 보수비가 적다.

2) 단점

① 초기 건설비가 크다. ② 평탄성이 낮다.

③ 시공기술, 경험이 부족하다.

Ⅳ. 시공계획

1) 사전조사

① 입지조건 ② 도로폭 및 연장

③ 현장과 공장과의 거리 ④ 공사기간

2) 콘크리트 생산계획

① 골재 조달계획 ② 골재 저장시설

③ 현장까지 거리 및 환경규제 여부

3) Batch Plant 용량 결정

① 일 생산량 ② 가동률 산정

③ 1일 타설량 등 고려 ④ 운반방법

4) 재료 저장계획
① 시멘트 저장 Silo 규모 ② 골재 저장시설
③ 기타 재료 저장시설

5) 운반장비계획
① 덤프트럭 용량 결정 ② 소요대수 산정
③ 정비상태 점검

6) 포설장비
① 1차 포설기 백호우 ② Slipform Paver 규격
③ 포장체 품질비교

7) 마무리 장비
① 평탄마무리의 품질정도 ② Tinning 방법 선정
③ 거친 면 마무리 기계선정

8) 양생설비
① 초기 양생의 양생제 살포기 ② 삼각지붕 양생시설
③ 보온시설 ④ 습윤 유지설비

9) 공정계획
① 작업 가능일수 산정 ② 1일 작업량
③ 소요 작업일수

10) 장비 사용계획
① 월 사용 장비계획 ② 일일 사용 장비계획
③ 본사 보유장비 사용계획 ④ 임대장비 사용계획

11) 장비 운반장비
① 작업장비 운반 ② 작업장소 이동용 트레일러
③ 부속장비 이동용 카고트럭

12) 품질관리
① 시험포장 실시 ② 본공사 사용장비 사용
③ 시험포장에서 얻은 자료 활용

13) 안전관리계획
① 안전표지판 설치 ② 정기적인 교육실시
③ 안전책임자 현장상주 ④ 안전보호구 착용

14) 현장장비관리
① 장비 정비소 설치 ② 정비에 따른 환경공해 발생방지
③ 응급조치반 가동

Ⅴ. 재료

1. 물

① 콘크리트의 혼합에 사용되는 물은 기름, 산, 염류, 유기물 등 콘크리트의 품질에 영향을 미치는 유해량을 함유해서는 안 된다.

② 양생용 물은 기름, 산, 염류 등 콘크리트의 표면을 해치는 물질의 유해량을 함유해서는 안 된다.

2. 시멘트

① 슬래브용 콘크리트를 만드는데 사용되는 시멘트는 특히 휨강도가 크고 수축이 적으며 조기의 발열량이 적은 것이 바람직하다.

② 일반적으로 보통 포틀랜드 시멘트 및 중용열 포틀랜드 시멘트가 사용된다.

③ 조강 포틀랜드 시멘트는 조기강도를 필요로 한 경우나 동결의 우려가 있을 경우 사용된다.

④ Fly Ash Cement는 동절기에는 초기강도가 낮아 양생시간을 요한다.

3. 잔골재

① 잔골재는 깨끗하고, 강하고, 내구적이고, 적당한 입도를 가지며, 점토, 유기불순물, 염분 등의 유해한 물질이 규정량 이상 함유해서는 안 된다.

② 강모래, 바닷모래의 자연산과 부순모래, 고로 슬래그 잔골재 등의 인공산이 있다.

③ 잔골재의 입도는 콘크리트의 Workability에 크게 영향을 끼치므로 세립분, 조립분의 분포가 좋아야 한다.

4. 굵은 골재

① 굵은 골재는 깨끗하고 강하고, 내구적이고, 적당한 입도를 가지며, 얇은 석편, 가늘고 긴 석편, 유기불순물 등의 유해한 물질을 규정량 이상 함유해서는 안 된다.

② 굵은 골재의 최대치수는 균질한 포장 슬래브를 만들고, 시공성을 위해 40 mm 이하로 하는 것이 좋다.

③ 소요의 품질의 콘크리트를 경제적으로 만들기 위해 대소립이 적당히 혼합되어 있는 것이 좋다.

④ 마모에 대한 저항성이 큰 골재가 좋다.

5. 혼화 재료

1) 종류

① Fly Ash　　② AE제　　③ 감수제　　④ AE 감수제

2) 사용목적

① Workability 개선　　② 수밀성 증대

③ 동결융해에 대한 저항성 증대　　④ 수화열 감소

⑤ 내구성 증대

6. 분리막

① 일반적으로 Polyethylene Film(0.08mm 이상)을 많이 사용한다.

② 전폭으로 설치하며, 300mm 겹이음으로 하고 종단 이음은 하지 않는다.

③ 취급이 용이하고, 차수성이 좋고, 콘크리트 타설시 찢어지지 않아야 한다.

④ 보조기층면 또는 중간층면 위에 설치한다.

7. 다웰바(Dowel Bar)와 타이바(Tie Bar)의 비교

구분	Dowel Bar	Tie Bar
규격	$\phi 32 \times 500$mm	$D16 \times 800$mm
간격	300mm	750mm
용도	가로 팽창줄눈, 가로 수축줄눈	세로줄눈

Ⅵ. 시공순서 Flow Chart

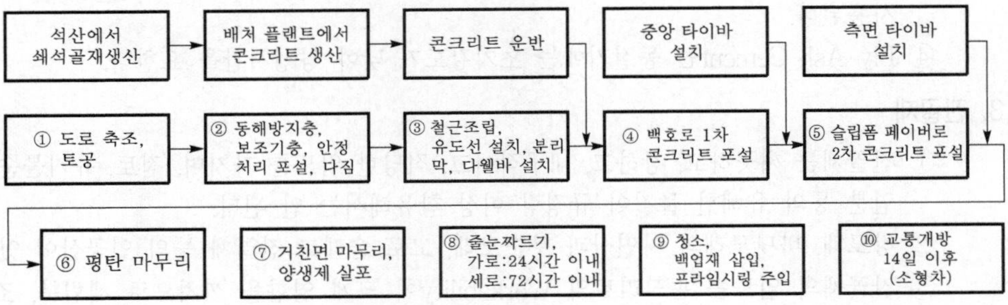

Ⅶ. 시공순서

1. 포설시공 준비

1) 유도선 설치

① 포장측면에서 2~2.5m 떨어진 곳에 설치한다.

② 유도선 장력은 2.5MPa 이상으로 하여 끊어지지 않도록 한다.

③ 유도선 지지대 설치간격

㉠ 직선부 : 5~10m 이하

㉡ 곡선부 : 5m 이하

㉢ 램프부 : 2~3m 이하

④ 유도선 보호 Tape를 붙여 유도선 위치를 포장시공팀이 알 수 있도록 한다.

⑤ 유도선 전담 측량팀을 별도로 가동하여 측점을 표시하거나 시공중 수정해야 한다.

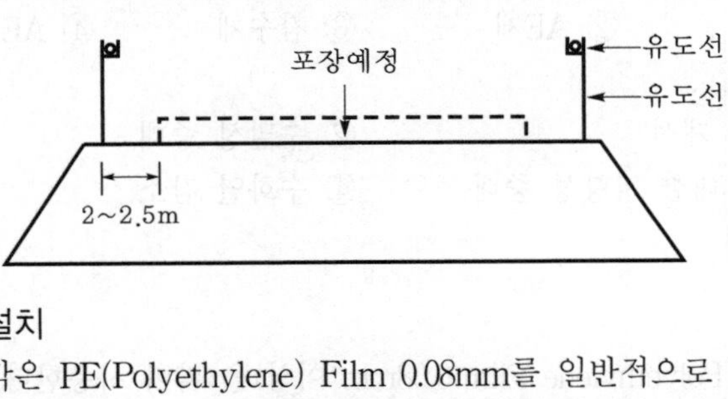

2) 분리막 설치

① 분리막은 PE(Polyethylene) Film 0.08mm를 일반적으로 많이 사용한다.

② 분리막은 포장면 전체에 설치하여야 하고, 겹이음으로만 한다.

③ 설치된 분리막은 핀으로 고정하여 포설 도중 분실되는 부분이 없도록 주의하여야 한다.

④ 분리막의 기능

㉠ 콘크리트 Slab 바닥과 보조기층면과의 마찰저항 감소

㉡ 콘크리트의 수분과 Mortar가 보조기층에 흡수되는 것을 방지

㉢ 보조기층 표면의 이물질이 콘크리트에 혼입됨을 방지

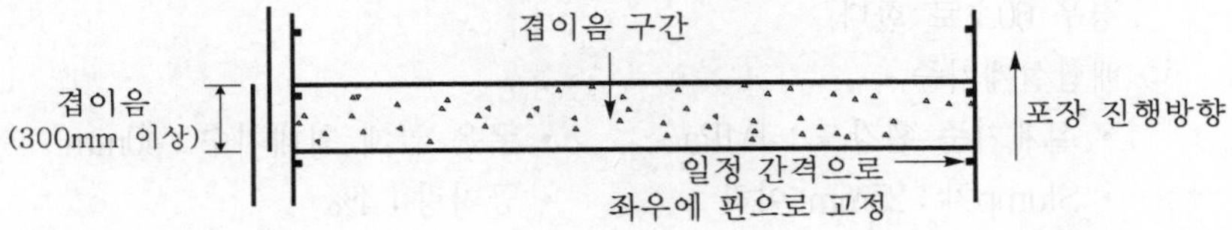

2. 콘크리트 포설

1) 다웰바 설치

① 다웰바는 콘크리트 포장의 이음부 보강을 위하여 설치하는 줄눈을 말한다.

② 다웰바 설치줄눈

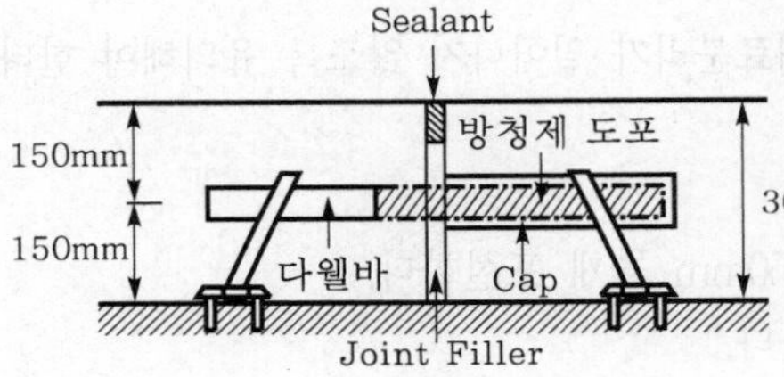

<가로 팽창줄눈>

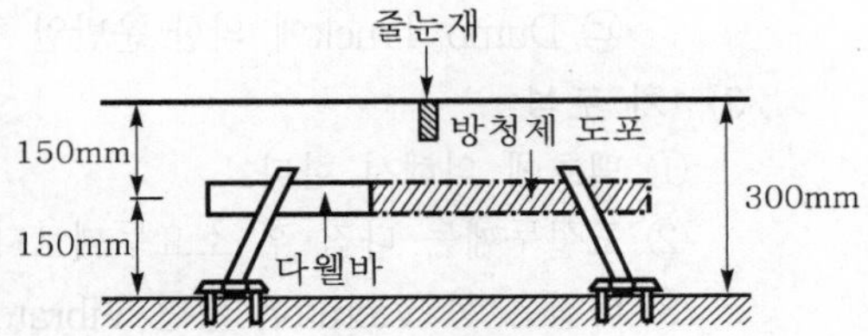

<가로 수축줄눈>

③ 타이바 설치줄눈

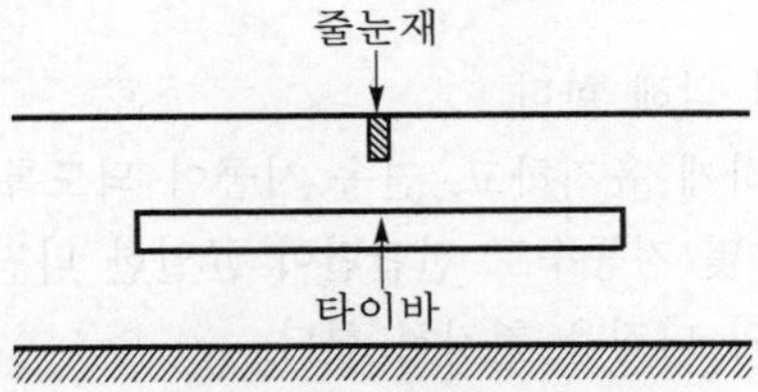

<세로줄눈>

2) 콘크리트 생산 및 운반

① 계량

㉠ 시방배합에 표시된 콘크리트를 만들기 위해서는 현장배합으로 수정한 1batch의 양을 정확히 계량하는 것이 중요하다.

㉡ 각 재료의 계량은 물 및 혼화제 용액을 제외하고는 중량으로 계량하는 것이 원칙이다.

㉢ 계량오차의 허용치

재료의 종류	허용오차(%)
물	±1%
시멘트, 혼화재	±2%
골재 및 혼화재 용액	±3%

② 혼합(비빔)

㉠ 혼합방식에는 중앙혼합방식, 트럭믹서방식 및 현장혼합방식이 있으며, 일반적으로 중앙혼합방식에 의한 Batch Plant를 사용한다.

㉡ 혼합 최소시간은 가경식 믹서를 사용할 경우 90초, 강제혼합 믹서를 사용할 경우 60초로 한다.

㉢ 배합설계기준

- 설계기준 휨강도 : 4MPa
- 굵은 골재 최대치수 : 40mm
- Slump치 : 25mm 이하
- 공기량 : 4%
- 단위수량 : 150kg/m^3 이하

③ 운반

㉠ Dump Truck, Agitator Truck 등을 사용한다.

㉡ 운반시간은 기후가 온난한 경우 Dump Truck은 1시간, Agitator Truck은 1.5시간 이내여야 한다.

㉢ Dump Truck에 의한 운반일 경우 재료분리가 일어나지 않도록 유의해야 한다.

3) 1차 포설

① 백호에 의해서 한다.

② 포설두께는 다짐 후 소요두께보다 40~50mm 높게 포설한다.

③ 다짐은 봉 Vibrator, 평면 Vibrator로 한다.

④ 거푸집끝, 모서리, 줄눈부의 다짐을 충분히 해야 한다.

⑤ 다짐은 Mortar가 올라올 때까지 한다.

4) 2차 포설

① Slipform Paver에 의해 한다.

② 포설속도는 일정하게 유지하고, 연속 시공이 되도록 한다.

③ 진동기 삽입깊이 및 진동수로 전단면이 균일한 다짐이 되도록 한다.

④ 인력마무리 구간의 다짐을 철저히 한다.

5) 평탄마무리

① 표면 마무리는 Slipform Paver로 한다.

② 마무리 속도는 Concrete의 Finishability, 장비의 특성을 고려하여 결정한다.

③ 작업중 Con'c 표면에 물을 사용해서는 안 된다.

6) 거친 면 마무리

① 일반적으로 거친 면 마무리를 사용한다.

② Grooving 방법(종·횡방향), 마대처리 방법, Chipping 방법, 골재노출 방법 등이 있으며 국내에서는 횡방향 Grooving 방법이 많이 쓰인다.

③ 평판 마무리 후 물의 비침이 없어진 후 바로 실시한다.

④ 거친 면 마무리에서 형성된 홈의 방향은 도로 중심선에 직각이 되게 한다.

3. 양생

1) 양생

① 초기 양생

㉠ 콘크리트 경화중 기상, 사람, 차 등에 의한 표면보호를 위한 양생이다.

㉡ 피막양생과 삼각 지붕양생이 있다.

㉢ 초기 양생제 살포시 전면에 고르게 살포한다.

② 후기 양생

㉠ 콘크리트의 경화를 충분히 하기 위해 수분의 증발을 막는 양생이다.

㉡ 습윤양생과 보온양생이 있으나 일반적으로 마대나 가마니 등을 사용한 습윤 양생방법이 채용되고 있다.

㉢ 후기 양생은 Slab 표면뿐만 아니고 거푸집을 떼어낸 후의 측면에 대해서도 실시한다.

③ 양생기간

㉠ 시험에 의하여 정하는 경우는 현장 양생 공시체의 휨강도가 3.5MPa 이상 될 때까지 실시

㉡ 시험에 의하지 않을 경우와 보통 Portland Cement를 사용한 경우 2주간, 조강 Portland Cement를 사용한 경우 1주간, 중용열 Portland Cement 및 Fly Ash Cement를 사용한 경우 3주간으로 한다.

2) 컷팅 및 실런트 주입

① 줄눈 자르기(Saw Cutting)

㉠ 절단시기는 일반적으로 타설 후 4~24시간 이내

㉡ 세로줄눈 $l=\dfrac{t}{3}$, $b=6\text{mm}$, 수축줄눈 $l=\dfrac{t}{4}$, $b=6\text{mm}$(t : 슬래브 두께)

㉢ 절단길이를 일정하게 하고, 2~3회에 걸쳐 반복한다.

㉣ 정확한 Cutting을 위해 빈배합 Con'c 표면 또는 외측에 인조점을 설치한다.

② 줄눈재 주입

㉠ 압축공기로 먼지, 토사 등을 제거한다.

㉡ Back Up재는 Joint 폭보다 25~35% 정도 두꺼운 것을 사용한다.

㉢ Primer는 절단부 내·외측이 충분히 건조된 후 도포한다.

㉣ Sealant는 콘크리트가 경화 후 건조한 상태에서 주입한다.

㉤ Sealant 시공높이는 Slab 표면보다 2~3cm 낮게 충진한다.

㉥ Sealant 주입시 콘크리트 Slab 양측면 절단부에 이물질이 침입하지 않도록 Back Up재 및 Tape로 밀봉한다.

㉦ 주제와 경화제의 혼합비율을 준수해야 한다.

Ⅷ. 콘크리트 포장 장비조합

공종	콘크리트 생산	운반	1차 포설	2차 포설	다짐	표면마무리	표면처리기	양생제 살포기
장비명	B/P	D/T	백호우	Slipform Paver	진동 다짐기	Auto Float Attachment	Texturing 기계	Curing Machine

Ⅸ. 시공시 유의사항

1) 분리막 설치

비닐 설치시 바람의 영향을 받지 않도록 핀으로 양측을 고정시킨다.

2) Dowel Bar 설치

Dowel Bar는 포장면과 수평으로 차선방향에 평행하게 제작 설치한다.

3) 콘크리트 생산

골재에 이물질 및 토사가 혼입되지 않도록 해야 하며, 골재의 함수비를 균일하게 관리하여야 한다.

4) 운반

슬럼프 저하 및 재료분리가 발생하지 않도록 저슬럼프용 Agitator의 사용이 바람직하다.

5) 포설

1차 포설은 성형판에 의하여 포설폭은 약간 적고, 포설두께는 다짐 후 소요두께보다 40~50mm 더 높게 포설해야 하며, 2차 포설은 1차 포설된 혼합물을 최종적으로 소요의 폭과 두께에 맞게 성형한다.

6) 마무리

표면 마무리를 위한 실수는 내구성 및 미끄럼 저항성 감소, Hair Crack 등 유해한 영향을 주므로 절대 금해야 한다.

7) 양생제 포설

일정량이 균일하게 전면에 고르게 살포되도록 하고, 미흡한 부위는 즉시 추가 살포한다.

8) 줄눈시공

절단시기는 콘크리트가 절단으로 인해 골재가 튀지 않을 만큼 굳었을 때 시작해야 한다.

9) 평탄성 관리

평탄성에 영향을 미치는 요인들을 사전에 점검하고, 시공중에도 관리를 철저히 하여야 한다.

Ⅹ. 문제점

① 단부처짐에 의한 단차, 요철 발생
② 피토고가 낮은 횡단구조물에 의한 균열 발생
③ 콘크리트 포장과 아스팔트 포장 사이의 접합부 처리

④ 단계 포설에 따른 시공성 저하
⑤ 성토부 지하배수 시설 설치에 따른 선택층 미설치

XI. 대책

① 지형 및 기후 조건에 맞는 재료, 장비 선정
② Approach Slab 설치
③ 침투수 방지를 위한 줄눈재 삽입
④ 양생을 고려한 일관성 있는 시공계획 수립
⑤ 본선과 길어깨(노면, 갓길) 접합부에 지하배수 시설

XII. 개발방향

① 우리 실정에 맞는 설계인자 도출
② 내구성, 시공성, 경제성을 갖춘 새로운 포장재료 개발
③ 신속·정확한 품질확인을 위한 신장비 개발
④ 유지관리기법 개발
⑤ 포장관련 기술개발 및 교육을 위한 전문기관 설립

XIII. 결론

① 콘크리트 포장 Slab는 큰 윤하중, 기상작용, 마모작용 등 심한 환경조건에 직접 노출되어 있으므로 사용재료는 공사 착수 전에 충분한 조사와 시험을 통해 품질을 확인하여야 한다.
② 콘크리트 플랜트의 Mixer 용량, 즉 혼합능력 및 기종의 선정은 공사량과 공기 및 포설장비의 조합과 능력을 충분히 고려하여 현장에 알맞은 것을 선정해야 한다.
③ 콘크리트 Slab의 포설작업은 콘크리트의 적재에서부터 양생까지의 각 작업이 전체적으로 균형에 맞도록 연속적으로 진행하여 다음 작업에 지장을 주지 않아야 한다.

12 Cement 콘크리트 포장의 줄눈

Ⅰ. 개요

① 줄눈은 시멘트 콘크리트 포장체에 불규칙한 균열의 발생을 방지할 목적으로 설치하는 것이며, 구조적으로 결합이 생기기 쉬운 장소가 되므로 이것이 약점이 되지 않도록 설계 및 시공상 특히 유의하여야 할 부분이다.

② 시멘트 콘크리트 포장 줄눈에 이용되는 Bar의 종류

구분	Dowel Bar	Tie Bar
규격	ϕ32×500mm	D16×800mm
간격	300mm	750mm
용도	가로 팽창줄눈, 가로 수축줄눈	세로줄눈

Ⅱ. 줄눈의 종류

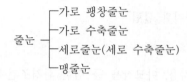

줄눈
- 가로 팽창줄눈
- 가로 수축줄눈
- 세로줄눈(세로 수축줄눈)
- 맹줄눈

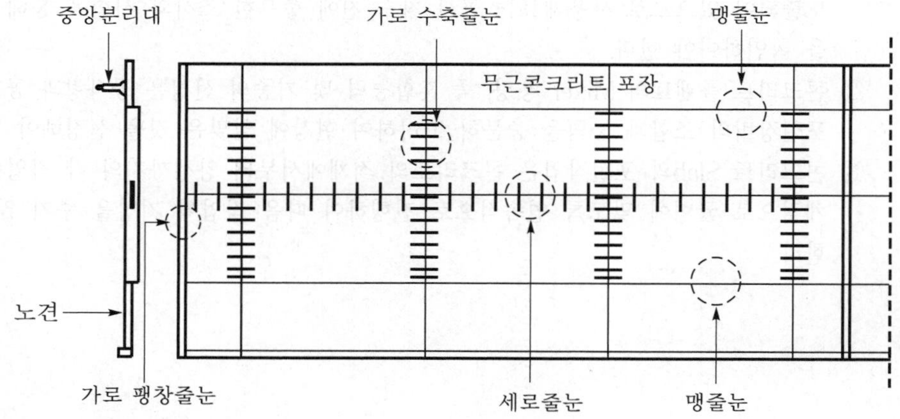

Ⅲ. 가로 팽창줄눈

1) 기능

① 콘크리트의 수축에 의한 슬래브의 좌굴방지

② 온도상승에 의한 Blow Up 방지

2) 시공방법

① 설치간격 : 60~480m

② 줄눈폭 : 20mm

③ 보통 시공 이음 위치에 설치를 많이 함

④ 설치장소는 비용, 시공성 고려

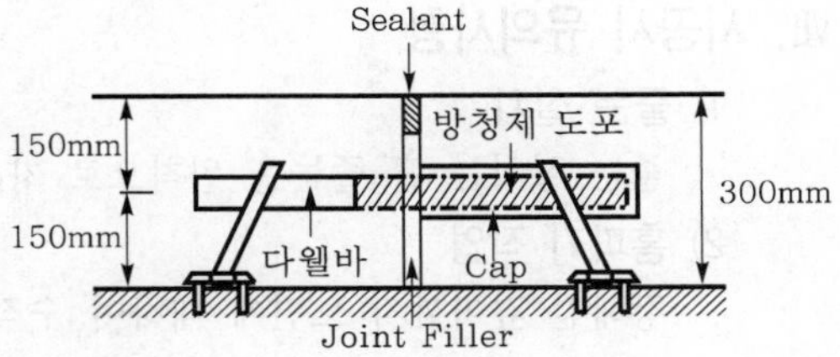

<가로 팽창줄눈>

Ⅳ. 가로 수축줄눈

1) 기능

① 콘크리트 슬래브의 건조수축 제어

② 2차 응력에 의한 균열방지

2) 시공방법

① 설치간격 : 6m 이하

② 줄눈폭 : 6~10mm

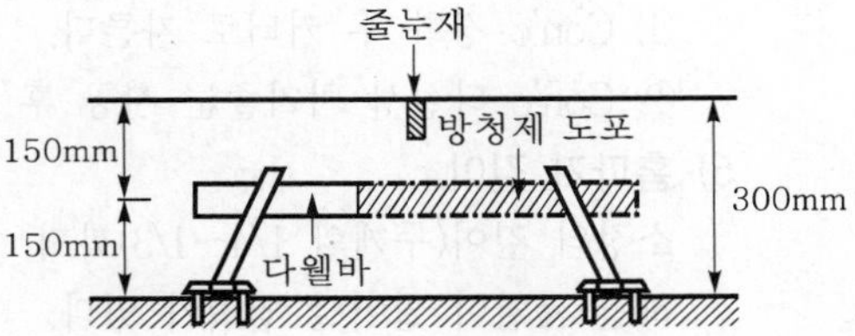

<가로 수축줄눈>

Ⅴ. 세로줄눈

1) 기능

세로방향의 수축균열 방지

2) 시공방법

① 보통 차선을 구분하는 위치에 설치

② 설치간격 : 4.5m 이하

③ 줄눈폭 : 6~13mm

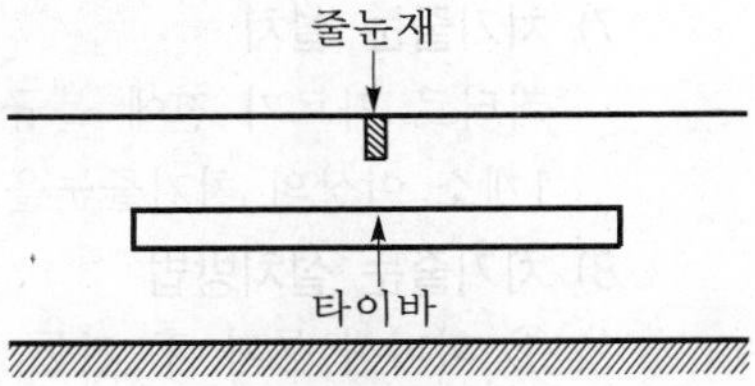

<세로줄눈>

Ⅵ. 맹줄눈

1) 기능

세로방향의 수축균열 방지

2) 시공방법

① 보통 콘크리트 포장과 중앙분리대 또는 노견에 설치

② 줄눈 깊이 : 70mm 또는 슬래브 두께의 1/4

③ 줄눈폭 : 6mm

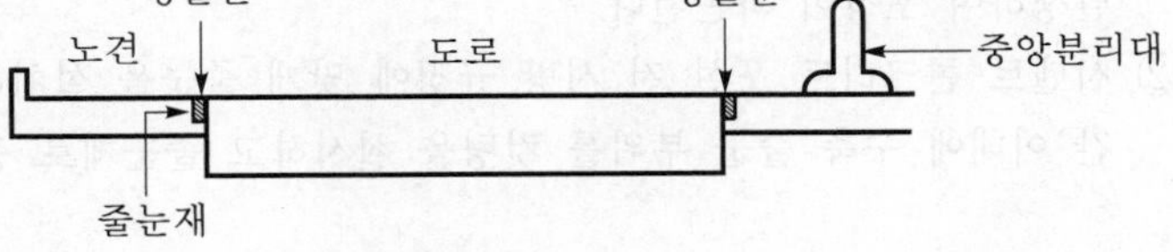

<맹줄눈>

Ⅶ. 시공시 유의사항

1) 줄눈 설치

줄눈 설치는 홈 줄눈을 원칙으로 자른다.

2) 홈파기 작업

정해진 깊이까지 노면에 대하여 수직으로 자른다.

3) 줄눈재 충진

줄눈 홈파기 시공 즉시 깨끗이 청소하고, 건조시킨 후 줄눈재로 채워야 한다.

4) 홈파기 방법

① Con'c 경화 후 커터로 자른다.

② Con'c 타설시 치기줄눈 시공 후 Con'c 경화한 다음 커터로 홈파기

5) 홈파기 깊이

소정의 깊이(두께의 1/4~1/3)까지 수직으로 절단해야 하며, 만약 홈의 깊이가 부족하면 균열이 일어날 염려가 있다.

6) 자르는 시기

골재의 품질, 양생온도 및 재령 등의 여러 조건에 따라서 다르나 절단할 때에 콘크리트의 모퉁이가 파손되지 않는 범위 내에서 되도록 빠른 시기로 한다.

7) 치기줄눈 설치

커터로 자르기 전에 불규칙한 균열이 생길 때가 있으므로 이를 막기 위하여 30m에 1개소 이상의 치기줄눈을 시공한다.

8) 치기줄눈 설치방법

① 피니셔 통과 후 진동 줄눈 절단기를 사용하여 설계 위치에 홈을 만들고 그 속에 가삽입물을 묻는다.

② 묻는 깊이는 상단이 Con'c Slab 표면에서 약 5mm 밑에 있도록 한다.

③ 묻은 뒤에 표면 마무리를 통해 Steel Tape 등으로 평면에 표시를 해 두고 경화 후 커터로 자른다.

9) 치기줄눈의 깊이

균열을 목적 위치에 확실하게 유도하기 위해 삽입물의 매입 깊이를 80~100mm 정도로 하는 것이 좋다.

Ⅷ. 결론

① Cement 콘크리트 포장시 줄눈 시공을 소홀히 하면 포장 후 균열 및 변형 등이 발생하여 포장이 파손된다.

② 시멘트 콘크리트 포설 전 시방 규정에 맞게 줄눈을 설치하고, 포장완료 후 24시간 이내에 수축 줄눈 부위를 컷팅을 실시하고 줄눈재로 충진하여야 한다.

13 Cement 콘크리트 포장의 표면마무리와 평탄성 관리

Ⅰ. 개요

① 콘크리트 슬래브의 표면은 치밀·견고하여 평탄성이 좋고, 특히 세로방향의 작은 파형이 적게 되도록 마무리하는 것이 중요하다.

② 표면의 미끄럼 저항과 광선의 반사방지 효과를 높이도록 마무리해야 한다.

Ⅱ. 표면마무리 순서

① 평탄마무리 ② 거친 면 마무리

Ⅲ. 표면마무리

1. 평탄마무리

1) 장비

슬립폼 페이버의 피니싱 스크리드로 행한다.

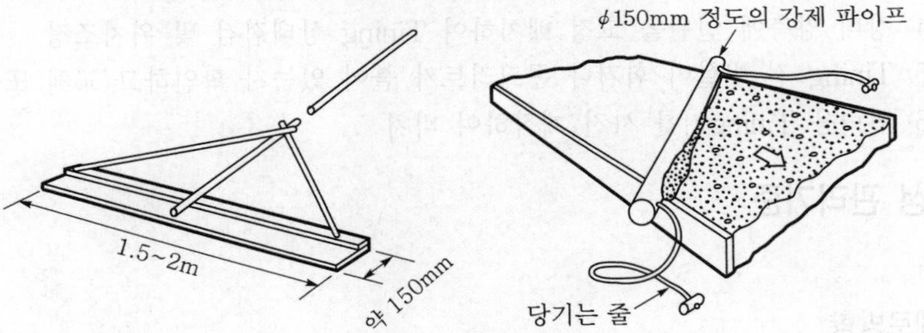

2) 시공시 유의사항

① 마무리 속도는 콘크리트의 Finishability 장비의 특성을 고려하여 결정

② 표면이 낮은 경우는 콘크리트를 보충

③ 평탄마무리 뒤에 마대에 의한 추가 마무리 실시

④ 마무리 작업중에는 콘크리트 표면에 살수 금지

⑤ 건조되기 쉬운 경우에는 안개 스프레이 시행

⑥ 파형이나 스크리드 단부의 모르타르는 Float 또는 나무흙손 제거

⑦ 마무리 후 평탄성 점검 후 재마무리

2. 거친 면 마무리

1) 장비

Grooving 기계

2) 마무리 작업방법

① Grooving에 의한 방법(가로방향, 세로방향, 가로와 세로방향)

② 마대처리에 의한 방법

③ 브러시에 의한 방법

④ 골재노출에 의한 방법
⑤ 치핑에 의한 방법

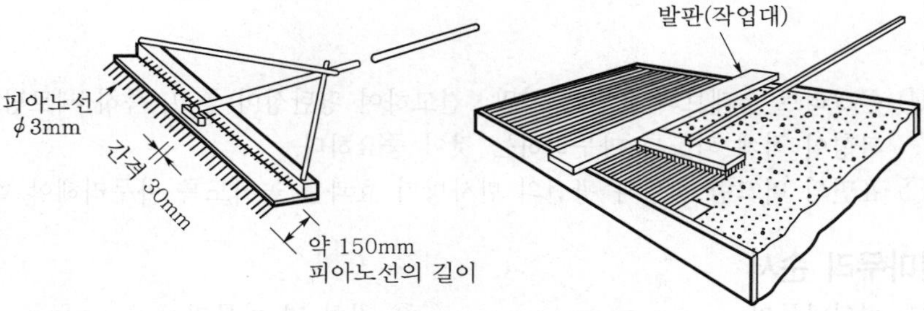

3) 시공관리
① Tining 규격
㉠ 빗살깊이 : 3~5mm ㉡ 간격 : 25~30mm
㉢ 빗살폭 : 3mm 정도
② 빗살끝은 날카롭게 깎음
③ Tining은 표면의 물기가 없어진 후 콘크리트 경화 전 실시
④ 장비 양측에 인원을 고정 배치하여 Tining 상태점검 및 위치조정
⑤ Tining 전 빗살이 휘거나 콘크리트가 붙어 있는지 확인하고 교체 또는 수정
⑥ 인력용 Tining기를 사전 제작하여 비치

Ⅳ. 평탄성 관리기준

1. 기준

1) 세로방향
① 본선 : 현장관리 콘크리트 포장 PrI=160mm/km 이하, 아스팔트 PrI=100mm/km
② 대형장비 투입불가, 평면곡선 반경 600m 이하, 종단구배 5% 이상일 경우 240mm/km
2) 가로방향
요철이 5mm 이하

2. 불량부위 처리

콘크리트 상태불량, Crack 등 전 불량부위는 제거 후 재시공한 다음 재시험

3. 기록대장 작성

평탄성 측정시는 감독 입회하에 하며, 기록대장에 관리하여 보존

Ⅴ. 평탄성 관리

1. 7.6 Profile Meter기에 의한 평탄성 관리

1) 시험기구
① 세로방향 : 7.6 Profile Meter 또는 APL기
② 가로방향 : 3M 직선자

2) 기구선정 및 점검

① 7.6 Profile Meter

㉠ 시기 : 1개월에 1회 이상

㉡ 수평축척 : 일정거리를 주행시켜 축척거리 부정확시 바퀴 교환

㉢ 수직축척 : 일정두께의 판 위를 주행시켜 부정확시 원인규명 후 교정

② 직선자

㉠ 시기 : 측정 전 점검

㉡ 비용 : 휨 및 굴곡 발생여부

3) 측정기준

① 측정위치

㉠ 세로방향 : 각 차선 우측 단부에서 내측으로 0.8~1m 부근에서 중심선에 평행하게 측정

㉡ 가로방향 : 지정된 위치에서 중심선에 직각방향으로 측정

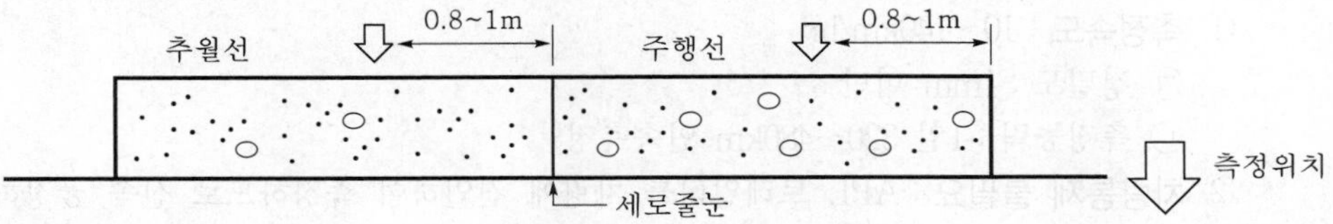

<평탄성 측정 위치도>

② 측정빈도

㉠ 세로방향 : 1차선마다 측정단위별 전연장을 1회씩 측정

㉡ 가로방향 : 시공 이음부 위치기준으로 시공 진행방향 5m마다, 세로방향 평탄성이 불량하여 수정한 부위마다 측정

③ 측정 전에 해당 부위를 청소하여 이물질에 의한 측정오차 방지

㉠ 세로방향 : 일정한 속도(보행속도 저하) 유지 및 선형유지

㉡ 가로방향 : 1.5m 간격으로 중복하여 측정

④ 측정단위

㉠ 세로방향 : 1일 시공연장 기준으로 하되 시공 이음 전후 중 1개소 포함

㉡ 가로방향 : 각 횡단면마다 측정

4) PrI(Profile Index) 계산

① 중심선 설정 : 측정단위별 기록지의 파형에 대하여 중간치를 잡아 중심선으로 한다.

② Blanking Band : 중심선을 중심으로 상하 ±2.5mm 평행선을 그어 이를 Blanking Band라 한다.

③ PrI 계산

㉠ 기록지에 기준선과 Blanking Band가 설정되면 파형선 상하로 벗어난 형적 수직고를 시점으로 기록(h_1, h_2, $\cdots$, h_n)

㉡ 측정단위별 Blanking Band를 벗어난 형적의 수직고 합계($h_1 + h_2 + \cdots + h_n$)를 mm 단위로 환산하여 측정거리를 단위로 하여 나눈 값 PrI

$$\text{PrI}= \frac{\Sigma(h_1,\ h_2,\ \cdots,\ h_n)}{\text{총 측정거리}}(\text{mm/km})$$

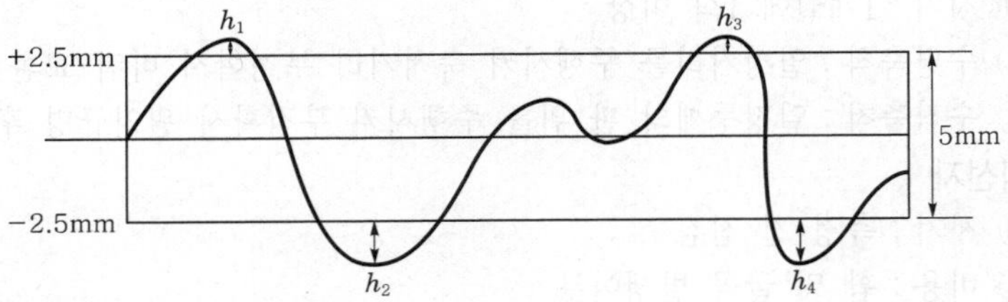

2. APL기에 의한 평탄성 관리

1) 정의

도로 종단 분석기(APL; Longitudinal Profile Analyzer)는 도로 노면의 요철정도를 측정하는 데이터 기록장치의 자동화로 효율적인 평탄성 측정기이다.

2) 특징

① **측정속도** : 10~140km/hr
   ㉠ 정밀도 : 1mm 미만
   ㉡ 측정능력 : 1일 320~480km 연속측정

② **차량통제 불필요** : APL 트레일러를 차량에 견인하여 측정하므로 신속 공정하다.

③ **결과산출 신속** : 견인차량에 내장된 자동 데이터 처리장치로 결과를 즉시 얻을 수 있다.

④ **측정 용이** : 장비가 간단하고 견고하며, 차량을 이용하므로 측정이 용이하다.

⑤ 기상의 영향을 거의 받지 않고 측정 가능

Ⅵ. 결론

① 콘크리트 포장에서 도로의 주행성을 향상시키고, 미끄럼을 방지할 목적으로 콘크리트 표면을 마무리한다.

② 콘크리트 포장은 아스팔트와 달리 강성 포장이기 때문에 콘크리트 경화 후에는 보수작업이 곤란하므로 콘크리트 타설작업시 표면 마무리에서 평탄성 및 거친면 마무리에 특별한 관리가 요구되는 사항이다.

14 Cement Concrete 포장의 파손원인과 대책 및 보수공법

Ⅰ. 개요

① 무근콘크리트 포장파손의 가장 큰 원인은 줄눈에 있으며, 줄눈에서 발생하는 문제점에 대한 방지책은 원인을 충분히 파악한 후에 실시되어야 한다.

② 여러 가지 형태로 나타나는 파손을 미연에 방지하기 위해서는 제반조건에 맞는 설계와 시공이 뒤따라야 하며, 하자 발생시 적절한 보수시기와 방법의 선택이 중요하다.

Ⅱ. 종류

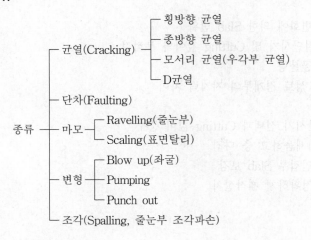

- 종류
  - 균열(Cracking)
    - 횡방향 균열
    - 종방향 균열
    - 모서리 균열(우각부 균열)
    - D균열
  - 단차(Faulting)
  - 마모
    - Ravelling(줄눈부)
    - Scaling(표면탈리)
  - 변형
    - Blow up(좌굴)
    - Pumping
    - Punch out
  - 조각(Spalling, 줄눈부 조각파손)

Ⅲ. 일반적인 파손원인

1) 줄눈

① 미설치　　② 간격 미준수

③ 컷팅 시기 부적절　　④ 줄눈재 충진시 이물질 혼입

2) 계절변화

① 제설작업시 염화칼슘 과다 사용　　② 동결 융해 반복

③ 철근 부식　　④ 온도변화

⑤ 습도변화

3) 교통하중

① 과적차량　　② 피로하중

4) 콘크리트

① 동결융해　　② 알칼리 골재반응

③ 건조수축 반복

5) 분리막

① 미설치　　② 찢어짐 또는 겹이음 부족

6) Pumping 현상 발생

7) 동상방지층

① 재료선정 불량 ② 시공불량

8) 노상

① 재료선정 불량 ② 시공불량

9) 노상지지력 부족

Ⅳ. 파손종류별 원인과 대책

1. 횡방향 균열

1) 원인

① 온도 및 함수량 변화에 의한 Slab 변위

② 가로줄눈 간격, 절단시기 및 Cutting 깊이의 부적절

③ 하중전달장치 시공불량

④ 뒤채움부 및 절·성토 경계부의 지지력 차이

2) 대책

① 적절한 줄눈 절단시기 선택과 Cutting 깊이 준수

② 양질의 재료로 뒤채움하고 층 다짐

③ 구조물 상부 및 인접부 Slab 보강

④ 하중전달장치를 정확하게 제작설치

2. 종방향 균열

1) 원인

① 세로줄눈 간격, 절단시기 및 Cutting 깊이의 부적절

② 노상 지지력 부족, 편절·편성부의 부등침하

③ Slab 단부가 뒤틀릴 때 차량하중의 피로에 의해 발생

2) 대책

① 세로줄눈 간격을 4.5m 이하로 하고, 절단시기는 콘크리트가 절단으로 인해 골재가 튀지 않을만큼 굳었을 때 실시하고, 단면의 1/4 이상 고른 깊이로 절단

② 편절·편성 구간은 층따기 후 철저한 층다짐을 실시하고, 경계면의 침투수를 지하배수

③ 절·성토 경계부에 보강 Slab 설치

④ 성토고가 높은 경우 경사 안정처리하여 Sliding 예방

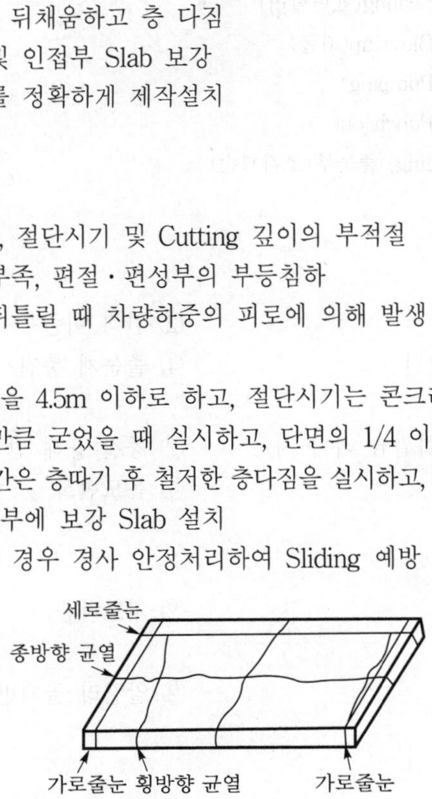

<횡방향 균열과 종방향 균열>

3. 모서리 균열(우각부 균열, Corner Cracks)

1) 원인

① 노상층의 다짐불량, 노상의 지지력 부족

② 팽창줄눈 우각부에서 생긴 모르타르 기둥을 제거하지 않을 때

③ 콘크리트의 배합불량

④ 우각부 콘크리트의 다짐상태가 좋지 않을 때

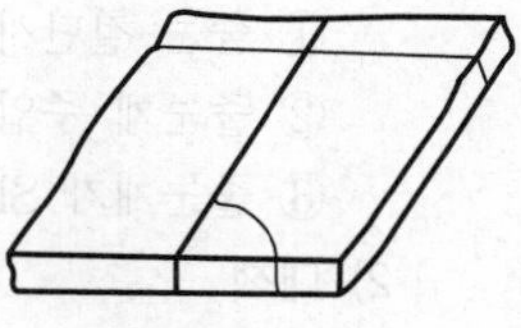
<우각부 균열>

2) 대책

① 우각부 지반의 다짐철저

② 콘크리트 타설시 거푸집 부근 다짐을 골고루 실시하되 모르타르분이 거푸집 틈으로 유실되지 않게 처리

③ 시공줄눈 또는 팽창줄눈 시공시 포설장비에 의해 밀려온 모르타르분을 완전히 제거하고 시공

4. D 균열(Durability Cracks)

1) 원인

① 포장체의 동결융해작용 발생 및 배수불량

② 콘크리트 골재불량 및 알칼리 골재반응 발생

③ 동절기 콘크리트 포장시공시 양생불량

2) 대책

① 적정량의 단위시멘트량을 사용하고, 단위수량을 적게 한다.

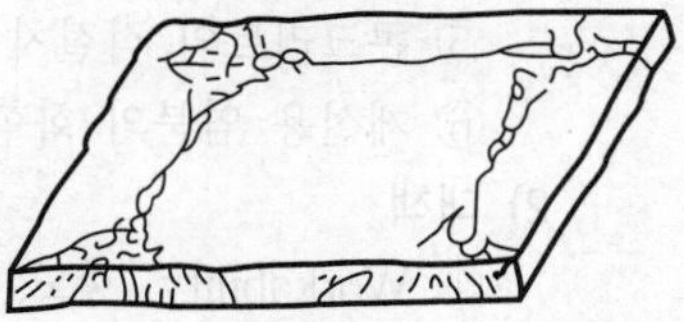
<D 균열>

② 발열량과 수축성이 적은 중용열 시멘트, 고로 시멘트, 실리카 시멘트 등 사용

③ 타설 마무리시간 단축

④ 동절기 시공시 타설면 보온 양생실시

⑤ 줄눈 절단시기를 놓치지 않는다.

5. 단차(Faulting)

1) 원인

① 디웰바와 타이바 미설치

② 절·성토 접속부 또는 구조물 접속부 시공불량

③ 펌핑현상으로 슬래브 하부의 공동

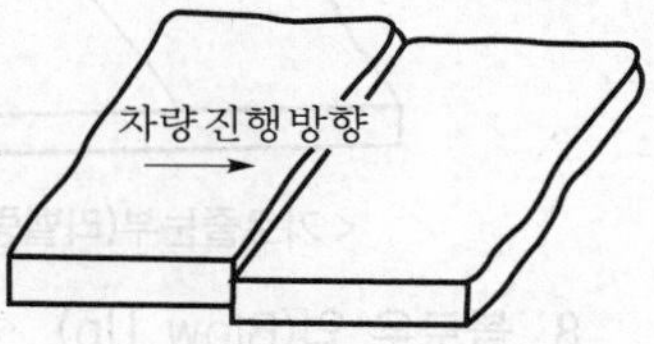

<단차(Faulting)>

2) 대책

① 적정위치에 줄눈(디웰바와 타이바) 설치

② 절·성토 접속부 또는 구조물 접속부 노상다짐 철저

③ 지하배수구 설치 및 줄눈부 Sealing 시공

6. Ravelling

1) 원인

① 줄눈 절단시기가 빠를 때 줄눈부의 콘크리트가 파손되는 현상

② 줄눈재 주입 전후에 비압축성 세립자의 침투

③ 줄눈재가 Slab 표면에서 아래로 6mm 이하 깊게 설치될 때

2) 대책

① 줄눈 절단시기 적절히 선택

② 1차 절단 후 2차 절단 직전 또는 줄눈재 주입 전까지 이물질 침투방지

③ 팽창줄눈에서 Dowel Bar Assembly 주위의 콘크리트 다짐 철저

7. Scaling

1) 원인

① 동결융해 등으로 인하여 콘크리트 표면이 얇게 박리되는 현상

② 콘크리트 배합과 양생의 부적절

③ 과도한 표면 마무리로 인한 노면약화

④ 진반죽에 의한 Laitance 현상

⑤ 콘크리트의 적절치 못한 공기량

⑥ 제설용 염분의 화학작용

2) 대책

① Workability, 강도, 연행 공기량에 알맞게 정확히 배합

② Laitance 예방

③ 신속한 양생

④ 양생 후 처음 제설용 염분 살포시에는 표면은 공기를 건조시킴

⑤ 영하 3℃ 이하에서는 Con'c 타설작업 중단

⑥ 포설시 일정시간 이상 작업이 지연될 경우 시공줄눈 처리

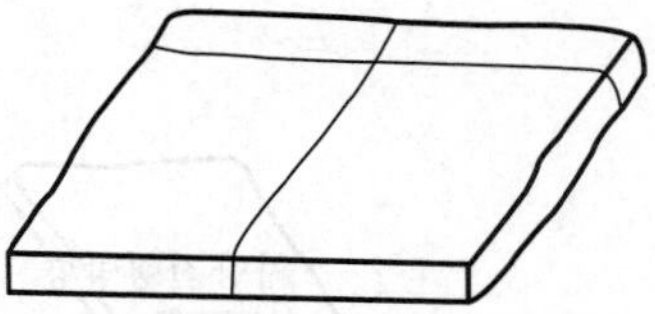

<가로줄눈부(라벨링)>

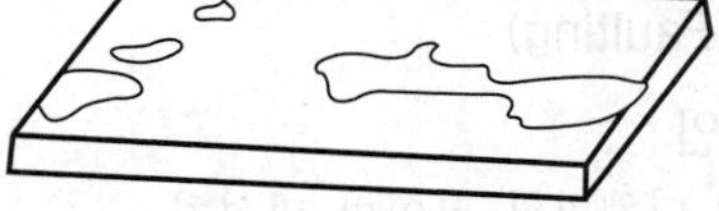

<스켈링>

8. 블로우 업(Blow Up)

1) 원인

슬래브 줄눈에 비압축성에 단단한 이물질이 침입하여 온도가 높을 때 열팽창을 흡수하지 못하여 슬래브가 솟아오르는 현상

2) 대책

① 줄눈부 이물질 제거　　② 팽창줄눈 추가설치

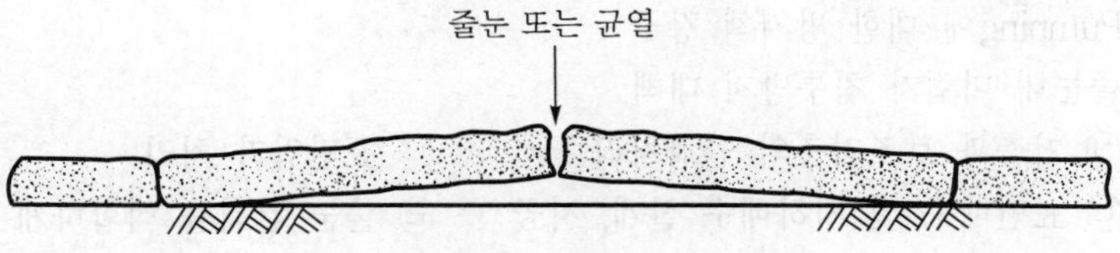

<블로우 업(Blow up)>

9. 터짐(Pumping)

1) 원인

보도 지침 또는 노상의 흙이 우수침입과 교통하중의 반복에 의해 줄눈부 또는 균열부에서 노면으로 부풀어오르는 현상

2) 대책

① 하부 배수 시설의 시공 ② 줄눈부 주입제 시공

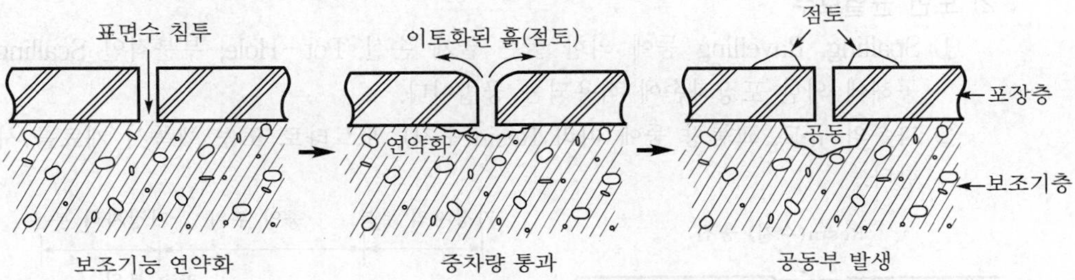

<Pumping 과정>

10. Punch Out

1) 원인

① 포장지반 지지력 부족 ② 좁은 균열 간격

③ 반복적인 교통하중에 의한 피로하중

2) 대책

① 노상 재료선정 및 다짐 철저 ② 포장두께 적정성 검토

③ 콘크리트 포장 후 양생관리 철저 ④ 적절한 줄눈 설치시기 및 커팅 깊이 준수

11. Spalling

1) 원인

① 줄눈부에 비압축성 입자(단단한 이물질)가 침투하여 줄눈부 Con'c가 파손되는 현상으로 인하여 철근 부식에 의한 철근의 체적 팽창

② 하중전달 장치의 불량(Dowel Bar의 부식, Dowel Bar와 Slab의 거동 불일치, Dowel Bar 이동거리 미확보)

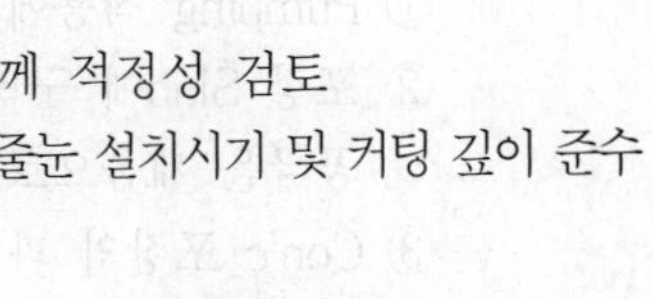

<가로줄눈부(스폴링)>

2) 대책

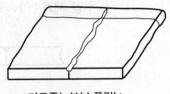

① Dowel Bar는 부식이 발생하지 않는 Stainless Steel로 설치

② Pumping에 대한 방지책 강구
③ 줄눈내 미립자 침투방지 대책
　㉠ 기층과 보조기층의 안정처리　　㉡ 표면입자 처리
　㉢ 표면배수 및 지하배수 설계, 시공　　㉣ 줄눈 간격을 적합하게 설계

Ⅴ. 보수공법

1. 일상적 보수

1) 줄눈 보수
① 줄눈 파손부분과 줄눈재 유실부분의 보수방법이다.
② 보수위치를 취핑한 후 타이바를 설치하고, 콘크리트를 타설한다.
③ 줄눈재가 유실된 부분은 채움재로 충진한다.

2) 노면 균열보수
① Spalling, Ravelling 등에 의한 굵은 골재 손실, Pot-Hole, 부분적인 Scalling과 동해에 의한 포장파손에 적용되는 공법이다.
② 파손의 규모, 교통량 등에 따라 Resin(수지), 모르타르 또는 에폭시 재료를 사용한다.

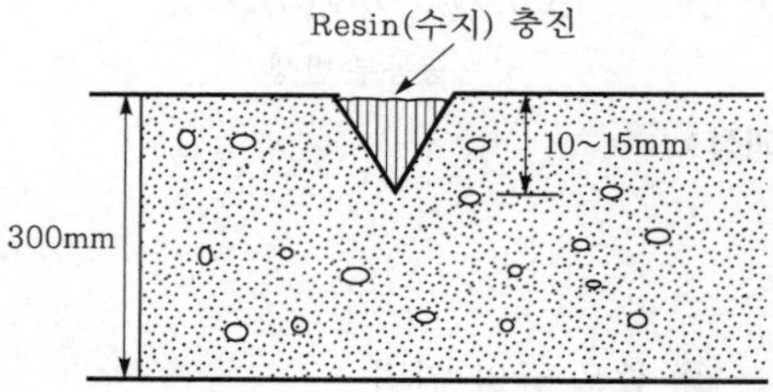

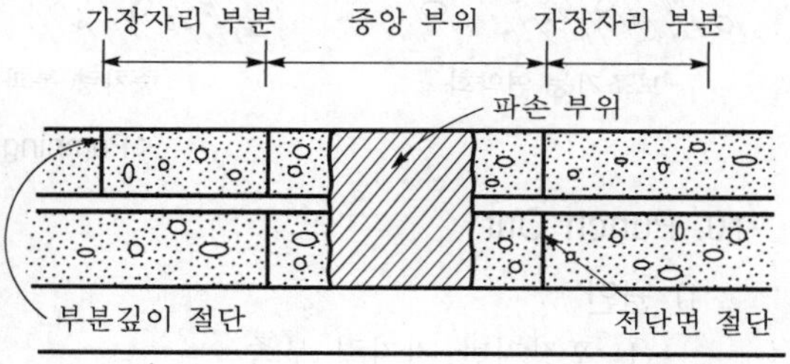

3) 주입 공법
① Pumping 작용에 의한 콘크리트 Slab의 파손방지를 위한 공법
② 포장 Slab에 구멍을 뚫고, 주입재료를 삽입하여 Pumping에 의해 발생된 공동과 공극을 채움으로서 펌핑의 재발을 방지
③ Con'c 포장의 파손을 미연에 방지할 수 있고, 수명을 연장
④ 주입 재료 : 아스팔트, 시멘트

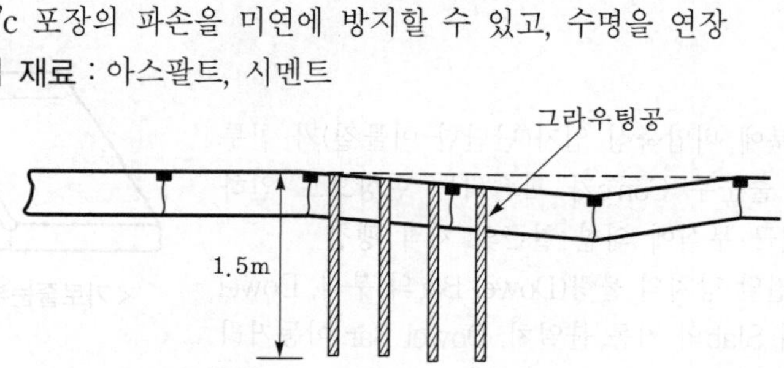

<시멘트 Grouting에 의한 주입 공법>

2. 정기적 보수

1) 덧씌우기(Overlay)

① 포장 Slab의 균열이 심하고, 파손의 범위가 넓은 경우 실시하는 공법이다.

② 기존 포장의 표면상태 개선과 설계하중 증가를 목적으로 한다.

2) 전면 재포장

① 전면 Slab의 파손이 심하고 다른 유지보수 공법으로는 평탄성 유지가 어려울 때 실시한다.

② 유지보수 공법 중 가장 고가의 공법이므로 포장의 파손상황, 노상토의 성질, 보조기층의 상태 등을 충분히 검토후 선정한다.

③ 콘크리트 또는 아스팔트로 재포장한다.

Ⅵ. 결론

① 국내에서의 시멘트 콘크리트 포장도로의 수요가 급증하고 있지만 시멘트 콘크리트 포장 공법에 대한 역사가 일천하여 체계적인 공법의 연구, 설계, 시공 및 유지관리 등에서 아직 미흡한 실정이다.

② 이러한 현실에서 축적된 선진기술을 충분히 흡수하고 현재 시공중이거나 유지관리 중인 포장에 발생하는 손상에 대해 유형별 원인을 파악하고 적절한 보수시기와 방법을 택하고 추후 설계 및 시공시에 고려하는 것이 급선무라고 사료된다.

15 교면 포장

Ⅰ. 개요

① 교면 포장이란 교통하중에 의한 충격, 빗물, 기타 기상조건 등으로부터 교량의 슬래브를 보호하고 통행 차량의 쾌적한 주행성 확보를 목적으로 교량 슬래브 위에 시공하는 포장이다.

② 교면 포장은 강성이 큰 교량 상판 위에 놓여지는 혼합물로서 유동에 약하기 때문에 특히 내유동성이 뛰어난 것이어야 한다.

Ⅱ. 설계상 주의점

① 교량 슬래브와 부착성

② 반복 휨응력에 대한 저항성

③ 우수 침투방지를 위한 방수성

④ 염화물 침투에 대비한 방수층

⑤ 내유동성

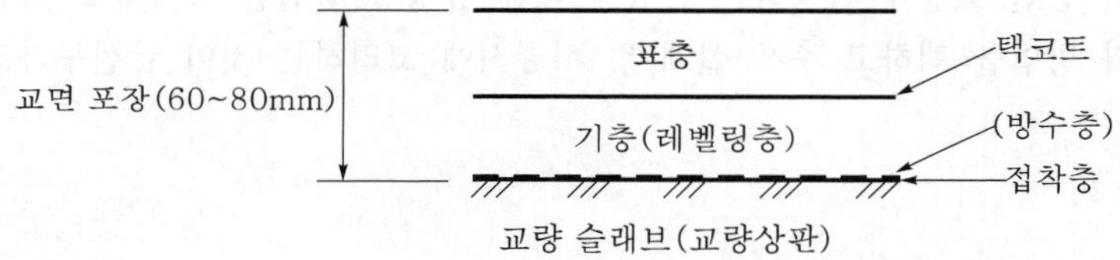

Ⅲ. 교면 포장의 구성요소

1) 표면처리

① 교량 상판 위에 쓰레기, 진흙, 기름 등의 유해한 이물질을 제거한 후 건조한 상태가 되어야 한다.

② 콘크리트 슬래브에 대해서는 표면의 레이턴스를 와이어 브러시 및 연소기 등으로 충분히 제거한다.

2) 접착층

① 교량 슬래브와 방수층 또는 포장과의 부착을 향상시켜 일체화되도록 하는 층으로 고무 아스팔트 접착제, 고무계 접착제, 고무 혼입 아스팔트 유제 등을 사용한다.

② 사용량

㉠ 콘크리트 슬래브 : $0.4 \sim 0.5 l/m^2$

㉡ 강 슬래브 : $0.3 \sim 0.4 l/m^2$

③ 시공시 유의점

㉠ 얼룩이 없도록 균일하게 살포

㉡ 연석, 난간 등을 더럽히지 않도록 살포

㉢ 적정의 살포량을 준수

㉣ 강우시 작업 금지

㉤ 살포 후 휘발분이 증발할 때까지 충분한 양생

3) 방수층

① 강 슬래브의 부식을 방지할 목적으로 설치하는 층이다.

② 콘크리트 슬래브상의 방수층 위에는 우수 등의 침투수의 배수가 용이해야 한다.

③ 방수층에는 시트계, 도막계 및 포장 등으로 형성된다.

4) 교면 포장에 사용되는 혼합물의 종류

① 가열 아스팔트 포장 : 일반적인 아스팔트 혼합물로 요철을 고려하여 60~80mm 정도 시공한다.

② 구스 아스팔트

㉠ 스트레이트 아스팔트에 개질재로서 열가소성 수지를 혼합한 아스팔트로서 유동성과 안정성이 얻어지도록 고온(200~260℃)으로 교반 혼합한 혼합물이다. 국내 최초로 영종도 대교에 사용된 바 있다.

㉡ 불투수성으로 방수성이 크고, 휨에 대한 저항성 및 마모에 대한 저항력이 크며 저온시에도 균열발생이 적으며 포장 작업시에는 롤러의 다짐작업이 필요없으나, 고가이며 시공시 품질관리에 세심한 유의가 요망된다.

③ 고무 혼입 아스팔트 포장

㉠ 스트레이트 아스팔트에 개질재로서 고무를 혼입하여 신도를 증가시키고, 유동 및 마모에 대한 저항성을 높인 개질 아스팔트를 혼합물로 사용한다.

㉡ 슬래브와 고무와의 부착성과 마모 및 변형에 대한 저항성을 크게 한 포장이다.

5) 에폭시 수지 포장

① 에폭시 수지를 이용하여 슬래브 위에 3~10mm 두께로 시공한다.

② 강 슬래브는 특히 기름이나 녹을 중성세제 또는 와이어 브러시로 깨끗이 제거한다.

③ 콘크리트 슬래브에서 레이턴스와 염화비닐 양생피막 등을 제거하고 시공한다.

Ⅳ. 라텍스 콘크리트(LMC : Latex Modified Concrete)

1) 정의

① 라텍스 포장(LMC)이란 시멘트 콘크리트 포장의 성질을 개선시킬 목적으로 콘크리트에 천연고무를 혼입하여 사용하는 포장을 말한다.

② 사용되는 고무로는 천연고무, 스틸렌 브라젠 고무(SBR), 재생고무 등이 주로 사용되고 있다.

③ 콘크리트 교면 포장의 취약점인 반복하중에 의해 발생되는 미세균열의 충진효과로 균열확산 억제 및 방수성이 우수하여 제설지역 교면 포장에 많이 이용된다.

2) 특성

① 방수성이 우수

② 유동성 및 점착력 우수

③ 미세균열 부위 충진효과

④ 혼합물의 휨강도 및 내구성 향상

3) 제조방법

① Latex 제조 : Water 50%+Polymer(고형물) 5% → Latex

② 라텍스 콘크리트(LMC) : Latex+Concrete → LMC

4) Latex 콘크리트 포장과 타 공법의 비교

구분	Latex 콘크리트 포장	Asphalt 콘크리트 포장	시멘트 콘크리트 포장
설치형식	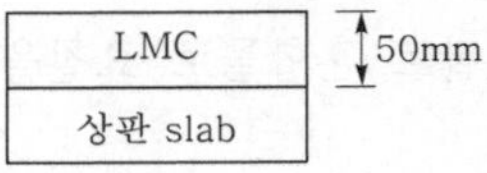	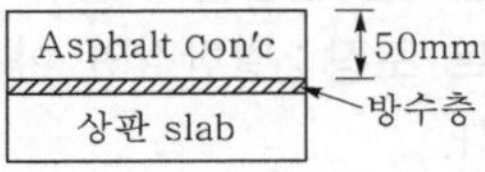	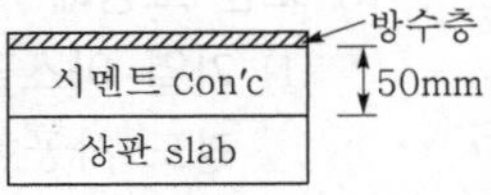
초기 투자비	크다.	보통	적다.
방수효과	양호	보통	불량
시공성	다소 복잡	양호	양호
유지관리	양호	보통	불량
상판 영향 여부	내구성 증진 열화방지	방수층 손상시 상판 열화 발생	마모층 균열발생시 수분 및 염화물 침투

Ⅴ. 결론

① 교면 포장은 교량 슬래브와의 부착성과 우수침입을 방지할 수 있는 방수성을 겸비하고, 내유동성이 있는 재료를 선정하여야 한다.

② 특히 반복하중에 의한 균열발생을 억제하기 위한 조치가 마련되어야 방수성능의 확보와 내구성을 기대할 수 있으므로 이에 대한 대책을 마련한 후 시공에 임하여야 한다.

세상 쉬운 것이 천국 가는 길!

"하나님이 세상을 이처럼 사랑하사 독생자(예수 그리스도)를 주셨으니 이는 저를 믿는 자마다 멸망치 않고 영생을 얻게 하려 하심이니라."(요한복음 3장 16절)

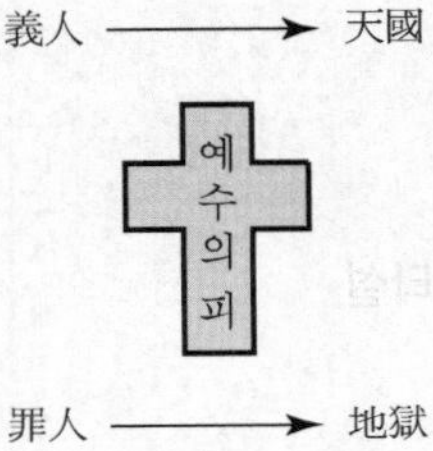

"하나님이 세상을 이처럼 사랑하사 독생자(예수 그리스도)를 주셨으니 이는 저를 믿는 자마다 멸망치 않고 영생을 얻게 하려 하심이니라."(요한복음 3장 16절) 하나님은 그의 아들이신 예수 그리스도를 이 세상에 보내어 우리를 대신하여 십자가에 죽게 하심으로 우리의 죄값을 감당케 하시고 하나님과 우리 사이에 십자가 다리를 놓아 지옥에 갈 수 밖에 없었던 죄인인 우리를 의인으로 만들어 천국에 가게 하셨습니다.

1. 죄인은 지옥행! 의인은 천국행!

죄인은 영원히 꺼지지 않는 지옥 불에 떨어지게 되고, 의인은 생로병사가 없는 영원한 천국에 가게 됩니다.

2. 모든 사람은 죄인!

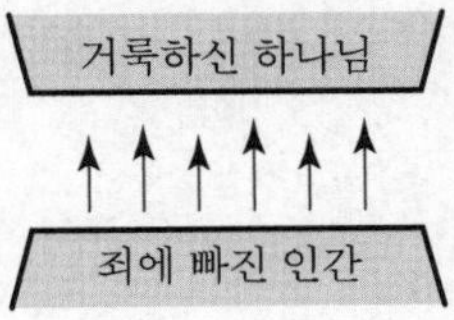

모든 인간은 죄인이므로 지옥에 가게 됩니다.

사람들은 끊임없이 선행, 철학 등 자기 힘으로 천국에 가려고 하나 결국은 허사입니다.

천국은 결코 선행, 지식 등으로는 갈 수 없습니다.

3. 죄인이 의인되는 길

① 예수의 피를 믿으면 모든 죄인은 의인이 되어 천국에 갑니다.
"피 흘림 없이는 죄 사함이 없느니라."

② 성경은 예수 그리스도를 영접하는 모든 사람에게 영원한 생명을 약속하셨습니다. 착한 일을 많이 했다고 천국에 가는 것은 아니며, 오직 구원의 기준은 예수 그리스도를 믿는 믿음입니다.

Q : 당신의 생애에서 돈, 명예, 출세보다도 더 중요한 것은?

A : 영원한 내세(천국)를 준비하는 일입니다.

제5장 교 량

교량 과년도 문제

1	1. 장대 교량가설공법의 종류별 특징을 비교하여 기술하시오. [97중후, 33점] 2. 콘크리트 교량가설공법의 종류 및 그 특징을 설명하시오. [07후, 25점] 3. 콘크리트 교량의 상판가설(架設)공법 중 현장타설 콘크리트에 의한 공법의 종류를 열거하고 설명하시오. [10후, 25점] 4. 콘크리트 아치교의 가설공법을 열거하고, 각 공법별 특징에 대하여 설명하시오. [15중, 25점] 5. 교량가설을 위한 공법 결정과정을 설명하시오. [16전, 25점] 6. Arch교의 Lowering공법 [19전, 10점] 7. 최신 교량건설공법 중 두 종류를 선정하여 비교 설명하시오. [96후, 25점] 8. Prestressed Concrete Box Girder교량(교장 1,500m, 폭 20m, 경간장 50m, 2경간 연속교)을 산악지역에 건설하려고 할 때 상부공건설공법에 대해서 논술하시오. [98중전, 50점] 9. 험준한 산악지 등을 횡단하는 PSC Box 거더교량 시공시 가설(架設)공법의 종류를 열거하고, 각각의 특징에 대하여 서술하시오. [03전, 25점] 10. 콘크리트교와 강교의 장·단점 비교 [17중, 10점] 11. 경간장 15m, 높이 12m인 콘크리트 라멘교의 시공계획서 작성시 필요한 내용을 설명하시오. [11전, 25점] 12. 강합성 라멘교 제작 및 시공시 솟음(Camber)관리와 유의사항에 대하여 설명하시오. [18후, 25점] 13. 라멘교(rahmen) [15전, 10점] 14. 하천의 교량 경간장 [10중, 10점]
2	15. 3경간 연속 철근 콘크리트교에서 콘크리트 타설시 시공계획 수립 및 유의사항을 설명하시오. [01후, 25점] 16. 3경간 연속교의 상부 콘크리트를 타설하고자 한다. 콘크리트 타설순서를 설명하고, 시공시 유의사항을 설명하시오. [06후, 25점] 17. 교량 시공시 동바리공법(FSM : full staging method)의 종류를 열거하고, 각 공법의 특징에 대하여 설명하시오. [12후, 25점] 18. 3경간 연속 철근 콘크리트교에서 콘크리트 타설순서 및 시공시 유의사항에 대하여 설명하시오. [15중, 25점] 19. 교량 슬래브의 콘크리트 타설방법에 대하여 설명하시오. [18중, 25점] 20. 교량 구조물 상부 슬래브 시공을 위하여 동바리받침으로 설계되었을 때 시공 전 조치해야 할 사항을 설명하시오. [07후, 25점] 21. 교량 구조물 상부 슬래브 시공을 위해 동바리받침으로 설계되어 있을 때 동바리 시공 전 조치사항을 설명하시오. [13전, 25점] 22. 교량가시설(시스템동바리) 붕괴사고 발생에 대하여 시스템동바리의 설계 및 시공상의 문제점을 제시하고, 그 대책에 대하여 설명하시오. [08전, 25점] 23. 단순교, 연속교, 겔바교의 특징 비교 [97중전, 20점] 24. 철근 콘크리트교 상부 구조물을 레미콘(Ready Mixed Concrete)으로 타설할 경우 현장에서 확인할 사항에 대하여 설명하시오. [05전, 25점] 25. 교량의 신축이음부 파손이유와 파손을 최소화하기 위한 방법을 제시하시오. [98중후, 30점] 26. 교량 신축이음장치의 파손원인과 보수방법에 대하여 설명하시오. [07후, 25점] 27. 교량의 신축이음 설치시 요구조건과 누수시험에 대하여 설명하시오. [12중, 25점] 28. 교량용 신축이음장치의 형식 선정 및 시공시 고려사항에 대하여 설명하시오. [12후, 25점] 29. 교량 신축이음장치 유간의 기능과 시공 및 유지관리시 유의사항에 대하여 설명하시오. [16중, 25점] 30. 신축장치(Expansion Joint) [00중, 10점]

교량 과년도 문제

2	31. 교량 신축이음장치 [14후, 10점] 32. 교량의 철근 콘크리트 바닥판 시공시 수분증발에 의한 균열 발생 억제를 위해 필요한 초기 양생대책에 대하여 서술하시오. [03전, 25점] 33. 일체식 교대교량(Intergral Abutment Bridge) [10전, 10점] 34. 공중작업 비계(Cat Walk) [04전, 10점]
3	35. 연속압출공법(Incremental Launching Method : ILM)을 설명하고, 시공순서와 시공상 유의할 사항을 기술하시오. [07전, 25점] 36. 연장이 긴(L = 1,500m 정도) 장대교량의 상부공을 한 방향에서 연속압출공법(ILM)으로 시공할 때 시공시 유의사항에 대하여 설명하시오. [11전, 25점] 37. 골짜기가 깊어 동바리 설치가 곤란한 산악지역에서 I.L.M(Incremental Launching Method)공법으로 시공할 경우 특징과 유의사항에 대하여 설명하시오. [15후, 25점] 38. IPC(Incrementally Prestressed Concrete Girder) 교량가설공법 [08후, 10점]
4	39. 교량가설(架設)공사에서 가설(假設)이동식 동바리의 적용과 특징에 대하여 설명하시오. [02중, 25점] 40. 콘크리트교의 가설공법 중 현장타설 콘크리트공법을 열거하고 이동식 비계공법(movable scaffolding system, MSS)에 대하여 설명하시오. [13전, 25점]
5	41. 교량가설에 있어 캔틸레버(Cantilever)공법으로 시공하는 교량의 구조형식을 예를 들고, 공법에 대하여 아는 바를 논하시오. [98후, 30점] 42. 교량의 캔틸레버가설공법(F.C.M)에 대하여 기술하시오. [04전, 25점] 43. 현장타설 FCM(Free Cantilever Method) 시공시 발생되는 모멘트변화에 대한 관리방안에 대하여 설명하시오. [16후, 25점] 44. FCM(Free Cantilever Method)에서 주두부의 정의와 주두부 가설방법에 대하여 설명하시오. [18전, 25점] 45. 교량가설공법에서 F.C.M(Free Cantilever Method) [94후, 10점], [07중, 10점], [09중, 10점] 46. 교량 2,000m, 교폭 30m, 경간장 50m의 연속 프리스트레스 콘크리트 박스거더교량을 캔틸레버공법(Balanced Cantilever Method 또는 Free Cantilever Method)에 의한 프리캐스트 세그멘탈공법(Precast Segmental Method)으로 시공하고자 한다. 이 경우 프리캐스트 세그먼트의 제작과 야적에 필요한 제작상 계획을 기술하시오. [98전, 30점] 47. 교량의 상부가 F.C.M(Precast Segmental Erection)공법으로 시공하게 되어 있다. 이 경우 현장에서는 반복된 Segment가설작업에 따라 교량의 상부가 완성된다. 1개의 표준Segment가설에 소요되는 공종에 대하여 기술하시오. [99후, 30점]
6	48. 2경간 연속합성교의 슬래브 콘크리트의 시공순서 [98전, 20점] 49. 합성형교에서 Shear Connector의 역할과 합성거동을 확보하기 위한 바닥판의 시공시 유의사항을 기술하시오. [05후, 25점] 50. 3경간 PSC 합성거더교를 연속화공법으로 시공하고자 할 때 슬래브의 바닥판과 가로보의 타설방법을 도해하고 사유를 기술하시오. [04후, 25점] 51. PSC 장지간 교량의 캠버 확보방안과 처짐의 장기거동을 설명하시오. [10중, 25점] 52. PSC교량의 시공 중 형상관리기법에서 캠버(camber)관리를 중심으로 문제점 및 개선대책에 대하여 설명하시오. [16중, 25점] 53. PSC 장지간 교량의 Camber 확보방안 [15중, 10점] 54. 강합성 거더교의 철근콘크리트 바닥판 타설 계획시의 유의사항과 타설순서를 설명하시오. [10전, 25점]

교량 과년도 문제

6

55. 콘크리트 소교량의 상부공 가설공법 중에서 프리플렉스(Preflex)공법과 Precom(Prestressed Composite) 공법을 비교 설명하시오. [09중, 25점]
56. 소수주형(girder)교 [09전, 10점]
57. PCT(Prestressed composite truss)거더교 [12전, 10점]
58. 중첩보(A)와 합성보(B)의 역학적 차이점 [13중, 10점]

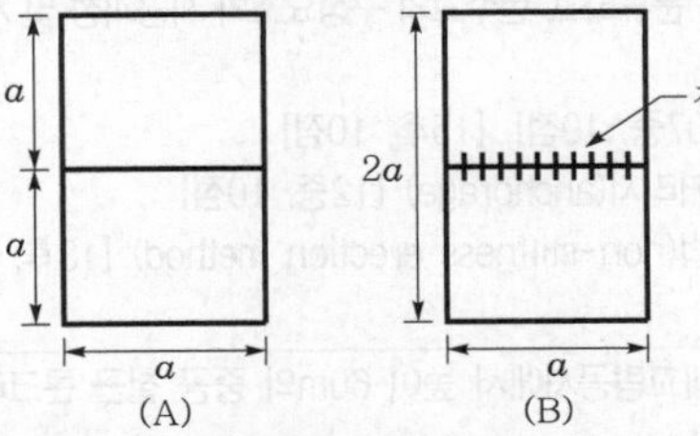

59. 완전합성보(full composite beam)와 부분합성보(partial composite beam) [14후, 10점]
60. 2중합성교량(bridge for double composite action) [14후, 10점]

7

61. 프리캐스트(Precast) 콘크리트를 이용한 프리스트레스트 박스거더의 건설공법과 특징에 관하여 기술하시오. [97전, 50점]
62. 프리스트레스트 콘크리트 박스거더(Prestressed Concrete Box Girder)로 교량의 상부공을 가설하고자 한다. 가설공법의 종류, 시공방법 및 특징에 대하여 간략히 기술하시오. [09후, 25점]
63. 프리스트레스트 콘크리트 박스거더(PSC Box Girder) 캔틸레버교량에서 콘크리트 타설시 유의사항과 처짐관리에 대하여 설명하시오. [05중, 25점]
64. 교량가설공법 중 프리캐스트 캔틸레버공법(Precast Cantilever)의 특징과 가설방법에 대하여 설명하시오. [02후, 25점]
65. 교량의 프리캐스트 세그먼트(Precast Segment)가설공법의 종류와 시공시 유의사항을 기술하시오. [03중, 25점]
66. 장대 해상교량 상부 가설공법 중 대블럭 가설공법의 특징 및 시공시 유의사항에 대하여 설명하시오. [12전, 25점]
67. 공장에서 제작된 30~50m 길이의 대형 PSC거더를 운반하여 도심지에서 교량을 가설하고자 한다. 이때 필요한 운반통로 확보방안과 운반 및 가설장비 운영시 고려사항을 설명하시오. [12중, 25점]
68. PSC거더(girder)의 현장제작장 선정요건 [12후, 10점]
69. FSLM(Full Span Launching Method)에 대하여 설명하시오. [14후, 25점]
70. FSLM(Full Span Launching Method) [08전, 10점]

8

71. 사장교와 현수교의 시공시 중요한 관리사항을 설명하시오. [10중, 25점]
72. 사장교 케이블의 현장제작과 가설방법에 대하여 설명하시오. [16전, 25점]
73. 사장교의 보강거더의 가설공법 종류 및 특징에 대하여 설명하시오. [17후, 25점]
74. 사장교 케이블의 단면형상 및 요구조건 [16중, 10점]
75. 엑스트라도즈(Extradosed)교의 구조적 특성과 시공상의 유의사항을 기술하시오. [06중, 25점]
76. Cable교량 중 Extradosed교의 시공과 주형가설에 대하여 기술하시오. [09전, 25점]
77. 엑스트라도즈드교(Extradosed Bridge)에서 주탑 시공시 품질확보방안에 대하여 설명하시오. [19전, 25점]
78. 사장교와 엑스트라도즈드(extradosed)교의 구조특성 [12전, 10점]
79. 엑스트라도즈드교(Extradosed Bridge) [18중, 10점]

교량 과년도 문제

9	80. 사장교와 현수교의 특징과 장·단점, 시공시 유의사항 및 현수교의 중앙경간을 사장교보다 길게 할 수 있는 이유에 대하여 설명하시오. [14중, 25점] 81. 현수교 케이블 설치시 단계별 시공순서에 대하여 설명하시오. [15전, 25점] 82. Air Spinning공법 [10중, 10점] 83. 사장교와 현수교의 특징 비교 [11중, 10점] 84. 현수교를 정착방식에 따라 분류하고, 현수교의 구성요소와 시공과정 및 시공시 유의사항에 대하여 설명하시오. [18후, 25점] 85. 자정식(自碇式) 현수교 [07중, 10점], [15후, 10점] 86. 현수교의 지중정착식 앵커리지(anchorage) [12중, 10점] 87. 현수교의 무강성 가설공법(non-stiffness erection method) [13후, 10점] 88. 사장현수교 [17전, 10점]
10	89. 산악지역에 건설되는 장대교량공사에서 높이 60m의 중공 철근 콘크리트 교각의 건설공법에 관하여 기술하시오. [98전, 40점] 90. 간만의 차가 큰 서해안의 연육교 공사현장에서 철근 콘크리트 구조의 해중교각을 시공하려 한다. 구조물에 영향을 주는 요인들을 열거하고, 시공시 유의사항에 대하여 설명하시오. [05전, 25점] 91. 콘크리트 고교각(高橋脚) 시공법의 종류와 특징 및 시공시 고려사항을 설명하시오. [08중, 25점] 92. 최근 수심이 20m 이상인 비교적 유속이 빠른 해상에 사장교나 현수교와 같은 특수교량이 시공되는 사례가 많다. 이때 적용 가능한 교각 기초형식의 종류를 열거하고 특징에 대하여 설명하시오. [11중, 25점] 93. 고교각(高橋脚) 및 사장교 주탑 시공에 적용하는 거푸집공법 선정이 공기 및 품질관리에 미치는 영향을 설명하시오. [06후, 25점] 94. 콘크리트 주탑, 교각 등 변단면으로 구조물을 시공할 때 적용이 가능한 공법에 대하여 설명하시오. [16중, 25점] 95. 교각의 슬립폼(Slip Form) [11후, 10점]
11	96. 강교가설공법의 종류, 특징 및 주의사항에 대해 기술하시오. [08전, 25점] 97. 강교가설법 중 연속압출공법, 리프트 업 바지(Lift Up Barge), 폰툰크레인가설공법 등을 설명하시오. [96중, 50점] 98. 평지 하천을 횡단하는 교장 500m(경간 50m의 10경간)의 연속 강박스교량 건설에 적용할 수 있는 건설공법을 설명하시오. [00전, 25점] 99. 강상자형교의 상부 거더가설에 추진코(launching nose)에 의한 송출공법을 적용할 때 발생 가능한 문제점 및 대책에 대하여 설명하시오. [13중, 25점] 100. 강교가설공법에서 캔틸레버식 공법과 케이블식 공법에 대하여 설명하시오. [95후, 35점] 101. 강교의 케이블식 가설(cable erection)공법에 대하여 설명하시오. [14후, 25점] 102. 닐슨아치(Nielson Arch)교량의 가설공법에 대하여 설명하시오. [07중, 25점] 103. 강교형식에서 플레이트거더교와 박스거더교의 가설공사시 검토사항을 설명하시오. [11후, 25점] 104. 하이브리드(hybrid) 중로아치교의 특징 및 시공시 주의사항을 설명하시오. [13전, 25점] 105. 하이브리드(Hybrid) 중로아치교 [09후, 10점]
12	106. 강교량 가조립공사의 목적과 순서 및 가조립시 유의사항에 대해 설명하시오. [06중, 25점] 107. 강교의 가조립목적과 가조립방식을 설명하시오. [10전, 25점] 108. 강교 가조립공법의 분류, 특징, 시공 유의사항에 관하여 기술하시오. [98전, 50점] 109. 강교의 가조립에 대하여 기술하시오. [98중후, 30점]

교량 과년도 문제

13

110. 교각의 높이 약 60m, 지간 60m, 일방향 4차선 도로의 5경간 연속 강박스거더교의 건설을 위한 제작, 운반, 가설, 바닥판 콘크리트 타설에 관하여 기술하시오. [97전, 30점]
111. 강합성 거더교의 철근 콘크리트 바닥판 타설계획시의 유의사항과 타설순서를 설명하시오. [10전, 25점]
112. 경간장 120m의 3연속 연도교의 Steel Box Girder 제작, 설치시의 작업과정을 단계별로 설명하시오. [00중, 25점]
113. 강판형교의 확폭개량공법에 관하여 설명하시오. [00전, 25점]
114. 강재거더로 구성된 사교(skew bridge)가설시 거더처짐으로 인한 변형의 처리공법을 설명하시오. [13중, 25점]

14

115. 강구조의 부재연결공법에 관하여 설명하시오. [00전, 25점]
116. 강(剛)부재의 연결방법의 종류를 열거하고, 각 종류별 특징을 설명하시오. [00후, 25점]
117. 강구조물의 부재연결방법 중 기계적 연결방법에 대하여 기술하시오. [99중, 30점]
118. 강구조의 압축부재와 휨부재의 연결방법 [97전, 20점]
119. 강교 현장이음의 종류 및 시공시 유의사항을 설명하시오. [09전, 25점]
120. 강교에서 고장력 볼트이음의 종류와 시공시 유의사항을 기술하시오. [03중, 25점]
121. 강교의 현장이음방법 중 고장력 볼트이음방법 및 시공시 유의사항에 대하여 설명하시오. [15전, 25점]
122. 고장력볼트 조임검사 [18후, 10점]
123. 강상판교의 바닥판 현장용접방법에 대하여 설명하시오. [14전, 25점]
124. 강구조물 용접방법 중 피복아크용접(SMAW)과 서브머지드아크용접(SAW)의 장단점을 설명하시오. [16후, 25점]
125. 강교의 현장용접시 발생하는 문제점과 대책 및 주의사항에 대하여 설명하시오. [19전, 25점]
126. 홈(groove)용접에 대한 설명과 그림에서의 용접기호 설명 [12후, 10점]

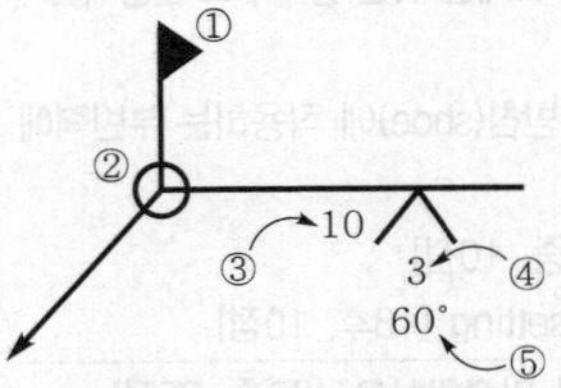

127. 강교 시공시 강재의 이음방법과 강재 부식에 대한 대책을 설명하시오. [07후, 25점]
128. 강구조물 연결방법의 종류를 열거하고, 강재 부식의 문제점 및 대책에 대하여 설명하시오. [10후, 25점]
129. 항만시설물공사에서 강구조물 시공시 도복장공법의 종류를 열거하고, 적용범위와 공법 선정시 검토사항에 대하여 설명하시오. [04중, 25점]
130. 강구조물에서 강재의 강도에 비하여 낮은 응력하에서도 부분 파괴가 발생하는 원인을 열거하고, 그중 하나에 대하여 상세히 기술하시오. [97중전, 50점]
131. 주형보 등에 사용되는 I형강의 휨부재로서의 구조특성에 대하여 설명하시오. [14후, 25점]
132. 강재의 저온균열, 고온균열 [06전, 10점]
133. 무도장 내후성 강재 [05중, 10점]
134. T.M.C(Thermo - Mechanical Control)강 [10전, 10점]
135. 강(剛)구조물의 수명과 내용연수(耐用年數) [00후, 10점]

교량 과년도 문제

15	136. 강재용접의 결함종류 및 대책에 대하여 기술하시오. [09후, 25점] 137. 강교 시공에 있어 현장용접시 발생하는 용접결함의 종류를 열거하고, 그 결함의 원인 및 방지대책에 대하여 설명하시오. [12후, 25점] 138. 용접의 결함원인과 용접자세 [96중, 20점] 139. 강재의 용접결함 [07후, 10점] 140. 강재의 피로 파괴특성과 용접이음부의 피로강도를 저하시키는 요인을 설명하시오. [07중, 25점]
16	141. 강구조물의 용접과 균열을 검사하고 평가하는 방법에 관하여 기술하시오. [97전, 50점] 142. 강교량 가설현장에서 용접부위별 검사방법과 검사범위에 대하여 기술하시오. [04후, 25점] 143. 구조용 강재용접부의 비파괴시험방법(N.D.T)에 대하여 기술하시오. [04전, 25점] 144. 강재용접부의 비파괴시험방법 [00전, 10점] 145. 용접부위에 대한 비파괴검사 [95중, 20점] 146. 비파괴시험(Non-Destructive Test) [07전, 10점] 147. 현장용접부 비파괴검사방법 [07중, 10점]
17	148. 교량받침형태의 종류와 각각의 특징에 대하여 기술하시오. [99중, 30점] 149. 연속곡선교의 교좌장치의 배치 및 설치방법 [97전, 20점] 150. 포트받침(Pot Bearing)과 탄성고무받침의 특성 비교 [98전, 20점] 151. 교좌의 가동받침과 고정받침 [02후, 10점] 152. 탄성받침이 롤러(roller)의 기능을 하는 이유 [15전, 10점] 153. 교량가설(架設)공사에서 교량받침의 종류와 각 종류별 손상원인을 열거하고, 방지대책에 관하여 기술하시오. [00후, 25점] 154. 교량받침(Shoe)의 파손원인과 방지대책에 대하여 설명하시오. [05중, 25점] 155. 공용 중인 교량의 교좌장치 교체를 위한 상부구조 인상작업시 검토사항과 시공순서에 대하여 설명하시오. [14전, 25점] 156. 램프교량공사에서 램프의 받침(shoe)에 작용하는 부반력에 대한 검토기준을 열거하고 대책에 대하여 설명하시오. [14중, 25점] 157. 교량받침의 손상원인 [12중, 10점] 158. 교량받침과 신축이음 Presetting [18후, 10점]
18	159. 교량의 교면방수에 대하여 기술하시오. [03후, 25점] 160. 교량의 교면방수공법 중 도막방수와 침투성 방수공법을 비교하여 설명하시오. [05중, 25점] 161. 교량 교면방수공법과 시공시 유의사항을 기술하시오. [07중, 25점] 162. 교면방수공법의 종류와 특징에 대하여 설명하시오. [15중, 25점] 163. 교량의 교면방수 [09전, 10점]
19	164. 성수대교 사고원인에 대한 귀하의 견해를 기술하시오. [95전, 33점] 165. 성수대교의 붕괴과정과 상판구조의 특성 및 붕괴원인에 대해 기술하시오. [08전, 25점] 166. 교량에서 철근 콘크리트 바닥판의 손상원인과 보강대책을 기술하시오. [03중, 25점] 167. 철근 콘크리트 교량 상부 구조물공사시 콘크리트 보수·보강공법을 열거하고, 각각에 대하여 설명하시오. [05전, 25점]
20	168. 교량의 유지관리 및 보수, 보강에 있어서의 문제점에 대한 귀하의 의견을 기술하시오. [96전, 50점] 169. 강형교(Steel Girder Bridge)에 대한 유지관리상의 요점을 설명하시오. [95중, 33점]

교량 과년도 문제

20	170. 교량 상부 구조물의 시공 중 및 준공 후 유지관리를 위한 계측관리시스템의 구성 및 운영방안에 대하여 설명하시오. [11중, 25점]
	171. 교량 준공 후 유지관리를 위한 계측관리시스템의 구성 및 운영방안에 대하여 설명하시오. [15후, 25점]
	172. 교량의 유지관리업무와 유지관리시스템에 대하여 설명하시오. [17중, 25점]
	173. 4차 산업혁명시대에 IoT를 이용한 장대교량의 시설물 유지관리를 위한 적용방안에 대하여 설명하시오. [18후, 25점]
	174. 콘크리트 교량의 균열에 대하여 원인별로 분류하고 보수재료에 대한 평가기준을 설명하시오. [11후, 25점]
	175. 교량 바닥판의 손상원인과 대책에 대하여 설명하시오. [15후, 25점]
	176. 풍동실험 [10후, 10점]
21	177. 연약지반에 교대축조시 발생되는 문제점 및 대책을 설명하시오. [99후, 30점]
	178. 깊은 연약점성토지반에 옹벽이나 교대를 건설할 때 발생되는 문제점과 대책공법 2가지를 상술하시오. [99전, 30점]
	179. 세굴에 의한 교량기초의 파손 및 유실이 종종 발생하고 있다. 교량기초의 세굴예측기법과 방지공법에 대해 설명하시오. [09전, 25점]
	180. 교량 교대부 위에 발생되는 변위의 종류를 설명하고, 그에 대한 대책을 기술하시오. [01중, 25점]
	181. 일체식과 반일체식 교대에 대하여 설명하시오. [13후, 25점]
22	182. 연약지반지역에 건설되는 교량교대의 측방이동 억제공법에 관하여 기술하시오. [97전, 30점]
	183. 연약지반상의 교대 측방향 이동의 원인 및 방지대책에 대하여 기술하시오. [98중전, 30점]
	184. 연약지반에서 교대지반이 측방유동을 일으키는 원인과 대책에 대하여 기술하시오. [04전, 25점]
	185. 연약지반 성토작업시 측방유동이 주변 구조물에 문제를 발생시키는 사례를 열거하고, 원인별 대책에 대하여 설명하시오. [06후, 25점]
	186. 연약지반상에 설치된 교대의 측방이동의 원인 및 그 대책을 설명하시오. [08중, 25점]
	187. 교대의 측방유동에 대하여 설명하시오. [17전, 25점]
	188. 연약지반상에 말뚝기초를 시공한 후 교대를 설치하고자 한다. 이때 교대 시공시 발생할 수 있는 문제점 및 대책에 대하여 설명하시오. [17중, 25점]
	189. 연약지반에서 교대의 측방유동을 일으키는 원인과 대책에 대하여 설명하시오. [18후, 25점]
	190. 측방유동 [07중, 10점], [08후, 10점], [10중, 10점]
	191. 도로교 교대 시공시 필요한 안정조건과 안정조건이 불충분할 경우 조치해야 할 사항을 설명하시오. [07후, 25점]
	192. 경량성토공법(EPS : Expanded Polyester System)에 대하여 설명하시오. [18전, 25점]
	193. 경량성토공법 [08중, 10점]
23	194. 일반 거더교에서 대표적인 지진 피해유형과 이에 대한 대책을 설명하시오. [07중, 25점]
	195. 지진파(지반 진동파) [04전, 10점]
	196. 면진설계(Isolation System)의 기본개념, 주요 기능 및 국내에서 사용되는 면진장치의 종류를 기술하시오. [06전, 25점]
	197. 최근 지진 발생 증가에 따라 기존 교량의 피해 발생이 예상된다. 기존에 사용 중인 교량에 대한 내진 보강방안에 대하여 설명하시오. [11중, 25점]
	198. 기존 교량의 내진성능향상을 위한 보강공법을 설명하시오. [13전, 25점]
	199. 장경간교량의 진동이 교량에 미치는 영향과 진동 저감방안을 설명하시오. [15전, 25점]

교량 과년도 문제

23

200. 교량의 내진과 면진설계 [08후, 10점]
201. 교량 내진성능향상방법 [19전, 10점]
202. 개착터널 등과 같은 지중매설 구조물에서 지진에 의한 피해사항을 크게 2가지로 분류 설명하고, 그에 대한 대책을 기술하시오. [06전, 25점]

24

203. 큰 하천을 횡단하는 교량 시공시 기상조건을 고려한 방재대책과 이에 대한 공정계획 수립상 유의사항을 설명하시오. [08후, 25점]
204. 교량 하부공의 시공관리를 위한 조사항목 [14전, 10점]
205. 교량, 교각의 세굴 방지대책에 대하여 기술하시오. [02전, 25점]
206. 교량 신설계획이나 기존 교량 보수·보강공사시에 교량의 세굴에 대한 대책수립과정과 세굴보호공의 규모 산정에 대하여 설명하시오. [17중, 25점]
207. 교량 구조물에 대형 상수도강관(Steel Pipe)을 첨가하여 시공하고자 할 때 상수도관 시공의 유의사항을 기술하시오. [02전, 25점]
208. 교량의 바닥판에서 배수방법과 우수에 의한 바닥판 하부의 오염 방지를 위한 고려사항을 기술하고, 중앙분리대 또는 방호벽 콘크리트와 바닥판과의 시공이음부 시공방안에 대하여 기술하시오. [05후, 25점]
209. 당산 전철교의 철거와 재시공의 공사기간을 최소로 줄일 수 있는 공법에 관하여 기술하시오. [97전, 30점]
210. I-300×150(단면계수 $Z_X = 981\text{cm}^3$)이 간격 1.6m이고, 3m 길이로 단순지지되어 있다. 등분포하중을 1m^2에 몇 톤(t)씩 받을 수 있겠는가? [94전, 40점]
211. 곡선교량의 상부 구조 시공시 유의사항을 설명하시오. [15전, 25점]
212. 교량의 한계상태(Limit State)에 대하여 설명하시오. [15중, 25점]
213. 교량 시공시 형고가 낮은 콘크리트 거더교를 선정할 때 유리한 점과 저형고 교량의 특징을 설명하시오. [16중, 25점]
214. 교량에 작용하는 주하중, 부하중, 특수하중의 종류 [14중, 10점]
215. 교량에서의 부반력 [15중, 25점]

1 콘크리트교 가설(架設)공법

Ⅰ. 개요

① 교량은 Bottom Slab · Web · Deck Slab 등으로 구성된 상부구조와 교대 · 교각 등의 하부구조로 구성되어 있다.

② 교량의 상 · 하부 구조를 구성하는 모든 구조 요소들은 하중의 저항 및 전달기능이 분명하도록 설계 · 시공되어야 한다.

③ 최근 많은 PC 공법이 개발되어 교량의 장대화 · 수려한 외관 등의 장점으로 PSC Box Girder 교량의 건설이 증가하는 추세에 있다.

Ⅱ. 교량의 구조

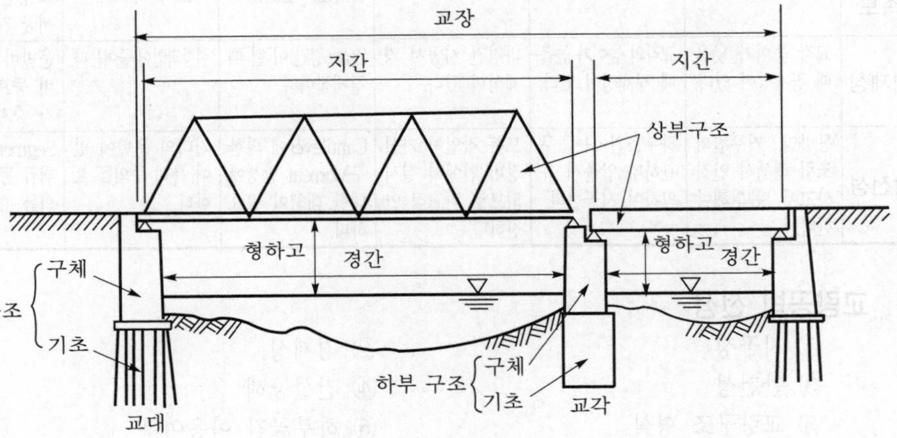

Ⅲ. 공법의 분류

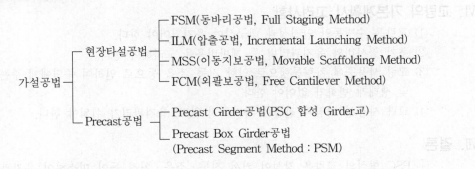

- 가설공법
  - 현장타설공법
    - FSM(동바리공법, Full Staging Method)
    - ILM(압출공법, Incremental Launching Method)
    - MSS(이동지보공법, Movable Scaffolding Method)
    - FCM(외팔보공법, Free Cantilever Method)
  - Precast공법
    - Precast Girder공법(PSC 합성 Girder교)
    - Precast Box Girder공법 (Precast Segment Method : PSM)

Ⅳ. 공법별 특징 비교

공법 / 특징	FSM	ILM	MSS	FCM	Precast Girder 공법	PSM
시공방법	교각과 교각 사이에 동바리를 전체 설치하여 상부구조를 제작하는 공법	교대 후방에 위치한 제작장에서 일정길이, 상부부재를 제작하여 전방으로 밀어내는 공법	교각 위에서 상부구조를 제작하는 거푸집, 비계를 교각 위에서 다음 경간으로 이동시키는 공법	교각 위에서 이동식 작업차를 이용하여 교각을 중심으로 좌우로 상부구조를 가설해 나가는 공법	제작장에서 경간길이에 해당하는 Girder를 제작하여 현장으로 운반 가설하는 공법	Segment인 Box Girder를 제작장에서 제작 후 현장으로 운반하여 여러 가지 가설방법을 이용, 상부구조를 완성시키는 공법
최적 경간장	50m 이하 소규모	30~60m 19Span 이하	40~70m 20Span 이상	90~160m 장경간	20~40m 소규모	30~120m 대규모
하부구조	동바리 형식에 따른 지장을 가져온다.	하부조건에 지장없다.	하부조건에 지장없다.	하부조건에 지장없다.	가설방법에 따라 지장을 가져온다.	가설방법에 따라 지장을 가져온다.
시공속도	전체 동바리 작업으로 가장 느리다.	7~14일/Seg	14~21일/Span	80~90일/Span (1Span=100m)	경간 길이별 시공속도가 빠르다.	Segment 저장으로 교량 전체구간 일시 시공 가능하다.
경제성	교각 높이가 낮을 때 경제성이 있다.	교각의 높이가 높을 때 경제성이 있다.	다경간 시공시 경제성이 있다.	Span(경간)이 길 때 경제적이다.	현장작업이 줄어든다.	운반비 · Seg 접합비 등으로 공사비가 증가한다.
안전성	동바리, 거푸집의 조립 해체시 안전사고에 유의해야 한다.	하부조건에는 무관하나 압출시 유의하여 시공한다.	모든 작업이 가설장비 안에서 실시되므로 비교적 안전하다.	Cantilever에 의한 부Moment 발생에 대한 대책이 필요하다.	거더의 운반에 있어 특히 주의를 요한다.	Segment 운반 및 취급 등에 있어 주의를 요한다.

Ⅴ. 교량공법 선정

① 시공성
② 경제성
③ 안전성
④ 건설공해
⑤ 교량구조 형식
⑥ 하부공간 이용여부
⑦ 지형, 지질

Ⅵ. 교량의 기본계획시 고려사항

① 교량은 수명동안 안전성과 내구성이 유지되어야 한다.
② 초기 공사비와 유지관리비 등 제반비용을 고려해야 한다.
③ 교량 사용중에 차량통행으로 인한 진동, 소음 등으로 인하여 주민에게 주는 피해 및 생태계 변화가 없어야 한다.
④ 교량 사용시 처짐과 진동이 과다하지 않고, 유지관리가 쉬워야 한다.

Ⅶ. 결론

① PSC 형식의 교량은 강성이 커서 진동 · 소음 · 처짐 등이 미소하여 유지관리 등 경제성이 높은 것으로 인식되고 있다.
② 향후의 전망은 이러한 관점에서 교량의 계획 · 설계 · 시공이 이루어질 것이며, 세계 주요국가의 발전방향을 영향받아 우리나라에서도 PSC 교량형식이 더욱 많이 발전할 것으로 사료된다.

2 3경간 연속교의 콘크리트 타설

Ⅰ. 개요

① 3경간 연속교는 동바리 공법(Full Staging Method)으로서 철근콘크리트 구조물의 경우 종래에 일반적으로 사용되는 방법이다.

② 구조물을 가설하는 위치에 거푸집 및 동바리를 설치하고, 콘크리트를 타설 · 양생한 후 Prestressing 작업을 하여 교량을 건설하는 공법이다.

Ⅱ. 사전조사

① 설계도서 검토
② 공해
③ 기상
④ 입지조건
⑤ Batch Plant의 설비용량
⑥ 가설재의 수급

Ⅲ. 가설공

1) 동바리 구조

① 부등침하 방지를 위하여 충분한 강성을 가져야 한다.
② 작업시의 진동충격은 하중으로 작용하므로 설계시부터 고려해야 한다.
③ 공사중의 하중을 지반 또는 하부 구조체에 정확하게 전달해야 한다.
④ 동바리의 이음은 충분히 하중을 전달할 수 있는 구조로 한다.
⑤ 동바리의 조립은 충분한 강도와 안전성을 가지도록 경사와 높이 등에 주의한다.

2) 거푸집 구조

① 콘크리트 자중, 공사중의 작업하중, 측압 등에 견딜 수 있는 구조로 한다.
② 형상과 위치를 정확하게 보존하도록 조임재로 고정하고, 조임재는 볼트나 강봉을 사용한다.
③ 거푸집의 면은 평활하게 유지하며, 떼어내기 쉽게 박리제를 칠한다.
④ 거푸집은 수밀성 · 내구성이 있어야 하고 가볍고, 다루기 쉬우며, 반복사용이 가능한 구조로 한다.

Ⅳ. Con'c 타설시공계획

1. 타설순서

1) 수평방향

구조상 Bottom Slab · Web · Deck Slab 3단계로 구분하여 타설한다.

2) 수직방향

① 시공 이음 : 정, 부(+, −) Moment가 교차하는 지점에 시공 이음을 둔다.

② **타설순서** : 타설순서는 중앙에서 좌우 대칭으로 실시하며, 다음 순서로 한다.
중앙 ⊕M → 양쪽 ⊕M → 중앙 ⊖M → 양쪽 ⊖M

3) 타설순서 결정이유

① **처짐방지** : 중앙부의 동바리가 가장 많이 처지므로 좌우 대칭으로 Con'c를 타설한다.

② **균열방지** : 지점부의 Con'c 건조수축과 동바리 침하로부터 발생하기 쉬운 균열방지를 위하여 마지막에 지점부의 Con'c를 타설한다.

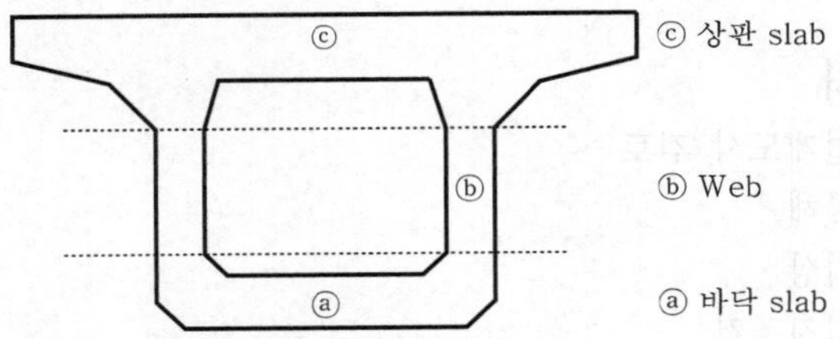

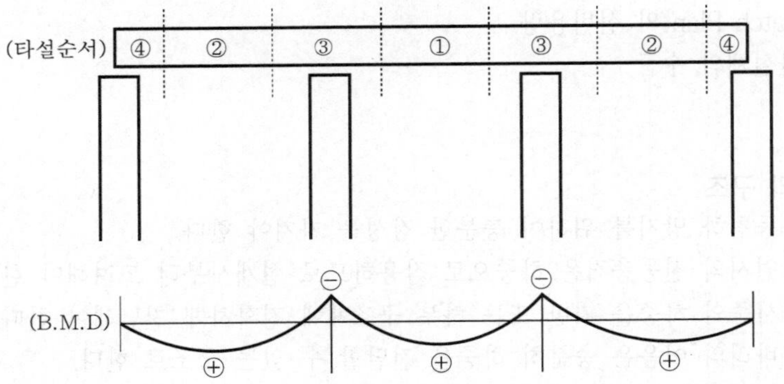

2. Con'c 타설

① Con'c의 타설시 재료분리가 일어나지 않게 타설순서를 미리 계획하고 높이는 최소로 유지한다.

② 타설시 철근 및 거푸집 등의 변형에 유의하고 거푸집 구석 모서리까지 밀실하게 충진되도록 한다.

③ 진동기의 삽입 간격은 500mm 이하로 하고 진동을 가할 때에는 콘크리트의 윗면에 Cement Paste가 떠오를 때까지 실시해야 한다.

3. 시공 이음 처리

1) 수평시공 이음

① 구조물의 강도상 영향이 적은 곳에 설치하고, 필요시 지수판을 설치한다.

② Cold Joint에 유의하며, 이음면은 부재의 압축력을 받는 방향과 직각으로 설치한다.

③ 이음면의 Laitance 등은 솔 또는 Water Jet로 청소하고, 시멘트 Paste 등을 발라 밀실하게 한다.

④ 이음 길이와 면적이 최소화되는 곳 및 1회 타설량과 시공순서에 무리가 없는 곳을 택하여 설치한다.

⑤ 이음개소는 먼저 부어넣은 콘크리트에 충격·균열 등의 손상을 주지 않게 주의하여 다진다.

2) 수직시공 이음

① Cold Joint로 인한 불연속층이 생기지 않도록 이음면은 충분히 청소한다.

② 수화열, 외기온도에 의한 온도응력 및 건조수축 균열을 고려하여 위치를 결정한다.

③ 방수를 요하는 곳은 지수판을 설치한다.

④ 가능하면 시공 이음을 내지 않도록 한다.

4. 마무리

① 바닥판 고르기는 수평실 또는 직선 규준대로 측정하여 수정하고, 각재 등의 적당한 기구로 고른다.

② 필요에 따라 흙손 등으로 미끈하게 고른다.

③ 수직 Joint 이음부위는 철근 주위를 평탄하게 잘 다지고, 나중에 물씻기에 편리하도록 중앙부는 약간 높인다.

5. 양생

① 습윤 보양을 원칙으로 하며, 타설 전 거푸집면에 충분히 살수하여 초기 수화열에 의한 건조수축으로 균열발생이 생기지 않도록 한다.

② 한중에는 증기 및 전기양생이 좋고, 서중에는 Precooling 및 Pipecooling을 고려한다.

③ 초기 동결융해나 급격한 건조수축을 방지하는 적절한 양생방법을 택한다.

Ⅴ. 시공시 유의사항(현장 확인사항)

1) 기초 지반처리

동바리 설치지반이 연약하여 침하발생이 우려될 때 지반처리하여 침하가 생기지 않게 한다.

2) 거푸집 자재결함

충분한 강성을 가지는 거푸집을 사용하여 국부적인 침하발생을 방지한다.

3) 타설순서

설계도서 및 시방서에 규정된 타설순서에 따라 타설하여 구조물의 이상응력 발생을 방지한다.

4) 예비장비 보유

예기치 않는 장비 고장에 따른 Cold Joint 발생방지를 위하여 소모성이 큰 기계·기구에 대해서는 여유분을 둔다.

5) 건조수축 발생방지

급격한 수분증발을 방지하기 위한 조치를 취하고, 강렬한 직사광선으로부터 콘크리트면을 보호한다.

6) 거푸집 및 동바리 검사

① 치수 및 선형의 유지 ② 거푸집의 청소상태
③ 박리제의 도포 여부 ④ 지보공의 안전성
⑤ 타설시 변형 유무 점검 ⑥ Form Tie 등 거푸집 안정성 검사

7) 교통상황 확인

① 주변 교통상황 ② 현장내 차량의 이동

8) 기상예보 확인

① 강우, 강설 예상시의 대책 ② 강우 예상시 타설중단
③ 기상청 주간단위 일기예보 확인

9) 품질관리

콘크리트 타설시 콘크리트 Slump, 공기량, 염화물 함유량 등 필요한 시험을 실시한다.

10) 양생

습윤 양생을 원칙으로 하며 필요시 보온, 살수, 차양막 등을 이용하여 콘크리트를 외력으로부터 보호한다.

Ⅵ. 문제점

① 2차 응력발생
② 1일 콘크리트 타설량의 과다
③ 이음부 처리

Ⅶ. 대책

1) 타설순서 준수

설계서 규정에 따른 타설순서를 준수하여 2차 응력발생을 방지한다.

2) 타설장비 및 인원증강

1일 콘크리트 타설량이 많을 때에는 여러조를 편성하여 무리한 작업이 되지 않도록 조치한다.

3) 이음부 처리

① 24시간 이내 Laitance 제거하고 굵은 골재를 노출시켜서 Cement Paste 또는 Mortar로 면처리 한 후 신 콘크리트를 타설한다.
② 이음부에 다짐을 밀실하게 한다.

Ⅷ. 결론

① 3경간 연속교 Con'c 타설시 주안점은 설계도에 명시된 타설순서에 준하여 Con'c를 타설하여 2차 응력발생에 따른 균열발생을 방지해야 한다.
② 콘크리트 타설 후 강도가 85%에 도달할 때 시행하는 Prestressing 작업에 지장을 주지 않는 동바리와 거푸집을 사용하여 품질이 확보되는 시공이 되게 하여야 한다.

3 ILM(압출공법)

Ⅰ. 개요

① ILM(Incremental Launching Method)공법은 교량의 상부구조물을 교대 후방에 설치한 제작장에서 한 세그먼트(일반적으로 한 지간을 2~3등분함)씩 제작하여, 압출장비를 이용하여 전방으로 밀어내는 공법이다.

② 이 공법은 상부구조물과 하부구조물의 지지점 사이에서 발생하는 마찰의 차이를 이용한다.

③ 압출공법은 마찰계수가 매우 작은 테프론(Teflon)판이 개발됨으로써 훨씬 더 경제적인 공법으로 이용받게 되었다.

Ⅱ. 특징

1) 장점

① 제작장 설치로 전천후 시공이 가능하다.
② 동바리 설치가 불필요하다.
③ 거푸집 및 가시설을 반복사용하므로 경비가 절감된다.
④ 반복공정으로 노무비 절감 · 공정계획이 쉽다.
⑤ Con'c 품질관리가 용이하다.

2) 단점

① 직선 · 단일 곡선에만 적용이 가능하다.
② 제작장 부지를 확보해야 한다.
③ 엄격한 규격관리가 요구된다.
④ 변화되는 단면의 시공이 곤란하다.
⑤ 교장이 짧으면 비경제적이 된다.

Ⅲ. ILM의 구조도

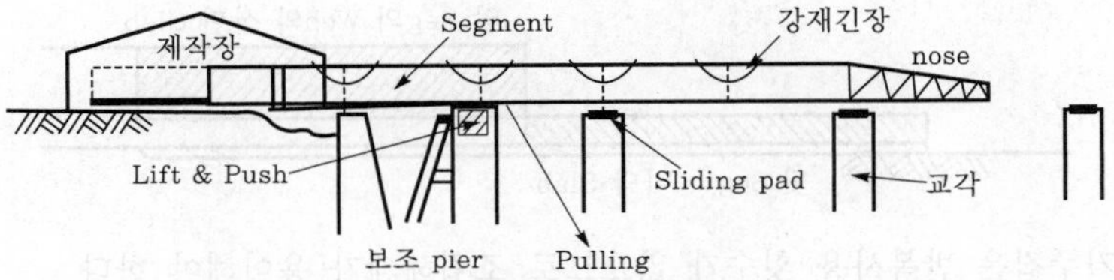

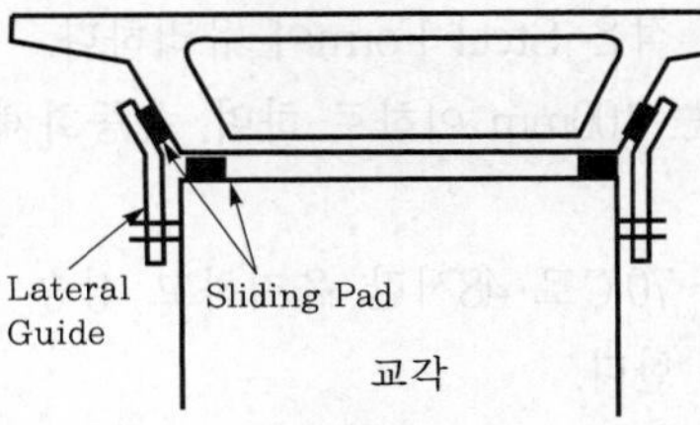

Ⅳ. 시공순서 Flow Chart

제작장 설치 → Nose 설치 → Segment 제작 → 압 출 → 강재 긴장 → 교좌장치 영구 고정

Ⅴ. 시공순서

1) 제작장 설치

① Segment 길이의 2~3배 정도로 확보한다.

② Mould(Steel form) 기초

㉠ 지반변형 방지를 위하여 다짐철저, Tie Beam을 설치한다.

㉡ Base Plate 바닥면 허용오차는 5mm 이내로 규정한다.

㉢ Base Plate 종단구배는 교량 종단구배와 동일 구배가 되게 한다.

③ Temporary Pier를 설치한다.

④ Mould와 Jack을 설치한다.

⑤ 양생설비 시설을 갖춘다.

⑥ 전천후 제작장으로 가설건물, 천막 등을 설치한다.

2) Nose(추진코) 설치

① Girder가 Pier에 도달하기 전 자중에 의한 부(−) Moment 감소와 처짐방지를 위한 가시설물이다.

② 가벼운 철골 Truss 구조로 구성되어 있다.

③ Span의 60~70%가 적당하다.

④ 선단부에 Jack을 설치하여 처짐량을 조절한다.

3) Segment 제작

① Segment의 길이는 Span의 1/2 정도로 한다.

② 앞 Seg Web와 상판 Slab, 뒷 Seg, 바닥 Slab를 동시 시공하여 공기단축한다.

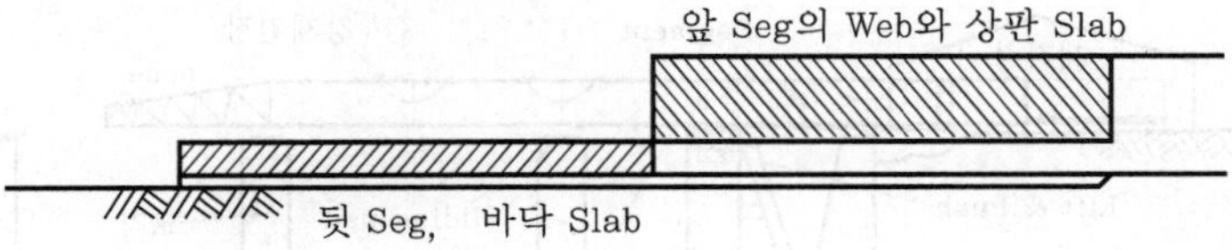

③ 거푸집은 반복사용 횟수가 많으므로 조립해체가 용이해야 한다.

④ 재사용시 변형발생이 적은 Steel Form이 유리하다.

⑤ Con'c 타설시 Slump는 100mm 이하로 하며, 유동화제를 사용하여 재료분리를 방지한다.

⑥ 양생은 최고온도 60~70℃로 48시간 유지하고 상승 및 하강시 시간당 온도변화는 20℃ 이하가 되게 한다.

⑦ 양생 후 급격한 건조는 피하고, Hair Crack의 발생을 방지하기 위하여 별도의 조치를 한다.

4) 압출

① Pier와 Girder 사이의 마찰을 Zero화 하는 것이 중요하다.

② 압출방법

㉠ Lift & Push(프랑스 Freyssinet사)

㉡ Pulling(영국 Strong Hold사)

③ 압출 소요시간은 10cm/min 정도이다.

④ Lateral Guide : 각 Pier 좌우 1개씩 선형 유지 · 이탈방지 효과를 위해 설치한다.

⑤ Sliding Pad

㉠ Mould장에는 Hand Plate에 Grease, Oil을 도포한다.

㉡ Pier에는 Temporary Shoe를 설치하고, Rubber Pad를 넣는다.

㉢ Rubber Pad 크기는 200×500×20(mm)이며, 표면 테프린 Coating되어 있다.

㉣ 한 방향으로 치우치지 않게 넣는다.

5) 강재 긴장

① Central Strand : 작업과정 중에 양쪽 Seger와 연결하여 가설중의 하중인 사하중 및 작업하중에 저항한다.

② Continuity Strand : 전 교량이 압출 완료된 후에 전체적으로 긴장하여 활하중에 저항한다.

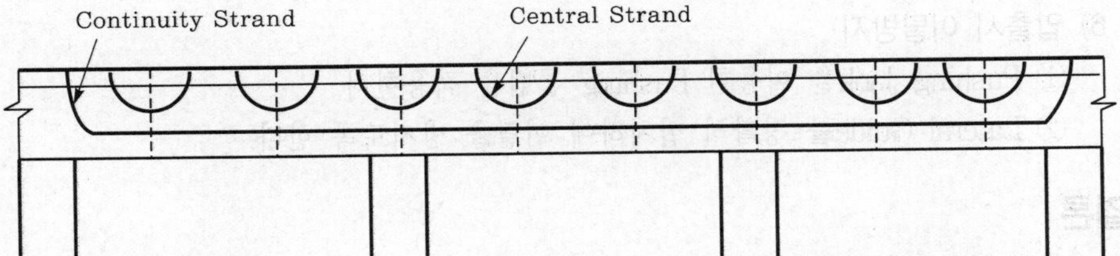

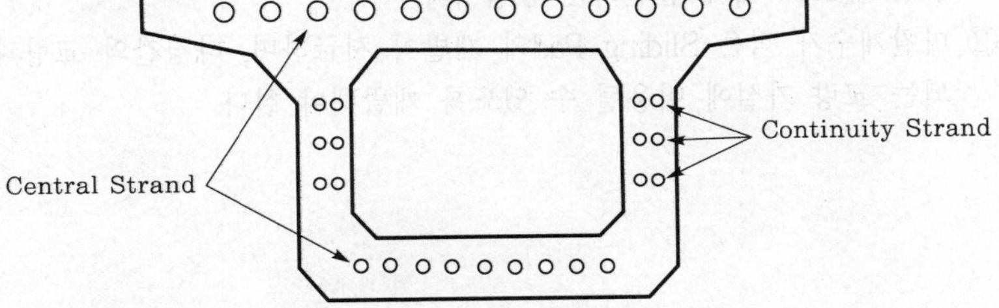

6) 교좌장치 영구고정

① 교각 위에서 Flat Jack으로 Girder 들어올린 후 Temporary Shoe 제거한다.

② Temporary Shoe 위치에 영구교좌장치를 설치한다.

③ 교좌장치 설치 후 무수축 Mortar(f_{cr} =60MPa 이상)로 시공한다.

Ⅵ. 시공시 유의사항

1) 제작장 지반

① 사전 지반조사를 통해 허용지내력을 시험한다.

② 연약지반의 경우 구조물의 하중을 견딜 수 있도록 지반 개량하여 침하를 방지한다.

③ 제작장 주변은 토관 등을 묻어 배수처리하여 지반의 연약화로 인한 구조물의 변형을 방지한다.

2) Nose 길이

Nose는 압출시 중량을 조절하는 것으로 Span 길이의 60~70%가 적당하다.

3) 거푸집

① 측압에 충분히 견딜 수 있는 구조이며, 내구성, 수밀성이 있어야 한다.

② 형상, 치수가 정확하고 처짐, 뒤틀림, 배부름 등의 변형이 생기지 않아야 한다.

③ 외력에 충분히 안전해야 하며, 소요자재가 절약되고 반복사용이 가능해야 한다.

4) 타설

① 타설시 재료분리가 생기지 않게 하며, 타설순서 및 방법 등을 미리 계획한다.

② 타설높이는 최대한 낮게 유지하며, 거푸집 및 철근의 변형 등에 유의한다.

5) 양생

① 초기 수화열로 인한 건조수축을 방지하기 위하여 거푸집은 충분히 물을 축여 습윤양생한다.

② Cold Joint에 유의하며, 서중에는 Precooling, Pipecooling 양생을 하며, 한중에는 증기·가열 양생을 한다.

6) 압출시 이탈방지

① Pushing Jack을 이용한 Pushing 공법을 적용한다.

② Lateral Guide를 정확히 설치하여 이탈을 방지토록 한다.

Ⅶ. 결론

① ILM 공법은 동일한 작업공정의 반복으로, 시공성·경제성·안전성이 높은 공법으로 앞으로 계속 발전되는 공법이다.

② 마찰계수가 적은 Sliding Pad의 개발이 시급하며, 다경간의 교량과 단면이 변화되는 교량 가설에 이용될 수 있도록 개발해야 한다.

4 MSS(이동지보공법)

Ⅰ. 개요

① MSS(Movable Scaffolding System) 공법은 동바리 사용없이 거푸집이 부착된 특수 이동식 지보인 비계보와 추진보를 이용하여, 교각 위에서 이동하면서 교량을 가설하는 공법이다.

② 교각 위에서 작업을 하므로 교량의 하부조건에 무관하며, 비계보와 추진보의 반복적인 사용으로 다경간에 유리하다.

Ⅱ. 특징

1) 장점

① 교량 하부의 지형조건에 무관하다.

② 기계화 시공으로 이동이 용이하며, 안전성이 있다.

③ 반복작업으로 능률의 극대화를 이루어 노무비가 절감된다.

④ 기상조건에 따른 영향이 적다.

⑤ 공비절감 · 공기예측 · 공정관리가 쉽다.

⑥ 경간이 많은 다경간의 교량(10span 이상)에 유리하다.

2) 단점

① 이동식 거푸집이 대형이며, 중량물이다.

② 초기 투자비가 크다.

③ 변화되는 단면에서는 적용이 곤란하다.

④ 경간이 적은 교량이나 짧은 교량에는 비경제적이다.

Ⅲ. 공법의 종류

- MSS
  - 하부 이동식(Support Type)
    - Rechen Stab 방식
    - Mennesman 방식
  - 상부 이동식(Hanger Type)

Ⅳ. 하부 이동식(Support Type)

1. Rechenstab 방식

1) 시공구조

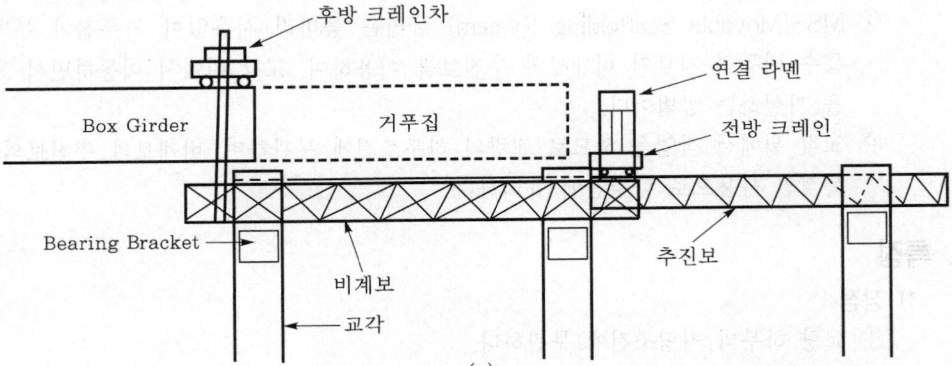

(a)

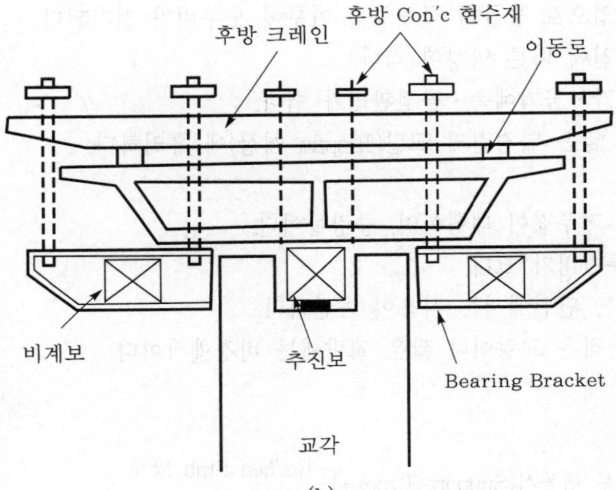

(b)

2) 구조

① 추진보 1개는 Span의 2배 정도이다.
② 비계보 2개는 Span의 1배 정도이다.
③ 전방 Crane은 추진보 위를 주행한다.
④ 후방 Crane은 기 시공된 상부구조 위를 주행한다.

3) 시공순서

① 비계보 이동 전 준비
㉠ Con'c 타설 → Prestressing → 거푸집 제거
㉡ 후방 Con'c 현수재를 제거한다.
㉢ Bearing Bracket를 제거한다.
㉣ 비계보는 후방 Crane과 전방 Crane이 지지한다.

② 비계보 이동
㉠ 전방 Crane은 추진보 위를 주행한다.
㉡ 후방 Crane은 기 시공된 Deck Slab 위로 주행한다.
㉢ Bearing Bracket는 비계보에 부착하여 이동시킨다.

③ 비계보 이동 후 조치
㉠ Bearing Bracket을 교각에 부착시킨다.
㉡ 후방 Con'c 현수재를 설치한다.
㉢ 비계보는 후방 현수재와 전방 Bearing Bracket에 지지한다.

④ 추진보 이동 : 교각 위 Jack을 내려서 Roller를 이용하여 이동시킨다.

⑤ Con'c 타설준비
㉠ Con'c 현수재와 추진보를 고정시킨다.
㉡ 비계보와 추진보를 Jack을 이용하여 정위치에 맞춘다.
㉢ 거푸집을 고정시킨다.

2. Mennesman 방식

1) 시공구조

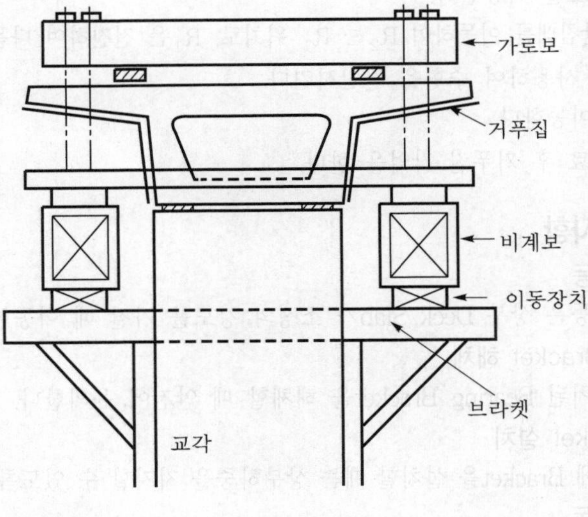

2) 시공순서

① 상부구조 시공 : 비계보를 전방 Bracket과 후방 현수재에 지지하고 Con'c 타설
② 비계보 1차 이동 : 거푸집을 분리한 비계보의 중심이 중앙 교각에 위치하게 이동
③ Bracket 이동 설치 : 비계보는 전·후방 현수재에 지지하고, Bracket 이동 설치
④ 비계보 2차 이동 : 비계보를 Bracket에 지지한 후 다음 시공 위치로 이동
⑤ 비계보 이동 완료 : 비계보가 이동이 완료되면 거푸집 조립 등 후속 공종 작업개시

Ⅴ. 상부 이동식(Hanger Type)

1) 시공구조

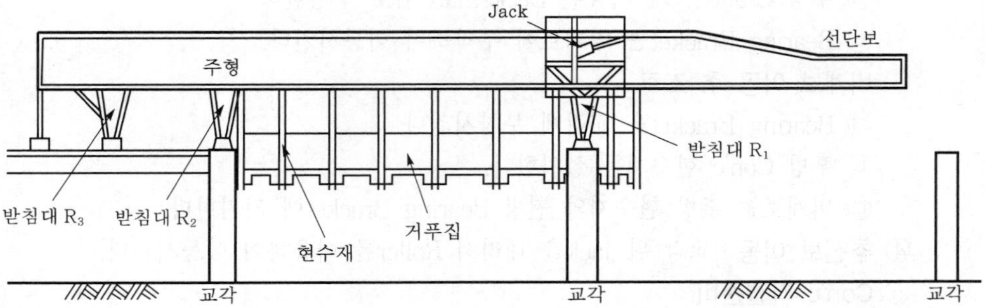

2) 구조
① 주형은 Span의 2.5배 정도이다.
② 가로보는 여러개로 구성되어 있다.
③ 이동 받침대는 R_1, R_2, R_3 3개로 구성되어 있다.

3) 시공순서
① 상부구조를 시공한다.
② 이동 받침대를 이동하여 R_2는 R_1 위치로, R_1은 전진하여 다음 교각으로 이동한다.
③ Jack을 사용하여 주형을 전진시킨다.
④ R_3를 이동한다.
⑤ 이동완료 후 거푸집 작업을 한다.

Ⅵ. 시공시 유의사항

1) 비계보 이동
비계보 이동은 상부 Deck Slab가 소정의 강도를 가질 때 이동한다.

2) Bearing Bracket 해체
교각에 설치된 Bearing Bracket을 해체할 때 안전에 유의한다.

3) 전방 Bracket 설치
전방 교각에 Bracket을 설치할 때는 상부하중을 지지할 수 있도록 견고하게 설치한다.

4) 비계보 이동
전·후방 Crane에 의해 비계보를 이동할 때 흔들림 및 충격에 유의하여 이동한다.

5) 추진보 이동
교각 위 Jack에 의해 추진보를 이동시킨 다음, 소정의 위치에 정확히 고정한다.

6) 상부 이동식 지주 이동
지주를 이동할 때는 상부 Deck Slab에 국부적인 하중이 작용하지 않게 유의하여 이동한다.

7) 기계작동
모든 MSS 공법의 기계작동은 지정 숙련자 이외는 조종해서는 안 된다.

Ⅶ. MSS 점검사항

① MSS 이동 내림 고정장치를 점검한다.
② 외부 거푸집 조정 및 제거 장치를 점검한다.
③ Main Girder의 이동 및 위치 조정장치를 점검한다.
④ 후방 현수재의 장치 및 작동 상태를 확인한다.
⑤ Con'c 타설시 MSS 조정하여 변형을 방지한다.
⑥ 철저한 Check List에 의한 반복을 점검실시한다.

Ⅷ. 결론

① MSS 공법에 의한 교량가설은 교하조건에 무관하며, 시공속도가 빠른 신공법이다.
② 기계화 시공으로 노무인력이 절감되며, 교량 설계표준화에 앞장서는 공법이다.
③ 유사 교량 시공시 비계로 전용이 가능하며, 비계 이동시 안전에 특히 유의하여 시공한다.
④ MSS 공법의 거푸집·비계가 대형이면서 중량물이므로 이동시 특별한 주의를 요한다.

5 FCM(외팔보공법)

Ⅰ. 개요

① FCM(Free Cantilever Method) 공법은 1950년대 서독 Dywidag사에 의해 개발되어 동바리없이 기 시공된 교각 및 Deck Slab 위에서 Form Traveller · 이동식 Truss를 사용하여 좌우 대칭을 유지하면서 전진 가설하여 나가는 공법이다.

② 반복작업으로 노무비 절감 · 공기단축 · 작업능률 향상에 이바지한 공법으로 지보공이 필요없으며, Span이 길 때 경제적인 공법이다.

Ⅱ. 특징

1) 장점

① 교하조건에 무관하며, 지보공이 필요없다.

② Form Traveller를 이용하여 장대교량의 상부구조를 시공한다.

③ 한 개의 Segment를 2~5m로 Block 분할하여 시공한다.

④ 기상조건에 무관하며, 공정관리가 쉽다.

⑤ 반복작업으로 노무비가 절감되며, 작업능률이 향상된다.

2) 단점

① 가설을 위하여 구조상 불필요한 추가 단면이 필요하다.

② 불균형 Moment 처리를 위한 가 Bent를 설치해야 한다.

③ 주작업이 교각상부에서 이루어지므로 안전에 유의하여야 한다.

Ⅲ. 공법의 종류

1. 시공방법에 의한 분류

- 시공방법
  - 현장타설 공법
    - Form Traveller
    - P & Z식
  - Precast Segment 공법

2. 구조형식에 의한 분류

1) 라멘 구조식

① Hinge 부분의 처짐이 우려된다.

② 불균형 Moment 발생에 대한 염려가 없다.

③ 구조해석이 간단하고, 처짐관리가 쉽다.

2) 연속보식(Continuous type)

① 교좌(받침, Shoe) 장치가 필요하다.

② 처짐이 없고, 주행성 및 외관이 좋다.

③ 불균형 Moment 발생에 대한 대비책을 수립해야 한다.

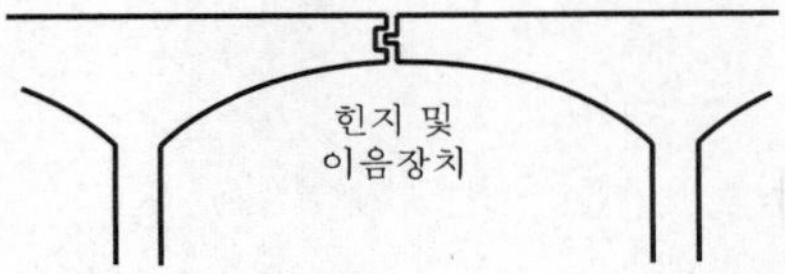

<라멘 구조식>

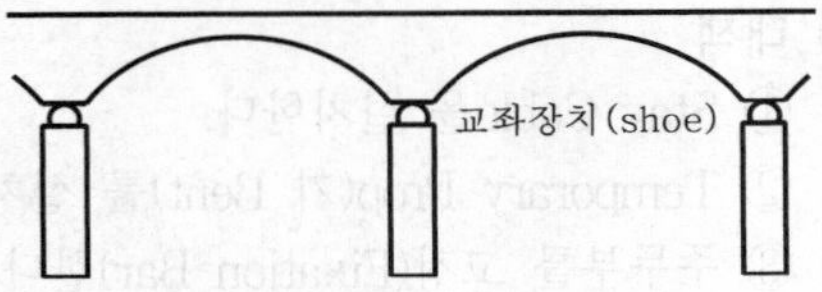

<연속보식>

Ⅳ. Form Traveller(이동식 거푸집 보유 작업차)

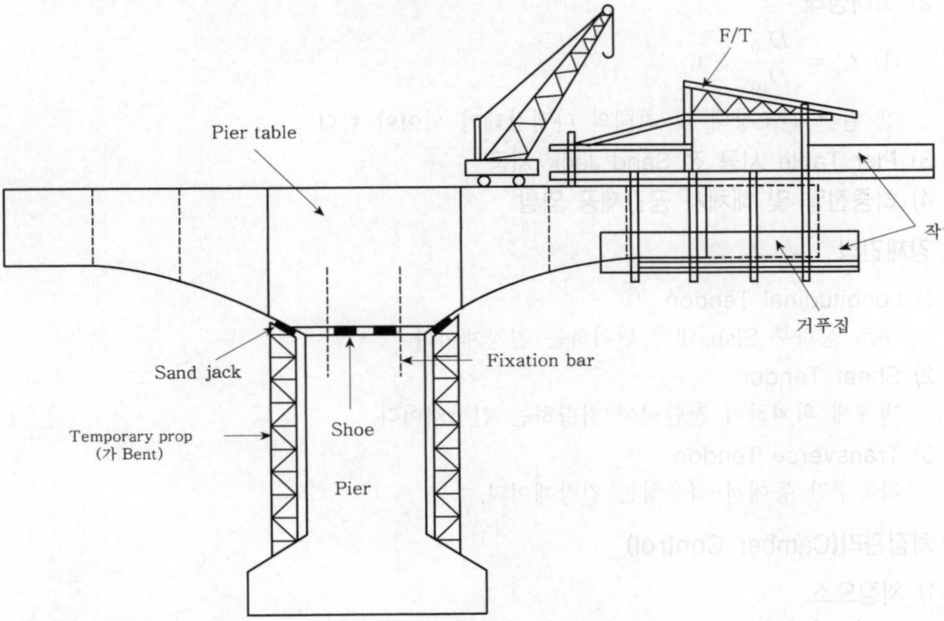

1. 구조 및 작동원리

1) 구조

Moving Rail, Cross Beam, Tie Bar, Jack, Truss Form

2) 작동원리

① F/T는 기 시공된 Pier Table 또는 Deck Slab에 Anchoring한다.

② Con'c 타설시 Cross Beam과 Tie Bar에 의한 Hold Down System으로 고정한다.

2. 주두부(Pier Table) 시공

① Temporary Prop(가 Bent)를 설치한 후 Sand Jack을 시공한다.

② Sand Jack 위에 Pier Table은 현장타설 또는 Precast로 제작하여 거치한다.

3. 불균형 Moment 처리

1) 원인

① 시공오차에 따른 좌우측 Segment의 자중 차이

② 한쪽 Segment만 선 시공시

③ 상향의 풍하중

2) 대책

① Stay Cable을 설치한다.

② Temporary Prop(가 Bent)를 설치한다.

③ 주두부를 고정(Fixation Bar)한다.

4. Sand Jack 시공

1) Temporary Prop와 Pier Table 사이에 설치

2) 모래상태

① $C_u = \frac{D_{60}}{D_{10}} \geq 6$

② 완전 건조상태 및 최대의 다짐상태가 되어야 한다.

3) Pier Table 시공 전 Sand Jack 시공

4) 하중전달 및 해체시 공간제공 역할

5. 강재긴장

1) Longitudinal Tendon

주로 상하부 Slab 내에 위치하는 긴장재이다.

2) Shear Tendon

벽체에 위치하여 전단력에 저항하는 긴장재이다.

3) Transverse Tendon

확폭구간 등에서 적용하는 긴장재이다.

6. 처짐관리(Camber Control)

1) 처짐요소

Con'c 탄성변형, Creep 변형, 건조수축, Prestress 손실, Seg 자중, F/T 자중 등에 의해 발생된다.

2) Camber

처짐량 계산으로 미리 예정량만큼 상향의 솟음을 준다.

7. Key Segment 접합

① 중앙 접합부의 연결 Segment이다.

② Diagonal Bar는 양 끝단을 연결하여 오차를 수정하기 위하여 조정한다.

③ 종방향 버팀대는 상·하부 버팀대로 구분한다.

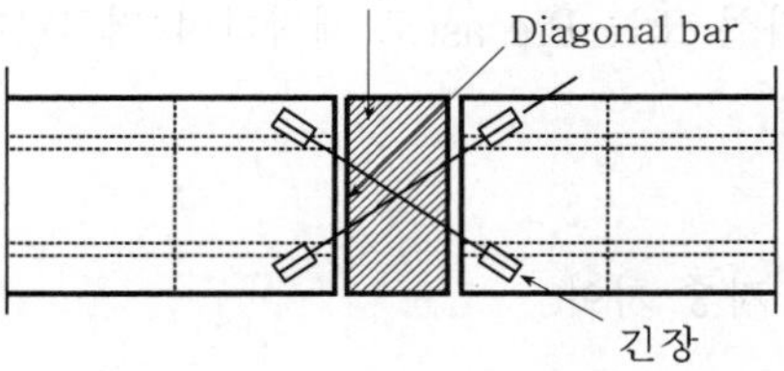

<Diagonal Bar>

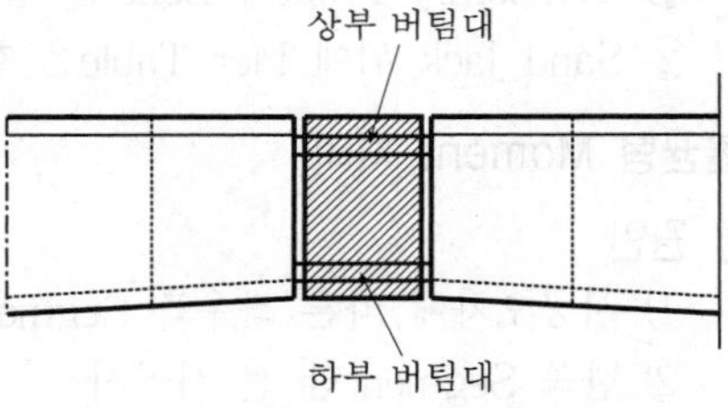

<종방향 버팀대>

Ⅴ. P & Z식

1) 구조

① Truss Girder

② 가 지지대(가대)는 선단부에 2개, 후방에 1개를 설치하여 Truss Girder를 지지한다.

③ 양중기

④ Form(형틀)

⑤ 보조지주로 구성되어 있다.

2) 특징

① 독일 P & Z사에서 개발한 공법이다.

② 지상작업이 불필요하다.

③ Block당 길이가 10m 정도로 시공속도가 빠르다.

④ Pier Table을 지보공없이 시공한다.

⑤ 측경간부는 지보공없이 시공할 수 있다.

⑥ 적용 경간은 40~150m이다.

3) 시공순서

① 교대후면에서 이동지보(Truss Girder)를 조립한다.

② 이동지보가 전진하여 교각 위에서 선단부 지지 Pier Table을 시공한다.

③ 교각 중심에서 좌우 Segment를 균형있게 시공한다.

④ 교대와 첫 교각 구간 완료 후 Truss Girder를 전진한다.

⑤ ②~③작업을 반복하여 전 구간의 상부구조를 완성한다.

⑥ 상부공 완료 후 Truss Girder를 후진하여 조립장에서 해체한다.

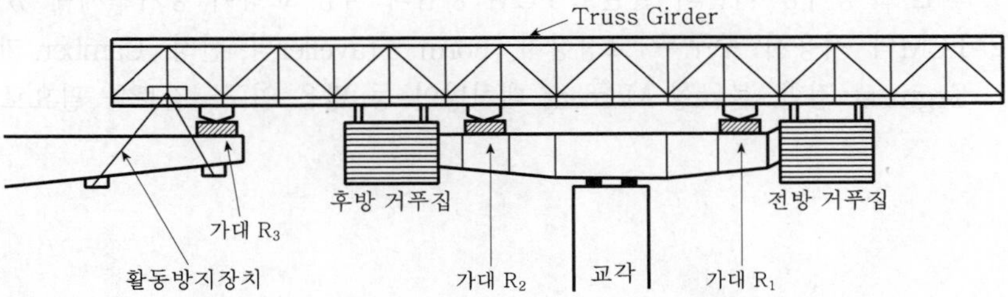

Ⅵ. Precast Segment Method

1) 시공법

① 제작 Yard에서 Precast로 Segment를 제작하여 현장으로 운반한다.

② 교각 위에서 각각의 Segment를 연결 접합하면서 시공해나간다.

2) 특징

① 장점

㉠ Segment의 품질관리가 용이하다.

㉡ 하부공과 별도의 작업장에서 Segment 제작하므로 공기를 단축할 수 있다.

㉢ 건조수축 등 Con'c 변형이 적다.

② 단점

㉠ 제작장 부지를 필요로 한다.

㉡ 대중량의 Segment이므로 대형설비, 대형장비가 요구된다.

㉢ Segment의 접합문제에 있어 압축력 저하 및 PS 강선의 수가 증가한다.

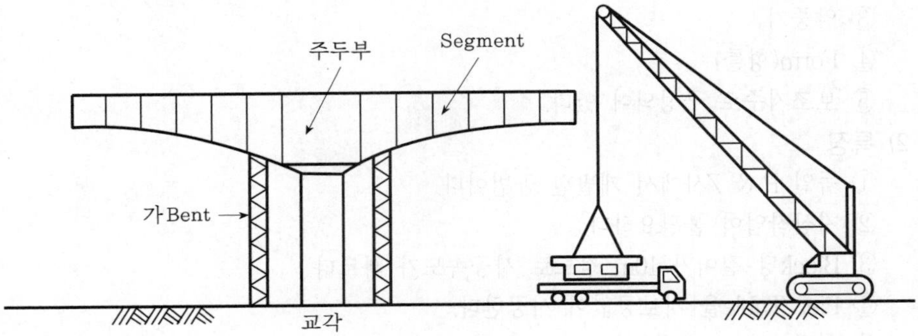

Ⅶ. 시공시 유의사항

① 동절기 작업 및 양생
② Temporary Prop의 탄성변형
③ Sand Jack 시공
④ Camber 관리
⑤ 거푸집 작업
⑥ 긴장재 설치
⑦ 작업차의 알선
⑧ Con'c 품질관리
⑨ 철근의 가공

Ⅷ. 결론

① 최근 교량시공 기술의 발달로 FCM 공법의 적용 교량이 증가추세에 있다.

② FCM의 적용시 주두부 고정장치, Form Traveller의 선정, Camber 계산, Key Segment 접합, 불균형 Moment 대처방안 등 많은 연구·검토를 필요로 한다 .

6 Precast Girder공법

Ⅰ. 개요

① Precast Girder(PSC 합성 Girder)공법은 미리 제작한 PSC Girder를 교각위에 설치 및 연결한 후 PSC Girder 상부에 설치된 전단연결재와 상부 Slab 철근을 연결하여 현장에서 상부 Slab 콘크리트를 타설한 합성구조이다.

② 합성교란 전단연결재를 설치하고 현장에서 상부 Slab를 타설하는 형식이며, 하부 Girder가 PSC인 경우에는 Precast Girder 공법 또는 PSC 합성 Girder교라 한다.

Ⅱ. Girder교

1) 분류

- Girder교
  - I형 Girder교 (합성 Girder교)
    - Precast Girder교(PSC 합성 Girder교)
    - Steel Plate Girder교(강 합성 Girder교)
  - Box형 Girder교
    - PSC Box Girder교
    - Steel Box Girder교

2) 분류별 특성

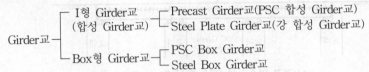

① 합성교는 Girder(I형, Box형)와 전단연결재(Steel에서는 Stud Bolt, PSC에서는 전단연결 철근)와 현장타설 상부 Slab로 구성된다.

② 그러므로 PSC Girder, Steel Plate Girder 및 Steel Box Girder는 합성교이며, 그 중 I형 Girder인 Precast Girder와 Steel Plate Girder는 합성 Girder교(합성형교, 合成桁橋)라 한다.

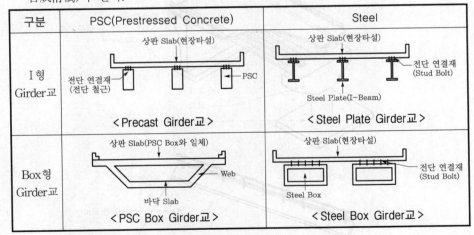

구분	PSC(Prestressed Concrete)	Steel
I형 Girder교	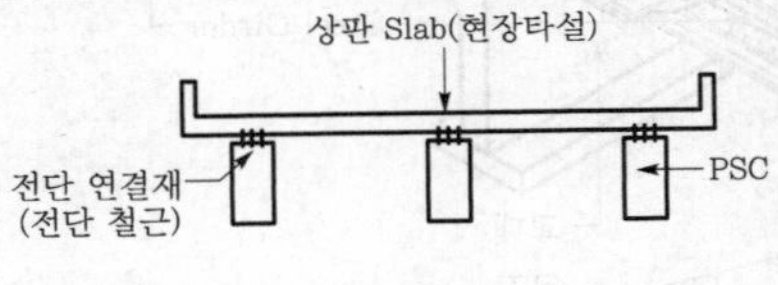 <Precast Girder교>	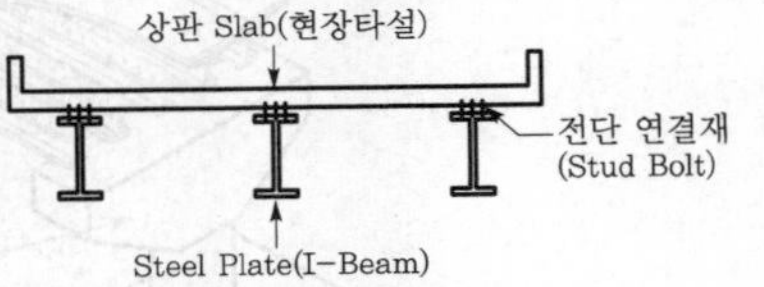 <Steel Plate Girder교>
Box형 Girder교	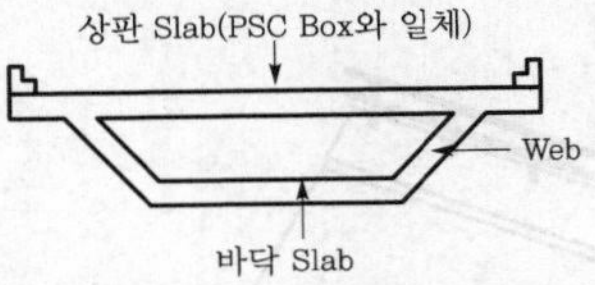 <PSC Box Girder교>	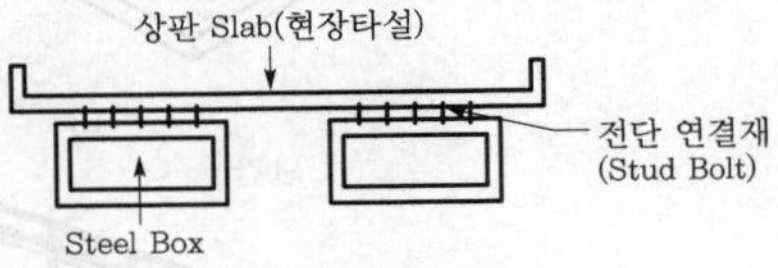 <Steel Box Girder교>

Ⅲ. I형 Girder의 구성도

1) Precast Girder교의 구성도

① Precast Girder교를 PSC 합성 Girder교라고도 한다.

② PSC(PC) Girder를 PC Beam이라고도 한다.

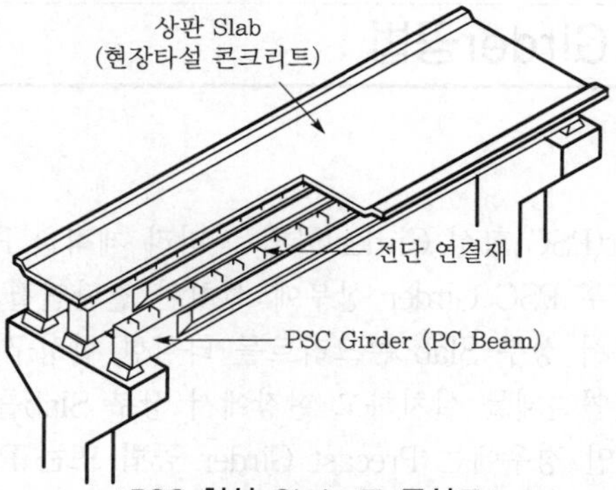

<PSC 합성 Girder교 구성도>

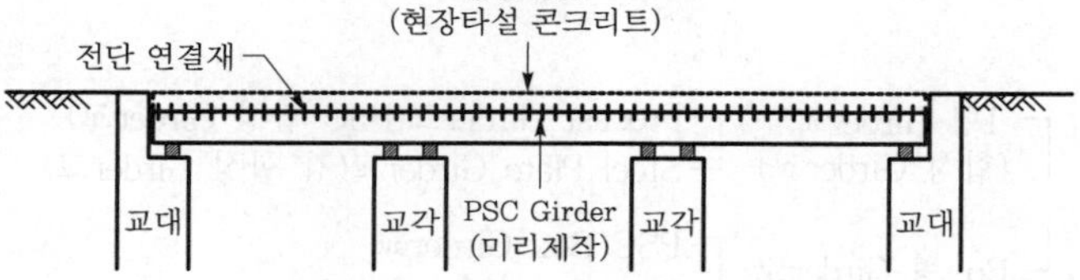

<3경간 연속타설 PSC 합성 Girder교>

2) Steel Plate Girder교의 구성도

① Steel Plate는 I형강을 주로 사용하므로 I-Beam이라고도 한다.

② Steel Plate(I-Beam)의 전단연결재는 Stud Bolt를 주로 사용한다.

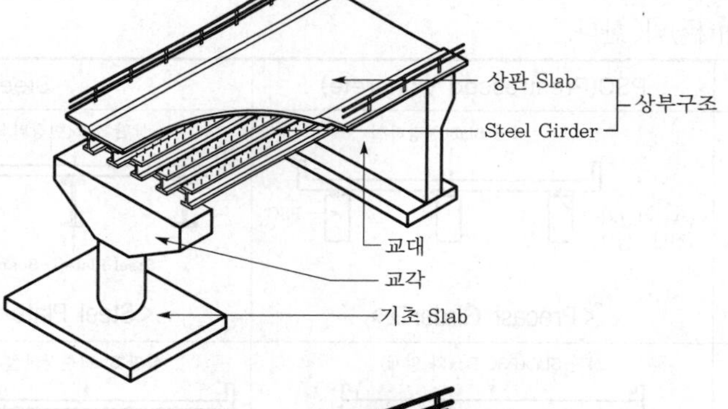

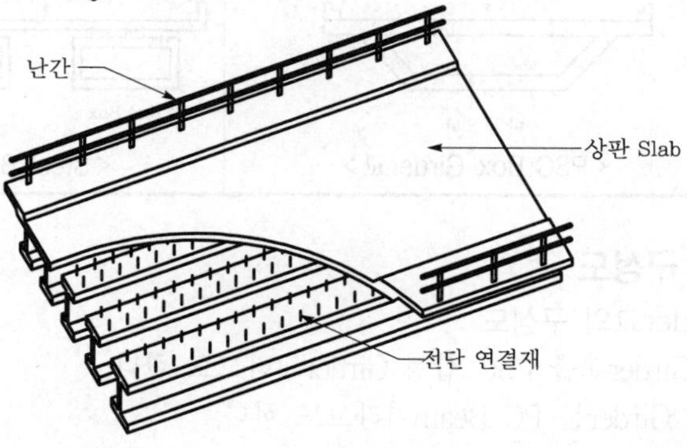

Ⅳ. Girder의 개념

1. 정의

① Girder(거더)는 주형, 형교 등 학자에 따라 명칭을 다르게 부른다.

② 건축에서의 보(Girder, Beam)의 개념과 동일하다.

③ 건축(보+슬래브)=교량의 상부구조(Girder+전단연결재+슬래브)

2. 종류

1) I형 Girder교

ⓐ PSC(PC) Girder(현장에서는 PC Beam)

ⓑ Steel(강상) Plate(판형) Girder(형교) : 강상판형 형교, 강판형 형교, 강판형교, 강판교 등으로 불린다.

ⓒ Preflex Girder

2) Box형 Girder교

ⓓ PSC(Prestressed Concrete) Box Girder : Seg를 분할제작하며, ILM, MSS, FCM 공법으로 가설

ⓔ Steel(강상) Box(박스형) Girder(형교) : 강상박스형 형교, 강박스형 형교, 강박스형교, 강박스 Girder교, 강박스교 등으로 불린다.

ⓕ Concrete Box Girder : 한 지간을 제작하는 Span을 의미하며 FSM 공법으로 가설

3) 합성유무에 따라

① 합성교(구조형식)=Girder+전단연결재(콘크리트에서는 전단철근, Steel에서는 Stud Bolt)+현장타설 상판 슬래브

② 비합성교(구조형식)=Con'c Box Girder 또는 PSC Box Girder

③ 일반적으로 현장에서는 위의 종류에서 ⓐ, ⓑ, ⓒ, ⓔ를 합성교, ⓓ, ⓕ를 비합성교라 한다.

Ⅴ. Precast Girder교의 특징

1) 장점

① 교각 작업과 PSC 거더 제작의 동시작업으로 공기단축 가능

② PSC 거더 제작은 전천후 시공이 가능하다.

③ 경간이 18~36m 정도의 도로교에 적합하다.

2) 단점

① 넓은 제작장 부지가 필요하다.

② 운반 가설에 대형 장비가 필요하다.

③ 교각이 많이 필요하다.

Ⅵ. 전단연결재(Shear Connector)

1) 역할

① Slab와 거더(주형)의 일체화

② 합성거동의 확보

③ 수평 전단력에 대한 저항성 증대

④ Slab와 거더간의 마찰저항력 증가

⑤ Slab와 거더간의 부착력 증대

⑥ 교량 내력 강화

⑦ 교량의 강성 증대

2) 종류

① 스터드 볼트(stud bolt) 및 ㄷ형강

㉠ 강 거더에 이용

㉡ 상부 Flange에 스터드 또는 ㄷ형강을 용접

② ㄷ형강+반원형 철근

㉠ 강 거더와 PSC 거더에 이용

㉡ 강 거더는 상부 Flange에 용접

㉢ PSC 거더는 제작시 설치

③ 블록+반원형 철근

㉠ 강 거더와 PSC 거더에 이용

㉡ PSC 거더는 제작시 설치

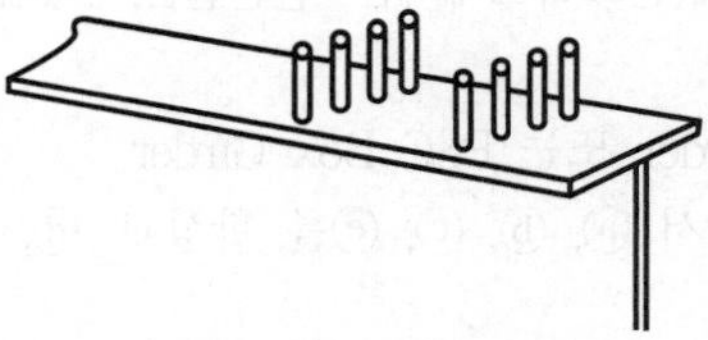

<Stud Bolt>

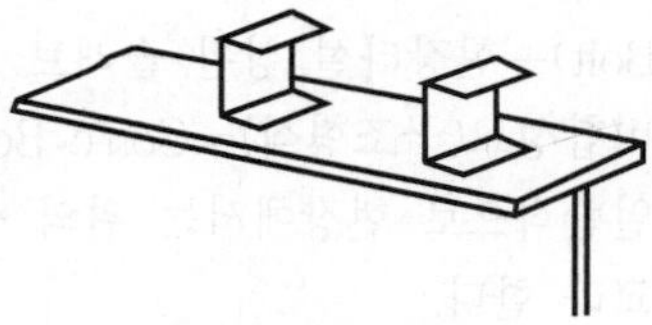

<ㄷ형강>

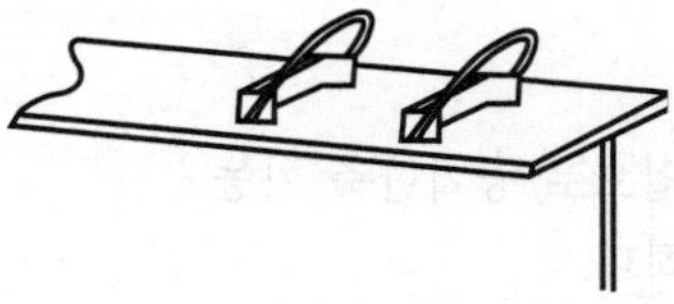

<ㄷ형강+반원형 철근>

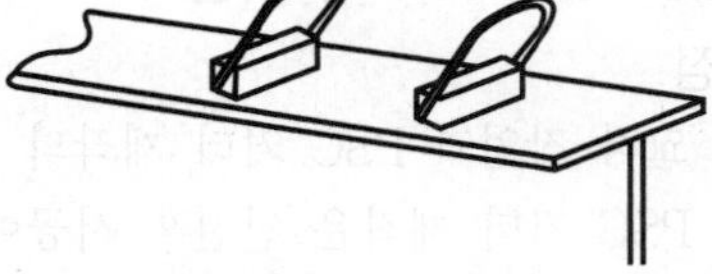

<블록+반원형 철근>

3) 설치간격

① 최대 간격은 바닥판 콘크리트 두께의 3배 이하 600mm 이하

② 최소 간격은 Stud의 경우 교축방향은 중심 간격 $5d$ 또는 100mm, 가로 방향은 $d+30$mm

③ Stud와 Flange 연단 사이의 최소 간격은 25mm

4) 시공관리

① Stud의 지름은 19mm 또는 22mm를 표준으로 한다.

② 반원형의 지름은 철근 지름의 15배 이상으로 한다.

③ 반원형 철근의 덮개는 철근 지름 2배로 한다.

④ Stud를 제외한 전단 연결재는 소정의 안전도 검사를 해야 한다.

⑤ Stud의 재질은 인장강도 410~560MPa, 신장률 20% 이상 되는 재료를 사용한다.

Ⅶ. 시공순서 Flow Chart

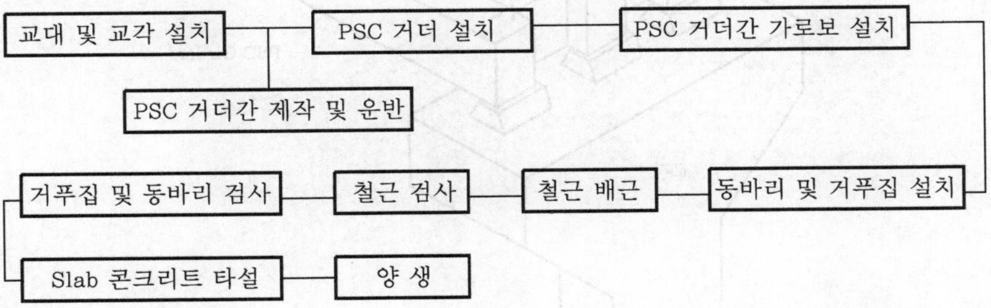

Ⅷ. Slab 콘크리트 시공

1) PSC Girder 설치

미리 제작된 PSC Girder를 교각위에 설치한 후 전도방지를 위해 와이어 로프로 고정한다.

2) 가로보 설치

① PSC Girder 측면에 설치된 철근을 서로 용접으로 연결하고, 콘크리트를 타설하여 가로보를 설치한다.

② 가로보 콘크리트 양생후 와이어로프를 제거한다.

3) 동바리 및 거푸집 설치

설치된 PSC Girder 위에 Slab Con'c 타설을 위한 동바리 및 거푸집을 설치하는 작업

4) 철근 배근

Slab Con'c에 매설되는 철근 배근을 PSC Girder의 전단 연결재와 연결하여 배근

5) 철근 검사

철근의 부식, 간격, 피복두께, 구부리기, 겹침 이음, 결속상태 등의 점검

6) 거푸집 및 동바리 검사

거푸집의 누수, 변형, 표면, 박리제, 선형, 조립상태, 접합부, 침하, 타이볼트, 청소 상태, 모떼기, 비계틀 상태 등을 점검

7) 콘크리트 타설

정해진 순서에 따라 Cold Joint가 발생하지 않게 시공계획에 따른 Con'c 타설

8) 양생

습윤양생, 피막양생, Sheet 양생, 보온양생, 증기양생 등의 방법으로 Con'c 상태가 최상이 되도록 보양

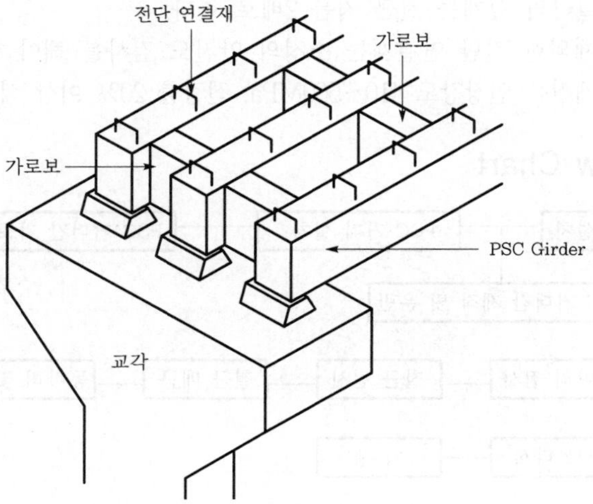

Ⅸ. 결론

① PSC 합성 Girder교는 Girder에 작용하는 사하중과 활하중에 대하여 ⊕모멘트가 발생하는 만큼의 PS를 미리 가하여 응력을 상쇄시킬 수 있는 경제적인 교량이다.

② PSC 합성 Girder교는 전단 연결재로 Girder와 Slab를 결합하여 합성거동 확보가 매우 중요하므로 전단 연결재의 간격과 Slab 철근과의 결합도관리를 철저히 하여야 한다.

7 Precast Box Girder공법

Ⅰ. 개요

① PSC(Prestressed Concrete) Box 거더를 미리 제작장에서 만들어 현장에서 조립하여 만든 교량을 PSC Box 거더교라 한다.

② PSC Box 자체에 교량의 상부 Slab가 시공되어 있는 형식으로 현장에서 상부 Slab 타설의 절차가 필요없는 비합성교이다.

③ 프랑스 Freyssinet사에서 개발한 공법으로, 제작장에서 각각의 Box Segment를 제작한 후 현장으로 운반하여 가설한다(Precast Segment Method : PSM).

④ Crane, 가설 Truss 등의 가설 공법을 이용하여 제작 순서대로 설치하여 Post-tension 공법으로 각 Box Segment를 일체화시키는 공법이다.

Ⅱ. 구성도

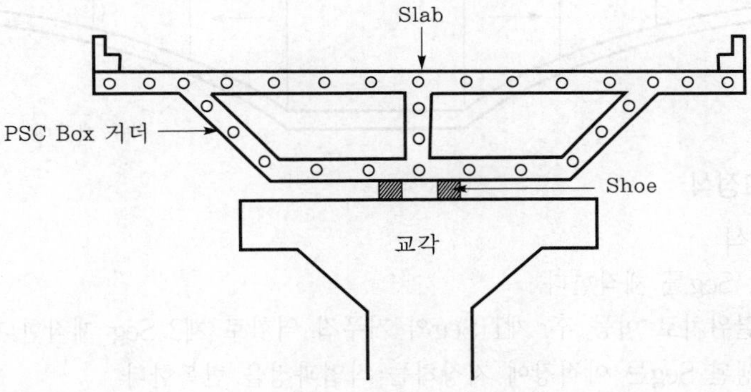

Ⅲ. 특징

1) 장점

① 하부구조와 상부구조의 동시작업으로 공기가 단축된다.

② 현장 공해발생이 최소화된다.

③ 기상조건에 무관하며, 전천후 시공이 가능하다.

④ Box Segment의 제작장 제작으로 품질관리가 용이하다.

⑤ Con'c 건조수축 · Creep에 의한 Prestress 손실이 적다.

⑥ 선형에 무관하며, 시공성과 경제성이 우수하다.

2) 단점

① 넓은 제작장 부지가 필요하다.

② 접합부의 형상관리에 고도의 정밀성이 요구된다.

③ 운반가설에 대형 장비가 필요하다.

④ 초기 투자비가 많이 든다.

Ⅳ. Box Segment 제작방법

1. 거푸집 이동식

① 제작대 설치

㉠ 외형과 하부곡선을 설계서와 동일하게 설치한다.

㉡ 한경간 또는 반경간 길이로 제작대를 설치한다.

② 중앙에 거푸집을 설치하여 중앙부 Segment를 먼저 제작한다.

③ 좌 · 우측으로 거푸집을 이동하여 인접 Segment를 제작한다.

④ 하부 제작대 설치시 Camber량을 고려하여 설치한다.

⑤ 형상관리는 쉬우나 제작장 소요면적을 넓게 차지한다.

⑥ 거푸집 이동방법으로 Rail식과 바퀴식이 있다.

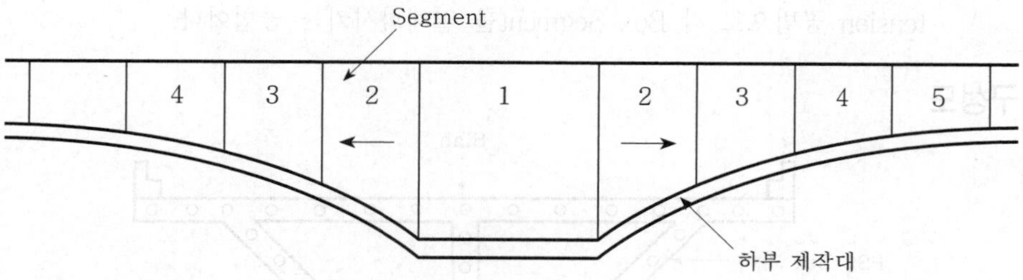

2. 거푸집 고정식

1) 수평방식

① 제1 Seg를 제작한다.

② 연결위치로 이동 후, 제1 Seg의 거푸집 역할로 제2 Seg 제작한다.

③ 양생된 Seg는 야적장에 저장하는 작업과정을 반복한다.

④ 넓은 면적의 제작장이 필요하다.

⑤ 양생관리가 어렵다.

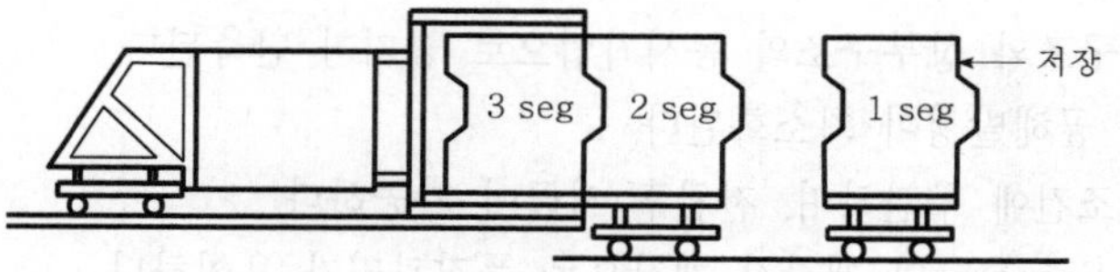

2) 수직방식

① 제1 Seg 제작한다.

② 제1 Seg 위에 제2Seg 제작한다.

③ 제1 Seg는 야적장에 저장한다.

④ 제2 Seg 위에 제3 Seg 제작하는 과정을 반복한다.

⑤ Sheath관이 Con'c 타설에 지장을 주지 않는다.

⑥ 기울어지기 쉬워 형상관리가 어렵다.

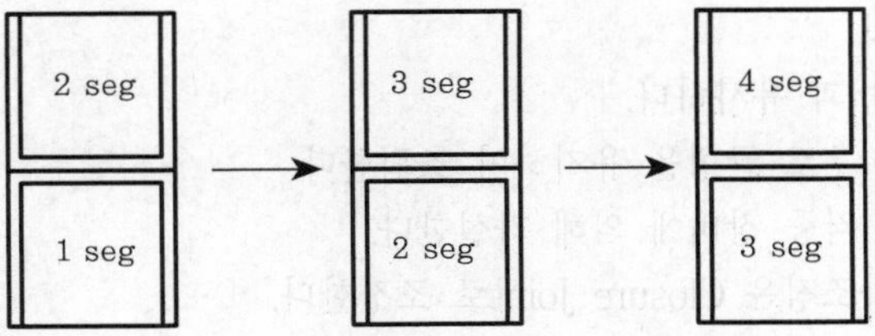

3) 조립식 Segment

① 대형 Segment를 독립된 여러개 Panel로 나누어 제작한다.

② Post Tension식 또는 Joint 접합방식에 의해 현장에서 하나의 Segment로 조립하여 가설하는 공법이다.

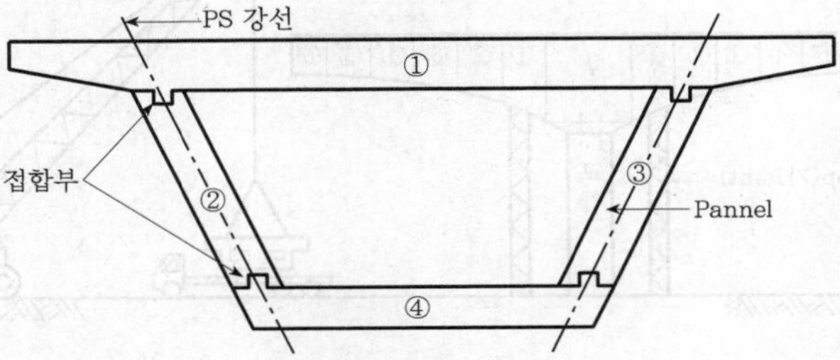

<조립식 Segment>

V. Segment 가설 공법

1) Span By Span식

① Precast식+MSS식의 혼합 공법이다.

② 교각 사이에 Assembly Truss를 설치하여 하부 이동식 또는 상부 이동식으로 Seg를 운반하여 거치한다.

③ 경간 전체 Seg를 Post-Tension식으로 긴장 연결하므로 시공이 단순하다.

④ A/T 이동은 자동 Winch에 의해 자주식 이동한다.

⑤ Closure Joint는 교각 가까운 곳에 설치한다.

⑥ 적용 경간 30~150m로 교량길이가 길 때 경제적이다.

⑦ 이미 조립된 교량 상판 위로 Segment 운반이 가능하다.

⑧ 시공속도가 빠르다.

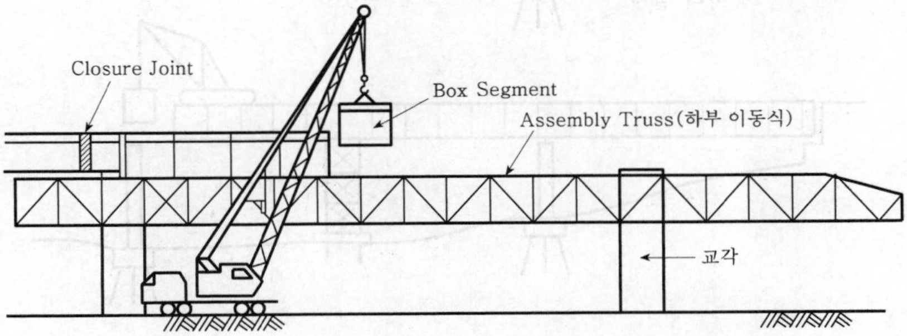

2) Cantilever식

① FCM 공법과 유사하다.

② 교각 좌·우로 균형을 유지하며 조립한다.

③ 조합화된 각종 장비에 의해 가설한다.

④ 가설 오차조정은 Closure Joint로 조정한다.

⑤ 불균형 Moment 발생을 최대한 방지한다.

⑥ 적용 경간은 30~120m 정도이다.

⑦ 곡선반경 $R=150$m까지 시공가능하며, 단면변화에도 적용이 가능하다.

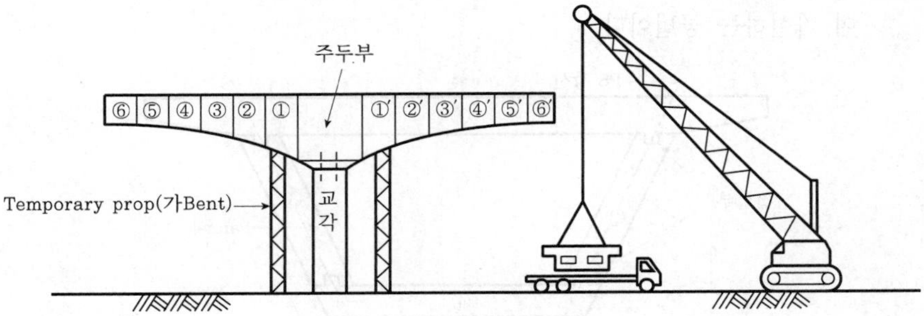

3) 전진 가설법

① 캔틸레버식의 단점을 보완하여 한측에서 반대측으로 전진 가설하는 공법이다.

② 교각 도달 즉시 영구받침 후 다음 경간으로 전진한다.

③ 일시적 지지는 보조 Bent 또는 사장교 System을 적용한다.

④ 연속적 작업으로 이미 시공된 상판 위로 Seg 운반이 가능하다.

⑤ 곡선구조의 경우에도 시공이 유리하다.

⑥ 불균형 Moment가 발생되지 않는다.

⑦ 첫 번째 경간 작업시 동바리 시공 또는 임시 Bent를 이용한다.

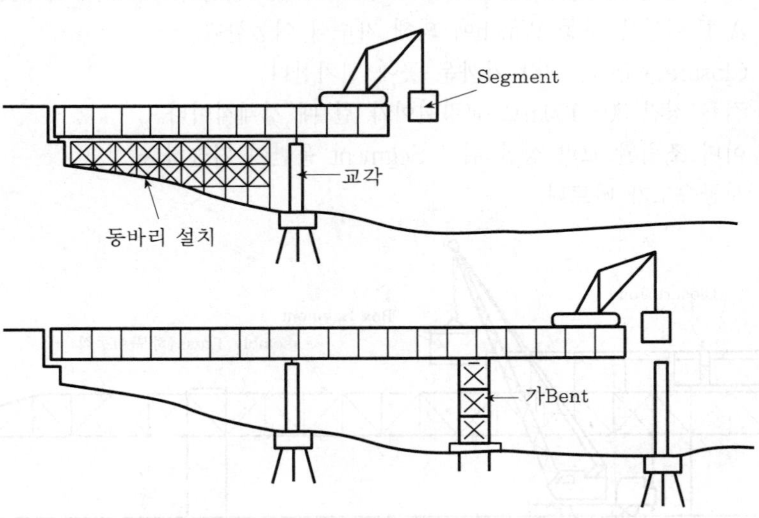

Ⅵ. Segment 연결방법

1) Wide Joint 방식

① 각 Seg를 개별 제작한다.

② 연결부에 Con'c · Dry Pack Mortar · Grouting 등으로 타설 주입한다.

③ 연결폭은 0.15~1.0m 정도되게 시공한다.

④ 이음부 경화 후 Post−Tension으로 긴장 연결한다.

⑤ 시공속도가 느리다.

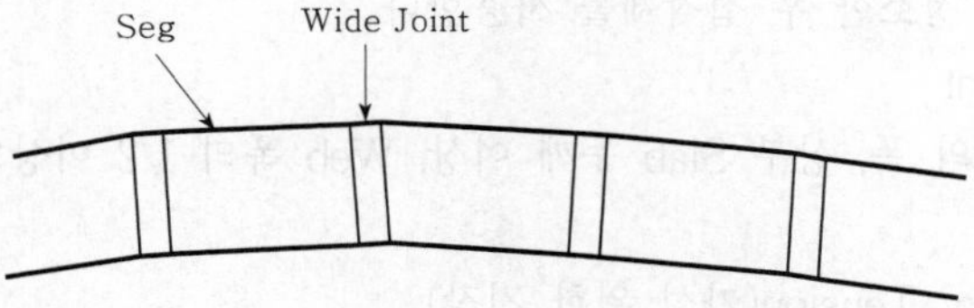

2) Match Cast Joint 방식

① 제작할 Seg를 완성된 Seg 경화면에 접촉 제작한다.

② 경화 후 2개의 Seg를 분리 · 운반 · 가설 · 접합하여 일체화시킨다.

③ Wet Joint(Epoxy · Resin 등 접착제 사용)

④ Dry Joint(접착제 사용 안 함)

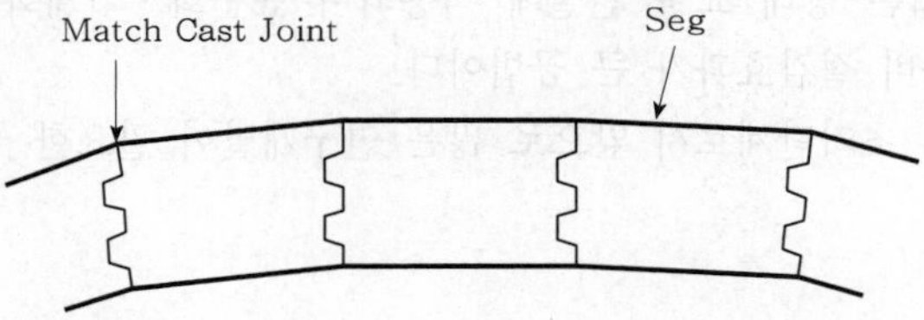

3) 추후 현장타설에 의한 Match 방식

① Wide식과 Match식의 장점을 합한 방식이다.

② 각 Seg를 제작한 다음 Seg 연결부를 지상에서 Wide 식으로 접착하여 Con'c 타설한다.

③ 양생 후 운반 · 가설시에 Match식으로 접합 조립한다.

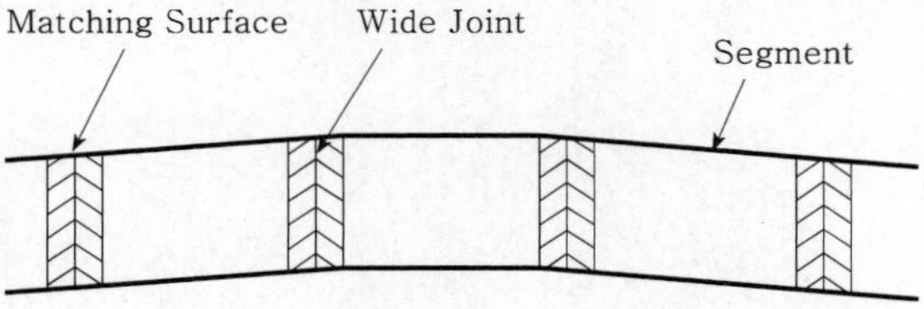

Ⅶ. 시공시 유의사항

1) 거푸집의 허용오차

① 복부 폭 : ±10mm 이내

② 상부 Slab : ±10mm 이내

③ 하부 Slab : ±5mm 이내

④ Segment 허용오차 : ±5mm 이내이어야 한다.

2) Segment 취급

변형방지 및 3점 지지 인양한다.

3) Segment 접합

① 중심축에 직각방향으로 연결한다.

② 연결부 표면은 Match식과 Wide식으로 한다.

③ 접합부는 청소한 후 접착제를 사용한다.

4) Closure Joint

100mm 이상의 폭, 상부 Slab 두께 이상, Web 폭의 1/2 이상되게 한다.

5) 긴장

① Temporary Tension(가설 위한 긴장)

② Continuity Tension(전체유지 위한 긴장)

③ Internal Tension(Con'c 속에 매설)

④ External Tension(Con'c 외부에 설치)

Ⅷ. 결론

① PSM 공법은 장대 교량 건설에 적용되며 표준화 · 기계화 시공으로 공기단축은 물론 공사비 절감효과가 큰 공법이다.

② 국내 도입 초기단계로서 앞으로 많은 연구개발이 필요한 공법이다.

8 사장교

Ⅰ. 개요

① 사장교(Cable Stayed Bridge)는 소정의 위치에 주탑을 세우고, 주형의 적당한 위치에 짧은 간격으로 배치한 다수의 Cable로 연결한 교량이다.

② 좌굴에 대한 안정성과 휨의 곡률반경을 확보함으로써 주형의 높이와 휨강성을 적게 한 장대교량 건설 공법중의 하나이다.

Ⅱ. 특징

1) 장점

① 지간에 대한 Girder 높이의 비가 낮다.

② 적은 수의 교각으로 장대교 시공이 가능하다.

③ 기하학적인 곡선을 나타낼 수 있다.

④ 미관상 현대적 감각을 지닌 수려한 교량이다.

⑤ 활하중의 사하중에 대한 비가 적다.

2) 단점

① 설계 · 구조 계산이 복잡하다.

② 주탑과 Cable의 부식이 우려된다.

③ 가설시 하중의 균형 유지가 곤란하다.

Ⅲ. 구성요소

1. 사장교

사장교의 구성요소는 주탑, Deck Slab, Cable로 구성되어 있다.

2. 주탑

① 구조물 전체 구상에 영향을 주는 근본적 요소로 미적인면과 경제적인면에 영향을 준다.

② 압축과 휨응력을 받게 되므로 Con'c 또는 Steel 부재로 되나 대체로 Con'c재가 많다.

③ 형상은 Cable의 배열에 따라 결정된다.

④ 높이는 Cable의 경사를 고려하여 최적조건에 따라 결정된다.

3. Deck Slab(주형)

① **사용재료** : Concrete, Steel, 합성 Girder가 주종을 이룬다.

② **형상** : 사용재료와 건설형태에 따라 형상이 달라진다.

③ **경제성** : 사용재료와 경간 길이에 따라 달라지는데 Concrete는 450m까지 가능하나 Steel은 450m 이상도 시공이 가능하다.

④ Stay Cable : 다수의 Stay Cable 시공으로 Deck Slab의 강성 감소, 안정도 증가, 단면 감소로 인하여 자중 감소효과가 있다.

⑤ 다수 Cable의 장점

㉠ Deck 두께의 감소효과

㉡ FCM 공법 적용시 Temporary Tension 없이 직접 Stay Cable만으로 작업이 가능하다.

4. Cable

1) 배열에 따라

① 횡방향

㉠ Single Plane : Vertical, Lateral

㉡ Double Plane : Vertical, Sloping

② 종방향 : 방사형, Harp형, Fan형

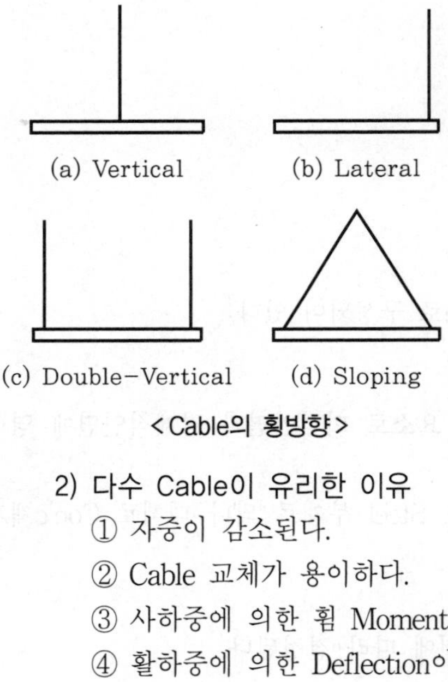

<Cable의 횡방향>

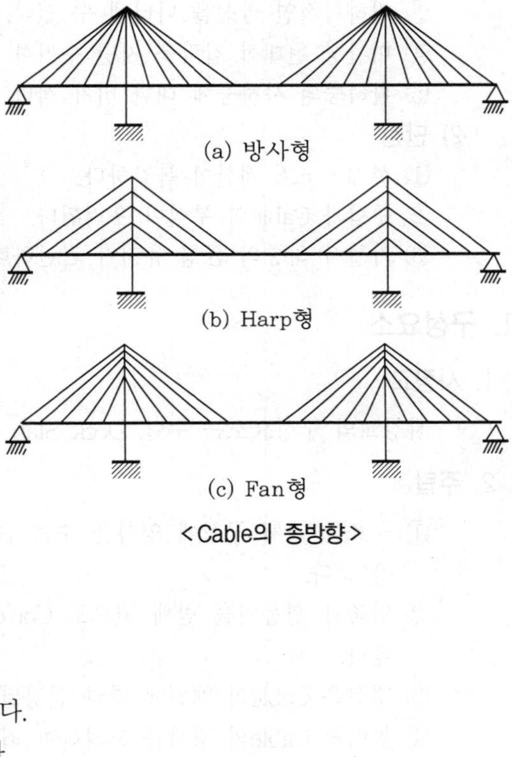

<Cable의 종방향>

2) 다수 Cable이 유리한 이유

① 자중이 감소된다.

② Cable 교체가 용이하다.

③ 사하중에 의한 휨 Moment가 적다.

④ 활하중에 의한 Deflection이 적다 .

Ⅳ. 가설방법

1) Staging Method

① Main Girder를 Jack으로 들어올려 Cable을 설치한다.

② Jack을 풀면서 Main Girder를 Cable로 지지한다.

③ 가설교각을 제거한다.
④ 교하공간이 낮고 교통방해가 없을 때 적용한다.
⑤ 요구하는 기하학적 구조를 정확하게 유지할 수 있다.

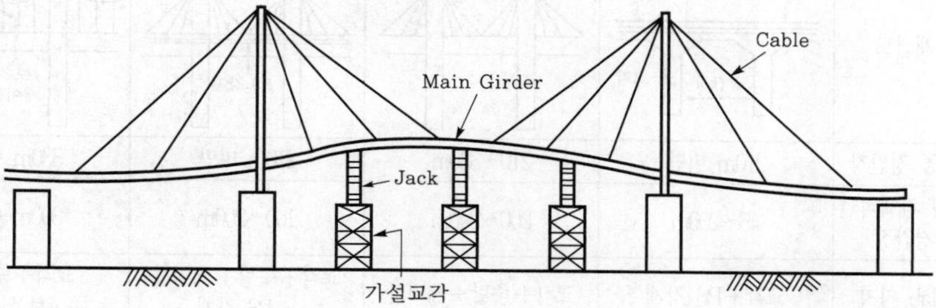

2) Push Out Method
① 교량 Deck를 교대 뒤쪽에서 제작한다.
② Cable 가설 후 Roller 또는 Sliding Pad를 이용하여 밀어내어서 설치한다.
③ 양쪽 교대에서 중앙으로 또는 한쪽에서 반대쪽으로 밀어낸다.
④ 유럽지역에서 많이 적용된 예가 있다.
⑤ 캔틸레버 공법으로 가설이 불가능할 때 이용된다.

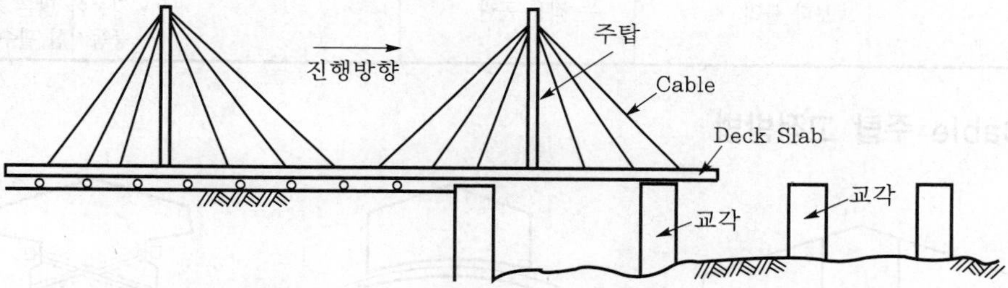

3) Cantilever Method
① 사장교를 FCM 공법을 적용하여 가설하는 것이다.
② 가장 발전된 공법으로 교하 공간의 영향을 받지 않는다.
③ Cast-in-Situation과 Pre-cast 방식이 있다 .
④ 시공중 불균형 Moment에 대비해야 한다.
⑤ 올림픽대교 사장교 구간에 적용되었다.

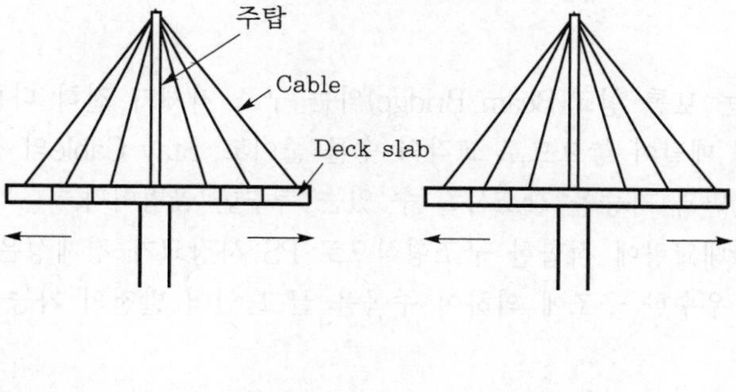

V. 장대교의 비교

구분	FCM	사장교	엑스트라도즈교	현수교
개념도	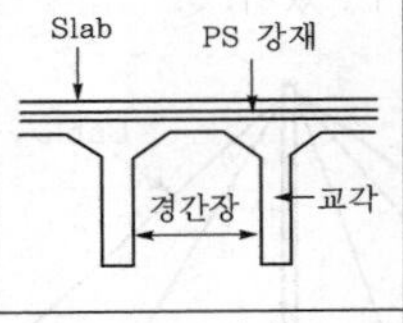	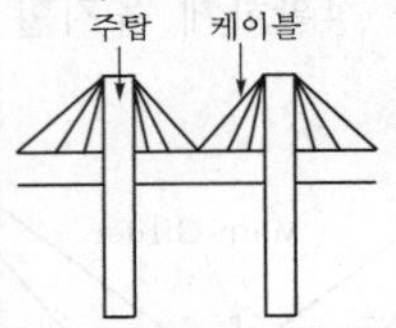	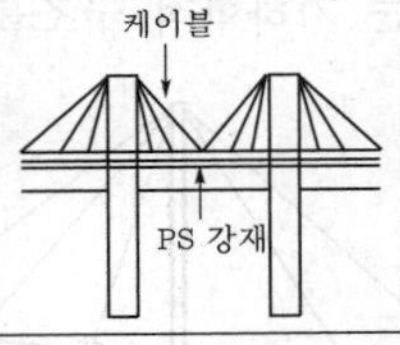	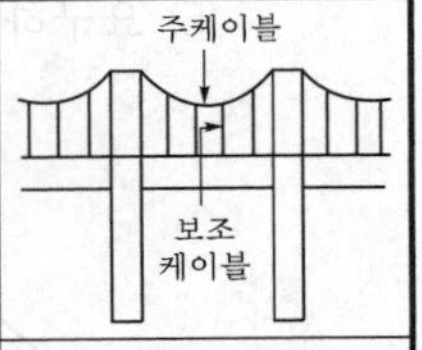
시공 경간장	210m 미만	210~330m	210m 미만	330m 이상
가장 경제적인 경간장	45~200m	200~240m	100~200m	300m 이상
Slab 지지	교각+PS 강재	교각+주탑+케이블	교각+주탑+케이블 +PS 강재	교각+주탑+ 주·보조 케이블
특징	• 주탑 불필요 • 상부 슬래브 시공속도 빠름 • 시공실적 多 • 타 장대교량보다 공사비 저가 • 선박출입이 많은 곳 적용곤란 • 미관이 타 장대교량보다 불리	• 미관 수려 • 적은 수의 교각으로 장대교 가능 • 기하학적인 곡선 가능 • 주탑이 높아 기초가 대형 • 주탑과 기초 공사비가 많이 소요 • 강풍이 많은 지역에는 적용 곤란	• 주탑이 낮아 경제적 • 하중을 케이블이 70%, 슬래브가 30% 부담 • 사장교의 변형된 교량 • 시공중에 케이블 장력조절 곤란 • 설계 및 구조계산 난해 • 최신 공법으로 시공실적 부족	• 경간장이 길어 미관 수려 • 교각수가 적어 시공이 빠름 • 선박출입이 많은 곳에 적합 • 주탑이 높아 기초가 대형 • 공사비 고가 • 강풍이 많은 지역은 풍동시험 필수

VI. Cable 주탑 고정방법

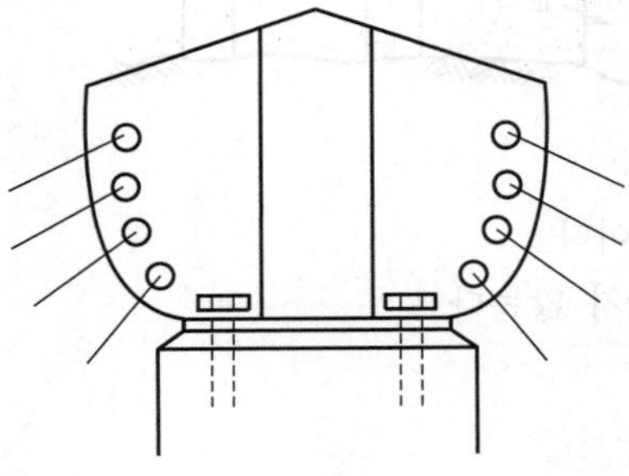
<고정식>

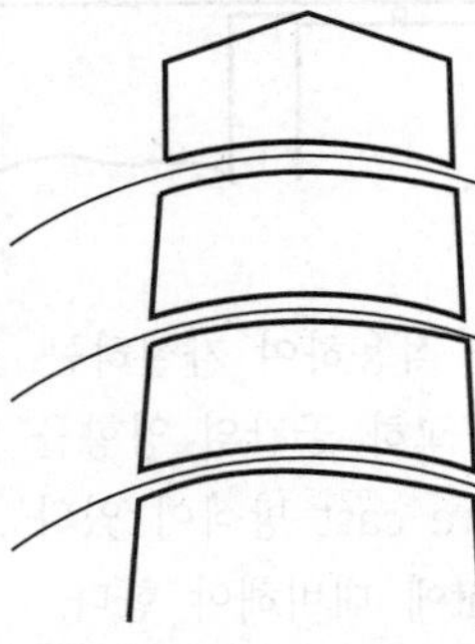
<Saddle식>

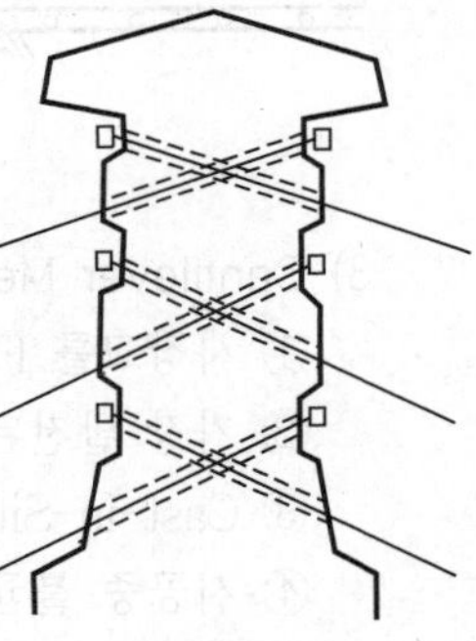
<관통식>

VII. 결론

① 사장교는 보통 형교(Beam Bridge)와는 구조 자체가 전혀 다른 교량으로 주형을 Cable에 매달아 놓으므로 교각의 수를 줄이고, Stay Cable의 사용량·사용방법에 따라 단면과 자중을 감소시킬 수 있는 특수한 공법이다.

② 최근 장대교량에 적합한 구조형식으로 PS 사장교가 경제성은 물론 외관의 아름다움과 우수한 구조에 의하여 주목을 끌고 있어 발전의 가능성이 큰 공법이다.

9 현수교

Ⅰ. 개요

① 현수교(Suspension Bridge)란 주탑(Tower) 및 Anchorage로 주 Cable을 지지하고, 이 Cable에 현수재를 매달아 보강형을 지지하는 교량형식을 말한다.

② 현수교의 종류에는 Cable의 강력을 보강형이 지지하는 자정식(Self Anchored Type)과 Cable의 장력을 Anchorage로 지지하는 타정식(Earth Anchored Type)이 있다.

③ 자정식 현수교의 대표적인 것으로는 미국 금문교의 중앙 경간이 1,280m이며, 우리나라에서는 영종대교와 소로대교가 그 대표적인 교량 형식이다.

Ⅱ. 현수교의 구성

구성	용도
주 Cable	주요 인장재
Anchorage	주 Cable의 장력을 대지로 이끄는 부분
주탑	주 Cable의 최고점을 지지하는 강제 또는 철근콘크리트 구조
보강형	Plate Girder 또는 Truss
현수재	보강형을 주 Cable에 매다는 것

Ⅲ. 시공순서(자정식)

① 주탑 설치

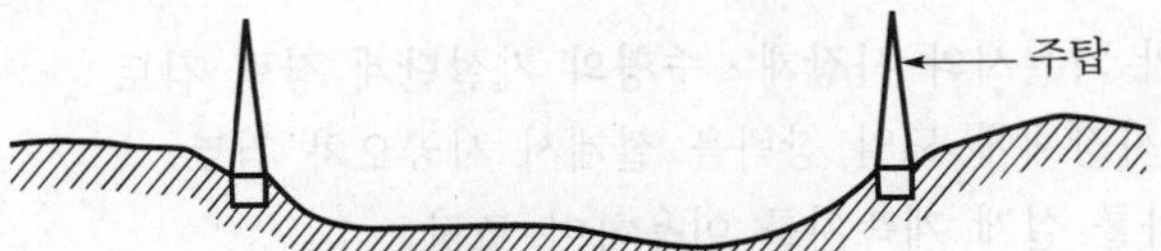

② 가설교각 설치

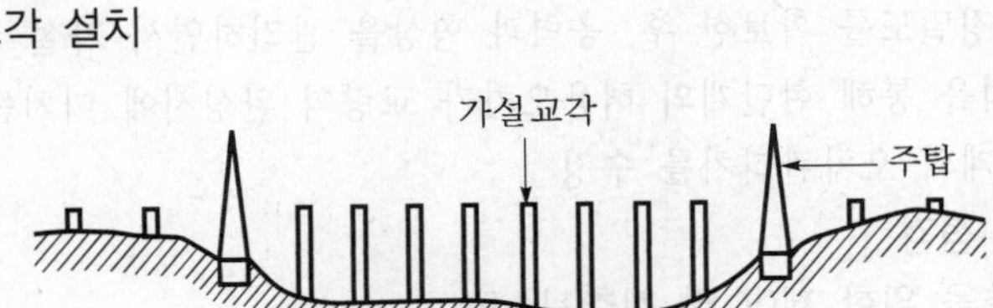

③ 보강형 가설

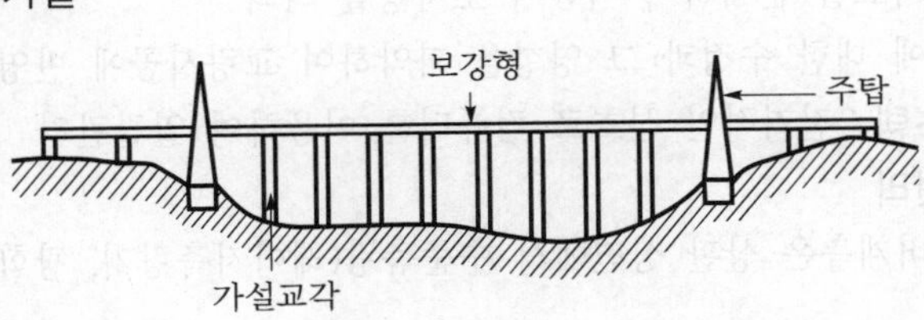

④ 주 Cable 및 Hanger 설치

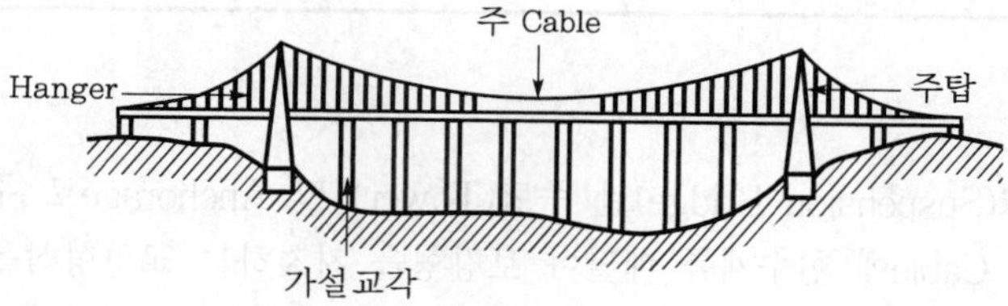

⑤ 가설교각 제거

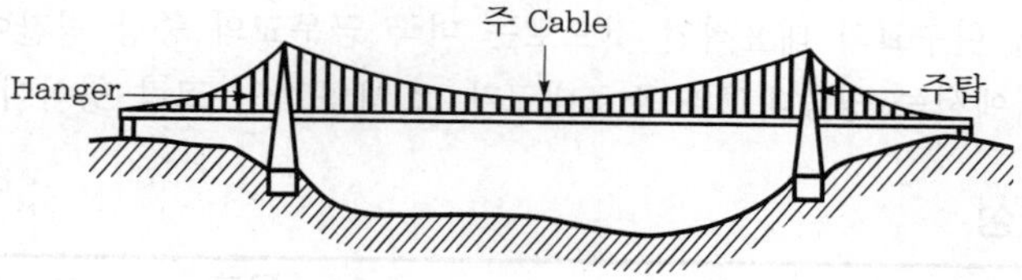

Ⅳ. 시공시 중요 관리사항

1) 정밀도관리
   ① 부재 및 블록의 공장제작시 품질 및 정밀도관리
   ② 정밀하게 제작된 각 부재를 현장에 조립시 정밀도관리
   ③ 주탑에서의 기초부와 연결부 마무리의 정도관리
   ④ 보강형의 핀 연결부관리
   ⑤ 각 블록의 연결부 등 주요 부위에 대해서는 더욱 정밀한 제작을 요구

2) 시공오차관리
   ① 보강형의 가설시와 사장재·주형의 가설단계 장력 검토
   ② 행거나 사장재에 도입 장력을 설계시 시공오차 검토
   ③ 가설오차를 실제 계측치를 이용하여 조정
   ④ 케이블요소를 포함한 고차 부정정구조물의 경우 가능한 한 가조립을 실시
   ⑤ 부재의 정밀도를 확보한 후, 응력과 형상을 관리하면서 가설
   ⑥ 오차분석을 통해 현단계의 허용오차가 교량의 완성시에 미치는 영향을 검토하여 다음 단계의 오차관리치를 수정

3) 관리시스템 점검
   ① 자동계측을 위한 제어 및 계측시스템
   ② 분석시스템
      ㉠ 계측자료를 분석하여 시공시 오차량을 파악
      ㉡ 오차에 대한 수정과 그 영향을 파악하여 교량시공에 반영
   ③ 계측시스템 : 전기적인 신호로 컴퓨터를 이용하여 일괄관리

4) 주형 캠버관리
   ① 주형 캠버계측은 상판 상면에서 수준측량(레이저측량기, 광학식측량기) 실시

② 계측위치
㉠ 케이블 정착점, 이음부위치, 지점위치에서 각 점의 중앙과 양단부 3점
㉡ 주탑 경사도 계측은 상판 위에서 레이저 측량기나 Transit을 이용
③ 자동계측을 위한 계측기기로는 수위계나 CCD(Charge Coupled Device) 카메라 등이 상용
④ 관리방법
㉠ 주형 내부에 설치한 관의 수위를 이용하여 수면과 계기의 높이를 측정
㉡ 형단부에 설치된 수위계와의 상대차를 구해 캠버를 측정
㉢ CCD 카메라는 레이저 광원과 조합하여 주형의 캠버나 주탑의 경사도 측정

5) 사장재와 행거의 장력관리
① 가설시 사장재와 행거의 장력계측
㉠ 장력도입시의 관리
㉡ 장력도입 후 유압잭을 사용하지 않는 상태에서의 계측관리
㉢ 장력조정 이전에 각 케이블에서의 조정 유간량과 케이블 장력간의 명확한 상관관계를 파악
② 정착된 사장재와 행거의 장력계측
㉠ 케이블에 설치된 가속도계를 이용하는 진동법
㉡ 로드셀에 의한 방법

Ⅴ. 현수교와 사장교의 특징 비교

구분	현수교	사장교
지간	길다.	비교적 짧다.
상판 형식	트러스, 강박스	콘크리트
Anchorage	有	無
케이블 연결	케이블간의 연결 후 주탑에 연결	주탑에 직접 연결
대표 교량	남해대교, 광안대교, 영종대교, 수승대교	서해대교, 올림픽대교, 돌산대교, 진도대교

Ⅵ. 결론

현수교는 외관이 수려하고 경제성이 우수하므로 많이 적용되고 있는 공법이나, 시공시 관리 Point를 인지하고 시공의 정밀도를 높여야 구조적 안정성을 보장할 수 있다.

10 콘크리트 교각 건설공법

Ⅰ. 개요

① 콘크리트 고교각(장대교각) 시공법은 콘크리트를 연속 설하여 품질향상 및 공기 단축도 가능한 거푸집 공법을 선정하여야 한다.

② 해중 교각시공시에는 해수면 내에서 콘크리트의 Joint가 없어야 하며, 수중에서의 재료분리가 발생하지 않도록 관리하여야 한다.

Ⅱ. 콘크리트 고교각(장대교각) 시공법의 종류와 특징

1. ACS(Auto Climbing Form)

1) 정의

① Auto Climbing Form은 1개를 높이로 제작된 System Form을 Hydraulic Jack과 Climbing Profile을 이용하여 상승시키며 1개 층높이의 콘크리트를 타설하는 거푸집공법이다.

② 양중장비가 필요 없고, 스스로 상승하므로 Self Climbing Form이라고도 한다.

2) Auto Climbing Form 시공순서

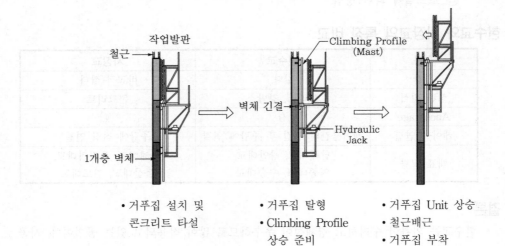

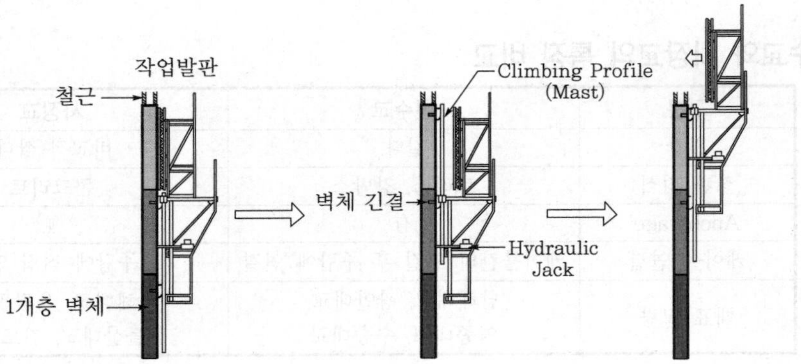

• 거푸집 설치 및 콘크리트 타설

• 거푸집 탈형
• Climbing Profile 상승 준비

• 거푸집 Unit 상승
• 철근배근
• 거푸집 부착

3) 특징

① 양중장비 필요 없이 스스로 상승하므로 Self Climbing Form이라고도 함

② 벽체의 변형(두께, 평면 등)에 대처 가능

③ Embed Plate 설치가 자유로움

④ Stock Yard에서 선조립 후 설치

⑤ 1개 층 분으로 제작되므로 거푸집길이가 길어짐

⑥ RC구조물의 Core 부분에 많이 채택

2. Sliding Form

1) 정의

일정한 평면을 가진 구조물에 적용되며 연속하여 콘크리트를 타설하는 공법으로 단면의 변화가 없는 구조물에 사용되는 공법이다.

2) 시공순서

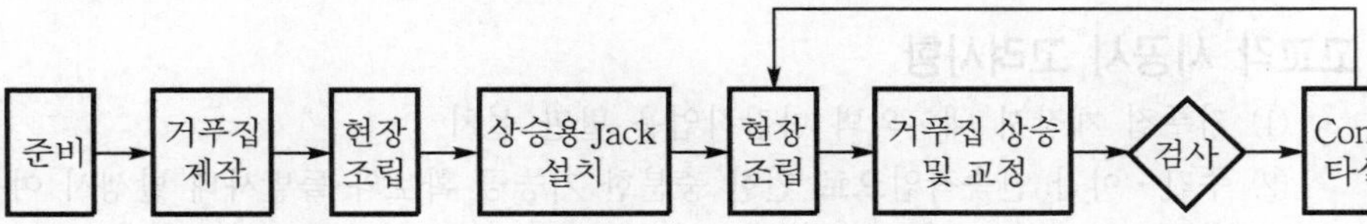

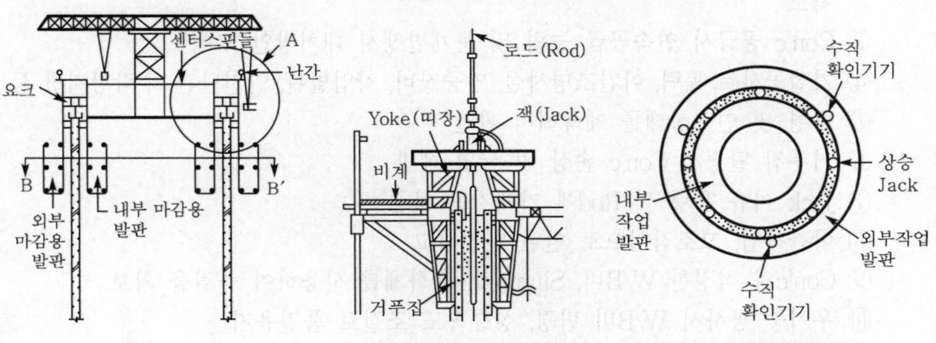

<A 부분 상세도> <B-B′ 단면 상세도>

3) 특징

① Con'c 연속타설로 인한 공기단축
② 외부 비계생략과 거푸집의 높은 전용으로 원가절감
③ 연속타설에 의한 Con'c의 일체성 확보
④ 작업공정이 단순하여 비교적 안전한 공법
⑤ 시작하면 작업종료 때까지 중단 없이 연속작업
⑥ Con'c의 균일한 품질은 일정한 상승속도에 좌우

3. Slip Form

1) 정의

Slip Form 공법은 단면의 형상에 변화가 있는 공법에 적용이 가능하며 수직으로 상승하면서 연속으로 콘크리트를 타설하는 공법이다.

2) 시공순서

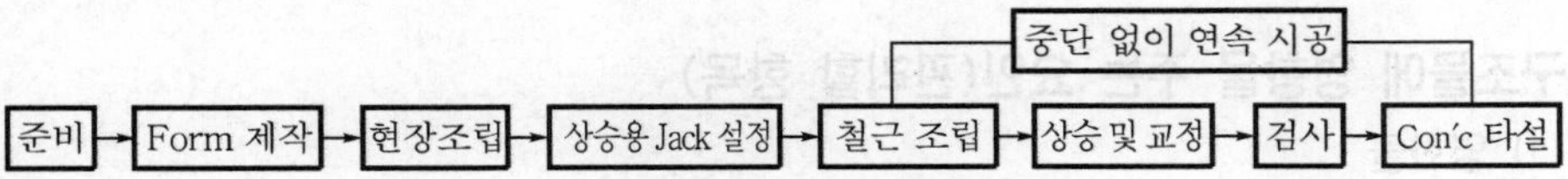

3) 특징

① 거푸집 높이는 0.9~1.2m 정도
② 벽체의 변형(두께, 평면 등)에 대체 가능

③ 설치 및 해체품의 절감
④ 최상부 Slab 콘크리트 타설시 안전확보
⑤ 단면 변화가능
⑥ Sliding Form 공법에 비해 1일 상승높이가 작다.
⑦ 시공안전성, 정밀도를 고려하여 주간에만 작업

Ⅲ. 고교각 시공시 고려사항

① 거푸집 제작시 내·외벽 마감작업용 발판 설치
② 주간·야간 연속작업으로 인한 충분한 기능공 확보와 돌발사태 발생시 여유 인력 확보
③ Con'c 공급시 연속공급 능력 및 문제발생시 대처방안 모색
④ 가설공사로 동력, 야간조명시설, 양중장비, 작업발판, 안전난간, 추락방지망 등 설치
⑤ 수평 및 연직상태를 계속해서 확인
⑥ 거푸집 탈형시 Con'c 손상 및 균열 예방
⑦ Jack 여유 용량 및 Rod에 가해지는 하중
⑧ 야간작업, 고소작업으로 인한 안전사고
⑨ Con'c의 적정한 W/B비, Slump값, 혼화제를 사용하여 품질을 확보
⑩ 우기중 공사시 W/B비 변경, 상승속도 조절로 품질유지
⑪ 철근간격, 이음위치, 이음길이, 피복두께 원칙을 준수
⑫ 최상수 Slab Con'c 타설시 지보공의 지지력 확보

Ⅳ. 거푸집공법 선정이 공기 및 품질관리에 미치는 영향

1) 공기에 미치는 영향

① 거푸집의 설치 및 해체시간
② 비계의 설치공정 유무
③ 연속작업 가능 여부
④ 고소작업에 따른 작업성 및 안정성
⑤ 콘크리트 타설 Cycle Time
⑥ 단면 변화에 대한 대응
⑦ 단위공사의 시공속도
⑧ 공기 예측가능 여부

2) 품질관리에 미치는 영향

① Cold Joint 발생 여부
② 피복두께 확보
③ 건조수축균열 발생 여부
④ 콘크리트 재료분리 미발생
⑤ 조기강도 확보
⑥ 수밀성 확보가능 여부
⑦ 마감공사의 시공성
⑧ 콘크리트 품질관리의 용이성

Ⅴ. 구조물에 영향을 주는 요인(관리할 항목)

1) 염화물

① 해양환경 내 콘크리트 표면의 염화물 농도

해안으로부터의 거리(m)	해안선	100	250	500	1,000
염화물 농도(kg/m^3)	9.0	4.5	3.0	2.0	1.5

② **철근부식 발생** : 염소이온, 물, 산소가 콘크리트를 통과하여 철근과 만나면서 $Fe(OH)_2$(산화 제2철)인 적색의 녹 발생

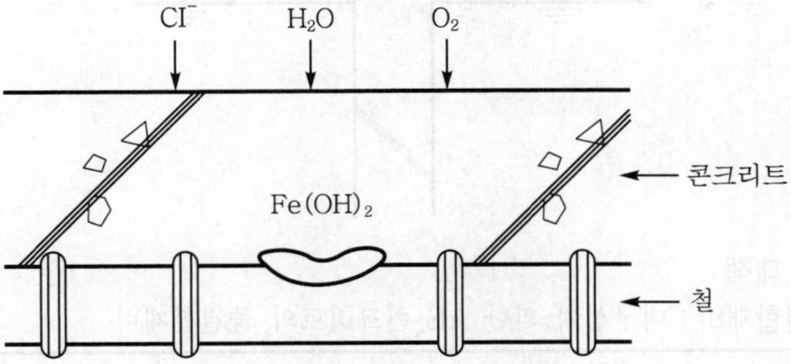

2) Joint

해수면 아래에서의 이음이나 특히 Cold Joint가 발생하지 않도록 콘크리트 타설계획 철저

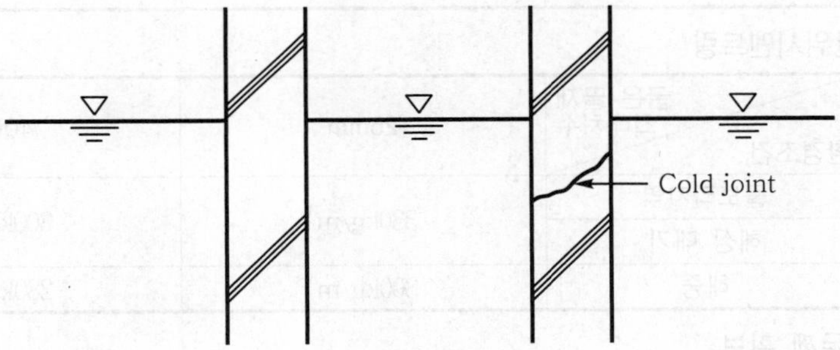

3) 파랑에 의한 마모

① 파랑에 의한 콘크리트의 마모 발생

② 특히 비말대에 위치한 교각에 대해서는 마모에 대한 대책 마련

4) 균열

① 균열 발생시 염분의 침투로 철근의 부식이 빠르게 진행

② 구조물의 내구성에 악영향을 미침

5) 건조와 습윤의 반복

① 건조와 습윤이 반복되는 구조물의 내구성 저하

② 적정 마감공사를 실시하며 지속적 유지관리가 필요

Ⅵ. 시공시 유의사항(관리시 유의사항)

1) 초기보양 필요

해수에 의해 콘크리트 속의 Mortar가 유실되지 않도록 5일 이상 보호

2) Construction Joint 위치 준수

시공이음(Construction Joint)은 만조시 해수면으로부터 600mm 이상 높은 곳에 설치

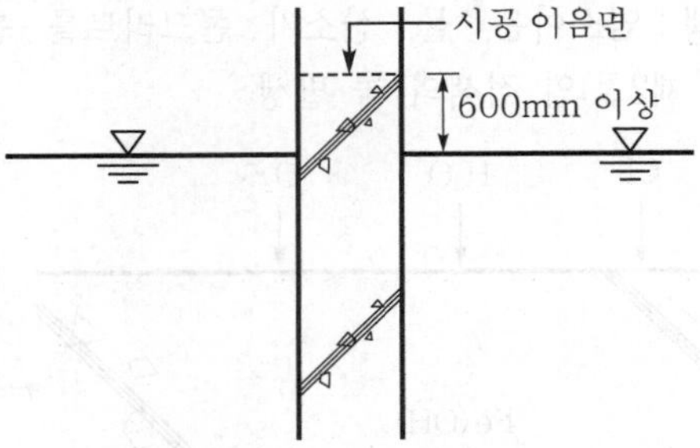

3) 배합적 대책

① 물결합재비 : 내구성에 의한 AE 콘크리트의 물결합재비

환경조건 \ 시공구분	현장시공	공장시공
물보라지역	45% 이하	
해상 대기	45% 이하	50% 이하
해중	50% 이하	

② 단위시멘트량

환경조건 \ 굵은 골재 최대치수	25mm	40mm
물보라지역	330kg/m^3	300kg/m^3
해상 대기		
해중	300kg/m^3	280kg/m^3

4) 피복두께 확보

환경조건에 따라 표준시방서보다 피복두께를 더해주어야 함

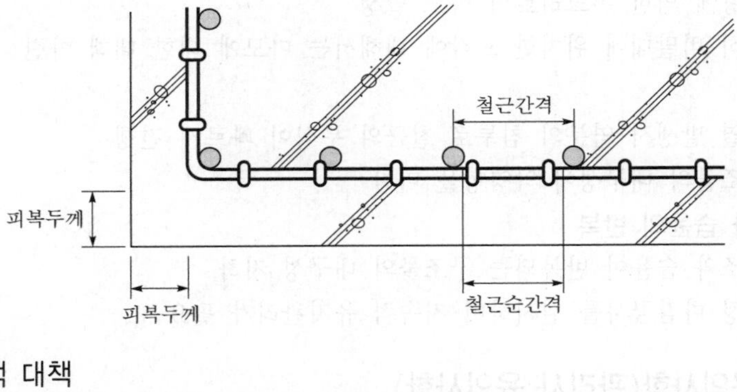

5) 시공적 대책

① Con'c 표면에 도막방수 등을 실시

② 다짐을 철저히 하고, 공극률을 작게 하여 철근 Con'c의 강성을 높임

③ Con'c의 초기양생은 균열을 방지하여 염분의 침투방지

6) 콘크리트 내부 염화물 저감

해양콘크리트 내부로부터의 염화물을 저감시켜 염해에 대한 저항성 증대

구분	대책
모래	건조중량의 0.02% 이하
콘크리트	$0.3kg/m^3$ 이하
배합수	$0.04kg/m^3$ 이하

Ⅶ. 결론

① 입지조건이 나쁜 지역에서의 고교각 건설공법은 시공성을 우선적으로 검토하여 공기를 감안한 공법을 시행하여야 한다.

② 해양환경에 노출된 콘크리트 구조물은 염해에 의한 철근부식이 구조물의 내구연한을 최고 50%까지 감소시킨다는 연구결과가 있으므로 염해대책을 수립한 후 시공에 임해야 한다.

11 강교 가설공법

Ⅰ. 개요

① 교량의 가설공법 선정시에는 가설지점의 지형, 현장의 조건, 교량의 형식, 공기, 안전성 등을 고려하여 최적 공법을 선택해야 한다.

② 강교의 가설공법은 지지방법에 의해 동바리공법 · 압출공법 · 가설Truss공법 · 캔틸레버식 공법으로 분류하며, 운반방법에 의해 Crane식 공법 · Cable식 공법 · Lift Up Barge공법 · Pontoon Crane공법으로 분류한다.

Ⅱ. 공법의 분류

- 가설공법
  - 지지방법
    - 동바리 공법(Bent 공법)
    - 압출 공법(ILM)
    - 가설 Truss 공법(MSS)
    - 캔틸레버식 공법(FCM)
  - 운반방법
    - Crane식 공법
    - Cable 공법
    - Lift up Barge 공법
    - Pontoon Crane 공법

Ⅲ. 공법별 특징

1) 동바리공법(Bent공법)

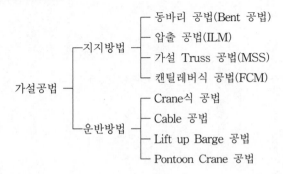

① 교각 사이에 Bent를 세워 교체를 지지하면서 가설조립하는 공법이다.

② Bent는 목재, H형강, L형강 등으로 조립한다.

③ 기초 형식은 지반의 지지력에 의해 결정된다.

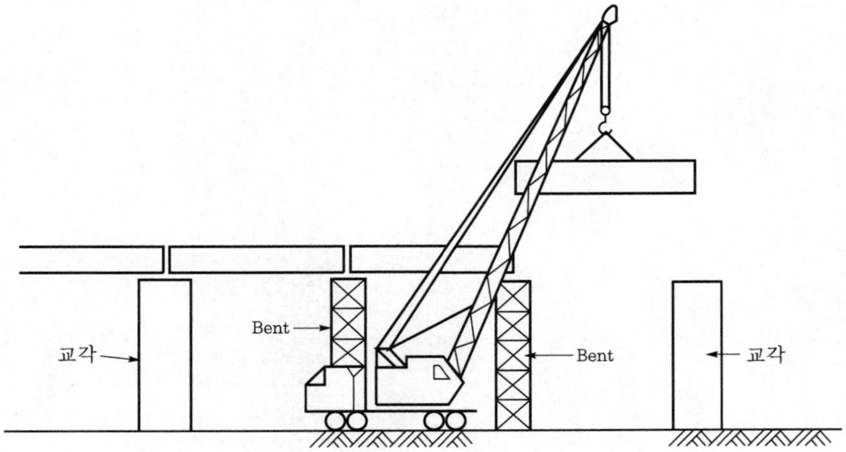

2) 압출 공법(ILM)

① 2지간 이상의 교체를 연결한 후, 2지간째 이후의 교체를 균형 유지용으로 사용하면서 압출 가설하는 공법이다.

② Bent를 세울 수 없을 때나 세워도 비경제적일 경우 유리하다.

③ 상행(箱行)이나 판행(板行)의 가설에 적합하다.

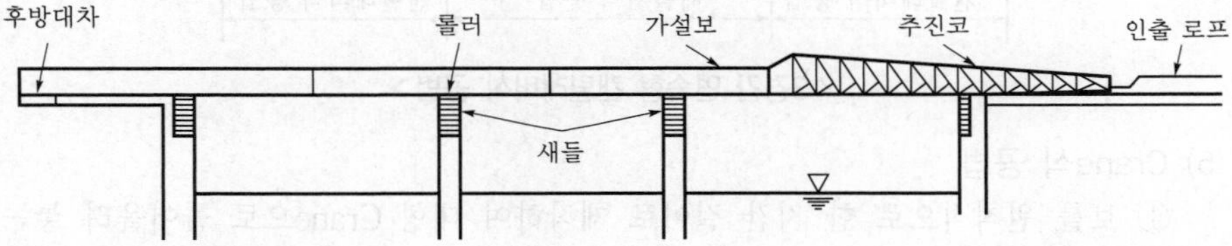

3) 가설 Truss 공법(MSS)

① 한 지간에 가설 Truss를 미리 만들어 놓고, 그 위에 Goliath Crane으로 Truss를 조립하면서 전진하는 공법이다.

② 수심이 깊고, 교형이 높을 때 사용된다.

③ 안전성이 크다.

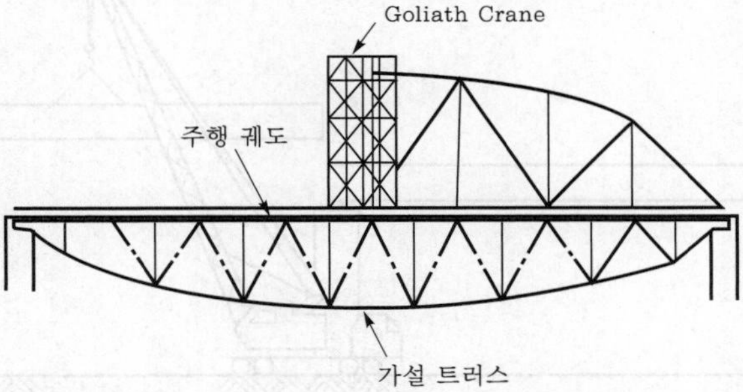

4) 캔틸레버식 공법(FCM)

① 동바리없이 교각 위에서 양쪽의 교측방향으로 한 블록씩의 Box Girder를 이어 나가면서 가설하는 공법이다.

② 장대 Span의 PC교 건설에 적합하다.

③ 시공속도가 빠르고, 시공정도가 높다.

④ 기상조건에 좌우되지 않고, 시공계획을 수립할 수 있다.

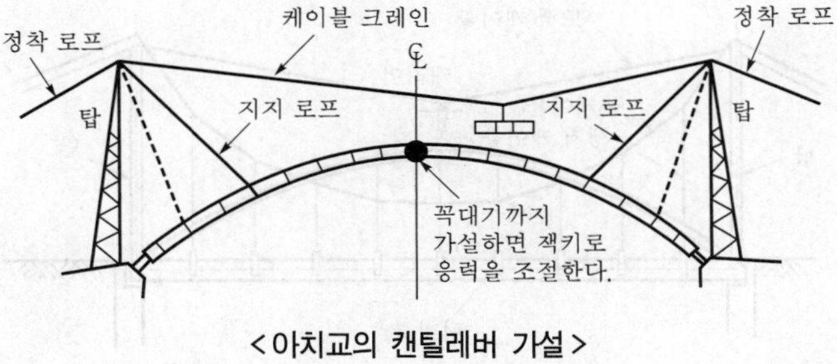

<아치교의 캔틸레버 가설>

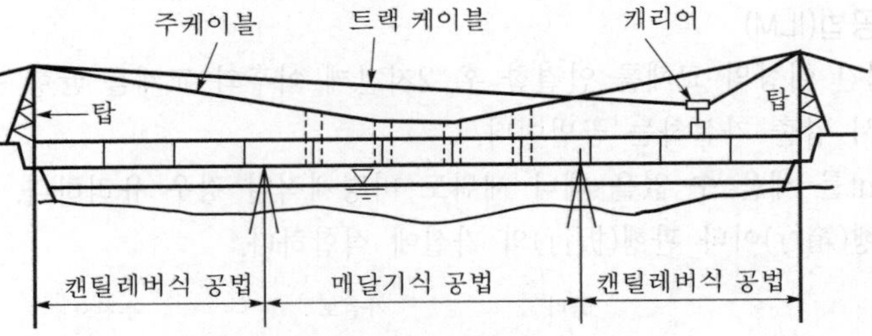

<3경간 연속형 캔틸레버식 공법>

5) Crane식 공법

① 보를 원칙적으로 한 지간 길이로 제작하여 대형 Crane으로 들어올려 놓는 공법이다.
② 공사속도가 빨라 경제성이 높다.
③ 안정성이 높다.
④ 보는 공장조립 또는 현장조립한다.

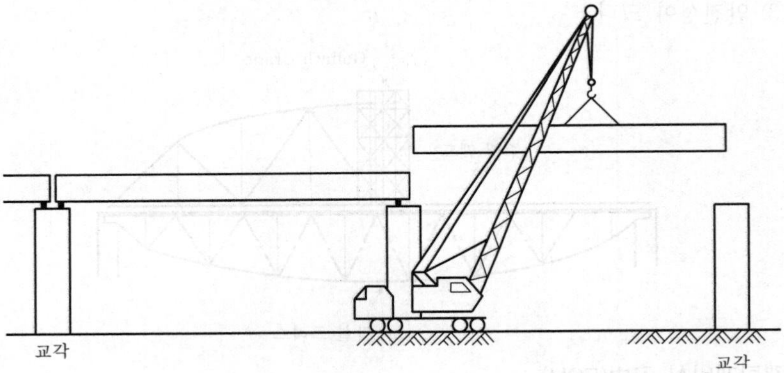

6) Cable식 공법

① 보를 Cable, Tower 등의 지지설비로 지지하면서 가설을 진행시키는 공법이다.
② Beam 가설 장소가 수상(水上)으로서 수심이 깊고, 유속이 빠를 때 사용된다.
③ Beam 부재의 지간내의 운반과 조립에는 Cable Crane을 사용한다.
④ 매달기식 공법과 경사매달기식 공법으로 분류한다.

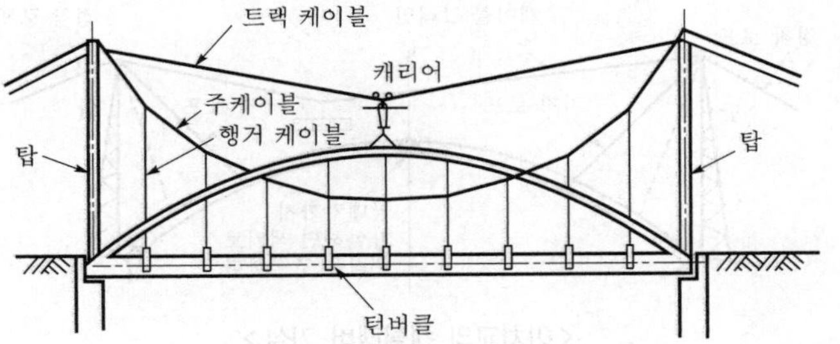

7) Lift Up Barge 공법

① 이미 제작된 Beam을 Barge 위의 가설탑에 얹어 놓고, Barge를 끌어 소정의 교각상에 이를 안치하는 방법이다.

② 콘크리트 Beam의 가설에도 이용된다.

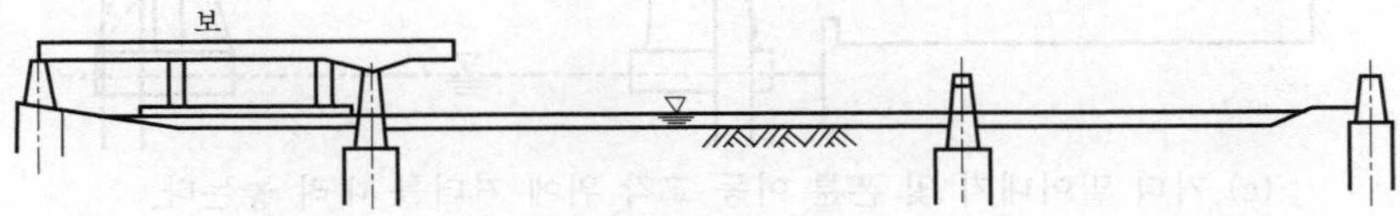

(a) 측경간 가설

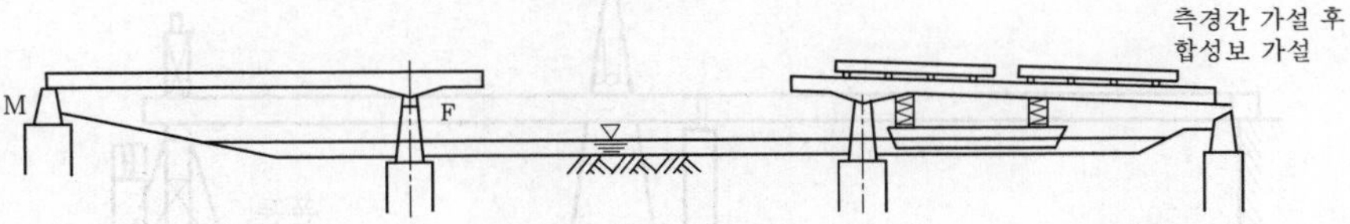

(b) 측경간 가설

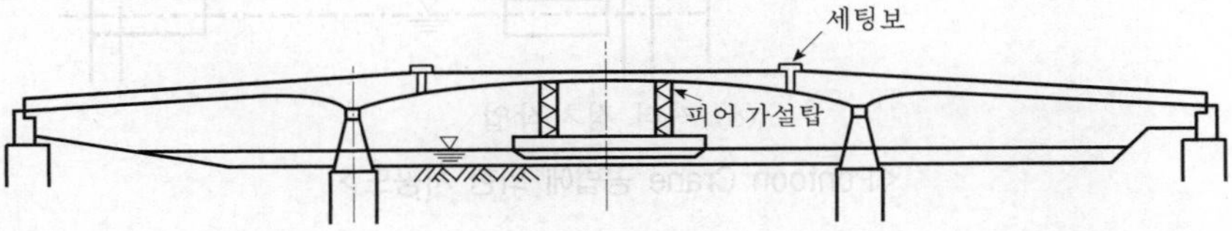

(c) 중앙경간 가설

<Lift Up Barge 공법에 의한 시공도>

8) Pontoon Crane 공법

① Pontoon과 Floating Crane에 의해 Girder를 가설하는 공법이다.

② 공기가 단축되고 경제적이다.

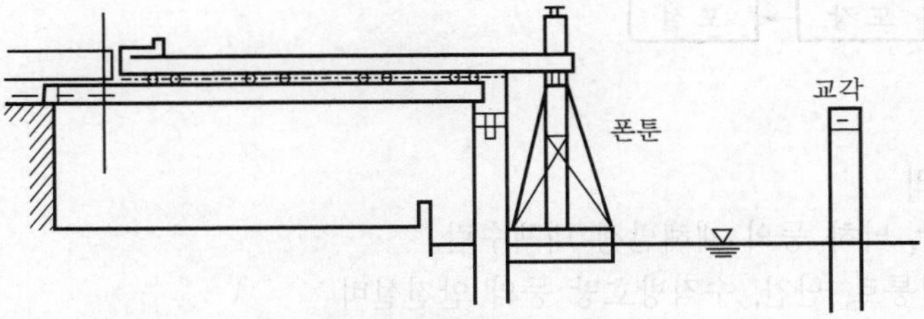

(a) 거더를 폰툰에 단다.

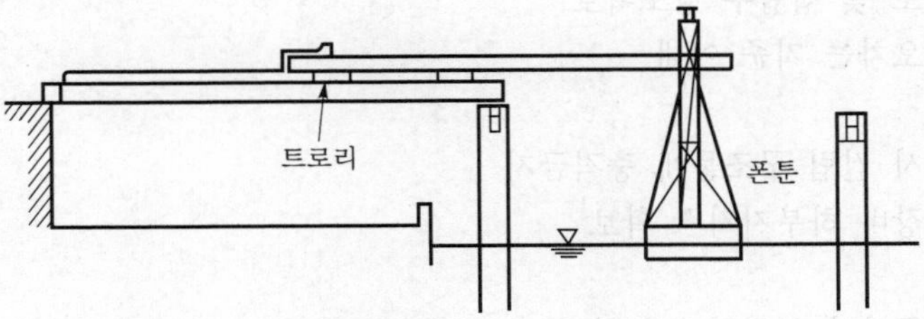

(b) 거더를 밀어낸다.

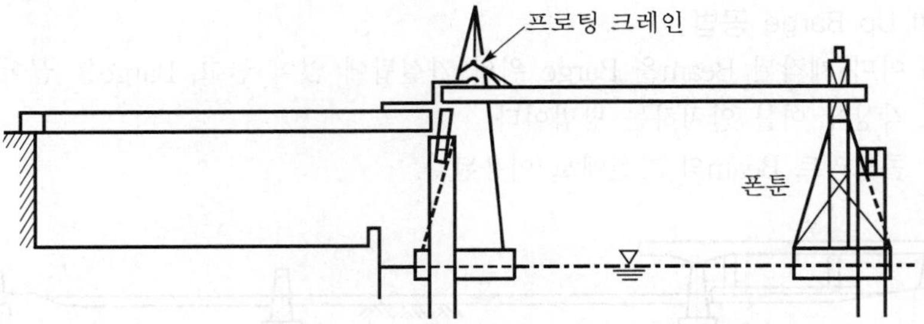

(c) 거더 밀어내기 및 폰툰 이동 교각 위에 거더를 내려 놓는다.

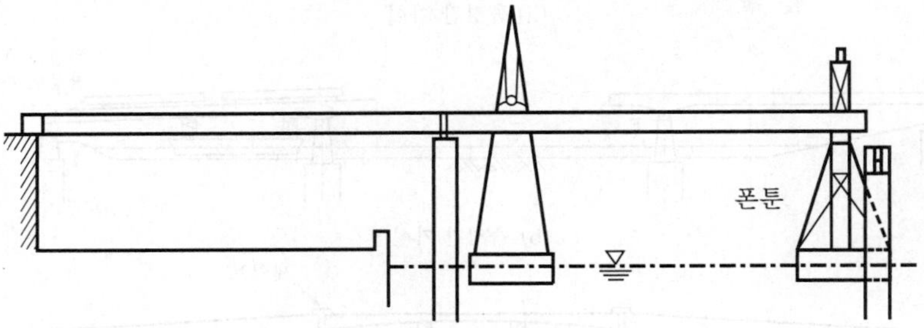

(d) 거더 정치작업

<Pontoon Crane 공법에 의한 시공도>

Ⅳ. 시공순서 Flow Chart

공장제작 : 원척도 → 본뜨기 → 변형 바로잡기 → 금매김 → 절 단 → 구멍뚫기 → 용 접 → 가조립 → 검 사 → 녹막이칠 → 운 반

가 설 : 변형검사 → 조 립 → 고장력 볼트 → 현장용접 → 받침설치 → 응력조정 → 도 장 → 포 설

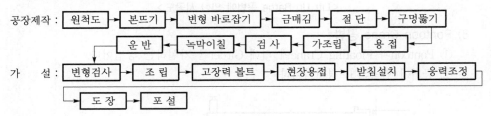

Ⅴ. 유의사항

1) 안전관리
   ① 추락, 낙하 등의 재해발생 대책수립
   ② 가설통로, 난간, 수직방호망 등의 안전설비
2) 품질관리
   ① 정밀도 및 접합부 강도확보
   ② 허용오차는 기준 이내
3) 장비
   ① 양중시 건립 구조물에 충격금지
   ② 양중장비 하부지지력 확보
4) 운반
   ① 제작공장과 설치현장의 위치
   ② 수송시간 및 거리

5) 설치

① 강재의 중심선, Level을 정확히 할 것

② 설치시 가설재를 활용하여 부재변형 방지

Ⅵ. 결론

① 강교 가설공사의 시공은 사전에 시공계획을 수립하여 제작공장과의 긴밀한 협의 하에 균일한 품질과 적정한 시공속도를 유지하도록 노력해야 한다.

② 현장작업시 고소작업으로 인한 재해예방 대책을 수립하여 안전관리에 철저를 기하고, 건설공해에 대한 공해방지 대책을 세워야 한다.

12 강교량의 가조립공사

Ⅰ. 개요

① 강교란 교량의 상부구조에 주로 강재를 사용하여 작용하는 하중에 저항할 수 있도록 제작설치된 교량을 말한다.

② 강교 시공과정에서의 가조립이란 공장에서 설계도면에 맞게 제작된 각각의 부재를 설치 전에 부재의 길이, 곡선형상, 가공정도를 판단하기 위하여 조립하는 과정을 말한다.

Ⅱ. 강교의 분류

① Steel Box Girder교 ② I형 Girder교
③ Steel Truss교 ④ 강상판교
⑤ 강Arch교

Ⅲ. 가조립 공사의 목적

① 설계도 및 시공상세도와 일치 여부 ② 원활한 현장설치
③ 시공착오 개선 ④ 제작부재 확인
⑤ 본설치작업 전 검측

Ⅳ. 강교의 시공순서

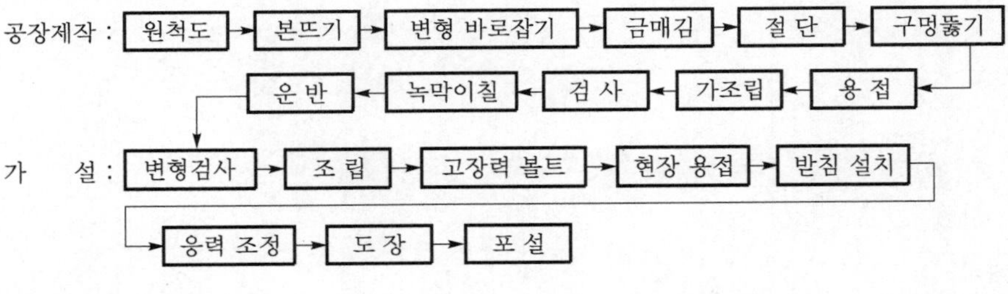

Ⅴ. 가조립시 유의사항

1) 부재의 지지

가조립을 할 때는 각 부재가 무응력 상태가 되도록 적당한 지지를 설치하여야 한다.

2) 현장 연결부처리

가조립시 현장 이음부를 정확히 유지하기 위하여 적어도 볼트구멍 수의 30% 이상의 볼트 및 드리프트 핀(Drift Pin)을 사용하여 이음핀을 밀접시켜야 한다.

3) 부재의 정밀도

① 부재의 정밀도는 다음 규정에 대응하는 허용치 이내가 되도록 한다.

② 현장 이음부에서 상대오차의 허용치를 어긋하게 한 것은 고장력 볼트 이음의 마찰면의 끝 엇갈림을 적게 하기 위한 것이다.

③ 각 부위별 정밀도

항목	판형, 상자형 들보, 강상판		트러스, 아치, 라멘		비고
부재높이	$H \le 2$m $2 < H \le 3$ $3 < H \le 4$ $4 < H \le 5$ ⋮	±4mm ±5mm ±6mm ±7mm ⋮	$H \le 1$m $H > 1$m	±2mm ±3mm	현장 이음부의 상대오차를 왼쪽값의 1/2로 한다.
플랜지폭	$W \le 1$m $W > 1$m	±2mm ±4mm	좌측과 동일		
부재길이	$L \le 10$m $L > 10$m	±3mm ±4mm	$L \le 10$m $L > 10$m	±2mm ±3mm	
압축부재의 구부러짐	–		$\delta = \dfrac{L}{1,000}$		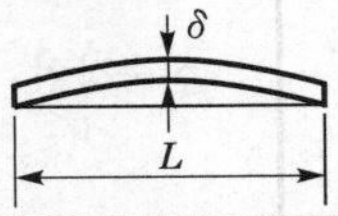

4) 가조립의 정밀도

① 강판의 평탄도

㉠ 강판의 평탄도는 용접에 의한 변위의 허용치를 표시한 것이다.

㉡ 강상판의 경우에는 포장에 대한 허용치로 하고, 복부판 등에서는 보강재 용접에 의한 변형의 한도로 한다.

② 현장 이음부 : 현장 이음부 사이는 우수, 먼지의 침입 축적을 방지하는 의미에서 될 수 있는 한 적게 한다.

③ 솟음 : 각 부재가 무응력 상태가 되도록 지지를 하여 가조립할 때의 값이다.

④ 신축장치 : 신축장치에는 직접 윤하중에 재하되므로 서로 맞지 않으면 충격이 증가되어 신축장치 그 자체나 들보와의 연결부 또는 상판의 파괴원인이 된다.

⑤ 각 항목별 정밀도

항목	판형, 상자형 들보, 강상판		트러스, 아치, 라멘		비고
강판의 평탄도	판형의 복부판	h/250mm 여기서, h : 복부판의 높이(mm)	플랜지 및 복부판	W/150mm 여기서, W : 접선의 간격	현장 이음부의 상대 오차를 왼쪽값의 1/2로 한다.
	상자형 들보, 플랜지 및 강상판	W/ 150mm 여기서, W : 리드간격 또는 부판 간격			
	플랜지의 직각도 1/100				
전장 · 지간	±(10+L/10)mm 여기서, L : 전장 또는 지간(m)				
보, 트러스의 중심간 거리	±{4(B−2)×0.5}mm 여기서, B : 설계 중심간의 거리(m)				

항목	판형, 상자형 들보, 강상판	트러스, 아치, 라멘	비고
현장 이음부의 간격	$\delta \leq 3$mm 여기서, δ : 우측 그림에서 δ_1, δ_2 중에서 큰 값		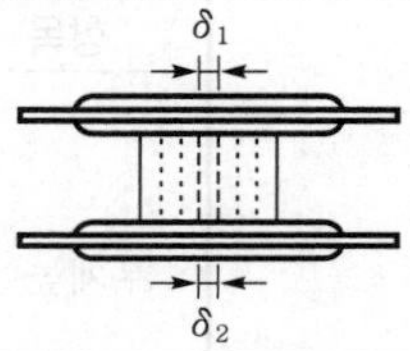
솟음	• $L \leq 20$: ±5mm • $20 < L \leq 40$: −5~±10mm • $40 < L \leq 80$: −5~+15mm • $80 < L \leq 100$: −5~+25mm 여기서, L : 지간장(m)		
신축장치	(길이의 차) • $L \leq 10$: −5~10mm • $L > 10$: −5~+5{10+(L−10)×0.5}(mm) 여기서, L : 신축장치의 길이 • 조합된 신축장치의 높이 차 : ±2mm • 핑거의 높이 차 : ±2mm		

5) 볼트의 공경

볼트의 공경은 마찰접합일 때 +2.5mm, 지압접합일 때 +1.5mm의 여유를 둔다.

볼트의 호칭(mm)	볼트의 공경(mm)	
	마찰접합	지압접합
M20	22.5	21.5
M22	24.5	23.5
M24	26.5	25.5

6) 볼트구멍의 허용오차

볼트구멍의 허용오차는 +0.3mm에서 +0.5mm 내로 하고, 한 볼트군의 20%에 대해서는 +1.0mm까지 인정할 수 있다.

볼트의 호칭(mm)	볼트의 허용오차(mm)	
	마찰접합	지압접합
M20	+0.5	+0.3
M22	+0.5	+0.3
M24	+0.5	+0.3

7) 볼트구멍의 엇갈림

① 마찰접합에서 재편을 조립한 경우 구멍의 엇갈림은 1.0mm 이하로 한다.

② 지압접합에서 재편을 조립한 경우 구멍의 엇갈림은 0.5mm 이하로 한다.

8) 볼트구멍의 관통률 및 정리율

구분	볼트의 호칭(mm)	관통 게이지(mm)	관통률(%)	정지 게이지(mm)	정지율(%)
마찰 접합	M20	21.0	100	23.0	80 이상
	M22	23.0	100	25.0	80 이상
	M24	25.0	100	27.0	80 이상

구분	볼트의 호칭(mm)	관통 게이지(mm)	관통률(%)	정지 게이지(mm)	정지율(%)
지압 접합	M20	20.7	100	21.8	100
	M22	22.7	100	23.8	100
	M24	24.7	100	25.8	100

Ⅵ. 결론

① 가조립공사는 강교의 제작 및 설치 전에 미리 조립하여, 현장설치시 발생된 문제점을 미리 점검하고 해결하므로 현장설치 작업이 용이하도록 하기 위함이다.

② 가조립순서에 따라 시공 정밀도를 확보하여 설계 형상대로 조립하며, 이상 발견시 미리 설계변경 등 조치를 취하여야 한다.

13 강교 시공순서

Ⅰ. 개요

① 상부구조(上部構造)의 시공에는 교량의 형식, 현장지형, 공기, 공사비 등에 따라 여러 가지 시공방법이 사용되고 있으나, 일반적으로 많이 사용되고 있는 공법은 강교(鋼橋)와 콘크리트교가 있다.

② 강교의 시공은 먼저 공장에서 제작하여 현장으로 운반 후 가설하는 바, 콘크리트교에 비하여 공기단축 · 경제성 · 안정성 등의 이점이 있다.

Ⅱ. 시공순서 Flow Chart

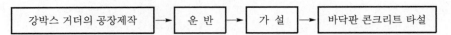

강박스 거더의 공장제작 → 운 반 → 가 설 → 바닥판 콘크리트 타설

Ⅲ. 강박스 거더의 공장제작

1) 구조

상하 플랜지와 복부판들이 폐단면으로 용접결합되어 휨모멘트, 전단력, 비틀림 모멘트에 저항하도록 되어 있다.

2) 종류

① 단실박스

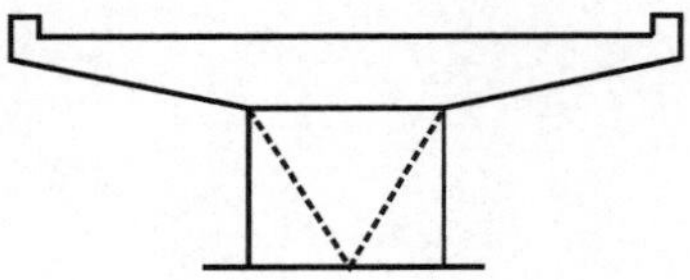

② 다중박스

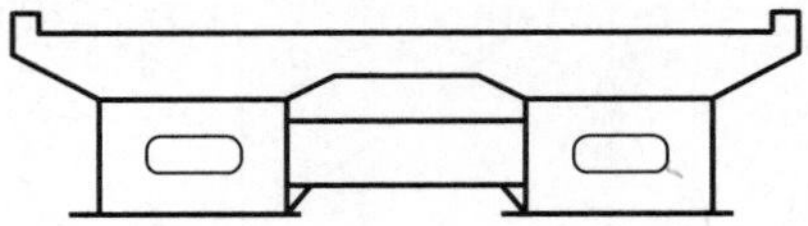

③ 다실박스

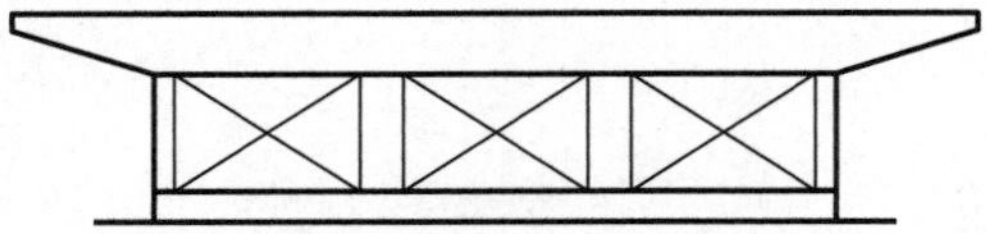

3) 제작방법

① **현장제작** : 구조물의 규격운반 특성상 공장제작이 어려울 때 현장에서 직접 가공 제작하는 것을 말한다.

② **공장제작** : 자동화 시설이 갖추어진 제작공장에서 모든 것을 제작하여 현장에서 조립만 할 수 있게 하는 것이다.

Ⅳ. 운반

1) 운반방법의 종류

① **육상운반** : 트럭, 트레일러, 특수 운반차 등을 이용한다.

② **해상운반** : Barge, 해상 Crane 등을 이용하여 운반한다.

2) 운반시 유의할 사항

① **사전조사** : 제작된 Steel Box Girder의 길이, 무게 등을 고려하여 도로사정, 곡선지역, 통행제한 등의 사전조사를 해야 한다.

② **변형방지** : 운반로의 급경사, 급커브 등에 따라 제작된 Steel Box Girder의 변형에 유의한다.

③ **저장**

㉠ 현장으로 운반된 Steel Box Girder의 저장은 지반이 견고하고, 용수가 없는 평탄한 곳에 하역하여 저장하여야 한다.

㉡ 토사 및 유수의 영향이 없는 곳에 적재하여야 한다.

④ **운반순서** : 현장에서 조립 설치하는 순서에 맞게 각 블록별로 번호를 부여하여 순서에 맞게 운반한다.

Ⅴ. 가설

1) 가설공법의 분류

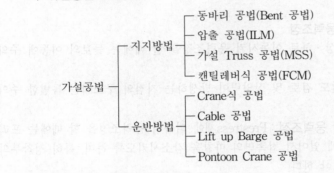

- 가설공법
  - 지지방법
    - 동바리 공법(Bent 공법)
    - 압출 공법(ILM)
    - 가설 Truss 공법(MSS)
    - 캔틸레버식 공법(FCM)
  - 운반방법
    - Crane식 공법
    - Cable 공법
    - Lift up Barge 공법
    - Pontoon Crane 공법

2) 가설공법 선정시 고려사항

① 교하높이

② 입지조건

③ 유수의 흐름, 수심

④ Steel Girder의 구조, 중량, 길이

⑤ 시공성, 경제성, 안전성

3) 가설시 응력과 변형의 검사

설계시에 고려한 시공법이나 시공순서가 바뀔 때, 새로 가설시의 응력과 변형을 검토한다.

4) 조립

① 부재의 접촉면은 조립 전에 청소를 실시한다.

② 가체결 볼트, Drift Pin의 합계는 볼트수의 1/2로 한다.

③ Drift Pin의 수는 구멍을 맞추기에 필요한 정도로 한다.

5) 고장력 볼트

① **종류** : TS Bolt, TS형 Nut, Grip Bolt, 지압형 Bolt

② 볼트의 조임 기구 : 토크렌치, 임펙트렌치, 유압렌치 등

③ 조임 검사 : Torque Test, Nut 회전법

6) 현장용접

① 기상이나 기후 등에 유의한다.

② 공장용접에 비해 엄격한 시공관리가 필요하다.

③ 용접에 따른 부재의 변형, 구속상태의 변화에 따른 영향에 대해 사전 검토가 필요하다.

④ 홈경사 정밀도, 홈경사부의 청소, 용접재료의 건조에 특히 유의한다.

7) 받침의 설치

① 설치시 하부구조의 측량결과와 상부구조의 가조립 결과 등을 근거로 오차를 확인하여 소정의 위치에 설치한다.

② 받침의 설계시 유의사항

㉠ 가 조립시와 가설시의 과도차에 의한 지간의 변화

㉡ 사하중 처짐에 의한 지간의 변화

8) 응력의 조정

① 가설 공법에 의한 응력조정

㉠ 들보의 지점을 상·하로 이동시켜 응력조정을 할 때에는 들보의 이동에 주의한다.

㉡ 동바리공의 안전도 검토 및 상양력이 발생하는 지점의 구조에는 특별한 주의를 요한다.

② Prestress재에 의한 응력조정 : Prestress재에 의하여 응력조정을 할 때에는 프리스트레스재 굴곡부에 있어서 접촉면의 마찰을 감소시키도록 하며, 특히 정착부의 시공을 확실히 하여야 한다.

9) 도장

① 도장조건 : 기온이 5℃ 이하일 때, 습기가 많을 때, 도장겉면이 굳기 전에 강우의 염려가 있을 때, 강재 표면에 습기가 차 있을 때는 도장을 하지 않는다.

② 녹 제거와 청소

㉠ 강재의 표면은 도장작업을 하기 전에 녹·먼지·기름 기타 불순물 등을 충분히 제거하고 청소한다.

㉡ 녹 제거를 완료한 강재 및 들보가 도장 전에 녹이 생길 우려가 있을시 Primer 등을 칠해둔다.

③ 현장도장

㉠ 공장도장을 한 부재표면, 이음부 부근 청소를 철저히 한다.

㉡ 운반 및 조립시에 벗겨진 도장면은 공장 도색과 같게 한다.

㉢ 도장은 하층의 도료가 완전 건조된 이후 상층부 도장을 한다.

Ⅵ. 바닥판 콘크리트 타설

1. 타설순서

1) 수평방향

구조상 Bottom Slab · Web · Deck Slab 3단계로 구분하여 타설한다.

2) 수직방향

① **시공 이음** : 정(+), 부(−) Moment가 교차하는 지점에 시공 이음을 둔다.

② **타설순서** : 타설순서는 중앙에서 좌우 대칭으로 실시하며 다음 순서로 한다.
중앙 ⊕M ⟶ 양쪽 ⊕M ⟶ 중앙 ⊖M ⟶ 양쪽 ⊖M

3) 타설순서 결정이유

① **처짐방지** : 중앙부의 동바리가 가장 많이 처지므로 좌우 대칭으로 Con'c를 타설한다.

② **균열방지** : 지점부의 Con'c 건조수축과 동바리 침하로부터 발생하기 쉬운 균열방지를 위하여 마지막에 지점부의 Con'c를 타설한다.

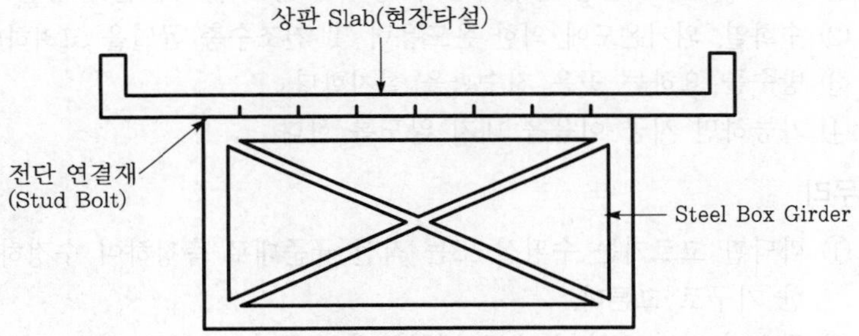

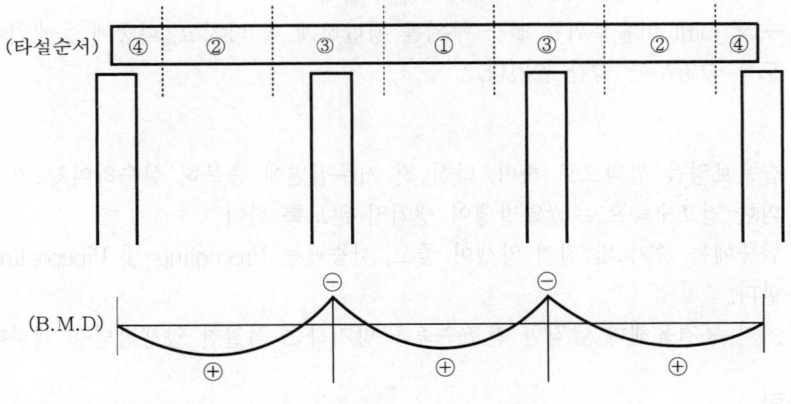

2. Con'c 타설

① Con'c의 타설시 재료분리가 일어나지 않게 타설순서를 미리 계획하고, 높이는 최소로 유지한다.

② 타설시 철근 및 거푸집 등의 변형에 유의하고, 거푸집 구석 모서리까지 밀실하게 충진되도록 한다.

③ 진동기의 삽입간격은 500mm 이하로 하고, 진동을 가할 때에는 콘크리트의 윗면에 Cement Paste가 떠오를 때까지 실시해야 한다.

3. 시공 이음처리

1) 수평시공 이음

① 구조물의 강도상 영향이 적은 곳에 설치하고, 필요시 지수판을 설치한다.
② Cold Joint에 유의하여 이음면은 부재의 압축력을 받는 방향에 직각으로 설치한다.
③ 이음면의 Laitance 등은 솔 또는 Water Jet로 청소하고, 시멘트 Paste 등을 발라 밀실하게 한다.
④ 이음길이와 면적이 최소화되는 곳 및 1회 타설량과 시공순서에 무리가 없는 곳을 택하여 설치한다.
⑤ 이음개소는 먼저 부어넣은 콘크리트에 충격·균열 등의 손상을 주지 않게 주의하여 다진다.

2) 수직시공 이음

① Cold Joint로 인한 불연속층이 생기지 않도록 이음면은 충분히 청소한다.
② 수화열, 외기온도에 의한 온도응력 및 건조수축 균열을 고려하여 위치를 결정한다.
③ 방수를 요하는 곳은 지수판을 설치한다.
④ 가능하면 시공 이음을 내지 않도록 한다.

4. 마무리

① 바닥판 고르기는 수평실 또는 직선 규준대로 측정하여 수정하고, 각재 등의 적당한 기구로 고른다.
② 필요에 따라 흙손 등으로 매끈하게 고른다.
③ 수직 Joint 이음부위는 철근 주위를 평탄하게 잘 다지고, 나중에 물씻기에 편리하도록 중앙부는 약간 높인다.

5. 양생

① 습윤보양을 원칙으로 하며, 타설 전 거푸집면에 충분히 살수하여 초기 수화열에 의한 건조수축으로 균열발생이 생기지 않도록 한다.
② 한중에는 증기 및 전기 양생이 좋고, 서중에는 Precooling 및 Pipecooling을 고려한다.
③ 초기 동결융해나 급격한 건조수축을 방지하는 적절한 양생방법을 택한다.

Ⅶ. 유의사항

1) 안전관리

① 강교 가설공사는 중량물 취급 및 고소 작업으로서 추락, 낙하 등의 재해발생 여지가 많기 때문에 안전대책을 세워야 한다.
② 안전설비에는 가설통로, 난간, 수직·수평 방호망 등이 있고, 안전모 착용과 지상 2m 이상 작업시 안전벨트를 사용한다.

2) 품질관리

① 강교 가설공사의 품질은 정밀도 및 접합부 강도가 확보되어야 한다.

② 허용오차(Tolerance)는 기준 이내가 되어야 한다.

3) 공해

① 강재 접합시 소음 및 진동 공해

② 도장작업시 페인트 및 용제의 비산으로 발생하는 공해

③ 중량물, 장척물 운반시 교통장애 등이 있다 .

4) 기상

① 강교 가설공사는 현장 가설시 기상조건에 많은 영향을 받는다.

② 비, 바람, 눈오는 날은 물론 습기나 안개가 많은 날에도 강재면은 미끄럽고, 감전 사고 위험이 있으므로 작업을 하지 않는 것이 바람직하다.

5) 장비

① 양중시 건립 구조물에 충격 금지

② 양중장비 하부 지지력 확보

6) 원척시

① 원척작업장은 바닥상태 · 기상영향 · 바닥변형 · 사용기간 · 교통장애 등을 고려한다.

② 강재의 형상 · 치수 · 물매 · 구부림 정도를 고려한다.

7) 용접시

① 사전예열, 용접재료 관리 및 건조 상태

② 개선면 정밀여부와 청소상태

③ 잔류응력, 기온, 온도, 기후 등을 고려한다.

8) 고장력 볼트

① 볼트는 사용시 필요량만 반출할 것

② 마찰접합인 경우 휨방지를 위해 죄임순서를 준수한다.

③ 최종 체결은 강우 · 강풍시에는 금지한다.

9) 사전조사

① 제작, 운반, 양중 및 현장가설 작업시의 용이

② 설계도서 및 기상조건, 지반조사, 양중장비의 용량 등을 조사한다.

10) 운반

① 제작공장과 설치현장의 위치

② 수송 시간 및 거리

③ 중량제한(교량 · 도로)

④ 길이 · 폭 · 용적의 제한(육교 · 터널)

11) 녹막이칠 금지

① Con'c에 밀착, 매입되는 부분

② 조립, 접합에 의해 밀착되는 부분

③ 현장 용접부위의 양측 100mm 이내

④ 고력 볼트 마찰면

12) 설치시

① 강재의 중심선, Level을 정확히 한다.

② 설치시 가설재를 활용하여 부재변형을 방지한다.

13) 양생

① 폭풍 기타 하중에 대하여 임시 가새, 당김줄로 보강 고정한다.

② 외력, 집중하중으로부터 보호에 유의한다.

14) Anchor Bolt

① 먹매김이 불가능하므로 Transit를 이용하여 조절한다.

② 철근 배근시 Anchor Bolt 위치와 중복되지 않게 철근을 배근한다.

③ Anchor Bolt는 4개를 1조로 서로 간격에 맞게 일체화한 후 설치한다.

15) Base Mortar

① 모르타르 경화시까지 진동·충격을 금지한다.

② 무수축 모르타르 혹은 팽창 모르타르를 사용하여 건조수축을 방지한다.

③ 모르타르 바름두께는 30~50mm 정도로 한다.

Ⅷ. 결론

① 강교 가설공사의 시공은 사전에 시공계획을 철저히 수립하여 제작공장과의 긴밀한 협의하에 균일한 품질과 적정한 시공속도를 유지하도록 노력해야 한다.

② 현장작업시 고소작업으로 인한 재해예방 대책을 수립하여 안전관리에 철저를 기하고, 건설공해에 대한 공해방지 대책을 세워야 한다.

14 강구조 연결방법

Ⅰ. 개요

① 강구조는 연결부의 소요강도 확보와 응력이 무엇보다 중요하며, 연결시 충분한 강도, 시공성, 안전성, 경제성을 고려하여 적절한 공법을 선정해야 한다.

② 연결 공법에는 Bolt, Rivet, 고력 Bolt, 용접, Pin 등이 있으며, 필요에 따라 서로 병용할 수 있으며, 최근 연결 공법의 개발이 급속히 발전하고 있다.

Ⅱ. 연결부의 구비조건

① 응력전달이 확실할 것

② 각 재편에 편심이 작용하지 않을 것

③ 응력집중이 일어나지 말 것

④ 잔류응력이 없을 것

Ⅲ. 연결방법의 종류

① Bolt ② Rivet ③ 고력 Bolt

④ 용접 ⑤ Pin

Ⅳ. 강구조 연결방법

1. Bolt

1) 정의

① 지압에 의해 응력이 전달되는 방식으로 충격 진동 개소에는 사용치 않는 것이 좋다.

② 종래에는 가끔 사용되었으나, 토목용으로는 거의 사용치 않고 있으며, 근래에는 고장력 Bolt가 사용되고 있다.

2) 장점

① 해체가 용이하며, 시공이 간편

② 주로 지압 이음에 이용

3) 단점

① 진동시 풀리는 경우

② 볼트축과 구멍 사이에 공극발생

2. 리벳

1) 정의

미리 부재에 구멍을 뚫고, 가열된 Rivet을 Joe Riveter나 Pneumatic Riveter로 충격을 주어 연결하는 방법

2) 장점

① 인성이 큼 ② 보통 구조에 사용하기 간편

3) 단점
① 소음발생, 화재위험
② 노력에 비해 적은 효율
③ 공장과 현장과의 품질의 현저한 차이

4) Rivet 종류
① 둥근 머리리벳 ② 민머리리벳
③ 평리벳 ④ 둥근 접시머리리벳

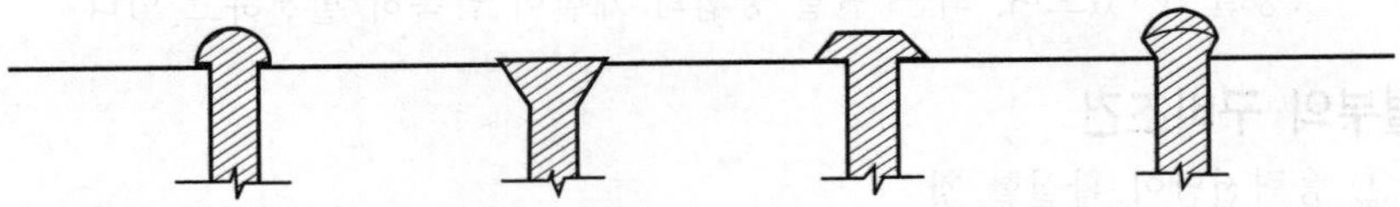

(a) 둥근 머리리벳 (b) 민머리리벳 (c) 평리벳 (d) 둥근 접시머리리벳

<리벳의 종류>

5) Rivet 구멍지름

공칭축 직경(d)	구멍지름(D)
$d < 20$	D+1mm
$d \geqq 20$	D+1.5mm

6) Rivet 치기
① 치기 기계 : Joe Riveter, Pneumatic Rivetting Hammer
② 가열온도 : 보통 900~1,000℃
③ 소요인원 : 3인이 1조로 하고, 접합부, 가새, 귀잡이 순으로 친다.

7) 불량 Rivet
① 헐거운 것, 리벳머리가 갈라진 것
② 모양이 부정한 것과 밀착되지 않은 것
③ 축심 불일치, 머리의 밀착부족

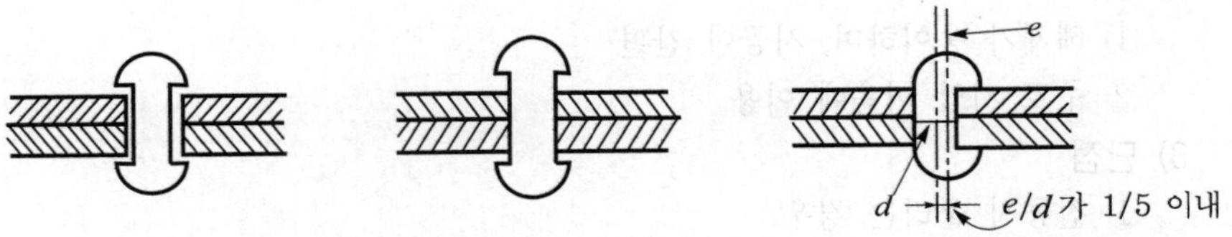

(a) 체결 부족 (b) 머리의 밀착 부족 (c) 두심과 축심의 불일치

<불량 Rivet>

8) 시공시 유의사항
① 강우, 강설, 강풍시 작업중단
② 초과가열 금지
③ 재Rivetting시 주변이 이완되지 않도록 한다.

3. 고력 Bolt

1) 정의

고탄소강 또는 합금강을 열처리한 항복강도 700MPa 이상, 인장강도 900MPa 이상의 고력 Bolt를 조여서 부재간의 마찰력으로 연결하는 방식이다.

2) 특징

① 장점

㉠ 연결부 강도가 크다.

㉡ 강한 조임으로 Nut 풀림이 없다.

㉢ 응력집중이 적고, 반복응력이 강하다.

㉣ 시공간단, 공기단축, 성력화

② 단점

㉠ 숙련공 필요

㉡ 시공 기계가 단순하여 능률저하

㉢ 고소작업, 검사의 어려움

3) 접합방식

① 마찰접합

㉠ Bolt 조임력에 의해 생기는 접착면에 마찰내력으로 힘을 전달하는 방식

㉡ Bolt 축과 직각방향으로 응력전달

㉢ 접합면이 밀착되지 않으면 전단접합과 같은 힘 전달

② 인장접합

㉠ Bolt축 방향의 응력을 전달하는 소위 인장형의 접합방식

㉡ Bolt의 인장내력으로 힘 전달

③ 지압접합

㉠ 부재 사이의 마찰력과 Bolt의 지압 내력에 의해 힘 전달

㉡ Bolt축과 직각으로 응력작용

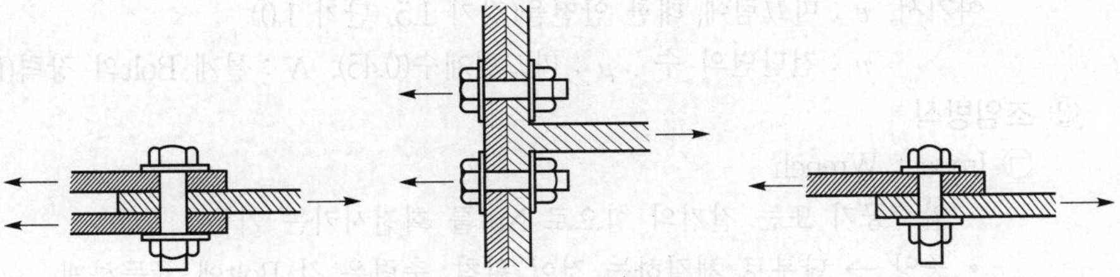

(a) 마찰접합 (b) 인장접합 (c) 지압접합

<Bolt의 접합방식>

4) 고장력 Bolt의 종류

① T.S(Torque Shear) Bolt

㉠ 나사부 선단에 6각형 단면의 Pin-Tail과 Break Neck으로 형성된 Bolt

㉡ 조임토크가 적당한 값에서 Break Neck 파단

② T.S형 Nut

㉠ 표준 너트와 짧은 너트가 Break Neck으로 결합된 Nut

㉡ 특수 Socket를 사용, 짧은 너트쪽에 토크를 가하면 Break Neck 파단

③ Grip Bolt

㉠ 큰 인장홈을 가진 Pin－Tail과 Break Neck으로 형성된 Bolt

㉡ 나사가 아니라 바퀴모양의 홈으로 Bolt와 다름

㉢ 조임의 확실성, 검사 용이

④ 지압형 Bolt

㉠ 축부에 파진 홈이 붙은 Bolt

㉡ 축경보다 약간 적은 Bolt 구멍에 끼우며 너트를 강하게 조이는 방식

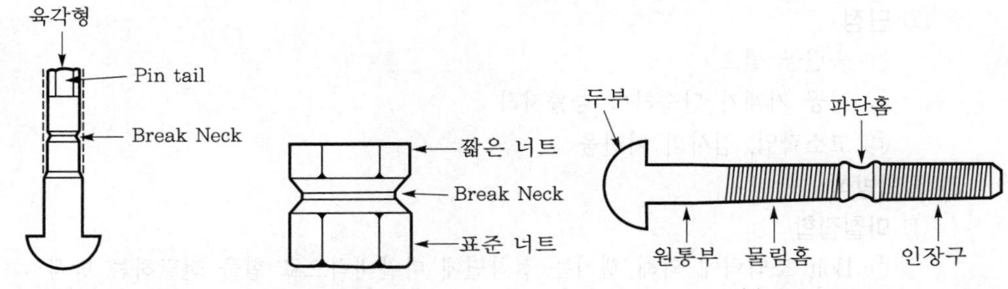

<고장력 Bolt의 종류>

5) 조임방식

① 마찰면 처리

㉠ 와셔지름의 2배만큼 청소(녹, 오염, 기름, 먼지)

㉡ Scale(검정녹) 제거

㉢ Bolt의 허용내력 : $R = \frac{1}{v} n\mu N$

여기서, v : 미끄럼에 대한 안전율(장기 1.5, 단기 1.0)

n : 전단면의 수 , μ : 미끄럼계수(0.45), N : 설계 Bolt의 장력(kN)

② 조임방식

㉠ Impact Wrench

- 압축공기 또는 전기의 힘으로 Nut를 회전시키는 기구
- 중앙 → 단부로 체결하는 것이 원칙, 축력은 각 Bolt에 균등하게
- 1차 조임은 70%, 2차 조임은 규정치까지

㉡ Torque Control법

- 시공 전 축력계 사용, Torque Moment 측정
- 일정한 토크 모멘트로 Nut을 회전시켜 조임
- Torque치 : $T = Kdn$[N · m]

여기서, K : 토크 계수치(0.2), d : 볼트 축지름(mm)
n : 볼트 체결력, 축력(kN)

㉢ Nut 회전법 : Nut 회전량과 볼트 축력과의 관계를 이용한 것으로 2회 조임을 하며, 1차 조임 완료 후, 2차 조임시 Nut를 120° 회전시키는 방식

6) 조임검사

① Torque Test

㉠ 1조에 Bolt 6개소 이하이면 1개 검사

㉡ 1조에 Bolt 7개소 이상이면 2개 검사

㉢ 규정 Torque치 90~110% 합격

② Nut 회전법

㉠ 2차 조임 완료 후, 1차 조임 후에 표시한 금매김에 의해 소요 Nut 회전량을 육안으로 검사

㉡ 1차 조임 후, 2차 조임시 Nut의 회전량이 120°±30°의 범위에 있는 것은 합격

㉢ 이 범위를 넘어선 Bolt는 교체하며, Nut의 회전량이 부족할 때는 소요 Nut 회전량까지 조임

7) 시공시 유의사항

① 조임순서 준수

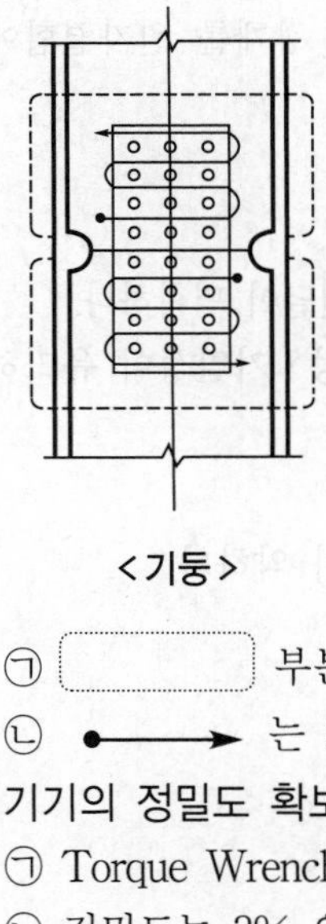

<기둥>

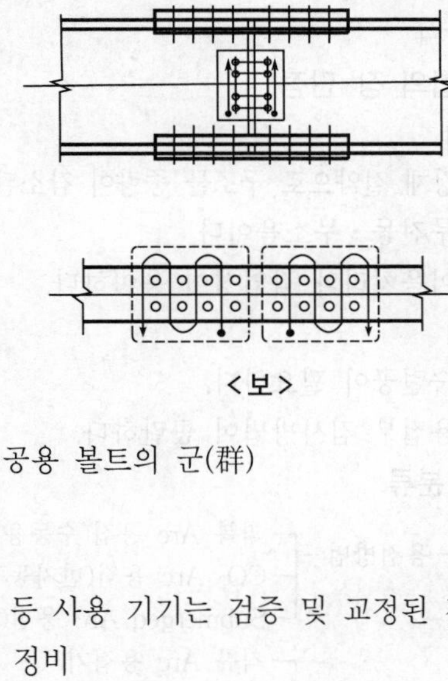

<보>

㉠ 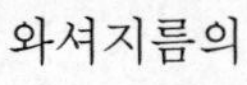 부분은 조임 시공용 볼트의 군(群)

㉡ 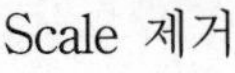 는 조이는 순서

② 기기의 정밀도 확보

㉠ Torque Wrench 및 축력계 등 사용 기기는 검증 및 교정된 것 사용

㉡ 정밀도는 3% 오차범위내로 정비

③ 마찰면 처리

㉠ 와셔지름의 2배만큼 청소 : 녹, 오염, 기름, 먼지 등을 제거

㉡ Scale 제거

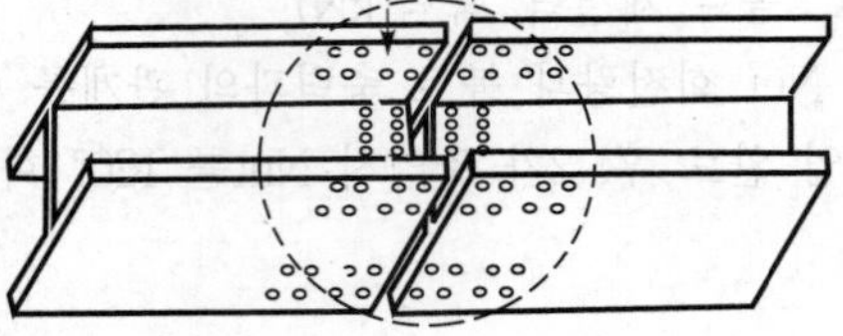

④ 시공의 정밀도 확보 : 틈이 있는 경우 끼움판을 시공하여 시공의 정밀도 확보

⑤ 볼트구멍 수정

㉠ 철골공사에서 구멍뚫기를 한 부재를 조립할 때, 각 재의 구멍이 일치하지 않을 경우 Reamer로 구멍 주위를 보기 좋게 가심(reaming)하는 작업

㉡ 부재를 3장 이상 겹칠 때에는 소요 구멍의 지름보다 1.5mm 정도 작게 뚫고, Reamer로 조정하기도 함

㉢ Reaming 작업시 구멍의 최대 편심거리는 1.5mm 이하로 유지

⑥ 기상작용

㉠ 기온이 5℃ 이하인 경우 작업중지 ㉡ 최종 체결은 강우, 강풍시 금지

4. 용접

1) 정의

강구조의 용접접합은 짧은 시간 내에 국부적으로 두 강재를 원자결합에 의해 접합하는 방식

2) 용접접합의 장·단점

① 장점

㉠ 강재 절약으로 구조물 중량이 감소된다. ㉡ 응력전달이 명확하다.

㉢ 무진동 · 무소음이다. ㉣ 수밀성 · 기밀성이 유리하다.

㉤ 이음처리와 작업성이 용이하다.

② 단점

㉠ 숙련공이 필요하다. ㉡ 인성이 약하다.

㉢ 용접부 검사방법이 곤란하다.

3) 접합의 분류

- 접합
  - 용접방법
    - 피복 Arc 용접(수동용접, 손용접)
    - CO_2 Arc 용접(반자동 용접)
    - Submerged Arc 용접(자동 용접)
  - 용접기기
    - 직류 Arc 용접기
    - 교류 Arc 용접기
    - 반자동 Arc 용접기
    - 자동 Arc 용접기
  - 이음형식
    - 맞댐용접(Butt Welding)
    - 모살용접(Fillet Welding)

4) 용접별 특징

① 용접방법

㉠ 피복 Arc 용접(수동용접, 손용접)

- 모재와 전기의 전극과의 사이에 발생시킨 Arc 열에 의해 용접봉을 용융시켜 모재를 용접해가는 방법이다.
- 설비비가 싸고, 간편하다.
- 작업능률이 나쁘고, 용접봉을 갈아 끼워야 한다.
- 기계화 작업이 어렵다.

㉡ CO_2 Arc 용접(반자동 용접)

- CO_2로 Shield 해서 작업하는 능률적인 반자동 용접방법으로 자동 용접에 비하여 기계 설치가 비교적 간단한 방법이다.
- 용입이 깊고, 용접속도가 비교적 빠르다.
- 용접시공이 용이하며, 결함 발생률이 낮다.
- 경제적이다.

㉢ Submerged Arc 용접(자동 용접)

- 이음 표면선상에 플럭스(Flux)를 쌓아올려 그 속에 전극 와이어를 연속하여 송급하면서 용접하는 방법이다.
- 대전류를 사용하여 용융속도를 높여 고능률 용접이 가능하다.
- 자동 용접이므로 안정된 용접과 이음의 신뢰도가 향상된다.
- 설비비가 많이 들며, 용접의 양부를 확인하면서 작업진행이 곤란하다.

② 용접기기

㉠ 직류 Arc 용접기

- 교류 전원이 있을 때는 보통 3상 교류 유도 전동기에 직류 발전기를 직결하여 사용
- 전원이 없을 때에는 가솔린 또는 디젤엔진과 직류 발전기를 직결하여 사용

㉡ 교류 Arc 용접기

- 교류 전원(220V, 110V 단상)을 용접작업에 적당한 특성을 가진 저전압 내 전류로 바꾸는 일종의 변압기
- 교류기는 값이 싸고, 고장이 적어 많이 사용

㉢ 반자동 Arc 용접기

- 용접봉은 용접 숙련공의 손으로 운봉하는 것은 수동용접과 유사하나 봉의 내밀기를 자동화한 것으로서 코일상의 와이어 사용
- 플럭스(Flux)를 와이어의 심에 혼합시킨 복합 와이어 사용
- 플럭스를 쓰지 않고, 실체 와이어를 쓰고, 탄산가스 등의 불활성가스로 Shield

㉣ 자동 Arc 용접기

- 자동 Arc 용접기는 용접봉의 내밀기, 이동 등을 기계로 작동
- Submerged Arc Welding Method에 사용

- 용접봉은 Coil로 되어 있는 것을 사용
- 피복재 대용으로 분말 플럭스(Flux) 이용

③ 이음형식

㉠ 맞댐용접(Butt Welding)

- 접합재의 끝을 적당한 각도로 개선하여, 서로 접합부재를 맞대어 홈에 용착 금속을 용융하여 접합
- 홈의 종류 : H, I, J, K, U, V, X형
- 판두께 6mm 이하에는 I형 접합이 적합

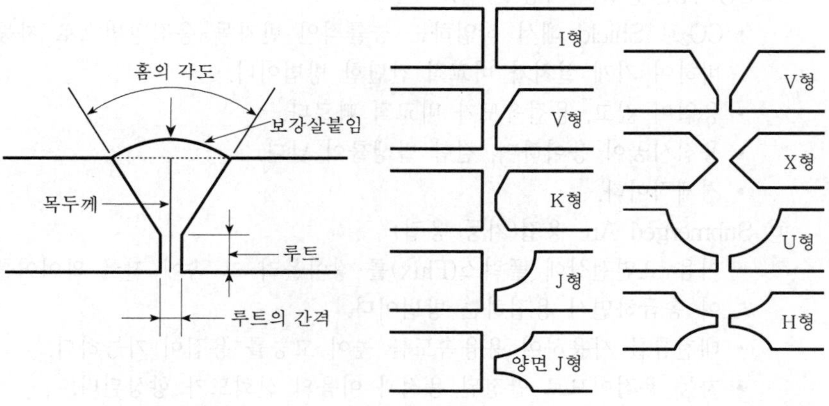

<개선의 형태>

㉡ 모살용접(fillet welding)

- 두 장의 강판을 직각 또는 60~90°로 겹쳐 모서리 부분을 용접금속으로 접합시키는 방법
- 이음의 종류는 겹침 이음, T형 이음, 모서리 이음, 끝동 이음(단부 이음)
- 용접법 종류는 연속모살, 단속모살, 병렬모살, 엇모모살

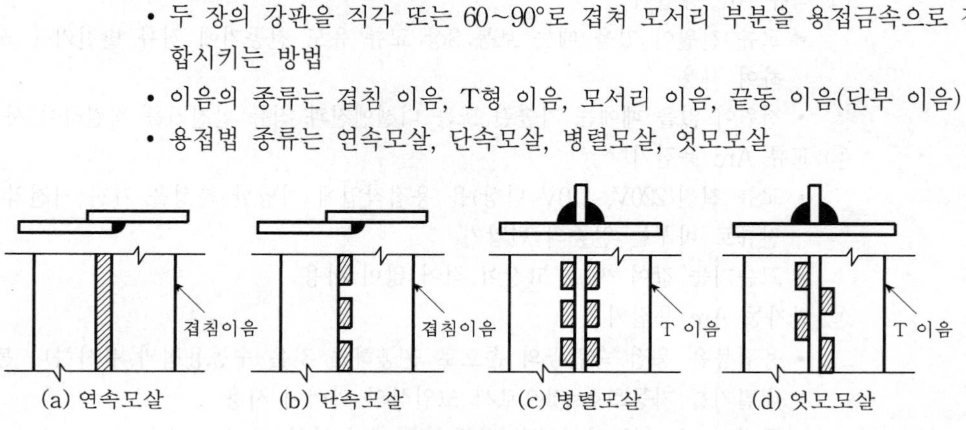

<모살용접법의 종류>

5. Pin 접합

① 접합 부분이 회전하므로서 휨모멘트는 전달하지 않고 전단과 축압력만을 전달하는 방법으로 Truss 단부나 주부에 사용된다.

② 일종의 Hinge 접합으로 자유로이 회전하는 접합이다.

Ⅴ. 결론

① 강구조 연결 공법은 시공하고자 하는 구조물의 내구성과 밀접한 관계가 있어 적정한 공법선정이 필요하며, 시공시 품질관리가 무엇보다 중요하다.

② 연결부 소요강도를 확보하기 위하여 시공의 기계화, Robot화가 필요하며, 신속한 검사가 가능한 기기를 개발해야 한다.

15 용접결함 원인 및 방지대책

Ⅰ. 개요

① 용접접합은 짧은 시간 내에 국부적으로 두 강재를 원자결합에 의해 접합하는 방식으로 재료, 운봉, 용접봉, 전류 등 여러 가지 외적 영향에 의해 결함이 발생한다.

② 용접부의 결함은 구조물의 내구성을 저하시키고 접합부의 응력에 대한 강도를 상실시키므로 결함방지를 위하여는 시공시 결함의 종류를 파악하여 원인을 분석하고 품질관리를 철저히 하여야 미연에 방지할 수 있다.

Ⅱ. 용접결함의 종류

1) Crack

용착금속과 모재에 생기는 균열로서 용접결함의 대표적인 결함

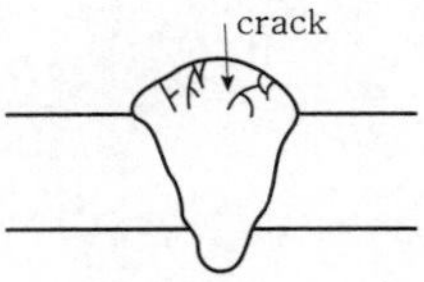

2) Blow Hole

용융금속 응고시 방출가스가 남아 길쭉하게 된 구멍이 남아 혼입되어 있는 현상

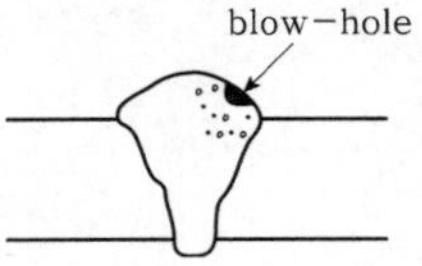

3) Slag 감싸돌기

용접봉의 피복제 심선과 모재가 변하여 Slag가 용착금속 내 혼입된 것

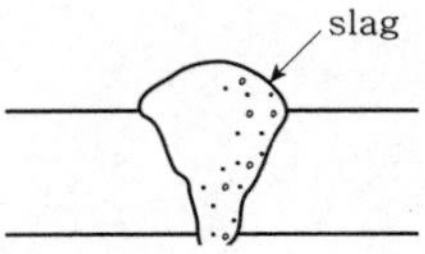

4) Crater

용접시 Bead 끝에 항아리 모양처럼 오목하게 파인 현상

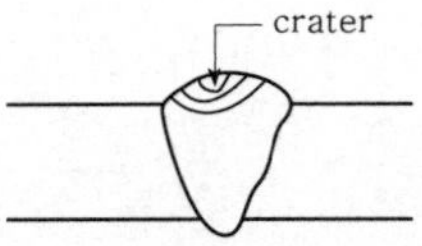

5) Under Cut

과대전류 혹은 용입불량으로 모재표면과 용접표면이 교차되는 점에 모재가 녹아 용착금속이 채워지지 않은 현상

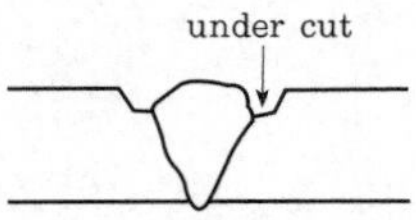

6) Pit

작은 구멍이 용접부 표면에 생기는 현상

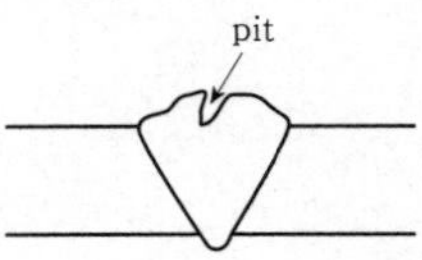

7) 용입불량

용입깊이가 불량하거나 모재와의 융합이 불량한 것

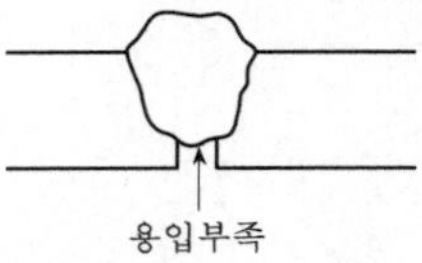

8) Fish Eye

Blow Hole 및 혼입된 Slag가 모여서 둥근 은색 반점이 생기는 결함 현상

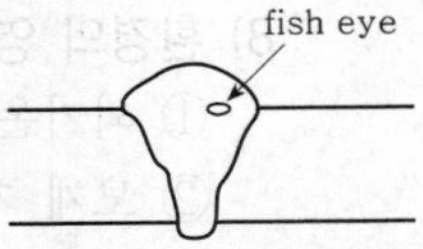

9) Over Lap

겹침이 형성되는 현상으로서, 용접금속의 가장자리에 모재와 융합되지 않고 겹쳐지는 것

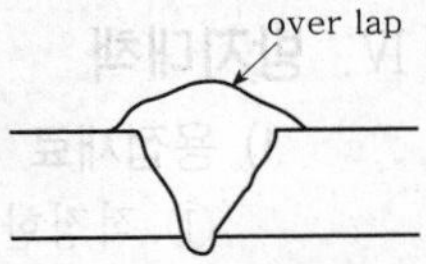

10) Over Hung

상향 용접시 용착금속이 아래로 흘러내리는 현상

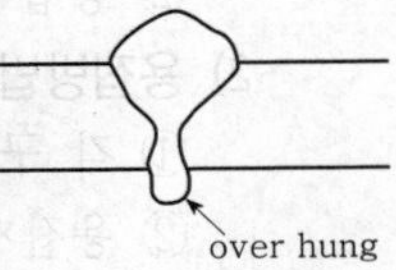

11) Throat(목두께) 불량

용접단면에 있어서 바닥을 통하는 직선으로부터 잰 용접의 최소두께가 부족한 현상

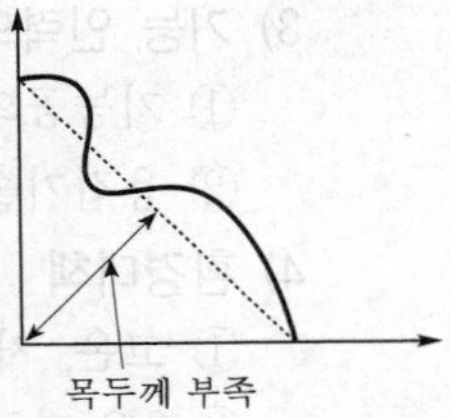

Ⅲ. 용접결함의 원인

1) 모재의 열팽창

① 강재의 용융점은 1,500℃이므로 용접시 용융금속의 영향으로 팽창

② 팽창된 모재가 응고시 원상태로 회복하지 못할 경우

2) 모재의 소성변형

① 용접열에 의한 굳는 과정의 온도차이로 인한 변형

② 용접열의 Cycle의 차이로 인한 발생

3) 냉각과정의 수축

① 용착금속이 냉각할 때 수축하여 변형

② 외기의 영향 또는 인접 용접시 온도의 영향으로 수축상태 변화

4) 모재의 영향

① 개선 정밀상태에서 용착금속의 두께, 면적 등의 차이

② 모재의 강성여부, 모재가 얇을수록 변형이 큼

5) 용접시공의 영향

① 용접시공시 숙련상태에 따라 변화

② 동일한 자세로 열의 변화를 최소화 하고, 동일한 속도로 용접속도 유지

6) 잔류응력

용접순서, 자세, 방법 등에 의한 선작업된 용접부의 잔류응력이 연결된 후 작업이 미치는 영향으로 변형 발생

7) 용접 순서·방법

① 용접순서와 방법에 따라 응력발생이 변화

② 변형의 영향이 큼

8) 환경의 영향
① 외기온에 의한 용접열 Cycle 과정에서 모재의 소성 변형
② 모재 자체와 용접부위와의 온도차이로 인한 응력 발생

Ⅳ. 방지대책

1) 용접재료
① 적정한 용접봉을 선택하여 사용
② 용접봉은 저수소계 제품을 사용, 보관 취급에 주의, 용접봉 건조

2) 용접방법
① 각 구조물에 대한 적절한 용접성을 고려하여 용접방법 선정
② 용접자세 및 개선부 유지

3) 기능 인력의 숙련도
① 기능공의 숙련도를 측정하여 적절한 배치
② 용접기술 교육 및 작업 전에 용접시 유의사항에 대한 지침 전달

4) 환경대책
① 고온, 저온, 고습도, 강풍, 야간시 작업 중단
② 0℃ 이하는 작업중단이 원칙이며, 0~15℃일 경우 모재의 용접부위에 100mm 이내에서 36℃ 이상 가열이 원칙

5) 적정 전류
① 전류의 과도한 흐름을 막기 위하여 안전상 과전류 방지기를 설치한다.
② 용접부위는 육안으로 전류의 과도를 판단할 수 있어, 주의만 하면 쉽게 막을 수 있다.

6) 용접속도
① 일정한 속도로 운봉하되 용접방향이 서로 엇갈리게 용접
② 빠른 운봉속도는 용입불량이 발생할 우려가 있으므로 적정속도 유지

7) 용접봉의 선택
① 용접봉은 모재의 일부와 융합하여 접합부를 일체화시켜 모재와 동질화하는 것이 중요
② 모재의 특성에 맞는 적정한 재질의 용접봉 사용

8) 개선 정밀도 확보
① 도면의 표기에 맞게 개선하고, 기타 필요한 모양으로 만들어 그라인더로 갈아 평활도 유지
② 개선부의 정밀도가 좋지 못하면 용접이 힘들고, 결함발생이 큼

9) 청소상태
① 용접 부위의 녹제거 및 오염, 청소상태를 점검하고, 개선부의 적정간격 유지
② 용접 부분에서 200mm 이내(얇은 판의 경우 50mm 이내)는 용접완료 후 도장
③ 용접면에 Slag, 수분제거

10) 예열
① 급격한 용접에 의하여 용접변형, 팽창, 수축 발생
② 미리 용접부위를 예열하여 응력에 의한 변형을 방지

11) 잔류응력
① 용접 후 잔류응력은 용접의 품질에 지대한 영향을 미침
② 용접작업의 방법·순서는 잔류응력을 최소화해야 함.

12) 돌림용접
돌림용접은 모재의 변형을 최소화하여 잔류응력의 영향을 분산함으로써, 결함인 Crack 방지

13) 리벳, 고력 볼트와 병용
① 개선 정밀도를 확보하고, 용접열에 의한 변형방지 및 잔류응력을 분산
② 용접과 고력 Bolt 병용, 접합의 합리화 방안

14) 수축력 제거
냉각법 및 가열법 등을 활용하여 수축력으로 인한 변형을 사전에 제거 후 모재의 잔류응력을 제거

15) 대칭용접 및 역변형법
① 용접시 계속되는 영향을 분산함으로써 결함발생 방지
② 제작시 용접의 영향으로 결함발생하는 것을 역이용하여 결함해소를 위해 대칭용접이나 역변형법으로 결함을 사전에 없앰

16) 용착 금속량
① 적정한 개선, 형상 정밀도 평활도 유지
② Over Welding 금지

17) Back Step 및 End Tab
① 용접으로 인한 건조수축의 최소화, 선 용접의 영향이 후 용접시 피해가 없도록 함.
② 시작지점과 끝지점의 불량용접 사전방지

18) 기타 주의사항
① 용접 부위에 설계 당시 용접순서 및 용접방법을 검토, 도면에 명시
② Path수를 최소화하고, Over Welding 금지
③ 이상기후시 작업중단
④ 용착금속을 최소화

Ⅴ. 용접결함부위 보완방법

① 균열발생시 용착금속 전체 제거 후 재용접
② 모재 균열시 모재교체
③ 용접 크기가 부족시 용착금속 첨가용접으로 보강
④ 결함수정 용접봉은 작은 지름의 용접봉 사용, Under Cut의 수정은 4mm 이하 용접봉 사용
⑤ 변형수정시 가열온도 650℃ 이하로 재질을 손상시키지 않게 수정

Ⅵ. 결론

① 용접접합은 재료, 기후, 전류, 용접방법, 용접순서, 숙련도 등 총체적 영향에 의하여 결함이 발생하게 되고, 그 결함은 부재 일부분의 문제가 아니라 구조체 전체의 내구성을 저하시키게 되므로 접합부의 품질확보를 위해서는 용접 전, 용접 중, 용접 후 검사를 철저히 실시해야 한다.

② 결함을 최소화하기 위한 제품생산의 자동화, 용접시공의 Robot 개발이 필요하며, 정확한 검사기기의 개발로 결함을 파악·분석하는 것이 무엇보다 중요하다.

16 용접 부위에 대한 검사방법

Ⅰ. 개요

① 용접으로 접합한 후 접합된 용접의 상태를 분석, 올바른 판단을 내리는 것은 품질관리 측면에서 무엇보다 중요하다.

② 용접검사에는 용접전, 용접중, 용접후 검사로 구분되어지며, 용접 전 검사에서는 용접부재의 적합성 여부를 파악하고, 용접중 검사에서는 사용재료 및 장비에서 발생하는 결함을 사전에 방지하기 위함이며, 용접후 검사는 구조적으로 충분한 내력을 확보하고 있는지를 판단하게 된다.

Ⅱ. 용접검사방법의 분류

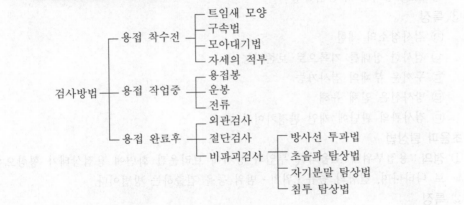

- 검사방법
  - 용접 착수전
    - 트임새 모양
    - 구속법
    - 모아대기법
    - 자세의 적부
  - 용접 작업중
    - 용접봉
    - 운봉
    - 전류
  - 용접 완료후
    - 외관검사
    - 절단검사
    - 비파괴검사
      - 방사선 투과법
      - 초음파 탐상법
      - 자기분말 탐상법
      - 침투 탐상법

Ⅲ. 검사방법

1. 용접 착수전

① 용접하기 전 단면의 형상과 용접부재의 직선도 및 청소상태를 검사한다.

② 용접결함에 영향을 미치는 사항으로는 트임새 모양, 구속법, 모아대기법, 자세의 적정여부 등이 있다.

2. 용접 작업중

① 용접 작업시 재료와 장비로 인한 결함발생을 용접중에 검사한다.

② 용접봉, 운봉, 적절한 전류 등을 파악하며 용입상태, 용접 폭, 표면형상 및 Root 상태는 정확하여야 한다.

3. 외관검사(육안검사)

① 용접부의 구조적 손상을 입히지 않은 상태에서 용접부 표면을 육안으로 분석하는 방법이다.

② 외관검사만으로 용접결함의 70~80%까지 분석・수정이 가능하므로 숙련된 기술자의 철저한 검사가 필요하다.

4. 절단검사

① 구조적으로 주요 부위, 비파괴검사로 확실한 결과를 분석하기 어려운 부위 등을 절단하여 검사하는 방법이다.

② 절단된 부분의 용접상태를 분석하여, 결함을 추정·예상하고 수정한다.

5. 비파괴검사

1) 방사선 투과법

① **정의** : 가장 널리 사용되는 검사방법으로서 X선, γ선을 용접부에 투과하고, 그 상태를 필름에 형상을 담아 내부결함을 검출하는 방법이다.

② **결함분석**

㉠ 균열, Blow Hole, Under Cut, 용입불량

㉡ Slag 감싸돌기, 융합불량

③ **특징**

㉠ 검사장소의 제한

㉡ 검사한 상태를 기록으로 보존가능

㉢ 두꺼운 부재의 검사가능

㉣ 방사선은 인체 유해

㉤ 검사관의 판단에 개인 판정차이가 큼.

2) 초음파 탐상법

① **정의** : 용접부위에 초음파를 투입과 동시에 브라운관 화면에 용접상태가 형상으로 나타나며, 결함의 종류·위치·범위 등을 검출하는 방법이다.

② **특징**

㉠ 넓은 면을 판단할 수 있으므로 빠르고, 경제적이다.

㉡ T형 접합부 검사는 가능하나, 복잡한 형상의 검사는 불가능

㉢ 기록성이 없음

㉣ 검사관의 기량에 판정 의존

3) 자기분말 탐상법

① **정의** : 용접부위 표면이나 표면 주변결함, 표면 직하의 결함 등을 검출하는 방법으로 결함부의 자장에 의해 자분이 자화되어 흡착되면서, 결함을 발견하는 방법이다.

② **특징**

㉠ 육안으로 외관검사시 나타나지 않은 균열·흠집·검출 가능

㉡ 용접부위의 깊은 내부에 결함분석이 미흡

㉢ 검사결과의 신뢰성 양호

4) 침투 탐상법

① **정의** : 용접부위에 침투액을 도포하여 결함부위에 침투를 유도하고, 표면을 닦아낸 후 판단하기 쉬운 검사액을 도포하여 검출하는 방법이다.

② 특징
㉠ 검사가 간단하며, 1회에 넓은 범위를 검사할 수 있음
㉡ 비철금속 가능
㉢ 표면 결함분석이 용이

Ⅳ. 검사 개발방향

① 검사방법, 검사기준의 표준화
② 전문인력 양성과 검사인정 공인기간 설립
③ 고성능 검사장비개발
④ 용접시 Computer로 분석할 수 있는 기기 개발

Ⅴ. 결론

① 접합부 용접은 구조물의 강도 및 내구성에 영향을 미치므로, 구조적으로 요구하는 내력에 대한 검사를 해야 한다.
② 용접부 품질관리를 위해서는 용접전, 용접중, 용접후 검사방법 및 유의사항을 준수하고, 검사방법・검사기준의 표준화와 고성능 검사장비의 개발 및 Robot화 시공이 필요하다.

17 교량의 받침(교좌, 支承, Shoe)

Ⅰ. 개요

① 교량의 받침은 상부구조에서 전달되는 하중을 확실하게 하부구조에 전달하는 장치이다.

② 온도변화와 탄성변화에 의한 상부구조의 신축, 특히 처짐에 의한 회전 등이 자유롭게 작동되어야 한다.

Ⅱ. 선정시 고려사항

① 상부구조의 형식

② 지간 길이

③ 지점반력

④ 내구성

⑤ 시공성, 경제성

⑥ 신축량 및 회전방향

Ⅲ. 받침의 종류

1) 고정받침

Pot Bearing(받침판 받침), 선 받침, 고무판 받침, Pin 받침, Pivot 받침

2) 가동받침

Pot Bearing(받침판 받침), 선 받침, 고무판 받침, Roller 받침, Rocker 받침

Ⅳ. 고정받침

1) 정의

상부하중을 하부로 전달하며 상부구조의 변형, 이동을 억제하는 형식으로 교각과 상부구조 사이에 설치하는 받침이다.

2) 종류

① **Pot Bearing(받침판 받침)** : 상부와 하부가 받침판 형식으로 구성되어 상부하중을 하부로 전달하는 구조이다.

② **선 받침** : 원주면과 평면의 조합에 의한 것으로 회전은 구름에 의하며, 수평하중은 미끄럼에 의하는 받침이다.

③ **고무판 받침** : 상부에 작용하는 하중을 무리없이 하부로 전달하기 위하여 충격흡수용 고무판을 이용한 받침으로써 탄성고무 받침이라고도 한다.

④ **Pin 받침** : 상부와 하부 사이에 핀을 사용하여 회전을 자유롭게 하고, 상부와 하부의 이동을 억제시키는 받침이다.

⑤ **Pivot 받침** : 작용 하중에 의하여 처짐이 발생시 회전을 자유롭게 하기 위하여 사용하는 받침이다.

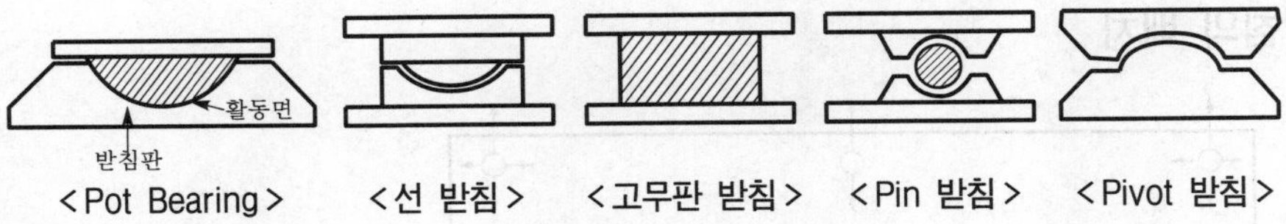

3) 특징

① 이동이 제한되어 있다.

② 회전은 가능한 구조이다.

③ 교량은 구조에 따라 고정단에 설치된다.

④ 충격 흡수용장치가 필요하다.

Ⅴ. 가동받침

1) 정의

교량의 받침에서 상부구조가 충격, 온도변화 등에 의해 이동될 때 이를 저항없이 받아들이는 구조로서 상부구조 형식에 따라 선정 사용된다.

2) 종류

① **Pot Bearing(받침판 받침)** : 접촉면의 한 면은 평면이고, 한 면은 구면 또는 원주면 형태의 받침판 형식의 받침이다.

② **선 받침** : 별도의 다른 장치없이 상부와 하부가 선 접촉상태로 되어 이동하는 받침이다.

③ **고무판 받침** : 소규모 교량에서 하부구조에 충격을 줄이고, 이동을 할 수 있도록 한 받침으로써 탄성고무 받침이라고도 한다.

④ **Roller 받침** : 상부와 하부 사이에 Roller를 두어 이동 활동을 보다 원활히 할 수 있게 한 받침이다.

⑤ **Rocker 받침** : 장경간에서 중량 하중을 받을 때 사용하는 받침으로 회전 활동은 Rocker의 Pin이 담당하고, 곡면상의 회전으로 신축활동을 하게 하는 받침이다.

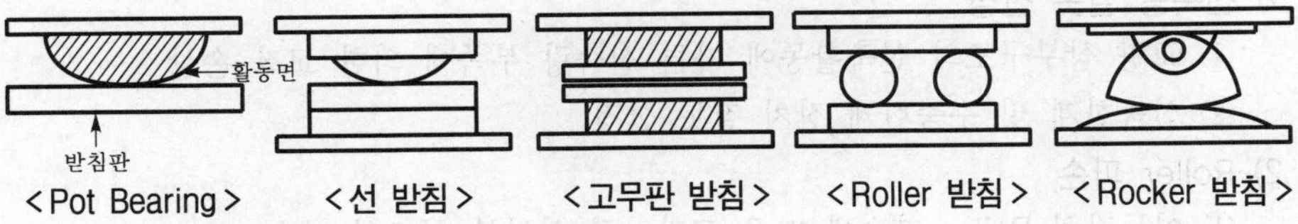

3) 특징

① 이동제한장치 설치

② 교량 규모에 따른 이동량 산정

③ 2방향 또는 4방향 이동형식

④ 이동 저항력이 클 경우 교좌 파손 우려

Ⅵ. 받침의 배치

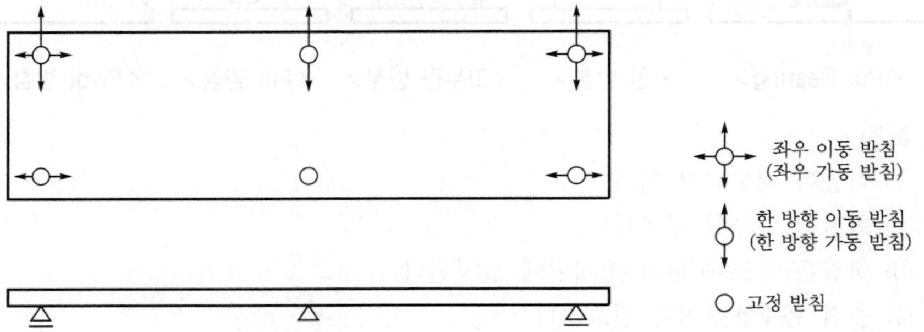

Ⅶ. 교량받침의 파손원인

1. 고정받침

1) 앵커볼트 손실
   ① 교좌에 매입된 앵커볼트의 느슨함
   ② 앵커볼트 손상
2) 고정핀 손상
   ① 상부하중 지지핀의 마모, 변형 등의 손상
   ② 고정핀의 이탈
3) 구조물과 받침 접합부
   접합부 콘크리트 구조물의 균열 및 파손
4) 회전장치 마모
   ① 회전장치의 핀, Plate 등의 장치 마모 파손
   ② 부식에 의한 기능마비로 하부구조 파손

2. 가동받침

1) 신축량 잘못 산정
   ① 교량 상부구조의 신축활동에 따른 신축량 부족에 의한 교좌 손상
   ② 신축한계 및 수축한계 장치 잘못 산정
2) Roller 파손
   ① 이동장치 Roller 파손에 따른 교좌장치 상하부 구조의 파손
   ② 부식, 이물질 혼입 등의 원인에 의한 Roller 장치의 손상
3) 교좌장치 마모
   면과 면이 맞닿는 형태의 선받침 교좌의 마모 및 마찰저항력 증대 등의 원인에 의한 파손
4) 교좌설계 미비
   ① 상부 작용하중의 잘못 산정에 따른 교좌규격 부적정
   ② 교좌의 과소설계

Ⅷ. 파손 방지대책(시공시 유의사항)

1) 교좌의 적정배치

① 가동단 및 고정단의 교좌선정

② 받침의 정위치 배치

2) 받침고정

받침의 기능을 충분히 발휘할 수 있도록 소정의 위치에 정확히 시공하여야 한다.

3) 방식·방청

도장시의 기온, 습도에 유의해야 하며 도장 전 시공부의 청소상태 등이 중요하다.

4) 배수

받침이 놓이는 부분에는 물이 고이지 않도록 배수가 양호한 구조로 해야 한다.

5) 이동제한장치

가동받침부에는 지진과 같이 예측할 수 없는 사태가 발생하였을 때 보의 비정상적 이동을 방지하기 위한 장치를 설치해야 한다.

6) 앵커볼트의 고정

하부구조를 받침에 고정하고, 앵커볼트를 매입시킬 때는 무수축성 모르타르를 사용하여 신중히 시공하여야 한다.

7) 좌대 콘크리트

고무받침의 경우 압축강도 24MPa 이상으로 하고, 거푸집을 사용하여 특별히 세심한 시공을 해야 한다.

Ⅸ. 결론

① 받침은 교량 전체의 내구성과 안전성에 관계되는 중요한 부재로서 설계조건에 대하여 충실히 작동하는 것이어야 한다.

② 이 때문에 받침형식의 선정과 설계, 시공은 신중을 기하여야 하며, 받침의 기능저하를 막기 위해 일상의 유지관리에도 충분한 배려를 해야 한다.

18 교량의 교면방수공법

Ⅰ. 개요

① 교량의 교면방수는 구조체인 교면에 물과 제설용 염화물 등의 침투를 막아 교량 전체의 내구성을 높이기 위해 실시한다.

② 교면의 바로 위에 접착제를 도포한 후 교면방수를 실시하며, 방수공법으로는 침투성 방수, 도막방수, Sheet 방수 및 포장 방수층이 있다.

Ⅱ. 교면방수의 요구조건

① 교면상부의 균열에 대한 추종성을 가질 것
② 교면상부 위의 포장층과 일체화
③ 차량 제동시 발생하는 전단응력에 대한 저항성
④ 방수재료의 열팽창에 의한 재질변화가 없을 것
⑤ 불투수성능이 우수할 것
⑥ 시공이 용이하고, 재료구입이 용이할 것
⑦ 물리적, 화학적 저항성을 겸비할 것

Ⅲ. 교면방수공법의 분류

교면방수공법
- 침투성 방수
- 도막방수
- Sheet 방수
- 포장방수

Ⅳ. 분류별 특징

1. 침투성 방수

1) 의의

교면의 표면에 방수제를 침투시키는 공법으로 넓은 범위에 시공시 유리하고, 사용범위가 다양하다.

2) 특징

장점	단점
① 시공성이 좋음 ② 공기가 빠름 ③ 풍화·오염으로부터 보호 ④ 사용범위가 넓음 ⑤ 백화방지	① 장시간 경과 후 방수효과에 우려 ② 실적이 적어 신뢰성이 떨어짐 ③ 성능평가가 어려움

3) 시공순서 Flow Chart

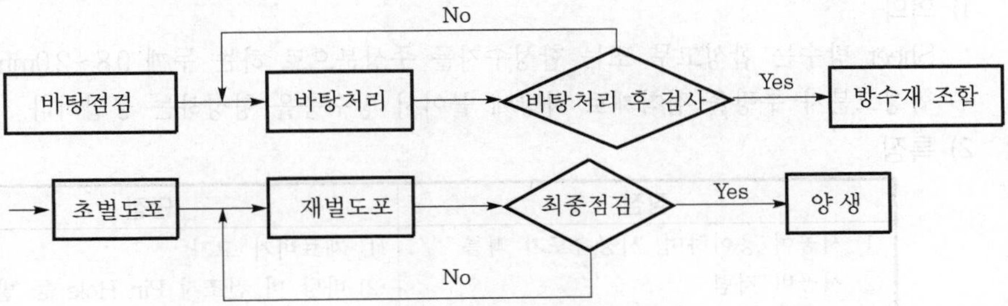

4) 시공시 유의사항

① 바탕 들뜸제거, 완전 건조시킨다.

② 도포 완료 후 48시간 이상의 적절한 양생을 한다.

③ 방수재의 조합은 제조회사의 시방에 따른다.

④ 보호마감이 필요한 경우 특기시방에 따른다.

2. 도막방수

1) 의의

도막방수는 액체로 된 방수도료를 한 번 또는 여러 번 칠하여 상당한 두께의 방수막을 형성하는 방수 공법이다.

2) 특징

장점	단점
① 내후·내약품성 우수 ② 시공 간단, 보수 용이 ③ 노출 공법 가능, 경량	① 균일두께 시공 곤란 ② 바탕균열에 의한 파단 우려 ③ 방수 신뢰성 적음

3) 시공순서 Flow Chart

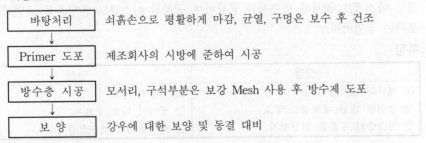

바탕처리 ↓	쇠흙손으로 평활하게 마감, 균열, 구멍은 보수 후 건조
Primer 도포 ↓	제조회사의 시방에 준하여 시공
방수층 시공 ↓	모서리, 구석부분은 보강 Mesh 사용 후 방수제 도포
보 양	강우에 대한 보양 및 동결 대비

4) 시공시 유의사항

① 규정된 온도범위 내에서 실시, 바탕처리에 주의

② 용제형의 경우 화기 및 환기에 주의, 유제형의 경우 Pin Hole에 주의

③ 모서리는 둥글게 둔각 처리할 것

④ 이어바름 겹친폭은 100mm 이상, 이음부에는 완충 테이프 등으로 마무리

3. Sheet 방수

1) 의의

Sheet 방수는 합성고무 또는 합성수지를 주성분으로 하는 두께 0.8~2.0mm 정도의 합성고분자 루핑을 접착재로 바탕에 붙여서 방수층을 형성하는 공법이다.

2) 특징

장점	단점
① 시공이 용이하며, 시공속도가 빠름 ② 시공비 저렴 ③ 방수성능의 신뢰도가 비교적 우수 ④ 모서리부 시공성 우수 ⑤ 보호층 필요	① 재료비가 고가 ② 바탕 미 건조시 Pin Hole 등 발생 ③ 이음부 하자발생 우려

3) 시공순서 Flow Chart

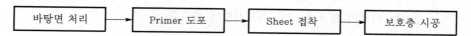

바탕면 처리 → Primer 도포 → Sheet 접착 → 보호층 시공

4) 시공시 유의사항

① Sheet는 기포・주름・공극이 없도록 Roller로 충분히 밀착시키고, 접합부에 주의
② 시공과정에서 시트에 신장 제거
③ 작업중 유기용제에 의한 중독과 화재에 주의
④ 모서리부 보강 및 치켜올림부 단부처리 주의
⑤ 보호도장은 제조회사의 시방에 따라 균일하게 도포
⑥ Drain과 배관주의는 Wire Brush나 용재로 기름・녹을 제거 후 보강

4. 포장방수

1) 의의

경질 아스팔트 골재와 방수제를 혼합하여 구성된 아스팔트 혼합물을 교면상부에 도포하는 공법이다.

2) 특징

장점	단점
① 재료의 접착성이 우수 ② 균열에 대한 대처성능 양호 ③ 방수층의 부풀음 현상방지	① 시공이 복잡 ② 공기가 다소 소요됨 ③ 하자발생시 보수곤란

Ⅴ. 침투성 방수와 도막방수의 비교

구분	침투성 방수	도막방수
의의	교면의 표면에 방수제를 침투시키는 공법으로 넓은 범위에 시공시 유리하고 사용범위가 다양하다.	도막방수는 액체로 된 방수도료를 한번 또는 여러 번 칠하여 상당한 두께의 방수막을 형성하는 방수공법이다.

구분	침투성 방수	도막방수
시공성	시공이 간단	여러 번 칠하여 소요두께 발휘
경제성	경제적	비용이 다소 소요
용도	간단한 방수성능 요구	지속적 방수성능 요구
공기	아주 빠름	다소 소요됨
방수 신뢰도	신뢰도가 아주 낮음	신뢰도가 비교적 우수
균열 저항성	부족	양호
시공비	저렴	다소 고가
방수층 균질성	균질한 방수두께 유지곤란	일정한 두께 유지곤란
접착성	비교적 양호	타재료와 접착성 우수
전단응력 저항성	부족	양호

Ⅵ. 결론

① 교량의 교면구조물의 내구성 향상과 차량 주행시 주행성능 향상을 위해 교면방수를 실시하며, 우선적으로 구조체의 균열 등 하자를 방지하여야 한다.

② 여러 방수 공법중 각 교량의 교면 특성에 맞는 공법을 선정하여, 철저한 시공관리로 방수효과가 지속되도록 관리하여야 한다.

19 교량의 붕괴원인과 대책

Ⅰ. 개요

① 교량의 붕괴는 여러가지 요인에 의해 발생되므로, 사전점검을 통하여 각 부분의 손상의 원인을 점검하고 구조물의 특성과 제반여건에 맞는 적절한 보수 공법과 보수시기를 결정해야 한다.

② 보수방법은 보수효과, 시공성, 안전성, 경제성, 미관 등에 대한 종합적 검토 후 가장 적절한 공법이 선정되어져야 한다.

Ⅱ. 붕괴원인

1) 조사 미흡

① 기초지반의 지질조사 미흡

② 교량의 위치선정 잘못

2) 설계 오류

① 구조계산 잘못에 의한 단면부족

② 교량의 형식 선정 잘못

3) 공기단축

① 무리한 공기단축으로 인한 품질저하

② 미숙련공의 현장 투입으로 인한 부실시공

4) 안전관리 소홀

① 안전기술자의 현장 미상주로 인한 안전관리 소홀

② 안전에 대한 인식부족

5) 환경작용

① 과속, 과적차량

② 물리, 화학적 작용에 의한 열화현상

③ 홍수, 지진 등의 천재지변

6) 점검소홀

① 일상점검, 정기점검 소홀

② 지속적 사후관리 미흡

Ⅲ. 대책

1) 사전조사

① 설계도서, 시방서 및 구조계산서를 파악하고, 구조물의 안전성에 대한 사전검토 필요

② 수심, 파랑, 유속 등에 의한 영향조사

2) 적정 공법 선정
① 현장조건에 부합되는 적정 시공법 선정
② 충분한 사전조사에 의한 기본설계의 검토

3) 품질관리
① 품질관리의 Plan → Do → Check → Action 단계 시행
② 시험 및 검사를 실시하여 하자발생을 사전에 방지

4) 재료의 MC화
① 공장제작에 의한 재료의 균일성 확보
② 조립식 부재의 사용으로 신속·정확한 시공

5) 시공관리
① 시방서에 적합한 재료사용
② 거푸집, 용접을 규격에 맞게 시공할 것

6) 설계의 정확성
① 과거 붕괴사고의 개선안을 설계에 반영
② 정확한 설계를 위한 충분한 시간부여

7) 표준공기
① PERT, CPM, PDM 등의 공정관리기법 도입에 의한 표준공기
② 면밀한 계획에 따라 공정별 시간과 순서배당

8) 내진설계
① 지진에 의한 피해를 예측하여 설계에 반영
② 지반에 대한 액상화 대책 마련

9) 과적, 중차량 통행제한
① 과적차량 통행 제한
② 설계하중 이상의 중차량 통행제한

10) 안전진단
① 점검을 통해 문제점이 발견되거나 사용도중 하중 규모의 변화 등으로 교량의 안전성이 의문시 될 때
② 외관조사, 실험, 측정 및 분석

11) 계측관리
① 공사현장의 제반정보 입수와 향후 거동을 사전 파악
② 응력과 변위 측정으로 굴착에 따른 변위파악

12) 정기점검
① 정기점검의 실시로 교량에 대한 내하력, 내구성, 사용성 파악
② 교량을 양호한 상태로 유지하는데 필요한 조치를 강구

13) 보수·보강공법 시행
① 상세조사, 추적조사 및 내하력 판정결과를 검토한 후 보수·보강 공법 선정
② 손상정도가 크거나 복잡한 양상을 보일 때는 전문가를 통한 보수·보강의 설계와 시공

14) 사후관리 시행철저
① 유지관리 측면이 고려된 설계
② 보수·보강, 신설, 교체된 시설물에 대한 사후관리 실시

Ⅳ. 결론

① 우리나라의 교량들은 규모나 공법에서는 대형화·다양화가 되고 있지만 시공성, 안전성, 유지관리상태 등에 있어서는 매우 취약한 상태에 있다고 할 수 있다.
② 교량의 정상적 기능과 안전에 대한 근본적 개선을 위해 예방차원에서의 교량의 과학적 관리체계를 구축하여야 한다.

20 교량의 유지관리 및 보수·보강공법

Ⅰ. 개요

① 교량은 건설 후 각종 자연환경 및 인위적인 사용환경의 영향을 받아서 시간경과에 따라 물리적, 화학적으로 열화되고 결국에는 사용성 및 안전성이 저하된다.

② 이러한 교량의 기능을 항상 양호한 상태로 유지하게 하고, 각종 점검을 통하여 이상이 있는 곳은 보수·보강을 실시하므로써, 그 본래의 기능을 충분히 발휘할 수 있도록 하는 것을 교량의 유지관리라 한다.

Ⅱ. 유지관리

1. 점검

1) 일상점검

① 육안관찰에 의해 이상과 손상여부를 발견한 목적으로 실시한다.

② 이상 발견시 접근 가능 지역에서 이상부위를 관찰한다.

2) 정기점검

교량의 세부적인 사항에 대한 변화와 손상의 정도를 파악하여 교량을 양호한 상태로 유지하는데 필요한 조치를 강구하기 위한 점검이다.

① 원거리점검

㉠ 원거리에서 육안으로 관찰한다.

㉡ 교량에 대한 내하력, 내구성, 사용성에 중대한 영향을 미치는 손상뿐 아니라 전반적 상태를 파악한다.

㉢ 6개월~1년에 1회 실시한다.

② 근접점검

㉠ 교량의 내하력, 내구성, 사용성에 영향을 미치는 손상의 조기발견이 목적이다.

㉡ 교량 전체가 대상이나, 부대시설물은 그 손상이 교량에 나쁜 영향을 미칠 수 있는 경우에 대상이 된다.

㉢ 5년에 1회 실시한다.

3) 임시점검

① 자연재해 또는 인위적 재해가 발생한 경우 및 그러한 위험이 예상되는 경우와 이상이 발견된 경우에 교량의 안전성을 확인하기 위하여 실시한다.

② 자연재해의 발생가능성이 있을 경우 일상점검, 정기점검시에 취약한 것으로 판명된 교량에 대해 미리 점검하여 대비책을 마련한다.

4) 추적조사

① 점검결과 교량의 균열, 침하, 이동, 변위, 경사, 세굴, 누수 등의 구조적 손상의 진행성을 감시할 목적으로 실시한다.

② 위의 세 가지 점검시 진행성 손상이 발견되면 일정한 계획을 수립하여 실시한다.

5) 상세조사

① 점검결과에 따라 보수·보강의 필요성이 검토되어야 할 손상이 발생한 경우에 실시한다.

② 필요시 각종 조사장비를 사용하여 구체적인 조사 기록값을 얻어서 정량분석을 실시한다.

③ 조사결과 교량의 안전에 대해 전문적인 조사가 필요하다고 판단되면 전문가에 의한 안전진단을 실시한다.

6) 안전진단

① 특수한 구조형식이거나 점검결과 보수·보강에 대한 필요성이 검토되어야 할 경우에 실시한다.

② 교량의 사용성이나 안정성 여부를 판정하고자 할 때 실시한다.

③ 보다 정확한 상태와 대책방안 수립이 필요한 경우에 실시한다.

④ 안전진단시 모든 조사 및 측정은 비파괴검사를 통해서 시행한다.

2. 점검순서

1) 점검계획

① 점검의 종류와 점검항목을 결정한다.

② 점검일정을 수립한다.

③ 필요한 인력, 장비, 전문가 활용계획을 수립한다.

④ 도면, 점검기록, 보수·보강 이력 등의 관련자료를 수집, 분석한다.

⑤ 점검기록 양식을 준비한다.

⑥ 교량관리자(기관)와 업무를 협조하여 실시한다.

⑦ 기타 점검과 관련한 사항을 조치한다.

2) 점검교육

① 점검지원 인력에 대해 점검계획, 점검조직, 점검준비 등 해당 업무에 대한 교육을 실시한다.

② 점검자의 안전, 점검요소 및 항목, 사용장비 조작법, 통행불편 최소화, 점검기록의 관리 등에 관한 내용을 이해 및 숙지하게 한다.

3) 점검기록

① 점검의 종류별로 현장여건을 충분히 고려한 점검항목 및 기준을 마련한다.

② 동일한 종류의 교량에 대해서는 해당 점검기간중 동일 점검자가 점검하고, 점검기록을 유지, 보관한다.

③ 점검기록시 교량의 각 요소 및 세부항목은 일정한 등급이나 수치를 부여하게 하여 점검기록을 데이터베이스화한다.

Ⅲ. 보수방법

1. 포장

1) Patching 공법

① 균열, 구멍 등 비교적 좁은 면적의 손상된 부분을 절취하여 아스팔트 혼합물로 단순히 보수하는 방법이다.

② 가열 아스팔트 혼합물을 사용한다.

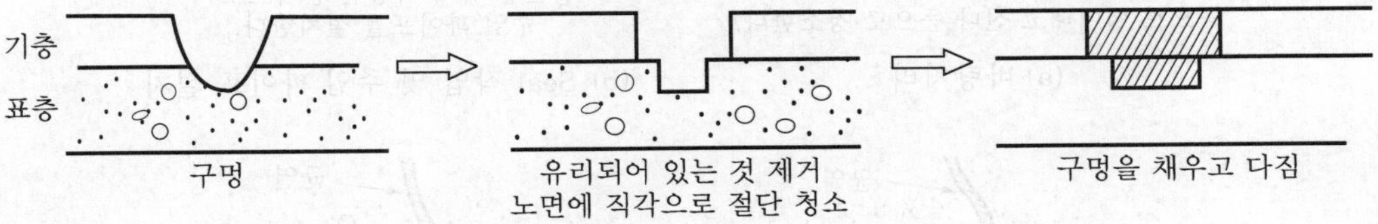

2) Sealing 공법

① 포장의 균열에 의한 아스팔트의 내구성 저하, 강판바닥의 부식방지를 목적으로 실시한다.

② 포장 Tar 등을 사용하여 균열을 채우는 방법이다.

3) 절삭공법(Milling)

① 포장표면의 요철을 기계로 절삭하여 노면의 평탄성과 미끄럼저항을 회복시키는 방법이다.

② 소성변형이 일어난 곳에 효과적이다.

4) 표면처리공법

① 아스팔트 포장 표면에 부분적인 균열, 변형, 마모 및 붕괴와 같은 파손이 발생한 경우 기존 포장에 25mm 이하의 Sealing 층을 형성하는 방법이다.

② Seal Coat, Armor Coat, Carpet Coat, Fog Seal, Slurry Seal 등의 공법이 있다.

5) 재포장공법

① 기존 포장의 파손이 현저하여 덧씌우기를 할 수 없거나 구조상 덧씌우기의 중복이 불가능한 경우에 실시하는 방법이다.

② 1일 시공량은 작업종료와 함께 교통규제를 해제할 수 있는 범위내에서 결정한다.

2. 바닥판

1) 수지 주입

① 콘크리트의 균열부분을 수지로 채움으로써 바닥판의 수밀성을 크게 하고, 콘크리트 및 철근의 열화를 방지하는 방법이다.

② 주로 에폭시계 수지를 사용한다.

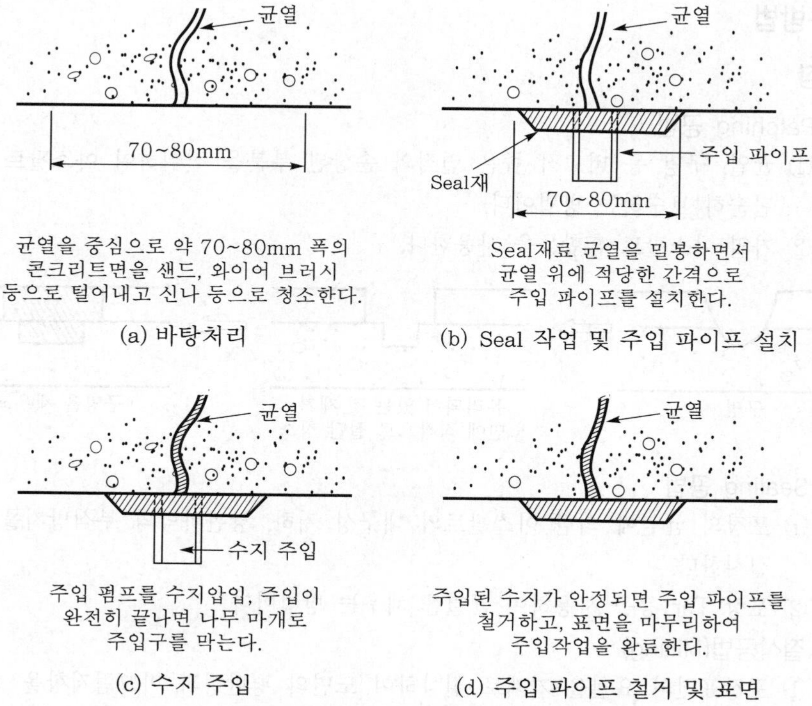

균열
70~80mm
균열을 중심으로 약 70~80mm 폭의
콘크리트면을 샌드, 와이어 브러시
등으로 털어내고 신나 등으로 청소한다.
(a) 바탕처리
균열
주입 파이프
Seal재
70~80mm
Seal재료 균열을 밀봉하면서
균열 위에 적당한 간격으로
주입 파이프를 설치한다.
(b) Seal 작업 및 주입 파이프 설치
균열
수지 주입
주입 펌프를 수지압입, 주입이
완전히 끝나면 나무 마개로
주입구를 막는다.
(c) 수지 주입
균열
주입된 수지가 안정되면 주입 파이프를
철거하고, 표면을 마무리하여
주입작업을 완료한다.
(d) 주입 파이프 철거 및 표면

<균열에 수지를 주입하는 작업순서>

2) 교면방수

① 바닥판 콘크리트 상면에 방수를 함으로써 콘크리트의 열화방지 철근의 부식을 방지하는 방법이다.

② 주로 다른 공법과 병용한다.

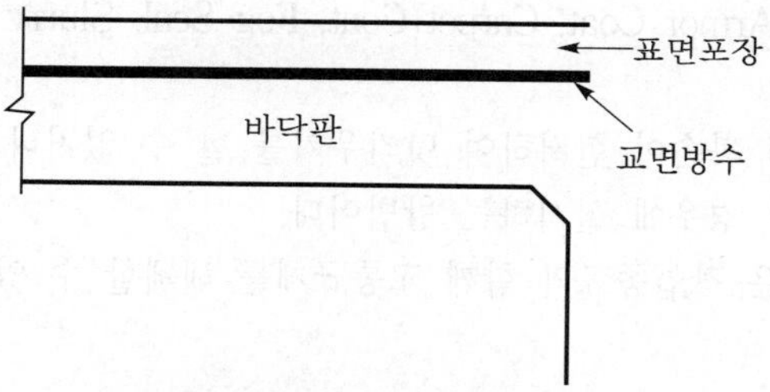

<교면방수>

3. 철근콘크리트교

1) 주입공법

① 에폭시 수지 그라우팅 공법이라고 한다.

② 균열의 표면뿐만 아니라 내부까지 충진시키는 공법이다.

③ 두꺼운 Con'c 벽체나 균열 폭이 넓은 곳에 적용한다.

④ 균열선에 따라 수입용 Pipe를 100~300mm 간격으로 설치한다.

⑤ 주입 재료로는 저점성의 Epoxy 수지를 사용한다.

2) 충진공법(V-cut)

① 균열의 폭이 작고(약 0.3mm 이하) 주입이 곤란한 경우 균열의 상태에 따라 폭 및 깊이가 10mm 정도 되게 V-cut, U-cut을 한다.

② 잘라낸 면을 청소한 후 팽창 모르타르 또는 Epoxy 수지를 충진하는 공법이다.

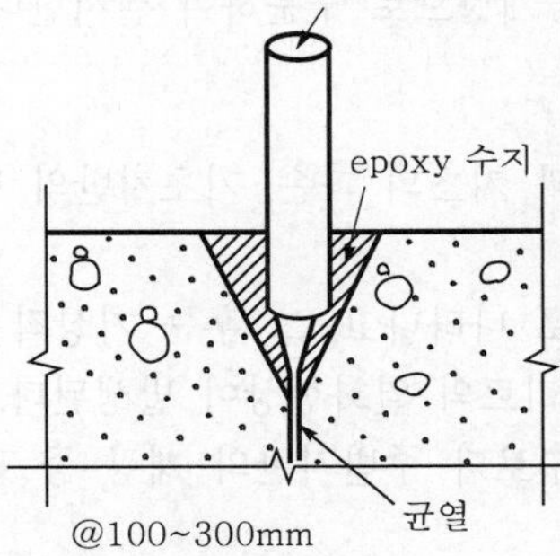

<주입공법>

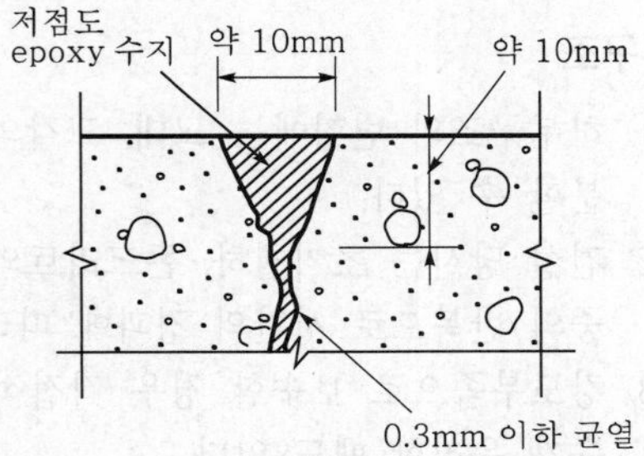

<충진공법>

3) Putty 공법

① 콘크리트 표면의 박리, 열화 등의 결함부 주위를 깨어내고 Putty용 에폭시계 수지 등을 채워 내부 콘크리트를 방호하고, 철근의 부식을 방지하는 방법이다.

② 결함부의 크기, 깊이, 면적에 따라 Putty 형태의 에폭시 수지나 Resin Concrete, Cement Mortar, Concrete 등을 사용한다.

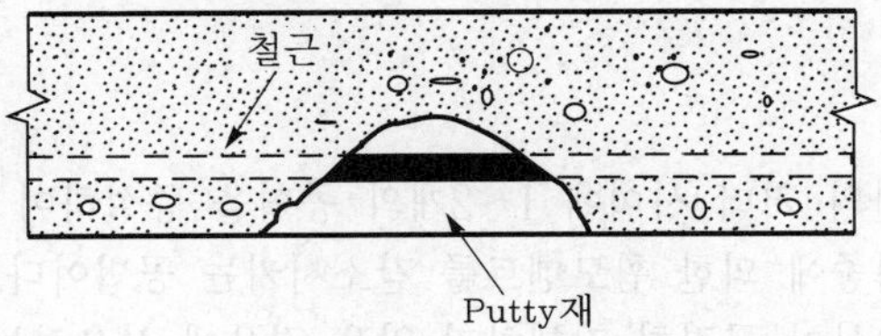

4. 강교

1) 용접

① Girder의 변형을 최소화하기 위해 시공순서를 검토하고, 솟음량을 조정하면서 작업을 진행한다.

② 이음부 보강시에는 용접과 리벳의 혼용을 피해야 한다.

2) 고장력 볼트

① 가설되어 있는 강교중 상당부분이 리벳연결로 되어 있으나 보수를 할 경우는 고장력 볼트를 사용하는 것이 작업조건이나 시공관리면에서 유리하다.

② 고장력 볼트접합에는 마찰접합, 지압접합, 인장접합이 있으나 보수공사에서는 마찰접합으로 하는 것이 좋다.

5. 도장

① 보수하기 전에 노화의 원인이 외적 요인인가 내적 요인인가를 규명하여 적절한 보수방법을 선정한다.

② 전면보수와 국부보수로 분류하는데, 노화상태, 경과년수, 환경 등을 고려하여 보수방법을 결정한다.

6. 신축 이음장치

① 점검시 이상이 있으면 조기보수를 원칙으로 한다.
② 보수는 점검결과에 따라 응급보수와 기능개량으로 구분하여 실시한다.

7. 하부구조

① 하부구조의 변형에는 교대, 교각의 파손과 기초의 파손, 기초지반의 변형으로 구분할 수 있다.
② 건설 당시는 초기침하, 콘크리트의 균열로 나타나고, 그 후는 기상작용과 교통하중의 반복으로 시간의 경과에 따라 콘크리트의 열화현상이 발생된다.
③ 강도부족으로 보수할 경우 직접적인 보수보다 주변지반의 개량 등 간접적인 보수가 유리할 때도 있다.

8. 배수시설

① **보수** : 단지 원상태로 회복시키는 방법이다.
② **개량** : 신설 또는 새로운 재료로 바꾸어 원상태 이상의 기능으로 개선시키는 것이다.
③ **청소** : 통상의 기능유지를 꾀하는 것이다.

Ⅳ. 보강방법

1. 바닥판

1) 종형 증설

① 기존 바닥판의 거더 사이에 1~2개의 종형을 증설하여 바닥판의 지간을 줄여주므로써 윤하중에 의한 휨모멘트를 감소시키는 공법이다.
② 바닥판의 손상이 급격히 진행하지 않은 경우에 사용하는 것이 좋다.

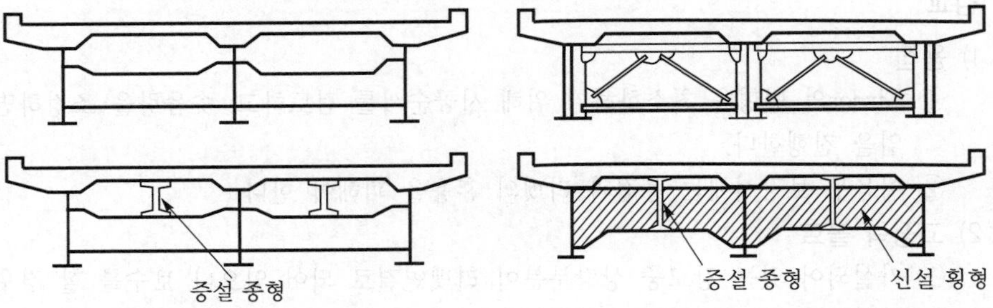

(a) 기존 횡형을 이용한 경우 (b) 횡형을 신설하는 경우

<종형 증설에 의한 보강>

2) 강판접착

① 바닥판의 인장측에 강판을 접착하여 기존의 콘크리트 바닥판과 일체로 만들어 활하중에 의한 저항력을 증가시키는 공법이다.
② 주입법과 압착법이 있다.

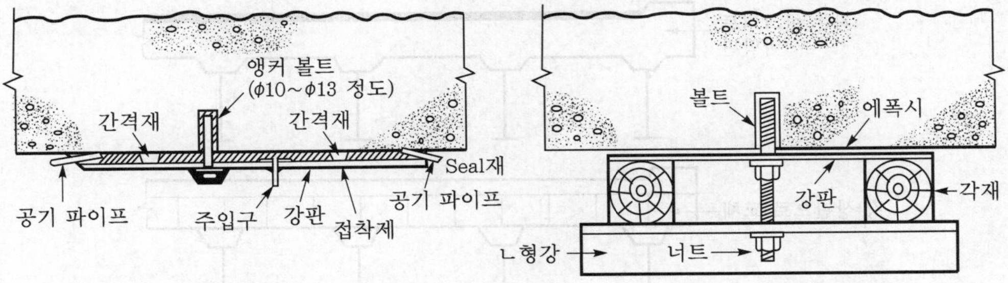

(a) 주입법에 의한 강판접착 (b) 압착법에 의한 강판접착

<강판접착에 의한 보강>

3) FRP 접착

① 바닥의 인장측에 강판 대신 FRP를 접착하여 보강하는 공법이다.

② 소재가 유연하고, 가벼워 작업성이 우수하다.

4) 모르타르 뿜칠

① 바닥판의 하면에 철근이나 철망을 설치하고, 모르타르 뿜칠하여 붙여 기존 바닥판과 일체화시키는 공법이다.

② 바닥판의 두께를 증가시켜 보강효과를 꾀한다.

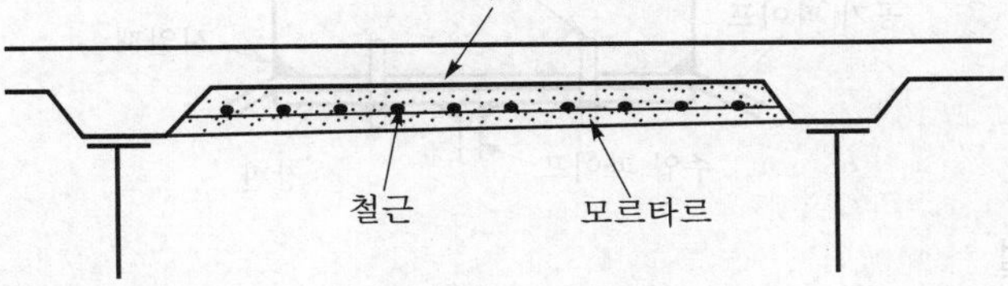

5) 철근콘크리트 바닥판의 재시공

① 기존 바닥판의 일부 또는 전체를 철거하고, 철근콘크리트 바닥판으로 신설하는 방법이다.

② 교통의 전면통제 또는 차선 규제가 필요하다.

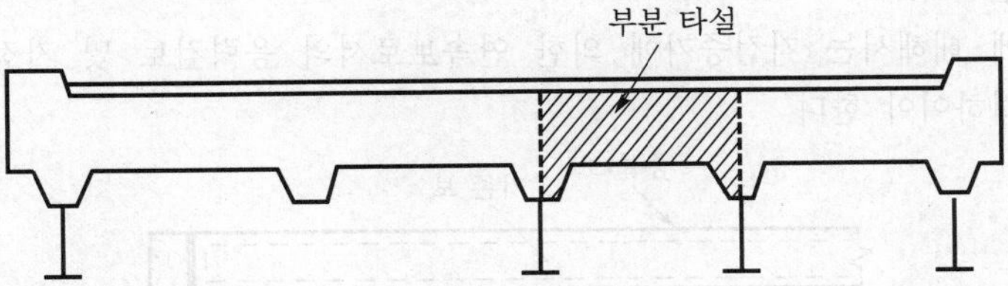

6) 강재 상판으로 교체

① 기존 바닥판을 강 상판으로 교체하는 방법이다.

② 공기를 단축할 수 있으나 공사비가 높다.

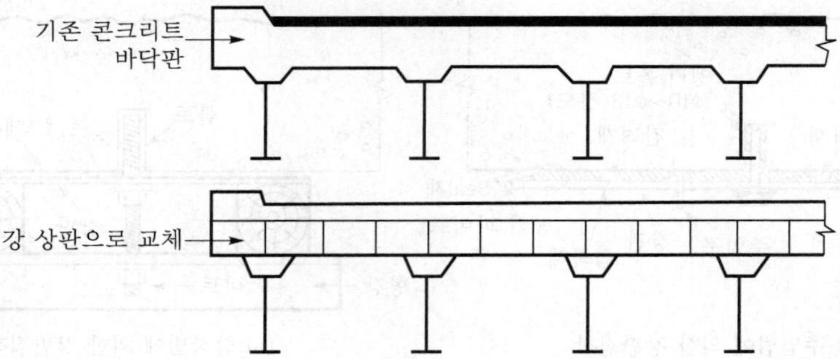

2. 철근콘크리트교

1) 강판접착

① 콘크리트 인장측 표면에 강판이 철근 단면의 일부로서 작용하게 하여 활하중에 대한 내하력을 증가시키는 공법이다.

② 접착에는 주로 에폭시계 수지가 사용된다.

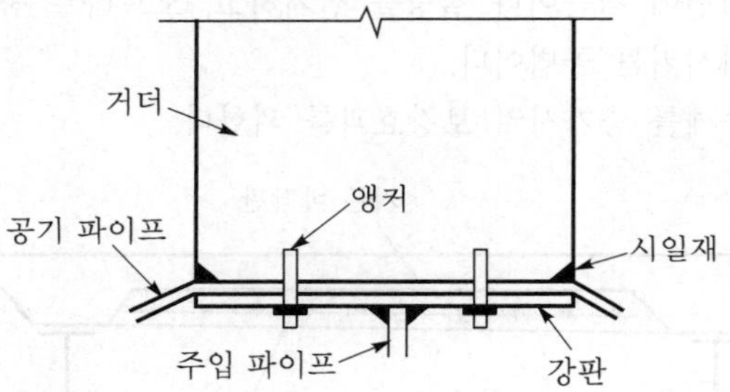

2) 보의 증설

① 보를 증설하여 내하력을 크게하는 공법이다.

② 일반적으로 잘 쓰지 않는 방법이다.

3) 기둥의 증설

① 교대와 교각 사이에 기둥을 증설하여 보의 경간 길이를 줄여 내하력을 크게하는 방법이다.

② 보에 대해서는 지점증가에 의한 연속보로서의 응력검토 및 지점변위의 영향을 고려하여야 한다.

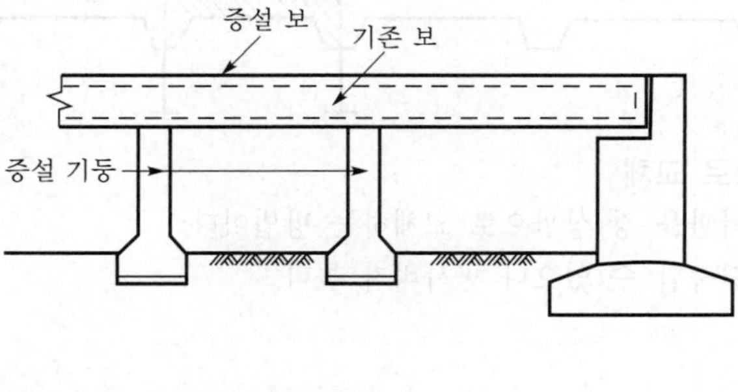

4) Prestress 도입

① PS 강재를 사용하여 보에 Prestress를 도입시키므로써 응력을 감소시키고, 균열을 축소시키는 동시에 내하력을 증대시키는 공법이다.

② 휨균열에는 Prestress를 도입하기 전에 압축력을 균등하게 분포시키기 위해 에폭시로 가압 그라우트(Pressure-Grouted)시킨다.

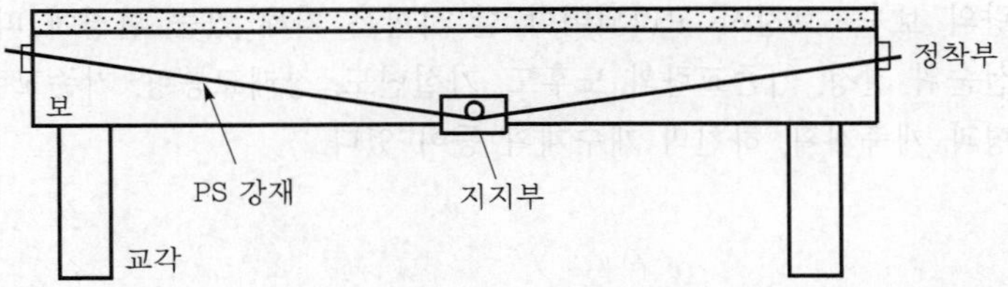

5) 콘크리트 또는 강재를 사용한 단면증설

① 기존 보와 밀착시켜 콘크리트를 타설하여 단면을 크게 한다든지 강형을 증설하고 기존 단면과 합성시켜 내하력을 증가시키는 공법이다.

② 교량 아래공간이 여유가 있는 경우에 시행한다.

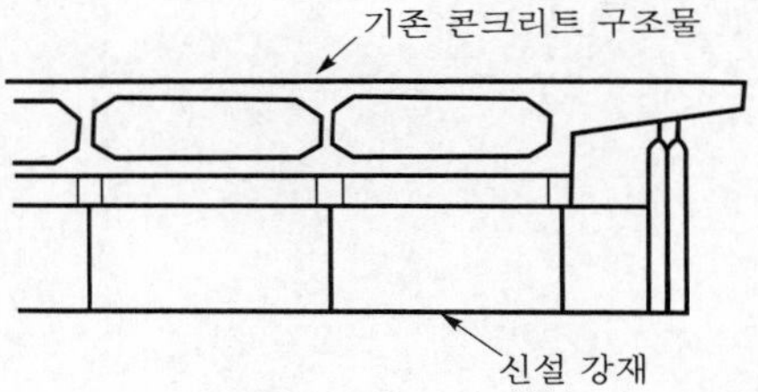

6) 교체

① 콘크리트 부재의 변형 또는 파손에 의해 부재의 내력이 부족하고, 기능회복이 어려운 경우는 부재의 일부 또는 전부를 철거하고, 새로운 콘크리트 부재로 교체하는 공법이다.

② 폭원의 일부 또는 단면 일부의 파손부분만을 철거하고, 재시공해도 다른 부분의 내하력에 문제가 없는 경우에는 부분교체한다.

3. 강교

1) 보강판

① 단면이 부족한 범위에 별도의 강판을 붙여서 보강하는 방법이다.

② Girder의 Flange 등에 주로 사용한다.

2) 부재교환

① 변형과 파손이 심해 보수만으로는 회복이 안 되는 부재를 새 부재로 교환하는 방법이다.

② 파손부재 해체시에 대한 안정검토 후 시행해야 한다.

V. 결론

① 교량의 유지관리를 위해서는 교량 이력에 관련된 자료의 확보가 중요하며 설계도서, 구조물 대장, 점검도서, 평가도서, 보수·보강 대장, 사고 이력서 등의 자료를 교량의 점검과 보수·보강, 신설, 교체시마다 보완하고 전산화하여 교량 유지관리 데이터베이스를 구축, 관리하여야 한다.

② 교량의 보수·보강시 고려되어야 할 사항은 처해 있는 환경에 따라 보수·보강 우선순위 결정, 기존교량의 노후도, 가설년도, 장래교통량, 기존교량의 구조, 도로선형과 개축계획, 하천의 개수계획 등이 있다.

21 연약지반 교대 축조시의 문제점 및 대책

Ⅰ. 개요

① 깊은 연약 점성토 지반에 구조물을 설치하고자 할 때 지반침하, 활동, 측방유동 등에 대한 충분한 검토를 거친 후 시공하여야 한다.

② 점성토 연약지반은 특성상 오랜 시간을 두고, 압밀현상이 서서히 일어나므로 단기간의 구조물 설치에 대한 안전성 평가가 아주 곤란한 지반이다.

Ⅱ. 연약지반에서 교대 축조시 고려사항

① 연약층 깊이

② 연약층의 규모

③ 연약층 구성 토질

④ 압밀로 인한 2차 침하

Ⅲ. 문제점

1) 측방유동

① 구조물의 뒤채움 시공불량, 기초처리 불량 등에 의해서 측방유동 발생

② 연약지반에서의 측방이동은 구조물의 안전위협, 구조물 파손, 교통장애 등의 피해 발생

2) 부등침하

① 연약지반에서 발생되는 부등침하는 구조물에 큰 피해를 주는 요인으로 작용

② 지반의 부등침하는 구조물의 균열, 파손, 변형, 기능저하 등의 피해 발생

3) 2차 침하

① 점성토 지반의 연약층은 특성상 압밀에 많은 시간이 소요되므로 구조물이 오랜 시간동안 침하가 진행

② 오랜 침하과정에서 구조물의 균열 및 파손이 서서히 진행

4) 단차발생

① 구조물과 뒤채움 지반의 지지층 차이에 의한 단차 발생

② 연약지반에서의 뒤채움 시공대책 수립이 필요

5) 구조물 수평이동 및 경사

구조물 배면성토 등의 편재하중에 의한 연약층의 측방유동 현상에 기인한 구조물의 이동 및 경사

6) 교좌파손

교대 교축방향의 수평변위에 의해 교좌파손 및 교대 콘크리트 파손

7) 신축 이음부의 기능저하

신축 이음부의 간격이 좁아져서 극단적인 경우 폐합되거나 혹은 사이가 너무 벌어지는 등 신축 이음부의 기능 저하

8) 교대 기초의 파손

구조물의 기초말뚝의 두부가 교대에 강결되어 있기 때문에 지반의 측방유동으로 말뚝두부 파손우려

Ⅳ. 대책

1) EPS 공법

① 교대배면에 경량의 발포 스티로폼을 사용하여 교대배면의 토압을 감소시키는 공법이다.

② 초경량성, 압축성, 자립성, 차수성, 시공성 등의 장점으로 연약지반이나 불량지반에서 하중경감 대책공법에 많이 활용하고 있다.

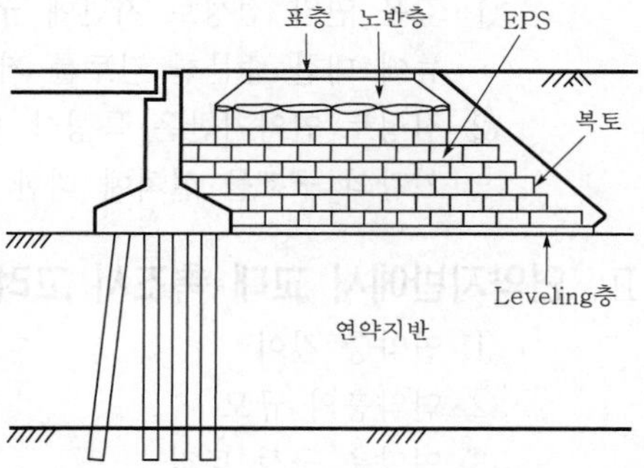

<EPS 공법>

2) 슬래그 뒤채움

① 성토중량을 경감시킬 목적으로 경량 성토재료로 광석 슬래그를 사용하여 배면의 뒤채움 재료로 슬래그를 사용하는 것이다.

② 단위중량이 EPS보다는 무거우나 일반 토사보다 가벼워 성토하중을 경감시킬 수 있는 효과를 가진다.

3) 성토 지지말뚝

① 교대배면 성토나 도로용 성토 등을 지지할 목적으로 설치하고, 상부 슬래브 위에 성토를 함으로써 성토하중을 말뚝을 통하여 직접 지지층에 전달하도록 하는 공법이다.

② 이 공법은 배면성토의 종단방향 활동방지에 효과적이며, 교대배면의 침하를 방지하므로 구조물과 성토지반 사이의 단차를 방지할 수 있다.

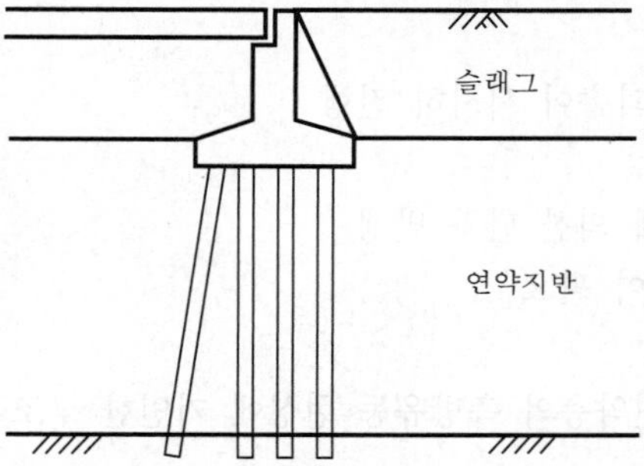

<슬래그 뒤채움 공법>

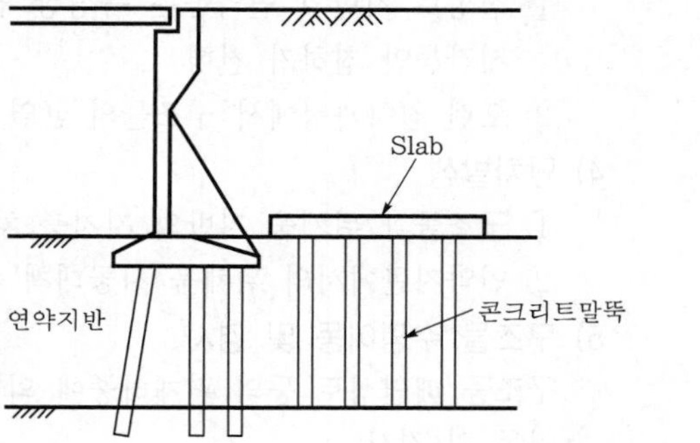

<성토 지지말뚝 공법>

4) 소형교대 공법

① 배면 성토 내에 푸팅을 가지는 소형교대를 설치하여 배면토압을 경감시키는 공법이다.

② Preloading에 유리하고, 압성토 시공이 용이하다.

5) AC(Approach Cushion) 공법

① 장래 침하가 예상되는 연약지반상의 성토와 구조물의 접속부, 부등침하에 적용 가능한 단순지지 슬래브를 설치하여 성토부와 구조물의 침하량 차이에 의한 단차를 완만하게 하는 공법이다.

② 통상 교대가 설치될 위치에 교각을 시공하고, 성토상에 기초가 없는 소형교대를 시공하여 소형교량(AC)을 가설하는 공법이다.

6) 프리로딩(Preloading)

교대시공에 앞서 교대 설치 위치에 성토하중을 미리 가하여 잔류침하를 저지시키는 공법이다.

7) 샌드 콤팩션(Sand Compaction)

연약층에 충격하중 혹은 진동하중으로 모래를 강제 압입시켜 지반내의 다짐모래 기둥을 설치하는 공법이다.

8) 생석회 고결방식

① 지반 속에 생석회를 기둥 모양을 타설하고 생석회의 흡수, 화학변화 특성을 이용하여 점토를 흡수 고결시키는 공법이다.

② 고함수비 점성토 지반에 효과적이다.

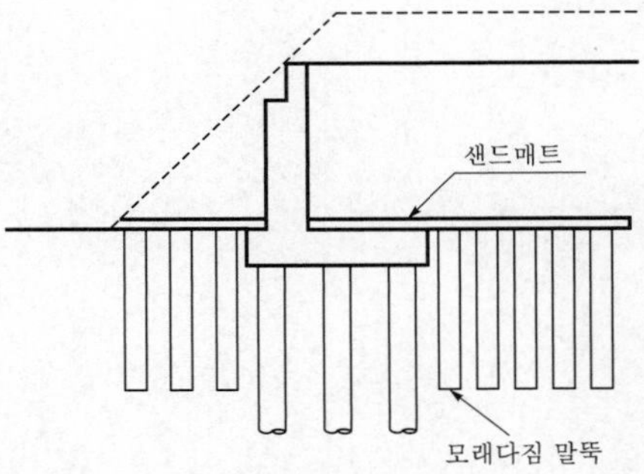

<샌드 콤팩션 파일 공법>

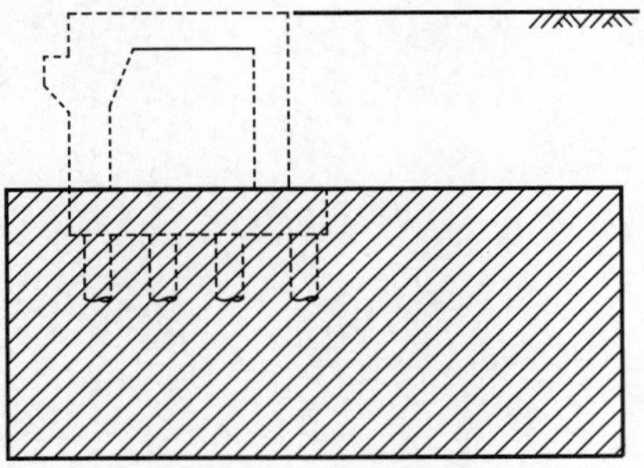
<생석회 고결방식>

9) 주입 공법

① 연약지반 속에 주입재를 주입하거나 혼합하여 지반을 고결 또는 경화시켜 연약토질의 강도를 향상시키는 공법이다.

② 주입재의 종류는 시멘트계, 시멘트 약액계, 약액계로 크게 나눌 수 있다.

10) 치환 공법

① 연약지반층을 대상으로 연약한 실트 혹은 점토층의 일부나 전부를 제거하고, 양질의 토사로 치환하여 교대의 안정확보나 침하를 억제시키려는 공법이다.

② 치환재료로는 모래나 쇄석 등이 많이 이용되나 굴착토사의 사토장이 확보되어야 한다.

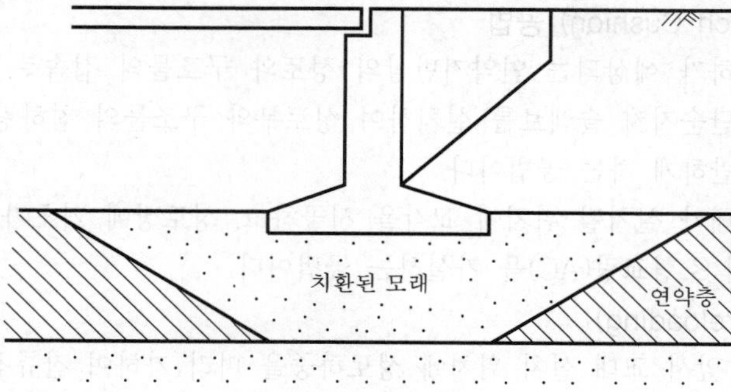

Ⅴ. 결론

① 최근 연약지반상에 설치되는 구조물은 대형화, 집적화되고 있는 추세이며 이에 따라 연약지반에는 측방유동 같은 문제가 빈번하게 발생하고 있다.

② 연약지반에서 교대의 측방이동 피해사례가 점차 국내에서도 증가추세를 보이고 있는 현시점에서 외국의 사례를 여과없이 채용하는 경우가 많이 있는데 우리 실정에 적절한 공법이 개발되어야 할 것이다.

22 교대의 측방유동 원인 및 방지대책

Ⅰ. 개요

① 교대는 재료 특성이 다른 교량과 토공의 경계위치에 설치되어 각기 다른 지지구조를 가지게 되므로 많은 문제점이 발생된다.

② 교대의 수평이동, 단차, 경사 등의 문제점은 하부 연약층의 측방유동현상에 기인하는 것으로 알려져 있다.

Ⅱ. 교대 축조시 고려사항

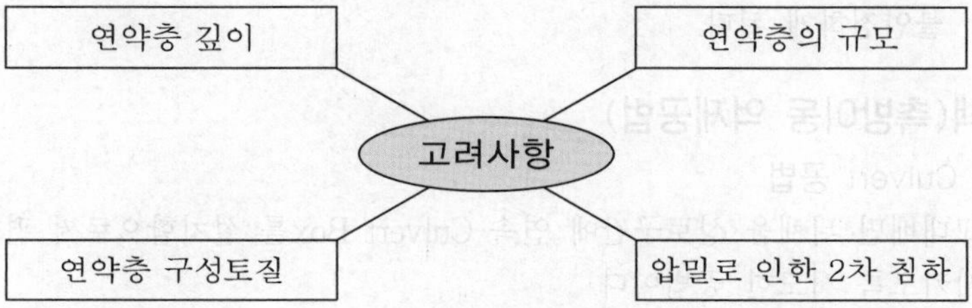

Ⅲ. 측방유동의 원인

1) 뒤채움 편재하중

연약지반상에 설치된 교대에서 안정성 부족으로 교대배면 뒤채움에 의한 편재하중으로 지반이 측방유동하게 된다.

2) 교대배면 성토 과대

① 교대배면에서 필요 이상의 과다성토에 의한 침하량이 크게 발생되어 배면성토부쪽으로 교대가 이동하는 경향이 있다.

② 이러한 경향이 커지면 교량상부 거더가 떨어지는 피해가 발생한다.

3) 기초처리 불량

연약지반상에 교대가 위치할 때 상부하중과 배면토압 등을 고려한 기초처리가 불량한 경우 교대의 측방향 이동이 발생한다.

4) 지반의 이상변형

연약지반에서 성토하중과 교대의 자중, 상부 작용하중 등에 의하여 지반에 이상변형이 발생될 때 측방향 이동의 원인이 된다.

5) 부등침하

기초지반의 불균질화로 교대 기초부위에 부등침하가 발생할 때 교대의 측방유동이 발생한다.

6) 지진에 의한 영향

자연재해인 지진의 발생으로 수평력이 교대에 작용하게 되어 교대의 측방유동이 발생된다.

7) 상부 편심하중작용

교대 상부 작용하중이 계속하여 편심하중으로 작용할 때 교대의 측방유동이 발생된다.

8) 측방향하중

교대의 배면토압 및 외력이 측방향으로 작용하여 교대에 측방하중이 과대해질 때 발생한다.

9) 하천수의 흐름

하천에서 하천수의 흐름에 의하여 교대가 이상응력을 받게 될 때 교대에 측방유동이 발생된다.

10) 세굴 및 침식

교대 하부에서의 기초지반의 세굴현상과 기초 구조물이 침식될 때 교대가 이동하게 되고, 불안전하게 된다.

Ⅳ. 방지대책(측방이동 억제공법)

1) 연속 Culvert 공법

① 교대배면 뒤채움 성토구간에 연속 Culvert Box를 설치함으로써 편재하중을 경감시키도록 시도한 공법이다.

② 이 공법은 편재하중을 경감시키는 효과가 커서 일본의 고속도로 공사에 많이 활용되고 있는 공법이다.

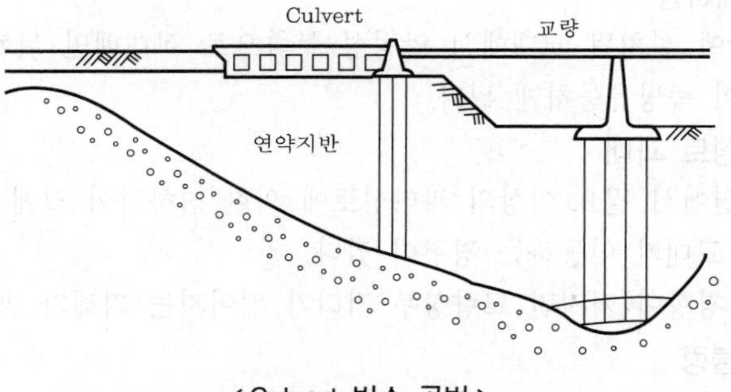

<Culvert 박스 공법>

2) 파이프 매설 공법

① 교대배면에 콜게이트 파이프, 흄관, PSC관 등을 매설하여 뒤채움부에 편재하중을 경감시키도록 하는 공법이다.

② 이 공법은 성토하중을 경감시켜 편재하중을 경감시키는 데 효과적이나 전압이 곤란하고, 뒤채움 재료의 선택과 다짐에 주의를 요한다.

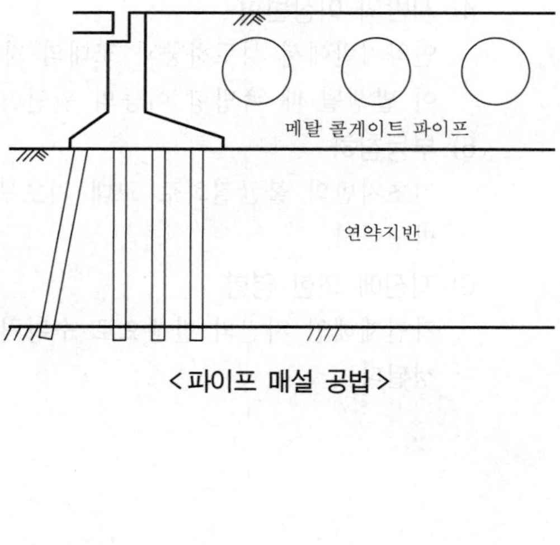

<파이프 매설 공법>

3) 박스 매설 공법

① 교대배면에 박스를 매설하여 성토하중을 경감시키는 공법이다.

② 이 공법을 사용할 때에는 박스의 부등침하가 문제가 될 수 있으므로 주의한다.

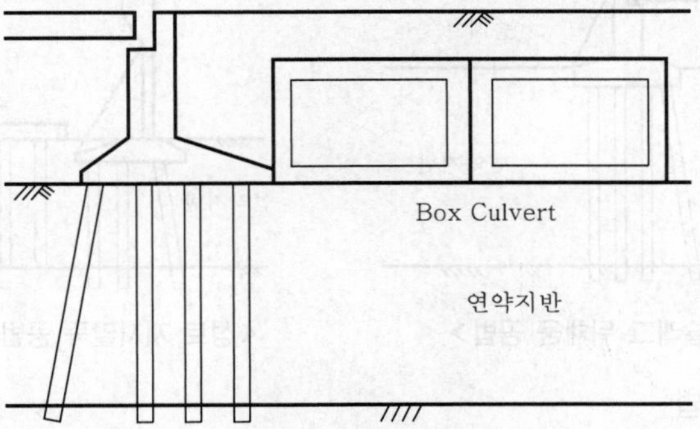

<박스 매설 공법>

4) EPS 공법

① 교대배면에 경량의 발포 스티로폼을 사용하여 교대배면의 토압을 감소시키는 공법이다.

② 초경량성, 압축성, 자립성, 차수성, 시공성 등의 장점으로 연약지반이나 불량지반에서 하중경감 대책공법에 많이 활용하고 있다.

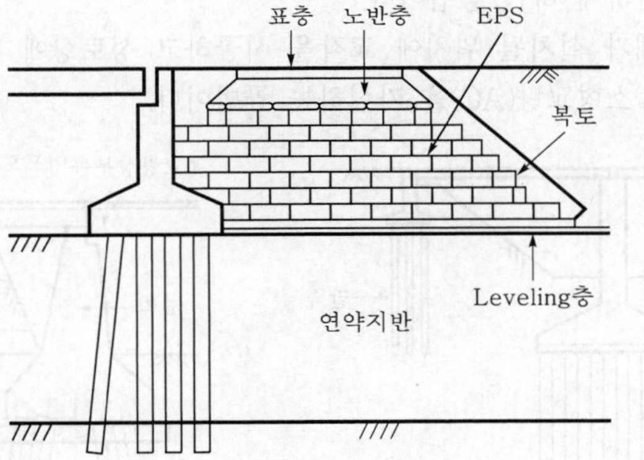

<EPS 공법>

5) 슬래그 뒤채움 공법

① 성토중량을 경감시킬 목적으로 경량 성토재료로 광석 슬래그를 사용하여 배면의 뒤채움 재료로 슬래그를 사용하는 것이다.

② 단위중량이 EPS보다는 무거우나 일반 토사보다 가벼워 성토하중을 경감시킬 수 있는 효과를 가진다.

6) 성토 지지말뚝 공법

① 교대배면 성토나 도로용 성토 등을 지지할 목적으로 설치하고, 상부슬래브 위에 성토를 함으로써 성토하중을 말뚝을 통하여 직접 지지층에 전달하도록 하는 공법이다.

② 이 공법은 배면성토의 종단방향 활동방지에 효과적이며, 교대배면의 침하를 방지하므로 구조물과 성토지반 사이의 단차를 방지할 수 있다.

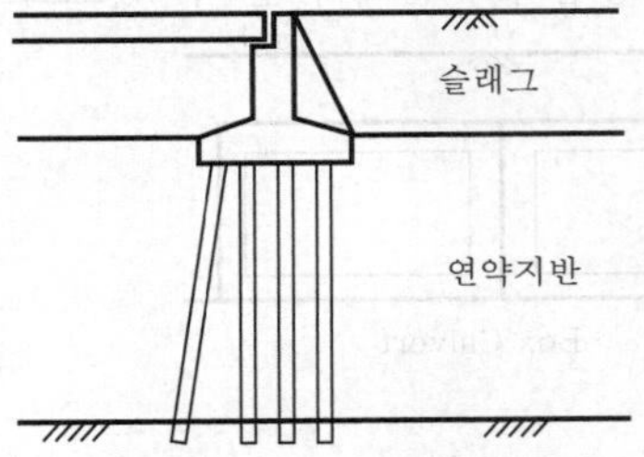

<슬래그 뒤채움 공법>

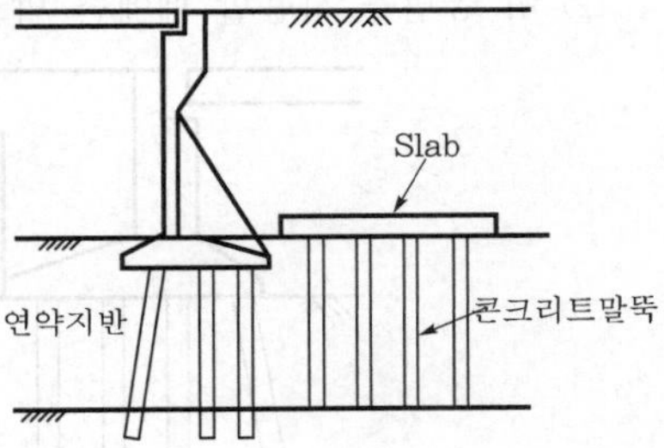

<성토 지지말뚝 공법>

7) 소형교대 공법

① 배면성토 내에 푸팅을 가지는 소형교대를 설치하여 배면토압을 경감시키는 공법이다.

② Preloading에 유리하고, 압성토 시공이 용이하다.

8) AC(Approach Cushion) 공법

① 장래 침하가 예상되는 연약지반상의 성토와 구조물의 접속부, 부등침하에 적용 가능한 단순지지 슬래브를 설치하여 성토부와 구조물의 침하량 차이에 의한 단차를 완만하게 하는 공법이다.

② 통상 교대가 설치될 위치에 교각을 시공하고 성토상에 기초가 없는 소형교대를 시공하여 소형교량(AC)을 가설하는 공법이다.

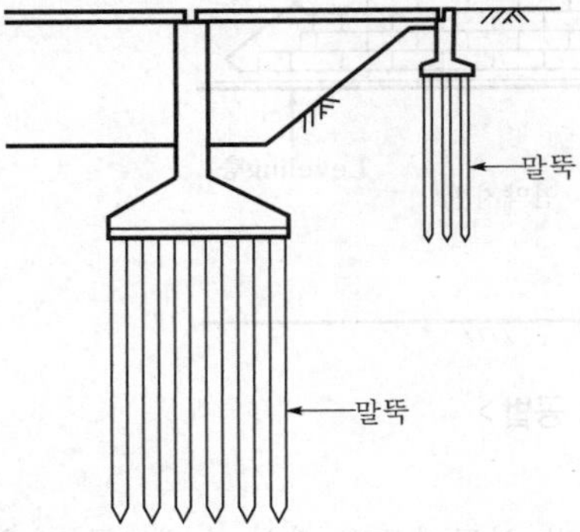

<소형교대 공법>

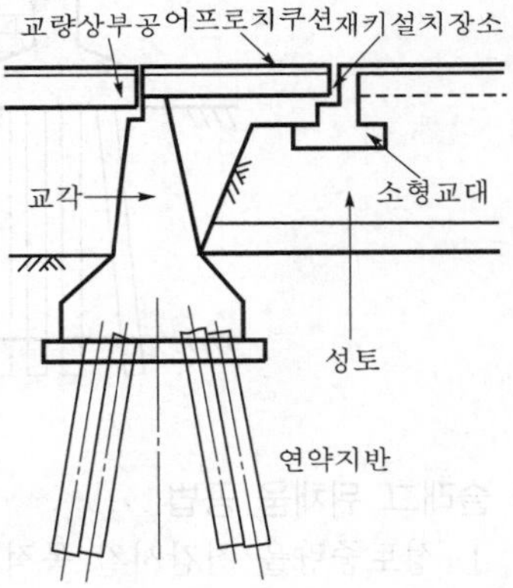

<AC 공법>

9) 압성토 공법

① 소정의 교대 전면에 압성토를 실시하여 배면성토에 의한 측방토압에 대처하도록 하는 공법이다.

② 공사기간이 짧고 공사비가 저렴하며, 유지보수가 용이하다.

10) 프리로딩(Preloading) 공법

교대시공에 앞서 교대 설치위치에 성토하중을 미리 가하여 잔류침하를 저지시키는 공법이다.

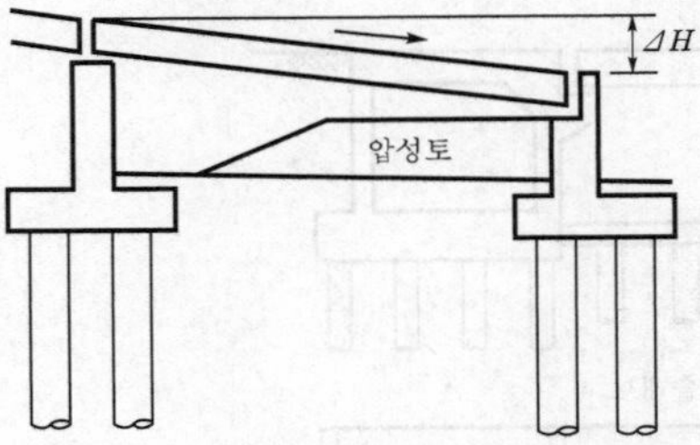

<압성토 공법>

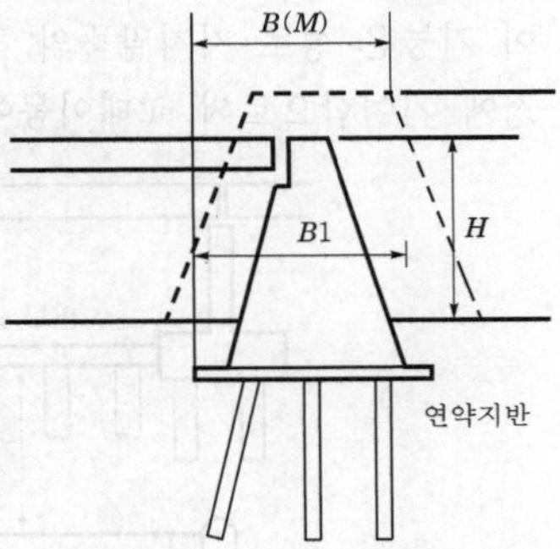

<프리로딩 공법>

11) 샌드 콤팩션(Sand Compaction)

연약층에 충격하중 혹은 진동하중으로 모래를 강제압입시켜 지반내의 다짐모래 기둥을 설치하는 공법이다.

12) 생석회방식

① 지반 속에 생석회를 기둥 모양으로 타설하고 생석회의 흡수, 화학변화 특성을 이용하여 점토를 흡수 고결시키는 공법이다.

② 고함수비 점성토 지반에 효과적이다.

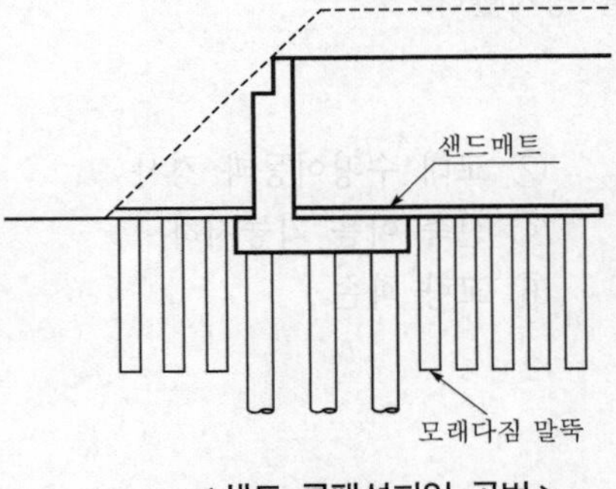

<샌드 콤팩션파일 공법>

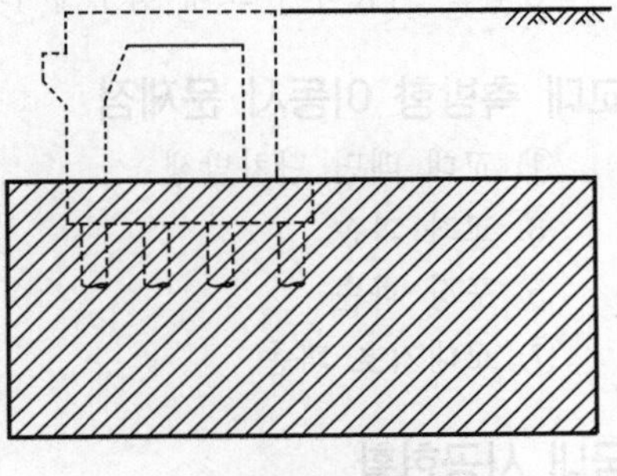

<생석회 고결방식>

13) 주입 공법

① 연약지반 속에 주입재를 주입하거나 혼합하여 지반을 고결 또는 경화시켜 연약토질의 강도를 향상시키는 공법이다.

② 주입재의 종류로는 시멘트계, 시멘트 약액계, 약액계로 크게 나눌 수 있다.

14) 치환 공법

① 연약지반층을 대상으로 연약한 실트 혹은 점토층의 일부나 전부를 제거하고 양질의 토사로 치환하여 교대의 안정확보나 침하를 억제시키려는 공법이다.

② 치환재료로는 모래나 쇄석 등이 많이 이용되나 굴착토사의 사토장이 확보되어야 한다.

15) 버팀 슬래브

① 교대와 교각 사이에 버팀 슬래브를 말뚝기초 위에 설치하여 일체가 되게 함으로써 교대배면 토압에 저항하도록 하는 공법이다.

② 이 기능은 성토 지지말뚝의 경우와 동일한 것으로 교대가 설치된 사면의 사면안정에 기여함으로써 교대이동에 효과적으로 대처하게 하고 있다.

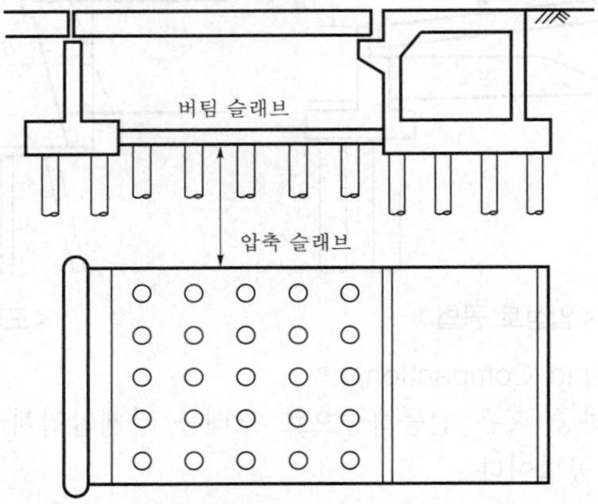

<버팀 슬래브 공법>

16) 기초 세굴방지

교대 전면 유수흐름에 대해 교대 기초부분의 세굴 및 다른 피해를 입지 않도록 보호공법을 적용하여 교대 하부에서의 세굴을 방지한다.

Ⅴ. 교대 측방향 이동시 문제점

① 교대 배면 단차발생

② 교대 수평이동과 경사

③ 교좌 파손

④ 신축 이음 기능저하

⑤ 포장 파손

⑥ 교량 파손

⑦ 교대기초 파손

Ⅵ. 국내 시공현황

① 서해안 고속도로

② 아산 신공항건설

③ 남해안 고속도로

④ 광양 진입도로공사

⑤ 양산－구포 고속도로

Ⅶ. 결론

① 최근 연약지반상에 설치되는 구조물은 대형화, 집약화되고 있는 추세이며, 이에 따라 연약지반에는 측방유동 같은 문제가 빈번하게 발생하고 있다.

② 연약지반에서 교대의 측방이동 피해사례가 점차 국내에서도 증가추세를 보이고 있는 현시점에서 외국의 사례를 여과없이 차용하는 경우가 많이 있지만 우리 실정에 적절한 공법이 하루속히 개발되어야 할 것이다.

23 구조물의 지진

Ⅰ. 개요

① 그동안 지진의 영향을 과소평가하여 구조물의 구조 설계시 적용이 부족하였으나, 전문가의 분석결과 구조물에 유해한 영향을 줄 수 있는 지진의 발생가능성이 밝혀졌다.

② 지진의 규모 표시는 1~10까지로 나타내며, 3 이상이면 구조물에 영향을 미친다.

Ⅱ. 지진의 원인

1) 판 경계지진

지진의 대부분이 판과 판의 경계에서 일어나는 지진

2) 판 내부지진

판 내부에서 국지적 응력변화에 의한 단층 운동으로 일어나는 지진

Ⅲ. 지진의 규모

1) 정의

규모(magnitude)란 지진 근원지에서 지진 자체의 크기를 측정하는 단위로 이 개념을 처음 도입한 미국의 지질학자 리히터(C.Richter)의 이름을 따서 Richter Scale이라고 한다.

2) 규모의 표기

① 1~10까지의 숫자로 나타내며, 소수점 1자리까지 나타낸다.

② 예를 들어 M 5.0이라고 표현할 때 M은 Magnitude를 의미하고, 수치는 소수점 1자리까지 나타낸다.

③ 규모 1.0의 강도는 60t의 폭약(TNT) 힘에 해당된다.

④ 규모가 1.0 증가할 때마다 에너지는 30배씩 늘어나므로, 강도 6의 지진은 강도 5의 지진보다 30배 이상 강력하고, 강도 4의 지진보다는 900배 이상 강력하다.

3) 지진의 규모(Magnitude, Richter Scale)

규모	느낌
3.5 미만	거의 느끼지 못하지만 기록된다.
3.5~5.4	가끔 느껴지고 미약한 피해가 있다(창문 흔들리고 물건 떨어짐).
5.5~6.0	구조물에 약간의 손상이 온다(벽 균열, 서 있기 곤란).
6.1~6.9	사람이 사는 곳이 파괴될 수 있다(가옥 30% 이하 파괴).
7.0~7.9	주지진, 큰 피해가 발생한다(가옥 전파, 교량 파괴, 산사태, 지각 균열).
8.0 이상	거대한 지진, 모든 마을이 파괴된다.

Ⅳ. 지진의 진도

1) 정의

① 진도란 특정 장소에서 감지되는 진동의 세기를 말한다.

② 즉, 하나의 지진은 규모는 같으나, 진도는 장소에 따라 달라질 수 있다.

2) 특징

① 진도는 어느 한 점에서 인체에 미치는 감각이나 자연계와 구조물 등에 미친 피해 상황에 의하여 지진의 세기를 표시하는 것으로, 진원이나 진앙과 멀리 떨어져 있는 지역은 진도가 낮게 나타난다.

② 우리나라는 진도의 척도를 일본기상청(JMA : Japanese Meteological Agency)이 정한 JMA계급을 사용하고 있다.

③ JMA계급은 0~Ⅶ까지 8등급으로 나뉘며, 진도 Ⅲ은 구조물이 크게 흔들리는 정도며, 최고 진도 Ⅶ은 구조물이 다수 파괴되는 정도를 말한다.

3) 지진의 진도

진도	감지
0	무감각 : 느낌이 없는 상태
Ⅰ	미진 : 민감한 사람만 느낄 수 있는 정도
Ⅱ	경진 : 보통사람이 느끼고, 문이 약간 흔들리는 정도
Ⅲ	약진 : 가옥이 흔들리고, 물건이 떨어지고, 물그릇의 물이 진동함
Ⅳ	중진 : 가옥이 심하게 흔들리고, 물그릇이 넘쳐 흐름
Ⅴ	강진 : 벽에 금이 가고, 구조물이 다소 파괴됨
Ⅵ	열진 : 가옥파괴 30% 이하, 산사태가 일어날 수 있음
Ⅶ	격진 : 가옥파괴 30% 이상, 산사태가 일어나고 단층이 생김

Ⅴ. 지진파

1) 개념

① 지진이 발생하면 지진파가 발생하며, 이 지진파는 지구 내부에서 여러 요인에 의해 생성되는 응력을 받아 생성되어 탄성파라고 한다.

② 탄성파는 크게 중심파와 표면파로 분류된다.

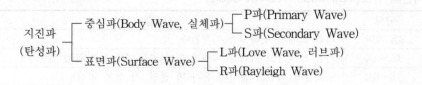

2) 지진파의 종류

- 지진파(탄성파)
  - 중심파(Body Wave, 실체파)
    - P파(Primary Wave)
    - S파(Secondary Wave)
  - 표면파(Surface Wave)
    - L파(Love Wave, 러브파)
    - R파(Rayleigh Wave)

3) 종류별 특징

① P파(Primary Wave)

㉠ 전파속도는 5~8km/s 정도로 가장 빠르다.

㉡ 매질(媒質, Medium)의 입자가 파의 진행방향과 같은 방향으로 전파되는 종파이다.

㉢ 매질이 압축과 팽창을 반복하여 밀도에 변화를 준다.

㉣ 지구 내부 구조를 조사하는데 주로 이용된다.

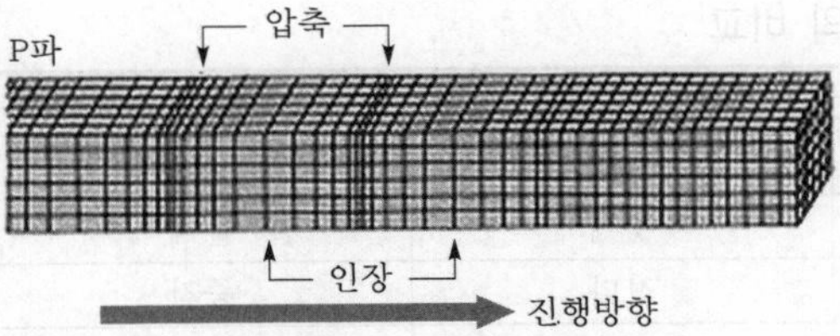

② S파(Secondary Wave)

㉠ S파는 P파보다 속도가 느려 P파 다음으로 도착한다.

㉡ 속도는 약 4km/s 내외로, 이는 매질의 입자의 진동방향이 진행방향과 직교하는 횡파로써, 부피의 변화없이 전단변형을 일으키게 된다.

㉢ S파는 고체만 통과할 수 있다.

㉣ 수평 운동하는 P파와 달리 위아래로 운동하기 때문에 상하동 지진계에 기록된다.

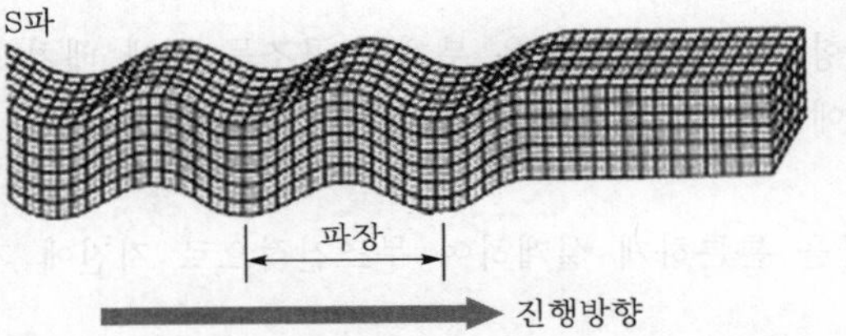

③ L파(Love Wave, 러브파)

㉠ L파는 진행방향에 수평으로 표면을 따라 진동하기 때문에 파괴력이 크다.

㉡ 진폭이 크며, 속도는 3km/s 내외 정도로 느리다.

㉢ 매질의 밀도변화를 수반하지 않는 지진파이다.

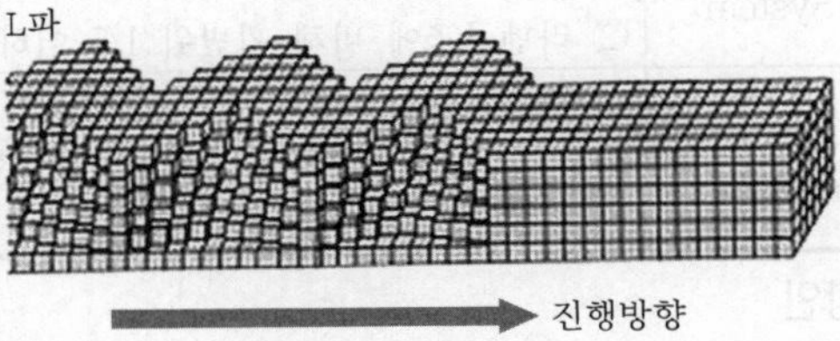

④ R파(Rayleigh Wave)

㉠ R파는 지진파 중 가장 강력한 파괴력을 가진다.

㉡ 전파속도는 L파와 비슷하며, 진행방향에 대하여 역회전 원운동을 하기 때문에 매질의 밀도변화를 수반한다.

㉢ 고층 건물에 치명적 손상을 가하여 큰 피해를 주게 된다.

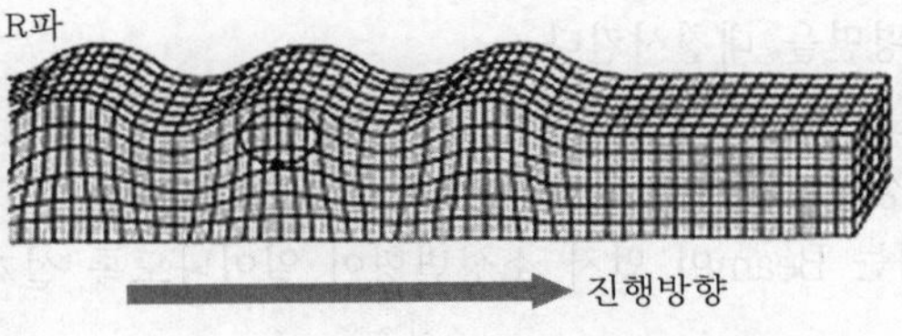

4) P파, S파, L파의 비교

종류	P파	S파	L파
속도	약 5~8km/s	약 4km/s	약 3km/s
도착순	첫째	둘째	셋째
진폭	작다	중간	크다
피해	작다	중간	크다
파동	종파	횡파	혼합
통과물질	고체, 액체, 기체	고체만 통과	지표면으로 전달

Ⅵ. 지진제어장치

1. 내진구조

1) 개념

① 지진에 대항하여 강성이 높은 부재를 구조물 내에 배치

② 구조물 내에 강성이 우수한 부재(내진벽 등)를 설치하여 지진에 견딜 수 있게 하는 구조

③ 즉, 구조물을 튼튼하게 설계하여 무조건적으로 지진에 저항하고자 하는 구조를 의미함

2) 내진구조요소

요소	내용
라멘	수평력에 대한 저항을 기둥과 보의 접합 강성으로 저항
내력벽	라멘과의 연성효과로 구조물의 휨방향 변형을 제어함
구조체 Tube System	① 내력벽의 휨변형을 감소시키기 위해 외벽을 구체구조로 함 ② 라멘구조에 비해 휨변위 1/5 이하로 감소
D.I.B (Dynamic Intelligent Building)	구조물이 지진에 흔들려도 컴퓨터를 이용하여 흔들리는 반대방향으로 구조물을 움직여서 지진에 대한 진동을 소멸시키는 장치가 설치된 구조

3) 내진성능 향상방안

① 기초 설계

㉠ Tie Beam으로 일체화한다.

㉡ 평면 전체를 지하실로 한다.

㉢ 경질지반까지 지지시킨다.

② 구조체 설계

㉠ Tube System, Frame Shear Wall 구조설계를 적용한다.

㉡ 구조물 평면을 대칭시킨다.

㉢ 구조물 높이와 폭의 비가 3~4 이하가 되도록 설계한다.

㉣ 강도와 강성이 균일하고 연속적으로 분포한다.

㉤ 기둥보다는 Beam이 먼저 소성변형이 일어나도록 설계한다.

③ 재료의 선택
㉠ 에너지 소산(Dispersion) 능력이 우수한 연성이 좋은 재료를 선택한다.
㉡ 지진은 질량에 비례하므로 가볍고 강한 재료를 선택한다.
㉢ 부재간의 연속성 · 단일성 · 연결성이 좋아야 한다.

④ 시공시 주의시항
㉠ 설계기준강도 이상의 콘크리트를 사용한다.
㉡ 기둥과 보의 접합부를 밀실하게 시공한다.
㉢ 철근의 배근간격 · 위치 · 정착길이 · 후프 등을 정밀 시공한다.
㉣ 기초의 부동침하를 방지한다.
㉤ Expansion Joint를 설치한다.

2. 면진구조

1) 개념

① 지진에 대항하지 않고 피하고자 하는 수동적 개념
② 지반과 구조물 사이에 고무와 같은 절연체를 설치하여 지반의 진동에너지를 구조물에 크게 전파되지 않게 하는 구조
③ 지진에 의해 발생된 진동이 구조물에 전달되지 않도록 원칙적으로 봉쇄하는 방법을 사용한 구조물

2) 주요 기능

① 지진하중을 감소시키기 위해 주기를 길게 할 것
② 응답변위와 하중을 줄이기 위해 에너지 소산 효과가 탁월할 것
③ 사용하중하에서도 저항성이 있을 것
④ 온도에 의한 변위를 조절할 수 있을 것
⑤ 자체적으로 복원성을 보유할 것
⑥ 경제성이 있도록 유지비가 적게 들어야 할 것
⑦ 지진발생 후 손상을 입었을 경우에 수리 및 대체가 용이할 것
⑧ 지진하중에 의해서 과도한 변위가 발생하지 않아야 할 것

3) 면진장치

면진장치는 구조물의 진동주기를 늘려줌으로써 구조물이 받는 지진하중의 가속도를 저감시키는 원리

① 탄성받침(Elastomeric Bearing)
② 저감쇠 천연 또는 합성고무 받침(Low Damping Natural Rubber and Synthetic Rubber Bearings)
③ 납면진 받침(Lead Plug Bearing)
④ 고감쇠 천연고무 받침(HDNR : High Damping Natural Rubber System)
⑤ 미끄럼 받침(Purely Sliding System)
⑥ 복원력을 가진 마찰면진 시스템(Resilient Friction Base Isolation System)
⑦ 마찰진자 시스템(FPS : Friction Pendulum System)

⑧ 스프링 시스템(Spring Type System)
⑨ 튜브관 말뚝 면진시스템(Sleeved Pile Isolation System)
⑩ 회전변위 시스템(Rocking System)

3. 제진구조

1) 개념

① 효율적으로 지진에 대항하여 지진의 피해를 극복하고자 하는 개념
② 구조물 내외부에 필요한 장치를 부착하여 다가오는 지진파에 반대파를 작동하여 지진파를 감소, 상쇄 및 변형시켜 지진파를 소멸시키는 구조
③ 내진이나 면진은 적용사례가 많으나 제진구조는 적용사례가 적고, 지속적인 연구가 필요함

2) 제진장치

① **수동형** : 진동시 구조물에 입력되는 에너지를 내부에 설치된 질량의 운동에너지로 변화시켜 구조물이 받는 진동에너지를 감소시킨다.
② **능동형** : 센스에 의해 지진파 또는 구조물의 진동을 감지하여 외부에너지를 사용한 구동기를 이용하여 적극적으로 진동을 제어한다.
③ **준능동형** : 보와 역V형의 가새 사이에 실린더 로크장치를 설치하여 이것을 고정하거나 풀어주면서 구조물의 강성 및 고유주기를 변화시킴으로써 진동을 제어한다.

제진방식	적용대상	기술 수준	필요장치	해석·설계의 난이도	비고
수동형	주로 바람	보통	수조 및 보조 장치	보통	• 큰 중량의 물체 필요 • 재료 및 실험에 의존 • 구조 부재에 설치
능동형	바람, 지진 등	높다	센서, 구동장치 컴퓨터	어렵다	• 보조에너지 공급원 필요 • 설치비, 운영비의 과다
준능동형	바람, 지진 등	높다	센서, 구동장치 컴퓨터	어렵다	• 구조 부재에 설치 • 적용 사례가 적음

Ⅶ. 교량의 지진피해유형

1. 지반파괴

1) 피해원인

① 지반 액상화
② 산사태 및 지반 단층파괴

2) 대책

① 연약지반 개량
② 교량의 하부구조에 충분한 연성확보

2. 교대

1) 피해원인

① 교대의 형식 부적정
② 지하수의 원칙
③ 교대의 파괴는 교량 전체적 붕괴를 유발하지 않음

2) 대책

① 지하수의 위치, 수위 등 지반조사 철저

② 유연성 있는 형식의 교대 축조

3. 교각

1) 피해원인

① 휨과 전단에 의한 파괴 발생

② 종방향 철근의 좌굴과 콘크리트 압축강도 저하

③ 교량붕괴의 직접적인 원인

2) 대책

① 전단보강철근 보강

② 종방향 철근의 정착길이 확보

4. 상부구조

1) 피해원인

① 과다한 수평변위 작용

② 상판의 낙교나 주형의 좌굴

③ 신축 이음부의 파괴

④ 인접 경간과의 충돌

2) 대책

① 교좌부의 충분한 받침길이 확보

② 상부구조의 변위를 흡수할 수 있는 구조로 축조

5. 교좌장치

1) 피해원인

① 과다한 수평력 작용

② 연단거리 확보 부족

2) 대책

① 수평력에 저항할 수 있는 전단 연결재의 설치

② 연결장치의 파괴나 좌굴방지

Ⅷ. 결론

① 국내에서는 아직 지진에 대한 제어장치가 미흡하고, 전문인력 및 연구기관이 부족한 상태에 있어 한반도의 지지위험평가가 제대로 이루어지지 않고 있다.

② 선진국의 안전성이 입증된 설계 개념을 도입하고 이것을 국내 상황에 맞게 연구·개발하여 지진에 대한 피해가 최소화하도록 하여야 한다.

제6장 터 널

터널 과년도 문제

1. 풍화암지역에서 터널공사를 시공할 때 굴착공법의 종류를 열거하고, 그 특징을 설명하시오. [97후, 25점]
2. NATM의 굴착공법에 대하여 설명하시오. [01전, 25점]
3. 터널 굴착방법의 종류별 특징과 현장관리시 주의해야 할 사항에 대하여 설명하시오. [14전, 25점]
4. 터널 굴착공법 중 굴착 단면형태에 따른 굴착공법을 비교하여 설명하시오. [15후, 25점]
5. 터널 침매공법에서 기초공의 조성과 침매함의 침매방법 및 접합방법을 설명하시오. [11전, 25점]
6. 침매공법/침매터널 [03전, 10점], [07중, 10점], [13후, 10점]
7. 피암(避岩)터널 [09후, 10점], [14중, 10점]
8. 도로교(길이 10m 말뚝기초) 교각기초 하부의 10m 지점을 통과하는 지하철 건설계획을 수립하시오. [98전, 30점]
9. 차량이 통행하고 있는 하수Box(3.0m×3.0m×4련) 하부를 횡방향으로 신설 지하철이 통과할 경우 가장 경제적인 굴착공법에 대하여 기술하시오. [99중, 30점]
10. 하천변 열차운행이 빈번한 철도 하부를 통과하는 지하차도를 건설하고자 한다. 열차운행에 지장을 주지 않는 경제적인 굴착공법을 설명하시오. [01후, 25점]
11. 기존 철도 또는 고속도로 하부를 통과하는 지하차도를 시공하고자 한다. 상부 차량통행에 지장을 주지 않고 안전하게 시공할 수 있는 공법의 종류를 열거하고, 그중 귀하가 생각할 때 가장 경제적이고 합리적인 공법을 선정하여 기술하시오. [06전, 25점]
12. 다음 그림과 같이 현재 통행량이 많고 하천 충적층 위에 선단지지 Pile기초로 된 교량 하부를 관통하여 지하를 터널 굴착작업하려고 한다. 이때 교량 하부구조의 보강공법에 대하여 기술하시오. [07중, 25점]

1

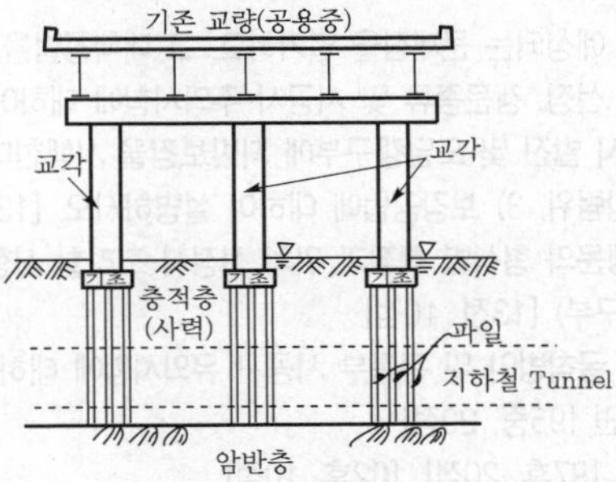

13. 도로 하부 횡단공법 중 프런트재킹(front jacking)공법과 파이프루프(pipe roof)공법의 특징과 시공시 유의사항에 대하여 설명하시오. [14전, 25점]
14. 공용 중인 철도선로의 지하횡단공사시 적용 가능한 공법과 유의사항에 대하여 설명하시오. [16전, 25점]
15. 프런트재킹(front jacking)공법 [09중, 10점]
16. 균열이 발달된 보통 정도의 암반으로, 중간에 2개소의 단층과 대수층이 예상되는 산간지역에 종단구배가 3.5%이고, 연장이 600m인 2차선 일반국도용 터널이 계획되어 있다. 본공사에 대한 시공계획을 수립하시오. [06중, 25점]
17. 대도시 도심부 지하를 관통하는 고심도 지하도로 시공 중 도시시설물 안전에 미치는 영향요인들을 열거하고 시공시 유의사항을 설명하시오. [08후, 25점]
18. 최근 수도권 대심도 고속철도나 도로건설에 대한 관련 사업들이 계획되고 있다. 귀하가 도심지 대심도 터널을 계획하고자 한다면 사전검토사항과 적절한 공법을 선정하여 설명하시오. [11중, 25점]
19. 장대도로터널의 시공계획과 유지관리계획에 대하여 설명하시오. [12중, 25점]

터널 과년도 문제

1	20. 산악지역 및 도심지를 관통하는 장대터널 및 대단면 터널 건설시의 터널 시공계획과 시공시 고려사항에 대하여 설명하시오. [12후, 25점] 21. 터널 미기압파 [14후, 10점]
2	22. NATM 터널의 원리와 안전관리방법에 대해 설명하시오. [96후, 25점] 23. NATM의 특성과 적용한계에 대하여 기술하시오. [97중전, 50점] 24. NATM 터널의 굴착 시공관리계획을 수립하시오. [98후, 40점] 25. NATM 터널 굴착시 세부작업순서에 대하여 기술하시오(작업사이클). [99중, 30점] 26. 터널 기계화 굴착법(open TBM과 shield TBM)과 NATM 적용시 주요 검토사항 및 적용 지질, 시공성, 경제성, 안정성측면에서 비교하여 설명하시오. [14후, 25점] 27. 터널 굴진시 사이클(Cycle)작업의 종류 [94후, 10점] 28. NATM공법으로 터널작업을 하고자 한다. Cycle Time에 관련된 세부작업을 나열하고 설명하시오. [00중, 25점] 29. NATM 터널공사에서 사이클타임과 연계한 세부작업순서에 대하여 설명하시오. [14중, 25점] 30. 터널 굴진방식에 따른 굴착기계의 종류를 분류하고, 그 특징을 설명하시오. [94후, 30점] 31. NATM 터널공사에서 공정단계별 장비계획을 수립하시오. [05중, 25점] 32. 터널의 발파식 굴착공법에서 적용하고 있는 착암기(Rock Drill) 2종을 열거하고, 그 특성을 기술하시오. [98후, 30점] 33. 수중 암굴착을 지상 암굴착과 비교해서 설명하고, 수중 암굴착시 적용 장비에 대하여 설명하시오. [12전, 25점] 34. 터널 갱구부 시공시 예상되는 문제점을 열거하고, 그 대책공법을 기술하시오. [98중후, 30점] 35. 터널 갱구부의 위치 선정, 갱문종류 및 시공시 주의사항에 대하여 기술하시오. [08전, 25점] 36. Shield tunnel 시공시 발진 및 도달갱구부에 지반보강을 시행한다. 이때 1) 갱구부 지반의 보강목적, 2) 갱구부 지반 보강범위, 3) 보강공법에 대하여 설명하시오. [13전, 25점] 37. 도로터널공사에서 갱문의 형식별 특징과 위치 선정시 고려할 사항을 설명하시오. [13중, 25점] 38. 인공지반(터널의 갱구부) [13전, 10점] 39. 터널 관통부에 대한 굴착방안 및 관통부 시공시 유의사항에 대하여 설명하시오. [17후, 25점] 40. 암석 발파시의 자유면 [95중, 20점] 41. 심빼기(心拔孔) 폭파 [97후, 20점], [02후, 10점] 42. 벤치컷(Bench Cut)공법 [00전, 10점], [10후, 10점] 43. 암발파 누두지수 [17후, 10점] 44. 2차 폭파(小割(소할)폭파) [04중, 10점] 45. 지발뇌관 [96중, 20점] 46. 도폭선 [99중, 20점] 47. 도심지 주거밀집지역에서 암굴착을 하려고 한다. 소음과 진동을 피하여 시공할 수 있는 암 파쇄공법을 설명하고, 시공상 유의할 사항에 대하여 기술하시오. [07전, 25점] 48. 폭파에 의하지 않는 암석 굴착방법을 설명하시오. [96중, 35점] 49. 암석 굴착시 팽창성 파쇄공법 [01후, 10점] 50. 미진동 발파공법 [03후, 10점] 51. 암석 발파시에는 진동에 따른 민원이 발생하고 있는바 발파진동 저감을 위한 진동원 및 전파경로에 대한 대책을 기술하시오. [04후, 25점]

터널 과년도 문제

2	52. 발파시 진동 발생원에서의 진동 경감방안과 전달경로에서의 차단방안에 대하여 설명하시오. [14전, 25점] 53. 터널 발파시의 진동 저감대책 [12중, 10점]
3	54. 발파공법에서 시험발파의 목적, 시행방법 및 결과의 적용에 대하여 설명하시오. [06후, 10점] 55. 도심지 인근의 암반 굴착공사시 수행되는 시험발파계측의 목적 및 방법에 대하여 설명하시오. [05중, 25점] 56. 암 굴착시 시험발파 [06후, 10점] 57. 발파진동이 구조물에 미치는 영향을 기술하고, 진동영향평가방법을 설명하시오. [09전, 25점] 58. 발파시공현장에서 발파진동에 의한 인근 구조물에 피해가 발생하였다. 구조물에 미치는 영향에 대한 조사방법을 열거하고 시공시 유의사항에 대하여 설명하시오. [10후, 25점] 59. 심발(심빼기)발파의 종류와 지반진동의 크기를 지배하는 요소에 대해 설명하시오.[09중, 25점] 60. 발파에서 지반진동의 크기를 지배하는 요소 [07후, 10점]
4	61. 터널 굴착시 여굴의 발생원인과 감소대책에 대하여 기술하시오. [95전, 33점] 62. 터널공사시 여굴의 원인과 방지대책에 대하여 기술하시오. [04후, 25점] 63. 터널공사시 여굴 발생원인과 방지대책을 설명하시오. [18중, 25점] 64. NATM 터널 시공시 진행성 여굴의 발생원인을 열거하고, 사전예측방법 및 차단대책에 관하여 기술하시오. [00후, 25점] 65. NATM공법을 이용한 터널굴진시 진행성 여굴 발생원인 및 감소대책방안에 대하여 설명하시오. [15중, 25점] 66. 터널 굴착시 진행성 여굴의 원인과 방지 및 처리대책에 대하여 설명하시오. [19전, 25점] 67. 터널의 여굴 [00전, 10점] 68. 터널의 여굴 발생원인 및 방지대책 [11중, 10점] 69. 지불선(Pay Line)과 여굴관계 [98후, 20점] 70. 지불선(Pay Line) [05전, 10점], [12전, 10점]
5	71. 터널 굴착시 制御發破공법의 종류를 들고 설명하시오. [94후, 50점] 72. 터널 굴착에 제어발파시 공법을 설명하시오. [99후, 30점] 73. 산악지역의 터널 굴착시 제어발파공법에 대해서 기술하시오. [03중, 25점] 74. NATM 시공시 제어발파(조절발파, Controlled Blasting)공법의 종류 및 특징에 대하여 설명하시오. [17후, 25점] 75. 조절발파(제어발파) [05전, 10점] 76. 조절폭파(Controlled Blasting)공법에 관하여 설명하시오. [95후, 25점] 77. 석재를 대량으로 생산하기 위해 계단식 발파공법을 적용하고자 한다. 공법의 특징과 고려사항에 대하여 설명하시오. [13후, 25점] 78. Line Drilling Method [04후, 10점] 79. 절토부 표준발파공법 [18중, 10점] 80. 프리스프리팅(Pre-Splitting)공법 [98후, 20점], [07전, 10점] 81. 쿠션 블라스팅(Cushion Blasting) [01전, 10점] 82. 스무스 블라스팅(smooth blasting) [99후, 20점], [00중, 10점], [05후, 10점], [09중, 10점]
6	83. 터널의 지반보강방법에 대하여 기술하시오. [04전, 25점] 84. NATM 터널 시공시 지보재의 종류와 그 역할을 설명하시오. [10전, 25점]

터널 과년도 문제

85. NATM 터널 시공시 지보공의 종류와 시공순서에 대하여 설명하고, 시공상 유의사항을 기술하시오. [07전, 25점]
86. NATM 터널 시공시 지보패턴을 결정하기 위한 공사 전 및 공사 중 세부실행사항을 설명하시오. [08후, 25점]
87. NATM 터널공사시 강지보재의 역할과 제작설치시 유의하여야 할 사항에 대하여 기술하시오. [05중, 25점]
88. Tunnel에서의 삼각지보(Lattice Girder) [97중전, 20점]
89. 가축지보공(可縮支保工) [01중, 10점]
90. 터널공사에서 록볼트(Rock bolt)의 종류와 정착방식에 따른 작용효과에 대하여 설명하시오. [09전, 25점]
91. 터널지보공인 숏크리트와 록볼트의 작용효과에 대하여 설명하시오. [15중, 25점]
92. 터널설계와 시공시 케이블볼트(Cable bolt)지보에 대한 특징 및 시공효과에 대하여 설명하시오. [17전, 25점]
93. Swellex Rock Bolting [99후, 20점]
94. 터널 굴착시 지보공이 터널의 안정성에 미치는 효과를 원지반응답(곡)선을 이용하여 구체적으로 설명하시오. [06중, 25점]
95. NATM 터널 시공시 1) 굴착 직후 무지보상태, 2) 1차 지보재(shotcrete) 타설 후, 3) 콘크리트 라이닝 타설 후의 각 시공단계별 붕괴형태를 설명하고, 터널 붕괴원인 및 대책에 대하여 설명하시오. [11전, 25점]
96. 터널공사에서 지보재 설치 직전(무지보)의 상태에서 발생하는 붕괴유형을 열거하고 방지대책에 대하여 설명하시오. [14중, 25점]
97. 터널굴착 중에 터널파괴에 영향을 미치는 요인에 대하여 기술하시오. [06전, 25점]
98. 암반반응곡선 [01중, 10점]
99. Spring Line [04중, 10점]
100. 터널지반의 현지응력(Field Stress) [06중, 10점]
101. 터널의 편평률 [19전, 10점]
102. 기존 터널구간에 인접하여 신규 터널공사를 시공할 경우 발생할 수 있는 문제점과 그 대책에 대하여 설명하시오. [05중, 25점]
103. 기존 터널에 근접되는 구조물의 시공시 기존 터널에 예상되는 문제점과 대책을 설명하시오. [09중, 25점]
104. 기존 지하철노선 하부를 관통하는 신설 터널공사를 계획시 기존 노선과 신설 터널 사이의 지반이 풍화잔적토이며 두께가 약 10m일 때 신설 터널공사를 위한 시공대책에 대하여 설명하시오. [09전, 25점]
105. 기존 터널에서 내구성 저하로 성능이 저하된 경우 보수방안과 보수시 유의사항을 설명하시오. [15전, 25점]
106. 터널변상의 원인 [19전, 10점]
107. 산간지역 연장 2.0km 2차선인 쌍설터널을 시공하고자 한다. 원가, 품질, 공정, 안전에 관한 중요한 내용을 기술하시오. [01중, 25점]
108. 지하철 정거장에서 2아치터널의 시공시 문제점과 그 대책을 설명하시오. [12중, 25점]
109. 구조물과 구조물 사이의 짧은 도로터널 계획시 편입용지 및 지장물의 증가에 따라 2-Arch터널, 대단면터널 및 근접병렬터널이 많이 시공되고 있다. 각 터널형식별 문제점 및 대책에 대하여 설명하시오. [18중, 25점]
110. 근접병설터널 [16중, 10점]
111. 병렬터널 필러(pillar) [17후, 10점]

터널 과년도 문제

7

112. 숏크리트(Shotcrete)는 NATM 지보로서 중요한 고가의 재료이다. 합리적인 시공을 하기 위한 유의사항에 대하여 기술하시오. [98후, 30점]
113. NATM에서 Shotcrete의 작용효과, 두께, 내구성 배합에 관하여 설명하시오. [01중, 25점]
114. 터널의 숏크리트 강도특성 중에서 압축강도 이외에 평가하는 방법과 숏크리트 뿜어붙이기 성능을 결정하는 요소를 설명하시오. [13후, 25점]
115. 현장에서 숏크리트 시공시 유의사항과 품질관리를 위한 관리항목에 대하여 설명하시오. [17전, 25점]
116. NATM터널에서 Shotcrete 타설시 유의사항과 두께 및 강도가 부족한 경우의 조치방안에 대하여 설명하시오. [18후, 25점]
117. 숏크리트(Shotcrete)의 시공방법과 시공상의 친환경적인 개선안에 대하여 기술하시오. [06전, 25점]
118. 터널공사의 숏크리트(Shotcrete)공법에서 건식공법과 습식공법에 대하여 특징을 설명하시오. [96중, 35점]
119. 건식 및 습식 숏크리트(Shotcrete)의 시공방법과 시공상 친환경적 개선안에 대하여 기술하시오. [09후, 25점]
120. 건식 및 습식 숏크리트의 특성 [00전, 10점]
121. 숏크리트(Shotcrete)의 특성 [02중, 10점]
122. 터널공사에서의 숏크리트공법의 특징 및 반발량(Rebound량)의 저감대책에 대하여 기술하시오. [96전, 30점]
123. 터널공사에서 숏크리트(Shotcrete)의 기능과 리바운드(Rebound) 저감대책을 설명하시오. [01전, 25점]
124. NATM 터널 시공시 적용하는 숏크리트(Shotcrete)공법의 종류와 특징을 열거하고, 발생하는 리바운드(Rebound) 저감대책에 관하여 서술하시오. [03전, 25점], [05전, 25점], [10후, 25점]
125. 숏크리트(Shotcrete)의 리바운드(Rebound) [94후, 10점]
126. 숏크리트의 리바운드(Rebound) 최소화방안 [16전, 10점]
127. 터널 숏크리트의 리바운드 영향인자 및 감소대책 [18중, 10점]
128. NATM 터널의 숏크리트작업에서 터널 각 부분(측벽부, 아치부, 인버트부, 용수부)의 시공시 유의사항과 분진대책을 설명하시오. [08중, 25점]
129. 숏크리트(Shotcrete)의 응력측정 [01후, 10점]

8

130. NATM 터널공사에서 라이닝 콘크리트(Lining Concrete)의 누수원인을 열거하고, 방지대책을 설명하시오. [01후, 25점]
131. 터널 라이닝 콘크리트의 누수원인과 대책을 설명하시오. [95후, 35점]
132. NATM 터널에서 2차 복공 콘크리트에 나타나는 균열의 주요 원인과 대책에 대하여 설명하시오. [95전, 33점]
133. 터널 2차 라이닝 콘크리트의 균열 발생원인과 그 방지대책을 설명하시오. [09중, 25점]
134. 터널 콘크리트 라이닝 시공시 계획단계 및 시공단계에서 고려해야 할 균열제어방안을 설명하시오. [13후, 25점]
135. 터널 라이닝 콘크리트(lining concrete) 균열 발생원인 및 균열 저감방안을 설명하시오. [15전, 25점]
136. NATM 터널의 콘크리트 라이닝 균열 발생원인과 저감방안에 대하여 설명하시오. [16전, 25점]
137. 터널공사에 있어서 인버트 콘크리트(Invert Concrete)가 필요한 경우를 들고, 콘크리트 치기순서에 대하여 설명하시오. [02중, 25점]
138. 장대터널공사현장에서 인버트 콘크리트를 타설하고자 한다. 인버트 콘크리트의 설치목적과 타설시 유의해야 할 사항에 대하여 설명하시오. [05전, 25점]

터널 과년도 문제

8	139. 터널에서의 콘크리트 라이닝의 기능 [07후, 10점] 140. 터널의 인버트 정의 및 역할 [11중, 10점] 141. 터널 라이닝(Lining)과 인버트(Invert) [15중, 10점]
9	142. NATM공법으로 터널을 시공시에 많은 계측을 실시하고 있다. 계측의 목적과 계측의 종류별 설치 및 계측시 유의사항을 기술하시오. [07중, 25점] 143. 터널공사 중 터널 내부에 설치되는 계측기의 종류 및 측정방법에 대하여 기술하시오. [09후, 25점] 144. NATM 터널의 막장관찰과 일상계측방법을 기술하고, 시공시 고려사항에 대하여 설명하시오. [09전, 25점] 145. NATM 터널공사의 계측항목 중 A계측과 B계측의 차이점과 계측기의 배치시 고려해야 할 사항을 설명하시오. [13후, 25점] 146. 도심지 내 NATM터널을 시공하고자 할 경우 터널 내 계측항목, 측정빈도 및 활용방안에 대하여 설명하시오. [16후, 25점] 147. 터널 준공 후 유지관리계측에 대하여 설명하시오. [19전, 25점] 148. NATM계측 [97후, 20점] 149. NATM 터널공사에서의 계측종류와 설치장소 [95전, 20점] 150. NATM계측 중 갱내외 관찰조사(Face Mapping)의 적용요령과 필요성을 기술하시오. [99후, 30점] 151. Face Mapping [03전, 10점], [07후, 10점], [11전, 10점], [15후, 10점] 152. 개착터널의 계측빈도 [11전, 10점] 153. 터널 시공시 안정성 평가방법에 대하여 기술하시오. [02전, 20점] 154. 터널공사 중 막장 전방의 지질이상대 파악을 위한 조사방법의 종류 및 특징을 설명하시오. [16후, 25점] 155. TSP(Tunnel Seismic Profiling)탐사 [09후, 10점] 156. 터널 지반조사시 사용하는 BHTV(Bore Hole Televiewer)와 BIPS(Bore Hole Image Processing System)의 비교 [17중, 10점]
10	157. 터널의 장대화에 따른 방재시설의 중요성이 강조되고 있다. 장대도로터널의 방재시설 계획시 고려해야 할 사항과 필요시설의 종류 및 특징에 대하여 기술하시오. [09후, 25점] 158. 터널공사시 재해유형 및 안전사고예방을 위한 대책에 대하여 설명하시오. [17후, 25점] 159. 운영 중인 터널에 대하여 정밀안전진단시 비파괴현장시험의 종류와 시험목적에 대하여 설명하시오. [18중, 25점] 160. 장대터널의 정략적 위험도분석(QRA : Quantitative Risk Analysis) [16전, 10점] 161. 시공 중인 노선터널의 환기(Ventilation)방식에 대하여 기술하시오. [04전, 25점] 162. 공사 중인 터널의 환기방식 및 소요환기량 산정방법에 대하여 설명하시오. [06후, 25점] 163. 터널공사 중 발생하는 유해가스, 분진 등을 고려한 환기계획 및 환기방식의 종류에 대하여 설명하시오. [10후, 25점] 164. 도로터널의 환기방식을 분류하고 그 특징과 환기 불량시 터널에 발생되는 문제점을 설명하시오. [13후, 25점]
11	165. T/L(Tunnel)의 수직갱에 대하여 기술하시오. [05후, 25점] 166. 도심지 부근 고속철도의 장대 tunnel 시공시 공사기간 단축, 경제성, 민원 등을 고려한 수직갱(작업구)의 굴착공법과 방법에 대하여 설명하시오. [13전, 25점] 167. 연직갱 굴착방법인 RC(Raise Climber)공법과 RBM(Raise Boring Machine)공법의 장단점에 대하여 설명하시오. [16후, 25점]

터널 과년도 문제

11
168. 터널 단면이 작은 경전철공사 중 수직구를 이용한 터널 굴착시 장비조합 및 기종 선정방법에 대하여 설명하시오. [17중, 25점]
169. 실드TBM의 작업장 및 작업구계획에 대하여 설명하시오. [18중, 25점]
170. R.B.M(Raised Boring Machine) [09후, 10점]
171. 수직갱에서의 RC(raise climber)공법 [12후, 10점]

12
172. 터널보조공법에 관하여 기술하시오. [98전, 50점]
173. 터널공사의 지하수대책공법 [98전, 20점]
174. 터널공사에서 지반용수에 대한 대책을 설명하시오. [00전, 25점]
175. 터널공사에서 자립이 어렵고 용수가 심한 터널막장을 안정시키기 위한 보조보강공법에 대하여 설명하시오. [02중, 25점]
176. 터널 시공 중 터널막장의 보강공에 대하여 설명하시오. [02후, 25점]
177. 터널계획시 지하수처리방법에 대하여 기술하시오. [03중, 25점]
178. 지층변화가 심한 터널 굴착시 막장에서 지하수 유출 및 파쇄대 출현에 대한 대처방안을 기술하시오. [07중, 25점]
179. 산악터널공사에서 발생하는 지하수 용출에 따른 문제점과 대책을 설명하시오. [08중, 25점]
180. 터널 천단부와 막장면의 안정에 사용되는 보조공법의 종류와 특징을 설명하시오. [11후, 25점]
181. NATM 터널 막장면 보강공법에 대하여 설명하시오. [15후, 25점]
182. 지반이 불량하고 용수가 많이 발생하는 지형의 터널 시공시 용수처리와 지반 안정을 위한 보조공법에 대하여 설명하시오. [18전, 25점]
183. 터널 구조물 시공 중의 균열 발생원인과 물처리공법에 관하여 기술하시오. [99전, 30점]
184. 터널굴착 중 연약지반보조공법 중 강관다단 그라우팅 [08전, 10점]
185. 막장지지코어공법 [12중, 10점]
186. 훠폴링(Forepoling)보강공법 [17전, 10점]

13
187. 하저터널구간에서 NATM으로 시공 중 연약지반 출현시 발생되는 문제점과 대책을 기술하시오. [97후, 33점]
188. 연약한 토사층에서 토피 30m 정도의 지하에 터널을 굴착 중 천단부에서 붕락이 일어나고 상부 지표가 함몰되었다. 이때 조치해야 할 사항과 붕락구간 통과방안에 대해 기술하시오. [06중, 25점]
189. 터널시공 중 천단부 쐐기 파괴 발생시 현장에서의 응급조치 및 복구대책에 대하여 설명하시오. [06후, 25점]
190. 토피가 낮은 터널을 시공할 때 발생되는 지표침하현상과 침하 저감대책에 대하여 설명하시오. [11중, 25점]
191. 터널공사 중 저토피구간에서 붕괴사고가 발생하였다. 저토피구간에 적용할 수 있는 터널보강공법을 설명하시오. [13중, 25점]
192. 도심지 천층터널의 지반특성 및 굴착시 발생 가능한 문제점과 대책에 대하여 설명하시오. [14후, 25점]
193. 저토피, 미고결 등 지반 취약구간의 터널 시공방법에 대하여 설명하시오. [16전, 25점]
194. 도심지 연약지반에서 터널굴착 및 보강방법에 대하여 설명하시오. [17중, 25점]
195. 산악지형 장대터널의 저토피구간 시공방법 중 개착(open cut)공법과 반개착(carinthian cut and cover)공법을 비교 설명하시오. [14후, 25점]
196. NATM의 방수공법과 배수처리공법에 대하여 기술하시오. [99중, 35점]
197. NATM 터널에서 방수의 기능(역할)을 설명하고 방수막 후면의 지하수 처리방법에 따른 방수형식을 분류하고 그 장·단점을 기술하시오. [06전, 25점]

터널 과년도 문제

14	198. NATM에 의한 터널공사시 배수처리방안을 시공단계별로 설명하시오. [12전, 25점] 199. 도막방수 [04전, 10점] 200. 배수형 터널과 비배수형 터널을 비교하여 그 개념 및 장단점을 기술하시오. [08전, 25점] 201. 터널의 지하수 처리형식에서 배수형 터널과 비배수형 터널의 특징을 비교 설명하시오. [10후, 25점]
15	202. 기계식 터널굴착(TBM)공법을 분류하고 각 기종의 특징을 서술하시오. [03후, 25점] 203. TBM(Tunnel Boring Machine)공법의 특징에 대하여 기술하시오. [04전, 25점] 204. Slurry Shield TBM공법 [07중, 10점] 205. TBM(Tunnel Boring Machine)의 구조를 설명하고, 그 적용조건에 대하여 기술하시오. [95중, 50점]
16	206. 터널공법 중 세미실드(Semi Shield)공법과 실드(Shield)공법에 대하여 설명하고, 각기 시공순서를 설명하시오. [02후, 25점] 207. 지하 30m와 20m 사이에서 연암과 연약토층이 혼재된 지반조건을 가진 도심지의 도시터널공사(직경 7.0m, 길이 약 4km)를 시공하고자 한다. 인근 건물과 지중 매설물의 피해를 최소화하는 기계식 자동화공법의 시공계획서 작성시 유의사항을 설명하시오. [04중, 25점] 208. 현장에서의 실드(Shield)터널의 단계별 굴착방법에 따른 유의사항에 대하여 설명하시오. [06후, 25점] 209. 실드터널 굴착시 초기 굴진단계의 공정을 거쳐 본굴진계획을 검토해야 되는데, 초기 굴진시 시공순서, 시공방법 및 유의사항에 대하여 설명하시오. [11전, 25점] 210. 실드(Shield) TBM공법의 굴착작업계획에 대하여 설명하시오. [16중, 25점] 211. Shield TBM공법에서 Segment 조립시 발생하는 틈(Gap)과 단차(Off-Set)의 문제점 및 최소화방안에 대하여 설명하시오. [18후, 25점] 212. 연약층이 깊은 도심지에서 실드(shield)공법에 의한 터널공사 중 누수가 발생하는 취약부를 열거하고 원인 및 보강공법에 대하여 설명하시오. [12전, 25점] 213. 실드(Shield)공법으로 뚫은 전력통신구의 누수원인을 취약부위별로 분류하고, 누수대책을 설명하시오. [12중, 25점] 214. 실드(Shield)터널공법에서 프리캐스트 콘크리트 세그먼트(Precast Concrete Segment)의 이음방법을 열거하고, 시공시 주의사항에 대하여 설명하시오. [02중, 25점] 215. Segment의 이음방식(실드터널) [10중, 10점] 216. 실드터널 시공시 뒤채움 주입방식의 종류 및 특징에 대하여 설명하시오. [10중, 25점] 217. 실드(Shield) 굴착시 세그먼트 뒤채움 주입방식 및 주입시 고려사항에 대하여 설명하시오. [17중, 25점] 218. Shield장비로 거품(Foam)을 사용하여 터널을 굴착할 때의 버럭처리(Mucking)방법에 대하여 설명하고, 시공시 유의할 사항에 대하여 기술하시오. [07전, 25점] 219. 실드(Shield)공법에 의한 터널공사시 발생 가능한 지표면침하의 종류를 열거하고, 침하종류별 침하의 방지대책에 대하여 설명하시오. [12후, 25점] 220. Shield TBM 굴진시의 체적손실 [14후, 10점] 221. 실드터널의 테일보이드(Tail void) [18후, 10점]
17	222. 암반 분류방법 및 특징, 분류법에 내포된 문제점에 대하여 설명하시오. [17전, 25점] 223. 절토부 암(岩) 판정시 현장에서 준비할 사항 및 암 판정결과보고에 포함할 사항에 대하여 설명하시오. [17중, 25점] 224. 암반 분류에 대하여 설명하시오. [18전, 25점] 225. 토목공사에서 암반선 노출시 암 판정을 실시해야 하는 대상별 암 판정목적 및 절차에 대하여 설명하시오. [18중, 25점]

터널 과년도 문제

17

226. 규암(Quartzite)의 시공상 특징 [95전, 20점]
227. 불연속면(Discontinuity) [00후, 10점], [09전, 10점], [14전, 10점], [18중, 10점]
228. 단층대(Fault Zone) [99전, 20점]
229. 암반의 파쇄대(Flacture Zone) [94후, 10점]
230. 단층파쇄대 [17후, 10점]
231. 암반의 균열계수 [95중, 20점]
232. 암반의 취성 파괴(Brittle Failure) [06중, 10점]
233. 암반에서의 현장투수시험 [06후, 10점]
234. RQD(Rock Quality Designation) [95전, 20점], [03후, 10점], [99중, 20점]
235. TCR과 RQD [15중, 10점]
236. RMR(Rock Mass Rating) [04전, 10점], [07중, 10점]
237. RQD와 RMR [18전, 10점]
238. SMR(Slope Mass Rating) [06후, 10점], [15전, 10점]
239. 암반의 Q-system 분류 [12후, 10점]
240. RMR과 Q-시스템 [16중, 10점]
241. 산성암반배수(acid rock drainage) [13전, 10점]

1 터널공법

Ⅰ. 개요

① 터널은 그 목적에 적합하고 안전하며 경제적으로 건설되어지기 위해서 계획, 설계 및 시공에 앞서서 위치설정, 공기, 예상공비, 시공법, 안전성 및 장래의 유지보수를 위한 제반조사를 실시하여 충분한 기초자료를 얻도록 해야 한다.

② 시공중에도 지질, 지반형상, 주변환경 등의 변화에 주의하여 안전은 물론 환경과의 조화를 고려한 시공이 될 수 있도록 필요한 조사를 실시해야 한다.

Ⅱ. 공법의 분류

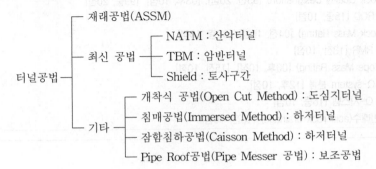

- 터널공법
  - 재래공법(ASSM)
  - 최신 공법
    - NATM : 산악터널
    - TBM : 암반터널
    - Shield : 토사구간
  - 기타
    - 개착식 공법(Open Cut Method) : 도심지터널
    - 침매공법(Immersed Method) : 하저터널
    - 잠함침하공법(Caisson Method) : 하저터널
    - Pipe Roof공법(Pipe Messer 공법) : 보조공법

Ⅲ. 공법

1. 재래공법(ASSM : American Steel Supported Method)

1) 정의

① 종래 광산에서 사용하던 공법으로서 NATM 터널 공법 이전의 터널시공에 적용하여 왔다.

② NATM은 암반 자체를 주지보재로 이용하는 반면에 ASSM은 지반이완으로 침하하는 암반을 목재나 Steel Rib로 하중을 지지하므로 안정성이 낮다.

2) 특징

① Steel Rib, Concrete Lining이 주지보재로서 이용된다.

② 주위 암반이 하중요소로 작용한다.

③ 지반의 이완으로 지표침하가 발생된다.

④ 육안으로 판정하므로 사고예측이 느리다.

⑤ 지수성이 불량하다.

⑥ 대형장비의 사용이 곤란하다.

⑦ 지반 연약시 막장의 안정성이 불리하다.

2. NATM(New Austrian Tunnelling Method)

1) 정의

① 원지반의 본래 강도를 유지시켜서 지반자체를 주지보재로 이용하는 원리이다.

② 지반변화에의 적응성이 좋고 적용단면의 범위가 넓어 일반적 조건하에서는 경제성이 우수한 공법이다.

2) 특징

① 터널 자체가 터널의 주지보재이다.

② Shotcrete, Rock Bolt, Steel Rib 등을 보조수단으로 한다.

③ 연약지반에서 극경암까지 적용이 가능하다.

④ 재래 공법에 비해 지반변형이 적다.

⑤ 계측을 통한 시공의 안정성이 보장된다.

⑥ 경제적인 터널 구축이 가능하다.

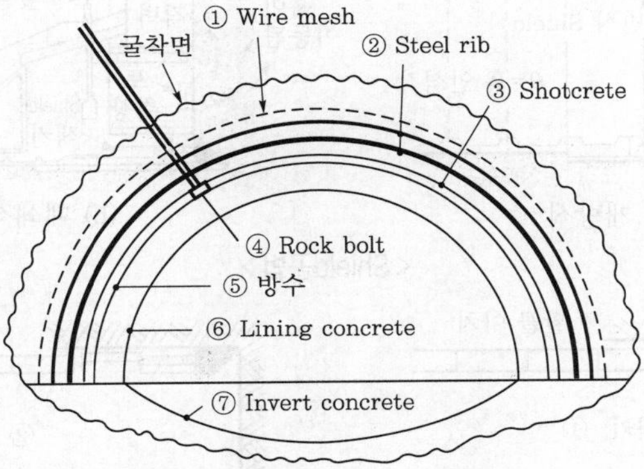

3. TBM(Tunnel Boring Machine)

1) 정의

① Hard Rock Tunnel Boring Machine에 의한 암석터널 굴착 공법이다.

② 재래의 발파 공법에 비해 주변지반의 진동, 이완을 최소화하고 굴진속도가 빠른 장점이 있다.

2) 특징

① 작업속도가 빠르다.

② 소음과 진동이 적다.

③ 지보공이 절약된다.

④ 원형단면이므로 구조적으로 안정된다.

⑤ 초기 투자비가 크다.

⑥ 지반변화에 대한 적용범위가 한정된다.

⑦ 기계의 조작에 전문인력이 필요하다.

4. Shield

1) 정의

① Shield라고 불리는 강제 원통 굴착기를 지중에 밀어넣고 그 내부에서 토사의 붕괴, 유동을 방지하면서 안전하게 굴착작업 및 복공작업을 하여 터널을 구축하는 공법이다.

② 개착 공법을 대신할 수 있는 도시터널의 시공수단으로서 지하철, 상하수도, 전기 통신시설 등에 널리 이용되고 있다.

2) 특징

① 안전하고 확실한 공법이다.

② 시공관리 및 품질관리가 용이하다.

③ 지하매설물의 이동과 방호가 불필요하다.

④ 광범위한 지반에 적용된다.

⑤ 토피가 얕은 터널의 시공이 곤란하다.

⑥ 시공에 수반되는 침하가 발생된다.

⑦ 급곡선부 시공이 어렵다.

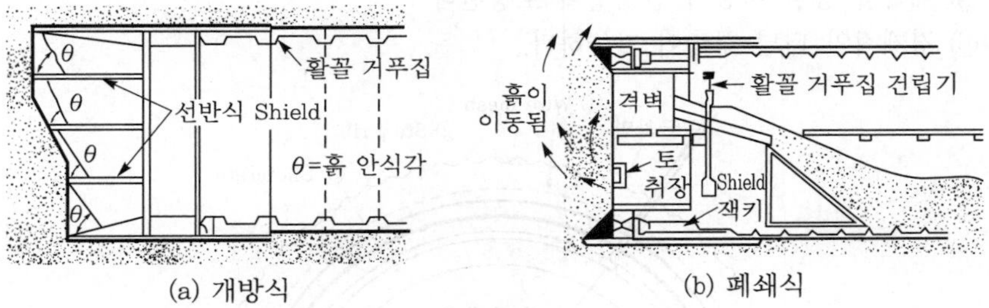

< Shield공법 >

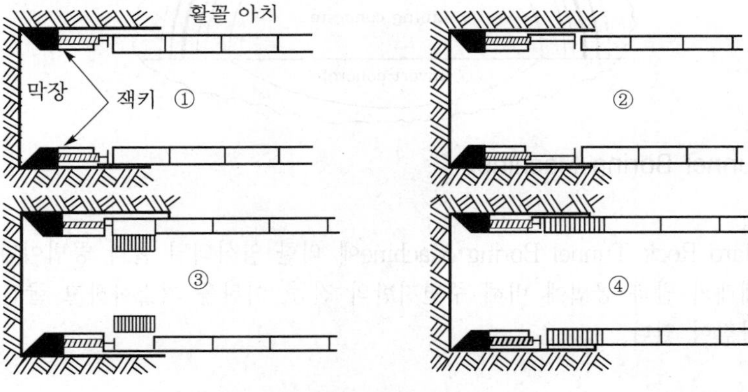

< Shield공법의 시공순서 >

5. 개착식 공법(Open Cut Method)

1) 정의

① 지상에서 큰 도랑을 구축하여 그 속에 터널 본체를 구축하고 그것이 완성된 후 매몰하여 원상태로 복구하는 공법이다.

② 평탄한 지형에 얕은 터널을 구축할 때 시공성, 경제성, 안전성 면에서 유리한 공법으로서 도시터널(지하철)에 많이 채용된다.

2) 특징

① 공법이 안정되고, 경제적이다.

② 공정이 빠르다.
③ 시공관리가 용이하다.
④ 교통의 통제가 필요하다.
⑤ 소음, 진동, 먼지 등의 공해가 유발된다.
⑥ 굴착에 의한 압밀침하가 발생한다.
⑦ 지하 매설물에 대한 방호가 필요하다.

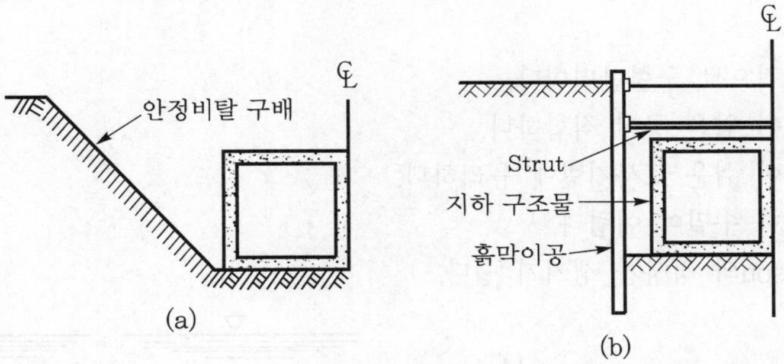

<개착식 공법>

6. 침매공법(Immersed Method)

1) 정의

① 해저 또는 지하수면하에 터널을 굴착하는 공법이다.
② Trench 굴착하여 기초를 설치한 후, 지상에서 제작하여 이것을 물에 띄워 부설 현장까지 운반한 후, 소정위치에 침하시켜 기설부분과 연결한 후 되메우기한 다음 속의 물을 배제하여 터널을 구축하는 방법이다.

2) 특징

① 단면형상이 자유롭고, 큰 단면이 가능하다.
② 수심이 얕은 곳에 침설하면 터널연장이 짧게 된다.
③ 다소 깊은 곳의 시공도 가능하다.
④ 연약지반 위에서도 시공할 수 있다.
⑤ 육상에서 제작되므로 품질이 균일하고, 공기가 단축된다.
⑥ 기상, 해류 등 해상조건의 영향을 많이 받는다.
⑦ 수저에 암초가 있을 경우는 트렌치가 곤란하다.

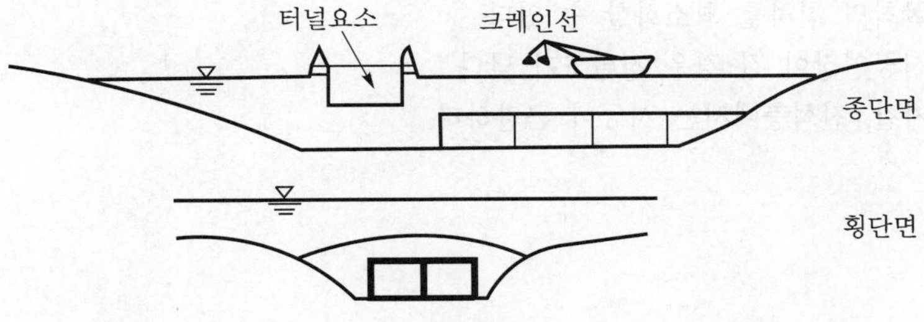

<침매공법>

7. 잠함공법(Caisson Method)

1) 정의

① 지상에서 양마구리를 밀폐시킨 소요단면의 토막터널을 만들어 견인선으로 끌어 소정위치에 침하시킨다.

② 터널 바닥과 연결된 Shaft를 통하여 압축공기를 보내 터널 및 끝날부분의 물을 배제시킨 다음 수저를 굴착하여 내려가는 공법이다.

2) 특징

① 일반적으로 구형단면이다.

② 수심이 얕은 곳에 적합하다.

③ 굴착이 쉬운 토사지반에 유리하다.

④ 완전한 수밀이 어렵다.

⑤ Caisson의 경사가 생기기 쉽다.

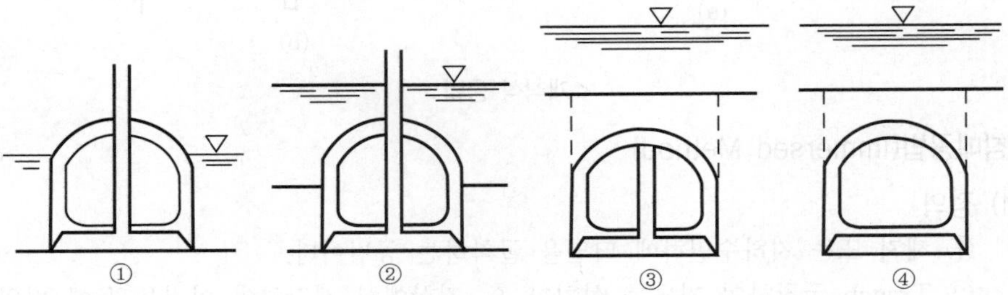

<잠함공법의 시공순서>

8. Pipe Roof공법(Pipe Messer공법)

1) 정의

① Tunnel 굴착에 앞서 굴착단면의 외주를 따라 Pipe(주로 강관)를 삽입하여 Tunnel 형상에 맞춘 Roof를 형성한다.

② 터널 굴착과 함께 이 Roof를 지보공으로 하여 안전하게 터널을 굴착하는 방법이다.

2) 특징

① 안전성이 높다.

② 저진동, 저소음 공법이다.

③ 선형에 따라 정확히 굴진된다.

④ 굴착면 침하를 최소화할 수 있다.

⑤ 시공연장이 길 경우 정밀도가 낮다.

⑥ 자갈, 전석층에서는 시공이 곤란하다.

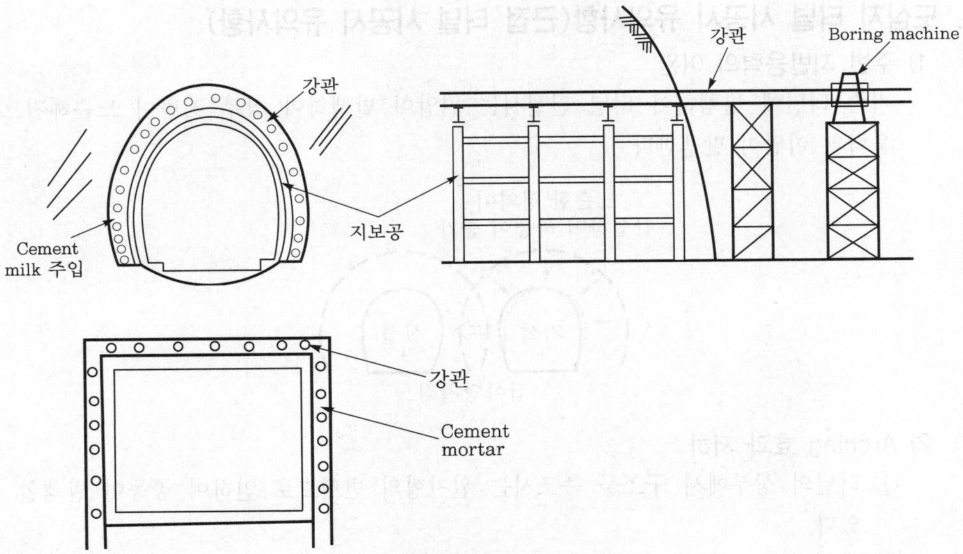

<Pipe Roof공법>

Ⅳ. 도시 시설물 안전에 영향을 미치는 요인

1) 지반 침하
   ① 지하수의 무분별한 배수
   ② 흙막이 변형
   ③ Heaving 또는 Boiling 발생

2) 지하수 고갈
   ① 굴착면에서 배수에 따른 수위 저하
   ② 인근 지하수의 고갈

3) 지반 균열
   ① 대형 차량의 운행에 따른 과도한 진행하중으로 균열 발생
   ② 흙막이 공사의 미비로 인한 균열 발생

4) 진동 발생
   ① 대형굴삭기 사용으로 인한 진동 발생
   ② 토공사시 굴삭기, 덤프 트럭 등의 대형 장비 운행

5) 근접 구조물의 변위
   ① 지하수 변동에 따른 지반 변위
   ② 근접 구조물의 균열, 경사 등의 변위 발생
   ③ 근접 구조물의 침하 및 전도 등의 변위 발생

6) 지중 구조물 파손
   ① 지중에 매설된 상하수도관 파손
   ② 통신 케이블 및 동력선 파손

V. 도심지 터널 시공시 유의사항(근접 터널 시공시 유의사항)

1) 주변 지반응력의 이완

기존 터널에 병행하여 터널 건설시는 편압이 발생하여 상부 지반이 느슨해지므로 응력의 이완이 발생한다.

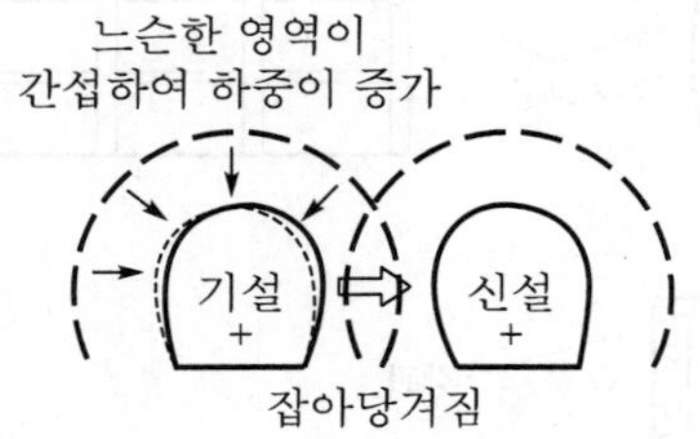

2) Arching 효과 저하

① 터널의 상부에서 구조물 축조시는 원지형의 변형으로 인하여 공동이 발생할 수 있다.

② 그 공동으로 인해 측압을 상부로 밀어 올리는 식으로 변형이 발생하여 Arching 효과가 저감된다.

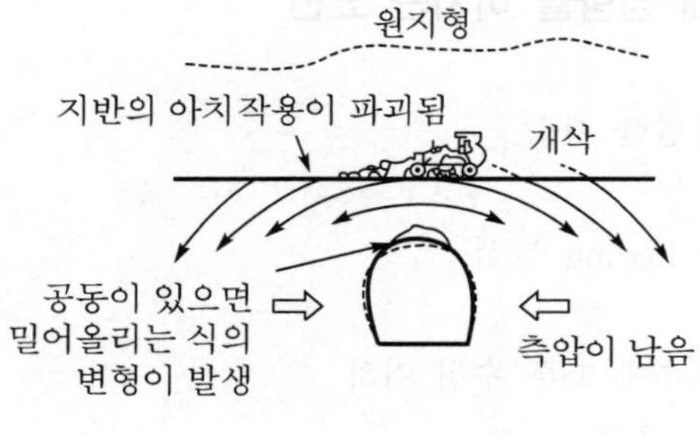

3) 기존 터널의 침하

터널 하부에 신설구조물의 축조시는 터널 하부 지반의 침하로 터널의 부동침하가 발생하여 원통형 균열이 발생한다.

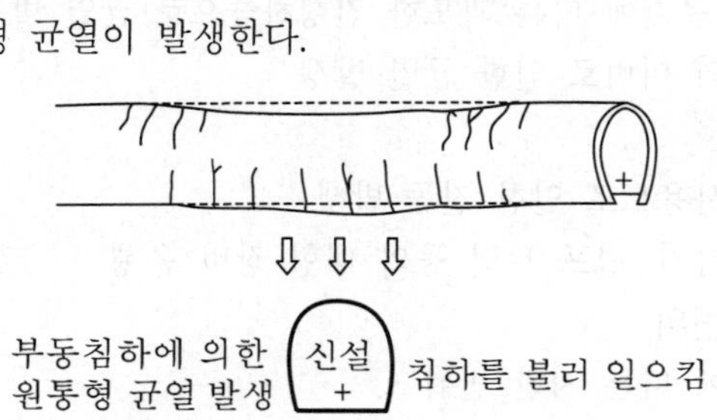

4) 복공 작용하중 증가

터널 상부에 신설구조물 축조를 위한 성토작업이 이루어지므로 상재하중의 증가로 복공에 작용하는 상재하중이 증가한다.

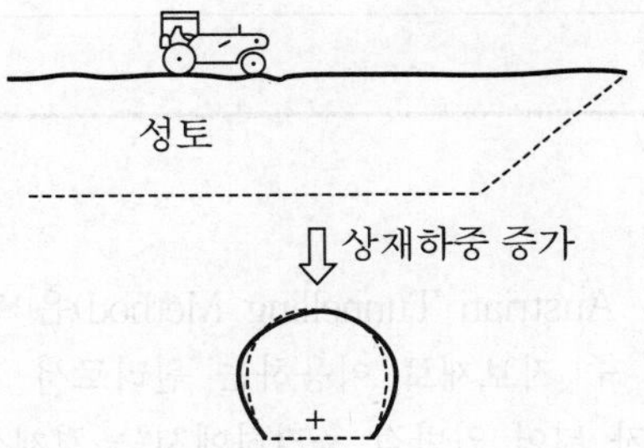

5) 편압작용

① 터널 측벽의 굴착에 의해 측방으로 작용하는 측압의 발생으로 터널구조물의 파손이나 균열이 발생한다.

② 터널의 응력구조는 좌우대칭을 이루나 주변의 굴착으로 인하여 응력이 한쪽으로 치우치게 작용하여 측방으로 변형이 온다.

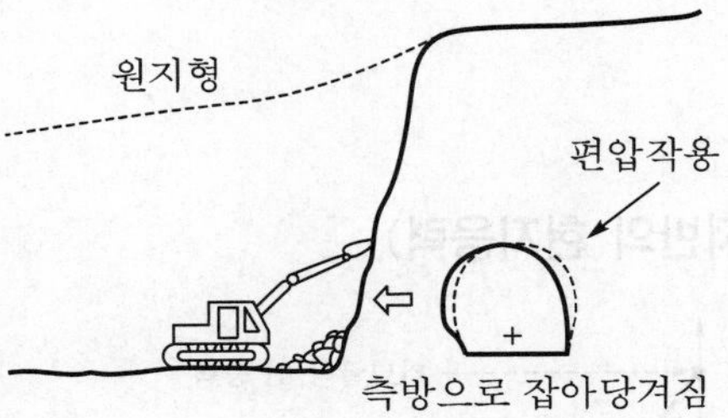

6) 라이닝 파손

터널 주변에서 발파나 진동에 의해 균열이 발생하거나 라이닝의 파손이 일어난다.

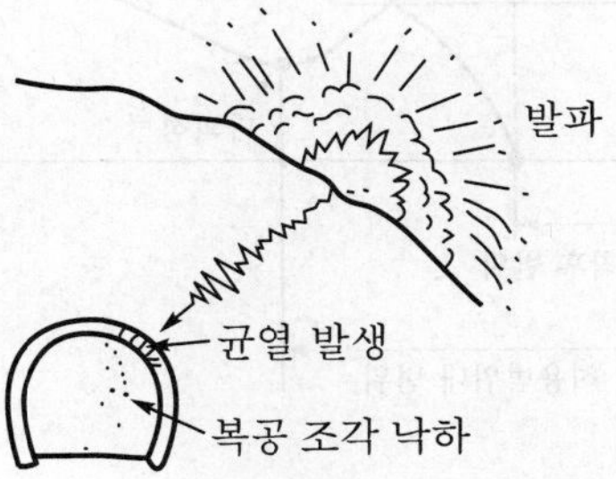

Ⅵ. 결론

① 터널 공법은 용도, 단면의 형상 및 크기, 토질, 시공법 등에 의해서 여러 가지로 분류될 수 있다.

② 공법의 선정시에는 지상구조물에 대한 영향, 막장과 굴착면의 안정, 지반내 응력의 분포상태 등이 충분히 고려되어야 한다.

2 NATM공법

Ⅰ. 개요

① NATM공법(New Austrian Tunnelling Method)은 원지반의 본래 강도를 유지시켜서 지반자체를 주 지보재로 이용하는 원리로서 지반변화에의 적응성이 좋고, 적용단면의 범위가 넓어 일반적 조건하에서는 경제성이 우수한 공법이다.

② 최근 막장의 안정과 지반의 변위 등을 계측하고 제어하는 기술의 발전으로 도시내의 지하철 터널과 철도 및 도로 터널 등에 광범위하게 적용되고 있다.

Ⅱ. 공법의 원리

① 원지반 이완 억제

② 자립성 유도

③ 보조 지보

④ 전단강도 확보

Ⅲ. 암반반응곡선(터널지반의 현지응력)

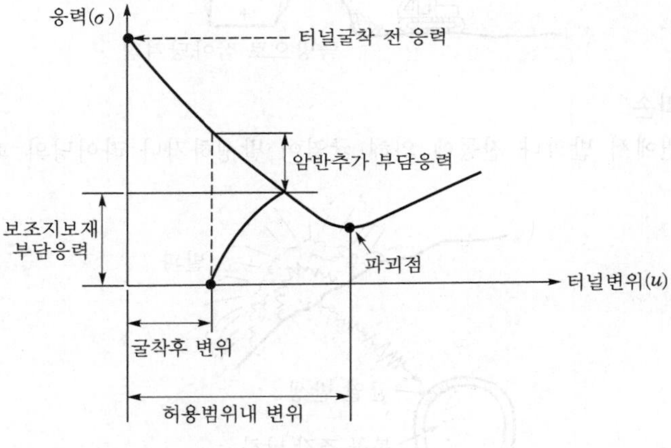

1) 굴착 후

터널을 굴착하면 암반응력은 감소하고, 굴착면은 터널안으로 팽창변위가 발생한다.

2) 보조지보재 설치

① 터널내부로 발생된 변위를 억제하기 위하여 빠른 시간내에 보조지보재인 록볼트와 숏크리트를 설치한다.

② 이때 암반의 지보능력을 최대한 이용하기 위하여 보조지보재가 부담할 일부 응력을 암반이 추가로 부담한다.

3) 최적 보조지보재(보조지보재 부담응력)

보조지보재 부담응력=필요한 지보응력−암반 추가 부담응력

Ⅳ. 공법의 특징

① 지반 자체가 터널의 주 지보재
② Shotcrete, Rock Bolt, Steel Rib 등은 지반이 주 지보재가 되게 하는 보조수단
③ 연약지반에서 극경암까지 적용이 가능
④ 재래식에 비해 지반변형이 현격히 적음
⑤ 계측을 통한 시공의 안정성 보장
⑥ 경제적인 터널 구축

Ⅴ. ASSM과 NATM의 비교

구분	ASSM	NATM
지보공	Steel Rib, Concrete Lining	지반 자체
구조해석	가정에 의함	FEM 해석
주위암반	하중요소로 작용	하중요소 및 지지요소로 작용
지보재	① Steel Rib : 초기에는 목재와 함께 하중지지, 나중에는 Lining과 함께 이완하중지지 ② Concrete Lining : Steel Rib와 함께 이완하중지지	① Wire Mesh • Shotcrete 전단보강 • 균열방지 ② Steel Rib • 갱구부 보강 • 터널형상 유지 ③ Shotcrete • 지반의 이완방지 • 굴착면 풍화방지 ④ Rock Bolt • 이완된 암반을 지반에 고정 • 붕락방지 및 터널벽면의 안전성 유지
안정성	① 육안에 의한 현상파악으로 사고예측이 더딤 ② 지반이완에 의한 지표침하	① 계측에 의한 지반거동 파악으로 사전대책이 신속 ② 지반침하가 없다.
시공성	① 대형장비 사용곤란 ② 여굴량이 많다. ③ 단면변화시 불리 ④ 지반연약시 막장의 안정성 불리	① 대형장비 사용가능 ② 여굴량이 적다. ③ 단면변화에 적응이 쉽다. ④ 막장의 안정성이 좋다.
경제성	① 지보공 규모가 크고, 굴착량이 많아 비경제적이다. ② Concrete Lining을 지보재로 사용하므로 단면이 두껍게 된다.	① 내구성, 보수비 측면에서 유리하다. ② Lining 두께, 지보공 규모가 작다. ③ 계측결과에 따라 시공하므로 경제적이다.

Ⅵ. 사전조사

1) 지반조사

① 시공 가능여부 판단
② 시공방법 결정
③ 지보재 설계를 위한 자료수집

2) 입지조건조사

① 토지 등의 권리관계 ② 공사용 설비

③ 법규제 ④ 환경조사

Ⅶ. 시공순서 Flow Chart

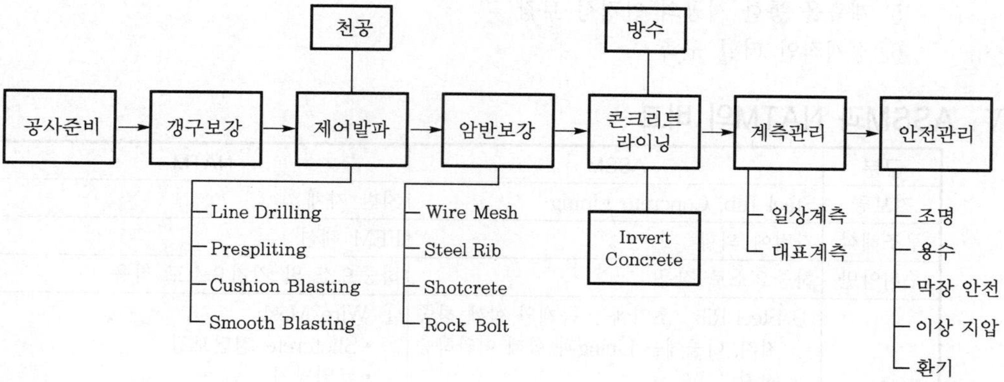

Ⅷ. 공사준비

① 사전조사 ② 작업종사자 안전교육

③ 천공장비 ④ 버럭처리 설비

⑤ Concrete 타설설비 ⑥ 위험물 보관소

⑦ 조명설비 ⑧ 환기설비

Ⅸ. 갱구 보강(갱문 설치)

터널 굴진시 갱구를 보호하기 위하여 입구, 출구에 설치하는 문상(門狀)의 구조물을 말한다.

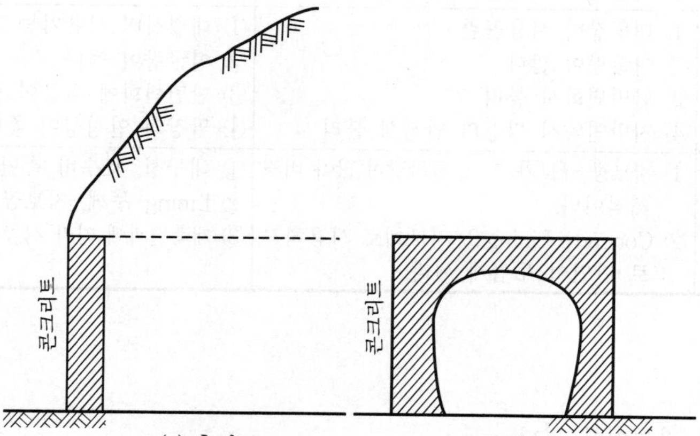

(a) 측면도 (b) 정면도

<갱구 보강>

X. 발파

1. 천공

① 미리 정해진 천공배치에 따라 위치, 방향, 깊이를 결정한다.
② 천공중 용수, 가스분출, 지질변화에 주의한다.
③ 불발 폭약에 주의하여야 하며, 먼저번 발파 후에 남은 구멍끝은 절대로 천공해서는 안 된다.

2. 제어 발파

1) Line Drilling 공법

① 굴착계획선에 따라 무장약(無裝藥)의 공열을 설치하여 이것을 인공적인 파괴단면으로 함으로써 공열선보다 응력, 진동, 균열이 깊게 전해지지 않게 하는 공법이다.
② 공경은 75mm로 하고, 공경의 2~4배 간격으로 천공한다.
③ 경암의 굴착에 유리하다.
④ 고성능의 천공기와 고도의 천공기술이 필요하다.
⑤ 천공비가 많이 든다.

2) Presplitting 공법

① 주변 구멍을 최초에 발파하여 파괴단면을 형성하고, 그 후 나머지 부분을 발파하는 공법이다.
② 공경은 50~100mm, 천공간격은 300~600mm로 한다.
③ 천공깊이는 10m가 한도이다.

3) Cushion Blasting 공법

① 굴착 계획선에 따라 일렬로 천공하여 분산 장약하고, 주 굴착 완료 후 폭파하는 공법이다.
② 천공간격은 900~2,000mm로 한다.
③ 폭약은 굴착측에 가까이 장전하고, 공간은 마른모래, 점토 등으로 충전한다.
④ Line Drilling보다 천공비가 적게 든다.

4) Smooth Blasting

① 주변 구멍을 평행하게 접근시켜 배치하고, 구멍 지름보다 아주 작은 폭약을 사용하여 발파하는 공법이다.
② 공경은 40~50mm, 천공간격은 600mm 정도로 한다.
③ 발파에너지의 작용방향을 제어함으로써 원지반의 손상을 억제하고, 평활한 굴착면을 얻을 수 있다.

XI. 암반 보강

1. Wire Mesh(철망)

1) 기능

① Shotcrete 전단보강

② Shotcrete 부착력 증진
③ Shotcrete 경화시까지 강도 및 자립성 유지
④ 시공 이음부 보강, 균열방지

2) 시공관리
① 지보재에 의해 흔들리지 않게 고정
② 원지반 또는 Shotcrete 면에 밀착
③ 종·횡방향의 겹이음 확보

2. Steel Rib(강재지보공)

1) 기능
① 지반의 붕락방지
② Fore Poling 등의 반력 지보
③ Shotcrete 경화전 지보
④ 갱구부 보강
⑤ 터널 형상 유지

2) 시공관리
① 형상 및 치수확보
② 변형여부 확인
③ 시공 정밀도(소정위치, 수직도, 높이)
④ 밀착(원지반 또는 Shotcrete면에 밀착여부)
⑤ 이음 및 연결 상태(이음볼트 및 연결재 시공상황)

3. Shotcrete

1) 기능
① 지반이완 방지
② 콘크리트 아치 형성으로 지반하중 분담
③ 응력의 국부적 집중방지
④ 암괴이동, 낙반방지
⑤ 굴착면의 붕괴방지

2) 시공관리
① 타설 전 타설면 청소, 용수처리, 배합점검
② 기계 위치는 타설지점에서 30m 이내
③ 1회 타설두께는 50~75mm씩 나누어 타설한다.
④ 타설은 강재지보공 기초 → 막장면쪽 강재지보공 → 다른쪽 강재지보공 → 중앙 부분 순서로 한다.
⑤ 배면 공극을 줄이기 위해 여굴량이 최소가 되도록 하고, 철망을 굴착면에 밀착시키고 타설순서를 지켜야 한다.
⑥ 공기압은 분진발생을 억제하기 위해 0.1~0.15MPa로 한다.
⑦ 타설거리는 1m 정도일 때 Rebound량이 최소가 된다.
⑧ 타설각도는 90°로 한다.
⑨ 시공간격은 1시간 이내로 한다.
⑩ 타설 후에는 Rebound된 Shotcrete를 즉시 제거한다.

4. Rock Bolt

1) 기능

① 이완된 암반을 지반에 고정

② 터널주변의 지반과 일체화시켜 내화력이 높은 아치 형성

③ 붕락방지 및 터널벽면의 안정성 유지

2) 시공관리

① 소정의 위치에 정확한 간격, 길이, 구경으로 천공

② 소정의 정착력이 얻어지도록 시공

③ Rock Bolt 길이는 3~5m가 보통

XII. Lining Concrete

1) Lining Concrete의 요구조건

① 강도 확보 ② 내구성

③ 수밀성

2) 시공관리

① 물 : Lining Concrete의 품질에 영향을 끼치는 물질을 유해량 이상 함유하지 않아야 한다.

② 시멘트 : 주로 보통 포틀랜드 시멘트를 사용하나 수축균열을 방지할 목적으로 고로 시멘트나 중용열 포틀랜드 시멘트를 쓰기도 한다.

③ 골재 : Lining에 쓰이는 콘크리트용 골재는 양질의 것으로, 특히 내구성이 우수한 것을 사용해야 한다.

④ 혼화 재료 : Fly Ash, 유동화제 등을 사용하여 콘크리트의 품질을 개선하여야 한다.

⑤ 배합 : 여굴에도 다 채워질 수 있는 Workability를 가질 수 있도록 배합을 정해야 한다.

⑥ 운반 : 재료의 분리, 손실, 이물질의 혼입이 생기지 않는 방법으로 운반해야 한다.

⑦ 타설 : 재료분리가 생기지 않도록 구석구석까지 채워지도록 하고, 한 구획의 콘크리트는 연속해서 타설해야 한다.

⑧ 용수 처리 : 용수가 있을 경우에는 콘크리트의 품질을 저하시키지 않도록 적당한 조치를 하여야 한다.

⑨ 여굴 충진 : 여굴은 콘크리트 또는 양질의 암석으로서 될 수 있으면 공극이 남지 않도록 충진하여야 하다.

⑩ 균열의 분산 : 철근을 적절히 배치하므로써 균열 본수를 늘리고, 개개의 균열폭을 작게 한다.

XIII. 계측관리

1. 계측의 목적

① 주변 원지반의 거동파악

② 각 동바리 부재의 효과진단

③ 구조물로서의 터널의 안정상태 확인
④ 주변 구조물에의 영향 파악
⑤ 설계, 시공의 경제성 도모
⑥ 장래 공사계획 자료로서 설계, 시공에 반영

2. 계측항목

1) 일반계측(A계측)
① 천단침하 측정
② 지표면 침하 측정
③ 내공변위 측정
④ 갱내 관찰조사
⑤ Rock Bolt 인발시험

2) 대표계측(B계측)
① Rock Bolt 축력 측정
② Shotcrete 응력 측정
③ 지중수평변위 측정
④ 지중변위 측정
⑤ 지중침하 측정
⑥ 지하수의 측정
⑦ 간극수압 측정

XIV. 안전관리

1. 조명

1) 문제점
① 배기가스 발생에 의한 가시성 저하
② 벽에 둘러싼 공간에서의 불안감
③ 입구부, 출구부에 있어서 터널 내외의 밝음의 경계

2) 조명방식
① 작업이 안전하고 능률적으로 되는데 충분한 조도 확보
② 명암의 대비가 현저하지 않고 또 눈부시지 않게
③ 조명기구는 내구성을 고려함과 동시 보수점검이 용이하게 할 것
④ 예비전원과 비상전원의 배치 및 휴대용 조명기구 등의 준비

2. 용수

1) 문제점
① 막장의 붕괴
② Shotcrete 부착불량
③ Rock Bolt의 정착불량

2) 대책공법
① 수발 Boring 공법
㉠ 갱내에서 Boring을 이용하여 수압이나 지하수위를 내리는 공법
㉡ Cu < 5, 74mm 이하 세립분이 10~20%의 미고결 사질 원지반에 적용
㉢ 가장 간편하고 경제적이다.

② 수발갱

㉠ 소단면의 갱도를 선진시켜 물을 뽑아 지하수위를 저하시키는 공법

㉡ 용수가 특히 많은 미고결의 사질 원지반에 적용

㉢ 수발갱도는 조사갱 또는 우회갱으로 이용된다.

③ Well Point

㉠ Well Point 집수관을 지반에 설치하고, 지반에 부압을 걸어서 지하수를 흡인하는 공법

㉡ 토피가 적고 용수량이 적으며, 지하수위 5~8m의 지반조건에 적용

④ Deep Well

㉠ 토피가 적고 용수가 많은 지반에서 Deep Well을 파서 수중펌프로 지하수위를 배제하는 공법이다.

㉡ 지표에 건물 등 지장물이 있을 경우 특별한 관리를 해야 한다.

⑤ 압기 공법과 수발 Boring의 병용

㉠ 갱내 공기압과 대기압의 차를 이용하여 막장의 배수효과를 높이는 공법이다.

㉡ Well Point보다 수발효과가 크다.

⑥ 주입 공법

㉠ 시멘트 밀크, 규산소다 등의 액체를 지반중에 고화시켜 지반의 투수성을 감소시키고 용수를 지수하는 공법이다.

㉡ 단층, 파쇄대 등 균열이 발달한 지층에 적용한다.

3. 막장안정의 분류

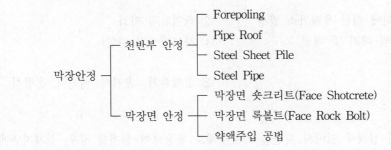

- 막장안정
  - 천반부 안정
    - Forepoling
    - Pipe Roof
    - Steel Sheet Pile
    - Steel Pipe
  - 막장면 안정
    - 막장면 숏크리트(Face Shotcrete)
    - 막장면 록볼트(Face Rock Bolt)
    - 약액주입 공법

1) Forepoling

강지보공을 지점으로 하여 굴진 길이의 2배 이상 깊이의 록볼트 또는 철근봉을 막장 전방으로 미리 굴착면과 같게 타설하는 공법

2) Pipe Roof

굴착면의 붕괴가 예상될 때 굴착면을 타설하여 지반이완과 전단의 붕락을 사전에 예방하기 위한 공법

3) Steel Sheet Pile

지반조건이 나쁜 지역에서 막장을 보호하기 위하여 넓은 폭의(150~200mm) Sheet Pile을 굴착면에 따라 타설하는 공법

4) Steel Pipe
터널굴착면 상부에 구조물이 위치하거나 지반이 아주 나쁠 때 강관 Pipe를 연결하여 타설하는 공법

5) 막장면 숏크리트(Face Shotcrete)
막장의 연약화에 의한 막장 붕괴를 방지하기 위하여 막장면에 뿜어붙이는 Con'c로 막장면의 안정도모

6) 막장면 록볼트(Face Rock Bolt)
막장면이 굴착된 터널 내부로 밀려나옴을 방지하기 위하여 막장에 록볼트를 타설하여 막장면의 안정도모

7) 약액주입 공법
터널굴진시 용수가 많게 되며, 아스팔트 Bentonite, Cement, 고분자계 등을 지반에 주입하여 용수를 차단

4. 이상지압

1) 문제점
① 암의 탈락, 붕괴 ② 지보공의 변형
③ Arching Effect 감소 ④ 단면 축소

2) 대책
① 압성토 공법 ② 보호 절취

5. 환기

1) 문제점
① 천공, 발파에 의한 유해가스 발생 ② 작업환경 악화
③ 내연기관의 배기 및 매연 ④ 사고발생의 원인

2) 환기방식
① 자연환기 ② 강제환기 : 송기식, 배기식, 혼합식

XV. 결론

① NATM의 설계에 있어서 지반을 지보부재로 활용하여 설계할 경우, 실제지반에 적합한 지보재를 설치하여야 한다.
② 만약 설계시의 지반예측이 실제지반과 상이할 경우에는 지체없이 지보부재를 실제 지반에 부합하도록 설계를 변경하여야 한다.

3 시험발파

Ⅰ. 개요

① 시험발파란 실시 설계한 발파 공법을 적용하여 현장의 지반조건 및 지형적 특성에 맞는 발파진동 추정식을 산출하기 위해 실시한다.

② 시험발파를 통하여 주변지반의 영향을 최소화하고, 소음·진동 등의 발생을 억제하여 민원발생이 최소화되게 한다.

Ⅱ. 목적

1) 현장발파진동 추정식 산출

① 실시설계한 발파 공법의 실제 적용

② 지반조건 및 지형적 특성파악

③ 현장여건에 맞는 발파방법 선정

2) 민원 예방

① 암발파로 인하여 발생되는 폭음 및 진동 예방

② 발파로 인한 주변 주민의 불안감 해소

3) 적정 장약량 산출

① 이격거리별 허용 적정 장약량 산출

② 발파공사의 원활한 시공유도

4) 공사비 절감

① 현장여건에 적합한 경제적인 발파 공법 적용

② 과설계로 인한 공사비 삭감으로 예산 절감

5) 설계에 Feed Back

발파 공법의 적용구간 및 발파패턴을 설계자료로 활용

Ⅲ. 시험발파시 진동속도 측정방법

1) 진동속도 산정

① 진동감지기를 인접구조물의 기초에 설치하고, 발파지점과 진동감지기간 최단거리를 측정한다.

② 계획된 폭약으로 발파하여 진동감지기에 도달하는 시간을 측정하여 진동속도를 산정한다.

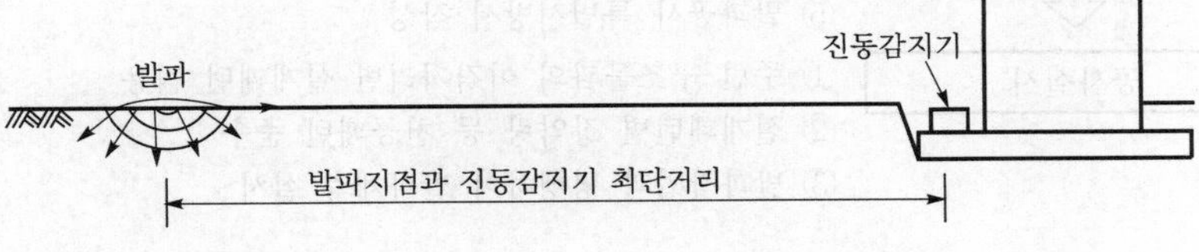

2) 구조물 종류에 따른 발파진동속도 허용치

구분	문화재	일반 주택	연립주택	APT, 상가 및 공장
허용치(cm/s)	0.3	1.0	2.0	3.0

3) 측정치와 허용치 비교

① 측정치 ≥ 허용치 : 장약량 감소 및 발파방법 변경 후 재시험 실시

② 측정치 〈 허용치 : 발파설계에 이용

Ⅳ. 발파 주요 요소

① 사용 화약류의 종류 및 특성

② 지발당 장약량(kg/Delay)

③ 기폭방법 및 뇌관의 종류

④ 폭원과 주변 구조물과의 거리

⑤ 전색상태와 장전밀도

⑥ 자유면의 수

⑦ 전파경로와 지반상태(지형, 암질, 지하수상태)

Ⅴ. 시험발파방법

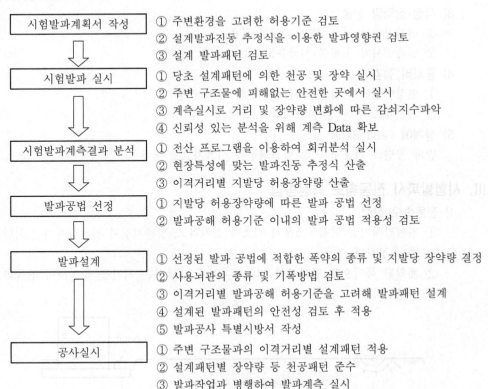

시험발파계획서 작성
① 주변환경을 고려한 허용기준 검토
② 설계발파진동 추정식을 이용한 발파영향권 검토
③ 설계 발파패턴 검토

⇩

시험발파 실시
① 당초 설계패턴에 의한 천공 및 장약 실시
② 주변 구조물에 피해없는 안전한 곳에서 실시
③ 계측실시로 거리 및 장약량 변화에 따른 감쇠지수파악
④ 신뢰성 있는 분석을 위해 계측 Data 확보

⇩

시험발파계측결과 분석
① 전산 프로그램을 이용하여 회귀분석 실시
② 현장특성에 맞는 발파진동 추정식 산출
③ 이격거리별 지발당 허용장약량 산출

⇩

발파공법 선정
① 지발당 허용장약량에 따른 발파 공법 선정
② 발파공해 허용기준 이내의 발파 공법 적용성 검토

⇩

발파설계
① 선정된 발파 공법에 적합한 폭약의 종류 및 지발당 장약량 결정
② 사용뇌관의 종류 및 기폭방법 검토
③ 이격거리별 발파공해 허용기준을 고려해 발파패턴 설계
④ 설계된 발파패턴의 안전성 검토 후 적용
⑤ 발파공사 특별시방서 작성

⇩

공사실시
① 주변 구조물과의 이격거리별 설계패턴 적용
② 설계패턴별 장약량 등 천공패턴 준수
③ 발파작업과 병행하여 발파계측 실시

Ⅵ. 결과 분석 및 적용

1) 분석

① 발파진동 및 폭풍압에 대한 회귀 분석
② 발파진동 및 폭풍압 전파 추정식 산출
③ 발파진동 및 폭풍압 허용기준치 적합성 여부
④ 거리별 지발당 장약량 제시
⑤ 공당 장약량 및 시험발파 패턴의 적합성 여부
⑥ 발파 공해(진동, 비석, 폭풍압 등)에 대한 저감 대책

2) 적용

① 시험발파 결과분석에 의해 발파진동 추정식을 얻게 되면 시험발파에 따른 발파 설계패턴의 적합성을 판단
② 주변 구조물이나 시설물에 미치는 피해영향 등을 검토하여 현장에 맞는 지발당 장약량을 산출
③ 지발당 장약량을 기준으로 장비 및 작업효율 등을 감안하여 천공 장, 천공 경, 천공 간격, 저항선 등 발파패턴 설계
④ 발파이론과 경험에 입각해 발파공해 저감대책 및 발파작업시 제기된 문제점을 검토하여 현장에 가장 적합한 발파계획 수립

Ⅶ. 결론

① 발파 공법은 주변 구조물로부터 폭음, 진동, 비석 등의 환경피해 및 민원발생의 원인이 되므로, 환경피해를 저감시킬 수 있도록 현지여건을 고려한 시공성, 경제성, 안전성 등을 감안하여 적정한 발파 공법을 선정한다.
② 공사시에는 시험발파에서 제시된 천공간격, 지발당 허용장약량, 발파패턴 등에 따라 발파공사를 시행하여야 하며, 계측관리도 철저히 시행하여야 한다.

4 터널 굴착시 여굴의 발생원인 및 방지대책

Ⅰ. 정의

여굴이란 터널굴착에 있어서 굴착 예정선 외측으로 부득이하게 생기게 되는 공간으로, 여굴이 생기게 되면 버럭량 증가와 더 채우기 등의 비용이 추가 발생하며, 특히 굴착면 안정성을 위협하는 요인이 되기도 한다.

Ⅱ. 여굴의 문제점

① 버럭량 증대
② 라이닝 물량 증대
③ 굴착 단면 불안정
④ 공사비 증대

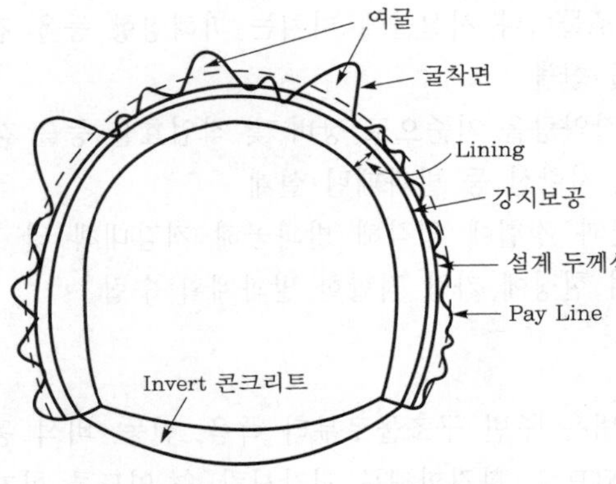

<터널 단면의 예>

Ⅲ. 진행성 여굴의 요인

1) 단층대 파쇄대

굴착지반에 존재하는 단층대, 파쇄대에 접하여 굴착선이 위치할 때 굴착면에서 여굴이 진행되면서 점차 발생

2) 이질층 활동

이질층으로 구성되어 있는 지반에서 굴착면 가까이에 있는 이질층 경계면의 활동으로 진행성 여굴 발생

3) 지하용수

굴착면에서 다량의 지하용수 발생은 굴착면을 침식, 세굴시키면서 계속하여 여굴 발생

4) 진동, 충격

토질 구성이 느슨한 지반일 경우 기계작동, 발파 등에 의한 진동 충격으로 굴착면에 여굴 발생

5) 절리 발달

암반에 발달된 불연속면으로 터널굴착 진행방향으로 여러 층의 절리가 발달되어 있을 때

Ⅳ. 여굴 발생원인

1) 발파에 의한 굴착
   ① 발파굴착은 다른 공법에 비해 지반이완이 쉬움
   ② 설계단면 이외의 여굴이 발생

2) 천공불량
   ① 천공장비의 선정 부적정
   ② 천공깊이, 천공수, 배치의 불량

3) 착암기 사용 잘못
   ① 착암기의 선정 부적정
   ② 착암기의 사용위치, 각도 부적정

4) 토질
   ① 전단력이 약한 Silt층, 모래층 굴착시 발생
   ② 적정 굴착방법 검토 미흡

5) 장약길이
   ① 장약의 길이를 너무 짧게 해서 하중집중현상 발생
   ② 장약길이의 부적절

6) 폭발직경
   ① 폭발직경의 과다로 인한 폭발력 증대
   ② 사용 화약량의 과다

7) Cushion 효과 미흡
   ① 천공직경과 장약직경의 불균형
   ② Air Cushion 작용으로서 유도 미흡

8) 천공길이
   ① 천공길이가 긴 경우 굴진속도를 향상시킬 수 있다.
   ② 록아웃에 의한 여굴 발생량이 많아진다.

Ⅴ. 방지대책

1) 장약길이 연장
   장약길이를 길게 하여 천공길이의 60~70% 범위에 등분포하게 폭발력이 작용할 수 있도록 Energy를 등분포시킨다.

2) 폭발직경의 축소
   폭발직경을 작게 하여 폭발력을 저하시킨다.

3) 천공직경과 폭발직경의 균형
   ① 천공직경과 폭발직경을 조절하여 공극을 만듦으로써 Cushion 작용에 의한 Energy 제어
   ② Cushion 효과

4) Line Driling 공법

① 제1열은 굴착계획선으로 무장약공, 제2열은 50% 장약공, 제3열은 자유면쪽으로 100% 장약공을 설치한다.

② 공경은 75mm로 하고, 공경의 2~4배 간격으로 천공한다.

③ 경암의 굴착에 유리하다.

④ 고성능의 천공기와 고도의 천공기술이 필요하다.

⑤ 천공비가 많이 든다.

5) Presplitting 공법

① 제1열은 50% 장약공, 제2열과 제3열은 100% 장약공으로 설치한다.

② 공경은 50~100mm, 천공간격은 350~900mm로 한다.

③ 천공깊이는 10m가 한도이다.

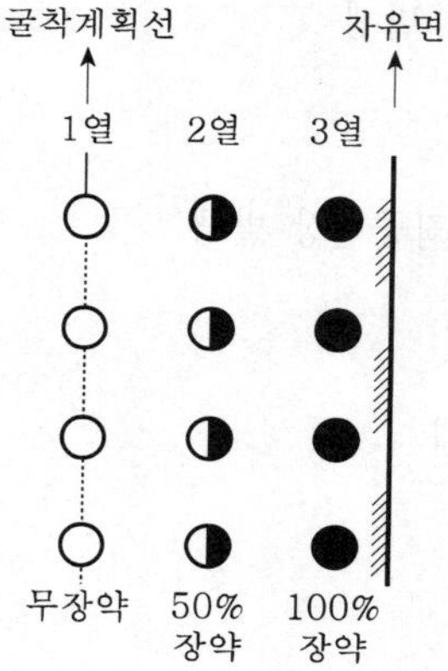

<Line Driling 공법>

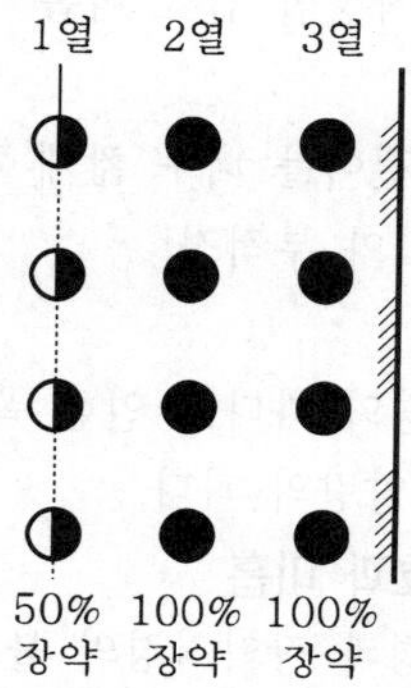

<Presplitting 공법>

6) Cushion Blasting 공법

① 굴착 계획선에 따라 일렬로 천공하여 분산 장약하고, 제2열과 제3열은 100% 장약공으로 설치한다.

② 천공간격은 900~2,100mm이다.

③ 폭약은 굴착측에 가까이 장전하고 공간은 마른모래, 점토 등으로 충진한다.

④ Line Drilling보다 천공비가 적게 든다.

7) Smooth Blasting 공법

① 제1열은 정밀 장약공, 제2열과 제3열은 100% 장약공으로 설치한다.

② 공경은 40~50mm, 천공간격은 600mm 정도로 한다.

③ 발파에너지의 작용방향을 제어함으로써 원지반의 손상을 억제하고, 평활한 굴착면을 얻을 수 있다.

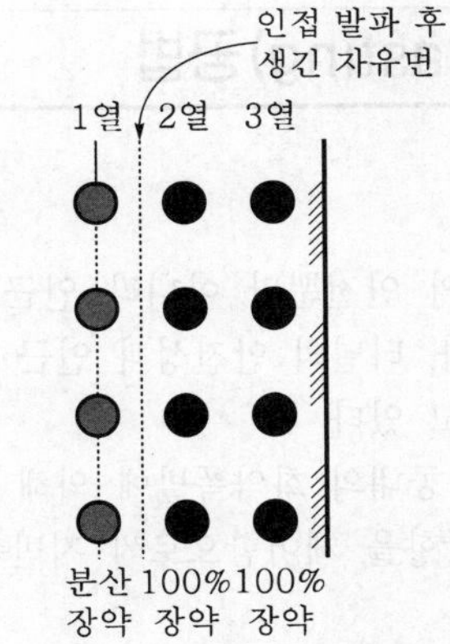

<Cushion Blasting 공법>

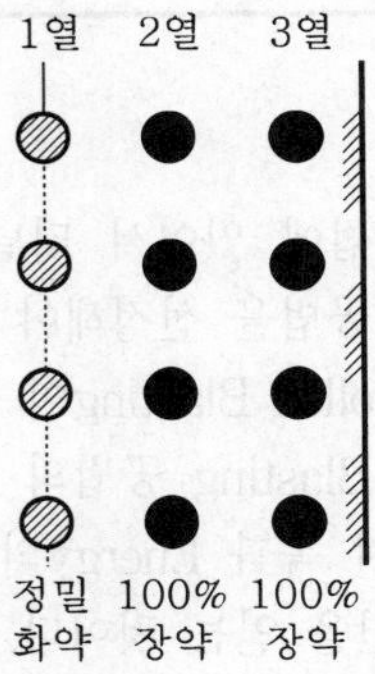

<Smooth Blasting 공법>

Ⅵ. 여굴 예측방법

1) Face Mapping

① 매 굴착시마다 측정하는 막장면의 상태조사인 Face Mapping을 통하여 지반의 불연속면 상태 및 간격, 구성물질 파악

② 암반의 주향 및 경사 측정

③ 굴착면에서의 지하용수 측정

2) 토질 주상도

① 지질조사에 따른 자료 파악

② 구성토질의 특성 파악

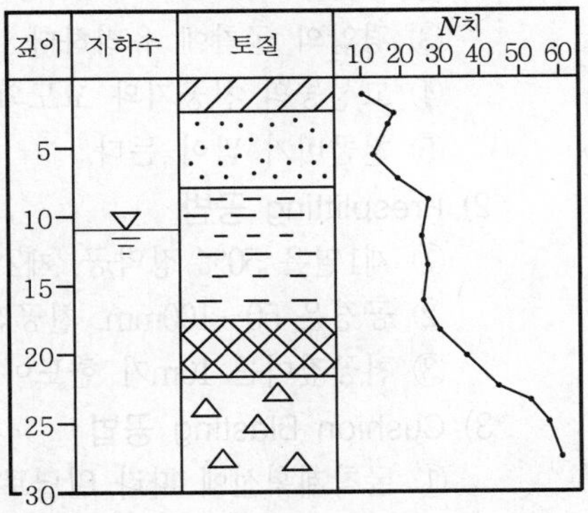

3) 계측관리 실시

① 내공변위 계측자료 검토

② 이상지압 발생여부

③ 전단침하 여부

④ 지표면 침하 발생여부 측정

⑤ 갱내 관찰자료 · 분석

4) 토질시험

① 굴착 버력의 특성조사

② 이물질 함유여부

③ 특수광물 혼입여부

④ 수용성 지반층조사

Ⅶ. 결론

① 터널의 발파 공법에서 여굴은 피할 수 없는 현상이나 현장에서 암석의 강도, 절리, 밀도를 조사하여 시험발파에 의한 조절발파 공법을 선정해야 한다.

② 경제적이고 안전한 공법을 채택하여 여굴을 최소화시킬 수 있도록 노력해야 한다.

5 제어발파(Controlled Blasting)공법

Ⅰ. 개요

① 터널굴착방법에 있어서 터널 자체의 안전뿐만 아니라 인근 구조물에도 피해를 주지 않는 공법을 선정해야 하는 바, 터널의 안전성과 인근 구조물을 방호할 수 있는 Controlled Blasting이 선호되고 있다.

② Controlled Blasting 공법의 원리는 공내의 화약폭발에 의해 발생된 공벽의 압력을 완화시켜 폭파 Energy의 작용방향을 제어함으로써 지반손상을 억제하고, 평활한 굴착면을 얻는 것이다.

Ⅱ. 공법의 특징

① 원지반의 손상이 적다.
② 평활한 굴착면을 얻을 수 있다.
③ 여굴이 적다.
④ 부석(뜬돌)이 적다.

Ⅲ. 공법의 종류

① Line Drilling 공법
② Cushion Blasting 공법
③ Presplitting 공법
④ Smooth Blasting 공법

Ⅳ. 각 공법별 특징

1) Line Drilling 공법

① 제1열은 굴착계획선으로써 무장약공, 제2열은 50% 장약공, 제3열은 자유면쪽으로 100% 장약공을 설치한다.
② 공경은 75mm로 하고, 공경의 2~4배 간격으로 천공한다.
③ 경암의 굴착에 유리하다.
④ 고성능의 천공기와 고도의 천공기술이 필요하다.
⑤ 천공비가 많이 든다.

2) Presplitting 공법

① 제1열은 50% 장약공, 제2열과 제3열은 100% 장약공으로 설치한다.
② 공경은 50~100mm, 천공간격은 300~600mm로 한다.
③ 천공깊이는 10m가 한도이다.

3) Cushion Blasting 공법

① 굴착계획선에 따라 일렬로 천공하여 분산 장약하고, 제2열과 제3열은 100% 장약공으로 설치한다.
② 천공간격은 900~2,000mm로 한다.
③ 폭약은 굴착측에 가까이 장전하고 공간은 마른모래, 점토 등으로 충진한다.
④ Line Drilling보다 천공비가 적게 든다.

4) Smooth Blasting

① 제1열은 정밀 화약, 제2열과 제3열은 100% 장약공으로 설치한다.

② 공경은 40~50mm, 천공간격은 600mm 정도로 한다.
③ 발파에너지의 작용방향을 제어함으로써 원지반의 손상을 억제하고, 평활한 굴착면을 얻을 수 있다.

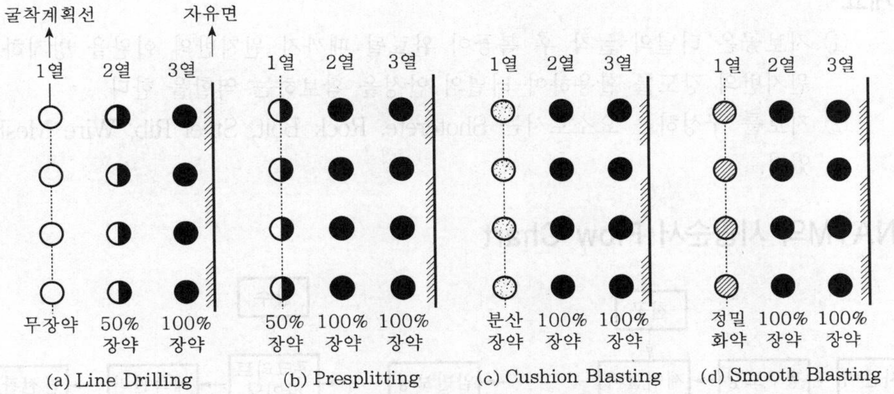

<제어발파>

V. 발파시 유의사항

① 발생되는 버력의 크기 고려
② 관계법규 준수
③ 선정책임자 지휘계통
④ 설치된 지보재 보호
⑤ 불발공, 잔류폭약 유무 확인
⑥ 발파 후 적당시간 경과 전 막장접근 금지
⑦ 발파결과 비교분석
⑧ 지반 진동측정은 x, y, z 3방향으로 진동측정기 설치
⑨ 위험구역 표지 및 감시원 배치
⑩ 결선착오, 결선누락, 회로단선 등의 점검
⑪ 도통시험
⑫ 방호시트 설치
⑬ 불발구멍, 잔류화약 처리
⑭ 발파 후 남은 구멍에서의 재천공 금지
⑮ 천공 중 가스, 용수, 지질변화 등에 특히 유의

VI. 결론

① Controlled Blasting 공법을 NATM 공법에 적용하므로써 불필요한 Shotcrete와 버력 처리량을 감소시키고, Shotcrete의 부착강도를 증대시키는 효과를 얻을 수 있다.
② 그러므로 NATM 공법의 굴착이 발파로 이루어질 경우 지반손상을 극소화하고 평활한 굴착면을 얻을 수 있는 Controlled Blasting 공법이 가장 부합되는 공법이라고 할 수 있다.

6 NATM의 암반보강공법(지보공)

Ⅰ. 개요

① 지보공은 터널의 굴착 후 복공이 완료될 때까지 원지반의 이완을 방지하므로써 원지반의 강도를 활용하여 터널의 안정을 확보하는 역할을 한다.

② 지보를 구성하는 요소로서는 Shotcrete, Rock Bolt, Steel Rib, Wire Mesh 등이 있다.

Ⅱ. NATM의 시공순서 Flow Chart

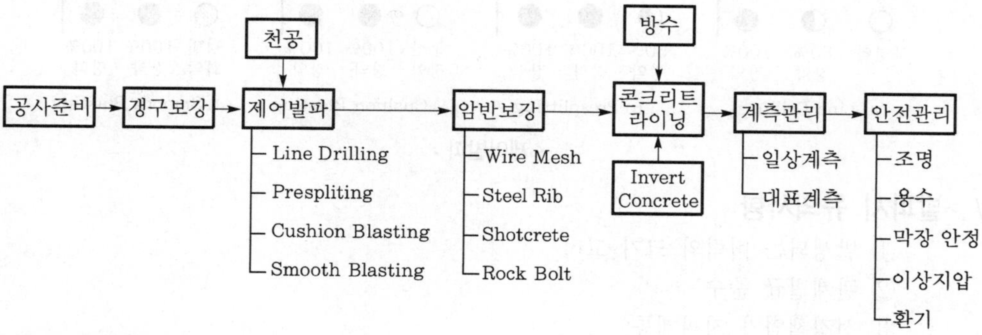

Ⅲ. Wire Mesh

1) 기능

① Shotcrete 전단보강

② Shotcrete 부착력 증진

③ Shotcrete 경화시까지 강도 및 자립성 유지

④ 시공 이음부 보강, 균열방지

2) 재료

① 규격은 ϕ5×100×100mm, ϕ5×150×150mm

② 보관, 운반시 물이 고이지 않도록 해야 한다.

③ 용접 Mesh 또는 마름모 Mesh를 쓴다.

3) 시공관리

① 지보재에 의해 흔들리지 않게 고정

② 원지반 또는 Shotcrete 면에 밀착

③ 종・횡방향의 겹이음 확보

Ⅳ. Steel Rib(강재지보공)

1) 기능

① 지반의 붕락방지

② Fore Poling 등의 반력 지보

③ Shotcrete 경화 전 지보
④ 갱구부 보강
⑤ 터널형상 유지

2) 종류
① H형 강지보
② 강관 지보
③ 삼각 지보

3) 재료
① 큰 변형에도 부서지지 않는 것
② 구부림과 용접 등의 가공이 정확하고 양호하게 되는 재질
③ 치수는 막장의 자립성, 하중의 크기, 단면의 크기, 사용목적, 굴착 공법 등을 고려해서 결정

4) 시공관리
① 형상 및 치수확보
② 변형여부 확인
③ 시공정밀도(소정위치, 수직도, 높이)
④ 밀착(원지반 또는 Shotcrete면에 밀착 여부)
⑤ 이음 및 연결상태(이음볼트 및 연결재 시공상황)

Ⅴ. Shotcrete

1) 기능
① 지반이완 방지
② 콘크리트 아치형성으로 지반하중 분담
③ 응력의 국부적 집중방지
④ 암괴이동, 낙반방지
⑤ 굴착면의 풍화방지

2) 재료
① 시멘트
② 골재(잔골재, 굵은 골재)
③ 물
④ 급결제

3) 배합
① 압축강도 : 21MPa(28일 강도)
② W/B : 습식에서는 50~60%, 건식에서는 45~55%
③ G_{max} : 10~15mm
④ 잔골재 표면수 : 4~6%

4) 분무방식
① 건식
② 습식

5) 시공관리
① 타설 전 타설면 청소, 용수처리, 배합점검
② 기계위치는 타설지점에서 30m 이내
③ 1회 타설두께는 50~75mm씩 나누어 타설한다.
④ 타설은 강재지보공 기초 → 막장면쪽 강재지보공 → 다른쪽 강재지보공 → 중앙 부분 순서로 한다.
⑤ 배면공극을 줄이기 위해 여굴량이 최소가 되도록 하고, 철망을 굴착면에 밀착시키고 타설순서를 지켜야 한다.
⑥ 공기압은 분진발생을 억제하기 위해 0.1~0.15MPa로 한다.
⑦ 타설거리는 1m 정도일 때 Rebound량이 최소가 된다.
⑧ 타설각도는 90° 유지
⑨ 시공간격은 1시간 이내로 한다.
⑩ 타설 후에는 Rebound된 Shotcrete를 즉시 제거한다.

Ⅵ. Rock Bolt

1) 기능
① 이완된 암반을 지반에 고정
② 터널주변의 지반과 일체화시켜 내화력이 높은 아치형성
③ 붕락방지 및 터널벽면의 안정성 유지

2) 정착방식
① 선단접착방식
② 전면접착방식
③ 병용방식
④ 마찰형 : 가장 많이 사용되는 방식

3) 배치방법
① Random Bolting : 필요한 부분
② System Bolting : Pattern에 따름

4) 배치간격(System Bolting)
① Rock Bolt 길이 > 2 × 배치간격
② Rock Bolt 길이 > 3 × 절리 평균간격
③ Rock Bolt 길이 > (1/3~1/5) × 터널굴착 폭

5) 재료
① 인장특성이 높은 재질 사용(D25mm 이형강봉)
② 정착재료는 시멘트 모르타르, 시멘트 밀크, 수지

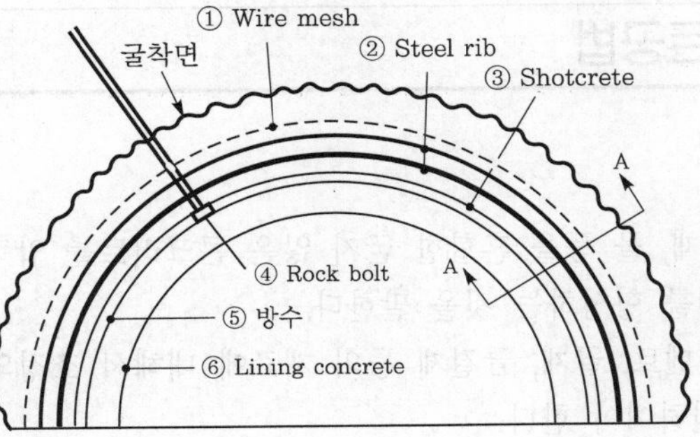

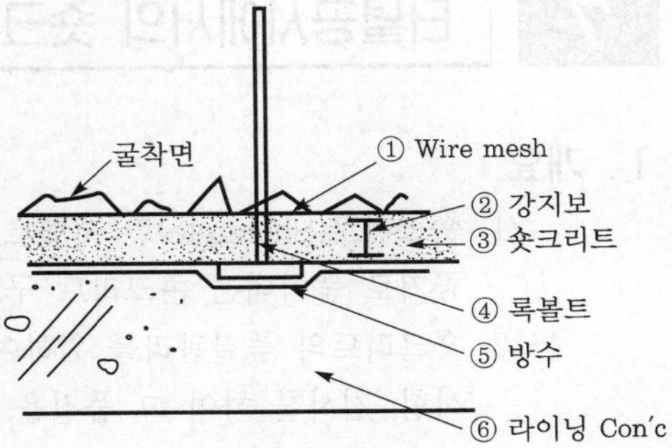

<A-A 단면 상세>

6) 시공관리

① 소정의 위치에 정확한 간격, 길이, 구경으로 천공

② 소정의 정착력이 얻어지도록 시공

③ Rock Bolt 길이는 3~5m가 보통

Ⅶ. 문제점

① 지보재의 품질관리 소홀로 인한 지보효과 저하

② 용수에 의한 시공곤란

③ 연약지반에서의 지보공 시공난이

④ Shotcrete의 배합, 타설공의 숙련도에 따른 품질변동 발생

Ⅷ. 대책

① 지보재의 일상관리, 정기관리를 통한 품질관리

② 강섬유보강 콘크리트를 Shotcret로 사용할 때 효과 및 경제성 검토

③ 원지반 조건을 고려한 지보재의 선정 및 조합사용

④ 보조 공법 병용으로 막장의 안정도모

⑤ 용수대책으로 강재지보공과 Sheet Pile의 겸용

Ⅸ. 결론

① 지보재의 선정시에는 그 효과와 특징을 파악한 후 터널의 조건에 적절한 것을 선택, 조합하여 사용해야 한다.

② 시공시에는 막장면에 근접설치하고 굴착면에는 밀착되게 설치해야 하며, 신속하게 시공하여야 한다.

7 터널공사에서의 숏크리트공법

Ⅰ. 개요

① 숏크리트(Shotcrete)란 시멘트, 골재, 물 등을 혼합한 굳지 않은 콘크리트를 압축 공기로 뿜어내는 콘크리트 구조체를 형성하는 것을 말한다.

② 숏크리트의 품질관리를 위하여 시멘트, 골재, 급결제 등의 재료에 대해서 소정의 시험, 검사를 하여 그 품질을 확인하여야 한다.

Ⅱ. 공법의 분류

1) 습식 공법

시멘트 · 골재 · 물을 Mixer에 넣어 혼합한 후 노즐로 분사하는 공법이다.

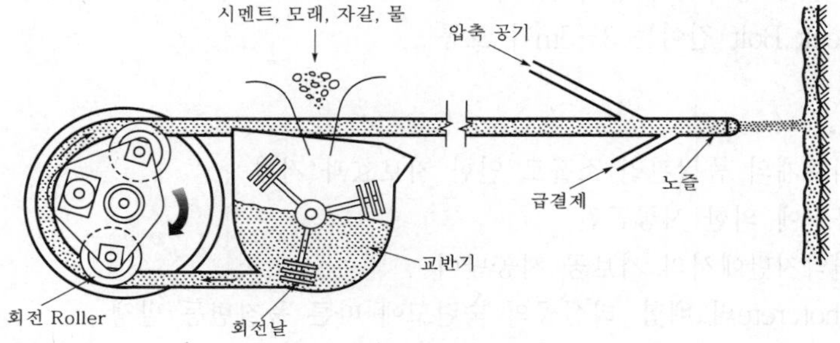

<습식혼합>

2) 건식 공법

물과 혼합되지 않은 시멘트 · 골재를 Nozzle까지 운반하여 물과 혼합시켜 분사하는 공법이다.

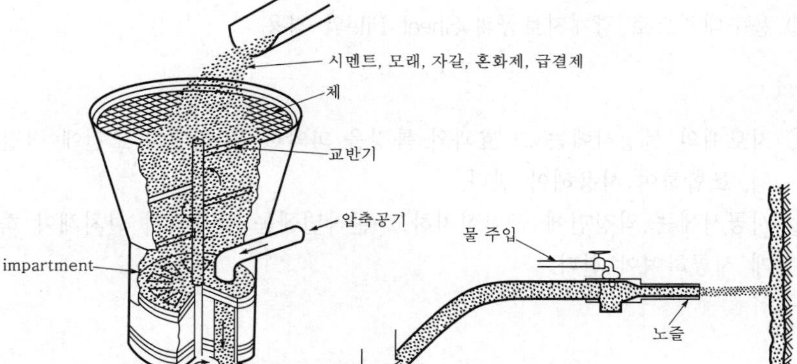

<건식혼합>

Ⅲ. 특징

1) 조기강도 발현

급결재의 첨가에 의한 조기강도의 발현이 용이하다.

2) 거푸집 불필요

급속시공이 가능하므로 거푸집이 불필요하다.

3) 이동성

소규모의 운반가능한 기계설비로 시공이 가능하다.

4) 작업성

협소한 장소, 급경사면의 나쁜 작업환경에서 시공이 가능하다.

5) 재료손실

반발량 등의 재료손실이 많다.

6) 거친 마무리면

표면이 평활할 마무리면으로 될 수가 없다.

7) 품질변동

시공조건, 노즐맨의 숙련도에 따라 품질변동이 크다.

8) 수밀성 결여

내부공동 발생으로 수밀성이 낮고, 건조수축균열이 발생되기 쉽다.

9) 지반이완방지

① 굴착과정에서 이완된 지반고정

② 응력변화로 인한 지반이완 발생억제

10) 낙반방지

① 들뜬 암석의 구속효과

② 천단부 낙반 억제

11) 굴착면 일체화

① 굴착면의 봉합효과로 지반 일체화

② 굴착면의 1차 복공으로 단면 안정성 확보

12) 시공의 안정성 확보

① 굴착면 용수처리

② 지반이완, 탈락, 붕괴방지

③ 시공과정에서 발생되는 진동, 충격에 대한 안정성 확보

Ⅳ. 배합

1) 배합강도

용도	배합강도
터널 라이닝	18~35MPa
구조물 보수	20~40MPa
비탈면 보호	17~28MPa

2) 배합설계

항목	사용량
물결합재비	40~60%
굵은 골재 최대치수	10~15mm
잔골재율	55~75%
단위 시멘트량(콘크리트)	300~400kg/m^3
단위 시멘트량(모르타르)	400~600kg/m^3
급결제 사용량	시멘트 중량의 5~8%
분진 저감제	시험 시공에 따른 첨가량 결정

3) 배합설계시 요구조건
① 초기 응결시간 : 최소 90초, 최대 5분
② 최종 응결시간 : 최소 12초, 최대 20분
③ 압축강도 : 24시간에 10MPa 이상, 28일에 21MPa 이상

4) 표준배합 예(서울 지하철)

항목	사용량
물결합재비	45%
단위시멘트	380kg
단위수량	170%
잔골재량	1,092kg
굵은 골재량	742kg
급결제	5~7%

Ⅴ. 두께

1) 두께 결정요인
① 단면크기
② 지반조건
③ 사용목적

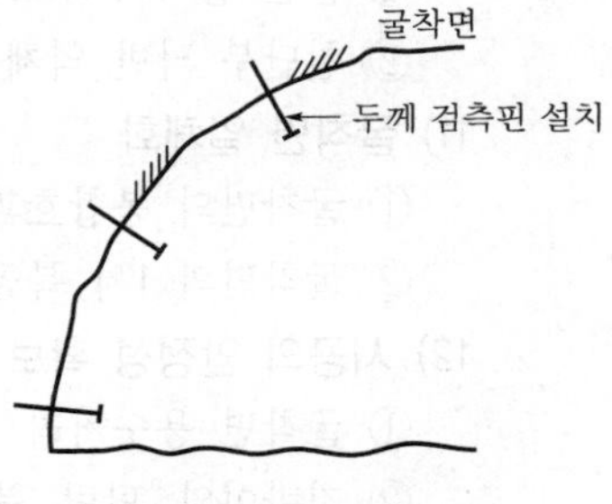

2) 설계두께
① 통상 50~200mm
② 부석방지 목적인 경우는 얇게 시공
③ 토피가 작고, 주변에 미치는 영향을 적게 하기 위하여 비교적 두껍게 시공

3) 최소 뿜어붙이기 두께

지반상태	최소두께
연약한 암반	20~30mm
파괴하기 쉬운 암반	50mm
붕괴성 암반	70mm 철망 사용
팽창성 암반	150mm 철망, 강제 동바리 사용

4) 두께 검측방법

① 검측 핀에 의한 방법

② 시공 후 천공방법

Ⅵ. 반발률 측정

현장에서 뿜어붙임(0.2m^3 정도)을 행하여 시트 위에 떨어진 콘크리트(반발재)를 계량함으로써 다음 식으로 산출한다.

$$\text{반발률}(\%) = \frac{\text{반발재의 전 중량}}{\text{뿜어붙임용 재료의전 중량}} \times 100$$

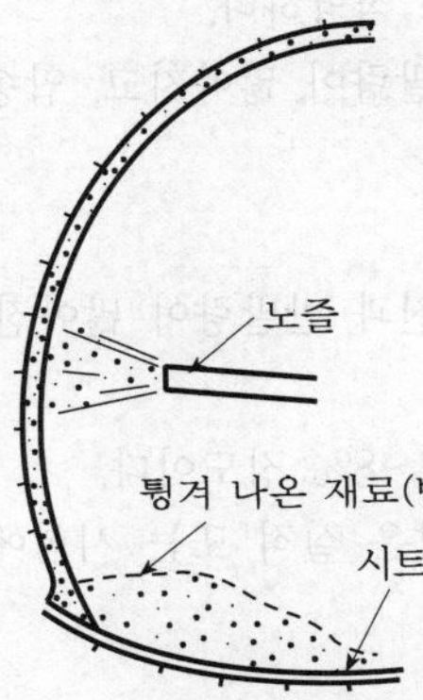

<반발률 측정>

Ⅶ. 반발(Rebound)량 저감대책

1. 재료

1) 시멘트

① 일반적으로 보통 포틀랜드 시멘트 사용

② 급속시공이 필요한 곳은 조강 포틀랜드 시멘트 사용

③ 염분의 영향을 받는 곳은 고로 시멘트 사용

2) 골재

① 깨끗하고 내구성이 좋으며, 화학적 안정성이 큰 것

② 굵은 골재의 최대치수 10~15mm

3) 혼화재료

① 급결재

㉠ 터널과 같은 상향 시공시

㉡ 경화촉진 목적 사용

② 감수제, AE 감수제

㉠ Rebound량 및 분진감소

㉡ 습식 공법에서 반죽질기 확보

4) Wire Mesh

① Shotcrete와 굴착지반과의 부착증대

② 운반, 취급시 습기에 노출되지 않게 할 것

2. 배합

1) 굵은 골재 최대치수

① 일반적으로 10~15mm가 적당하다.

② 굵은 골재 최대치수가 너무 크면 반발량이 증가한다.

2) 잔골재율

① 잔골재율은 55~75% 범위가 적당하다.

② 잔골재율이 너무 작으면 반발량이 많아지고, 압송관의 폐쇄 위험이 있다.

3) 단위수량

① 40~60% 범위가 적당하다.

② 단위수량이 너무 적으면 분진과 반발량이 많아진다.

4) 혼화재료

① 급결재량은 시멘트 중량의 2~8% 정도이다.

② 감수제, AE 감수제의 사용량은 실적 또는 시험에 의해 결정한다.

3. 시공

1) 뿜어붙일 면 처리

① 뜬돌, 풀, 나무 등의 제거

② 시공면에 대한 배수처리 및 흡습성면에는 살수

③ 부착면을 거칠게 한다.

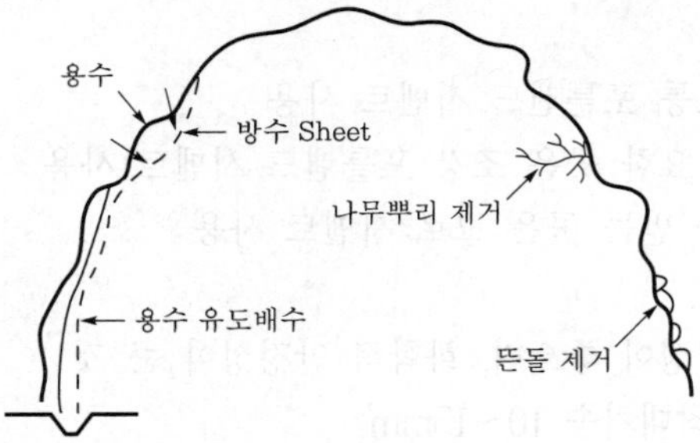

2) Wire Mesh

① 이동이 생기지 않도록 설치, 고정

② 굴착지반에 근접설치

3) 타설

① 노즐과 타설면의 거리는 1m, 타설각도는 90°를 유지

② 믹서기와 노즐 사이의 거리는 최대 30m 이내

③ 압송압력은 0.25MPa 이내

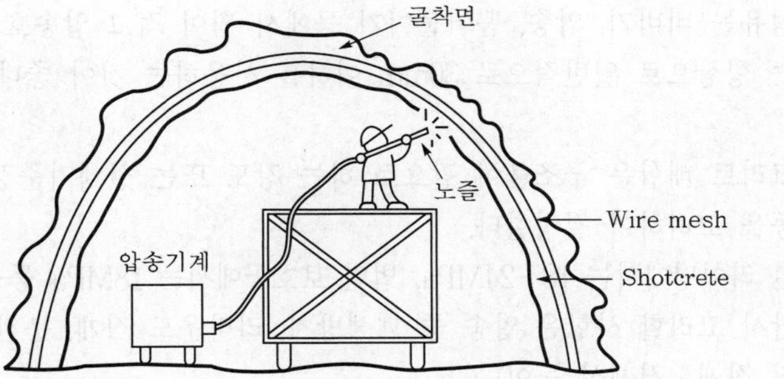

Ⅷ. 시공시 유의사항

1) 강도

① 숏크리트는 품질향상에 의하여 구조재료로 사용이 되며, 구조물의 설계에 준하는 강도 및 소정의 내구성을 가져야 한다.

② 강도는 일반적으로 재령 28일에서의 압축강도를 기준으로 한다.

2) 사용재료

① 시멘트는 보통 포틀랜드 시멘트를 사용하고, 이외의 시멘트를 사용할 때는 소정의 품질을 위한 사전 시험 후 사용한다.

② 골재는 깨끗하고 단단하며 강하고 내구적이면서도 알맞는 입도를 가지고 화학적으로 안정된 것을 사용한다.

③ 일반적으로 잔골재 조립률은 2.3~3.1의 범위와 10~15mm의 굵은 골재를 사용한다.

3) 혼화재료

① 작업능률 향상과 자중에 의한 박락이 적도록 응결촉진을 목적으로 급결제를 사용한다.

② 급결제 사용은 사용한 그 성능을 확인하고 숏크리트 강도, 철망에 영향을 주지 않고 작업원의 건강에 해를 주지 않는 것을 사용한다.

③ 리바운드 및 분진량을 감소시킬 목적으로 특수한 혼화제를 사용할 때는 초기강도 및 장기재령에서 강도저하에 유의하여 사용한다.

4) 보강철근 및 철망설치

① 철망사용은 용접철망 또는 마름모형 철망사용을 원칙으로 한다.

② 터널 등 지하 구조물에는 철사의 직경 4~6mm, 철망 눈치수 100~150mm를 사용한다.

③ 철망설치는 뿜기면에 밀착하여 설치하고 이동, 진동 등이 일어나지 않게 고정시켜야 한다.

④ 법면 보강에는 철선지름 2.0~2.6mm, 철망 눈치수 50~75mm를 많이 사용한다.

5) 강섬유

① 숏크리트 시공에 적합한 것의 사용으로 터널복공, 굴착법면 보강 등에 사용된다.

② 강섬유는 비비기, 압송, 뿜어붙이기 등에서 휨이 적고 압송호스 속에서 폐색되지 않는 형상으로 일반적으로 30mm 이하를 사용하는 것이 좋다.

6) 배합

① 숏크리트 배합은 구조물이 필요로 하는 강도 또는 설계기준강도 및 현장의 품질변동을 고려하여 결정한다.

② 터널 라이닝에서는 18~24MPa, 법면 보호공에서는 18MPa 등을 많이 쓴다.

③ 배합시 고려할 사항은 압송 중 폐색방지, 리바운드 적게, 분진 적게, 박리 박락·처짐 적게·경제성 등이다.

7) 계량장치 및 믹서

① 재료의 계량은 중량계량장치를 사용하는 것을 원칙으로 한다.

② 믹서는 일반적으로 배치믹서를 사용하며, 연속믹서를 사용할 때는 승인을 얻은 후 사용한다.

8) 뿜어붙이기 기계

① 소요물질의 콘크리트와 작업능률을 확보하기 위해 재료를 연속적으로 균등하게 살포할 수 있는 것을 사용한다.

② 뿜어붙이기 Robot을 이용할 때는 뿜기면과의 거리, 각도유지와 원격조정 및 모니터 시설이 필수적이다.

9) 뿜기면 처리

① 낙하위험이 있는 돌, 풀, 나무 등은 미리 제거한다.

② 뿜기면의 용수는 배수 파이프, 배수 필터 등으로 배수처리한다.

③ 흡수성 있는 뿜기면은 뿜기 전에 살수하여 흡습시키는 처리가 필요하다.

④ 뿜기면이 동결되었거나 빙설이 있을 때는 제거 또는 녹여서 처리한다.

10) 노즐각도

① 숏크리트는 노즐에서 분출되는 재료가 적당한 속도로 뿜기면에 직각으로 분출될 때 가장 압밀되어 부착성이 좋다.

② 뿜기 각도가 경사지면 먼저 붙여진 부분 손상과 리바운드나 박리가 많게 된다.

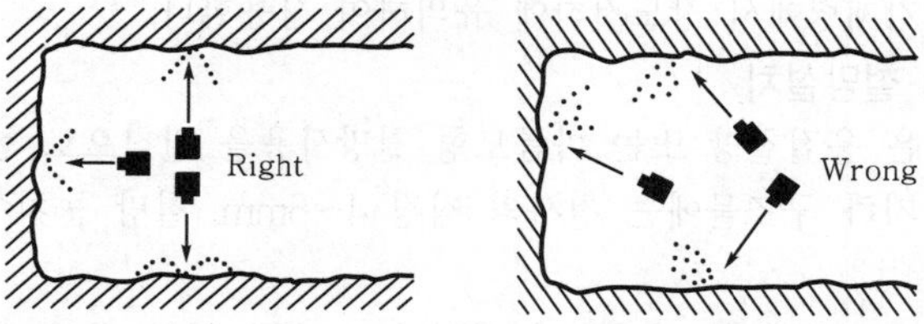

11) 분사방법

숏크리트는 뿜어붙인 콘크리트가 흘러내리지 않도록 뿜기면 상태, 건습상태, 재료상태, 급결제 사용 유무, 숙련도 등에 따라 처짐 또는 박락되지 않은 두께 한도로 뿜어 붙인다.

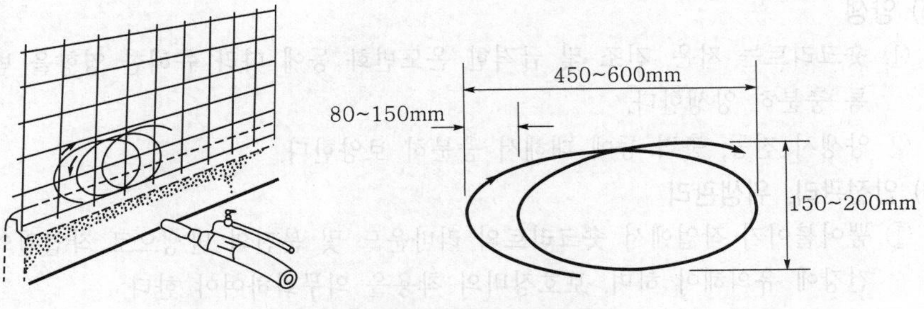

<숏크리트 타설시 노즐의 모션>

12) 타설방법

강재지보공을 설치한 곳에 뿜어붙일 때는 뿜기면과 강재지보공의 사이에 공극이 생기지 않도록 뿜어붙이고 숏크리트와 강재지보공이 일체가 되게 타설한다.

13) 리바운드

① 리바운드는 뿜기방식, 뿜기거리, 뿜기횟수, 공기압, 재료의 배합, 골재의 입도, 철근간격, 두께 등에 따라 달라진다.

② 적정의 배합과 시공으로 가능한 한 감소시켜 경제성을 높이는 것이 바람직하다.

③ 리바운드된 재료는 다시 반입 사용하지 않는다.

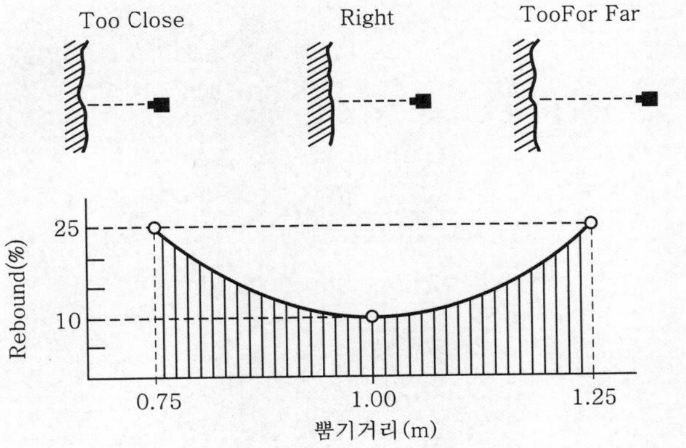

14) 마무리

① 숏크리트 타설 후 마무리는 부재표면 손상 또는 부착에 악영향을 미칠 우려가 크므로 특히 필요한 경우를 제외하고는 숏크리트만으로 마무리한다.

② 마무리가 필요한 경우 흙손, 주걱, 와이어 브러시 등을 사용하여 표면이 응결할 때 실시한다.

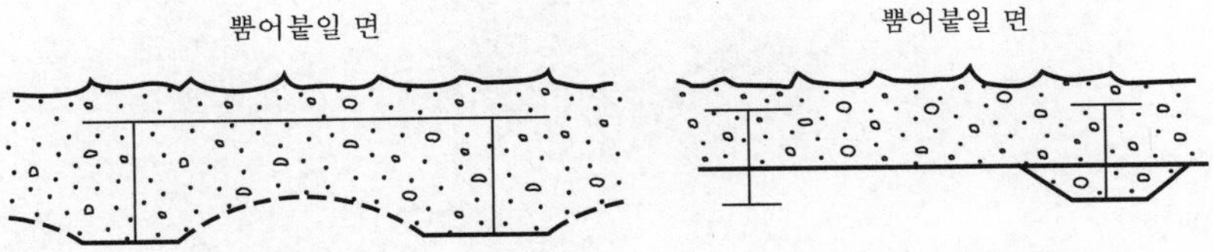

(a) 잘된 마무리 (b) 잘못된 마무리

15) 양생

① 숏크리트는 저온, 건조 및 급격한 온도변화 등에 따라 유해한 영향을 받지 않도록 충분히 양생한다.

② 양생시 진동, 충격 등에 대해서 충분히 보양한다.

16) 안전관리, 위생관리

① 뿜어붙이기 작업에서 숏크리트의 리바운드 및 분진의 발생으로 작업원의 안전과 건강에 유의해야 하며, 보호장비의 착용을 의무화하여야 한다.

② 보호장비는 리바운드나 분진에 대해 인체를 보호하는 장비로 헬멧, 방진안경, 방진마스크, 장갑, 장화, 긴 상의(上衣) 등이 있다.

③ 작업원의 작업이 곤란한 악조건의 시공일 때는 Robot 등을 이용한 원격조정이 필요하다.

Ⅸ. 결론

① Shotcrete는 굳지 않은 콘크리트를 고압공기를 이용하여 뿜기면에 뿜어붙이는 콘크리트로서 뿜어붙이기시 품질변동에 유의시공한다.

② 특히 Shotcrete 리바운드 박락, 흘러내림 등은 Shotcrete 품질을 저하시키는 가장 큰 요인이 되므로 배합, 시공과정에서 품질관리가 요구된다.

8 NATM의 Lining Concrete 균열원인과 대책

Ⅰ. 개요

① Lining Concrete(복공 Concrete) 균열의 주된 원인은 시멘트의 수화열에 의한 온도 응력, 건조수축, 환경상태 등에 기인하며,

② 균열을 최소화하기 위해서는 재료의 선정, 배합에서부터 타설시공에 이르기까지의 콘크리트 품질관리가 무엇보다도 중요하다.

Ⅱ. Lining Concrete의 도해

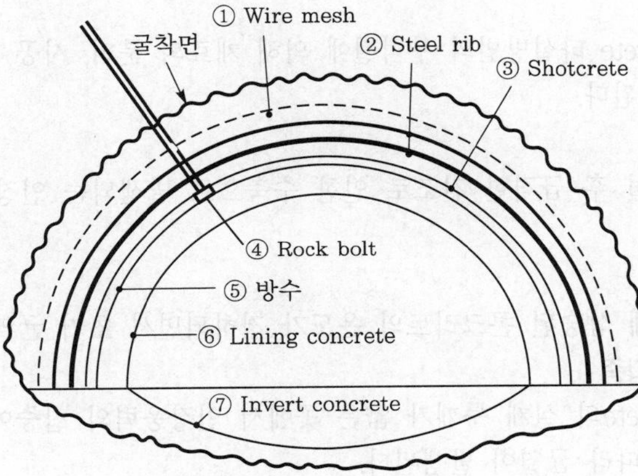

Ⅲ. Lining Concrete의 설치목적

1) 구조적 안정성 확보
① 터널의 변형방지
② 터널 시공 후 터널변형에 대한 구속력 부여

2) 안전성 증대
① Rock Bolt의 부식방지 ② Shotcrete의 품질 변화방지

3) 지보재료 약화에 대처
지보재료의 응력변화 및 응력부담에 대처

4) 터널의 유지관리
① 수압에 의한 누수방지로 수밀성 확보 ② 터널의 점검 및 보수 용이
③ 터널내 조명 및 환기 설비 설치용

5) Lining Concrete의 두께

터널내 단면폭	Lining Concrete 두께
3m	200~400mm
5m	300~500mm
10m	400~700mm

Ⅳ. Lining Concrete의 요구조건

① 강도확보 ② 내구성
③ 수밀성

Ⅴ. 균열(누수) 원인

1) 재료불량
풍화된 시멘트, 내구성이 부족한 골재 등을 사용할 때 Lining Concrete의 품질저하 요인이 된다.

2) 배합불량
W/C의 과다로 인한 Concrete의 강도, 내구성, 수밀성 저하가 균열의 원인이 된다.

3) 시공불량
Lining Concrete 타설방법의 부적절에 의해 재료의 분리, 시공 이음 등의 발생이 균열의 요인이 된다.

4) 건조수축
콘크리트 타설 후 급격한 건조로 인한 수축으로 발생되는 인장응력이 균열의 요인이 된다.

5) 수화열
수화열에 의해 상승된 콘크리트의 온도가 저하되면서 초기 균열이 발생된다.

6) 인장응력의 집중
Lining Concrete의 실제 두께가 얇은 곳에서 인장응력의 집중이 발생하고, 그 요철부의 능선을 따라 균열이 발생된다.

7) 원지반의 온도변화
시공 후 한냉기가 되었을 때 원지반과 외부 공기의 온도저하가 인장균열을 발생시킨다.

8) 용수
용수가 있는 개소는 지질이 불량하여 콘크리트의 품질이 저하될 우려가 크다.

9) 기초지반의 불량
기초지반이 팽창성 이암 등의 경우 큰 토압이 작용하므로 균열이 발생하기 쉽다.

10) 방수층 파손
① 방수재료의 불량 및 시공관리 미흡
② 수압의 증가

Ⅵ. 대책(시공시 유의사항)

1) 물
Lining Concrete의 품질에 영향을 끼치는 불순물을 유해량 이상 함유하지 않아야 한다.

2) 시멘트
주로 보통 포틀랜드 시멘트를 사용하나 수축균열을 방지할 목적으로 고로 시멘트나 중용열 포틀랜드 시멘트를 쓰기도 한다.

3) 골재

Lining에 쓰이는 콘크리트용 골재는 양질의 것으로 특히 내구성이 우수한 것을 사용해야 한다.

4) 혼화제

Fly Ash, 유동화제 등을 사용하여 콘크리트의 품질을 개선하여야 한다.

5) 배합

여굴에도 다 채워질 수 있는 Workability를 가질 수 있도록 배합을 정해야 한다.

6) 운반

재료의 분리, 손실, 이물질의 혼입이 생기지 않는 방법으로 운반해야 한다.

7) 타설

재료분리가 생기지 않게 구석구석까지 채워지도록 하고, 한 구획의 콘크리트는 연속해서 타설해야 한다.

8) 용수처리

용수가 있을 경우에는 콘크리트의 품질을 저하시키지 않도록 적당한 조치를 하여야 한다.

9) 여굴충진

여굴은 될 수 있으면 공극이 남지 않도록 콘크리트 또는 양질의 암석으로서 충진하여야 한다.

10) 균열의 분산

철근을 적절히 배치하므로써 균열 본수를 늘리고 개개의 균열폭을 작게 한다.

Ⅶ. 결론

① Lining Concrete의 타설은 좁은 공간내에서 이루어지는 등 시공조건이 나쁘기 때문에 빈 공간을 남기지 않도록 콘크리트를 밀실하게 타설하는 것이 중요하며,

② 균열의 발생을 방지할 수 있도록 시공 전후의 대책을 충분히 수립하여야 한다.

9 Tunnel의 계측관리

Ⅰ. 개요

① 계측계획에 있어서는 구체적인 평가의 방법까지 포함해서 계측의 목적을 명확히 하고 터널의 용도, 규모, 사전에 실시하는 지질조사 또는 주변환경 조사에 의하여 얻어지는 원지반조건, 주변환경 조건을 충분히 고려하여 개개의 터널조건, 문제점에 적응하도록 계획하여야 한다.

② 계측작업은 시공과 병행해서 실시하기 때문에 안전하고 시공에 지장을 주지 않는 범위내에서 확실하게 실시되도록 그 방법과 설비에는 충분한 배려가 필요하다.

Ⅱ. 계측의 목적

① 주변 원지반의 거동파악
② 각 동바리 부재의 효과진단
③ 구조물로서의 터널의 안정상태 확인
④ 주변 구조물에의 영향파악
⑤ 설계, 시공의 경제성 도모
⑥ 장래 공사계획 자료로서 설계, 시공에 반영

Ⅲ. 계측항목 선정시 고려할 사항

① 계측 수행목적
② 구조물의 용도, 형태
③ 구조물의 구조적, 재료적 특성
④ 지질상태 및 지하수 조건
⑤ 외부작용 하중
⑥ 주변환경 여건

Ⅳ. 계측관리 Flow Chart

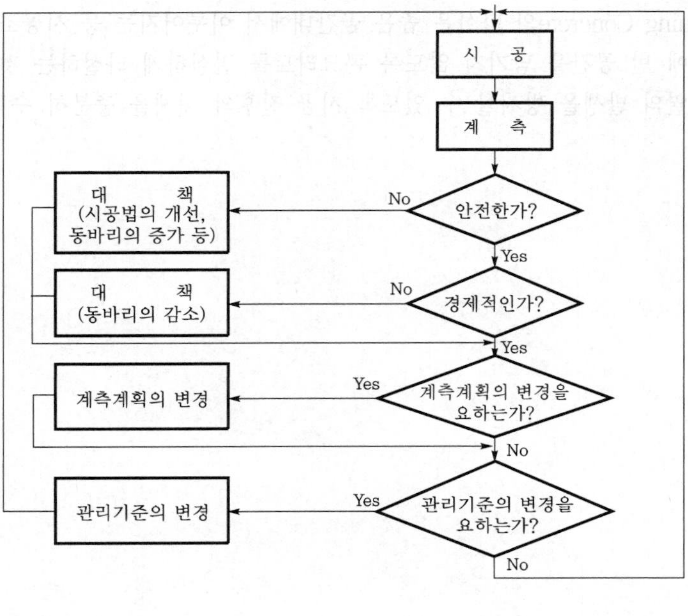

Ⅴ. 계측항목

1) 일반계측(A계측)

① 천단침하 측정
② 지표면 침하 측정
③ 내공변위 측정
④ 갱내 관찰 측정
⑤ Rock Bolt 인발시험

2) 대표계측(B계측)

① Rock Bolt 축력 측정
② Shotcrete 응력 측정
③ 지중수평변위 측정
④ 지중변위 측정
⑤ 지중침하 측정
⑥ 지하수위 측정
⑦ 간극수압 측정

Ⅵ. 계측기기

기기	적용
Tape Extensometer	내공변위 측정
Level	천단침하 측정
Multiple Extensometer	지표 및 지중침하 측정, 지중변위 측정
Shotcrete 응력 측정기	Shotcrete의 응력측정
Pump, Hydraulic Ram	Rock Bolt의 응력측정
Inclinometer	지중 수평변위
수신기, Cable, 증폭기, 발화기	갱내 탄성파속도 측정

Ⅶ. 계측위치 선정

① 갱구 부근
② 지반의 변화지점
③ 토피가 얇은 곳
④ 연약지반

Ⅷ. 계측 단면도

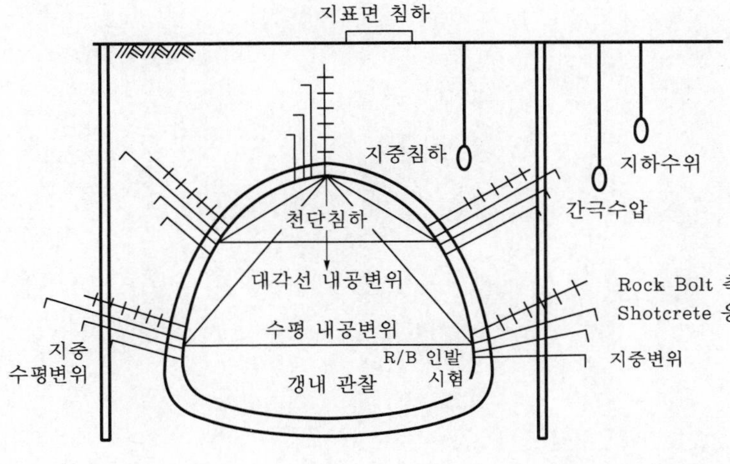

Ⅸ. 계측결과의 정리

① 터널시공기록 총괄표 작성
② 시공구간 및 막장의 관찰기록
③ 측정결과의 시간변화 기록
④ 기타 계측항목에 대한 기록

Ⅹ. 계측자료의 활용

① 시공중 안전확보
② 설계의 타당성 검증
③ 설계 변경 자료
④ 주변 구조물에 대한 영향분석

Ⅺ. 결론

① 터널 계측위치 선정에 있어서는 터널의 용도, 규모, 지반조건, 시공방법, 기 시공구간의 계측결과 등 터널의 여러상황을 고려하고 계측목적에 부합하도록 터널의 종단 및 횡단 방향별로 계측위치 및 배치간격을 적절히 선정하여야 한다.
② 터널 계측기기는 현장에서 사용할 수 있도록 내구성을 가지고, 설치 및 유지관리가 용이하며 계측목적에 맞는 계측범위와 신뢰성을 가져야 한다. 또한 기기특성에 대한 사전정보 획득과 신뢰성 확보를 위한 사전검증이 필요하다.
③ 시공중에 얻어진 계측결과는 즉각 설계, 시공에 반영시켜 공사의 안전성과 경제성을 확보하도록 노력하여야 하며, 계측결과의 정확한 평가는 각종 지반정보와 지보재의 역할 등을 충분히 고려하여 복합적으로 분석 검토된 후에 가능하다.

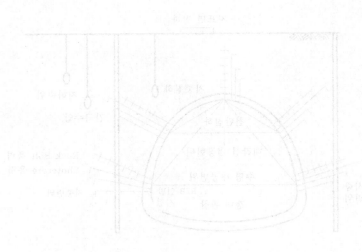

10 Tunnel의 안전관리(환경대책)

Ⅰ. 개요

① 공사 종사자의 안전과 위생을 확보하고 좋은 작업환경을 만들기 위한 시공에 있어서는 작업중의 안전과 적정환경 확보에 최선을 다하여야 한다.

② 또한 각종 법규를 지키고 현장에 대한 자체규범을 만들고, 필요한 설비를 투자하고 관리체제를 조직하여 작업원의 안전위생 교육훈련과 현장의 정기적 안전점검 체계를 갖추어야 한다.

Ⅱ. 조사

1) 조사목적

① 갱구나 토피가 적은 구간의 활동, 붕괴유무 확인

② 단층 파쇄대, 습곡구조 등의 성상 파악

③ 용수, 갈수 여부 확인

④ 지열, 온천의 용출 여부 확인

⑤ 팽창성 토압의 유무 확인

2) 조사항목

① 지표의 형태, 형상 및 지층의 성인

② 지질구조

③ 용수 및 지하수

④ 이상지압

Ⅲ. 조명

1) 문제점

① 배기가스 발생에 의한 가시성 저하

② 벽에 둘러싼 공간에서의 불안감

③ 입구부, 출구부에 있어서 터널 내외의 밝음의 경계

2) 터널조명의 구성

① 입구조명

② 내부 기본조명

③ 출구조명

④ 비상용조명

3) 조명

① 작업이 안전하고 능률적으로 되는데 충분한 조도 확보

② 명암의 대비가 현저하지 않고 또 눈부시지 않게

③ 조명기구는 내구성을 고려함과 동시 보수점검이 용이하게

④ 예비전원과 비상전원의 배치 및 휴대용 조명기구 등의 준비

Ⅳ. 용수

1. 문제점

① 막장의 붕괴 ② Shotcrete 부착불량
③ Rock Bolt의 정착불량

2. 대책

1) 수발 Boring공
① 갱내에서 Boring을 이용하여 수압이나 지하수위를 내리는 공법
② Cu < 5, 74mm 이하 세립분이 10~20%의 미고결 사질 원지반에 적용
③ 가장 간편하고 경제적이다.

2) 수발갱
① 소단면의 갱도를 선진시켜 물을 뽑아 지하수위를 저하시키는 공법
② 용수가 특히 많은 미고결의 사질 원지반에 적용
③ 수발갱도는 조사갱 또는 우회갱으로 이용된다.

3) Well Point
① Well Point 집수관을 지반에 설치하고, 지반에 부압을 걸어서 지하수를 흡인하는 공법
② 토피가 적고 용수량이 적으며, 지하수위 5~8m의 지반조건에 적용

4) Deep Well
① 토피가 적고 용수가 많은 지반에서 Deep Well을 파서 수중펌프로 지하수위를 배제하는 공법
② 지표에 건물 등 지장물이 있을 경우 특별한 관리를 해야 한다.

5) 압기 공법과 수발 Boring의 병용
① 갱내 공기압과 대기압의 차를 이용하여 막장의 배수효과를 높이는 공법
② Well Point보다 수발효과가 크다.

6) 주입 공법
① 시멘트 밀크, 규산소다 등의 액체를 지반중에 고화시켜 지반의 투수성을 감소시키고 용수를 지수하는 공법
② 단층, 파쇄대 등 균열이 발달한 지층에 적용한다.

Ⅴ. 막장안정

1) Forepoling
강지보공을 지점으로 하여 굴진 길이의 2배 이상 깊이의 록볼트 또는 철근봉을 막장 전방으로 미리 굴착면과 같게 타설하는 공법

2) Pipe Roof
굴착면의 붕괴가 예상될 때 굴착면을 타설하여 지반이완과 전단의 붕락을 사전에 예방하기 위한 공법

3) Steel Sheet Pile

지반조건이 나쁜 지역에서 막장을 보호하기 위하여 넓은 폭의(150~200mm) Sheet Pile을 굴착면에 따라 타설하는 공법

4) Steel Pipe

터널굴착면 상부에 구조물이 위치하거나 지반이 아주 나쁠 때 강관 Pipe를 연결하여 타설하는 공법

5) 막장면 숏크리트(Face Shotcrete)

막장의 연약화에 의한 막장 붕괴를 방지하기 위하여 막장면에 뿜어붙이는 Con'c로 막장면의 안정도모

6) 막장면 록볼트(Face Rock Bolt)

막장면이 굴착된 터널 내부로 밀려나옴을 방지하기 위하여 막장에 록볼트를 타설하여 막장면의 안정도모

7) 약액주입 공법

터널굴진시 용수가 많게 되며, 아스팔트 Bentonite, Cement, 고분자계 등을 지반에 주입하여 용수를 차단

Ⅵ. 이상지압

1) 문제점

① 암의 탈락, 붕괴　② 지보공의 변형
③ Arching Effect 감소　④ 단면 축소

2) 대책

① 압성토 공법　② 보호 절취
③ 포괄 콘크리트 시공

Ⅶ. 환기

1) 문제점

① 천공, 발파에 의한 유해가스 발생　② 작업환경 악화
③ 내연기관의 배기 및 매연　④ 사고발생의 원인

2) 환기방식

① 자연환기　② 강제환기 : 송기식, 배기식, 혼합식

3) 환기방식 선정시 고려사항

① 터널의 단면, 연장　② 환기량
③ 굴착면 라이닝의 시공방식　④ 작업기계의 종류

4) 환기방식별 특징

① 송기식(급기식)

㉠ 유지보수가 쉽다.
㉡ 갱내 도중에 배출되는 가스가 모두 막장으로 흘러간다.

② 배기식

㉠ 설비가 간단하다.

㉡ 오염된 공기가 전 갱내를 통과한다.

③ 흡인식

㉠ 소규모로서 경제적이다.

㉡ 관이음 부분이 많아 누풍의 우려가 있다.

Ⅷ. 결론

① 긴박한 위험이 있는 경우에는 즉시 작업을 중단하고 작업자를 즉시 안전한 곳으로 대피시킨다.

② 응급의 사태가 발생했을 때는 빠르고 정확한 정보의 전달이 우선이고 통보 및 경보의 설비와 같이 관계 기관과의 연락체제를 확립해 놓는 것이 필요하다.

11 수직갱(작업구) 굴착공법

Ⅰ. 개요

① 국내에 건설되고 있는 장대 터널은 특성상 환기와 방재 및 공기 단축의 문제가 수반되므로, 이를 해결하기 위하여 수직갱의 필요성이 대두되고 있다.

② 터널에서 수직갱을 이용한 환기방식이 도입된 이후 수직갱에 대한 수요가 점차 적으로 증가되고 있는 상황이다.

Ⅱ. 수직갱의 용도

① 환기용

② 방재용

③ 작업용

Ⅲ. 수직갱의 설계

1) 위치 선정

① 시공성과 경제성 및 유지관리면에서 수직갱의 높이가 낮은 곳이 유리

② 환기용은 터널의 환기소와 접속될 것

③ 환기용 수직갱은 오염된 공기가 지속적으로 배출되므로 민원 및 주변환경 고려

2) 단면 결정

① 환기용은 소요환기량 및 갱 내의 허용풍속을 고려하여 단면 결정

② 작업용은 소요운반량을 처리하기 위한 버킷이 충분히 승강할 수 있는 단면

③ 일반적인 작업용 수직갱의 최소 내경은 6m 정도

④ 수직갱의 형상은 토압을 고려하여 원형이 좋음

3) 지보공

① 지질, 단면 형상, 크기, 심도, 시공방법 및 복공의 타설시기 등에 따라 결정

② 수평터널과 같이 Shot Crete나 Rock Bolt를 사용

③ 필요시 강지보공 병용

4) 복공

① 복공에 작용하는 토압 및 수압을 고려하여 복공 두께 결정

② 일반적으로 복공 설계시 고려하는 경우

㉠ A구간 : 토사－풍화암층(연직하중, 수평토압 및 수압작용)

㉡ B구간 : 연암층(수평토압 및 수압작용)

㉢ C구간 : 경암층(1차 지보재가 외력 지지)

㉣ D구간 : 경암층(지하 환기소와 연결)

5) 방수 및 배수공

① 복공와 Shot Crete면 사이에 방수 Sheet와 부직포 설치

② 수직갱 주위에 Ring 모양의 유공관과 수직관으로 본선 배수로에 연결하여 배수

Ⅳ. 수직갱의 시공

1) 굴착

구분	전단면 하향굴착공법 (Down Method)		도갱확장공법 (Up and Down Method)	
	Short Step 공법	NATM 공법	RBM 공법	RC 공법
시공 방법	1step을 지질에 따라 1.2~3.0m로 굴착한 후 즉시 그 부분에 복공을 행하는 방법	지반에 따라 1굴진장을 1.2~3.0m로 굴착한 후 Shotcrete와 Rock Bolt로 굴착면을 보강하는 방법	지상에서 유도공 천공 후 Reamer를 부착하여 상향굴착을 하고 발파굴착으로 하향 확공하는 방법	지하에 Raise Climber에 의한 상향굴착 후 발파굴착으로 하향 확공하는 방법
특징	버력을 지상으로 운반처리	버력을 지상으로 운반처리	버력을 낙하시켜 기굴착한 본선을 통해 반출	버력을 낙하시켜 기굴착한 본선을 통해 반출
	본선터널과 병행해서 수직갱 시공 가능	본선터널과 병행해서 수직갱 시공 가능	본선터널 굴착 후 수직갱 시공 가능	본선터널 굴착 후 수직갱 시공 가능
	지반이 불량한 경우를 제외하고는 지보공이 필요 없음	지반변화에 대처가 용이하고 주변암반의 이완을 줄이고 암반자체를 지보재로 이용	RBM 설치를 위한 진입로 필요	지상 접근로가 없어도 시공가능
	굴착과 복공이 단시간에 행해지므로 토압에 대하여 안전하고 작업능률이 좋음	수직갱 굴착을 완료한 후 복공에 시공	기계에 의한 연속작업으로 시공이 빠르고 안전	도갱 굴착시 낙석의 위험성 상존
	1cycle 중에 복공을 하므로 Batch Plant 필요	Batch Plant가 불필요하므로 가설비가 비교적 간단	도갱굴착시 지반상태를 파악하여 확공 굴착시 대처가능	도갱굴착시 지반상태를 파악하여 확공 굴착시 대처가능

2) 복공

① Short Step 공법 적용시에는 2~3m의 슬라이드폼을 사용하여 매 굴착시마다 복공 실시

② 그 외 공법에는 수직갱 굴착 완료 후에 Slip Form 등을 사용하여 복공 실시

3) 용수 처리

① 용수가 많은 경우에는 차수재 주입 등의 보조공법으로 용수량 감소

② 굴진중의 용수는 막장에 설치한 웅덩이로 집수하여 배수

4) 운반설비

① 수직갱의 운반설비에는 Cage 방식과 Skip 방식이 있다.

② Cage 방식은 버력과 인원 및 자재 등을 1개의 Cage로 함께 운반하는 방식이다.

③ Skip 방식은 2개의 Cage로 버력과 인원 및 자재를 별도로 운행하는 방식이다.

④ 일반적으로 안전을 고려하여 Skip 방식이 주요 사용된다.

Ⅴ. 수직갱과 사갱의 특성 비교

구분	수직갱	사갱
준비기간	길다	짧다
구배	90°	7~14°
연장	짧다	길다
운반시간	짧다	길다
버력 반출능력	단속적으로 작다	벨트 컨베이어 이용시 크다
작업성	굴착과 복공 연속작업 가능	굴착과 복공 작업의 병행이 가능하나 능률 저하
출수의 영향	크다	작다
안전관리	중요	약간 중요

Ⅵ. 결론

수직갱은 환기 및 방재 계획과 더불어 터널에서 중요한 요소이며, 공사비 및 유지관리비에 큰 영향을 미치므로 터널의 전체적인 계획과 연관하여 설계 및 시공하여야 한다

12 터널 막장의 보조보강공법

Ⅰ. 개요

① 터널굴진을 할 때 여러 가지 악조건상태가 발생되는데, 터널의 안정성과 시공성을 고려하여 막장 및 굴착면을 보호해야 한다.

② 적절한 터널 보조보강공법을 선정하여 시공함으로써 터널의 시공성과 안정성을 도모할 수 있다.

Ⅱ. 보조보강공법의 필요성

① 막장 보호
② 천단 붕락방지
③ 토사 유출방지
④ 지하수 용출억제
⑤ 암반 이완방지
⑥ 갱내 안전성 확보

Ⅲ. 보조보강공법의 분류

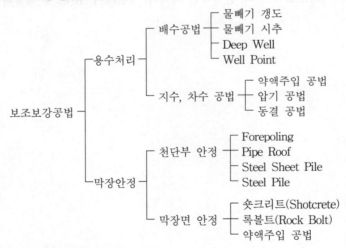

- 보조보강공법
  - 용수처리
    - 배수공법
      - 물빼기 갱도
      - 물빼기 시추
      - Deep Well
      - Well Point
    - 지수, 차수 공법
      - 약액주입 공법
      - 압기 공법
      - 동결 공법
  - 막장안정
    - 천단부 안정
      - Forepoling
      - Pipe Roof
      - Steel Sheet Pile
      - Steel Pile
    - 막장면 안정
      - 숏크리트(Shotcrete)
      - 록볼트(Rock Bolt)
      - 약액주입 공법

Ⅳ. 보조보강공법의 특징

1) 물빼기 갱도

① 터널굴진시 고압의 용수가 분출될 때 본갱을 우회하는 우회갱을 굴진하여

② 단층 파쇄대 중의 국부적인 저류수역을 돌파하고자 할 때 굴진한다.

2) 물빼기공(물빼기 시추)

① 갱내에서 깊은 속에 위치한 대수층에 물빼기공을 천공하여 지하수위를 낮춘다.

② 직경 50~200mm 되는 물빼기공을 막장에 시공하여 지하수를 자연배수한다.

3) Deep Well

① 터널굴진에 앞서 지하수위가 높은 위치에 깊은 우물을 설치하여 갱내수위를 저하시킨다.

② 필요에 따라 갱내에 설치하기도 한다.

4) Well Point

① 선단부에 웰포인트를 부착한 Riser Pipe를 지중에 설치하여 진공펌프로 지하수를 배수하는 것이다.

② 이 공법은 진공에 의해 배수하므로 넓은 범위의 토질에 적용하나 양정할 수 있는 깊이는 6m 정도로 제한적이다.

5) 약액주입 공법

터널굴진시 용수가 많게 되며 아스팔트 Bentonite, Cement, 고분자계 등을 지반에 주입하여 용수를 차단한다.

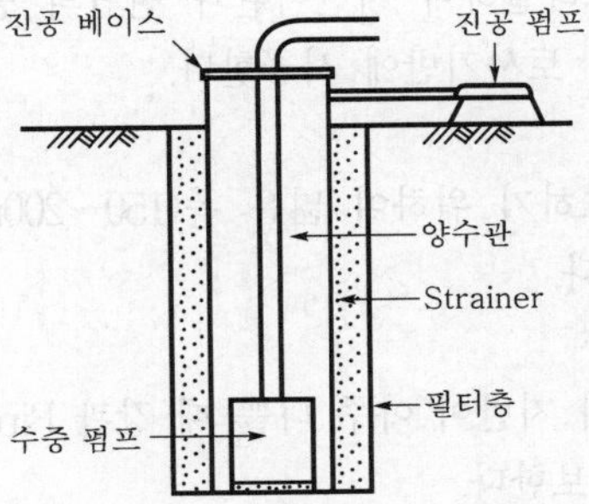

<Deep Well>

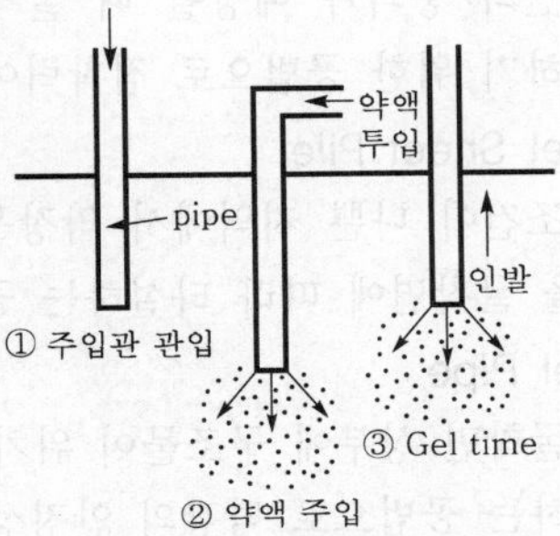

<약액주입 공법>

6) 압기 공법

이 공법은 굴착 갱내를 폐쇄시켜 고압공기를 갱내로 보내어 용수를 차단시키는 공법이다.

7) 동결 공법

① 지반에 인위적으로 동결관을 삽입하여 지반을 동결시켜 버리는 공법이다.

② 동결 공법에 저온 액화가스 및 냉동 블라인 또는 액체 질소가스를 사용한다.

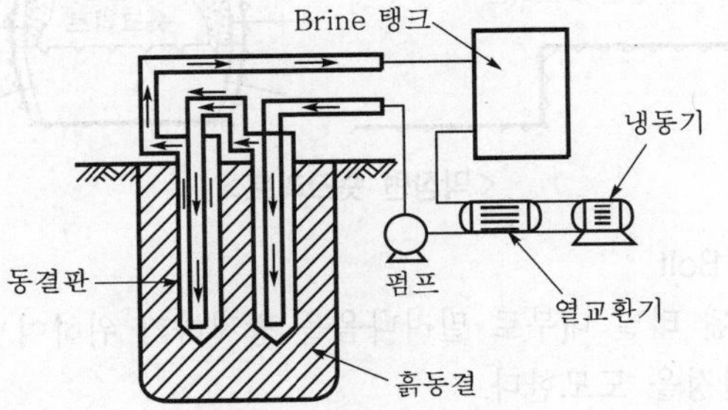

<동결 공법(Brine 방식)>

8) Forepoling

강지보공을 지점으로 하여 굴진 길이의 2배 이상 깊이의 록볼트 또는 철근봉을 막장 전방으로 미리 굴착면과 같게 타설하는 공법이다.

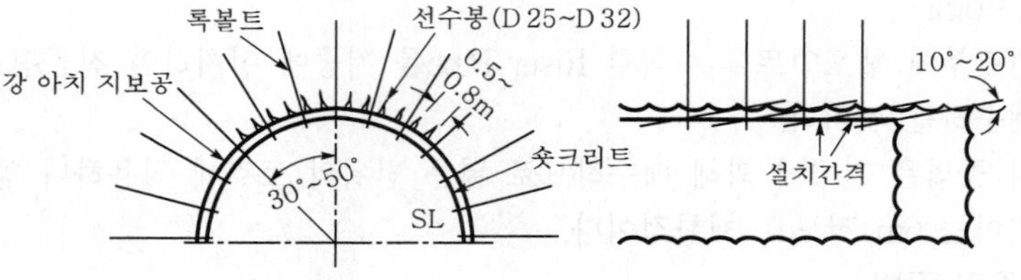

<Forepoling>

9) Pipe Roof

굴착면의 붕괴가 예상될 때 굴착면을 타설하여 지반이완과 전단의 붕락을 사전에 예방하기 위한 공법으로 점착력이 적은 토사기반에 시공한다.

10) Steel Sheet Pile

지반조건이 나쁜 지역에서 막장을 보호하기 위하여 넓은 폭(150~200mm)의 Sheet Pile을 굴착면에 따라 타설하는 공법이다.

11) Steel Pipe

터널굴착면 상부에 구조물이 위치하거나 지반이 아주 나쁠 때 강관 Pipe를 연결하여 타설하는 공법으로 막장의 안정성을 확보한다.

12) 막장면 Shotcrete

막장의 연약화에 의한 막장붕괴를 방지하기 위하여 막장면에 뿜어붙이는 Con'c로 막장면을 안정시킨다.

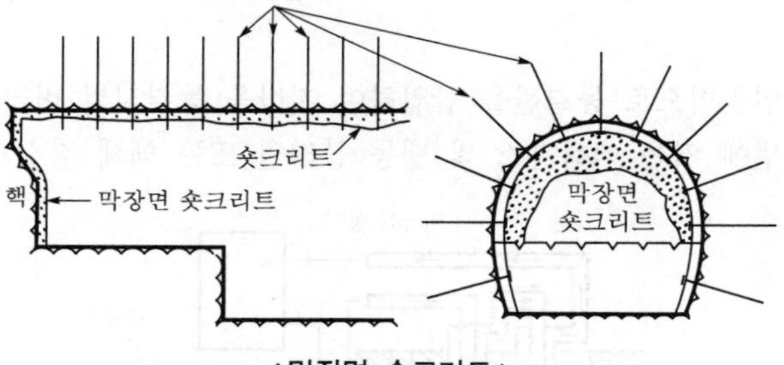

<막장면 숏크리트>

13) 막장면 Rock Bolt

막장면이 굴착된 터널 내부로 밀려나옴을 방지하기 위하여 막장에 록볼트를 타설하여 막장면의 안정을 도모한다.

Ⅴ. 결론

① 터널공사에는 예기치 못한 상황이 많이 발생하게 되는데 굴착면을 보호하고 막장의 안정을 위하여 보조보강 공법이 이용된다.

② 계측관리 자료를 토대로 하여 적절한 보조보강공법을 선택하면 터널굴진에서 시공성과 경제성 그리고 안정성을 도모할 수 있다.

13 연약지대 통과 터널

Ⅰ. 개요

① 연약지대를 통과하는 터널시공시에는 막장에 대한 지반 보강을 위한 보조공법을 즉시 시행하여야 하며, 이를 지체할 경우에는 붕락사고의 발생이 높으므로 특히 유념하여야 한다.

② 붕락사고의 발생시에는 인명피해를 최소화 하는 것이 가장 중요하며, 연약지반의 안정화가 선행된 후에 재굴착을 하여야 한다.

Ⅱ. 지표 침하현상

1) 지하수 유출

① 굴착 상부에 지하수가 유출되고, 그 자리에 토사를 메움으로 지반의 유효응력 증가

② 지반의 유효응력 증가로 지표 침하 발생

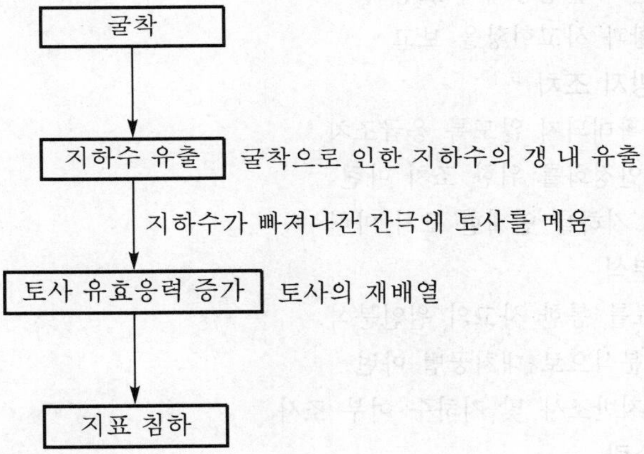

2) 막장 불안정

① 토사지반의 경우 막장 불안정으로 인해 지표 침하

② 굴착과 동시에 지보를 설치하여도 지반 침하가 발생

③ 인근 구조물의 피해 방지를 위한 대책 마련

3) 소성영역의 증대

① 토피가 낮은 경우 발생

② 굴착 이완 하중에 의한 소성영역이 지표면에 도달

③ 소성영역이 지표면에 도달할 경우 지표 침하

4) 터널 구조물 침하

① 터널 측벽의 침하 발생

② 터널 상부의 전토피하중이 지보재의 지보능력을 초과할 경우

5) 지반의 지지력 부족
① 굴착저면의 지지력 부족
② Invert 콘크리트의 강성 부족
③ 침하가 계속될 경우 터널 붕괴원인

Ⅲ. 붕락시 조치사항(응급조치)

1) 인명 대피 및 구조
① 작업 중지 및 인근 작업자 대피
② 터널 내외부 작업자들을 안전지대로 대피
③ 인명피해 발생시 우선 구조

2) 진동 및 충격 방지
① 붕락구간 주변의 충격 금지
② 차량의 통제

3) 관계기관 통보
① 관계기관에 출입통제의 요청
② 피해상황과 사고현황을 보고

4) 피해확대 방지 조치
① 피해가 확대되지 않도록 응급조치
② 지반의 안정화를 위한 조치 마련
③ 지상 및 지하를 연계한 조치 마련

5) 사고 원인분석
① 계측자료를 통한 사고의 원인분석
② 정확한 분석으로 대처공법 마련
③ 현장의 지반조사 및 지하수 여부 조사

6) 복구대책 수립
지반에 적합한 복구대책 마련

Ⅳ. 복구대책(붕락구간 통과방안, 침하 저감대책)

1) 현장조사
① 현장현황 파악
② 절리간격 및 방향 조사
③ 지하수 용출 유무
④ 터널구간의 변형상태

2) Grouting
① 터널 상부 구간에 Grouting을 시공하여 낙반 방지
② JSP 공법, RJP 공법 등의 적용으로 천단부 안정화

3) Shotcrete

① 지반응력의 배분

② 천단부의 낙반 억제

③ 굴착면의 봉합효과로 지반 일체화

④ 진동 및 충격에 대한 지반의 안정성 확보

4) Forepoling

강지보공을 지점으로 하여 굴진길이의 2배 이상 깊이의 록볼트 또는 철근봉을 막장 전방으로 미리 굴착면과 같게 타설하는 공법

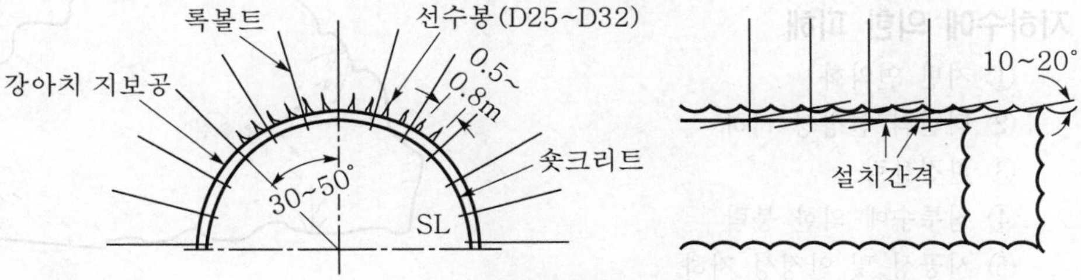

<Forepoling>

5) Pipe Roof

굴착면의 붕괴가 예상될 때 굴착면을 타설하여 지반 이완과 전단의 붕락을 사전에 예방하기 위한 공법으로 점착력이 적은 토사 기반에 시공

6) 막장면 Rock Bolt

막장면이 굴착된 터널 내부로 밀려나옴을 방지하기 위하여 막장에 록볼트를 타설하여 막장면의 안정을 도모

7) 강관 다단 Grouting

① 수직으로 강관을 삽입하여 지반을 보강하는 공법

② 절리 등이 발달한 암반을 고결하여 지반을 보강

8) Steel Sheet Pile

지반조건이 나쁜 지역에서 막장을 보호하기 위하여 넓은 폭(150~200mm)의 Sheet Pile을 굴착면에 따라 타설하는 공법

Ⅴ. 결론

터널공사 중 붕락사고의 발생시에는 인명피해를 예방하는 것이 최우선으로 고려해야 할 사항이므로 지반의 안정화와 더불어 인명대비를 실시한 후 복구작업을 진행하여야 한다.

14 터널공사의 지하수 처리방법과 방수공법

Ⅰ. 개요

① 터널시공에 지하수의 유량이 많을 경우 공사환경이 불량해지고 시공성이 저하되며 지반약화, 천단붕괴, 기계침하 등 안전성에 크게 영향을 미친다.

② 배수공법, 차수공법, 지수공법을 병행하여 지하수 유입을 막아서 터널 내의 작업성 및 안정성을 도모해야 한다.

Ⅱ. 지하수에 의한 피해

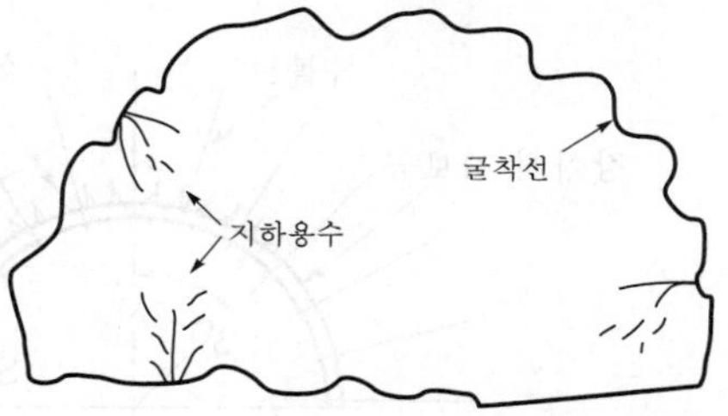

① 지반 연약화
② 터널의 안정성 저하
③ 환경불량
④ 침투수에 의한 붕락
⑤ 시공성 및 안정성 저하

Ⅲ. 지하수 처리방법

1) 배수 파이프에 의한 방법

① 뿜어붙이기 콘크리트 시공
② 용수가 있는 부위 염화비닐 파이프 설치
③ 용수를 파이프로 빼면서 파이프 주변 뿜어붙이기 콘크리트 시공

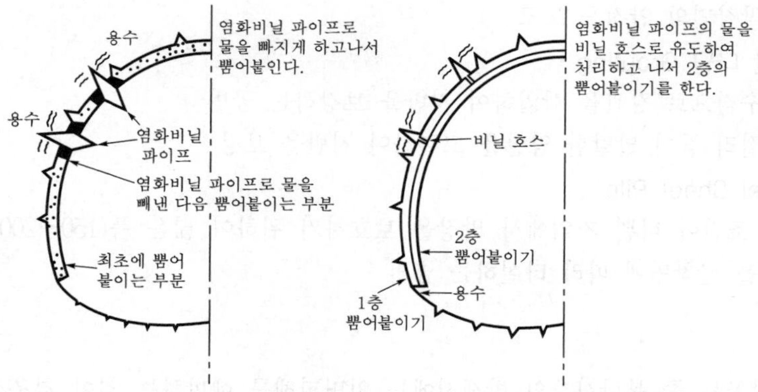

2) 철망에 의한 방법

① 굴착면에 필터재를 붙이고, 철망으로 누른다.
② 필터재 뒷면에서 호스로 배수
③ 뿜어붙이기 콘크리트 시공

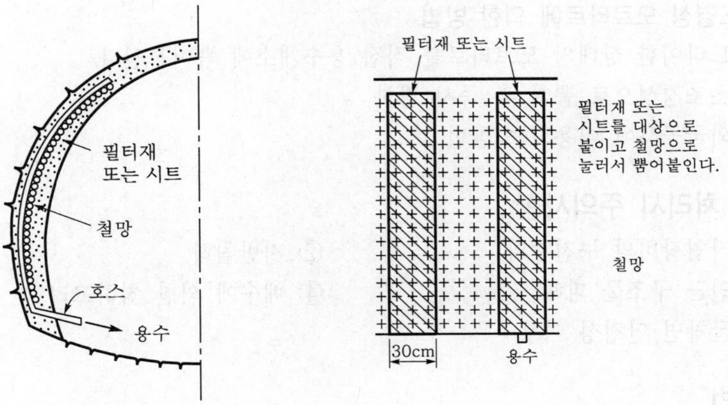

3) 배수채널(Drain Channel)에 의한 방법
   ① 굴착면의 용수를 배수채널로 처리
   ② 배수채널을 자유로운 방향으로 굽혀서 배수처리
   ③ 뿜어붙이기 콘크리트 시공

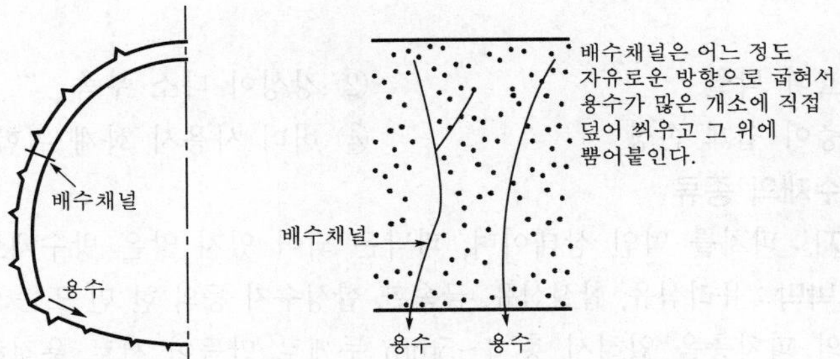

4) 물빼기 구멍에 의한 방법
   ① 용수가 많은 부위에 구멍 뚫린 배수파이프 설치
   ② 굴착면 용수 모두 파이프로 유도
   ③ 뿜어붙이기 콘크리트 시공

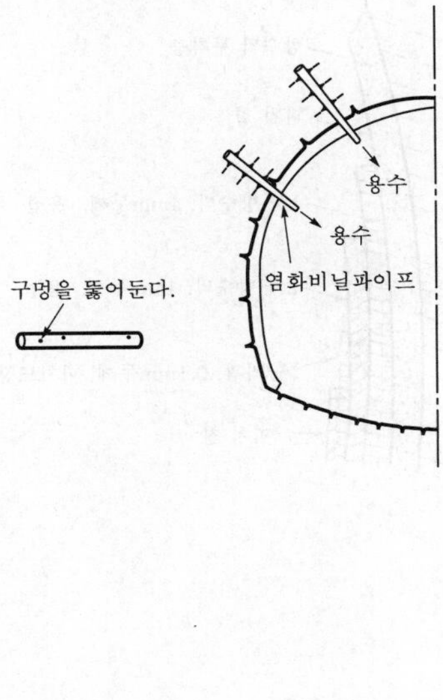

5) 초조경성 모르타르에 의한 방법
① 드라이한 상태의 모르타르를 직접 용수개소에 뿜어붙인다.
② 초조경성으로 뿜기 후 즉시 경화
③ 외국공사에 이용되는 공법

Ⅳ. 지하수 처리시 주의사항

① 작업장비의 누전주의
② 지반침하
③ 인근 구조물 피해
④ 배수에 의한 침하고려
⑤ 굴착면 안정성 여부

Ⅴ. 방수공법

1. 피치방수

1) 정의
석유에서 생산되는 피치와 광물 혼화제나 고무 등을 첨가하여 시공면에 바르거나 칠하는 방식으로 방수하는 공법이다.

2) 특징
① 방수효과 탁월
② 강성이 다소 부족
③ 방수층이 쉽게 손상
④ 버너 사용시 화재 위험

3) 피치 방수재의 종류
① **양판지** : 피치를 먹인 상태이며, 피막은 되어 있지 않은 방수재료
② **용접 박막** : 유리섬유, 합성섬유, 금속판, 합성수지 등의 한 면 또는 양면에 1.5~2.5mm 두께의 피치층을 입혀서 총 4~5mm 두께로 만들어 서로 용접하여 잇는다.
③ **피치 라텍스** : 15~20%의 염화고무 라텍스를 피치에 첨가하여 피치의 역학적 특성을 개선하는 것으로 여러 층을 겹쳐서 시공한다.
④ 시공 예

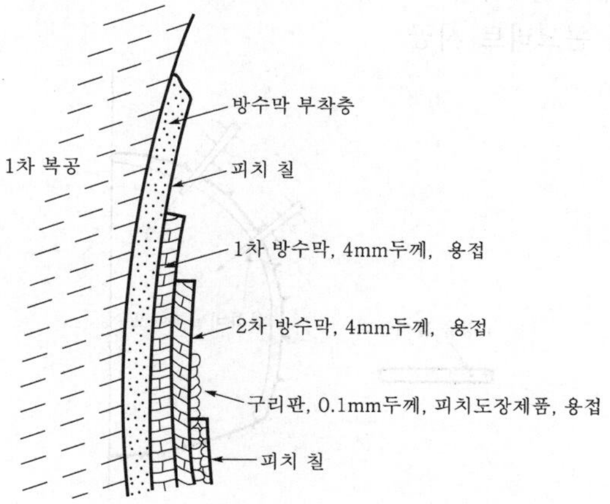

2. 합성수지 방수

1) 정의

열가소성 합성수지막을 사용하며, 방수막을 형성하는 것으로서 여러 가지 종류의 합성수지를 사용한다.

2) 종류

① PE(폴리에틸렌)

② PIB(폴리 이소부틸렌)

③ 연성 PVC

3) 시공법

① 시공면에 10mm 두께의 내부 보호막 설치

② 방수막 설치

③ 외부 보호막 설치

④ 방수막 지지벽 시공

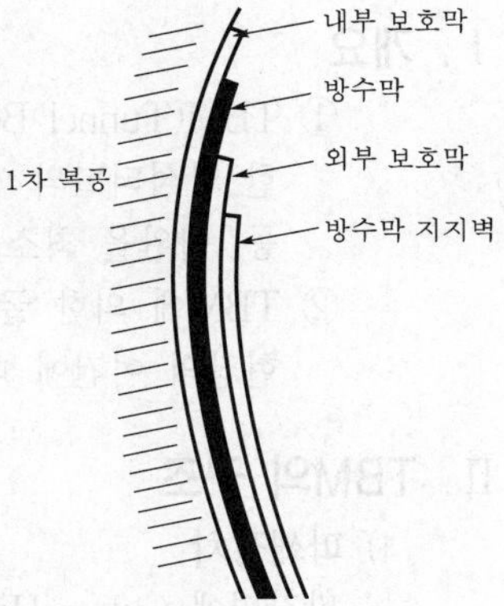

<시공 단면>

3. 분사접착 합성수지

① 불포화 폴리에스터 수지, 에폭시 수지, 폴리우레탄 수지 등의 재료를 분사방식으로 시공면에 접착시키는 방법이다.

② 30~50mm 유리섬유를 중량 비율로 20% 정도 첨가하여 특성을 개선시킨다.

4. 금속판 방수막

① 알루미늄, 구리, 철 등을 이용한 금속판으로 방수막으로 이용하는 공법이다.

② 부식을 고려하여 철판은 0.5mm 이상, 구리판, 알루미늄판은 0.2mm 이상을 사용한다.

Ⅵ. 결론

① 지하 터널공사에서 다량의 지반용수에 대해서는 우선적으로 용수에 대한 대책수립이 이루어져야 한다.

② 용수에 대한 대책으로는 용수 규모 및 성질 등을 조사분석하여 적절한 공법선정으로 굴착면의 안전을 도모할 수 있어야 된다.

15 TBM공법

Ⅰ. 개요

① TBM(Tunnel Boring Machine)공법은 Hard Rock Tunnel Boring Machine에 의한 암석터널의 전단면 굴착 공법으로서 재래의 발파 공법에 비해 주변지반의 진동, 이완을 최소화하고 굴진속도가 빠른 장점이 있다.

② TBM에 의한 굴착방법 채택시에는 용수의 유무, 지질의 균일성, 절리의 상태 등 현장의 여건에 대한 충분한 조사가 이루어져야 한다.

Ⅱ. TBM의 구조

1) 파쇄장치

막장면에 Cutter Head를 눌러 회전시켜서 암반을 압축, 파쇄하는 장치

2) 주행장치

TBM의 본체를 굴진방향으로 이동시키는 장치

3) 버럭 반출장치

파쇄장치에 의해 파쇄된 버럭을 반출시키는 장치

4) 후속장비

공사용수 조달장비, 동력전달장비, 암반보강장비, 천공장비, 환기시설 등이 있다.

Ⅲ. 공법의 특징

1) 장점

① 작업속도가 빠름
② 저소음, 저진동
③ 지반이완의 최소화
④ 지보공의 절약
⑤ 여굴이 적다.
⑥ 원형단면으로 구조적 안정

2) 단점

① 초기 투자비가 크다.
② 지반변화에 대한 적용범위가 한정된다.
③ 굴착단면의 형상에 제한을 받는다.
④ 기계조작에 전문인력이 필요하다.

Ⅳ. 공법 선정시 고려사항

① 대상지반에 대한 정밀조사
② 후방작업 방법
③ 전문인력 교육

Ⅴ. 적용성

① 일축 압축강도 50~100MPa의 연암, 경암
② 암반의 변화가 큰 지반, 단층이나 파쇄대 등 용수가 많은 지반은 적용 곤란
③ 터널길이가 길 경우에 경제적

Ⅵ. 시공순서

1) 작업구 굴착

재래의 굴착 공법을 이용하여 투입기종보다 150~200mm의 여유공간을 확보하여 원형 또는 마제형으로 측벽 지내력이 충분하도록 형성한다.

2) TBM 조립

운반된 각 부품들을 현장에서 조립한 후 보조유압장치를 이용하여 작업구로 이동시킨다.

3) TBM 굴착

TBM을 이용한 굴착방법에는 전단면 터널굴착기, 확대형 터널굴착기, TBM 굴착후 발파 공법을 이용한 굴착방법이 있다.

4) 버럭 반출

Disk Cutter에 의해 압쇄된 버럭은 TBM 굴착과 동시에 Scraper를 통해 Bucket으로 운반되며, 버럭 Shute를 지나 본체의 Conveyor에 적재된다.

5) 지보공

TBM 공법은 지반을 이완시키는 일이 거의 없으며, 안정된 원형구조 형성으로 연암, 풍화암, 파쇄대 등에서만 터널보강이 필요하다.

6) 배수

TBM에 의한 퇴수량과 추정되는 자연용수량을 갱외로 강제배수시키기 위해 TBM 굴진과 병행하여 400~500m마다 수중 Pump를 설치하여 릴레이식으로 갱외 침전지로 배수시킨다.

7) 콘크리트 라이닝

일반적으로 TBM 굴착 완료 후 터널 중심에서 양방향 또는 2조, 3조 병렬로 일방향으로 시공한다.

8) 부대시설

버럭반출 System, 환기설비, 배수설비, 비상급기설비, 급수시설, 침전설비, 수전설비가 있다.

Ⅶ. 시공상 문제점 및 대책

1. 단층, 파쇄대 지반

1) 문제점

① 지내력, 지지력 부족으로 인한 추진력 저하 및 TBM의 침하

② 막장, 측벽의 안정성 저하

③ 용수 분출

2) 대책

① 약액 주입 공법에 의한 지반의 고결

② 지보방식의 변경으로 막장, 측벽 보강

③ 용수처리 대책공 실시

2. 용수, 지하수

1) 문제점

① 지반의 연약화로 지지력 저하

② 저반의 흙탕물화로 기계의 이동 곤란

③ 기계의 기능 손상

2) 대책

① 수발 Boring공, 수발갱 설치로 수압이나 지하수위 저하

② Well Point 공법, Deep Well 공법에 의한 배수

③ 시멘트, 규산소다 등을 지반에 주입하여 지반의 투수성 감소

Ⅷ. 결론

① TBM 공법은 주로 암석 Tunnel의 굴착에 이용되는 Hard Rock TBM과 연약지반 및 해저터널 굴착에 이용되는 Shielded TBM으로 나눌 수가 있다.

② 굴착진동이 적은 TBM의 장점과 터널의 형상과 크기를 자유롭게 변화시킬 수 있는 발파굴착 공법의 장점을 동시에 활용할 수 있는 TBM－NATM 병용 공법의 개발이 적극적으로 시도되어져야 한다.

16 Shield공법

Ⅰ. 개요

① Shield라고 불리는 강제 원통굴착기를 지중에 밀어 넣고 그 내부에서 토사의 붕괴, 유동을 방지하면서 안전하게 굴착작업 및 복공작업을 하여 터널을 구축하는 공법이다.

② Shield를 사용하여 지반붕괴를 방지한 상태에서 굴착하므로 지반안정을 위한 처리를 따로 할 필요가 없으나, Shield가 통과한 지역이 불안정하여 지반이 붕괴될 우려가 있는 경우에는 지반안정 처리공법을 실행한다.

Ⅱ. Shield공사 시공도

수직구를 통하여 자재의 반출입, 이수처리 및 굴착토사(버럭)를 외부로 반출하면서 터널굴착을 진행한다.

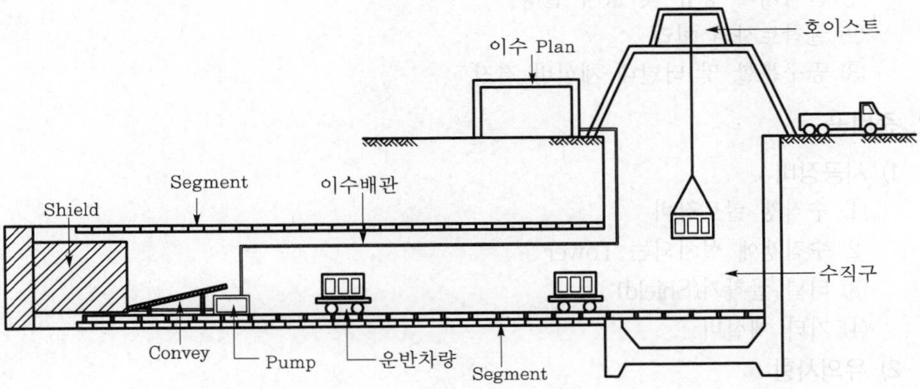

Ⅲ. 특징

1) 장점

① 안전하고 확실한 공법이다.

② 시공관리 및 품질관리가 용이하다.

③ 지하 매설물의 이동과 방호가 불필요하다.

④ 광범위한 지반에 적용된다.

⑤ 연약지반, 불리한 지질조건일 경우 개착 공법에 비해 공기 및 공사비가 유리하다.

⑥ 주작업이 지하작업이므로 소음 및 진동에 유리하다.

2) 단점

① 토피가 얕은 터널의 시공이 곤란하다.

② 시공에 수반되는 침하가 발생된다.

③ 급 곡선부의 시공이 어렵다.

④ 지반안정 처리시 우물의 오염우려가 발생한다.

Ⅳ. 단계별 굴착방법(시공)

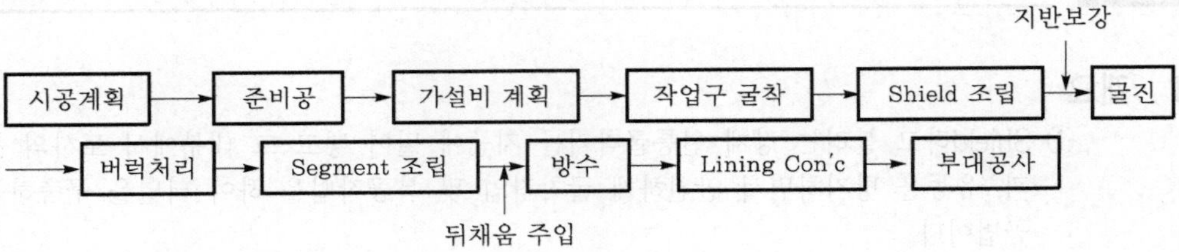

1. 시공계획

1) 계획요소
① 터널 각 부분의 굴착순서 및 시기
② 콘크리트 타설방법
③ 환기, 조명 등 터널내 시공용 설비

2) 유의사항
① 굴착기의 종류 및 형식 결정
② 굴착토사의 처리
③ 공구분할 및 터널내 제설비 결정

2. 준비공

1) 시공장비
① 수직갱 굴토장비
② 수직갱에 설치되는 Tower
③ 터널 굴착기(Shield)
④ 기타 제설비

2) 유의사항
① 터널내 환기를 통한 공기정화
② 토사의 분진발생을 방지하기 위한 살수 준비
③ 방진마스트 및 보안경 착용
④ 유해가스 감지기 가동

3. 가설비 계획

1) 환기
① 터널내 공기가 오염되는 원인 파악
② 터널내 온도 및 습도 관리
③ 충분한 환기를 통한 공기정화 후 작업 재개

2) 조명
① 작업에 지장을 초래하지 않을 충분한 조도 확보
② 터널내 통로는 작업원의 통행과 차량운행에 안전한 정도의 조도 유지
③ 조명시설 파손시 즉시 교체 가능할 것

3) 소음·진동

① 심한 소음 발생시 귀마개 착용

② 소음 발생시 수신호를 통해 작업확인

③ 방진장갑 및 진동완화장치 착용

4. 작업구(수직구) 굴착

1) 작업구 시공

① 지반조건, 노면의 조건, 교통량 등을 사전조사

② 공사중 소음, 진동의 영향을 고려한 경제적인 공법 선정

③ 본 노선에 적합한 작업부지의 확보가 곤란할 경우에는 터널 가까운 위치에 작업구를 설치하고 진입갱을 통해 본 노선에 접근

2) 유의사항

① Shield 장비의 투입과 반출이 가능할 것

② Shield 장비의 투입 후 후방에 토사반출차량 및 자재의 반출입

③ 버럭처리의 용이성 검토

5. Shield 조립

① 작업구를 통해 Shield 장비의 투입 후 조립

② Shield 장비를 지중에 바르게 고정시킴

③ **지반보강** : 주변지반의 이완방지와 지반반력의 증강을 위해 보조 공법 실시

6. 굴진

1) Shield의 굴진방법

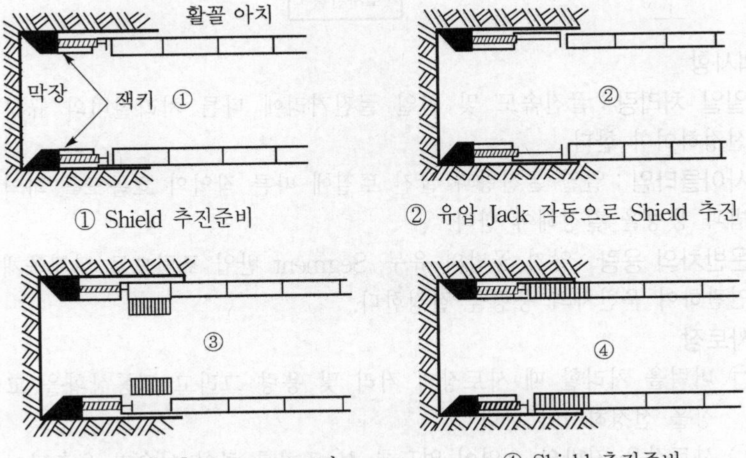

① Shield 추진준비 ② 유압 Jack 작동으로 Shield 추진

③ Jack 수축 후 Segment 조립 ④ Shield 추진준비 (Segment조립 후 재추진 반복)

2) 유의사항

① 굴진 후 도달부에 대한 사전 지반개량

② 예정위치에 도달하기 위한 Shield의 측량

③ 굴진속도를 늦추고, 미속 전진시켜야 하는 위치
④ 굴진 후 토사유출방지 및 배수대책
⑤ 막장의 안정유지

7. 버럭처리

1) 버럭처리방법

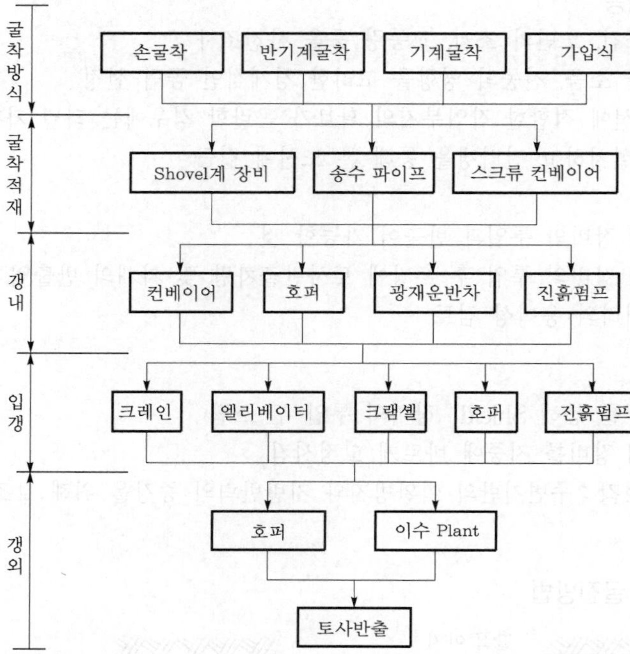

2) 유의사항

① **일일 처리량** : 굴진속도 및 일일 굴진거리에 다른 처리설비의 규격 사용대수를 선정하여야 한다.

② **사이클타임** : 일일 굴진량과 굴진 토질에 따른 작업의 흐름도를 파악하여 처리방법과 용량을 결정해야 한다.

③ **운반차의 용량** : 압기 공법의 유무, Segment 반입 조립으로 뒤채움재 주입방법과 연관하여 운반차의 용량을 결정한다.

④ **사토장**

㉠ 버럭을 처리할 때 사토장의 거리 및 용량 그리고 교통상황을 고려하여 사토장을 선정하여야 한다.

㉡ 사토장은 지반의 오염이 없도록 선 조치를 하여 이수가 유출되어 민원발생이 야기되지 않아야 한다.

⑤ **장비의 점검 및 유지관리** : Shield 공법은 기계화 공법인 관계로 어느 한곳이라도 장비의 고장이 발생할 때에는 모든 공사가 중단되는 사태가 발생하므로 장비의 점검과 유지관리를 철저히 하여야 한다.

⑥ 폐기물처리 : 배출도는 Form과 벤토나이트 용액에 의해 환경오염 물질인 관계로 필히 폐기물 처리를 하여야 한다.

⑦ 건조 후 처리 : 버럭은 1차 처리로 건조한 후 2차 처리장으로 방출하여야 한다.

⑧ 환경오염방지

㉠ 버럭의 운반시 도로에 유실이 없도록 제반설비를 갖추어 처리하여야 한다.

㉡ 1차 처리시에 우수에 의한 유출이나 주변지반으로 흘러들어가지 않도록 각별히 주의하여야 한다.

8. Segment 조립

1) Segment 종류

① Con'c Segment ② 강재 Segment ③ 주철 Segment

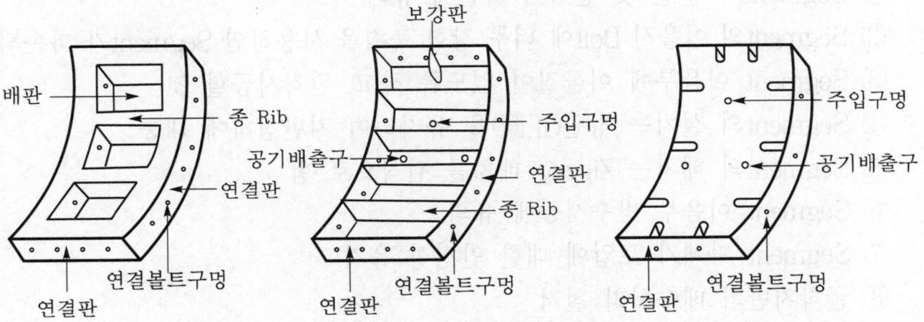

2) Segment 이음방법

① Segment의 이음은 이음방향에 따라 Ring 이음과 Bolt 이음으로 구분한다.

② Ring 이음과 Bolt 이음 모두 이음구멍을 통하여 Bolt, Ring 등으로 이음한다.

③ Ring 이음 : Segment를 Ring(원)방향으로 이음하는 것

④ Bolt 이음 : Segment를 터널방향으로 이음하는 것

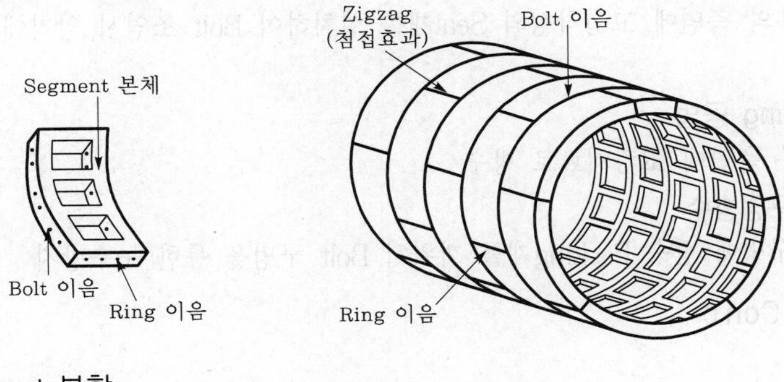

3) Segment 분할

① A_1, A_2, A_3 Segment의 양단면은 직각으로 이음하고,

② B_1, B_2 Segment는 각각 A_2와 A_3에 접하는 단면에 직각으로 이음하고, Key Segment의 접하는 마구리면은 경사방향으로 이음한다.

③ Key Segment(K)는 마지막 조립용으로 양단이 경사면으로 되어 있다.

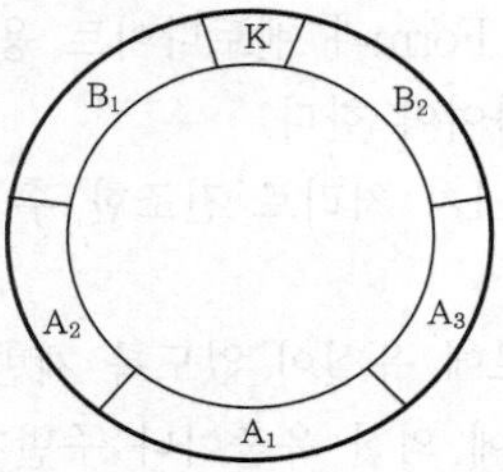

<Segment의 분할방법>

4) 뒤채움 주입

Segment가 지반에 밀착될 수 있도록 뒤채움 주입 실시

5) 유의사항

① Segment의 운반 및 설치시 파손에 유의
② Segment의 이음시 Bolt에 너무 강한 축력을 사용하면 Segment가 파손되므로 유의
③ Segment 이음부에 이물질이 없도록 하고, 밀착시공할 것
④ Segment의 설치는 정원(正圓)을 유지하여 지반침하에 대응
⑤ Segment의 배치는 Zigzag 배치를 원칙으로 함
⑥ Segment 이음부 방수시공에 유의
⑦ Segment 자체가 토압에 대한 안정성 유지
⑧ 굴착지반의 배수처리 철저
⑨ Segment와 굴착지반과의 틈발생 부위에 대한 지반 안정 공법 실시
⑩ Segment와 굴착지반의 틈발생이 크면 토사의 낙하충격에 의해 Segment의 파손 및 붕괴의 우려가 있으므로 유의

9. 방수

1) Packing 공법

이음부의 측면에 고접착성의 Seal재를 설치하여 Bolt 조임시 압착에 의해 방수성능 발휘

2) Caulking 공법

이음부 측면에 코킹재료로 방수

3) Bolt 구멍방수

Bolt 구멍에 방수 Packing재를 끼워서 Bolt 구멍을 통한 누수방지

10. Lining Con'c

1) 시공

① 무근 또는 철근콘크리트 시공
② Segment를 보호하고, 방식, 방수성능 향상
③ Lining Con'c의 두께는 150mm 이상
④ Segment의 방수, 청소, 이음 Bolt의 확인 후 타설
⑤ 콘크리트 타설 전후 품질관리 철저

2) 유의사항

① Segment와 Lining Con'c의 접착성 확보

② 일정한 두께를 유지하여 균열 및 파손이 발생하지 않도록 할 것

③ 공극 및 재료 분리가 발생하지 않도록 유의

④ 균열 발생방지를 위한 대책 마련

⑤ Lining Con'c의 두께는 설계두께 이상이 되도록 관리

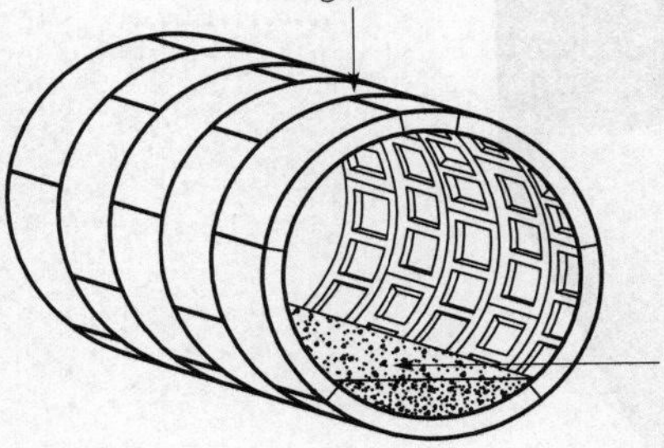

11. 부대공사

① 터널내 환기설비공사

② 터널내 조명설비공사

③ 터널내 차량 임시정차장소 마련

Ⅴ. 결론

① Shield 공법은 기계화 시공에 따른 기계의 조작이나 정비가 공사의 승패를 좌우하게 되고, 또한 기능공의 숙련도에 따라 공기나 시공성을 증대할 수 있으므로 숙련된 기능공의 확보가 중요하다.

② 사전에 면밀한 시공계획과 주변지반의 거동을 조사하기 위해 계측을 실시하여야 하며 안전시공에 기여해야 한다.

제7장 댐

문제1 Dam의 종류

문제2 Concrete Dam의 가설비공사(假說備工事)

문제3 중력식 콘크리트 댐

문제4 Fill Dam의 시공계획에 포함사항

문제5 표면차수벽형 석괴댐

문제6 댐의 유수전환방식

문제7 Dam의 기초처리공법

문제8 Fill Dam의 누수원인과 대책

문제9 RCCD(Roller Compacted Concrete Dam)

댐 과년도 문제

1	1. 저수지의 위치를 결정하기 위한 조건에 대하여 설명하시오. [14전, 25점] 2. 일반적으로 댐공사의 시공계획에 대하여 설명하시오. [19전, 25점]
2	3. 댐공사 착수 전 시공계획에 필요한 공정계획과 가설비공사에 대하여 설명하시오. [17중, 25점]
3	4. 콘크리트 댐(중력식) 시공시 주요 품질관리에 대하여 기술하시오. [99전, 30점] 5. 콘크리트 중력댐 시공시 기초면의 마무리정리에 대하여 설명하시오. [07후, 25점] 6. 중력식 Concrete Dam의 Concrete 생산, 운반, 타설 및 양생방법을 기술하시오. [07중, 25점] 7. 대형 중력식 콘크리트 댐 건설시 예상되는 Cooling Method를 설명하시오. [00중, 25점] 8. 대규모 콘크리트 댐의 콘크리트 양생방법으로 이용되는 인공냉각법에 대하여 설명하시오. [01전, 25점] 9. 콘크리트 중력식 댐 시공시 이음의 종류를 열거하고, 각 특징에 관하여 설명하시오. [00후, 25점] 10. 블록방식에 의한 콘크리트 중력식 댐 시공에서 콘크리트의 이음과 시공시 유의사항을 설명하시오. [09중, 25점] 11. 콘크리트 중력식 댐의 이음부(joint)에 발생 가능한 누수의 원인과 누수에 대한 보수방안에 대하여 설명하시오. [13전, 25점] 12. 댐의 종단이음 [17전, 10점] 13. 필댐(Fill Dam)과 콘크리트 댐에 안전점검방법에 대해 기술하시오. [03중, 25점] 14. 중력식 콘크리트 댐에서 Check Hole의 역할에 대하려 설명하시오. [15중, 25점] 15. 검사랑(檢査廊, check hole, inspection gallery) [13전, 10점]
4	16. Fill Dam의 축조재료와 시공에 대하여 기술하시오. [05후, 25점] 17. 성토댐(Embankment Dam)의 축조지간 중에 발생되는 댐의 거동에 대하여 설명하시오. [11중, 25점] 18. 록필댐(rockfill dam)의 시공계획 수립시 고려할 사항을 각 계획단계별로 설명하시오. [12중, 25점] 19. 댐의 차수벽재료로 사용하는 흙의 통일분류법상 SC 및 CL의 특성을 비교하여 설명하시오. [94후, 30점] 20. 록필댐의 코어존(Core Zone)을 시공할 때 재료조건, 시공방법 및 품질관리에 대하여 기술하시오. [01중, 25점] 21. 중심 점토코어(clay core)형 록필댐(rock fill dam)의 코어존 시공방법에 대하여 설명하시오. [13중, 25점] 22. 록필댐(Rock Fill Dam)의 심벽재료의 성토시험 [98전, 20점] 23. 록필댐(Rock Fill Dam)에서 상·하류층 필터의 기능을 설명하고, 필터입도가 불량할 때 생기는 문제점을 기술하시오. [02전, 25점] 24. 석괴댐(Rock fill dam)에서 필터(Filter)기능 불량시 발생 가능한 문제점에 대하여 설명하시오. [18후, 25점] 25. 필댐(fill dam)의 매설계측기에 대하여 설명하시오. [12후, 25점] 26. 필댐 시공 및 유지관리시 계측에 대하여 설명하시오. [17전, 25점]
5	27. 표면차수벽형 석괴댐에 대하여 기술하시오. [98전, 20점] 28. 표면차수벽 댐의 구조와 시공법에 관하여 기술하시오. [99전, 30점] 29. 표면차수벽형 석괴댐의 특징과 축조 시공법에 대하여 기술하시오. [97중후, 33점] 30. 콘크리트 표면차수벽형 석괴댐(Concrete Face Rockfill Dam)의 단면구성 및 시공법에 대하여 설명하시오. [02후, 25점] 31. 표면차수형 석괴댐과 코어형 필댐의 특징과 시공시 유의사항을 설명하시오. [12후, 25점] 32. 콘크리트 표면차수벽 댐(CFRD) [95전, 20점], [08중, 10점] 33. 석괴댐의 프린스(Plinth) [07후, 10점], [13후, 10점]

댐 과년도 문제

6	34. 하천에 댐이나 수리 구조물을 축조할 경우 유수전환(River Diversion)시 고려할 사항을 설명하시오. [94전, 50점] 35. 댐(Dam)공사에서 기초처리와 하류전환방식에 대하여 설명하시오. [96중, 50점] 36. Dam건설공사에서 유수전환방법과 기초처리방법에 대하여 기술하시오. [97중전, 50점] 37. 하천공사에 있어서 유수전환(River Diversion)방식을 열거하고, 그 내용을 약술하시오. [98후, 30점] 38. 우리나라 남한강 중류지역에 대형 Rock Fill Dam을 건설하고자 할 때 유수전환계획과 담수계획을 기술하시오. [99후, 30점] 39. 댐공사시 가체절공법에 대하여 설명하시오. [01중, 25점] 40. 유수전환시설의 설계 및 선정시 고려할 사항과 구성요소에 대하여 기술하시오. [03중, 25점] 41. 댐공사에 있어서 하천 상류지역 가물막이공사의 시공계획과 시공시 주의사항에 대하여 설명하시오. [05중, 25점] 42. 댐공사에서 가체절 및 유수전환공법의 종류와 특징을 설명하시오. [08중, 25점] 43. Dam 본체 축조 전에 행하는 사전(事前)공사로서 유수전환방식 및 특징에 대하여 기술하시오. [09후, 25점] 44. 댐공사에서 하천 상류지역 가물막이공사의 시공계획과 시공시 주의사항에 대하여 설명하시오. [15중, 25점] 45. 석괴댐의 유수전환방법 [98전, 20점] 46. 비상여수로(Emergency Spillway) [07전, 10점], [15전, 10점] 47. Dam의 감쇄공 종류 및 특성 [06후, 10점] 48. 여수로의 감세공 [17후, 10점] 49. 유수지(流水地)와 조절지(調節地) [06전, 10점], [16전, 10점] 50. 가중크리프비(weight creep ratio) [13중, 10점]
7	51. Dam공사 시행시 기초처리공법의 종류를 들고 설명하시오. [00중, 25점] 52. 댐(Dam)의 기초처리공법에 대하여 설명하시오. [04중, 25점] 53. 댐 기초공사에서 투수성 지반일 경우의 기초처리공법에 대해서 기술하시오. [06중, 25점] 54. 댐 기초굴착결과 일부 구간에 파쇄가 심한 불량한 암반이 나타났다. 이에 대한 기초처리방안에 대하여 설명하시오. [06후, 25점] 55. 다기능보의 상·하류 수위조건 및 지반의 수리특성을 고려한 기초지반의 차수공법에 대하여 설명하시오. [12전, 25점] 56. 댐의 기초처리방법과 기초그라우팅 종류 및 특징에 대하여 설명하시오. [14전, 25점] 57. 댐공사시 지반조건에 따른 기초처리공법에 대하여 설명하시오. [18중, 25점]] 58. 기초암반(基礎巖盤)의 보강공법을 설명하시오. [94전, 40점], [01전, 25점] 59. Fill Dam 기초가 암반일 경우 시공상의 문제점을 열거하고, 그중 특히 Grouting공법에 대하여 기술하시오. [08전, 25점] 60. 콘크리트 표면차수벽형 석괴댐(Concrete Face Rockfill Dam : CFRD)의 각 존별 기초 및 그라우팅방법에 대하여 설명하시오. [08후, 25점] 61. 댐 기초의 그라우팅공법 [96전, 20점], [99후, 20점], [03후, 10점], [05후, 10점] 62. 댐의 그라우팅(Grouting)의 종류와 방법에 대하여 설명하시오. [02후, 25점] 63. 커튼 그라우팅(Curtain Grouting) [94후, 10점], [01전, 10점], [01후, 10점], [05전, 10점]

댐 과년도 문제

7	64. 커튼 그라우팅의 목적에 대하여 기술하시오. [98중전, 20점] 65. 블랭킷 그라우팅(blanket grouting) [11후, 10점] 66. Lugeon치 [99후, 20점], [02후, 10점], [04중, 10점]
8	67. 필댐(Fill Dam)의 누수원인을 분석하고, 시공상 대책을 설명하시오. [01전, 25점] 68. 필댐(Fill dam)의 누수원인과 방지대책에 대하여 기술하시오. [04전, 25점] 69. 흙댐의 누수원인과 방지대책에 대하여 설명하시오. [12전, 25점] 70. 댐의 제체 및 기초지반의 누수원인과 방지대책에 대하여 설명하시오. [14후, 25점] 71. 제체축조재료의 구비조건과 제체의 누수원인 및 방지대책에 대하여 설명하시오. [16중, 25점] 72. 댐에서 Piping에 의한 누수가 있을 때 이에 대한 방지대책을 설명하시오. [00전, 25점] 73. 댐에서 파이핑(Piping)현상으로 인해 누수가 발생했을 경우 이에 대한 처리대책을 설명하시오. [07후, 25점] 74. 필댐의 내부침식, 파이핑메커니즘 및 시공시 주의사항을 설명하시오. [10중, 25점] 75. 흙댐의 파이핑현상과 원인 [96후, 20점] 76. 댐 시공시 양압력(陽壓力) [00후, 10점], [03후, 10점] 77. 필댐의 수압할열(Hydraulic Fracturing) [07후, 10점] 78. 필댐(Fill Dam)의 수압파쇄현상 [10후, 10점] 79. 도수(hydraulic jump) [14전, 10점] 80. 제방의 침윤선 [00전, 10점] 81. 흙댐의 유선망과 침윤선 [06전, 10점]
9	82. RCC댐(Roller Compacted Concrete Dam)의 개요와 시공순서를 설명하고, 시공상 유의할 사항에 대하여 기술하시오. [07전, 25점] 83. 콘크리트 댐과 RCD(Roller Compacted Dam)의 특징에 대하여 서술하시오. [03전, 25점] 84. RCD(Roller Concrete Dam)공법에 대해서 기술하시오. [98후, 30점] 85. 롤러다짐 콘크리트 포장(Roller Compacted Concrete Pavement, RCCP) [09중, 10점] 86. 확장레이어공법(ELCM : extended layer construction method) [12후, 10점], [15후, 10점]

1 Dam의 종류

Ⅰ. 개요

① Dam은 축조재료에 따라 Concrete Dam과 Fill Dam으로 나누고, Concrete Dam은 중력식 · 중공식 · Arch식 · 부벽식 · RCC식으로 분류한다.

② Fill Dam은 Rock Fill Dam과 Earth Fill Dam으로 나누고, 설계형식에 따라 Earth Fill Dam은 균일형 · Core형 · Zone형으로 나눌 수 있다.

Ⅱ. Dam의 분류

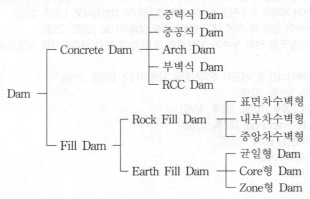

- Dam
  - Concrete Dam
    - 중력식 Dam
    - 중공식 Dam
    - Arch Dam
    - 부벽식 Dam
    - RCC Dam
  - Fill Dam
    - Rock Fill Dam
      - 표면차수벽형
      - 내부차수벽형
      - 중앙차수벽형
    - Earth Fill Dam
      - 균일형 Dam
      - Core형 Dam
      - Zone형 Dam

Ⅲ. 종류별 특성

1. Concrete Dam

1) 중력식 Dam

① 댐체의 자중만으로 안정을 유지하는 형식이다.

② 자중이 크므로 견고한 지반이 필요하다.

③ 재료가 많이 들어 공사비가 크다.

④ 유지관리가 용이하며, 안전도가 크다.

2) 중공식 Dam

① 중력 Dam 내부에 공동을 만든 것이다.

② 공동으로 인한 Dam 자중이 감소된다.

③ 높이가 40m 이상일 때는 중력식 Dam보다 경제적이다.

④ 폭이 넓은 U자형 계곡에 유리하다.

3) Arch Dam

① Dam에 작용하는 외력을 Dam의 하부 기초와 양안에 전달토록 하는 구조이다.

② 콘크리트 재료가 대폭 절감되며, 미관이 경쾌하다.

③ 계곡 폭이 좁을수록 유리하다.

4) 부벽식 Dam

① 경사진 얇은 Slab를 상류면으로 하여 이를 부벽으로 받친 형식이다.

② 콘크리트 소요량이 적다.
③ Dam체 검사가 용이하다.
④ 내구성이 적다.

5) RCC Dam(RCCD : Roller Compacted Concrete Dam)
① Dam 본체의 내부 Concrete에 슬럼프치가 0인 극도의 빈배합 Concrete를 사용하고, 이 Concrete를 진동 Roller로 다지는 공법이다.
② 공기의 단축으로 공비가 절감된다.

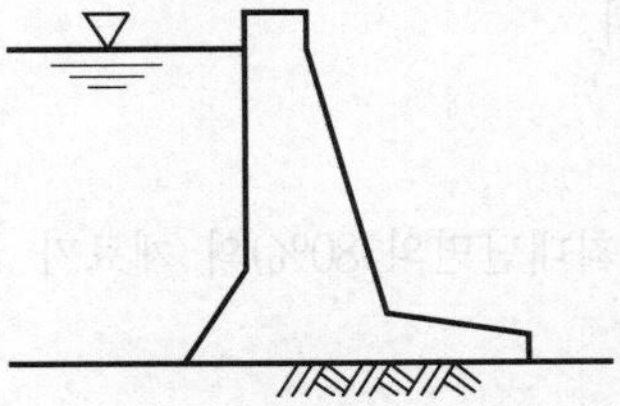
(a) 중력식 Dam

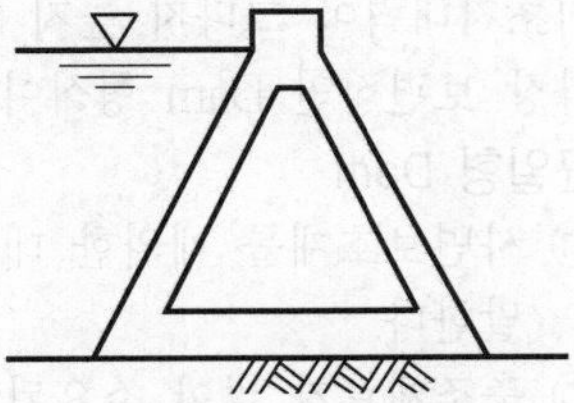
(b) 중공식 Dam

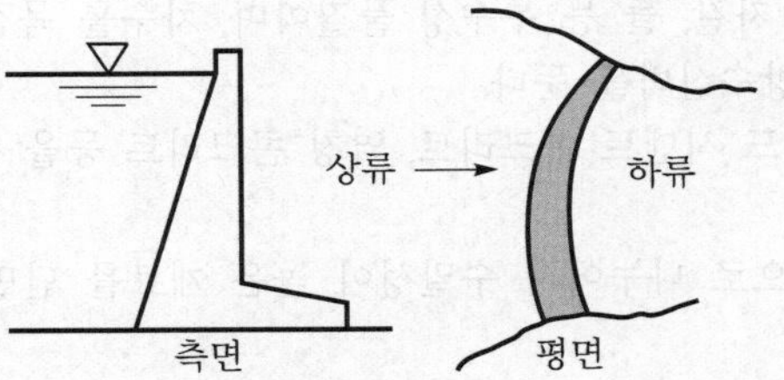

(c) Arch Dam

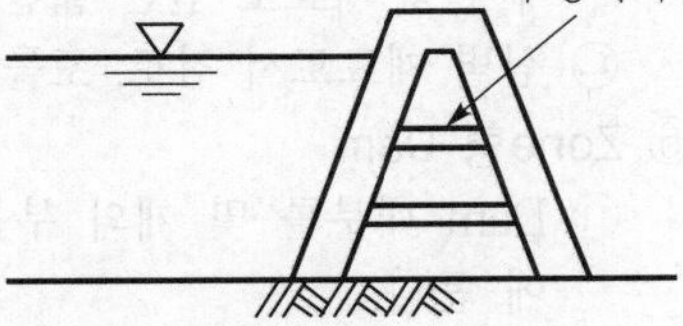

(d) 부벽식 Dam

2. Fill Dam

1) Rock Fill Dam
① 절반 이상이 돌로 구성된 Dam을 말한다.
② Earth Fill Dam보다 높은 지내력을 필요로 한다.
③ 소규모 Dam인 경우 유리하다.
④ 표면차수벽형 Rock Fill Dam
㉠ 상류표면을 흙 이외의 차수재료로 포장하는 형식
㉡ Dam의 단면이 작은 경우에 경제적
㉢ 침하에 대한 위험성이 있다.
㉣ 내구성이 적다.
⑤ 내부차수벽형 Rock Fill Dam
㉠ 변형하기 쉬운 토질로 축조한 차수벽을 만들어 침하에 의한 균열을 방지하는 형식이다.
㉡ 상류측에 보호층이 필요하다.
⑥ 중앙차수벽형 Rock Fill Dam
㉠ 침하에 대한 영향이 적고, 두께가 크므로 재료에 대한 조건이 완화된다.
㉡ 수평하중을 하류측의 기초가 지지하므로 Dam 체적이 커진다.

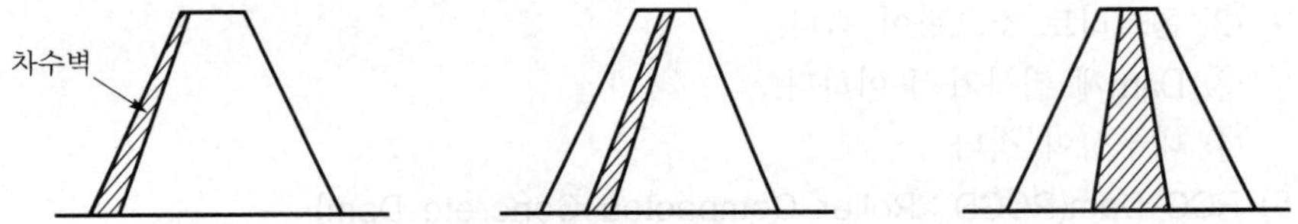

(a) 표면차수벽형 (b) 내부차수벽형 (c) 중앙차수벽형

2) Earth Fill Dam

① 절반 이상이 흙으로 구성된 Dam이다.

② 기초지내력이 그다지 높지 않아도 된다.

③ 가장 보편적인 Dam 형식이다.

④ 균일형 Dam

㉠ 사면보호재를 제외한 대부분(제체 최대단면의 80%)의 재료가 균일한 Dam을 말한다.

㉡ 축조재료가 많이 소요된다.

⑤ Core형 Dam

㉠ 대부분의 축조재료가 모래, 자갈, 돌 등 투수성 물질이며, 차수를 목적으로 불투수성 재료로 만든 얇은 방수심벽을 둔다.

㉡ 심벽 재료로서 점토, 포틀랜드 시멘트 콘크리트, 역청 콘크리트 등을 사용한다.

⑥ Zone형 Dam

㉠ Dam 내부를 몇 개의 부분으로 나누어서 수밀성이 높은 재료를 단면 중심부에 둔다.

㉡ 4m 이상일 때 유리하다.

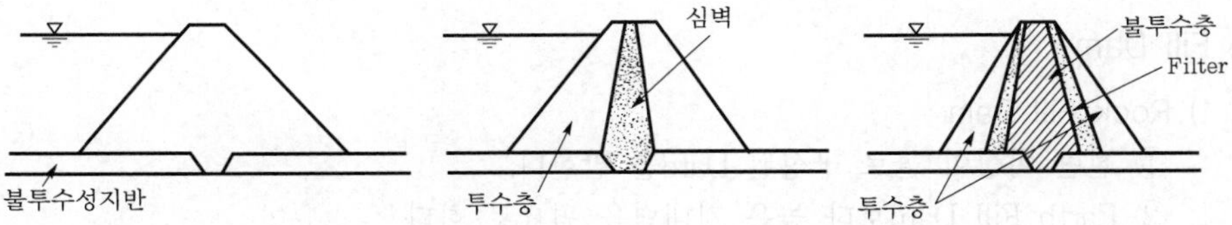

(a) 균일형 (b) Core형 (c) Zone형

Ⅳ. Concrete Dam의 시공

1. 재료

1) 물

콘크리트 혼합에 사용되는 물은 콘크리트 품질에 영향을 미치는 성분을 함유해서는 안 된다.

2) 시멘트

중용열 포틀랜드 시멘트, 고로 시멘트, Fly Ash 시멘트 등의 저발열 시멘트를 사용하는 것이 바람직하다.

3) 잔골재

잔골재는 깨끗하고 강하며, 적당한 입도 및 입경으로 먼지, 흙, 유기불순물, 반응성 물질 등의 유해량을 포함해서는 안 된다.

4) 굵은 골재

굵은 골재는 깨끗하고 강하며, 내구적이고 알맞은 입도로, 편평한 조각, 가늘고 긴 조각, 먼지, 흙, 유기불순물, 반응성 물질 등의 유해량을 함유해서는 안 된다.

5) 혼화재료

AE제, 감수제, AE 감수제 등을 적절하게 사용하므로써 콘크리트의 단위수량을 줄일 수 있고 Workability를 개선시키며, 동결융해에 대한 내구성을 증진시킬 수가 있다.

2. 배합

1) 배합강도(f_{cr})

① 설계기준강도보다 충분히 크게 정한다.

② 설계기준강도 이하로 되는 확률이 1% 이하여야 한다.

③ 설계기준강도보다 3.5MPa 이하로 되는 확률이 1% 이하여야 한다.

2) 단위수량

단위수량은 작업이 가능한 범위내에서 될 수 있는대로 적게 되도록 시험에 의해 정한다.

3) AE 콘크리트의 공기량

내구성을 기준으로 할 경우 굵은 골재 최대치수 150mm일 때 3.0±1%를 표준으로 한다.

4) 물시멘트비

외부 콘크리트의 물시멘트 비는 수밀성을 기준으로 할 경우 50% 이하를 표준으로 한다.

5) 단위시멘트량

내부 콘크리트에서의 단위시멘트량의 최소량을 150kg/m^{3}으로 한다.

6) Slump치

콘크리트를 치는 장소에서 Slump치 표준은 20~50mm이다.

3. 시공

1) 계량

각 재료는 1회분의 비비기 양마다 중량으로 계량하여야 하며, 물 및 혼화제 용액은 용적으로 계량해도 좋다.

2) 비빔

최대밀도, 최대강도의 콘크리트를 얻기 위해 균등질이 될 때까지 충분히 비벼야 한다.

3) 운반

운반, 치기 및 다지기 과정에서 재료의 분리를 적게하고, 균등질의 밀실한 콘크리트를 얻기 위해 신속히 운반하여 즉시 치고 충분히 다진다.

4) 타설

콘크리트는 운반 후 즉시 타설하며, 한 구획내의 콘크리트는 타설을 완료할 때까지 연속해서 타설한다.

5) 다짐

진동 다지기를 사용하여 충분히 다짐으로써 단위중량이 커지고 내구성, 수밀성 및 강도가 큰 콘크리트를 얻을 수 있다.

6) 이음

신·구 콘크리트의 밀착을 완전하게 하여 균열, 누수 등이 일어나지 않도록 신중히 시공해야 한다.

7) 양생

콘크리트는 친 후에 경화에 필요한 온도 및 습도 조건이 보존되어야 하며, 해로운 작용의 영향을 받지 않도록 충분히 양생해야 한다.

Ⅴ. Fill Dam의 시공

1. 재료

1) 투수성 재료

① 투수성이 좋아야 한다($K=1\times10^{-1}$cm/sec).

② 내구성, 전단강도가 커야 한다.

③ 대소의 돌덩이가 적당히 섞인 것이어야 한다.

2) 반투수성 재료

① Filter층의 역할에 적합한 재료이다($K=1\times10^{-3}$cm/sec).

② 점착력이 적은 것이 좋다.

3) 차수성 재료

① 투수계수가 작다($K=1\times10^{-5}$cm/sec).

② 압축성이 적고, 다짐이 쉽다.

③ Piping에 대한 저항성이 큰 흙이라야 한다.

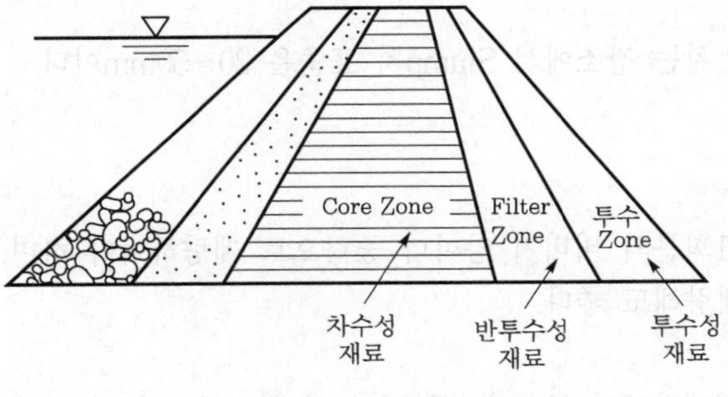

<Fill Dam 재료구성>

2. 기초 시공

1) 굴착

① 발파에 의한 굴착　　② 기계에 의한 굴착

2) 굴착면 처리

① 기초면 정형　　② 요철 정리

③ 균열 폐쇄 ④ 풍화작용에 따른 보강
⑤ 용수처리 ⑥ 청소, 살수

3. Grouting

1) Consolidation Grouting

① 지반개량이 주목적이다.

② 비교적 얕은 심도에 적용한다.

2) Curtain Grouting

① 기초 암반의 차수성 증진을 목적으로 한다.

② 깊은 심도까지 차수벽을 형성한다.

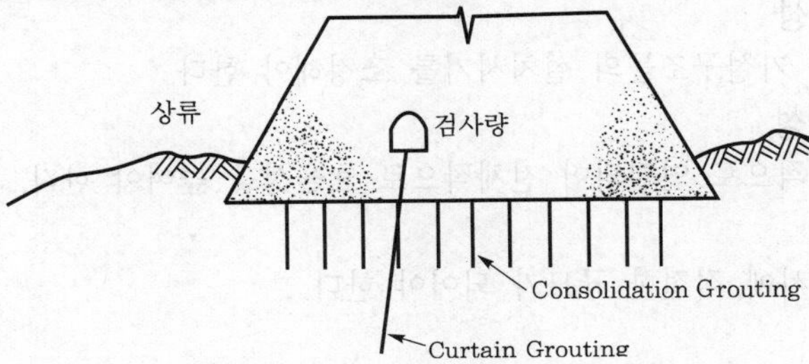

<Grouting>

4. 재료 성토

1) 토질 재료

① 포설 두께는 200~300mm로 한다.

② 전압방향은 원칙적으로 Dam 폭에 평행되게 한다.

③ 차수존과 필터존의 경계부는 Roller를 경계부의 양쪽에 걸치도록 하여 다진다.

2) 사질 재료

① 포설 두께는 300~400mm로 한다.

② 주로 진동 Roller를 사용하여 다진다.

③ 전압횟수는 4~6회 정도로 한다.

3) 암석 재료

① 포설두께는 암부스러기 또는 세립재료일 경우 300~400mm, 그 외에는 1~2m 정도의 두께로 한다.

② 전압 기계로서는 대형 진동 Roller를 사용한다.

Ⅵ. 결론

① Dam 형식의 선정시에는 토질 및 기초의 상태, 지형, 유량, 홍수 유량의 처리방법, 노동력, 외관 등을 비교 검토하여 안전하고 경제적인 형식을 선정해야 한다.

② 축제 재료의 선택에 있어서는 경제적으로 얻을 수 있는 모든 재료의 성질을 활용하여 댐의 차수 및 안정 기능을 가장 효과적으로 발휘하도록 구성해야 한다.

2 Concrete Dam의 가설비공사(假設備工事)

Ⅰ. 개요

① 가설비공사는 본 공사의 완성을 위한 임시설비로서 본 공사를 능률적으로 실시하기 위해 필요한 가설적인 제반시설 및 수단을 말한다.

② Concrete Dam에서의 가설비 공사는 공사용 도로, 가설건물, 공사용 동력설비, 공사용 급수시설, 공사용 조명 및 통신 시설 등이 있다.

Ⅱ. 가설비 계획시 고려사항

1) 본 공사와의 연계성

본 공사의 공정과 가설구조물의 설치시기를 조정해야 한다.

2) 가설비 간의 효율성

가설비 간에 유기적으로 연결되어 전체적으로 효율성을 높여야 한다.

3) 가설비 규모

가설비는 전체 공사에 적절한 규모가 되어야 한다.

4) 전용성

가설자재는 반복사용으로 인한 전용성이 고려되어야 한다.

5) 경제성

요구되는 품질의 목적물을 계획된 공정에 의해 경제적으로 시공되도록 해야 한다.

6) 안전성

운전, 유지보수 등 어떠한 경우에도 안전이 확보되도록 고려되어야 한다.

7) 공해방지

공해방지에 필요한 설비는 반드시 해야 한다.

Ⅲ. 가설비공사

1) 공사용 도로

① 진입로와 공사용 전용도로 개설

② 완공 후 영구도로로서의 활용방안 검토

2) 가설 건물

① 건물의 규모는 사업의 규모에 따라 결정

② 현장사무소, 직원 숙소, 창고, 정비고, 실험실, 화약고, 노무자 숙소, 식당 기타 부대복리시설

3) 동력설비

① 용량은 전체 공사의 공정계획에 의거 결정

② 정전으로 인한 전체 공사의 중단을 막기 위해 배전선의 계통분리

4) 급수설비

① 충분한 용량의 집수, 취수, 양수, 저수시설 설치

② 공사 종사자의 생활용수는 별도의 공급계통을 구성하는 것이 바람직

5) 조명 및 통신 설비

① 야간작업에서의 능률저하를 방지하고, 안전관리를 위한 조명시설 설치

② 작업의 능률과 신속한 공정관리 체제를 갖추기 위한 통신시설 설치

6) 급기시설

① 장기간 대규모 공사일 때는 정치식 설비

② 소규모 공사일 때는 이동식 장비 이용

7) 가배수로

① 댐 본체의 시공에 지장이 없는 한 가능한 짧게 시공

② 터널식, 개거식, 암거식

8) 가물막이(Coffer Dam)

① 댐 지점의 지형, 지질, 하상의 상황, 공사기간을 고려하여 위치, 규모를 결정

② 콘크리트 구조 및 Fill Dam 형식을 주로 사용

9) 제내 가배수로

① 유수처리 방법, 이용기간, 공정, 홍수빈도와 크기 및 시공성을 고려하여 대상유량, 위치, 단면을 결정

② 담수와 동시에 수문으로 폐쇄하고 내부를 콘크리트로 채움

Ⅳ. 문제점

① 가설구조물, 시공장비, 시공설비의 효율성과 적용성 등에 따라 본 공사의 공정관리에 영향 초래

② 타 공사에 비해 높은 안전사고 발생률

③ 사전조사 부족에 따른 공법변경 또는 수정으로 인한 공기지연

④ 공해로 인한 민원발생으로 공사중단 및 공기지연

Ⅴ. 개발방향

① 공사의 입지적 조건에 따라 적재적소에 적량의 가설물을 설치 또는 배치

② 타 공정과의 연계성을 고려하여 재해 예상부분에 대한 사전예방 조치

③ 주변환경조사, 지반조사 등을 정확히 실시하여 조사분석한 후 시공계획 수립

④ 공사계획시 현장주위 사전조사를 철저히 하여 예상되는 공해요소에 대한 방지책 마련

⑤ 가설재료의 표준화로 경제성 및 전용성 제고

Ⅵ. 결론

① 가설공사비는 총 공사비의 약 10%에 해당하는 금액으로 세밀한 계획과 진행에 의해 원가절감을 최대한 할 수 있는 항목이다.

② 가설공사의 경제성, 시공성, 안전성 등에 대한 적정성 및 타당성의 검토로 향후 개발이 더욱 가능할 것이다.

3 중력식 콘크리트 댐

Ⅰ. 개요

① 콘크리트 중력식 댐은 댐체를 시멘트 콘크리트를 주재료로 하여 구조물을 축조하는 것으로 대량의 시멘트 콘크리트 사용으로 주요 품질관리로는 골재 생산부터 콘크리트 양생까지 단계적인 품질관리를 필요로 한다.

② 콘크리트 내구성이 댐 구조물의 수명과 직결되는 것으로 품질관리에 대한 계획수립과 계획대로 실시하는 것이 무엇보다 중요하다.

Ⅱ. 콘크리트 댐(중력식) 가설 도해

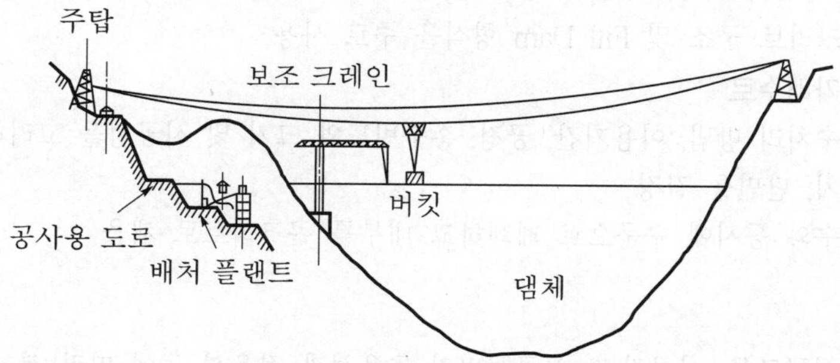

Ⅲ. 콘크리트 댐의 구비조건

① 내구성, 수밀성이 클 것
② 소요강도를 가질 것
③ 단위중량이 클 것
④ 용적변화가 적을 것
⑤ 발열량이 적고, 경화시 온도상승이 적을 것
⑥ 작업에 적합한 Workability를 가질 것

Ⅳ. 품질관리

1) 유수 전환

① 가배수로의 규모, 설치위치, 처리용량
② 가배수 터널 설치계획
③ 본 공사에 미치는 영향검토

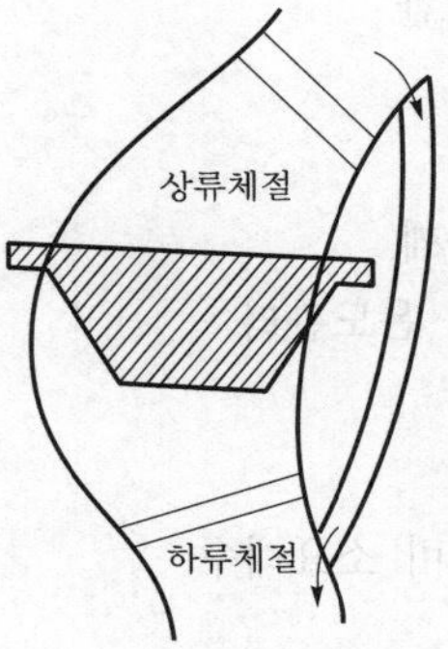

<전체절방식>

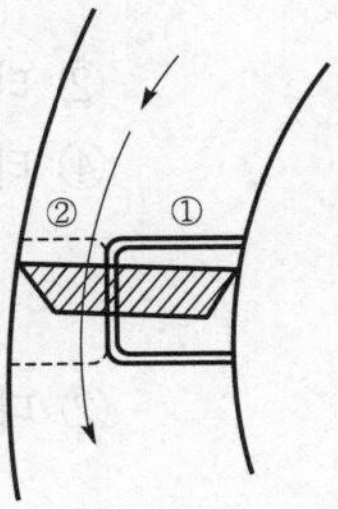

<부분체절방식>

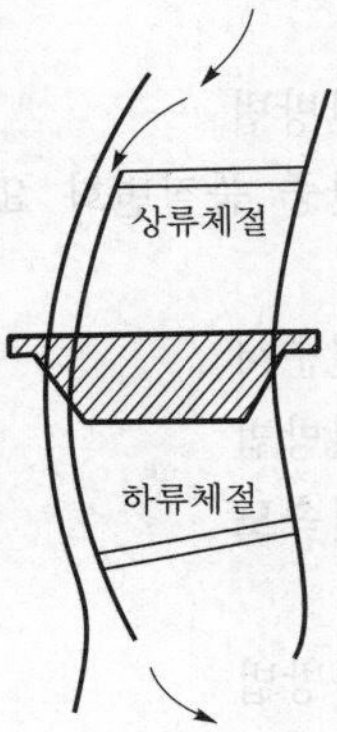

<가배수로방식>

2) 기초처리
① 댐 기초암반 손상여부
② 굴착면의 비탈구배
③ 효율적인 작업공간 확보
④ 치환 콘크리트 품질
⑤ 단층 파쇄대 처리

3) 누수처리
① Grouting 방법
② 주입재 관리
③ 주입압, 주입위치
④ Lugeon Test

4) 콘크리트 사용 골재
① 입도, 입경, 경도
② 이물질 함유 여부
③ 염화물 함유량
④ 비중, 안정성, 마모 저항성

5) 배합
① W/B비, 잔골재율
② 굵은 골재 최대치수
③ 공기량 및 혼화제량
④ 단위시멘트량, 단위수량

굵은 골재 최대치수(mm)	운반 다지기를 끝냈을 때 공기량(%)
150	3.0±1
80	3.5±1
40	4.0±1

6) 콘크리트 생산
① 재료 계량
② 혼합시간
③ 재료 저장시설
④ 사용수의 수질검사
⑤ 재료 냉각방법

재료의 종류	허용오차(%)
물	1
시멘트 및 혼화제	2
골재	3
혼화제 용액	3

7) 운반
① 운반방법 ② 운반시간
③ 운반중 품질변화 요인

8) 타설
① 타설순서 ② 타설두께
③ 타설방법 ④ 타설시 온도관리
⑤ 타설속도

9) 다짐
① 다짐방법 ② 다짐장비 소요대수
③ 다짐시간

10) 이음
① 시공 이음 ② 세로 이음
③ 가로 이음

11) 양생
① 수화열 관리 ② Precooling
③ Pipecooling ④ 습윤 양생
⑤ 보온 양생

12) 댐 양안 누수처리
① Rim Grouting ② 사용 재료
③ 주입 깊이, 주입개소

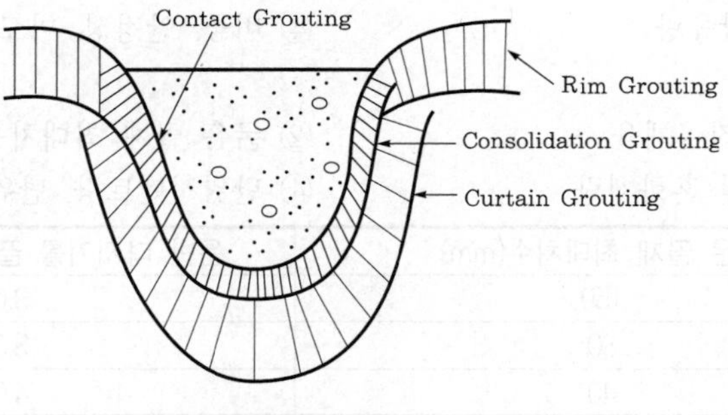

<그라우팅의 종류>

13) 사면안정
① 식수, 식생 ② 말뚝, 옹벽
③ Rock Anchor ④ 구배 완화

14) 여수로
① 여수로 규격, 위치 ② 여수로 단면
③ 개폐 형식

V. 이음

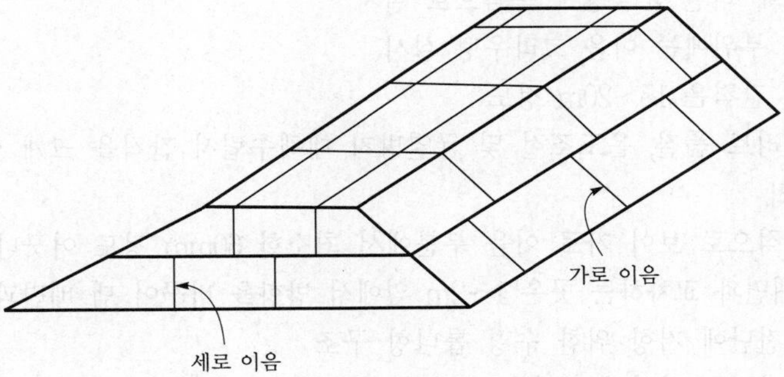

1. 시공 이음

1) 정의

시공계획 및 시공조건에서 발생하는 이음으로 각 Lift에 생기는 수평방향의 이음이다.

2) 특징

① 시공상 설치하는 수평 이음(1lift)의 표준은 1.5m
② 암반 또는 콘크리트 타설 후 장시간 방치한 면에는 0.75m 정도
③ 타설고가 0.75~1m 경우에는 재령이 3일이 되기 전 새 콘크리트 타설금지
④ 1.5~2m인 경우에는 재령 5일이 되기 전 새 콘크리트 타설금지
⑤ 인공냉각에 의한 온도조절할 경우 1Lift를 2~3m까지 가능

3) 시공 이음 처리방법

① 그린컷(Green cut) 공법
㉠ 분사수를 이용하여 시공 이음 부분에 발생한 레이턴스를 제거하는 공법이다.
㉡ 적용시키는 콘크리트 타설시 온도, 일기, 바람 등의 영향을 고려하여 경험에 의하여 결정한다.
㉢ 일반적으로 타설 후 6~12시간 이내 간단히 처리 가능하다.

② 샌드 블라스팅(Sand blasting) 공법
㉠ 콘크리트 타설 후 1~2일 이내에 입경이 1~5mm 정도의 모래를 공기 또는 압력수와 함께 콘크리트면에 분사하여 레이턴스를 제거하는 공법이다.
㉡ 타설된 콘크리트에 전혀 피해가 없다.
㉢ 시공능률이 대체로 낮고, 설비의 이동, 사용 모래 등에 다소 시간이 걸리고 공사비가 비싸다.

2. 세로 이음

1) 정의

① 댐 축방향으로 댐의 전단면을 통해서 만들어지는 것으로 댐의 일체성을 고려하여 시공되어져야 한다.
② 이음의 배치, 구조 등에 대해서 충분히 검토하여 설치해야 한다.

2) 특징

① 수축에 의한 균열방지 목적으로 설치

② 이음 부위에는 이음 그라우팅 실시

③ 설치 간격은 15~20m 정도

④ 콘크리트 품질, 온도조절 및 균열방지 대책수립시 간격을 크게 할 수 있음

3) 시공관리

① 평면적으로 보아 가로 이음 부분에서 최소한 60mm 정도 어긋나게 설치

② 댐 배면과 교차하는 곳은 1~2m 앞에서 방향을 바꾸어 댐 배면과 직교하게 설치

③ 수직전단에 저항 위한 수평 톱니형 구조

④ 담수까지는 완전히 그라우트 실시

⑤ 댐의 안정상 일체성 확보

3. 가로 이음

1) 정의

① 댐축에 직각방향으로 댐 전단면을 통하여 수직으로 만들어지는 이음이다.

② 가로 이음의 구조는 댐의 수밀성은 물론 안전성에도 관계가 있다.

2) 특징

① 이음의 간격은 1~3mm 정도 유지

② 이음부 그라우팅 또는 지수판, 아스팔트 Seal 등으로 수밀장치 시공

③ 설치간격은 10~15m 정도로 하며, 최대 25m까지 시공

④ 가로 이음의 수밀장치는 톱니가 있는 Z형과 톱니가 없는 U형이 있음

⑤ 수밀장치 뒤에는 배수공 설치

Ⅵ. Cooling Method(양생방법)

1. Precooling

1) 정의

콘크리트 혼합 전에 냉수, 냉풍, 얼음, 액화질소 등의 냉각 매체를 사용하여 콘크리트에 사용되는 재료를 냉각하거나 콘크리트 제조시 또는 제조 후의 굳지 않은 상태의 콘크리트를 냉각하는 방법이다.

2) 사용 재료 냉각법

① 배합수 냉각

㉠ 가장 일반적인 방법으로 물의 온도를 낮추는 방법

㉡ 물의 온도를 2℃ 이하로 유지

㉢ 배합수의 일부를 얼음으로 대체하는 방법

㉣ 콘크리트 균질성을 유지하기 위해 혼합 전에 완전히 녹아야 함

② 골재 냉각

㉠ 스프링클러 사용으로 굵은 골재 냉각

㉡ 살수냉각 공법 적용시에는 배수시설 필요

㉢ 냉각수에 골재를 채우는 방식

③ 시멘트

㉠ 시멘트 온도가 이슬점 이하가 되면 습기를 응축하여 시멘트 품질저하 초래

㉡ 일반적으로 시멘트의 온도가 65℃를 넘지 않으면 강제 냉각하지 않음

3) 콘크리트 냉각

① 혼합시 또는 혼합 후의 굳지 않은 상태에서 냉각

② 일반적으로 액화질소에 의한 방법 채택

③ 냉동기기 또는 드라이아이스 이용방법

④ 배처 플랜트 또는 운반차에 적용

⑤ 공법 종류로는 NICE 크리트 공법, COOL 크리트 공법

2. Pipecooling

1) 정의

타설한 콘크리트 내부에 쿨링 파이프를 매설하고 그 속으로 강물 또는 냉각수를 통과시켜 콘크리트 내부의 온도상승을 억제하는 방법으로 콘크리트 탄성계수가 적은 초기 재령에서 콘크리트 냉각을 목적으로 한다.

2) 특징

① 통상 내부온도 20℃ 정도까지 목표로 2~4주 실시

② 1차 냉각 후 온도상승이 계속될 경우 추가 냉각 필요

③ 그라우트 전 40~60일 간의 추가적인 2차 냉각으로 콘크리트 온도가 최종적으로 안정

3) 시공관리

① 사용 재료

㉠ 알루미늄 또는 강재 파이프로 외경 25.4mm, 두께 1.5mm 사용

㉡ 냉각 기간이 3개월 이상일 때는 콘크리트에 의해 부식이 우려되므로 일반적으로 강제 파이프 사용

㉢ 파이프 배관은 콘크리트 타설시 움직이지 않게 앵커 철선으로 단단하게 고정

② 설치 간격 : 파이프는 균일한 냉각효과를 얻기 위하여 수평간격과 수직간격을 동일하게 하는 것이 바람직함

③ 파이프 길이

㉠ 일반적으로 180~340m 정도

㉡ 냉각수의 유량 확인을 위한 유입부와 유출부에 유량계 설치

㉢ 콘크리트 타설 전에 통수시험으로 누수여부 확인

④ 펌프

㉠ 펌프의 용량은 쿨링 파이프, 파이프 길이와 타설계획에 의해 결정

㉡ 펌프의 유량은 14~17l/min 정도 요구

㉢ 냉각에 사용되는 물은 깨끗한 물을 사용하며, 하루에 한 번씩 흐름방향 변경
㉣ 외부에 노출된 파이프 수온변화방지 목적으로 단열 실시

3. 표면 단열 공법

1) 정의

콘크리트가 24시간이 경과되어 경화된 후에는 내·외부 온도차에 의한 응력이 발생되는데 이를 방지할 목적으로 콘크리트 표면에 단열 재료로 외부기온을 차단시키는 공법

2) 사용 재료

25mm 정도의 폴리스티렌 또는 우레탄과 같은 합성 재료

3) 시공관리

① 거푸집에 접하지 않는 부위는 무기재료 또는 유리섬유 양생포 사용
② 시공시 표면손상이 생기지 않게 주의 시공
③ 거푸집에 접한 표면은 판이나 Sheet 형태의 합성 재료 사용
④ 강재 거푸집은 외부에 합성 재료로 코팅
⑤ 가장자리와 모서리부에서는 단열효과가 커지도록 조치

Ⅶ. 콘크리트 품질시험

① Slump Test
② 강도시험
③ 공기량시험
④ Bleeding Test
⑤ 염화물 함유량

Ⅷ. 결론

① 중력식 콘크리트 댐의 시공은 콘크리트가 주재료가 되어 댐체를 축조하는 것으로 콘크리트의 품질관리가 매우 중요하다.
② 댐 구조물은 하천, 계곡을 가로질러 막아서 물을 담수하는 구조물로서, 누수발생이 없어야 하며, 저수용량이 대규모이므로 작용하는 수압에 견딜 수 있는 구조체가 되게 엄격한 품질관리가 되어야 한다.

4 Fill Dam의 시공계획에 포함사항

Ⅰ. 개요

① Dam 건설공사의 시공계획을 입안함에 있어서는 현장 및 주변 지역에서 공사시행에 영향을 미칠 수 있는 갖가지 조건을 고려하여야 한다.

② 설계 내용에 대한 철저한 확인과 Dam 건설지점의 자연조건, 사회 · 경제적 여건 및 자연과 생활환경에 미치는 영향 및 대책도 검토되어야 한다.

Ⅱ. Fill Dam의 분류

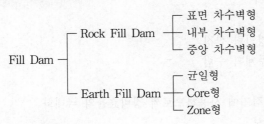

- Fill Dam
  - Rock Fill Dam
    - 표면 차수벽형
    - 내부 차수벽형
    - 중앙 차수벽형
  - Earth Fill Dam
    - 균일형
    - Core형
    - Zone형

Ⅲ. 시공계획 포함사항

1) 사전조사

① 기상 및 수문상황

② 축제재료의 분포

2) 공법선정

① 지형 및 지질상태

② 여수로의 크기와 위치

③ 유수전환의 규모방식

④ 자연환경과의 조화 및 보전

3) 설계도서 검토

① 설계도

② 설계내역서

③ 공사시방서(일반 시방서, 특별 시방서)

4) 계약조건 파악

① 계약서류의 검토로 불가항력이나 공사중지에 의한 손실조치

② 자재비, 노무비 변동에 따른 조치

③ 수량 증감, 계산착오의 조치

5) 현장조사

① 공사현장 주변의 기초지반 상태

② 지하매설물 및 지하수 상황

③ 설계도서와 현장과의 일치여부 확인

6) 공정계획
① 공기, 공사예산을 고려하여 정밀도 높은 시공계획 수립
② 각 공정에 대한 특성과 여타 공정과의 연관성을 정확히 파악하여 공사시행이 일관된 흐름내에서 이루어지도록 전체 공사의 공정계획 수립

7) 가설비계획
① 본 공사와의 연계성, 가설비 간의 효율성 고려
② 공사용도, 가설건물, 동력설비, 급수시설, 조명 및 통신 설비, 급기시설 등

8) 자재수급계획
① 적기구입하여 공급하도록 계획수립
② 축제재료의 품질, 규격관리

9) 노무계획
① 인력배당계획에 의한 적정인력 산정
② 과학적이고 합리적인 노무계획 수립

10) 장비계획
① 최적의 기종을 선정하여 적기에 사용하므로써 장비효율의 극대화
② 가동률 및 실작업시간 확보
③ 시공기계의 적정한 선정 및 조합 사용

11) 품질계획
① 품질관리 시행(plan → do → check → action)
② 시험 및 검사의 조직적인 계획
③ 하자발생 방지계획 수립

12) 수송계획
① 진입로와 공사용 전용도로 개설
② 완공 후 영구도로로서의 활용방안 검토

13) 시공계획
① 현장의 시공능력, 공기, 품질, 안전성 등을 파악하여 시공성을 판단
② 시공조건에 따른 기술적인 문제의 충분한 검토

14) 시공설비계획
① 공사의 규모, 공기, 공정, 현장조건에 따른 시공설비계획 수립
② 시공 중에도 연구·검토하여 경제적이고, 능률적인 시공이 가능하도록 설비계획 수정

15) 재료확보계획
① 각 Zone의 역할에 적합한 양질의 재료를 안정적으로 공급할 수 있는 재료 수급 계획 수립
② 채취장 선택에는 충분한 조사와 시험을 하고 그 양, 입도, 암질, 원석의 분포 현황, 채취 가능량 등을 검토

16) 사토계획

① 사토장의 위치는 부근의 지형, 운반거리, 사토량에 따라 결정

② 사토량은 굴착에 의한 증가계수를 고려하여 결정

17) 유수전환계획

하천의 규모와 유출특성, 댐 건설지점의 지형 · 지질, 댐의 형식, 공기, 가물막이에 의한 월류피해를 고려하여 입안

18) 기초처리계획

① Grouting 계획은 기초지반 개량의 목표를 명확히 하고 기술적, 경제적 관점에서 합리적으로 수립

② 처리구역의 범위, 지반개량의 목표, 처리대상 지반의 특성 등을 고려하여 계획

19) 안전관리계획

① 종업원에 대한 안전교육 실시

② 위험이 예상되는 장소에는 사전에 완전한 보호시설을 하여 사고방지

20) 환경대책

① 댐 건설로 인해 자연계, 생태계에 끼치는 영향에 대한 평가, 분석

② 공사로 인한 수질오탁, 자연환경과 관련되는 사항 조사

21) 담수계획

① 수몰선을 따라 필요한 용지매수 및 자연경관 조성계획 수립

② 댐 건설후의 수원, 수질 등의 유역에 대한 계획적 보전관리자료 확보

22) 재무계획

① 자금의 흐름파악, 자금의 수입, 지출계획

② 어음, 전도금, 기성금 계획

23) 기초굴착계획

① 전체적인 시공계획을 바탕으로 적절한 계획을 수립 시행

② 굴착심도, 굴착토 또는 암의 성질, 유용계획, 사토방법, 운반도로의 조건, 유수전환방식, 하천의 오탁방지 등을 고려하여 공법 결정

24) 성토계획

① 기상, 강수량을 고려하여 연간작업 가능일수 결정

② 성토방법과 시공관리 기준을 결정하기 위해 성토시험 실시

25) 계측관리계획

① 계측에 의한 정보화 시공계획 수립

② 댐 거동관찰로 얻은 정보와 자료를 댐의 설계, 시공에 반영

Ⅳ. 결론

① Dam의 시공은 설계의 기본적인 방침에 따라 그 설계내용을 만족시키도록 경제적으로 축조할 수 있게 현장여건을 충분히 고려한 시공계획의 수립이 가장 중요하다.

② 또한, 공사진행 도중에 당초 설계조건과 현장조건이 달라질 때에는 이 현장조건으로 설계의 재검토가 필요하다.

5 표면차수벽형 석괴댐

Ⅰ. 개요

① 표면차수벽형 댐은 Fill 댐의 Rock Fill 댐 중 하나이다.

② 표면차수벽형 석괴댐이란 댐의 표면을 콘크리트 차수벽 또는 철재, 목재, 아스팔트 등을 이용하여 설치하는 암석댐을 말하였으나 요즘은 대부분 사라지고, 표면 차수벽 석괴댐이라 하면 콘크리트 표면 차수벽 댐이 대표하고 있다.

③ 시공속도가 빠르고 공사비가 저렴한 이점은 있으나, 다른 형식의 댐에 비해 댐체의 누수량이 많은 단점이 있다.

Ⅱ. 구조도

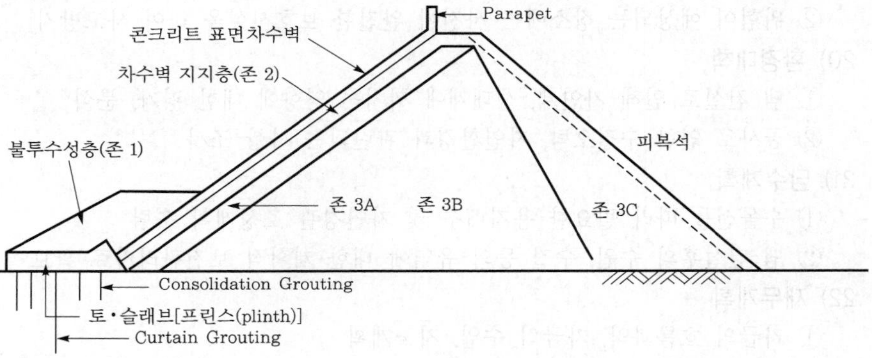

Ⅲ. 특징

1) 장점

① 코어 필터(Core Filter)층이 없다. ② 공기가 짧고, 공사비가 저렴하다.

③ 시공중 수문, 기상의 영향이 적다. ④ 댐 체적, 폭의 축소가 가능하다.

2) 단점

① 타 형식의 댐에 비해 누수량이 많다.

② Con'c 차수벽의 균열, 침하발생이 크다.

③ 공정이 대체로 복잡하다.

Ⅳ. 적용성

① 코어용 재료 구득이 어려울 때 ② 표면의 밀실시공을 위하여

③ 암 확보가 용이할 때 ④ 댐의 공기를 단축하고자 할 때

Ⅴ. 축조 시공법(시공관리)

1) 기초처리

① 토·슬래브의 기초지반은 경암 또는 신선한 암반이어야 한다.

② 누수에 의한 세굴이나 파이핑(piping) 현상이 발생하지 않도록 대책 공법을 선정한다.
③ 풍화암, 단층대, 균열층으로 구성되었을 경우 지질조사를 거쳐 콘크리트 채우기, 그라우팅 처리 등을 적용한다.

2) 토·슬래브(Toe·Slab : Plinth)
① 콘크리트 차수벽과 댐 기초 사이의 침투수 차단역할을 한다.
② 견고한 암반층에 고정한다.
③ 폭원은 경암에서 수심의 1/20~1/25로 기준하고, 균열이 심한 지층일 경우 수심의 1/6 정도 연장한다.
④ 두께는 600mm 내외로 하고, 철근구조로 한다.

3) 축제(암석층)
① 압축성이 적고, 전단강도가 큰 석재를 사용한다.
② 진동다짐 롤러(10t)를 사용하여 4회 다짐한다.
③ 석재강도는 30MPa 이상으로 한다.
④ 시공중 살수는 축제량의 10~20% 범위로 한다.

4) 차수벽 지지층(존 2)
① 콘크리트 배면에 위치하여 콘크리트 차수벽을 직접 받치고 있는 차수벽 지지층이다.
② 압축성이 적어야 하며, 다져진 상태에서 허용 투수도를 충족해야 한다.
③ 사력재인 경우 함수상태 확인 후 살수작업을 한다.
④ 우천시 경사면의 유실방지를 위한 숏크리트(Shotcrete) 또는 아스팔트 표면바르기를 시공하여 비탈면 유실을 방지한다.

5) 콘크리트 차수벽
① 콘크리트강도는 21~24MPa로 한다.
② 혼화제는 Pozzolan, Fly Ash를 사용한다.
③ 거푸집은 슬립 폼(Slip form)을 사용하고, 시간당 상승속도는 2~5m/hr로 한다.
④ 차수벽 두께는 $0.3\text{m}+0.004H \sim 0.3\text{m}+0.002H$로 한다. 여기서 H는 슬래브 지점의 수심이다.
⑤ 철근배근은 댐의 대부분이 양방향 압축응력을 받게 되며, 철근비 0.35~0.4%가 되게 배근한다.

6) Parapet(방파벽)
① 댐 마루에 패러펏을 설치할 경우에 댐 하류부 단면을 상당량 절감할 수 있는 효과가 있다.
② 패러펏의 높이는 1.2m, 또는 L형 패러펏을 설치한다.

7) 댐 마루 여성토
① 댐 마루 침하에 대해서는 더쌓기, 기타 방법 등 적절한 대책을 강구함이 타당하다.
② 댐 마루에 방파벽을 설치할 때는 댐 마루에 암석재의 더쌓기보다는 방파벽의 높이를 조정하는 것이 보다 편리한 방법이다.

8) 연직 조인트(Vertical joint)

① 표면 차수벽 슬래브는 압축력을 받게 되므로 지장이 없는 한 슬래브 내의 조인트 수를 가급적 줄인다.

② 조인트는 대개 12~18m의 간격으로 설치하며, 15m가 가장 많이 채택되고 있다.

③ 인장력을 받아 조인트의 벌어짐이 클 것으로 예상되는 곳은 이중 지수판을 사용하고, 압축력을 받는 개소에는 동 또는 철 지수판을 사용한다.

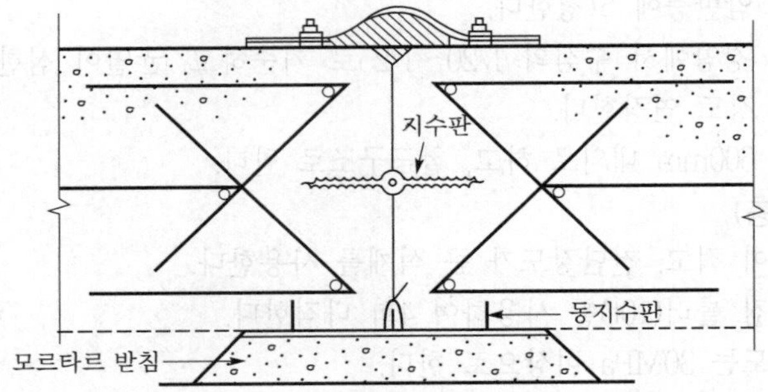

9) 페리미터 조인트(Perimeter joint)

① 페리미터 조인트는 토·슬래브와 차수벽의 이음부위에 설치되는 조인트로서 누수의 근원이므로 가장 주의해야 할 구조 중의 하나이다.

② 수압하중에 의한 조인트의 이동량은 이 페리미터 조인트에 연하여 가장 크게 되므로 지수장치에 주의해야 한다.

③ 단순히 이중 지수판 장치에 그치지 않고, 제3의 보호장치를 설치하여 조인트의 벌어짐과 누수에 대처하고 있다.

④ 제3의 보호장치로는 유수저항이 적으며, 보호기능이 우수한 이가스 매스틱 필러(IGAS mastic filler)가 많이 쓰인다.

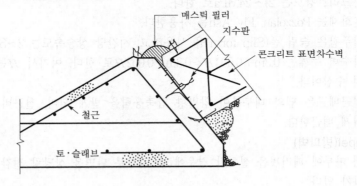

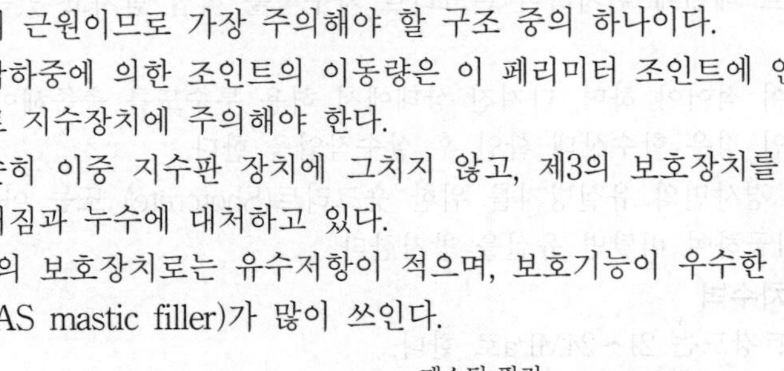

Ⅵ. 시공시 유의사항

1) 여성토

댐 마루침하에 대해 더쌓기 등의 대책을 강구한다.

2) 허용 누수량

최소화 허용 누수량을 최대한 줄이기 위해 차수벽과 조인트 부위 시공에 유의한다.

3) 댐의 경사도
댐의 경사도는 1 : 1.3~1 : 1.6으로 한다.

4) 댐 마루폭
댐 시공상의 필요성, 댐의 사용목적 등에 따라 결정한다.

5) 차수벽 두께
$0.3\text{m}+0.002H \sim 0.3\text{m}+0.004H$

6) 콘크리트 양생
저수위가 슬래브에 미칠 때까지 장기간 계속하여 건조로 인한 수축량을 최소화한다.

7) 차수벽 Con'c 타설
차수벽의 콘크리트는 슬립 폼에 의해 타설하고, W/B를 낮추기 위해 Pozzolan, Fly Ash 등의 혼화재료를 사용한다.

8) 차수벽 지지층 시공
다짐장비는 10t급 진동 롤러를 사용하고, 다짐횟수는 4회로 한다.

9) 가설비계획
상호 유기적으로 결합 배치함으로써 공사 진행의 원활화, 효율화, 공비절감, 건설후의 유지 관리상의 편리를 도모한다.

Ⅶ. 계측관리

1) 계측의 목적
① 댐의 거동 관찰
② 차수벽 및 조인트에 대한 설계개선
③ 암석재의 축설에 대한 평가
④ 댐 단면의 구성에 관한 자료수집

2) 계측항목
① 페리미터 조인트계측
㉠ 토·슬래브에 대한 콘크리트 차수벽의 상대적 이동관측
㉡ 관측 종류
- 조인트 개폐도 측정
- 조인트 전단력 측정
- 콘크리트 차수벽 침하량 측정

② 콘크리트 차수벽 변형계측
㉠ 콘크리트 차수벽의 변형량 측정에 변형계 이용
㉡ 집단으로 설치하여 3개 1조는 페리미터벽 가까이 45° 각도로 설치
㉢ 화환형 2개 1조는 차수벽 중앙부에 수평, 경사방향으로 설치

③ 내부 수직침하량
㉠ 콘크리트 차수벽 가까이 설치하여 내부 축설재의 침하가 콘크리트 차수벽 거동에 미치는 영향을 파악한다.

㉡ 스웨덴식 침하계로 관측한다.

㉢ 약 30m 구획된 제체의 수평면 내에 분포시키고, 축설층의 변형을 상관시켜 축설재료의 변형계수를 산정한다.

Ⅷ. 결론

① 표면차수벽 댐은 표면에 차수벽을 두고 배면에 현장부근에서 부득이 용이한 석재를 이용하여 댐체를 축조하는 공법이다.

② 콘크리트 소요량은 적지만 시공과정이 복잡하고 타 형식의 댐에 비해 누수량이 다소 많고 차수벽 콘크리트의 균열, 침하발생이 많아서 특별한 유지관리가 요구된다.

6 댐의 유수전환방식

Ⅰ. 개요

① 댐건설 공사에 있어서 유수전환방식은 댐 본체 공사의 전체 공정을 크게 좌우하는 중요한 부분이며, 유수전환공사는 일반적으로 가설비 공사이므로 최저의 공사비로 최대의 효과를 얻을 수 있도록 해야 한다.

② 유수전환시설은 댐공사가 진행될 댐 지점에서의 하천유출의 특성을 파악하여 가장 적절한 방식을 선택하여야 한다.

Ⅱ. 유수전환방식의 설계절차

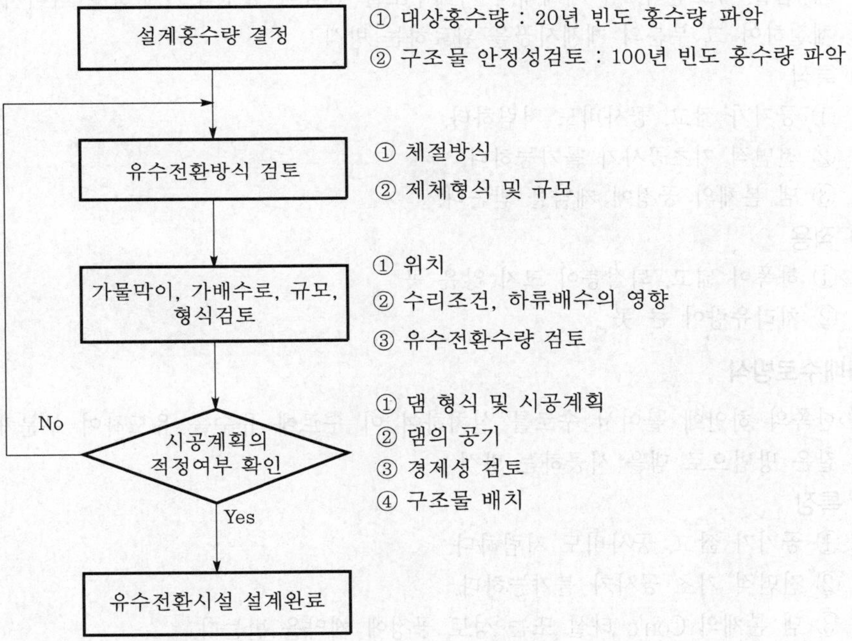

Ⅲ. 유수전환방식

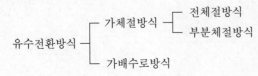

- 유수전환방식
  - 가체절방식
    - 전체절방식
    - 부분체절방식
  - 가배수로방식

1. 전체절방식

하천의 유수를 가배수터널(diversion tunnel)로 전환시키고 댐 지점 상류의 하천을 전면적으로 물막이하여 작업구간을 확보하고 기초굴착과 제체 축조공사를 실시하는 방식

1) 특징

① 전면적인 기초굴착이 가능하다.

② 댐 완공 후 가배수터널을 취수 또는 방류시설로 활용할 수 있다.

③ 가물막이 마루를 공사용 도로로 사용할 수 있다.

④ 공사비 및 공기가 많이 소요된다.

2) 적용

① 하폭이 좁은 곳

② 하천의 만곡이 발달된 곳

2. 부분체절방식

하폭의 반 정도를 먼저 체절하여 나머지 하폭으로 유수를 유하시키고, 체절한 부분에 댐을 축조한다. 이 제체내에 가배수로를 만들어 유수를 도수하고 나머지 하폭을 체절하여 그 부분의 제체시공을 완료하는 방식

1) 특징

① 공기가 짧고, 공사비도 저렴하다.

② 전면적 기초공사가 불가능하다.

③ 댐 본체의 공정에 제약을 받는다.

2) 적용

① 하폭이 넓고, 퇴적층이 크지 않은 곳

② 처리유량이 큰 곳

3. 가배수로방식

한쪽의 하안에 붙여서 수로를 설치하여 이 수로에 유수를 유도하여 부분체절식과 같은 방법으로 댐을 시공하는 방식

1) 특징

① 공기가 짧고, 공사비도 저렴하다.

② 전면적 기초 공사가 불가능하다.

③ 댐 본체의 Con'c 타설 또는 성토 공정에 제약을 받는다.

2) 적용

① 하폭이 비교적 넓은 곳

② 하천유량이 크지 않은 곳

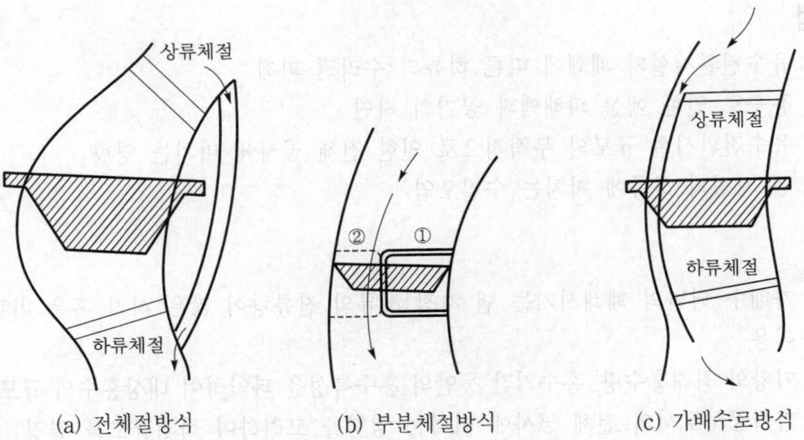

<유수전환방식의 예>

Ⅳ. 유수전환시 고려사항

1) 댐 지점에서의 홍수특성
하천의 유출기록 등 가능한 모든 자료를 분석하여 유수전환방식 및 시설규모를 적절히 결정한다.

2) 유수전환 유량의 규모
시설공사비와 가상파괴로 인한 피해액을 비교하므로써 수용가능한 위험도를 결정하여 유수전환 대상유량의 크기를 최종적으로 선택한다.

3) 댐의 형식, 높이
댐의 형식과 높이는 유수전환 대상유량의 규모를 결정하는데 고려되어야 할 사항이다.

4) 댐 지점의 지형, 지질
하천의 하폭 및 만곡도, 기초지질 등은 유수전환방식을 선정할 때 고려되어야 한다.

5) 타 구조물과의 관계
댐 지점의 상류에 기존 댐이나 기타 저류시설이 있을 경우에는 유수전환시설의 규모를 축소시킬 수 있다.

6) 댐의 공기
건설공사기간 중에 맞게 될 홍수기의 횟수를 결정하기 위해 댐 건설 공사기간을 고려한다.

7) 홍수에 의한 피해정도
가물막이를 월류하는 홍수에 의한 피해정도를 고려하여 유수전환방식을 선정한다.

8) 수질오염 통제
공사기간 중에 발생하는 각종 폐기물로 인한 오염을 제거할 수 있는 대책을 마련해야 한다.

V. 문제점

① 유수전환시설의 폐쇄에 따른 하류의 수리권 피해
② 홍수로 인한 예상 피해액과 공기의 지연
③ 유수전환시설 규모의 부적정으로 인한 전체 공사에 미치는 영향
④ 댐 지점의 하류에 미치는 수질오염

VI. 대책

① 가배수 터널의 폐쇄시기는 댐 지점 하류의 잔류량이 많은 시기 혹은 비관개기를 이용
② 기왕의 최대홍수량, 홍수기간 동안의 홍수특성을 파악하여 대상홍수의 규모를 결정
③ 가설공사로서의 전체 공사에 미치는 영향을 고려하여 적정규모를 결정
④ 공사기간 중 수질오염 등에 대한 환경보전대책 수립시행

VII. 결론

① 가물막이는 가배수로와 연계하여 유수전환 기능을 발휘하는 것이므로 가물막이와 가배수로는 가장 합리적이고 경제적인 조합이 되도록 계획되어야 한다.
② 가물막이의 시기는 융설기라든지 호우기간 및 태풍기간 등 홍수가 발생할 수 있는 기간을 피하는 것이 좋다.
③ 가배수 터널 및 제내 가배수로의 폐쇄시기는 폐쇄공사 자체의 안전성을 위해 갈수기에 행하는 것이 좋다.

7 Dam의 기초처리공법

Ⅰ. 개요

① Dam의 기초지반으로 요구되는 조건은 차수성 · 비변형성 및 안전성으로서, 이러한 목적으로 기초지반의 개량공사가 이루어지는 것을 기초처리라고 한다.

② 기초처리는 일반적으로 기초굴착 직후부터 댐 콘크리트타설 직전까지 실시하는 경우가 많으나 부득이 댐 콘크리트타설 기간중에도 실시하는 경우도 있으므로 공사 전체가 원활히 진행되도록 유의해야 한다.

Ⅱ. 목적

① 지반개량
② 차수성 증진
③ 불균질 지반의 균질화

Ⅲ. 고려사항

① 처리구역의 결정(범위, 순서)
② 지반개량의 목표
③ 처리대상 지반의 특성
④ Grouting 재료, 방법
⑤ 시공관리 방법
⑥ 결과의 점검

Ⅳ. 조사

1) Lugeon Test

$$L_u = \frac{Q}{PL}[l/\mathrm{m} \cdot \mathrm{min} \cdot \mathrm{MPa}]$$

여기서, Q : 주입량(l/min), P : 주입압력(MPa), L : 시험구간의 길이(m)

2) Test Grouting

① 지질조사에 의해 대표적인 위치 선정후

② 제1구멍 보링후 투수시험 및 시멘트풀을 주입하고

③ 24시간 지난후 제2구멍의 투수시험 및 시멘트풀 주입을 최종구간까지 순차적으로 실시한다.

Ⅴ. 공법의 분류

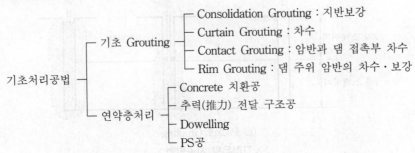

- 기초처리공법
  - 기초 Grouting
    - Consolidation Grouting : 지반보강
    - Curtain Grouting : 차수
    - Contact Grouting : 암반과 댐 접촉부 차수
    - Rim Grouting : 댐 주위 암반의 차수 · 보강
  - 연약층처리
    - Concrete 치환공
    - 추력(推力) 전달 구조공
    - Dowelling
    - PS공

Ⅵ. Grouting 공법

1. 재료

① Cement Milk ② Bentonite와 점토와의 용액
③ 아스팔트제 용액 ④ 약액

2. 시공방법

1) 1단식 Grouting
① 전장에 대하여 일시에 주입하는 공법
② 얕은 주입공에 적용

2) Stage Grouting
① 주입구간을 5~10m로 나누어 천공과 주입을 반복하는 공법
② 폐쇄, 절리가 많아 낮은 질의 암반에 적용

3) Packer Grouting
① 계획 심도까지 천공 후 Packer를 이용하여 밑에서부터 주입하는 공법
② 절리가 많지 않은 암반에 적용

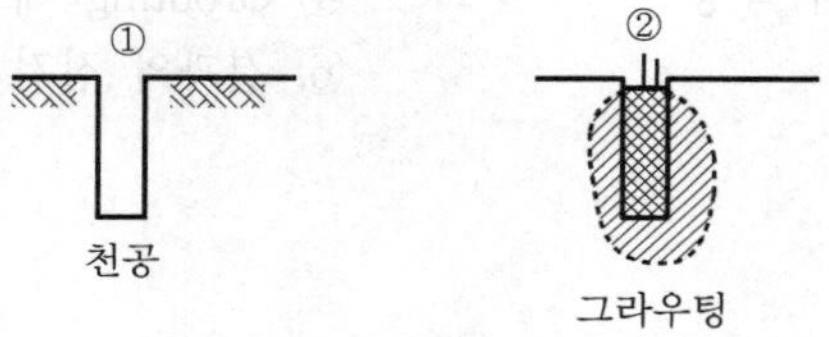

(a) 1단식 Grouting

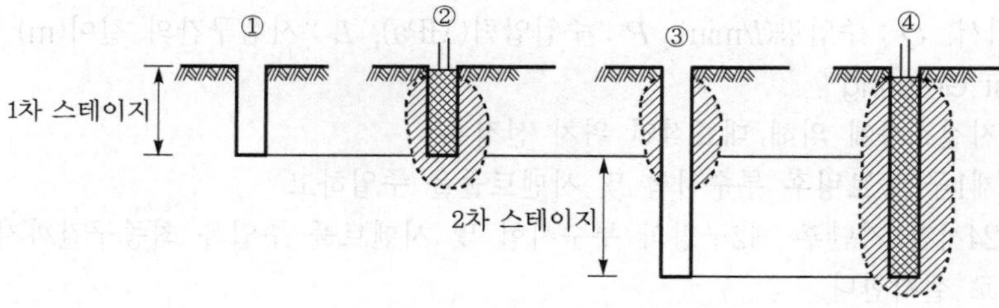

(b) Stage Grouting

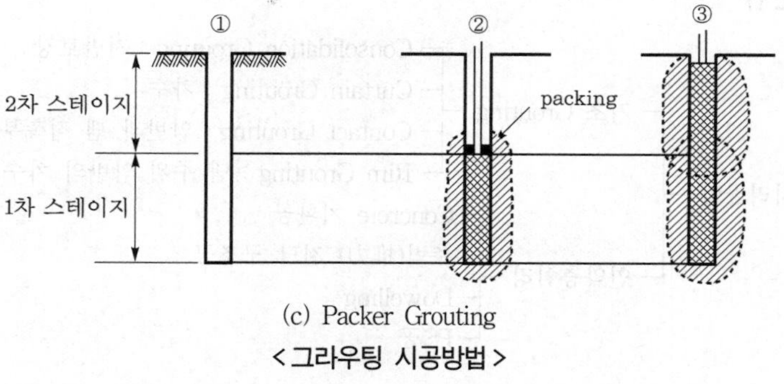

(c) Packer Grouting

<그라우팅 시공방법>

3. Consolidation Grouting

1) 목적

지반개량

2) 방법

기초면에 전면적 시공

3) 주입공 배치

① 2.5~5m 간격 ② 격자형

4) 주입공 심도

보통 5m(10m 이하)

5) 주입압력

① 1st Stage : 0.3~0.6MPa(저농도) ② 2nd Stage : 0.6~1.2MPa(고농도)

6) 개량목표

① 중력식 Dam : 5~10Lu ② Arch Dam : 2~5Lu

4. Curtain Grouting

1) 목적

차수성 증진

2) 방법

Dam 축방향으로 상류측에 시공

3) 주입공 배치

① 0.5~3m 간격 ② 병풍 모양(1열 또는 2열)

4) 주입공 심도

① $d = \frac{1}{3}H_1 + C$ ② $d = \alpha H_2$

여기서, H_1 : 댐의 수위, H_2 : 댐의 높이, C : 암반정수(8~25), α : 정수(0.5~1)

5) 주입압력

각 Stage별 0.5~1.5MPa

6) 개량목표

① Concrete Dam : 1~2Lu ② Fill Dam : 2~5Lu

5. Contact Grouting

① 댐 콘크리트와 기초 암반 사이에 생기는 틈을 채우기 위한 Grouting

② 콘크리트 및 암반이 안정상태에 도달한 후에 실시한다.

6. Rim Grouting

댐 주위 암반의 차수를 목적으로 시행하는 Grouting

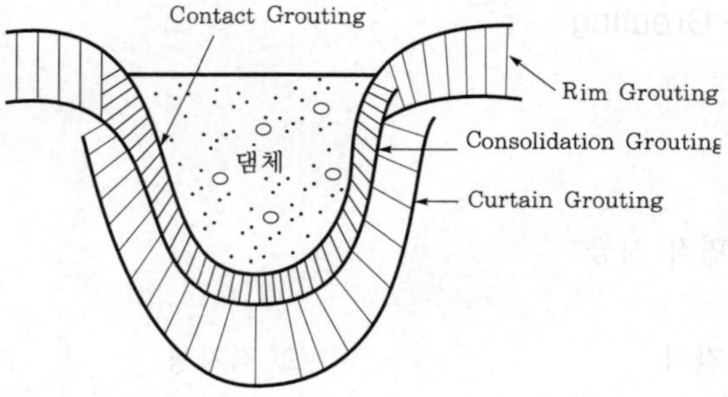

<그라우팅의 종류>

Ⅶ. 연약층 처리

1) 콘크리트 치환공

① 기초지반 내의 연약층을 콘크리트로 치환하는 공법이다.

② 지반의 강도를 증대시켜 변형을 억제하고, 수밀성 확보를 목적으로 시행한다.

2) 추력 전달 구조공

① Strut, Transmitting Wall이라고 하는 Concrete Plate를 기초암반 내에 설치한다.

② 댐의 추력을 심부의 견고한 암층에 도달시킨다.

3) Dowelling

① 기초암반의 연약부를 콘크리트로 치환하는 공법이다.

② 단층의 전단저항력을 높이고, 기초암반내의 응력분포 개선효과가 있다.

4) PS공

① 암반을 천공하여 강봉, 강선 등을 삽입하여 양단부를 암반에 고정시키는 공법이다.

② 변형의 구속을 목적으로 시행한다.

Ⅷ. 문제점

① 기초굴착시 발파에 의한 암반균열

② Grouting 주입시 기초암반의 변형

③ 댐터와 댐체의 접착면에서의 누수발생

④ 단층, 불량암반의 처리대책

Ⅸ. 대책

① 기초굴착 공법은 댐 지점의 지형, 지질, 기상 등의 조건 및 굴착량에 적합하고, 효율적이고 안전한 공법 선택

② 주입압력은 상부암반의 중량, 암반의 물리적 성질, 시멘트풀의 농도, 설치구조물의 중량에 의해 결정

③ 댐터의 표토제거 및 댐터와 댐체의 밀착시공

④ 연약부분은 그 상태에 따라 적당한 공법으로 처리

X. 결론

① 기초굴착공사는 가배수로 공사에 이은 주공정(Critical Path)의 하나로 전체 공정에 크게 영향을 줄 수 있으므로 전체적인 시공계획을 바탕으로 적절한 계획을 수립하여 시행되어야 하며 어느 경우에도 기초 암반을 크게 손상하지 않도록 안전하고 경제적인 공법이 선정되어야 한다.

② Grouting 계획은 기초지반 개량을 목표로 명확히 하고, 기술적·경제적 관점에서 합리적으로 수립되어야 하며, 시공과정에서의 시공관리와 공사완료후 점검이 매우 중요하다.

8 Fill Dam의 누수원인과 대책

Ⅰ. 개요

① Dam의 파괴는 누수에 의한 Piping 현상에 주된 원인이 있다고 볼 수가 있으며, Piping의 원인으로는 토질, 다짐 불충분, 균열 등에 기인한다.

② Piping의 방지를 위해서는 특히 Core용 재료의 선택에 주의하여 함수비, 밀도, 균질성의 엄중한 시공관리가 이루어져야 한다.

Ⅱ. 조사

1) 예비조사

① 댐 지점 부근의 지질특성 ② 댐유역의 지형특성

③ 기상, 수문학 조사

2) 현지답사

① 운반경로 확인 ② 공사용 도로 설치여부 검토

3) 본조사

① 시료채취 ② 원위치시험

③ 토질시험

4) 기초지반 조사

① 암반의 지질구조 ② 토질의 지지력, 투수성

5) 축제 재료조사

재료의 성질, 수량, 퇴적상황

Ⅲ. 누수의 문제점

① 불투수층이 침투수에 의한 Piping 유발 ② 제체의 침하

③ 제체 재료의 유실 ④ 댐체의 붕괴

Ⅳ. 누수원인

1) 댐터처리 불량

댐체와 댐터의 처리가 불량하면, 댐체와의 접착면이 누수의 원인이 되어 Piping 유발

2) 단층처리 불량

기초암반에 나타난 단층 또는 파쇄대는 지지력의 부족을 초래하여 부등침하 또는 누수의 발생

3) 재료의 부적정

축제재료의 부적정으로 인한 소요의 다짐도에 이르지 못하는 경우

4) 댐체 다짐 불량

다짐이 불충분하여 침투수에 의한 댐체의 연약화 초래

5) 단면 부족

댐체의 단면이 부족하여 침투수를 충분히 차단하지 못하는 경우

6) 투수성이 큰 지반

지반의 투수성이 큰 모래나 모래자갈층일 경우

7) Core Zone의 시공 불량

부적합한 재료선정, 다짐 등의 시공불량에 의한 Core Zone의 균열

8) 댐체의 구멍·균열

나무뿌리, 두더지 등에 의해 댐체에 구멍 또는 균열이 발생된 경우

9) 투수층 시공 불량

투수층을 시공치 않거나 시공이 불량한 경우

10) 기타

홍수의 체수시간 등이 원인

V. 대책

1) 재료 선정

각 Zone의 역할에 적합한 재료를 선정하여 시공관리에 철저를 기해야 한다.

2) 다짐 철저

각 축제재료에 가장 적당한 전압기계와 전압방법에 의해 설계조건에 맞는 다짐도로 시공한다.

3) 댐터 처리

표토 기타 부적당한 재료를 제거하고, 댐터와 댐체의 접착을 긴밀히 해야 한다.

4) 단층 및 연약암반 처리

연약부분을 콘크리트로 치환하거나 상태에 따라 적당한 공법으로 처리해야 한다.

5) 기초지반조사

기초지반 조사를 철저히 하여 기초지반 처리 공법을 선정하여 시행한다.

6) 차수벽 설치

암반기초상에 Sheet Pile 또는 현장타설 콘크리트 차수벽을 불투수층까지 도달시킨다.

7) 제방폭 확대

제방의 폭을 넓혀 침윤선을 연장시키므로써 댐체밖에 위치하도록 한다.

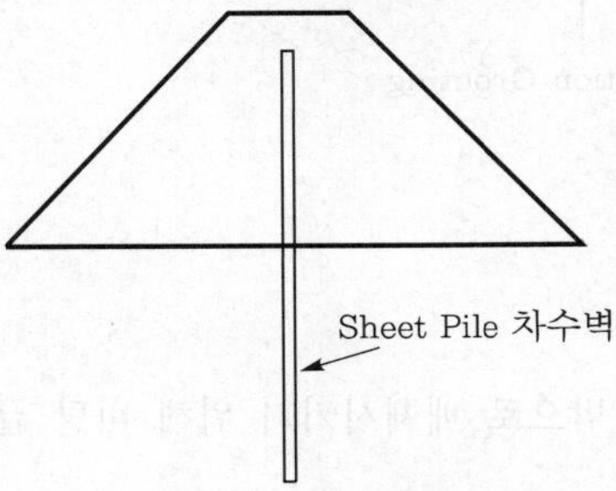

<차수벽 설치>

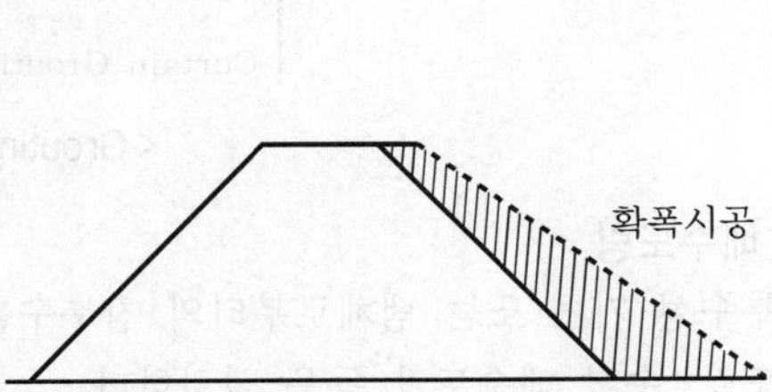

<제방폭 확대>

8) 압성토 공법

침투수의 양압력에 의한 제체 비탈면의 활동방지 목적으로 시행하며, 기초지반의 통과누수량이 그대로 허용되는 경우에 적용한다.

9) 불투수성 Blanket 설치

Piping 발생예방을 위해 설치한다.

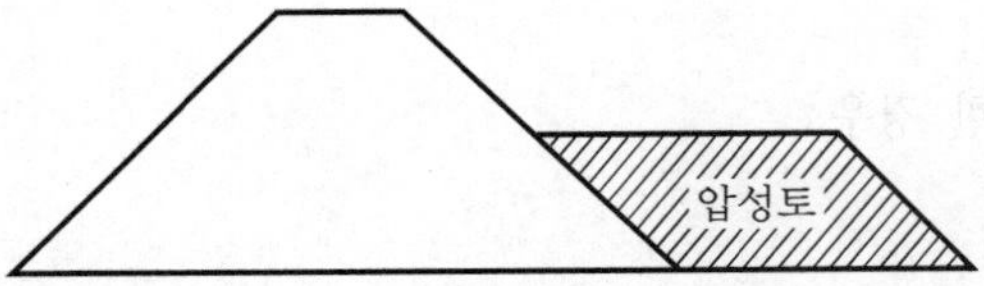

<압성토 공법>

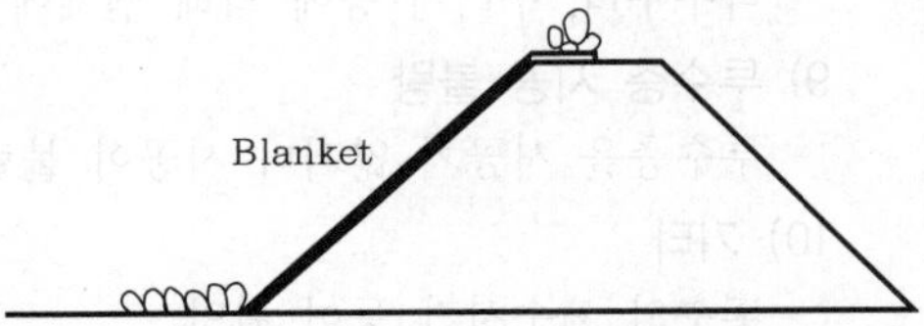

<불투수성 Blanket 설치>

10) 비탈면 피복공

댐체의 침식·댐체의 재료 유실을 방지할 목적으로 하며, 돌붙임·떼붙임 등이 있다.

11) 배수구 설치

제체로부터의 침투수 배제를 목적으로 댐안 또는 비탈 끝에 설치한다.

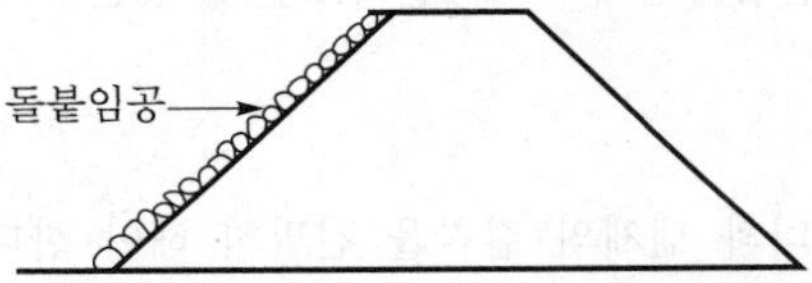

<비탈면 피복공>

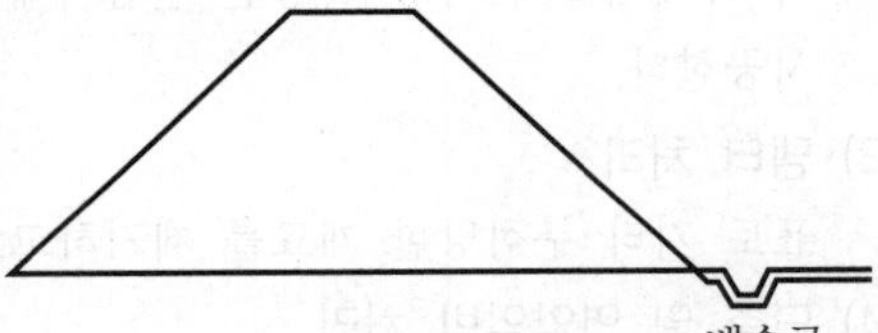

<배수구 설치>

12) Grouting

암반기초상에 지반개량, 차수성 증대 등의 목적으로 시공하며 Consolidation Grouting, Curtain Grouting 등이 있다.

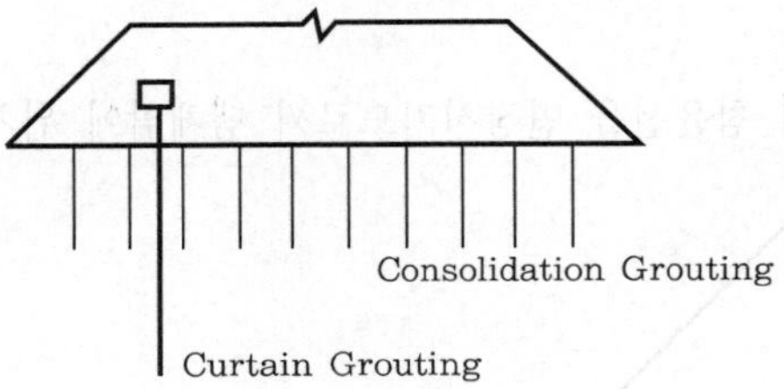

<Grouting>

13) 배수도랑

투수성 기초 또는 댐체로부터의 침투수를 댐 밖으로 배제시키기 위해 비탈 끝 배수도랑, 수평 배수도랑 등을 설치한다.

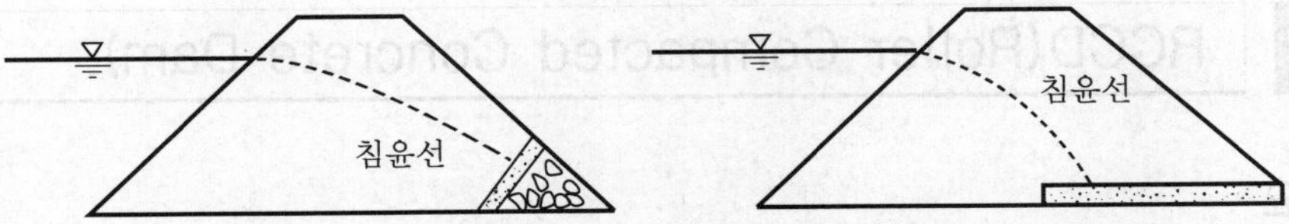

(a) 비탈 끝 배수도랑 (b) 수평 배수도랑

<배수도랑>

14) Core Zone의 시공철저

Core재의 역할에 적합한 재료를 선정하여 인접 Zone과의 다짐 및 시공순서에 유의해야 한다.

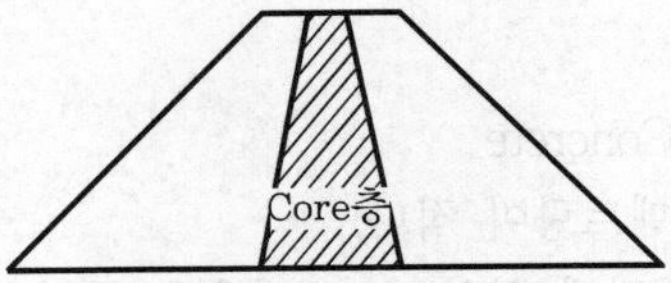

<Core Zone의 시공>

Ⅵ. 결론

① 필댐의 제체 및 기초는 침투수에 대하여 안전하도록 충분한 검토 및 대책을 수립해야 한다.

② 누수 발생시에는 지반의 토질조사, 침투수두, 침투량 계산, 모형실험 등을 시행하여 종합적 검토 후 적절한 공법을 선정하여야 한다.

9 RCCD(Roller Compacted Concrete Dam)

Ⅰ. 개요

① 콘크리트댐의 경제적이고 합리적 시공을 위한 새로운 공법으로서 댐 본체의 내부 콘크리트에 Slump치가 0인 극도의 빈배합 콘크리트를 사용하고, 이 콘크리트를 진동 Roller로 다지는 신공법이다.

② 공기단축이 되며, 댐 건설비의 절감과 기계화 시공으로 시공성이 좋은 공법이다.

Ⅱ. 특성

① 극도로 된 반죽의 Concrete

② 콘크리트의 단위시멘트량이 적다.

③ 타설에 있어서 거푸집에 의한 수축 이음을 두지 않는다.

④ 콘크리트 치기는 전면 Layer 방식에 의한다.

⑤ 콘크리트 운반은 Dump Truck을 사용한다.

⑥ 다짐장비는 자주식 진동 Roller를 사용한다.

⑦ 1lift의 높이는 700mm를 표준으로 한다.

⑧ 댐 본체의 세로 이음은 하지 않는다.

⑨ 댐 본체의 수축 이음 중 가로 이음은 콘크리트가 굳지 않은 상태에서 진동압입식 이음 절단기로 한다.

⑩ Pipe Cooling 등에 의한 온도제어는 하지 않는다.

Ⅲ. 특징

1) 장점

① 댐 건설비가 절감된다.

② 공기가 단축된다.

③ 기계화 시공률이 높다.

④ 환경보전상 유리하다.

⑤ 시공관리면에서 안전하다.

2) 단점

① 시공경험이 부족하다.

② 재료분리가 일어나기 쉽다.

③ 댐의 높이가 제한된다.

④ 수밀성이 문제된다.

Ⅳ. 재래식 공법과 RCCD 공법의 비교

구분	재래식 공법	RCCD 공법
콘크리트	• 단위시멘트량 140kg/m^3 이상 • Slump치 30mm	• 단위시멘트량 120kg/m^3 • Slump치 0
사용믹서	경동식(傾胴式)	2축 강제 비비기형
치기방식	Block 방식	Layer 방식
댐 본체까지의 반입	호동(弧動) Cable Crane	고정 Cable Crane
댐 본체내의 소운반	호동(弧動) Cable Crane	Dump Truck
깔기	버킷에서 직접 배출(인력)	Bulldozer
레이턴스 제거	압력수	Motor Sheeper, 압력수
다지기	내부진동기, Vibrodozer	진동 Roller
가로 이음	거푸집으로 형성	진동압입식 이음절단기
발열대책	Pipecooling	Cooling 불필요

Ⅴ. 재료

1) 시멘트

① 중용열 포틀랜드 시멘트를 사용한다.

② 단위시멘트량 120kg/m^3가 적당하다.

2) 잔골재

① 강하고 깨끗한 것을 사용해야 한다.

② 조립률 2.5 정도가 적당하다.

3) 굵은 골재

① 재료분리를 방지하고, 수밀성을 높이기 위해

② 최대치수는 80mm가 적당하다.

4) 혼화 재료

① 수화발열량을 줄이기 위해

② AE제, 감수제, Fly Ash 등을 사용한다.

Ⅵ. 시공순서

1) Concrete 생산

특수 Batch Plant를 사용한다.

2) 반입

댐 본체까지의 콘크리트 반입은 고정 Cable Crane을 이용한다.

3) 소운반

댐 본체내의 소운반은 Dump Truck으로 한다.

4) 타설

Bulldozer를 이용하여 두께 200mm 정도로 세 번 반복 부설한다.

5) 다짐
다짐은 진동 Roller를 사용한다.

6) 가로 이음
가로 이음은 매 Lift마다 진동압입식 이음절단기로 조성한다.

7) 양생
Sprinkler에 의한 살수양생을 한다.

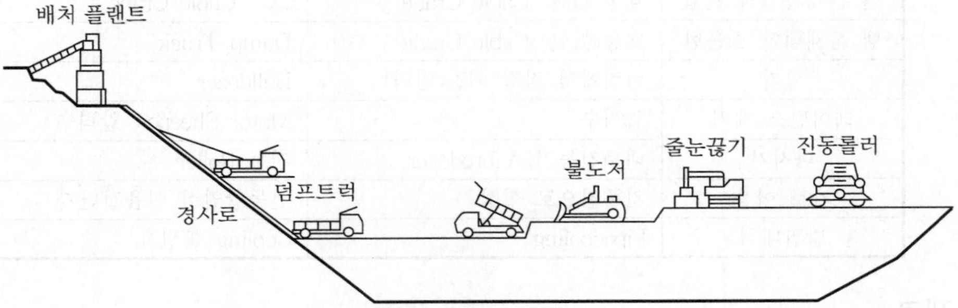

<RCCD 공법의 시공도>

Ⅶ. 시공시 주의사항

1) 재료예냉
콘크리트 재료(시멘트, 골재, 물)을 예냉(precooling) 시킨다.

2) 재료분리
Dump Truck에 의한 Concrete 운반시에는 재료분리가 최소화 될 수 있도록 각별히 유의해야 한다.

3) 타설
콘크리트의 접착을 위해 기설 콘크리트면에 Mortar를 10mm 정도 고르게 깐 다음 차층 콘크리트를 타설한다.

4) 다짐두께
콘크리트 두께를 될수록 얇은 층으로 다져서 경화열의 발산을 용이하도록 한다.

5) 수평 이음시공
수평 이음을 할 때는 진동 Cutter로 깨끗이 절단한 다음 이음을 해야 한다.

6) Consistency 측정
비빔 콘크리트를 잘 다져지도록 하는 Consistency 측정은 V.C(Vibration Compaction) 시험기로 한다.

7) 외부 콘크리트 타설
댐 외부 콘크리트는 부배합의 통상의 댐 콘크리트로 타설하고, 내부 진동기로 다진다.

Ⅷ. 문제점

① 부설과 운반시의 재료분리 대책이 미흡하다.
② 진동 Roller의 주행성과 다짐효과에 대한 연구가 부족하다.

③ 제체 높이가 제한된다.
④ 시공경험 부족으로 인해 공사자료가 부족하다.

Ⅸ. 대책

① 빈배합 콘크리트의 Consistency에 영향을 미치는 골재 표면수량 관리방법 개선
② 전압효과에 대한 연구로 효율적 다짐기구 개발
③ 콘크리트의 강도를 증대시켜 대규모 댐에 RCCD 공법을 적용할 수 있는 방안 연구
④ 시공기계, 품질관리 등에 대한 연구개발비 투자

Ⅹ. 결론

RCCD의 건설에 필요한 공기 및 공사비에 대해서는 현재까지의 시공실적이 불충분한 실정이므로 공법 선정시에는 시공성, 경제성 및 안전성에 대한 충분한 검토가 필요하다.

제8장 항 만

항만 과년도 문제

1

1. 항만 구조물에서 방파제의 종류 및 특징과 시공시 유의사항에 대하여 설명하시오. [13후, 25점]
2. 항만공사 방파제의 종류별 구조 및 특징에 대하여 설명하시오. [18후, 25점]
3. 항만공사 시공계획시 유의사항에 대하여 설명하시오. [19전, 25점]
4. 직립식 방파제의 특징과 시공상의 유의사항에 대하여 기술하시오. [95중, 50점]
5. 간만의 차가 큰 서해안에서 직립식 방파제를 시공하고자 한다. 직립식 방파제의 특징과 시공시 유의사항에 대하여 설명하시오. [05전, 25점]
6. 방파제 [18전, 10점]
7. 특수방파제의 종류 [17중, 10점]
8. 항만시설에서 호안의 배치시 검토사항과 시공시 유의사항을 설명하시오. [12중, 25점]
9. 연안침식의 발생원인과 대책에 대하여 설명하시오. [17전, 25점]
10. 방파제의 피해원인 [08전, 10점]
11. 파랑(波浪)의 변형파 [16후, 10점]

2

12. 방파제의 혼성제에 대한 장단점 및 시공시 유의사항에 대하여 설명하시오. [17후, 25점]
13. 셀룰러블록(Cellular Block)식 혼성방파제의 시공시 유의사항을 설명하시오. [01전, 25점]
14. 혼성방파제의 구성요소 [00중, 10점]
15. Caisson식 혼성제로 건설된 방파제에서 Caisson의 앞면벽에 발생한 균열의 원인을 열거하고 보수방법에 대하여 설명하시오. [14중, 25점]

3

16. 사석기초 방파제의 시공 전 조사항목과 시공시의 유의사항에 대해 기술하시오. [96후, 25점]
17. 항만 구조물을 설치하기 위한 기초사석공에 대하여 현장책임기술자로서의 시공관리 및 유의하여야 할 사항에 대하여 기술하시오. [98중전, 30점]
18. 항만공사에서 사석공사와 사석고르기 공사의 품질관리와 시공상 유의할 사항에 대하여 기술하시오. [07전, 25점]
19. 항만 구조물 기초공사에서 사석고르기 기계 시공방법을 분류하고 시공시 품질관리와 기성고관리에 대해 설명하시오. [13중, 25점]
20. 항만공사의 호안 축조시에 사석 강제치환공법을 적용할 때 공법의 특징 및 시공 중 유의사항에 대하여 설명하시오. [13후, 25점]
21. 항만 구조물 기초사석의 역할 [16전, 10점]
22. 항만시설물 중 피복공사에 대하여 기술하고, 시공시 유의사항을 설명하시오. [09전, 25점]
23. 피복석(Armor Stone) [06전, 10점]
24. 소파공(消波工) [00후, 10점], [05후, 10점], [16중, 10점]

4

25. 항만접안시설에 사용될 케이슨(Caisson)의 진수공법과 시공시 유의사항을 기술하시오. [98전, 30점]
26. 서해안지역의 항만접안시설에서 적용 가능한 케이슨 진수공법 및 시공시 유의사항에 대하여 설명하시오. [09후, 25점]
27. 방파제공사를 위하여 제작된 케이슨 진수방법에 대하여 설명하시오. [15후, 25점]
28. 항만 방파제 및 호안 등에 설치되는 케이슨 구조물의 진수공법에 대하여 설명하시오. [16전, 25점]
29. 해상공사에서 대형 케이슨(1,000톤) 제작과 진수방법을 열거하고, 해상운반 및 거치시 유의사항을 설명하시오. [02중, 25점]
30. 최근 항만공사시 케이슨(Cassion)이 5,000ton급 이상으로 대형화되고 있는 추세이다. 대형화에 따른 케이슨 제작진수 및 거치방법에 대하여 설명하시오. [06후, 25점]
31. Caisson 진수방법 [97중전, 20점]

항만 과년도 문제

4	32. 항만공사에서 사상(砂床)진수법에 의한 케이슨 거치방법 및 시공시 유의사항을 설명하시오. [08중, 25점] 33. 항만공사에 있어서 Caisson 거치공법에 관하여 기술하시오. [99전, 30점] 34. 항만공사의 케이슨 기초 시공시 유의사항에 대하여 설명하시오. [17전, 25점]
5	35. 안벽의 종류 및 특징에 대하여 기술하시오. [04전, 25점] 36. 케이슨식(caisson type) 안벽의 시공방법에 대하여 설명하시오. [13중, 25점] 37. 항만접안시설의 대표적인 종류 2개와 그 특징 및 시공상 주의사항에 대하여 기술하시오. [97중전, 50점] 38. 항만 구조물에서 접안시설의 종류 및 특징을 기술하시오. [06전, 25점] 39. 강널말뚝을 이용한 안벽 시공시의 작업순서 및 시공관리사항에 대하여 기술하시오. [96전, 30점] 40. 항만계류시설인 널말뚝식 안벽(Sheet Pile Type Wall)의 종류 및 시공시 유의사항에 대하여 설명하시오. [16후, 25점] 41. 잔교식 접안시설공사의 강관 Pile 항타 시공계획을 기술하시오. [99후, 30점] 42. 해상 잔교 구조물의 파일항타 시공시 예상문제점과 방지대책에 관하여 기술하시오. [00후, 25점] 43. 항만공사에서 잔교 구조물 축조시 대구경(ϕ600) 강관파일(사항 포함)타입에 관한 시공계획서 작성 및 중점착안사항에 대하여 설명하시오. [11중, 25점] 44. 항만시설물 중 잔교식(강파일) 구조물 점검방법과 손상 발생원인 및 보수보강방법에 대하여 설명하시오. [18후, 25점] 45. 돌핀(Dolphin) [03전, 10점], [14후, 10점] 46. 부잔교(浮棧橋) [09전, 10점], [18후, 10점] 47. 잔교식 안벽 [14중, 10점] 48. 케이슨 안벽 [13전, 10점] 49. 대안거리(Fetch) [03중, 10점] 50. 자주 승강식 바지(Self Elevator Plat Barge) [96전, 20점]
6	51. 서해안지역에서 대형 방조제 축조시 최종물막이공사의 시공계획을 기술하시오. [98전, 20점] 52. 간만의 차가 7~9m인 해안지역에서 방조제공사시 최종물막이공법을 열거하고, 시공시 유의사항을 설명하시오. [01후, 25점] 53. 대규모 방조제공사에서 최종끝막이공법의 종류와 시공시 유의사항을 기술하시오. [06중, 25점] 54. 자립형(自立形) 가물막이공법을 설명하시오. [95후, 35점] 55. 자립형 가물막이공법의 종류별 특징을 설명하고, 시공시 유의사항을 기술하시오. [02전, 25점] 56. Cell공법에 의한 가물막이 [09전, 10점] 57. 해상도로건설공사에서 가토제(Temporary Bank) [18중, 10점] 58. 해안 구조물에 작용하는 잔류수압 [01중, 10점], [05후, 10점] 59. 항만공사시 유보율 [09후, 10점], [15중, 10점] 60. 약최고고조위(A.H.H.W.L) [10중, 10점]

1 방파제의 종류

Ⅰ. 개요

① 방파제는 항만내의 선박과 시설물의 보호를 목적으로 설치하는 항만 외곽시설의 일종이다.

② 그 실시계획에 있어서는 항내 구조물과의 관계, 축조 후 인근지형의 변화, 항만의 장래 발전 등을 충분히 고려하여야 한다.

Ⅱ. 설치목적

① 파랑의 방지

② 파랑, 조류에 의한 토사이동 방지

③ 해안선의 토사유출 방지

④ 하천, 외래로부터의 토사유입 방지

Ⅲ. 설계시 고려사항

① 파랑

② 수심 및 조위(潮位)

③ 지반

④ 항내의 정온도

⑤ 바람

⑥ 주변지형, 환경에의 영향

Ⅳ. 공법 선정

① 배치조건

② 자연조건

③ 시공조건

④ 공사비

⑤ 공사기간

⑥ 공사재료의 입수난이

⑦ 이용조건

⑧ 유지관리

⑨ 중요도

Ⅴ. 방파제의 분류

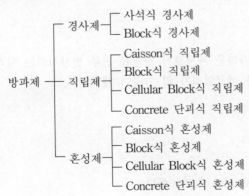

- 방파제
  - 경사제
    - 사석식 경사제
    - Block식 경사제
  - 직립제
    - Caisson식 직립제
    - Block식 직립제
    - Cellular Block식 직립제
    - Concrete 단괴식 직립제
  - 혼성제
    - Caisson식 혼성제
    - Block식 혼성제
    - Cellular Block식 혼성제
    - Concrete 단괴식 혼성제

Ⅵ. 종류별 특징

1. 경사제

1) 정의

① 조석, 콘크리트 블록 등으로 된 제형단면이다.

② 주로 경사면에서는 파력을 소실시키는 형식이다.

③ 경사제의 피복블록에는 Tetrapod, Tribar 등이 있다.

2) 특징

① 연약지반에 적합하다.

② 시공법이 간단하다.

③ 유지보수가 용이하다.

④ 파고가 큰 곳에서의 재료구득이 어렵다.

⑤ 수심이 깊은 곳에서는 재료가 많이 든다.

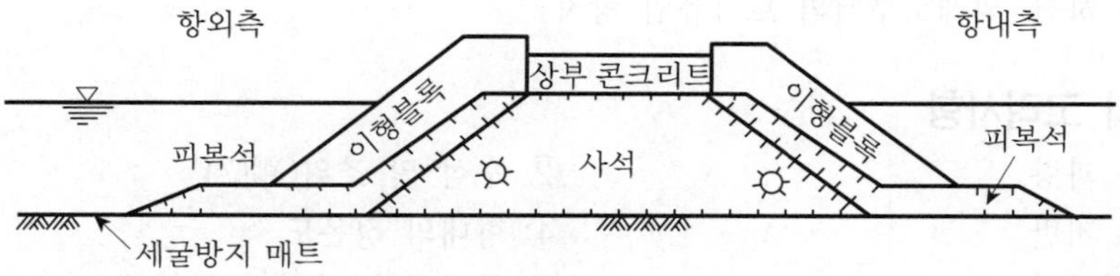

<사석식 경사제>

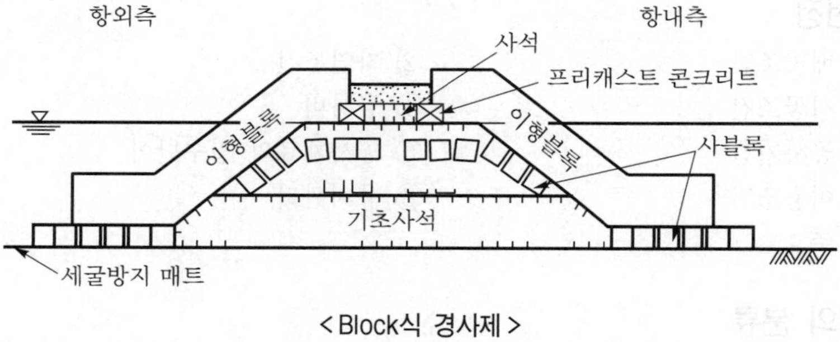

<Block식 경사제>

2. 직립제

1) 정의

① 전면이 연직 또는 연직에 가까운 제체로서 파랑을 전부 반사시키는 형식이다.

② 지반이 견고하고 파에 의한 세굴염려가 없는 곳에 채택된다.

2) 특징

① 사용재료가 적다.

② 일체형으로서 파력에 강하다.

③ 유지보수비가 저렴하다.

④ 방파제의 안쪽을 계류시설로 사용이 가능하다.

⑤ 연약지반의 경우는 부적당하다.
⑥ Caisson과 같은 대형제체일 경우는 제작과 설치에 많은 시설과 장비투자가 필요하다.
⑦ 수심이 깊은 곳에서는 공사비가 많이 든다.

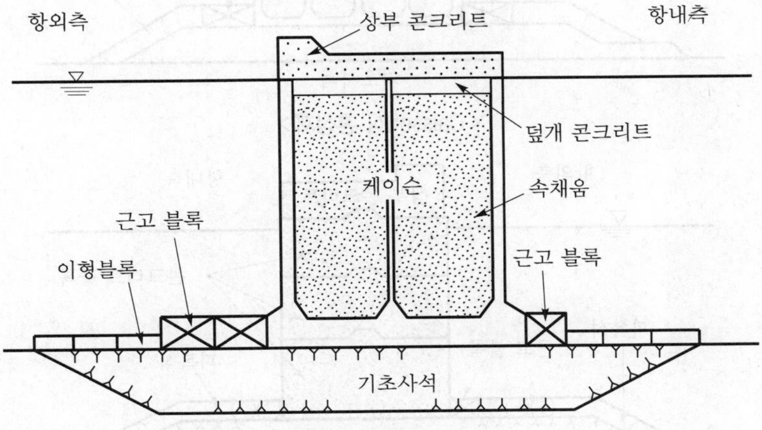

< Caisson식 직립제 >

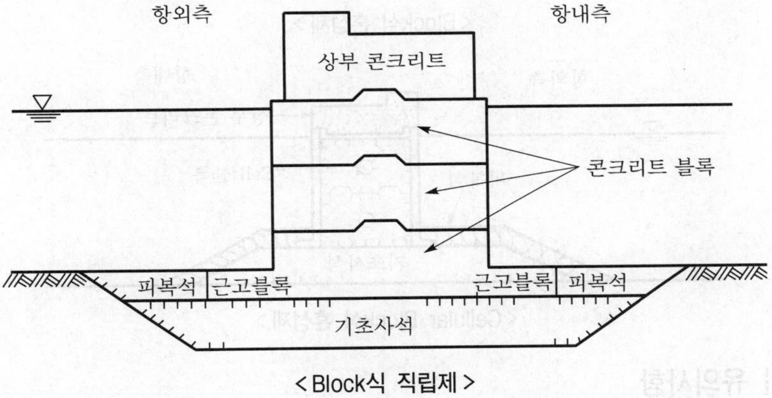

< Block식 직립제 >

3. 혼성제

1) 정의

① 사석부를 기초로 하고, 그 위에 직립부의 본체를 설치하는 방식이다.
② 경사제와 직립제의 장점을 딴 형식이다.

2) 특징

① 연약지반에도 적합하다.
② 수심이 깊은 곳에서도 적합하다.
③ 사석제의 단점인 사석의 산란을 상부의 직립부에서 방지할 수 있다.

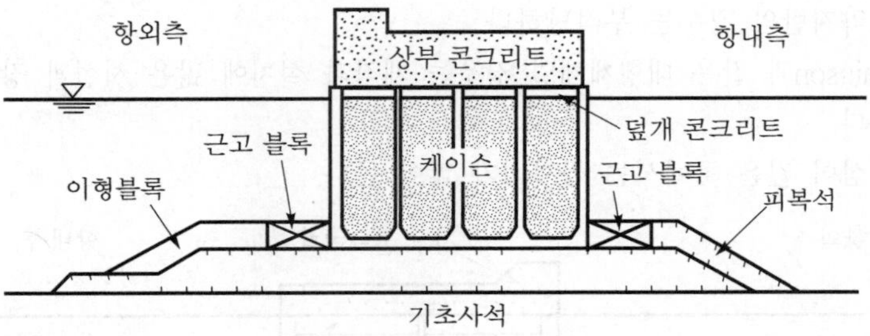

< Caisson식 혼성제 >

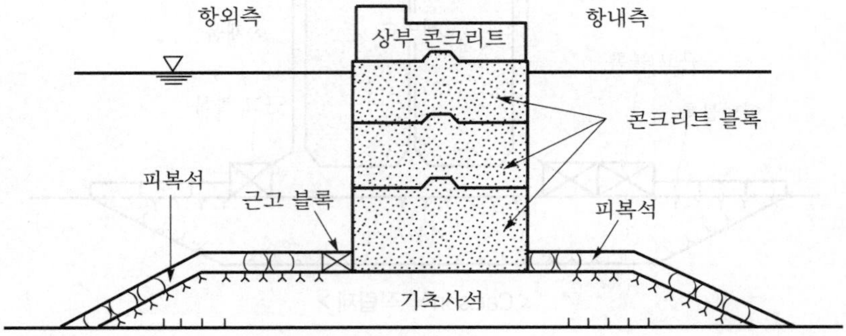

< Block식 혼성제 >

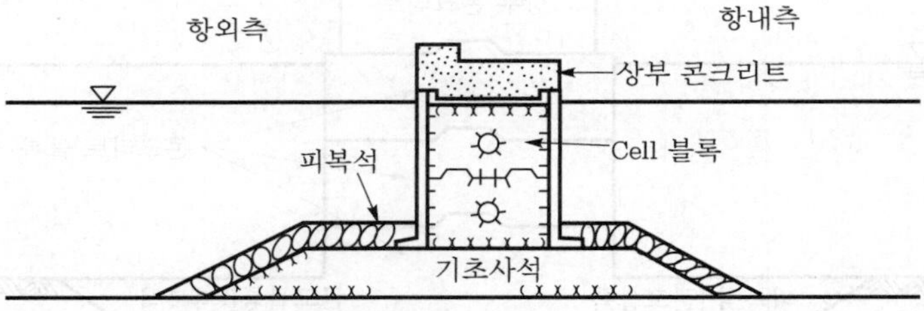

< Cellular Block식 혼성제 >

Ⅶ. 시공시 유의사항

1) 지반조사 철저

지반은 방파제의 침하와 밀접한 관계가 있으므로 사전에 정밀한 지질조사가 이루어져야 한다.

2) 시공법 선정

쇄파효과가 크고 해양의 특성에 맞는 적절한 시공법을 선정하여 시행하여야 한다.

3) 사석 재료

경질의 것으로서 편평세장하지 않고, 풍화파괴의 염려가 없는 것으로 선별하여 사용하여야 한다.

4) 안정 검토

연약지반 위에 방파제를 축조하는 경우는 제체에 필요한 활동과 침하의 검토 후 안정성이 부족하면 필요에 따라 지반개량 등의 조치를 한 후 시공하여야 한다.

5) 세굴대책

시공중의 기초사석기부와 거치 직후의 Caisson 기부 부근은 세굴되기 쉬우므로 적절한 대책을 강구하여야 한다.

6) 활동대책

Caisson을 포함하는 활동 및 마운드부의 활동을 검토해야 한다.

7) 침하대책

지반의 연약으로 침하가 예상될 때에는 사전에 여유고를 가해 마루를 높게 하든가 제체를 높이기 쉬운 구조로 한다.

8) 주변환경보호

방파제 축조 후 인근 구역에 끼칠 영향에 대해 충분히 고려하여야 한다.

Ⅷ. 결론

① 방파제의 배치와 위치에 따라 공사비가 상당히 절감되는 경우가 많으므로 될 수 있는대로 지형불량 지점을 피하고 섬 등을 이용하여 공사비의 절감을 도모해야 한다.

② 방파제의 시공은 사전조사를 철저히 하여 현장에 적절한 시공법 선정이 중요하며, 충분한 안전대책을 세워야 한다.

2 Caisson식 혼성 방파제의 시공

Ⅰ. 개요

① Caisson식 혼성 방파제는 수심이 깊은 장소나 작업 여건상 Caisson식이 유리할 경우 채택된다.

② 기초지반의 지질조건에 따라서 지반처리를 하고 사석기초 위에 직립부를 Caisson으로 시공하는 방식으로서 경사제와 직립제의 장점을 딴 형식이다.

Ⅱ. 구조도

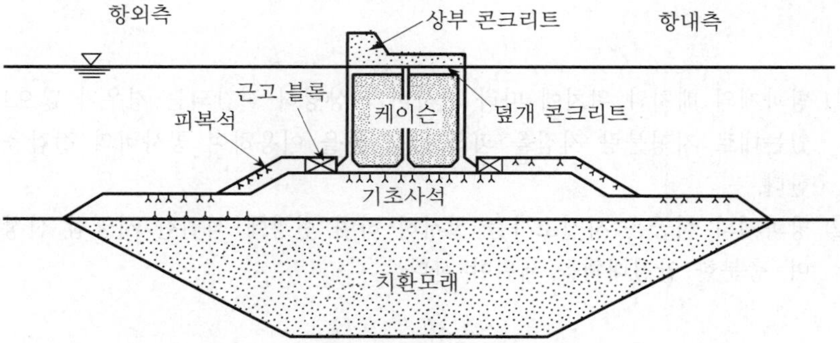

<Caisson식 혼성제(연약지반)>

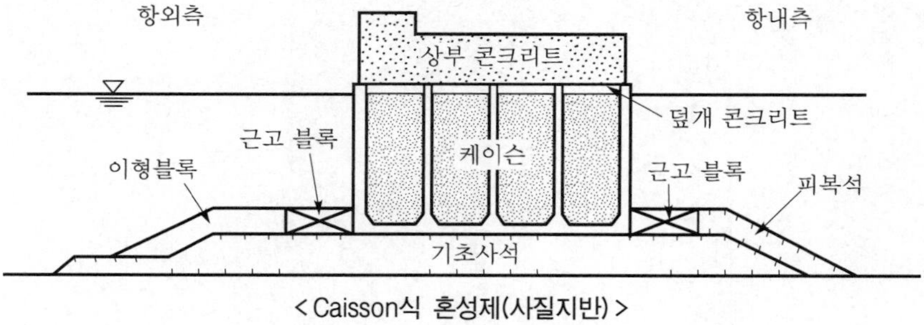

<Caisson식 혼성제(사질지반)>

Ⅲ. 종류

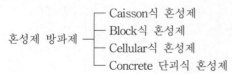

혼성제 방파제
- Caisson식 혼성제
- Block식 혼성제
- Cellular식 혼성제
- Concrete 단괴식 혼성제

Ⅳ. 특징

① 경사제와 직립제의 장점을 딴 형식이다.

② 연약지반도 적합하다.

③ 수심이 깊은 곳에서도 적합하다.

④ 사석제의 단점인 사석의 산란을 상부의 직립부에서 방지한다.

Ⅴ. 설치목적

① 파랑의 방지
② 파랑, 조류에 의한 토사이동 방지
③ 해안선의 토사유출 방지
④ 하천, 외래로부터의 토사유입 방지

Ⅵ. 사전조사

① 파랑 ② 수심 및 조위(潮位)
③ 지반 ④ 항내의 정온도
⑤ 바람 ⑥ 주변지형, 환경의 영향

Ⅶ. 공법 선정

① 배치조건 ② 자연조건
③ 시공조건 ④ 공사비
⑤ 공사기간 ⑥ 공사재료의 입수난이
⑦ 이용조건 ⑧ 유지관리
⑨ 중요도

Ⅷ. 시공순서 Flow Chart

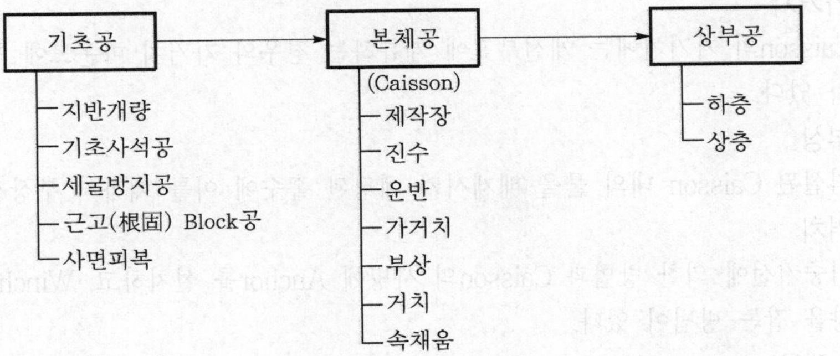

Ⅸ. 시공순서

1. 기초공

1) 지반개량

기초지반이 연약할 경우 치환공법, 재하압밀침하공법, 심층연속혼합처리공법(DCM), MAT공법 등을 시행한다.

2) 기초 사석공

직립부를 바르게 거치하기 위해 사석부는 공극을 메워서 요철이 없게 수평으로 하고 고르기를 충분히 한다.

3) 세굴 방지공

세굴, 흡출될 염려가 있을 때는 비탈 기슭에 사석으로 소단을 두든지, 사 Block, 아스팔트 Mat, 합성수지 Mat 등으로 보호한다.

4) 근고(根固) Block 공

직립부의 외항측에 근고 Block을 2개 이상, 내항측에 1개 이상 거치하여 사석부의 세굴을 방지한다.

5) 사면 피복공

Caisson제 전면의 수평부분에서부터 차례로 방파제 법선과 사면을 따라 내려가며 시공한다.

2. 본체공

1) 제작장

제작설비, 진수설비, 동력설비, 운반설비 등이 유기적으로 활용되어 안전하고 능률적으로 Caisson의 제작과 진수가 이루어져야 한다.

2) 진수

콘크리트 타설이 끝나고 소정기간 양생된 Caisson은 바로 탈형하여 진수하게 되는데, 진수방법은 Caisson Yard의 형식에 따라 다르다.

3) 운반

진수된 Caisson은 거치장소의 거리나 현장여건에 따라 진수상태에서 직접운반 또는 별도의 방법으로 예인한다.

4) 가거치

Caisson의 가거치에는 계선부표에 계류하는 경우와 가거치 마운드에 침설하는 경우가 있다.

5) 부상

침설된 Caisson 내의 물을 배제시켜 예정된 흘수에 이를 때까지 부상시킨다.

6) 거치

기중기선에 의한 방법과 Caisson의 사방에 Anchor를 설치하고, Winch로 위치와 방향을 잡는 방법이 있다.

7) 속채움

속채움은 본체 거치 후 바로 행하며 속채움 재료로서는 모래, 자갈, 쇄석, 잡석, 콘크리트와 수중 콘크리트의 병용, Prepacked Concrete 등이 있다.

3. 상부공

1) 하층

덮개 콘크리트 타설후 될수록 빠른 시기에 하는 것이 좋으며, 두께는 1m 이상으로 한다.

2) 상층

기초의 침하가 어느 정도 진행된 후에 시공한다.

Ⅹ. 시공시 유의사항

1) 지반조사 철저

지반은 방파제의 침하와 밀접한 관계가 있으므로 사전에 정밀한 지질조사가 이루어져야 한다.

2) 시공법 선정

쇄파효과가 크고 해양의 특성에 맞는 적절한 시공법을 선정하여 시행하여야 한다.

3) 사석재료

경질의 것으로서 편평세장하지 않고, 풍화파괴의 염려가 없는 것으로 골라써야 한다.

4) 안정 검토

연약지반 위에 방파제를 축조하는 경우는 제체에 대한 활동과 침하의 검토후 안정성이 부족하면 필요에 따라 지반개량 등의 조치를 한후 시공하여야 한다.

5) 세굴대책

시공중의 기초사석기부와 거치 직후의 Caisson 기부 부근은 세굴되기 쉬우므로 적절한 대책을 강구하여야 한다.

6) 활동대책

Caisson을 포함한 활동 및 마운드부의 활동을 검토하여야 한다.

7) 침하대책

지반의 연약으로 침하가 예상될 때에는 사전에 여유고를 가해 마루를 높게 하거나 제체를 높이기 쉬운 구조로 한다.

8) 주변환경보호

방파제 축조 후 인근 구역에 끼칠 영향에 대해 충분히 고려하여야 한다.

Ⅺ. 문제점

① 기초지반의 압밀침하
② 사석부, Caisson의 활동
③ Caisson의 편심하중, 저판의 응력집중
④ 상부 콘크리트 미시공 상태에서의 덮개 콘크리트 파손

Ⅻ. 대책

① 연약지반의 개량, 사석층의 두께 증가
② 배면에 사석을 높이 쌓거나 사석부 하부의 최소한의 단면을 치환
③ 사석부를 수평되게 한 후 직립부 거치
④ 덮개 콘크리트 타설 후 빠른 시기에 상부 콘크리트 타설

XIII. 개발방향

① 값싼 사석재료의 개발
② 시공중 파력에 의한 피해를 최소화할 수 있는 대책 강구

③ 해양조건에 의한 영향을 덜 받는 시공법, 시공장비의 개발
④ 기초 사석공으로 인한 해양오염의 방지대책 연구

XIV. 결론

① 선박의 대형화, 대형장비의 개발로 항만의 방파제에서 Caisson에 의한 시공법이 선호되고 있는 추세이다.
② 공법에 대한 정확한 이해로 문제점을 예상하고 이에 대한 대책을 연구하면서 시공에 임하는 자세가 필요하다.

3 항만 구조물의 기초사석

Ⅰ. 개요

① 항만 구조물은 항만내에서 항행하는 선박과 시설물을 보호할 목적으로 설치하는 방파제와 대형선박을 접안시켜 화물의 선적 또는 하역을 원활히 할 수 있도록 하는 구조물이다.

② 기초사석은 방파제, 안벽 등을 축조하기 위한 수중 기초로서 파랑과 조류, 수심, 바람 등 주변환경을 충분히 고려하여 시공하여야 한다.

Ⅱ. 항만 구조물의 종류

① 방파제
② 계류시설
③ 해안제방
④ 갑문시설

Ⅲ. 기초사석의 도해

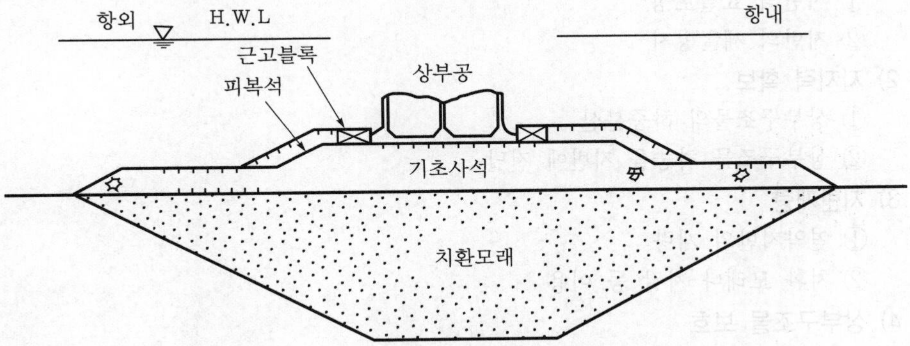

Ⅳ. 시공전 조사항목

1) 파랑

파랑은 방파제의 재료, 형식 및 제원의 결정과 방파제의 시공법, 시공일수 결정의 기준이 된다.

2) 항내의 정온도

항내의 정온도는 항구의 위치 및 방향과 중대한 관계가 있으므로 파랑, 파고 및 조류 등을 고려하여야 한다.

3) 주변지형

파랑이 집중되는 형상은 피하고, 지형상 이용할 수 있는 것은 적극적으로 이용하여야 한다.

4) 방파제의 배치

항구부근의 조류속도가 낮은 것이 좋으며, 방파제 끝의 반사파로 인해서 항구부근 해면의 파고가 높아지면 안 된다.

5) 시공법 선정

방파제의 배치와 위치, 수심 등을 고려하여 건설비가 절감되고, 시공후 유지·보수비가 적게 드는 형식을 선정한다.

6) 항만의 장래계획

부근의 지형 및 시설 등이 장래에 받게 될 영향을 고려해야 하며, 항만의 확장에 의해 철거되지 않는 것이라야 한다.

7) 시공성

지반이 나쁜 곳은 되도록 피하고, 시공이 가능하고, 쉬운 위치를 선정해야 한다.

8) 환경오염

해양시설물 설치로 인한 생태계 파괴여부 및 방파제 축조 후 인근 구역에 끼칠 영향을 고려해야 한다.

Ⅴ. 기초사석 투하목적

1) 기초지반 정리

① 지반의 요철보정

② 지반의 세굴방지

2) 지지력 확보

① 상부구조물의 하중분산

② 상부구조물 하중을 지반에 전달

3) 지반개량

① 연약지반의 개량

② 치환 모래나 자갈 등 이용

4) 상부구조물 보호

상부구조물이 파도작용에 의한 전도방지

5) 침하방지

① 상부구조물의 침하방지

② 기초하부의 지반 다지기

Ⅵ. 시공관리

1) 사전조사

기초사석공 공사에 앞서 지반상태, 환경오염상태, 재료입수방법, 사석투하방법, 사석투하 시기 등을 적절한 사전조사를 통하여 결정한다.

2) 항내 정온도

항내선박이 안정하게 정박하고 하역할 수 있도록 파랑, 파고, 조류 등을 조사하여 항내 영향이 최소가 되게 한다.

3) 주변지형조사

항만 구조물에는 주변지형을 충분히 조사하여 이용가능한 지형은 가능한 한 이용함으로써 구조물의 안전과 경제성을 향상시킨다.

4) 적정시공법 선정

쇄파효과가 크며 해양의 특성에 맞고 시공성, 경제성을 고려한 공법을 선정한다.

5) 사석재료

경질의 것으로서 편평, 세장하지 않고, 풍화파괴의 염려가 없는 것을 사용한다.

6) 안정검토

연약지반일 경우 제체에 대한 활동과 침하의 검토후 안정성이 부족하면 필요에 따라 지반개량 등의 조치를 한후 시공해야 한다.

7) 세굴대책

시공중의 기초사석 기부와 거치 직후의 Caisson 기부 부근은 세굴되기 쉬우므로 적절한 대책을 강구하여야 한다.

8) 활동대책

Caisson을 포함한 마운드부의 활동을 검토하여야 한다.

9) 침하대책

지반의 연약으로 침하가 예상될 때에는 사전에 여유고를 가해 마루를 높게 하거나 제체를 높이기 쉬운 구조로 한다.

10) 주변환경보호

방파제 축조 후 인근 구역에 끼칠 영향에 대해 충분히 고려하여야 한다.

Ⅶ. 시공시 유의사항

1) 기초지반 처리

지반이 연약하여 현저한 침하가 예상될 때에는 지반을 개량하거나 사석부 하부에 매트를 깔아 제체의 하중분산을 할 수 있는 연약지반 대책을 수립한다.

2) 사석부의 마루

사석부의 마루까지 높이가 높을수록 상부공의 직립부가 불안정하게 되므로 가능한 한 깊게 하여 상부공을 안전하게 한다.

3) 사석두께

직립부의 하중을 넓게 분산시키고 파랑에 의한 세굴을 방지할 수 있도록 1.5m 이상을 원칙으로 한다.

4) 사석부의 어깨폭

제체의 원호활동, 사석부의 침하활동, 편심 경사하중에 대한 소용의 안전원을 확보할 수 있도록 외항측은 5m 이상의 폭을 취한다.

5) 활동에 대한 검토

파괴 가능한 모든 형태, 즉 원형, 비원형, 블록 등의 형상에 대해 전반적으로 검토한다.

6) 원호활동방지
사석부 하부지반은 굴착면 확대, 굴착깊이 증가 등으로 시공성 및 경제성을 고려하여 결정한다.

7) 침하검토
사석부의 침하가 예상되고 침하로 인한 경사변화로 전체 구조물의 안정유지가 곤란할 때 침하량을 검토하여 이에 대한 대책을 고려한다.

8) 주변환경보호
기초사석 투하가 주변환경에 해를 끼치지 않도록 충분한 조사를 통하여 실시한다.

9) 항내교란
사석투하로 발생되는 항내교란은 해양환경법에 저촉되지 않는 범위가 되게 하여야 한다.

10) 사석투여시 표류방지
조수의 흐름이 클 때 투하사석이 표류하게 되므로 조류, 유수 등을 고려하여 투하사석이 기초 경계를 벗어나지 않도록 한다.

11) 생태계 파괴
기초사석 투하로 인하여 항내교란이 되고 해양 생태계에 영향이 크게 작용할 때 해양부와 협의하여 시공토록 한다.

Ⅷ. 결론

① 사석기초의 배치와 위치에 따라 공사비가 상당히 절감되는 경우가 많으므로 될 수 있는 대로 지형불량 지점을 피하고 섬 등을 이용하여 공사비의 절감을 도모해야 한다.

② 사석기초의 시공은 사전조사를 철저히 하여 현장에 적절한 시공법 선정이 중요하며, 충분한 안전대책을 세워야 한다.

4 Caisson 진수공법의 종류

Ⅰ. 개요

① 콘크리트 타설이 끝나고 소정기간 양생된 Caisson은 탈형하여 진수하며, 진수방식은 Caisson Yard의 형식에 따라 다르다.

② Caisson Yard의 선정시에는 여러 가지 요소를 감안하여 충분한 검토 후에 부지면적을 확보하도록 해야 한다.

Ⅱ. Caisson 진수공법 선정시 고려사항

① Caisson의 크기
② Caisson의 제작 및 진수 수량
③ 공사비, 공기
④ 설치위치의 지형, 자연조건
⑤ 설치장소까지의 거리, 운반방법

Ⅲ. 진수공법의 종류

① 기중기선에 의한 진수
② 경사로에 의한 진수
③ 가체절방식에 의한 진수
④ 사상 진수
⑤ 건선거에 의한 진수
⑥ 부선거에 의한 진수
⑦ Syncrolift에 의한 진수

Ⅳ. 진수공법의 종류별 특징 및 시공법

1. 기중기선에 의한 진수

1) 특징

① 케이슨 제작장에 인접하여 기중기선이 접안할 수 있는 호안이나 물양장이 있으면 가장 간단한 진수방법

② 케이슨의 크기가 기중기선의 인양능력에 제약을 받음

2) 시공법

① 호안이 근접한 곳에서 케이슨을 제작한 후
② 기중기선으로 들어올려 바다에 띄우거나
③ 그대로 시공현장까지 운반

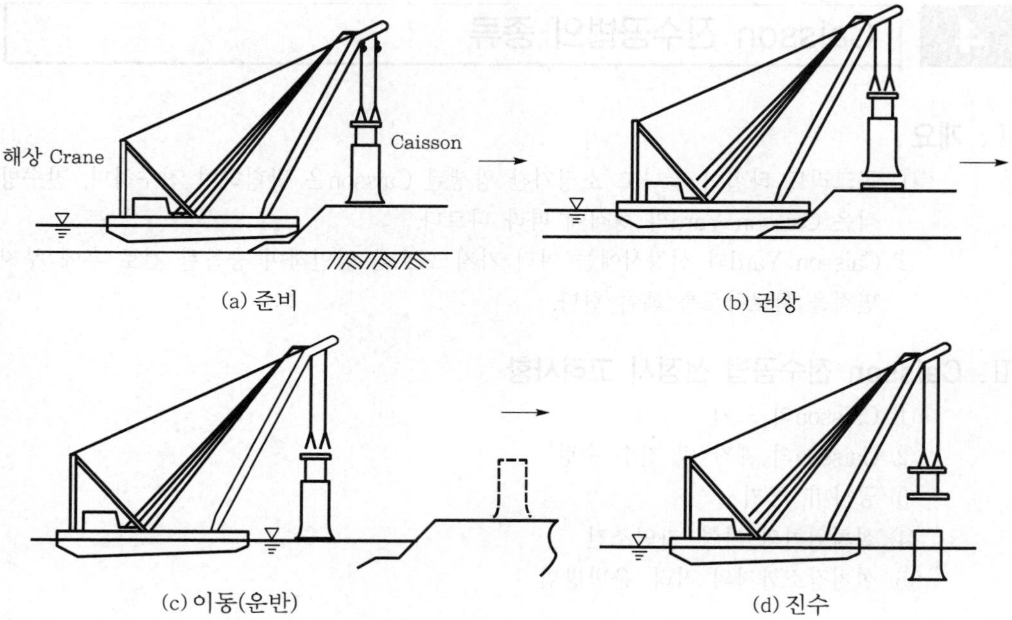

<기중기선에 의한 시공법>

2. 경사로에 의한 진수

1) 특징

① 경사로 건설비가 싸다.
② 공사가 용이하다.
③ 경사로 연장을 길게 하기 어렵다.
④ 동시제작 개수가 적다.
⑤ 수중부에도 상당한 거리의 경사로가 필요하다.

2) 시공법

① 육상으로부터 해면으로 2줄 또는 4줄의 경사로를 설치한다.
② 케이슨을 경사로상에 활강시켜 바다에 진수시킨다.

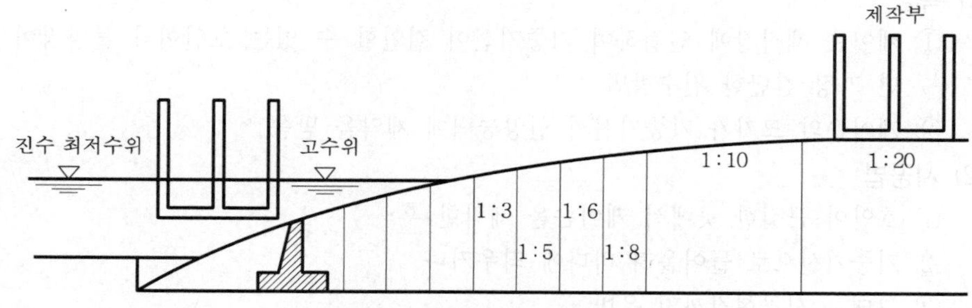

<경사로에 의한 시공법>

3. 가체절방식에 의한 진수

1) 특징

① 설비가 간단하다.
② 공기가 길다.
③ 제작용량이 적다.
④ 정온하고 조위차가 큰 장소에서 채용이 가능하다.
⑤ Caisson 진수시 가물막이를 절개하여 주수할 경우 수량조절이 되지 않아 사고위험이 있다.
⑥ 제작하려는 Caisson의 수가 적고 크기도 소형일 경우이다.

2) 시공법

① 수심이 얕은 항만이나 해안을 가물막이 하여 제작장 조성
② Caisson 제작 후 가물막이 절개
③ Caisson 부상

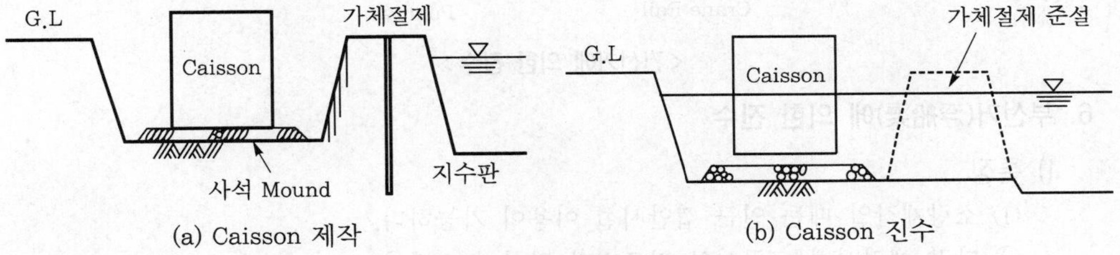

<가체절방식에 의한 시공법>

4. 사상진수

1) 특징

위치선정시 조건의 제약을 받음

2) 시공법

① 계획상 준설할 모래 지반위에 케이슨 제작장 조성
② 케이슨 제작
③ 모래바닥을 해면에서부터 준설
④ 진수할 수 있는 일정 수심이 되면 케이슨 부상

5. 건선거(乾船渠)에 의한 진수

1) 특징

① 진수작업이 안전하다.
② 재료운반이 용이하다.
③ 한 번에 여러개 또는 거대한 Caisson의 제작이 가능하다.
④ 건선거는 제작완료후 선박건조와 수리용으로 활용할 수 있다.
⑤ 긴 공기와 많은 공사비가 소요된다.
⑥ 대규모공사 또는 장기간의 공사에 적합하다.

2) 시공법

① 물을 배제한 선거(船渠) 안에서 케이슨 제작

② 물을 넣어 케이슨 부상

③ Gate를 열어 Caisson을 건선거 밖으로 끌어냄

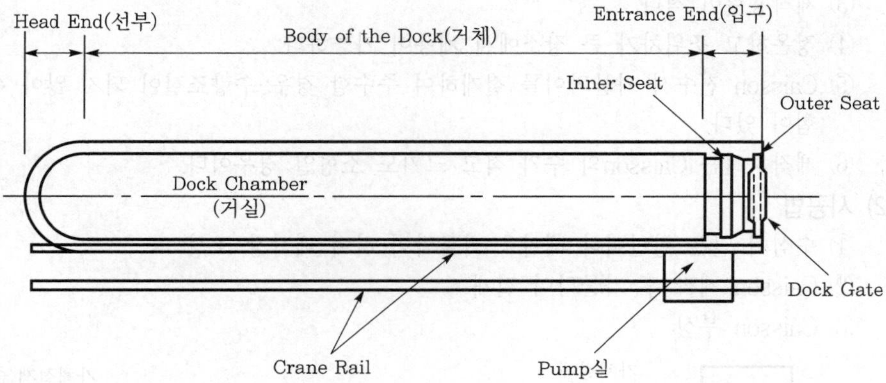

<건선거에 의한 진수>

6. 부선거(浮船渠)에 의한 진수

1) 특징

① 소량제작일 때는 인근 접안시설 이용이 가능하다.

② 다량 제작시에는 공기와 건조비가 많이 소요된다.

③ 진수수심이 깊은 곳까지 예인해야 된다.

④ 제작장에 접안설비가 갖춰진 넓은 작업장이 필요하다.

2) 진수방법

① 부선거를 제작장 부근으로 예인

② 선체를 부상시킨후 그 위에서 Caisson 제작

③ 부선거를 진수지점으로 예인

④ 부선거를 침강시켜 Caisson을 부상시킴

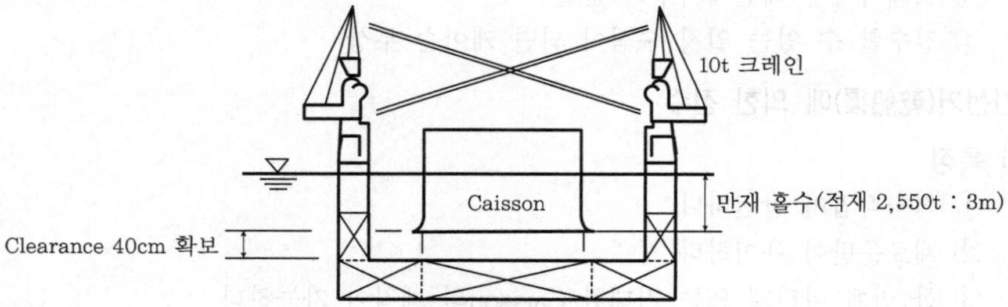

<부선거에 의한 진수>

7. Syncrolift에 의한 진수

1) 특징

① 시설규모에 따라 대량제작이 가능하다.

② 임시제작 설비로서는 공기가 길고, 공사비가 많이 소요되는 결점이 있다.

2) 시공법

① Syncrolift 설치

② 후면의 레일 대차상에서 케이슨 제작

③ 케이슨을 플랫폼에 실어

④ 수면에 하강시켜 케이슨을 진수시킨다.

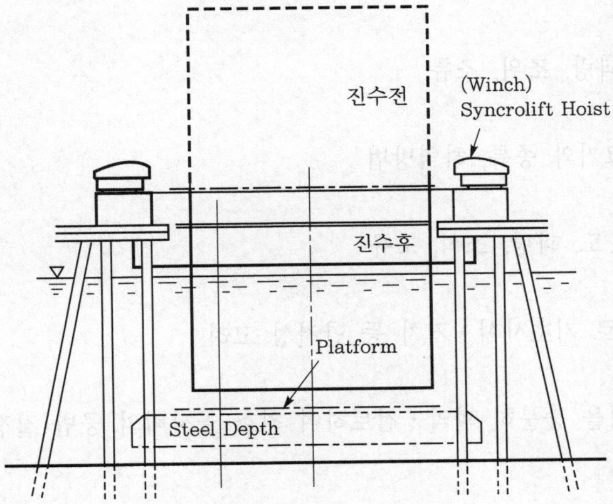

<Syncrolift에 의한 진수>

Ⅴ. 결론

① 진수시설은 앞에서 설명한 7가지의 방법이 있으며, 각기 다른 특징적 시설을 필요로 한다.

② 그간의 케이슨제작은 경사로와 건선거의 시설에 의한 실적이 많았고 앞으로도 케이슨의 제작, 진수, 거치에 있어서 이 두 가지 방법의 활용이 많을 것으로 전망된다.

5 안벽(계선안)의 시공

Ⅰ. 개요

① 안벽이란 계류시설의 일종으로서 선박을 접안시켜 하역할 수 있는 접안시설을 말한다.

② 안벽은 구조양식에 따라 중력식, 널말뚝식, Cell식, 잔교식, 부잔교식, Dolphin, 계선부표 등으로 나눈다.

Ⅱ. 공법 선정시 고려사항

1) 자연조건

지반조건, 파랑, 조위, 조류

2) 이용조건

접안선박 크기와 종류, 하역방법

3) 시공조건

바람, 비, 온도, 파랑, 조석, 조류

4) 안전성

해상작업으로 기초사석 · 거치 등 안전성 고려

5) 경제성

공법의 특성을 충분히 파악 · 검토하여 최소 공사비의 공법 결정

Ⅲ. 안벽의 분류

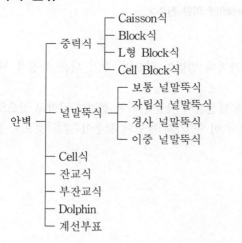

- 안벽
  - 중력식
    - Caisson식
    - Block식
    - L형 Block식
    - Cell Block식
  - 널말뚝식
    - 보통 널말뚝식
    - 자립식 널말뚝식
    - 경사 널말뚝식
    - 이중 널말뚝식
  - Cell식
  - 잔교식
  - 부잔교식
  - Dolphin
  - 계선부표

Ⅳ. 종류별 특징

1. 중력식

토압, 수압 등 외력에 대하여 자중과 그 마찰력에 의해서 저항하는 구조이며, 지반이 견고하고 수심이 얕은 경우에 유리하다.

1) Caisson식

① 육상에서 제작된 Caisson을 소정위치에 설치하는 방법이다.
② 강력한 토압에 견딜 수 있다.
③ 육상제작이므로 품질을 믿을 수 있다.
④ 속채움재가 저렴하다.
⑤ 시설비가 많이 든다.
⑥ 충분한 수심이 확보되어야 한다.

2) Block식

① 대형 콘크리트 블록을 쌓아 계선안으로 이용한다.
② 강력한 토압에 견딜 수 있다.
③ 지반이 약한 곳에서는 채택이 어렵다.
④ 육상제작이므로 품질을 믿을 수 있다.
⑤ 설치시 대형 크레인 등의 운반기계가 필요하다.

3) L형 블록식(L-Shaped Block Type)

① 육상에서 L형 블록을 만들어서 블록 및 블록 저판상의 흙 또는 조립의 중량과 마찰력에 의해 토압에 저항하는 구조
② 흙 또는 조석의 이용이 가능
③ 수심이 얕은 경우에 경제적
④ 지반이 약한 곳에서는 침하가 일어나므로 부적합

4) Cell 블록식(Cellular Block Type)

철근콘크리트로 제작한 상자형 블록내부를 속채움하여 외력에 저항하도록 한 구조

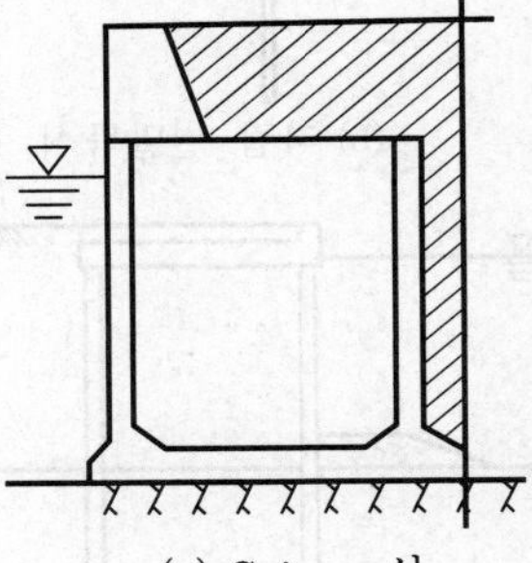
(a) Caisson식

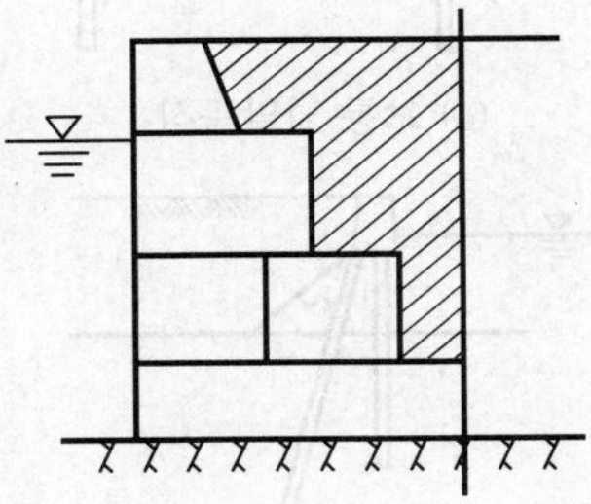
(b) Block식

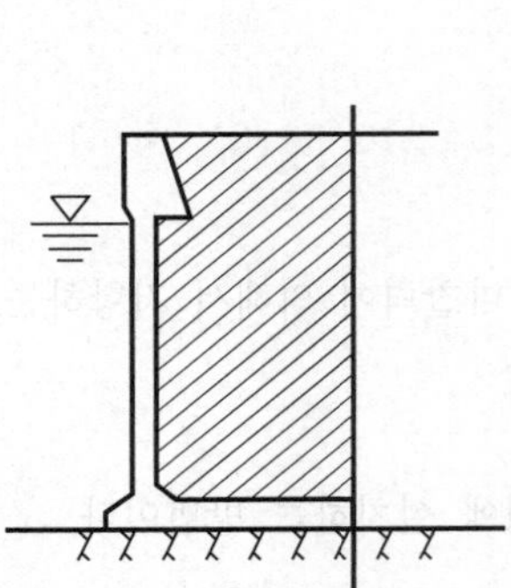
(c) L형 Block식

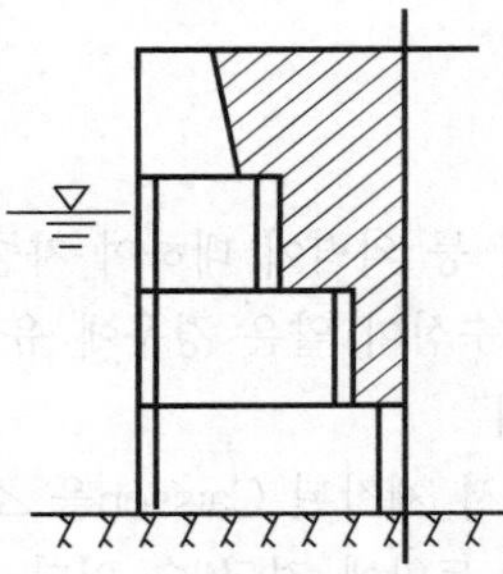
(d) Cell Block식

<중력식>

2. 널말뚝식

철제 또는 콘크리트제 널말뚝을 박아서 토압에 저항하는 구조

1) 보통 널말뚝식

널말뚝을 박아서 널말뚝에 작용하는 토압을 후면에 설치한 버팀공과 널말뚝의 근입부에 의해 저항하는 방식

2) 자립 널말뚝식

널말뚝 후면에 버팀공이 없이 토압을 널말뚝 근입부의 횡저항에 의해서 저항토록 한 방식

3) 경사 널말뚝식

널말뚝과 일체로 경사지게 박은 말뚝에 의해서 토압에 저항토록 한 방식

4) 이중 널말뚝식

① 널말뚝을 이중으로 박아서 그 두부를 Tie-rod 또는 Wire로 연결하여 토압에 저항하는 방식

② 양쪽을 계선안으로 사용할 수 있으며, 돌제(突堤)를 만들 때 적합한 방식

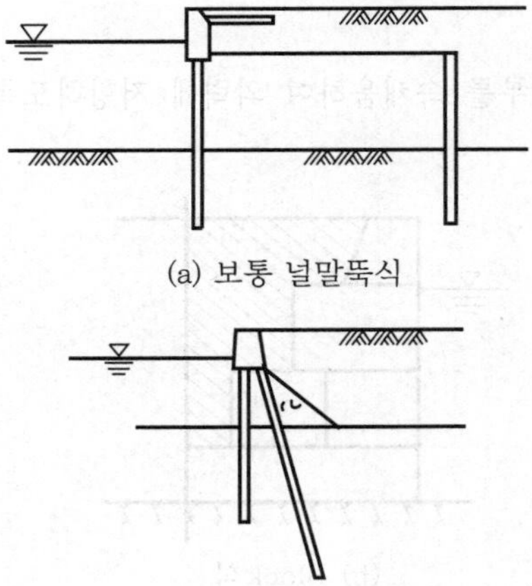
(a) 보통 널말뚝식

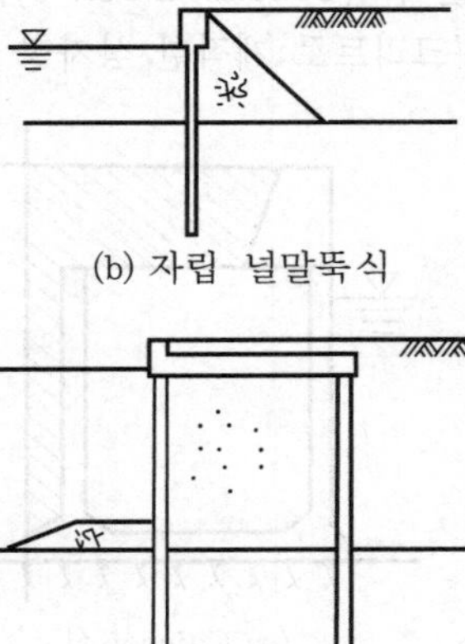
(b) 자립 널말뚝식

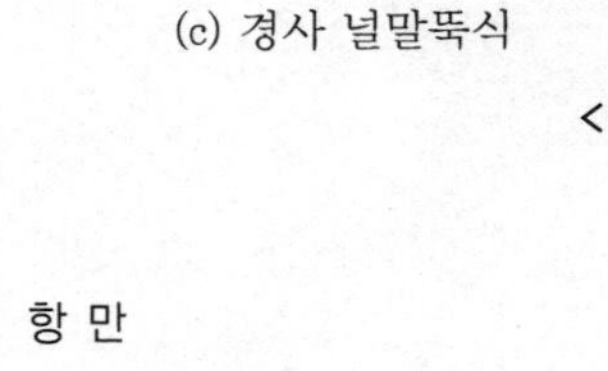
(c) 경사 널말뚝식

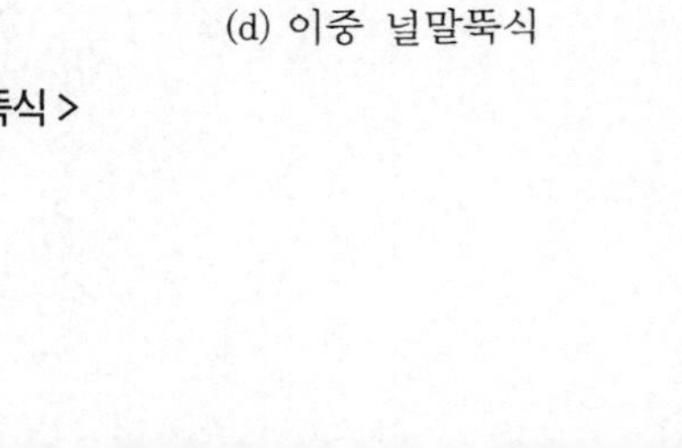
(d) 이중 널말뚝식

<널말뚝식>

3. Cell식(Cell type)

직선형 널말뚝을 원 또는 기타 형으로 폐합시키는 방식이며, 속채움에 조석 또는 흙을 사용한다.

① 비교적 큰 토압에 저항할 수 있다.
② 수심이 깊은 곳에 유리하다.
③ 강널말뚝식과 강판식이 있다.

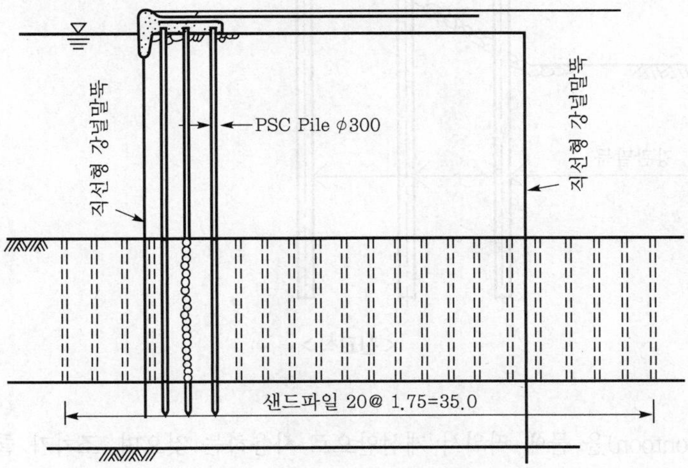

(a) 강널말뚝식

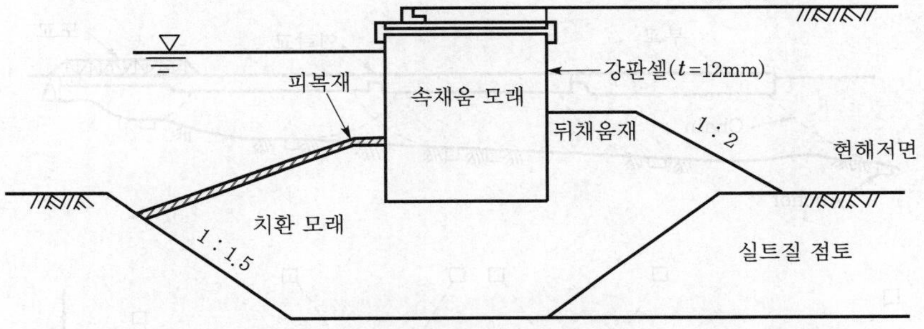

(b) 강판식

<Cell식>

4. 잔교식

잔교는 해안선에 나란하게 축조하는 횡잔교와 해안선에 직각으로 축조하는 돌제식(突堤式) 잔교가 있으며, 돌제식 잔교는 토압을 받지 않고 횡잔교는 토압의 대부분을 토류사면이 받고 그 일부만 잔교가 받게 된다.

① 지반이 약한 곳에서도 적합하다.
② 기존 호안이 있는 곳에는 횡잔교가 유리하다.
③ 토류사면과 잔교를 조합한 구조이므로 공사비가 많이 든다.
④ 수평력에 대한 저항력이 적다.

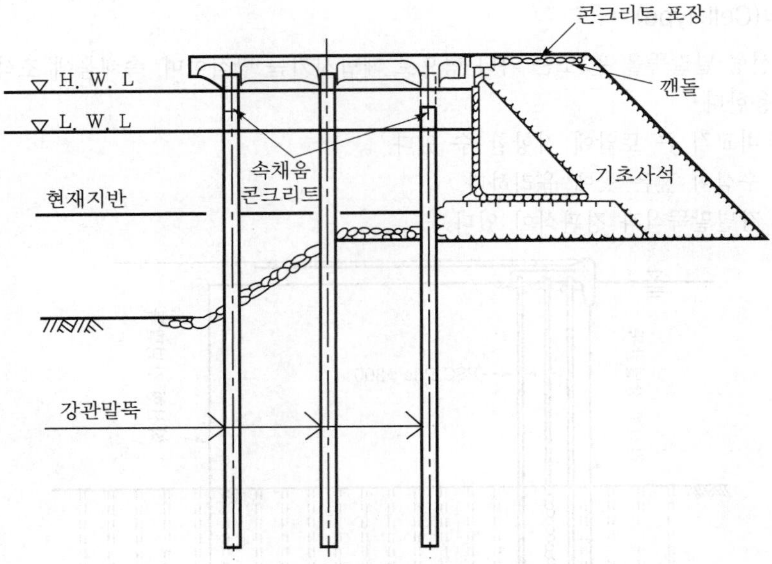

<잔교식>

5. 부잔교식

부함(pontoon)을 물에 띄워서 계선안으로 사용하는 것으며, 조차가 클 때 축조한다.

① 철제와 철근콘크리트제가 있다.

② 육지와의 사이에는 가동교(可動橋)에 의해 연결된다.

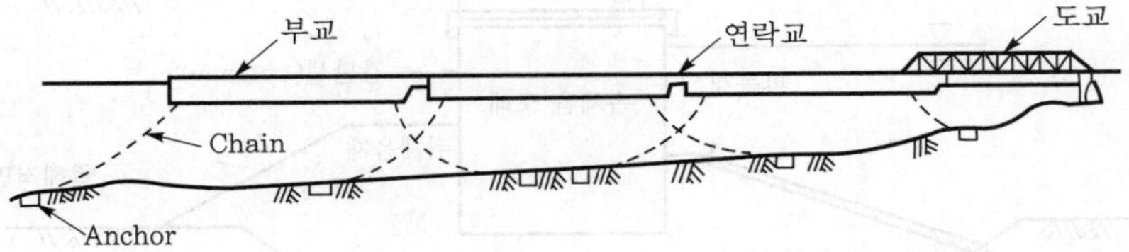

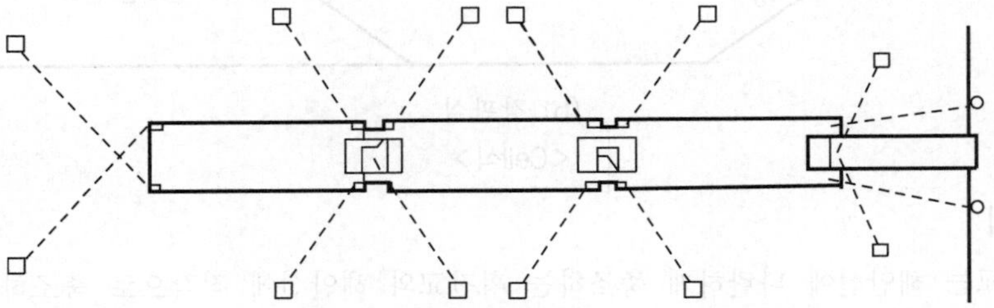

<부잔교식>

6. Dolphin

해안에서 떨어진 해중에 말뚝 또는 주상 구조물을 만들어 계선안으로 사용하는 것으로 말뚝식과 Caisson식이 있다.

① 구조가 간단하다.

② 공사비가 저렴하다.

③ Dolphin의 구조는 선박의 충격에 견딜 수 있어야 한다.

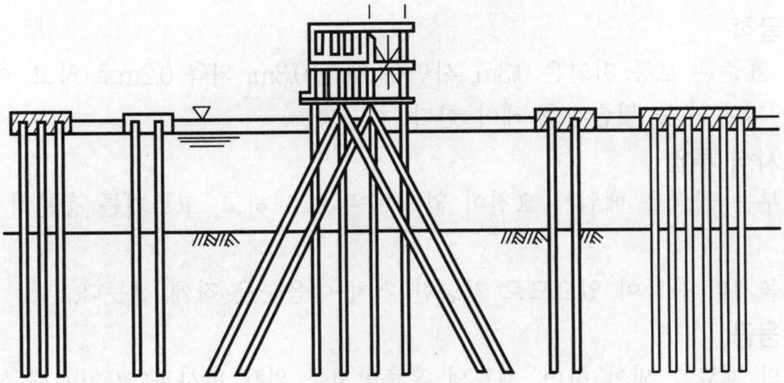

(a) 말뚝식

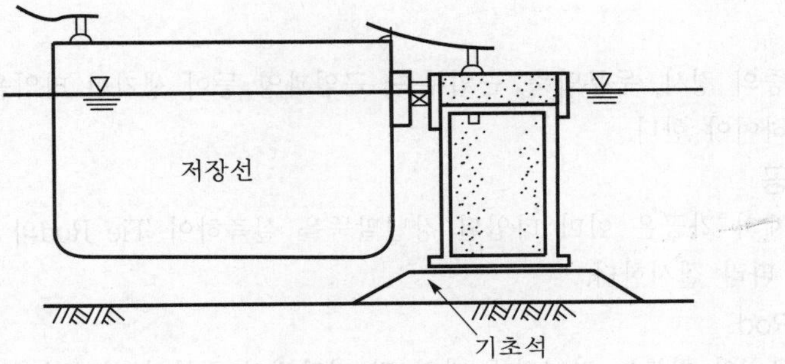

(b) Caisson식

<Dolphin>

7. 계선부표(Mooring Buoy)

주로 박지내에 설치하는 것으로 해저에 Anchor 또는 추(Sinker)를 만들어 줄을 연결하고 부표를 띄워서 선박을 계류하는 것을 말한다.

① 침추식, 묘쇄식, 침추 묘쇄식의 3종으로 나눈다.

② 침추 묘쇄식이 가장 많이 사용된다.

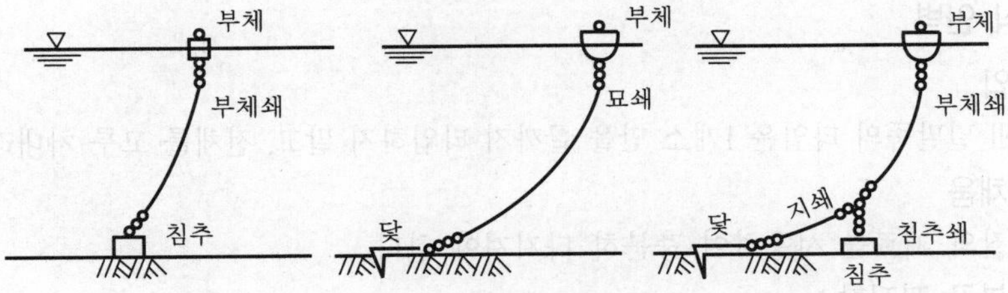

(a) 침추식　　(b) 묘쇄식　　(c) 침추 묘쇄식

<계선부표>

V. 시공시 유의사항

1. 중력식 안벽

1) 하상굴착

오차 표준은 보통 저면은 0.3m, 사면은 내측 0.3m, 외측 0.2m로 하고, 이를 벗어났을 경우 되메움 등 뒷손질을 해야 한다.

2) 기초사석 투입

사석부는 공극을 메워서 요철이 없게 수평으로 하고, 고르기를 충분히 한다.

3) 거치

뒤채움재의 흡출이 있으므로 가능한 거치 이음눈을 작게 잡는다.

4) 뒤채움공

양질의 재료를 써야 하며, 재료의 흡출방지를 위해 방사판(放砂板)을 설치한다.

2. 널말뚝식 안벽

1) 타입

타입중의 경사, 두부압축, 근입부족, 근입과잉 등이 생기면 타입을 중지하고, 대책을 강구하여야 한다.

2) 띠장공

띠장재의 가공은 이미 타입된 강널말뚝을 실측하여 Tie Rod의 취부위치를 정하고 이에 따라 실시한다.

3) Tie Rod

Tie Rod의 취부는 강널말뚝 타입 및 띠장재의 취부가 완료되면 속히 시공한다.

4) 뒤다짐공

토압을 경감할 수 있는 재질이어야 하며, 몇 개의 층으로 구분하여 시행한다.

5) 뒤채움공

뒷다짐재 투입완료후에 행하며, 일시에 규정 이상 높이까지 성토해서는 안 된다.

6) 전면준설

강널말뚝 타입전에 미리 시공 개소를 굴착하는 경우 규정 수심 이상 굴착하지 않도록 주의한다.

3. Cell식 안벽

1) 타입

Cell 널말뚝의 타입은 1개소 만을 끝까지 타입하지 말고, 전체를 고루 처내려가야 한다.

2) 속채움

양질의 재료를 사용하여 충분히 다져져야 한다.

3) 상부공 지지항

상부공의 지지항은 속채움 다짐을 끝낸 후 실시한다.

4. 잔교식 안벽

1) 사면시공

사면피복 장석(長石)은 파랑으로부터 법면을 보호하기 위한 것으로서 견고하게 마무리하여야 한다.

2) 항타공

근입부족, 항타불량, 각도 불량인 때는 이어주거나 절단하는 등 조치를 한다.

3) 도판공(度板工)

잔교부와 토류부가 떨어져 있을 때는 철근콘크리트 또는 강제의 도판을 제작하여 Crawler Crane으로 가설한다.

5. 부잔교식 안벽

1) Pontoon 선정

내구성, 수밀성, 충격에 대한 저항성 등을 고려하여 선정한다.

2) Pontoon의 규격

화물, 여객 등의 취급에 충분한 넓이와 건현(Free Board)을 가지며, 안정성이 좋아야 한다.

3) Pontoon의 안정

육안과의 연결교의 지점반력과 갑판상에 적재하중을 만재한 후 Pontoon 내부에 약간의 침수(Pontoon 높이의 10%)가 있을 때 만재의 부체 안정조건을 만족하고 필요한 건현(0.5m 정도)을 유지할 것이다.

Ⅵ. 결론

① 안벽은 주로 해상작업을 많이 해야 하므로 파랑, 파도, 수압 등에 대한 충분한 검토가 있어야 한다.

② 구조양식의 선정시에는 각 구조양식의 특성을 충분히 파악한후 각각의 시공조건에 따른 시공성과 경제성을 비교 검토후 결정해야 한다.

6 가물막이공법(가체절공법)

Ⅰ. 개요

① 수중 또는 물의 흐름이 접하는 곳에 구조물을 만들 때 Dry한 상태로 공사를 하기 위한 가설 구조물을 가물막이라고 한다.

② 가물막이는 토압, 수압 등의 외력에 견딜 수 있는 강도와 수밀성이 요구되는 한편, 가설 구조물로서 철거가 쉽고 경제적이어야 한다.

Ⅱ. 사전조사

① 토질조사

② 홍수위, 유속, 유량조사

③ 조위, 조류, 파도, 풍향, 풍속조사

④ 부근의 준설공사 여부

Ⅲ. 공법 선정시 고려사항

① 지수성

② 수압, 토압 등의 외력에 대한 안정성

③ 가물막이 내의 작업성

④ 철거의 용이성

⑤ 시공의 안전성

⑥ 소음, 진동 등 주위환경에 대한 영향

⑦ 가설공사로서의 경제성

⑧ 물막이 내부의 안전성

Ⅳ. 시공계획

1) 사전조사

① 가물막이의 기초지질, 지형

② 홍수의 최대 유출, 유량

③ 가물막이의 건설공기, 가설기간

④ 방류설비, 취수설비 등

2) 기초지반 처리

① 가물막이가 소형이므로 기초암반 처리실시

② 암반 Prestressed 전달구조용 검토

3) 제체 시공

① 성토다짐 관리철저

② 침윤선 저하 대책 마련

4) 공사시기
① 가물막이 공사시기는 융설기간 및 호우기간을 피함
② 태풍기간 및 홍수발생이 우려되는 시기를 피함

5) 가물막이 높이
① 가물막이 높이는 가배수로 상류 설계 수심에 여유고를 더함
② 가배수로 유입부에서는 유입에 의한 손실수두와 유속변화에 따른 손실수두 고려

6) 가물막이 형식
① 간이 가물막이
② 흙댐식 가물막이

7) 안전성 검토
① 가물막이 내·외부 수위차에 의한 지반 및 제체의 Piping 검토
② 최대 홍수량에 대한 수위 및 수압 검토

Ⅴ. 공법의 분류

- 가물막이공법
  - 중력식
    - 댐식
    - Box식
    - Caisson식
    - Cellular Block식
    - Corrugated Cell식
  - Sheet Pile식
    - 자립식
    - Ring Beam식
    - 한겹 Sheet Pile식
    - 두겹 Sheet Pile식
    - Cell식

Ⅵ. 공법별 특징

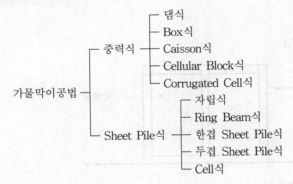

1) 댐식
① 토사를 축제하는 형식
② 수심이 얕은(3m 이내) 단기간의 공사에 적용
③ 구조가 단순하고, 재료입수가 용이
④ 넓은 부지가 필요

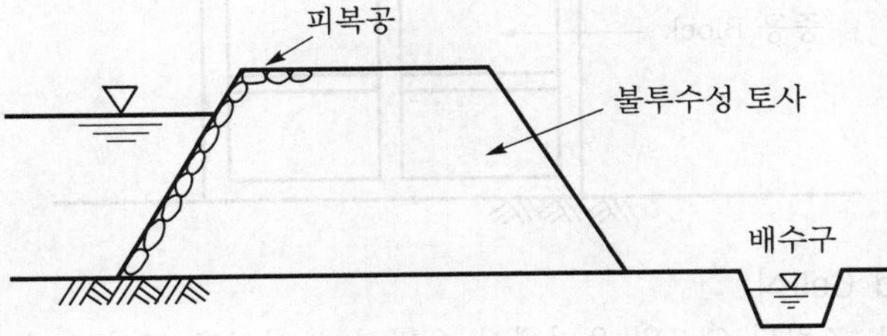

2) Box식

① 나무나 철제의 Box를 설치한 후 돌을 채우는 방식
② 기초가 암반인 소규모 물막이에 적합
③ 보수나 복구가 쉬움
④ 지수성이 낮음

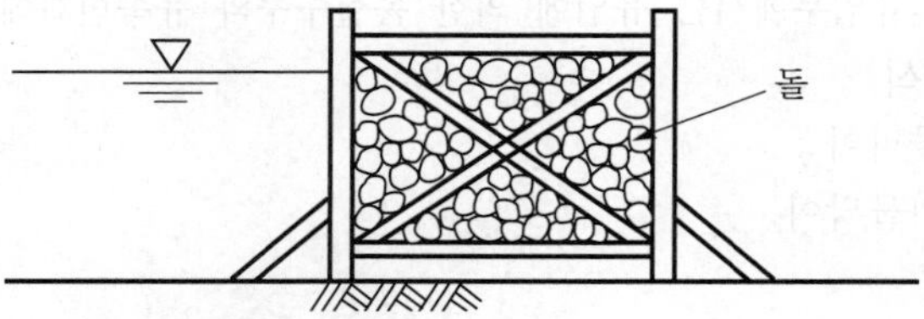

3) Caisson식

① 육상에서 제작된 Caisson을 거치한 후 속채움하는 방법
② 수심이 깊어 널말뚝의 타입이 안 될 때 적용
③ 안정성이 높음
④ 시공속도가 빠름
⑤ 공사비가 많이 소요됨

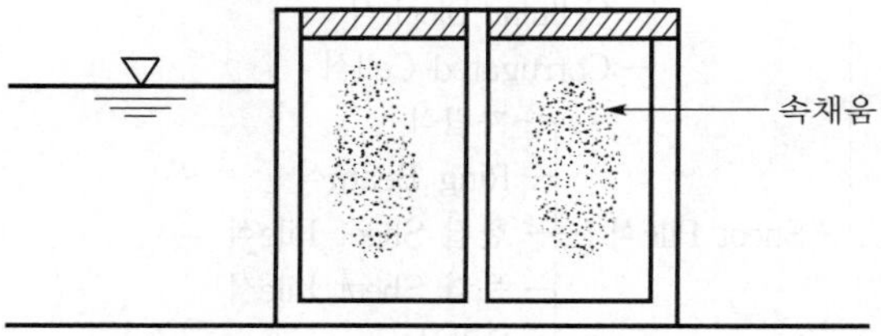

4) Cellular Block(중공 Block)식

① Caisson 대신 작게 분할된 Cellular Block을 사용하는 방법
② 파랑 및 조류 조건이 나쁠 때 적용
③ 연약지반에는 부적합
④ Caisson보다 지수성이 떨어짐

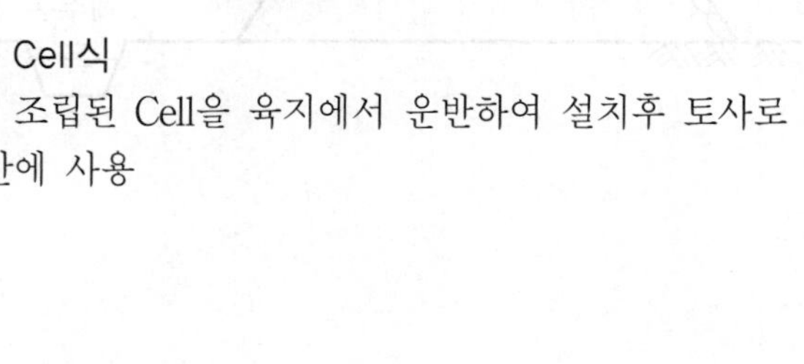

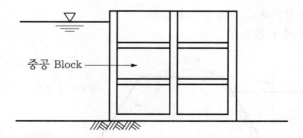

5) Corrugated Cell식

① 강판으로 조립된 Cell을 육지에서 운반하여 설치후 토사로 속채움하는 방법
② 가설호 안에 사용

③ Cell 운반용 Crane 선이 필요
④ 시공이 간단하며, 안전성이 좋음

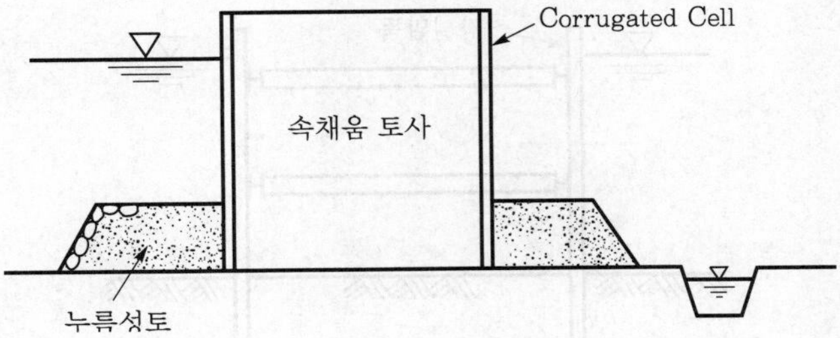

6) 자립식
① Sheet Pile 자체가 수압에 저항하는 형식
② 부지가 작게 소요
③ 연약지반에는 적용이 곤란
④ 깊은 수심에는 부적당

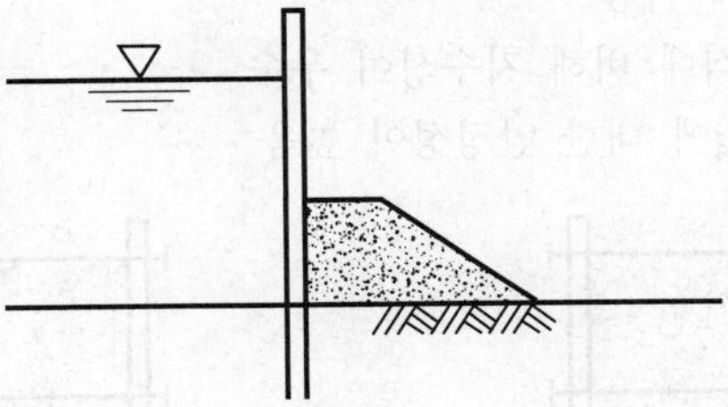

7) Ring Beam식
① Sheet Pile과 원형의 Ring Beam으로 수압에 저항하는 형식
② 수심 5~10m 정도의 교각 기초에 주로 사용
③ 시공속도가 빠르고 경제적

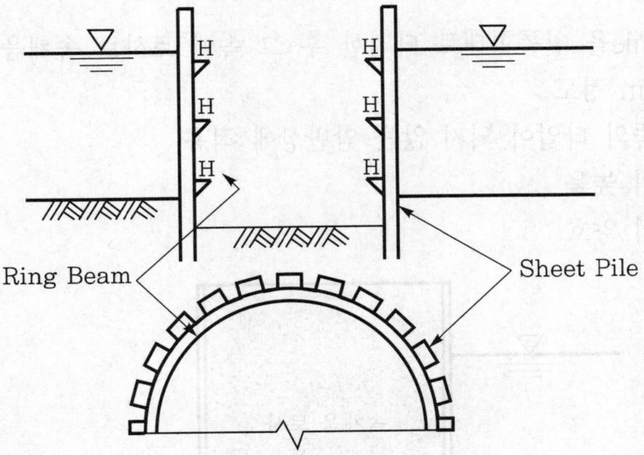

8) 1겹 Sheet Pile식
① Sheet Pile과 Strut에 의해 수압에 저항하는 형식
② 수심 5m 정도

③ 지반이 좋은 곳의 소규모 물막이에 적합
④ 누름성토를 병용하거나 강널말뚝을 사용하면 깊은 수심에도 적용이 가능

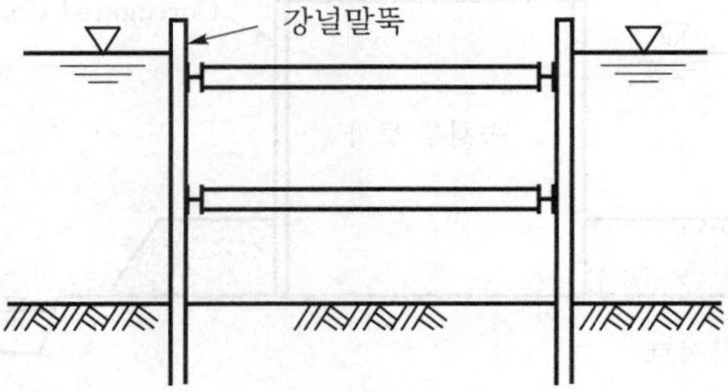

9) 2겹 Sheet Pile식

① Sheet Pile을 2열로 타설하고, Tie-rod로 연결한 후 그 사이를 모래, 자갈로 속채움하는 방식
② 수심 10m 정도
③ 대규모 물막이에 사용
④ 1겹 Sheet Pile식에 비해 지수성이 우수
⑤ Heaving, Piping에 대한 안정성이 높음

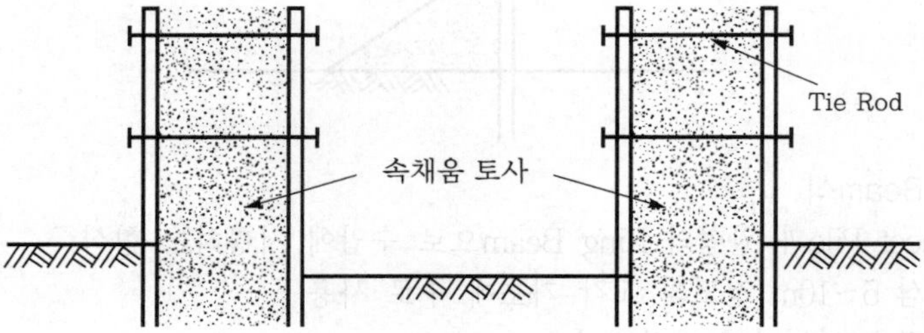

10) Cell식

① Sheet Pile을 원통형태로 타입한 후 그 속에 토사로 속채움하는 방식
② 수심 10m 정도
③ 강널말뚝의 타입이 되지 않는 암반상에 적용
④ 안정성이 높음
⑤ 수밀성이 양호

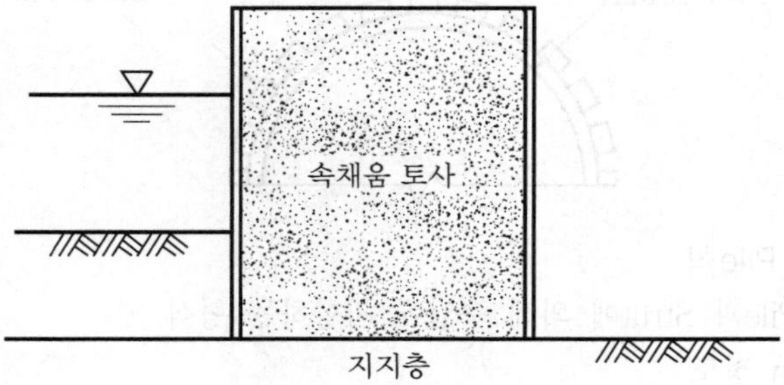

Ⅶ. 시공시 유의사항

1) 수직도 유지

Sheet Pile은 직선 타입하여 벽체가 수직을 유지하도록 해야 한다.

2) 수밀성 대책

한겹 Sheet Pile식에서는 벽체의 수밀성을 높이기 위해 타입 널말뚝의 완전폐합이 중요하다.

3) 벽체와 지반의 밀착

중력식에서는 가물막이 벽체와 지반과는 완전히 밀착되도록 시공하여야 한다.

4) 지반처리

하천입구 부근의 연약지반에서는 하상의 모래치환에 의한 지반개량이 필요하다.

5) 세굴대책

댐식 가물막이에서는 제외지 비탈 끝에 대한 세굴방지 대책을 강구하여야 한다.

6) Boiling, Heaving 대책

Sheet Pile식 가물막이에서는 Boiling이나 Heaving에 대한 안정성을 높이기 위해 Sheet Pile을 가능한 한 깊이 타입해야 한다.

7) 속채움재

속채움 재료로서는 실트분이 적은 양질의 모래 또는 자갈을 사용한다.

8) 벽체의 변형방지

가물막이의 벽체 변형은 대부분 속채움 작업시 발생되므로 세심한 시공관리가 요구된다.

9) Tie－rod 설치

Tie－rod의 설치는 Sheet Pile 타입, 띠장의 설치완료후 즉시 해야 한다.

10) 지수벽 설치

댐식 가물막이에서 공사가 장기화될 경우 지수벽을 제방내에 설치한다.

Ⅷ. 결론

① 가물막이 공사의 결함은 재해의 중대한 원인이 되므로 시공계획이나 현장상황의 판단과 과거의 시공실적을 충분히 연구하여 신중을 기해야 한다.

② 가물막이는 어떤 공법을 적용하든지 매우 안전율이 낮으므로 설계와 시공의 일치가 요점이 된다고 볼 수 있다.

제9장 하 천

- 문제1 호안공의 종류
- 문제2 하천제방의 누수원인과 방지대책
- 문제3 하천 홍수재해 방지대책

하천 과년도 문제

1	1. 하천 호안구조의 종류를 열거하고, 설치시 고려해야 할 사항에 대해서 기술하시오. [98후, 30점]
	2. 하천 호안의 역할 및 시공시 유의사항을 설명하시오. [08중, 25점]
	3. 하천제방의 종류와 시공시 유의사항을 설명하시오. [09전, 25점]
	4. 하천 호안의 종류와 구조에 대해 설명하고, 제방 시공시 유의사항을 설명하시오. [13전, 25점]
	5. 하천의 비탈보호공(덮기공법)을 설명하고, 시공시 유의사항을 기술하시오. [02전, 25점]
	6. 호안구조의 종류 및 특징 [13후, 10점]
	7. 하천공사시 제방의 재료 및 다짐에 대하여 설명하시오. [10중, 25점]
	8. 하천제방에서 식생블록으로 호안보호공을 할 때 안전성 검토에 필요한 사항과 시공시 주의사항을 설명하시오. [12중, 25점]
	9. 하천제방 축조시 재료의 구비조건과 제체의 안정성 평가방법을 설명하시오. [12후, 25점]
	10. 하천제방제체 안정성 평가방법에 대하여 설명하시오. [17전, 25점]
	11. 매립호안 사석제의 파이핑(piping)현상에 대한 방지대책공법을 설명하시오. [09중, 25점]
	12. 하천생태(환경) 호안 [08후, 10점]
2	13. 하천제방의 붕괴원인과 그 대책에 관하여 쓰시오. [99전, 30점]
	14. 하천 호안의 파괴원인 및 방지대책에 대하여 설명하시오. [94전, 50점], [18중, 25점]
	15. 누수로 인한 성토제방의 파괴요인을 기술하고 누수 방지공법을 설명하시오. [97후, 35점]
	16. 집중호우시 수위 상승으로 인한 하천제방의 누수 및 제방붕괴 방지를 위한 대책에 대하여 설명하시오. [06후, 25점]
	17. 하천제방 제내지측에 누수징후가 예견되었다. 누수원인과 방지대책을 설명하시오. [08후, 25점]
	18. 하천제방의 누수원인을 기술하고 누수 방지대책에 대하여 설명하시오. [95후, 30점], [01전, 25점], [15전, 25점], [19전, 25점]
	19. 하천제방의 누수원인을 열거하고, 누수 방지공법의 종류와 각 특징에 관하여 기술하시오. [00후, 25점]
	20. 하천공사에서 제방을 파괴시키는 누수, 비탈면활동, 침하에 대하여 설명하시오. [10중, 25점]
	21. 제방의 누수에는 제체누수와 지반누수로 구분할 수 있는데, 이들 누수의 원인과 시공대책에 대하여 설명하시오. [02후, 25점]
	22. 제방호안의 피해형태, 피해원인 및 복구공법에 대하여 설명하시오. [17중, 25점]
	23. 하천제방에서 부위별 누수 방지대책과 차수공법에 대하여 설명하시오. [09중, 25점]
	24. 하천제방의 차수공법을 공법개요, 신뢰성, 환경성, 장비사용성, 시공성측면에서 비교 설명하시오. [14중, 25점]
	25. 하천공작물 중 제방의 종류를 간략하게 설명하고 제방 시공계획에 대하여 기술하시오. [05후, 25점]
	26. 하천의 보 하부의 하상세굴의 원인과 대책에 대하여 설명하시오. [13전, 25점]
	27. 하상유지시설의 설치목적과 시공시 고려사항을 설명하시오. [12중, 25점]
	28. 하천 하상유지공의 설치목적과 시공시 유의사항을 설명하시오. [16중, 25점]
	29. 장마철 호우에 대비하여 하상(河床)을 정비하고자 한다. 하상 굴착방법 및 시공시 유의사항에 대하여 설명하시오. [16후, 25점]
	30. 하천제방 축조시 시공상 유의사항을 설명하시오. [00전, 25점]
	31. 하천제방에서 제체재료의 다짐기준을 설명하시오. [07후, 25점]
	32. 수제공(Stream Control Works)의 목적과 기능에 관해 기술하시오. [03중, 25점]
	33. 친환경 수제(水制)를 이용한 하천개수공사시 유의사항에 대하여 설명하시오. [19전, 25점]
	34. 하천에서 보를 설치하여야 할 경우를 열거하고, 시공시 유의사항을 기술하시오. [04후, 25점]

하천 과년도 문제

2	35. 하천공사에 설치하는 기능별 보의 종류를 열거하고, 시공시 유의사항에 대하여 설명하시오. [10후, 25점] 36. 하천의 고정보 및 가동보 [09중, 10점] 37. 하천에서 보(weir) 설치를 위한 조건과 유의사항에 대하여 설명하시오. [12후, 25점] 38. 기존 제방의 보강공사를 시행할 때 주의하여야 할 사항에 대하여 설명하시오. [01중, 25점] 39. 제방법선(Nomal Line Bank) [03중, 10점] 40. 제방의 측단 [13후, 10점] 41. 하천의 역행침식(두부침식) [12중, 10점] 42. 하천공사에서 지층별 수리특성파악을 위한 조사내용 [12후, 10점]
3	43. 빈번한 홍수재해를 방지할 수 있는 대책을 수자원개발과 하천개수계획을 연계하여 기술하시오. [99후, 40점] 44. 하천개수계획시 중점적으로 고려할 사항과 개수공사의 효과를 설명하시오. [10전, 25점] 45. 하천공사 중 홍수 방어 및 조절대책에 대하여 설명하시오. [13후, 25점] 46. 하천교량의 홍수 피해원인과 대책에 대하여 설명하시오. [18후, 25점]
4	47. 도시지역의 물 부족에 따른 우수저류방법과 활용방안에 대하여 설명하시오. [11후, 25점] 48. 도시의 재개발, 시가화 촉진, 기후변화 등이 가져오는 집중호우에 의한 도시침수 피해원인 및 저감방안에 대하여 설명하시오. [14후, 25점] 49. 대도시 집중호우시 내수피해예방대책에 대하여 설명하시오. [17전, 25점] 50. 비점오염원(non-point source pollution) 발생원인 및 저감시설의 종류를 설명하시오. [15전, 25점] 51. 비점오염원과 점오염원의 특성을 비교하고, 오염원 저감시설 설치위치 선정시 유의사항을 도로의 형상별로 구분하여 설명하시오. [18전, 25점] 52. 하천의 하상계수(河狀系數) [18후, 10점] 53. 설계강우강도 [03중, 10점], [11전, 10점] 54. 유출계수 [04후, 10점] 55. 가능 최대홍수량(PMF, Probable Maximum Flood) [06중, 10점] 56. 계획홍수량에 따른 여유고 [10중, 10점] 57. 굴입하도(堀入河道) [17후, 10점] 58. Cavitation(공동현상) [00후, 10점] 59. Siphon [09전, 10점] 60. 용존공기부상(DAF ; dissolved air flotation) [11후, 10점] 61. 부영양화(Eutrophication) [08중, 10점]

1 호안공의 종류

Ⅰ. 개요

① 호안이란 제방 또는 하안을 유수에 의한 파괴와 침식으로부터 직접 보호하기 위해 제방 앞 비탈에 설치하는 구조물이다.

② 호안의 종류에는 고수호안, 저수호안, 제방호안의 세 종류로 구분되며 비탈면 덮기, 비탈 멈춤, 밑다짐의 세 부분으로 구성된다.

Ⅱ. 호안의 구조

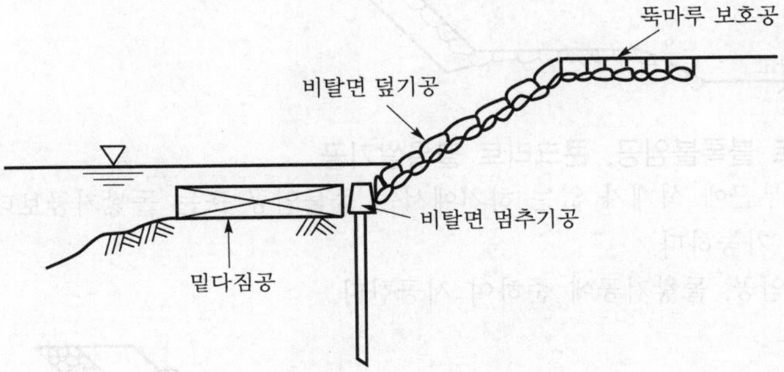

1) 비탈면 덮기공

① 하안 및 제체의 세굴방지 ② 제체내의 물의 침투방지

③ 흙막이 역할에 의한 제방의 붕괴방지

2) 비탈 멈춤공

① 비탈면 덮기공을지지 ② 비탈면 덮기공의 활동, 붕괴방지

3) 밑다짐공

① 하안의 세굴방지 ② 호안 기초공의 안정도모

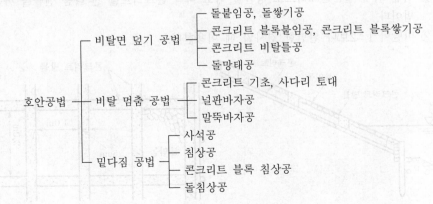

Ⅲ. 호안공법의 분류

- 호안공법
  - 비탈면 덮기 공법
    - 돌붙임공, 돌쌓기공
    - 콘크리트 블록붙임공, 콘크리트 블록쌓기공
    - 콘크리트 비탈틀공
    - 돌망태공
  - 비탈 멈춤 공법
    - 콘크리트 기초, 사다리 토대
    - 널판바자공
    - 말뚝바자공
  - 밑다짐 공법
    - 사석공
    - 침상공
    - 콘크리트 블록 침상공
    - 돌침상공

Ⅳ. 종류별 특성

1) 돌붙임공, 돌쌓기공

① 비탈경사가 1 : 1보다 급한 경우를 돌쌓기, 완만한 경우를 돌붙임이라 한다.

② 재료는 견치돌, 깬돌, 원석, 호박돌 등이다.

③ 경사가 완만한 완류에서는 메쌓기, 수세가 급하고 경사가 급한 경우는 찰쌓기를 한다.

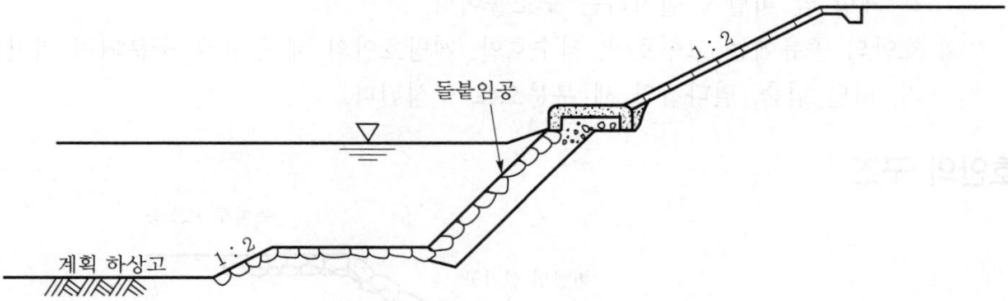

2) 콘크리트 블록붙임공, 콘크리트 블록쌓기공

① 현장부근에 석재가 없는 하천에서는 돌붙임공 또는 돌쌓기공보다 경제적으로 시공이 가능하다.

② 돌붙임공, 돌쌓기공에 준하여 시공한다.

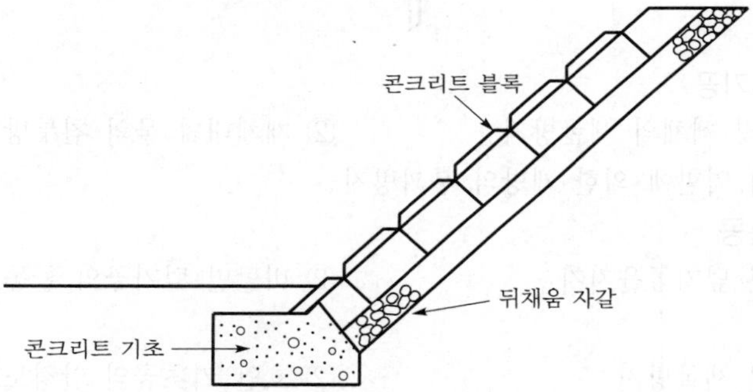

3) 콘크리트 비탈틀공

① 비탈 위에 철근콘크리트로 방틀을 짜고 바닥 콘크리트를 친 다음 깬돌을 까는 공법이다.

② 비탈이 1 : 2보다 완만한 경사일 때 이용한다.

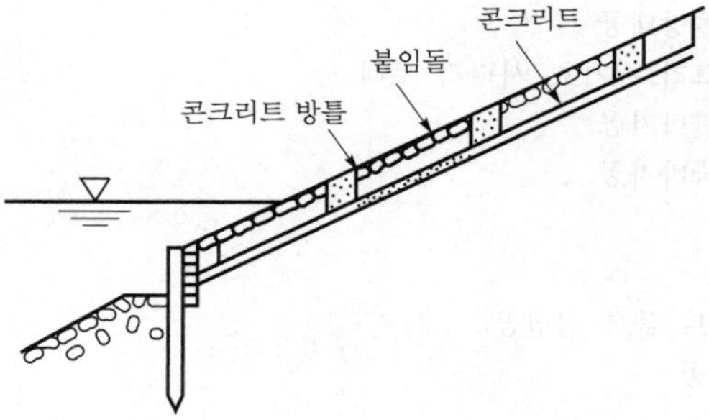

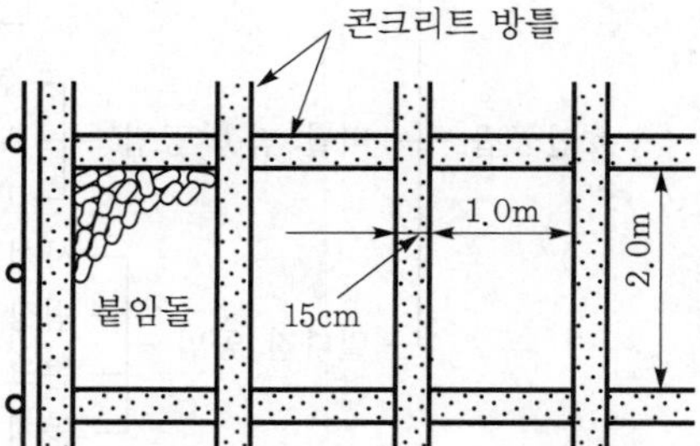

4) 돌망태공

① 직경 3~4mm 정도의 철선으로 망태를 짜서 그 속에 조약돌을 채우는 공법이다.

② 굴요성이 풍부하고, 시공성이 좋으나 내구성이 적은 단점이 있다.

③ 석재를 구하기 어려운 장소에 적합하다.

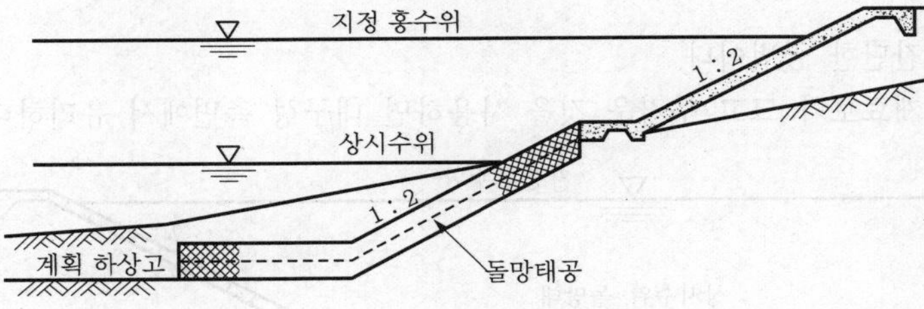

5) 콘크리트 기초, 사다리 토대

① 콘크리트 기초는 비탈면 덮기공으로 돌붙임공, 돌쌓기공, 콘크리트 블록쌓기공 등을 채택한 경우에 적용한다.

② 사다리 토대는 메쌓기와 같은 간단한 비탈면 덮기공의 기초공으로 사용된다.

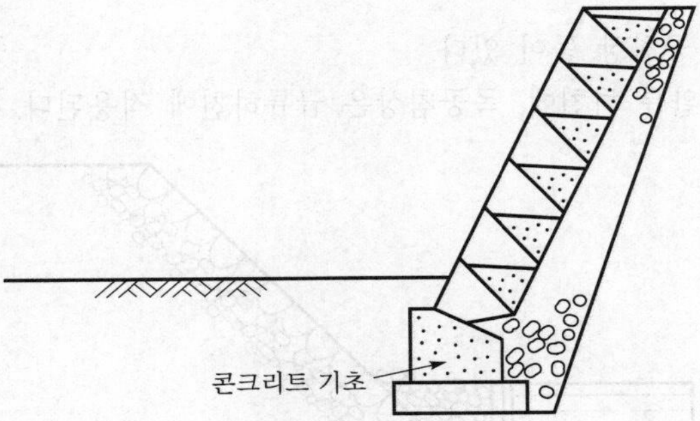

<콘크리트 기초>

6) 널판바자공

① 적당한 간격으로 말뚝을 박고 머리부분을 관목, 압목 등으로 연결하여 널판으로 바자를 만들어 호박돌, 자갈 등을 채우는 방법이다.

② 완류부 수심이 낮은 곳에서 사용한다.

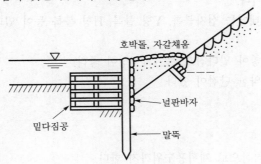

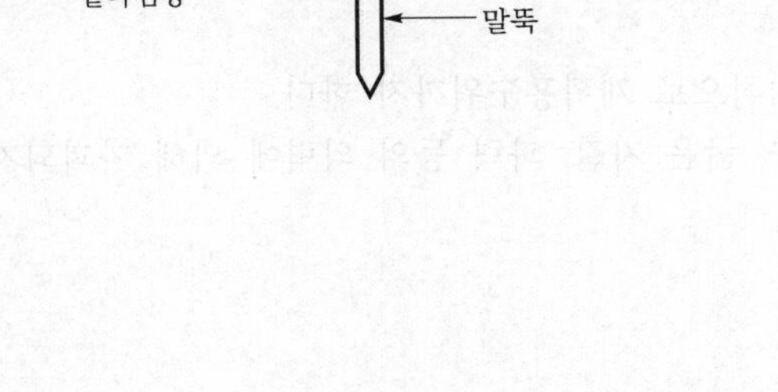

7) 말뚝바자공

① 적당한 간격으로 어미말뚝을 박고, 그 사이에 성목(成木) 및 말뚝을 붙여박는 공법이다.

② 바자 공법 중 제일 견고하며, 유속이 큰 곳에 사용된다.

8) 사석공

① 가장 간단한 공법이다.

② 하상 재료보다 크고 무거운 것을 사용하면 내구성 측면에서 유리하다.

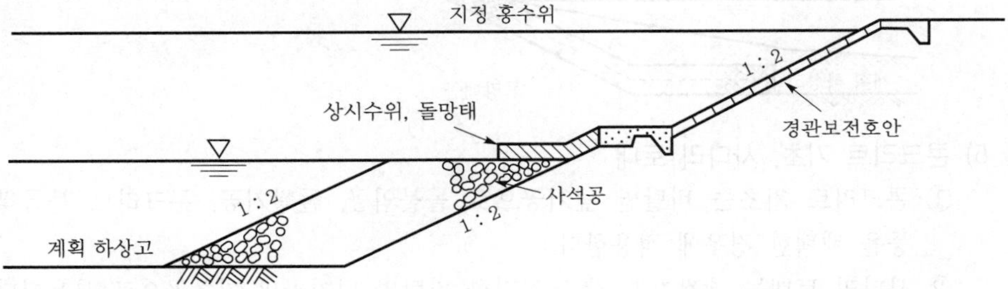

9) 침상공

① 섶침상, 목공침상 등이 있다.

② 섶침상은 완류 하천에, 목공침상은 급류하천에 적용된다.

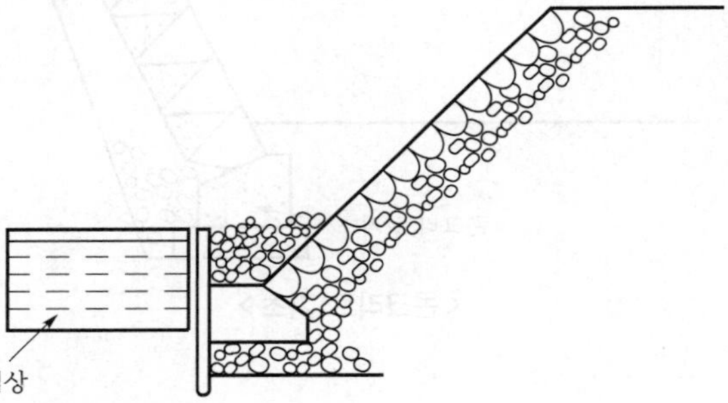

10) 콘크리트 블록침상공

① 유수에 대한 저항성과 굴요성을 증가시키기 위해 콘크리트 블록이 서로 물리게 하는 방법이다.

② 블록의 형태에는 십자블록, Y형 블록, H형 블록 등이 있다.

11) 돌침상공

① 굴요성이 좋아 밑다짐으로는 시공성이 좋다.

② 내구성이 약한 단점이 있다.

Ⅴ. 호안의 시공

1) 비탈덮기공

① 높이는 원칙적으로 계획홍수위까지 한다.

② 두께는 유수, 굵은 자갈, 파력 등의 외력에 의해 파괴되지 않도록 한다.

③ 뒤채움 재료는 입도가 적절히 혼합된 것이 좋다.
④ 비탈경사는 1 : 2를 표준으로 한다.
⑤ 비탈덮기의 표면은 거칠게 한다.

2) 기초공
① 높이는 평균 저수위를 기준으로 한다.
② 기초 및 깊이는 중소 하천의 경우 계획하상에서 0.5m 이상, 대 하천인 경우 1.0m 이상 유지되도록 한다.
③ 기초와 밑다짐은 완전히 분리해서 설치한다.

3) 밑다짐공
① 밑다짐의 상단높이는 계획하상고 이하로 한다.
② 밑다짐의 폭은 급류 및 준급류 하천은 4m 이상, 완류 및 준완류 하천은 4~12m로 한다.
③ 두께는 공법의 종류, 폭, 하상 등을 고려한다.

Ⅵ. 시공시 유의사항

1) 하상조사
호안설계시 설치장소의 하상변동을 조사하여 기초부분이 세굴에 안전하도록 기초밑 깊이를 충분히 하고 밑다짐 공법을 실시한다.

2) 뒤채움 재료선정
뒤채움 재료는 여러 크기의 입자를 고루 분포시켜 적절한 입도를 유지할 수 있도록 하여야 한다.

3) 비탈면 안정검토
유수속도가 빠르거나 간만의 차가 큰 감조부에서는 토압, 수압에 의한 붕괴위험이 크므로 구배설계시 완만한 비탈이 되게 한다.

4) 구조 이음눈 설치
종단방향에 10~20m 간격으로 구조 이음눈을 설치하여 비탈덮기의 밑부분 파괴가 전체에 미치지 않도록 한다.

5) 완화구간 설치
신설한 호안과 종래의 호안 사이에 완화구간을 두어 호안 양단부에서의 세굴과 비탈면덮기 이면의 토사유출을 방지한다.

6) 호안머리 보호공 설치
호안머리 비탈공의 세굴을 방지하기 위해서 호안머리 보호공을 설치한다.

7) 밑다짐 시공 철저
호안구조의 변화시에는 밑다짐 시공을 철저히 하고, 급격한 변화를 피해 가급적 원활히 되도록 한다.

8) 소단설치
비탈길이는 10 m 정도가 한도이나 비탈길이가 크면 소단을 설치할 필요가 있다.

9) 수제의 설치

보통 자연하천에서는 유로가 사행하는 성질이 있으므로 수제를 설계, 시공하여 제방을 유수에 의한 침식으로부터 보호한다.

10) 세굴방지공 설치

호안상부에 1.0~1.5m 정도의 폭으로 세굴방지공을 설치하여 상부의 파괴를 예방한다.

Ⅶ. 결론

① 호안은 하상의 종횡단면, 제방의 비탈경사, 토질 등을 고려하여 시공개소, 연장 및 공법 등을 결정해야 한다.

② 호안은 주로 기초의 세굴에 의해 파괴되지만 그 외에도 여러 가지 원인에 의해 파괴될 수 있으므로 파괴원인을 정확히 파악하여 그 대책을 세워야 한다.

2 하천제방의 누수원인과 방지대책

Ⅰ. 개요

① 제방의 누수는 제외수위가 상승하여 제체 또는 지반을 통해 제내측으로 침투수가 유입되는 현상을 말하고, 제체를 침투해오는 제체누수와 지반을 침투해오는 지반누수가 있다.

② 제체누수는 제체의 침윤선이 결정적인 요인이 되므로 침윤선이 제방부지 밖에 위치하도록 하여야 하며, 지반누수가 있을 경우에는 적절한 대책 공법을 강구해야 한다.

Ⅱ. 제방의 구조도

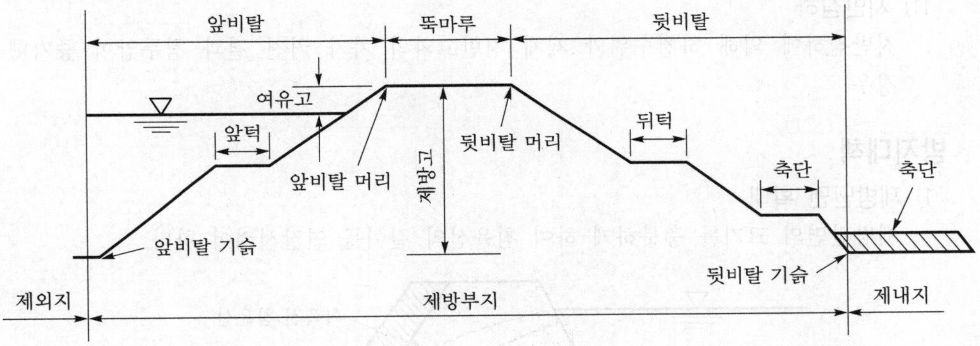

Ⅲ. 누수조사

① 제체 및 기초지반의 토질조사
② 시료채취 및 실내토질시험
③ 원위치 시험(Sounding, 투수시험, 지하수조사)
④ 모형실험

Ⅳ. 누수원인

1) 제방단면의 과소
제방의 단면이 작아서 침투수를 충분히 차단하지 못하는 경우

2) 재료의 부적정
제방이 조립토 또는 사질토를 다량으로 함유하고 있는 경우

3) 차수벽 미시공
제외지 또는 중심부에 차수벽이 없는 경우

4) 제체의 다짐불량
제체가 충분히 다져지지 않아 우수 등의 제체 침투로 흙의 강도가 저하될 경우

5) 제체의 구멍
두더지 등에 의해 제체에 구멍이 뚫릴 경우

6) 구조물 접합부 시공불량
제체내에 매설되어 있는 구조물과의 접합부에 흐름이 생길 경우

7) 투수성이 큰 지반
지반이 투수성이 큰 모래층 또는 모래 자갈층인 경우

8) 표토의 세굴
고수부지 부근의 표토가 유수에 의해 세굴되어 투수층이 노출된 경우

9) 불투수층의 두께부족
불투수성 표토의 두께를 얇게 했을 경우

10) 투수층의 노출
제방 제내지 비탈기슭 부근에서 골재를 채취하여 투수층을 노출시켰을 경우

11) 지반침하
지반침하에 의해 하천수위와 제체 지반고와의 차가 커진 결과 침투압이 증가했을 경우

V. 방지대책

1) 제방단면 확대
제방단면의 크기를 충분하게 하여 침윤선의 길이를 연장시켜야 한다.

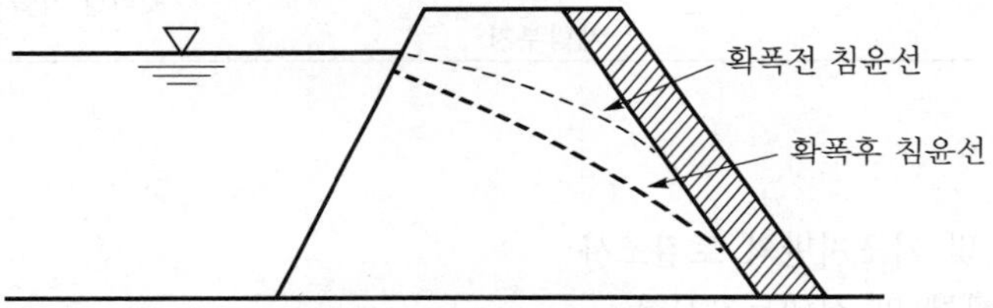

2) 제체재료 선정 유의
제체재료는 가급적 투수성이 낮은 재료를 사용하여 투수계수를 저하시켜야 한다.

3) 비탈면 피복
제방과 제내지 또는 제외지가 접하는 부분을 불투수성 표면층으로 피복하여 침투수를 차단한다.

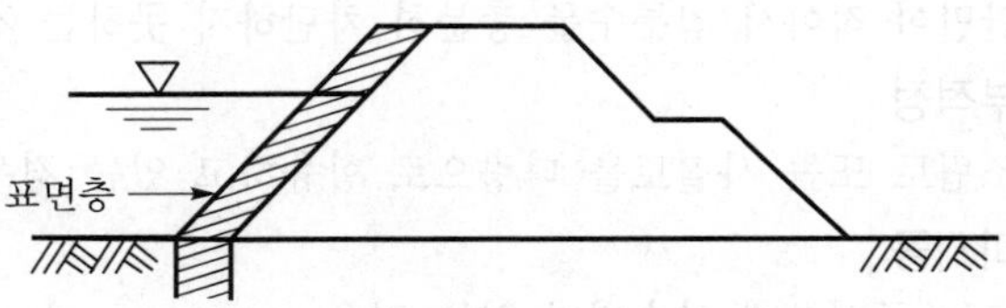

4) 차수벽 설치
제체에 Sheet Pile을 설치하거나 점토 등으로 Core를 설치하므로써 누수경로를 차단시킨다.

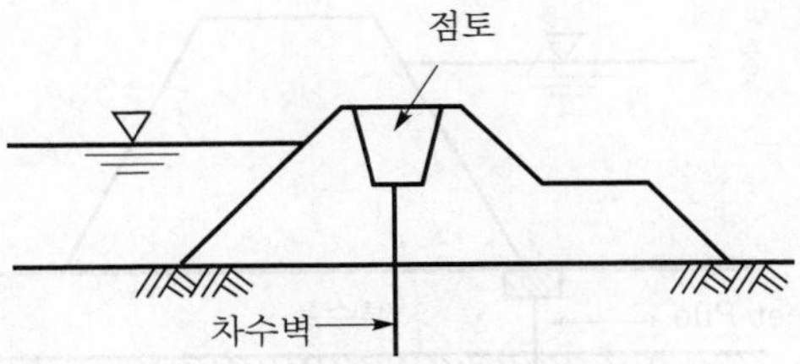

5) 다짐 시공 철저

제체 시공시 토질 및 시공 조건에 적합한 다짐방법을 선택하여 소정의 다짐도에 이르도록 한다.

6) 약액주입

지반에 약액을 주입하여 지반의 투수성을 감소시킨다.

7) 압성토 공법

침투수의 양압력에 의한 제체 비탈면의 활동방지 목적으로 시행하며, 기초지반의 통과 누수량이 그대로 허용되는 경우에 적용한다.

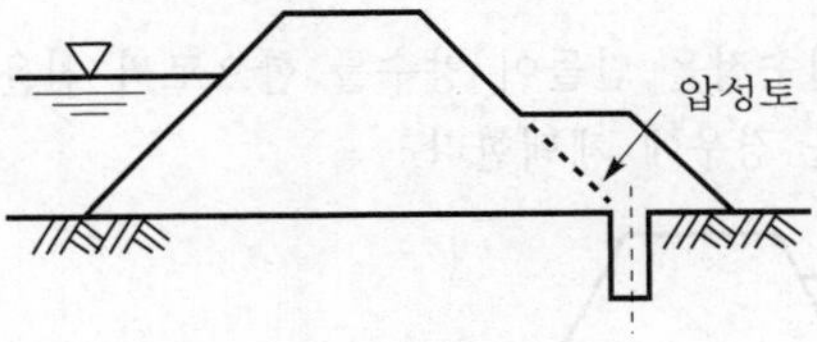

8) Blanket 공법

제외지 투수성 지반 위에 불투수성 재료나 아스팔트 등으로 표면을 피복시켜 지수 효과를 증대시킨다.

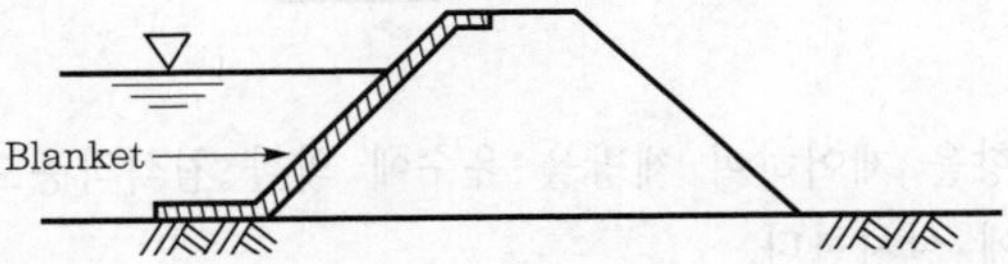

9) 배수로 설치

불투수층 내에 배수로를 만들어 침투수를 신속히 배제시켜 침윤선을 낮춘다.

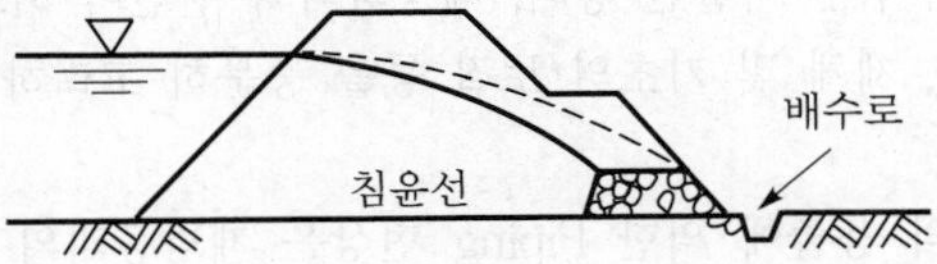

10) 지수벽 설치

제외지 비탈 끝에 Sheet Pile, Concrete 벽 등으로 지수벽을 설치하여 Piping을 방지한다.

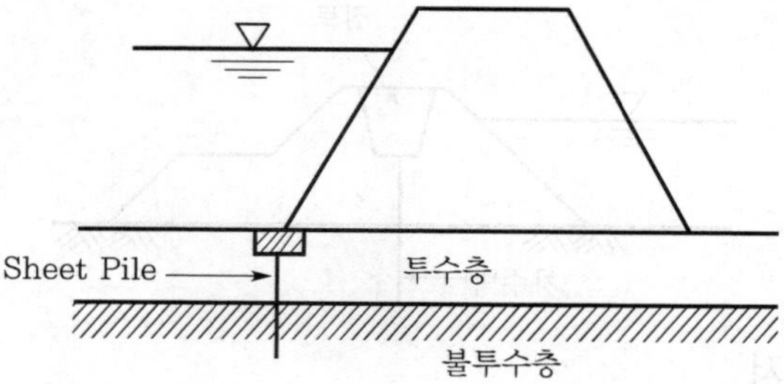

11) 비탈 끝 보강 공법

제내지 비탈 끝 부분에 작은 옹벽을 설치하여 침식을 방지한다.

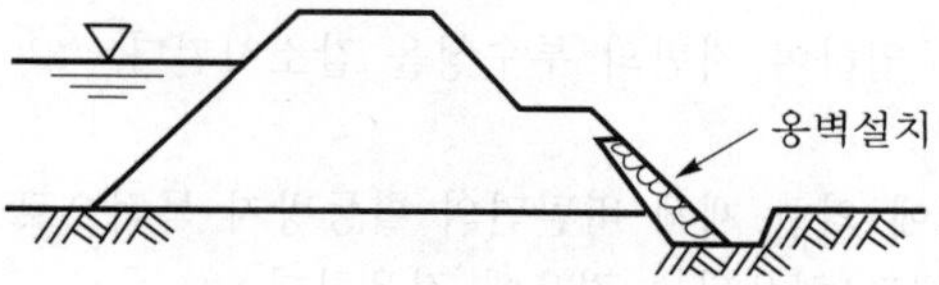

12) 집수정 설치

제내지에 배수용 집수정을 만들어 양수를 함으로써 침윤선을 낮추는 방법으로 투수층의 두께가 두꺼운 경우에 채택한다.

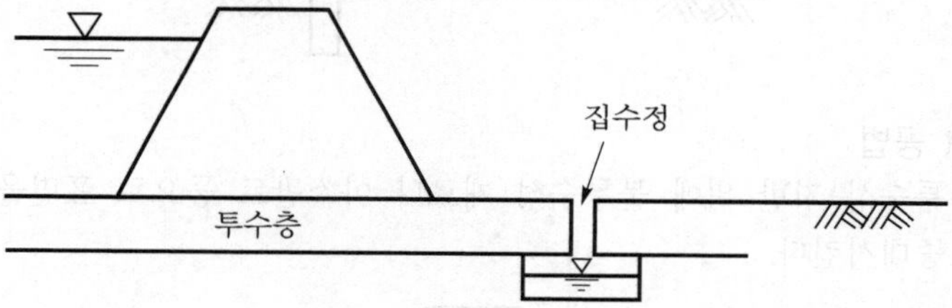

13) 수제설치

유속과 흐름방향을 제어하여 제방을 유수에 의한 침식작용으로부터 보호하기 위해 제외지 앞부분에 설치한다.

Ⅵ. 결론

① 제방에서의 누수는 비탈면 붕괴, 제방파괴의 원인이 되므로 적절한 대책을 강구해야 하는 바, 제체 및 기초의 토질 등을 충분히 고려하여 적절한 공법이 선정되어져야 한다.

② 특히 침투수의 용출에 의한 Piping 현상은 제방붕괴의 직접적인 원인이 되므로 유선망, 침투압, 누수량 등을 검토하여 충분한 대책을 세워야 한다.

3 하천 홍수재해 방지대책

Ⅰ. 개요

① 최근 기상이변으로 인하여 평년과는 다른 기상작용으로 전세계적으로 기상재해가 발생되고 있는 실정이다.

② 우리나라에서는 상상을 초월하는 폭우로 인해 경기지방에서 댐의 붕괴 및 하천 제방 파괴로 인해 많은 인명 피해와 재산 손실을 가져왔다.

Ⅱ. 홍수의 특성

① 인명 손실

② 사회간접시설 파손

③ 단시간의 대규모 재해

④ 전기, 통신, 수도 등의 도시기능 마비

⑤ 농경지 유실

Ⅲ. 홍수재해를 방지할 수 있는 대책

1. 수자원개발 측면

1) 홍수 조절댐 건설

① 홍수 조절량의 크기, 빈도 등 고려

② 홍수 유량 계산에는 100년 확률, 홍수 유량의 1.2배

2) 설계 홍수 결정

① 해당 강우 유역 선정

② 홍수 도달시간 내의 최대 강우강도

3) 홍수 방벽 건설

① 돌, 콘크리트로 만들어지는 제방 형식의 방벽

② 토사 형식의 저수 제방 보강작업

4) 저수지 증설

① 홍수시 강우를 저장할 수 있는 저수지 증설

② 하류부의 홍수 조절을 위한 저수시설

5) 댐 준설

① 홍수 빈도, 홍수량 등의 토사 공급원으로부터 퇴사량 산출

② 정기적인 댐하상 준설로 저수량 증대

③ 지역적 요인, 지형, 지질, 하천 경사 등 고려

6) 폭우를 대비한 예비 방류

① 기상청의 일기예보를 통한 예비 방류

② 예상 홍수시기에 대비한 저수량 확보

③ 확률이 높은 기상예보 체계 도입

2. 하천 개수의 계획 측면

1) 내배수 처리
   ① 제내지의 도시 및 농경지로부터 유출되는 유수 처리
   ② 유수지 및 양수시설
   ③ 분리 수로와 자연 배수
   ④ 완만한 경사의 압력 관로와 중력 배수

2) 사방공사
   ① 하상 유지공
   ② 유출 토사 조절을 위한 사방염
   ③ 토사 발생 억제시설

3) 하상 준설
   ① 퇴적토 제거
   ② 하천 단면 유지
   ③ 유로 수정

4) 토지관리
   ① 신시가지 조성
   ② 평지부의 토지 이용률 증가
   ③ 내수배제 시설 증설

5) 제방 보강
   ① 제방 단면 보강
   ② 제방고(둑마루 높이) 여유고 확보
   ③ 제방의 비탈면 경사는 1:2 이상의 완만한 경사
   ④ 강우로부터 제방 마루 보호를 위한 횡단 경사 시공

6) 제방 호안
   ① 비탈면 보호공
   ② 비탈면 멈춤공
   ③ 밑다짐공

7) 하천 유로 변경
   ① 수제 설치
   ② 보 설치
   ③ 하상 유지공 설치

8) 여유고 가산
   ① 설계 단면에 여유고를 추가한 높이로 시공
   ② 제방 기초의 장기적인 압밀과 제방 자체의 침하를 고려한 더돋기 시공

Ⅳ. 하천 개수계획시 고려할 사항

1) 통수 단면 유지
① 발생토의 하상 방치
② 하천수 흐름의 방해요인 제거
③ 공사용 각종 자재 정리

2) 예년 강우량
① 예년 강우량 분석
② 폭우에 의한 제방 유실

3) 사용 재료 선정
① 기존 제방 구성 재료와 유사 재료 사용
② 투수성이 큰 재료 사용 억제

4) 제방 법면 구배
시방 규정에 따른 구배 설정

5) 호안 구조물 복구
① 제체 보강공사로 훼손된 호안 구조물의 원상 회복
② 훼손, 유실된 구조물은 유사 조도 및 기능의 호안공으로 설치

6) 생태계 보존
① 기존 제방의 보강공사는 자연환경과 조화를 이룰 수 있게 함으로써 생태계를 보존하는 게 중요
② 보강공사의 소요재료 선정은 환경 파괴의 우려가 없는 것으로 사용

7) 구조물 보호
① 제방에 축조되어 있는 각종 시설물 기능의 손상 방지
② 전기, 통신, 하수도, 공원 등의 시설 보호
③ 치수시설물의 안전 도모

8) 제방 단면 확장
① 신·구 제방 접합부의 활동 방지 목적으로 층따기 실시
② 제방 비탈 사면으로 흙을 투하하는 방식 엄금

9) 제방활동 점검
① 과도한 작업하중에 의한 활동 발생
② 계측관리를 통한 활동 제어

Ⅴ. 하천 개수공사의 효과

1) 홍수 방어
① 개수공사 실시로 홍수 제어
② 제방 확장 및 하도 준설로 인한 통수 단면 확장
③ 홍수 방어로 제내지 홍수 위험 저감

2) 하도 정비

① 홍수를 안전하게 유하시킴

② 하도 내 여울, 소 등 다양한 친환경 수변환경 조성

③ 우수한 경관성 확보 가능

3) 호안 정비

① 호안에 대한 안정성 확보

② 친환경적인 호안 정비로 경관성 확보

③ 친수성 호안 정비

4) 치수 효과

① 통수 단면 확장으로 유량 증대

② 퇴적물 준설시 통수량 증대

③ 제방 확장 및 형상에 따른 치수성 확보

Ⅵ. 결론

① 최근 지구온난화 현상에 의한 이상기후에 의해 지구촌 곳곳에서 많은 재해가 발생되고 있다.

② 우리나라 경기지방에서도 예기치 못한 폭우에 의해 많은 도시 및 농경지가 침수되는 피해가 발생되었는데 홍수재해를 근본적으로 방지할 수 있도록 국토개발계획 수립이 무엇보다 중요하다.

어느 사형수의 편지

어머님!

원수 악마도 저 같은 원수 악마가 없을텐데 어머님이라 불러 끔찍하시겠지만 달리 부를 말이 없으니 용서해 주시기 바랍니다. 저는 지금 제가 지은 죄의 엄청남에 한없이 뉘우치며 몸부림치고 있습니다. 제 목숨 하나 없어지는 것으로 속죄할 길이 없으니 어떻게 해야 합니까? 어머님께서 사랑하는 자식과 그 가족이 살해되었다는 소식을 듣자마자 졸도하셨다는 검사님의 말을 듣고 제 마음은 갈기갈기 찢어졌습니다.

차라리 제가 형장의 이슬로 사라지는 대신 어머님이 원하시는 방법으로 죽어 조금이라도 마음이 풀어지실 수 있다면 그렇게 하겠지만 저는 갇힌 몸이 되어 그럴 수도 없습니다. 더욱이 중령님의 아들이 살아있다니 그에겐 어떻게 사죄해야 할는지 모르겠습니다…. 어머님의 믿음이 깊으시다기에 감히 말씀드립니다. 제발 짐승만도 못한 저를 용서하시고 속죄할 수 있도록 해 주십시오. 무릎 꿇고 두 손 모아 빌겠습니다. 저도 집사님의 인도를 받아 하나님을 믿기로 했습니다.

저같이 끔직한 죄인이 회개한다고 죄사함을 받을 수는 없을지라도 속죄의 길을 찾아보겠습니다. 제가 죽어서 천국에 가면 이 중령님을 꼭 만나 뵙겠습니다. 제가 잘못을 빌어 용서를 받는다면 저는 그곳에서 중령님의 부하가 되어 뭐든 명령대로 복종하며 살겠습니다. 꼭 저를 용서해 주시기 바랍니다. 손자를 생각해서라도 건강하시고 오래 사시기를 빌겠습니다. 안녕히 계십시오.

자기의 죄를 숨기는 자는 형통하지 못하나, 죄를 자복하고 버리는 자는 불쌍히 여김을 받으리라. (잠언 28 : 13)

사형수 고재봉(당시 27세)은 1963년 10월 19일 새벽 2시경 강원도 인제군 남면 언론리 195에서 병기 대대장이었던 이중령 일가족 6명을 도끼와 칼로 살해하는 만행을 저질러 사형선고를 받고 복역 중 그리스도를 영접하고 새사람이 되어 사형 집행인에게 "예수 믿으십시오." 당부하고 찬송을 부르고 웃으면서 1964년 3월 10일 평안히 하나님의 앞으로 올라간 믿음의 형제이다.

예수 그리스도를 당신의 구세주로 영접하면 당신은 죄사함받고 구원받아 새로운 삶을 살게 됩니다.

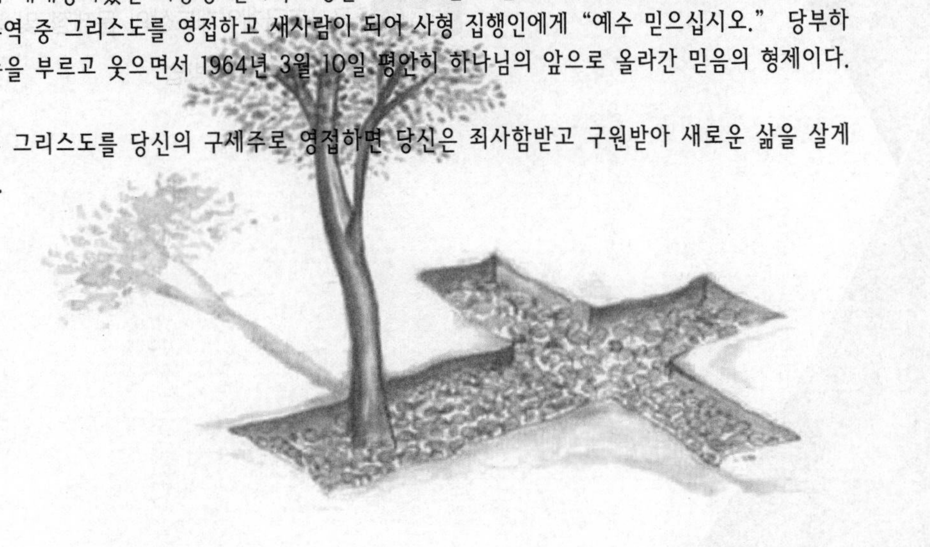

제10장 총 론

제1절 계약제도

계약제도 과년도 문제

1	1. 공사계약형식을 열거하고, 각각의 특성을 기술하시오. [98후, 30점] 2. 공사책임자로서 설계 후 시공의 순차적 공사진행방식과 설계시공병행(Fast Track)방식의 개요와 장·단점을 비교하고 설계시공병행방식에서 이용 가능한 단계구분의 기준을 예시하시오. [08후, 25점]
2	3. 공동계약(Joint Venture Contract) [98후, 20점] 4. 주계약자 공동도급제도에 대하여 설명하시오. [18후, 25점] 5. 주계약자 공동도급방식 [16전, 10점]
4	6. 민간투자사업방식을 종류별로 열거하고, 그 특징을 설명하시오. [06후, 25점] 7. 최근 사회간접자본(SOC)예산은 도로, 철도사업이 큰 폭으로 감소하고 있고, 대체방안으로 도입한 민자사업에 대하여도 많은 문제점이 나타나고 있다. 정부의 SOC예산의 바람직한 투자방향에 대하여 설명하시오. [10후, 25점] 8. BTL과 BTO [07중, 10점] 9. BOT(Built-Own-Transfer) [08중, 10점] 10. 민간자본사업의 개발방식 종류 및 비용보장방식을 설명하고, 국내 건설산업 활성화를 위한 민간자본 활용방안에 대하여 기술하시오. [14중, 25점] 11. 민간투자사업 활성화방안으로 시행 중인 위험분담형(BTO-rs)과 손익공유형(BTO-a)에 대하여 설명하시오. [16전, 25점] 12. 민자 활성화방안 중 BTO-rs와 BTO-a방식의 차이점 [17전, 10점] 13. 민간투자사업의 추진방식 [19전, 10점] 14. Project Financing(프로젝트금융) [04후, 10점], [13중, 10점]
5	15. 건설기술관리법에서 PQ(사업수행능력평가), TP(기술제안서)를 설명하고, 본 제도의 문제점과 대책을 설명하시오. [02후, 25점]
6	16. 건설공사의 국제입찰방법의 종류와 특징 [98전, 20점] 17. 건설공사의 입찰방법을 설명하고, 현행 턴키(Turn Key)방법과 개선점을 설명하시오. [02후, 25점] 18. 고속도로공사의 발주시 아래 발주방식의 정의, 장점 및 단점에 대하여 설명하시오. 1) 최저가입찰방식, 2) 턴키입찰방식, 3) 위험형 건설사업관리(CM at risk)방식 [15전, 25점] 19. 건설 CITIS(Contrator Integrated Technical Information Service) [05중, 10점] 20. 물량내역수정입찰제 [13중, 10점] 21. 순수내역입찰제도 [17후, 10점]
8	22. 최고가치낙찰제 [07후, 10점] 23. 종합심사낙찰제(종심제) [15전, 10점]
10	24. 원가계산시 예정가격작성준칙에서 규정하고 있는 비목을 열거하고, 각각에 대하여 서술하시오. [03전, 25점] 25. 물가변동에 의한 공사계약금액조정방법을 기술하시오. [03중, 25점] 26. 현재 공공기관과의 공사계약에서 물가변동으로 인한 계약금액조정을 발주기관에 요청할 경우 물가변동조정금액 산출방법에 대하여 설명하시오. [11전, 25점] 27. 공사계약금액조정의 요인과 그 조정방법에 대하여 설명하시오. [11후, 25점] 28. 국가계약법령에 의한 정부계약이 성립된 후 계약금액을 조정할 수 있는 내용에 대하여 설명하시오. [14전, 25점] 29. 공사계약 일반조건에 의한 설계변경사유와 이로 인한 계약금액의 조정방법에 대해서 기술하시오. [04전, 25점]

계약제도 과년도 문제

10	30. 공사 시공 중 변경사항이 발생할 경우에 설계변경이 될 수 있는 조건과 그 절차를 설명하시오. [07후, 25점] 31. 국가를 당사자로 하는 공사계약시 설계변경에 해당하는 경우를 열거하고, 그 내용을 기술하시오. [07전, 25점] 32. 공사계약금액조정을 위한 물가변동률 [08중, 10점]
11	33. 프로젝트 퍼포먼스 스테이터스(Project Performance Status) [05전, 10점] 34. 수급인의 하자담보책임 [08후, 10점] 35. 공사계약보증금이 담보하는 손해의 종류 [14중, 10점] 36. 건설공사비지수(construction cost index) [17후, 10점]

1 건설시공 계약제도의 분류 및 특징

Ⅰ. 개요

① 발주자는 설계도서에 따라 구조물을 시공하기 위해서 직영계약방식이나 도급계약방식 등으로 구조물을 축조해 갈 수 있다.

② 계약방식의 선정은 공사의 규모 및 경제적·사회적 입지조건에 따라 발주자가 결정한다

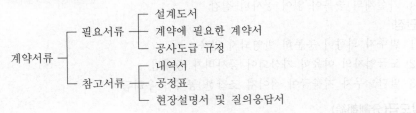

Ⅱ. 계약서류의 분류

- 계약서류
  - 필요서류
    - 설계도서
    - 계약에 필요한 계약서
    - 공사도급 규정
  - 참고서류
    - 내역서
    - 공정표
    - 현장설명서 및 질의응답서

Ⅲ. 계약제도의 분류

① 직영방식

② 도급방식

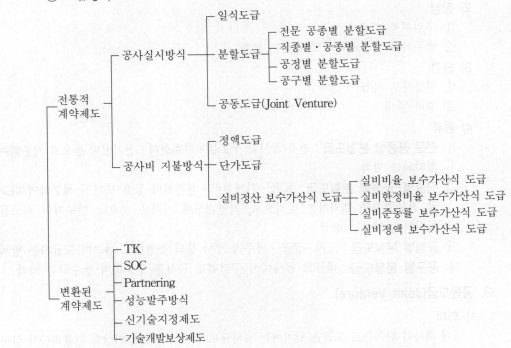

- 전통적 계약제도
  - 공사실시방식
    - 일식도급
    - 분할도급
      - 전문 공종별 분할도급
      - 직종별·공종별 분할도급
      - 공정별 분할도급
      - 공구별 분할도급
    - 공동도급(Joint Venture)
  - 공사비 지불방식
    - 정액도급
    - 단가도급
    - 실비정산 보수가산식 도급
      - 실비비율 보수가산식 도급
      - 실비한정비율 보수가산식 도급
      - 실비준동률 보수가산식 도급
      - 실비정액 보수가산식 도급
- 변환된 계약제도
  - TK
  - SOC
  - Partnering
  - 성능발주방식
  - 신기술지정제도
  - 기술개발보상제도

Ⅳ. 계약제도의 분류별 특징

1. 일식도급(一式都給)

1) 의의

하나의 공사 전부를 도급업자에게 맡겨 노무, 재료, 기계, 현장 시공업무 일체를 일괄하여 시행하는 도급방식

2) 장점

① 계약과 감독 수월
② 확정적인 공사비
③ 책임 한계 명확
④ 가설재의 중복이 없어 공사비 절감

3) 단점

① 발주자 의향이 충분히 반영되지 않음
② 도급업자의 이윤이 가산되어 공사비가 증대됨
③ 말단노무자 지불금이 적어져 조잡한 공사가 우려됨

2. 분할도급(分割都給)

1) 의의

공사를 여러 유형으로 세분하여 각기 따로 전문도급업자를 선정하여 도급계약을 맺는 방식

2) 장점

① 우량시공 기대
② 발주자와 시공자와의 의사소통 원활

3) 단점

① 현장사무 복잡
② 경비 증대

4) 종류

① **전문 공종별 분할도급** : 전체 공사를 구조물 · 기계설비 · 전기설비 등으로 세분하여 계약하는 방식
② **직종별·공종별 분할도급** : 토목 · 기계설비 · 전기설비 등을 또다시 세분하여 하도급 전문업자와 계약하는 방식으로, 직영제도에 가까운 것으로 발주자의 의도를 철저히 반영하는 방식
③ **공정별 분할도급** : 정지 · 골조 · 마무리 공사 등의 공정별로 나누어 도급하는 방식
④ **공구별 분할도급** : 대규모 공사에서 구역별로 공사를 구분하여 발주하는 방식

3. 공동도급(Joint Venture)

1) 의의

1개 회사가 단독으로 도급을 맡기에는 공사규모가 큰 경우 2개 이상의 건설회사가 임시로 결합, 조직, 공동출자, 연대책임하에 공사를 수급하여 공사완성후 해산하는 방식

2) 장점

① 융자력 증대 ② 기술의 확충

③ 위험분산 ④ 시공의 확실성

⑤ 신용의 증대

3) 단점

① 경비 증대 ② 조직의 상호간 불일치

③ 업무흐름의 혼란

4. 정액도급

1) 의의

공사비 총액을 확정하여 계약

2) 장점

① 공사관리업무 간편 ② 자금・공사 계획의 수립 명확

3) 단점

① 공사변경에 따른 도급액의 증감 곤란 ② 이윤관계로 공사가 조악해질 우려

5. 단가도급

1) 의의

공사금액을 구성하는 단위 공사부분에 대한 단가만을 확정하고, 공사가 완료되면 실시수량의 확정에 따라 정산하는 방식

2) 장점

① 공사의 신속한 착공 ② 설계변경 용이

3) 단점

① 자재・노무비 절감의욕 결여 ② 단순한 작업, 단일공사에 채용

6. 실비정산 보수가산식 도급(Cost Plus Fee Contract)

1) 의의

공사의 실비를 발주자와 도급업자가 확인하여 정산하고, 발주자는 미리 정한 보수율에 따라 도급자에게 보수를 지불하는 방식

2) 장점

① 양심적인 시공 가능 ② 우량의 공사 기대

③ 도급업자는 불의의 손해를 입을 염려 없음

3) 단점

① 공사기일 지연 가능 ② 공사비 절감의 노력 결여

4) 종류

① **실비비율 보수가산식 도급** : 공사의 진척에 따라 정해진 실비와 이 실비에 미리 계약된 비율을 곱한 금액을 시공자에게 보수로 지불하는 방식

② **실비한정비율 보수가산식 도급** : 실비에 제한을 두고 시공자에게 제한된 금액 내에세 공사를 완성시키도록 책임을 지우는 방식

③ **실비준동률 보수가산식 도급** : 미리 여러 단계로 실비를 분할하여 공사비가 각 단계의 금액보다 증가될 때는 비율보수를 체감하는 방식

④ **실비정액 보수가산식 방식** : 실비의 여하를 막론하고 미리 계약된 일정액의 보수만을 지불하는 방식

7. Turn Key 방식

1) 의의

'기업주는 열쇠만 돌리면 쓸 수 있다'는 뜻에서 나온 말로 시공자는 대상계획의 기업, 금융, 토지조달, 설계, 시공, 기계·기구 설치, 시운전, 조업지도까지 발주자가 필요로 하는 모든 것을 조달하여 발주자에게 인도하는 도급계약방식

2) 장점

① 설계·시공의 Communication 우수
② 책임한계 명확
③ 공사비 절감

3) 단점

① 설계 우수성 반영 불가
② 발주자 의도 반영 곤란
③ 총 공사비 산정 사전파악 곤란

8. SOC(Social Overhead Capital)

1) 의의

SOC(사회간접자본)란 사회간접시설인 도서관, 대학교사, Silver Town, 도로, 철도, 항만 등을 건설할 때 소요되는 자본이다.

2) 필요성

① 사회간접시설 확충의 요구
② 국가재정기반의 미흡
③ 기업의 투자확대 기회의 창출
④ 기업 및 국가의 경쟁력 강화

3) 분류

① BOO(Build-Operate-Own)
② BOT(Build-Operate-Transfer)
③ BTO(Build-Transfer-Operate)
④ BTL(Build-Transfer-Lease)

9. Partnering

1) 의의

발주자가 직접설계 및 시공에 참여하여 발주자·설계자·시공자 및 Project 관련자들이 하나의 Team으로 조직하여 공사를 완성하는 제도이다.

2) 기대효과

① 시공의 능률향상
② Claim 축소
③ 공기단축 및 공사비용 절감
④ VE제도의 활성화

3) 분류

① 장기 Partnering
② 단기 Partnering

10. 성능발주방식

1) 의의

토목공사 발주시 설계도서를 쓰지 않고, 구조물의 성능을 표시하여 그 성능만을 실현하는 것을 계약내용으로 하는 방식

2) 장점

① 시공자의 창조적 활동 가능
② 시공자가 재료나 시공법 선택
③ 설계자와 시공자의 관계개선

3) 단점

① 구조물의 성능을 정확하게 표현하기 어려움
② 발주자가 성능을 확인하기 어려움
③ 시공자의 우수한 기술력이 있어야 함

11. 신기술 지정제도

1) 의의

건설업체가 개발비를 투자하여 신기술이나 신공법을 개발하였을 경우, 그 새로운 기술이나 공법을 보호하여 주는 제도이다.

2) 필요성

① 신기술개발 투자의욕 확대
② 건설업체의 기술경쟁력 확대
③ 건설시장 개방화에 대응

12. 기술개발 보상제도

1) 의의

공사진행중에 시공자가 기술을 개발하여 공사비절감 및 공기단축의 효과를 가져왔을 경우, 그 공사비 일부를 시공자에게 보상하는 제도이다.

2) 필요성

① 업체의 기술경쟁력 강화
② 기술개발 의욕 확대
③ 부실시공방지
④ 양질의 시공 및 공기단축 유도

Ⅴ. 결론

① 건설시공에 앞서서 도급방식의 선정은 발주자가 여러 가지 조건을 종합하여 적합한 방식을 채택하여야 한다.
② 구조물을 적정한 품질로 시공하기 위해서는 표준공기의 준수 및 합리적인 원가절감 노력이 필요하며, 이러한 신기술 능력들을 이끌어내기 위해서는 이익의 적정배분이 이루어질 수 있는 도급계약방식의 연구개발이 무엇보다 필요하다.

2 공동도급

Ⅰ. 개요

① 공동도급(Joint Venture)은 1개 회사가 단독으로 도급을 맡기에는 공사규모가 큰 경우 2개 이상의 건설회사가 임시로 결합, 조직, 공동출자하여 연대책임하에 공사를 수급하여 공사완성 후 해산하는 방식이다.

② 신용의 증대, 기술의 확충, 위험분산, 시공의 확실성 등의 장점도 있으나 경비가 증대되는 문제도 내포되어 있다.

Ⅱ. 공동도급의 특수성

1) 단일 목적성

특정한 건설공사를 대상으로 하여 당해 협정에서 정한 것만 효력이 발생한다.

2) 공동 목적성

구성원은 이윤의 극대화를 꾀한다.

3) 임의성

참여는 자유의사이며, 강제성은 없다.

4) 일시성

공사준공과 동시에 해체된다.

Ⅲ. 특징

1) 장점

① 융자력 증대
② 기술의 확충
③ 위험분산
④ 시공의 확실성
⑤ 신용의 증대

2) 단점

① 경비증대
② 조직 상호간의 불일치
③ 업무흐름의 혼란
④ 하자부분의 책임 한계 불분명

Ⅳ. 공동도급 운영방식

1) 공동이행방식

① 공동도급에 참여하는 시공자들이 일정비율로 노무·기계·자금 등을 제공하여 새로운 건설조직을 구성하여 공동으로 시공하는 방식이다.

② 토목공사에 적합하다.

2) 분담이행방식

① 시공자들이 목적물을 공종별·공정별·공구별로 분할하여 시공하는 방식이다.

② 토목공사나 연속 반복되는 단일공사에 적합하다.

3) 주계약자형 공동도급
① 주계약자는 자신의 분담공사 이외에, 전체공사의 계획 · 관리 · 조정 업무를 담당한다.
② 공사 전체의 계약이행에 대해서 연대책임을 진다.

Ⅴ. 상호간 의무사항

① 특정 회사의 색채를 띠지 않아야 한다.
② 현장원 편성의 공평성을 유지해야 한다.
③ 구성원 상호간의 의견을 존중한다.

Ⅵ. 문제점

1) 지역업체와 공동도급 의무화
① 공사의 종류, 규모에 관계없이 의무적으로 지역업체와 공동도급 문제
② 기술능력 차이에서 문제발생 소지

2) 도급한도액 실적 적용
① 도급한도액 및 실적이 부족한 업체와 공동도급시 합산하여 적용
② 부실시공 우려

3) 공동체 운영
① 서로 다른 조직원 편성에서 오는 이해 충돌
② 구성원의 시공능력 차이로 인한 장애

4) 발주상
① 업체간의 Joint Venture 기피 현상
② Joint Venture 대상 및 자격범위 불명확

5) 하자발생시 책임
① 하자발생시 책임 기피
② 공동이행방식일 때 문제 소지

6) 재해시 책임소재
① 현장에서 재해발생시 상호책임 회피
② 긴급대책 수립 안 될 수도 있음

7) 대우문제
① 회사간 대우수준이 다르다.
② 격차해소를 위한 대책마련이 필요하다.

8) 조직력 낭비
Project의 일시성으로 인한 조직효율 저하 우려

9) 기술격차
시공능력 차이에 따른 효율적 공사관리 어려움

10) Paper Joint
① 서류상으로는 공동도급으로 수주를 한 후 실질적으로는 한 회사가 공사 전체를 진행시키며, 나머지 회사는 서류상(형식적)으로만 공사에 참여하는 것
② 공동도급의 취지에 위배

Ⅶ. 대책

1) 도급한도액, 실적 적용대책
   ① 구성원 각 사의 도급한도액 범위 내에서 지분율 확정
   ② 회사 규모에 맞추어 지분 확정
2) 건설업의 E.C화
   ① Software 측면의 영역확대
   ② 기술개발 및 기술교류 촉진 활성화
3) ISO 9000 인증획득
   ① 국제표준화로 대외 경쟁력 확보
   ② 외국업체 신기술 도입, 기술 전수
4) 공동도급제도 활성화
   ① 공동개발 투자확대
   ② 제도개선
5) 사무업무 표준화
   자동화, 전산화
6) 업체의 기술개발
   ① 기술개발 투자확대
   ② 전문업종 개발
7) 고급기술인력 육성
   해외연수 및 기술교류를 통한 전문인력 육성
8) 공동지분율 조정
   분쟁해소책 마련
9) 감독기관의 실행여부 점검
   공동도급사에 대한 시공계획, 하도급 선정 등 확인·점검
10) P.Q제도 활성화
   기술능력 위주로 유도
11) 기술상 대책
   ① 기술상 책임한계 명확히 구분
   ② 기술수준 비슷한 업체끼리 연결
12) 책임소재 명문화
   공사착수 전 시공범위와 책임소재 명확히 명시
13) 조직력 정비
   ① Part별 담당자 지정
   ② 조직운영계획 사전협의 실시 및 이행
14) 발주상 대책
   ① 공동도급제도 활성화
   ② 시공기술능력 보유 여부를 평가척도로 활용

15) Paper Joint 대책
제도적 보안장치 강구

Ⅷ. 결론

① 건설업의 대외 개방문제와 관련하여 중소건설업체의 원활한 수주를 위하여 현행 제도의 미비점을 보완, 정착, 발전하도록 한다.

② 공동도급의 발전을 위하여 사무업무의 표준화를 통한 제도의 활성화와 산·학·관·연이 합심하여 연구·노력해야 한다.

3 Turn Key방식(설계·시공 일괄계약방식)

Ⅰ. 개요

① '발주자는 열쇠만 돌리면 쓸 수 있다'는 뜻에서 나온 용어로서 모든 요소를 포함한 도급방식이다.

② 시공자는 대상계획의 사업발굴, 기획, 타당성 조사, 설계, 시공, 시운전, 인도, 조업, 유지관리까지 발주자가 필요로 하는 모든 것을 조달하여 발주자에게 인도하는 도급계약방식이다.

Ⅱ. Turn Key 계약방식의 종류

1) 성능만 제시

설계도서는 제시하지 않고 성능만을 제시하여 모든 설계도서를 요구하는 방식

2) 기본설계도서 제시

기본적인 설계도서만 제시하고, 구체적인 설계도서를 요구하는 방식

3) 상세설계도서 제시

상세설계도서가 제시되고, 어떤 특정한 부분만 요구하는 방식

Ⅲ. 특징

1) 장점

① 설계·시공의 Communication 우수

② 책임 한계 명확

③ 공사비 절감

④ 공기단축

⑤ 신공법의 연구 및 개발

2) 단점

① 설계우수성 반영 불가

② 발주자 의도 반영 곤란

③ 총 공사비 산정 사전파악 곤란

④ 최저낙찰자로 품질저하 우려

Ⅳ. 문제점

1) 실적 위주 경쟁

시공능력 보유 여부에 상관없이 실적 유지를 위한 Dumping 경쟁

2) 발주자의 설계 미참여

발주자측의 전문기술자가 심사에서 제외시 발주자의 의도에 맞지 않는 설계가 선정될 우려성

3) 대형 건설사 유리
도급공사 위주의 중·소 건설회사는 자금·기술력 등 Software 부분에서 대형 건설사에 비해 불리한 입장

4) 하도급업체 계열화
전문공사능력을 보유한 하도급업체의 계열화가 미흡

5) 심사기준 미흡
제시된 설계 및 기술제안서를 객관적으로 평가할 수 있는 심사기준 및 평가능력 미흡

6) 최저가 낙찰
최저가 낙찰에 따른 부실시공 우려 및 기술개발에 따른 의욕저하

7) 입찰준비일수 부족
설계도서 작성, 신공법 적용 및 기술제안서 작성, 내역 작성 등에 필요한 소요일수 부족으로 설계변경 빈번

8) 과다한 경비 부담
탈락시 설계비 및 잡비 등 큰 부담

Ⅴ. 개선대책

1) 대상공사의 선정
① 심의대상 공사의 축소
② 감리업체 사전 선정으로 발주 및 입찰시 참여

2) 입찰제도의 개선
① 기본설계로 입찰
② 적절한 입찰기간 산정 및 입찰 제한요소 배제

3) 발주방법의 개선
발주자 참여로 의사 반영

4) 중앙심사위원회의 개선
① 평가항목별 배점기준 마련
② 부적격 사유 명문화

5) 설계평가 배정기준 마련
① 설계평가의 객관성 유지
② 신공법 채택시 배려

6) 낙찰자 선정방법 개선
① 기술평가는 금액 아닌 설계 위주
② 최저낙찰제를 폐지하고, 적격낙찰제나 부찰제 실시

7) 참여업체 실비보상
탈락사에 대한 설계용역비 실비지급

8) E.C화의 정착
Software 기술력 배양

9) 선진업체와 Joint Venture

① 선진건설업체와 Joint Venture를 통한 기술력 배양

② 공동 연구・투자 실시

10) 종합건설업제도 시행

건설사에 설계와 시공을 함께 할 수 있는 제도적 장치 마련

11) 하도급업체 육성 및 계열화

① 전문 시공능력을 갖춘 하도급업체 육성 및 계열화

② 전문 건설업체는 Hardware 주력

③ 종합건설업체는 Software 주력

12) 기술개발 보상제도

기술개발 보상제도 활성화로 적극 동참 유도

13) 신기술 지정 및 보호제도

특허기간 연장 및 특허권 사용료 상향조정

14) 기술개발 투자확대

① 기술개발 투자에 따른 각종 혜택 부여로 동기 유발

② 국제경쟁력 확보

Ⅵ. 결론

① Turn Key 계약방식은 아직 국내에서는 그 실적이 미흡하나 유럽 등 선진국에서는 이미 정착된 제도로서 문제 발생시 책임 소재가 분명하기 때문에 발주자의 신뢰성을 높일 수 있는 제도이다.

② 건설업의 환경변화에 대응하기 위해서는 국제경쟁력이 있는 신기술 제도의 도입 및 정착이 필요하며, Turn Key 방식은 국제경쟁력에 대응할 수 있는 제도라고 보아지며, 정착화를 위한 정부차원의 노력이 필요하다.

4 SOC(사회간접자본)

Ⅰ. 개요

① SOC(Social Overhead Capital : 사회간접자본)란 사회간접시설인 도서관, 대학교 학생회관 및 기숙사, 도로, 터널, 공항, 철도, 복지시설 등을 건설할 때 소요되는 자본이다.

② 사회간접시설의 확충에 대한 요구가 증대되고 있으며, 이를 위한 정부와 기업간의 협조로 인해 SOC 사업이 활성화되고 있으며, 최근에는 BTL에 의한 사업이 많이 시행되고 있다.

Ⅱ. SOC의 필요성

① 사회간접시설 확충의 요구
② 국가재정 기반의 미흡
③ 기업의 투자확대 기회의 창출
④ 기업 및 국가의 국제경쟁력 강화

Ⅲ. SOC의 변천사

시기	연도	특징
태동기	1993년 이전	① 개별법에 의한 시행 : 남산 1호 터널, 원효대교 등 ② 1991년 민자유치 특례법 제정 ③ 특혜 시비로 좌초
도입기	1994~1998년	① 사회간접자본시설에 대한 민자유치촉진법령 추진 ② 사업 타당성 미실시와 대규모성 및 혼란으로 성과 미비
성장 전 단계	1999~2002년	① 1998년 법 개정(사회간접시설에 대한 민간투자법) ② 제안사업 활성화 ③ 외국인 및 재무적 투자자 참여
성장기	2003년 이후	① 재무적 투자자의 사업 참여에서 사업주도 시작 ② 경쟁 체제 수용과 경쟁을 감안한 사업계획

Ⅳ. SOC 분류별 특징

1. BOO(Build-Operate-Own)

1) 정의

① 사회간접시설을 민간부분이 주도하여 Project를 설계 · 시공한 후 그 시설의 운영과 함께 소유권도 민간에 이전하는 방식이다.

② 설계 · 시공 → 운영 → 소유권 획득

2) 특징

① 장기적인 막대한 자금의 투자 및 수익성이 보장된다.

② 수익성보다 공익성이 강해서 기업의 불확실성이 초래된다.

③ 부대사업의 활성화가 도모된다.
④ 해외자본의 국내 유치효과가 있다.

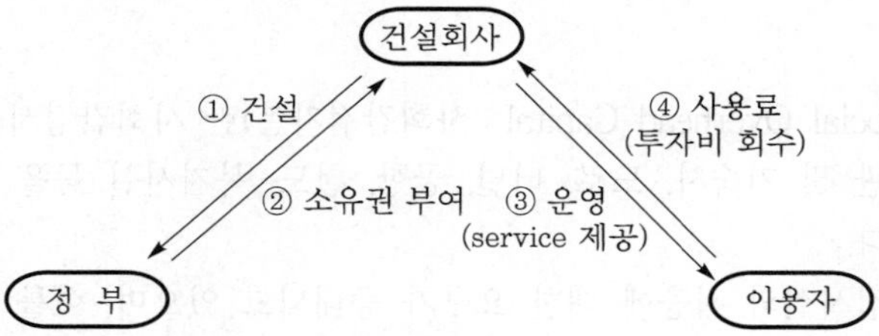

2. BOT(Build-Operate-Transfer)

1) 정의

① 사회간접시설을 민간부분이 주도하여 Project를 설계·시공한 후 일정기간 동안 시설물을 운영하여 투자금액을 회수한 다음 그 시설물과 운영권을 무상으로 정부나 사회단체에 이전해 주는 방식이다.
② 설계·시공 → 운영 → 소유권 이전

2) 특징

① 사회간접시설의 확장을 유도한다.
② 정부의 재정 미흡을 대처하는 방식이다.
③ 개발도상국가에서 외채의 도움이 없어도 가능한 사업이다.
④ 유료도로, 도시철도, 발전소, 항만, 공항 등의 사업에 적용한다.

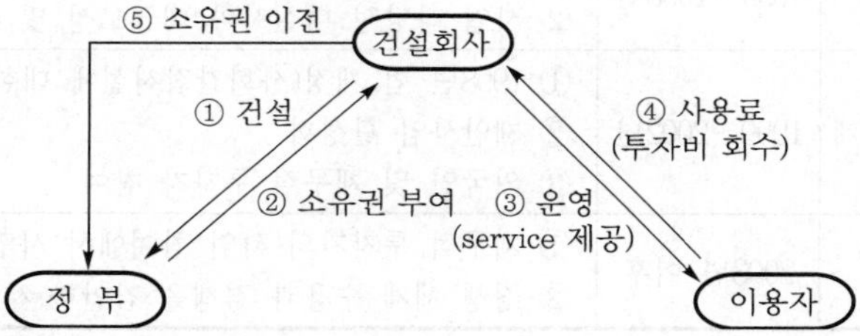

3. BTO(Build-Transfer-Operate)

1) 정의

① 사회간접시설을 민간부분이 주도하여 Project를 설계·시공한 후 시설물의 소유권을 공공부분에 먼저 이전하고 약정기간 동안 그 시설물을 운영하여 투자금액을 회수해가는 방식이다.
② 설계·시공 → 소유권 이전 → 운영

2) 특징

① 준공과 동시에 국가 또는 지방자치단체 등 공공단체에 소유권이 귀속된다.
② 도로, 철도, 항만, 터널, 공항, 댐 등의 기본 사회간접시설에 적용된다.

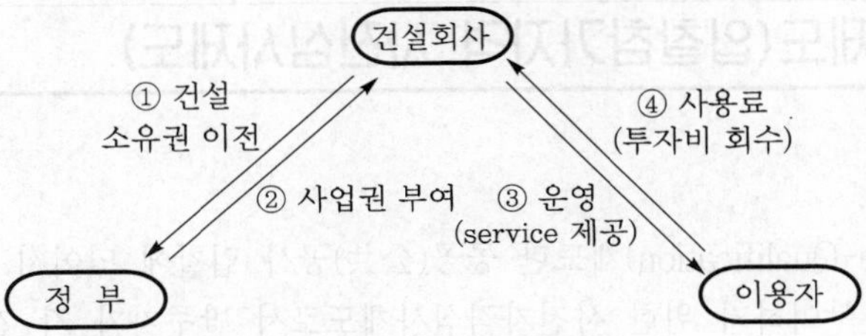

4. BTL(Build-Transfer-Lease)

1) 정의

① 민간부분이 공공시설을 건설(Build)한 후 정부에 소유권을 이전(Transfer, 기부체납)함과 동시에 정부에 시설을 임대(Lease)한 임대료를 징수하여 시설투자비를 회수해가는 방식이다.

② 설계 · 시공 → 소유권 이전 → 임대료 징수

2) 특징

① 건설회사(민간사업자)의 투자자금 회수에 대한 Risk 제거

② 정부의 제정지원 부담 감소로 최근에 SOC 사업으로 BTL이 많이 적용됨

③ 민간사업자의 활발한 참여와 경쟁 유발

④ 정부는 이용자들로부터 시설 사용료를 징수하여 건설회사에 임대료를 지급해야 하고 사용료 수입이 부족할 경우 정부제정에서 보조금을 지급해야 한다.

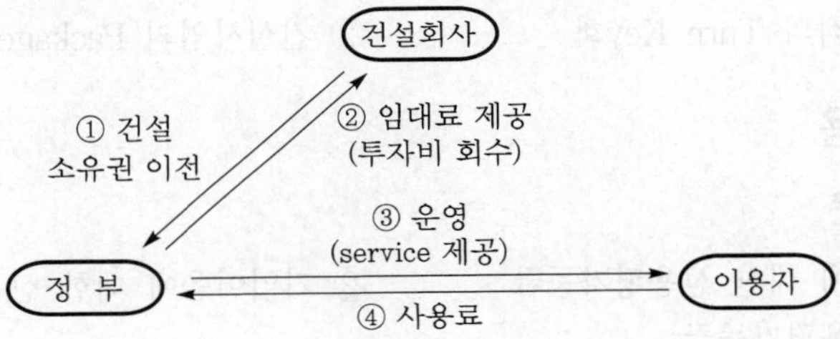

V. 개선방향

① 정부의 치밀하고 객관성 있는 타당성 평가가 필요하다.

② Financing 능력 및 Project 창출능력의 강화가 요구된다.

③ 민관합동방식의 사업추구가 필요하다.

④ SOC 사업추진 절차의 간소화가 요구된다.

⑤ 국제협력 형태의 수주가 필요하다.

⑥ 계약형태의 고도화 · 다양화에 적극 대응한다.

VI. 결론

① SOC 방식의 구조는 프로젝트 건설 및 운영을 위해 스폰서(Sponsor)들에 의해 세워진 중개회사와 정부(또는 정부투자기관) 사이에 맺어진 허가계약에 기반하게 된다.

② 사회간접시설의 조기 건설을 위해 SOC 방식의 활용이 높아지고 있으며, 국내에서도 활발하게 진행되고 있으나, 이를 이용하는 국민들의 만족도를 높이기 위한 방안이 선행되어야 한다.

5 P.Q제도(입찰참가자격 사전심사제도)

Ⅰ. 개요

① P.Q(Pre-Qualification)제도란 공공(公共)공사 입찰에 있어서 입찰 전에 입찰참가자격을 부여하기 위한 사전자격심사제도로서 발주자가 각 건설업자의 시공능력을 정확히 파악하여 그 능력에 상응하는 수주기회를 부여하는 제도를 말한다.

② 적용 공종대상공사는 300억 이상 모든 공사, 200억 이상 11개 공정의 공사 등에 적용된다.

Ⅱ. 필요성

1) 건설업 개방에 따른 국제경쟁력 강화

① 건설업체의 전문화 유도 ② 하도급 계열화 촉진

2) 부실공사 방지

① 덤핑 입찰에 의한 과다경쟁 방지 ② 품질확보

3) 공사규모의 대형화, 고급화 추세

① 기술개발 투자 확대 ② 자본 및 인력의 확보

4) 건설수주의 Pattern 변화

① 발주방식의 Turn Key화 ② 건설사업의 Package화

Ⅲ. 주요 심사내용

1. 경영상태 부문

① 회사채에 대한 신용평가등급 ② 기업어음에 대한 신용평가등급

③ 기업신용평가등급

2. 기술적 공사이행능력 부문(100점)

1) 시공경험

공사실적과 대상공사에 대한 시공능력과 경험

2) 기술능력

① 기술자 보유현황 ② 신기술개발 및 활용실적

3) 시공평가결과

시공경험평가를 위해 제출된 실적에 대한 시공평가결과

4) 지역업체 참여도

공사참여지분율로 산정

5) 신인도

① 건설재해, 제재처분사항 및 부실벌점 여부

② 계약이행과정의 성실성

Ⅳ. 적용 대상공사(11개 공종)

① 교량건설공사
② 공항건설공사
③ 댐축조공사
④ 철도공사
⑤ 지하철공사
⑥ 터널공사가 포함된 공사
⑦ 발전소건설공사
⑧ 쓰레기소각로 설공사
⑨ 폐수처리장건설공사
⑩ 하수종말처리공사
⑪ 관람집회시설공사

Ⅴ. P.Q제도 Flow Chart(P.Q 심사절차)

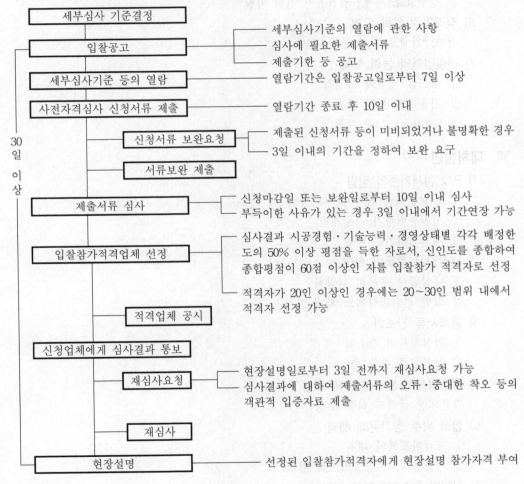

(30일 이상)

- 세부심사 기준결정
- 입찰공고
  - 세부심사기준의 열람에 관한 사항
  - 심사에 필요한 제출서류
  - 제출기한 등 공고
- 세부심사기준 등의 열람
  - 열람기간은 입찰공고일로부터 7일 이상
- 사전자격심사 신청서류 제출
  - 열람기간 종료 후 10일 이내
  - 신청서류 보완요청
    - 제출된 신청서류 등이 미비되었거나 불명확한 경우
    - 3일 이내의 기간을 정하여 보완 요구
  - 서류보완 제출
- 제출서류 심사
  - 신청마감일 또는 보완일로부터 10일 이내 심사
  - 부득이한 사유가 있는 경우 3일 이내에서 기간연장 가능
- 입찰참가적격업체 선정
  - 심사결과 시공경험 · 기술능력 · 경영상태별 각각 배정한도의 50% 이상 평점을 득한 자로서, 신인도를 종합하여 종합평점이 60점 이상인 자를 입찰참가 적격자로 선정
  - 적격자가 20인 이상인 경우에는 20~30인 범위 내에서 적격자 선정 가능
  - 적격업체 공시
- 신청업체에게 심사결과 통보
  - 재심사요청
    - 현장설명일로부터 3일 전까지 재심사요청 가능
    - 심사결과에 대하여 제출서류의 오류 · 중대한 착오 등의 객관적 입증자료 제출
  - 재심사
- 현장설명
  - 선정된 입찰참가적격자에게 현장설명 참가자격 부여

Ⅵ. 문제점

1) P.Q 심사기준 미정립
① 전문 공인심사기관 부족
② 시공능력 평가기준 미비
③ 내역심사기준의 미정립

2) 적용대상 공사의 제한

적용대상 공사 선정의 불합리

3) 등록서류 복잡

입찰서류 과다 및 복잡

4) 중소업체에 불리

현행 적용대상 금액 100억원 이상

5) 실적 위주 참가문제

① 도급한도액에 의한 실적 위주의 참가제한

② 경쟁요소 배제－입찰참가 기회 박탈

6) 적격업체 탈락 우려

저가낙찰제로 인한 탈락 우려

7) 건설업계의 능력 부족

① 하도급 계열화 미정착

② 기술개발 투자 미흡

③ Software 능력 부족

Ⅶ. 대처방안

1) P.Q 심사기준의 정립

① 공정한 전문심사기관의 선정

② 시공능력평가 기술개발

③ 내역심사기준 마련

2) 대상공사 항목의 확대

① 대상공사 종목의 다양화

② 일반 건설공사에도 확대 실시

3) 등록서류 간소화

① 입찰서류의 간소화

② 신청서류 종목 축소

4) 중소업체의 불리한 문제 해결

적용대상 금액의 하향 조정

5) 실적 위주 참가문제 해결

① 도급한도액의 폐지

② 기술능력 · 시공능력으로 평가

6) 적격업체의 탈락문제 해결

① 저가낙찰제의 폐지

② 적격낙찰제도 도입 시행

7) 종합건설업제도 실시

① 업체의 전문화, 특성화

② 원・하도급자간의 하도급 계열화 추진

③ 기술능력 향상

8) 업체의 기술개발

① 전문업종 개발

② 전문기술자 능력 배양 및 육성

③ 자체 기술개발로 원가절감

9) 시공 기술개발

① 신재료, 신공법

② 연구활동 강화 및 투자

10) 시공의 기계화 및 Robot화

① 시공기술의 향상

② 생산성 향상

③ Cost Down

11) 공사관리기술의 근대화

① 시공계획의 합리화

② Software 기술 향상

12) ISO 9000 인증 추진

품질에 대한 고객들의 인식 증대

13) ISDN의 적극적인 활용(정부 종합통신망)

건설정보체계 확립

14) 건설업의 국제화

① 국제언어능력 배양

② 기술 경쟁력 확보

15) 정책적 지원 강화

① 정부의 일관된 정책 필요

② 제도의 현실화

Ⅷ. 결론

① 건설업 개방화에 따른 P.Q제도는 대상공사 항목의 확대 실시와 실적 위주의 참가문제에 대한 대처방안과 심사기준의 평가정립을 세워야 한다.

② 건설업체에서도 기술개발에 대한 투자확대와 E.C의 능력배양으로 내실을 다져야 하며, 선진국의 앞선 기술력 향상제도를 과감히 도입하여 정착시킬 때 P.Q제도가 자리를 잡게 될 것이다.

6 입찰방식

Ⅰ. 개요

① 입찰방식의 종류에는 입찰자에게 공사가격을 써내게 하고 경쟁에 의해 계약을 체결하는 방식과 특정업체를 발주자가 직접 지명하는 특명입찰방식이 있다.

② 여러 업체의 견적을 비교하고 검토하여 그 중에서 가장 적격업체와 계약을 체결하게 된다.

Ⅱ. 분류

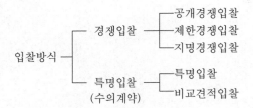

- 입찰방식
  - 경쟁입찰
    - 공개경쟁입찰
    - 제한경쟁입찰
    - 지명경쟁입찰
  - 특명입찰 (수의계약)
    - 특명입찰
    - 비교견적입찰

Ⅲ. 종류 및 특성

1. 공개경쟁력입찰(General Open Bid)

1) 의의

입찰 참가자를 공모(신문지상, 공고, 게시 등)하여 유자격자는 모두 참가할 수 있는 기회를 주는 입찰방식

2) 장점

① 공사비 절감

② 담합 가능성을 줄임

③ 자유경쟁 의도에 부합됨

3) 단점

① 입찰사무 복잡

② 부적격업체 낙찰시 부실공사 유발

③ 과열경쟁으로 건설업의 건전한 발전 저해

2. 제한경쟁입찰(Limited Open Bid)

1) 의의

입찰참가자에게 업체자격에 대한 제한을 가하여 양질의 공사를 기대하며, 그 제한에 해당되는 업체라면 누구든지 입찰에 참가할 수 있도록 한 방식

2) 장점

① 중소건설업체 및 지방건설업체 보호

② 공사수주와 편중방지

③ 담합 우려 감소

3) 단점

① 업체의 신용과 양질의 공사 확보 곤란

② 균등기회 부여 무시, 경쟁원리 위배

3. 지명경쟁입찰(Limited Bid)

1) 의의

공개경쟁입찰과 특명입찰의 중간방식이고, 그 공사에 가장 적격하다고 인정되는 3~7개 정도의 시공회사를 선정하여 입찰시키는 방식

2) 장점

① 공사 특성에 맞는 적격업체 선정

② 시공의 질 향상 도모

③ 발주자의 신뢰도 확보

3) 단점

① 소수업체 입찰시 담합 우려

② 입찰참가자 선정 문제

4. 특명입찰(Individual Negotiation)

1) 의의

발주자가 시공회사의 신용, 자산, 공사경력, 보유기재, 자재, 기술 등을 고려하여 그 공사에 가장 적합한 한명을 지명하여 입찰시키는 방식

2) 장점

① 양질의 시공 기대

② 업체선정 및 사무간단

③ 공사 보안유지에 유리

3) 단점

① 공사금액 결정의 불명확

② 부적격업체 선정 우려

③ 부실공사 유발

5. 비교견적입찰

1) 의의

발주자나 발주자가 그 공사에 가장 적합하다고 판단하는 2~3개 업체를 선정하여 견적제출을 의뢰하고, 그 중에서 선정하는 방식으로 일종의 특명입찰에 해당된다.

2) 장점

① 발주자가 신뢰하는 업체 선정

② 입찰업무 간단

③ 특명입찰의 장점 이용

3) 단점

① 입찰참가 희망업체의 기회부여 박탈

② 발주자와 시공자간의 신뢰 상실시 조잡한 공사

Ⅳ. 문제점

① 경쟁입찰 제한요소
② 시공능력이 아닌 가격 위주
③ 기술능력 향상방안 미흡
④ 저가입찰 및 심의기준 미흡
⑤ 예가 작성시 임의 감액

Ⅴ. 개선대책

① 내역입찰제도 확대
② 공개경쟁입찰제도로 입찰참가 기회 부여
③ 종합낙찰제도방식 적용
④ 정부 노임단가 현실화
⑤ 기술개발능력 향상방안 제도화

Ⅵ. 결론

① 건설업 개방에 대비하여 현재 금액위주업체 선정방식에서 탈피하여 능력과 기술 위주의 입찰방식이 필요하다.
② 입찰 참가 희망자에게 균등한 기회를 부여하는 공개경쟁입찰방식을 장려하고, 건설시장 개방화에 대비한 경쟁사회 원리에 맞는 과감한 입찰방식이 필요하다.

7 입찰순서

Ⅰ. 개요

① 발주자가 해당 공사를 수행하기 위하여 시공자를 선정하기 위해서는 공사 입찰 순서에 의하여 선정한다.

② 이때 공사에 대하여 입찰공고를 하여 최종업체 선정을 위한 낙찰까지의 일련의 과정을 거치게 된다.

Ⅱ. 입찰방식의 분류

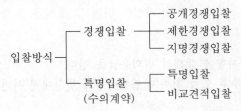

- 입찰방식
  - 경쟁입찰
    - 공개경쟁입찰
    - 제한경쟁입찰
    - 지명경쟁입찰
  - 특명입찰 (수의계약)
    - 특명입찰
    - 비교견적입찰

Ⅲ. 순서 Flow Chart

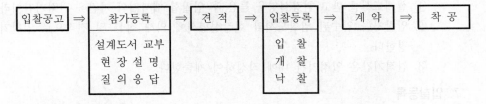

입찰공고 ⇒ 참가등록 ⇒ 견 적 ⇒ 입찰등록 ⇒ 계 약 ⇒ 착 공

- 참가등록: 설계도서 교부 / 현 장 설 명 / 질 의 응 답
- 입찰등록: 입 찰 / 개 찰 / 낙 찰

Ⅳ. 순서별 특징

1. 입찰공고

1) 공개경쟁입찰

① 관보, 신문, 게시판 등에 공고

② 공고내용

㉠ 공사명　　㉡ 설계도서 열람장소

㉢ 입찰보증금　　㉣ 입찰자격

㉤ 입찰방법　　㉥ 현장설명 일시 및 장소

㉦ 입찰 일시 및 장소　　㉧ 유의사항

2) 지명입찰

서류 및 전화로 입찰응모 통보

2. 참가등록

현장설명을 참가하기 위해서는 현장설명 참가에 필요한 등록서류를 제출한다.

3. 설계도서 교부

현장설명시 또는 사전에 교부한다.

4. 현장설명

① 도면, 시방서에 표기 곤란한 사항 등을 설명
② 일정금액 이상시 현장설명 참가 의무화
③ 현장설명내용

㉠ 인접대지	㉡ 인접도로
㉢ 지상 및 지하 매설물	㉣ 대지의 고저
㉤ 수도, 우물 등의 급수	㉥ 동력 인입
㉦ 지질, 잔토 처리	㉧ 가설물 위치 및 공사용 부지

5. 질의응답

① 설계도서 및 현장설명시 의문사항에 대해서 질의응답을 한다.
② 즉시 응답할 수 없는 사항은 추후 입찰 전까지 입찰예정자 전원에게 서면으로 회신한다.

6. 견적

① 설계도서를 받고 현장설명을 들은 후 입찰할 때까지의 기간을 견적기간이라 한다.
② 입찰자는 입수된 입찰도서와 현장설명서에 의해 적산 및 견적으로 입찰가를 결정한다.
③ 견적기간은 일정기간 내에 작성하여 제출한다.

7. 입찰등록

① 입찰참가자는 입찰보증금 및 입찰에 필요한 제반 서류를 제출한다.
② 입찰보증금
㉠ 입찰가격의 5% 이상으로 현금, 유가증권, 보험 등으로 대체한다.
㉡ 낙찰자가 계약 미체결시 국고에 귀속된다.
㉢ 입찰보증금 면제사유에 해당하는 경우에는 면제가 가능하다.

8. 입찰

① 입찰공고시에 지정된 시간과 장소에서 시행한다.
② 입찰참가자는 견적금액을 기입한 입찰서를 제출한다.
③ 입찰금액 또는 내역명세서를 첨부하는 경우도 있다.

9. 개찰, 재입찰, 수의계약

1) 개찰

① 일반적으로 관계자 입회하에 개찰한다.
② 민간공사의 경우 부재 개찰이 대부분이다.

2) 재입찰

개찰 결과 입찰가격이 예정가격을 초과할 때에는 일정기간 후 희망자에 한하여 재입찰한다.

3) 수의계약

재입찰 후에도 예정가격 초과시 최저입찰자로부터 순차적으로 교섭하여 희망자와 예정가격 이내로 계약을 체결한다.

10. 낙찰

① 개찰 결과 미리 정해진 낙찰제도방법에 의해서 낙찰자를 결정한다.
② 낙찰방법에는 제한적 최저가와 적격 낙찰제도 등에 의한 방법이 있다.
③ 적정 낙찰자가 없을 경우 재입찰한다.

11. 계약

1) 계약체결

① 낙찰자가 결정되면 계약보증금을 납부한다.
② 계약이행보증서 및 보험계약서를 제출한다.
③ 발주자와 도급자간에 쌍방 서명날인하여 계약을 체결한다.

2) 계약서류

① 계약서
② 설계도(도면)
③ 시방서
④ 내역서
⑤ 공정표
⑥ 현장설명서
⑦ 질의응답서

3) 도급계약내용

① 공사개요
② 도급금액
③ 공사기간
④ 공사대금 지불방법(기성)
⑤ 설계변경
⑥ 공사중지 손해 부담
⑦ 천재지변 손해 부담
⑧ 연동제(Escalation)
⑨ 인도·검사 시기
⑩ 하자보증사항 등

12. 착공

관계기관에 착공 관련서류를 제출한 후 공사를 착공한다.

Ⅴ. 문제점

1) 경쟁 제한요소

① 제한경쟁입찰, 지명경쟁입찰 등으로 참가 제한
② 수의계약에 의한 부조리, 비리 성행
③ 실적 위주의 덤핑(Dumping) 성행

2) 입찰제도상의 불합리

① 총액입찰방식으로 낙찰식 수주

② 내역서 작성이 미비하여 금액결정 후 작성

3) 낙찰제도상의 문제

① 금액 위주 낙찰자 선정

② 적격업체 선정 곤란

③ 투찰금액 관심집중으로 건설기술 개발지연

Ⅵ. 개선대책

1) 경쟁 제한요소의 배제

공개경쟁입찰로 균등기회 부여

2) 부대입찰제도의 활성화

① 건설업체의 하도급 계열화 도모

② 공정한 하도급의 거래질서 확립

3) 대안입찰제도의 활성화

기술능력 향상 및 개발

4) 내역입찰제도의 확대 시행

① 공사금액 55억 미만에도 확대 실시

② 모든 공사에 적용

Ⅶ. 결론

① 입찰순서는 가능한 합리적으로 수행하여 시공자에게 불편을 주어서는 안 되며, 특히 담합이나 덤핑의 우려가 있으므로 주의하여야 한다.

② 가능한 공개입찰에 의한 자유경쟁을 통하여 원가절감을 하고, 최적시공자를 선정하기 위하여 연구·개발되어야 한다.

8 낙찰제도

Ⅰ. 개요

① 낙찰자 선정은 입찰순서에 따라 미리 정해진 선정방법에 의하여 충분히 공사를 추진할 수 있다고 판단되는 업체를 발주자가 선택하는 것을 말한다.

② 낙찰제도의 문제점이 부실시공의 원인이 될 수 있으므로 제도상 보완 및 개선이 요구된다.

Ⅱ. 낙찰제도의 분류

① 최저가 낙찰제
② 저가심의제
③ 부찰제(제한적 평균가 낙찰제)
④ 제한적 최저가 낙찰제(Lower Limit)
⑤ 적격 낙찰제도(적격심사제도)
⑥ 최고가치(Best Value) 낙찰제도

Ⅲ. 선정방법별 특징

1. 최저가 낙찰제

1) 의의

① 예정가격 범위 내에서 최저가격으로 입찰한 자를 선정
② Dumping으로 인한 부실시공 우려

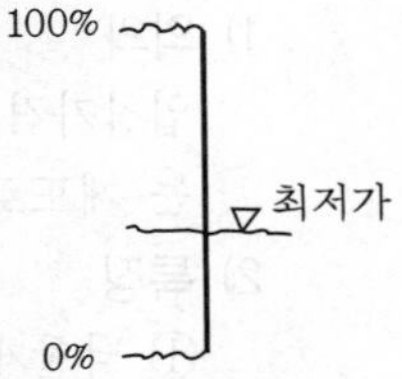

2) 특징

① 업체의 기술개발과 경쟁력 배양 가능
② 국고 절감
③ 부적격 입찰가 사전 배제

2. 저가심의제

1) 의의

① 예정가격 85% 이하 업체 중 공사 수행능력을 심의하여 선정
② 공사비 내역, 공사계획, 경영실적, 기술경험 등 전반에 대한 심의

2) 특징

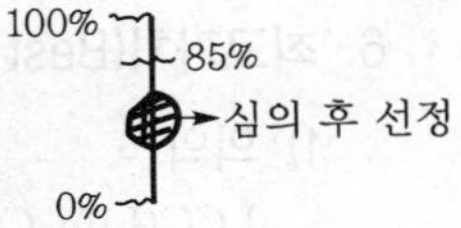

① 부실공사 사전 예방
② 최저가 낙찰제와 부찰제의 장점만 선택하여 활용
③ 심의기관의 비전문성으로 심사의 어려움
④ 심사기관 소요, 행정력 낭비
⑤ 심사기준이 미비

3. 부찰제(제한적 평균가 낙찰제)

1) 의의

예정가격과 예정가격의 85% 이상 금액의 입찰자 사이에서 평균금액을 산출하여 이 평균금액 밑으로 가장 접근된 입찰자를 낙찰자로 선정하는 방식이다.

2) 특징

① 도급자의 적정이윤 보장
② 덤핑을 방지하므로 시공품질 확보
③ 업체의 과다경쟁 및 경쟁계약의 원칙 위배
④ 기업의 기술개발, 계획 수주 등 합리적 경영 유도 미흡

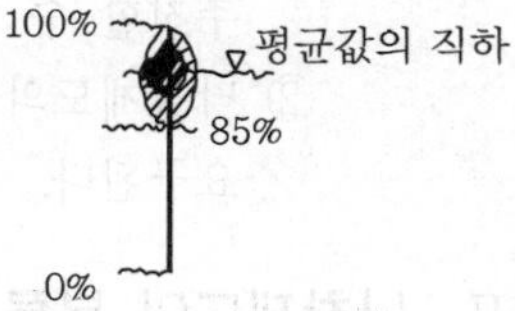

4. 제한적 최저가 낙찰제도(Lower Limit)

1) 의의

① 부실공사를 방지할 목적으로 예정가격 대비 90% 이상 입찰자 중 가장 낮은 금액으로 입찰한 자를 결정하는 방식
② 중소기업 보호육성책의 일환

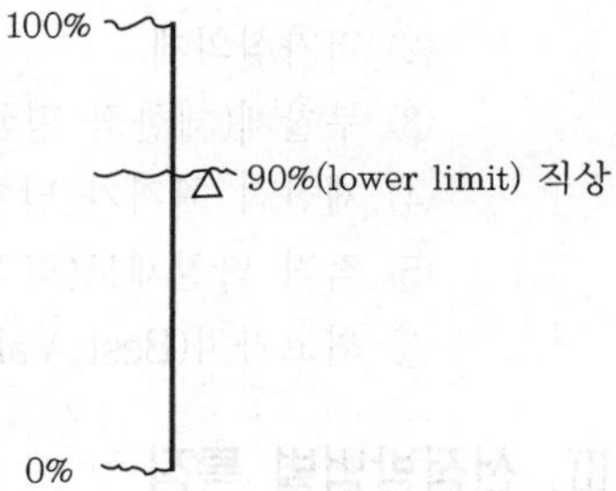

2) 특징

① Dumping 방지로 부실공사 예방
② 시장경쟁원리 배제로 기술개발 저해
③ 예가 탐지를 위한 부조리 발생 우려

5. 적격 낙찰제도(적격심사제도)

1) 의의

입찰가격·기술능력을 포함한 종합적인 판단으로 최저가 입찰자를 낙찰자로 선정하는 제도로서 종합낙찰제도라고도 한다.

2) 특징

① 낙찰제도 중 가장 합리적인 제도
② 업체의 시공능력 위주로 낙찰, 시공기술 향상과 기술개발 및 전문화 유도
③ 공사비보다 능력 중시
④ 평가의 객관성 미흡
⑤ 중소기업의 불리한 제도
⑥ P.Q 제도의 보완 필요

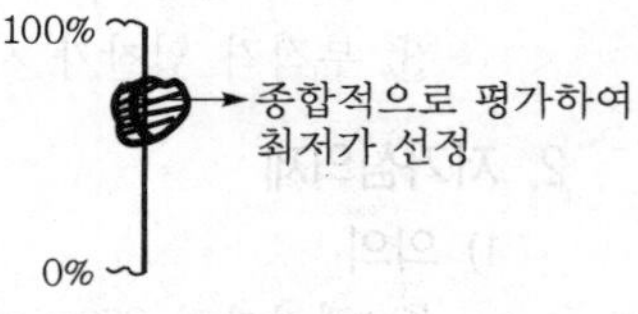

6. 최고가치(Best Value) 낙찰제도

1) 의의

LCC(Life Cycle Cost)의 최소화로 투자의 효율성을 얻기 위해 입찰가격과 기술능력을 종합적으로 평가하여 발주처에 최고가치를 줄 수 있는 업체를 낙찰자로 선정하는 제도이다.

2) 필요성

① 낙찰제도의 국제표준화 필요
② 건설업체의 기술발전 및 품질향상 제고
③ 발주처의 장기적인 비용절감
④ 발주처의 낙찰방법 선택폭 확대
⑤ 건설업체의 Dumping 방지 및 수익성 향상

Ⅳ. 낙찰제도의 문제점

① 능력평가를 배제한 가격 위주의 결정방식
② 예정가격의 비현실화
③ 심의기관, 심의기준의 미비
④ 기술능력 향상방안 미흡

Ⅴ. 대책

1) 종합건설업 면허제도 도입
설계 및 시공 능력개발

2) 예정가격의 합리화
누락항목 방지

3) 부대입찰제도 활성화
하도급의 계열화, 전문건설업체 기술개발 유도

4) P.Q제도 보완 및 확대 실시
부실공사 예방, 적격업체 선정

5) 내역입찰제도 정착
대외 경쟁력 확보, Dumping 방지

Ⅵ. 결론

① 현행제도의 개선 및 보완, 업체의 체질개선이 무엇보다 필요하며, 시공품질이 확보되고, 부실공사를 사전에 예방할 수 있는 낙찰자 선정방법이 요구된다.
② 도급자의 적정이윤이 보장되고 기술개발과 경쟁력이 배양되는 제도의 도입이 바람직하다.

9 공사도급계약제도상의 문제점 및 개선대책

Ⅰ. 개요

① 공사도급제도란 발주자가 공사 시공을 하기 위해 시공자를 선정하는 제도로서 많은 문제점을 내포하고 있다.

② 건설공사의 적정 시공의 확보와 입찰 및 계약제도에 대한 개선대책이 필요하다.

Ⅱ. 공사도급계약제도의 분류

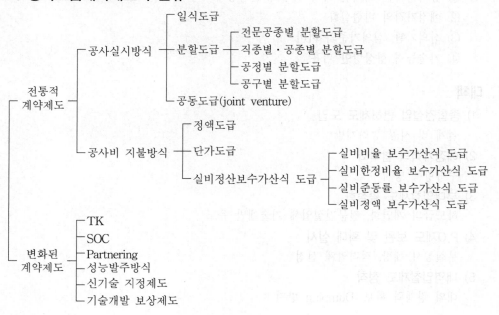

- 전통적 계약제도
  - 공사실시방식
    - 일식도급
    - 분할도급
      - 전문공종별 분할도급
      - 직종별 · 공종별 분할도급
      - 공정별 분할도급
      - 공구별 분할도급
    - 공동도급(joint venture)
  - 공사비 지불방식
    - 정액도급
    - 단가도급
    - 실비정산보수가산식 도급
      - 실비비율 보수가산식 도급
      - 실비한정비율 보수가산식 도급
      - 실비준동률 보수가산식 도급
      - 실비정액 보수가산식 도급
- 변화된 계약제도
  - TK
  - SOC
  - Partnering
  - 성능발주방식
  - 신기술 지정제도
  - 기술개발 보상제도

Ⅲ. 문제점

1) 경쟁 제한요소

① 제한경쟁입찰, 지명경쟁입찰 등으로 참가 제한

② 수의계약에 의한 부조리와 비리 성행

③ 실적위주의 덤핑(Dumping) 성행

2) 입찰제도상의 불합리

① 총액입찰방식으로 당첨식 수주

② 내역서 작성이 미비하여 금액 결정 후 작성

3) 낙찰제도상의 문제

① 금액 위주 낙찰자 선정

② 적격업체 선정 곤란

③ 투찰금액 관심집중으로 건설기술 개발지연

4) 예정가격의 미비
① 노임단가 비현실화
② 일부 경비항목 누락
③ 발주처에 따라 단가 상이

5) 기술능력 향상방안 미흡
① 기술보상제도의 형식화
② 신기술 지정 및 보호제도의 활성화 미흡

6) 저가입찰 심의제의 난점
① 심사기준 미비로 실질적인 심사 곤란
② 직접공사비 탐지를 위한 부조리 발생

7) 건설개방에 따른 기술경쟁체제 미흡
① 신기술·신공법 개발 유도조항 실천 미흡
② 관리능력 배양에 대한 조항 미비

8) 부적당업체 제재 미흡
부적당업체 제재 조항 미흡

9) 동일계열사 설계·시공 동시발주 금지
① 기술경쟁력 약화
② 종합건설업 활성화 방해

Ⅳ. 개선대책

1) 부대입찰제도의 활성화
건설업체의 하도급 계열화 및 하도급 거래질서 확립

2) 대안입찰제도의 활성화
기술능력 향상 및 개발

3) 내역입찰제도의 확대 시행
공사금액 55억 미만에도 확대 실시

4) 예가, 설계가(設計價) 부당감액 개선
정부노임단가 및 순수공사비의 현실화와 경비비용 추가

5) 기술능력 위주 낙찰제도 실시
최저낙찰제도 폐지 및 적격낙찰제도 활성화

6) 저가심의제 기준 마련
맹목적 저가투찰 제재 강화 및 저가심의제의 문제점 보완

7) 기술능력 및 개발 위주로 전환
① 기술지정과 보호제도의 강력시행 및 유도
② 기술능력 배양 및 체질개선 유도

8) 부적당업체 제재 강화
하자 발생업체, 부실시공업체, 안전사고 다발업체의 제재 강화

9) P.Q제도 시행

적격업체 선정으로 시공성 확보 및 부실시공 방지

10) 기업체 전문화 유도

하도급업체 계열화 및 부대입찰제도 활성화

11) 신기술 제안제도 활성화

기업체의 향상된 기술력을 이끌어내어 대외 경쟁력 증대

12) 도급한도액 개편 및 폐지

자유경쟁 의도에 위배되므로 개편 및 폐지 필요

13) 감리제도 활성화

감리의 역량 및 책임 강화

14) 설계 · 시공 동시발주 금지제도 폐지

건설시장 개방에 따른 국제경쟁력의 강화를 위해 필요

15) 종합낙찰제 확대 실시

부실시공 방지 및 신뢰성 확보

16) 지역제한 입찰제도 개선

Paper Joint 방지 및 부적격 업체 배제

17) 감사제도 강화

부실시공 방지 및 품질개선을 위한 감사제도와 벌점제도 강화

18) 보증제도 도입

책임시공을 위한 입찰 · 낙찰 · 시공에 대한 보증제도 도입

Ⅴ. 결론

① 적절한 도급제도의 개선 및 부실공사의 방지를 위한 적정업체의 선정이 중요하다.

② 건설공사 시공 및 공사금액을 종합적으로 평가하는 도급계약제도의 개발과 체계화된 건설 행정이 필요하다.

10 계약금액 조정방법

Ⅰ. 개요

① 중앙관서의 장이나 그 위임을 받은 공무원은 공사·제조·용역 등 공공건설공사의 입찰일 이후 물가변동·설계변경 기타 계약내용의 변경으로 인하여 계약금액을 조정할 수 있다.

② 물가변동으로 인한 계약금액의 조정은 계약조건에 의해 처리하며, 품목조정률과 지수조정률 중 계약서에 명시된 한 가지 방법을 택일하여 적용한다.

③ 설계변경은 당초 계약의 목적 및 본질을 바꿀 만큼의 변경이어서는 안 되며, 설계변경으로 공사량의 증감이 발생한 경우에는 계약금액을 조정하게 된다.

Ⅱ. 계약금액 조정요건

- 계약금액 조정요건
  - 절대요건
    - 기간요건
    - 등락요건
  - 선택요건 ── 청구요건

물가변동으로 인한 계약금액 조정은 절대요건의 충족에 따라 선택요건인 조정청구가 있을 때 성립한다.

1) 기간요건

① 입찰일후 90일 이상 경과하여야 한다.

② 입찰일을 기준으로 한다.

③ 2차 이후의 물가변동은 전 조정 기준일로부터 90일 이상을 경과하여야 한다.

2) 등락요건

품목조정률 또는 지수조정률이 3% 이상 증감시 적용한다.

3) 청구요건

절대요건이 충족되면 계약 상대자의 청구에 의해 조정하도록 한다.

Ⅲ. 물가변동(Escalation) 조정

1) 정의

입찰일후 90일이 경과한후 각종 품목 및 비목의 가격상승으로 품목조정률의 3% 이상이 증감되거나 지수조정률의 3% 이상이 증감된 때 계약금액 조정

2) 조정방법

① 동일한 계약에 대하여는 품목조정률과 지수조정률을 동시에 적용하지 못한다.

② 조정기준일(조정사유 발생일)로부터 90일 이내는 재조정이 불가능하다.

③ 예정가격이 100억원 이상의 공사는 특별사유가 없는 한 지수조정률로 금액을 조정한다.

④ 원칙적으로 계약금액조정 신청서 접수후 30일 이내에 조정한다.

3) 품목조정률

① 조정기준일(조정사유 발생일) 전의 이행 완료할 계약금액을 제외한 계약금액에서 차지하는 비율로서 재무부장관이 정하는 바에 의거 산출

② 품목조정률의 3% 이상 증감

4) 지수조정률

① 지수조정률 산출방법

㉠ 한국은행에서 조사 공표한 생산자 물가 기본분류지수 및 수입물가지수

㉡ 국가·지방자치단체·정부투자기관이 허가·인가하는 노임·가격 또는 요금의 평균지수

㉢ 위의 내용과 유사한 지수로 재무부장관이 정하는 지수

② 지수조정률의 3% 이상 증감

5) 품목조정률 및 지수조정률의 비교

구분	품목조정률에 의한 방법	지수조정률에 의한 방법
개요	계약금액의 산출내역을 구성하는 품목 또는 비목의 가격변동으로 당초 계약금액에 비하여 3% 이상 증감시 동 계약금액 조정	계약금액의 산출내역을 구성하는 비목군의 지수변동으로 당초 계약금액에 비하여 3% 이상 증감시 조정
조정률 산출방법	계약금액을 구성하는 모든 품목 또는 비목의 등락을 개별적으로 계산하여 등락률을 산정	① 계약금액을 구성하는 비목을 유형별로 정리한 "비목군"을 분류 ② 비목군에 계약금액에 대한 가중치 부여(계수) ③ 비목군별로 생산자 물가 기본 분류지수 등을 대비하여 산출
적용대상	거래실례가격 또는 원가계산에 의한 예정가격을 기준으로 체결한 계약	원가계산에 의한 예정가격을 기준으로 체결한 계약
장점	계약금액을 구성하는 각 품목 또는 비목별로 등락률을 산출하므로 당해 비목에 대한 조정 사유를 실제대로 반영 가능	한국은행에서 발표하는 생산자 물가 기본 분류지수, 수입물류지수 등을 이용하므로 조정률 산출이 용이하다.
단점	① 매 조정시마다 수많은 품목 또는 비목의 등락률을 산출해야 하므로 계산이 복잡하다. ② 따라서 많은 시간과 노력이 필요(행정력 낭비)	개념인 지수를 이용하므로 당해 비목에 대한 조정사유가 실제대로 반영되지 않는 경우가 있다.
용도	계약금액의 구성비목이 적고 조정횟수가 많지 않을 경우에 적합하다.(단기, 소규모, 단순공종공사 등)	계약금액의 구성비목이 많고 조정횟수가 많을 경우에 적합하다.(장기, 대규모, 복합공종공사)

Ⅳ. 설계변경

1) 정의

설계변경으로 인하여 공사량의 증감이 발생한 때에는 계약금액을 조정할 수 있다.

2) 설계변경 사유

① 설계도 하자

㉠ 설계도의 내용이 불확실한 경우

㉡ 설계도에 누락된 사항이 있는 경우

㉢ 설계도에 상호 모순되는 사항이 있는 경우

② 현장여건이 다를 경우

㉠ 자연적인 상태(지질, 용수 등)가 상이

㉡ 인위적인 상태(지하매설물, 주변현황 등)가 상이

③ 신기술·신공법 사용

㉠ 신기술 · 신공법 사용으로 공사비가 절감되는 경우

㉡ 신기술 · 신공법 사용으로 공사기간이 단축되는 경우

㉢ 절감된 공사비의 일부는 시공자에게 귀속

④ 물가변동으로 인한 경우

⑤ 민원발생 : 민원발생으로 인하여 공사기간이 연장되거나 공사비가 추가되는 경우

⑥ 공사기간이 변경되는 경우 : 공사기간 변경으로 공사비의 차이가 현저할 경우

⑦ 공사물량이 변경되는 경우

㉠ 공사물량의 증감

㉡ 공사물량의 변경이 3% 이상 발생시

⑧ 기타 발주처가 인정하는 사유

㉠ 골재의 지급장소 변경

㉡ 지급 자재의 변경

㉢ 자재 운반거리의 변경 등

3) 조정방법

① 낙찰가가 86% 미만의 공사에서는 증액 조정시 조정금액이 계약금액의 10% 이상인 경우 소속중앙관서장의 승인을 얻어야 하다.

② 계약이행자가 신기술 · 신공법의 적용으로 공비절감 · 공기단축 등을 한 경우는 감액하지 않는다.

③ 신기술 · 신공법의 등위와 한계에 이의가 있을 때는 중앙건설기술심의위원회의 심의를 받아야 한다.

④ 원칙적으로 설계변경으로 인한 계약금액 조정신청서 접수일부터 30일 이내에 조정한다.

4) 설계변경절차

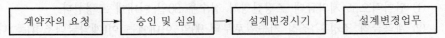

계약자의 요청 → 승인 및 심의 → 설계변경시기 → 설계변경업무

① 계약자의 요청

㉠ 발주기관에서 사업내용 변경에 따른 설계변경시 계약자에게 서면으로 통보 후 시행

㉡ 계약자의 요청은 공사감독관(책임감리자)을 경유하여 서면으로 통지

② 승인 및 심의

㉠ 승인 : 예정가격이 88% 미만으로 낙찰된 공사계약으로 증액 조정될 금액이 당초 계약금액의 10% 이상인 경우에는 소속 중앙관서장의 승인을 얻어야 한다.

㉡ 심의 : 신기술·신공법의 범위와 한계에 관하여 이의가 있을 때는 설계 자문위원회에 심의를 받아야 한다.

③ 설계변경시기

㉠ 설계도면의 변경을 요하는 경우에는 설계변경도면이 확정된 때

㉡ 설계도면의 변경을 요하지 않는 경우에는 계약 당사자간에 설계변경을 문서에 의하여 합의한 때

④ 설계변경업무

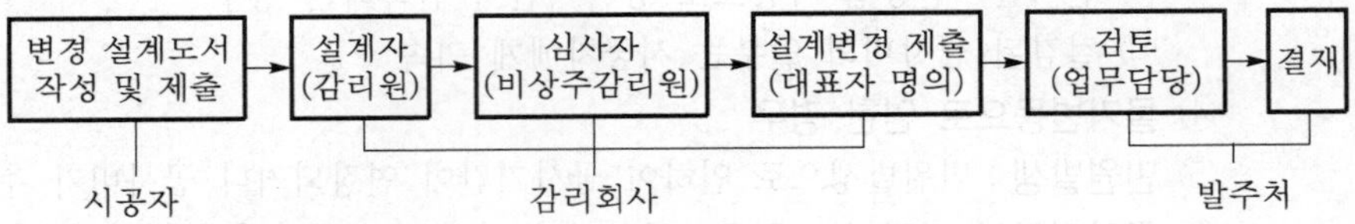

5) 계약금액의 조정

① 공사물량이 증감되는 경우

㉠ 증감된 공사물량의 단가는 산출 내역서상의 단가(계약단가)를 적용

㉡ 설계변경전에 물가변동으로 인한 계약금액을 조정한 경우에는 조정된 계약단가를 적용

㉢ 계약단가가 예정가격 단가보다 높은 경우 예정가격 단가를 적용

㉣ 발주기관에서 설계변경을 요구한 경우에는 일정 범위내에서 계약 당사자간의 협의에 의해 결정

② 신규 비목의 경우

㉠ 신규 비목이란 산출 내역서상의 단가가 없는 비목을 말한다.

㉡ 신규 비목의 단가는 설계변경 당시를 기준으로 산정한 단가에 낙찰률을 곱한 금액으로 한다.

㉢ 낙찰률이란 전체 계약 낙찰률로 예정가격에 대한 낙찰금액의 비율이다.

㉣ 발주기관에서 설계변경을 요구한 경우에는 일정 범위내에서 계약 당사자간의 협의에 의해 결정한다.

V. 조정방법시 유의사항

① 원칙적으로 계약금액 조정신청서 접수후 30일 이내에 조정한다.

② 계약금액 조정후 조정 기준일로부터 90일 이내에는 이(계약금액조정)를 다시 하지 못한다.

③ 동일한 계약에 대하여는 품목조정률과 지수조정률을 동시에 적용할 수 없다.

④ 조정 기준일전에 이행 완료할 부분은 물가변동 적용대가(적용 기준일 이후에 이행할 부분의 대가)에서 제외한다.

⑤ 천재지변 등의 불가항력의 사유로 지연된 때는 물가변동 적용대가의 적용을 받는다.
⑥ 예정가격이 100억원 이상의 공사는 특별사유가 없는 한 지수조정률로 한다.
⑦ 선금을 지급받은 경우 공제금액 산출식
㉠ 공제금액=물가변동 적용대가×(품목조정률 또는 지수조정률)×선금급률
㉡ 장기계속계약에서 물가변동 적용대가는 당해 연도 계약체결분 기준

Ⅵ. 결론

입찰일 후 계약금액을 구성하는 각종 품목 또는 비목의 가격이 상승 또는 하락된 경우, 그에 따라 계약금액을 조정하여 계약 당사자 일방의 불공평한 부담을 경감시켜 줌으로써, 원활한 계약이행을 도모하고자 하는 계약금액 조정제도이다.

제10장 총 론

제2절 공사관리

- 문제1 시공계획시 사전조사
- 문제2 건설공사의 시공계획
- 문제3 건설업의 공사관리
- 문제4 건설사업의 위험도관리(Risk Management)
- 문제5 감리제도의 문제점 및 대책
- 문제6 C.M제도(건설관리제도)
- 문제7 부실공사의 원인과 방지대책
- 문제8 품질관리
- 문제9 품질관리순서
- 문제10 품질관리의 7가지 Tool(도구, 기법)
- 문제11 원가관리
- 문제12 실적공사비 적산제도
- 문제13 V.E
- 문제14 L.C.C
- 문제15 안전관리
- 문제16 건설공사의 산업안전보건관리비
- 문제17 장마철 대형공사장 점검사항
- 문제18 건설공해의 종류와 방지대책
- 문제19 건설공사시 발생하는 소음과 진동의 원인과 대책
- 문제20 구조물의 해체공법
- 문제21 폐콘크리트의 재활용 방안

공사관리 과년도 문제

1	1. 시공계획 작성시 사전조사사항에 관하여 기술하시오. [00후, 25점]
2	2. 시공계획을 세울 때 검토사항을 열거하여 서술하시오. [98중전, 40점] 3. 시공자가 공사 착수 전에 감리자에게 제출하는 시공계획서의 목적과 내용을 기술하시오. [95전, 33점] 4. 공사착수단계에서 현장관리와 관련하여 시공자가 조치하여야 할 사항과 건설사업관리기술자에게 보고하여야 할 내용(착공계작성 등)에 대하여 설명하시오. [15후, 25점] 5. 연약지반상의 대성토작업구간 중에 통로암거(4.5m×4.5m×2련, $L=45$m)를 설치하고자 한다. 공사 시공계획에 대하여 논술하시오. [98중전, 50점] 6. 산악도로건설공사를 위한 시공계획과 유의사항에 대해서 기술하시오. [98후, 30점] 7. 최근 교통량의 증가추세에 따른 기존도로의 확폭과 관련하여 시공계획 및 시공관리측면에서의 의견을 쓰시오. [96전, 30점] 8. 공용 중인 고속국도의 1개 차로를 통제하고 공사시 교통관리구간별 교통안전시설설치계획에 대하여 설명하시오. [17중, 25점] 9. 하천 또는 해안지역에서 가물막이공사시 시공계획에 대하여 기술하시오. [98중후, 30점]
3	10. 공사 시공관리에 중점이 되는 4개항을 들고, 체계적으로 설명하시오. [00중, 25점] 11. 시공관리의 목적과 관리내용에 대하여 설명하시오. [02후, 25점] 12. 토목공사 시공시 공사관리상의 중점관리항목을 열거하고, 설명하시오. [04중, 25점] 13. 공사관리의 4대 요소를 들고, 그 요지를 기술하시오. [98중전, 20점]
4	14. 최근 해외공사 수주가 급증하고 있다. 해외건설공사에 대한 위험관리(Risk Management)에 대하여 설명하시오. [08후, 25점] 15. 건설공사의 위험도관리(Risk-Management) [04전, 10점] 16. 리스크(Risk)관리 3단계 [04후, 10점] 17. 위험도분석(Risk Analysis) [07전, 10점]
5	18. 국토해양부장관이 고시한 「책임감리 현장참여자 업무지침서」에서 각 구성원(발주처, 감리원, 시공자)의 공사시행단계별 업무에 대하여 설명하시오. [10중, 25점] 19. 건설기술관리법에 의한 감리원의 기본임무 [05후, 10점] 20. 건설공사감리제도의 종류 및 특징을 설명하시오. [07후, 25점] 21. 건설사업관리와 책임감리, 시공감리, 검측감리에 대하여 설명하시오. [18전, 25점] 22. 비상주감리원 [09후, 10점]
6	23. 건설사업관리(Construction Management)의 업무내용을 각 단계별로 기술하시오. [03중, 25점] 24. 건설프로젝트의 단계(기획, 설계, 시공, 유지관리)별 건설사업관리(CM)의 주요 업무내용을 설명하시오. [09중, 25점] 25. 건설사업관리(CM)에서 위험관리(Risk Management)와 안전관리(Safety Management)에 대하여 설명하시오. [11중, 25점] 26. CM(Construction Management)의 주요 기본업무 중 공사단계별 원가관리에 대하여 설명하시오. [15중, 25점] 27. 대규모 건설사업에 CM용역을 채용할 경우 기대되는 효과를 기술하시오. [98중전, 30점] 28. 건설사업관리제도(CM : Construction Management) 도입과 더불어 건설사업관리전문가 인증제도의 필요성과 향후 활용방안에 대하여 설명하시오. [02중, 25점] 29. 국내의 CM(Construction Management)제도 시행에서 건축공사와 비교시 토목공사에 활용도가 낮은 이유와 활성화방안을 설명하시오. [16전, 25점]

공사관리 과년도 문제

6	30. CM의 정의, 목표, 도입의 필요성 및 도입의 효과에 대하여 설명하시오. [17중, 25점] 31. 시공을 포함하는 위험형 건설사업관리(CM At Risk)계약과 턴키(Turn Key)계약방식에 대하여 서술하시오. [03전, 25점] 32. 순수형 CM(CM for fee)계약방식 [08중, 10점] 33. 용역형 건설사업관리(CM for fee) [10전, 10점]
7	34. 건설공사의 품질향상(부실 시공 방지)을 위한 귀하의 의견을 설계, 시공, 감리(감독) 및 법적제도측면에서 기술하시오. [96전, 50점] 35. 최근 건설공사 부실 시공이 많이 거론되고 있다. 귀하가 생각하는 부실 시공의 방지대책은 무엇이며, 건설기술인의 사명과 자세는 무엇이라고 생각하는가. [97중전, 50점] 36. 건설공사의 부실 시공 방지대책을 제도적인 측면과 시공측면에서 설명하시오. [01전, 25점] 37. 부실 시공 방지대책(시공, 제도적 관점에서)에 대하여 기술하시오. [05후, 25점] 38. 현재 우리나라 건설분야에서 문제되고 있는 부실 시공, 기존 시설물 유지관리, 기술개발 등에 대한 현안 문제점과 대책에 대하여 기술하시오. [99후, 40점] 39. 구조물 시공 중 중대한 하자가 발생하였다. 책임기술자로서 대처방법에 대하여 기술하시오. [98중후, 30점]
8	40. 품질관리를 위한 관리도의 종류를 들고, 관리한계선의 결정방법에 대하여 설명하시오. [95중, 50점] 41. 건설공사의 품질관리와 품질경영에 대하여 기술하고, 비교 설명하시오. [03후, 25점] 42. 품질통제(Quality Control : Q/C)와 품질보증(Quality Assurance : Q/A)의 차이를 기술하시오. [98중전, 20점]
9	43. 통계적 품질관리(品質管理)를 적용할 때 관리서클(Circle)의 단계를 설명하시오. [96중, 20점], [01전, 25점] 44. 품질관리비 산출에 대하여 최근 개정된 품질시험비 산출단위량기준(국토해양부고시)내용을 중심으로 설명하시오. [09후, 25점]
11	45. 공사원가관리를 위해서 공사비내역체계의 통일이 필요한 이유를 기술하시오. [98중전, 20점] 46. 국내 건설공사에서의 현행 원가관리체계의 문제점을 열거하고, 비용일정통합관리기법에 관해서 설명하시오. [00후, 25점] 47. 건설공사에서 원가관리방법에 대하여 설명하고, 비용절감을 위한 여러 활동에 대하여 기술하시오. [06중, 25점] 48. 해외건설 프로젝트견적서 작성시 예비공사비항목에 대하여 설명하시오. [12전, 25점] 49. 총공사비의 구성요소 [09중, 10점] 50. 공사원가 계산시 경비의 세비목(細費目) [06전, 10점] 51. 비용편익비(B/C Ratio) [06전, 10점], [09후, 10점] 52. 내부수익률(IRR, Internal Rate Of Return) [06중, 10점] 53. 시공속도와 공사비의 관계 [12중, 10점]
12	54. 실적단가에 의한 예정가격 작성에 유의해야 할 사항을 기술하시오. [97중후, 33점] 55. 건설공사 실적공사비 적산제도의 정의와 기대효과를 설명하시오. [02중, 25점] 56. 실적공사비제도의 필요성과 문제점에 대하여 설명하시오. [04중, 25점] 57. 표준품셈에 의한 적산방식과 실적공사비 적산방식을 비교 설명하시오. [06중, 25점] 58. 표준품셈 적산방식과 실적공사비 적산방식을 비교하여 기술하시오. [09후, 25점] 59. 예정가격 작성시 실적공사비 적산방식을 적용하고자 한다. 문제점 및 개선방향에 대하여 설명하시오. [12전, 25점]

공사관리 과년도 문제

12	60. 표준 적산방식과 실적공사비를 비교하고 실적공사비 적용시 문제점에 대하여 설명하시오. [14중, 25점] 61. 실적공사비 [10중, 10점]
13	62. 가치공학(Value Engineering) [00중, 10점], [02중, 10점], [08전, 10점] 63. 가치공학에서 기능계통도(FAST : Function Analysis System Technique Diagram) [06중, 10점]
14	64. 건설공사에서 LCC(Life Cycle Cost)기법의 비용항목 및 분석절차에 대해서 기술하시오. [04전, 25점] 65. 건설사업관리 중 Life Cycle Cost 개념 [01중, 10점] 66. LCC(Life Cycle Cost) 활용과 구성항목 [08전, 10점] 67. LCC(Life Cycle Cost)분석법 [15중, 10점] 68. 교량의 LCC(수명주기비용) 구성요소 [04후, 10점] 69. 건설분야 LCA(Life Cycle Assessment) [08후, 10점]
15	70. 건설공사현장의 사고예방을 위한 건설기술관리법에 규정된 안전관리계획을 설명하시오. [10전, 25점] 71. 귀하가 시공책임자로서 현장에서 안전관리사항과 공사 중에 인명피해 발생시 조치해야 할 사항에 대하여 기술하시오. [07중, 25점] 72. 안전공학 검토(Safety Engineering Study)의 필요성을 기술하시오. [98중전, 20점] 73. 사전재해영향성 검토협의시 검토사항을 나열하고 구체적으로 설명하시오. [08전, 25점] 74. 공사 착공 전 건설재해예방을 위한 유해, 위험 방지계획서에 대하여 설명하시오. [11후, 25점] 75. 재난 및 안전관리기본법에서 정의하는 각종 재난·재해의 종류와 예방대책 및 재난·재해 발생시 대응방안에 대하여 설명하시오. [13후, 25점] 76. 재난 및 안전관리기본법에서의 재난의 종류를 분류하고, 지하철과 교량현장에서 발생하는 대형사고에 대하여 재난대책기관과 연계된 수습방안을 설명하시오. [14중, 25점] 77. '시설물의 안전관리에 관한 특별법'과 동법 '시행령'에 따른 시설물의 범위(건축물 제외)와 안전등급에 대하여 서술하시오. [15후, 25점] 78. 재난에 대응하는 위기관리방안으로써 사업연속성관리(BCM : Business Continuity Management)를 위한 계획수립의 필요성과 절차에 대하여 설명하시오. [16중, 25점] 79. 운영 중인 철도선로 인접공사시 안전대책에 대하여 설명하시오. [17후, 25점] 80. 안전관리계획 수립대상공사의 종류 [13전, 10점], [15중, 10점] 81. 유해위험 방지계획서 [18중, 10점] 82. 현장안전관리를 위한 현장소장의 직무 [13중, 10점]
17	83. 장마철 대형 공사장의 중점점검사항 및 집중호우시 재해대비행동요령을 기술하시오. [99중, 40점] 84. 장마철 대형공사장의 주요 점검사항 및 집중호우로 인한 재해를 방지하기 위한 조치사항을 기술하시오. [09후, 25점] 85. 우기(雨期)시 도로공사의 현장관리에 필요한 대책에 대하여 설명하시오. [15후, 25점] 86. 빈번한 홍수재해를 방지할 수 있는 대책을 수자원개발과 하천개수계획을 연계하여 기술하시오. [99후, 40점]
18	87. 건설공해에 대한 대책을 설명하시오. [00중, 25점] 88. 건설공사현장에서 발생되는 공해들에 대한 원인과 대책을 설명하시오. [96중, 50점] 89. 도로 확장공사시 환경에 미치는 주요 영향 및 저감대책에 대하여 기술하시오. [98중후, 30점] 90. SOC사업의 공사 중 환경민원 등의 갈등해결방안을 설명하시오. [09전, 25점] 91. 대규모 단지공사의 비산먼지가 발생되는 주요 공정에서 비산먼지 발생저감방법에 대하여 설명하시오. [19전, 25점]

공사관리 과년도 문제

18	92. 도심지현장에서 시공시 수질 및 대기오염을 최소화하기 위한 방안에 대하여 기술하시오. [99전, 40점] 93. 쓰레기매립장의 침출수 억제대책을 설명하시오. [01후, 25점] 94. 지반환경에서 쓰레기매립물의 침하특성과 폐기물매립장의 안정에 대한 검토사항을 설명하시오. [12중, 25점] 95. 폐기물매립장계획 및 시공시 고려사항에 대하여 설명하시오. [17중, 25점]
19	96. 건설공사에서 소음진동공해를 유발하는 공종들을 열거하고, 공해를 최소화하는 방안을 설명하시오. [95후, 35점] 97. 시가지 건설공사의 소음·진동대책에 관하여 기술하시오. [98전, 40점] 98. 현장에서 암 발파시 일어날 수 있는 지반진동, 소음 및 암석비산과 같은 발파공해의 발생원인과 대책을 설명하시오. [07후, 25점]
20	99. 철근 콘크리트 구조물 해체공사에서 공해와 안전사고에 대한 방지대책을 설명하시오. [01전, 25점] 100. 도시지역에서 교량 및 복개구조물 철거시 철거공법의 종류별 특징 및 유의사항에 대하여 서술하시오. [03전, 25점] 101. 지하저수 구조물(－8.0m)을 해체하고자 한다. 해체공법을 열거하고, 해체시 유의사항에 대하여 설명하시오. [05전, 25점] 102. 도심지의 고가도로 구조물의 해체에 적합한 공법과 시공시 유의사항을 기술하시오. [03중, 25점]
21	103. 재건축사업을 추진 중에 대규모의 콘크리트 잔재물이 발생하게 되었다. 이에 대한 재생 및 재활용방법에 대하여 기술하시오. [97중후, 33점] 104. 폐콘크리트의 재활용방안에 대하여 기술하시오. [03후, 25점] 105. 건설폐자재의 기술적 문제점과 대책, 활용방안에 관하여 기술하시오. [98전, 50점]
22	106. 건설현장에서 가설통로의 종류와 설치기준에 대하여 설명하시오. [14전, 25점] 107. '가설공사표준시방서'에 따른 각종 가시설 구조물의 종류와 특성, 안전관리에 대하여 설명하시오. [15후, 25점] 108. 표준안전난간 [14전, 10점] 109. 수도권 대심도 지하철도(GTX)의 계획과 전망 [14중, 10점] 110. 시설물의 성능평가 [18후, 10점] 111. 건설공사의 사후평가 [19전, 10점]

1 시공계획시 사전조사

Ⅰ. 개요

① 시공계획은 시공관리의 목적을 확실하게 인식하고, 시공을 가장 적절하게 하려는 태도로 주도 면밀하게 해야 한다.

② 시공계획을 위한 사전조사는 계약조건과 설계도서를 검토하여야 하며, 현장조사를 통한 현장주위 상황, 지반조사, 기상, 관계법규 등을 파악하여 합리적인 시공계획을 세워야 한다.

Ⅱ. 사전조사의 필요성

① 공법 선정
② 공사내용 파악
③ 합리적인 시공계획
④ 경제적인 시공관리

Ⅲ. 사전조사사항

1. 계약조건 검토

1) 계약조건 파악
① 계약서를 검토하여 불가항력이나 공사중지에 대한 손실 조치
② 자재, 노무비 변동에 따른 조치
③ 수량 증감 및 착오계산의 조치

2) 설계도서 파악
① 공정표, 시공계획도, 시공설명서
② 구조 계산서에서 공사중 하중에 대한 안전성 확인

2. 현장조사

1) 현장주위상황
① 현장내의 고저, 장애물
② 가설건물 및 가설작업장 용지 파악
③ 상하수도관, 전기 · 전화선, 가스관 매설

2) 지반조사
① 구조물 기초 및 토공사의 설계 및 시공한 Data 구함
② 토질의 공학적 특성과 시료채취 계획
③ 사전조사, 예비조사, 본조사 및 추가조사 계획

3) 건설공해
① 소음, 진동, 분진, 악취, 교통장애 등에 대한 민원문제 조사
② 토공사시 발생할 우물고갈, 지하수 오염, 지반의 침하 및 균열에 대비한 조사 실시

4) 기상

① 기상 통계를 참고하여 강수기, 한냉기 등에 해당하는 공정 파악

② 엄동기인 12~2월의 3개월간 물 쓰는 공사는 중지

5) 관계법규

① 도로의 공공시설이 공사에 지장을 주는 경우에는 관계 부처의 승인을 득한 후 이설

② 지중 매설물(상하수도, 가스, 전기, 전화선)을 조사하여 관계법규에 따라 처리

3. 공법조사

1) 시공성

① 시공조건에 따라 계획이 변경되므로 기술적인 문제에 대하여 충분히 검토

② 현장의 시공능력, 공기, 품질, 안전성을 파악하여 시공성을 종합적으로 판단

2) 경제성

① 공사 상호간에는 서로 연관성이 많아 공법 선정시 최소의 비용으로 최적의 시공법 채택

② 경제성은 단순히 싸다는 개념만으로는 판단할 수 없고 공기, 품질, 안전성을 비교하여 결정

3) 안전성

① 시공중의 안전사고는 인명피해, 경제적인 손실 및 건설회사의 신용저하 등을 유발

② 표준안전관리비를 효율적으로 사용하는 계획과 안전조직 검토

4) 무공해성

① 소음이나 진동 등 공해가 발생되면 공사지연과 보상문제 등이 발생

② 공사비가 다소 증가되더라도 여러 공법 중에서 공해없는 공법 검토

4. 시공조건조사

1) 공기파악

① 구조물을 지정된 공사기간 내에 공사예산에 맞추어 정밀도가 높은 질 좋은 시공을 하기 위하여 공기파악

② 공정계획시 면밀한 시공계획에 의하여 각 세부공사에 필요한 시간과 순서, 자재·노무 및 기계설비 등을 적정하고 경제성 있게 공정표로 작성

2) 노무조사

① 인력배당계획에 의한 적정인원 계산

② 과학적이고 합리적인 노무 파악

3) 자재 수급

① 적기에 구입하여 적기에 공급

② 가공을 요하는 재료는 사전에 주문제작하여 공사진행에 차질이 없도록 준비

4) 장비 적절성

최적의 기종을 선택하여 적기에 사용하므로 장비의 효율을 극대화

5. 공사내용조사

1) 가설공사

① 가설공사의 양부에 따라 공사 전반에 걸쳐 영향을 미침

② 강재화, 경량화 및 표준화에 의한 가설

2) 토공사

① 토사의 굴착, 운반 · 흙막이 공법

② 토질조사, 다짐 공법선정, 지반개량 공법선정

3) 기초공사

① 기초 형식에 따른 안전도 조사

② 소음 · 진동 · 분진 · 악취 등의 건설공해 유무

Ⅳ. 결론

① 시공계획을 위한 사전조사는 경험을 바탕으로 실적자료를 활용하여 시행과정에서 착오가 없도록 구성원들의 중지를 모아 최선을 다해야 한다.

② 사전조사를 철저히 하여 시공시 작업의 재시공 및 작업의 혼란으로 시간과 예산의 낭비를 최소화해야 한다.

2 건설공사의 시공계획

Ⅰ. 개요

① 최근 구조물의 고도화, 대형화, 복잡화, 다양화됨에 따라 시공의 어려움이 많아지므로 공사착수에 앞서 시공계획을 철저히 수립해야 한다.

② 시공계획은 계약 공기내에 우수한 시공과 최소의 비용으로 안전하게 구조물을 완성함에 그 목적이 있다.

Ⅱ. 시공계획의 필요성

① 시공관리의 목표를 달성
② 환경변화에 대비한 기술능력 제고
③ 5M의 효율적 활용
④ 경제적 시공의 창출

Ⅲ. 시공계획의 기본방향

① 과거의 경험을 최대한 활용
② 신기술과 신공법의 채택
③ 최적 시공법 창안
④ 각 분야에서 최고기술 수준으로 검토

Ⅳ. 시공계획

1. 사전조사 실시

1) 설계도서 파악
① 설계도면과 시방서, 공정표 등에서 공사내용 파악
② 구조 계산서에서 공사용 하중에 대한 안전성 확인

2) 계약조건 파악
① 계약서 서류의 검토를 통하여 불가항력이나 공사중지에 의한 손실 조치
② 자재, 노무비 변동에 따른 조치
③ 수량증감 및 착오계산의 조치

3) 현장조사
① 공사현장 내의 부지조건, 가설건물 용지 및 작업장 용지 파악
② 공사현장 주위의 부지나 인접 건물에 대한 조사
③ 지하의 매설물(상하수도, 전기, 전화선, Gas 등)과 지하수 파악

4) 지반조사
① 구조물의 기초 및 토공사의 설계 시공한 Data구함
② 토질의 공학적 특성과 시료채취 계획
③ 사전조사, 예비조사, 본조사 및 추가조사 계획

5) 건설공해

① 소음, 진동, 분진, 악취, 교통장애 등에 대한 민원문제 조사 실시

② 토공사시 발생할 우물고갈, 지하수 오염, 지반의 침하와 균열 등에 대비한 조사 실시

6) 기상

① 기상통계를 참고로 하여 강우기(降雨期)·한냉기(寒冷期) 등에 해당하는 공정을 파악

② 엄동기(嚴冬期)인 12~2월의 3개월 간은 물 쓰는 공사를 중지

7) 관계법규

① 도로의 공공시설이 공사에 지장을 주는 경우에는 관계부처의 승인을 득한후 이설

② 지중 매설물(상하수도, 가스, 전기·전화선)을 조사하여 관계법규에 따라 처리

2. 공법 선정계획

1) 시공성

① 시공조건에 따라 계획이 변경되므로 기술적인 문제에 대하여 충분히 검토

② 현장의 시공능력, 공기, 품질, 안전성 등을 파악하여 시공성을 종합적으로 판단

2) 경제성

① 공사 상호간에는 서로 연관성이 많아 공법 선정시 최소의 비용으로 최적의 시공법을 채택

② 경제성은 단순히 싸다는 개념만으로는 판단할 수 없고, 공기·품질·안전성을 비교하여 결정

3) 안전성

① 시공중의 안전사고는 인명피해, 경제적인 손실 및 건설회사의 신용저하 등을 유발

② 표준 안전관리비를 효율적으로 사용하는 계획과 안전조직을 검토

4) 무공해성

① 소음이나 진동 등 공해가 발생하면 공기지연과 보상문제 등이 발생

② 공사비가 다소 증가되더라도 여러 공법 중에서 공해없는 공법 검토

3. 공사관리계획

1) 공정계획

① 구조물을 지정된 공사기간 내에 공사예산에 맞추어 정밀도가 높고 질 좋은 시공을 하기 위하여 세우는 계획

② 공정계획시 면밀한 시공계획에 의하여 각 세부공사에 필요한 시간과 순서, 자재·노무 및 기계설비 등을 적정하고 경제성 있게 공정표로 작성

2) 품질계획

① 품질관리 시행(plan → do → check → action)

② 시험 및 검사의 조직적인 계획

③ 하자발생 방지계획 수립

3) 원가계획
① 실행예산의 손익분기점 분석
② 일일 공사비의 산정
③ V.E, L.C.C 개념 도입

4) 안전계획
① 재해발생은 무리한 공기단축, 안전설비의 미비, 안전교육의 부실로 인하여 발생
② 안전교육을 철저히 시행하고 안전사고시 응급조치 등 계획

5) 건설공해
① 무소음·무진동 공법 채택
② 폐기물의 합법적인 처리와 재활용 대책

6) 기상
① 공사현장에 영향을 주는 기상조건은 온도, 습도 및 풍우설
② 현장 사무실에 온도와 습도 등의 천우표를 작성하여 공사의 통계치로 활용

4. 조달계획(6M)

1) 노무계획(Man)
① 인력배당계획에 의한 적정 인원을 계산
② 과학적이고 합리적인 노무관리계획 수립
③ 현장에 익숙한 근로자는 계속 취업시켜 안전에 도움이 되도록 함

2) 자재계획(Material)
① 적기에 구입하여 공급하도록 계획
② 가공을 요하는 재료는 사전에 주문 제작하여 공사진행에 차질이 없도록 준비
③ 자재의 수급계획은 주별·월별로 수집

3) 장비계획(Machine)
① 최적의 기종을 선택하여 적기에 사용하므로 장비효율을 극대화
② 경제성, 속도성, 안전성 확보
③ 가동률 및 실작업시간을 향상
④ 시공기계의 선정 및 조합

4) 자금계획(Money)
① 자금의 흐름파악, 자금의 수입·지출 계획
② 어음, 전도금 및 기성금 계획

5) 공법계획(Method)
① 주어진 시공조건 중에서 공법을 최적화하기 위한 계획 수립
② 품질, 안전, 생산성 및 위험을 고려한 선택

6) 기술축적(Memory)
① System Engineering에 의한 최적 시공에 대한 기술
② Value Engineering 기법을 사용한 공사실적
③ Simulation, VAN 및 Robot 등의 High Tech를 적용한 신기술

5. 가설계획

1) 동력

① 전압(110V, 220V, 380V)의 선택과 전기방식 검토

② 간선으로부터의 인입위치, 배선 등 파악

2) 용수

① 상수도와 지하수 사용에 대한 검토

② 수질의 적합성과 경제성을 비교

3) 수송계획

① 수송장비, 운반로, 수송방법 및 시기의 파악

② 차량대수, 기종, 보험 및 송장 관리계획

③ 화물 포장방법, 장척재 및 중량재의 수송계획 검토

4) 양중계획

① 수직 운반장비의 적정용량 및 대수파악

② 안전대비를 위한 가설계획도 작성

6. 관리계획

1) 하도급업자 선정

① 토목·생산 방식의 주류를 이루고 있는 것이 하도급제도로 하도급업자의 선정은 공사 전체의 성과를 좌우

② 과거의 실적을 중심으로 신뢰성 있고 책임감 있는 하도급업자 선정

③ 하도급업자의 현재의 작업상황을 조사하여 능력 이상의 일이 부과되는지의 여부 파악

2) 실행예산 편성

① 공사수량을 정확히 계산하여 공사원가 산출

② 시공관리시 실행예산의 기준이 되도록 편성

3) 현장원 편성

① 관리부의 총무, 경리, 자재 및 안전관리 부서와 기술부의 토목, 설비, 전기 및 시험실로 편성

② 각 부서는 적정 인원으로 하되 책임분량의 계획을 수립

4) 사무관리

① 현장사무는 간소화하며, 공무적 공사관리자와 협의

② 사무적 처리에 착오는 지체없이 수행하고 기록

5) 대외업무관리

① 공사현장과 밀접한 관계부처와 긴밀 협조

② 관계법규에 따른 시청·구청·동사무소·노동부·병원·경찰서 등의 위치나 연락망 수립

7. 공사내용계획

1) 가설공사

① 가설공사의 양부에 따라 공사전반에 걸쳐 영향을 미침

② 가설물 배치계획

③ 강재화, 경량화 및 표준화에 의한 가설

2) 토공사

① 토사의 굴착, 운반, 흙막이의 계획

② 배수공법, 지하수 대책, 침하 · 균열 및 계측관리 계획수립

③ 사전조사를 철저히 하여 신중한 공사계획 수립

3) 기초공사

① 충분한 지반조사 후 직접기초나 말뚝기초 결정

② 기성 콘크리트 파일 타격시 소음 · 진동 고려

③ 현장 타설 콘크리트 파일의 경우 수직도 · 규격 등 품질관리 확보 계획

4) 콘크리트공사

① 토목 구조물의 70~80%가 콘크리트 구조물이다.

② 콘크리트는 수화, 응결, 경화작용을 거치므로 시공시 철저한 계획을 세워야 한다.

③ 재료에 염분 등 불순물이 섞이지 않게 한다.

5) 지반개량공사

① 연약지반의 압밀침하와 간극수압의 변화는 현장 시공관리에 중요한 영향 요소이다.

② 사질지반에서는 지진, 진동 등 동적하중에 의한 액상화의 우려에 대비해야 한다.

6) 터널공사

① 지역여건, 지형상태, 토지이용현황 및 장래전망, 지반조건 등을 기초로 하여 수립한다.

② 터널건설의 목적 및 기능의 적합성, 공사의 안전성 및 시공성, 공법의 적용성을 우선하여 수립하되 경제성이 있도록 해야 한다.

Ⅴ. 결론

① 시공계획의 목적을 충분히 인식하고 최적시공법인 System Engineering을 통하여 경제적인 시공계획을 수립한다.

② 과거의 경험을 십분 발휘하고 새로운 신기술을 도입하여 시공과정에서 착오가 발생치 않도록 충분한 시공계획을 세운다.

3 건설업의 공사관리

Ⅰ. 개요

① 건설공사의 대형화·다양화로 주어진 공기와 비용내에서 요구되는 품질의 구조물을 완성하기 위해서는 계획적인 공사관리가 필요하고, 치밀한 계획관리 없이는 공사의 성공적인 완성을 기대할 수 없다.

② 따라서 건설업에서 공사관리는 생산수단 5M을 사용하여 공사관리의 4요소(신속하게, 양호하게, 저렴하게, 안전시공)를 통하여 목표 5R을 달성하는 데 있다.

Ⅱ. 공사관리의 4대 요소

1) 4대 요소

공사관리	목적
공정관리	신속하게
품질관리	양호하게
원가관리	저렴하게
안전관리	안전시공

2) 공정, 품질, 원가의 상호관계

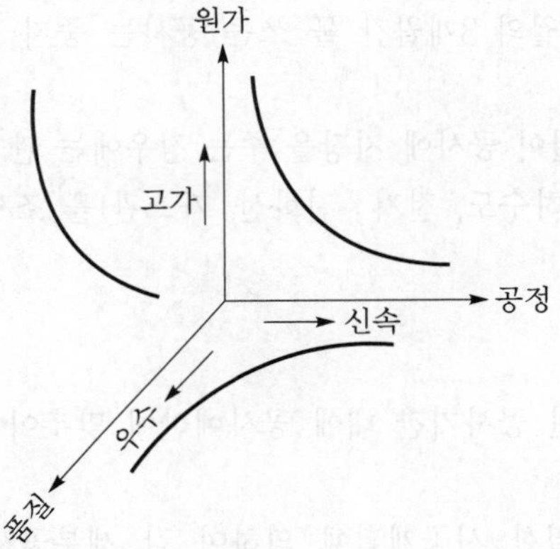

Ⅲ. 공사관리의 5M과 5R

5M(생산수단)	5R(목표)
Man(노무)	Right time(적정한 시기)
Material(재료)	Right quality(적정한 품질)
Machine(장비)	Right price(적정한 가격)
Money(자금)	Right quantity(적정한 수량)
Method(시공법)	Right product(적정한 생산)

Ⅳ. 사전조사

1) 계약조건 파악
① 계약서를 검토하여 불가항력이나 공사중지에 대한 손실조치
② 수량증감 및 착오계산의 조치

2) 설계도서 파악
① 구조물의 구조 · 기초형식 · 절성토량 · 구조물의 특성을 파악
② 구조 계산서에서 공사용 하중에 대한 안전성 확인

3) 입지조건
① 공사 현장내의 부지조건, 가설건물 및 작업장 용지 파악
② 지하 매설물(상하수도, 전기 · 전화선, 가스)과 지하수 파악

4) 지반조사
① 토질의 공학적 특성과 시료채취
② 사전조사, 예비조사, 본조사 및 추가조사 실시

5) 건설공해
① 소음, 진동, 분진, 악취, 교통장애에 대한 민원문제 조사
② 토공사시 발생할 우물고갈, 지하수오염, 지반의 침하 · 균열 등에 대비한 조사

6) 기상
① 기상 통계를 참고로 하여 강우기, 한냉기 등에 해당하는 공정을 파악
② 엄동기인 12~2월의 3개월간 물 쓰는 공사는 중지

7) 관계법규
① 도로의 공공시설이 공사에 지장을 주는 경우에는 관계부처의 승인을 득한 후 이설
② 지중 매설물(상하수도, 전기 · 전화선, 가스관)을 조사하여 관계법규에 따라 처리

Ⅴ. 공사관리

1) 공정관리
① 구조물을 지정된 공사기간 내에 공사예산에 맞추어 정밀도 높은 질 좋은 시공을 하기 위한 관리
② 공정계획시 면밀한 시공계획에 의하여 각 세부공사에 필요한 시간과 순서, 자재 · 노무 및 기계설비 등을 적정하고 경제성 있게 공정표로 작성하여 관리

2) 품질관리
① 품질관리의 시행(plan → do → check → action)
② 시험 및 검사의 조직적인 관리
③ 하자발생 방지

3) 원가관리
① 실행예산의 손익분기점 분석
② 일일 공사비의 산정
③ V.E, L.C.C. 개념 도입

4) 안전관리
① 재해발생은 무리한 공기단축, 안전설비 미비, 안전교육의 부실로 발생
② 안전교육을 철저히 시행하고 안전사고시 응급조치 요령을 관리

5) 건설공해
① 무소음·무진동 공법 채택
② 폐기물이 합법적인 처리와 재활용 대책

6) 기상
① 공사현장에 영향을 주는 기상조건은 온도·습도 및 풍우설
② 현장 사무실에 온도와 습도의 천후표를 작성하여 공사의 통계치로 활용

7) 노무관리
① 인력배당계획에 의한 적정 인원을 계산
② 과학적이고 합리적인 노무관리

8) 자재관리
① 적기에 구입하여 공급할 수 있도록 관리
② 가공을 요하는 재료는 사전에 주문 제작하여 공사진행에 차질이 없도록 관리

9) 장비관리
① 최적의 기종을 선택하여, 적기에 사용하므로 장비효율을 극대화
② 경제성·속도성·안전성 확보
③ 가동률 및 실제 작업시간을 향상

10) 자금관리
① 자금의 흐름파악, 자금의 수입·지출 관리
② 어음·전도금 및 기성금 관리

11) 공법관리
① 주어진 시공조건 중에서 공법을 최적화하기 위한 관리
② 품질·안전·생산성 및 위험을 고려한 선택

12) 기술축적
① System Engineering에 의한 최적 시공에 대한 기술
② Value Engineering 기법을 사용한 공사실적
③ Simulation, VAN 및 Robot 등의 High Tech를 적용한 신기술

13) 가설공사관리
① 가설동력 및 용수사용에 관한 검토
② 수송장비, 운반로, 수송방법 및 시기의 파악
③ 수직운반 양중장비의 적정용량 및 대수 파악

14) 하도급관리
① 우수한 하도급업자의 선정이 공사 전체의 성과를 좌우
② 실적을 중심으로 신뢰성 있고, 책임감 있는 업체를 선정하여 관리
③ 하도급업자의 현재 작업상황을 조사하여 능력 이상의 일이 부과되는지의 여부 파악

15) 실행예산관리
① 공사수량을 정확히 계산하여 공사원가 산출
② 시공관리시 실행예산의 기준이 되도록 편성

16) 현장원 편성
① 관리부의 총무, 경리, 자재 및 안전관리부서와 기술부의 건축, 토목, 설비, 전기 및 시험실로 편성
② 각 부서는 적정 인원으로 하되 책임을 분담

17) 사무관리
① 현장 사무는 간소화하며, 공무담당자와 협의
② 사무적 처리에 착오는 지체없이 수행하고 기록

18) 대외업무관리
① 공사현장과 밀접한 관계부처와 긴밀 협조
② 관계법규에 따른 시청, 구청, 동사무소, 노동부, 경찰서, 병원 등의 위치나 연락망 수립

Ⅵ. 결론

① 현재의 건설공사는 전보다 인건비는 상승하고 주어지는 공기는 짧으며, 공사비는 불리하게 되어 공사관리의 중요성이 더욱 절실하게 대두되고 있다.
② 이와 같은 건설환경 속에서 품질, 공정, 원가, 안전관리를 과학적이고, 효율적으로 운영하여 품질을 확보하면서 계약공기내에 최소의 비용으로 공사의 성공적인 완성을 위한 공사관리를 수행해야 한다.

4 건설사업의 위험도관리(Risk Management)

Ⅰ. 개요

① 건설 Project 수행시 발생하는 불확실성을 체계적으로 규명하고, 분석하는 일련의 과정을 건설 Project Risk 관리라고 한다.

② 건설공사 Project는 항상 위험도 또는 불확실성을 내재하고 있으며, Project의 목적을 성공적으로 달성하기 위해서는 위험도에 대한 관리가 필요하다.

Ⅱ. 위험도 변화

건설사업의 위험도는 뒷단계로 갈수록 위험도 발생으로 인한 손실은 크게 나타난다.

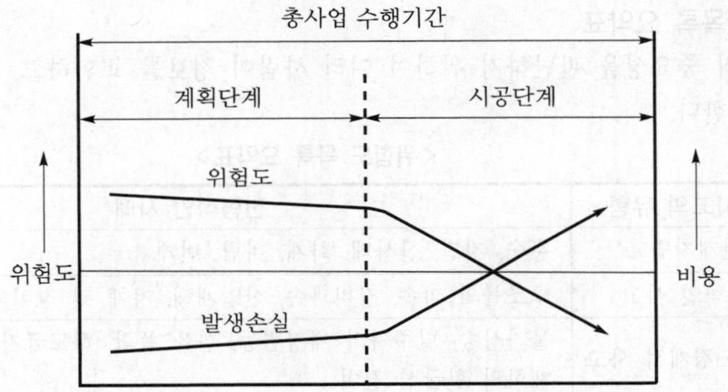

Ⅲ. 위험도관리 3단계

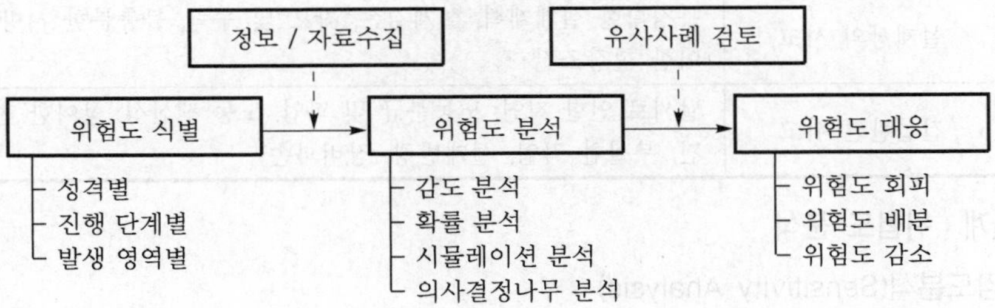

1. 1단계 : 위험도 식별

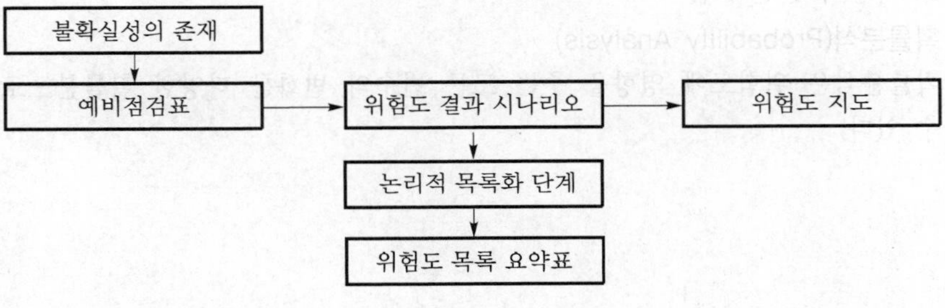

1) 예비 점검표

점검표에는 생산성, 진행과정, 품질 등 건설경제 영향을 주는 모든 위험도를 포함한다.

2) 위험도 결과 시나리오

예비 점검표에서의 위험도가 실제 일어날 경우를 가상하여 가장 합리적인 가능성을 나타낸 것이다.

3) 위험도 지도

위험도 지도는 2차원 그래프로서 프로젝트 관리자가 초기단계에서 위험도의 상대적 중요도를 평가하는데 도움을 주는 것이다.

4) 위험도 분류

위험도 분류는 관련된 위험도에 대한 인식을 확장시키고, 위험도를 완화하기 위한 대응전략을 세우기 위해 실시한다.

5) 위험도 목록 요약표

위험도의 중요성을 판단하기 위하여 여러 사람이 정보를 교환하고, 토의하여 요약표를 작성한다.

<위험도 목록 요약표>

위험사고의 유형	전형적인 사례
천재지변	홍수, 지진, 산사태, 화재, 바람, 번개
물리적인 사고	구조물의 파손, 장비파손, 산업재해, 자재 및 장비의 소실·도난
재정적·경제적 사고	물가상승, 발주자의 재정변동, 환율 폭락, 하도급자의 재정부실, 재화의 환금성 결여
정치적·환경적 사고	법과 규정의 변화, 전쟁과 시정불안, 허가 및 승인 요구, 공해 및 안전규정, 징발, 억류
설계상의 사고	부정확한 설계계획, 설계결손, 착오 및 누락, 불충분한 시방서, 상이한 현장조건
건설관련 사고	날씨로 인한 지연, 노동분규 및 파업, 노동 생산성, 상이한 현장 조건, 부실한 작업, 설계변경, 장비파손

2. 2단계 : 위험도 분석

1) 감도분석(Sensitivity Analysis)

감도분석은 특정위험도 인자가 위험도 발생결과에 미치는 영향도를 파악하는 것으로 사용이 간편하다.

2) 확률분석(Probability Analysis)

확률분석은 위험도에 영향을 주는 모든 변수의 변화를 다양한 확률분포로 표현할 수 있다.

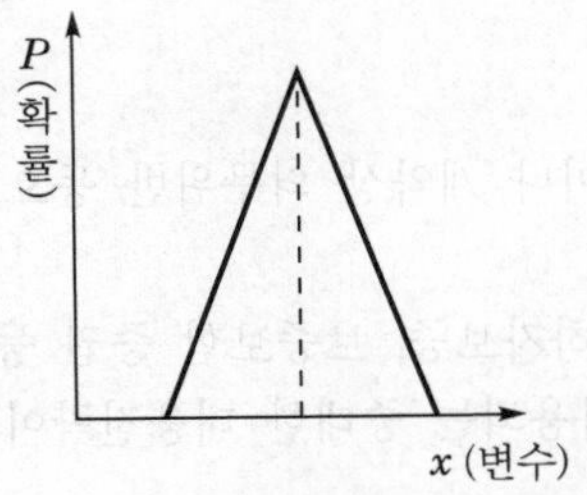

<삼각분포>

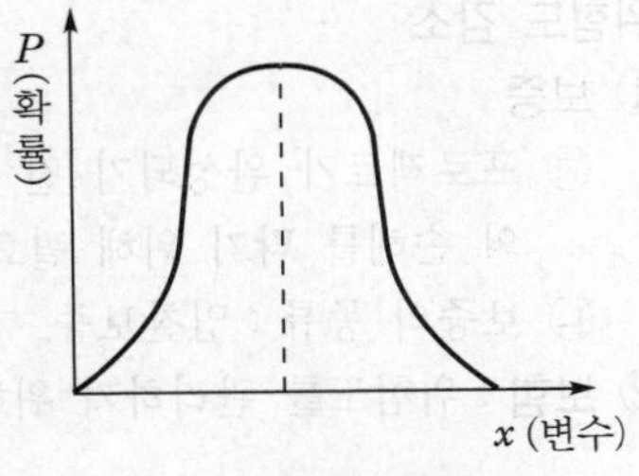

<정규분포>

3) 시뮬레이션분석(Simulation Analysis)

시뮬레이션은 각 위험도 변수에 대한 무작위값을 위하여 수많은 횟수의 반복적 분석을 실시하는 방법이다.

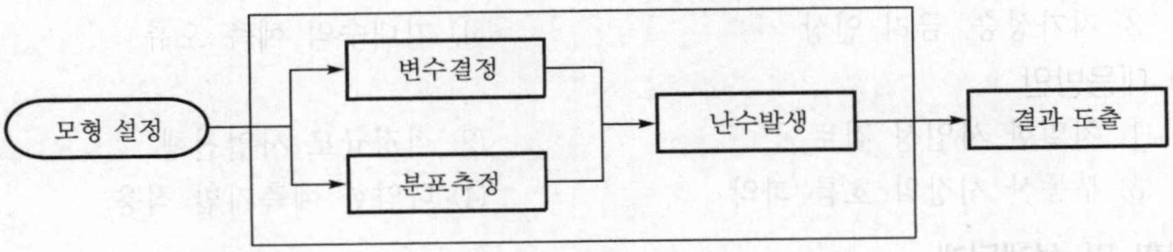

4) 의사결정나무분석(Decision Tree Analysis)

의사결정나무분석은 예측과 분류를 위해 나무구조로 규칙을 표현하는 방법이다.

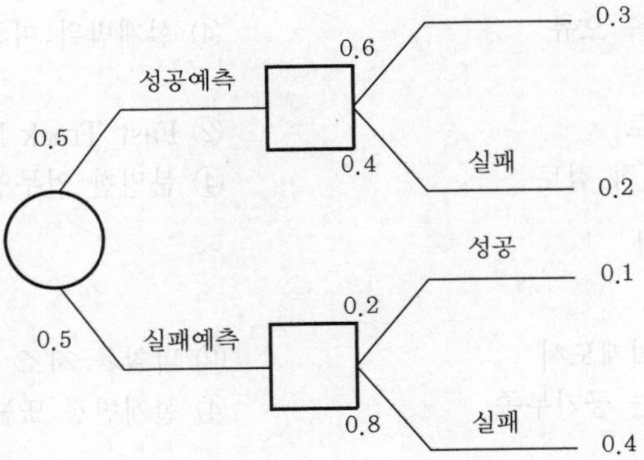

3. 3단계 : 위험도 대응

1) 위험도 회피

Project 자체를 포기하므로써 위험도를 피하는 것

2) 위험도 배분

① 위험도를 발주자, 설계자, 시공자에게 할당하거나 분담한다.

② 배분시 국제표준 약관 및 보험 등을 고려하여 공평한 규율을 구한다.

③ 시공자에게 위험도를 부담시키면 견적에 임시비로 추가하거나, 경우에 따라서는 그 위험에 의해 도산되거나 공사 중단의 가능성이 있다.

3) 위험도 감소

① 보증

㉠ 프로젝트가 완성되기 전 시공자의 도산이나 계약상 의무위반 등으로 발주자의 손해를 막기 위해 필요하다.

㉡ 보증의 종류 : 입찰보증, 계약 이행보증, 하자보증, 보증보험 증권 등

② 보험 : 위험도를 관리하기 위해 가장 많이 사용되는 중대한 대응전략이다.

Ⅳ. 위험도 인자 및 대응방안

1. 기획 및 타당성 분석단계

1) Risk 인자

① 타당성 분석 결함
② 자금조달 능력 부족
③ 지가상승, 금리 인상
④ 기대수익 예측 오류

2) 대응방안

① 치밀한 사업성 검토
② 적정규모 사업진행
③ 부동산 시장의 흐름 파악
④ 다양한 예측기법 적용

2. 계획 및 설계단계

1) Risk 인자

① 설계누락 및 하자
② 설계기간 부족
③ 공사비 예측 오류
④ 설계범위 미확정

2) 대응방안

① 시공성 검토
② Fast Track Method 적용
③ 적산 및 견적 검토
④ 분명한 업무영역 합의

3. 계약 및 시공단계

1) Risk 인자

① 부적합한 설계도서
② 낙찰률 저조
③ 공사비 또는 공기부족
④ 설계변경 또는 안전사고

2) 대응방안

① 공사전 도면검토 철저
② 적정 공사비 계약
③ EVMS 기법 도입
④ 파트너링 및 안전경영 도입

4. 사용 및 유지관리단계

1) Risk 인자

① 부적절한 관리방식
② 에너지비용 상승
③ 각종 하자발생
④ 용도변경

2) 대응방안

① 합리적인 관리조직 운영
② LCC 관점에서 대안 선택
③ 하자발생 최대한 억제
④ 분야별 전문가 의견청취

Ⅴ. 결론

① 아직 국내에서는 위험도에 대한 방안으로 보험에 의존하고 있는 실정인데, 국제화된 건설시장에서 경쟁력을 확보하기 위해서는 체계적인 관리가 필요하다.

② 위험도에 대응하기 위한 관리방안과 위험도 대처방안이 체계화될 경우 건설사업에서의 원가절감이 더욱 용이해질 수 있다.

5 감리제도의 문제점 및 대책

Ⅰ. 개요

① 감리자는 전문지식과 기술 및 경험을 활용하여 설계도서, 관계법규 대로의 시공 여부를 점검·확인하며 공사관리 및 기술지도하는 기술자이다.

② 현행 감리제도는 감리자의 업무 및 책임한계가 불분명하고, 감리회사의 감리능력 부족, 감리제도 미정착 등 많은 문제점을 내포하고 있다.

Ⅱ. 감리의 종류

1) 공사감리

허가대상 구조물(3층 이상 또는 200m^2 이상)

2) 상주감리

① 연면적 5,000m^2 이상, 5개층 이상으로 3,000m^2 이상

② 300세대 미만의 공동주택

3) 책임감리

① 300세대 이상의 공동주택

② 국가·정부투자기관이 발주하는 다음의 공사

㉠ 200억원 이상으로 P.Q 대상인 11개 공종

㉡ 발주관서장이 인정하는 공사

Ⅲ. 감리의 기본임무

1) 착공전 준비임무

① 현장설명서 및 질의응답 파악 ② 계약서 확인

③ 설계도서 검토 ④ 현장조사

2) 착공시 임무

① 공정표 검토 ② 가설공사 계획

③ 시공계획 검토 ④ 건설공해 대책

3) 공사진행중 임무

① 세부공정표와 현장진행의 일치여부 확인 ② 사용자재의 승인

③ 시공검측 ④ 안전관리

⑤ 공정간의 작업조정 ⑥ 주요서류 작성

4) 완공시 임무

① 예비준공 검사 실시 ② 발주처 준공 검사시 보조역할 수행

③ 주요서류 작성 ④ 시설물을 발주처에 인수

Ⅳ. 감리제도의 문제점

1) 전문인력 부족
① 감리를 전문으로 하는 기술자가 부족하다.
② 감리경험이 많은 기술자가 부족하다.

2) 감리자의 기술수준 저조
① 감리업무를 고급 기술자들이 기피
② 현장경험이 적은 초급 기술자가 감리 담당

3) 감리지침서 결여
① 감리업무에 대한 세부지침서 결여
② 감리의 행동강령 미비

4) 감리비 비현실화
① 감리 대가가 비현실적
② 지방주재비, 차량유지비, 교육비 등이 반영 안 됨

5) 감독자와 감리자의 책임한계
① 감독자와 업무관계 불명확
② 감독자와 책임소재 불분명

6) 감리제도 미정착
① 감리개념의 미정립
② 시공감리의 형식화

7) 감리회사의 능력부족
① 감리회사의 경험 및 기술 부족
② 감리회사의 영세성

8) 부실감리에 대한 제재방안 미흡
① 엄격한 법적 제재가 미흡
② 부실감리에 대한 책임한계가 모호

9) 감리인식 부족
① 감리는 형식적이라는 생각이 팽배
② 감리는 없어도 된다는 잘못된 인식

10) 업무과다
① 중복 및 대관서류의 과다
② 적은 인원으로 막중한 임무수행

Ⅴ. 개선방향(대책)

1) 감리체제 확립
① 감리회사 자체의 기술축적
② 감리요원의 자질향상

2) 감리제도 개선
① 실시 설계자에 공사감리권 배당
② 감리기술자의 복지개선

3) 감리권한 강화
① 시정명령권, 공사중지권 등의 권한 부여
② 감리업무의 실질적인 권한을 강화

4) 감리보수 현실화
① 감리비의 현실수준에 맞는 책정
② 정부고시제도를 폐지하고 감리협회에서 조사한 노임의 적용을 추진

5) 감리업체 육성
① 감리 전문업체 육성으로 감리수준 향상
② 지역별 감리업체 배정하여 감리부족 대처

6) 감리자의 자질향상
① 감리 기술자의 기술수준 향상
② 감리교육제도의 개선으로 분야별, 등급별로 교육실시

7) 부실감리 제재
① 부실감리회사에 대한 제재를 강화
② 감리입찰 참여금지 등의 실질적인 법적제재 강화

8) 감리장비 현대화
① 신장비를 구입하여 현장배치
② 정보화시공 실시 및 Software적 기술 축적

9) C.M 활성화
① 전문감리자의 감리로 질적향상
② 감리업체의 전문성 극대화 및 총체적인 공사관리

10) 전문인력 양성
① 전문인력양성 교육기관의 설립
② 감리전문 교육기관 이수제 실시

11) 감리회사 사전 선정
① 건설공사가 시공되기 전 감리회사를 선정
② 설계도서의 사전검토 및 확인

12) 감리교육 강화
① 감리기술자의 정기적인 보수교육 강화
② 보수교육의 내실화

13) 선진 감리기술 도입
① 선진국의 발달된 감리기술을 도입하여 부실감리 추방
② 감리업체의 국제경쟁력 강화

14) 기타
① 감리여건 조성강화 : 감리제도의 실질적인 개선을 통한 감리여건의 조성

② **경력기준 상향조정** : 경력이 없는 초급감리원의 자질부족 문제 해소
③ **설계감리제도 조속 시행** : 부실공사의 약 40%를 차지하는 설계분야를 강화

Ⅵ. 결론

① 현행 감리제도는 전문인력 부족, 감리비 비현실, 감독자와의 책임한계 불명확, 업무의 과다 등 많은 문제점들을 내포하고 있다.
② 감리제도의 정착과 감리자의 자질향상을 위한 신기술, 신공법 등의 연구 및 교육과 실질적인 감리제도의 개선을 통하여 감리여건이 조성될 수 있도록 부단한 노력을 해야 한다.

6 C.M제도(건설관리제도)

Ⅰ. 개요

① C.M(Construction Management)은 대규모이며 복잡한 구조물의 건설시 발주자의 위임을 받아 발주자, 설계자, 시공자간을 조정하고 원활한 진행을 추구하며 발주자의 이익 증대를 꾀하려는 통합된 관리 시스템이다.

② 각 부분의 전문가들로 구성된 전문가 집단이 C.M 업무를 수행하며 여기에 종사하는 자를 C.Mr(Construction Manager)라고 한다.

Ⅱ. C.M 기본형태

1) C.M for fee(대리인형 C.M, 순수형 C.M)

① CMgr은 발주자의 대리인으로 역할 수행

② 설계 및 시공에 대한 전문적인 관리업무로 약정된 보수만 수령

③ 시공자는 원도급자 입장이 됨

④ CMgr은 사업 성패에 관한 책임은 없음

⑤ 초창기의 C.M 형태

2) C.M at risk(시공자형 C.M)

① CMgr이 원도급자 입장으로 하도급 업체와 직접 계약 체결

② CMgr이 설계·시공의 전반적인 사항을 관리하며, 비용추가의 억제로 자신의 이익 추구

③ 사업 성패에 대한 책임을 짐

④ C.M의 발달된 형태로 선진국에서 주종을 이루는 형태

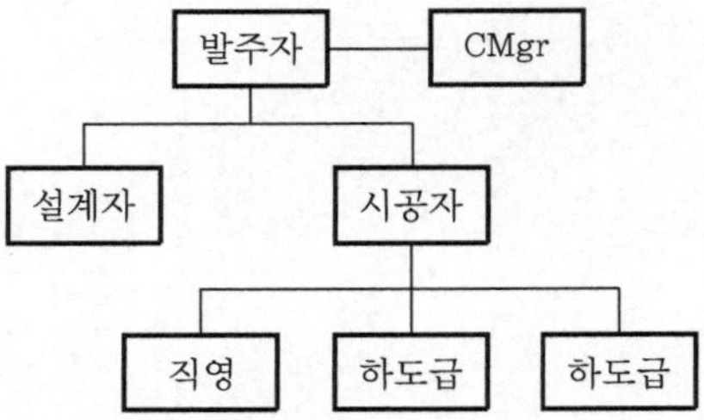

<C.M for fee>

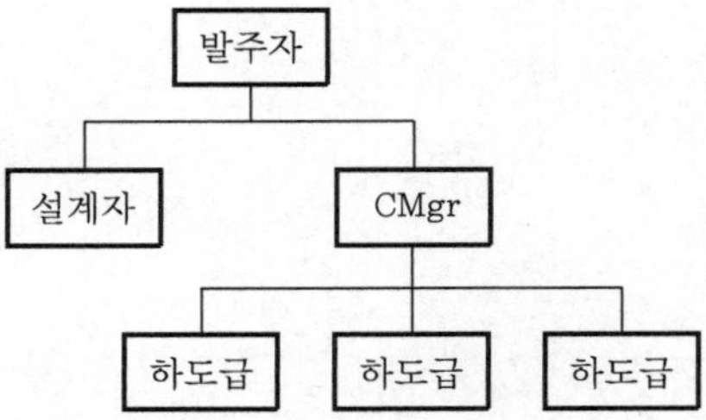

<C.M at risk>

Ⅲ. C.M방식의 장점

① 품질확보

② 공기단축

③ 원가절감

㉠ 설계단계 6~8%, 시공단계 5% 절감

㉡ C.M 용역비 4~5% 지출해도 총 공사비의 7~8% 절감

④ 합리적인 시공

Ⅳ. C.M의 단계별 업무내용

1) 기획단계
① 사업의 발굴
② 사업의 시행계획 수립
③ 타당성 조사

2) 설계단계
① **사전조사 철저** : 입지조건, 주변상황, 현장 계측
② 구조물의 기획 입안
③ 설계자는 P.Q로 적격자 선정
④ 발주자 의향 반영
⑤ 전반적인 설계 검토, 계약방침 및 시방작성

3) 발주단계
① 공사별 분할 발주
② 설계 · 시공을 병행하고, Fast Track Method(고속궤도방식)을 도입하여 공기 단축
③ 전문 공종별 업체선정 및 계약체결
④ 공정계획 및 공사비 관리

4) 시공단계
① 원가관리
② 공정관리
③ 품질관리
④ 안전관리
⑤ 시공관리
⑥ 기성관리
⑦ 계약 및 설계변경관리

Ⅴ. 문제점

① C.M은 발주자의 이해 없이는 성공하지 못함
② 국내에서는 C.M에 대한 위화감이 강함
③ C.M 방식은 강력한 하청업체 필요
④ 발주자, 설계자, 시공자간의 이해 상충
⑤ C.M 방식의 적용 분위기 미조정

Ⅵ. 대책

① 건설생산 System 개선
② Enginneering Service의 극대화
③ 설계 · 시공 조직간의 Communication 활성화
④ C.M 요원의 육성
⑤ 간접인력 최소화 및 관리기술 향상에 의한 경쟁력 향상
⑥ 기술 집약형태의 고부가가치 산업으로 발전유도

Ⅶ. 결론

① C.M제도는 부실시공 감소, 사업비의 최적화 및 건설관리 기술의 기틀을 만들고 다음 공사를 위한 자료제공 등의 효과를 얻을 수 있다.

② 건설산업의 발전을 위해서는 필수적으로 도입·시행되어야 할 제도이며, 빠른 시일 내에 국내 정착을 위해서 제도의 정비, 법령의 개정 등의 노력이 요구된다.

7 부실공사의 원인과 방지대책

Ⅰ. 개요

① 부실공사는 설계도서나 시방서에 규정된 기준대로 시공하지 않아 결함이나 하자를 발생하게 한 공사를 말한다.

② 부실공사 방지를 위해서는 가격 위주의 입찰방식에서 벗어나 기술 위주의 입찰방식으로 전환해야 하며, 감리기능을 강화시키고 유지보수에 각별한 신경을 써야 한다.

Ⅱ. 부실공사의 원인

1) 사전조사 미비

① 설계도서나 시방서 및 구조 계산서를 파악하고, 구조물의 안전성에 대하여 사전조사가 미비

② 계약서류를 검토 및 현장 조사를 통하여 지반이나 인접 구조물에 대한 사전조사가 미비

2) 부적합한 공법 선정

① 적합한 공법의 선택이 되어야 하나 경제적인 면에서 현장감없이 부적합한 공법의 선정

② 안전성과 무공해성을 배제한 공법의 선정

3) 무리한 공기

① 발주자의 요구나 현장의 지나친 의욕으로 양생기간 등을 무시한 공사진행

② 야간 작업, 돌관 작업으로 공기는 단축할 수 있으나 공사의 품질이 저하

4) 부실한 품질관리

① 품질관리의 Plan → Do → Check → Action단계의 미시행

② 시험 및 검사를 실시하여 하자발생을 방지할 대책이 미흡

5) Dumping 수주

① 저가 입찰제도에 의한 원가 이하의 무리한 수주

② 과다경쟁으로 인하여 Dumping 수주

6) 안전관리 미비

① 안전 기술자의 겸직 및 미상주로 안전관리 소홀

② 안전설비 및 장비 구입은 안 할수록 이익이라는 인식

7) 기상에 미대처

① 폭우를 예기치 못하고 콘크리트 타설을 진행하여 부실화 조장

② 동·하절기 및 기온, 기상의 변화에 미 대처

8) 미숙련공 고용

① 기능공 부족으로 미숙련공을 교육이나 훈련없이 현장 투입

② 젊은 사람들의 현장 기피현상으로 숙련공의 고령화 가속

9) 하도급자의 부실
① 하도급업체의 기능공 및 자금의 부족
② 하도급자의 전문성 결여
③ 하도급 대금의 결재 지연

10) 민원야기
① 건설 공해로 법적인 민원이 발생
② 교통장애·불안감 등으로 인한 인근 주민의 불만

Ⅲ. 방지대책

1. 계약제도

1) 부대입찰제도
① 건설업체의 하도급 계열화 도모를 위하여 도입
② 공정한 하도급 거래 질서확립은 건설생산의 품질향상과 근대화 시공에 이바지함

2) 대안입찰제도
① 기술능력 향상 및 개발을 위하고 UR에 대비한 입찰제도
② 기술개발 축적 및 체계화 유도로 미래의 시공법 발전추세에 대비한 제도

3) P.Q제도
① 적격업체 선정으로 품질확보와 건설업체의 의식 개혁 추진
② 부실시공방지를 위한 입찰 참가자격 심사제도를 장려

4) 기술개발 보상제도
① 시공중에 시공자가 신기술이나 신공법을 개발하여 공사비를 절감하였을 때 절감액을 감하지 않고 시공자에게 보상하는 제도
② 공기단축, 품질관리, 안전관리, 공사비 절감면에서 건설회사의 기술개발연구 및 투자 확대

5) 신기술 지정 및 보호제도
① 새로운 신기술을 개발하였을 때 그 신기술을 일정기간 신기술로 지정하고, 보호하는 제도
② 지정된 신기술을 사용하는 자는 신기술로 지정받은 자에게 기술 사용료 지불

6) Dumping 방지
① 원가 이하의 저가로 수주하는 행위를 방지
② 최적격 낙찰제도, P.Q제도 적용

7) 담합 금지
① 업자들끼리 미리 짜고 낙찰금액과 낙찰자를 결정하는 것
② 공정거래 질서의 확립과 담합의 강력한 법적 제재

2. 공사관리자

1) 설계자

① 설계도서와 시방서를 작성하는 자

② 설계도면의 충분한 검토시간으로 부실시공 사전예방

2) 현장대리인

① 현장에 상주하면서 시공업무 및 전반적인 관리책임이 있는 건설기술자

② 설계시 공기의 법적준수와 공정별 보양 철저

3) 감리자

① 공사가 설계도서대로 실시되는 지의 여부를 확인하고 시공방법을 지도

② 감리자의 기술향상 및 전면 책임감리제의 확대 실시

4) C.M제도

① 발주자, 설계자, 시공자간을 조정하여 원만한 진행을 추구하는 관리 시스템이다.

② 품질확보, 공기단축, 원가절감 및 합리적인 시공을 기할 수 있다.

3. 설계

1) 설계기간

① 설계기간이 촉박되지 않도록 충분한 시간부여

② 충분한 사전조사에 의한 기본설계 검토

2) 설계심사 강화

① 설계도면의 문제점을 시행전에 지적하여 부실시공 사전예방

② 충분한 검토시간과 심의 수당지급

3) 설계·시공 일괄제도

① 설계와 시공을 Communication시켜 품질확보

② 책임한계의 명확

4. 재료

1) MC화

① 공장제작이 가능하므로 균일한 품질확보

② 조립식 부재의 사용으로 빠르고 정확한 시공

2) 건식화

① 부재의 표준화로 호환성을 높이는 Open System화

② 대량생산이 가능한 건식 공법으로 자재개발

3) 고강도화

① 고성능 감수제의 개발로 시공성 확보 및 고강도화

② Silica Fume 등의 미세립 혼화재를 사용하여 고강도화

5. 시공

1) 계측관리

① 공사현장 제반정보 입수와 향후 거동을 사전에 파악

② 응력과 변위측정으로 굴착에 따른 변위파악

2) 저소음·저진동 공법

① 기초공사의 소음·진동 방지

② 방음 Cover 저소음 해머 사용

3) Open System

① 부재의 호환성을 높여 효율적인 생산유도

② 성능 및 규격의 연계성 향상

4) 자동용접

① 공장에서 직접 자동으로 용접

② 고전류를 사용하여 능률적이며, 연속 용접성이 좋다.

6. 공사관리

1) PERT·CPM

① 새로운 공정관리 기법의 도입

② 면밀한 계획에 따라 세부공사에 필요한 시간과 순서 배당

2) ISO 9000

① 국제표준화기구(국제공업표준화를 위한 기구)

② 품질에 대하여 설계, 제조, 시험검사, 설치, 유지관리 등 전체 생산과정을 표준화하여 폭넓은 품질향상 유도

3) V.E(Value Engineering)

① 기능이나 성능을 향상시키거나 또는 유지하면서 비용을 최소화하여 가치를 극대화시킴

② 원가절감, 조직력 강화, 기술축적, 경쟁력 강화, 기업의 체질개선의 효과를 기대

4) L.C.C(Life Cycle Cost)

① 구조물의 초기 투자단계를 거쳐 유지관리, 철거단계로 이어지는 일련의 과정에서의 비용

② 종합적인 관리차원의 Total Cost로 경제성 유도

5) 성력화(省力化, labor saving)

① 공업화 공법 활성화로 노무절감 및 합리적인 노무관리 계획을 수립

② 기계화 시공으로 경제성, 속도성, 안전성 확보는 물론 노무절감 기대

7. 신기술 개발

1) E.C화(Engineering Construction)

① 사업발굴, 기획, 타당성 조사, 설계, 시공, 시운전 등을 통하여 건설산업의 업무기능을 확대

② 일괄입찰방식에 의한 건설 생산능력 확보

2) C.M(Construction Management)
① 대규모 공사에서 발주자의 위임을 받아 발주자, 설계자, 시공자간을 조정하여 발주자의 이익증대를 꾀하는 건설관리제도
② 품질확보와 공기단축 및 원가절감 효과 발생

3) High Tech 건설
① 구조물의 복잡화, 다양화에 대비하여 설계, 시공, 유지관리까지 합리적이고 과학적인 신기술을 도입
② Simulation, CAD, VAN, Robot 등을 통한 Computer화

4) Computer화
① 기술자의 경험이나 판단을 컴퓨터에서 고속처리하여 고도의 설계·시공 활동을 추구
② 설계제도, 구조해석, 견적, 공정관리, 시공 등에서 신속정확한 처리에 의해 능률적인 관리 수행

Ⅳ. 결론

① 부실공사는 정부의 제도 미비와 건설업체의 저가입찰 및 비리, 형식에 치우친 공사 감리 등의 총체적인 부실이 원인이다.
② 부실공사를 방지하기 위해서는 제도의 개선과 건설업계의 의식 개혁, 강력한 감리제도의 정착 및 기술자들의 책임의식이 있어야 된다.

8 품질관리

Ⅰ. 개요

① 품질관리란 설계도, 시방서 등에 표시되어 있는 규격에 만족하는 공사의 목적물을 경제적으로 만들기 위해 실시하는 관리수단을 말한다.

② 건설공사에서의 품질관리는 공사의 초기부터 품질을 확보하여 품질이 향상된 상태로 유지하는 예방차원의 품질관리가 필요하다.

Ⅱ. 필요성

① 품질확인	② 품질개선
③ 품질균일	④ 하자방지
⑤ 신뢰성 증가	⑥ 원가절감

Ⅲ. 5M과 5R

생산수단인 5M을 유효 적절히 사용하여 5가지 목표(5R)를 달성한다.

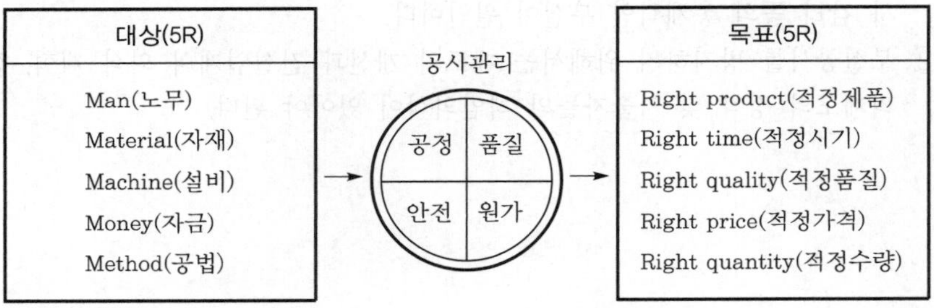

Ⅳ. 주안점

① 전사적으로 Top Manager로부터 모든 구성원이 혼연일체가 되어 실시

② 절차를 착실히 밟음

③ 더욱 실질적이고 효과적일 경우 상의하달의 관리형식을 취함

④ 기법(tool)을 효율적으로 사용

⑤ 새 기법의 도입에 과감

⑥ 현장의 특성에 맞는 기법 선택

⑦ 과학적으로 접근

⑧ 사용자 우선 원칙에 입각한 고객의 수용에 만족하는 품질확보에 전력

⑨ 원가절감 및 품질확보

⑩ 연구활동의 강화 및 연구비(활동비) 지급 원칙

Ⅴ. 품질 · 공정 · 원가의 상호관계

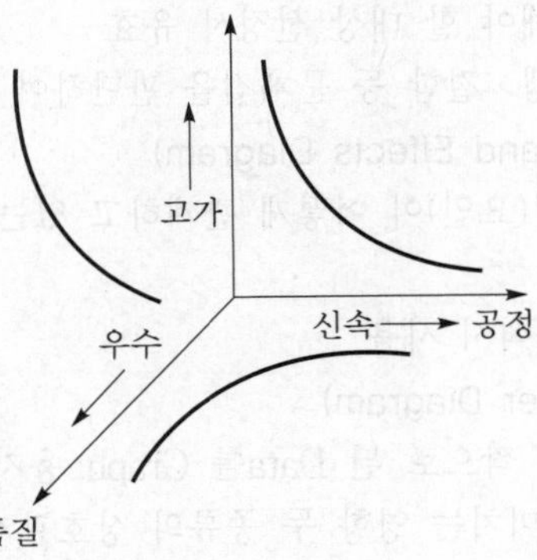

Ⅵ. 품질관리의 순서(Deming의 관리 Cycle)

품질에 대한 사항을 토대로 하여 단계적으로 관리목표를 설정

① Plan(목적 명확화를 위한 계획) : 계획을 세운다.

② Do(교육, 훈련 및 실시) : 계획에 대해 교육하고, 그에 따라 실행시킨다.

③ Check(결과 검토) : 실행한 것이 계획대로 되었는지 검사, 확인

④ Action(계획변경, 수정조치 및 Feed Back 반영) : Check 사항에 대한 조치를 취한다.

⑤ 위의 ① → ② → ③ → ④과정을 Cycle화 : 단계적으로 목표를 향해 진보, 개선, 유지해 나간다.

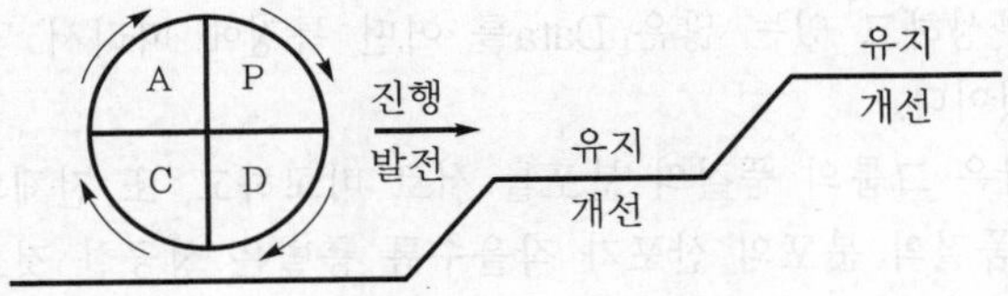

Ⅶ. 품질관리 7가지 기법(Tool)

1) 관리도

① 공정도 상태를 나타내는 특정치에 관해서 그려진 Graph로 공정을 관리상태(안전상태)로 유지하기 위하여 사용된다.

② 관리도의 종류

㉠ 계량치의 관리도 : $\overline{x}-R$ 관리도, x 관리도, $\overline{x}-R$ 관리도

㉡ 계수치의 관리도 : P_n 관리도, P 관리도, C 관리도, U 관리도

2) 히스토그램(Histogram)

① 계량치의 Data가 어떠한 분포를 하고 있는지 알아보기 위하여 작성하는 그림으로 일종의 막대 Graph

② 공사 또는 제품의 품질상태가 만족한 상태에 있는가의 여부를 판단

③ 형태는 낙도형, 이빠진형, 비뚤어진형, 낭떠러지(절벽)형

3) 파레토도(Pareto Diagram)
① 불량 등 발생건수를 분류항목별로 나누어 크기 순서대로 나열해 놓은 그림으로 중점적으로 처리해야 할 대상 선정시 유효
② 현장에서 하자발생·결함 등 문제점을 판단하여 개선을 위한 목적으로 사용

4) 특성요인도(Causes and Effects Diagram)
① 결과(특성)에 원인(요인)이 어떻게 관계하고 있는가를 한눈에 알 수 있도록 작성한 그림
② 발생문제, 하자 분석시 사용

5) 산포도(산점도, Scatter Diagram)
① 대응하는 두 개의 짝으로 된 Data를 Graph 용지 위에 점으로 나타낸 그림으로 품질특성과 이에 미치는 영향 두 종류의 상호관계를 파악
② 종류 : 정상관, 부상관, 무상관 등

6) 체크시트(Check Sheet)
① 계수치의 Data가 분류항목의 어디에 집중되어 있는가를 알아보기 쉽게 나타낸 그림 또는 표
② 종류
㉠ 기록용 Check Sheet : Data를 몇 개의 항목별로 분류하여 표시할 수 있도록 한 표 또는 그림
㉡ 점검용 Check Sheet : 확인해 두고 싶은 것을 나열한 표

7) 층별(Stratification)
① 집단을 구성하고 있는 많은 Data를 어떤 특징에 따라서 몇 개의 부분집단으로 나누는 것이다.
② 층별된 작은 그룹의 품질의 분포를 서로 비교하고, 또 전체의 품질분포와 대비하여 전체 품질의 분포의 산포가 작을수록 층별은 성공한 것으로 본다.

Ⅷ. 시행상 문제점(품질관리가 지켜지지 않는 원인)

1) Q.C System 미정립
품질검사, 시험방법, 조직 미비

2) 인식 부족
품질관리를 검사로 잘못 이해

3) 배타적 관습
과정보다 결과를 중시하는 풍토와 새로운 요구에 대한 거부감

4) 과학적 접근 미숙
Data에 의한 과학적 관리 미숙

5) 공기단축
짧은 공기로 인해 품질을 Check하고, 관리할 시간적 여유 없음

6) Q.C기법 미숙
시험 및 검사의 조직적인 계획과 관리부족

7) 부서간 협력 외면
품질관리는 해당 부서에서 하는 것으로 오해

Ⅸ. 활성화방안

1) ISO 9000 품질관리 System 도입
과학적이고 체계적인 선진 관리법 도입
2) 합리적인 현장 품질관리
경험, 직감에서 탈피하여 과정을 중요시하는 합리적 사고 정착
3) 인식전환
품질이 원가절감이라는 품질에 대한 인식전환
4) 업체의 의식개혁
전문인력의 육성과 하도급 계열화 추진
5) 지속적인 교육
품질관리의 중요성 및 방법의 지속적인 교육실시
6) 품질관리 System
새로운 품질관리 System의 도입으로 환경변화에 대응
7) 전사적 품질관리
전 구성원이 혼연일체되어 실시
8) 표준공기 이행
표준공기를 이행하여 정밀도가 높은 양질의 시공으로 품질확보
9) 과학적인 관리기법 도입
V.E 기법, T.Q.C 활동, 통계적 관리수법 등을 도입 활용

Ⅹ. 결론

① 품질관리는 공정관리, 원가관리에 뒤지지 않는 중요한 관리항목으로 구조물의 품질확보, 품질개선, 품질균일 등을 통한 하자방지로 신뢰성 증가와 원가절감을 꾀해야 한다.
② 품질관리는 현장의 특성에 맞는 기법(tool)을 선택해야 하며 신재료, 신공법 등의 기술의 변화에도 대응할 수 있는 품질관리 System을 연구개발하는 지속적인 노력이 필요하다.

9 품질관리순서

Ⅰ. 개요

① 건설공사에 있어서 품질관리는 각자의 품질에 대한 관심사항을 토대로 하여 단계적으로 관리목표를 설정하고 이에 따라 P → D → C → A과정을 Cycle화하여 단계적으로 목표를 향해 진보, 개선, 유지해 나가야 한다.

② 품질관리는 전 구성원이 혼연일체가 되어 실시되어야 하며, 현장의 특성에 맞는 기법을 효율적으로 사용하여야 한다.

Ⅱ. 필요성

① 품질확보
② 품질개선
③ 품질균일
④ 하자방지
⑤ 신뢰성 증가
⑥ 원가절감

Ⅲ. 주안점

① 전사적으로 Top Manager로부터 모든 구성원이 혼연일체가 되어 실시
② 절차를 착실히 밟을 것
③ 기법(Tool)을 효율적으로 사용
④ 새 기법의 도입에 과감
⑤ 현장의 특성에 맞는 기법 선택
⑥ 원가절감 및 품질확보

Ⅳ. 품질관리순서(품질관리 Cycle 4단계)

1. Deming의 관리 Cycle

품질에 대한 사항을 토대로 하여 단계적으로 관리목표 설정

① Plan(목적 명확화를 위한 계획) : 계획을 세운다.
② Do(교육, 훈련 및 실시) : 계획에 대해 교육하고 그에 따라 실행시킨다.
③ Check(결과 검토) : 실행한 것이 계획대로 되었는지 검사, 확인
④ Action(계획변경, 수정조치 및 Feed Back 반영) : Check 사항에 대한 조치를 취한다.
⑤ 위의 P → D → C → A과정을 Cycle화 : 단계적으로 목표를 향해 진보, 개선, 유지해 나간다.

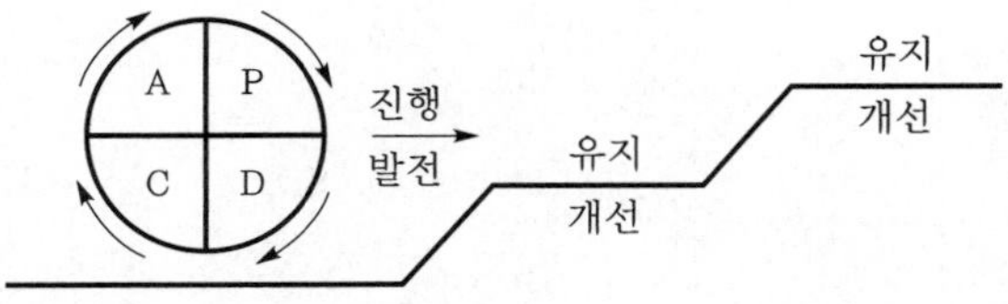

2. Plan(계획) 단계

1) 작업하는 목적을 명확히 결정

2) 목적달성을 위한 수단결정

3) 목적결정 및 표시

Check를 위한 항목을 고려하여 표준치, 목표치를 결정해 두면 Check 단계가 용이

① 현상 유지작업 : 표준치로 표시

② 현상 탈피작업 : 목표치로 표시

4) 목표 달성을 위한 수단과 방법의 결정

① 현상 유지작업 : 표준치에 의한 결과가 얻어질 방식(수단)을 이미 알고 있는 단계이므로 이를 명료하게 문서화하면 된다.(작업 표준화)

② 현상 탈피작업

㉠ 목표치를 얻기 위한 개선의 방식을 아직 모르는 단계이므로 개선을 요하는 원인 중 한 가지 이상의 원인을 변경하기 위한 절차를 결정해 두면 된다.

㉡ 검토해 보려는 사항을 가능한 구체적으로 정하고 일정이나 분담을 충분히 고려해서 '계획서'라는 형식으로 문서화할 필요가 있다.

5) 계획수립을 위한 방법

① 정확한 정보의 수집, 활용과 종합판단력의 배양

② Deming Cycle의 Cycling을 시행하면서 합리적인 방법 모색의 지속

3. Do(실시) 단계

1) 집합교육훈련과 기회교육훈련의 병행

2) 집합교육훈련

여러 명이 한 곳에서 전반적인 지식 습득

3) 기회교육훈련

① 일상작업 도중 적당한 기회에 실시

② 개별적 기능 습득에 유효하며, O.J.T(On the Job Training) 교육을 실시한다.

4. Check(검사) 단계

1) 결과와 실시방법을 대상으로 검사

2) 결과검사

① 현상 유지작업 : 관리도 유효

② 현상 탈피작업 : 목표치나 예정선 등을 Graph에 기입해 두고 실시 결과를 표시하며, 검사가 용이한 방법을 연구

3) 실시방법 검사

① 현상 유지작업 : 작업 시행자가 자신의 작업에 책임지고 Check Sheet를 이용하며, 문제 발생시에는 제3자의 검사 필요

② 현상 탈피작업 : 어떤 방법이 효력이 있었는가를 반드시 확인

5. Action(조치) 단계

1) 응급처치

① 검사에 의해 계획시의 기대 결과가 얻어지지 않을 경우 필요에 따라서 즉각 취해야 하는 조치

② 더 이상의 문제 발생이 없도록 방지

2) 항구조치

① 재발방지 조치를 하는 근본적인 조치로 응급조치 이후 즉시 원인을 조사하여 재차 발생이 없도록 조치

② 원인분석 결과를 Feed Back

3) 관련조치(유사조치)

현장내 또는 현장간 유사공종 사례에 대해 전사적으로 검토, 분석하여 반영 조치

Ⅴ. Deming Cycle기법 적용시 주의사항

1) 사전 Engineering

관계도서 숙지 후 불명확 요소, 개선점 등을 감리, 감독자와 사전 명확화

2) 관리 Standard

관련도서에 근거하여 최적 시공계획과 관리기준 수립

3) Inspection 지침

반입자재 등은 지침에 따라 엄격히 검수

4) Constructor 엄선

전문시공자는 신뢰도가 높은 업자를 선정

5) 공정확인

관련 공사들의 공정, 협의 필요사항 등을 조정

6) 교육훈련

각종 관리기준 등에 대해 관련자 교육 실시

7) 실시확인

계획대로 실시여부를 충분히 확인, 관리

8) 원인규명 및 조치

이상 발견시 즉시 원인규명 및 조치

9) 조치후 확인

조치후 반드시 결과 양부의 확인 및 재검토하여 시행착오 방지

10) Feed Back

개량, 수정, 문제점 등을 계획단계로 필히 재반영 및 Cycle화

Ⅵ. 결론

① 품질관리는 최적 시공계획과 관리기준을 수립하여 시행해야 하며 품질관리시의 개량, 수정, 문제점 등은 계획단계로 필히 Feed Back하여 Cycle화 해야 한다.

② 품질관리는 계획대로의 실시여부를 반드시 확인 관리해야 하며, 이상 발견시는 즉각적인 원인규명 및 조치를 하여 원가절감 및 품질을 확보하여야 한다.

10 품질관리의 7가지 Tool(도구, 기법)

Ⅰ. 개요

① 품질관리란 사용자 우선 원칙에 입각하여 공사의 목적물을 경제적으로 만들기 위해 실시하는 관리수단을 말하며, 전 구성원이 참여하여 실시되어야 한다.

② 품질관리의 7가지 기법(Tool)으로는 관리도, 히스토그램, 파레토도, 특성 요인도, 산포도(산점도), 체크 시트, 층별 등의 기법이 있다.

Ⅱ. 품질관리의 필요성

① 품질확보　　② 품질개선

③ 품질균일　　④ 하자방지

⑤ 신뢰성 증가　　⑥ 원가절감

Ⅲ. 7가지 Tool

1. 관리도

1) 정의

① 공정의 상태를 나타내는 특정치에 관해서 그려진 Graph로서 공정을 관리상태(안전상태)로 유지하기 위하여 사용된다.

② 관리도는 제조공정이 잘 관리된 상태에 있는지를 조사하기 위하여 사용하는 경우도 있다.

2) 관리도의 종류

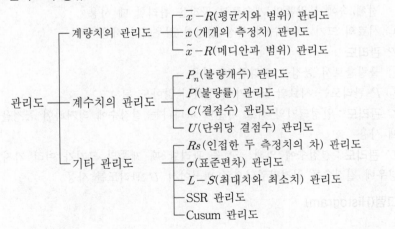

- 관리도
  - 계량치의 관리도
    - $\bar{x}-R$(평균치와 범위) 관리도
    - x(개개의 측정치) 관리도
    - $\tilde{x}-R$(메디안과 범위) 관리도
  - 계수치의 관리도
    - P_n(불량개수) 관리도
    - P(불량률) 관리도
    - C(결점수) 관리도
    - U(단위당 결점수) 관리도
  - 기타 관리도
    - Rs(인접한 두 측정치의 차) 관리도
    - σ(표준편차) 관리도
    - $L-S$(최대치와 최소치) 관리도
    - SSR 관리도
    - Cusum 관리도

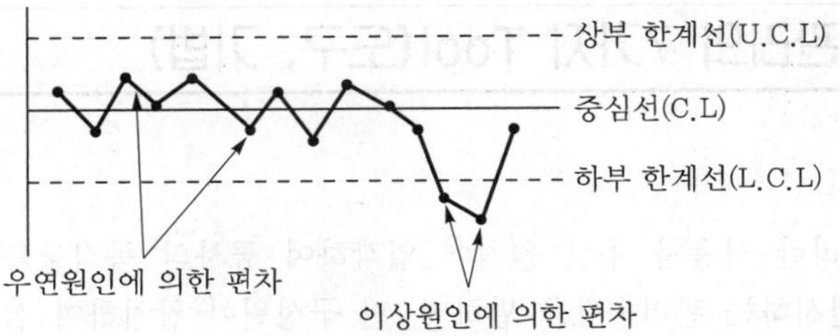

3) 종류별 특성

① $\tilde{x}$ 관리도 : 관리대상이 되는 항목이 길이, 무게, 시간, 강도, 성분, 수확률 등과 같이 Data가 연속량(계량치)으로 나타나는 공정을 관리할 때 사용

② x 관리도

㉠ Data를 군으로 나누지 않고 측정치 하나하나를 그대로 사용하여 공정을 관리할 경우에 사용

㉡ Data를 얻는 간격이 크거나 군으로 나누어도 별로 의미가 없는 경우 또는 정해진 공정으로부터 한 개의 측정치 밖에 얻을 수 없을 때 사용

③ $\overline{x}-R$ 관리도

㉠ $\overline{x}-R$ 관리도의 $\overline{x}$ 대신에 $\tilde{x}$(메디안)을 사용한 것으로서 $\overline{x}$의 계산을 하지 않는 관리도법이다.

㉡ 평균치 $\overline{x}$를 계산하는 시간과 노력을 줄이기 위해 사용하며, 작성방법은 $\overline{x}-R$ 관리도와 거의 같다.

④ P_n 관리도

㉠ Data가 계량치가 아니고 하나하나의 물품을 양품, 불량품으로 판정하여 시료 전체 속에 불량품의 개수로서 공정을 관리할 때 사용

㉡ 시료의 크기 n(개수)가 항상 일정한 경우에만 사용

⑤ P 관리도

㉠ 불량률로서 공정을 관리할 때 사용

㉡ P 관리도는 시료의 크기가 일정하지 않아도 됨

⑥ C 관리도 : 일정크기의 시료 가운데 나타나는 결점수에 의거하여 공정을 관리할 때 사용

⑦ U 관리도 : 결점수에 의해 공정을 관리할 때 제품의 크기가 여러 가지로 변할 경우에 결점수를 일정단위당으로 바꾸어서 U 관리도를 사용

2. 히스토그램(Histogram)

1) 정의

① 계량치의 Data가 어떠한 분포를 하고 있는지 알아보기 위하여 작성하는 그림으로 일종의 막대 Graph

② 공사 또는 제품의 품질상태가 만족한 상태에 있는가의 여부를 판단

2) 작성

① N(data 수)을 가능한 한 많이 수집

② 범위 R을 결정

$$R = 최대치(x_{max}) - 최소치(x_{min})$$

③ 급의 수(k)를 결정

㉠ 경험적 방법

N	k
50~100	5~10
100~250	7~12
250	9~20

㉡ $k = \sqrt{N}$

④ 급의 폭을 구한다. 이때 h는 측정치 정도의 정배수로 한다.

$$h = \frac{R}{k}$$

⑤ 경계치를 결정

⑥ 급간의 중심치를 계산

⑦ 도수분포표를 작성

⑧ Histogram을 작성

⑨ Histogram과 규격값을 대조하여 안정, 불안정을 검토

3) Histogram의 여러 형태

① 낙도형 : Data의 이력을 조사하고 원인을 추구

② 이빠진형 : 계급폭의 값, 측정 최소단위의 정배수 등을 조사

③ 비뚤어진형 : 한쪽에 제한조건이 없는가 조사

④ 낭떠러지(절벽)형 : 측정방법의 이상유무 조사

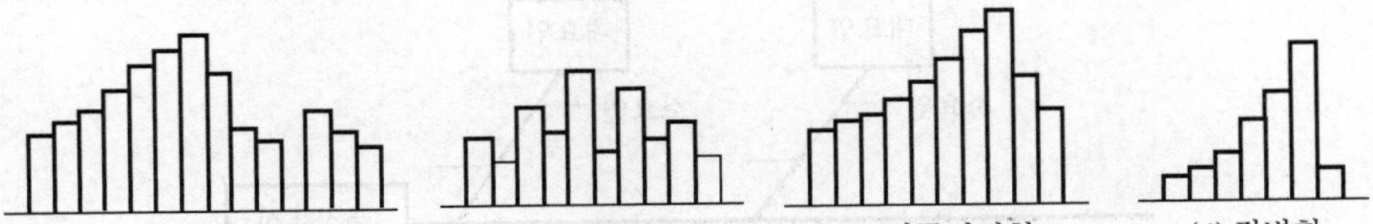

(a) 낙도형 (b) 이빠진형 (c) 비뚤어진형 (d) 절벽형

3. 파레토도(Pareto diagram)

1) 정의

① 불량 등 발생건수를 분류 항목별로 나누어 크기 순서대로 나열해 놓은 그림

② 중점적으로 처리해야 할 대상 선정시 유효

2) 작성순서

① Data(불량건수 또는 손실금액)의 분류항목 결정

② 기간을 정해서 Data를 수집

③ 분류항목별로 Data 집계

④ Data가 큰 순서대로 막대 Graph를 그리기
⑤ Data의 누적도수를 꺾은 선으로 기입
⑥ Data의 기간, 기록자, 목적 등을 기입하여 완성

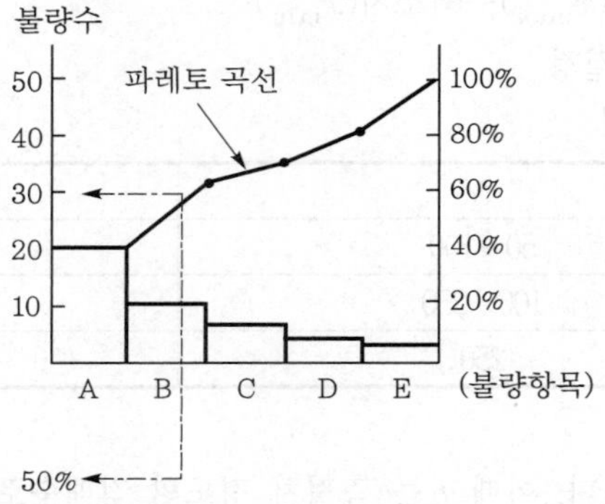

<전체 불량률 50% 기준시 A, B항목이 집중관리 필요>

4. 특성요인도(Causes and effects diagram)

1) 정의
① 품질특성(결과)와 요인(원인)이 어떻게 관계하고 있는가를 한 눈으로 알 수 있도록 작성한 그림이며, 그 모양이 생선뼈 모양을 닮았다는 점에서 생선뼈 그림(fish-bone diagram)이라고도 함
② 발생문제, 하자 분석시 사용

2) 작성방법
① 품질의 특성을 결정
② 왼편으로부터 비스듬하게 화살표로 큰 가지를 쓰고 요인을 기입
③ 요인의 그룹마다 더 적은 요인(소요인)을 기입

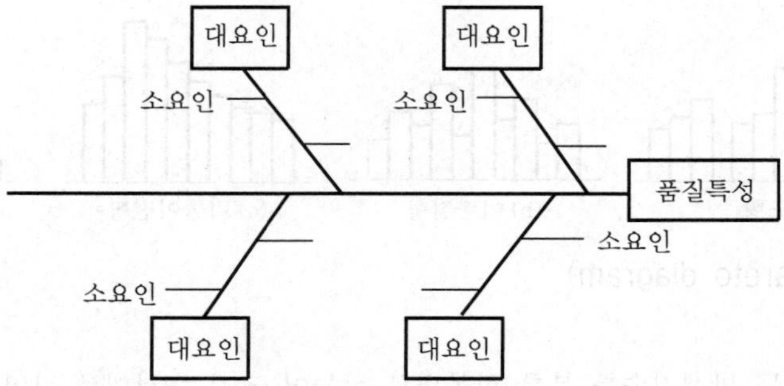

5. 산포도(산점도, Scatter Diagram)

1) 정의
① 대응하는 두 개의 짝으로 된 Data를 Graph 용지 위에 점으로 나타낸 그림
② 품질특성과 이에 미치는 영향 두 종류의 상호관계 파악

2) 작성방법

① 상관관계를 조사하는 것을 목적으로 대응되는 그 종류의 특성 혹은 원인의 Data(x, y)를 모은다.

② Data의 x, y에 대하여 각각 최대치, 최소치를 구하고 세로축과 가로축의 간격이 거의 같도록 Graph 용지에 눈금을 마련하고 위로 갈수록 큰 값이 되게 한다.

③ 측정치를 Graph 위에 점찍어 나간다.

④ Data 수, 기간, 기록자, 목적 등을 기입한다.

3) 종류

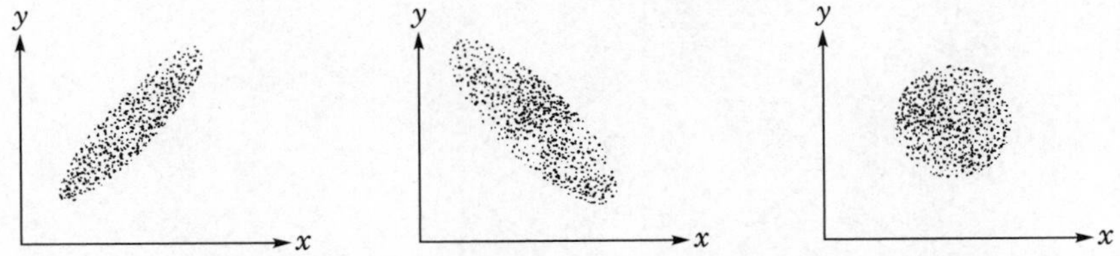

(a) x가 증가하면 y도 증가 (정상관)　(b) x가 증가하면 y는 감소 (부상관)　(c) x, y특별상관 없음 (무상관)

6. 체크시트(Check Sheet)

1) 정의

계수치의 Data가 분류항목의 어디에 집중되어 있는가를 알아보기 쉽게 나타낸 그림 또는 표

2) 종류

① 기록용 Check Sheet : Data를 몇 개의 항목별로 분류하여 표시할 수 있도록 한 표 또는 그림

② 점검용 Check Sheet : 확인해 두고 싶은 것을 나열한 표

7. 층별(Stratification)

1) 정의

집단을 구성하고 있는 많은 Data를 어떤 특징에 따라서 몇 개의 부분집단으로 나누는 것

2) 층별의 방법

① 층별할 대상을 분명히 규정한다.

② 전체의 품질의 분포를 파악한다.

③ 산포의 원인을 살핀다.

④ 품질(결과)을 나타내는 Data를 산포의 원인이라고 생각되는 것에 따라 여러 개의 작은 그룹으로 층별(구분)한다.

⑤ 층별한 작은 그룹의 품질의 분포를 살핀다.

⑥ 층별된 작은 그룹의 품질의 분포를 서로 비교하고 또 전체의 품질분포와 대비하여 전체 품질분포의 산포가 작을수록 층별은 성공한 것으로 본다.

Ⅳ. 결론

① 현장에서의 품질관리는 과정을 중요시하는 합리적인 사고와 품질확보가 곧 원가절감이라는 품질에 대한 인식전환이 필요하며, 현장조건에 맞는 적정한 기법(Tool)을 선정하여 시행해야 한다.

② 품질관리의 지속적인 교육으로 현장에서의 품질관리 중요성을 인식하고 양질의 품질을 확보할 수 있도록 노력해야 한다.

11 원가관리

Ⅰ. 개요

① 건설공사에서 원가관리란 경제적인 시공계획의 작성과 합리적인 실행예산을 편성하여 공사결산까지의 실 소요비용을 절감하기 위한 것을 말한다.

② 원가관리란 본질은 원가절감에 있기 때문에 원가변동 요인을 파악하여 보다 경제적으로 신속 정확하게 관리하여야 한다.

Ⅱ. 원가관리의 필요성

① 원가절감
② 원가관리 체계확립
③ 시공계획
④ 시공법

Ⅲ. 원가관리순서

① Plan(실행예산 편성)
② Do(원가통제)
③ Check(원가대비)
④ Action(조치)

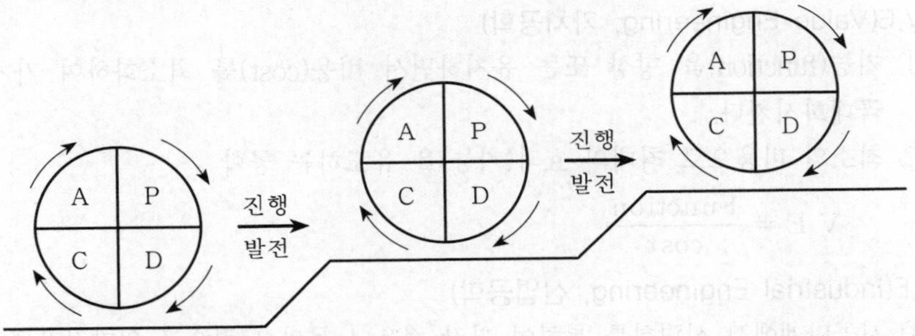

Ⅳ. 원가 · 공정 · 품질의 상호관계

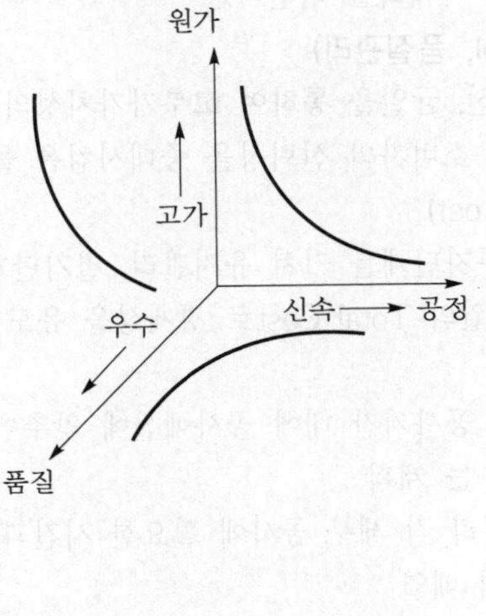

Ⅴ. 원가관리방법

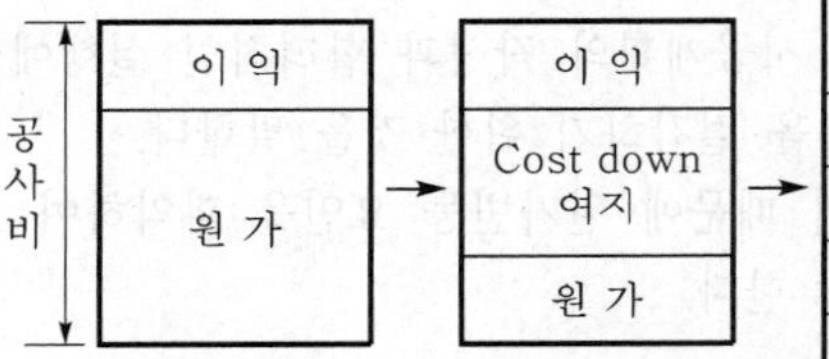

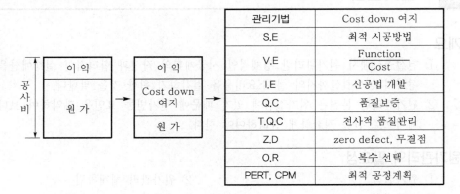

관리기법	Cost down 여지
S.E	최적 시공방법
V.E	$\frac{\text{Function}}{\text{Cost}}$
I.E	신공법 개발
Q.C	품질보증
T.Q.C	전사적 품질관리
Z.D	zero defect, 무결점
O.R	복수 선택
PERT, CPM	최적 공정계획

Ⅵ. 비용절감을 위한 활동

1) S.E(System Engineering, 시스템 공학)

① 설계단계에서 시공에 대한 공법의 최적화를 설계하여 공사관리의 극대화를 꾀함

② 시공성, 경제성, 안전성 및 무공해 공법을 개발

2) V.E(Value Engineering, 가치공학)

① 기능(function)을 향상 또는 유지하면서 비용(cost)를 최소화하여 가치(value)를 극대화시킨다.

② 최소의 비용으로 최대의 효과(기능)을 유도하는 공학

$$V.E = \frac{\text{Function}}{\text{cost}}$$

3) I.E(Industrial Engineering, 산업공학)

① 시공단계에서 성력화를 통하여 가장 적은 노무와 노력으로 원가절감을 하는 공학

② 작업원의 적정배치, 능률을 높일 수 있는 작업조건, 작업원의 수를 적절히 조정함으로써 경제적인 극대화를 꾀한다.

4) Q.C(Quality Control, 품질관리)

① 품질의 확보, 개선, 균일을 통하여 고부가가치성의 생산활동

② 하자방지를 하여 소비자의 신뢰성을 증대시킴은 물론 경제성 확보

5) L.C.C(Life Cycle Cost)

① 구조물의 초기 투자단계를 거쳐 유지관리, 철거단계로 이어지는 일련의 과정

② 종합적인 관리차원의 Total Cost로 경제성을 유도

6) PERT, CPM

① 구조물을 지정된 공사기간 내에 공사예산에 맞추어 정밀도가 높은 좋은 질의 시공을 위하여 세우는 계획

② 면밀한 계획에 따라 각 세부 공사에 필요한 시간과 순서, 자재, 노무 및 기계설비 등을 경제성 있게 배열

7) ISO 9000

① ISO(International Organization for Standardization, 국제표준화기구)는 국제적인 공업표준화의 발전을 촉진시킬 목적으로 창립된 기구

② 품질에 대하여 발주자의 신뢰를 얻어 경제성을 확보

8) E.C(Engineering Construction)화

① 건설산업의 업무기능 확대 및 영역 확대를 도모

② 신설사업의 일괄입찰방식에 의한 건설생산 능력 확보

9) C.M(Construction Management) 제도

① 대규모 구조물의 건설시 발주자의 위임을 받아 발주자, 설계자, 시공자 간을 조정하여 발주자의 이익증대를 꾀하는 건설관리제도

② 품질확보, 공기단축은 물론 설계단계에서 6~8%, 시공단계에서 5%의 원가 절감

10) Computer화

① 구조물의 고도화, 대형화, 복잡화, 다양화 등으로 현장시공관리에서 수작업으로는 비능률적이므로

② 공정계획, 노무관리, 자재관리 등을 통하여 시공의 합리화 추구

11) CAD(Computer Aided Design)

① 설계자의 경험이나 판단을 컴퓨터에서 고속처리하여 고도의 설계활동을 추구

② 설계제도, 구조해석, 견적 등을 통하여 능률적인 관리수행

12) VAN(Value Added Network, 부가가치 통신망)

① 건설산업의 복잡화에 따라 대외 경쟁력 강화와 대내 능률향상을 위하여 전산망 필요

② 본사와 지사와의 신속한 업무처리와 업무내용의 처리가능으로 노무비 절감

13) Robot화

① 구조물이 고도화, 대형화, 다양화, 복잡화되고 있는 추세에 따라 건설생산성은 낙후되어 있어 Robot를 이용하여 생산성 향상

② 성력화로 기능인력 부족에 대응하며 작업의 능률성 확보

14) CIC(Computer Integrated Construction, 정보통합생산)

① 컴퓨터를 이용하여 설계, 공장생산, 현장시공의 과정 등을 물리적으로 연계하여 건설생산 활동의 능률화를 꾀한다.

② 공기단축, 시공오차 줄임, 안전관리 등을 통한 건설생산

15) 시공의 근대화

① 환경변화에 따라 도급제도의 개선, 자재의 건식화, 신기술 도입 등을 통하여 대외 경쟁력 강화

② 합리적이고 과학적인 계획수립, 시공관리, 유지관리 도모

16) 신공법

① 가설공사시 강재화, 경량화, 표준화

② 계측관리, 무소음·무진동 공법, P.C화 등을 통한 안전 및 경제적 시공

17) 기술개발
① 새로운 기술을 개발하여 신기술에 의한 원가절감
② PERT · CPM, VAN, Computer 관리, CIC, CAD 등을 통한 공사의 합리화

Ⅶ. 공사비내역체계의 통일이 필요한 이유

1) 의사소통
각종 공사분류에서 내역체계를 통일함으로써 각 공사간의 관계가 명확하고, 의사소통이 가능하다.

2) 부실시공 방지
내역체계가 통일됨으로써 각각의 공사내역에 따른 부실내역이 없어지고, 공사내역이 표면화되어 부실시공을 방지할 수 있다.

3) 품질향상
내역체계의 조직적인 관리가 이루어지고 각 공정에 대한 내역이 확실하여 품질향상의 효과를 얻을 수 있다.

4) 공기단축
무분별한 내역체계로 인한 공기지연 현상이 없어지므로 통일된 내역체계에서의 공사시공은 공기단축의 효과를 가져온다.

5) 원가절감
각 공사별 내역이 통일되어 불필요한 사무작업 및 공정이 대폭 감소되므로 원가절감이 이루어진다.

6) 시공성 향상
통일된 내역체계하에서 시공이 일관성 있게 체계화되어 건설공사의 시공성을 향상시킨다.

7) 컴퓨터화
공사내역에 대한 정보, 데이터처리, 데이터베이스 구축 등 모든 작업이 컴퓨터화되어 정보화 시공의 발판이 된다.

8) 시공의 근대화
합리적이고 과학적인 계획수립, 시공관리, 유지관리가 되며 내역체계 통일에 따른 신기술 도입 등을 통하여 대외 경쟁력이 강화된다.

Ⅷ. 결론

① 건설공사에 있어서의 원가관리는 공사장소, 시공조건에 따라 가격이 유동적이며, 불확정 요소가 많기 때문에 체계적이고 계획적인 원가관리가 필요하다.
② 원가관리는 공사진행에 있어 각 공종이 계획대로 수행되는지의 여부를 통제하고 공사비 절감요소를 파악하여 원가절감을 해야하며, 항상 새로운 기술의 개발과 관리기술의 향상에 의한 원가관리가 이루어져야 한다.

12 실적공사비 적산제도

Ⅰ. 개요

① 실적공사비 적산제도란 신규공사의 예정가격산정을 위하여 과거에 이미 시공된 유사한 공사의 시공단계에서 Feed Back된 자재·노임 등의 각종 공사비에 관한 정보를 기초자료로 활용하는 적산방식이다.

② 기수행공사의 Data Base화 된 단가를 근거로 입찰자가 현장여건에 적절한 입찰금액을 산정하고, 발주자는 이를 토대로 분석하므로 요구되는 품질과 성능을 확보할 수 있다.

Ⅱ. 기본개념도

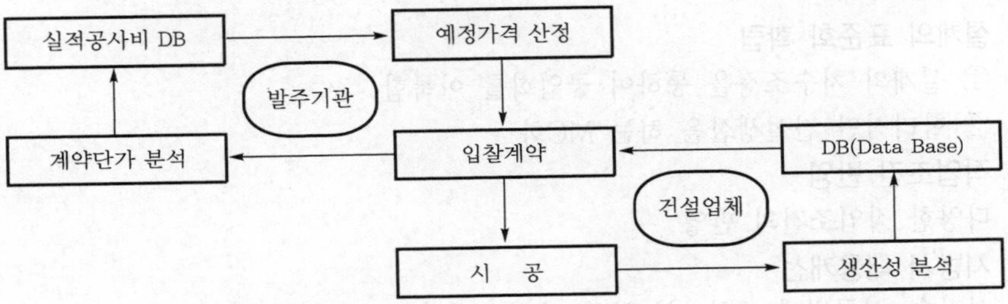

Ⅲ. 필요성

① 예정가격 산정에 있어서 원가계산방식의 한계성 극복
② 공사내용을 정확하게 전달
③ 시장거래가격의 적절한 반영
④ 시공형태의 변화에 쉽게 대응
⑤ 적산업무의 간소화
⑥ 원·하도급간 거래가격의 투명성 확보
⑦ 신기술·신공법의 적용으로 시공기술이 발전

Ⅳ. 실적공사비 도입시 문제점

1) 항목별 수량산출기준 미정립
① 설계 및 공정의 미통합
② 견적, 시공 및 공정의 일체성 부족

2) 공종분류체계 표준화 부족
시방서 및 각 기업간의 공종분류방법의 상이로 표준화의 필요성 절실

3) 시방서 내용의 경질
신기술, 신공법 등 시대적 요구에 따른 시방서의 변화 부족

4) 설계의 정도 부족

설계에 의한 하자발생률이 전체 하자의 50%가 넘는 수준이다.

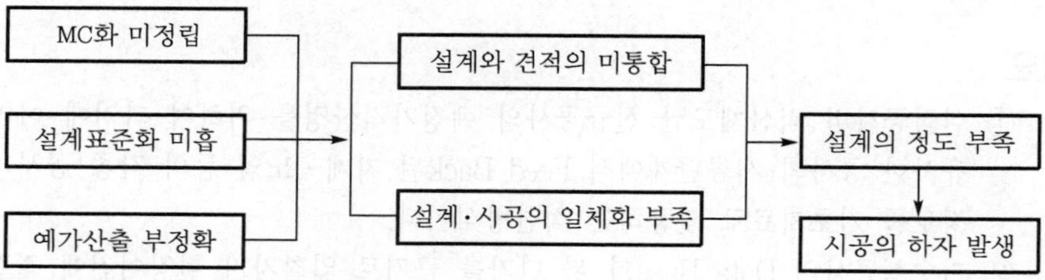

5) 작업조건 반영 미흡

각 지역별로 다른 특수상황에 대한 반영 미흡

6) 적산제도의 합리화 부족

V. 대책(선결과제)

1) 설계의 표준화 확립

① 설계의 치수조정을 통하여 공업화를 이룩함

② 합리적인 건설생산을 하는 MC화

2) 작업조건 반영

다양한 작업조건의 반영

3) 시방서 내용개선

신기술, 신공법에 대한 기능분석 및 Test를 통하여 시방서 내용의 지속적 보완 실시

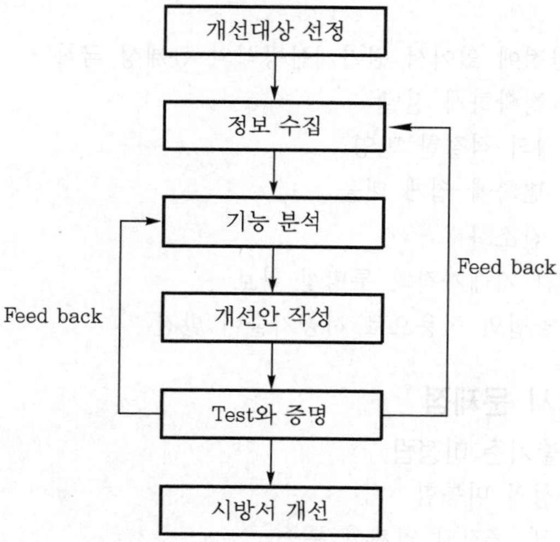

4) 신기술 적용

신기술 도입시 현장 적용성의 간편화 및 과감한 도입

5) 적산과 관련된 제도의 개선

① 건설법과 관련법의 통폐합 및 규제의 일원화

② 설계, 적산 및 공정의 일체화

6) 공종분류체계의 확립
① 각기 다른 분류체계를 사용하고 있는 건설관련 법규를 통합
② 표준화를 마련하여 관리
7) 예가산정의 현실화
예가산정시 실제조건 반영

Ⅵ. 기대효과

① 실제공사에 적용되는 자재 및 노임이 현실화된다.
② 특수 조건하에서의 공사 및 특수 지역에서의 공사특성이 반영된다.
③ 신기술 · 신공법의 적용으로 시공기술이 발전된다.
④ 적산업무가 간소화된다.
⑤ 원 · 하도급간 거래가격의 투명성이 확보된다.
⑥ 시공실태 및 현장여건이 반영된다.
⑦ 기술개발에 의한 경쟁력 확보를 유도한다.

Ⅶ. 표준품셈과 실적공사비 적산제도의 비교

구분	표준품셈 적산방식	실적공사비 적산방식
의의	공사비를 형성하는 각각 요소에 대해 적정가격을 조사하여 각 요소별로 계산하여 집계	이미 시공된 유사한 공사의 시공 단계에서 feed-back된 자재, 노임 등의 각종 공사비를 기준으로 공사비 산정
예산가격 산정	예정가격＝일위대가표×설계도서에서의 산출수량	예정가격＝유사공사의 과거계약 단가에 시간차, 공사 특성차를 보정한 가격×설계도서 산출수량
작업조건 반영	미 반영(일률적)	다양한 환경 및 작업조건 반영
신기술 적용	신기술, 신공법 적용 미흡	신기술, 신공법 적용 가능
노임 책정	노임 책정 미흡	실제 노임 반영
공사비 산정	공사비 산정 미흡	적정 공사비 산정 가능
품질관리	적정 노임이 책정되어 있지 않아 품질관리 불리	적정 노임 및 공사비가 책정되어 품질관리 유리
적산업무	복잡	간편

Ⅷ. 예정가격 작성시 유의사항

1) 작업조건 고려
다양한 환경, 지역적 작업조건을 충분히 고려하여 작성되어져야 한다.
2) Feed Back System
수입 · 지출을 대비할 수 있고, Feed Back이 가능한 시스템으로 한다.
3) 수량산출 기준 결정
실적 공사비 등에 의한 과거의 시공실적을 축척하여 수량산출 기준 결정

4) 시스템의 전산화

컴퓨터에 의한 수량산출과 일위대가 관리를 통한 전산 시스템 개발

5) 시장가격 반영

시장가격을 제대로 반영하여 실적에 의한 공사비를 견적에 반영

6) 부위별 적산

수량산출이 용이하고, 설계변경이 용이

7) 설계도서 숙지

예정가격 작성시 설계에 대한 충분한 검토 필요

8) 신속·정확

견적작업은 수량단위, 계산단위에 유의하며, 정확 신속해야 한다.

9) 계산결과 확인

계산결과를 자신이 직접 확인하고 현장작업과 대조하는 습관이 필요

10) 기존 데이터와의 비교·검토

공사개요의 수치를 기억하고, 비교·검토 작업 필요

11) 내역분류

하도급 계약 및 지불의 기초가 되므로 내역분류에 따라 정리되어야 한다.

12) 대비 분석

실시 투입원가와의 대비 분석이 용이하도록 작성

13) 재활용

차기 수주시의 견적 데이터로 활용이 가능하도록 작성

Ⅸ. 결론

① 건설업의 환경변화, 건설시장의 개방, 공사발주형태의 변화 등에 대응하기 위해서는 적절한 적산방식이 먼저 선행되어야 국제경쟁력을 갖출 수 있다.

② 실적공사비 적용과 더불어 견적기준과 견적방법의 연구개발 등으로 전산화하여 과학적이고 실용적인 적산기법이 개발되어야 한다.

13 V.E

Ⅰ. 개요

① V.E(가치공학, Value Engineering)란 전 작업과정에서 최소의 비용으로 최대의 효과를 달성하기 위하여 기능분석과 개선에 쏟는 조직적인 노력이다.

② 건설현장에서 최소의 비용으로 각 공사에서 요구되는 공기, 품질, 안전 등 필요한 기능을 철저히 분석해서 원가절감 요소를 찾아내는 활동이다.

Ⅱ. 기본원리

기능(function)을 향상 또는 유지하면서 비용(cost)를 최소화하여 가치(value)를 극대화시키는 것이다.

$$V = \frac{F}{C}$$

여기서, V(value) : 가치, F(function) : 기능, 효율, 효과, C(cost) : 비용

Ⅲ. 필요성

① 원가절감
② 조직력 강화
③ 기술력 축적
④ 경쟁력 제고
⑤ 기업체질 개선

Ⅳ. V.E에서 본 건설업의 특성

1) 개별 수주산업

구조물의 외관, 규모는 달라도 되풀이 되는 공통성이 높다.

2) 공사금액이 큼

단가가 큰 만큼 원가절감(cost down) 요소가 많다.

3) 옥외 작업이 많고, 작업장소가 일정치 않음

작업방법의 개선과 현장에서 불필요한 기능을 밝혀 철저한 기능 중심으로 운영

4) 가설물의 설치, 철거, 운반

전 공사비의 25% 내·외로 원가절감(cost down)의 여지가 크다.

5) 집합산업

설계 및 시방서 재검토, 계약, 자재조달 등에 V.E 적용

Ⅴ. 대상 선정

① 공사기간이 긴 것
② 원가 절감액이 큰 것
③ 공사내용이 복잡한 것
④ 반복효과가 큰 것
⑤ 개선효과가 큰 것
⑥ 하자가 빈번한 것

Ⅵ. 활동영역

1) 설계자에 의한 V.E

① 가능한 기성재료의 Module에 맞게 설계

② 설계의 단순화 및 규격화

③ 불필요한 특수 시공요소 최소화

④ 설계시 경험, 판단력이 풍부한 현장기술자의 자문

2) 시공자에 의한 V.E

① 입찰전 현지여건, 인력공급 등의 사업검토

② 경제적인 공법 및 장비 활용

③ 원가절감 시공에 따른 Bonus 지급

④ 실질적인 안전대책 확립

Ⅶ. 기능계통도(FAST : Function Analysis System Technique Diagram)

1) 정의

① FAST란 VE 기법의 추진과정에서 가장 핵심적인 업무인 기능(function)을 조합 및 나열하는 Diagram이다.

② FAST는 요구되는 기능을 조합 및 나열하는데 목적이 있는 것이 아니라, 그 과정에서 분석팀원들의 Idea 창출에 근본 목적이 있다.

2) 기능분석과정

기능분석은 V.E활동의 핵심업무이다.

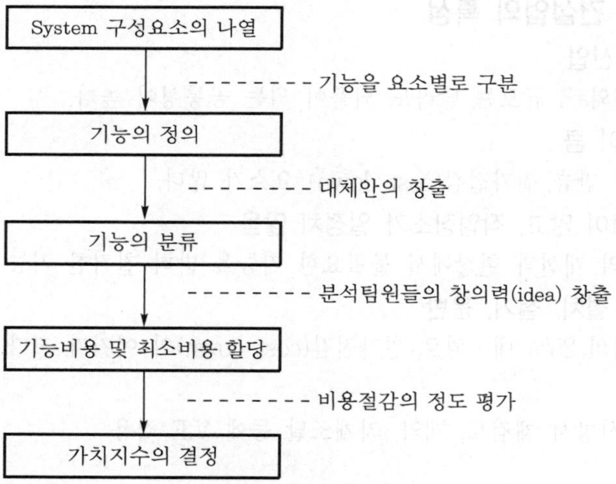

Ⅷ. 효과적인 V.E

L.C.C(Life Cycle Cost)가 최소일 때

기획	타당성 조사	기본설계	본설계	시공	유지관리
C_1(생산비)					C_2(유지관리비)

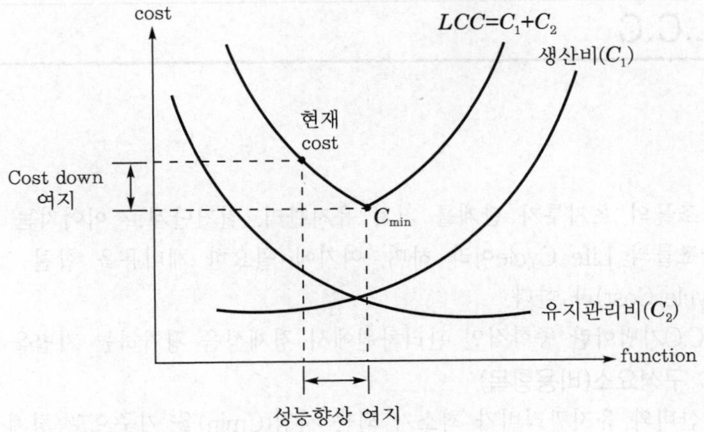

Ⅸ. 문제점

① V.E에 대한 이해 부족
② 인식 부족
③ 안이한 생각
④ 성급한 기대
⑤ V.E 활동시간 부족

Ⅹ. 대책

① 교육실시
② 활동시간 확보
③ 전 조직의 참여
④ 이익확보 수단으로 이용
⑤ 사업계획 일부로 생각 추진
⑥ 기술개발 보상의 제도화
⑦ 전직원의 원가관리 의식화
⑧ 최고 경영자의 인식 전환

Ⅺ. 결론

① V.E기법은 전 작업과정에서 실시되어야 하며, 전 직원이 참여하여 V.E기법을 이해하고 인식전환을 해야 한다.

② V.E기법은 품질향상, 내구성, 안전성 등을 확보하면서 원가절감이 가능한 기법으로 대외경쟁력을 배양할 수 있으며, 아울러 V.E기법을 활성화하기 위해서는 발주자, 설계자, 시공자가 일체가 되어 지속적인 협력과 노력을 해야 된다.

14 L.C.C

Ⅰ. 개요

1) 개념

① 구조물의 초기투자 단계를 거쳐 유지관리, 철거단계로 이어지는 일련의 과정을 구조물의 Life Cycle이라 하며, 여기에 필요한 제비용을 합친 것을 L.C.C(Life Cycle Cost)라 한다.

② L.C.C기법이란 종합적인 관리차원에서 경제성을 평가하는 기법을 말한다.

2) L.C.C 구성요소(비용항목)

① 생산비와 유지관리비가 최소가 되는 시점(Cmin)을 기준으로 경제성을 평가한다.

기획	타당성 조사	기본설계	본설계	시공	유지관리
C_1(생산비)					C_2(유지관리비)
L.C.C(Life Cycle Cost)＝생산비(C_1)＋유지관리비(C_2)					

② 기획, 타당성 조사, 설계, 시공, 유지관리 등 건설 전부분이 L.C.C의 구성요소로 비용이 발생되는 항목이다.

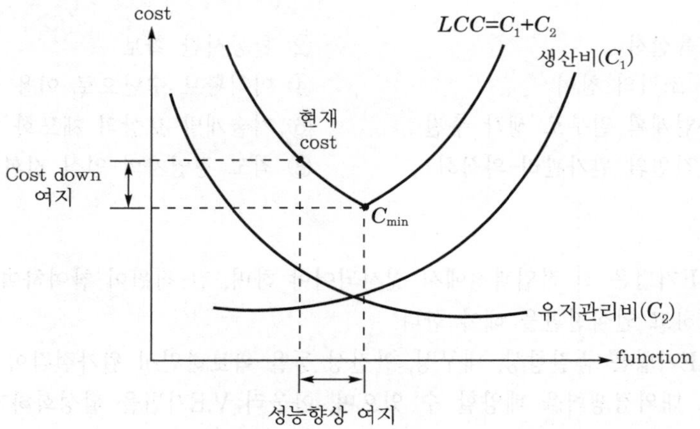

Ⅱ. 목적(효과)

① 설계의 합리적 선택

② 소유주의 비용 절감

③ 설계자의 노동력 절감

④ 시공자의 시공편리

⑤ 사용자의 유지관리비 절감

⑥ 구조물의 효과적인 운영체계 수립

Ⅲ. L.C.C의 분석절차

L.C.C 분석
① 관리 Tool로서 구조물 사용시 발생하는 실제 Cost 계산
② 기존 구조물 Data를 근거로 사용
③ 신 구조물 설계시 Cost 절감방법 결정
④ 유지관리비와 성능 Data를 규명하고, Feed Back시켜 설계에 참조

↓

L.C.C 계획
① 구조물 시공시 Total Cost 계산
② 초기공사비와 유지관리비를 계산하여 상호비교 후 최적안 선택

↓

L.C.C 관리
① L.C.C 분석에 의해 계산된 유지관리비의 절감방법 고찰
② L.C.C 분석에 의해 유지관리비 절감후 Data화
③ 유지관리비 절감 Data를 다음 Project에 적용

Ⅳ. L.C.C의 분석법

1) 현가 분석법

현재와 미래의 모든 비용을 현재가치로 환산하는 방법

$$P = F\frac{1}{(1+i)^n}$$

여기서, P : 현재가치, F : n년 후의 발생비율, i : 할인율, n : 연수

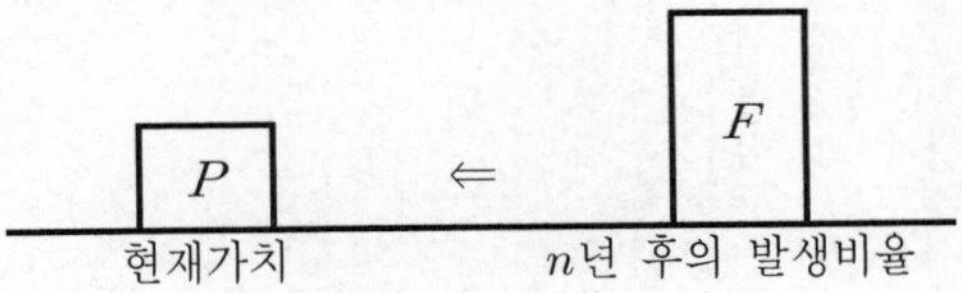

2) 연가 분석법

화폐의 총 현가를 균일연가비용으로 평균화하는 방법

$$P = A\frac{(1+i)^n - 1}{i(1+i)^n}$$

여기서, P : 현재가치 총합계, A : 매년 동일하게 발생하는 연가비용

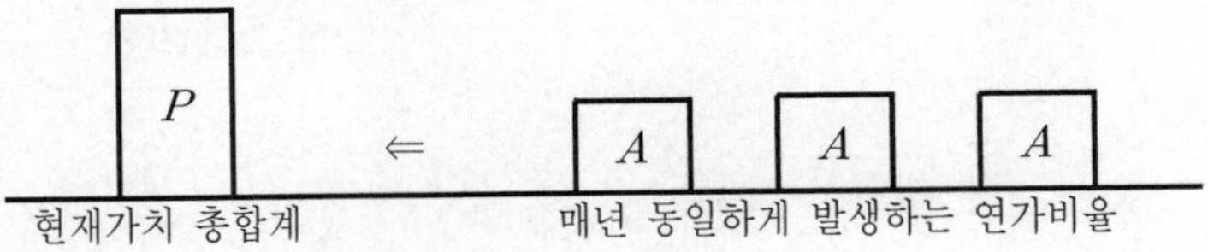

Ⅴ. 문제점(개발이 늦어지는 이유)

① 사용자, 설계자, 이용자의 관심 및 이해부족
② 조직미비
③ System 미확립
④ 정보수집 부족
⑤ 적용상 예측곤란
⑥ 대상 대부분의 기능복잡

Ⅵ. 대책

① 사용자, 설계자, 이용자의 인식전환
② L.C.C 기법을 위한 조직 및 System 정비
③ 정보의 Data화
④ L.C.C 평가기준의 개선 및 정립

Ⅶ. 결론

① L.C.C(Life Cycle Cost) 기법은 기획에서부터 구조물의 유지관리에 이르기까지 종합적인 관점에서 비용절감을 기할 수 있는 기법으로 설계자, 소유주, 입주자의 노동력 절감, 비용절감, 유지관리비 절감의 효과를 기대할 수 있다.
② L.C.C 대상부분의 기능복잡, 정보수집 부족, 적용상 예측곤란 등으로 실무에 적용하는데 어려움이 많으므로, L.C.C 평가기준의 개선과 정립으로 실용화 될 수 있도록 체계적인 연구가 필요하다.

15 안전관리

Ⅰ. 개요

① 건설공사 현장의 안전사고 발생률은 타 산업에 비해 높으며, 또한 대부분의 재해가 중·대형 재해로 연결되기 때문에 인적, 물적으로 많은 손실을 가져다 준다.

② 안전관리란 모든 과정에 내포되어 있는 위험한 요소를 미리 예측하여 재해를 예방하려는 관리활동을 말하며, 건설현장에서의 안전확보는 공사관리의 중요한 요소가 되고 있다.

Ⅱ. 안전관리의 목적

① 근로자의 생명보호 ② 기업의 재산보호
③ 근로자의 사기향상 ④ 기업의 대외 신뢰도 확보

Ⅲ. 재해유형

① 추락 ② 낙하 ③ 붕괴 ④ 충돌
⑤ 감전 ⑥ 화재 ⑦ 협착 ⑧ 전도

Ⅳ. 환산재해율

① 최근 건설현장에서의 재해율은 환산재해율을 사용한다.

② 환산재해율은 상시 근로자수에 대한 환산재해자수의 백분율로 나타낸다.

Ⅴ. 재해요인의 분류

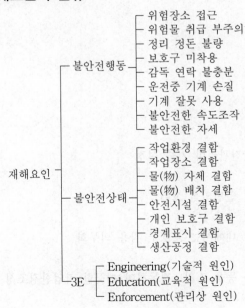

- 재해요인
  - 불안전행동
    - 위험장소 접근
    - 위험물 취급 부주의
    - 정리 정돈 불량
    - 보호구 미착용
    - 감독 연락 불충분
    - 운전중 기계 손질
    - 기계 잘못 사용
    - 불안전한 속도조작
    - 불안전한 자세
  - 불안전상태
    - 작업환경 결함
    - 작업장소 결함
    - 물(物) 자체 결함
    - 물(物) 배치 결함
    - 안전시설 결함
    - 개인 보호구 결함
    - 경계표시 결함
    - 생산공정 결함
  - 3E
    - Engineering(기술적 원인)
    - Education(교육적 원인)
    - Enforcement(관리상 원인)

Ⅵ. 문제점

1) 설계시

① 설계과정에 안전관리 전문가의 참여 미흡

② 설계시 안전관리비 반영 미흡

2) 공사계약의 편무성

① 무리한 수주로 근로조건 열악

② 무리한 공기로 재해위험 요인 증가

3) 작업환경의 특수성

① 옥외작업, 지형, 기후 등의 영향으로 사전재해 위험성 예측이 어렵다.

② 공정 진행에 따라 작업환경이 수시로 변동

4) 작업체제의 위험성

① 작업의 복합성으로 인한 재해 위험성이 다양

② 고소작업으로 안전사고

5) 하도급 안전관리 체계 미흡

① 하도급 계약에 따른 안전관리 조직 미약

② 여러 차례의 재하도급에 따른 안전관리 소홀

6) 고용의 불안정과 유동성

① 근로자의 이동이 많고 고용관계가 불분명

② 정기적인 안전교육 실시의 어려움

7) 근로자 안전의식 미흡

① 공사현장의 위험성에 대한 지식 결여

② 누적된 피로에 따른 안전의식 결여

Ⅶ. 안전대책

1) 3E 대책

① Engineering(기술적 대책)

② Education(교육적 대책)

③ Enforcement(관리적 대책)

2) 설계시 대책

설계담당자 안전보건교육 및 안전관리비 기준 설정

3) 안전교육

실질적인 안전보건교육 실시 및 안전의식 고취

4) 보호구

안전보호구 착용지도 및 작업장 내에서는 보호구 착용 의무화

5) 현장 정리·정돈

현장 내의 자재 및 작업 잔재물 등을 정리·정돈하여 깨끗한 작업환경조성

6) 책임의식

실무 책임자의 책임의식 고취 및 안전관리 책임체제 확립

7) 안전점검

정기적인 안전점검 및 수시점검으로 이상 유무 확인

8) 추락예방

개구부, Pit, 승강설비 등에서의 추락위험이 있는 곳에 안전 Net, 안전 난간 등을 설치

9) 낙하방지

비계 바깥쪽에 보호망설치 및 작업원의 안전장구 착용

10) 보고체제 확립

재해발생 우려시 관계자에게 즉시 보고하고 재해 사전예방 및 즉각 조치체계 확립

11) 상하 동시작업 금지

상하 동시작업을 실시할 때에는 안전조치 후 작업시행

12) 작업내용 파악

작업내용을 정확히 파악하여 여유있는 계획을 수립하여 안전 확보

13) 작업원의 확인 점검

안전모, 안전벨트의 착용상태, 작업복장, 사용기구, 공구의 취급요령 등을 확인 점검

14) 안전시설 확보

① 추락 방지망(안전 net)
② 안전난간
③ 낙하물 방지망
④ 낙하물 방지선반(낙하물 방호선반)
⑤ 보도 방호구대
⑥ 방호 Sheet(수직 보호망)
⑦ 안전선반
⑧ 환기설비
⑨ Gas 탐지기

15) 기타

① 위험공사시 관계자 입회하에 안전지도
② 작업 지시 단계에서부터 안전사항 철저지시
③ 신규 채용 근로자의 기능정도와 건강상태 체크

Ⅷ. 결론

① 건설현장에서의 안전관리란 안전관리기준의 검토와 안전관리기법의 개선 및 현장원 모두의 안전관리에 대한 중요성과 안전에 대한 의식개혁에 있다.
② 계획, 설계, 시공의 전 작업과정에서 위험요소를 정확히 파악하여 재해예상부분에 대한 사전예방과 철저한 안전교육 및 점검으로 재해예방에 주력해야 한다.

16 건설공사의 산업안전보건관리비

Ⅰ. 개요

① 산업안전보건관리비는 사업주가 일정금액 이상을 산업안전보건관리비로 사용해야 하는 의무사항으로 산업재해의 예방 및 사업장의 안전확보를 위하여 필요한 비용이다.

② 건설업 등의 기타 사업을 타인에게 도급하거나 이를 자체사업으로 할 경우 산업안전보건관리비를 도급금액 또는 사업비에 계상하여야 한다.

Ⅱ. 건설공사의 종류 및 규모별 산업안전보건관리비

대상액 / 종류	5억원 미만	5억원 이상 50억원 미만		50억원 이상
		비율	기초액	
일반건설공사(갑)	2.93%	1.86%	5,349,000원	1.97%
일반건설공사(을)	3.09%	1.99%	5,499,000원	2.10%
중건설공사	3.43%	2.35%	5,400,000원	2.44%
철도·궤도 신설공사	2.45%	1.57%	4,411,000원	1.66%
특수 및 기타 건설공사	1.85%	1.20%	3,250,000원	1.27%

Ⅲ. 운영상 문제점

1) 공사비에 따른 정률 적용
일괄적인 요율산정으로 불합리하다.

2) 산업안전보건관리비 사용항목
항목의 한계 설정이 애매하다.

3) 사업주의 억제 사용
산업안전보건관리비를 이윤으로 생각하고 최소한으로 억제 사용

4) 하도업체 직접 집행시
산업안전보건관리비 오용 우려

5) 제도상의 미비
산업안전보건관리비 사용 및 집행에 대한 적절한 제도적 장치 부재

Ⅳ. 운영상 대책

1) 입찰시 조건 명시
입찰시 관계법규 준수 및 안전시설조건 명시

2) 항목 및 요율산정 차등화
항목설정 명시 및 공사 제반조건에 따라 요율산정 차등 명시

3) 사업주의 인식 전환
산업안전보건관리비의 적정 사용으로 기업의 재산보호 및 Image 향상

4) 실행예산 반영

실행예산 편성시 산업안전보건관리비를 산정하여 반영

5) 산업안전보건관리비 집행

현장의 안전관리조직에 의하여 시행

6) 하도업체 집행 확인

산업안전보건관리비 사용계획을 하도업자에게 제시하여 협의후 결정

7) 제도적 장치

산업안전보건관리비 지출의무화 및 산업안전보건관리비 지출에 따른 제도적 감독 체계 확립

Ⅴ. 결론

① 건설공사 현장의 안전사고 발생률은 해마다 늘어나고 있는 추세로 노동부에서는 모든 건설공사에 공사원가에 따라 일정비율을 산업안전보건관리비로 책정하도록 의무화했다.

② 산업안전보건관리비에 대한 사업주의 인식전환과 관계자들의 지속적인 교육과 산업안전보건관리비의 적정 사용으로 현장에서 재해예방 및 안전확보를 할 수 있도록 해야 한다.

17 장마철 대형공사장 점검사항

Ⅰ. 개요

① 장마철 대형공사장에서 강우에 의한 안전사고 예방을 위하여 모든 작업공종에서 장마에 대비한 특별 안전점검을 실시하여 안전사고 발생우려가 있는 곳에는 대비책을 강구해야 한다.

② 작업에 우선하여 장마에 대한 대비책을 수립하고 재해발생에 대한 현장 비상연락망 작성 및 행동지침서를 작성하여 재해에 대비해야 한다.

Ⅱ. 장마철에 예상되는 재해

① 가물막이 월류
② 침수 및 붕괴
③ 구조물 부상
④ 전기감전 사고
⑤ 안전사고

Ⅲ. 재해대비 행동요령

1) 비상 연락망 작성
① 현장 근무자 비상연락 체계확립
② 현장과 본사간의 주기적인 보고체계
③ 비상 연락망 확인

2) 기상예보 청취
① 기상청의 특보내용 기록
② 특보내용에 따른 대비책 수립

3) 현장순찰 강화
① 각 조별 현장순찰
② 순찰내용 즉각보고 체계
③ 이상 유무에 대한 조치내용 보고

4) 발주부서와 On-Line 상태 유지
① 현장상태 즉각보고
② 재해발생 유무보고
③ 재해발생시 발주관서와 공동 대비책 수립

5) 재해 복구반 구성
① 복구장비 항시 대기
② 복구반 현장 상주
③ 전문 복구반 투입

6) 재해 발생지 복구
① 재해 발생지 긴급 복구
② 안전시설 설치
③ 재해 재발생 방지책 수립

7) 안전시설 복구
① 재해복구후 안전시설 설치
② 안전시설에 의한 재해발생 방지

Ⅳ. 점검사항

1) 가물막이 상태
① 가물막이 누수 여부
② 가물막이 보강상태 점검
③ 가물막이 벽의 기울어짐

2) 토사유출
① Boiling 발생으로 지반토 유출
② 지표수 침투로 굴착면 유실

3) 지하 구조물 변형
① 우수침투로 인한 구조물 변형
② 구조물 부상 여부

4) 지표수 침투
① 지표수 침투 여부
② 작업장 배수처리

5) 사면유실
① 성토 비탈면 유실 여부
② 절토사면 활동 여부

6) 배수시설
① 작업장 내 우수 배수시설 점검
② 우수 유도배수로 점검

7) 인근 구조물 점검
① 송전탑, 전선주 등의 변형, 경사 점검
② 지하 매설물 손상 여부
③ 하수관, 하수로 통수상태 파악

8) 안전시설
① 안전 표지판 유실 여부
② 안전시설 파손, 유실 여부 파악
③ 추락방지용 안전 펜스 점검

9) 통행차량 보호시설 점검
   ① 유도지시 등 가동 여부
   ② 미끄럼 방지턱 손실 여부
   ③ 안전관리원 현장활동 점검

Ⅴ. 홍수재해를 방지할 수 있는 대책

1. 수자원개발 측면

1) 홍수 조절댐 건설
   ① 홍수 조절량의 크기, 빈도 등 고려
   ② 홍수유량 계산에는 100년 확률 홍수유량의 1.2배
2) 설계홍수 결정
   ① 해당 강우유역 선정
   ② 홍수 도달시간 내의 최대 강우강도
3) 홍수방벽 건설
   ① 돌, 콘크리트로 만들어지는 제방형식의 방벽
   ② 토사형식의 저수제방 보강작업
4) 저수지 증설
   ① 홍수시 강우를 저장할 수 있는 저수지 증설
   ② 하류부의 홍수조절을 위한 저수시설
5) 댐 준설
   ① 홍수빈도, 홍수량 등의 토사 공급원으로부터 퇴사량 산출
   ② 정기적인 댐하상 준설로 저수량 증대
   ③ 지역적 요인, 지형, 지질, 하천경사 등 고려
6) 폭우를 대비한 예비방류
   ① 기상청의 일기예보를 통한 예비방류
   ② 예상 홍수시기에 대비한 저수량 확보
   ③ 확률이 높은 기상예보 체계도입

2. 하천개수의 계획 측면

1) 내배수 처리
   ① 제내지의 도시 및 농경지로부터 유출되는 유수처리
   ② 유수지 및 양수시설
   ③ 분리수로와 자연배수
   ④ 완만한 경사의 압력관로의 중력배수
2) 사방공사
   ① 하상 유지공
   ② 유출토사 조절을 위한 사방염
   ③ 토사발생 억제시설

3) 하상준설
① 퇴적토 제거
② 하천단면 유지
③ 유로수정

4) 토지관리
① 신시가지 조성
② 평지부의 토지 이용률 증가
③ 내수배제 시설증설

5) 제방보강
① 제방단면 보강
② 제방고(둑마루 높이) 여유고 확보
③ 제방의 비탈면 경사는 1 : 2 이상의 완만한 경사
④ 강우로부터 제방마루 보호를 위한 횡단경사 시공

6) 제방호안
① 비탈면 보호공
② 비탈면 멈춤공
③ 밑다짐공

7) 하천유로 변경
① 수제설치
② 보설치
③ 하상 유지공 설치

8) 여유고 가산
① 설계단면에 여유고를 추가한 높이로 시공
② 제방기초의 장기적인 압밀과 제방 자체의 침하를 고려한 더돋기 시공

Ⅵ. 결론

① 토목건설 현장은 거의 물과 흙이 주체가 되는 공사이므로 장마철에는 각 현장마다 대형재해 발생이 우려되고 있다.
② 각 현장마다 장마철에 대비한 현장점검 및 재해예방 대책을 수립하여 귀중한 인명 및 재산 손실이 발생되지 않도록 특별한 현장관리가 요구된다.

18 건설공해의 종류와 방지대책

Ⅰ. 개요

① 건설공해란 공사 착공에서 준공까지의 기간동안 행하여지는 건설작업으로 인하여 주변 주민의 생활환경을 해치는 것을 말한다.

② 저소음·저진동 공법을 채택한다 하여도 기계 자체의 기계음은 막을 수가 없으므로 기업은 새로운 공법의 기술개발에 전력을 다하고 주민은 성숙된 의식의 전환이 필요한 때이다.

Ⅱ. 공해의 특성

① 문제 해결이 어렵다.

② 민원발생으로 공기 및 공사비에 막대한 영향을 준다.

③ 공사중 불가피한 사안이다.

④ 공사기간 중 주로 발생한다.

Ⅲ. 공해의 규제

1) 소음규제

① 말뚝항타기, 인발기 등

② 허용노출기간
- 90dB : 8hr
- 95dB : 4hr
- 100dB : 2hr

2) 진동규제

① 인발기, 항타기

② 강구사용 작업

③ 75dB 이하

3) 오탁수(汚濁水) 규제

① 수질

② 폐기물 기준 : $6.0 < pH < 7.5$

4) 먼지규제

$300\mu g/m^3$ 이하(환경청)

Ⅳ. 건설공해의 종류별 특성

1) 소음

① 말뚝공사시 타격장비에 의한 소음 발생

② 타격 공법 중 Drop Hammer, Diesel Hammer, Steam Hammer 등의 소음이 가장 크다.

2) 진동

① 대형 굴삭기 사용으로 진동 공해 발생

② 토공사시 굴삭기, 불도저, 덤프트럭의 운행

3) 분진

① 현장 내외의 차량 통행에 의한 흙, 먼지

② 구체공사시 거푸집재의 먼지, 물의 비산, 철골의 용접 불꽃, 콘크리트 비산

4) 악취

① 아스팔트 방수작업의 연기, 의장 뿜칠재의 비산

② 차량 주행 · 정지 · 발차시 배기가스 분출

5) 지하수 오염

① 지하수 개발을 위한 Boring 구의 방치

② 건설현장에서 발생하는 오물 등이 우천시 땅 속으로 유입

6) 지하수 고갈

① 대단위의 단지 조성시 지하수의 개발이 장기적인 면에서 수돗물보다 경제적이므로 일반적으로 선호하는 경향

② 현장의 지하수 이용 및 토공사시 배수로 인하여 주변의 우물고갈

7) 지반침하

① 지하수의 과잉 양수로 압밀침하, 흙막이 벽의 불량으로 주변 지반침하, 중량차량의 주행 및 중량물 적치

② Underpinning을 고려하지 않은 흙파기 공사시 발생

8) 교통장애

① 콘크리트 타설시 레미콘 차량이 한꺼번에 도로에 진입하여 정체현상 야기

② 토공사시 흙의 반 · 출입 차량의 집중으로 교통장애 발생

9) 지반균열

① 대형 차량의 운행으로 도로에 진행하중으로 균열 발생

② 흙막이 공법의 미비로 Boiling, Heaving, Piping 현상 발생

10) 정신적 불안감

① 대형 굴착장비의 사용으로 소음 및 진동 등이 주변 구조물에 전달되어 불안감 조성

② 소폭의 도로에 대형 차량 진입으로 불안감 조성

Ⅴ. 대책

1) 저소음 공법

① 말뚝 항타시 방음커버 설치

② 진동 공법, 압입 공법, Preboring 공법 등 저소음 공법 채택

2) 저진동 공법

① 치환 공법 채택시 저진동의 굴착치환, 미끄럼 치환 채택

② Pile 공사시 중굴 공법, Water Jet 공법, Benoto 공법 등 채택

3) 분진요소 제거
① 현장 주변에 살수차를 배치하여 도로 및 현장주변 살수·청소
② 현장 차량은 도로 운행전에 반드시 세차

4) 악취물 수거
① 현장 오물 등은 정기적으로 청소차를 불러 수거
② 여름철에는 방역을 정기적으로 실시하고 음식물 쓰레기의 수거가 신속히 되도록 한다.

5) 지하 가설시설 점검
① 버팀대의 안전성 검토 → 계측관리
② 토압과 수압판정을 정확하게 하고, 매설물에 대한 방호·철거·우회 등의 방법을 검토

6) 차수 공법
① 과도한 배수방지 → 차수 공법 병행
② 지하수 오염방지계획 수립

7) Underpinning 공법
① 차단벽 공법 및 Well 공법을 적용
② 약액주입, 지반개량 공법의 적용

8) 복수 공법계획
① 배수공사에 의해 급격한 지하수위 하강을 Sand Pile을 통한 주수로 수위변동방지
② 차수벽 배면의 지반교란으로 수위 하강된 것을 담수하여 조정

9) Boring공 관리
① 지하수가 나오지 않는 Boring구는 Cap으로 덮어 오염물질의 유입방지
② Boring 관리를 위한 기록부 작성

10) 레미콘 계획수립
① 수급이 가능한 경우 교통량이 적은 시간대를 이용
② 사전계획 수립시 레미콘 공장은 가까이 있는 공장을 선택

11) 현장내 배수계획
① 현장 내의 오물 등이 지하로 흘러가지 못하도록 간이 배수로 계획 수립
② 집수정을 두어 자동배수 Pump를 사용하여 배수

12) 팽창성 약액 발파 공법
① 팽창성 물질을 주입하여 지반에 진동을 주지 않고 파쇄함
② 팽창 Cement(alumina 분말)를 사용함

13) 터파기 공사계획
① 터파기 흙 반출시 차량의 운행이 적은 시간대를 이용한다.
② 현장 차량이 도로에 나갈 때는 세륜을 실시한다.

14) 소리의 차단
① 간이 소음차단벽 설치
② 현장 주변에 공동구를 설치하여 소리전달 차단

15) 도시 미관 고려

도시 미관 및 주변환경을 고려한 설계

Ⅵ. 결론

① 최근 건설공사가 장비화, 기계화되어 건설장비에 의한 소음공해가 사회문제화 되고 있고 저소음·저진동의 기계가 개발되고는 있으나 기술력의 부족으로 작동음으로 인한 소음은 근본적인 문제 해결은 어렵다.

② 그러므로 사회전반에 걸친 이해와 신뢰를 바탕으로 관청, 발주자, 설계자, 시공업자, 주민 각자가 지혜를 모아 타당한 여론을 확립해 대처해 나아가야 한다.

19 건설공사시 발생하는 소음과 진동의 원인과 대책

Ⅰ. 개요

① 최근 건설공사시 가장 문제가 되고 있는 것은 소음·진동 등의 건설공해라 할 수 있으며, 이 문제에 대한 방안은 아직 미흡한게 사실이다.

② 기술적인 문제와 더불어 인근 주민들의 인식부족 및 집단 이기주의의 팽배로 인하여 적정한 합의점을 찾지 못하고 있으며, 정부측에서도 적극적인 대응책을 세우지 못하고 있는 실정이다.

Ⅱ. 건설공해의 종류

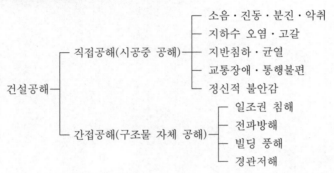

- 건설공해
  - 직접공해(시공중 공해)
    - 소음·진동·분진·악취
    - 지하수 오염·고갈
    - 지반침하·균열
    - 교통장애·통행불편
    - 정신적 불안감
  - 간접공해(구조물 자체 공해)
    - 일조권 침해
    - 전파방해
    - 빌딩 풍해
    - 경관저해

Ⅲ. 소음과 진동의 원인

1) 토공사

① 굴착기계에 의한 소음

② Truck에 의한 급경사 도로에서 운행시 소음

③ 경암 파쇄 및 굴착시 소음

2) 기초공사

① 기성 Con'c Pile 항타 소음 → Diesel Hammer, Drop Hammer

② 다짐장비에 의한 소음 → Compactor, Roller 등

3) 철근공사

① 철근을 바닥에 부릴 때 발생하는 소음·진동

② 양중기계에 의한 소음·진동

4) 거푸집공사

① 거푸집 조립시 발생하는 소음·진동

② 거푸집 해체시의 소음·진동

5) 콘크리트공사

① Con'c Pump 기계작동에 의한 소음·진동

② 레미콘 운행에 의한 소음·진동

③ 진동기에 의한 소음·진동

6) 말뚝공사
① 디젤 해머
② 바이브로 해머

7) 해체공사
① 해체장비에 의한 소음
② Steel Ball, Breaker 작업시의 소음 · 진동

8) 발전기(compressor)
① 비상 발전기의 발전시 나는 소음 · 진동
② 컴프레서 가동시 발생하는 소음 · 진동

Ⅳ. 대책

1) 저소음장비의 개발
① 방음성이 우수한 장비의 개발
② 기존 기계에 방음커버 보강

2) 작업시간대 조정
① 새벽시간, 오전시간은 피하고, 일요일과 공휴일은 소음나는 작업금지
② 소음작업의 운용시간대 조정

3) 방음커버의 개발
① 새로운 기계의 개발보다 기존 기계의 소음억제대책이 필요
② 기존 기계에 방음커버 보강으로 소음억제

4) 사전 양해
① 주민 설명회를 통한 양해
② 사전에 공사개요 설명 · 이해 · 설득

5) 소음·진동 방지시설
소음 · 진동 방지시설로 흡음 · 차단

6) 무소음 해체공법 적용
팽창약액을 이용하여 무소음 · 무진동 해체공법 적용

7) Pre-fab공법의 채택
① 현장에서는 조립에 의한 극소의 소음만 발생
② 소음 및 진동원의 감소 효과

8) 용접접합
① 용접접합은 리벳접합이나 고력 Bolt 접합에 비해 소음 · 진동이 적음
② 거의 공장제작하고, 현장은 부분제작하는 System으로 전환

9) 대형 거푸집공사
① 대형 Unit화 된 Form의 공장제작, 현장 조립하는 공사
② 망치 소리 등 작업소음 감소

10) 중굴공법

① 강관 Pile의 저부를 Jet 공법과 병행하여 타격

② 타격에 의한 소음·진동 감소

11) Preboring공법

① Earth Drill 사용하여 굴착시 Precast Pile을 넣고, 선단은 Cement Paste로 고정

② 타격에 의한 소음·진동 감소

12) R.C.D(Reverse Circulation Drill)공법

특수 비트가 달린 Drill을 사용하여 소음·진동이 적음

13) Earth Drill공법

① Drilling에 의한 굴착으로 소음·진동이 적음

② 기계가 소형으로 기계음이 비교적 적음

Ⅴ. 결론

① 소음과 진동방지를 위해서는 시공기술의 개선, 설계자, 발주자, 시공자 각각의 노력이 있어야 하며, 방지 사례 및 실적을 기록화하여 Feed Back 해야 한다.

② 현장관리자는 피해 대상자(민원인)와 충분히 협의하여 이해를 구하고, 상대방의 입장에서 문제를 해결하려고 하는 신중한 자세가 필요하다.

20 구조물의 해체공법

Ⅰ. 개요

① 최근 들어 구조물의 생산기술과 함께 노후된 구조물을 인근의 피해를 최소화 하면서 해체할 수 있는가 하는 것이 중요한 기술적·사회적 문제로 대두되고 있다.

② 해체 공법의 선정시 도심지일 경우는 소음·진동으로 인한 공해대책을 사전에 수립하여야 한다.

Ⅱ. 해체요인

① 경제적인 수명한계
② 주거환경 개선
③ 도시정비 차원
④ 재개발 사업
⑤ 구조 및 기능적인 수명한계
⑥ 정책적인 차원 및 시대적 필요성

Ⅲ. 해체 시공계획

1) 현장조사

① 대상 구조물의 조사, 부지상황의 조사 및 인근 주변환경의 조사 실시
② 설계도서에 의해 직접조사를 실시하고 설계도서가 없는 경우 외관조사 및 실측의 간접조사 실시
③ 부지내 공지의 유무, 장애물, 인접 도로 및 매설물 등에 대한 조사 실시
④ 인근 건물, 거주자, 도로상황 등을 정확히 파악하여 피해 발생을 방지

2) 시공계획서

① 사전조사에 의해 해체방법 선정과 작업내용 계획서를 담당자에게 제출
② 적절한 해체 공법 선정
③ 해체공사 적용시는 시공순서, 작업방법 및 인근 피해방지 검토
④ 정확한 공사계획을 수립하여 무리한 공사 및 사고 발생방지

Ⅳ. 공법 선정시 고려사항

① 규모 및 구조 등 해체대상 구조물에 대한 조건
② 도로사정, 주변건물, 부지 넓이 등의 조건
③ 환경공해 조건
④ 안전대책
⑤ 주민 통제계획
⑥ 철거방법의 안전성·효율성

V. 공법의 종류별 특징

1) 타격 공법(강구 공법, Steel Ball)

① 크레인 선단에 Steel을 매달고 수직 또는 좌·우로 흔들어 충격에 의해 구조물을 파괴하는 공법

② 소음과 진동이 큼

2) 소형 Breaker 공법

① 압축공기를 이용한 Breaker로 사람이 직접 해체하는 공법으로 Hand Breaker라고도 한다.

② 작은 부재의 파쇄가 용이하며, 광범위한 작업에도 용이하다.

③ 소음, 진동, 분진의 발생으로 보호구 착용

④ 작업방향은 위에서 아래로 작업수행

3) 대형 Breaker 공법

① 압축공기 압력으로 파쇄하는 공법

② 소음을 완화하기 위해 소음기 부착

③ 공기 및 유압 사용

④ 효율은 좋으나 진동, 소음이 심함

4) 절단(cutter) 공법

① Diamond Cutter에 의해 절단하며, 인장 및 전단에 약한 Con'c의 성질 이용

② 보, 바닥, 벽의 해체에 유리하며, 저진동 공법이다.

③ 안전하게 해체 가능, 부재의 재사용 가능

5) 압쇄공법

① ㄷ자형 프레임내에 반력면과 Jack을 서로 마주보게 설치하여 프레임 사이에 Con'c를 넣어 압쇄하는 공법

② 저소음·저진동·저공해의 공법으로 능률이 좋아 일반적으로 많이 사용

③ 취급 간편

6) 유압 Jack 공법

① 상층보와 Slab를 유압 Jack으로 들어 올려 해체하는 공법

② 보나 Slab는 밑에서 치켜 올리는 힘에 약하다.

③ 저진동·저소음의 공법으로 크롤러를 사용할 때 시공능률이 향상된다.

7) 팽창압 공법

① 비폭성 파쇄제의 종류

㉠ 고압가스 공법 : 불활성 가스의 압력 이용

㉡ 팽창가스 생성 공법 : 화학반응에 의해 팽창가스 생성

㉢ 생석회 충진 공법 : 생석회 수화시 팽창압력에 의해 파쇄

㉣ 얼음 공법 : 얼음의 팽창압에 의해 파괴

② 특수한 규산염을 주재로 한 무기질 화합물

③ 물과 수화반응으로 팽창압이 생성되어 암 및 Con'c를 안전하게 파쇄
④ 저소음 · 저진동 공법으로 취급이 용이하고, 시공이 간단하여 작업의 효율성이 큼

8) 쐐기타입 공법
① 부재에 구멍을 뚫고 그 구멍에 쐐기를 넣고 파쇄
② 천공기, 유압 쐐기, 타입기, Compressor 필요
③ 기초 및 무근 콘크리트의 파쇄에 적합

9) 전도 공법
① 부재를 일정한 크기로 절단하여 전도시키는 공법
② 기둥, 벽 해체에 적합

10) 발파 공법
① 화약을 이용하여 발파, 그 충격파나 가스압에 의해 파쇄
② 지하구조물의 해체에 유리, 주변 지하구조물의 영향에 유의
③ 소음 · 진동 공해 및 파편의 위험이 있음

11) 폭파 공법
① 구조물의 지지점마다 폭약을 설치하여 정확한 시간차를 갖는 뇌관을 이용, 구조물 자체중량에 의해 해체된다.
② 주변시설물에 피해 및 진동 · 소음이 극소
③ 시공순서 Flow Chart

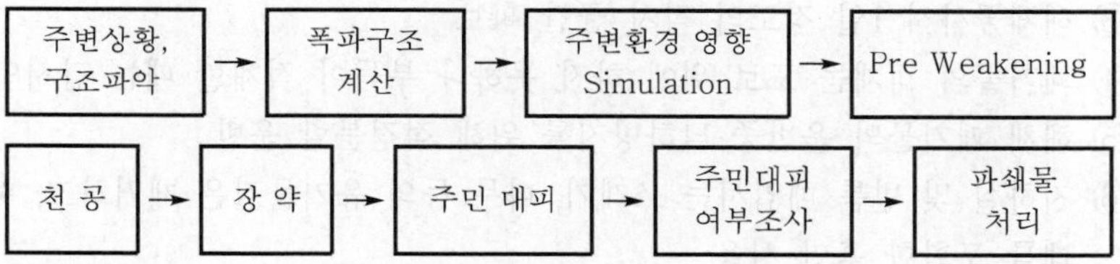

Ⅵ. 재래식 공법과 폭파 공법의 비교

구분	재래식 공법 (타격 공법, Breaker 공법)	폭파 공법
원리	충격 해체	폭발 해체
사용기계	steel ball, breaker	소형 착암기(천공용)
특성	비계작업 필요	여유공간 불필요
안전성	불안정, 재해위험	안전성 양호
공기	공사기간 길다.	공사기간 짧다.
공해	환경공해 심각, 민원발생 높음	공해성 거의 없고, 주변 시설물 피해

Ⅶ. 안전사고 방지대책

1) 소음 방지대책
① 소음이 적은 공법의 채용
② 양생재(시트, 울타리 등)의 설치

③ 주변 주민의 사전 양해 및 보상
④ 기기에 소음기·방음기·방음커버의 설치

2) 진동 방지대책
① 저진동 건설기계로의 개선
② 구조물, 지반 등을 적절한 위치에 절연시켜 둔다.

3) 분진대책
① 분진 발생원을 밀폐한다.
② 살수와 분무를 시행한다.

4) 안전대책
① 기계의 설치 및 사용에 대한 법규를 확인한다.
② 기계의 성능을 충분히 알아둔다.
③ 사용전 기계의 점검 및 정기검사를 실시하여 기계의 이상 유무를 확인한다.
④ 기계를 취급 책임자 및 운전자 이외의 사람에게 취급시키지 않는다.
⑤ 작업시 취급자 이외에 작업범위내 출입을 통제한다.
⑥ 기계가 안전하게 작업할 수 있도록 유도자 배치 및 신호체계를 확립한다.

5) 해체재 처분
① 콘크리트 조각, 강재토막, 내·외장재 등의 폐기물은 외부로 반출
② 재활용 가능 부품은 해체공사시 별도 철거
③ 해체공사시 1일 정도의 적치 공간 확보
④ 폐기물의 적재는 도로 위에 하지 못하나 부득이 적재할 때는 감시인 배치
⑤ 해체 폐기물의 운반중 낙하방지를 위해 적정분할 운반
⑥ 지하실 및 빈틈 매입시는 쓰레기, 나무 등의 유기물질은 제거하고, 바위, 자갈, 모래를 포함한 흙만 사용

Ⅷ. 유의사항

1) 타격 공법
① 강구의 중량, 작업반경 등은 붐(boom), 프레임(frame) 및 자체에 무리가 없는 것을 선정하다.
② 수평진동에 의한 파쇄시 타격 실수와 크레인의 전도에 주의한다.
③ 강구를 결속한 와이어로프의 종류와 직경을 사전에 검토한다.
④ 작업범위내 모든 인원의 출입을 금지한다.

2) Breaker 공법
① 핸드 Breaker 작업시 비트(bit) 절단으로 인한 사고를 방지하기 위해 작업자는 항상 하향자세를 취한다.
② 핸드 Breaker 진동에 의한 작업자의 건강관리 때문에 1일 노동시간에 제한을 둔다.
③ 대형 Breaker 사용시 설치장소의 Slab 내력 및 지반의 내력을 확인한다.
④ 대형 Breaker를 자력으로 하층으로 이동할 때는 경사의 안전상태에 주의한다.

3) 절단(cutter) 공법
① 절단기의 절단작업 및 이동시 바닥판은 평탄해야 한다.
② 톱날 주위는 접촉방지용 덮개를 설치한다.
③ 절단 중 톱날의 열을 제거하는 냉각수를 점검한다.
④ 절단작업 중 불꽃비산이 많거나, 수증기가 발생하여 과열의 위험이 있을 때는 작업을 일시 중단한후 냉각시키고 작업을 재개한다.
⑤ 절단작업의 진행은 직선으로 하고 최소단면으로 절단하도록 한다.

4) 압쇄 공법
① 시방서에 따라 압쇄기 중량이 붐, 프레임 및 차체에 무리가 없는 압쇄기를 설치한다.
② 절단날은 마모가 심하므로 수시로 교체한다.
③ 압쇄부의 날이 마모되면 날을 날카롭게 수선한다.

5) 유압 Jack 공법
① 바닥·보 해체시 파쇄물 낙하에 의한 기계의 방호장비가 필요하다.
② 잭의 설치시 숙련공이 필요하다.
③ 작업시간이 길 경우 호스의 커플링과 접속부 균열의 우려가 있으므로 제때에 교체한다.

6) 팽창압 공법
① 종류에 따라 정해진 온도 및 천공경의 상한을 넘어서는 안 된다.
② 비빔·충전·시트 작업시에는 보안경, 고무장갑을 반드시 착용한다.
③ 비빔후 즉시 충전한다.
④ 충전재가 튀어나올 수 있으므로 균열 발생시까지 구멍을 엿보아서는 안 된다.
⑤ 정적파쇄재 충전후 양생 중에는 출입을 금한다.

7) 전도 공법
① 전도작업은 순서가 바뀌면 위험하므로 작업계획에 따라 작업한다.
② 전도물의 크기는 1~2개 Span 정도가 알맞다.
③ 전도작업은 연속으로 하여 그날 중으로 종료하며, 부재를 깎아낸 상태로 방치하면 안 된다.

8) 발파 공법
① 전기뇌관 사용시 주위의 송신소에서 발사되는 주파수와 출력상태를 반드시 검사한다.
② 비산 낙하물에 대한 안전시설이 완비되어야 한다.
③ 발파후 잔류 폭약 유무조사를 반드시 실시한다.

Ⅸ. 결론

① 구조물의 해체요인으로는 경제적 수명의 한계, 주거환경개선, 재개발 사업 등의 이유로 해체되고 있는 실정이다.

② 그러나 콘크리트 구조물의 해체는 부실공사로 구조물이 제수명을 다하지 못하고 조기에 해체되는 안타까운 이유도 있으므로 정부, 설계자, 시공자가 삼위일체가 되어 부실공사를 척결하고, 해체 공법에 대한 신기술 및 신공법의 연구개발에 노력해야 한다.

21 폐콘크리트의 재활용 방안

Ⅰ. 개요

① 최근 도시 재개발 및 신도시 개발사업 등에 따른 구조물의 공급이 급증하고 있으나, 건설자재는 원인의 고갈로 채취가 어려운 실정에 있다.

② 그러므로 폐콘크리트의 재활용은 환경공해를 줄이고, 자원을 보존하며, 건설자재의 수급을 원활하게 하는 차원에서 대단히 중요한 의미를 갖는다.

Ⅱ. 재활용의 필요성

① 환경공해 억제

② 자원회수

③ 운반비 절약 및 공기단축

④ 재생산업의 활성화 및 기계산업 발달

Ⅲ. 재활용 Flow Chart

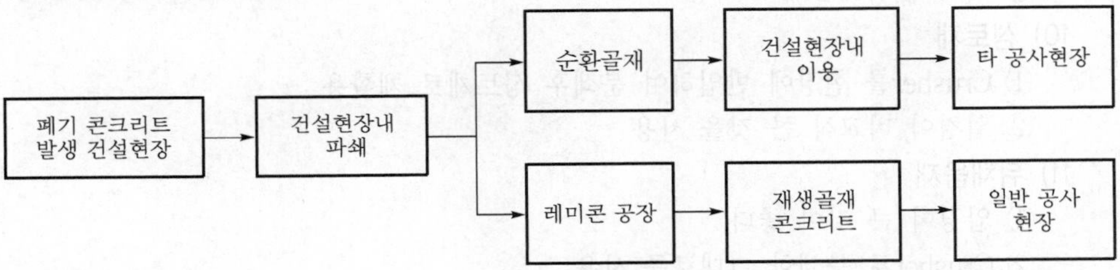

Ⅳ. 재활용 방안

1) 순환골재(재생골재)

① 순환골재의 품질은 콘크리트의 품질, 모르타르, 부착량, 제조공정, 입도제조법, 불순물의 양 등에 영향을 받는다.

② 흙, 나뭇조각, 쇠부스러기 등이 혼입된 불순물이 콘크리트에 섞이면 강도에 나쁜 영향을 준다.

2) 재생 콘크리트

① 폐콘크리트 덩어리를 분쇄기로 분쇄하는 방법

② 매립재, 성토재, 기초 및 뒤채움재, 노반재, 아스팔트 혼합용 골재, 콘크리트 골재 등으로 이용

3) 2차 제품

① 타설 시간이 경과한 레미콘은 재활용 기계로 들어가 골재, 모래, 시멘트가 분리되어 재활용

② 경화한 Con'c는 분쇄기로 분쇄하여 기초 및 뒤채움재, 노반재, 콘크리트 골재 등으로 재활용

4) 지반개량

폐콘크리트 덩어리를 분쇄하여 지반 개량재로 재활용

5) 바닥다짐

① 폐콘크리트 수거 · 재생하여 대지 조성재로 이용

② 건설현장에서 분쇄하여 재사용하므로 경제적

6) 미장재료

레미콘의 타설시간을 놓친 콘크리트는 재활용 기계에서 조골재, 세골재, Cement Paste로 분리, 세골재는 미장재료로 사용

7) 단열재료

재활용 기계에서 나온 Cement Paste는 혼화제(기포 형성)를 혼입 기포 Con'c를 제조

8) 대지조성

① 흙, 모래 대신 이용하는 방법

② 재활용 양에 따라 경제성 좌우

9) 기초 매립재

① 분쇄기를 사용하여 분쇄한 폐콘크리트를 기초 매립시 사용

② 기초의 뒤채움재로 사용

10) 성토재

① Crusher를 현장에 반입하여 분쇄후 성토재로 재활용

② 입경이 비교적 큰 것을 사용

11) 뒤채움재

① 입경이 큰 것이 좋다.

② Crusher로 분쇄한 그대로를 사용

12) 도로 포장

① 적당한 입도분포가 되도록 배합하여 노반재로 사용

② 도로의 노체 · 노상에 사용

13) 아스팔트 혼합물용 골재

① Crusher로 분쇄한 그대로를 이용하며, 입도 조정하여 쇄석으로 이용

② 25mm 이하는 쇄석으로 이용

Ⅴ. 순환골재

1) 품질

① 폐콘크리트의 품질이나 모르타르 부착량에 영향을 받음

② 섞여 있는 불순물에 따라 다름

2) 성질

① 불순물 함유

② 입형은 0.3mm 이하의 미립분이 많음

③ 비중은 모르타르 부착량으로 천연 골재에 비해 10~20% 정도 저하

④ 흡수율은 천연 골재보다 높음

Ⅵ. 재생 콘크리트의 성질

1) 종류

① A종 콘크리트 : 50% 이상 재생 골재를 사용한 것으로 설계기준강도 15MPa (목조 구조물의 기초, 간이 콘크리트에 사용)

② B종 콘크리트 : 30~50%의 재생조골재 사용, 설계기준강도 18MPa

③ C종 콘크리트 : 30% 이하 재생조골재 사용, 설계기준강도 21MPa

2) 품질

① 같은 Slump의 콘크리트를 비비는데 단위수량이 많다.

② 혼합비율이 30% 이하인 경우는 보통 콘크리트와 큰 차이가 없다.

③ 콘크리트의 강도가 약간 저하하고, 건조 수축량이 많고, 강도와 탄성률이 낮고, 동결융해에 약하다.

④ 재생 골재의 혼합비율이 클수록 압축강도는 저하(쇄석에 비해 10% 저하)한다.

3) 성질

① Slump는 감소하고 공기량은 재생 골재의 혼입량 증가에 따라 현저하게 증가한다.

② Bleeding량은 적다.

③ 경화시 건조수축이 크다.

④ 압축강도는 30~40% 정도 감소하고, 탄성력이 없다.

Ⅶ. 생산 · 유통상의 문제점 및 개선방안

1) 문제점

① 생산공장에 별도의 골재 저장소를 설치하여야 한다.

② 건설업자와 골재업자 간의 비용부담의 원칙이 없다.

③ 품질확보를 위해 별도의 시설이 필요하므로 경제적인 문제가 발생한다.

2) 개선방안

① 골재 저장소를 이용하여 천연골재와 혼합하여 사용하는 방법이 있다.

② 재생가공의 일정비율을 해체하는 건설회사에 부담시키므로 쇄석생산과 비교하여 원가절감 효과를 기대할 수 있다.

③ 환경공해에 대비하여 분쇄장비가 소규모인 것이 유리하다.

Ⅷ. 결론

① 폐콘크리트의 재활용은 현장내에 별도의 저장소가 필요하며, 아직 재활용 Con'c에 대한 품질확보 및 품질기준이 제대로 정립되어 있지 않다.

② 그러나 세계적인 추세가 환경공해를 심각하게 고려하고, 제품에 대한 품질보증과 더불어 환경에 대한 ISO 14000의 인증을 중요시하고 있어, 앞으로 UR의 개방에 빠르게 대처하려면 폐콘크리트의 재활용에 대한 대책 마련이 시급하다.

제10장 총 론

제3절 시공의 근대화

- 문제1 4차 산업혁명과 건설산업
- 문제2 BIM
- 문제3 ISO(국제표준화기구) 인증제도
- 문제4 건설 클레임(Construction Claim)
- 문제5 건설 CALS
- 문제6 WBS(작업분류체계)

시공의 근대화 과년도 문제

1	1. 건설로봇 및 드론(Drone)의 건설현장이용방안에 대하여 설명하시오. [15후, 25점] 2. 가상건설시스템(Virtual Construction System) [08후, 10점] 3. 건설자동화(Construction automation) [11중, 10점] 4. 공사의 모듈화 [16중, 10점]
2	5. 건설공사에서 BIM(Building Information Modeling)을 이용한 시공효율화방안에 대하여 설명하시오. [11중, 25점] 6. 건설분야 정보화기법인 BIM(Building Information Modeling)의 적용분야를 설계, 시공 및 유지관리 단계별로 설명하시오. [16전, 25점] 7. 도로공사의 시공단계에 적용할 수 있는 BIM(Building Information Modeling)기술의 사례들을 구분하고 적용절차를 설명하시오. [17후, 25점] 8. 5D BIM(Building Information Modeling) [18후, 10점]
3	9. 건설공사의 품질향상을 위해 ISO 9000시리즈에 의한 품질보증인증제를 채용하는 의의를 논술하시오. [98중전, 50점] 10. 건설공사의 품질보장을 위하여 건설회사에 ISO 9000시리즈의 인증이 요구되는 의의를 기술하시오. [97중후, 33점] 11. ISO 9000시리즈 [97중후, 20점] 12. ISO(International Organization for Standardization) 9000 [16후, 10점]
4	13. 건설공사에서 발생하는 클레임의 유형을 열거하고, 해결방안에 관하여 기술하시오. [00후, 25점], [08전, 10점] 14. 건설공사에서 발생하는 분쟁의 종류를 열거하고, 방지대책에 대하여 설명하시오. [10후, 25점] 15. 건설공사 클레임 발생원인과 이를 방지하기 위한 대책을 기술하시오. [03중, 25점] 16. 건설공사에 있어서 클레임(Claim) 역할과 합리적인 해결방안에 대하여 설명하시오. [04중, 25점] 17. 건설공사 클레임 발생원인 및 해결방안에 대하여 설명하시오. [15중, 25점] 18. 건설공사의 클레임 발생원인 및 유형과 해결방안에 대하여 설명하시오. [19전, 25점] 19. 클레임(Claim) [97중후, 20점] 20. 대체적 분쟁해결제도(ADR : alternative dispute resolution) [14전, 10점], [18후, 10점]
5	21. 정보화시대에 요구되는 건설정보공유방안을 포함한 건설정보화에 대하여 서술하시오. [03전, 25점] 22. 건설CALS의 정의, 제3차 기본계획의 배경 및 필요성에 대해 기술하시오. [08전, 25점] 23. 건설CALS의 도입이 건설산업에 미치는 효과에 대하여 기술하시오. [98중후, 30점] 24. 건설CALS [02전, 10점] 25. 토석정보시스템(EIS, earth information system) [13중, 10점] 26. PMIS(Project Management Information System) [14중, 10점]
6	27. WBS(Work Breakdown Structure) [05전, 10점], [15중, 10점] 28. 공정계획을 위한 공사의 요소작업분류 목적을 설명하고, 도로공사의 개략적인 작업분류체계도(WBS : Work Breakdown Structure)를 작성하시오. [11후, 25점]
7	29. CSI의 공사정보분류체계에서 Uniformat과 Masterformat의 내용상 차이와 적용시 양자의 관련성을 기술하시오. [98중전, 30점] 30. GIS(Geographic Information System) [99중, 20점], [03중, 10점] 31. 단지조성공사시 GIS(Geographic Information System)기법을 이용한 지하시설물도 작성 [08후, 10점] 32. GPS(Global Positioning System)측량 [16후, 10점] 33. 국가 DGPS서비스시스템 [08전, 10점] 34. 패스트트랙방식(Fast Track Method) [03중, 10점], [04중, 10점] 35. 건설분야 RFID(Radio Frequency Identification) [09중, 10점]

1 4차 산업혁명과 건설산업

Ⅰ. 개요

4차 산업혁명은 주로 물리학, 디지털, 생물학기술 등의 융합을 기반으로 한 산업혁명으로 논의되고 있으며, 건설에서는 디지털기술과 접목하여 공사의 안전과 현장시공의 효율성 제고에 기여하고 있다.

Ⅱ. 국토교통분야 4차 산업혁명 중점추진과제

Ⅲ. 건설안전 및 현장시공 효율성 제고에 적용할 수 있는 방안

1) ICT(Information Communication Technology) 적용
   ① 건설현장 작업자 간 통신과 현황파악 가능
   ② 사용자의 요구를 반영하는 건축구현
2) IoT(Internet of Thing)기술 적용
   ① 건설자재의 효율적 관리 가능
   ② 인력관리 및 장비의 재고 유무의 실시간 분석
3) SOC 시설물 무인원격모니터링 강화
   ① 공공시설물의 무인원격관리로 안전율 상승
   ② 격외지시설물의 실시간 관리 가능
4) AI, 빅데이터 분석기술 활용
   ① 건설안전사고의 분석을 통한 사전 예방
   ② 현장관리의 효율성 제고
   ③ 작업의 진행단계에 따른 작업준비의 사전대비 가능
5) 지능정보기술의 활용
   ① 근로자의 상황과 필요환경의 즉각적 판단
   ② 작업에 따른 실시간 교육의 가능
6) 드론의 활용
   ① 상시 재단감시시스템의 활용
   ② 공사의 전반적 진행사항 검토 가능
   ③ 인력 투입이 어려운 관리지역의 관리능력 강화

7) 데이터마이닝기술의 활용
① 건설상황에 따른 정보의 추출 가능
② 안전체계의 효율적 관리 가능
③ 대규모의 정보 속에서 필요한 정보의 즉각적 이용 가능

8) 3D print의 건설업 적용
① 건설비용의 저감 도모
② 건설속도 및 Close system의 활성화 가능

9) 스마트자재의 활용
① 미래의 환경에 대응
② 건축물의 상황에 따른 대응이 가능한 재료 구현

10) 사전제작과 모듈화
① IT기술을 통한 전 공정의 시뮬레이션화 가능
② 부재의 모듈화를 통한 공사비의 절감

Ⅳ. 결론

4차 산업혁명의 도래로 건설업에서의 현장관리의 능률이 획기적으로 높아질 것으로 예상되며, 이에 따라 근로자의 안전도 같이 향상될 것으로 기대된다.

2 BIM

Ⅰ. 개요

① BIM(Building Information Modeling)이란 2D 캐드에서 구현되는 정보를 3D의 입체설계로 전환하고 건설과 관련된 모든 정보를 Data Base화해서 연계하는 System이다.

② BIM은 컴퓨터프로그램을 통해 미리 구조물을 설계·시공 및 운영하여 설계과정과 시공과정 및 유지관리 등의 각 과정이 Data Base화되어서 견적·공기·공정 등을 예측 가능한 System이다.

Ⅱ. BIM의 발전방향

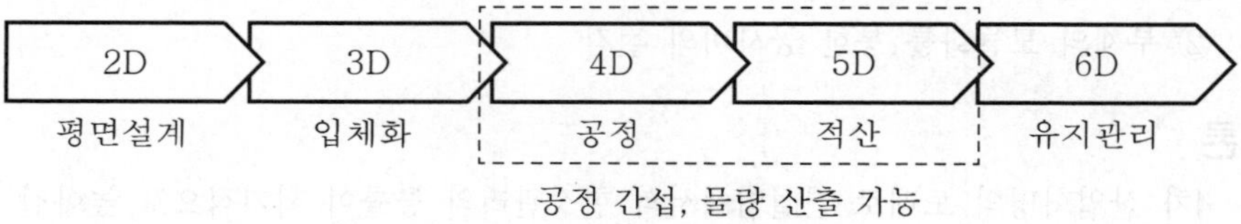

Ⅲ. BIM 기반 건설통합관리의 개념

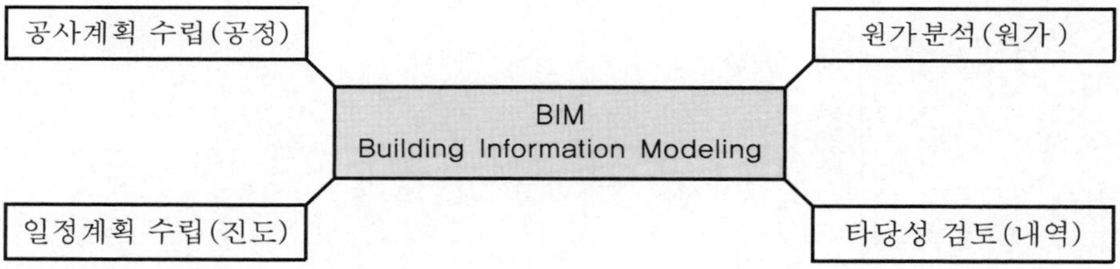

Ⅳ. 현장 적용방안

1) 작업별 원가의 표준화

① 하위작업별로 프로젝트 내의 원가를 표준화시킴

② 품목별 원가Data 구축

2) 세부공정별 분류체계 확립

공정변경에 따른 원가분류기준의 수립

3) 개방형 BIM체계 구축

본사 및 외부원가관리자와 현장시공관리자가 수정이 가능한 개방형 유지

4) BIM모델 작성

일정정보와 원가정보의 연동을 위한 분류코드를 통한 BIM모델링 작성

5) BIM모델 내 정보추출 실시

① 물량정보를 추출하여 실적공사비 DB와의 연동을 통해 원가정보 생성

② 공정작성소프트웨어에서 작성된 일정정보와의 연계

6) 공정 및 원가정보의 연계를 통한 계획기성 생성

공정과 원가정보의 시스템 연동으로 기성고 파악

7) 일정, 비용의 실적정보의 입력

실행일정, 원가를 공사진행상황 실시간으로 업데이트하여 공사실적정보 생성

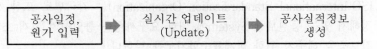

공사일정, 원가 입력 → 실시간 업데이트 (Update) → 공사실적정보 생성

8) 계획과 실적 비교를 위한 EVMS

생성된 계획정보와 실시간으로 입력된 실적정보에서 EVMS분석을 위한 요소를 추출하여 계획 대비 실적 성과 측정

Ⅴ. 토목분야 BIM의 활성화방안

① 토목현장은 건축현장과 달리 비정형화된 구조물이 많고 공사구간이 길어 BIM 적용이 어렵고 비효율적이나

② 3D모델링을 통한 형상검토, 간섭검토, 장비운영을 검토하는 등 효과적인 공사관리 및 시공계획의 방안으로 BIM을 적극 도입하여야 한다.

기술부문	① 설계변경의 간편화 ② 설계 · 시공 · 유지관리의 통합 system 구축 ③ Software간 효율성 향상
제도부문	① 설계도서 작성의 표준화 ② BIM 관련 규정, 법 제정 ③ Project 참여자간의 책임문제 규정
운영부문	① 공정간 간섭 check ② 공정관리 · 물량산출 활성화 ③ 분야별 BIM 적용범위 명확화

Ⅵ. 결론

① 토목공사에서의 BIM의 적용은 공사의 경제성과 공정 · 품질 · 원가 · 안전관리를 원활하게 하는데 많은 도움을 준다.

② BIM의 적극적 도입으로 새로운 변화에 적응하고 기회를 창출하여. 구조물의 품질향상, 원가절감 및 부가가치 상승과 효율적인 관리체계를 구축해야 한다.

3 ISO(국제표준화기구) 인증제도

Ⅰ. 개요

① ISO(International Standardization Organization)는 각국별로 또한 사업분야별로 정해져 있는 품질보증 System에 대한 요구사항을 통일시켜 고객(소비자)에게 품질보증을 해주기 위한 국제표준화기구를 말한다.

② ISO는 국제표준의 보급과 제정, 각국 표준의 조정과 통일, 국제기관과 표준에 관한 협력 등을 취지로 세계 각국의 표준화의 발전촉진을 목적으로 설립되었다.

Ⅱ. 특성

① 체계화
② 문서화
③ 기록화

Ⅲ. 필요성

① 품질보증을 수행하는 업무절차의 기초 수립
② 품질보증에 대한 고객들의 의식 증대
③ 생산자 스스로 품질신뢰를 객관적으로 입증
④ 품질보증된 제품의 수준척도 설정
⑤ 외국 고객들의 품질 System 인증에 대한 요구 증대
⑥ 기업 경영활동이 형식적에서 실질적인 것으로 변화

Ⅳ. 효과

① 경영의 안정화
② 고객의 신뢰성 증대
③ 기업의 Know-how 축적
④ 매출액의 증대
⑤ 실패율 감소에 따른 이익 증대
⑥ 생산자 책임에 대한 예방책
⑦ 개별 고객들로부터 중복평가 감소

Ⅴ. 구성 및 내용

1) 1994년판(개정전)

① ISO 9000 : 품질경영과 품질보증 규격의 선택과 사용에 대한 지침
② ISO 9001 : 설계, 개발, 제조, 설치 및 Service에 있어서의 품질보증 Model
③ ISO 9002 : 제작, 설치(시공)에 있어서의 품질보증 Model
④ ISO 9003 : 최종 검사와 시험에 있어서의 품질보증 Model

⑤ ISO 9004 : 품질경영체제 및 운영에 필요한 요건 및 지침

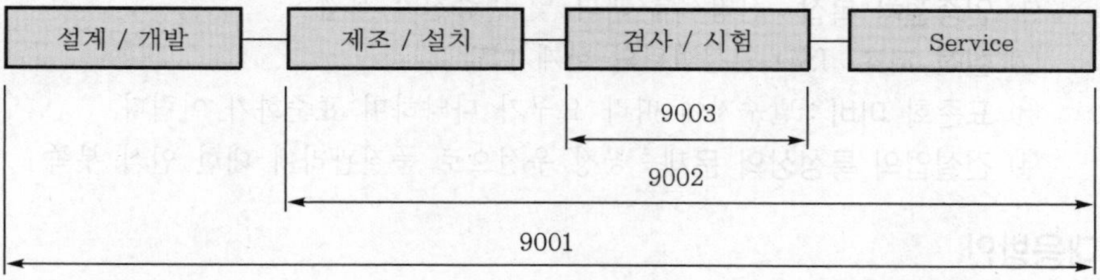

2) 2000년판 개정내용

① 1994년판인 ISO 9001 · 9002 · 9003을 ISO 9001로 단일 인증규격으로 통합

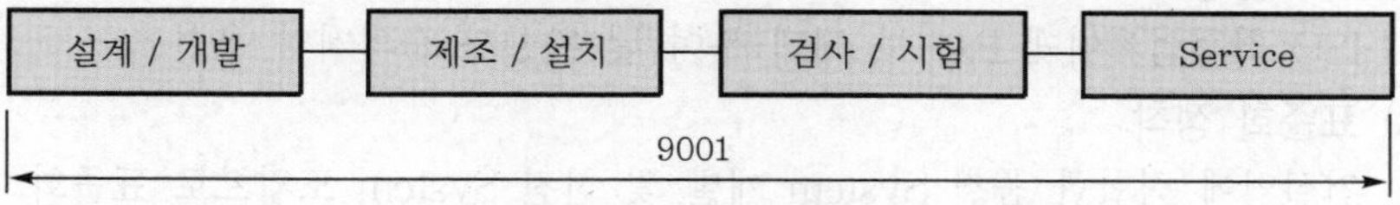

② 2003년 12월 15일부터 2000년판 적용

③ ISO 9000 : 품질경영 System 기본 및 용어

④ ISO 9001 : 품질경영 System 규격

⑤ ISO 9004 : 품질경영 System 성과개선 지침

Ⅵ. ISO 인증절차

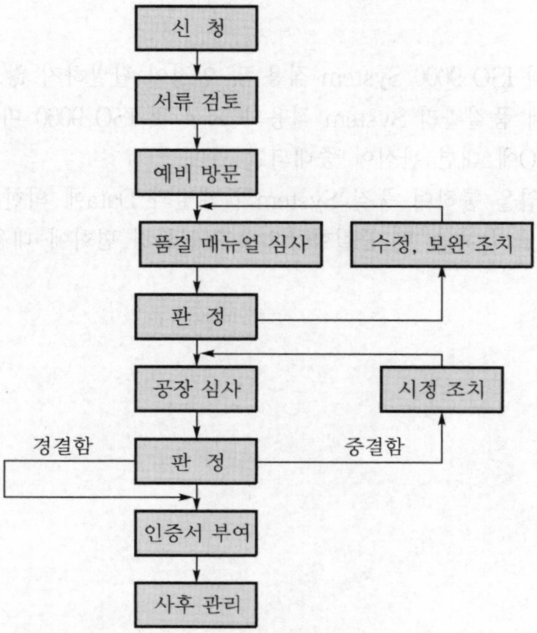

Ⅶ. 문제점

① 인증절차 복잡 : 신청서류 과다 및 인증절차 복잡
② 실적 저조 : ISO 인정범위의 한계 미달
③ 표준화 미비 : 발주자에 따라 요구가 다양하며 표준화가 어렵다.
④ 건설업의 특성상의 문제 : 공정 우선으로 품질관리에 대한 인식 부족

Ⅷ. 대응방안

1) 인증절차 간소화
신청서류 및 인증절차 간소화

2) ISO 활성화
ISO 취득업체에게 P.Q 등 혜택 부여 및 관공사 수의계약 우선

3) 표준화 정착
건설업에 적합한 품질 System 개발 및 선진 System 도입으로 표준화 정착

4) 품질의 Data화
Data에 의한 과학적이고 체계적인 관리

5) 도급제도의 개선
가격 위주에서 품질관리에 의한 기술능력 배양

6) 관리 철저
ISO를 통한 품질확보로 사후관리 철저

Ⅸ. 결론

① 건설업계의 ISO 9000 System 적용 및 인정이 활발하지 않고 있지만, 해외공사시 발주처에서 품질관리 System 적용의 요구 및 ISO 9000 미취득 업체의 입찰제한 등으로 ISO에 대한 관심이 증대되고 있다.
② ISO의 도입을 통하여 품질 System의 개발과 Data에 의한 과학적이고 체계적인 관리로 기술의 확충 및 품질향상으로 건설환경 변화에 대응해야 한다.

4 건설 클레임(Construction Claim)

Ⅰ. 개요

① 클레임이란 시공자나 발주자가 자기의 권리를 주장하거나, 손해배상, 추가공사비 등을 청구하는 것으로서, 계약하의 양 당사자 중 어느 일방이 일종의 법률상의 권리로서 계약과 관련하여 발생하는 제반 분쟁에 대한 구체적인 조치를 요구하는 서면 청구 또는 주장을 말한다.

② 건설 클레임 대상으로는 불완전한 계약서, 공기지연, 손해배상, 추가공사비 등의 시공중 의견이 일치하지 못한 사항의 것으로 여의치 않을 경우 중재 또는 소송으로 해결해야 한다.

Ⅱ. 클레임의 발생원인

1) 계약서
- ① 계약에 대한 변경을 요구할 때
- ② 현장조건이 상이할 때
- ③ 계약에 사용된 언어가 모호할 때

2) 계약에 의한 당사자의 행위
- ① 도면에 미완성 정보나 설계상의 오류
- ② 부적절한 작업수행에 의한 비용추가
- ③ 부실한 공사품질

3) 불가항력적인 사항
- ① 혹독한 기상, 홍수, 화재
- ② 지진 등 천재지변

4) Project의 특성
- ① 복합적, 대규모, 오지지역, 밀집지역 등
- ② 특수한 기술을 요구하는 공사

Ⅲ. 클레임 유형

1) 공사지연 클레임
- ① 계획한 시간내에 작업을 완료할 수 없을 경우
- ② 전체 클레임의 60% 정도를 차지한다.

2) 공사범위 클레임
- ① 발주자, 시공자간의 이견으로 기술적, 기능적 전문지식이 필요하다.
- ② Project 전반에 관계된다.

3) 공기촉진 클레임
- ① 공기지연, 공사범위 클레임 결과로 발생한다.
- ② 생산성 클레임이라고도 한다.

③ 계획공기보다 단축할 것을 요구하거나, 생산체계를 촉진하기 위해 추가 혹은 다른 자원의 사용을 요구할 때 발생한다.

4) 현장 상이조건 클레임

① 공사범위 클레임과 유사하다.

② 주로 견적시와 다른 굴토조건에 의해 발생한다.

Ⅳ. 클레임 추진절차

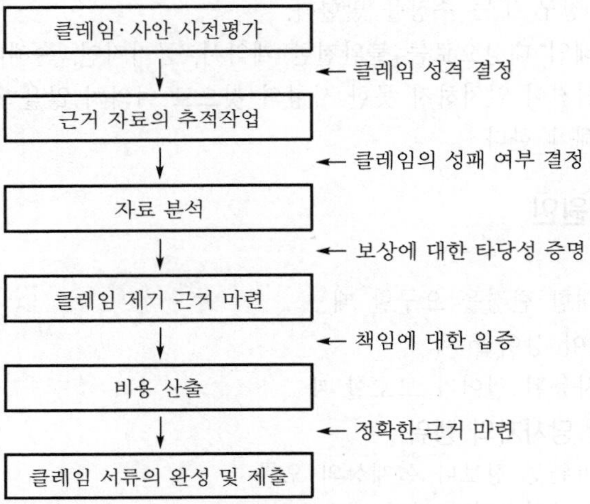

Ⅴ. 분쟁해결방안

1) 협상(negotiation)

① 신속하고 가장 순조롭게 해결하는 방법이다.

② 신간과 경제적인 투자가 최소가 된다.

2) 조정(mediation)

① 독립적이고 중립적인 조정자를 임명한다.

② 대체로 신속하게 분쟁이 해결된다.

3) 조정－중재

활용절차에 따라 분쟁 해결속도가 결정된다.

4) 중재(arbitration)

① 중립적 제3자에게 의견서를 제출한다.

② 법적 구속력에 해당하며 시간과 비용의 투자가 많아진다.

5) 소송(litigation)

① 전문적인 Consultants의 노력으로도 해결되지 않을 경우

② 시간과 비용의 손실이 막대하다.

6) 클레임 철회

클레임 자체가 사라짐으로써 분쟁의 여지도 함께 없어진다.

7) 분쟁해결방안 비교

구분	분쟁해결기간	해결비용	구속력
협상	① 매우 신속하게 해결할 수 있다. ② 협상자의 협상태도나 목적 등에 의해 좌우된다.	최소	① 구속력이 없다. ② 협정으로 이끌 수가 있다.
조정	① 대체로 신속하다. ② 조정자의 능력에 따라 기간이 증감된다.	조정자(조정기관)의 수수료	① 구속력이 없다. ② 도덕적인 압력이 발생될 수 있다.
조정/중재	① 형식이 제거되면 빠른 결과가 가능하다. ② 활용절차에 따라 좌우된다.	조정자(조정기관)의 수수료	미국의 경우 사전에 대부분 주(州)에서 협정될 수 있고, 상대방은 그 결정에 따른다.
중재	① 규칙들이 제한을 가한다. ② 소송보다는 빠르다. ③ 중재인의 능력과 가용성에 따라 좌우된다.	① 중재인의 급료 ② 서류 정리에 드는 비용 ③ 대리인 사용시 대리인의 급료	계약에 따라 구속될 수 있다.
소송	①준비시간이 많이 소요된다. ②5년 이상 소요될 수도 있다.	시간비용과 대리인 급료 등 많은 비용이 소요된다.	구속력이 없다.
클레임 철회	없다.	철회사정에 따라 다르다.	계약적 합의

Ⅵ. 예방대책

1) 표준공기 확보
   ① 발주자측에서 설계 및 시공에 필요한 공사기간을 표준화
   ② 일반건축=165+(층수×15일)
   ③ 부실시공 · 품질저하를 사전에 예방

2) 적정이윤 공사비 산정
   ① 시공자의 적정이윤이 보장된 공사비 산정
   ② 정밀 시공 유도

3) 준비단계 철저
   ① 기획 · 조사 · 설계 · 공사 등 준비 철저
   ② 부실시공 사전예방

4) 설계자 책임체제 도입
   ① 설계시부터 납품 이후 준공에 이르기까지 철저한 책임체제 도입
   ② 설계의 Data Base화 시킬 것

5) 자재 질적향상
   ① 국산 자재 질적향상
   ② 합리적인 자재 사용

6) 자질향상
   ① 기능인력의 자질향상

② 숙련공 양성을 위해 교육실시
③ 품질관리에 대한 의식개혁

7) 책임한계
① 업무분담을 확실히 할 것
② 발주자, 설계자, 시공자의 책임한계 구분

8) 연말 회계연도에 따른 제도적 문제 보완

9) 책임소재를 가릴 클레임제도 정착 필요

Ⅶ. 문제점 및 개선방향

1) 문제점
① 공사 관련 계약서류의 미정형화 및 국제화 미비
② 분쟁해결 기구의 부적정
③ 불평등 계약
④ 설계와 엔지니어링의 기술능력 부족
⑤ 건설 분쟁 해결의 전문가 부족
⑥ 분쟁 해결방법의 융통성 결여

2) 개선방향
① 공사 관련 계약서류의 국제화 및 정형화
② 분쟁해결 기구의 전문화
③ 평등계약 풍토 조성
④ 설계 및 엔지니어링 분야의 기술 확보
⑤ 장기적 마스터플랜에 의한 체계적 사업추진
⑥ 분쟁해결 활성화 유도
⑦ 분쟁조정위원회의 역할 증대
⑧ 연구기관 및 관련 기관의 분쟁 연구 활성화

Ⅷ. 결론

① 우리나라 건설산업 환경의 관행상 클레임 및 분쟁에 대하여 심각한 문제로 인식하지 못하였으나 건설시장 개방과 국제화시대를 맞아 건설산업에 큰 영향을 미칠 것으로 예상된다.

② 따라서 건설분쟁을 예방하고 대처하기 위해서는 공사 관련 계약서류의 국제화 및 정형화, 분쟁해결 기구의 전문화 설계 및 엔지니어링 기술확보, 감리자 책임과 권한 부여 등의 분쟁 및 방지대책에 대한 연구가 선행되어야 할 것이다.

③ 또한 클레임의 합리적이고 객관적인 증명과 적절한 보상을 위해서는 클레임의 철저한 원인규명, 분명한 책임관계, 객관적인 손실산출 등이 필요하다.

5 건설 CALS

Ⅰ. 개요

① 건설 CALS(Continuous Acquisition and Life cycle Support)란 건설업의 기획, 설계, 계약, 시공, 유지관리 등 건설생산활동의 전 과정을 통하여 정보를 발주기관, 건설 관련 업체들이 Computer 전산망을 통해 신속하게 교환 및 공유하여 건설 사업을 지원하는 건설 분야 통합정보 시스템을 말한다.

② 21세기 고도정보화 시대의 국제경쟁력을 강화하기 위해 정부에서 대규모의 자금을 투입하여 CALS를 적극 추진하기로 하였다.

Ⅱ. CALS의 개념도

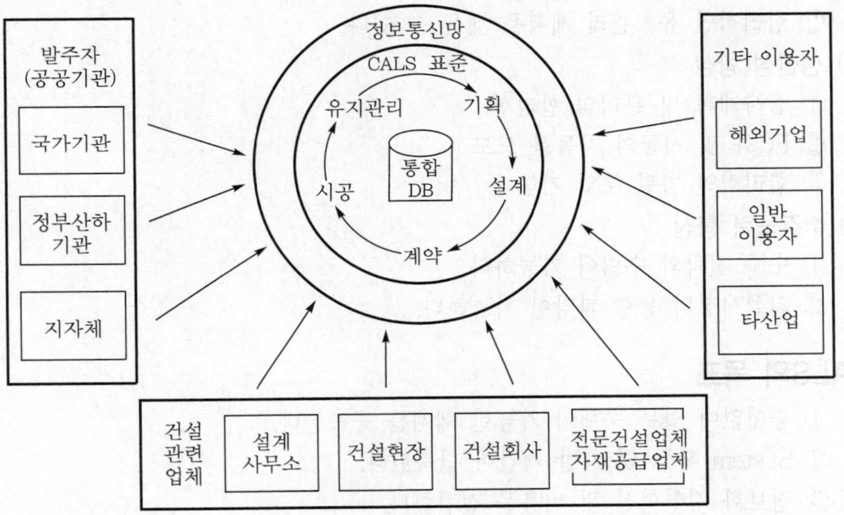

Ⅲ. CALS 정의의 변화

연도	CALS 의미의 변화
1985	컴퓨터에 의한 병참 지원(computer-aided logistic support)
1988	컴퓨터에 의한 조달과 병참 지원(computer-aided acquisition & logistic support)
1993	계속적인 조달과 라이프사이클 지원(continuous acquisition & life-cycle support)
1995	광속전자 상거래(commerce at light speed)

Ⅳ. 건설 CALS의 필요성

1) 입찰 및 인·허가 업무의 투명성

① 건전한 입찰 및 계약 풍토를 조성한다.

② 민원의 일괄처리로 국민생활의 편의를 제공한다.

③ 입찰, 계약, 인·허가 과정에서 투명성이 보장된다.

2) 업체의 경쟁우위 확보
① 건설업의 환경분석이 가능하다.
② 정책 및 경제 동향의 분석
③ 경쟁사의 동향분석으로 대책 마련

3) 개방화, 국제화에 대응
① 정보의 신속화로 경쟁력을 확보한다.
② 선진국에서는 이미 CALS 체계가 구축되었다.

4) 기술력 증대
① 신기술, 신공법의 도입이 가능하다.
② 신공법을 활용한 수주가 가능하다.

5) 효율적 운영
① 시설물 파악을 정확하게 할 수 있다.
② 합리적인 유지관리 계획을 세울 수 있다.

6) 생산성 향상
① 공사계획 및 관리의 합리화
② EC화 및 시공의 자동화 도모
③ 합리적인 자원 투입 가능

7) 수주능력 향상
① 수주 전략의 수립이 가능하다.
② 건설시장의 동향 파악이 가능하다.

Ⅴ. CALS의 목표

① 종이없이 업무 수행이 가능한 체계를 구축한다.
② System 획득 및 개발 기간이 단축된다.
③ 정보화 경영혁신 및 비용을 절감한다.
④ 종합적 품질향상 및 생산성이 향상된다.

Ⅵ. CALS의 구축단계

1) 1단계
① Data Base의 표준화
② 조달청 연계로 입찰 및 자재조달 시범 실시

2) 2단계
① 일정금액의 공공 공사에서 시범 실시
② 설계, 시공, 유지관리 등 분야별 시범 실시

3) 3단계
① 모든 건설 정보의 통합 전산망을 구축한다.
② 공공 건설공사에서의 CALS를 적용한다.

③ 국내 종합물류망 및 선진국 정보망과 연계하여 구축한다.
④ 점차로 민간공사에 파급을 지원한다.

Ⅶ. 건설업체의 CALS활용효과

1) 시간단축
① 견적의뢰시간의 단축
② 통화대기시간의 단축

2) 구매 System 구축
통신을 이용하여 자재 전자구매시스템 구축

3) 원거리 감리 기능
현장에서 PC 통신으로 보내온 사진과 자료에 의해 본사에서 감리가 가능하다.

4) 계측결과치 공유
① 각종 계측데이터를 그래픽 처리해서 활용 가능
② 리엔지니어링의 실현으로 업무의 낭비가 감소

5) 인·허가시간의 단축
① 계약 및 각종 인·허가시간의 낭비요소가 없어진다.
② 인·허가업무의 투명성이 제고된다.

Ⅷ. 문제점

① 조사, 기획단계에서의 전문인력 부족
② 기초조사, 기획과정 소홀로 인한 부실설계로 예산 낭비
③ 표준공종체계 미설정
④ 정부의 전산시스템 부족과 네트워크 미구축
⑤ 정보화수준이 타업체에 비해 미흡

Ⅸ. 개선방향

1) 건설사업절차 개선
① 인·허가업무의 표준화체계의 구축
② 민원업무의 전자처리체계의 구축
③ 표준시방서의 전자매뉴얼화
④ 건설사업통합시스템의 개발

2) 정보의 교환체계 확충
① 건설 CALS의 통신망 구축
② 건설 CALS의 표준화 개발 및 실시
③ 통합 Data Base 구축

3) 제도정비
① 건설 CALS의 기본계획 및 추진팀 구성
② 건설 CALS 관련제도의 정비

③ 건설 관련업체의 교육 및 홍보
④ 공공사업부터 CALS 체계의 운영 의무화

Ⅹ. 결론

① 건설사업의 복잡화, 대형화 추세에 따라 건설경영 및 기술의 고도화가 필요하며, 또한 건설업의 개방화와 국제 경쟁력의 향상을 위해 CALS 시스템의 구축이 시급하게 되었다.
② 이미 선진국에서는 CALS 시스템의 구축이 완료되어 수주 및 건설관리에 적용되고 있으므로 국내에서도 정보의 강력한 의지로 제반 문제점을 해결하여 정보 주도하에 CALS 체계의 운영을 구축해야한다.

6 WBS(작업분류체계)

Ⅰ. 개요

① 공사를 효율적으로 계획하고 관리하고자 할 때 그 공사내용을 조직적으로 분류하여 목표를 달성하는데 이용해야 한다.

② 공사내용의 분류방법에는 목적에 따라 WBS, OBS, CBS 방법 등이 있으며, 경제적이고 5M의 활용을 통하여 최상의 시공관리에 그 목적이 있다.

③ WBS(Work Breakdown Structure)는 공사내용을 작업에 주안점을 둔 것으로 공종별로 계속 세분화하면 공사내역의 항목별 구분까지 나타낼 수 있다.

Ⅱ. Breakdown Structure 종류

Breakdown Structure
- WBS(Work Breakdown Structure : 작업분류체계)
- OBS(Organization Breakdown Structure : 조직분류체계)
- CBS(Cost Breakdown Structure : 원가분류체계)

Ⅲ. WBS의 필요성

① 작업내용 파악
② 작업 상호관계의 조정 용이
③ 작업량과 투입인력 분배
④ 작업별 예산 파악

Ⅳ. WBS

1) WBS(작업분류체계)

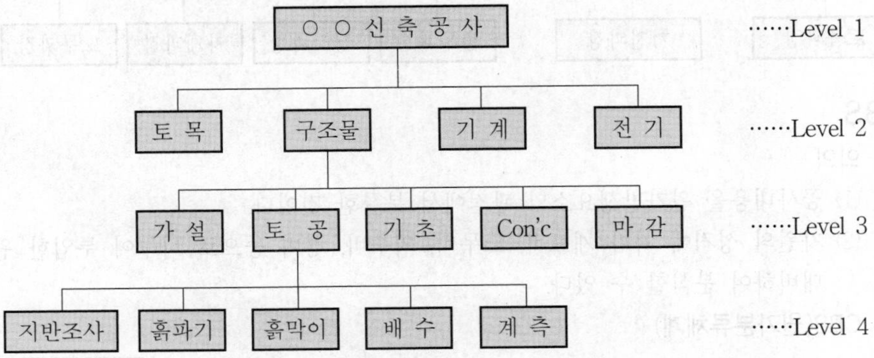

2) 분류

① 공종별로 분류할 수 있고, Level(계층) 구조를 가진다.

② 하위계층 수준까지 계속 내려가면 공사내역의 항목별 구분까지 나타낼 수 있다.

③ 일반적으로 4단계까지의 분류를 많이 사용하며, 이는 원가분류체계와 밀접한 관계가 있으므로 서로의 자료연계와 공유가 용이하다.

④ 경영자, 관리자 및 담당자 등의 업무범위나 내용에 따라 요구되는 계층수준이 다르고 관리목표에 따라 분류방법이 다를 수 있다.

3) 유의사항

① 공사내용의 중복이나 누락이 없어야 한다.

② 관리가 용이한 분류체계가 되어야 한다.

③ 합리적인 분류체계가 되어야 한다.

④ 분류체계의 최소단위에서는 물량과 인력이 각 단위 요소별로 명확히 분류되어야 한다.

⑤ 실작업의 물량과 투입인력을 관리할 수 있는 분류가 되어야 한다.

Ⅴ. OBS

1) 의의

① 공사내용을 관리하는 사람으로 구성된 조직에 따라 분류한 것이다.

② 권한과 책임의 범위를 설정하기 위하여 사용하는 분류체계이다.

2) OBS(조직분류체계)

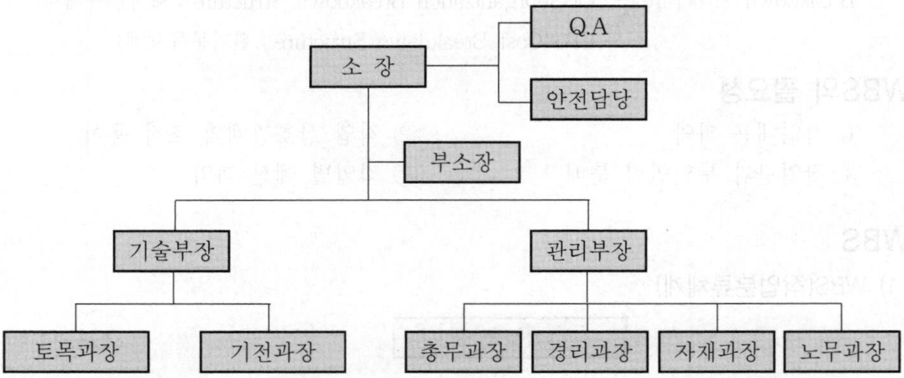

Ⅵ. CBS

1) 의의

① 공사내용을 원가발생요소의 관점에서 분류한 것이다.

② 자원의 성격에 따라 재료비, 노무비, 외주비, 경비 등으로 나누어 투입한 원가를 대비하여 분석할 수 있다.

2) CBS(원가분류체계)

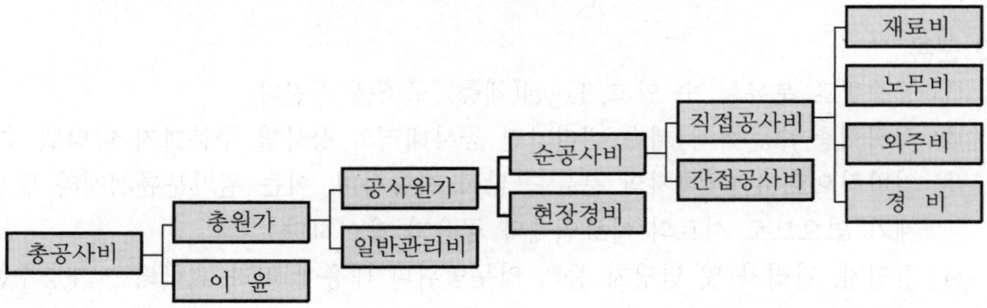

Ⅶ. 3차원으로 본 각 분류체계 관계

① WBS는 작업에 따라, OBS는 조직에 따라, CBS는 원가에 따라 분류한 것이다.

② 공사 전체를 어떤 시각으로 나누어 관리하느냐에 따라 하나의 단위작업의 의미는 달라진다.

③ 3차원 형식으로 표현하면 CBS의 직접공사부분이 WBS이고, 이를 수행하는 주체별로 나눈 것이 OBS라고 할 수 있다.

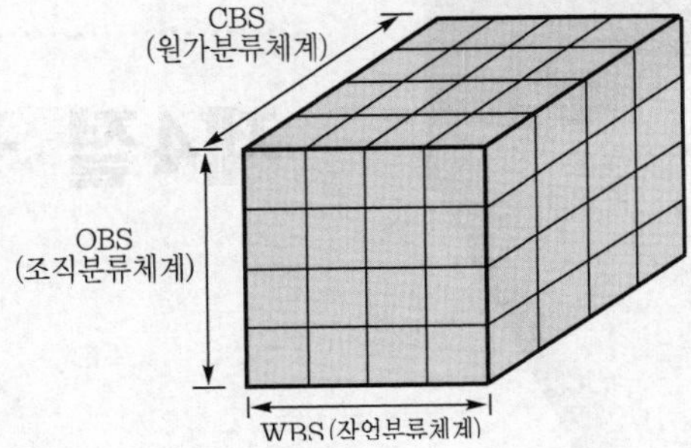

Ⅷ. 결론

① 공사의 분류체계 및 자료로서 WBS의 중요성은 이를 근간으로 협의의 모든 공사관리뿐만 아니라 모든 시방서, 도면, 작업계획, 기술문헌 등이 하나로 통일될 때 의미를 가지게 된다.

② 미국의 건설시방협회가 사용하는 미국 시방서(16 division) 체계의 대분류는 16개의 WBS를 기본으로 하여 분류체계를 자리잡고 있어 앞으로 우리 건설업계도 UR에 대비하여 좀더 체계적이고 합리적인 WBS에 의한 시공관리를 해야 한다.

제10장 총 론

제4절 공정관리

공정관리 과년도 문제

1

1. 공정관리기법의 종류와 특징 [96후, 20점]
2. 공정관리의 기능과 공정관리기법에 대해 설명하시오. [11후, 25점]
3. 건설공사에서 공정계획 작성시 계획수립상세도 및 작업상세도에 따른 공정표(Network)의 종류에 대해서 서술하시오. [03전, 25점]
4. 공정관리기법의 종류별 활용효과를 얻을 수 있는 적정사업의 유형을 각 기법의 특성과 연계하여 설명하시오(Bar Chart, CPM, LOB, Simulation). [06중, 25점]
5. PDM(Precedence Diagramming Method)공정표 작성방식 [03전, 10점]
6. 마디도표방식(Precedence Diagram Method)에 의한 공정표의 특징 및 작성방법을 설명하시오. [09중, 25점]
7. Lead Time [97중후, 20점]
8. 공정관리업무의 목적과 내용을 기술하시오. [95전, 33점]
9. 건설공사에서 일정관리의 필요성과 그 방법을 설명하시오. [10전, 25점]
10. 공정관리업무의 내용을 들어 기술하시오. [97중후, 33점]
11. 공정관리의 주요 기능 [11전, 10점]

2

12. 공정네트워크(network) 작성시 공사일정계획의 의의와 절차 및 방법을 설명하시오. [11전, 25점]
13. 다음 Network에서 각 작업의 전여유(Total Float)를 구하고, 주공정(Critical Path)을 구하시오. [94후, 50점]

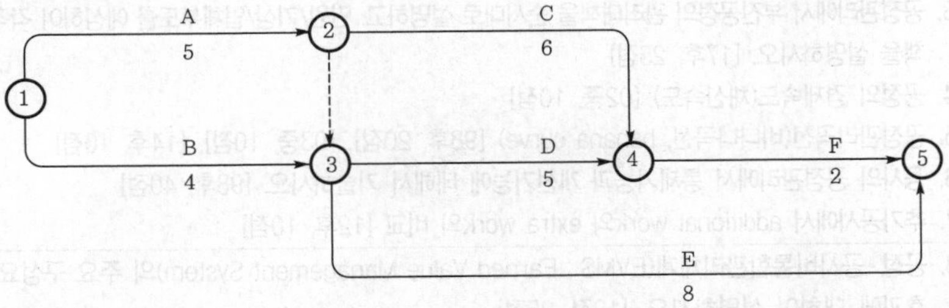

14. 다음 Network에서 각 단계의 시각(Event Time), 각 작업의 전 여유(Total Float) 및 주공정(Critical Path)을 구하시오. [95중, 33점]

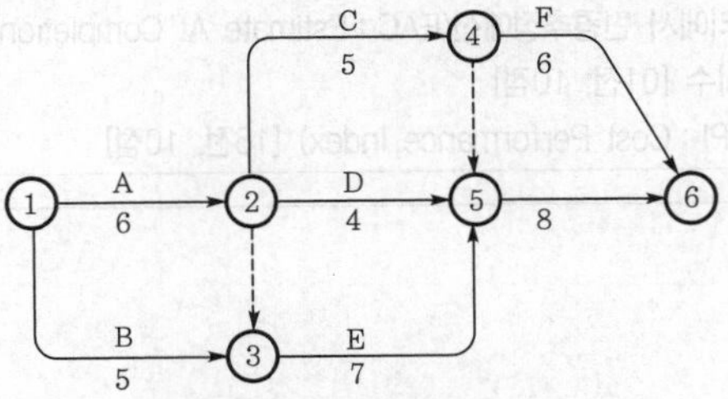

15. PERT, CPM에서 전여유(Total Float) [94후, 10점]
16. 공정관리에서 자유여유(free float) [15전, 10점]
17. 크리티컬패스(Critical Path) [97후, 20점]
18. 주공정선(Critical Path) [00전, 10점]

공정관리 과년도 문제

3	19. 최소비용에 의한 공기단축에 대하여 설명하시오. [97후, 25점] 20. 공기단축의 필요성과 최소비용을 고려한 공기단축기법을 설명하시오. [08중, 25점] 21. 최소비용 공기단축기법(minimum cost expediting)에 대하여 설명하시오. [14후, 25점] 22. 공정관리기법에서 작업촉진에 의한 공기단축기법을 설명하시오. [02중, 25점] 23. 최소비용촉진법(MCX : Minimum Cost Expediting) [07후, 25점] 24. 비용구배/비용경사 [95중, 20점], [98중후, 20점], [01후, 10점], [05후, 10점], [11후, 10점]
4	25. 건설공사공정계획에서 자원배분(Resource Allocation)의 의의 및 인력평준화(Leveling)방법(요령)에 대해서 설명하시오. [06중, 25점] 26. 공정관리의 자원배당 이유와 방법에 대하여 설명하시오. [16중, 25점] 27. 자원배당(resource allocation) [14전, 10점]
5	28. 공정관리곡선(일명 바나나곡선)에 의한 공사진도관리에 대해서 설명하시오. [94전, 30점] 29. 현장작업시 진도관리를 위한 시공단계별의 중점관리항목에 대하여 설명하시오. [05중, 25점] 30. 건설공사의 진도관리(Follow Up)를 위한 공정관리곡선의 작성방법과 진도평가방법을 설명하시오. [07후, 25점] 31. 공기대비진도율로 표현되는 진도곡선에서 상방한계, 하방한계, 계획진도곡선의 작성과정을 설명하고, 현재 진도가 상방한계에 있을 때 공정진도상태를 설명하시오. [17후, 25점] 32. 건설공사에서 일정관리의 필요성과 그 방법을 설명하시오. [10전, 25점] 33. 공정관리에서 부진공정의 관리대책을 순서대로 설명하고, 민원/기상/업체부도를 예상하여 각각의 만회대책을 설명하시오. [17후, 25점] 34. 공정의 경제속도(채산속도) [02중, 10점] 35. 공정관리곡선(바나나곡선, banana curve) [98후, 20점], [03중, 10점], [14후, 10점] 36. 공사의 공정관리에서 통제기능과 개선기능에 대해서 기술하시오. [98후, 40점] 37. 추가공사에서 additional work와 extra work의 비교 [12후, 10점]
6	38. 공정 · 공사비통합관리체계(EVMS : Earned Value Management System)의 주요 구성요소와 기대효과에 대하여 설명하시오. [19전, 25점] 39. 공정 · 공사비통합관리체계(EVMS) [03전, 10점] 40. 공정비용통합시스템 [10후, 10점] 41. 공정, 원가통합관리에서 변경추정예산(EAC : Estimate At Completion) [06중, 10점] 42. 공사의 진도관리지수 [01전, 10점] 43. 공사비수행지수(CPI : Cost Performance Index) [16전, 10점]

1 공정관리기법

Ⅰ. 개요

① 공정관리는 건설생산에 필요한 자원 5M을 경제적으로 운영하여 주어진 공기 내에 우수하고, 저렴하고, 신속하고, 안전하게 구조물을 완성하는 관리기법을 말한다.

② 공정관리를 위해서는 작업의 순서와 시간이 명시되고, 공사 전체가 일목요연하게 나타나 있는 공정표를 작성하여 운영한다.

Ⅱ. 공정표의 종류

1) Gantt식 공정표
① 횡선식 공정표
② 사선식 공정표

2) Network식 공정표
① PERT(Program Evaluation and Review Technique)
② CPM(Critical Path Method)

3) 기타 공정표
① PDM(Precedence Diagraming Method)
② Overlapping
③ LOB(Line Of Balance)

Ⅲ. Gantt식 공정표

1) 횡선식 공정표

① 공정별 공사를 종축에 순서대로 나열하고, 횡축에 날짜를 나타내고, 공정을 횡선으로 표시한다.

② 횡선의 길이는 작업소요시간이다.

③ 생산경로를 간단하게 표시한다.

2) 사선식 공정표

① 매일 기성고를 누계곡선으로 표현하고 실적을 대비해 보는 방법이다.

② 공사 지연에 조속히 대처할 수 있다.

③ 횡선식 공정표와 병용하기도 하며, 금액 Check가 가능하다.

④ 기성고 곡선에서는 계획선 상하 허용한계선을 설치하여 공정을 조정하는데, 이 상하 허용한 계선을 바나나곡선(공정관리곡선)이라 한다.

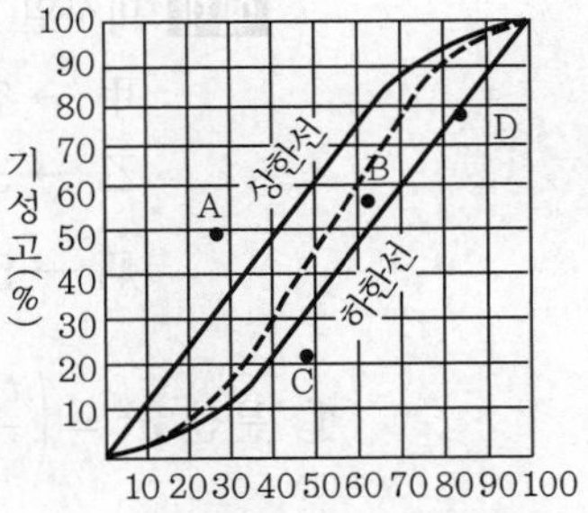

[바나나곡선(공정관리곡선)]

Ⅳ. Network식 공정표

1) PERT

① 1958년 미 해군의 핵 잠수함 건조계획시 개발과정에서 고안해냈다.

② 목표 기일에 작업을 완성하기 위한 시간, 자원, 기능을 조정하는 방법이다.

2) CPM

① 작업시간에 비용을 결부시켜 MCX(Minimum Cost Expediting) 공사의 비용곡선을 구하여 급속계획의 비용 증가를 최소화한 것이다.

② 공기 설정에 있어서 최소비용으로 최적의 공기를 얻는 것을 목표로 한다.

3) PERT와 CPM의 차이

구분	PERT	CPM
개발배경	미 해군	미 Dupont Co.
주목적	공기단축	공비절감
주대상	신규, 미경험 > 사업	경험, 반복 > 사업
일정계산	Event 중심	Activity 중심
여유시간	Slack	Float – TF, FF, DF
MCX	무	유
공기추정	3점 추정	1점 추정

4) 공기 추정

① 정상 근무를 기준(8h/day)

② 3점 추정

㉠ $t_e = \dfrac{t_o + 4t_m + t_p}{6}$

여기서, t_e : Expected Time(기대시간), t_o : Optimistic Time(낙관시간)

t_m : Most likely Time(정상시간), t_p : Pessimistic Time(비관시간)

예제 미사일 방어망 개발

甲 → 7년 : 비관
乙 → 3년 : 낙관
丙 → 5년 : 정상

$\therefore$ 기대시간 $t_e = \dfrac{t_o + 4t_m + t_p}{6} = \dfrac{3 + 4 \times 5 + 7}{6} = 5$년

㉡ 분산 $\sigma^2 = \left(\dfrac{t_p - t_0}{6}\right)^2 = \left(\dfrac{7-3}{6}\right)^2 = 0.44$

• Q.C에서 분산 : $\sigma^2 = \dfrac{S(\text{편차제곱의 합})}{n(\text{data 수})}$

③ 1점 추정 $t_e = t_m$

Ⅴ. 기타 공정표

1) PDM(Precedence Diagramming Method)

① 의의 : 1964년 스탠포드 대학에서 개발한 네트워크로서 반복적이고 많은 작업이 동시에 일어날 때 CPM보다 효율적이며, Event(node) 안에 작업과 관련된 많은 사항들을 기입할 수 있어 Event(node) Type 네트워크라고도 한다.

② 특징

㉠ 더미(dummy)의 사용이 불필요하므로 간편하다.

㉡ 한 작업이 하나의 숫자로 표기되므로 컴퓨터의 적용이 용이하다.

㉢ 반복적이고 많은 작업이 동시에 수행될 경우 효율적이다.

③ 선후작업의 연결관계 : 기존의 네트워크 기법에서는 선행작업이 끝나야 후속작업을 시작하는 FTS 관계만 허용되지만 PDM 기법에서는 다음과 같은 4가지의 다양한 연결관계 표시가 가능하다.

종류	도해
• 개시－개시(STS : Start To Start) • 종료－종료(FTF : Finish To Finish) • 개시－종료(STF : Start To Finish) • 종료－개시(FTS : Finish To Start)	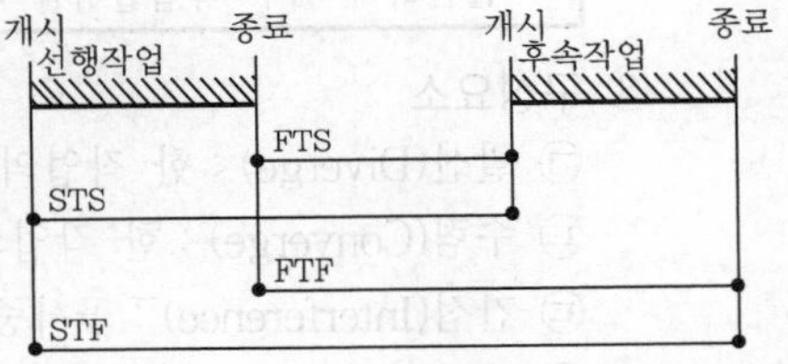

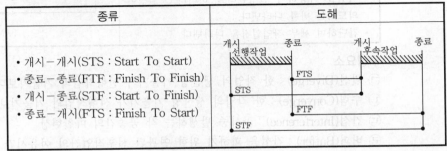

④ ADM(Arrow Diagramming Method)방식과의 비교

구분 \ 종류	ADM(＝CPM 기법)	PDM
형태	Activity Type Network (i) —activity→ (j)	Event Type Network [activity] → [activity]
연결관계	FTS만 허용	STS, FTF, STF, FTS 가능
Dummy	발생	발생하지 않음
네트워크 작성, 수정	어렵다.	쉽다.

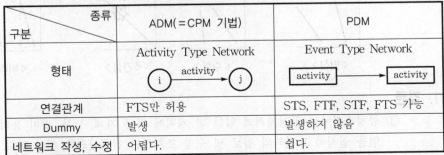

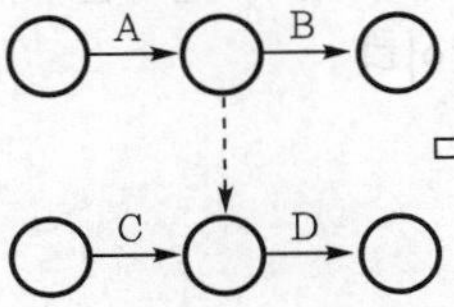

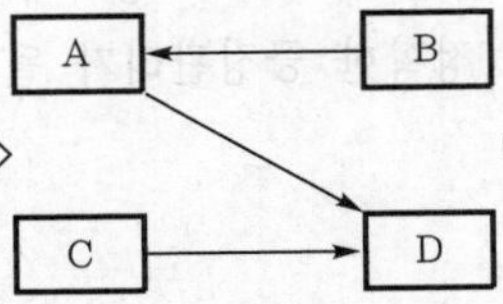

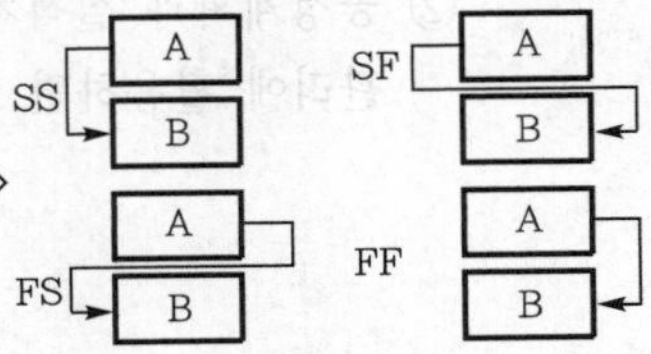

<ADM 공정표>　　<PDM 공정표>　　<연결관계>

2) Overlapping

PDM을 응용·발전시킨 것으로 선후작업간의 Overlap 관계를 간단하게 표기하는데 사용된다.

3) LOB(Line Of Balance)

① 의의 : LOB 기법은 반복되는 각 작업들의 상호관계를 명확하게 나타낼 수 있어 도로나 고층빌딩 골조와 같은 반복되는 공사에 주로 사용되며, LSM(Liner Scheduling Method) 기법이라고도 한다.

② 특징

장점	도해
• 네트워크 공정표에 비해 사용하기 쉬우며, 작성하기 쉽다. • 바 차트에 비해 보다 많은 정보를 사용한다. • 네트워크 공정표나 바 차트가 나타낼 수 없는 전도율을 나타낼 수 있다. • 문제를 쉽게 전달하고 해결책을 제시하며, 다른 기법을 사용하여 일정관리를 하더라도 일정이 의도하는 바를 나타낸다. • 간단하며 세부 작업일정을 나타낸다.	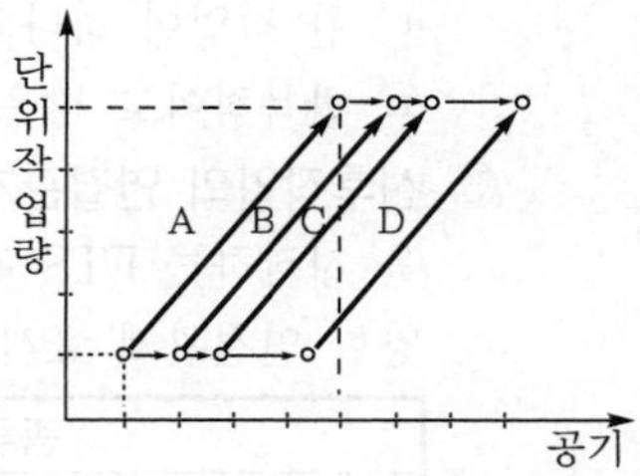

③ 구성요소

㉠ 발산(Diverge) : 한 작업의 생산성 기울기가 선행작업의 기울기보다 작을 때

㉡ 수렴(Converge) : 한 작업의 생산성 기울기가 선행작업의 기울기보다 클 때

㉢ 간섭(Interference) : 공사중 발생하는 각 공종간의 마찰현상

㉣ 버퍼(Buffer) : 간섭을 피하기 위한 연관된 선후작업간의 여유시간

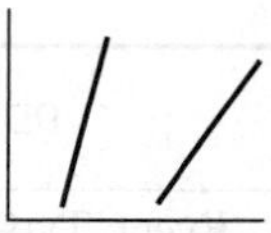
<발산>

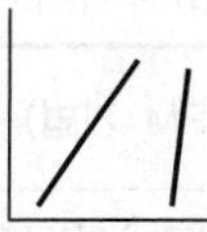
<수렴>

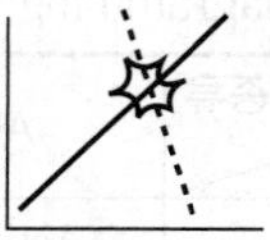
<간섭>

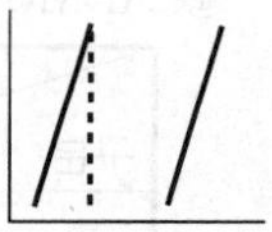
<버퍼>

Ⅵ. 결론

① 공정관리에는 공정계획의 입안 및 계획에 따른 자재, 노무, 장비 등의 배치와 작업을 실시하고 결과의 검토 및 수정 조치하는 진도관리를 해야 한다.

② 공정계획과 실적치 차이를 기록하고 명확하게 하여 검토 결과를 차후 공정계획 관리에 활용하면 보다 정확한 공정관리가 될 것이다.

2 Network공정표의 작성요령

Ⅰ. 개요

① 네트워크 공정표는 작업상 상호관계를 Event와 Activity에 의하여 망상형으로 표시하고, 그 작업의 명칭, 작업량, 소요시간 등 공정상 계획 및 관리에 필요한 정보를 기입한다.

② Project 수행상 발생하는 공정상의 문제를 도해나 수리적 모델로 해명하고, 진척을 관리하는 것이다.

Ⅱ. 작성순서

1) 준비

① 설계도서, 시방서, 공정별 적산 수량서

② 입지조건 및 기상조건

③ 개략적인 시공계획서

2) 내용검토

① 공사내용 분석

② 관리 목적을 명확히 하고 배열

③ 작업은 세분화·집약화

④ 작업량에서 소요인원, 장비대수 파악

3) 시간계산

① 모든 Path에서 각 작업의 EST, EFT, LST, LFT 계산

② 각 작업의 여유시간(float time) 산정

③ 계산공기(計算工期) 계산

4) 공기조정

계산공기가 지정공기를 초과할 때에는 계산공기를 재검토하여 지정공기에 맞춤

5) 공정표 작성

① 작업에 결합점(i, j)이 표시되어야 하고, 그 작업은 하나이어야 한다.

② 작업을 표시하는 화살선은 역진 또는 회송이 안 된다.

③ 가급적이면 작업 상호간의 교차를 피한다.

Ⅲ. 작성 기본원칙

1) 공정원칙

① 모든 작업은 작업의 순서에 따라 배열되도록 작성한다.

② 모든 공정은 반드시 수행·완료되어야 한다.

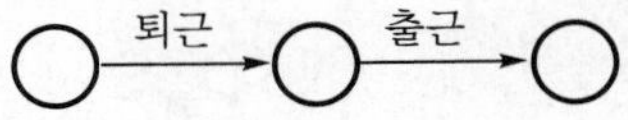

(×)

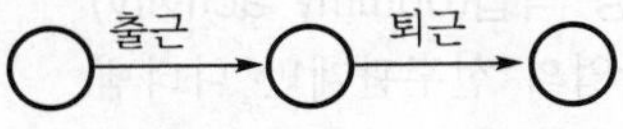

(○)

2) 단계원칙

① 작업의 개시점과 종료점은 Event로 연결되어야 한다.

② 작업이 완료되기 전에는 후속작업 개시 안 된다.

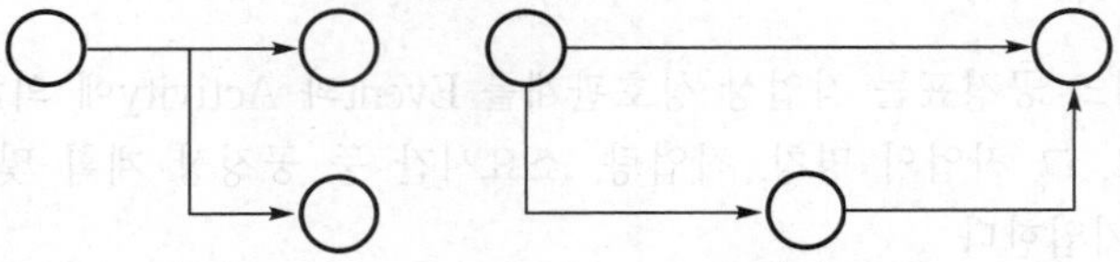

(×) (○)

3) 활동원칙

① Event와 Event 사이에 반드시 1개 Activity가 존재한다.

② 논리적 관계와 유기적 관계 확보를 위해 Numbering Dummy를 도입한다.

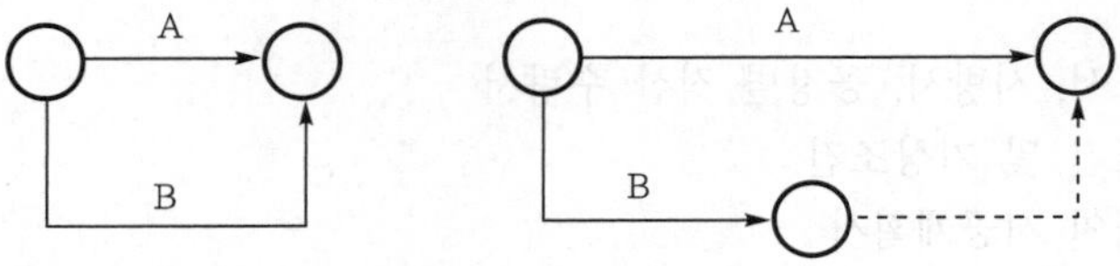

(×) (○)

4) 연결원칙

① 각 작업은 화살표를 한쪽 방향으로만 표시하며 되돌아 갈 수 없다.

② 오른쪽으로 일방통행의 원칙이다.

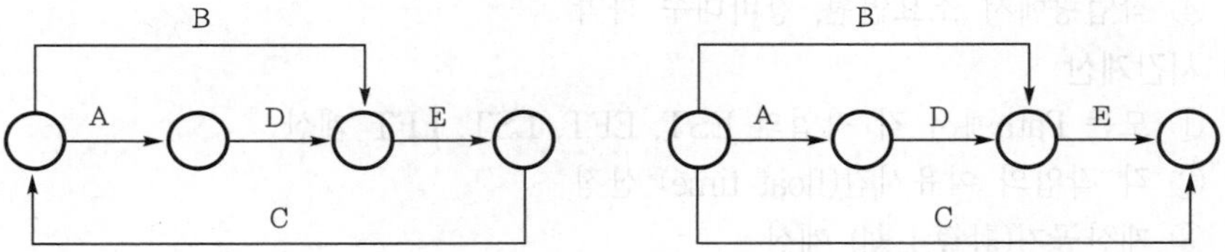

(×) (○)

Ⅳ. Network 구성요소

1) 단계(event, node)

① 작업의 개시시각과 종료시각

② ○으로 표시

③ 번호부여(선행단계는 후속단계보다 번호가 적어야 됨)

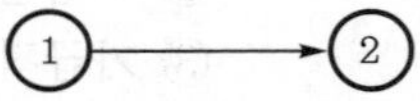

2) 작업(activity, job)

① 단위작업

② →(화살표, arrow)로 표시

③ 위에는 작업명과 물량을, 아래는 소요공기를 기입

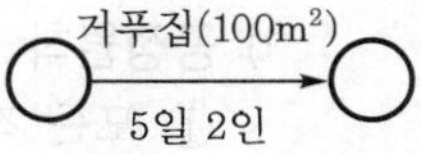

3) 명목상 작업(dummy activity)

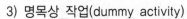

① 작업의 선후관계만 나타냄

② ⇢(점선 화살표)로 표시

③ C.P가 될 수 있고, 소요시간은 Zero

④ Numbering Dummy와 Logical Dummy로 구분

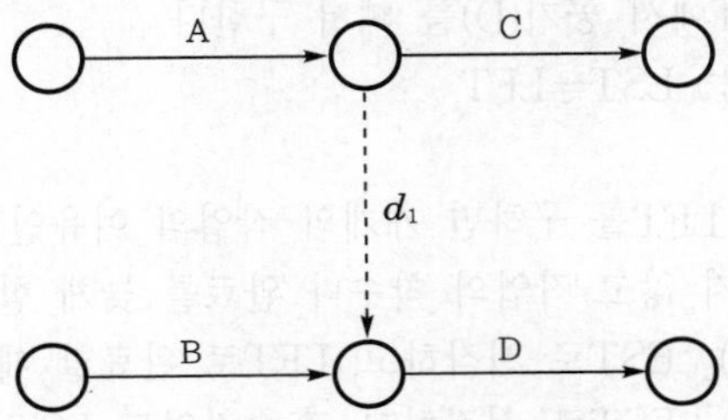

4) 경로(path)

① 2개 이상의 Activity가 연결되는 작업진행경로

② 시점과 종점으로 결합

5) L.P(Longest Path)

① 임의의 두 결합점에서 가장 긴 Path

② 최초의 개시점에서 마지막 종료점까지의 가장 긴 Path는 C.P

6) C.P(Critical Path)

① 최초 개시점에서 마지막 종료점까지의 가장 긴 Path

② TF=0이며 주 공정선이라고도 함

③ 굵은 선 또는 2줄로 표시

Ⅴ. 일정 계산

1) 일정의 종류

① **최조 개시시각** : EST(Earliest Starting Time)

작업을 시작할 수 있는 가장 빠른 시각

② **최조 완료시각** : EFT(Earliest Finishing Time)

작업을 종료할 수 있는 가장 빠른 시각

③ **최지 개시시각** : LST(Latest Starting Time)

프로젝트의 공기에 영향이 없는 범위내에서 작업을 가장 늦게 시작하여도 좋은 시각

④ **최지 완료시각** : LFT(Latest Finishing Time)

프로젝트의 공기에 영향이 없는 범위내에서 작업을 가장 늦게 종료하여도 좋은 시각

2) 계산방법

① EST, EFT 계산

㉠ EST는 전진계산에 의해 구한다.

㉡ 개시 결합점의 EST=0

㉢ EFT는 EST에 공기(D)를 더하여 구한다.

㉣ 결합점에서는 EST=EFT

② LST, LFT의 계산

㉠ 후진 계산에 의해 구한다.

㉡ LST는 LFT에서 공기(D)를 빼서 구한다.

㉢ 결합점에서는 LST=LFT

3) 플로트(float)

EST, EFT, LST, LFT를 구하면 개개의 작업의 여유인 플로트가 생긴다. 플로트는 공기에 영향을 주지 않고 작업의 착수나 완료를 늦게 할 수 있다.

① TF(Total Float) : EST로 시작하고, LFT로 완료할 때에 생기는 여유시간

② FF(Free Float) : EST로 시작하고, 후속작업도 EST로 시작하여도 생기는 여유시간

③ DF(Dependent Float) : 후속작업의 토탈 플로트에 영향을 미치는 여유시간

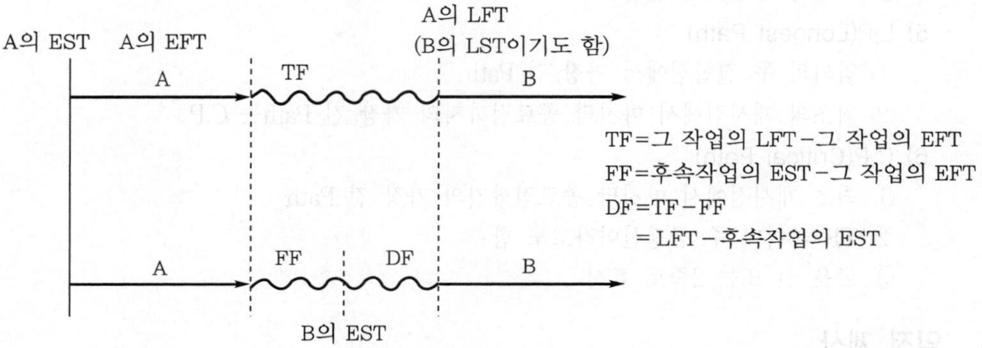

Ⅵ. Network 표시법

1) ②·④ Event에 A·B Activity가 존재할 때의 표시법

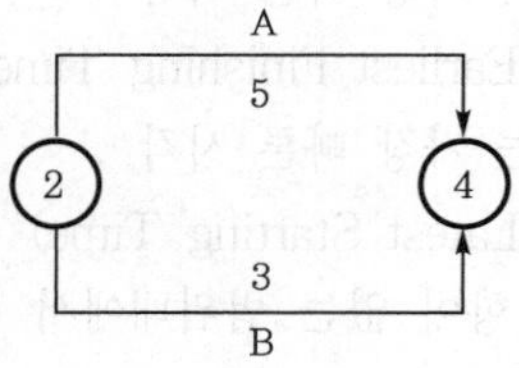

개시점과 종료점이 일치하는 Activity는 1개를 초과할 수 없으므로 다음 4가지 방법 중 하나로 한다. 공기가 작은 작업에 Dummy를 부여하되, 가능한 작업 뒤쪽에 Dummy를 두는 것이 바람직하다.

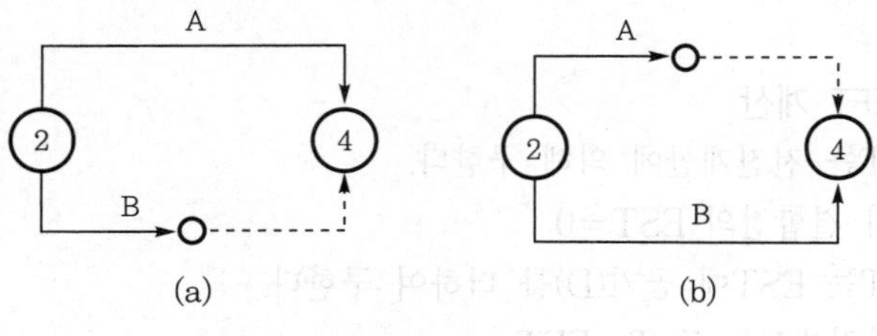

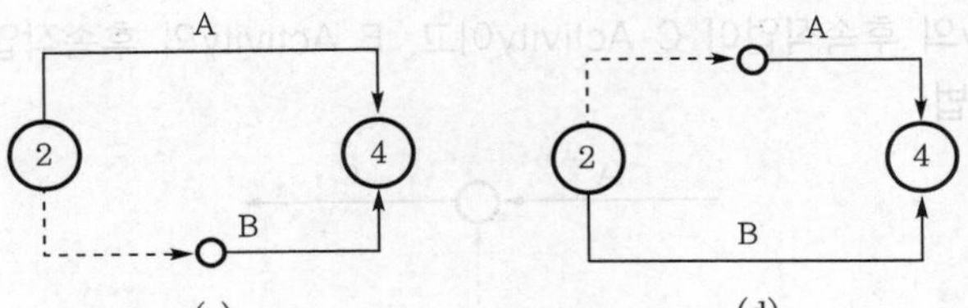

(c) (d)

2) ②·⑤ Event A·B·C Activity가 존재할 때의 표시법
(b)와 같이 1개만 Activity, 2개는 Dummy로 한다.

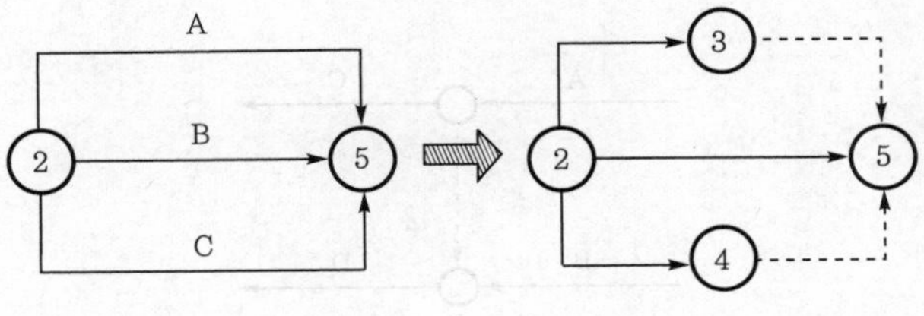

(a) (b)

3) A Activity의 후속작업이 B·C Activity일 때의 표시법(B·C작업의 선행작업이 A작업일 때)

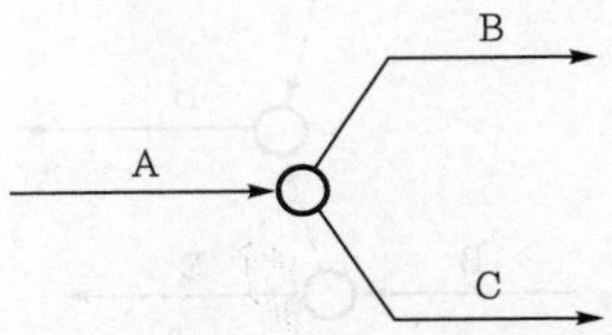

4) A·B Activity의 후속작업이 C Activity일 때의 표시법(C작업의 선행작업 A·B작업일 때)

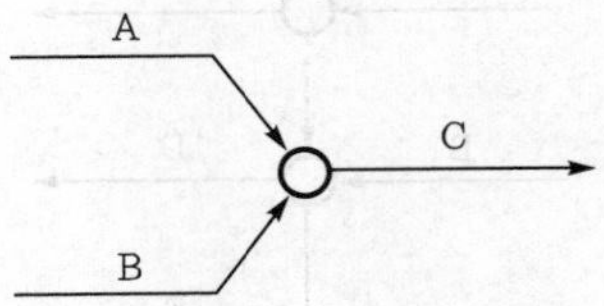

5) A·B Activity의 후속작업이 C·D Activity일 때의 표시법

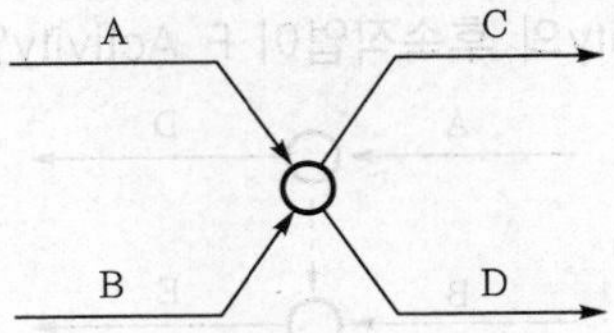

6) A Activity의 후속작업이 C Activity이고, B Activity의 후속작업이 C·D Activity일 때의 표시법

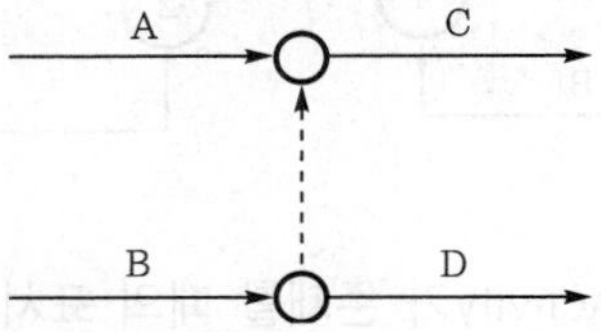

7) A Activity의 후속작업이 C Activity이고, A·B의 후속작업이 D Activity일 때의 표시법

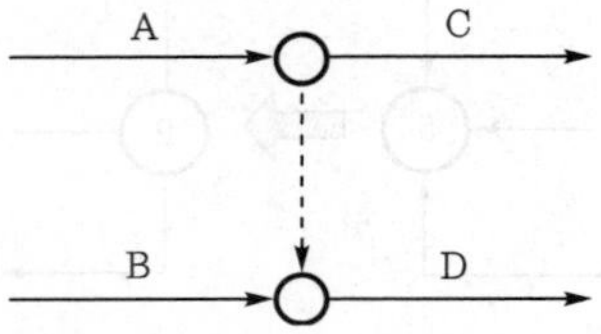

8) A Activity의 후속작업이 C·D Activity이고, B Activity의 후속작업이 D·E Activity일 때의 표시법

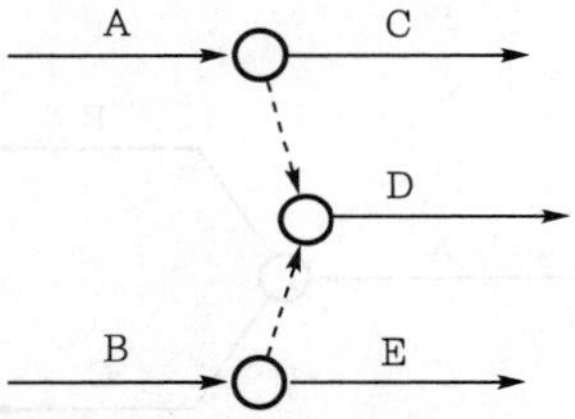

9) A Activity의 후속작업이 C·D·E Activity이고, B Activity의 후속작업이 D·E Activity일 때의 표시법

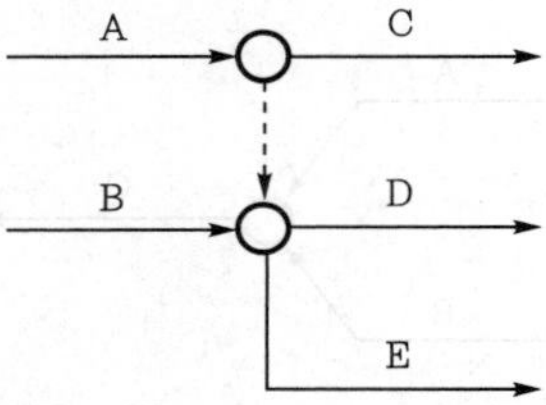

10) A Activity의 후속작업이 D·E·F Activity이고, B Activity의 후속작업이 E·F Activity이며, C Activity의 후속작업이 F Activity일 때의 표시법

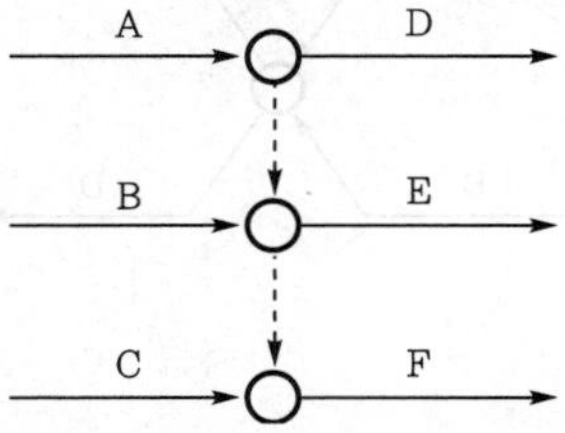

Ⅶ. 작성시 주의사항

① 시공순서에 맞아야 한다.
② 기상조건을 고려해야 한다.
③ 주체공사에서 공기단축해야 한다.
④ 공장 가공이 많은 공종에서 공기단축 해야 한다.
⑤ 공기를 단축하기 위하여 공정은 적당히 중복되게 한다.
⑥ 마무리 공사는 여러 공종이 동시작업하므로 충분한 공기가 확보되어야 한다.
⑦ 비오는 날의 추정일수를 고려한다.

Ⅷ. 결론

① Network 공정표는 상세한 계획수립이 쉽고, 변화에 바로 대처할 수 있으며, 각 작업의 순서와 상호관계를 유기적으로 파악하여 정확한 분석이 가능한 장점이 있다.
② 공사 규모가 대형화 되면서 공종도 많아져 인력으로는 관리한계가 있어 EDPS (Electronic Data Processing System)을 이용한 관리기법이 개선 및 개발되어야 한다.

3 공기단축기법

Ⅰ. 개요

① 공기단축은 계산공기가 지정공기보다 길거나, 공사 수행 중 작업이 지연되었을 때 공기 만회를 위하여 필요하다.

② 공기 만회를 위하여 공사비를 증가시켜서 공기는 단축하나, 최소의 공사비로 최적의 공기를 단축할 수 있도록 공비 증가를 최소화 하여야 한다.

Ⅱ. 목적

① 공기 만회

② 공사비 증가 최소화

Ⅲ. 공기에 영향을 주는 요소

1) 현장요인

① 6M : Man, Material, Machine, Money, Method, Memory

② 6요소 : 공정관리, 품질관리, 안전관리, 원가관리, 공해, 기상

2) 민원야기

① 소음·진동 등 건설공해

② 교통장애·불안감

3) 기상

4) 설계변경

Ⅳ. 공기단축기법의 종류

1) 지정공기에 의한 공기단축

① MCX

② 지정공기(T_o)

2) 진도관리(Follow Up)에 의한 공기단축

Ⅴ. MCX(Minimum Cost Expediting, 최소비용계획)에 의한 공기단축

1) 의의

각 요소작업의 공기와 비용의 관계를 조사하여 최소비용으로 공기를 단축하기 위한 기법

2) Cost Slope(비용구배, 1일 비용 증가액)

① 공기 1일 단축하는 데 추가되는 비용

② 공기단축일수와 비례하여 비용이 증가

③ Cost Slope= $\dfrac{\text{급속비용} - \text{정상비용}}{\text{정상공기} - \text{급속공기}}$

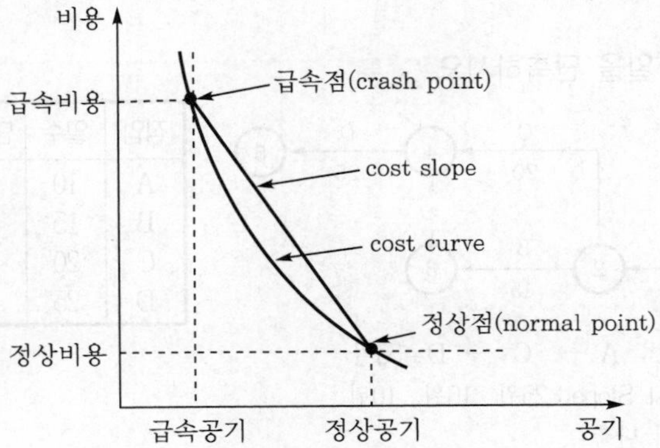

3) 공기단축요령

① 1단계 : Critical Path에서 Cost Slope가 가장 적은 작업에서 단축

② 2단계

㉠ Sub Path는 CP가 되면 CP 표시

㉡ CP는 Sub Path가 되어서는 안 됨

③ 3단계

㉠ 공기단축이 불가능한 작업은 ×표시

㉡ CP가 복수가 되면 Cost Slope가 적은 것부터 단축

4) Extra Cost(추가비용)

① 각 작업에서 단축 일수×Cost Slope

② 공기 단축시 발생하는 추가 비용의 합

5) 총공사비

① 직접공사비만을 고려한 총공사비

② 공기단축하여 추가비용 발생시 총공사비

총공사비＝Normal Cost＋Extra Cost

6) 최적공기

① Total Cost가 최소가 되는 가장 경제적인 공기

② 직접비 : 노무비, 재료비, 정상작업비, 부가세, 경비

③ 간접비

㉠ 관리비, 감가상각비

㉡ 공기단축에 따라 일정액 감소

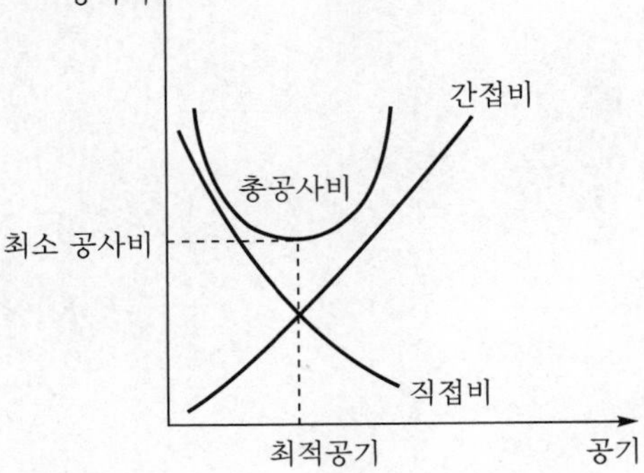

7) 실례

예제 공기 5일을 단축하시오.

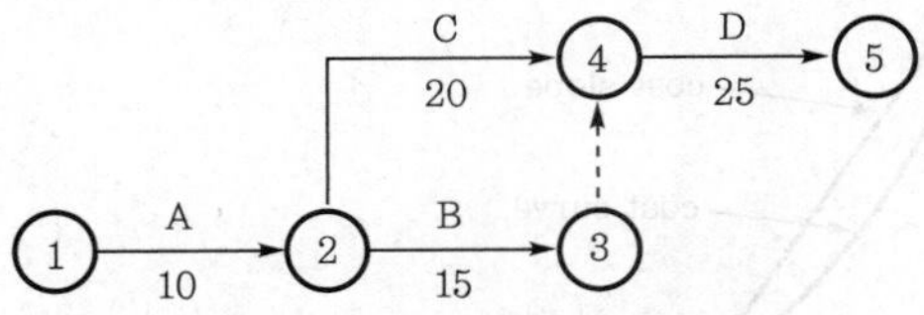

작업	일수	단축가능일수	Cost Slope
A	10	3	25
B	15	2	20
C	20	3	15
D	25	2	10

[해설] ① CP : A → C → D=55일

Cost Slope : 25원 15원 10원

② 공기 단축

1차 D작업 2일 단축

2차 C작업 3일 단축 } 5일 단축

③ Extra Cost : 3C+2D=3×15+2×10=65원

Ⅵ. 결론

① 공기단축은 공기를 만회하기 위하여 공사비 증가를 최소화시키는 것을 목적으로 하나 일부에서 원가절감은 바로 공기단축이라고 하여 무리하게 공사를 진행하는 경우도 있다.

② 그로 인해 안전사고 발생 및 품질저하의 원인이 되어 민원의 대상이 되므로 과학적이고 합리적인 최적 공사기간을 산출하는 기법을 활용해야 한다.

4 자원배당계획

Ⅰ. 개요

① 자원배당은 자원(노무, 자재, 장비, 자금) 소요량과 투입 가능량을 상호 조정하며, 자원의 비효율성을 제거하여 비용의 증가를 최소화하는 것이다.

② 여유시간을 이용하여 논리적 순서에 따라 작업을 조절하여 자원배당 함으로써 자원 이용에 대한 Loss를 줄이고, 자원 수요를 평준화(Leveling)하는 것을 말한다.

Ⅱ. 목적

① 자원변동의 최소화
② 자원의 효율화
③ 자원의 시간낭비 제거
④ 공사비 절감

Ⅲ. 자원배당 대상

① 인력(Man)
② 자재(Material)
③ 장비(Machine)
④ 자금(Money)

Ⅳ. 자원배당 방법 및 순서

1. Flow Chart

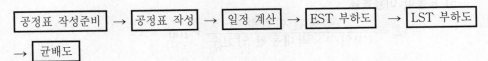

공정표 작성준비 → 공정표 작성 → 일정 계산 → EST 부하도 → LST 부하도 → 균배도

2. 공정표 작성

1) 작성원칙

① 공정원칙
② 단계원칙
③ 활동원칙
④ 연결원칙

2) 단계(Event)

개시점과 종료점을 의미하며 ○으로 표시

3) 작업(Activity)

단위작업을 의미하며 →로 표시

4) Path(경로)

2개 이상의 작업으로 이루어진 경로

5) CP(Critical Path)

주공정선이라 하며, 최초 개시점에서 마지막 종료점까지의 가장 긴 Path

3. 일정계산

① EST(Earliest Start Time)
② EFT(Earliest Finish Time)

③ LST(Latest Start Time) ④ LFT(Latest Finish Time)
⑤ TF(Total Float) ⑥ FF(Free Float)
⑦ DF(Dependent Float)

4. EST에 의한 부하도

① EST에 의하여 자원을 배당할 때의 부하도
② 일정계산에서 EST에서 시작하여 소요일수만큼 우측으로 그려간다.

5. LST에 의한 부하도

① LST에 의하여 자원을 배당할 때의 부하도
② 일정계산에서 LST에서 시작하여 소요일수만큼 좌측으로 그려나간다.

6. 균배도(Leveling)

1) 산붕도(인력평준화)라고 하며, 자원배당의 효율화를 유도한다.

2) CP작업 우선배당
EST 부하도 LST 부하도 및 균배도에서 CP작업을 우선자원 배당한다.

3) 작업순서 유지
균배도 작성시 여유작업에서 후속작업은 선행작업보다 앞선 자원배당을 해서는 안된다.

4) 작업분리 불가능
여유작업이나 CP작업을 분리하여 분배해서는 안 된다.

5) 노동력 이용효율

$$E = \frac{\text{총동원 인원수}}{\text{CP일수} \times \text{최대동원 인원수}} \times 100$$

Ⅴ. 자원배당 실례

1) 공정표

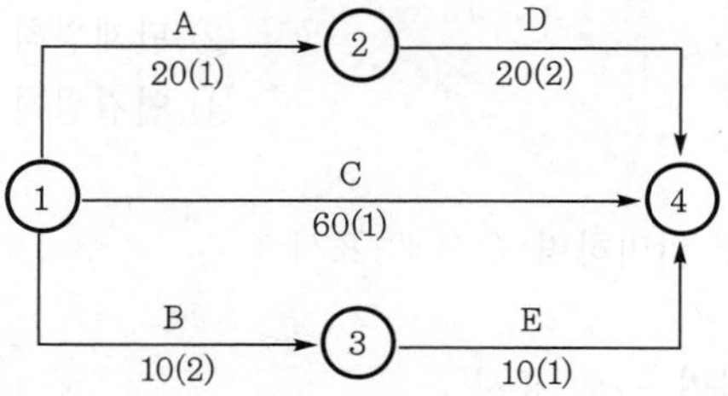

2) 일정 계산

작업	단계	D	ET		LT		Float			CP
			EST	EFT	LST	LFT	TF	FF	DF	

3) EST 부하도

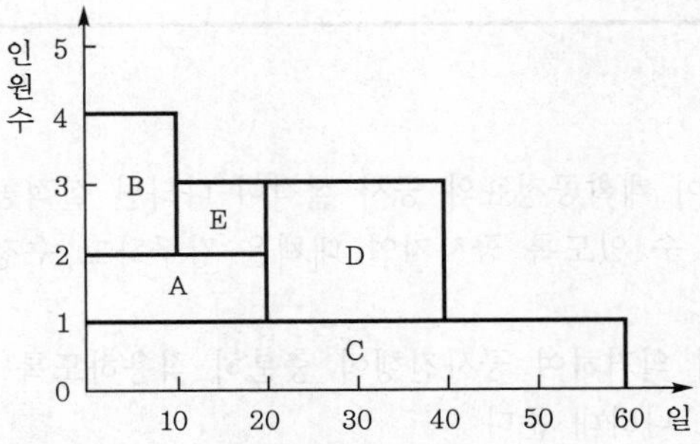

4) LST 부하도

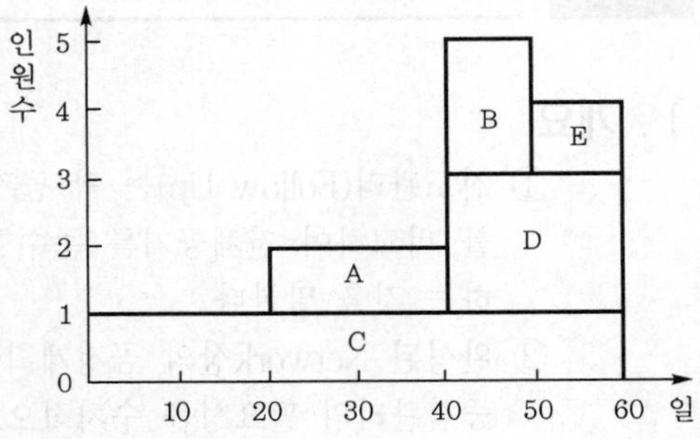

5) 균배도

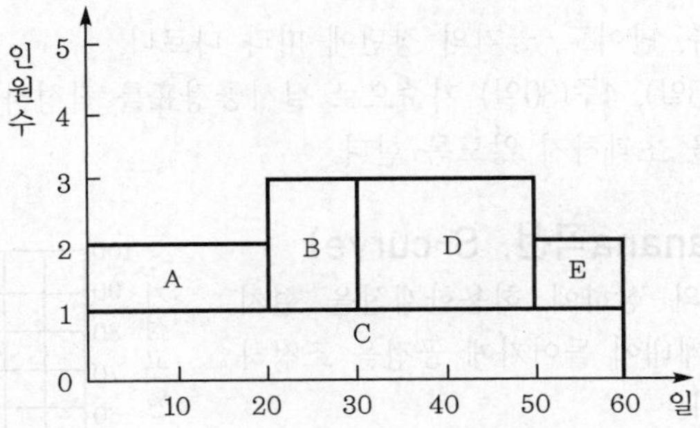

6) 최대동원 인원수

$$\begin{cases} \text{EST} = 4\text{인} \\ \text{LST} = 5\text{인} \\ \text{균배도} = 3\text{인} \end{cases}$$

7) 최소동원 인원수

$$\begin{cases} \text{EST} = 1\text{인} \\ \text{LST} = 1\text{인} \\ \text{균배도} = 2\text{인} \end{cases}$$

8) 총동원 인원수

150인

9) 노동력 이용효율(균배도)

$$\frac{150}{60} \times 100 = 83.3\%$$

Ⅵ. 결론

① 자원배당은 자원의 변동을 최소화하여 고정자원의 확보 및 한정된 자원을 최대한 활용토록 자원의 균배가 이루어져야 한다.

② 가장 적합한 자원배당으로 자원변동의 최소화와 자원의 효율화를 극대화해야 한다.

5 공정관리에 있어서 진도관리

Ⅰ. 개요

① 진도관리(Follow Up)는 각 공정이 계획공정표와 공사 실적이 나타난 실적공정표를 비교하여 전체공기를 준수할 수 있도록 공사지연 대책을 강구하고 수정조치하는 것을 말한다.

② 완성된 Network상의 공정계획에 의거하여 공사진행이 충분히 적용하도록 하고, 중점관리의 필요성을 수치적으로 나타내 준다.

Ⅱ. 진도관리주기

① 공사의 종류, 난이도, 공기의 장단에 따라 다르다.

② 통상 2주(15일), 4주(30일) 기준으로 실시공정표를 작성하여 관리한다.

③ 최대 30일을 초과하지 않도록 한다.

Ⅲ. 공정관리곡선(Banana곡선, S-curve)

① 공정계획선의 상하에 허용한계선을 설치하여 그 한계내에 들어가게 공정을 조정하는 방법이다.

② 통상적으로 예정진도곡선은 한 줄로 표시되나 실시 진도곡선이 예정진도곡선에 대하여 안전한 구역내에 있도록 진도를 관리하는 수단으로 상하 허용한계선이 바나나처럼 둘러싸여 있다고 해서 Banana곡선이라고도 한다.

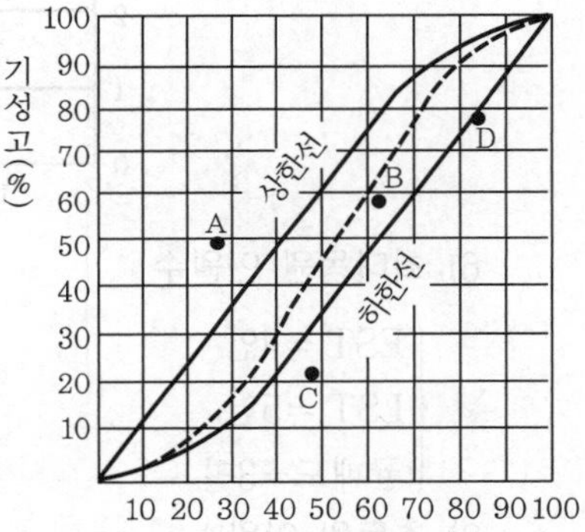

<바나나곡선>

Ⅳ. 진도관리방법

① Bar Chart에 의한 방법

② Network 기법에 의한 방법

③ Banana곡선(S-curve)에 의한 방법

Ⅴ. 진도관리순서

공사진척 파악 → 실적비교 → 시정조치 → 일정변경

① 횡선식 · 사선식 공정표 파악

② 공사진척 Check

③ **완료작업** : 굵은 선 표시

④ **지연작업** : 원인파악, 공사 촉진

⑤ **과속작업** : 내용파악, 적합성 여부

Ⅵ. 주의사항

① 공정회의를 정기 또는 수시로 개최
② 부분 공정마다 부분 상세공정표 작성
③ Network의 각종 정보 활용
④ 공정계획과 실적의 차이를 명확히 검토
⑤ 작업의 실적치(소요일수, 인원, 자재수량) 기록 및 공정관리에 활용
⑥ 각종 노무, 자재, 외주공사 등의 수급시기 검토
⑦ 담당자의 창의적인 연구노력 필요

Ⅶ. 결론

① 공정관리에 있어서 진도관리는 공사의 종류, 공기의 장·단에 따라 다르지만 공정계획선의 상하 허용한계선 내에 들어가게 공정을 조정하는 것이다.
② 예정공정표와 정확한 실시공정표를 비교·분석함으로써 엄밀한 진도관리를 할 수 있으며, 담당자의 창의적인 연구노력과 Data의 Feed Back이 필요하다.

6 공정·공사비통합관리체계(EVMS)

Ⅰ. 개요

① 현행 원가관리체계는 계획 대비 실적의 단순환 공사관리로 공정과 공사비가 분리되어 있어 향후 공사에 대한 정확한 예측이 불가능하다.

② EVMS(Earned Value Management System)는 공정과 공사비를 통합한 종합적인 원가관리 체계로서 각종 지수를 활용하여 공사의 진척현황 및 향후 공사에 대한 정확한 예측이 가능하다.

Ⅱ. 현행 원가관리체계의 문제점

① 원가관리와 공정관리의 분리 운영

② 실행과 실적비교의 한계성

③ 향후 공사비의 예측 난이

④ 원가관리의 전산화 곤란

⑤ CIC 및 CALS 적용 난이

Ⅲ. EVMS의 구성

- EVMS
  - 자료분석(Data Analysis)
    - 실행금액(budgeted cost of work scheduled)
    - 실행기성(budgeted cost of work performed)
    - 실투입비(actual cost of work performed)
    - 총실행예산(budget at completion)
    - 변경실행예산(변경추정예산, estimate at completion)
  - 분산(Variance)
    - 회계분산(accounting variance)
    - 원가분산(cost variance)
    - 공기분산(schedule variance)
  - 지수(Index)
    - 실행 집행률(percent complete)
    - 원가 수행지수(cost performance index)
    - 공기 수행지수(schedule performance index)

Ⅳ. EVMS의 수행절차

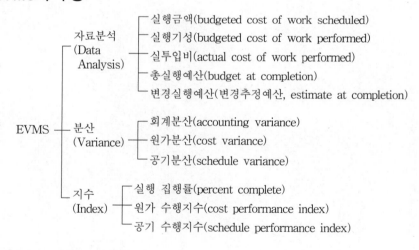

EVMS를 건설공사에 적용하기 위해서는 일반적으로 다음과 같은 절차를 따른다.

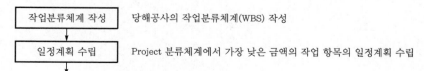

작업분류체계 작성	당해공사의 작업분류체계(WBS) 작성
↓	
일정계획 수립	Project 분류체계에서 가장 낮은 금액의 작업 항목의 일정계획 수립
↓	

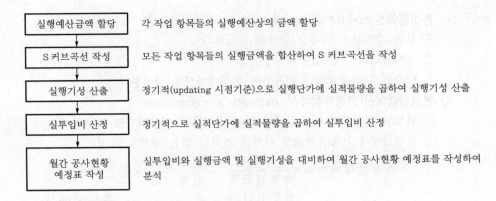

실행예산금액 할당	각 작업 항목들의 실행예산상의 금액 할당
S 커브곡선 작성	모든 작업 항목들의 실행금액을 합산하여 S 커브곡선을 작성
실행기성 산출	정기적(updating 시점기준)으로 실행단가에 실적물량을 곱하여 실행기성 산출
실투입비 산정	정기적으로 실적단가에 실적물량을 곱하여 실투입비 산정
월간 공사현황 예정표 작성	실투입비와 실행금액 및 실행기성을 대비하여 월간 공사현황 예정표를 작성하여 분석

Ⅴ. 자료분석(Data Analysis)

1) 실행금액(budgeted cost of work scheduled)

① 일정한 시점에서 수행되는 모든 작업 항목들의 실행물량에 실행단가를 곱하여 산출한다.

② 공사관리의 기준인 S커브라고도 한다.

③ EVMS의 적용절차를 이용하여 작성한다.

2) 실행기성(budgeted cost of work performed)

① 실행기성은 공사에 투입된 실제 물량에 실행단가를 곱하여 산출한다.

② 현재 시점을 기준으로 완료된 작업과 진행중인 작업의 실행금액이다.

③ EVMS의 적용절차를 이용하여 실행기성을 작성한다.

3) 실투입(actual cost of work performed)

① 실투입비는 공사에 수행된 실제물량에 실투입단가를 곱하여 산출한다.

② 공정표상에 기준시점에서 완료된 작업과 진행중인 작업의 실투입금액이다.

③ EVMS의 적용절차를 이용하여 실투입비를 작성한다.

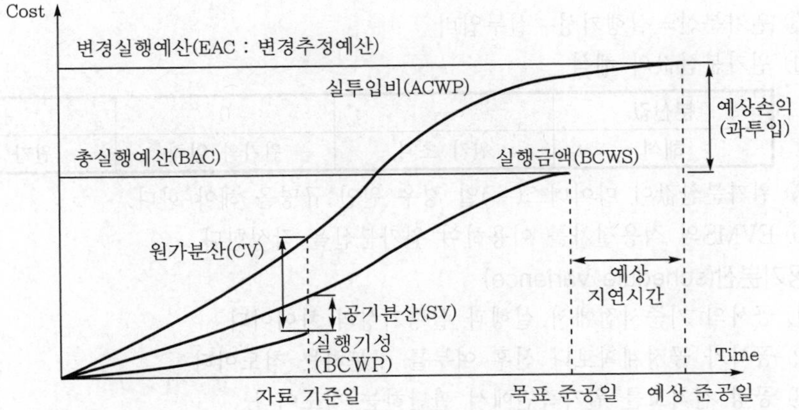

자료 기준일로 공사진척 파악시 실투입비가 실행을 초과하고 있고, 실행기성이 실행에 미달되고 있으므로 공사 진척이 계획보다 늦다.

4) 총실행예산(budget at completion)

① 모든 작업들의 실행을 합산한 금액이다.

② 공사관리의 기준이 된다.

③ EVMS의 적용절차를 이용하여 총실행예산을 작성한다.

5) 변경실행예산(변경추정예산, estimate at completion)

① 완료된 작업들의 실투입비에 잔여 작업들의 예산원가를 합산하여 산출한다.

② 변경실행예산(총실행예산 단가의 변화가 없는 것으로 가정)

$$\text{변경실행예산} = \frac{\text{실투입비}}{\text{실행집행률}} = \frac{\text{실투입비}}{\text{실행기성}} \times \text{총실행예산}$$

$$= \frac{\text{실투입단가}}{\text{실행단가}} \times \text{총실행예산} = \frac{\text{총실행예산}}{\text{원가수행지수}}$$

③ EVMS의 적용절차를 이용하여 변경 실행예산을 작성한다.

Ⅵ. 분산(Variance)

1) 회계분산(accounting variance)

① 공사의 기준시점에서 실행과 실투입비의 차이이다.

② 실투입비가 실행 범위 내의 여부를 구분하는 척도이다.

③ 회계분산=실행금액−실투입비

④ 회계분산값의 해석

분산값	−	0	+
해석	실행 초과	실행과 일치	실행 미달

⑤ EVMS의 적용절차를 이용하여 회계분산을 작성한다.

2) 원가분산(cost variance)

① 공사의 기준시점에서 실행기성과 실투입비의 차이이다.

② 실행기성을 근거로 실투입비가 원가 범위내의 여부를 구분하는 척도이다.

③ 원가분산=실행기성−실투입비

④ 원가분산값의 해석

분산값	−	0	+
해석	원가 초과	원가와 일치	원가 미달

⑤ 원가분산값이 마이너스(−)일 경우 원인 규명을 해야 한다.

⑥ EVMS의 적용절차를 이용하여 원가분산을 작성한다.

3) 공기분산(schedule variance)

① 공사의 기준시점에서 실행과 실행기성의 차이이다.

② 공사가 공정계획보다 선후 여부를 구분하는 척도이다.

③ 공정 진척도를 원가측면에서 판단하는 척도이다.

④ 공기분산=실행기성−실행금액

⑤ 공기분산값의 해석

분산값	−	0	+
해석	계획 초과	계획과 일치	계획 미달

⑥ 공기분산은 공정 진척도를 시간의 기준이 아닌 원가의 기준으로 측정한다.

⑦ EVMS의 적용절차를 이용하여 공기분산을 작성한다.

Ⅶ. 진도관리지수(Index)

1) 실행집행률(percent complete)

① 원가를 기준으로 총 실행예산 대비 실행기성률을 나타내는 공사수행의 척도이다.

② 건설공사 전체나 또는 개개의 작업들에 대한 실행집행률은 100%를 초과할 수 없다.

③ $\text{실행집행률} = \dfrac{\text{실행기성}}{\text{총실행예산}}$

④ 실행집행률값의 해석

지수값	1 미만	1	1 초과
해석	몇 % 완료	공사 완료	에러

⑤ EVMS의 적용절차를 이용하여 실행 집행률을 작성한다.

2) 원가수행지수(cost performance index)

① 완료된 공사에 대한 투입원가의 효율성을 나타낸다.

② 실행기성을 바탕으로 공사 완료부분이 산정된 예산의 초과여부를 나타내는 공사수행의 척도이다.

③ 누계실행기성을 누계실투입비로 나눔으로써 산출한다.

④ $\text{원가수행지수} = \dfrac{\text{실행기성}}{\text{실투입비}}$

⑤ 원가수행지수값의 해석

지수값	1 미만	1	1 초과
해석	원가 초과	원가와 일치	원가 미달

⑥ EVMS의 적용절차를 이용하여 원가 수행지수를 작성한다.

3) 공기수행지수(schedule performance index)

① 완료된 공사에 대한 공정관리의 효율성을 나타낸다.

② 실행기성을 기준으로 완료된 공정이 계획보다 선후 여부를 가름하는 척도이다.

③ 누계실행 대비 누계실행기성으로 정의된다.

④ $\text{공기수행지수} = \dfrac{\text{실행기성}}{\text{실행금액}}$

⑤ 공기수행지수값의 해석

지수값	1미만	1	1 초과
해석	계획 초과	계획과 일치	계획 미달

⑥ EVMS의 적용절차를 이용하여 공기수행지수를 작성한다.

Ⅷ. EVMS의 기대효과

① 향후 공사비에 대한 예측 가능

② 공사진척의 현황파악 용이

③ 원가관리 · 견적 · 공정관리 등을 유기적으로 연결

④ 종합적 원가관리체계를 구축

Ⅸ. 결론

① EVMS가 효과적으로 건설 프로젝트에 활용되어 이에 대한 자료가 축적되어 지면 실행 집행률, 원가 수행지수 등과 같은 각종 지수를 근거로 공사진척 현황 및 향후 공사에 대한 예측을 정확하게 할 수 있다.

② 또한 원가관리, 견적, 공정관리 등을 유기적으로 원활하게 연결하여 종합적 원가관리 체제를 구축할 수 있다.

엄연한 사실

사람이 행복하게 산다는 것은 쉬운 일이 아닌 듯합니다. 몸이 건강하면 물질적으로 어렵고, 물질의 형편이 좋아지면 건강이 나빠집니다. 건강도 물질도 다 좋으면 부부문제, 자녀문제로 아픔을 안고 살기도 합니다.

엇그제까지 건강했던 분이 갑자기 병상에 눕거나, 잠시 소식이 끊겼던 친지가 한두 달 사이에 세상을 떠났다는 슬픈 소식도 가끔 듣습니다. 사람은 유일한 존재이기에 빠르고 늦은 차이가 있을 뿐 언젠가는 좋든 싫든 육신의 생명은 지상에서 사라지게 마련입니다.

그러나 사람의 영혼은 영원하다고 성경은 말씀하십니다. 평화와 사랑만이 있는 천국, 유황불이 이글거리는 지옥… 사람의 눈으로 볼 수 없다고 이 엄연한 사실을 부인하다가 임종이 가까워지면 그제야 후회하는 사람을 많이 보아왔습니다. 선생님은 어떻게 생각하십니까?

성경에는 이렇게 말씀하고 있습니다.

"육은 본래의 흙으로 돌아가고, 영은 그것을 주신 하나님께로 돌아가기 전에 너의 창조자를 기억하라."

하나님의 귀하신 가정에 행복이 넘치시기를 기원합니다.

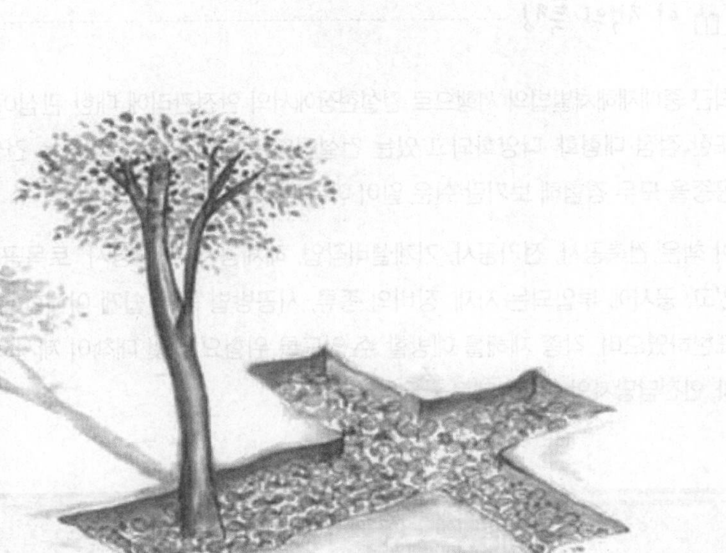

제10장 제2절 공사관리

시공계획 · 관리

환경변화(UR)

1. 사전조사 : 설계도서 검토, 입지조건, 공해, 기상, 관계법규, 계약조건 검토, 지반조사

2. 공법 선정 : 시공성, 경제성, 안정성, 무공해성

3. 4요소 : 공정관리(공기 단축), 품질관리(질 우수), 원가관리(경제적), 안전관리(안전성)

4. 6M : Man{노무절감, 전문인력}, Material{자재건식화, 자재관리}, Machine{기계화, 초기투자비}, Money{자금}, Method{시공법}, Memory{기술축적}

5. 관리 : 하도급관리, 실행예산, 현장원 편성, 사무관리, 대외업무관리

6. 가설 : 동력, 용수, 수송 , 양중

7. 공사내용 : 가설, 토공, 기초, 콘크리트, 지반개량

8. 기타 : 환경친화적 설계시공, 실명제, 민원

제10장 제3절 시공의 근대화

시공의 근대화

1. 계약제도 : TK, SOC, Partnering, 성능발주방식, 신기술지정제도, 기술개발보상제도

2. 재료 : MC화, 건식화, 고강도화

3. 시공 : 가설공사 합리화, 계측관리(정보화시공), 무소음 · 무진동공법, 고강도화, 자동용접

4. 시공관리 : 4요소(CPM, ISO 9000, VE, LCC)
6M(성력화, 자재건식화, 기계화)

5. 신기술 : CM, EC

High tech 건설 — Computer化
- Simulation
- CAD
- VAN
- Robot
- CIC
- CALS
- WBS

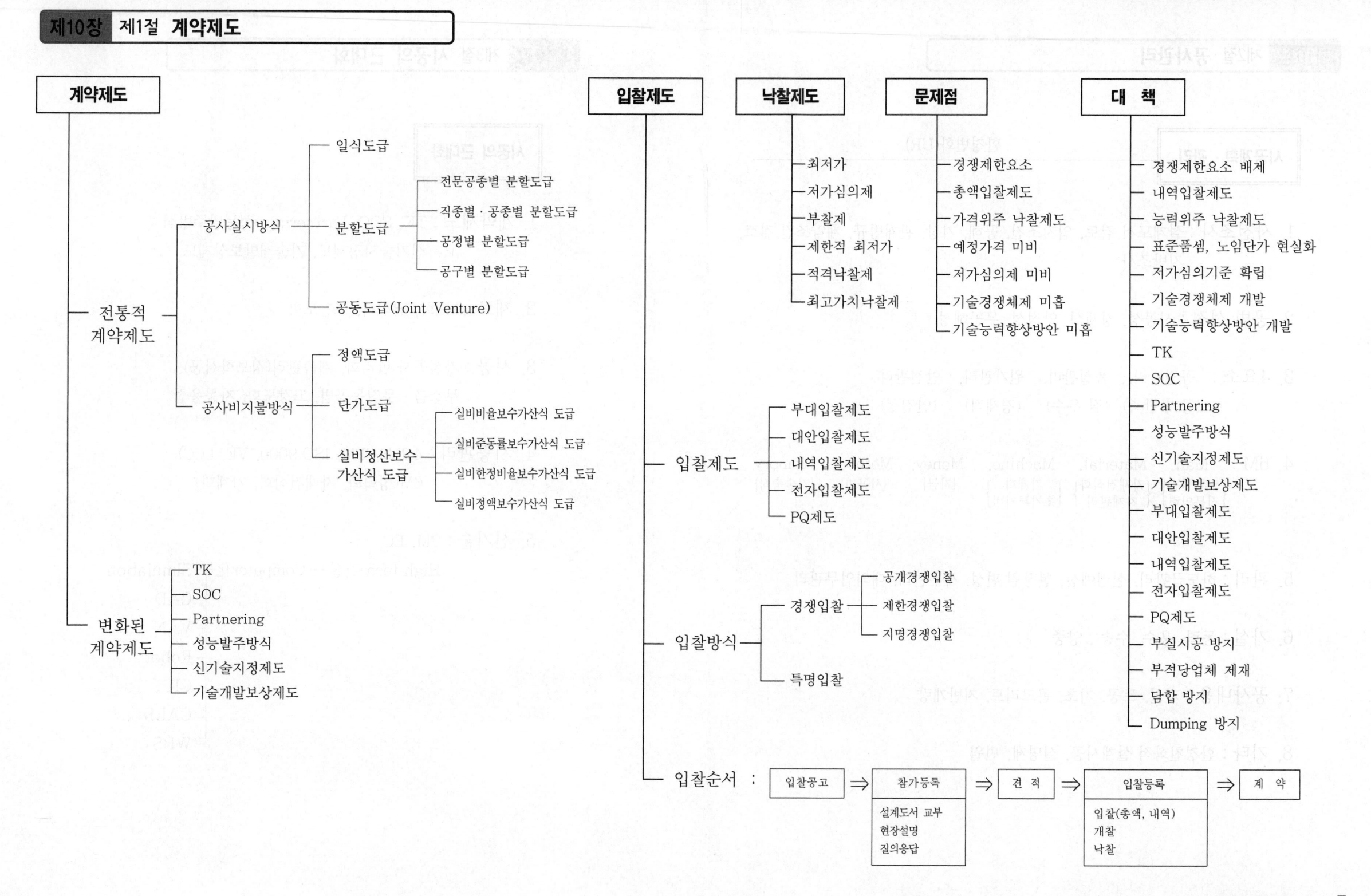

제10장 제1절 계약제도

계약제도

- 전통적 계약제도
  - 공사실시방식
    - 일식도급
    - 분할도급
      - 전문공종별 분할도급
      - 직종별 · 공종별 분할도급
      - 공정별 분할도급
      - 공구별 분할도급
    - 공동도급(Joint Venture)
  - 공사비지불방식
    - 정액도급
    - 단가도급
    - 실비정산보수가산식 도급
      - 실비비율보수가산식 도급
      - 실비준동률보수가산식 도급
      - 실비한정비율보수가산식 도급
      - 실비정액보수가산식 도급
- 변화된 계약제도
  - TK
  - SOC
  - Partnering
  - 성능발주방식
  - 신기술지정제도
  - 기술개발보상제도

입찰제도

- 입찰제도
  - 부대입찰제도
  - 대안입찰제도
  - 내역입찰제도
  - 전자입찰제도
  - PQ제도
- 입찰방식
  - 경쟁입찰
    - 공개경쟁입찰
    - 제한경쟁입찰
    - 지명경쟁입찰
  - 특명입찰
- 입찰순서 : 입찰공고 ⇒ 참가등록(설계도서 교부, 현장설명, 질의응답) ⇒ 견 적 ⇒ 입찰등록(입찰(총액, 내역), 개찰, 낙찰) ⇒ 계 약

낙찰제도

- 최저가
- 저가심의제
- 부찰제
- 제한적 최저가
- 적격낙찰제
- 최고가치낙찰제

문제점

- 경쟁제한요소
- 총액입찰제도
- 가격위주 낙찰제도
- 예정가격 미비
- 저가심의제 미비
- 기술경쟁체제 미흡
- 기술능력향상방안 미흡

대 책

- 경쟁제한요소 배제
- 내역입찰제도
- 능력위주 낙찰제도
- 표준품셈, 노임단가 현실화
- 저가심의기준 확립
- 기술경쟁체제 개발
- 기술능력향상방안 개발
- TK
- SOC
- Partnering
- 성능발주방식
- 신기술지정제도
- 기술개발보상제도
- 부대입찰제도
- 대안입찰제도
- 내역입찰제도
- 전자입찰제도
- PQ제도
- 부실시공 방지
- 부적당업체 제재
- 담합 방지
- Dumping 방지

제7장 댐

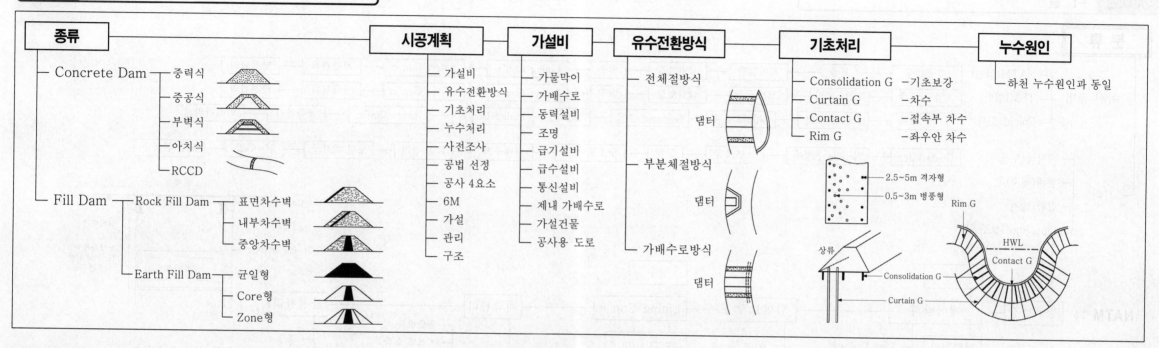

종류
- Concrete Dam
  - 중력식
  - 중공식
  - 부벽식
  - 아치식
  - RCCD

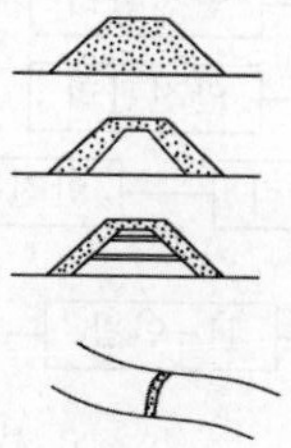

- Fill Dam
  - Rock Fill Dam
    - 표면차수벽
    - 내부차수벽
    - 중앙차수벽
  - Earth Fill Dam
    - 균일형
    - Core형
    - Zone형

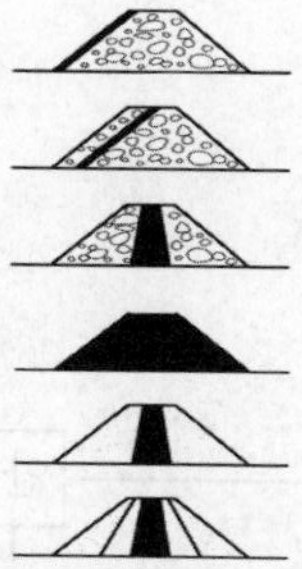

시공계획
- 가설비
- 유수전환방식
- 기초처리
- 누수처리
- 사전조사
- 공법 선정
- 공사 4요소
- 6M
- 가설
- 관리
- 구조

가설비
- 가물막이
- 가배수로
- 동력설비
- 조명
- 급기설비
- 급수설비
- 통신설비
- 제내 가배수로
- 가설건물
- 공사용 도로

유수전환방식
- 전체절방식
- 부분체절방식
- 가배수로방식

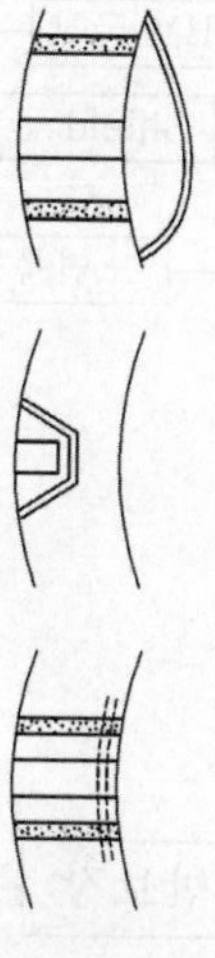

기초처리
- Consolidation G －기초보강
- Curtain G －차수
- Contact G －접속부 차수
- Rim G －좌우안 차수

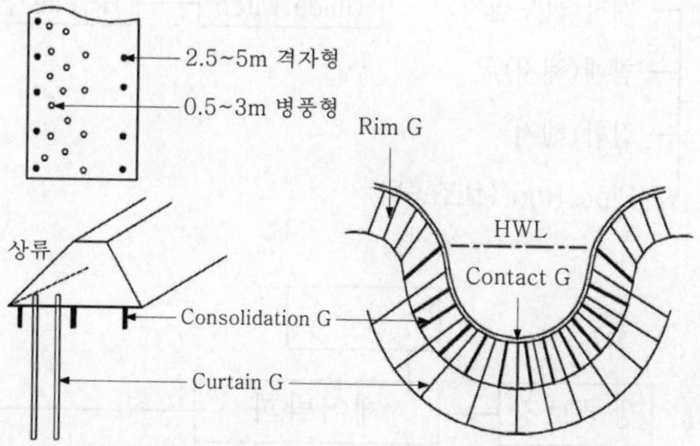

누수원인
- 하천 누수원인과 동일

제8장 항 만

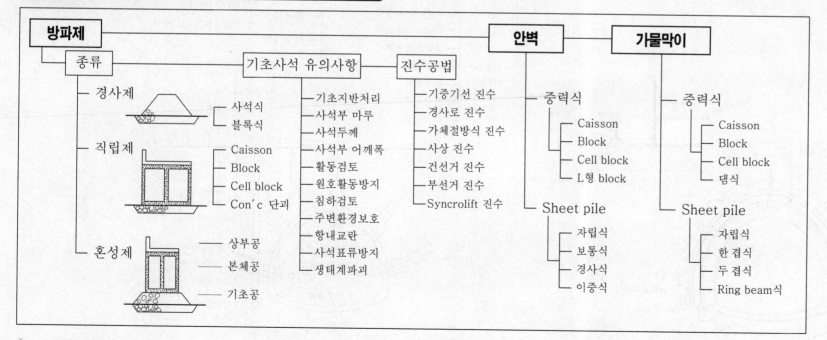

방파제
- 종류
  - 경사제
    - 사석식
    - 블록식
  - 직립제
    - Caisson
    - Block
    - Cell block
    - Con'c 단괴
  - 혼성제
    - 상부공
    - 본체공
    - 기초공

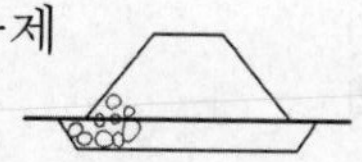

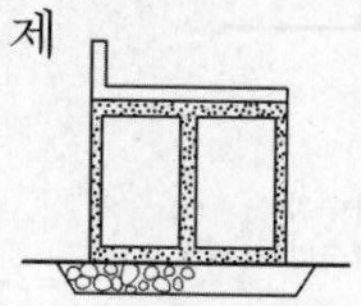

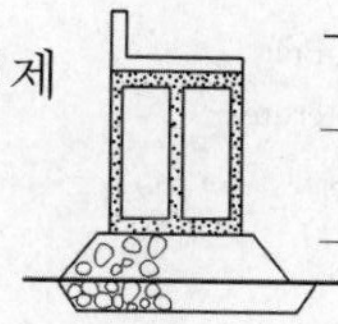

- 기초사석 유의사항
  - 기초지반처리
  - 사석부 마루
  - 사석두께
  - 사석부 어깨폭
  - 활동검토
  - 원호활동방지
  - 침하검토
  - 주변환경보호
  - 항내교란
  - 사석표류방지
  - 생태계파괴
- 진수공법
  - 기중기선 진수
  - 경사로 진수
  - 가체절방식 진수
  - 사상 진수
  - 건선거 진수
  - 부선거 진수
  - Syncrolift 진수

안벽
- 중력식
  - Caisson
  - Block
  - Cell block
  - L형 block
- Sheet pile
  - 자립식
  - 보통식
  - 경사식
  - 이중식

가물막이
- 중력식
  - Caisson
  - Block
  - Cell block
  - 댐식
- Sheet pile
  - 자립식
  - 한 겹식
  - 두 겹식
  - Ring beam식

제9장 하 천

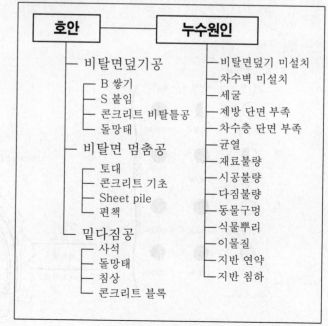

호안
- 비탈면덮기공
  - B 쌓기
  - S 붙임
  - 콘크리트 비탈틀공
  - 돌망태
- 비탈면 멈춤공
  - 토대
  - 콘크리트 기초
  - Sheet pile
  - 편책
- 밑다짐공
  - 사석
  - 돌망태
  - 침상
  - 콘크리트 블록

누수원인
- 비탈면덮기 미설치
- 차수벽 미설치
- 세굴
- 제방 단면 부족
- 차수층 단면 부족
- 균열
- 재료불량
- 시공불량
- 다짐불량
- 동물구멍
- 식물뿌리
- 이물질
- 지반 연약
- 지반 침하

제6장 터 널

분 류

- 최신 공법
  - NATM(암반): 갱구보강 — 천공 — 제어발파 — 암반보강 — 방수 — Lining Con'c — Invert Con'c — 계측관리 — 안전관리
  - TBM(암반): 작업구 굴착 — TBM 조립 — TBM 굴착 — 암반보강 — 방수 — Lining Con'c — Invert Con'c — 계측관리 — 안전관리
  - Shield(토사): 작업구 굴착 — Shield 조립 — Shield 굴착 — Segment 조립 — 방수 — Lining Con'c — Invert Con'c — 계측관리 — 안전관리
- 기타
  - 개착식(도심지): Guide Ditch — H-Pile 흙막이 — 노면복공 — 굴착 — 구조물 축조 — 되메우기 — 복공 철거 — 노면 가복구 — H-인발 — 노면 본복구
  - 침매(해저)
  - 잠함(해저)
  - Pipe Roof(보조공법)

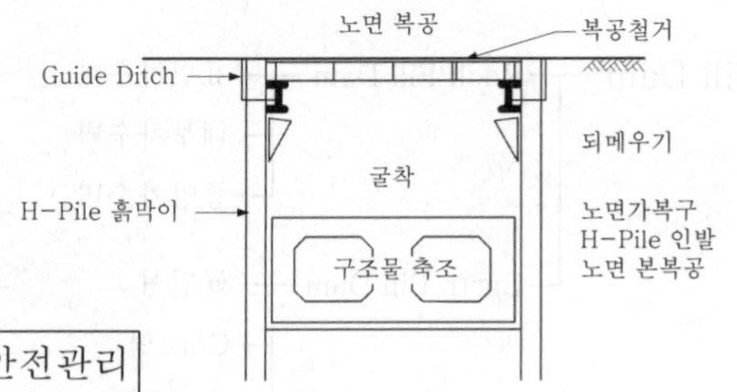

NATM : 갱구보강 — 제어발파 (천공, 버력처리) — 암반보강 — Lining Con'c (방수, Invert Con'c) — 계측관리 — 안전관리

- 제어발파
  - Line Drilling
  - Pre Spliting
  - Cushion Blasting
  - Smooth Blasting
- 암반보강
  - Wire Mesh
  - Steel Rib
  - Shotcrete
  - Rock Bolt
- 계측관리
  - A계측(일반)
    - 천단침하
    - 지표면 침하
    - 내공변위
    - 갱내관찰
    - Rock Bolt 인발시험
  - B계측(대표)
    - Rock Bolt 축력
    - Shotcrete 응력
    - 지중수평변위
    - 지중변위
    - 지중침하
    - 지하수위
    - 간극수압
- 안전관리
  - 조명
  - 용수대책
    - 차수 : 약액, 압기, 동결
    - 배수 : 수발공, 수발갱, Deep Well, Well Point
  - 막장안정
    - 천단 : FP, PR, SSP, SP
    - 막장 : SC, RB, 약액
  - 이상지압
  - 환기
    - 자연
    - 강제
      - 급기
      - 배기
      - 혼합

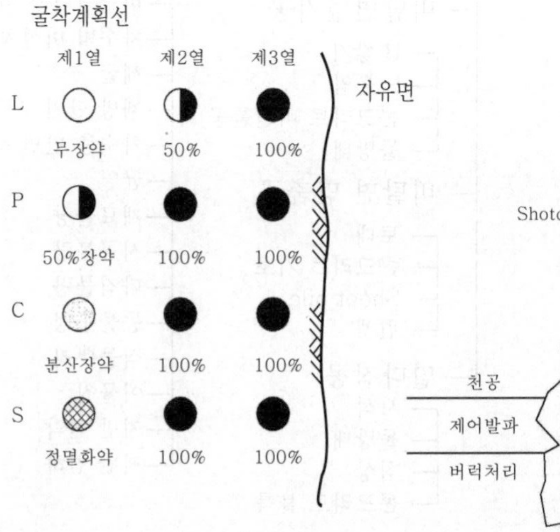

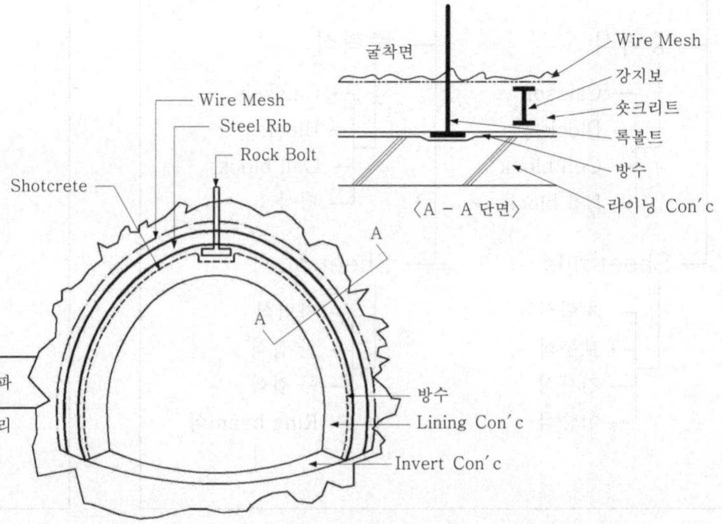

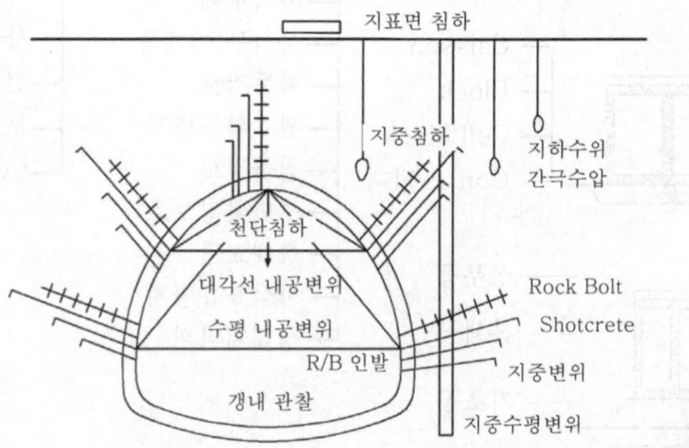

제5장 교 량

분 류

- Con'c교
  - 현장타설공법
    - 동바리공법(FSM)
    - ILM(압출공법)
    - MSS(이동지보공법)
    - FCM(외팔보공법)
  - Precast공법
    - Precast Girder공법(PSC 합성 Girder교)
    - Precast Box Girder공법(Precast Segment Method : PSM)
- 강교
  - 지지방법
    - 동바리공법(FSM)
    - ILM(압출공법)
    - MSS(이동지보공법)
    - FCM(외팔보공법)
  - 운반방법
    - Crane식 공법
    - Cable식 공법
    - Lift Up Barge 공법
    - Pontoon Crane 공법

측방유동

- 문제점
  - 단차발생, 교좌 및 포장파손, 교량파손
  - 신축이음 기능 저하, 교대수평이동 및 경사
- 원인
  - 뒤채움 편재하중, 교대배면 성토하중
  - 기초처리 불량, 부등침하, 지진
- 대책
  - 연속 Culvert공법, 파이프 매설공법
  - EPS 공법, 박스 매설공법, Slag 뒤채움

시공순서

3경간연속교 : (FSM) 계량 – 비빔 – 운반 – 타설 – 다짐 – 이음 – 양생 – 강재긴장

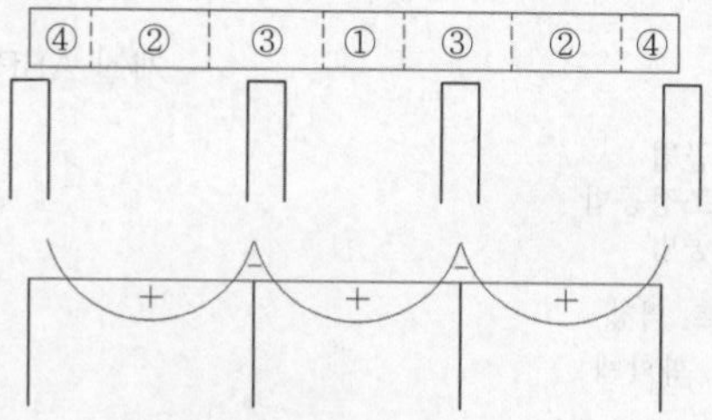

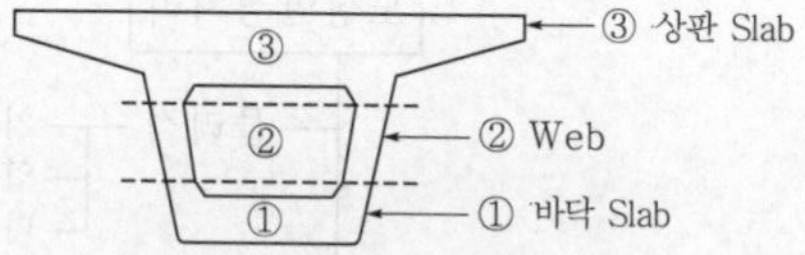

ILM : 제작장 – Nose – Seg 제작 – 압출 – 강재인장 – 교좌

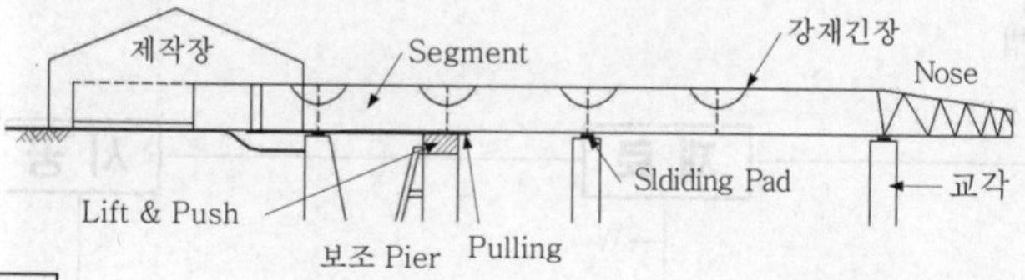

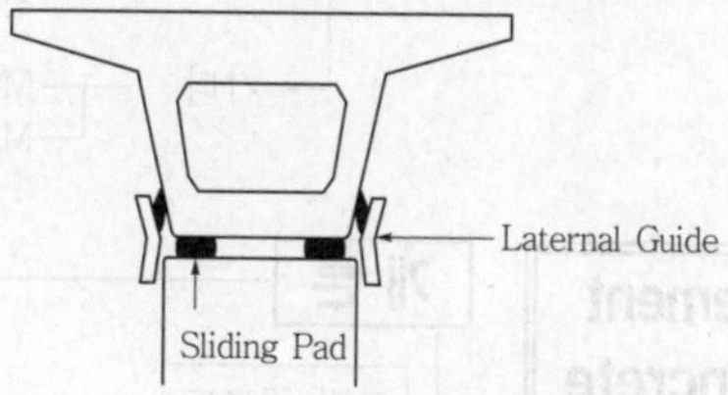

MSS : 비계보 이동전 준비 – 비계보 이동 – 비계보 이동후 조치 – 추진보 이동 – Con'c 타설 – 강재긴장

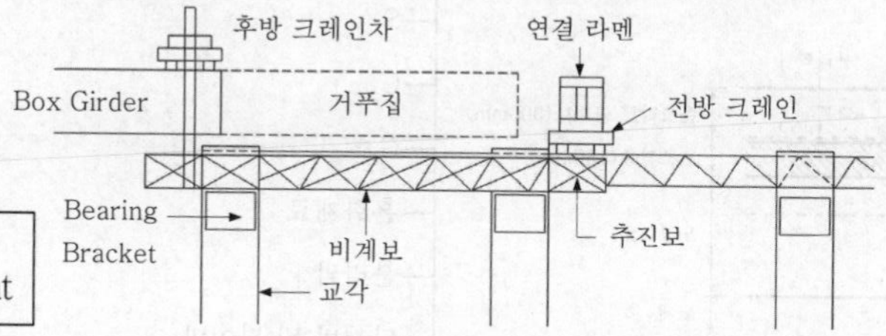

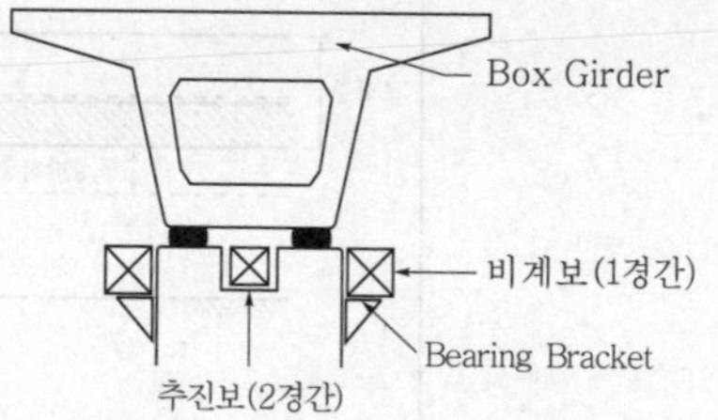

FCM : Temporary Prop – Sand Jack – Pier Table – Form Traveller – Con'c 타설 – 강재긴장 – Key Segment

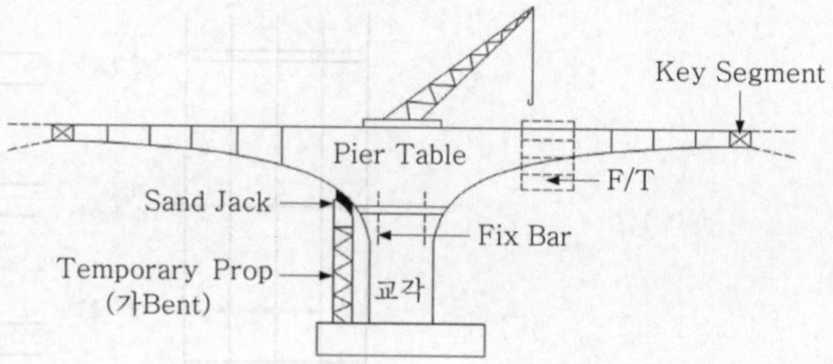

강교 : 공장제작 – 운반 – 현장가설 – 변형검사 – 조립 – 교좌 – 도장 – 포설

제4장 도 로

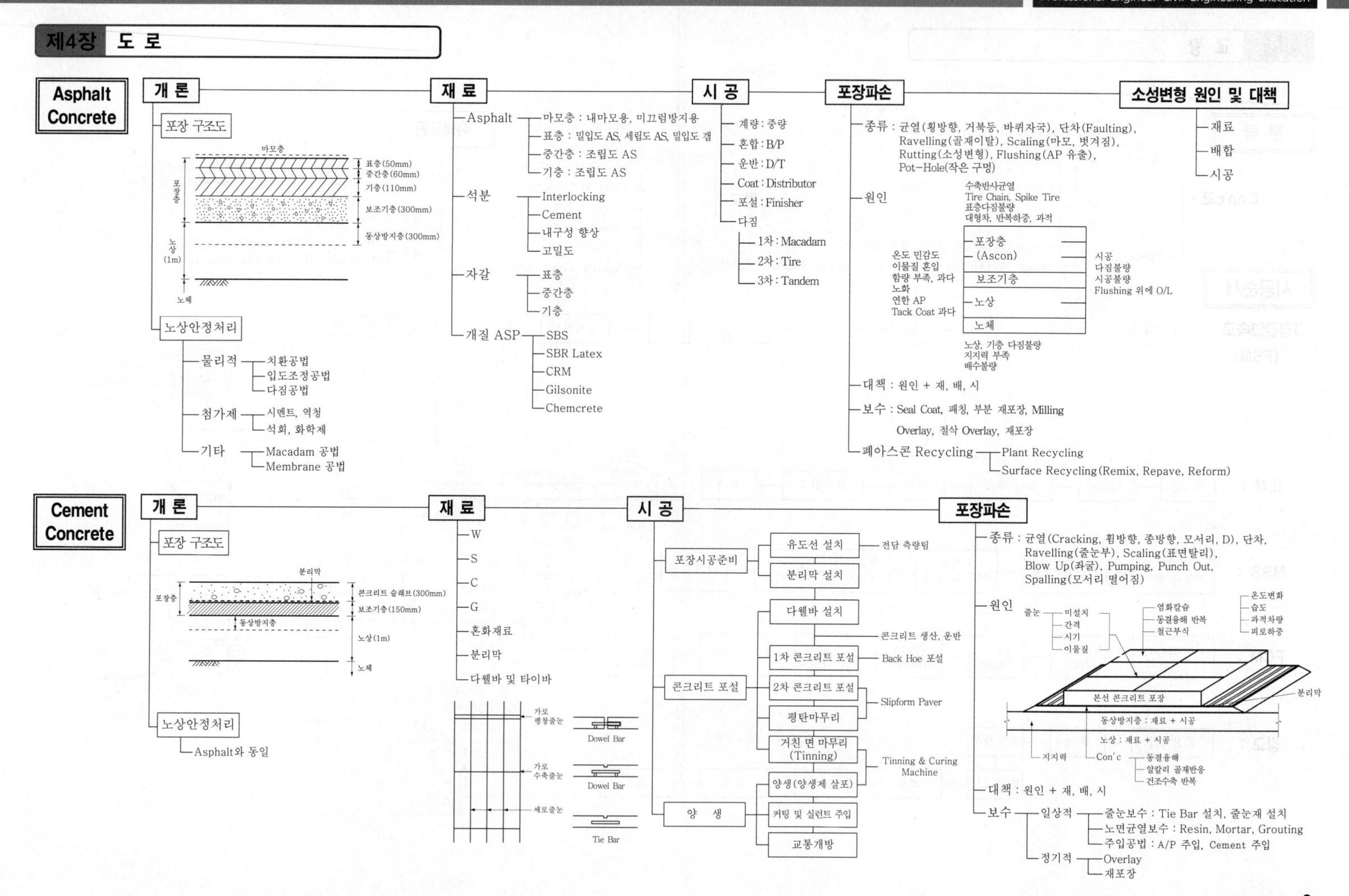

Asphalt Concrete

개 론
- 포장 구조도

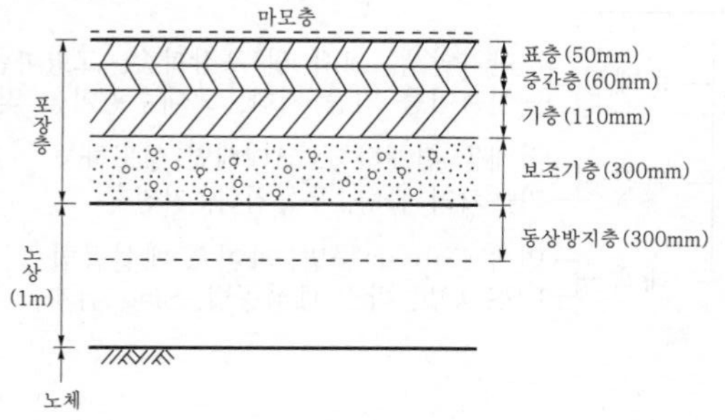

- 노상안정처리
  - 물리적 — 치환공법, 입도조정공법, 다짐공법
  - 첨가제 — 시멘트, 역청 / 석회, 화학제
  - 기타 — Macadam 공법, Membrane 공법

재 료
- Asphalt
  - 마모층 : 내마모용, 미끄럼방지용
  - 표층 : 밀입도 AS, 세립도 AS, 밀입도 갭
  - 중간층 : 조립도 AS
  - 기층 : 조립도 AS
- 석분
  - Interlocking
  - Cement
  - 내구성 향상
  - 고밀도
- 자갈
  - 표층
  - 중간층
  - 기층
- 개질 ASP
  - SBS
  - SBR Latex
  - CRM
  - Gilsonite
  - Chemcrete

시 공
- 계량 : 중량
- 혼합 : B/P
- 운반 : D/T
- Coat : Distributor
- 포설 : Finisher
- 다짐
  - 1차 : Macadam
  - 2차 : Tire
  - 3차 : Tandem

포장파손
- 종류 : 균열(횡방향, 거북등, 바퀴자국), 단차(Faulting), Ravelling(골재이탈), Scaling(마모, 벗겨짐), Rutting(소성변형), Flushing(AP 유출), Pot-Hole(작은 구멍)
- 원인
  - 수축반사균열 / Tire Chain, Spike Tire / 표층다짐불량 / 대형차, 반복하중, 과적
  - 포장층(Ascon) — 온도 민감도, 이물질 혼입, 함량 부족, 과다, 노화, 연한 AP, Tack Coat 과다
  - 보조기층 / 노상 — 시공, 다짐불량, 시공불량, Flushing 위에 O/L
  - 노체 — 노상, 기층 다짐불량, 지지력 부족, 배수불량
- 대책 : 원인 + 재, 배, 시
- 보수 : Seal Coat, 패칭, 부분 재포장, Milling, Overlay, 절삭 Overlay, 재포장
- 폐아스콘 Recycling
  - Plant Recycling
  - Surface Recycling(Remix, Repave, Reform)

소성변형 원인 및 대책
- 재료
- 배합
- 시공

Cement Concrete

개 론
- 포장 구조도

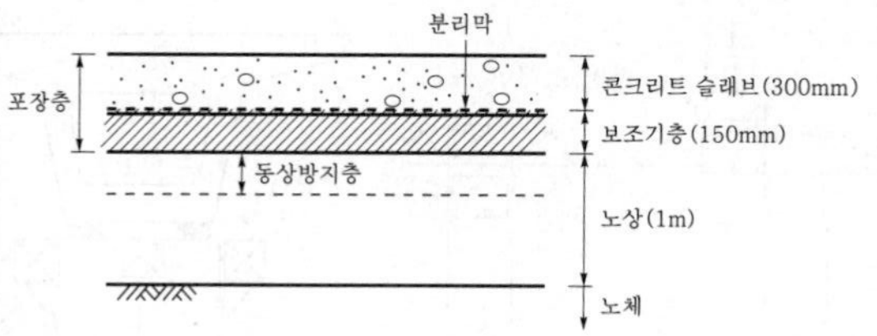

- 노상안정처리
  - Asphalt와 동일

재 료
- W
- S
- C
- G
- 혼화재료
- 분리막
- 다웰바 및 타이바

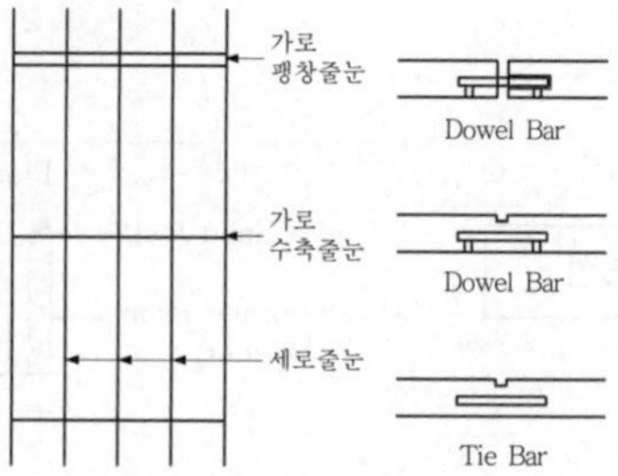

시 공
- 포장시공준비
  - 유도선 설치 — 전담 측량팀
  - 분리막 설치
- 콘크리트 포설
  - 다웰바 설치
  - 콘크리트 생산, 운반
  - 1차 콘크리트 포설 — Back Hoe 포설
  - 2차 콘크리트 포설 — Slipform Paver
  - 평탄마무리
  - 거친 면 마무리(Tinning) — Tinning & Curing Machine
  - 양생(양생제 살포)
- 양 생
  - 커팅 및 실런트 주입
  - 교통개방

포장파손
- 종류 : 균열(Cracking, 횡방향, 종방향, 모서리, D), 단차, Ravelling(줄눈부), Scaling(표면탈리), Blow Up(좌굴), Pumping, Punch Out, Spalling(모서리 떨어짐)
- 원인

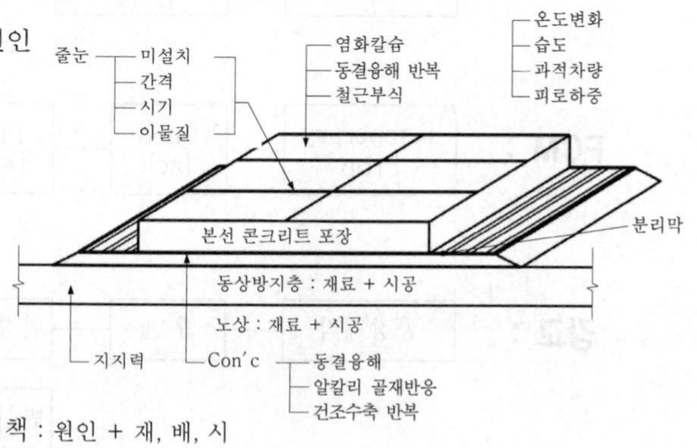

- 대책 : 원인 + 재, 배, 시
- 보수
  - 일상적
    - 줄눈보수 : Tie Bar 설치, 줄눈재 설치
    - 노면균열보수 : Resin, Mortar, Grouting
    - 주입공법 : A/P 주입, Cement 주입
  - 정기적
    - Overlay
    - 재포장

부 록

I. 공사별 요약 ②

장판지

제10장 제4절 공정관리

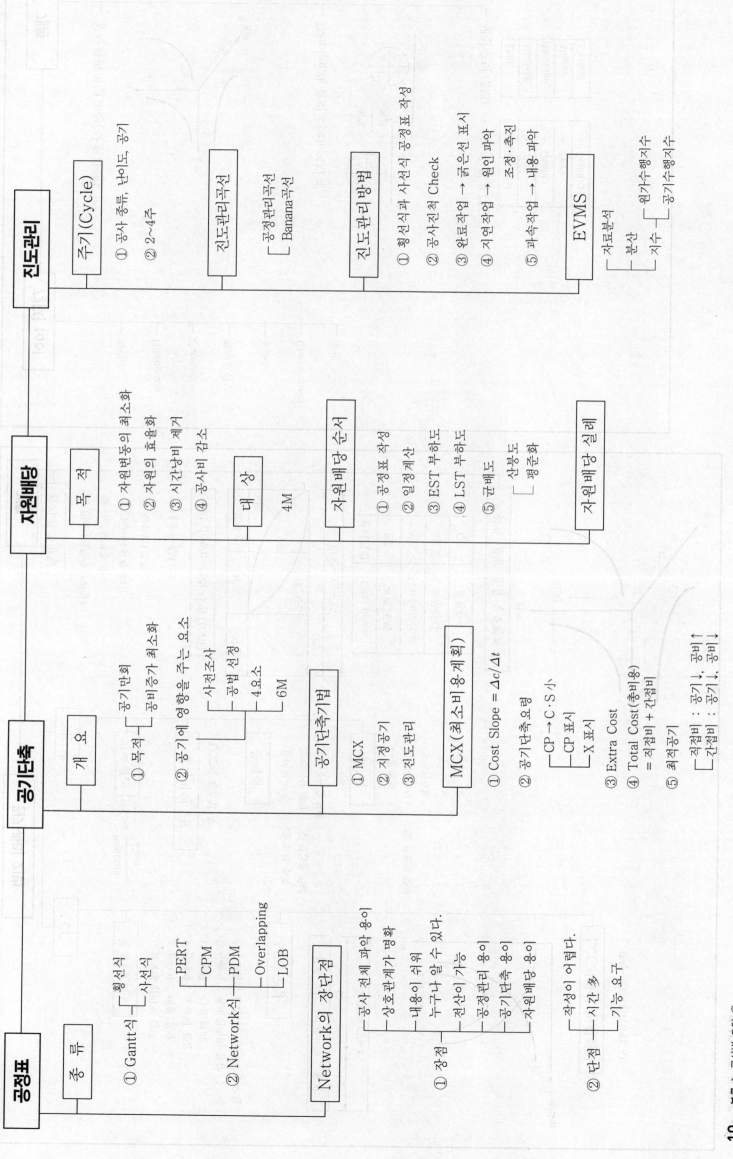

공정표

종류

- ① Gantt식
  - 횡선식
  - 사선식
- ② Network식
  - PERT
  - CPM
  - PDM
  - Overlapping
  - LOB

Network의 장단점

- ① 장점
  - 공사 전체 파악 용이
  - 상호관계가 명확
  - 내용이 쉬워 누구나 알 수 있다.
  - 전산이 가능
  - 공정관리 용이
  - 공기단축 용이
  - 자원배당 용이
- ② 단점
  - 작성이 어렵다.
  - 시간 多
  - 기능 요구

공기단축

개요

- ① 목적
  - 공기만회
  - 공비증가 최소화
- ② 공기에 영향을 주는 요소
  - 사전조사
  - 공법 선정
  - 4요소
  - 6M

공기단축기법

① MCX
② 지정공기
③ 진도관리

MCX(최소비용계획)

① Cost Slope = $\Delta c/\Delta t$

② 공기단축요령
- CP → C·S 小
- CP 표시
- X 표시

③ Extra Cost

④ Total Cost(총비용) = 직접비 + 간접비

⑤ 최적공기
- 직접비 : 공기↓, 공비↑
- 간접비 : 공기↓, 공비↓

자원배당

목적

① 자원변동의 최소화
② 자원의 효율화
③ 시간낭비 제거
④ 공사비 감소

대상

4M

자원배당 순서

① 공정표 작성
② 일정계산
③ EST 부하도
④ LST 부하도
⑤ 균배도
- 산봉도
- 평준화

자원배당 실례

진도관리

주기(Cycle)

① 공사 종류, 난이도, 공기
② 2~4주

진도관리곡선

- 공정관리곡선
- Banana곡선

진도관리방법

① 횡선식과 사선식 공정표 작성
② 공사진척 Check
③ 완료작업 → 굵은선 표시
④ 지연작업 → 원인 파악 조정·촉진
⑤ 과속작업 → 내용 파악

EVMS

- 자료분석
- 분산
- 지수
  - 원가수행지수
  - 공기수행지수

제10장 제2절 품질관리

개론

- 공사관리의 3요소(상호관계)

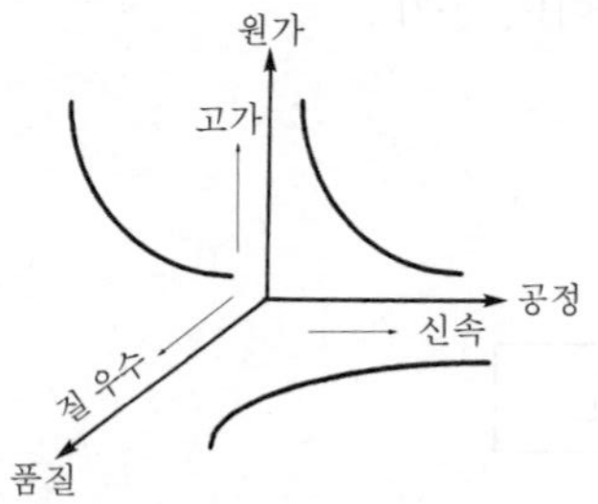

- Deming의 관리 cycle 4단계

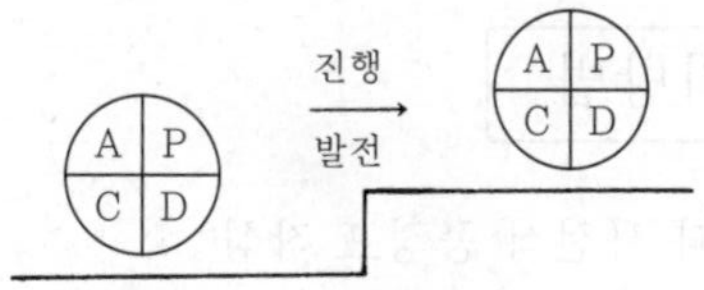

- 생산수단(5M) → 5가지 목표(5R)

Man	Right Product
Material	〃 Time
Machine	〃 Quality
Money	〃 Price
Method	〃 Quantity

7가지 tool

- 관리도
- Histogram
- Pareto도
- 특성요인도
- 산포도
- Check sheet
- 층별

제10장 제2절 원가관리

개론

원가관리방법

① Plan(실행예산편성)
② Do(원가통제)
③ Check(원가대비)
④ Action(조치)

※ 내용은 6M으로

Cost down 관리기법(tool)

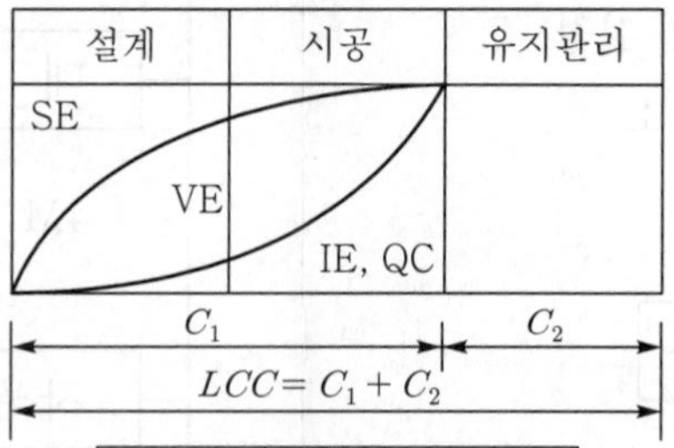

관리기법	Cost down
SE	최적 공법
VE	Function/cost
IE	노무절감
QC	품질관리

원가·공정·품질 상호관계

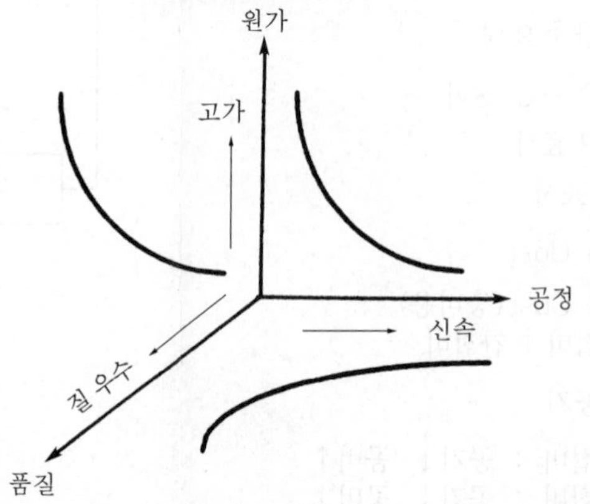

원가관리 기법

VE

기본원리 $V = \frac{Function}{Cost}$

효과적인 VE

LCC가 최소일 때

문제점

① 이해 부족 ② 인식 부족
③ 안이한 생각 ④ 성급한 기대
⑤ 활동시간 부족

대 책

↔ 문제점
① 교육실시 ② 전조직 참여
③ 이익확보

LCC

목적(효과)

① 설계의 합리적 선택
② 발주처 : 비용 절감
③ 설계자 : 노동력 절감
④ 시공자 : 시공 편리
⑤ 사용자 : 유지관리비 절감
⑥ 구조물의 효과적인 운영체계 수립

LCC 구성

설계	시공	유지

C_1 (설계 + 시공), C_2 (유지)

$LCC = C_1 + C_2$

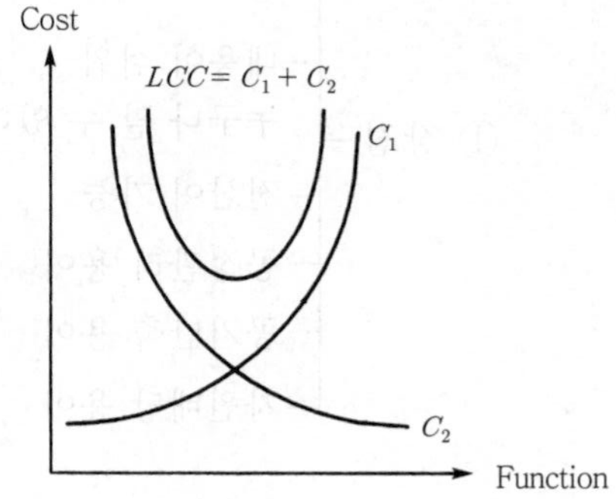

LCC기법의 진행절차

분석－계획－관리(PDCA)

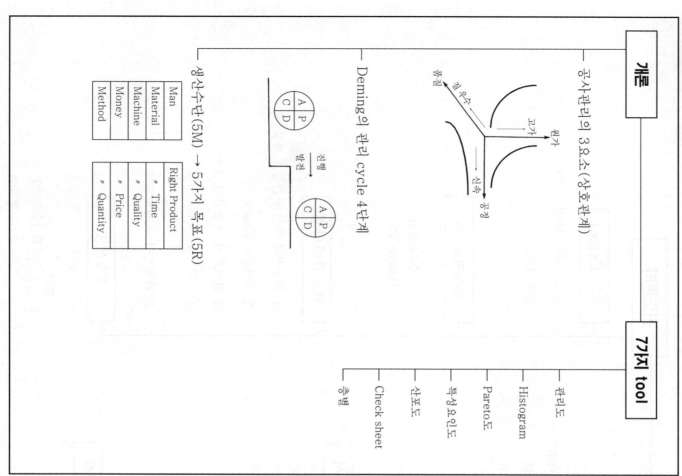

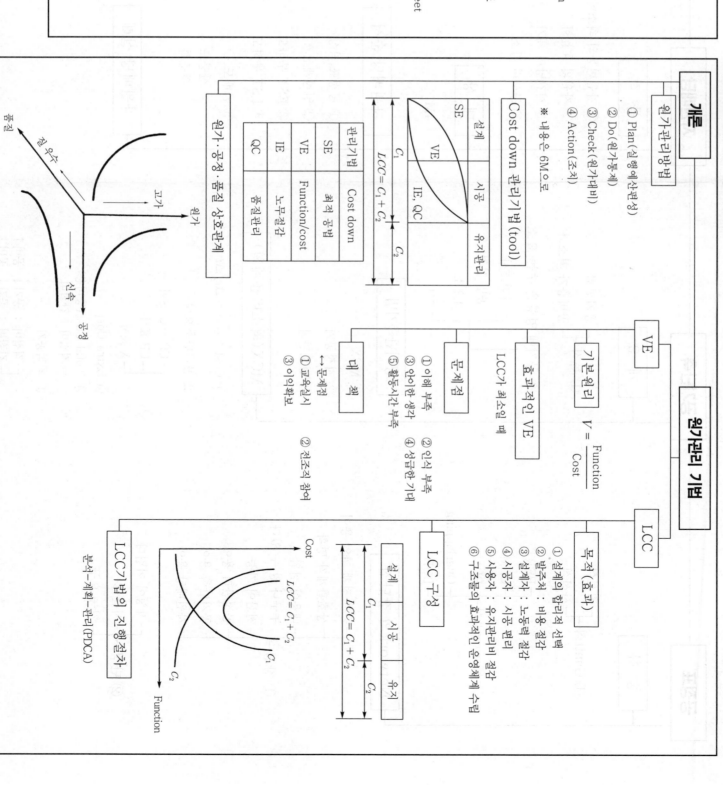

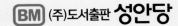

[길잡이]

토목시공기술사

II(전문공종·총론)

Professional Engineer Civil Engineering Execution

이 책의 구성

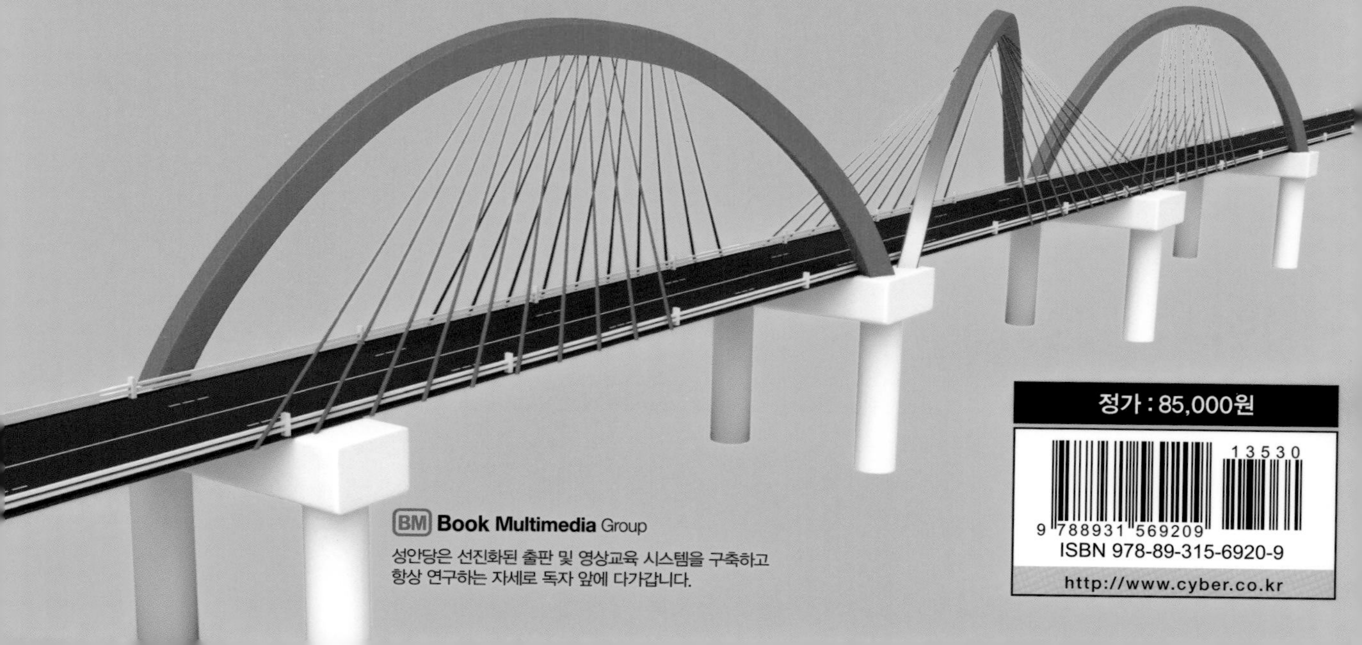

BM Book Multimedia Group

성안당은 선진화된 출판 및 영상교육 시스템을 구축하고
항상 연구하는 자세로 독자 앞에 다가갑니다.

정가 : 85,000원

ISBN 978-89-315-6920-9

http://www.cyber.co.kr

최신 개정판

Professional Engineer Civil Engineering Execution

[길잡이]

토목시공기술사

Ⅲ (과년도 출제문제)

권유동 · 김우식 · 이맹교 지음

저자직강!
동영상 강의교재
성안당 이러닝
bm.cyber.co.kr
★스마트폰 수강가능★

BM (주)도서출판 성안당

[길잡이]

토목시공기술사

III (과년도 출제문제)

권유동 · 김우식 · 이맹교 지음

BM (주)도서출판 성안당

■ 도서 A/S 안내

성안당에서 발행하는 모든 도서는 저자와 출판사, 그리고 독자가 함께 만들어 나갑니다.

좋은 책을 펴내기 위해 많은 노력을 기울이고 있으나 혹시라도 내용상의 오류나 오탈자 등이 발견되면 "좋은 책은 나라의 보배"로서 우리 모두가 함께 만들어 간다는 마음으로 연락주시기 바랍니다. 수정 보완하여 더 나은 책이 되도록 최선을 다하겠습니다.

성안당은 늘 독자 여러분들의 소중한 의견을 기다리고 있습니다. 좋은 의견을 보내주시는 분께는 성안당 쇼핑몰의 포인트(3,000포인트)를 적립해 드립니다.

잘못 만들어진 책이나 부록이 파손된 경우에는 교환해 드립니다.

저자 문의 : acpass@hanmail.net

본서 기획자 e-mail : coh@cyber.co.kr(최옥현)

홈페이지 : http://www.cyber.co.kr 전화 : 031)950-6300

CONTENTS

차 례

부록 Ⅱ 과년도 출제경향 분석표

부록 Ⅲ 과년도 출제문제

부 록 토목시공기술사

Ⅱ. 과년도 출제경향 분석표

• 제12회 ~ 제131회 과년도 출제경향 분석표

토목시공기술사 과년도 출제경향 분석표

구분		12회[1975년]	13회[1976년]	14회[1977년]	15회[1978년(전반기)]	16회[1978년(후반기)]
토공	일반토공			[40] 절토량이 많은 선공사에서 절토공법, 시공장비	[50] 흙쌓기 다짐공법	[50] 다짐 규정 방식 [50] 토량 배분 방법
토공	연약지반			[40] 연약지반 개량공법		
토공	사면안정					
토공	옹벽, 보강토	[40] 주동토압 작용점 [40] 옹벽구조물이 합력선 위치	[50] 최대지압도, 주동토압			
토공	건설기계	[40] 굴착·운반 동시 작업 기계 [40] 로우더의 작업분석 [40] 토공장비 계획	[50] 합리적인 공사계획 관리방안, 순작업일수와 소요일수	[40] 장비 소요대수 산정	[50] 기계 가동률에 영향요인	[50] 장비 소요대수 산정
기 초		[40] 지하철도 건설의 토질에 따른 시공방법 [40] 정통을 암반에 밀착시키는 방법 [40] 교량의 기초 공법	[50] 말뚝기초공의 종류 및 동역학적 지지공식	[50] 각종 기초공법의 적용	[50] Caisson 기초의 종류	[50] 앵커 있는 Sheet Pile 시공시 근입깊이 및 Tie Rod 신장력 [50] 말뚝의 지지력 추정방법 및 침하량 측정방법
콘크리트	일반 콘크리트	⑩ 조강 Cement의 특성 ⑩ Pozzoith Concrete [40] 배합설계 [40] 완성 콘크리트 성질 좋게 하는 방법 [40] P.C 원리		⑩ W/C와 σ_{28}의 관계 ⑩ 콘크리트 분리와 Bleeding 방지법 ⑩ 진동다짐공법 ⑩ 습윤양생방법	[50] PC와 RC의 차이	[50] 구조물 시공의 시공관리상의 점검시기와 점검항목 [50] 콘크리트재료선정시 유의 사항 및 제 성질에 미치는 영향
콘크리트	특수 콘크리트	[40] 서중 콘크리트 [40] 우물통 수중 콘크리트	[25] 댐 Con'c 치기 양생 [25] Pre Packed Con'c	⑩ 서중 콘크리트	[50] 수중 콘크리트	
도 로		⑩ Tremie Con'c ⑩ Prepacked Con'c [40] 아스팔트 포장용장비의 특성	[40] 콘크리트포장 시공순서, 장비, 양생검사			
교 량				[40] 철근콘크리트 T형교 콘크리트 타설	[50] 연속 철근콘크리트 T-Beam	[50] 장경간 연속교가설방법
터 널			[40] 산간터널 최신 굴착방법, 소요장비	[50] 지하철 건설방법의 종류	[50] 산간터널 발달된 굴착방법 소요설비	[50] 터널공사 주요시공기계
댐			[25] 댐 Con'c 타설, 양생	[50] 수력발전용 댐의 종류	[50] Fill Dam Core 시공법	[50] 가설비 계획
항 만				[40] 정통의 시공계획 및 시공과정		
하 천				[40] 하천개수공사 시공방법	[50] 하천 호안공의 종류	
총 론		[40] PERT 공정계획 관리기법의 유의점 [40] Network, TE, TL, 주공정선, 소요작업일수	[40] Network 작성, 작업표준 결정단계	[40] 시공관리 [50] Network, Slack과 주 공정선	[50] PERT의 원칙이 공정관리에 미치는 요인 [50] 공기단축	[50] 시공계획 [50] Network 기법
구조계산, 기타		[40] 3경간 연속보의 휨모멘트 계산	[50] 삼각측량에서 삼각망, 삼각점	[50] Slab용 목재거푸집 두께 선정 [50] 3경간 연속보의 휨모멘트 및 지점반력계산	[50] 가설동바리의 규격결정	

구분		17회[1979년]	18회[1980년]	19회[1981년(전반기)]	20회[1981년(후반기)]	21회[1982년(전반기)]
토공	일반토공	[50] 구조물 접속부 단차 대책	[50] 구조물 접속부 단차 대책			⑩ 다짐관리방법 [33] 토적계산 방법 [50] 흙다짐 기계의 종류
토공	연약지반	[50] Sand drain, paper drain [50] 연약지반 시공계획 [50] 탈수공법 4가지 이상		[33] 불량토사환토방법 [50] 연약지반 처리공법	[33] 연약지반 조사사항	
토공	사면안정	[50] 법면보호공법		[33] 사태, 균열 방지대책		
토공	옹벽, 보강토			[50] L형 옹벽, 보강방법	[33] 옹벽 안정조건	⑩ 정지토압 [34] 옹벽 뒤채움 재료 [34] 옹벽 안정조건
토공	건설기계	[50] 쇼벨계 굴착기	[50] 건설기계 선정조건 [50] 콘크리트 가시설계획	[33] 트랙타계 장비종류 [33] 준설선의 종류	[33] 기계화 시공계획 [34] 운반용 기계	⑩ 토공운반기계
기 초		[50] 항타용 해머의 종류 [50] 기초말뚝의 장기허용 지지력 및 부위 주면 마찰력 [50] Benoto와 RCD의 비교 설명	[50] 교대 뒤채움 접속부 단차 대책 및 기초말뚝 사항 사용시 문제점	[34] Pile 해머의 대표적인 2가지의 특성 [50] 수심이 깊은 교량의 기초 공법 [50] 높이 50m 육교의 교각 시공 공법과 시공상 유의 사항	[33] H-pile 시공시 좋은 점과 대책 [33] Caisson 종류	[50] 개착식 공법에서 암굴착시 유의사항 [50] 우물통 기초를 Pile 기초로 변경할 때 [50] 교량의 기초 공법의 종류
콘크리트	일반 콘크리트	⑩ 설계기준강도와 배합강도 ⑩ 정철근 부철근 ⑩ 스트럽과 절곡철근 ⑩ 시방배합과 현장배합 ⑩ 포스트텐션과 프리텐션		[34] 배합설계시·현장조사·실내 시험 [50] 콘크리트 펌프 사용시 배합 및 시공시 유의사항	[33] 혼화재료 [34] 습윤양생 [50] 콘크리트 공사에 대한 계획과 점검사항 [50] 해수저항 Con'c 타설방법	⑩ Sliding Form ⑩ 현장배합 [34] 배합설계에 필요한 시험
콘크리트	특수 콘크리트	[50] 한중 콘크리트	[50] 서중, 한중 Con'c 시공요점			
도 로			[50] 노상노반 안정처리	[50] 아스팔트 포장 품질관리		[50] 시멘트 포장과 아스팔트 포장의 구조적 차이
교 량			[50] 단순교를 연속교로 변경시 검토사항	[50] 연속 강판교에서 Rivet, 고장력볼트	[50] 10경간 PC 합성교 [50] Rivet, 고장력볼트 사용시 유의사항	⑩ 고장력볼트 사용 교량가설 [50] PC Girder를 연속교로 변경시 검토사항
터 널			[50] 한강하저 통과방법, 굴착 과정 [50] 수력발전용 수로 터널시공	[50] NATM의 특징, 터널 공사의 방 배수	[50] 최신 터널 공법	⑩ 지발뇌관
댐		[50] 댐 시공관리				
항 만			[50] 방파제의 종류		[50] 항타선에 대하여 기술 [50] 가물막이 공법의 종류	[50] 가물막이 공법
하 천				[50] 호안공사, 수제공사 차이점		
총 론		[50] 원가관리의 필요성, 방법	[50] 시공계획 [50] CPM 기법상 표준상태 긴급상태	[33] 공기단축	[50] 시공계획 및 해외공사 조사사항 [50] 일일표준작업량, 시간상 시공진도	[33] $\overline{x}$ 관리도의 관리선 결정 [50] 최소비용으로 공기단축방법
구조계산, 기타				[33] H-형강의 단면 검토		

구분	연도	22회[1982년(후반기)]	23회[1983년]	24회[1984년]	26회[1985년]	28회[1986년]
토공	일반토공	[33] 유토곡선		[33] 토공전압기계 종류 특징 [33] 구조물 접속부 단차 [33] 토량계산 [33] 유토곡선	⑩ 다짐밀도 [50] 동상방지 대책	[25] 성토시 다짐공법
	연약지반			⑩ Paper drain [33] 약액주입 공법 [33] 연약지반 개량공법	[33] 주입공법	
	사면안정		[30] 법면붕괴시 응급대책 항구 대책			
	옹벽, 보강토	[33] 역T형 옹벽 배근도			[33] 옹벽 신축 이음	⑳ 보강토공법
	건설기계	[33] 쇼벨계 굴착 기계 [50] 장비선정 및 작업계획				[50] 토공장비계획
기 초		⑰ Earth Anchor [33] 사항시공 이유, 시공상 유의점 [50] 토류벽 시공시 용수대책	[30] 우물통 침하시 침하공법 [33] Earth Anchor의 역학적 구조, 종류	⑩ Underpinning [33] 지하연속벽 종류, 특징 [33] 파일두부 파손원인 대책 [50] 시가지 공사시 소음·진동 공해의 최소화 대책	[33] 지하수 높은 지역에서 기성 말뚝과 현장타설말뚝 사용시의 장·단점 [35] 토류벽 분류 [50] 교각 우물통 기초 보강방법	[25] 토류벽 분류 [30] 파일 이음시 결함방지 대책 [50] 개착식 공법의 암반선 깊을 때 안전대책 [50] 지하철 재난사고에 대해 지하의 판단 [50] 수심이 깊은 장경간 교량의 기초공법
콘크리트	일반 콘크리트		[30] 철근의 이음 [33] 구조물 공사 착수 전 취할 조치 [33] 동바리 시공시 유의사항 [33] 줄눈 종류 [33] 콘크리트 내구성 [40] 시방 배합표 작성	[33] 거푸집 검사시 유의점 [33] 콘크리트의 얼룩 색깔차의 원인 대책 [50] Post tension에 신장량과 계산상의 차이에 대한 조치	⑩ Cold joint ⑩ Creter Crane [33] 균열원인 대책 [34] 시공관리계획 [35] 콘크리트 방수성 [50] PC보의 응력상태	⑳ 시방배합, 현장배합 [25] 레미콘 품질관리 [50] 지하구조물 방수공법
	특수 콘크리트					
도 로		⑰ 건축한계 차량한계 터널 [50] 아스팔트 공사 시공순서, 장비선정	[30] 한냉시 아스팔트 포장 [33] 포장파괴원인 보수방법		[33] 콘크리트 포장 줄눈설치	[50] 콘크리트 포장의 균열
교 량		[33] 강구조에서 용접 고장력 볼트 리벳트 보통 볼트의 용도 [50] 지간 32m PC교 시공법		[33] 3경간 연속교 Con'c 타설 [50] 지간 50m 강교가설	[50] 지간 50m PC교 시공법	[50] 3경간 강판형교 [50] 교좌시공상 유의점
터 널		⑩ Smooth Blasting [50] 암반 보강공법		⑩ Bench Cut ⑩ 역 라이닝 공법 [50] 토사구간 터널공법	⑩ Calmmite ⑩ Jumbo drill	⑳ 전단면 굴착공법 ⑳ Pipe Messer
댐		[50] 중력식 Dam Con'c 타설계획 가설비계획	[33] Con'c 댐 Grouting		[33] Rock Fill Dam 공정계획	[50] Fill Dam 시공계획
항 만				[50] 매립방법의 종류		
하 천		[33] 홍수처리 방법	[30] 하천제방 누수방지대책 [33] 하상, 하안 침식방지 방법	⑩ Crib Wall [33] 가체절 공법의 종류	[33] 하천제방에서 내수배제 위한 관이나 문 설치시 유의점	
총 론		[33] Network에서 최적배원 계획 [50] 시공계획시 고려할 점 [50] 원가관리 [50] 안전관리 점검사항	[30] 댐콘크리트 품질관리 [33] 원가관리 [40] 안전사고 방지대책		[33] 품질관리에서 검사기기, 검사방식 선정 [50] Plant 공사의 시공계획 공사조사 목적 조사계획 [50] 공사공해 종류, 방지대책	[30] 시공계획
구조계산, 기타						[25] 목재보의 안전여부 검토

구분		29회[1987년]	31회[1988년]	32회[1989년]	33회[1990년(전반기)]	34회[1990년(후반기)]
토공	일반토공	⑫ 동결심도 [50] 구조물 접속부 시공	[33] 토취장 사토장 선정조건 [34] 구조물 접속부 하자방지 대책	[25] 암성토, 토사 성토 구분 이유 [50] 암거 뒤채움 시공상 유의점 [50] 유토곡선		⑩ 흙의 압축 압밀 [33] 토성별 다짐공법
	연약지반	[33] Sand drain과 Sand compaction 비교 [50] 성토 침하관리	[50] 연약지반 개량공법 [50] 약액주입공법		[50] 연약지반 개량공법	[50] 약액주입 공법 [50] 연약지반 지지력 및 안정 계산
	사면안정				[33] 비탈면 보호 방법	[50] 사면안정 공법
	옹벽, 보강토	[32] 석축붕괴 원인 대책 [50] 중력식 옹벽	[50] 옹벽저판의 구조	[50] 보강토 공법		[35] 석축붕괴 원인 대책
	건설기계	[34] 토공장비조합 가동일수 산정	[33] 장비 선정방법 [50] 암반절취시 시공계획	[25] 건설기계 관리시 유의사항	⑩ Ripper bility [50] 장비조합원칙 선정방법 [50] 다짐장비 소요대수 산정	[50] 골재생산 시공계획
기 초		⑫ Boiling 현상 [50] 기성말뚝의 적정 항타기와 시공상 유의사항	[33] Earth Anchor의 지지방식 [34] 회전기계 기초시공시 유의사항 [34] 무공해 말뚝기초의 특성과 적용범위 [50] 지하수위 이하 차수성 토류벽	[50] 지하 연속구조물의 시공시 유의사항 시공계획 [50] 파일두부파손 방지 대책 [50] 매설관의 기초형식	[34] 수평진동이 예상되는 지역 적용 말뚝 [35] 말뚝 해머의 종류 및 적용 상 특징 [50] 수심 25m 해저 암반에 적합한 기초 공법	[34] 개량되었다고 생각되는 점, P.C 파일의 시방적합성 여부 [35] 교량기초의 대표적인 기초 공법 3가지 [50] 연약지반에서 항타시 귀하의 의견
콘크리트	일반 콘크리트	⑫ 콘크리트 Shrinkage [33] PC와 RC의 특성 시공상 유의점	[55] 균열원인, 보수보강 공법	[25] 동바리 시공시 유의사항 [25] Con'c 재료 [25] 물시멘트비 결정방법 [25] 건조수축적은 콘크리트 만드는 방법 [50] PC와 RC의 차이 [50] PC보의 응력 상태	[33] 배합강도 결정방법	⑩ Dry Mixing Remicon ⑩ Bleeding ⑩ Cold Joint [50] PC보의 응력 상태 [50] 콘크리트 시공관리에 있어서 시공단계별 점검 항목
	특수 콘크리트				[50] Mass Con'c 냉각방법	
도 로		⑫ CBR과 SN ⑫ Reflection Crack [33] 아스팔트 표층공 시공계획 [50] 포장파괴 원인 대책	[50] 산간지대, 평야지대 신설 도로공사 차이점	[25] 아스팔트 Plant 조합작업 [25] 콘크리트 포장 파손원인 [50] 아스팔트 포장 파손원인 문제점 [50] 시멘트콘크리트 포장 준비 작업 유의사항	⑩ Proof Rolling	[33] 콘크리트 포장 분리막
교 량		[33] 철근콘크리트 연속교의 Con'c 타설계획			⑩ Precast Block	⑩ Preflex Beam
터 널				[25] 조절폭파공법 [25] Shotcrete	⑩ 지불선(Pay Line) [50] 토질별 터널 굴진방법 [50] 소규모 수로 개설에 적정 공법	[50] 대규모 절토 구간에서 터널 시공 판단 위한 조사, 계획
댐			[50] 흙댐의 누수원인 대책		⑩ Grout Lift [50] 흙댐의 Piping 현상 원인 대책	[50] Con'c dam 가설비 공사
항 만			[34] 유공케이슨 방파제 특성	[25] 콘크리트 Block 계선 안	[50] 항만구조물의 기초사석공	
하 천						
총 론		[33] 시공관리 주요 항목 [33] 최소비용으로 공기 단축하는 방법 [34] Con'c 압축강도 관리할 때 품질관리도		[25] $\bar{x}-R$ 관리도 [50] Network에서 소요일수		
구조계산, 기타		[32] 강재 H-형강 단면검토	[33] H-형강 응력 검토 [50] 수조에 배관할 때 수밀성 유지방법		[35] 목재보의 강도 검토	

구분		35회[1991년(전반기)]	36회[1991(후반기)]	37회[1992년(전반기)]	38회[1992년(후반기)]	39회[1993년(전반기)]
토공	일반토공	[33] 흙쌓기공의 품질관리	[33] 성토재료 구비조건을 노상과 제방제체로 구분		[30] 흙의 강도 개념 및 시험방법 [30] 절성토 경계부 시공 [50] 암거 뒤채움, 성토시공	[34] 흙의 다짐정도 규정 방식 [50] 동결심도
	연약지반			[50] Proloading과 압성토	[50] 연약지반 문제점	[50] Vertical drain 공법
	사면안정	[50] 성토사면에 해로운 요인	[50] 법면경사기준, 법면보호 공법	[50] 산사태원인 방지대책		
	옹벽, 보강토			[50] 옹벽의 안정상 문제점 원인 대책	[35] 보강토 공법	[33] 옹벽의 안정조건
	건설기계					[34] 스크레이프의 기능, 조합장비 선정
기 초		[33] 강널말뚝의 역학적 특성 띠장의 역할 [34] Earth Anchor의 특징 문제점 적용범위 [50] 자갈층에서 대구경 시공 가능한 파일공법 [50] 흙막이 구조물의 시공관리 [50] 연약지반 지하철 시공시 흙막이 공법	[34] 흙막이 종류 및 공법 선정 조건		[35] 사질지반 항타시 토성변화 및 설계시공상 조치	[33] 말뚝의 이음방법 및 시공시 유의사항 [50] 성토지반에서의 항타작업에 대한 귀하의 의견 [50] 사질토 하상의 교각 시공시 적정공법 및 각 구조의 기준 강도
콘크리트	일반 콘크리트	[33] 굵은 골재 최대치수	[33] 공사 개시 전 시공계획서 [34] 표준갈고리, 철근 구부리기 [34] 혼화재료 [50] 레미콘의 품질규정, 검사 방법 [50] 해사 사용시 미치는 영향	⑩ Cold Joint ⑩ 굵은 골재 최대치수 ⑩ 배합강도 ⑩ 변동계수 [50] 곰보발생 이유, 방지대책, 보수방법 [50] 레미콘 시공관리	[50] 철근 부착에 영향을 미치는 요인 [50] PC 보의 응력변화	[50] 이음의 종류 [50] 현장배합 결정 [50] 균열발생시 보수 보강
	특수 콘크리트	[34] 해상 콘크리트 시공상 유의점 [34] Prepacked Concrete		[50] Mass Con'c 온도균열제어 방법	[50] 수밀 Con'c	[50] 댐, Mass 콘크리트 온도 제어 방법
도 로		[34] 콘크리트 포장의 양생 [50] 아스팔트 포장 다짐장비 조합 [50] 무근콘크리트 포장 파손 원인	[50] 아스팔트 포장 다짐시 문제점	[50] 기계적 안정처리 [50] 고속도로 시공관리		
교 량		[50] 팔당대교 붕괴 원인대책	[33] 구조용 연강을 경강보다 선호하는 이유 [50] PC 교량 상부구조 결함 보수보강	⑩ 활하중 합성형 [50] ILM [50] 교량시공 중 발생 균열원인 대책	[35] 철근콘크리트 3경간 연속교 콘크리트 타설 [35] 사장교	[33] 압출공법
터 널		[50] TBM 보완대책	[34] 용수대책 [34] 발파 자유면 확보 목적, 방법 [50] NATM 계측관리		[35] 산악터널 굴진공법	
댐						[50] 기초 암반처리 공법
항 만		[50] 가체절 공법 3가지 이상 기술	[50] 방파제 Caisson 거치방법		[35] 기초사석 고르기	
하 천					[50] 하천 하상 굴착목적, 굴착시 주의점	
총 론			[50] Network의 전여유 및 자유여유	[50] 안전관리사항, 재해예방 대책 [50] EDPS를 이용한 PERT, CPM	[30] Critical Path의 정의 [30] 공정관리 업무 [50] 시공계획서의 주요내용 [50] 새로운 공법채택시 주안점	[33] 건설공해, 방지대책 [34] Network의 전여유 및 주공정
구조계산, 기타		[33] I-Beam의 응력 검토	[33] I-Beam과 강관의 응력 검토	[50] 콘크리트보의 철근량 검토		

구분	연도	40회[1993년(후반기)]	41회[1994년(전반기)]	42회[1994년(후반기)]	43회[1995년(전반기)]	44회[1995년(중반기)]
토공	일반토공		[30] 진동식 Roller 공종 [30] 구조물 접속부 시공 [40] 유토곡선 [50] 토질별 다짐기계	⑩ 토량 환산의 L 및 C값 [30] 댐 재료의 SC와 C	[33] 암버럭 쌓기	⑳ 토공장비 운반거리 ⑳ 동결심도 [33] 성토다짐장비 종류 특징
	연약지반	⑳ 침하량 측정방법 ⑳ 연약지반 개량공법		⑩ Preloading	[33] 동다짐	[33] Vertical drain
	사면안정				[33] 사면안정해석, 보강공법	⑳ Seed spary
	옹벽, 보강토	[30] 옹벽파괴 원인분석				⑳ 정지토압 [33] 역T형 옹벽, 시공상 특징
	건설기계	[30] 준설선 시공계획	[30] 경제적인 조합방법	⑩ 불도저 작업 원칙 ⑩ Trafficability [30] 준설선 선정방법 [30] 크랏샤		[33] 장비조합 방법
기 초		[40] 우물통, 공기케이슨, 프리 캐스트케이슨 공법의 특징	[30] 말뚝해머의 종류 [50] 케이슨 시공시 콘크리트 배합, 치기, 시공상 지켜야 할 사항 [50] Benoto와 Earth Drill 비교	⑩ 말뚝의 부마찰력 ⑩ 진공케이슨 침하공법 ⑩ Guide Wall의 역할 [30] Con'c 말뚝과 강말뚝의 차이 [30] 무리말뚝의 사질토에서 유의사항	⑳ Cap Beam concrete [33] Slurry Wall 시공시 유의 사항 [33] Caisson 공법에서 마찰 저항 줄이는 방법 [50] Benoto, Earth drill 비교	⑳ 기초의 허용지내력 [33] 지하수위 높은 토류벽 시공 시 유의사항 [33] 흙막이공에서 계측기의 종류와 설치 [50] 기존 구조물 근접하여 개착식 공법 말뚝 시공시 하자 원인 대책
콘크리트	일반 콘크리트	⑳ 변동계수, 증가계수 ⑳ 안전성과 사용성 [30] Con'c 배합시 유의사항, 시공방법 [50] 철근 공칭지름, 과소 철근보 과다 철근보 [50] Batch Plant 운영계획, 유의사항		⑩ PC 강재의 Relaxation ⑩ Creep ⑩ 철근 공칭단면적 ⑩ 골재의 유효흡수율 ⑩ Cold Joint [40] W/C가 콘크리트에 미치는 영향 [50] 균열원인 대책	⑳ 유동화제 ⑳ 해사사용 염해 대책 ⑳ 알칼리 골재반응 [33] 레미콘 운반에서 타설까지 품질관리	⑳ 혼화제의 촉진제 [33] 시공 이음 설치이유, 설계 시공시 유의사항
	특수 콘크리트		[40] 서중콘크리트	[30] 서중콘크리트		
도 로			[50] 아스팔트 혼합물의 종류, 성질	⑩ CBR의 정의	⑳ 평판 재하시험 [33] 아스팔트 소성변형 발생 원인 대책	⑳ 콘크리트 포장 수축 이음 ⑳ Repaver와 Remixer
교 량		[33] 성수대교 붕괴원인	[50] 우물통 기초의 손상원인 보수보강	⑩ FCM		⑳ 용접의 비파괴검사 [33] 강형교의 유지관리
터 널		[30] Invert concrete		⑩ 터널굴진시 Cycle 작업 종류 ⑩ Shotcrete Rebound ⑩ 암반의 파쇄대 [30] 터널굴착장비 [50] 제어발파 공법	⑳ NATM 계측종류, 설치장소 ⑳ RQD ⑳ 규암의 시공상 특성 [33] 여굴발생원인 대책 [33] NATM 2차 복공 균열 원인 대책	⑳ 암반발파시 자유면 ⑳ 암반 균열계수 [33] TBM
댐			[40] 기초암반 보강공법 [50] 유수전환방식	⑩ Curtain Grouting	⑳ Con'c 표면 차수댐	
항 만		[30] 대형 안벽 구조물 3가지 시공시 유의사황				[33] 직립식 방파제
하 천			[50] 호안의 파괴원인 대책			
총 론		[30] 구조물 해체 공법 [30] 공기단축기법	[30] 공정관리곡선에 의한 공사진도 관리	⑩ PERT·CPM에서 Total Float [50] Network의 전여유 및 주 공정	[33] 시공계획서의 목적과 내용 [33] 공정관리의 사용목적과 내용	⑳ 공정관리상의 비용구배 [33] Network의 전여유 및 주 공정 [33] 관리도의 종류, 관리한계선
구조계산, 기타			[40] I-Beam의 응력검토			

구분		45회[1995년(후반기)]	46회[1996년(전반기)]	47회[1996년(중반기)]	48회[1996년(후반기)]	49회[1997년(전반기)]
토공	일반토공	[25] 성토착공 전 조사사항 [25] 흙의 동해 [30] 다짐관리, 다짐장비 종류 [35] 토질에 따른 전단강도 특성	⑳흙의 동상 [30] 도로 확폭구간 시공 [30] 구조물 연결부 뒤채움	[30] 토량배분 방법	⑳점토지반, 모래지반, 전단특성 [25] 점질토, 사질토의 특성 [25] 단지 토공에서 조사사항 [25] 유토곡선 [50] 구조물 접속부 시공	⑳흙쌓기의 노상재료 구비조건 ⑳토취장 선정조건 [30] 토질조사 및 시험
	연약지반		⑳동다짐 공법 ⑳연약점토층의 1차 압밀, 2차 압밀 [40] 연약지반 개량공법	⑳약액주입공법 [30] 제거치환공법		
	사면안정	[25] 붕괴 원인 대책 [25] 암반사면 안정대책		[35] 비탈면 보호공법		
	옹벽, 보강토	[25] 역T형 옹벽 배근도		[35] 축대붕괴 원인대책		
	건설기계			[35] 크랏샤 선정방법	⑳쇼벨계 굴착장비	
기 초		[25] 흙막이공 시공계획 시공시 주의사항 [25] 지하매설물 기초형식과 공법 [25] 구조물 침하원인 대책 [35] 지하수위가 높은 구조물 축조시 지하수 처리대책	[30] 사질지반 깊은 기초에 유리한 공법	[25] Strut방식, Earth Anchor 방식의 특징, 적용범위, 시공시 유의사항 [35] 기계굴착에 의한 현장타설 말뚝공법의 제반사항	⑳Slurry Wall ⑳유압 Hammer의 특징 ⑳개단말뚝과 폐단말뚝 [50] 타입말뚝과 현장 타설말뚝의 장·단점 및 시공시 유의 사항	[30] 우물통, Shoe 설치, 콘크리트 타설, 침하, 속채움 [40] 간만의 차가 심한 해상의 장대교량 기초공법 [50] 말뚝의 분류
콘크리트	일반 콘크리트	[25] AE제 역할, 사용시 주의 사항 [25] 잔골재율 [25] 굳지 않은 콘크리트 성질 [30] 초기균열 원인대책 [30] 내구성 큰 콘크리트 배합 시공상 유의점 [35] 열화원인대책	⑳정착길이 부착길이 ⑳소성수축 균열 ⑳피로파괴, 피로강도 ⑳잔골재율 [30] 시공계획 과정에서 점검 사항 [40] 균열원인 대책 [50] 배합설계	⑳SCF(Self Climbing Form) ⑳거푸집 동바리의 안정성 및 시공성 ⑳Preflex Beam [30] 품질관리 요점 [35] 구조물 시공시 안전사고 방지대책 [50] 콘크리트 구조물 유지관리 체제	⑳경량골재 종류 ⑳PC의 Relaxation [25] 균열발생 원인대책 [50] 기준강도와 배합강도	⑳중공 Slab 균열 원인 대책 ⑳알칼리 골재반응 ⑳콘크리트 방식 ⑳극한한계 상태 사용한계 상태 [30] 콘크리트 내구성 증진 방안 [50] PC보의 응력변화
	특수 콘크리트		⑳온도제어 양생	[30] Con'c 냉각 양생		[30] 수밀 Con'c 누수원인 대책 [40] Mass Con'c 온도균열제어 방법
도 로		[35] 포장 콘크리트 혼합방식 장·단점	[50] 콘크리트 포장 평탄성관리	⑳아스팔트 포장 장비조합 ⑳콘크리트 포장 이음 [35] 상층노반 축조방법	⑳아스팔트 혼합물 석분 넣는 이유 [25] 노상 개량 공법	[50] 아스팔트 혼합물 내유동 대책 [50] 회수 다스트 채움재 사용시 주의점
교 량		[35] 강교가설공법	[50] 교량 유지관리 보수보강 문제점	⑳용접 결함 원인 [30] 강교 가설 공법	[25] 최신 교량가설 공법 2가지	⑳강구조 압축부재, 휨부재 연결 ⑳강재방식 공법 ⑳연속곡선교의 교좌 배치 [30] 당산철교 철거와 재시공 방안 [30] 교량교대의 측방이동억제 공법 [30] 5연속 Steel Box Girder [50] PSM [50] 용접 균열검사
터 널		[25] 조절폭파공법 [35] 라이닝 콘크리트 누수원인 대책	[30] Shotcrete 반발량 저감 대책	⑳지발뇌관 [35] 폭파하지 않는 암석굴착 방법 [35] 숏크리트 건식공법	[25] NATM의 원리	
댐			⑳기초 Grouting	[50] 기초처리 하류전환 방식	⑳흙댐의 Piping 현상과 원인	
항 만			⑳자주 승강식 바지 [30] 강널말뚝 계선안		[25] 사석기초 방파제	
하 천		[30] 자립형 물막이 공법 [35] 하천제방 누수원인 대책				
총 론		[35] 건설 공해 공종열거, 공해감소 대책	[50] 부실 시공 방지	⑳통계적 품질관리 [50] 건설공해 원인대책	⑳ $\bar{x}-R$ 품질관리 기법 ⑳공정관리기법	
구조계산, 기타						

구분 (연도)		50회[1997년(중·전반기)]	51회[1997년(중·후반기)]	52회[1997년(후반기)]	53회[1998년(전반기)]	54회[1998년(중·전반기)]
토공	일반토공	⑳유토곡선 [50] 도로 확폭구간 구조물 시공	⑳토공 정규 [33] 뒤채움 시공원칙	[30] 사질토 점성토의 공학적 특성	[30] 흙의 동결 구조물 영향	
	연약지반	[50] 개량공법의 종류, 장·단점	[33] 연약지반 계측시 문제점 대책	⑳연약지반 치환공법		⑳침하 압밀도 관리방법
	사면안정		[33] 사면 붕괴 원인	⑳산사태 원인		[30] Soil Nailing 공법
	옹벽, 보강토		[33] Gabion 옹벽			[50] 옹벽의 안정 및 시공시 유의사항
	건설기계	[50] 장비선택시 고려사항 [50] 준설장비 선정	⑳건설기계 경제수명	⑳불도저 작업 원칙 [25] 그래브, 버킷 준설선 [35] 골재 생산 시설	[50] 토공사 장비계획	
기 초		⑳깊은 기초의 종류와 특징 ⑳말뚝의 지지력 산정 방법 [50] 개착식 공법의 시공시 유의 사항	⑳지하 연속벽 [33] 지하 토류벽 각 부재의 역할 및 지지방식 [33] U-Turn 앵커와 기존 앵커 비교 [33] 말뚝 이음의 종류 및 특징	⑳개단 폐단 말뚝 [25] 흙막이 공의 계측기 [25] 압축공기내 작업시 필요 설비 [35] 스트러트 방식과 어스 앵커의 장·단점 [35] BW 공법 [35] 말뚝 정재하 시험 [35] 올 케이싱(All Casing) 공법	⑳말뚝 하중 전이 함수	
콘크리트	일반 콘크리트	⑳혼화재와 혼화제의 차이 [50] 레미콘 운반시 주의사항 [50] 콘크리트 구조물 균열 원인 대책	⑳콘크리트 구조물 줄눈 [33] 콘크리트 구조물의 품질 관리	⑳철근의 이음 ⑳Con'c 시공 이음 ⑳콘크리트 초기 균열 [35] 콘크리트 구조물 신축 이음 종류 [35] 수화열 관리공법	[30] 지하철 박스 벽체와 슬래브 균열제어	⑳균열유발 줄눈의 설치목적 [30] 콘크리트 열화 발생원인 대책 [40] 구조물 균열원인 보수대책 [50] 연약지반에서 암거 시공
	특수 콘크리트	⑳서중콘크리트의 양생			⑳매스콘크리트 온도 균열지수	⑳PSC Grout 재료의 품질조건
도 로		⑳Asphalt 포장 파손 원인 대책		[25] 아스팔트 포장 보조기층 축조방법		[30] 폐아스콘의 재생처리
교 량		⑳단순, 연속, 겔바교의 비교 [50] 강구조의 부분파괴 원인	[33] 장대교량가설 공법의 종류 및 특징		⑳2경간 연속합성교 슬래브 시공순서 ⑳포트받침과 탄성고무받침 비교 [30] 세그멘트 제작장 시공계획 [40] 높이 60M 중공 철근콘크리트 교각 건설공법 [50] 강교 가조립 공법	[30] 교대 측방향 이동원인 대책 [50] 산악지역 PC Box Girder 교량상부공 건설공법
터 널		⑳터널의 삼각지보 [50] NATM의 특성, 적용한계	⑳NATM 계측 [33] NATM 터널 연약지반에서 문제점 대책	⑳심빼기 발파 [25] 풍화암지역 터널공사 굴착 공법의 종류 특징		
댐		[50] 유수전환방식, 기초처리	[33] 표면차수형 석괴댐		⑳록필댐 심벽재료 성토시험 ⑳석괴댐 유수전환	⑳표면 차수벽 석괴댐 ⑳커튼 Grouting의 목적
항 만		⑳Caisson 진수 방법 [50] 하안 접근 구조물 2개			㉚케이슨 진수공법 ㉚방조제 최종물막이 시공계획	[30] 기초사석공 시공관리
하 천				[35] 제방누수 제방파괴원인, 대책		
총 론		[50] 부실공사 원인 대책	⑳크레임(claim) ⑳Lead Time ⑳ISO 9000시리즈 [33] 공정관리 업무 [33] 재건축에서 발생되는 Con'c 잔재 처리방안 [33] ISO 9000 인증요구 의의	⑳크리티칼패스(critical path) [35] 최소 비용에 의한 공기단축	⑳국제 입찰방법 [40] 건설공사 소음·진동 대책 [50] 건설폐자재 문제점, 대책, 활용방안	⑳공사비 내역체계 통일 이유 ⑳품질통제 Q/C와 품질보증 Q/A ⑳안전공학 검토의 필요성 ⑳공사관리의 4대 요소 [30] CM 채용시 기대되는 효과 [30] Uniformat과 Master format [30] 신기술 채용시 검토사항 [40] 시공계획 세울시 검토사항 [50] ISO 9000 채용의 의의
구조계산, 기타						

구분		55회[1998년(중·후반기)]	56회[1998년(후반기)]	57회[1999년(전반기)]	58회[1999년(중반기)]	59회[1999년(후반기)]
토공	일반토공	⑳ 다짐도 판정 ⑳ 국부전단파괴와 전반전단파괴	⑳ CBR과 N치와의 관계 ⑳ 퀵 샌드	⑳ Sounding		⑳ 반절토, 반성토 단면의 축조시 유의사항
	연약지반	⑳ 연약지반 개량공법 선정기준 [50] 동다짐 공법	[30] 샌드 컴팩션 파일 공법	⑳ Pack drain [30] 점성토, 연약지반 교대건설시 문제점 대책		⑳ 동압밀 공법 [30] 연약지반 교대축조시 발생되는 문제점, 대책
	사면안정		[50] 사면붕괴원인 대책		[30] 암반사면 안정성 검토, 대책 공법	[30] 대규모 사면 붕괴원인, 대책 [30] 암반 대절토사면 시공
	옹벽, 보강토	[50] 옹벽의 안정조건				
	건설기계		⑳ 건설기계의 작업효율 [30] 기계경비의 구성 [50] 준설선 선정방법		⑳ 크랏샤 장비조합 [40] 콘크리트 생산장비, 규격, 대수	
기 초		⑳ 정보화 시공 [30] 강관 외말뚝의 침하 [30] 우물통 기초의 편차 대책		⑳ 유선망 ⑳ SIP [30] 말뚝부의 마찰력 [30] 점토지반 흙막이 시공, 동바리 설치 [40] 모래 섞인 자갈, 연약층의 교량기초	⑳ Boiling ⑳ 얕은 기초와 깊은 기초 [30] 지하구조물 시공에서 지표수, 지하수 영향 [30] 강관파일 Bolt식 두부보강 [30] 현타에서 철근 겹이음, 나사 이음 [30] Slime 처리 및 철근 공상 발생 원인, 대책 [40] CIP 벽체와 Strut	⑳ Underpinning ⑳ 정적 재하시험과 동적 재하시험 ⑳ 지반굴착시 근접구조물 침하 [30] 굴착바닥지반의 변형파괴 종류 [30] 제자리 말뚝의 종류와 특징
콘크리트	일반 콘크리트	⑳ 가외철근 ⑳ 시방배합과 현장배합 [40] 시공 상세도	[50] 구조물 시공 이음	⑳ 균열유발 줄눈 ⑳ 피로한도 ⑳ 온도균열지수 [30] 동바리 점검항목, 대책 [30] 콘크리트 내구성 확보 방안 [30] 콘크리트 시공과정에서 발생되는 결함, 대책 [30] 콘크리트 온도균열제어	⑳ 콘크리트 피복두께 ⑳ 환경지수와 내구지수 [30] 콘크리트 배합설계	⑳ 피로파괴 [30] 콘크리트 타설시 거푸집, 철근, 콘크리트 점검사항
	특수 콘크리트	⑳ 팽창 콘크리트 [40] 유동화 콘크리트 특징	⑳ 강섬유 보강 콘크리트	[40] 수중 불분리성 콘크리트 시공법		
도 로		⑳ 완성노면 검사항목 [30] 도로확장 공사시 환경영향	⑳ 반사 균열 [25] A/S 포장 표면요철 개선 방안	[30] 콘크리트 포장 장비조합의 시공계획		[30] 아스콘 포장과 콘크리트 포장 비교
교 량		[30] 강교의 가조립 [50] 신축 이음부 파손이유	[30] 캔틸레버 공법의 교량구조	⑳ 응력부식	[30] 교량받침 종류 [30] 강구조의 기계적 연결방법	[30] FCM 공법에서 1개의 표준 Segment가설 공종
터 널		[30] 갱구부 시공시 문제점 대책 [30] 숏크리트의 합리적인 시공	⑳ 지불선 ⑳ Pre Splitting [30] 터널굴착 공법의 착암기 [30] 유수전환방식 [40] NATM 시공 관리계획 [50] RCCD	⑳ RQD와 판정 ⑳ 도폭선 [30] 터널 구조물 균열발생 원인, 물처리 공법	⑳ RQD와 판정 ⑳ 도폭선 [30] NATM 세부작업 순서 [30] Box 하부통과 터널축조 [30] NATM의 방수공법과 배수처리 공법	⑳ Smooth blasting ⑳ Swellex Rock Bolting [30] 제어발파 공법 [30] NATM 계측에서 갱내관찰 조사
댐				[30] 표면 차수벽 댐의 구조, 시공법	[30] 콘크리트 중력식 댐의 주요 품질관리	⑳ Consolidation Grouting ⑳ Lugeon치 [30] 유수전환계획과 담수계획
항 만		[50] 항만 연약 지반층을 모래로 치환할 때 문제점 대책		[30] 항만 Caisson 거치공법		[30] 잔교식 접안시설 시공계획
하 천		[30] 하천 가물막이 시공계획	[30] 하천 호안 구조의 종류	[30] 하천 제방 붕괴원인과 대책		
총 론		⑳ 비용구배 [50] CALS 도입이 미치는 효과 [50] 구조물 시공 중 하자발생의 대체방안	⑳ 공동계약 ⑳ 공정관리 곡선 [30] 공사계약 형식 [40] 공정관리 통제기능 개선 기능 [50] 산악도로 건설공사 시공 계획	[40] 도심지 현장수질 및 대기오염	⑳ GIS [40] 장마철 재해 대비 행동	[40] 부실시공의 문제점, 대책 [40] 홍수 재해 대책
구조계산, 기타						

구분	연도	60회[2000년(전반기)]	61회[2000년(중반기)]	62회[2000년(후반기)]	63회[2001년(전반기)]
토공	일반토공	⑩ 토량환산계수 [25] 다짐영향요인, 증대방안 [25] 토적곡선의 성질	⑩ 최적함수비 설명 ⑩ 동결깊이 ⑩ 상대밀도	⑩ Bulking 현상 [25] 관형(管形) 암거파괴원인	⑩ 평판재하시험 [25] 상수도관 매설시 유의사항
	연약지반	[25] Box 시공시 문제점	[25] 동치환 공법		
	사면안정	[25] 비탈면 붕괴원인과 대책		[25] 자연사면 붕괴원인, 대책 [25] 비탈면의 점검시설	
	옹벽, 보강토	⑩ 옹벽의 안정조건	[25] 역T형 옹벽의 철근기능		[25] 석축붕괴원인과 대책
	건설기계	⑩ 건설기계의 작업효율 [25] 준설선 선정시 유의사항	⑩ 준설선의 종류 [25] 준설선단 종류와 기능	⑩ 건설기계 마력	⑩ Trafficability [25] 기계화 시공 계획순서
기 초		⑩ 무리말뚝 [25] 시험항타 목적과 기록관리	⑩ 벤토나이트 ⑩ 배토말뚝과 비배토말뚝 [25] SCP 공법과 샌드드레인 공법 [25] 기초공사 사전지반조사 [25] WELL POINT 공법 [25] PILE 시공관리 [25] 지중연속벽 엄지말뚝 공법	[25] 피압의 앵커 예상 문제점	[25] 개착식 공법의 문제점과 대책
콘크리트	일반 콘크리트	⑩ 조기강도 평가 [25] 내구성을 위한 시공 [25] 균열원인과 제어대책 [25] 정수장 구조물 누수원인대책	⑩ EXPANSION JOINT [25] 착공 전 검토항목 [25] 콘크리트 타설계획수립 [25] 물시멘트비(比) 결정방법	⑩ 철근콘크리트 사용성과 내구성 ⑩ 유효높이와 피복두께 ⑩ 철근의 정착길이 ⑩ 운반중의 슬럼프 및 공기량 변화 ⑩ PC 강재의 Relaxation [25] 표면결함 및 보수방법 [25] 온도균열 방지대책 [25] 펌프 문제점 및 대책	⑩ 유동화제 ⑩ 배합강도 ⑩ Creep 현상 ⑩ 골재의 조립률 [25] 내구성 저하요인과 개선
	특수 콘크리트				[25] 고강도 콘크리트
도 로		⑩ 교면포장 공법 ⑩ 아스팔트 포장의 석분 [25] 포설 전 준비사항 [25] 소성변형 원인과 대책	⑩ 분리막의 역할 ⑩ 평탄성 지주 [25] 아스팔트 포장공사장비	⑩ Marshall 시험 [25] 초기균열의 발생원인 및 대책	⑩ Reflection Crack ⑩ Guss Asphalt ⑩ Proof Rolling [25] 콘크리트 포장의 줄눈 [25] 아스팔트 혼합물 배합설계
교 량		⑩ 강재 비파괴 시험방법 [25] 연속 강Box 교량건설 공법 [25] 강구조 부재연결 공법 [25] 강판형교의 확폭 공법	[25] STEEL BOX GIRDE 작업과정	⑩ 강구조물의 수명과 내용년수 [25] 교량받침의 종류 [25] 강부재의 연결방법	⑩ Preflex Blasting
터 널		⑩ Bench Cut 발파 ⑩ 터널의 여굴 ⑩ 숏크리트의 특성 [25] 터널 용수대책 [25] 지하철 개착구간 계측	⑩ SMOOTH BLASTING [25] NATA 세부작업	⑩ 불연속면 [25] 여굴의 원인과 대책	⑩ Cushion Blasting [25] 숏크리트 기능과 리바운드 저감대책 [25] NATA의 굴착공법
댐		[25] 댐 Piping 방지대책	⑩ PIPING 현상 [25] COOLING METHOD [25] 기초처리 공법의 종류	⑩ 양압력 방지대책 [25] 콘크리트 중력식 댐이음	⑩ Curtain Wall Grouting [25] 누수원인 및 대책 [25] 콘크리트댐 인공냉각법 [25] 기초암반의 보강공법
항 만			⑩ 혼성방파제의 구성요소	⑩ 소파공 [25] 파일 항타시 문제점, 대책	[25] 셀룰러 블록식 혼성방파제
하 천		⑩ 제방의 침윤선 [25] 제방축조시 유의사항		⑩ Cavitation [25] 누수원인과 대책	[25] 제방의 누수원인과 방지대책
총 론		⑩ Critical Path	⑩ VALUE ENGINEERING [25] 공사시공관리 [25] 건설공해 대책	[25] 시공계획 사전조사 [25] 클레임과 해결방안 [25] 비용일정 통합관리기법	⑩ 공사의 진도관리지수 [25] 통계적 품질관리 관리서클 [25] 해체공사 공해, 안전사고 대책 [25] 부실시공 방지대책
구조계산, 기타					

구분	연도	64회[2001년(중반기)]	65회[2001년(후반기)]	66회[2002년(전반기)]	67회[2002년(중반기)]
토공	일반토공	⑩ 소성지수 ⑩ Over Compaction ⑩ 흙의 다짐원리 ⑩ 하수관의 시공검사 ⑩ N값의 수정 [25] 암버럭 시공 및 품질관리 [25] 토공균형곡선 및 성토재반입	[25] 비탈면의 전압방법 [25] 원형관 암거 기초형식	⑩ 최적함수비 ⑩ 내부마찰각과 안식각 ⑩ Ice Lense 현상 [25] 다짐도를 판정하는 방법	⑩ N치 활용법 ⑩ 동결심도 결정방법 ⑩ 토량환산계수 ⑩ 액상화 [25] 접속구간 문제점과 대책 [25] 유토곡선 작성
토공	연약지반	[25] 교대변위 종류 및 대책		⑩ 압성토 공법 ⑩ 진공압밀 공법	
토공	사면안정			⑩ Land Creep [25] 비탈보호공	
토공	옹벽, 보강토	[25] 옹벽벽체 미세균열의 원인과 방지대책	[25] 역T형 옹벽 안정조건, 전단키 설치 목적	[25] 부벽식 옹벽의 주철근 배근	⑩ 보강토 공법
토공	건설기계	[25] 합리적인 장비선정	[25] 건설기계 선정시 토질조건	[25] 경제적인 조합 [25] 준설선의 선정기준	⑩ 장비의 주행성 [25] 기계장비선정
기 초		⑩ 지하연속벽의 Guide Wall [25] 타입식 공법, 현장타설식 공법 [25] 수중 콘크리트 타설 [25] 토류벽체의 변위 발생원인 [25] 근접공사 문제점 및 대책 [25] 하천 횡단교량 기초의 하자원인과 대책	⑩ 무리말뚝 [25] 말뚝의 지지력 산정방법 [25] 구조물의 부등침하 원인 및 대책 [25] 지하굴착공사의 CIP벽과 SCW벽 [25] 소일네일링 공법과 어스앵커 공법 [25] 근접 시공에 적합한 기계굴착 공법	⑩ Earth Drill 공법 ⑩ 유선망 ⑩ Quick Sand 현상 ⑩ Pile Lock [25] Pile항타시 지지력 감소 [25] 침하촉진방법 및 유의 [25] 프리보링말뚝과 항타말뚝 비교 [25] 기초파일공에서 시험항타 [25] 영구벽체로 이용가능 공법	⑩ PHC 파일 [25] 케이슨 공법 종류별 특징 [25] 강관파일의 강재부식 방지공법
콘크리트	일반 콘크리트	⑩ 염화현상 [25] Slab의 철근 노출시 문제점 및 대책	⑩ 정철근과 부철근 ⑩ W/C비 선정방식 ⑩ Cold joint ⑩ Fly ash ⑩ 골재의 유효흡수율 [25] 시험방법 및 검사항목 [25] 건조수축 영향요인과 균열발생 [25] 이음의 종류, 기능, 시공방법	⑩ 콘크리트의 건조수축 [25] 보수 및 보강공법	⑩ 콜드 조인트 ⑩ 콘크리트의 적산온도 [25] 골재가 강도에 미치는 영향
콘크리트	특수 콘크리트	[25] PS용 콘크리트 배합설계			⑩ 팽창콘크리트 [25] 매스콘크리트 [25] 지하저수용 콘크리트
도 로		⑩ 아스팔트 포장용 굵은 골재 ⑩ 라텍스콘크리트 포장 [25] 연속철근 콘크리트 포장공법	⑩ Dowel bar ⑩ Emulsified asphalt ⑩ 콘크리트 포장 보조기층의 역할 [25] 아스팔트 포장 파괴원인 및 대책	⑩ 교면포장 [25] 도로 포장 층평탄성 관리방법 [25] 아스콘 포장공사 시험포장	
교 량			[25] 3경간 연속교 콘크리트 타설	[25] 교각의 세굴방지대책 [25] 교량에 대형 상수도강관 시공시 유의사항	[25] 이동식 동바리 적용과 특징
터 널		⑩ 가축지 보공 ⑩ 암반반응곡선 [25] Shotcrete의 작용효과 두께배합 [25] 쌍설터널 시공원가, 품질, 공정, 안전	⑩ 팽창성 파쇄공법 ⑩ 숏크리트 응력측정 [25] 라이닝콘크리트의 누수원인 [25] 철도하부 지하차도 건설굴착공법	[25] 터널시공의 안정성 평가방법	⑩ 숏크리트의 특성 [25] 쉴드공법의 세그먼트 이음 [25] 터널막장 보조보강 공법 [25] 인버트콘크리트치기 순서
댐		[25] 댐공사시 가체절공법 [25] 코아존 재료조건, 시공방법 및 품질관리	⑩ Curtain grouting	[25] 록필댐 기능 설명, 필터입도 불량 할 때 생기는 문제점	[25] RCC 특징, 시공시 유의사항
항 만		⑩ 해안 구조물에 작용하는 잔류수압	[25] 방조제 최종 물막이공법	[25] 자립형 가물막이 공법의 종류 및 시공시 유의사항	[25] 기초사석, 투하목적, 유의 [25] 대형 케이슨 제작, 진수운반 및 거치
하 천		[25] 기존 제방의 보강공사			
총 론		⑩ 건설사업관리 중 Life Cycle Cost	⑩ 비용구배 [25] 쓰레기매립장의 침출수 억제 대책	⑩ 건설 CALS	⑩ 공정의 경제속도 ⑩ 가치공학 [25] 작업촉진에 의한 공기단축 [25] 실적공사비 적산제도 [25] CM제도
구조계산, 기타					

구분	연도	68회[2002년(후반기)]	69회[2003년(전반기)]	70회[2003년(중반기)]	71회[2003년(후반기)]
토공	일반토공	⑩흙의 다짐 특성 ⑩노체성토부의 배수대책 [25] 토사, 암버럭 이외 노체재료 [25] 토취장 선정	[25] 토공사 사전조사, 장비선정 [25] 연약점토층 평판재료시험	⑩흙의 연경도 ⑩들밀도 시험 [25] 성토재료와 다짐, 판정	⑩평판재하 시험 [25] 장비 사이클타임의 원가 [25] 토량분배 방법 [25] 다짐제한 이유와 관리
	연약지반	⑩RJP 공법 [25] 사질토 지반개량 공법	⑩Preloading	⑩팩드레인 공법 시공순서	
	사면안정	⑩낙석방지공	[25] 사면보호 공법의 종류	[25] Rock Bolt와 Soil Nailing	[25] 물이 비탈면 붕괴 이유
	옹벽, 보강토				[25] 배면배수처리, 뒤채움 재료
	건설기계				
기 초		⑩콘크리트 구조물 기초의 필요조건	⑩부마찰력 [25] 기초말뚝 지지력 [25] 굴착시 지하수 저하와 진동	[25] 흙막이 계측기 설치위치 방법	⑩Open Caisson 마찰력 감소방법 ⑩양압력 [25] 케이슨 시공시 문제점, 대책 [25] 굴착시 배수 문제점 및 배수공법
콘크리트	일반 콘크리트	⑩주철근과 전단철근 ⑩설계기준강도와 배합강도 ⑩프리텐션과 포스트텐션 공법 [25] 콘크리트 시방배합표 작성 [25] 염해 발생원인과 방지대책	⑩굳지않은 콘크리트의 성질 ⑩배합강도 ⑩염분과 철근방청 [25] 해안구조물 내구성 향상 대책 [25] 동결방지를 위한 혼화제 사용시 유의	⑩할열 시험법 ⑩철근의 표준 갈고리 [25] 콘크리트 비파괴 시험법	⑩강재의 진응력과 공칭응력 ⑩잠재 수경성과 포졸란 반응 ⑩고성능 감수제와 유동화제 [25] 풍화, 수화, 중성화 [25] 골재함수 [25] 균열보수 공법 [25] 공시체 Con'c 강도 [25] 구조물 유지관리체계
	특수 콘크리트			⑩해안 콘크리트 [25] 정수장 구조물 공법	⑩고성능 콘크리트 ⑩Pipe Cooling
도 로		⑩소성변형 [25] 아스팔트 포장 파손 유형별 보수 [25] 도로 및 단지조성 시공계획과 유의	⑩포장 평탄성 관리기준 ⑩타이바와 다웰바 ⑩투수성 콘크리트 포장 [25] 융기 및 침하원인과 대책 [25] 컷백아스팔트와 유제아스팔트	⑩상온 유화아스팔트 콘크리트 [25] 미끄럼방지시설	⑩Proof Rolling ⑩분리막 [25] 표층의 보수공법 [25] 계곡부 고성토 도로시공계획
교 량		⑩교좌가동받침 ⑩프리플렉스 보 [25] 평탄성 관리와 유의 [25] 프리캐스트 캔틸레버 공법	[25] PSC BOX 거더교량 가설공법 [25] 바닥판 초기양생 대책	[25] 강교 고장력 볼트 [25] PSM 가설공법 [25] 바닥판 손상원인과 대책	[25] 교면방수
터 널		⑩심빼기 발파 [25] 시험 발파 [25] 터널막장 보강공 [25] 세미쉴드와 쉴드	⑩침매공법 ⑩Face Mapping [25] 숏크리트 공법 종류별 특징과 리바운드 저감대책	[25] 산악터널 제어발파 [25] 지하수처리 방법	⑩미진동 발파공법 ⑩RQD [25] 기계식 굴착공법
댐		⑩Lugeon치 [25] 콘크리트 표면차수벽형 석괴댐 [25] 댐그라우팅 종류와 방법	[25] 콘크리트댐과 RCD의 특징	[25] 댐의 안전점검 [25] 유수전환시설	⑩Consolidation Grouting
항 만			⑩Dolphin	⑩대안거리	
하 천		[25] 제방 누수원인과 대책		⑩제방법선 ⑩설계 강우강도 [25] 수제의 목적과 기능	
총 론		[25] 입찰방법과 턴키방법 [25] PQ와 TP [25] 시공관리 목적과 내용	⑩PDM 공정표 작성방식 ⑩공정, 공사비 통합관리체계 [25] 공정표 종류 [25] CM과 턴키 [25] 예정가격 작성비목 [25] 건설정보화	⑩공정관리곡선 ⑩GIS ⑩패스트트랙 방식 [25] 구조물 해체공법 [25] CM 업무 [25] 물가변동의 공사비 조정 [25] 클레임 원인과 대책	[25] 폐콘크리트 재활용 방안 [25] 품질관리와 품질경영
구조계산, 기타					

구분		72회[2004년(전반기)]	73회[2004년(중반기)]	74회[2004년(후반기)]	75회[2005년(전반기)]
토공	일반토공		⑩ 모래밀도별 N값과 내부마찰각	[25] 암성토 유의사항	⑩ 최적함수비(O.M.C) ⑩ 통일분류법 흙의 성질 ⑩ 슬레이킹 현상 [25] 도심지 개착공법 현장시 환경오염 종류 및 최소화 방안 [25] 지하수위 높은 지역의 흙막이시 용수 처리 문제점 및 대책
토공	연약지반	⑩ 지진파(지반 진동파) [25] 교대측방유동 원인과 대책	[25] 연약지반 계측관리	⑩ 압밀과 다짐의 차이 [25] Pack Drain 공법 [25] 토목섬유	⑩ 한계성 토고 [25] 표층처리 공법 종류, 적용성 [25] Sand pile 시공시 장비 유지관리 및 안전시공 방안
토공	사면안정		[25] 절토사면 붕괴원인, 대책		[25] 절토공사시 사면붕괴예방 사전 조치
토공	옹벽, 보강토	[25] 연성벽체 옹벽		[25] 옹벽배수 이유와 방법	[25] H=10m 시공시 단계별 유의사항
토공	건설기계	⑩ Impact crusher ⑩ 시공효율		⑩ 유압식 Back Hoe 작업량 [25] Grab선 준설능력 산정 [25] 토공기종 선정 고려사항	[25] 적재기계와 운반기계의 경제적인 조합
기 초		⑩ Pile cushion [25] 현장타설 말뚝 품질관리 [25] 점성토지반 파일 항타시 문제점 [25] 공기 케이슨 침하방법	[25] Slime처리방법, 철근공상 [25] 지하연속 구조물의 개착식 시공 [25] 물처리 공법	⑩ Prepacked Concrete 말뚝 ⑩ G.P.R (Ground Penetrating Radar)	⑩ 부마찰력 [25] 교량 해중 교각시공시 영향요인 및 유의사항 [25] 현장조사 종류 및 목적, 수행시 유의 사항
콘크리트	일반 콘크리트	⑩ Pumpability ⑩ 유효흡수율과 흡수율 ⑩ Silica fume ⑩ 소성수축 균열 [25] 콘크리트 균열대책	⑩ 피복두께와 유효높이 ⑩ 워커빌리티 측정방법 ⑩ 취도계수 ⑩ Creep ⑩ 비말대와 강재부식속도 ⑩ POP out 현상 ⑩ Pre-wetting [25] 내구성 저하원인과 대책 [25] 물시멘트 비와 철근의 고강도 [25] 구조물 시공순서, 주의사항	⑩ 촉진양생 ⑩ 배합강도 결정방법 ⑩ 응력부식 [25] 콘크리트 운반시간 [25] 이음의 종류와 유의 [25] 알칼리 골재반응	⑩ 분리 이음(isolation joint) ⑩ 허니콤(honeycomb) [25] RC 구조물 시공 중·후 발생하는 Creep와 건조수축 영향
콘크리트	특수 콘크리트	[25] 콘크리트 시공의 요점			[25] 고유동 콘크리트
도 로		⑩ 투수성 포장 [25] 교면포장 [25] 동상원인과 대책	⑩ Pr.I [25] 소성변형 원인과 대책 [25] 콘크리트 포장 손상원인과 보수	⑩ Surface Recycling [25] 포장의 구조 및 포장형식 특성	⑩ 도로지반의 동상 및 융해 [25] Asphalt paving시 시험포장 시공 계획서
교 량		⑩ 공중작업 비계 [25] 캔틸레버 가설공법 [25] 용접부 비파괴시험	[25] 도복장 공법	[25] L.M.C [25] 용접검사 [25] 3경간 P.S.C 합성거더교	[25] RC교량 상부구조물 콘크리트 보수, 보강법 [25] RC교 레미콘 타설인 경우 현장 확인 사항
터 널		⑩ RMR ⑩ 도막방수 [25] TBM 공법의 특징 [25] 환기방식 [25] 지반보강방법	⑩ 2차 폭파 ⑩ Spring Line	⑩ Line Drilling Method [25] 상수도관 하천횡단 시공시 유의 [25] 여굴원인과 대책 [25] 발파 진동원 및 전파경로	⑩ 조절발파(제어발파) ⑩ 지불선(pay line) [25] 숏크리트 공법 종류, 리바운드 저감 대책 [25] Invert 콘크리트
댐		[25] 누수원인과 방지대책	⑩ Lugeon치 [25] 기초처리 공법	[25] 누수원인 및 대책	⑩ 커튼 그라우팅
항 만		[25] 안벽의 종류 및 특징			[25] 직립식 방파제 특징 시공
하 천				⑩ 유출계수 [25] 보 설치시 유의사항	
총 론		⑩ 건설공사 위험도 관리 [25] 설계변경 [25] LCC기법 비용항목, 분석	⑩ Fast Track construction [25] 토공계획 사전조사 [25] 공사관리 항목 [25] 실적공사비 제도 [25] 자동화 공법 시공계획 [25] 도로공사설계 고려사항 [25] 클레임 해결방안	⑩ 교량의 L.C.C ⑩ Project Financing ⑩ Risk관리 3단계	⑩ 프로젝트 퍼포먼스 스테터스 ⑩ WBS(Work Breakdown Structure)
구조계산, 기타					[25] 구조물 해체공법

구분	연도	76회[2005년(중반기)]	77회[2005년(하반기)]	78회[2006년(전반기)]
토공	일반토공	⑩ 토량의 체적 환산계수(f) ⑩ 트래피커빌리티 ⑩ 영공기 간극곡선 ⑩ 흙의 다짐도 [25] 공법 선정시 고려사항과 현장 적용 조건	⑩ Trench cut 공법 ⑩ Atterberg 한계 [25] 도로구조 지지력 증대시 시공관리 및 성토다짐방법	⑩ 점토의 예민비 [25] 도로현장에서 성토용 재료사용 몇가지의 시료를 채취하여 입도 분석시험 결과 얻어진 입도분석곡선, 책임기술자로서 예측가능한 흙의 성질
토공	연약지반	[25] 연약지반상의 대량 지하탱크 건설시 굴착 및 지반안정공법 선정 유의사항	[25] 모래말뚝 공법과 모래다짐말뚝 공법 비교	[25] 연약지반상 성토작업시 계측관리 침하와 안정관리로 구분하여 목적과 방법
토공	사면안정	⑩ 평사투영법 [25] 암반 비탈면 파괴형태, 대책공법		
토공	옹벽, 보강토		[25] 호우시 붕괴원인 및 대책	[25] 동절기 긴급공사 성토부에 콘크리트 옹벽구조물 설치, 사전 검토사항과 시공시 주의사항
토공	건설기계	⑩ 건설기계 경비의 구성	[25] 산악지형의 토공사 시공에 필요한 장비 조합과 시공능률 향상방안 [25] Batch plant 운영방안	
기 초		[25] 교량 기초공사시 경사파일의 필요사유와 시공관리대책	⑩ Pier 기초공법 ⑩ 잔류수압 [25] 도심지 하수관거 정비공사 중 시공상의 문제점과 대책 [25] 구조적 안정을 위한 말뚝기초의 필요 경우	[25] RCD 공법의 특징 및 시공방법, 문제점 [25] 파일항타 작업시 방음, 방진대책 [25] Micro CT-Pile 공법 [25] 지하철 건설공사 시공시 토류판 배면의 지하매설물 관리
콘크리트	일반 콘크리트	⑩ 콘크리트 블리딩 및 레이턴스 ⑩ 에코 콘크리트 ⑩ 콘크리트 황산염 침식 [25] 콘크리트철근 부식원인, 대책 [25] 콘크리트펌프카 시공관리대책 [25] 거푸집, 동바리의 설치, 해체시 유의사항	⑩ 현장배합 ⑩ 철근콘크리트 보의 철근비 규정 [25] 표면상의 문제점 및 대책 [25] PSC BEAM 증기양생 관리방법 및 PS 도입조건	⑩ 시멘트의 풍화 ⑩ 불량 레미콘 처리 ⑩ 황산염과 에트린가이트(ettringite) ⑩ 폴리머 함침 콘크리트 ⑩ 개정된 콘크리트 표준 시방서상 부순 굵은골재의 물리적 성질 [25] 콘크리트 구조물 시공시 거푸집 존치기간 [25] 콘크리트 구조물 시공시 설치하는 균열유발줄눈(수축줄눈)의 기능을 설명하고, 시공방법 설명
콘크리트	특수 콘크리트	[25] 고성능 콘크리트 정의, 배합, 시공	⑩ 폴리머 콘크리트 [25] MASS Con'c 유의사항과 계측관리	[25] 고성능 콘크리트 폭렬 특성, 영향을 미치는 요인과 저감대책
도 로		⑩ 콘크리트 포장의 스폴링 현상 ⑩ 배수포장 [25] 신설도로 개설시 아스팔트 혼합물 포설 방법과 시공시 유의사항	[25] 콘크리트 포장공사의 초기균열 원인, 대책	⑩ 그루빙(grooving) [25] 개질아스팔트 포장에서 개질재를 사용하는 이유, 종류 및 특징
교 량		[25] 교면방수 중 도막방수와 침투방수공법 비교 [25] 교량받침 파손원인, 대책 [25] PSC Box Girder 캔틸레버 교량 콘크리트 타설시 유의사항, 처짐관리	⑩ 표준트럭 하중 [25] 교면포장 구성요소 [25] 바닥판 배수방법, 시공 이음부 시공방안 [25] Shear Connector의 역할 및 바닥판 시공시 유의사항	⑩ 강재의 저온균열, 고온균열 [25] 면진설계(isolation system) 기본개념, 주요기능 및 국내에서 사용되는 면진장치의 종류
터 널		[25] 시험발파 계측의 목적 및 방법 [25] NATM 공사시 공정단계별 장비계획 [25] 기존 터널과 인접하여 신규 터널 시공시 문제점과 대책 [25] NATM 공사시 강지보재의 역할, 설치 시 유의사항	⑩ Smooth Blasting [25] 수직갱	[25] 터널 굴착중에 터널 파괴에 영향을 미치는 요인 [25] 개착 터널 등과 같은 지중매설 구조물에서 지진에 의한 피해사항을 크게 2가지로 분류설명하고, 그에 대한 대책 [25] 기존 철도 또는 고속도로 하부를 통과하는 지하차도를 시공하고자 한다. 상부차량 통행에 지장을 주지 않고 안전하게 시공할 수 있는 공법의 종류를 열거하고, 그 중 귀하가 생각할 때 가장 경제적이고 합리적인 공법을 선정 [25] NATM 터널 방수의 기능(역할)설명하고, 방수막 후면의 지하수 처리방법에 따른 방수형식을 분류하고 그 장단점 [25] 숏크리트(shotcrete) 시공방법과 시공상의 친환경적인 개선안
댐		[25] 하천 상류지역 가물막이 공사 시공 계획과 유의사항	⑩ Consolidation Grouting [25] Fill Dam 재료와 시공	⑩ 유수지(流水池)와 조절지(調節池) ⑩ 흙댐의 유선망과 침윤선
항 만			⑩ 소파공	⑩ 피복석(armor stone) [25] 항만 구조물에서 접안시설의 종류 및 특징
하 천			[25] 제방의 종류, 시공계획	
총 론		⑩ 건설 CITIS [25] 진도관리의 시공단계별 중점관리 항목	⑩ 건설기술관리법에 의한 감리원의 기본임무 ⑩ 비용구배 [25] 부실공사 방지대책	⑩ 비용 편익 비(B/C ratio) ⑩ 공사원가 계산시 경비의 세비목(細費目)
구조계산, 기타		⑩ 무도장 내후성 강재		

구분		79회[2006년(중반기)]	80회[2006년(후반기)]	81회[2007년(전반기)]	82회[2007년(중반기)]	83회[2007년(후반기)]
토공	일반토공	[25] 토취장계획과 장비조합	⑩ 딕소트로피(thixotropy) 현상 ⑩ 유토곡선(mass curve) [25] 현장다짐 관리방법	⑩ 콘관입시험 ⑩ 진동다짐 공법 ⑩ 트래버스 측량	⑩ 최적 함수비(OMC) [25] 사토장 선정	⑩ 최대건조밀도 [25] 사면 절토 전후 조치사항 [25] 평면상 토량 배분계획 수립
	연약지반	⑩ 점성토지반의 교란 효과	[25] 측방유동이 주변 구조물에 미치는 영향 [25] 약액주입시 시공관리 항목	[25] 항만 매립지반 개량공법 [25] PSC 그라우트	⑩ 측방유동 [25] DCM 공법 [25] Pack Drain 공법 문제점 및 대책	⑩ 연약지반 정의와 판단기준
	사면안정		⑩ 사면거동 예측방법 [25] 자연사면 붕괴원인과 대책 [25] 평사투영법의 장·단점	[25] 비탈면 붕괴억제 공법	[25] 절토사면 붕괴원인과 대책	
	옹벽, 보강토					
	건설기계	⑩ 건설기계의 경제적 사용기간 [25] 준설운반거리별 준설선 특성 [25] 건설기계 시공효율 향상방안	[25] 항로 구간 준설계획	⑩ 호퍼준설선 [25] 합리적인 장비조합		[25] 덤프트럭수 산정방법
기 초		⑩ 말뚝의 동재하 시험 [25] 수중콘크리트 치기 요령 [25] 개착시공시 영구벽체 가능공법 [25] 고가도로 근접 개착 시공계획 수립	⑩ 분사현상(quick sand) ⑩ 말뚝의 부마찰력 ⑩ 직접기초에서의 지반파괴 형태 [25] 굴착지반 배수공법 검토사항 [25] 도심지 대규모 굴착시 계측관리	⑩ 히빙(Heaving) 현상 ⑩ 말뚝의 부마찰력 [25] Underpinning공법 [25] 하수관 Jacking공법 [25] 말뚝 정재하시험	⑩ 지하연속벽(Diaphram Wall) ⑩ 하이브리드 Caisson ⑩ 타입말뚝 지지력의 시간경과 효과 (Time Effect) [25] 매입 말뚝공법 [25] 해저 Pipe line 부설방법	[25] 말뚝재하시험
콘크리트	일반 콘크리트	⑩ 화학적 프리스트레스트 콘크리트 ⑩ 콘크리트의 피로강도	⑩ 보의 유효높이와 철근량 ⑩ 레미콘 현장 반입검사	⑩ 철근의 정착 ⑩ 콘크리트의 염해 [25] 콘크리트 양생 종류별 유의사항 [25] 시방배합과 현장배합 [25] 콘크리트 내구성 평가	[25] 시공시 발생하는 균열유형과 대책	⑩ 콘크리트 내구성지수 [25] 콘크리트 양생과 시공 이음 기준
	특수 콘크리트	⑩ 콘크리트의 적산온도 [25] 정수장 누수원인과 방지대책	⑩ 콘크리트 수화열 관리방안	[25] 하수처리장 균열원인 및 대책		
도 로		⑩ 도로포장의 반사균열	[25] 아스팔트 포장 시공계획	⑩ 재생 포장	⑩ Concrete 포장의 분리막 [25] Asphalt 포장 소성변형 원인과 대책	⑩ 콘크리트 포장의 시공 조인트 ⑩ 아스팔트 포장에서 러팅 [25] 포장별 하중전달과 구조기능
교 량		[25] 강교 가조립공사 [25] 엑스트라도즈교 구조특성 유의사항	[25] 주탑시공의 거푸집 공법 [25] 3경간 연속교 콘크리트 타설순서	⑩ 비파괴시험 [25] 연속압출공법(ILM)	⑩ FCM 공법 ⑩ 자정식 현수교 ⑩ 현장 용접부 비파괴검사 방법 [25] 닐슨 아치교량 가설공법 [25] 강재 및 용접부 피로강도 [25] 프리텐션과 포스트텐션 비교 [25] 교량교면 방수공법	⑩ 강재의 용접결함 [25] 콘크리트 교량 가설공법 [25] 교량 슬래브 동바리 시공 전 조치사항 [25] 교량 신축 이음 파손원인과 대책 [25] 교대 안전조건과 대책 [25] 강재 이음방법과 부식대책
터 널		⑩ 암반의 취성파괴 ⑩ 터널지반의 현지응력 [25] 지보공이 터널 안정성에 미치는 효과 [25] 단층과 대수층 지반 터널 시공 계획 수립 [25] 토사층 터널 천단부 붕락시 대책 방안	⑩ 암반의 SMR 분류법 ⑩ 암반에서의 현장투수시험 ⑩ 암굴착시 시험발파 [25] 천단부 쐐기파괴 발생시 대책 [25] 터널의 환기방식 및 소요환기량 [25] 쉴드터널 단계별 굴착방법	⑩ 프리스플리팅 [25] 무진동·무소음 암파쇄 공법 [25] Shield 장비 굴착시 버력처리방법 [25] NATM 터널 시공시 지보방법	⑩ RMR(Rock Mass Rating) ⑩ Slurry Shield TBM 공법 ⑩ 침매터널 [25] 막장에서 지하수 및 파쇄대 대처 방안 [25] NATM 터널 계측 [25] 교량하부 통과 터널구간 보강공법	⑩ 페이스 매핑(face mapping) ⑩ 콘크리트 라이닝의 기능 ⑩ 발파 진동의 지배요소
댐		⑩ 가능 최대 홍수량 [25] 투수성 댐 기초처리 공법	⑩ Dam의 감쇄공 종류 및 특성 [25] 불량 암반의 댐 기초처리 방안	⑩ 비상여수로 [25] RCD 댐	[25] 중력식 Concrete Dam	⑩ 필댐의 수압할열 ⑩ 식괴댐의 프린스 [25] 중력댐 기초면 마무리 정리 [25] 누수발생시 처리대책
항 만		[25] 방조제 최종 끝막이 공법	[25] 케이슨 진수 및 거치 방법	[25] 사석공사 품질관리		
하 천			[25] 하천제방 누수 및 붕괴대책 방안			[25] 하천제방 재료별 다짐기준
총 론		⑩ 내부 수익률 ⑩ 가치공학에서 기능계통도 ⑩ 공정원가 통합관리에서 변경 추정 예산 [25] 원가관리방법과 원가절감 방안 [25] 공정계획시 자원배분, 인력 평준화 [25] 표준품셈 및 실적공사비 적산방식 [25] 공정관리기법	[25] 민간투자 사업방식 종류별 특징	⑩ 위험도 분석 [25] 설계변경에 해당하는 사유	⑩ BTL과 BTO [25] 현장안전관리 및 조치사항 [25] 일반 거더교의 지진피해 유형과 대책	⑩ 최소비용 촉진법 ⑩ 최고가치 낙찰제 [25] 발파공해 발생원인과 대책 [25] 공정관리곡선의 작성과 평가 [25] 설계변경 조건과 절차 [25] 감리제도 종류 및 특징
구조계산, 기타						

구분		84회[2008년(전반기)]	85회[2008년(중반기)]	86회[2008년(후반기)]	87회[2009년(전반기)]	88회[2009년(중반기)]
토공	일반토공	⑩Atterberg Limits ⑩다짐도 판정방법 [25] 교량폭의 확장공사시 변위대책 [25] 암 버럭 성토작업시 유의사항	⑩최적함수비(OMC) ⑩N값의 수정 [25] 구조물 접속부 부등침하 대책	[25] 성토부 지하시설물 시공방법	⑩Thixotropy현상(예민비)	⑩GBR탐사
	연약지반	[25] 압밀촉진공법에 의한 연약지반의 처리	⑩경량성토공법		⑩폭파치환공법 [25] 연약지반 처리공법 중 연직배수 공법 시공시 유의사항	⑩압성토공법
	사면안정	[25] 산사태 붕괴원인 및 방지대책 [25] 사면붕괴 예측 시스템 [25] 억지말뚝공법		[25] Soil Nailing 공법 [25] 절취사면의 안정과 유지관리	[25] 대절토사면 붕괴원인과 파괴형태 방지대책	[25] 절토사면 안전검토 현장조건과 대책
	옹벽, 보강토	⑩침투수가 옹벽에 미치는 영향 [25] 보강토 옹벽 시공시 문제점	[25] 침투수가 옹벽에 미치는 영향	[25] 기존 옹벽 보강 대책		
	건설기계		⑩건설기계의 손료 [25] 기계화 시공계획 [25] 준설선 선정 및 특징	[25] 성토시 장비조합	[25] 토공사 장비 선정시 고려사항과 작업능률 방안	
기 초		⑩파일벤트공법 ⑩부력과 양압력의 차이점 [25] 흙막이벽의 종류별 특징	[25] RCD공법	⑩Suction Pile ⑩지수벽 [25] 도로 횡단관로 시공법 [25] 구조물 기초 터파기공사 [25] 현장타설말뚝	⑩평판재하시험 결과 이용시 주의사항 ⑩보상기초 ⑩돗바늘공법 [25] 매입말뚝공법 종류와 특성, 시공시 유의사항 [25] 상하수도 시설물 누수 방지 방안과 시공시 유의사항 [25] 지하굴착 토류벽 공사시 배면침하의 원인 및 대책	⑩사항(斜杭) [25] 지하구조물 양압력 검토와 대책 [25] 말뚝지지력 평가방법 [25] 케이슨침하의 저항력과 촉진방안 [25] 흙막이공 계측항목과 위치 [25] 복잡한 위치의 시트파일 시공방법
콘크리트	일반 콘크리트	⑩콘크리트 포장의 피로균열 [25] 교량 동바리의 문제점 대책	⑩콘크리트 블리딩 및 레이턴스 ⑩콘크리트의 탄성화 ⑩균열유발줄눈 [25] 화재시 콘크리트의 평가방법 [25] 수중불분리성 콘크리트	[25] 혼화재료	⑩LB(Lattice Bar) Deck [25] 콘크리트 균열 원인별로 구분하고, 시공시 방지대책	⑩알칼리골재반응 [25] 레미콘 품질규정
	특수 콘크리트	[25] 대구경 현장타설말뚝 [25] 터널공사시 강섬유 보강 콘크리트	[25] 해양콘크리트 내구성 확보 [25] 레디믹스트 콘크리트	⑩온도균열	⑩고유동콘크리트	⑩폴리머 시멘트 콘크리트
도 로		⑩피로균열	[25] 투수성 포장과 배수성 포장	⑩장수명 포장 ⑩철도의 강화노반 [25] 교량 시종점 포장파손	[25] 아스팔트 포장 work flow 작성, 시험시공 포장품질 확보방안	⑩롤러다짐콘크리트포장 ⑩포장의 그루빙 [25] 표층재생공법 특징과 시공요점
교 량		⑩FSLM [25] 성수대교 붕괴과정 [25] 강교 가설공법	⑩강재의 릴랙세이션 [25] 콘크리트고 교각 시공법 [25] 교대 측방이동 원인과 대책	⑩IPC 거더교량 가설공법 ⑩교량의 내진과 면진설계 ⑩측방유동 [25] 교량시공시 방재대책	⑩교량의 교면방수 ⑩소수 주형(girder)교 [25] 교량기초의 세굴 예측 기법과 방지공법 [25] Cable교량 중 Extradosed교 시공과 주형가설 [25] 강교 현장이음의 종류 및 시공시 유의사항	⑩FCM [25] 프리플렉스공법과 프리컴공법 비교
터 널		⑩강관다단 그라우팅 [25] 배수형 터널과 비배수형 터널을 비교 [25] 터널 갱구부	[25] 지하수 용출시 문제점과 대책 [25] NATM 터널 숏크리트	[25] NATM 터널 지보패턴 결정 [25] 고심도 지하도로 시공	⑩Discontinuity(불연속면) [25] 기존노선과 신설터널 지반이 풍화잔적토 두께가 약 10m일 때 신설터널공사 시공대책 [25] 터널공사 록볼트 종류와 정착방식 작용효과 [25] NATM 터널 막장관찰과 일상계측 방법시공시 고려사항 [25] 발파진동이 구조물에 미치는 영향, 진동영향 평가방법	⑩Smooth Blasting ⑩프런트잭킹 공법 [25] 심발 발파 종류와 진공크기 영향요소 [25] 터널라이닝 균열원인과 대책 [25] 근접시공시 기존 터널 문제점과 대책
댐		[25] Fill Dam 기초 시공상의 문제점	⑩콘크리트 표면차수벽댐 [25] 가체절 및 유수전환 공법	[25] 콘크리트 표면차수벽형 석괴댐		[25] 콘크리트 중력식 댐 이음과 유의사항 [25] 콘크리트 댐의 골재와 콘크리트 설비
항 만		⑩방파제의 피해원인	[25] 사상진수법		⑩Cell 공법에 의한 가물막이 ⑩부잔교 [25] 항만시설물 피복공사 시공시 유의사항	[25] 매립호안 사석재 파이핑 대책공법
하 천			⑩부영양화 [25] 하천 호안 역할	⑩하천 생태 호안 [25] 하천제방 누수원인과 대책	⑩Siphon [25] 하천제방 종류와 시공시 유의사항	⑩하천의 고정보 및 가동보 [25] 하천제방 누수 방지대책
총 론		⑩국가 DGPS 서비스 시스템 ⑩VE의 정의 ⑩클레임 유형 및 해결방법 ⑩LCC 활용과 구성항목 [25] 사전재해 영향성 검토항목 [25] 건설 CALS	⑩물가변동률 ⑩순수형 CM 계약방식 ⑩BOT [25] 공기단축기법	⑩GIS기법 ⑩가상건설시스템 ⑩건설분야 LCA ⑩수급인의 하자 담보책임 [25] 순차적 공사와 설계병행공사 비교 [25] 대규모 단지조성공사 [25] 해외건설공사 위험관리	[25] SOC사업의 환경민원 갈등해결 방안	⑩총공사비 구성요소 ⑩건설분야 RFID [25] CM의 주요 업무내용 [25] 마디도표방식 공정표 특징과 작성
구조계산, 기타						

구분	연도	89회[2009년(후반기)]	90회[2010년(전반기)]	91회[2010년(중반기)]	92회[2010년(후반기)]	93회[2011년(전반기)]
토공	일반토공	⑩표준관입시험 ⑩RBM(Raised Boring Machine)	⑩흙의 연경도 ⑩CBR [25] 흙의 다짐도관리		⑩내부마찰각과 N값의 상관관계 ⑩토량환산계수 [25] 액상화 검토대상 토층, 발생예측기법 원리별 처리 [25] 지하구조물과 토공접속부 단차 원인 및 방지공법	⑩최적함수비 [25] 동상의 발생원인과 방지대책
토공	연약지반	⑩과소압밀 점토 [25] PBD(Plastic Board Drain) 공법의 시공시 유의사항 [25] 고속철도 노선의 연약지반 심도별 대책 및 적용공법	⑩액상화 [25] 지하횡단 박스구조물 설치시 검토 및 시공시 유의사항	[25] 연약지반처리를 위한 시공계획	⑩Sand Compaction Pile [25] 약액주입공법 종류별 시공 및 환경관리항목, 시공계획서 작성시 유의사항	⑩선재하 압밀공법 ⑩심층 혼합처리 공법 [25] 압밀침하에 의한 연약지반개량시 계측의 종류와 방법 [25] 고압분사 주입공법의 종류와 특징
토공	사면안정		⑩Land Creep	[25] 사면붕괴원인 및 대책		
토공	옹벽, 보강토		[25] 배면침투수의 영향 및 처리시 유의사항	[25] 뒷부벽식 옹벽 벽체와 부벽의 주철근 배근도	[25] 보강토 옹벽 균열의 원인 및 방지대책	
토공	건설기계		⑩건설기계의 시공효율 [25] 준설공사 사전조사 사항 및 시공방식	[25] 절성토시 건설기계조합 및 기종 선정방법		⑩건설기계의 조합원칙 [25] 해양준설투기방법에서의 문제점 및 대책
기 초		⑩타입공법과 매입공법 [25] 앵커의 지하수위 이하 시공시 문제점과 대책 [25] Slurry wall 공법의 시공순서 및 내적, 외적 안정설명 [25] 콘크리트말뚝의 종방향 균열의 원인과 대책	[25] 하수관리의 기초공법 및 시공유의사항 [25] 인접 기초시공 경우 기설 구조물의 안전과 기능, 영향, 대책 [25] 말뚝 재하시험과 원위치 시험방법 [25] 교대 경사말뚝 특성 및 시공시 문제점 [25] 지반 굴착시 지하수위변동과 진동하중이 주변지반에 미치는 영향과 대책	⑩앵커체 최소심도와 간격 ⑩말뚝의 시간효과 [25] 흙막이벽과 주변지반 거동원인 및 대책 [25] 그라운드앵커의 손상유형과 유지관리 대책 [25] 대구경 현장타설말뚝 종류 및 시공관리 사항 [25] 굴착시 지하매설물(4종류) 보호 계획과 복구계획	⑩Soil Nailing공법 [25] 대심도 개착식 계측의 종류, 특징 및 계측시공 [25] 대구경 강관 말뚝 국부좌굴 원인 및 유의사항	⑩개착터널의 계측빈도 ⑩Heaving [25] 어스앵커 자유장과 정착장 설계 및 시공시 유의사항 [25] 리버스서큘레이션 드릴 시공법, 품질관리 및 희생강관 역할 [25] 도시철도 노면 복공계획시 조사사항과 검토사항
콘크리트	일반 콘크리트	⑩설계기준강도와 배합강도 [25] 균열 종류, 원인, 보수보강	⑩골재의 조립률 [25] 콘크리트 Batch Plant 운영방안	⑩물 결합재 비 ⑩현장배합과 시방배합 ⑩콘크리트 인장강도 ⑩PSC 강재 그라우팅 [25] 시멘트 풍화, 풍화시멘트사용 콘크 리트의 품질 [25] 빈배합 콘크리트의 품질과 용도	⑩SCF ⑩콘크리트 자기수축 ⑩환경지수와 내구지수	⑩철근과 콘크리트의 부착강도 ⑩H형 강말뚝의 슬래브 개구부 보강 [25] 콘크리트 구조물 내구성 저하요인 및 증진방안
콘크리트	특수 콘크리트	⑩고내구성 콘크리트	[25] 방사선 차폐 콘크리트 재료, 배합, 시공 유의사항	[25] 매스콘크리트 온도 균열의 제어 대책	⑩팽창콘크리트 ⑩순환골재 콘크리트 [25] 프리플레이스트 콘크리트 적용공사, 시공방법 및 유의사항	⑩수중불분리성 콘크리트 [25] 수중교각공사 시공관리시 관리할 내용과 유의사항 [25] 해양콘크리트 타설시 사용장비 및 환경오염 방지대책
도 로		⑩저탄소 중온 아스팔트 콘크리트 포장	⑩도로의 평탄성 측정방법 ⑩줄눈 콘크리트포장 ⑩개질 아스팔트 [25] Asphalt 혼합물의 포설장비 및 시공 유의사항	[25] 아스팔트 포장의 포트홀 저감대책	[25] 소성변형 발생원인, 방지대책 및 보수방법	[25] 철근콘크리트 포장의 파괴유형과 그 원인 및 보수공법
교 량		⑩하이브리드 중로아치교 [25] 강재용접의 결함 종류 및 대책 [25] PSC BOX Girder교량 상부공 가설공법 및 특징	⑩TMC 강 ⑩일체식 교대 교량 [25] 강교의 가조립 목적과 방식 [25] 강합성 거더교의 RC 바닥판 타설계획 및 순서	⑩측방유동 ⑩하천의 교량 경간장 [25] PSC장지간 교량 캠버확보 방안, 처짐 장기거동 [25] 사장교, 현수교 중요한 시공관리 사항	⑩풍동시험 [25] 콘크리트교량 상판 콘크리트 현장 타설공법 종류 [25] 강구조물 연결방법 종류, 강재부식 문제점 및 대책	⑩강재의 전기방식 [25] 장대교량 상부공의 연속압출 공법 시공시 유의사항 [25] 콘크리트 라멘교의 시공계획서 작성시 필요한 내용
터 널		⑩피암터널 ⑩TSP(Tunnel Seismic Profiling) 탐사 [25] 공사중 계측기의 종류 및 측정방법 [25] 장대 도로터널 방재시설의 계획, 종류, 특징 [25] 건식, 습식, 숏크리트 시공방법 및 친환경적인 개선안	[25] NATM 지보재의 종류 및 역할	⑩Air Spinning 공법 ⑩Segment의 이음방식 [25] 실드터널 뒤채움 주입방식 종류 및 특징	⑩Bench Cut [25] NATM터널 숏크리트 종류 및 리바운드 저감방안 [25] 터널발파시 인근 구조물에 미치는 영향 조사방법 및 시공시 유의사항 [25] 터널공사의 환기계획 및 환기방식 종류	⑩Face Mapping [25] NATM 터널시공 단계별 붕괴 형태, 터널붕괴 원인 및 대책 [25] 실드터널 초기 굴진시 시공순서, 시공방법 및 유의사항 [26] 침매공법 기초공의 조성과 침매함 의 침매방법 및 접합방법
댐		[25] 유수전환방식 및 특징	⑩유선망(flow net)	[25] 필댐의 내부침식, 파이핑 메커니즘, 시공시 주의사항	⑩필댐의 수압파쇄 현상	
항 만		⑩유보율(항만공사시) [25] 케이슨 진수 공법 및 시공시 유의 사항		⑩약최고고조위		
하 천			[25] 하천개수 계획시 중점적 고려사항 및 개수공사의 효과	⑩계획홍수량에 따른 여유고 [25] 제방의 재료 및 다짐 [25] 하천제방 파괴시키는 누수, 비탈면 활동 및 침하	[25] 하천에 설치하는 기능별 보 종류 및 시공시 유의사항	⑩설계강우강도
총 론		⑩비상주 감리원 ⑩비용 편익비 [25] 표준품셈 및 실적공사비의 적산 방식 비교 [25] 품질관리비 산출 단위량 기준 내용	⑩CM for fee [25] 건설관리의 일정관리 필요성과 방법 [25] 현장의 건설기술관리법에 규정된 안전관리계획	⑩실적공사비 [25] 발주처, 감리원, 시공자 공사 시행 단계별 업무	⑩공정비용 통합시스템 [25] SOC예산의 바람직한 투자방향 [25] 건설 분쟁의 종류 및 방지대책	⑩공정관리의 주요기능 [25] 물가변동 조정 금액 산출방법 [25] 공정네트워크 작성시 공사일정 계획의 의의와 절차 및 방법
구조계산, 기타		[25] 하수관거공사의 수밀시험 (leakage test) [25] 장마철 공사현장 점검 및 조치 사항				

구분 \ 연도		94회[2011년(중반기)]	95회[2011년(후반기)]	96회[2012년(전반기)]	97회[2012년(중반기)]	98회[2012년(후반기)]
토공	일반토공	⑩흙의 통일분류법 ⑩유토곡선(mass curve) [25] 성토재료의 조사내용, 안정성, 취급성	⑩흙의 다짐원리 ⑩토공의 다짐도 판정방법 ⑩PBT 적용시 유의사항 [25] 성토재료 선정요령 [25] 유토곡선에의한 평균이동거리 산출요령과 유의할 사항	[25] 토사와 암석재료를 병용하여 흙쌓기 다짐시 유의시항과 현장 다짐관리방법	⑩평판재하시험 결과 적용시 유의사항	⑩영공기 간극곡선 ⑩흙의 소성도
	연약지반	[25] 연직배수재(PBD)의 통수능력과 영향요인		[25] 표층개량공법의 분류방법과 공법 적용시 고려사항	[25] 연약지반 도로토공의 문제점과 대책, 대책공법 선정시의 유의사항	⑩연약지반에서 발생하는 공학적 문제 [25] 연약한 이탄지반 적절한 지반개량공법, 문제점, 기술적 대응방법
	사면안정			⑩토석류(debris flow) ⑩Land Slide와 Land Creep		
	옹벽, 보강토					
	건설기계	⑩준설토 재활용방안 ⑩흙의 입도분포에 의한 주행성 판단	⑩건설기계의 주행저항	⑩흙의 입도분포에 의한 기계화 시공방법 판단기준	⑩건설기계의 Trafficability	
기 초		⑩말뚝의 주면마찰력		⑩토류벽의 아칭현상 ⑩침투수력(seepage force)	⑩내부굴착말뚝	⑩강관말뚝의 부식원인과 방지대책 ⑩폐단말뚝과 개단말뚝
콘크리트	일반 콘크리트	⑩잔골재율(S/a) [25] 콘크리트구조물 열화의 영향인자, 내구성 향상방안 [25] 양생 메커니즘, 종류별 특징	⑩교각의 Slip Form ⑩공칭강도와 설계강도	⑩보의 내하력과 유효높이 ⑩강선 긴장순서와 순서 결정이유 [25] 보수재료 체적변화 유발인자, 적합성 검토방법	⑩철근배근검사항목 ⑩콘크리트의 보수재료 선정기준 [25] Finishability 영향인자, 개선방안 [25] 긴장재 배치, 거푸집 및 동바리 설치시 유의사항	⑩콘크리트의 배합결정에 필요한 항목
	특수 콘크리트	⑩수밀/수중 콘크리트	⑩진공 콘크리트 [25] 혹서기 콘크리트치기 시방기준, 품질관리검사	⑩콘크리트 폭열현상 [25] 고유동 콘크리트 유동특성의 영향요인	⑩물보라지역의 해양 콘크리트 타설	
도 로		⑩포스트텐션 도로포장 [25] 시멘트포장 줄눈 종류, 기능, 시공방법 [25] 아스팔트포장 다짐장비 선정, 내구성에 미치는 영향, 평탄성 판단기준	⑩아스팔트의 소성변형	⑩포장콘크리트의 배합기준 ⑩반사균열 [25] 아스팔트포장 장비조합, 시험포장	⑩공용 중의 아스팔트포장균열 [25] 콘크리트포장 최적배합 개념, 세부공정	[25] Guss 아스팔트포장 시공순서, 중점관리사항
교 량		⑩사장교와 현수교의 특징 비교 [25] 해상 교각 기초형식 종류, 특징 [25] 교량 계측관리시스템 구성 및 운영방안 [25] 기존 교량의 내진보강방법	[25] 콘크리트 교량 균열원인, 보수재료 평가기준 [25] 플레이트거더교와 박스거더교	⑩시공상세도 필요성 ⑩부체교 ⑩PCT 거더교 ⑩사장교와 ED교의 구조특성 [25] 대블럭 가설공법 특징 및 시공시 유의사항	⑩현수교의 지중정착식 앵커리지 ⑩교량받침의 손상원인 [25] 교량 신축이음 요구조건, 누수시험 [25] PSC거더 운반통로 확보방안, 운영시 고려사항	⑩홈용접/용접기호 설명 ⑩PSC거더의 현장제작장 선정요건 [25] 용접결함 종류, 원인 및 대책 [25] 교량 신축이음장치 선정 및 시공시 고려사항 [25] FSM공법 종류 및 특징
터 널		⑩여굴 원인 및 대책 ⑩인버트 정의 및 역할 [25] 저토피터널 지표침하현상 및 저감대책 [25] 대심도터널 사전검토사항, 공법 선정	[25] 터널 막장보조공법	⑩지불선 [25] 수중 암굴착 [25] NATM 배수처리방안 [25] 실드 누수 취약부, 원인 및 보강공법	⑩막장지지코어 공법 ⑩발파시의 진동저감대책 [25] 실드 누수원인 취약부위, 누수대책 [25] 장대터널 시공계획, 유지관리 계획 [25] 2아치터널의 시공시 문제점과 대책	⑩Q-system ⑩수직갱에서의 RC공법 [25] 장대터널 및 대단면 터널 시공계획, 시공시 고려사항 [25] 실드 지표면 침하종류, 방지대책
댐		[25] 성토댐의 축조기간 중의 거동	⑩블랭킷 그라우팅	[25] 다기능보의 수위조건, 기초지반 차수공법 [25] 흙댐의 누수원인과 방지대책	[25] 록필댐의 시공계획 수립시 고려사항	⑩ELCM공법 [25] 필댐의 매설계측기 [25] 표면차수형석괴댐과 코어형 필댐의 특징과 시공시 유의사항
항 만		[25] 잔교 구조물 시공계획서 작성 및 중점착안사항			[25] 호안배치 검토사항, 시공시 유의사항	
하 천			⑩용존공기부상 [25] 도시지역 우수저류방법 및 활용방안		⑩하천의 역행침식 [25] 하상유지시설 설치목적, 시공시 고려사항 [25] 식생블록 안전성 검토사항 및 시공시 주의사항	⑩지층별 수리특성파악을 위한 조사내용 [25] 보설치 조건과 유의사항 [25] 제방 축조시 재료의 구비조건과 제체의 안정성평가
총 론		⑩건설자동화 [25] CM의 위험관리와 안전관리 [25] BIM을 이용한 시공효율화 방안	⑩비용경사(cost slope) [25] 공정관리의 기능, 공정관리기법 [25] 공사계약금액 조정요인, 방법 [25] 유해위험방지계획서 [25] 공정계획 요소작업분류목적, 도로공사의 WBS 작성	[25] 실적공사비 적산방식 문제점 및 개선방향 [25] 해외건설 예비공사비 항목	⑩시공속도와 공사비의 관계 [25] 쓰레기 매립물의 침하특성 및 매립장 안정검토사항	⑩additional work와 extra work
구조계산, 기타						

구분		99회[2013년(전반기)]	100회[2013년(중반기)]	101회[2013년(후반기)]	102회[2014년(전반기)]	103회[2014년(중반기)]
토공	일반토공	⑩ 도로 동결융해 [25] 연약지반 도로확장시 문제점 및 대책	⑩ bulking ⑩ Slacking [25] 연약지반에 철근콘크리트 구조물 시공시 검토하여야 할 사항	⑩ 공사 착수 전 확인측량 [25] 도로 및 단지조성공사 시 책임기술자로서 사전조사 항목을 포함한 시공계획	⑩ 표면장력 [25] 토피고 3m 이하인 지중 구조물 상부 도로의 동절기 포장융기 저감대책	⑩ 노상의 지내력을 구하는 시험법 [25] 성토재료 선정방법, 다짐 방법, 다짐도 판정방법
토공	연약지반		⑩ 한계성토고 [25] pack drain 문제점과 대책	[25] Preloading 유의사항과 효과 확인을 위한 관리사항	⑩ 압밀도 [25] 연약지반개량 적용가능 공법과 공법 선정시 고려사항	[25] 연약점토지반의 개량공법, 계측항목
토공	사면안정					
토공	옹벽, 보강토					⑩ 3경간 연속보, 캔틸레버옹벽의 주철근배근도 작성
토공	건설기계					
기 초		⑩ 토사지반에서의 앵커의 정착길이 ⑩ 말뚝의 폐색효과	⑩ 앵커볼트매입공법	⑩ 침윤세굴(seepage erosion)	⑩ 유선망(flow net) ⑩ 도심지 흙막이 계측 ⑩ 주동말뚝과 수동말뚝	
콘크리트	일반 콘크리트	⑩ 철근 최소피복두께 ⑩ 슬립폼 공법 ⑩ 수화조절제 ⑩ 지연줄눈(delay joint) [25] 동해 원인 및 방지대책 [25] 균열 보수보강공법, 공법 선정시 유의사항	[25] 강관비계 조립기준, 현장안전 시공대책 [25] 콘크리트의 화학적 균열	[25] 침하균열조치, 내부진동기 주의사항 [25] 운반, 타설 전 검토사항 [25] 레미콘 운반시간의 품질영향 및 대책	⑩ 철근갈고리의 종류 ⑩ 강도와 응력 [25] PSC거더 긴장관리방법	
콘크리트	특수 콘크리트		[25] 수화열이 구조물에 미치는 영향	⑩ 수중 콘크리트		[25] 섬유보강 콘크리트의 종류와 특징, 국내외 기술개발현황 [25] 폭렬현상의 영향, 원인, 대책
도 로		⑩ 철도공사시 캔트 [25] 교면포장용 아스팔트혼합물 선정시 고려사항, 시공시 유의사항	⑩ 마샬시험에 의한 설계아스팔트량 결정방법 ⑩ Pop out현상 [25] 아스팔트포장 포트홀 원인, 대책	⑩ 콘크리트 포장의 소음저감 [25] 차로 확장시 슬래브 및 교대 확장방안		⑩ 분니현상 ⑩ 분리막 ⑩ 아스팔트 콘크리트의 시험포장 [25] 콘크리트포장 손상형태, 원인
교 량		[25] 상부 슬래브 동바리 시공 전 조치사항 [25] 하이브리드 중로아치교 특징 및 시공시 주의사항 [25] 기존 교량 내진성능 향상 및 보강공법 [25] MSS공법	⑩ 중첩보와 합성보의 역학적 차이점 [25] 사교 가설시 거더처짐처리 공법 [25] ILM 문제점 및 대책	⑩ 현수교의 무강성 가설공법 ⑩ 가로좌굴 [25] 일체식과 빈일체식 교대	⑩ 교량하부공의 시공관리를 위한 조사항목 [25] 강상판교의 바닥판 현장용접 [25] 교좌장치 교체시 검토사항, 시공순서	⑩ 주하중, 부하중, 특수 하중 [25] 사장교와 현수교 장단점, 시공시 유의사항 [25] 램프받침에 작용하는 부반력 검토기준, 대책
터 널		⑩ 인공지반(터널의 갱구부) ⑩ 산성암반배수 [25] 실드 갱구부지반 보강목적, 범위, 공법 [25] 갱구부 비탈면 기울기, 안정 대책 공법 및 선정시 고려사항 [25] 수직갱 굴착공법, 방법	[25] 저토피구간 터널보강공법 [25] 갱문 형식별 특징, 위치 선정시 고려사항	⑩ 침매공법 [25] 환기방식, 환기 불량시 문제점 [25] NATM A계측, B계측, 배치시 고려사항 [25] 계단식 발파공법 특징, 고려사항 [25] 숏크리트 강도평가방법, 성능결정요소 [25] 라이닝 균열제어방안	⑩ 암반의 불연속면 [25] 발파진동 경감방안, 전달경로 차단방안 [25] 프런트재킹, 파이프루프 특징과 시공시 유의사항 [25] 터널 굴착방법 종류별 특징, 현장관리시 주의해야 할 사항	⑩ 피암터널 [25] 무지보상태의 붕괴유형, 방지대책 [25] NATM터널 사이클타임 및 세부작업순서
댐		⑩ 검사랑 [25] 콘크리트 중력식 댐 이음부의 누수원인 및 보수방안	⑩ 가중크리프비 [25] 코어존 시공방법	⑩ 댐의 프린스	⑩ 도수(hydraulic jump) [25] 저수지의 위치 선정조건 [25] 댐 기초처리방법 종류 및 특징	
항 만		⑩ 케이슨 안벽	[25] 케이슨식 안벽의 시공방법 [25] 사석고르기 기계 시공방법, 품질관리, 기성고관리	[25] 방파제의 종류 및 특징, 시공시 유의사항 [25] 사석 강제치환공법의 특징 및 시공 중 유의사항		⑩ 잔교식 안벽 [25] 혼성케이슨균열의 원인 및 보수방법
하 천		[25] 하천호안의 종류와 구조, 시공시 유의사항 [25] 보 하부 하상세굴의 원인과 대책		⑩ 제방의 측단 ⑩ 호안구조의 종류 및 특징 [25] 시공 중 홍수방어 및 조절대책		[25] 하천제방차수공법 비교
총 론		⑩ 안전관리계획 수립대상공사	⑩ 물량내역수정입찰제 ⑩ 프로젝트금융 ⑩ 안전관리를 위한 현장소장의 직무 ⑩ 토석정보시스템(EIS)	[25] 재난재해의 종류, 예방대책, 발생시 대응방안	⑩ 표준안전난간 ⑩ 대체적 분쟁해결제도(ADR) ⑩ 자원배당 [25] 계약금액조정방법 [25] 가설통로 종류, 설치기준	⑩ 손해의 종류 ⑩ GTX의 계획과 전망 ⑩ PMIS [25] 재난의 종류와 수습방안 [25] 실적공사비와 표준 적산방식 비교 및 적용시 문제점 [25] 민간자본활용방안
구조계산, 기타						

구분		104회[2014년(후반기)]	105회[2015년(전반기)]	106회[2015년(중반기)]	107회[2015년(후반기)]	108회[2016년(전반기)]
토공	일반토공	⑩ 입도분포곡선	⑩ sounding의 종류 ⑩ 흙의 안식각 ⑩ 토공의 시공기면 [25] 토사성토비탈면 다짐공법, 다짐기계작업의 유의사항 [25] 유토곡선을 작성하는 방법, 모양에 따른 절토 및 성토계획	⑩ 평판재하시험시 유의사항 [25] SM흙과 CL흙의 다짐특성 및 적용장비 [25] 설계 CBR과 수정 CBR의 정의 및 시험방법 [25] 암버럭 쌓기시 다짐관리기준 및 방법		⑩ 지하레이더탐사(GPR)
	연약지반	⑩ 연약지반의 계측 ⑩ 스미어존(smear zone) [25] 연약지반 침하관리, 안정관리		[25] 연직배수재 특성, 통수능력에 영향을 주는 요인	⑩ EPS공법	⑩ GCP(Gravel Compaction Pile) [25] 콘크리트도상 철도노선이 연약지반 통과시 처리공법 및 대책
	사면안정	⑩ 터널 막장의 주향과 경사				[25] 토석류 발생요인과 방지시설 시공시 유의사항
	옹벽, 보강토					
	건설기계				⑩ 교량등급에 따른 DB, DL하중 ⑩ 건설기계의 주행저항	⑩ 건설공사용 크레인 중 이동식 크레인의 종류 및 특징
기 초					⑩ 도로(지반) 함몰 ⑩ 얕은 기초의 전단 파괴	⑩ 부력과 양압력 [25] 부마찰력에 의한 말뚝 손상유형, 감소대책
콘크리트	일반 콘크리트	⑩ 유리섬유폴리머보강근	[25] 균열 진행성 여부 판단방법, 보수보강시기, 보수방법	⑩ Slip Form과 Self Climbing Form의 특징 [25] 피철근 역할, 배치기준	⑩ 이형철근의 KS 표시방법 ⑩ 거푸집 동바리 시공시 고려사항 [25] 콘크리트 표면결함형태, 원인, 대책 [25] 콘크리트 탄산화 방지대책 [25] 내화성능 향상 공법종류, 특성, 효과	⑩ 철근 피복두께 [25] 철근 에폭시 코팅기술 원리, 장단점
	특수 콘크리트	[25] 순환골재의 사용방법, 적용 가능부위	⑩ 초고성능 콘크리트 [25] 정수장 누수원인, 방지대책 [25] 장대교량 주탑 고강도 콘크리트 타설시 유의사항		⑩ 서중 콘크리트	[25] 해양 콘크리트 문제점, 대책
도 로		[25] 암반구간의 포장 [25] 하절기 콘크리트포장 시공관리, 공용 중 유지관리	⑩ 아스팔트도로포장에 사용되는 토목섬유의 종류 [25] 콘크리트 포장 파손 및 보수공법		⑩ 교면포장의 역할 [25] 소성변형 원인, 대책	[25] 가요성 포장, 강성포장 원인 및 대책
교 량		⑩ 완전합성보, 부분합성보 ⑩ 신축이음장치 ⑩ 2중 합성교량 [25] 강교의 케이블식 가설 [25] I형강의 휨부재 구조특성 [25] FSLM	⑩ 탄성받침의 롤러의 기능을 하는 이유 ⑩ 라멘교 [25] 고장력볼트 이음방법, 시공시 유의사항 [25] 현수교 케이블 시공순서 [25] 곡선교량 상부 구조 시공시 유의사항 [25] 장경간 교량의 진동영향, 진동 저감방안	⑩ PSC 장지간 교량의 Camber 확보방안 ⑩ 교량에서의 부반력 [25] 아치교의 가설공법 특징 [25] 교량의 한계상태 [25] 교면방수공법 종류와 특징 [25] 3경간 연속철근콘크리트교 타설순서, 시공시 유의사항	⑩ 시공상세도 목록 ⑩ 자정식 현수교 [25] 교량계측관리시스템 구성 및 운영방안 [25] ILM 시공시 특징과 유의사항 [25] 교량 바닥판 손상원인과 대책	⑩ SS재와 SM재의 특성 [25] 사장교 케이블 현장제작 및 가설방법 [25] 교량가설을 위한 공법결정과정
터 널		⑩ 터널 미기압파 ⑩ Shield TBM 굴진시의 체력손실 [25] 저토피구간 개착공법과 반개착공법 [25] 도심지 천층터널 특성 및 문제점, 대책 [25] 기계굴착법과 NATM 검토사항 및 적용 지질, 시공성, 경제성, 안정성 비교	⑩ SMR [25] 라이닝 콘크리트 균열원인 및 저감방안 [25] 기존 터널 보수방안 및 유의사항	⑩ TCR과 RQD ⑩ 라이닝과 인버트 [25] 숏크리트와 록볼트작용 효과 [25] 진행성 여굴 원인 및 대책	⑩ Pace Mapping [25] NATM 막장면보강공법 [25] 단면형태에 따른 굴착공법	⑩ 리바운드 최소화방안 ⑩ 장대터널의 QRA [25] 공용 중인 철도선로 지하횡단 공사시 적용가능한 공법과 유의사항 [25] 저토피, 미고결 등 지반 취약 구간 시공방법 [25] NATM 라이닝 균열원인, 저감방안
댐		[25] 댐의 제체 및 기초지반 누수 원인과 방지대책	⑩ 비상여수로	[25] 가물막이 시공계획 및 시공시 주의사항 [25] Check Hole의 역할	⑩ ELCM공법	⑩ 유수지와 조절지의 기능
항 만		⑩ 돌핀		⑩ 항만공사시 유보율	[25] 케이슨 진수방법	⑩ 기초사석의 역할 [25] 케이슨 진수공법
하 천		[25] 도시침수 피해원인 및 저감방안	[25] 비점오염원 발생원인 및 저감시설의 종류 [25] 하천제방 누수원인 및 대책			
총 론		⑩ 바나나곡선 [25] 최소비용 공기단축기법	⑩ 종합심사낙찰제 ⑩ 자유여유(free float) [25] 최저가/턴키/CM at Risk	⑩ LCC분석법 ⑩ 안전관리계획 수립대상공사 ⑩ WBS [25] 클레임 발생원인 및 해결방안 [25] CM의 공사단계별 원가관리업무	[25] 가시설 구조물의 종류와 특성, 안전관리 [25] 우기시 도로공사의 현장관리 [25] 시설물의 범위, 안전등급 [25] 건설로봇 및 드론의 건설현장 이용방안 [25] 착수단계에서 시공자의 조치사항 및 보고사항	⑩ 주계약자 공동도급방식 ⑩ 공사비 수행지수(CPI) [25] CM이 토목공사에 활용도가 낮은 이유 [25] BIM의 적용분야 [25] BTO-rs, BTO-a
구조계산, 기타						

구분	연도	109회[2016년(중반기)]	110회[2016년(후반기)]	111회[2017년(전반기)]	112회[2017년(중반기)]	113회[2017년(후반기)]
토공	일반토공	⑩ 흙의 연경도(consistency) [25] 파쇄석을 이용한 성토과 토사 성토를 구분하여 다짐 시공하는 이유와 유의사항, 현장다짐관리 방법	⑩ 전응력과 유효응력 ⑩ 과다짐 ⑩ 토량변화율과 토량환산계수 ⑩ 노상토 동결관입허용법 [25] 토사 및 암버력으로 이루어진 성토부 다짐도 측정방법	⑩ 액상화 검토가 필요한 지반	⑩ 공극수압 ⑩ Bulking 현상 ⑩ 잔류토(Residual Soil) [25] 구조물 부등 침하원인과 방지대책	
	연약지반	[25] PBD의 통수능력과 교란에 영향을 주는 요인	⑩ 토목섬유보강재 감소계수 [25] 연약지반 성토의 정략적 안정관리 기법 [25] 저성토 시공시 문제점 및 대책	⑩ 한계성토고 [25] Suction Device [25] De-watering공법	⑩ 흙의 압밀특징과 침하종류 [25] Sand Mat에 투수성이 불량한 자재로 시공시 문제점 및 대책	[25] 지반동결공법 적용상의 문제점, 대책 [25] 연약지반처리대책공법 선정시 고려조건
	사면안정	[25] 대절토 토사사면의 사면 붕괴 형태, 원인 및 보강대책	[25] 소일네일링, 록볼트, 앵커공법			
	옹벽, 보강토	[25] 보강토 옹벽 안정검토방법, 시공시 유의사항	[25] 연직배수재, 경사배수재에 따른 수압분포 및 유선망	[25] 옹벽의 배수 및 배수시설	[25] 보강토 옹벽 문제점 및 대책	
	건설기계	⑩ 교량의 설계차량활하중(KL-510) [25] 토공건설장비의 선정 및 조합 [25] 준설토의 공학적 특성과 활용방안		[25] 준설선 선정시 고려사항		⑩ 준설매립선의 종류 및 특징
기 초		⑩ 합성PHC말뚝	⑩ Cap Beam 콘크리트 ⑩ 보일링현상 ⑩ 포인트 기초공법 [25] 지하 구조물의 양압력 문제점 및 대책 [25] 버팀보와 띠장, 설치 및 해체시 유의사항 [25] 지반고 편차시 터파기 시공 문제점 및 대책	⑩ 보상기초 ⑩ 말뚝재하시험의 목적과 종류 ⑩ 상수도관 갱생공법 [25] 흙막이 굴착공법 선정시 고려사항 [25] 강성관 및 연성관의 관 기초공	⑩ 약액 주입에서의 용탈현상 [25] 개착공사시 흙막이벽과 주변지반의 거동 및 대책	⑩ 말뚝의 동재하시험 [25] 지하수위 저하공법 [25] 지하매설관 측방이동 억제대책 [25] 공기케이슨 시공방법 [25] 기성말뚝박기공법 종류 및 시공시 유의사항
콘크리트	일반 콘크리트	⑩ 철근 부식도 조사방법과 부식 판정기준 [25] PSC교량 시스관 내 그라우트의 문제점 및 개선방안 [25] 심부 구속철근 정의, 역할, 설계기준 [25] 콘크리트 구조물 성능 저하 현상, 원인, 보수보강방법	[25] 초과하중으로 인한 균열대책 (프리캐스트/현장타설)	⑩ 주철근 [25] 노후 콘크리트 지하 구조물 균열 발생원인, 대책	⑩ 전단철근 [25] 중성화요인 및 방지대책 [25] Pipe Support, System Support 장단점, 붕괴 방지대책	⑩ 휨부재의 최소철근비 ⑩ 철근의 부착강도 [25] 시멘트 종류, 특성 [25] 균열 발생시기별 종류와 특징 [25] 보수공법 종류, 선정시 유의사항
	특수 콘크리트		[25] 스마트 콘크리트 종류, 구성 원리 등 균열 자기치유 콘크리트	[25] 수밀 콘크리트 배합, 시공 전 검토 사항		
도 로		⑩ 반사균열 ⑩ 암반구간 포장	⑩ 콘크리트 Pop Out [25] 콘크리트 포장종류별 파손원인 및 대책	⑩ 블록포장 [25] 아스팔트포장 다짐	⑩ 시멘트 콘크리트포장의 구성 및 종류	⑩ 아스팔트 감온성
교 량		⑩ 사장교 케이블의 단면형상 및 요구조건 [25] 변단면 구조물 적용가능 공법 [25] 신축이음장치 유간의 기능, 시공, 유지관리시 유의사항 [25] PSC교량의 Camber 문제점 및 대책 [25] 저형고교량 유리한 점 및 특징	⑩ 밀시트 [25] SMAW, SAW [25] FCM모멘트변화관리방안	⑩ 사장현수교 [25] 교대의 측방유동	⑩ H형강 버팀보의 강축과 약축 ⑩ 콘크리트교와 강교의 장단점 [25] 교대 시공 문제점 및 대책 [25] 유지관리업무, 시스템 [25] 교량의 세굴 대책수립과정, 세굴보호공의 규모 산정	[25] 사장교 보강거더 가설공법 종류 및 특징
터 널		⑩ RMR과 Q-시스템 ⑩ 근접병설터널 [25] 실드TBM 굴착작업계획	[25] 막장전방조사방법 종류 및 특징 [25] RC공법과 RBM공법의 장단점 [25] NATM계측항목, 빈도, 활용방안	⑩ Forepoling보강공법 [25] 케이블볼트지보 특징 및 시공효과 [25] 암반분류방법, 특징, 분류법의 문제점 [25] 숏크리트 시공시 유의사항, 품질 관리항목	⑩ BHTV와 BIPS [25] 수직구 장비조합, 기종 선정방법 [25] 절토부 암 판정시 현장준비사항 및 암 판정결과보고 [25] 연약지반 터널 굴착 및 보강방법 [25] 실드 뒤채움 주입방식 및 고려사항	⑩ 단층파쇄대 ⑩ 병렬터널 필러 ⑩ 암발파 누두지수 [25] 관통부 굴착방안, 시공시 유의사항 [25] 제어발파 종류 및 특징 [25] 재해유형 및 안전사고예방 대책
댐		[25] 제체 축조재료 구비조건, 제체 누수원인 및 대책		⑩ 댐의 종단이음 [25] 필댐 시공 및 유지관리시 계측	[25] 댐공사 공정계획 및 가설비 공사	⑩ 여수로의 감세공
항 만		⑩ 소파블럭	⑩ 파랑의 변형파 [25] 널말뚝식 안벽의 종류 및 시공시 유의사항	[25] 케이슨 기초 시공시 유의사항 [25] 연안침식 발생원인, 대책	⑩ 특수 방파제의 종류	[25] 혼성제 장단점, 시공시 유의사항
하 천		[25] 하상유지공 설치목적, 시공시 유의사항	[25] 하상굴착방법 및 시공시 유의사항	[25] 하천제방 제체 안정성 평가 [25] 도시 집중호우시 내수피해 예방 대책	[25] 제방호안의 피해형태, 피해원인 및 복구공법	⑩ 굴입하도
총 론		⑩ 공사의 모듈화 [25] 자원배당 이유와 방법 [25] 사업연속성관리(BCM)계획 수립의 필요성과 절차	⑩ ISO 9000 ⑩ GPS측량	⑩ BTO-rs와 BTO-a	[25] 폐기물 매립장계획 및 시공시 고려사항 [25] 교통관리구간별 교통안전시설 설치계획 [25] CM의 정의, 목표, 도입의 필요성, 도입의 효과	⑩ 순수내역입찰제도 ⑩ 건설공사비지수 [25] 진도곡선 작성과정 및 분석 [25] 도로공사 BIM 사례 [25] 철도선로 인접공사시 안전대책 [25] 부진공정관리대책 및 만회대책
구조계산, 기타						

구분		114회[2018년(전반기)]	115회[2018년(중반기)]	116회[2018년(후반기)]	117회[2019년(전반기)]	118회[2019년(중반기)]
토공	일반토공	⑩ 액상화 ⑩ 토량변화율 [25] 다짐도 판정방법 [25] 흙쌓기 및 쌓기 경계부의 부등침하	⑩ 유토곡선(Mass Curve) [25] 암버력 성토방법 및 유의사항	⑩ 확산이중층	[25] 도로공사 비탈면 배수시설의 종류와 기능, 시공시 유의사항	⑩ 과다짐 [25] 급경사지붕괴 방지공법, 목적, 효과
	연약지반	⑩ 선행재하(Preloading)공법 [25] 고결공법	[25] 기성 연직배수공법의 설계, 시공시 유의사항	[25] 지반함몰 원인, 방지대책 [25] 점성토 연약지반 개량공법, 특징		
	사면안정		[25] 암반사면 붕괴형태, 사면안정대책	[25] 토석류	[25] 사면활동 형태, 원인, 대책	
	옹벽, 보강토	[25] 보강토 옹벽설계와 시공시 주의사항, 붕괴원인 및 대책	⑩ 절토부 판넬식 옹벽			
	건설기계	[25] 토질별 다짐장비 선정			⑩ 준설선의 종류 및 특징	[25] 건설기계 조합원칙, 결정순서 [25] 준설과 매립용 작업선박 종류, 용도
기 초		⑩ 얕은 기초의 부력 방지대책 ⑩ 소일네일링 ⑩ 지하안전관리에 관한 특별법 [25] 흙막이 계측관리 [25] 현장타설말뚝 적용기준, 장단점	[25] 흙막이공사 각 부재의 역할, 시공시 유의사항 [25] 오염된 지반의 정화기술공법 [25] 현장타설말뚝 품질시험 종류, 목적, 방법	[25] 흙막이 계측위치 선정기준, 설치시기, 유의사항 [25] 버팀보식 흙막이 원리, 불균형 토압원인 및 대책 [25] 프리캐스트 콘크리트 시공 시 유의사항	⑩ 통수능(discharge capacity) ⑩ 히빙과 보일링 ⑩ 부마찰력 ⑩ 관로의 수압시험 [25] 상수도 기본계획 수립절차, 기초조사사항	⑩ 어스앵커 ⑩ 피어기초 [25] 흙막이공사 유수처리대책 분류 [25] 근접시공방법 결정시 검토사항 [25] 슬러리월 특징, 시공시 유의사항 [25] 말뚝재하시험의 지지력 산정방법 [25] 열송수관로 파열원인, 과열방지대책
콘크리트	일반 콘크리트	⑩ 주철근과 배력철근 [25] 강연선의 긴장관리방안 [25] 굳지 않은 콘크리트의 성질	[25] 철근이음의 종류, 시공시 유의사항 [25] 거푸집과 동바리의 해체시기, 유의사항 [25] 운반 중 품질변화원인, 시공시 유의사항	⑩ 가외철근	[25] 초기 균열 원인, 방지대책	⑩ 막양생 [25] 콘크리트 압송작업 문제점, 대책 [25] 콘크리트 이음 시공방법
	특수 콘크리트	⑩ 순환골재 [25] 서중 콘크리트 타설 전 점검사항	⑩ 온도균열제어수준에 따른 온도균열지수 ⑩ 순환골재와 순환토사 ⑩ 저탄소 콘크리트 [25] 수중 콘크리트 타설시 유의사항	⑩ 콘크리트 폭열현상	⑩ 포러스 콘크리트 [25] 한중 콘크리트 타설계획, 방법 [25] 폭렬현상 영향, 원인, 대책	⑩ 내식 콘크리트
도 로		⑩ 타이바와 다웰바 ⑩ Tining과 Grooving [25] 소음저감포장공법 [25] 동절기 아스팔트포장 생산온도, 운반, 포설, 다짐	⑩ 아스팔트혼합물의 온도관리	[25] Blow up 원인 및 대책	[25] 시멘트포장장비 선정, 설계 및 시공시 유의사항	⑩ 개질아스팔트 [25] ACP 소성변형 발생원인, 방지대책 [25] 강상판교 교면포장공법 종류, 시공관리방법
교 량		[25] FCM 주두부의 정의와 가설방법 [25] 경량성토공법	⑩ 엑스트라도즈드교 [25] 교량 슬래브 콘크리트 타설방법	⑩ 고장력볼트 조임검사 ⑩ 교량받침과 신축이음 Presetting [25] 교대의 측방유동 원인, 대책 [25] 현수교의 구성요소, 시공과정, 시공시 유의사항 [25] Camber관리, 유의사항 [25] 4차 산업혁명 장대교량시설물 유지관리 적용방안	⑩ Arch교의 Lowering공법 ⑩ 스트레스리본교량 ⑩ 교량 내진성능 향상공법 [25] 주탑 시공시 품질확보방안 [25] 강교의 현장용접 문제점 및 대책, 주의사항	⑩ 일체식 교대교량 ⑩ 용접부의 비파괴시험 ⑩ 교량의 새들 [25] 강교케이블가설공법, 종류 [25] 고장력볼트 시공방법, 검사방법 [25] 신축이음장치 설치시 유의사항, 주요 파손원인
터 널		⑩ RQD와 RMR [25] 암반분류 [25] 용수처리 및 보조공법	⑩ 리바운드 영향인자 및 감소대책 ⑩ 불연속면 ⑩ 절토부 표준발파공법 [25] 여굴원인 및 방지대책 [25] 암 판정대상과 목적, 절차 [25] 2-Arch터널, 대단면 터널, 근접병렬터널 문제점 및 대책 [25] 작업장 및 작업구 계획 [25] 터널 비파괴현장시험의 종류와 시험목적	⑩ 실드터널의 테일보이드 [25] 실드터널 틈, 단차의 문제점 및 최소화방안 [25] Shotcrete 타설시 유의사항, 조치방안	⑩ 터널의 편평율 ⑩ 터널변상의 원인 [25] 진행성 여굴 원인 및 대책 [25] 준공 후 유지관리계측	⑩ 수팽창지수재 [25] 라이닝콘크리트 누수원인, 대책
댐			[25] 댐 지반조건에 따른 기초처리공법	[25] 석괴댐에서 필터기능 불량시 문제점	[25] 댐공사 시공계획	
항 만		⑩ 방파제	⑩ 가토제(Temporary Bank)	⑩ 부잔교 [25] 잔교식 구조물 점검방법, 손상 발생원인, 보수보강방법 [25] 방파제 종류별 구조 및 특징	[25] 항만공사 시공계획시 유의사항	
하 천		[25] 비점오염원과 점오염원의 특성, 저감시설 설치위치 선정시 유의사항	[25] 하천호안 파괴원인 및 방지대책	⑩ 하상계수 [25] 하천교량 홍수 피해원인과 대책	[25] 하천제방 누수원인과 방지대책 [25] 친환경 수제공사시 유의사항	
총 론		[25] 건설사업관리와 책임감리, 시공감리, 검측감리	⑩ 유해위험방지계획서	⑩ 시설물의 성능평가 ⑩ ADR제도 ⑩ 5D BIM [25] 주계약자 공동도급제도	⑩ 민간투자사업의 추진방식 ⑩ 건설공사의 사후평가 [25] 클레임 발생원인, 유형과 해결방안 [25] 비산먼지 발생저감방법 [25] EVMS의 주요 구성요소와 기대효과	⑩ 비용분류체계(CBS) ⑩ 마일스톤공정표 [25] BIM의 정의 및 활용분야 [25] 안전관리항목, 재해예방대책
구조계산, 기타						

구분		119회[2019년(후반기)]	120회[2020년(전반기)]	121회[2020년(중반기)]	122회[2020년(후반기)]
토공	일반토공	⑩ 토량변화율 ⑩ 시추주상도 [25] 다짐에 영향을 주는 요인, 현장에서 의 다짐관리방법 [25] 구조물접속부 부등침하 방지대책 [25] 토공사 준비공 중 준비배수		[25] 평판재하시험 [25] 쌓기 비탈면다짐방법, 깍기 및 쌓기 경계부 시공시 부등침하대책방법	⑩ 용적팽창현상(Bulking) ⑩ 붕적토(Colluvial Soil) [25] N값의 문제점과 수정방법
	연약지반		[25] 계측항목별 계측목적, 활용내용, 배치기준 [25] 얕은 기초 아래 석회암 공동지반(Cavity)보강	[25] 쇄석말뚝공법 시공조건에 따른 파괴거동	[25] SCP공법과 진동다짐공법 비교 [25] 계측 불확실성을 유발하는 인자, 오차유형, 오차의 원인
	사면안정				
	옹벽, 보강토	[25] 장마철 배수불량 옹벽구조물 붕괴 사고 원인과 대책			
	건설기계		[25] 매립공법의 종류, 특징		
기 초		⑩ 무리말뚝효과 ⑩ 토질별 하수관거 기초의 종류 및 특성 [25] 기초의 침하원인 [25] 하수관거 완경사접합방법, 급경사 접합방법 [25] 현타말뚝 시공시 콘크리트 타설	⑩ 공대공 초음파 검층(CSL)시험 ⑩ 현타말뚝 시공시 슬라임처리 ⑩ 도수로 및 송수관로 결정시 고려사항 [25] 매입말뚝공법 종류별 시공시 유의사항	⑩ 부주면마찰력 검토조건, 문제점, 대책 ⑩ 순극한지지력과 보상기초 ⑩ 하수배제방식(합류식, 분류식) [25] 노후 상수도관의 갱생공법 [25] 오수 전용 관로 접합방법, 연결방법	⑩ 상수도관의 부단수공법 [25] 지반굴착공사공법 종류, 공법 선정 시 고려사항 [25] 양압력 원인, 대책공법 [25] 관거 기초공 종류, 특징, 시공방법
콘크리트	일반 콘크리트	⑩ 철근의 롤링마크	⑩ 철근부식도 시험방법 및 평가방법	⑩ 거푸집 존치기간 및 시공시 유의사항 [25] 콘크리트 비파괴압축강도시험방법 활용방안, 시험방법별 주의사항 [25] 균열측정방법, 유지관리방안	⑩ 역타설콘크리트 이음방법 ⑩ 섬유강화폴리머(FRP)보강근 [25] 촉진양생방법 분류 및 설명
	특수 콘크리트		[25] 해양 콘크리트 요구성능, 시공시 문제점, 대책	[25] 고유동 콘크리트의 굳지 않은 콘크리트품질조건, 시공시 유의사항	
도 로		⑩ 철도선로의 분니현상 [25] ACP 배수성 포장 [25] 여름철 CCP Blow-up 방지대책	⑩ 아스팔트의 스티프니스 [25] 기존 CCP의 아스팔트 덧씌우기, 콘크리트 덧씌우기	⑩ 차선도색 휘도기준 ⑩ 횡단보도 시각장애인 유도블록 [25] 동결융해로 인한 ACP 파손형태, 보수방법, 파손 방지대책	[25] 강바닥판교량의 교면 구스아스팔트 포장 시의 열 영향, 시공시 유의사항 [25] 화이트탑핑 특징, 시공방법 [25] CRM 특징과 시공방법
교 량		⑩ 합성교에서 전단연결재 ⑩ SM 355 B W ZN ZC의 의미 [25] 받침 교체 시 시공순서, 시공시 유의사항 [25] 기존 교량 내진성능보강방법 [25] PSC Box Girder가설공법 종류, 특징, 시공시 유의사항	⑩ 사장교의 케이블형상에 따른 분류 ⑩ PSC Box 거더제작장 선정시 고려사항 [25] 교량받침의 배치, 시공시 유의사항 [25] 사장교 보강거더의 가설공법 종류, 공법별 특징	⑩ FCM Key Segment 시공시 유의사항 [25] 강교 현장조립을 위한 강구조물 운반 및 보관시 유의사항, 현장조립시 작업준비사항, 안전대책 [25] 교량의 안정성 평가목적, 평가방법 [25] 동바리를 사용하지 않고 가설하는 PSC박스거더공법	⑩ 일부 타정식 또는 부분정착식 사장교 [25] Extradosed교량 상부 캔틸레버가설공법 시공계획과 가설장비
터 널		⑩ 습식 숏크리트 [25] 터널지보재의 지보원리, 역할 [25] 콘크리트구조물 방수에 영향을 미치는 요인, 대책	⑩ 터널 인버트 종류 및 기능 [25] 방수터널, 배수터널, 압력수로터널 [25] TBM 급곡선부의 시공시 유의사항	⑩ 숏크리트 및 락볼트의 기능과 효과 [25] 굴착단계별 붕락형태	⑩ 터널막장전방탐사(TSP) ⑩ 제어발파(Control Blasting) [25] 배수터널/비배수터널 특징, 적용성
댐		⑩ 수압파쇄	⑩ 필댐의 트랜지션존 [25] 콘크리트댐의 가설비공사계획	⑩ 댐관리시설 분류 및 시설내용 [25] Fill Dam 안정조건, 축조단계별 시공시 유의사항	⑩ RCCD의 확장레이어공법(ELCM) [25] 필댐 계측설비 설치목적, 필요계측항목, 계측기기
항 만			⑩ 소파공 [25] 해상 자켓구조물 설치시 조사항목, 설치방법		⑩ 연안시설에서의 복합방호방식 [25] 부잔교의 제작, 설치, 시공시 고려사항
하 천			[25] 우수조정지 설치목적, 구조형식, 설계 시공시 고려사항 [25] 비점오염원 정의, 비점오염물질 종류, 비점오염저감시설	⑩ 빗물 저류조 [25] 하천시설물 유지관리개념, 시설물별 유지관리방법 [25] 신설제방 시공단계별 유의사항	
총 론		⑩ 비용구배(Cost Slope) ⑩ 중대한 결함의 종류 [25] 지하안전영향평가 평가항목, 평가방법, 안전점검대상시설물 [25] 진도관리를 위한 공정관리곡선 작성방법과 진도평가방법 [25] 준공하기 전 실시하는 초기점검 [25] 안전관리계획 수립대상공사범위, 안전관리계획 수립기준	⑩ ISO 14000 ⑩ 공정관리 3단계 절차 ⑩ 하도급계약의 적정성 심사 [25] 공동도급 종류, 장점, 문제점, 개선대책 [25] 건설폐기물의 정의, 처리절차, 처리시 유의사항, 재활용방안 [25] 산업안전보건관리비 계상기준, 계상시 유의사항, 개선대책 [25] 건설재해 종류, 원인, 재해예방, 방지대책	⑩ 1, 2종 시설물의 초기치 ⑩ 건설공사비지수 ⑩ 시설물의 성능평가항목 [25] 공사도급계약서에 명시해야 할 내용으로 규정된 사항 [25] 공정관리시스템의 관리적 측면, 기술적 측면 구분 및 설명	⑩ LCC분석법 중 순현가법(NPV) ⑩ 건설통합시스템(CIC) ⑩ 국가계약법령상의 추정가격 [25] CPI와 SPI 상관관계 [25] 설계변경에 의한 계약금액 조정 [25] 건설폐기물 종류, 재활용 촉진방법 [25] 협의, 조정, 중재
구조계산, 기타					

구분	연도	123회[2021년(전반기)]	124회[2021년(중반기)]	125회[2021년(후반기)]	126회[2022년(전반기)]
토공	일반토공	⑩ 액상화(Liquefaction) ⑩ 유토곡선(Mass Curve)	⑩ 비탈면의 소단 설치기준	⑩ 설계와 시공의 지반조사의 순서	⑩ 표준관입시험(SPT) [25] 흙의 다짐원리, 세립토(점성토)의 다짐특성
토공	연약지반	[25] 2.0m 흙쌓기공사 시 문제점, 연약지반개량방법 [25] PBD공법의 시공시 유의사항 [25] 지반함몰 발생원인, 저감대책		[25] 약액주입공법의 목적, 주입재 종류, 특징	[25] DCM의 특성 및 시공관리방안 [25] 점성토지반 연직배수공법 종류, 특징, 시공 시 유의사항
토공	사면안정	[25] 사방댐 설치 및 시공시 고려사항			[25] 절토사면 시공관리방안, 붕괴원인 [25] 비탈면 녹화공법 시험시공계획 수립, 수행방법
토공	옹벽, 보강토		⑩ 보강토옹벽의 장점 및 단점		
토공	건설기계	⑩ 펌프준설선 작업효율의 결정방법	[25] 준설선의 종류, 특징, 선정시 고려사항		
기 초		⑩ 히빙(Heaving) 방지대책 [25] 흙막이벽 지지구조 종류, 장단점 [25] 상수도관 종류, 장단점, 되메우기 시 유의사항	⑩ 상수도관의 접합방법 [25] 흙막이 설계시 DFS, 주변지반 침하원인, 유의사항 [25] 도심지 지하수위가 높은 연약지반 슬러리월 시공순서, 시공시 유의사항 [25] 장대교 기초 현타말뚝공법의 장단점, 시공시 유의사항 [25] 복합말뚝의 특징 [25] 하수배제방식, 하수관거배치방식	⑩ 하수관로검사방법 ⑩ 말뚝의 시간효과(time effect) [25] 해안가 사질토지반 흙막이공법의 종류와 Boiling 방지대책 [25] 정재하시험 종류, 방법, 해석 및 판정법 [25] 노후하수관 교체공사 공사관리계획의 필요성, 주안점	⑩ 버팀보공법과 어스앵커공법의 비교 ⑩ 유선망(Flow Net) [25] 하수관거 접합방법, 검사방법
콘크리트	일반 콘크리트	⑩ 콘크리트탄산화현상 ⑩ 전해부식과 부식 방지대책 [25] 강도설계법의 평가, 사용승인 [25] PS강재 긴장시 주의사항 [25] 철근과 콘크리트 부착작용, 영향을 미치는 인자	⑩ 콜드조인트(Cold Joint) [25] 압축강도에 영향을 미치는 요인	⑩ 워커빌리티(workability) ⑩ 콘크리트구조물의 보강방법 [25] 건조수축균열 발생원인 및 균열제어방법	⑩ PSC의 긴장(Prestressing) [25] 콘크리트구조물의 시공 중 발생하는 균열원인, 방지대책 [25] 공장제작 콘크리트제품 특성, 품질관리항목, 설치 시 유의사항 [25] 굳지 않은 콘크리트의 성질, 워커빌리티 향상대책
콘크리트	특수 콘크리트	[25] 매스콘크리트 온도균열 발생원인, 온도균열 제어대책	⑩ 순환골재의 특성	[25] 매스콘크리트 균열 발생원인, 제어방법	[25] 한중콘크리트 배합설계, 시공 시 유의사항
도 로		⑩ 길어깨포장 [25] 콘크리트포장 컬링(Curling)현상	[25] CCP파손 종류별 발생원인, 보수방법	⑩ 배수성 포장 ⑩ 도로의 배수시설 [25] ACP와 CCP 특징 비교, 파손원인 및 대처방안 [25] 포트홀 발생원인, 방지대책	⑩ 교면포장 ⑩ CCP 줄눈 종류와 특징
교 량		⑩ 거더교의 종류 ⑩ 용접부의 잔류응력 [25] 교좌장치 손상원인, 선정시 고려사항	⑩ 교량의 면진설계 [25] MSS공법 작업수립단계, 설치작업 시 단계별 조치사항 [25] 강박스 거더교 특징, 적용성, 시공시 유의사항 [25] 교량기초 세굴심도측정방법, 세굴방지대책	⑩ 교량의 등급 ⑩ 교좌장치(shoe) [25] PSM의 특징 및 시공방법 [25] 교각 구체형식, 시공방법, 시공 시 유의사항 [25] 강교량 수행공정흐름도, 가설공법 종류, 특징 [25] 수중기초 세굴종류, 원인, 대책	[25] 철근콘크리트 3경간 연속교의 시공계획 및 시공 시 유의사항
터 널		[25] 진행성 여굴 시공 중 대책, 차단방법 [25] 저토피 연약지반에 선지보터널공법 시공할 때 지반보강효과, 특징	⑩ 암석 발파시 비산석 경감대책 [25] NATM발파진동 영향, 저감대책 [25] 저토피구간 NATM 시공단계별 붕락형태, 원인, 보강공법의 종류	⑩ Q-system [25] 라이닝콘크리트 균열종류, 특성, 균열 발생원인 [25] 불연속면 정의, 종류, 특성 [25] 터널시공 계측관리	⑩ 터널의 배수형식 ⑩ 숏크리트 리바운드(NATM) [25] NATM과 실드TBM의 적용성 비교설명, 실드TBM 시공 시 유의사항 [25] 노천 암발파공법의 종류, 시공 시 유의사항 [25] 미고결 저토피터널 지표침하원인, 저감대책
댐			[25] 기초처리공법, 선정시 고려사항 [25] 여수로 구성요소, 종류, 이음, 감세공의 형식별 특징	⑩ 콘크리트 중력식 댐의 이음	⑩ 댐 관리시설 분류와 시설내용 ⑩ 사방댐 [25] 필댐의 안정조건, 계측항목
항 만		⑩ 물양장(Lighters wharf)	⑩ 항만공사 시 토사의 매립방법 ⑩ 방파제 종류	[25] 연약지반 심도가 깊은 해저에 사석기초 방파제 시공 시 유의사항	[25] 방파제 분류, 설계 및 시공 시 유의사항
하 천		[25] 홍수 시 하천제방 하안에 작용하는 외력의 종류, 제방 안정성 저해원인	⑩ 하천 횡단교량의 여유고		[25] 제방의 종류와 붕괴원인, 방지대책
총 론		⑩ 건설기술진흥법에 의한 시방서 ⑩ 건설공사 시 업무조정회의 ⑩ 공기단축기법 [25] 실비정산보수가산계약 [25] 토공장비 자동화기술(MC, MG) [25] 공사관리목적, 공사 4대 관리	⑩ 건설공사의 시공계획서 ⑩ 구조적 안전성확인대상 가설구조물 ⑩ 안전관리비비용항목 [25] 작업촉진에 의한 공기단축 [25] 표준안전난간구조, 현장관리 주의사항 [25] 하도급 적정성 검토사항, 건설사업관리자가 조치해야 할 내용	⑩ 토목시설물의 내용연수 ⑩ 총비용과 직접비, 간접비 관계 [25] 공사장 소음, 진동에 대한 관리기준, 저감대책 [25] 공사착수단계의 건설사업관리책임자의 업무	⑩ 시설물의 성능평가방법 ⑩ 건설공사의 위험성평가 ⑩ 가설구조물 설계변경 요청대상 및 절차 [25] 중대산업재해, 중대시민재해 정의, 안전 및 보건 확보의무
구조계산, 기타					

구분	연도	127회[2022년(중반기)]	128회[2022년(후반기)]	129회[2023년(전반기)]	130회[2023년(중반기)]	131회[2023년(후반기)]
토공	일반토공	⑩ 토취장의 선정조건	[25] 동상현상 영향, 원인, 방지대책 [25] 노체 암버력 다짐방법, 다짐도 평가방법, 시공시 유의사항	⑩ 암(버력)쌓기 시 유의사항 ⑩ 과다짐(Over Compaction) [25] 동상깊이 산정방법, 방지대책	⑩ 시공기면(Formation Level) [25] 성토재료 구비조건, 시공방법	[25] 토공 하자종류 및 방지대책
토공	연약지반	⑩ PTM공법 [25] 연약지반 판단기준, 개량공법 선정 시 고려사항 [25] 지하수위저하공법	⑩ Smear Effect 문제점 및 대책		[25] 연약지반 사고유형, 대책방안	[25] 동다짐공법의 공학적 특성 [25] Vibroflotation공법 기본원리, 장단점
토공	사면안정	[25] 소일네일링공법		⑩ 사면붕괴의 내·외적 발생원인 [25] 비탈면 그라운드앵커의 초기 긴장력 결정 [25] 암반사면 붕괴원인 공학적 검토방법	⑩ 암반의 불연속면	[25] 토석류 차단시설별 시공방법, 시공 시 준수사항
토공	옹벽, 보강토	⑩ 옹벽의 이음(Joint)	⑩ 기대기옹벽의 정의와 고려하중 [25] L형 옹벽과 역L형 옹벽 차이점			
토공	건설기계	[25] 항만공사 준설선 선정 시 고려사항, 종류, 특징			⑩ 준설매립선의 종류 및 특징 [25] 매립공사 공사계획, 순서 및 방법 [25] 건설기계 조합원칙, 기계결정순서	
기 초		⑩ 말뚝머리와 기초의 결합방법 ⑩ BSCW공법 [25] 관로 비개착공법 [25] 흙막이 계측 시 고려사항, 계측관리 [25] 교량기초말뚝 지지력평가방법	⑩ 하수의 배제방식 ⑩ 항타기 및 항발기 시공시 주의사항 [25] 현타말뚝 콘크리트 타설시 유의사항, 내부결함 판정기준 [25] RCD 장단점, 시공시 유의사항 [25] 말뚝기초재하시험 종류, 해석 [25] 노후 상수관 문제점, 갱생방법	[25] 굴착공사 시 스마트계측 필요성, 활용방안 [25] 부등침하원인과 방지대책	[25] 현장타설 PRD공법	⑩ 부주면마찰력 [25] 하수처리장 부상 발생원인, 대책
콘크리트	일반 콘크리트	⑩ 굳지 않은 콘크리트의 구비조건 [25] 거푸집동바리 붕괴 유발요인, 안정성 확보방안 [25] 해사를 이용한 콘크리트 문제점 및 대책		⑩ 철근콘크리트의 연성파괴와 취성파괴 [25] 시공이음 설치목적, 시공 시 유의사항	[25] 온도균열 발생원인, 제어방법 [25] 측압 영향요소, 최대 측압, 붕괴사고예방대책	⑩ 철근의 이음종류
콘크리트	특수 콘크리트		⑩ 고유동 콘크리트의 분류		[25] 서중콘크리트 영향, 관리 및 대책	⑩ 진공 콘크리트 [25]해양콘크리트 강재방식대책
도 로		[25] 하절기 CCP 문제점, 시공관리방안	[25] ACP와 CCP 차이점	⑩ SMA아스팔트 포장 [25] 암반구간 포장단면 구성	⑩ 도로의 예방적 유지보수 [25] 소성변형 특징, 발생원인, 방지대책 [25] 포트홀 저감대책	⑩ ACP 포설 및 다짐장비 종류와 특징 [25] ACP 평탄성 관리기준, 평탄성 측정방법
교 량		⑩ 교량받침의 유지관리 ⑩ PSC교량의 솟음관리 [25] ILM 특징, 시공 시 유의사항	[25] 연약지반 교대의 측방유동 문제점, 발생 이후 안정성대책 [25] 사장교 이점, 가설공법의 종류 [25] 강교 용접이음 종류와 용접자세	⑩ 사장현수교 [25] 세굴 발생원인, 방지대책 [25] 현수교·사장교 계측모니터링시스템	⑩ 철근콘크리트 교량 바닥판 손상의 종류 ⑩ 교좌장치의 기능 및 설치 시 주의사항	⑩ 지진격리받침 [25] 지진하중을 제어하는 시스템 [25] 공용 중 교량의 성능저하현상, 내하성능시험방법 [25] PSC박스거더 손상유형, 원인, 대책 [25] 특수 교량 스마트유지관리시스템의 구성과 세부기술
터 널		⑩ 카린시안공법 [25] 토피가 얕은 도심지 터널 지표면 침하 방지대책 [25] 제어발파 시공방법	⑩ 피암터널 [25] Sheild, TBM 세그먼트 라이닝 시공기준, 재질별 조립오차, 고려사항 [25] 용수가 많은 지반 대책	⑩ 근접 터널 시공에 따른 기존 터널의 안전영역(Safe Zone) ⑩ 숏크리트(Shotcrete) 시공관리 [25] 지보재의 종류와 기대효과 [25] 2-Arch터널 누수 및 동결 방지대책	[25] 저토피구간 터널굴착 시 보강대책 [25] 실드TBM 변형원인, 유지관리방법	⑩ 터널 콘크리트 라이닝의 역할 ⑩ 발파장약 판정 ⑩ NATM과 Shield TBM공법 비교 [25] 미고결 저토피터널 특징, 문제점, 대책 [25] 터널굴착공법 선정 시 고려사항
댐		⑩ 댐 감쇄공 [25] 댐 조사내용과 위치결정 시 고려사항	[25] CFRD 계측기 종류, 계측빈도 [25] Fill Dam 파이핑 원인, 대책	⑩ 감압우물(Relief Well)	[25] 댐 누수원인과 방지대책	
항 만		⑩ 방파제의 종류 및 특징	⑩ 부잔교	[25] 가설잔교 시공계획 시 고려사항	⑩ 계류시설(繫留施設) [25] 돌핀 배치 시 고려사항, 종류별 장·단점	⑩ 방파제의 구조형식과 기능에 따른 분류
하 천		⑩ 제방의 파이핑 검토방법 [25] 하도 개수계획	⑩ 호안의 종류와 구조 ⑩ 공동현상(Cavitation)	⑩ 하천 수제(水制) [25] 가물막이 공법 종류, 시공 시 유의사항	⑩ 하천관리유량	⑩ 사방 호안공 [25] 하상유지공의 분류, 시공 시 유의사항 [25] 제방 파괴 시 응급대책공법 [25] 홍수 시 제방에 작용하는 외력의 종류, 제방의 피해형태, 원인
총 론		⑩ 시공상세도 [25] 네트워크공정표 특징, PERT, CPM [25] 중점 품질관리공정 선정 시 고려사항, 건설사업관리기술인의 품질관리방안 [25] 수질 및 대기오염 최소화대책	⑩ 단계별 스마트건설기술 ⑩ 시안법상 안전점검의 종류 ⑩ 전문시방서와 표준시방서의 비교 [25] 건설공사 시공계획서 [25] 산업안전보건관리비 계상 및 사용기준 [25] 중대산업재해 정의, 대상, 안전보건교육에 포함하여야 하는 사항	⑩ 건설사업관리자의 시공단계 예산검증 및 지원업무 ⑩ 공동도급의 종류 및 책임한계 [25] 설계변경 불가 경우, 요건 [25] 시설물 인수·인계계획 검토 및 관련 업무, 하자보수 지원	⑩ 마일스톤공정표 ⑩ 공공건설공사 공사기간 산정 및 연장 검토사항 ⑩ MG와 MC ⑩ 시방서 종류 및 작성방법 [25] BIM 도입효과, 활용방안 [25] 제3종 시설물 대상범위, 안전관리 절차, 안전점검방법 [25] 클레임의 종류, 절차, 예방대책	⑩ 8D BIM ⑩ Digital Twin 필요성, 적용방안
구조계산, 기타				⑩ 도복장강관의 용접접합 [25] 하수암거 손상원인, 보수공법 [25] 하수관로 관종에 따른 기초형식 종류, 시공 시 고려사항	⑩ 도수 및 송수관로의 매설위치와 깊이 [25] 비점오염저감시설 중 침투형 시설	⑩ 노후 상수도관 갱생공법 [25] 수원의 종류와 특성

부 록 토목시공기술사

Ⅲ. 과년도 출제문제

• 제12회 ~ 제131회 과년도 출제문제

제12회 토목시공기술사(1975년 7월)

기 초

※ 다음 8문제 중 5문제만 선택하여 답하시오. (각 40점)

1. 완성된 Concrete의 성질을 좋게 하는 방법을 논하시오.
2. 물시멘트비를 매우 적게 하려고 할 때 Concrete의 배합을 어떻게 하면 Slump가 과히 적어지지 않게 되겠는가?
3. 중력식 DAM이나 교대 등의 각 단면에서의 합력의 위치가 어느 범위 내에 들어야 하는가?
4. Prestressed Concrete 원리를 Simple Beam에 대하여 설명하시오.
5. 옆의 그림의 교대 또는 옹벽에서 사질지반이 연직 배면에 작용하는 주동토압 P와 작용위치 X를 구하시오(단, $\phi=30°$로 가정하시오).

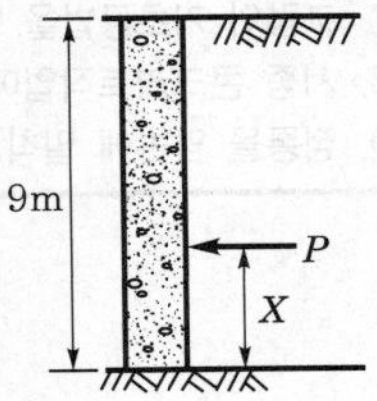

6. 3×12m의 3경간 등단면 연속보에 $W=5$t/m의 등분포하중이 만재할 때의 교점의 $-M$과 측경 간의 중앙점의 M의 값을 구하시오.
7. 다음을 간단히 설명하시오.
   (1) Prepacked Concrete
   (2) Tremie Concrete
   (3) Pozzolith Concrete
   (4) 조강 Cement의 특성
8. 지하철도건설에 있어서 각종 토질에 따라 그의 시공방법을 논하시오.

전 문

※ 다음 9문제 중 5문제만 선택하여 답하시오. (각 40점)

1. 로우더의 작업량 계산에 있어서 Cycle Time 중 m의 계수는 타이어식 1.8sec/m 무한궤도식 2.0sec/m이고, l은 편도 주행거리 8m로 규정하고 있다. 이 ml 계수는 작업형태에 따라 달라지는 바 현장실정과 계수의 관계를 비교, 분석하고 그 개선점을 설명하시오.
2. PERT 공정계획관리기법의 실용에 유의해야 할 사항 10가지 이상을 들고, 그 이유를 쓰시오.
3. 다음 작업의 Network를 그리고, 그 도표 위에 TE와 TL을 구한 다음 주 공정선 및 소요작업일수를 계산하시오.

작업명	선행 Event	후속 Event	소요일수
A	1	2	10
B	2	4	7
C	2	3	6
D	2	5	9
E	4	8	5
F	3	8	7
G	3	7	8
H	3	6	10
J	5	6	15
K	8	9	6
L	9	7	20
M	3	10	4
N	8	10	9
P	10	7	5
Q	6	7	12

4. 아스팔트 포장용 Plant(60ton/hr급)와 조합시공기기의 특성을 들고, 합리적인 시공요점을 기술하시오.
5. 굴착, 운반을 함께 하는 시공기계의 종류별 특성을 들고, 각 중기의 시공능력 향상에 관하여 아는 바를 쓰시오.
6. 귀하에게 수원지방의 다음과 같은 공사에 대한 시공계획임무가 부여되어 있다. 이 경우 다음 물음에 답하시오.

가정

평균 단면 높이 2.5m, 비탈구배 1 : 1.5, 노면넓이 8m, 연장 6km, 95% 이상의 압밀다짐요, 지반 80% 이상은 전답임. 성토용 토사운반거리 10km(6km는 V=35km/hr, 4km는 V=15km/hr 정도임). 11월 1일 착공하여 연말까지 준공해야 함.

(1) 성토용 토사의 굴착·운반방법 및 기종별 소요대수 및 근거
(2) 다짐장비의 투입계획과 근거
(3) 정지용 기계의 투입계획과 근거
(4) 공사기간을 10일간 단축함에 필요한 조치 중 가장 비중이 큰 것을 들고, 그 이유를 설명하시오.

7. 교량의 기초공법을 아는 대로 상술하시오. 지층 종류와 심도 등에 가장 적절한 공법을 논하시오.
8. 서중 콘크리트작업에 관하여 논하시오.
9. 정통을 암반에 밀착시키는 공법과 그 저부 수중 Concrete의 시공법을 논하시오.

제13회 토목시공기술사(1976년 5월)

기 초

※ 다음 물음에 답하시오. (각 50점)

1. 말뚝 기초공의 종류를 약도로 그리고 설명하고, 말뚝의 동역학적 지지공식에 대하여 설명하시오.
2. 다음을 설명하시오.
   (1) 삼각 측량의 목적, 측량방법, 기선, 삼각망 및 삼각점에 대하여 기술하시오.
   (2) 평판 측량방법을 열거하고, 이를 설명하시오.
   (3) 노선 측량의 목적과 작업 순서 및 방법을 기술하시오.
3. 콘크리트에 대하여 다음을 요약해서 기술하시오.
   (1) 댐(DAM) 콘크리트 치기와 양생에 대하여
   (2) Prepacked Concrete 시공의 요점에 대하여
4. 다음을 설명하시오.
   (1) 옹벽의 길이 1m에 대한 기초저에 작용하는 연직하중이 60t이고, 휨모멘트가 40t·m이다. 기초 폭이 3m일 때 그 기초저에 작용하는 최대 지압력도는 얼마인가?
   (2) 상하 수평 지면의 고저차가 10m일 때 옹벽의 길이 1m에 작용하는 주동 토압은 얼마인가?
   (3) 토질은 모래이고, $\phi=30°$, $\gamma=1.8t/m^3$이다. Rankine 공식을 쓰시오.

전 문

※ 다음 물음에 답하시오. (각 50점)

1. 다음 작업의 PERT Network를 작성한 다음 TE와 TL을 주기하고, 공정계획 수립을 위한 작업 표준결정 단계를 요약하시오.

Activity	Event $I-J$	소요일수
A	1－2	50
B	2－4	10
C	2－3	35
D	3－5	30
E	4－6	15
F	3－6	5
G	5－7	5
H	6－7	20
J	7－8	30
K	8－9	25

위 Network의 일정표를 아래 양식에 의거하여 정리하시오.

Activity	Event $i-j$	소요일 (t_e)	개시 (ES)	종료 (EF)	개시 (LS)	종료 (LF)	전여유 시간 (TF)	자유 여유시간 (FF)	CP

2. 신설 고속도로 시멘트 콘크리트 포장공사 시행에 있어 콘크리트 포장을 연속적으로 전진 타설할 때의 1일 작업량을 계획한 후 시공순서, 소요 중장비, 양생방법, 검사 등에 관하여 설명하시오.
3. 산간 터널공사에 있어서 최근 진보된 굴착방법과 소요장비 기기류에 대하여 설명하시오.

4. 귀하가 전남 지방에서 연장 6km, 포장 완성폭 16m인 4차선 도로공사의 현장 소장으로 피명되어 보조기층까지의 성토공사를 완성하여야 한다. 본사에서 배정한 장비는 다음과 같다.
   - 머캐덤 로울러 4대, W=1.6m, V=2.0, 2.5
   - 탠덤 로울러 6대, W=1.2m, V=2.0
   - 타이어 로울러 3대, W=2.1m, V=2.0, 2.4, 4.0
   - 노체의 평균높이 3m, 보조기층 두께 0.4m, 기층 및 표층 0.25m
   - 노체다짐 10회, 보조기층 12회이고, 법면 구배 1 : 1.5
   - Q.H.B의 $B=\frac{22.5}{30}$

   (1) 성토량은 얼마인가? 또 근거 여하 (15점)
   (2) 위 장비로 시공할 때의 순작업일수와 소요일수는 각 얼마이며, 그 근거 여하 (15점)
   - 장비는 1일 10시간 가동, 가동률 0.9
   - 노체 : D=0.5m, $f=\frac{0.85}{1.2}$
   - 보조기층 : D=0.3m, $f=\frac{0.9}{1.15}$, E=0.6으로 본다.

   (3) 위 공사의 합리적인 공사계획 및 관리방안 여하 (20점)

제14회 토목시공기술사(1977년 5월)

기 초

※ 다음 7문제 중 4문제만 선택하여 답하시오. (각 50점)

1. 콘크리트 시공에서 다음을 설명하시오.
   (1) 물시멘트 비와 콘크리트 압축강도 σ_{28}과의 관계
   (2) 콘크리트의 분리와 Bleeding의 방지법
   (3) 진공 다짐 공법의 상세
   (4) 습윤 양생방법
   (5) 서중 콘크리트
2. 다음을 답하시오.
   (1) 등지간(l)의 3경간 연속 빔에 등분포 중량(w)이 만재할 때의 각 특이점의 휨모멘트와 지점반력을 구하시오.
   (2) 등지점(l)의 4경간 연속 빔에서 중앙지점 Hinge가 있다. 등분포 하중량(w)이 만재할 때의 각 특이점의 휨모멘트와 각 지점반력을 구하시오.
3. 다음과 같은 조건의 공사일정 Network를 그리고 TE의 값, TL의 값, Slack과 주 공정선을 지적하시오.

작업명	소요일수	$i-j$	작업명	소요일수	$i-j$
A	7	1－2	K	7	3－8
B	8	1－3	L	2	5－8
C	9	1－4	M	18	8－11
D	2	3－2	N	9	6－9
E	6	4－3	O	16	7－9
F	10	2－5	P	21	7－10
G	14	3－5	Q	12	9－11
H	6	3－6	R	9	11－13
I	5	4－6	S	14	10－12
J	2	4－7	T	6	12－13

4. 수력 발전용 댐을 건설코자 하는데 그의 종류와 시공방법을 약기하시오.
5. 지하철 건설에 있어서 그의 건설방법 몇 가지를 열거하고, 각개의 공법을 약기하시오.
6. 철근콘크리트 슬래브(두께 70cm)용 목재 거푸집 저판의 판재 두께를 산정하시오(단, Rib bar(늑목) 간격은 50cm로 가정함).
   (1) 하중 산정
   - 철근콘크리트 중량 : 2,400kg/m^3
   - 작업에 따른 하중 : 400kg/cm^3
   - 기타 하중은 무시한다.

   (2) 계산은 Simple Beam으로 하여도 무방하다.
   (3) 허용 한도
   - 단기 허용강도 120kg/m^3
   - Deflection 0.3cm^3

   (4) 참고
   - $\dfrac{5wl^4}{384EI}$
   - 구형단면 : $I=\dfrac{bh^3}{12}$
   - E=80,000kg/cm^2
7. 각종 기초 공법과 그 적용에 대하여 기술하시오.

전 문

※ 다음 7문제 중 5문제만 선택하여 답하시오. (각 40점)

1. 시공 기면과 지반고와의 차이가 비교적 크고 절토량이 많고 또 높이의 1/4 정도는 연암으로 되어 있다. 노선공사(도로 또는 철도)의 경우일 때 귀하가 생각하는 적절한 공법과 시공장비에 대하여 기술하시오.
2. 슬래브 폭(연석간 거리) 8m의 철근콘크리트 T형교(3경간 연속교 15m+20m+15m)의 콘크리트 치기에 대한 개략 공정을 세우시오. 장비는 귀하가 가정하시오(단, 1등교).
3. 귀하가 다음과 같은 현지에서 철근콘크리트 정통(내경 6m, 외경 6.8m, 높이 9m)을 침하 정치하여야 하는 현장 소장의 직책을 맡았다고 가정하고 시공계획 및 과정을 설명하시오.

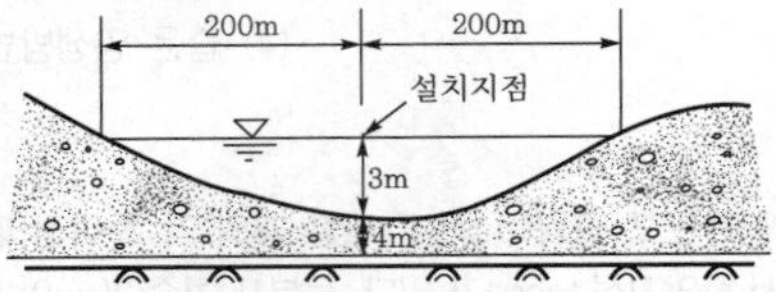

4. 귀하가 다음 도시와 같은 하천 개수공사 현장의 소장이라고 가정하고, 시공방법 및 유의사항을 기술하시오.

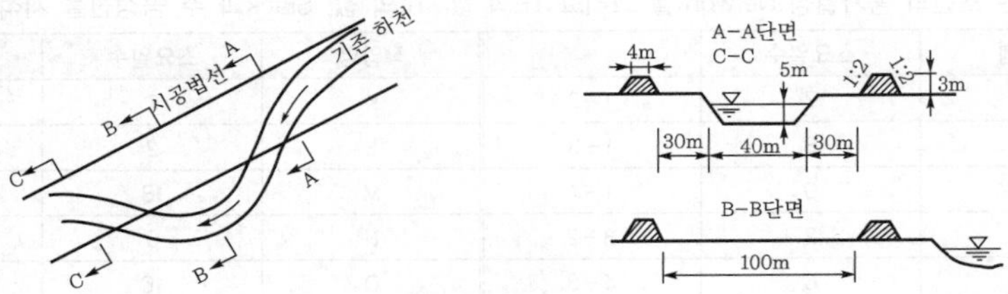

5. 공사 시공관리에 관하여 체계적으로 상술하시오.
6. 보통 토사 30,000m³를 굴착하여 10km 지점을 운반사토하여야 한다.

조건

- 19톤 도우저 3대 투입
- 싣기 1.34m³ 타이어식 로우더
- 8톤 덤프트럭으로 운반함
- 도우저 작업 : $Q=\dfrac{60qfE}{C_m}$(m³/hr), $C_m=0.978$분, $q=0.96$, $f=0.8$, $E=0.6$
- 로우더 작업 : $Q=\dfrac{3,600qKfE}{C_m}$(m³/hr), C_m($m=1.8$, $l=$8m, $t_1=$10초, $t_2=$14초), $K=1.15$, $f=0.8$, $E=0.7$
- 트럭 작업 : $\gamma_t=1.7$, $f=0.8$, $E=0.9$, $E_s=0.7$, L 또는 $K=1.15$, $V_1=$15km/hr, $V_2=$20km/hr, $t_3=0.5$, $t_4=0.42$

$$C_m=\frac{C_{ms}n}{60E_s}+(t_2+t_3+t_4)=1\text{회 사이클}$$

$$n=\frac{Q_t}{qK}\ C_{ms}=\text{적재 기계의 사이클 시간(초)}$$

여기서, Q_t : 1대의 적재토량(m³), q : 적재 기계용량(m³), n : 적재 기계의 사이클 수

- 운반차량의 운전사 : 2,144원/일, 손료 및 유류대 : 4,100원/hr
- 도우저의 조정원조수 : 785원/일, 손료 및 유류대 : 10,800원/hr
- 로우더 조정원조수 : 785원/일, 손료 및 유류대 : 5,150원/hr

(1) 총 공사비는 얼마인가?(잡비 제외)

(2) 로우더 및 덤프트럭의 합리적인 대수는 몇 대인가? 그 근거를 설명하시오.

7. 연약지반의 개량 공법에 대하여 기술하시오.

제15회 토목시공기술사(1978년 <전> 5월)

기 초

※ 다음 6문제 중 4문제만 선택하여 답하시오. (각 50점)

1. Caisson 기초의 종류를 들고, 그 특징과 시공법을 논하시오.
2. 하천 호안공의 분류와 공법의 제문제를 논하시오.
3. 기계 가동률에 영향을 주는 요인을 설명하시오.
4. 흙쌓기의 다짐 공법에 대하여 논하시오.
5. R.C와 PC의 응력 해석상의 근본적인 차이점을 논하고, 시공상 유의점을 열거하시오.
6. P.E.R.T의 원칙 4가지가 공정관리에 미치는 요인을 상세히 설명하시오.

전 문

※ 다음 6문제 중 4문제만 선택하여 답하시오. (각 50점)

1. 연속 철근콘크리트 T 빔의 상부구조 시공에 있어서 다음 물음에 답하시오.
   (1) 기초 지질에 따른 동바리 형식
   (2) 콘크리트 타설순서와 그 이유
   (3) 시공중 특히 주의할 사항
2. 가물막이가 곤란하여 수중 콘크리트가 불가피하게 되었다. 책임기사로서 시공상 고려하여야 할 사항을 논하시오.
3. Fill Type Dam의 점토 Core 시공에 있어 토취장에서 시공완성까지의 순서와 고려하여야 할 사항을 논하시오.
4. 다음 조건의 동바리용 기둥을 계산하시오.
   2m 간격의 보(Beam)를 3m 간격의 동바리 기둥으로 받치고 보 위에는 널이 있고 철근콘크리트 슬래브(두께 80cm)를 치려 한다. 기둥 높이 $h=4$m일 때 그 단면을 25cm×15cm, 20cm×20cm 중 어느 것을 택하느냐, 또 기둥 밑의 후판 넓이는 어느 정도로 하느냐, 토질은 보통 사질토이다.
   즉, $\frac{h}{\gamma}<100,\ \ 70-0.48\frac{h}{\gamma},\ \ \gamma=\sqrt{\frac{I}{A}}$
   가설 제하중은 무시한다.
5. 다음과 같은 표에서 어느 공정을 더 단축하면 비용이 절약될 것인가를 답하고, 주공정상의 비용이 얼마로 되는가를 Network와 표로 완성하여 답하시오.
   $$\text{Cost Slope}=\frac{\text{급속일정}\times\text{비용}-\text{보통일정}\times\text{비용}}{\text{보통일정}\times\text{작업일수}-\text{급속일정}\times\text{작업일수}}$$

Activity $i-j$	작업명	보통 일정비용		급속 일정비용		Cost Slope
		작업일수	비용(만원)	작업일수	비용(만원)	
1−2	B	15	120	13	( )	8만원/일
1−3	A	10	50	9	( )	10만원/일
2−3	Dummy	0	0	0	0	0
2−5	D	6	260	6	260	−
2−6	E	25	320	22	( )	5만원/일
3−4	C	10	80	10	80	−
4−6	F	13	160	10	( )	4만원/일
5−6	G	13	210	9	( )	10만원/일

6. 장대 산간 터널의 발달된 굴착방법과 소요설비에 대하여 논하시오.

제16회 토목시공기술사(1978년 <후> 10월)

기 초

※ 다음 6문제 중 4문제만 선택하여 답하시오. (각 50점)

1. Network 기법을 논하시오.
2. 시공계획에 포함되는 각종 계획 중 3가지만 열거하고, 그 내용을 설명하시오.
3. 콘크리트 재료 선정상 유의할 점과 이들이 콘크리트 제성질에 미치는 영향에 관하여 논하시오.
4 토적곡선(Mass Curve)의 성질과 이에 의한 토량배분방법을 설명하시오.
5. Sand Drain 공법과 Paper Darin 공법을 비교 설명하시오.
6. 말뚝공사에 관한 다음 사항을 상세히 설명하시오.
   (1) 최종 타격침하량의 측정방법
   (2) 지지력의 추정 및 확인 방법

전 문

※ 다음 7문제 중 4문제만 선택하여 답하시오. (각 50점)

1. 콘크리트 구조물의 시공에 있어서 시공관리상의 점검시기와 점검항목에 관하여 구체적으로 쓰시오.
2. 본 바닥(원지반)에서 25,000m^{3}의 토량을 굴착한 후 4m^3 적재의 트럭으로 운반하여 다음 그림과 같은 성토를 하고자 한다. 이 본바닥의 흙은 표토(점성토)가 전체의 25%이고 나머지는 사질토이다. 이 경우 다음을 구하시오.
   (1) 필요한 트럭의 연대수
   (2) 시공 가능한 성토 연장(m)을 산출하시오(단, 토량 변화율은 표와 같다).

구분	L	C
점성토	1.3	0.9
사질토	1.25	0.88

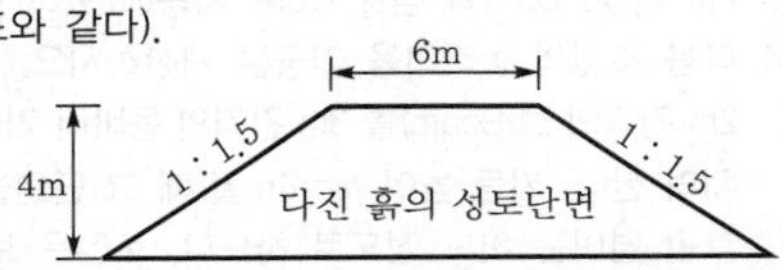

3. 앵커 있는 널말뚝벽(Anchored sheet pile wall)을 자유지지방식(Free earth support method)으로 설계하려고 한다. 지하수위 이상의 흙의 단위중량은 1.85t/m^3, 지하수위 이하의 포화된 흙의 단위중량은 2.0t/m^3, $C=0$, $\phi=35°$이다. 수동토압에 대한 안전율을 2로 하였을 때, 다음을 계산하시오(단, $\phi=35°$에 대한 계수는 $K_A=0.27$, $K_P=3.7$이다).
   (1) 필요한 매입깊이(d)
   (2) 타이로드(Tie rod)가 2m 간격으로 배치될 때 각 타이로드에 작용하는 신장력(T)

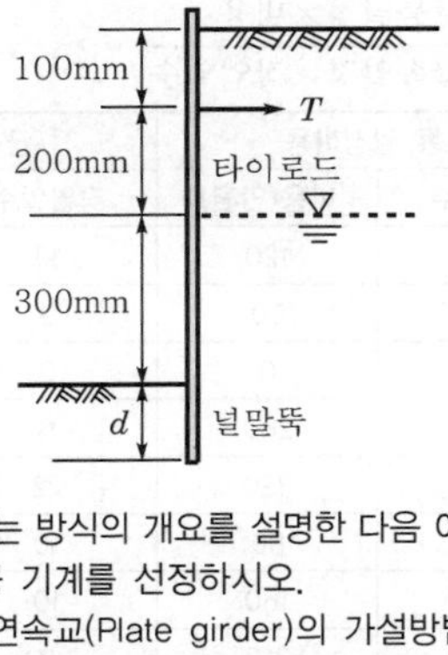

4. 건조밀도로 다짐(Compaction)을 규정하는 방식의 개요를 설명한 다음 이 방식의 적용이 곤란한 경우를 설명하시오.
5. 터널공사에 있어서 공정별로 주요 시공 기계를 선정하시오.
6. 수심이 깊은 하천에 가설하는 장경간 연속교(Plate girder)의 가설방법에 대하여 기술하시오.
7. 본 공사에 선행하여 완료하여야 할 가설비 계획에 관하여 구체적으로 논하시오.

제17회 토목시공기술사(1979년 7월)

기 초

※ 다음 6문제 중 4문제만 선택하여 답하시오. (각 50점)

1. 다음 각 항에 대하여 간단히 설명하시오(필요하다면 그림을 그려 설명하시오).
   (1) 정철근, 부철근
   (2) 시방배합과 현장배합
   (3) 설계기준강도와 배합강도
   (4) 스터럽(stirrup)과 절곡 철근
   (5) 포스트텐숀방식과 프리텐숀방식
2. 기초 지반개량에 있어서 탈수 공법을 4종 이상 열거하고, 설명하시오.
3. 누수가 있는 절토부의 법면보호 공법을 열거하고, 설명하시오.
4. 셔블(Shovel)계 굴착기계에 대하여 종류별로 주 작업을 설명하시오.
5. 댐공사의 시공설비에 관하여 쓰시오.
6. 기초말뚝의 장기허용 지지력은 여하히 결정되며, 또한 말뚝의 부의 주면마찰(negative skin friction)은 어떠한 경우에 발생되며, 어떻게 취급하여야 하는가?

전 문

※ 다음 6문제 중 4문제만 선택하여 답하시오. (각 50점)

1. 귀하는 시공회사의 현장책임 기사이다. 원가관리에 대한 물음에 답하시오.
   (1) 원가관리의 필요성
   (2) 원가관리의 방법을 체계 있게 구체적으로 설명하시오.
2. 본격적인 한중 콘크리트의 시공이 불가피하게 되었다. 현장책임 기사로서 고려하여야 할 사항에 대하여 구체적으로 논하시오.
3. 교대(Abutment), Culvert와 같은 구조물과 배면의 성토부와의 접속부에는 부등침하에 의한 단차가 발생하기 쉬운데, 이에 대한 대책을 설명하시오.
4. 다음과 같은 지형에 표시된 계획고대로 단지를 조성하고자 한다. 본 지역은 전 지역이 지하수위가 높고(지표에서 50cm 정도) 또한 토질이 자갈 섞인 점토이다. 상당한 시공계획을 수립하고, 그 이유를 설명하시오.

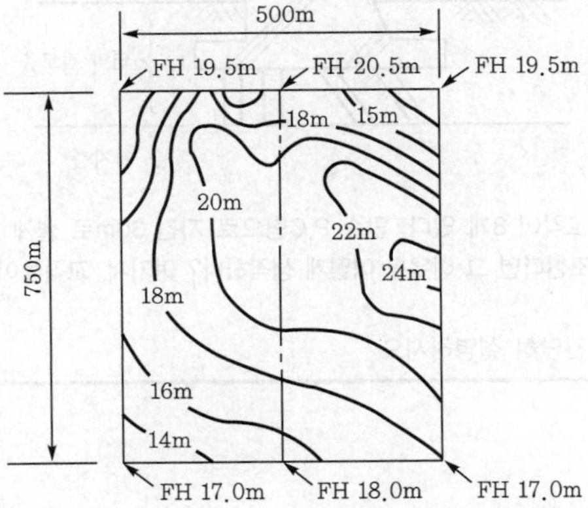

5. Benoto 공법과 Reverse-circulation 공법을 비교, 설명하시오.
6. 항타용 Hammer의 종류를 들고, 그 특성을 논하시오.

제18회 토목시공기술사(1980년 5월)

기 초

※ 다음 6문제 중 4문제만 선택하여 답하시오. (각 50점)

1. 일반적으로 사용하고 있는 시공계획 순서(공사내용, 규모에 따라 다소 차이가 있음)를 열거하고, 그 내용을 설명하시오.
2. C.P.M 기법상 표준상태와 긴급상태에 있어서 비용과 일정과의 관계를 논하고, 공기와 공비상으로 본 최적계획을 구하는 방법을 기술하시오.
3. 토공계획에서 건설기계 선정시 고려할 토질조건에 관하여 설명하시오.
4. 서중 콘크리트와 한중 콘크리트의 시공 요점에 대하여 기술하시오.
5. 석산 아닌 골재원까지의 거리 20km 되는 곳에서 4,000m^3의 콘크리트를 타설하고자 한다. 현장착수전과 착수후의 계획(장비, 기계·기구 포함)에 대하여 말하시오(단, 공기는 가정하시오).
6. 지하수위가 높은 기초지반에서 가설물인 토류벽을 설치하면서 깊은 굴착을 할 때의 유의사항을 기술하시오.

전 문

※ 다음 6문제 중 4문제만 선택하여 답하시오. (각 50점)

1. 포장공사에 있어서 노상, 노반의 안정처리 공법과 시공기계에 대하여 기술하시오.
2. 수력발전용 수로 터널시공에 있어서 특히 주의해야 할 사항을 기술하고, 그 이유를 설명하시오.
3. 서울 시내를 순환하는 지하철공사 중 한강을 하저로 횡단통과한다고 가정할 때 이 통과개소의 시공방법과 굴착과정에 대하여 기술하시오.
4. 다음 그림과 같이 연약점토층을 관통하여 지지시킨 철근콘크리트 말뚝기초 위에 세워진 교대가 있다. 이 경우 다음 사항을 기술하시오.
   (1) 교대와 뒤채움 흙 접속부에 생기기 쉬운 단차에 대한 대책
   (2) 기초 말뚝에 사항을 사용하는 경우의 문제점

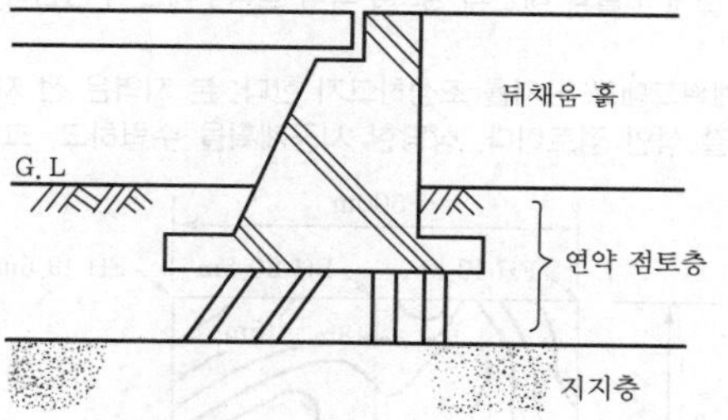

5. 양안에 교대가 있고 중간에 교각이 8개 있다. 단순 P.C형으로 지간 30m로 설계 예정이었는데 시공상의 이유로 강형의 연속교로 변경코자 강조한다면 그 이유를 어떻게 생각하나? 여기서, 교각높이 25m, 교량의 노폭은 7.5m이며, 활하중은 D.B 24이다.
6. 방파제의 종류와 그 특징을 간단히 설명하시오.

제19회 토목시공기술사(1981년 <전> 5월)

기초 - 제1교시

※ 다음 글을 읽고 물음에 답하시오.

1. Pile Hammer 중 대표적인 종류 2가지 이상을 들고, 그 특성을 비교하시오. (34점)
2. 다음 3문제 중 1문제만 답하시오. (33점)
   (1) 준설선의 종류를 열거하고, 사용상 특성을 설명하시오.
   (2) 그림 (A)와 같은 재하상태에서 그림 (B)의 단면이 안전한지 검산하시오.
   단, 허용 휨응력
   - 압축 : 1,250kg/cm^2×1.25
   - 인장 : 1,400kg/cm^2×1.25

   1-PL 200×25(상플랜지)
   1-PL 450×16(복부판)
   1-PL 230×25(하플랜지)

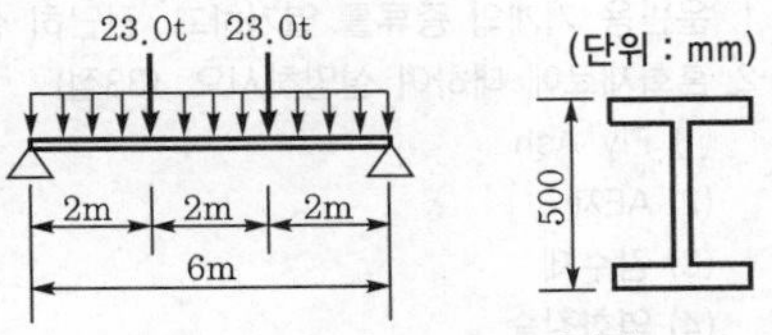

그림 (A) 그림 (B)

   (2) 다음과 같은 Network와 작업 Data에서 공기를 5일 단축하고자 한다. 최소의 Extra Cost(여분출비)를 계산, 해설하시오.

작업명	표준일수(일)	단축 가능일수(일)	1일 단축의 소요비용(만원/일)
A	7	1	6
B	6	1	8
C	11	3	3
D	7	2	4
E	5	1	10
F	7	1	7
G	5	1	10

3. 토질이 불량해서 환토코자 한다. (33점)
   (1) 어떠한 것으로 하며, 그 이유는?
   (2) 공법에 대하여

기초 - 제2교시

※ 다음 글을 읽고 물음에 답하시오.

1. 콘크리트 배합설계시, 현장조사, 실내시험 및 현장시공에서 엄수할 사항을 쓰시오. (34점)
2. 토공 완공후 사태나 균열이 발생하는 경우가 있는데, 처음 조건이 어떤 경우이며, 이 약점을 방지할 대책을 설명하시오 (도시요). (33점)
3. Tractor계 토공 중장비의 종류와 용도에 대하여 설명하시오. (33점)

전문 - 제1교시

※ 다음 문제 중 2문제를 선택하여 답하시오. (각 50점)

1. 고속도로 노선이 연약지반을 통과하도록 설계되어 있으나 도면, 내역서, 시방서 등에는 그 처리 공법에 대한 명시가 되어 있지 않다. 귀하가 현장 소장으로서 현장조사, 설계변경, 시공계획에 대하여 기술적인 고려사항을 약술하시오.
2. 호안공사와 수제공사에 대하여 그 차이점을 논하고, 특히 양공사 중에서 최근 개발된 재료와 그 시공법을 쓰시오.
3. 육교로서 높이 50m 이상 되는 교각을 콘크리트 구조로 현장시공코자 할 때 그 공법과 시공상의 유의점에 대하여 기술하시오.
4. 터널시공에 관하여 다음 사항을 기술하시오.
   (1) 터널공사의 방수공 및 배수공에 관하여
   (2) NATM(New Austrian Tunneling Method)의 특징과 우리나라에서 적용함에 있어서의 장·단점에 관하여

전문 - 제2교시

※ 다음 5문제 중 2문제를 선택하여 답하시오. (각 50점)

1. L형 옹벽을 시공코자 설계도를 Check해 보니 전도의 우려가 있다. 이를 보강하는 시공법에 대하여 건의하시오.
2. 아스팔트 콘크리트 포장공사에서 품질관리에 대하여 논하시오.
3. 해안지역의 수심이 깊은 하구부에 교량을 가설코자 한다. 이 경우 적합한 기초 공법 및 그 시공방법에 대하여 기술하시오(단, 하상으로부터 깊이 50~60m 점토층이다).
4. 공장제작된 연속 강판형을 운반하여 가설코자 한다. Rivet와 High Tension Bolt를 사용할 때 그 시공순서를 쓰고, 이에 따른 유의점을 설명하시오.
5. 콘크리트 펌프 사용에 있어서 콘크리트의 배합 및 시공상의 유의할 점을 설명하시오.

제20회 토목시공기술사(1981년 <후> 7월)

기초 - 제1교시

※ 다음 글을 읽고 물음에 답하시오.

1. 운반용 기계의 종류를 열거하고, 간단히 설명하시오. (34점)
2. 혼화재료에 대하여 설명하시오. (33점)
   (1) Fly Ash
   (2) AE제
   (3) 감수제
   (4) 염화칼슘
3. 케이슨에 대하여 설명하시오. (33점)

기초 - 제2교시

※ 다음 글을 읽고 물음에 답하시오.

1. 습윤양생이 유효한 이유와 양생방법에 대하여 논하시오. (34점)
2. H-pile로 시공코자 한다. 좋은 점과 대책을 논하시오. (33점)
3. 다음 3문제 중 1문제만을 선택하여 논하시오. (33점)
   (1) 시공전에 설계도 검토결과 옹벽의 Slide에 대하여 분명히 안정조건이 부족하다. 시공상 어떤 것을 건의해야 할 것인가?
   (2) 기계화 시공설계를 위한 조사사항을 열거하시오.
   (3) 지반의 지지력을 소정의 강도로 확보코자 한다. 이에 필요한 조사사항과 판정방법을 쓰시오.

전문 - 제1교시

※ 다음 글을 읽고 물음에 답하시오. (각 50점)

1. 항타선에 대하여 기술하고, 귀하의 항타선 사용에 대한 경험에 대하여 기술하시오.
2. 최신에 발달된 터널 공법에 대하여 논하시오.
3. 시공계획 또는 일정계획 작성시에 일일표준작업량과 시간당 시공진도를 작성하는 기준에 대하여 논하시오.
4. Rivet와 High Tension Bolt로 강구조물(가설물)을 설치할 때 시공순서 및 유의사항에 대하여 논하시오.
5. 해수에 저항하는 콘크리트의 타설방법 및 유의사항을 쓰시오.

전문 - 제2교시

※ 다음 글을 읽고 물음에 답하시오. (각 50점)

1. 시공계획시 조사하여야 할 사항을 열거하고, 귀하가 특히 해외 공사시의 조사사항을 열거하시오.
2. Clearance가 35m의 10경간 P.C 합성교를 가설코자 한다. 현장에서 Prestress시까지의 가설방법에 대하여 논하시오.
3. 콘크리트 공사에 대한 계획과 준비사항에 대한 Check List(점검사항)를 작성하시오.
4. 가물막이 공법에 대하여 논하고, 귀하의 경험을 쓰시오.

제21회 토목시공기술사(1982년 <전> 5월)

기초 - 제1교시

※ 다음 글을 읽고 물음에 답하시오.

1. 옹벽의 뒤채움은 어떤 재료로 하는 것이 좋은가, 그 이유를 쓰시오. (34점)
2. 광대한 지역에 비교적 완구배의 공장부지를 만들고자 할 때의 토적계산방법을 쓰시오. (33점)
3. 다음을 간단히 설명하시오. (33점)
   (1) 정지토압
   (2) 현장배합
   (3) Sliding Form
   (4) 지발뇌관

기초 - 제2교시

※ 다음 글을 읽고 물음에 답하시오.

1. 중력식 옹벽의 안정조건에 대하여 논하시오. (34점)
2. x관리도의 관리선의 결정방법에 대하여 논하시오. (33점)
3. 다음을 간단히 설명하시오. (33점)
   (1) 토공 운반기계
   (2) 시방서에서 흙다짐은 표준다짐의 90% 이상으로 규정되어 있다. 이에 맞도록 시공하기 위한 다짐관리방법
   (3) 고장력 볼트로 교량 가설시 시공순서

전문 - 제1교시

※ 다음 글을 읽고 물음에 답하시오. (각 50점)

1. 다음 2문제 중 1문제만 선택하시오.
   (1) 흙다짐 기계의 종류와 그 특성에 대하여 논하시오.
   (2) 교량의 기초 공법을 열거하고, 그 특성에 대하여 논하시오.
2. 다음 2문제 중 1문제만 선택하시오.
   (1) 지하철 공사의 개착식 공법 구간에서 지하 5~25m 암 굴착시 유의하여야 할 기본사항을 설명하시오.
   (2) 수심이 비교적 깊고(약 5m) 모래 자갈이 퇴적(깊이 약 3m)된 대하천(유속 2knot)의 하천 구조물을 축조하고자 한다. 적절한 물막이 공법을 제시하고, 그 시공법을 설명하시오.

전문 - 제2교시

※ 다음 글을 읽고 물음에 답하시오. (각 50점)

1. 다음 4문제 중 2문제만 선택하여 답하시오.
   (1) 최소비용으로 공기를 단축하는 공법
   (2) 설계가 우물통으로 된 것을 Pile로 변경할 때의 귀하의 의견은?
   (3) 교량 총연장 100m의 P.C Girder(20×5)를 연속교로 변경할 때 어떠한 점을 검토 건설 건의할 것인가?
   (4) 시멘트 포장과 아스콘 포장의 구조적으로 다른 점과 품질관리방법에 대하여 기술하시오.

제22회 토목시공기술사(1982년 <후> 11월)

기초 - 제1교시

※ 다음 글을 읽고 물음에 답하시오.

1. 콘크리트 배합설계에 필요한 시험은 무엇이며, 배합설계강도를 얻기 위하여 현장에서 꼭 해야 할 사항을 기술하시오. (34점)
2. 다음 3문제 중 2문제를 선택하여 답하시오. (각 33점)
   (1) 사항을 사용하는 이유와 시공상 유의할 점을 설명하시오.
   (2) 토공계획에서 유토곡선에 대하여 요점을 기술하시오.
   (3) 역 T형 철근콘크리트 옹벽(높이 약 8.0m)의 시공상 합리적인 배근 약도를 그리고, 그 명칭을 기입하시오.

기초 - 제2교시

※ 다음 글을 읽고 물음에 답하시오.

1. 셔블계 굴착용 기계를 열거하고, 간단히 설명하시오. (33점)
2. 다음 3문제 중 2문제를 선택하여 답하시오. (34점)
   (1) Earth Anchor
   (2) Smooth Blasting
   (3) 건축한계와 차량한계
3. 다음 3문제 중 1문제를 선택하여 답하시오. (33점)
   (1) 하천 구조물 공사에서 홍수처리 공법을 약술하시오.
   (2) Network 공정계획에서 최적 배원계획의 기법을 순서에 따라 설명하시오.
   (3) 강구조에서 용접, 고장력 볼트, 리벳 및 보통 볼트의 적합한 용도를 기술하시오.

전문 - 제1교시

※ 다음 문제 중 2문제를 선택하여 답하시오. (각 50점)

1. 건설공사 현장의 안전관리를 위한 Check List(점검사항)을 작성하고, 간단히 설명하시오.
2. 암반의 보강 공법을 설명하시오.
3. 넓이 100m×400m, 평균높이가 시공기면에서 15m되는 지형을 깎기(cutting)하고자 한다. 이때 공법과 장비 및 작업계획을 기술하시오(단, 사토장까지 2km이다).
4. 유역면적이 800km^2 정도의 남한강지류 하천에 높이 60m, 길이 30m, 체적 350,000m^{3}의 중력식 콘크리트 댐을 3년 간에 걸쳐 축조할 계획이다. 이 현장의 댐 콘크리트 타설계획과 가설비계획을 제시하시오.

전문 - 제2교시

※ 다음 문제 중 2문제를 선택하여 답하시오. (각 50점)

1. 어느 공사(각자 선정)의 시공계획 작성에 있어서 고려하여야 할 점을 논하시오.
2. Asphalt Concrete 포장의 시공순서에 따른 용도별 장비의 선정방법과 그 특징을 기술하시오.
3. 지하 구조물을 시공할 때 토류별 배면의 지하수위가 굴착면보다 높은 경우 용수대책을 설명하시오.
4. 4차선 단순형 도로육교(지간 32m 10경간)를 현장에서 긴장작업을 하여 가설하고, 슬래프 콘크리트를 치기까지 특히 유의할 사항을 기술하시오(단, 형하공간(clearance)은 30m이다).
5. 현장 소장으로서 공사원가 관리를 위한 기법을 기술하시오.

제23회 토목시공기술사(1983년 5월)

기초 - 제1교시

※ 다음 글을 읽고 물음에 답하시오.

1. 귀하가 현장 기술책임자로서 구조물 안전사고 방지대책에 대하여 소견을 피력하시오. (40점)
2. 다음 3문제 중 2문제를 선택하여 답하시오. (각 30점)
   (1) 한랭시 가열 Asphalt 혼합물을 포설코자 한다. 이때 유의할 점들을 열거하고, 설명하시오.
   (2) 댐 콘크리트 시료 5개의 압축강도를 측정하여 각각 205kg/cm^2, 195kg/cm^2, 215kg/cm^2, 210kg/cm^2 및 200kg/cm^{2}의 측정치를 얻었다. 이 콘크리트 시료의 변동계수를 구하고, 이 댐 콘크리트의 품질관리 수준에 대한 귀하의 소견을 밝히시오.
   (3) 철근의 이음에 대하여 아는 바를 설명하시오.

기초 - 제2교시

※ 다음 글을 읽고 물음에 답하시오.

1. 다음의 재료로서 콘크리트를 비빈 결과 Slump=3cm, 공기량 5%가 되었다. 비벼진 콘크리트의 양을 계산하고, 시방배합표(콘크리트 1m^{3}당)를 작성하시오. (40점)
   (1) 시멘트(비중 3.15)=450kg
   (2) 물=150kg
   (3) 모래(비중 2.65, 표면수량 4%)=930kg
   (4) 자갈(비중 2.70, 최대치수 40mm, 표면수량 0.2%)=1,895kg
   (5) AE제(비중 1.0, 2% 수용액)=190l
2. 다음 3문제 중 2문제를 선택하여 답하시오. (각 30점)
   (1) 우물통 침하시 지질 종류(점토, 일반토사, 모래, 자갈 섞인 모래) 별로 적당한 침하공법을 제시하고, 그 이유를 설명하시오.
   (2) 토공법면이 붕괴되었을 시 그 처리에 대한 응급대책과 항구대책에 대하여 기술하시오.
   (3) 하천제방의 여러 가지 누수방지 공법을 열거하고, 그 장·단점을 기술하시오.

기초 - 제3교시

※ 다음 4문제 중 3문제를 선택하여 답하시오. (100점)

1. Earth Anchor(Rock Anchor)의 구조를 역학적으로 간단히 설명하고, Earth Anchor (Rock Anchor)가 구체적으로 어떻게 되고 있는지 그 종류와 방법을 아는대로 기술하시오.
2. 콘크리트 부재나 구조물의 줄눈(joint)의 종류를 들고, 그 기능 및 시공법에 대하여 설명하시오.
3. 동바리 시공에 있어서 유의할 사항에 대하여 기술하시오.
4. 콘크리트 댐 기초의 Grouting 공법에 있어서 주입공의 배치, 방향, 주입심도, 주입압력, 주입농도 및 시공후의 시험방법에 대하여 기술하시오.

기초 - 제4교시

※ 다음 5문제 중 3문제를 선택하여 답하시오. (100점)

1. 현장책임 기술자로서 구조물 공사 착수전에 취해야 할 조치에 대하여 설명하시오.
2. 콘크리트 내구성에 대하여 아는 바를 기술하시오.
3. 도로 포장의 파괴원인과 그 방지책 및 보수방법에 대하여 기술하시오.
4. 하상과 하안의 침식을 방지하는 여러 가지 방법의 특징과 장·단점을 기술하시오.
5. 건설업의 공사원과 관리기법에 대하여 기술하시오.

제24회 토목시공기술사(1984년 5월)

1교시

※ 다음 4문제 중 3문제를 선택하여 답하시오. (100점)

1. 토공에서 유토곡선(mass curve)의 목적을 약술하시오.
2. R.C Pile을 항타할 때 Pile 두부에 파손이 있다. 이에 대한 원인과 대책을 설명하시오.
3. 지하연속벽 공법의 특징을 열거하고, 우리나라에서 시행중에 있는 다음 두 가지 공법에 관해서 기술하시오.
   (1) Slurry Wall식(벽식) (2) 주열식
4. 도로 구조물과 토공과의 사이에 일어나는 부등침하의 원인과 방지대책을 기술하시오.

2교시

※ 다음 4문제 중 3문제를 선택하여 답하시오. (100점)

1. 거푸집 검사에서 유의사항을 설명하시오.
2. 다음 5문제 중 3문제만 선택하여 답하시오.
   (1) Underpinning (2) Crib Wall (3) Paper Drain
   (4) Bench Cut (5) 역라이닝 공법(역권 공법)
3. 다음 그림에서 표시하는 성토의 토량을 계산하시오.

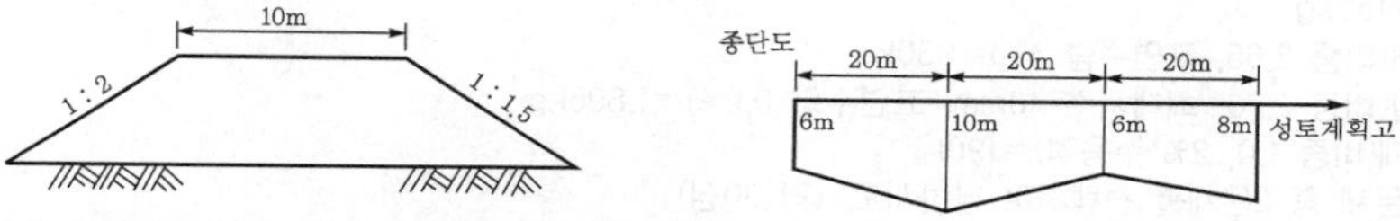

4. 토공전압 기계의 종류를 말하고, 그 특징을 설명하시오.

3교시

※ 다음 5문제 중 3문제를 선택하여 답하시오. (100점)

1. 사질지반의 지지력을 증가시키는 방법을 설명하시오.
2. 가체절 공법의 종류와 그 재료에 대하여 설명하시오.
3. 콘크리트 구조물의 노출면에 얼룩이나 색깔차(색차)가 나타나서 미려치 못한 시공이 되는 일이 많아 원인을 분석하고, 그 대책을 설명하시오.
4. 약액주입 공법의 목적과 그 적용범위에 관하여 기술하시오.
5. 3경간 연속 판형교의 Slab Concrete를 타설코자 한다. 콘크리트의 타설순서를 기술하고, 그 이유를 설명하시오.

4교시

※ 다음 5문제 중 2문제를 선택하여 답하시오. (각 50점)

1. 매립 공법을 대별하고, 각 공법을 설명하시오.
2. 토사구간의 터널굴착 공법을 열거하고, 경험한 공법이 있으면 그 시공순서를 설명하시오.
3. 시가지내에서 굴착 및 기초 공사를 할 때 소음과 진동의 공해를 최소화하기 위한 대책을 설명하시오.
4. Post Tension의 P.C Beam에서 Prestress로 인한 신장량과 계산치 간에 큰 차이가 생길 경우 이에 대한 조치방법을 설명하시오.
5. 형하공간(clearance)이 높은 지간 50m 이상의 강교를 가설할 때 다음에 대하여 설명하시오.
   (1) 가설장비 (2) 보통 Bolt와 High Tension Bolt의 사용구별
   (3) Camber의 설치 (4) Weld의 사용여부 (5) 기타 유의사항

제26회 토목시공기술사(1985년 5월)

1교시

※ 다음 글을 읽고 물음에 답하시오.

1. 콘크리트의 방수성에 관하여 설명하시오. (35점)
2. 흙막이공(토류벽)을 분류하고, 그 특징을 기술하시오. (35점)
3. 다음 5문제 중 3문제를 선택하여 답하시오. (각 10점)
   (1) Creter Crane (2) Clammite(캄마이트) (3) 다짐밀도
   (4) Cold Joint (5) Jumbo Drill

2교시

※ 다음 5문제 중 1번 문제는 필히 답하고, 2~5번 문제 중에서 2문제를 선택하여 답하시오. (100점)

1. 콘크리트 공사의 시공관리계획에 관하여 간단히 쓰시오.
2. Rock Fill Dam의 공정계획에 특히 유의할 사항을 쓰시오.
3. 품질관리에 있어서 검사시기 및 검사방식의 선정에 관하여 설명하시오.
4. 옹벽의 신축 이음을 수밀성으로 하는 방법을 명시하고, 뒤채움의 재질에 대한 소견을 쓰시오.
5. 지하수위가 높은 지역에서 중요 구조물 기초를 현장타설 말뚝 공법으로 시행코자 한다. 기성말뚝을 사용하는 경우와의 장·단점을 비교하시오.

3교시

※ 다음 5문제 중 문제 3번은 필히 답하고, 1, 2, 4, 5번 문제 중에서 2문제를 선택하여 답하시오. (100점)

1. 콘크리트 구조물의 시공중에서 발생하기 쉬운 균열의 원인과 방지책에 관하여 쓰시오.
2. 하천제방에 있어서 내수배제를 위하여 설치하는 통관이나 통문설치에 있어서 유의할 사항을 설명하시오.
3. 설계도서에 제시된 말뚝을 현장시공할 때 관리해야 할 사항을 명기하시오.
4. 주입 공법을 분류하고, 그 특징 및 효과를 쓰시오.
5. 비행장 또는 도로의 포장 콘크리트 공사(대형공사에 있어서 콘크리트치기(pouring)에서 줄눈 설치시까지 시공상 유의할 점을 열거하시오(단, 콘크리트는 플랜트에서 혼합이 완료된 상태에서 운반하고, 포장은 무근콘크리트 포장을 기준으로 할 것).

4교시

※ 다음 6문제 중 2문제만을 선택하여 답하시오. (각 50점)

1. 공사공해의 종류와 방지대책을 설명하시오.
2. 플랜트 공사에서 상세설계 및 현장 시공계획을 위한 공장조사의 목적과 조사계획 대립시 고려해야 할 사항을 쓰시오.
3. 노반의 동상을 방지할 수 있는 재료 및 공법에 관하여 설명하시오.
4. 수중 교각 우물통 기초의 보강 공법에 관하여 쓰시오.
5. 4차선, 지간 50m의 PC교를 형하공간(clearance)이 높고, 유속이 빠른 장소에서 30span을 가설코자 한다. 그 시공법(공기와 공비를 고려)을 쓰시오.
6. PC보의 제작, 시공 과정에서 응력분포의 변화와 제작, 시공상 유의사항에 관하여 쓰시오.

제28회 토목시공기술사(1986년 4월)

1교시

※ 다음 글을 읽고 물음에 답하시오. (각 25점)

1. 성토공사의 다짐 공법에 대하여 논하시오.
2. Ready Mixed Con'c의 품질관리 중 다음 사항에 대하여 쓰시오.
   (1) 운반시간의 허용범위　　(2) Slump의 허용오차
   (3) 강도의 허용범위
3. 다음 그림에서 나무보의 안전여부를 검토하시오.

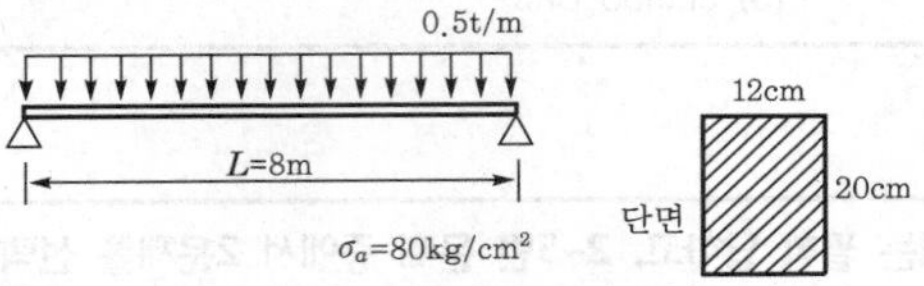

4. 토류벽의 대표적 종류의 특징을 약술하시오.

2교시

※ 다음 글을 읽고 물음에 답하시오.

1. Pile(Concrete, P.C, Steel) 공법에서 현장 이음시 그 결함 방지대책에 대하여 쓰시오. (30점)
2. 어떤 공사의 시공계획 입안의 일반적인 순서를 열거하고, 그 내용을 설명하시오. (30점)
3. 다음 4문제 중 2문제를 선택해서 약술하시오. (각 20점)
   (1) 보강토 공법　　(2) 터널의 전단면 굴착 공법의 종류
   (3) Pipe Messer(Pipe roof) 공법　　(4) 시방배합과 현장배합

3교시

※ 다음 4문제 중 2문제를 선택하여 답하시오. (각 50점)

1. 교량건설시 교좌부분 시공상 유의할 점에 대하여 설명하시오.
2. 개착식(Open Cut) 공법에서 확인 보링 결과 설계 당시의 추정치보다 암반선이 깊을 경우 가시설물(토류벽 등)의 안전대책에 대하여 쓰시오.
3. 필댐(Fill Dam)을 계획된 기간 내에 가장 경제적이고, 안전하게 건설하기 위해서는 면밀한 시공계획을 수립하여야 한다. 시공계획 작성에 포함할 사항을 열거하고, 설명하시오.
4. 구릉지역 대규모 토공 공사(500만m^3 이상)에서 토공장비계획에 대하여 쓰시오.

4교시

※ 다음 5문제 중 2문제를 선택하여 답하시오. (각 50점)

1. 지하 구조물의 방수 공법의 종류와 특징에 대하여 설명하시오.
2. 줄눈을 가진 시멘트 콘크리트 포장에서 Distress(손상, 파손, 균열)의 여러 가지 형태 중 특히 Plastic Shrinkage Crack에 대하여 설명하시오.
3. 교하 공간이 높은 3경간 강판형교의 가설방법에 대하여 쓰시오.
4. 수심이 깊은 장경간 교량에 사용되는 기초 공법에 대하여 논하시오.
5. 부산광역시 지하철 시공중 발생한 재난에 대하여 시공책임 기술자로서 귀하의 판단을 기술하시오.

제29회 토목시공기술사(1987년 4월)

1교시

※ 다음 글을 읽고 물음에 답하시오.

1. 석축붕괴의 원인에 대하여 약술하시오. (32점)
2. 다음 그림과 같은 강재단면에서 허용 휨응력을 1,400kg/cm^{2}로 할 때 지간 10m의 단순형에서 단일 이동하중 몇 ton을 받을 수 있겠는가? (32점)

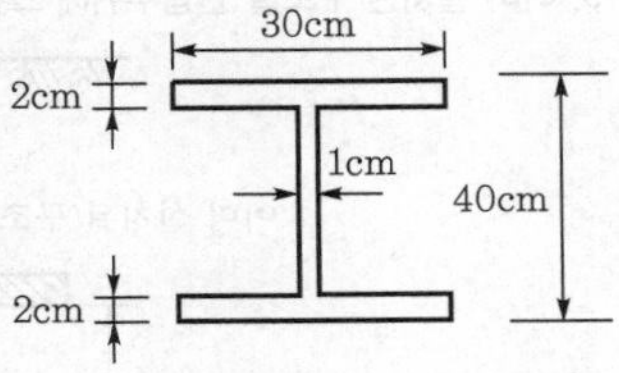

3. 다음 5문제 중 3문제를 선택하여 답하시오. (36점)
   (1) Boiling 현상
   (2) Concrete의 Shrinkage(수축)
   (3) C.B.R와 S.N(Structural Number)
   (4) Reflection Crack(균열 전달현상)
   (5) 동결심도

2교시

※ 다음 글을 읽고 물음에 답하시오.

1. 철근콘크리트와 P.S 콘크리트 구조물의 특성과 시공상의 유의점에 대하여 설명하시오.
2. Sand Drain 공법과 Sand Compaction Pile 공법의 차이점에 대하여 쓰시오.
3. 다음 2문제 중 1문제만 선택하여 답하시오.
   (1) 콘크리트의 압축강도를 관리할 경우에 품질관리도에 대하여 설명하시오.
   (2) 80,000m^3(원지반 토량)의 노체축조 공사시 굴착에서 적재운반까지의 토공 기종의 조합과 가동일수를 산정하시오 (단, 토질은 사질, 운반거리 1km).
      - 굴착은 불도저 : $C_m = 0.99$분
      - 적재는 트랙터쇼벨 : $C_m = 0.7$분
      - 운반은 덤프트럭 : $C_m = 14$분

      (C_m ; Cycle time)

3교시

※ 다음 4문제 중 3문제를 선택하여 답하시오. (100점)

1. 최소비용으로 공기를 단축하는 방법을 Network를 예시하여 설명하시오.
2. 도로 포장공사에서 기층부까지 시공을 완료하고, 표층공은 Asphalt Concrete를 포설코자 한다. 책임기술자로서 표층공에 대한 시공계획을 수립하시오.
3. 책임기술자로서 합리적인 시공관리를 위하여 현장에서 일반적으로 행하여지고 있는 주요관리 항목을 들어 설명하시오.
4. 다음 그림과 같은 철근콘크리트 형교의 콘크리트 타설계획을 기술하시오.

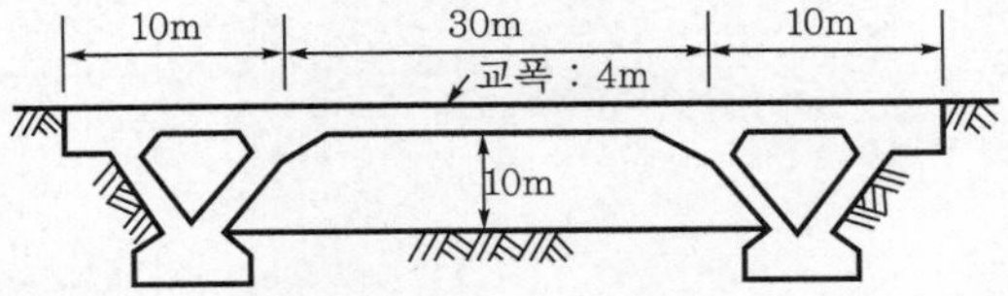

4교시

※ 다음 5문제 중 2문제를 선택하여 답하시오. (각 50점)

1. 연약지반상의 성토공사에 있어서 침하관리에 대하여 기술하시오.
2. 포장도로의 파괴현상의 원인과 그 대책에 대하여 설명하시오.
3. 대표적인 기성말뚝의 항타작업에서 각 말뚝에 대하여 적정 항타기와 시공상 특히 유의할 사항을 기술하시오.
4. 토공과 구조물의 접속부에 포장이 점차 파손되어 차량의 쾌적성이나 주행 안전에도 영향을 준다. 이 부분의 설계와 시공상 유의점을 기술하시오.
5. 이미 설치된 구조물 인접부위에 그림과 같이 중력식 옹벽을 설치하려고 한다. 책임 기술자로서 시공계획을 설명하시오.

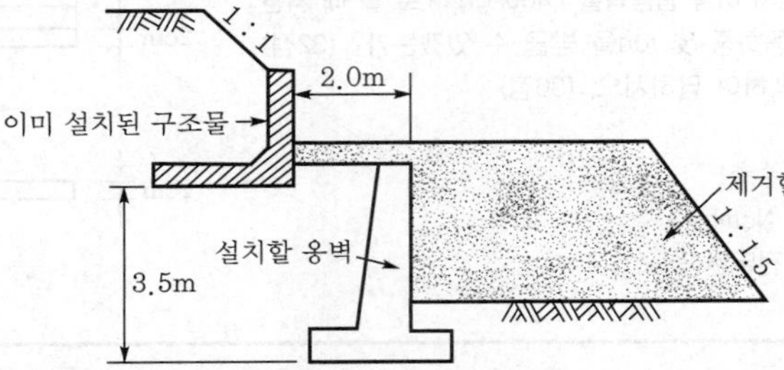

제31회 토목시공기술사(1988년 4월)

1교시

※ 다음 글을 읽고 물음에 답하시오. (100점)

1. H형강을 타입할 때 어느 방향으로 휠 가능성이 있다. 그 이유를 논리적으로 밝히시오. H형강 단면은 다음 그림과 같다.

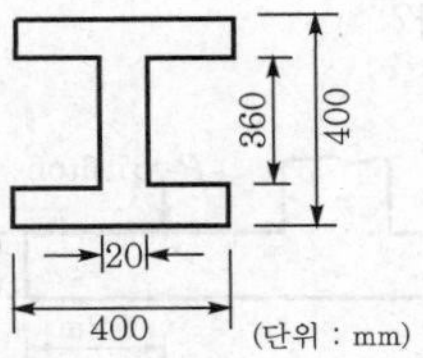

2. 토취장과 사토장 선정시 유의사항에 대하여 기술하시오.
3. 무공해 말뚝기초의 특성과 적용범위에 대하여 기술하시오.

2교시

※ 다음 글을 읽고 물음에 답하시오. (100점)

1. 토공사에 있어서 그 목적에 따라 적합한 장비의 선정방식에 대하여 기술하시오.
2. Earth Anchor의 지지방식에 대하여 기술하시오.
3. 다음 3문제 중 1문제를 선택하여 답하시오.
   (1) 유공 Caisson식 방파제의 특성과 쇄파효과에 대하여 기술하시오.
   (2) 토공과 구조물의 접속부분의 하자발생 방지대책에 대하여 기술하시오.
   (3) 양수기, 발전기 등 회전기계의 기초를 시공할 때 구조물의 손상을 피하기 위한 유의사항을 기술하시오.

3교시

※ 다음 문제 중 2문제를 선택하여 답하시오. (각 50점)

1. 시공상의 원인으로 Concrete 구조물에 Crack이 생기는 수가 많다. 그 원인에 대하여 나열하고, 보수보강 공법을 설명하시오.
2. 도심지에서 지하수위 이하의 사질지반에 대규모 차수성 토류벽을 설치할 때 적절한 공법을 기술하시오.
3. 경암 50,000m^{3}를 절취하는 데 소요되는 공사기일을 산출하고, 책임기술자로서 시공상 유의점에 대하여 기술하시오 (단, 가정조건).
   (1) 사용 기계
   - Air Compressor : 600c.f.f 2대
   - Jack Hammer : 2.4m^3/min

   (2) 암질에 따른 천공깊이 또는 속도 : l=4.0m/hr
   (3) 사용 뇌관수 : b=1.0개/m^3
   (4) 1회 발파공의 깊이 : d=1.2m
   (5) 작업효율 : E=0.75
   (6) 1일 작업시간 : T=8시간
   (7) 일기조건과 토처리는 무시함
4. 약액주입에 있어서 적용되는 주입제 및 주입 공법을 설명하시오.

4교시

※ 다음 문제 중 2문제를 선택하여 답하시오. (각 50점)

1. 산간지대와 평야지대의 신설 도로공사의 차이점에 대하여 기술하시오.
2. 흙댐(Earth dam)의 누수원인과 대책에 대하여 기술하시오.
3. 수조(정수지, 배수지 등)에 배관을 할 때 수밀성을 유지하기 위한 적절한 공법에 대하여 기술하시오.
4. 서해안의 해성점토 지반을 매립하여 공업용지를 조성할 때에 지반개량에 대하여 귀하가 선정할 공법에 대하여 기술하시오.
5. 다음 그림과 같은 옹벽저판에 연직력 $P=57.6$ton이 작용한다.
   (1) 기초지반은 어떠한 토질이어야 하는가?
   (2) 압굽에 어떠한 처리를 해야 하는가?

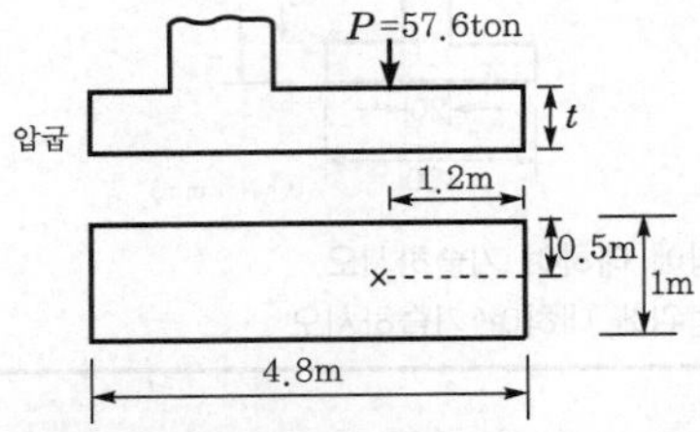

제32회 토목시공기술사(1989년 5월)

1교시

※ 다음 6문제 중 4문제를 선택하여 답하시오. (각 25점)

1. 건조수축이 적은 콘크리트를 만들려 한다. 어떻게 하면 되는가?
2. 콘크리트 재료에 대하여 설명하시오.
3. 콘크리트 Block형 계선안의 시공에 있어서 유의할 사항을 쓰시오.
4. 건설기계의 관리조직은 어떻게 하며, 이에 종사하는 현장책임 기술자의 건설기계관리에 대한 유의사항에 대하여 쓰시오.
5. 조절폭파(Controlled blasting) 공법에 관하여 설명하시오.
6. 콘크리트 포장 파손원인 중 시공시 문제사항을 열거하고, 그 대책을 논하시오.

2교시

※ 다음 6문제 중 4문제를 선택하여 답하시오. (각 25점)

1. Shotcrete에 대하여 논하시오.
2. 동바리 시공에 있어서 유의사항을 쓰시오.
3. 일반 콘크리트 배합설계에서 물시멘트 비의 결정방법에 대하여 논하시오.
4. $\bar{x}-R$ 관리도를 그리시오.
5. Asphalt Mixing Plant의 기계조합 작업에 대하여 설명하시오.
6. 성토시 암성토와 토사성토를 구분해서 다짐하는 이유와 다짐방법 및 유의사항을 쓰시오.

3교시

※ 다음 6문제 중 2문제를 선택하여 답하시오. (각 50점)

1. 현장에서 R.C Pile의 항타 시공중 상당량의 Pile 두부가 파손되었다. 현장책임 기술자로서 이에 대한 대책을 설명하시오.
2. 매설관의 기초 형식을 설명하시오.
3. 보강토 공법의 특성과 적용에 대해서 논하시오.
4. 시멘트 콘크리트 포장공사 시공중 무근콘크리트 슬래브를 포설하기전에 준비작업과 유의사항에 대하여 논하시오.
5. 철근콘크리트와 Prestress 콘크리트의 차이점에 대하여 설명하시오.
6. 다음 Network에서 소요일수를 구하시오. 또한 소요일수에서 공기를 5일간 단축하려고 할 때 어떻게 하면 되는가? 최초개시시각, 최지완료시각, 총 여유시각 등과의 관련을 설명하고, 최종 Network를 그리시오.

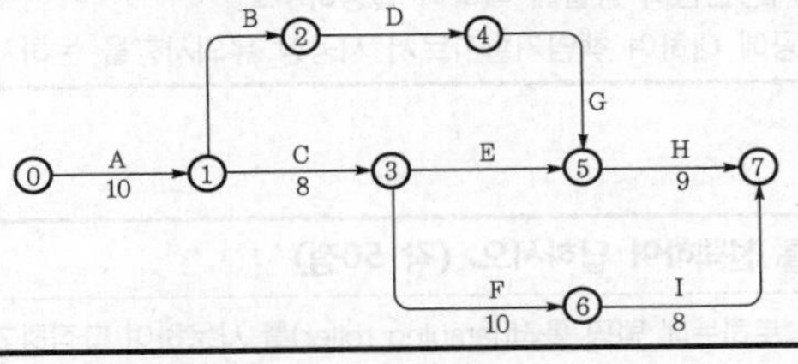

4교시

※ 다음 6문제 중 2문제를 선택하여 답하시오. (각 50점)

1. 비배수방식(완전방수) NATM 터널공사에서 현장소장으로서 시공상 유의점을 쓰시오.
2. 최적화로 설계된 Arch Culvert 위 25m 두께의 복토를 할 때 책임기술자로서 시공상 유의점 및 특성을 단계적으로 논하시오.
3. Asphalt 콘크리트 포장의 파손원인 중 시공시 문제사항을 열거하고, 대책을 논하시오.
4. Prestress 콘크리트 부재의 제작·운반, 가설과정 중 발생하는 각종 응력상태에 대하여 논하시오.
5. 가상종단도와 관련하여 유토곡선의 개략을 작도하고, Mass Curve 이용방법과 특징을 설명하시오.
6. 지하 Box, 지하철, 연속교 등 연속 구조물 하나를 예시하고, 시공계획 및 시공상 유의사항을 쓰시오.

제33회 토목시공기술사(1990년 <전> 4월)

1교시

※ 다음 글을 읽고 물음에 답하시오.

1. 성토 비탈면 다짐 공법 및 비탈면 보호방법에 대하여 기술하시오. (33점)
2. 수평진동이 예상되는 지역에 말뚝을 박고자 한다. H 말뚝, PC 말뚝, 강관말뚝 중 어느 것을 선택할 것인지, 그 이유를 밝히시오. (34점)
3. 콘크리트의 배합강도가 지역에 따라 다른 이유를 설명하고, 콘크리트의 강도를 결정하는 방법을 간단히 기술하시오. (33점)

2교시

※ 다음 글을 읽고 물음에 답하시오.

1. 다음 5문제 중에서 3문제를 선택하여 그 요지를 간략히 설명하시오. (30점)
   (1) Ripperbility
   (2) Pre-cast Block 공법
   (3) Proof Rolling
   (4) Grout Lift
   (5) 지불선(Payline)
2. 두께 7cm, 폭 25cm, 길이 2.5m의 목재판이 단순보 형태로 되어 있다. 목수 몇 명이 같은 간격으로 나란히 올라서서 일할 수 있겠는가? 또 1인의 체중을 70kg으로 보고, 목재의 휨허용응력을 70kg/cm^{2}로 본다. 단 양쪽 끝에는 올라서지 않는 것으로 한다. (35점)
3. 말뚝박기 해머의 종류를 들고, 각 기종에 대하여 적용상의 특징을 비교하시오. (35점)

3교시

※ 다음 4문제 중 2문제를 선택하여 답하시오. (각 50점)

1. 수심 25m 정도의 해저에 암반이 노출된 경우에, 교각의 기초와 같은 대형하중을 지지할 수 있는 기초구조에 적합한 공법을 들고, 그 특징을 비교하시오.
2. Fill Dam의 Piping 현상의 원인과 그 진행 및 균열 발생의 과정을 설명하고, 이에 대한 대책을 기술하시오.
3. 건설기계의 조합원칙과 기종선정의 방법에 대하여 설명하시오.
4. 항만 구조물의 기초사석공에 대하여 책임기술자로서 시공상 유의사항을 논하시오.

4교시

※ 다음 5문제 중 2문제를 선택하여 답하시오. (각 50점)

1. 180,000m^{3}의 흙을 유용 성토하는데 탬핑 롤러(tamping roller)를 사용하여 다짐하고자 한다. 이때 다짐장비의 소요대수를 구하고, 시공상 유의사항을 기술하시오(단, 공사기간은 30일(1일 작업시간 8시간)).
   • Roller의 유효폭 : W=1.8m
   • Roller의 다짐속도 : V=4km/hr
   • 다짐횟수 : N=8
   • 다짐두께 : D=0.25m
   • 토량환산계수 : f=1
   • 작업효율 : E=0.8
2. 매스 콘크리트(mass concrete)의 냉각방법에 대하여 설명하시오.
3. 교통량이 많은 높이 5m의 2차선 제방도로를 관통하여 소규모의 수로(폭 1.0~1.5m)를 개설하고자 한다. 귀하가 생각하는 적합한 공법에 대하여 설명하시오.
4. 포화된 점성토 연약지반 위에 도로를 축조할 때 지반개량을 위하여 선정할 수 있는 공법을 들고, 그 특징을 비교하시오.
5. 지질여건에 따른 터널의 굴진방식에 대하여 기술하시오.

제34회 토목시공기술사(1990년 <후> 10월)

1교시

※ 다음 글을 읽고 물음에 답하시오.

1. 성토지반을 시공할 때 다짐을 하여야 한다. 대표적인 토성별 다짐 공법을 쓰시오. (33점)
2. P.C pile에 대하여 다음을 답하시오. (34점)
   (1) 개량되었다고 생각되는 점
   (2) 사항으로서 적합성 여부
3. Concrete의 포장공사에 있어서 분리막을 설치하는 이유를 쓰시오. (33점)

2교시

※ 다음 글을 읽고 물음에 답하시오.

1. 양질의 토사가 아닌 비탈면에 있는 석축이 폭우로 인하여 순간적인 파괴를 일으켰다. 그 원인에 대하여 요지를 쓰시오. (35점)
2. 현장조건에 따른 대표적인 교량의 기초 공법 3종의 요지를 쓰시오. (35점)
3. 다음 5문제 중 3문제를 선택하여 설명하시오. (각 10점)
   (1) Cold Joint
   (2) Bleeding
   (3) Dry Mixing Remicon
   (4) 흙의 압축과 압밀
   (5) Pre-flex Girder

3교시

※ 다음 4문제 중 2문제를 선택하여 답하시오. (각 50점)

1. 콘크리트 구조물의 시공관리에 있어서 시공, 단계별 Check List(점검요목)를 작성하시오.
2. 산간지에 대규모 Concrete Dam을 축조하려고 한다. 현장소장으로서 본공사를 위한 가설비 공사에 대하여 기술하시오.
3. 실트질을 20m 성토하여 20개월 방치하였다가 항타하여 교대, 교각 기초로 하고자 한다. 공기단축을 이유로 항타부터 하고 성토하려고 한다. 현장책임자로서 귀하의 의견을 기술하시오.
4. 도심에서 토류벽 배면에 지수목적으로 주입 공법을 시행하고자 한다. 시공관리상 유의점을 쓰시오.

4교시

※ 다음 5문제 중 2문제를 선택하여 답하시오. (각 50점)

1. Prestressed Concrete 부재의 제조, 시공에 따른 응력의 변화와 시공상 유의할 점에 대하여 설명하시오.
2. 노선(도로 또는 철도) 신설공사에서 큰 절토공을 시행하고자 한다. 터널 굴착을 선행하여야 옳은지를 판단하기 위하여 조사, 계획을 할 예정이다. 이에 대한 제반사항을 쓰시오.
3. 공업단지 조성현장에서 300,000m^3 정도의 발파할 암이 있다. 이를 절취하여 단지를 조성하고 발생암을 유용 채석하여 포장용 골재로 사용하고자 한다. 시공계획을 작성하시오(공기는 700일, 골재는 채석후 저장까지만 계획하시오).
4. 도로공사에서 암반절토부의 사면안정 공법선정에 대하여 귀하의 의견을 쓰시오.
5. 점토지반에서 제방이나 기초를 시공할 때 지지력 및 안정계산상의 검토내용과 그 이유를 설명하시오.

제35회 토목시공기술사(1991년 <전> 4월)

1교시

※ 다음 글을 읽고 물음에 답하시오.

1. Steel Sheet Pile(강널말뚝) 단면의 역학적 특성과 띠장(wale)의 역할에 대하여 간단히 설명하시오. (33점)
2. 굵은 골재의 최대치수가 클수록 콘크리트의 품질과 강도가 어떻게 되는지 약술하시오. (33점)
3. Earth Anchor식 토류공의 특징, 문제점과 적용범위를 간단히 기술하시오. (34점)

2교시

※ 다음 문제 중 1번은 꼭 답하고, 문제 2번에서 한 문제만 선택하여 답하시오.

1. 다음을 설명하시오.
   (1) 흙쌓기공의 품질관리 요령을 기술하시오. (33점)
   (2) 그림의 I-Beam을 보로 쓸 때 정상적으로 쓸 때와 눕혀서 쓸 때 어느 것이 하중을 더 받는지 계산하여 말하시오 (단, 치수는 mm임). (33점)

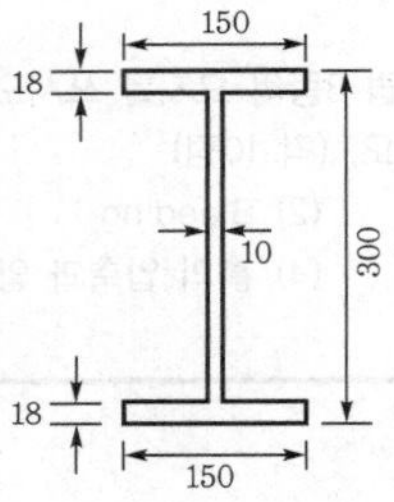

2. 다음을 설명하시오.
   (1) 해상에 콘크리트 교각을 건조코자 한다. 이 콘크리트의 특성을 감안한 시공상의 유의점을 기술하시오. (34점)
   (2) 콘크리트 포장의 양생에 대하여 아는 바를 쓰시오. (34점)
   (3) Prepacked-Concrete가 항만공사에 유리한 점을 기술하시오. (34점)

3교시

※ 다음 4문제 중 2문제를 선택하여 답하시오. (각 50점)

1. 성토사면의 안정을 해치는 중요한 원인을 열거, 설명하시오.
2. 기초지반이 대부분 자갈층인 곳에 대구경 Pile을 설치코자 한다. 시공 가능한 공법에 대하여 논하시오.
3. 흙막이 구조물의 올바른 역할을 위한 시공관리에 대하여 논하시오.
4. 도로 포장(표층, 기층, 보조기층 포함) 공사의 다지기(rolling)에 사용되는 장비를 들고, 장비조합의 문제점을 기술하시오.

4교시

※ 다음 5문제 중 2문제를 선택하여 답하시오. (각 50점)

1. 팔당대교의 붕괴원인과 사전예방대책에 대해 토목기술자로서의 생각을 논하시오.
2. 가체절 공법의 3가지 이상을 열거하고, 논하시오(특징, 비교, 설명).
3. Tunnel TBM 보완대책을 설명하시오.
4. 무근콘크리트 포장의 파손원인, 대책을 논하시오.
5. 연약지반에서 지하철공사의 굴착을 할 때 흙막이 공법에 대하여 1가지를 선택, 논하시오.

제36회 토목시공기술사(1991년 <후> 9월)

1교시

※ 다음 문제 중 1번은 꼭 답하고, 문제 2번에서 한 문제만 선택하여 답하시오.

1. 다음을 설명하시오.
   (1) 성토재료로서 구비하여야 할 흙의 성질을 도로노상 및 제방제체로 구분하여 설명하시오. (33점)
   (2) 그림 (a)와 같은 I-Beam과 강관을 용접하여 그림 (b)와 같은 단면의 휨부재로 사용하고자 할 때 어느 것이 하중을 더 받을 수 있는가를 기술하시오(단, I-Beam과 강관의 질은 같음). (33점)

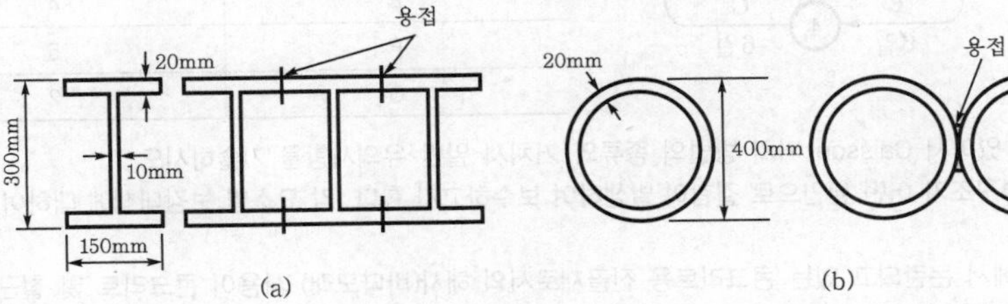

2. 다음을 설명하시오.
   (1) 암발파에 있어서 발파 자유면을 많이 확보하는 목적과 방법에 대하여 설명하시오. (34점)
   (2) 철근의 표준갈고리와 철근구부리기에 대하여 아는 바를 기술하시오. (34점)

2교시

※ 다음 문제 중 1번은 꼭 답하고, 문제 2번에서 한 문제만 선택하여 답하시오.

1. 다음을 설명하시오.
   (1) 구조용 연강(철근 포함)을 경강(硬鋼)보다 선호하여 사용하고, 또한 이를 쓰도록 시방서에 규정하는 이유를 기술하시오. (33점)
   (2) 콘크리트 구조물의 공사 개시전 수립되는 시공계획서의 일반적인 명기사항을 기술하시오. (33점)
2. 다음을 설명하시오.
   (1) 직접기초의 터파기를 위한 흙막이 공법을 열거하고, 토질 및 지하수 등의 현장조건에 따른 공법선정에 대하여 설명하시오. (34점)
   (2) 콘크리트의 혼화재료에 대하여 아는 바를 기술하시오. (34점)
   (3) 용수(涌水)가 많은 원지반에 터널을 굴진하는 경우에 용수대책에 대하여 기술하시오. (34점)

3교시

※ 다음 4문제 중 2문제를 선택하여 답하시오. (각 50점)

1. 다음과 같은 공정 Network에서 각 작업의 전여유(Total Float) 및 자유여유(Free Float)를 산출하고, 각 작업의 소요원인이 다음 표와 같을 때 인원 동원계획을 최초개시시각(Earliest Starting Time) 기준으로 수립하시오.

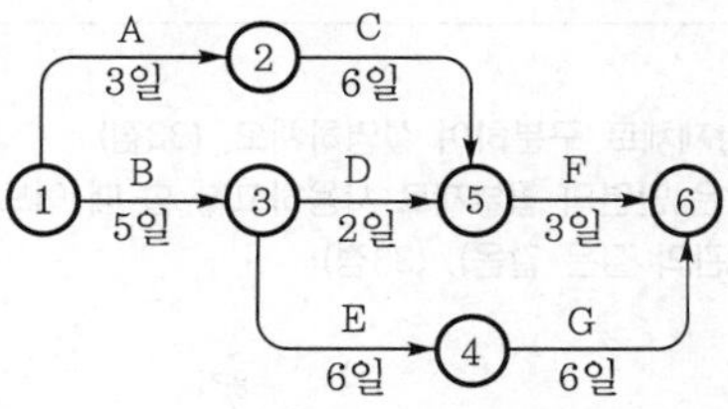

작업	일당 소요인원(명)
A	4
B	3
C	3
D	2
E	4
F	5
G	2

2. 방파제 공사에 있어서 Caisson 거치 방법의 종류와 거치시 일반 유의사항을 기술하시오.
3. PC 교량의 상부구조가 어떤 원인으로 결함이 발생하여 보수하고자 한다. 각 요소별 보강대책에 대하여 아는 바를 기술하시오.
4. 최근 건설현장에서 논란되고 있는 콘크리트용 잔골재로서의 해사(바다모래) 사용이 콘크리트 및 철근에 미치는 영향과 염분의 함량 기준치에 대하여 설명하시오.

4교시

※ 다음 5문제 중 2문제를 선택하여 답하시오. (각 50점)

1. 토공법면을 계획하는 데 있어서
   (1) 일반적인 법면경사(구배)의 기준을 절토 및 성토, 토질 및 암질(岩質), 침투수의 유무로 나누어 예시하시오.
   (2) 법면 보호 공법을 열거하고, 각 공법의 특징 및 적용에 대하여 요약 설명하시오.
2. 콘크리트 구조물을 레디믹스트 콘크리트로 시공하고자 한다. 레디믹스트 콘크리트의 품질규정에 대하여 설명하고, 현장에서 콘크리트 담당 책임기사가 해야 할 검사방법과 검사결과의 조치에 대하여 아는 바를 기술하시오.
3. 보강토벽의 특징을 철근콘크리트 옹벽과 대비하여 기술하시오.
4. 아스팔트 콘크리트 혼합물의 현장포설시 일반적인 다짐방법과 급경사지의 평면 곡률반경이 작은 곳에서의 다짐시 문제점과 그 대책에 대하여 기술하시오.
5. 터널 공법 중 NATM 공법이 정착되어 가고 있다. NATM 공법에서 계측관리가 중요한데 계측목적, 이용방법에 대하여 아는 바를 쓰시오.

제37회 토목시공기술사(1992년 <전> 4월)

1교시

※ 다음 4문제 중 2문제만 선택하여 답하시오. (각 50점)

1. Mass Concrete에 있어서 온도균열 제어방법에 관하여 설명하시오.
2. 연약지반 처리 공법에서 프리로딩(Pre-Loading) 공법과 압성토 공법에 대하여 설명하고, 그 장·단점을 쓰시오.
3. 도로 포장용 아스팔트 혼합물에 석분(Filler)을 넣는 이유를 설명하고, 석분의 성분을 쓰시오.
4. 다음을 간단히 설명하시오.
   (1) 활하중 합성형　(2) Cold Joint　(3) 골재의 최대치수
   (4) 변동계수　(5) 배합강도

2교시

※ 다음 4문제 중 2문제만 선택하여 답하시오. (각 50점)

1. 토목공사현장의 안전관리를 위한 중요 고려사항을 들고, 공사 중 재해예방을 위한 대책에 관하여 설명하시오.
2. 시공이 완료된 옹벽이 안정상 문제가 발생하여 종종 논란이 되는 경우가 있다. 이때 발생되는 안전상 문제점의 유형과 그 원인 및 대책에 대하여 설명하시오.
3. 다음 그림은 하중에 의한 극한 모멘트(Factored moment) $M_u=$22t·m를 받는 단면을 한도설계법으로 설계된 보이다. 철근량이 적당한가를 검사하시오.
   $A_s=3-D25=15.2\text{cm}^2$
   $\sigma_{ck}=240\text{kg/cm}^2$
   $\sigma_y=4{,}000\text{kg/cm}^2$
   평형철근비는 다음과 같다.
   $$P_b=0.85k\frac{\sigma_{ck}}{\sigma_y}\left(\frac{6,120}{6,120+\sigma_y}\right)$$

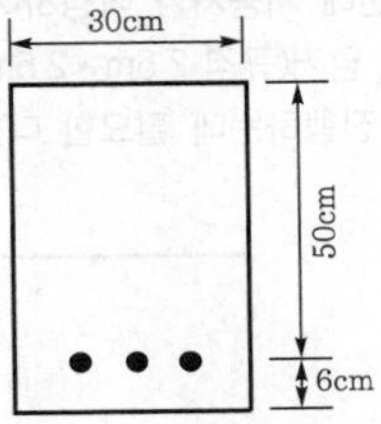

4. 콘크리트 교량의 시공중에 생기는 균열의 원인과 방지대책에 관하여 설명하시오(단, 특히 구조상 결함이 되는 균열).

3교시

※ 다음 4문제 중 2문제를 선택하여 답하시오. (각 50점)

1. 레미콘과 콘크리트 펌프로 콘크리트를 시공할 경우 좋은 콘크리트 구조물을 만들기 위한 시공관리에 대하여 설명하시오.
2. P.C 교량가설에서 압출 공법(ILM)에 대하여 설명하시오.
3. 산사태가 일어나는 원인과 방지대책에 대하여 아는 바를 기술하시오.
4. 귀하가 고속도로 건설공사의 현장소장의 중책을 맡았다. 적절한 시공관리를 위한 요점을 기술하시오.

4교시

※ 다음 4문제 중 2문제를 선택하여 답하시오. (각 50점)

1. 거푸집 제거 후 발견되는 곰보에 대하여 다음을 설명하시오.
   (1) 곰보가 발생되는 이유(15점)
   (2) 곰보가 발생되지 않도록 하기 위한 방법(15점)
   (3) 곰보가 발생했을 경우 보수방법(20점)
2. 콘크리트 부재의 이음(Joint)의 종류를 들고, 그 기능 및 시공법에 대하여 설명하시오.
3. 도로 포장 공법에서 기계적 안정처리(Mechanical stabilization)이란 무엇을 말하는 것이며, 어디에 사용하는 것인가?
4. 복합적 대규모 토목공사(공사관리)를 위하여 EDPS를 이용한 PERT, CPM 공정관리 시스템에 관하여 설명하시오.

제38회 토목시공기술사(1992년 <후> 10월)

1교시

※ 다음 4문제 중 2문제만 선택하여 답하시오. (각 50점)

1. 하천의 하상을 굴착하는 목적과 하상굴착시 유의사항에 대하여 기술하시오.
2. 연약성 점토지반에 택지조성공사를 시공하는데 성토공에서 예상되는 문제점 중에서 3종류를 쓰고, 이에 대한 대책을 기술하시오.
3. P.C 도로교의 시공에 있어서 P.C 보의 제조로부터 가설에 이르는 시공 단계별 P.C보의 응력분포의 변화와 시공상 유의사항에 관하여 기술하시오.
4. 새로운 공법을 채택함에 있어서 주안점을 들어 기술하시오.

2교시

※ 다음 4문제 중 2문제만 선택하여 답하시오. (각 50점)

1. 철근과 콘크리트와의 부착에 영향을 미치는 요인에 대하여 기술하시오.
2. 정수장 콘크리트 구조물을 설치시 수밀성을 높이는데 필요한 시공상의 중요사항을 기술하시오.
3. 공사착공 전에 시공자가 작성하여 공사감독관에게 제출하는 시공계획서의 주요내용을 기술하시오.
4. 콘크리트의 암거(규격 2.5m×2.5m) 위에 다음 그림과 같이 15m 높이의 성토를 하려고 한다. 현장책임 기술자로서 이 공사를 진행하는데 필요한 다음 사항에 대하여 기술하시오.

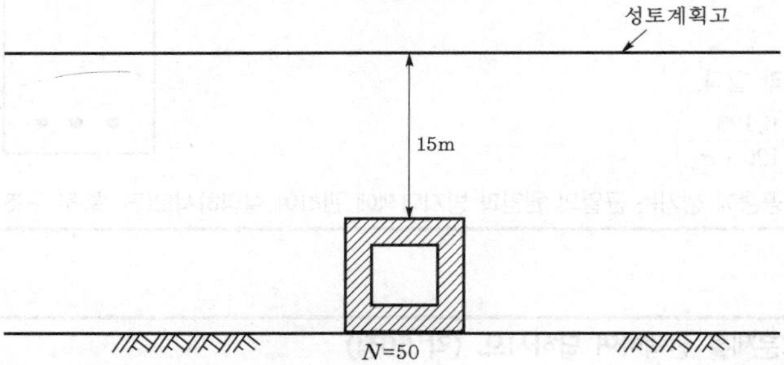

(1) 되메우기 재료선정
(2) 되메우기 성토체의 다짐순서 및 다짐방법

3교시

※ 다음 문제 1, 2, 3번 중에서 2문제만 답하고, 문제 4, 5번에서는 1문제만 답하시오.

1. 사질토지반 중에 말뚝을 박을 때 발생하는 토성변화에 대하여 쓰고, 말뚝을 설계 심도까지 박기 위한 설계 시공상의 조치에 대하여 기술하시오. (35점)
2. 철근콘크리트 3경간 연속교의 시공에 있어서 시공계획 및 시공시 유의사항에 관하여 기술하시오. (35점)
3. 산악터널에 적용하는 주요한 굴진 공법을 열거하고, 이 공법의 적용조건과 특징을 기술하시오. (35점)
4. 도로건설시 절토와 성토의 경계부분에 포장파괴의 원인과 대책방안에 대하여 기술하시오. (30점)
5. 공정관리 업무의 내용을 관리순환(계획, 실시, 검토 조치)에 따라 기술하시오. (30점)

4교시

※ 다음 문제 1, 2, 3번 중에서 2문제만 답하고, 문제 4, 5번에서는 1문제만 답하시오.

1. 콘크리트 사장교 가설 공법에 관하여 기술하시오. (35점)
2. 보강토(벽) 공법의 원리를 간단히 설명하고, 높은 성토사면에 이 공법의 적용성과 시공상의 특징을 기술하시오. (35점)
3. 중공 Block식 혼성 방파제를 축조코자 한다. 이때 현장책임 기술자로서 다음 그림과같이 Block을 설치하기 위한 기초사석 상단고르기 작업방안을 설명하고, 시공상 유의사항을 기술하시오. (35점)

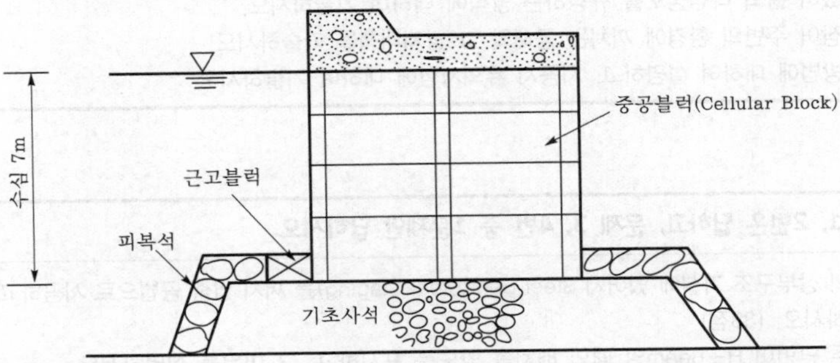

4. 흙의 강도측정의 개념을 간단히 설명하고, 또 각각 이 방법에 대한 시공시에 적용하여야 할 시험방법을 예를 들어 기술하시오. (30점)
5. CPM Network로 시공계획을 분석할 때 Critical Path(한계공정, 주 공정)의 정의와 공정관리면에서 의의를 기술하시오. (30점)

제39회 토목시공기술사(1993년 <전> 3월)

1교시

※ 다음 글을 읽고 물음에 답하시오. (100점)

1. 성토관리에 있어 흙의 다짐정도를 규정하는 방식에 대하여 기술하시오.
2. 토목공사 현장이 주변의 환경에 끼치는 공해와 그 방지대책을 기술하시오.
3. 말뚝의 이음방법에 대하여 설명하고, 시공시 유의사항에 대하여 기술하시오.

2교시

※ 다음 문제 1, 2번은 답하고, 문제 3, 4번 중 1문제만 답하시오.

1. 장경간 교량의 상부구조 가설에 있어서 Steel Bent(Steel Staging)를 써서 압출 공법으로 시공하고자 한다. 다음에 대하여 기술하시오. (33점)
   (1) Bent의 주 단면이 H-Beam일 때의 배치를 약도로 표시하고, 그 이유를 설명하시오.
   (2) Bracing을 쓰는 이유와 그 배치를 설명하시오.
2. 다음 그림과 같은 콘크리트 중력식 옹벽의 안정성을 Rankine 토압이론을 적용하여 검토하고, 불안정한 경우에는 그 대책에 대하여 기술하시오(단, 조건은 다음과 같다). (33점)
   - 토사의 단위중량(γ_t) : 1.8t/m^3
   - 토사의 내부마찰각(ϕ) : 30°
   - 콘크리트 단위중량 : 2.4t/m^3
   - 지반의 허용지지력 : 25t/m^2
   - 옹벽저면과 지반과의 마찰계수 : 0.4

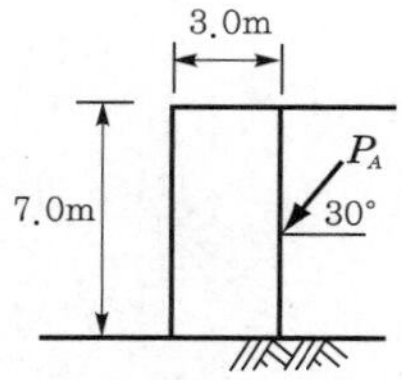

3. Motor Scraper의 작업기능을 설명하고, 작업량 계산과 조합장비 대수의 선정방법을 기술하시오. (34점)
4. 다음 Network에서 전여유(Total Float), 자유여유(Free Float)를 주 공정(CP)을 표시하시오. (34점)

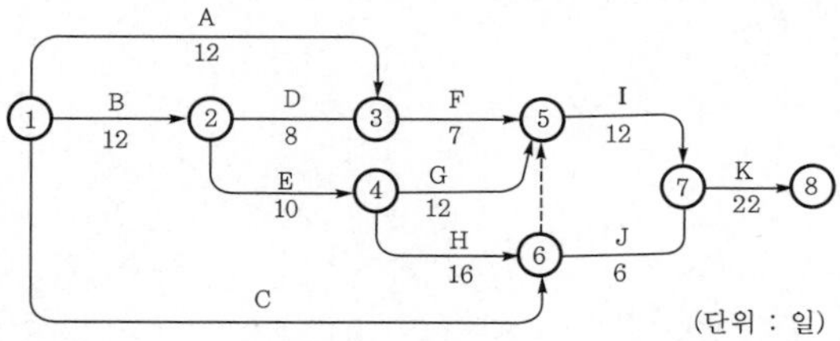

3교시

※ 다음 4문제 중에서 2문제만 선택하여 답하시오.

1. Vertical Drain 공법의 공학적 원리를 설명하고, Sand Drain 공법과 Paper Drain 공법의 장·단점을 비교하여 기술하시오.
2. 현장의 골재상태가 체 분석결과 모래에서는 No.4체에 남는 것이 7%, 자갈 속에는 No.4체를 통과하는 것이 10%이며, 모래의 표면수(자갈 속의 모래포함)가 3.2%, 자갈의 표면수(모래 속의 자갈포함) 0.8%로 밝혀졌다. 다음의 시방배합표를 참고하여 현장배합을 결정하시오(단, 수량에 대한 AE제의 영향은 무시하시오).

굵은 골재의 최대치수 (mm)	슬럼프의 범위 (cm)	공기량의 범위 (%)	물 시멘트비 (%)	잔골 재율 (%)	단위량(kg/m^3)				AE제 (g/m^3)
					물	시멘트	잔골재	굵은 골재	
25	10	4.5	47	35.4	161	338	632	1176	101.4

3. Dam의 기초암반처리에 대한 시공 유의사항을 기술하시오.
4. 사질토 하상에 현장타설 말뚝을 시공하고, 교각을 건조하여 P.C Box Girder를 가설하고자 한다. 다음에 대하여 기술하시오.
   (1) 현장타설 말뚝의 최적 시공방법
   (2) 각 구조의 기준강도(σ_{ck})에 대한 소견

4교시

※ 다음 4문제 중에서 2문제만 선택하여 답하시오. (각 50점)

1. 콘크리트 구조물에 균열이 발생하였다. 이를 조사하여 보수 또는 보강하는 방법을 기술하시오.
2. 댐콘크리트 또는 매스콘크리트에서 시멘트의 수화열에 의한 온도상승을 규제하기 위한 재료, 배합, 시공, 양생 등에 대한 제반조치에 대하여 기술하시오. (50점)
3. 성토완료(높이 20m) 2년 후에 항타하여 구조물의 기초를 설치하기로 설계되었다. 공기단축을 위하여 1년 후에 항타하라는 지시가 내렸다고 하면 이에 대한 귀하의 의견을 기술하시오. 부득이 항타를 시행한다면 채택할 항타기의 기종에 대하여 기술하시오.
4. 산악도로에서 침투수가 많고, Silt가 다량함유된 토질에서 동결심도 적용성을 설명하고 다음 조건에서 적합한 동결깊이를 산출하시오.

조건

- 동결지수 : 430℃·day

제40회 토목시공기술사(1993년 <후> 8월)

1교시

※ 다음 글을 읽고 물음에 답하시오.

1. 대형 안벽 구조물 시공방법 3가지와 시공상 유의사항을 기술하시오. (30점)
2. 교량 기초 공법 중 우물통 기초, 공기 케이슨, 프리캐스트 케이슨 공법의 특징을 설명하시오. (40점)
3. 구조물 해체 공법의 특징을 기술하시오. (30점)

2교시

※ 다음 글을 읽고 물음에 답하시오.

1. 좋은 콘크리트를 만들기 위한 재료, 배합시 유의사항과 시공방법을 기술하시오. (30점)
2. 해안지역을 연약점성토로 매립하였다. 다음 문항에 대하여 기술하시오.
   (1) 침하량 측정방법 (20점)
   (2) 연약지반 개량공법 (20점)
3. Tunnel 공사에서 Invert 콘크리트에 대하여 기술하시오. (30점)

3교시

※ 다음 문제 1번은 반드시 답하고, 문제 2, 3, 4번 중에서 2문제만 선택하여 답하시오.

1. 다음을 설명하시오.
   (1) 변동계수와 증가계수 (20점)
   (2) 안전성과 사용성 (20점)
2. 옹벽과 신축 이음 개소가 있는 상수도관(D=1,500mm)을 동시에 시공하였다. 어느 정도 시간이 경과한 후 옹벽이 파괴되었다. 사고원인을 분석하고, 시공시 유의사항을 기술하시오. (30점)

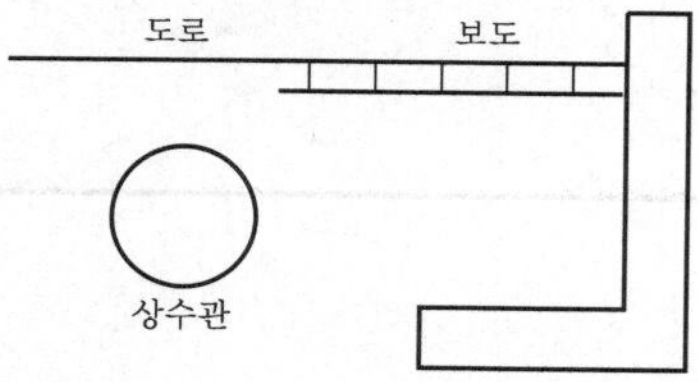

3. 공기단축기법에 대해서 설명하시오. (30점)
4. 준설선 시공계획에 대하여 설명하시오. (30점)

4교시

※ 다음 3문제 중 2문제를 선택하여 답하시오. (각 50점)

1. 하천에 근접한 지역에서 개착식으로 지하철을 시공하려 한다. 지질은 지하수위가 높고 사력층으로 구성되었고 도로에 인접한 곳에 고층건물이 서 있다. 적합한 흙막이 공법을 선택하고, 설명하시오.
2. 다음을 설명하시오.
   (1) 지름, 공칭지름(20점)
   (2) 과소 철근보, 과다 철근보(30점)
3. 콘크리트 Batcher Plant를 설치 운영하고자 한다. 현장책임 기술자로서 운영계획 및 유의사항을 기술하시오.

제41회 토목시공기술사(1994년 <전> 4월)

1교시

※ 다음 문제 1, 2번은 답하고, 문제 3, 4번에서 1문제만 선택하여 답하시오.

1. 구조물과 성토와의 접속부 시공에 대한 고려할 사항을 설명하시오. (30점)
2. 적재기계와 덤프트럭의 경제적인 조합에 대하여 설명하시오. (30점)
3. 토적곡선(유토곡선)의 개략을 그리고, 그 성질을 설명하시오. (40점)
4. I－300×150(단면계수 Z=981cm³)이 간격 1.6m이고, 3m 길이로 단순지지되어 있다. 등분포하중을 1m²에 몇 톤(t)씩 받을 수 있겠는가? (40점)

2교시

※ 다음 문제 1, 2번은 답하고, 문제 3, 4번에서 1문제만 선택하여 답하시오.

1. 진동식 Roller를 이용하는 공종을 설명하고, 효과 있게 이용될 여건을 설명하시오. (30점)
2. 공정관리곡선(일명 바나나 곡선)에 의한 공사 진도관리에 대하여 설명하시오. (30점)
3. 서중 콘크리트 시공에서 Plastic 수축균열 발생원인과 그 대책에 대하여 기술하시오. (40점)
4. 기초암반 보강 공법을 기술하시오. (40점)

3교시

※ 다음 4문제 중 2문제를 선택하여 답하시오. (각 50점)

1. 우물통 기초 Open Caisson을 하천에 교각으로 세운다. 수위 아래 교각 내부에 양질의 콘크리트를 타설하고자 한다. 다음에 대하여 설명하시오. (40점)
   (1) 콘크리트의 배합과 치기
   (2) 시공상의 지켜야 할 사항
2. 성토 다짐관리에서 특기할 사항과 토질별로 다짐기계를 설명하시오.
3. 하천에 댐이나 수리 구조물을 축조할 경우 유수전환(River diversion)시 고려할 사항을 설명하시오.
4. 현장치기 콘크리트 말뚝 공법 중 Beneto, Earth Drill 공법을 비교 설명하시오.

4교시

※ 다음 4문제 중 2문제를 선택하여 답하시오. (각 50점)

1. 노선공사(도로 또는 철도)에서 최대 절토구간이 있다. 현장책임자로서 최적 공법을 위한 다음 사항을 설명하시오.
   (1) 조사와 현장시험
   (2) 선택할 공법과 그 이유
2. 유수 중에 가설되어 있는 교량 하부구조(우물통 기초)의 손상원인을 열거하고, 이에 대한 보강대책을 기술하시오.
3. 호안의 파괴원인과 그 대책을 설명하시오.
4. 도로 포장용 가열식 아스팔트 혼합물의 종류와 용도 및 혼합물이 갖추어야 할 성질에 대하여 설명하시오.

제42회 토목시공기술사(1994년 <후> 9월)

1교시

※ 다음 문제 중 10문제를 선택하여 답하시오. (각 10점)

1. 유토곡선(Mass Curve)의 극대치, 극소치
2. PERT CPM에서 전여유(Total Float)
3. 암반의 파쇄대(Flacture zone)
4. 토량환산에서 L값 및 C값
5. 말뚝의 부마찰력(negative friction)
6. 진공 케이슨(pneumatic caisson)의 침하 조건식
7. 연약지반 개량을 위한 선행 재하(preloading)
8. DAM의 Curtain Grouting
9. Shotcrete의 리바운드(Rebound)
10. 지중 연속벽의 가이드월(guide wall)의 역할
11. C.B.R의 정의
12. Trafficability의 용도
13. Bulldozer의 작업원칙
14. 교량 가설 공법에서 FCM(Free Cantilever Method)
15. 터널굴진시 Cycle 작업의 종류
16. 골재의 유효 흡수율
17. 철근의 공칭단면적
18. P.C 강재의 Relaxation
19. 콘크리트의 Creep
20. Cold Joint

2교시

※ 다음 5문제 중 문제 1번은 꼭 답하고, 문제 중 2, 3, 4, 5번 중 2문제를 선택하여 답하시오.

1. W/C비가 굳은 Con'c에 미치는 영향을 답하시오. (40점)
2. Crusher의 종류를 기술하시오. (30점)
3. 무리말뚝의 사질토에서 유의사항을 설명하시오. (30점)
4. 터널 굴착장비에 대해 기술하시오. (30점)
5. 말뚝해머의 종류와 특징을 기술하시오. (30점)

3교시

※ 다음 5문제 중 문제 1번은 꼭 답하고, 문제 2, 3, 4, 5번 중 2문제를 선택하여 답하시오.

1. 흙의 다짐원리 및 흙 종류에 따른 다짐장비 선정과 그 이유에 대하여 설명하시오. (40점)
2. Dam의 차수벽 재료로 사용하는 흙의 통일 분류법상 SC와 CL의 특성을 비교, 설명하시오. (30점)
3. Con'c 말뚝과 강말뚝의 차이점을 설명하시오. (30점)
4. 서중 Con'c 시공에 관한 문제점과 그 대책을 설명하시오. (30점)
5. 토질조건에 맞는 준설선(Dredger)의 선정방법을 설명하시오. (30점)

4교시

※ 다음 4문제 중 2문제를 선택하여 답하시오. (각 50점)

1. 다음 Network의 전여유(T.F)를 구하고, 주 공정(critical path)을 구하시오.

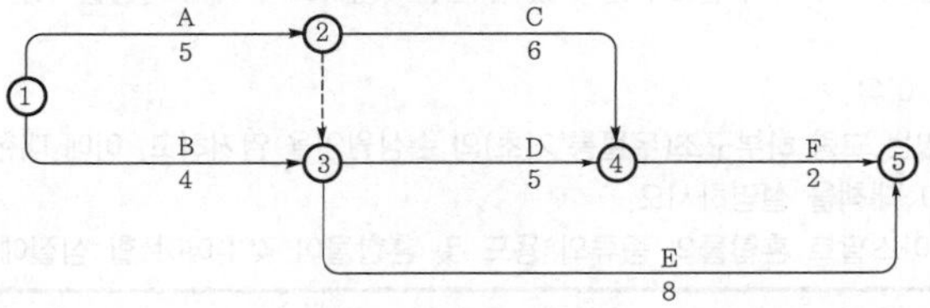

2. Con'c 구조물의 시공요인으로 발생한 균열 원인대책에 대해서 설명하시오.
3. 편절, 편성 구간의 경계부에 균열 등의 하자가 발생하는 경우 그 원인과 대책에 대하여 설명하시오.
4. 터널굴착 제어발파(Controlled Blast) 공법의 종류를 들고, 설명하시오.

제43회 토목시공기술사(1995년 <전> 3월)

1교시

※ 다음 9문제 중 5문제를 선택하여 답하시오. (각 20점)

1. 해사 사용 염해 대책
2. Con'c 표면 차수벽 DAM
3. RQD(Rock Quality Designation)
4. 규암(Quartzite)의 시공상 특성
5. 평판재하시험
6. NATM 터널공사관리의 계측종류와 설치장소
7. Cap Beam Concrete
8. Con'c 알칼리 골재반응
9. 유동화제

2교시

※ 다음 4문제 중 3문제를 선택하여 답하시오. (각 100점)

▶4문제 중 앞에서 택한 2문제는 각각 33점이고, 나중에 택한 1문제는 34점이다.

1. 아스팔트의 소성변형 발생원인과 방지대책에 대하여 설명하시오.
2. 터널에서 여굴의 발생원인과 방지대책에 대하여 설명하시오.
3. 레미콘 공장에서 현장까지 운반하여 타설전까지의 품질관리를 예시하여 설명하시오.
4. 암반 사면의 안정해석과 보강대책에 대하여 설명하시오.

3교시

※ 다음 4문제 중 3문제를 선택하여 답하시오. (각 100점)

▶4문제 중 앞에서 택한 2문제는 각각 33점이고, 나중에 택한 1문제는 34점이다.

1. Slurry Wall 공법의 개요를 설명하고, 시공상 유의사항을 설명하시오.
2. 공정관리의 사용목적과 내용을 기술하시오.
3. NATM 터널에서 2차 복공 Con'c에 나타나는 균열의 원인과 대책을 설명하시오.
4. 동다짐(=동압밀) 공법을 약술하고, 시공관리상의 유의사항을 설명하시오.

4교시

※ 다음 4문제 중 3문제를 선택하여 답하시오. (각 100점)

▶4문제 중 앞에서 택한 2문제는 각각 33점이고, 나중에 택한 1문제는 34점이다.

1. 암버럭으로 쌓기하는 부분의 시공상 유의점에 대하여 기술하시오.
2. 성수대교 붕괴원인에 대하여 귀하의 견해를 기술하시오.
3. 시공자가 공사 착수전에 감리자에게 제출하는 시공계획서의 목적과 내용을 기술하시오.
4. Open Caisson 공법에서 마찰저항을 줄이는 방법에 대하여 기술하시오.

제44회 토목시공기술사(1995년 <중> 5월)

1교시

※ 다음 12문제 중 5문제를 선택하여 답하시오. (각 20점)

1. 공정관리상의 비용구배
2. 콘크리트 혼화재료로서의 촉진제
3. Seed Spray에 의한 법면 보호
4. 암석발파시의 자유면
5. 기초의 허용지내력
6. 토공 중기의 경제적 운반거리
7. 콘크리트 포장의 수축 이음
8. 리페이버(Repaver)와 리믹서(Remixer)
9. 동결심도의 산출방법
10. 용접부위에 대한 비파괴검사
11. 암반의 균열계수
12. 정지토압

2교시

※ 다음 4문제 중 3문제를 선택하여 답하시오. (100점)

1. 역 T형 옹벽과 부벽식 옹벽의 설계 및 시공상의 특징을 비교 설명하시오.
2. 흙막이공에 필요한 계측기의 종류와 그 설치에 대하여 설명하시오.
3. 콘크리트의 시공 이음을 설치하는 이유와 설계 및 시공상의 유의사항을 설명하시오.
4. 성토용 다짐장비의 종류를 들고, 그 용도상의 특징을 설명하시오.

3교시

※ 다음 4문제 중 3문제를 선택하여 답하시오. (100점)

1. 다음 Network에서 각 단계의 시각(event time), 각 작업의 전여유(total float) 및 주 공정(Critical Path)을 구하시오.

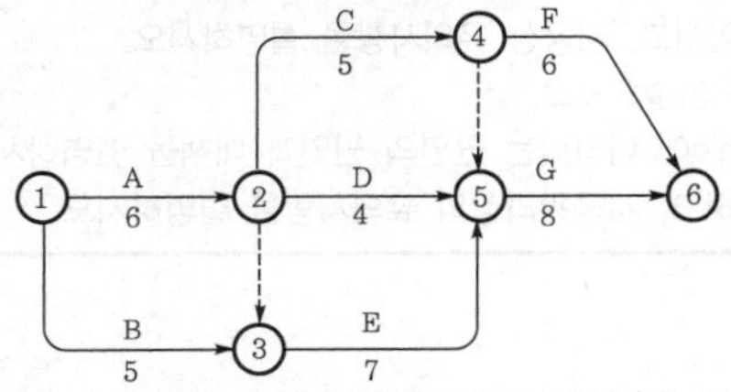

2. 토공 중기에서 굴착장비와 운반장비의 효율적인 조합방법에 대하여 설명하시오.
3. Vertical Drain 공법 및 Preloading 공법의 원리를 설명하고, Vertical Drain 공법이 Preloading 공법에 비하여 압밀시간이 현저히 단축되는 이유를 설명하시오.
4. 강형교(Steel Girder Bridge)에 대한 유지관리상의 요점을 설명하시오.

4교시

※ 다음 4문제 중 2문제를 선택하여 답하시오. (각 50점)

1. T.B.M(Tunnel Boring Machine)의 구조를 설명하고, 그 적용조건에 대하여 기술하시오.
2. 지하수위가 높은 지반에 토류벽을 설치하고, 굴착할 경우의 유의사항을 기술하시오.
3. 직립식 방파제의 특징과 시공상의 유의사항에 대하여 기술하시오.
4. 품질관리를 위한 관리도의 종류를 들고, 관리 한계선의 결정방법에 대하여 설명하시오.

제45회 토목시공기술사(1995년 <후> 8월)

1교시

※ 다음 6문제 중 4문제를 선택하여 답하시오. (각 25점)

1. 대절토 성토시 착공전 준비 및 조사해야 할 사항에 대하여 기술하시오.
2. 구조물의 침하원인을 열거하고, 그 대책을 기술하시오.
3. 굳지 않은 콘크리트의 성질과 구비조건에 대하여 설명하시오.
4. 흙의 동해가 토목 구조물에 미치는 영향을 설명하시오.
5. 콘크리트에서 AE제의 역할과 AE제 사용시 유의해야 할 사항을 설명하시오.
6. 역 T형 옹벽과 부벽식 옹벽의 단면도에 주 철근을 도시하고, 직립 단면에 대하여는 주 철근의 전개도를 그리시오.

2교시

※ 다음 6문제 중 4문제를 선택하여 답하시오. (각 25점)

1. 흙쌓기 비탈면의 붕괴원인과 대책을 설명하시오.
2. 지하 매설물을 설치할 때 기초형식과 공법을 설명하시오.
3. 흙막이공에서 시공계획과 시공상 주의해야 할 사항을 설명하시오.
4. 배합설계에서 잔골재율(S/a)을 설명하고, 잔골재율이 콘크리트 성질에 미치는 영향을 설명하시오.
5. 조절 폭파(Controlled Blasting) 공법에 대하여 설명하시오.
6. 지하 연속벽(slurry wall) 시공시 예상되는 사고 요인을 중심으로 시공시 유의사항을 설명하시오.

3교시

※ 다음 문제 1, 2번 중 1문제만 답하고(30점), 문제 3, 4, 5, 6번 중에는 2문제를 선택하여 답하시오. (각 35점)

1. 일반토사 흙쌓기의 현장 다짐관리를 설명하고, 점토 및 사질토에 사용되는 다짐기계를 설명하시오.
2. 내구성이 큰 콘크리트를 만들기 위하여 배합과 시공상 유의사항을 설명하시오.
3. 지하수위가 비교적 높은 위치에 구조물을 축조할 때 지하수에 대한 처리대책을 설명하시오.
4. 콘크리트 구조물의 열화의 원인과 대책을 설명하시오.
5. 터널라이닝 콘크리트의 누수원인과 대책을 설명하시오.
6. 건설공사에서 소음, 진동, 공해를 유발하는 공종을 열거하고, 공해를 최소화하는 방안을 설명하시오.

4교시

※ 다음 문제 1, 2번 중 1문제만 답하고(30점), 문제 3, 4, 5, 6번 중에는 2문제를 선택하여 답하시오. (각 35점)

1. 자립형(自立形) 물막이 공법을 설명하시오.
2. 콘크리트의 초기균열에 대한 원인과 대책을 설명하시오.
3. 강교 가설 공법에서 캔틸레버식 공법과 케이블식 공법에 대하여 설명하시오.
4. 하천제방의 누수원인과 방지대책을 설명하시오.
5. 포장용 콘크리트에서 각종 비비기방식에 대한 장·단점을 설명하시오.
6. 토질에 따른 전단강도의 특성을 설명하고, 현장 적용시 고려해야 할 사항에 대하여 설명하시오.

제46회 토목시공기술사(1996년 <전> 2월)

1교시

※ 다음 10문제 중 5문제를 선택하여 답하시오. (각 20점)

1. 흙의 동상(Frost Heave)
2. 연약 점토층의 1차 압밀과 2차 압밀
3. 동다짐(Dynamic Compaction)
4. 소성수축균열
5. Dam의 기초 Grouting 공법
6. 철근의 정착길이와 부착길이
7. 잔골재율
8. 피로파괴와 피로강도
9. 온도제어 양생
10. 자주 승강식 바지(Self Elevator Float Barge)

2교시

※ 다음 문제 1번은 꼭 답하고, 문제 2, 3, 4번 중 2문제를 선택하여 답하시오.

1. RC 구조물의 시공 중 균열원인과 방지대책에 대하여 기술하시오. (40점)
2. 구조물 연결부의 뒤채움 다짐방법에 대하여 기술하시오. (30점)
3. 사질지반, 깊은 기초에 유리한 현장타설 콘크리트 말뚝 공법에 대하여 기술하시오. (30점)
4. 최근 교통량 증가에 따른 기존 도로의 확폭과 관련하여 시공계획 및 시공관리 측면에서 의견을 기술하시오. (30점)

3교시

※ 다음 문제 1번은 꼭 답하고, 문제 2, 3, 4번 중 2문제를 선택하여 답하시오.

1. 연약지반 개량 공법에 대하여 기술하시오. (40점)
2. 콘크리트 구조물을 시공하는 현장소장으로서 시공계획 과정에서 점검하여야 할 사항을 기술하시오. (30점)
3. 강널말뚝 이용시 계선안(안벽) 시공시 작업순서와 시공관리 사항을 기술하시오. (30점)
4. Tunnel 공사에서 Shotcrete 공법의 특징과 반발량(Rebound량)의 저감대책에 대하여 기술하시오. (30점)

4교시

※ 다음 4문제 중 2문제를 선택하여 답하시오. (각 50점)

1. 콘크리트 배합설계(시방 순서)에 대해 기술하시오.
2. 교량의 유지관리 및 보수·보강에 대한 문제점 및 대책에 대해 기술하시오.
3. 콘크리트 포장을 기계로 표면 마무리한 것과 평탄성 관리기술에 대해 기술하시오.
4. 건설현장에서 품질향상(부실 시공방지)을 위한 설계, 시공, 감리(감독) 및 법적제도 측면에서 귀하의 의견을 기술하시오.

제47회 토목시공기술사(1996년 <중> 4월)

1교시

※ 다음 9문제 중 5문제를 선택하여 답하시오. (각 20점)

1. 거푸집과 동바리공의 안전성 및 시공상 유의점
2. 통계적 품질관리에서 관리 사이클의 4단계
3. 약액주입 공법 L.W(불안정 물유리)
4. 프리플렉스 빔(Preflex Beam)의 원리와 제조방법
5. ASP 포장의 공종별 장비 조합
6. 콘크리트 포장 이음
7. SCF(Self Climbing Form)
8. 용접 결함원인과 용접자세
9. 지발 뇌관

2교시

※ 다음 문제 1, 2번 중 1문제만 답하고(30점), 문제 3, 4, 5, 6번 중에서 2문제를 선택하여 답하시오. (각 35점)

1. 연약지반 성토에서 제거치환 공법에 대하여 설명하시오.
2. 토공사에서 토량배분 방법을 단계적으로 설명하시오.
3. 기계굴착에 의한 현장타설 말뚝 공법에서 반드시 수행해야 할 제반사항을 설명하시오.
4. 축대 붕괴의 원인과 대책에 대하여 설명하시오.
5. 폭파에 의하지 않는 암석굴착방법을 설명하시오.
6. 터널공사의 숏크리트 공법에서 건식 공법에 대하여 특징을 설명하시오.

3교시

※ 다음 1, 2번 중 1문제만 답하고(30점), 문제 3, 4, 5, 6번 중에서 2문제를 선택하여 답하시오. (각 35점)

1. Con'c 양생방법에서 냉각법에 대해 설명하시오.
2. 철근 Con'c 구조물을 시공할 때 품질관리 요점에 대해 설명하시오.
3. 철근 Con'c 구조물 시공시 안전사고 방지대책에 대해 설명하시오.
4. 구조물에 의한 비탈면 보호 공법을 설명하시오.
5. 아스팔트 포장에서 상층노반의 축조 공법에 대해 설명하시오.
6. 혼합 골재 100,000m^{3}를 생산코자 할 때 소요장비 선정방법을 설명하시오.

4교시

※ 다음 4문제 중 2문제를 선택하여 답하시오. (각 50점)

1. 건설공사 현장에서 발생되는 공해에 대한 원인과 대책을 설명하시오.
2. 콘크리트 구조물의 유지관리 체계에 대해 설명하시오.
3. 강교 가설 공법 중 연속압출 공법, 리프트업 바지(Lift up Barge), 폰툰 크레인 가설 공법 등에 대해 설명하시오.
4. 댐(Dam) 공사에서 기초 처리와 하류전환방식에 대해 설명하시오.

제48회 토목시공기술사(1996년 <후> 8월)

1교시

※ 다음 문제 중 5문제를 선택하여 답하시오. (각 20점)

1. 점토지반과 모래지반의 전단특성
2. 개단말뚝과 폐단말뚝의 차이점
3. 말뚝 타입시 유압 Hammer의 특징
4. Shovel계 장비의 종류와 적용
5. 흙댐의 Piping 현상과 원인
6. P.C 인장재의 Relaxation
7. 아스팔트 혼합물에 석분을 넣는 이유
8. Slurry Wall 공법
9. 경량 골재의 종류
10. 공정관리기법의 종류와 특징
11. $\overline{x}-R$ 품질관리기법에서 이상이 있는 경우

2교시

※ 다음 5문제 중 4문제를 선택하여 답하시오. (각 25점)

1. 구조물용 콘크리트 타설후의 균열 발생원인과 그 대책에 대하여 설명하시오.
2. NATM 터널의 원리와 안전관리방법에 대해 설명하시오.
3. 도로 노상부의 지지력이 불량한 부분에 대한 개량방법에 대해 기술하시오.
4. 사석기초 방파제의 시공전 조사항목과 시공시 유의사항에 대해 기술하시오.
5. 성토 재료로서 점질토와 사질토의 특성에 대해 설명하고, 특히 높은 함수비를 갖는 점성토인 경우의 대책에 대해 기술하시오.

3교시

※ 다음 5문제 중 4문제를 선택하여 답하시오. (각 25점)

1. Strut 방식과 Earth Anchor 지지방식 토류 구조물에 대한 특징과 적용범위 및 시공시 유의사항에 대해 기술하시오.
2. 최신 교량가설 공법 중 두 종류를 선정하여 비교 설명하시오.
3. 대규모 단지 토공에서 착공전에 조사하여야 할 사항에 대하여 기술하시오.
4. 균열과 절리가 발달된 암석사면의 안정을 위한 대책 공법에 대해 설명하시오.
5. 유토곡선(Mass Curve)의 성질과 이용방안에 대하여 기술하시오.

4교시

※ 다음 4문제 중 2문제를 선택하여 답하시오. (각 50점)

1. 기존 구조물에 근접하여 개착공사나 말뚝박기공사를 시행할 때 예상되는 하자의 원인과 그 대책에 대해 기술하시오.
2. 배합설계, 기준강도와 배합강도와의 관계를 설명하시오.
3. 기초용 말뚝의 시공방법 중에서 타입말뚝(직타 방식)과 현장 타설말뚝의 장·단점과 시공시 유의사항에 대해 기술하시오.
4. 도로공사에서 구조물 접속 구간의 부등침하의 원인과 방지대책에 대해 기술하시오.

제49회 토목시공기술사(1997년 <전> 2월)

1교시

※ 다음 9문제 중 5문제를 선택하여 답하시오. (각 20점)

1. 토취장 선정요건
2. 흙쌓기에서의 노상재료
3. 중공 Slab 균열 발생원인과 대책
4. Con'c 방식 공법
5. 강재방식 공법
6. 콘크리트 알칼리 골재반응
7. 극한한계 상태와 사용한계 상태
8. 연속 곡선교의 교좌 배치 및 설치
9. 강구조 압축 부재와 휨부재 연결방법

2교시

※ 다음 문제 1번을 꼭 답하고, 문제 2, 3, 4, 5번 중 2문제를 선택하여 답하시오.

1. Mass 콘크리트 온도균열 제어방법에 대하여 기술하시오. (40점)
2. 교각높이는 60m, 지간 60m, 일방향 4차선, 5연속, Steel Box Girder의 제작, 운반, 가설, 바닥 콘크리트의 타설에 대하여 기술하시오. (30점)
3. 콘크리트 내구성 증진방안을 재료적, 시공적인 면에서 기술하시오. (30점)
4. 토공사에 필요한 토질조사 및 시험에 대하여 기술하시오. (30점)
5. 당산철교 철거와 재시공 공사기간을 줄이는 공법에 대하여 기술하시오. (30점)

3교시

※ 다음 문제 1번을 꼭 답하고, 문제 2, 3, 4, 5번 중 2문제를 선택하여 답하시오.

1. 간만의 차이가 심한 해상에서 장대교량 시공시 적용할 수 있는 기초 공법에 대하여 기술하시오. (40점)
2. 수밀을 요구하는 콘크리트 구조물의 누수원인이 되는 결함 및 대책에 대하여 기술하시오. (30점)
3. 연약지반 지역에 교량교대의 측방이동 억제 공법에 대하여 기술하시오. (30점)
4. 회수 다스트를 채움재로 사용시 유의사항, 추가시험 항목과 아스팔트 포장에 미치는 영향에 대하여 기술하시오. (30점)
5. 우물통 기초작업시 Shoe 설치, 콘크리트 치기, 우물통 침하, 속채움 등으로 구분하여 기술하시오. (30점)

4교시

※ 다음 5문제 중 2문제를 선택하여 답하시오. (각 50점)

1. Pre-stress Con'c의 부재제조, 시공 중에서 생기는 응력분포의 변화에 대해서 기술하시오.
2. Pre-cast Con'c를 이용한 Pre-stress Box Girder의 건설 공법과 특징에 대해서 기술하시오.
3. 포장용 아스팔트 혼합물에 대한 중교통 도로에서 내유동 대책에 대해서 기술하시오.
4. 강구조물의 용접과 균열검사 평가방법에 대해서 기술하시오.
5. 말뚝을 분류(용도, 재료, 제조방법, 형상 및 거동)하고, 말뚝기초 공사에 필요한 조건에 대해서 기술하시오.

제50회 토목시공기술사(1997년 <중·전> 4월)

1교시

※ 다음 9문제 중 5문제를 선택하여 답하시오. (각 20점)

1. 깊은 기초의 종류와 특징
2. Mass Curve(토적도)
3. Asphalt 포장의 파손원인과 대책
4. 서중 Con'c의 양생
5. 말뚝의 지지력 산정방법
6. 단순교, 연속교, 겔버교의 특징 비교
7. Tunnel 삼각지보(Lattice Girder)
8. Con'c 혼화재와 혼화제의 차이점과 종류를 비교
9. Caisson의 진수방법

2교시

※ 다음 문제 중 1번은 꼭 답하고, 문제 2, 3, 4번 중 1문제를 선택하여 답하시오. (각 50점)

1. 부실공사의 원인과 대책을 설명하고, 건설기술인의 사명과 기본자세에 대하여 설명하시오.
2. 콘크리트 구조물의 균열원인과 대책에 대하여 설명하시오.
3. 항만접안 구조물 종류 2개와 시공시 유의사항에 대하여 기술하시오.
4. 도로확장(확폭) 구조물의 시공시 유의사항에 대하여 기술하시오.

3교시

※ 다음 4문제 중 2문제를 선택하여 답하시오. (각 50점)

1. 점토질 연약지반에서 점토층 두께에 따른 경제성을 고려한 지반개량 공법의 종류와 장·단점을 설명하시오.
2. NATM(New Austrian Tunnelling Method)의 특성과 적용한계를 설명하시오.
3. Dam의 유수전환방식과 기초 처리에 대하여 기술하시오.
4. 단지 조성공사시 토공작업에 있어서 시공장비 선택시 기본적 고려사항을 기술하시오.

4교시

※ 다음 4문제 중 2문제를 선택하여 답하시오. (각 50점)

1. 도심지 지하철 공사를 개착식(Open Cut) 공법으로 시공시 유의사항에 대하여 기술하시오.
2. 우리나라 서해안 지역에서 준설공사시 장비선정과 시공상 주의사항을 기술하시오.
3. 강구조의 낮은 응력하에서도 부분 파괴가 일어나는 원인을 1가지만 들어 설명하시오.
4. Ready Mixed Concrete(레미콘) 운반시 유의사항을 기술하시오.

제51회 토목시공기술사(1997년 <중·후> 7월)

1교시

※ 다음 9문제 중 5문제를 선택하여 답하시오. (각 20점)

1. NATM 계측
2. 지하연속벽(Slurry Wall)
3. 콘크리트 구조물의 줄눈
4. Lead Time
5. 토공 정규
6. 보강 토공
7. 건설기계의 경제수명
8. 클레임(Claim)
9. ISO 9000 시리즈

2교시

※ 다음 5문제 중 3문제를 선택하여 기술하시오.

▶ 선택한 순서대로 처음 2문제는 각 33점, 나머지 문제는 34점이다.

1. 공정관리 업무의 내용을 들어 기술하시오.
2. Gabion 옹벽의 특징과 시공방법에 대하여 기술하시오.
3. 장대교량 가설 공법의 종류별 특징을 비교하여 기술하시오.
4. 연약지반에서 계측관리를 하고자 할 때 계측관리의 수립, 문제점 및 대책에 대하여 기술하시오.
5. 콘크리트 구조물의 품질관리(Batch Plant, 재료, 운반, 치기, 저장) 등에 대해 기술하시오.

3교시

※ 다음 5문제 중 3문제를 선택하여 기술하시오.

▶ 선택한 순서대로 처음 2문제는 각 33점, 나머지 문제는 34점이다.

1. U-Turn Anchor(제거식 앵커)의 특징과 기존 Anchor 공법과의 차이점을 비교하여 기술하시오.
2. 건설공사의 품질보증을 위하여 건설회사에 ISO 9000 시리즈의 인증이 요구되는 의의를 기술하시오.
3. 대절·성토 구간의 사면 붕괴원인과 대책에 대하여 기술하시오.
4. 재건축 사업을 추진 중에 대규모의 콘크리트 잔재물이 발생하게 되었다. 이에 대한 재생 및 재활용 방법에 대하여 기술하시오.
5. 구조물과 뒤채움의 시공원칙에 대하여 기술하시오.

4교시

※ 다음 5문제 중 3문제를 선택하여 기술하시오.

▶ 선택한 순서대로 처음 2문제는 각 33점, 나머지 문제는 34점이다.

1. 하저 터널구간에서 NATM 시공 중 연약지반 출현시 발생되는 문제점과 대책에 대하여 기술하시오.
2. 말뚝 이음의 종류를 쓰고, 각각 특징에 대하여 기술하시오.
3. 실적단가에 의한 예정가격 작성에 유의해야 할 사항을 기술하시오.
4. 표면 차수벽형 석괴댐 시공방법에 대하여 기술하시오.
5. 지하 굴토 토류벽 구조물에서 각 부재의 역할과 지지방식에 따른 특성에 대하여 기술하시오.

제52회 토목시공기술사(1997년 <후> 9월)

1교시

※ 다음 9문제 중 5문제를 선택하여 답하시오. (각 20점)

1. 산사태 원인
2. 개단말뚝과 폐단말뚝
3. 연약지반 치환 공법
4. Con'c 시공 이음
5. 철근의 이음
6. 크리티컬 패스(Critical Path)
7. 콘크리트 초기 균열
8. 심빼기(心拔工) 폭파
9. 불도저 작업 원칙

2교시

※ 다음 6문제 중 4문제를 선택하여 답하시오. (각 25점)

1. 흙막이공에 적용되는 계측기 종류와 설치위치 및 계측시 유의사항에 대하여 설명하시오.
2. 풍화암 지역에서 터널공사를 시공할 때 굴착 공법의 종류를 열거하고, 그 특징을 설명하시오.
3. 그라브 준설선과 버켓 준설선의 구조, 적용 조건, 장·단점을 설명하시오.
4. 압축 공기 중에서 작업을 할 때 필요한 설비에 대하여 설명하시오.
5. 아스팔트 포장에서 보조기층 축조방법을 설명하시오.
6. 최소 비용에 의한 공기단축에 대하여 설명하시오.

3교시

※ 다음 5문제 중 문제 1번은 필수이고, 문제 2, 3, 4, 5번 중 2문제를 선택하시오.

1. 성토 재료로서 사질토와 점성토의 공학적 성질과 특성에 대하여 기술하시오. (30점)
2. 골재 생산시설에 대하여 기술하시오. (35점)
3. 콘크리트 구조물의 신축 이음줄눈 종류와 문제점을 기술하시오. (35점)
4. 올 케이싱(All Casing) 공법에 대하여 기술하시오. (35점)
5. 콘크리트 펌프의 기능과 펌프 크리트의 배합에 대하여 기술하시오. (35점)

4교시

※ 다음 5문제 중 문제 1번은 필수이고, 문제 2, 3, 4, 5번 중 2문제를 선택하시오.

1. 수화열 관리 공법에 대하여 설명하시오. (30점)
2. 스트러트방식과 어스앵커방식의 공법, 장·단점, 시공시 유의사항을 설명하시오. (35점)
3. 성토 제방누수로 인한 제방 파괴원인과 방지 공법에 대하여 설명하시오. (35점)
4. 대구경 연직 정재하 시험방법과 성과분석에 대하여 설명하시오. (35점)
5. BW(보링웰)에 대해서 시공방법 및 특징, 지하구조물 사용 예를 설명하시오. (35점)

제53회 토목시공기술사(1998년 <전> 2월)

1교시

※ 다음 8문제 중 5문제를 선택하여 답하시오. (각 20점)

1. 록필댐(Rock Fill Dam)의 심벽재료 성토시험
2. 포트 받침(Pot Bearing)과 탄성고무 받침의 특성비교
3. 터널공사의 지하수 대책 공법
4. 말뚝의 하중 전이함수
5. 매스콘크리트의 온도균열 지수
6. 2경간 연속 합성교의 슬래브 콘크리트 시공순서
7. 건설공사의 국제 입찰방법의 종류와 특징
8. 석괴댐의 유수전환방법

2교시

※ 다음 문제 중 문제 1번은 필수이고, 문제 2, 3, 4번 중 2문제를 선택하시오.

1. 시가지 건설공사의 소음 진동대책에 관하여 기술하시오. (40점)
2. 서해안 지역에서 대형 방조제 축조시 최종 물막이공사의 시공계획을 기술하시오. (30점)
3. 도로교(길이 10m 말뚝 기초) 교각 기초 하부의 10m 지점을 통과하는 지하철 건설계획을 수립하시오. (30점)
4. 교장 2,000m, 교폭 30m, 경간장 50m의 연속 프리스트레스 콘크리트 박스 거더 교량을 캔틸레버 공법(B.C.M 또는 F.C.M)에 의한 프리캐스트 세그멘탈 공법으로 시공하고자 한다. 이 경우 프리캐스트 세그멘트의 제작과 야적에 필요한 제작장 시공계획을 기술하시오. (30점)

3교시

※ 다음 문제 중 문제 1번은 필수이고, 문제 2, 3, 4번 중 2문제를 선택하시오.

1. 산악지역에 건설되는 장대 교량공사에서 높이 60 m, 중공 철근콘크리트 교각의 건설 공법에 관하여 기술하시오. (40점)
2. 지하철 본선 박스 구조의 벽체와 접속부 슬라브의 균열제어를 위한 시공대책에 대하여 기술하시오. (30점)
3. 항만 접안시설에서 사용된 케이슨의 진수 공법 및 시공시 유의사항에 대하여 기술하시오. (30점)
4. 흙의 동결이 토목구조물에 미치는 영향에 대하여 기술하시오. (30점)

4교시

※ 다음 4문제 중 2문제를 선택하시오. (각 50점)

1. 터널 보조 공법에 관하여 기술하시오.
2. 건설 폐자재의 기술적 문제점과 대책, 활용방안에 관하여 기술하시오.
3. 대규모 임해공단 조성시 토공사의 장비계획에 관하여 기술하시오.
4. 강교 가조립 공법의 분류, 특징, 시공시 유의사항에 관하여 기술하시오.

제54회 토목시공기술사(1998년 <중·전> 4월)

1교시

※ 다음 9문제 중 5문제를 선택하여 답하시오. (각 20점)

1. 공사원가관리를 위해 공사비 내역체계의 통일이 필요한 이유를 기술하시오.
2. 품질통계(Quality Control : Q/C)와 품질보증(Quality Assurance : Q/A)의 차이점에 대하여 기술하시오.
3. 안전공학(Safety Engineering Study) 검토의 필요성에 대하여 기술하시오.
4. 공사관리의 4대 요소를 들고, 그 요지를 기술하시오.
5. 표면 차수벽과 석괴댐에 대하여 기술하시오.
6. 커튼 Grouting의 목적에 대하여 기술하시오.
7. Prestressed Concrete(PSC) Grout 재료의 품질조건 및 주입시 유의사항에 대하여 기술하시오.
8. 균열 유발줄눈의 설치목적 및 지수대책과 시공관리시 고려해야 할 내용에 대하여 주안점을 기술하시오.
9. 연약지반 처리 공법 적용에 대한 침하 압밀도 관리방법에 대하여 기술하시오.

2교시

※ 다음 문제 중 문제 1번은 필수이고, 문제 2, 3, 4, 5번 중 2문제를 선택하시오.

1. 시공계획을 세울시 검토사항에 대하여 기술하시오. (40점)
2. 대규모 건설사업에 CM 용역을 채용할 경우 기대되는 효과에 대하여 기술하시오. (30점)
3. 콘크리트 구조물 열화가 발생하는 원인과 내구성을 증가하기 위한 대책에 대하여 기술하시오. (30점)
4. Soil Nailing 공법에 대해서 기술하시오. (30점)
5. 아스팔트 포장의 보수·보강, 재시공과 관련하여 발생되는 폐아스콘의 재생처리(Recycling) 공법에 대해 기술하시오. (30점)

3교시

※ 다음 문제 중 문제 1번은 필수이고, 문제 2, 3, 4, 5번 중 2문제를 선택하시오.

1. 콘크리트 구조물의 균열원인 및 보수대책을 기술하시오. (40점)
2. 연약 지반상의 교대 측방향 이동원인 및 방지대책을 기술하시오. (30점)
3. CSI의 공사정보 분류체계에서 Uniformat과 Master Farmat의 내용상 차이점과 양자간 상호 관련성을 기술하시오. (30점)
4. 신기술 채용시 검토사항을 열거하여 기술하시오. (30점)
5. 항만 구조물 축조시 기초 사석공에 대하여 현장책임 기술자로서 시공관리와 유의해야 할 사항을 기술하시오. (30점)

4교시

※ 다음 4문제 중 2문제를 선택하시오. (각 50점)

1. 건설공사 품질향상을 위해 ISO 9000 시리즈에 의한 품질인증 보증에 대한 채용의 의의를 논술하시오.
2. 옹벽의 안정 및 시공의 유의사항에 대하여 논술하시오.
3. 연약 지반상의 대성토 구간중에 통로 암거(4.5m×4.5m×2련, L=45m)를 설치하고자 한다. 시공계획에 대하여 논술하시오.
4. Prestressed Concrete Box Girder 교량을 (L=1,500m, 폭=20mm, 경간장=50m, 2경간 연속교) 산악지역에 건설하고자 한다. 상부공 건설 공법에 대하여 논술하시오.

제55회 토목시공기술사(1998년 <중·후> 7월)

1교시

※ 다음 9문제 중 5문제를 택하여 기술하시오. (각 20점)

1. 다짐도 판정
2. 비용구배
3. 국부 전단파괴와 전반 전단파괴
4. 가외 철근
5. 팽창 콘크리트
6. 연약지반 개량 공법 선정기준
7. 콘크리트 시방배합과 현장배합
8. 정보화 시공
9. 완성노면(路面)의 검사항목

2교시

※ 다음 5문제 중 문제 1번은 필수이고, 문제 2, 3, 4, 5번 중 2문제를 택하여 기술하시오.

1. 콘크리트 표준시방서에 규정된 시공상세도에 대하여 기술하시오. (40점)
2. 강교의 가조립에 대하여 기술하시오. (30점)
3. 도로 확장공사시 환경에 미치는 주요영향 및 저감대책에 대하여 기술하시오. (30점)
4. 터널 갱구부 시공시 예상되는 문제점을 열거하고, 그 대책 공법에 대하여 기술하시오. (30점)
5. 하천 또는 해안 지역에서 가물막이 시공시 시공계획에 대하여 기술하시오. (30점)

3교시

※ 다음 5문제 중 문제 1번은 필수이고, 문제 2, 3, 4, 5번 중 2문제를 택하여 기술하시오.

1. 유동화 Concrete 사용시 장·단점 및 시공시 유의사항에 대하여 기술하시오. (40점)
2. 비접착성 흙에서 강관 외말뚝(Single Pile) 침하에 대하여 기술하시오. (30점)
3. 우물통 기초 침하시 정위치에서 편차가 생긴다. 편차 허용범위에 대해 설명하고, 허용범위를 벗어났을 경우 그 대처방안에 대하여 기술하시오. (30점)
4. 교량의 신축 이음부 파손이유와 파손을 최소화하기 위한 방법제시에 대하여 기술하시오. (30점)
5. 숏크리트(Shotcrete)는 NATM 지보로서 중요한 고가의 재료이다. 합리적인 시공을 위한 유의사항에 대하여 기술하시오. (30점)

4교시

※ 다음 5문제 중 문제 1번은 필수이고, 문제 2, 3, 4, 5번 중 2문제를 택하여 기술하시오.

1. 동다짐 공법의 개요와 시공계획에 대하여 기술하시오. (40점)
2. 구조물 시공 중 중대한 하자가 발생하였다. 책임기술자로서 대처방안에 대하여 기술하시오. (30점)
3. 옹벽의 안정조건을 열거하고, 전단키를 뒷굽쪽으로 설치하면 전단저항력이 증대되는 이유를 기술하시오. (30점)
4. 항만 및 해안 구조물의 기초 처리를 위하여 두꺼운 연약지반층을 모래로 굴착 치환할 경우 예상되는 문제점과 그 대책을 기술하시오. (30점)
5. 건설 CALS의 도입이 건설산업에 미치는 효과에 대해서 기술하시오. (30점)

제56회 토목시공기술사(1998년 <후> 9월)

1교시

※ 다음 9문제 중 5문제를 선택하여 기술하시오. (각 20점)

1. CBR과 N치의 관계
2. 반사균열(Reflection Crack)
3. 지불선(Pay Line)과 여굴관계
4. 공동계약(Joint Venture Contract)
5. 프리스플리팅(Pre-Splitting) 공법
6. 퀵샌드(Quick Sand) 현상
7. 건설기계의 작업효율
8. 공정관리곡선
9. 강섬유 보강 콘크리트

2교시

※ 다음 문제 중 문제 1번은 필수이고, 문제 2, 3, 4, 5번 중 2문제를 선택하시오.

1. NATM 터널의 굴착시공 관리계획을 수립하시오. (40점)
2. 공사계약 형식을 열거하고, 각각의 특성을 기술하시오. (30점)
3. 하천호안 구조의 종류를 열거하고, 설치시 고려해야 할 사항에 대하여 기술하시오. (30점)
4. 교량가설에 있어 캔틸레버(Cantilever) 공법으로 시공하는 교량의 구조형식을 예로 들고, 공법에 대하여 아는 바를 논하시오. (30점)
5. 기계경비의 구성을 열거하고, 각 구성요소를 기술하시오. (30점)

3교시

※ 다음 문제 중 문제 1번은 필수이고, 문제 2, 3, 4, 5번 중 2문제를 선택하시오.

1. 공사의 공정관리에서 통제기능과 개선기능에 대하여 기술하시오. (40점)
2. 하천공사에 있어서 유수전환(River Diversion) 방식을 열거하고, 그 내용을 약술하시오. (30점)
3. 터널의 발파식 굴착공법에서 적용하고 있는 착암기(rock drill) 2종을 열거하고, 그 특성을 기술하시오. (30점)
4. 아스팔트 포장 도로의 표면 요철을 개선하기 위한 설계 및 시공상 유의사항에 대하여 기술하시오. (30점)
5. 해상 구조물 기초공으로 샌드콤팩션 파일(Sand Compaction Pile) 공법을 선정하였다. 시공시 유의사항에 대하여 기술하시오. (30점)

4교시

※ 다음 문제 중 문제 1번은 필수이고, 문제 2, 3, 4, 5번 중 2문제를 선택하여 답하시오.

1. 사면붕괴의 원인을 열거하고, 그 대책 공법에 대하여 기술하시오. (40점)
2. 콘크리트 구조물의 시공 이음의 위치 및 시공에 대하여 기술하시오. (30점)
3. 산악도로 건설공사를 위한 시공계획 및 유의사항에 대하여 기술하시오. (30점)
4. R.C.D(Roller Compacter Dam) 공법에 대하여 기술하시오. (30점)
5. 준설선의 선정에 대하여 기술하시오. (30점)

제57회 토목시공기술사(1999년 <전> 4월)

1교시

※ 다음 9문제 중 5문제를 선택하여 기술하시오. (각 20점)

1. 유선망(Flow net)
2. 균열유발 줄눈
3. 온도균열 지수
4. S.I.P(Soil Cement Injection Pile)
5. Sounding
6. Pack Drain
7. 단층대(Fault Zone)
8. 응력부식(應力腐蝕)
9. 피로한도(疲勞限度)

2교시

※ 다음 문제 중 문제 1번은 필수이고, 문제 2, 3, 4, 5번 중 2문제를 선택하시오.

1. 수중 불분리성(水中 不分離性) 콘크리트의 시공에 관하여 기술하시오. (40점)
2. 터널 구조물 시공 중의 균열 발생원인과 물 처리 공법에 관하여 기술하시오. (30점)
3. 기초 말뚝박기에 있어서 부의 주면 마찰력(Negative Skin Friction)에 대하여 기술하시오. (30점)
4. 철근콘크리트 구조물의 내구성 확보를 위한 시공계획상의 유의할 점에 관하여 기술하시오. (30점)
5. 표면 차수벽 댐의 구조와 시공법에 관하여 기술하시오. (30점)

3교시

※ 다음 문제 중 문제 1번은 필수이고, 문제 2, 3, 4, 5번 중 2문제를 선택하시오.

1. 모래 섞인 자갈과 연암층으로 구성된 하천상에 대규모 교량 기초를 현장치기 철근 Con'c 말뚝으로 시공하려 한다. 시공방법을 기술하시오. (40점)
2. 점토질 지반에서 개착 공법으로 시공할 때 흙막이 엄지말뚝만 박고 동바리(Strut) 없이 2~3m를 수직으로 굴착한 후에 동바리를 설치하고, 계속 굴착 시공한다.
   (1) 지반을 수직으로 굴착할 수 있는 이유를 설명
   (2) 안정된 흙막이 동바리(Strut) 설치방법을 3가지만 기술하시오. (30점)
3. 콘크리트 구조물의 시공에 있어서 온도균열 억제에 관하여 기술하시오. (30점)
4. 콘크리트 포장을 시공(두께 약 300mm, 면적 약 300m²)할 때 시공계획을 장비조합 중심으로 기술하시오. (30점)
5. 항만공사에 있어서 Caisson 거치 공법에 관하여 기술하시오. (30점)

4교시

※ 다음 5문제 중 2문제를 선택하여 답하시오.

1. 도심지 현장에서 시공시 수질 및 대기오염을 최소화하기 위한 방안에 대하여 기술하시오. (40점)
2. 콘크리트 치기 중 동바리의 점검항목과 처짐이나 침하가 있는 경우의 대책에 관하여 기술하시오. (30점)
3. 깊은 연약 점성토 지반에 옹벽이나 교대를 건설할 때 발생되는 문제점과 대책 공법 2가지를 상술하시오. (30점)
4. 콘크리트 구조물의 시공과정에서 발생하기 쉬운 결함과 그 방지대책에 관하여 쓰시오. (30점)
5. 하천제방의 붕괴원인과 대책에 관하여 쓰시오. (30점)

제58회 토목시공기술사(1999년 <중> 7월)

1교시

※ 다음 9문제 중 5문제를 선택하여 기술하시오. (각 20점)

1. Boiling 현상
2. MIP(Mixed In Place) 토류벽
3. RQD와 판정
4. 얕은 기초와 깊은 기초
5. 크랏샤 장비조합
6. GIS(Geographic Information System)
7. 환경지수와 내구지수
8. 도폭선
9. 콘크리트 피복두께

2교시

※ 다음 문제 중 문제 1번은 필수이고, 문제 2, 3, 4, 5번 중 2문제를 선택하시오.

1. 장마철 대형 공사장의 중점 점검사항 및 집중호우시 재해대비 행동요령을 기술하시오. (40점)
2. 시멘트 콘크리트의 배합설계 방법에 대하여 기술하시오. (30점)
3. NATM 터널 굴착시 세부작업 순서에 대하여 기술하시오. (30점)
4. 강관 Pile 두부 보강방법 중 Bolt식 보강방법에 대하여 기술하시오. (30점)
5. 대구경 현장타설 말뚝의 시공에서 철근의 겹이음과 나사 이음을 비교 설명하시오. (30점)

3교시

※ 다음 문제 중 문제 1번은 필수이고, 문제 2, 3, 4, 5번 중 2문제를 선택하시오.

1. 1,000,000m^3의 Concrete 공사시 주요 작업공정 및 관련장비의 규격과 대수를 산출하시오. (조건 : 공사기간 10개월, 1일 8시간, 월 25일, 운반시간 1시간, 규격은 자유 선택) (40점)
2. 지하구조물 시공시 지표수와 지하수가 공사에 미치는 영향을 기술하시오. (30점)
3. 교량받침 형태의 종류와 각각의 특징에 대하여 기술하시오. (30점)
4. 기 시공된 암반사면의 안정성 검토를 한계평형 해석으로 검토하는 방법과 검토결과 불안정한 판정을 받았을 때의 대책 공법에 대하여 기술하시오. (30점)
5. 현장타설 콘크리트 말뚝기초의 시공 중 Slime 처리방법과 철근의 공상발생에 대한 원인 및 대책에 대하여 기술하시오. (30점)

4교시

※ 다음 5문제 중 2문제를 선택하여 답하시오.

1. 지하수위가 비교적 높고 자갈이 섞인 사질점토의 지반에서 지하굴토 토류벽 구조물을 CIP 벽체 및 Strut 지지로 실시할 경우 시공방법과 문제점 및 대책을 기술하시오. (40점)
2. 강구조물의 부재연결방법 중 기계적 연결방법에 대하여 기술하시오. (30점)
3. 차량이 통행하고 있는 하수 Box(3.0m×3.0m×4련) 하부를 횡방향으로 신설 지하철이 통과할 경우 가장 경제적인 굴착 공법에 대하여 기술하시오. (30점)
4. 콘크리트댐(중력식) 시공시 주요 품질관리에 대하여 기술하시오. (30점)
5. NATM의 방수 공법과 배수처리 공법에 대하여 기술하시오. (30점)

제59회 토목시공기술사(1999년 <후> 8월)

1교시

※ 다음 9문제 중 5문제를 선택하여 기술하시오. (각 20점)

1. Underpinning 공법
2. Swellex Rock Bolting
3. 피로파괴
4. 동압밀 공법(Dynamic Consolidation)
5. Lugeon치
6. Consolidation Grouting
7. Smooth Blasting
8. 말뚝의 정적 재하시험과 동적 재하시험을 비교하시오.
9. 지반 굴착시 근접 구조물의 침하에 대하여 기술하시오.

2교시

※ 다음 문제 중 문제 1번은 필수이고, 문제 2, 3, 4, 5번 중 2문제를 선택하시오.

1. 현재 우리나라 건설공사에서 문제되고 있는 부실시공, 기존 시설물의 유지관리, 기술개발 등에 대한 현안 문제점 및 대책에 대하여 기술하시오. (40점)
2. 아스콘 포장과 콘크리트 포장의 교통하중 지지방식을 설명하고, 각 포장 파손원인 및 대책에 대하여 설명하시오. (30점)
3. 잔교식 접안시설 공사의 강관 Pile 항타 시공계획을 기술하시오. (30점)
4. 암반 대절토사면 시공시 유의사항 및 공사관리에 필요한 사항에 대하여 기술하시오. (30점)
5. NATM 계측 중 갱내의 관찰조사(Face Mapping)의 적용요령과 필요성에 대하여 기술하시오. (30점)

3교시

※ 다음 5문제 중 2문제를 선택하여 답하시오.

1. 빈번한 홍수 재해를 방지할 수 있는 대책을 수자원개발과 하천 개수계획을 연계하여 기술하시오. (40점)
2. 경사면에 축조되는 반절토, 반성토 단면의 노반축조시 유의사항을 기술하시오. (30점)
3. 흙막이벽에 의한 기초 굴착시 굴착 바닥지반의 변형파괴에 대한 종류와 대책을 설명하시오. (30점)
4. 콘크리트 타설시 거푸집, 철근, 콘크리트에 대한 검사항목을 열거하고, 설명하시오. (30점)
5. 교량의 상부가 FCM(Precast Segment Erection) 공법으로 시공하게 되어 있다. 이 경우 현장에서는 반복된 Segment 가설작업에 따라 교량의 상부가 완성된다. 1개의 표준 Segment 가설에 소요되는 공종에 대하여 기술하시오. (30점)

4교시

※ 다음 5문제 중 2문제를 선택하여 답하시오.

1. 대규모 사면 붕괴원인과 대책 공법을 기술하시오. (40점)
2. 연약지반 교대 축조시 발생되는 문제점 및 대책을 설명하시오. (30점)
3. 터널 굴착에서 제어발파 공법을 열거하시오. (30점)
4. 제자리 말뚝의 종류와 그 특징을 열거하시오. (30점)
5. 우리나라 남한강 중류지역에 대형 Rock Fill Dam을 건설하고자 할 때 유수전환계획과 담수계획을 기술하시오. (30점)

제60회 토목시공기술사(2000년 <전> 3월)

1교시

※ 다음 13문제 중 10문제를 선택하여 기술하시오. (각 10점)

1. 강재 용접부의 비파괴 시험방법
2. 건식 및 습식 숏크리트의 특성
3. 강상판교의 교면 포장 공법
4. 콘크리트의 조기강도 평가
5. 주 공정선(Critical Path)
6. 옹벽의 안정조건
7. Bench Cut 발파
8. 토량환산계수
9. 무리말뚝
10. 건설기계의 작업효율
11. 터널의 여굴
12. 아스팔트 포장의 석분
13. 제방의 침윤선

2교시

※ 다음 6문제 중 4문제를 선택하여 설명하시오. (각 25점)

1. 하천제방 축조시 시공상 유의사항에 대하여 설명하시오.
2. 콘크리트 포장공사의 포설전 준비사항에 대하여 설명하시오.
3. 토공 다짐효과에 영향을 주는 요인과 다짐효과를 증대시키는 방안에 대하여 설명하시오.
4. 댐에서 Piping에 의한 누수가 있을 때 이에 대한 방지대책에 대하여 설명하시오.
5. 평지하천을 횡단하는 교장 500m(경간 50m, 10경간)의 연속 강Box 교량건설에 적용되는 건설 공법을 설명하시오.
6. 강구조의 부재연결 공법에 관하여 설명하시오.

3교시

※ 다음 6문제 중 4문제를 선택하여 설명하시오. (각 25점)

1. 항로유지 준설공사를 시행코자 할 때 준설선 선정시 유의사항을 설명하시오.
2. 정수장 수조 구조물 누수원인을 분석하고, 시공대책에 대하여 설명하시오.
3. 지하 콘크리트 박스 구조물 균열원인과 제어대책에 관하여 설명하시오.
4. 지하철 건설공사에 개착구간의 계측계획에 관하여 설명하시오.
5. 절토 비탈면의 붕괴원인과 대책을 설명하시오.
6. 터널공사에서 지반용수에 대한 대책을 설명하시오.

4교시

※ 다음 6문제 중 4문제를 선택하여 설명하시오. (각 25점)

1. 강판형교의 확폭 개량 공법에 대하여 설명하시오.
2. 콘크리트 구조물의 내구성 증진을 위한 시공시 고려사항을 설명하시오.
3. 기초말뚝 시공시 시험항타 목적과 기록관리에 대하여 설명하시오.
4. 토적곡선의 성질과 작성시 유의사항을 설명하시오.
5. 아스콘 포장의 소성변형 원인과 대책을 설명하시오.
6. 지반이 연약한 곳에 자연유하 하수도의 콘크리트 차집관로(박스)를 시공하고자 한다. 시공시 문제점과 유의사항을 설명하시오.

제61회 토목시공기술사(2000년 <중> 5월)

1교시

※ 다음 13문제 중 10문제를 선택하여 설명하시오. (각 10점)

1. 최적함수비(OMC)를 설명하시오.
2. 동결깊이
3. Smooth Blasting
4. 신축장치(Expansion Joint)
5. 준설선의 종류를 아는 대로 들고, 설명하시오.
6. 상대밀도
7. Piping 현상
8. 포장공사에서의 분리막의 역할
9. 혼성방파제의 구성요소
10. VE(Value Engineering)
11. 벤토나이트
12. 배토말뚝과 비배토말뚝의 종류와 특징
13. P.R.I(평탄성지수)

2교시

※ 다음 6문제 중 4문제를 선택하여 설명하시오. (각 25점)

1. 아스팔트 콘크리트 포장공사시 관련 세부작업을 설명하고, 해당 장비에 대하여 설명하시오.
2. NATM 공법으로 터널작업을 하고자 한다. Cycle Time에 관련된 세부작업을 나열하고, 설명하시오.
3. 연약지반 개량 공법 중 동다짐(동치환 위주) 공법을 설명하시오.
4. 지하 구조물 시공시 지하수위가 굴착면보다 높을 경우 배수 공법으로 사용되는 Well Point 공법에 대하여 설명하시오.
5. 기초공사를 위한 사전지반 조사과정을 설명하시오.
6. Sand Compaction Pile 공법과 Sand Drain Pile 공법을 비교, 설명하시오.

3교시

※ 다음 6문제 중 4문제를 선택하여 설명하시오. (각 25점)

1. 콘크리트 Pile 공사의 시공관리에 대하여 설명하시오.
2. 콘크리트 구조물 공사에서 착공전 검토항목과 시공 중 중점관리 항목을 들고, 설명하시오.
3. 지중연속벽 공법과 엄지말뚝 공법을 비교, 설명하시오.
4. 200,000m^3 콘크리트 타설계획을 세우려고 한다. 다음 ( ) 안 조건에 따라 관련 장비의 종류, 규격, 소요수량을 산출하시오. (조건 : 소요공기 10개월, 월 25일, 1일 10시간 작업, 운반거리 1km)
5. 역T형 옹벽의 주철근, 부철근, 배력철근을 표시하고, 기능을 설명하시오.
6. 경간 길이 120m의 3연속 연도교의 Steel Box Girder 제작, 설치시의 작업과정을 단계별로 설명하시오.

4교시

※ 다음 6문제 중 4문제를 선택하여 설명하시오. (각 25점)

1. 공사 시공관리에 중점이 되는 4개항을 들고 체계적으로 설명하시오.
2. DAM 공사 시행시 기초처리 공법의 종류를 들고 설명하시오.
3. 건설공해에 대한 대책을 설명하시오.
4. 물시멘트 비(比) 결정방법을 설명하시오.
5. 준설작업시 준설선단을 구성하는 해상장비의 종류와 기능을 설명하시오.
6. 대형 중력식 콘크리트 댐 건설시 예상되는 Cooling Method를 설명하시오.

제62회 토목시공기술사(2000년 <후> 9월)

1교시

※ 다음 13문제 중 10문제를 선택하여 설명하시오. (각 10점)

1. 강(剛) 구조물의 수명과 내용연수(内用年數)
2. 철근콘크리트 시방서상의 사용성과 내구성
3. 철근의 유효높이와 피복두께
4. Cavitation(공동현상)
5. 소파공(消波工)
6. Bulking(부풀음) 현상
7. 불연속면
8. 철근의 정착길이
9. 건설기계 마력
10. 마샬(Marshal) 안정도 시험
11. PC 강재의 Relaxation
12. 콘크리트 운반 중의 슬럼프 및 공기량 변화
13. 댐 시공시 양압력(陽壓力) 방지대책

2교시

※ 다음 6문제 중 4문제를 선택하여 설명하시오. (각 25점)

1. 인공사면과 자연사면을 구분하고, 자연사면의 붕괴원인과 대책에 대하여 기술하시오.
2. 시공계획 작성시 사전조사 사항에 대하여 기술하시오.
3. 콘크리트 박스(Box) 구조물 공사에서 발생하는 표면결함의 종류를 열거하고, 보수방법에 관하여 설명하시오.
4. 하천 제방의 누수원인을 열거하고, 누수방지방법의 종류와 각 특징에 관하여 기술하시오.
5. 매스콘크리트 타설시 온도응력에 의한 균열발생방지를 위한 설계 및 시공시의 대책에 관하여 기술하시오.
6. 건설공사에서 발생하는 클레임의 유형을 열거하고, 해결 방안에 관하여 기술하시오.

3교시

※ 다음 6문제 중 4문제를 선택하여 설명하시오. (각 25점)

1. NATM 터널 시공시 진행성 여굴의 원인을 열거하고, 사전 예측방법 및 차단대책에 관하여 기술하시오.
2. 교량가설(加設) 공사에서 교량받침의 종류와 각 종류별 손상원인을 열거하고, 방지대책에 관하여 기술하시오.
3. 절성토 비탈면의 점검 시설 설치의 중요성을 열거하고, 각 특징에 관하여 기술하시오.
4. 콘크리트 중력식 댐 시공시 이음의 종류를 열거하고, 각 특징에 관하여 기술하시오.
5. 해상 잔교 구조물의 파일항타 시공시 예상문제점과 방지대책에 관하여 기술하시오.
6. 피압 대수층에서의 앵커(Anchor) 시공시 예상문제점과 방지대책에 관하여 기술하시오.

4교시

※ 다음 6문제 중 4문제를 선택하여 설명하시오. (각 25점)

1. 국내 건설공사에서 현행 원가관리 체계의 문제점을 열거하고, 비용일정 통합관리 기법에 관하여 설명하시오.
2. 강(剛) 부재의 연결방법의 종류를 열거하고, 각 종류별 특징을 설명하시오.
3. 고가(高架) 구조물을 축조하기 위해서 펌프 압송 콘크리트로 타설시 예상문제점을 열거하고, 대책을 설명하시오.
4. 관형(管形) 암거 시공시 파괴원인을 열거하고, 시공시 유의사항을 기술하시오.
5. 시멘트 콘크리트 포장공사시 초기균열의 발생원인을 열거하고, 방지대책에 관하여 기술하시오.
6. 단지 토공사에서의 건설기계의 조합원칙과 기종선정의 방법에 대하여 기술하시오.

제63회 토목시공기술사(2001년 <전> 3월)

1교시

※ 다음 문제 중 10문제를 선택하여 설명하시오. (각 10점)

1. 유동화제
2. 콘크리트 배합강도
3. 프리플렉스 보(Preflex Beam)
4. 포장의 반사균열(Reflection Crack)
5. 공사의 진도관리지수
6. 평판재하시험
7. 콘크리트의 크리프(Creep) 현상
8. 구스 아스팔트(Guss Asphalt)
9. 골재의 조립률(Finess Modulus)
10. 트래피커빌리티(Trafficability)
11. 프루프 로우링(Proof Rolling)
12. 쿠션 블라스팅(Cushion Blasting)
13. Curtain-Wall Grouting

2교시

※ 다음 문제 중 4문제를 선택하여 설명하시오. (각 25점)

1. 콘크리트의 내구성을 저하시키는 요인과 그 개선방법을 설명하시오.
2. 지하철 개착식 공법에서 구조물에 발생하는 문제점과 대책에 대하여 설명하시오.
3. 필댐(Fill Dam)의 누수원인을 분석하고, 시공상 대책을 설명하시오.
4. 통계적 품질관리(品質管理)를 적용할 때 관리 사이클(Cycle)의 단계를 설명하시오.
5. 터널공사에서 숏크리트(Shotcrete)의 기능과 리바운드(Rebound) 저감대책을 설명하시오.
6. 시멘트 콘크리트 포장의 줄눈종류와 시공방법을 설명하시오.

3교시

※ 다음 문제 중 4문제를 선택하여 설명하시오. (각 25점)

1. 기계화 시공 계획순서와 그 내용을 설명하시오.
2. 철근콘크리트 구조물 해체공사에서 공해와 안전사고에 대한 방지대책을 설명하시오.
3. 대규모 콘크리트 댐의 양생방법으로 이용되는 인공냉각법에 대하여 설명하시오.
4. NATM의 굴착 공법에 대하여 설명하시오.
5. 상수도관 매설시 유의사항을 설명하시오.
6. 하천제방의 누수원인과 방지대책을 설명하시오.

4교시

※ 다음 문제 중 4문제를 선택하여 설명하시오. (각 25점)

1. 아스팔트 혼합물의 배합설계방법을 설명하시오.
2. 고강도 콘크리트의 제조 및 시공 방법을 설명하시오.
3. 셀룰러 블록식(Cellular Block) 혼성방파제의 시공시 유의사항을 설명하시오.
4. 건설공사의 부실시공 방지대책을 제도적인 측면과 시공 측면에서 설명하시오.
5. 석축 옹벽(擁壁)의 붕괴원인과 방지대책을 설명하시오.
6. 기초암반(基礎巖盤)의 보강 공법을 설명하시오.

제64회 토목시공기술사(2001년 <중> 6월)

1교시

※ 다음 문제 중 10문제를 선택하여 설명하시오. (각 10점)

1. 흙의 소성지수(Plasticity Index)
2. 콘크리트 구조물의 열화현상(Detenioration)
3. 아스팔트 포장용 굵은 골재
4. 건설사업관리 중 Life Cycle Cost 개념
5. 해안 구조물에 작용하는 잔류수압
6. 가축지보공(可縮支保工)
7. 암반 반응곡선
8. 지하연속벽의 Guide－Wall
9. 과전압(Over Compaction)
10. 흙의 다짐원리
11. 하수관의 시공검사
12. N값의 수정(수정 N치)
13. 라텍스 콘크리트(Latex－modified Concrete) 포장

2교시

※ 다음 문제 중 4문제를 선택하여 설명하시오. (각 25점)

1. NATM에서 Shotcrete의 작용 효과, 두께, 내구성 배합에 관하여 설명하시오.
2. 타입식 공법(기성말뚝)과 현장굴착 타설식 공법의 특징을 설명하시오.
3. 기존제방의 보강공사를 시행할 때 주의하여야 할 사항에 대하여 설명하시오.
4. 철근콘크리트 옹벽공사에서 벽체에 발생되는 수직 미세균열의 원인과 방지대책을 설명하시오.
5. 토공작업시 합리적인 장비선정과 공종별 장비에 대하여 설명하시오.
6. 댐 공사시 가체절 공법에 대하여 설명하시오.

3교시

※ 다음 문제 중 4문제를 선택하여 설명하시오. (각 25점)

1. 프리스트레스용 콘크리트를 배합설계할 때 유의해야 할 사항에 대하여 기술하시오.
2. 토류벽체의 변위발생원인에 대하여 설명하시오.
3. 현장 타설말뚝 시공시 수중콘크리트 타설에 대하여 기술하시오.
4. 교량교대 부위에 발생되는 변위의 종류를 설명하고, 그에 대한 대책을 기술하시오.
5. 도로공사에서 암굴착으로 발생된 버럭을 성토재료로 사용코자 할 때 시공 및 품질관리에 대하여 기술하시오.
6. 시가지 건설공사에서 구조물 설치를 위하여 기존 구조물에 근접하여 개착(흙파기) 공사를 실시할 때 발생할 수 있는 민원사항, 하자원인 등 문제점 및 대책에 대하여 기술하시오.

4교시

※ 다음 문제 중 4문제를 선택하여 설명하시오. (각 25점)

1. 산간지역에 연장 20km인 2차선 쌍설터널을 시공하고자 한다. 원가, 품질, 공정, 안전에 관한 중요한 내용을 기술하시오.
2. 연속 철근콘크리트 포장 공법에 대하여 기술하시오.
3. 록필댐의 코아존(Core Zone)을 시공할 때 재료조건, 시공방법 및 품질관리에 대하여 기술하시오.
4. 유속이 빠른 하천을 횡단하는 교량 하부구조를 직접 기초로 시공하고자 할 때 예상되는 기초의 하자 발생원인과 대책에 대하여 기술하시오.
5. 토공 균형계획을 검토한 바 350,000m^3의 순성토가 발생하였다. 토공 균형곡선 및 소요 성토재료를 현장에 반입하기까지의 검토사항에 대하여 기술하시오.
6. 콘크리트 교량의 주형 또는 Slab의 콘크리트 타설시 피복 부족으로 인하여 철근이 노출되었다. 발생원인과 예상문제점 및 대책에 대하여 기술하시오.

제65회 토목시공기술사(2001년 <후> 9월)

1교시

※ 다음 문제 중 10문제를 선택하여 설명하시오. (각 10점)

1. W/C비 선정방법
2. 정(正)철근과 부(負)철근
3. 다웰바(dowel bar)
4. 비용구배
5. 콜드 조인트(Cold joint)
6. 플라이 애시(fly ash)
7. 암석굴착시 팽창성 파쇄 공법
8. 숏크리트(Shotcrete)의 응력측정
9. 골재의 유효흡수율
10. 커튼 그라우팅(curtain grouting)
11. 유화 아스팔트(emulsified asphalt)
12. 콘크리트 포장에서 보조기층의 역할
13. 무리(群)말뚝

2교시

※ 다음 문제 중 4문제를 선택하여 설명하시오. (각 25점)

1. 성토 비탈면의 전압방법의 종류를 열거하고, 각 특징에 대하여 설명하시오.
2. 쓰레기 매립장의 침출수 억제대책을 설명하시오.
3. 콘크리트 구조물 시공시 부재 이음의 종류를 열거하고, 그 기능 및 시공 방법을 설명하시오.
4. 말뚝의 지지력을 구하는 방법을 열거하고, 지지력 판단방법에 대하여 설명하시오.
5. 구조물의 부등침하 원인을 열거하고, 대책과 시공시 유의사항을 설명하시오.
6. 콘크리트 원형관 암거의 기초형식을 열거하고, 각 특징을 설명하시오.

3교시

※ 다음 문제 중 4문제를 선택하여 설명하시오. (각 25점)

1. 지하굴착공사의 CIP벽과 SCW벽의 공법을 설명하고, 장·단점을 열거하시오.
2. 역T형(cantilever형) 옹벽의 안정조건을 열거하고, 전단키 설치목적과 뒷굽쪽에 설치할 때 저항력이 증대되는 이유를 설명하시오.
3. 현장에서 콘크리트 타설시 시험방법 및 검사항목을 열거하시오.
4. 간만의 차가 7~9m인 해안지역에서 방조제 공사시 최종 물막이 공법을 열거하고, 시공시 유의사항을 설명하시오.
5. NATM 터널공사에서 라이닝 콘크리트(lining concrete)의 누수원인을 열거하고, 시공시 유의사항을 설명하시오.
6. 아스팔트 콘크리트 포장의 파괴원인 및 대책을 설명하시오.

4교시

※ 다음 문제 중 4문제를 선택하여 설명하시오. (각 25점)

1. 소일 네일링(soil nailing) 공법과 어스 앵커(earth-anchor) 공법을 비교 설명하시오.
2. 3경간 연속 철근콘크리트 교에서 콘크리트 타설시 시공계획 수립 및 유의사항을 설명하시오.
3. 토공 건설 기계를 선정할 때 특히 토질조건에 따라 고려해야 할 사항을 열거하시오.
4. 하천변 열차운행이 빈번한 철도 하부를 통과하는 지하차도를 건설코자 한다. 열차운행에 지장을 주지 않는 경제적인 굴착 공법을 설명하시오.
5. 콘크리트 건조수축에 영향을 미치는 요인과 이로 인한 균열발생을 억제하는 방법을 열거하시오.
6. 기존 교량에 근접해서 교량을 신설코자 한다. 그 기초를 현장 타설말뚝(D=1,200mm, H=30m)으로 할 경우 적합한 기계굴착 공법을 선정하고, 현장타설 말뚝 시공에 관하여 설명하시오.

제66회 토목시공기술사(2002년 <전> 2월)

1교시

※ 다음 문제 중 10문제를 선택하여 설명하시오. (각 10점)

1. 최적 함수비
2. Earth Drill 공법
3. 압성토 공법
4. 내부 마찰각과 안식각
5. 건설 CALS
6. 콘크리트의 건조수축
7. 유선망
8. Quick Sand 현상
9. Land Creep
10. Ice Lense 현상
11. 교면포장
12. 진공압밀 공법
13. Pile Lock

2교시

※ 다음 문제 중 4문제를 선택하여 설명하시오. (각 25점)

1. 흙쌓기 다짐공에서 다짐도를 판정하는 방법에 대하여 기술하시오.
2. 토공 적재장비(Wheel Loader)와 운반장비(Dump Truck)의 경제적인 조합에 대하여 기술하시오.
3. 부벽식 옹벽의 주철근 배근방법과 시공시 유의사항을 기술하시오.
4. 연약지반에 Pile 항타시 지지력 감소원인과 대책에 대하여 기술하시오.
5. 철근콘크리트 구조물의 균열에 대한 보수 및 보강 공법에 대하여 기술하시오.
6. 도로 포장층의 평탄성 관리방법을 기술하시오.

3교시

※ 다음 문제 중 4문제를 선택하여 설명하시오. (각 25점)

1. 항만 준설공사에서 준설선의 선정기준을 설명하고, 준설공사의 시공관리에 대하여 기술하시오.
2. 우물통(Open Caisson) 공사에서 침하를 촉진시키는 방법과 시공시 유의사항을 기술하시오.
3. 프리보링 말뚝과 직접 항타 말뚝을 비교, 설명하시오.
4. 하천의 비탈보호공(덮기 공법)을 설명하고, 시공시 유의사항을 기술하시오.
5. 아스팔트 콘크리트 포장공사에서 시험 포장에 대하여 기술하시오.
6. 터널 시공의 안정성 평가방법에 대하여 기술하시오.

4교시

※ 다음 문제 중 4문제를 선택하여 설명하시오. (각 25점)

1. 기초 파일공에서 시험항타에 대하여 기술하시오.
2. 자립형 가물막이 공법의 종류별 특징을 설명하고, 시공시 유의사항을 기술하시오.
3. 지하수위가 높은 지반에서 굴착으로 인한 주변침하를 최소화하고, 향후 영구벽체로 이용이 가능한 공법에 대하여 기술하시오.
4. 교량 교각의 세굴방지 대책에 대하여 기술하시오.
5. 교량 구조물의 대형상수도 강관(Steel Pipe)을 첨가하여 시공하고자 할 때 시공시 유의사항을 기술하시오.
6. 록필댐(Rock Fill Dam)에서 상·하류층 필터의 기능을 설명하고, 필터 입도가 불량할 때 생기는 문제점을 기술하시오.

제67회 토목시공기술사(2002년 <중> 6월)

1교시

※ 다음 13문제 중 10문제를 선택하여 기술하시오. (각 10점)

1. 동결심도 결정방법
2. 콘크리트의 적산온도
3. 콜드 조인트(cold joint)
4. 공정의 경제속도(채산속도)
5. 표준관입 시험에서의 N치 활용법
6. 토량 환산계수
7. 장비의 주행성(trafficability)
8. 액상화(liquefaction)
9. 보강토 공법
10. 가치공학(value engineering)
11. PHC(Pretensioned High Strength Concrete) 파일
12. 팽창콘크리트
13. 숏크리트(shotcrete)의 특성

2교시

※ 다음 6문제 중 4문제를 선택하여 설명하시오. (각 25점)

1. 서중 매스콘크리트(mass concrete) 타설시 균열발생을 최소화하기 위해 시공시 주의할 사항에 대하여 설명하시오.
2. 공정관리기법에서 작업촉진에 의한 공기 단축기법을 설명하시오.
3. 교량 기초공사에 사용되는 케이슨(caisson) 공법의 종류를 열거하고, 각각의 특징에 대하여 설명하시오.
4. 건설용 기계장비를 선정할 때 고려할 사항을 설명하시오.
5. 토공사시 절성토 접속구간에 발생가능한 문제점과 해결대책에 대하여 설명하시오.
6. 항만 구조물을 설치하기 위한 기초사석의 투하목적과 고르기 시공시 유의사항을 설명하시오.

3교시

※ 다음 6문제 중 4문제를 선택하여 설명하시오. (각 25점)

1. 건설공사 실적공사비 적산제도의 정의와 기대효과를 설명하시오.
2. 실드(shield) 터널 공법에서 프리캐스트 콘크리트 세그먼트(precast concrete segment)의 이음방법을 열거하고, 시공시 주의사항에 대하여 설명하시오.
3. 해상 교량공사에서 강관 기초파일 시공시 강재부식방지 공법을 열거하고, 각각의 특징을 설명하시오.
4. 콘크리트 포장공사에서 골재가 콘크리트 강도에 미치는 영향을 설명하시오.
5. 대규모 토공사에서 토공계획 수립시 유토곡선(mass curve) 작성 및 운반장비 선정방법에 대하여 설명하시오.
6. 터널공사에서 자립이 어렵고 용수가 심한 터널 막장을 안정시키기 위한 보조 보강 공법에 대하여 설명하시오.

4교시

※ 다음 6문제 중 4문제를 선택하여 설명하시오. (각 25점)

1. 지하저수용 콘크리트 구조물 공사에서 콘크리트 시공시 유의사항에 대하여 설명하시오.
2. 터널공사에 있어서 인버트 콘크리트(invert concrete)가 필요한 경우를 들고, 콘크리트 치기순서에 대해서 설명하시오.
3. 교량가설(架設) 공사에서 가설(假設) 이동식 동바리의 적용과 특징에 대하여 설명하시오.
4. 진동롤러 다짐콘크리트(RCC ; Roller Compacted Concrete)의 특징을 열거하고, 시공시 유의사항을 설명하시오.
5. 해상공사에서 대형 케이슨(1,000톤) 제작과 진수방법을 열거하고, 해상운반 및 거치시 유의사항을 설명하시오.
6. 건설사업 관리제도(CM, Construction Management) 도입과 더불어 건설사업관리 전문가 인증제도의 필요성과 향후 활용방안에 대하여 설명하시오.

제68회 토목시공기술사(2002년 <후> 8월)

1교시

※ 다음 13문제 중 10문제를 선택하여 설명하시오. (각 10점)

1. 주철근과 전단철근
2. 콘크리트의 설계기준 강도와 배합강도
3. 프리텐션(pretension)과 포스트텐션(post-tension) 공법
4. 흙의 다짐특성
5. 콘크리트 구조물 기초의 필요조건
6. 프리플렉스 보(Prefex Beam)
7. 심빼기 발파
8. 고압분사 교반주입 공법 중에서 RJP(Rodin Jet Pile) 공법
9. 교좌의 가동받침과 고정받침
10. 아스팔트 콘크리트 포장의 소성변형
11. Lugeon치
12. 노체 성토부의 배수대책
13. 낙석 방지공

2교시

※ 다음 6문제 중 4문제를 선택하여 설명하시오. (각 25점)

1. 도로 및 단지조성 공사착공시 책임기술자로서 시공계획과 유의사항을 설명하시오.
2. 건설기술관리법에서 PQ(사업수행능력평가), TP(기술제안서)를 설명하고, 본 제도의 문제점과 대책을 설명하시오.
3. 시공관리의 목적과 관리내용에 대하여 설명하시오.
4. 기존 아스팔트 콘크리트 포장에서 덧씌우기 전의 보수방법을 파손유형에 따라 설명하시오.
5. 발파 공법에서 시험발파의 목적, 시행방법 및 결과의 적용에 대하여 설명하시오.
6. 건설공사의 입찰방법을 설명하고, 현행 턴키(Turn Key) 방법과 개선점을 설명하시오.

3교시

※ 다음 6문제 중 4문제를 선택하여 설명하시오. (각 25점)

1. 토사 또는 암버력 이외에 노체에 사용할 수 있는 재료와 이들 재료를 사용하는 경우 고려해야 할 사항에 대하여 설명하시오.
2. 제방의 누수에는 제체누수와 지반누수로 구분할 수 있는데, 이들 누수의 원인과 시공대책에 대하여 설명하시오.
3. 교량 시공 중 평탄성(P.R.I) 관리와 설계기준에 부합하는 시공시 유의사항을 설명하시오.
4. 터널 시공 중 터널막장의 보강공에 대하여 설명하시오.
5. 콘크리트 표면차수벽형 석괴댐(Concrete face rock fill dam)의 단면구성 및 시공법에 대하여 설명하시오.
6. 교각용 콘크리트의 배합설계를 다음 조건에 의하여 계산하고, 시방배합표를 작성하시오.

조건

$f_{ak}=210$kgf/cm^2, 시멘트의 비중 3.15, 잔골재의 포건비중 2.60, 굵은 골재의 최대치수 40mm 및 표건비중 2.650이고, 공기량 4.5%(AE제는 시멘트 무게의 0.05% 사용함), 물시멘트비 $W/C=50\%$, 슬럼프 8cm로 하며 배합계산에 의하여 잔골재율 $S/a=38\%$, 단위수량 $\omega=170$kg을 얻었다.

4교시

※ 다음 6문제 중 4문제를 선택하여 설명하시오. (각 25점)

1. 터널 공법 중 세미실드(semi shield) 공법과 실드(shield) 공법에 대하여 설명하고, 각기 시공순서를 설명하시오.
2. 연약지반을 개량하고자 한다. 사질토 지반에 적용될 수 있는 공법을 열거하고, 특징을 설명하시오.
3. 댐의 그라우팅(grouting)의 종류와 방법에 대하여 설명하시오.
4. 교량가설 공법 중 프리캐스트 캔틸레버(Precast Cantilever) 공법의 특징과 가설방법에 대하여 설명하시오.
5. 해안 콘크리트 구조물의 염해 발생원인과 방지대책에 대하여 설명하시오.
6. 토취장의 선정요령과 복구에 대하여 설명하시오.

제69회 토목시공기술사(2003년 <전> 3월)

1교시

※ 다음 13문제 중 10문제를 선택하여 설명하시오. (각 10점)

1. Pre-loading
2. 굳지 않은 콘크리트의 성질
3. 침매 공법
4. 포장의 평탄성 관리기준
5. 배합강도를 정하는 방법
6. PDM(Precedence Diagramming Method) 공정표 작성방식
7. Face Mapping
8. 염분과 철근방청
9. 투수성 시멘트콘크리트 포장
10. 공정·공사비 통합관리체계(EVMS)
11. Dolphin
12. 타이바(Tie Bar)와 디웰바(Dowel Bar)
13. 부마찰력(Negative Skin Friction)

2교시

※ 다음 6문제 중 4문제를 선택하여 설명하시오. (각 25점)

1. 기초말뚝 시공시 지지력에 영향을 미치는 시공상의 문제점을 서술하시오.
2. 교량의 철근콘크리트의 바닥판 시공시 수분증발에 의한 균열발생 억제를 위해 필요한 초기양생대책에 대하여 서술하시오.
3. 건설공사에서 공정계획 작성시 계획수립상세도 및 작업상세도에 따른 공정표(Network)의 종류에 대하여 서술하시오.
4. 해빙기를 맞아 시멘트 콘크리트 도로 포장 곳곳에서 융기현상과 부분적인 침하현상이 발견되었다. 이들의 발생원인을 열거하고, 방지대책을 서술하시오.
5. 도심지에서 지반굴착 시공시 발생하는 지하수위 저하와 진동으로 인하여 주변구조물에 미치는 영향을 열거하고, 이에 대한 대책에 관하여 서술하시오.
6. 사면보호 공법의 종류를 열거하고, 각각에 대하여 서술하시오.

3교시

※ 다음 6문제 중 4문제를 선택하여 설명하시오. (각 25점)

1. 험준한 산악지 등을 횡단하는 PSC Box 거더 교량 시공시 가설(架設) 공법의 종류를 열거하고, 각각의 특징에 대하여 서술하시오.
2. 컷백(Cut Back) 아스팔트와 유제아스팔트의 특성에 대하여 서술하시오.
3. 동절기 콘크리트 시공시 고려해야 할 사항을 열거하고, 특히 동결융해 성능향상을 위한 혼화제 사용에 있어서의 유의사항에 대하여 서술하시오.
4. 시공을 포함한 위험형 건설사업관리(CM at Risk) 계약과 턴키(Turn key) 계약방식에 대하여 서술하시오.
5. 원가계산시 예정가격 작성준칙에서 규정하고 있는 비목을 열거하고, 각각에 대하여 서술하시오.
6. 대단위 토공사 현장에서의 시공계획 수립을 위한 사전조사 사항을 열거하고, 장비선정 및 조합시 고려해야 할 사항에 대하여 서술하시오.

4교시

※ 다음 6문제 중 4문제를 선택하여 설명하시오. (각 25점)

1. 기초 시공지반의 하층부가 연약점토층으로 구성된 이질층 지반에서 평판재하시험 시행시 고려해야 할 사항을 서술하시오.
2. 해안 환경하에 설치되는 철근콘크리트 구조물 시공에 있어서 내구성 향상대책에 대해 서술하시오.
3. 도시지역에서 교량 및 복개 구조물 철거시 철거 공법의 종류별 특징 및 유의사항에 대하여 서술하시오.
4. 콘크리트댐과 RCD(Roller Campacted Dam)의 특징에 대하여 서술하시오.
5. NATM 터널 시공시 적용하는 숏크리트(Shotcrete) 공법의 종류와 특징을 열거하고, 발생하는 리바운드(Rebound) 저감대책에 관하여 서술하시오.
6. 정보화 시대에 요구되는 건설정보 공유방안을 포함한 건설정보화에 대하여 서술하시오.

제70회 토목시공기술사(2003년 <중> 6월)

1교시

※ 다음 13문제 중 10문제를 선택하여 설명하시오. (각 10점)

1. 흙의 연경도(consistency)
2. 공정관리곡선(바나나 곡선)
3. 할열 시험법
4. 해양 콘크리트
5. 제방법선(Normal Line Bank)
6. 철근의 표준갈고리
7. G.I.S(Geographic Information System)
8. 들밀도시험(Field Density)
9. 패스트트랙방식(Fast Track Method)
10. 대안거리(Fetch)
11. 상온 유화아스팔트 콘크리트
12. Packed Drain Method의 시공순서
13. 설계강우강도

2교시

※ 다음 6문제 중 4문제를 선택하여 설명하시오. (각 25점)

1. 성토재료의 요구성질과 현장 다짐방법 및 판정방법에 대하여 설명하시오.
2. 교량에서 철근콘크리트 바닥판의 손상원인과 보강대책을 기술하시오.
3. Rock Bolt와 Soil Nailing 공법의 특성을 비교하고 설명하시오.
4. 콘크리트의 압축강도 및 균열을 확인하기 위한 비파괴 시험법 및 특성을 기술하시오.
5. 도심지의 고가도로 구조물 해체에 적합한 공법과 시공시 유의사항을 기술하시오.
6. 건설사업관리(CM)의 업무내용을 각 단계별로 기술하시오.

3교시

※ 다음 6문제 중 4문제를 선택하여 설명하시오. (각 25점)

1. 지하수위가 비교적 높은 지역의 정수장 구조물 공법 선정시 고려해야 할 사항과 각 공법의 유의해야 할 사항을 기술하시오.
2. 아스팔트 포장 및 콘크리트 포장의 미끄럼방지(Anti－skid) 시설에 대하여 기술하시오.
3. 산악지역 터널굴착시 제어발파에 대하여 기술하시오.
4. 수제의 목적과 기능에 대하여 기술하시오.
5. 강교설치시 고장력볼트 이음의 종류 및 시공시 유의사항에 대하여 기술하시오.
6. 물가변동에 의한 공사비 조정방법시 유의사항에 대하여 기술하시오.

4교시

※ 다음 6문제 중 4문제를 선택하여 설명하시오. (각 25점)

1. 필댐(Fill Dam)과 콘크리트 댐에 안전점검방법에 대해 기술하시오.
2. 흙막이 시공시 계측관리를 위한 계측기의 설치위치 및 방법에 대해 기술하시오.
3. 터널계획시 지하수처리방법에 대하여 기술하시오.
4. 건설공사 클레임 발생원인과 이를 방지하기 위한 대책을 기술하시오.
5. 교량의 프리캐스트세그먼트(Precast Segment) 가설 공법의 종류와 시공시 유의사항을 기술하시오.
6. 유수전환시설의 설계 및 선정시 고려할 사항과 구성요인에 대하여 기술하시오.

제71회 토목시공기술사(2003년 <후> 8월)

1교시

※ 다음 13문제 중 10문제를 선택하여 설명하시오. (각 10점)

1. Proof Rolling
2. 고성능 콘크리트
3. Consolidation Grouting
4. Open Caisson의 마찰력 감소방법
5. Con'c 온도제어 양생방법 중 Pipe Cooling 공법
6. 분리막
7. 강재에 축하중 작용시의 진응력과 공칭응력
8. 잠재 수경성과 포졸란(Pozzolan) 반응
9. 미진동 발파 공법
10. 양압력
11. 평판재하시험
12. 고성능 감수제와 유동화제의 차이
13. R.Q.D

2교시

※ 다음 6문제 중 4문제를 선택하여 설명하시오. (각 25점)

1. 토공작업시 토량분배 방법에 대하여 기술하시오.
2. 시멘트 및 콘크리트의 풍화, 수화, 중성화를 기술하시오.
3. 물이 비탈면의 안정성 저하 또는 붕괴의 원인으로 작용하는 이유를 열거하고, 이 현상이 실제의 비탈면이나 흙 구조물에서 발생하는 사례를 한 가지만 기술하시오.
4. 연약지반상의 케이슨(Caisson) 시공시 문제점과 대책을 기술하시오.
5. 토공작업시 시방서에 다짐제한을 두는 이유와 다짐관리 방법에 대하여 기술하시오.
6. 콘크리트 골재의 함수상태에 따른 용어들을 기술하시오.

3교시

※ 다음 6문제 중 4문제를 선택하여 설명하시오. (각 25점)

1. 콘크리트의 강도는 공시체의 모양, 크기 및 재하방법에 따라 상당히 다르게 측정된다. 각각을 기술하시오.
2. 우기철에 옹벽의 붕괴사고가 자주 발생되고 있다. 옹벽배면의 배수처리방법과 뒤채움 재료의 영향에 대하여 기술하시오.
3. 폐콘크리트의 재활용 방안에 대하여 기술하시오.
4. 교량의 교면방수에 대하여 기술하시오.
5. 콘크리트의 균열보수 공법에 대하여 기술하시오.
6. 건설공사의 품질관리와 품질경영에 대하여 기술하고 비교 설명하시오.

4교시

※ 다음 6문제 중 4문제를 선택하여 설명하시오. (각 25점)

1. 건설장비의 사이클 타임(Cycle time)이 공사원가에 미치는 영향에 대하여 기술하시오.
2. 기계식 터널굴착 공법(T.B.M)을 분류하고, 각 기종의 특징을 기술하시오.
3. 계곡부에 고성토 도로를 축조하여 횡단하고자 한다. 시공계획을 기술하시오.
4. 도로 포장에서 표층의 보수 공법에 대하여 기술하시오.
5. 콘크리트 구조물의 유지관리 체계와 방법에 대하여 기술하시오.
6. 지하수위 이하의 굴착시 용수 및 고인물을 배수할 경우
   (1) 배수공으로 인해 발생하는 문제점과 원인
   (2) 안전하고 용이하게 배수할 수 있는 최적의 배수 공법 선정방법을 기술하시오.

제72회 토목시공기술사(2004년 <전> 2월)

1교시

※ 다음 13문제 중 10문제를 선택하여 설명하시오. (각 10점)

1. 펌퍼빌리티(Pumpability)
2. 골재의 유효흡수율과 흡수율
3. 실리카 퓸(Silica fume)
4. 콘크리트의 소성수축 균열
5. RMR(Rock Mass Rating)
6. 파일쿠션(Pile cushion)
7. 지진파(지반 진동파)
8. 시공효율
9. 임팩트 크러셔(Impact crusher)
10. 공중작업 비계(Cat walk)
11. 도막방수
12. 건설공사의 위험도 관리(Risk-management)
13. 투수성 포장

2교시

※ 다음 6문제 중 4문제를 선택하여 설명하시오. (각 25점)

1. 연약지반에서 교대지반이 측방 유동을 일으키는 원인과 대책에 대하여 기술하시오.
2. 항만 구조물을 콘크리트로 시공하고자 한다. 콘크리트의 재료, 배합 및 시공의 요점을 기술하시오.
3. 필댐(Fill dam)의 누수원인과 방지대책에 대하여 기술하시오.
4. 현장타설 콘크리트 말뚝의 콘크리트 품질관리에 대하여 기술하시오.
5. 교량의 캔틸레버 가설 공법(FCM)에 대하여 기술하시오.
6. TBM(Tunnel Boring Machine) 공법의 특징에 대하여 기술하시오.

3교시

※ 다음 6문제 중 4문제를 선택하여 설명하시오. (각 25점)

1. 시공 공정에 따른 콘크리트의 균열저감 대책을 기술하시오.
2. 도심지 인터체인지에 많이 활용되는 연성벽체로서 기초처리가 간단하고 내진에도 강한 옹벽에 대하여 기술하시오.
3. 지하수위가 높은 점성토 지반에 콘크리트 파일 항타시 문제점에 대하여 기술하시오.
4. 교면 포장이 갖추어야 할 요건 및 각 층 구성에 대하여 기술하시오.
5. 구조용 강재 용접부의 비파괴시험 방법(N.D.T)에 대하여 기술하시오.
6. 공사계약 일반조건에 의한 설계변경 사유와 이로 인한 계약금액의 조정방법에 대해서 기술하시오.

4교시

※ 다음 6문제 중 4문제를 선택하여 설명하시오. (각 25점)

1. 도로지반의 동상의 원인과 대책에 대하여 기술하시오.
2. 안벽의 종류 및 특징에 대하여 기술하시오.
3. 교량기초로 사용되는 공기 케이슨(Pneumatic-Caisson)의 침하방법에 대하여 기술하시오.
4. 시공 중인 노선 터널의 환기(Ventilation) 방식에 대하여 기술하시오.
5. 건설공사에서 LCC(Life Cycle Cost) 기법의 비용항목 및 분석절차에 대해서 기술하시오.
6. 터널의 지반보강방법에 대하여 기술하시오.

제73회 토목시공기술사(2004년 <중> 6월)

1교시

※ 다음 13문제 중 10문제를 선택하여 설명하시오. (각 10점)

1. 철근의 피복두께와 유효높이
2. Pr. I(Profile Index)
3. 워커빌리티(Workability) 측정방법
4. 2차 폭파(小割(소할) 폭파)
5. 취도계수(脆渡係數)
6. 모래밀도별 N값과 내부마찰각의 상관관계
7. Spring Line
8. 콘크리트의 Creep 현상
9. Fast Track Construction
10. 비말대와 강재부식속도
11. Pop Out 현상
12. Lugeon치
13. Pre-wetting

2교시

※ 다음 6문제 중 4문제를 선택하여 설명하시오. (각 25점)

1. 콘크리트의 내구성을 저하시키는 원인과 대책에 대하여 설명하시오.
2. 아스팔트 포장에서 소성변형의 원인과 대책에 대하여 설명하시오.
3. 현장타설 콘크리트 말뚝기초를 시공함에 있어서 슬라임(Slime) 처리방법과 철근의 공상(솟음) 발생원인 및 대책을 설명하시오.
4. 대단위 단지조성 공사의 토공작업에서 토공계획 작성시 사전조사 사항을 열거하고, 시공계획 수립시 유의사항을 설명하시오.
5. 도심지 교통혼잡 지역을 통과하고 주변 구조물에 근접하고 있는 지역에서 지하연속 구조물 공사를 개착식으로 시공하려고 한다. 안전 시공상의 문제점을 열거하고, 관리방법에 대하여 설명하시오.
6. 토목공사 시공시 공사관리상의 중점관리 항목을 열거하고 설명하시오.

3교시

※ 다음 6문제 중 4문제를 선택하여 설명하시오. (각 25점)

1. 절토사면의 붕괴에 대하여 그 원인과 대책을 설명하시오.
2. 콘크리트는 물시멘트비가 가장 중요하다. 그렇다면 수화, 워커빌리티 등에 꼭 필요한 물시멘트비와 철근의 고강도화와 관련하여 그 경향에 대하여 설명하시오.
3. 시멘트 콘크리트 포장공사에서 발생하는 손상의 종류를 열거하고, 이 둘의 발생원인과 보수방안에 대하여 설명하시오.
4. 실적공사비 제도의 필요성과 문제점에 대하여 설명하시오.
5. 지하 30m와 20m 사이에서 연암과 연약토층이 혼재된 지반조건을 가진 도심지의 도시터널공사(직경 7.0m, 길이 약 4km)를 시공하고자 한다. 인근 건물과 지중 매설물의 피해를 최소화하는 기계식 자동화 공법의 시공계획서 작성시 유의사항을 설명하시오.
6. 지하터파기 공사에서 물처리는 공기(工期)뿐만 아니라 공사비에도 절대적인 영향을 미친다. 공사 중 물처리 공법에 대하여 설명하시오.

4교시

※ 다음 6문제 중 4문제를 선택하여 설명하시오. (각 25점)

1. 댐(Dam)의 기초처리 공법에 대하여 설명하시오.
2. 연약지반에서 구조물 공사시 계측시공관리 계획에 대하여 설명하시오.
3. 좋은 콘크리트 구조물을 만들기 위한 시공순서와 주의사항에 대하여 설명하시오.
4. 도로공사 노체나 철도공사 노반의 성토 구조물을 시공하려고 한다. 설계시 고려사항 및 성토관리에 대하여 설명하시오.
5. 건설공사에 있어서 클레임(Claim) 역할과 합리적인 해결방안에 대하여 설명하시오.
6. 항만 시설물 공사에서 강구조물 시공시 도복장 공법의 종류를 열거하고, 적용범위와 공법 선정시 검토사항에 대하여 설명하시오.

제74회 토목시공기술사(2004년 <후> 8월)

1교시

※ 다음 13문제 중 10문제를 선택하여 설명하시오. (각 10점)

1. Prepacked Concrete 말뚝
2. 압밀과 다짐의 차이
3. G.P.R(Ground Penetrating Radar) 탐사
4. Line Drilling Method
5. 유출계수
6. Surface Recycling(노상표층재생) 공법
7. 촉진양생
8. 유압식 Back Hoe 작업량 산출방법
9. 교량의 L.C.C(수명 주기비용) 구성요소
10. 콘크리트 배합강도 결정방법 2가지
11. Project Financing(프로젝트 금융)
12. 응력부식(Stress Corrosion)
13. 리스크(Risk) 관리 3단계

2교시

※ 다음 6문제 중 4문제를 선택하여 설명하시오. (각 25점)

1. 시멘트 콘크리트 포장과 아스팔트 콘크리트 포장의 구조적 특성 및 포장형식의 특성과 선정시 고려사항에 대하여 기술하시오.
2. 대형 상수도관을 하천을 횡단하여 부설하고자 할 때 품질관리와 유지관리를 감안한 시공상 유의사항을 기술하시오.
3. 콘크리트 운반시간이 품질에 미치는 영향에 대하여 기술하시오.
4. 터널공사시 여굴의 원인과 방지대책에 대하여 기술하시오.
5. 연약지반 처리를 팩 드래인(Pack Drain) 공법으로 시공시 품질관리를 위한 현장에서 점검할 사항과 시공시 유의사항을 기술하시오.
6. 최신의 교량교면 포장 공법 중 L.M.C(Latex Medified Concrete)에 대하여 기술하시오.

3교시

※ 다음 6문제 중 4문제를 선택하여 설명하시오. (각 25점)

1. 콘크리트 옹벽 시공시 배면의 배수가 필요한 이유와 배면 배수방법에 대해 기술하시오.
2. 항만공사에서 그래브(Grab)선 준설능력 산정시 고려할 사항과 시공시 유의사항을 기술하시오.
3. 암(岩) 성토시 시공상의 유의사항에 대하여 기술하시오.
4. 일반 구조물의 콘크리트공사에서 이음의 종류를 설명하고, 이음부 시공시 유의사항을 기술하시오.
5. 강교량 가설현장에서 용접부위별 검사방법과 검사범위에 대하여 기술하시오.
6. 암석 발파시에는 진동에 따른 민원이 발생하고 있는바 발파진동 저감을 위한 진동원 및 전파경로에 대한 대책을 기술하시오.

4교시

※ 다음 6문제 중 4문제를 선택하여 설명하시오. (각 25점)

1. 3경간 P.S.C 합성거더교를 연속화 공법으로 시공하고자 할 때 슬래브의 바닥판과 가로보의 타설방법을 도해하고, 사유를 기술하시오.
2. 도로 공사시 토공기종을 선정할 때 우선적으로 고려해야 할 사항을 기술하시오.
3. Fill Dam의 종류와 누수원인 및 방지대책에 대하여 기술하시오.
4. 하천에서 보를 설치하여야 할 경우를 열거하고, 시공시 유의사항을 기술하시오.
5. 고강도 콘크리트의 알칼리 골재반응에 대하여 기술하시오.
6. 토목섬유(Geosynthetics)의 종류, 특징 및 기능과 시공시 유의사항에 대하여 기술하시오.

제75회 토목시공기술사(2005년 <전> 2월)

1교시

※ 다음 13문제 중 10문제를 선택하여 설명하시오. (각 10점)

1. 분리 이음(isolation joint)
2. 최적함수비(O.M.C)
3. 조절발파(제어발파)
4. 지불선(pay line)
5. 허니콤(honeycomb)
6. 커튼 그라우팅(curtain grouting)
7. 프로젝트 퍼포먼스 스테터스(project performance status)
8. WBS(Work Breakdown Structure)
9. 슬레이킹(slaking) 현상
10. 도로지반의 동상(frost heave) 및 융해(thawing)
11. 통일분류법에 의한 흙의 성질
12. 한계성토고
13. 부마찰력(negative skin friction)

2교시

※ 다음 6문제 중 4문제를 선택하여 설명하시오. (각 25점)

1. 대사면 절토공사 현장에서 사면붕괴를 예방하기 위한 사전조치에 대하여 설명하시오.
2. 철근콘크리트 구조물 시공 중 및 시공후에 발생하는 크리프와 건조수축의 영향에 대하여 설명하시오.
3. 대단위 토공공사시 현장조사의 종류를 열거하고, 조사목적과 수행시 유의사항에 대하여 설명하시오.
4. 간만의 차가 큰 서해안의 연육교 공사현장에서 철근콘크리트 구조의 해중교각을 시공하려 한다. 구조물에 영향을 주는 요인들을 열거하고, 시공시 유의사항에 대하여 설명하시오.
5. 연약지반 개량공사 현장에서 샌드파일 공법으로 시공시 장비의 유지·관리와 안전시공 방안에 대하여 설명하시오.
6. 옹벽(H=10m) 시공시 안전성을 고려한 시공단계별 유의사항에 대하여 설명하시오.

3교시

※ 다음 6문제 중 4문제를 선택하여 설명하시오. (각 25점)

1. 초연약 점성토 지반의 준설 매립공사 현장에서 초기장비 진입을 위한 표층처리 공법의 종류를 열거하고, 그 적용성에 대하여 설명하시오.
2. 대단위 토공공사 현장에서 적재기계와 운반기계와의 경제적인 조합에 대하여 설명하시오.
3. 도심지 개착 공법 적용 지하철 공사현장에서 발생하는 환경오염의 종류를 열거하고, 이를 최소화하기 위한 방안에 대하여 설명하시오.
4. 철근콘크리트 교량 상부구조물 공사시 콘크리트 보수·보강 공법을 열거하고, 각각에 대하여 설명하시오.
5. 고유동 콘크리트의 유동 특성을 열거하고, 유동 특성에 영향을 미치는 각종 요인을 설명하시오.
6. NATM 터널시공시 적용하는 숏크리트(shotcrete)의 공법의 종류를 열거하고, 발생하는 리바운드(rebound) 저감대책에 관하여 서술하시오.

4교시

※ 다음 6문제 중 4문제를 선택하여 설명하시오. (각 25점)

1. 지하수위가 높은 지역에 흙막이를 설치, 굴착하고자 한다. 용수처리시 발생하는 문제점을 열거하고, 그 대책에 대하여 설명하시오.
2. 아스팔트 콘크리트 포장공사 현장에서 시험포장을 하려고 한다. 시험포장에 관한 시공계획서를 작성하고, 설명하시오.
3. 간만의 차가 큰 서해안에서 직립식 방파제를 시공하고자 한다. 직립식 방파제의 특징과 시공시 유의사항에 대하여 설명하시오.
4. 철근콘크리트교 상부구조물을 레미콘(ready mixed concrete)으로 타설할 경우 현장에서 확인할 사항에 대하여 설명하시오.
5. 장대 터널공사 현장에서 인버트 콘크리트를 타설하고자 한다. 인버트 콘크리트의 설치목적과 타설시 유의해야 할 사항에 대하여 설명하시오.
6. 지하저수 구조물(−8.0m)을 해체하고자 한다. 해체 공법을 열거하고, 해체시 유의사항에 대하여 설명하시오.

제76회 토목시공기술사(2005년 <중> 6월)

1교시

※ 다음 13문제 중 10문제를 선택하여 설명하시오. (각 10점)

1. 평사투영법
2. 토량의 체적 환산계수(f)
3. 건설기계 경비의 구성
4. 콘크리트 블리딩(Bleeding) 및 레이턴스(Laitance)
5. 영공기 간극곡선(Zero Air Void Curve)
6. 콘크리트 포장의 스폴링(Spalling) 현상
7. 흙의 다짐도
8. 트래피커빌리티(Trafficability)
9. 에코 콘크리트(Eco Concrete)
10. 무도장 내후성 강재
11. 콘크리트의 황산염 침식(Sulfate Attack)
12. 배수성 포장
13. 건설 CITIS(Contrator Integrated Technical Information Service)

2교시

※ 다음 6문제 중 4문제를 선택하여 설명하시오. (각 25점)

1. 도심지 인근의 암반굴착 공사시 수행되는 시험발파 계측의 목적 및 방법에 대하여 설명하시오.
2. 콘크리트 중 철근부식의 원인과 방지대책에 대하여 설명하시오.
3. 교량의 교면방수 공법 중 도막방수와 침투성 방수 공법을 비교하여 설명하시오.
4. NATM 터널공사에서 공정단계별 장비계획을 수립하시오.
5. 교량받침(Shoe)의 파손원인과 방지대책에 대하여 설명하시오.
6. 흙막이 구조물 시공방법 선정시 고려사항과 지보형식에 따른 현장 적용조건에 대하여 설명하시오.

3교시

※ 다음 6문제 중 4문제를 선택하여 설명하시오. (각 25점)

1. 현장작업시 진도관리를 위한 시공단계별의 중점관리 항목에 대하여 설명하시오.
2. 콘크리트 펌프카(pump car) 사용에 따른 시공관리 대책에 대하여 설명하시오.
3. 기존 터널구간에 인접하여 신규 터널공사를 시공할 경우 발생할 수 있는 문제점과 그 대책에 대하여 설명하시오.
4. 고성능 콘크리트의 정의, 배합 및 시공에 대하여 설명하시오.
5. 암반 비탈면의 파괴형태와 사면안정을 위한 대책 공법에 대하여 설명하시오.
6. 신설 6차로 도로 개설공사에서 아스팔트 혼합물의 포설방법과 시공시 유의사항에 대하여 설명하시오.

4교시

※ 다음 6문제 중 4문제를 선택하여 설명하시오. (각 25점)

1. 교량 기초공사에서 경사 파일(pile)이 필요한 사유와 시공관리 대책에 대하여 설명하시오.
2. 콘크리트공사에서 거푸집 및 동바리의 설치·해체시의 시공단계별 유의사항에 대하여 설명하시오.
3. NATM 터널공사시 강지보재의 역할과 제작설치시 유의하여야 할 사항에 대하여 기술하시오.
4. 프리스트레스트 콘크리트 박스 거더(PSC Box Girder) 캔틸레버 교량에서 콘크리트 타설시 유의사항과 처짐관리에 대하여 설명하시오.
5. 해수면을 매립한 연약지반 위에 대형 지하탱크를 건설하고자 한다. 굴착 및 지반 안정을 위한 적절한 공법을 선정하고, 시공시 유의사항에 대하여 설명하시오.
6. 댐공사에 있어서 하천 상류지역 가물막이 공사의 시공계획과 시공시 주의사항에 대하여 설명하시오.

제77회 토목시공기술사(2005년 <후> 8월)

1교시

※ 다음 13문제 중 10문제를 선택하여 설명하시오. (각 10점)

1. 건설기술관리법에 의한 감리원의 기본 임무
2. 비용구배
3. 트랜치 커트(Trench cut) 공법
4. 피어(Pier) 기초 공법
5. 잔류수압
6. Atterberg 한계
7. Smooth Blasting
8. 소파공
9. 현장배합
10. 폴리머 콘크리트
11. Consolidation Grouting
12. 표준 트럭하중
13. 철근콘크리트 보의 철근비 규정

2교시

※ 다음 6문제 중 4문제를 선택하여 설명하시오. (각 25점)

1. 도심지 하수관거 정비공사 중 시공상의 문제점과 그 대책에 대하여 기술하시오.
2. 산악지형의 토공작업에서 시공에 필요한 장비조합과 시공능률을 향상시킬 수 있는 방안을 기술하시오.
3. 하절기 매스콘크리트 구조물의 콘크리트 타설시 유의사항과 계측관리 항목에 대하여 기술하시오.
4. 교면포장의 구성요소와 그에 대하여 기술하시오.
5. Fill Dam의 축조재료와 시공에 대하여 기술하시오.
6. 하천 공작물 중 제방의 종류를 간략하게 설명하고, 제방시공 계획에 대하여 기술하시오.

3교시

※ 다음 6문제 중 4문제를 선택하여 설명하시오. (각 25점)

1. Con'c 구조물에서 표면상에 나타나는 문제점을 열거하고, 그에 대한 대책을 기술하시오.
2. 옹벽의 붕괴는 대부분 여름철 호우시에 발생된다. 그 원인과 대책을 뒤채움 재료가 양질인 경우와 점성토인 경우 비교하여 기술하시오.
3. 프리스트레스트 콘크리트 빔의 현장 제작시 증기양생 관리방법과 프리스트레스 도입조건에 대하여 기술하시오.
4. 교량의 바닥판에서 배수방법과 우수에 의한 바닥판 하부의 오염방지를 위한 고려사항을 기술하고, 중앙분리대 또는 방호벽 콘크리트와 바닥판과의 시공 이음부 시공방안에 대하여 기술하시오.
5. 부실시공 방지대책(시공, 제도적 관점에서)에 대하여 기술하시오.
6. 모래말뚝 공법과 모래다짐말뚝 공법을 비교 설명하고, 시공시 유의사항을 기술하시오.

4교시

※ 다음 6문제 중 4문제를 선택하여 설명하시오. (각 25점)

1. 현장 콘크리트 B/P(Batch Plant)의 효율적인 운영방안에 대하여 기술하시오.
2. 시멘트 콘크리트 포장공사에서 초기 균열원인과 그 대책에 대하여 기술하시오.
3. 합성형교에서 Shear Connector의 역할과 합성거동을 확보하기 위한 바닥판의 시공시 유의사항을 기술하시오.
4. 자동차의 대형화와 교통량 증가로 도로구조의 지지력 증대가 요구되는 바, 이에 대한 시공관리와 성토다짐 작업에 관하여 기술하시오.
5. T/L(Tunnel)의 수직갱에 대하여 기술하시오.
6. 구조적인 안정을 보장하기 위해서 말뚝기초를 필요로 하는 경우를 기술하시오.

제78회 토목시공기술사(2006년 <전> 2월)

1교시

※ 다음 13문제 중 10문제를 선택하여 설명하시오. (각 10점)

1. 시멘트의 풍화
2. 불량 레미콘 처리
3. 점토의 예민비
4. 비용－편익비(B/C ratio)
5. 황산염과 에트린가이트(ettringite)
6. 강재의 저온균열, 고온균열
7. 공사원가 계산시 경비의 세비목(細費目)
8. 피복석(armor stone)
9. 폴리머 함침 콘크리트(polymer impregnated concrete)
10. 그루빙(grooving)
11. 개정된 콘크리트 표준시방서상 부순 굵은 골재의 물리적 성질
12. 유수지(遊水池)와 조절지(調節池)
13. 흙댐의 유선망과 침윤선

2교시

※ 다음 6문제 중 4문제를 선택하여 설명하시오. (각 25점)

1. 면진설계(isolation system)의 기본 개념, 주요 기능 및 국내에서 사용되는 면진장치의 종류를 기술하시오.
2. 연약지반상에 성토 작업시 시행하는 계측관리를 침하와 안정관리로 구분하여 그 목적과 방법에 대하여 기술하시오.
3. 터널 굴착 중에 터널파괴에 영향을 미치는 요인에 대하여 기술하시오.
4. 고성능 콘크리트의 폭렬 특성, 영향을 미치는 요인과 저감대책에 대해 기술하시오.
5. RCD(Reverse Circulation Drill) 공법의 특징 및 시공 방법, 문제점에 대해 기술하시오.
6. 다음 그림은 도로현장에서 성토용 재료를 사용하기 위하여 몇 가지의 시료를 채취하여 입도분석시험 결과에 의하여 얻어진 입도분석곡선이다. 책임기술자로서 각 곡선 A, B, C 시료에서 예측 가능한 흙의 성질을 기술하시오.

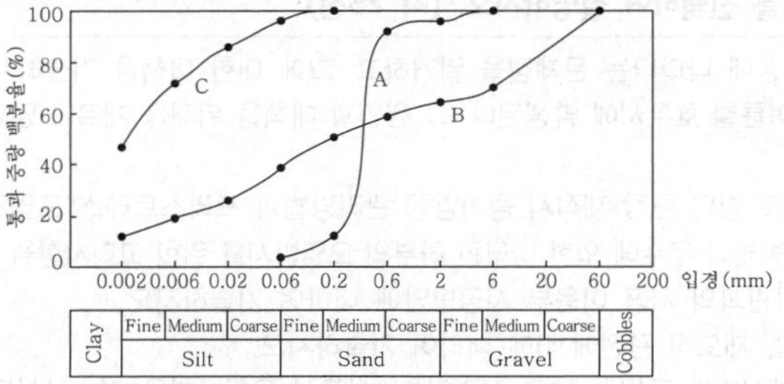

3교시

※ 다음 6문제 중 4문제를 선택하여 설명하시오. (각 25점)

1. 파일 항타작업시 방음, 방진 대책에 대하여 기술하시오.
2. 콘크리트 구조물 시공시 거푸집 존치기간에 대하여 기술하시오.
3. 개질 아스팔트 포장에서 개질재를 사용하는 이유, 종류 및 특징에 대하여 기술하시오.
4. 숏크리트(shotcrete)의 시공방법과 시공상의 친환경적인 개선안에 대하여 기술하시오.
5. 항만 구조물에서 접안시설의 종류 및 특징을 기술하시오.
6. 개착터널 등과 같은 지중매설 구조물에서 지진에 의한 피해사항을 크게 2가지로 분류 설명하고, 그에 대한 대책을 기술하시오.

4교시

※ 다음 6문제 중 4문제를 선택하여 설명하시오. (각 25점)

1. 기존 철도 또는 고속도로 하부를 통과하는 지하차도를 시공하고자 한다. 상부차량 통행에 지장을 주지 않고 안전하게 시공할 수 있는 공법의 종류를 열거하고, 그 중 귀하가 생각할 때 가장 경제적이고 합리적인 공법을 선정하여 기술하시오.
2. 콘크리트 구조물 시공시 설치하는 균열 유발줄눈(수축줄눈)의 기능을 설명하고, 시공방법에 대하여 설명하시오.
3. NATM 터널에서 방수의 기능(역할)을 설명하고, 방수막 후면의 지하수 처리방법에 따른 방수형식을 분류하고, 그 장·단점을 기술하시오.
4. Micro CT－Pile 공법에 대하여 기술하시오.
5. 동절기 긴급공사로 성토부에 콘크리트 옹벽 구조물을 설치하고자 한다. 사전 검토사항과 시공시 주의하여야 할 사항을 기술하시오.
6. 지하철 건설공사 시공시 토류판 배면의 지하매설물 관리에 대하여 기술하시오.

제79회 토목시공기술사(2006년 <중> 5월)

1교시

※ 다음 13문제 중 10문제를 선택하여 설명하시오. (각 10점)

1. 내부 수익률(IRR ; Internal Rate Of Return)
2. 화학적 프리스트레스트 콘크리트(chemical prestressed concrete)
3. 암반의 취성파괴(brittle failure)
4. 터널지반의 현지응력(field stress)
5. 도로 포장의 반사균열(reflection crack)
6. 가능 최대홍수량(PMF ; Probable Maximum Flood)
7. 말뚝의 동재하시험
8. 점성토 지반의 교란효과(smear effect)
9. 콘크리트의 피로강도
10. 건설기계의 경제적 사용시간
11. 가치공학에서 기능 계통도(FAST ; Function Analysis System Technique diagram)
12. 콘크리트의 적산온도(maturity)
13. 공정, 원가 통합관리에서 변경 추정예산(EAC ; Estimate At Competion)

2교시

※ 다음 문제 중 4문제를 선택하여 설명하시오. (각 25점)

1. 임해지역에서 대규모 매립공사 수행시 육해상 토취장계획과 사용장비 조합을 기술하시오.
2. 현장타설, 콘크리트 말뚝 및 지하 연속벽에 사용하는 수중 콘크리트치기 작업의 요령을 설명하시오.
3. 강교량 가조립 공사의 목적과 순서 및 가조립 유의사항에 대해 설명하시오.
4. 터널 굴착시 지보공이 터널의 안전성에 미치는 효과를 원지반 응답(곡)선을 이용하여 구체적으로 설명하시오.
5. 표준품셈에 의한 적산방식과 실적공사비 적산방식을 비교설명하시오.
6. 건설기계의 시공효율 향상을 위한 필요조건에 대해서 설명하시오.

3교시

※ 다음 문제 중 4문제를 선택하여 설명하시오. (각 25점)

1. 정수장 콘크리트 구조물의 누수원인 및 누수방지 대책을 기술하시오.
2. 대규모 방조제공사에서 최종 끝막이 공법의 종류와 시공시 유의사항을 기술하시오.
3. 연약한 토사층에서 토피 30m 정도의 지하에 터널을 굴착 중 천단부에서 붕락이 일어나고 상부지표가 함몰되었다. 이때 조치해야 할 사항과 붕락구간 통과방안에 대해 기술하시오.
4. 건설공사 공정계획에서 자원배분(resource allocation)의 의의 및 인력 평준화(leveling) 방법(요령)에 대해서 설명하시오.
5. 복잡한 시가지에 고가도로와 근접하여 개착식 지하철도가 설계되어 있다. 이 공사의 시공계획을 수립하는데 특별히 유의해야 할 사항을 기술하고, 그 대책을 설명하시오.
6. 공정관리기법의 종류별 활용효과를 얻을 수 있는 적정사업의 유형을 각 기법의 특성과 연계하여 설명하시오(Bar Chart, CPM, LOB, Simulation).

4교시

※ 다음 문제 중 4문제를 선택하여 설명하시오. (각 25점)

1. 댐 기초공사에서 투수성 지반일 경우의 기초처리 공법에 대해서 기술하시오.
2. 균열이 발달된 보통 정도의 암반으로 중간에 2개소의 단층과 대수층이 예상되는 산간지역에 종단구배가 3.5%이고 연장이 600m인 2차선 일반 국도용 터널이 계획되어 있다. 본공사에 대한 시공계획을 수립하시오.
3. 준설토의 운반거리에 따른 준설선의 선정과 준설토의 운반 처분방법 및 각 준설선의 특성에 대해서 설명하시오.
4. 엑스트라도즈(Extradosed)교의 구조적 특성과 시공상의 유의사항을 기술하시오.
5. 지하수위가 높은 연약지반에서 개착터널(cut and cover tunnel) 시공시 영구벽체로 이용가능한 공법을 선정하고, 시공시 유의사항을 기술하시오.
6. 건설공사에서 원가 관리방법에 대하여 설명하고, 비용절감을 위한 여러 활동에 대하여 기술하시오.

제80회 토목시공기술사(2006년 <후> 8월)

1교시

※ 다음 문제 중 10문제를 선택하여 설명하시오. (각 10점)

1. 사면거동 예측방법
2. 암반의 SMR 분류법
3. 암반에서의 현장 투수시험
4. 보의 유효높이와 철근량
5. 레미콘 현장반입 검사
6. 분사현상(quick sand)
7. 콘크리트 수화열 관리방안
8. 말뚝의 부마찰력(negative friction)
9. 딕소트로피(thixotropy) 현상
10. 유토곡선(mass curve)
11. 직접기초에서의 지반파괴 형태
12. Dam의 감쇄공 종류 및 특성
13. 암굴착시 시험발파

2교시

※ 다음 문제 중 4문제를 선택하여 설명하시오. (각 25점)

1. 최근 항만공사시 케이슨(Caisson)이 5,000ton급 이상으로 대형화되고 있는 추세이다. 대형화에 따른 케이슨 제작진수 및 거치방법에 대하여 설명하시오.
2. 고교각(高橋脚) 및 사장교 주탑 시공에 적용하는 거푸집 공법 선정이 공기 및 품질관리에 미치는 영향을 설명하시오.
3. 아스팔트 콘크리트 포장(60a/일, t=5cm)을 하고자 한다. 시험 포장을 포함한 시공계획에 대하여 설명하시오.
4. 연약지반 성토작업시 측방 유동이 주변 구조물에 문제를 발생시키는 사례를 열거하고, 원인별 대책에 대하여 설명하시오.
5. 터널 시공 중 천단부 쐐기파괴 발생시 현장에서의 응급조치 및 복구대책에 대하여 설명하시오.
6. 도로 성토시 다짐에 영향을 주는 요인과 현장에서의 다짐관리방법에 대하여 설명하시오.

3교시

※ 다음 문제 중 4문제를 선택하여 설명하시오. (각 25점)

1. 댐기초 굴착결과 일부 구간에 파쇄가 심한 불량한 암반이 나타났다. 이에 대한 기초처리 방안에 대하여 설명하시오.
2. 공사 중인 터널의 환기방식 및 소요환기량 산정방법에 대하여 설명하시오.
3. 민간투자사업 방식을 종류별로 열거하고, 그 특징을 설명하시오.
4. 자연사면의 붕괴원인 및 파괴형태를 설명하고, 사면안정 대책에 대하여 설명하시오.
5. 집중 호우시 수위상승으로 인한 하천제방의 누수 및 제방붕괴 방지를 위한 대책에 대하여 설명하시오.
6. 도심지 지하굴착 작업에서 약액주입 공법 선정시 시공관리 항목을 열거하고, 각각에 대하여 설명하시오.

4교시

※ 다음 문제 중 4문제를 선택하여 설명하시오. (각 25점)

1. 평사투영법에 의한 사면안정 해석을 현장에 적용하고자 한다. 현장 적용시 평사투영법의 장·단점에 대하여 설명하시오.
2. 지하수위가 높은 복합층(자갈, 모래, 실트, 점토가 혼재)의 지반조건에서 지하구조물 축조시 배수공법 선정을 위하여 검토해야 할 사항을 열거하고, 각각에 대하여 설명하시오.
3. 현장에서의 실드(Shield) 터널의 단계별 굴착방법에 따른 유의사항에 대하여 설명하시오.
4. 3경간 연속교의 상부 콘크리트를 타설하고자 한다. 콘크리트 타설순서를 설명하고, 시공시 유의사항을 설명하시오.
5. 도심지 교통혼잡지역을 통과하는 대규모 굴착공사시 계측관리방법에 대하여 설명하시오.
6. 항로에 매몰된 점토질 토사 500,000m^3를 공기 약 6개월 내에 준설하고자 한다. 투기장이 약 3km 거리에 있을 때 준설계획에 대하여 설명하시오.

제81회 토목시공기술사(2007년 <전> 2월)

1교시

※ 다음 문제 중 10문제를 선택하여 설명하시오. (각 10점)

1. 말뚝의 부마찰력(nagative skin friction)
2. 재생 포장(repavement)
3. 철근의 정착(anchorage)
4. 콘크리트의 염해(chloride attack)
5. 비상 여수로(emergency spillway)
6. 히빙(heaving)현상
7. 호퍼준설선(trailing suction hopper dredger)
8. 콘관입시험(cone penetration test)
9. 트래버스(traverse) 측량
10. 진동다짐(vibro-floatation) 공법
11. 프리스플리팅(pre-splitting)
12. 위험도 분석(risk analysis)
13. 비파괴시험(non-destructive test)

2교시

※ 다음 문제 중 4문제를 선택하여 설명하시오. (각 25점)

1. 도심지 주거밀집지역에서 암굴착을 하려고 한다. 소음과 진동을 피하여 시공할 수 있는 암파쇄 공법을 설명하고, 시공상 유의할 사항에 대하여 기술하시오.
2. Shield 장비로 거품(Foam)을 사용하여 터널을 굴착할 때의 버럭처리(Mucking) 방법에 대하여 설명하고, 시공시 유의할 사항에 대하여 기술하시오.
3. 콘크리트 구조물의 양생의 종류를 열거하고, 시공상 유의할 사항에 대하여 기술하시오.
4. 항만 매립공사에 적용하는 지반개량 공법의 종류를 열거하고, 그 공법의 내용을 기술하시오.
5. 국가를 당사자로 하는 공사계약에서 설계변경에 해당하는 경우를 열거하고, 그 내용을 기술하시오.
6. 기존 지하철 하부를 통과하는 또 다른 지하철 공사를 Underpinning 공법으로 시공하고자 한다. 이 공법을 설명하고, 시공상 유의할 사항에 대하여 기술하시오.

3교시

※ 다음 문제 중 4문제를 선택하여 설명하시오. (각 25점)

1. 연속압출 공법(Incremental Launching Method ; ILM)을 설명하고, 시공순서와 시공상 유의할 사항을 기술하시오.
2. NATM 터널 시공시 지보공의 종류와 시공순서에 대하여 설명하고, 시공상 유의사항을 기술하시오.
3. 콘크리트의 시방배합과 현장배합을 설명하고, 시방배합으로부터 현장배합으로 보정하는 방법에 대하여 기술하시오.
4. 비탈면 붕괴억제 공법의 종류를 설명하고, 시공상 유의할 사항에 대하여 기술하시오.
5. 도심지 주택가에서 직경 1,500mm의 콘크리트 하수관을 Pipe Jacking 공법으로 시공하고자 한다. 이 공법을 설명하고, 시공상 유의사항에 대하여 기술하시오.
6. 최근 장비의 발달과 구조물의 대형화로 대구경의 큰 지지력(1,000톤 이상)을 요하는 현장타설 말뚝 공법이 많이 적용되고 있다. 이러한 말뚝의 정재하시험방법을 설명하고, 시험시 유의사항에 대하여 기술하시오.

4교시

※ 다음 문제 중 4문제를 선택하여 설명하시오. (각 25점)

1. 철근콘크리트 구조물의 내구성 향상을 위하여 시공 이전에 수행해야 할 내구성 평가에 대하여 설명하시오.
2. PSC 그라우트(grout)에 대하여 간단히 설명하고, 시공상 유의할 사항에 대하여 기술하시오.
3. 대규모 토공작업을 하고자 한다. 합리적인 장비조합 계획과 시공상 검토할 사항에 대하여 기술하시오.
4. 항만공사에서 사석공사와 사석고르기 공사의 품질관리와 시공상 유의할 사항에 대하여 기술하시오.
5. 가동 중인 하수처리장 침전지(철근콘크리트 구조물) 안에 있는 물을 모두 비웠더니 바닥 구조물 상부에 균열이 발생하였다. 균열이 생긴 원인을 파악하고, 균열방지를 위한 당초 시공상 유의할 사항을 기술하시오.
6. RCC 댐(Roller Compacted Concrete Dam)의 개요와 시공순서를 설명하고, 시공상 유의할 사항에 대하여 기술하시오.

제82회 토목시공기술사(2007년 <중> 5월)

1교시

※ 다음 문제 중 10문제를 선택하여 설명하시오. (각 10점)

1. 최적 함수비(O.M.C)
2. 지하연속벽(diaphram wall)
3. Concrete 포장의 분리막
4. RMR(Rock Mass Rating)
5. Slurry Shield TBM 공법
6. 하이브리드 Caisson
7. 침매터널
8. BTL과 BTO
9. 현장 용접부 비파괴검사 방법
10. 타입말뚝 지지력의 시간경과 효과(time effect)
11. F.C.M 공법(Free Cantillever Method)
12. 측방유동
13. 자정식 현수교

2교시

※ 다음 문제 중 4문제를 선택하여 설명하시오. (각 25점)

1. 닐슨 아치(Nielson arch) 교량의 가설 공법에 대하여 설명하시오.
2. 중력식 Concrete Dam의 Concrete 생산, 운반, 타설 및 양생 방법을 기술하시오.
3. 해양구조물 공사를 시공할 때 깊은 연약지반 개량 공사시 사용되는 DCM(Deep Cement Mixing Method) 공법을 설명하고, 시공시 유의사항과 환경오염에 대한 대책을 기술하시오.
4. 지층변화가 심한 터널 굴착시 막장에서 지하수 유출 및 파쇄대 출현에 대한 대처방안을 기술하시오.
5. 강재의 피로파괴 특성과 용접 이음부의 피로강도를 저하시키는 요인을 설명하시오.
6. 귀하가 시공책임자로서 현장에서 안전관리사항과 공사 중에 인명피해 발생시 조치해야 할 사항에 대하여 기술하시오.

3교시

※ 다음 문제 중 4문제를 선택하여 설명하시오. (각 25점)

1. 연약지반에서 Pack Drain 공법으로 지반을 개량할 때 예상되는 문제점과 이에 대한 대책을 기술하시오.
2. 매입말뚝 공법의 종류를 열거하고, 그 중에서 사용빈도가 높은 3가지 공법에 대하여 시공법과 유의사항을 기술하시오.
3. 일반 거더교에서 대표적인 지진피해 유형과 이에 대한 대책을 설명하시오.
4. 콘크리트 구조물 공사 중 시공시(경화전)에 발생하는 균열의 유형과 대책에 대하여 기술하시오.
5. NATM 공법으로 터널을 시공시에 많은 계측을 실시하고 있다. 계측의 목적과 계측의 종류별 설치 및 계측시 유의사항을 기술하시오.
6. PSC 부재의 프리텐션(Pre-tension) 및 포스트텐션(Post-tension) 제작방법과 장·단점에 대하여 설명하시오.

4교시

※ 다음 문제 중 4문제를 선택하여 설명하시오. (각 25점)

1. 사토장 선정시 고려사항과 현장에서 문제점이 되는 사항에 대하여 대책을 기술하시오.
2. 절토사면의 붕괴원인과 이에 대한 대책을 기술하시오.
3. Asphalt 포장의 소성변형에 대하여 원인과 대책을 기술하시오.
4. 해저 Pipe Line의 부설방법과 시공시 유의사항을 설명하시오.
5. 교량교면 방수 공법과 시공시 유의사항을 기술하시오.
6. 다음 그림과 같이 현재 통행량이 많고 하천 충적층 위에 선단지 Pile 기초로 된 교량하부를 관통하여 지하철 터널굴착 작업을 하려고 한다. 이때 교량하부 구조의 보강 공법에 대하여 기술하시오.

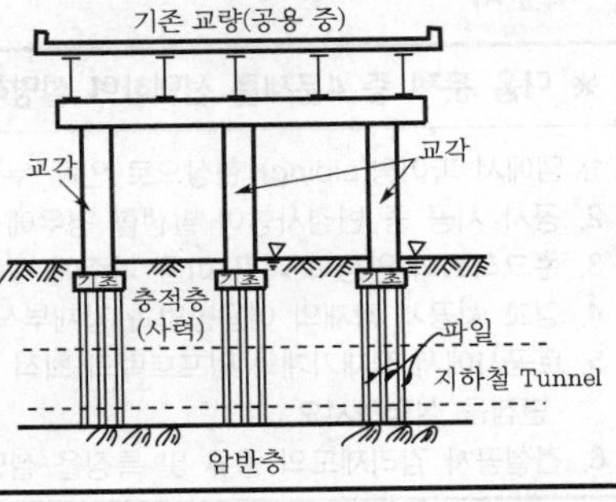

제83회 토목시공기술사(2007년 <후> 8월)

1교시

※ 다음 문제 중 10문제를 선택하여 설명하시오. (각 10점)

1. 터널 굴착면의 페이스 매핑(face mapping)
2. 연약지반의 정의와 판단기준
3. 콘크리트 포장의 시공 조인트(joint)
4. 콘크리트 내구성지수(durability factor)
5. 필댐의 수압할열(hydraulic fracturing)
6. 아스팔트 포장에서의 러팅(rutting)
7. 석괴댐의 프린스(plinth)
8. 터널에서의 콘크리트 라이닝의 기능
9. 발파에서 지반 진동의 크기를 지배하는 요소
10. 흙의 최대건조밀도
11. 최소비용촉진법(MCX ; Minimum Cost Expediting)
12. 최고가치 낙찰제
13. 강재의 용접결함

2교시

※ 다음 문제 중 4문제를 선택하여 설명하시오. (각 25점)

1. 말뚝기초 재하시험의 종류와 시험결과의 해석(평가)에 대하여 설명하시오.
2. 단지조성을 할 경우 단지내에서의 평면상 토량배분계획의 수립방법을 설명하시오.
3. 콘크리트 교량가설 공법의 종류 및 그 특징을 설명하시오.
4. 현장에서 암발파시 일어날 수 있는 지반진동, 소음 및 암석비산과 같은 발파공해의 발생원인과 대책을 설명하시오.
5. 도로공사에서 절토 사면길이 30m 이상되는 절토 구간을 친환경적으로 시공하기로 했을 때 착공전 준비사항과 착공후 조치사항을 설명하시오.
6. 하천제방에서 제체재료의 다짐기준을 설명하시오.

3교시

※ 다음 문제 중 4문제를 선택하여 설명하시오. (각 25점)

1. 교량구조물 상부 슬래브 시공을 위하여 동바리 받침으로 설계되었을 때 시공전 조치해야 할 사항을 설명하시오.
2. 포장 종류(아스팔트 포장 및 콘크리트 포장)에 따른 하중전달 형식 및 각 구조의 기능을 설명하시오.
3. 교량신축 이음장치의 파손원인과 보수방법에 대하여 설명하시오.
4. 도로교 교대 시공시 필요한 안정조건과 안정조건이 불충분할 경우 조치해야 할 사항을 설명하시오.
5. 건설공사의 진도관리(follow up)를 위한 공정관리곡선의 작성방법과 진도평가방법을 설명하시오.
6. 콘크리트 중력댐 시공시 기초면의 마무리 정리에 대하여 설명하시오.

4교시

※ 다음 문제 중 4문제를 선택하여 설명하시오. (각 25점)

1. 댐에서 파이핑(piping) 현상으로 인해 누수가 발생했을 경우, 이에 대한 처리대책을 설명하시오.
2. 공사 시공 중 변경사항이 발생할 경우에 설계변경이 될 수 있는 조건과 그 절차를 설명하시오.
3. 콘크리트의 양생과 시공 이음 기준에 대해 설명하시오.
4. 강교 시공시 강재의 이음방법과 강재부식에 대한 대책을 설명하시오.
5. 토공사에서 적재기계와 덤프트럭의 최적 대수 산정방법과 덤프트럭의 용량이 클 경우와 작을 경우의 운영상 장·단점을 설명하시오.
6. 건설공사 감리제도의 종류 및 특징을 설명하시오.

제84회 토목시공기술사(2008년 <전> 2월)

1교시

※ 다음 문제 중 10문제를 선택하여 설명하시오. (각 10점)

1. 국가 DGPS 서비스 시스템
2. Atterberg Limits(애터버그 한계)
3. VE(Value Engineering)의 정의
4. 옹벽 배면의 침투수가 옹벽에 미치는 영향
5. 콘크리트포장의 피로 균열(fatigue cracking)
6. 파일벤트공법
7. 건설공사의 클레임(claim) 유형 및 해결방법
8. LCC(Life Cycle Cost) 활용과 구성항목
9. 터널 굴착 중 연약지반 보조공법 중 강관다단 그라우팅
10. FSLM(Full Span Launching Method)
11. 다짐도 판정방법
12. 부력과 양압력의 차이점
13. 방파제의 피해원인

2교시

※ 다음 문제 중 4문제를 선택하여 설명하시오. (각 25점)

1. 사전재해영향성 검토협의시 검토항목을 나열하고 구체적으로 설명하시오.
2. 대구경 현장타설 말뚝시공을 위한 굴착시 유의사항 및 시공순서와 콘크리트 타설시 문제점 및 대책을 설명하시오.
3. 흙막이벽의 종류(지지구조, 형식, 지하수처리) 및 그 특징을 설명하시오.
4. 1994년 10월 21일 성수대교가 붕괴되어 32명의 사망자가 발생했다. 이 교량의 붕괴과정과 상판구조의 특성 및 붕괴의 원인에 대해 기술하시오.
5. 해빙기 산악지 국도에서 폭 150m, 사면높이 60m의 산사태가 발생하였다. 현장책임자의 입장에서 붕괴원인 및 방지대책에 대하여 기술하시오.
6. 건설기술관리법 제15조의 2에 의거 건설공사과정의 정보화를 촉진하기 위한 제3차 건설 CALS 기본계획이 2007년 12월에 확정되었다. 이와 관련하여 건설 CALS의 정의, 제3차 기본계획의 배경 및 필요성에 대해 기술하시오.

3교시

※ 다음 문제 중 4문제를 선택하여 설명하시오. (각 25점)

1. 배수형 터널과 비배수형 터널을 비교하여 그 개념 및 장점과 단점을 기술하시오.
2. 사면붕괴를 사전에 예측할 수 있는 시스템에 대하여 설명하시오.
3. 연약지반 개량공법의 종류를 열거하고 그중에서 압밀촉진 공법에 의한 연약지반의 처리순서 및 목적과 계측방법에 대해 기술하시오.
4. 콘크리트 포장구간에서 교량폭의 확장공사 중 발생되는 접속 슬래브의 처짐 및 가시설부 변위대책에 대해 기술하시오.
5. 도로공사에서 암 버력을 유용하여 성토작업을 하는데 필요한 유의사항을 설명하시오.
6. Fill Dam 기초가 암반일 경우 시공상의 문제점을 열거하고 그 중 특히 Grouting 공법에 대하여 기술하시오.

4교시

※ 다음 문제 중 4문제를 선택하여 설명하시오. (각 25점)

1. 강교 가설공법의 종류, 특징 및 주의사항에 대해 기술하시오.
2. 터널시공시 강섬유보강 콘크리트의 역할과 발생되는 문제점 및 장·단점에 대하여 설명하시오.
3. 최근 도로건설공사 중 교량 가시설(시스템 동바리) 붕괴에 의한 사고가 발생하고 있다. 시스템 동바리의 설계 및 시공상의 문제점을 제시하고, 그 대책에 대해서 설명하시오.
4. 사면안정공법 중 억지말뚝공법의 역할과 시공시 주의사항에 대하여 설명하시오.
5. 터널 갱구부의 위치선정, 갱문종류 및 시공시 주의사항에 대하여 설명하시오.
6. 보강토 옹벽 시공시 간과하기 쉬운 문제점을 나열하고 설명하시오.

제85회 토목시공기술사(2008년 <중> 5월)

1교시

※ 다음 문제 중 10문제를 선택하여 설명하시오. (각 10점)

1. 콘크리트의 블리딩(bleeding) 및 레이턴스(laitance)
2. 최적함수비(OMC)
3. N값의 수정
4. 콘크리트의 탄산화(carbonation)
5. 경량성토공법
6. 공사계약금액 조정을 위한 물가변동률
7. 균열유발줄눈
8. 콘크리트 표면차수벽댐(CFRD)
9. 부영양화(eutrophication)
10. 순수형 CM(CM for fee) 계약방식
11. 건설기계의 손료
12. BOT(Built-Own-Transfer)
13. 강재의 릴랙세이션(relaxation)

2교시

※ 다음 문제 중 4문제를 선택하여 설명하시오. (각 25점)

1. 성토시 구조물 접속부의 부등침하 방지대책을 설명하시오.
2. 침투수가 옹벽에 미치는 영향 및 배수대책을 설명하시오.
3. 투수성 포장과 배수성 포장의 특징 및 시공시 유의사항을 설명하시오.
4. 콘크리트 구조물에 화재가 발생했을 때 콘크리트의 손상평가방법과 보수・보강대책을 설명하시오.
5. 하천호안의 역할 및 시공시 유의사항을 설명하시오.
6. 항만공사에서 사상(砂床) 진수법에 의한 케이슨 거치방법 및 시공시 유의사항을 설명하시오.

3교시

※ 다음 문제 중 4문제를 선택하여 설명하시오. (각 25점)

1. 해양콘크리트의 내구성 확보를 위한 시공시 유의사항을 설명하시오.
2. 댐공사에서 가체절 및 유수전환공법의 종류와 특징을 설명하시오.
3. 산악터널공사에서 발생하는 지하수 용출에 따른 문제점과 대책을 설명하시오.
4. 기계화 시공계획 수립순서 및 내용을 건설기계의 운용관리면을 중심으로 설명하시오.
5. 현장타설 콘크리트말뚝공법 중에서 RCD(Reverse Circulation Drill) 공법의 장・단점과 시공시 유의사항에 대하여 설명하시오.
6. 공기단축의 필요성과 최소비용을 고려한 공기단축기법을 설명하시오.

4교시

※ 다음 문제 중 4문제를 선택하여 설명하시오. (각 25점)

1. 수중불분리성 콘크리트의 특징 및 시공시 유의사항을 설명하시오.
2. 준설선을 토질조건에 따라 선정하고, 각 준설선의 특징을 설명하시오.
3. NATM 터널의 숏크리트 작업에서 터널 각 부분(측벽부, 아치부, 인버트부, 용수부)의 시공시 유의사항과 분진대책을 설명하시오.
4. 레디믹스트콘크리트(ready-mixed concrete) 제품의 불량원인과 그 방지대책을 설명하시오.
5. 콘크리트 고교각(高橋脚) 시공법의 종류와 특징 및 시공시 고려사항을 설명하시오.
6. 연약지반상에 설치된 교대의 측방이동의 원인 및 그 대책을 설명하시오.

제86회 토목시공기술사(2008년 <후> 8월)

1교시

※ 다음 문제 중 10문제를 선택하여 설명하시오. (각 10점)

1. 항만공사용 Suction Pile
2. 지수벽
3. 단지조성 공사시 GIS(Geographic Information System) 기법을 이용한 지하시설물도 작성
4. 매스콘크리트(Mass Concrete)에서의 온도균열
5. 장수명 포장
6. 가상건설시스템(Virtual Construction System)
7. IPC 거더(Incrementally Prestressed Concrete girder) 교량가설공법
8. 건설분야 LCA(Life Cycle Assessment)
9. 철도의 강화노반(Reinforced Roadbed)
10. 하천생태(환경)호안
11. 교량의 내진과 면진 설계
12. 수급인의 하자담보책임
13. 측방유동

2교시

※ 다음 문제 중 4문제를 선택하여 설명하시오. (각 25점)

1. 기존옹벽 상단부분이 앞으로 기울어질 조짐이 예견되었다. 이에 대한 보강대책을 기술하시오.
2. 큰 하천을 횡단하는 교량시공시 기상조건을 고려한 방재대책과 이에 따른 공정계획 수립상 유의사항을 설명하시오.
3. NATM 터널시공시 지보패턴을 결정하기 위한 공사전 및 공사 중 세부시행사항을 설명하시오.
4. 최근 공사규모가 대형화되고 공기가 촉박해지면서 공기준수를 위해 설계시공병행(Fast-Track) 방식의 공사발주가 활성화되고 있다. 공사책임자로서 설계후 시공의 순차적 공사진행방식과 설계시공병행방식의 개요와 장·단점을 비교하고 설계시공병행방식에서 이용가능한 단계구분의 기준을 예시하시오.
5. Asphalt 포장공사에서 교량 시종점부의 파손(부등침하균열 및 포트홀(pot hole 등)) 발생원인 및 대책에 대하여 설명하시오.
6. 단지조성시 성토부의 지하시설물 시공방법 중 성토후 재터파기하여 지하시설물을 시공하는 방법과 성토전 지하시설물을 먼저 시공하고 되메우기 하는 방법에 대하여 설명하시오.

3교시

※ 다음 문제 중 4문제를 선택하여 설명하시오. (각 25점)

1. 단층파쇄대에 설치되는 현장타설말뚝 시공법과 시공시 유의사항을 설명하시오.
2. 대규모 단지조성 공사시 건설 관련 개별법이 정한 인허가 협의 의견해소와 용지에 관련된 사업구역 확정 등 사업준공과 목적물 인계인수를 위해 분야별로 조치해야 할 사항을 설명하시오.
3. 콘크리트 시공시 성능강화를 위해 첨가되는 혼화재료의 사용목적과 선정시 고려사항 및 종류에 대하여 설명하시오.
4. 주요 간선도로를 횡단하는 송수관로(직경 2m, 2열) 시공시 교통장애를 유발하지 않는 시공법을 제시하고 시공시 유의사항을 설명하시오(지반은 사질토이고 지하수위가 높음).
5. 대도시 도심부 지하를 관통하는 고심도 지하도로 시공 중 도시시설물 안전에 미치는 영향 요인들을 열거하고 시공시 유의사항을 설명하시오.
6. 하천제방 제내지측에 누수징후가 예견되었다. 누수원인과 방지대책을 설명하시오.

4교시

※ 다음 문제 중 4문제를 선택하여 설명하시오. (각 25점)

1. 대단위 산업단지 성토를 육상토취장 토사와 해상준설토로 매립하고자 한다. 육·해상 구분하여 성토재의 채취, 운반, 다짐에 필요한 장비조합을 설명하시오(성토물량과 공기 등은 가정하여 계획할 것).
2. 현장책임자로서 구조물의 직접기초 터파기공사를 계획할 때 현장여건별 적정 굴착공법을 개착식, Island 방식, Trench 방식으로 구분하여 설명하고 공법별 시공수준을 기술하시오.
3. 사면보강공사 중 Soil Nailing 공법에 사용되는 수평배수관과 간격재(스페이서 ; spacer)의 기능과 역할에 대하여 설명하시오.
4. 최근 해외공사 수주가 급증하고 있다. 해외건설공사에 대한 위험관리(Risk Mana- gement)에 대하여 설명하시오.
5. 건설공사의 사면절취에서 관련 지침 및 부서 협의시 환경훼손의 최소화 차원에서 최대 절취높이를 점차 줄여나가고 있다. 이에 절취사면의 안정과 유지관리에 유리한 환경친화적인 조치방법을 설명하시오.
6. 콘크리트 표면차수벽형 석괴댐(Concrete Face Rockfill Dam : CFRD)의 각 존별 기초 및 그라우팅 방법에 대하여 설명하시오.

제87회 토목시공기술사(2009년 <전> 2월)

1교시

※ 다음 문제 중 10문제를 선택하여 설명하시오. (각 10점)

1. 고유동콘크리트
2. 평판재하시험 결과 이용시 주의사항
3. 폭파치환공법
4. 보상기초(Compensated foundation)
5. 점토의 Thixotropy현상
6. Cell공법에 의한 가물막이
7. 돗바늘공법(Rotator type all casing)
8. LB(Lattice Bar) Deck
9. 교량의 교면방수
10. Siphon
11. Discontinuity(불연속면)
12. 부잔교
13. 소수 주형(girder)교

2교시

※ 다음 문제 중 4문제를 선택하여 설명하시오. (각 25점)

1. 대절토사면의 시공시 붕괴원인과 파괴형태를 기술하고, 방지대책에 대하여 설명하시오.
2. 하천제방의 종류와 시공시 유의사항을 설명하시오.
3. 기존 지하철노선 하부를 관통하는 신설 터널공사를 계획시 기존 노선과 신설 터널 사이의 지반이 풍화잔적토이며 두께가 약 10m일 때 신설 터널공사를 위한 시공대책에 대하여 설명하시오.
4. 매입말뚝공법의 종류와 특성을 기술하고, 시공시 유의사항을 설명하시오.
5. SOC사업의 공사 중 환경민원 등의 갈등 해결방안을 설명하시오.
6. 항만시설물 중 피복공사에 대하여 기술하고, 시공시 유의사항을 설명하시오.

3교시

※ 다음 문제 중 4문제를 선택하여 설명하시오. (각 25점)

1. 연약지반 처리공법 중 연직배수공법을 기술하고, 시공시 유의사항을 설명하시오.
2. 아스팔트포장을 위한 Work flow의 예를 작성하고, 시험시공을 통한 포장품질 확보방안을 설명하시오.
3. 콘크리트에서 발생하는 균열을 원인별로 구분하고, 시공시 방지대책을 설명하시오.
4. 세굴에 의한 교량기초의 파손 및 유실이 종종 발생하고 있다. 교량기초의 세굴예측기법과 방지공법에 대해 설명하시오.
5. 터널공사에서 록볼트(Rock bolt)의 종류와 정착방식에 따른 작용효과에 대하여 설명하시오.
6. Cable교량 중 Extradosed교의 시공과 주형 가설에 대하여 기술하시오.

4교시

※ 다음 문제 중 4문제를 선택하여 설명하시오. (각 25점)

1. NATM 터널의 막장 관찰과 일상 계측방법을 기술하고, 시공시 고려사항에 대하여 설명하시오.
2. 토공사에 투입되는 장비의 선정시 고려사항과 작업능률을 높일 수 있는 방안을 설명하시오.
3. 상하수도 시설물(주위 배관 포함)의 누수를 방지할 수 있는 방안과 시공시 유의사항을 설명하시오.
4. 강교 현장이음의 종류 및 시공시 유의사항을 설명하시오.
5. 발파진동이 구조물에 미치는 영향을 기술하고, 진동영향 평가방법을 설명하시오.
6. 지하굴착을 위한 토류벽 공사시 발생하는 배면침하의 원인 및 대책을 설명하시오.

제88회 토목시공기술사(2009년 <중> 5월)

1교시

※ 다음 문제 중 10문제를 선택하여 설명하시오. (각 10점)

1 롤러다짐콘크리트포장(Roller Compacted Concrete Pavement, RCCP)
2. 하천의 고정보 및 가동보
3. 총공사비의 구성요소
4. FCM(Free Cantilever Method)
5. 스무스 블라스팅(Smooth Blasting)
6. 사항(斜杭)
7. 폴리머 시멘트 콘크리트(Polymer-Modified Concrete, PMC)
8. 포장의 그루빙(Grooving)
9. GPR(Ground Penetrating Radar)탐사
10. 알칼리골재반응
11. 프런트잭킹(front jacking)공법
12. 건설분야 RFID(Radio Frequency Identification)
13. 압성토공법

2교시

※ 다음 문제 중 4문제를 선택하여 설명하시오. (각 25점)

1. 하천제방에서 부위별 누수방지대책과 차수공법에 대하여 설명하시오.
2. 기초에서 말뚝지지력을 평가하는 방법에 대하여 설명하시오.
3. 블록방식에 의한 콘크리트 중력식 댐 시공에서 콘크리트의 이음과 시공시 유의사항을 설명하시오.
4. 심발(심빼기)발파의 종류와 지반진동의 크기를 지배하는 요소에 대해 설명하시오.
5. 건설프로젝트의 단계(기획, 설계, 시공, 유지관리)별 건설사업관리(CM)의 주요 업무내용을 설명하시오.
6. 우물통케이슨의 현장침하시 작용하는 저항력의 종류와 침하를 촉진시키기 위한 방안을 설명하시오.

3교시

※ 다음 문제 중 4문제를 선택하여 설명하시오. (각 25점)

1. 매립호안 사석제의 파이핑(piping)현상에 대한 방지대책공법을 설명하시오.
2. 흙막이 굴착공사시의 계측항목을 열거하고 위치선정에 대한 고려사항을 설명하시오.
3. 모래 섞인 자갈층과 전석층($N > 40$)이 두꺼운 지층구조(깊이 20m)에서 기존 건물에 근접한 시트파일(sheet pile) 토류벽을 시공하고자 한다. 연직토류벽체의 평면선형 변화가 많을 때 시트파일의 시공방법과 시공시 유의사항을 설명하시오.
4. 터널 2차 라이닝 콘크리트의 균열 발생원인과 그 방지대책을 설명하시오.
5. 마디도표방식(Precedence Diagram Method)에 의한 공정표의 특징 및 작성 방법을 설명하시오.
6. 레미콘(Ready Mixed Concrete)의 품질확보를 위한 품질규정에 대해서 설명하시오.

4교시

※ 다음 문제 중 4문제를 선택하여 설명하시오. (각 25점)

1. 지하구조물 시공시 지하수위에 따른 양압력의 영향 검토 및 대처방법에 대하여 설명하시오.
2. 기존 터널에 근접되는 구조물의 시공시 기존 터널에 예상되는 문제점과 대책을 설명하시오.
3. 땅깎기 비탈면에서 정밀안정검토가 요구되는 현장조건과 사면붕괴를 예방하기 위한 안정대책에 대하여 설명하시오.
4. 콘크리트 댐 공사에 필요한 골재 제조 설비 및 콘크리트 관련 설비에 대해서 설명하시오.
5. 아스팔트 콘크리트포장에서 표층재생공법(Surface Recycling Method)의 특징 및 시공요점을 설명하시오.
6. 콘크리트 소교량의 상부공 가설공법 중에서 프리플렉스(Preflex)공법과 Precom(Prestressed Composite)공법을 비교 설명하시오.

제89회 토목시공기술사(2009년 <후> 8월)

1교시

※ 다음 문제 중 10문제를 선택하여 설명하시오. (각 10점)

1. 표준관입시험(SPT)
2. 저탄소 중온 아스팔트 콘크리트 포장
3. 비상주 감리원
4. 비용편익비(B/C ratio)
5. 피암터널
6. 고내구성 콘크리트
7. 유보율(항만공사시)
8. 말뚝시험공법 중 타입공법과 매입공법
9. 하이브리드(hybrid) 중로아치교
10. 설계기준강도와 배합강도
11. RBM(Raised Boring Machine)
12. 과소압밀(under consolidation) 점토
13. TSP(Tunnel Seismic Profiling) 탐사

2교시

※ 다음 문제 중 4문제를 선택하여 설명하시오. (각 25점)

1. 연약지반개량공법인 PBD(Plastic Board Drain) 공법의 시공시 유의사항에 대하여 기술하시오.
2. 강재용접의 결함 종류 및 대책에 대하여 기술하시오.
3. 하수관거공사를 시행함에 있어서 수밀시험(Leakage Test)에 대하여 기술하시오.
4. 표준품셈 적산방식과 실적공사비 적산방식을 비교하여 기술하시오.
5. 장마철 대형공사장의 주요 점검사항 및 집중호우로 인한 재해를 방지하기 위한 조치사항을 기술하시오.
6. 댐(Dam) 본체 축조 전에 행하는 사전(事前)공사로써 유수전환 방식 및 특징에 대하여 기술하시오.

3교시

※ 다음 문제 중 4문제를 선택하여 설명하시오. (각 25점)

1. 콘크리트 구조물에서 발생되는 균열의 종류, 발생원인 및 보수·보강방법에 대하여 기술하시오.
2. 서해안 지역의 항만접안시설에서 적용 가능한 케이슨 진수공법 및 시공시 유의사항에 대하여 설명하시오.
3. 품질관리비 산출에 대하여 최근 개정된 품질시험비 산출 단위량 기준(국토해양부 고시) 내용을 중심으로 설명하시오.
4. 최근 집중 호우시 발생되는 토석류(debris flow) 산사태 피해의 원인 및 대책에 대하여 설명하시오.
5. 터널 공사 중 터널 내부에 설치되는 계측기의 종류 및 측정방법에 대하여 기술하시오.
6. 흙막이 앵커를 지하수위 이하로 시공시 예상되는 문제점과 시공전(施工前) 대책에 대하여 기술하시오.

4교시

※ 다음 문제 중 4문제를 선택하여 설명하시오. (각 25점)

1. 프리스트레스트 콘크리트 박스거더(Prestressed Concrete Box Girder)로 교량의 상부공을 가설하고자 한다. 가설공법의 종류, 시공방법 및 특징에 대하여 간략히 기술하시오.
2. 슬러리 월(Slurry Wall)공법의 시공순서를 기술하고, 내적 및 외적 안정에 대하여 설명하시오.
3. 터널의 장대화에 따른 방재시설의 중요성이 강조되고 있다. 장대 도로터널의 방재시설 계획시 고려하여야 할 사항과 필요시설의 종류 및 특징에 대하여 기술하시오.
4. 건식 및 습식 숏크리트(Shotcrete)의 시공방법과 시공상의 친환경적인 개선안에 대하여 기술하시오.
5. 콘크리트 말뚝에 종방향으로 발생되는 균열의 원인과 대책에 대하여 기술하시오.
6. 콘크리트 슬래브 궤도로 설계된 고속철도 노선이 연약지반을 통과한다. 연약지반 심도별 대책 및 적용 공법에 대하여 기술하시오.

제90회 토목시공기술사(2010년 <전> 2월)

1교시

※ 다음 문제 중 10문제를 선택하여 설명하시오. (각 10점)

1. 용역형 건설사업관리(CM for fee)
2. 건설기계의 시공효율
3. 골재의 조립률(FM)
4. 도로의 평탄성측정방법(PRI)
5. 흙의 연경도(Consistency)
6. CBR(California Bearing Ratio)
7. 흙의 액상화(Liquefaction)
8. 랜드크리프(Land Creep)
9. 유선망(Flow net)
10. TMC(Thermo－Mechanical Control)강
11. 일체식 교대교량(Intergral Abutment Bridge)
12. 줄눈 콘크리트포장
13. 개질아스팔트

2교시

※ 다음 문제 중 4문제를 선택하여 설명하시오. (각 25점)

1. NATM 터널시공시 지보재의 종류와 그 역할을 설명하시오.
2. 도로포장공사에서 흙의 다짐도 관리를 품질 관리 측면에서 설명하시오.
3. 준설공사를 위한 사전조사와 시공방식을 기술하고 시공시 유의사항을 설명하시오.
4. 하수관로의 기초공법과 시공시 유의사항을 설명하시오.
5. 기설구조물에 인접하여 교량기초를 시공할 경우 기설구조물의 안전과 기능에 미치는 영향 및 대책을 설명하시오.
6. 강교의 가조립 목적과 가조립 방식을 설명하시오.

3교시

※ 다음 문제 중 4문제를 선택하여 설명하시오. (각 25점)

1. 건설공사에서 일정관리의 필요성과 그 방법을 설명하시오.
2. 말뚝기초의 지지력 예측방법 중에서 말뚝재하시험에 의한 방법과 원위치시험(SPT, CPT, PMT)에 의한 방법을 설명하시오.
3. 강합성 거더교의 철근콘크리트 바닥판 타설 계획시의 유의사항과 타설 순서를 설명하시오.
4. 아스팔트 콘크리트 포장공사에서 혼합물의 포설량이 500t/일일 때 시공 단계별 포설장비를 선정하고, 각 장비의 특성과 시공시 유의사항을 설명하시오.
5. 하천개수 계획시 중점적으로 고려할 사항과 개수공사의 효과를 설명하시오.
6. 옹벽배면의 침투수가 옹벽의 안정에 미치는 영향을 기술하고, 침투수처리를 위한 시공시 유의사항을 설명하시오.

4교시

※ 다음 문제 중 4문제를 선택하여 설명하시오. (각 25점)

1. 원자력발전소 건설에 사용하는 방사선 차폐용 콘크리트(Radiation Shielding Concrete)의 재료·배합 및 시공시 유의사항을 설명하시오.
2. 신설도로공사에서 연약지반 구간에 지하횡단 박스컬버트(Box Culvert) 설치시 검토사항과 시공시 유의사항을 설명하시오.
3. 교대 경사말뚝의 특성 및 시공시 문제점과 대책을 설명하시오.
4. 공사현장의 콘크리트 배치플랜트(Batch Plant) 운영방안을 설명하시오.
5. 지반 굴착시 지하수위변동과 진동하중이 주변지반에 미치는 영향과 대책을 설명하시오.
6. 건설공사 현장의 사고예방을 위한 건설기술관리법에 규정된 안전관리 계획을 설명하시오.

제91회 토목시공기술사(2010년 <중> 5월)

1교시

※ 다음 문제 중 10문제를 선택하여 설명하시오. (각 10점)

1. 현장배합과 시방배합
2. 실적공사비
3. 측방유동
4. Air Spinning 공법
5. PSC 강재 그라우팅
6. 말뚝의 시간효과(Time Effect)
7. 물-결합재비
8. 계획홍수량에 따른 여유고
9. 앵커체의 최소심도와 간격(토사지반)
10. 콘크리트의 인장강도
11. 하천의 교량 경간장
12. Segment의 이음방식(실드터널)
13. 약최고고조위(A.H.H.W.L)

2교시

※ 다음 문제 중 4문제를 선택하여 설명하시오. (각 25점)

1. 도심지 근접시공에서 흙막이 공사시 굴착으로 인한 흙막이벽과 주변지반의 거동 원인 및 대책에 대하여 설명하시오.
2. 표준구배로 되어 있는 사면이 붕괴될 시 이에 대한 원인 및 대책을 설명하시오.
3. 해안에 인접하여 연약지반을 통과하는 4차선 도로가 있다. 이 경우 연약지반처리를 위한 시공계획에 대하여 설명하시오.
4. 시멘트의 풍화 원인, 풍화 과정, 풍화된 시멘트의 성질과 풍화된 시멘트를 사용한 콘크리트의 품질을 설명하시오.
5. 필댐의 내부 침식, 파이핑 메커니즘 및 시공시 주위사항을 설명하시오.
6. 아스팔트 포장의 포트홀(Pot-Hole) 저감대책을 설명하시오.

3교시

※ 다음 문제 중 4문제를 선택하여 설명하시오. (각 25점)

1. 하천공사시 제방의 재료 및 다짐에 대하여 설명하시오.
2. 실드터널 시공시 뒤채움 주입방식의 종류 및 특징에 대하여 설명하시오.
3. 교량의 깊은 기초에 사용되는 대구경 현장타설 말뚝공법의 종류를 들고, 하나의 공법을 선택하여 시공관리사항에 대하여 설명하시오.
4. 그라운드 앵커의 손상 유형과 유지관리 대책을 설명하시오.
5. 절·성토시 건설기계의 조합 및 기종선정 방법을 설명하시오.
6. PSC 장지간 교량의 캠버 확보방안과 처짐의 장기거동을 설명하시오.

4교시

※ 다음 문제 중 4문제를 선택하여 설명하시오. (각 25점)

1. 도심지 지하흙막이 공사에서 굴착구간 내 (1) 상수도, (2) 하수도 및 하수 BOX, (3) 도시가스, (4) 전력 및 통신 등의 주요 지하매설물들이 산재되어 있다. 상기 4종류의 매설물들에 대한 굴착시 보호계획과 복구시 복구계획에 대하여 설명하시오.
2. 뒷부벽식 옹벽에서 벽체와 부벽의 주철근 배근 개략도를 그리고 설명하시오.
3. 하천공사에서 제방을 파괴시키는 누수, 비탈면 활동, 침하에 대하여 설명하시오.
4. 국토해양부장관이 고시한 「책임감리 현장참여자 업무지침서」에서 각 구성원(발주처, 감리원, 시공자)의 공사시행단계별 업무에 대하여 설명하시오.
5. 사장교와 현수교의 시공시 중요한 관리사항을 설명하시오.
6. 빈배합 콘크리트의 품질과 용도에 대하여 설명하시오.

제92회 토목시공기술사(2010년 <후> 8월)

1교시

※ 다음 문제 중 10문제를 선택하여 설명하시오. (각 10점)

1. 토량환산계수
2. 순환골재 콘크리트
3. SCP(Sand Compaction Pile)
4. 소일네일링(Soil Nailing) 공법
5. 공정비용 통합시스템
6. 콘크리트 자기수축현상
7. 벤치컷(Bench Cut) 공법
8. 필댐(Fill Dam)의 수압파쇄현상
9. 팽창콘크리트
10. 내부마찰각과 N값의 상관관계
11. 환경지수와 내구지수
12. 풍동실험
13. SCF(Self Climbing Form)

2교시

※ 다음 문제 중 4문제를 선택하여 설명하시오. (각 25점)

1. 여름철 아스팔트 콘크리트포장에서 소성변형이 많이 발생한다. 발생 원인을 열거하고 방지대책 및 보수방법에 대하여 설명하시오.
2. 버팀보 가설공법으로 설계된 도심지 대심도 개착식 공법에서 지반안정성 확보를 위한 계측의 종류를 열거하고, 특성 및 계측 시공관리방안에 대하여 설명하시오.
3. NATM터널 시공시 숏크리트(Shotcrete) 공법의 종류를 열거하고, 리바운드(Rebound) 저감대책에 대하여 설명하시오.
4. 대구경 강관 말뚝의 국부좌굴의 원인을 열거하고, 시공시 유의사항을 설명하시오.
5. 콘크리트 교량의 상판 가설(架設)공법 중 현장타설 콘크리트에 의한 공법의 종류를 열거하고 설명하시오.
6. 하천공사에 설치하는 기능별 보의 종류를 열거하고, 시공시 유의사항에 대하여 설명하시오.

3교시

※ 다음 문제 중 4문제를 선택하여 설명하시오. (각 25점)

1. 교대 및 암거 등의 구조물과 토공 접속부에서 발생하는 단차의 원인을 열거하고, 원인별 방지공법들에 대하여 설명하시오.
2. 액상화 검토대상 토층과 발생 예측기법을 열거하고, 불안정시 원리별 처리공법을 설명하시오.
3. 보강토 옹벽에서 발생하는 균열의 원인을 열거하고 방지대책에 대하여 설명하시오.
4. 건설공사에서 발생하는 분쟁의 종류를 열거하고, 방지대책에 대하여 설명하시오.
5. 도심지 터널공사 및 대심도 지하구조물 시공시 실시하는 약액주입공법에 대하여 종류별로 시공 및 환경관리 항목을 열거하고, 시공계획서 작성시 유의사항에 대하여 설명하시오.
6. 터널 공사 중 발생하는 유해가스, 분진 등을 고려한 환기계획 및 환기방식의 종류에 대하여 설명하시오.

4교시

※ 다음 문제 중 4문제를 선택하여 설명하시오. (각 25점)

1. 프리플레이스트 콘크리트(Preplaced Concrete)공법을 적용하는 공사를 열거하고, 시공방법 및 유의사항에 대하여 설명하시오.
2. 터널의 지하수 처리형식에서 배수형터널과 비배수형터널의 특징을 비교 설명하시오.
3. 강구조물 연결방법의 종류를 열거하고, 강재부식의 문제점 및 대책에 대하여 설명하시오.
4. 매스(Mass)콘크리트에 발생하는 온도응력에 의한 균열의 제어대책에 대하여 설명하시오.
5. 발파시공 현장에서 발파진동에 의한 인근 구조물에 피해가 발생하였다. 구조물에 미치는 영향에 대한 조사방법을 열거하고 시공시 유의사항에 대하여 설명하시오.
6. 최근 사회간접자본(SOC)예산은 도로, 철도사업이 큰 폭으로 감소하고 있고, 대체방안으로 도입한 민자사업에 대하여도 많은 문제점이 나타나고 있다. 정부의 SOC예산의 바람직한 투자방향에 대하여 설명하시오.

제93회 토목시공기술사(2011년 <전> 2월)

1교시

※ 다음 문제 중 10문제를 선택하여 설명하시오. (각 10점)

1. H형 강말뚝에 의한 슬래브의 개구부 보강
2. 터널의 페이스 매핑(face mapping)
3. 개착터널의 계측빈도
4. 수중불분리성 콘크리트
5. 강재의 전기방식(電氣防蝕)
6. 히빙(heaving)현상
7. 건설기계의 조합원칙
8. 철근과 콘크리트의 부착강도
9. 설계강우강도
10. 심층혼합처리(deep chemical mixing)공법
11. 공정관리의 주요기능
12. 선재하(pre-loading) 압밀공법
13. 최적함수비(OMC)

2교시

※ 다음 문제 중 4문제를 선택하여 설명하시오. (각 25점)

1. 공정네트워크(network) 작성시 공사일정계획의 의의와 절차 및 방법을 설명하시오.
2. 현재 공공기관과의 공사계약에서 물가변동으로 인한 계약금액 조정을 발주기관에 요청할 경우 물가변동 조정금액 산출방법에 대하여 설명하시오.
3. NATM 터널 시공시 (1) 굴착 직후 무지보 상태, (2) 1차 지보재(shotcrete) 타설 후, (3) 콘크리트라이닝 타설 후의 각 시공단계별 붕괴형태를 설명하고, 터널 붕괴원인 및 대책에 대하여 설명하시오.
4. 리버스 서큘레이션 드릴(reverse circulation drill) 공법의 시공법, 품질관리와 희생강관 말뚝의 역할에 대하여 설명하시오.
5. 매립공사에 사용되는 해양준설투기방법에 있어서 예상되는 문제점 및 대책에 대하여 설명하시오.
6. 연약지반에서 고압분사주입공법의 종류와 특징에 대하여 설명하시오.

3교시

※ 다음 문제 중 4문제를 선택하여 설명하시오. (각 25점)

1. 수중 교각공사에서 시공관리시 관리할 항목별 내용과 관리시의 유의사항을 설명하시오.
2. 연장이 긴(L=1,500m 정도) 장대 교량의 상부공을 한 방향에서 연속압출공법(ILM)으로 시공할 때 시공시 유의사항에 대하여 설명하시오.
3. 혼잡한 도심지를 통과하는 도시철도의 노면 복공계획시 조사사항과 검토사항을 설명하시오.
4. 경간장 15m, 높이 12m인 콘크리트 라멘교의 시공계획서 작성시 필요한 내용을 설명하시오.
5. 시공현장의 지반에서 동상(frost heaving)의 발생원인과 방지대책에 대하여 설명하시오.
6. 연속 철근콘크리트포장의 공용성에 영향을 미치는 파괴유형과 그 원인 및 보수공법을 설명하시오.

4교시

※ 다음 문제 중 4문제를 선택하여 설명하시오. (각 25점)

1. 터널 침매공법에서 기초공의 조성과 침매함의 침매방법 및 접합방법을 설명하시오.
2. 콘크리트 구조물의 내구성을 저하시키는 요인 및 내구성 증진방안을 설명하시오.
3. 실드터널 굴착시 초기굴진단계의 공정을 거쳐 본굴진계획을 검토해야 되는데 초기 굴진시 시공순서, 시공방법 및 유의사항에 대하여 설명하시오.
4. 해상 콘크리트타설에 사용되는 장비의 종류를 들고, 환경오염방지 대책에 대하여 설명하시오.
5. 흙막이 벽 지지구조형식 중 어스앵커(earth anchor) 공법에서 어스앵커의 자유장과 정착장의 설계 및 시공시 유의사항에 대하여 설명하시오.
6. 압밀침하에 의해 연약지반을 개량하는 현장에서 시공관리를 위한 계측의 종류와 방법에 대하여 설명하시오.

제94회 토목시공기술사(2011년 <중> 5월)

1교시

※ 다음 문제 중 10문제를 선택하여 설명하시오. (각 10점)

1. 흙의 통일분류법
2. 말뚝의 주면마찰력
3. 잔골재율(S/a)
4. 포스트텐션 도로포장
5. 터널의 여굴 발생원인 및 방지대책
6. 사장교와 현수교의 특징 비교
7. 준설토 재활용방안
8. 흙의 입도분포에 의한 주행성(trafficability) 판단
9. 유토곡선(mass curve)
10. 수밀 콘크리트와 수중 콘크리트
11. Prestress의 손실
12. 터널의 인버트 정의 및 역할
13. 건설자동화(construction automation)

2교시

※ 다음 문제 중 4문제를 선택하여 설명하시오. (각 25점)

1. 대단위 성토공사에서 요구되는 조건에 따라 성토재료의 조사내용을 열거하고 안정성 및 취급성에 대하여 설명하시오.
2. 연약지반개량공법에 적용되는 연직배수재(PBD)의 통수능력과 통수능력에 영향을 미치는 요인에 대하여 설명하시오.
3. 최근 수심이 20m 이상인 비교적 유속이 빠른 해상에 사장교나 현수교와 같은 특수교량이 시공되는 사례가 많다. 이때 적용 가능한 교각 기초형식의 종류를 열거하고 특징에 대하여 설명하시오.
4. 토피가 낮은 터널을 시공할 때 발생되는 지표침하현상과 침하저감대책에 대하여 설명하시오.
5. 콘크리트 구조물의 열화에 영향을 미치는 인자들의 상호관계 및 내구성 향상방안에 대하여 설명하시오.
6. 건설사업관리(CM)에서 위험관리(risk management)와 안전관리(safety management)에 대하여 설명하시오.

3교시

※ 다음 문제 중 4문제를 선택하여 설명하시오. (각 25점)

1. 성토댐(embankment dam)의 축조기간 중에 발생되는 댐의 거동에 대하여 설명하시오.
2. 시멘트 콘크리트포장에서 줄눈의 종류, 기능 및 시공방법에 대하여 설명하시오.
3. 콘크리트의 양생메커니즘과 양생의 종류를 열거하고 각각에 대하여 설명하시오.
4. 교량 상부 구조물의 시공 중 및 준공 후 유지관리를 위한 계측관리시스템의 구성 및 운영방안에 대하여 설명하시오.
5. 최근 수도권 대심도 고속철도나 도로건설에 대한 관련 사업들이 계획되고 있다. 귀하가 도심지 대심도 터널을 계획하고자 한다면 사전검토사항과 적절한 공법을 선정하여 설명하시오.
6. 대규모 국가하천정비공사에서 사용하는 준설선의 종류와 특징에 대하여 설명하시오.

4교시

※ 다음 문제 중 4문제를 선택하여 설명하시오. (각 25점)

1. 항만공사에서 잔교 구조물 축조시 대구경(ϕ600) 강관파일(사항 포함)타입에 관한 시공계획서 작성 및 중점착안사항에 대하여 설명하시오.
2. 아스팔트 콘크리트포장공사에서 포장의 내구성 확보를 위한 다짐작업별 다짐장비 선정과 다짐시 내구성에 미치는 영향 및 마무리 평탄성 판단기준에 대하여 설명하시오.
3. 연약한 점성토지반에 개착터널인 지하철을 건설하기 위하여 흙막이 가시설로 시트파일(sheet pile)공법을 채택하고자 한다. 이 공법을 적용하기 위한 사전조사사항과 시공시 발생하는 문제점 및 방지대책에 대하여 설명하시오.
4. 건설공사에서 BIM(building information modeling)을 이용한 시공효율화방안에 대하여 설명하시오.
5. 대절토암반사면 시공시 붕괴원인과 파괴유형을 구분하고 방지대책에 대하여 설명하시오.
6. 최근 지진 발생 증가에 따라 기존교량의 피해 발생이 예상된다. 기존에 사용 중인 교량에 대한 내진보강방안에 대하여 설명하시오.

제95회 토목시공기술사(2011년 <후> 8월)

1교시

※ 다음 문제 중 10문제를 선택하여 설명하시오. (각 10점)

1. 건설기계의 주행저항
2. 아스팔트(asphalt)의 소성변형
3. 흙의 다짐원리
4. 포장 콘크리트의 배합기준
5. 진공 콘크리트(vacuum processed concrete)
6. 교각의 슬립폼(slip form)
7. 공칭강도와 설계강도
8. 비용경사(cost slope)
9. 아스팔트 콘크리트의 반사균열
10. 토공의 다짐도 판정방법
11. 평판재하시험(PBT) 적용시 유의사항
12. 블랭킷 그라우팅(blanket grouting)
13. 용존공기부상(DAF : dissolved air flotation)

2교시

※ 다음 문제 중 4문제를 선택하여 설명하시오. (각 25점)

1. 토공사에서 성토재료의 선정요령에 대하여 설명하시오.
2. 콘크리트 교량의 균열에 대하여 원인별로 분류하고 보수재료에 대한 평가기준을 설명하시오.
3. 절취사면에서 소단을 설치하는 이유와 사면을 정밀조사하고 사면안정분석을 해야 하는 경우를 설명하시오.
4. 터널 천단부와 막장면의 안정에 사용되는 보조공법의 종류와 특징을 설명하시오.
5. 도시지역의 물 부족에 따른 우수저류방법과 활용방안에 대하여 설명하시오.
6. 공정관리의 기능과 공정관리기법에 대해 설명하시오.

3교시

※ 다음 문제 중 4문제를 선택하여 설명하시오. (각 25점)

1. 유토곡선(mass curve)에 의한 평균이동거리 산출요령과 그 활용상 유의할 사항에 대하여 설명하시오.
2. 집중호우시 발생되는 사면붕괴의 원인과 대책에 대하여 설명하시오.
3. 강교형식에서 플레이트거더교와 박스거더교의 가설(架設)공사시 검토사항을 설명하시오.
4. 해안에서 5km 떨어진 해중(海中)에 육상의 흙을 사용하여 토운선매립방식으로 인공섬을 건설하고자 한다. 해상매립공사를 중심으로 시공계획시 유의사항을 설명하시오.
5. 공사계약금액 조정의 요인과 그 조정방법에 대하여 설명하시오.
6. 공사 착공 전 건설재해예방을 위한 유해, 위험 방지계획서에 대하여 설명하시오.

4교시

※ 다음 문제 중 4문제를 선택하여 설명하시오. (각 25점)

1. 지하구조물의 부상(浮上)원인과 대책에 대하여 설명하시오.
2. 기초말뚝의 최소 중심간격과 말뚝배열에 대하여 설명하시오.
3. 지반 굴착시 지하수위 저하 및 진동이 주변에 미치는 영향과 대책에 대하여 설명하시오.
4. 하수처리시설 운영시 하수관을 통하여 빈번히 불명수(不明水)가 많이 유입되고 있다. 이에 대한 문제점과 대책 및 침입수경로조사시험방법에 대하여 설명하시오.
5. 공정계획을 위한 공사의 요소작업분류목적을 설명하고, 도로공사의 개략적인 작업분류체계도(WBS : work breakdown structure)를 작성하시오
6. 혹서기에 시멘트 콘크리트포장 시공을 할 경우 콘크리트치기 시방기준과 품질관리검사에 대하여 설명하시오.

제96회 토목시공기술사(2012년 <전> 2월)

1교시

※ 다음 문제 중 10문제를 선택하여 설명하시오. (각 10점)

1. 흙의 입도분포에 의한 기계화시공방법 판단기준
2. 철근 콘크리트보의 내하력과 유효높이
3. 토류벽의 아칭(arching)현상
4. 시공상세도 필요성
5. 강선 긴장순서와 순서결정 이유

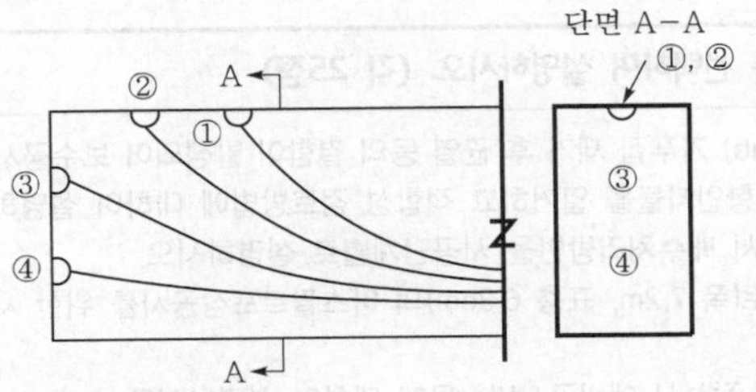

6. 부체교(floating bridge)
7. 지불선(pay line)
8. 콘크리트 폭렬현상
9. PCT(prestressed composite truss) 거더교
10. 토석류(debris flow)
11. 침투수력(seepage force)
12. Land slide와 Land creep
13. 사장교와 엑스트라도즈드(extradosed)교의 구조특성

2교시

※ 다음 문제 중 4문제를 선택하여 설명하시오. (각 25점)

1. 토사와 암석재료를 병용하여 흙쌓기하고자 한다. 흙쌓기 다짐시 유의사항과 현장다짐관리방법에 대하여 설명하시오.
2. 강관말뚝 시공시 발생하는 문제점을 열거하고 원인과 대책에 대하여 설명하시오.
3. 정착지지방식에 의한 앵커(anchor)공법을 열거하고, 특징 및 적용범위에 대하여 설명하시오.
4. 하도의 굴착 및 준설공법에 대하여 설명하시오.
5. 고유동 콘크리트의 유동특성에 영향을 주는 요인에 대하여 설명하시오.
6. 자연 대사면깎기 공사에서 빈번히 붕괴가 발생한다. 붕괴원인을 설계 및 시공측면에서 구분하고 방지대책에 대하여 설명하시오.

3교시

※ 다음 문제 중 4문제를 선택하여 설명하시오. (각 25점)

1. 장대 해상교량 상부 가설공법 중 대블럭가설공법의 특징 및 시공시 유의사항에 대하여 설명하시오.
2. 다기능보의 상·하류 수위조건 및 지반의 수리특성을 고려한 기초지반의 차수공법에 대하여 설명하시오.
3. 수중 암굴착을 지상 암굴착과 비교해서 설명하고 수중 암 굴착시 적용장비에 대하여 설명하시오.
4. 대단위 단지공사에서 보강토 옹벽을 시공하고자 한다. 보강토 옹벽의 안정성 검토 및 코너(corner)부 시공시 유의사항에 대하여 설명하시오.
5. 흙댐의 누수원인과 방지대책에 대하여 설명하시오.
6. 예정가격 작성시 실적공사비 적산방식을 적용하고자 한다. 문제점 및 개선방향에 대하여 설명하시오.

4교시

※ 다음 문제 중 4문제를 선택하여 설명하시오. (각 25점)

1. 교량공사에서 슬래브(slab) 거푸집 제거 후 균열 등의 결함이 발생되어 보수공사를 하고자 한다. 사용보수재료의 체적변화를 유발하는 영향인자들을 열거하고 적합성 검토방법에 대하여 설명하시오.
2. NATM에 의한 터널공사시 배수처리방안을 시공단계별로 설명하시오.
3. 연장 20km인 2차선 도로(폭 7.2m, 표층 6.3cm)의 아스팔트포장공사를 위한 시공계획중장비조합과 시험포장에 대하여 설명하시오.
4. 해외건설프로젝트견적서 작성시 예비공사비항목에 대하여 설명하시오.
5. 연약지반개량공법 중 표층개량공법의 분류방법과 공법 적용시 고려사항에 대하여 설명하시오.
6. 연약층이 깊은 도심지에서 실드(shield)공법에 의한 터널공사 중 누수가 발생하는 취약부를 열거하고 원인 및 보강공법에 대하여 설명하시오.

제97회 토목시공기술사(2012년 <중> 5월)

1교시

※ 다음 문제 중 10문제를 선택하여 설명하시오. (각 10점)

1. 현수교의 지중정착식 앵커리지(anchorage)
2. 막장지지코어공법
3. 공용 중의 아스팔트포장균열
4. 건설기계의 트래피커빌리티(trafficability)
5. 시공속도와 공사비의 관계
6. 교량받침의 손상원인
7. 철근배근검사항목
8. 콘크리트의 보수재료 선정기준
9. 평판재하시험결과 적용시 고려사항
10. 내부굴착말뚝
11. 물보라지역(splash zone)의 해양콘크리트 타설
12. 하천의 역행침식(두부침식)
13. 터널 발파시의 진동저감대책

2교시

※ 다음 문제 중 4문제를 선택하여 설명하시오. (각 25점)

1. 콘크리트의 마무리성(finishability)에 영향을 주는 인자를 쓰고, 개선방안을 설명하시오.
2. 교량의 신축이음 설치시 요구조건과 누수시험에 대하여 설명하시오.
3. 연약지반상의 도로토공에서 발생하는 문제점과 그 대책을 쓰고, 대책공법 선정시의 유의사항을 설명하시오.
4. 실드(shield)공법으로 뚫은 전력통신구의 누수원인을 취약부위별로 분류하고, 누수대책을 설명하시오.
5. 하상유지시설의 설치목적과 시공시 고려사항을 설명하시오.
6. 옹벽 뒤에 설치하는 배수시설의 종류를 쓰고 옹벽배면 배수재 설치에 따른 지하수의 유선망과 수압분포관계를 설명하시오.

3교시

※ 다음 문제 중 4문제를 선택하여 설명하시오. (각 25점)

1. 공장에서 제작된 30~50m 길이의 대형 PSC거더를 운반하여 도심지에서 교량을 가설하고자 한다. 이때 필요한 운반통로 확보방안과 운반 및 가설장비 운영시 고려사항을 설명하시오.
2. 장대 도로터널의 시공계획과 유지관리계획에 대하여 설명하시오.
3. 말뚝기초의 종류를 열거하고 시공적 측면에서의 특징을 설명하시오.
4. 대단지 토공에서 장비계획시 장비배분(allocation)의 필요성과 장비평준화(leveling)방법을 설명하시오.
5. 콘크리트 포장에서 사용되는 최적배합(optimize mix)의 개념과 시공을 위한 세부공정을 설명하시오.
6. 항만시설에서 호안의 배치시 검토사항과 시공시 유의사항을 설명하시오.

4교시

※ 다음 문제 중 4문제를 선택하여 설명하시오. (각 25점)

1. 프리스트레스트 콘크리트 시공시 긴장재의 배치와 거푸집 및 동바리 설치시의 유의사항을 설명하시오.
2. 록필댐(rockfill dam)의 시공계획 수립시 고려할 사항을 각 계획단계별로 설명하시오.
3. 지하철 정거장에서 2아치터널의 시공시 문제점과 그 대책을 설명하시오.
4. 지반환경에서 쓰레기매립물의 침하특성과 폐기물매립장의 안정에 대한 검토사항을 설명하시오.
5. 하천제방에서 식생블록으로 호안보호공을 할 때 안전성 검토에 필요한 사항과 시공시 주의사항을 설명하시오.
6. 토질조건 및 시공조건에 따른 흙다짐기계의 선정에 대하여 설명하시오.

제98회 토목시공기술사(2012년 <후> 8월)

1교시

※ 다음 문제 중 10문제를 선택하여 설명하시오. (각 10점)

1. 암반의 Q-system 분류
2. 추가공사에서 additional work와 extra work의 비교
3. 연약지반에서 발생하는 공학적 문제
4. 강관말뚝의 부식원인과 방지대책
5. 하천공사에서 지층별 수리특성 파악을 위한 조사내용
6. 수직갱에서의 RC(raise climber)공법
7. 폐단말뚝과 개단말뚝
8. 확장레이어공법(ELCM : extended layer construction method)
9. 콘크리트의 배합결정에 필요한 항목
10. 홈(groove)용접에 대한 설명과 그림에서의 용접기호 설명

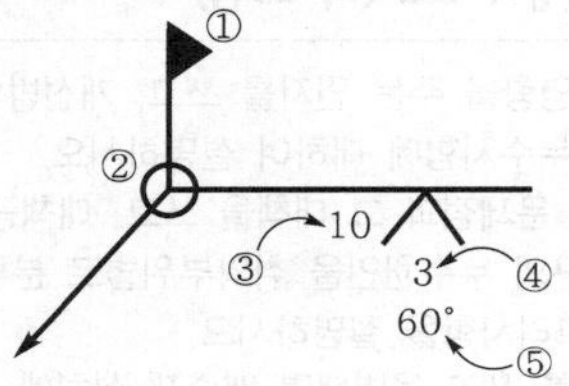

11. PSC거더(girder)의 현장 제작장 선정요건
12. 영공기 간극곡선(zero air void curve)
13. 흙의 소성도(plasticity chart)

2교시

※ 다음 문제 중 4문제를 선택하여 설명하시오. (각 25점)

1. 강교 시공에 있어 현장 용접시 발생하는 용접결함의 종류를 열거하고, 그 결함의 원인 및 방지대책에 대하여 설명하시오.
2. 기존 구조물과의 근접 시공을 위한 트렌치(trench)공법에 대하여 설명하시오.
3. 하폭이 300m인 하천에 대형 광역상수도관을 횡단시키고자 한다. 관 매설시 품질관리 및 유지관리를 고려한 시공시 유의사항에 대하여 설명하시오.
4. 하천에서 보(weir) 설치를 위한 조건과 유의사항에 대하여 설명하시오
5. GUSS아스팔트포장의 특성과 강상형 교면포장으로 GUSS아스팔트포장을 시공하는 경우 시공순서와 중점관리사항에 대하여 설명하시오.
6. 연약한 이탄지반에 도로 구조물을 축조하려할 때 적절한 지반개량공법, 시공시 예상되는 문제점과 기술적 대응방법을 설명하시오.

3교시

※ 다음 문제 중 4문제를 선택하여 설명하시오. (각 25점)

1. 필댐(fill dam)의 매설계측기에 대하여 설명하시오.
2. 도로에서 암 절개시 붕괴의 형태와 방지대책에 대하여 설명하시오.
3. 산악지역 및 도심지를 관통하는 장대터널 및 대단면 터널 건설시의 터널 시공계획과 시공시 고려사항에 대하여 설명하시오.
4. 대구경 RCD(reverse circulation drill)공법에 의한 장대교량기초 시공시 유의사항 및 장·단점에 대하여 설명하시오.
5. 교량용 신축이음장치의 형식 선정 및 시공시 고려사항에 대하여 설명하시오.
6. 기존 구조물에 근접하여 가설흙막이 구조물을 설치하려 한다. 지반 굴착에 따른 변형원인과 대책 및 토류벽 시공시 고려사항에 대하여 설명하시오.

4교시

※ 다음 문제 중 4문제를 선택하여 설명하시오. (각 25점)

1. 관거(하수관, 맨홀, 연결관 등)의 시공 중 또는 시공 후 시공의 적정성 및 수밀성을 조사하기 위한 관거의 검사방법에 대하여 설명하시오.
2. 강관말뚝의 두부보강공법 및 말뚝체와 확대기초접합방법의 특성에 대하여 설명하시오.
3. 표면차수형 석괴댐과 코어형 필댐의 특징과 시공시 유의사항을 설명하시오.
4. 실드(Shield)공법에 의한 터널공사시 발생 가능한 지표면 침하의 종류를 열거하고, 침하종류별 침하의 방지대책에 대하여 설명하시오.
5. 하천제방 축조시 재료의 구비조건과 제체의 안정성 평가방법을 설명하시오.
6. 교량 시공시 동바리공법(FSM : full staging method)의 종류를 열거하고 각 공법의 특징에 대하여 설명하시오.

제99회 토목시공기술사(2013년 <전> 2월)

1교시

※ 다음 문제 중 10문제를 선택하여 설명하시오. (각 10점)

1. 수화조절제
2. 콘크리트의 철근 최소 피복두께
3. 안전관리계획 수립대상공사의 종류
4. 도로 동결융해
5. 검사랑(檢査廊, check hole, inspection gallery)
6. 지연줄눈(delay joint, shrinkage strip, pour strip)
7. 케이슨 안벽
8. 인공지반(터널의 갱구부)
9. 슬립폼공법
10. 철도공사시 캔트(cant)
11. 산성암반배수(acid rock drainage)
12. 토사지반에서의 앵커의 정착길이
13. 말뚝의 폐색효과(plugging)

2교시

※ 다음 문제 중 4문제를 선택하여 설명하시오. (각 25점)

1. 흙막이 가설벽체 시공시 차수 및 지반보강을 위한 그라우팅공법을 채택할 때 그라우팅 주입속도와 주입압력에 대하여 설명하시오.
2. 교량 구조물 상부 슬래브 시공을 위해 동바리받침으로 설계되어 있을 때 동바리 시공 전 조치사항을 설명하시오.
3. 하천 호안의 종류와 구조에 대해 설명하고, 제방 시공시 유의사항을 설명하시오.
4. 콘크리트의 동해 원인 및 방지대책을 설명하시오.
5. 연약지반상에 건설된 기존 도로를 동일한 높이로 확장할 경우 예상되는 문제점 및 대책에 대하여 설명하시오.
6. Shield tunnel 시공시 발진 및 도달 갱구부에 지반보강을 시행한다. 이때 (1) 갱구부 지반의 보강목적, (2) 갱구부 지반 보강범위, (3) 보강공법에 대하여 설명하시오.

3교시

※ 다음 문제 중 4문제를 선택하여 설명하시오. (각 25점)

1. 토공사현장에서 시공계획 수립을 위한 사전조사내용을 열거하고 장비 선정시 고려사항을 설명하시오.
2. 콘크리트 중력식 댐의 이음부(joint)에 발생 가능한 누수의 원인과 누수에 대한 보수방안에 대하여 설명하시오.
3. Tunnel 갱구부 시공시 대부분 비탈면이 발생되는데, 비탈면의 붕괴를 방지하기 위하여 지반조건을 고려한 적절한 대책을 수립하여야 한다. 이때 (1) 갱구부 비탈면의 기울기 선정, (2) 비탈면 안정대책공법 및 선정시 고려사항에 대하여 설명하시오.
4. 교면포장용 아스팔트혼합물 선정시 고려사항 및 시공시 유의사항을 설명하시오.
5. 하이브리드(hybrid) 중로 아치교의 특징 및 시공시 주의사항을 설명하시오.
6. 기존 교량의 내진성능 향상을 위한 보강공법을 설명하시오.

4교시

※ 다음 문제 중 4문제를 선택하여 설명하시오. (각 25점)

1. 콘크리트 지하 구조물 균열에 대한 보수·보강공법과 공법 선정시 유의사항을 설명하시오.
2. 도심지 부근 고속철도의 장대 tunnel 시공시 공사기간 단축, 경제성, 민원 등을 고려한 수직갱(작업구)의 굴착공법과 방법에 대하여 설명하시오.
3. 콘크리트교의 가설공법 중 현장타설 콘크리트공법을 열거하고 이동식 비계공법(movable scaffolding system, MSS)에 대하여 설명하시오.
4. 도로 건설현장에서 장기간에 걸쳐 우기가 지속될 경우 공사 연속성을 위하여 효과적으로 건설장비의 trafficability를 유지하기 위한 방안을 설명하시오.
5. 지반의 토질조건(사질토 및 점성토)에 따라 굴착저면의 안정 확보를 위한 sheet pile 흙막이벽의 시공시 주의사항을 설명하시오.
6. 하천의 보 하부의 하상세굴의 원인과 대책에 대하여 설명하시오.

제100회 토목시공기술사(2013년 <중> 5월)

1교시

※ 다음 문제 중 10문제를 선택하여 설명하시오. (각 10점)

1. 한계성토고
2. 용적팽창현상(bulking)
3. 가중크리프비(weight creep ratio)
4. 비화작용(slaking)
5. Pop Out현상
6. 토석정보시스템(EIS, earth information system)
7. 앵커볼트매입공법
8. 현장안전관리를 위한 현장소장의 직무
9. 프로젝트금융(PF, project financing)
10. 물량내역수정입찰제
11. 마샬(Marshall)시험에 의한 설계아스팔트량 결정방법
12. 콘크리트의 수축보상(shrinkage compensating)
13. 중첩보(A)와 합성보(B)의 역학적 차이점

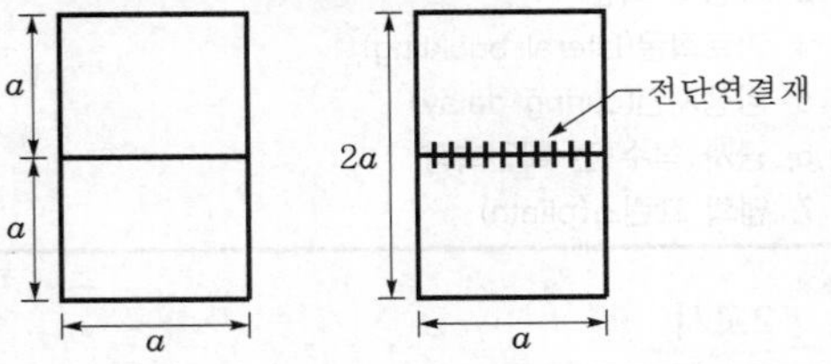

(A) (B)

2교시

※ 다음 문제 중 4문제를 선택하여 설명하시오. (각 25점)

1. 수평지지력이 부족한 연약지반에 철근콘크리트 구조물 시공시 검토하여야 할 사항에 대하여 설명하시오.
2. 강재거더로 구성된 사교(skew bridge) 가설시 거더처짐으로 인한 변형의 처리공법을 설명하시오.
3. 케이슨식(caisson type) 안벽의 시공방법에 대하여 설명하시오.
4. 상·하수도관 등의 장기간 사용으로 인한 성능저하를 개선하기 위해 세관 및 갱생공사를 시행하고자 한다. 이에 대한 공법 및 대책을 설명하시오.
5. 실트질모래를 3.0m 성토하여 연약지반을 개량한 지반에 굴착심도 6.0m 정도 흙막이공사 시공시 고려사항과 주변지반의 영향을 설명하시오.
7. 가설공사에서 강관비계의 조립기준과 조립 해체시 현장안전 시공을 위한 대책을 설명하시오.

3교시

※ 다음 문제 중 4문제를 선택하여 설명하시오. (각 25점)

1. 중심점토코어(clay core)형 록필댐(rock fill dam)의 코어존 시공방법에 대하여 설명하시오.
2. 항만 구조물 기초공사에서 사석고르기 기계 시공방법을 분류하고 시공시 품질관리와 기성고관리에 대해 설명하시오.
3. 터널공사 중 저토피구간에서 붕괴사고가 발생하였다. 저토피구간에 적용할 수 있는 터널보강공법을 설명하시오.
4. 강상자형교의 상부 거더가설에 추진코(launching nose)에 의한 송출공법을 적용할 때 발생가능한 문제점 및 대책에 대하여 설명하시오.
5. 팩드레인(pack drain)공법을 이용하여 연약지반을 개량할 때 예상되는 문제점과 대책을 설명하시오.
6. 어스앵커와 소일네일링공법의 특징과 시공시 유의사항을 설명하시오.

4교시

※ 다음 문제 중 4문제를 선택하여 설명하시오. (각 25점)

1. 도로터널공사에서 갱문의 형식별 특징과 위치 선정시 고려할 사항을 설명하시오.
2. 도심지의 지하 하수관거공사에 추진공법을 적용할 때 발생하는 주요 문제점 및 대책을 설명하시오.
3. 화학적 요인에 의하여 구조물에 발생되는 균열에 대하여 설명하시오.
4. 콘크리트 구조물에서 수화열이 구조물에 미치는 영향에 대하여 설명하시오.
5. 하수관의 종류별 특성 및 관의 기초공법에 대하여 설명하시오.
6. 아스팔트포장도로의 포트홀(pot hole) 발생원인과 방지대책을 설명하시오.

제101회 토목시공기술사(2013년 <후> 8월)

1교시

※ 다음 문제 중 10문제를 선택하여 설명하시오. (각 10점)

1. 구조물의 신축이음과 균열유발이음
2. 침윤세굴(seepage erosion)
3. 제방의 측단
4. 가로좌굴(lateral buckling)
5. 양생지연(curing delay)
6. 공사 착수 전 확인측량
7. 댐의 프린스(plinth)
8. 수중 콘크리트
9. 호안구조의 종류 및 특징
10. 침매공법
11. 콘크리트포장의 소음저감
12. 경량골재의 특성과 경량골재계수
13. 현수교의 무강성가설공법(non-stiffness erection method)

2교시

※ 다음 문제 중 4문제를 선택하여 설명하시오. (각 25점)

1. 도로터널의 환기방식을 분류하고, 그 특징과 환기불량시 터널에 발생되는 문제점을 설명하시오.
2. 연약지반에서 선행재하(pre-loading)공법시 유의사항과 효과확인을 위한 관리사항을 설명하시오.
3. 슬래브 콘크리트가 벽 또는 기둥 콘크리트와 연속되어 있는 경우에 콘크리트 타설시 발생하는 침하균열에 대한 조치와 콘크리트다지기의 경우 내부진동기를 사용할 때의 주의사항을 설명하시오.
4. NATM터널공사의 계측항목 중 A계측과 B계측의 차이점과 계측기의 배치시 고려해야 할 사항을 설명하시오.
5. 석재를 대량으로 생산하기 위해 계단식 발파공법을 적용하고자 한다. 공법의 특징과 고려사항에 대하여 설명하시오.
6. 일체식과 반일체식 교대에 대하여 설명하시오.

3교시

※ 다음 문제 중 4문제를 선택하여 설명하시오. (각 25점)

1. 항만구조물에서 방파제의 종류 및 특징과 시공시 유의사항에 대하여 설명하시오.
2. 콘크리트 운반, 타설 전 검토하여야 할 사항을 설명하시오.
3. 토사 사면의 특징을 설명하고, 최근 산사태의 붕괴원인 및 대책에 대하여 설명하시오.
4. 하수처리장 기초가 지하수위 아래에 위치할 경우 양압력의 발생원인 및 대책을 설명하시오.
5. 공용 중인 슬래브교의 차로 확장시 슬래브 및 교대의 확장방안에 대해 설명하시오.
6. 터널의 숏크리트 강도특성 중에서 압축강도 이외에 평가하는 방법과 숏크리트 뿜어붙이기 성능을 결정하는 요소를 설명하시오.

4교시

※ 다음 문제 중 4문제를 선택하여 설명하시오. (각 25점)

1. 레미콘의 운반시간이 콘크리트의 품질에 미치는 영향 및 대책을 설명하시오.
2. 항만공사의 호안 축조시에 사석 강제치환공법을 적용할 때 공법의 특징 및 시공 중 유의사항에 대하여 설명하시오.
3. 하천공사 중 홍수 방어 및 조절대책에 대하여 설명하시오.
4. 터널 콘크리트 라이닝 시공시 계획단계 및 시공단계에서 고려해야 할 균열제어방안을 설명하시오.
5. 도로 및 단지조성 공사시 책임기술자로서 사전조사항목을 포함한 시공계획을 설명하시오.
6. 재난 및 안전관리 기본법에서 정의하는 각종 재난·재해의 종류와 예방대책 및 재난·재해 발생시 대응방안에 대하여 설명하시오.

제102회 토목시공기술사(2014년 <전> 2월)

1교시

※ 다음 문제 중 10문제를 선택하여 설명하시오. (각 10점)

1. 압밀도(degree of consolidation)
2. 유선망(flow net)
3. 암반의 불연속면
4. 자원배당(resource allocation)
5. 대체적 분쟁해결제도(ADR : alternative dispute resolution)
6. 교량하부공의 시공관리를 위한 조사항목
7. 도심지 흙막이 계측
8. 강도(strength)와 응력(stress)
9. 표면장력(surface tension)
10. 주동말뚝과 수동말뚝
11. 도수(hydraulic jump)
12. 표준안전난간
13. 철근갈고리의 종류

2교시

※ 다음 문제 중 4문제를 선택하여 설명하시오. (각 25점)

1. 국가계약법령에 의한 정부계약이 성립된 후 계약금액을 조정할 수 있는 내용에 대하여 설명하시오.
2. PSC거더 제작시 긴장(prestressing)관리방법에 대하여 설명하시오
3. 저수지의 위치를 결정하기 위한 조건에 대하여 설명하시오.
4. 발파시 진동 발생원에서의 진동 경감방안과 전달경로에서의 차단방안에 대하여 설명하시오.
5. 도로 하부 횡단공법 중 프런트재킹(front jacking)공법과 파이프루프(pipe roof)공법의 특징과 시공시 유의사항에 대하여 설명하시오.
6. 토공장비계획의 기본절차, 장비 선정시 고려사항, 장비조합의 원칙에 대하여 설명하시오.

3교시

※ 다음 문제 중 4문제를 선택하여 설명하시오. (각 25점)

1. 강상판교의 바닥판 현장용접방법에 대하여 설명하시오.
2. 댐의 기초처리방법과 기초그라우팅 종류 및 특징에 대하여 설명하시오.
3. 토피고가 3m 이하인 지중 구조물(box) 상부 도로의 동절기 포장융기 저감대책에 대하여 설명하시오.
4. 연약지반을 통과하는 도로노선의 지반을 개량하고자 한다. 적용가능공법과 공법 선정시 고려사항에 대하여 설명하시오.
5. 어스앵커(earth anchor)와 소일네일링(soil nailing)에 대하여 설명하시오.
6. 오픈케이슨(open caisson) 기초의 공법과 시공순서에 대하여 설명하시오.

4교시

※ 다음 문제 중 4문제를 선택하여 설명하시오. (각 25점)

1. 터널굴착방법의 종류별 특징과 현장관리시 주의해야 할 사항에 대하여 설명하시오.
2. 건설현장에서 가설통로의 종류와 설치기준에 대하여 설명하시오.
3. 뒷부벽식 교대의 개략적인 주철근배치도를 작성하고, 구조의 특징 및 시공시 유의사항에 대하여 설명하시오.
4. 공용 중인 교량의 교좌장치 교체를 위한 상부 구조 인상작업시 검토사항과 시공순서에 대하여 설명하시오.
5. 역타공법(top down) 중 완전역타공법에 대하여 설명하시오.
6. 현장타설 말뚝공법 중 올 케이싱(all cashing)공법, RCD(reverse circulation drill)공법, 어스드릴(earth drill)공법의 특징 및 시공시 주의사항에 대하여 설명하시오.

제103회 토목시공기술사(2014년 <중> 5월)

1교시

※ 다음 문제 중 10문제를 선택하여 설명하시오. (각 10점)

1. 잔교식 안벽
2. 콘크리트포장의 분리막
3. 피암(避岩)터널
4. 분니현상(mud pumping)
5. 3경간 연속보, 캔틸레버(cantilever)옹벽의 주철근배근도 작성
6 아스팔트 콘크리트의 시험포장
7. 도로공사에서 노상의 지내력을 구하는 시험법
8 교량에 작용하는 주하중, 부하중, 특수하중의 종류
9 수도권 대심도 지하철도(GTX)의 계획과 전망
10. 물-시멘트비(W/C)와 물-결합재비(W/B)
11. air pocket이 콘크리트 내구성에 미치는 현상
12. PMIS(Project Management Information System)
13. 공사계약보증금이 담보하는 손해의 종류

2교시

※ 다음 문제 중 4문제를 선택하여 설명하시오. (각 25점)

1. 말뚝재하시험법에 의한 지지력 산정방법에 대하여 설명하시오.
2. 재난 및 안전관리 기본법에서의 재난의 종류를 분류하고, 지하철과 교량현장에서 발생하는 대형사고에 대하여 재난대책기관과 연계된 수습방안을 설명하시오.
3. 하천제방의 차수공법을 공법개요, 신뢰성, 환경성, 장비사용성, 시공성측면에서 비교 설명하시오.
4. 대단위 토공작업에서 성토재료 선정방법과 다짐방법 및 다짐도 판정방법에 대하여 설명하시오.
5. 섬유보강 콘크리트의 종류와 특징 및 국내외 기술개발현황에 대하여 설명하시오.
6. 터널공사에서 지보재 설치 직전(무지보)의 상태에서 발생하는 붕괴유형을 열거하고 방지대책에 대하여 설명하시오.

3교시

※ 다음 문제 중 4문제를 선택하여 설명하시오. (각 25점)

1. 사장교와 현수교의 특징과 장·단점, 시공시 유의사항 및 현수교의 중앙경간을 사장교보다 길게 할 수 있는 이유에 대하여 설명하시오.
2. 표준적산방식과 실적공사비를 비교하고 실적공사비 적용시 문제점에 대하여 설명하시오.
3. 연성벽체(흙막이벽)와 강성벽체(옹벽)의 토압분포에 대하여 설명하시오.
4. 화재시 철근콘크리트 구조물에 발생하는 폭렬현상이 구조물에 미치는 영향과 원인을 열거하고 방지대책에 대하여 설명하시오.
5. 연약점토지반의 개량공법을 선정하고 계측항목에 대하여 설명하시오(단, 공사기간이 3년인 4차선 일반국도에서 연장이 300m, 심도가 25m, 성토고가 5m인 경우).
6. NATM터널공사에서 사이클타임과 연계한 세부작업순서에 대하여 설명하시오.

4교시

※ 다음 문제 중 4문제를 선택하여 설명하시오. (각 25점)

1. 무근 콘크리트포장의 손상형태와 그 원인에 대하여 설명하시오.
2. Caisson식 혼성제로 건설된 방파제에서 Caisson의 앞면벽에 발생한 균열의 원인을 열거하고 보수방법에 대하여 설명하시오.
3. 민간자본사업의 개발방식 종류 및 비용보장방식을 설명하고, 국내 건설산업 활성화를 위한 민간자본 활용방안에 대하여 기술하시오.
4. 램프교량공사에서 램프의 받침(shoe)에 작용하는 부반력에 대한 검토기준을 열거하고 대책에 대하여 설명하시오.
5. 지하 구조물 시공시 토류벽 배면의 지하수위가 높을 경우 토류벽 붕괴방지대책과 차수 및 용수대책에 대하여 설명하시오.
6. 해상 점성토의 깊이가 50m이고 수심이 10m, 연장이 2km인 연륙교의 교각을 건설할 경우 적용가능한 대구경 현장타설 말뚝공법에 대하여 설명하시오.

제104회 토목시공기술사(2014년 <후> 8월)

1교시

※ 다음 문제 중 10문제를 선택하여 설명하시오. (각 10점)

1. 터널 미기압파
2. Shield TBM 굴진시의 체적손실
3. 입도분포곡선
4. 연약지반의 계측
5. 교량 신축이음장치
6. 터널 막장의 주향과 경사
7. 스미어존(smear zone)
8. 돌핀(dolphin)
9. 2중합성교량(bridge for double composite action)
10. 바나나곡선(banana curve)
11. 자기수축균열(autogenous shrinkage crack)
12. 유리섬유폴리머보강근(glass fiber reinforced polymer bar)
13. 완전합성보(full composite beam)와 부분합성보(partial composite beam)

2교시

※ 다음 문제 중 4문제를 선택하여 설명하시오. (각 25점)

1. 강교의 케이블식 가설(cable erection)공법에 대하여 설명하시오.
2. 주형보 등에 사용되는 I형강의 휨부재로서의 구조특성에 대하여 설명하시오.
3. 순환골재의 사용방법과 적용가능부위에 대하여 설명하시오.
4. 최소 비용 공기단축기법(minimum cost expediting)에 대하여 설명하시오.
5. 산악지형 장대터널의 저토피구간 시공방법 중 개착(open cut)공법과 반개착(carinthian cut and cover)공법을 비교 설명하시오.
6. 흙막이공법 시공 중 지반 굴착시 지하수위 저하 및 진동이 주변에 미치는 영향과 대책에 대하여 설명하시오.

3교시

※ 다음 문제 중 4문제를 선택하여 설명하시오. (각 25점)

1. 장마철 배수불량에 의한 옹벽붕괴사고가 빈번하게 발생하는 원인과 대책에 대하여 설명하시오.
2. 타입강관 말뚝의 시공방법과 중점관리사항에 대하여 설명하시오.
3. 암반구간의 포장에 대하여 설명하시오.
4. 댐의 제체 및 기초지반의 누수원인과 방지대책에 대하여 설명하시오.
5. 관거매설시 설치지반에 따른 강성관거 및 연성관거의 기초처리에 대하여 설명하시오.
6. 도심지 천층터널의 지반특성 및 굴착시 발생가능한 문제점과 대책에 대하여 설명하시오.

4교시

※ 다음 문제 중 4문제를 선택하여 설명하시오. (각 25점)

1. 도시의 재개발, 시가화 촉진, 기후변화 등이 가져오는 집중호우에 의한 도시침수 피해원인 및 저감방안에 대하여 설명하시오.
2. 강우로 인한 지표수 침투, 세굴, 침식 등으로 발생되는 사면의 안전율 감소를 방지하기 위한 대책공법 중 안전율유지법과 안전율 증가법에 대하여 설명하시오.
3. FSLM(full span launching method)에 대하여 설명하시오.
4. 하절기 CCP포장의 시공관리 및 공용 중 유지관리에 대하여 설명하시오.
5. 연약지반 성토시 지반의 안정과 효율적인 시공관리를 위하여 시행하는 침하관리 및 안정관리에 대하여 설명하시오.
6. 터널 기계화굴착법(open TBM과 shield TBM)과 NATM 적용시 주요 검토사항 및 적용지질, 시공성, 경제성, 안정성측면에서 비교하여 설명하시오.

제105회 토목시공기술사(2015년 <전> 2월)

1교시

※ 다음 문제 중 10문제를 선택하여 설명하시오. (각 10점)

1. 지반조사방법 중 사운딩(sounding)의 종류
2. 아스팔트 도로포장에 사용되는 토목섬유의 종류
3. 콘크리트의 초음파검사
4. UHPC(ultra high performance concrete : 초고성능 콘크리트)
5. 동결융해저항제
6. 비상여수로(emergency spillway)
7. 흙의 안식각(安息角)
8. SMR(slope mass rating)
9. 토공의 시공기면(formation level)
10. 탄성받침이 롤러(roller)의 기능을 하는 이유
11. 라멘교(rahmen)
12. 종합심사낙찰제(종심제)
13. 공정관리에서 자유여유(free float)

2교시

※ 다음 문제 중 4문제를 선택하여 설명하시오. (각 25점)

1. 정수장에서 수밀이 요구되는 구조물의 누수원인을 기술하고 누수방지대책에 대하여 설명하시오.
2 강교의 현장이음방법 중 고장력볼트이음방법 및 시공시 유의사항에 대하여 설명하시오.
3 건설기계의 선정시 일반적인 고려사항과 건설기계의 조합원칙을 설명하시오.
4. 비탈면 성토작업시 다음에 대하여 설명하시오.
   (1) 토사 성토비탈면의 다짐공법
   (2) 비탈면 다짐시 다짐기계작업의 유의사항
5. 비점오염원(non-point source pollution) 발생원인 및 저감시설의 종류를 설명하시오.
6. 터널 라이닝 콘크리트(lining concrete)균열 발생원인 및 균열 저감방안을 설명하시오.

3교시

※ 다음 문제 중 4문제를 선택하여 설명하시오. (각 25점)

1. 현수교 케이블 설치시 단계별 시공순서에 대하여 설명하시오.
2. 곡선교량의 상부구조 시공시 유의사항을 설명하시오.
3. 유토곡선(mass curve)을 작성하는 방법과 유토곡선의 모양에 따른 절토 및 성토계획에 대해 설명하시오
4. 콘크리트 구조물에서 발생하는 균열의 진행성 여부 판단방법, 보수·보강시기 및 보수방법에 대하여 설명하시오.
5. 시멘트 콘크리트포장 파손 및 보수공법에 대하여 설명하시오.
6. 하천 제방의 누수원인을 기술하고 누수방지대책에 대하여 설명하시오.

4교시

※ 다음 문제 중 4문제를 선택하여 설명하시오. (각 25점)

1. 항만공사용 흡입식 말뚝(suction pile) 적용성 및 시공시 유의사항을 설명하시오.
2. 기존 터널에서 내구성 저하로 성능이 저하된 경우 보수방안과 보수시 유의사항을 설명하시오.
3. 장대교량의 주탑 시공의 경우 고강도 콘크리트 타설시 유의사항에 대하여 설명하시오.
4. 고속도로공사의 발주시 아래 발주방식의 정의, 장점 및 단점에 대하여 설명하시오.
   (1) 최저가 입찰방식
   (2) 턴키 입찰방식
   (3) 위험형 건설사업관(CM at risk)방식
5. 흙막이 벽체 주변지반의 침하예측방법 및 침하방지대책에 대하여 설명하시오
6. 장경간 교량의 진동이 교량에 미치는 영향과 진동저감방안을 설명하시오.

제106회 토목시공기술사(2015년 <중> 5월)

1교시

※ 다음 문제 중 10문제를 선택하여 설명하시오. (각 10점)

1. TCR과 RQD
2. 평판재하시험시 유의사항
3. 항만공사시 유보율
4. 터널 라이닝(Lining)과 인버트(Invert)
5. 안전관리계획 수립대상공사
6. PSC 장지간 교량의 Camber 확보방안
7. 교량에서의 부반력
8. 상수도 수처리 구조물 방수공법의 종류
9. Slip Form과 Self Climbing Form의 특징
10. W.B.S(Work Breakdown Structure : 작업분류체계)
11. 철근 콘크리트 휨부재의 대표적인 2가지 파괴유형
12. LCC(Life Cycle Cost)분석법
13. 강 또는 콘크리트 구조물의 강성

2교시

※ 다음 문제 중 4문제를 선택하여 설명하시오. (각 25점)

1. 통일분류법에 의한 SM흙과 CL흙의 다짐특성 및 적용장비에 대하여 비교 설명하시오.
2. 설계CBR과 수정CBR의 정의 및 시험방법에 대하여 설명하시오.
3. 댐공사에서 하천 상류지역 가물막이공사의 시공계획과 시공시 주의사항에 대하여 설명하시오.
4. 철근 콘크리트기둥에서 띠철근의 역할 및 배치기준에 대하여 설명하시오.
5. 건설공사 클레임 발생원인 및 해결방안에 대하여 설명하시오.
6. 지반침하(일명 싱크홀)에 대응하기 위한 하수도분야에서의 정밀조사 방법 및 대책에 대하여 설명하시오.

3교시

※ 다음 문제 중 4문제를 선택하여 설명하시오. (각 25점)

1. 암버력쌓기 시 다짐 관리기준 및 방법에 대하여 설명하시오.
2. 균열과 절리가 발달된 암반비탈면의 안정을 위한 대책공법에 대하여 설명하시오.
3. 터널지보공인 숏크리트와 록볼트의 작용효과에 대하여 설명하시오.
4. 연약지반개량시 압밀 촉진을 위한 연직배수재에 요구되는 특성과 통수능력에 영향을 주는 요인에 대하여 설명하시오.
5. 콘크리트 아치교의 가설공법을 열거하고 각 공법별 특징에 대하여 설명하시오.
6. 교량의 한계상태(Limit State)에 대하여 설명하시오.

4교시

※ 다음 문제 중 4문제를 선택하여 설명하시오. (각 25점)

1. 교면방수공법의 종류와 특징에 대하여 설명하시오.
2. 3경간 연속철근 콘크리트교에서 콘크리트 타설순서 및 시공시 유의사항에 대하여 설명하시오.
3. NATM공법을 이용한 터널굴진시 진행성 여굴 발생원인 및 감소대책방안에 대하여 설명하시오.
4. 가시설 흙막이공사에서 편토압이 발생되는 조건과 대책방안에 대하여 설명하시오.
5. 중력식 콘크리트댐에서 Check Hole의 역할에 대하여 설명하시오.
6. CM(Construction Management)의 주요 기본업무 중 공사단계별 원가관리에 대하여 설명하시오.

제107회 토목시공기술사(2015년 <후> 8월)

1교시

※ 다음 문제 중 10문제를 선택하여 설명하시오. (각 10점)

1. 거푸집동바리 시공시 고려사항
2. 도로(지반)함몰
3. 교량등급에 따른 DB, DL하중
4. 자정식(自碇式) 현수교
5. 건설기계의 주행저항
6. 시공상세도(Shop drawing) 목록
7. 교면포장의 역할
8. 얕은 기초의 전단파괴
9. 확장레이어공법(ELCM : Extended Layer Construction Method)
10. 서중 콘크리트
11. 터널의 Face Mapping
12. EPS(Expanded Poly-Styrene)공법
13. 이형철근의 KS 표시방법

2교시

※ 다음 문제 중 4문제를 선택하여 설명하시오. (각 25점)

1. '가설공사표준시방서'에 따른 각종 가시설 구조물의 종류와 특성, 안전관리에 대하여 설명하시오.
2. 우기(雨期)시 도로공사의 현장관리에 필요한 대책에 대하여 설명하시오.
3. 관거와 관거의 연결 및 관거와 구조물의 접속에 있어서 그 연결방법과 유의사항에 대하여 설명하시오.
4. 교량 준공 후 유지관리를 위한 계측관리시스템의 구성 및 운영방안에 대하여 설명하시오.
5. NATM터널 막장면보강공법에 대하여 설명하시오.
6. 콘크리트 표면결함의 형태와 원인 및 대책에 대하여 설명하시오.

3교시

※ 다음 문제 중 4문제를 선택하여 설명하시오. (각 25점)

1. '시설물의 안전관리에 관한 특별법'과 동법 '시행령'에 따른 시설물의 범위(건축물 제외)와 안전등급에 대하여 설명하시오.
2. 흙막이 벽 지지구조형식 중 어스앵커공법에서 어스앵커 자유장과 정착장의 결정시 고려사항 및 시공시 유의사항에 대하여 설명하시오.
3. 건설 로봇 및 드론(Drone)의 건설현장이용방안에 대하여 설명하시오.
4. 골짜기가 깊어 동바리 설치가 곤란한 산악지역에서 I.L.M(Incremental Launching Method)공법으로 시공할 경우 특징과 유의사항에 대하여 설명하시오
5. 도시 구조물 공사시 콘크리트의 탄산화방지대책에 대하여 설명하시오.
6. 터널굴착공법 중 굴착 단면형태에 따른 굴착공법을 비교하여 설명하시오.

4교시

※ 다음 문제 중 4문제를 선택하여 설명하시오. (각 25점)

1. 공사착수단계에서 현장관리와 관련하여 시공자가 조치하여야 할 사항과 건설사업관리기술자에게 보고하여야 할 내용(착공계 작성 등)에 대하여 설명하시오.
2. 사면붕괴를 사전에 예측할 수 있는 시스템에 대하여 설명하시오.
3. 아스팔트포장의 소성변형 발생원인 및 대책에 대하여 설명하시오.
4. 방파제공사를 위하여 제작된 케이슨진수방법에 대하여 설명하시오.
5. 교량 바닥판의 손상원인과 대책에 대하여 설명하시오.
6. 철근 콘크리트 구조물의 내화(耐火)성능을 향상시키기 위한 공법의 종류, 특성 및 효과에 대하여 설명하시오.

제108회 토목시공기술사(2016년 <전> 1월)

1교시

※ 다음 문제 중 10문제를 선택하여 설명하시오. (각 10점)

1. 주계약자 공동도급방식
2. 지하레이더탐사(GPR : Ground Penetrating Radar)
3. 부력과 양압력
4. 유수지(遊水池)와 조절지(調節地)의 기능
5. 철근 콘크리트 구조물의 철근 피복두께
6. 골재의 흡수율과 유효흡수율
7. 장대터널의 정량적 위험도분석(QRA : Quantitative Risk Analysis)
8. GCP(Gravel Compaction Pile)
9. 항만 구조물 기초사석의 역할
10. 건설공사용 크레인 중 이동식 크레인의 종류 및 특징
11. 공사비 수행지수(CPI : Cost Performance Index)
12. 숏크리트의 리바운드(Rebound) 최소화방안
13. 일반구조용 압연강재(SS재)와 용접구조용 압연강재(SM재)의 특성

2교시

※ 다음 문제 중 4문제를 선택하여 설명하시오. (각 25점)

1. 공용 중인 철도선로의 지하횡단공사 시 적용가능한 공법과 유의사항에 대하여 설명하시오.
2. 사장교 케이블의 현장제작과 가설방법에 대하여 설명하시오.
3. 항만방파제 및 호안 등에 설치되는 케이슨 구조물의 진수공법에 대하여 설명하시오.
4. 기존 구조물에 근접한 굴착공사시 발생가능한 변위원인과 방지대책에 대하여 설명하시오.
5. 사면붕괴의 원인과 사면안정대책을 설명하시오.
6. 국내의 CM(Construction Management)제도 시행에서 건축공사와 비교시 토목공사에 활용도가 낮은 이유와 활성화방안을 설명하시오.

3교시

※ 다음 문제 중 4문제를 선택하여 설명하시오. (각 25점)

1. 건설분야 정보화기법인 BIM(Building Information Modeling)의 적용분야를 설계, 시공 및 유지관리단계별로 설명하시오.
2. 저토피, 미고결 등 지반취약구간의 터널 시공방법에 대하여 설명하시오.
3. 철근 콘크리트 구조물의 철근부식(腐蝕)방지를 위한 에폭시코팅기술의 원리 및 장·단점에 대하여 설명하시오.
4. 항만 항로폭 확장을 위한 펌프준설선의 기계화 시공에 대하여 장비종류 및 작업계획에 대하여 설명하시오.
5. 가요성포장과 강성포장의 차이점과 각 포장의 파손형태에 따른 원인 및 대책을 설명하시오.
6. 민간투자사업 활성화방안으로 시행 중인 위험분담형(BTO-rs)과 손익공유형(BTO-a)에 대하여 설명하시오.

4교시

※ 다음 문제 중 4문제를 선택하여 설명하시오. (각 25점)

1. 콘크리트도상으로 계획된 철도노선이 연약지반을 통과할 경우 지반처리공법 및 대책에 대하여 설명하시오.
2. NATM터널의 콘크리트 라이닝균열 발생원인과 저감방안에 대하여 설명하시오.
3. 교량가설을 위한 공법결정과정을 설명하시오.
4. 연약지반의 말뚝 시공시 발생하는 부마찰력에 의한 말뚝의 손상유형과 부마찰력 감소대책에 대하여 설명하시오.
5. 해양 구조물의 콘크리트 시공시 문제점 및 대책에 대하여 설명하시오.
6. 집중호우에 따른 산지 계곡부의 토석류 발생요인과 방지시설 시공시 유의사항에 대하여 설명하시오.

제109회 토목시공기술사(2016년 <중> 5월)

1교시

※ 다음 문제 중 10문제를 선택하여 설명하시오. (각 10점)

1. 공사의 모듈화
2. 흙의 연경도(consistency)
3. RMR과 Q-시스템
4. 합성PHC말뚝
5. 반사균열(reflection crack)
6. 암반구간포장
7. 교량의 설계차량활하중(KL-510)
8. 사장교 케이블의 단면형상 및 요구조건
9. 소파블럭
10. 근접병설터널
11. 콘크리트 흡수방지재
12. 철근부식도 조사방법과 부식 판정기준
13. 콘크리트 배합강도와 설계기준강도

2교시

※ 다음 문제 중 4문제를 선택하여 설명하시오. (각 25점)

1. 콘크리트 주탑, 교각 등 변단면으로 구조물을 시공할 때 적용이 가능한 공법에 대하여 설명하시오.
2. 보강토 옹벽의 안정검토방법과 시공시 유의사항에 대하여 설명하시오.
3. 교량 신축이음장치 유간의 기능과 시공 및 유지관리시 유의사항에 대하여 설명하시오.
4. 하천 하상유지공의 설치목적과 시공시 유의사항을설명하시오.
5. PSC교량의 시공 중 형상관리기법에서 캠버(camber)관리를 중심으로 문제점 및 개선대책에 대하여 설명하시오.
6. 대규모 산업단지를 조성할 때 토공건설장비의 선정 및 조합에 대하여 설명하시오.

3교시

※ 다음 문제 중 4문제를 선택하여 설명하시오. (각 25점)

1. PSC교량의 시공과정에서 긴장재인 강연선 보호를 위해 시스관 내에 시공하는 그라우트의 문제점 및 개선방안에 대하여 설명하시오.
2. 교량 시공시 형고가 낮은 콘크리트 거더교를 선정할 때 유리한 점과 저형고 교량의 특징을 설명하시오.
3. 항만 준설토의 공학적 특성과 활용방안에 대하여 설명하시오.
4. 집중호우 후에 발생가능한 대절토 토사사면의 사면붕괴형태를 예측하고 붕괴원인 및 보강대책에 대하여 설명하시오.
5. 도로공사시 파쇄석을 이용한 성토와 토사성토를 구분하여 다짐 시공하는 이유와 다짐시 유의사항 및 현장다짐관리방법을 설명하시오.
6. 공정관리의 자원배당 이유와 방법에 대하여 설명하시오.

4교시

※ 다음 문제 중 4문제를 선택하여 설명하시오. (각 25점)

1. 내진설계 시 심부구속철근의 정의와 역할 및 설계기준 등에 대하여 설명하시오.
2. 실드(Shield)TBM공법의 굴착작업계획에 대하여 설명하시오.
3. 콘크리트 구조물의 성능을 저하시키는 현상과 원인을 기술하고, 이에 대한 보수 및 보강방법을 설명하시오.
4. 제체축조재료의 구비조건과 제체의 누수원인 및 방지대책에 대하여 설명하시오.
5. 재난에 대응하는 위기관리방안으로써 사업연속성관리(BCM : Business Continuity Management)를 위한 계획수립의 필요성과 절차에 대하여 설명하시오.
6. 국내 연약점성토개량공법 중 플라스틱보드드레인(PBD)공법의 통수능력과 교란에 영향을 주는 요인에 대하여 설명하시오.

제110회 토목시공기술사(2016년 <후> 7월)

1교시

※ 다음 문제 중 10문제를 선택하여 설명하시오. (각 10점)

1. 파랑(波浪)의 변형파
2. 과다짐(Over Compaction)
3. 토목섬유보강재 감소계수
4. 콘크리트 팝 아웃(Pop Out)
5. 보일링(Boiling)현상
6. GPS(Global Positioning System)측량
7. ISO(International Organization for Standardization) 9000
8. 흙의 전응력(Total Stress)과 유효응력(Effective Stress)
9. 토량변화율과 토량환산계수
10. Cap Beam 콘크리트
11. 포인트 기초(Point Foundation)공법
12. 밀시트(Mill Sheet)
13. 노상토 동결관입허용법

2교시

※ 다음 문제 중 4문제를 선택하여 설명하시오. (각 25점)

1. 스마트 콘크리트의 종류 및 구성원리와 균열 자기치유(自己治癒) 콘크리트에 대하여 설명하시오.
2. 연약한 지반에서 성토지반의 거동을 파악하기 위하여 시공시 활용되고 있는 정량적 안정관리기법에 대하여 설명하시오.
3. 토사 및 암버력으로 이루어진 성토부 다짐도 측정방법에 대하여 설명하시오.
4. 항만계류시설인 널말뚝식 안벽(Sheet Pile Type Wall)의 종류 및 시공시 유의사항에 대하여 설명하시오.
5. 터널공사 중 막장 전방의 지질이상대 파악을 위한 조사방법의 종류 및 특징을 설명하시오.
6. 강구조물 용접방법 중 피복아크용접(SMAW)과 서브머지드아크용접(SAW)의 장·단점을 설명하시오.

3교시

※ 다음 문제 중 4문제를 선택하여 설명하시오. (각 25점)

1. 콘크리트포장의 파손종류별 발생원인 및 대책과 보수공법에 대하여 설명하시오.
2. 지하 구조물에 양압력이 작용할 경우 발생될 수 있는 문제점 및 대책에 대하여 설명하시오.
3. 장마철 호우를 대비하여 하상(河床)을 정비하고자 한다. 하상굴착방법 및 시공시 유의사항에 대하여 설명하시오.
4. 연직갱굴착방법인 RC(Raise Climber)공법과 RBM(Raise Boring Machine)공법의 장·단점에 대하여 설명하시오.
5. 연약지반상의 저성토(H=2m 이하) 시공시 발생될 수 있는 문제점 및 대책에 대하여 설명하시오.
6. 흙막이 가시설 시공시 버팀보와 띠장의 설치 및 해체시 유의사항에 대하여 설명하시오.

4교시

※ 다음 문제 중 4문제를 선택하여 설명하시오. (각 25점)

1. 현장타설 FCM(Free Cantilever Method) 시공시 발생되는 모멘트변화에 대한 관리방안에 대하여 설명하시오.
2. 도심지 내 NATM터널을 시공하고자 할 경우 터널 내 계측항목, 측정빈도 및 활용방안에 대하여 설명하시오.
3. 지반고 편차가 있는 지역에 흙막이 가시설 구조물을 이용한 터파기 시공시 발생될 수 있는 문제점 및 대책에 대하여 설명하시오.
4. 비탈면보강공법 중 소일네일링(Soil Nailing)공법, 록볼트(Rock Bolt)공법, 앵커(Anchor)공법에 대하여 비교 설명하시오.
5. 옹벽 구조물의 배면에 연직배수재와 경사배수재 설치에 따른 수압분포 및 유선망에 대하여 설명하시오.
6. 콘크리트 시공 중 초과하중으로 인해 발생될 수 있는 균열대책에 대하여 프리캐스트 콘크리트와 현장타설 콘크리트로 구분하여 설명하시오.

제111회 토목시공기술사(2017년 <전> 1월)

1교시

※ 다음 문제 중 10문제를 선택하여 설명하시오. (각 10점)

1. 주철근
2. 잠재적 수경성과 포졸란반응
3. 상수도관 갱생공법
4. 훠폴링(Forepoling)보강공법
5. 댐의 종단이음
6. 사장현수교
7. PS강연선의 릴랙세이션(Relaxation)
8. 보상기초(Compensated foundation)
9. 한계성토고
10. 액상화 검토가 필요한 지반
11. 블록포장
12. 민자활성화방안 중 BTO-rs와 BTO-a방식의 차이점
13. 말뚝재하시험의 목적과 종류

2교시

※ 다음 문제 중 4문제를 선택하여 설명하시오. (각 25점)

1. 터널설계와 시공시 케이블볼트(Cable bolt)지보에 대한 특징 및 시공효과에 대하여 설명하시오.
2. 항만준설공사시 경제적이고 능률적인 준설작업이 되도록 준설선을 선정할 때 고려해야 할 사항을 설명하시오.
3. 수밀 콘크리트의 배합과 시공시 검토사항에 대하여 설명하시오.
4. 암반분류방법 및 특징, 분류법에 내포된 문제점에 대하여 설명하시오.
5. 하천제방제체 안정성평가방법에 대하여 설명하시오.
6. 흙막이 굴착공법 선정시 고려사항에 대하여 설명하시오.

3교시

※ 다음 문제 중 4문제를 선택하여 설명하시오. (각 25점)

1. 하수관로 부설시 토질조건에 따른 강성관 및 연성관의 관 기초공에 대하여 설명하시오.
2. 항만공사의 케이슨 기초 시공시 유의사항에 대하여 설명하시오.
3. 연안침식의 발생원인과 대책에 대하여 설명하시오.
4. 옹벽의 배수 및 배수시설에 대하여 설명하시오.
5. 아스팔트 콘크리트포장의 다짐에 대하여 설명하시오.
6. 노후 콘크리트 지하 구조물의 균열 발생원인 및 대책에 대하여 설명하시오.

4교시

※ 다음 문제 중 4문제를 선택하여 설명하시오. (각 25점)

1. 연약지반개량공법 중 Suction Device공법에 대하여 설명하시오.
2. 현장에서 숏크리트 시공시 유의사항과 품질관리를 위한 관리항목에 대하여 설명하시오.
3. 교대의 측방유동에 대하여 설명하시오.
4. 필댐 시공 및 유지관리시 계측에 대하여 설명하시오.
5. 지하수위저하(De-watering)공법에 대하여 설명하시오.
6. 대도시 집중호우시 내수피해예방대책에 대하여 설명하시오.

제112회 토목시공기술사(2017년 <중> 5월)

1교시

※ 다음 문제 중 10문제를 선택하여 설명하시오. (각 10점)

1. 흙의 압밀특징과 침하종류
2. H형강 버팀보의 강축과 약축
3. 특수방파제의 종류
4. 시멘트 콘크리트포장의 구성 및 종류
5. 콘크리트교와 강교의 장·단점 비교
6. Bulking현상
7. 유효프리스트레스(Effective Prestress)
8. 터널 지반조사시 사용하는 BHTV(Bore Hole Televiewer)와 BIPS(Bore Hole Image Processing System)의 비교
9. 잔류토(Residual Soil)
10. 전단철근
11. 공극수압
12. 약액 주입에서의 용탈현상
13. 철근 콘크리트 구조물의 허용균열폭

2교시

※ 다음 문제 중 4문제를 선택하여 설명하시오. (각 25점)

1. 구조물 부등침하 원인과 방지대책에 대하여 설명하시오.
2. 터널 단면이 작은 경전철공사 중 수직구를 이용한 터널굴착시 장비조합 및 기종 선정방법에 대하여 설명하시오.
3. 연약지반상에 말뚝기초를 시공한 후 교대를 설치하고자 한다. 이때 교대 시공시 발생할 수 있는 문제점 및 대책에 대하여 설명하시오.
4. 폐기물매립장 계획 및 시공시 고려사항에 대하여 설명하시오.
5. 교량의 유지관리업무와 유지관리시스템에 대하여 설명하시오.
6. 절토부 암(岩) 판정시 현장에서 준비할 사항 및 암 판정결과보고에 포함할 사항에 대하여 설명하시오.

3교시

※ 다음 문제 중 4문제를 선택하여 설명하시오. (각 25점)

1. 콘크리트 중성화요인 및 방지대책에 대하여 설명하시오.
2. 지하철정거장공사를 위한 개착공사시 흙막이벽과 주변지반의 거동 및 대책에 대하여 설명하시오.
3. 도심지 연약지반에서 터널 굴착 및 보강방법에 대하여 설명하시오.
4. 댐공사 착수 전 시공계획에 필요한 공정계획과 가설비공사에 대하여 설명하시오.
5. 공용 중인 고속국도의 1개 차로를 통제하고 공사시 교통관리구간별 교통안전시설 설치계획에 대하여 설명하시오.
6. 제방호안의 피해형태, 피해원인 및 복구공법에 대하여 설명하시오.

4교시

※ 다음 문제 중 4문제를 선택하여 설명하시오. (각 25점)

1. 교량 신설계획이나 기존 교량 보수·보강공사시에 교량의 세굴에 대한 대책수립과정과 세굴보호공의 규모 산정에 대하여 설명하시오.
2. 실드(Shield)굴착시 세그먼트 뒤채움 주입방식 및 주입시 고려사항에 대하여 설명하시오.
3. 연약지반상에 높이 10m의 보강토 옹벽축조 후 배면을 양질토사로 성토하도록 설계되어 있다. 현장기술자로서 성토시 발생할 수 있는 문제점 및 대책에 대하여 설명하시오.
4. Pipe Support와 System Support의 장·단점 및 거푸집 동바리 붕괴방지대책에 대하여 설명하시오.
5. 최근 양질의 Sand Mat자재수급이 어려운 관계로 투수성이 불량한 자재를 사용하여 시공하는 경우 지반개량공사에서 발생할 수 있는 문제점 및 대책에 대하여 설명하시오.
6. CM의 정의, 목표, 도입의 필요성 및 도입의 효과에 대하여 설명하시오.

제113회 토목시공기술사(2017년 <후> 8월)

1교시

※ 다음 문제 중 10문제를 선택하여 설명하시오. (각 10점)

1. 단층 파쇄대
2. 콘크리트의 수화수축
3. 병렬터널 필러(Pillar)
4. 순수내역입찰제도
5. 건설공사비지수(Construction Cost Index)
6. 암발파 누두지수
7. 여수로의 감세공
8. 휨부재의 최소 철근비
9. 아스팔트 감온성
10. 말뚝의 동재하시험
11. 굴입하도(堀入河道)
12. 철근의 부착강도
13. 준설매립선의 종류 및 특징

2교시

※ 다음 문제 중 4문제를 선택하여 설명하시오. (각 25점)

1. 지하매설관의 측방이동억지대책에 대하여 설명하시오.
2. 시멘트 종류 및 특성에 대하여 설명하시오.
3. 터널 관통부에 대한 굴착방안 및 관통부 시공시 유의사항에 대하여 설명하시오.
4. 콘크리트 구조물의 균열발생시기별 균열의 종류와 특징에 대하여 설명하시오.
5. 기초공사에서 지하수위저하공법의 종류와 특징에 대하여 설명하시오.
6. 공기대비진도율로 표현되는 진도곡선에서 상방한계, 하방한계, 계획진도곡선의 작성과정을 설명하고, 현재 진도가 상방한계 위에 있을 때 공정진도상태를 설명하시오.

3교시

※ 다음 문제 중 4문제를 선택하여 설명하시오. (각 25점)

1. NATM 시공시 제어발파(조절발파, Controlled Blasting)공법의 종류 및 특징에 대하여 설명하시오.
2. 지반개량공법 중 지반동결공법 적용상의 문제점과 그 대책에 대하여 설명하시오.
3. 콘크리트 구조물의 보수공법 종류 및 보수공법 선정시 유의사항에 대하여 설명하시오.
4. 방파제의 혼성제에 대한 장·단점 및 시공시 유의사항에 대하여 설명하시오.
5. 도로공사의 시공단계에 적용할 수 있는 BIM(Building Information Modeling)기술의 사례들을 구분하고 적용절차를 설명하시오.
6. 공기케이슨(Pneumatic Caisson)공법의 시공단계별 시공방법을 설명하시오.

4교시

※ 다음 문제 중 4문제를 선택하여 설명하시오. (각 25점)

1. 터널공사시 재해유형 및 안전사고예방을 위한 대책에 대하여 설명하시오.
2. 사장교 보강거더의 가설공법 종류 및 특징에 대하여 설명하시오.
3. 기성말뚝박기 공법의 종류 및 시공시 유의사항에 대하여 설명하시오.
4. 운영 중인 철도선로 인접공사시 안전대책에 대하여 설명하시오.
5. 공정관리에서 부진공정의 관리대책을 순서대로 설명하고, 민원/기상/업체부도를 예상하여 각각의 만회대책을 설명하시오.
6. 연약지반처리대책공법 선정시 고려할 조건에 대하여 설명하시오.

제114회 토목시공기술사(2018년 <전> 2월)

1교시

※ 다음 문제 중 10문제를 선택하여 설명하시오. (각 10점)

1. 토량변화율
2. 순환골재
3. 지하안전관리에 관한 특별법
4. 균열관리대장
5. 선행재하(Preloading)공법
6. 얕은 기초의 부력방지대책
7. 주철근과 배력철근
8. 액상화(Liquefaction)
9. 방파제
10. RQD와 RMR
11. Tining과 Grooving
12. 소일네일링(Soil Nailing)공법
13. 시멘트 콘크리트포장에서의 타이바(Tie Bar)와 다월바(Dowel Bar)

2교시

※ 다음 문제 중 4문제를 선택하여 설명하시오. (각 25점)

1. 흙쌓기 작업 시 다짐도 판정방법에 대하여 설명하시오.
2. 건설사업관리와 책임감리, 시공감리, 검측감리에 대하여 설명하시오.
3. 소음저감포장 시공에 따른 효과와 소음저감포장공법을 아스팔트포장과 콘크리트포장으로 구분하여 설명하시오.
4. 일반적인 보강토 옹벽의 설계와 시공시 주의사항과 붕괴 발생원인 및 방지대책에 대하여 설명하시오.
5. 서중 콘크리트 타설 전 점검사항에 대하여 설명하시오.
6. 연약지반개량공법 중 고결공법에 대하여 설명하시오.

3교시

※ 다음 문제 중 4문제를 선택하여 설명하시오. (각 25점)

1. 프리스트레스교량에서 강연선의 긴장관리방안에 대하여 설명하시오.
2. 굳지 않은 콘크리트의 성질에 대하여 설명하시오.
3. 가설흙막이 시공시 안전을 확보할 수 있는 계측관리에 대하여 설명하시오.
4. 토질별 다짐장비 선정에 대하여 설명하시오.
5. 암반분류에 대하여 설명하시오.
6. 지반이 불량하고 용수가 많이 발생하는 지형의 터널 시공시 용수처리와 지반 안정을 위한 보조공법에 대하여 설명하시오.

4교시

※ 다음 문제 중 4문제를 선택하여 설명하시오. (각 25점)

1. FCM(Free Cantilever Method)에서 주두부의 정의와 주두부가설방법에 대하여 설명하시오.
2. 비점오염원과 점오염원의 특성을 비교하고, 오염원 저감시설 설치위치 선정시 유의사항을 도로의 형상별로 구분하여 설명하시오.
3. 흙깎기 및 쌓기 경계부의 부등침하에 대하여 설명하시오.
4. 동절기 아스팔트 콘크리트포장 시공시 생산온도, 운반, 포설, 다짐에 대하여 설명하시오.
5. 경량성토공법(EPS : Expanded Polyester System)에 대하여 설명하시오.
6. 단일현장타설 말뚝공법에 대한 적용기준과 장·단점을 설명하시오.

제115회 토목시공기술사(2018년 <중> 5월)

1교시

※ 다음 문제 중 10문제를 선택하여 설명하시오. (각 10점)

1. 워커빌리티(Workability)와 컨시스턴시(Consistency)
2. 온도균열제어수준에 따른 온도균열지수
3. 아스팔트혼합물의 온도관리
4. 순환골재와 순환토사
5. 절토부 표준발파공법
6. 해상 도로건설공사에서 가토제(Temporary Bank)
7. 절토부 판넬식 옹벽
8. 불연속면(Discontinuities in rock mass)
9. 엑스트라도즈드교(Extradosed Bridge)
10. 터널 숏크리트의 리바운드 영향인자 및 감소대책
11. 유해위험방지계획서
12. 저탄소콘크리트(Low Carbon Concrete)
13. 유토곡선(Mass Curve)

2교시

※ 다음 문제 중 4문제를 선택하여 설명하시오. (각 25점)

1. 철근이음의 종류 및 시공시 유의사항에 대하여 설명하시오.
2. 흙막이 굴착공사에서 각 부재의 역할과 시공시 유의사항에 대하여 설명하시오.
3. 터널공사시 여굴 발생원인과 방지대책을 설명하시오.
4. 토목공사에서 암반선 노출시 암 판정을 실시해야 하는 대상별 암 판정 목적 및 절차에 대하여 설명하시오.
5. 교량슬라브의 콘크리트타설방법에 대하여 설명하시오.
6. 구조물과 구조물 사이의 짧은 도로터널 계획시 편입용지 및 지장물의 증가에 따라 2-Arch터널, 대단면터널 및 근접병렬터널이 많이 시공되고 있다. 각 터널형식별 문제점 및 대책에 대하여 설명하시오.

3교시

※ 다음 문제 중 4문제를 선택하여 설명하시오. (각 25점)

1. 암버력을 성토재료로 사용할 때 시공방법 및 성토시 유의사항에 대하여 설명하시오.
2. 거푸집과 동바리의 해체시기와 유의사항을 설명하시오.
3. 수중 콘크리트 타설시 유의사항을 설명하시오.
4. 실드TBM의 작업장 및 작업구계획에 대하여 설명하시오.
5. 기성 연직배수공법의 설계 및 시공시 유의사항에 대하여 설명하시오.
6. 암반사면의 붕괴형태 및 사면안정대책에 대하여 설명하시오.

4교시

※ 다음 문제 중 4문제를 선택하여 설명하시오. (각 25점)

1. 콘크리트 운반 중 발생될 수 있는 품질변화원인과 시공시 유의사항에 대하여 설명하시오.
2. 하천호안의 파괴원인 및 방지대책에 대하여 설명하시오.
3. 오염된 지반의 정화기술공법의 종류에 대하여 설명하시오.
4. 댐공사시 지반조건에 따른 기초처리공법에 대하여 설명하시오.
5. 운영 중인 터널에 대하여 정밀안전진단시 비파괴현장시험의 종류와 시험목적에 대하여 설명하시오.
6. 대구경 현장타설 말뚝의 품질시험종류, 시험목적 및 시험방법에 대하여 설명하시오.

제116회 토목시공기술사(2018년 <후> 8월)

1교시

※ 다음 문제 중 10문제를 선택하여 설명하시오. (각 10점)

1. 가외철근
2. 슈미트해머를 이용한 콘크리트압축강도 추정방법
3. 시설물의 성능평가
4. 콘크리트 폭열현상
5. 확산이중층(Diffuse double layer)
6. 유동화제와 고성능감수제
7. 고장력볼트 조임검사
8. 하천의 하상계수(河狀係數)
9. 실드터널의 테일보이드(Tail void)
10. ADR제도(Alternative Dispute Resolution : 대체적 분쟁해결제도)
11. 부잔교(浮棧橋)
12. 교량받침과 신축이음 Presetting
13. 5D BIM(Building Information Modeling)

2교시

※ 다음 문제 중 4문제를 선택하여 설명하시오. (각 25점)

1. 지반함몰 원인과 방지대책에 대하여 설명하시오.
2. 연약지반에서 교대의 측방유동을 일으키는 원인과 대책에 대하여 설명하시오.
3. Shield TBM공법에서 Segment 조립시 발생하는 틈(Gap)과 단차(Off-set)의 문제점 및 최소화방안에 대하여 설명하시오.
4. 현수교를 정착방식에 따라 분류하고, 현수교의 구성요소와 시공과정 및 시공시 유의사항에 대하여 설명하시오.
5. 항만시설물 중 잔교식(강파일) 구조물 점검방법과 손상발생원인 및 보수·보강방법에 대하여 설명하시오.
6. 주계약자 공동도급제도에 대하여 설명하시오.

3교시

※ 다음 문제 중 4문제를 선택하여 설명하시오. (각 25점)

1. 도로포장에서 Blow up현상의 원인 및 대책에 대하여 설명하시오.
2. 토석류(土石流)에 의한 비탈면붕괴에 대하여 설명하시오.
3. 가설흙막이 구조물의 계측위치 선정기준, 초기변위 확보를 위한 설치시기와 유의사항에 대하여 설명하시오.
4. 프리캐스트 콘크리트 구조물 시공시 유의사항에 대하여 설명하시오.
5. 하천교량의 홍수 피해원인과 대책에 대하여 설명하시오.
6. 석괴댐(Rock fill dam)에서 필터(Filter)기능 불량시 발생가능한 문제점에 대하여 설명하시오.

4교시

※ 다음 문제 중 4문제를 선택하여 설명하시오. (각 25점)

1. 점성토 연약지반에 시공되는 개량공법을 열거하고 특징을 설명하시오.
2. 버팀보식 흙막이공법의 지지원리와 불균형토압의 발생원인 및 예방대책에 대하여 설명하시오.
3. NATM터널에서 Shotcrete 타설시 유의사항과 두께 및 강도가 부족한 경우의 조치방안에 대하여 설명하시오.
4. 강합성 라멘교 제작 및 시공시 솟음(Camber)관리와 유의사항에 대하여 설명하시오.
5. 항만공사 방파제의 종류별 구조 및 특징에 대하여 설명하시오.
6. 4차 산업혁명시대에 IoT를 이용한 장대교량의 시설물 유지관리를 위한 적용방안에 대하여 설명하시오.

제117회 토목시공기술사(2019년 <전> 1월)

1교시

※ 다음 문제 중 10문제를 선택하여 설명하시오. (각 10점)

1. 터널의 편평률
2. Arch교의 Lowering공법
3. 민간투자사업의 추진방식
4. 통수능(通水能(discharge capacity))
5. 부마찰력(Negative Skin Friction)
6. 관로의 수압시험
7. 건설공사의 사후평가
8. 스트레스리본교량(Stress Ribbon Bridge)
9. 준설선의 종류 및 특징
10. 터널변상의 원인
11. 히빙(Heaving)과 보일링(Boiling)
12. 교량 내진성능 향상방법
13. 포러스 콘크리트(Porous Concrete)

2교시

※ 다음 문제 중 4문제를 선택하여 설명하시오. (각 25점)

1. 터널 굴착시 진행성 여굴의 원인과 방지 및 처리대책에 대하여 설명하시오.
2. 도로공사시 비탈면 배수시설의 종류와 기능 및 시공시 유의사항에 대하여 설명하시오.
3. 하천제방의 누수원인과 방지대책에 대하여 설명하시오.
4. 콘크리트 구조물에서 초기균열의 원인과 방지대책에 대하여 설명하시오.
5. 건설공사의 클레임 발생원인 및 유형과 해결방안에 대하여 설명하시오.
6. 엑스트라도즈드교(Extradosed Bridge)에서 주탑 시공시 품질확보방안에 대하여 설명하시오.

3교시

※ 다음 문제 중 4문제를 선택하여 설명하시오. (각 25점)

1. 일반적으로 댐공사의 시공계획에 대하여 설명하시오.
2. 강교의 현장용접시 발생하는 문제점과 대책 및 주의사항에 대하여 설명하시오.
3. 도로공사에 따른 사면활동의 형태 및 원인과 사면안정대책에 대하여 설명하시오.
4. 한중(寒中) 콘크리트의 타설 계획 및 방법에 대하여 설명하시오.
5. 친환경 수제(水制)를 이용한 하천개수공사시 유의사항에 대하여 설명하시오.
6. 대규모 단지공사의 비산먼지가 발생되는 주요 공정에서 비산먼지발생 저감방법에 대하여 설명하시오.

4교시

※ 다음 문제 중 4문제를 선택하여 설명하시오. (각 25점)

1. 터널 준공 후 유지관리계측에 대하여 설명하시오.
2. 상수도 기본계획의 수립절차와 기초조사사항에 대하여 설명하시오.
3. 화재시 철근 콘크리트 구조물에 발생하는 폭열현상이 구조물에 미치는 영향과 원인 및 방지대책에 대하여 설명하시오.
4. 시멘트 콘크리트 포장시 장비 선정, 설계 및 시공시 유의사항에 대하여 설명하시오.
5. 항만공사 시공계획시 유의사항에 대하여 설명하시오.
6. 공정·공사비통합관리체계(EVMS : Earned Value Management System)의 주요 구성요소와 기대효과에 대하여 설명하시오.

제118회 토목시공기술사(2019년 <중> 5월)

1교시

※ 다음 문제 중 10문제를 선택하여 설명하시오. (각 10점)

1. 비용분류체계(cost breakdown structure)
2. 마일스톤공정표(milestone chart)
3. 과다짐(over compaction)
4. 피어기초(pier foundation)
5. 수팽창지수재
6. 내식 콘크리트
7. 일체식 교대교량(integral abutment bridge)
8. 말뚝의 시간경과효과
9. 개질 아스팔트
10. 용접부의 비파괴시험
11. 어스앵커(earth anchor)
12. 막(膜)양생
13. 교량의 새들(saddle)

2교시

※ 다음 문제 중 4문제를 선택하여 설명하시오. (각 25점)

1. 토목 BIM(building information modeling)의 정의 및 활용분야에 대하여 설명하시오.
2. 급경사지붕괴 방지공법을 분류하고, 그 목적과 효과에 대하여 설명하시오.
3. 말뚝재하시험법에 의한 지지력 산정방법에 대하여 설명하시오.
4. 아스팔트 콘크리트의 소성변형 발생원인 및 방지대책에 대하여 설명하시오.
5. 강(鋼)교량 시공 시 상부 구조의 케이블가설(cable erection)공법과 종류에 대하여 설명하시오.
6. 콘크리트 압송(pumping)작업 시 발생할 수 있는 문제점과 대책에 대하여 설명하시오.

3교시

※ 다음 문제 중 4문제를 선택하여 설명하시오. (각 25점)

1. 기계화 시공 시 일반적인 건설기계의 조합원칙과 기계결정순서에 대하여 설명하시오.
2. 흙막이공사에서의 유수처리대책을 분류하고 설명하시오.
3. 강상판교의 교면포장공법 종류 및 시공관리방법에 대하여 설명하시오.
4. 항만 준설과 매립공사용 작업선박의 종류와 용도에 대하여 설명하시오.
5. 고장력볼트 이음부 시공방법과 볼트체결검사방법에 대하여 설명하시오.
6. 콘크리트 이음을 구분하고 시공방법에 대하여 설명하시오.

4교시

※ 다음 문제 중 4문제를 선택하여 설명하시오. (각 25점)

1. 근접 시공의 시공방법 결정 시 검토사항에 대하여 설명하시오.
2. 슬러리월(Slurry Wall)공법의 특징과 시공 시 유의사항에 대하여 설명하시오.
3. 열 송수관로 파열원인 및 파열 방지대책에 대하여 설명하시오.
4. 터널 라이닝 콘크리트의 누수원인과 대책에 대하여 설명하시오.
5. 토목현장책임자로서 검토하여야 할 안전관리항목과 재해예방대책에 대하여 설명하시오.
6. 교량의 신축이음장치 설치 시 유의사항과 주요 파손원인에 대하여 설명하시오.

제119회 토목시공기술사(2019년 <후> 8월)

1교시

※ 다음 문제 중 10문제를 선택하여 설명하시오. (각 10점)

1. 토량변화율
2. 습식 숏크리트
3. 시추주상도
4. 무리말뚝효과
5. 합성교에서 전단연결재(Shear Connector)
6. 쇄석매스틱 아스팔트(Stone Mastic Asphalt)
7. 강재기호 SM 355 B W N ZC의 의미
8. 수압파쇄(Hydraulic Fracturing)
9. 토질별 하수관거 기초의 종류 및 특성
10. 철도선로의 분니현상(Mud Pumping)
11. 철근의 롤링마크(Rolling Mark)
12. 비용구배(Cost Slope)
13. 시설물의 안전 및 유지관리에 관한 특별법상 대통령령으로 정한 중대한 결함의 종류

2교시

※ 다음 문제 중 4문제를 선택하여 설명하시오. (각 25점)

1. 기초의 침하원인에 대하여 설명하시오.
2. 기존 교량의 받침장치 교체 시 시공순서 및 시공 시 유의사항에 대하여 설명하시오.
3. 아스팔트 콘크리트 배수성포장에 대하여 설명하시오.
4. 도로 성토다짐에 영향을 주는 요인과 현장에서의 다짐관리방법에 대하여 설명하시오.
5. 하수관거의 완경사접합방법 및 급경사접합방법에 대하여 설명하시오.
6. 지하안전관리에 관한 특별법에 따른 지하안전영향평가대상의 평가항목 및 평가방법, 안전점검대상시설물을 설명하시오.

3교시

※ 다음 문제 중 4문제를 선택하여 설명하시오. (각 25점)

1. 현장타설 콘크리트말뚝 시공 시 콘크리트 타설에 대하여 설명하시오.
2. 구조물 접속부 토공 시 부등침하 방지대책에 대하여 설명하시오.
3. 기존 교량의 내진성능평가에서 직접기초에 대한 안전성이 부족한 것으로 평가되었다. 이때 내진성능보강공법을 설명하시오.
4. 여름철 이상기온에 대비한 무근 콘크리트포장의 Blow-up 방지대책에 대하여 설명하시오.
5. 건설공사의 진도관리를 위한 공정관리곡선의 작성방법과 진도평가방법을 설명하시오.
6. 건설공사를 준공하기 전에 실시하는 초기점검에 대하여 설명하시오.

4교시

※ 다음 문제 중 4문제를 선택하여 설명하시오. (각 25점)

1. 토공사 준비공 중 준비배수에 대하여 설명하시오.
2. 터널지보재의 지보원리와 지보재의 역할에 대하여 설명하시오.
3. 콘크리트 구조물의 방수에 영향을 미치는 요인과 대책에 대하여 설명하시오.
4. P.S.C BOX GIRDER 교량가설공법의 종류와 특징, 시공 시 유의사항에 대하여 설명하시오.
5. 장마철 배수불량에 의한 옹벽구조물의 붕괴사고원인과 대책에 대하여 설명하시오.
6. 건설기술진흥법에서 안전관리계획을 수립해야 하는 건설공사의 범위와 안전관리계획수립기준에 대하여 설명하시오.

제120회 토목시공기술사(2020년 <상> 2월)

1교시

※ 다음 문제 중 10문제를 선택하여 설명하시오. (각 10점)

1. ISO 14000
2. 건설공사의 공정관리 3단계 절차
3. 하도급계약의 적정성 심사
4. 공대공 초음파 검층(Cross-hole Sonic Logging; CSL) 시험(현장타설말뚝)
5. 현장타설말뚝 시공 시 슬라임 처리
6. 터널 인버트 종류 및 기능
7. 도수로 및 송수관로 결정 시 고려사항
8. 소파공
9. 필댐의 트랜지션존(Transition Zone)
10. 아스팔트의 스티프니스(Stiffness)
11. 사장교의 케이블형상에 따른 분류
12. PSC BOX 거더제작장 선정 시 고려사항
13. 철근부식도 시험방법 및 평가방법

2교시

※ 다음 문제 중 4문제를 선택하여 설명하시오. (각 25점)

1. 연약지반에 흙쌓기를 할 때 주요 계측항목별 계측목적, 활용내용 및 배치기준을 설명하시오.
2. 건설공사의 공동도급운영방식에 의한 종류와 공동도급에 대한 장점 및 문제점을 설명하고 개선대책을 제시하시오.
3. 기존 콘크리트포장을 덧씌우기할 때 아스팔트를 덧씌우는 경우와 콘크리트를 덧씌우는 경우로 구분하여 설명하시오.
4. 콘크리트댐의 공사 착수 전 가설비공사계획에 대하여 설명하시오.
5. 건설현장에서 건설폐기물의 정의 및 처리절차와 처리 시 유의사항을 설명하고 재활용방안을 제시하시오.
6. 얕은 기초 아래에 있는 석회암 공동지반(Cavity)보강에 대하여 설명하시오.

3교시

※ 다음 문제 중 4문제를 선택하여 설명하시오. (각 25점)

1. 교량받침(Shoe)의 배치와 시공 시 유의사항에 대하여 설명하시오.
2. 수로터널에서 방수형 터널공, 배수형 터널공, 압력수로터널공에 대하여 비교 설명하시오.
3. 우수조정지의 설치목적 및 구조형식, 설계 · 시공 시 고려사항에 대하여 설명하시오.
4. 해안 매립공사를 위한 매립공법의 종류 및 특징에 대하여 설명하시오.
5. 매입말뚝공법의 종류별 시공 시 유의사항에 대하여 설명하시오.
6. 건설업 산업안전보건관리비 계상기준과 계상 시 유의사항 및 개선대책을 설명하시오.

4교시

※ 다음 문제 중 4문제를 선택하여 설명하시오. (각 25점)

1. 건설재해의 종류와 원인, 그리고 재해예방과 방지대책에 대하여 설명하시오.
2. 사장교 보강거더의 가설공법 종류 및 공법별 특징을 설명하시오.
3. 도로포장면에서 발생되는 노면수처리를 위해 비점오염저감시설을 설치하려고 한다. 비점오염원의 정의와 비점오염물질의 종류, 비점오염저감시설에 대하여 설명하시오.
4. 해상에 자켓구조물 설치 시 조사항목 및 설치방법에 대하여 설명하시오.
5. 해양 콘크리트의 요구성능, 시공 시 문제점 및 대책에 대하여 설명하시오.
6. 터널TBM공법에서 급곡선부의 시공 시 유의사항에 대하여 설명하시오.

제121회 토목시공기술사(2020년 <중> 4월)

1교시

※ 다음 문제 중 10문제를 선택하여 설명하시오. (각 10점)

1. 숏크리트 및 락볼트(Rock Bolt)의 기능과 효과
2. 차선도색 휘도기준
3. 1, 2종 시설물의 초기치
4. 빗물 저류조
5. 건설공사비지수
6. FCM Key Segment 시공 시 유의사항
7. 거푸집 존치기간 및 시공 시 유의사항
8. 횡단보도에서의 시각장애인 유도블록 설치방법
9. 부주면마찰력 검토조건, 발생 시 문제점 및 저감대책
10. 댐관리시설 분류 및 시설내용
11. 순극한지지력과 보상기초
12. 하수배제방식
    1) 합류식
    2) 분류식
13. 시설물의 성능평가항목

2교시

※ 다음 문제 중 4문제를 선택하여 설명하시오. (각 25점)

1. 기초지반의 지지력을 확인하기 위하여 현장에서 실시되는 평판재하시험에 대하여 설명하시오.
2. 노후 상수도관의 갱생공법에 대하여 설명하시오.
3. 건설산업기본법 시행령상의 공사도급계약서에 명시해야 할 내용으로 규정된 사항에 대하여 설명하시오.
4. 고유동 콘크리트의 굳지 않은 콘크리트품질 만족조건 및 시공 시 유의사항에 대하여 설명하시오.
5. 강교현장조립을 위한 강구조물 운반 및 보관 시 유의사항, 현장조립 시 작업준비사항 및 안전대책에 대하여 설명하시오.
6. 오수 전용 관로의 접합방법과 연결방법에 대하여 구분하여 설명하시오.

3교시

※ 다음 문제 중 4문제를 선택하여 설명하시오. (각 25점)

1. 하천시설물의 유지관리개념과 시설물별 유지관리방법에 대하여 설명하시오.
2. 쌓기 비탈면 다짐방법과 깎기 및 쌓기 경계부 시공 시 발생하는 부등침하에 대한 대책방법을 설명하시오.
3. 터널의 붕락형태를 다음의 굴착단계별로 구분하여 설명하시오.
    1) 발파 직후 무지보상태에서의 막장붕락
    2) 숏크리트 타설 후 붕락
    3) 터널라이닝 타설 후 붕락
4. 공정관리시스템을 관리적 측면과 기술적 측면으로 구분하고 각각에 대하여 설명하시오.
5. 콘크리트 비파괴압축강도시험방법의 활용방안과 각 시험방법별 주의사항에 대하여 설명하시오.
6. 교량의 안정성 평가목적 및 평가방법에 대하여 설명하시오.

4교시

※ 다음 문제 중 4문제를 선택하여 설명하시오. (각 25점)

1. Fill Dam의 안정조건을 설명하고 축조단계별 시공 시 유의사항에 대하여 설명하시오.
2. 콘크리트 구조물의 균열측정방법과 유지관리방안에 대하여 설명하시오.
3. 하천정비사업의 일환으로 무제부(無堤部)에 신설 제방을 축조하고자 한다. 시공단계별 유의사항에 대하여 설명하시오.
4. 연약지반개량공법으로 쇄석말뚝공법을 적용하고자 한다. 말뚝의 시공조건에 따른 쇄석말뚝의 파괴거동에 대하여 설명하시오.
5. 동바리를 사용하지 않고 가설하는 PSC박스 거더공법을 열거하고 설명하시오.
6. 흙의 동결융해작용에 의하여 일어나는 아스팔트포장의 파손형태와 보수방법 및 파손 방지대책에 대하여 설명하시오.

제122회 토목시공기술사(2020년 <하> 7월)

1교시

※ 다음 문제 중 10문제를 선택하여 설명하시오. (각 10점)

1. 터널막장 전방탐사(Tunnel Seismic Prediction, TSP)
2. 용적팽창현상(Bulking)
3. 제어발파(Control Blasting)
4. 붕적토(Colluvial Soil)
5. LCC분석법 중 순현가법(순현재가치법, Net Present Value, NPV)
6. 건설통합시스템(Computer Integrated Construction, CIC)
7. 국가계약법령상의 추정가격
8. 역(逆)타설 콘크리트이음방법
9. 일부 타정식 또는 부분정착식 사장교(Partially Anchored Cable Stayed Bridge)
10. 섬유강화폴리머(Fiber Reinforced Polymer, FRP)보강근
11. 상수도관의 부(不)단수공법
12. 연안시설에서의 복합방호방식(複合防護方式)
13. 롤러다짐 콘크리트 중력댐의 확장레이어공법(Extended Layer Construction Method, ELCM)

2교시

※ 다음 문제 중 4문제를 선택하여 설명하시오. (각 25점)

1. 배수형 터널과 비배수형 터널의 특징 및 적용성에 대하여 설명하시오.
2. 지하구조물에 발생하는 양압력의 원인 및 대책공법에 대하여 설명하시오.
3. 비용성과지수(Cost Performance Index, CPI)와 공정성과지수(Schedule Performance Index, SPI) 및 두 지표의 상관관계에 대하여 설명하시오.
4. 설계변경에 의한 계약금액 조정에 대하여 설명하시오.
5. 지반조사 시 표준관입시험으로 얻어진 N값의 문제점과 수정방법에 대하여 설명하시오.
6. 필댐에 사용되는 계측설비의 설치목적 및 필요계측항목과 설치되어야 할 계측기기에 대하여 설명하시오.

3교시

※ 다음 문제 중 4문제를 선택하여 설명하시오. (각 25점)

1. 지반굴착공사공법의 종류와 공법 선정 시 고려사항에 대하여 설명하시오.
2. 폐기물관리법령 및 자원의 절약과 재활용 촉진에 관한 법령에 규정된 건설폐기물의 종류와 재활용 촉진방안에 대하여 설명하시오.
3. 강바닥판교량의 교면구스 아스팔트포장 시의 열 영향과 시공 시 유의사항에 대하여 설명하시오.
4. 콘크리트제품의 촉진양생방법을 분류하고 각 양생방법에 대하여 설명하시오.
5. 마리나계류시설 중 부잔교의 제작, 설치 및 시공 시 고려사항에 대하여 설명하시오.
6. 도로포장공법 중 화이트탑핑(Whitetopping)공법의 특징과 시공방법에 대하여 설명하시오.

4교시

※ 다음 문제 중 4문제를 선택하여 설명하시오. (각 25점)

1. S.C.P(Sand Compaction Pile)공법과 진동다짐공법(Vibro-Flotation)을 비교하여 설명하시오.
2. 공사계약 일반조건 제51조(분쟁의 해결)상의 협의(Negotiation)와 조정(Mediation), 그리고 중재(Arbitration)에 대하여 설명하시오.
3. 콘크리트 엑스트라도즈드(Extradosed)교량 상부 구조를 캔틸레버가설공법으로 가설하기 위한 시공계획과 가설장비에 대하여 설명하시오.
4. CRM(Crumb Rubber Modified) 아스팔트포장공법의 특징과 시공방법에 대하여 설명하시오.
5. 건설현장계측의 불확실성을 유발하는 인자와 그로 인해 발생하는 측정오차의 유형 및 오차의 원인에 대하여 설명하시오.
6. 하수도시설기준상의 관거기초공의 종류를 제시하고 각 기초공의 특징과 시공방법에 대하여 설명하시오.

제123회 토목시공기술사(2021년 <상> 1월)

1교시

※ 다음 문제 중 10문제를 선택하여 설명하시오. (각 10점)

1. 건설기술진흥법에 의한 시방서
2. 건설공사 시 업무조정회의
3. 공기단축기법
4. 액상화(Liquefaction)
5. 유토곡선(Mass curve)
6. 히빙(Heaving) 방지대책
7. 길어깨포장
8. 거더교의 종류
9. 용접부의 잔류응력
10. 콘크리트 탄산화현상
11. 펌프준설선의 작업효율의 합리적 결정방법
12. 전해부식과 부식 방지대책
13. 물양장(Lighters wharf)

2교시

※ 다음 문제 중 4문제를 선택하여 설명하시오. (각 25점)

1. 연약지반 위에 2.0m 이하의 흙쌓기공사 시 예상되는 문제점 및 연약지반개량방법에 대하여 설명하시오.
2. 터널공사 시 진행성 여굴이 발생하였을 때 시공 중 대책과 차단방법에 대하여 설명하시오.
3. 건설공사의 공사계약방법 중 실비정산보수가산계약을 설명하시오.
4. 교량의 교좌장치 손상원인과 선정 시 고려사항에 대하여 설명하시오.
5. 콘크리트구조설계(강도설계법)에서 규정한 콘크리트의 평가와 사용승인에 대하여 설명하시오.
6. 홍수 시 하천제방 하안에 작용하는 외력의 종류와 제방의 안정성을 저해하는 원인에 대하여 설명하시오.

3교시

※ 다음 문제 중 4문제를 선택하여 설명하시오. (각 25점)

1. 흙막이벽 지지구조의 종류와 장 · 단점을 설명하시오.
2. 상수도관의 종류와 장 · 단점을 설명하고 관로 되메우기 시 유의사항에 대하여 설명하시오.
3. PS강재 긴장 시 주의사항에 대하여 설명하시오.
4. 철근콘크리트 구조물에서 철근과 콘크리트의 부착작용과 부착에 영향을 미치는 인자에 대하여 설명하시오.
5. 최근 급속히 확대되고 있는 스마트건설기술과 관련하여 토공장비자동화기술(Machine control system, Machine guidance)에 대하여 설명하시오.
6. 사방댐 설치 및 시공 시 고려사항에 대하여 설명하시오.

4교시

※ 다음 문제 중 4문제를 선택하여 설명하시오. (각 25점)

1. 연약지반처리를 위한 연직배수공법 중 PBD(Plastic board drain)공법의 시공 시 유의사항에 대하여 설명하시오.
2. 매스 콘크리트의 온도균열 발생원인과 온도균열 제어대책에 대하여 설명하시오.
3. 지반함몰 발생원인 및 저감대책에 대하여 설명하시오.
4. 공사관리의 목적과 공사 4대 관리에 대하여 설명하시오.
5. 저토피 연약지반에 선지보터널공법으로 터널을 시공할 때 지반보강효과 및 공법의 특징을 설명하시오.
6. 콘크리트포장에서 컬링(Curling)현상에 대하여 설명하시오.

제124회 토목시공기술사(2021년 <중> 5월)

1교시

※ 다음 문제 중 10문제를 선택하여 설명하시오. (각 10점)

1. 건설공사의 시공계획서
2. 하천 횡단교량의 여유고
3. 구조적 안전성 확인대상 가설구조물
4. 암석 발파 시 비산석(Fly Rock) 경감대책
5. 비탈면의 소단 설치기준
6. 콜드조인트(Cold Joint)
7. 교량의 면진설계
8. 상수도관의 접합방법
9. 건설기술진흥법의 안전관리비비용항목
10. 보강토옹벽의 장점 및 단점
11. 순환골재의 특성
12. 항만공사 시 토사의 매립방법
13. 방파제 종류

2교시

※ 다음 문제 중 4문제를 선택하여 설명하시오. (각 25점)

1. 공사기간단축기법 중 작업촉진에 의한 공기단축에 대하여 설명하시오.
2. 흙막이 설계 시 건설기술진흥법에 의한 설계안전성검토(Design for Safety, DFS)사항과 시공 시 주변지반 침하원인과 유의사항에 대하여 설명하시오.
3. 사질토 지반의 하천을 횡단하는 장대교를 가설하고자 할 경우 기초형식으로 선정한 현장타설말뚝공법의 장·단점과 시공 시 유의사항에 대하여 설명하시오.
4. 콘크리트의 압축강도에 영향을 미치는 요인에 대하여 설명하시오.
5. 댐 시공 시 기초처리공법 및 선정 시 고려사항에 대하여 설명하시오.
6. 이동식 비계(MSS, Movable Scaffolding System)공법에서 작업수립단계와 설치작업 시 단계별 조치사항에 대하여 설명하시오.

3교시

※ 다음 문제 중 4문제를 선택하여 설명하시오. (각 25점)

1. 표준안전난간(강재)의 구조 및 설치 시 현장관리주의사항에 대하여 설명하시오.
2. 하수의 배제방식 및 하수관거의 배치방식에 대하여 설명하시오.
3. 기초에 사용하는 복합말뚝의 특징에 대하여 설명하시오.
4. 강박스 거더교(Steel Box Girder Bridge)의 특징, 적용성 및 시공 시 유의사항에 대하여 설명하시오.
5. 도심지 지하수위가 높은 연약지반에 굴착 및 지반안정을 고려하여 지하연속벽(Slurry Wall)공법으로 시공하고자 한다. 지하연속벽(Slurry Wall)공법의 시공순서와 시공 시 유의사항에 대하여 설명하시오.
6. NATM터널공사 시 발파진동 영향 및 저감대책에 대하여 설명하시오.

4교시

※ 다음 문제 중 4문제를 선택하여 설명하시오. (각 25점)

1. 도심지나 계곡부 저토피구간을 통과하는 NATM터널의 시공단계별 붕락형태, 붕락이 발생하는 원인과 보강공법의 종류에 대하여 설명하시오.
2. 하도급 적정성 검토사항에 대하여 설명하고, 건설사업관리자가 조치해야 할 내용에 대하여 설명하시오.
3. 시멘트 콘크리트포장에서 주요 파손의 종류별 발생원인과 보수방법에 대하여 설명하시오.
4. 준설선의 종류와 특징 및 선정 시 고려사항에 대하여 설명하시오.
5. 댐(Dam) 여수로의 구성요소 및 종류를 설명하고, 급경사 여수로의 이음 및 감세공의 형식별 특징에 대하여 설명하시오.
6. 교량기초의 세굴심도측정방법 및 세굴 방지대책에 대하여 설명하시오.

제125회 토목시공기술사(2021년 <하> 7월)

1교시

※ 다음 문제 중 10문제를 선택하여 설명하시오. (각 10점)

1. 토목시설물의 내용연수
2. 암반분류법 중 Q-system
3. 배수성 포장
4. 교량의 등급
5. 워커빌리티(workability)
6. 콘크리트구조물의 보강방법
7. 교좌장치(Shoe)
8. 하수관로검사방법
9. 콘크리트 중력식 댐의 이음
10. 총비용(Total cost)과 직접비 및 간접비와의 관계
11. 말뚝의 시간효과(Time Effect)
12. 토목공사현장의 설계와 시공에서 지반조사의 순서와 방법
13. 도로의 배수시설

2교시

※ 다음 문제 중 4문제를 선택하여 설명하시오. (각 25점)

1. 해안가 사질토 지반의 굴착공사 시 적용되는 흙막이공법의 종류와 굴착저면의 지반이 부풀어 오르는 현상(Boiling)을 방지하기 위한 대책에 대하여 설명하시오.
2. 터널라이닝 콘크리트에 발생하는 균열의 종류와 특성, 균열 발생원인 및 균열저감대책에 대하여 설명하시오.
3. 지반 내 그라우팅공법에서 약액주입공법의 목적, 주입재의 종류 및 특징에 대하여 설명하시오.
4. 프리캐스트세그먼트공법(PSM)의 특징 및 시공방법에 대하여 설명하시오.
5. 콘크리트구조물의 건조수축에 의한 균열 발생원인 및 균열제어방법에 대하여 설명하시오.
6. 도로포장에 적용되는 아스팔트콘크리트포장(Asphalt Concrete Pavement)과 시멘트콘크리트포장(Cement Concrete Pavement)의 특징을 비교하고, 각각의 파손원인 및 대처방안에 대하여 설명하시오.

3교시

※ 다음 문제 중 4문제를 선택하여 설명하시오. (각 25점)

1. 건설공사 중 발생되는 공사장 소음 · 진동에 대한 관리기준과 저감대책에 대하여 설명하시오.
2. 말뚝기초공사에서 정재하시험의 종류와 방법, 해석 및 판정법에 대하여 설명하시오.
3. 터널공사에서의 암반의 불연속면 정의, 종류 및 특성에 대하여 설명하시오.
4. 교량 하부구조인 교각구조물에 대하여 구체형식, 시공방법 및 시공 시 유의사항에 대하여 설명하시오.
5. 복잡한 도심 주거지역 도로에 매설된 노후 하수관 교체공사를 시행할 경우 공사관리계획의 필요성 및 주안점에 대하여 설명하시오.
6. 연약지반 심도가 깊은 해저에 사석기초 방파제 시공 시 유의사항에 대하여 설명하시오.

4교시

※ 다음 문제 중 4문제를 선택하여 설명하시오. (각 25점)

1. 토목현장의 공사착수단계에서 건설사업관리책임자의 업무에 대하여 설명하시오.
2. 터널시공계측관리에 대하여 설명하시오.
3. 매스콘크리트 균열 발생원인 및 균열제어방법에 대하여 설명하시오.
4. 아스팔트포장도로의 포트홀(Pot Hole) 발생원인과 방지대책에 대하여 설명하시오.
5. 강교량 가설공사의 설계부터 시공까지 수행공정흐름도(Flow Chart)를 상세하게 작성하고, 강교량 가설공법의 종류와 특징에 대하여 설명하시오.
6. 수중기초의 세굴의 종류 및 발생원인과 방지대책에 대하여 설명하시오.

제126회 토목시공기술사(2022년 <상> 1월)

1교시

※ 다음 문제 중 10문제를 선택하여 설명하시오. (각 10점)

1. 교면포장
2. 댐 관리시설 분류와 시설내용
3. 시설물의 성능평가방법(시설물의 안전 및 유지관리에 관한 특별법)
4. 사방댐
5. 터널의 배수형식
6. 흙막이 가시설의 버팀보(Strut)공법과 어스앵커(Earth Anchor)공법의 비교
7. 숏크리트 리바운드(NATM)
8. 시멘트콘크리트포장의 줄눈 종류와 특징
9. 프리스트레스트콘크리트(PSC)의 긴장(Prestressing)
10. 건설공사의 위험성평가
11. 표준관입시험(SPT, Standard Penetration Test)
12. 유선망(Flow Net)
13. 가설구조물 설계변경 요청대상 및 절차(산업안전보건법)

2교시

※ 다음 문제 중 4문제를 선택하여 설명하시오. (각 25점)

1. 하수관거공사 시 접합방법(완경사, 급경사)과 검사방법에 대하여 설명하시오.
2. 하저(河底)에 터널을 시공할 경우 굴착공법인 NATM과 실드TBM의 적용성을 비교 설명하고, 실드TBM으로 선정 시 시공유의사항에 대하여 설명하시오.
3. 방파제를 구조형식에 따라 분류하고 설계, 시공 시 유의사항에 대하여 설명하시오.
4. 절토사면의 시공관리방안과 붕괴원인에 대하여 설명하시오.
5. 콘크리트구조물의 시공 중 발생하는 균열원인과 방지대책에 대하여 설명하시오.
6. 심층혼합처리공법(DCM, Deep Cement Mixed Method)의 특성 및 시공관리방안에 대하여 설명하시오.

3교시

※ 다음 문제 중 4문제를 선택하여 설명하시오. (각 25점)

1. 필댐(Fill Dam)의 안정조건과 본체에 설치하는 계측항목에 대하여 설명하시오.
2. 비탈면 녹화공법 시험 시공 시 계획수립, 수행방법에 대하여 설명하시오.
3. 한중콘크리트의 배합설계와 시공 시 유의사항에 대하여 설명하시오.
4. 점성토지반에서 연직배수공법의 종류, 특징 및 시공 시 유의사항에 대하여 설명하시오.
5. 공장제작 콘크리트제품의 특성 및 품질관리항목과 이를 현장에서 설치 시 유의사항에 대하여 설명하시오.
6. 흙의 다짐원리와 세립토(점성토)의 다짐특성에 대하여 설명하시오.

4교시

※ 다음 문제 중 4문제를 선택하여 설명하시오. (각 25점)

1. 철근콘크리트 3경간 연속교의 시공계획 및 시공 시 유의사항에 대하여 설명하시오.
2. 하천 제방의 종류와 제방의 붕괴원인 및 방지대책을 설명하시오.
3. 굳지 않은 콘크리트의 성질과 워커빌리티(workability) 향상대책에 대하여 설명하시오.
4. 노천(露天)에서 암(岩)발파공법의 종류와 시공 시 유의사항에 대하여 설명하시오.
5. 미고결(未固結) 저토피(低土皮)터널 시공 시 지표침하원인 및 저감대책을 설명하시오.
6. 중대재해 처벌 등에 관한 법률에서 중대산업재해 및 중대시민재해의 정의, 사업주와 경영책임자 등의 안전 및 보건 확보의무에 대하여 설명하시오.

제127회 토목시공기술사(2022년 <중> 4월)

1교시

※ 다음 문제 중 10문제를 선택하여 설명하시오. (각 10점)

1. PTM공법(Progressive Trenching Method)
2. 옹벽의 이음(Joint)
3. 말뚝머리와 기초의 결합방법
4. 굳지 않은 콘크리트의 구비조건
5. 제방의 파이핑(Piping) 검토방법
6. 교량받침의 유지관리
7. 댐 감쇄공
8. 시공상세도
9. 카린시안공법(Carinthian cut and cover method)
10. PSC교량의 솟음(Camber)관리
11. 토취장(Borrow-pit) 선정조건
12. 방파제의 종류 및 특징
13. 이중벽체구조 2열 자립식 흙막이공법(BSCW, Buttres type Self supporting Composite Wall)

2교시

※ 다음 문제 중 4문제를 선택하여 설명하시오. (각 25점)

1. 연약지반의 판단기준과 개량공법 선정 시 고려사항에 대하여 설명하시오.
2. 사면보강공법 중 소일네일링(Soil-nailing)공법에 대하여 설명하시오.
3. 거푸집동바리 붕괴 유발요인과 안정성 확보방안에 대하여 설명하시오.
4. 연속압출공법(ILM, Incremental Launching Method)의 특징과 시공 시 유의사항에 대하여 설명하시오.
5. 토피가 얕은 도심지구간의 터널공사 시 지표면 침하 방지대책에 대하여 설명하시오.
6. 도심지에서 개착공법에 의한 관로부설이 곤란한 경우 적용되는 비개착공법에 대하여 설명하시오.

3교시

※ 다음 문제 중 4문제를 선택하여 설명하시오. (각 25점)

1. 해사를 이용한 콘크리트구조물 건설 시 문제점 및 대책에 대하여 설명하시오.
2. 터널이나 사면 처리 등에 이용되는 제어발파 시공방법에 대하여 설명하시오.
3. 하천공사 중 하도 개수계획에 대하여 설명하시오.
4. 가시설 흙막이구조물의 계측 시 고려사항과 계측관리에 대하여 설명하시오.
5. 네트워크(Network)공정표의 특징과 PERT, CPM기법에 대하여 설명하시오.
6. 항만공사에서 준설선 선정 시 고려사항과 준설선의 종류 및 특징에 대하여 설명하시오.

4교시

※ 다음 문제 중 4문제를 선택하여 설명하시오. (각 25점)

1. 중점 품질관리 공종 선정 시 고려사항 및 건설사업관리기술인의 효율적인 품질관리방안에 대하여 설명하시오.
2. 연약지반개량공사 시 지하수위저하공법에 대하여 설명하시오.
3. 교량공사 기초말뚝 시공 시 지지력평가방법에 대하여 설명하시오.
4. 건설공사 시 발생하는 수질 및 대기오염의 최소화대책에 대하여 설명하시오.
5. 하절기 콘크리트포장 시 예상되는 문제점과 시공관리방안에 대하여 설명하시오.
6. 댐 시공을 위한 조사내용과 위치결정 시 고려할 사항을 설명하시오.

제128회 토목시공기술사(2022년 <하> 7월)

1교시

※ 다음 문제 중 10문제를 선택하여 설명하시오. (각 10점)

1. 건설공사 단계별 적용 스마트건설기술
2. 시설물의 안전 및 유지관리에 관한 특별법상 안전점검의 종류
3. 기대기옹벽의 정의와 설계 시 고려하중
4. 기성말뚝기초의 건전도 및 연직도 측정
5. Smear Effect(교란효과)의 문제점 및 대책
6. 하수의 배제방식
7. 부잔교
8. 호안(護岸)의 종류와 구조
9. 하천구조물의 공동현상(Cavitation)
10. 피암터널
11. 항타기 및 항발기 시공 시 주의사항
12. 고유동 콘크리트의 분류
13. 전문시방서와 표준시방서의 비교 · 설명

2교시

※ 다음 문제 중 4문제를 선택하여 설명하시오. (각 25점)

1. 건설공사 시공계획서(개요, 종류, 포함내용, 검토 및 승인절차, 검토항목 및 내용 등)에 대하여 설명하시오.
2. 흙막이시설인 철근콘크리트 옹벽 중에서 L형 옹벽과 역L형 옹벽의 적용성과 차이점을 설명하시오.
3. 연약지반 위에 설치된 교대의 측방유동 발생 시 문제점과 측방유동 발생 이후의 안정화대책에 대하여 설명하시오.
4. 지반의 동상현상이 건설구조물에 미치는 영향과 발생원인, 방지대책에 대하여 설명하시오.
5. 표면차수벽형(CFRD) 댐 시공 시 설치해야 할 계측기의 종류와 내용 및 계측빈도에 대하여 설명하시오.
6. 실드 또는 TBM터널 시공에서 세그먼트라이닝 시공기준, 재질별 조립 허용오차 및 제작 시 고려사항에 대하여 설명하시오.

3교시

※ 다음 문제 중 4문제를 선택하여 설명하시오. (각 25점)

1. 「건설업 산업안전보건관리비 계상 및 사용기준」(시행 2022.6.2, 고용노동부)에서 일부 개정된 내용에 대하여 설명하시오.
2. 현장타설 콘크리트말뚝 시공에서 콘크리트 타설 시 유의사항 및 내부결함 판정기준에 대하여 설명하시오.
3. Fill Dam의 파이핑현상 원인과 방지대책에 대하여 설명하시오.
4. 도로현장의 노체에 암버력을 활용하여 성토 시 다짐방법과 다짐도 평가방법을 제시하고, 시공 시 유의사항에 대하여 설명하시오.
5. 사장교의 이점 및 가설공법의 종류에 대하여 설명하시오.
6. 말뚝공법 중에서 RCD(Reverse Circulation Drill)공법의 장 · 단점 및 시공 시 유의사항에 대하여 설명하시오.

4교시

※ 다음 문제 중 4문제를 선택하여 설명하시오. (각 25점)

1. 터널공사 시 용수가 많은 지반에서는 환경이 불량해지고 시공성이 저하되므로 이를 방지하기 위한 지반과 굴착면 용수처리대책에 대하여 설명하시오.
2. 기초공사에서 말뚝기초 재하시험의 종류와 시험결과의 해석(평가)에 대하여 설명하시오.
3. 「중대재해 처벌 등에 관한 법률」에서 중대산업재해의 정의와 적용대상, 안전보건교육에 포함하여야 하는 사항에 대하여 설명하시오.
4. 아스팔트 콘크리트 포장(Asphalt Concrete Pavement)과 시멘트 콘크리트 포장(Cement Concrete Pavement)의 구조적 차이점에 대하여 설명하시오.
5. 강교량 제작 시 용접이음의 종류와 용접자세에 대하여 설명하시오.
6. 노후된 상수관의 문제점과 관로상황에 따른 갱생방법에 대하여 설명하시오.

제129회 토목시공기술사(2023년 <상> 2월)

1교시

※ 다음 문제 중 10문제를 선택하여 설명하시오. (각 10점)

1. 암(버력)쌓기 시 유의사항
2. 건설사업관리자의 시공단계 예산검증 및 지원업무
3. 사면붕괴의 내적·외적 발생원인
4. 과다짐(Over Compaction)
5. SMA아스팔트포장(내유동성 아스팔트포장)
6. 도복장강관의 용접접합
7. 사장현수교
8. 하천 수제(水制)
9. 감압우물(Relief Well)
10. 근접 터널 시공에 따른 기존 터널의 안전영역(Safe Zone)
11. 숏크리트(Shotcrete) 시공관리
12. 철근콘크리트의 연성파괴와 취성파괴
13. 공동도급(Joint Venture)의 종류 및 책임한계

2교시

※ 다음 문제 중 4문제를 선택하여 설명하시오. (각 25점)

1. 지반굴착공사 시 건설안전관리를 위한 스마트계측의 필요성 및 활용방안에 대하여 설명하시오.
2. 비탈면보강공사 등에 사용되는 그라운드앵커(Ground Anchor)의 초기 긴장력 결정에 대하여 설명하시오.
3. 도로현장의 동상깊이 산정방법 및 방지대책에 대하여 설명하시오.
4. 터널 지보재의 종류와 기대효과에 대하여 설명하시오.
5. 콘크리트 시공이음(Construction Joint) 설치목적 및 시공 시 유의사항에 대하여 설명하시오.
6. 기존 하수암거의 주요 손상원인 및 보수공법에 대하여 설명하시오.

3교시

※ 다음 문제 중 4문제를 선택하여 설명하시오. (각 25점)

1. 건설공사 중 설계변경으로 계약금액을 조정할 수 없는 경우 및 공사계약일반조건에 명시된 설계변경의 요건에 대하여 설명하시오.
2. 항타말뚝과 매입말뚝 시공 시 각각의 지반의 거동변화 양상 및 장·단점에 대하여 설명하시오.
3. 도로에 시공되는 2-Arch터널의 누수 및 동결 방지대책에 대하여 설명하시오.
4. 암반사면 붕괴원인의 공학적 검토방법에 대하여 설명하시오.
5. 교량 하부구조물에 발생하는 세굴 발생원인 및 방지대책에 대하여 설명하시오.
6. 하천공사 시 시공되는 가물막이 공법의 종류 및 시공 시 유의사항에 대하여 설명하시오.

4교시

※ 다음 문제 중 4문제를 선택하여 설명하시오. (각 25점)

1. 시공 후 단계의 업무인 건설사업관리자의 '시설물 인수·인계계획 검토 및 관련 업무, 하자보수지원'에 대하여 설명하시오.
2. 콘크리트구조물의 부등침하원인과 방지대책에 대하여 설명하시오.
3. 암반구간의 포장단면 구성에 대하여 설명하시오.
4. 케이블로 가설된 현수교와 사장교의 계측모니터링시스템에 대하여 설명하시오.
5. 가설잔교 시공계획 시 고려사항에 대하여 설명하시오.
6. 하수관로의 관종(강성관, 연성관)에 따른 기초형식의 종류 및 시공 시 고려사항에 대하여 설명하시오.

제130회 토목시공기술사(2023년 <중> 5월)

1교시

※ 다음 문제 중 10문제를 선택하여 설명하시오. (각 10점)

1. 마일스톤공정표(Milestone Chart)
2. 공공(公共)건설공사의 공사기간 산정 및 연장검토사항
3. 하천관리유량
4. 준설매립선의 종류 및 특징
5. 토공사 준비에서 시공기면(Formation Level, Formation Height)
6. 철근콘크리트 교량 바닥판 손상의 종류
7. 교좌장치의 기능 및 설치 시 주의사항
8. 계류시설(繫留施設)
9. 머신가이던스(Machine Guidance)와 머신컨트롤(Machine Control)
10. 도로의 예방적 유지보수
11. 암반의 불연속면(Discontinuities in Rock Mass)
12. 시방서 종류 및 작성방법
13. 도수 및 송수관로의 매설위치와 깊이

2교시

※ 다음 문제 중 4문제를 선택하여 설명하시오. (각 25점)

1. 댐의 제체 및 기초지반의 누수원인과 방지대책에 대하여 설명하시오.
2. 흙쌓기 성토재료 구비조건과 시공방법에 대하여 설명하시오.
3. 연약지반공사 시 발생하는 사고유형과 대책방안에 대하여 설명하시오.
4. 콘크리트구조물의 온도균열 발생원인과 제어방법에 대하여 설명하시오.
5. 저토피구간 터널굴착 시 보강대책에 대하여 설명하시오.
6. 스마트건설 실현을 위한 BIM(Building Information Modeling)의 건설산업 적용에 따른 도입효과 및 BIM 활용방안에 대하여 설명하시오.

3교시

※ 다음 문제 중 4문제를 선택하여 설명하시오. (각 25점)

1. 현장 타설 말뚝 시공법 중 PRD(Percussion Rotary Drill)공법에 대하여 설명하시오.
2. 실드TBM터널의 변형원인 및 유지관리방법에 대하여 설명하시오.
3. '시설물의 안전 및 유지관리에 관한 특별법'의 토목분야 제3종 시설물에 대한 대상범위 및 안전관리절차와 안전점검방법에 대하여 설명하시오.
4. 건설사업 진행 시 발생하는 클레임(Claim)의 종류, 처리절차 및 예방대책에 대하여 설명하시오.
5. 돌핀(Dolphin) 배치 시 고려사항과 돌핀(Dolphin)의 종류별 장·단점에 대하여 설명하시오.
6. 아스팔트 포장에서 발생하는 소성변형의 특징, 발생원인 및 방지대책에 대하여 설명하시오.

4교시

※ 다음 문제 중 4문제를 선택하여 설명하시오. (각 25점)

1. 서중환경이 콘크리트에 미치는 영향과 서중 콘크리트 관리 및 대책에 대하여 설명하시오.
2. 하수관로공사 시 비점오염저감시설 중 침투형 시설에 대하여 설명하시오.
3. 임해지역 부지 확보를 위해 연안이나 하천 등 공유수면 매립공사 시 공사계획, 순서 및 방법에 대하여 설명하시오.
4. 기계화 시공 시 건설기계의 조합원칙 및 기계 결정순서에 대하여 설명하시오.
5. 아스팔트 포장의 포트홀 저감대책에 대하여 설명하시오.
6. 최근 건설현장에서 거푸집 및 동바리 붕괴로 인한 대형사고가 발생해 사회적 문제가 되고 있다. 거푸집 붕괴사고요인 중 하나인 콘크리트 타설 시 거푸집 측압에 영향을 주는 요소 및 최대 측압을 도식하고, 붕괴사고 예방대책에 대하여 설명하시오.

제131회 토목시공기술사(2023년 <하> 8월)

1교시

※ 다음 문제 중 10문제를 선택하여 설명하시오. (각 10점)

1. 8D BIM(Building Information Modeling)
2. 터널 콘크리트라이닝의 역할
3. 건설분야 디지털트윈(Digital Twin)의 필요성 및 적용방안
4. 아스팔트 콘크리트 포장 시 포설 및 다짐장비의 종류와 특징
5. 발파장약 판정
6. 부주면마찰력
7. 지진격리받침
8. 철근의 이음종류
9. 진공 콘크리트(Vacuum Concrete)
10. 방파제(防波堤)의 구조형식과 기능에 따른 분류
11. 사방(砂防)호안공
12. NATM과 Shield TBM공법의 비교
13. 노후 상수도관 갱생공법

2교시

※ 다음 문제 중 4문제를 선택하여 설명하시오. (각 25점)

1. 사질토의 연약지반개량공법으로 동다짐공법을 적용하고자 한다. 이때 충격에너지에 의한 공학적 특성에 대하여 설명하시오.
2. 토공 하자종류 및 방지대책에 대하여 설명하시오.
3. 교량구조물에서 지진하중을 제어하는 시스템에 대하여 설명하시오.
4. 미고결 지반의 공학적 특징 및 미고결 저토피 터널의 공학적인 문제점과 대책에 대하여 설명하시오.
5. 하상유지공의 분류와 시공 시 유의사항에 대하여 설명하시오.
6. 공용 중인 교량의 성능저하현상과 내하성능시험방법에 대하여 설명하시오.

3교시

※ 다음 문제 중 4문제를 선택하여 설명하시오. (각 25점)

1. 하천제방 파괴 시 응급대책공법에 대하여 설명하시오.
2. 아스팔트 콘크리트 포장공사의 평탄성 관리기준 및 평탄성 측정방법에 대하여 설명하시오.
3. PSC박스거더의 손상유형과 원인 및 대책에 대하여 설명하시오.
4. 해양 콘크리트 구조물의 강재 방식대책에 대하여 설명하시오.
5. 수원(Water Source)의 종류와 특성에 대하여 설명하시오.
6. 특수교량 스마트 유지관리시스템의 구성과 세부기술에 대하여 설명하시오.

4교시

※ 다음 문제 중 4문제를 선택하여 설명하시오. (각 25점)

1. 지하수위저하(De-Watering)공법에 대하여 설명하시오.
2. 바이브로플로테이션(Vibroflotation)공법의 기본원리 및 장 · 단점에 대하여 설명하시오.
3. 터널굴착공법 선정 시 고려사항에 대하여 설명하시오.
4. 토석류로 인한 시설물의 피해방지를 위한 토석류 차단시설별 시공방법과 시공 시 준수사항에 대하여 설명하시오.
5. 하천 인근에서 하수처리장을 완전 지하화하여 시공하고자 할 때 하수처리장의 부상(浮上) 발생원인 및 대책에 대하여 설명하시오.
6. 홍수 시 하천제방에 작용하는 외력의 종류와 제방의 피해형태 및 원인에 대하여 설명하시오.

[저자소개]

▸ 권유동(權裕烔)

- 서울대학교 토목공학과 졸업
- (주)현대건설 토목환경사업본부 근무
- 와이제이건설·Green Convergence 연구소 소장
- 토목시공기술사
- 토목품질시험기술사
- 저서 : 《토목시공기술사 길잡이》, 《토목품질시험기술사 길잡이》, 《건축물에너지평가사 실기》

▸ 김우식(金宇植)

- 한양대학교 공과대학 졸업
- 부경대학교 대학원 토목공학 공학박사
- 한양대학교 공과대학 대학원 겸임교수
- 한국기술사회 감사
- 국민안전처 안전위원
- 제2롯데월드 정부합동안전점검단
- 기술고등고시 합격
- 국가직 기좌(시설과장)
- 국가공무원 7급, 9급 시험출제위원
- 국토교통부 주택관리사보 시험출제위원
- 한국산업인력공단 검정사고예방협의회 위원
- 브니엘고, 브니엘여고, 브니엘예술중·고등학교 이사장
- 토목시공기술사, 토질 및 기초기술사, 건설안전기술사
- 건축시공기술사, 구조기술사, 품질기술사

▸ 이맹교(李孟敎)

- 동아대학교 공과대학 수석 졸업
- 국내 현장소장 근무
- 해외 현장소장 근무
- 국토교통부장관상, 고용노동부장관상, 부산광역시시장상, 건설기술교육원원장상 수상
- 부산토목·건축학원 원장
- 토목시공기술사, 건설안전기술사, 품질시험기술사, 건축시공기술사
- 저서 : 《토목시공기술사 길잡이》, 《토목품질시험기술사 길잡이》, 《인생설계도(자기계발도서)》

[길잡이]
토목시공기술사

1993. 5. 7. 초 판 1쇄 발행
2024. 1. 10. 개정증보 15판 6쇄(통산 23쇄) 발행

지은이 | 권유동, 김우식, 이맹교
펴낸이 | 이종춘
펴낸곳 | BM (주)도서출판 성안당
주소 | 04032 서울시 마포구 양화로 127 첨단빌딩 3층(출판기획 R&D 센터)
10881 경기도 파주시 문발로 112 파주 출판 문화도시(제작 및 물류)
전화 | 02) 3142-0036
031) 950-6300
팩스 | 031) 955-0510
등록 | 1973. 2. 1. 제406-2005-000046호
출판사 홈페이지 | www.cyber.co.kr
ISBN | 978-89-315-6920-9 (13530)
정가 | 85,000원

이 책을 만든 사람들
기획 | 최옥현
진행 | 이희영
교정·교열 | 문 황
전산편집 | 이다혜
표지디자인 | 박원석
홍보 | 김계향, 유미나, 정단비, 김주승
국제부 | 이선민, 조혜란
마케팅 | 구본철, 차정욱, 오영일, 나진호, 강호묵
마케팅 지원 | 장상범
제작 | 김유석

본 서적에 대한 의문사항이나 난해한 부분에 대해서는 저자가 직접 성심성의껏 답변해 드립니다.

- **서울** 지역 : 02)749-0010(종로기술사학원) 02)749-0076
- **부산** 지역 : 051)644-0010(부산토목 · 건축학원) 051)643-1074
- **대전** 지역 : 042)254-2535(현대토목 · 건축학원) 042)252-2249

*특히, **팩스**로 문의하시는 경우에는 독자의 **성명**, **전화번호** 및 **팩스번호**를 꼭 **기록**해 주시기 바랍니다.

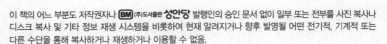

- http://www.jr3.co.kr
- NAVER 카페 http://cafe.naver.com/civilpass (카페명 : **김우식 토목시공기술사** 공부방)
- acpass@hanmail.net